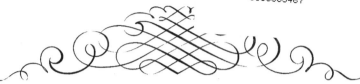

ISBN 978-0-428-15854-5
PIBN 11258534

DICCIONARIO

GEOGRÁFICO-ESTADÍSTICO-HISTÓRICO

DE

ESPAÑA Y SUS POSESIONES DE ULTRAMAR.

EST. LITERARIO-TIPOGRAFICO DE P. MADOZ Y L. SAGASTI.
Calle de la Madera baja, núm. 8.

DICCIONARIO

GEOGRAFICO-ESTADISTICO-HISTORICO

DE

ESPAÑA

Y SUS POSESIONES DE ULTRAMAR.

POR PASCUAL MADOZ.

TOMO II.

MADRID.=1845.

ESPLICACION DE LAS ABREVIATURAS.

a.	arroba.
ab.	abadengo.
adm.	administracion.
alc. c.	alcalde constitucional.
alc. m.	alcalde mayor.
alc. p.	alcalde pedáneo.
ald.	aldea.
alm.	almas.
alq.	alquería.
alt.	altitud.
ant.	antiguo, a.
anteig.	anteiglesia.
art.	artículo.
arz.	arzobispo, arzobispado.
aud.	audiencia.
ayunt.	ayuntamiento.
c.	ciudad.
cab.	cabeza.
cap.	capital.
cas.	caserío.
cast.	castillo.
cated.	catedral, cátedra.
cend.	cendea.
c. g.	capitanía general.
col.	colegiata.
com. g.	comandancia general.
conc.	concejo, concejil.
cond.	conde, condado.
contr.	contribucion.
cord.	cordillera.
correg.	corregidor, corregimiento.
cot. red.	coto redondo.
conv.	convento.
cuad.	cuadra.
deh.	dehesa.
descrip.	descripcion.
desp.	despoblado.
der.	derecha.
dip.	diputado.
dióc.	diócesis.
dist.	dista, distante, distancia.
distr.	distrito.
E.	Este.
ecl.	eclesiástico.
ep.	episcopal.
fáb.	fábrica.
fan.	fanega.
felig.	feligresía.
ferr.	ferrería.
fort.	fortaleza.
hab.	habitantes.
herm.	hermandad.
igl.	iglesia.
imp.	imponible.
ind.	industria, industrial.
izq.	izquierda.
jurisd.	jurisdiccion.
juzg.	juzgado.
l.	lugar.
lat.	latitud.
leg.	legua.
lim.	límite, limita.
long.	longitud.
márg.	márgen.
marit.	marítima, o.
merind.	merindad.
monast.	monasterio.
N.	Norte.
NE.	Nordeste.
NO.	Noroeste.
O.	Oeste.
ob.	obispado, obispo.
prov.	provincia,
parr.	parroquia, parroquial.
part. jud.	partido judicial.
pobl.	poblacion.
prod.	productos.
qq.	quintales.
quin.	quintal.
r.	rio.
rent.	rentas.
riach.	riachuelo.
S.	Sur.
SE.	Sudeste.
señ.	señorío.
sit.	situacion, situado, a.
S O.	Sudoeste.
Set.	Setentrion, al.
térm.	término.
terr.	territorio, territorial.
univ.	universidad.
v.	villa.
(V.)	Véase.
vec.	vecino.
=	igual.
—	menos.
+	mas.
×	por.

DICCIONARIO

GEOGRÁFICO-ESTADÍSTICO-HISTÓRICO

DE

ESPAÑA Y SUS POSESIONES DE ULTRAMAR.

ALICANTI MAYOR: prèdio con cas. en la isla de Mallorca, prov. de Baleares, part. jud. de Inca, y felig. de *Muro* (V.).

ALICANTI MENOR: predio con cas. en la isla de Mallorca, prov. de Baleares, part. jud. de Inca, térm. y felig. de *Muro* (V.).

ALICO: sierra en la prov. de Badajoz, part. jud. de Don Benito, térm. de Stá. Amalia; está cubierta de monte pardo de Jara, charneca y madroño, y solo se destina para pastos.

ALICUN: v. con ayunt. de la prov. y adm de rent. de Almería (4 leg.), part. jud. de Canjayar (2 1/2), aud. terr., c. g. y dióc. de Granada (20): SIT. al pie de la sierra de Gador, é inmediata á la ribera del r. Andarax; su CLIMA es sano, y aunque se padecen algunas calenturas pútridas, es muy comun ver personas de 80 años ágiles y robustas: forman el casco de la pobl. 115 CASAS de un solo piso, distribuidas en varias callejuelas, pedregosas é incómodas: tiene casa consistorial, pósito, horno de poya, carniceria, 2 molinos de aceite, igl. parr. ruinosa, á medio tiro de fusil de dist., servida por un teniente con 2,000 rs. de renta, y aneja de la de Huécija, á cuyo pueblo, que está inmediato, acuden los niños que desean adquirir algunos rudimentos de instruccion primaria: la posicion de la igl. y los restos de edificios que todavia se ven en algunos puntos, denotan que el vecindario fue mucho mayor en otro tiempo, ó que estuvo la pobl. sit. hácia aquella parte. La plaza de la Constitucion, de 2,075 varas cuadradas, tiene multitud de huertos en su derredor; y en un estremo una gran balsa ó alberca cuadrilonga de 1,800 varas cuadradas y 3 de profundidad, en cuyo fondo nacen infinidad de veneros; unos que llevan el agua muy caliente y otros muy fria, que producen saludables efectos para los dolores reumáticos; estas aguas dan impulso á un molino harinero con dos paradas, y despues de fertilizar la vega, riegan mucha parte de las de Huécija, Terque y Alhabia: la pobl. se surte de una fuente con dos caños, en cuyo pilar beben las caballerias, encontrándose otras muchas esparcidas por el térm. Este confina por N. con el r. Andarax, por E. con Alhama la Seca, y por S. y O. con Huécija: su jurisd. comprende 690 fan. de tierra, y solo se cultivan 158; 38 de primera calidad, 46 de segunda, ambas destinadas á la siembra de trigo y maiz, y 40 de tercera á alcacelas para la manutencion de las bestias: tiene ademas 30 fan. de viñedo y 24 de olivar; y las 537 incultas que pertenecen al caudal de propios, no pueden reducirse á cultivo, por ser el terreno muy áspero y quebradizo. Los CAMINOS son de herradura, y carreteros los que se dirigen á la cap. de prov., de cuyo punto se recibe la CORRESPONDENCIA. PROD.: el aceite y el vino forman la principal cosecha: los demas art. son escasísimos; POBL.: 137 vec., 545 hab., algunos dedicados á fabricar alpargatas y á hilar seda, y los restantes á la labranza: CAP. IMP. para el impuesto directo 58,151 rs.; capacidad indirecta por consumos 21,000 rs.; satisface por toda clase de CONTR. 4,080 rs. 20 mrs. El PRESUPUESTO MUNICIPAL ordinario asciende de 2,500 á 3,000 rs., y se cubre con el prod. de fincas de propios y arbitrios, consistentes en un horno de poya y la hacienda llamada del Concejo, que rentan 1,200 rs., y lo restante por repartimiento vecinal.

ALICUN DE ORTEGA: v. con ayunt. de la prov., aud. terr. y c. g. de Granada (13 leg. al NE.), part. jud., adm. de rent. y dióc. de Guadix (6 al N.): SIT. en llano, aunque cercada de cerros de poca altura; es pobl. poco sana por pasar muy próximo á su orilla E. el r. Almuñecar ó Fardes, que corre hácia el N., cuyas mareas hacen el CLIMA frio, y que los hab. padezcan siempre calenturas intermitentes: tiene escuela de primera educacion en mal estado, y una igl. filial del Sagrario de Guadix con un vicario ecónomo, sujeta á la provision Real, mediante concurso y propuesta del ordinario; y su santo patrono es San Sulpicio. El TÉRM., que carece de arbolado, y su terreno gredoso y poco fértil, confina al N. con la jurisd. de Villanueva de las Flores (vulgo Don Diego), E. con la de Gorafe, S. con la de Pedro Martinez, y O. con la de Alamedilla; pueblos todos del mismo part. y dióc.; á 1/2 leg. de la v. se halla la cortijada de las *Dehesas de Guadix* (V. su artículo), sujeta á ella en lo espiritual; y á la parte SE. á 2 leg. escasas, hay unos baños llamados de *Alicun*, cuya temperatura señala los 22 grados del termómetro de Reaumur: se hallan en una colina á la orilla der. del Fardes, y nace su agua de una fuente que se encuentra en un declive de terreno calcáreo, como lo son tambien las riscas en donde están los manantiales: estas aguas son útiles para curar el reuma, los vicios cutáneos, los humores en las destilaciones acres, optalmias, y atenuar la linfa: en el dia van adquiriendo nombre, y aun antiguamente se frecuentaban mucho, á juzgar por algunas ruinas de bóvedas, balsas y ermitas que subsisten: hay un cortijo, propiedad del conde de Arenales, en donde se hospedan con confusion, y sin ninguna comodidad los que van á tomar los baños: inmediato al agua se crian la juncia olorosa, los juncos agudos y mucho culantrillo; y es lástima que siendo tan provechosas estas aguas no se cuide de cubrirlas y de construir algunas habitaciones para comodidad de los enfermos. PROD.: trigo, cebada, centeno, ganado lanar y cabrio: POBL.: 63 vec., 286 háb. dedicados á la agricultura: CAP. PROD.: 941,916 rs.: IMP.: 38,477 rs.: CONTR.: 5,613 rs. 17 mrs. Redúcese á esta v. la ant. c. denominada *Acatucci* en el itinerario romano (V. Acatucci): en el Fuero Juzgo (lib. 12, tit. 2.° ley 13) se escribió este nombre con error *Falugia*; en la España ilustrada (tom. 3.°, pág. 997) *Agatugia*. Cerca de *Alicum*, *Alicur* ó *Alicun*, que con todas estas variantes se halla escrito este nombre, fue batido el ejército del musulman Ozmin, general de Ismael, en 1315 por el infante D. Pedro, acompañado del arz. de Sevilla y el maestre de Santiago.

ALIÉBANA: en la Fenix Troyana de Mares (pág. 91) y en otros autores, no de mas crítica que este, aparece el nombre *Aliébaña*, designando la prov. de *Alava*; pero nunca ha sido distinguida con esta denominacion, asi como se separan de toda verdad histórica al presentar el motivo que les moviera á mencionarla, diciendo que «*D. Alonso el Católico pobló la prov. de Aliébana, una de las montañas fragosas de Castilla, año de* 750.» Pudiera esto fundarse solo en el pasage del arz. D. Rodrigo, abultador de las glorias de Alfonso, que dice: *haber fortificado muchos cast. en esta prov. para defensa de los cristianos*; pero el mismo ob. D. Sebastian refiere que *Alfonso no tuvo necesidad de repoblarlo por no haber entrado en ella los moros*; y ni aun en esto es el salmaticense exacto, como se puede ver en el art. Alava.

ALIEMA: arroyo en la parr. de Oviedo y térm. municipal de Colunga; nace en la falda del monte del Cadapero en la parr. de *Libardon*, y pasando á la *Riera* desagua en el r. que toma el nombre de esta felig. despues de haber corrido cerca de 1 leg.

ALIENDRE: r. en la prov. de Guadalajara, part. jud. de Cogolludo: tiene su nacimiento en las faldas de las sierras que dominan el l. de Fraguas en el mismo part.: cruza el térm. de este l., los de Monasterio y Cogolludo, cuyas pobl. están sit. á su der., y se incorpora en el r. Henares en térm. de Espinosa de Henares, part. de Brihuega: su curso es de S. á N.; cesa generalmente en el estío, sin embargo de que recibe las aguas de algunos arroyos: da movimiento á un molino harinero en Monasterio, dos en Cogolludo y se riegan algunas huertas de corta estension.

ALIENES (STA. MARIA DE): felig. en la prov. y dióc. de Oviedo (10 leg.), part. jud. de Luarca (4): SIT. entre montañas y valles, con CLIMA frio, pero sano: comprende los l. de Alienes, Colinas y la Fagera, que reunen sobre 43 CASAS: la igl. parr. (Sta. Maria) es mediana, y su curato de patronato Real y ecl., se provee prévio concurso: el TÉRM. confina por N. con la felig. de Muñas, sirviendo de lím. el r. Grande; por E. con la de Castañedo, haciendo el mismo oficio el r. Brañalonga; por S. con térm. del ayunt. de Tinéo, y por O. con la parr. de Ayones. Los l. de Colinas y la Fagera están cercados de montes de mas ó menos elevacion, con especialidad por el N. y el O.: al estremo S. se halla el monte Cabaniella muy poblado de robles, hayas, castaños y otros árbolados, de cuyo monte se desprende el arroyo llamado Reguera de Cabaniella: otro arroyo, la Reguerona, baja llevando su curso por la inmediacion del pueblo de Alienes, y de los montes de Colinas y Fagera se desliza el r. Cueva de Nido: el TERRENO, con especialidad en el valle, es bastante fértil: los CAMINOS malos, y el CORREO se recibe por Luarca: PROD.: maiz, escanda, centeno, castañas y patatas, la parte montuosa da iguales frutos, aunque de inferior calidad: cria ganado vacuno, lanar, de cerda y algo de cabrio: POBL.: 50 vec., 245 alm.: CONTR. con su ayunt. (V.).

ALIENES: l. en la prov. y dióc. de Oviedo, part. jud. de Luarca, ayunt. de Valdés, y felig. de Sta. Maria de *Alienes* (V.): SIT. en un valle cercado de montañas, y bañado por el *Reguerona*: SU TERRENO es fértil: PROD.: maiz, trigo, escanda, centeno, castañas y patatas: cria poco ganado: POBL.: 30 vec., 156 alm.

ALIEZO: ald. ó barrio en la prov. de Santander, part. jud. de Potes, ayunt. y valle de Cillorigo: es uno de los de que se compone el conc. de San Sebastian: SIT. á lo largo de un arroyo que corre por un valle estrecho y profundo: con 17 CASAS algo separadas. Compone parr. con el barrio de *Tama*, en el que está la igl. bajo la advocacion de Ntra. Sra. de los Angeles: el curato es de presentacion gentilicia, y tienen voto todos los que prueban oriundez del conc. de San Sebastian: el beneficiado reside en Aliezo, donde hay una ermita dedicada á San Roque, cuya fiesta, lo mismo que la de la parr., se celebran en romería, aquella el dia del Santo, y esta el de la Vírgen de Agosto. La POBL. y CONTR. se hallarán en *San Sebastian*.

ALIJA: desp. en la prov. de Cáceres, part. jud. de Navalmoral de la Mata, térm. de Talavera la Vieja: SIT. 1/2 leg. al E. de su matriz, sobre la cord. izq. que lleva el mismo nombre; conserva muchos restos de su ant. construccion y cas., entre ellos un cast. casi demolido, cuyos cimientos existen en el dia por todo su ámbito; y se distinguen bien dentro de él una calle, una plazuela, varias salas ó habitaciones, una cueva, el brocal de un pozo de piedra berroqueña, labrado por unas partes, aunque toscamente, y en otras sin labrar: en el ángulo que mira al E. hay un paredon de mas de 20 varas de alto: á poca dist. se ve una pequeña ermita demolida, con un campanario, en donde se conoce que ha habido campanas, y dentro de la ermita se conserva todavia una pila de bautismo. Este desp. es uno de los muchos recuerdos históricos que se encuentran en las cercanias de Talavera la Vieja (V.); pero no se tiene noticia de su existencia sino por la concordia hecha entre los vec. de esta v. y el Bohonal de Ibor, con el Excmo. Sr. conde de Miranda y del Montijo, á los cuales llama vec. de Alija, porque destruida esta pobl., sus vec. se diseminaron entre los dos citados pueblos, Talavera y Bohonal, y formaron estas dos pequeñas, pero ant. pobl.; asi es que disfrutan estos vec. los terrenos del desp. labrando á reja vuelta, como hermanos, compañeros, é hijos del cast. de Alija.

ALIJA DE LA RIBERA: l. en la prov., part. jud. y dióc. de Leon (1 1/2 leg.), y ayunt. de Valdesogo de Abajo (1/2): SIT. en la carretera que va desde Leon á Palanquinos y á la izq. del r. que forman las aguas del Bernesga y Torio, desde su confluencia hásta unirse al Esla: el CLIMA es frio y sano: tiene igl., parr. bajo la advocacion de San Julian, y el curato se provee por la corona prévio concurso: el TÉRM. se estiende á 3/4 leg. de N. á S., y 1/2 de E. á O.: confina por N. con el de Marialba; por E. con el de Valdesego de Abajo; por S. con el de Villarroañe, y por O. con el de Sotico, interpuesto el indicado r., el cual le baña en su curso de N. á S.: hay buenos prados de riego y unas 550 fan. de tierra fértil. dedicada al cultivo: el CAMINO carretero se halla en mediano estado: PROD.: trigo, centeno, patatas, legumbres, pasto y vino: cria poco ganado: POBL. 30 vec., 124 alm.: CONTR. con el ayunt.

ALIJA DE LOS MELONES: ayunt. en la prov. de Leon (9 leg.), part. jud de La Bañeza (3), aud. terr. y c. g. de Valladolid (18), dióc. de Astorga (7): comprende la v. de Alija de los Melones (cap.) con los desp. de Bécares y Puente Vizana, y los l. de Navianos de la Vega, Genistacio, y La-Nora. Tiene un alc., un teniente, seis regidores, y un secretario con la dotacion de 600 rs.: el PRESUPUESTO MUNICIPAL asciende á 1,200 rs., que unidos á 2,200 para gastos de prov., componen la suma de 4,000 rs., la que se cubre por reparto vecinal: su TÉRM. se estiende 1/2 leg. de N. á S., y 1 de E. á O.; CONFINANDO por N. con el de Villanueva de Valdejamuz y el de Castro Calbon, por E. con los ayunt. de Cebrones y Audanzas; y por S. y O. con el de varios pueblos de la prov. de Zamora. Consta, segun la estadística municipal de 1844, de 328 vec. y 1,476 alm.: su RIQUEZA PROD., conforme á lo que arroja la matrícula catastral de 1842, se valúa en 2.051,707 rs. 17 mrs.: la masa IMP. en 107,944; y la CONTR. en 22,485 rs. 19 mrs.

ALIJA DE LOS MELONES: v. en la prov. de Leon (9 leg.), part. jud. de La-Bañeza (3), dióc. de Astorga (7), aud. terr. y c. g. de Valladolid, y cap. del ayunt. á que da nombre: SIT. parte en llano en lo mas bajo de la vega, y parte en la pendiente de una elevada cuesta que la domina por el O. y en la que termina uno de los ramales de la sierra del *Teleno*: su CLIMA es destemplado, pero sobresale el rigor de los frios al del calor; en 24 de diciembre de 1835 el termómetro de *Reaumur* señaló 11 1/2° bajo cero, siguiendo con igual intensidad hasta el 28 del mismo, que señaló 12 °/o; las enfermedades que comunmente se padecen son fiebres intermitentes, por no hallar las aguas llovedizas y de riego la salida que fácilmente pudiera dárselas. Tiene 130 CASAS de tierra, incómodas, poco limpias y mal colocadas: ocupa una estension considerable de mas de 1,600 varas de N. á S., y otro tanto de E. á O.. con motivo de los muchos huertos, arbolados, y porcion de tierras que hay en los intermedios; la casa de ayunt. es pequeña y sirve tambien de cárcel; hay una plaza llamada de Palacio, de 10,000 varas cuadradas, y tres plazuelas que se nombran de la Picota ó el Rollo, de la Cruz y la Borricada, sin soportales y desempedradas, como lo están sus irregulares, sucias y pantanosas calles; una escuela que solo dura seis meses del año, pagada por los padres de los niños que á ella concurren, y 300 rs. del fondo de propios; y dos fuentes de buenas y abundantes aguas, ademas de los pozos potables que hay en casi todas las casas, abastecen á la pobl. Al estremo y E. de la v. se ve el cast. y palacio del duque del Infantado, señor que fue de Alija con derecho de nombrar alc. mayor, y cuya jurisd. se estendia sobre los pueblos de Coomente, Genistacio, La-Nora, Pobladura del Valle, y á los desp. de Puente-Vizana, Carpuria y Ribarroya; dicho edificio, que parece ser de la edad media, y cuya área se aproxima á un cuadro de 80 varas por lado, conserva en buen estado sus murallas, cubos y parte de almenas; el palacio se reedificó casi en su totalidad despues del fuego que, á par que el pueblo, sufrió en la retirada del ejército inglés para Galicia, en los últimos dias de 1808. Hay dos parr., la de San Verísimo, que goza de inmunidad, se cree la mas ant.: sus libros parr. solo alcanzan al año de 1540; tiene cura propio de provision en concurso, y es matriz de la de San Pelayo del l. de La-Nora: la de San Estéban, segun tradicion, fue conv. de Templarios: el curato lo presenta la casa de los Escobares de Alcalá de Henares, y sus libros datan desde 1605: hubo dos ayudas de parr., que hace mucho tiempo cesaron por la aplicacion de las rent. decimales al cabildo cated. de Astorga, y al colegial de San Vicente de Salamanca; el cementerio se halla al N. y estramuros de la pobl., contiguo á una ermita, advocacion del Santísimo Cristo de la Vera-Cruz, y las ruinas de otra en la colina y campo de San Mamés: el TÉRM. se estiende 1/2 leg. de N. á S., y 3/4 de E. á O.: CONFINA por N. con el desp. de Bécares y l. de La-Nora, por E. con el de Altobar y desp. de Puente-Vizana, por S. con el de Coomonte (prov. de Zamora) y por O. con el de Villaferrueña. A 1,000 pasos S. de la v. está el desp. *Ozaniego*, que en 1520 tenia aun vec.; perteneció al señ. de los monges benedictinos de San Martin de Santiago, existiendo únicamente en la actualidad una casa inhabilitada y una igl. ruinosa aneja de la del desp. de Bécares; á 1/4 de leg. SE. se halla tambien comprendido en su térm. el que lo fue del ant. l. denominado Bulgo, pobl. en 1490, que ha desaparecido, sin presumirse otra causa que las inundaciones originadas por el Orvigo: hácia esta parte se encuentra el puente de Vizana cortado en los últimos dias de 1808 y sustituido hoy por una barca. El indicado r., abundante en truchas, barbos y otros peces, atraviesa el térm. á 1/4 de leg. al E., y se dirige á SSE.; suele ser vadeable desde junio á octubre, y á causa de la poca profundidad y frecuente variacion de su cáuce, ocasiona daños inmensos, con especialidad en las avenidas, por hallarse la pobl. 1 1/2 varas mas baja que el álveo de aquel; fue notable la de 1804, por la que se destruyeron muchos edificios y se perdió gran parte de los protocolos de la escribania de número; siendo una de las mayores en estos últimos tiempos, la acaecida en los dias 26, 27 y 28 de febrero de 1843; mas á beneficio de grandes vallados hechos con poca anticipacion, se evitaron los efectos desastrosos que amenazaba: la vega padece gran detrimento en la variacion del cáuce, pues cambia su buena tierra en estériles cascajos: varios pueblos de la misma vega contienen al Orvigo con unos ant. y abandonados malecones; pero Alija no le presenta ni aun el fácil obstáculo de un espeso arbolado. Los montes llamados, la Dehesa, Los Seis Maravedis, y el Coto, sit. al O., terminacion de uno de los ramales de la sierra de Teleño, solo proporcionan escaso pasto. La media parte del térm. es erial, un cuarto de ínfima calidad que se utiliza en cereales, y el resto de vega feraz y muy productiva, en donde hay hermosos prados y escelentes tierras de labor, que darian mayor utilidad, si se auxiliasen con el cultivo á que brinda su bondad. CAMINOS: pasaba por el térm., 1/4 de leg. al E., la carretera de Galicia antes de la destruccion del espresado puente de Vizana, es pueblo de tránsito; en el que se reune el que de Salamanca y Zamora conduce á Santiago, la Coruña y otros puntos de Galicia, el cual, así como los de travesia, son carreteros, y se encuentran en muy mal estado. La CORRESPONDENCIA se recibe de La Bañeza los martes, jueves y domingos: PROD.: lino, trigo, cebada, centeno, poco y mal vino y algunos melones, cuya buena calidad motivó el sobrenombre del pueblo; arbolado de álamo, chopo y olmo: cria ganado lanar, vacuno y caballar: se cazan liebres, conejos, perdices y aves de paso; hay canteras de mármol azul, con abundancia, pero no se utilizan: IND. y COMERCIO: despues de espadado el lino, se esportan para Galicia mas de 3,000 a. POBL.: 190 vec.; 900 alm.: RIQUEZA y CONTR. (V. el ayunt.).

ALIJA ó GUALIJA: r. de la prov. de Cáceres, part. jud. de Navalmoral de la Mata: tiene su origen en las sierras del Hospital del Obispo, en el arroyo llamado Tumba-frailes, que reuniéndose con el de la Navaentresierra, pasa á la inmediacion de este pueblo sin perder jamas por este punto su corriente: despues va tomando incremento por la entrada de varios regatos y vertientes sin nombre que bajan de aquellas sierras: á 1 leg. de su nacimiento le entra por la izq. el arroyo Calabazas de alguna consideracion, baja al desp. de San Roman, y á tres leg. ya de su origen tiene un molino harinero útil; á 1/2 SE. de este molino se halla Talavera la vieja: 1/2 leg. mas abajo en el desp. de la Pobeda que se halla 1/2 leg. al O. de Peraleda de San Roman, tiene dos presas ó azúas demolidas, y otro molino harinero corriente, y en el mismo desp. tiene un ponton de madera en mal estado, pero utilísimo para los naturales, mayormente en tiempo de aguas; y entre Peraleda de San Roman y Talavera la Vieja, á la mitad del camino de cada uno de estos pueblos dist. 1 leg. entre sí, hay otro puente de piedra llamado del *Buho*, que por hallarse bastante deteriorado está componiéndose en la actualidad: otro puente debió tener al E. y un poco por cima del cast. de Alija, porque se conservan restos de los estribos de piedra, que aun tienen el nombre de *Puente nueva*: entra por último en el Tajo á 1/4 leg. al E. de Talavera la Vieja á las 5 leg. escasas de su nacimiento.

ALIJAR (TORRE DE): V. SANLUCAR DE BARRAMEDA.

ALIJAR: cortijo de la prov. de Cádiz, donde empieza el térm. de *Jerez de la Frontera* (V.).

ALIJO (S. MARTIN DE): felig. en la prov. de Orense (15 leg.) dióc. de Astorga, part. jud. de Valdeorras (1) y ayunt. del Barco: SIT. á la falda N. de la cord. Tela do Eije; los vientos mas reinantes son el E. y O., y las enfermedades comunes, fiebres inflamatorias; pero el CLIMA es sano y sus naturales llegan á contar mas de 70 años de vida: 58 CASAS todas de un solo piso, formando calle ó camino carretero, manifiestan ser un pueblo de simples labradores; la escuela, á la que concurren unos 30 niños de ambos sexos, está en *Millaroso*, que con las ald. de Coedo y Cortés es anejo de esta felig. La igl. parr. (San Martin), SIT. al N. y á 500 pasos del pueblo, en un soto de castaños, es de mamposteria y su fundacion inmemorial; depende de la abadía de Villafranca del Vierzo, y está servido por un vicario amovible á voluntad del abad; el cementerio se halla en el atrio. Hay ademas una capilla dedicada á Ntra. Sra. de los Dolores. El TÉRM. confina por N. con el de Millaroso, por E. con el de Sta. María del Monte, por S. con el de Candeda, y por O. con el de Domiz: algunas fuentes ó manantiales que denominan pozas, y cuyos derrames forman arroyuelos que se dirijen al r. *Sil*, es la única agua de que se abastece el pueblo y sirve de abrevadero al ganado: el TERRENO de mediana calidad y en bastante declive, consta de 1,600 emiñas de monte, 300 de prado, 191 de huertas, 1,400 de tierra blanca y 2,000 pies de castaños. Los CAMINOS son vecinales, de rueda y en mediano estado: el CORREO se recibe en la cap. del part. PROD.: centeno, patatas, castañas, algunas legumbres, bastante heno y poca fruta de cerezas y manzanas: cria ganado cabrío y lanar; de cerda y vacuno: POBL.: 58 vec.: 280 alm.: CONTR. con su ayunt. (V.).

ALIMAN: desp. en la prov. de Toledo, part. jud. de Orgaz, térm. de Ajofrin: SIT. á 1/4 leg. de esta v. y á igual dist. de la de Chueça, se ven únicamente algunos paredones, restos de las casas que formaban el pueblo, que desapareció sin que sepamos la causa: declarado desp. se vendieron los terrenos que no pertenecian á particulares, á la estinguida comunidad de dominicos de San Pedro Mártir de Toledo por los años 1740, y estos edificaron una magnífica casa con buenas habitaciones para vivir con comodidad, lagar, bodega, molino de aceite, almacenes, y cuantas oficinas son necesarias para una completa labor, á la que se destinó desde luego todo el terreno, convirtiéndolo en una buena deh. plantando una gran parte de viñas y olivos, y aumentando asi sus prod.: estinguidas las comunidades, compró la casa y deh. el Excmo. Sr. conde de Toreno, y uniendo esta propiedad á unos vínculos que poseía fundados en el mismo Aliman, por Pedro de Valladolid y María Hernandez, su mujer, y á otras tierras de particulares que tambien compró, se ha formado una posesion que comprende casi todo el térm. del desp.: hay una ermita pequeña á donde concurren todos los años el tercer dia de pascua, la parr. y ayunt. de Ajofrin, llevando procesionalmente á Ntra. Sra. de Gracia, patrona de la v., se celebra funcion de igl. y una romería alegre y divertida por la mucha gente que concurre.

ALINGA: en Polybio, escrito con error por *Auringis* (V.).

ALINGIS: variante del nombre *Auringis*, en Polybio (V.).

ALINS: l. con ayunt. de la prov. de Huesca (10 1/2 leg.), part. jud. de Tamarite (3 1/2), adm. de rent. de Barbastro (3 1/2), aud. terr. y c. g. de Zaragoza (17 1/2), dióc. de Lérida (8): SIT. en el declive meridional de un monte redondo cuya base se prolonga por el lado del E., y se halla cortada por un barranco, donde le baten todos los vientos; su CLIMA es saludable. Tiene 13 CASAS distribuidas en calles estrechas, pendientes y escalonadas, que forman una especie de anfiteatro hasta la cumbre del mencionado monte en cuya cúspide se halla la última casa pegada á un peñon de cal, donde se dice hubo un cast. ó fortin en tiempo de moros, segun tambien se deja conocer por algunos vestigios de muralla; desde esta altura se divisan las sierras de Monella y Beceite divisorias de los ant. reinos de Aragon y Valencia. Hay una igl. parr. dedicada á San Juan Bautista, servida por un cura y un sacristan que hace tambien de campanero, nombrado por aquel: el curato es de 2.° ascenso y lo provee S. M. ó el ordinario segun los meses en que vaca y siempre por oposicion en concurso general: el cementerio está separado de las casas en sitio ventilado. Al pie é inmediacion del pueblo, hay dos pozos de cuyas aguas no se sirven los vec. por ser salitrosas y amargas; usan las de una fuente que brota á 1/4 de hora de dist. junto á la montaña, las cuales son de muy buena calidad, y tan abundantes, que abrevan tambien en ellas las bestias de labor y ganados. Confina el TÉRM. por el N. y E. con el de Calasanz (1/4 de hora), por el S. con el de Azanuy (1/2), y por O. á igual dist. con los de Fonz y Estadilla. Dentro de su circunferencia entre S. y O. hay un cortijo llamado Mas, que pertenece á la casa de Bardají de Calasanz. El TERRENO aunque montuoso y de secano es bastante feraz comprendiendo tierras tenaces que los naturales llaman de buro, y otras suaves, areniscas y de piedras calizas: frente al pueblo por la parte del O. se encuentra una rinconada plantada de olivos y viña defendida de los vientos frios del N. por una sierra algo elevada, cuya base se prolonga hasta cerca de aquel: tras de la misma hay un pequeño valle rodeado por todas partes, á escepcion del indispensable paso y salida á dos caminos que lo atraviesan, por la gran sierra de Garrodilla, que casi sin interrupcion se estiende desde el r. Cinca al Noguera, terminando el brazo que baja por el S. en el alto cerro ó tozal y ermita de San Quilez de la v. de Estopiñan. Cruzan el térm. varios barrancos que lejos de producir beneficios, ocasionan grandes daños en las heredades con sus violentas inundaciones. Los CAMINOS son de herradura; uno pasa frente al pueblo de E. á O. y conduce á los de Fonz, Peralta y Barbastro; otro sale hácia el N. y dirije hácia Benavarre ademas de los que conducen á los inmediatos pueblos de Calasanz, Estadilla etc.; todos ellos se hallan en mal estado á consecuencia de las avenidas de los mencionados barrancos. El CORREO se recibe por el balijero que desde Peralta va á Fonz, quien lo toma y deja á su paso por Alins, pero este servicio no está bien metodizado. IND. Y COMERCIO. Uno y otro se reduce á una prensa para deshacer la oliva y la venta del aceite. PROD. trigo, cebada, centeno, vino, aceite: cria ganado lanar y cabrío, lobos y zorros, liebres y perdices: POBL. 8 vec. 106 alm.: CONTR. 2,078 rs. 12 mrs. vn.

ALINS: ald. en la prov. de Huesca ayunt. de la v. de Las Paules 1 leg., (V.): SIT. en parage montuoso y combatido por los vientos del N. que hacen su CLIMA sumamente frio; sin embargo es sano, y no se conocen otras enfermedades que alguna hidropesia. Tiene 10 CASAS y una igl. bajo la advocacion de la Magdalena, aneja de la parr. de Las Padules servida por un vicario que nombra el ob. á propuesta del cura de la matriz. El TÉRM. confina por el N. y O. con el de Espés (1/2 leg.), por el E. con los de Bomanza y Noales (1), y por el S. con el de Calvera (2). En su circunferencia se encuentra á bastante dist. de las casas, una fuente cuyas aguas saben á yeso y son muy frias, 1 ermita en mal estado dedicada á Sta. Lucia dist. 1 leg. sobre una cord. de peñas, y otra á San Marcial á 1/4 de leg. sobre un monte. El TERRENO es escabroso y estéril por lo general, sin embargo se encuentran algunos prados de regadio que se benefician con un pequeño r. llamado Isabana, que teniendo su origen en las montañas de Las Paules, corre por este término hácia Beranui; pasa por la Puebla de Roda y se reune en Graus con el Esera. En el monte hay un trozo que se llama la selva de Alins, y está poblado de sauces. Los CAMINOS son todos muy malos y de travesia para Benavarre, Benasque y Vilaller. El CORREO se recibe por medio de un peaton que va á buscarlo á Benasque. PROD. trigo, morcacho, poca cebada, y yerba de pasto; cria ganado lanar, vacuno, algun caballar; caza de perdices, liebres y conejos, y pesca de truchas y barbos: IND. Y COMERCIO: un molino harinero y algunos mulos que venden. POBL. 10 vec., 80 alm.: CONTR. con la v. de *Las Paules* (V.).

ALINS: riach. en la prov. de Lérida, part. jud. de Sort; es mas bien conocido por el nombre de *Vallfarrera* (V.).

ALINS: v. con ayunt. en la prov. de Lérida (33 1/2 horas), part. jud. de Sort (6 1/2), aud. terr. y c. g. de Cataluña (Barcelona 49 1/2), dióc. de Seo de Urgel (9), oficialato de Tirbia: SIT. á la márg. izq. del r. *Noguera Pallaresa* en una pequeña llanura circuida de elevadas montañas (los Pirineos): la combaten principalmente los vientos del N. y goza de CLIMA generalmente sano, aunque por ser muy frio suelen desarrollarse algunas pulmonias y fiebres. Tiene 31 CASAS de mediana fáb. inclusa la consistorial, una posada, y una escuela de primeras letras dotada con las rent. de una fundacion particular, á la que asisten de 45 á 50 niños de esta v. y pueblos inmediatos. Hay tambien una igl. parr. bajo la advocacion de San Vicente Mártir, servida por un cura y 6 beneficiados, cuyos títulos son de familia: el curato de la clase de rectorías es de primer ascenso, y lo provee S. M. ó el diocesano segun en los meses que vaca, pero siempre por oposicion en concurso general; y una ermita dedicada á San Quirco, construida hácia el S. y á 1/4 de hora de la pobl. Confina el TÉRM. por N. á 1 1/2 hora con el de Aineto de Cardos, por E. á 1 con el de Noris, y por S. y O. con el de Ainet de Vallfarrera dist. 1/4. Le atraviesa un pequeño r. que toma el nombre de esta v.: y naciendo á 5 horas de dist., despues de bañar este térm. y los de los otros pueblos, confluye en el Noguera Pallaresa, (con el que parece confundido) en las inmediaciones de Llaborsi. El TERRENO participa mas de monte que de llano: el primero se halla sin árboles, y únicamente ofrece algunos pastos para el ganado: la parte llana abraza unos 200 jornales de tierra de mediana calidad destinadas á cultivo, y varios prados artificiales, donde se crian buenas yerbas. Cruza el terr. el camino real que desde el interior del pais conduce á Francia por el puerto de Aren, y á Andorra por el de Tor. Recibe la CORRESPONDENCIA de la adm. de Tremp, por medio de un balijero que la lleva hasta Llaborsí, donde la toma un espreso que la conduce á Alins: suele llegar los domingos y júeves, y salir los mártes y viérnes: PROD. trigo, centeno, cebada, patatas, legumbres, y hortalizas: cria ganado vacuno, lanar y cabrio y el mular y caballar indispensable para la labor: caza de liebres, conejos, perdices, y pesca de truchas en el r. IND.: 2 fraguas que se proveen del mineral conducido del térm. de Ainet de Vallfarrera; en cuya elaboracion y acopio de materiales se emplea considerable número de personas, siendo el hierro que resulta muy estimado por su escelente calidad. COMERCIO: el de esportacion del presente art. para diferentes puntos de la Península; é importacion de aceite, vino y otros géneros del interior de la prov. POBL.: 31 vec. 185 alm. CAP. IMP.: 61,487 rs. El PRESUPUESTO MUNICIPAL asciende á 1,200 rs. que se cubre por reparto entre los vec.

ALIÑA; ó DE PERLES: riach. de la prov. de Lérida, part. jud. de Seo de Urgel: tiene su origen en los montes de Lavansa, y despues de atravesar los térm. de Aliña, Perles y Canellas confluye por la izq. en el r. Segre cerca del Coll de Nargó, y muy inmediato al puente Espia.

ALIÑA: l. con ayunt. de la prov. de Lérida (18 leg.), adm. de rent. de Cervera (6), part. jud. y dióc. de Seo de Urgel (6), oficialato mayor, aud. terr. y c. g. de Cataluña (Barcelona 18 1/2): SIT. á la márg. izq. del r. *Segre*, entre una montaña que se eleva por la parte del O. llamada *Serra-Seca*, cuya escabrosidad sirvió de guarida á los partidarios de D. Cárlos durante la última guerra civil; la combaten principalmente y con toda violencia los aires del N., por lo cual su CLIMA es frio, pero muy saludable. Tiene 30 CASAS en 2 grupos que separa entre si un riach. del mismo nombre del pueblo; una igl. parr. dedicada á San Estéban, servida por un cura, cuya plaza de primer ascenso y de la clase de rectorias provée S. M. ó el diocesano, segun los meses en que vaca. En la cima de un peñasco casi inaccesible hay una ermita bajo la advocacion de San Pons, cuyo pequeño edificio ha sustituido al ant. cast. del mismo nombre. Confina el TÉRM. por N. y E. con los de Figals y Lavansa, por S. con el de Cambrils, y por O. con el de Perles de esta jurisd., y á dist. de 1/2 hora se encuentra la ald. de *Alsina* (V.). El TERRENO es muy áspero y quebrado, pero fértil y productivo, calculándose su rendimiento en un 5 por 1 en la parte destinada á cultivo: puéblanle dilatados y espesos bosques de pinos, robles y otros árboles silvestres, que proporcionan abundancia de maderas para construccion, y leña para combustible; tambien hay muchos y sabrosos pastos con los cuales se sostiene toda clase de ganado. PROD.: centeno, cebada, patatas, legumbres y verduras: cria ganado vacuno, mular, caballar, de cerda, lanar y cabrio; y abundante caza en la espesura de sus bosques y montaña: POBL.: 24 vec.; 142 alm.: CAP. IMP.: 24,811 rs. No puede marcarse de una manera fija el cupo de sus CONTR. por depender con varias alternativas de la adm. de Cervera. Celebra este pueblo en 1.° de mayo la festividad de sus patronos San Felipe y San Jaime.

ALIO: l. con ayunt. de la prov. y dióc. de Tarragona (4 1/2 horas.), part. jud. de Valls, aud. terr. y c. g. de Barcelona (20): SIT. en terreno llano, bastante espacioso, y batido por todos los vientos. Lo forman 94 CASAS de regular construccion y con comodidades necesarias al género de vida de sus hab.: tiene una igl. parr. bajo la advocacion de San Bartolomé, asistida por un vicario capellan: antes del nuevo arreglo de culto y clero, se titulaba vicaría mitral que proveía el reverendo cura párroco de la v. de Valls. El edificio es sólido, bastante capaz, y está medianamente adornado. Confina el TÉRM. por N. con la v. del Plá, por el E. con el térm. ó casas de la Serra, por el S. con el l. de Puigpelat, y por el O. con el de Valls; su estension por todos puntos es de 1/2 hora. El TERRENO es generalmente áspero: los CAMINOS de pueblo á pueblo, y la carretera que conduce desde Valls al monast. de Stas. Creus, Igualada, Capellades, San Quinti y Manresa. PROD.: vino, aceite, trigo y alguna legumbre, siendo su principal cosecha el vino. La IND. está reducida á tres fáb. de aguardiente; y el COMERCIO á la esportacion de este á Valls y Tarragona: POBL.: 94 vec.; 450 alm. CAP. PROD.: 1.996,732: CAP. IMP. 59,901.

ALIPPOS: (V. LIPPOS).

ALIQUE; v. con ayunt. de la prov. y adm. de rent. de Guadalajara (8 leg.), part. de Sacedon (2), aud. terr. y c. g. de Madrid (19), dióc. de Cuenca (12): SIT. en un valle dominado de cerros por todos lados, escepto por el SO.: reinan los aires E. y N. y su CLIMA es templado, esperimentándose calenturas catarrales; tiene 50 CASAS de inferior construccion y escasas comodidades, y aunque tambien la hay para la municipalidad no es suya propia y pertenece á una obra pia; escuela de niños sin dotacion fija, á la que asisten 12 alumnos, igl. dedicada á S. Antonio Abad, que es aneja á la parr. de la inmediata v. de Pareja, y una fuente buena y abundante para el consumo del vecindario. Confina el TÉRM. por N. con el de Cereceda, E. con el de Hontanilla, S. con el de Pareja, O. con el de Chillaron del Rey, NE. con el de la Puerta, y NO. con el de Mantiel: dist. todas estas pobl. de 1/2 á 1 leg. Comprende un pequeño monte de encina y retallos que se corta para carbon; le riega un pequeño arroyo que viniendo de la parte de la Puerta, cruza el pueblo en donde tiene un puente, y reuniéndose en el térm. de Pareja con otros, se incorporan en el Tajo hácia el puente que lleva el nombre de este último pueblo, y brotan ademas en diferentes sitios muchos manantiales: el TERRENO es flojo de mediana calidad y de poco cultivo: los CAMINOS son locales á los pueblos inmediatos: se recibe el CORREO en Pareja por los mismos interesados tres veces en la semana: PROD.: trigo, avena, vino, aceite, legumbres, nueces, bellota, miel y frutas: se cria con preferencia ganado mular, hay tambien vacuno, cabrío, lanar y caza menor: IND.: un molino de aceite de obra pia ruinoso: POBL.: 45 vec., 153 alm.: CAP. PROD. 1.614,670 rs.: IMP.: 52,320: CONTR.: 3,205 rs. 22 mrs.: PRESUPUESTO MUNICIPAL: 3,000 rs. del que se pagan 250 al secretario por su dotacion, y se cubre con repartimiento vecinal: este pueblo fue ald. de Pareja, y hace solo 5 años que se halla independiente.

ALISAL (LA): l. en la prov. de Oviedo, ayunt. de Ribadesella y felig. de Sta. Maria de *Junco* (V.).

ALISAR: arroyo en la prov. de Cáceres, part. jud. de Návalmoral de la Mata: tiene su origen en el térm. de Castañar de Ibor, y pasando al de Talavera la Vieja en direccion de S. á N., concurre con el arroyo de las Tamujas, 1/2 leg. de esta última v., á formar el riach. titulado la Arzuela que entra en el Tajo 1/4 leg. despues.

ALISAS: parador, en la prov. de Santander, part. jud. de Ramales y ayunt. de Arredondo. Fué construido en el año de 1841, sobre la cima del alto de su nombre, desde el cual se goza de vistas sumamente pintorescas: por la parte del N. se distinguen varios pueblos de la ant. junta de Cudeyo, la mar y la c. y bahia de Santander; y por la del S. se elevan diferentes montañas calcáreas que presentan un paisage bien estraño y sorprendente. El parador, aunque muy mal servido, es bastante buen edificio, teniendo suficientes comodidades para el objeto á que está destinado; sin embargo, en el invierno suelen quedarse los pasageros en los pueblos de Arredondo ó Retuerto, sit. á los lados de la montaña como á 1 1/2 leg. de dist., con motivo de ser aquel muy frio por la grande elevacion en que se encuentra.

ALISAS (ALTO DE): montaña en la prov. de Santander, part. jud. de Ramales y ayunt. de Arredondo. Es una prolongacion de la cord. del alto de Bustablado, de sierra la mayor parte y bastante elevada: en su cumbre hay un parador sobre el camino que desde Ramales se dirige á la Cavada.

ALISEDA (LA): l. con ayunt. de la prov., adm. de rent. y dióc. de Avila (13 leg.), part. jud. del Barco de Avila (2), aud. terr. de Madrid (28), c. g. de Castilla la Vieja (Valladolid): SIT. á la márg. izq. del r. Tórmes, con 87 CASAS, igl. parr. dedicada á Sta. Margarita patrona del pueblo, escuela de primera enseñanza dotada con 1,100 rs. pagados de los fondos comunes; y á la parte del N. una ermita arruinada dicha de los Mártires, que sirve de cementerio desde el año 1834. Confina su TÉRM. por N. con la sierra de Hermosillo y la Lastra, E. con térm. de Horcajo de la Ribera, S. con la Sierra de Bohoyo y O. con térm. de la Cabrera: hácia el S. y en las montañas que se prolongan hasta la sierra de Gredos, se elevan dos altos cerros, conocidos con el nombre de *Berruecos*; y hácia el N. los montes *Carrascal y Cruz del Viso*, sit. en la falda de la cord. y cadena de sierras que se estienden hasta las de la Lastra y *Cerro del Picazo* que empalman con las del Horcajo: están poblados de encinas; unas muy ant., otras de renuevo, y la mayor parte de mata baja muy fragosa: cruza todo el térm. de E. á O. y N. el r. Tórmes con un puente de sillería de 5 arcos de regular construccion, y por medio una presa ó cáuce construido hace unos 20 años, se estrae de él el agua necesária para fertilizar las heredades del llano en la parte del S.: ademas del CAMINO de herradura que conduce á la Córte por la sierra de Nava del Peral, Navas de San Antonio y la Palomera; hay otros locales á los pueblos inmediatos. Se recibe la CORRESPONDENCIA 2 dias á la semana en la estafeta del Barco: PROD.: centeno, algun trigo, patatas, lino y bastantes alubias; mas por la abundancia de pastos de sierra su principal riqueza consiste en la cria de ganados, especialmente vacuno: IND.: la agricultura, ganaderia y pesca de esquisitas truchas que esportan para la Córte y otros puntos de la Península.: POBL.: 83 vec., 318 alm.: CAP. PROD.: 531,750 rs.: IMP.: 21,270: PROD. representativo de la riqueza ind. 2,350; idem de los puestos públicos 1,300: CONTR.: en terr. y pecuária 4,287 rs, en ind. 94.

ALISEDA (LA): l. con ayunt. de la prov.; part. jud., adm. de rent. y aud. terr. de Cáceres (5 leg.), dióc. de Coria (11), c. g. de Estremadura (Badajoz 11): SIT. á la falda de la sierra del *Algibe*, en terreno montuoso y áspero, especialmente por el S. y SSO., rodeada de algunos cerros, entre otros los del *Cuco* al E. y el del *Muelle* al S., que son sin embargo bien pequeños, si se comparan con la inmensa altura del pico del *Algibe* al SO. desde donde se descubren dilatadas campiñas, infinitos bosques, praderas, pueblos, cas., santuarios y otros mil objetos circunvalados por una larga línea de sierras. Es bastante sano, á pesar de que el curso de los aires se intercepta en parte por las alturas, y las enfermedades que con mas frecuencia se padecen son pleuresias, gastritis, y fiebres intermitentes. Tiene 216 CASAS regulares, calles llanas, escuela de primera enseñanza dotada con 1,600 rs. de los fondos de propios, y una pequeña retribucion de los 40 niños que á ella concurren; pósito; una fuente de tres caños en medio de la plaza, cuya agua, que viene encañada desde la sierra del *Algibe*, abastece principalmente al vecindario, y sirve en un pilar cuadrilongo de abrevadero para los ganados; igl. parr. (Ntra. Sra. de la Asuncion) fundada en el siglo XV, aunque el edificio que hoy existe, sólido, de piedra, con bóveda de ladrillo de 31 váras de largo, por 11 de ancho y de 12 á 13 de alto, con dos puertas, una al S. y otra al O., es bastante moderno y en su género muy bien concluido: sus cinco altares tienen retablos dorados de buen gusto; sobre todo el del mayor, de órden corintio, es precioso, y en él hay cuatro magníficos cuadros que fueron retocados el año 1800 por D. Tomás Hidalgo, académico de la Real de San Fernando; el curato que valia antes 1,000 duros, puede llamarse de entrada; por su dotacion de 300 ducados, y se provee por oposicion en el ob.; lo sirven dos sacerdotes, el párroco y el sacristan. Su TÉRM. de una leg. en cuadro, con buenos olivares, tiene al N. que es la parte mas llana, el pueblo de Brozas, y está limitado al SE. por las deh. *Valdesauce* y las *Almedias*, y los baldíos de Cáceres llamados *Pedregosos, Peñaquemuda* y *Acciluna*; al S. por el r. *Salor* y la deh. *Barquera*, y al O. por la deh. *Mediacacha*; abraza 4,000 fan. de tierra, la mayor parte improductiva, por ser de sierras escabrosas llenas de maleza, y una gran porcion de las que se cultivan pertenecen á forasteros. Lo riegan el r. *Salor* y la ribera de Aliseda; el primero pasa á 1/2 leg. de la pobl. dividiendo su térm. del de Arroyo del Puerco, y á igual dist. de la misma tiene un puente de cantería y pizarra de construccion desconocida, con 14 arcos, 10 ventanas grandes en el grueso de la pared y 27 en la baranda, siendo su long. de 121 varas, y si se concluyen las dos calzadas de entrada y salida se aumentará hasta 159; la ribera con un ponton de un arco cerca de las casas, despues de un pequeño curso de S. á N. forma un semicírculo como á 100 varas del pueblo; da movimiento á 5 molinos harineros (todos de invierno, menos uno que fue de la igl.) dist. de él 1/4 leg. escaso el que mas, y desagua en el Salor. La repetida sierra del *Algibe* que parece cobijar al pueblo, no presenta vistas pintorescas, porque su vegetacion solo ofrece espesos matorrales; la jara, el brezo y otros mil arbustos que crecen en las tierras incultas; pero en cambio proporciona variado alimento á millones de abejas que van allí á buscar el dulce jugó para sus panales, y es origen de multitud de fuentes, casi todas potables, entre ellas la del *Castaño*, la del *Cura* y la *Nueva*, cuya frescura sirve de un beneficio inmenso á la feraz vega que se halla á sus faldas. En aquella montaña se ven tambien peñascos enormísimos, agudos guijarros y diferentes vetas de tierra mineral, especialmente ferruginosa, y una especie de yeso de que se vale la gente pobre para blanquear sus habitaciones. Existe ademas en el térm.; primero una ermita en estado ruinoso dedicada á San Antonio (pero sin este santo) á dist. de unas 100 varas al NO. de la pobl.; segundo: otra á 1/2 leg. al O. en buen estado con bóveda y advocacion á Ntra. Sra. del Campo, cuya festividad se celebra con romería el dia tercero de pascua de Resurreccion, é inmediata una casa que sirve de albergue á los que van á la fiesta; y tercero al SO. de la sierra del *Algibe*, una especie de gruta conocida con el nombre de *las Cuevas*. Es esta gruta un recinto circular de unas 10 varas de diámetro, interceptado en su centro por un grande peñon que lo divide, sin impedir que se comuniquen las dos cuevas por una abertura que tiene en su parte superior: el interior de 5 varas de alto, y de ancho alrededor del peñon de 3 á 5, está formado por una bóveda natural. Cerca de este sitio mirando al SO., hay una fuente de agua muy ferruginosa, cuya circunstancia unida al aspecto del terreno, y á las escavaciones y escorias de hierro que por allí se advierten, inducen á creer que en algun tiempo se esplotaron minas de este metal, y esto mismo aseguran los naturales del pueblo. Recibe la CORRESPONDENCIA de Arroyo del Puerco (2 leg.) á donde va un hombre á buscarla, y se halla próximo al camino que desde Cáceres va á Portugal por Valencia de Alcántara: PROD.: trigo, avena, cebada, aceite, miel, cera, garbanzos: y las de la hermosa vega, donde hay mas de 30 huertas, esquisitas legumbres, ricos melones y escelentes frutas: el ramo de colmenas que ha sido siempre uno de los principales recursos de los moradores, quienes en tiempos nada remotos contaban 12,000 de aquellas, se halla hoy reducido á menos de la mitad de sus prod. La caza mayor y menor es abundante en la sierra, donde tampoco faltan animales dañinos: hay ganado cabrio en bastante número y vacuno: IND.: la agricultura, el cuidado de las colmenas y la elaboracion de carbon de brezo, que espenden para las fraguas de todos los pueblos comarcanos; 3 prensas de viga para aceite, una fáb. de jabon blando, otra de teja y ladrillo y dos hornos de pan: POBL.: 322 vec.: 1,764 alm.: CAP. PROD.: 1.492,000 rs.: IMP.: 96,410: CONTR.: 17,920: PRESUPUESTO MUNICIPAL: 7,000 rs. del que se pagan 2,200 al secretario, y se cubre con los fondos arbitrados sobre las fincas del comun por carecer de propios. Redúcese á este l. la *Isalœcus* de Ptholomeo, por las graduaciones de este geógrafo y la analogia de los nombres; en la edicion argentina y en el códice de Mendoza se escribió *Sallœcus*. En 1426 en que era ald. de Cáceres, se hallaba destruida, quemada, robada y desp. con motivo de la guerra que el Rey habia tenido con Portugal, por ser el único pueblo que existia entre aquella cap. y la v. de Alburquerque.

ALISEDA: arroyo en la prov. de Badajoz; part. jud. de Puebla de Alcocer, térm. de Sancti-Spiritus: nace en la sierra de Siruela, 1/2 leg. al N., cruza el térm. de aquel pueblo, y desemboca en el r. Guadalemar á las 2 leg. de su origen: no ofrece cosa alguna de particular.

ALISNÉ: desp. en la prov. de Córdoba, part. jud. de Posadas y térm. jurisd. de *Almodóvar del Rio*.

ALISTE: r. en la prov. de Zamora y part. jud. de Alcañices; va con direccion de NO. á SE; se forma de las aguas de diversas fuentes y arroyos, que desprendidos de la *Sierra de la Culebra* principian á reunirse en el pueblo de San Pedro de las Herrerías: con el nombre de r. se dirije por Mayde á Pobladura, en donde se encuentra un mal puente de madera; pasa por los l. de Torre y Palazuelo de las Cuevas, bañando á este por la der. y al primero por la izq., y entra en San Vicente de la Cabeza, en donde así como en Bercianos que deja tambien á la izq., hay puentes de madera de muy mala construccion: continúa su marcha, y antes de llegar á Flores recibe el arroyo *Cebal*, que trayendo su origen de los montes y jurisd. de Villarino, pasa por Fradellos y viene á unirse por la der. al mismo tiempo que por la izq. admite á *Riofrio*, enriquecido con las aguas que bajan por Cabañas y Camp grande de la indicada sierra de la Culebra: pasa por Flores, y en su tránsito á Gállegos del Rio, recoge el arroyo Mena ó sea ribera de Mantellanes y Mellanes: en Gállegos encuenra un puente igual á los anteriores; á poco trecho se le reunen los citados riach., y atravesando por el térm. de Domes, entra en el de Vegalatrabe, pasa por debajo de otro puentecillo y dejando la pobl. á la izq., llega á Losacino de Alba, donde existen restos de un puente de piedra de dos arcos, que destruyó una avenida en el año 1804. Cruza el pueblo y térm. de Losacino el riach. de *Val de Ladron*, que descendiendo tambien de la sierra de la Culebra, baña á Losacio, y viene á unirse al Aliste, el que dirigiéndose á Muga y puente de madera del Castillo de Alba, entra en el terr. de Carbajales, en el cual y en el sitio denominado Caño de la Barrosa está un barquichuelo que da paso al camino de Carbajales á Bermillo, y finalmente se une con el Esla al S. de la Pueblica y junto á la barca de San Pedro de la Nave lím. del part. jud. de Zamora, despues de haber recorrido unas 11 leg. En lo general es vadeable, especialmente en verano y en las primeras 5 leg. de su curso, puesto que aun llega á interrumpirse en dicha estacion, pero es caudaloso en invierno, y en las 6 leg. restantes hasta su confluencia con el *Esla*. Su mayor profundidad es de una vara; fertiliza el terr. que recorre, y en sus márg. se encuentran buenos y nutritivos pastos, frondosas y espesas arboledas: da impulso á un crecido número de molinos harineros y proporciona á los pueblos inmediatos escelente pesca de barbos, anguilas, cangrejos y truchas.

ALITA: deh. en la prov. de Toledo, part. jud. de Torrijos, térm. del l. de Burujon; SIT. una leg. al E. del pueblo á la orilla der. del r. *Tajo*, en donde hay sotos de álamos blancos, fresnos y otros árboles; tiene una CASA de labranza ó quintería para el abrigo de los labradores y ganados, comprende 600 fan. de tierra, dedicadas antes á pastos, y ahora á labor: su cosecha comun es de 1,500 á 2,000 fan. de grano de todas clases.

ALITAGE: cortijo en la prov. de Granada, part. jud. de Santa Fe, térm. jurisd. de *Pinos-Puente* (V.); se compone de 8 suertes de tierra calma de riego, de 350 marjales cada una, propiedades todas del mismo pueblo: en dichas suertes hay 8 CASAS de varios capellanes, dejadas por el fundador de ellas D. F. Benítes y Doña Claudia Padial, su mujer, para que las disfrutasen sus herederos con el cargo de que habian de ser clérigos. Tiene ademas dicho cortijo 1,500 marjales de olivar, propios de D. José Vasco, comprados al Gobierno por obra Pia: en estas tierras que confinan con las anteriores, escepto por el N., que lindan con el r. *Cubillas*, hay una casa principal con un molino de aceite de dos vigas, y junto á ella una ermita para decir misa; y aunque impuso la obligacion el fundador que uno de los capellanes debian bajar los dias festivos á decirla, hace mucho tiempo que están los labradores sin ella.

ALIUD: l. con ayunt. en la prov. y part. jud. de Sória (4 leg.), aud. terr. y c. g. de Búrgos (24), dióc. de Osma (12): SIT. en una hermosa llanura á las márg. del r. *Rituerto*: su cielo hermoso, su despejado horizonte y la deliciosa vega por donde se estiende la vista desde el punto que ocupa, dan al pueblo el aspecto mas agradable; es dominado generalmente por el viento N., y esto hace que su CLIMA sea bastante frio, pero sano. Se compone de 40 CASAS inclusa la municipal; todas de construccion ordinaria, y sin otras comodidades que las que exige el género de vida de sus hab. Tiene una fuente de buen agua, aunque algo gruesa; una escuela de instruccion primaria, comun á ambos sexos, con la dotacion de 245 rs. y 80 medidas de trigo; concurren á ella como unos 26 niños y 5 niñas, y una igl. parr. de primer ascenso bajo la advocacion de Santiago, la que tiene por anejo á San Miguel del pueblo de Albocabe; la sirve un párroco. Confina el TÉRM. por N. con el de Cabrejas, por E. con Albocabe, por S. con Torralba y Gomara, y por O. con Paredes, Royas y Aldealafuente. Se estiende 1/4 leg. por N. y E. y 1/2 por S. y O. Se encuentra en él una fuente de buen agua, una ermita en una altura al E. de la pobl. bajo la advocacion de San Cristóbal, un magnífico molino sobre el r. Rituerto, que naciendo en la deh. de Valdegaña, part. de Agreda lleva curso de N. á SE., pasa casí junto á las paredes del pueblo y con sus aguas da impulso al molino. Comprende el desp. de Aranguel. Su TERRENO es rico y feraz, prestándose ventajoso á todo género de cultivo, y se compone la cuarta parte de segunda calidad, lo demas de tercera. Sus CAMINOS, la carretera de Pamplona á Madrid y la de Ateca á Sória: ambas en muy buen estado. El CORREO se recibe de la adm. de Sória por balijero los mártes y viérnes, y sale los mismos días: PROD.: trigo, centeno, cebada, avena, legumbres (aunque pocas) y algo de verduras, siendo su mayor cosecha la del trigo. Hay ganado lanar, mular, caballar (poco), vacuno, asnal y de cerda; cría perdices, liebres, conejos y codornices: su COMERCIO está reducido á la venta de granos y lanas; POBL.: 46 vec.: 184 alm.: CAP. IMP.: 61,500 rs. con 24 mrs. El PRESUPUESTO MUNICIPAL asciende á 800 rs., y se cubre con 300 de arbitrios, y el resto por repartimiento vecinal.

ALIVA: puerto de pastos en la prov. de Santander, part. jud. de Potes y valle de Valdebaró, con tránsito para Asturias por medio de un camino de herradura: SIT. á grande altura entre las encumbradas peñas de *Europa*, en donde solo se cría un arbusto pequeño, que los pastores llaman anabio. Todos los pueblos correspondientes al espresado valle llevan á él sus ganados en la temporada de verano, teniendo cada uno su majada particular y propia, para arredilar el que le pertenece; estas están inmediatas á las cuevas que hay en las mismas peñas, en las que se guarecen los pastores y tienen sus utensilios de madera; para ordeñar, cuajar la leche, hacer el queso y ponerlo á secar al humo del anabio que le da un olor y gusto agradable, y para cuyo gobierno hay sus ordenanzas, nombrando para hacerlas observar un sugeto á quien se da el titulo de alc. del puerto. En este grande promontorio se encuentran fuentes de esquisitas aguas, arroyos, valles y campos de bastante estension; y por la parte de Asturias, pueblos habitados casi esclusivamente por pastores. El r. *Uge*, que nace en el mismo al pie de un grande cerro que se eleva en el centro de dichas peñas, despues de correr con suavidad un buen espacio, viene á precipitarse por profundos despeñaderos, hasta que se incorpora al *Cares* en el pueblo de Arenas. Este puerto, que con su esquisita yerba alimenta un número considerable de ganados, está cerrado por la parte que corresponde á Liébana con una pared, en la que hay un portillo que abren y cierran los transeuntes, y seria muy conveniente que estuviera del mismo modo por la que confina con Asturias, con lo que se evitarian las prendadas que se hacen los pueblos de una y otra parte, en las que ademas de lo que padecen los ganados, suelen ocurrir desgracias personales que tienen arruinadas muchas familias y aun algunos pueblos. Entre estos elevados peñascos inaccesibles en distintos puntos, viven á sus anchas y placer infinidad de rebecos; especie de cabra montés de suma ligereza y agilidad para andar por riscos y precipicios á donde solo estos y las aves pueden llegar: se hace no obstante bastante caza de ellos, aunque esto solo puede verificarse á la descuidada, ó guiándolos á ciertos sitios donde se les espera, fuera de lo cual es inútil ó mas bien imposible toda persecucion. En la montaña á cuyo pie nace el mencionado r. *Uge*, que se conoce con el nombre de *Peña-Vieja*, existe un criadero de alcohol, de donde parece haberse estraido mucho mineral en tiempos antiguos, segun la descripcion que hacen de algunos parages los prácticos que se atreven á trepar por estos peligrosos sitios; en años pasados se efectuó alguna estraccion, lo que motivó que se denunciase la mina, pero hasta ahora los resultados no han sido ni aun medianos.

ALIZACES: desp. agregado al ayunt. de Mozarbes en la prov., part. jud. y ob. de Salamanca (3 leg.): confina al N. con Mozarbes, E. con Terrados, S. con Morilla y O. con Arriseos, ocupa de E. á O. menos de media leg., y otro tanto de N. á S., y comprende 650 huebras de tierra, la mayor parte de pasto en prados y monte de encina, que llena unas 500 fan.: el suelo de su terrazgo y vuelo del monte perteneció al colegio de San Bartólome (*el viejo*) de Salamanca, menos la octava parte de sus prod. que era de las monjas de Sta. Ursula. Todavia se conservan algunos restos de casas y otros edificios, si bien tiene un solo vec. y 4 hab.: PROD.: granos, y ganado lanar, cabrío y de cerda: CAP. PROD.: 30,000 rs.: IMP.: 1,700 rs.; CONTR. inclusa la del clero, 636 rs.

ALJABA: variante con que se halla escrito en el sinop. de Ferrera, (parte 7.ª pág. 30) el nombre *Algába* (V.).

ALJAN (SAN PELAGIO DE): felig. en la prov. de Pontevedra (5 leg.), dióc. de Tuy (2), part. jud. de Puenteareas (1/2), y ayunt. de Salvatierra (1): SIT. á la márg. izq. del r. Tea; su CLIMA sano: comprende los l. de Aldea, Besada, Cotodo-curo, Fragado Rey, Gandrachan, Grijó, Herrideiro, Pazos, Porto, Rabadanes, Souto, Teijoqueira y Torre: la igl. parr. (San Pelagio) es servida por un abad, cura párroco de presentacion laical: su escaso TÉRM. confina por N. con la felig. de San Jorge de Salceda, por E. con el citado r. Tea, por S. con San Miguel de Cabreira, y por O. con Nogueira: el terreno participa de monte y llano con parte fértil y de regadío: los CAMINOS muy medianos: el CORREO se recibe en la cap. del part.: POBL.: 156 vec.: 624 alm.: CONTR. con su ayunt. (V.).

ALJAN: l. en la prov. de Pontevedra, ayunt. y felig. de *Sotomayor* San Salvador (V.).

ALJARAFE: terr. poblado de árboles, en la prov. de Sevilla, part. jud. de Sanlúcar la Mayor: se conoce con este nombre la estension de terreno que hay desde la sierra por la parte del N., y se estiende al S. por espacio de 5 leg., teniendo 12 de circunferencia: lo riega por el O. el r. *Guadiamar ó Guadalimar*, que por el punto llamado *Cano de las nueve suertes*, desemboca en el *Guadalquivir*, el cual corriendo al S., circunda tambien dicho terreno. Bajo la denominacion de pueblos de *Aljarafe* se comprenden casi todos los del part. jud. de Sanlúcar la Mayor, y algunos del de Sevilla: dicha palabra, que es arábiga, y significa, como ya se ha dicho, lugar poblado de árboles, ó heredades de olivar, por lo que es costumbre llamar Aljarafe á toda suerte plantada de este árbol, quieren decir algunos que significa la altura grande, pues el Aljarafe está situado á 1 leg. de Sevilla en terreno elevado, subiéndose á él por cuestas: Los antiguos llamaron á este parage *Huerta de Hércules* por ser el que dicen plantó los olivos en esta comarca. En tiempo de los árabes, fue un terreno de considerable riqueza por sus numerosos molinos de aceite, olivares, y alquerias, tanto que el Rey San Fernando en la conquista, se reservó el diezmo del aceite, higos, cal y ladrillos del Aljarafe y ribera. Del árabe *Scharuf*, que se interpreta con propiedad *la Loma*, *el Otero*, *el Cerro*; y por ampliacion, *el terreno feraz y aventajado*, tiene su origen este terr. En él se trabó la sangrienta batalla, en que Mohamed quedó vencido y prisionero por su hermano Abd-el-Rahman el Modhafer, dada el año 890. La reina Doña Isabel hizo desmantelar muchos cast., en este dist. sobre el año 1478, para quitar su apoyo á los nobles, en sus disensiones, que trataba de cortar con firmeza, uniendo entre sí al marques de Cádiz y al duque de Medina Sidonia.

ALJARAMES: arroyo en la prov. de Málaga, part. jud. de Estepona. Nace en el térm. y á 1 leg. de Genalguacil, es de curso perenne, y se incorpora con el r. titulado Genal.

ALJARAQUE: v. con ayunt. en la prov., part. jud., adm. de rent. y distr. marit. de Huelva (1 hora), aud. terr., c. g. y dióc. de Sevilla (16): SIT. en una altura de dilatada superficie, combatida por todos los vientos, principalmente por los del S., padeciéndose algunas fiebres intermitentes: tiene 67 CASAS de 4 varas de altura por lo regular y de buena distribucion interior, en una calle cómoda, limpia y bien empedrada; cárcel casi arruinada, pósito, igl. parr. de entrada, con cementerio en ella, dedicada á Ntra. Sra. de los Remedios y servida por un cura cuya provision es de concurso general. Confina el TÉRM. con Gibraleon y Cartaya, estendiéndose por E. y S. 1/2 hora, por O. una y por N. 1/4: en él se encuentran, como á 80 pasos de la pobl., la ermita de San Sebastian, en la que se dice misa, á cargo del ayunt.; dos fuentes de buenas y abundantes aguas de que se surten los hab. para sus usos domésticos y para los ganados, y no lejos existe un molino harinero impulsado por las aguas del r. *Odiel* que marcha de N. á S. á desaguar en el Océano, en el cual, que es de curso perenne y bastante caudaloso, hay una barca de paso y abunda el pescado lisar: el TERRENO es tenaz, flojo, alguna parte de regadío y se divide en 90 suertes, de las que se cultivan 400 fan. de primera clase, 300 de segunda y 450 de tercera: hay ademas 7 huertos pequeños y de 20 á 25,000 pies de arbolado pinar: las labores se hacen con 100 yuntas y 10 cangas: pasan por el térm. dos CAMINOS carreteros, uno en direccion á Cartaya, otro á Gibraleon y los demas son de herradura: la CORRESPONDENCIA se recibe en dias indeterminados; PROD.: trigo, cebada, avena, aceitunas, frutas, legumbres y toda clase de semillas en cantidad suficiente para el consumo: existe cria de ganado lanar, cabrio y vacuno, y abunda la caza menor, lobos y zorras. POBL.: 87 vec.: 395 habit. dedicados á la agricultura, importacion de aceite de Gibraleon, vino de Palos, y géneros de vestir de Huelva y Cartaya: CAP. PROD.: 1.646,754 rs.: IMP.: 70,724 rs.: CONTR.: 6,175 rs. 33 mrs. El PRESUPUESTO MUNICIPAL que asciende á 4,500 rs., se cubre con los prod. de propios consistentes en 2,000 fan. de tierra de labor, arbolado y pasto. Aunque se ignora la primera fundacion de esta v., se infiere de una carta de deslinde y amojonamiento autorizado por D. Alfonso el Sábio, que se llamaba Aljafar en el año 1268: á principios del siglo XVI, mandó poblarla su señor el duque de Medina-Sidonia, sobre las ruinas de una ant. alq. árabe llamada Aljaraque: no se ha fomentado por ser su terreno corto y poco productivo; pero en el dia se nota va en aumento, en razon al desarrollo de su agricultura y plantios de naranjal é higueral: en 1804 se perdieron todos los sembrados, pero el señor del pueblo suministró granos para comer y sembrar.

ALJECIRAS: (V. ALGECIRAS).

ALJIBRE: l. en la prov. de Lugo, ayunt. y felig. de *Riotorto*, San Pedro (V.).

ALJOCEN (ALHOCEN): cortijo en la prov. de Cádiz, part. jud. y térm. jurisd. de *Jerez de la Frontera* (V.).

ALJOMAS: cortijo en la prov. de Granada, part. jud. de Santafé, térm. jurisd. de *Pinos-Puente* (V.).

ALJONOS: cast. arruinado de la prov. de Sevilla, part. jud. y térm. jurisd. de *Estepa* (V.): da nombre al part. en que está sit., y á corta dist. de él, se hallan tres cortijos contiguos, compuestos de tierras calmas que lindan con el r. Genil.

ALJORF: (tambien se escribe ALCHORF): l. con ayunt. en la prov., aud. terr., c. g. y dióc. de Valencia (11 leg.), part. jud. de Albayda (130 pasos), adm. de rent. de Onteniente (1 leg.): SIT. en un llano, donde libremente le combaten todos los vientos, y disfruta de CLIMA bastante saludable. Tiene 99 CASAS de mediana fáb. y mal aspecto, distribuidas en calles tortuosas y poco llanas; un pósito, cuyos fondos ó existencia se reduce á un cahiz de trigo; escuelas de primeras letras á la cual asisten de 14 á 20 niños, y otra frecuentada por 25 niñas, ambos establecimientos sin dotacion fija, y una igl. parr. bajo la advocacion de la Natividad de la Virgen, servida por un cura párroco, cuyo destino es perpétuo y lo provée el diocesano en concurso general: aneja de esta parr. es la de Benisóa. Para surtido de los vec. hay varias fuentes y pozos de aguas abundantes y de buena calidad. El TÉRM. de este l. se halla enclavado en el de *Albayda* (V.), y por consiguiente su TERRENO es de la misma clase que el de la espresada v.: hay en él algunos barrancos y dos balsas donde se recogen las aguas con las cuales se riegan varios trozos de tierra; tambien se encuentra una casa apropósito para la labranza. Por en medio del pueblo cruza el CAMINO que va desde la Olleria á Albayda, el cual y los demas locales se hallan en mal estado. Recibe la CORRESPONDENCIA de esta última v.: PROD.: trigo, maiz, garbanzos, judias, guisantes, habas, lentejas, guijas, calabazas, algarrobas, garrofas, vino, aceite, miel, cera, seda, lino, melones y otras frutas; cria ganado mular, asnal, y de cerda: IND. telares de lienzos ordinarios, una tienda de ropas, y varias de abacería: POBL.: 65 vec.: 290 alm.: CAP. PROD.: 590,083 rs.: IMP.: 23,750: CONTR. 6,678 rs. 9. El PRESUPUESTO MUNICIPAL asciende á 2,800 rs. que se cubren con varios arbitrios por valor de 1,700 rs. y lo que falta se reparte entre los vec. Corresponde este l. al marquesado de Albayda, y sostiene contra el Marqués un pleito sobre multitud de prestaciones, y derechos de señorío. El nombre de este pueblo *Aljorf* ó *Aljort*, como se lee en la hist. de Valencia por Escolano, es de etimología árabe, y le fue dado en razon de su topografía.

ALJORRA, diputacion con varios cas. en la prov. de Murcia, part. jud. campo, y á 1 1/2 leg. de *Cartagena* (V.), con 211 vec.: 1,095 habitantes.

ALJOZAR: ald. ant., hoy despoblado, en la prov. de Córdoba y part. jud., de Fuente Obejuna: en él existe únicamente un cas. en que habita el guarda que custodia la deh. del mismo nombre sit. cerca del r. Lujar y camino de Monterubio.

ALJUBE, casa y huerta en la prov. de Albacete, part. jud. de Hellin, térm. jurisd. y á 1 leg. N. de *Tovarra*. (V.).

ALJUCEN: r. de la prov. de Badajoz, part. jud. de Mérida: nace en el sitio denominado *Javalin*, térm. de Montanches en la prov. de Cáceres, lleva el nombre de *arroyo-Javalin* en su orígen: luego toma el de *Montanchuelo*, que cambia por el de *Valderrey*, por abajo de Arroyo-Molinos, part. de Montanches, y entrando en la jurisd. del pueblo de Aljucen en el de Mérida, es conocido con el de este l.; su curso es de E. á S.: en el térm. de Montanches le entran por su der. todas las aguas que en pequeños arroyuelos van formándose en las faldas que rodean el sitio titulado la *Quebrada*, las que salen de las fuentes Encinilla y Jerrumbrosa: el arroyo *Juncal* en el sitio titulado *Boca de la tabla*, y el de la Jara en el *rincon del Gállego*, y por la izq. ademas de otra porcion de arroyos que no tienen nombre, el de Valdelayegua, en el mismo sitio del rincon: en la deh. de Arroyo

Molinos recoge las del arroyo *Retuerta*, y continuando siempre con nuevas adquisiciones por bajo de la sierra del Moro y térm. de Aljucen y Esparragalejo, entran en Guadiana al S. del último, en el desagundero del molino y batan que nuevamente ha construido D. Gerónimo Toresano vec. de Mérida: hasta el sitio de *Boca de la tabla* vá por tierra llana; y se seca en el estio; desde allí adelante forma algunos barrancos, y conserva en todo tiempo algunos charcos para abrevadero: en la estacion de lluvias intercepta sus vados por algunos dias; tiene un solo puente en la jurisd. de Aljúcen, de piedra y casi destruido; dá movimiento cerca de Esparragalejo á dos molinos harineros, y solo cria alguna pequeña pesca de pardillas, picones, bordallos y algunas tencas.

ALJUCEN: l. con ayunt. de la prov. y c. g. de Badajoz (11 leg.), dióc. exenta de S. Márcos de Leon en Llerena (15), aud. terr. de Cáceres (9), part. jud. y adm. de rent. de Mérida (12): SIT. á la márg. izq. del r. de su nombre, en una hondonada que forman dos cord. de cerros poco elevados: le baten los vientos de E. y O. y su CLIMA es bastante sano, siendo las enfermedades comunes algunos dolores de costado; cuyo origen se desconoce. Forman el pueblo 55 CASAS de mediana fáb. y poca solidez, la mayor parte de un piso y de 3 1/2 varas de elevacion, distribuidas todas en varias calles mal empedradas aunque limpias, por la pendiente del terreno; tiene casa municipal, cárcel mezquina, pósito regular, cuyos fondos consisten en 967 fan. de trigo, en deudas, la mayor parte incobrables, y una escuela de educacion primaria dotada con 620 rs. anuales pagados del fondo de propios, á la que asisten 12 niños; igl. parr. dedicada á San Andres, de la que es aneja la de Carrascalejo, servidas ambas por un cura párroco, cuya plaza provee el tribunal especial de las Ordenes; su edificio construido al E. de la pobl. tiene 36 varas de largo, 13 de ancho y 14 de altura, sin otra particularidad notable, mas que una torre que está contigua, cuya elevacion es de 22 varas: al S. E. del pueblo dist. 150 varas, se halla el cementerio en sitio que no perjudica á la salud pública. Confia el TÉRM. por N. y O. á 1/2 leg. con el de Menda, por el E. á igual dist. con el de Mirandilla, y por el S. 1/8 leg. con el de Carrascalejo. Hácia el N. de las casas, y dist. de 600 varas. brota una fuente, habiendo en la misma direccion, á 300 varas un pozo, cuyas aguas, si bien poco apetecibles, aprovechan los vec. á falta de otras de mejor calidad; tambien por el lado del r., y dist. 600 varas, cruza el indicado r. Aljucen, sobre el que habia un puente de tres ojos arruinado en la actualidad: el curso de este r. queda paralizado durante la primavera y estio, dejando únicamente algunos charcos, que sirven de abrevadero á los ganados: sus aguas dan impulso á un molino de cubo harinero, que hallándose destruido há sido habilitado recientemente: críanse en aquel bordallos, picones y bogas. El TERRENO es quebrado, flojo, y bastante estéril; abraza 2,500 fan., de las que hay en cultivo 500, reputándose 150 de segunda clase y 350 de tercera; las restantes permanecen baldias por su ínfima calidad y escesiva aspereza: críanse en ellos fresnos y encinas con abundante yerba para pastos, cuyo aprovechamiento, asi como el de unas 50 fan. de tierra roturada y dividida en pequeñas suertes pertenecen á los propios. Los CAMINOS son locales y se conservan en regular estado: la CORRESPONDENCIA se recibe dos veces á la semana en la c. de Mérida por medio de un balijero, á quien se pagan 100 rs. del fondo de propios. PROD.: trigo, cebada, centeno, garbanzos, bellota, vino; hay ganado vacuno, caballar, asnal, de cerda, lanar y cabrio. POBL.: 66 vec., 220 alm.: CAP. PROD.: 1.122,000 rs.: IMP.: 61,400: CONTR.: 5,873 rs. 10 mrs.: PRESUPUESTO MUNICIPAL: 5,849, que se cubre con el prod. de propios, y consisten estos en los aprovechamientos de yerbas y pastos que mantienen 1,000 cab. de ganado lanar, y en el de la labor de 50 fan. de tierra, divididas en suertes de fan. y media de pan llevar. Es de fundacion árabe, y asimismo es árabe su nombre. Fue en otro tiempo mayor su pobl.

ALJUCER: v. con ayunt. en la prov., part. jud. y adm. de rent. de Murcia (1/2 leg), aud. terr. de Albacete (23), c. g. de Valencia (30), dióc. de Cartagena (5 1/2): SIT. en el centro de su huerta, y en la carretera que conduce de la cap. á Cartagena; goza de CLIMA templado, y tiene 450 CASAS, escuela de niños (54), de enseñanza elemental incompleta, dotada con 1,100 rs. pagados por reparto vecinal, y una igl. aneja de la parr. de Palmar, servida por un teniente. El TÉRM. confina al N. con el de Murcia, E. con Beniajan, S. con Nonduermas, y O. con Raya, cultivándose 3,342 tabullas de tierra de la mejor calidad, regada por medio de canales con las aguas del r. Segura, y las labores se hacen con ganado mular y vacuno: la CORRESPONDENCIA se recibe de Murcia en los dias que llegan á dicha cap. los correos generales. PROD.: trigo, cebada, maíz, seda, algun vino, y toda clase de frutas y hortalizas: POBL. OFICIAL: 218 vec., 915 hab. (*) dedicados á la agricultura y esportacion de los frutos sobrantes á diferentes puntos; hay dentro del pueblo y sobre la acequia mayor de Barreros un molino harinero con una piedra, y á la salida sobre la misma acequia, otro con dos piedras, llamado del Porche. CAP. PROD. TERR.: 9.239,666 rs.: IMP.: 277,190 rs.: prod. de la ind. y comercio 50,000 rs. Uno de los choques parciales que mas honraron á las armas españolas en la guerra de la Independencia, fue el que sostuvo en este pueblo D. José de Zayas en 1809.

ALJUCER: diputacion en la prov. y part. jud. de Murcia, térm. jurisd. de *Palmar* (V.).

ALJUFIA (ACEQUIA MAYOR DE): V. el art. MURCIA, c.

ALJUP (CAP. DE): aqui estaba, segun Máyans, en su *Ilic* pág. 43) el *puerto Ilicitano* (V. ILICI Y ELCHE).

ALMA: granja en la prov de Albacete, part. jud. de la Roda, térm. jurisd. de *Munera* (V.).

ALMACELLAS: l. con ayunt. de la prov., part. jud., adm. de rent. y dióc. de Lérida (4 leg.), c. g. de Cataluña, (Barcelona 29): SIT. en los confines de la prov. de Huesca, en una estensa llanura cerrada por el S., por una cadena de colinas, cuyas cimas constituyen grandes mesetas: es combatido alternativamente por los vientos de E. y SE. que hacen su CLIMA templado y saludable; si bien algun tanto propenso á ataques de perlesía: forman la pobl. 150 CASAS de moderna fáb., construidas de cal y canto, con mas la consistorial y el pósito: hay una escuela de primeras letras, dotada con 1,000 rs., á la que concurren 35 niños; y un pozo abundantísimo, de propiedad del señor terr., de cuyas aguas y las pluviales embalsadas se sirven los vec. para su consumo: hay tambien una igl. parr. bajo la advocacion de Ntra. Sra. de las Mercedes, servida por un cura y un sacristan, que hace ademas de campanero, nombrado por aquel: el curato es de primer ascenso, y se provée en virtud de presentacion del señor terr. que ejerce el derecho de patronato. El TÉRM., en el que está enclavada la ald. de *Almacelletas*, llamada antiguamente La Zayda, y que se compone de siete CASAS (V.), confina por el N. con el de Tamarite (3/4 leg.), por el E. con el de Alguairé (3/4), por el S. con el desp. de Suchi (1/4), y por el O. con el desp. de Ventafarines (3/4): el TERRENO, aunque de secano, es muy feraz, y comprende sobre 8,000 jornales, de los cuales, la parte de mejor calidad se destina para cereales, dejando para aceite y vino la inferior; hay 1,000 jornales incultos cubiertos de pinos, enebros y otros arbustos, y de buenas yerbas de pasto, que son especiales para la cría de toda clase de ganados. Por el centro de la pobl. pasa la carretera que guia á Monzon y Barbastro desde Lérida, intransitable en tiempo de lluvias. La CORRESPONDENCIA se recibe de Lérida, á cuya adm. van á buscarla los vec. PROD.: trigo, cebada, centeno, aceite y algun vino: el trigo y aceite es su mayor cosecha, y á estos art. se les da la preferencia en todos los mercados de Cataluña: cria 3,000 cab. de ganado lanar, y 500 de vacuno; (antiguamente habia una hermosa casta de caballos, que competia con las de Andalucía, en finura, y las escedia en robustez): hay caza de liebres, particulares por su pequeñez y ligereza: y algunos conejos y perdices. IND.: un molino de aceite con cuatro prensas, que se halla en muy buen estado. COMERCIO: la esportacion de granos y aceite, é importacion de frutos coloniales; verduras y frutas, y tejidos del pais. POBL.: con la ald. de Almacelletas 157 casas, 149 vec. 590 alm. CONTR.: por terr. 10,000 rs., y por los demas conceptos, incluso el PRESUPUESTO MUNICIPAL 15,000 rs. que se cubre por reparto entre los vec. Este l. desapareció por los años de 1640. Fuè reedificado por los años de 1780 por haber vendido la corona aquellos desp. á D. Melchor Guardia, con la obligacion de repoblar. Hállanse monedas ant. en el solar de la primitiva pobl.

(*) No podemos menos de decir, como por igual razon lo hicimos en el art. Algezares, que la pobl. que segun nuestros datos tiene esta v., es de 491 vec., 2,117 hab.

ALMACELLETAS (conocido ant. con el nombre de LA ZAYBA): ald. de la prov., adm. de rent. y part. jud. de Lérida, jurisd. y parr. de Almacellas; en cuyo térm. se halla enclavada, formando parte integrante del mismo (V.).

ALMACEN: ald. en la prov. y ayunt. de Lugo, y felig. de San Pedro Felix de *Muja* (V.): POBL.: 6 vec., 27 alm.

ALMACIGA: pago de la isla de Tenerife, prov. de Canarias, part. jud. de Sta. Cruz, jurisd. y felig. del l. de *Taganana* (V.).

ALMACILES: aldea con alc. p., en la prov. de Granada, part. jud. de Huescar, térm. jurisd. y á una leg. E. de la *Puebla de D. Fadrique* (V.): SIT. en una cañada que se estiende de NO. á SE. junto al camino de herradura de la prov. de Almeria á sierra Segura; tiene una parr. rural, y aunque escasa de agua potable, fertiliza el térm. la rambla llamada de *Caballer*, despue de las grandes lluvias y tempestades; no lejos de la ald., se descubrió en el año 1819 un sepulcro que contenia un esqueleto entero, puesto de cuclillas, de un niño de 10 ó 12 años de edad; y dos de hombres atravesados de pecho á espalda con una lanza de cobre sin cubo. POBL.: 153 vec. 694 hab.

ALMACHAR: r. en la prov. de Málaga, part. jud. de Velez Málaga. Nace en lo mas hondo del cerro de Santo Pitar, sigue su curso por los arrabales de la v. de Borge y por cima de Benamocarra, fertiliza muchas tierras de su ribera cubiertas de limoneros y hortalizas, y se confunde con el r. de Velez por frente de la huerta nombrada del *Obispo*: en los años escásos de aguas suele interrumpirse su carrera.

ALMACHAR: (vulgo el MARCHAR): r. en la prov. de Málaga, part. jud. de Estepona y térm. de Jubrique. Nace en la sierra de Genalguacil á dist. de 1 leg. de la pobl., y fertiliza sus riberas sembradas de gran porcion de maiz, habichuelas y otras legumbres: es de curso perenne, llevando un caudal de aguas suficiente para dar impulso á varios molinos harineros; en el invierno son temibles sus avenidas, porque recogiendo las aguas de todas las cañadas de la sierra, crece repentinamen- y arrastra ganados y cuanto encuentra á su paso, precipitándose despues en el r. llamado Genal.

ALMACHAR: v. con ayunt. en la prov., dióc. y adm. de rent. de Málaga (4 leg.), part. jud. de Colmenar (3), aud. terr. y c. g. de Granada (18): SIT. en la falda de un cerro, y entre los llamados Carnache y Portichuelo: su CLIMA es templado y sano, y las enfermedades que mas frecuentemente aquejan á sus moradores la flegmasia. Consta de 400 CASAS de miserable construccion, mal alineadas y casi las unas sobre las otras, á causa del mucho declive del terreno en que se hallan, de manera que las calles son tortuosas y de piso muy dificultoso: hay una escuela de primeras letras, sin mas dotacion que las asignaciones convencionales, por lo regular sumamente mezquinas, de los padres de los 32 alumnos que á ella concurren; cuenta tres fuentes de aguas potables á los alrededores del pueblo, denominadas Nariza, Blanca y Nueva; son suficientes durante el invierno y escasas en el verano, en cuya estacion se surten tambien los vec. de las cortas que hacen en los riach. que forma lo quebradizo del suelo: la igl. parr., dedicada á Sau Mateo aunque su patrono lo es San Blas, se encuentra en medio de la pobl.; es un edificio de sencilla construccion con 30 varas de long. y 20 de lat.; se compone de 3 naves, de las cuales la principal es de 9 de ancho; tiene cuatro columnas, y dos grandes pilares que forman el cuerpo del altar mayor, y en el testero de cada nave, se ve un altar de talla dorado. En el año de 1755 se votó por patrono del pueblo, con motivo de un terremoto, al Smo. Cristo de las Misericordias; al siguiente se le construyó el camarin en que existe, y en el de 1797 se le doró el trono, y las puertas de cristal; dicho camarin está fabricado sobre un arco que cubre la calle, sirviendo de sacristia con 7 pies de largo y 6 de ancho la habitacion que se halla al nivel del piso de la igl.: esta servida por un cura beneficiado, cuyo título reunió por incongruidad en el año de 1800, un teniente y un sacristan siendo la asignacion del primero 6,000 rs., 1,500 la del segundo, y 1,000 la del tercero, pagadas de la contr. del culto. La primera partida de bautismo de los libros parr. está fechada en 7 de febrero de 1537, y la de matrimonio en 2 de febrero de 1573: á la salida de la v. por el camino de Málaga y en puesto bastante elevado se encuentra el cementerio proporcionado al vecindario y bien ventilado. Confina el TÉRM. por N. con Borge á 1/4 de leg., y con Cutar á 1/2, por E. con Benamargosa y Velez-Málaga á 3/4 de leg. el 1.º y 2 el 2.º, por S. con Iznate y Bonaque á 1; y por O. con Moclinejo á igual dist. El TERRENO es sumamente barrancoso sin ofrecer ni un palmo de llanura, y su calidad pizarra muerta que solo sirve para el plantio de viñas: lo bañan los riach. formados por las vertientes de los cerros, los que toman mucha agua en tiempo de lluvias; los mas considerables son los llamados Almachar, Baloja, Especieros y Borge; siendo este último el que reune á los demas y desemboca en el mar á las dos leg. por la parte de Velez Málaga: los CAMINOS son de herradura de pueblo á pueblo, de dificil tránsito por la calidad y circunstancia del terreno y por el abandono en que se hallan: el CORREO lo recibe de la adm. de Velez-Málaga los miércoles y domingos por medio de un conductor, pagado por el ayunt. con 200 rs. del fondo de gastos municipales y el sobreporte de dos cuartos por carta. FIESTAS: la del Santisimo Cristo de las Misericordias, que se celebra en 15 de octubre, y la de la Concepcion en 8 de diciembre: PROD.: pasa moscatel que es su principal riqueza, algun vino, poco aceite, higos y algarrobas: la IND. consiste en 10 telares de lienzos ordinarios, y el COMERCIO en algunas pequeñas tiendas de géneros insignificantes de que se surten en Málaga y Velez Málaga; los granos y harinas que se consumen en el pueblo los llevan los arrieros de la parte de Loja y del reino de Córdoba: POBL.: 530 vec.: 2,081 alm.: CAP. PROD.: 3.501,600 rs.: IMP.: 108,160: CONTR.: 21,265 rs. 32 mrs. El PRESUPUESTO MUNICIPAL ordinario asciende á 9,000 rs., cuya cantidad se reparte entre los vec., con el descuento de 1,500 que suele producir la alhóndiga ó el aciento de los granos y harinas que se venden por forasteros.

ALMACHARES: arroyo en la prov. de Málaga, part. jud. de Velez-Málaga. Nace en el térm. de la v. de Canillas de Aceituno, y toma su nombre de una pobl. árabe que ha desaparecido, y que existió en una de sus márg.

ALMADEN: part. jud. de *entrada* en la prov. de Ciudad-Real, aud. terr. de Albacete, c. g. de Castilla la Nueva (Madrid), y dióc. de Toledo: le componen 7 v. y 5 ald., que forman al todo los 7 ayunt. cuyos nombres, dist. entre si, á la cap. de prov., á la aud. terr., c. g., silla arzobispal y á la Corte, resultan del estado que sigue:

ALMADEN, cabeza del partido.

4	Agudo.									
2	5	Almadenejos.								
1/4	4	2	Chillon							
11	15	9	11	Fuencaliente.						
4	4	5	4	13	Saceruela.					
3	1	4	3	14	14	Valdemanco.				
14	14	12	14	13	10	4	Ciudad-Real.			
42	43	40	42	30	28	44	29	Albacete.		
42	38	40	42	43	38	42	30	36	Madrid.	

Se halla SIT. al SO. de la prov. entre los párt. de Piedrabuena y Almodóvar del Campo que le circuyen por el N. y E.; la prov. de Córdoba y sus part. de Pozo-blanco é Hinojosa del Duque, que se estienden por el S. y la prov. de Badajoz y sus part. de Castuera, Alcocer y Herrera del Duque con los cuales confina por toda la línea del O.: su figura es irregular; desde el punto que divide los lím. de la ald. de Ventillas y de Almodóvar del Campo hasta los confines de la prov. de Badajoz, ó sea de E. á O., tiene 17 leg., y solas 8 de N. á S. por la parte mas ancha; esto es de la parte N. del térm. de Agudo hasta la setentrional de la prov. de Córdoba. Las prolongaciones de Sierra Morena por E. y las de los montes de Toledo por el N., se introducen en este terr. formando multitud de cabezos y colinas de poca elevacion, pero llenas de asperezas y quebradas; los mas notables son los llamados Cerro del Ciervo, Peñarrubia, Castilseras y la Cerrada que se corren de E. á O.; la Desilla y cerro de la Vírgen del Castillo, que se dirigen desde el E. 25° al S., y la loma del cast. de Aznaron que tambien desde E. se inclina 12° al S. Todos ellos estan poblados de encinas, robles, quejigos, acebuches, jaras, madroños y otros arbustos que forman bosques espesos, en los cuales se abrigan lobos, zorros, jabalíes, ciervos, gatos monteses y otras diferentes especies de caza mayor, y mucha menor. En todos ellos abundan las minas de sulfuro de plomo, sulfuro de zinc, óxido de hierro, y principalmente sulfuro de mercurio y mercurio nativo de las cuales se habla con toda lat. en los art. de *Almaden* y *Almadenejos* (V.). En todos ellos brotan esquisitos manantiales de aguas dulces y cristalinas y algunas minerales y termales, distinguiéndose entre estas, por los benéficos efectos que en distintas enfermedades producen, los de *Fuencaliente* (V.). Las vertientes de los cerros dan origen á diferentes arroyos y riach., todos de poca importancia. A 1/2 leg. de Fuencaliente se forma un r. que pasa despues á unos 400 pasos O. de la v.; no se le da nombre, hasta que en su direccion N. á S. confluye con otro llamado de los Molinos que baja en la misma direccion á 1/2 leg. de la pobl., desde cuyo punto se denomina r. Yegua; cuyo nombre cambia despues por el de Guadalmez; y corriendo hácia el O. entre las prov. de Córdoba y Ciudad-Real, recibe cerca del cast. de Aznaron los r. Alcudia y Valdeazogues, reunidos; y sale del part. para penetrar en la prov. de Badajoz por el térm. de la ald. de su nombre, llamada antes Palacios de Guadalmez, y va á desaguar en el Zújar ó Sújar. El r. Alcudia nace en el puerto de las Ventillas dentro del valle de Alcudia; lleva su curso entre N. y O. hácia este último punto, y sin bañar pobl. alguna, á las 5 leg. de su orígen, desagua y pierde su nombre en el de Valdeazogues dentro del térm. de Chillon. El r. Valdeazogues tiene su nacimiento en las vertientes de las Fosas, al N. del part.; baja en direccion N. á S. por espacio de unas 3 leg. recibiendo por el N. el arroyo Gargantiel que corre de N. á S. con aguas muy delgadas y bastantes para dar impulso á 20 molinos harineros: cambia despues su curso al O.; llega al térm. de Chillon donde recibe las aguas del Alcudia, y esparramándose por una y otra de sus márg. forma diferentes lagunas ó charcos, siendo de estos el mas notable el de Tablalino, y sale del espresado térm. con inclinacion al SO. en busca del Guadalméz donde desagua; es vadeable por 5 puntos, en dos de los cuales hay buenas pasaderas de piedra, y tiene un puente de piedra de 3 arcos en el camino que conduce á Almaden, y otro de madera que sirve para paso de los mineros. A 1/4 de leg. de Agudo corre un arroyo al cual se le da el nombre de r., á pesar de que solo lleva agua durante el invierno y ser vadeable por todos los caminos, no siendo las lluvias muy copiosas; se pasa por un puente de piedra de 7 varas de alto con cinco arcos; su cáuce es muy profundo por partes, no se aprovecha para el riego, ni reporta otra utilidad que la de dar movimiento á 5 molinos harineros: otro arroyo de curso perenne nace al N. de Saceruela, de varios regatos, y toma el nombre de r. Esteras; en su curso tortuoso por entre barrancos sale del térm., corre por el de Valdemanco donde se le junta el arroyo anterior con la denominacion de Riofrio, y dividiendo los térm. de Chillon y Garlitos (Badajoz), va á desaguar al Zújar. Escepto el de Esteras, los demas r. son de curso incierto y de poca utilidad para la agricultura; dan impulso á varios molinos harineros y crian pesca de diferentes especies. Sembrado todo el terr. de montes, son escasas las tierras de cultivo y de menos que mediana calidad; tambien son ásperos y difíciles los caminos si se esceptúa el de arrecife que conduce desde la cap. del part. á la v. de Almadenejos, el cual se halla en el mejor estado. Desde este último punto sale otro camino, que se dirige á la cap. de la prov., pasando por Fontanosas; otros dos bastante descuidados salen para la v. de Almodóvar del Campo; el que conduce á Gargantiel, sigue la ribera de este nombre, llega á Saceruela á las tres horas, y se une con el de carruage que pasa á Estremadura: hay tambien otros caminos carreteros en Agudo y Alamillos, pero malos. Las PROD. se reducen á vino, aceite, patatas, cebada, centeno, poco trigo, muchas cebollas, especialmente en Agudo, garbanzos, legumbres, hortalizas y frutas, que no bastan para el consumo. La IND. consiste en el acarreo de azogues de leña y otros efectos para las minas; COMERCIO no hay ninguno. Presentamos á nuestros lectores, como del mayor interés, los datos estadísticos que contiene el siguiente:

CUADRO SINOPTICO, por ayuntamientos, de lo concerniente á la poblacion de dicho partido, su estadística municipal y la que se refiere al reemplazo del ejército, su riqueza imponible y las contribuciones que se pagan.

AYUNTAMIENTOS.	OBISPADOS A QUE PERTENECEN.	POBLACION.		ESTADISTICA MUNICIPAL.										REEMPLAZO DEL EJÉRCITO.		RIQUEZA IMPONIBLE.			CONTRIBUCIONES.			
				ELECTORES.																		
		VECINOS.	LMAS.	Contribuyentes.	Por capacidad.	TOTAL.	Elegibles.	Alcaldes.	Tenientes.	Regidores.	Síndicos.	Suplentes.	Alcaldes pedáneos.	Jóvenes varones alistados de 18 á 25 años de edad.	Cupo de soldados correspondiente á una quinta de 25,000 hombres.	POR ayuntamiento.	POR vecino.	POR habitante.	POR ayuntamiento.	POR vecino.	POR habitante.	Tanto por 100 de la riqueza.
																Rs. vn.	Rs. mrs.	Rs. mrs.	Rs. vn.	Rs. mrs.	Rs. mrs.	
Agudo	TOLEDO.	373	2254	218	1	219	214	1	1	6	1	6	»	Se verán en el estado general de la provincia.	5	926,900	2485	411 8	45,510	122	20 6	4'91
Almaden		1728	10441	595	8	603	488	1	2	11	1	9	2		23'6	964,100	557 32	92 11	165,904	96	15 32	17'21
Almagro		346	2080	184	4	188	157	1	1	6	1	6	»		5'5	45,980	130	22 4	18,843	54 16	9 20	40'98
Chillon		483	2918	215	»	215	202	1	1	6	1	6	1		6'3	183,900	380 25	63 1	29,021	60 3	9 32	15'78
Fuencaliente		421	2444	218	2	220	201	1	1	6	1	6	1		3'7	551,700	1310 15	225 25	30,338	72 2	12 14	5'50
Saceruela		45	272	40	»	40	26	1	»	2	1	3	»		0'7	191,600	4257 26	704 14	5,568	123 25	20 16	2'91
Valdemanco		43	260	41	»	41	38	1	»	2	1	3	»		0'6	10,700	248 28	41 5	2,670	62 3	10 9	24'98
TOTALES		3439	20669	1511	15	1526	1326	7	6	39	7	39	4		45'4	2,874,880	836	139 3	297,854	86 21	14 14	10'36

ESTADISTICA CRIMINAL. Los acusados en este part. jud. durante el año 1843 fueron 46; de ellos 2 absueltos de la instancia, 44 penados presentes, 23 contaban de 10 á 20 años de edad; 17 de 20 á 40, y 6 de 40 en adelante; 45 eran hombres y 1 mujer; 29 solteros y 17 casados; 1 sabia leer, 5 leer y escribir, y 40 carecian de esta instruccion, los 46 ejercian artes mecánicas.

En el mismo periodo se perpetraron 13 delitos de homicidio y heridas; 1 con armas de fuego de uso lícito y 1 de ilícito, 5 con armas blancas permitidas y 1 con armas de la misma especie prohibidas y 5 con instrumentos contundentes.

ALMADEN: v. con ayunt. cap. del part. jud. de su nombre en la prov. de Ciudad-Real (14 leg.), aud. terr. de Albacete (36), dióc. de Toledo (28), y c. g. de Castilla la Nueva (Madrid 42 leg.): tiene adm. de rent. dependiente de la cap. de prov., estafeta de correos, cuya principal es Manzanares, y es residencia, como cabezera de distr. minero, de la inspeccion titulada de la Mancha, que comprende toda la prov. de Ciudad-Real, escepto el térm. de Sta. Cruz de Mudela, y parte de la prov. de Badajoz. El servicio de esta inspeccion se halla á cargo de los ingenieros empleados en el establecimiento de las minas de Almaden, de que mas adelante nos ocuparemos.

SITUACION Y CLIMA. Esta sit. en el estremo meridional de la prov. al SO. de su cap., á los 1° 5′ long. O., del meridiano de Madrid, y 38° 40′ lat. en el centro de dos cumbres que son ramales de Sierra Morena, sobre una colina de 80 varas de altura y 2,300 de long. entre E. y O.: la combaten con frecuencia los vientos del E. y O., que introduciéndose por el espacio que media entre dichas dos sierras, llegan como encañonados á la pobl., la cual sufre con esceso en el verano los ardorosos rayos del sol, mas fuertes todavia por reflejar en los riscos y peñascales que la rodean. Aunque el CLIMA por su naturaleza no es insalubre, se padecen algunas calenturas intermitentes é inflamatorias; y los pobres mineros se ven diariamente atacados en gran número de las dolencias que ocasiona el trabajo en las minas del azógue, cuales son el pialismo, producido por respirar gases mercuriales, y el temblor metálico que padecen casi todos los que entran en la mina: ambas enfermedades ocasionan terribles estragos; por la primera se ven jóvenes de 20 á 30 años marasmáliticos y sin dientes, con un hedor insoportable en la boca; y los atacados de la segunda, lo son á veces con tal fuerza, que es preciso darles de comer á mano, y si el mal progresa, y no se sanean, como se dice en el pueblo, les acometen calambres, enfermedad nerviosa y tan cruel; que ni los mismos que la padecen saben esplicarla. Asi es que siendo tan graves las dolencias que padecen los mineros, bien puede decirse que las personas que se dedican á este ejercicio, tienen la seguridad de acortar su vida lo menos una cuarta parte, aun cuando no adolezcan de las enfermedades que hemos mencionado.

INTERIOR DE LA POBLACION Y SUS AFUERAS. Tiene 994 CASAS pertenecientes á los vec., las mas de poco valor y muy escasas comodidades, por el poco espacio que ocupan, y carecer por lo comun de pisos altos, si bien por el continuo y esmerado aseo, son sanas y de buena vista; 7 edificios de la v. y 79 casas del establecimiento de minas que forman el total de 1,080 casas distribuidas en 27 calles cómodas y regulares, 4 plazas y 2 plazuelas, casi todas empedradas y limpias. La plaza de la Constitucion es triangular, de 180 varas de circunferencia: en ella se encuentra la casa consistorial, de dos pisos, perteneciendo el bajo y la mayor parte del alto á una posada pública, de propiedad de la v. y sirviendo lo restante para las oficinas municipales: el frente O. de la plaza está formado por la fachada de la ermita de San Juan, de regular construccion, en cuya torre hay un relox. La plaza de la feria es de bastante estension; y la llamada Nueva, cubierta y bien construida, encierra la de los toros, propia del establecimiento de minas, capaz de contener unas 4,000 personas, donde se suelen capear por aficionados algunas reses que por lo comun son vacas; y la casa denominada Factoria, de bastante capacidad, en la que se hallan los almacenes de granos, paja, pólvora, etc., y las cuadras de las mulas para el servicio de la máquina de que se hablará, sirviendo una de las piezas de esta casa de teatro, donde cabrán 500 personas, sin que guarde proporcion su long. con su anchura. En la cuarta plaza, ó sea la del Barranco, donde se van construyendo muchas casas nuevas, se estableció en 1841 una máquina de prensa, cuyo objeto primario es introducir materiales en la mina por el pozo de San Miguel, resultando de aqui, como objeto secundario, aunque todavia no sea muy sensible, un aumento de ventilacion. En una plazuela sit. al O. de la pobl., se halla la casa de la superintendencia de las minas, con la contaduria, tesoreria y archivo; edificio de muy buena construccion, y con las comodidades que pueden apetecerse, especialmente en la habitacion del superintendente, que lo es en la actualidad, en comision, un general. Los establecimientos de instruccion pública que hay en esta v., son: 1.° una escuela de primera enseñanza superior, cuyo maestro está dotado de los fondos públicos con 4,000 rs. anuales, y las lecciones divididas en las clases de lectura, escritura, religion, moral, aritmética, gramática castellana, historia de España y geometria, aunque sucintamente, como se deja conocer: 2.°, otra escuela pública elemental, tambien de religion, aritmética y gramática castellana: 3.°, tres escuelas de niñas, cada una con la asignacion de 1,000 rs. anuales, en las que se les enseñan las labores propias de su sexo, leer y doctrina cristiana: 4.°, dos cátedras particulares de latinidad, pues se ha suprimido recientemente la que sostenia la v., regulándose en 16 rs. mensuales lo que paga uno con otro de los discípulos: 5.°, la academia, que es el mejor edificio de la pobl., despues de la cárcel, se halla sit. en la calle de San Juan, y tiene por objeto formar buenos capataces de minas. Este establecimiento, que cuenta 64 años de antigüedad, ha sufrido diferentes vicisitudes. Entregadas las minas de Almaden á mediados del siglo anterior á los alemanes que el Gobierno se vió obligado á contratar y traer á España para su laborío, de que resultó que el primer director ó gefe facultativo que hubo en ellas, fuese el aleman D. Enriquez Stor, nombrado para este destino en 15 de junio de 1777, habiéndole sucedido D. Juan Martin Hopensak, que era de su mismo pais; el Gobierno llegó por fin á conocer lo útil y necesario que era el que hubiese en España naturales instruidos en el ramo de minas; y para conseguirlo, dispuso en Real órden de 14 de julio de 1777, que se estableciese en Almaden la enseñanza de la geometria subterránea y mineria, encargándola al director del establecimiento, y para que se realizase cual correspondia, y de ella resultase el aprovechamiento de los discípulos, se mandó en otra Real órden de 8 de junio de 1781 fabricar una casa capaz y proporcionada para las cáted., y que en ellas hubiese planos, libros, dibujos, y demas conducente al objeto. Aunque era muy limitada la enseñanza mandada establecer por tal medio, y esta fue interrumpida por muchos años, durante los cuales no se esplicó la mineria, habiéndose servido S. M, nombrar en 1802 doce alumnos de número con 4,400 rs. anuales, y doce supernumerarios sin dotacion alguna, volvió á abrirse la enseñanza para dichos alumnos, que para ser admitidos de tales, debian acreditar haber estudiado matemáticas, física, química, mineralogia y dibujo; y esta medida unida á la asistencia de aquellos á las minas, produjo el buen resultado de que algunos, despues de los conocimientos científicos antedichos, adquiriesen la práctica necesaria, con lo que la direccion de las minas de Almaden, Almadenejos, y Linares, ha estado desde el año de 1802, á cargo de discípulos de la misma escuela. Sin embargo, como á estos no se presentaban, por efecto del paralizamiento en que estaba la mineria, las esperanzas y ascensos que son el estímulo de los hombres en todas las carreras, pues solo podian aspirar á los destinos facultativos de los enunciados establecimientos, que eran en muy corto número, los mas pasaron á otras carreras, y en el año de 1804 ya no habia escuela, ni otros mineros cientificos que los poquísimos empleados en Almaden. Tal era el estado que presentaba el ramo de minas en España en el año de 1825; en el cual, por los esfuerzos del ilustrado y celoso director de mineria de Méjico, D. Fausto de Elhuyar, se creó en Madrid una escuela de minas, y se adoptaron otras medidas para el fomento en España de este importante ramo de la riqueza pública. Por Real órden de 23 de abril de 1835 se estableció en Almaden la *Escuela Práctica de Mineria*, y se crearon dos cáted., una de matemáticas para enseñar la aritmética, principios de álgebra, geometria elemental y práctica, trigonometria rectilinea y delineacion, y otra para la enseñanza de la geometria subterránea y mineria práctica, abrazando en esta parte los puntos siguientes: despues de dar á conocer los diferentes utensilios y herramientas que se emplean en las minas, se enseñaban: (a) los principios generales en que se funda el laboreo de una mina, y el disfrute ordenado de sus minerales, esplicándose el sistema general de escavaciones y método que ha de observarse en cada criadero, segun su formacion y circunstancias particulares: (b) todo lo que dice relacion con la fortificacion de las minas por medio de maderas, esplicando en detalles las diferentes enmaderaciones que se practican, y casos en que cada una conviene, así como el modo de verificarlas: (c) la fortificacion con mamposterias, segun los diferentes casos que se presentan, y como debe usarse de ellas para revestir un pozo ó una galería, con todos los detalles necesarios acerca de cada una de las operaciones: (d) los medios de verificar los transportes en lo interior de las minas, y cuales sean los mas económicos y ventajosos para estraer los frutos á la superficie, ó introducir las maderas y materiales precisos para la fortificacion. En esta parte se daban á conocer á los discípulos aquellas máquinas, cuyos cálculos y exámen se hallaban al alcance de sus conocimientos. (e) Los medios que deben adoptarse para verificar el desagüe de las minas, esplicando el uso y teoria de las bombas y máquinas que se emplean al efecto, pero con la limitacion anterior: (f) el órden y método que debe observarse en el establecimiento de trabajos, para que las minas esten bien ventiladas, y los medios conocidos para hacerlo, en los casos en que la localidad de algunos puntos, ú otras causas, se opongan á la circulacion del aire y á la ventilacion necesaria para proseguir las labores. Segun el plan de enseñanza aprobado en 23 de febrero de 1841, se varió el método de la misma en la escuela, del modo siguiente. Primer año: elementos de aritmética, álgebra y geometria: conocimiento de minerales y rocas por sus caractéres mas comunes; práctica de barrenar las rocas. Segundo año: nociones generales de laboreo de minas; práctica de entivacion y en los talleres de carpinteria, de carruages y de herreria, bajando á la mina un dia por semana, á lo menos; dibujo lineal. Tercer año: práctica de mamposterias y manejo artístico de las bombas de mano; estudio de las minas de Almaden; dibujo lineal. El gobierno de esta escuela está confiado al director del establecimiento. Para la admision en ella se requiere saber leer, escribir y contar; presentar certificado de buena conducta, ser de complexion sana y robusta, y tener diez y ocho años cumplidos: á los alumnos que no tienen medios suficientes para mantenerse durante sus estudios, se les proporciona en el establecimiento donde ganar un jornal, siempre que asistan con puntualidad á aquellos. Concluidos sus estudios y práctica con aprobacion en los exámenes que se celebran á fin de cada año escolar, se les espide el título de *capataces examinados*. Hay dos profesores y su dotacion es la que les corresponde segun su graduacion en el cuerpo, con la gratificacion de 2,000 rs. anuales. El número de discípulos es indeterminado; en 5 de marzo de 1844 constaba de 17 en tercer año, y de 30 en primero. Tiene la escuela un gabinete con las correspondientes colecciones de minerales, rocas y modelos de cristalografia: una biblioteca, y una sala de dibujo con un completo surtido de originales, correspondientes á la profesion. Los gastos de la escuela se cubren con la consignacion de 6,000 rs. anuales en la ley de presupuestos. Los establecimientos de beneficencia que tiene Almaden, ademas del pósito, son: 1.° Un hospital destinado á la curacion de los mineros, cuyas heridas se presentan á veces con un carácter horroroso: se halla fuera de la pobl. hácia el S., con salas capaces, bien ventiladas, y todas las oficinas necesarias inclusas las habitaciones para los capellanes, mayordomo y sirvientes, y para su asistencia hay un médico-cirujano dotado con 10,000 rs. anuales y una escelente botica que está dentro de la casa, servida por un profesor con 5,500 rs. Los gastos de este hospital, comprendidos tambien los del de Almadenejos, pertenecientes ambos al establecimiento de minas, eran antes mucho mayores que en la actualidad, porque se admitia en ellos no solo á los mineros, sino tambien á sus familias, cuya gracia se ha limitado estraordinariamente por el Gobierno en estos últimos tiempos, lo cual no es de la aprobacion de todas las personas conocedoras del establecimiento, aun mirado bajo el aspecto económico. Antiguamente tuvieron los hospitales rent. propias concedidas esencialmente por el Gobierno; pero en el dia se sostienen por la caja de las minas. Adjunta es la relacion de los operarios que en el quinquenío de 1835 á 1839 salieron heridos de las minas, los inhábiles por su constancia en los trabajos, los que fallecieron y los que se inutilizaron por uno y otro concepto.

MINAS.	Heridos en las minas	De estos fallecieron en el acto y despues.	Fueron mutilados ó inutilizados por las heridas	Inhábiles por su constancia en los trabajos.	Fallecieron en edad temprana por convulsiones.
En Almaden. . .	218	9	12	240	123
En Almadenejos.	49	3	2	15	7
Total. . .	267	12	14	255	130

Sumando el número de los heridos con el de los inhábiles por su constancia en los trabajos; resulta que han esperimentado desgracias en su salud 522 hombres, entre los 4,000, que en aquella época se hallaban ocupados en faenas perjudiciales, es decir; que la probabilidad de las desgracias, sale á 13 por 100 en 5 años. 2.° Otro hospital titulado de Caridad, que posee una casa y algunos censos, cuyos réditos no llegan á 2,000 rs. anuales: su objeto es dar solamente albergue bajo cubierto por tres dias á los pobres transeuntes. 3.° Un hospicio reducido á una casa de bastante capacidad, propia de la v., en el que se admite á las mujeres desvalidas, dándoles solo techado: no tiene rent. ni gastos, y en él solo hay en la actualidad una mujer. Agregada al hospicio estuvo antes la inclusa., en la que llegaron á sustentarse 125 espósitos, pagándose los gastos de lactancia y demas, hasta que cumplian 7 años, de los fondos de propios: pero en mayo de 1843 á los espósitos que no fueron adoptados, se les condujo á la cap. de prov., pagando cada vec. de Almaden 4 rs. anuales para su manutencion. En cuanto al órden ecl., Almaden está sit. en terr. de las órdenes, como perteneciente á la de Calatrava, y es el último pueblo del arz. por aquella parte. Carece de igl. parr. por haber sido derribada en la guerra de la Independencia, sirviendo de parr. una ermita construida con los donativos de los mineros, y concluida en 1747 como se ve en una lápida colocada sobre la pila del agua bendita. Está dedicada á Jesus Nazareno, y servida por un prior de la órden, cuya plaza provee por oposicion el consejo de las mismas, 2 tenientes y 11 presbíteros, siete de ellos esclaustrados. En 1782 se creó por el Real Erario una parr. bajo la advocacion de San Miguel, con dos capellanías de provision Real, y sueldo de 4,963 rs. cada una, para la asistencia espiritual del presidio que entonces habia, del hospital de mineros, de la compañia de inválidos, hábiles, y de los destacamentos de caballeria é infanteria, todos acuartelados en los pabellones y habitaciones construidas al efecto en la parte esterior del grande edificio destinado á presidio. Esta parr. adquirió despues la cualidad de castrense, y en el dia los capellanes, cuyo nombramiento se hace á propuesta del Sr. Arz., solo tienen á su cargo el hospital de mineros. Hay además dentro de la pobl. tres ermitas, dos de las cuales pertenecen al Estado, y otras dos en los afueras; pero entre todas solo es digna de atencion la referida de San Juan, sit. en la plaza de la Constitucion. En el centro de la v. se eleva un pequeño cerro coronado por un ant. cast. llamado del Retamar, medio destruido y algun tanto reparado, que parece de la época de los moros, ó de los primeros tiempos de la restauracion: ocupa el estremo N. de una línea de cast., mas ó ménos conservados y mas ó menos importantes, que corren hácia el SO., como son el de la Vírgen del Castillo, Asnaron, Sta. Eufemia, Belalcazar y algun otro. De este edificio se tomaron sin duda las armas de la v. que son un cast., sin otro aditamento, y se ven en las primitivas casas consistoriales, hoy destinadas á otro objeto, y en la fuente llamada de la Pila, sit. á unos 1,000 pasos al E. de la pobl. De los hechos de armas que tuvieron lugar en este cerro en la última guerra civil, nos haremos cargo mas adelante en el párrafo destinado á la *historia*. Ya se dijo que el ant. presidio estramuros, está hoy destinado á cárcel, la cual ofrece seguridad y ventilacion bastante. Las aguas son saludables: el vecindario se surte de la fuente de la Pila que tiene 2 caños, y tres pozos á su alrededor de buenas aguas: la misma propiedad tienen las de la fuente del Chorrillo en el camino de Córdoba con un pilar cuadrado de bastante capacidad, formado de cuatro hermosas piedras de granito bien labradas, y las de la fuente del Perro: sit. en varias direcciones hay hasta otros seis pozos que sirven para abrevadero de los ganados, ademas de los que tienen las casas de la pobl. A unos 100 pasos de ella por la parte del N., se halla un paseo con árboles y plantas titulado la Glorieta, obra del gobernador D. Manuel de la Puente y Aranguren, donde concurre lo mas escogido de la pobl.; y á la salida de esta, en el camino de Córdoba, con direccion al hospital, otras arboledas mal cuidadas. Veíase junto á este último edificio el cementerio de la v. sumamente pequeño y perjudicial, tanto al uno como á la otra, especialmente en el verano, por el hedor insoportable que exhalaba; pero por fin se ha podido conseguir que se construya uno en sitio mas á propósito, y ahora se trabaja en esta obra.

TÉRMINO. La superficie del térm. jurisd. de Almaden, en el que se halla enclavada la mencionada v. de *Almadenejos*, y las ald. de *Alamillo* y *Gargantiel* (v. sus art.), partícipes en su disfrute, tiene de circunferencia 10 1/2 leg. que hacen poco mas de 7 cuadradas, incluyéndose en este radio la deh. de Castilserás, propia del establecimiento de minas, que fue de la encomienda de la órden de Calatrava, y se secularizó hácia el año de 1780, y las de Navas y Rincones del Real patrimonio, como igualmente los rápidos é inútiles declives de las alturas de que se halla erizado el térm., tan juntas, que no forman valles; los áridos lechos de las vertientes del invierno, y un crecido número de terrenos cubiertos de piedras gruesas y sueltas, que por su hacinamiento se llaman en el pais *pedrizas*. Aunque el térm. dista poco de los lím. de Estremadura, no toca con ellos, pues se interpone el de la v. de Chillon, en una dist. próximamente de 2 leg.: de la prov. de Córdoba, le separa un intermedio de terreno perteneciente tambien á la v. de Chillon de unos 3/4 leg. Nace en el térm. el r. Gargantiel, que se une con el de Alcúdia á la parte N. de Almadenejos; y despues con el Guadalmes al SO. de Almaden, desembocando todos juntos en el Zújar, que va á parar al Guadiana. Contina el térm. por el N. con los de Saceruela y Valdemanco; por E. con los de Almodóvar del Campo y Abenojar; y por S. y O. con el de Chillon. Si todo él fuese susceptible de beneficio, podria calcularse conforme á la práctica observada en el campo de Calatrava, en 35,560 fan. de estension para labor; pero su ínfima clase, si se esceptúa la deh. de Castilseras; el ser en su mayor parte montuoso, su desigualdad, hallándose cortados por continuados cerros, y el carecer de fuentes y riberas que pudieran escitar á su beneficio, todo hace que este ofrezca muy poco aliciente, y que, pedregoso y estéril, como es el terreno, no se atienda á su cultivo: ademas, como el contínuo corte de fustas para el surtido de la máquina de vapor del establecimiento minero y de los hornos de destilacion del azogue, hace inútiles 21,388 fan., solo quedan aplicadas á la labor 14,172 fan., 1 celemin y dos cuartillos, divididas del modo siguiente:

CLASE DE LAS TIERRAS.		Fanegas.	Celemines.	Cuartillos.
De dominio particular	Minadas	1,256	5	»
	Quiñonada	1,547	11	2
	De riego	10	6	»
	Viñedo	26	3	»
	Olivares	4	»	»
	Valdias	1,160	»	»
	De propios	2,840	»	»
Del establecimienio y mineros	Castilseras	4,144	»	»
Del real Patrimonio	Navas y Rincones	3,183	»	»
TOTAL		14,172	1	2

El arbolado silvestre es de esencia abundantísimo é imposible fijar su número; por tanto creemos que es insignificante el resultado que arroja el siguiente estado que ha llegado á nuestras manos.

SITIOS DONDE SE HALLA EL ARBOLADO.	CLASES. Encinas.	Robles.	Quejigos.	Acebuches.
En Cañada-honda, dehesa boyal	1,500	»	»	»
Guadalperal	997	»	»	»
Dehesa de Gargantiel	403	»	»	»
Corral de Sancho	295	»	»	»
En los Quintillos, de propios	2,001	»	»	»
Saladillo	154	»	»	»
Castilseras	50,000	»	»	»
Garganta de Padilla	»	500	»	»
Puerto de Hernan-Gonzalez	»	»	300	»
——De las Cabras	»	»	298	»
Umbria de la Higuera	»	400	200	»
Sierra de los Duraznos	»	»	»	240
TOTAL	55,350	900	798	240

Ademas hay árboles de la clase de perales, melocotoneros, guindos, higueras, manzanos, morales y ciroleros.. La agricultura es insignificante, no porque deje de haber muchos vec. que se dediquen á ella, pues pasan de 300 las yuntas de bueyes empleadas en este ejercicio: sino porque la mala calidad y estrechez del terreno, y por consecuencia natural, su limitado producir, la constituye en solo un medio de sanearse los mineros, para volver con mas robustez á las faenas de la esplotacion y destilacion. Cruzan por el térm. los r. *Gargantial* y *Valdeazogues*, que, reunidos no lejos de sus nacimientos, se juntan, como se ha dicho, con el de *Alcudia*, y todos tres con el *Guadalmez*, citado tambien anteriormente: en el segundo se halla un puente y algunas alcantarillas sobre el arrecife que va á Almadenejos, advirtiéndose la falta de otros muchos, asi en los r., como en los varios arroyos, escasos de agua que corren por distintos puntos; entre ellos el Tamugar, la Candelera, Zarzadilla y otros, que en el invierno impiden frecuentemente el paso: de modo, que el r. *Esteras* por el N., en térm. de Valdemanco; el de *Gar-litos* y *Zujar* por el O., en el de Capilla, y por el S., los referidos Valdeazogues, Alcudia y Guadalmés, casi todos á dist. de 2 leg. de Almaden, cierran en el invierno á veces por bastantes dias su comunicacion con las prov. limitrofes, quedándole solo espedita la de Ciudad-Real por el valle de Alcudia. Para abrevaderos sirven ademas de los pozos que hemos mencionado, los manantiales siguientes, aunque de corto caudal: en Castilseras 9; Guadalperai 4, Posada de Vera 1, Enjumbradero 1, Grajeras 2, Desilla 1, Plazuelas 1, Casa-Blanca 1, Corral de Sancho 3, Puerco Pascual 1 y Rosalejos 1. Tratando del térm. de Almaden, era este el lugar en que debíamos ocuparnos de sus famosas y ricas minas de azogue; pero como deseamos dar á esta parte del art. toda la estension que reclama la nombradía universal que han dado á la v. tan inapreciables veneros; y haciéndolo ahora, interrúmpiriamos demasiado la seguida del art., en lo que tiene de semejante á los demas que publicamos, preferimos dejar para el final, lo que tenemos que decir acerca de las minas.

Caminos-correos. Los caminos para carruajes son pocos y malos; pues solo hay uno para la Mancha por Saceruela, y otro para Sevilla, por puertos casi intransitables, hasta salir á los generales. Ademas del que conduce de Almaden á Almadenejos que es de arrecife, costeado por el establecimiento de minas, se han abierto otras 2 leg. á costa del mismo, la una al N., y la otra al S., de bastante buen camino, aunque ya necesita repararse. Tres son los correos generales que llegan á Almaden en los lúnes, juéves y sábados; y salen otros tres los mártes, juéves y sábados.

Producciones. Trigo, cebada, centeno, garbanzos, vino y aceite; pero en tan corta cantidad, que, lejos de ser suficiente para el consumo de la pobl., es preciso importar crecidas partidas de cada una de estas especies, como de todo lo demas que falta: en el invierno escasean los pastos, y hay que mantener á pienso los bueyes. Es bastante numeroso el ganado lanar, churro, cabrio, vacuno y cerdoso; y en menor cantidad el asnal, caballar y mular: el consumo de carnes se regula en 5,000 cab. de cabrio, de peso de 250,000 libras, y valor de 270,000 rs.; 1,500 de lanar, 50,000 libras, 50,000 rs.; 2,000 de cerdoso, 15,000 libras, 400,000 rs.: el valor de las 5,000 pieles del ganado cabrio es de 65,000 rs., y las de los 1,500 carneros, 3,000 rs. Es abundante el térm. en caza mayor y menor, y no faltan zorras y gatos monteses; ni pesca en los r. y arroyos mencionados.

Industria—comercio. El establecimiento de minas ocupa la mayor parte del vecindario ademas de las personas que van de fuera; otras se dedican á la agricultura; y los oficios de sastre y zapatero, son los que mas abundan, llevándoles las primeras materias arrieros del Viso ó de Andalucia: no se conoce mas establecimiento fabril que alguno de jabon blando. El comercio se reduce á la importacion de los art. de que se habló en el párrafo anterior, llevados por los hab. de los pueblos inmediatos, surtiéndose de los comerciantes por mayor de Almagro ó Sevilla, generalmente á dinero y á plazos.

Poblacion, riqueza y contribuciones: 1729 vec. en todo el térm. municipal; 8,645 almas. Term. mayor de la riqueza *oficial* tomado como base para las contr. ordinarias y estraordinarias 629,060 rs.: contr. 165,903 rs. 23 mrs.

Fiestas—ferias. El santo titular es San Pantaleon el 27 de julio, cuya festividad se celebra en su dia; y el 8 de setiembre se hace una romeria á la ermita de la Virgen del Castillo, sit. sobre un elevado cerro al poniente de la pobl.; celebra una feria todos los años en los tres dias de pascua de Pentecostés, bastante concurrida de los vec. de los pueblos inmediatos, en cuyo tiempo, si las pagas estan corrientes, se espenden casi todos los géneros que se presentan en el mercado.

El presupuesto municipal asciende á 103,000 rs. y se cubre en parte con los propios que consisten en una posada que se arrienda en 13,124 rs., un cuarto en la plaza en 1,840 rs.; el arriendo de tres hornos de poya, que vale 2,580 rs.; una casa en 1,020; la carniceria 9,706 y la aud. vieja 170; un quinto de propios 1,750, y tres llamados Alamillo, Cantos blancos y la Olla, que prod. 4,560 rs; siendo el total 34,740 rs.; pero como esta cantidad no es suficiente para cubrir el presupuesto, suelen arrendarse los ramos de vino, carne, jabon, aceite, vinagre y el pozo de la nieve en las cantidades siguientes; por vender el vino 150,000, la carne 8,000, el jabon 8,000, el aceite 23,000, el vinagre 1,200, el pozo de la nieve 1,000, que componen la cantidad 188,200 rs. Estas imposiciones contribuyen á aumentar los precios de los art. de primera necesidad, lo cual es tanto mas gravoso al vecindario, cuanto que en Almaden no hay otra ind. que las minas y una corta labranza.

Historia. El nombre que distingue á esta pobl., parece indicarnos su orígen; y el que anteriormente tuviera podria ademas ofrecernos una conjetura de su antigüedad; pues sin duda fueron los céltas quienes la denominaron *Sisapo*, que equivalè á mina: aun en francés se dice *saper* por minar, y entre nosotros mismos se conserva la raiz céltica de este nombre con igual aplicacion en el verbo *zapar*; mas puede inferirse de Vitruvio que fue casi contemporáneo de Estrabon, anteriores ambos á la era cristiana, que la mina de *Almaden* se descubrió en su época. Llevábanse entonces sus minerales á Roma, como tendremos despues ocasion de decir: su proximidad á la region habitada por los celtas, en la Beturia, la hubo de dar el nombre *Sisapo*, con el cual la conoció Estrabon; y el cultivo de sus venas debió ser lo que trajo á ella sus primeros pobladores. En el Itinerario Romano figura ya como mansion militar en el camino que desde Mérida conducia á Zaragoza, debiendo suponérsela capacidad y comodidades bastantes á la permanencia de los pretores y sus ejércitos. Conforme con su origen, ha debido ir siguiendo la mayor fértilidad de las venas que se hubieron de presentar: de aqui la variedad con que se discurre sobre el primitivo asiento de *Almaden*; pero no debe ser atendible conjetura alguna que obligue á buscarlo fuera de la region de la Béturia Turdula, donde estaba enclavada, ni á otra dist. de *Laminium*, cuya sit. es conocida, que las 100 millas espresadas en el Itinerario; no como Rodrigo Caro que llegó hasta el desp. de *Mover*, cerca de Moron, para fijar la ant. *Sisapo*, designada tambien por aquella dist. en Almaden mismo. Los árabes convirtieron en este aquel nombre, llamándola *Hisn-Almaden*, que se interpreta *Fuerte de la Mina*, cuyo nombre ha conservado hasta hoy incorrupto. El genio pacífico de sus hab. ha hecho que no figurase en la historia militar de la Nacion hasta las últimas guerras; y el mayor ó menor aprecio que en las diferentes vicisitudes que esta corriera, se ha hecho de las venas de sus minas, ha regido siempre su fortuna. Obtuvo el titulo de v. en el año 1417. En los primeros dias del mes de enero del año 1810, ocupaba á *Almaden* una division mandada por D. Tomás de Zarain, de donde tuvo que retirarse en 15 del mismo, acometida por el mariscal Victor, quien con el primer cuerpo de ejército se posesionó de ella, para penetrar en Andalucia por el camino de la Plata. En 24 de octubre del año 1836, vino sobre esta v. el gefe carlista Gomez, formalizando su asedio en dos horas: estaba *Almaden* débilmente fortificada, aspilleradas sus murallas, y circundada de zanjas; los carlistas lograron invadirla por la parte de E. y S. el mismo dia por la tarde: sin embargo, el inglés Flinter y el gobernador D. Manuel de la Puente y Aranguren, sostuvieron sus embates hasta las 9 de la noche que se retiraron á dos fuertes construidos para último apuro: tanto el inglés como el gobernador, cada uno en su fuerte, dieron muestras de gran valor: los carlistas para atacarles iban horadando los tabiques de las casas, y pasaban de unas á otras; pero advertido Gomez, que por las bóvedas de la igl. podia ofenderles con gran ventaja, mandó abrir algunas troneras por el ala del tejado; los sitiados al verse en aquella disposicion, no pudieron menos de capitular, siendo el primero Flinter, y luego tuvo que seguir el gobernador; entregándose á Gomez 1,767 hombres cuasi todos movilizados de Estremadura y la Mancha. Los carlistas cometieron en la v. algunos escesos, saqueando é incendiando casas; se apoderaron de los fondos públicos, de víveres y caballerias, é inutilizaron algunas minas, llenándolas de agua. Volvió á ser atacada en el año 1838, por las fuerzas del carlista D. Basilio. Es patria del pintor Juan Cabezalero.

ALMADEN (minas de) (*): Las minas de azogue de Almaden; la de cobre de Rio-Tinto, las de plomo de Linares y

(*) Las principales noticias de este articulo, que no atribuimos á otras personas, estan tomadas de una interesante memoria formada por el ilustrado y digno Director actual de minas D. Rafael Cabanillas, que con la amabilidad que le caracteriza se ha prestado gustoso á facilitarnos ademas cuantos datos y noticias hemos creido necesario suplicarle para que este art. reuna el mayor número posible de antecedentes.

Falset, la de calamina de Alcaraz, las de azufre de Hellin y Benamaurel, y las de grafitó ó lapiz-plomo de Marbella, estan reservadas á la Hacienda pública en virtud del art. 32 del Real decreto de 4 de julio de 1825 (*). Para póner en ejecucion este decreto, se dió la instruccion provisional de 8 de diciembre del mismo año, cuya disposicion 2.ª, establece en Almaden un inspector de distr. minero. El terr. que comprende esta inspeccion, titulada de la Mancha, se estiende á los puntos que hemos indicado al principio de este art., siendo inspector el ingeniero en gefe del establecimiento de las minas de Almaden. Hay en él lo que se llama *Ramo de minas y Cerco de destilacion*; el primero tiene los empleados siguientes: Un oficial 1.° de mina; un 1.° 2.° id. id., un 1.° 3.°, un 1.° 4.°; un oficial 2.° 1.° de mina; un 2.° 2.° id. id., 2.° 3.°, 2.° 4.°, 2.° 5.° y otro 2.° 6.° tambien de mina: un oficial 3.° 1.° de id. y dos 3.os 2.os: 17 ayudantes oficiales de mina; un ayudante 1.° de obras; dos ayudantes de obras; un maestro de los talleres de herreria, y otro de los de carpinteria. En el Cerco de destilacion, hay un maestro de fundicion: un oficial 1.° del mismo Cerco; dos segundos de id.; uno 3.° y 6 ayudantes de idem. Estos empleados son, como se observa, del ramo práctico; pues correspondientes al ramo facultativo se cuentan, ademas del inspector y director de las minas mencionado, que es de la clase de ingenieros segundos, un ayudante 2.° al servicio del establecimiento é inspeccion de Almaden, y profesor de la escuela de capataces; otro ayudante 2.° al servicio de su clase segun reglamento; un aspirante 2.°, profesor de la misma escuela, y otros dos al servicio de reglamento.

El establecimiento de minas depende en cuanto á los prod. de estas del ministerio de Hacienda, y por la parte directiva al de la Gobernacion: la adm. y contabilidad es en lo personal del primero, y la esplotacion y beneficio del segundo. La adm. está dividida en 4 secciones, dotada cada una con un gefe, un oficial, y un escribiente, con los sueldos que se espresan en el presupuesto que mas adelante presentamos. Los caudales y cuentas de pagaduria generales, y de adm., estan á cargo de una de las secciones; otra cuida de las escavaciones, sus consecuencias, jornales y destilacion, hospital y factoria; otra cuida de los almacenes, de los sueldos, y del archivo; y la cuarta del pequeño departamento de Almadenejos.

En el distr. minero de Almaden, se hallan muchos y abundantes criaderos metalíferos, beneficiados algunos en lo ant. como lo demuestra los grandes escoriales que existen en varios puntos de Sierra Morena: y aunque en el año de 1839 estaban paralizados los pocos trabajos que se habian emprendido antes de la guerra civil; despues han vuelto á reanimarse. En un radio de mas de 1/2 leg. alrededor de Almaden, (**) el relieve del suelo está formado por cuatro cadenas absolutamente rectilíneas; hallándose marcada la línea de direccion de cada una de ellas por las cuestas de cuarcita que tienen la misma direccion que la cadena central de que forman, por decirlo asi, la armadura. Los dos flancos ó vertientes de cada cord. son muy inclinados, y estan colocados simétricamente de una y otra parte de la arista central, como las dos caidas de un tejado; tres de estos ramales menos elevados que el cuarto, son exactamente paralelos y en direccion del E. con corta diferencia; la cuarta sit. al S. de las anteriores, y orientada al E. 40° N., domina el pais, necesitándose una hora para trepar hasta la cumbre por el plano inclinado que mira á las otras 3 colinas: de esta estructura del suelo resulta, que la proyeccion de un corte sobre el plano vertical que pasase por Almaden en direccion de N. á S., estaria representado por cuatro V invertidas, unidas entre sí, y de diferentes magnitudes. La cadena mas setentrional que hay que atravesar para ir de Chillon á Almaden, se eleva próximamente 150 varas sobre el nivel medio de los tres taludes; la que sigue, sobre que está colocado Almaden, es una colina de 80 varas de altura, que encierra los filones de cinabrio; la tercera loma no es mas elevada que la que sostiene á Almaden; pero la cuarta llega á 1,200 pies, y su escarpada cima la forman inmensos crestones de cuarcita, cuyas capas inclinan 80° N. Entre los r. Alcudia y Guadalmés al S. de la v. de que nos ocupamos, existe una série de cadenas paralelas, cuyo estudio es bien á propósito para conocer la historia de la revolucion que ha producido el relieve actual del suelo de Estremadura y marcar su época. Este suelo de transicion, es un ejemplo de regularidad en la estratificacion, cuya marcha marcada por los crestones que aparecen á la superficie, va hácia el E. 12° S., que es la misma que indica el curso de las aguas y la disposicion del valle granítico sit. al S. Las montañas que dominan esta parte del pais, ocupan la orilla der. del Guadalmés, y se componen de dos cord. principales, que la mas setentrional tiene 450 varas sobre el r. Alcudia: entre estas dos cadenas está encajonado un llano ó meseta de bastante altura, en el que hay acumulados infinidad de trozos angulosos de rocas cuarzosas; hallándose ademas enmedio de dicha mesa grandes masas de arenisca en su propio lugar, pero que á causa de la desagregacion de la roca, parecen colocados artificialmente unos sobre otros.

El terreno en que se halla el criadero de cinabrio en Almaden, (*) corresponde al grupo de la grauvaca, alternando en él las capas de arcilla, de arenisca, de grauvaca propiamente dicha y de caliza. Las capas mas ant., esto es, las procedentes de la primera sedimentacion, no presentan absolutamente ningun resto orgánico: en las mas modernas abundan de una manera estraordinaria los restos orgánicos característicos de esta formacion, particularmente de la familia de los *terebrátulas*. En los ejemplares reconocidos por dicho profesor, creyó poder distinguir *Strygocephalus urtinii*, DEFRANCE. *Cyrtia trapezoidalis*. DALMAN, *Conocardium elomgatum*. BROON; y dos ó tres especies de *terebrátulas*. Tambien se encuentran ejemplares muy completos de *Calymene blumenbachii y C. macrophthalma*. BRONGNIART. En las capas calizas abundan mucho las petrificaciones, pero es muy dificil obtenerlas separadamente, porque forman con la roca una masa íntima muy dura y compacta. Se ven en ella ademas de los terebrátulas, algunos restos de *Calamapora, polymorpha*. Goldfuss, y de *Radiarias*, cuyo género no pudo determinar aquel ingeniero. Todo el terreno de la grauvaca que constituye el distrito de Almaden, ha sido trastornado por la erupcion ó aparicion á la superficie de las masas plutónicas, ó sean rocas ígneas; de donde ha resultado que las capas de sedimento, las cuales en un principio yacian horizontalmente, se hallan en el dia trastornadas y colocadas todas ellas en posicion inclinada muy próxima á la vertical. El fenómeno de la erupcion de las masas ígneas no se ha verificado alli una vez sola. El terreno de Almaden ha sido trastornado (en sentir del ingeniero á que nos vamos refiriendo), en diferentes épocas geognósticas, muy dist. entre sí, como lo demuestran la presencia de las eufótidas de grano grueso y de grano fino, las dioritas, las afanitas y los pórfidos negros ó augíticos, que como se sabe, no son todas ellas rocas contemporáneas: de aqui resulta pues, que no hay uniformidad ni constancia en la posicion de las capas sublevadas, es decir, que no en todas ellas tienen una misma direccion. En algunos puntos se observan direcciones ó inclinaciones enteramente opuestas, y en todos sentidos;

(*) Por Real resolucion de 31 de mayo de 1800, se declaró libre el laborio de los criaderos de azogue que se descubriesen en los demas terr. del reino, con la condicion de entregar el azogue en los reales almacenes á precio aproximado al de su espendicion. Este precio se fijó en la Real órden de 27 de marzo de 1842, que dispone: 1.° La Hacienda pública pagará en adelante cada quintal de azogue á los particulares que lo esploten á setenta por ciento del precio á que venda los de la mina de Almaden. 2.° Como este mineral lo tiene estancado la Hacienda, los particulares remitirán á sus espensas á las adm. de prov. y de part. que se les designe, cuanto beneficien en sus minas, que se les pagará sin exigirles el derecho de aduanas, de puertas, ni ningun otro Real ni municipal, y sin que puedan disponer libremente de parte alguna de sus prod. 3.° La Hacienda cobrará de los particulares por el mineral beneficiado que entreguen, el cinco por ciento, con arreglo al precio establecido en el art. primero. 4.° Se facilitará en Almaden á los particulares los frascos de hierro que necesiten para envasar los azogues, pagándolos al coste que le tengan á la Hacienda, cuyo valor se les entregará al tiempo que entreguen con ellos los azogues á las adm.

(**) Descripcion geognóstica de Estremadura y Norte de Andalucia escrita en francés por el ingeniero de minas y profesor M. F. Le Play y traducida por D. Fernando Cutoli y Lagoanere ayudante 1.° del cuerpo de Ingenieros de minas, y del laboratorio de metalurgia de la escuela especial del ramo.

(*) *Apuntes geognósticos y mineros sobre una parte del mediodia de España* por el ingeniero y profesor de minas D. Joaquin Ezquerra del Bayo.

sin embargo, parece que se pueden fijar dos direcciones ó rumbos mas generales á que estan sujetas la mayor parte de aquellas rocas estratificadas, igualmente que las cord. ó mas bien lomas que ellas constituyen; la una es cuasi exactamente de E. á O. como en el cerro del Ciervo, Peñarrubia, Castilseras, y la Cerrata. La otra direcion es E. 25° al S., que es la que siguen las lomas de la Desilla, de la Virgen del Castillo, y sus adyacentes. La loma del castillo de Asnaron sigue la direccion E. 12° al S., que tanto ha llamado la atencion del ingeniero Le-Play, y de donde ha tratado de sacar consecuencias para la simultaneidad de aquella sublevacion, con las verificadas en diferentes puntos de la Europa occidental. Otro fenómeno que parece ser consecuencia de que las erupciones se han verificado en distintas épocas y en diferentes direcciones, es, los muchos pliegues ó dobleces que afectan las capas en algunos puntos, y que manifiestan haber sido producidos por la accion de fuerzas que obraban en diversos sentidos. Este fenómeno parece estar en cierta relacion con la inyeccion del mineral de cinabrio que constituye aquellos criaderos, puesto que, donde se observa es en las capas de arenisca y de arcilla que le sirven de caja, como se puede ver en el pueblo mismo de Almaden, y en térm. de la mina de Valdeazogues.

El criadero de mercurio (*) en Almaden es sin duda la alhaja mas preciosa que tiene la nacion española; y con razon llamó Bowles (**) á esta mina *la mas rica para el Estado, la mas instructiva en su labór, la mas curiosa para la historia natural, y la mas ant. que se conoce en el mundo.* No hay en verdad en el dia en todo el orbe conocido, un criadero como el de Almaden, con que pueda contarse para el grande objeto de beneficiar los minerales de plata por la amalgamacion, y para las aplicaciones que tiene el mercurio en las ciencias y en las ártes. Si en América, tan abundante en minas de todos metales, en particular de plata, solo se han conocido las de Huencavélica ó Guencavélica en el Perú, de donde de tiempo inmemorial, segun Acosta (***), sacaban los naturales mineral para hacer el color con que pintarse los rostros y cuerpos; estas minas ya no existen, pues se arruinaron por la mala direccion de los trabajos, sin que las órdenes del Gobierno para su restablecimiento se tenga noticia hayan producido hasta ahora mas efecto, que la formacion de algunos planos y proyectos, á cuyo fin hace mas de 50 años pasó allá un geómetra delineador desde Almaden, consistiendo el poco mercurio que obtienen en los rebuscos de minerales y tierra que hallan fuera de ella. Si se han descubierto en varios tiempos muestras de cinabrio en Chile y otros parages de Nueva-España, hasta ahora han sido de ningun efecto estos indicios, sin duda por su cortedad y costos. Si en la mina *Drei Konigle Zug*, en la Baviera del Rhin, se presentan venas de ulla y de cinabrio, atravesando en todas direcciones á una arenisca micácea de color gris, su prod. no pasa de 300 á 400 qq. de mineral al año. Si en Astúrias, junto á Mieres del Camino, hay indicios de un criadero de cinabrio, incrustado en el terreno mismo de la ulla ó carbon de piedra, las investigaciones hechas hasta el dia no han dado resultado completamente satisfactorio para los mineros. Si, por último, la famosa mina de Idria (****), única en el mundo que pudiera competir con la de Almaden, producia en 1798, á la profundidad de 283 varas castellanas, de sus dos robustos bancos de cinabrio, estériles ya á la sazon, 10 á 12,000 qq. de cinabrio, de los cuales se consumian en el pais solo 2,000, pues los demas los absorvia la contrata que con España tenia hecha el emperador de Austria, dueño de la mina, esta ha quedado inutilizada recientemente de resultas de una impensada y repentina inundacion, que ha causado la muerte á varios obreros; y en fines del año pasado de 1837 permanecia aguada, sin que se pudieran continuar los trabajos. Solo, empero, hay una noticia que puede quizá hacer temer no sean algun dia las minas de Almaden las únicas en su género, como lo han sido hasta aqui. Decíase en los últimos años con alguna probabilidad, que en China habia un criadero de cinabrio, sin fijar su localidad, ni sus relaciones geognósticas; pero en el año pasado de 1844 se recibió la para nosotros poco agradable noticia, de que en el mes de marzo del mismo año habian llegado á Lóndres 300 cajas de mercurio procedentes de aquel imperio celeste, á consecuencia del nuevo aspecto que allí ha tomado el comercio, despues de las victorias de los ingleses. Se asegura que este mercurio no es tan puro como el de Almaden; pero ello es que se ha vendido á 22 rs. libra, y quién sabe si la falta de venta ha podido ser hasta ahora la causa de que los chinos no hayan beneficiado en grandes cantidades esta clase de mineral.

Dueños los españoles desde una época que no se alcanza, de la inapreciable mina de Almaden, practicaron varias y eficaces diligencias, en busca de minerales de azogue, denunciando al Gobierno varios puntos y prov. en que parecia haberse presentado, y en las que se trabajó en su busca; pero jamas se ha descubierto cosa alguna que merezca la continuacion de las escavaciones, y el empleo de los trabajos del minero, ántes por el contrario, avanzados los registros, y disminuidas las muestras que los motivaron, ha sido preciso abandonarlos, despues de haber hecho considerables gastos. Tambien nos dice la historia, que, habiendo tenido los romanos varias minas de plata y otros metales en España, solo sacaban bermellon de la de Almaden, única que se conoció en la Bética, de donde, segun Plinio, llevaban á Roma todos los años 10,000 libras de cinabrio. Por esto apreciaban tanto la mina de qué le estraian, teniéndola por escesiva riqueza, como dice el mismo historiador; causa porque luego que se sacaba dicha cantidad, se cerraba con llave, que guardaba el prefecto ó gobernador de la prov., quien no podia abrirla sin órden espresa del emperador, circunstancia que no mediaba en ninguna de las muchas que tenian en España (*). Tampoco supieron los españoles que contenia azogue la mina de Guancavélica, hasta que en el año de 1666, viendo el portugués Enrique Garcés, que el mineral que se estraia,

(*) Alvaro Alonso Barba, natural de Lepe en Andalucia, cura de la parr. de San Bernardo en la v. de Potosi, en América, al tratar de los minerales, los dividió en cuatro géneros: metales, piedras, tierras y jugos; y entre los metales enumera los siete conocidos de los antiguos, y que creian sujetos á igual número de planetas, cuyos nombres les aplicaban llamando: Sol al oro, Luna á la plata, Vénus al cobre, Marte al hierro, Saturno al plomo, Júpiter al estaño, y *Mercurio* al azogue.

(**) Introduccion á la Historia Natural de España, fol. 5.

(***) Historia de las Indias, tom. 1.°, fol. 213

(****) *Idria* es una pequeña c. de Iliria (Austria), sit. á 9 leg. de Laybach, y á 6 de Adelsberg, en la marg. izq. del r. de su nombre, la cual se ha hecho notable por la mina de mercurio descubierta en sus cercanias por los años 1497 ó 99

(*) Atribúyese tambien por otros esta determinacion de cerrar la mina, luego que se hacia la saca, á la opinion que se tenia de que el azogue es un veneno universal; *venenum rerum omnium*, como dice Plinio. Y á la verdad, es bien sabido, que la combinacion del azogue con el ácido muriático da el sublimado corrosivo, y que la frecuencia del trabajo en estas minas produce generales y tenaces convulsiones: en algunos sitios de ellas se esperimenta hinchazon en la cabeza, y en casi todos, dolorosas inflamaciones en las encías, siendo sus aguas ponzoñosas, si se esceptuan uno ó dos parages. En vista de estos hechos es muy notable que el Sr. Bowles diga donosamente que las convulsiones son una briboneria, segun habia visto en los forzados del presidio de Almaden, y que se puede dormir sin esperimentar daño alguno, sobre una veta de cinabrio. Funda su opinion, en que habia observado mas de 40 plantas comunes, nacer, crecer, florecer y granar dentro del recinto de los hornos, donde se destila el azogue, y al lado de sus cañones, sin que esto haya perjudicado la vegetacion. Si no fuera tan deleznable el apoyo de este aserto, podria considerarse como intermitente, la funesta influencia de los gases mercuriales; pero hechos que no pueden contrariarse, desvanecen la opinion del Sr. Bowles. El número de trabajadores que se ocupan anualmente en estas minas, es por térm. medio 3,941: de estos, segun datos deducidos de un quinquenio, han resultado por cada año 48 atacados de calambres, de los que murieron la mitad, quedando inutilizada la otra para los trabajos interiores; 2 muertos desgraciadamente dentro de la mina; 3 mutilados y 39 heridos mas ó menos gravemente; siendo la baja anual 92, de los que, mas de la mitad prueban, desgraciándose, lo contrario de lo que Bowles sienta. Ademas la convulsion es tan general en los mineros de Almaden, como la contraccion de nervios en los momentos de exaltacion, durante la que, si les es posible tenerse en pie, no asi desprenderse de lo que han asido: por eso es allí proverbio; «los lagartos sueltan con pan caliente; pero no los *modorros*», habiéndose verificado en algunas riñas entre ellos, que se han arrancado los pedazos de ropa á que se habian agarrado.

èra parecido al que en Castilla llamaban bermellon, trató de ensayarlo y halló que encerraba azogue. Aunque en marzo de 1676 se reconoció la mina de los Reyes, descubierta en 1666 en la jurisd. de Chilapa, ensayando los minerales que contenía, el resultado manifestó su poca utilidad, reducida á menos de 1 por ciento; habiendo tenido aun peor efecto los reconocimientos practicados en 1740 por D. Felipe Cayetano de Medina, en los cerros del Carro y Pichaco, cuyos minerales fue preciso abandonar por su cortísimo prod., y los que en Temascaltepeque hizo D. Pedro Malo Villavicencio, cuyos resultados se conocen por el hecho de haber abandonado los trabajos indagatorios, emprendidos sobre las muestras de mineral que motivaron su establecimiento. No bastaron estos desengaños, pues se creyó, segun asegura Ulloa (*), que en el Perú eran las minas de azogue tan comunes como las de plata; y con el objeto de no perjudicar al Estado en los derechos que le correspondian, se prohibió el que se trabajase en busca de dicho mineral, en aquellos sitios, en que se presumia haber muestras de él. Decayeron las minas de Guancavélica, y la necesidad obligó á practicar las vivas diligencias que exigia un asunto de tanta importancia; mas pronto manifestó la esperiencia, despues de haberse hecho prolijos ensayos, que lo que por su color suponia la ignorancia ser mercurio sulfurado, era óxido de hierro, todo lo cual produjo el convencimiento de que no existia cinabrio en la América, por mas que otra cosa diga el baron de Humboldt en su ensayo político sobre el reino de Nueva España (**). Habiendo, pues, sido vanas todas las tentativas hechas en América, en busca de minerales de azogue; destruidas las minas de Guancavélica y las de Idria, se deduce la singularidad é importancia de las de Almaden, mucho mayor desde que se llegó á conocer que con el azogue se beneficiaba toda clase de minerales de plata, por medio de la amalgamacion, la cual introducida en Méjico en el año de 1566 por D. Pedro Fernandez Velasco (***), al paso que aumentó el trabajo de las minas, proporcionando el beneficio de las que por contener minerales pobres estaban abandonadas, hizo crecer las utilidades del Estado (****) en el derecho que este exigia cobrando ya el quinto, ya últimamente el décimo (por las reiteradas representaciones de los mineros) de la plata beneficiada: al mismo tiempo que facilitó tambien grandes economias á los dueños de las minas, siendo de las mas notables la diferencia de precio de los azogues, pues que usando de los que se conducian de Idria y aun de Guancavélica, subieron en quintal, segun asegura Gamboa en su comentario á las ordenanzas de minas, desde 82 pesos y un quebrado á 120 pesos. De aqui se deduce el escesivo aumento de gasto que resultaba á los mineros, para cuyo alivio fijó el Gobierno en el año 1679 el precio del quintal vendido en Méjico en 82 pesos, proporcionando á los dueños de las minas el considerable ahorro de 38 pesos en quintal, por efecto de los prod. de las de Almaden, que acudiendo al beneficio de los minerales de plata en América, evitaron que el estrangero, valiéndose de la necesidad, obligase á usar de los suyos á un escesivo precio.

En vista de lo que hemos manifestado, y por la particular atencion con que siempre fueron miradas las minas de Almaden, debia esperarse que nuestros mayores, sin olvidar su historia, nos hubieran transmitido noticias exactas de ellas, capaces de demostrar el órden de sus labores, respectivo estado de sus frutos, calidad de ellos y demas que podia dirigirnos al conocimiento de los filones que antiguamente se disfrutaron; mas por desgracia no tenemos ni aun la mas mínima idea de estas interesantes particularidades, que nos conducirian al hallazgo de los minerales que aquellos dejaron; y únicamente sabemos (como queda indicado en la Historia) que las escavaron los romanos y los árabes, segun aparece de las monedas que de una y otra nacion se han encontrado en el seguimiento de varios trabajos; no pudiendo asegurar que las disfrutaron los Fenicios, como algunos pretenden, por carecer de pruebas para acreditarlo. Así es, que nada puede decirse relativo á tiempos ant., que pase del grado de probabilidad, y aun respecto de los mas modernos escasean los datos precisos para la exacta historia de las minas de Almaden. Sin embargo, es indudable que este pueblo, como ya se indicó, fue creado v. en el año de 1417, desde el cual hasta el de 1512, se ignora los filònes que se disfrutaron, método observado en sus labores, y prod. que rindieron; sabiéndose únicamente que manejadas por la Real Hacienda desde el citado año de 1512 hasta el de 1525, tan solo produgeron 500 quintales de azogue; mas en dicho año, sin duda por lo poco que rendian, y por el enorme crédito que contra el Estado tenian los alemanes-Marco y Cristóbal Fuggars ó Fúcares, hermanos, les fueron dadas en arrendamiento con los maestrazgos de Santiago, Calatrava y Alcántara, renovándose el contrato frecuentemente bajo diferentes condiciones. Esto duró hasta 1563, en que continuando con la adm. de las minas los mismos Fúcares, se encargaron de poner en Sevilla cada año, mil, dos mil, y hasta cuatro mil quintales de azogue, pagándolo el Gobierno á diversos precios, segun variaban las circunstancias, constando que en el principio del contrato, se les abonaban por cada quintal 11,120 mrs., siendo el menor precio que percibieron 11,000 mrs. En fin del año 1645 dejaron los citados Fúcares las minas, ignorándose la causa que para ello habria y los quintales de azogue que sacaron en los primeros 38 años; solo se sabe que en los restantes beneficiaron 188,667 quintales, y que la Real Hacienda se encargó de ellas en 1.° de enero de 1646.

Retirados los Fúcares de la adm. de las minas, bien porque se advirtiera aunque tarde, que obraban como diestros arrendatarios, sin cuidarse de la conservacion de aquellas, bien por otras causas, se echaron menos sus conocimientos mineros, su dinero y los brazos de que disponian. Para sustituir los primeros, se buscaron mineros de Alemania que vendian bien caros sus servicios; pues ademas de un crecido sueldo ó jornal, segun su clase, se les concedian costosas recompensas pecuniarias, fijadas en contratos celebrados al efecto, dispensándose para ellos las leyes del reino, en cuanto que no consentian en España hab. que no fueran católicos; y con el fin de poder atender á tantos gastos, se consignó por Real órden de 13 de setiembre de 1650, la renta del segundo 1 p% de todo lo vendible en Almaden, Chillon, Santa Eufemia, Belalcázar, Hinojosa, Torremilano, Torrefranca, Pozoblanco, Torrecampo, Villapedroche, Villanueva de Córdoba, Fuenteovejuna, Conquista, Cabeza del Buey, y estado de Capilla, y despues otros diferentes pueblos, cuya determinacion produjo, como era natural, multitud de espedientes y ejecuciones, despues de diferentes moratorias, y todo menos el objeto propuesto. Repitiéndose las comisiones, y creciendo con el tiempo las urgencias y la dificultad de hacer efectiva la cobranza, vino á determinarse que la dotacion de las minas se pagase por la tesoreria de rent. de Córdoba. Para que no faltasen brazos, se concedió exencion general de quintas, que siendo una de las condiciones del asiento de los Fúcares, aunque con limitacion á 300 familias elegidas por ellos, fue estendida á todos los mineros; acordada en 1776 para las milicias, y en 1792 para las contr.; mandándose en 11 de agosto de 1777 que se publicasen dichas exenciones en los pueblos de mas vecindario de las prov. de Córdoba, Ciudad Real y Badajoz. Pero no bastaron todos estos esfuerzos para atraer trabajadores

(*) Notic. americ. ó entretenim. fisico-históricos, fól. 231 y 232.

(**) Asegura este célebre viajero, que el mercurio se encuentra en varios puntos en el reino de Méjico; pero aunque él viese indicios de cinabrio en los puntos que señala, si en ellos se hubiesen establecido escavaciones; probablemente habrian producido el resultado de las que hemos citado; pues no es creíble que los americanos, con necesidad de azogues para el beneficio de sus minerales de plata, hubiesen dejado de aprovechar los que le ofrecia su país, pagando á un subido precio el de Almaden.

(***) Esta es la opinion de Mr. Born, que se halla recibida con bastante generalidad. Barba en su arte de los metales asegura, que la amalgamacion fue establecida en Potosí en el año de 1574; y Sarriá en su ensayo de Metalurgia dice que fue introducida en Nueva España en 1557 por Bartolomé de Medina, y en Potosí por Fernandez Velazco en 1671. A pesar de todo, la amalgamacion debe ser mas ant., segun una cédula espedida en Valladolid por la Princesa Gobernadora, en 4 de marzo de 1552, la cual dice así: *Habiendo visto lo que vosotros y el nuestro Visorey de esa tierra nos habeis escrito, acerca de la necesidad grande que hay de que se envie á ella cantidad de azogue para beneficiar la plata, etc.*

(****) Gamboa en su comentario á las ordenanzas de minas asegura que en cada uno de los años anteriores á 1761 se acuñaron en Méjico de 13 á 14 millones de pesos.

y se acudió á otros medios de que despues hablaremos.

Los disfrutes de los citados Fúcares fueron en San Sebastian, Mineta Alta y Mineta Baja, Zurriaga, Contramina Antigua, Mina del Pozo y Mina de la Hoya, las cuales se ignora la fecha en que fueron abandonadas, escepto la del Pozo que cesó por los años de 1592 á 1615, principiando entonces la última que fue abandonada en 1690, sin que se conozca la causa; solo si que contenia en su mayor profundidad muchos y ricos minerales. No son, pues, las actuales minas del Pozo y del Castillo, únicas que se trabajan (ademas de la de Valdeazogues y la Concepcion en el departamento de Almadenejos), y que se comunican entre sí las de los remotos tiempos de que habla la historia; pues que la antigüedad de la primera de aquellas es de poco mas de 169 años, y la de esta última, ó sea la de Almadenejos, solo de 51 años. La ant. mina disfrutada por los Fúcares, cuyo nombre lleva, sit. á la inmediacion de la actual del Pozo, y que se trabajó por cuenta de la Real Hacienda en 1645, fué abandonada á poco tiempo despues, teniendo la profundidad de unas 300 varas desde lo alto del cerro, sin duda por haberse empobrecido y hallado á poca profundidad las grandes riquezas de la del Pozo, que se sigue en labor: y aunque de muchos años á esta parte se han hecho varios trabajos para volver sobre dicha mina abandonada, han sido hasta ahora todos infructíferos, por falta de un plan geométrico en ella. Tambien en Almadenejos habia otra mina mas ant. que la del dia, llamada de la Concepcion, con un grande y costoso cerco, donde está el pueblo, hornos y demas oficinas, y se abandonó cuando ya tenia mas de 300 varas de hondo por estéril, al tiempo de descubrirse en diciembre de 1794, la que actualmente se beneficia en la inmediacion del mismo cerco. No lejos de Almaden y Almadenejos se ven ademas de las minas referidas, otras varias arruinadas que indican ser las del tiempo mas ant. que labraron los romanos: se han hecho en ellas varios trabajos de desagüe y reconocimiento en nuestros tiempos, pero esta diligencia no ha producido un descubrimiento de riqueza interesante hasta ahora.

Las noticias de las actuales minas de Almaden tituladas, como se ha dicho Pozo y Castillo, nada presentan digño de atencion desde que estas principiaron á trabajarse hasta el año de 1755 en que se incendiaron, resultando en 30 meses que duró el fuego hundimientos, muertes y una inundacion general (*): solo se sabe que continuaron sus disfrutes sin intermision en todo aquel tiempo, siendo notable que sus rendimientos en cada uno de los años que mediaron desde 1646 hasta el de 1700, fueron de 1,527 quintales, segun el total que en todas se obtuvo, cuando en los que siguieron hasta 1776 pasaron de 7,000. Ya en este año se consignaron 500,000 rs. mensuales para las labores subterráneas y demas gastos del establecimiento, y los prod. de azogue obtenidos hasta fin de 1808 subieron á 585,500 quintales, correspondiendo á cada año 18,296 quintales 85 libras, que han aumentado despues hasta 20,000 y mas. La profundidad de las actuales minas de Almaden pasa de 300 varas, siendo esta la hondura del pozo principal de estraccion y desagüe en que está colocada la grande máquina de vapor, de que luego hablaremos. Los bancos principales de mineral, llamados San Diego, San Pedro, San Francisco y San Nicolas, continuan aun robustos y con mucha riqueza en lo mas bajo, pues la potencia de algunos es de 10 y mas varas; y la del menor de 5 á 6, teniendo el de San Diego y San Pedro que se reunen en el estremo de poniente (pues este no es en realidad mas que una continuacion de la veta de aquel) 177 varas de largo, el de San Francisco 178 y el de San Nicolás 90. Por cima de ellos resta todavia gran porcion de mineral descubierto, sin disfrutar en mas de 60 varas de altura, aunque en los otros dos bancos restantes de San Juan y San Cárlos hace años se hallan suspensos los trabajos por haber empobrecido su mineral en la profundidad de unas 190 varas que tienen, y sobre cuyos bancos se trata de volver con galerias de registro desde mayor hondura. La mina de Almadenejos solo tiene 80 varas de profundo y su mineral, aunque en el dia menos abundante, continúa sin decadencia en su calidad y riqueza, con esperanza de que aun mejore, estendiéndose mas con los trabajos de indagacion.

Correspondiendo la caja del criadero de mercurio de Almaden á la formacion geognóstica de la grauvaca, comprende un miembro de ella que solo contiene capas alternantes de pizarra arcillosa carbonosa; y otras de arenisca grauvaca propiamente dicha, con abundantes restos orgánicos, se hallan mas al N. sobre el pendiente del criadero. Las capas de todo aquel terreno no yacen en su posicion primitiva horizontal; han sido todas ellas trastornadas por erupciones posteriores, elevándolas hasta una posicion muy próxima de la vertical en algunos puntos, y constituyendo como dejamos dicho, córd. de mas ó menos consideracion, por entre cuyas capas así enderezadas, se han insinuado las vetas de San Nicolas, San Francisco y San Diego, de que es continuacion el plan de San Pedro. El de Santa Clara es una gran masa en forma de columna, que tiene su dependencia ó union, con la referida veta de San Diego; y lo que vulgarmente se llama roca Frailesca, se halla en el estremo occidental de las minas, próxima al pozo principal de San Teodoro, y aun el mismo está en el grupo que forma dicha roca. La dureza de esta, y su próximidad al criadero, ha sido causa de que ademas de establecerse en ella dicho pozo maestro, haya servido para la apertura de los recipientes de agua, cuartos de herramientas, plazas y demas desahogo que necesita una mina de aquella consideracion. La direccion de las vetas es de NO. á SE. de la aguja magnética; su inclinacion mas general de 75 á 80° hácia el NE., pero en la veta de San Francisco, alguna vez inclina solo 45° volviendo despues á enderezarse.

La labor considerada en total consiste en pisos y galerias de prolongacion, que comunican con el pozo vertical de San Teodoro, el cual va siempre algo mas avanzado que el resto de las labores: el número de las obras de mamposteria que se disponen, es indeterminado, pues hay planes en que existen trece y catorce obras, y sobre cada una hay un muro de mineral. La labor de arranque se verifica del modo siguiente. Empiézase por abrir una profundidad sobre el yacente de 4 varas de largo, segun la direccion de la veta, y 3 varas de ancho segun la potencia: á medida que esta profundidad va avanzando, se van corriendo bancos sobre dos testeros, dándoles dos varas de altura, y la misma anchura de la profundidad, resultando una labor con la cual se va arrancando todo el mineral inmediato al yacente en un espesor de 3 varas. A medida que la profundidad y los bancos correspondientes van llegando 6 varas mas abajo del nivel en que se ha determinado establecer el piso ó galeria inferior, se van abriendo labras ó traviesas hasta el pendiente, dándoles 4 varas de anchura y distando otras 4 unas de otras. En el hueco que dejan estas labras se construyen arcos de dichas 4 varas de long. y de toda la amplitud que arroja de sí la veta en aquel punto, puesto

(*) Ocurren á las veces incendios dentro de los subterráneos, bien sea por la inflamacion del gas hidrógeno carbonado, cuyos efectos son tan espantosos aunque momentáneos y pasageros, bien sea por pegarse fuego á las eumaderaciones, cuyos efectos son de mas duracion y de peores consecuencias para los dueños, pero no de tanto peligro para la vida de los trabajadores, como asegura el Sr. Ezquerra del Bayo en sus *datos* y *observaciones sobre la ind. minera*. Por esta segunda causa, dice, ha habido dos incendios en las minas de Almaden, segun refiere Hoppensac en su descripcion de las minas de España publicada en Weimar; el primero se verificó en el mes de enero del año 1698, siendo el resultado hundirse cuasi todas las labores entonces existentes, conocidas en el dia con el nombre de contramina. El segundo incendio se manifestó el 7 de enero de 1755 y no se pudo volver á trabajar en la mina hastá el 27 de julio de 1757; es decir que estuvo ardiendo mas de dos años, y aun al cabo de este tiempo todavia habia carbones encendidos en algunos sitios. Durante este tiempo fue cuando se construyó el gran cerco ó muralla de Almadenejos, para dar ocupacion á los operarios, y que hace de aquella pequeña pobl. una verdadera plaza fuerte. —Despues de restablecidas las labores, el Gobierno hizo venir de Clausthal al señor Kohler, el cuál trajo consigo al jóven Stor y ademas varios capataces, entivadores y barreneros, todos de su pais: introdujeron muchas mejoras y regularizaron el laboreo de aquel hermoso criadero, designándose ahora entre nosotros aquella época con el nombre de el tiempo de los alemanes. —Estos alemanes debian ser muy buenos entivadores ó carpinteros de mina, porque no solo ejecutaron grandes obras de esta clase, sino que formaron buenos discípulos de quienes han ido aprendiendo otros sucesivamente; de modo que en Almaden se puede decir que en el dia hay muchos entivadores que saben su obligacion. La fortificacion de mamposteria con la generalidad y profusion, digamóslo asi, que ahora se emplea, fue introducida posteriormente á los alemanes por el difunto D. Diego Larrañaga.

que sus arranques han de apoyar en el estéril de ambos astiales. Estos arcos son la base y fundamento de toda la labor del piso. Sobre los arcos fundamentales se van elevando macizos de mampostería de la misma long. y anchura que ellos, entrando un poco en el estéril para mayor seguridad; pero si la salbanda es muy floja, acostumbran á no arrancarla, y aun á dejar algo de mineral. Para subir estos macizos, es indispensable ir alzando la escavacion de las traviesas; mas esto no se hace sino á medida que sube la mampostería de la obra correspondiente, sin que resulte nunca un buceo de mas de dos varas de altura: no es posible proceder con mas prudencia ni con mas seguridad; así es que el beneficio de esta mina puede continuarse en toda la profundidad que se quiera y por mucha potencia que presenten las vetas, sin tenerla que abandonar por estas causas, como les sucedió á los Fúcares. Cuando las obras han subido al nivel en que ha de formarse galeria, se construyen muros ó ramales de mampostería y de uno á otro bóveda, con lo que se facilita la comunicacion de unos puntos con otros, facilidad para el transporte de minerales y materiales, y circulo á la ventilacion, continuándose el macizo sobre dicha bóveda, hasta la altura conveniente.

En lo interior de la mampostería suelen á veces dejarse algunos huecos, ó cajones, que se rellenan con zafras inútiles, evitando el costo que produciría el sacarlas á fuera La mampostería de las obras se construye con piedra arenisca que se introduce de la superficie, cuyas canteras están abiertas junto al pueblo mismo, y muy próximas al brocal del pozo de San Teodoro. A los arcos fundamentales suele darse una vara de espesor, y sobre 2 varas de sagita: algunos se construyen con lajas de arenisca; pero como no sea muy frecuente el encontrar la roca en esta disposicion por aquellas inmediaciones, hay precisamente que echar mano de ladrillos artificiales para la mayor parte de los muchos arcos que se construyen: los ladrillos que se emplean son en forma de dovela, y tienen 12 pulgadas de largo y 8 1/2 de ancho, 4 de grueso en la parte superior ó estrado, y 3 1/2 en el intrado. Para sostener provisionalmente el pendiente de la escavacion que resulta en la primera labor de los bancos, se colocan fuertes estemples de trecho en trecho en los parages que se creen necesarios; pero como el arbolado vá escaseando tanto, se economiza la madera lo mas que se puede, y en lugar de poner estemples, se dejan algunas veces llaves de mineral sin arrancar, reservando aquellos para los casos mas perentorios y no previstos. Tambien se ha adoptado el construir arcos de mampostería que llaman *provisionales*, para sostener el pendiente de la dicha escavacion, cuyos arcos apoyan en mineral, cuando menos el uno de sus arranques; lo cual parece ser contra las reglas del arte; pero aquí no traen ningun inconveniente, siempre que se tenga cuidado de colocarlos en la correspondencia de una obra, para que cuando esta suba, queden embebidos en ella. Por semejante medio, al paso que se establece la mas segura fortificacion, se preparan disfrutes ascendentes en las columnas de mineral que existen sobre las mamposterías, los cuales facilitan su arranque con economía y seguridad. Si el astial pendiente que ha quedado descubierto entre dos obras, manifiesta alguna flojedad, se asegura construyendo un arco que se apoya en ambos; estos arcos deben ser muy rebajados, y sobre ellos se levanta un muro de sobrecargo. Arrancadas las columnas de mineral, para poder pasar de un boquete á otro de la galeria, se arma una encamacion sostenida con gruesos puentes que se apoyan en las dos obras, y resulta un piso.

Tal vez parecerá á primera vista que el método de laboreo establecido en Almaden debe ser muy costoso, en razon á las mucha mampostería que se emplea; pero es todo al contrario: las obras de mampostería resultan allí mucho mas económicas, que si se fortificase con entibacion, aun cuando las maderas fuesen muy abundantes, no solo por la riqueza del mineral que se beneficia, sino tambien porque no es tan costosa como en otros su preparacion mecánica y su fundicion. Puesto el mineral á la boca de los hornos, se compone de mena y de baciscos, y contiene, término medio, 10 p0/0 de mercurio: de modo que para obtener los 20,000 qq. que próximamente se producen anualmente, se tienen que estraer 200,000 qq. de mineral. Aunque no es fácil decir con exactitud lo que se debe cargar en cuenta por el arranque, estraccion y conduccion hasta los hornos, de esta cantidad de mineral, seguramente no pasará de 4 1/2 millones de rs.; de modo que un q. de mineral puesto en la boca del horno, se puede decir que tiene de coste, térm. medio, sobre 23 rs. vn. El q. de mercurio puesto en Sevilla, donde el Gobierno tiene los almacenes, incluyendo todos los gastos de fundicion y de trasporte en el quinquenio de 1829 al 34, tuvo de coste 318 rs., y vendido el mismo q. al precio de 1,200 rs., ha dejado una utilidad de 277 p0/0.

Entre los diferentes medios que se conocen en los subterráneos para transportar el mineral, (*) el que se halla puesto en uso en las minas de Almaden, es de los mas sencillos, pues se reduce al de trasporte por galerias horizontales por medio de carretillas de mano. Estas galerias son los pisos generales de la mina; y como el mineral que se arranca no se obtiene solo en ellas, hay necesidad de conducirlo, bien por medio de tornos, cuando el mineral ó zafra es de punto mas bajo que el piso de la carrera, ó bien cuando es de punto superior á esta, por medio de coladeros, que se reducen á agujeros practicados en las encamaciones en puntos que no puedan causar daño á la fortificacion. El servicio del acarreo de minerales y zafras, aun cuando ha habido época en que ha sido de cuenta del establecimiento, hace una porcion de años que se saca á pública subasta á mediados del mes de junio, con el objeto de que empiece á tener cumplimiento desde la primera semana del mes de julio, por todo el año minero que concluye en la última de junio, bajo el nombre de *Contrato de estraccion de minerales, zafras y herramientas, é introduccion de materiales por el torno principal*. Este se halla colocado en el brocal del pozo de San Teodoro, que desde la superficie comunica con todos los pisos ó plantas de la mina, y sirve no solo para la ventilacion, sino es principalmente para la estraccion de minerales é introduccion de materiales, como espondremos despues mas detenidamente. Las condiciones impuestas al asentista son: 1.ª conducir los minerales de todos los puntos de arranque á las respectivas cortaduras, bien haciendo uso de trecheadores con espuertas sobre el muslo como en el noveno piso, donde todavía no se puede establecer carrera, bien por tornos ó coladeros á los pisos de la mina, y de aquí á las cortaduras con carreros y á trecheo: 2.ª estraerlos á la superficie por medio del malacate de caballerías del establecimiento, introduciendo al mismo tiempo en contrapeso materiales para las obras de mampostería que se ejecutan en la mina. Es ademas obligacion de los asentistas el quebrar los peñones grandes que resulten de los trabajos y ponerlos en disposicion de ser colocados en espuertas, para cuya operacion se les reconoce en el precio de tasacion 2 mrs. por cada peso de 20 a. de mineral, zafra ó herramientas inutilizadas que estraigan á la superficie. Igualmente se les reconoce 8 mrs. por cada peso de 20 a. de mineral, zafra y herramientas estraidas y material introducido, por el consumo de esparto en espuertas, soleras y sogas que se les gradúa; uno y medio mrs. en peso de 20 a. de mineral, zafra y herramientas estraidas, por el valor de los maronillos de cáñamo, colocacion de soleras, é ingerto de los cinteros del malacate, que tiene que ejecutar el asentista; y finalmente un mrs. por peso de 20 a. de mineral, zafra y herramientas estraidas por el coste de un cintero de esparto, cuyas cantidades suman 12 1/2 mrs.

Segun la subasta que sirvió para el año minero de 1843 á 1844, los precios en que quedó aquella formalizada son los siguientes:

Estraccion. Cada peso de 20 a. de mineral, zafra y herramientas estraidas . . . . mrs. 130, 15.
En dicho precio van incluidos los 12 1/2 mrs. graduados al consumo de esparto, el quebrar los peñones grandes etc.

Introduccion. Cada peso de barrenas nuevas, herramientas, polvo y boliches que se introduzcan, en. . . mrs. 64, 00.

Cada cinco pesos de material que segun cálculos componen una vara cúbica, se paga segun la dist. de la cortadura á la obra, tomando por base la cantidad de 183 1/2 mrs. para las obras que por su inmediacion al brocal del pozo de introduccion basta solo su amaine, incluido en este valor el de 40 mrs. al respecto de 8 mrs. por cada peso de 20 a.. . . . . . 183 1/2.

(*) *Apuntes sobre el acarreo de minerales y zafras en las minas de Almaden, su estraccion por el pozo de San Teodoro y conduccion de los primeros al cerco de fundicion*; por el aspirante 2.° del cuerpo de ingenieros de minas D. Lucas de Aldana.

Segun las dist., aumenta este precio hasta 410 1/2 en el Pozo y 674 en el Castillo. Se concede á los asentistas el escoger para carreros á los que crean mas idóneos, y el hacer el asiento con media hora de anticipacion á los demas trabajadores, para que no se retarden en su servicio; debiendo pagarles 7 rs. por entrada de seis horas, que hacen 4 1/2 de trabajo efectivo, desde setiembre hasta fin de abril, y 9 rs. por entrada en los cuatro meses restantes. A los que se ocupan en henchir y trechear con esportones, deben pagarles 5 rs. por entrada en los 8 meses referidos y 7 en los otros 4, todo bajo una multa designada en el contrato al asentista que contravenga.

Depositados ya en los pisos generales de la mina los minerales y zafra por medio de los trecheadores, tornos y coladeros, entra el conducirlos á las respectivas cortaduras por medio de unas carretillas de mano de 2 varas de long., por 0,66 de anchura, y 0, 22 el radio de la rueda. Dichas carretillas las construyen de madera de roble, escepto la rueda que es de fresno; pesan vacias tres a.; su coste es de 60 rs., y duran término medio dos años con algunas composturas. Como no tienen cajon, el mineral se coloca sobre ellas en espuertas, cargando cada carretilla generalmente seis, que hacen 8 a. de peso. Esta es la práctica establecida, aunque no haya dejado de haber asentista que ha obligado á los carreros á cargar de 7 á 8 espuertas, abusando de su necesidad. El asentista en cada entrada distribuye el número de carreros que juzga necesario en vista de la dist. del depósito de mineral á la cortadura, señalando á cada uno de ellos la dist. de su trecheo: estas dist., que para los carreros intermedios no estan por lo general distribuidas con diferencia que se haga de notar, no observan la misma equidad con el primero y último carrero, los cuales, participando del trabajo comun de conducir una carretilla cargada, ejecutan ademas otro muy distinto y de mas fatiga, como es en el primero levantar del suelo las espuertas y colocarlas sobre su carretilla, y en el último levantarlas de la misma y tener que volverlas para vaciarlas. Asi es que aunque para estos disminuye en cierta cantidad la distancia de su trecheo, como no se hallan en estado de apreciar la diferencia de trabajo que tienen que desplegar, lo hacen á ciegas, y aunque algunas veces puedan salir favorecidos por casualidad los carreros estremos, lo mas regular es verlos quejosos sin descansar un momento, cuando á los del centro por el contrario se les vé frecuentemente sentados sobre sus carretillas mientras viene la inmediata. Esta operacion se verifica del modo siguiente. El primer carrero levanta del suelo y coloca en su carro las espuertas que dos cargadores se ocupan en llenar, y marcha hacia la cortadura hasta el fin de su trecheo, donde cambia con el segundo la carretilla cargada por otra vacia, y vuelve á su puesto á repetir la operacion: el segundo, al fin de su trecheo cambia la cargada por otra vacia; el tercero hace lo mismo y asi hasta el último, que ademas de recorrer la dist. que le han señalado, tiene que descargar las seis espuertas. La conduccion de los materiales para las obras de mamposteria se verifica del mismo modo, partiendo de las respectivas cortaduras al pie de las obras en accion.

Para hacer algunas observaciones respecto al precio á que sale el acarreo en estas minas y poder compararlo con el de otros paises mineros, ha servido de tipo al Sr. Aldana la unidad de medida aconsejada por el Sr. Inspector general Ezquerra, á saber: 200 a. transportadas á 200 varas (*). Partiendo de aqui, y teniendo presente que las observaciones han sido hechas en los meses de verano, en que el jornal percibido por los carreros, ha sido el de 8 1/2 rs. por una entrada, y 17 cuando esta ha sido doble, es decir, toda una noche, á pesar de designarse en el contrato el de 9 rs., se calcula el coste de las 200 a. á 200 varas, segun el jornal que pagan los asentistas. La primera de las ocho observaciones del Sr. Aldana dió por resultado que, en una entrada doble; esto es, desde las seis de la tarde hasta las cuatro de la mañana siguiente, 5 carreros condujeron 153 carretillas de mineral á la cortadura de San Teodoro en el 8.° piso, desde una dist. de 134,42 varas: los mismos transportaron desde dicha cortadura 28 carros de materiales á 57, 51 varas de dist., y ademas 68 carros de material á 122, 20 varas: haciendo los cálculos correspondientes resultan 1,264 a. á 200 varas, que costaron 85 rs., y por lo tanto las 200 a. á 200 varas, 13 rs, 15 mrs. Los resultados de las ocho observaciones son los que siguen:

						TOTAL de jornales.	PRECIO de 200 a. á 200 varas.		
1.ª	153	carretillas.	Mineral	á 134,42 varas.	1264 a. á 200 varas.	85 rs.	13 rs.	15 mrs.	Entrada doble.
	28	Id.	Material	á 97,51					
	68	Id.	Id.	á 122,20					
2.ª	43	Id.	Mineral	á 134,42	514,72 a. á 200 Id.	42 rs. 17 mrs.	16	17	Una entrada.
	58	Id.	Material	á 122,20					
3.ª	162	Id.	Mineral	á 134,42	1193,60 a. á 200 Id.	85 rs.	14	8	Entrada doble.
	66	Id.	Material	á 122,20					
4.ª	84	Id.	Mineral	á 134,42	756,96 a. á 200 Id.	42 rs. 17 mrs.	11	7	Una entrada.
	63	Id.	Material	á 121,20					
5.ª	94	Id.	Mineral	á 134,42	962 a. á 200 Id.	85 rs.	17	22	Entrada doble.
	89	Id.	Material	á 128,30					
6.ª	102	Id.	Mineral	á 134,42	1059 a. á 200 Id.	85 rs.	16	1	Id. Id.
	114	Id.	Material	á 112,00					
7.ª	86	Id.	Mineral	á 115,90	953,92 a. á 200 Id.	85 rs.	17	27	Id. Id.
	138	Id.	Material	á 100,60					
8.ª	64	Id.	Mineral	á 115,48	965,20 a. á 200 Id.	68 rs.	14	3	Id. Id.
	137	Id.	Material	á 122,20					
							120 rs.	30 mrs.	

Tomando un término medio de la suma que da el resultado de las ocho observaciones referidas, resulta que 200 a., á 200 varas pagándose 8 1/2 rs. vn. de jornal, cuestan 15 rs. 3 mrs. En las observaciones dichas no se indica el número de carreros, porque á ejemplo de la primera en todas fueron cinco, menos en la última que solo hubo cuatro; lo que tampoco habia necesidad de espresar, pues al momento se echa de ver por el precio á que en cada una ascienden los jornales, sabiéndose que el cálculo está hecho bajo el supuesto de que el carrero gana en una entrada 8 1/2 rs., y siendo esta doble 17 rs.

Este resultado no es, sin embargo, general, pues es solo el de los cuatro meses de verano, en que la concurrencia de brazos á las faenas mineras es la mas escasa del año; calculando, pues, las mismas observaciones, en el supuesto de

(*) Ya se comprende que, segun sea mayor ó menor la facilidad con que se verifique el transporte en una estension dada de terreno, asi será mas alto ó mas bajo el precio de la conduccion. Si esta se hace, por ejemplo, por un camino de hierro, donde un muchacho basta para dar movimiento á una carretilla, claro es que será mas barata, que si se verifica por un suelo arenisco y malo, como es el de las minas de Almaden, que hace forzosamente dificil y penoso el transporte.

pagárseles á los carreros los 7 rs., designados en el contrato, los ocho meses del año, tendremos los siguientes valores, por el órden de observaciones:

				Rs.	Ms.
1.ª	200 a. á 200 varas,	á 7 rs. de jornal		11	2
2.ª	200 á Id.	á Id.	Id.	13	20
3.ª	200 á Id.	á Id.	Id.	11	25
4.ª	200 a Id.	á Id.	Id.	9	8
5.ª	200 á Id.	á Id.	Id.	14	18
6.ª	200 á Id.	á Id.	Id.	13	7
7.ª	200 á Id.	á Id.	Id.	14	22
8.ª	200 á Id.	á Id.	Id.	11	20
				99	20

y su término medio 12 rs. 15 mrs.: de modo que conocemos el coste de las 200 a. á 200 varas en la temporada de concurrencia de brazos, y en la de escasez, no faltando mas para averiguar el término medio general, que ver la relacion en qué está el número de jornales de la primera época con el de la segunda, ó el movimiento de la estraccion en una y compararla con el de la otra. Haciendo este cálculo se vé, que, habiéndose estraido á la superficie por el pozo de San Teodoro, en todo el año minero, 1.124,840 a. de mineral y zafra; de esta cantidad han salido los 3/4, durante la época de actividad; en efecto, en los ocho meses se han estraido 843,660 a., y en los cuatro restantes 281,180 a. de mineral y zafra. Veamos ahora en la introduccion de materiales, qué proporcion se observa: se han introducido en todo el año minero: 465,348 a. de materiales, de los que 349,768 a., en los ocho meses referidos, y el resto de 115,580, en los cuatro restantes. Sumando ahora el resultado de la estraccion, durante los ocho meses; con la introduccion durante los mismos, el número de a. estraidas é introducidas durante dicha época, es 1.193,428, cuya relacion con el de las estraidas é introducidas, durante la segunda época, que es 396,760 a., es la de 3 : 1; de suerte que en esta relacion se hallan los jornales de 7 y 9 rs., y segun ella, el térm. medio general del coste del acarreo en Almaden, en todo tiempo, podemos decir que es, 200 a. á 200 varas 13 rs. 4 mrs. Este resultado es bastante caro comparándolo con el coste, que tiene igual cantidad transportada á igual dist. en Hungria y Sajonia; pues en el primer punto, 200 a. á 200 varas, cuestan 1 rs. 28 mrs. ó 62 mrs.; en el segundo, 200 a. á 200 varas, 2 rs. 25 mrs., ó 93 mrs. De modo que el coste del transporte en el interior es:

Almaden : Hungria :: 7, 19 : 1.
Id. : Sajonia :: 4, 79 : 1.

Pero es menester atender tambien á las circunstancias particulares que concurren en Almaden, particularmente á causa de su insalubridad, que hace que un trabajador no pueda dar mas de ocho ó diez jornales al mes, sin arriesgar su salud, aunque esto está compensado por el precio de aquellos que son mas que triples de los dos puntos mineros que hemos citado; en efecto, el jornal de un carrero en Hungria y Sajonia durante una entrada de ocho horas, que hacen seis de trabajo efectivo, es 2 rs. 27 mrs. ó 95 mrs.; en Almaden las entradas son de seis horas, que hacen cuatro y media de trabajo efectivo; en este mismo tiempo un carrero de Hungria ó Sajonia gana solo 71,25 mrs.; de modo que en Almaden el jornal triplo seria 3 × 71, 25 mrs. = 6 rs. 9 mrs.; pero reciben 7 rs. 17 mrs., que es el término medio general del jornal designado en el contrato: luego hay un esceso en favor de los de Almaden de 1 real 8 mrs.

Veamos ahora el resultado que nos daria si se hicieran en Almaden las entradas de ocho horas (seis de trabajo efectivo), conservándose el mismo jornal que en el dia. En la cuarta observacion se ha visto que 5 carreros condujeron en 4 1/2 horas 84 carretillas de mineral á la cortadura de San Teodoro, desde una dist. de 134,42 varas; y los mismos carreros 63 carretillas de material á una dist. de 121, 20; estas 63 últimas carretillas á la dist. dicha, equivalen á 56,80 carretillas llevadas á 134,42 varas; de modo, que tenemos que, en 4 1/2 horas han transportado 84 carretillas á 134,42 varas; 56,80 carretillas á 134,42; cuya suma es 140,80 carretillas á 134,42 varas; de modo, que en hora y media transportarán una tercera parte de dicha cantidad á igual dist., que es 46,93 carretillas á 134,42 varas, que hacen un total de 187,73 carretillas á 134,42 varas = 1009,36 a. á 200 varas, que al jornal de 7 rs. 17 mrs. de cinco carreros han costado 37 rs. 17 mrs., y las 200 a. á 200 varas, salen á 7 rs. 14 mrs., cuyo precio está con el de

Hungria :: 4, 064 : 1.
Sajonia :: 2, 709 : 1.

Habiendo visto ya el precio á que sale el transporte en Almaden, pasa el Sr. Aldana á calcular el efecto útil y la accion desplegada por los carreros durante las 4 1/2 horas de trabajo efectivo. Escoge para este caso la dist. mas repetida en sus observaciones, que es la de 134,42 varas, en la que, por cinco carreros se han transportado 140 carretillas: el primero y último tienen 25,21 varas de trecheo y 28 varas los tres intermedios. Si tenemos presente el modo con que los carreros egercen su accion, que es empujando hácia adelante una carretilla, veremos que el efecto debe ser apreciado por a. transportadas á varas, pues se verifica por camino horizontal. Por consiguiente tendremos:

Efecto útil: 140 carretillas con 1120 a. á 25,21 varas = 28235 a × vara para el primero y último: 140 carretillas con 1120 a. á 28 varas = 31360 a. × vara para los intermedios.

Para el resultado anterior no hemos contado mas que el peso transportado; pero para la *accion desplegada* debemos tener en cuenta que, cuando la carretilla va cargada, aumenta 3 a. de su propio peso al que se transporta; y cuando vuelve de vacio el carrero, conduce otras 3 a. de peso, que son 6 entre ambas, tantas veces repetidas, cuantos viajes de ida haya hecho aquel. Asi tenemos que

140 carretillas con 840 a. á 25,21 varas = 21176,40 a. × vara para el primero y último.: 140 id. con 840 id. á 28 varas = 23520 a. × vara, para los intermedios.

Sumando los resultados anteriores con los que acabamos de obtener, se ve que la accion desplegada por los carreros del

centro será	54880.	a. × vara,
por los de los estremos	49411,40	a. × vara.
Diferencia	5468,60	a. × vara.

Es decir, que la accion desplegada en cargar y descargar las carretillas 140 veces, se puede apreciar en 5468,60 a. × vara, que equivale á 39 a. × vara por el trabajo de cargar y descargar cada vez; resultado que desde luego se puede asegurar compensa en el primer carrero con holgura su trabajo de colocar las espuertas en la carretilla, y aun en el último parece que tambien compensa el trabajo de quitarlas, teniendo presente que en Hungria y Sajonia, donde está esta parte bien estudiada, aprecian en 3932 a. × vara el descargar un perro húngaro en el primer punto las veces que sea necesario en las horas de trabajo, y en 2430 a. × vara en Sajonia el hacerlo con las carretillas. Comparando el efecto útil con la accion desplegada, vemos que aquel es 0,57 de esta última: y si comparamos con la accion diaria de un carrero en Hungria, que es 136000 a. × vara, resulta la dé los de Almaden 0,20 de aquella, y 0,27 de la de Sajonia, que es 101440 a. × vara.

Segun Navier y Poncelet (continúa el Sr. Aldana), un peon transportando materiales en una carretilla de una rueda, y volviendo de vacio á tomar nuevas cargas, suministra en 10 horas un efecto útil de 112320 a. × vara; en una entrada los carreros de Almaden producen 31360 a. × vara efecto útil y en una doble 62720 a. × vara, proximamente la mitad; pero debe tenerse en cuenta que el cálculo de Poncelet es para la superficie, donde no hay los obstáculos que en la mina. Segun Coulomb, un hombre trasportando peso en una carretilla, suministra una cantidad de accion diaria de 106227 1/2 a. × vara. En 4 1/2 horas de trabajo despliegan los de Almaden 54880 a. × vara; y en una entrada doble en la mina pueden desplegar 109760 a. × vara, que es mas de lo que dice Coulomb. Comparando, finalmente, la accion desplegada por los carreros de Almaden con el efecto total de los carreros de Hungria y Sajonia, resulta la accion de los primeros 0,27 de los de Hungria, y 0,36 de la de los de Sajonia.

Bien conocidas son las desventajas de las carretillas de Almaden, respecto de las que estan en uso en otros paises, y señaladamente en Sajonia; pero últimamente, por disposicion de los gefes del establecimiento, se ha construido en el taller de carpinteria una arreglada á la forma de las de Sajonia, de cajon de pino, y la rueda de hierro colado, la cual servirá de ensayo, principiando á usarse en el esterior.

Obtenido ya el mineral en las respectivas cortaduras, parece que correspondia hablar de su estraccion á la superficie por medio del malacate de caballerias del pozo de San Teodoro; pero siguiendo á dicho ingeniero, vamos á considerar los gastos totales, causados en el porteo de mineral y zafra hasta ponerlos en disposicion de ser transportados en carretillas, y ver finalmente á cuanto ha ascendido el coste de la conduccion de 200 a. puestas á la boca del pozo. Estos datos no tendrán toda la exactitud apetecida, porque en algunos art. de que los asentistas se proveen por su cuenta, no es facil saber el verdadero consumo, y solo si lo que ellos reciben de la Hacienda por aquel servicio. Por ejemplo, en los 12 1/2 mrs. que incluidos en el precio de cada peso de 20 a. que estraigan, se consideran para pago ó retribucion de varios art. al asentista, se encuentra el de 8 mrs. por cada peso de mineral, zafra y herramientas estraido, y por cada peso de material introducido, para pago del esparto consumido en espuertas, soleras etc., cuya cantidad sobre lo estraido é introducido asciende á 19,123 rs. 2 mrs., cantidad que en sentir del Sr. Aldana, parece sumamente escesiva para aquel deterioro. Sin embargo la considera asi para los gastos causados, repartiéndola en tres servicios; el primero en la conduccion de mineral y zafra en el interior, cuyos gastos irán con separacion de los causados en la introduccion de materiales, en donde aparecerá tambien la parte de consumo de esparto y demas art. que corresponda, y otra parte en la estraccion por el pozo de San Teodoro, cuyo coste para el asentista y la Hacienda se calculará; viendo finalmente lo que debe percibir el asentista por todos estos servicios segun los precios del remate. Da principio por los

GASTOS causados en la conduccion interior de los minerales y zafra, desde los puntos de arranque hasta las cortaduras del pozo de San Teodoro.

	Rs.	Mrs.
1,732 jornales de sobrestantes á 15 rs. cuando lo son los asentistas mismos y cuando no á 10 rs.: término medio á 12 rs.	20,784	»
7,500 de trecheadores y henchidores á 6 rs. por término medio.	45,000	»
7,378 jornales de carreros á 7 rs. 17 mrs. término medio.	55,335	»
150 a. de aceite á 40 rs. a.	6,000	»
Quiebro de peñones 2 mrs. por peso de mineral, zafra y herramientas.	3,483	14
Cintero de cáñamo 1 mrs. por peso 1,741 24 y, aqui se cargan.	1,200	»
20 carretillas inútilizadas á 60 rs. cada una.	1,200	
Esparto 8 mrs. por peso de mineral, zafra y herramientas; aqui se cargan.	8,874	2
968000 a. mineral } 1.124,840 a. han costado de conduccion. 156840 a. zafra	141,876	16

De modo que 200 a. puestas en la cortadura cuestan 25 rs. 7 mrs.

Colocados ya los minerales en la cortadura solo falta estraerlos á la superficie por medio del mencionado malacate, el cual trabaja la mayor parte de los dias del año, sin esceptuar los mas festivos; de modo que se puede calcular 350 dias al año; en la temporada de mas trabajo, el máximum de estraccion suele ser por lo general cinco tiradas, constando cada una de ellas de cierto número de soleras que, varia segun el piso de donde tire. Estas soleras donde sube el mineral, son unas grandes espuertas que contienen 50 a. de mineral, y 46 a. cuando estraen zafra: en las mismas se introducen materiales en contrapeso para las obras de mamposteria; el contenido de cal de una solera pesa 37 a., de piedra 42, de ladrillo 30, por término medio, y de herramientas estraidas ó introducidas otras 30. Cada tirada, cuando el malacate tira del noveno piso, consta de 16 soleras; estraidas del octavo 18, del sétimo 20, y del sesto 25.

Como el malacate tira en el dia del noveno piso, y la mayor actividad de labores se halla entre este y el octavo, tomaremos el referido octavo piso como término medio para el cálculo: su dist. á la superficie es 279 varas.

COSTE de 200 a. elevadas á 200 varas por medio del malacate.

	Rs.	Mrs.
2 garábateros por entrada ó 4 al dia en el interior á 6 rs.	24	»
2 amainadores en el esterior á 8 rs. todo el dia.	16	»
2 en la grua para pesar las soleras y colocarlas en las carretas á 8 rs.	16	»
3 hombres en las cortaduras para correr la voz á 4 rs.	12	»
Por los máromillos de cáñamo, colocacion de soleras é ingerto de los cinteros 1 1/2 mrs. por peso estraido 2,612 rs. 19 mrs.; en 350 dias tocan á cada uno.	7	17
Gasto de soleras comprendido en el esparto suponiendo 180 soleras á 29 rs. se adjudican del total 5,520 y al dia.	14	31
15 a. aceite á 40 rs.; 600 en un año y al dia.	1	24
Servicio anual del malacate comprendiendo los gastos de dos cinteros, habilitacion del baritel, manutencion y herrage de 24 mulas, alquileres de cuadras, pérdidas en el ganado, empleados, mayoral y sirvientes 77,200 rs., y al dia.	220	19
	312	23

En el caso de estraerse cinco tiradas del octavo piso, tenemos que son $5 \times 18 = 90$ soleras elevadas á 279 varas = 4,500 a. elevadas á 279 varas, que equivalen, haciendo el cálculo, á 6282 a. elevadas á 200 varas, y cuestan 312 rs. 23 mrs.; de modo que, 200 a. elevadas á 200 varas cuestan 9 rs. 32 mrs.

Pero hasta ahora hemos considerado el caso mas ventajoso económicamente hablando, pues hemos calculado cinco tiradas en un dia, que es el máximum; ahora calcularemos bajo el supuesto de ser cuatro las tiradas diarias, que se puede tomar como término medio muy racional, y bajo este supuesto: $4 \times 18 = 72$ soleras = 3,600 a. elevadas á 279 varas = 5,022 a. elevadas á 200 varas que cuestan 312 rs. y 23 mrs., y 200 a. elevadas á 200 varas = 12 rs. 15 mrs.

Vamos ahora á ver en globo el coste de la estraccion de cada 200 arrobas de mineral y zafra.

GASTO DE LA ESTRACCION EN TODO EL AÑO.	Rs.	Mrs.
1,470 jornales de garabateros á 6 rs.	8,820	»
700 id. de amainadores en el esterior á 2 1/2 rs. por tirada sobre 1,400 en el año.	3,500	»
Dos hombres en la grua á id. id. id.	3,500	»
Tres hombres en las cortaduras para correr la voz á 4. rs.	4,200	»
15 a. de aceite á 40 rs. a.	600	»
Esparto por 180 soleras á 29 rs. cada una.	5,520	»
Por maromillos de cáñamo, colocacion de soleras, ingerto de cinteros etc.	2,612	19
Servicio del malacate de cuenta del establecimiento.	77,200	»
1.124,840 a. mineral y zafra. } 1.184,360 a. han costado. 59,520 a. hierro estraido.	105,952	19

en su estraccion á la superficie, y por consiguiente, 200 a. elevadas á 200 varas, 17 rs. 30 mrs., que es el coste que ha tenido á la Hacienda; pero al asentista le han venido á salir á 4 rs. 29 mrs. por ser de cuenta del establecimiento la fuerza motriz.

Comparando ahora el precio de estraccion de 200 a. á 200 varas en el supuesto de ser cuatro las tiradas, que es 12 rs. 15 mrs., con el que tiene en Silesia cuando aquella se verifica por medio de un torno de mano en un pozo de poca profundidad, vemos que se diferencia muy poco, pues en el último punto 200 a. elevadas á 200 varas costarian 12 reales. En el mismo punto verificándose la estraccion con malacate de un caballo en un pozo de 56 varas de profundidad, 100 a. elevadas á 50 varas cuestan 28 mrs. y por lo tanto 200 a. elevadas á 200 varas 6 rs. 20 mrs., próximamente la mitad de lo que en estas minas.

Vamos á ver ahora los gastos causados en el interior de la mina á los asentistas, por la conduccion á sus respectivos puntos de los materiales que han bajado en contrapeso de las soleras de mineral y zafra.

	Rs.	Mrs.
584 jornales de sobrestantes á 12 rs.	7,008	»
3,045 id. de carreros á 7 rs. 17 mrs., término medio.	45,775	»
1,666 id. de trecheadores á 6 rs. id. id.	9,996	»
10 carretillas á 60 rs.	600	»
65 a. aceite á 40 rs.	2,500	»
Esparto.	5,189	»
Cintero de cáñamo, total 1,741 24 y aquí se cargan.	541	24
	71,609	24
À lo que añadido:		
Gastos en la estraccion al asentista.	28,752	19
Id. en el acarreo interior de minerales y zafra.	141,876	16
Gastos causados al asentista en su contrata. . .	242,238	25
Haberes del Asentista.		
48,400 pesos de mineral } 56,242 pesos estraidos 7,842 id. zafra. . . . . } á 130 15 mrs. . . .	215,291	2
2,976 pesos de hierro estraido á 130 15 mrs. cada uno.	11,391	32
2,976 id. herramientas introducidas á 64 mrs. cada peso.	5,601	30
700 id. polvo y beliches introducido, á 64 mrs. id.	1,317	22
Con 258,510 a. piedra introducida y la cal correspondiente, que es la mitad en peso, se habran construido 3,877 varas cúbicas, y con 40,560 a. ladrillo y 12,779 a. cal, otras 534 varas cúbicas que componen 4,411 varas cúbicas construidas en ambas minas, de las que 2,466 varas lo habran sido en el Pozo, debiendo percibir por cada una 272 mrs. ú 8 rs. como término medio aproximativo entre 183 1/2 mrs. y 410 1/2 mrs.	21.168	
Las restantes 1,765 en el Castillo á 442 mrs. ó 13 rs. como térm. medio aproximativo entre 183 1/2 mrs. y 674 mrs.	22,945	
Total haber del asentista.	277,715	18
Gastos del mismo.	242,238	25
Diferencia en favor del asentista.	35,476	27

Es de advertir que no se ha tenido en cuénta la madera en estemples, encamaciones etc., que ha introducido, y por cada peso de 20 a. de las cuales debe percibir 64 mrs., lo que aumentará su haber, aunque comparándolo con el que resultó al fin de la contrata de 1842 á 1843, se acerca bastante, pues en aquella fue de 268,237 rs. 24 mrs., y esta le escede en 9,477 rs. 28 mrs.

Reflexionando sobre los diferentes precios asignados á los pesos estraidos é introducidos, se observa, que al paso que está favorecido el asentista en el precio de estraccion, está perjudicado en el de introduccion, aunque el favor escede considerablemente al perjuicio; pues costando segun dicho cálculo las 200 a. al pie de la cortadura 25 rs. y 7 mrs, y teniéndolo de coste su estraccion 4 rs. 29 mrs., solo le cuestan las 200 a. á la boca mina 30 rs. y 2 mrs.; recibiendo por cada 20 a. 130, 15 mrs. ó por cada 200 a. 1301, 5 mrs. =38 rs. 9 mrs., resulta un esceso á su favor de 8 rs. 7 mrs. en cada 200 a., ó 28 mrs. en cada peso de 20 a., lo que le produce una ganancia, en solo el mineral y zafra estraido de, 44,662 rs. 2 mrs. que, luego disminuye por la pérdida que esperimenta en la introduccion ó mas bien en el acarreo del material introducido para las obras.

Habiendo hablado ya de la conduccion interior de los minerales y zafra y su estraccion á la superficie, nos falta todavia considerar el trasporte de los primeros desde la bocamina hasta los hornos de destilacion. Este trasporte es objeto de otra contrata celebrada con el mejor postor en pública subasta, y la duracion de aquella es tambien por todo el año minero. Se verifica con carretas, tirada cada una de ellas por un par de bueyes y conduciendo dos soleras de mineral ó 100 a. cada vez. El precio en que quedó cerrado el contrato en el año minero de 1843 á 1844 á que se ha referido el Sr. Aldana en estos apuntes, fue el de 17 mrs. por cada peso de 20 a. de mineral, conducido desde el cerco de San Teodoro, hasta el pie de los hornos, cuya dist. es 816 varas. Las zafras se descargan en los *torrenteros* inmediatos al cerco de San Teodoro y á dist. de 60 varas de él, pagándose por cada peso de 20 a. 165 mrs. con arreglo al precio anterior en 816 varas de dist., que sirve de base para una tarifa de precios segun las dist. á los diferentes puntos que tiene que acarrear ó conducir el asentista diferentes efectos.

Conduciendo cada carreta 100 a. que equivalen á 5 pesos, tendremos que 100 a. á 816 varas, cuestan 2 rs. 17 mrs. y 200 a. á 200 varas 1 rs. 7 mrs. Este resultado en la superficie es sumamente caro, pues hemos visto que en varias minas de Alemania sale mas barato el trasporte en los subterràneos. Concluye el San Aldana su propósito observando lo conveniente que seria adoptar el proyecto del actual Director general de minas, el Sr. Cabanillas, para establecer un camino de hierro por el que se condujera el mineral al cerco de Buitrones, en vez de trasportarlo, como ahora se hace, con carretas tiradas por bueyes. El declive del terreno dice, favorece este pensamiento, y un carro cargado de mineral á la boca-mina no necesitaria mas de un pequeño impulso para ser puesto en movimiento y correr la dist. que media hasta dicho cerco, pudiendo hacer ascender por medio de un largo cintero á otro carro vacio al mismo tiempo.

Como la conservacion de los mineros sea la mas principal atencion, se ha cuidado de minorar el daño que reciben en los trabajos, proporcionando ventilacion á todos los pisos y puntos subterráneos; y al efecto se hallan estos comunicados con el pozo principal de San Teodoro y otros superficiales, cuyos brocales con el desnivel correspondiente entre si, y respecto de los socavones de entrada á las minas, facilitan circulacion al aire atmosférico que renovándose momentáneamente, arrastra los miásmas mercuriales y demas perjudiciales á la salud de los obreros. Para alivio de estos, y con objeto de evitarles el penoso trabajo de que bajen cargados á tan grande profundidad con las barrenas y herramientas necesarias en sus diferentes ejercicios, se estableció en el año de 1802 la distribucion de ellas en lo interior de las minas, en un cuarto ó depósito que, surtido de todos los utensilios que demanda el servicio, acuden á él con prontitud en cualquiera ocurrencia imprevista, adelantándose de este modo las obras, y aprovechándose el tiempo que los trabajadores gastarian en salir á la superficie á buscar las herramientas, en el caso de haberseles inutilizado las que hubiesen bajado, ó de necesitar otros efectos por cualquiera acontecimiento que sobreviniese.

En el brocal del referido pozo de San Teodoro se hallan colocadas la máquina de vapor destinada al desagüe de las minas, debida al ilustre Wat, la de mulas que es un baritel ó malacate empleado, como ya se ha dicho, en la estraccion de minerales, introduciendo al mismo tiempo las herramientas, maderas y materiales precisos para la fortificacion, y la de prensa que se invierte tambien en este objeto, cuando las urgencias y obras interiores lo exigen. Establecida la citada máquina de vapor el año 1799, se resiente de su antigüedad, careciendo de las mejoras que sucesivamente han ido haciéndose en todas las de su clase; y seguramente traeria ventajas el sustituirla con otra de las modernas, pues de ello resultarian economias no despreciables; de todos modos ello practica el desagüe de las minas con el ahorro de los crecidos desembolsos que produciria el mismo, si se ejecutara con bombas de mano manejadas por hombres, cuyos jornales subirian considerablemente, haciéndose ademas necesarios muchos brazos, que con dificultad se proporcionarian, á no quitarlos de otros trabajos precisos é interesantes. Las bombas movidas por la referida máquina tomaban el agua hasta el año 1839, de un receptáculo situado en la quinta planta ó piso de las mismas á 200 varas de la superficie, á donde se eleva de lo mas profundo con bombas de mano, siendo la cabida de aquel de unas 1,500 varas cúbicas, agua que estraía la máquina en 19 ó 20 horas, á no ser que alguna descompostura ó accidente imprevisto obligase á prolongar su movimiento. Aunque su costo anual no puede determinarse con exactitud, porque varia el del combustible y otros art. que consume, no deja de ser aproximado el de 60,000 rs. anuales, cuando ha pasado de 300,000 el que producian las bombas manejadas por hombres para elevar el agua tan solo á unas 110 varas de altura hasta el receptáculo general del 5.° piso. Desde el referido año de 1839 han avanzado las bombas de la máquina á un receptáculo situado en el 7.° piso á 256 varas de la superficie, cuya cabida pasa de 2,000 varas cúbicas; de modo que unas veces desaguan el recipiente del 5.° piso, y otras los del 5.° y 7.° juntamente, que hasta hoy es la mayor profundidad á que alcanza su accion.

El cálculo que vamos á presentar del trabajo mecánico que esta máquina despliega, y el efecto útil que produce, tomado de la memoria presentada á la direccion general de Minas por el aspirante del cuerpo de Ingenieros, D. Policarpo Cia, es, segun él, solo aproximado, pues que no pudiendo conocerse exactamente ni la temperatura, ni la fuerza elástica del vapor en la máquina, por carecer de manómetro y de termómetro, solo se ha podido atender al peso de la válvula que hace equilibrio á la tension del vapor, para que el piston del cilindro dé cierto número de golpes en una unidad de tiempo. *Trabajo mecánico disponible, y efecto útil producido por la maquina, tirando del quinto piso.* La válvula de la caldera tiene 12, 24 pulgadas de diámetro, y pesa 46 libras; este peso es suficiente, unido al de la atmósfera para hacer equilibrio á la tension del vapor cuando el piston da 9 golpes por minuto, siendo su marcha 10,5 pies, y el diámetro de aquel de 60,66 pulgadas; todo en medidas españolas. Suponiendo la presion atmosférica idéntica en Almaden que en Madrid, resulta la elasticidad del vapor en la caldera representada por 11,567 libras en pulgada cuadrada, y en el cilindro por 5,37 libras, hechos los descuentos correspondientes. Segun esto, y omitiendo la materialidad del cálculo, para no causar molestia, se deduce, que la fuerza disponible, y que realmente trabaja, equivale á 325,838 a. vara segundo, ó sea 41,99 caballos-vapor ingleses. Veamos cuanto se aprovecha. Desde el recipiente del quinto piso hasta el brocal de San Teodoro, esto es, hasta una altura de 205 varas, eleva la máquina 914,5 pies cúbicos de agua por hora, y hasta el socavon del Pozo, esto es, á una altura de 152,38 varas, 770 pies cúbicos por hora. El primer trabajo equivale 28,36 a. vara segundo ó á 12,67 caballos vapor; el 2.° á 61,56 a. vara segundo ó á 7,93, caballos, resultando de aqui que el efecto útil producido es de 20,60, caballos vapor; de suerte, que tenemos

Trabajo mecánico desplegado..	41,99	*cab. vap.*
Efecto útil producido...........	20,60	id.

Es decir, que del primero se aprovecha el 49 p%, y que en vencer el peso del tirantaje, los rozamientos, etc., se pierde el 51 por 100. *Trabajo mecánico disponible y efecto útil, producido por la máquina, tirando de los recipientes del quinto y sétimo piso.* Para que el embolo del cilindro dé 9 golpes por minuto cuando la máquina desagua los recipientes del quinto y sétimo piso, es preciso cargar la válvula de la caldera con 100 libras ademas de las 46 que por si tiene: en este caso la elasticidad del vapor en las calderas, está representada por 12,417 libras, y en el cilindro por 5,881 id. sobre cada pulgada cuadrada. Siguiendo el cálculo con estos datos; aparece que la fuerza que realmente trabaja, estará representada por 356,84 a. vara segundo, ó sea por 45,987 caballos-vapor ingleses. Desde el 7.° hasta el 5.° piso el diámetro de los dos tubos de bomba, es de 0,576 pies, el de los tubos desde el quinto piso hasta el socavon del Pozo, 0,684 id., y el del tubo desde este hasta el brocal de San Teodoro 0,474 id. Segun la relacion en que se hallan estas superficies correspondientes, se infiere que de los 914 pies cúbicos que salen en una hora por la parte superior, los 646 suben desde el recipiente del tercer piso, y los restantes 266 desde el del quinto, y de los 770 id. que salen por el socavon del pozo, los 546 suben del sétimo, y los restantes 224 del quinto; por manera, que el efecto útil total es.

				CABALLOS-VAPOR INGLESES.
648 pies cúbicos	á 250,50	varas.	en 1 hora=	10,97
266...... id.	á 205,00	id.	id.=......	3,68
546...... id.	á 197,88	id.	id.=......	7,30
224...... id.	á 152,38	id.	id.=......	2,31
			Total..................	24,26 cab.

Reasumiendo, tendremos:

Trabajo mecánico desplegado=...............	45,987	cab.
Efecto útil producido=.........................	24,260	id.

O lo que es lo mismo, el efecto útil producido es el 52 p% del trabajo desplegado. Será muy peligroso el que se cargue la válvula de seguridad con mas peso que 475 libras, incluso el suyo; asi es que el máximo esfuerzo que puede desplegar la máquina en el estado presente equivale á 458,115 a. vara segundo, ó sea 59 caballos-vapor. Partiendo de este punto, será muy espuesto el que esta máquina estraiga, cuando llegue el caso, las aguas que produce la mina hasta el noveno piso, pues para el efecto necesita desplegar sobre poco mas ó menos toda aquella fuerza. La intensidad del fuego y la superficie de caldera á él espuesta, son los únicos elementos que determinan la cantidad de vapor que se produce. La retama que alimenta la combustion en esta máquina, tiene muy poco poder calorífico; asi es, que se necesita una gran cantidad de ella para que surta su efecto. En una tirada de 18 horas, se necesitan 1,440 a., y como en este tiempo se avaporan 1184,4 pies cúbicos de agua, resulta que para la evaporacion de un pié cúbico de agua se consumen 30,4 libras de este combustible. Razones, acaso de economia, han obligado hasta ahora á valerse de la retama, abandonando el carbon de piedra, que en alguna época se usó; sin embargo, es de esperar que pronto traiga cuenta el empleo de este precioso combustible, pues una de las desventajas notables que presenta la retama respecto al carbon de piedra, es que con ella se altera la uniformidad de la combustion, tan esencial para la conservacion de las calderas, como para el movimiento regular de la máquina.

El baritel ó malacate destinado á la estraccion de minerales, es en su clase de los mas sencillos, y ha podido prestar buen servicio cuando las minas estaban poco profundas, mas no asi en el dia, en que á pesar de invertirse en su movimiento ocho escelentes mulas, que se mudan de tres en tres horas, la operacion se practica con la lentitud que es consiguiente, causando un considerable gasto la compra y manutencion de 35 á 40 de las mismas que se hacen precisas, el pago de mozos para cuidarlas y manejarlas, y demas necesario á su conservacion y al de la misma máquina. Es, pues, de la mayor importancia variar el sistema observado hasta ahora en la estraccion de minerales por el pozo superficial de San Teodoro, y adoptar alguno de los que la mecánica ofrece como ventajosos en su aplicacion para tales casos. El establecimiento de una máquina hidráulica seria indudablemente utilísimo para la referida estraccion y para la introduccion de las herramientas, igualmente que para la de las maderas y materiales precisos en la fortificacion: pero la falta de aguas para su movimiento y la imposibilidad de proporcionarlas, ofrecen un inconveniente que no puede vencerse y obligan á recurrir á una máquina de vapor, cuya aplicacion al objeto indicado produciria utilidades de grande consideracion. Para dar movimiento al baritel ó malacate que hoy está en uso, se necesitan ocho mulas, segun queda dicho, y á pesar de ser escogidas y de mucho valor, se fatigan en tales términos, que solo pueden trabajar por espacio de tres horas, inutilizándose muchas, de modo, que para seis horas se necesitan 16 mulas y el duplo para doce, estrayéndose durante ellas unas 3,500 a. de mineral. Si se calcula la velocidad que debe dar á la máquina de vapor, y se compara con la que ofrecen en la actualidad las mulas, aun marchando con toda la celeridad que permite el trabajo que hacen, se observará la diferencia de una á otra y el tiempo que podrá ganarse en la operacion; y si se atiende á la potencia que puede darse á la máquina de vapor, con respecto á la que corresponde á las ocho mulas que hoy mueven el malacate, se verá tambien que podrá la primera sacar en cada tiro un número de a. de mineral mucho mayor que el que en la actualidad se estrae, el cual es reducido á 50 a., de modo, que se ganaria mucho tiempo, que es lo mas apreciable é importante, al paso que resultaria ahorro en los gastos que causaria la máquina de vapor comparados con los que produce hoy el baritel que está en uso. Para la maniobra del malacate hay que empezar por cargar el tonel que ha bajado vacío, ó bien desenganchar este y enganchar otro cargado; en seguida es menester avisar á los de arriba para que hagan poner el malacate en movimiento: este aviso se comunica por medio de operarios colocados en las diferentes cortaduras del pozo, y que corren la palabra de unos á otros, empleando para esta descansada faena los ancianos, ó bien los que necesitan saneamiento por hallarse atacados del mercurio.

El registro de la actual mina de la Concepcion, sit. en el valle de Gil-obrero correspondiente á la deh. de Castilseras y existente en el quinto de Barrionuevo al E. de Almaden y á 2 leg. de dist. de él, fue emprendido en el año de 1779 por Don Pedro Sanchez Aparicio, y seguramente á él se debe el hallazgo de sus minerales, pues que la diferencia de opiniones para su seguimiento y los altercados promovidos acerca de la suspension de este trabajo indagatorio, fueron causa de que se paralizase en tres distintas ocasiones; pero Aparicio, lleno de entusiasmo y esperanza insistió en continuarle, interesando para ello últimamente al superintendente de las minas, y en diciembre de 1794 á las 30 varas de la superficie, apareció mineral riquísimo en cantidad y calidad. Este descubrimiento aseguró rendimientos de consideracion, pues que desde el referido año de 94 hasta fin de 1836, no habiendo habido destilacion en el de 1802, ni en los que mediaron desde 1809 á 1813, ha producido esta mina 133,651 quintales de azogue, correspondiendo á cada uno de los 36 en que se beneficiaron minerales 3,712 quintales. Por otra parte se evitó el abandono y ruina de los grandes y costosos edificios que pertenecen á la Hacienda pública en el departamento de Almadenejos, construidos para fundir los minerales, para almacenes, para habitacion de los empleados y para otros usos, en tiempo en que se laboreaba la mina vieja de la Concepcion (*), la cual abondonada por su esterilidad y mucha profundidad en el año de 1800, habria causado la traslacion de los dependientes y trabajadores á el Almaden, y por consecuencia la pérdida de los antedichos edificios que subsisten hoy en el mejor estado, al paso que se ha aumentado y mejorado la pobl. la cual pasa de 300 vec. No obstante la riqueza que la actual mina de la Concepcion presentó en su primer piso, ó lo que es lo mismo á las 36 varas de la superficie, la cual continuó aun 22 varas en profundidad con los dos criaderos *Lineal* y *Anguila*, ha tenido despues épocas en que estos disminuyeron, presentándose en una rara formacion, pero asegurando siempre prod. anuales. Esta es indudablemente una de las minas que disfrutaron los antiguos, segun manifiestan los trabajos que de ellos se encontraron con el seguimiento de varias escavaciones, que desde muy cerca de la superficie se han practicado sobre los minerales que dejaron por disfrutar; sus labores prueban una total falta de inteligencia y un método rapiñoso y desordenado en la esplotacion, pues que no se ha hallado enmaderacion ó mamposteria alguna que indique haberse fortificado los sitios, y si solo grandes oquedades llenas de escombros. Todas estan á la parte del N de las labores actuales, y la que mas á 20 varas de la superficie, de donde se infiere que habiendo encontrado el mineral escavaron en él una pequeña parte, sin atreverse á seguir la direccion de los frutos por temor á las ruinas que pudieran sobrevenir: de aqui resulta que las labores estan muy cerca de la superficie, sin haber estinguido el mineral ni caminado al S., en cuyo estremo siempre enriquecieron los filones de esta mina. Las citadas grandes oquedades existentes sobre los minerales que se han escavado del primer piso para arriba, la escesiva inclinacion del mineral y la debilidad de los hastiales ó sea del techo y del muro ambos de pizarra hojosa y deleznable, ofrecieron dificultades para el establecimiento de escavaciones ordenadas que facilitasen el disfrute con la debida seguridad y economia, mucho mas presentándose los minerales en una formacion que ha exigido fortificaciones acomodadas á su singularidad; sin embargo, se vencieron todos los obstáculos, y la mina nueva de la Concepcion se halla actualmente con la profundidad de mas de 120 varas, perfectamente fortificada y en el mejor estado de seguridad; teniendo por otra parte comunicacion con los dos pozos superficiales titulados *Refugio* y *San Cárlos*, que facilitan el círculo á la ventilacion y á la estraccion de aguas y minerales por medio de máquinas y barriletes establecidos en sus brocales.

A la parte del E. y dist. de 1/2 leg. de Almadenejos, al N. del camino que conduce á la ant. prov. de la Mancha, existe un enorme barranco que parece provenir de revenimientos subterráneos, los cuales habiendo ido arruinando sucesivamente las rocas que servian de base al terreno superficial, produjeron tambien el hundimiento de este, causando el enunciado barranco que, circundado de enormes montones de escombros, manifiesta haberse verificado en aquel punto escavaciones de grande consideracion, las cuales es de inferir se practicasen para obtener cinabrio, segun los muchos cantos de grandes tamaños que de este mineral se han encontrado entre dichos escombros. Tales indicios y la esperanza que ofrecian, impulsaron en fines del siglo anterior á principiar trabajos de indagacion en el terreno firme, con objeto de buscar las labores ant., que con sobrado fundamento se presumia estaban sobre frutos y filones productivos. Dichos trabajos esperimentaron algun paralizamiento; pero fue muy notable el que causó en ellos la guerra de la Independencia que obligó á suspenderlos en el año de 1809, desde el cual estuvieron abandonados hasta el de 1823 en que empezó á habilitarse el socavon de entrada, fortificándose en los puntos en que se hizo necesario hasta ganar su total long. Viose, empero, que las aguas llegaban al brocal del pozo titulado hoy Sta. Cristina, que está al nivel del mismo socavon, y escaseando los fondos para atender á las labores de las minas principales y productivas, se suspendieron todas las operaciones en este registro á pesar del interés y empeño con que deberian haberse continuado. En el año de 1825 mejoraron algo las circunstancias del Erario, y sin demora se dió principio al desagüe, concluido el cual, asi como la limpia y habilitacion de la galeria dirigida á O., se continuó esta, que á las 2 1/2 varas encontró trabajos ant. y en ellos, ó mas bien entre las enormes ruinas descubiertas, cantos de cinabrio y otros de roca arenisca con mucho azogue nativo: se avanzó en profundidad sobre el terreno firme para buscar á mayor hondura los frutos que fundadamente se creia podria haber, y efectivamente se presentó un criadero que con direccion de S. á N. tiene descubiertas 34 varas de long. con la potencia ó grueso de 14 pies; y si bien en el dia es de mediana calidad, apareciendo el cinabrio diseminado en masa en una roca arenisca impregnada de azogue nativo, vá mejorando á proporcion que se gana profundidad, pudiendo graduarse por ahora los rendimientos anuales de azogue de esta mina naciente en 500 quintales.

Mercurio. — Azogue. El mercurio es el único metal que tiene la propiedad de conservarse líquido á la temperatura ordinaria en que vivimos (*); á los 23° del termómetro centígrado empieza á evaporarse, y para entrar en ebullicion necesita un calor de 349°. Bajando la temperatura hasta 39° se solidifica y cristaliza en octaedros, siendo maleable y aumentándose la intensidad de su brillo metálico, cuyo brillo lo conserva en el estado líquido, con un color parecido al de la plata, pero no tan claro. Su gravedad específica en el estado líquido es 13,16 y cuando se solidifica llega á 15,61. En razon á su mucha divisibilidad, y á su fácil evaporacion, se insinúa facilmente por todos los órganos del cuerpo humano, y tiene mucha influencia en la economia animal, particularmente en el sistema nervioso; así es que, administrado en las dósis correspondientes, juega un gran papel en la medicina. Tambien es útil en las artes y en los gabinetes de física y de química; pero en lo que tiene su principal aplicacion, es para el beneficio de los minerales argentíferos, pues que ataca y disuelve á varios metales, entre ellos de preferencia al oro y la plata; las aleaciones con el mercurio reciben el nombre de amalgamas. El mercurio es el lazo que une á la Europa con el nuevo mundo, donde hasta ahora no se ha encontrado este metal en cantidad ni con mucho suficiente para utilizar con economia sus abundantes criaderos de plata. La

(*) La mina vieja de la Concepcion es una de las que laborearon los antiguos aunque poco; y descubierta en el año de 1699 se siguieron en ella disfrutes que fueron interrumpidos por alternadas suspensiones hasta el año de 1800, en que se abandonó por su esterilidad y mucha profundidad.

(*) El Sr. Ezquerra en la obra que anteriormente hemos citado.

naturaleza nos lo presenta pocas veces en estado nativo, regularmente se halla combinado con otras sustancias, que no son para la mineria de tanto interés.

MERCURIO NATIVO. Como el nombre mismo lo indica, este mineral no es otra cosa que el metal puro que acabamos de describir, y que suele presentarse alguna vez en pequeñas cantidades en todos los criaderos conocidos de mercurio. Su procedencia es debida por lo comun, á la descomposicion de otros minerales y á la alta temperatura en las escavaciones; asi es que, en los sitios de labor poco ventilados, al condensarse los vapores mercuriales, caen en forma de rocio, y se recubre el suelo de una porcion de globulillos de mercurio liquidado. Otras veces la descomposicion se verifica dentro de la roca misma, y un golpe de martillo ó de barrena suele hácer surtir un chorro líquido: de este modo se recogieron cerca de 50 quintales de azogue nativo el año 1835 en la mina *La Concepcion*, distrito de Almadenejos; pero como este es un caso escepcional, la presencia del azogue nativo no alegra al minero inteligente, antes mas bien produce el efecto contrario.

AMALGAMA, ó sea MERCURIO NATIVO ARGENTIFERO. Para beneficiar por medio del azogue los minerales argentíferos, se les hace primero sufrir una serie de operaciones, cuyo objeto es formar un cloruro de plata que se descompone despues, y quedando libre este metal, se adhiere ó liga con el mercurio, con quien se le ha puesto en contacto. De esta operacion resulta el mercurio mas ó menos cargado de plata, y poniéndolo despues á la accion de un fuego no muy activo, se evapora y queda libre la plata. La primera parte de este procedimiento ejecutado en grande artificialmente, lo suele algunas veces verificar en pequeño la naturaleza, y entonces se presenta el mercurio mas ó menos perfectamente cristalizado, segun es la cantidad de plata que contiene. De aqui se sigue que, tanto la forma de los cristales, como algunos otros de los caractéres de la *amalgama nativa* serán muy variables: circunstancia que no han tenido presente los autores de mineralógia, pues la describen como si fuera una especie fija y determinada de un mineral particular. He aqui sin embargo, los principales caractéres que le han asignado. Cristaliza en dodecaedros romboidales, complicándose algunas veces su forma con mayor número de caras: las aristas de los cristales no suelen estar muy bien pronunciadas. Su dureza es poca, pues que lo raya el espato fluor. Es frágil. Fractura concóide. Color blanco de plata. Brillo metálico. Se evapora á la llama del soplete. Se disuelve en el ácido nítrico. Gravedad especifica = 14, 11. Por lo dicho se infiere desde luego, que la proporcion de sus dos elementos componentes debe variar mucho:

	SEGUN GMELIN.	SEGUN CORDIER.
Mercurio	65,2	72
Plata	34,8	27
	100,0	99

En cuanto al *yacimiento*, este mineral suele presentarse en criaderos de mercurio de poca consideracion, como en Hungria, Francia, Suecia, etc. Los ejemplares mas perfectos examinados por el Sr. Ezquerra (véase su obra titulada *Datos y observaciones sobre la industria minera*), fueron de la mina Drei Konigle-Zug, cerca de Kussel en la Baviera del Rhin. En las minas de Almaden y Almadenejos no se ha encontrado todavia la amalgama, ni tampoco es de esperarla, porque alli no hay minerales argentíferos.

CINABRIO. Sinónimos. *Súlfuro de mercurio.*—*Mercurio sulfurado.* Lo que mas interesa al minero es el cinabrio compacto, formando grandes masas. El color de este mineral es en general de un rojo pardo tirando algo al aplomado; pero cuando tiene fresca y sin oxidarse la fractura, entonces es mas hermoso y más vivo el color de sangre, de carmin y aun de cochinilla. La raya que se hace con la navaja es siempre de un rojo carmin encendido, pero no tan limpio como el de la plata roja. Admite muy bien el pulimento, y entonces toma un brillo mate metálico. Su dureza es de poca consideracion, pues lo raya el espato calizo. Fractura desigual y algunas veces concóide. Cuando cristaliza es bajo la forma romboédrica, formando prismas con terminaciones muy variadas; las caras del prisma suelen estar profundamente istriadas en el sentido horizontal. El color de los cristales es sanguíneo, ó mas bien color de guinda, pero muy vivo y brillante, que les da un aspecto matálico y cuasi trasluciente. Estos cristales son muy apreciados en las colecciones; en donde se encuentran mejores y mas abundantes ejemplares, es en las minas de Almadenejos. El cinabrio puesto á la accion del soplete se volatiliza y desaparece, haciéndose sentir el olor azufroso: para obtener el metal es necesario hacer una destilacion; el azufre se combina con el oxígeno del aire, y los vapores de mercurio, haciéndolos enfriar á traves de agua ó de otro modo, se condensan y se liquidan, que es el estado natural de este metal. Se disuelve en el agua régia. Su gravedad específica es = 8, 1; y su composicion química segun Gmelin,

Mercurio	86, 3
Azufre	13, 7
	100, 0

YACIMIENTO. Los depósitos mas considerables de cinabrio se encuentran en los terrenos mas ant. de sedimento, ó en los llamados de transicion; pero tambien se encuentra algo en formaciones mas modernas. El criadero de cinabrio mas notable que se conoce es el de Almaden. En el dia se trabajan tres vetas que solo tienen unas 200 varas de long., pero cuya potencia llega algunas veces hasta 13 varas, todo de mineral útil: en profundidad se ha llegado á 320 varas y no da muestras de disminuir, sino mas bien de ir aumentando la riqueza. Estas vetas corren en terreno de la *grauvaca*, que pertenece al primer grupo del periodo llamado de la *ulla* (carbon de piedra), que es el mas ant. de los de sedimento: atraviesan á las capas fuertemente inclinadas de la pizarra arcillosa carbonosa y de la arenisca ó cuarzita, insinuándose algunas veces por estas últimas, como mas permeables. Sobrepuestas á estas capas, y con la misma inclinacion fuerte que ellas, vienen otras de caliza, de grauvaca calcárea y de grauvaca arcillosa, algunas de ellas muy abundantes en conchas marinas (*terebrátulas*); pero por allí ya no hay cinabrio. La mina de Almaden es, en igualdad de superficie, la que mas prod. ha dado entre todas las del mundo, inclusa la mas rica de plata en América: en los últimos 197 años, desde que la dejaron los Fúcares, ha producido por valor de mas de 5,322,000,000 de rs. Es tal vez el criadero que se trabaja, quasi sin interrupcion, desde mas remota ant.: es, sin duda ninguna, el criadero metalífero que ofrece mas estabilidad y mas duracion: solo *Riotinto* (V.) se le puede comparar en ant. y en porvenir; pero no en riqueza, porque alli es otra clase de mineral, infinitamente mas pobre. Despues de Almaden, el criadero mas notable, era el de Idria, de Carniola, como queda dicho, perteneciente al Emperador de Austria. El terreno viene á ser de la misma época geognóstica, pero el cinabrio no se presentaba alli formando vetas posteriores sino en trozos de diferentes dimensiones y formas, diseminados con preferencia en la pizarra carbonera ó *esquisto negro* y algunas veces en las capas calcáreas. Ha habido de estos trozos en forma de bancos bastante considerables para producir algo mas de 10,000 qq. de mercurio al año. Pero ya la mina de Idria concluyó por hundimiento de sus labores, como se ha dicho, y no es fácil que el Emperador distraiga de sus arcas el dinero que se necesitaria para restablecerlas, ó para hacer nuevas investigaciones. Del estado de las minas de cinabrio en China, el Perú, Baviera del Rhin y Asturias, hemos hablado ya anteriormente.

CINABRIO TERROSO. Sinónimos: *Bermellon nativo, cinabrio claro.* Es mas bien una variedad de la especie anterior; tiene absolutamente los mismos caractéres químicos, diferenciándose únicamente en el color, que es un rojo mas limpio y mas vivo, algo parecido al del ladrillo; en una palabra, color de bermellon. Este color es debido al estado terroso ó pulverulento, en que se halla el mineral. Se encuentra en todos los criaderos de cinabrio; pero accidentalmente y en pequeñas cantidades. En algunos puntos de España era ya conocido hace tiempo, y últimamente se ha visto que en varias localidades de Castellon de la Plana, constituye criaderos de mucha estension, aunque hasta ahora no se ha podido sacar de ellos una gran utilidad. Se presenta siempre pulverulento, salpicado y diseminado por los intersticios de una roca arenisca silicea que contiene igualmente, y del mismo modo, otros minerales de cobre, de cobalto y aun algo de niquel. Tambien en sierra Filabres, térm. de Baza, parece se han encontrado, hace poco, indicios de este mineral.

MERCURIO CORNEO. Sinónimos: *Cloruro de mercurio.*—*Mercurio muriatado.* Se presenta por lo comun cristalizado en pequeñas pirámides de cuatro lados, cuya forma recibe algunas veces diferentes modificaciones por las truncaduras de su vértice y aristas. Es muy poco duro, pero no tiene la blandura cerosa de la plata córnea. Su color es aperlado, pasando al amarillo verdoso y ceniciento, y siendo rayado queda una traza blanca. El brillo es metálico: los cristales son, por lo general, traslucientes. Con la accion del soplete se volatiliza completamente. Gravedad específica = 6, 4. Su composicion química, segun Gmelin, es:

Mercurio	84, 9
Cloro	15, 1
	100, 0

Esta especie es mas bien una curiosidad mineralógica, que no un mineral útil para los mineros. Se presenta en cuasi todos los criaderos de mercurio, pero siempre en muy pequeñas cantidades. En la mina de Almadenejos son muy escasos, y al mismo tiempo muy apreciados los ejemplares de este mineral.

El cinábrio, ó sea *mercurio sulfurado* que producen las minas de Almaden, se beneficia por medio de una destilacion practicada en hornos, de los cuales hay dos clases en el establecimiento: los unos que se titulan *antiguos*, porque hace muchos años están en uso, suponiéndose equivocadamente haber sido inventados por D. Juan Alonso de Bustamante (*), y los otros que empezaron á usarse en el año de 1805, iguales á los que usan los alemanes en la Carniola, cerca de Idria. En los antiguos se deposita el mineral en un vaso ó espacio cerrado de 2 1/3 varas de diámetro y 4 de alto, sobre unos arcos ó redes que dejan entre si los claros necesarios para dar paso al fuego colocado debajo de ellos. La carga se verifica poniendo primero 100 a. de roca estéril, eligiéndose aquella que es mas refractaria, y en seguida mineral superior, mediano é inferior con algunas tierras ó fragmentos muy menudos del mismo, á que llaman *vaciscos*, de los cuales, amasados cual corresponde; se forman unos adobes, que endurecidos, facilitan su colocacion en el horno. A cada clase se da el lugar que la corresponde, y cerrando despues la puerta del cargadero y todos los demas conductos, queda solo comunicacion por la parte superior del vaso con unas cañerias de la long. de 20 varas, compuestas de caños ovados, engarzados unos en otros, cuidándose de tener siempre tapadas y cubiertas sus uniones; se enciende el fuego en el hogar ó caldera que está debajo de la antedicha red, y sostenido por el tiempo conveniente comunica á lo interior del vaso; y da al sulfuro ó mineral la temperatura necesaria para descomponerse, en cuyo caso el azufre pasa por el contacto del aire atmosférico ó ácido sulfuroso, y el azogue reducido á vapor, corre por los referidos caños, condensándose á proporcion que se aleja del horno y pierde la referida temperatura, habiendo en el estremo de las cañerias unas cámaras cuadradas de 4 varas de base y 5 de altura, en donde se condensa alguna muy pequeña parte de mercurio, que ha ido á ellas en estado de vapor. Los hornos que existen en Almaden son los siguientes: San Pedro y San Pablo; Atocha y Almudena; San Antonio y Sto. Domingo; San Cárlos y San Sebastian; Sta. Cruz y Santos Reyes; San Cárlos y San Luis; San Miguel y San Benito; San Fermin y San Francisco; San Eugenio y San Julian. Los hornos del departamento de Almadenejos son: Sta. Maria y San Pedro; Rosario y Sto. Domingo; Concepcion y San Miguel; Soledad y San Rafael; Cármen y San José. Su cabida es de 900 a. de mineral, de las cuales 100 son de roca estéril, que se coloca, segun queda dicho, sobre la red del vaso, sirviendo de solera al mineral; las 160 de mineral superior; 280 del mediano; 200 del inferior; y 160 de tierras ó vaciscos.

El aparato de los hornos titulados de Idria es el mismo en cuanto al depósito ó colocacion de los minerales, pero varia en lo demas; pues en lugar de los caños ovados antedichos, hay seis cámaras á cada lado del vaso, que comunicando con él y todas entre sí, reciben el azogue en vapor, que se condensa á proporcion que pasa de unas á otras, y va recibiendo temperatura mas baja: la cabida de cada uno de estos hornos es de 2,250 a., de las cuales las 250 son de roca estéril, que se coloca como en los ant. sobre los arcos que cubren el hogar, y de las 2,000 restantes, corresponden 800 á la clase inferior; 400 á la superior, otras 400 á la mediana, é igual cantidad á las tierras ó vaciscos: las dimensiones de cada una de las cámaras son de 11 varas de alto, 2 varas 18 pulgadas de ancho, y 3 varas 30 pulgadas de largo. Estos hornos ofrecen grandes ventajas respecto de los antiguos.

Durante algunos años se dudó cual de estas dos clases de aparatos era mas ventajoso; (*) pero habiéndose practicado ensayos comparativos en dos diferentes ocasiones, se ha averiguado, sin que quede género alguno de duda, que la ventaja está en favor de los de cámaras, tanto con respecto á la menor pérdida de azogue que en ellos se esperimenta, como á la economia de jornales y de combustible que proporcionan (**) Pero aunque dichos hornos de cámaras sean mas útiles que los de aludeles, todavia su adopcion bajo el sistema y plan, con que en el dia se encuentran establecidos, presenta notables inconvenientes, á saber: lo costoso de su construccion, el mucho tiempo que es preciso dejar pasar entre cada dos destilaciones para que se refresquen las cámaras, y las pérdidas que ocasiona la infiltracion del azogue entre la mamposteria que forma las paredes de las mismas. Estos inconvenientes (en sentir del Sr. Pellico) pueden hacerse desaparecer en mucha parte, modificando los espresados hornos. La condensacion de estos se verifica en virtud de la accion refrigerante de la atmósfera obrando con mas ó menos intensidad y por mas ó menos tiempo sobre una determinada cantidad de vapor mercurial, antes de que llegue á las chimeneas del aparato y se pierda en el aire. La intensidad de la accion refrigerante de la atmósfera dependerá directamente del menor grueso de las paredes de las cámaras de condensacion, y la duracion dependerá de la mayor capacidad de las mismas. De este principio general ha partido en sus investigaciones dicho ingeniero, y en él están fundadas la mayor parte de las reformas que propone, estándolo las demas en las leyes mas sabidas de física, de química y del arte de construccion. La forma interior del horno proyectado, esto es, del vaso y hogar, en vez de ser cilíndrica como en los actuales, presenta una figura de-

(*) Segun Jessien en su memoria sobre las minas de Almaden, entregada á la Academia de las Ciencias de Paris en 15 de noviembre de 1719, Bustamante estableció estos hornos en Almaden; pero su autor fue Lope Saavedra Barba, vec. de Guancavélica, quien dedicó este invento al Sr. D. Felipe IV en 14 de noviembre de 1633 por medio de D. Luis Fernandez de Córdoba, 4.º conde de Chinchon, que á la sazon estaba en Nueva España.

[*] *Proyecto de una nueva clase de hornos de cámaras para beneficiar el mineral de azogue, con aplicacion al de las minas de Almaden, presentado á la direccion del ramo en 4 de diciembre de 1844 por el ingeniero de 2.ª clase D. Ramon Pellico.*

[**] Los últimos ensayos verificados en Almaden en 1840 se hicieron con bastante escrupulosidad bajo la inmediata direccion del ayudante del cuerpo D. Policarpo Cia, comparando los hornos llamados de Idria con el par de los antiguos nombrado San Cárlos y San Sebastian. Estando la capacidad de estos hornos en la relacion de 2 1/2 á 1 se beneficiaron iguales cantidades de mineral de las mismas clases en ambas, ocupando cuatro destilaciones (cochuras) en los primeros y diez en los segundos. El resultado total fue producir los hornos de Idria 390 qq. 9 libras de azogue, y los ant. 378 qq 1 libra. El combustible consumido en cada destilacion fue término medio para los hornos de Idria 582 a. de monte bajo y 420 para los antiguos. La cantidad de minerales beneficiados en cada clase de hornos fueron 4,100 a. de mineral superior, 7,100 de china; 1,850 de solera pobre y 3,200 a. de bolas de vacisco. De estos resultados se deduce el mayor producto de los hornos de Idria que ha sido en estos ensayos un 3 p% próximamente sobre el azogue obtenido en los antiguos. La cantidad de combustible gastada es mas de un 40 p% menor que en los antiguos: y tambien es menor el importe de jornales, limpias, etc., que está en razon de 195 á 289 rs. para igual cantidad de mineral.

terminada por la union de un elipsoide incompleto con un cono truncado inverso ó descansando sobre la base menor. Esta figura, muy semejante á la que ofrecen muchos hornos de calcinacion modernos, favorece la reverberacion de la llama contra el espacio que ocupa la carga, consiguiéndose mayor intensidad de calor con menos gasto de combustible. Ha disminuido notablemente las dimensiones de la boca del atizadero ú hogar adaptándola una puerta de hierro, todo á fin de que se pierda menos calor, se economice combustible y de que el aire necesario para alimentar la combustion, y para establecer el tiro conveniente, no entre por dicha boca dirigiendo la llama desigualmente contra un lado del vaso como actualmente sucede. Este aire pasará al hogar desde una bóveda ó recipiente formando debajo de él como una portezuela al esterior con su tapa de hierro que pueda abrirse mas ó menos, segun convenga graduar el tiro: el paso del aire al hogar se verificará por seis agujeros equidistantes abiertos sobre la pared circular del atizadero y muy próximos á su fondo, por cuyo medio se conseguirá que la llama sea dirigida uniformemente contra la carga de mineral y no contra uno de los lados del vaso. Esta disposicion debe evitar el defecto notado con mucha frecuencia de encontrarse mal calcinado el mineral en la parte anterior del horno, al paso que en los demas puntos lo está completamente bien. La espresada disminucion en las dimensiones de la boca del atizadero combinada con el mayor espesor dado á la rejilla de ladrillo refractario que divide el vaso del hogar, evitará indudablemente la necesidad de usar de la piedra solera, cuyo oficio no es otro que el de elevar el mineral sobre dicha boca á fin de que la presion atmosférica contrareste á la interior del vapor mercurial, impidiendo que este se pierda saliéndose por la espresada boca del atizadero. El ahorro de la piedra solera producirá una economia notable si se consideran los muchos gastos que ocasionan su escavacion, conduccion, colocacion sobre la parrilla del horno y estraccion á los vaciaderos despues de concluida la destilacion. Otro de los resultados favorables que proporcionarán las enunciadas modificaciones del hogar, será que la operacion podrá terminarse mas completamente, porque cerrando la puerta del horno cuando se concluya el fuego ó el atizar, se conservará en él por mas tiempo, á favor de la brasa que produce el combustible, una alta temperatura que proporcionará la destilacion. Para que la llama se estienda con igualdad por toda la superficie del vaso, ha dispuesto que la salida del vapor mercurial y demas gases se verifique por ocho aberturas simétricamente colocadas en toda la circunferencia superior del vaso, las que van á parar á una especie de canal por la cual pasa dicho vapor á las cámaras. En vez de colocar las cámaras de condensacion, como ahora lo estan, á der. é izq. del horno, se disponen en dicho proyecto hácia un solo lado, por cuyo medio se consigue que el calor del hogar obre sobre ellas en solo la mitad de estension que en la disposicion actual, sabiendo que el calor radia igualmente en todos sentidos como los radios de una esfera, y que su intensidad disminuye en progresion geométrica cuando las distancias á su origen ó manantial aumentan en progresion aritmética. Este principio proporciona el poder conseguir con solas ocho cámaras una condensacion tan completa como en los actuales con doce, puesto que á las dos últimas del horno proyectado no se propaga tanto el calor del combustible por su mayor distancia al hogar donde este se quema.

Para asegurarse de lo que va dicho el autor del proyecto de que nos ocupamos, hizo cargar los dos vasos de los hornos de Idria con cantidades iguales de mineral, vaciscos y demas en la forma ordinaria: á uno de los vasos hizo tapar los ventanillos que dan á las 6 cámaras de un lado, quedando por consiguiente solo en comunicacion con las 6 restantes del otro. Al otro vaso le dejó en comunicacion con las 12 cámaras con que naturalmente lo está. Dado el fuego y terminada la operacion, se vió que en el primer horno el vapor mercurial avanzó apenas dos cámaras mas que en lo ordinario, quedando la 5.ª con solo algunos indicios de azogue mucho menos que las terceras cámaras del otro horno en que se destiló con las 12 de uno y otro lado, como ordinariamente se verifica. En cuanto al producto de ambos fué el mismo ó algo mayor que el que por lo general se consigue. Las consecuencias ventajosas de esta innovacion, demostradas por la teoria y la esperiencia, no se limitan solo á la economía de una tercera parte de cámaras ó sean 8 en cada par, sino que tambien producen la supresion en el de una de las dos elevadas y costosas chimeneas que actualmente llevan, pues que una sola, colocada en el céntro, sirve para dos hornos, con cuyas cámaras por medio de aberturas que se cierran ó abren á voluntad, se pueden poner en comunicacion alternativamente. Aun ha economizado mas en su proyecto el Sr. Pellico; porque sacando partido de la circunstancia de tener que mediar cinco dias de una destilacion á otra en cada horno para conseguir el enfriamiento de sus paredes, aprovecha una de las actuales chimeneas de los de Idria que existen en Almaden, para los que propone, construyéndolos á continuacion de ella, y entonces por medio de dos pequeñas compuertas de hierro, se establece la comunicacion alternativamente con las cámaras de los hornos que se hallan en destilacion, bajo el supuesto que estos hornos contiguos arderán en dias diferentes. A favor de esta disposicion pueden construirse dos pares de hornos con una sola chimenea, y asi deberá ejecutarse donde se planteen nuevamente y no convenga aprovechar las chimeneas de otros ya existentes, como sucede en Almaden. Fundado en que el mayor grueso de las paredes de las cámaras disminuye la transmision del calor y por consiguiente la accion refrigerante atmosférica, retardando la condensacion del vapor mercurial, varía la construccion de las cámaras haciéndola consistir en pilares ó machones con la suficiente solidez para sostener la bóveda y demas obra; y los intermedios entre cada dos pilares para formar los costados de las cámaras, los cierra con tabiques colgados de baldosa, cuyo grueso no debe pasar á lo mas de 1 1/2 pulgada. Por este medio, dice, se conseguirá indudablemente la mas pronta condensacion del azogue y enfriamiento del aparato. Ha suprimido en su proyecto la areada esterior de los hornos de Idria por ser una obra muy costosa y no necesaria, y para reemplazar el efecto de las ventanas que á aquella altura presentan, ha aumentado considerablemente las aberturas practicadas en el cielo de las cámaras, que servirán para conseguir mejor su enfriamiento, cerrándolas con bastidores de madera durante la destilacion y abriéndolas al mismo tiempo que las puertas inferiores. Ultimamente propone el Sr. Pellico la buena eleccion de materiales tanto para la construccion del interior de los vasos como de las cámaras, debiendo usarse en el primer caso ladrillos refractarios de cernido fino y grandes dimensiones, á fin de evitar las grietas y frecuentes composiciones que ahora ocurren, y disminuir el número de juntas que tantas pérdidas suelen ocasionar. En la construccion de los tabiques que forman los cuatro lados de las cámaras, apoyados en los machones angulares, se emplearán baldosas de media vara en cuadro y una pulgada de espesor, tomadas sus juntas con un betun á propósito y barnizadas sus caras por medio de carbonato de sosa ú otro fundente análogo, para evitar la porosidad y la pérdida de azogue que por esta causa podria esperimentarse. El costo de unos hornos de cámaras asi construidos, puede asegurarse que no llegará á una mitad de el de los que actualmente existen, á cuya ventaja se agrega el menor gasto de combustible y jornales y el mejor exito en las destilaciones.

El mercurio (*) está custodiado en Almaden en pilas de piedra compacta de granito, en tenajillas fuertes de barro cocido y cerrado de poros, y en baldeses de pieles de carnero, colocados sobre tablas: el piso de los almacenes es de argamasa, bien hecho y enlucido, formando diversos planos inclinados, y en su reunion hay embutidas pequeñas pilas que reciben todo el mercurio que se derrama por efecto de la filtracion de las vasijas, ú otro cualquiera accidente, y se recoge de ellas todas las semanas. Los atados para solo la custodia del sobrante que no cabe en las pilas, contienen de 3 á 4 a. con un solo baldes; mas para su transporte se forman macetas de dos a., con las pieles de mediano tamaño, y de 3 con las mayores, empleando siempre en unas y otras tres baldeses, que se atan separadamente unos despues de otros, tanto para evitar los

(*) *Memoria sobre las minas de cinabrio, y la aplicacion principal de sus productos de mercurio*, por el distinguido ingeniero D. Diego Larrañaga.

derrames por filtracion, como para que no se rompan por algun golpe; cuya precaucion de tres baldeses, ó al menos de dos, se necesita tambien para solo la custodia, cuando el piso de las piezas no está construido espresamente para este fin, ademas de la de un tablado, sobre que deben colocarse las macetas, para que la humedad del suelo no pudra las pieles, como sucede fácilmente sin este cuidado.

El mercurio que han producido estas minas se ha conducido siempre á las Atarazanas de Sevilla, y allí se ha vuelto á hacer un nuevo empaque en macetas, todas de 2 á, y 3 baldeses atados de diferente modo que en Almaden, ó lo mismo que en Idria: cada maceta se ponia en un barrilito, y despues colocaban tres de estos en un cajon que se clavaba y precintaba para su conduccion á América, conservándolos en rimeros hasta su embarque; pero esto se ha variado despues por el Gobierno, sustituyendo á los baldeses frascos de hierro batido de peso de 15 á 17 libras y cabida de 3 a., con cuyo medio se evitan los derrames que antes solian esperimentarse.

Los qq. de mercurio que han producido las minas de Almaden y Almadenejos en los 163 años que se han trabajado por cuenta de la Real Hacienda, desde el citado de 1646 hasta 1808, ambos inclusives son, á saber:

	Años.	Quintales.	Corresponde á cada uno.
En los primeros	124	567,042	4,573
En los siguientes	32	523,600	16,362
En los últimos	7	141,470	20,210
	163	1.232,112	7,559

Todo este inmenso prod. de mercurio se consumió en las Américas españolas en la estraccion de oro y plata por la amalgamacion, y ademas otras grandes porciones compradas, como queda dicho, al Emperador de Austria. El costo de cada q. estraido en Almaden en los últimos 39 años y puesto en Sevilla, habrá ascendido á 20 pesos fuertes con corta diferencia, y el comprado al Emperador, parece se pagó á 110 florines = 55 pesos fuertes el q. español conducido al puerto de Trieste. La venta del mercurio á los mineros americanos ha sido á diferentes precios, segun las épocas y las dist. á que se ha conducido; pero siempre se ha llevado la mira de que no sean escesivos, con el fin de que puedan trabajarse mas minas de plata, aunque los minerales sean de baja ley, por el gran provecho obtenido por la Real Hacienda en la décima de la plata beneficiada y otros derechos. En Méjico se ha dado por muchos años á 82 pesos fuertes el q., precio establecido por ley en el año 1679, y que siguió hasta 1761, habiendo tenido despues algunas alteraciones. En el Perú, y año de 1772 se vendia el que producia la mina de Guancavélica á 79 pesos fuertes en el mismo Guancavélica, y á mas en otros parages dist.; en términos en que Potosí valia á 99: y como en el año de 1801, suspensas las labores de dicha mina, se pagaba á 85 pesos el poco mercurio que los particulares presentaban, adquirido en los rebuscos fuera de ellas, puede decirse con fundamento que el mercurio no se habrá vendido despues allí á menos de los mismos 85 pesos.

Parece que los mineros americanos estraen por amalgamacion una cantidad de plata igual á la que consumen de mercurio; pero por cuanto suele variar este consumo, la opinion mas bien recibida es que, para obtener un marco de plata gastan 12 onzas de mercurio, como por término medio. Sin embargo; cualquiera que sea esta pérdida de mercurio, parecerá escesiva, si se atiende á lo que sobre este particular se observa en las amalgamaciones de Freiberg en Sajonia, donde con minerales bastante pobres para un prod., como de 150 qq. de plata, aseguran consumir solo 28 1/8 de mercurio; pero debe tenerse presente, que haciéndose aqui esta operacion por hombres científicos de cuenta del Gobierno, y allá por los particulares interesados, que deben carecer de conocimientos y proporciones para economías, ha de haber siempre mucha diferencia en los resultados.

Aunque la plata y oro se estraen de sus minerales por la fundicion ó por la amalgamacion, en América se emplea este último método por razon de economía, y solo los minerales ricos son los que pueden destinarse y destinan allí á la fundicion, en términos que faltando el mercurio, faltarian tambien las inmensas cantidades de plata que con él se obtienen, y también los derechos, y es la razon porque para la Real Hacienda de España es de tanto valor el mercurio: al contrario de lo que ha pasado en Alemania con el de Idria, que por su falta pocas ó ningunas minas se abandonarian á causa de las proporciones que tienen de carbon, baratura de jornales y demas necesario para las fundiciones de minerales pobres, de que en lo general se carece en América. De aqui es tambien que la España no ha podido vender el mercurio á un precio inferior al prod. que debia darle beneficiándole en las minas, no teniendo sobrantes, como no ha tenido hasta ahora: al contrario de lo que ha sucedido con el mercurio de la mina de Idria, que no empleándose en grandes porciones con igual doble interés, se ha vendido como un simple género comerciable. Por eso, siendo tan escesivo el consumo de mercurio en América, que á veces su falta ha puesto límites á la labor de minas de plata, el Gobierno estuvo comprando varios años del Emperador de Austria de 8 á 10,000 qq. en cada uno, y esto duró hasta que en 1798 se suspendió el contrato con motivo de haberse aumentado los productos en Almaden, desde que se descubrió la nueva mina de Almadenejos en 1794. Los consumos del mercurio hasta que en 1566 se descubrió en la América el modo de beneficiar los minerales de plata por la amalgamacion, debieron ser bastante reducidos, segun las aplicaciones que de él se hacian, y no parece cabe duda en que uno de los objetos que mayor gasto causaba, era el de la fabricacion del bermellon, tan estimado desde los tiempos mas remotos.

El modo de ejecutar en grande la sublimacion del cinabrio, (continua el señor Larrañaga) que produce dicho color, prescindiendo de otras preparaciones químicas del mercurio, ha sido siempre un secreto que se han reservado para sí los fabricantes. Se sabe que esta operacion se ejecutaba desde hace muchos años en Sevilla y Amsterdan, y que á principios de este siglo se estableció ademas en Idria una gran fáb. en que no solo se hacian las sublimaciones de cinabrio, sino tambien los molidos correspondientes para reducirle á bermellon, guardando tambien aqui el mismo aire misterioso en todo lo que se ejecutaba, sin permitir á ninguno acercarse á ver cosa alguna. En Sevilla se practicaba dicha operacion por un particular secretista, con el cinabrio nativo mas rico que recibia de las minas de Almaden, y se le pagaban por la Real Hacienda 5 rs. vn. por cada libra que entregaba sublimado, pasándole tambien en cuenta mérmas bastante considerables; y el molido que se hacia en Madrid por otro particular costaba 3 1/2 rs. Pero el Gobierno, por no estar atenido á la voluntariedad de tales gentes, dispuso que en Almaden se estableciese esta fabricacion, y mandó al director principal de las minas (*) trabajase en los ensayos ó esperimentos que le dictasen sus conocimientos y pudiesen conducir á su logro. Y en su consecuencia llegó dicho director á ejecutar en grande la sublimacion del cinabrio con ventaja al fabricante de Sevilla, tanto en los costos, como en las mérmas ó pérdidas, empleando para el efecto el mercurio y azufre en lugar del cinabrio de las minas; y tambien logró ejecutar el molido mucho mejor que el que se hacia en Madrid, pero todo en piezas y aparatos provisionales de poco costo. He aqui como dispuso las máquinas y aparatos para la elaboracion del bermellon y del lacre, y los procedimientos empleados para obtener estos prod. Los hornos para el bermellon se situaron (**) en el cerco ó maestranza de San Teodoro, que se halla al estremo O. de Almaden; la tahona para el molido ó trituracion al estremo E. de la misma en las accesorias de la casa factoria; y las mesas y demas útiles para la fabricacion del lacre, unas veces en el centro y otras en los afueras de la pobl.

Para obtener el etiope mineral (deuto-sulfuro de mercurio), que es la primera operacion que se practica, se funde una cantidad dada de azufre en flor en una caldera de hierro de figura acanalada, debajo de la cual se introduce el combustible en una hornilla provisional construida toscamente con un par de

(*) A la sazon era director de las minas el mencionado D. Diego Larrañaga, uno de nuestros mas distinguidos ingenieros del ramo, que adquirió sus vastos conocimientos de mineria en Sajonia y en Hungria, á quien se debe el método y buen órden de las labores de Almaden, y el mismo que murió en 1815 poco recompensado de sus méritos y servicios.

(**) Tomamos estas noticias de uno de los Beletines oficiales de minas, que publica la Direccion del ramo.

docenas de ladrillos; en el azufre liquidado, á favor de un fuego lento, se echa hilo á hilo el azogue ó mercurio, hasta que saturado aquel completamente, se verifica la inflamacion espontánea; en tal estado, ya no se incorpora mas azogue, y despues de concluida aquella se obtiene una masa de color pardo morado oscuro, que no es otra cosa que el etiope mineral ó sea una mezcla de deuto-sulfuro de mercurio y azufre; esta mezcla despues de enfriada y triturada ligeramente para que se reduzca á polvo tenue, se echa con cucharas de hierro en unas espuertas forradas con baldeses para cargar en seguida los hornos de sublimacion.

En Holanda parece que anteriormente, ó sea en época en que no se conocia la composicion química del cinabrio, se empleaba un método análogo para obtener el etiope, pero en la actualidad se hace la mezcla incorporando desde luego 150 libras de azufre con 950 de mercurio, y asi se evita el esceso de este metal en la mezcla que por el primitivo método era muy frecuente.

Los hornos de sublimacion de Almaden (de los cuales hay en la biblioteca de la Direccion general de minas unos detallados diseños formados por D. Vicente Romero, último director de la fáb.) consisten en una cavidad de figura de cono truncado inverso que tiene en su base un pie y cuatro pulgadas de luz; en su centro ó vientre dos pies y seis pulgadas, y dos pies en su parte superior ó sea á la horizontal del primer cuerpo del horno: dentro de esta cavidad, que se halla revestida de mamposteria y con cuatro comunicaciones para el cenicero, cámaras, chimenea y hogar, se introduce una vasija de barro de dos pies de altura de la figura de un crisol ordinario, la cual queda como empotrada dentro de dicha cavidad, por medio de unos canes ó ladrillos salientes que forman entre sí un triángulo equilátero, y estan colocados á un pie de dist. de la parte superior del primer cuerpo del horno ya citado. La llama circula libremente por el interior del horno, bañando la superficie del crisol ó crisoles á los dos tercios de altura. El segundo cuerpo se halla del todo al descubierto y no es otra cosa que una caperuza ó cubierta de barro, semejante al crisol, y unida á este por su base, de tres y medio pies de altura. En suma el horno propiamente dicho está formado por dos vasijas de barro de figura cónica y unidas por sus bases. Este punto de union se enloda con un cemento ó mortero, compuesto de cinco partes de ceniza y una de arcilla roja en volúmen, mezcladas y tamizadas perfectamente. Al cono ó trozo inferior se le da el nombre de crisol, y al superior el de cabeza cubierta ó sublimatoria (*) la cual tiene un baño esterior de yeso en la superficie que está en contacto con el fuego. El etiope se coloca en el crisol en cantidad de 250 á 300 libras á lo mas, hasta que llega la carga una ó dos pulgadas por debajo de la boca ó reborde superior, sobre la cual descansa la base de la cabeza ó cubierta; esta se halla muy bien vidriada, y en su parte superior tiene una especie de cápsula ó tapadera de barro, de cuyo centro sale un tubo de dos pulgadas de diámetro, con el cual enchufa otro de chapa de hierro que comunica con un baño de arena: este tubo tiene en su primer ángulo una válvula para dar salida al vapor de agua y aun á cierta cantidad de hidrógeno sulfurado y vapor de azufre, que suelen desprenderse al calentar el etiope en el principio de la operacion. Montado asi el aparato, se introduce fuego en el hogar, procurando que las diez ó doce primeras horas sea moderado, para evitar que se grieteen el crisol y la cernada (mortero ó argamasa de enlodar): en las horas siguientes hasta las 30 ó 36 que dura la operacion el fuego és mas activo y sostenido, pero rara vez pasa del rojo guinda, para evitar que el deuto-sulfuro se descomponga y llegue al baño de arena el azogue condensado con grave riesgo ademas de que se rompa el crisol. Cuando ocurre una averia de esta especie, es preciso para evitar grandes pérdidas, cerrar bien todas las comunicaciones del horno dejando solamente abierta la de la cámara de condensacion preparada para tales accidentes, y en ella se deposita el azogue que haya podido volatilizarse en virtud de la rotura del crisol. El combustible empleado consiste en carbon de encina, mezclado á veces con leña de enebro; pero tal vez seria preferible el empleo del carbon de piedra de los no muy distantes criaderos de Espiel y Belmez en Andalucia, y tambien podria usarse de la turba con buen éxito como sucede en Amsterdan, si dicho combustible se encontrase en las cercanias de Almaden.

Durante la marcha de la operacion referida, se remueve el etiope de tarde en tarde en el crisol, por medio de una tienta ó barra delgada de hierro, ya para acelerar la sublimacion, y ya principalmente para reconocer el estado en que esta se encuentra. La llama interior al principiar á descomponerse el etiope sobresale de la sublimatoria dos y tres pies cuando se quita la tapadera, observándose los colores siguientes: blanco al principio de la reaccion y luego verde, morado y azul. Si al introducir de nuevo la tienta saliese por la parte superior de la cubierta una llama viva, producida por la quema de los vapores de sulfuro de mercurio en contacto con el aire libre, cuya llama sobresalga 3 ó 4 pulgadas de la sublimatoría, es prueba de que marcha bien la operacion y de que la temperatura del horno es la que conviene. Terminada la sublimacion, se deja enfriar el horno por espacio de 8 á 10 horas; se desmonta el aparato y se desprende por medio de una espátula la capa de bermellon adherida á las paredes de la sublimatoria en hermosas agujas exaedras. Pesado el prod. se observa una pérdida ó merma de un 10 por 100 próximamente. Un solo operario ó dos á lo mas bastan para estar al frente de esta operacion. El procedimiento en ella seguido es semejante en lo principal al empleado en Holanda, si bien en España la carga del crisol se hace de una vez, cuando en aquel país se verifica en 10 ó 12 cargas sucesivas. Tambien se observa en dicho pais que los crisoles, son mucho menores, pero en cambio aumentan su número hasta 30 ó 40 para cada campaña. Preferible parece á primera vista el método español respecto del holandés, en cuanto á la carga del horno, pues haciéndose esta de una vez, se economiza combustible, se evitan las pérdidas que son consiguientes á la repeticion de abrir y cerrar la sublimatoria, y por último se obtiene una sola capa de bermellon homogéneo, cuando por el otro medio deben resultar tantas capas de diferente color en su superficie, cuantas hayan sido las cargas ó interrupciones en la marcha del aparato. Sin embargo, fuerza es confesar que despues del bermellon de la China y del que de algunos años á esta parte se fabrica en Francia, el bermellon holandés es de los mas estimados en el comercio: de aquí pues naturalmente se deduce, que si el bermellon español ó el de Almaden no compite hoy dia, por desgracia, con los estrangeros, la falta debe de hallarse mas bien que en la sublimacion, en las operaciones subsiguientes que hay que practicar hasta poner este género en el estado en que se espende en el comercio. Efectivamente, los medios mecánicos que hay en Almaden para pulverizar el bermellon despues de sublimado, consisten en una tahona comun, que aunque mejorada algun tanto por el Sr. Larrañaga (D. Diego) en cuanto al corte y disposiciones de las piedras, todavia nos parece insuficiente para llenar su objeto este aparato, si se compara con los medios mecánicos mas perfectos, de que á no dudarlo se valdrán los estrangeros para el mismo fin. Ademas en las decantaciones despues de lavado el bermellon y aun en el tamizado, podria haber mayor esmero.

Lo propio puede decirse respecto del modo de sacar el bermellon, que en Almaden se verifica esponiéndole al sol, al aire libre en planchas de cobre ó en tablas de madera compacta; y ya se concibe bien que es muy fácil por tal medio que no deje de mezclarse algun polvo con dicha sustancia, empañando su delicado brillo, del mismo modo que tambien debe este debilitarse por la influencia de los rayos solares. Opina por tanto el autor de esta memoria, que el bermellon se debia secar á la sombra y en estufas preparadas al efecto, procediéndose por último al embalage en sacos de buen lienzo ó de pita ó en cajas de hoja de lata, en vez de emplear los baldeses que han estado siempre en uso, los cuales no pueden menos de comunicar al bermellon cierta crasitud de la piel, si esta no quedó bien curtida, ó cuando menos alguna parte de su película que perjudique sensiblemente á un artículo de suyo muy delicado.

Mas como á pesar de todas las precauciones antedichas es mas que probable que el bermellon que se obtenga por la via seca no llegue á reunir las buenas cualidades y el aspecto brillante del de la China, cree dicho autor que en Almaden

(*) D. Jose de Larrañaga hermano de D. Diego que sustituyó á este despues de su muerte en la direccion, entre otras mejoras introdujo la de formar de dos piezas separadas este aparato. Anteriormente era de una sola pieza, y habia que romperla al concluir cada operacion para sacar el etiope. En el dia cada crisol ú horno, propiamente dicho, sirve para tres y cuatro operaciones.

podria ensayarse el método de la via húmeda ó sea preparar el bermellon en crudo, lo cual está reducido á triturar en frio 300 partes de mercurio y 68 de azufre, y agregar despues ciertas cantidades de potasa y de agua, procediendo en fin á la consiguiente evaporacion. Este método tan sencillo es el empleado con buen éxito en Francia por MM. Brunner y Kirchof, y cuya esplicacion, puede verse en el tomo 4.° de la obra de Mr. Dumas *(Chimie appliquee aux arts)* ó en el 5.° del Diccionario tecnológico. Por medio de este procedimiento y con las observaciones que despues de puesto en práctica sugiera la esperiencia, no será dificil tal vez obtener un bermellon de primera calidad que compita con el de los estrangeros: mas aun cuando tan satisfactorio resultado se obtuviera, no por eso opina que se suspendiese la sublimacion por la via seca, la cual podria quedar destinada á la prod. en grande del bermellon de segunda calidad, que es el de mayor consumo en el comercio.

El cinabrio sublimado en Sevilla se ha vendido en los estancos del reino á 32 rs. libra, y tambien despues á 64, que son los precios que ha tenido el mercurio; pero el bermellon ó el cinabrio molido valia 4 rs. mas, cuyo subido precio debio sin duda impedir mucho su venta, en términos que tal vez no se despachaban al año mas de 25 qq. en la Península.

La preparacion del lacre en Almaden se verifica del mismo modo, al poco mas ó menos que en todos los paises en que se fabrica: cuatro partes de goma laka de buena calidad, una de trementina de Venecia, y tres de bermellon de la China (todo en peso) forman este compuesto, que se conoce en Francia con el nombre vulgar de *cera de España.* Despues de fundidas las sustancias indicadas en una caldera á propósito, y tan luego como queda la mezcla en el estado y con la pastosidad conveniente, se procede á la formacion de las barretas, cuyas figuras varian considerablemente segun los moldes y mesas en que se preparan. Obtenidas las barretas, un operario las pulimenta y otro cuida de la marca y sello: en esta parte hay mucho que mejorar, por cuanto se pierde notable tiempo, multiplicando la mano de obra en unas operaciones que pueden hacerse simultáneamente, si á los moldes que hay en el dia se sustituyen otros que contengan los grabados en la misma caja, y si alguna de estas se construye de acero y con las disposiciones convenientes para el pulimento, en vez de hacerse todo esto á mano, como sucede en Almaden.

Tres han sido los métodos (*) seguidos por nuestro Gobierno para hacer efectivas las utilidades de los criaderos de mercurio de Almaden. Primero: poner las minas á disposicion de unos particulares para que las trabajasen y utilizasen sus productos como mejor les pareciese, con la condicion de entregar al Gobierno anualmente cierto número de quintales de azogue. Segundo: el Gobierno labraba las minas y beneficiaba los minerales por su cuenta; el azogue obtenido lo conducia á América y lo vendia directamente á aquellos mineros á un precio determinado. Tercero: contratar con un capitalista el cual se obliga á tomar á un cierto precio todo el azogue que el Gobierno obtenga de sus minas. El primero de estos tres métodos ó sistemas, es sin duda alguna el mas perjudicial, no solo porque el dueño de la mina reporta menos utilidad de su propiedad, sino porque el arrendatario, cuyo interés no puede ser otro que sacar el mayor producto en el menor tiempo posible, arranca solo los minerales de primera calidad, dejando los inferiores y aun los medianos; ni tampoco se cuida de mantener las escavaciones espeditas y fortificadas. Asi es que cuando aquel establecimiento volvió á ser manejado por la Hacienda, no se pudo continuar trabajando en las labores hechas por los Fúcares, al paso que estos se hicieron tan poderosos, que pasó á proverbio vulgar, cuando se queria ponderar la riqueza de una persona, el decir; *tiene mas dinero que los Fúcares*: y efectivamente, en España tomaron el título de condes, y cuando volvieron á Alemania se hicieron príncipes. El segundo método (continúan las *observaciones*) es el mas acertado, sobre todo en las circunstancias tan favorables en que nos hallábamos entonces, con una marina respetable y cobrando la décima de la plata que con nuestro mercurio se beneficiaba. Si fuese hoy nuestra marina lo que era entonces, y no tuviésemos necesidades perentorias del momento á que atender, se debia adoptar un sistema análogo; es decir, vender nuestro azogue directamente á los mineros americanos, pues de este modo nosotros sacariamos mas utilidad, aun cuando se les vendiese á precio mas cómodo de como lo pagan en el dia. Hay tambien que tener presente los progresos de las ciencias, que no se puede decir adonde llegarán: dedícanse muchos sábios al estudio de los maravillosos efectos de la electricidad galvánica; y si se llega á descubrir con este agente poderoso un método para obtener la plata mas económicamente que por la amalgamacion, fácil es conocer cuales serian las consecuencias. Acordémonos de nuestra barrilla natural. El tercer sistema, que es como vendemos en el dia, es el único que nuestras actuales circunstancias nos permiten tal vez adoptar.

La perspectiva que en el dia presentan las minas de Almaden es la mas halagüeña. Las labores están en completa seguridad y sin ningun revenimiento ó accidente que sea de consecuencia. Cada dia se va adelantando mas en la grandiosidad de las obras de fortificacion y se proyectan mejoras y economias para lo sucesivo. El criadero en la profundidad sigue constante, si es que no aumenta de potencia; y en cuanto á la parte mercantil, el aumento del precio del azogue manifiesta que las necesidades del comercio no estan completamente satisfechas; de modo, que si no sobreviene alguna circunstancia particular ó accidente imprevisto, las minas de Almaden seguirán siendo durante mucho tiempo la *perla* de la mineria española.

Y ya que de fortificacion hemos hablado, no será fuera de propósito decir, aunque ya se ha indicado en otro lugar, que Almaden es la mina donde mas generalizada está la mamposteria: en el dia puede decirse que es la única fortificacion que se emplea, pues las entibaciones que se construyen, son, ó bien provisionales mientras suben los macizos, ó bien para auxiliar á la construccion de las mamposterias. La mitad del volúmen ó hueco que resulta del arranque del mineral, se va volviendo á rellenar con muros de cal y canto; de modo, que con el tiempo habrá en aquellos subterráneos mas obra de mamposteria que en el mayor y mas suntuoso edificio de la superficie. Todos aquellos muros tienen que estar sostenidos con frecuentes arcos de bóveda, entre los cuales hay ya algunos que abrazan una cuerda de 69 pies. Esta es una amplitud que se tiene por considerable en los puentes sobre r., en donde, prescindiendo del mas ó menos coste, hay espacio para colocar andamios y procurarse todos los medios para facilitar la construccion de la obra; al paso que dentro de los subterráneos no hay espacio donde revolverse, y los astiales están siempre amenazando de venirse abajo, como asegura en su obra el Sr. Ezquerra; porque, es claro, dice, que si el terreno fuese bien sólido y firme, no habria necesidad de construir semejantes arcos. Y sobre todas estas dificultades entra luego la economia, para que no resulte la obra mas cara que el valor del mineral correspondiente al hueco fortificado.

En las minas de Sajonia hay construidas muchas obras de mamposteria que se puedan dividir en dos clases. 1.ª En el revestimiento de varios caños de desagüe, las cuales en razon á ser escavaciones permanentes y de continuo uso, deben estar fortificadas con mamposteria: en estos caños tienen algunas bóvedas primorosamente construidas. 2.ª En las cámaras ó cavidades dispuestas para la colocacion subterránea de algunas ruedas hidráulicas: estas obras son muy costosas pero no se puede pasar por otro punto porque no es posible revestarlas con entibacion, y que al mismo tiempo quede el espacio libre para el juego de la máquina, prescindiendo de que tambien son obras que han de subsistir durante muchos años. Fuera de estas dos clases de obras hay tambien otras, digámoslo asi de lujo, sobre todo en la mina modelo de Churprinz, donde hay construidos diversidad de arcos y de bóvedas que, en realidad muchas de estas no eran de absoluta necesidad, y su principal objeto es el estudio de la aplicacion de la mamposteria á la fortificacion subterránea.

Tambien en las minas ricas de Sierra Almagrera se ha introducido ya la fortificacion de mamposteria, resultando mas barata que la entivacion que se necesitaria construir para llenar el mismo objeto; y es de notar la destreza que van adquiriendo los albañiles de aquel pais, bajo la direccion de los operarios venidos de Almaden.

El adjunto estado demuestra las cantidades de mineral y azogue estraidas de estas minas y las de Almadenejos desde 1795 á 1839.

(*) Observaciones á la memoria del Sr. Larrañaga.

PRODUCTOS

de mineral y azogue de las minas de Almaden y Almadenejos desde el año de 1795 al de 1839.

OBSERVACIONES.	Años mineros.	MINERAL. QUINTALES.	MINERAL. LIBRAS.	AZOGUE. QUINTALES	AZOGUE. LIBRAS.	AZOGUE. ONZAS.	PRECIOS A QUE SE HA VENDIDO EL QUINTAL DE AZOGUE.
	1795 á 1796	225,505		23,702	86		
	1796 á 1797	232,865		21,365	10		
	1797 á 1798	232,295		20,464	34		
	1798 á 1799	184,345		21,728	1		
	1799 á 1800	210,117	50	27,948	50		
	1800 á 1801	204,545		30,986	5		
No hubo destilacion	1801 á 1802	150,065					
	1802 á 1803	213,965		9,256	56		
	1803 á 1804	268,525		32,336	40		
	1804 á 1805	239,565		29,263	66		
	1805 á 1806	255,235		24,318	44		
	1806 á 1307	268,222	50	28,293	76		
	1807 á 1808	236,075		18,001	23		
No hubo destilacion por la invasion de los franceses	1808 á 4809	58,797	50				
	1809 á 1810	30,340					
	1810 á 1811						
	1811 á 1812						
	1812 á 1813	8,627	50	15,796	49		
	1813 á 1814	59,732	50	10,710	90		
	1814 á 1915	81,142	50	19,504	78		
	1815 á 1816	81,415		15,206	70		
	1816 á 1817	97,205		14,285	78		
	1817 á 1818	216,057	50	21,331	1		
	1818 á 1819	255,282	50	21,321	11		
	1819 á 1820	167,610		20,020	50	8	
	1820 á 1821	131,762	50	14,250	35		
	1821 á 1822	135,482	50	16,882	41	12	
	1822 á 1823	119,667	50	17,295	84		
	1823 á 1824	125,865		17,251	10		
	1824 á 1825	180,605		22,209	76	8	
	1825 á 1826	183,920		23,309	62		
	1826 á 1827	189,120		20,709	37		
Empezó á venderse el azogue por contrata	1827 á 1828	197,635		21,717	67	8	800 rs.
	1828 á 1829	221,435		20,348	14		
	1829 á 1830	217,920		20,400			
	1830 á 1831	256,915		20,102	21		
	1331 á 1832	250,063	75	20,176	41		
	1832 á 1833	222,578	75	22,080	99		745
	1833 á 1834	289,743	75	22,043	24		
	1834 á 1835	266,817		22,035	79		
	1835 á 1836	298,120		21,600	55		
Invasion de Gomez, Basilio y otros partidarios	1836 á 1837	263,171		20,839	86		1,085
	1837 á 1838	230,931	50	17,530	45		
	1838 á 1839	332,729		24,874	25		1,200
		8.092,027	25	812,491	40	4	

Desde 1646 que tomó el Gobierno por su cuenta este establecimiento hasta 1839 han producido las minas de Almaden 1.742,054 quintales de azogue.

Comparando en el presente estado el mineral arrancado con el mercurio obtenido, se ve que este es término medio, poco mas del 10 p% de aquel.

Si se esperimenta alguna pérdida de mercurio, porque este se volatilice en su beneficio por destilacion, esta pérdida es mayor cuando los hornos siguen ardiendo en los meses de verano; por esta razon los gefes facultativos del establecimiento, deseosos de que los rendimientos del azogue sean siempre los mayores que puedan obtenerse, procuran que la destilacion concluya antes de que los calores empiecen á ser escesivos.

En la relacion que antecede relativa á los productos de estas minas hemos principiado desde el año 1795, y continuando la seguida de estos hasta el de 1839, manifestando las épocas en que no hubo destilacion y la en que empezó á venderse el azogue por contrata. Mas para que nuestros lectores no carezcan de las noticias necesarias para conocer los productos de estas ricas minas hasta el presente, vamos á insertar otros estados en los cuales está patente este resultado. El que sigue á continuacion es relativo á los dos años contados desde 1839 á 1840 y los de 1840 á1841.

MINAS DE ALMADEN Y ALMADENEJOS.		AÑOS MINEROS. De 1839 á 1840.	AÑOS MINEROS. De 1840 á 1841.	TOTALES.
Mineral	Superior	225,720 arrobas.	207,800 arrobas.	433,520 arrobas.
	Vario	744,156	780,424	1.524,580
	Vaciscos	265,573	334,908	600,481
Totales		1.235,449	1.323,132	2.558,581
Azogue	Cantidad	23,100 qq.	18,731 q. 25 lib.	41,831 q. 25 lib.
	Precio	1,200 rs.	1,200 rs.	
	Valor	27.720,000 rs.	22.477,500 rs.	50.197,500 rs.
Gastos		7.980,217 rs. 19 m.	6.459,988 rs. 14 m.	14.440,205 rs. 33 m.
Utilidad líquida		19.739,782 rs. 15 m.	16.017,511 rs. 20 m.	35.757,294 rs. 1 m.

En el siguiente estado de los años 1841 á 1842, ademas de espresarse como en el anterior, las clases de mineral beneficiado, se demuestra con separacion lo estraído de las minas de Almaden, y de las de la *Concepcion* y *Valdeazogues* del departamento de Almadenejos. Esto deberá tenerse muy presente para el art. que sigue de esta última v., en el cual nos proponemos ocuparnos poco de sus minas, toda vez que lo hacemos ya estensamente en Almaden de que ahora tratamos.

ESTADO que manifiesta las arrobas de mineral estraidas en el año minero contado desde 27 de junio de 1841 á 3 de julio de 1842, y los beneficiados desde 15 de noviembre de 1841 á 4 de junio de 1842. (1)

CLASE DEL MINERAL.		ALMADEN.	ALMADENEJOS. Concepcion.	ALMADENEJOS. Valdeazogues.	TOTALES. Parciales.	TOTALES. Generales.
Estraido	Superior	182,530 ar.	1,880 ar.	1,910 ar.	186,370 ar.	1.341,632 a.
	Mediano y china	639,375	19,550	61,840	720,765	
	Tierras ó vaciscos	330,368	16,060	66,040	412,468	
	Inutil	20,329	800	900	22,029	
Beneficiado	Superior	182,580	»	1,910	184,490	1.122,540
	Mediano y china	568,390	»	58,860	627,250	
	Tierras ó vaciscos	247,000	»	63,800	310,800	
Existente y puesto á destilacion	Superior	»	1,880	»	1,880	219,092
	Mediano y china	70,985	19,550	2,980	93,515	
	Tierras ó vaciscos	83,368	16,060	2,240	101,668	
	Inutil	20,329	800	900	22,029	

PRODUCTO DEL MINERAL BENEFICIADO.		Quintales.	Arrob.	Libras	Onz.
Almaden	Recogido de los hornos	19,616	»	8	4
	De limpia de planes y almacenes	356	2	14	»
Almadenejos	Recogido de los hornos	561	3	14	»
	De limpia de planes y almacenes	5	3	12	»
Total		20,540	1	23	4

(1) Este año minero es por lo relativo á Almaden, pues en Almadenejos empezó para la estraccion en 20 de mayo de 1841, á 1.° de junio de 1842, y el beneficio de los minerales se hizo desde 9 de enero de 1842 á 29 de mayo del mismo.

MINAS DE ALMADEN Y ALMADENEJOS.		AÑOS MINEROS. De 1842 á 1843.	De 1843 á 1844.	De 1844 á 1845.	TOTALES.
Mineral	Superior	201,430 arrob.	183,480 arrob.	214,078 arrob.	598.988 arrob.
	Vario	833,602	743,381	790,033	2.367,016
	Vaciscos	352,045	214,835	360,512	927,392
TOTALES		1.387,077	1.141,696	1.364,623	3.893,396
Azogue	Cantidad	20,770 q. 24 lib.	20,796 q. 28 lib.	21,515 q. 4 lib.	66,081 q. 56 lib.
	Precio	1,200 rs.	1,630 rs.	1,630 rs.	
	Valor	24.924,288 rs.	33.897,936 1 m.	35.169,515 rs.	93.991,739 1 m.
Gastos		7.134,308 32 m.	6,600,786 20 m.	7.990,449 12 m.	21.725,544 30 m.
Utilidad líquida		17.789,979 2	27.297,149 15	27.179,065 22	72.266,194 5

NOTA PRIMERA.

Los 7.134,308 rs. 32 mrs. á que ascienden los gastos en 1842, se han invertido del modo siguiente: 5.615,619 reales 4 mrs. en los sueldos de los empleados del Establecimiento, en los que se incluyen aproximadamente 360,000 rs. en el pago de sus haberes, á los jubilados, cesantes, á los pensionistas de Monte-Pio, id. de gracia y limosnas á las viudas y huérfanos de los mineros que han perecido en los trabajos de las minas; gastos reproductivos de las mismas, en los que se comprenden los de esplotacion, fortificacion, obras de mamposteria, escavaciones, estraccion de minerales é introduccion de materiales, pago de jornales en los talleres, peonaje en las minas, cercos y caminos, gastos de destilacion, compra de materiales para la fundicion, id. para la fortificacion, compra de maderas, id. de efectos para los almacenes, surtido de esparto, gastos de f. etoria y otros de varias clases: 2,460 rs. por sueldos atrasados al fiscal de la Superintendencia de Azogues (suprimida esta por Real órden de 16 de agosto de 1839): 524,888 rs. 8 mrs., por los portes del azogue pagados en las Atarazanas de Sevilla: 33,810 rs. 30 mrs., por los sueldos á los empleados de las mismas: 6,962 rs. 24 mrs., por la conduccion de frascos vacios, colocacion de estos en su depósito, obras de albañileria, fontaneria, etc.: y 950,568, para el pago de los frascos de hierro para el envase de los azogues.

SEGUNDA.

La inversion de los 6.600,786 rs. 20 mrs. á que asciende lo gastado en 1843, se distribuyeron en la forma siguiente: 5.505,050 reales, en los mismos términos á que se refiere la 1.ª partida de la nota anterior: 387,584 rs. 31 mrs. en el pago de los portes de azogue desde Almaden á Sevilla: 36,425 rs. 6 mrs. en el pago de sueldos á los empleados de las Atarazanas: 8,422 rs. 3 mrs., en varios pagos ordinarios contenidos en la 5.ª partida de la nota anterior: y 663,304 rs. 14 mrs., para el pago á que se refiere la última partida de la precedente nota.

TERCERA.

La inversion de los 7.990,449 rs. 12 mrs. que importan los gastos de 1844, es la siguiente: 6.174,194 en el pago de los comprendidos en la 1.ª partida de la 1.ª nota: 519,177 rs. 7 mrs., en el trasporte de azogues á las Atarazanas: 42,983 rs. 6 mrs, por los sueldos de los empleados de las mismas: 9,694 rs. 33 mrs., por varios pagos ordinarios comprendidos en la 5.ª partida de la 1.ª nota: y 1.244,400 en el pago de frascos de hierro.

CUARTA.

Los años mineros para el arranque de minerales y productos de azogue, se cuentan desde 1.º de julio á fin de junio del año siguiente. El pago de gastos se entiende por años comunes.

Con el estado que antecede hemos terminado nuestro propósito de presentar los productos de mineral y azogue estraidos de las minas de Almaden y Almadenejos desde el año de 1795 hasta el presente. Y esta simple relacion de hechos demuestra, mas que cuanto nosotros pudiéramos decir, el lisonjero estado en que se hallan estas minas, bajo una direccion entendida y económica que, si atiende por una parte á la estraccion de la riqueza que en su seno encierran, no cuida menos de asegurar sus pingües rendimientos para que se disfruten con toda seguridad en los tiempos venideros.

Noticia del número de trabajadores que se han ocupado en todos los ejercicios de las minas de Almaden y Almadenejos en el año minero, desde julio de 1838 á fin de junio de 1839 (1).

	En las escavaciones por: Hacienda.	En las escavaciones por: Contrata.	En la fortificacion, con: Maderas.	En la fortificacion, con: Mampostería.	En el desague, con: Bombas y cubas.	En el desague, con: Zacas.	En las estracciones é introducciones por contrata.	En trasportes y movimiento del vaciado.	En la zafra por Hacienda.	TOTAL.
Minas del Pozo y Castillo.	12	1340	120	40	530	64	250	20	74	2350
Mina de la Concepcion....	40	120	6	18	48	»	70	5	»	307
Mina de Valdeazogues.....	29	293	18	84	320	»	283	12	»	1039
	81	1753	144	142	898	64	603	37	74	3696

	Talleres de herrería, carpintería, caperío, cartuchos, mechas y pajuelas.	Peonage en diversos ejercicios, caminos y almacenes.	Ejercicios en el cerco de destilacion, por: Hacienda.	Ejercicios en el cerco de destilacion, por: Contrata.	TOTAL.
Cerco de destilacion y de San Teodoro..............	88	416	162	78	744
Id. de id. de Almadenejos.	10	70	20	12	112
	98	486	182	90	856

(1) Se advierte que solo los destinados á la entibacion entran todos los dias en la mina; en los demas ejercicios interiores se graduan de 12 á 14 jornales mensuales, los que suelen dar cada individuo, saliendo dos ó tres meses al año á sanearse al esterior, ya en los ejercicios por hacienda, ya en las labores del campo. Téngase tambien entendido que al destajo, zafra y bombas por contrata concurren muchos temporeros que solo asisten á la mina de tres á cuatro meses en el año. En los ejercicios de destilacion por contrata, y en los talleres se ocupan aquellos toda la temporada, y estos todo el año. En los demas hacenderos del esterior solo sacan los hombres cuatro jornales por semana, y tres los muchachos, siendo variable en cada mes el número de los primeros, entre los cuales los hay fijos por su edad y achaques en estas minas.

Por el estado que antecede se ve el número de trabajadores que han tenido ocupacion en las diferentes labores de las minas de Almaden y Almadenejos en el año minero de 1838 á 39. Las labores no pueden alli regularizarse á una marcha seguida y uniforme por dos razones: primera, porque es muy poco económico, segun se ha dicho ya, el continuar la destilacion en los meses de verano: segunda, porque como aquellos criaderos son tan corpulentos y de corta estension, resulta que se acumula mucha gente en poco espacio, y como los vapores mercuriales son tan perjudiciales, y la ventilacion de los subterráneos es siempre mas dificil en verano que en invierno, se perjudicaria considerablemente la salud de los operarios si en el verano continuasen las labores en plena actividad. Pero tampoco dentro de los subterráneos puede un hombre impunemente trabajar quince ni veinte dias de seguido: lo mas que puede hacer un operario robusto sin perjudicar su salud, es dar 12 á 14 jornales al mes dentro de la mina; y aun asi tienen que dedicarse dos á tres meses del año á trabajos en el esterior ó de sanamiento. Tambien hay que tener presente que no pudiendo lo general de los operarios entrar en la mina mas que la tercera parte de los dias del mes, tienen que devengar un jornal triple del que ganarian en otros ejercicios no perjudiciales; y bajo este pie están alli arreglados los jornales, subiendo ó bajando de esta proporcion segun la salubridad de los sitios en que se ejecutan los trabajos. Por el mismo principio, para el servicio que en otras minas hace un capataz ú oficial de mina, aqui se necesitan tres. Todas estas circunstancias hacen que en Almaden el arranque y estraccion del mineral resulte mucho mas costoso que en cualquiera otra mina, y no porque no haya economia y órden en sus trabajos, sino por la naturaleza misma del criadero. El intermedio de una fundicion á otra se aprovecha para dar impulso á los avances preparando disfrutes, y á las mamposterias y fortificaciones. Como las faenas ordinarias del esterior no dan suficiente ocupacion al número de trabajadores que la reclaman, en razon de sus perjuicios en las minas, hay que emprender ciertas obras que, aunque no son de una necesidad inmediata, son sin embargo de gran utilidad para el establecimiento; tal como habilitacion de caminos, desmontes etc.

Sumando las dos partidas del estado, resulta que en el establecimiento de Almaden encuentran ocupacion 4,552 personas; á lo cual hay que añadir 250 hombres que se emplean durante la mitad del año en la corta y conduccion de maderas para la fortificacion de las minas y de combustible para la destilacion y para la máquina de vapor, ascendiendo el total por consiguiente á 4,802 personas: y si se añade todavia los que verifican el trasporte del azogue á Sevilla, pasan de 5,000. Carretas de bueyes se pueden contar 800, ocupadas una gran parte del año, y mas de otras tantas caballerias ó bestias de carga.

Compárese ahora el actual estado de las minas de Almaden, y su sistema de esplotacion, con el que se observaba en lo ant. (*), y hallando una notable diferencia, veremos, que mejoradas considerablemente, disfrutan de muy buena ventilacion, siguen en su laboreo el sistema mas acomodado á la formacion de sus minerales, y ofrecen enmaderaciones diferentes y bien practicadas, galerias y pozos perfectamente mamposteados, arcos (**), bóvedas y muros que, construidos cual corresponde, ofrecen la mayor seguridad; y últimamente, fortificaciones acomodadas á cada punto, igualmente que el mayor órden y economia en las muchas y complicadas operaciones, que simultáneamente se practican y demandan unas minas de tanta estension.

Demostrada su singularidad, riqueza y floreciente estado y conocida la necesidad del azogue para el beneficio de los minerales de plata, están bien patentes las utilidades que deben rendir estas minas, y lo interesante que es la subsistencia y prosperidad de finca tan apreciable. Efectivamente, obtenidos 21,515 qq. 4 libras de azogue en el año minero de 1844 á 1845, y vendidos al precio de 1,630 rs. el qq., su prod. ha sido, de

(*) Bowles en su obra citada, al fol. 13, dice que las minas se hallaban en el mayor desórden cuando las visitó, detallando el método que se seguia en las escavaciones.

(**) En San Nicolás, por bajo del 7.° piso hay un arco de 27 varas de largo, y en el mismo criadero, piso 8.°, uno de 21 y otro de 22 varas, ademas de otros muchos menos considerables en otros puntos.

ducidos gastos, 27.179,065 rs. 22 mrs., valor que prueba bien la necesidad de dar á tan útil establecimiento todo el impulso que merece por su importancia. Esto depende de la actividad de los trabajos, cuya ejecucion demanda brazos y fondos, sin lo cual todo se paraliza, retrasándose operaciones del mayor interés, que no practicándose oportunamente, dejan de producir los efectos y ventajas que debian seguirse á su adelantamiento.

Lo preciso que es adquirir y asegurar brazos para dichos trabajos, lo ha mostrado la esperiencia en diferentes ocasiones, en que dispuestas las labores para rendir grandes porciones de mineral, y acopiados los materiales precisos para obras que se hacia necesario construir, no se ejecutaron estas ni aquellas se obtuvieron, por falta de operarios para realizarlo. Por esto los condes Fúcares al tomar en arrendamiento las minas de Almaden, exigieron que se les habia de dar por el Gobierno presidiarios para el desagüe, y para los demas ejercicios cierto número de hombres exentos de toda carga concejil, y agraciados con otros privilegios que les atragesen á tan penosas tareas, no debiendo estrañarse esto, si se atiende al gran daño que reciben en su salud los que se ocùpan en los arriesgados trabajos de dichas minas. De aqui ha provenido en distintas épocas la notable falta de brazos que se esperimentó en las minas; llegando al estremo de ser conducidos violentamente á trabajar en ellas los moradores, no solo de Almaden, sino es de los pueblos inmediatos; medida, que atacando lo mas sagrado del hombre, que es su libertad individual, igualaba al mas honrado con los criminales que por sus muchos delitos eran en otro tiempo condenados á aquellas faenas (*), al mismo tiempo que produjo los mayores perjuicios; pues separando á los hab. de dichos pueblos de las atenciones fabriles y agricolas, les obligaba á abandonar sus intereses y familias que por necesidad debian resentirse de semejante violencia, sin que por esto se adquiriesen los hombres necesarios para continuar los trabajos. Estos se retrasaron considerablemente en 1754 y 1755 por falta de brazos para acudir á ellos, segun aparece de varias representaciones pasadas al director de las minas por los maestros de ellas, y de la que en abril de 1784 hizo á la superioridad el superintendente D. José Agustin Castaño, por la que resultaba la falta de 500 barreneros y otros tantos obreros para los transportes de los minerales en lo interior, y su estraccion á la superficie. Ya antes (**) habia tratado el Gobierno de conducir hombres de Aragon para ocuparlos en los trabajos de estas minas: y con efecto, consiguió enganchar 116; pero tan luego como conocieron lo perjudicial que era tal ejercicio para su salud, todos desertaron, escepto uno que habia casado en aquella v. Semejantes hechos hicieron ver la necesidad que habia de asegurar brazos para atender á los trabajos de las minas, y el beneficio de sus frutos; y al efecto tomó el Gobierno cuantas providencias podian contribuir á atraer hombres que con residencia constante en Almaden se dedicasen á ellos; y despues de las Reales órdenes espedidas á favor de los mineros, se consigió ver aumentado su número en proporcion de la pobl., que cada dia fue tomando incremento, y ofreciendo jóvenes que, acostumbrados desde su mas tierna edad á los penosos trabajos subterráneos, probaron las utilidades que resultaron de las antedichas órdenes. Por ellas no solo se vió crecer el número de obreros para las minas y para la fundicion, sino que se logró adelantar los conocimientos prácticos, en términos, que los oficiales de las minas (***), asi como sus ayudantes, y todos los que se ocupan en el beneficio de los minerales, ya sea con maderas, ya con mamposteria, son de Almaden y Almadenejos, y tambien la mayor parte de los barreneros ó destajeros, cuyos ejercicios demandan práctica é inteligencia, habiendo con esto desaparecido la necesidad que á mediados del siglo anterior obligó al Gobierno á contratar y traer mineros alemanes que se encargasen de dirigir y ejecutar las obras y labores. Sin embargo, como las minas hayan aumentado considerablemente en estension, y los prod. anuales de azogue han ido creciendo sucesivamente, segun queda indicado, hasta pasar de 20,000 qq., no bastan los vec. de Almaden y Almadenejos para todas las faenas subterráneas, para las precisas en la destilacion del azogue y para otras superficiales, para todas las que se necesitan diariamente millares de individuos, siendo por lo tanto precisa, cuando estan á la vez en actividad y se da impulso á las escavaciones, la concurrencia de brazos forasteros, que conducidos por el pago de sus salarios, acuden á el Almaden de varias provincias del reino y Portugal, á ocuparse en los trabajos de las minas, pero generalmente por cortas temporadas; pues como por efecto de ellas esperimentan perjuicio en su salud, se retiran luego que esta se resiente.

Asi puede asegurarse que los vec. de Almaden, Almadenejos, y algunos de Chillon (*) son los que sostienen las minas, y en las desgraciadas épocas en que las ocurrencias políticas hicieron escasear los fondos para atender al pago de los obreros, á no haber sido por la constante asistencia á ellos de dichos vec., los planes de labor y aun los superiores se hubieran arruinado; pero permanentes en los trabajos acudieron al desagüe y á la fortificacion, que nunca cesaron á pesar de no satisfacérseles lo que devengaban con tanto riesgo de su vida y perjuicio de su salud, para cuya conservacion despues de haber manifestado la esperiencia que los que hermanan las ocupaciones campestres con las de la mina se conservan mejor que los puramente mineros, trató el Gobierno de fomentar la agricultura, secularizando en el año de 1780 de la Orden de Calatrava la encomienda de Castilseras, que se dió para siembra á los vec. de Almaden y Almadenejos, produciendo esta gracia los mas rápidos y favorables efectos, cuales fueron los de aumentar el vecindario y cas. de ambos pueblos, fomentando las labores del campo en beneficio de la agricultura y de los mineros, que alternando en los trabajos subterráneos y del campo se resienten menos del daño de la mina (**). No obstante esto, todos los años se inutilizan

(*) En Almaden existió el presidio que antes tuvimos ocasion de mencionar, á el que eran sentenciados los hombres mas criminales para ocuparlos en las minas; pero habiendo estado contra ellos la sospecha del incendio acaecido en las mismas, que tantos daños produjo, y convencido el Gobierno del poco trabajo que hacian estos hombres forzados, los separó de los subterráneos, destinándolos á la habilitacion de los caminos y otros ejercicios superficiales, y últimamente, quitó el presidio en el año de 1801, trasladando en el mismo los presos á Ceuta.

(**) En el año 1783.

(***) Son los que antiguamente llamaban capataces.

(*) La v. de Chillon, dist. como un cuarto de leg. de Almaden, fue comprada al Duque de Medinaceli en el año de 1778 con todo su térm., para que agregada al mismo se aumentasen los mineros que tanto escaseaban en aquel tiempo. Posteriormente se dieron otras Reales órdenes acerca de su agregacion á Almaden. (V. *Chillon*.)

(**) Con el objeto de establecer las reglas que debian observarse para la distribucion de terrenos á los mineros en la deh. de Castilseras, se dignó S. M. acordar en Real órden de 11 de abril de 1844 las disposiciones siguientes: Primera. Todos los años presentará el ayunt. al superintendente, en tiempo oportuno, una lista nominal de los sugetos que con las cualidades que se espresarán, sean acreedores al disfrute, y el referido gefe, despues de examinarlas, designará los quintos que hayan de destinarse á la labor, nombrando en seguida una comision, que con otra del ayunt., procedan al reconocimiento y deslinde de los terrenos, escluyéndose aquellos que puedan esperimentar perjuicio con la roza ó quema de matas, la cual no se permitirá de ninguna manera, si se arriesgase en ello el menor daño al arbolado ó monte bajo. —Segunda. Los que avecindados en Almaden y sus anejos, hayan de tener parte en el disfrute de Castilserás, están obligados á acudir á los trabajos de mina y fundicion por si ó por personas que les sustituyan, siempre que el servicio lo reclame y sean avisados al efecto; en el concepto de que si faltasen cuando fueren llamados, perderán el derecho, aunque sean trabajadores comprendidos en la matricula, y se hayan ocupado en los trabajos de destilacion, fuera del caso en que por enfermedad ó imposibilidad física no puedan concurrir; siendo tambien condicion precisa para tener opcion á los disfrutes de la deh., la de estar avecindados cuatro años por lo menos. —Tercera. Atendida la sit. del depart. de Almadenejos respecto á la deh., y á fin de conciliar la conveniencia de sus vec., empleados y mineros con la distribucion justa y equitativa entre todos los del establecimiento, se señalarán á aquellos los quintos contiguos al referido departamento, en número proporcionado á lo que les corresponde en los disfrutes de la deh., quedando el ganado de cerda independiente del de Almaden en cuanto al de bellota, aunque el disfrute sea comun. —Cuarta. El terreno que comprende la deh. de Castilserás se dividirá en tres hojas que se distribuirán alternativamente para siembra una cada año. —Quinta. Si estas hojas no tuviesen toda la estension que se requiere para completar el número de suertes necesarias para el de acreedores, segun la cabida que actualmente se les da, se disminuirá ésta; sujetándose á lo que permita el terreno que haya de distribuirse aquel año. —Sesta. Habiendo sido uno de los objetos principales

muchos hombres; y como por otra parte deben aumentarse los trabajadores á proporcion que es mayor la estension, avanzando las labores en long. y profundidad, es de absoluta necesidad, no solo sostener á los mineros existentes, sino es reemplazar á los inhabilitados, atrayendo brazos con que acudir á las muchas y complicadas faenas subterráneas tan perjudiciales á la salud de los que se ocupan en ellas, y que tantos y tan frecuentes riesgos ofrecen á los mineros, de perder su vida ó de quedar inutilizados de alguno de sus principales miembros.

La prueba de esto la ofrece el mismo Almaden, en cuyas minas, asi como en las de Almadanejos ocurren muertes y desgracias repetidas, como ya se ha dicho, sacándose de ellas cadáveres tan horrorosamente destrozados, que acaso no se presentarán en la batalla mas sangrienta; viéndose en la pobl. jóvenes que poco adelantados en edad están ciegos, cojos ó mancos por efecto de algun desgraciado acontecimiento en las minas. Otros suelen quedarse paralíticos, y otros padecen en su parte intelectual, esperimentando una especie de estupor que á veces se hace permanente, llamándose en el pais *modorros* á los que llegan á tan triste estado. Por último los mineros de Almaden, en lo general demacrados y descoloridos, ya sea por efecto de los trabajos de las minas, ya por los de fundicion, ya por ambos á la vez, ofrecen el espectáculo mas lastimoso y causan compasion á cuantos los ven. Por tales razones son dignos de consideracion los que se ocupan de tan penosas tareas, y hace dos siglos se les dispensaba el privilegio de exencion de quintas y de toda carga ó contribucion: recompensa bien merecida por unos hombres que sacrifican su salud y su existencia en obsequio de un servicio tan importante para el Estado, mucho mas penoso y arriesgado que el militar. Tambien en estos últimos años, la Direccion general de Minas, solícita siempre por procurar el alivio de los mineros, ha acudido al Gobierno á fin de que se les dispense del servicio de las armas, ya que no es menos provechoso para el Estado el de las minas; y S. M. accediendo de algun modo á los deseos de la Direccion, se dignó acordar en 18 de julio de 1838 las disposiciones siguientes: 1.ª Serán relevados de la obligacion de servir sus plazas de soldados los operarios de dichas minas avecindados en la v. de Almaden, y en los pueblos de Chillon, Almadenejos, Alamillo y Gargantiel, sus anejos, siempre que estén matriculados en aquel establecimiento con destino á sus trabajos subterráneos ó á los de fundicion de sus minerales, ocupándose de ellos por oficio y con la aplicacion y constancia que les permitan los efectos de la insalubridad de los mismos. 2.ª Se concede igualmente este beneficio á los forasteros y temporeros que, trabajando en las espresadas minas cuentan al menos dos años de matrícula en el establecimienio, siempre que en cada uno hubiesen dado 150 jornales en lo interior de las minas ó en los ejercicios de fundicion y continuen en cualesquiera de ellos. 3.ª Gozarán asimismo de esta exencion los empleados de aquel establecimiento que para el desempeño de sus destinos en él, deben bajar y bajen á lo interior de las minas á prestar su servicio en ellas, ó estén dedicados á las operaciones de fundicion. 4.ª La suspension de la asistencia á las minas por enfermedades consiguientes á la insalubridad de sus trabajos no perjudicará al derecho que los operarios del Almaden hayan contraido á los beneficios de esta gracia.

En 6 de agosto del corriente año (1845), recayó otra Real resolucion, por la cual, en vista de una esposicion de la Direccion general de Minas, su fecha 7 de marzo del mismo año, sobre que por medio de una declaracion permanente y durable, se determinase definitivamente que aquellos mineros del Almaden y pueblos de su dependencia á quienes toque la suerte de soldados puedan ocuparse en sus tareas penosas, se disponia: que ya que esto no pueda acordarse en virtud de una Real órden, pues para conceder dicha gracia era necesario una disposicion legislativa, propuesta y votada en Córtes, se continue como hasta aqui dispensando á los mineros de Almaden y pueblos de aquella dependencia, no la esclusion del servicio militar, y si solo la relevacion de la obligacion á servir sus plazas de soldados, en favor de aquellos que, reuniendo las condiciones de la citada Real órden de 18 de julio de 1838, la suerte haya designado para ser soldados ó suplentes en las quintas por los cupos de sus pueblos; todo por ahora, y sin perjuicio de acordar en tiempo oportuno lo que mas convenga para escluir definitivamente de la obligacion del servicio militar á los operarios de las minas del Almaden.

No es acertada la opinion de los que creen que la agricultura separa en Almaden á los hombres de las minas, y que por lo tanto es allí perjudicial: los que asi juzgan, ni conocen el minero, ni los vicios á que está espuesto, si despues de su trabajo no tiene ocupacion honesta que le interese y llame su atencion. El jornal de mina tan solo dura seis horas (*), y concluidas demuestra la esperiencia que las invierte mal. No asi el que tiene alguna cosa que le ocupe en el campo, pues tan luego como sale de la mina, se dirige á él, trabaja con interes, y respirando en una atmósfera pura y saludable, aplica á las dolencias que adquiere en las faenas subterráneas el remedio mas eficaz que se conoce para desterrarlas, cual es la transpiracion al aire libre, promovida por una fatiga moderada. Pero aun hay otra diferencia muy notable entre el puramente minero y el que con este ejercicio hermana el de la labor: el primero, acortando los dias de su vida, subsiste siempre sumido en la escasez, cuando no sea en la miseria; pero el segundo progresivamente va adelantando y llega al caso de tener algunos bienes que mejorando su fortuna, aumentan las prod. agricolas y la riqueza del pais, y apegándole al pueblo de que depende su subsistencia, dedica sus hijos á las minas, logrando de este modo la nacion reemplazar los brazos inútilizados y aun aumentarlos con jóvenes que, acostumbrados desde su mas tierna edad á todos los ejercicios mineros, proporcionan prácticos apreciables é inteligentes. Estos hechos demuestran que la agricultura en Almaden y de la concesion de la deh. al establecimiento proporcionar á los mineros en las horas que les dejen libres los trabajos de las minas el medio de dedicarse á ocupaciones agricolas, beneficiosas á sus intereses y necesarias para su salud, se prohibe á los que obtengan las suertes, venderlas á otras cualesquiera personas, y por consiguiente quedarán obligados á sembrar los terrenos que se les señalen, concediéndose dos suertes á cada par de labor; una al bracero ó pegujalero, y ninguna al que no siembre, no escediendo en ningun caso el número de cuatro de las que se adjudiquen. — Setima. Para el disfrute de bellota se determinará el número de cerdos carnazos y de granilleros que hayan de concederse á cada individuo, teniendo presentes las circunstancias de las familias y el número de sus individuos, cuyo exámen se hará por el superintendente y ayunt., ó por los comisionados de uno y otro. La permanencia de los granilleros en los quintos, no se permitira despues del 30 de noviembre para evitar los perjuicios que de otro modo se originan, como tiene acreditada la esperiencia. — Octava. El disfrute de la rastrogera de Castilseras solo se permitirá á las ganaderias del comun de vec. de Almaden y Almadenejos, y de ningun modo á los de los demas particulares, sean quienes fueren sus dueños. — Novena. A todos los disfrutes concedidos por S. M. tendrán tambien derecho, con arreglo á estas disposiciones, los que habiendo sido mineros dejasen de serlo, por no permitirles el estado de su salud soportar los penosos trabajos de las minas, asi como tambien las viudas de los empleados y mineros; sin que aquéllos y estas estén obligados al cumplimiento de lo prevenido en la disposicion segunda. — Décima. Para el arrendamiento de las yerbas de los quintos que no se siembran en la deh. de Castilseras se observarán las reglas siguientes: Primera. Los ayunt. de Almaden y Almadenejos elegirán los que necesiten para la ganaderia del comun, y se les concederán con preferencia á cualquiera otro licitante por el precio de tasacion; pero quedando prohibido todo subarriendo en el todo ó parte, bajo ningun motivo ni pretesto. — Segunda. Despues de los ayunt. serán preferidas las clases mineras; y si hubiese competencia entre algunos de sus individuos, se decidirá á la suerte; entendiéndose tambien la misma prohibicion de subarriendo, y la espresa condicion de que el disfrute sea para los ganados de los licitantes, con esclusion de otros cualesquiera. — Tercera. A las clases mineras seguirán en el órden de preferencia los demas vec., bajo las mismas condiciones; y si todavia resultasen yerbas sobrantes, se sacarán á pública subasta. — Cuarta. El superintendente dispondrá con la debida anticipacion que se tasen las yerbas, y señalará dia para la subasta, que se publicará oportunamente por carteles, no debiéndose esta retrasar mas que hasta el 15 de octubre. Los que se hallen con derecho á este disfrute y quieran obtenerle, deberán dirigir á tiempo sus gestiones al superintendente, en el concepto de que si no lo hiciesen asi, perderán su derecho á este aprovechamiento.

[*] Aunque el trabajo en las minas de Almaden es continuado en términos que dura dia y noche, los obreros se mudan de seis en seis horas.

Almadenejos lejos de perjudicar á las minas, produce ventajas, fijando y atrayendo brazos para todos sus trabajos, y que por tanto es muy conveniente fomentarla. Tambien es muy útil el fomento de la cria de pinares á fin de obtener maderas para las minas. El consumo de estas es considerable, y conducidas de puntos dist., y en general por malos caminos, causan crecidos gastos, y tales que son de los mas atendibles del establecimiento; pudiendo suceder que alguna vez llegara á escasear este artículo tan absolutamente preciso, si no se procurara el aumento del arbolado.

Otro de los puntos atendibles en Almaden, y que se paralizó por las razones que anteriormente hemos espuesto, es el seguimiento de los trabajos indagatorios sobre muestras de cinabrio que ofrecen las mayores esperanzas. Si en lo general son convenientes los registros en terrenos y puntos donde se presentan indicios metalíferos, mucho mas deben serlo en Almaden y Almadenejos, en donde algunos de los establecidos hasta ahora, al paso que nos han presentado trabajos antiguos, que prueban haberse sacado de ellos grandes cantidades de cinabrio, han rendido utilidades considerables al Estado: tal sucedió con la mina ant. de la Concépcion, que motivó la formacion del pueblo de Almadenejos, y con la que actualmente se trabaja con el mismo nombre, habiendo producido igual resultado la de Valdeazogues. . . . .

Antes de concluir este artículo, creemos necesario dar cuenta á nuestros lectores de la última subasta que se ha hecho de los azogues de las minas de Almaden y Almadenejos, ya que, por evitar prolijidad, no nos hagamos cargo de las anteriores. En 28 de marzo de 1843 se celebró, pues, la última subasta de los azogues, y hecha la adjudicacion en favor de D. José de Salamanca al precio de 1,630 r. de vn. el qq., cedió éste el contrato á las casas de Rotchschild, hermanos de Paris, y N. M. Rotchschild é hijos de Lóndres. En consecuencia, fué otorgada la correspondiente escritura, entre el Director de la Caja de Amortizacion y el representante de aquellas casas D. Daniel Weisweiller, sin que sufrieran alteracion las condiciones con que se publicó la subasta y sirvieron de base á la escritura (*). Entre estas condiciones figuran los art. siguientes: 1.° Se subastan todos los azogues que produzcan las minas de Almaden y Almadenejos, durante 4 años, á contar desde 20 de setiembre de 1843 hasta 19 de setiembre de 1847, rebajados los que calcule la Direccion general de Minas que puedan necesitarse para el consumo de las operaciones químicas de las prov., y los que están concedidos por órdenes vigentes á los mineros para las esplotaciones, y á algunos hospitales por via de limosna, entregándose al contratista; al fin de cada año, y al precio que para el todo se estipule, los azogues que no se hubiesen invertido en dichos objetos; no pudiendo el Gobierno enagenar dichos azogues á ningun otro paticular ni compañia. 2.° Aunque el Gobierno no puede determinar la cantidad fija de azogue que producirán las minas, debe si manifestar á los licitadores, que en estos últimos tiempos no ha bajado su prod. de 20,000 qq. anuales, y se declara que el contratista no podrá exigir mayor cantidad que esta; pero el Gobierto le entregará cualquiera otra mayor que pueda obtener, siempre que se consiga sin perjudicar las minas. 3.° Si por causas imprevistas no llegasen los prod. á 20,000 qq., en cada uno de los 4 años de la contrata, el Gobierno se obliga á completar la parte que falte, con los prod. sucesivos é inmediatos á la conclusion del térm. de la misma. 4.° Los azogues seran entregados, como hasta aqui, en los almacenes de las Atarazanas de Sevilla, envasados en frascos de hierro de á tres arrobas de mineral cada uno, á no ser que circunstancias imprevistas obligaran á entregarlos en baldeses, ya sea porque los frascos no pudiesen llegar á tiempo, ó por otra causa de fuerza mayor. Verificadas las entregas al contratista ó á la persona que legalmente le represente, dará esta los correspondientes recibos á favor del juez de empaques de dichas Atarazanas, ó quien hiciere sus veces, en virtud de los cuales exigirá la Caja de Amortizacion su importe á la persona ó casa de comercio que deba efectuar el pago, que deberá ser precisamente en Madrid al dia siguiente de la presentacion de los recibos, en moneda corriente de oro ó plata. 5.° El contratista será libre de vender los

(*) Estas condiciones se hallan en la Gaceta del 19 de febrero de 1843.

azogues donde y al precio que le acomode, subrogando en él el Gobierno todos sus derechos en esta parte, continuando los azogues para el contratista libres de todo impuesto ó derecho nacional, municipal, muellage, etc. establecido ó por establecer. Esto no obstante, será obligacion del contratista situar un depósito de 1,500 qq. de azogue en Cádiz todos los años, para surtir á los comerciantes y navieros españoles que hagan espediciones directas desde los puertos de España á los de la República de Méjico, con frutos, manufacturas y efectos españoles en buques nacionales. Estos azogues se venderán en el depósito al precio en que se remataren, con solo el aumento de tres pesos fuertes en quintal que exigirá el contratista por portes, almacenage, comision é intereses de sus desembolsos. 6.° Será condicion precisa para gozar del beneficio que se concede por el art. anterior, que el comprador de los azogues haga constar tener buque español en un puerto de España con registro abierto para cualquiera de los puertos de la citada República, y con cargo de los espresados efectos: á cuyo fin le franqueará el administrador de la aduana de Cádiz una certificacion en los términos que le prevenga el Gobierno en las instrucciones que dictará con objeto de asegurar el destino de los azogues, y que no se les dé otra direccion que la que deben tener. 7.° El contratista quedará obligado á hacer al Tesoro público en diez plazos por mensualidades, que concluirán en 28 de diciembre de 1843, una anticipacion de 50 millones de rs., por medio de la Caja nacional de Amortizacion, con el interés del 6 p $\frac{0}{0}$ al año, cuyo reintegro se verificará en los cuatro años de la contrata al respecto de 12.500,000 en cada uno; y para mas bien facilitar este reintegro al contratista, se le aplicará la mitad del importe de las primeras entregas de azogues que se le hagan en cada año, hasta completar los 12.500,000 rs. 8.° El contratista quedará obligado á satisfacer mensualmente por medio de la Caja de Amortizacion el presupuesto de gastos de las minas de Almaden y Almadenejos y de las Atarazanas de Sevilla, cuyos recibos se le admitirán en pago de los azogues.

Las instrucciones de que se habla en el art. 6.° que anteriormente hemos insertado, se hallan en la Real órden de 18 de diciembre de 1843, la cual contiene las reglas siguientes: 1.ª todos los comerciantes y navieros españoles tienen derecho á comprar y remitir á la República de Méjico los azogues que se depositen en Cádiz hasta la concurrencia de 1,500 qq. anuales: 2.ª (es el mismo art. 6.°, hasta la palabra *República.*): 3.ª á los que reunan estas circunstancias, se les entregarán los azogues en la proporcion siguiente: un q. de azogue por cada seis toneladas comunes de las que se carguen de frutos y efectos españoles de mucho volúmen y poco valor, como caldos, papel, fierro en bruto ó manufacturado, ó frutas y plantas secas: un q. de azogue por cada tonelada de géneros españoles de lana, de algodon, ó de lino: un q. de azogue por cada a. de sederia española. Será indiferente que los cargamentos se compongan de todo ó cualesquiera de dichos efectos, para disfrutar del beneficio de los azogues; pero solo se entregarán en la proporcion citada. 4.ª, para evitar toda clase de entorpecimiento á los navieros y comerciantes, tanto los que desde Cádiz como desde cualquier otro puerto de España preparen sus espediciones, se dirigirán al intendente de aquella provincia reclamando los azogues que necesiten con proporcion á los cargamentos, cuyo gefe mandará facilitarlos, exigiendo fianza de dos casas de comercio de conocida probidad y arraigo. Con esta formalidad se permitirá la libre salida de Cádiz de los azogues que sea necesario conducir á los demas puertos. 5.ª Se acreditará ante el intendente de Cádiz por medio de certificacion del administrador y contador de las respectivas aduanas, la esportacion á los puertos de la República Mejicana, tanto de los azogues como del cargamento proporcional que corresponda. Se señala el término de 30 dias para la presentacion de estos documentos de los buques que salgan directamente del puerto de Cádiz, y de 90 dias para aquellos que salgan de otros puertos de España. Tambien se acreditará ante el mismo intendente en el término de 180 dias, por medio de certificaciones de los respectivos cónsules españoles, la llegada de los buques á los puertos Mejicanos y la descarga en ellos de los cargamentos y azogues. 6.ª Si las certificaciones mencionadas no se presentasen en los plazos que quedan marcados, se exigirá á los fiadores el pago de una mitad mas del precio á que se hubiesen satisfecho los azogues al sacarlos del depósito, cuyo recargo, que se impone por aquella falta, ingresará en la tesorería de rentas, quedando á beneficio del Estado. 7.ª Los compradores de los azogues no podrán estraerlos del depósito, sin pagar su importe al contado, al respecto de 84 1/2 pesos fuertes cada quintal castellano, mientras dure la actual contrata. 8.ª El intendente de Cádiz publicará semanalmente en el Boletin Oficial el estado de existencias de azogues en el depósito, para que sirva de conocimiento al comercio en las espediciones que intente hacer á Méjico. 9.ª y última. Sin mandato espreso del intendente de Cádiz, no podrá el contratista de azogues estraer del depósito cantidad ninguna de metal: las órdenes que aquel gefe diere servirán para justificar la distribucion de los 1,500 quintales anuales.

Para que nuestros lectores formen idea de los empleados que necesitan las minas de que nos ocupamos, presentamos el siguiente:

PRESUPUESTO del personal activo del establecimiento de minas de Almaden y Almadenejos. (1)

Superintendencia..		Superintendente gefe principal.	40,000	....	54,300
	Secretaría...........	Secretario	4,000		
		Escribiente.	3,000		
	Juzgado	Asesor	3,650		
		Escribano	3,650		
Ramo facultativo..	Gratificaciones á mas del haber que perciben por Gobernacion...........	Ingeniero, director de las minas	3,000	....	14,000
		2 Ayudantes en el Almaden.	6,000		
		1 Aspirante en idem	2,000		
		Subdirector en el Almadenejos.	3,000		
Departamento del Almaden..........	Ramo práctico.....	13 Oficiales á 8, 6 y 5000 rs	82,000	164,000	211,896
		21 Ayudantes á 4 y 3000 rs.	82,000		
	Cerco de destilacion..............	1 Maestro de destilacion	6,000	27,000	
		4 Oficiales de 5, á 3000 rs.	18,000		
		1 Ayudante.	3,000		
	Id. de San Teodoro y talleres de construccion..........	Maestro de herrerias.	5,500	20,896	
		Ayudante de idem.	4,380		
		Maestro de carpinteria y carros	4,000		
		Ayudante de idem	3,366		
		2 Entibadores con 5 rs. diarios	3,650		
Id. de Almadenejos..................	Ramo práctico.....	3 Oficiales á 6, y 5000 rs.	16,000	43,000	53,651
		7 Ayudantes	27,000		
	Cerco de destilacion..............	1 Oficial primero de destilacion	4,000	4,000	
		1 Ayudante (lo es uno del Almaden)			
	Talleres.......	1 Maestro de herreria	3,285	6,651	
		1 Idem de carpintería.	3,366		
Resguardo de azogues y montes...	Almaden	1 Cabo comandante	4,000	32,875	43,095
		5 Guardas de á pie á 2555 rs	12,775		
		4 Idem montados á 2200	8,800		
		5 Vigilantes montados.	7,300		
	Almadenejos	1 Cabo	2,920	10,220	
		2 Guardas	5,110		
		1 Vigilante.	2,190		
Contabilidad........	Contaduria y archivo..............	Contador y gefe administrador de tercera clase.	16,000	83,300	199,110
		7 oficiales de 10, á 5000 rs	48,000		
		6 Escribientes	14,920		
		1 Portero	2,920		
		1 Mozo de oficio.	1,460		
	Oficinas subalternas. Almaden..	3 Interventores á 5000 rs.	15,000	76,020	
		10 Sentadores á 4, y á 3000 rs.	34,000		
		4 Escribientes recaderos.	7,310		
		9 Porteros	19,710		
	Oficinas subalternas. Almadenejos........	Teniente contador (oficial 2.º de la de Almaden.)		39,790	
		1 Interventor	5,000		
		4 Sentadores á 4, y á 3000 rs.	15,000		
		4 Escribientes	7,380		
		6 Porteros	12,410		
Pagaduria..		Pagador	14,000	....	23,460
		1 Escribiente.	1,460		
		1 Conductor de caudales.	8,000		
Almacenes..........	Almaden.............	3 Guardalmacenes	18,000	80,282	101,502
		10 Ayudantes	29,200		
		13 Peones	23,242		
		1 Depositario de granos y pólvora.	4,000		
		2 Almijareros	5,840		
	Almadenejos.........	1 Guardalmacen y pagador	8,000	21,220	
		1 idem para las herramientas	3,000		
		3 Ayudantes.	8,760		
		1 Peon.	1,460		
		3 idem (tomados de los trabajadores)			
Resúmen del personal..........................		Almaden......	584,633		712,514
		Almadenejos.	127,881		

(1) Aunque tenemos tambien á la vista los presupuestos del material y demas gastos del establecimiento, que se ha servido facilitarnos el señor Director de Minas, nos vemos precisados á renunciar á su insercion, por no hacer demasiado largo este articulo, limitándonos á presentar las cuatro notas que hemos puesto á continuacion de los productos de las minas en los años de 1842 á 1845.

Concluimos este artículo, diciendo con el ilustrado señor Cabanillas, que ya que entre las muchas preciosidades con que la naturaleza ha favorecido á España, le ha hecho el inapreciable don de las minas de Almaden, con cuya posesion puede envanecerse, se debe poner el mayor cuidado en conservar una finca de tal cuantía. Los azogues deben ser el mas poderoso agente para asegurar nuestro comercio y relaciones con los estados de América, y tal circunstancia unida á los considerables recursos pecuniarios que anualmente proporciona al tesoso público, recomienda suficientemente al establecimiento de Almaden, que es un manantial permanente de riqueza, no envidiado en vano por los estrangeros.

ALMADEN DE LA PLATA: v. con ayunt. en la prov., aud. terr., c. g. y dióc. de Sevilla (10 leg.), part. jud. y adm. de rent. de Cazalla de la Sierra (7): SIT. en una cañada rodeada de varios arroyuelos, por lo que se padecen algunas calenturas estacionales é intermitentes: forman la pobl. 150 CASAS de las cuales 116 estan habitadas y las restantes destinadas á la labor, distribuidas en 9 calles y una plaza: hay escuela de primera enseñanza á cargo del cura, con 8 niños y 4 niñas que pagan mensualmente segun su clase y estado de adelanto; casa de ayunt., estrecha y ruinosa, por cuya razon se celebran las sesiones municipales en la del secretario; cárcel, pósito bastante deteriorado, con 40 fan. de trigo, en poder de labradores desde el año 1836; igl. parr. de entrada, (Ntra. Sra. de Gracia) servida por un presbítero que es cura ecónomo, un sochantre, y un sacristan nombrado á propuesta de aquel: el cementerio se halla á 100 var. de la v. Confina el TÉRM. por N. con Real de Jara (2 leg.), E. con Castilblanco (5), S. con Cazalla (7), Pedroso (5), y por O. con Sta. Olalla (2): separándolo del de Cazalla, el r. *Viar*, que nace en la v. de Montemolin (Badajoz) y se incorpora con el Guadalquivir en Cantillana; y por el lado de Sta. Olalla, la ribera llamada de *Cala* que tiene su orígen en la v. que le da nombre, y desagua en otra ribera titulada de *Huelva*: no tienen puentes ni alcantarillas, y seria muy conveniente la construcion de alguno, por ser muy arriesgado su paso. No se utilizan las aguas para el riego, por ser todo el terreno de sierra árida y quebrada, cubierta de alcornoques y sus pastos ásperos como el terreno: de tres partes de él solo una puede roturarse y esta de ínfima clase, pues para poderlo arar es necesario dejar criar el monte 18 ó 20 años, en cuyo tiempo se corta y quema para abrirlo: los CAMINOS son de herradura por hallarse entre sierras espesas en todas direcciones; y la CORRESPONDENCIA se recibe de la cap. de prov. por medio de un conductor pagado de los fondos de propios.: PROD.: algunos cereales; la colmena es lo que mas prósperа, de modo que existen 23 majadas con mas de 80 corrales para los asientos; hay cria de ganado vacuno en escaso número, y en mas cantidad cabrio, abundando mucho los lobos: tambien se encuentran en el térm., aunque abandonadas, tres minas de plata cobriza, una llamada de los Molinos por hallarse inmediata á los harineros; otra de la Cezadilla por estar próxima á un regajo ó charco de este nombre; y la otra de la Marrezuela por encontrarse á corta dist. de un cerro conocido con este título. En la sierra de los *Cobachos*, hay una cantera de mármol blanco y otra de azul en buen estado, las cuales se benefician para estraer losas que se llevan á la cap. de prov.: POBL.: 116 vec. 485 hab., dedicados en su mayor parte á la agricultura; pues las colmenas y ganados solo pertenecen á la tercera parte de los vec., en téminos que se pasan estrecheces en la subsistencia; hay un estanco de tabacos y sal; 6 molinos harineros, y uno de aceite que sirve tambien de lagar de cera. RIQUEZA: CAP. PROD. para el impuesto directo 1.116,233 rs. 11 mrs.: IMP. 33,487 rs.: CAP. PROD.: para el impuesto indirecto 282,733 rs. 11 mrs.: IMP. 8,482 rs.: CONTR. que paga de cuota fija 19,174 rs. 1 mrs. Los propios de esta v. consisten en dos deh. llamadas de *San Bartolomé* y *Viar* apreciadas en 30,000 rs., y en los pastos de los sitios, Casas del Cerro, Palacios, Membrillo, Azor, Pajosa, Las Navas, Laderas y Rincones, que suelen producir en renta 3,000 rs. Los arbitrios consisten en la quinta parte de la del aguardiente cuando se arrienda.

ALMADENEJOS: v. con ayunt. en la prov. y adm. de rent. de Ciudad-Real (12 leg.), part. jud. de Almaden (2), aud. terr. de Albacete (30), c. g. de Castilla la Nueva (Madrid 40), dióc. de Toledo (28); SIT. en un valle sobre un pequeño cerro, próximo al r. Valdeazogues, resguardada de los aires S. y N.; del 1.° por una cord. de sierras, último ramal de *Sierra Morena*, y del 2.° por un cerro bastante elevado llamado *Morreton*: su CLIMA es templado, pero se padecen muchas intermitentes, dolores de costado, calambres y otras enfermedades, efecto de los gases mercuriales de las minas (V. *Almaden*): tiene 300 CASAS de un solo piso y mal distribuidas, que forman 8 calles irregulares y 2 plazas; la una empedrada, aunque de piso desigual; y la otra grande y de mal aspecto; toda la pobl. está cercada de una muralla de 3,275 1/2 varas castellanas de perímetro, 6 de altura, y 1/2 de espesor, toda de cal y canto, fortificada con 9 tambores, con 4 puertas de comunicacion, de las cuales se hallan dos cerradas, y fué construida desde el año 1756 al 1759. Esta v. era en todo dependiente de Almaden, considerándose como una calle suya, y por esta razon carecia de casa para el ayunt., cárcel y otros establecimientos municipales, pero hecha independiente en el año de 1836, con ayunt. propio en virtud de la nueva legislacion sobre este punto, se reune la corporacion en una casa particular: la parr. que en un principio fué solo una capillita donde apenas cabian el sacerdote y el acólito, es hoy la ermita incluida en el cementerio, habiéndose construido por cuenta de la Hacienda pública en el año 1760 la igl. destinada al servicio parr., servida por tres sacerdotes que nombra el vicario de Ciudad-Real, y aprueba el gefe del establecimiento de minas: hay un hospital para los mineros heridos y enfermos, construido en la misma época que la igl.: este edificio, que es el mejor de la pobl., tiene dos grandes salas, buena cocina, habitaciones para botica, regente de ella y portero, para almacenes, y para las oficinas del establecimiento minero: forma un cuadro regular de 180 varas; hay dos escuelas; una para niños, cuyo profesor está pagado por la Hacienda con 7 rs. diarios, y 50 al mes por la v. si enseña latinidad, á la que concurren 50 discípulos: otra de niñas dotada por la v. con 2 rs. diarios, y 40 al mes por la caja de minas, á la que asisten 20 alumnas; las aguas potables se toman de 4 fuentes en los afueras, á dist. de 1/4 leg., y mas próximo, se halla el cementerio construido á espensas del erario, que no perjudica á la salud. No tiene TÉRM., ni montes, ni ejidos, ni tierras de concejo. Las labores se hacen en la deh. de Castilserás, por suertes que se reparten á los vec. de Almaden y Almadenejos, y en los años en que está de descanso el quinto de la Moheda oscura, correspondiente á la misma deh. y en el que está fundado el pueblo, se arrienda para los ganados del comun: la agricultura sin embargo se aumenta, y para ello toman los vec. en arrendamiento algunas suertes de las deh. colindantes, otros han comprado algunas de bienes nacionales, y si por parte del Estado se les cediese, como tienen solicitado, la parte montuosa que media entre la v. y las cúspides de los ramales de *Sierra Morena*, para que desmontada, se aprovechen en siembra de cereales ó en plantíos de vides y olivos, es indudable se haria la felicidad de estos vec., alargándose la vida de los mineros, que podrian compensar los perjudiciales trabajos de los subterráneos, con los saludables del campo: los TÉRM. lindantes á esta pobl., son por N. la deh. de las Navas, perteneciente al Real Patrimonio; E. el de Almodóvar del Campo; S. Real Valle de la Alcudia, y O. Almaden: el r. Valdeazogues pasa muy próximo al pueblo de E. á O.; á 1/4 leg. al N. se le une la ribera de Gargantiel, que corre de N. á S. de agua muy delgada y que hace moler á mas de 20 molinos harineros de una y dos piedras: CAMINOS: es muy bueno el carretero ó de arrecife que conduce á Almaden; los demas son vecinales á los pueblos inmediatos y á la cap. de la prov. Se recibe la CORRESPONDENCIA en Almodóvar del Campo, conducida por balijero los dias lúnes, juéves y sábados de cada semana: PROD.: trigo, cebada, centeno, y alguna avena; es poco abundante en legumbres, no obstante de haber ocho huertas pequeñas con riego de pie: se mantiene algun ganado cabrio, de cerda, vacuno, y 70 yuntas de bueyes de labor; abundá la pesca de bogas y otros peces de buena calidad; se cria mucha caza mayor y menor, y su principal IND. es la minera, como se ha dicho en *Almaden* (V.); POBL.: 346 vec., 1,730 alm.: CAP. IMP.: 30,000 rs.: CONTR.: por todos conceptos, incluso el clero, 18,842 rs. 23 mrs.: PRESUPUESTO MUNICIPAL: 20,000 que se cubre por medio de arbitrios. Debe su fundacion este pueblo á los prod. minerales del país, que data desde el descubrimiento de la mina de la Concepcion Vieja, y principió por unos chozos donde se guarecian los trabajadores; regularizadas las faenas mineras, y construidos por la Hacienda pública almacenes, casas y otras obras, las chozas se convirtieron en casas, que cada uno fabricó donde le pareció, y de aquí la irregularidad de las calles.

En cuanto á las minas de Almadenejos poco tendremos qué añadir á lo que hemos manifestado al tratar de las de *Almaden* (V), que son de la misma naturaleza. Se denominan aquellas la *Concepcion* y *Valdeazogues*, y ya hemos tratado de la causa de su descubrimiento; la primera, sit. al SO. y á poco mas de 1/4 leg. de Almadenejos, consta de cinco pisos, cada uno de mas de 30 varas, y su profundidad llega á 150 varas; se encuentra perfectamente fortificada, y en el mejor estado de seguridad, y sus seis pozos superficiales, que comunican con el interior, facilitan el círculo de la ventilacion, llamándose el principal de ellos San Cárlos, y sirviendo otro ademas para estraer el agua y los minerales, é introducir materiales, por médio de una máquina. La mina de Valdeazogues, colocada junto al r. del mismo nombre, al E. de Almadenejos, tiene dos pozos superficiales que comunican con el interior, uno de ellos magnífico, con un baritel que se colocó en su brocal, á fines del año 1841, para la estraccion é introduccion de efectos: consta está mina de tres pisos, y tiene 90 varas de profundidad y 60 de long. de S. á N.

ALMADENEJOS ó ALMAENEJOS: r. (V. RIO GRANDE, r.)

ALMADENES: labranza, en la prov. de Toledo, part. jud. de Navahermosa, térm. de Navalucillos.

ALMADRA: predios con cas. en la isla de Mallorca, prov. de Baleares, part. jud. de Inca, térm. y felig. de *Alaro* (V.); comprende 3 distintos predios con sus correspondientes casas llamados La Casad.Munt., Son Ordinas y Canxalet.

ALMADRABA DEL CABO DE GATA (*): esta almadraba que se llama de *Monte y leva*, se halla sit. al O. de la punta del cabo de Gata, en la prov., part., jurisd. y á 4 leg. de Almería. Hasta el año 1822 estaba casi inhabilitada la playa, (en cuyas inmediaciones se encuentran unos oriaderos ó cuajos de sal llamados espumeros) y solo servia para surgidero de embarcaciones cuando reinaban vientos fuertes del E.: en aquel año una compañía del comercio de Cartagena formó dicha almadraba, y construyó barracas para que habitasen de 55 á 60 individuos que se empleaban en la pesca y conservacion de artes. En 1824 se edificó un almacen y en el 34 otro igual para custodiar las sales y pescados salados, despues que se concluye la estacion de la pesca, que comienza á primeros del mes de marzo y concluye en 30 de junio de cada año. Las vicisitudes de la pesca en esta almadraba, dependen del mayor ó menor número de barcos ó jábegas que concurren á ella, y tambien de la mayor ó menor abundancia en la temporada: las especies que se cogen mas generalmente son la melva, bonito; muy poco atun; y tambien suelen salir albacoras y otros pescados pero en muy escasas cantidades. En los primeros años de la existencia de este establecimiento se hacian pescas abundantes, que han disminuido considerablemente; y aunque es dificil calcular los qq. de cada clase que se sacan, se calcula que los armadores tendrán un prod. anual de 30 á 40 mil rs. La esportacion de la pesca se hace generalmente por tierra al interior de la prov., y á las de Granada y Jaen, por arrieros de distintos pueblos: cuando el año es abundante se estraen algunas partidas de melva á Villajoyosa y otros puntos de las prov. de Alicante y Valencia. Despues de la temporada de la almadraba se emplean constantemente en la pesca de la sardina cinco barcas, cuya tripulacion ha construido 44 casas de diversos tamaños y como de 3 varas de altura, habitadas por otros tantos vec. esclusivamente dedicados á dicho ejercicio, pues las tierras contiguas á la playa son estériles. El Sr. marqués de Villafranca disfrutó en el siglo pasado el privilegio esclusivo de la pesca en este punto, y se conservan vestigios de algunos edificios construidos para los empleados; y en la misma época se estableció por el Gobierno un toldo de sal, que todavia existe.

ALMADRAVA: torre de vigía en la prov. de Alicante, part. jud. y térm. de *Dénia* (V.): SIT. en la playa del golfo de Valencia á poco mas de 3 millas O-N-O, de la punta setentrional de la espresada c. de Dénia.

ALMADRAVA: (ant. alq., y ahora distintas propiedades de este nombre), una de las porciones de terreno que repartió el rey D. Jayme en la isla de Mallorca, prov. de Baleares, part. jud. de Inca, térm. y felig. de *Pollenza* (V.).

ALMADRAZ Y CASAS ALBAS: labranza en la prov. de Toledo, part. jud. de Torrijos, térm. de Gerindote: SIT. 1/2 leg. al S. del pueblo, comprende 200 fan. de tierra labrantia.

ALMADRONES: v. con ayunt. de la prov. de Guadalajara (8 leg.), part. jud., adm. de rent. y dióc. de Sigüenza (4), aud. terr. y c. g. de Madrid (18): SIT. en una suave colina muy cerca de la carretera general de Aragon: goza de sano CLIMA, despejada atmósfera, y está bien ventilado; tiene 74 CASAS de construccion ordinaria y tosca, forman una calle llamada Real que cruza la pobl. y varias travesias, hay casa municipal, escuela de primeras letras servida por el sacristan que percibe 6 1/2 celemines de trigo por cada uno de los 19 niños de ambos sexos que concurren, é igl. parr. dedicada á Ntra. Sra. de la Asuncion, cuyo curato es perpétuo, de provision ordinaria en concurso general; en los afueras se ven 2 ermitas con la advocacion de Ntra. Sra. de la Soledad y San Sebastian, y una venta y casa de postas que lleva el mismo nombre de la pobl., sit. á la inmediacion de la carretera referida, con otra casa enfrente de ella al lado opuesto. Confina el TÉRM. con el de Mandayona, Mirabueno, Alaminos, Algecilla y Castejon, estendiéndose en todas direcciones de 1/4 á 1/2 leg.; comprende 3,400 fan. de tierra, de las que se cultivan 1,200; y son 50 de primera calidad, 250 de segunda y 900 de tercera; las restantes permanecen de yerba, monte y mata baja, en cuyo estado proporcionan ventajas mayores para los pastos: no hay r., pero en cambio se encuentran abundantes manantiales de aguas delgadas y ricas, que ademas de dar para el surtido de los vec. y para los ganados, dejan un sobrante con el cual se riegan algunos pequeños trozos de tierra destinados á legumbres y hortalizas: el TERRENO, aunque de secano casi en su totalidad, es fértil, particularmente para los cereales y yerbas de pastos: los CAMINOS son locales de pueblo á pueblo, ademas de la carretera ya citada; se recibe la CORRESPONDENCIA en la estafeta que la misma v. tiene, tres veces á la semana; PROD.: trigo, cebada, centeno, avena, patatas, lentejas, otras legumbres, cáñamo y vino; se mantiene algun ganado lanar, cabrio, de cerda, 26 yuntas de mular de labor, 2 de asnos y caza menor: POBL.: 70 vec., 261 alm.: CAP. PROD.: 1.903,200 rs.: IMP.: 130,320: CONTR.: 8,465 rs. 11 mrs.: PRESUPUESTO MUNICIPAL: 1,628 rs. del que se pagan 150 por dotacion al secretario, y se cubre con el prod. de propios que asciende á 1,000 rs., y lo restante por repartimiento vecinal.

ALMAGARINOS: l. en la prov. de Leon (11 leg.), part. jud. de Ponferrada (5), aud. terr. y c. g. de Valladolid (28), dióc. de Astorga (5), y ayunt. de *Igüeña* (V.): SIT. en una cañada á la orilla der. del r. Tormor: consta de 20 CASAS de tierra, mal colocadas y cubiertas con paja, y de una igl. parr. dedicada á los Stos. Inocentes, cuyo curato lo presenta el conc. y otros partícipes: confina por N. con el de Pobladura de las Regueras, por E. con las sierras que separan al *Vierzo de la Cepeda*, por S. con el de Tremor de Abajo y por O. con el de Boeza: le baña el indicado r. fertilizando algunos prados naturales; el TERRENO es flojo de mediana calidad, con montes de roble y brezo. Los CAMINOS son carreteros en mal estado: PROD. centeno, patatas, heno y pastos; cria ganado vacuno, lanar y cabrio: se hace mucho y escelente carbon que conducen á varios puntos de la prov.: POBL.: 19 vec., 78 alm.: CONTR.; con el ayunt. (V.).

ALMAGRA: ald. de la prov. de Albacete, part. jud. y térm. jurisd. de *Chinchilla* (V.), con un vec. y 4 hab. El terrazgo que á ella pertenece, vinculado en la familia de los Barnuebos, y bastante á propósito para cereales, tiene mucho monte de mata parda, y por su abundancia de perdices es uno de los sitios del térm. de Chinchilla, á donde concurren con mejor éxito los cazadores de dichas aves.

ALMAGRERA: cuevas de Almagre asi llamadas en la prov. de Toledo, part. jud. de Navahermosa, térm. de Navalucillos.

(*) *Almadraba* es la pesqueria de los atunes y el sitio en que se hace en la mar.

ALMAGRERA (SIERRA DE, ó de MONTROI) (*) en la prov. de Almeria, part. jud. de Vera, térm. jurisd. de Cuevas de Vera, enclavada en el terr. que comprende la Inspeccion de minas, titulada de Sierra Almagrera y Murcia, residente en la c. de Lorca.

Situada esta sierra en la parte oriental de la prov., corre á leg. y media al E. de Vera, con una direccion NE. 15° al E., ó sea 4 h. de la brújula minera; se halla bañada por el mar en toda su parte meridional; por el N. y el O., cortada por la gran rambla y cañada del r. Almanzora, que solo merece el nombre de r. en ciertas temporadas del año; por el E. se pierde insensiblemente bajo los terrenos de sedimento del terr. de la v. de Aguilas: su long. de E. á O. vendrá á ser unos 5/4 de leg., desde la desembocadura de dicho r. hasta el Pilar de Jaravia, en el campo de Aguilas, y algo mas de media leg. de anchura de E. á S., desde la boca de Mairena á la cala del cristal; elevándose su mayor altura, que es el puntal del Ruso, poco mas de 1,000 pies sobre el nivel del mar. La masa de esta sierra está esclusivamente constituida por el esquisto micáceo, variando sus capas unas veces mas micáceas, otras mas siliceas, y algunas de ellas son de esquisto arcilloso. La configuracion actual de la sierra, asi como la de las otras mas considerables que le son inmediatas, es debida, sin duda ninguna, á las erupciones basálticas y trachíticas que se manifiestan en ellas, y que en la de Almagrera no han hecho mas que trastornar sus capas, pero de un modo tan irregular, que no se les puede marcar direccion ni inclinacion constantes; y aun en algunos puntos están tan trastornadas, tan revueltas y tan mezcladas unas con otras, que ya han perdido todo el órden de estratificacion. Este trastorno y la naturaleza poco consistente de la mayor parte de aquellas rocas, es causa de que las aguas y demas influencias atmosféricas, hayan ejercido y ejerzan su accion corrosiva sobre ellas, resultando por consiguiente una porcion de córtes y de barrancos en todos sentidos y en todas direcciones, que la hacen muy penosa de transitar. En todas aquellas breñas no brota siquiera una gota de agua; y el humilde esparto ó atocha, elementos bien desgraciados para una esplotacion de minería, es su vegetacion cuasi esclusiva.

Los esquistos se ven atravesados por todas partes por filones ferruginosos, acompañados de sulfatos de barita y cal, varios de los cuales ofrecen desde luego á la vista, galena, siempre argentífera, aunque en proporciones variables; y tambien hay otros formados por el mineral de hierro que sirve de cemento á pequeños fragmentos del esquisto arcilloso, dando orígen á una especie de brecha particular. El aspecto que presentan las materias que constituyen estos filones, principalmente los hierros que por lo general aparecen escoriaceos, y como fundidos, indican que la aparicion de estos criaderos, debió ser causada, como hemos dicho, por una erupcion del interior, ó al menos acompañada de fenómenos igneos.

Dedúcese de lo que acabamos de manifestar, que la sierra de Almagrera no es un criadero en masa, como algunos han creido; sino que lo que en ella se encuentra, son criaderos en filones, de los cuales, los cartagineses y romanos utilizaron los que asomaban su frente á la superficie, dejando para los actuales hab. de España, el trabajo de desentrañar los que estaban ocultos.

Sí, pues, los cartagineses y los romanos beneficiaron en Sierra Almagrera varios filones argentíferos, que todos ellos corren de N. á S., sobre poco mas ó menos, calcúlese si data de lejanos tiempos la esplotacion de minas en esta sierra; pero desde entonces hasta nuestros dias no vemos demostrado que se haya practicado en ella ningun género de labor, en busca del precioso tesoro que encerraba, y solo á fines del año 1839, merced á la nueva legislacion de minas, se descubrieron las famosas de que vamos á ocuparnos. He aquí, como se ha referido la historia del descubrimiento del rico filon del Jaroso, causa principal del impulso tan estraordinario que ha tomado la minería en aquella parte de España, y que se va estendiendo al resto de la Península.

(*) Como el distinguido ingeniero é inspector general del ramo D. Joaquin Ezquerra del Bayo, ha hecho un estudio muy detenido de la célebre Sierra Almagrera, nos valemos principalmente para formar este art. de los importantes trabajos que sobre ella tiene publicados en su obra titulada *Datos y Observaciones sobre la industria minera*, que recomendamos oficazmente á nuestres lectores.

Las muchas escavaciones ant., y los diferentes escoriales que se encuentran en Sierra Almagrera, habian llamado la atencion de los aficionados á minería de aquel pais; pero todos sús afanes é investigaciones fueron siempre infructuosos y sin ningun resultado positivo. En 1838 un pobre labrador de Cuevas de Vera, llamado Andrès Lopez, alias el Perdigon, tropezó en el barranco del Jaroso con una pequeña veta de galena, que empezó á esplotar paulatinamente por su cuenta, sin mas prod. en venta que el pequeño consúmo de algunas alfarerias de aquellas inmediaciones. Cuevas de Vera era uno de los pueblos menos civilizados y menos ricos de la prov. de Almería: sus habit. dependian esclusivamente de la agricultura, con un clima ardoroso, insoportable en el verano, no solo por el escesivo calor que reflejan aquellos arenales, sino tambien por la mala calidad de las aguas y su escasez en aquella estacion. En este pueblo semi-africano habia una familia Lopez (distinta de la del Perdigon), uno de ellos maestro de escuela con 2 ó 3 rs. diarios de dotacion, que fué el amparo y el arrimo á donde vino á refugiarse su hermano Julian Lopez despues de las convulsiones politicas de 1808 á 1814. Este Julian Lopez, tuvo noticia del pequeño comercio que hacia el Sr. Perdigon; y como estuviese siempre anhelando el modo de no ser gravoso á su familia y salir del estado precario en que se hallaba, le ocurrió decir que aquella veta que beneficiaba Perdigon daba las mayores esperanzas, y que era preciso formar una compañia para utilizar las inmensas riquezas que alli se presentaban. La gente sensata del pueblo no hizo caso de D. Julian; pero no faltó una docena de labriegos que prestaron fe á sus pronósticos, y organizaron una sociedad á cuyo frente le pusieron como director facultativo, señalándole 10 rs. diarios. Tambien hubo alguna señora que entró en la sociedad, mas con el objeto de dar una limosna á un desgraciado, que no con el de aumentar su caudal, como lo ha verificado. De este modo quedó constituida la empresa de la mina del *Cármen* en el barranco Jaroso, la primera y fundadora dal gran desarrollo que ha tomado despues alli la mineria. Sin embargo, los sócios estaban poco animados, y algunos de ellos vendieron su accion por poco dinero: solo D. Julian era el que animaba y escitaba á que se continúasen las labores. Estas empezaron á producir mineral ferruginoso, que en realidad no era de valor, y fué causa de que se despreciase igualmente el cobre gris que con él salió mezclado despues. Otros aficionados de aquellos pueblos organizaron dos compañias: la una, formada de gente de Vera, pidió su registro al mediodia del Cármen, y se tituló la *Observacion*, para manifestar que estaban observando los resultados de la primera y obrar en consecuencia: la otra, constituida en gran parte por ecl., se colocó al norte, y se tituló la *Esperanza*; porque sus sócios tenian confianza de que la empresa habia de dar buenos resúltados. Tambien suelen llamar á la mina del Cármen, la mina de *Soler*; á la Observacion, la mina de *Orozco*, y á la Esperanza, la mina de los *Curas*. A fines de 1839 subió la Inspeccion de Adra á Sierra Almagrera para dar posesion á varias demarcaciones, y entre ellas cinco en el barranco Jaroso, las tres dichas y otras dos cuyas compañias habia organizado D. Julian, pero que habia colocado sin conocimiento de causa fuera del filon. Muchas son las vicisitudes que ha tenido este mineral en la opinion del público con respecto á su valor: los unos decian que cuasi era plata pura, otros que no la contenia absolutamente; y aun cuando en el dia todos estan acordes en que es un mineral rico, varian mucho en el valor que le asignan. Como quiera que sea, los poseedores de las 30 acciones del Cármen han creado fortunas considerables, puesto que cada accion vale de 40 á 50 mil duros, y los socios de las tres minas que eran ya hacendados, han adquirido capitales inmensos, y construido casas y palacios magníficos. (*) Pero en medio de esta prosperidad general de los ac-

(*) Supónese por algunos que la famosa y ant. c. de Urci, centro de la minería en tiempo de los romanos, debió estar sit. en la costa, junto á la desembocadura del r. Almazora, en lo que hoy se llama Villaricos, por las grandes escavaciones de aquel tiempo, que se ven en toda aquella parte del litoral del Mediterráneo: y que volviéndose á reedificar, puede decirse, dicha

cionistas, hase dicho, que solo el pobre Andrés Lopez á quien se ha atribuido el descubrimiento de tanta riqueza, se ha quedado poco mas ó menos como antes estaba, sin dejar de llamarse tio Perdigon; pues aunque á él y á su compañero Pedro Bravo Perez, les ofrecieron média accion á cada uno, libre de gastos, *ó costeada*, como dicen en el pais, parece que al tiempo de formalizar la escritura, que se verificó cuando el mineral era ya conocido, solo les dieron un cuarto de accion sin costear, de cuya parte tuvo que deshacerse el pobre Perdigon por valor de unos 900 rs. El Pedro Bravo quiso deshacerse tambien de su parte; pero le disuadió un hijo suyo, y á esta circunstancia puede decirse que debe la fortuna con que hoy cuenta.

Posteriormente se ha asegurado, y asi lo manifiesta el señor Ezquerra en su obra, que en realidad á quién se debe el descubrimiento del filon Jaroso, es á la constancia y á la aficion minera del respetable D. Miguel Soler, antiguo y rico propietario da la v. de Cuevas, que nunca desmayó en sus investigaciones, ni se arredró por los desengaños que esperimentaba, ni por las dificultades que á cada paso encontraba para llevar su aficion adelante. Que él fue quien hizo trabajar al tio Perdigon, quien buscó como científico al otro Lopez, quien escitó á la formacion de la primera empresa ó compañía, y en una palabra quien tenia mas aficion y mas dinero entre todos los que entonces se dedicaban á minas en aquel pais. Y la suerte ha sido justa con D. Miguel Soler, que ha visto plenamente recompensados sus afanes, con la propiedad de varias acciones de las 30 de que consta la empresa del Cármen (*) cuya mina por esta razon la suelen llamar como hemos dicho, *mina de los Soleres*. En muestras de agradecimiento á la Divina Providencia, D. Miguel Soler hace celebrar á su costa todos los años una funcion solemne de iglesia á Nuestra Señora del Cármen, el dia de su festividad, concluida la cual pasan á su casa los convidados, que lo son todas las personas algo visibles del pueblo, á disfrutar de un magnífico refresco, que concluye con la diversion que permiten los escasos recursos del pais. Estas demostraciones, y la general aquiescencia á ellas, es la mayor prueba de que D. Miguel Soler es el verdadero descubridor de aquellas minas, enemigo por su carácter y fortuna de solicitar distinciones ni condecoraciones del Gobierno.

Desarrollado el frenesí minero en aquel pais, en vista de los seductores ejemplos que acabamos de referir, acudian las gentes con sus labores á remover los escombros con que los antiguos rellenaron los huecos que resultaban de los minerales que ellos estraian; y cuando conseguian desatorar un caño, admiraban las cuatro paredes que habian resultado limpias, y con esto cobraban nuevos ánimos para seguir gastando dinero, sin otro resultado satisfactorio. Por eso algunas compañias, despues de haber hecho crecidos desembolsos para profundizar las labores en algunas minas, han tenido que suspenderlas á las 120 á 160 y hasta 170 varas, por no encontrar otra cosa que escombros, resultado de escavaciones ant., alguna galeria, y á lo mas algun macizo ó llave de mineral dejado de esprofeso para fortificacion ó por estéril, cuando se beneficiaron aquellas minas en época muy remota. Entre las innumerables escavaciones ant. é inmensos vaciaderos que frecuentemente se descubren en la sierra, son notables los de los sitios llamados *Barranco Pinalbo* y del *Francés* que demuestran lo mucho que alli se trabajó, especialmente en tiempo de los romanos, á que se refieren las monedas y candiles encontrados en ellos y en los inmensos escoriales esparcidos por aquellas inmediaciones: viniendo estos efectos á demostrar lo que se lee en los escritos de Plinio y de otros autores antiguos acerca de las grandes riquezas que los romanos estraian de las entrañas de la tierra en el suelo de nuestra peninsula. Entre otros objetos curiosos encontrados en las escavaciones, se halló una figura de cobre de siete pulgadas de altura, perfectamente modelada del Hércules de Farnesio. Sobre todo, la antigua mina de la *Sima*, situada en el punto que comprende el barranco del mismo nombre, la majada del Aire y la rambla del Arteal, es uno de los vestigios mas notables de esplotaciones encontrados en sierra Almagrera. Se entra á dicha mina por un espacioso socavon ó galeria horizontal, cuya boca está al NO. de la sierra en la mencionada rambla del Arteal; sigue en direccion S. 40° E. atravesando las demarcaciones modernas nombradas Virgen del Pilar, Por si acaso, y Nuestra Señora de Nieva, y á las 412 varas de long. se comunica con el pozo de San Ramon de Goña que sale á la superficie con 116 varas de altura. El citado socavon, que es digno de observarse por sus dimensiones de 3 1/2 varas de alto y 2 de ancho, por la esmerada igualdad del corte de sus paredes y cielo y por la linea de pequeños nichos que tiene á lo largo de todo el hastial derecho, sin duda para colocar en ellos las lámparas ó candiles con que se alumbraban en aquella época los trabajadores, continua todavia en la long. de otras 40 varas, subdividiéndose despues en diferentes galerias, una de las cuales está llena en sus dos orillas de escrementos humanos que conservan perfectamente la forma, presentando una sustancia seca muy ligera y bastante consistente. Otra de las galerias sigue la marcha de un filon, que sin duda fue el principal que disfrutaron, cuya direccion es próximamente N. 18° O.; su inclinacion de 60° á 65° E. y su potencia variable de 1 á 1/2 vara. Se sigue esta galeria de disfrute caminando sobre escombros y bocas de pozos inclinados que denotan haber continuado las labores á una profundidad mayor. En algunos puntos se encuentran empalizadas y otras fortificaciones defectuosas y de poca importancia hechas con maderas, de pequeñas dimensiones, de los arbustos llamados artos ó espinos, carrascas, etc. Esta galeria se prolonga sobre el mismo filon como unas 300 varas hasta el pozo de la Sima, que es circular, de mas de 3 varas de diámetro y 206 de profundidad. Las escavaciones sobre el filon continuan hacia el S. hasta una distancia que no se conoce aun por hallarse rellenas de escombros, lo mismo que sucede en profundidad. De los pocos hundimientos que alli se advierten, el mas considerable está no lejos de la entrada, ó sea en el primer tercio del socavon, donde se desplomó el pequeño intermedio que le dividia de una galeria irregular que caminaba sobre él. En varios puntos del filon esplotado, se ven llaves que solo presentan óxido de hierro y sulfato de barita, con muy escasas pintas de mineral argentífero, bastante análogo al del Jaroso, y se conoce que dichas llaves se dejaron mas bien por estériles que para servir de fortificacion. En el pendiente del criadero y entre las zafras alli depositadas, salen algunos pedazos pequeños de galena acerada muy argentífera. Hay una galeria sumamente inclinada, que va desde el barranco de la Sima á desembocar á la mitad del pozo de los Cuatro Mudos. Entre los escombros de las escavaciones se han encontrado algunos huesos humanos, utensilios, herramientas, candiles romanos de barro, una especie de sandalias ó calzado grosero de esparto parecido al que en las Alpujarras llaman agovias, y en un pequeño nicho en la galeria de los escrementos una moneda en mediano bronce del reinado del emperador Crispo (*), la cual comprueba hasta cierto punto las noticias históricas que atribuyen principalmente á los romanos el beneficio de las inmensas riquezas

c., porque el pais se halla en las mismas circunstancias que entonces, á saber, movimiento próspero en las minas de Sierra Almagrera, cuando decaiga este movimiento volvera probablemente á desaparecer la pobl., porque aquel sitio es muy terciario, sobre todo en veranos algo húmedos. En la nueva Villaricos se han construido tres suntuosas fáb. de fundicion, sin contar alguna otra subalterna, y las casas accesorias que exige el servicio de ellas: ademas varios de los mineros residentes en Cuevas han edificado alli magnificas casas de recreo, para pasar la temporada de baños, huyendo del calor insoportable de su pueblo, en lugar de guarecerse en unas miserables barracas provisionales, como antes lo hacian. Para la construccion de todos estos edificios se ha empleado la piedra estraida de los cimientos de la c. romana; pero á pesar de esto, y de haberse encontrado algunos trozos de columnas de mármol, alguna inscripcion, ánforas y utensilios, no parecen por si sólos bastante poderosos estos indicios para asegurar fuese aquella una c. de mucha consideracion, pues no hay restos de un templo, ni aquellos magnificos mosaicos de que los romanos gustaban tanto para el ornato de sus pavimentos. Probablemente seria una gran pobl. de operarios mineros y de fundicion, sin mas gente de categoria que los capataces, administradores y personas de gobierno. En aquella época no habia accionistas de minas como hay ahora; toda la riqueza era para el dominador del pais. En nuestro art. de *Aguilas (San Juan de las)*, nos hemos ocupado de *Urci*, para referir dicha pobl. á esta ant. c.

(*) La mina de las Animas que tambien esta en prod. es de la misma compañia.

(*) Conserva esta moneda el ingeniero 2.°, profesor de laboreo de minas y mecánica aplicada á las mismas D. Ramon Pellico.

metálicas que tanta celebridad dieron entonces á nuestro suelo.

El *Filon del Jaroso*, conocido ya casi universalmente por su inmensa riqueza, pues en los cuatro primeros años de su beneficio, es decir hasta fines de 1843 ha producido proximamente cinco millones de a. de mineral, es una notabilidad en su clase, es un fenómeno tan singular como el de Almaden, tan notable cómo el de Guadalcanal, y tal vez específicamente mas rico que *Veta Grande* en Zacatecas (América). Su direccion determinada con exactitud por un plano trazado por el mencionado profesor, el Sr. Pellico, resulta ser de N. á S. de la brújula, con un pequeño desvio de 6° hácia el NE. aunque, como despues veremos, ha manifestado algunas ondulaciones que han alarmado á los dueños de las minas vecinas y á los especuladores (*). Su inclinacion, aunque en algunos puntos ha sufrido incidentes considerables, se conserva término medio á los 65-70° al E.: su potencia es por lo regular de tres varas y media á cuatro, aunque haya pasado de ocho en algunos sitios; y su estension la que mas adelante espresaremos. La masa del filon está compuesta de una porcion de sustancias diferentes, algunas de ellas metalíferas, y otras que no lo son, conteniendo tambien grandes trozos del mismo esquisto que constituye la caja del criadero. Las sustancias metalíferas son galena hojosa en palmas, galena de grano fino cuasi compacta, cobre gris, óxidos de hierro y de manganeso, arseniuros de plata y de plomo, y otras varias combinaciones de todos estos metales, que exigirian análisis muy delicados para determinarlas, con el debido acierto. En el distrito de la Observacion se ha encontrado tambien un poco de cobre nativo en hojas, y unas pintas insignificantes de plata vitrea. Las sustancias no metalíferas son la barita y el yeso. Todas estas sustancias se presentan formando fajas ó zonas mas ó menos anchas, siguiendo la inclinacion del filon, es decir, paralelamente á sus salbandas, las cuales en general están constituidas por los óxidos de hierro. Por el medio del filon corre cuasi sin interrupcion un *soplado* ó grieta irregular, en cuyas caras ó labios no se han visto hasta ahora mas cristalizaciones que de barita. de yeso y de manganeso. La galena, tanto la hojosa como la compacta y el cobre gris, son esencialmente argentíferos. Ensayando trozos escogidos de estas tres clases de mineral, han dado, segun dicen, un gran contenido de plata hasta el 1 1/2 por 100 en la galena compacta; pero en los ensayos hechos al soplete por el Sr. Ezquerra, solo ha obtenido de la galena hojosa 6 á 7 onzas de plata por q. de mineral, de la compacta 12 onzas, y del cobre gris, ó por mejor decir, del mineral veteado 14 onzas. Pero bien se deja conocer que ninguno de estos ensayos puede absolutamente servir de tipo ni de base para dar valor al mineral estraido de la mina, en el cual, prescindiendo de las impurezas ó parte estéril, salen por lo general tan mezcladas unas con otras las tres clases de mena, que es imposible obtenerlas por separado, ni hacer el cálculo de la respectiva proporcion de cada una de ellas. Por consiguiente, para que los mineros del filon del Jaroso pudiesen saber á ciencia cierta el valor de su mineral, debian molerlo hasta reducirlo á polvo, bien haciendo esta operacion con toda la mena conforme sale de la mina, ó bien haciendo las clasificaciones ó separaciones que mejor les conviniera; despues de lo cual los ensayos darian el término medio del contenido en plata, y los mineros sabrian á punto fijo la riqueza de que eran dueños. Y todavia seria mas ventajoso que despues de molido el mineral, lo lavasen para obtener el eschlig. Pero aquellos mineros lo que quieren es que á la vista se les tase el mineral en el almacen, donde se halla todo revuelto y ademas sucio y lleno de polvo, de lo que resulta que algunas veces los fundidores han salido perjudicados en la compra del mineral, y otras veces entre los fundidores y los comerciantes intermediarios perjudican á los mineros. En un ensayo hecho de órden de dicho Inspector, sobre 8 a. de mineral molido, dió por resultado á razon de ocho onzas de plata por q., y aun le quedó el recelo de que aquel mineral fue demasiado escogido entre lo bueno.

Desarrollada la ind. minera en la sierra de que nos ocupamos, en el año de 1839, en el siguiente se contaban ya mas de 1,700 agujeros abiertos en ella, con el nombre de minas, situados unos tan cerca de otros, que cuando se trató despues de darles las demarcaciones, no se pudo verificar en algunos casos reuniendo tres agujeros; pero no por eso dejaban estas gazaperas de tener su verdadero valor, pues se lo daba la ignorancia en el arte de minería y la codicia de encontrar metales, haciendo de ellas un objeto de comercio muy lucrativo, aunque no el mas honrado, pues se fundaba en alucinar á los crédulos y á los ignorantes. Asi es que, cuando se ha abierto un agujero, siquiera de dos varas, y pedido su registro y designacion de pertenencia, aunque no se demarque nunca, todo el mundo lo respeta y no abre otro en sus inmediaciones, por una costumbre que tiene allí mas fuerza que la ley; y estos agujeros adquieren un valor que sube ó baja segun las circunstancias. Unicamente se hallaban en prod. en el año 1840 las espresadas minas del *Cármen*, la *Observacion* y la *Esperanza*, tomadas sus demarcaciones, segun el echado ó inclinacion del filon; pero despues han participado tambien de este rico filon las de la *Estrella*, *Rescatada*, *Animas*, y alguna otra.

Son de notar las inflexiones que aquel esperimenta en su línea de direccion: siguiendo con algunas variaciones el rumbo de N. á S. en las minas Esperanza, Cármen y Observacion, gira 20° al O. en las Animas, que se halla al N. de las anteriores, tomando sobre 10° al E. desde la Rescatada y la Estrella, sit. al S. de las mismas: siguiendo al N. desde el Cármen, se observa que cada vez se entierra mas este criadero; por manera que en las Animas se ve su cabeza 130 varas bajo aquel nivel, siendo probable que aun en esta línea descendente forme sus ondulaciones. La inclinacion de 65° al E. es cuasi constante, escepto en la Estrella, donde ha sufrido marcadas modificaciones.

El filon Jaroso en el mes de febrero del año pasado de 1844 se hallaba ya descubierto en una long. de cerca de 650 varas (553 metros) desde 50 varas al N. del pozo de las Animas, hasta mas allá del Trágala, y en una profundidad de 210 varas (175 metros) contadas desde el nivel de la boca del pozo de San José, hasta la última profundidad en la mina la Esperanza. El pozo de la Constancia ha dado en agua á las 178 varas, y como su boca está mas baja que las de todos los pozos de las seis minas, resulta que el nivel probable de las aguas subterráneas se halla á 260 varas de la boca del pozo de San José. Las últimas labores de la Esperanza en dicha época, estaban unas 48 varas sobre dicho nivel de agua; las del Cármen y Observacion 62 varas; las de la Rescatada y la de la Estrella, contando el pozo de su mejora que es el mas profundo, sobre unas 98 varas. Por la relacion de estas medidas se deja desde luego conocer la necesidad que hay de emprender cuanto antes la apertura de un caño general de desagüe, para disminuir la altura á que las máquinas que se establezcan hayan de subir el agua. Una disminucion de 200 varas de altura, como seguramente resultará para algunas minas, es una economia que cubre muy cumplidamente los réditos del capital empleado en la obra, que es urgente se ejecute. El Sr. Ezquerra opina que esta deberia en su caso practicarse hácia el N. para que el socavon de desagüe desembocase en la rambla del Taral, y no hácia el S. yendo á parar al mar, aun cuando por aquí se ganaria mas profundidad, por las razones siguientes. En primer lugar, dice, el punto de partida del socavon debe ser desde la mayor profundidad de las labores actuales, porque allí es donde naturalmente han de acudir las aguas de todas las minas en actividad. La mayor profundidad, como hemos visto, está en el pozo de la Constancia, el cual dista mucho menos de la rambla que del mar, y por consiguiente el socavon será de la menor long. En segundo lugar, desde el pozo de la Constancia, hácia el S., todavia sube muchísimo el terreno hasta el pico de Tenerife; y como que de allí en adelante no hay minas que tengan grandes labores, los pozos que habria que abrir para la ventilacion del socavon, tendrian que ser de gran profundidad, y por consiguiente muy costosos. Por la parte del N. el terreno, ademas de ir siempre bajando, tiene muchas quebradas y barrancos subalternos, que pueden aprovecharse para la apertura de pozos auxiliares, los cuales llegarian hasta el socavon sin mucho coste: tambien hay por allí una porcion de minas que tienen pozos profundos, y que algunos de ellos se podrian utilizar para la apertura del socavon, del cual recibirian al mismo tiempo grandes ventajas estas minas. El socavon por el N. no desa-

(*) En la mina de la Observacion se ha reparado hasta 21° de esta direccion.

guaria, es verdad, las minas, á tanta profundidad como por el S., pero en cambio lo haria mas pronto; es decir, que si por el N. la obra se podria hacer cómodamente en dos años, por el S. no bastarian tal vez seis; y esta es una circunstancia de mucho peso y muy digna de consideracion en un pais en que las minas están trabajadas por cuenta, riesgo, y aun responsabilidad de los particulares, los cuales, como es justo, lo que desean es obtener sus minerales cuanto antes, para poner en rédito y en circulacion el capital que estos representan. Sin embargo, la empresa grandiosa que se ha formado para abrir una contramina, con el título de *Infalible*, que atraviese toda la sierra de E. á O., ha elegido para ello la parte del S. empezando desde la orilla del mar hácia el interior de la sierra. Se compone esta empresa de 1,000 acciones, y se hallan interesadas en ella sobre 1,500 familias y muchas sociedades de minas de toda la Sierra Almagrera. Dieron principio los trabajos en noviembre de 1840, formando el taladro de la galeria desde la lengua misma del agua del mar, al E. de dicha sierra, al sitio de la Loma del Puente, con la idea de seguirla transversalmente hasta penetrar el barranco Jaroso á la parte del O., donde termina la sierra; y continuando sucesivamente, en la actualidad se cuentan 295 varas de taladro longitudinal. A las 100 varas poco mas ó menos tuvo que fortificarse el terreno, y llegando esta obra á las 200, se entibaron con mamposteria y arcos unas 30 varas ademas, continuándose los trabajos con celo y perseverancia. Se ha de penetrar el terreno demarcado á las minas llamadas Seguridad, Infalible, de Aguilas, de Almeria, de Cartagena, de Cehegin, de Madrid, de Lorca, y de Granada, que pertenecen á la misma empresa de contramina, con otras seis mas que, al tiempo de registrar y designar la Infalible, se denunciaron, y son las tituladas Naturaleza, Annibal, Salomon, Troyana y Subterránea, que presentan un cuadrilongo de 1,200 varas de long. y 100 de lat. Examinado el socavon que empieza en la cala del cristal, por dicho ingeniero, advirtió en él varias faltas: la primera que habian formalizado la empresa y hecho trabajos de consideracion antes de haberse convenido con los dueños de las minas que tenian que atravesar: la segunda, haber dado al socavon escesivas dimensiones, con esposicion á que la roca se desmorone y venga todo abajo, ó tengan mucho coste las fortificaciones; y la tercera, haber empezado el socavon demasiado abajo y en un boquete que apenas forma playa, sin tener presente el sitio que habian de ocupar las tierras resultantes de tamaña escavacion: asi es que con solo haber avanzado 60 varas, ya no sabian donde echar las tierras.

Volviendo á la descripcion del filon Jaroso, diremos que con lo que han avanzado las labores, se ha puesto mas en claro su estructura y configuracion. Ahora se ve claramente que no forma todo él una sola masa compacta y unida, sino que hay encerradas en ella una porcion de *cunas* ó trozos de roca estéril, bastante considerables algunas, y que por consiguiente ocasionan otras tantas ramificaciones, que vuelven á unirse al tronco principal, tanto en direccion como en profundidad, aun cuando algunas veces sea de un modo casi imperceptible. Algunas de estas ramas han quedado desapercibidas con el laboreo de la parte principal, y muchas se han tropezado por casualidad al abrir las rafas para la construccion de las bóvedas: ahora ya se buscan esprofeso; pero entonces es precisamente cuando no se encuentran. Por los dos estremos N. y S. del filon, las ramificaciones son mas decididas, es decir, que se separan mas que en el centro del criadero, y no sabemos todavia si se volverán á reunir, ó si iran poco á poco desparramándose y desapareciendo los metales: quizá tambien podrá suceder que el criadero se formalice y se estienda mas á mayor profundidad.

Otro fenómeno muy notable que se observa en este filon, es, la presencia de una roca blanquizca en grandes masas, en distintos puntos y á diferentes profundidades. Está empotrada en la masa del filon y debe proceder de muy abajo, porque en todo aquel terreno ni en las sierras inmediatas se ve á la superficie ninguna roca que le sea análoga; ni por su estructura, ni por su composicion. Esta roca blanquizca esta compuesta de pequeñas fajas ó zonas delgadas de diferentes sustancias, alternando con mucha regularidad y simetria, preponderando sobre todas la barita mezclada algunas veces con algo de hierro espático; en otros puntos es una roca cuarzosa á modo de arenisca la que forma las zonas. Con estas zonas blanquecinas alternan otras de los diferentes minerales argentíferos que enriquecen aquel criadero, particularmente de galena de grano fino, la cual por lo general se presenta tan diseminada que no puede utilizarse en la fundicion, pero algunas veces prepondera y se engruesa hasta el punto de formar una veta rica, interpolada con algo de barita ó de arenisca. Lo notable del filon Jaroso es este carácter fajeado que presenta toda su masa, sean las que quieran las sustancias que entran en su composicion, y sea que se considere toda la masa en grande, ó un trozo de ella separadamente; y siempre en el sentido vertical ó mas bien segun la inclinacion del filon. Las fajas de óxidos de hierro alternan en grande con fajas de minerales plomizos, argentíferos y cobrizos; pero cada una de estas fajas grandes esta compuesta de otras pequeñas, formadas por variedades y combinaciones de los diferentes minerales que en ella predominan; rara vez hay una faja homogénea y de una misma sustancia que llegue á 25 centésimas de espesor. De aqui la dificultad, sino imposibilidad, de poder fijar por medio de ensayos docimásticos, la verdadera riqueza de los minerales del Jaroso.

No debe tampoco pasarse en silencio otro fenómeno que, si bien no interesa á la riqueza de los accionistas, es de mucha consideracion para la economia física de los trabajadores, y de todos los que tienen que habitar en aquellas breñas y barrancos. Parece increible lo propicia que es toda aquella costa á criar pulgas; en algunos puntos no hay mas que levantar una pequeña laja de pizarra, y se encuentra debajo un enjambre de ellas. En donde se hace todavia mas perceptible es en los sitios que han sido habitados; así es que nadie se acerca por ninguna casa, cortijo ni cobertizo de pozo que esten abandonados, so pena de plagarse al momento de una multitud de estos insectos. Despues de una varada ó suspension de labores, los primeros que entran en los subterráneos son victimas de su voracidad; y por eso los capataces no bajan á las minas hasta tres ó cuatro dias despues de haberse vuelto á emprender los trabajos. Pero lo notable es que otra clase de insectos mas asquerosos no se ven por allí; y si algun trabajador los lleva de su casa, en entrando en las minas del Jaroso, al momento se mueren y desaparecen todos: siendo así que en las minas de las Alpujaras toman un incremento estraordinario. Este fenómeno no deja de dar lugar á observaciones fisiológicas, muy interesantes para el hombre estudioso. Es sabido que los vapores plomizos atacan á la economia animal, pues que todos los que manipulan con este metal estan sujetos á padecer gravísimas enfermedades; y sin embargo vemos que, no influye de un modo sensible en la naturaleza de las dos clases de insectos referidos, puesto que tanto se multiplican, los unos en el Jaroso y los otros en las Alpujarras. La mortandad que esperimentan los segundos en el Jaroso, debe sin duda atribuirse á la pequeña cantidad de cobre que contienen aquellos minerales, la cual no será suficiente para destruir las pulgas, cuya naturaleza es por consiguiente mas fuerte y robusta. En Riotinto, que son minas de cobre, no se ve ninguna clase de insectos. Estas cuestiones que parecen triviales, no lo son en realidad, porque en una mina que sea saludable y en la que los trabajadores no esten sujetos á tantas incomodidades, los jornales han de ser naturalmente algo mas arreglados, y este es un renglon de mucho interés para los propietarios.

Dijimos al principio de este art. que en Sierra Almagrera se echaban de ver una porcion de cerros y de barrancos en todos sentidos y en todas direcciones, que la hacen muy penosa de transitar. Efectivamente, asemejándose su figura á la de un esqueleto humano, son inumerables sus quebradas, y seria muy difícil hacerse cargo de cada una de ellas con separacion. Sin embargo, diremos que se compone de 27 barrancos principales, los unos hácia la falda del N., y los otros á la del S. ó sea la costa, contándose entre los primeros, los 12 siguientes: Majadas-Oscuras, Manzanera ó Abalos, Artesica, Hospital, Jaroso, Chaparral, Fernandez, Pinalbo de Tierra y de la Torre, Francés, Palomas y la Piedra del Mediodia. En la costa, ó falda S. de la Sierra, se hallan los barrancos siguientes: Barranco Negro, de la Morcilla, Acebuchar, Largopino, de las Trigueras, Instancia, Raja, Hospital del Mar, Cala del Cristal, Pinalvo del Mar, Sombrerico, Tierra roya, las Yeguas, Puerto-coche, y el Malo. Despues haremos un lijero resumen de las minas que se hallan en estos barrancos, y ahora pasaremos á esponer las circunstancias particulares del terreno de las inmediaciones de Sierra Almagrera, con respecto á la agricultura.

En mucha parte de España y particularmente en la zona meridional determinada por la línea de Sierra Morena, tenemos un sol vivificante, que se aproxima mucho al de las regiones ecuatoriales (donde el calor y las frecuentes lluvias hacen que la vegetacion sea prodigiosa y rápida), á lo cual contribuye el que esta zona se halla en cierto modo resguardada de los vientos del N., al paso que por el S. está enteramente abierta y llegan hasta ella con bastante frecuencia los terribles vientos del desierto africano, cuyos efectos son todavía muy perceptibles por toda aquella costa, y aun á muchas leg. tierra adentro. Pero si tiene el sol vivificador, carece del beneficio de las lluvias; de donde resulta que, por lo general, solo son cultivables las cañadas de los r., y que en subiendo un poco á las montañas, todo es aridez y rocas peladas, desde las cuales se ven unas cintas verdes y ondulosas que marcan con su cultura la direccion que llevan las corrientes. Este fenómeno está todavia mucho mas marcado en las inmediaciones de la costa, y particularmente en las de Sierra Almagrera.

Ya hemos dicho que esta Sierra es de corta estension. Inmediatas á ella hay otras tambien subalternas, á saber, la de Gata, la de Bacares, la de Alhamilla, la de Almagro y la de Cabrera; las cuales se enlazan ó vienen á ser unas ramificaciones de otras mas considerables, como son las de Filabres, Gádor y Sierra Nevada. La separacion de todas estas diferentes sierras esta marcada por las cañadas de r. mas ó menos caudalosos, en los cuales afluyen los arroyos que corren por las quebradas parciales de cada una de la sierras; pero todos los arroyos y aun la mayor parte de aquellos r., no lo son mas que en el nombre, puesto que por ellos no corre agua sino muy pocos dias en el año, despues de un aguacero ó cuando el derretimiento de las nieves de las sierras principales; con la circunstancia, que la mayor parte de estas nieves, como son mas abundantes en las faldas del norte ó umbrias, corren despues hácia la cuenca ó gran cañada del Guadalquivir, y no vienen á la costa. Asi es que en aquel pais es desconocido el nombre de r. y el de arroyo, habiéndole sustituido con el de *rambla* que es mas exacto. La Sierra Almagrera ó de Montroi es por consiguiente árida y estéril; sin mas vegetacion que el esparto, el romero y alguna que otra planta de poco crecer. Antes del descubrimiento de las minas, no habia en toda ella una sola habitacion, fuera de las torres ó vigías de los guardacostas. Las dos pobl. mas inmediatas son, Vera, Cuevas, y dist. una leg. de la Sierra, porque Villaricos ya hemos dicho que es una pobl. enteramente moderna y dependiente de las fundiciones. Ademas de estos pueblos se encuentra alguno que otro cortijillo de muy poca importancia. Vera y Cuevas están edificadas junto á la cañada del r. Almanzora, que, dos ó tres leg. antes de su desembocadura, es una verdadera rambla, pues el agua va infiltrada por entre la arena, como lo han demostrado los pozos que han empezado á abrirse poco ha por primera vez. El agua no solo es muy escasa, sino que es salobre y muy desagradable al paladar, de modo que es fácil concebir lo penosa que será la residencia en aquel pais, en verano, con un sol abrasador, reverberado en el suelo arenoso, con el soplo del viento africano, y sin tener agua potable, es decir, agua que cause placer al aplicarla á los labios. Lo que sufren en algunas temporadas los mineros de la Sierra Almagrera, no se puede comprender sin haberlo visto y esperimentado. Pero no se crea que la aridez de aquel terreno depende de su mala calidad; todo al contrario, es un terreno muy feráz; que carece de agua, y asi es, que cuando llega á llover, la vegetacion es prodigiosa. Tampoco necesita que llueva mucho; solo un poco de agua á fines del otoño asegura la cosecha de trigo y cebada; y en lloviendo á principios de verano, ya tienen unos maizales en que se esconde un hombre á caballo. Si las lluvias son abundantes y en las épocas referidas, entonces es un asombro lo que se recoge de los frutos dichos, y de legumbres y frutas de todas clases. Precisamente por los años 1811 y 12, cuando la gran carestia en toda España, estendió Dios su mano benéfica por aquel pais, y no sabian donde encerrar tanto grano: para dar una idea de la riqueza que se produjo en aquellos años, suelen decir que los labradores manejaban mas dinero, que en el dia los accionistas de las minas ricas del Jaroso. Para coger tan grandes cosechas, tampoco es indispensable que llueva mucho en el mismo pais; basta haya lluvias y nieves en las sierras principales y que corra agua por las ramblas, durante algunos dias; pues estas aguas, semejantes á las del Nilo, traen consigo un légamo fecundizador, que en el pais llaman *tarquin*, con el cual se abonan las tierras maravillosamente. Estas avenidas de las ramblas suelen presentarse repentinamente, y duran muy pocos dias, tal vez muy pocas horas; por consiguiente, todos los labradores tienen siempre sus campos preparados y arreglados sus *bancales*, á fin de recibir el agua de la rambla: los que son mas aplicados, están siempre alerta, y á la menor señal de nublado ó indicio de avenida, cogen la *cavadera* y marchan á su huerta, para estar dispuestos á introducir en ella la primera agua. Cuando la avenida es de poca consideracion, los que son descuidados se quedan en seco, y no disfrutan del derecho que les conceden las ordenanzas de campo de todo pais de regadio. Cuando deja de llover por espacio de tres y cuatro años, como sucede algunas veces, todo se seca y no hay prod.; pero los labradores no abandonan nunca el pais, porque siempre están esperando que venga. En el dia, con que se quede uno de cada casa para el primer pronto de introducir el agua en el bancal, todos los demas se van mientras tanto á ganar un jornal en las minas; y esta es una demostracion de que la ind. minera no solo no es perjudicial, sino que es ventajosa para la agricultura.

Antes de hablar de las minas de los 27 barrancos mencionados, diremos algo acerca del sitio llamado *Herrerías*, accesorio á Sierra Almagrera, como que se halla á dist. de 1/4 leg. al NO. de su parte occidental. Pertenece la formacion de aquel terreno á una erupcion volcánica, y se compone de hierro oxidado y manganesia, con muy poca plata: el grueso de la capa es á lo mas de una vara. En este sitio se hallan abiertas sobre cien minas, la mayor parte abandonadas; siendo las mas notables de las que se están esplotando, las cuatro tituladas Encarnacion, San Eduardo, la Verdad y el Targo, que habiendo producido muchos miles de qq., los fundidores los aplican á la fundicion de los minerales argentíferos pobres ó de ningun plomo. En este sitio solo se notan varias colinas laborizadas de tierra vegetable barrosa, de riego venturoso una pequeña parte, y las mas de secano árido y pizarroso, con algunos cerros y barrancos de nó mucha elevacion, pues el mayor tendrá apenas treinta varas, desde la planicie del r. de Cuevas ó Almanzora.

El primero de los barrancos de que llevamos hecho mérito, es el *Majadas Oscuras*, en el que están abandonadas casi todas las minas que se abrieron en número de unas 300. En el barranco de *Manzanares* ó *Avalos* se ven abiertas 8 minas, con la designacion titular de Adan y Eva, Lucifer, la Misericordia y Acerola, Andaluza, Imperial, las Vacas, las Maravillas, San Ginés. En las minas La Misericordia y Acerola, sit. á muy corta dist. entre sí, hay dos filones paralelos de galena argentífera, cuya direccion es próximamente de N. á S., y su inclinacion 60° E.: en el primero tiene de potencia el mineral beneficiable, sobre 75 centésimos de vara, y en el segundo 33 hasta 50. Hay en el barranco *Artesica* dos minas llamadas la Saeta y San Antonio, que si bien ésta se ha pronunciado recientemente en mineral, nada puede asegurarse aun de sus prod. Ocho son las abiertas en el *Hospital del Mar*, con el nombre de Piedad de Baza, Ibrahim Bajá, San Macario, el Rosario, Merced, Bilbao, San José, La Tortuga, con otras abandonadas. En el *Chaparral* se esplotan seis con el nombre de la Serafina, la Paz, la Decision, la Encarnacion, la Guerrera y la Oliva. En el barranco *Fernandez* hay una pequeña parte de tierra abierta, cultivada, de calidad pizarrosa de secano, y en él se han abierto seis minas con la designacion titular de Buen Gusto, los Alpargateros, la Moderacion, el Fenicio, la Peligrosa, San Joaquin y Sta. Ana. En el *Pinalbo de Tierra* se hallan 23 tituladas: la Esperanza de Lubrin, Sta. Olalla de Lubrin, San Ramon, Montaud, San Márcos de Pagan, San Juan Crisóstomo, San Cayetano, San Gabriel Lupion, San Andrés, Ntra. Sra. de la Cabeza (entendida por la Pitirrina), los Anchurones, ó sea la Piedad de Mojacar, con cuatro demarcaciones, San Antonio de Padua, el Amigo de los Niños, la Verdad, Sta. Olalla, el

Piojo, San Sebastian, Jesus Nazareno, el Cármen de los tres y la Trinidad. La Piedad de los Anchurones es una mina esplotada de tiempo inmemorial. La constancia de la empresa luchando con los obstáculos que presenta la restauracion de escavaciones antiguas, ha principiado á recoger su fruto merecido, habiendo descubierto á las 130 varas de profundidad un frente que presenta un filon de una vara de potencia de bárita, pirita de hierro y galena argentífera, que ofrecerá utilidades en su disfrute. En la *Torre* se estan esplotando veinte y una mina que se titulan el Zapo, el Vapor, San Roque, la Merced, la Regla, San Gerónimo, el Pilar, la Pastora, el Boletin, San Isidro, la Violeta, el Sol, la Cruz de Caravaca, antes Independencia, las Maravillas, San Ginés, la Luna, la Suerte del Hombre, Cármen de Vinagre, los Amigos, el Mundo, y San Francisco. Existen abiertas en el *Barranco Francés* doce denominadas los Desamparados de Huercal, Vénus, los Santos, San Ginés, San Isidro Labrador, Sta. Isabel, Suerte Vista, Itineraria, Desamparados de Cuevas, San Juan, San Fernando y la Eloisa. En el de las *Palomas* hay cinco que se nombran los Cuatro Mundos, San Ramon, los Tres Amigos, San Máximo, y Palaces. Todas las minas que se abrieron en el de la *Morcilla* estan abandonadas, como las del de *Largo Pino*, escepto la Instancia y otra. El barranco de la *Raja* contiene siete minas tituladas, San Jaime, las Angustias (de que luego se hablará), la Culebra, San Miguel, la Mosca, la Cabeza y la Cuna. En el del *Hospital del Mar* hay once abiertas que se llaman Cármen de Granada, la Suerte, San Antonio, Animas de Vera, San Juan Bautista, los Contrabandistas, Otelo, el Juan ó Relámpago, Venus, San Canuto, y Sta. Baluña. La *Cala del Cristal* contiene abiertas treinta y siete minas y son la del Niño Dios, San José, Santa Rita, Once mil Vírgenes, Virgen del Saliente, Sta. Isabel, San Joaquin, Jesus y Maria, San Pedro Alcántara, San Joaquin el Alto, el Atenor, San Gabriel del Real, San Miguel; el Guirigay, las Huertas, Santa Ana, el Espiritu Santo, San Felipe, Esperanza de Madrid, San Laureano, Cármen de Gimenez, San Juan, Animas de Mójacar, la Victoria, San Cahuto, San Bartolomé, Sta. Marta, Impensada, Fortuna, Santo Cristo de la Luz, el Rosario, la Candelaria, San Cleofas, la Samaritana, el Progreso, la Riqueza Positiva, y Como Quieras. En el *Pinalbo del Mar* existen abiertas diez minas que se denominan Sta. Maria del Chive, el Trueno, San Ginés, antes el Ruso, la Juanita, el Terrible, la Revolucion, San Francisco el Vulcano, General Mina, y el Progreso. En el barranco del *Sombrerico* se hallan las nombradas Niño Jesus, Atrevimiento, y Virgen del Mar de Almeria. En el de la *Tierra Roya* solo la Primavera, y en el de las *Yeguas* las de Señor de la Misericordia, la Virgen de Tisca, el Lucero, San Juan de los Terreros, y la Sierpe.

En los espresados barrancos donde se cuentan 167 minas continuando sus labores, existen abiertas sobre 4,500, unas en absoluto abandono, y otras suspensos sus trabajos, bien por falta de fondos en las sociedades empresarias ó por otras causas.

Barranco Jaroso. Este barranco contiene 38 minas sobre un filon secundario, sin haber roto aun en metales, y son el Desengaño, los Alpes, Alemano, la Templanza, el Pico de Tenerife, el Sultan, San Gabriel de Almeria, la Cabeza, la Cruz, San Ildefonso, San Antonio Abad, la Union de Albaladejo, el Aguila, San Diego, San Ildefonso de Cuevas, San Agustin, la Union Sevillana, el Convenio de Vergara, Union de Aquino, San Vicente, San Cayetano, San Antonio de Paula, Union 1.ª, Socorro, las Niñas, la Rafaela, la Pura, la Fama, Santa Rita; Sta. Isabel, San Juan Evangelista, San Buenaventura, Constancia, los Niños, las Damas, Española, Rescatado, antes San Luis, y San Adrian: esta última mina parece que romperá muy en breve en metales segun la demostracion que presenta. En el mismo barranco se abandonaron por haber dado en agua, las minas San Bartolomé, el Arabe, la Reina de los Angeles, la Teodora, la Pregonera, Maldonado, Bonita, y otras muchas; y corresponden al filon principal, hallándose por tanto abiertas, las siguientes:

La que lleva el titulo de la *Estrella* como última al S. sobre el filon rico, produce diariamente de mineral 8 qq. de grueso, 35 qq. garbillo de primeras, 12 qq. de últimas: su profundidad es de 140 varas, y confina, con las llamadas Union 1.ª, la Union de Albaladejo, San Cayetano, y Rescatada, se observa en ella que el criadero se ha dividido al S. en dos ramas, dirigiéndose la una en toda la profundidad algo al levante: el filon ha presentado en partes, con las diferentes ramas estériles y productivas, un grueso de 17 varas de frente ó de anchura.

La mina *Rescatada*, ó mejora de estaca, linda con la Estrella, la Corona, la Union de Aquino, la Observacion y la Diosa; produce diariamente 10 qq. de grueso, 35 id. de garbillo de primeras, y 26 garbillo de últimas; tiene de profundidad 130 varas.

La *Diosa*, linda con la anterior, con la Observacion, la del Cármen, Virgen del Mar, y Union 1.ª: se estraen diariamente 8 qq. de grueso, 65 de garbillo primeras, y 15 id. de últimas. Esta mina esplota la parte superior del filon de la Observacion y Rescatada, y de consiguiente su laboreo llega á una profundidad de 65 varas. Tambien se esplota en ella el filon secundario que lleva su rumbo de SO. á NO., y su inclinacion á NE. de 44°. Es productivo en esta mina y sus labores estan paralizadas: tiene de profundidad 110 varas.

La mina *Observacion*, confina con la Rescatada, San Vicente, Cármen, y Diosa; y su profundidad 175 varas. En el año pasado de 1844 se estrajeron de esta mina 464,414 a. de mineral, en esta forma: 63,258 de recio, 181,168 de garbillos de primera, y 219,988 de últimas. El prod. total en venta ha sido, rs. v. 4.188,704: que viene á resultar un precio medio de 9 rs. y 6 1/10 de maravedí la a., pues es claro que cada una de las tres clases de mineral tiene un precio diferente, que suele variar en el mercado. Ademas han vendido los accionistas 54,000 qq. del polvo ó tierras, resultantes de los ant. garbillos, y que estaban abandonados en los terrenos, hasta que el año pasado han aprendido á fundirlos, y por consiguiente han tomado valor. Se han vendido á 7 rs. el qq.; de modo que han sacado de ellos 378,000 rs., con lo cual han tenido para cubrir los gastos de esplotacion durante el año. Ajustando una cuenta muy sencilla, se vé que los gastos de esplotacion y adm. apenas pasan del 8 p% de los prod.: resultando sumamente ventajoso; y de que se ven pocos ejemplos en otras minas.

La famosa mina del *Cármen* linda con la Observacion, San Vicente, Esperanza, y la Pura, y es de cuantas encierra el filon Jaroso la que se halla en estado mas floreciente: baste decir, que ha habido meses en que se han estraido de ella mas de 100,000 a. de mineral, que son mas de 900,000 rs., al precio propuesto. Su profundidad es de 175 varas.

La mina *Esperanza* confina con la del Cármen, la Constancia, las Animas, Sta. Rita, y la Pura; su profundidad es de 165 varas. Han estraido en 1844; 40.238 a. de recio, 300,762 a. de garbillos de primeras, y 98,704 de últimas: total 439,704 a. de mineral. La proporcion del recio es menor que en la Observacion; así es que el prod. en venta no ha sido mas que 3.456,996 rs., que no llega á 8 rs. la a., término medio. En este mineral no está incluido el que han vendido por separado para atender á los gastos de estraccion: tambien han vendido polvos y tierras á 7 rs. el qq.

La mina de las *Animas*, sit. como se dijo en el barranco de la Raja, linda con la Constancia, San Adrian, San Buenaventura, Sta. Rita, y la Esperanza, prod. diariamente 14 qq. de grueso, 60 id. de garbillo de primeras, y 45 id. de últimas; la profundidad de su taladro es de 160 varas y continúanse sus labores al N. hácia la de San Adrian, con el desvio de 25 á 30° 1/2 al O., donde ya han avanzado 60 varas. Disfruta de un filon que tiene desde media vara á tres cuartas de potencia, y se compone de galera argentífera, pirita y óxido de hierro, con inclinacion de 45° E., siguiendo la estratificacion de la pizarra arcillosa de transicion. Sus principales labores de disfrute consisten en cuatro galerias de direccion que se comunican entre sí por medio de varios pozos inclinados escalonados (*Trancadas*): se ve en estas labores la constancia del filon, el cual continúa en los frentes ó remates de las cuatro galerias citadas. Su mineral produce de 33 á 34 p% de plomo, y de 5 á 6 onzas de plata por qq. de mineral.

El riquísimo filon del Jaroso, donde se hallan las espresadas minas, está produciendo cerca de 8,000 a. diarias de mineral, que representan una riqueza de mas de 12.000 duros diarios (*) para mineros y fundidores, y trabajadores. Ya se dijo

(*) Prueba el Sr. Ezquerra este aserto del modo siguiente. En los trabajos de las minas, dice, no hay la interrupcion de los dias festivos, pero hay varadas, que viene á ser lo mismo: de modo que

cuáles son su direccion é inclinacion, y los elementos que lo constituyen. Su potencia, aunque variable, es, término medio de 5 varas; y en conjunto, no ha bajado de tres en la Observacion y Cármen, y de dos en la Esperanza.

CRIADERO DEL 2.° FILON JAROSO. El filon transversal del SO. al NO. en el barranco Jároso, sale de la demarcacion de la mina titulada Diosa, mas no llega á juntarse con el principal: su inclinacion es, al NE. 44° y sobre aquel hay abiertas las tres minas siguientes: la de la *Vírgen del Mar*, contigua al O. de la Diosa, linda con Pura, San Gabriel, la Fama, y Union 1.ª, y produce diariamente 5 qq. de grueso, 30 qq. de barita, metalizada, y 10 qq. de últimas; sigue sus escavaciones en un filon cuya riqueza principal ha esplotado: era este de sulfato de barita, óxido de hierro y vetas de galena argentífera: hoy dia la barita es la masa principal en que se descubren los granos de galena: su direccion es O. 30° N.: su inclinacion 50° N. y su potencia 50 á 65 centésimas de vara: su profundidad 135 varas. *San Gabriel*: linda con la Pura, Belen de Salcedo, la Rafaela, y la Fama; sus productos diarios consisten en 2 qq. grueso, 40 qq. garbillo de 1.as y 10 de últimas; su profundidad 135 varas. Tiene de notable esta mina el haberse sacado de ella un magnífico ejemplar de galena, remitido en febrero de 1844 á la Direccion general del ramo, por la junta directiva de la mina de *San Gabriel*, de que tratamos, cuyo ejemplar figura ya en la coleccion mineralógica de la escuela especial de esta Córte. Este magnífico ejemplar estraido de un soplado ó falla, á las 80 varas de profundidad del pozo maestro de dicha mina, se compone de un grupo de cristales de galena (súlfuro de plomo), cuyas formas presentan la combinacion del octaedro con el oxaedro. El brillo de todas las facetas cristalinas es débil, el de las de crucero, intenso. La superficie de unas y otras desigual ó interrumpida. Algunas facetas del octaedro estan erizadas con pequeñísimos cristales octaédricos de la misma materia. La mayor parte de los cristales son de un tamaño tan considerable, que la arista del octaedro en uno de ellos tiene 26 líneas de long., correspondiendo por consiguiente una altura de 42 líneas para el eje. Con estos cristales de galena se hallan interpolados algunos grupos de cristales de barita de color blanco impuro y en formas tabulares. La long. de este ejemplar es de 9 1/2 pulg. por 6 de ancho, y pesa 16 libras. *Belen de Salcedo*, confinante con la Pura, Sta. Rita, Encarnacion, San Gabriel; está sít. sobre una ramificacion del mismo criadero de la citada San Gabriel; prod. en grueso y garbillo 2 qq. diarios; su profundidad 135 varas.

Dicho filon de bastante consideracion, recientemente descubierto, corre paralelo, y á dist. de unas 150 varas O. del Cármen y Observacion: es de bastante potencia y se halla compuesto de carbonato de hierro, cuya parte mas productiva es sulfurete de plomo con antimonio.

Habiéndonos detenido hasta aquí á examinar la estructura de la Sierra Almagrera y su constitucion geognóstica, y dada razon de las principales minas que en ella se encuentran, así como de sus prod., vamos ahora á tratar del laboreo de las mismas, de las fáb. de fundicion, y de los operarios que se dedican á estas faenas.

El sistema de laboreo de estas minas se ha ido mejorando cada dia, habiendo sustituido últimamente una bien entendida fortificacion de mamposterías, á las enmaderaciones adoptadas en el principio. Para la estraccion hay un pozo maestro, comun á las pertenencias Cármen y Observacion, con un malacate de mulas bastante bien construido; otro pozo maestro con igual aparato en la pertenencia Estrella, dos pozos inclinados con enlatonado de tablas para arrastrar los cubos de base elíptica, en que se saca el mineral á brazo por medio de tornos comunes, y varias lumbreras verticales que igualmente se abrieron para estraccion y ventilacion. Solo en la esplotacion de las seis minas citadas se ocupan actualmente 1,500 trabajadores, sin incluir los que se emplean en las conducciones hasta los almacenes y fáb. de fundicion. Para la subsistencia de los trabajadores, y para depósito de los art. de boca, se han fabricado proporcionalmente á las dist. de toda esta sierra varias posadas, y cantinas ó bodegones; y habiéndose hecho transitables todos sus barrancos, se han construido ó edificado muchas casas aisladas y reunidas principalmente en el barranco Jaroso. Para el beneficio de los minerales se han establecido hasta 30 fáb. de fundicion en toda aquella costa, desde Adra hasta Valencia, las cuales han sido dirigidas por personas mas ó menos inteligentes de diferentes naciones, y que por consiguiente han ensayado toda clase de métodos, y todas las formas y disposicion de hornos conocidos en el mundo. Como era de prever de semejantes bases y elementos, algunas de estas empresas han hecho bancarrota; otras están todavía en el aprendizage, y hay algunas que están en prosperidad, siendo de esperar que su número se aumente. Situadas la mayor parte de estas fundiciones en playas, poco tiempo hace desiertas, y ocupando en sus diversas faenas mas de 2,000 jornaleros; la costa toda de esta parte del mediodia, ha tomado un aspecto de actividad y de industria que llama la atencion de cuantos la visitan, y la multitud de hornos que arden continuamente en los numerosos establecimientos metalúrgicos, sirven, con sus inmensas columnas de humo y el resplandor de las llamas, de faro á los navegantes en medio de la oscuridad de la noche. Los métodos puestos en uso para beneficio de los minerales argentíferos de Sierra Almagrera varian hasta lo infinito; pero consistiendo la mayor parte de estas diferencias en modificaciones de poca importancia, podemos reducirlos todos, por lo que respecta á la fundicion, á tres solamente que llamaremos, segun la costumbre del pais, método inglés; aleman y castellano; pero antes de hablar de la fundicion diremos algo acerca de la preparacion mecánica y calcinacion. La primera de estas operaciones está reducida al garbillado de las tierras metálicas y á reducir en pedazos del tamaño de una nuez el mineral grueso, antes de calcinarlo; cuya operacion se hace á martillo. En algunas fábricas ensayaron el lavado en cribas de balancin y tambien el molido, pero lo abandonaron por temor á las pérdidas que creian esperimentar.

La calcinacion del mineral grueso se hace en montones al aire libre entre muros de mampostería de una vara de altura que forman varios espacios prismáticos de base cuadrilonga. Los montones suelen tener 800 a. de mineral dispuestas sobre un lecho de leña de pino: el fuego dura unos 12 dias hasta que se apaga espontáneamente, obteniéndose el mineral bien calcinado y con bastante economía. La calcinacion del mineral menudo se verifica en hornos reverberos de dos plazas, haciéndole sufrir 6 horas de fuego en la plaza mas distante del hogar, y despues otras 6 en la mas inmediata. La fundicion á la inglesa, adoptada en la fábrica Británica de Alicante, se hace en hornos de reverbero casi iguales á los de San Andres en *Adra* (V.) que se cargan con 160 á 180 a. de mineral. Este se revuelve bien durante media hora y se tapan todas las portezuelas enlodándolas con argamasa: se conserva el fuego con gran intensidad, sin tocar al cargo ni destapar, hasta que pasadas 12 horas, se verifica la sangría, depositándose el plomo en la caldera esterior que sirve de reposador y de la cual se saca al cabo de una hora para verterlo en los moldes. Antes de esto y así que se ha hecho la sangría, se destapan las portezuelas y se carga de nuevo el horno repitiendo la misma operacion. La fundicion á la alemana se verifica en hornos de manga como los usados generalmente en Freiberg en forma de pirámide truncada, con 8 y medio pies de altura desde el crisol al cargadero. Cada horno funde en las 24 horas de 150 á 160 a. de mineral mezcladas con 40 á 45 de litargirio y bastante cantidad de escorias. El consumo de cok en la operacion es ordinariamente un 40 p $\frac{0}{0}$ del mineral beneficiado. Los hornos llamados castellanos ó pavas tienen de 4 á 5 pies de altura, variándose las otras dos dimensiones, segun la calidad de los minerales. Se funden de estos sobre 300 a. en 24 horas; y en cuanto á los lechos de fusion, y al consumo de combustible, hay poca diferencia entre este método y el anterior. En la fáb. de San José, y en alguna otra se ha puesto en uso una clase de hornos de manga de 6 á 7 pies de altura, 33 pulgadas en cuadro á la altura del cargadero y 4 pies y 2 pul-

los dias de trabajo efectivo en el año minero, se puede decir que no pasan de 300. Ahora bien; con solo el prod. de la plata copelada que consta de oficio, resultan cerca de 7,000 duros para cada dia de trabajo. A esto hay que agregar el valor del plomo obtenido, que lo graduá en unos 10 millones, que hacen para cada dia de trabajo 2,000 duros; y si á esto se agrega el valor del mineral estraido legal é ilegalmente, resulta que su cómputo no puede ser exagerado.

gadas de ancho al nivel de la tobera, los cuales funden de 400 á 500 a. diarias, y al parecer con muy buenos resultados. Como los dos métodos de copelacion son exactamente, el inglés tal cual se practica en Alstonmoor, y el aleman usado en Freiberg, ambos bastante conocidos, no creemos necesario detenernos á hablar de ninguno de ellos. La mezcla adoptada generalmente en aquel pais, para formar el suelo ó plaza de las copelas alemanas se compone en volúmen de dos y medio de marga terciaria cruda, dos de la misma marga calcinada, y una y media de cal viva. Esta mezcla es poco costosa y da muy buenos resultados. El refino de la plata de copela se hace, ó bien en forjas muy sencillas, ó en pequeños hornos de reverbero á la silesiana; ambos métodos son tan fáciles como conocidos, para que nos detengamos en su descripcion.

A continuacion vamos á tratar con algun detenimiento de las principales fáb. de fundicion que se hallan en la Sierra Almagrera.

FABRICAS DE FUNDICION. Se han construido siete fáb. de esta clase: como principales cuatro para el fundido y estraccion de metales que producen las minas de toda la Sierra Almagrera, y son: una en el sitio de Garrucha, titulada: *San Ramon*; otra en el llamado Palomares, con el nombre de *Madrilena*; y dos en el de Villaricos, denominadas *Esperanza* y *Carmelita*. Como de menos entidad ó inferiores, hay otras tres fáb. que se hallan dentro de la misma Sierra, en los sitios Boca de Mairena, Tomillar, Taraal.

La fáb. de *San Ramon*, sit. en Garrucha de Vera, fue erigida en el año 1841 con objeto de beneficiar minerales de Sierra Almagrera, y especialmente los pertenecientes á sus interesados, que componian la mitad de los sócios de la mina Observacion, entre ellos, como mas principal, el Sr. D. Ramon Orozco. Dicho establecimiento ha ido pasando sucesivamente bajo la direccion de facultativos ú operarios nacionales y estrangeros, hasta que á fines del año 1842, viendo sus dueños que no habian aun llegado á tocar los beneficios que se habian propuesto, determinaron suspender todas las operaciones y trabajos, tratando de enagenar, si fuese posible, la misma fáb., asi como la considerable existencia de mineral que se habia ido acumulando. Consiguieron en efecto verificar el traspaso de la fáb.; y sus existencias fueron vendidas en enero de 1843. Mas en octubre del mismo año volvieron á comprarla y fue puesta bajo el esclusivo cuidado de director y operarios ingleses, siendo aquel el bien conocido profesor D. Diego Michell. Esta fáb. consiste: primero, en 15 hornos de calcinar, que pueden hacerlo de 18,000 qq. cada mes: segundo, en 7 hornos de manga, y 3 de copelar: tercero, 2 hornos de reverbero; uno para limpiar el plomo, antes de copelarse, y otro para volver el litargirio á plomo. Los hornos de manga reciben el aire por medio de una máquina de vapor, de fuerza de 14 caballos, siendo la cantidad de mineral que han fundido hasta ahora con 4 hornos, lo mas á la vez unos 20,000 qq. mensuales en un mes con otro. La cantidad de mineral fundida desde 1.° de diciembre de 1843 á 3 de junio de 1844 (26 semanas) fue 118,276 qq., que segun los ensayos del director, se calculó producirian en globo, á razon de 2 2/5 onza de plata por qq., ó sea un total de 286,085 onzas; y resultaron efectivamente de su fundicion 285,008 onzas; ó sea á razon de 47,501 onzas por mes, uno con otro. Produjo ademas la dicha partida 7,600 qq. de plomo. El consumo del combustible y otras materias, fue como sigue:

Carbon calcinado, ó sea coke, qq.	42,146.
Id. de piedra	20,334.
Leña	1,700.
Tierra refractaria	3,604.
Fundente	4,808.

Los gastos de fundicion de cada qq. de mineral salen:

	Rs. vn.	Mrs.
Por carbon y coke	6	18
Leña	»	3
Tierra refractoria, ladrillo id.	»	10
Fundentes	»	18
Hueso en polvo	»	3
Trabajo manual, ó sea salario de operarios y otros gastos	2	25
Total	10	6

Este establecimiento está en el dia recibiendo un aumento considerable á fin de que quede en disposicion de fundir 40,000 qq. de mineral cada mes; y ya para este efecto aprovechaba poco há con el mejor éxito la chimenea subterránea que tiene para condensar los humos plomizos; cuyo conductor hecho á bóveda, es de siete pies de ancho y ocho de alto, con una chimenea á su estremo, de 72 pies de alto, llegando la long. de aquel á 500 varas. Ocupa la fábrica un cuadrilongo de 170 varas de longitud y 105 de latitud. Tiene tres patios con destino á poner los minerales fundentes; hornos de calcinacion y lavadores de minerales; un laboratorio con dos oficinas; otra de contaduria, porteria, diferentes habitaciones para la de 18 operarios ingleses; un almacen para el hierro y demas útiles de la fáb.; carpintería y fragua; otro almacen que ocupa los plomos pobres; y otras tres oficinas bastante espaciosas, con las respectivas capacidades para las copelas y hornos de reverbero. Los operarios que se emplean diariamente, en las faenas de esta fábrica, inclusos los ya citados ingleses son 250.

La fáb. de fundicion de minerales argentíferos, titulada *Madrilena* es de la sociedad de los herederos de Rodas y Compañia de Madrid: está sit. en Palomares, térm. de la v. de Cuevas, prov. de Almería: se halla dist. dos horas de dicha v., 1/4 del r. Almanzora, á la orilla del mar y 2 horas al SO. de las minas del Jaroso. El edificio, sit. en un llano de bastante estension, es de los mas grandiosos y notables de todas las inmediaciones: tiene de largo 200 varas, y de ancho 130; su cuerpo principal se compone de dos pisos; en el bajo hay varias habitaciones destinadas para despacho, porteria, alojamiento de capataces y demas obreros; y el piso alto está dividido en 5 habitaciones grandes y cómodas para los empleados y socios de la empresa, formando todas un conjunto de 17 balcones de fachada y por el lado opuesto una galeria de toda esta estension. En el gran patio hay 5 almacenes para minerales, combustibles, efectos y materiales: en los costados del mismo é independientes de la cerca, 2 edificios que contienen 5 hornos de manga, 3 reverberos, 2 hornos de copela inglesa, y 2 de alemana, con dos cámaras de condensacion para el aprovechamiento de los que desembocan en dos costados de una chimenea de 80 pies de altura. En la parte inferior de la cerca de poniente hay 16 hornos de calcinacion por el sistema inglés, 3 pilas grandes por el aleman y un horno para la calcinacion de huesos, y las oficinas para la fragua, carpinteria, caballerizas, cochera etc. En la parte opuesta á poniente existe un horno reverbero de ensayos, una copela para el servicio del mismo, asi como los hornillos suficientes para el refino de la plata en crisoles, y un laboratorio provisto de todo lo necesario para conocer las operaciones y sus resultados. En el centro del patio existe una bomba hidráulica que surte de aguas abundantes y buenas á todo el establecimiento, y á su frente un puente bascula para carruages de 4 ruedas, pudiendo pesar de una vez en él 1,000 y 1,200 a. En el esterior del edificio hay grandes pedazos de terreno de su propiedad, cultivados y provistos de agua de una noria de mucha abundancia. Los hornos que están constantemente en marcha son 4 de manga que reciben el viento por 4 fuelles de gran magnitud, conocidos bajo el nombre de pavas, movidos por hombres, fundiéndose por lo comun 350 quintales de mineral cada 24 horas, cuyos prod. son variables por la clase de él; pero aproximadamente dan de 40 á 50 quintales de plomo-plata ó de obra, de lo que pueden resultar al mes de 30 á 40 a. de plata y algunos plomos de comercio procedentes de los litargirios. Los minerales que se funden son generalmente de las minas Esperanza, Cármen, Diosa, Mejora y Animas. El número de operarios que se emplean diariamente en todas sus labores es de 80 á 90 hombres.

La fáb. *Esperanza*, construida en 1842, está sit. en Villaricos, térm. jurisd. de la v. de Cuevas, al SO. del barranco Jaroso. Es cuadrado el sitio que ocupa de 130 varas de long. id. de lat.; dentro del edificio hay casas para el director facultativo y contador, 12 habitaciones para los operarios, almacen para plomos, otro para litargirios, otra para hierros, otro para los demas utensilios, casas para carpinteria, fragua y depósito de agua. Sus propietarios son de Cuevas, cuya empresa se compone en la actualidad de 23 acciones. Tiene 8 hornos de fundicion, que consumen al dia unos 300 quintales de mineral de Sierra Almagrera: funden alternativamente, y seis de ellos con viento de pavas, movidas por una máquina, dando á la vez el mismo movimiento á las de las dos copelas: su forma, castellanos de escoria parada. Tiene dos copelas alemanas, laboratorio, 12 hornos de calcinacion y un reverbero: un almacen para hacer las brascas, molino para las tierras y cuadra para caballerias. Dió principio á la fundicion en diciembre de 1842, y los operarios que en las labores diarias se ocupan son en número de 90. El prod. que rinde cada quintal, segun el ensayo de operaciones de fundicion, resulta ser de 2 onzas 1/2 de plata el que mas, por ser variable, y ninguno baja de 2 onzas, y 2/5.

La fáb. *Carmelita* está sit. en Villaricos á la orilla del mar cerca de la torre de este nombre, al SO. de las minas del barranco Jaroso. Tiene de long, 180 varas, de lat. 100; ocho hornos de manga alimentados de viento por una máquina de vapor de la fuerza de diez caballos, que mueve á la vez un cilindro suplente de doble efecto, un brocardo para moler las tierras margas para las copelas, etc. Se hallan tambien en dicha fáb. dos grandes hornos de copela del sistema aleman, y se va á construir otro dentro de poco tiempo: hay ademas otro horno de copela de sistema inglés, y se habrá acabado de construir un nuevo taller para colocar siete hornos de manga, componiendo en todos el número de quince, que serán alimentados de viento por una máquina de motor animado. Tambien se habrá concluido una grande chimenea de condensacion de 30 varas de altura y 600 de long. para recoger el óxido de plomo que sale de los hornos en la marcha de sus operaciones, cuya altura unida á la del monte donde está la chimenea, forma una elevacion de 73 1/2 varas sobre el nivel del suelo de dichos hornos. Se halla tambien en esta fáb. una magnifica casa moderna para el alojamiento del director facultativo, del contador y del guarda-almacen; otros locales para los socios de la empresa cuando van á dicha fáb. y ademas en el interior de la misma, otras casas para los operarios. Se funden cada 24 horas en los hornos de manga unos 400 quintales de mineral de la mina del Carmen y de las Animas, donde son interesados los accionistas de la empresa metalúrgica de esta fáb. El producto de plata que se estrae de dichos minerales es variable segun el estado de limpieza de los mismos, pero vienen á producir los 40 ó 50 quintales de plomo de obra que dan los hornos en las 24 horas, unas 30 á 40 a. de plata en el mes y algunos plomos pobres que se sacan de los litargirios. Producen las minas que alimentan esta fáb., á saber: la del Carmen 60,000 a. y las de las Animas unas 1,500 a. mensuales; advirtiendo que las acciones de las minas son 30 y las de la fáb. 16. Trabajan en ella unos 80 hombres al dia. El director gerente de la empresa de esta fáb. es Don Manuel José Soler Flores. Tambien existe en el mismo sitio un boliche que le han hecho ya insignificante las fáb. establecidas en este punto.

La fáb. de fundicion nombrada *Contra Viento y Marea* se halla sit. en la boca de Mairena de Sierra Almagrera, á una milla NO. de las minas ricas del Jaroso: es de 100 varas de long. y 50 de lat. Contiene una casa habitacion para el director y empleados, otras para operarios; tres hornos de manga, 4 de calcinacion, uno de fundicion reverbero para reduccion de litargirios, dos copelas y una chimenea de condensacion de 28 varas de elevacióu á dist. de 130 varas de los hornos: tenia agua corriente sacada de una rambla á unas 2,000 varas de dist. para el servicio de la fáb. la cual ha sufrido pérdidas considerables en los minerales comprados en Sierra Almagrera. No puede decirse nada de sus prod. por hallarse suspensas las operaciones. Fue la primera fáb. que se estableció en el distrito, y la primera plata que se sacó de las minas de Sierra Almagrera, construida y dirigida por D. Francisco Scolto, de nacion inglesa. En la actualidad se encuentran sin ejercicio las máquinas.

La fáb. nombrada *Encarnacion* en el Tomillar, fue edificada desde el 4 de abril de 1842 hasta fines del 43, á la falda del monte de Almagrera como unas 300 varas mas bajo de la de la boca de Mairena. El edificio tiene de lát. 50 varas y de long. 80, y se compone de 10 oficinas de hab.; cuatro de ellas para el director, copelador y otros operarios, y las restantes para depósito de plomos y otros metales; seis hornos de fundicion aunque no estan en ejercicio mas que dos, de viento de pavas ó castellanos, que consumen de mineral de toda clase unas 520 a. diarias, traídas de las minas de Almagrera, cuyos prod. suben por lo general á dos onzas y 2/5 en plata. En las faenas se ocupan diariamente 30 hombres, y la sociedad se compone de 20 acciones.

La fáb. *Acertera* (vulgo del Francés) en el Tarahal, está sit. al poniente de Sierra Almagrera y dist. de 10 minutos de la boca de Mairena. Se dió principio á su construcion el año de 1839, y fue concluida en el 41. Tiene 35 varas de lat. y 64 de long.; ocho oficinas, dos para la contabilidad, otras dos para el copelador, dos para el director, una para los operarios y otra que sirve de almacen para depósitos de metales: ademas existe la del propietario de la fáb. D. Manuel Martin Molina. Son cuatro los hornos de fundicion en ella de la clase de viento ó pavas castellanas: la chimenea de condensacion es de 150 varas por 50 de elevacion: funde solo un horno unas 300 a. diariamente de mineral del Jaroso, al costo de 10 rs. y prod. de plata á razon de 2 onzas 2/5 por lo regular. Se emplean en las labores diarias 36 hombres.

En el Pozo del Esparto, dentro del lim. de Sierra Almagrera, se está construyendo otra nueva fáb.

OPERARIOS. El número de trabajadores que se ocupan en unas minas como las del Jaroso, no se puede fijar con toda exactitud, porque es muy variable de una varada á otra, y aun todos los dias se despide ó admite gente; por consiguiente, solo como término medio, puede decirse que, en el mes de julio de 1843, segun las listas de los capataces, habia 1,652 hombres trabajando en las seis minas ricas, y agregando 143 de las empresas de la Constancia y de la Virgen del Mar allí inmediatas, son 1,795 en el barranco Jaroso.

En el laboreo de todas las minas que se benefician en Sierra Almagrera, se ocupan sobre 9,800 personas.

Mas dificil todavia es decir el número de caballerias empleadas en el transporte de minerales á las fundiciones, porque este transporte no se hace con uniformidad, sino con arreglo á las necesidades de las fáb. de fundicion, que hacen sus acopios para temporadas mas ó menos largas; asi es, que hay dias que causa confusion la multitud de caballerias que alli se presentan, al paso que en otros, apenas se ven mas que las de los abastecedores de víveres y del agua. Para sacar el térm. medio de las que vienen á ocuparse diariamente, seria necesario examinar los asientos de los capataces de las seis minas, durante todo el año; empresa que no deja de ofrecer dificultad. Sin embargo, teniendo presente que son muy pocos los arrieros que hagan viaje todos los dias del año, no es muy desacertado decir, que se ocupan en el transporte de minerales y abastecimiento de víveres y de materiales, sobre 1,000 caballerias menores, conducidas por 200 á 250 hombres. Ya se sabe que la carga de caballeria menor es de 8 a.

Para dar una idea de la nomenclatura alli asignada á cada una de las diferentes faenas que se ejecutan en las minas, copiamos á continuacion una lista, facilitada al Sr. Ezquerra por el capataz principal de la Observacion, de los trbajadores ocupados á la sazon en su mina.

OBSERVACION.

OPERARIOS QUE TENIA DICHA MINA.

Capataces principales	2
Capatáz de fortificacion	1
——— de picadores	2
Capataces de gavia	2
Capatáz de garbilladores	1
Picadores	46
Torneros	20
Amainadores	8
Enganchadores	4
Llenadores	2
Gavia primera	39
Idem segunda	47
Limpiadores	3
Guardilloneros	12
Garbilladores á jornal	15
Idem á partido	50

Carpinteros	1
Albañiles	3
Guardas	2
Total	260

Se llama *gavia* á la cuadrilla de muchachos empleados en arrimar los minerales á los cargadores de los pozos, ó bien en sacarlos hasta la superficie, si la mina no está bien trabajada, pasándose las espuertas de mano en mano. Entre estos muchachos se escogen tres ó cuatro de los mas listos, para *correos* y para *mencheros*, los cuales tienen un real ó dos mas de surplus en su jornal. El correo lleva siempre su alcuza de aceite y una provision de torcidas, y tiene que acudir cuando le llaman para aviar los candiles de todos los trabajadores que se hallan dentro de la mina; ademas tiene que subir á la frágua toda la herramienta que se inutiliza durante el trabajo, y bajar del almacen la que ha de reemplazarla. Llaman *menchero* al que hace las mechas para la pega de los barrenos.

Si la distribucion de los operarios en las diferentes faenas esta bien entendida, como hemos visto, no sucede así con las horas de trabajo. Las entradas ó remudas se hacen de sol á sol, de modo que en el verano los del dia salen á 16 horas de trabajo, cuando los de la noche solo salen á 8 horas. Esto trae dos graves inconvenientes, el primero es que no hay hombre capaz de desplegar un trabajo activo durante 16 horas, y por consiguiente aquellas gentes tienen que pasar una parte del tiempo sin hacer nada ó haciendo muy poco sin que esta pérdida sea compensada por los trabajadores de la noche, porque no hay razon para exigírselo. El único descanso de reglamento, mas bien de costumbre, es, una hora para comer á mediodia, debiendo haber almorzado antes de entrar en la mina; pero como muchas veces los contratistas de víveres y sobre todo los del agua, se hallan bastante en retraso, resulta que no está el rancho dispuesto tan temprano, y hay que dar otro descanso para salir á almorzar. Un capataz de los de la superficie es el que da la señal para la salida pegando con un palo en la armadura del torno y gritando ¡*cadena*! Esta agradable voz es repetida por los cargadores que se hallan en el fondo del pozo, y se va comunicando de unos á otros hasta las últimas profundidades y hasta los últimos rincones de la mina, poniéndose todos los operarios en marcha para salir á la superficie á respirar el aire libre. Este gran descanso para la comida comprende á todos los operarios de mina tanto del interior como del esterior; aun cuando coman por su cuenta; pero ademas se conceden otros pequeños descansos para fumar á voluntad de los capataces de gavia en el interior, y que suelen durar unos 15 minutos y ser cuatro ó cinco en cada entrada. Para anunciar el descanso se grita ¡*tabaco*! y para volver al trabajo se dice ¡*á otra*! Es admirable el ver como respetan y obedecen estas voces los trabajadores, aun cuando esten aislados en el estremo de una escavacion. La voz *cadena* parece que debe traer su orígen de cuando en España se trabajaban las minas por presidarios. Cuando se da cadena por el relevo, los picadores y barreneros dejan la herramienta en el sitio de su trabajo, y los trabajadores de nueva entrada se colocan en donde la encuentran, y si el barreno esta ya empezado, lo continuan. Para que por este método no se estravie alguna herramienta, quedando enterrada entre los escombros, es necesario que los capataces del interior sean muy vigilantes, porque rara vez son las entradas de un número fijo de trabajadores, y hay ocasiones en que las barrenas y los martillos yacen en el mismo sitio descansando siete y ocho dias. El que los trabajadores se lleven alguna pieza no es posible, porque, como todos tienen que salir por la boca del pozo y su vestuario se reduce simplemente á camisa y calzoncillos, no pueden ocultar nada al capataz que se halla allí presente. No hay hora determinada para la pega de los barrenos; cada trabajador prende el suyo cuando lo tiene concluido y arreglado: lo mas que hacen es aguardarse un poco los que estan inmediatos. Para avisar gritan ¡*barreno*! de modo que á lo mejor se ve uno atacado por los cuatro costados con el eco de esta terrible voz, sin saber á donde revolverse ni guarecerse. Creen algunos que este método tiene muchas desventajas con respecto á la pega general; es verdad que cuando se oye el grito de barreno, todos los operarios allí inmediatos tienen que dejar su trabajo; pero la suspension es de muy pocos minutos, y cuando la pega es general todos los trabajadores se paran, lo menos media hora antes, esperando la señal, de lo que resulta tal vez mas pérdida de tiempo. El grande y verdadero inconveniente que tiene la pega individual es, el riesgo á que están espuestos los que transitan por la mina: pero como ya lo saben, andan siempre con la mayor precaucion. El resultado es que, por esta causa no hay allí mas desgracias que en otras minas mejor ordenadas, y en las pocas que hasta ahora han tenido lugar, han sido víctimas como en todas partes los mismos trabajadores que abren los barrenos, bien por torpeza suya ó por querer echarlá de valientes, y no tomar las precauciones que dicta la prudencia.

Ya hemos visto cual es la distribucion de las horas de trabajo en las faenas de las minas; pero este trabajo no sigue todos los dias del año, sino que tiene algunas interrupciones que llaman *varadas*, ó mas bien, este nombre se aplica á los dias de trabajo que transcurren entre dos descansos ó interrupciones, que nunca duran mas de ocho ó diez dias, segun son las festividades en que se disfrutan. La primerá varada suele ser los tres dias de Carnaval; luego viene la de Semana Santa y Pascua de Resurreccion; los tres dias de Pascua de Pentecostés, dos ó tres dias por el Córpus; otros tantos por la Vírgen del Cármen, patrona de aquellas minas; la feria de Cuevas, en el mes de agosto, tambien es una varada de ocho dias; y por último la de Navidad, desde la víspera de Nochebuena, hasta el 2 de enero. Los domingos y dias festívos intermedios no se deja de trabajar: en una de aquellas elevaciones, en la demarcacion de la Estrella, hay una capilla construida á espensas de las cinco minas, por escitacion del muy conocido D. José Sanchez Puerta, cura párroco de Cuevas, cuya actividad y carácter conciliador forman uno de los principales elementos para el fomento de aquella mineria: en esta capilla se dice la misa; y solo durante ella se suspenden los trabajos.

Esta costumbre de las varadas está fundada en la naturaleza misma del pais, que es muy poco poblado, y mucho menos la Sierra y sus inmediaciones, por la falta de agua. En aquellas minas no se consienten mujeres, medida muy acertada aunque puesta en ejecucion de un modo algo grosero: en asomando por el barranco un individuo del sexo contrario, todos los operarios de la superficie, inclusos los torneros, emprenden una griteria espantosa, diciéndoles mil denuestos acompañados con el sonido del choque de las herramientas. De todo esto resulta que, los trabajadores viven separados de sus familias, que necesitan visitar de cuando en cuando, aunque no sea mas que para dejar la camisa sucia y tomar una limpia. En las varadas cortas, los trabajadores que tienen sus habitaciones demasiado dist, se bajan á la orilla del mar á bañarse y lavar su ropilla.

El trage de mina ya se ha dicho que no puede ser mas sencillo; camisa, calzoncillos y alpargatas; algunos suelen llevar faja. Dentro de la faja, ó sino en la misma cinta de los calzoncillos, llevan una caña con las mechas y pajuelas, la navaja, papel y tabaco y un pedazo de pan: algunos suelen llevar tambien una mochila ó cestita de esparto colgada á la espalda, pero son los menos.

Jornales de los trabajadores.

Los operarios de las minas del Jaroso se ajustan de dos modos; á jornal seco, ó con la manutencion, suministrándoles ademas todos los utensilios y herramientas, pues ni siquiera llevan el martillo, como es costumbre en casi todos los paises mineros.

Los picadores ó barreneros ganan,	con rancho	4 1/2	rs.
	sin rancho	7	»
Los torneros	con rancho	4	»
	sin rancho	6 1/2	»
Amainadores y enganchadores	con rancho	3 1/2	»
	sin rancho	6	»

La gente de gavia tiene tres precios.
con rancho 1 1/2, 2 y 3 rs.
sin rancho 4, 4 1/2 y 5 1/2.

Los gravilladores	con rancho	5 1/2	»
	sin rancho	7 1/2	»

Para la manutencion les tienen señalado 3 libras de pan por plaza; pero si quieren comer mas, no se les pone tasa: ademas se les da tres ranchos, almuerzo, comida y cena. El almuerzo se reduce á un gran caldero lleno de agua hervida con sal, y por encima un poco de aceite con ajos fritos; en este caldo mojan pan, de modo que viene á ser unas sopas de ajo; pero los trabajadores lo llaman el *café*. Para la comida, un rancho de dos clases de menestra, cocidas con aceite, y variando entre el arroz, patatas, judias secas, garbanzos y fideos: á esta comida la llaman ellos *bazofia*. Para la cena es otro rancho de una sola menestra, y la llaman *gandinga*. Desde luego se deja presumir que todos estos ranchos, como cosa de contrata, no siempre son de lo mas esquisito, á pesar de los esfuerzos que hacen los dueños de las minas para obligar á los contratistas á que cumplan lo estipulado.

El sueldo de los capataces principales es 14 rs. diarios; los capataces de gavia ganan 8 1/2, y 9; los capataces de fortificacion 24, y 26 el que hace cabeza. A todos los capataces les dan habitacion y carbon para guisar, y los principales tienen ademas otros pequeños auxilios. Los carpinteros y albañiles ganan de 12 á 14 rs. de jornal.

Datos sobre precios de algunas labores en las minas de Sierra Almagrera.

ESCAVACIONES. Las escavaciones se ajustan por varas lineales ó longitudinales, tanto en pozos como en galerias, pero las contratas se hacen de dos modos, á saber: ó bien se ajusta solo el material de la escavacion, siendo de cuenta de los dueños la estraccion de záfras y mineral, ó bien los destajeros entran con la obligacion de dejar libre y espedita la escavacion, sacando todos los escombros á la superficie. Este segundo caso es el que nos interesa, y los precios mas comunes son los siguientes:

EN POZOS. La vara longitudinal en un pozo de 1 1/2 varas en cuadro, suelen abrirla:

En las primeras 50 varas de profundidad, á razon de. . . . . 5—6 duros=48 rs. vara cúbica.
En las 50 varas siguientes á. . . . . 8—9 duros=75 rs. vara cúbica.
En otras 50 mas profundo, á. . . . . 11—12 id.=100 id.

La vara longitudinal en un pozo de 3 varas de largo y 2 de ancho, la hacen:

En las primeras 50 varas de profundidad, á razon de. . . . . 8—10 duros=30 rs. vara cúbica.
En las segundas, á. . . 14—16 duros=50 id.
En las terceras, á. . . . 18—20 id. =64 id.

EN GALERIAS. La vara longitudinal en una galeria de 1 3/4 vara de alto y 1 1/4 de ancho:

Si comunica con un pozo de 100 varas de profundidad, se paga á razon de 10-12 duros que vienen á salir. .100 rs. la vara cúbica.
Si comunica á 150 varas de profundidad, se paga de 14—16 duros, resultando á unos. . . . . 138 rs. id.

La vara longitudinal en una galeria de 2 1/4 varas de altura y 1 1/2 vara de ancho:

Comunicando con un pozo á las 100 varas de profundidad, se paga á razon de 18—20 duros, que hacen 112 rs. por cada vara cúbica, y si comunica con el pozo á las 150 varas, se paga de 24—26, que viene á resultar unos 150 rs. por cada vara cúbica.

El exámen y el estudio de solo estos datos, ofrece desde luego una porcion de consecuencias, dignas de la mayor atencion, sobre el mejor modo de establecer los ajustes de las escavaciones.

En Almaden se ajustan estas á pagar un tanto por cada una de las varas cúbicas que resulten de hueco abierto por los destajistas. Este método parece ser el mas justo, el mas científico, y por consiguiente el mas exacto; y efectivamente es así cuando las escavaciones son irregulares, como sucede generalmente en las labores de arranque; pero cuando las escavaciones han de marchar con cierta regularidad ó constanci en sus dimensiones, ya no es buena base la medida, la vara cúbica, como se demuestra por los precios corrientes, establecidos en Sierra Almagrera. Por dichos precios se ve que en un pozo de poca amplitud, resulta la vara cúbica de escavacion á un preeio mucho mayor que en otro pozo mas copioso, siendo por lo demas todas las circunstancias las mismas; por consiguiente, la vara cúbica no debe en los pozos tomarse por unidad de medida, bajo el punto de vista económico. La razon de que en los pozos mas espaciosos resulta mas económica la vara cúbica de escavacion, es muy fácil de comprender. Toda escavacion en pozo ó de caldera, se va haciendo, digámoslo así, por capas ó tongadas; y lo que mas trabajo cuesta es hacer la primera entrada en cada capa, porque el resto de esta se escava hácia los costados; y teniendo siempre un frente ya franqueado, por el cual pueden arrancar los picos ó bien romper los barrenos. Por consiguiente, cuanto mas ancho sea el pozo, mas varas cúbicas de escavacion arrojará de sí cada capa ó tongada, sin necesidad de hacer mas que una vez el trabajo cerrado, ó de verdadera profundidad, que es el mas penoso: el operario podrá abrir mas varas cúbicas en igual tiempo, ó lo que es lo mismo, podrá escavar cada vara cúbica á menos precio.

Lo que no se esplica tan fácilmente es, porqué la vara cúbica de escavacion en galeria resulta mas cara que la vara cúbica de pozo, cosa contraria á lo que se verifica en todos los paises donde hay minas. Sin embargo reflexionando un poco se ve una razon y es que, como en los citados precios incluyen, no solo la parte de escavacion, sino tambien la estraccion de los escombros resultantes de ella, es claro que, cuando escavan galerias, tienen los destajistas que poner un hombre mas, para que lleve los escombros desde el sitio de labor hasta el enganche del pozo, cuya operacion en los pozos la hace el mismo barrenero ó picador sin moverse de su sitio. Pero la diferencia de precio es demasiado grande para que sea esta la única causa, ni tampoco esplica por qué, en una galeria de mayores dimensiones resulta á mas precio la vara cúbica, á la inversa de lo que sucede en los pozos y que hemos demostrado estar arreglado á razon. La causa de esta anomalia cree el Sr. Ezquerra haberla encontrado, en que, á pesar de ser los mineros de las Alpujarras y de Sierra Almagrera muy buenos trabajadores, no pueden trabajar en pie, porque se cansan al momento. En la labor de caldera ó de pozos siempre están sentados, como que generalmente abren el barreno entre las piernas, que tienen estendidas á todo su placer; por consiguiente el trabajo cunde. En las galerías de 1 3/4 varas de alto todo lo mas, si pueden trabajar sentados la mitad del tiempo, el resto tienen que estar en pie, ó cuando menos con una rodilla en tierra: ya no cunde tanto el trabajo. En una galeria de 2 1/4 varas de altura la mayor parte del trabajo tiene que hacerse estando el operarío de pie derecho, y esta es la razon porque resulta mas cara la escavacion. No se crea por esto que en otras partes los picadores y barreneros no tratan tambien de buscar su comodidad; al contrario, siempre que pueden trabajan sentados, y para esto andan á rebusca de palos y tablas viejas con que arman unos tinglados y se ponen al nivel del punto en que tienen que picar ó barrenar; pero en las minas de las Alpujarras lá madera está tan escasa que no se ve en ellas un palo. En las del Jaroso ya se encuentran maderas, y los apoderados de las campiñas suministran toda la que hace falta para las fortificaciones; pero como es género caro, se gasta con economia y los barreneros no tienen en donde echar mano para armar sus tingladillos. En ambas localidades suelen arrimar un canto grueso de mineral y ponen encima de él una espuerta para formar asiento, pero con esta artimaña es bien poco lo que se puede elevar del piso de la galeria.

En el mismo principio de trabajar sentados está fundada la aficion que tienen los mineros de las Alpujarras á abrir esas cañas agrias ó *galerias entrancadas*, labor tan antiminera y tan contraria á los principios del arte. Los mineros de las Alpujarras, al pasar á Sierra Almagrera, han llevado consigo y han introducido allí la aficion á las trancadas.

Los precios antes referidos son los generalmente adoptados en Sierra Almagrera: añadiremos ahora algunos ajustes particulares que se han hecho últimamente en la mina la Observacion y que pueden servir de datos para los mineros en otros distritos. El segundo trozo del pozo maestro, con 3 varas de largo y dos de ancho, que empieza á mas de 100 varas de profundidad, se ha ajustado en 180 rs. la vara longitudinal resultando por consiguiente á 30 rs. vara cúbica. Es cuenta del asentista poner la pólvora, el aceite para las luces y la compostura de las herramientas, que pertenecen á la empresa. El asentista tiene que subir los escombros y menos hasta la boca del nuevo trozo del pozo, y desde allí á la superficie es por cuenta de la empresa. En otra profundidad de iguales dimensiones ha quedado la vara lineal en 50 rs.; pero la empresa suministra todo, y además da de comer á los trabajadores en el rancho general. Una galería que se escava á las 100 varas de profundidad, con 2 de altura y 1 1/2 de ancho, se ha ajustado en 120 rs. vara longitudinal. La escavacion de un banco con 3 1/2 varas de altura y todo el ancho del filon que es por lo menos de 2 varas, ha quedado en 80 rs. vara longitudinal. De estos ajustes resulta como de los anteriores que, la vara cúbica de escavacion en galería sale siempre mas cara que en pozo. Tambien se ve lo ventajosísima y económica que es la labor en bancos comparada con la de testero y con la de caldera, sobre cuya circunstancia deben fijar su atencion los mineros.

MAMPOSTERIAS. Las notas siguientes comunicadas por los respectivos capataces de fortificacion, darán á conocer el coste que tenian las obras de mampostería en el mes de junio de 1843.

Mina Observacion.

PRECIO A QUE RESULTA CADA VARA CUBICA DE OBRA EN LOS ARCOS DE BOVEDA.

Materiales.

	Rs. vn.	Mrs.
Por 120 ladrillos á 37 rs. el ciento.	44	13
Por 5 fan. de yeso á 4 1/2 rs.	22	17
Por 5 cargas de agua á 2 rs.	10	
Por introduccion de materiales.	5	
Mano de obra.		
Por jornal de los alarifes.	10	
Por jornal de peones.	12	
Por escavacion de las rafas.	12	
Costo total de la vara cúbica.	115	30

Mampostería de piedra en muros.

Coste de materiales inclusa su introduccion.	34	
Mano de obra.	16	
Total de la vara cúbica.	50	

Mina del Cármen.

En los arcos de bóveda.

Por jornal de alarife.	9	
Por id. de peones.	10	
Por 120 ladrillos á 37 rs. el ciento.	44	13
Por 5 fan. de yeso á 4 1/2 rs.	22	17
Por 5 cargas de agua á 2 rs.	10	
Por escavacion de las rafas.	11	
Por dos libras de aceite para los candiles.	4	
Total de la vara cúbica.	110	30

Mampostería de los muros.

Materiales, introduccion y alumbrado.	37	
Mano de obra.	14	
Total de la vara cúbica.	51	

Nota del ladrillo que entra en cada vara longitudinal de bóveda, y precio á que esta resulta, con la amplitud ó anchura de 4 varas.

	Ladrillos.	Precios.
Teniendo la bóveda un pie de espesor.	208	190
media vara.	340	310
tres cuartas.	416	380
una vara.	480	438

Es de advertir que en el dia se han establecido las fáb. de ladrillos á la misma entrada de la sierra en lo que llaman la *Boca de Mairena*, con lo cual ha bajado de 5 á 6 rs. el precio del ciento. Tambien se está ensayando el mezclar arena con el yeso para la traba de la mampostería que debe producir una economía nada despreciable.

ALM

En la mina la *Estrella* se empezaron á construir obras de mampostería en el mes de febrero del año pasado 1843; en las otras cuatro no se adoptó esta clase de fortificacion hasta el mes de mayo, y aun en la *Rescatada* no dieron principio hasta el mes de setiembre. El dia 20 de diciembre del mismo año se dió la última varada de Pascuas, y resultaron construidas las obras siguientes en las cinco minas principales.

Varas longitudinales en las bóvedas generales, tanto de cielo como de piso.	322,57
Cuyas bóvedas arrojan de sí varas cúbicas.	655
Varas longitudinales en arcos aislados de sostenimiento; en los intermedios de los pisos generales.	71,65
Que producen varas cúbicas.	220,33
En macizos de sobrecargo y citarones, varas cúbicas.	1,775,11
En rellenos para formar pisos.	1,421,64

Es decir, que en tan corto intervalo se han construido, sin contar los rellenos, 2,660,45 varas cúbicas de toda clase de mampostería. Esta clase de fortificacion se ha introducido en las minas de sierra Almagrera, porque resulta mas barata que la entibacion que se necesitaria construir para llenar el mismo objeto; tanto mas cuanto que ha desaparecido el arbolado hasta el de olivos, por haberlo empleado en el combustible de las fundiciones.

En estas sierras como en las Alpujarras se hace la estraccion del mineral con tornos de mano, y en un solo tiro hasta la profundidad de 100 varas que es la máxima á que se aplica; pero no se puede sacar arriba de 4 a. ó sea un quintal de mineral en cada vasija que allí son espuertas. Han sido introducidos nuevamente unos tornos que llaman de *albardilla* que en su esencia no se diferencian de los ordinarios, solo que su long. no pasa de una vara: el diámetro es algo menor que la altura ó long. del cilindro. El nombre que le han dado es sumamente adecuado, porque visto de costado presenta efectivamente la forma de una albardilla, hundido en el medio y levantado por los costados. El cilindro es hueco y está armado con madera de pino; sobre su superficie hay clavadas ó sujetas longitudinalmente unas cuantas *duelas* de madera de haya ó de nogal, y son las que le dan la forma dicha, en virtud de la cual, á medida que va bajando el un cabo del cintero, la parte de este correspondiente al otro cabo y que viene á sobreponerse en el torno, se escurre hácia el medio en razon á la inclinacion de las duelas. De aquí resulta la ventaja de que los toneles ó espuertas van siempre por el centro del pozo, sin tropezar en las paredes, cosa á la verdad bien incómoda y fastidiosa, cuando es el individuo el que baja ó sube colgado. Con el peso ordinario de 4-6 a., basta que el cintero dé una ó dos vueltas sobre el cilindro para que no resbale. En lo que hay que poner mucho esmero es en el ajuste, ó sujecion del cilindro del torno á su eje, el cual en aquella parte debe estar labrado á escuadra ó de cuadrado, pues de lo contrario cuando llega á gastarse un poco el ajuste saltan á lo mejor los clavos y empieza á girar el torno independientemente del eje, en virtud del peso del tonel cargado. Ya han sucedido algunas desgracias por esta causa, y otras se han evitado por el gran cuidado y buena fe de los torneros que se agarran al momento al cintero.

Segun los partes remitidos á la Direccion general de Minas por los inspectores de los distritos, resulta que en el año de 1843 la plata copelada que se ha sellado y ha pagado el derecho del 5 p0/0 asciende á 229,090 marcos, los cuales si se hubieran vendido al precio de 181 rs. el marco de 12 dineros, segun se paga en las casas de moneda del reino, hubieran producido 41.465,290 rs. Toda la plata copelada ha marchado á Francia donde la pagan á 24 rs. onza; pero como en cambio nos dan la moneda que llaman Napoleones (en la costa los llaman *cabezones*) que recibimos por 19 rs., cuando en realidad no valen mas que unos 17 1/2 rs., ha salido la Francia beneficiada por esta diferencia del valor en el cambio de la moneda en 3.472,521 rs., por la adquisicion de dicha cantidad de plata.

En el artículo de *Lorca*, residencia de la Inspeccion que se titula de Almagrera y Murcia, presentaremos mas datos acerca de la riqueza minera de todo el terr. que aquella comprende, limitándonos ahora á insertar el adjunto resúmen estadístico del quinquenio de 1839 á 1844.

INSPECCION DE MINAS DE SIERRA ALMAGRERA.

Resumen estadístico del quinquenio de 1839 á 1844.

RAMO DE BENEFICIO.

Oficinas de beneficio construidas durante el quinquenio.	Idem abandonadas durante idem.	Idem existentes en fin del quinquenio.	Número de las que estaban en actividad.	FUERZA DE SANGRE OCUPADA. Personas.	Bestias de tiro.	Bestias de carga.	PRODUCCION EN QUINTALES CASTELLANOS. Plomo.	Litargirio.	Azufre.	Alumbre.	PLATA. Marcos.	Onzas.	Valor del 5 por 100 de los minerales beneficiados sujetos á esta contribucion. Rs	Mrs.	Cantidad cobrada por dicho concepto durante el quinquenio. Rs.	Mrs.	PRODUCTOS ESPORTADOS DURANTE EL QUINQUENIO. QUINTALES CASTELLANOS. PLATA. Marcos.	Onzas.	PLOMO. Quintales.
34	2	32	22	1,200	40	500	32,571 3/4	67	50	84,000	210,560	5	1.896.622	11	1.341,253	7	197,359	1	31,500

RAMO DE LABOREO.

Minas registradas ó denunciadas durante el quinquenio.	Minas abandonadas durante idem.	Minas demarcadas en idem.	Minas en labor ó en solidtud en fin del quinquenio.	Número de las que estan demarcadas.	Número de las productivas con arreglo á la circular de 7 de diciembre de 1841.	FUERZA DE SANGRE OCUPADA. Personas.	Bestias de tiro.	Bestias de carga.	Contribucion de pertenencia devengada durante el quinquenio.	Cantidad cobrada en id. por dicho concepto. Rs.	Mrs.	PRODUCCION EN QUINTALES CASTELLANOS. Mineral de azufre.	Id. de plomo.	Id. argentífero.	Id de cobre.	Antimonio.	Manganesa.	Id. de alumbre.	Valor del 5 por 100 de los minerales esportados en bruto durante el quinquenio. Rs.	Ms	Cantidad cobrada en id. por dicho concepto. Rs.	Ms.	MINERALES esportados durante el quinquenio. MANGANESA. Quintales.	Arrobas.
17,600	15,720	1746	188	1740	55	6500	50	250	179,350	193,699	10	120	18,500	1.250,000	1,200	200	12 1/2	1.240,000	1,531	8	1531	8	12	2

ALMAGRO: part. jud. de *ascenso* en la prov. de Ciudad-Real, aud. terr. de Albacete, c. g. de Castilla la Nueva (Madrid) y dióc. de Toledo, comprendido en el térr. de la Orden de Calatrava: lo componen 1 c. y 5 v. que constituyen 6 ayunt., y cuyas dist. entre sí, á la cap. de la prov. á la aud. terr., á la c. g., á la dióc. y á la Córte resultan del siguiente estado:

Almagro cab. de part.										
3	Ballesteros.									
1/2	3 1/2	Bolaños.								
3	4	3	Calzada de Calatrava.							
1 1/2	3	2	1	Granátula.						
2	2	2	3 1/2	3	Pozuelo de Calatrava.					
1	1	1 1/2	2 1/2	3	1 1/2	Valenzuela.				
23	26	27 1/2	24	26	24	24	Toledo, dióc.			
27	30	26 1/2	30 1/2	28	29	28	32	Albacete.		
3	3	3 1/2	8	5	1 1/2	4	18	29	Ciudad-Real.	
33	36	32 1/2	30	34	35	34	12	36	30	Madrid.

SITUADO entre los part. de Daimiel al N., Manzanares al NE, Valdepeñas al E., Almodóvar al S. y parte del O., y el de Ciudad-Real al O.: los vientos que en él reinan con mas frecuencia, son el O. y el SO. con los que llueve regularmente: los del E. y NE. y los del ESO.: su CLIMA es irregular, muy cortas las estaciones de primavera y otoño, y escesivo el calor y el frio en las suyas respectivas: el TERRENO es sumamente llano, sin encontrarse en todo el part. mas montañas que los cerros que se hallan á 500 pasos de la v. de Granátula, los que por su poca elevacion no merecen llamarse tales; estos empiezan á su O. y se dirigen hácia Almagro, estendiéndose 1/4 de leg., y contando de 600 á 800 varas de altura: á 1/2 cuarto de esta c. se levanta otro montecillo llamado de Almagro, el cual se prolonga por él 1/2 leg. en direccion al Pozuelo, despues de cruzar una garganta que se encuentra en el camino de Ciudad-Real; contiene algunas encinas, carrascos, y mucho monte bajo de chaparro: tambien se ve la elevacion del cerro titulado la Llozosa, que linda con la deh. de los llares por la parte del Moral de Calatrava; la muy pequeña altura de las Casas sit. al N., en cuya cima existe un torreoncito de argamasa, del tiempo de los romanos, de 5 varas de frente y 2 1/3 de altura, el cual se conoce con el nombre de los Santiagos: el cerro llamado de los Obispos, en cuya falda se halla la antiquísima ermita de Ntra. Sra. de Azuqueca: todas estas montañas forman diversas cañadas, de las cuales la mas notable es la del puerto de Perales, yendo desde Borondo á Granátula por las casas del Pardillo, las Cándidas, Matabestias, la Caridad, en donde hay tambien una ermita bastante regular y los Cerrillos. Debe contarse igualmente en este part. gran parte de la sierra del Moral que hay que subir en la inmediacion de esta v. para ir á Manzanares, entrando en su descenso por la deh. denominada de Siles, térm. de dicha pobl.; en lo mas alto de esta sierra, se encuentra el torreon que llaman de la Mezuera, desde el cual se divisa mucha parte del part. que se describe y de los de Ciudad-Real, Daimiel, Alcázar, Infantes, Valdepeñas, Almodóvar y Manzanares; próxima á dicho torreon existe la abundante fuente del Borrico, contándose ademas otras varias en distintos puntos de su terr., entre las cuales son las de mas consideracion las tituladas de Cervera, Gotera, San Isidro, las famosas aguas de Puerto-llano, los célebres baños de los Hervideros, aquellas en la v. de su nombre y estos en la de Pozuelo de Calatrava; y últimamente las estensas lagunas de Torroba, de la Caridad y de Acebuche, formándose de esta última las fuentes de buenas aguas que hay en la casa de Paraguis y en la de los Arroyitos jurisd. de Pozuelo y Ballesteros. Atraviesa el terr. de este part. jud. el r. Jabalon, que nace en los ojos de Montiel á una leg. á su O.; pasa á 1/2 S. de la v. de Infantes por las inmediaciones de la famosa ermita de Ntra. Sra. de la Antigua, á 280 pasos S. de Alcubillas, y á 200 N. de Torre-nueva, y dejando el part. de Infantes se introduce en el de Valdepeñas; desde aqui cruza á una leg. O. del Moral de Calatrava, y entra en el part. de Almagro poco antes de llegar al espresado cerro de los Obispos y Ntra. Sra. de Azuqueca; y despues de fertilizar sus tierras se dirige al Guadiana por entre Ballesteros y Pozuelo, saliendo del térm. de este part. á 3/4 de leg. del primero: los puentes que cuenta para su tránsito son los siguientes: primero; el que hay en el camino de Montiel á Infantes: segundo; el de Almedina á dicho pueblo de Infantes; tercero; el de Villamanrique y los pueblos de la sierra de Segura, á la espresada v., el cual está sit. en la inmediacion de la Vírgen de la Antigua; cuarto; el de Alcubillas: quinto; el de Torrenueva á 1/4 de leg. escaso de esta pobl.: sesto; el denominado de San Miguel en el camino real de Valdepeñas á Sta. Cruz de Mudela, 1 leg. del primero y 1 1/2 del segundo, celebérrimo en la guerra de la Independencia, á causa de que en él dió muchos golpes á los franceses el famoso Albad, (alias Chaleco): sétimo; el que se halla á 300 pasos de la ermita de Azuqueca conocido por el puente de Jabalon, y á 350 de este, otro que parece ser de fáb. romana y se dice construido por un llamado Publio Bebio Beneto Oretano, congeturándose asi de una inscripcion, todos los cuales constan de uno ó dos ojos de piedra moledreña á escepcion del último que tiene cinco, 200 pasos de long. y 6 varas de lat.; y finalmente el de madera que llaman del Algueil que sirve para el paso de ganados. Cruza tambien por el terr de este part. el arroyuelo titulado Pellejero; nace en las cañadillas de Granátula, baja por la der. de Valenzuela, y pasando por la linde meridional de Almagro donde han construido un malecon de tierra para que no perjudique á esta c., sin embargo de que no lleva agua sino en años muy lluviosos, ó de resultas de una grande tempestad, corre por el lím. O. de Bolaños: desde este punto se dirige por los Santiagos hácia Ciudad-Real, yendo de Manzanares por el camino de la ermita arruinada de Ntra. Sra. de Ureña de la v. de Daimiel, en cuyo sitio tuerce su curso á la der., cruza á 200 pasos O. de Torralba y entra en el part. de la referida c., incorporándose con el Guadiana mas abajo de Calatrava, déjando 1/2 leg. á su izq, á Carrion. Todos los caminos que en él se encuentran son bastante llanos por la naturaleza del suelo: su IND. consiste solamente en el cultivo de los campos á que se dedican la mayor parte de sus hab.; esceptuando la famosa fab. de blondas de Almagro con ramificacion en varios pueblos del part., y en cuya c. se celebran dos ferias, la una en el mes de abril, y la otra en agosto: las tierras que comprende estan destinadas por lo regular á las prod. de trigo candeal fino y basto, cebada, centeno, maíz en poca cantidad, patatas en abundancia, aceite, vino y esquisitas verduras en sus huertas, como son: pimientos, tomates, melones, sandias, habichuelas, pepinos, cohombros, cebollas grandes y algun anis: el sobrante de todos estos frutos se esporta á los pueblos en que carecen de ellos, y el vino y aguardiente para Madrid, importándose arroz, bacalao, granadas, naranjas y limones: sus naturales son de buenas costumbres y pacíficos, siendo esto una consecuencia natural de su aficion al trabajo, en el que encuentran los medios de atender de una manera decorosa á su subsistencia y á la de sus familias.

ESTADISTICA CRIMINAL. Los acusados en este part. jud. durante el año 1843 fueron 50, de ellos 6 absueltos de la instancia y uno libremente; 41 penados presentes, 2 contumaces: 11 contaban de 10 á 20 años de edad, 36 de 20 á 40, 3 de 40 en adelante; 47 eran hombres, 3 mujeres, 32 solteros, 18 casados, 2 sabian leer. 3 leer y escribir y 45 carecian de esta parte de la educacion: todos los acusados ejercian ártes mecánicas. En el mismo periodo se perpetraron 32 delitos de homicidio y heridas, 1 con arma de fuego de uso lícito, 3 de ilícito, 2 con armas blancas permitidas, 4 con prohibidas, 11 con instrumento contundente, y 1 con otro instrumento ó medio no espresado.

Para concluir este artículo, presentamos los datos de la poblacion, riqueza, estadística municipal, contribuciones, etc. del partido judicial á que se refiere, en el siguiente:

CUADRO SINOPTICO por ayuntamientos de lo concerniente á la poblacion de dicho partido, su estadística municipal y la que se refiere al reemplazo del ejército, su riqueza imponible y las contribuciones que se pagan.

AYUNTAMIENTOS.	OBISPADOS A QUE PERTENECEN.	POBLACION. Vecinos.	POBLACION. Almas.	ESTADISTICA MUNICIPAL. Electores. Contribuyentes.	Electores. Por capacidad.	Electores. Total.	Elegibles.	Alcaldes.	Tenientes.	Regidores.	Síndicos.	Suplentes.	Alcaldes pedáneos.
Almagro.	TOLEDO.	2521	15232	764	»	764	724	1	2	11	1	9	»
Ballesteros.		224	1353	132	»	132	130	1	1	6	1	6	»
Bolaños.		552	3335	252	1	253	247	1	1	8	1	7	»
Calzada.		768	4640	338	3	341	320	1	1	6	1	6	1
Granátula.		405	2447	238	1	239	113	1	1	6	1	6	»
Pozuelo de Calatrava.		448	2707	242	1	243	227	1	1	6	1	6	»
Valenzuela.		248	1498	158	»	158	139	1	1	6	1	6	»
TOTALES.		5166	37212	2124	6	2130	1900	7	8	49	7	46	1

AYUNTAMIENTOS.	REEMPLAZO DEL EJERCITO. Jóvenes varones alistados de 18 á 25 años de edad.	Cupo de soldados correspondiente á una quinta de 25.000 hombres.	RIQUEZA IMPONIBLE. Por ayuntamiento. Rs. Vn.	Por vecino. Rs.	Por vecino. Mrs.	Por habitante. Rs.	Por habitante. Mrs.	CONTRIBUCIONES. Por ayuntamiento. Rs. Vn.	Por vecino. Rs.	Por vecino. Mrs.	Por habitante. Rs.	Por habitante. Mrs.	Tanto por 100 de la riqueza.
Almagro.	Se verán en el estado general de la provincia.	25'4	4.145,300	1,644	10	272	5	325,558	129	5	21	13	7'85
Ballesteros.		2'9	230,000	1,026	27	170		20,115	89	27	14	30	3'74
Bolaños.		7'7	613,000	1,110	17	183	27	41,578	75	11	12	16	6'78
Calzada.		11'8	2.115,000	2,753	31	454	3	104,024	135	15	22	14	4'92
Granátula.		6'8	1.079,600	2.665	23	441	7	61,560	152		25	6	5'70
Pozuelo de Calatrava.		6'3	685,000	1,529		253	2	42,971	95	30	15	30	6'27
Valenzuela.		3'0	262,200	1,057	9	175	1	22,271	89	27	14	29	8'49
TOTALES.		63'9	9.130,100	1,767	11	292	17	618,077	119	22	19	27	6'77

ALMAGRO: c. con ayunt. en la prov. de Ciudad-Real (3 leg), cab. del part. jud. de su nombre, con adm. subalterna de rent., aud. terr. de Albacete (26), c. g. de Castilla la Nueva (Madrid 30), dióc. de Toledo (22).

SITUACION Y CLIMA. Se halla sit. en un llano, donde la combaten todos los vientos por no tener inmediata altura que la domine; su atmósfera es despejada, y el clima bastante saludable, aunque á las veces suelen desarrollarse algunos catarros, pulmonias, calenturas gástricas é intermitentes, y aun viruelas entre los niños.

INTERIOR DE LA POBLACION Y SUS AFUERAS. Tiene 1,371 casas de 2 pisos, muchas grandes y magníficas, distribuidas en 69 calles, 12 callejuelas, 6 plazuelas y una plaza mayor; las calles son espaciosas, llanas y bien empedradas con bastante hermosura en particular las del centro; la plaza mayor consta de 125 varas de long., 44 de lat. y los portales que hay en ambos lados, tienen 3 varas de ancho; casa de ayunt. de muy buenas proporciones; un pósito creado en 1683, cuyos fondos consisten en 25 acciones á la quinta parte del Banco español de S. Fernando, en 900 fan. de grano, y en 12,000 rs. de deuda; 4 posadas, 21 tabernas, carniceria, 1 matadero, la cárcel pública capaz para 120 presos, y el cuartel edificado en 1,754 en el sitio que ocupaba el palacio de los Grandes Maestres de Calatrava, para relevar al vecindario de alojamientos, es muy espacioso y se encuentra en buen estado. Hay tambien una cátedra de latinidad á la que asisten 30 alumnos, una escuela normal de instruccion primaria frecuentada por 50, otra de primeras letras por 200, y dos mas de esta clase, á cada una de las que concurren 80 discípulos, y si bien en el conv. de Sto. Domingo existió la universidad erigida en 1553 por el emperador Cárlos V, solamente permaneció hasta 1824. Tiene ademas dos igl. parr., una dedicada á San Bartolomé, cuyo edificio se hallaba en la parte baja de la Plaza Mayor y fue derribada en 1792, quedando únicamente la torre, en la cual estaba el relox de la c.; pero habiendo sido tambien destruida en este año de 1845 porque amenazaba ruina, dicho relox se trasladó á una de las torres de la igl. de los Jesuitas, en la que se estableció la parr. de que tratamos; este templo es magnífico y muy sólido, para cuya fáb. aprontaron los vec. de Almagro en 1625 la cantidad de 95,616 rs. vn.; sirve el culto un cabildo compuesto de 9 sacerdotes presidido por un cura párroco titulado prior, cuyo destino es perpétuo y lo provée S. M. como Gran Maestre de las órdenes militares á propuesta del tribunal especial de las mismas, y prévia oposicion en concurso general; la segunda igl. parr. bajo la advocacion de la Madre de Dios en el misterio de la Espectacion, se fundó en 1546, habiendo concedido el rey para su fab. que corrió á cargo del maestro Hernando de Valenzuela, todos los valores de las yerbas y aprovechamientos de las deh. de Ilares, Mejorado, y Zanacon por espacio de dos años; se halla servida esta parr. por un capítulo de 8 clérigos presidido por un cura que tambien se denomina prior, y es nombrado por S. M. previos los requisitos ya espresados: y 7 erm. dedicadas á San Lorenzo, Santiago, San Gerónimo, San Blas, San Jorge, San Sebastian y la Soledad. Antes de la esclaustracion existieron los conv. de frailes de San Francisco, Sto. Domingo, San Juan de Dios, y San Agustin, siendo lo mas notable de ellos, las igl. de los dominicos y agustinos por su capacidad, hermosa arquitectura y buen gusto: tambien hubo los de monjas de San Bernardo, San Francisco, y Sto. Domingo, cuyas religiosas han pasado á este último, y el de Calatravas las que se trasladaron á Madrid en 1815 por no haber quedado mas que tres religiosas en dicha casa, cuya arquitectura es magnifica con grandes cláustros altos y bajos, decorados con columnas y barandillas de alabastro y jaspe, y su igl. aunque desmantelada, presenta una grandiosidad proporcionada al resto del edificio. En la parte inferior de la plaza Mayor, donde se dijo estaba la igl. de San Bartolomé, se ha construido recientemente un bonito paseo llamado *Glorieta* de 85 1/4 varas de largo y 75 de ancho, circuido por un pretil y un enverjado pintado de verde, el cual aumenta la hermosura de aquel sitio. Al E. de la c. y en parage bien ventilado se encuentra el cementerio. En la misma direccion hay un ejido llamado de Calatrava, porque en él existe el suprimido conv. de este nombre: tiene 885 pasos de long. y 211 de lat. y en su recinto se ha construido una buena plaza de toros, cuyas primeras corridas se realizaron en 24 y 25 de agosto del presente año de 1845 con estraordinaria concurrencia; tambien se encuentra otro ejido denominado del Pasco porque hay uno aunque bastante escaso de arbolado; hácia el SE. exjste el de San Sebastian, y al N. O. el de Sto. Domingo, los cuales ninguna particularidad ofrecen. Parte de la pohl. se halla rodeada por el arroyo *Pellejero* que solamente lleva agua en tiempos abundantes de lluvias, y para evitar qué inunde la c. como algunas veces sucedió, se ha construido un malecon que lo impide.

TÉRMINO. Confina por N. con los de Torralba de Calatrava y Daimiel (2 1/2 leg.), por E. con el de Bolaños (3/4), por S. con el de Moral de Calatrava (2), y por O. con el de Valenzuela (1). Dentro del mismo hay 16 casas de campo con patios, pozos, graneros y demas oficinas necesarias para la labranza, y las correspondientes habitaciones para los colonos, y para los dueños de la heredad cuando gustan pasar en ella alguna temporada. Tambien se encuentra al N. de la c. dist. 1 1/2 leg. el monte llamado *Torroba*, que comprende tierras de labor y de pastos de buena calidad con multitud de encinas, chaparros y otros árboles silvestres: la deh. llamada de los *Ilares* sit. al S. é igual dist. la cual consta tambien de tierras de cultivo, de pastos y de monte bajo; viéndose á la izq. del camino de Ciudad-Real otro montecito llamado de Almagro donde se cria un abundante y espeso chaparral con algunas carrascas. Brotan en el térm. 5 fuentes, dos de las que, denominadas San isidro y Gotera nacen en el sitio llámado de la Nava, debajo de una peña; cuyas abundantes y cristalinas aguas utilizan los vec. para sus necesidades domésticas y para dar riego á varios trozos de terreno: hay tambien 3 grandes lagunas; una de ellas titulada la *Caridad* existe á 1 leg. y comprende mas de 1/2 fan. de tierra; otra llamada *Torroba* que abraza 4 fan., y la tercerá nombrada *Acebuche* de 20 fan., dist. una y otra 1/2 leg. de la pohl. Pero lo mas notable de este térm. es la ermita de Ntra. Sra. de las Nieves, patrona de la c., sit á 1 leg. S. de la misma, en cuyó magnífico Santuario se celebra su fiesta el dia 5 de agosto, y por voto de la c. se hace otra funcion á está Sta. Imágen el 1.° de noviembre en aniversario del gran terremoto sufrido en 1755 que duró cerca de 6 minutos.

CALIDAD DEL TERRENO Y SUS CIRCUNSTANCIAS. A escepcion del pequeño cerro llamado la *Llozosa* que existe en la mencionada deh. de los *Ilares*, todo lo demas es llano y de lo mejor de la Mancha; abraza 26,710 fan. de las que se cultivan 21,248, cuya mayor parte se reputan de primera y segunda calidad; de todas ellas pertenecen á particulares 19,299, á propios 6,769, y al estado 642. Parte de las mismas se riegán por medio de norias, otras con las aguas de las precitadas fuentes, y algunas con las del arroyo *Pellejero*, y del r. *Jabalon* que pasa á 2 leg. de la c., cuyo corto caudal tambien da impulso á varios molinos harineros durante el invierno y aun entonces por medio de represas.

CAMINOS. Todos son de ruedas, pero como no tienen arrecife se ponen en mal estado en tiempos lluviosos.

CORREOS. Es adm. subalterna dependiente de la de Manzanarés, en la que hay un administrador y dos carteros nombrados por el mismo, los que no tienen mas salario que la retribucion de 4 mrs. por cada carta: la correspondencia se recibe de varios puntos 6 veces y sale otras 5 en cada semana.

PRODUCCIONES. Cosecha anualmente segun cálculo aproximado 20,000 fan. de trigo candeal, 22,000 de cebada, 3,000 de centeno; algunos garbanzos y panizo, patatas, legumbres y hortalizas en gran cantidad; bastante aceite, y poco vino, debiendo advertirse en este lugar que dichas prod. son relativas al incremento que en el pais toma el insecto llamado *langosta*, tan frecuente en la prov., pues arrasá los terrenos en que se presenta; cria tambien algun ganado lanar estante y trashumante, cabrio, de cerda, poco vacuno, y caballerías menores.

ARTES É INDUSTRIA. Hay varios telares de lienzo y paño basto de que se visten los labradores; 4 calderas de aguardiente, 1 fáb. de yeso, 4 de cal, 2 de jabon, 2 de curtidos, 2 pozos de nieve, 2 alfarerias, 1 tahona, y ademas de los molinos harineros de que se hizo mérito, otros de viento. Pero la pricipal ind. que hay en Almagro, es la fabricacion de blondas y encajes que ha adquirido justa celebridad en toda la península, compitiendo con los tejidos estrangeros de esta clase, y que un Gobierno celoso y apreciador de los intereses nacionales podrá hacer prosperar, dispensando al entendido director propietario de la fáb. D. Tomás Torres, la proteccion que reclama la ind. española en todos sus ramos para ponerse á la altura de que es susceptible. Como prueba de esta capacidad, seanos permitido ofrecer á nuestros lectores la siguiente reseña de los principios y progresos de esta fáb., que tanto honor hace á la aplicacion y constancia de su dueño y fundador. D. Felix Torres, asociado con otras dos casas, estableció en 1796 en Almagro y pueblos inmediatos una fáb. de blondas: fueron infinitos los obstáculos que tuvo que vencer, no siendo el menor el que oponian los facultativos de medicina y cirugia opinando que quedarian ciegas las mujeres que se dedicasen á un trabajo tan delicado, y fue tal la resistencia de todas, que no obstante la miseria y desnudez en que se hallaban, por no tener otro medio de subsistencia que rebuscar en las recolecciones de granos y aceituna con la mezquina ganancia de 6 ú 8 cuartos al dia, no pudo el D. Felix convencerlas de las ventajas que les reportaria la nueva ocupacion, ni hacerles dejar un trabajo tan ímprobo y destructor en cambio de otro mas descansado, y lucrativo. Su constancia sin embargo, le sugirió la idea de estimularlas con el interés del momento, y á este fin puso en práctica muchos é ingeniosos medios, entre ellos la adjudicacion de dotes y prendas de vestir, sorteándose aquellas entre las mujeres mas aplicadas. y las segundas entre la generalidad de las operarias: á fuerza de dispendios y de malos ratos, logró irlas atrayendo, de modo que á los pocos años ya habia un número considerable de mujeres que habian aprendido las labores; pero sus prod. ó sean las blondas eran inferiores, y su precio muy subido por la necesidad de importar del estrangero las primeras materias, de modo que arredrados del escesivo gasto los socios de Don Felix abandonaron la empresa. A pesar de este contratiempo y de los sucesivos que esperimentó aquel, por los sucesos políticos, siguió inalterable, introduciendo en el establecimiento cuantas mejoras fueron posibles, entre ellas la de usar parte de las primeras materias producidas en la nacion; á su fallecimiento ocurrido en el año de 1827 á los 66 de edad, dejó enseñadas unas 2,000 personas que ya elaboraban con bastante regularidad. Posteriormente su hijo D. Tomás se hizo cargo del establecimiento, y secundado por su hermano Don Andrés á cuya direccion lo encomendó, activaron ambos la enseñanza de operarias en tanto grado, que en 1840 ascendian á 4,652 con 105 dependientes; en el de 1842 ascendia su número á 6,000, y en la actualidad se cuentan 8,041, que trabajan en los pueblos y dependencias siguientes:

Dependencias de Almagro.

PUEBLOS.	OPERARIAS.	
Almagro	2,262	
Granátula	623	
Pozuelo	566	
Aldea del Rey	192	
Bolaños	184	
Valenzuela	314	5,503
Carrion	184	
Pardillo	52	
Torralva	901	
Calzada	126	
Daimiel	99	
Idem de Puertollano.		
Puertollano	614	
Argamasilla	164	
Almodóvar del Campo	44	
Villamayor	114	1.238
Mestanza	50	
Hinojosa y Cabezas rubias	234	
Villar	18	
Idem del Corral.		
Corral de Calatrava	255	
Cañada	81	
Caracuel	42	1,300
Ballesteros	191	
Moral y Retamal	731	
TOTAL		8,041

En cuyo número se eucuentran 806 niñas de 4 á 5 años empleadas en la clase mediana, que son de entrada, y 677 hasta de 9 años que trabajan en el punto redondo fino, á todas las cuales hay que agregar una porcion considerable de maestras y dependientes para el órden de las operaciones. De nada servirian estos adelantos en el personal, si los prod. de la fáb. hubiesen permanecido estacionados, ó sus progresos hubieran sido insignificantes; lejos de esto, las blondas de Almagro son uno de los objetos que mas llaman la atencion en las esposiciones públicas de nuestra ind., tanto que en la de 1841 obtuvieron la medalla de oro, en competencia con las catalanas, que solo alcanzaron la de plata, no obstante la diferencia de elementos con que cuentan unas y otras. Se han establecido depósitos en Madrid, en varios puntos del reino, y aun del estrangero, no desdeñándose las damas de Paris de adornarse con este producto español.

Casas de paris que en la actualidad se surten de las blondas de Almagro.

Mr. Chatan, Cite Trevise núm. 14.
Mme. Euphemie Chaine, rue du gros Chenet núm. 9.
Mme. Aglae Vesin, rue du gros Chenet núm. 4.
Mr. Violet, rue de Saint Denis núm. 317, y otras varias.

Concluimos esta reseña manifestando que la proteccion dispensada por el Gobierno á esta fáb., ha consistido en que poco despues de constituirse, le concedió el titulo de *Real*, con facultad de colocar en ella el correspondiente escudo de armas, y algo mas adelante un préstamo de 200,000 rs. á devolverlos en diez años, lo cual tuvo efecto, no obstante los perjuicios sufridos en la guerra de la Independencia.

Comercio: ademas del muy considerable que se hace para el interior y estrangero de las blondas de la mencionada fáb., hay en la c. 31 tiendas de géneros de vestir por mayor y menor, 65 de comestibles, y el consiguiente tráfico para la esportacion de sus frutos sobrantes, é importacion de los necesarios: aumentan el movimiento mercantil las dos ferias que se celebran en abril y agosto, especialmente la última que principia el 24 de dicho mes, y se estienden sus efectos por toda Europa, por la mucha concurrencia y venta de escelente ganado mular: ambas fueron concedidas por el rey D. Enrique II, en 29 de abril de 1374 en Búrgos, á instancia de Don Pedro Muñiz de Godoy, XXI Maestre de la Orden de Calatrava; se confirmaron por D. Juan II en Búrgos é igual dia de 1412; y por D. Cárlos III en Madrid á 4 de enero de 1770.

Poblacion, riqueza y contribucion: tiene 2,521 vec., 12,605 alm.: Capital imp. ó base para los repartos ordinarios y estraordinarios 2.700,000 rs.: contr. por todos conceptos 325,557. 20 mrs vn.: presupuesto municipal 43,500 rs. del que se pagan 3,300 al secretario de ayunt. por su dotacion; y se cubre con el prod. de los bienes de propios, que consisten en varios censos, pastos, granos, el derecho de 4 mrs. por cada cab. que se degüella en el matadero para consumo público, y en 12 mrs. por cada caballeria y puestos en la feria.

Historia. Redúcese á esta c. la que aparece en el Itinerario romano con el nombre *Mariana*, y con el de *Marmaria* en el anónimo de Rávena: aunque los editores del Morales la llevan á *Granátula*, es mas probable esta correspondencia, atendida la relacion de las dist. de *Almagro* y *Daimiel*, y la que señala el mencionado Itinerario entre *Mariana* y *Laminium*: compruébase ademas con la analogia, que resulta en los nombres *Mariana* ó *Marmaria* y *Almagro*, envolviendo los tres la misma idea topográfica, segun su raiz greco-scythica sumamente propia á espresar la calidad de su terreno. Algunos la han querido suponer denominada en tiempo de los romanos *Gemella Germanorum*; pero es una asercion destituida de toda razon científica. No es tan infundada la opinion de los que la atribuyen un origen germánico, pues se puede deducir de su nombre, siendo el greco-scythico el idioma que estos trageron de las sombrias regiones del setentrion; y lo presenta mas probable su proximidad á la celtiberia, con la que lindaba la Oretania, á cuya region pertenecian. El Sr. Romey, en su hist. de Esp., dice, »Que el arz. de Toledo D. Rodrigo construyó sobre la mismo carretera, por donde los árabes solian asolar las tierras de Toledo, una fort., con su vec., apellidándola *Milagro*, y que los moros la llamaron *Almilagro*, siendo hoy *Almagro*. Aguaceros é inundaciones continúas, atrasaron algun tanto la construccion de la fort.; pero la activó eficacísimamente, colocando allí los caballeros, con la gente de guerra, para su guarnicion, y luego acudió á Toledo, por las vísperas del Domingo de Ramos. La morisma en número de 700 caballos y 1,400 infantes, embistió la nueva pobl., y la estuvo asaltando un dia entero; mas al ver el teson de los sitiados y la grave pérdida que sufrian, tuvieron que retirarse y ponerse en salvo. Enterado Rodrigo de esto, acudió á *Milagro*, con guerreros y mas vec., trayéndose en carruages á Toledo los heridos en el sitio, que fueron asistidos con esmero hasta su curacion.» Casi en los mismos térm. se espresaron antes Ferreras y Mariana, todos sin otro fundamento que los pasages de Rodrigo de Toledo, donde se lee..... Eo tempore, idem pontifex (Rodericus) in via pública, per quam Toletum Arabes gravius infestabant, castrum, quod Miracolum dicitur, populavit... Sed, post accessum Arabum, Roderico Pontifici, cujus erat, nuntio destinato, successores fortes et incolumes receperunt, et ipsi Toletum vehiculis sunt advecti, ubi, commoditate debita recreati, usque ad sanitatis gaudium sub chirurgico remanserunt.» Pero ni es preciso entender de Rodrigo, abultador de cuanto refiere, que la fort. *Milagro* fuese *Almagro*, ni aun que la misma fort. *Milagro* hubiera sido una fundacion nueva, pudiendo ser fortificacion hecha sobre otra pobl. ant.; y conviniendo en que esta fortificacion fuese la misma *Almagro*, ni de su nombre es necesario suponer autor á Rodrigo, siendo mas verosimil, que si la llamó *Milagro*, fuese por voluntaria interpretacion ó acomodacion del nombre, que la conociera, semejante y equivalente al *Almagro* de hoy, con alguna mayor pureza, por la asonancia que entre ellos encontrara. Celebró el Rey D. Alonso Cortes en esta pobl. el año 1273, con motivo del descontento general de sus estados, por los muchos tributos que sufrian, á consecuencia de las concesiones, hechas en las Córtes de Bùrgos de 1266: pidiósele en estas Córtes que solo se pagasen dos años sobre los otros dos, qué, en aquella fecha, se tenian pagados, y se condonasen los dos restantes: condescendió el rey, y dió su carta de gracia á 28 de marzo de dicho año. El gran maestre de Calatrava D. Juan Nuñez de Prado, á quien llamó de Aragon, el rey D. Pedro, en 1354, asegurándole no tener nada que temer, llegado que hubo á su conv., que estaba en el cerro de la *Calzada*, siendo esta pobl. la mesa maestral de la órden de Calatrava, fué prendido por D. Juan de la Cerda: á la hora, hizo el rey que se eligiese maestre en su lugar, sin alguna de las formalidades acostumbradas en las elecciones, á D. Diego de Padilla, hermano de Doña Maria, y el de Nuñez fué muerto en la fort. de Maqueda, donde se le tenia preso: afectó el rey gran sentimiento por este atentado; pero no habiéndose hecho castigo ni pesquisa alguna, todo el reino lo atribuyó á su voluntad. El maestre D. Pedro Giron, auxiliado de su hermano el marqués de Villena, en 1454, se hizo fuerte en Almagro, con grandes apercibimientos de guerra, para resistir las pretensiones de D. Alfonso de Aragon, que marchaba contra él debidamente autorizado, como maestre, por el rey de Castilla; pero en vista del aspecto de defensa que presentaba, desistió de su empresa el de Aragon, volviéndose á su pais, sin haber llegado á Almagro. En 1804 fué trasladado á esta v. el conv. de Calatrava, con su ilustrisimo prior mitrado, habiendo sido enteramente demolido el conv. ant. Entró en ella en 1809, José Bonaparte, con una division de infanteria y la caballeria ligera del mariscal Victor, agregadas á sus guardias y reserva; pero, no atreviéndose á penetrar mas, se retiró á Madrid. Mucho padeció esta pobl. en aquella época de franceses y de guerrilleros y tambien hubo de sufrir considerablemente de los partidos, en la última guerra civil: en esta pobl. fué preso y fusilado el carlista Barba, en 1834. Fue Almagro v. hasta que modernamente se la ha titulado c. (V. Oretum y Oria).

ALMAGRO: sierra en la prov. de Almeria, part. jud. de Vera, dist. 1/2 leg. al N. de la v. de Cuevas. Es una continuacion de la sierra de *Ballagona*, y se compone, á semejanza de la de *Alhamilla* (V). de esquistos arcillosos micaceos, á veces magnesianos, recubiertos por una caliza compacta gris como la de Sierra de Gador, en la cual se halla la galena como allí; y en diferentes puntos se manifiestan tambien las erupciones dioríticas. La de *Pulpi*, que forman los cerros llamados del Algarrobo, de los Peñes, el Capitan etc., es la misma de Almagro, aunque esté separada de ella por una l'anura de una leg. de estension.

ALMAGROS: diputacion compuesta de varios cas., en la prov. de Murcia, part. jud. de Cartagena, á quien perteneció en lo ant. y agregada hoy al térm. jurisd. de *Fuente-Alamo*, (V.): consta de 140 vec.: 686 hab.

ALMAGUER (CORRAL DE): (V. CORRAL DE ALMAGUER.)

ALMAJALEJO ó ALMARJALEJO: ald en la prov. de Almeria, part. y térm. jurisd. de *Huercalovera* (V.), con 30 CASAS que forman una calle larga, dos travesias y una pequeña plaza; una ermita, una fáb. de salitre, un horno de cocer pan, una venta y una fuente que riega algunos alrededores de la aldea: POBL.: 96 vec.: 384 hab.

ALMAJANO: ald. con ayunt. de la prov., adm. de rent. y part. jud. de Sória (3 leg.), aud. terr. y c. g. de Búrgos (26), dióc. de Osma (12): SIT. en un llano de vega á una leg. N. de la Via Romana, entre la confluencia de dos arroyos que fertilizan algo la jurisd. Su CLIMA es sano, aunque bastante frio y húmedo, siendo tercianas las enfermedades mas comunes. Se compone de 90 CASAS medianas en general, aunque hay algunas buenas y de comodidad; tiene casa consistorial en mal estado, la que al mismo tiempo sirve de cárcel; bien que poco segura, y de local para una escuela de instruccion primaria comun á ambos sexos, servida por un maestro, con la dotacion de 440 rs., á la que concurren como unos 40 alumnos. Hay varios pozos de buen agua, de los que se surten para su uso los vec.; un hospital para albergue de los mendigos, y una igl. parr. de segundo ascenso, bajo la advocacion de San Andrés Apóstol; es matriz y está servida por un párroco; inmediato al pueblo hay una ermita con la advocacion de la Soledad, varios paseos muy regulares, y un molino harinero. Confina el TÉRM. por N. con Cerujales á 1/4 leg., por E. con el de Canos á 1/2, por S. con el de Renieblas, y por O. con Pedrosa á igual dist. Se encuentra en él y al E, un pequeño monte poco poblado, y bajo de él hay en un cerro á 1/2 leg. S. un murallon, muy derruido, de gran estension y de construccion romana; varios manantiales, y dos arroyos llamados *Monigon* y *Merdanela*, procedentes de la sierra de Cebollera; son de poco caudal; tienen puentes de madera y bañan los pueblos de Castilfrio, Grajales, Villares, Pinilla y Fuentelfresno; en su curso dan movimiento al molino harinero inmediato á la pobl. Su TERRENO es bastante bueno, y da lo necesario para el consumo de los hab. Las cuatro quintas partes se hallan en cultivo, y el resto contiene pastos y arbolado. Tiene dos CAMINOS principales que conducen el uno á la cap. y el otro á la Rioja y á Aragon, ambos en mal estado. El CORREO se recibe de la adm. de Sória los domingos y miércoles, y sale los sábados y mártes. PROD.: trigo, cebada, todo género de verduras y cereales; cria ganado lanar, vacuno, yeguar, asnal, caballar y de cerda. Hay perdices, conejos, liebres, y codornices. POBL.: 81 vec.; 324 alm.: RIQUEZA IMP.: 76,106. El PRESUPUESTO MUNICIPAL asciende á 1,500 rs., y se cubre con el prod. de propios y arbitrios.

ALMAJAR (V. PRADO DEL REY, en cuyas dos deh. se formó la pobl. que lleva el último nombre).

ALMAJARES: térm. de la prov. de Navarra, part. jud. de Tudela, comprendido en la huerta mayor de esta c. (V.); es punto donde concurren las aguas de varios manantiales, que sirven para regar éste é inmediatos terr., por cuya razon sin duda, toma dicho nombre, derivado del arábigo *Almarjal*, que quiere decir tierra baja y aguanosa.

ALMALUEZ: v. con ayunt. de la prov. y adm. de rent. de Sória (11 leg.), part. jud. de Medinaceli (3), aud. terr. y c. g. de Búrgos (31 1/2), dióc. de Sigüenza (7): SIT. en una vega donde los vientos contenidos por los cerros la baten sin violencia; sus enfermedades mas comunes son tercianas. Se compone de 99 CASAS que forman 11 calles y una plaza irregular; tiene casa municipal con granero para pósito; una posada pública, una escuela de instruccion primaria, bajo la direccion del sacristan, que es á la vez secretario de ayunt., y una igl. parr. dedicada á Santa Maria Magdalena: tiene un órgano muy regular y dos capillas bastante decentes. En las inmediaciones del pueblo hay una fuente de la que se surten los vec., bastante abundante aunque de gruesas aguas; una ermita dedicada á San Roque, sostenida por la piedad del vecindario, y el cementerio en posicion que no ofende la salud pública. Confina el TÉRM. por N. con el de Chetcoles y Monteagudo, por E. con Sta. Maria de Huerta, por S. con el de Arcos y Montuenga y por el O. con el de Utrilla. Se estiende por el N., E. y S., 3/4, y por O. 1/4. En él tienen su nacimiento dos arroyos, y hay dos balsas ó pantanos que sirven para el ganado, y se aumentan bastante en años lluviosos. El TERRENO es árido y sus cosechas cortas por falta de agua, pues la fortaleza del suelo, exige mucha humedad. Comprende 12,390 fan., de las cuales se cultivan 6,048, siendo de primera clase 2,182, de segunda 2,099 y de tercera 976; no se reduce á cultivo mayor número por lo ingrato del terreno: del total de tierra en labor se destinan para granos 5,920, para hortalizas y frutas 48, y para cáñamo y lino 80. Hay ademas de prados y pastos naturales 5,070; de artificiales 400; de bosque, árboles ó monte arbolado 380; baldias 5,070, y de regadio 70. Salen 8 CAMINOS de este pueblo, todos de herradura. La CORRESPONDENCIA se recibe y despacha por medio de un cartero que paga este pueblo en union con otros. PROD.: trigo, cebada, centeno, avena, judias, garbanzos, toda clase de legumbres, lino y cáñamo; cria ganado lanar, caballar, mular, vacuno, asnal, cabrio y de cerda. Su IND. está reducida á 6 telares de paños bastos y lienzo de cáñamo; y su COMERCIO á la esportacion del grano sobrante y lanas á los mercados de Medinaceli, Sigüenza y pueblos inmediatos de Aragon. POBL.: 113 vec.: 462 alm.: CAP. PROD.: 206,256 con 24 mrs.: IMP.: 91,297 rs. 10 mrs. El PRESUPUESTO MUNICIPAL asciende á 1,200 rs. y se cubre con 396 que produce el horno de poya, 747 renta de la posada, y lo que produce la rastrogera.

ALMALLOS (LOS): cás. en la prov. de Oviedo, ayunt. y felig. de *Taramunde* San Martin, (V.): POBL.: 4 vec.: 23 alm.

ALMANCAYA: desp. en la prov. y ob. de Zamora, part. jud. de Toro y térm. municipal de *Gema* (V.).

ALMANDOZ: l. del valle y ayunt. de Baztan en la prov., aud. terr. y c. g. de Navarra, merind., part. jud. y dióc. de Pamplona (7 leg.), arciprestazgo de Araquil: SIT. en terreno pendiente con libre ventilacion y CLIMA sano. Tiene 30 CASAS de buena fab. y una igl. parr. dedicada á San Pedro Apóstol, servida por un cura llamado vicario, cuya plaza provee el ordinario por oposicion en consurso general. Confina el TÉRM. por N. con el de Berrueta (1/2 leg.), por E. con varios montes (1/4), y por S. y O. con el monte de Velate (1/2). Le cruza un arroyo que naciendo en este último punto confluye en el r. Zeberia en el puente de Zozaga cerca de Oronoz; sus aguas, ademas de dar impulso á un molino harinero, sirven para surtido del vecindario, y riego de algunos trozos de terreno: este en lo general es quebrado, montuoso y de mediana calidad; en la parte inculta hay muchos pinos, arbustos y abundancia de sabrosos pastos para los ganados; en las tierras de labor se crian algunos árboles frutales. PROD.: poco trigo, cebada y centeno, mucho maiz, algunas legumbres, y diversas clases de frutas, con especialidad manzanas, de cuyo jugo hacen los naturales una especie de vino llamado *sidra*, muy estimado y que constituye su principal IND.: cria ganado vacuno, lanar y cabrio: POBL.: 59 vec.: 345 alm.: CONTR.: con su valle.

ALMANSA: part. jud. de ascenso en la prov. y aud. terr. de Albacete, dióc. de Cartagena (escepto Caudete que es de Orihuela), c. g. de Valencia, compuesto de la cap. y de las v. de Alpera, Caudete y Montealegre que reunen otros tantos ayunt. El siguiente estado demuestra las dist. que median entre estos puntos y las que se miden desde ellos á Albacete, Murcia, Valencia y Madrid.

Madrid.							
63	Valencia, capitania general.						
58	31	Murcia, residencia del obispo de Cartagena.					
36	27	22	Albacete, aud. terr. y cap. de prov.				
47	16	19	11 1/2	Almansa. cab. de part. jud.			
46	19	10	10	3	Alpera.		
45	15	15	10	4	6	Caudete.	
43	21	16	8	4	3	3	Montealegre.

Confina por el N. con el part. de Casas-Ibañez; E. con los de Onteniente y Ayora (de Valencia), S. con el de Villena (de Alicante) y el de Yecla (de Murcia), y O. con el de Chinchilla; su mayor estension tomada desde el lím. del térm. de Alpera hasta el de Caudete, es 10 leg. y su lat. desde el de Montealegre hasta el de Almansa, 7 1/4. Su temperatura es de 24 á 25 1/2 grados en los mayores calores, y de 5 á 7 bajo cero del termómetro de Reaumur en sus mas fuertes heladas. Llueve ordinariamente lo que basta para sazonar las cosechas de cereales y alimentar los plantios; sin que jamas se hayan padecido sequias tan absolutas como las que aquejan con frecuencia al próximo litoral del Mediterráneo. Sus montes mas considerables son, las sierras de la Lácera y Santa Bárbara, en el térm. de Caudete; el Mugron ó Almugron, que separa los térm. de Almansa y Alpera, y las sierras del Bosque, Muela y Giravalencia en el de Alpera; su altura respectiva es con corta diferencia la misma, pero Giravalencia se halla basada en un terreno mas elevado, y tiene unos 4,500 pies sobre el nivel del mar. Aunque no es atravesado por ningun r. considerable, no carece por eso de manantiales mas ó menos copiosos, que se utilizan ademas de los usos de la vida, en el riego de considerables terrenos. Los térm. de Caudete y Alpera son los mas favorecidos de aguas, y el de Almansa, lleva tambien abundantes cosechas por medio de las aguas que le proporciona su famoso pantano. Atraviesa el part. la carretera arrecife de Madrid á Valencia, por el térm. de Almansa en su mayor long., proporcionándole algunas ventajas comerciales. El terreno es de mediana feracidad, pues en toda su estension se interpolan bastantes tierras ligeras de poco dar, con hoyas y cañadas productivas: en él nacen espontáneamente pinos de varias especies, robles y encinas de bellota dulce, que van desapareciendo porque no se cuida de su conservacion: los mas notables de sus arbustos son el romero, retama, madroñera, gayuba ó *uva ursi*, jedrea, salvia, tomillo y mata coscoja, que produce la grana que sirve para el teñido de la escarlata; el esparto es tambien abundante: en la parte cultivada prevalecen casi todos los árboles de climas templados, á escepcion de la palmera, el algarrobo, los limoneros y naranjos que no resistirian la baja temperatura de sus inviernos: hay olivos, nogales, almendros, avellanos, manzanos, perales, ciruelos, nísperos, melocotoneros, almeces, azofaifos, moreras, olmos, álamos, chopos, mimbres, higueras, guindos y cerezos, en menor cantidad de la que el terreno pudiera alimentar, si bien se va desvaneciendo en parte la infundada aversion á los árboles, fomentándose el plantío especialmente de moreras, que con el tiempo darán quizá una cosecha de seda que mejore la situacion del pais. Las que en la actualidad constituyen su principal riqueza son las de cereales y legumbres, guisantes, hieros, judias, habas, maiz, cáñamo, patatas, melones, nabos, azafran, miel y vino de mediana calidad: como abundan los buenos pastos, prospera la grangeria é ind. pecuaria, que rinde considerables utilidades: hay yesos y canteras de talla para la construccion de edificios, de muy buena calidad, y en los térm. de Alpera y Caudete, jaspes de color de rosa mas ó menos subido y caprichoso: tampoco falta caza de liebres, perdices, conejos y algun lobo. Los hab. se dedican á la agricultura, ganaderia y arrieria y á tejer algunos lienzos y paños ordinarios: son emprendedores, vigorosos y despejados á beneficio de la salubridad y pureza de los aires que respiran, y muchos de ellos han sido en todos tiempos promovidos á altos destinos en las carreras civil, eclesiástica y militar. El comercio se reduce por lo general al tráfico de granos, azafran y aceite.

Estadística criminal. Los acusados en este part. jud. durante el año 1843, fueron 87; 6 absueltos de la instancia y 2 libremente; 65 penados presentes, 14 contumaces, un reincidente en el mismo delito y 3 en otro diferente en el intervalo de 8 meses; 29 contaban de 10 á 20 años de edad, 35 de 20 á 40, 17 de 40 en adelante; de 6 no se pudo averiguar la edad; 86 eran hombres, una mujer; 43 solteros, 36 casados; de 8 no consta la edad; 15 sabian leer, 14 leer y escribir, 55 carecian de esta instruccion; de 3 se ignora si la poseian.

El número de delitos de homicidio y heridas perpetrados en el mismo periodo, fue 32, 6 con armas de fuego de uso lícito, uno de ilícito, 7 con armas blancas permitidas y 3 prohibidas, 14 con instrumentos contundentes y 1 con otro instrumento ó medio no espresado.

CUADRO sinóptico, por ayuntamientos, de lo concerniente á la poblacion del part. jud. de Almansa, su estadística municipal, y la que se refiere al reemplazo del ejército, su riqueza imponible y las contribuciones que se pagan.

AYUNTAMIENTOS	OBISPADOS á que pertenecen	POBLACION Vecinos	POBLACION Almas	ESTADÍSTICA MUNICIPAL Electores Contribuyentes	Electores Por capacidad	Electores Total	Elegibles	Alcaldes	Tenientes	Regidores	Síndicos	Suplentes	REEMPLAZO Jóvenes varones alistados 1.º	2.º	3.º	4.º	5.º	Total	Cupo de soldados correspondiente á una quinta de 25,000 hombres	RIQUEZA IMPONIBLE Territorial y pecuaria Rs. Vn.	Urbana Rs. Vn.	Industrial y comercial Rs. Vn.	Total Rs. Vn.	CONTRIBUCIONES Rs. Vn.	Por vecino Rs. Ms.	Por habitante Rs. Ms.	Tanto por 100 de la riqueza
Almansa	Cartagena	1993	8731	577	19	596	549	1	2	11	1	10	128	136	48	20	24	356	16'4	1394866	114000	100000	1608866	107890	54 5	12 12	6'70
Alpera	Id.	555	2432	268	»	268	268	1	1	8	1	7	57	43	18	12	7	137	5'5	272907	24000	25000	321907	30244	54 13	12 15	9'53
Caudete	Orihuela	1256	5503	477	1	478	478	1	1	8	1	7	79	60	35	30	26	230	12'4	811502	22000	78000	961502	75410	60 1	13 24	7'84
Montealegre	Cartagena	681	2983	295	»	295	308	1	1	8	1	7	48	41	19	8	8	124	6'7	364555	36000	40000	440565	29167	42 31	9 26	6'62
		4485	19649	1617	20	1637	1603	4	5	35	4	31	312	280	120	70	65	847	41	2843830	246000	243000	3332830	242711	54 4	12 12	7'03

ALMANSA: c. cab. de part. jud. de la prov., adm. de rent. y aud. terr. de Albacete (11 1/2 leg.), dióc. de Cartagena (19 á Murcia, residencia de la silla ep.), c. g. de Valencia (16), con caja de correos, casa de posta y adm. subalterna de loterias y diligencias.

SITUACION Y CLIMA. Está sit. á los 16° 35′ long., y 38° 54′ 10″ lat. de la isla del Hierro en un estenso llano, en el centro de su térm., con cielo alegre y despejada atmósfera, clima bastante frio, por la próximidad de la sierra llamada el Mugron, que se estiende de N. á E., cuyos vientos son los que reinan con mas frecuencia, y las enfermedades mas comunes algunas catarrales y dolores de costado de carácter benigno.

INTERIOR DE LA POBLACION Y SUS AFUERAS. La forman 1,784 CASAS generalmente espaciosas y limpias, muchas de dos pisos, de buena arquitectura; las calles, cómodas, aunque no están empedradas, son con muy pocas escepciones, anchas y rectas: faltan plazas para las operaciones comerciales y recreo de los hab., pues la de San José, en la que se celebra el mercado semanal de los sábados, y la única feria anual en los tres primeros dias de setiembre, es sobrado angosta é irregular: en ella se encuentra la casa capitular, moderna, con pórtico en la fachada principal, y muy cerca la ermita del mismo santo. Tiene pósito de labradores, é inmediata la cárcel, bastante capaz y segura, con calabozos tan lóbregos que horrorizan; dos escuelas de niños, á las que concurren 150 en varias clases, á los que se les enseña elementos de religion y moral, gramática castellana, aritmética y geometría, física, química, historia natural, educacion, lectura, escritura, geografía, historia de España, historia sagrada y dibujo lineal, cuyos maestros disfrutan entre ambos la asignacion de 6,000 rs. anuales; una cátedra de latinidad con unos 30 alumnos y sobre 4,000 rs. de dotacion; un hospital para enfermos pobres, junto á la ermita de San Juan, con la que se comunica, bastante bien montado, y asistido por un capellan, cuyo edificio es espacioso, y cómodas y aseadas sus salas: las 8 ó 10 camas que cuenta, se sostienen con limosnas y con la renta de 800 rs. que rinden las casas y predios rústicos, que le han sido legados en distintas épocas, siendo como apéndice suyo una casa, donde se albergan los pobres transeuntes; un lavadero público cubierto; una igl. parr., cerca del estremo E., grande, sólida, de una sola nave, sin cúpula, adornos, ni pinturas de mérito, con coro de medio punto tras del altar mayor, decorado con columnas de piedra de buenas proporciones, y una buena portada de sillería que ocupa todo el frente principal, y torre de considerable altura, con relox, que escede en mucho á la otra torre de la plaza de San José, donde está el relox principal, dedicada á la Asuncion de Ntra. Sra., y servida por un cura de tercera clase, 12 capellanes y 8 esclaustrados: dos conv., uno que perteneció á los religiosos franciscos descalzos de la custodia de San Pascual, cuya igl. está abierta al culto, y el otro de monjas que viven segun la regla de San Agustin, notable por la disciplina monástica que en él ha florecido desde tiempo inmemorial: una ermita dedicada á San Roque, en el estremo O.; la del Salvador al N., y las del Rosário y San Juan en el interior. Tambien se halla al estremo O. un espacioso cuartel de caballería capaz de 900 plazas, construido á fines del siglo pasado, á espensas de la c., y regalado á S. M. despues de concluido; en el dia sirve una parte de posada, con lo que se impide que sufra las consecuecias de un completo abandono: otras muchas hay en distintos puntos, algunas bien montadas, donde se encuentra aseo y comodidad. Aunque carece de alumbrado general, tiene al cuidado de un sereno, considerable número de faroles, bien distribuidos en los parages y encrucijadas mas principales; y para el surtido de aguas se vale no solo de las de los pozos de casi todas las casas, que generalmente es buena, sino con especialidad de los caños de Zucaña, que alimentan el lavadero, y riegan buena porcion de tierra, y la llamada huerta á las inmediaciones de la c. En los afueras, en sitio ventilado, se halla el cementerio; al NO. un ant. cast., en gran parte arruinado, fundado, segun tradicion, por los árabes, en el tiempo de la decadencia de su dominacion, como lo indican los vestigios de su murallá y torreones que aun existen en la cima de un cerro de yeso blanco, brillante y tenaz, completamente aislado, en medio de la vasta llanura, en que digimos se halla) la pobl. (lo cual no deja de ser un fenómeno geológico atendible), y en su derredor se cree que estuvo sit. la c. en su primera fundacion; hay tambien un buen pozo para conservar la nieve, un pequeño paseo, con riego sobre el camino de Valencia, llamado la Florida, con algunos árboles y asientos de piedra, que seria insignificante si no estuviera enlazado con la larga y bien poblada olmeda, que adorna la carretera, y que puede mirarse como su prolongacion; la ermita de San Antonio Abad, como á 1/2 leg. al NO.; y la de la Vírgen de Belen, patrona de la c. á 1 1/2 leg. al OE.; esta imágen se venera con grande fervor, y en el dia de su fiesta (6 de mayo) concurren hasta los vec. de los pueblos limítrofes; en las calamidades públicas, ó tiempos de sequia se la conduce á la parr. para hacerle rogativas, y se la festeja con una procesion de grande aparato, antes de restituirla á su ermita, donde hay un sacerdote especialmente destinado á su culto: en lo ant. existieron la parr. primitiva á la falda meridional del cast., y al E. las ermitas de los Santos Cosme y Damian, y no ha mucho tiempo se abandonaron las de Sta. Lucia y Ntra. Sra. del Socorro, que se hallan en estado ruinoso. Pero lo que mas llama la atencion del viajero en los alrededores de Almansa es, á 1/4 leg. al NE. el monumento mandado levantar por Felipe V para perpetuar la memoria de la famosa batalla que ganó su ejército el dia 25 de abril de 1707, á las órdenes del mariscal duque de Berwich, contra el de Cárlos de Austria y sus aliados los ingleses y portugueses capitaneados por el lord Galloway y el marqués de las Minas. Consiste en una pirámide de sillería cuadrada con su basamento é inscripcion en latin y castellano, en que se detallan de un modo sucinto los acontecimientos de aquella memorable batalla; y cerca de su cúspide se ve esculpida la paloma, bajo cuya figura, en sentir de los naturales y de algun historiador, combatió la Vírgen por los ejércitos de Felipe: tendrá como unos 50 palmos de elevacion, y aunque no corresponde dignamente á su objeto, es un glorioso timbre que recuerda la fama de nuestras proezas militares.

TERMINO. Es de 4 1/2 leg. desde el lím. del Bonete al NO. hasta el de Fuente de la Higuera al SE.; y casi otro tanto desde el de Yecla al S. al de Enguera al NE.: todo está salpicado de cas. aislados que no merecen particular descripcion, y hácia la parte S., 1/2 hora antes de llegar al térm de Caudete, en terreno de mucha aceituna, hay 44 casitas y chozas en donde viven varios vec. de Almansa, sin otra ocupacion que cultivar las tierras que han ido roturando de las lomas, en las que coge de toda clase de granos.

CALIDAD Y CIRCUNSTANCIAS DEL TERRENO. No comprende mas monte de consideracion que el llamado *Mugron*, que lo separa de Alpera, y apenas queda algun pino ó carrasca que recuerde la existencia de las respectivas familias que lo poblaron: la parte labrada, que lo es principalmente con mulas, ofrece toda la variedad de tierras que nunca deja de haber en una grande estension de terreno, y aun las de inferior calidad estan muy lejos de ser estériles é improductivas: las mejores se hallan comprendidas en la estensa llanura, que principiando desde el pie del Mugron por el lado de la ald. de San Benito (*), se estiende mas de una leg. hasta la pobl., y por mas de otras dos desde la misma por el Real, Saladar, Campillo y Torre de los Catalanes, hasta el linde de Fuente de la Higuera: estas en años lluviosas especialmente, dan pingües cosechas: hay ademas varias cañadas muy agradecidas al cultivo, como la vega de Belen, Botas, Valdeparaiso y el Pozuelo; y aunque hasta ahora se ha mirado con prevencion el plantio de árboles, ya empieza á fomentarse con empeño el de los frutales, sobre todo, las moreras y olivos. Las aguas de Zucaña; las del arroyo llamado de las Monjas, que fertilizan unas pocas hanegadas de tierra en el cortijo de Tuenegra; los pequeños hilos que hay en otros muchos, y las norias de algunos, sirven para el riego de los huertos que se encuentran en el térm.; pero los mas importantes son los que proceden de las aguas de un pantano, sit. á 3/4 leg. de la c. hácia el O. Justos apreciadores de la importancia de los riegos, aprovecharon los ant. la feliz oportunidad que les ofre-

(1) Aunque por Real decreto de 11 de noviembre de 1837 se mandó agregar á la c. de Almansa la aldea de San Benito y su terreno desaguado, desmembrándolo de la v. de Ayora, prov. de Valencia à que antes pertenecia, aun no ha tenido efecto esta agregacion.

cia un valle profundo entre dos cerros, que se aproximan en su parte inferior para fabricar un pantano: este, no muy ancho en su fondo, se ensancha progresivamente á medida que se eleva, siguiendo las irregularidades y mayor abertura del terreno: el paredon primitivo, basado sobre la roca natural, es de silleria de grande espesor, que disminuye á medida que sube, formando una especie de escalinata muy parecida al tendido de nuestras plazas de toros, ó al graderio de los anfiteatros romanos, y se llevó á cabo con tal tino, y tan esmerada solidez, que se burla de los siglos y del embate contínuo de una masa enorme de aguas, sin sufrir el mas leve deterioro. En tiempos modernos, con el fin de acopiar mayor cantidad de aguas, se fabricó sobre el ant. paredon, uno nuevo, que aunque mas delgado y menos sólido que aquel, por su materia, gracias al firme apoyo sobre que estriba, no ha hecho hasta ahora el menor sentimiento, y llena su objeto cumplidamente. Merece sin duda este pantano un lugar distinguido entre las construcciones hidráulicas, y quizá puede tomarse por modelo de las de su especie, pues no han bastado á conmoverlo los terremotos que han afligido á este pais, especialmente el de mediados del siglo pasado, que arruinó á Lisboa y hundió en su mayor parte el cast. de Montesa, poco dist. de Almansa: si se le escapa una pequeña cantidad de agua, no es por haber falseado la obra, sino porque se infiltra por alguna hendidura de la roca. Afluyen á él los aluviones de muchas vertientes, alguna de las cuales recoge aguas en mas de 3 leg. de terreno, que á veces lo llenan en pocas horas. Pero no cuenta con solo este recurso eventual: le contribuye con su raudal, aunque poco considerable, un arroyo que nace junto al puente de la Vega (de que luego se hablará), y otro mucho mas copioso que viene del térm. de Alpera, por un cáuce de 4 leg. de largo, siempre que sus aguas no son ocupadas para los riegos. Su mayor profundidad es como de 90 á 100 varas; la anchura como de 2,000, la long. de algo mas de 1/4 leg. en su estado de plenitud; y esparce la abundancia sobre dilatados terrenos, que con su auxilio multiplican estraordinariamente la produccion. Ademas de esta obra, los naturales han acometido otras varias de utilidad pública. A principios del siglo presente desaguaron la laguna del partido del Saladar, bastante próximo á la pobl., por medio de una larga mina, para evitar los efectos de la putrefaccion de sus aguas, que una vez hizo multitud de víctimas: por entonces emprendieron tambien el desagüe de la que se formó á consecuencia de grandes aguaceros en la hondonada del cas. de San Benito, cuya mina de 11,078 varas de long., tiene por partes 60 varas de profundidad, si bien en esta árdua empresa, cuyo coste se calcula en dos millones y medio, les auxiliaron los vec. de Ayora (dueños del terreno ocupado por la obra, y de la mayor parte de las tierras de la laguna) en una sesta parte, por lo que disfrutan en ella 1/6 de propiedad, y muy particularmente el Ilmo. Sr. D. Victoriano Lopez Gonzalo, ob. entonces de Cartagena, por medio de un donativo cuantioso. Por el año 1826 hicieron otra magnífica zanja, cuyo coste se graduó en medio millon de rs., con el objeto de encaminar al pantano unas aguas que aparecieron en 1793 al abrir los cimientos del gran puente de la Vega, y se construyeron 200 varas de mina fortificada de las 800 que debia tener: pero desgraciadamente este plan no se ha llevado adelante, y asi es que la rambla que se forma, se introduce en la parte baja de la pobl., inundando las casas, y poniendo muchas veces en grave conflicto á las personas que las habitan; fuera de que tambien intercepta la comunicacion de ambas orillas mientras dura la corriente, por falta de un puente para pasarla. El de la Vega se halla en el térm., como otros muchos de poca importancia, sobre que va la carretera de Valencia: se construyó en la época referida para salvar una cañada que á veces acumula bastantes aguas de aluvion, y es digno de mencionarse por su grandeza, hermosura y solidez; tiene 10 magníficos arcos en el centro, y otros tres á cada lado, que aunque no tan bellos y grandes, esceden con mucho la medida de los llamados comunmente alcantarillas.

Caminos y correos. Ademas de la carretera que dirige á Valencia, hay varios caminos de herradura que se hallan en mediano estado: los correos llegan los domingos, mártes y viérnes; y salen los lúnes, miércoles y sábados.

Portazgo. Por real órden de 6 de agosto de 1793, se aprobó el establecimiento de este portazgo, con los de Albacete y Minaya, empezando su cobranza en 1.° de marzo del siguiente año 1794. En 1.° de setiembre de 1837 se arrendó por tres años en 80,000 rs. En igual cantidad por un año, desde 1.° de setiembre de 1840. En 1841 se hizo nuevo arriendo en 104,000 rs.; rescindiéndose en 15 de diciembre de 1842, por escesivo; y entonces lo administró la direccion del ramo, hasta 30 de junio de 1843, en que se hizo nuevo contrato por dos años en 80,000 rs. Concluido este en 30 de junio del corriente año, se arrendó nuevamente el portazgo en 115,450 rs. por dos años que concluirán en igual dia de 1847. Como ha estado tan poco tiempo en adm., no podemos presentar datos relativamente al movimiento que en él ha habido de carruages y caballerías.

Férias y mercados: Celebra la feria que se ha indicado, consistiendo las especulaciones principalmente en géneros de vestir, y quincalla procedentes de Valencia, Alcoy, Fortuna y otros puntos; y un mercado á la semana, en el que se trafica sobre prod. y frutos del pais.

Producciones. Son sus mayores cosechas los cereales; en escala menor las legumbres, y especialmente las almortas (llamadas guijas en el pais) de que hacen continuo uso las gentes del campo y mas escasas de medios: en los riegos se cultivan la patatas, nabos y toda clase de hortalizas: tambien se coge mucho azafran, vino que sobra despues del abasto de la pobl., poco aceite, alguna miel, y barrilla para las fáb. de jabon: la ganaderia es numerosa en particular de lanar y cabrio; pues entre todas clases habrá unas 28,000 cab. y no faltan liebres, conejos, perdices, churras, zorras, lobos y algun corzo hácia la sierra de Enguera; en el Mugron se encuentran fósiles marinos en abundancia, y alli y cerca de Valdeparaiso canteras de piedra ordinaria.

Industria y comercio: 2 fáb. de curtidos, 6 de cencerros, 5 de jabon blando, 3 de aguardiente, 3 hornos de cal, 4 de yeso, un molino harinero impulsado por el viento, 11 movidos con las aguas de Zucaña, y el de Antonio con las del pantano en la primavera; algunos telares de paños ordinarios, y sobre 200 de lienzo y cáñamo, servidos por mujeres principalmente y los demas oficios indispensables de todo pueblo. Como este tiene la ventaja de ser atravesado por la carretera, vende fácilmente y con estimacion los prod. sobrantes de la agricultura, una parte muy considerable de los ganados, alguna de los tejidos que prod. la ind., y es como un depósito y alhóndiga de granos, á cuyo comercio se dedican no pocos de los vec.: hay tambien algunas lonjas ó tiendas de toda clase de tejidos nacionales y estrangeros. La arrieria se vale del ganado asnal para su tráfico y tambien, aunque en muy corto número del vacuno.

Poblacion, riqueza y contribuciones: 1,993 vec.: 8,731 hab.: su estado civil es poco satisfactorio en razon á que la propiedad se halla circunscrita y acumulada en pocas familias de la ant. aristocrácia, en términos de ser muy contadas las tierras que pertenecen á particulares. Cap. prod.: 33.503,993 reales: imp.: 1.608,896 rs.: contr.: 107,890 rs.

Historia. Muy estraño fue, en la juiciosa crítica del cronista Florian de Ocampo, traer á Almansa, en los Bastitanos, la ant. Salmántica, ó Helmándica de los Vettones. Han aparecido en esta c. algunos vestigios de pobl. romanas; mas nada entre ellos indica una c. conocida: con varias noticias se ha engalanado su orígen y su historia; pero nada consta de ella hasta que empezó á vacilar bajo el poder agareno, dividida la conquista de sus dominios, entre los reyes de Aragon y Castilla, ó mas bien hasta que vino á los de este. En 1248, á consecuencia de la concordia que celebraron entre si el rey D. Jayme y el Infante D. Alonso, fué declarada límite de los ant. reinos de Valencia y Murcia, quedando incluida en el último. Perteneció á los caballeros templarios, y se incorporó con la Corona, en 1310, en virtud del decreto del Pontífice que estinguió esta órden. Desde Almansa el Infante D. Juan Manuel hacía, en 1328, sus correrias contra el rey de Castilla, confederado con los de Aragon y de Granada, en desagravio del desaire que creia recibido en su hija Doña Constanza, habiendo sido repudiada y casado D. Alonso con Doña María de Portugal: hasta esta pobl. llegaron tambien luego talando D. Jayme y D. Pedro de Egérica, que entraron en sus tierras desde Valencia. Sola Almansa quedó, con la cap. del estado de Villena, por el marqués, cuando D. Enrique III se apoderó de él en 1398: estaba bien pertrechada y guarnecida de soldados aragoneses. Se declaró por los Reyes Católicos en las turbulencias con que se empezó su feliz reinado, y fue premiada con el privilegio de no poderse enagenar de la Corona: el Marqués alegó la pérdida de esta plaza por pretesto, para no someterse á las condiciones de la concordia celebrada á consecuencia de la batalla de Toro, diciendo haberle sido tomada por la Reina, contra lo tratado. Fue prometida por D. Fernando, á pesar de su privilegio, al marqués de Villena, entre las muchas promesas que desde Nápoles hizo á la grandeza, para traerla á su part., sabida la muerte del niño rey Felipe; mas no se verificó su entrega, dando en cambio y recompensa D. Fernando, en 1508, lo que valia de renta y otra pobl. en el reino de Granada. D. Felipe IV, en 1640, la señaló plaza de armas, para contener los conatos de rebelion que en el reino de Valencia escitára el ejemplo de Cataluña; y la dió los títulos *de muy noble y leal* que hoy disfruta. Cuando mas se distinguió esta pobl. fue á favor de Felipe V; pues, sin embargo de lo mucho que padecieron sus hab., permaneció fiel á su juramento; se fortificó á sus espensas, y formó un cuerpo de 300 hombres, para hostilizar á los partidarios del archiduque, quedando guarnicion suficiente en ella, á cuyo fin habian tomado las armas todos los que eran capaces de manejarlas. Fue la única pobl. que por aquellas fronteras no reconociese otro dueño. En abril del año de 1707 encontráronse en sus llanos los ejércitos de ámbas casas, francesa y austriaca: mandaba el primero el mariscal duque de Berwik, y el segundo el marques de las Minas: reconocido el campo por ambos generales, y puestas sus fuerzas en órden de batalla, dióse la señal del combate el dia 25 á las tres de la tarde: el campo quedó cubierto de cadáveres del partido del archiduque siendo este vencido, con pérdida de mas de 13,000 hombres, 6,000 de ellos muertos y los demas prisioneros, entre los que se contaban 5 tenientes generales, y brigadieres: el marques de las Minas se hirió al despeñarse huyendo. El vencedor recogió 112 banderas, todo el bagaje y artilleria; mas tambien sufrió en sus filas la baja de 5,000 hombres, 3,000 muertos, los demas heridos, entre los que habia algunos franceses; siendo en su mayor parte españoles. En esta accion se distinguieron particularmente el caballero Asfeld, D. Miguel Pons, el conde de Pinto, el duque de Popoli y otros. D. Felipe V mandó erigir un obelisco en el sitio de esta victoria, con un leon en el pedestral y varias inscripciones, para eternizar tan memorable dia y sitio, y Almansa, de la que tomó el nombre la batalla, por los interesantes servicios que prestó, obtuvo el título de *fidelísima* sobre los de *muy noble* y *muy leal* que gozaba: tambien se la concedió 15 dias de feria franca y muy hermosos blasones en su escudo de armas, todo por Real cédula de 10 de setiembre del mismo año, colmando asi los privilegios de que ya disfrutaba por los reyes de Castilla D. Alonso X, D. Juan II y D. Enrique IV: tenia por gracia de estos monarcas los privilegios de Alicante, Córdoba y Cuenca, y eran francos sus vec. en todos los estados castellanos; el primero la señaló además por Real cédula dada en Sevil a á 13 de febrero de 1303, muchas aldeas, que despues fueron villas. Felipe V la confirmó en el goce de todos estos privilegios, en Madrid á 2 de mayo de 1704. Era su gobierno político, en aquella época, de un alc. m., sujeto al corregidor de Villena, y 20 regidores con mitad de oficios, entre los cuales el alférez mayor y el castellano del cast. tenian voto y asiento como tales. Su escudo de armas está partido de alto á bajo: al lado der., en campo azul, conserva las ant., que son un castillo de oro sobre un peñasco y dos brazos atados con espada en mano cada uno: al lado izq., en campo rojo, tiene una columna de plata, y sobre ella un leon de oro coronado con espada en mano.

ALMANTIGA: l. con ayunt. de la prov. de Sória (7 leg.), part. jud. y adm. de rent. de Almazan (3/4), aud. terr. y c. g. de Búrgos (29), dióc. de Sigüenza (7): SIT., en un llano, que va elevándose poco á poco, y forma varias cuestas, es batido por todos los vientos, pero su influencia no es bastante á evaporar la escesiva humedad del suelo, por cuya razon el CLIMA se hace algun tanto enfermizo, y sujeto á tercianas y réumas. Lo forman 13 CASAS de mala construccion, pequeñas y sin órden alguno. Hay una escuela de instruccion primaria servida por el sacristan, que ademas reune la secretaria de ayunt. y recibe por los tres cargos 24 fan. de trigo; concurren á ella como unos 5 alumnos: tiene una fuente de regular agua, aunque bastante gruesa, y una igl. parr. bajo la advocacion de San Juan Evangelista. El edificio es sumamente pequeño, de una navè, con tres altares miserables; es matriz, y tiene por aneja la parr. de Lodares. La sirve un cura, cuya plaza se provee por oposicion en concurso general: circundan la pobl. como unos 12 árboles: Confina el TÉRM. por N. con el de Almazan, por E. con el de la Miñosa: por S. con Lodares, y Cobertelada, y por O. con el de Cobarrubias; se estiende por todos puntos 1/4 de leg. se encuentran en él 2 fuentes, y el arroyo de Cobarrubias que nace junto á Lodares del Monte, pasa inmediato al pueblo, y desagua en el Duero cerca de Almazan: su TERRENO es muy endeble y por el S. pedregoso, con bastantes cerros: tiene un CAMINO desde Aragon á Castilla la Vieja, que pasa por el pueblo; es de herradura, y frecuentado especialmente de trágineros ó vinateros. Recibe el CORREO de la adm. de Almazan los domingos, miércoles, y viérnes, y sale los lúnes, juéves, y sábados: PROD.: trigo puro, comun, cebada, centeno, avena, algunas patatas y legumbres: la mayor cosecha es la de trigo de mala calidad. Tiene 300 cab. de ganado lanar, 6 de yeguas, 42 bueyes, y 16 cerdos: hay algunas perdices, y conejos.: POBL.: 10 vec.: 44 alm.: CAP. IMP.: 10,986 rs, y 18 mrs. El PRESUPUESTO MUNICIPAL asciende á 500 rs. y se cubre con el prod. de una heredad de propios de 16 fan. de centeno, y lo demas por reparto vecinal.

ALMANZA: jurisd. ant. en la prov. de Leon, part. jud. de Sahagun, que comprendia la v. de Almanza y los l. de Arcayos, Cabrera, Calaveras de Abajo, Calaveras de Arriba, Canalejas, Carrizal, Castro Mudarra, Cebanico, Corcos, Espinosa, Mondreganes, Quintanilla de Almanza, La Riba, Sta. Olaja, Villamorisca, Valcuende, el Valle de las Casas y La Vega. Para su gobierno habia un corregidor y alc. ped., nombrados por el marqués de Alcañices.

ALMANZA: v. con ayunt. en la prov. y dióc. de Leon (8 leg.), part. jud. de Sahagun (6), aud. terr. y c. g. de Valladolid (20): SIT. en una hermosa aunque estrecha ribera á la orilla der. del r. *Cea*, á 4 leg. del puerto del *Pando*, y sobre el camino real que conduce de Asturias á Castilla la Vieja. Tiene casa consistorial en mal estado, una cárcel sin uso, una plaza espaciosa con soportales en los costados N. y O., una escuela elemental completa, con la dotacion de 100 ducados y algunas gratificaciones de padres pudientes, y una igl. parr. bajo la advocacion de Sta. Marina, servida por un párroco y un beneficiado, cuya provision corresponde á la Corona previo concurso; hay tambien á la parte del S. una ermita con el título del Cristo del Humilladero, destinada á celebrar las exequias fúnebres, y á su inmediacion el malvar ó cementerio, y otra al N. dedicada á San Roque. Una tercera parte de esta pobl. se halla circunvalada de muchos trozos de muralla con dos grandes fosos por los lados de N. y S.; de la fort. que existó en la cima de una colina, sit. dentro del recinto, no quedan ya mas que algunos vestigios. Confina el TÉRM. por N. con el de Mondreganes, por E. con los de Canalejas y Calveras de Abajo, por S. con los de Villaverde de Arcayos y Castro-Mudarra, y por O. con los de Llamas, Cubillas, Quintanilla, Palacio y Villapadierna. El TERRENO que contiene sus vegas, es á propósito para la siembra de toda clase de cereales; en la parte montañosa se encuentran robles útiles para la construccion y reparacion de los edificios, y tambien chopos y negrillos criados con bastante lozania; pero este arbolado está sumamente descuidado: lo baña el r. *Cea*, sobre el cual hay un hermoso puente de piedra de fáb. ant., á escepcion de una pequeña parte que se construyó en el año de 1826. CAMINOS: el de que ya se ha hecho mérito, que cruzando de N. á S., tiene en comunicacion la parte oriental del principado de Asturias con las mejores y mas ricas pobl. de Castilla la Vieja, que son las de tierra de Campos por sus abundantes cosechas de trigo, y todas las riberas del Duero, tierra de Rueda, la Seca y la Navá por sus vinos, siendo un contínuo tránsito el que por este pueblo se hace de toda la tragineria asturiana, esportando sus efectos é importando los castellanos; pero desde luego se deja conocer cuan lenta es toda conduccion que se verifica con caballerias, comparada con la que podria hacerse por medio de carros: la necesidad de dar mejor impulso al trabajo por esta parte, fue sin duda la causa principal de que se propusiera, hace ya muchos años, construir por la misma una carretera; mas la fatalidad, ó tal vez el egoismo, hizo que el poniente del principado, viendo que abriéndose esta carretera iba á disminuirse el tránsito de la que hay desde Gijon y Oviedo á Leon, se opusiese y entorpeciera la marcha del espediente instruido al efecto; tambien deben haber contribuido á contrariar esta importante mejora, las vicisitudes políticas; pero sea que la Direccion de Caminos y Canales, deseosa de promover en lo posible la prosperidad pública, ó sea que las Diputaciones prov. gestionasen con el Gobierno sobre el particular, es lo cierto, que este espediente volvió á tomar movimiento en el año de 41 ó 42, en el que la Diputacion prov. evacuó varios informes reducidos, á si despues de concluida y enlazada la de Oviedo á Leon con la de Valladolid, convendria emprender la del Vierzo ó la de Ribadesella; ignorando cual haya sido el resultado: si á esta carretera se la diese un pronto y fuerte impulso, este pais seria uno de los mas ricos por la facilidad con que se daria salida á sus efectos, y se proveeria de los que le hicieran falta, debiendo tenerse presente que en el estado en que se encuentra hoy el camino desde esta pobl. á Ribadesella, se ocupan tres jornadas, cuando abierta aquella solo una seria bastante. PROD.: trigo, cebada, centeno, avena, garbanzos, guisantes, lentejas, habas, hortaliza, legumbres y lino, el cual, aunque no en mucha cantidad, es de esquisíta finura, tanto que escede á todo el de las inmediaciones, y aun al que producen las riberas del Esla; cria bastante ganado lanar basto, cabrío y vacuno: COMERCIO: el lúnes de cada semana se celebra un mercado con real permiso, abundante en las prod. del pais, principalmente de cereales, de cuyas especies se surten las montañas de Val de Buron y Asturias por la parte de Ribadesella; en este mercado no se paga ninguna clase de impuestos, por cuya razon es mucho mas concurrido. POBL.: 111 vec., 500 alm.: RIQUEZA Y CONTR.: (V. PART. JUD.) El PRESUPUESTO MUNICIPAL asciende á 5,000 rs. y se cubre por reparto entre los v.

ALMANZORA (GUADALMANZOR): r.; se forma de varios arroyuelos que se reunen en el térm. del cas. Alcontar prov. de Almeria, part. jud. de Purchena, en uná de las ramificaciones N. de la sierra de Baza, por cima de la v. de Seron: fertiliza por su der. los pueblos de Seron, Tijola, Purchena, Arboleas, Zurgena, y Cuevas de Vera; y por la izq. los de Armuña, Somontin, Olula del Rio, Tines, Cantoria y Huercalovera, desembocando en el mar una leg. mas abajo de la v. de Cuevas, cerca del cast. de Montras, ó torre de Villaricos: recibe por la der. en térm. de Tijola, el arroyo de *Buyarque*, de 3 leg. de curso desde la sierra de Filabres; el de *Sufli* con igual nacimiento y casi el mismo curso, y la pequeña rambla de Gevas por térm. de Purchena; el de *Macael* que nace en dicha sierra y desemboca por térm. de Olula del Rio; la rambla de la *Orica* ó de las *Arcas* procedente de la misma sierra, con 1 1/2 leg. de corriente hasta su salida al r. Tines; la pequeña rambla de *Torrabra* frente á Cantoria, y 1 leg. mas abajo dentro de su térm. el r. *Albanchez*, que principia en el cerro de Montaul, sierra de Filabres, lo mismo que el arroyo *Aceituno*, siendo el curso de ambos como de 2 leg.; el arroyo *Cuesta de Damian* que se introduce por Zurgena, y en el térm. de esta v. el que derrama por Paleces con este nombre, siendo uno y otro como de 1 leg. de curso: por la izq. se le unen, en térm. de Tijola, la rambla del *Higueral* de 2 leg. de corriente; en el de Armuña, las de *Lucar* y *Somontin*, derramando esta por jurisd. de Purchena y recorriendo ambas el espacio de 1 leg.: por el de Olula del Rio el arroyo de *Guitar* y rambla de *Olula*, que tienen principio en los campos de Oria y sierra de Masmon, y 3 leg. de curso; por el térm. de Cantoria las ramblas de *Ogilla, Albox*, y de las *Piedras*, la segunda de 6 leg. desde su origen que se halla en el campo de Cisnares, térm. de Oria, y la primera y tercera de 1 leg.; por el de *Zurgena* las de *Almajalejo, Peral* y *Canale*, la primera de 5 leg. desde la cuesta de Tablas frente á Velez Rubio: la segunda cerca del pueblo de Taberno, y la tercera en el cerro Limaria ambas de 1 leg.: y por el de Huercalovera las de *Albaricos* y *Sta. Bárbara*, que desembocan por los cas. Obena y Sto. Petar. Todo el curso del r. es de 13 leg. en direccion de O. á E.; no tiene puentes, ni los necesita en ningun punto porque es tan escaso que solo lleva agua en el invierno: su cauce es casi todo llano, sin que por eso esperimente que puedan variar su curso: sus aguas dan impulso á varios molinos harineros, y á la fáb. de mármol que se ha construido en Tines por una compañía de catalanes; en el arroyo de Bacares con el que principia el de Bayerque hay una fáb. de hierro. El r. cria algunas anguilas cuando abunda en aguas claras, y contiene muchas fuentes y abundantes manantiales: se utiliza en la rica y fértil vega, sin que se note escasez, aunque falten las lluvias en tres ó cuatro años. El nombre de este rio proviene de los árabes; interprétase *la Victoria*: sin duda le seria dado por estos en recuerdo de alguna que hubieron de conseguir en sus márg., de las muchas que tuvieron lugar durante su larga dominacion y época de la reconquista.

ALMANZORA; ald. en la prov. de Almeria, part. jud. de Huercalovera, térm. jurisd. de *Cantoria* (V.); con unas 20 CASAS, horno de cocer pan, un molino de aceite construido en 1764, y la casa-adm. del marqués de Villafranca con un oratorio: POBL.: 121 vec.: 484 alm.

ALMANZOR Y CASA-BARRERA (DEHESILLA): con 2,000 fan. de tierra de los propios de *Utrera* (V.), en la prov. de Sevilla, dist. de aquella v. 1/4 leg. y repartidas á censo entre los vec. de la misma.

ALMAR: riach. de la prov. de Avila, part. jud. de Priedrahita: nace en la cord. donde está sit. la ermita de Ntra. Sra. de Riondo, térm. de Grajos, baja al pueblo de Valdelacasa, part. de la cap., sigue su curso pasando entre Muñico y Rinconada del de Piedrahita, y dando vuelta al O. se introduce en la prov. de Salamanca entrando en el Tormes junto al pueblo de *Bóveda de rio Almar*, despues de haber recogido los pequeños arroyuelos que vienen de Gallegos de Sobrinos, Hortumpascual y otros mas insignificantes.

ALMARAIL: l. con ayunt. de la prov., adm. de rent. y part. jud. de Sória (4 leg.), aud. terr. y c. g. de Búrgos (26), dióc. de Osma (7): SIT. en las inmediaciones de la confluencia de los r. Duero y Rituerto; le bate generalmente el viento N. y sus enfermedades más comunes son tercianas: forman la pobl. 30 CASAS de mala construccion y faltas de comodidad; entre las que se halla la consistorial con cárcel, una posada, una escuela de instruccion primaria servida por el sacristan, dotada con una corta cantidad en granos, y una igl. parr. de primer ascenso, bajo la advocacion de San Juan Bautista, la que tiene por anejo á Santiago: la sirve un párroco. Confina el TÉRM. por N. con el r. Duero, por E. con el térm. de Borjabad, por S. con el de Viana, y por O. con el de Belache: corren por él, el r. *Duero* que nace en Duruelo, y se pasa por una barca de maroma, y el Rituerto que nace en el térm. de Valdegaña, y viene á desembocar en aquel, inmediato á este pueblo. Su TERRENO es bastante fértil y rinde lo necesario para los hab., resultando algun sobrante: se halla su mayor parte en cultivo, y el resto queda para pastos y arbolado, siendo los primeros de muy buena clase. Los CAMINOS son de herradura. El CORREO se recibe de la adm. de Sória, los mártes, y sale los lúnes. PROD.: trigo mediano, centeno y cebada; su mayor cosecha es la de centeno; cria ganado lanar, vacuno y mular: tiene liebres, perdices y conejos, y en el Duero truchas y barbos. POBL.: 28 vec., 110 alm.: CAP. IMP.: 32,236 rs.

ALMARAZ; l. en la prov., part. jud. y dióc. de Zamora (3 leg.), aud. terr. y c. g. de Valladolid (19): SIT. en el bajo de dos colinas de 25 varas burgalesas de elevacion, que van declinando hasta el r. *Duero*, ó cuya orilla der. y dist. 3,000 pasos se halla la pobl., con perspectiva alegre y pintoresca, por las alamedas que la circuyen y las grandes dist. que alcanza la vista, aunque está poco dominada por los vientos, y solo la baten los del S.; su CLIMA es sano, se ven edades muy avanzadas, y solo se esperimentan algunas calenturas intermitentes. Reune 140 CASAS, de las que solamente 10 tienen las comodidades necesarias para un labrador y ganadero; las restantes sin comodidad alguna; su altura ordinaria es de 16 palmos, distribuidas sin órden, forman la pobl. con calles irregulares, que por estar sin empedrar, y por el continuo tránsito de los ganados en invierno son insufribles. Tuvo antiguamente un buen pósito, con cuyas existencias se socorrian 16 labradores y 8 jornaleros. Hay casa de ayunt. con su cárcel; escuela de primeras letras, á la que concurren 80 niños, dotada con 3,000 rs., sobre la retribucion estipulada con los padres de los alumnos; una fuente perenne de muy buenas aguas para el abasto de la pobl., por la que cruza un arroyo que sirve para abrevar los ganados. Una igl. parr. dedicada á la gloriosa Transfiguracion del Señor; está colocada en el centro de la pobl.; la construccion es sólida y elegante, de órden romano, sus paredes de piedra labrada, de una sola nave, de 160 palmos de largo, 100 de ancho y 80 de alto: tiene 5 altares, el mayor de ellos dedicado al Salvador, con los ornamentos y alhajas de plata necesarias para el culto, y una torre de espadaña de 120 pies de alto, y de 12 de ancho en el remate, en la que hay dos campanas y un címbalo; para el servicio de dicha igl. hay un cura párroco de presentacion del Sr. marqués de la Mota. A 1/2 hora de dist. hácia el SE., hay una ermita pequeña, llamada de San Pelayo, dedicada á San Gregorio Nacianceno, á la que acuden en romeria algunos pueblos el dia 7 de mayo de su festividad, proveyéndose á su culto, sosten y reparacion por medio de la piedad de los fieles: el cementerio está á la dist. de 100 pasos de la pobl. hácia la parte del S., en parage ventilado, que no puede perjudicar á la salud pública. Confina el TÉRM. por la parte del N, con el de Muelas, al E. con el de Valverde, deh; y coto de Zamora, al S. con el r. Duero, y al O. con el de Villaseco; su estension de N. á S. es de 1 leg., la de E. á O. de 3/4 y en la parte de SE. está la deh. ó cot. red. de San Sebastian, que contiene la ermita de San Pelayo, de que se ha hablado, en cuyo punto hay una barca para pasar el r. Duero, que corre de S. á E. El TERRENO es muy desigual en la parte del S. por la elevacion respectiva que tiene con dicho r., pedregoso y de consiguiente nada fértil: en la del N. participa de tenaz y de flojo á la par que árido. De las 6,670 fan. de tierra que contendrá el térm, 2,000 son de segunda calidad, y las restantes de tercera, escasas todas en sus prod, y sin plantíos, escepto en los sotos y riberas del Duero que están bastante arboladas. Los CAMINOS son carriles, locales, no en muy buen estado, en especial el que conduce á Zamora, que pasa por medio de encrespados cerros y precipicios profundísimos, que al menor desliz conducirian al Duero. La CORRESPONDENCIA se recibe desde Zamora, y pasa por Villaseco. PROD.: 4,500 fan. de trigo, 1,500 de centeno y pocos garbanzos; cria 1,200 cab. de ganado lanar, que producen 200 corderos y 4,000 libras de lana churra, que se esporta de Zamora: ganado vacuno y cabrio, cuyo sobrante se vende en las ferias y mercados de la prov.: abunda en todo género de caza. La IND. está reducida á 2 telares y una fragua. POBL.: 132 vec., 550 hab.; CAP. PROD.: 268,000 rs.: IMP.: 18,382 rs.: CONTR.: 10,801 rs. 8 mrs. vn.

ALMARAZ: l. de la prov., aud. terr., c. g., é intendencia de Valladolid (8 leg.), part. jud. de Mota del Marques (1), dióc. de Palencia (11): SIT. en la calzada que va de Madrid á la Coruña al caer de una pequeña sierra, en cuya falda principía la tierra de Campos; le baten con preferencia los vientos del N. por estar resguardado de los demas por los cerros que le rodean, y disfruta de un CLIMA sano y benigno: tiene unas 30 CASAS de mediana construccion agrupadas entre sí, sin formar calles, la mayor parte al lado de un arroyo que divide la pobl. en 2 partes; escuela de primeras letras de cuarta clase; un meson de buena construccion propio, como las demas casas de la pobl. del señor marqués de la Mota, en el cual los viajeros hallan buen servicio y comodidad; y una igl. parr. construida con buen gusto, de piedra de silleria, dedicada á San Juan Bautista y servida por un cura párroco que nombra en su vacancia el mencionado señor marques; el cementerio está ventajosamente colocado afuera de la pobl. y poco dist. de él una fuente de aguas muy buenas de la qué se surten los vec. para sus usos y necesidades. El TÉRM. confina con los de Villardefrades, Urueña y Villabelli. El TERRENO participa de monte y cultivo; aquel es de propiedad del referido marqués y esta sit. en la misma sierra de Torozos, plantado cuasi en su totalidad de encinas que prod. abundancia de bellota; hay buenos pastos; cria mucha caza en especial, perdices y conejos y tiene una hermosa casa para habitacion de los guardas, cuya vigilancia no impide que se cometan algunos robos; la parte roturada es de muy buena calidad, en la cual se halla una escelente pradera para pastos de los ganados de labor y huelga: PROD.: trigo, cebada, centeno y todo género de legumbres estrayéndose el sobrante por la via de Valladolid ó por los panaderos del pais. Se carece absolutamente de todo género de ind. hasta de los oficios necesarios á la vida social, y el COMERCIO está circunscrito á la venta de los prod. sobrantes. Tiene 22 vec.: 98 hab.; CAP. PROD.: 449.200 rs.: IMP. 42,920 rs. En el año de 1097 se halla ya memoria de esta pobl. con el propio nombre que ahora tiene, é hízola célebre entre los viajeros la venta que tenia en lo alto del monte á su entrada, por recogerse en ella gentes sospechosas; esto motivó su demolicion y en el año 1785 se le sustituyó el meson construido dentro de la pobl. Es de señorio del dicho marques de la Mota el que para su gobierno nombraba cada sexenio un teniente alcalde mayor.

ALMARAZ: v. con ayunt. de la prov. y aud. terr. de Cáceres (16 leg.), part. jud. de Navalmoral de la Mata (2 1/2,) adm. de rent. y dióc. de Plasencia (9 leg.), c. g. de Estremadura (Badajoz 31): SIT. en una pequeña hondonada que forma el terreno en su mayor parte llano, sobre la carretera de Madrid á Badajoz y á la der. del r. Tajo (1 leg.): esta defendida de los vientos del S. por una pequeña colina llamada la *Sierrecita* y se padecen, efecto sin duda de la mala sit. del pueblo, muchas fiebres intermitentes, catarrales y pulmonias: tiene 94 CASAS de las cuales 9 son de mas de 8 varas de altura, 15 de 6 varas y el resto de diferentes medidas, aunque mas bajas: la mayor parte de dos pisos habitables, de mediana construccion, de piedra berroqueña y pizarra que forman cuerpo de pobl, y calles irregulares y muy lodosas en el invierno: solo 3 hay empedradas, entre ellas la llamada Real que cruza la pobl. y forma parte de la carretera referida; la plaza principal está en la misma carretera en el centro del pueblo, y en el estremo E. hay otra que llaman Nueva; hay casa de ayunt., cárcel, pósito sin existencias, escuela de primera educacion dotada con 1,300 rs. por los fondos públicos, á la que asisten 15 niños, una ermita titulada Ntra. Sra. de Roqueamador, é igl. parr. con la advocacion de San Andrés Apóstol, que antiguamente fue aneja de la de San Juan de Plasencia; su fáb. es de bóveda de muy buena construccion y su fachada principal de piedra berroqueña: se hizo en el año 1557; en los afueras, pero muy inmediato á su entrada por la parte de Madrid, hay una abundantísima fuente con su pilon y caños, que á pesar de no ser del mejor gusto surte al vecindario para todos sus usos, sin que se advierta perjuicio en la salud; el pilon es el abrevadero de todas las caballerias que transitan por la carrera, y el sobrante de sus aguas corren á unas charcas cerca de la plaza Nueva destinadas á lavar la ropa; por último al lado N. está el cementerio bien ventilado y no perjudica á la salubridad. Confina el TÉRM. por N. y O. con el de Saucedilla, E. con el de Belvis de Monroy, y S. con los de Valdecañas y Romangordo al Tajo, dist. entre sus confines opuestos 1 leg.: de su comprension y denominacion de sus partes se hablará al tratar de los fondos municipales á los que corresponde: le baña el riach. llamado *Arrocampo* en direccion de E. á O. y 1/2 leg. N. de la pobl. cruzando la carretera sobre la que hay un puentecillo de piedra berroqueña: el r. Tajo pasa 1 leg. al S., pero no ya en el térm. y por lo mismo hablaremos del puente que sobre este r. existe en aquel sitio, en artículo separado (V.): el TERRENO participa de cerros y llanuras aunque desiguales, arenisco y pizarroso, todo de secano, pero regularmente fértil; para la labor está dividido en hojas y cada una de estas se subdivide en 80 suertes que se reparten al vecindario para la siembra que se verifica en cantidad de 800 á 900 fan. de todos granos: hay poco monte y por lo tanto escasez de maderas y combustibles: CAMINOS: ademas de la carretera de que se ha hecho mérito, los hay locales y de herradura á los pueblos comarcanos, pero se hallan en mal estado y se ponen intransitables en el invierno; CORREOS Y DILIGENCIAS: los primeros se despachan en la estafeta del pueblo que como de carrera los recibe del conductor general que entra de Madrid los lúnes, juéves y sábados á la una de la madrugada, y sale á los pocos minutos; y de Badajoz los domingos, mártes y juéves á las 11 de la noche, sin otra detencion que los anteriores: es tránsito igualmente de las diligencias y mensagerias de Estremadura que entran para Badajoz los domingos y juéves á las 10 de la mañana, se detienen dos horas para almorzar y salen á pernoctar en Trujillo; las de Badajoz entran los miércoles y sábados á las 11 de la mañana y despues de igual detencion, con el mismo objeto, salen á pernoctar á la Calzada de Oropesa: hay casa de postas y parador para las diligencias: PROD.: trigo, centeno, cebada, avena, garbanzos, habas, vino y aceite de buena calidad: se mantienen algunas piaras de cabras y ovejas, 120 vacas de cria, 150 cerdos, 65 yuntas de bueyes de labor, algunas de caballerias, y abunda la caza menor y alguna mayor: IND.: un molino de aceite, 2 hornos de cal y uno de teja y ladrillo: el COMERCIO está reducido á la venta de sus muchos sobrantes de cereales en los pueblos de la Vera de Plasencia y al mercado que se celebra el segundo sábado despues de San Andrés: POBL.: 90 vec.: 493 alm.: CAP. PROD.: 1.936,400 rs.: IMP.: 96,834: CONTR.: 14,836 rs. 9 mrs.: PRESUPUESTO MUNICIPAL: 10,000 que se cubre con los fondos de propios que consisten en la deh. de Arriba desmontada en su mayor parte, de cabida de 500 fan.; la boyal poco desmontada de 300: la *Camadillo* y *Cañalengua* desmontada en su mayor parte de 700; la de *Torrejon* con mucho monte hueco de 400; el terreno nominado *Valde-obispo* que solo sirve para pastorear el ganado cabrio y vacuno cerril, y últimamente el nominado prado de la Torre, llamado así por existir en el mismo una torre ó cast. feudal ruinoso, de figura cuadrada de 50 pies de altura y 20 de frente, cuyos cuatro ángulos terminan en otros torreoncillos ó parapetos mas bajos; la cabida de este prado es de 80 fan., y el prod. de todos estos terrenos es de unos 12,000 rs. con corta diferencia. Redúcese á esta v. la ant. Lama de Ptolomeo; pero sin mas apoyo que cierta analogia en los nombres, y el ser una de las mas meridionales que asientan en la ant. region Vetona. Blasco Gomez de Almaraz á quien fue hecha donacion de su terr. la pobló y formó mayorazgo con ella: D. Enrique III confirmó este mayorazgo en 12 de marzo de 1393 á Diego Gomez de Almaraz, por cuanto se babia señalado en su servicio y en el de su padre D. Juan I: por casamiento de Fernan Rodriguez de Monroy con Doña Isabel de Almaráz, heredera de este mayorazgo, pasó á la casa de Monroy, que tambien poseyó el condado de Oropesa, refundido hoy en la casa del Excmo. Sr. Duque de Frias; padeció mucho en tiempo de la guerra de la Independencia, perdiéndose el archivo de la parr. y el del ayunt.

ALMARAZ (PUENTE DE): famoso puente sobre el Tajo, en el térm. de Roman-gordo, y á dist. de 1 leg. S. de la v. de Almaraz sobre la carretera de Estremadura en la prov. de Cáceres, part. jud. de Navalmoral de la Mata: se llamó primeramente de Albalát, por hallerse en la comprension de lo que se llamaba campana de *Albalat* (V.); pero destruida esta c., fue conocido con el nombre que se le da hoy, á pesar de no hallarse en el térm. de aquella v. Esta obra colosal y osada como la época en que se ejecutó, fué costeada por la c. y tierra de Plasencia en el reinado de Cárlos I, y dirigida por un tal Pedro Urias cuyo nombre solo se encuentra en la inscripcion que existe aun colocada en la glorieta que forma el puente en el medio, en cuyo sitio se hallan tambien al lado izq. el escudo de armas reales, y en el der. el de la c. de Plasencia: este director tan poco conocido, debió tener poca confianza en las maderas empleadas en la cimbra, pues los arcos estaban compuestos de tres órdenes de dovelas sobrepuestas unas á otras; se compone de dos arcos enormes, de los cuales el mayor tiene 45 varas de luz y 56 de altura, dando por sí solo paso á toda el agua del r. en su estado natural, pues solo corre por el otro en las grandes avenidas: todo el puente tiene 300 pies de largo, 26 de ancho y 134 de altura hasta los pretiles; es de piedra silleria y podía competir con los principales de los romanos. Tres siglos respetaron esta obra admirable, sin que nadie se atreviese á tocar á ella, á pesar de haber sido ocupado en el año de 1710 por D. Felipe V, sentando su campo en las inmediaciones, y cortando todas las comunicaciones á los portugueses; pero vino la destructora guerra con el emperador Napoleon y este puente llamó desde luego la atencion de los ejércitos, siendo teatro de diferentes choques; el general Galluzo que escogió la orilla izquierda del Tajo, para detener en su marcha á los franceses, en el mes de diciembre de 1808 se situó sobre él: su primera idea fue destruirlo; pero la trabazon era tan fuerte y compacta que no lo pudo conseguir. Noticioso Galluzo de que los franceses habian atacado al general Trias en Puente del Arzobispo, se retiró á Jaraicejo, dejando para su defensa los batallones de Mallorca, é Irlanda, y una compañia de zapadores. La division del general Valence atacó este puente, y despues de una hora de fuego, se apoderó de él cogiendo 300 prisioneros: Galluzo no creyéndose con esto seguro en Jaraicejo, se retiró á Trujillo. Fueron los franceses desalojados de los alrededores de Almaraz por el general D. Gregorio de la Cuesta á principios del siguiente año, enseñoreándose del puente en 29 de enero su vanguardia capitaneada por D. Juan Henestrosa; este general dispuso tambien que se cortase, y para ello no habiendo surtido efecto los hornillos, hubo que descarnarle á pico, y barreno, y se hizo con tan poca precaucion, que al destrabar de los sillares, cayeron y se ahogaron 26 trabajadores con el oficial de ingenieros que los dirigia: «lastima fue, (dice Toreno, con este motivo en su historia de aquella época) la destruccion de tamaña grandeza, y en nuestro concepto arruinábanse, con sobrada celeridad, obras importantes y de pública utilidad sin que despues resultasen para las operaciones militares ventajas conocidas.» En el mes de marzo del mismo año pasó Cuesta desde Deleitosa á Almaraz con el objeto de avivar la construccion de un puente de balsas que supliera al destruido: en 19 de julio cruzó por Almaraz el Tajo el mismo general, para ocupar el frente del enemigo desde el Casar hasta el puente de Tablas: En 1811 fabricaron los franceses otro de barcas, y en abril de 1812 los ingleses al mando del general Hill, lo destruyeron con los fuertes que habian construido en ambas orillas del Tajo, denominados *Napoleon* y *Ragusa*. Mas de 30 años pasaron despues sin que todo el poder del Gobierno español fuese bastante para restaurar el arco roto; todos dudaban de su recomposicion; nadie queria encargarse de este trabajo y hasta llegó á hacerse objeto de cuentos y visiones del vulgo la obra del arruinado puente, pasando como cierto, que en él se encontraba un renglon que decia:

Almaráz, Almaráz, si te caes no levantarás; y, si te levantan, no como estás.»

Los perjuicios, sin embargo, eran inmensos; pues no hubo invierno en que no estuviese interrumpido el paso por la miserable barca de maroma que se estableció, quedando incomunicada la cap. de la monarquía con la prov. de Estremadura y reino de Portugal, á lo que debe añadirse la detencion de los pasageros y de las cabañas trashumantes, perdiendo estas anualmente un número no despreciable de cab.: estos males no podian menos de producir quejas de tantos como los sufrian, pero todo fue inútil, subsistiendo este estado de cosas, hasta que en 1840, dos hijos de la prov. honrados en diferentes ocasiones como diputados en el Congreso, y que como tales habian hecho cuantas gestiones les sugeria su celo por el bien de sus comitentes, para que el Gobierno emprendiese la ejecucion de una obra tan interesante, sin haber podido conseguir nada por los apuros del tesoro, resolvieron emprender por sí la restauracion de este puente anticipando los fondos necesarios, y reintegrándose de los prod. del pontazgo que en el mismo se estableceria, y los de los ya establecidos en Plasencia y puerto de Baños, por el número de años que el Gobierno considerarse suficientes. Semejante propuesta no podia menos de ser acojida favorablemente, y nadie podia esperar que encontrase como encontró oposicion en otros naturales de la prov.; pero sacada á pública subásta que se verificó en 4 de mayo de 1841, nadie se presentó á mejorar las condiciones, y quedó adjudicada por lo tanto, á los señores D. Joaquin Rodriguez Leal, y D. Gonzalo María de Ulloa, conde de Adanero, (quienes invitaron á todos los pudientes de las dos prov. de Estremadura, para interesarse en la obra, en la que algunos tomaron parte) á reintegrarse con el prod. de los tres pontazgos referidos durante 30 años. La empresa encontró desde luego muchas dificultades; la 1.ª fue la de un ingeniero español; la 2.ª de buenas maderas para la cimbra: muchos pasos se dieron para lo primero, y la empresa sin embargo, tuvo que admitir un francés llamado Mr. Foulas, que se suponia ingeniero de caminos de Francia; pero muy pronto conoció que no era el hombre que necesitaba: en este apuro, y cuando estaba dispuesta á buscar un hombre capaz en Francia ó Inglaterra, se presentó á la sociedad un lego esclaustrado de la estinguida compañía de Jesus, llamado D. Manuel Ibañez, ofreciéndose á ejecutar la restauracion dando para ello las suficientes garantías; y este es el hombre que con el éxito mas feliz ha ejecutado una obra tan arriesgada y dificil: el arco ha quedado concluido en este año (1845), habilitado para el paso, y es de admirar la hermosura y solidez de su construccion: el todo de ella ha costado cerca de 2.000,000 de rs., aunque el presupuesto formado por la Direccion general de caminos, solo subia á 1.350,000: la empresa se ha hecho despues cargo de hacer los reparos que necesita el arco viejo, para que el todo de esta obra quede exactamente igual, en lo que se ocupa actualmente, concediéndole el Gobierno de S. M. 10 años mas de disfrute en los referidos pontazgos: en cuanto á las maderas hubo que buscarlas en los montes de Cuenca, y transportarlas por el r. Tajo, en cuya operacion se invirtieron 16 meses: la empresa, ademas, ha edificado en las inmediaciones de este puente un parador bastante cómodo para descanso de los viajeros.

ALMARCHA: v. con ayunt. en la prov. y dióc. de Cuenca (8 leg.), part. jud. de San Clemente (5), aud. terr. de Albacete (14), c. g. de Madrid (22): SIT. la mitad en llano y lo restante en declive al E., combatida principalmente por los vientos N. y E., de CLIMA frio y mas propensa á tercianas, costipados y algunas pulmonias, que á otras enfermedades. Tiene 280 CASAS bastante cómodas, casa capitular, cárcel, escuela de primera enseñanza con 30 á 40 niños, dotada con 1,500 rs. de los fondos de propios; igl. parr. de 2.º ascenso, dedicada á Ntra. Sra. de la Asuncion, servida por un cura, un teniente y un sacristan, una ermita de San Bartolomé, (patrono de la v.) á 1/4 leg. de dist., otra de San Anton en un cerro, y como á 500 pasos en direccion al S., varios pozos de agua potable; á 1/4 leg. al E. una laguna de poco mas de 300 pasos de circunferencia, cuya agua, que no cria pesca, es muy salobre: es está laguna de gran nombradia, ya por la particularidad de contener siempre una misma cantidad de agua, ya por no haberse descubierto su fondo, y lleva de inmemorial el conocido nombre de *Pozo-airon*. Confina el TÉRM. por N. con Hinojosa y Olivares á 1/2 leg., por E. con el Castillo de Garcimuñoz igual dist., por S. con Olivares y el Castillo á 3/4, y por O. con Villancina y Villargordo; el TERRENO, de muy buena clase para siembra y pastos, se halla roturado en 3/4 partes y tiene algun monte sin poblar hácia el N. y O.: nace en este térm. el riach. llamado de la *Vega* que corre al E. á desagüar en el Júcar, y lo atraviesa otro titulado *Cañada Negrete*, que tiene su orígen en térm. de Hinojosa y fenece como el anterior: ambos riach. que corren de N. á E. se reunen á 1/2 leg. de la v., y se pasan por un puente de piedra cada uno. Los CAMINOS son de herradura en mal estado, dirigiéndose uno de ellos de Madrid á Valencia: la CORRESPONDENCIA se recibe de Olivares por medio de balijero, los lúnes, juéves y sábados, y se contesta los domingos, miércoles y viérnes: PROD.: trigo, cebada, centeno, aceite, vino, azafran, ganado lanar de lo mas superior, y caza de perdices y liebres: POBL.: 266 vec., 1.057 hab. dedicados á la agricultura; hay un molino harinero de dos piedras, movidas por los r. espresados: CAP. PROD.: 3.483,340 rs.: IMP.: 159,157 rs. Del árabe *Almarch*, que se interpreta *la pradera*, ó el prado, donde suelen pacer los ganados, y de su situacion debió tomar su nombre esta v.

ALMARCHAL: cortijada en la prov. de Cádiz, part. jud. de Algeciras, térm. jurisd. de *Tarifa* (V.).

ALMARGEN: v. con ayunt. en la prov. de Málaga (11 leg), part. jud. de Campillo (2), adm. de rent. de Antequera (6), aud. terr. y c. g. de Granada (19), dióc. de Sevilla (18): SIT. en una pequeña altura alegre y pintoresca al N. de la sierra de Cañete la Real, combatida por todos los vientos, y mas propensa á tabardillo que á otras enfermedades. Tiene 140 CASAS de poca estension, y casi todas de un solo piso; cuatro calles mal alineadas, aunque empedradas y limpias, figurando una cruz, una plaza ovalada, una escuela de primera enseñanza con 15 niños, 4 escriben, dotada con 240 rs. de los fondos de propios, 3 rs. mensuales por cada alumno, de los que escriben, y 2 los demas; una igl. parr. al E. poco sólida, de órden dórico, con una sola nave de 42 varas de largo, y 8 de lat., dedicada á la Purísima Concepcion, (los patronos del pueblo son San Cosme y San Damian, cuya fiesta se celébra el 27 de setiembre), y servida por un cura párroco perpétuo; y un cementerio contiguo á ella, bien ventilado, aunque pequeño: la corporacion municipal toma en arriendo por 200 rs. anuales una sala particular para celebrar sus sesiones, por carecer de casa propia, y la posada pública sirve de cárcel en los casos que ocurren. Confina su TÉRM. por N., con los de Corrales y Sancejo, por E. con el de Teva, y por S. y O. con el de Cañete la Real: al pie de la espresada sierra se encuentran varias huertas regadas por el derramo de una fuente abundante, llamada *Majaborregos*, á dos tiros de bala S. de la pobl., que surte tambien al vecindario; lo demas del campo se compone de lomas y cerros de regular elevacion, siendo su terreno flojo, pedregoso, áspero, y muy propio para pastos: lo roturado asciende á 650 fan. de segunda y tercera clase, sin contar con la parte de regadío; y hay ademas correspondiente á propios 418 fan. y un celemin dadas en enfitéusis: por la parte del N. pasa el arroyo *Salado* en direccion á Málaga, que aunque escaso, es de curso perenne; las labores se hacen con 6 yuntas de ganado mular, y 20 de vacuno: los CAMINOS son de herradura de pueblo á pueblo, y se hallan en mediano estado; la CORRESPONDENCIA se recibe los miércoles y sábados por un hombre pagado por el ayunt., y la lleva los mártes y viérnes á la estafeta de Osuna: PROD.: cebada, trigo, habas, legumbres y poca fruta; hay cria de ganado lanar, cabrio y vacuno; y caza de liebres, conejos, y famosas perdices en el sitio denominado el *Bujo*. POBL.: 184 vec., 722 alm. CAP. PROD.: 2.721,110 rs.: IMP.: 93,462; PROD. que se consideran como CAP. IMP. para la ind. y comercio 2,805: CONTR.: 11,618 rs. 1 maravedí. El PRESUPUESTO MUNICIPAL ordinario asciende á 6,910 rs., y se cubre con el prod. de propios y arbitrios: estos consisten en la renta de carne y alcabala de viento que rinden 460 rs., y en la cantidad de 3,340 que redituan 418 fan. y 1 celemin de tierra, dadas á censo enfitéutico á razon del 3 p. 0/0 de valor, supliéndose el déficit por repartimiento entre los vec.

ALMARIEGO: cot. red. que perteneció á regulares, en la prov. de Salamanca, part. jud. de Ciudad-Rodrigo, térm. jurisd. de *Saelices el Chico* (V.).

ALMARIZ: l. en la prov. de Orense, ayunt. de Villameá, felig. de San Andrés de *Penosiños* (V.): POBL.: 22 vec., 110 alm.

ALMARRA: cas. en la prov. de Alicante, part. jud. de Jijona, térm., jurisd. de *Castalla* (V.): tiene una ermita dedicada á Ntra. Sra. de Loreto, la cual fue construida en 1717.

ALMARTINE (LA): ald. en la prov. y ayunt. de Oviedo, y felig. de San Estéban de *Sograndio* (V.).

ALMARZA: desp. en la prov. de Avila, part. jud. de Arévalo, térm. de Sanchidrian: SIT. á 1/4 leg. al E. de su matriz, en una altura algo elevada, con referencia al E. y S. á la márg. izq. del r. Boltoya, y en la carretera de Madrid á Valladolid, dist. 14 3/4 leg. del primero, y 15 1/4 del segundo; tiene un palacio propio del Excmo. Sr. marques de Cerralbo y Almarza, bastante destruido; una venta en regular estado, enfrente de la cual se halla la casa adm. del portazgo nacional, establecido en aquel punto; en el palacio habita el guarda del monte, en la venta un ventero, y en la casa portazgo los recaudadores del derecho, rematado por algunos vec. de Sanchidrian: se conservan tambien algunos escombros de la torre de la igl.: comprende 600 fan. de labor; de las cuales son 100 de primera clase; 120 de segunda; 340 de tercera, y 40 de pastos: hay un monte al SO. del desp., una alameda al E. y á su inmediacion, de que se sacan maderas útiles para edificios y carros; y algunas huertas de hortaliza y frutales: el TERRENO participa de tenaz y flojo, y es regularmente productivo: le riega el r. Boltoya que pasa al E. y muy inmediato al desp., marchando de S. á N., y forma por esta parte el lím. con la prov. de Segovia, con un puente para la comunicacion de ambas prov., y un molino harinero de dos piedras. Pasa por este desp. la carretera general de Madrid á Valladolid y Galicia, á la que se reune la de Salamanca y pueblos inmediatos en el portazgo: PROD.: cereales, legumbres y frutas: paga de CONTR. por rent. prov. y agregadas 760 rs. 29 mrs. De la HISTORIA de este desp., solo se sabe de cierto, que fue en el año de 1808, y correspondió al señ. del Excmo. Sr. marques de Cerralbo y Almarza, el cual nombraba los oficios de justicia y cobraba las alcabalas; en el dia, dicho señor es dueño de la mayor parte del terreno y edificios, no siéndolo de cot. red. por una ó dos tierras que pertenecen á un vec. de Sanchidrian, y aunque repetidas veces ha intentado S. E. comprarlas á cualquier precio, el dueño se ha negado, para evitar justamente el cot. red. que privaria á los vec. de aquel pueblo de la mancomunidad de pastos y otras regalías que disfrutan.

ALMARZA: l. con ayunt. de la prov. y part. jud. de Sória (4 leg.), aud. terr. y c. g. de Búrgos (26), dióc. de Osma (14): SIT. en terreno llano á la entrada de un valle rodeado á una pequeña dist. por algunas sierras, escepto por la parte del S., y cerca de las márg. del r. Tera que no toma este nombre hasta mas abajo de la pobl.: el CLIMA es muy frio y poco sano, propenso á flegmasias pectorales, gástricas y reumatismos, siendo endémica la enfermedad llamada Rosa. Reune 102 CASAS de regular construccion, distribuidas comunmente en dos pisos, escepto una tercera parte que tiene otro mas, formando calles regulares, muy unidas entre sí, limpias y bien empedradas; de las cuales, una que se halla á la parte de poniente, con soportales en los lados, hace las veces de plaza. Tiene casa consistorial, un edificio que sirve de cárcel pública; escuela de instruccion primaria concurrida por 30 niños y 10 niñas, bajo la direccion del sacristan y fiel de fechos, por cuyos conceptos tiene la dotacion de 1,500 rs.; y una igl. parr. bajo la advocacion de Sta. Lucia, servida por un cura nombrado por el diocesano, prévia oposicion; cuyo edificio bastante sólido y ant., y de una sola nave, tiene únicamente de notable en el lado izq. del presbiterio una capilla con dos altares, llamada Capilla del Inquisidor, por haber sido construída á espensas del Illmo. Sr. D. Juan Ramirez, natural de este pueblo, Inquisidor general que fue, y ob. electo del Cuzco en la América meridional. Hay dos ermitas; la una dedicada á la Concepcion de Ntra. Señora; está sit. á 100 pasos de la pobl. al otro lado del r., en cuyas inmediaciones se halla el cementerio; y la de Nuestra Sra. de los Santos Nuevos, en la parte del N. á 3/4 leg. de dist., en una deh. y monte comun con el pueblo de San Andrés, desde la que se domina todo el valle, y disfrutan de vistas sumamente agradables y pintorescas, especialmente en primavera y verano: tambien se encuentran dos fuentes poco abundantes, pero de ricas y buenas aguas, de las que se hace uso para los ganados en el invierno cuando el r. está helado, pues los hab. tal vez por la proximidad de este, le prefieren para sus usos domésticos, ganados y lavado: el TÉRM. confina por el N. á 1 leg. con el de Barrio-Martin; por el E. á 1/4 con el de San Andrés; por el S. á 3/4 con el de Cubo y Tera, y por el O. á 1/2 con el de Gallinero: el TERRENO en general es montuoso, especialmente en la parte del N., donde se encuentra la deh. boyal de que se ha hecho mencion, hallándose la mayor parte del arbolado en una sierra que se enlaza con la de Arquijo, y continúa hasta el puerto de Piqueras: la parte reducida á cultivo comprenderá aproximadamente 500 yugadas, parte de regadio y parte de secano; aquella, que consiste en la quinta parte de lo roturado, es de mediana calidad, y esta es floja y pedregosa. Le fertilizan muchos arroyos de poca consideracion, pero en especial las aguas del mencionado r. Tera, que aunque de escaso caudal en verano, lleva el suficiente para dar impulso á un molino harinero: su direccion es hácia el S., y junta sus aguas con el Duero en la inmediacion de Garay; frente á Almarza le cruza un puente de piedra de silleria de seis arcos, de construccion tosca, pero sólida, aunque las continuas y grandes avenidas han puesto en mal estado los cimientos. Los CAMINOS que conducen á los pueblos inmediatos, suelen ser veredas intransitables en el invierno, y el único que se halla en buen estado es el de herradura que conduce al puerto de Siqueras, el que esperimentaria grandes mejoras si se realizara la construccion de la carretera de Madrid á Logroño, pasando por Sória. Recibe la CORRESPONDENCIA por Lumbreras en balija separada los lúnes y viérnes, y la dirige por el propio punto los domingos y juéves á las seis de la tarde: PROD.: mucha yerba en los prados de regadio, y abundancia de patatas, trigo, cebada, avena, en corta cantidad, insuficiente para el consumo de sus hab. que se surten del que se transporta de los pueblos inmediatos el dia de mercado que se celebra todos los sábados: cria ganado vacuno, caballar y lanar; siendo el mas abundante y preferido el primero: hay poca caza, lo que dimanará, tal vez, de la abundancia de lobos que, especialmente en invierno, se ven reunidos en manadas de diez ó doce: IND.: hay algunos tejedores de paño y lienzo, y algunos sastres que á temporadas salen á ganar el jornal en los pueblos vecinos: POBL.; 92 vec., 364 hab.; de los cuales, 12 propietarios, 35 colonos, 12 sastres, 3 tejedores de paño, 6 de lienzo, 2 facultativos en el arte de curar, y los demas son jornaleros: RIQUEZA IMP.: 73,838 rs.: PRESUPUESTO MUNICIPAL: 2,910 rs. que se cubren con 155 que prod. los propios y arbitrios, y lo restante por reparto vecinal. A 1,800 pasos poco mas ó menos de la pobl., hácia el camino de Sória, se encuentran los escombros de una ermita de San Miguel, derruida hace 40 años; en cuyo sitio se supone por la solidez de aquellos, que debieron haber sido los de un torreon ó atalaya para comunicacion con el cast. de San Gregorio.

ALMARZA DE CAMEROS: v. con ayunt. de la prov. de Logroño (6 leg.), part. jud. de Torrecilla (1), aud. terr. y c. g. de Búrgos, dióc. de Calahorra; SIT. sobre una colina circuida de elevados cerros por la parte del NE. y S., combátenla todos los vientos, y disfruta de CLIMA sano: tiene 52 CASAS habitables, de mediana fáb., la municipal, escuela de primeras letras de cuarta clase, cuyo maestro se halla dotado con 160 rs. del fondo de propíos, y 20 fan. de trigo que pagan los padres de los 40 niños de ambos séxos que concurren á la misma; y una igl. parr. bajo la advocacion de Ntra. Sra. del Campillo, servida por un cura párroco, un beneficiado, y por un sacristan nombrado por el ayunt.: el curato es perpétuo y lo provee el diocesano mediante oposicion en concurso general. Tambien hay dos ermitas, cuyos edificios nada tienen digno de notarse. Confina el TÉRM. por N. y O. con el de Ribabellosa, por E. con el de Muro de Cameros, y por S. con el de Pinillos. El TERRENO está cubierto de montes, donde se crian robles, pinos, y abundancia de buenos pastos para los ganados: únicamente abraza unas 6 fan. que se riegan con las aguas de algunas escasas fuentes que brotan en distintos puntos, y especialmente en la parte montuosa, las cuales tambien sirven para dar movimiento á un molino harinero, y para el surtido del vecindario; las restantes tierras destinadas al cultivo de cereales, son de mediana calidad: PROD.: trigo, cebada, avena, patatas, legumbres, algunas frutas, y bastantes hortalizas; cria ganado trashumante que pasa á invernar á Estremadura, muchos cerdos, y caza mayor y menor: POBL.: 59 vec., 268 alm.; CAP. PROD.: 625,500 rs.: IMP. 54,167: CONTR.: 5,071 rs.: El PRESUPUESTO MUNICIPAL asciende de ordinario á 3,336 rs. que se cubren con el prod. de las fincas de propios, consistentes en el referido molino y en un horno de pan cocer, y con las rent. de arbitrios, repartiéndose lo que falta entre los vec.

ALMARZANAL: l. en la prov. de Oviedo, ayunt. de Oviedo y felig. de Sta. Maria de *Branes* (V.).

ALMASERA (tambien se escribe ALMACERA): l. con ayunt. en la prov., aud. terr., c. g., dióc. y part. jud. de Valencia (3/4 de leg.): SIT. en un llano al E. de la carretera de Barcelona, y á la izq. del barranco de *Carraixet*; cuyas aguas amenazan destruir la pobl., aunque este peligro podria fácilmente remediarse construyendo una pared ó malecon, que al mismo tiempo resguardaria la huerta de innundaciones; le combaten con libertad todos los vientos; su cielo es alegre, la atmósfera muy despejada, y el CLIMA bastante sano: tiene 270 CASAS de mediana fáb., y con las proporciones y comodidades que exije la ocupacion agrícola de sus moradores, y una igl. parr. servida por un cura, cuya vacante provée el diocesano en concurso general. Confina el TÉRM. por N. con el de Meliana (1/4 de leg.), por E. con el mar (igual dist.), por S. con el de Alboraya (1/8), y por O. con el de Tabernes (1/4): el TERRENO es llano, muy fértil y prod.; abraza unas 453 cahizadas puestas en cultivo, cuya mayor parte se riegan con las aguas del r. Turia, conducidas por la acequia llamada de *Rascana*; la cual cruza de O. á E. del térm., y es una de las nueve que se estraen del espresado r. para fertilizar la multitud de pueblos que rodean la cap. No puede darse suelo mas delicioso ni mejor aprovechado que el de Almasera, cubierto de multitud de árboles de distintas clases y de diferentes especies de sembradura; es inagotable en todo género de frutos, cada cual mas precioso; de manera, que el génio laborioso de los hab. y sus incesantes desvelos por la agricultura, se encuentran completamente satisfechos: PROD. trigo, cebada, maiz, algarrobas, vino, esquisitos melones, higos, peras, manzanas, ciruelas, y otras frutas, con particularidad chufas (juncia avellanada): y cria algun ganado lanar, y el necesario mular y caballar para la labranza: IND. y COMERCIO: no obstante que el especial objeto de estos vec. es la agricultura, algunos se dedican á tejer lienzos caseros; los cuales componen la principal parte de su vestido; y á vender el mencionado prod. de chufas en la cap., y para otros puntos, como es la Córte, en la cual se emplea durante el estío para la horchata ó refresco conocido con el nombre de chufas: POBL. 274 vec. 1,229 alm.: CAP. PROD. 139,134 rs.; IDEM IMP. 54,957 rs.: CONTR. 18,242 rs.

ALMASETA: desp. en la prov. de Alicante, part. jud. de Pego, térm. de *Villalonga* (V.). Fué ald. y quedó deshabitada á consecuencia de la espulsion de los moriscos, y con el transcurso del tiempo se convirtió en un monton de escombros.

ALMASI: térm. rural en la prov. de Lérida (4 3/4 leg.), part. jud. de Balaguer (1), jurisd. y felig. de Gerp (1/3): SIT. sobre dos montecitos que forman un suave declive, presentando un conjunto muy alegre y pintoresco con libre ventilacion, y CLIMA saludable: en su centro hay una CASA bastante espaciosa y bien distribuida, en la cual habitan los colonos y se conservan todos los instrumentos y aperos de la labranza: confina por N. con térm. de Villanueva de Avellanas, por E. con el de Gerp, y por S. y O. con el de Castelló. Participa el TERRENO de monte y llano, comprende 400 jornales de cultivo en secano, y 640 donde se crian árboles silvestres, arbustos y escelentes yerbas para el ganado: la parte baja tiene unos 160 jornales, todos de huerta fertilizada por una rica y abundante fuente que brota en el térm., y cuyas aguas no pueden aprovechar los labradores mas que durante el dia, pues las que fluyen de noche, pertenecen á los vec. de Gerp: PROD. esta hermosa heredad en un año comun, comparado con un quinquenio, 300 cuarteras de trigo, 150 de centeno, 200 de cebada, 200 á. de cáñamo, 40 cuarteras de judias, 300 cántaros de vino, y de 18 á 20 qq. de aceite: cria 400 cab. de ganado lanar, abundante volateria; y caza de liebres, conejos y otros animales; la cual, solamente pertenece al dueño de la heredad, por ser cot. vedado. Antiguamente tenia este térm. jurisd. separada, sobre la cual litigaron tenazmente el ob. de Solsona y el abad del monast. de Ntra. Señora de Bellpuig de Avellanas; pero habiendo comprometido sus diferencias á juicio de letrados, decidieron estos que cada uno ejerciese la jurisd. por espacio de tres años; durante los cuales nombraban respectivamente sus bayles, recáyendo este cargo por lo regular en el que lo era de Gerp. Mas luego que se abolieron dichas prerogativas fue este térm. agregado al de Gerp, formando parte integrante del mismo, sin la menor distincion. En el dia es propiedad del Dr. D. Miguel Fóntoba de Os.

ALMASO: cas. y térm. rural en la prov. y adm. de rent. de Lérida (3 leg.), part. jud. y oficialato do Balaguer (2), aud. terr. y c. g. de Cataluña (Barcelona 18 1/2), dióc. de Seo de Urgel (17), parr. de Vallvert (1/4) ayunt. de Ballesta: SIT. en la parte baja de las llanuras de Urgel, donde le combaten todos los vientos, y su CLIMA si bien húmedo en invierno y muy caloroso en estio, es muy saludable: tiene 5 CASAS de mediana fáb. y para surtido de los vec. hay una balsa donde se recogen las aguas pluviales únicas que se encuentran en el térm. Confina este por N. con el de Falcons (1/2 leg.), por E. con el de Fuliola (1), por S. con el de Vallvert (1/4), y por O. con los de Liñola y Ballestá (1); el TERRENO es enteramente llano, muy fértil y prod. cuando abundan las lluvias, pero estéril en los tiempos de sequia. Los CAMINOS conducen á Lérida, Balaguer, Tárrega y Agramunt y se hallan cubiertos de lodo durante el invierno, y con mucho polvo en el estio, de suerte que están casi intransitables. Cada interesado recibe la CORRESPONDENCIA en la adm. de Balaguer. Carece este suelo de arbolados, de arbustos y aun de plantas, únicamente, PROD., trigo, centeno y cebáda, pero de muy buena calidad, calculándose la cosecha anual del primer art. en 1,000 cuarteras, en 200 la de centeno, y 800 la de cebada: POBL. 5 vec.; 18 alm.: CONTR. con su ayunt.

ALMATRET: l. con ayunt. de la prov., adm. de rent. part. jud. y dióc. de Lérida (6 leg.), aud. terr. y c. g. de Cataluña (Barcelona 30), es uno de los pueblos que componen el terr. de las Garrigas: SIT. á la márg. izq. é inmediacion del r. *Ebro* en un llano rodeado de bosques, donde le baten todos los vientos: y su CLIMA es propenso á calenturas inflamatorias, erisipelas, y dolores pleuriticos: tiene 70 CASAS de ordinaria fáb. y poca altura, distribuidas en varias calles mal alineadas y de piso incómodo; una escuela de primeras letras dotada con 640 rs. á la que asisten de 20 á 30 niños: igl. parr. bajo la advocacion de San Miguel Arcángel, servida por un cura párraco y un sacristan que tambien hace de campanero nombrado por aquel: el curato de la clase de rectorias es de segundo ascenso y su provision corresponde á S. M. ó al ordinario segun los meses en que vaca, y siempre por oposicion en concurso general; y una ermita abierta al culto público, pero sin particularidad alguna. Confina el TÉRM. por N. con el de Serós (3/4 de leg.), por E. con el de Mayals (2), por S. con el de Ribaroja (3/4), y por O. con los de Fayó y Mequinenza igual dist.: á pesar de atravesar por esta circunferencia el caudaloso r. Ebro ninguna utilidad proporciona á sus moradores, antes por el contrario le consideran perjudicial y origen de las espresadas enfermedades; demasiado profundo su cáuce no pueden aprovecharse sus aguas para el riego, ni aun para los usos domésticos tambien por la dist. en que se encuentra; sin embargo, en varios puntos brotan diversos manantiales escasos, cuyas aguas con las de lluvia que se recogen en algunas balsas, suplen en parte aquel defecto. El TERRENO aunque llano es muy pedregoso y de mediana calidad; abraza 4,490 jornales, de los que únicamente hay en cultivo 250, hallándose el resto cubierto de árboles silvestres, y arbustos que proporcionan alguna madera y abundante combustible; tambien hay en lo inculto muchos y sustanciosos pastos para el ganado. Los CAMINOS son puramente locales y se encuentran en mal estado: la CORRESPONDENCIA se recibe de la carteria de Granadella: PROD.: trigo, cebada, centeno, avena, legumbres algun vino y aceite; cria ganado lanar y abundante caza de toda especie. IND.: un molino de aceite, y una fáb. de vidrio que en el dia se halla inutilizada: COMERCIO: la esportacion de los frutos sobrantes é importacion de los necesarios con especialidad de géneros últramarinos: POBL.: 70 vec.; 211 alm.: CONTR.: por terr. con 3,974 rs. y por los demas conceptos, incluso el presupuesto municipal con 2,126 que se cubren por reparto entre los vec. La jurisd. de este puebo pertenece al duque de Medinaceli: hace por armas una mano orlada con el nombre *Almatret*.

ALMAXARA: pobl. desaparecida, que pertenecia á los Cardonas, duques de Segorve, en el Valle de Eslida. (V. ESLIDA VALLE DE).

ALMAYATE: pueblo arruinado, hoy desp. en la prov. y dióc. de Málaga (4 leg.), part. jud. y adm. de rent. de Velez-Málaga (1), aud. terr. y c. g. de Granada (14): SIT. en la parte occidental del mencionado part., habiendo para el gobierno y tranquilidad de sus vec. un alc. de la clase de los de cuartel, nombrado por el ayunt. de Velez-Málaga á quien corresponde. Se compone de unos 150 CASERIOS, entre los que sobresale el magnífico lagar llamado de Galvez, que hoy pertenece á la Sra. marquesa de la Sonora: es un edificio grande, capaz, de construccion moderna, de mucho fondo y provisto de todas las oficinas necesarias para la labor, teniendo tambien dentro una fáb. de aceite; y un bien acabado lagar de pisar; y siendo todas sus puertas, y hasta las vigas del lagar y molino de hermosa caoba: fue edificado por el Sr. D. José de Galvez, Secretario de Estado y del despacho universal de Indias en el reinado del Sr. D. Cárlos III: entre las mismas se ven otras oficinas de mucha comodidad. Tiene una ermita poco notable, aneja á la parr. de S. Juan Bautista, de Velez-Málaga, donde se dice misa todos los domingos y fiestas, costeada por la piedad de varios de sus moradores. Cuando estuvo poblado, tenia parroquialidad propia, con un cura, beneficiado y sacristan, cuyos destinos, así como la igl., fueron erigidos por el Illtmo. Sr. D. Diego de Desa arz. de Sevilla, en el año de 1,505: tuvo entonces por anejos á Pedupel y Santillan; pero desde que esta pobl. dejó de existir, se han cobrado las rent. de su beneficio por la estinguida junta de diezmos del ob., aplicándolas á la fab. sin perjuicio del derecho parr. que á los beneficiados de Velez-Málaga perteneciera, y sobre el que se ha seguido un pleito que aun no se habia resuelto á la estincion del diezmo. El TÉRM. se estiende sobre 1/2 leg. de N. á S., y otro tanto de E. á O., confinando por N. con el part. de Casaman y Cajis, por E. con la deh. Rafa, por S. con el mar, y por O. con el arroyo de Iberos y Cajis. En él se encuentra un cast. llamado del Marques sit. á la lengua del agua, S. de la playa del Mediterráneo: es de construccion moderna y arreglado al órden de arquitectura militar, con su foso y puente levadizo aunque desartillado, el cual sirve en la actualidad para habitacion de un destacamento de carabineros de Hacienda: el TERRENO es pizarroso y calizo, todo de montes de poca elevacion, formando cord. mas ó menos ordenadas y en diferentes direcciones, de muy buen acceso para la labor, sin contener mas que unos pequeños huertos que se riegan con el auxilio de norias y cortas; de todas estas tierras se paga su cánon al Sr. marques de Mondejar; CAMINOS: hay una carretera para Málaga y Velez-Málaga, y otros varios de herradura que conducen á los pueblos limítrofes: PROD.: uva de sol, moscatel y langa, higos, almendras, garrobas, granadas, aceite, y en sus huertos toda clase de hortaliza, limones y naranjas, aunque estas últimas prod. en muy corta cantidad: sus hab. se dedican á la agricultura y arrieria habiendo ademas una herreria y una carpinteria de obra gruesa para carros, y otra para la fab. de cajas para pasas: el COMERCIO se reduce á la esportacion de sus frutos sobrantes que conducen á Málaga y Velez-Málaga de cuyos puntos se estraen para el estrangero: POBL., RIQUEZA y CONTR., con el ayunt. (V.).

ALMAZAN: v. con ayunt. de la prov. y adm. de rent. de Sória (6 leg.), part. jud. de su nombre, aud. terr. y c. g. de Búrgos (31), dióc. de Sigüenza (8).

Situacion. y clima. Sit. al N. de Sória al NE. de Agreda, y al NO. de Matute en un plano inclinado al N. con un llano en su mitad, desde donde forma una subida muy suave hasta los puntos meridionales mas elevados de la v., llamados del Campanario y San Estéban: es batido por los vientos N. y NO.: su clima sano, su horizonte muy despejado, y las enfermedades que comunmente se padecen son pulmonías. Presenta por todas partes un golpe de vista muy pintoresco y agradable, especialmente viniendo por los caminos de Sória, Agreda y Matute; se descubre desde su parte mas elevada al NE., y á 6 leg. de dist. los cerros de Berlanga y Gormaz: al NO. el *Moncayo*: al N. las sierras llamadas *Cebollera* y de Sória, y al S. y SO. las de *Alto-Rey* y *Riaza*.

Interior de la poblacion y sus afueras. Forman la pobl. 448 casas, de las cuales 334 estan dentro de murallas, y 144 en arrabales; una tercera parte son de buena construccion y de bastante comodidad, las restantes muy endebles; pudiéndose llamar mas bien chozas 70 de ellas: solo hay 3 de piedra ó ladrillo enteramente, las demas tienen de piedra hasta el primer piso, y cuando mas la fachada de ladrillo, revocada de cal, y los otros tres lados de tierra: desde el año 10 se van edificando con algo mas de solidez. Las calles son bastante espaciosas, bien empedradas con guijarros, aunque no del todo nivelados, cuyo defecto no deja de irse corrigiendo en las obras que diariamente se hacen: hay una plaza colocada en el centro del pueblo, que forma un cuadrilongo casi perfecto, pues solo tiene una rinconada; su long. es de 110 varas, y su lat. de 58; es enteramente llana, muy bien empedrada con varios listones de losas que forman cuadrados para encajonar el empedrado: una mitad, que la componen casas particulares, está de soportales bastante espaciosos, con sus postes de piedra y las fachadas muy firmes, como hechas recientemente y al gusto del dia; todas de dos pisos, blanqueadas, y con balcones decentes: sobresale entre ellas la casa consistorial, construida en 1842, cuya fachada, que hace juego con las demas, tiene un gran balcon, ó por mejor decir, galeria que coge todo el frente del edificio: la sala de sesiones es magnífica, cuadrada enteramente, y cual corresponde á una cab. de part.: la cárcel contigua á esta, tiene muy buena fachada desde que en 1838 se le añadió un segundo piso, y se hizo una sala de aud. en ella; no tiene balcon alguno, todas son rejas: este edificio toca con la muralla, y esto le hace bastante seguro, aunque carece de habitaciones, y calabozos proporcionados: hay una casa palacio del conde de Altamira, que forma todo el lado O., uno de los mas pequeños de la plaza: su fachada es magnífica y bastante sencilla; toda de piedra sillar de un color rojizo, con siete balcones y otras tantas rejas debajo, tiene mucha elevacion, gran portada con sus cuatro columnas, y sobre el balcon principal las armas de la casa: el interior del palacio vale muy poco; confluyen en ella cuatro calles principales y una callejuela, y ademas está á su lado N. una puerta llamada de la Villa, construida con bastante solidez y elevacion, en la que hay una torre edificada hace unos 40 años, como de unas doce varas, para el relox con muestra por ambos lados: hay varias plazuelas; la llamada de Sta. Maria, de figura triangular, es pequeña, y en ella se pone el ganado de cerda en los mercados y ferias: la de la Madera, que mas bien forma una calle ancha, sit. en el arrabal, á pocos pasos de la casa de la Villa, en la que se vende la madera, y por ello ha tomado este nombre: las de San Pedro, de San Vicente, del Campanario, y de los Olmos, son pequeños recintos sin destino alguno: tiene un hospital al SO. dentro de muros á lo último del pueblo, cuyo edificio vale poco; su fachada es de ladrillo, y su interior con escasas proporciones: hay dos salas, una para hombres y otra para mujeres, en las que cogen seis de cada sexo; y cuando hay mayor número se colocan en otras dos salas que hay por alto: en 1806 se le vendieron muchas fincas, lo que hace que hoy se vea en la mayor estrechez: sus prod. líquidos no llegan á 8,000 rs. en un año comun; antiguamente corria su adm. por cinco personas, llamadas *Las cinco del Hospital*, de las cuales salia una, y entraba otra cada año, renovándose en su totalidad de 5 en 5 años; ahora la administra la junta de Beneficencia: hay al S. y casi en la parte mas elevada del pueblo, un granero episcopal, que es sin duda el mejor edificio de esta clase en toda la prov.; se construyó en los primeros años de este siglo, siendo ob. el Illmo. Sr. D. Juan Diaz de la Guerra, y tuvo de coste 500,000 rs. Es todo de piedra de grandes dimensiones, y con la comodidad de poder entrar carros al piso primero y segundo, los cuales son de tres naves, y tiene un hermoso desvan: fue incendiado por los franceses, y reparado despues, mas en el dia se está hundiendo y no hay medios para evitar su ruina: hay cátedra de latinidad de provision del Sr. ob., cuyas rent. salian de la masa decimal del arciprestazgo, que consistian en algunas fan. de trigo y cebada, con una pequeña retribucion mensual que daban los gramáticos, mas habiendo cesado lo primero, sin que por ello reciba el catedrático ninguna indemnizacion, está reducida á solo la retribucion de los estudiantes, por cuya razon se encuentra abandonada, asistiendo á ella solo una docena de jóvenes: tiene una escuela de instruccion primaria de segunda clase, servida por un maestro con la dotacion de 1,800 rs. y la retribucion de los alumnos que ascenderá al total de 3,000 rs. escasos; asisten á ella unos 90 niños que anualmente son examinados de doctrina cristiana, leer, escribir y aritmética. Tiene seis parr., y otras cuatro que habiendo sido arruinadas, se agregaron á las primeras, y son la de *Sta. Maria del Campanario*, y su agregada *Santiago*: sit. en el punto S. mas elevado del pueblo, de solidez, pero muy deforme á la vista, y de malas proporciones en el interior: mas parece una fort. que un templo: su construccion gótica, ha ido recibiendo añadiduras ó remiendos que forman un todo desagradable; consta de tres naves con bóvedas desiguales y desfiguradas por pilastrones que estorban la vista; cinco altares, y á los estremos del mayor los escudos de armas de los condes de Altamira. No se sabe su antigüedad, pero se cree sea de la edad media, puesto que hay fundaciones del siglo XVI, y aun se dice que predicó en ella San Vicente Ferrer; son sus titulares la Concepcion de Nuestra Sra., bajo el título del *Campanario* y Santiago el Mayor; componiase el clero de esta parr. de algunos beneficiados ademas del párroco; pero al presente solo hay dos: tiene por anejo á la del l. de Cobarrubias, su curato se provee por concurso, como todos los de las demas de que se hablará. La de San Pedro y San Andrés, hundida hácia mitad del siglo XVII, la ant. parr. de San Pedro (que ahora es huerta) de que apenas se ven escombros: incorporóse á la de San Andrés, y añadida esta en mas de una mitad, se formó la nueva igl., dando la preferencia en el título al que lo tiene en el apostolado: está en el centro del pueblo, y por lo tanto es la mas concurrida: tiene buena fáb. de silleria, fachada muy decente, torre bastante elevada con su hermoso chapitel, y una gran claraboya que hace todo el conjunto agradable. Es de tres naves espaciosas, sus columnas delgadas, sus siete altares muy decentes; todos de órden corintio, y el mayor forma un cascaron; hay una hermosa capilla con su enverjado, y un altar imitando jaspe, por el estilo moderno, donde estan las primorosas efigies de San Patricio, San José y San Antonio, obras del célebre escultor N. Navarro: esta capilla fue costeada por el comisario de cruzada D. Patricio Muñoz de Busto que la adornó estraordinariamente con ricos ternos y muchas alhajas de plata, cuyo valor era de 200,000 rs.; desaparecieron en 21 de noviembre de 1808 á la entrada del ejército de Noy: la silleria del coro es toda de nogal y bien trabajada, el órgano muy bueno: habia algunos beneficiados en ella, pero hace mucho tiempo que es solo el párroco, sirviendo por medio de un teniente la parr. de Tejerizas y Fuentelcarro, que es su aneja. La de *San Estéban*, colocada en la parte E. del pueblo mas elevada, es muy pequeña, pero de regular construccion, y su frontis parece de la misma fáb. que la muralla: se compone de una nave de poco mérito, con coro reducido y un órgano pequeño: esta igl. se convirtió en fuerte la última guerra civil, y todavia permanece cerrada, habiéndose unido enteramente su feligresía á la de San Miguel; solo un beneficiado se ha conocido en tiempos, pero al presente no hay mas sacerdotes que el párroco, que por medio de tenientes asiste á sus tres anejos, *Perdices*, la *Milana*, y la *Miñosa*. El curato lo provee el arcipreste de Almazan á terna propuesta por el ob. La de *San Miguel* y su agregado Sto. Domingo de Silos, está en la plaza, de fáb. morisca, y se asegura fue mezquita, pues su construccion rara, los arcos de su bóveda, sus recargadas molduras, y multiplicados relieves, respiran el aire sarraceno. El edificio es pequeño y oscuro, compuesto de tres naves, siendo los arcos de los colaterales tan reducidos, que solamente un hombre cabe por ellos. Tiene dos capillas, del Rosario y Sta. Teresa, de construccion moderna: una torre de figura redonda sobre una especie de media naranja sostenida por pilares; por el N. forma nivel con la muralla del pueblo, y se advierte por el hueco que la muralla deja á la igl., que esta es mas ant. que aquella: tiene 6 altares; aunque hubo beneficiados, hoy está el párroco solo, y sirve por tenientes sus anejos de Baniel y La-Miñosa: la de Sta. Maria de Calatañazor, y su unida, el Salvador, bastante sólida y elevada; su fáb., bóveda, y altar mayor, de construccion gótica; y el templo consta de una nave bastante capaz, á la que se añadió, hace sesenta años, un crucero; en las dos capillas que forma este, hay cuatro altares modernos, sencillos y de órden jónico, y corintio en el resto de la igl. Se hallan 7 regulares, un órgano completo, y bueno, y una torre cuya mitad baja es de piedra, y lo de mas de ladrillo, la sirve un párroco: y la de San Vicente Mártir, en buena situacion y proporcionada al pueblo, es pequeña y oscura; su construccion igual á la de San Miguel teniendo sobre sus arcos unas galerias que faltan en esta; los altares, órgano, y una capilla que tiene, no llaman la atencion por su pobreza y escaso mérito, asi como la torre que es muy baja: la sirve un párroco. Capillas tiene la de *Jesus Nazareno*, á la entrada del pueblo, por el camino ds Sória, en cuanto se pasa el puente; desde que este concluye, empieza á elevarse el terreno, de suerte que la capilla domina al llano del Duero como unas 20 varas. Está sobre un terraplen sostenido por una gruesa pared que circuye todo el edificio dejando un pretil ó barbacana de vara y media, un patio á la entrada, y un callejon por la parte de atras que permite dar vuelta á la capilla. Esta forma un octágono completo, de piedra, de fuerte construccion, bastante elevado con su gran cimborio ó linterna, y en él 8 arcos estrechos y altos, que dan luz á la capilla; el tejado y chapitel es todo de pizarra bellamente trabajado, y como el edificio está hislado y se descubre todo él á primera vista, forma un conjunto agradable, tanto á los que entran en el puente, cuanto á los que bajan de la v. Por uno y otro lado de este edificio pasan dos calles ó dos aceras que le tienen en medio dirigiendo la una al puente y la otra á la calle de la Merced.. Fue parr. de Santiago y sin duda se arruinó levantando sobre sus ruinas este santuario ó capilla, quedando la parr. agregada á la de Sta. Maria del Campanario: eligióse sin duda este sitio por ser el mas concurrido especialmente por la tarde, en atencion á ser el punto de donde parten las varias direcciones, al r., paseos, posadas, y caminos reales, siendo un aliciente dicha proporcion para que al bajar ó al subir entren á rezar á Jesus, cuya devocion es tan general, que mientras la capilla permanece abierta no se ve nunca desocupada. Este pequeño santuario es asilo de todos, enfermos, aflijidos etc., y cuando acontece alguna calamidad, se saca en procesion con la pompa posible á Jesus. El interior es sumamente aseado, y el ayunt. se esmera siempre en darle todo el lucimiento posible, y que nada falte al decoro de esta capilla que es suya, y para cuyo servicio tiene destinado un sacerdote. Hay en ella 7 altares, correspondientes á los 7 lienzos del octágono, y el otro lienzo de pared lo ocupa la puerta. La de Ntra. Sra. de Guadalupe, en el hospital, que ademas de estar destinada para que los enfermos oigan misa, es pública y se celebra en ella con mucha solemnidad la Natividad de *Maria Santísima*, que es su advocacion: está en el piso bajo y á continuacion del portal de dicho establecimiento; es pequeña con solo un altar y un coro desde el cual oyen misa los dolientes. La del *Palácio* tambien pública que hasta pocos años hubo misa los dias festivos, pagada por el conde, la cual cesó, y está cerrada hoy dia; lo que mas llamaba la atencion en ella es un precioso relicario, que se encontraba en la sacristia á espaldas del altar en un gran armario dividido en varias estancias, con ricos cofrecitos de plata, de coral, y de varias maderas; en los que se veian almacenadas inumerables reliquias, muchas de ellas de los primeros siglos y sobre todas la cabeza del Protomartír San Estéban, con sus auténticas y documentos justificativos. Todo este tesoro fué trasladado á la casa de Altamira en Madrid. El cabildo se compone de los párrocos y beneficiados de la v., estando hoy reducidos á 7, cinco de los primeros, y dos de los segundos; su institucion es de tiempo inmemorial, pues en sus libros, que alcanzan á mediados del siglo XV, se habla de fundaciones bastantes años atras. Su presidente ó abad, se renueva anualmente por eleccion ó pluralidad de votos, el 1.° de julio. El cabildo es el que hace todas las funciones de solemnidad. Sus sillas son 22, y cuando estaban provistos los oficios viéranse ocupadas todas ellas, solemnizándose entonces la fiesta como en una colegiata: de 30 años acá ha sido su mayor número el de 12, y hoy apenas tiene el necesario para vestuario y capas. Fue sin duda esta v. una de las plazas mejor fortificadas en la antigüedad: todo el centro de la pobl. está lleno de caminos subterráneos, bien embovedados; cuyas entradas se ven todavia en algunos sótanos de las casas, que hay cerca de la puerta de la v.: uno que se atrevió á penetrar por una de estas entradas, dice que el embovedado se dirige á la plaza, y que alli se divide en tres ramales que van á las tres calles y suben hasta lo mas elevado: la muralla no solo rodeaba lo principal del pueblo, sino que por el S., esto es, por la parte superior del cerro, llegaba hasta su cumbre, dejando un espacio entre la pobl. y el muro capaz de contener otro pueblo de 200 casas. Cotejada la argamasa, solidez, y método de la construccion de la muralla con otras obras árabes, debe creerse que es del tiempo de estos, aunque tambien se atribuye á los romanos. Por el SE. se advierte una segunda muralla por la parte de afuera unas 4 ó 5 varas de la principal, en cuyo recinto estaba sin duda el camino cubierto que conducia al r.: esta duplicacion de murallas se estendian desde la puerta del Mercado al Duero, unos 200 pasos; era muy alta, toda almenada y á escepcion de un lienzo de unas 150 varas que se hundió 50 años há, se conservó en toda su integridad hasta 1813, en que fue derribada por órden del Sr. Duran, general de las tropas que operaban en esta provincia, con el frívolo pretesto de que los franceses iban á fortificarse en este punto: lo derribado comprende parte del O., todo el S. y algo del E., es decir una mitad poco mas ó menos del todo del círculo del muro; pues la otra mitad corre por medio del pueblo confundida con el cas. y sirviendo de pared á los edificios que á ella tocan. Tiene 6 puertas, 2 de las cuales llaman la atencion por su solidez, y magnificencia. La del S. que conduce al camino de Madrid y se llama del *Mercado* es ella sola un verdadero cast., tal es su fortaleza; ademas de varios arcos que forman un pasadizo, tiene á su salida dos grandes fortines, y estos con los arcos tienen 40 pies de long., que es el total del gran callejon que constituye la puerta. El gran coste qee se suponia habia de tener su derribo, y acaso la oposicion del pueblo á que se demoliese un munumento tan precioso, y una entrada tan magnífica, fueron sin duda las causas de que se conservase. La de *Herreros* al SE., no es tan fuerte; pero tiene sin embargo dos grandes cubos que igualan en altura á la muralla, y que hacen su vista imponente. Hay inmediatas á la pobl. 5 posadas pequeñas sin ninguna proporcion, ni habitacion decente: una ermita de *San Roque*, y *Campo Santo* sit. al S. y como á 20 pasos de la v. al lado izq. del camino que sale para Madrid; la ermita es toda de piedra, fue destruida y medio incendiada en la guerra de la Independencia, no quedando mas que las paredes, y el tejado medio deshecho; por cuyo motivo permaneció cerrada hasta 1833 en que se habilitó y volvió á poner como estaba, y aun con mas decencia, colocando un altar con la ant. imágen de San Roque. Hízose así por haber elegido aquel sitio para cementerio público, al cual se entra por dicha ermita que sirve como de capilla del mismo; está cerrado, es de piedra, y á bastante altura tiene la estension suficiente respecto al vecindario, ventilanle bien los vientos por estar en terreno un poco elevado, y ocupa en fin el sitio mas oportuno que podia escogerse: construyose á espensas de las 6 fab. de las igl. y despues se añadió una buena parte mas, con los fondos de la v. Hay un paseo arbolado, magnifico, compuesto de una gran alameda de dos filas de chopos, álamos, y otros árboles de gran elevacion: tiene unos 1,000 pasos de long. y como unos 14 de lat. todo alfombrado de yerba y con algunos asientos de piedra; cuidose mucho en otro tiempo, se pusieron rosales, lirios, y otras plantas á las orillas; y á porfia se esmeraban los alcaldes mayores en hermosearle; pero hace años se ha descuidado, y los ayunt. rodeados de otras atenciones mas perentorias, y sin recursos, no pueden reparar los muchos destrozos que cada dia esperimenta, especialmente en las avenidas é inundaciones; y únicamente se limitan á tener un guarda para evitar la corta entrada de ganados: entre esta arboleda y el Duero hay una infinidad de árboles grandes, medianos y chicos, sin órden alguno, y forman un espeso bosque que sirve como de semillero para trasplantar á otras partes: concluida la alameda y bosque, se entra en otra arboleda muy dilatada de álamo, chopos, etc., no tan elevados como los anteriores, pero poco menos, que sigue la márg. der. del Duero formando dos, tres y hasta cuatro calles, por algunas partes, pero sin guardar un órden ni un nivel tan perfecto como se observa en la alameda principal: entre esta y aquella tiene mas de 1/4 leg. A la der. de esta segunda alameda va el camino real para el Burgo y Valladolid: al mismo lado y como á 200 pasos de este camino, estan las huertas nuevas, llamadas así porque se hicieron por el año 1814, en un terreno lleno de espinos y malezas que el ayunt. dió á varios particulares en pago de anticipos hechos en los apuros de la época que acababa de pasar: las huertas son 7 de bastante estension, cerradas todas con buenas tapias; cada una tiene su casa para el hortelano, noria y estanque; resulta, pues, que desde la salida del puente hay 1/2 hora de paseo entre arbolados, y huertas; este paseo tan delicioso tiene contra sí la marea del r. que se deja sentir poco ó mucho en todo tiempo, despues de puesto el sol; por cuya razon prefieren muchos el del campo de San Francisco. Este campo que principia al terminar la calle de la Merced al NE. de la v., es dilatadísimo: hay en él un hermoso calvario de piedra, cuyos pedestales sirven de asiento á los que por él pasean, y el conv. de San Francisco cuya igl. es de una nave colosal, de elevacion gigantesca y de mucha solidez: en el gran cubo que forma la capilla mayor, habia ventanones rasgados de una long. prodigiosa que sin duda debian tener cristales, pero que hace muchos años se cerraron quedando solo las señales, y unas pequeñas luceras suficientes para dejar bastante clara la igl. Esta, si bien hermosa por su soberbia arquitectura, es por dentro sumamente miserable, y de un aspecto muy feo; ya por el ningun órden en la colocacion de altares, ya por una capilla de San Bernardino, que está sin verjado, y desmantelada muchos años há; en tiempos modernos se construyó al lado de la epístola una bonita capilla de *San Antonio* con su altar correspondiente; el coro está sostenido en un gran arco de bóveda, y es bastante capaz, la silleria muy buena: al lado del altar mayor estan los sepulcros de los condes, pero en estado tan lastimoso que se entra á ellos como á una cuadra, y allí ruedan por el suelo las momias que mas de una vez sirven para juguete de muchachos; El conv. es bastante grande, pero sin proporcion alguna ni una habitacion que pueda llamarse decente, pasillos largos, cuartos oscuros, escalera mediana, y solo unas diez celdas algo arregladas, es todo el interior del edificio: tenia disposicion por su capacidad para 30 religiosos, pero nunca ha pasado de 15 ó 16 escepto cuando establecieron en él, colegio de filosofía que se aumentó hasta 22 y esto fué por muy poco tiempo: su construccion es parte de ladrillo, parte de piedra y algo de tapia, encima de la puerta principal estan las armas del conde, por estar el conv. bajo su patronato, en señal del cual daba anualmente á los religiosos unas 40 fan. de trigo, aunque con alguna carga de sufragios, y la puerta del conv. era uno de los sitios en que se le daba pleito homenage cuando tomaba posesion del condado ó marquesado. No hay duda que la antigüedad de este conv. raya casi en los tiempos de San Francisco, que perteneció á claustrales y despues á menores de la prov. de la Concepcion, cuya cabeza es el de Valladolid. Dícese (con referencia á crónicas) que D. Pedro el Cruel estuvo hospedado en este conv.; hay un gran cercado de piedra al lado y detras del conv. destinado en su mayor parte para prado y solo un poco está reservado para huerta de legumbres que se riega por medio de norias. El de *Ntra. Sra. de la Merced*, está á la salida del pueblo para San Francisco y dist. de este, poco mas de 50 pasos: es pequeño, pero no tanto que no fuera capaz de tener muy cómodamente 18 á 20 religiosos; todo el aspecto de él y de su igl. indica no llegar á dos siglos su fundacion. La igl. que da frente á la calle de la Merced, tiene delante un espacioso patio cerrado de piedra, y la fachada del templo aunque muy sencilla es bastante decente; hay tres naves con pilastras delgadas, bóvedas correspondientes y 3 altares de los que han sido trasladados 3 á otras igl. de esta dióc. El conv. consta de su luneta, y cláustros superiores, de poca long. pero muy espacioso y claro; la mayor parte de las celdas estan mirando al S. y SO. y unas y otras de vista deliciosa, las primeras por caer á la huerta del conv., y las segundas por dar al Duero que pasa unos diez pasos al N. de sus paredes por cuyo intermedio, va uno de los paseos mas concurridos: hoy dia se encuentra en un estado ruinoso. La huerta es toda para hortaliza con su noria, y buenas paredes, tiene ademas otro gran corral con su huertecito. El conv. de *Religiosas de Sta. Clara* está en una estremidad de la v. por la parte de SO. y ocupa el ángulo que hace en este lado la muralla sirviendo esta de pared por S. y O.: es bastante grande, pero con pocas luces; tiene un coro alto hermoso, y con buena silleria de nogal, un magnífico refectorio, y una especie de galería de tres costados que cae á un patio interior, podrian habitar cómodamente, 30 religiosas, al presente solo hay 11 y una lega: el frente de la calle lo ocupa la igl. y coro, de suerte que por este lado no hay ventana alguna de celdas, ni oficina, y todas dan al interior recibiendo la luz de dos patios en que se divide el conv. Por la parte que cae al Duero (cuyo r. le baña por O.) tiene una especie de mirador, desde donde se ve el hermoso paseo de la arboleda: hay un gran patio antes de la portería, y en él está la hospedería, habitacion del vicario y casa para la demandadera, todo bien reducido; tiene dos corrales; el templo es de una nave bastante larga y de regular anchura con una especie de crucero muy pequeño; esta bien embovedada, hay 4 altares y 2 coros, el alto ya descrito, y el bajo oscuro, y con una reja grande, en el que se da sepultura á las monjas, y en él se practican todas las ceremonias de monjíos, profesiones etc. Las religiosas pertenecen á la prov. de la Concepcion cuyo escudo llevan al pecho.

Término. Confina por N. con Velacha, Matas de Lúbias, y Tardelcuende á 2 leg., por E. con los de Perdices, la Milana, Villalba y Viniel á 3/4, por S. con los de Almántiga, Balluncar, Miñosa y Bordejé á 1/2 leg., y por O. con los de Matute, Cobarrubias, y Ciadueñas á 3/4. Se encuentra en él un monte carrascal, y robledal, contiguos, y ocupan el sitio que media entre el camino de Sória, y el de Velacha al N.; son propios de la v. y le prod. anualmente unos 2,800 rs. por yerbas, y algunas cortas que se permiten de cuando en cuando: El monte vedado que es propiedad del conde, y está contiguo al de la v., tiene 1/4 leg. de largo, y lo mismo de ancho: un pinar al NO. que principia desde Tejerizas, y Fuentelcarro (3/4 leg. de la v.) y se estiende hasta los térm. de Tardelcuende, y Matute, dilatándose cerca de 1 leg. por aquel y 1/2 por este; es el recurso de la gente pobre, que sacan de su leña y teas, (de que se hace gran uso en el pueblo) lo necesario para ir pasando. Varios pueblos circunvecinos se ajustan con la v. por una corta cantidad, y pueden cortar como los aquí avecindados; este es el único prod. que el ayunt. saca del pinar. Sotos: hay el llamado de *Olaris* al N. mitad del camino de Vaniel, es de propiedad particular, tiene casa para el guarda, buenos pastos y bastante caza, pero está muy descuidado por su dueño. El de la *Casa blanca* al O. 1/2 leg. de la v. y á la orilla del Duero, es del Conde, y tiene un guarda y casa para que habite; abunda en conejos. Granjas: la *Ballana* 1/2 leg. al SE. y en el camino de Moron: es de el marqués de San Miguel de Gros, tiene dos casas para dos colonos que son vec. de Almazan y que llevan en arriendo la granja pagando 600 fan. de trigo y cebada por mitad entre ambos; mucho y buen terreno, y escelente deh. en que pastan bastante número de reses lanares y vacunas; la *Serna* 1/4 de leg. al S., tenia casa y capilla donde se celebraba en tiempo de recoleccion de frutos, y fue incendiada por los franceses en 10 de julio de 1810, por lo que no ha quedado mas que el nombre de granja: es de propiedad particular y sus tierras prod. en rent. 200 fan. Molinos: la *Aceña* que era de las religiosas de esta v. y la ha comprado D. Manuel Ledesma vec. de Madrid, á 1/4 leg. SO. del pueblo compuesto de tres muelas: El *Molinillo* de propiedad particular á un tiro de bala S. del anterior, de dos piedras, pero paradas en algun tiempo del año por falta de agua. Hay dos tejeras contiguas la una á la otra donde se fabrican tejas, baldosas y ladrillos, sacando la tierra para la fabricacion del terreno inmediato, que cada dia presenta nuevas vetas no solo para esta clase de elaboraciones, sino para la alfarería; tiene dos deh. la principal de 200 fan al S. 1/4 leg. de la v. entre la carretera de Pamplona y el camino de Barca; con escelentes pastos: la *Dehesilla* de unas 100 fan. al NE. tambien de buenos pastos. Se encuentran ermitas arruinadás: la de *San Anton* que estaba al SE. en el punto divisorio de los dos caminos para Medinaceli, y Aragon: antes de 1808 estaba muy deteriorada y acabó de arruinarse en la invasion francesa; aun se conservan varios trozos: la de los Santos *Abdon y Senen* cuyas paredes se ven, estaba al N. á la der. del camino de Sória, inmediata al Duero: fue incendiada por las tropas francesas en la guerra de la Independencia: la de *San Cristóbal* al NO. 1/4 de hora del pueblo, en un cerrito que por esta razon se llama de San Cristóbal, al lado del camino que va á Fuentelcarro; no se sabe el tiempo fijo de la ruina ni aparecen vestigios: la de *San Lázaro*, al N. y como 1/8 leg. consérvase todo el edificio que hoy es obrador de cabrestreria: habia contiguo un pequeño hospital llamado de incurables bajo la advocacion de San Lázaro, pero al presente solo hay unos huertos: fue vendido el local por las inundaciones continuas del r. que lo esponia á cada momento. Hay *Prioratos*, el de *San Juan de Jerusalen* que es una hijuela del de la Hortezuela de Berlanga, y sujeto á la inspeccion de aquel prior, con algunas rent. de granos aunque en corta cantidad: ya no ha quedado mas que la igl. al N. de la v. y como á unos 200 pasos, tocando con el camino de Sória; era de templarios, y pasó á los Sanjuanistas; es toda de piedra sillar, de una nave alta de bóveda, y sin mas que un altar muy pequeño, antes se celebraba la funcion del Bautista; hoy dia esta cerrada. El de *Ntra. Sra. de Duero* á 1/8 de la v. al N. encima de una cuesta dícese que fué de religiosas premostratentes fundado por Doña Leonor, Reina de Aragon, y en el que tomó el habito despues de viuda; despues ha pertenecido á tos premostratenses del monast. de Retuerta cerca de Valladolid. Tenia de rent. 200 fan. de grano poco mas ó menos, un buen soto al rededor del priorato, que hace algunos años está talado y sin árboles, y una casa bastante fuerte para morada del prior que residió constantemente allí, hasta la invasion francesa de 1808, despues de cuya época no ha habido prior alguno; hay una igl. dentro del mismo recinto, dedicada á Ntra. Sra. que por la inmediacion del Duero tomó el sobrenombre de este r.: la vista que ofrece el sitio del priorato es sumamente agradable, porque desde alli se ve de un golpe toda la planicie, donde está sit. la v., arbolado etc., siendo este punto, el mejor acaso de toda la circunferencia para formar un mapa topográfico de Almazan.

Corren por este térm. el r. Duero que nace en las lagunas de Urbion, á mas de 11 leg N. y pasa por el E. de Sória; baña por N. á esta v. inmediato á las casas; trae poco caudal en tiempo regulares, pero sobrepujan sus inundaciones á las de otros r., y en este pueblo son muy temibles por lo mucho que destrozan el puente, en atencion á estar dividida en corriente por varios islotes intermedios, siendo causa de que la fuerza del agua no se dirija (como debia ser) á los ojos de el centro, sino á los de los estremos que son los mas débiles; viene como se ha dicho por N. y despues toma la direccion de O. hácia Berlanga. El puente que está inmediato á la v. es obra magnífica y de algunos siglos de antigüedad; aunque se ignora el año de su construccion: es todo de piedra sillar con 13 ojos, de los cuales hay 3 muy espaciosos que son los de el medio, los demas van disminuyendo á proporcion que se apartan del centro; no es del todo plano sino que insensiblemente se eleva hasta su mitad, y despues declina igualmente: su long. es de 196 varas y 1/2 castellanas, su lat. 5 varas y su elevacion mayor sobre la superficie del agua 9; la barandilla es de vara y cuarta, sus estribos fuertísimos y seria eterna su duracion á no ser por el destrozo que le ocasiona la desigualdad de la corriente. En una inundacion que hubo en 28 de febrero de 1844 quedó destrozado en una estremidad por mas de ocho varas: si llega á tener efecto la carretera de Logroño que debe de pasar por él, habrá la fortuna de que quedarán reparadas sus muchas quiebras que de otra suerte irán en aumento sin esperanza de reparo: á la entrada del puente hay una bajada con sus escalones de piedra para tomar cómodamente el agua que es muy buena y sirve para surtido del pueblo. El arroyo titulado *Moron* que nace junto á Taroda y Cabanillas recorre 1/4 de leg. y marchando hácia Moron; reciben á 1/8 leg. de dicho pueblo, las aguas de otro que nace junto á Momblona, y que por ser mas caudaloso que el anterior, se tiene comunmente por el verdadero arroyo *Moron*, aunque en realidad este se compone de los dos ya espresados, que hasta su union no llevan nombre alguno; corre de E. á O., y pasa por la deh. de esta v. un cuarto de hora al S. de ella, desaguando en el Duero cerca de Ciadueña: no tiene mas puente que uno en el camino de Madrid, y esto ocasiona á los viajeros el dar algun rodeo en ciertos tiempos en que por las lluvias ha tomado demasiada agua, pues en tiempos regulares trae muy poca. El *Puente* es una calzada, llamada de *Cobertelada*, de unos 200 pasos de long. con algunos arcos pequeños ó alcantarillas. Otro riach. llamado de *Galin Gomez* de muy poco caudal y sin puente; nace en la sierra de Perdices, pasa junto á la Milana y lleva su curso de E. á N, 1/2 leg. al NE. de esta v., atravesando los caminos de Viana y Baniel desaguando en el Duero junto al soto de Olariz.

Calidad y circunstancias del terreno. Por la parte de N. y NE. es bastante flojo y arenoso, á causa del r. y de muchos cantizales, por lo tanto se destina para centeno y avena: el del S. tiene algunos cerros que no están en cultivo; y la parte que lo está es en una mitad floja, y la otra mitad de bastante subsistencia. Lo mejor del terreno está al E. y SE. donde nada hay sin cultivo, y que todo él puede ponerse en primera y segunda clase por mitad. Comprende 12,213 fan. de las cuales se hallan en cultivo 7,013, de las que son de primera clase 470, de segunda 1,120, de tercera 2,850 y de cuarta 2,636, las dos deh. comprenden 300 fan., los montes carrascal y robledal 2,090, el pinar y baldios 2,900.

Caminos. Cruza al SE., y tocando con la pobl., la carretera de Madrid á Pamplona, que en el dia no es muy frecuentada de carruajes por algunos malos tránsitos que hay en ella; un camino carretero de Aragon á Castilla la Vieja, que viniendo por Bordejé atraviesa la deh. 1/4 de hora al S. de la v. y se dirige á Berlanga; otro tambien de carros va desde este pueblo á la orilla der. del Duero, por Hortezuela al Burgo de Osma y Aranda; otro carril desde esta v. hasta Algora donde se une á la carretera de Madrid á Zaragoza y pasa por Adradas, Miño y Sigüenza; este carril es bastante frecuentado de los que vienen de Navarra, porque hallándose en mal estado esta carretera, prefieren la travesia para tomar la de Zaragoza con el rodeo de unas 3 leg. y llegar con seguridad á la Córte: el camino de Sória admite tambien carruajes aunque con alguna incomodidad; son bastante regulares todos los trasversales, y no se cesa en su reparacion en cuanto lo permiten los caudales y circunstancias del pueblo. La nueva carretera de Madrid á Logroño que debe pasar por el arrabal y puente de esta v., está muy en los principios: construyóse un trozo de 1/2 leg poco mas desde la salida del puente hasta el cas. de Sta. Ana siguiendo el camino de Sória, y como paró la obra hace un año, y por otra parte no iba con la solidez que debia, se va destruyendo poco á poco y será necesario en caso de proseguir la empresa, destruir lo hecho y construirlo de nuevo: tras las ventajas que al comercio é ind. traeria su terminacion, serian incalculables las que reportaria el pueblo y su tierra con la recomposicion del puente

Correos: tiene estafeta en la que se reunen las correspondencias del Burgo, Berlanga y toda la parte de Seron y Monteagudo, y se reciben las cartas 3 veces á la semana.

Producciones: trigo, puro y comun, centeno, cebada, avena, yeros, lentejas, almortas, garbanzos, cáñamo, lino y toda especie de frutas y hortaliza: se cria de ganado lanar churro unas 7,000 cab. que producen anualmente 700; cabrío 4,000 cria 600, pastan en invierno en Aragon ó la Alcarria. Tiene 90 yuntas de labor, 30 mulares y 60 de bueyes: fuera de labor 80; reses vacunas 60; yeguas 50; pollinos 240. Hay pocos animales dañinos; por el pinar y montes suelen verse algunos lobos y zorras; hay bastantes venados, conejos, liebres y perdices aunque con escasez. En el Duero hay mucha pesca; truchas de 6 ó mas libras, barbos de 7, pero el abuso que se hace con las mangas, redes y barcos ó tablones, es causa de que se desperdicie la pesca de cria en algunos años porque lo barren todo, en el arroyo Moron hay algunos peces y barbos, y en el de *Galin Gomez* otros mas pequeños.

Industria y comercio: se fabrica paño del pais y algunas bayetas en corta cantidad. La alfareria estuvo muy pujante, tanto que se contaban 30 casas de alfareros, pero desde que Aragon y Valencia surten con abundancia y equidad de este género, ha decaido en términos de no haber mas que 5 casas, y con poco trabajo. La fáb. de tejas y ladrillo está en regular estado; hay dos comerciantes que tienen algun giro con Zaragoza, Santander y Bayona, en cueros, lanas, azúcar y cacao, los demas son tenderillos para el surtido del pueblo en los principales ramos de consumo. El comercio de granos está limitado á dos ó tres personas que lo ejercitan por mayor, pero hay mercado todos los mártes, que es el mas concurrido de toda esta comarca, sin esceptuar Sória y el Burgo, en el cual los granos forman su fondo principal y del mismo se surtendespues, los de Gómara y Deza, que como fronterizos á Aragon, despachan cuanto en ellos se presenta; acude comunmente bastante ganado de cerda; los art. de consumo no escasean y tampoco faltan quinquilleros y tiendecillas de todas clases: celebra dos ferias anualmente, si bien la llamada de San Pedro los dias 1.° y 2 de julio no merece tal nombre, pues es solo mercado. La principal, que se nombra de los Santos, es muy concurrida: da principio el 2 de noviembre y suele concluir el 7, aunque en algunos años ha durado hasta el 10. El peage ó sitio para ganados, es el campo de San Francisco, y sin embargo de ser de gran estension se ve lleno, conviniendo todos en que tal vez no hay feria en el reino donde se presente mas ganado á un solo golpe de vista. El vacuno sobre todo no tiene número, pues son incalculables las reses que se venden y aun las que quedan; abunda en toda clase de ganados, y el de cerda compite con el vacuno. La plaza y calles principales están llenas de tiendecillas y revendedores; no faltan quinquilleros y bastantes tiendas de gran surtido.

Poblacion, riqueza imponible y contribuciones oficiales: 484 vec.: 2,400 alm.: cap. imp. 317,745 rs. y 6 mrs.: contr. por todos conceptos 91,109 rs. con 23 mrs.; sus bienes de propios y arbitrios que consisten en el prod. de alcabalas, arriendo de las tabernas, carnicerias, deh. del pinar, roble y encina, producen unos 70,000 rs., con los cuales se cubren todos los gastos municipales, y el sobrante, que siempre lo hay, queda para descanso del vecindario en las contr. generales.

Historia. Subsisten en esta v. vestigios de antigüedades que con la semejanza de las voces *Almazan* y *Almacen*, han hecho que alguno la digese Almacen de Numancia, idea que no merece ocuparnos. Su nombre es de etimología árabe y la primera noticia que de ella ofrece la historia corresponde al tiempo de la reconquista. D. Alonso VI de Castilla encontrándola arruinada, la pobló de nuevo, en 1098. Su yerno D. Alonso VII la amplificó en el de 1108. D. Sancho llamo á ella en 1158 al rey de Navarra, para hacer alianza contra moros. El navarro corrió y taló su comarca en 1196 y 97. Sus hab. se hallaron con el ejército de Castilla en la famosa batalla de Muradal ó de las Navas de Tolosa. D. Sancho IV de Castilla con todas sus fuerzas disponibles se hallaba en Almazan en el mes de abril de 1289, aprestado contra el rey de Aragon que protegiera al infante D. Alonso: en el mismo año el aragones asedió esta pobl.; mas viendo eran inútiles sus esfuerzos por tomarla hubo de retirarse á su pais despues de haber talado su campiña. En Almazan celebró consejo el rey D. Sancho el mismo año con todos los ricos-homes que allí se hallaban, y se determinó la entrada en Aragon. D. Alonso III con D. Diego Lopez de Haro y D. Juan Nuñez de Lara, corrió las campiñas de Almazan en 1290 y en 1296 fueron asoladas por las fuerzas confederadas de Aragon que en número de 50,000 hombres entraron por esta parte á hostilizar al castellano, apoderándose de cuantas pobl. no llevaban la voz de D. Alonso de la Cerda. Este infante, estando de inteligencia con algunos vec. de esta v., y con auxilio del aragones se apoderó de ella en 1298; y á fines del mismo año sobre Almazan envió sus gentes la reina Doña Maria. Los infantes D. Enrique y D. Juan volvieron á sitiarla en 1301 de órden de la misma reina; pero, atendiendo mas á sus intereses que á su obligacion, difirieron el asedio y despidiendo las tropas se fueron á Ariza. Continuaba el de la Cerda posesionado de esta v. en 1303, y en ella recibió á Gonzalo Ruiz, que le fue enviado con embajada de los infantes D. Enrique y D. Juan para si queria concertarse favorecer el partido de la Reina contra su hijo D. Fernando. Fue Almazan devuelta, por el infante D. Alonso al rey su hermano en 1305 á consecuencia de la sentencia arbitral de los reyes D. Dionisio de Portugal y D. Jayme de Aragon, en quienes comprometieron sus diferencias los dos hermanos. Por los años de 1322, perteneció esta v. al dominio de Doña Blanca, hija del infante D. Pedro, ya difunto, de quien heredó los estados. En 1358, asolaba sus campiñas el infante D. Enrique; y á últimos del mismo año el rey D. Pedro, pasó á ella en donde ténia 3,000 caballos y muy buena infanteria, con cuyas fuerzas determinó hacer al aragones la guerra: puso sitio á Monteagudo, y tuvo que levantarle y retirarse á Almazan, por sentirse enfermo. Llegó á esta v. el cardenal Guido, ob. de Boloña, legado del papa Inocencio, con el objeto de poner en armonia á los reyes de Castilla y Aragon en 1359, y á pocos dias vino á encontrarle el Rey, como habia ofrecido al abad de San Fiscan. El cardenal hizo presente al rey los vivos deseos que S. S. tenia de que ambos reyes estuvieran en perfecta paz, y emplearan sus armas contra moros: D. Pedro le dijo recelase mucho de conciertos de paz con el aragones; pero sin embargo, entraria en ellos si le entregaba antes á Francisco Perellos, despedia de sus reinos al infante D. Fernando, su hermano, y al conde D. Enrique, D. Tello, y D. Sancho, con todos los demas rebeldes que abrigaba en su estado, le restituia á Alicante, Orihuela y demas pobl. que eran de Castilla y se habian tomado en la menoridad de su abuelo Don Fernando, por el rey D. Jayme; y si se le daban por los gastos de la guerra 500,000 florines. Con estas proposiciones fue el cardenal á verse con el rey de Aragon, pero en vano; pues no quiso acceder á estas exigencias, y el cardenal tuvo el sentimiento de no poderlos concertar. Estando en Almazan, el mismo año, el rey de Castilla procedió contra el infante Don Fernando, y los hermanos D. Enrique y D. Tello, declarándoles rebeldes y enemigos de la patria. En 1361 llegó á esta dicho Rey, volviendo contra Aragon con mucha gente de guerra, y en el concierto formado entre el aragones y el castellano en 1362, se convino que Almazan formase parte del dote que este habia de dar á su hijo mayor D. Alonso, casando con Doña Leonor hija del rey D. Pedro IV. Pasó el de Castilla nuevamente en el referido año á esta pobl. á ver á su hijo en ella. En 1369 la ofreció, entre otras, á Beltran Claquin, que era del partido de D. Enrique, si le dejaba salir de Montiel, donde se hallaba acosado; pero Claquin, fiel á sus banderas, desoyó la oferta. En el mismo año, muerto D. Pedro de Castilla, la volvió á ofrecer D. Fernando de Portugal, que se titulaba Soberano de estos reinos, al de Aragon, despues de haberse confederado. D. Enrique hizo merced de ella en 1370, al referido Claquin, y este la vendió en 1375 al mismo rey, por haber acrecentado sus Estados de Francia. En Almazan se firmaron las paces entre Castilla y Aragon, á 12 de abril de 1375, por diligencia de la reina Doña Juana, la que al efecto vinó á esta v. acompañada de los ob. de Palencia y Plasencia, Juan Hurtado de Mendoza, y Pedro Fernandez de Velasco, hallándose por parte del de Aragon el arz. de Zaragoza y Don Ramon Alaman de Cervellon: fueron las condiciones que la infanta Doña Leonor de Aragon casase con el infante D. Juan de Castilla, que el dote de aquella fuese 200,000 florines de Aragon, en compensacion de los 200,000 que el rey de Castilla habia recibido prestados del rey de Aragon al principio de la guerra; que Molina se restituyese al castellano, contando este á ciertos plazos, al de Aragon, 180,000 florines por los gastos de la guerra. Fue Almazan una de las v. que señaló en dote á Doña Catalina hija del duque de Alencaster, en 1387, casando con el principe D. Enrique de Castilla. Este siendo rey hizo merced de ella en 1395, con la de Santisteban de Gormaz á Juan Hurtado de Mendoza, en recompensa de la de Agreda que incorporó á su corona. Por los años de 1461, dió la vuelta para Almazan el rey de Castilla con 2,500 caballos que mandaba D. Pedro Giron, maestre de Calatrava. En primeros de 1463, llegó á esta v. en donde se hallaba el rey D. Enrique, Juan de Rohan, señor de Montalvan, con embajada del rey de Francia, para arreglar las diferencias que mediaban entre los reyes de Castilla y Aragon, á causa de haber alzado al primero, los catalanes por su conde y D. Enrique haberles socorrido con gente y hospitalizado al aragones. El rey de Castilla festejó al embajador con espléndidos banquetes y bailes: danzaron los cortesanos, y por mandado del Rey bailó la Reina con el embajador francés, el que quedó tan satisfecho de esta distincion que, concluido el baile, juró no danzar mas con mujer alguna, en memoria de la honra tan señalada que en Castilla se le hiciera. Acordóse con esta embajada que los reyes de Castilla y Francia se avistasen para el arreglo apetecido. D. Fernado de Aragon, á fines de 1473, estuvo en Almazan, en donde su Sr. D. Pedro de Mendoza, y el conde de Medinaceli le festejaron mucho, hasta que pasó á Aranda. Por Almazan entró este mismo rey en Castilla en 1474, sabida la proclamacion de su esposa por Reina de estos estados, y en la misma v. recibió una embajada del conde de Medinaceli D. Luis de la Cerda, en la persona de Francisco de Barbastro, quien le hizo presente, que el reino de Navarra pertenecia al conde, segun documentos que lo acreditaban y obraban en su poder; pero que para llevar adelante su pretension, necesitaba mejores fuerzas, que no tenia; y si D. Fernando no le ayudaba, no le faltaria auxilio de otra parte; amenazándole en cierto modo con la guerra de Francia: despedido el de Barbastro, sin respuesta, continuó el Rey su camino. Este Rey estuvo de paso en Almazan en 1507, regresando de Génova á su corte. En 10 de julio de 1810 fue incendiada esta v. por el general francés Duvernet, con motivo de la tenaz resistencia que dentro de sus muros hizo D. Gerónimo Merino con 1,600 hombres. Llegó á ella el caudillo Cabrera en el mes de noviembre de 1836; y en diciembre del mismo año, estuvo el mismo gefe carlista oculto en la casa de su cura párroco, curándose de la herida que habia recibido en Arévalo. Tiene por armas esta v. en un escudo una higuera. Es patria de D. Sancho hijo, del rey D. Pedro de Castilla y de una dama llamada Doña Isabel, y de Diego Caines, general de la compañia de Jesus, el cual se distinguió por su sabiduría en el Concilio de Trento.

ALMAZAN: part. jud. de entrada en la prov. de Sória, aud. terr. y c. g. de Búrgos, dióc. de Sigüenza y Osma, sufragáneas de Toledo consta de 14 villas, 90 lugares, 1 ald., 1 barrio, 4 granjas y 11 desp. que componen 102 ayunt. y 5 alcaldías pedáneas: el estado adjunto marca las mas importantes poblaciones con las distancias entre sí, á Madrid, Búrgos, Soria y Almazan.

	Madrid.	Búrgos, aud. terr. y c. g.	Sória cap. de prov.	Almazan, cab. de part.	Berlanga.	Caltojar.	Fuentelmonge.	Fuentepinilla.	Caltañazor.	Moron.	Seron.	Monteagudo.	Velamazan.
Búrgos, aud. terr. y c. g.	42												
Sória cap. de prov.	40	24											
Almazan, cab. de part.	28	29	6										
Berlanga.	26	25	8	4									
Caltojar.	25	26	9	4	1 1/2								
Fuentelmonge.	30	33	9	4 1/2	7	7							
Fuentepinilla.	29	26	5	3	2 1/2	3	8						
Caltañazor.	31	24	5	5	4 1/2	5	10	2					
Moron.	29	31	7	2	5	5	2	8	7				
Seron.	30	32	6	4	8	8	2	5	10	2			
Monteagudo.	31	34	10	5	8	9	1	6	8	3	2		
Velamazan.	37	28	7	2	2	1	5	2	4	4	6	7	
Villasayas.	26	28	8	2	3 1/2	2	5	4	7	3	5	6	2

CONFINA al N. y E. con el part. de Sória, al S. con el de Medinaceli, al O. con el de Burgo de Osma, y al SE. con algunos pueblos del part. de Ateca, prov. de Zaragoza. Su estension de N. á S., que es desde el santuario de Velacha á Jodra de Cardos es de 5 leg. y de E. á O. desde Seron á Brias, de 11: la baten comunmente y con frecuencia los vientos del N. y O. llamados vulgarmente cierzo y regañon; su CLIMA es frio escepto en Berlanga, Cañamaque, Seron y Fuentelmonge, cuya temperatura es mas benigna como lo demuestran la vegetacion y las prod. esclusivas en ellos.

Las sierras principales que le dominan son la de Moron, que principia en la Puebla de Eca, corre al S. de Moron, tiene en la mitad de su estension y en lo mas elevado de ella el l. de Señuela, sin duda llamado así por haber sido de atalaya, desde cuyo punto se comunicaban las señales á otros, y termina en Adradas; por medio de pequeños cerros, se enlaza con el Muedo inmediato á la Puebla. Está reducida á cultivo en su mayor parte; se encuentran en ella grandes canteras de piedra, muchos matorrales, diversos senderos que conducen á los pueblos del llano, y hay poco arbolado. La sierra de *Ontalvilla* principia junto al pueblo de Sanquillo del Campo, corre al N. de Outalvilla y de Jodra de Cardos, y termina en Villasayas: esta sierra parece ser una continuacion de la de Moron, sin mas interrupcion que 1/2 leg. en Adradas, sitio donde se ha dicho terminaba aquella, siendo su estension y su elevacion iguales á la primera, de suerte que miradas las dos desde Almazan, parecen una cord. no interrumpida desde la Puebla de Eca, hasta Villasayas; sus faldas están bien cultivadas, brotan de ella muchos manantiales de ricas aguas que producen escelentes pastos, y se encuentran grandes matorrales y muchas canteras de piedra que se aprovecha para la construccion de edificios y corrales. Esta sierra y la de Moron, forman el linde meridional del part. con el de Medina, y solo quedan para el de Almazan en el otro lado de la cord. los pueblos de Taroda, Ontalvilla y Jodrá. Sierra *Bordecorés*: mas allá del pueblo de Villasayas principia esta cord. igual á las dos anteriores, pero de subida mas pendiente y por lo tanto menos á propósito para cultivarse; su direccion es tambien de SE. á O., pasa al N. de Fuentegelmes y sigue su direccion hasta Castojar, sin dejar mas intervalo que el preciso para el pueblo de Bordecorés, que le da el nombre, sit. en dicha cortadura, y despues de Caltojar sigue hasta Berlanga por medio de varios cerros aislados iguales á ella en elevacion. Por la parte set. de la misma hay mucho monte carrascal poblado de robles, matorrales y peñascos que dificultan el acceso á la cumbre; desde esta se ve el camino que va de Fuentegelmes á Marazobel, Rello y Baraona; muchas ensenadas ó recodos abundantes en buenos pastos en donde se alberga gran multitud de rebaños de ganado lanar y cabrio. Desde Caltojar á Berlanga hay muchos cerros de igual elevacion que la mencionada sierra, pero estan aislados y con separacion uno de otro. Sierra de *Perdices* (V. PERDICES): encadenados con esta sierra hay muchísimos cerros que continuan hasta el l. de Majan (punto mas elevado del part.), á los que los naturales dan el nombre del pueblo respectivo á que pertenecen, como son la sierra de Soliedra de Momblona, etc.: el terreno sigue elevándose imperceptiblemente hácia el SE. hasta Alentisque, punto divisorio de las aguas, las cuales unas se dirigen al Duero por el lado del NO. y otras á desaguar al Jalon por el de SE.

Los bosques principales son el de *San Martin*, propiedad del Excmo. Sr. conde de Altamira que está sit. en el térm. de Sta. Maria del Prado, cerca de la márg. der. del Duero, tocando con el camino que pasa entre dicho r. y el bosque. El de *San Gerónimo*, sit. entre Centenera y Andaluz, y con respecto al r. Duero y al camino del Burgo, lo propio que el de San Martin, es de propiedad del Excmo. Sr. duque de Abrantes; el del Excmo. Sr. duque de Frias, sit. entre Bayubas de Abajo y el puente Ullan tocando con la márg. der. del Duero; y el bosque ó soto de la *Casa Blanca*, propio tambien del Sr. conde de Altamira, sit. á 1/2 leg. al O. de Almazan, en un recodo á la orilla der. del citado r. En todos ellos hay sn respectiva casa para el guarda; abundan mucho en todo género de caza, y en los dos primeros se hace gran porcion de carbon.

Se estrae para Aragon muy poco trigo, pero mucha cebada, cerdos y carneros; y se importan de allí en retorno vinos, aceite, aguardiente y frutas. Los mercados mas concurridos por los trajineros de Almazan, en la época en que está paralizada la arrieria, son los de Gomara y Deza.

Bañan este part. jud. los siguientes r. y arroyos, El *Duero*, que nace en las lagunas de Urbion, pasa por Cabaleda, Duruelo, Salduero, Molinos de Duero, Vinuesa, Garray, Sória, Valdespina (por donde entra en el part.) Vaniel, Almazan, Andaluz, y sale del part. mas allá del puente Ullan y antes del de Gormaz, y tiene puentes notables en Almazan, Andaluz y en Ullar, 1/2 leg. al NO. de Berlanga: su curso dentro del part. es NE. á O. y durante 8 leg. recibe las aguas de Rio Verde, del Moron, Izana, Escalote, Andaluz. Talegones y otros riach. sin nombre; tiene molinos en Valdespina,

Velacha, junto á Vaniel, Almazan y Matute, y sus aguas no se aprovechan para el riego á causa de la gran cantidad de arena que llevan, la que suele esterilizar las tierras. El *r. Verde* tiene su orígen cerca de Villaciervillos, 2 leg. al O. de Sória; baña á Navalcabello, Lubia, y entra en el part. junto á Velacha desaguando allí mismo en el Duero: su curso total es de 5 leg. de N. á S. y de 1/2 por el part. El Nagima nace en una laguna llamada Valtoron, cerca de Arion y de Bliecos, baña á Seron, y cerca de Torlengua recibe otro arroyo sin nombre que nace junto á Mazateron; corre al E. de Fuentealmonge y Manreal de Ariza: por unas 4 leg. y entre el térm. de este pueblo y el de Ariza desagua en el Jalon y pierde el nombre. El arroyo *Moron* procede de 3 arroyitos que nacen el uno junto á Taroda, el otro inmediato á Cabanillas que se unen á 1/4 de hora, ambos sin nombre que les distinga, y dirigiendo su curso hácia *Moron*, medio cuarto de hora antes de llegar á dicho pueblo, confluyen con otro mayor que nace junto á Momblona y que por ser tal vez mas caudaloso que los anteriores, lleva el nombre de Moron, aunque puede decirse con mas exactitud que hasta la reunion de los tres, ninguno lleva nombre determinado. Unidos los tres forman el espresado arroyo Moron, que pasando junto á dicha v. (al S. de ella) donde tiene puente de poca consideracion, se dirige á Coscurrita donde hay un molino, á Bordege donde impulsa á otro molino, á Almazan (á 1/4 de hora al S. de la v.) donde tiene un puente y otro molino, y á 1/2 leg. al O. de la misma desagua en el Duero. Su curso tortuoso es de 4 leg. de E. á O. *Escalote* nace junto á la v. de Rello y sigue su curso hácia la Riva y Caltojar (donde tiene un puente) hasta unirse al Bordecorex, conservando el nombre de Escalote: pasa en seguida por Casillas, en donde le cruza un puente de piedra, por Berlanga y Hortezuela con puente en los dos y junto al de Villan, desagua en el Duero: da impulso á 3 molinos sit. en la Ribera, Caltojar y Berlanga. El *Izana* tiene su orígen en el pueblo del mismo nombre, 3 leg. al O. de Sória, pasa junto á Llamosos, baña á Quintana Redonda, (en donde hay un molino) Tardelcuende (donde le cruza un puente) Matamala y junto á Sta. Maria del Prado desagua en el Duero: su curso es de 4 leg. de N. á S., entra en el part. junto á Tardelcuende y allí mismo da movimiento á 2 sierras para maderas. *Rio Seguillo* procede de las inmediaciones de Rioseco y á la 1/2 leg. de curso entra en el part. del Burgo de Osma, en el cual baña á Boos Valdenebro, Lodares, y junto á la Olmeda de Osma, despues de 4 leg. de curso de E. á O. se une con el r. Ucero. El arroyo de *Bayubas* nace en las inmediaciones de Valverde de los Ajos (Burgo de Osma) pasa por Bayubas de Abajo y desagua en el Duero junto al puente de Ullan, una leg. y 1/2 despues de su nacimiento: Corre de N. á S. *arroyo Sin Nombre* á 1/2 leg. al E. de la Seca, nace un arroyuelo que pasa por Osma y Fuentepinilla en cuyo térm. por el O. recibe otro arroyo que nace en el S. de dicho pueblo, y siguiendo hasta cerca de Valderrodilla, desagua en el r. Andaluz despues de haber corrido dos leg. de N. á S. arroyo de *Fuentepinilla*: Entre Barbolla y Cascajosa hay una laguna que da nacimiento á dicho arroyo, el que en Fuentelarbol se junta con otro que nace en la laguna de la Mucla: siguen ambos su curso hasta Fuentepinilla donde tiene un puente y un molino, y en seguida entra en el arroyo Sin Nombre de que se ha hablado. Su curso total es una leg. y 1/2 con direccion de NE. á NO. Rio *Andaluz* trae su origen de una laguna que se halla en el N. de torre de Andaluz, pasa junto á Valderrodilla en donde da movimiento á las ruedas de un molino, y despues de una leg. y 1/2 de curso de N. á S. desagua en el Duero junto al l. de Andaluz. Rio *Bordecorex*; cerca de Alcubilla de las Peñas (part. de Medinaceli) hay unas fuentes que dan el orígen á dicho r., el cual entra en el de Almazan cerca de Jodra de Cardos, se dirije á Villasayas (donde le cruza un puente) Fuentegelmes Bordecoréx y Caltojar donde al juntarse con el Escalote despues de haber andado 4 leg. y 1/2 pierde su nombre. *Talegones*: este r. nace cerca de Lumias baña á Cabreriza en donde impulsa las ruedas de un molino harinero, pasa por las inmediaciones de Berlanga y de Morales, y despues de 3 leg. y 1/2 de curso, desagua en el Duero junto al puente Ullan. Sus aguas se aprovechan admirablemente, pues Lumias y Berlanga riegan con él sus vegas y huertas, que prod. hortaliza de un gusto especial, y judias las mas crecidas y esquisitas que pueden darse, y se cogen en gran abundancia. Estas, la patata y la cebolla, forman la principal riqueza de Berlanga. Arroyo de *Cobàrrubias:* nace en el térm. y al O. de Lodares del monte, pasa cerca de Cobarrubias y desagua en el Duero á 1/2 leg. al O. de Almazan despues de haber corrido 1 1/2 leg. de S. á N. Se encuentran tambien en este part. innumerables manantiales de aguas muy saludables, pero no las hay ni termales ni salinosas.

Caminos. Le cruzan en varias direcciones muchas càrreteras, aunque no se puede decir que esten cual lo requiere la comodidad de los viajeros y la facilidad de los transportes. La de Madrid á Pamplona atraviesa el part. de N. á S. pasa por Villasayas, Cobertelada, Almazan y térm. de Viana por la parte del S.; se halla en muy mal estado, y de consiguiente poco frecuentada por los carruajes. Carril de Adradas: Desde Almazan por Bordege y Adradas, hay un ramal de la de Pamplona, que siguiendo por Miño, Sigüenza y Mandayona va á buscar en Almadrones la carretera de Madrid á Zaragoza, la cual es mas frecuentada que la primitiva de Pamplona porque es de mejor tránsito que aquella. Carril de Castilla la Vieja á Aragon: viene por Aranda, San Estébàn, etc., y entra en el part. cerca del puente de Ullan; pasa por Hortezuela, Dehesa de Almazan (1/8 de leg. al S.) Bordegé, Taroda, Utrilla y Huerta, en cuyo punto se incorpora con la carretera de Zaragoza: luego que concluye el térm. de Taroda, sale del part. y entra en el de Medinaceli. Viene otro ramal por Aranda, el Burgo de Osma, Fuentelarbol, la Ventosa, La Seca, Matamala, Almazan y se incorpora en Bordegé con el anterior. Carretera de Madrid á Francia: está principiada y solo existen algunos trozos; entra en el part. en Villasayas debe pasar por el E. de Cobertelada á 200 pasos poco mas ó menos de la de Pamplona, puente de Almazan tomando el camino de Sória. Hay varios caminos de herradura transversales en diversas direcciones, siendo los principales el de Castilla la Vieja á Aragon, los de Sória á Medina y Sigüenza, siendo las posadas que se encuentran malísimas, muy incómodas y poco surtidas de lo necesario.

Producciones. Ricos y abundantes pastos; trigo comun, centeno, cebada, patatas, almortas, yeros, visaltos, pocos y malos garbanzos, cáñamo, lino con escasez, frutas, maderas, uva, esquisita miel y vino; las legumbres es la cosecha principal; cria ganado lañar, vacuno, mular y cabrio.

La industria de este part. es insignificante, pues el cultivo de las tierras y la guarda de los ganados ocupa la tercera parte. No hay ninguna fáb. que llame la atencion. En los pueblos en que hay pinares, sacan algun prod. de la madera que despachan en los mercados de Almazan y Berlanga, ó en las mismas sierras donde se labran y pulen y á donde acuden algunas carreterias. En Almazan hay algunas alfarerías de bajilla comun y tejerias para ladrillo y teja; telares de lienzo y paños hay los suficientes para el abasto del part., lo propio que los oficios indispensables, como son sastres, zapateros, carpinteros, etc., pero no se trabaja nada para fuera como no sea en cabestreria de que se surten los mercados de Medina y Sigüenza. El trato de lanas está en manos de media docena de especuladores que acopiándolas todas hasta las de la sierra de Riaza, las conducen á Santander de donde traen en retorno cueros, cacao, azúcar y pesca salada, aunque este tráfico va en disminucion desde que desaparecieron los ganados merinos.

Comercio. La esportacion de lanas y trato de granos.

En Almazan se celebran dos ferias al año, una por Todos Santos en 1.° de noviembre que es concurridísima y de mucho despacho de ganado vacuno, mular y de cerda; y otra el dia de San Pedro que vale muy poco y viene á ser un mercado de 3 dias. Las hay tambien en Monteagudo y en Berlanga; la primera (en 29 de setiembre) es esclusivamente de ganado vacuno y de cerda, y la segunda (el 8 de diciembre) que solo hace dos años se estableció, es poco concurrida.

En Almazan hay mercado cada sábado, y todos los juéves en Berlanga; los cuales son muy concurridos en los meses de octubre y noviembre; en el resto del año solo se ve grano, madera, algun ganado de cerda, y comestibles.

Las costumbres de los hab. del part. de Almazan, en lo general, son sencillas (á lo castellano) aunque de algunos años acá se resienten del trastorno general, y sobre todo del trato frecuente con la tropa.

Los datos estadísticos de mas importancia, se encuentran en el siguiente:

CUADRO SINOPTICO, por ayuntamientos, de lo concerniente á la poblacion de di_
su riqueza imponible y las

AYUNTAMIENTOS	OBISPADOS A QUE PERTENECEN.	POBLACION. Vecinos.	POBLACION. Almas.	ESTADISTICA MUNICIPAL. Electores. Contribuyentes.	Electores. Por capacidad.	Electores. Total.	Elegibles.	Alcaldes.	Tenientes.	Regidores.	Síndicos.	Suplentes.	Alcaldes pedáneos.
Abanco.	Sigüenza.	29	156	27	1	28	25	1	»	2	1	3	»
Abioncillo.	Osma.	16	67	13	»	13	13	1	»	2	1	3	»
Adradas.	Sigüenza.	41	170	39	3	42	35	1	»	2	1	3	»
Aguilera.	Id.	15	60	14	»	14	14	1	»	2	1	3	»
Alaló.	Id.	36	144	32	2	34	30	1	»	2	1	3	»
Aldehuela de Calatañazor.	Osma.	23	95	24	1	25	22	1	»	2	1	3	»
Alentisque.	Sigüenza.	61	250	65	3	68	60	1	1	2	1	4	»
Almantiga.	Id.	10	44	10	»	10	10	1	»	2	1	3	»
Almazan.	Id.	484	2400	240	9	249	234	1	1	6	1	6	»
Andaluz.	Osma.	26	107	36	1	37	34	1	»	2	1	3	»
Arenillas.	Sigüenza.	75	310	67	2	69	64	1	1	2	1	4	»
Balluncar.	Id.	15	61	18	»	18	18	1	»	2	1	3	»
Baniel.	Id.	8	33	7	»	7	7	1	»	2	1	3	»
Barbolla (la)	Osma.	16	63	15	»	15	15	1	»	2	1	3	»
Barca.	Sigüeuza.	97	386	78	2	80	74	1	1	2	1	4	»
Bayubas de abajo.	Id.	63	263	62	2	64	58	1	1	2	1	4	»
Bayubas de arriba.	Osma.	23	92	24	1	25	22	1	»	2	1	3	»
Berlanga y Hortezuela.	Sigüenza.	426	804	222	14	236	214	1	1	6	1	6	1
Blacos.	Osma.	43	174	40	2	42	36	1	»	2	1	3	»
Borchicayada, Bujarrapian y Lodarejos.	Sigüenza.	6	35	13	1	14	13	1	»	2	1	3	»
Bordecorés.	Id.	34	138	30	2	32	30	1	»	2	1	3	»
Bordegé.	Id.	19	78	18	»	18	18	1	»	2	1	3	»
Borjabaz, Valdespina y Velacha.	Sigüenza.	25	99	33	2	35	30	1	»	2	1	3	1
Brias.	Osma.	53	212	54	2	56	50	1	1	2	1	4	»
Cabanillás y Alpedroche.	Sigüenza.	16	70	18	»	18	18	1	»	2	1	3	»
Cabreriza.	Id.	46	180	43	2	45	40	1	»	2	1	3	»
Calatañazor.	Osma.	57	232	52	4	56	48	1	1	2	1	4	»
Caltojar.	Sigüenza.	102	420	80	3	83	36	1	1	4	1	5	»
Casillas.	Id.	19	74	18	»	18	18	1	»	2	1	3	»
Cañamaque.	Osma.	91	374	75	4	79	70	1	1	2	1	4	»
Centenera de Andaluz.	Id.	56	228	50	2	52	46	1	1	2	1	4	»
Centenera del Campo.	Sigüenza.	11	48	11	»	11	11	1	»	2	1	3	»
Chercoles.	Osma.	76	306	69	4	73	65	1	1	2	1	4	»
Ciadueña.	Sigüenza.	10	44	11	»	11	11	1	»	2	1	3	»
Ciruela.	Id.	21	80	20	»	20	20	1	»	2	1	3	»
Cobarrubias.	Id.	11	44	16	»	16	16	1	»	2	1	3	»
Cobertelada.	Id.	29	112	27	2	29	27	1	»	2	1	3	»
Coscurrita.	Id.	29	112	30	1	31	28	1	»	2	1	3	»
Cuenca. (la)	Osma.	56	220	53	2	55	50	1	1	2	1	4	»
Escobosa y Granja de Valdemora.	Sigüenza.	31	112	30	2	32	28	1	»	2	1	3	»
Escobosa de Calatañazor.	Osma.	18	70	17	»	17	17	1	»	2	1	3	»
Frechilla.	Sigüenza.	29	112	26	2	28	26	1	»	2	1	3	»
Fuentegelmes.	Id.	39	158	37	2	39	35	1	»	2	1	3	»
Fuentelaaldea.	Osma.	18	70	17	»	17	17	1	»	2	1	3	»
Fuentelarbol.	Id.	37	132	33	3	36	30	1	»	2	1	3	»
Fuenteelcarro.	Sigüenza.	8	36	8	»	8	8	1	»	2	1	3	»
Fuenteelmonje.	Osma.	152	604	105	5	110	100	1	1	4	1	5	»
Fuentelpuerco.	Sigüenza.	23	91	21	2	23	21	1	»	2	1	3	»
Fuentepinilla.	Osma.	36	148	32	2	34	32	1	»	2	1	3	»
Hontalvilla de Almazan.	Sigüenza.	65	270	62	2	64	60	1	1	2	1	4	»
Jodra de Cardos.	Id.	28	110	26	2	28	26	1	»	2	1	3	»
Lodares del Monte.	Id.	17	38	15	»	15	15	1	»	2	1	3	»
Lumias.	Id.	37	146	34	2	36	32	1	»	2	1	3	»
Majan.	Id.	71	286	68	3	71	65	1	1	2	1	4	»
Mallona (la).	Osma.	27	110	29	2	31	28	1	»	2	1	3	»
Matamala.	Sigüenza.	37	148	35	2	37	35	1	»	2	1	3	»
		2947	11426	2349	105	2454	2205	56	16	124	56	190	2

cbo partido, su estadística municipal, y la que se refiere al reemplazo del ejército, contribuciones que se pagan.

REEMPLAZO DEL EJÉRCITO. JOVENES VARONES ALISTADOS DE EDAD DE 18 años	19 años	20 años	21 años	22 años	23 años	24 años	TOTAL.	Cupo de soldados correspondiente á una quinta de 25,000 hombres.	RIQUEZA IMPONIBLE. Territorial y pecuaria.	Urbana.	Industrial y comercial	TOTAL.	POR habitante	CONTRIBUCION. Cupo que corresponde á cada pueblo en el repartimiento de 441,465 reales á que ascendió la contribucion de culto y clero para los tres últimos meses de 1842 y todo el año de 1843
									Rs. vn.	Rs. vn.	Rs. vn.	Rs. vn.	Rs. vn.	Rs. vn.
2	»	1	1	»	1	»	5	0'30	20,768	1,536	600	22,904	147	478
1	»	2	»	1	»	»	4	0'15	10,967	7,335	1,150	19,452	200	247
2	»	2	3	»	»	»	7	0'35	42,139	1,748	4,200	48,087	283	534
»	»	»	»	»	»	»	»	0'10	6,356	4,229	2,650	13,235	221	785
1	1	2	»	1	1	»	6	0'30	24,542	1,162	1,000	26,704	185	602
4	6	1	1	»	1	»	13	0'20	26,089	630	1,950	28,669	302	442
2	3	3	4	3	1	2	18	0'55	38,650	3,432	2,950	45,032	180	1,226
»	»	»	»	»	»	»	»	0'10	9,490	497	1,000	10,987	250	217
20	15	12	18	6	10	8	89	6'10	123,813	35,157	158,775	317,745	132	7,927
»	2	»	2	»	1	»	5	0'25	34,327	1,195	2,500	38,022	354	495
3	2	3	3	2	»	»	13	0'65	9,028	594	1,000	10,622	34	1,243
2	»	»	1	»	»	»	3	0'15	11,728	497	400	12.625	207	376
»	1	»	»	»	»	»	1	0'10	3,636	287	400	4,323	131	73
3	2	»	3	»	»	»	8	0'15	13,167	634	400	14,201	225	203
2	3	7	4	3	1	1	21	0'80	52,481	2,066	5,700	60,247	156	1,552
5	4	3	»	2	1	»	15	0'70	48,237	2,559	5,550	56,346	214	1,199
1	»	2	»	»	»	»	3	0'20	18,724	1,368	1,750	21,842	237	442
14	14	7	10	10	»	4	59	1'70	186,776	27,178	87,450	301,404	375	7,586
1	3	1	2	2	»	»	9	0'40	23,950	4,520	2,350	30,820	177	735
»	»	2	»	»	»	1	3	0'05	12,548	506	400	13,454	384	386
2	»	1	2	1	»	»	6	0'30	23,766	1,514	2,950	28.230	205	625
»	»	1	1	»	»	»	2	0'15	14,533	502	2,350	17,385	223	501
»	»	1	»	1	2	2	6	0'20	18,864	819	2,200	21,883	221	683
»	3	»	4	»	»	»	7	0'45	37,629	1,916	3,900	43,445	205	987
1	»	1	»	»	»	»	2	0'15	17,236	465	1.000	18,701	267	339
1	3	»	1	2	»	»	7	0'40	20,494	2,075	1,150	23,719	132	736
2	1	2	1	»	2	»	8	0'50	56,048	5,308	12,350	73,706	318	869
4	6	5	2	7	5	»	29	0'90	47,684	5,867	8,000	61,551	147	1,903
2	»	»	»	»	»	»	2	0'15	21,054	1,091	400	22,545	305	332
3	7	7	3	»	3	»	23	0'80	59,770	2,000	2,635	64,405	172	1,637
3	2	»	5	»	»	1	11	0'45	55,286	2,504	3,000	60,790	267	1.228
1	»	1	»	»	»	»	2	0'10	12,361	632	400	13,393	279	283
7	4	1	3	3	2	3	23	0'60	75,653	1,454	5,700	82,807	271	1,504
»	1	1	»	1	»	»	3	0'10	10,421	477	400	11,298	257	208
4	»	1	»	2	1	2	10	0'15	20,522	868	1,000	22,390	280	367
»	1	»	»	1	1	»	3	0'10	14,401	726	1,000	16,127	367	298
2	2	»	2	»	»	»	6	0'25	24,468	763	2,200	27,431	245	553
2	»	2	3	»	»	»	7	0'25	19,755	1,325	2,350	23,430	209	587
3	4	1	1	5	1	»	15	0'50	51,839	3,782	1,750	57,371	261	945
2	»	1	»	2	»	»	5	0'25	27,095	645	1,000	28,740	257	469
5	»	»	3	»	»	»	8	0'15	16,614	503	400	17,517	250	397
1	»	2	»	1	»	»	4	0'25	15,731	1,522	2,200	19,453	174	438
3	2	»	1	»	1	»	7	0'35	65,920	1,062	1,600	68,582	434	821
»	1	»	1	»	»	»	2	0'15	20,280	551	400	21,231	303	276
2	1	2	4	»	»	»	9	0'30	69,912	1,868	3,550	75,330	571	626
»	»	»	»	»	»	»	»	0'15	11,058	145	1,000	12,203	339	175
5	3	10	7	3	4	5	37	'130	78,733	3,021	11,150	92,904	154	2,925
1	»	1	»	»	»	»	2	0'20	31,552	1,378	2,900	35,830	394	408
1	»	2	1	1	»	»	5	0'30	56,068	2,914	12,500	71,482	483	559
6	1	1	5	2	4	»	19	0'60	65,712	1,512	4,600	71,824	266	1,323
5	3	»	1	3	1	»	13	0'25	26,348	842	1,200	28,390	258	477
»	1	»	»	»	»	»	1	0'10	6,889	688	400	7,977	210	214
»	2	5	»	»	»	»	7	0'30	17,504	4,056	3,850	25,410	174	644
4	6	9	3	1	»	1	24	0'60	38,976	2,840	4,700	46,516	163	1,205
1	2	2	3	1	»	2	11	0'25	26,151	1,122	2,600	29,873	272	542
1	3	2	1	2	»	2	11	0'30	23,388	2,022	7,150	32,560	220	591
137	115	110	110	69	44	34	619	25'60	1.917,131	157,909	398,110	2.473,150		53,423

Continuacion del cuadro sinóptico, por por ayuntamientos, de lo concerniente á la del ejército, su riqueza imponible

AYUNTAMIENTOS.	OBISPADOS Á QUE PERTENECEN.	POBLACION. Vecinos.	POBLACION. Almas.	ESTADISTICA MUNICIPAL. Electores. Contribuyentes.	Electores. Por capacidad.	Electores. Total.	Elegibles.	Alcaldes.	Tenientes.	Regidores.	Síndicos.	Suplentes.	Alcaldes pedáneos.
Suma anterior.		2947	11426	2349	105	2454	2205	56	16	124	56	190	2
Matute de Matamala.	Sigüenza.	15	70	14	»	14	14	1	»	2	1	3	»
Milana. (la).	Osma.	59	230	5	»	5	5	1	»	2	1	3	»
Miñosa (la).	Sigüenza.	8	36	8	»	8	8	1	»	2	1	3	»
Momblona.	Id.	72	288	68	3	71	65	1	1	2	1	4	»
Monasterio.	Osma.	23	90	21	1	22	19	1	»	2	1	3	»
Monteagudo.	Id.	162	652	113	6	119	108	1	1	4	1	5	»
Moñux.	Sigüenza.	18	70	17	»	17	17	1	»	2	1	3	»
Morales	Osma.	42	160	38	2	40	36	1	»	2	1	3	»
Moron y Señuela.	Sigüenza.	217	860	133	6	139	127	1	1	6	1	6	1
Muela (la).	Osma.	23	92	21	1	22	20	1	»	2	1	3	»
Nafrialallana.	Id.	36	140	33	2	35	30	1	»	2	1	3	»
Neguillas.	Sigüenza.	30	120	26	2	28	26	1	»	2	1	3	»
Nepas y Almonacid.	Id.	58	233	57	3	60	54	1	1	2	1	4	1
Nodalo.	Osma.	41	164	38	2	40	35	1	»	2	1	3	»
Nolay.	Sigüenza.	51	204	41	2	43	38	1	»	2	1	3	»
Osma.	Osma.	128	114	25	2	27	22	1	»	2	1	3	»
Paones.	Sigüenza.	41	164	38	2	40	35	1	»	2	1	3	»
Perdices.	Id.	10	40	12	»	12	12	1	»	2	1	3	»
Puebla de Eca.	Id.	81	326	70	5	75	63	1	1	2	1	4	»
Rebollo.	Sigüenza.	28	114	26	2	28	26	1	»	2	1	3	»
Rello.	Id.	58	230	46	2	48	45	1	»	2	1	3	»
Revitla (la).	Osma.	36	148	34	2	36	31	1	»	2	1	3	»
Rioseco y la Mercadera.	Id.	88	350	74	3	77	71	1	1	2	1	4	1
Riva (la) de Escatote.	Sigüenza.	42	170	37	3	40	33	1	»	2	1	3	»
Sauquillo del Campo.	Id.	16	70	16	»	16	16	1	»	2	1	3	»
Santa Maria del Prado.	Id.	16	70	23	2	25	23	1	»	2	1	3	»
Seca (la).	Osma.	26	102	25	2	27	24	1	»	2	1	3	»
Seron.	Id.	231	900	145	5	150	140	1	1	6	1	6	»
Soliedra.	Sigüenza.	28	110	26	2	28	26	1	»	2	1	3	»
Tajueco	Osma.	57	272	53	3	56	50	1	1	2	1	4	»
Taroda.	Sigüenza.	76	304	68	3	71	65	1	»	2	1	4	»
Tejerizas.	Id.	9	40	9	»	9	9	1	1	2	1	3	»
Tortengua	Osma.	91	370	75	4	79	70	1	1	2	1	4	»
Torre Andaluz	Id.	26	94	25	2	27	25	1	1	2	1	3	»
Torre de Blacos	Id.	36	144	33	2	35	30	1	»	2	1	3	»
Torrêmediana.	Sigüenza.	16	60	16	»	16	16	1	»	2	1	3	»
Valdealvillo	Osma.	21	82	19	1	20	19	1	»	2	1	3	»
Valderrodilla.	Id.	44	170	40	3	43	40	1	»	2	1	3	»
Valderueda.	Id.	24	98	22	2	24	22	1	»	2	1	3	»
Valtueña.	Id.	81	326	70	3	73	67	1	1	2	1	4	»
Velamazan.	Sigüenza.	121	480	90	5	95	87	1	1	4	1	5	»
Velilla de los Ajos	Id.	71	280	65	3	68	62	1	1	2	1	4	»
Ventosa de Fuentepinilla.	Osma.	28	110	26	2	28	26	1	»	2	1	3	»
Viana.	Sigüenza.	46	182	43	2	45	40	1	»	2	1	3	»
Villalba	Id.	7	34	7	»	7	7	1	»	2	1	3	»
Villasayas.	Id.	140	602	100	5	105	95	1	1	4	1	5	»
TOTALES.	»	5425	21391	4340	207	4547	4104	102	30	230	102	349	5

ESTADISTICA CRIMINAL. Los acusados en este part. jud. durante el año 1843, fueron 85, de ellos, 25 absueltos de la instancia, y 6 libremente; 54 penados presentes, 7 reincidentes en el mismo delito, 2 en otro diferente; 14 contaban de 10 á 20 años de edad, 52 de 20 á 40, y 19 de 40 en adelante; 67 eran hombres, 18 mujeres, 18 solteros, 67 casados; 44 sabian leer y escribir, de los demas se ignora si poseian esta parte de la educacion, 2 ejercian profesion científica ó arte liberal, 83 artes mecánicos.

En el mismo periodo se perpetraron 25 delitos de homicidio y heridas, 1 con arma de fuego de uso licito, 2 con arma blanca tambien permitida, y 3 con arma blanca de uso ilícito, 6 con instrumento contundente, y 13 con otros instrumentos ó medios no espresados.

ALMAZAN: ant. part. de la prov. de Sória, compuesto de los pueblos siguientes: Adrada, Alentisque, Almántiga, Almazán, Almonacid, Baniel, Borchicayada, Bordegé, Borjabad, La-granja de Bujarrapian, los l. de Centenera, Ciadueña, Cobarrubias, Cobertelada, Coscurrita, Escobosa, Frechilla, Fuentegelméz, Fuentelcarro, Jodra de Cardos,

poblacion de dicho partido, su estadística municipal y la que se refiere al reemplazo y las contribuciones que se pagan.

REEMPLAZO DEL EJÉRCITO. JOVENES VARONES ALISTADOS DE EDAD DE 18 años	19 años	20 años	21 años	22 años	23 años	24 años	TOTAL.	Cupo de soldados correspondiente á una quinta de 25,000 hombres.	RIQUEZA IMPONIBLE. Territorial y pecuaria.	Urbana.	Industrial y comercial.	TOTAL.	POR habitante	CONTRIBUCION Cupo que corresponde á cada pueblo en el repartimiento de 441,461 reales á que ascendió la contribucion de culto y clero para los tres últimos meses de 1842 y todo el año de 1843.
137	115	110	110	69	44	34	619	25'60	1.917,131	157,909	398,110	2.473,150	»	53,423
1	»	2	»	1	»	»	4	0'15	18,482	1,194	1,150	10.826	155	206
»	»	»	»	»	»	»	»	0'50	27,632	2,455	4,350	34,438	150	80
»	»	»	1	1	»	»	2	0'10	5,769	82	»	5.851	163	148
4	1	2	1	3	1	2	14	0'60	39,779	2,859	3.550	46,188	160	2,298
2	»	1	»	2	»	»	5	0'20	25,084	1,053	1,000	27,137	302	522
7	2	8	6	5	»	»	28	1'40	87,090	3,286	16,150	106,526	163	3,098
1	1	3	»	»	»	»	5	0'15	11,807	984	400	13,191	188	296
2	»	2	1	1	»	1	7	0'40	29,968	1,391	2,200	33,559	210	515
7	9	10	8	5	9	9	57	1'80	130,269	8,832	28,450	167,551	195	3,656
3	1	1	2	»	1	2	10	0'20	29,450	1,134	400	30,984	337	332
2	2	3	1	»	2	1	11	0'30	34,166	1,065	1,000	36.231	259	517
2	2	2	1	2	»	»	9	0'25	23,680	729	400	24,809	207	350
1	6	2	3	3	»	»	15	0'50	48,823	1,380	5.700	55,903	240	1,259
3	1	1	2	1	»	1	9	0'35	16,033	957	1,000	17,990	110	665
4	2	3	2	6	2	1	20	0'50	21,492	1.024	2,200	24,716	122	969
1	1	2	2	2	1	2	11	0'2?	49,394	2.305	1,750	53,349	468	534
1	1	2	1	»	2	»	7	0'35	18,359	2,148	1,000	21,507	131	745
»	»	1	»	1	»	»	2	0'10	10,399	280	400	11,079	275	272
6	2	3	7	»	2	»	20	0'70	61,252	2,426	9,600	73,278	225	1,545
1	2	»	»	2	»	»	5	0'25	15,954	1,207	1,600	18,761	165	515
2	1	3	»	»	3	»	9	0'50	26,832	2,480	1,900	31,212	136	850
2	3	1	»	1	1	»	8	0'30	39,239	1.107	3,600	43,946	297	569
8	6	4	3	»	2	1	24	0'75	72,870	3,153	4.500	80,523	230	1,414
3	1	»	2	»	1	»	7	0'35	17,048	3,352	1,150	21,550	127	737
1	»	2	»	»	»	»	3	0'15	16,336	943	400	17,679	252	354
»	»	3	1	1	1	»	6	0'15	17,560	764	2,400	20,724	296	475
»	2	1	»	»	»	»	3	0'20	42,187	1,374	1,000	44,561	437	497
4	13	9	10	3	5	»	44	1'90	66,926	10,393	35,300	112,619	125	3,745
2	3	1	2	»	»	1	9	0'25	27,186	2,036	2,700	31,922	109	513
3	3	4	4	1	»	1	16	0'60	36,889	2,616	7,700	47,205	174	738
2	2	5	4	»	2	»	15	0'70	63,067	2,859	7,200	73,126	241	1,897
»	»	»	»	»	»	»	»	0'10	5,104	507	1.000	6,611	165	124
5	1	2	1	4	»	»	13	0'80	34,515	5,377	10,150	50,042	135	1,889
5	3	2	2	»	»	»	12	0'20	58,747	3,189	1,150	63,086	671	506
2	1	1	1	1	»	»	6	0'30	25,954	8.413	1,750	36,117	317	681
2	»	1	»	»	1	1	5	0'10	13,709	614	400	14,723	245	354
1	»	2	1	»	1	»	5	0'15	18,765	1,012	2,950	22,727	277	427
»	1	3	2	2	»	1	9	0'35	75,089	2,500	1,750	79,339	467	630
6	4	3	2	1	»	»	16	0'20	46,794	1.437	1.600	49,831	509	489
6	»	4	»	3	»	»	13	0'70	37,331	1,881	7,300	46,512	143	1,309
10	5	5	5	4	3	2	34	1'	72,246	4,419	12.800	89,465	186	2,311
5	4	8	4	2	3	»	26	0'60	34,351	3,285	6,600	44,236	158	920
2	»	2	1	1	»	»	6	0'25	36,492	1,348	1,150	38,990	354	369
3	»	1	2	1	1	»	8	0'40	29,450	1,080	5,450	35,980	198	637
»	»	»	»	»	»	»	»	0'05	6,124	609	1,000	7,733	227	158
9	8	3	12	4	2	4	42	1'30	58,554	6,942	10,650	76,146	291	2,020
268	209	228	207	133	90	64	1199	47'	3.591,279	268,390	613,960	4.473,629	209	96,558

Lodares del Monte, la granja de Lodarejos, los l. de Majan, Matamala, Matute, Momblona, Milana, Miñosa, Neguillas, Nepas, Nolay, Hontalvilla de Almazan, Perdices, Santa María del Prado, Sanquillo, Soliedra, Taroda, Tejerizas, Torremediana, Valdemora, Vallunear, Valdespina, Velilla de los Ajos, Viana, y Villalba que componen 42 l., dos granjas y una v. que es la de Almazan cap. del part.: todos estos pueblos pertenecen en el dia al mismo part. jud. de Almazan, del que se hablará á continuacion con arreglo á la division terr. acordada por el Gobierno en el Real decreto de 21 de abril de 1834, absteniéndonos por lo tanto de hacer reflexiones sobre cada uno de los pueblos pue comprende; pero no podemos dispensarnos de hacer presente á nuestros lectores para su conocimiento en esta materia, que todas las pobl. del ant. part. de Almazan eran de señ. secular que se ejercia por el conde de Altamira, estando privada la Corona y la Nacion por consiguiente de todos los derechos y regalías que le pertenecen, y sufriendo estas pobl. los perjuicios consiguientes á la viciosa adm. señ.: bastante demostrados por la esperiencia, sin que nosotros nos detengamos en probarlos por ser desgraciadamente harto conocidos: la jurisd. en primera instancia se ejercía por el alc. m. de Almazan, nombrado asimismo por el señor, no teniendo los demas l. sino un alc. p. para cumplir ciegamente las órdenes de aquel.

ALMAZARA: desp. Consta la ant. existencia de este pueblo, en los fueros que dió á Tudela en el año 1117, el rey don Alonso el Batallador. En 1349 D. Cárlos II de Navarra hizo donacion de él, con los pueblos de Bonamasion y de Ablitas, á su mariscal Mosen Martin Enriquez de la Carra.

ALMAZARA: monte y regadío en la prov. de Navarra, part. jud. de Tudela, jurisd. de Ablitas, en cuyo térm. se halla enclavado á 1/2 leg. O. de la espresada v.; confinando por N. con la jurisd. de Fontellas (3/4), y por E. y S. con la de Ribaforada (1). Participan sus tierras de riego y secano, y sus principales cosechas se reducen á trigo y cebada. Por hallarse contiguo á otro térm. llamado *Monlderey* (Monte del Rey) mas de una vez se han reputado ambos como uno mismo, pero hacia el año 1727 Tudela y Ablitas litigaron contra la v. de Córtes sobre aprovechamiento de pastos, y no habiendo finalizado el pleito, las tres pobl. disfrutan mancomunadamente los de Montderey, y las dos primeras los de Almazara. El conde de Ablitas, conforme á sentencias de los tribunales de Navarra de 11 de setiembre de 1626 y 7 de setiembre de 1628, tambien tiene derecho de utilizar las yerbas y pastos de uno y otro térm., y aun de vender y arrendar su parte sin anuencia de los espresados pueblos.

ALMAZARAN: cinco cortijos unidos, en la prov. de Albacete, part. jud. de Yeste, térm. jurisd. y al SE. de *Letur* (V.): dichos cortijos tienen una estensa huerta que se riega con el sobrante de las fuentes que nacen en la v., y formando un arroyo desagua en el r. Segura distante 1 leg.: PROD.: seda, cáñamo, maiz y toda clase de frutas.

ALMAZARRON: v. de la prov. de Murcia, part. jud. de Totana. Aunque este sea su verdadero y originario nombre, en los mapas, y en los autores que de ella hablan se lee *Mazarròn*, y este es tambien su nombre usual y admitido hoy: por eso nosotros hemos creído mas acertado dejar su descripcion para la letra M, donde se encontrará bajo la palabra *Mazarron*.

ALMAZCARA: l. en la prov. de Leon (15 leg.), part. jud. de Ponferrada (1 1/2), dióc de Astorga (8), y ayunt. de Congosto: SIT. á la márg. izq. del r. Boeza en una espaciosa y alegre llanura: su CLIMA sano. Consta de 70 CASAS, de dos altos, muchas cubiertas de pizarra, formando una sola calle bastante regular; la igl. parr. dedicada á San Estéban Protomartir, está servida por un cura que presenta el marqués de San Saturnino y otros participes; hay ademas una ermita bajo la advocacion del Sto. Cristo. Confina el TÉRM. por N. con el de Congosto, por E. con el de San Roman de Bembibre, por S. con el de Villaverde de los Cestos, y por O. con el de San Miguel de las Dueñas; le baña por S. el referido Boeza, y el TERRENO, aunque en lo general de secano, es fuerte de fondo y buena calidad: los CAMINOS son vecinales, de rueda y bien cuidados. PROD.: cereales y legumbres de todas clases, vino, lino y castañas: cria ganado vacuno, lanar, caballar y mular: hay algunos telares de lienzo. POBL.: 68 vec. 250 alm.: CONTR. con el ayunt.

ALMAZORA: v. con ayunt. de la prov., adm. de rent. y part. jud. de Castellon de la Plana (3/4 leg.), aud. terr. y c. g. de Valencia (10), dióc. de Tortosa (22): SIT. á la márg. izq. del r. Mijares en un llano combatido por todos los vientos que hacen su CLIMA templado; las enfermedades que mas comunmente se padecen, son afecciones catarrales y fiebres intermitentes. Forman la pobl. 1,170 CASAS de regular construccion y comodidades interiores, distribuidas en varias calles y plazas espaciosas en general y de buen piso. Hay casa municipal bastante buena, cárcel, carniceria, posada pública, un hospital para los enfermos pobres del pueblo y transeuntes sin rent. para sostener las cargas, mas á pesar de esto los dolientes que á él se acogen, hallan la asistencia que su estado reclama en los fondos que la humanitaria caridad de los vec. proporciona. Hay ademas una escuela de primeras letras pagada por los fondos del comun, á que concurren de 100 á 120 alumnos, otra para las niñas á la que asisten de 70 á 80 pagada de los mismos fondos; la primera dotada con 3,375 rs. y la segunda con 1,000 rs.; ademas hay otras dos, sin mas dotacion que el precio convenido con los padres de las 90 á 100 discípulas que la frecuentan, á quienes despues de las labores propias del séxo, se les enseñan las primeras letras: una igl. parr. bajo la advocacion de la Natividad de Ntra. Sra., servida por un cura con el título de vicario mayor, un vicario perpétuo con el de sub-vicario, y 12 beneficiados patrimoniales. El curato que es de 2.° ascenso, y la vicaria, se proveen por S. M. ó el diocesano mediante oposicion en concurso general. En el dia estan vacantes y las suplen, la primera un beneficiado de Villareal y la segunda un esclaustrado. Tambien se hallan vacantes 6 de los beneficios: y por último una capilla pública titulada la Purísima Sangre. Fuera de la pobl. está el cementerio en parage bien ventilado. Confina el TÉRM. por el N. con el de Castellon (1/4 de hora), por el E. con el Mediterráneo (1), por el S. con el de Burriana á igual dist., y por el O. con el de Villareal (1/4). Dentro de esta circunferencia se encuentran 4 ermitas dedicadas al Sto. Calvario, á San Antonio, Sta. Quiteria y Sto. Cristo; 108 CASAS de campo de mediana construccion y otras 200 fabricadas de fango; que en nada se diferencian de aquellas, y todas estan destinadas, no solo á la recoleccion de frutos, sino para habitacion de los vec. en la temporada de verano, de manera que en esta estacion Almazora se transforma en dos pobl. prefiriéndo sus moradores la del campo desde San Juan de junio, hasta primeros de octubre, en cuyos meses se trasladan á sus heredades, que presentan un cuadro el mas halagüeño y pintoresco, por el numeroso plantio que contiene de moreras, naranjos, olivos y toda clase de árboles frutales, sobre los que descuellan los duraznos que tanta utilidad les reportan. El TERRENO es llano en general, mitad de huertas y mitad de secano, la primera abraza tierras de la mejor calidad, lo que unido al esmerado cultivo las hace de lo mas feraz que se conoce; tampoco las tierras de secano desmerecen en general de aquellas; pero hay algunas porciones flojas, por las peñas calizas que en varias partes ocupan la superficie, sin bastante capa de tierra, contribuyendo tambien al desmejoramiento de esta parte, la predileccion que los hab. dan á la huerta; cuyas pérdidas reparan á falta de estiércoles, con la poca tierra del secano, dejando casi al descubierto las raices de los algarrobos, moreras, olivos, higueras y cepas que la pueblan con notable detrimento de estas plantas, no menos útiles y productivas que aquellas. Ya se dijo que el r. Mijares, corria inmediato á la pob., el cual es una de las causas principales de la fertilidad y hermosura de este suelo, asi como de todos aquellos pueblos por donde lleva su caudalosa corriente. Para el uso del riego, las aguas de est. r. con las de la rambla llamada de la Viuda, fueron unidas hasta Almazora por mas de 500 años con manifiesto perjuicio de la c. de Castellon, hasta que las continuas reclamaciones de los propietarios de este pueblo, dieron lugar á una de las obras mejores de agricultura. Antiguamente se tomaba el agua del Mijares frente del cast. de Almazora que ya desapareció, donde corria unida con la mencionada rambla; pero solian acaecer tan violentas avenidas á pesar de la presa construida en esta, que no pocas veces se quedaban los pueblos sin agua. Para evitar tamaños perjuicios determinaron tomar el agua mucho mas arriba; pero como la rambla media entre el r. y las pobl., fue necesario cruzar esta por medio de un acueducto subterráneo. Dióse principio á este proyecto en el año 1618 y tuvo de coste 14,000 pesos. Consiste en un azud ó presa fabricada sobre el Mijares antes de su confluencia con la rambla de la Viuda, no lejos del puente viejo de Sta. Quiteria; por este medio entran las aguas en su ant. cáuce, que sigue hasta la rambla, por debajo de la cual penetra el espacio de 125 varas hasta la raiz del cerro llamado de Almanzor, viéndose en esta estension 18 pozos ó respiraderos; desde el cerro continuan las aguas al descubierto como cosa de 250 varas, y entran en una hermosa y sólida casa dentro de la cual está el tajamar con el que chocan, dividiéndose en dos canales, con el caudal de agua que la sentencia definitiva concedió á cada térm.; el canal de Almazora sigue por la izq. del r., dando movimiento á las ruedas de 5 molinos harineros, y de una fáb. de papel de estraza; riega mas de 3,333 jornales de tierra y proporciona á los vec. bebida saludable. El CAMINO general de calzada que de Valencia sale para Barcelona, pasa por cerca de los edificios del pueblo, circunstancia que contribuye á darle importancia por el paso de diligencias: los demas son locales y se hallan en buen estado. El CORREO se recibe de Castellon por medio de un cartero que saca la correspondencia en aquella adm. PROD.: trigo, cebada, maiz, algarrobas, aceite, vino, higos, naranjas y otras muchas clases de frutas, legumbres y hortalizas con especialidad pimientos de estraordinario peso y volúmen, seda y cáñamo: cria ganado lanar, cabrio, poco vacuno y pesca, con cuyo objeto hay en su playa algunos pequeños barcos.: IND.: tiene telares de lienzos ordinarios y poca esparteria.: POBL.: 1,238 vec. 3,636 alm.: CAP. PROD.: 4.729,340: IMP. 304,086. El PRESUPUESTO MUNICIPAL, asciende á 31,105 rs. vn. 24 mrs. que se cubre con el prod. de los propios y arbitrios, y 8,000 rs. vn. que se reparten entre los vec., porque aquellos no alcanzan. La igl. de Almazora por su antigüedad, es cab. de la estacion de 40 pueblos. Recibe todos los años los óleos y allí mandan por ellos todas las parr., inclusa la de la c. de Castellon cap. de la prov. El nombre de esta POBL., de orígen árabe, la fue dado en razon de su topografia. En 1234 el rey D. Jaime I de Aragon la conquistó de moros, quienes durante su dominacion tuvieron en ella una plaza de importancia. Hace por armas las cuatro sangrientas barras de los condes de Barcelona.

ALMAZORILLA: alq. de la prov. de Almería, part. jud. de Sorbas, térm. jurisd. de *Lucainena* (V.).

ALMAZORRE: l. de la prov. y dióc. de Huesca (10 leg.), part. jud. de Boltaña (4), adm. de rent. de Barbastro (6), aud. terr. y c. g. de Zaragoza (22): SIT. en la pendiente de un cerro, resguardado de los vientos del N. por el collado llamado Cuello de Eripol; su CLIMA no es de los mas sanos, reinan con frecuencia catarros remitentes é inflamaciones de pecho y vientre. No tiene ayunt. por sí, y concurre á formar el de Eripol, con los vec. de este pueblo y los de Hospitaled, residiendo el alc. un año en cada uno de los tres pueblos. Tiene 6 CASAS de 30 palmos de altura poco más ó menos, separadas la una de la otra, y en el centro una plaza mucho mas larga que ancha: una igl. parr. bajo la advocacion de San Agustin, servida por un cura de cuarta clase, que se titula Vicario, y lo nombra el rector de la parr. de Eripol, y en su defecto el diocesano: el cementerio ocupa un local bien ventilado. Fuera del pueblo á corta dist., se halla una abundante fuente de buenas aguas para el surtido del vecindario: para los usos domésticos y abrevadero de los ganados, se sirven del r. Vero que corre á temporadas como á dist. de 1/2 cuarto de hora de la pobl. Algo mas apartada que la fuente se encuentra la ermita de Ntra. Sra. de la Nuez, á donde salen en romeria los hab. de todo aquel contorno el lúnes de la Pascua de Pentecostés. Confina el TÉRM. por el N. con el de Arcusa (2 horas), por el E. con el de Eripol (1/2), por el S. con el de Barcabo (1), y por el O. con el de Betorza igual dist. El TERRENO por lo general es desigual, flojo, pedregoso y mas de la mitad incultivable por su mala calidad: las tierras que se riegan con las aguas del r. arriba mencionado, son muy pocas, y en ellas crecen algunos frutales: en el monte no hay bosques de árboles útiles para el maderage; los que existen solo crian robles pequeños, romero, boj, y pocas yerbas de pasto. Los CAMINOS son locales y se hallan en bastante buen estado. PROD.: trigo, centeno, vino, legumbres, hortaliza, patatas, cáñamo, y frutas de la especie de peras, manzanas, melocotones y todo lo necesario para el consumo; cria ganado lanar y cabrio, caza de perdices y conejos; algun lobo y zorra. POBL.: 9 vec., 6 de ellos de catastro, 84 alm. CONTR.: 1,913 rs. 4 mrs.

ALMAZUL: l. con ayunt. de la prov., part. jud. y adm. de rent. de Sória (6 leg.), aud. terr. y c. g. de Búrgos (28), dióc. de Osma (16): SIT. en un terreno cóncavo, y circunvalado por una estensa llanura; le bate el viento S., el cual hace que su CLIMA sea bastante frio, produciendo algunas intermitentes y pulmonias; forman la pobl. 90 CASAS, que aunque no de muy buena construccion, tienen cuantas comodidades son necesarias á la ind. agrícola y pecuaria á que generalmente están dedicados sus hab.: casa de ayunt., que es á la par cárcel, una escuela de instruccion primaria comun á ambos séxos, á la que concurren como unos 22 alumnos, cuyo maestro está dotado con 60 fan. de trigo: y una igl. parr. bajo la advocacion de la Natividad de Ntra. Sra., servida por un párroco, cuya plaza se provee por oposicion en concurso general. El edificio, que ocupa casi el centro de la pobl., es antiquísimo, y de regular arquitectura: fuera del pueblo se encuentra una abundante fuente de buenas aguas, aunque algo recias, de que se surten sus vec. para sus usos, y ganados, dejando aun sobrante para regar á algunos huertecillos; á unos 300 pasos de la pobl., en situacion plana, está una ermita bajo la advocacion de la Virgen de la Blanca. Confina el TÉRM. por N. con La Peña, por E. y con Miñana y Mazateron, por S. con Gomara y Zarabes, por O. con la Alameda: se estiende por todos puntos una leg.; en él se encuentran varias fuentecitas, y el desp. llamado de Algarve, del que todavia se conservan las paredes de la ermita de Santiago, y cerca de esta una torre que por su órden arquitectónico debió ser obra de los árabes; no se conserva noticia de la época ni de la causa de su despoblacion. El TERRENO es áspero y de mediana calidad, admitiendo toda clase de simientes; á la parte del S. hay un matorral de roble de pequeña estension: abraza la jurisd. 11,718 fan. de tierra, de las cuales se cultivan 43 de primera clase, 520 de segunda, y 2,009 de tercera. Las mejores se emplean, en trigo puro, cebada, poca hortaliza, algun lino y cáñamo. Las medianas en trigo comun, ó legumbres, y las más flojas en centeno y avena; cada año se siembran, 2,062 fan., y el resto se deja en descanso por igual tiempo: CAMINOS; no tiene otros que los de pueblo á pueblo en mediano estado. La CORRESPONDENCIA se recibe de la adm. de Sória por balijero, dos veces á la semana, saliendo otras dos: PROD.: lo referido anteriormente, y ganado lanar, vacuno y mular, siendo el mas preferido el lanar: hay liebres, conejos y perdices. El COMERCIO está reducido á las tiendas de panaderia, aceite y tabernas. POBL.: 127 vec., 512 alm.: CAP. IMP.: 70,481 rs. con 18 mrs.

ALMECERANES; cortijo algo disperso en la prov. de Granada, part. jud. de Huescar, térm. jurisd. de *Castril* (V.).

ALMEDIA (LA): ald. en la prov. de Oviedo, ayunt. de la Vega de Ribadeo y felig. de S. Estéban de *Pianton* (V.): POBL.: 11 vec.: 53 alm.

ALMEDIA: barranco de la isla de Tenerife, prov. de Canarias, part. jud. de Sta. Cruz. Sale de la cadena de montañas de Anaga por el E. de las mismas, y sirve de conductor ó canal para llevar las aguas, de los varios torrentes que en dicho punto brotan, á las fuentes de la espresada v. y puerto.

ALMEDIJAR: v. con ayunt. de la prov. y adm. de rent. de Castellon de la Plana (7 1/2 leg.), part. jud. y dióc. de Segorve (11/3), aud. terr. y c. g. de Valencia (8): SIT. á la márg. izq. del r. *Palancia* y falda merid. de la sierra de Espadan; bátenla principalmente los vientos E. y O.; su CLIMA es generalmente saludable; mas por efecto del escesivo calor que en algunas épocas se esperimenta, se desarrollan erisipelas, inflamaciones internas y carbunclos. Forman la pobl. 226 CASAS regularmente construidas: tiene escuela de primeras letras, á la que por lo comun concurren de 15 á 20 niños: una igl. parr. bajo la advocacion de Ntra. Sra. de los Angeles, servida por un cura párroco, un sacristan, y un organista: el curato se provee por S. M. ó el diocesano, mediante oposicion en concurso general y es de primer ascenso. Confina el TÉRM. por el N. con el de Aljimia, por el E. con el de Ahin, por el S. con el de Azuevar y por el O. con el de Castelnovo. su estension en todas direcciones será como de unos 3/4 de leg. y en él se encuentran varias fuentes de buenas aguas que sirven para el surtido de los vec. El TERRENO es áspero y peñascoso; pero bastante fértil y aun productivo; porque los hab. con asidua laboriosidad, han podido vencer en gran parte las dificultades que presenta el suelo adelantando mucho su cultivo; porcion de él se riega por medio de las fuentes, que segun se ha dicho, brotan en diferentes puntos del mismo; cria legumbres, hortalizas, árboles frutales y algunas moreras: en la tierra de secano algarrobos, olivos, higueras y viñas, cuya última prod. es la mas considerable y constituye la principal riqueza de esta v. Tambien hay muchos pedazos incultos que los moradores no se atreven á beneficiar, atendida su ínfima calidad, y á que por otra parte abunda en arbolado y pastos de mayor utilidad para los vec. que la que podia depararles su costoso cultivo. PROD.: vino, poco aceite, algarrobas, higos, pasas, seda, frutas y algun ganado lanar: IND.: esparteria. POBL.: 161 vec.: 737 alm.: CAP. PROD.: 773,700 rs.: IMP.; 53,380: CONTR.: 5,878.

ALMEDINA: barrio ant. en la prov. de Córdoba, part. jud. y térm. de Baena.

ALMEDINA (ALMEHIDA): pueblo arruinado en la provincia de Málaga, part. jud., térm. y á tiro de fusil de Torrox.

ALMEDINA: v. con ayunt. de la prov. de Ciudad-Real (14 leg.), part. jud. y adm. de rent. de Villanueva de los Infantes (2), aud. terr. de Albacete (17), c. g. de Madrid (34), dióc. de Toledo (32); SIT. en un cerro bastante alto por todas partes; pero mas particularmente por el S., camino de Villamanrique: muy combatida de todos los aires, se divisa desde muy lejos, y se perciben desde ella varios pueblos del campo de Montiel: es de sano CLIMA, y se padecen calenturas intermitentes: presenta en toda su estension un monton de escombros: en el dia tiene 93 CASAS en estado de ruina, y se conocen mas de 80 totalmente destruidas, de modo que apenas forman calles seguidas; están faltas de empedrado; y la plaza, casa de ayunt., cárcel ó igl. parr. se hallan en los mismos términos, y se celebran por esta razon los divinos oficios en la ermita de Ntra. Sra. de las Augustias: aunque de curato perpétuo y de oposicion ante el tribunal de las Ordenes, está servida por un ecónomo por no haber ecl. que lo pretenda: en las afueras existe un cementerio pobre tambien y miserable, y en la bajada de la cuesta que mira á la v. de Cózar hay una fuente de buena y abundante agua con un caño de 2 pulgadas de diámetro, que por algunos fragmentos que aparecen en su inmediacion, se conoce haber sido obra y acueducto de los romanos. Confina el TÉRM. por N. con el de Infantes; E. Terrinches y Sta. Cruz de los Cáñamos; S. Villamanrique, y O. Cózar, todos á una leg. de dist. poco mas ó menos: el TERRENO es llano por todas partes, luego que se baja del cerro en que se halla la pobl., arcilloso, bastante fértil; aunque tiene poca tierra de primera clase, y le riegan el arroyo *Origon* que viene de la vega de Sta. Cruz de los Cáñamos, el sobrante de la fuente referida que fertiliza una porcion de huertas para verdura, sit. al SO. y unos escasos manantiales llamados *resudaderos* que se hallan en un vallejo bajando la cuesta por el lado del S. y dan origen al r. Guadalen. Los CAMINOS son útiles para carros, se dirigen á los pueblos inmediatos, y á dist. de una leg. el ant. camino de herradura que atraviesa la Sierra Morena por Barranco-hondo desde Valencia á Andalucía. Se recibe el CORREO en Villanueva de los Infantes por medio de un vec. á quien el ayunt. comisiona al efecto: PROD.: trigo, cebada, muy poco centeno y bastante verdura de que se surten los pueblos comarcanos; se mantiene muy escaso ganado lanar, cabrio y vacuno; todos los vec. son sumamente pobres, aunque propietarios de un pedazo de casa que se está hundiendo, ó de una borrica para llevar leña á Infantes, y las mujeres se ocupan en tejer lienzos de cáñamo y lino. POBL.: 84 vec.: 420 alm.: CAP. IMP.: 100,000 rs.: CONTR.: 6,537 rs. 24 mrs. que se cobran á fuerza de ejecutores, que aniquilan cada vez mas á los vec.: PRESUPUESTO MUNICIPAL: 4,235 rs. del que se pagan 2,000 al secretario y se cubre con el escaso prod. de la taberna, una posada de propios y reparto vecinal. Es patria del célebre pintor Fernando Yañez, discípulo de Rafael de Urbino, y uno de los primeros que introdujeron en España la escuela romana con sus otros condiscípulos Juan de Juanes, Machuca y Pedro de Campaña, maestro del divino Morales. Es muy notable la despoblacion que está sufriendo esta v.: sin remontarnos mucho á su antigüedad, consta por el catálogo que escribió en 1600 el licenciado D. Diego de la Mota, canónigo de Uclés, de la vecindad de algunos pueblos de la órden, que en 1468 tenia 400 vec.: y existen personas en el dia que la han conocido en 1795 con 180; una de las causas que le suponen para esta decadencia, son los bandos ó parcialidades en que han estado divididos, sosteniendo con teson pleitos y disputas interminables.

ALMEDINILLA: ald. con ayunt. en la prov. de Córdoba (12 leg.), part. jud. y adm. de rent. de Priego (1), abadia mitrada de Alcalá la Real, sufragánea del arz. de Toledo (2), aud. terr. y c. g. de Sevilla (28): SIT. sobre el camino de Priego á Alcalá la Real, casi al E. del primero y en una hondonada, al principio de un hermoso valle poblado de huertas y dominado por todas partes de pequeñas alturas, escepto por la de dicho valle que se halla mas bajo ocupando el NO. de la pobl. Esta se compone de 268 CASAS de dos pisos, de 20 pies de elevacion, divididas en 14 calles irregulares y mal empedradas, cuyo aspecto contrasta notablemente con la belleza de sus inmediaciones: tiene una escuela de primeras letras, con la dotacion de 1,100 rs. pagados del caudal procomunal de Priego, concurrida por 25 niños que saben leer, 5 escribir y algunos otros que se hallan mas atrasados; y una igl. ayuda de parr. sit. en el centro del pueblo, bajo la advocacion de San Juan Bautista, cuya festividad se celebra el dia 24 de junio; está servida por un cura que hasta el año de 1835 fue teniente del señor abad, que era el cura de toda la Abadia y percibia las primicias de ella; pero desde el espresado año en que se estableció en Priego el curato propio, pasó á ser teniente de esta; su renta hasta la estincion del diezmo consistia en el fielato de su part., que estaba unido á aquel destino, percibiendo por ello 18 fan. de trigo y 9 de cebada; otras 12 tambien de trigo de la primicia, las limosnas de sus feligreses y la parte que le correspondia por derechos en los bautizos, entierros y casamientos. El TÉRM. de esta ald., enclavado hasta ahora en el de Priego, es montañoso con algunas llanuras, en las cuales se encuentra la tierra mas feraz: la mayor parte del TERRENO comprendido en la jurisd. de los alc. que se compone de las huertas y los part. rurales denominados la Carrasca, Llanos de Rueda y Paderejas, es de mediana calidad estando todo cultivado y dividido en pequeños cas. y cortijos, en donde se cuentan 61 casas ademas de las de la pobl.: pasa por sus inmediaciones un riach. de su mismo nombre, corre de S. á N. y despues de regar las huertas de que se ha hecho mérito, se incorpora con el r. Caicena: los CAMINOS son de herradura para Alcalá la Real y Granada, y la CORRESPONDENCIA se recibe de la adm. de Priego: PROD.: trigo, cebada, habas, garbanzos, escaña, aceite, bellota, legumbres y frutas en mucha abundancia: segun el quinquenio de 1830 á 1835, la cosecha anual es de 5,500 fan. de trigo, 2,500 de cebada, 340 de habas, 160 de garbanzos y 500 de escaña; entre las frutas se distinguen por su bondad las peras y peros, estrayéndose muchos de los últimos para Granada y otros puntos; los superiores que llaman del Padron, se venden en las huertas á 3 y 4 duros la a.: hay cria de ganado vacuno, lanar basto y de cerda, pero en muy corta cantidad: IND.; 4 molinos harineros y uno con su prensa para aceite: POBL.: 394 vec.; 1,490 alm., de las cuales 1,138 habitan en la pobl. y 302 en los cas. que existen en su térm.; RIQUEZA y CONTR. (V. PRIEGO).

ALMEIDA: l. con ayunt. de la prov. y dióc. de Zamora (7 leg), part. jud. de Bermilles de Sayago (2), aud. terr. y c. g. de Valladolid (22): SIT. entre dos pequeñas eminencias al abrigo del N. y S. es batido principalmente por los vientos SE. y SO. que hacen su CLIMA templado, si bien algo propenso á fiebres inflamatorias é intermitentes; forman la pobl. 260 CASAS, divididas por una riera en dos barrios que se comunican por un puente de piedra y varias pontoneras; hay casa de ayunt. que sirve tambien de cárcel, una escuela de primera educacion á la que concurren 80 niños de ambos sexos, dirigida por un maestro, cuya dotacion es 400 rs. pagados del presupuesto municipal y una retribucion de los alumnos segun á la clase á que corresponden; dos fuentes de esquisitas y saludables aguas, una igl. parr. bajo la advocacion de San Juan Bautista, servida por un cura parr., de presentacion del duque de la Roca, un beneficiado de provision real y ordinaria, un capellan de misa de alba de presentacion del ayunt. y un sacristan ecl. ordenado á título de la sacristia, con obligacion de asistir al párroco, y una ermita titulada el Sto. Cristo del Humilladero. Confina el TÉRM. por el N. con el de Villamor de Caozos, por el E. con dehesa de Viloria y Escuadro, por el S. con dehesa de Estaguillas, y por el O. con el de Carbellino á una leg. en todas direcciones; comprende la alq. ó deh. de Villaryegua al Nalso, en la que hay una casa y el desp. de San Juan de Becerril; al N. y S. hay bosques medianamente poblados de encina y roble, y entre las muchas fuentes que se encuentran, hay una perenne, mineral sulfurosa llamada los Hervideros de San Vicente: el TERRENO es secano, peñascoso y de inferior calidad: el CORREO se recibe de Zamora por medio de un balijero los domingos y miércoles y sale los mismos dias: PROD.: centeno, algo de cebada, poco trigo, patatas y algunas legumbres; hay ganado lanar, cabrío, vacuno y de cerda, siendo los dos últimos los mas preferidos; y alguna caza de perdices y conejos: la IND. está reducida á 4 molinos harineros, movidos por las aguas de la sierra y que solo muelen dos ó tres meses en el invierno: POBL.; 260 vec., 1,200 alm.; CAP. PROD.: 351,547 rs.: IMP.: 115,299: el PRESUPUESTO MUNICIPAL asciende á 26,000 rs. y se cubre por reparto vecinal. Almeida es patria de Antonio Villamor, coetáneo de Palomino que le llamaba su competidor; murió en 1729 á los

68 años de edad, y tuvo mucho crédito de hábil profesor; de lo cual dan un testimonio varias obras que dejó en la igl. de Salamanca.

ALMEIRAS (S. JULIAN DE): felig. en la prov. y part. jud. de la Coruña (1 1/2 leg.), dióc. de Santiago (8 1/2), y ayunt. de Alvedro: SIT. á la izq. de la ria del l. del Burgo ó r. *Mero*, sobre el camino carretero de Betanzos: su CLIMA sano; comprende los l. de Aciadama, Almeiras, Alvedro, cap. del ayunt., Hombre, Marisqueira, Telba, y Vigo-Vidin: tiene 80 CASAS, entre ellas varias de recreo, en las que habitan por temporada algunos vec. de la Coruña: la igl. está arruinada y sirve de parr. la inmediata de Burgo; el curato de presentacion ordinaria: el cementerio es regular: abunda en todos sus barrios de aguas saludables: pasa por su TÉRM. el indicado r. Mero que desagua en el Océano, tocando antes en el l. del Burgo hasta donde se notan las mareas; confina por N. con el Burgo y Rutis, por E. con la mencionada ria, por S. con Sigrás, y por O. con Culleredo: el TERRENO es variado y de buena calidad: los CAMINOS locales, son malos, y la carretera de la Coruña á Betanzos en mediano estado: el CORREO se recibe de la cap. del part. PROD.: trigo, maiz, centeno, patatas, vino, legumbres y frutas: hay bastante pesca y alguna caza: IND.: la agrícola: POBL.: 87 vec., 450 alm.: CONTR.: con su ayunt. (V.).

ALMEIRAS: l. en la prov. de la Coruña, ayunt. de Alvedro y felig. de San Julian de *Almeiras* (V.).

ALMEJIJAR: l. con ayunt. de la prov., aud. terr., c. g. y dióc. de Granada (11 leg.), part. jud. de Albuñol (3), adm. de rent. de Ujijar (5): SIT. en forma de anfiteatro en medio del cerro de la *Corona*, unido á Sierra-Nevada, á 3 1/2 leg. N. del Mediterráneo, combatido por todos los vientos, mas propenso á catarros biliosos que á otras enfermedades, con 150 CASAS mal distribuidas, de 9 varas de altura sobre el nivel de las calles, pendientes, sucias y sin empedrar, una plaza llamada de la Iglesia de 20 varas de larga y 9 de ancha, escuela de niños dotada con 1,100 rs. de los fondos comunes, á la que asisten 24; de los que escriben 3; pósito con 43 fan. de trigo; igl. construida en 1651 en el centro de la pobl., de una sola nave, de 8 varas de lat., 24 de long. y 9 de altura, dedicada al Sto. Cristo de la Salud, y servida por un cura perpétuo de provision general; cementerio cerca de ella, sin que perjudique á la salubridad y 4 fuentes de buen agua, 3 permanentes, cuyo sobrante se emplea en regar algunas fincas: el ayunt. celebra las sesiones en una de las casas de sus individuos por haber destruido la municipal un terremoto en el año 1804: confina el TÉRM. por N. con el de Mecina y Fondales, E. con el de Castaras, S. con el de Torbiscon, y O. con el de Orgiva: su jurisd. en la que se halla la ald. de *Notaes* (V.) comprende 1,400 fan. de tierra, de las que se hallan roturadas sobre 600 empleadas en viñedo, olivos y cereales; casi todo el TERRENO es escabroso y pendiente, contándose entre otros montes de encina el de la Corona, de 900 varas sobre el nivel del r. Guadaolfeo, y el de propios llamado de las *Rochilas* que dan leña en abundancia y sirven para pastos: atraviesa el TÉRM. el r. *Cadiar ó Guadaolfeo*, en direccion al O., cuyo curso se interrumpe en el verano por invertirse el agua en el riego; tiene grandes crecidas cuando llueve, que causan mucho destrozo en las haciendas, y unido al de Orgiva desemboca en el Mediterráneo al E., y cerca de Motril. Los CAMINOS son de herradura en mal estado: la CORRESPONDENCIA se recibe los mártes y viérnes, y sale los miércoles y domingos. PROD.: trigo, cebada, centeno, maiz, aceite, vino y algunas hortalizas; el sobrante del aceite y vino, que es lo que mas abunda, se consume en los pueblos limítrofes: hay alguna cria de ganados y bastante caza. POBL., incluso Notaes, 233 vec., 1,058 hab., dedicados á la agricultura; hay 2 molinos de aceite y 3 de harina, impulsados con las aguas del Guadaolfeo. RIQUEZA PROD.: 2.071,750 rs.: IMP.: 83,120: CONTR.: 6,444 rs. 15. mrs. Este pueblo, que llegaria á ser el mas rico de la Alpujarra, si por medio de un canal que podria tomar el agua en el r. de Trevelez, se proveyese á sus tierras del riego necesario, está haciendo hasta ahora en vano, sacrificios inmensos para obtenerlo.

ALMENAR: v. con ayunt. de la prov., adm. de rent. y dióc. de Lérida (4 leg.), part. jud. de Balaguer (3 1/2), aud. terr. y c. g. de Cataluña (Barcelona 24): SIT. en la estremidad de una dilatada llanura al pie de un mediano cerro, que elevándose por el lado del O. forma una estensa cord. de N. á S.: combátenla todos los vientos, y su CLIMA aunque húmedo en invierno y muy caluroso durante el estío es bastante saludable. Tiene 280 CASAS en general de dos pisos, distribuidas en varias calles estrechas y resbaladizas, y dos pequeñas plazas, cuyo conjunto presenta la figura de un triángulo. Hay casa municipal, cárcel pública, muy mala carniceria, 2 tiendas de paños, una posada, un hospital con escasas rent. para enfermos pobres y transeuntes, sin otro sirviente que un enfermero, el cual no tiene mas salario que la habitación en el mismo local del establecimiento; escuela de primeras letras dotada con 3,360 rs. del fondo de propios, á la que asisten de 35 á 40 niños, cuyo maestro tiene obligación de enseñar tambien durante la noche á los alumnos que de dia no pueden concurrir por hallarse ocupados en las faenas del campo ú otras semejantes; y su igl. parr. dedicada á la Asuncion de Ntra. Sra., servida por un capítulo compuesto de 1 cura párroco y 4 racioneros, y por un sacristan, un campanero y 2 monacillos nombrados por aquel; el curato es de térm., y su provisión corresponde á S. M. ó al ordinario segun los meses en que vaca, mediante oposicion en concurso general; y los 4 beneficios ó raciones son de patronato tambien de S. M. y de la dignidad de chantre de la catedral de Lérida: el edificio, que segun tradiciones fue construido mas de 700 años ha, es muy sólido y consta de una sola nave de 200 palmos catalanes de long., 90 de lat. y 120 de altura, con 9 capillas y otros tantos altares que no ofrecen particularidad alguna, escepto el mayor que tiene bastante mérito artístico, así como el todo de la fáb. del templo: la torre es circular, bien trabajada y de 250 palmos de elevacion, hay en ella 2 campanas y un buen relox. Hácia el N. del pueblo y en parage bien ventilado, se encuentra el cementerio que es bastante reducido, y en las inmediaciones de aquel hay 2 ermitas abiertas al culto público, pero sin cosa notable que llame la atencion. En la cumbre del cerro, á cuyo pie se dijo está sit. la v., se percibe una torre ant., ya deteriorada, á la cual se da el nombre de *Castillo de Moros*. Confina el TÉRM. por N. con el de Alfarrás (3/4), por E. con el de Aljerri (igual dist.), por S. con los de Portella y Alguaire (1 1/2), y por O. con los de Tamarite y Albelda (2). No existen dentro del mismo, fuentes ni arroyos; de modo que los hab. se ven precisados á aprovechar las aguas, muchas veces sucias y turbias del r. Noguera Ribagorzana, por medio de una hermosa y ancha acequia que cruza á 1/4 de hora E. de la pobl., las cuales tambien sirven para dar impulso á un molino harinero de dos muelas, perteneciente á los propios; y para fertilizar considerable porcion de terreno: este es bastante llano, feraz y productivo, especialmente en la huerta; abraza unos 11,000 jornales de los cuales se cultivan 3,000 de primera clase, 1,500 de segunda y 2,500 de tercera, destinándose á granos 3,950 jornales, 50 á legumbres, 17 á hortaliza y frutas; 200 á cáñamo y lino; hay 1,500 de viñedo, y 225 de olivos, sin contar los que se hallan en las márg. de las heredades; aunque de las tierras incultas pudieran laborearse otros 1,500 jornales, se dejan en tal estado, por conceptuarse mas útiles sirviendo de pastos para ganados. Los CAMINOS que cruzan el térm. generalmente son para caballerías de carga, no obstante que podrian servir para carruajes; en tiempo de lluvias se ponen en bastante mal estado. La CORRESPONDENCIA se recibe de la adm. de Lérida, á donde va dos veces cada semana un conductor pagado por el ayunt. PROD.: gran cantidad de trigo, cebada, centeno, avena, mijo, legumbres, hortaliza, frutas, vino, aceite, mucho y buen lino y cáñamo, siendo los cañamones muy apreciados para la siembra; cria mas de 2,000 cabezas de ganado lanar, y el vacuno, mular y caballar necesario para la labranza y transporte; y hay bastante caza de liebres, conejos y perdices. IND.: ademas del molino harinero de que se hizo mérito, se cuentan 2 de aceite, uno con 4 prensas, perteneciente á una sociedad, y otro de nueva invencion que corresponde á algunos vec.: 5 telares de lienzos ordinarios, y alpargateria, drogueria, y un café. COMERCIO: venta de ganado lanar, y esportacion de frutos sobrantes á los mercados de Lérida y Balaguer, de cuyos puntos se importa lo que hace falta en esta v., en la cual se celebran 2 ferias que duran un solo dia, la primera el lúnes de Pascua de Resurreccion, y la segunda el domingo siguiente al dia 17 de setiembre; aun cuando tiene permiso para dos mercados semanales no los hay por falta de concurrencia. POBL.: 213

vec, 880 alm., entre las cuales, ademas de las que se refirieron en el estado ecl., se cuentan 140 propietarios, jornaleros con algunas fincas 50, puramente braceros 23, zapateros 2, sastres 3, alpargateros 2, carpinteros 2, cerrajeros 3, albañiles 4, 1 médico, 2 cirujanos y 3 albeitares. Cap. imp. 386,675 rs. Paga anualmente de contr. ordinaria 40,000 rs.: por ind. y comercio 1,448; y para manutencion de presos pobres del part. 1,082 rs Celebran los vec. 3 fiestas en cada año; la primera por San Sebastian el 20 de enero; la segunda á San Gregorio. como tutelar contra la langosta en 9 de mayo, y la última á la Asuncion de Ntra. Sra., patrona y titular de la parr. el 15 de agosto. *Almenar*, dicho asi por aféresis de *Almenara*, voz árabe, que equivale á *atalaya*, aun conserva, en una altura al O., la torre que le dió nombre, llamada hoy *Castillo de los moros*. En el mes de octubre de 1641 asedió á esta pobl. D. Jacinto Loris por encargo de D. Francisco Toraltó, maestre de campo y general del ejército aragonés; hizo su defensa el capitan Jayme Guerri, con 100 mosqueteros: el sitiador plantó una mala bateria para reducirla; pero habiendo acudido en su socorro el general francés, conde de la Mota, con 100 caballos le obligó á retirarse: volvió de nuevo el de Aragon contra ella y consiguió saquearla; mas tampoco pudo ganar el fuerte, á pesar de hallarse casi arruinado. En sus inmediaciones tuvo lugar en 1710 una accion entre los ejércitos de Felipe V y del archiduque Cárlos: Felipe estaba al frente de su caballeria; Sterclaes y Villadarias mandaban su ejército: el archiduque esperaba con sus guardias el suceso de la batalla: Staremberg era su general: dió principio el combate á las 6 de la tarde: el ejército de Felipe quedó vencido, y huyó á favor de la noche, dejando en poder de los imperiales su artillería y bagage: sin embargo la pérdida de ambos ejércitos no pasó de 1,000 hombres entre muertos, heridos y prisioneros.

ALMENAR: v. con ayunt. de la prov., adm. de rent. y part. jud. de Sória (4 leg.), aud. terr., c. g. y dióc. de Búrgos (23 1/2): sit. al S. en el camino que conduce de Almazan á Agreda; la baten generalmente los vientos N. y S., y su clima es bastante frio, por lo que se padecen algunos dolores reumáticos; se compone de 80 casas de regular construccion, las que forman dos calles y dos plazas; tiene casa consistorial, una posada, propiedad del Sr. conde de Gomara, una fuente al E. que sale de unos ojos de donde se coge el agua, una escuela de instruccion primaria; un cast. bastante deteriorado al S., propiedad del Sr. Conde, contiguo á la casa mayordomia, y una igl. parr. bajo la advocacion de San Pedro Apóstol, servida por un cura párroco, y un capellan: fuera de la pobl. y al O., se encuentra una ermita, donde se venera la imágen de Ntra. Sra. de la Llana, en cuya inmediacion está el cementerio proporcionado á la pobl. Hay 2 molinos harineros, que la mitad del año están parados y reciben impulso con las aguas de los ojos; son propiedad del Sr. Conde: confina el térm. por N. con los de Peroniel y Esteras, por E. con los de Castejon y Cardejon, por S. con los de Ruberos y Albocabé, y por O. con el de Cabrejas del Campo. Su estension es de 1/2 leg. poco mas ó menos en la circunferencia. Se encuentra en él, y á 1/8 leg., una fuente llamada del *Cubillo* con dos caños; le fertiliza el r. *Tuerto* que corre al S., dist. 1/4 leg. del pueblo, que tiene un puente de madera, en el camino que va de esta v. á la de Gomara. Su terreno es de buena calidad, y la parte que se halla en cultivo se presta bien á los afanes del labrador. Sus caminos son cuatro que salen de la pobl. para Tudela de Navarra, Almazan, Calatayud, y para Sória.: prod.: trigo, centeno, cebada y lino; cria ganado lanar, de cerda y el de labor. Pobl.: 110 vec., 450 alm.: cap. imp.: 81.862 rs. 10 mrs.

ALMENARA: v. con ayunt. de la prov. y adm. de rent. de Castellon de la Plana (5 leg.), part. jud. de Nules (2 1/2), aud. terr. y c. g. de Valencia (5), dióc. de Tortosa (17): sit. en la falda de un elevado monte que domina los demas cerros que dentro del térm. se levantan; alli la combaten todos los vientos, mas la influencia de estos no es bastante á despojar la atmósfera de los miasmas mortíferos que exhalan los pantanosos marjales que se encuentran desde los estanques hasta el mar, los cuales son causa de que durante las estaciones de la primavera y el estio se desarrollen muchas fiebres intermitentes, pero de un dia á otro desaparecerá tan funesto motivo, porque una sociedad ha tomado la resolucion de desaguar aquellos charquinales, aprovechando las tierras para el cultivo del arroz: de esperar es que empresa tan humanitaria consiga el éxito mas feliz, y el clima de esta villa será desde entonces tal como la naturaleza lo dispuso, sano y benigno. Forman la pobl. y sus dos arrabales, llamado el uno de Valencia y el otro del Vall, 340 casas de dos pisos, bien ventiladas, construidas de cal y piedra rodeno, con todas las comodidades que las necesidades de los vec. y la agricultura, su principal industria, hacen indispensables; estan distribuidas en calles rectas, espaciosas y limpias, y dos plazas de muy buena figura. En la llamada de la Constitucion se descubrió un antiguo pozo de piedra labrada, del cual se estrajo la enzona con que se habia cegado, dejándole habilitado para servicio del público, pero rotos la primera cuerda y cubos que se pusieron para estraer el agua, quedó en desuso. Tiene una escuela de primeras letras dotada con 2,260 rs. anuales pagados de los fondos de propios, á la cual concurren sobre 35 niños, y por la noche 45 adultos de 14 años arriba: otra escuela de niñas, de la que ademas de las labores propias de su sexo, se enseña á las 50 discípulas que la frecuentan, á leer y escribir; y una igl. parr. situada en el centro de la v. bajo la advocacion de los Santos Juanes, servida por su cura párroco, un vicario colativo y cinco beneficiados: el curato es de segundo ascenso, y se provee por S. M. ó el diocesano, mediante oposicion en concurso general: en el dia se hallan vacantes el curato y la vicaria y tres de los beneficios, y un esclaustrado sirve la plaza primera. El edificio es sólido y hermoso; su frente por la parte esterior, es de mármol azul, trabajado por canteros naturales de la v. Consta de una sola nave de 159 palmos valencianos de longitud, 86 de latitud y 84 de elevacion, en ella se ven ocho altares sencillos, pero de mucho gusto, especialmente el mayor, obra de Jaime Choolin, escultor y carpintero de Valencia, el cual está adornado con varios cuadros, debidos al pincel de Antonio Rechar, natural de la misma capital. El cementerio ocupa un punto ventilado fuera de la pobl.; hay ademas dos capillas públicas dedicadas á Ntra. Sra. del Buen-Suceso y San Roque. Ante de la esclaustracion hubo un convento de dominicos, el cual se destruyó en el año de 1839 para reparar la fortificacion de la v. Rodea al pueblo una fuerte muralla de siete palmos de espesor y 25 de elevacion, flanqueada de torres en sus ángulos salientes, cuyos fuegos se cruzan con el inespugnable castillo llamado de Castro Alto, que ocupa la cúspide de la montaña en que se halla sit. la pobl.: se sale de esta al campo por tres puertas, la denominada de Valencia, que es la principal, la de Barcelona y la del Vall. Entre el arrabal de Valencia y el de la Vall, hay una cisterna que se llena todos los años en el mes de enero de agua de la fuente de Cuart, para beber en los meses de verano. Tambien se encuentra á dist. de poco mas de un cuarto de hora de la v. en direccion del mar, la fuente de la Bota, y algo mas apartados, pero hácia el mismo lado, tres estanques que tienen de profundidad 40 palmos, de los cuales una sociedad filantrópica, á cuyo frente se encuentra el ilustrado corresponsal de esta redaccion, el Sr. conde de Ripalda, conocido en el pais por el amigo de la humanidad, trata de sacar por medio de máquinas el agua suficiente para regar leg. y media en cuadro de terreno muy bueno. Confina el térm. por el N. y E. con el de Llosa, por el S. con los de Benicalaf, Benanites y el mar, y por el O. con los de Murviedro, Cuart y Vall Uxó, su long. es de 2 horas y de 3/4 su latitud. El terreno en su mayor estension es llano; desde el castillo sigue una cordillera entre el E. y S. hasta los estanques, y otra por el lado de N. á la cual sigue una esplanada de media hora; las tierras cultivadas son en general de la mejor calidad, y muy feraces, pobladas en gran parte de moreras, olivos y algarrobos; el monte cria pinos, carrascos y arbustos de diferentes especies. Por medio del arrabal, llamado del Vall, pasa el camino general de calzadas que desde Madrid conduce por Valencia á Barcelona; con este motivo hay en dicho arrabal tres posadas, donde mudan tiro las diligencias que diariamente cruzan de Valencia á Castellon, y vice-versa, y los domingos, miércoles y viérnes á las cuatro y media de la tarde, entran las sillas de Correos de Madrid á Barcelona, regresando por el mismo punto los lúnes, miércoles y sábados. Prod. trigo, arroz, judias, maiz, habas, vino, aceite, algarrobas, hortalizas, frutas de toda especie, entre ellas naranjas y limones, cáñamo, seda y abundante caza. Ind. tres telares de lienzos ordinarios, tres molinos harineros, nueve de aceite, una tienda de telas y quincalla, y otra de drogas y géneros ultramarinos. COMERCIO: esportacion de la seda y demas frutos sobrantes. POBL.: 326 vecinos, 1,270 almas CAP. PROD. 2.569,300 reales. CAP. IMP. 176,103. Alguno ha atribuido los restos de antigüedad que conserva esta villa á la ciudad denominada *Castrum Altum* en Tit. Liv.; mas debiendo corregirse en el testo del historiador *Castrum Album*, é identificarse con la *Libana* de Ptolomeo, cuya reduccion mas probable es á *Montalvan* (V. LIBANA); preciso es buscarlas otra procedencia, y como veremos en el art. *Fanum Veneris*, esta es de aquel famoso templo de *Venus Aphrodisia*, próximo á Sagunto, de que hace mencion Polibio, refiriendo una espedicion que los dos Escipiones hicieron contra esta c., la cual hubo de erigir este templo á la deidad venerada por sus progenitores los Zazyntios. Llamábase *Aphrodisio*, y el mismo nombre se daba al monte en que estaba fundado por ser consagrado á la Vénus, hembra, no obstante estar plantado de olivos, segun Apiano, en sus Ibéricas. En este monte es donde se refugió repetidas veces el célebre Viriato acosado por los romanos: en él, Plantio, que desde la Carpetania venia á su alcance, fue sorprendido por una de sus brillantes operaciones, y su ejército completamente deshecho: Desde este monte sorprendió á los segobrigenses durante el sacrificio: estaba muy próximo de su c. para la rapidez de las marchas de Viriato: y desde él mismo Aphrodisio se dirigió á la Bastitania. Destruido el templo, una atalaya vino con el tiempo á ocupar el sitio á que desde su c. dirigieron los Saguntinos sus miradas de veneracion: á su abrigo se formó un pueblo y de aquí la actual v. y su nombre *Almenara*, que en árabe equivale á *atalaya*. Fue comprendida esta pobl. en la donacion del distr. de Segorbe, que en 1236 hizo el agareno al ob. de Albarracin; mas despreciando Almenara la disposicion, se negó al dominio cristiano. Determinó su conquista el rey D. Jayme I en 1238, queriendo establecer en ella un punto de apoyo para la toma de Valencia: sus naturales viéndose cercados enviaron secretamente una embajada, proponiendo la entrega bajo ciertas condiciones que fueron aceptadas: al llevarla á efecto el alcaide del cast. se opuso firmemente; pero viendo lo inútil de sus esfuerzos, hubo de convenir en la capitulacion. Tomada Valencia, fue Almenara poblada de cristianos. En el año 1276 el rey la vendió con su cast. y título de condado á Juan Prochita en la cantidad de 220,000 sueldos. Sus campos fueron teatro de una sangrienta batalla dada en julio de 1521 entre el duque de Segorbe y los comuneros de Valencia, quienes quedaron deshechos.

ALMENARA: l. con ayunt, de la prov. aud. terr. y c. g. de Valladolid (9 leg.), part. jud. y adm, de rent. de Olmedo (1 1/2), dióc. de Avila (9): SIT. en un llano donde le baten con libertad todos los vientos; su cielo es alegre y despejado; y su CLIMA bastante sano: se compone de 29 CASAS, la mayor parte de tierra, y algunas de ladrillo; todas de un solo piso bajo; tiene una plaza y tres calles, atravesando la principal de N. á S., y cruzandole las otras dos; hay casa de ayunt. en muy mal estado, carece de pósito, pero se conserva la existencia de unas 60 fan. de trigo con el objeto de socorrer á los labradores necesitados. Hay una igl. parr. servida por un párroco, habiendose estinguido recientemente un beneficio servidero; está fuera de la pobl. y al NE. de ella algun tanto separada; se compone de dos naves y 5 altares, con una capilla dedicada á Ntra. Sra. del Rosario. Se ignora el año de su fundacion, pero hay una lápida sepulcral del año 1540 y una inscripcion, de la que aparece que el altar mayor se hizo en 1632; el edificio es pequeño y de ladrillo. Los ornamentos son pobres, y los vasos sagrados puramente los indispensables, pues las alhajas que poseia le fueron robadas el dia 25 de julio de 1812 por el ejército auxiliar inglés, á su paso por este l. despues de la batalla de los Arapiles, segun consta por certificado del anterior párroco obrante en los libros de fáb.: tiene un cementerio al N. Confina el TÉRM. por E. con el de Fuente Coca por S. con el de Puras, y por O. con el r. *Adaja*. En él se encuentra una fuente de buenas aguas á dist, de 1/8 de leg. entre E. y S., y un pozo del que se sirven los vec. por la mayor proximidad; hay un pinar de 120 obradas de tierra mal conservado, y que nada produce; varios prados de 100 obradas que algunos sirven para era, y como 130 obradas de viñedo, de 420 cepas, medida comun del pais, de las cuales 20 son del pueblo y las demas pertenecen á vec. de Fuentecoca, Bocigas y Puras, y al conde de Villariezo; correpor él el r. *Adaja* llevando su direccion al O. y dividiendo et térm. del de Ataquines; su TERRENO es llano en lo general y se compone de tierra blanca de primera y segunda calidad aunque en su mayor parte es de segunda y tercera, y contiene como unas 300 obradas en toda su estension, de á 200 estadales de 18 palmos cada uno; es todo de forasteros, escepto 30 ó 40 obradas propias de los vec. Sus CAMINOS, los de pueblo á pueblo, y la carretera general que pasa á 1/4 de hora delante del pueblo, y va de Madrid á Valladolid; corre por ella la diligencia de Valladolid. PROD.: trigo, cebada y algun panizo; hay como unas 1.000 cabezas de ganado lanar que crian de 350 á 400 corderos, y dan 80 a. de lana. Tiene 26 yuntas de bueyes destinadas á la labor, y 13 reses vacunas, dedicadas esclusivamente para cria. POBL. 25 vec.: 94 alm.: CAP. PROD. 361,030: IMP.: 36,105. El PRESUPUESTO MUNICIPAL asciende á 800 rs. que le cubren con 550 rs. prod. de unos prados, únicas rent. de propios, y por repartimiento vecinal.

ALMENARA: l. con ayunt. de la prov. y dióc. de Salamanca (3 leg.), part. jud de Ledesma (3), aud. terr. y c. g. de Valladolid: SIT. en la vertiente de un elevado cerro, sobre la calzada de Ledesma á Salamanca, á tiro corto de fusil de la márg. der. del r. Tórmes, donde tiene una barca pequeña; se compone de mas de 70 CASAS, si bien denotan los muchos escombros que se observan, que ha sido en otro tiempo pueblo de consideracion: la igl. parr. nada ofrece digno de notarse; la escuela elemental incompleta se sostiene por los vec.; el ayunt. celebra sus sesiones en un mal local destinado al efecto, y tambien se hallan en mal estado el pósito y una ermita: confina su TÉRM. por el E. con el part. jud. de Salamanca, S. con Zarapicos, O. con Juzvado, y N. con Aldea-Rodrigo; ocupa de E. á O. 3/4 leg., y una de N. á S.; y el r. Tórmes abundante en barbos y anguilas, y cuyas aguas surten al vecindario, tiene su curso por la parte del S. en direccion de E. á O.: el TERRENO en lo general es llano, con un pequeño monte concejil á la izq. del r., que da poca bellota; y comprende 1,020 fan., en cultivo 180; de las cuales, han sido desamortizadas, un pedazo de tierra con algunas viñas que se van perdiendo por falta de labor, y una pequeña alameda de negrillos. PROD. buen trigo, cebada, garbanzos, algarrobas, algun centeno, buenos pastos y ganados: las labores se hacen con 120 cab. de ganado vacuno. POBL., 66 vec., 266 hab. dedicados á la agricultura y ganaderia, y algunos á llevar el sobrante de los frutos á los mercados de Ledesma y Salamanca: CAP. TERR. PROD., 983,200 rs.: IMP., 31,040 rs.; valor de los puestos públicos, 3,602 rs. Su nombre es árabe, que se interpretá *Atalaya*, y pertenece al condado de Ledesma.

ALMENARA: deh. en la prov. y dióc. de Sevilla (12 leg.) part. jud. de Lora del Rio (3), jurisd. de Peñaflor (1); SIT. al S. de Sierra Morena entre los térm. de su matriz, Puebla de los Infantes y Hornachuelos; el TERRENO es montuoso en su mayor parte, poblado de encinas y alcornoques; en el llano se cultivan cereales. En la circunferencia que describe se hallan el cas. de Hornillo y el cast. de su nombre; de este se conservan los muros, escepto por el mediodia, aunque maltratados por la injuria del tiempo, y sirve para abrigo de los pastores. Hácia el O. á 5 varas de dist. de la muralla abierta á pico en la roca, se ve una mina redonda, casi perpendicular, como de dos varas de diámetro, la cual se va ensanchando en su descenso progresivamente hasta 7 ú 8, y á las 17 de profundidad presenta la figura de un cuadro; no se sabe donde termina por estar cubierta desde este punto de piedras, tierra y escombros; es tradicion vulgar que á la espresada profundidad con algun descenso al O. se encuentra una puerta de hierro, lo que unido á lo esmerado del trabajo, induce á creer si acaso esta mina seria algun depósito de aguas ó almacen de granos para el surtido del cast. Como á 200 pasos de dist. de este, á la orilla del camino que conduce á la Puebla de los Infantes, se halla una fuente denominada Pozuelo del Castillo; aunque no muy copiosa tiene esquisitas aguas y sirve para uso de los pasageros y trabajadores de la deh.; cerca de la fuente se ven varios trozos de un acueducto que parece se dirigia á la v. de Peñaflor. Tambien se encuentra en las tierras de labor de la parte meridional, y cerca de 1/8 de leg. dist. del referido acueducto, otra gran fuente llamada de Almenara, cuyo abundante derrame se junta con el de la del Castillo, y entre ambos forman el arroyo que por un corto trecho corre con el nombre de Almenara, el cual cambia despues en el de Almentija, luego en el de Tablada, segun las tierras por donde pasa, y sirven sus aguas para el riego de diferentes huertos y cortijos plantados de olivos y ajonjolí. No cruza por la deh. otro camino que el ya mencionado de Peñaflor á la Puebla de los Infantes, el cual es vecinal. Las PROD. son trigo, cebada, bellota, con que se mantienen muchos cerdos, y pastos para ganado vacuno que es el mas numeroso, cabrio y lanar. Perteneció de muy ant. la deh. de Almenara al duque de Hijar como Conde de Palma; el alc. m. de esta v. administraba justicia en los casos que ocurrian en su jurisd. Pero habiendo cesado dicho Sr., como todos los de su clase, de nombrar jueces letrados, y habiendo enagenado la deh. con todos sus privilegios en favor de D. Ignacio Perez de Soto, vecino de Madrid, que es quien la posee en el dia, se agregó á la jurisd. de Peñaflor para todo lo municipal, económico y administrativo.

ALMENARA: cord. en la prov. de Lérida: principia poco antes del pueblo de Bellmunt viniendo desde Balaguer, cuyo part. jud. cruza, formando una línea de 6 leg. de E. á O. y concluye en Montfalcó hácia la parte de Cervera. Al pié de esta sierra se halla sit. el térm. rural de *Almenara baja* (V.) y el l. de *Almenara alta* (V.) en cuyo último punto y en su cima tiene una torre ant. que servia de vigia ó telégrafo, percibiéndose aun los vestigios de una mezquita del tiempo de los moros. Su elevacion sobre el nivel del llano de Urgel es de mas de 600 pies, y su term. es muy áspero, y abundante de rocas, con buenos pastos para el ganado y algunos arbustos y árboles para combustible.

ALMENARA-ALTA: l. de la prov. y adm. de rent. de Lérida (5 1/2 leg.), aud. terr. y c. g. de Cataluña (Barcelona 18 1/2), part. jud. de Balaguer (3), dióc. de Seo de Urgel (15 1/2), oficialato de Agramunt (1), ayunt. y parr. de Boldú (1/2): SIT. al pie de una sierra, á la cual y á la pobl. da nombre una torre ant. y muy elevada, que hay en su cima, si bien en el dia se halla desmoronada por el transcurso de los tiempos: combátenle todos los vientos: y el CLIMA, aunque bastante frio, es muy saludable: tiene 4 CASAS reunidas, una en el térm., y una capilla pública destinada al culto: confina el TERM. por N. á 1 leg. con el de Agramunt, por E. á 1 1/2 con el de Puigvert, por S. con el de la Guardia y Almenara-baja á 1/2, y por O. con el de Taraso á 1 leg.: el TERRENO es montuoso, secano y de inferior calidad en su mayor parte; dentro del mismo se encuentra una balsa de aguas pluviales, únicas que hay en él, las cuales utilizan los vec. para consumo de sus casas, y abrevadero de ganados y bestias de labor: no hay otro CAMINO que el que conduce desde el Priorato á Agramunt, Seo de Urgel, y Francia, que se encuentra en buen estado: se recibe la CORRESPONDENCIA de la adm. de Agramunt. PROD.: trigo, centeno, cebada y aceite; aunque no hay ganado propio de los vec., se mantiénen en el térm. y consumen las yerbas del mismo, los rebaños de lanar que bajan de las montañas durante el invierno: la caza de perdices es muy abundante. POBL., 5 vec.: 16 alm.: CONTR. con su ayunt.

ALMENARA-BAJA: térm. rural de la prov. y adm. de rent. de Lérida (5 1/2 leg.), aud. terr. y c. g. de Cataluña (Barcelona 18 1/2), part. jud. de Balaguer (3), dióc. de Urgel (15 1/2), ayunt. de Juliola (1/2), parr. de Boldú (1/2), oficialato de Agramunt (1): SIT. en la falda de la sierra de su nombre, con libre ventilacion y CLIMA saludable: tiene una CASA: confina su TÉRM. por N. á 1 leg. con el de Agramunt, por E. á igual dist. con el de Puigvert, por S. á 1/2 con el de Juliota, y por O. con el de Boldú, dist. otra 1/2 leg.: el TERRENO es montuoso y de mediana calidad: no hay otro CAMINO que el que conduce desde las Garrigas ó Priorato hácia la Seo de Urgel y Francia: PROD. trigo, cebada, centeno, y yerbas para pastos, las cuales consume el ganado lanar que durante el invierno baja de las montañas: cria bastantes perdices y algunas liebres. POBL., 1 vec., 4 alm.: CONTR., con su ayunt. Antiguamente este térm. formó una sola pobl. con el l. de Almenara Alta.

ALMENAS: casa de huerta en la prov. de Albacete, part. jud. de Hellin, térm. jurisd. y á 1/4 leg. al SE. de *Tobarra* (V.).

ALMENCILLA ó ALMENSILLA: v. con ayunt. en la prov. part. jud., adm. de rent., aud. terr., c. g. y dióc. de Sevilla (2 leg.): SIT. entre el Guadalquivir y v. de San Juan de Alfarache, bajo un cielo alegre y despejado y CLIMA saludable sujeto únicamente á las enfermedades estacionales. Tiene 79 CASAS y 30 chozas que forman 7 calles y 2 plazas: hay una escuela de instruccion primaria á la que concurren con separacion los niños de ambos séxos, 20 varones y 21 niñas; la dotacion del maestro consiste en la retribucion de 4 mrs. diarios que pagan los padres de los alumnos; un estanco de tabacos en el cual se despacha la sal por cuenta de la Hacienda nacional, y una igl. parr. bajo la advocacion de Ntra. Sra. de la Antigua: junto á ella está el cementario, bastante regular, en direccion del E. El curato es de entrada y de provision del ordinario: en el dia la sirve un ecónomo. Confina el TÉRM. por el N. con el de Bollullos de la Mitacion, por el E. con los de Mairena del Aljarafe y Palomares, por el S. con los de la Puebla de Coria y Coria del Rio, y por el O. otra vez con el de Bollullos y el de la Puebla de Coria: estendiéndose por este lado menos de 1/4 de leg. y algo mas por los de Bollullos, Mairena y Palomares. Dentro de su jurisd. se encuentran 3 casas de campo y el arroyo llamado Pudio, que viene de los térm. de Salteras y Olivares, dividiendo los de la v. que nos ocupa y Palomares: es de escaso caudal apenas el bastante á dar impulso á un molino harinero; pudiera sacarse mejor partido ensanchando su cáuce; pasa por debajo de una alcantarilla cuya mitad corresponde á esta v. y la otra mitad á la de Palomares; se halla deteriorada y su recomposicion es urgentísima por ser el único paso que tiene la v. para la cap. de la prov. El TERRENO es árido y poco apto para cereales; la CORRESPONDENCIA se recibe de Sevilla 2 veces á la semana por medio de un conductor. PROD.: las principales son vino, aceite; tambien se cosechan granos y hortalizas, pero en corta cantidad; cria ganado yeguar, vacuno, de cerda y cabrio, siendo este último el que mas prospera, pero son tan escasos los pastos que hay que llevarlos á pacer á otros térm. IND. 1 molino harinero, 2 de aceite y 2 tabernas. POBL.: fué esta v. heredamiento de Palomares y estuvo sujeta á su jurisd. hasta el año 1837, en que por disposicion de la Diputacion prov. se segregó de su matriz y constituyó ayunt. separado, pero los datos relativos á su POBL. RIQUEZA Y CONTR. van incluidos en el art. de su ant. matriz *Palomares* (V.).

ALMENDRA: l. con ayunt. en la prov. y dióc. de Salamanca (12 leg.), part. jud. de Ledesma (6), aud. terr. y c. g. de Valladolid (28): SIT. en llano sobre la calzada que por la cap. del part. conduce á Villarino y Pereña á 1/2 leg. de la marg. izq. del r. *Tórmes* que corre al N. por entre grandes riscos, dando impulso á un molino harinero de dos piedras y por cuyo punto se pasa con una barca llamada de la Jara. La igl. de buena fáb. y dedicada á San Miguel, tiene parroquialidad propia; la sirve un ecónomo secularizado, por hallarse vacante la vicaria; hay una escuela de primeras letras dotada por los vec. y una fuente de la cual se surten los hab. por la dist. y mal camino del r. Fuera de la pobl. hay una ermita denominada del Humilladero, propia de la cofradia de este nombre. Confina el TÉRM. por el N. con el espresado r., por el E. con el térm. de Sarda de los Frailes, por el S. con el de Manzano y por el O. con los de Zarzader, Beltran y Trabanca. El TERRENO participa de llano y de monte alto y bajo; es muy quebrado por la parte del r. y comprende 1,091 fan. en cultivo y 200 eriales. La calzada que atraviesa el pueblo y parte de este, tienen el piso de lanchas por el mucho fango que hay en tiempos húmedos. PROD.: centeno, trigo, bellota y pastos flojos; cria ganado vacuno, lanar y de cerda, que se vende en los mercados de Vitigudino y Ledesma; abunda la caza de perdices, conejos y liebres, y los lobos y raposos en lo fragoso del r.. IND.; un telar de sayal: COMERCIO; esportacion del estambre para las fáb. de Peñaranda: POBL.: 66 vec.: 266 hab.: CAP. TERR. PROD.: 883,200 rs.: IMP.; 31,040 valor de los puestos públicos 3,602 rs.

ALMENDRA: l. con ayunt. de la prov. adm. de rent. part. jud. y dióc. de Zamora (3 leg.), aud. terr. y c. g. de Valladolid. (12): SIT. á la izq. del r. *Esla*, dominado en parte por cerros: su CLIMA es húmedo y ocasiona algunos reumatismos y fiebres intermitentes. Se compone de 26 CASAS todas tan pequeñas que mas bien parecen chozas, y fuera de la del párroco que es algo mayor, ninguna tiene 12 palmos de alta: aunque presentan cuerpo de pobl. no puede decirse que forman casas porque unidas unas y separadas otras siempre con irregularidad, solo se ven como por acaso espacios de mas ó menos dimension, tiene al NE. una igl. parroquial de entrada con la advocacion de San Juan Bautista, servida por un párroco cuya plaza, es de provision real, y ordinaria previo concurso: el edificio es pequeño y poco sólido, sus paredes y torre de manposteria; consta de una nave que tiene de largo 68 palmos; 40 de ancha y otros tantos de alta, con 3 altares. La torre es una espadaña cuya altura es de 20 palmos; el interior es bastante pobre y los ornamentos malos, y puramente los indispensables. A la espalda del edificio hay un cementerio, cuyas paredes son tambien de mamposteria, está ventilado: fuera del pueblo, hay dos fuentes que sirven para el surtido de los hab. una de ellas es bastante caudalosa y de agua delicada: los ganados son llevados á beber al r.: Confina el TÉRM. por N., con el r. *Esla* á 400 pasos, por E. con el de Palacios á 1/8 hora, por S. con el de Valdeperdices á igual dist. y por el O. con el de Campillo: corre por él, y al N. el r. *Esla* con direccion al O; aunque no de los principales, es en su clase bastante caudaloso teniendo en el invierno grandes avenidas; durante su curso da impulso á tres aceñas una de dos piedras: hay varias fuentes de las cuales se forma un arroyo que con curso perenne de S. á O. desembocan en el *Esla*: su TERRENO es en general pizarroso y quebrado, sólo hay un poco de llano por la parte del O. comprende 2,333 fan. de tierra de las que se cultivan unas 1,200 todas de ínfima calidad; sus CAMINOS locales y malos. La CORRESPONDENCIA se recibe de Zamora: PROD.: centeno, algun trigo, poca cebada, y legumbres; su mayor cosecha de centeno; se cria con pastos de fuera del pueblo, ganado lanar, y vacuno, hay diez parejas de labor, conejos, liebres, y perdices, tambien algunos lobos y zorras: en su r. y arroyo, algunos barbos, anguilas y pesca menuda; POBL. 16 vec.: 70 alm. CAP. PROD.: 75,300 rs; IMP.: 9,100: CONTR. 1,897: el PRESUPUESTO MUNICIPAL asciende á 452 rs. y se cubre por reparto vecinal.

ALMENDRAL: v. con ayunt. de la prov., adm. de rent., c. g. y dióc. de Badajoz (5 leg.), part. jud. de Olivenza (4 1/2) aud. terr. de Cáceres (16): SIT. sobre tres colinas continuacion de otras mas elevadas que forman cañadas entre si por cuyo centro corren los arroyos *Romedero* y *Tardamasa*, dividiendo el pueblo en partes iguales: es bastante ventilado principalmente por los aires del N. y sus enfermedades comunes por ser endémicas, dependientes de los miasmas que desprenden algunos pantanos que se forman de los referidos arroyos, son intermitentes en todos tiempos, influyendo tanto la localidad por la indicada causa, que no hay enfermedad alguna, por aguda que sea, que no degenere por último en ellas: tiene 480 CASAS, la mayor parte de un solo piso y de 4 varas de elevacion; otras de dos, destinado el 2.° para granero, y todas bien distribuidas, cómodas y capaces para los usos de la labranza: forman calles bastante regulares, pero de mal piso por razon de las muchas piedras nacedizas y salientes, sin embargo de que el ayunt. procura reformarle, y va consiguiéndolo en la mayor parte; y todas tienen alguna pendiente por cuya razon son bastante limpias: la plaza es casi cuadrada circuida por los edificios de que se hablará despues; en su piso mitad arenoso y pizarroso, se observan cimientos de antiguas obras, y algunas piedras salientes como en las demas calles, altozanos y plazuelas que forman la pobl.: hay casa municipal bastante cómoda, unida á ella la cárcel con casa y habitacion para el alcaide; y al otro lado el pósito, que solo conserva en el dia un fondo de 170 fan. de trigo: dos escuelas de niños dotada la una con 2,200 rs. de los fondos públicos, derecho para engordar dos cerdos en el monte y ademas una retribucion que pagan los 39 alumnos que concurren: el otro maestro solo percibe la gratificacion de sus 75 discípulos, y es á la vez sacristan y organista de la parr. de San Pedro: dos maestras de niñas sin dotacion: á la una asisten 30 y á la otra 24; un hospital con la advocacion del Sr. de la Misericordia con capilla que sirve de ayuda de parr. y una efigie del Santísimo Cristo de magnitud estraordinaria y de bastante mérito artístico: sus rent. consisten en unos 3,000 rs. productos de algunos censos, olivos y tierras de labor: hay 2 igl. parr. sit. ambas en la plaza, y forman sus lados N. y S.: la 1.ª con la advocacion de San Pedro Apostol es de una construccion muy sólida, perfectamente concluida y con tres puertas á los lados N. S. y O.; la otra (Sta. Maria Magdalena) patrona del pueblo, es magnífica de 3 naves, lucida y blanqueada en 1785, y en su torre se halla el relox de la v.: está bien provista de ropas y vasos sagrados, y es notable entre otros objetos de gusto, un cuadro que se halla en la parte superior del altar mayor de 10 palmos de alto y 8 de ancho que representa *la Concepcion* de célebre Murillo: pero lo que mas llama la atencion y escita la devocion de estos moradores es la nueva capilla de San Mauro, erigida á la izq. del presbiterio y separada del resto de la igl. por una gran verja de hierro que corresponde al altar mayor, y otra, que es la entrada por su frente; se concluyó en el año 1779 formándola sobre la antigua; es cuadrada, de figura de una media naranja, y tiene un escelente retablo, en cuyo centro se halla la efigie de San Mauro Abad, discípulo de San Benito, y á sus pies las reliquias del santo que consisten en 126 huesos, y uno mas engarzado en plata y metido en un cristal, que es el que sacan en procesion y se da á besar el dia de su festividad, mandada celebrar, por D. Manrique ob. de Badajoz en las sinodales del año 1501, el dia 15 de enero: estas reliquias fueron trasladadas á la cat. de Badajoz antes del 27 de setiembre de 1643 en cuyo dia fué destruida la v. é incendiados sus archivos por los portugueses; allí permanecieron muchos años, y cuando se devolvieron al pueblo, se quedaron con 4, dando la engarzada en plata: otras dos fueron regaladas á los Sres. Reyes D. Carlos IV y Maria Luisa el año 1800; otras existen en el conv. de Seencio en el Piamonte, en un monast. junto á París, y en la c. de Marsella donde se encuentra la cabeza del santo; la piedra que sirve de ara en la capilla era la que cubria su sepulcro y contiene la siguiente inscripcion. HIC REQUIESCIT CORPUS BETI. MAURI ABATIS. Es tanta la antigüedad de estas reliquias en el Almendral que se cree corresponde al año 883: el Arcipreste de Sta. Justa de Toledo Julian Perez, que alcanzó los años 1130 dice en el aniversario 79 *ab antiquis temporibus magna fuit devotio erga divum Maurum Sancti Benedicti discipulum, Astigi, municip. Zelticorum prope Emeritam Augustam, quod nunc Anindalum vocatur*. Los curatos de estas parr. son perpetuos, pero hace muchos años estan servidos por ecónomos y otros 6 ecl. agregados á ellas: inmediato á la parr. de la Magdalena estuvo el conv. de monjas de la Concepcion, hoy suprimido, casi arruinado y de propiedad particular: hubo otro conv. de agustinas, titulado de *Finibus terræ* cuyas monjas fueron trasladadas en 1779, al de Sta. Catalina de Badajoz: el edificio, casi arruinado tambien, es de propiedad particular, escepto la igl. que se conserva como ayuda de parr. por una cofradia sostenida de las limosnas de los fieles: hay una enfermeria que perteneció á los frailes descalzos de la prov. de San Gabriel en un conv. de Ntra. Sra. *de Roque Amador* de que se hablará mas abajo, una ermita titulada de los Mártires casi enteramente destruida, propiedad de un particular, una torre llamada *Castillo*, cuadrada, de 15 varas por cada frente y de 20 de altura, hasta la mitad es de piedra silleria, y de alli para arriba de cal y canto, en muy buen estado y de bastante solidez: ocupa el lado O. de la plaza, y en la pared que mira á la parr. de San Pedro tiene unas armas con una inscripcion fenicia, cuyo contenido no ha podido leerse, y debajo una hermosa piedra que figura ser un sepulcro; tiene á su alrededor escombros y paredes que marcan hubo casa grande y cómoda, que fue fundada por D. Fr. Juan Morales ob. de Badajoz en el año 1400, y es de dominio particular: en la pared de la huerta de este cast. y en el mismo lado de la plaza hay por último una hermosa fuente llamada de concejo, de agua muy rica; tiene 2 1/2 varas de ancho, 4 1/2 de largo y 3 de profundidad, con un atrio al rededor; un buen pilar todo de piedra de grano, cerca de la carniceria de 2 varas de ancho, 10 de largo, y muy abundante de aguas, pero aunque claras y cristalinas contienen bastante cantidad de fosfato calizo. En los afueras existe el cementerio de mediana capacidad, sit. al N. en el declive de un cerrito mas elevado que el resto de la pobl. y separado de ella 100 pasos: algo mas lejos al O. la ermita de San Matias, en cuyas inmediaciones se observan algunos escombros y cimientos: muchos manantiales y fuentecillas de las que son las principales la llamada *fuente Nueva* cuya agua no se bebe, la de las Brujas, la de los Estudiantes y la del Caño, todas potables y muy ricas. Confina el TÉRM. por N. y O. con el de Badajoz á 1 leg. de dist., por E. con el de la Torre del Almendral ó sea de Miguel Sesmero, y el de Nogales, á 1/8 leg.: S. con el de Barcarrota á 5/4; comprende 7,645 fan. de tierra, de las que se cultivan 3,745 y son de primera clase 359, de segunda 1,642, y de tercera 1,744: se cuentan en su recinto las 6 del tituladas de la Jara de 300 fan. dehesilla de las monjas, por haber pertenecido á uno de los conv. suprimidos, de 100, del campo de 300; son de dominio particular; Valmojado, Honrivero y del Medio que son de propios y surten de leña y madera para los aperos de labranza y carreteria; en el centro de la última, á 1 leg. dist. del pueblo se halla el conv. de Ntra. Sra. de *Roque Amador*, que fue de frailes franciscos de la prov. de San Miguel, y tuvo dentro de la v. la enfermeria de que se ha hecho mérito; es bastante capaz y permanece en buen estado: en la misma deh. hay una fuente ferruginosa fria, de muy buen efecto para promover el apetito y confortar el estómago. Le cruzan los riach. *Romedero* y *Tardamasa* (V) que dividen la pobl. segun se ha dicho y es notable entre las aguas que concurren á la formacion del 2.° la fuente llamada *Pocito de las Menas*, que hasta el medio dia arroja poca cantidad de agua, y desde esta hora en adelante doble porcion. El TERRENO es desigual: sit. la pobl. sobre tres colinas continuacion de algunas mas elevadas, tienen estas comunicacion con otras que estan al NE. que se llaman de sierra del *Terron*, que enlazándose con la llamada *Carbonera* forman cord. y se interna en Portugal: á 1/2 leg. al S. empieza tambien la sierra del *Facho*, la cual enlazándose por el O. con sierra de *Sta. Maria*, forman otra cord. que se interna asimismo en Portugal; y por el E. se reune con sierra de *Monsalud* y va á confundirse con *Sierra-Morena*: en estas colinas es el terreno pedregoso y árido; pero en las cañadas y valles, fértil y abundante: los CAMINOS son locales y pueden servir para carro, aunque hay sitios en que el terreno no lo permite: cruza tambien el térm. la carretera general de Badajoz á Sevilla, por la Albuhera: el CORREO se recibe tres veces á la semana; tiene adm. caja que comprende algunos pueblos limítrofes: PROD.: trigo, cebada, en abundancia y de escelente calidad; garbanzos que tienen fama en la comarca por su blandura y buen gusto, habas, avena, que se hace heno la mayor parte, y solo se trilla la precisa para sembrar; aceite, vino; varias alamedas de nogales, fresnos, álamos blancos y negros, muchos frutales de todas clases, sin esceptuar limoneros y naranjos: y por último se crian espontáneamente un considerable número de almendros: hay ganado lanar, cabrio de cerda, vacuno, 64 pares de mulas de labor, 73 de bueyes, 86 de jumentos, y abundante caza menor y animales dañinos. IND. ademas de los oficios mecánicos para el uso comun de los pueblos, hay 12 tahonas, 5 lagares de aceite, 10 de harina sobre los arroyos, y algunas fáb. de cal, ladrillo y teja: el COMERCIO consiste en la esportacion de granos, y aceite, conduccion de lanas á Sevilla, porteando á su vez pescados del condado de Niebla, y demas art. de consumo; y en la venta de sus ganados en las ferias de Alconchel, Barcarrota, la Parra, Zafra y la misma de Almendral que fue concedida á peticion suya por el Regente del Reino en los dias 15, 16 y 17 de agosto: POBL.: 480 vec: 1,670 alm. CAP. PROD. 3.072,841 rs.: IMP.: 222,914: CONTR.: 31,573 27 mrs.: culto y clero: 17,000: PRESUPUESTO MUNICIPAL 28,000, que se cubre con los fondos de propios y arbitrios; consistentes los primeros en el prod. de la deh. del *Medio* de 1,500 fan. de cabida, poblada de encina, alcornoque y monte bajo; los del baldio de *Valmojado* de 480 fan. y buen arbolado de igual clase, y los de *Honrivero* de 150 fan de inferior calidad. El Almendral se llamó antiguamente Astiji, ó Ecija, con honores de municipio, fue fundado por los Celtas segun el arcipreste Julian Perez: fue aldea de Badajoz y segun la piedra que está en el sitio llamado el Rollo, debió continuar siéndolo hasta 1664: hoy esta v., principal del estado de Feria, corresponde al Excmo. Sr. duque de Medinaceli que cobra la mayor parte de las alcabalas, y hasta 1812 tuvo el derecho de elegir alcaldes.

ALMENDRAL: v. con ayunt. de la prov. de Toledo (12 leg.), part. jud. y adm. de rent. de Talavera de la Reina (5), aud. terr., c. g. de Madrid (18), dióc. de Avila; SIT. en el centro de un llano de 1/2 leg. de lárgo y algo menos de ancho: su CLIMA es poco sano, pues no hay persona que llegue á 80 años; tiene 131 CASAS todas de un solo piso y de 5 varas de altura comunmente, que ocupan bastante estension por comprender ademas muchas cercas y corrales; hay casa consistorial, pósito, carniceria, escuela de primera educacion dotada con 1,100 rs. de los fondos públicos, á la que asisten 30 niños; igl. parr. sit. al E. de la v. dedicada al Salvador, pequeña y servida por cura de oposicion y un capellan; una ermita donde se celebra misa los dias festivos, y en las afueras el cementerio bien ventilado, y varias fuentes de buenas aguas. Confina el TÉRM. por N. con el de Iglesuela, E. y S. con el del Real de San Vicente, y O. con el de Navamorcuende y Sartajada, todos á 1/4 leg. poco mas ó menos: el TERRENO es por mitad sino llano, bastante regular, y el resto montuoso y en sierra donde brotan distintos manantiales, cuyas aguas sirven para abrevadero de ganados, riego de algunos pedazos de tierra y otros usos; los CAMINOS son de pueblo á pueblo y pasa por su inmediacion una cañada para los ganados de Castilla á Estremadura; hay en sus montañas y especialmente en una que se eleva al S. del pueblo considerable porcion de pinos, encinas y robles, con abundancia de escelentes pastos, cultivándose en las tierras de labor, bastantes viñedos, olivos, moreras, y otros árboles: PROD.: trigo, cebada, avena, centeno, vino, aceite, bellota, lino, cáñamo, seda, legumbres, verduras y frutas; hay mucho ganado vacuno, de cerda, lanar y cabrio: IND.; corte y conduccion de maderas, tejidos de lienzos caseros y algunas carboneras: POBL.: 104 vec.: 370 alm.: CAP. PROD.: 810,501 rs.: IMP: 21,712: CONTR.: 6,000: PRESUPUESTO MUNICIPAL 7,000 rs. del que se pagan 1,300 al secretario y se cubre con el prod. de propios y arbitrios, que consisten en arriendo de bellotera, rastrojera y pastos.

ALMENDRAL (EL): labranza, en la prov. de Toledo, part. jud. de Nava ermosa térm. de Navalucillos.

ALMENDRAL (EL): labranza en la prov. de Toledo, part. jud. de Navahermosa, térm. de Navalmoral de Pusa.

ALMENDRALEJO: part. jud. de ascenso en la prov. y c. g; de Badajoz, aud. terr. de Cáceres, dióc. de S. Márcos de Leon en Llerena: compuesto de 13 v. y 1 l. que forman otros tantos ayunt.

Su terr. es lo que en Estremadura, se llama «*tierra de barros*.» Se halla SIT. en el centro de la prov. y confina por N. y E. con el de Mérida, por S. con el de Villanueva de la Serena, y por O. con el de Badajoz, estendiéndose 3 leg. de N. á S. y cerca de 8 de E. á O.; los vientos que reinan con mas frecuencia son el E. llamado vulgarmente Solano, muy abrasador y sofocante en el estío; y el O. conocido con el nombre de Gallego, fresco y agradable durante la espresada estacion; el CLIMA es benigno y bastante saludable, sin conocerse mas enfermedades comunes que algunas calenturas intermitentes ó inflamatorias, producidas en general por las variaciones atmosféricas. El TERRENO aunque escaso de aguas es muy fértil, porque se compone de una especie de miga profunda y sustanciosa, muy á propósito para la vegetacion; en todo él no se conocen mas sierras ó montañas que las que se levantan entre S. y O. hácia Nogales, y algunas pequeñas alturas hácia Corte de Peleas, Palomas y Puebla de la Reina; en las cuales ademas de algun arbolado y arbustos, se crian muchos y buenos pastos para toda clase de ganados. Dos r. únicamente cruzan el part.; uno llamado *Matachel* á 3 leg. de dist. de Almendralejo, entre esta v. y la de Palomas, y el denominado *Guadajira* que pasa junto á Villalba y Solana, teniendo un puente en las cercanias de cada una de dichas pobl., da impulso á varios molinos harineros que hay en el térm. de la primera y en el de Azauchal; pero las aguas de uno y otro r. no aprovechan para el riego, bien por la profundidad de sus respectivos cáuces, bien porque no lo permite la posicion del terreno, que en pequeñas porciones se fertiliza con las aguas de algunos insignificantes arroyuelos, y generalmente por medio de norias para el cultivo de las hortalizas y otros frutos de esta especie pero en corta cantidad. Al paso que la indicada escasez de riego se opone al desarrollo de las prod. que en caso contrario tendria este suelo feraz y de tan buena calidad, prosperan en el mismo casi naturalmente escelentes y dilatados viñedos, muchos olivares la planta de anís, y los cereales de todas clases.

CAMINOS. Todos son carreteros y transversales, á escepcion del camino real que conduce de Badajoz á Sevilla, el cual pasa por Sta. Marta, y la calzada que dirige de Madrid á Sevilla, que atraviesa los térm. de Almendralejo y Villafranca; generalmente unos y otros se encuentran en buen estado aunque en tiempos de lluvia, especialmente los caminos locales, suelen ponerse intransitables en algunos puntos, por los grandes barrizales que en ellos se forman. Las dist. entre sí; de los pueblos que componen el part. á la cap. de la prov., aud. ter., c. g. y á la córte resultan del siguiente estado.

ALMENDRALEJO, cabeza del partido.

1	Azauchal.															
4	3	Corte de Peleas.														
4	4	7	Hinojosa del Valle.													
5	6	9	2	Hornachos.												
5	4	2	8	9	Nogales.											
4	5	8	3	2	9	Palomas.										
5	6	9	3	3	8	2	Puebla del Prior.									
5	6	9	2	3	10	1	2	Puebla de la Reina.								
3	4	7	3	2	8	2	1	2	Ribera del Fresno.							
3	2	2	6	8	2	7	7	6	6	Santa Marta.						
2	1	2	6	7	3	6	6	7	5	2	Solana.					
2	3	5	2	4	6	3	3	4	1	4	4	Villafranca de los Barros.				
2	1	3	3	7	4	6	6	7	5	2	2	3	Villalba.			
15	16	14	18	18	19	16	18	17	15	17	16	17	17	Cáceres, aud. terr.		
9	8	5	13	14	5	13	12	14	12	7	7	11	18	14	Badajoz, cap. de la prov. y c. g.	
59	60	62	62	64	63	60	60	61	59	61	58	61	60	49	64	Madrid, corte.

PRODUCCIONES. Las de este pais son muy variadas; la naturaleza siempre próvida para el mantenimiento de la especie humana parece quiso dotar á este part. de todos los dones, para presentarle rico y feraz en unas partes, frondoso y ameno en otras, estendiéndose aqui en llanuras dilatadas cubiertas de dorados cereales que premian abundantemente las penosas faenas del agricultor; allá poblado de espesísimos pagos de viñas que hermosean la campiña para henchir despues las inmensas bodegas donde se recoge su espirituoso fruto: asi vemos que mientras en la cap. del part. ofrece abundantes cosechas de trigo, cebada, avena, garbanzos, habas y anis en general; sobresale en el pueblo de la Solana, la cebada de la que se hacen grandes estraciones á las prov. del mediodía y Portugal y se carece de vino y aceite. En Villafranca de los Barros es abundante la prod. del aceite y regular la de vino: pero en Almendralejo este líquido brota, digámoslo asi, á torrentes, existiendo fan. de tierra que acude á 800 a. y ninguna baja de 200: en Hornachos se cria mucha naranja china, limas y limones, toda clase de legumbres y frutas, y apenas tiene granos para sostenerse: en cuanto á las prod. animales hay tambien igual ó mas notable variedad: el ganado lanar y de cerda abunda en todos los pueblos, particularmente en Hornachos, Villafranca y Villalba; pero en Santa Marta de los Barros es mas considerable el vacuno de cuya última especie se carece en Villafranca y Almendralejo, pues se hacen las labores con mulas traidas de Galicia ó de la Mancha: en Hornachos hay tambien un número inmenso de colmenas: y por último en este pueblo, en Villalba, Solana y Sta. Marta, se cria mucha caza mayor, mientras que en los demas citados solo se encuentran liebres y alguna perdiz: esta variedad de frutos, y la abundancia con que se dan, hace que este part. sea considerado por las autoridades de la prov. y aun por todos los que lo conocen, como un grande almacen de cereales principalmente; adonde acuden á surtirse todos los que necesitan acopiar granos, bien para sus usos ó consumo doméstico, bien para sus especulaciones: los contratistas de víveres del ejército acuden tambien á tierra de barros á proveerse de pan y pienso para las necesidades de hombres y caballos, y no se creerá exagerado si decimos que á pesar de las muchas salidas de frutos que por estos y otros medios se proporcionan sus naturales en todas las prov. limítrofes, todavia les quedan muchos sobrantes, en térm. de alcanzarse las cosechas unas á otras, y adquirir algun vicio por el largo tiempo que los granos se hallan encerrados en los silos construidos en las inmediaciones de los pueblos; críanse tambien en el part. aunque en menor cantidad, linos, cáñamos, melones y sandias, y en los térm montuosos lobos, zorras y otros animales dañinos.

INDUSTRIA. Ademas de la agricultura y ganaderia, que segun acabamos de manifestar es la principal ocupacion de estos hab.; y de los molinos harineros, y de aceite, que todos los pueblos tienen de agua, á tahona ó de viento, para atender á la precisa elaboracion de sus frutos, hay diversos telares de lienzos, bayetas blancas y azules, colchas y cobertores de lana merina de la tierra, con que se visten y abrigan las familias; calderas de jabon blando, fáb. de loza basta con un vidriado muy regular, y ocho fáb. de aguardiente en Almendralejo, que en razon á la abundancia del vino tienen mucho que trabajar todos los años, bien porque no se encuentra salida para este líquido, bien porque sea mas util y de mayores ganancias á los cosecheros el quemado (como se dice en el pais) para aguardiente; y por último se ejercitan todos los oficios mecánicos y de necesidad indispensable para la vida social.

COMERCIO. El de esportacion de frutos sobrantes especialmente de trigo, aceite, ganados y lana; é importacion de géneros ultramarinos y coloniales, y de paños de Alcoy, Tarrasa, Bejar y otras fáb., sin que nada pueda decirse sobre las especulaciones de la única feria que se conoce en todo el part. la cual poco ha se concedió á la v. de Almendralejo, por no haberse formalizado á falta de concurrentes.

ESTADISTICA CRIMINAL. Los acusados en este part. jud. durante el año 1843 fueron 80, de ellos 15 absueltos de la instancia, y 4 libremente; 57 penados presentes, 4 contumaces, 10 reincidentes en el mismo delito, y 17 en otro diferente; 4 contaban de 10 á 20 años de edad, 49 de 20 á 40, 23 de 40 en adelante, y de 4 se ignora la edad; 73 eran hombres, 7 mujeres, 25 solteros, 51 casados, de 4 no pudo averiguarse el estado; 21 sabian leer y escribir, 55 carecían de esta instruccion; de los 4 contumaces no consta si la poseian; 6 ejercían profesion científica ó arte liberal, 70 artes mecánicas, de 4 se ignoran la ocupacion.

El número de delitos de homicidio y heridas perpetrados en el mismo periodo fueron 76; 2 con armas de fuego de uso lícito, 10 con armas blancas permitidas y 1 con prohibidas, 11 con instrumentos contundentes, 52 con otros instrumentos ó medios no espresados. Concluimos este art. con las noticias estadísticas contenidas en el siguiente:

CUADRO sinóptico, por ayuntamientos, de lo concerniente á la poblacion de dicho partido su estadística municipal, y la que se refiere al reemplazo del ejército, su riqueza imponible y las contribuciones que se pagan.

AYUNTAMIENTOS	OBISPADOS A QUE PERTENECEN.	POBLACION.		ESTADÍSTICA MUNICIPAL.									REEMPLAZO DEL EJÉRCITO.									RIQUEZA IMPONIBLE.			CONTRIBUCIONES.					
				ELECTORES.									JÓVENES VARONES ALISTADOS DE EDAD DE												POR	POR		POR		
		VECINOS.	ALMAS.	Contribuyentes.	Por capacidad.	TOTAL.	Elegibles.	Alcaldes.	Tenientes.	Regidores.	Síndicos.	Suplentes.	18 años.	19 años.	20 años.	21 años.	22 años.	23 años.	24 años.	TOTAL.	Cupo de soldados correspondiente á una quinta de 25,000 hombres.	Territorial y pecuaria.	Industrial y comercial.	TOTAL.	ayuntamiento.	vecino.		habitante.		Tanto por 100 de la riqueza.
																						Rs. Vn.	Rs. Vn.	Rs. Vn.	Rs. Vn.	Rs.	Mrs	Rs.	Mrs	
Azauchal.	Llerena	760	2890	324	2	326	323	1	1	8	1	7	35	39	31	24	11	12	1	153	5'9	347458	8000	355458	37519	46	25	12	33	10'56
Almendralejo.	Id.	1502	5810	539	9	548	539	1	2	11	1	9	105	75	63	62	34	25	16	380	13'9	788438	36100	824538	141633	94	3	24	13	17'18
Corte de Peleas.	Badajoz	19	69	19	»	19	19	1	»	2	1	3	2	3	1	2	1	1	»	10	0'1	42560	750	43310	3336	175	23	48	12	7'70
Hinojosa del Valle.	Llerena	60	240	45	8	53	45	1	1	2	1	4	4	1	1	4	5	1	»	16	0'6	109150	10101	119251	12072	201	7	50	10	10'12
Hornachos.	Id.	623	2600	276	2	276	276	1	1	8	1	7	44	28	12	14	11	10	5	124	6'0	462320	32402	494722	55018	88	11	21	5	11'12
Nogales.	Badajoz	152	580	105	1	106	104	1	1	4	1	5	14	7	5	6	5	5	»	42	1'6	68940	10500	79440	14507	95	14	25		18'26
Palomas	Llerena	106	356	62	»	62	61	1	1	2	1	4	4	2	3	4	4	1	»	18	0'6	75858	1900	77758	11082	104	19	31	4	14'25
Puebla de la Reina.	Id.	150	606	93	1	94	92	1	1	4	1	5	9	6	12	2	»	»	»	29	1'0	61953	2150	64103	11295	75	10	18	22	19'18
Puebla del Prior.	Id.	75	240	60	2	62	60	1	1	2	1	4	5	5	8	4	3	»	»	25	0'5	68220	9600	77820	6708	89	15	27	32	8'02
Ribera del Fresno.	Id.	640	2420	323	1	324	322	1	1	8	1	7	35	32	23	13	17	5	7	132	4'5	441031	51200	492231	80261	125	14	33	5	16'31
Santa Marta.	Badajoz	396	1390	234	9	243	230	1	1	6	1	6	26	19	15	11	6	2	3	76	3'3	144125	15200	159325	25895	65	14	18	21	16'24
Solana.	Id.	46	180	46	»	46	46	1	1	2	1	4	3	2	2	1	3	1	»	12	0'2	42560	640	43200	3897	84	24	21	22	9'02
Villafranca.	Llerena	1306	4406	469	6	475	466	1	1	8	1	7	65	57	48	52	19	18	6	265	9'9	649975	26566	676541	109367	83	25	24	28	16'17
Villalba.	Badajoz	332	1256	159	4	163	156	1	1	6	1	6	19	16	12	10	10	8	10	85	2'4	193701	7066	200767	25065	75	17	19	33	12'49
TOTALES.		6167	23043	2754	45	2799	2739	14	14	73	14	78	364	292	236	209	129	89	48	1367	50'5	3496289	212175	3708464	537655	87	6	23	11	14'50

ALMENDRALEJO: v. con ayunt. de la prov., y c. g. de Badajoz (9 leg.), part. jud. de su nombre, aud. terr. de Cáceres (15), adm. de rent. de Mérida (4), dióc. de San Márcos de Leon en Llerena (9): SIT. en una suave quebrada, en el centro de una hermosa campiña, dominada por todos los vientos que purifican su atmósfera: goza de un cielo alegre y despejado; CLIMA benigno y saludable, y sus enfermedades mas comunes son las intermitentes inflamatorias.

INTERIOR DE LA POBLACION Y SUS AFUERAS: forman la pobl. unas 1,000 CASAS, generalmente de un solo piso y cinco varas de altura; pero espaciosas y de comodidad interior, adornadas con buenas fachadas, grandes rejas, casi al nivel del piso de la calle, y otras con balcones en segundo piso, que dan á la pobl. un aspecto agradable y la hacen una de las mejores de la Estremadura; sus calles son anchas, rectas y limpias; en el centro de la plaza principal hay un hermoso paseo adornado de acacias, y una fuente de agua abundante y saludable, aunque gruesa; la casa de ayunt. es un edificio bastante regular; la cárcel muy capaz y espaciosa: se ha construido últimamente una plaza de toros, de solidez y estension suficiente, y está formado el plano para edificar una casa teatro: hay una cáted. de latinidad dotada con 2,200 rs.; á la que asisten 6 alumnos; dos escuelas elementales de primeras letras, á cargo cada una de un maestro y un pasante, dotados los primeros con 3,300 rs. y casa en el mismo edificio donde se halla el establecimiento, que es uno de los conv. suprimidos, de que se hablará despues; y los pasantes con cien ducados: asisten á estas escuelas 216 niños: tres escuelas de niñas, aunque indotadas, porque las maestras no tienen título, dan la suficiente instruccion á 104 discípulas que abonan una cantidad proporcional; y un hospital con solo 300 rs. de rent., por cuya razon, apenas puede sostener un enfermo. Tiene una sola igl. parr. dedicada á la Purificacion de Ntra. Sra., y servida por un cura, dos tenientes y 10 presbíteros: es un edificio de buena arquitectura, elegante, y de mucho gusto; fue construida en 1539, por los maestros alarifes Salvador Muñoz, vec. de Mérida, y Francisco Morate, de Záfra: su curato es de oposicion ante el tribunal especial de las Órdenes Militares: se conserva un conv. de monjas, regla de Sta. Clara, en el cual se reunieron las religiosas que existian en otro titulado de la Concepcion, que fue suprimido, y cuyo edificio es en el dia el destinado para establecimiento de instruccion pública, concedido al efecto por el Gobierno, en el cual se han hecho las obras correspondientes: hubo tambien conv. de frailes de San Francisco, cuya igl. permanece destinada al culto, y el edificio para habitacion de algunas familias pobres; una ermita dedicada á San Cristóbal, y en las afueras 4 mas, bajo la advocacion de Ntra. Sra. de la *Piedad*, patrona del pueblo, que celebra su festividad el 15 de agosto, *Santiago*, los *Mártires*, y *San Judas*, á cuya inmediacion se halla el cementerio sit. al O. y á 300 pasos de la pobl.: al lado opuesto hay un buen paseo poblado de árboles, una charca ó laguna para el abrevadero de los ganados, y algo mas lejos otra con igual destino; y por último, dentro y fuera del pueblo varios silos para encerrar los granos. TÉRMINO: confina por el N. con el de Torremegia, E. con el de Villafranca de los Barros, S. con el de Fuente del Maestre, y O. con el de Solana; estendiéndose por cada lado á 1 leg. poco mas ó menos: comprende una circunferencia de 41,690 varas, medidas de mojon á mojon, que hacen 96.828,800 varas cuadradas de superficie, y 11,066 fan. de tierra; de las que se cultivan la mayor parte, y son 2,400 de primera clase, 3,200 de segunda, y las restantes de tercera: se destinan á cereales 8,500 fan., á garbanzos y legumbres 1,560, á hortalizas las proporcionadas á 12 huertas de 1 1/2 á 2 fan. de cabida; á olivar 1,655, á viñedo 2,281 (estos dos ramos se estienden considerablemente fuera del térm.), á pastos naturales, algunas deh. de propios; y se benefician dos cercados de pastos artificiales: solo hay un cas. llamado las *Carboneras* con plantio de 4,000 olivos, propio del Sr. marqués de la Encomienda; no se ven mas árboles que los de las huertas, ni otras aguas que las del pequeño arroyo llamado *Horninas*, que se seca en el verano; un pilar con el nombre de *Tiza* á una leg. al O. del pueblo, de 60 varas de estension, y muy abundante; algunos pozos que sirven para las épocas de rastrojera, y las norias que se destinan para el riego de la hortaliza: hay una mina de cobre que se ha abandonado despues de gastar 8,000 duros por su escasa produccion. CALIDAD DEL TERRENO: es de secano, y sin embargo, feráz, y tal vez el mas pingüe de la prov.: de miga profunda, y tan productivo que basta citar el ramo de viñas, en el que generalmente acude á 200 a. de uvas por fan., y en algunos sitios ha subido hasta 800, para convencerse de su riqueza: todo es llano, exento de bosques, arbolado, maleza y peñascos, en términos, que se forman enormes barrizales en tiempos de lluvias.

CAMINOS; son provinciales en todas direcciones, y de rueda, aunque los grandes barros del invierno dificultan el uso de carruages. CORREOS: se reciben tres á la semana, en los dias domingo, mártes y viérnes. PROD.: sobre 100,000 fan. de trigo, 60,000 de cebada, 30,000 de avena, 7,000 de garbanzos, 16,000 de habas, 200 a. de anis, 10,000 de aceite, 140,000 de vino: se mantienen ademas 10,400 cab. de ganado lanar fino, 12,450 id. ordinario, 400 de cabrio, 1,500 de cerda, 1,176 de caballar y mular mayor y menor, y alguna caza de liebres, conejos y perdices. IND.: ademas de todos los oficios mecánicos de uso ordinario, existen 18 fáb. de aguardiente, algunos molinos de eceite, y pocos telares para tegidos de lino y cáñamo; el COMERCIO está limitado á la venta de los prod. agrícolas, lana y carne; é importacion de géneros coloniales y ultramarinos, paños de las fáb. de Tarrasa, Alcoy, Béjar y otros puntos. POBL.: 1,502 vec., 5,810 alm. CAP. PROD., 12.862,981 rs.: IMP., 824,538: CONTR., 141,633 rs. 10 mrs.: CULTO Y CLERO, 52,731 rs. 17 mrs.: PRESUPUESTO MUNICIPAL, 40,000: del que se pagan 5,500 al secretario, y se cubre con el prod. del arriendo de 2,000 fan. de tierra de propios de buena calidad.

HISTORIA: este pueblo se empezó á formar en los años de 1228 por labradores de Mérida que se establecieron en este sitio, donde habia un pequeño almendral: estos labradores principiaron á desmontar el terreno, que era baldio de Mérida, y recompensados abundantemente sus sudores, se estimularon otros, y asi, por si mismo, sin auxilio de rey ni señor alguno, llegó á formarse la pobl. de Almendralejo, que en el año 1324 se declaró ald. de Mérida: estos aldeanos supieron aprovecharse tan bien de la feracidad del terreno, que en 1536 consiguieron del rey Cárlos I el título de v. exenta de la jurisd. de Mérida, por la cantidad de 32,000 ducados, que en oro pagaron al contado, segun contrato que se celebró por S. M. con Diego Fernandez Buenavida, apoderado segundo del Concejo, segun consta del privilegio de villazgo: asi ha seguido aumentándose hasta el estado en que hoy se encuentra. En setiembre de 1810, las tropas españolas al mando de Butron y Carrera, se retiraron á esta v., viéndose oprimidas por las francesas en Fuente de Cantos: el general Wellington, sitiando á Badajoz en 1812, encargó á Hill, avanzase con sus tropas á Almendralejo, para interponerse á los mariscales Soult y Marmont.

ALMENDRALEJO: pago de viñas en la prov. de Cádiz, part. jud. y térm. de *Jeréz* (V.).

ALMENDRES: v. en la prov., dióc., aud. terr. y adm. de rent. de Búrgos (14 leg.), part. jud. de Villarcayo (2 1/2). ayunt. de Nofuentes y merid. de Cuestaurria: SIT. á 2,410 pies sobre el nivel del mar en un valle cercado por el NE. y O. de una sierra de 700 pies de elevacion: está bien ventilada y goza de CLIMA saludable. Se compone de 55 CASAS con dos pisos de 20 á 30 pies de altura, las 38 forman un cuerpo de pobl. que lleva el nombre de la v., y las 17 restantes otro denominado S. Cristóbal, ambos con calles incómodas y sin empedrar; hay una escuela de primera educacion en que se enseña á leer, escribir y contar á los 28 á 30 niños que á ella concurren; una fuente de buenas y abudantes aguas; y un cementerio en parage ventilado; tiene una igl. parr. bajo la advocacion de S. Gerbasio, sit. en Almendre, y otra aneja en el barrio de San Cristóbal, se hallan servidas por un solo cura, que reside en el primero, de provision del arz. de Búrgos por oposicion entre los patrimoniales. Confina el TÉRM. por N. con el de la Ribera por E. con el de Villarejo, por S. con el de Moneo y por O. con el de Villamágrin, dist. 3/4 de leg. los lím. del NE. y O., y 1/2 el del S. El TERRENO que contiene el valle es fuerte y tenaz y el resto delgado, siendo mucha parte del primero de regadio y lo demas de secano; se divide en 1.ª 2.ª y 3.ª suertes, de las cuales la primera abraza 80 fan. de tierra sembradura, la segunda 100 y la tercera 120 que componen un total de 300 y cuyo prod. es por lo regular de 6 á 10 por una; cuenta tambien 40 millones de varas cuadradas de terreno con el nombre de comunes ó ejidos, donde se encuentran robles, hayas, y otra clase de leñas y maderas para el consumo de los hab., con parte de sierra para pastos corre de N. á S. atravesando el pueblo un arroyo sin nombre, de curso perenne, con cuyas escasas aguas se riegan algunas pequeñas porciones de tierra que es el único uso que de ellas se hace; su cáuce es bastante profundo por lo que son poco frecuentes en él las desbordaciones. Pasa por la v. el ant. camino de Bilbao, siendo los demas de servidumbre. PROD.: trigo, cebada, yeros, maiz y legumbres; ganado vacuno, lanar, cábrio, caballar, yeguar y mular; y se cazan liebres y perdices, encontrándose tambien zorros y lobos. COMERCIO: importacion de trigo, vino y aceite y esportacion de ganados. POBL. 16 vec.: 60 alm.; CAP. PROD: 196,200 rs.: IMP.: 20,015. El PRESUPUESTO MUNICIPAL asciende de 90 á 100 rs. y se cubre parte con el fondo de propios y el resto por repartimiento entre los vec.: aquellos consisten en 38 rs. en que están arrendadas dos arroturas del concejo, y el ramo de arbitrios en 45 ó 50 en que se remata la taberna: tambien tiene de carga 6 1/2 fan. de cebada que paga á D. José de Rozas vec. de Medina.

ALMENDRICOS: diput. de la prov. de Murcia, part. jud. y térm. jurisd. de *Lorca* (V.): tiene 113 vec.

ALMENDRO (EL): v. con ayunt. en la prov. y adm. de rent. de Huelva (7 leg.), part. jud. de Ayamonte (7), aud. terr., c. g. y dióc. de Sevilla (21): SIT. sobre una pequeña ladera que mira al S.; su CLIMA es sano, si bien en el estio y el otoño se desarrollan algunas intermitentes. Se cuentan en la pobl. 233 CASAS en buen estado y de buena fáb., 275 ruinosas y 236 arruinadas; entre las primeras se halla la casa municipal, 1 igl. parr. dedicada á Ntra. Sra. de Guadalupe, curato de primer ascenso y de provision ordinaria, el cual lo desempeña en el dia un ecónomo; 2 capillas ó ermitas, una cárcel, 1 carniceria y un matadero; y entre las segundas 1 pósito y una cilla diezmera; los fondos del pósito segun las cuentas del año 1833 son los que aparecen del siguiente estado.

DISTRIBUCION.	FONDOS DE MRS.		ID. DE GRANOS		
	Rs. vn.	Mrs	Fanegas.	Celemines	Cuartillos
En deudas y partidas de entrada por salida.	35,215	22	473	5	»
En deudas cobrables y en giro.	18,452	»	346	6	1
Total.	53,667	22	819	11	1

En general todas las casas son bajas con solo un piso alto para graneros, pero tienen cómoda distribucion, buena figu-

y aspecto alegre que les da el blanqueo. El edificio mas notable es la igl. parr., de bella arquitectura; tambien son muy decentes las casas municipales. Hay una escuela de primeras letras establecida en la ermita de la Sma. Trinidad. Próximos á la v. se hallan diferentes pozos de agua potable, entre ellos la fuente inagotable llamada del Almendro, porque en su fondo se cria una planta aromática cuyas hojas se parecen á las de aquel árbol; sus aguas son delgadas y saludables: el cementerio construido recientemente. El TÉRM. se estiende próximamente de 2 1/2 á 3 leg. cuadradas, y confina por el N. y E. con los pueblos del condado de Niebla, por el S. con los del Marquesado de Gibraleon, y por el O. con la ribera de Chauza, limítrofe á Portugal. El térm. de Almendro no se estendia antes de 1834 sino como limitacion alcabalatoria y particular, para que sus alc. p. entendiesen privativamente en los daños, denuncias y demas asuntos, tanto jud. como administrativos que ocurriesen; pero en cuanto al aprovechamiento de los pastos y rastrojos de él tenian y aun tienen derecho todos los pueblos del espresado condado, asi como en recíproca mancomunidad los vec. de Almendro disfrutaban de los de ellos. En la circunferencia que el térm. describe, existen 9 casas de campo, y como á 1/2 leg. de la pobl.. en el pintoresco y deleitoso sitio que llaman la Boca de Osma, se ve la ermita de Ntra. Sra. de Piedras Albas; celébrase en ella una romeria los dos últimos dias de Pascua de Resurreccion, muy concurrida de los vec. de Castillejos y pueblos inmediatos, y aun de muchos portugueses. El TERRENO, á escepcion de una pequeña parte, es montuoso, quebrado, árido, pedregoso, y en lo general susceptible solo de llevar monte bajo, como jara, juagarzo, madroñera, brezo, quiruela, aulagas, y otras plantas que se destinan para ganado cabrio ó para colmenas. Hay algunas encinas repartidas por el térm. y podria fomentarse su plantacion; pero con el aprovechamiento comun de los pueblos de Niebla, ninguno tiene interés en procurarlo; por el contrario, diariamente desaparecen los árboles viejos. Los propios de la v. poseen una deh. con buen arbolado de encina, llamada boyar y tejada; su long. es de 1/2 leg. y 1/8 en lat. Los CAMINOS son transversales y de herradura. PROD.: las únicas son trigo y avena, ademas de algunas semillas que en los mejores cercados suelen sembrarse, en los barbechos. El trigo no basta para el consumo, y el que falta se importa casi esclusivamente de Estremadura. Dos ó tres piaras de ovejas, algunas mas de ganado cabrio, y varias reses vacunas, forman toda la riqueza pecuaria. La lana es de la que se llama entrefina ó churra, y se aprovecha en el pueblo ó los circunvecinos para telas caseras, asi como el poco lino que cada labrador acostumbra sembrar en su propiedad. El queso de ovejas es de escelente calidad, y tambien es de buen gusto el que se fabrica de la leche de cabra; la grangeria colmenera es la mas importante por la variedad y bondad de las plantas que en el térm. se crían. Abunda la caza de perdices y conejos; tambien se encuentran algunos javatos y pocos ciervos; son mas en número los lobos, zorros, tejones y otros animales de la especie de gatos monteses. Se han practicado diferentes catas en busca de minas, sin éxito hasta el dia; sin embargo, no será estraño se dé con filones de mineral cobrizo, en razon á que en todo lo que se llama ant. sierra de Andévalo son bastante frecuentes. IND.: algunas fáb. de sombreros calañeses construidos con lana del pais, otras de cera, 4 ó 5 lagares de lo mismo, y 8 molinos de viento; en casi todas las casas hay telares para un tejido llamado frisas, mas tupido que la bayeta, y de la consistencia del paño; cuya tela teñida de azul, pardo, ó negro, usan para vestir hombres y mujeres; tambien se fabrican mantas, cobertores, sacos y otros utensilios de la misma lana; y sobre todo, lienzos caseros para el consumo ordinario: COMERCIO: seis ú ocho pequeños capitalistas empleados en la compra de granos, cera y otros frutos del pais; diferentes arricros dedicados casi esclusivamente al cambio de efectos en Portugal y Estremadura, y otros en el pescado de la costa de Ayamonte. POBL.; 194 vec., 794 hab.: CAP. PROD.: 1.267,617 rs.: IMP.: 60,745 rs.: CONTR.: 24,077 rs. 2 mrs.: el PRESUPUESTO MUNICIPAL ordinario, asciende á 10,068 rs., y se cubre con 8,736 rs. 11 mrs., prod. de los ingresos de propios y arbitrios, y el déficit por repartimiento vecinal. Estos ingresos son: por arrendamiento de rosas, 2,000 rs.; de pastos y rastrogeras, 1,700; bellota de la deh. 2,000 rs., y censos de tierras atributadas, 3,036 rs. 11 mrs.

ALMENDRO (EL): granja en la prov. de Albacete, part. jud. de Chinchilla, térm., jurisd. y á 1/4 leg. al N. de *Penas de San Pedro* (V.): tiene un huerto con algunos frutales, regado con un manantial de agua dulce: POBL.: 1 vec., y 3 hab.

ALMENDRO (EL): deh. labrantía en la prov. de Cuenca part. jud. de San Clemente, térm. jurisd. de *Atalaya de Cañavete* (V.).

ALMENDROLAR DEL REY: térm. en la prov. de Navarra. part. jud. de Tudela (1/8 leg.), en la huerta mayor de esta c. (V.), es el primero en el derecho de riego.

ALMENDRON: riach. de la prov. de Cádiz; nace en la *Cañada del Conde*, part. jud. y térm. jurisd de Medina-Sidonia, y entrega sus aguas en el sitio llamado *Tornos de Molinillo*, al Salado, que desagua en el mar por la v. de Chiclana de la Frontera: es de corta corriente en el verano, ó mas bien de ninguna, porque solo queda de él algun charco; y sin pasar por pobl. alguna, fertiliza parte del térm. de Medina; cria algunos barbos, y sus aguas se cuajan en sal por la evaporacion, de la cual usan los vec. de Medina.

ALMENDROS: v. con ayunt. en la prov. y dióc. de Cuenca (11 leg.), part. jud. de Tarancon (2 1/2), adm. de rent. de Huete (5), aud. terr. de Albacete (22), c. g. de Castilla la Nueva (14): SIT. en una llanura bastante despejada á 1 1/2 leg. S. del r. *Jiguela*. Las CASAS son de mediana fáb.; forman calles irregulares, sucias y sin empedrar y una plaza llamada del Cerro en la cual se halla un pozo de agua potable para el surtido de los vec. Hay una escuela de primeras letras dotada con 100 ducados al año; un pósito consistente en granos, pero de mala recaudacion, y una igl. parr. dedicada á la Concepcion de Ntra. Sra., servida por un cura párroco y un beneficiado: el curato es de entrada: junto á la igl. está el cementerio. Al N. de la pobl. en un sitio delicioso desde el cual se distinguen mas de 20 lugarcillos, se encuentra una ermita bastante capaz bajo la advocacion de la titular, y otra al O. dedicada á San Roque. Confina el TÉRM. por el N. con el de Villarrubio, por el E. con el de Saelices, por el S. con los de Almonacid del Marquesado, Puebla de Almenara y Villamayor de Santiago; en él se encuentran el desp. de Moraleja, una cas de labranza del Sr. duque del Infantado y dos colmenares de dominio particular. Ademas del r. Jiguela que le baña de E. á O. dando impulso á dos molinos harineros y un batan, hay dos acequias; la una nace en el pozo de Juan Garcia, llevando su curso al O. como unas 5,000 varas hasta llegar al térm, del desp. de Moraleja; y la otra en el punto denominado Fuente-rubia, la cual corre unas 3,000 varas al S. y desagua en el térm. de Torrubia. Otro ramal de acequia ó arroyo recibe las aguas del pueblo y despues de un descenso de 2,000 varas poco mas ó menos, desagua en la primera. El TERRENO es llano á escepcion de dos trozos de monte; el uno pequeño llamado el Tajado de unas 400 fan. de tierra con leña de mata rasa, y el otro de unas 4,000 llamado del comun, por pertenecer á las nueve villas que componen el comun; es muy quebrado con leña de enebro, romero y maraña, y abundante en yerbas medicinales: las tierras en cultivo son de buena calidad, dóciles y frescas; 800 de primera calidad, que prod. á 6 por 1: 1,500 de segunda calidad; y 4,000 de tercera, que dan el 3: los CAMINOS son locales, carreteros, y de herradura, buenos aunque sin empedrar: la CORRESPONDENCIA la sirve un baligero, quien la lleva á Tarancon: PROD.: las mas abundantes son los cereales; tambien se cosechan garbanzos, anis, patatas; el vino que da un plantio de 200,000 vides, y el aceite de unos 1,000 pies de olivo. El arbolado frutal es poco y de ínfima calidad: al O. del pueblo hay una olmeda bastante regular: cria ganado lanar, y se cuentan para las labores 50 pares de mulas, y otros 50 de burras, que labran á temporadas: POBL.: 280 vec., 1,113 hab.: CAP. PROD.: 2.634,700 rs.; IMP.: 131,735: importan los consumos 9,695 rs. 11 mrs.

ALMENDROS (MATILLA DE LOS): granja en la prov. de Cáceres, part. jud. y térm. de Trujillo: SIT. á 3 leg. de esta c. en direccion al O. é izq. del camino de Cáceres: tiene una buena casa de recreo con escelentes proporciones para habitacion y aperos de labranza: le corresponden 600 fan. de tierra, y tiene 4 de huertas con algunos árboles; el resto de pastos; su CAP. PROD. se calcula en 5,000 rs. anuales, y sus CONTR. son 350.

ALMEREZO: ant. jurisd. en Galicia, dióc. de Santiago, compuesta de las felig. San Tirso de Cuspindo y San Vicente de la Graña.

ALMERIA: prov. civil y marít., sit. al S. de la Península, en el terr. de la aud., c. g. y arz. de Granada, departamento de Cádiz, entre los 37° 30′ 36° 25′ lat., y 2° 0′ 0° 35′ long. del meridiano de Madrid. Fue creada por decreto de las Córtes de 27 de enero de 1822, sancionado en 30 del mismo mes, y comunicado para su ejecucion en 3 de marzo del espresado año. Se le dieron por lím., al S. la costa donde desagua el r. Adra en el mar, hasta San Juan de los Terreros; por el E. seguia su línea divisoria, por el campo de Pulpí á la sierra del Medio, cabezo de la Jara y torre de Jiquena, cortando antes un poco al O. al r. de Lora; continuaba por la venta de la Sabina, dejándola al E., y seguia por el lím. ant. de los reinos de Granada y Murcia, del cual se separa al pasar por las alturas que están al S. del r. Quipar, y vierten en el lím. setentrional de dichas alturas, seguia un poco al O. por ellas, hasta donde empieza el lím. occidental que principia en el estremo O. de las mismas alturas del r. Quipar, siguiendo á la Junquera que está sit. en el camino de Caravaca; continuaba por entre la venta de Micena y ermita de Bugejar; se dirigia luego á las sierras de Periate en el punto por donde pasa el camino de Maria á Huescar, y seguia por la cuesta de esta sierra y la del Chircal á la Balsa, dejando al E. los Margones, y cruzando la sierra de Maria para caer á las vertientes: desde estas se prolongaba por el estremo O. de la sierra de Oria, se dirigia al mojon de las Cuatro Puntas, pasando al E. del desierto de Jauca; y seguia la cúspide de la sierra de Baza hasta la loma de la Maroma, bajaba á la rambla de Fiñana, volviendo á subir por el peñon de las Juntas á la sierra Ohanes en direccion del cerro del Almirez por Bayarcal y Valor, y descendia al r. Adra, por cuya márg. izq. llegaba hasta el mar. Con los trastornos políticos del año 23, la prov. de Almería desapareció, y su terr. entró otra vez á formar parte del ant. reino de Granada. Decretada la nueva division terr. en 30 de noviembre de 1833, volvió á crearse la prov. de Almeria, adjudicándole los mismos lím. que el decreto de 1822 le habia señalado. Segun ellos, confina por el N. casi en un punto con las prov. de Granada y Murcia, por el O. con la primera, por el S. y SE. con el mar Mediterráneo, en la estension de 99 millas que abraza su costa, y por el E. con la prov. de Murcia. Tiene de N. á S. 16 leg., y de E. á O. 28, describiendo la superficie cuadrada de 220 leg. En esta superficie se cuentan 108 pobl., á saber: 4 c., 29 v., 69 l., 1 ald. con jurisd. y térm. propio y 5 alc. ped.; y ademas multitud de granjas y cas., formando al todo 103 ayunt. y 19 alc. ped., divididos en los 5 part. económicos de Adra, Almeria, Tijola, Vélez-Rubio y Vera, y en los 9 part. jud., cuyos nombres, dist. entre sí, á la cap. de la prov., aud terr. y c. g., á las dióc. respectivas y á la Corte resultan del estado que sigue, así como del cuadro sinóptico que va á continuacion de aquel, los ayunt. que cada part. jud. comprende, el ob. á que corresponde, su pobl. en vec. y alm., lo relativo á la estadística municipal, reemplazo del ejército, riqueza y contr.

ALMERIA cap. de la prov. y dióc. de su nombre.

9	Berga													Part. jud. de que se compone.
6	8	Canjayar.												
6	13	5	Gergal.											
16	25	18	13	Huercal-Overa.										
12	22	18	9	7	Purchena.									
9	18	11	6	6	6	Sorbas.								
19	28	21	16	7	8	12	Velez-rubio.							
14	23	17	12	3 1/2	10 1/2	5	8 1/2	Vera.						
35	44	38	33	19	26	26	19	21	Cartagena.					Dióc. á que ademas de Almería corresponden los pueblos de esta prov.
24	18	18	18	30	21	26	27	32	47	Granada.				
17	18	10	11	21	16	17	18	23 1/2	37	10	Guadix.			
35	44	38	33	19	26	26	19	21	9	47	37	Murcia, prov. que confina con Granada y Almeria.		
90	84	84	84	80	75	80	71	85	67	66 1/2	77	58	Madrid.	

En el mencionado cuadro se echará de menos el cupo que por contr. corresponde pagar á cada part. jud. y al total de la prov.; y por consecuencia el tanto que cada vec. y cada hab. satisface anualmente para cubrir las cargas del Estado. Empero esto no debe sorprender á nuestros lectores. Al fin del prólogo que precede al Diccionario, hicimos varias advertencias que creimos indispensables para la mejor inteligencia de este. En la 2.ª digimos nos valiamos de las matrículas catastrales de 1842, para fijar la pobl., riqueza y contr. en cada uno de los artículos, á pesar de su falta de uniformidad y de los defectos de mucho bulto que contienen, sin constituirnos responsables de su exactitud, porque era el único dato oficial en que se hallaban reunidas las tres especies de noticias espresadas.

La matrícula de Almería nos presenta una de las diferencias producidas por la falta de sistema en la redaccion de aquellas. Al estampar los datos de pobl. y riqueza imponible, no da á conocer el importe de las contr. que paga cada ayunt., ni por consiguiente el que corresponde á cada part. jud., á cada vecino, á cada habitante, solo reasume sus totales del modo siguiente:

Rentas provinciales encabezadas, con un 10 p. % de recargo	Rs. vn.	1.238,051
Alcabalas enagenadas		122,007
Derechos de jabon		57,668
Paja y utensilios ordinario		928,714
estraordinario		466,743
Frutos civiles		119,517
Subsidio de comercio		170,390
Censo de poblacion		143,577
Culto y clero por territorial		1.172,865
por industrial		293,216
Derecho de puertas de la capital		650,000
Total		4.762,749

Esta cantidad viene á ser el 13'52 p. % del total de la riqueza imp., y da una cuota proporcional de 75 rs. 12 mrs. por cada uno de los 63,216 vec., y de 18 rs. 28 mrs. por cada hab.

Hemos creido de algun interes esta observacion, que nos ha proporcionado suplir el vacio que nuestros suscritores encontrarán respecto á contr. en el siguiente:

**CUADRO SINOPTICO, por partidos judiciales de lo concerniente á la poblacion de
con el pormenor de**

PARTIDOS JUDICIALES.	Número de ayuntamientos de que se componen.	POBLACION.		ESTADISTICA MUNICIPAL.									
				ELECTORES.									
		VECINOS.	ALMAS.	Contribuyentes.	Por capacidad.	TOTAL.	Elegibles.	Alcaldes.	Tenientes.	Regidores.	Síndicos.	Suplentes.	Alcaldes pedáneos.
Almeria.	12	8260	33044	2987	41	3028	2734	12	14	78	13	76	1
Berja.	6	6821	27287	2167	24	2191	2097	6	9	47	6	43	1
Canjayar.	19	6413	25677	3390	39	3429	3040	19	19	106	19	110	1
Gergal.	17	7053	28223	3139	29	3168	3009	17	17	94	17	98	7
Huercal-Overa.	5	7359	29439	2488	23	2911	2414	5	8	47	6	44	1
Purchena.	21	7725	30931	4007	34	4041	3832	21	22	121	21	123	»
Sorbas.	11	4460	17851	2037	27	2064	1957	11	11	58	11	62	5
Velez-Rubio.	4	5450	21800	1888	11	1899	1831	4	6	36	4	31	1
Vera.	8	9675	38700	3195	23	3218	2939	8	10	66	8	58	2
TOTALES.	103	63216	252952	25298	251	25549	23847	103	116	653	105	645	19

El CLIMA de la prov. de Almeria es benigno, si bien en lo interior nieva y se deja sentir el invierno; en la cap. y toda la costa se disfruta de una primavera continuada, aunque escasa en lluvias, y batida con frecuencia de los vientos del SO.

Casi todo su terr. está cubierto de cerros mas ó menos elevados, que son otros tantos estribos y ramificaciones de las diferentes sierras que le atraviesan.

La sierra Nevada sit. al O., entra en la prov. por el term. de Fiñana; sigue por Abrucena y Abla, hasta el puerto de Tices que es el camino que conduce á los pueblos de la Alpujarra por una cañada de no muy fácil acceso; á la inmediacion del citado puerto se halla el cerro de Montenegro estribo de la espresada sierra, y en donde esta concluye. Entra tambien en la prov. por el O. la sierra de Baza por el mismo térm. de Fiñana, y continuando por el de Abla, Ocana, Escullar, Doña María, Nacimiento y Alboloduy, llega al de Gergal donde cambia de nombre tomando el de Sierra de los Filabres: con esta nueva denominacion, sigue por los térm. de Velefique, Castro y Olula de Castro, entra en el part. de Purchena por los térm. de Bacares y Seron sit. sobre la misma, así como los de Laroya, Cherces, Lijar y Cobdar por los cuales se estiende; los de Sierro, Sufli, Bayarque, Macael y Albanchez, ocupan su falda: continúa desde aqui su direccion al E. y despues de una travesía de 7 leg. va á terminar en pequeños declives y ramificaciones cerca del mar por los part. de Huercal-Overa y Sorbas. Los puntos culminantes de esta sierra, son el denominado Cuatro Puntas, mojon que por el N. divide esta prov. de la de Granada, y el Cerro de Nímar ó Tetica de Bacares, que se cree ser el mas elevado y céntrico de toda ella. Es de difícil acceso, sin embargo de que por diferentes puntos existen caminos de herradura que dirigen á los pueblos de la hoya de Baza y otros, los cuales pudieran mejorarse facilmente con poco coste con notable beneficio de los pueblos de la espresada sierra y r. de Almanzora, por la constante comunicacion que tienen con la cap. de la prov. y su puerto. Pasada la cortijada de Aulago y la cañada en que se halla sit., se encuentra un montecito ó cabezo suelto nombrado cerro Layen donde principia un llano de 1 leg. de long. y otra de lat., el cual concluye en la cortijada de Alcubilla y se denomina Campillo hondo ó de Alboloduy. La sierra de Filabres estuvo antes muy poblada de carrascas y pinos maderables, principalmente en las jurisd. de Laraya y Macael, pero ha decaido notablemente la plantacion, por haberse roturado casi en su mayor parte. En el citado térm. de Macael hay canteras abundantes de mármol blanco y azul esplotadas por empresas de catalanes que los trabajan en las fáb. que hace 8 ó 9 años establecieron en la v. de Fines. En los térm. de Bacares y Sera, se esplotan minas de hierro, plomo y nitro, y en el de Bayarque de poco tiempo á esta parte otras de azogue, que se trabajan con furor y aunque estan en su principio las labores dan esperanzas de buen resultado. Las cañadas y valles que en sus prolongaciones forma, son otras tantas labores, desde que principió á destruirse el monte, con tierras bastante feraces y de produccion segura, por ser alli muy frecuentes las lluvias. Al N. de la sierra de Filabres se levanta otra conocida con el nombre de Masmun ó mejor con el de Olula por hallarse su mayor parte en el térm. de dicho pueblo, entra en la prov. por el O. jurisd. de Tijolay, Lúcar y concluye en Portaova. Su elevacion es de una leg. y de dos su travesía con insignificantes ramificaciones. Contiene una garganta con el nombre de cerrada del Masmon que divide los térm. de Olula del rio y Urracal: tambien la corta desde una hora de Olula hasta el campo de Oria el arroyo de Hucitar que derrama al r. Almanzora por la venta de Garrobin. Asi como la anterior estuvo muy poblada de pinos maderables; pero se hallan ya en pocos sitios, abundando en lo demas de monte combustible y de carboneo. Se encuentran en ella algunas minas de hierro y plomizas esplotadas de tiempos ant. y en la actualidad se trabajan otras, pero sin obtener aun resultados de utilidad: en el térm. de Somontin existe una cantera de jaboncillo mineral, única conocida, la cual se esplota en beneficio de los propios del pueblo, haciéndose grandes depósitos en Aguilas y Garrucha para esportarlos á Barcelona y otras plazas, en cuyos puntos lo consumen en abundancia para las fáb. de hilados. El punto culminante de esta sierra es el llamado cerro del Tesoro. Sus tierras son de calidad regular.

Por el confin de Cullar de Baza, sitio llamado de Barcal, parte occidental de la prov., penetra en ella la sierra de María, y conserva esta denominacion desde dicho punto hasta el puerto del Peral que la atraviesa: toma aqui el nombre de Maymon y continúa hasta la huerta de Velez Blanco, y r. de Cameros, en donde principia otra sierra que en su orígen seria la misma; pero que ahora lleva el de Montalviche, con el cual penetra en la prov. de Murcia por el sitio y sierra llamada la Culebrina. Se recuesta principalmente sobre la deh. de su nombre, desde la que se elevan suavemente los montecitos de los barrancos de Alcayna, bajando hasta el cerro de Gavar como una especie de contrabarrera, para formar el ameno valle en que se encuentra la pobl. de María. Aun conserva esta sierra en su deh. y sus estribos de Alcayna y Gavar bastante arbolado de pinos, encinas y algunas sabinas que proporcionan leña para los usos domésticos y fabricacion de vidrio, y surten ademas de madera á toda la comarca. Vegetan en la misma varias yerbas y plantas olorosas y medicinales, madre-selva

dicha provincia su estadística municipal y la que se refiere al reemplazo del ejército, su riqueza imponible.

REEMPLAZO DEL EJERCITO.									RIQUEZA IMPONIBLE.						
JOVENES VARONES ALISTADOS DE EDAD DE								Cupo de soldados correspondiente á una quinta de 25,000 hombres.	Territorial y pecuaria.	Urbana.	Industrial y comercial.	Capacidad para consumos.	TOTAL.	POR vecinos.	POR habitante.
18 años	19 años	20 años	21 años	22 años	23 años	24 años	TOTAL.		Rs. Vn.	Rs. Vn.	Rs. Vn.	Rs. Vn.	Rs. Vn.	Rs Mrs.	Rs. Mrs.
415	314	335	250	206	136	144	1800	64	1538320	1071730	2719066	228857	7618573	922 12	230'19
412	216	341	225	190	160	94	1638	54	1132722	549826	788600	1205319	3676467	539	114'23
331	290	256	184	177	145	121	1504	50	1797819	208506	537550	1049590	3593425	560 11	139'32
286	261	298	208	172	156	123	1504	55	2057810	260537	545300	1387566	4251213	595 21	190'21
408	286	291	186	140	121	105	1537	57	1197464	451088	503700	1075229	3227461	430 14	109'21
440	290	344	204	174	161	137	1750	60	1728967	357499	552300	1116879	3755635	486 6	121'14
226	142	198	140	106	101	75	988	35	1468833	179179	322500	422414	2392926	536 18	134' 2
328	160	226	97	96	66	61	1034	42	1421835	338850	377700	780000	2918415	535 17	133'30
679	289	338	284	202	182	164	2138	75	1326113	558000	850100	1038595	3772808	389 32	97'17
3525	2248	2627	1778	1463	1228	1024	13893	492	13669883	3975215	7197416	10364409	35206923	556 32	139, 6

ó salvia, peonia, romero, tomillo y otra multitud de que los naturales estraen esencias en la estacion de la primavera: tambien prod. rubia, que esportan los estrangeros para tintes, y abundantes pastos. Se hallan en ella la maquexia, jaspes de varios colores que no se benefician, piedra franca, y algunas minas de cobre gris, plomo y zinc; pero estan casi abandonadas por lo escaso de sus prod. Mas al N. de la sierra de Maria se prolonga otra en esta direccion, llamada de Periate, la cual forma el lím. mas set. de la prov. Al S. de ambas se halla la sierra de las Estancias: principia á levantarse al O. en los confines de Oria y rambla denominada en el térm. Boca de Oria. Desde aqui se eleva magestuosamente hasta lo que se llama Cima del Saliente, y continúa engrandeciéndose mas hasta el collado de la Ahorcada, único punto accesible, y por el cual se practica con bastante escabrosidad el camino del Campillo á el Roncalejo; vuelve á elevarse en el dicho collado, y continúa hasta otra garganta llamada de Muro, por cuyo punto atraviesa con una aspereza estraordinaria el camino de los Velez á Albox; se remonta aqui de nuevo, y dejando la denominacion de Sierra del Saliente que trae, continúa hasta Tonosa, con el nombre especial de Estancias: córtala en este punto el camino de los Velez á Huercal-Overa, y sigue con el de Cumbre elevándose imperceptiblemente hasta la sierra del Cabezo de Jara ó Sepulcro de Escipion, donde termina; confinando al E. con el puerto de Lumbreras (Murcia). Desde la cúspide del Saliente deja sembrado todo el terr. de montecitos pintorescos que la sirven de estribos á uno y otro lado, contándose entre ellos al N. el Frayle, Jali, Frax, Alamo, Centeno, Lizarán, Monja, Alfesta y Castellon, que trazan la vertiente y cima cursiva de la rambla del Chirivil, á donde vienen á reunirse sus aluviones; y en el lado del S., Cerro Negro, Roncalejo, Era-Alta, Calderon y cumbre de Rubio, desde los cuales se arrastran los aluviones por varias ramblas hasta el r. Almanzora. En toda su estension no se encuentra un árbol ni un arbusto, ni la mas pequeña planta combustible, porque todas sus ant. y abundantes provisiones se han consumido, habiendo servido hasta hace tres ó cuatro años, de aprovechamiento comun á varios pueblos colindantes. No tiene mas canteras que de piedra calcárea sin uso actual. Entre las sierras de Maria y Maymon al N, el Frax, Jali, Frayle, Alamo, Monja, Alfesta y Castellon al S., constituyen una cañada en la cual está comprendida la vega de Velez Rubio: otra cañada forman entre las espresadas sierras de Maria y Maymon al S., y al N. los cerros de Gava y Alcayna, que contiene las campiñas de Maria y Velez-Blanco con los nombres de Hoya del Marques, Barras, Pinelo y Topaces hasta meterse en el térm. de Oria, Puebla de D. Fadrique y Caravaca. Otra cañada bastante recortada forma la vega de Velez-Rubio entre el Maymon y sierra de Montalviche: forman tambien tres llanuras; la primera entre la sierra de Maria por el confin de Cullar y el Roquer, la cual lleva los nombres de Campos de la Solana, del Chirivel, Centrador, Vertientes, Aspillo y Roquer: su estension es como de unas 9,000 varas de diámetro en figura casi circular: la segunda la forman la sierra de las Estancias en la parte que se llama del Saliente por el S, y los montes Frax, Frayle, Jali y Alámo: tiene unas 5 millas de diámetro en figura casi circular, y comprende las campiñas denominadas Cantar, Campillo, Rincon y Hoya de Mendez; la tercera se halla entre la estremidad oriental de la sierra de las Estancias y un estribo llamado Cerro de Tonosa, y la ocupa la diputacion de Viotar, de figura irregular en la estension de una leg. de long. hasta llegar á los confines de Lorca por la parte del E. y sitios de Simones y Nogalte. El terreno comprendido, tanto en las cañadas como en las llanuras, es casi de igual calidad, si bien son superiores las tierras de los asientos y centros. La parte montañosa del S., ó sea la cumbre, se halla plantada de viña que prod. vinos de muy buena calidad; y en todo el espacio comprendido entre las sierras referidas y en las mismas, abundan los pastos. Del estremo E. de la sierra anterior, y punto en que lleva el nombre de cumbre, sale la llamada Cabezo de Jara, y mas comunmente Sepulcro de Escipion. Describe una especie de arco, sirve de mojon comun de los term. de Velez-Rubio y Huercal-Overa, y forma el lím. divisorio entre los part. jud. de Purchena, Velez-Rubio y Huercal-Overa, con la prov. de Murcia. No tiene sitios fragosos, antes bien, está muy poblada de hacienda, y cubiertas de árboles, arbustos y yerbas de pasto.

La sierra de Alhamilla tiene su orígen á 2 leg. N. de la cap.: corre en una long. de 5 leg. desde el mismo del r. Almeria hasta mas allá de Nijar en direccion de E. á O. Su altura culminante es el cerro Calataivir elevado sobre el nivel del mar 1,800 pies. El esquisto arcilloso micáceo que constituye esta sierra en su mayor parte, contiene algunos pequeños filones de mineral de cobre y tambien de hierro oxidado y piritoso manifestándose en bastante abundancia este último en la fuente que surte los baños termales de Alhamilla; la tierra caliza contiene en bastante abundancia depósitos de galena en nidos ó bolsas, y en vetas irregulares y de corta estension que se comunican casi siempre unas con otras. La esplotacion de estas minas y las de los cerros de Benadux proporciona medios de subsistencia á la mayor parte del vecindario de los pueblos sit. á ambas márg. del r. de Almeria. A la falda meridional se halla el sitio que llaman el Zayazo donde tiene su orígen la rambla de las Granatillas, y dist. unos 2,000 pasos del pueblo de Nijar, se ve una escavacion circular de unas 250 varas de diámetro, obra de la naturaleza con evidentes indicios de una verdadera erupcion volcánica. El Zayazo presenta escelente disposicion para construir un pantano que recogiendo gran cantidad de aguas llovedizas, fertilizaria en su mayor parte el campo de Nijar, creando una riqueza considerable. Entre esta sierra y la de Filabres, queda el campo de Tabernas y mas al E. el de Uleila del Campo, y entre la misma y la sierra de Gata el campo de Nijar: Todos estos campos, aunque faltos de aguas para el riego, son abundantes en cereales cuando llueve oportunamente.

La sierra de Cabrera que principia á elevarse en las inmediaciones da la fuente de Polopes y corre 4 leg. hasta Mojacar, puede considerarse una continuacion de la anterior como lo indica su constitucion geognóstica. Contiene algunos criaderos de galena, la cual unas veces se presenta como granos implantados en la roca, otras llenando las grietas ó tapizando las paredes de las mismas; y otras en fin, rellenando las concavidades con cantos rodados envueltos en las tierras formadas por la descomposicion de aquellos terrenos. De la falda N. de sierra Cabrera se desprende un sistema de colinas de poca altura, que en direccion NS. corren cosa de 6 leg. con los nombres de sierra de Bedar, de Lubrin y Loma del Perro á encadenarse con la sierra de Filabres y de las Estancias. En el sitio llamado el Pinar, dist. 1/2 leg. SE, de Bedar se hallan trabajos de mina de bastante consideracion hechos en época desconocida: y en los escombros y paredes de las escavaciones, se descubren implantados granos de alchól, manchas de malaquita azul, óxido-rojo de hierro y una sal blanca compuesta de carbonatos de plomo, cobre, cal, magnesia, y gran cantidad de silicie, formando una verdadera combinacion y no una mezcla puramente mecánica, pues el mineral se presenta cristalizado en agujas cedosas y formando radios á la manera de las feolitas y de ciertos asbestos. Suele tener tambien un color agrisado y envuelve la galena en forma pulverulenta ó formando pinchos. A estas escavaciones llaman los naturales *Tierra grande*, y de ella refieren mil fábulas; presenta un pozo de mas de 20 varas de profundidad, varios anchurones con caños mas dilatados y en la parte del E. se ve un socavon fortificado con arcos formados en trozos de gneis de los que se encuentran en los barrancos inmediatos, estando tapiado á las 8 ó 10 varas de su boca. Allí mismo se encuentra un horno pequeño destruido que manifiesta no ser muy ant.; pero no se ven escorias ni allí ni en otro punto. Dos leg. al NO. de Vera se encuentran las colinas llamadas de Ballagona, que en direccion NS. van á terminar en la márg. der. del r. Almanzora. Entre otros varios filones que contienen estas colinas, es notable uno muy grueso de hierro magnético que se halla en el cerro de Blanquizares, térm. de Huercal-Overa y que corre entre tierras calizas y un considerable depósito de yeso armaceo brillante. Esta riqueza de la que el pais no puede aprovecharse en el dia, principalmente por falta de combustible, debe llenar con el tiempo, lo mismo que otras de igual naturaleza que hay en él, uno de los primeros renglones de la estadística minera de la Península. La Sierra de Almagro que corre 1/2 leg. al N. de Cuevas, es bien una continuacion de las colinas de Ballagona segun unos, ó bien del Cabezo de la Jara segun otros, con el cual toca, ó en el que se introduce por su estremo N. A semejanza de la Alhamilla se compone de esquistos arcillosos, micáceos, á veces magnesianos cubiertos por una caliza compacta gris, en la cual se halla la galena: en diferentes puntos se manifiestan tambien las erupciones dioríticas. La Sierra Pulpi formada por los cerros denominados del Algarrobo, de los Peines y el Capitan, es la misma que la de Almagro, aunque separada de ella por una llanura de una leg. de estension.

La Sierra Almagrera llámada tambien de Montroy y de Villaricos, famosa despues del año de 1839 por las muchas minas de plata descubiertas en ella, principalmente en el barranco Jaroso, se levanta al estremo E. de la prov. en el part. jud. de Vera y térm. de Cuevas, tocando á la orilla del mar. Cuanto digéramos de ella ahora, no seria mas que una repeticion de lo mucho que se dice en su artículo especial (V.)

Al E., 5 leg. de Almeria, en el mismo mar, empieza á elevarse la Sierra de Gata, que corre desde la punta de Testé hasta una leg. al E. de Carboneras, donde se pierde en la vertiente meridional de sierra Cabrerá, presentando á la vista una multitud confusa de pequeñas cimas escarpadas y de escasa vegetacion. Toda ella da idea de haber sido una gran fermentacion volcánica; pero donde los efectos de esta se presentan mas recientes y marcados, es en el *Morron de los Genoveses*, que es una colina de unas 100 varas de altura sobre el nivel del mar, el cual baña las 4/5 partes de su pie: su forma es cónica, y su base de unas 400 varas de diámetro, terminando á la parte superior en una planicie de 16 varas, en forma circular, cuya disposicion y declive hácia el centro, á manera de embudo, atestiguan la existencia de un cráter volcánico en aquel punto. En su parte inferior se advierte un depósito de pomez, puzzolanas y tierras volcánicas, que envuelven granos de piccas, perlitas obsidianas y demas vidrios volcánicos. La parte superior de este depósito ofrece una especie de corriente lávica de aspecto arenáceo, pero semivitrificada, ondulosa, cavernosa y amoldada sobre las rocas que recubre, que son las tierras, y en algunos puntos los basaltos piroxénicos compactos. En su masa se suelen ver algunos trozos de estos mismos; pero ya escoriosos y ligeros. Sobre la corriente de lava se estiende un depósito considerable de basaltos piroxénicos negros, en prismas hermosos de 4 y 6 lados, los cuales forman lo restante del cerro, dando orígen á una gran columna basáltica, la cual presenta con frecuencia entre sus grietas, vidrios volcánicos de colores verdosos ó amarillentos. La Cerrata de los Genoveses que sigue al Morron, forma un grupo de cerros pequeños al SO. de aquel; y su base y flancos están formados por grandes depósitos de lavas arenáceas, muy esponjosas. En la playa y campillo de los Genoveses, ocupa la parte mas baja un depósito de toba volcánica en capas horizontales bastante compactas y consistentes, de un color gris blanquecino. En la falda S. del cerro de *En medio* en la cala del Sotillo, se ven asomar á la superficie, descansando sobre traquitas ó basaltos ant., capas de grosera arenisca de naturaleza caliza. Esta brecha volcánica, alterna con arenas basálticas y arcillas endurecidas, atravesadas por vetas de hierro oxidado rojo. En el cerro del Garbanzal se advierte una variedad de dolerita roja, de estructura granitoide, atravesada por vetas de mineral de hierro negro pulverulento que emplean los alfareros de Níjar para pintar los ramos del vidriado ordinario que allí se fabrica. Desde la cortijada de Escullos hasta la Torre de los Lobos, abundan las termantidas, jaspes, calcedonias y ágatas, formando vetas y depósitos entre los basaltos: los mismos prod. se encuentran en las inmediaciones del cast. de *Rodalquilar*. A unas 1,000 varas de la costa al N. del cerro de Garbanzal, hay otros mas bajos con escavaciones ant. de mucha consideracion á cielo abierto, y hechas á pico. Ninguna tradicion se conserva en el pais del tiempo ni objeto con que se hicieron; pero se deja conocer fácilmente que lo fueron para esplotar un considerable depósito de kaolines, que mezclados en tierras y lavas aperladas, constituyen la masa de aquellas colinas, cuyos criaderos se aprovechan en el dia por un fabricante de loza de Sevilla, que emplea dichos Kaolines con muy buen éxito. Junto al cortijo del Capitan, en el sitio llamado el Hornillo, se ve un conglomerado calizo muy abundante de cemento que cubre los terrenos volcánicos ant. hasta la cuesta de Artichela, en cuyo punto vuelven á aparecer, presentando traquitas blanquecinas ó amarillentas con hermosos cristales de anfibol, y depósitos de tierras pomez y perlitas, con una especie de lava compacta de color negro verdoso, huecos prolongados en figuras de piñones tinturados de color verde, y formados por las búrbujas gaseosas que no pudieron desprenderse al tiempo de enfriarse aquellas masas fundidas. En varios puntos de esta sierra, especialmente en la boca de Albelda, barrancos de la Mula y del Celejo y Hoya de Arévalo, asoman varios cerros de cuarcita entre los de traquitas y basaltos, y en ellos hay filones de cobre y de galena, mezclada esta última casi siempre con óxido de hierro, carbonato de plomo, espato fluor y barítico.

Al O. de la cap. de la prov., se eleva la famosa sierra de Gador, una de las de la Alpujarra: corre del NO. al SE., el espacio de 10 leg., siendo su altura sobre el nivel del mar de 2,600 varas: desde ella se divisan con claridad en mañanas serenas y despejadas las costas de Berberia dist. 40 leg. Es célebre en todo el globo, porque sus plomos, único mineral que produce, han inundado todos los paises. Se calcula que ha producido aproximadamente desde el año 1795 hasta 1841 inclusive, sobre 11.000,000 de qq. de plomo, y 500,000 qq. de alchol de hoja. Los cimientos de esta sierra están formados por los terrenos primitivos mica-esquistos pertenecientes al tercer período de estas; sus formaciones y la caliza negra, que es la que predomina en los terrenos intermedios al térm. sin órden marcado con la cal-esquisto, los esquistos arcillosos y las calizas brechiformes, como sustancias accidentales á la formacion caliza, se encuentran modulos de cuarzo blanco y coloreado, yesos de varias clases, espatós fluoros y las varias especies del género plomo en abundancia. El criadero se encuentra con tan poca regularidad, que no se le puede considerar ni como á filones, capas, ni riñones, ni darle ninguna otra denominacion de las conocidas, por ser el único de esta especie, y la profundidad á que generalmente se encuentra es entre las 80 y las 120 varas. El combustible del monte alto y bajo ha desaparecido casi enteramente; por el consumo en las minas y fáb. En la actualidad la esplotacion se halla en el mayor abatimiento por el ínfimo precio de los alcoholes, los muchos gastos que ocasiona el laboreo, y los crecidos derechos que pesan sobre el género á su esportacion. Es accesible esta sierra por los pueblos que la circundan, pero sus cumbres en nevando son intransitables, y aun ocurren muchas desgracias, cuando durante una nevada, y por falta de provisiones, tienen los mineros que abandonar la mina. Entre esta sierra y el mar queda el hermoso y fértil campo de Dalias.

Intimamente enlazada la sierra de Gador con las ramificaciones orientales de la sierra Nevada, que forman la pequeña parte que en la prov. ocupa la de las Alpujarras; en el art. especial de esta se hallará mayor cúmulo de noticias geográficas é históricas, que omitimos ahora por parecernos mas propias de aquel l. (V.).

De todas las cord. que acabamos de describir, y de la mayor parte de sus ramificaciones ó estribos, descienden á las fértiles cañadas, campos y llanuras que describen, multitud de torrentes ó arroyos los mas secos siempre, escepto en las temporadas de lluvias: en todos ellos brotan manantiales de cristalinas aguas naturales y termales, pero en ninguno tiene su orígen r. alguno de primer órden ni aun de segundo, no mereciendo el mas caudaloso el nombre de riachuelo.

Todos estos barrancos, arroyos, torrentes, riach., ó llámeseles si se quiere r., forman cuatro corrientes principales, divididas las dos primeras por las cord. ó sierras que atraviesan la prov. de O. á E., y las dos últimas por las que se proyectan de S. á N. El, mas set. de estos canales ó recipientes, es el conocido con el nombre de avenidas de Lorca ó torrente de Lorca: desciende del punto llamado las Vertientes, sit. en el campo de Aznarés entre las sierras de Oria y de Cullar. Corre de E. á O. entre la sierra de María al N., y la de las Estancias al S. con el nombre de rambla de Chirivel, el cual deja al poco tiempo para tomar el de r. Velez que conserva hasta salir de la prov. Por su márg. izq. recibe los derrames meridionales de la sierra de María, y por la der. los set. de la de las Estancias. Son sus afluentes el Aspilla, Clavi, Jali, Guite y Charche: su cáuce ordinariámente seco, sufre violentas avenidas; y las pocas aguas que fuera de estos casos lleva, se aprovechan desde su origen en regar las tierras de sus márg.

Mas importante que la anterior por la estension de su curso y por el caudal de aguas que lleva es la segunda corriente conocida con el nombre de r. de Almanzora. Nace del sitio llamado rambla de Ranul en las faldas orientales de la sierra de Baza. En su curso de O. á E. corre desde su principio entre multitud de montañas por un fértil llano que antes debió ser algun lago: corta su mayor angostura en Purchena, y desde este punto hasta una leg. mas abajo de Cuevas, en donde se abre paso por entre las sierras de Almagro y Cabrera, para entrar en el mar, recibe por ambas márg. en la estension horizontal de los campos de Albox y de Huercal-Overa multitud de afluentes: por la Sierra de Filabres el r. Albanchez, las ramblas de Gevas, Oria ó de Arcas, Terrobra, los arroyos Bayarque, Sulfi, Macael, Acciluno, Zurgena y cuesta de Damian; por la de las Estancias, las ramblas de Olula, Ojilla, Albox, de las Piedras, Almajalejo del Peral, de las cañales y el arroyo Guitar, y por la sierra de Almagro las ramblas de Albaricos y de Santa Bárbara. Su trayecto es de 13 leg.: no tiene puentes ni los necesita en punto alguno, por las pocas aguas que lleva, su cáuce es llano. pero sin desbordaciones, y da movimiento á muchos molinos harineros, á la fáb. de mármol de que ya hicimos mencion, y á otra de hierro: cria algunas anguilas y fertiliza considerable número de fan. de tierra.

El tercer canal ó corriente es el r. Almeria: tiene su orígen en las vertientes meridionales de la sierra de Baza, en las ramblas de Juancho y la de Fiñana: divide completamente en su curso NO. SE. las sierras de Filabres y Nevada, y recibiendo multitud de afluentes por una y otra márg., de los cúales son los mas importantes los de Gergal y Tabernas, va á desembocar en el mar por mas abajo de la cap. de la prov. Sus agúas perennes, apenas bastan para regar las vegas formadas en sus riberas; y en Gador, Rioja, Huercal, Viator y Almería tienen que sacar las aguas por medio de bóvedas subterráneas. En las avenidas de aguas llovedizas suele traer gran cantidad de tarquines con los que reciben notable beneficio las tierras.

La última corriente y la mas importante por su caudal y aprovechamiento para la agricultura, es la que lleva el nombre de Adra, la cual dividiendo las sierras de Gador y de la Alpujarra propia, lleva á la mar su tributo. La abundancia de sus aguas no la hace menos notable que la riqueza de los campos que sucedieran al ant. lago, cuya desecacion se verificó por su cáuce. En los art. respectivos de estos cuatro r. se hallarán mas detalles sobre su orígen, curso y beneficios que prestan á la agricultura y á la ind. Solo diremos del Adra que por su embocadura en el mar, forma el lím. Meridional de la prov. Al E. 1° 20′ N. del Castillo de la Rabida dist. cerca de 5 millas hay una torre de vigia llamada Guarcá, desde la cual sigue la costa de bastante altura sin fondeadero ni caleta hasta el de Adra que dista cerca de 3 millas al E. 1° N., el cual es abrigo de los vientos del E. hasta el NO. para embarcáciones de todos portes, fondeando por cualquiera parage de la playa; pero lo mas inmediato á la pobl. es de 7 á 8 brazas de fondo, fangos pegajosos que agarran bien las anclas y demorará el Castillo al N. 1/4 NS., dist. de la playa como 2 1/2 cables: tiene media milla de estension de NO. SE. y en el estremo de la playa se ve el r. Adra que es el que con sus avenidas ha formado este abrigo. Desde el parage citado con cualquiera de los vientos generales á que está descubierta, como son; SE., SO. y O. se puede poner á la vela sin ningun embarazo: se hace aguada fácilmente por su inmediacion á la playa. Doblada la punta del r. para el E., hace una ensenada toda de costa baja y en el fondo de ella está una torre de vigía nombrada de Aljamilla. Hay algunas piedras en esta ensenada cerca de tierra y tiene de fondo para el N. como una milla. Entre el r. de Adra y la espresada torre, hay inmediatas á la playa dos lagunillas que llaman Albuferas. Desde la torre de Aljamilla corre la costa poco mas de 5 1/2 millas al SE. de la playa, sin tierra alta en la inmediacion, adonde principian los llanos de Almeria. En la medianía de esta playa se ve una torre con dos cañones llamada Bellerma, que demora en el cast. de Adra O. 13° 30′ N., y al contrario dist. 5 3/4 millas. En todo el espacio que hay desde la torre hasta la punta del SE. llamada del muro, se puede fondear con embarcaciones de todos portes, para abrigarse del viento E. El SO. es travesia, por lo que en tiempo de invierno no es bueno frecuentarlo, y si alguna embarcacion de porte como fragata, quisiere tener algun resguardo del viento SE., ha de fondear al NO. de dicha torre á dist. de 3 1/2 cables de la playa en 7 brazas de fondo arena, porque en este parage hace la tierra un poco de ensenada. Doblada la punta del Moro sobre la cual á poca dist. está el cast. de Guardias-viejas (parte mas occidental meridional de los llanos de Almeria), corre la costa siempre baja hácia el E., haciendo una ensenada de poco mas de 3 1/2 millas de largo y algo mas de 1/2 de saco, con poco fondo y llena de piedras que con viento de fuera rompe la mar por toda ella, y aun se estiende la rompiente á mas de 2 leg. de la mar; pero no hay que darle tanto resguardo con buenos tiempos, pues á una milla de la punta mas saliente, que es la del Moro, hay 6 brazas de fondo de piedra, el cual aumenta para fuera con proporcion, de modo que á 1 1/2 milla se puede pasar francamente en cualquier clase de embarcaciones. En el fondo de la ensenada hay un portezuelo nombrado de los Baños, formado por la naturaleza de la arena y tendido del EO. cuya boca que tiene al E. es estrecha y ordinariamente hay en ella 1 1/2 braza de fondo, y dentro varios bancos de arena con hasta 3 brazas por ciertos parages, y particularmente junto á la boca por la parte de adentro sobre la costa del S, que es donde se abrigan las embarcaciones del tráfico; pero no hay pobl. alguna ni agua dulce.

La punta del E. de la espresada ensenada se llama de la Sentina, con una torre con dos cañones y una restringa de piedras abogadas, que arroja al S. la dist. de 1/2 milla, pero á pique de ella por fuera se encuentran 7 brazas, y entre la torre y la restringa hay un canalito para embarcaciones de poco porte.

Quince leg. al S. 8° O. del cast. de Guardias Viejas 9 1/2 al N. 4°00'O. del cabo de Tres-forcas y por lat. de 35°56'36" N. y 3°17'31" está la isla de Alboran de mediana altura, pues se podrá ver lo mas de 3 1/2 á 4 leg. en tiempo claro, pareja con 2/3 de estension de ENE. á OSO, y la mitad de ancho tajada á pique por la parte del S. y no tanto por la del N. En la del E. tiene un islotillo como á 1/2 cable de dist, y rompiente á la misma de todos sus puntos. Tambien en la parte del E. y S. tiene placer en que se puede y han estado fondeados por 25 á 30 brazas. Por lo comun hay mucha corriente para el E. en sus cercanias. Como 30 millas al E. de la isla de Alboran hay un placer de 4 millas de largo E.O, y como 2 N S. con 4 á 5 brazas de fondo, y cuando se está sobre él suele avisar el mar con su movimiento; y como á 7 leg. escasas al S. 3° O. del cast, de Guardias Viejas y 8 1/2 al N. 16° E. de la mencionada isla por la lat. de 36°20'30" se halla otro placer que aunque muy pequeño y que han pasado navios por encima, ha sido á costa de notables descalabros.

Desde la torre de la Sentina para el E., corre la costa baja y poco honda, y por tanto viniendo por la parte del E. de noche, ó con tiempo oscuro, dejado el cabo de Gata que es montuoso se ha de gobernar lo menos al O. 1/4 SO. para navegar zafos de los llanos de Almeria, hasta considerarse en el meridiano del cast. de Guardias Viejas, que ya la costa hurta para el N. y se puede hacer la navegacion que acomode, pues algunos por no prevenir lo raso de esta tierra se han guiado por la alta que está mas al N. y de noche con luna clara han embarrancado. La mencionada torre de la Sentina está en lat. de 36°41' y long. de 3°29', y al E. 3.° N. de ella dist. poco mas de 3 1/2 millas, hay otra puntilla rasa llamada del Sabinal, que es la mas oriental meridional de los llanos. Al NE. 1/4 al E. de ella dist. 2 1/2 millas está la punta de Elena, tambien rasa y en la medianía de esta dist. hay una torre de vigia en la playa nombrada de los Carrillos. La punta de Elena es la mas oriental de los llanos de Almería.

Desde la punta de Elena corre siempre la costa baja para el N. dist. 2 3/4 millas hasta el cast. de las Roquetas. Aquí hay fondeadero para embarcaciones de todos portes, resguardado de los vientos SO. O. y NO. Se puede fondear en cualquiera parte habiendo rebasado el paralelo del cast. y ordinariamente se dará fondo por 18 brazas arena gruesa al ENE. de él, como una milla, pues aunque se puede ir mas á tierra hasta 7 ú 8 brazas es mas espuesto, pues siendo este fondeadero descubierto de los vientos del SSE. y E. que son los mas generales, se tiene la ventaja en el parage citado de poder rebasar con mas franqueza si el viento entra del E. Si entra por el SE. se ha de tomar la bordada del NE. para que en bordos dentro del golfo de Almeria se pueda ganar para el S., y montada la punta de Sta. Elena correr para el O. El fondo es de varias calidades; se encuentra lama, aena y lama, y arena gruesa. Al NE 1/4 al E. 600 toesas del cast. hay un placer de piedra con 10 brazas, el cual es menester atender por causa del roce de los cables. La pob. ó l. de las Roquetas está al NO. 1/4 N. del cast. dist. mas de 1/2 milla y no hay otra agua que de pozos salobres. Al N. 20° E. dist. 2 1/2 millas de dicho cast. se halla la torre de los Bajos con dos cañones. Lleva este nombre por unas piedras que le salen delante debajo del agua inmediatas á tierra, haciendo la figura de un puentezuelo, en el que hay 2 brazas de fondo arena, y en donde se suelen abrigar lindros y otras embarcaciones de poco porte: es de corta dist. y tiene la boca al S.

Poco mas al N. de esta torre empieza la costa escarpada al mar dirigiéndose al NNE. 2 millas, desde donde dobla para el E. haciendo una parte del saco del golfo de Almeria hasta la punta Garrofa que es alta, con una torre de vigia dist. de la de los Bajos como 4 millas al N. 57° E. quedando otra torre de la propia clase al NNE. de la primera como 1 1/2 milla nombrada de Rambla Honda: despues sigue la costa al ENE. dist. 2 1/2 millas, tambien alta hasta la punta del Torrejon, que es la occidental del fondeadero de Almeria, y tiene su fuerte con 2 cañones, llamado de San Telmo.

El fondeadero de Almeria se comprende desde la citada punta en que principia una ensenada que tiene de saco para el N. poco mas de 1/2 milla, en el fondo de la cual está la c. que le da nombre por 36°51' lat. y 3°45' de long., desde donde tira la playa al S. 52° hasta la punta del r., que dista de la de Torrejon 2 1/2 millas al E. 13° S. que es el fin del fondeadero.

De las circunstancias especiales de este fondeadero ó puerto, y de su movimiento, se habla con toda estension en el art. *Almería* (V.).

Al N. 49° E. de la punta del r. dist. una milla está la torre de Bober con 2 cañones en el fondo de la ensenada, otra de vigia nombrada de Perdigal. Desde aqui sigue la playa al ESE. 3 millas, donde está la torre de Garcia; y al SE. 2° S. de esta como 3 millas la de San Miguel tambien con 2 cañones. Aqui suelen fondear provisionalmente algunas embarcaciones para abrigarse del levante. Se puede fondear en cualquiera parte desde aqui hasta el cabo de Gata, procurando que este quede del SE. para el E., cuyo fondeadero nombran de los Arraletes. Todo su fondo es arena de 8 hasta 20 brazas á dist. de la playa como 3 cables. Este fondeadero es malo en tiempo de invierno, porque el SO. es travesia y levanta mucha mar: y asi hallándose en él con la menor apariencia de este viento, se dará á la vela, porque solo puede servir en una necesidad. No hay aguada mas que de un pozo junto á la torre.

Desde la torre de San Miguel corre la costa casi al SE., dist. 6 1/2 millas, toda playa desierta hasta el cabo de Gata, que se conocerá por una torre de vigia que está en una eminencia llamada la Testa del Cabo, y es lo mas oriental del golfo de Almeria. El cabo está en lat. de 36° 44' 00" y long. 4° 3' 10" y corre con la punta de Elena que es la occidental del espresado golfo O. 4° S., y al contrario dist. 21 1/3 millas.

Al S. 32° E. dist. mas de 1/2 milla de la torre de la Testa está el cast. de San Francisco de Paula ó Corraletes en la cumbre de un monte que es tajado al mar, con una isleta alta junto, y muchas piedras á pique. Entre el cast. y la Testa hay una playa con la estension de 3 cables, delante de la cual es el verdadero fondeadero que llaman del Corralete. Este sin embargo es poco útil, porque solo puede abrigar del viento E., fondeando en 8 ó 9 brazas al O. NO. del cast., dist. de la playa como 2 cables, ó mas fuera si se tuviera por conveniente, pues el fondo es limpio de arena y alga, quedando descubierto á los vientos del O. por el S. hasta el SE.; ordinariamente hay mucha rebeza de corriente en este parage, sin que guarde proporcion mas que seguir el viento, por cuya razon si estando fondeados aqui saltare el viento al SO. fresco, no se puede empeñar en montar la punta del cast., porque á mas de la corriente dicha hay una piedra peligrosa de mármol blanco con 10 pies de fondo al S. 26° de él dist. poco mas de 1/2 milla; pues aunque se puede pasar entre ella y la costa que hay 6 ó 7 brazas de fondo, es espuesto con viento escaso, tanto por la corriente, como por carecer de marcas para quien no tenga conocimiento perfecto de la costa; al que le tenga le servirán las siguientes. Una casa que sirve para cerrar ganado y está al E. de dicho cast. se enfila por una torre sit. en lo mas alto de la montaña, que es la primera ó de N.S. y la del E.O. es la punta inmediata á la sábana blanca enfilada con lo mas alto de la montaña que está sobre Cala-Figuera, llamada los Frailes del Cabo. Desde dicho cast. corre la costa alta, para el E. hasta una torre que está en el pico de un monte alto llamado de Vela Blanca, por un blanquizal que tiene el monte á la parte del mar y se hace bastante visible. Dist. 3 1/4 millas al E. 20° N. de dicha torre está el cast. de San José inutilizado y sin artilleria. Toda la costa es de bastante altura y escarpada con solo un pedazo de playa en la medianía de la dist. llamada de Monsú, donde hay un pedazo de buena agua en desp.

El cast. de San José está en un monte de poca elevacion sobre una punta que hace 2 ensenadas: la de la parte del O. llamada Puerto Genovés, tiene una riuconada con playa tendida de N.S., en dist. de poco mas de 1/2 milla y de saco dentro de sus puntas el cumplido de 3 cables. Aqui no pueden entrar sino embarcaciones de poco porte, porque su mayor agua es de 4 brazas, y se han de situar al N. de la punta mas S. y O. que hace el cerrillo nombrado Morro Genovés. Quedan en este puerto abrigados de todos los vientos del N. por el O. hasta el S. Fuera de la ensenada se pueden abrigar de los propios vientos menos del S., y para embarcaciones de mayor porte en 6 ó 7 brazas al N. NE. del mencionado cerrillo como un cable de dist. en fondo, lama y arena. Padécese en este fondeadero la incomodidad del viento, que siendo fresco llama á las cañadas de los montes con recias fugadas que dificultan poder subsistir fondeados. La ensenada de la parte del E. llamada de San José abriga de los propios vientos que la anterior, fondeando al N. NE. de él en 6 ó 7 brazas arena. Ambos fondeaderos son descubiertos de los vientos del E. y SE., sin que en este último haya recurso para ponerse á la vela, y en el primero ha de tener espia tendida á aquella parte para sobre ella levarse, y para esto no ha de ser muy fresco, porque engrosa la mar en términos que es dificultoso montar las puntas. No hay pobl. en toda esta cercania mas que el citado cast., ni otra agua que la de un algibe que es la necesaria para la subsistencia de la guarnicion. Al E. 23° N. dist. como 1 1/2 milla en la propia ensenada de San José, ó sobre la costa del E., está una torre de vigia llamada de Cala-Figuera, tomando el nombre de una caleta ó ensenadilla, donde suelen abrigarse algunas embarcaciones de los vientos del E., fondeando en 7 á 8 brazas alga, pero es de tan poca estension que por eso solo van embarcaciones pequeñas en verano y por casualidad con vientos bonancibles: sirve tambien para jabeques.

Desde la torre de Cala-Figuera sigue la costa al E. 28° N. dist. como una milla, todo de despeñaderos, hasta una punta, llamada de Loma Pelada, sobre la cual hay dos montes de bastante elevacion en forma de pirámide; los cuales, como se dijo, son conocidos con el nombre de los Frailes del Cabo de Gata, y es la primera tierra de esta costa que se descubre de mar en fuera. Doblada la punta de Loma Pelada, hace una ensenada nombrada de los Escullos ó Mahomet-Arraez, cuyas puntas con la anterior que es occidental, y la de la Polacra que es la oriental, corren al NE. 1/4 N., y al contrario, dist. 4 3/4 millas. En la mediania de esta ensenada hay una punta en una isleta, desde la cual hasta la de la Polacra, es costa alta y tajada al mar, y para el SO. de la punta de la isleta hay unos pedazos de playa, en que está sit. el cast. de San Felipe, inutilizado y sin fuegos, sobre unas piedras de poca altura, dos millas dist. al O. 5°, ó de la citada punta de Loma Pelada. En toda esta ensenada se puede fondear con resguardo de los vientos al O. y SO.; pero lo comun en las embarcaciones grandes es ir al E. del cast., dist. 1/2 milla en 13 brazas arena gruesa, pues aunque no hay inconveniente de llegarse mas á tierra, no queda tanta proporcion para con viento E. franquear la punta de Loma Pelada, á cuyo viento al SE. y S. está descubierta esta ensenada. Por el mucho perjuicio que estos causan en todos estos fondeaderos de Cabo de Gata, son frecuentados solo por necesidad y en tiempo de verano, aunque en invierno tambien suelen ir, porque los vientos de SSE. y SO. son poco constantes. Por eso las embarcaciones pequeñas del tráfico fondean entre la costa y los escollos de Mahomet-Arraez que son dos, y estan como al SE. del cast. La punta de la Polacra, nombrada asi por una isleta que tiene próxima, y hace la figura de una embarcacion, tiene encima un cerro redondo, alto, sobre el cual hay una torre de vigia, que se dice del Cerro del Lobo. Doblada esta para el E. sigue la costa al N. haciendo algunos puntos y ensenadas de poca estension. La primera de estas que dista una milla de la torre del Lobo, y abriga de los vientos del SO. y O. á embarcaciones de todos portes, tiene un cast. llamado de Roalquilar, situado á poca dist. de la playa en una llanura. Siguiendo para el N. tres millas escasas de la torre del Lobo está el cast. de San Pedro por lat. 36° 35'. Este es el mejor fondeadero del Cabo de Gata, porque hace una ensenadita con bastante hondura, y al SE. del cast. arrimado á la costa, que es montuosa. Dist. de un cable y 1/2 de ella hay 7 brazas arena, donde se puede resguardar cualquiera embarcacion de los vientos del SO., O., NO. N. y E., y aunque es descubierta del SE., se se sabe que mientras mas fresco es el viento de esta parte, y del E. por fuera, tanto mas terralea dentro de esta ensenadita, de modo, que solo incomoda una poca marejada que se introduce. La estension de este fondeadero es pequeña, pues solo tiene desde el fondo de la ensenada para el S., hasta la punta oriental, cerca de 400 toesas, por lo que no puede caber mucho número de embarcaciones, y del ancho ó del EO. mas de 1/2 milla. Todo el terreno es montuoso y escarpado, sin mas playa que un pedazo al pie del cast., el cual se halla en una eminencia bastante dominante á todo el fondeadero, en el cual se está dando cabo á tierra al NE., y ancla al SO. El cast. no es mas que una bateria que circula á una torre. Se puede hacer aguada en un manantial que está al pie del cast., pero es trabajosa su conduccion á la playa.

Desde la punta oriental de San Pedro sigue la costa alta, dist. algo mas de tres millas hasta una playuela ó caleta que hace un poco de ensenada llamada Cala de Agua Amarga. Aquí suelen fondear algunas embarcaciones del tráfico de la costa para abrigarse de vientos del E., aunque quedan descubiertas á los demas del 2.° y 3.° cuadrante. No hay pobl., pero tiene un pozo de buena agua. La punta del E. de esta calita es una montaña de bastante elevacion, figura de mesa, por lo que tiene el nombre de la Mesa de Roldan. En su planicie hay una torre artillada antes con dos cañones, y en el dia sin fuegos, asi por lo muy elevado de la montaña, como por estar la torre en la mediania de la cumbre. A la parte mas saliente de esta montaña llaman de la Media Naranja, y está en lat. de 36° 55' 15", y long. 4° 19' 20".

Doblada esta punta corre la costa al N. 5° E. dist. poco mas de tres millas todo de playa á la orilla del mar. Aquí se encuentra el cast. y pobl. de Carbonera, y un fondeadero capaz para cualquier clase y número de embarcaciones, con abrigo del viento O. y SO. Se puede fondear en cualquiera parage, que es limpio y fondo de arena; pero lo ordinario es por 20 brazas al S., SE. del cast., dist. una milla de él, ó á la misma dist. de la isleta de Carbonera, enfilándola con la torre del Rayo, porque en este parage, aunque lejos de tierra, es donde con viento del E. se puede ir de la vuelta del S., aunque con trabajo; pero por ser la punta de la Media Naranja de bastante hondura, no hay recelo de pasar inmediato. Con el viento al SE. no hay rebasadero, y es forzoso pasarlo á ancla, lo que hace poco apreciable este fondeadero. Al S. 8° E. dist. 1/2 milla del cast. de Carbonera hay una isleta que hace canal entre ella y la playa como de 3 cables de ancho; pero no hay paso, pues el fondo en parte es de 2 brazas. La pobl. es pequeña, desprovista de todo, y no hay mas agua que la de un pozo salobre. Al fin de esta playa hay una punta alta, y en ella una torre de vigia nombrada del Rayo. Al N. NE. de ella, dist. poco mas de 1 milla se encuentra otra playa donde desemboca el riab. de Dalias, que en tiempo benigno puede socorrer una escasez de agua. Desde el r. sigue la costa alta hasta una playuela en que hay una torre con 2 cañones, llamada Masenas, que dista 1 1/2 milla al N. NE. de la anterior. De aqui va corriendo la costa al N. 1/4 NE. de tierra, baja á la mar, mediando la punta del Canal hasta unos pedazos de playa que hay delante en Mojacar. Esta c. se halla sit. en lo alto de un monte dist. del mar una milla, y arrimada á ella la sierra de Cabrera, que se alcanza á ver desde Cartagena.

Despues de Mojacar sigue la costa, baja al N. 2° E. 2 1/2 millas escasas hasta el cast. de la Garrucha, en la playa de la c. de Vera, cuyo cast. está sin fuegos, y necesita muchos reparos. En esta playa hay algunos almacenes y otros edificios; pero no tiene fondeadero espreso, por hallarse descubierta á los vientos del primero y segundo cuadrante, y es costa brava. Hace despues un poco de ensenada para el N., en que comunmente forma rebeza la corriente, por cuya causa, aun las embarcaciones pequeñas procuran paso fuera de esta ensenada, á la cual dan el nombre de Golfo de Vera. Desde el cast. de la Garrucha corre la costa al N. 18° E, dist. 4 millas, que acaba la playa y dobla alta al NE., donde desemboca el r. Almanzora, en cuya parte N. hay una torre denominada de Villaricos, donde suelen fondear algunas embarcaciones pequeñas para abrigarse del viento NO. que sopla en este sitio con mucha fuerza. En tiempo de verano suelen, sin embargo, venir desde Cartagena algunas embarcaciones estrangeras, á cargar barrilla, y aguantan al áncla todos los vientos menos el E., que si es fuerte se ven precisados á dar á la vela.

Desde la espresada torre principia á elevarse en la misma costa por medio de muchos picachos, la sierra de Almagrera. Corre NE. hasta la punta de Villaricos 5 millas, y despues continúa la costa alta en la propia direccion, haciendo algunas puntas hasta el cast. de San Juan de los Terreros, que dista de la espresada punta 5 millas, y es el térm. de la costa de Almeria.

Caminos. Los medios de comunicacion tanto para lo interior de la proy. cuanto con las limítrofes son pocos, lo que es tanto mas sensible cuanto la industria minera y la agricultura que constituyen su principal riqueza, adquiririan mayor incremento si hubiera mayor número de caminos y estos fuesen buenos. El que de Almeria conduce á Granada es de arrecife hasta Gador, pero de aqui adelante ya es un camino ordinario, aunque indudablemente el mejor de toda la prov.: salen á él veredas transversales, tambien de rueda de todos los pueblos de la ribera del r. Andarax ó Almeria, pasa por Viator, Pechina, Benahadux, Rioja, Gador, Alhama la Seca, Sta. Fé, Gergal, Nacimiento, Doña Maria, Ocaña, Abla y Fiñana, por cuyo térm. penetra en la prov. de Granada por el part. jud. de Guadix.

Otro camino carretero sale de Dalias tambien en direccion á la mencionada prov., cruza por la prolongacion occidental meridional de la sierra de Gador, pasa por Berja, Castala, Benimar y Barrical, y por el térm. de Lucainena, sale de la prov. por el O. Desde Adra sale otro camino carretero delicioso por la hermosa vega por donde cruza, el cual pasando por Benecid se dirige á Berja para incorporarse en esta v. con el anterior. Otras carreteras salen del E. de la prov. La mas meridional de ellas es la de Mojacar, la cual dirigiéndose á NO. pasa por Turre, donde le corta el r. Aguas, por Cabrera, Lubrin, Tahal, Benidovafe, Chércos, Lijar y Cantoria, aqui pronuncia su direccion al O., entra en Olula del r., Purchena y Lucar, último pueblo de la prov. La carretera que sale de Vera corre casi paralela con la anterior y sin describir tantos rodeos pasa por Portilla y Cuevas de Vera, por cuyo punto se vadea el r. Almanzora; por Huercal-Overa, Albox, donde se vadea tambien el r. que lleva este nombre, y penetrando por uno de los ramales meridionales de la sierra de Oria sale de la prov. por el térm. de la v. de este nombre. Otra carretera viene de la prov. de Murcia que introduciéndose en la que nos ocupa por la llamada venta Nueva, corre hasta el limite occidental entre las sierras de las Estancias y de Maria pasando por Velez-rubio, las vertientes Chrivel y Asperilla. Los demas caminos son todos de herradura y la mayor parte dificiles y penosos.

CORRESPONDENCIA. Para el servicio de la correspondencia hay una adm. subalterna de correos dependiente de la principal de Granada; los dias en que llega á ella y salen los CORREOS se verá en el art. *Almeria* (V.).

PRODUCCIONES. Es abundante esta prov. en toda clase de granos y las riberas de los r. forman deliciosas vegas en que se dan con profusion el maiz, y toda clase de frutos y frutas. Los pueblos de Albanchez y Rioja crian muchas naranjas, limones y otras clases de agrios. La vega de Adra es privilegiada por su clima y abundancia de aguas; tambien en ella se ven frutos privilegiados, pues ademas de los comunes se cosecha la batata y la caña dulce, de la cual se fabrica alli muy buena azúcar. En esta misma v. y en Purchena se hacen muy buenos vinos y aunque no con tanta abundancia como en lo ant., se cosecha en los pueblos del O. de la prov. mucha y buena seda. En Almeria se dan no solo los frutos que en cualquiera otra prov., sino infinitos que se crian en la América. La clase de estos y los precios á que se han vendido en el quinquenio de 1840 á 1844 resultan del estado que sigue.

		1840.		1841.		1842.		1843.		1844.	
Jaboncillo de sastre		18	20	16	16	15	17	14	17	14	15
Trigo	fan.	26	43	26	52	36	52	25	40	24	50
Cebada	id.	9	20	11	40	15	35	9	34	8	15
Centeno	id.	23	30	18	22	30	36	32	40	15	24
Maiz	id.	23	30	18	22	30	26	32	40	15	21
Garbanzos	id.	41	80	44	80	45	20	36	85	38	85
Judias secas	a.	10	17	8	15	8	15	9	15	8	18
Guisantes	id.	4	18	4	18	4	18	4	18	4	18
Habas	fan.	24	40	25	40	29	42	26	39	30	40
Lentejas blancas	id.	28	35	28	35	26	32	30	40	29	41
Id. negras	id.	18	30	19	30	21	32	22	36	19	34
Guijas	id.	»		»		»		»		»	
Aceituna	fan.	25	46	26	47	24	44	17	34	22	43
Almendra	id.	32	42	30	41	29	37	32	46	31	44
Nueces	id.	24	40	26	45	25	42	24	40	22	44
Castañas	a.	3	10	3	12	3	11	4	12	3	11
Bellota	fan.	11	22	12	24	10	21	11	23	10	24
Batatas	a.	3	11	4	14	4	14	3	11	2	10
Plomo	qq.	52	68	61	71	55	68	50	61	52	58
Patatas	a.	1	6	2	6	1	6	2	6	2	6
Perdigones	qq.	62	78	71	81	65	78	62	73	64	70
Nabos	a.	1	4	1	4	1	4	1	4	1	4
Melocotones	id.	2	10	3	12	2	12	2	11	3	14
Ciruelas	id.	3	12	2	10	3	13	3	12	3	14
Albericoque	id.	2	5	1	4	3	6	2	5	2	6
Peras	id.	2	8	2	8	2	8	3	9	2	8
Manzanas	id.	2	8	2	8	2	8	3	9	2	8
Uvas de embarque	id.	12	16	12	16	12	15	13	16	14	19
Uva comun	id.	2	5	2	6	2	6	2	6	2	6
Lino	id.	45	60	46	60	47	60	45	60	47	58
Cáñamo	id.	28	36	29	36	28	35	28	36	20	35
Barrilla	qq.	21	40	34	50	36	54	24	40	20	34
Sosa	id.	5	9	5	11	5	10	5	10	6	10
Carbon	a.	1	5	2	5	2	5	1	6	1	5
Vino de Purchena	id.	14	30	13	30	14	19	13	30	14	29
Aceite	id.	22	62	34	52	33	63	26	58	22	44
Paja	id.	2		1	2	2	4	1	13	1	2
Algarrobas	id.	1	5	1	5	2	5	1	5	1	5
Naranjas	el 100.	2	10	2	9	2	10	3	10	2	9
Limas	id.	1	4	1	4	1	3	1	4	1	4
Granadas	id.	2	8	2	7	3	8	2	7	2	8
Limones	id.	2	14	3	14	2	13	2	12	2	14
Caña dulce	id.	8	12	9	15	8	11	7	11	8	11
Azúcar mna	a.	12	25	13	25	12	25	12	25	14	25
Seda	libra.	44	50	45	50	40	49	43	49	41	50
Esparto	carga.	3	7	3	7	3	6	3	7	3	7
Miel blanca	a.	30	50	31	49	30	50	32	50	30	49
Miel negra	id.	14	30	15	30	14	29	15	30	15	28
Aceite linaza	id.	50	55	49	54	50	55	51	49	50	55
Id. pescado	id.	18	25	19	24	19	25	18	25	18	25
Sebo de vaca	id.	19	40	19	40	20	40	19	39	20	40
Cebollas	id.	1	5	1	5	1	5	1	5	1	5
Higos secos	id.	3	14	3	12	4	13	4	10	3	11
Jamon	libra.	1	4	2	4	2	4	1	3	2	4
Lana	a.	30	60	32	60	30	59	31	58	30	60
Pasa	id.	8	16	8	14	9	15	8	15	8	16
Queso	id.	18	50	19	48	18	50	19	50	18	48
Vino gatana	id.	4	26	4	24	4	25	4	26	4	26
Id ordinario	id.	3	20	3	20	3	18	3	20	3	19
Vinagre	id.	3	16	4	16	4	16	4	15	4	15
Rábanos	manojos mrs.	2	4	2	4	2	4	2	4	2	4
Lechugas	id.	2	4	2	4	2	4	2	4	2	4
Chirivias	id.	2	4	2	4	2	4	2	4	2	4
Peregil	id.	2	4	2	4	2	4	2	4	2	4
Acelgas	id.	2	4	2	4	2	4	2	4	2	4
Espinacas	id.	2	4	2	4	2	4	2	4	2	4
Hab. verdes	a. rs.	2	3	2	3	2	4	3	4	2	4
Pepinos	id.	1	4	1	4	1	3	1	3	1	2
Melones	id.	1	4	1	4	1	2	1	2	1	4
Sandias	id.	1	4	1	4	1	2	1	2	1	4
Calabazas	id.	1	3	1	3	1	3	1	3	1	3
Berengenas	libra mrs.	1	2	1	2	1	2	1	2	1	2
Coles	a. piezas mrs.	16	20	16	20	16	20	16	20	16	20
Apios	id.	4	6	4	6	4	6	4	6	4	6
Escarolas	id.	2	4	2	4	2	4	2	4	2	4
Cardos	id.	4	12	4	12	4	12	4	12	4	12
Alcachofas	docenas rs.	1	2	1	2	1	2	1	2	1	2
Pimientos	el 100 id.	1	5	1	5	1	3	1	4	1	5

Tambien se cria en la prov. de Almeria mucho ganado de todas clases, mereciendo singular mencion el vacuno de la Vega de Almeria, por la magnitud y hermosura de las reses. Como se ha visto en el centro del art. en todas las cord. abundan las canteras de jaspes de diferentes colores, lindisimos mármoles entre los que sobresalen los de Berja por la belleza de sus aguas, piedras de diferentes clases, minas de galena argentífera de plomo, de cobre y de otros metales, hasta de cinabrio. Merecen la atencion las salinas de Roquetas propias del Estado en las cuales pueden fabricarse 80,000 fan. de sal comun de muy buena calidad en años abundantes de aguas. Otras salinas hay al E. de la cap. cerca del

Cabo de Gata llamadas Espumeros de Cabo de Gata, pero no se aprovechan porque no siendo necesarias no está preparado el terreno para elaborarla.

INDUSTRIA. La principal ind. de esta prov. es la esplotacion de minas. Muy útil y provechoso es este ramo de ind., como puede verse en los art. de Adra v. y Almagrera sierra, y muy digno ademas de la proteccion del Gobierno; pero el espíritu minero desarrollado prodigiosamente en este pais en los últimos años, ha abierto en la agricultura una brecha ó herida difícil de cerrar. El espíritu de asociacion que en otros pueblos se dirige á diversos ramos de utilidad general, no se promueve ni egercita en Almeria sino para hacer calicatas, abrir pozos, laborear minas y las demas faenas y operaciones consiguientes á buscar metales y ponerlos en circulacion, y esta mino-mania ha ocasionado la falta de brazos necesarios para la agricultura. De aqui el que los jornales hayan subido al crecido precio de 7 rs. con 4 comidas y pan de trigo, y ha sido causa de que algunos labradores no pudiendo soportar este precio, porque no compensaba el escaso prod. de este año los grandes gastos de labor y recoleccion, han abandonado algunas de sus posesiones entregándolas al pasto de los animales domésticos y salvages. Estos perjuicios debian evitarse ordenándose que en la temporada de recoleccion de frutos quedasen suspensos los trabajos de las minas: ya hubo tiempo en que así se hizo; pero desgraciadamente se revocó la órden ó quedó sin observancia, y el mal en vez de disminuirse va en aumento haciéndose cada dia mas aflictivo. Ademas de la industria minera, hay otros diferentes ramos que ocupan escaso número de brazos; uno de los mas atendibles es la esparteria. Por lo regular solo las mujeres son las que se dedican á hacer tomizas que sirven en seguida para elaborar cuerdas de todas dimensiones y gruesos. Esta elaboracion se aumenta diariamente. Hay unas cuantas fáb. servidas por hombres que son los que con la tomiza elaboran las cuerdas, empleándose mas de 2 mil operarios de ambos sexos. Los hombres ganan de 6 á 8 rs. de jornal y las mujeres trabajan por su cuenta en sus casas percibiendo 2 rs. por cada 16 libras de género que elaborán. El esparto en rama no paga derecho alguno de esportacion, de donde resulta que los estrangeros lo llevan en rama y lo elaboran en su pais. Si se prohibiese su esportacion en rama, la prov. ganaria mucho. Hay tambien fáb. de plomo, de albayalde, de perdigones, salitre, curtidos, jabon, alfareria, de ladrillo y teja, tintes de paños ordinarios, telares de cobertores de lana, de lienzo, de lino y cáñamo, muchos molinos harineros de agua y de viento. Se ocupan algunos barcos en los puertos de Almeria y de Roquetas en la pesca, pero donde esta llama mas la consideracion es en la Almadrava de Gata, llamada de monte y lava en la que se cogen mas generalmente la melva y el bonito y poco atun, cuya pesca se supone deja á los armadores un producto anual de 30 á 40 mil rs. Despues de la pesca de la Almadrava se emplean por lo comun cinco barcos en la pesca de la sardina. (V. ALMADRAVA CABO DE GATA.)

COMERCIO. La principal esportacion la constituyen el plomo, el esparto, la barrilla, y el jaboncillo de sastre y la importacion de géneros de algodon y lana de Cataluña, telas de seda de Valencia y Málaga y lenceria de Marsella y Gibraltar. Las circunstancias detalladas de uno y otro comercio, se hallarán en los art. de *Almeria* c. y de *Adra* (V.).

FERÍAS. Se celebra en Albox el 1.° de noviembre, en la cap. de la prov. el 22 de agosto; en Cuevas el 2 del mismo; en Fiñana y Huercal-Overa el 15 de octubre; en Huécija el 28 de agosto: en Purchena el 15 del mismo mes, y en Velez-Blanco el 4 de octubre. Los principales art. de tráfico en todas ellas, son tejidos de todas clases, quincalla, alfarería, granos, legumbres, toda especie de ganados y otros géneros.

CARACTER USOS Y COSTUMBRES. Las generales de los granadinos, si se esceptuan los del part. de Velez-Rubio que se miran mas como murcianos, por su inmediacion á esta prov., que no como andaluces; todos son de costumbres sencillas, religiosos, sóbrios, robustos, de buen aspecto y dóciles.

BENEFICENCIA. Los establecimientos de beneficencia existentes en la prov. son: en Almeria un hospital de caridad, denominado de Sta. Maria Magdalena, creado por la Sta. Igl. Cat., en el año de 1492 para asistir á los pobres enfermos de dicha c., Huercal, Viator, Pechina, Benahadux, Rioja, Gador, Santa Fé, Tabernas, Turrillas, Vicar, Huebro, Enix, Felix, Roquetas, Gergal, Bacares, Velafique, Castro y Olula de Castro. Dirigia este establecimiento una junta gubernativa, compuesta de 5 vocales, 1 á nombre del obispo, otro en representacion del cabildo eclesiástico, un regidor, un caballero particular y el gobernador militar de la plaza, con un reglamento aprobado por Real órden de 5 de diciembre de 1777: reformado en 1833 sigue la Junta rigiendo dicho establecimiento, bajo la inspeccion del Gobierno politico. En el mismo hospital hay una casa de niños espósitos, fundado en el año de 1671, por el Ilmo. Señor D. Rodrigo Demandia ob. que fue de Almeria. En 21 de junio de 1834 se instaló una sociedad de 32 señoras, que cuidan del arreglo económico, é inspeccionan la asistencia de los espósitos de dentro y fuera de la casa. Mantiene el establecimiento 120 nodrizas y los dependientes necesarios para la bueña asistencia de los espósitos. En Albox hay otro hospital fundado por el Ilmo. Señor D. Claudio Sans y Torres, en 29 de octubre de 1764, al cual tienen derecho los pobres de la c. de Purchena, los de la misma v. de Albox, los de Alboledas, Cantoria y Zurgena: tambien hay en él una casa de espósitos. Por Real órden de 18 de mayo de 1802 fue erigido el hospital y casa de maternidad de Cuevas. En Fiñana hay un hospital para enfermos pobres transeuntes, y en Laujar un patronato destinado á la curacion de los enfermos pobres del mismo pueblo. El hospital de Doña Maria, con el título de San Cárlos, fue erigido en 1792, y en 22 de diciembre de 1776 el de Tahal por el Sr. visitador régio D. Benito Ramon de Hermida, al cual tienen derecho las 7 v. que componian el ant. part. de Tahal, y la de Nijar y su anejo Huebro: tambien tiene unida una casa de espósitos. Otro hospital bajo la advocacion de San Agustin, existe en Vera con su cuna unida, al cual se le agregó por decreto de 29 de agosto de 1780, una obra pia: finalmente en Velez-Rubio hay otro hospital con cuna, ignorándose la época de su fundacion, y quien fuera el fundador. Cuales sean los gastos de estos establecimientos y las rent., con que para cubrirlo contaban en el año de 1842, resultan del estado oficial respectivo.

Menester es convenir en vista del estado citado, que la beneficencia pública cuenta con pocos elementos en esta provincia para llenar su digno objeto: sube á 40,454 reales el total de las rent. efectivas de todos los hospitales y casas de maternidad, y á 60,699 rs. los gastos que se satisfacen; la diferencia de las dos sumas, nos hace conocer que la caridad de los almeritanos suple el déficit que entre una y otra se encuentra; pero tambien produce la conviccion de que todos estos establecimientos, la mayor parte, ó mas bien si se esceptuan los de la cap., deben ser inútiles en el dia, y que aun los últimos pueden proporcionar pocos socorros á la humanidad doliente.

Es esto tanto mas sensible cuanto no se ve que en la prov. de Almeria se halla desarrollado ese espíritu de hospitalidad domiciliaria que en otras muchas prov., del cual tan conocidas ventajas resultan á la sociedad; lo que es aun mas estraño porque el espiritu minero elevado al mas alto grado en este pais, reclama mas imperiosamente que en otro punto alguno de la Península esta clase de establecimientos por dos motivos. La prodigalidad, con que la naturaleza ha favorecido al territorio de la prov. de Almeria, con diversos géneros de metales, el éxito feliz que algunos mineros han tenido en su empresa, hace emprender cada dia á muchos incautos, trabajos atrevidos, en los cuales despues de invertir sus capitales, no encuentran mas resultado que la ruina de sus fortunas, quedando reducidos á la miseria con sus familias y sin otro medio que el de acogerse en los asilos de caridad ó al amparo de sus convecinos, para que les ayuden á salir del estado enfermizo en que la desesperacion les coloca. La segunda causa es el mismo penoso trabajo que la elaboracion de las minas lleva consigo; miles de hombres se ven continuamente sepultados en las entrañas de la tierra, la oscuridad del sitio, la humedad que alli mantienen los veneros de agua que hay que agotar, la falta de ventilacion, los miasmas morbíficos que naturalmente exhalan las tierras metálicas, son otros tantos elementos de enfermedad, sin contar los desplomes accidentales de los terrenos y los producidos por los barrancos. Necesariamente debe ser considerable el número de enfermos que las minas produzcan cada dia en Almeria, y si los hombres filantrópicos del pais no procuran dar un impulso fuerte á la beneficencia pública, se aumentarán considerablemente los desgraciados.

PUEBLOS.	ESTABLECIMIENTOS.	GASTOS. Víveres, utensilios y combustibles.	BOTICA.	Camas, ropas, vestuario y útiles de cocina.	Facultativos.	Enfermos y sirvientes.	Empleados.	Sueldos y gastos de cátedras ú objetos de educacion.	Cargas del establecimiento.	Culto y clero.	Gastos generales.	TOTALES PARCIALES. Obligaciones que no se pagan.	Idem de las que se satisfacen.	Total general.	RENTAS. Rentas propias.	Consignaciones del estado, que no se cobran.	Consignaciones y piezas eclesiásticas que no se cobran.	Productos, eventualidades.	TOTALES PARCIALES. De lo que no se cobra.	Idem efectivo.	TOTAL GENERAL.
Almeria...	Hosp. de sta. M.ª Magd.ª	13140	»	2400	11335	8519	8124	800	600	3355	3820	26999	25094	52093	7441	3595 11	1800	2000	5506	9330	14836 23 1/2
	Casa de Maternidad......	9130	»	3200	»	53590	1350	400	2600	»	2700	54400	18570	72970	27008		40450		42531	24926	67458 7
Albox.......	Hosp. y casa de Espósit.	»	»	»	»	»	»	»	»	»	»	»	»	»	334				394	»	334
Cuevas......	Idem..........Idem........	5840	500	145	495	1460	445	»	488	440	1000	10813	»	10813	8858				4400	1458	8858
Fiñana......	Id. para transeuntes pob.	»	100	100	88	»	473	»	65	25	200	1051	»	1051	»				»	»	»
Laujar......	Un patronato..............	»	»	»	»	»	»	»	1263	12	»	1275	»	1275	1275				1275	»	1275
Maria.......	Hospital de San Cárlos..	»	»	»	»	400	»	»	»	»	»	»	400	400	400				»	400	400
Pechina.....	Baños termales............	»	»	»	»	»	»	»	»	»	»	»	»	»	»				»	»	»
Tahal.......	Hosp. y casa de Espósit.	»	»	»	»	»	»	»	»	»	»	»	»	»	»				»	»	»
Vera........	Idem..........Idem........	11200	1200	6420	2510	14925	»	»	400	1340	3000	24360	16635	40995	878				»	878	878 19 1/2
Velez-Rubio	Idem..........Idem........	»	600	14000	1500	5180	1100	»	»	»	»	22380	»	22380	460				»	460	460
	TOTALES.. ...	33310	2400	26265	15928	84074	11492	1200	5416	5172	10720	141278	60699	201977	46655	3595 11	42250	2000	54046	40454	94500 16

En la prov. de Almeria aparece el número de escuelas en proporcion con el de ayunt. como 1 1/5 á 1 cuando en Alava se halla como 2 76/100 á 1: en Albacete como 1 51/80 á 1, y en Alicante como 2 32/150 á 1. La falta de escuelas es tanto mas sensible en la prov. que nos ocupa, cuanto muchas de ellas se hallan reunidas en un solo punto; carecen por tanto de escuela algunas pobl. crecidas, y no se encuentra absolutamente una en la multitud de grandes cas. y granjas, habitados indudablemente por mas de la mitad de la pobl. Donde resalta mas el descuido con que se mira en la prov. de Almeria la instruccion de la juventud, es en la proporcion que guarda el número de alumnos asistentes con el de alm. 1'75 p0/0: á 10'95 está en Alava, á 3'26 en Albacete y á 4'22 en Alicante. En los paises menos cultos no se verá tan desventajosa proporcion. Nos duele el decirlo; pero la imparcialidad propia de escritores públicos, nos obliga á hacerlo así; y tambien lo que quizá nuestras escitaciones llamen la atencion de los hombres influyentes de la prov., de las corporaciones municipales, de los mismos agentes del Gobierno, y reunan todos sus esfuerzos para incrementar la instruccion primaria, base primera de la moralidad y riqueza de las naciones, y arrancar el negro borron que acompañará á la historia de un pais tan favorecido de la naturaleza, entre tanto no sufra un cambio casi completo el resultado del estado oficial que sigue. Dejando á un lado las tristes consideraciones á que da lugar el corto número de escuelas existentes en la prov., y el corto número de alumnos que á ellas concurren, pasamos á ocuparnos de la comparacion del estado de la instruccion primaria entre los part. jud. que aquella comprende. El máximo de escuelas de ambos sexos, se halla en el de Almeria 30; pero es menester tener presente que del espresado número, 20 hay en la cap., y por consiguiente resultan sin escuela dos ayunt., con mas la multitud de cas., ald. y granjas. 3'47 p0/0 alumnos concurren á las escuelas, cuando en el part. de Añana y Salvatierra en la prov. de Alava concurren 13'14 p0/0 en el 1.°, y 14'33 en el 2.°; en la de Albacete, que es en la que mas descuidada hallamos la instruccion primaria entre las prov. cuyos art. hemos redactado; en el part. de la cap. la concurrencia de niños á las escuelas es de 3'94 p0/0, de 3'77 en el de Casas de Ibañez, y de 4'5 en el de la Roda, y en los part. de Jijona, Alcoy y la cap. de la prov. de Alicante la asistencia está en proporcion del 6 p0/0 en el 1.°, 4'69 en el 2.° y 4'74 en el último. El mínimo de escuelas se encuentra en el part. de Sorbas, 6/11 y el de asistentes á ellas en el de Huercal-Overa 0'78 p0/0.

La cap. de la prov. cuenta con otros elementos de instruccion; ademas de las 20 escuelas de instruccion primaria tiene un colegio de señoritas en que, ademas de las labores propias del sexo y otros adornos, se enseñan la música, la pintura, la geografía y lenguas: un colegio de humanidades, fundado bajo el auspicio del ayunt. y diputacion prov., con cátedras de latin, matemáticas, dibujo, música, geografía y lenguas: un seminario conciliar en el cual se enseña el latin, filosofía, teología y disciplina ecl.; una sociedad económica compuesta de 44 socios de número y dos de mérito, con su diputacion permanente en la córte y una biblioteca pública á cargo de una junta compuesta del gefe político presidente y 6 vocales. Utiles y convenientes son todos estos establecimientos, pero echamos de menos en esta cap. otros muchos que se encuentran en prov. menos ricas y peor sit.: no hallamos en Almeria ningun liceo artístico y literario, ningunas escuelas especiales de aplicacion y le falta un instituto de segunda enseñanza, escuelas de párvulos y de adultos. Persuadidos estamos de que el Gobierno no habrá perdido de vista que la prov. de Almeria es una de las principales en minería de España, ni la ventaja de establecer en su cap. una escuela especial de mineralogía, con el fin de estender los conocimientos de esta ciencia, con lo que se evitaria la ruina de muchas familias, que en el dia, por falta de aquellos, comprometen sus cap. en empresas mineras desesperadas, con notable perjuicio de la nacion en general.

INSTRUCCCION PUBLICA.

PARTIDOS JUDICIALES.	Número de ayuntamientos.	POBLACION. Vecinos.	POBLACION. Almas.	ESCUELAS. Elementales completas. Públicas de Niños.	Públicas de Niñas.	Concurren Niños.	Concurren Niñas.	Privadas de Niños.	Privadas de Niñas.	Concurren Niños.	Concurren Niñas.	Elementales incompletas. Públicas de Niños.	Públicas de Niñas.	Concurren Niños.	Concurren Niñas.	Privadas de Niños.	Privadas de Niñas.	Concurren Niños.	Concurren Niñas.
Almeria.	12	8,260	33,044	13	2	472	74	6	9	329	273	»	»	»	»	»	»	»	»
Berja.	6	6,824	27,287	2	1	137	20	»	»	»	»	1	»	34	»	3	»	61	»
Canjayar.	19	6,413	25,677	10	1	436	9	1	»	44	»	6	»	235	»	»	»	»	»
Gergal.	17	7,393	29,586	11	»	525	»	2	2	15	8	1	»	28	»	»	»	»	»
Huercal-Overa.	5	7,359	29,439	5	»	231	»	»	»	»	»	»	»	»	»	»	»	»	»
Purchena.	21	7,385	29,568	12	1	407	20	»	»	»	»	6	2	152	7	»	»	»	»
Sorbas.	11	4,460	17,851	4	»	153	»	»	»	»	»	»	1	»	10	»	1	»	30
Velez-Rubio.	4	5,450	21,800	2	»	146	»	6	4	160	99	»	»	»	»	1	»	20	»
Vera.	8	9,675	38,700	7	1	290	19	»	»	»	»	»	»	»	»	»	»	»	»
TOTAL.	103	63,219	252,952	66	6	2,797	142	15	15	548	380	14	3	449	17	4	1	81	30

PARTIDOS JUDICIALES.	NUMERO DE Ayuntamientos.	NUMERO DE Almas.	ESCUELAS. TOTAL.	ESCUELAS. Por ayuntamientos.	CONCURRENTES. Niños	CONCURRENTES. Niñas.	CONCURRENTES. TOTAL.	Su relacion con el número de almas.	MAESTROS Y MAESTRAS. Con título.	MAESTROS Y MAESTRAS. Sin título.	DOTACION DE MAESTROS Y MAESTRAS. Metálico.	Frutos.	Retribuciones	Cantidad señalada para gastos de escuela. METALICO.	Escuela con edificio. Propio.	Escuela con edificio. Alquilado.
Almeria.	12	33,044	30	2 1/2	801	347	1,148	3'47 p. 00	15	16	17,075		67,674		1	29
Berja.	6	27,287	7	1 1/6	332	20	252	0'92 id.	6	2	8,520		17,114	200	1	6
Canjayar.	19	25,677	18	» 18/19	715	9	724	2'82 id.	10	8	24,526		16,371		5	13
Gergal.	17	29,586	16	» 16/17	568	8	576	1'95 id.	10	4	21,140	800	7,974		1	15
Huercal-Overa.	5	29,439	5	1	231	»	231	0'78 id.	4	1	8,800		5,244		1	4
Purchena.	21	29,568	21	1	559	27	586	1'98 id.	8	11	21,492		5,410		2	19
Sorbas.	11	17,858	6	» 6/11	153	40	193	1'08 id.	1	5	4,750		2,750		»	6
Velez-Rubio.	4	21,851	13	1 1/4	326	99	425	1'95 id.	5	8	3,960	180	10,148		2	11
Vera.	8	38,700	9	1	290	19	309	0'80 id.	5	3	12,460		4,420		1	7
	103	252,952	124	1 1/5	3,875	569	4,444	1'75 p. 00	64	58	122,723	980	137,105	200	14	150

En todas estas escuelas es simultánca la enseñanza.

ESTADO ECLESIASTICO.

DIOCESIS A QUE PERTENECEN LOS PUEBLOS DE ESTA PROVINCIA.	PUEBLOS.	PARROQUIAS. Matriz.	PARROQUIAS. Anejo.	SANTUARIOS. CONVENTOS. Suprimidos.	SANTUARIOS. CONVENTOS. Existentes.	SANTUARIOS. Ermitas.
Almeria	69	66	25	8	2	8
Cartagena	1	1	»	»	»	7
Granada	32	24	11	2	»	29
Guadix	6	4	2	»	»	4
Totales. (*)	108	95	38	10	2	48

RESUMEN.	TOTAL.	EN PROPORCION con el núm. de almas.
Templos parroquiales	133	1. á 1901'879
Eclesiásticos	257	1. á 984'249
Haberes y gastos	1.277618 rs.	5' ó 51 á 1

PERSONAL.	NUMERO.	CLASES.	CONSIGNACION.	HABERES DEL CLERO. Catedral.	HABERES DEL CLERO. Parroquial.	CULTO Y REPARACION DE TEMPLOS. En la Catedral.	CULTO Y REPARACION DE TEMPLOS. En las parroquias.
Catedral de Almeria	1	Arcediano		14,000			
	1	Dignidad, tesorero		12,000			
	1	Vicario capitular		6,000			
	3	Canónigos	12,000	36,000			
	3	Capellanes	3,500	10,000			
Curatos de entrada	10	Curas propios	3,600		36,000		
	13	Id. ecónomos	3,300		42,900		
Idem de primer ascenso	20	Id. propios	4,500		90,000		
	3	Id. ecónomos	3,600		10,800		
Idem de segundo idem	18	Id. propios	5,500		99,000		
	8	Id. ecónomos	4,000		32,000		
Idem de término	17	Id. propios	7,000		119,000		
	7	Id. ecónomos	4,500		31,500		
Coadjuctores y tenientes	65	En matrices	2,200		143,000		
	12	En filiales	2,500		30,000		
Beneficiados	11	En curatos de primer ascenso					
	17	En idem de segundo idem	....	....	183,414	99.700	281,804
	47	En idem de término					
	257			78,500	817,614	99,700	381,804
				896,114		381,504	
				1.277,618			

Por el estado que antecede se observa que de las 108 pobl. que abraza la prov. de Almeria, 69 corresponden á la dióc. de su nombre, una á la de Cartagena, 32 á la de Granada y 6 á la de Guadix: resulta asimismo que el número de templos parr. es 133, 0'605 por leg. cuadrada y uno por 1901'879 alm. y hallándose los espresados templos servidos por 257 ecl., resultan 1'168 por leg. cuadrada y uno por cada 984'249 alm.

Segun es de ver por dicho estado el presupuesto del clero cated. asciende á 78,500 rs. al año, y el del parr. á 817,614 rs.; el del culto cated. á 99,700 y á 281,804 el del culto parr.; cuyas cuatro partidas forman un total de 1.277,618 rs.; y siendo el número de vec. que la matricula catastral de 1842 presupone á la prov. de Almeria 63,216, corresponde pagar á cada vec. por culto y clero 20'210 rs. al año ó sean 5'051 rs. por alm. Ahora bien, apareciendo de los datos estadisticos que acompañan á las prov. de Alavá, Albacete y Alicante que la cantidad que cada alm. paga anualmente por el sostenimiento del culto y clero, es 36'269 en la primera, 4'056 en la segunda, y en la tercera 6'860, resulta que la prov. de Almeria se halla considerablemente mas beneficiada en esta carga precisa é indispensable que la de Alava, mas favorecida que la de Alicante, y poco mas perjudicada que la de Albacete.

(*) Aunque en este estado solo figuran 108 pueblos, que es lo que resulta de las sumas parciales de los que corresponden á cada una de las cuatro dióc. mencionadas, y hemos dicho en el art. de la prov. que consta la misma de 108 ayunt. y 19 alc. ped. que forman un total de 122 poblaciones.

Las consignaciones que ponemos al clero catedral, están tomadas de una nota que acabamos de recibir de nuestro corresponsal: los demas datos son oficiales.

PERSONAL.

PARTIDOS Y SUBDELEGACION.	ACUSADOS.	ABSUELTOS. De la instancia.	ABSUELTOS. Libremente.	PENADOS. Presentes.	PENADOS. Contumaces.	REINCIDENTES. En el mismo delito.	REINCIDENTES. En otro diferente.	INTERMEDIO Desde la última reincidencia al delito anterior.	EDADES. De 10 á 20 años.	EDADES. De 20 á 40.	EDADES. De 40 en adelante.	EDADES. Se ignora de	SEXO. Hombres.	SEXO. Mujeres.	ESTADO. Solteros.	ESTADO. Casados.	ESTADO. Se ignora de	INSTRUCCION. Saben leer.	INSTRUCCION. Saben leer y escribir.	INSTRUCCION. No saben leer ni escribir.	PROFESION. De ciencias ó artes liberales.	PROFESION. De artes mecánicas.	PROFESION. Se ignora de
Almeria.	105	3	10	75	17	1	2		21	53	22	9	89	16	44	52	9	20	20	65	3	31	71
Id. subdelegacion.	68	12	13	33	10	»	»		»	40	18	10	68	»	23	35	10	6	36	26	10	48	10
Berja.	43	3	7	27	6	4	2	De 1 á 4 años.	5	29	3	6	39	4	20	17	6	11	11	21	»	37	6
Canjayar.	95	14	2	38	31	44	6	De 1/2 á 3 id.	7	66	22	»	89	6	32	63	»	28	28	39	2	93	»
Gergal.	53	2	2	42	7	»	1	De 1 mes.	7	34	8	4	49	4	23	26	4	»	16	37	6	43	4
Huercal-Overa.	31	9	5	12	5	3	7	De 1 á 6 años.	5	20	6	»	30	1	7	24	»	8	8	15	1	30	»
Purchena.	99	9	2	53	35	»	»		11	65	14	9	89	10	35	55	9	»	24	75	5	85	9
Sorbas.	29	2	1	20	6	5	3	De 3 meses á 3 1/2 años.	5	18	5	1	24	5	13	15	1	»	11	18	1	27	1
Velez-Rubio.	37	5	2	26	4	7	3	De 2 id. á 6 id.	7	22	8	»	33	4	20	17	»	»	8	29	»	37	»
Vera.	102	8	2	80	12	»	2		13	66	15	8	99	3	27	66	9	21	21	60	4	89	9
TOTAL.	662	67	46	406	143	64	26	Término medio 19 meses.	81	413	121	47	609	53	244	370	48	94	183	385	32	220	110
		113		549		90			662				662		662			662			662		

PROPORCION.

PARTIDOS Y SUBDELEGADOS.	Número de almas.	De los de 10 á 20 años con los de 20 á 40.	De los de 20 á 40 con los de 40 en adelante.	De los hombres con las mujeres.	De los solteros con los casados.	De los que saben leer con los que no saben.	De los que saben leer y escribir con los que no saben.	De los que ejercen profesion científica ó arte liberal con los que ejercen arte mecánica.	De los acusados con la poblacion.	De los absueltos con los acusados.	De los penados con los acusados.	De los contumaces con los presentes.	De los reincidentes con los penados.
Almería.	28,395	0'396 á 1	2'405 á 1	5'563 á 1	0'848 á 1	0'308 á 1	0'308 á 1	0'097 á 1	0'004 á 1	0'124 á 1	0'876 á 1	0'227 á 1	0'033 á 1
Id. subdelegacion.	»	»	2'222 á 1	»	0'657 á 1	0'231 á 1	1'375 á 1	0'208 á 1	»	0'369 á 1	0'632 á 1	0'303 á 1	»
Berja.	26,909	0'172 á 1	9'667 á 1	8'755 á 1	1'177 á 1	0'524 á 1	0'524 á 1	»	0'002 á 1	0'233 á 1	0'767 á 1	0'222 á 1	0'182 á 1
Canjayar.	24,695	0'106 á 1	3'000 á 1	14'888 á 1	0'508 á 1	0'736 á 1	0'736 á 1	0'022 á 1	0'004 á 1	0'168 á 1	0'832 á 1	1'076 á 1	0'633 á 1
Gergal.	28,547	0'206 á 1	4'255 á 1	12'255 á 1	0'885 á 1	»	0'432 á 1	0'140 á 1	0'002 á 1	0'076 á 1	0'925 á 1	0'167 á 1	0'020 á 1
Huercal-Overa.	26,084	0'250 á 1	3'333 á 1	30'000 á 1	0'292 á 1	0'533 á 1	0'533 á 1	0'033 á 1	0'001 á 1	0'452 á 1	0'548 á 1	0'417 á 1	0'588 á 1
Purchena.	29,507	0'169 á 1	4'643 á 1	8'900 á 1	0'636 á 1	»	0'320 á 1	0'059 á 1	0'003 á 1	0'111 á 1	0'889 á 1	0'660 á 1	»
Sorbas.	18,081	0'278 á 1	3'666 á 1	4'888 á 1	0'867 á 1	»	0'611 á 1	0'037 á 1	0'002 á 1	0'103 á 1	0'897 á 1	0'300 á 1	0'308 á 1
Velez-Rubio.	18,316	0'318 á 1	2'755 á 1	8'255 á 1	1'177 á 1	»	0'278 á 1	»	0'002 á 1	0'189 á 1	0'811 á 1	0'154 á 1	0'333 á 1
Vera.	34,255	0'197 á 1	4'444 á 1	33'000 á 1	0'409 á 1	0'555 á 1	0'355 á 1	0'003 á 1	0'003 á 1	0'098 á 1	0'902 á 1	0'150 á 1	0'022 á 1
TOTAL.	234,789	0'196 á 1	3'413 á 1	11'491 á 1	0'659 á 1	0'258 á 1	0'719 á 1	0'062 á 1	0'003 á 1	0'171 á 1	0'829 á 1	0'352 á 1	0'164 á 1

DE LOS HOMICIDIOS Y HERIDAS.

PARTIDOS Y SUBDELEGACION.	PERSONAS. Número de almas.	Acusados.	Penados.	Número de delitos.	ARMAS DE FUEGO. De uso lícito.	De ilícito.	ARMAS BLANCAS. De uso lícito.	De ilícito.	Instrumentos contundentes.	Otros instrumentos ó medios no espresados.	PROPORCION. De la poblacion con los delitos.	De los acusados con los delitos.	De los penados con los delitos.	De las armas de fuego, con las armas blancas.	De las armas de fuego de uso lícito con las de ilícito.	De las armas blancas de uso lícito con las de ilícito.	De los instrumentos contundentes con los delitos.	De los instrumentos ó medios no espresados con los delitos.
Almeria	28,395	105	92	53	2	1	12	5	14	19	537'755 á 1	1'981 á 1	1'736 á 1	0'176 á 1	2'000 á 1	2'400 á 1	0'264 á 1	0'358 á 1
Id. subdelegacion	»	68	43	24	»	»	»	»	»	24	»	2'833 á 1	1'792 á 1	»	»	»	»	1'000 á 1
Berja	26,909	43	33	23	9	1	4	7	2	»	1,169'957 á 1	1'870 á 1	1'434 á 1	0'909 á 1	9'000 á 1	0'571 á 1	0'087 á 1	»
Canjayar	24,695	95	79	45	1	3	2	14	5	20	548'778 á 1	2'111 á 1	1'756 á 1	0'250 á 1	0'333 á 1	0'141 á 1	0'111 á 1	0'444 á 1
Gergal	28,547	53	49	27	»	1	1	»	3	22	1,057'296 á 1	1'963 á 1	5'815 á 1	1'000 á 1	»	»	0'111 á 1	0'815 á 1
Huercal-Overa	26,084	31	17	18	1	1	3	1	5	7	1,449'222 á 1	1'722 á 1	0'944 á 1	0'500 á 1	1'000 á 1	3'000 á 1	0'278 á 1	0'389 á 1
Purchena	29,507	99	88	51	1	7	5	7	13	18	578'564 á 1	1'941 á 1	1'726 á 1	0'667 á 1	0'143 á 1	0'714 á 1	0'255 á 1	0'353 á 1
Sorbas	18,081	29	26	17	3	»	»	1	3	10	1,063'588 á 1	1'706 á 1	1'529 á 1	3'000 á 1	»	»	0'176 á 1	0'588 á 1
Velez-Rubio	18,318	37	30	24	1	»	4	2	15	2	763'250 á 1	1'542 á 1	1'250 á 1	0'167 á 1	»	2'000 á 1	0'625 á 1	0'082 á 1
Vera	34,255	102	92	46	»	»	12	2	8	24	744'674 á 1	7'217 á 1	2'000 á 1	»	»	6'000 á 1	0'174 á 1	0'509 á 1
Total	234,789	662	549	328	18	14	43	39	68	146	715'820 á 1	2'018 á 1	1'674 á 1	0'391 á 1	1'286 á 1	1'103 á 1	0'207 á 1	0'457 á 1
					32		82											

En vista del abandono en que se halla en esta prov. la instruccion pública, su poca ind., si se esceptua la minera, y lo escaso de su comercio, sospecharse debiera que la criminalidad habia de presentar un cuadro poco agradable, atendida tambien su topografía y clima meridional, en el que la exaltacion de las pasiones es mayor por efecto de lo mas rápido de la circulacion de la sangre; pero afortunadamente no es así, y sin saber á que atribuirlo mas que al carácter dócil de los hab., el número de acusados y el de delitos y penados es menor, proporcion guardada con la pobl., que en otras muchas prov. en las que la instruccion pública se halla mas aventajada y que disfrutan de una topografía mas set. y de un clima mas frio, bajo cuya influencia parece que la razon ejerce mayor dominio en las acciones y por tanto se sobrepone á las pasiones.

La prov. de Almeria ocupa el trigésimo lugar en la escala gradual de la criminalidad, y presenta menor número de acusados que las de Cuenca, Alava, Albacete y Murcia, y mayor que Ciudad-Real y Alicante como lo demuestra el siguiente estado.

Cuenca	1 á 228'193 alm.
Alava	1 á 237'560
Albacete	1 á 284'765
Murcia	1 á 322'637
Almeria	1 á 354'666
Ciudad-Real	1 á 362'684
Alicante	1 á 379'386

Si tal es el resultado que la prov. de Almeria nos da cuando tantos elementos tiene contra sí, y cuando en la época á que se refieren los datos que nos ocupan, debieran influir en gran manera los sucesos políticos en dar pábulo á la formacion de espedientes y causas criminales, producto de ódios y venganzas; ¿cuánto mas satisfactorio seria el cuadro que ofreciéramos, si estos accidentes no hubieran ocurrido, y si se consiguiese fomentar la instruccion pública aumentando el número de escuelas de instruccion primaria, y compeliendo á los padres de familias por los diversos medios eficaces de que un gobierno puede disponer, para que proporcionasen á sus hijos, por lo menos, la instruccion primaria elemental?

Si de las consideraciones generales que produce el exámen en globo de los estados precedentes, descendemos al exámen parcial de ellos; vemos por el primero lo que en todos los datos estadísticos que hasta el dia hemos tenido motivo de examinar; que la edad en que mayor propension se advierte al crimen es en la de 20 á 40 años; pero hallamos una circunstancia en la prov. que nos ocupa que en ninguna de las otras hemos visto, por lo menos de un modo tan marcado, á saber: que en la edad en que ya puede considerarse en toda madurez la razon del hombre, en la que ya las pasiones han perdido mucho de su influjo, en que principia á amortiguarse visiblemente la vitalidad del hombre, principalmente en los paises meridionales, nos presenta mayor número de acusados que en aquella edad de la primavera, en la que todo es vida, todo accion, en la que todos los vicios y todas las pasiones empiezan á desarrollarse con una fuerza, con un ímpetu difícil de contener, peligroso á las veces, la de 10 á 20 años; en efecto, los datos estadísticos de Almeria nos dan 1'493 acusados en la edad de 40 años en adelante, por uno de 10 á 20. La proporcion que entre hombres y mujeres guarda, casi es la misma que en las otras prov. 11'941 á 1. La de los solteros con los casados es 0'659 á 1. No es fácil esplicar la razon del mayor número de acusados casados que solteros, que se advierte en esta prov. y en la de Alava; es cierto que el hombre con el estado de matrimonio adquiere mayor número de obligaciones, y que se aumentan sus necesidades; pero no lo es menos que aquellos vínculos le estrechan mas y mas con la sociedad; que le hacen mas interesado en la conservacion del órden público, en el respeto á la propiedad, y en que la seguridad individual se halle completamente garantida; que las mismas obligaciones que de nuevo adquiere, que los medios de que tiene que valerse para cubrir el mayor número de necesidades, son otras tantas circunstancias que se hallan en oposicion con la criminalidad. Otra anomalia no menos atendible que la anterior, nos presentan las casillas relativas á la instruccion. Casi una mitad de los acusados sabian leer y leer y escribir en la prov. de Almeria, donde el máximun de los concurrentes á las escuelas no pasa de 1 p%; cuando en las demas prov. hemos podido esplicar el mayor número de criminales por el mayor atraso en que la instruccion pública se encontraba. Los acusados resultan con la pobl de 0'003 á 1; los penados con los acusados de 0'829 á 1; los contumaces con los presentes de 0'352 á 1; los reincidentes con los penados de 0'164 á 1, y los que ejercen profesion científica ó arte liberal con los que ejercen artes mecánicas de 0'062 á 1.

Entrando en el exámen comparativo de los part. jud., se halla el máximo de acusados en los de Almeria y Canjayar 0'004 á 1; y el mínimo en el de Huercal-Overa 0'001 á 1.

Por el estado segundo, ó sea de los homicidios y heridas, se ve la marcada propension que en la prov. de Almeria existe hácia los crímenes contra las personas, puesto que resultan 328 delitos de este género, ó lo que es lo mismo, que casi los 3/4 de los acusados han debido serlo por delitos de homicidio ó de heridas, golpes y malos tratamientos. La falta de ciertas noticias no nos permiten hacer en este caso observaciones y comparaciones que pudieran ser muy útiles. Lo mismo que en las demas prov., predomina en la de Almeria el uso de armas blancas á las de fuego; y el de las permitidas al de las prohibidas. La proporcion entre las armas de fuego y las blancas es 0'391 á 1; de las permitidas del primer género con las prohibidas 1'286 á 1; y entre las del segundo de 1'130 á 1. Los instrumentos contundentes estan en relacion con los delitos como 0'201 á 1, y los instrumentos ó medios ignorados 0'457 á 1. Es notable el escesivo número de casos en que resulta ignorado el medio ó instrumento con que se perpetró el delito. Lo mismo que en el estado anterior aparece el part. jud. de Almeria con el mayor número de acusados; resulta en el que nos ocupamos con el mayor número de delitos de homicidio y de heridas 1 por cada 537'755 alm., y el de Huercal-Overa con el mínimo 1 por 1449'222 alm.

ALMERIA: INTENDENCIA de nueva creacion. compuesta de las pobl. indicadas en el art. anterior, correspondientes antes de la division de 30 de noviembre de 1833 al terr. que comprendia el ant. reino de Granada. Las mismas dificultades que se han presentado para trazar el cuadro administrativo y económico de las prov. de Alicante y Albacete, aparecen ahora, y si se quiere mayores, para presentar en todos sus pormenores y en sus distintas y variadas fases la historia del movimiento de la riqueza pública de esta prov. Figurando los pueblos de ella, como queda dicho, en el terreno que abrazaba el reino de Granada, no en uno, sino en muchos documentos ant. y modernos, aparecen confundidos los datos y englobadas las noticias de este con el de Jaen. Nuevas dificultades, al parecer insuperables, nacen de esta confusion, y si bien hemos procurado con celo y con constancia el vencerlas, acaso nuestros esfuerzos no hayan tenido el resultado que nos prometiamos: sin embargo, en la pobl., en la riqueza, en los impuestos, á los datos precederán ó seguirán las razones, para que al menos pueda conocerse que hemos estudiado la materia y presentado observaciones, por nadie, no vacilamos el decirlo, ofrecidas hasta el dia. Persuadidos de que el método forma muy principalmente el mérito de esta clase de trabajos, principiaremos como en los demas art. de esta materia, por examinar la pobl. de los pueblos de la actual prov. de Almeria en épocas ant. y recientes, ya confundidos en el inmenso terr. del ant. reino de Granada, ya formando en la segunda y tercera época constitucional, prov. independiente.

POBLACION: los pueblos que forman hoy la prov. de Almeria contaban, segun documentos oficiales que tenemos á la vista, los hab. que aparecen del estado que sigue:

	Años.	Almas
1.ª	1595.	115,896
2.ª	1787.	165,242
3.ª	1797.	177,247
4.ª	1826.	270,677
5.ª	1828.	250,906
6.ª	1831.	221,058
7.ª	1832.	222,502
8.ª	1833.	234,789
9.ª	1836.	227,209
10	1837.	234,789
11	1841.	232,645
12	1842.	252,292
13	1843.	297,975
14	1844.	228,993

Primera poblacion. Cuando documentos oficiales del siglo XVI, hoy conservados en el archivo de Simancas, señalaban á España 1.641,358 vec. y 8.206,791 hab., figuraba el terr. del reino de Granada con 359,520 hab., y el de Jaen con 228,785, cuyas dos sumas forman la de 588,305 individuos. ¿Es posible conocer *hoy* la pobl. que tenian *entonces* los pueblos comprendidos en la actual prov. de Almeria? Nuestros lectores comprenderán las graves dificultades que esta investigacion ha de ofrecer naturalmente en un pais que ha sufrido tantas vicisitudes, en guerras en que ha campeado la idea de religion con el espíritu de independencia. Pudiera ciertamente presentarse un dato bastante exacto de la pobl. del ob. de Almeria, porque como es sabido, antes del año de 1787 las investigaciones se hacian generalmente con intervencion y auxilio de los prelados y corporaciones eclesiásticas; pero como desgraciadamente ha sido y es la demarcacion civil distinta de la religiosa, los datos de esta nada sirven, ni para conocer el número de hab., ni para averiguar las riquezas de las ant. ni de las modernas prov. Ha sido, pues necesario apelar á la reunion de distintos datos, de remota y reciente época, y á buscar en unos y en otros la proporcion entre los pueblos que, perteneciendo antes á un mismo reino, hoy forman distintas prov. Este exámen, este estudio, nos ha permitido reconocer y admitir el 19' 70 p% de la pobl. de los ant. reinos de Granada y Jaen para los pueblos que forman hoy la prov. de Almeria. Por esta razon, y refiriéndonos al siglo XVI, hemos señalado al pais cuyo exámen nos ocupa, 115,896 hab.

Segunda poblacion. Ya en otros art. hemos demostrado que existen razones muy poderosas para creer que los datos reunidos en los siglos XV, XVI y principios del XVII, contenian grandes ocultaciones, tanto si facilitaban las noticias los prelados ecl., como si las daban los empleados del Gobierno. Los que han creido que la pobl. de España en 1723 era de 7.995,000 hab.; los que han asegurado que en el año de 1777, solo comprendia nuestro pais 9.307,000 hab. suponiendo que en un espacio de 100 años se ha duplicado la pobl. española, han cometido gravísimos errores, porque han admitido como verdaderos, datos estadísticos que eran solo la espresion del engaño y del fraude. Al que asegure magistralmente, como se hace con sobrada ligereza, que la España á principios del siglo XVIII solo tenia 7.925,000 individuos, y sostenga que en 1834 tenia 14.660,000, le debe ser permitido creer que en ese periodo, se ha doblado el número de habitantes en nuestro pais. Aun estrechando las distancias y reduciendo las épocas, el que admita la pobl. referida del año 1834 y asegure que apenas contaba la España en 1803 10.000,000 de individuos, habrá de creer en una mayor rapidez del aumento de individuos en nuestros dias. Cierto que la pobl. se ha aumentado; cierto que se ha observado un fenómeno que merece un estudio detenido, á saber, que el número de hab. ha crecido despues de nuestros mayores desastres; pero no lo es menos que los datos ant. no representan la verdadera pobl., y que por consiguiente falta un término de comparacion en que apoyar los cálculos y las observaciones. No debe, pues, causar estrañeza, que la pobl. de 115,895 hab. correspondientes al año de 1594 aparezca elevada ya en los pueblos de la prov. de Almeria en 1787 á 165,243 individuos: efectivamente, en los trabajos dispuestos por el conde de Floridablanca en 7 de junio de 1786, que dieron por resultado el censo conocido con el nombre del año 1787, ya resulta que en las operaciones practicadas por las prov. ó intendencias se señalaron á España 1.100,075 hab. sobre el número que habian presentado las relaciones remitidas por los ob. En los datos de estos últimos figuraba la pobl. española por 9.309,804 individuos y en los del Gobierno por 10.409,879, y es bien seguro que si la segunda operacion se hubiera hecho con mas escrupulosidad, con mas fiscalizacion, mayor hubiera sido la diferencia. Ya en aquella época (1787) los pueblos de Jaen y de Granada contaban, segun datos oficiales, 838,797 hab. correspondiendo de ellos 165,243 á los pueblos de la actual prov. de Almeria.

Tercera poblacion. En el censo del año de 1797 lo mismo que en el de 1787 campean los errores hasta en la sencilla operacion de sumar dos simples partidas: la comparacion que se hizo de estos dos trabajos marcando la diferencia ó el aumento de pobl. no es admisible, porque las dependencias del Gobierno no incluyeron en las respectivas prov. á reinos á los ecl. de todas clases; limitándose á presentar el resultado de las seis casillas que figuran en los estados, de solteros, casados y viudos de ámbos sexos. Hecha esta aclaracion deberemos decir, que los hab. de los reinos de Granada y Jaen, siempre con referencia á datos oficiales, en 1797 eran 899,731, figurando por 177,247 los pueblos hoy de la prov. que describimos, número que tambien presenta el censo de 1799 en que se trató, como es bien sabido, mas de conocer la riqueza, que la pobl. de las respectivas localidades.

Cuarta poblacion. En nuestra opinion el trabajo mas importante sobre esta materia que se ha hecho en este siglo, es el de la policia en el año 1826, en que se elevó la pobl. de España á 13.939,235 hab. Ya al hablar de esta época en el art. intendencia de Alicante pág. 634, dijimos, que á muy poco tiempo la misma policia habia destruido su obra, porque á los pocos años redujo considerablemente el número de hab. que anteriormente habia señalado. Como quiera que sea, existe un hecho de gravedad, á saber, que en una época en que los pueblos obedecian ciegamente de grado ó por fuerza á las mas ligeras indicaciones de los empleados de policía, estos, que tenian montadas sus oficinas, que investigaban la pobl., que la clasificaban en diferentes categorias y estados, fijaban á sus respectivos terr. bajo la responsabilidad de sus firmas, un número de hab. el mayor que arrojan los documentos oficiales de ant. y reciente fecha. En la época á que aludimos se señalaba al terr. que comprendian los ant. reinos de Jaen y Granada 1.373.998 hab. de los que 260,697 pertenecian á la actual prov. de Almeria.

Quinta poblacion. Por aquellos tiempos y para publicar en 1828 su Diccionario geográfico-histórico, reunia Miñano noticias sobre pobl., resgistrando, segun nos ha dicho, los archivos del Gobierno. Con referencia, pues, á datos de 1826, bien que publicados despues, señala este escritor á España 13.698,029 hab. y á los pueblos que forman hoy la prov. de Almeria en sus respectivos art. 250,906. De todos modos aparece que el Gobierno de aquella época tenia en sus dependencias datos que justificaban por las relaciones de los mismos interesados, que la España tenia cerca de 14 millones de habitantes.

Sesta poblacion. Asi sorprende, y lo hemos dicho ya en otro lugar, que la misma policia que tantos resultados ofreció en sus investigaciones catastrales de 1826, solo señalase á la España de 1831 11.207,687 hab. esto es, 2.731,546 menos que los que habia designados en los trabajos que en 1826 habia presentado. Siguiendo casi la misma proporcion se vé, que al paso que en 1826 á los reinos de Granada y Jaen se señalaban 1.373,998 individuos, en el año de 1831 se les designaba 1.122,122 con la rebaja entre una y otra época de 251,876; de modo que los pueblos de la prov. de Almeria que tenian en 1826, segun la policia, 270,677, en 1831, segun las mismas oficinas, solo tenian 221,058 habitantes.

Sétima poblacion. Aun hubo de parecer á la policía escesivo el núm. de individuos que señaló en sus trabajos de 1831, puesto que en los datos remitidos en el año 1832, solo aparece España con 11,158,274, esto es, 49,365 alm. menos que en 1831, y 2.780,961 menos que en 1826, segun aparece de la simple comparacion de las sumas. Pero si la pobl. general de España resulta menor en 1832 que en 1831, la correspondiente al reino de Granada, ó sea la de las prov. de este mismo nombre, Almeria, Jaen y Málaga aparece mayor en la época á que en este instante nos referimos. En 1831 la pobl. de este terr. era, como hemos dicho, de 1.122,122, y la señalada en 1832 era de 1.129,452, diferencia de mas 7,330 hab. En la misma proporcion, figurando Almeria en 1831 con 221,058 individuos, aparece en 1832 con 222,502, aumentada su poblacion en 1,444 almas.

Octava poblacion. Se presenta por primera vez la division terr. tal como hoy es conocida, con escasísimas variaciones (*), en el decreto de 30 de noviembre de 1833 en que se hizo en España la correspendiente demarcacion de prov., y en ella figura la de Almeria con 234,789 hab. Con solo indicar la procedencia del dato que señalaba á España 11.962,767 hab., creemos bastante esplicacion, porque ya no es desde esta fecha necesario examinar el número de hab. de la prov. de Almeria con relacion al de los pueb. de Jaen, Granada y Málaga.

Novena poblacion. Reunia en el año 1836 el ministerio de la Gobernacion datos de alguna importancia para publicar una guia de sus propias dependencias; primero, y por desgracia último trabajo de esta clase. Defectuosos fueron sin duda los datos remitidos, pero cada año pudieron rectificarse las noticias y publicándose con oportunidad, las equivocaciones hubieran llegado á subsanarse paulatinamente. En estos trabajos aparece una pobl. de 11.800,413, esto es, 162,354 menos que en el año 1833, presentándose Almeria con 227,209 hab., rebajada su pobl. desde el último censo en 7,589.

Décima poblacion. En el año siguiente ya aparece España con 12.262,872 hab. en el censo que acompaña á la ley electoral de las Córtes constituyentes de 1837, correspondiendo á la prov. de Almeria la misma pobl. que le fue designada en 1833, que es la de 234,789 habitantes.

Undécima poblacion. Reuniéronse en la cap. de Almeria en 8 de mayo de 1841 las autoridades, los diputados provinciales y otras personas notables, con muchas de las que nos unen lazos de amistad y de reconocimiento, para presentar la pobl. y riqueza de la prov. de Almeria en virtud del decreto de la Regencia provisional del reino de 7 de febrero de 1841: tenemos á la vista copia de estos trabajos, que analizaremos detenidamente al hablar de la riqueza, limitándonos por ahora á decir que personas interesadas en disminuir el número de los hab. del pais, hubieron de señalar á esta prov. 57,611 vec., y 232,645 hab.

Duodécima poblacion. Apremiaba por aquellos tiempos la pública opinion, ó al menos el sentir de los hombres ilustrados, que ansian para su pais un Gobierno que administre con acierto, no que camine ciegamente á espensas de su reputacion y de los intereses nacionales, para que se reunieran datos estadisticos, se examinaran y cotejasen, á fin de dar impulso á unos trabajos de perentoria necesidad para este pais, si ha de promoverse con seguridad de acierto la riqueza pública en sus distintas clases, en sus variadas combinaciones. En el año de 1842, siendo ministro el Sr. Calatrava (D. Ramon), los intendentes, auxiliados por otros empleados y algunos particulares, remitieron noticias que aunque inexactas, á no dudarlo, son útiles y curiosas. La pobl. de toda España en los trabajos de las intendencias del año á que nos referimos, es de 12.054,008 hab., y los de la prov. de Almeria de 252,292: ó sean 19,647 mas que los designados por la junta de 1841, de que hemos hecho mérito anteriormente. Y ya que se señala una pobl. de alguna importancia, consideramos oportuno y conveniente indicar la procedencia y el apoyo de los trabajos remitidos por la intendencia. Valióse ésta de las relaciones de los mismos ayunt. enviadas para formar las matrículas de

(*) No hemos querido hacer mérito de la segunda época constitucional de 1820 al 1823, porque la division terr. genéricamente hablando, no es la misma: nos limitamos, pues, á decir que la pobl. oficial entonces mas acreditada, era de 11.661,865 hab., de ellos 195,505 correspondientes á los pueblos que formaban entonces la prov. de Almeria.

subsidio desde el año de 1815 hasta 1841, cuyos duplicados conservaba la misma adm. de prov. Despues de examinar la intendencia diferentes trabajos, manifiesta que el vecindario de la prov. de Almeria presenta las proporciones siguientes: Pudientes y jornaleros de 5 á 2. Pobres de 9 á 1. Eclesiásticos de 100 á 1.

Décimatercia poblacion. En los trabajos del ministerio de Gracia y Justicia correspondientes al año de 1843, para formar la estadística judicial se señalaron á la prov. de Almeria 234,789 alm.; pero como el Sr. Ministro en su esposicion á S. M. de primero de enero de este año no se conformara con la pobl. de 12.119,759 hab. y si la fijase en 15.439,158; la que corresponde entonces á la prov. de Almeria es de 297,975 individuos.

Decimacuarta y última poblacion. Con el temor de que al plantear el nuevo sistema tributario pudieran perjudicar las relaciones de las municipalidades, estas redujeron considerablemente el número de hab. al formar en 1844 el registro municipal. No debe pues estrañarse que la pobl. aparezca reducida á 228,993 individuos, sin que deje de reconocer nuestra buena fe que la pobl. de esta prov. ha debido disminuir forzosamente por la emigracion de sus hab. á las nuevas y vecinas posesiones francesas en Africa.

Presentadas todas estas noticias sobre pobl., y refiriéndonos á la que hemos manifestado en los art. anteriores, principalmente en la pag. 635 del primer tomo de esta obra, nos limitamos á decir que, segun nuestras noticias, segun los datos que hemos adquirido por diferentes medios combinando noticias, cotejando diversos pareceres, tiene la prov. de Almeria mas de 293,334 alm. Tambien hemos podido obtener no solo para enriquecer nuestro art., sino para robustecer nuestras convicciones, el dato estadístico que se apoya en el número de jóvenes alistados de la edad de 18 años. En el art. Alava pág. 221 hemos manifestado la importancia de esta clase de noticias por indicaciones admitidas en todos los paises en que la adm. pública no lleva con toda exactitud los registros de nacimiento y mortalidad. Confesamos francamente que nos asusta la suma de 449,085 hab., puesto que por grandes que sean las ocultaciones, no pueden ser tan escesivas, si bien una triste esperiencia nos hace reconocer que las prov. mas escrupulosas ocultan la cuarta parte de sus hab.

Para concluir esta importantísima materia presentamos á continuacion el

ESTADO demostrativo de la poblacion que corresponde á cada uno de los 9 partidos judiciales en que se divide esta provincia, calculada sobre el número de jóvenes que entraron en el alistamiento de 1842 para el reemplazo del ejército; comparada con la que resulta, primero, de los trabajos hechos por la junta creada para conocer la riqueza de esta provincia en virtud del decreto de la Regencia provisional del Reino de 7 de febrero de 1841; segundo, de los datos oficiales de 1842 reunidos en el ministerio de Hacienda; tercero, de la estadística judicial de 1843 formada por el ministerio de Gracia y Justicia; cuarto, de los documentos reunidos por las gefaturas políticas para formar el registro municipal de 1844; quinto y último, de las noticias importantes que posee la redaccion.

PARTIDOS JUDICIALES.	POBLACION que corresponde al número de alistados.		RESUMEN de la junta de 1841.		DATOS oficiales de 1842.		ESTADISTICA judicial de 1843.		REGISTRO municipal de 1844.		DATOS que posee la redaccion.	
	Jóvenes varones de 18 años de edad.	Número de almas que les corresponde.	Vecinos.	Almas.	Vecinos.	Almas.	Número de almas.	Correspondencia á 400 por 1 penado.	Vecinos.	Almas.	Vecinos.	Almas.
Almeria	415	52871	7304	30306	8260	33044			7366	29471	9655	38331
Berja	412	52489	6184	25081	6821	27287			6115	24466	7981	31651
Canjayar	331	42169	5877	24876	6413	25677			6075	24306	7503	29585
Gergal	286	36436	6671	26754	7053	28223			5843	23378	8252	31739
Huercal-Overa	408	51980	6908	26145	7359	29439	370974	472578	6423	25698	8610	34149
Purchena	440	56056	7849	29972	7725	30931			7733	30940	9039	35990
Sorbas	226	28792	4002	16832	4460	17851			4338	17356	5218	20707
Velez Rubio	328	41787	4809	19236	5450	21800			4862	19453	6377	25288
Vera	679	86505	8007	33383	9675	38700			8479	33925	11320	44892
TOTALES	3525	449085	57611	232645	63216	252952	370974	472578	57234	228993	73955	292334

RIQUEZA. Aunque en terreno bastante quebrado y con frecuencia escaso de aguas en algunos puntos, puede decirse que el suelo de la prov. de Almeria es en otros bastante fértil, bastante rico. Ya en el art. anterior hemos manifestado las prod. del pais, que admite toda clase de frutos, indigenas y no pocos exóticos, á pesar de que la agricultura pudiera estar mejor dirigida y dar por consiguiente mayores resultados. No cabe desconocerse que la riqueza pecuaria tiene algun valor, que el comercio ofrece algun movimiento, que la navegacion del cabotage es de bastante interés, y que la mineria tiene ocupados muchos brazos y no escasos capitales. Bien es cierto, y esto no es posible dudarlo, que al ver el pais lanzado con entusiasmo en los descubrimientos mineros, mas de una vez se ha visto abandonada y hasta despreciada la agricultura, creyendo que los tesoros metálicos que pueda entrañar la tierra son capaces de compensar las prod. ordinarias del suelo; así, no en una, sino en varias prov., y particularmente en Almeria, han dejado ciertos hombres, obcecados sin duda, el cultivo de los campos, para recibir despues de no escasos desembolsos, terribles y amargos desengaños.

Como conocerán nuestros lectores, no es posible presentar la riqueza de la prov. de Almeria, remontándonos á época muy ant., porque ningun dato poseen ni los particulares ni las autoridades, ni el Gobierno mismo, en el que en comparacion con otros pueblos del ant. reino de Jaen y Granada, figuren los de la prov. que estamos describiendo.

Censo de 1799. Pertenecen segun se ha dicho, los pueblos de la prov. de Almeria al terr. que abraza el reino de Granada; pero como á la vez aparecen confundidas en ant. datos las relaciones de este reino con el de Jaen, hemos creido conveniente al hablar de época remota, estender nuestras observaciones y presentar nuestros cálculos sobre el resultado de las relaciones dadas por los ayunt. de los pueblos que forman hoy las prov. de Málaga, Almeria, Jaen y Granada. Hecha esta esplicacion, debemos ante todo presentar en un cuadro ligero y desde luego sin ninguna complicacion, el resúmen de la pobl. y riqueza que tenian, segun documentos oficiales, con referencia á declaraciones de los mismos interesados, los reinos de Granada y Jaen: este trabajo, que comprende desde luego el valor de diferentes clases de prod., se ve en el siguiente:

Estado de la poblacion clasificada por familias y por habitantes, y del valer total, ó sin deduccion alguna de los productos comerciales y fabriles, comprendiendo en los primeros, los reinos vegetal y mineral que presentan la riqueza que tenian los antiguos reinos de Granada y Jaen, al formarse el censo de 1799.

PROVINCIAS.	POBLACION.		VALOR TOTAL DE LOS PRODUCTOS.				TOTAL DE LA RIQUEZA.
	Familias.	Habitantes.	Reino vegetal.	Reino animal.	Reino mineral.	Fábricas.	
			Rs. Mrs.	Rs. Mrs.	Rs. Mrs.	Rs. Mrs.	Rs. Mrs.
Granada	138,585	692,895	183.836,383	190.665,270	2.601,787	49.830,626	426.934,066
Jaen	41,361	206,807	88.765,790	21.406,820	»	7.838,567	118.011,177
TOTALES. .	179,946	899,702	272.602,173	212.072,090	2.601,787	57.669,193	544.945,243

Volvemos á repetir, porque nó queremos incurrir en un error de trascendental consecuencia, que el estado que acabamos de publicar, igual al que figura en la pág. 266 del tomo 1.°, ni representa ni puede representar la verdadera riqueza imp. de las prov. que antes estaban comprendidas en el terr. de los reinos de Jaen y Granada. Este dato, como todos los que en el siglo pasado se reunieron para conocer la riqueza del pais, no representa la verdadera materia imp.; representará á lo mas el valor de las prod. de los diferentes reinos, segun los precios de la época y las declaraciones de los interesados. Pero confundir este dato con la riqueza que debe servir de tipo para imponer las contr., es cometer uno de los mas graves errores económicos y administrativos, causando así grave perjuicio á los pueblos. Estamos muy lejos de creer que el inmenso terr. que abrazaban los reinos de Granada y Jaen, á fines del siglo pasado, con el valor que tenian entonces los frutos, solo representarán una riqueza bruta de 544.945,243 rs. Las mismas personas que tenian á la vista las relaciones de las intendencias hechas despues de examinar los datos enviados por los ayunt., hubieron de confesar que los esfuerzos de los hombres interesados en disminuir la riqueza por no verse perjudicados en la exaccion de nuevos impuestos, fueron mas poderosos que la intervencion de los dependientes del Gobierno, encargados particularmente de este trabajo. Es, pues, nuestra opinion, que era mucho mayor entonces el valor total de las producciones; pero que debió ser rebajado considerablemente para presentarle por riqueza imp. ¿Cómo creer nosotros que un terr. tan estenso, de prod. tan variadas, rico, genéricamente hablando, solo ofreciera el reino vegetal, elemento principal de vida para aquellos pueblos, 303 rs. por hab. al año, ó lo que es lo mismo 28 mrs. diarios? Si se tratara de un pais miserable, de un terreno de infima clase, de un terr. sin riego, de unos reinos sin comunicaciones, sin movimiento, sin vida; de una de esas prov. centrales de España en que los r. son escasos, las prod. poco variadas, y aun estas sin salida por falta de mercados, ó por los precios exorbitantes del trasporte; pudiera decirse entonces que la riqueza no fue disminuida en las relaciones de los ayunt. dirigidas á las intendencias para reunir los materiales que dieron por resultado el censo dicho de 1799. Pero tratándose de un pais que comprende la prov. de Granada, con tantos elementos de prosperidad en aquellos tiempos, hoy tal vez en decadencia; con un suelo generalmente fértil por naturaleza y por las buenas prácticas agrarias, conservadas religiosamente por tradicion desde el tiempo de la dominacion de los árabes; de un pais que abraza la prov. de Málaga, cuyo terr., aunque áspero y desigual (siempre generalmente hablando), ofrece temperaturas propias para obtener variedad de frutos, no solo europeos, sino ecuatoriales; cuyos vinos, cuyas pasas, cuyas almendras, cuyos limones figuran en las mesas de los hombres mas poderosos de España y del estrangero; y que por consiguiente, bajo concepto alguno, puede ser considerado como pais esclusivamente agrícola, puesto que tiene importancia mercantil, y por fortuna hoy tambien ind., merced á los esfuerzos de hombres eminentes, de ciudadanos distinguidos: el buen juicio no permite admitir la idea de que sea exagerada, por escesiva, la riqueza presentada en el documento oficial que estamos examinando. Sabido es, por otra parte, que en las prov. que cuentan pobl. importantes, donde sin ofensa alguna puede decirse, que no hay tanta sencillez, tanto candor, como en las pequeñas ald., como en los pueblos miserables; las ocultaciones son mayores, porque los hombres de prevision, dirigidos á no dudarlo, por un interés mal entendido, causa principal de los vicios que la adm. pública presenta, disminuyen la riqueza de los contribuyentes, tomando todas aquellas medidas que puedan cohonestar el fraude cometido, y hasta cierto punto salvar la responsabilidad de los mismos que firman las relaciones de los ayunt. Con solo leer dos relaciones, una de ald. y otra de cap., es muy fácil convencerse, que son en aquella mucho menores las ocultaciones que en ésta, prescindiendo de dos consideraciones muy importantes: primera, que la riqueza agrícola ó terr. en pequeño, siempre al alcance, siempre á la vista del fisco, sujeta á la prueba en un tiempo terrible del noveno y el diezmo, no se oculta tan fácilmente como el cultivo estenso que á la vez presenta una pobl. importante: segunda, que en las grandes ciudades, ademas de la riqueza agrícola, existe la industrial, no siempre de fácil averiguacion; la comercial que se presta á toda clase de ocultaciones y fraudes, la urbana, que no ha sido fiscalizada cual correspondia. Todas estas consideraciones demuestran nuestra primera proposicion, reducida á que no es posible disminuir ni un solo maravedí del valor del prod. bruto de los diferentes reinos que presentan los trabajos reunidos al terminar el siglo XVIII. A la ilustracion de nuestros lectores no puede ocultarse que de esa suma que señala el prod. bruto de la tierra, hay que descontarse, no solo los desembolsos que representan las operaciones de la la branza desde la siembra hasta la recoleccion, sin olvidar el valor de la simiente; sino las cantidades que gravitan sobre estas sumas por los diferentes conductos con que para impuestos generales, prov. y locales tiene que contribuir el labrador, antes que pueda apreciar la renta líquida que la tierra le ofrece. Presentadas estas indicaciones, que sirven solo para apreciar la importancia que merece el dato que hemos publicado, vamos á contraernos á los pueblos que forman la actual prov. de Almeria en la misma época á que nos referimos. Repartida con igual proporcion la riqueza que resulta en los trabajos oficiales de 1799, entre todos los pueblos de la comprension de los reinos de Jaen y Granada, aplicando á la provincia de Almeria el 19'70 por ciento, que proporcionalmente le corresponde, obtendremos el resultado que aparece del

RESUMEN de la riqueza territorial, pecuaria, mineral y fabril.

PRODUCTOS.		UNIDAD O MEDIDA.	CANTIDADES.	PRECIO.	VALOR EN RS. VN.
Reino vegetal.					
Granos	Trigo	Fanegas.	478,238	41 1/4	19.961,047
	Centeno	Id.	39,545	34 1/16	1.351,332
	Escaña	Id.	26,915	16 1/4	457,500
	Maíz	Id.	66,907	40 1/8	2.694,684
	Cebada	Id.	322,865	20 1/4	6.687,827
	Avena	Id.	1,265	19 1/4	24,982
	Mijo	Id.	1,740	24	41,760
Total de los granos		Id.	937,475	»	31.219,132
Legumbres		a.	68,906	42	2.895,062
Arroz		Id.	1,769	52	92,018
Batatas		Id.	3,485	16	55,760
Pasas é higos		Id.	96,081	16	1.544,116
Frutas		Id.	212,613	16	3.445,000
Hortaliza		Id.	185,000	5	925,000
Azúcar		Id.	9,331	120	1.107,720
Lino		Id.	10,692	64 1/8	687,700
Cáñamo		Id.	168,545	52	877,300
Esparto		Id.	680	2	1,360
Zumaque		Id.	5,455	9	49,095
Alazor		Id.	3,247	62	208,238
Barrilla		Id.	24,218	26	629,658
Loza		Id.	5,072	32	162,314
Vino		Id.	283,861	14	3.974,084
Aceite		Id.	124,167	40	4.966,680
Productos varios		Valor.	»	»	862.391
Total del valor		»	»	»	53.702,628
Reino animal.					
Ganado caballar	Caballos	Número.	1,494	752	1.122,218
	Yeguas	Id.	2,379	651	1.549,179
Id. mular	Mulos y mulas	Id.	7,148	772	5.515,966
Id. vacuno	Vacas	Id.	8,518	485	4.133,440
	Toros y bueyes	Id.	4,906	595	3.401,000
	Terneras	Id.	2,388	85	203,760
Id. asnal	Burros y burras	Id.	9,314	249 1/2	2.273,019
	Asnillos ó buches	Id.	1,779	100	177,900
Id. lanar	Carneros	Id.	22,730	49	1.107,940
	Ovejas	Id.	102,589	38	3.894,562
	Borregos	Id.	3,194	25	79,860
	Corderos	Id.	31,392	12	376,734
Id. cabrío	Machos y cabras	Id.	83,505	50	4.175,250
	Cabritos	Id.	15,955	12 7/8	205,685
Id. cerdal	Cerdos	Id.	33,722	128 3/4	4.343,515
	Lechones	Id.	1,561	25	39,025
Productos	Lana	a.	21,248	48 1/4	1.026,035
	Seda	Libras.	110,020	70	7.778,400
	Miel	a.	634	44 1/2	28,158
	Cera	Id.	850	103 1/2	87,795
	Pieles	Número.	29,491	8	236,928
Total valor del reino animal		»	»	»	41,756,369
Reino mineral.					
Hierro		a.	7,569	45	70,605
Cobre		Id.	29	120	3,480
Plomo		Id.	7,148	54	365,932
Salicor		Id.	24	25	610
Azufre		Id.	540	96	51,840
Total valor del reino mineral		»	»	»	492,467
Fábricas.					
Reino vegetal		Valor.	»	»	2.384,437
—— Animal		Id.	»	»	2.357,514
—— Mineral		Id.	»	»	6.507,792
Artes y oficios		Id.	»	»	111,086
Total valor de los prod. fabriles		»	»	»	11.360,829
RESUMEN DEL VALOR TOTAL.					
Reino vegetal		»	»	»	53.702,628
Reino animal		»	»	»	41.756,369
Reino mineral		»	»	»	492,467
Fábricas, artes y oficios		»	»	»	11.360,829
Total		»	»	»	107.312,293

El Estado que acabamos de presentar señala á los pueblos de la prov. de Almeria un prod. bruto de 53.702,628 en el reino vegetal, de 41.756,369 en el animal, 492,467, en el mineral y 11.360,829 á las fáb., artes y oficios, cuyas cantidades reunidas componen un total de 107.312,293 rs. vn. Natural es que esta suma parezca exagerada á los hombres influyentes de la prov. de Almería, y muy particularmente á los que tuvieron parte en los trabajos estadísticos en los años de 1841 y 1842. Esto no impide que nosotros manifestemos que la prod. señalada á la prov. de Almeria en el censo de 1799 es á no dudarlo, proporcion guardada, menor que las de Alava, Albacete y Alicante; observándose que en datos recientes, á pesar de las ocultaciones, se fija mayor riqueza imponible al pais que describimos. No debe perderse de vista ante todo el modo como se formó el censo de 1799: la adm. central se dirigió á los intendentes, estos reclamaron la relacion de los pueblos, quienes interesados en disminuir la riqueza, presentaron las relaciones alteradas, como se reconoce en la advertencia que figura al frente de estos trabajos. Entrando desde luego en el exámen del cuadro de riqueza que acabamos de presentar, no vacilamos en decir que podrian darse por muy satisfechos los hab. de la prov. de Almeria, si admitiésemos hoy como cosecha del pais las mismas cantidades que figuran en el documento que tienen nuestros lectores á la vista. Aun suponiendo que la cosecha del trigo no escediera de las 478,238 fan. y sin descontar la parte forzosamente reservable para la simiente, aparece, que sobre la pobl. de 1842 corresponderia á cada hab. 1 fan., 10 celemines y 2 cuartillos. Ahora bien, ¿es posible pueda sostenerse una prov. que no tiene ningun art. importante de esportacion, donde la ind. es escasa y el comercio poco activo, cuándo se vé obligada á importar inmensa cantidad de cereales para su consumo? A la vista tenemos trabajos curiosísimos de las cosechas anuales pueblo por pueblo, de las principales prod. de la agricultura é ind. pecuaria por el prod. del diezmo en el término medio que ofrecen los tres trienios de 1801 á 1803, de 1815 á 1817 de 1824 á 1826; trabajo costosísimo sacado de los importantes documentos que se conservan en el Tribunal Mayor de Cuentas. No es nuestro ánimo presentar para cada pueblo el resultado obtenido; pero si ofreceremos á la consideracion de nuestro lectores el resúmen de la valoracion de las cosechas en el estado siguiente:

PRODUCTOS AGRICOLAS.

Tierras blancas.

Cereales.	Trigo	fan.	321,095	á 32	10.275,040
	Cebada	id.	259,457	19 1/2	5.059,411 17
	Centeno	id.	57,952	27	1.564,704
	Maiz	id.	115,051	27	3.106,377
	Garbanzos	id.	3,195	61	194,895
	Habich.ª y habas	id.	5,400	12	64,800
	Yeros	id.	762	16	12,192
Seda		lib.	1,460	46 1/2	67,890
Hortaliza y grangeria de todas clases		valor.	»		13.512,170
	Aumento de 1/36 parte por los productos del Escusado				940,486

PLANTIOS.

Olivares.	Aceite	Arrobas.	56,436	á 42 1/2	2,398,530
	Aumento de 1/36 por los productos del Escusado				66,625
Viñedos.	vino	Arrobas	14,665	á 11	161,315
	Aumento de 1/36 parte por los productos del Escusado				4,481

PRODUCTOS DE LA INDUSTRIA PECUARIA.

Lana	Arrobas	9,992	á 45	449,640
Corderos	Número	32,060	á 8	256,480
Total				38.135,036 17

Conviene ante todo tener presente que el término medio de los 9 años, cuyos datos hemos examinado, comprende una época en que se diezmaba con alguna religiosidad, otra en que se observaba ya bastante tendencia á disminuir los pagos, y otra en fin en que la resistencia rayaba en el escándalo. No debe tampoco perderse de vista que no se hallan comprendidas en el estado las fincas del clero que no estaban sujetas al noveno, ni los terrenos comunales pertenecientes á los propios de los pueblos. Es útil tambien advertir que en la ind. pecuaria, las liquidaciones del noveno solo se refieren á los prod. del ganado lanar obligados al diezmo, sin incluir los de la parte destinada al consumo de carnes y pieles, ni los del cerdal, caballar y vacuno, especialmente el número reservado para la cria que debe figurar en las utilidades de esta industria.

Que la agricultura no se ha estacionado en la prov. de Almeria, es un hecho que nadie puede poner en duda, porque seria ofensivo al carácter de los hab. de aquel pais, el decir que no han contribuido al movimiento progresivo que se ha observado en España y al desarrollo constante para aumentar sus prod. No ya de los tres trienios á que nos hemos referido, sino de un quinquenio posterior á la guerra de la Independencia, cuyo dato lo debemos á la amistad de una persona cuyo nombre no estamos autorizados á revelar, y cuya residencia ordinaria es Madrid, aparece que la riqueza que representa lo que pagaron por noveno los pueblos de la provincia de Almeria solo en la parte de prod. rústicos es de 57.732,425 rs. sin hacer deduccion alguna. ¿Pudo ser este el prod. del año de 1799 ó mejor dicho el último decenio del siglo XVII, época á que sujetamos nuestras últimas observaciones? Con solo recordar que el prod. bruto del reino vegetal asciende á 53.702,628 rs., se verá bastante uniformidad entre el trabajo oficial del censo de 1799 y el documento particular de que hacemos mérito, correspondiente á la época de 1814 á 1820. Todavia adelantamos mas nuestras observaciones, con el objeto siempre de justificar, que si bien en el censo de 1799, y téngase muy presente esta impostante declaracion, podemos señalar á la prov. de Almeria una prod. mayor en alguna especie, porque esto no es posible evitarlo cuando se busca la proporcion rigorosa entre pueblos de un terr. con terrenos diferentes, sujetos á distintas influencias atmosféricas, en la cantidad total lejos de haber alguna exageracion por abultada; puede haberla por diminuta. La cosecha que se señala á la prov. de Almeria en los art. del reino vegetal, sujetos al diezmo calculada á los precios del quinquenio presentado importa 49.735,560 rs., y su diezmo hubiera sido entonces 4.973,556; pero como tambien existian prod. del reino animal sujetas á la decimacion, aumentándose por este concepto 6.166,260 rs. aparece un total prod. de 55.901,820 rs., correspondiendo por ellos un diezmo de 5.590,182 rs. y un medio diezmo de 2.795,091 rs. Ahora bien, para conocer que esta cifra se halla muy lejos de representar el verdadero valor de la época á que nos referimos, séanos permitido comparar este ant. dato con otro mas reciente de épocas por cierto bien distintas, que una y otra representan ideas bien opuestas sobre el orígen, naturaleza y obligacion del pago de este impuesto. Hemos visto que al terminar el siglo XVIII la materia sujeta á diezmo presentaba un valor de 55.901,820 rs.; hemos manifestado que por datos oficiales de los tres trienios indicados, el prod. bruto por el mismo concepto, bien que faltando algunas sumas de importancia, era de 38.135,036 rs.; hemos presentado la riqueza que el noveno señala en un dato irrecusable referente á los años del 14 al 20, y ahora corresponde por su órden cotejar estos resultados con los que presentan los documentos mas recientes sobre diezmos. Durante la última guerra civil era tal la resistencia al pago de diezmos, que en no pocos puntos las autoridades se encontraban sin fuerza moral para realizar el pago de este tributo. No es esta ocasion oportuna de disertar sobre las ventajas ó desventajas de este impuesto: conocidas son las opiniones del autor de esta obra sobre esta materia: por eso como estadistas nos limitamos á manifestar un hecho de importante aplicacion, reducido á que aun antes de la época constitucional de 1834 se pagaba por diezmos la menor cantidad posible. Durante la lucha y cuando el pueblo español estaba agobiado por el peso de las contr. que exigian uno y otro gobierno para sufragar los inmensos gastos de una guerra de funestos recuerdos, el diezmo se pagaba muy mal, como saben nuestros lectores. Suponemos que no querran las prov. de Andalucía que hagamos una escepcion de sus hab., puesto que la historia nos enseña que en el mediodia de España se ha combatido siempre el impuesto decimal, pagando para este objeto lo menos que podia la clase labradora. Sin embargo, el importe del diezmo en la prov. de Almeria en 1837, fué, segun la matricula catastral de 1842, de 2.425,390 rs. y 18 mrs. Hemos dicho segun la matricula, porque en otro dato oficial que tenemos á la vista, aparece que el importe del medio diezmo en el mismo año fue de 2.347,799 rs., ó sea un diezmo de 4.695,598. Ahora bien, ¿puede suponerse que la riqueza ha permanecido estacionaria en la prov. de Almeria, cuando tal es el resultado de la prod. decimal en una época en que apenas se pagaba? Para que nuestros lectores formen una idea de lo que significa el prod. del diezmo en las prov. de Andalucia, presentamos á continuacion el valor de los art. diezmados en el arz. de Granada en las tres épocas siguientes:

Año comun del sexenio de

1831 á 1836.	6.352,248	30
1837.	3.984,080	26
1838.	2.247,574	

Con estas simples sumas se conoce la baja considerable que el prod. del diezmo tenia, desde que los pueblos hubieron de creer que esta era entre todas las instituciones la que mas próxima ruina amenazaba. Otra prueba de la proporcion descendente con que caminaba el valor de los impuestos sobre los prod. de la tierra, aparece del estado que sigue, deducido tambien de los datos oficiales, estado que manifiesta el prod. que ha tenido el noveno decimal en la dióc. de Almeria en los quinquenios de

1802 á 1806.	416,797
1815 á 1819.	378,354
1816 á 1830.	219,999

siendo de advertir para mejor comprender las diferencias de prod. que el primer año, esto es, el de 1802, importó el noveno 514,923, y el último, esto es, el 1830, presentó únicamente la suma de 161,111. Nuestros lectores podrán conocer que si en esta proporcion disminuian los prod. hasta el año 1830, mayor, estraordinariamente mayor seria la disminucion del prod. del diezmo, no solo en el sexenio de 1831 á 1836, sino en el resultado de los años siguientes hasta su completa supresion. Con estos datos podrá comprenderse la importancia de la suma de 2.425,390 rs. 18 mrs., importe del diezmo en 1837, segun la intendencia. Compárese la partida de 6.352,248 rs. 30 mrs, prod. en Granada por el sexenio de 1831 á 1836, con la de 2.247,574 rs., cantidad obtenida en 1838 para apreciar el resultado que arroja el diezmo de la prov. de Almeria. Y téngase en cuenta que el sexenio de 1831 á 1836 representa una disminucion considerable sobre el prod. de 1830, y éste, como ya hemos visto sobre las cantidades obtenidas á principios de este siglo. Si nuestras observaciones no tuvieran una fuerza incontestable, la adquiririan con solo examinar la riqueza, ó mejor dicho, la prod. bruta que presentaria toda España. Calculando exacto el dato de la intendencia, el diezmo de toda España seria 115.576,665, y la riqueza imponible bruta, sujeta á decimacion, 1,155.766,650. Cuando, pues, por la relacion de los mismos ayunt. aparece que la materia imponible sujeta á diezmo en el año 1799 era de 3,726.468,770 ¿puede creerse, que hoy que el dominio agricola se ha estendido, que los cereales lejos de escasear abundan, que nuestro afan no es como era entonces el divisar desde nuestros puertos las velas que nos trajeran los granos que necesitábamos, sino el de ambicionar mercados estraños á donde llevar nuestros frutos sobrantes, no llamándonos la atencion la abundancia de los cereales berberiscos, sino el hambre de los ingleses, han bajado nuestras producciones hasta el punto de representar una tercera parte menos que á fines del siglo pasado? Duplíquese, triplíquese, lo decimos con entera confianza, la cantidad que se señala como materia imponible, cuando se busca por tipo el prod. decimal, y asi se hace un servicio á la patria, no presentándola abatida y humillada como la mas pobre de todas las naciones europeas. ¿Qué idea formarán de la España las naciones estrangeras, y particularmente los hombres estudiosos que se dedican á conocer el movimiento de prosperidad ó decadencia en que se encuentran los pueblos civilizados, cuando hagan aplicaciones de datos como el que ahora examinamos? ¿Qué opinion formarán del desarrollo que se supone con fundamento han tenido los intereses materiales de nuestra patria? ¿Cómo podrán conciliar la depreciacion de los valores de toda clase de prod. con la idea, generalmente admitida en Europa, de que España no necesita importar ningun articulo de primera necesidad para le decorosa subsistencia de sus habitantes? No está muy lejana todavia la época en que el pueblo español sufria grandes escaseces, y hasta padecia el terrible azote de la miseria pública; no está muy lejana la época en que los hombres de gobierno, despues de oir á corporaciones ilustradas, despues de escuchar el dictámen de personas entendidas, proponian y obtenian del monarca medidas saludables para evitar las funestas consecuencias de la escasez que pudieran esperimentar los mercados públicos. Pero esta época, por fortuna, pertenece á la historia: las carestias estraordinarias de otros tiempos no son hoy de temer; el cultivo limitado todavia á fines del siglo XVIII, se ha estendido considerablemente desde que los españoles se han convencido que el suelo de su pais encierra tesoros mas reales y positivos que los ficticios y seductores que ofreció el terr. americano á la codicia de nuestros mayores. La España despues de la guerra de la Independencia, despues de la lucha de 1820 á 1823, tuvo la satisfaccion de enviar parte de sus cereales sobrantes á la isla de Cuba, y de presentar parte de ellos en los mercados de Inglaterra y de Francia. Siendo este un hecho cierto, y resultando por otra parte que hoy nuestro afan, como ya se ha dicho, es buscar mercados estraños para llevar á ellos nuestras prod., existiendo como existe, en el pais una opinion muy arraigada de que una série de buenas cosechas perjudica á los mismos labradores, ¿cómo hemos de presentar por riqueza imponible la que aparece del dato de diezmo que examinamos? ¿Cómo hemos de decir que los valores de nuestros prod. se han rebajado del modo estraordinario que resulta de la comparacion del censo de 1799, aun prescindiendo de sus equivocaciones y de sus errores con los resultados que ofrecen los trabajos sobre la prod. decimal á qué nos referimos? Sépase, pues, que cuantos argumentos quieran hacerse, apoyados en la cantidad que ha producido el diezmo en este siglo, muy particularmente desde 1814, no pueden destruir un hecho cierto y constante, á saber, la mayor prod. obtenida en nuestro suelo. En la categoria de las naciones agrícolas, para ser España la mas feliz del mundo, no necesita mas que caminos y canales. Queda, pues, demostrado que el dato de 1799, cuando la España á pesar de las grandes ocultaciones en todos los frutos, ganados y primeras materias de las artes por declaracion de las mismas municipalidades, presentaba una suma de 5,143.938,355 rs., no es bajo ningun concepto exajerado al hablarse de Almeria, proposicion que hemos querido justificar con datos oficiales de ant. y recientes fechas.

Junta de 1841. Las vicisitudes del pais no han permitido en este siglo emprender la marcha trazada por alguno de los ministros de los monarcas Cárlos III y Cárlos IV, celosos por adquirir noticias importantes para conocer la pobl. y riqueza de la nacion española. Comenzó el siglo por una série no interrumpida de bastardas intrigas: siguió una guerra en que solo se trató de salvar, con el honor del nombre español, la independencia de la patria. Sucedió al triunfo de la causa legitima, una época de persecuciones que escandalizaron á la Europa. La guerra civil fue la consecuencia del alzamiento del partido liberal en 1820. El restablecimiento del gobierno absoluto, y la paz que gozó el pais por espacio de diez años, no sirvió para emprender trabajos de esta especie. En la última lucha por tantos años prolongada, ni mencion siquiera se hizo de esta clase de trabajos. Despues del convenio de Vergara se reconoció por hombres instruidos la necesidad de rendir datos para apreciar el movimiento de nuestras riquezas; y sin duda bajo las influencias de estas ideas se dispuso en 7 de febrero de 1841, una operacion en que se consideró equivocadamente que existia la fiscalizacion necesaria para neutralizar los esfuerzos de los que pudieran combinarse, á fin de disminuir las riquezas de sus respectivas localidades. En la prov. de Almeria reuniéronse personas notables, de patriotismo, conocimiento en el pais, segun hemos dicho; pero que llegaban á la cap. resueltas por esta terrible preocupacion que nos aniquila y nos anonada, á disminuir la materia imp. de todos los part. jud. Solo asi se esplica como presentaron hombres de tanto saber por resultado el que aparece en el estado que sigue:

RESUMEN de la pobl. y utilidades de la prov. de Almería, formado por la junta que se nombró en virtud de Real órden de 7 de febrero de 1841, comunicada por el ministerio de la Gobernacion, con el objeto de formar la estadística de la nacion y conocer el número de sus hab. y riqueza.

PARTIDOS JUDICIALES.	PARTIDO de Almería.	PARTIDO de Berja.	PARTIDO de Canjayar.	PARTIDO de Alboloduy, hoy Gergal.	PARTIDO de Huercal-Overa.	PARTIDO de Purchena.	PARTIDO de Sorbas.	PARTIDO de Velez-Rubio.	PARTIDO de Vera.	TOTAL.
Número de pueblos.	12	5	19	17	5	21	10	4	8	101
Id. de vecinos.	7,304	6,184	5,877	6,671	6,908	7,849	4,002	4,809	8,007	57,611
Id. de almas.	30,306	25,081	24,876	26,754	26,145	29,972	16,892	19,236	33,383	232,645
UTILIDADES DEL VECINDARIO, CON INCLUSION DE LOS PROPIOS.										
Territorial.	113,964	231,860	220,992	178,810	314,538	255,780	117,878	203,521	251,151	1.888,494
Urbana.	108,474	96,280	40,531	51,855	16,255	50,262	20,389	19,252	96,429	499,727
Pecuaria.	8,787	9,183	19,186	17,036	6,788	34,053	16,204	11,338	10,759	133,334
Industrial.	133,780	58,291	48,516	42,595	37,611	45,959	18,526	19,111	66,540	470,929
Comercial.	66,202	65,015	10,588	8,061	16,132	3,070	3,629	9,074	8,973	190,744
Total.	431,207	460,629	339,813	298,357	391,324	389,124	176,626	262,296	433,852	3.183,228
IDEM DE FORASTEROS.										
Territorial.	119,149	33,782	59,952	98,057	34,980	69,092	70,289	60,100	52,963	598,364
Urbana.	8,266	7,612	3,124	3,642	1,104	4,726	595	1,571	4,095	34,735
Pecuaria	»	»	319	1,067	»	1,424	1,124	»	75	4,009
Industrial.	»	»	632	733	170	3,129	1,530	»	»	6,194
Comercial.	»	»	14	»	»	»	300	»	»	314
Total.	127,415	41,394	64,041	103,499	36,254	78,371	73,838	61,671	57,133	643,616
Total de dominio particular.	558,622	502,023	403,854	401,856	427,578	467,495	250,464	323,967	490,985	3.826,844
Id. del clero.	45,866	991	7,857	5,535	8,499	14,844	4,834	3,391	28,644	119,461
Id. del Estado.	9,894	1,025	2,442	7,640	25,953	7,677	»	1,352	2,800	58,783
TOTAL GENERAL.	614,382	504,039	414,153	414,031	462,030	490,016	255,298	328,710	522,429	4.005,088

Para que nuestros lectores puedan apreciar el espíritu que presidió á la redaccion del documento que acabamos de publicar, consideramos oportuno dividir esta riqueza imp. por iguales partes, entre todos los individuos de la prov. de Almería.

ESTADO que demuestra la distribucion de las utilidades que la junta de Almería de 1841 señaló á la provincia entre la poblacion que la misma designó, la que aparece del alistamiento para el reemplazo del ejército, la de los datos oficiales de 1842, y la que resulta de los datos que la redaccion posee.

PARTIDOS JUDICIALES.	Utilidades que señala la Junta.	POBLACION SEGUN LA MISMA			POBLACION correspondiente al alistamiento para el reemplazo del ejército.			POBLACION segun los datos oficiales de 1842.			POBLACION segun los datos que posee la redaccion.		
		Número de habitantes.	Utilidades por habitante. Anuales.	Diarias.	Número de habitantes.	Utilidades por habitante. Anuales.	Diarias.	Número de habitantes.	Utilidades por habitante. Anuales.	Diarias.	Número de habitantes.	Utilidades por habitante. Anuales.	Diarias.
	Rs. Von.		Rs. Mrs.	Mrs. c.		Rs. Mrs.	Mrs. c.		Rs. Mrs.	Mrs. c.		Rs. Mrs.	Mrs. c.
Almeria	614,382	30,306	20 9	1,89	52,871	11 21	1,05	33,044	18 20	1,73	38,331	16 1	1,50
Berja	504,039	25,081	20 3	1,87	52,489	9 20	0,89	27,287	18 16	1,72	31.653	15 30	1,48
Canjayar	414,153	24,876	16 22	1,55	42,169	9 28	0,89	25,677	16 4	1,50	29,585	14 »	1,30
Gergal ó Alboloduy	414,031	26,754	15 16	1,44	36,436	11 12	1,06	28,223	14 23	1,37	31,739	13 2	1,22
Huercal-Overa	462,030	26,945	17 23	1,65	51,980	8 30	0,83	29,439	15 24	1,46	34,149	13 18	1,26
Purchena	490,016	29,972	16 12	1,52	56,056	8 25	0,82	30,931	15 29	1,48	35,990	13 21	1,27
Sorbas	255,298	16,892	15 4	1,30	28,792	8 29	0,82	17,851	14 10	1,33	20,707	12 7	1,14
Velez-Rubio	328,710	19,236	17 3	1,60	41,787	7 30	0,74	21,800	15 3	1,41	25,288	12 33	1,21
Vera	522,429	33,383	15 22	1,43	86,505	6 12	0,59	38,700	13 17	1,26	44,892	11 22	1,08
	4.005,088	232,645	17 7	1,63	449,085	8 31	0,83	252,952	15 28	1,48	292,324	13 24	1,28

La simple lectura de este documento demuestra hasta que punto se trató de ocultar la riqueza de la prov., puesto que aun admitida la pobl. de la junta, la utilidad diaria que se señala á cada hab., es de 1 maravedí y 63/100. Sensible es que los hombres reunidos en Almería el 8 de mayo de 1841, no hayan señalado á cada riqueza, presentada como materia imp., la prod. bruta de que han deducido las utilidades; entonces hubiéramos podido combatir, ademas de la riqueza imp., la cantidad que designaban como prod. bruta obtenida. El error de la junta es tan manifiesto; que para demostrarlo no necesitamos otra cosa, que decir, que el cap. imp. de toda España, seria en sentir de aquella 191.091,479 rs. 26 mrs.; esta seria toda la riqueza del país en su agricultura, en su comercio, en su ind. Ciertamente la nacion española seria mas pobre que el mas miserable de los departamentos de la Francia. Pero hay mas todavia: en sentir de la junta, la riqueza imp., por todos conceptos, era de 4.005,088, y esa misma prov. con tan escasísimas riquezas, pagaba en el mismo tiempo por

	Rs. vn.	Mrs.
Provinciales encabezadas	1.238,050	20
Alcabalas enagenadas	122,007	16
Derechos de jabon	57,668	14
Paja y utensilios.. { ordinaria	328,714	10
Paja y utensilios.. { estraordinaria	466,742	14
Frutos civiles	110,517	28
Censo de poblacion	143,577	17
Subsidio de comercio	170,389	30
Por territorial	1.172,865	
Por industrial	293,216	
	4.112,749	16
Se aumenta por aproximacion por los derechos de puertas establecidos en la capital, en equivalencia de las rent. prov.	650,000	
	4.762,749	16

Cuya cantidad era mayor que el total de los prod. en la suma no insignificante por cierto de 757,661 rs. con 16 mrs. Hay mas todavia; en esa época á que alude la junta, los ingresos de la prov. eran de 16.582,533 rs. 28 mrs. en 1839, y 14.895,930 rs. 31 mrs., en 1840. No debe ocultarse que en esa suma figuran los prod. de las aduanas, comisos, descuentos de sueldos de empleados, partícipes de aduanas, de puertas, penas de cámara, sal, salitre, tabaco; etc., etc.; pero tampoco debe perderse de vista que por solo cinco conceptos satisfizo la prov. las cantidades siguientes:

	Año de 1839.		Año de 1840.	
Derechos de puertas	521,414	17	595,290	10
Estraordinaria de guerra	5.254,868	24	2.911,740	33
Paja y utensilios	707,283	1	824,761	8
Subsidio industrial	169,797	3	189,932	18
Provinciales encabezadas	1.143,298	23	1.457,583	27
	7.796,662	»	5.979,315	3

Véase si con estas demostraciones puede admitirse como exacto el dato de la junta de Almería. No creemos necesario insistir mas en el exámen de este documento, del cual sin embargo hemos hecho mérito, ya porque estando firmado por representantes de todos los part. jud. se puede conocer la proporcion de la riqueza de todos ellos, y ya tambien porque interviniendo en su redaccion ciudadanos de todas clases y de todas categorias sociales, puede creerse con sobrado fundamento que ha de estar bien fijada la relacion entre unas y otras riquezas.

Datos oficiales de 1842. Ya otra vez hemos manifestado que por el ministerio de Hacienda se emprendieron en este año nuevos trabajos, que hubieran sin duda alguna ofrecido buenos resultados, si no se hubiese hecho con los datos remitidos, lo que generalmente se hace con documentos importantísimos, á saber; olvidar el ministro ó director que entra lo que con afan buscaron los salientes. Plagadas están de errores las matriculas catastrales; pero conocidos estos, se hubieran podido subsanar en el año siguiente, y aunque hoy no tuviéramos una estadística exacta, poseeríamos á lo menos, y de ello tenemos la mas íntima conviccion, relaciones muy aproximadas á la verdad sobre la riqueza de nuestras prov. Y apenas se concibe ciertamente cómo puede la administracion carecer de oficinas encargadas de reunir datos estadísticos en una época en que se aumentan los impuestos y se altera el sistema tributario. La comision de estadística creada por el señor Aylion ha desaparecido sin que apenas hayamos tenido noticia ni de la época, ni del motivo porque terminaron estos trabajos. Pero es tal la fuerza de la opinion, que una corporacion celosa (la Sociedad de Amigos del Pais de Madrid) está organizando un instituto de estadística, al paso que el Sr. Mon, segun anuncian los periódicos, se ocupa de nombrar una junta con este mismo objeto. Hora es ya, lo decimos sin ánimo de acriminar á nadie, de que el Gobierno piense seriamente en este asunto, que no puede abandonarse sin el descrédito de los altos funcionarios de la adm. Despues de esta ligera digresion, disimulable cuando se trata de una persona que considera la reunion de datos estadísticos como la base de una verdadera administracion, concretándonos ahora á los trabajos de 1842 de la prov. de Almería, presentamos el resúmen de la matrícula catastral en el

ESTADO de la poblacion, riqueza imponible y contribuciones que aparecen en la memoria que, una reunion de autoridades, otros empleados subalternos del gobierno y varias personas notables del pais, dirigió al ministerio de Hacienda.

PARTIDOS JUDICIALES.	POBLACION.		RIQUEZA IMPONIBLE.			CONTRIBUCIONES.			RENTA LIQUIDA. Anual.			RENTA LIQUIDA. Diaria.		
	Vecinos	Almas.	Por partido.	Por vecino.	Por habitante.	Por partido.	Por vecino.	Por habitante.	Por partido.	Por vecino.	Por habitante.	Por partido.	Por vecino.	Por habitante.
			Rs. Vn.	Rs. Mrs.	Rs. Mrs.	Rs Vn.	Rs. Mrs.	Rs. Mrs	Rs. Vn.	Rs. Mrs.	Rs. Mrs.	Rs.	Rs Mrs.	Mrs. c.
Almeria	8,260	33,044	7.618,573	992 12	230 19	1.030,793	124 27	31 7	6.587,780	797 19	199 12	48,049	2 6	18 6
Berja	6,821	27,287	3.676,467	539 »	134 23	497,426	72 32	18 8	3.179,041	466 2	116 15	8,711	1 9	10 8
Canjayar	6,413	25,677	3.593,425	560 11	139 32	496,190	77 12	19 11	3.097,235	482 33	120 21	8,485	1 11	11 2
Gergal	7,053	28,223	4.251,213	595 23	150 21	575,190	81 15	20 13	3,676,023	514 4	130 8	10,071	1 14	14 9
Huercal-Overa	7,359	29,439	3.227,461	430 14	109 21	436,676	89 11	14 28	2.790,785	371 3	94 27	7,646	1 1	8 8
Purchena	7,725	30,931	3.755,635	486 6	121 14	507,137	65 22	16 7	3.248,498	420 18	105 7	8,900	1 5	9 8
Sorbas	4,460	17,851	2.392,926	536 18	134 2	323,763	72 20	18 5	2.069,163	463 32	115 31	5,669	1 9	10 8
Velez-Rubio	5,450	21,800	2.918,415	535 17	133 30	394,862	72 16	18 4	2.523,553	463 1	115 26	6,919	1 9	10 8
Vera	9,675	38,700	3.772,808	389 32	97 17	500,712	52 26	13 6	3.272,096	337 6	84 11	8,965	» 31	7 9
	63,216	252,952	35.206,923	556 32	139 6	4.762,749	75 12	18 28	30.444,174	481 20	120 12	83,409	1 11	11 2

Debe ante todo tenerse presente que la parte de contr. que se señalan en el estado á cada part. jud. y por consiguiente la renta líquida anual y diaria que á cada vec. le corresponde, no es deducida del documento que examinamos, porque no tiene para ello la clasificacion necesaria. Por esa razon ha sido preciso buscar el prorateo del 13'53 por 100 de la riqueza imp. de la prov., segun en notas anteriores tenemos manifestado. La riqueza imp. de la prov. de Almería por el dato de 1841, era en sentir de la junta, segun

hemos visto de.	4.005,088
La de matrícula catastral de.	35.206,923
Resulta en un solo año diferencia de mas de. . .	31.201,835

Apareciendo entre las fechas de ambos documentos de 8 de mayo de 1841 el primero, y 29 de octubre de 1842 el segundo, una riqueza 8 veces mayor en la prov. que describimos; por eso hemos querido demostrar la inexactitud del dato de 1841 por documentos anteriores y posteriores á su publicacion.

Al examinar los trabajos oficiales de 1842, correspondientes á las prov. de Albacete y Alicante, vimos que á cada hab. de la primera le correspondia una renta diaria de 14'19 mrs. por 100, y á cada individuo de la segunda 8'07 mrs. La riqueza oficial de la prov. de Almería guarda un término medio, puesto que corresponde á 11 mrs. Entrando ahora en mayores detalles y en los pormenores indispensables para apreciar el documento oficial de 1842, fijaremos ante todo la clasificacion de las respectivas riquezas, siguiendo la misma distincion que aparece en el cuadro sinóptico, por part., presentado en el anterior artículo.

Riqueza territorial y pecuaria. En 13.669,883 rs. valora la comision de 1842 la riqueza terr. y pecuaria de esta prov. Ya se reconoce en la memoria que tenemos á la vista «que no existia dato ni antecedente alguno acerca de los cap. de la riqueza agrícola, de la estension de la prov. ó de cada uno de los pueblos que la constituyen; ni de las clases de tierra de labranza, montes y demas que forman el cap. de un terr.» y por eso se dice «que ha sido preciso apelar á conocer el prod. de esta riqueza por el medio mas aproximado y por este prod. calcular despues los cap.» El dato que admitió la comision para estas operaciones, como mas aproximado, fue el importe del diezmo íntegro sin deduccion de ninguna clase, del quinquenio de 1829 á 1833, en que se suponia que se habia pagado con mas religiosidad que en los años últimos. De este dato dedujo la comision las cosechas en especie de cada pueblo; que son las que aparecen en un estado que acompaña, con el importe en rs. vn. de las demas especies diezmadas á mrs. Para conocer el valor de las primeras, se adoptó prudentemente por precio comun el que tuvieron en un quinquenio en cada distr. diezmatorio, fijando de este modo la prod. bruta á fin de presentar despues la riqueza imp. Aun esta operacion, con los inconvenientes que presenta, no pudo estenderse á todos los pueblos de la prov., por que el intendente de la de Granada, no pudo remitir de las estinguidas oficinas de diezmos dato alguno de los pueblos de aquel arz., hoy pertenecientes en lo civil á la prov. de Almería. En este conflicto la comision buscó el término medio de las cosechas supuestas por los pueblos, al practicar sus amillaramientos, abrazando el mayor número de años posibles. Nuevos inconvenientes presentáronse á la comision, á quien por cierto no faltaba celo ni inteligencia, porque los amillaramientos eran en su mayor parte del siglo pasado, representando por consiguiente una situacion bien distinta de la que hoy tiene la prov. Apelóse entonces á la comparacion de las primitivas operaciones con las liquidaciones parciales del diezmo de 1837, y segun ellas, y los conocimientos particulares de las circunstancias de cada pueblo, se fijó por la comision un aumento prudencial de los prod., y valorándolos despues á los precios medios que habian servido para los pueblos del ob. de Almería, se adoptó así el valor bruto de los pertenecientes al arz. de Granada. La comision despues consultando á varios particulares graduó en general al 50 por 100 los gastos de reproduccion y recoleccion, quedando el otro 50 por 100 de prod. líquido ó materia imp. Reconocieron las personas que intervenian en la formacion de este documento, que era escesiva esta regulacion, pero que se recompensaba con las ocultaciones que podia envolver el dato que habia servido de base.

En la riqueza pecuaria sólo presentó la comision los ganados lanar y cabrío, diciendo: «que los de las demas especies estaban embebidos en la rural, en razon á que en los quinquenios decimales y en los datos que habian servido para su formacion, se comprendian con otros muchos objetos diezmables, bajo la denominacion general de *minucias*, sin distincion alguna.»

Respetamos la buena fe que precede en el documento cuyo exámen nos ocupa en este instante. Sin embargo, nos debe ser permitido decir, que ni el quinquenio del diezmo para los pueblos del ob. de Almería, ni los amillaramientos antiguos comparados con las operaciones decimales de 1837 para los del arz. de Granada, pueden facilitarnos conocimiento alguno para apreciar siquiera aproximadamente la riqueza de esta prov. Si la comision creyó, como hemos visto, que el valor bruto obtenido debe dividirse por mitad exacta en gastos de reproduccion y utilidades, ó sea riqueza líquida imponible, conocida la cifra de esta última, que es 13.669,883 rs., aparece que la suma que representa la riqueza terr. y pecuaria en su produccion bruta es de 27.339,766, ó lo que es lo mismo en toda España 1,305.850,866. Esto basta para demostrar, que no fue mas feliz en sus resultados la comision de 1842, que lo fuera la junta de 1841, á pesar de la diferencia de riqueza que presenta uno y otro trabajo. ¿Cuál seria ciertamente la cosecha de la prov. de Almeria, si sin deduccion de ninguna clase solo representara un valor de 27.339,766?— Para que nuestros lectores puedan apreciar la fe que merecen noticias dadas sobre bases tan poco admisibles, diremos únicamente, que comparando los datos oficiales de 1842 con otros tambien oficiales procedentes del prod. del noveno, solo en 12 pueblos aparece una diferencia estraordinaria en el resultado que presentan los valores obtenidos. A fin de convencerse de esta verdad presentamos el siguiente estado, en que clasificamos la riqueza segun la comision de 1842, comparada con la que aparece del noveno, con referencia esta á documentos oficiales que han obrado en nuestro poder por mucho tiempo.

PUEBLOS.	DATOS OFICIALES DE 1842.	DATOS OFICIALES DEL NOVENO.	DIFERENCIA.
Adra.	776,564	1.078,734 24	302,170 24
Alboloduy.	212,596	836,232	623,636
Albox	678,500	1.070,145	391,645
Alhama de la Seca.	186,224	1.016,335	830,111
Almeria	1.266,324	1.403,277 12	136,953 12
Berja.	695,370	1.414,630	719,260
Cuevas de Vera . .	784,224	1.216,739	432,515
Fiñana.	720,470	1.129,735	409,265
Huercal-Overa. . .	757,730	1.513,577	755,847
Maria	465,360	993,046	527,686
Velez-blanco. . . .	1.021,390	1.636,385	614,995
Velez-rubio	1.223,400	2.347,941	1.124,531
	8.798,152	15.656,777	6.858,625

Nueva ocasion se presenta de preguntar si se cree que el noveno puede admitirse como tipo exacto para saber con entera seguridad, con entera confianza, las riquezas del pais. La contestacion es muy sencilla: el noveno, como todas las imposiciones que gravitaban sobre los prod. de la tierra, estaba sujeto á fraudes y ocultaciones, porque era mas poderoso el interes individual que la intervencion del Fisco. Aun así se ve la enorme diferencia que existe entre la riqueza terr. de los dos documentos á que nos estamos refiriendo. No nos seria dificil presentar datos curiosos sobre la riqueza terr. de los pueblos anteriormente indicados; pero como no es nuestro ánimo nunca aplicar á localidades determinadas las faltas que observamos, nos limitaremos á decir que en el dia son los prod. en la prov. de Almeria mucho mayores que los que presenta el noveno. De este modo queda demostrado que el dato oficial de 1842 en la parte terr., no representa, bajo ningun concepto, la riqueza de la prov. de Almería.

Riqueza urbana. Tuvo presente la comision para apreciar la riqueza urbana, las relaciones que habian dado los propietarios ó inquilinos en 1837 para la anticipacion de la contr. estraordinaria de guerra, y totalizando la renta anual que en cada pueblo arrojaban los datos remitidos, se figuró por ellos el prod. bruto para las pobl. en que se conocia que nada se habia ocultado, agregando el valor en rent. de las fincas nacionales enagenadas hasta entonces, con respecto á los pueblos en que la renta aparecia notablemente disminuida, que era en la mayor parte en sentir de la comision; y en aquellos cuyas relaciones no existian en los archivos de la intendencia, se calculó una casa por vec., y dándoles un valor aproximado segun la importancia; sit. y demas circunstancias de la localidad, se dedujo el prod. bruto al tanto p.% del cap., fundándose en lo dispuesto en la ley de 12 de agosto de 1837, para las que estaban habitadas por sus dueños. Del prod. bruto obtenido por los dos medios indicados, se dedujo el 10 p.% para los gastos de reparacion y *vacíos*, figurando el residuo como renta líquida ó materia imponible: de esta se han formado de nuevo los cap. al mismo respecto del 4 p.% de prod., sacando despues el cap, y la renta que correspondia á cada vec. Los resultados generales de la prov., segun manifiesta la comision, ofrecen un cap. de 1,572 rs. 21 mrs., y una renta de 62 rs. 30 mrs. por vec., cap. y renta que si bien parecen ínfimos á primera vista, no lo son si se atiende (siempre en sentir de los autores del documento que analizamos) á que una gran parte de la pobl. habita en chozas ó cuevas, otra en los cortijos ó casas de labranza, cuyo cap. y prod. forman parte de la riqueza rural; y otra en molinos y fáb. sujetas al impuesto industrial.

De esta relacion deducimos que el cap. prod. que presenta la intendencia es de 99.414,597, que equivalen á un cap. imp. sobre la base admitida de 3.975,215 rs., y distribuido este cap. prod. y esta riqueza imp. en los 63,216 vec. que presenta el mismo documento, resulta para cada uno de estos el cap. y renta que anteriormente hemos indicado. No deja de ser laudable el celo de las personas que intervinieron en este trabajo, á pesar de lo imperfecto, porque con los elementos que á su disposicion tenian, no podian obtener otro resultado. (*) Decimos mas: es la memoria que analizamos de las mejores que en 1842 recibiría el Gobierno, porque al menos se dice de donde se habian tomado los datos, y los vicios que tienen desde su origen. Ya hemos manifestado cuales son nuestras opiniones respecto al modo de apreciar la materia imp. de la riqueza urbana; adoptar por regla general el número de casas de un pais para buscar el term. medio de la renta liquida sobre la base vecinal, es cometer un error administratívo de fatales consecuencias, mucho mas cuando se trata de una nacion esencialmente agrícola como la España. Las casas del labrador, esto es, las destinadas esclusivamente á las labranzas, jamás pueden considerarse como riqueza urbana imp., porque mas bien, segun ya hemos dicho, deben tenerse como instrumentos indispensables para la agricultura, formando parte de la riqueza rústica imp. ¿Qué riqueza urbana pueden presentar pueblos como Castro, Benitagla, Armuña, con 64, 65 y 68 vec., á quienes se les supone una materia imp., al primero de 972 rs., al segundo de 1,170, y al tercero de 1,469? De aqui la necesidad de clasificar los destinos de las casas de una prov. con el doble objeto de no imponer gravámen alguno sobre lo que nunca puede llamarse riqueza imp., y de evitar que lo que debe reputarse riqueza líquida en mayor ó menor suma, deje de satisfacer en los imp. la parte proporcional que le corresponde. Desde luego aparece que la renta líquida urbana, señalada á la prov. de Almería, corresponde por vec. á 62 rs. 30 mrs., menor á la de Albacete que es de 63 rs. 3 mrs., y mucho menor que la de Alicante, que es de 79 rs. 25 mrs. Sobre este dato si todas las casas pudieran considerarse sujetas al impuesto, y á todas se les diera un mismo valor, importaria entonces el arriendo diario de una la suma de 6 mrs. Pero si bien nosotros consideramos oportuno eliminar las casas destinadas esclusivamente á la labranza, no podemos prescindir de recordar, que se

(*) Los nombres que figuran en el escrito que analizamos, son los de D. Francisco Falcon, como intendente, y los de D. Francisco Malo de Molina, como comisionado de la intendencia.

trata de una prov. que tiene, segun el mismo documento oficial que analizamos, 16 pueblos de 500 á 1,000 vec.; 12 de 1,000 á 2,000; 5 de 2,000 á 3,000; 1 de 3,000 á 4,000, y 1 de 4,450. Una cosa sin embargo debemos decir, y es, que á la intendencia y á su comisionado, se les ocultó mas riqueza rústica que urbana. Nosotros creemos, á pesar de las reflexiones que hemos presentado sobre el modo de apreciar esta riqueza, que es mayor la que tiene la prov. de Almería; pero nunca admitiremos la proporcion de 1 á 3'4 con la materia imp. rústica: adelantamos mas nuestra opinion, y es que la riqueza urbana no admite tampoco la proporcion que presentó la junta en 1841 con la terr. y pecuaria englobada, que es de 1 á 4, 9 décimas. Y decimos esto, á pesar de que nos consta positivamente, que el número de casas es mayor que el que fija el documento oficial de 1842, puesto que obra en nuestro poder dato en que aparecen 68,116 casas, con la notable circunstancia de designarse pueblo por pueblo, y de decirse que no estan todas porque hay ocultaciones. Nos limitamos, pues, á hacer estas observaciones, porque de ellas se deduce que ha habido tambien ocultacion al dar á la comision las relaciones sobre la riqueza urbana, prometiendo al concluir la obra presentar mayores noticias sobre esta clase de riquezas, de la que tan escaso partido han sacado los gobiernos hasta el dia.

Riqueza comercial é industrial. La comision manifiesta que las operaciones mas difíciles, y las que pueden prometer menos exactitud en sus resultados, son las que se dirigen á conocer el estado de la ind. y comercio de una prov. cuando no existen datos algunos que poder utilizar, como sucede en Almería. Limitándose, pues, los trabajos á formar listas por clases de los sujetos comprendidos en la matrícula de subsidio, señalando una utilidad líquida por individuo, atendida la importancia y consideracion del pueblo en que ó ejercia la ind., ó tenia su establecimiento mercantil, totalizadas las utilidades de las diferentes clases en cada pobl., se admitió el resultado de esta operacion como materia imp. La comision manifestó en su escrito que los cap. de comercio, aunque considerados generalmente al 6 p§ de prod. se invierten dos algunas veces al año, y que entre las diversas clases de ind. hay algunas en que juegan muy poco los cap., ó en que es necesario muy poco cap. para su sostenimiento. Por esta razon fijó la comision por regla general el 12 p§ de utilidad total ó materia imp. de cada pueblo, siendo los resultados los que aparecen del estado que sigue:

PARTIDOS.	MATERIA IMP., IND. Y COMERCIAL. Rs. vn.
Almería.	2.719,666
Berja.	788,600
Canjayar.	537,550
Gergal.	566,000
Huercal-Overa.	503,700
Purchena.	531,600
Sorbas.	322,500
Velez-Rubio.	377,700
Vera.	850,100
	7.197,416

Si no hemos admitido la proporcion en que los datos oficiales de 1842 presentan las riquezas urbanas y terr., comprendida en esta última la pecuaria, menos podremos estar de acuerdo con la relacion que con esta guarda la materia imp. por comercio é ind.; mucho mas si se considera que en esta última no va comprendida la riqueza minera, en que interviene la mano del hombre industrioso para arrancar del suelo los tesoros que encierra, y la mano del comerciante para destinar á importantes especulaciones los prod. obtenidos. Bien sabemos que la prov. de Almería no es como la de Avila, la de Sória, y otras del centro de la Península, esencial ó casi esclusivamente agrícolas; pero tampoco se nos oculta que el comercio del país que describimos, no es de los mas importantes de España, ni hay en sus operaciones mercantiles aquella animacion, aquella vida que presentan otras prov. Segun los trabajos oficiales de 1842 la materia imp. terr. es de 13.669,883; la ind. y comercial 7.197,416, poco mas de una mitad en su proporcion de 1'90. ¿Cuál seria la situacion de esta prov., si prescindiendo de la riqueza minera, las utilidades del comercio y la ind. figuraran por una mitad del prod. líquido de la tierra y de la ganaderia, ó por una cuarta parte del prod. bruto bajo los mismos dos conceptos? Pudiera entonces decirse con fundamento, que la prov. de Almería era una de las mas importantes en el órden mercantil é ind. No que creamos nosotros que debe disminuirse esa riqueza imp. por comercio y por ind.; pero como quiera que estamos muy lejos de admitir la cuòta que se señala á la prod. bruta del suelo, con solo admitir la proporcion del dato oficial, perjudicariamos, en nuestro entender, considerablemente á una clase digna de la proteccion del Gobierno, como es la ind. y mercantil, cuyos medios de prod. se ocultan, emigran, ó se aniquilan en su infancia, cuando no interviene con tino y con prudencia la mano protectora del Gobierno. Si nosotros digéramos, como podiamos decir, sin temor de incurrir en ningun género de responsabilidad moral, «es doble y tríple el prod. bruto del suelo de la prov. de Almería»; si siguiendo despues rigorosamente la proporcion, añadiéramos: «es tambien doble y triple la utilidad que obtiene el comercio y la ind., causariamos un grave mal al pais» de cuyo exámen nos ocupamos. En corroboracion de nuestro parecer, podemos presentar los trabajos de la junta de 1841, en los que, como digimos anteriormente, se ha disminuido estraordinariamente la riqueza; pero se ha presentado la proporcion con mas acierto que por la comision de la intendencia. La junta de 1841 señaló á la riqueza terr. y pecuaria 2.624,201 rs.; á la comercial é ind. 668,181, resultando la proporcion de 1 á 3'92. Prescindiendo, pues, de las sumas, y fijando únicamente la proporcion, nos adherimos á la de 1841, bien que sin disminuir la materia imp. que presentan los datos oficiales de 1842, por las razones que anteriormente tenemos manifestado.

Capacidad para consumos. Con este título figuran en los datos oficiales, y aparecen en el cuadro sinóptico 10.364,409 rs., que se consideran y se admiten para los cálculos consiguientes, como riqueza imp. La comision manifestó, que los únicos datos que podian presentar alguna idea del importe de los consumos de la prov., eran los encabezamientos verificados para la imposicion de la contr. de provinciales; dijo que á ellos se habia acudido para las operaciones de este ramo, bien que reconociendo, que la antigüedad de la mayor parte de aquellos, la escasez de noticias en algunos, y la falta absoluta de otros, habia precisado á valerse de datos auxiliatorios ó supletorios, como las noticias existentes en los negociados de las oficinas de Hacienda, acerca de los espedientes de subastas de ramos arrendables y demas incidencias. Como en los encabezamientos solo se designan, con la espresion de consumos, los derechos fijados á las especies llamadas de Millones, que son la carne, vino, vinagre, aceite y jabon, puesto que las demas que afectan á las otras infinitas especies comprendidas bajo la denominacion general de alcabala del Viento, giran tambien sobre las ventas y movimiento interior de esta especie; se han concretado solamente los cálculos á las cinco de Millones. Conocido por dichos encabezamientos el consumo anual que á su formacion se supuso por cada una de las cinco especies, se valoraron al precio comun (sin el recargo de impuesto) que se les habia dado en su época. La comision, visto el resultado de esta primera operacion, aumentó el consumo sobre la base que habia aumentado la pobl., y si aun de este modo no resultaba una cantidad admisible, fijó otro aumento prudencial, resultando que en algunos pueblos duplicó la cantidad, por la que figuraban en documentos antiguos. Para las pobl., cuyo encabezamiento no existia, se fijó una cantidad aproximada, adoptando como término de comparacion otros pueblos de igual vecindario y consideracion. Hallábase la cap. en una sit. escepcional, porque en ella resultaban establecidos los derechos de puertas. Formóse, pues, un resúmen de las introducciones de las cinco especies de Millones verificadas en cuatro trimestres de distintos años, en que la adm. corrió por cuenta de la Hacienda, valorándolas al precio comun, y aumentando las cantidades prudenciales en que se habia considerado defraudada la recaudacion. Estas operaciones dieron un resultado general de 163'95 rs., por vec. de consumo anual ó capacidad indirecta, cantidad que tuvo la comision por suficiente, puesto que solo se referia á las cinco especies anteriormente indicadas, no debiendo perderse de vista que una gran parte de la pobl. de la prov. de Almeria no consume carne alguna por alimentarse con pescado legumbres; que otra no muy corta apenas usa el aceite, pues aun para alumbrarse gastan teas ó esparto, y que el jabon se suple en muchos pueblos, entre ellos la capital, con las pastas de barrilla natural producidas en su mismo terr. El valor de las especies de millones consumidas anualmente segun los encabezamientos de provinciales ó datos equivalentes en los pueblos no encabezados, asciende, segun dice el intendente, á 6.683,624 rs. á cuya suma aumentó aquella autoridad por las razones espuestas anteriormente, 3.680,785 rs. para presentar el total de 10.364,409 que figura en el cuadro sinóptico.

Este trabajo presentado con bastante método, en que se fija el consumo sujeto al tributo, solo impropiamente puede representar una cuarta riqueza ó materia imp.; si bien sirve para reconocer los valores que de esas primeras materias y manufacturas han circulado en el mercado y han desaparecido por el consumo. Creemos nosotros que la capacidad indirecta debe ser apreciada por la administracion pública, ó mejor dicho, por los legisladores, para combinar los medios á fin de hacer efectivos en las arcas del tesoro los ingresos presupuestos; pero al mismo tiempo consideramos que la apreciacion de la riqueza para gravar en una cantidad determinada la materia imponible, debe buscarse en el valor que se da á las especies y géneros de los reinos vegetal, animal y mineral á que aquellas y estos pertenezcan. Esos mismos valores circulantes en especies por la suma de 10.964,409 en año comun, dan una idea clara para convenir desde luego en que, procediendo su mayor parte de la prod. de la tierra, esta riqueza se consideró muy baja por los datos oficiales de 1842, y no bastante apreciada por el noveno de que hemos hecho mérito.

RIQUEZA MINERA. Tambien se ocupó la comision de la riqueza de la prov. de Almería: y era natural se ocupase cuando en su terr. se han descubierto recientemente minas que han llamado la atencion, no solo de España, sino de todo el mundo.

Siendo los distr. mineros diferentes de los part. jud. y de las prov., es muy dificil tratar en el art. de la intendencia de Almería, de los prod. obtenidos dentro de la demarcacion de su terr.; así que el tratar de los valores obtenidos en la sierra Almagrera, corresponde al art. Lorca. En este hablaremos con estension de la riqueza minera de Almería por la razon sencilla y poderosa de que entre los distr. de Lorca y Adra estan comprendidos los pueblos de toda esta prov. Bien pudieramos ahora presentar el resúmen comprendiendo el prod. bruto, las anticipaciones, y el prod. líquido de las minas y de las fáb., pero habriamos de repetir este trabajo en el art. Lorca, y tendria la desventaja de no comprender el año que está concluyendo.

RESUMEN DE LA RIQUEZA. Concluidas nuestras observaciones despues de examinar cuantos datos nos ha sido posible adquirir, fijamos por ahora, sin perjuicio de rectificar nuestra opinion en los estados generales que se presentarán al terminar la obra, la riqueza de está prov. en los términos siguientes:

Renta líquida de la tierra y utilidades de la riqueza agrícola, segun el método adoptado en los art. de Alava, Albacete y Alicante	34.009,710
Riqueza urbana	3.975,215
Industrial y comercial	7.197,416
Total (*)	45,182,341

CUOTA SEÑALADA EN VARIOS IMPUESTOS. Habiendo manifestado lo que ha pagado esta prov. en el antiguo sistema tributario por todas las contr. inclusas la de culto y clero; despues de haber esplicado con la minuciosidad posible la cantidad en que ha sido afectada cada una de las riquezas; despues de haber espuesto nuestra opinion, reducida á que no era posible que pudiera existir este pais con la riqueza que le ha sido señalada, creemos conveniente marcar en un pequeño cuadro la proporcion en que se hallan las cuotas que le han sido reclamadas, comparándolas con los totales de las restantes de España; trabajo que aparece en el siguiente estado.

(*) La comision de 1842 nos permitirá que no admitiendo su doctrina, no incluyamos como riqueza lo que en sus datos se apellida capacidad indirecta: las especies de Millones las englobamos nosotros en los reinos á que pertenecen: esta es nuestra doctrina, sujeta como todas las económicas á impugnacion y censura.

EPOCA DE LA PUBLICACION DE LAS LEYES.	CANTIDAD TOTAL DEL IMPUESTO.	CANTIDAD señalada á la prov. de Almería.	Tanto por 100 en proporcion con las demas provincias de España.
Ley de 24 de noviembre de 1837, Contribucion estraordinaria de guerra	603.986,284	10,611,597	1'75
Ley de 30 de julio de 1840. Contribucion estraordinaria de	180.000,000	3.499,728	1'94
Ley de 14 de agosto de 1841. Contribucion de culto y clero	75.406,412	1.466,081	1'95
Ley de 23 de mayo de 1845. Contribucion dicha de inmuebles del nuevo sistema tributario	300.000,000	4.895,000	1'60
	1,159.392,696	20.472,406	1'76

Creemos conveniente presentar sobre este trabajo ligerísimas observaciones. Primera, en la partida de 10.611,597 rs. se figuran las sumas impuestas por terr. y pecuaria, ind. y comercial, y consumos por la base combinada de millones en provinciales y puertas, aguardiente y licores; sal y tabacos. No nos ha sido posible presentar por separado la proporcion de la riqueza ind. y comercial, porque se hizo por prov. y marcos consulares. Pero debe advertirse que la proporcion de la terr. y pecuaria con el total exijido por este concepto de 333.986,281, es de 2'15 y el de consumos de 150 millones de 1'02.

Segunda: en la ley de 30 de julio de 1840, la proporcion de la riqueza terr. es de 1'90 y la de la ind. y comercial que figura ya por separado de 1'80.

Tercera. La proporcion de la riqueza terr. y pecuaria por la ley de 14 de agosto de 1841, es de 1'90 y la de la ind. y comercial 1'93.

En el art. de Alicante digimos, y lo repetimos ahora, porque hemos visto con disgusto que no se hacen deducciones necesarias é importantes cuando se trata de fijar la materia imponible, que el papel sellado y el tabaco en el mayor valor que representan estos dos art. despues de satisfechos los gastos indispensables, son verdaderas contr. que satisface el pueblo, y que por consiguiente debe tenerse en cuenta, cuando se trata de apurar lo que pagan los españoles. A la vista tenemos el estado de ingresos sacado de las arcas de arqueo del quinquenio de 1837 á 1841, pero no le insertamos porque creemos que en el primer art. de intendencia, *Avila* podremos publicar para aquella y demas prov. el quinquenio de 1840 á 1844 (*).

El papel sellado produjo en el quinquenio á que nos referimos 937,500, ó sea en año comun 187,500 rs. Los productos de la venta del tabaco en el mismo quinquenio

fueron de	8.236,000
Año comun	1.647,200
Utilidad ó cuota de contribucion	549,066

Repartida esta suma entre los 252,952 hab., sale á razon de 2 rs. 6 mrs. por individuo, apareciendo con las noticias que sobre esta renta figura en el tomo 1.°, las diferencias siguientes:

(*) Los datos oficiales del quinquenio de 1837 al 1841 nos fueron facilitados en el año 1842, si no nos es infiel la memoria; ha habido algunas dificultades para entregarnos los posteriores hasta 1844 inclusive; pero atendido el celo con que por la mayor perfeccion de nuestra obra han trabajado los SS. D. José y D. Joaquin Maria Perez, á quienes presentamos esta debil muestra de nuestro reconocimiento, es de esperar que podamos publicar este dato importante y hasta necesario.

Alicante	2 rs.	2 mrs.
Almeria	2	6
Alava	2	9 1/2
Albacete	2	27
Oviedo	4	4
Huelva	7	2
Madrid	8	12

Estos números hablan mas energicamente que pudiéramos nosotros hacerlo, para demostrar el contrabando que se ha hecho en la prov. de Almeria.

EMPLEADOS DE LA ADMINISTRACION. Este dato que consideramos de sumo interés se presenta con los posibles detalles en el estado siguiente: (*)

MINISTERIO DE GRACIA Y JUSTICIA.	Juzgados		9 jueces de primera instancia	75100			
			9 promotores fiscales	36300			141500
			23 alguaciles	30100			
MINISTERIO DE HACIENDA	Administracion comun á todas las rentas	Intendencia	Intendente	30000			
			Secretario	8000			
			Oficial	5000	47000		
			Portero	2200			
			Mozo de oficio	1800		51000	
		Subdelegacion	Subdelegado el intendente	»			
			Asesor	2000			
			Fiscal	1000	4000		
			Escribano	1000			
	Administracion de	Contribuciones directas	Administrador	16000			
			Inspector 1.º	10000			
			Id. 2.º	8000			
			1 oficial	5000	49200		
			2 id.	4000			
			Portero	2200			
		Id. indirectas	Administrador	16000			
			Inspector 1.º	10000			
			Id. 2.º	8000	45000		
			Auxiliar	5000			
			Id.	4000			
			Portero	2000			
		Rentas estancadas	Guarda almacen	14000			
			Inspector 1.º	10000			
			Id. 2.º	8000		244300	
			Auxiliar	5000	48200		
			Portero	2200			
			Mozo de almacen	2000			
			2 factorias subalternas	7000			397660
		Aduana	Administrador	12000			
			1 oficial interventor	10000			
			3 id. id. de 6, 5 y 4000 rs.	15000			
			2 vistas con 8 y 6000 rs.	14000			
			Auxiliar	3000			
			Alcaide	6000			
			Marchamador	4000	101900		
			Portero	2200			
			2 mozos de faenas	4000			
		Id. subalternas	2 administradores	11,000			
			2 interventores	10,000			
			1 fiel	2,500	25700		
			1 portero	2,200			
	Id. del Tesoro público		Tesorero	16000			
			Oficial	6000	24200		
			Portero	2200			
	Seccion de contabilidad		Gefe	12000		47200	
			Oficial	6000	23000		
			Auxiliar	5000			
	Puertas y resguardos		Visitador	8000			
			3 fieles	15000			
			3 interventores	15000			
			3 mozos	5400		55160	
			1 cabo	3000			
			4 dependientes	8760			
MINISTERIO DE LA GOBERNACION DE LA PENINSULA	Gobierno politico		Gefe politico	30000			
			Secretario	16000			
			Oficial 1.º	9000			
			2 id. 2.os	16000	95300		
			3 id. 3.os	21000			
			Portero	3300			163280
	Proteccion y seguridad pública		1 comisario	8000			
			4 id. á 5000 rs.	20000			
			8 celadores	20000	67980		
			13 agentes	19980			

RESUMEN: Ministerio de	Gracia y Justicia	141500	
	Hacienda	397660	702440
	Gobernacion de la Peninsula	163280	

(*) Como verán nuestros lectores, el estado se refiere á las variaciones hechas despues del nuevo sistema tributario.

PROVINCIA DE ALMERIA.

BIENES del clero regular y secular vendidos hasta fin de julio de 1845 y qué han quedado por vender.

PROCEDENCIAS.	NUMERO DE FINCAS.			VALOR CAPITAL DE LAS FINCAS.						RENTA ANUAL, CALCULADA AL 3 P 0/0 DEL VALOR CAPITAL EN TASACION DE LAS FINCAS.		
				RUSTICAS.		URBANAS.		TOTAL.				
	Rústicas.	Urbanas.	TOTAL.	Tasacion.	Remate.	Tasacion.	Remate.	Tasacion.	Remate.	Rústicas.	Urbanas.	TOTAL.
Bienes vendidos.												
Clero regular. Failes. . .	32	9	41	857080	1825030	105710	149650	662790	1973870	25712	3171	28883
Clero regular. Monjas. .	98	5	103	4153250	7021950	51200	60130	4204450	7082080	124598	1536	126134
Clero secular	130	14	144	5010330	8846980	156910	209780	5167240	9055950	150310	4707	155017
	923	69	992	5398140	6980630	551500	1007010	5949640	7987640	161944	16545	178489
	1053	83	1136	10408470	15827610	708410	1216790	11116880	17043590	312254	21252	333506
Bienes por vender.												
Clero regular. Frailes . . .	»	9	9	»	»	8920	8920	8920	8920	»	268	268
Clero regular. Monjas . .	»	2	2	»	»	3310	3310	3310	3310	»	99	99
Clero secular.	»	11	11	»	»	12230	12230	12230	12230	»	367	367
	584	201	785	4252510	4252510	12660	12660	4265170	4265170	127575	380	127955
	584	212	796	4252510	4252510	24890	24890	4277400	4277400	127575	747	128322
Foros y censos.												
Clero regular. Frailes . .	»	»	447	»	»	»	»	573430	573430	»	»	17200
Clero regular. Monjas . .	»	»	221	»	»	»	»	397450	397450	»	»	11923
Clero secular.	»	»	668	»	»	»	»	970880	970880	»	»	29123
	»	»	708	»	»	»	»	7267450	7267450	»	»	218023
												247146
Rebaja de las cargas .	»	»	»	»	»	»	»	»	»	»	»	27050
Valor capital y renta líquida de los foros y censos.	»	»	1376	»	»	»	»	8238330	8238330	»	»	274196
Valor capital y renta liquida de los bienes por vender inclusos los foros y censos . .	»	»	»	»	»	»	»	12515730	12515730	»	»	402518
Total del valor capital y renta liquida de los bienes que poseia el clero.	»	»	»	»	»	»	»	23632610	29550320	»	»	741024

NOTA. En las 14 fincas urbanas del clero regular que figuran como vendidas, se incluyen dos edificios conventos de frailes, tasados en 45,900 rs. y rematados en 40,750, y tambien un convento de monjas, tasado en 9,050 rs. y rematado en 6,030.

Los resultados que se han de observar del estado que antecede, son los siguientes:

1.° El numero de fincas rústicas y urbanas que poseia el clero regular de ambos sexos, en la provincia de Almeria, era de 155, y siendo 144 las que se han vendido, 11 son las que se han quedado por vender; de las cuales 9 proceden de frailes y 2 de monjas.

2.° Respecto al clero secular, el número de fincas que poseía era de 1.507, y el de las vendidas de 992; por lo tanto quedan todavía 785 por vender.

3.° El valor capital en tasacion de las fincas pertenecientes á ambos cleros que se han vendido era de 11.116,880, y habiendo ascendido su remate á 17.043,590 rs. ha debido resultar una amortizacion de la deuda pública del Estado por igual cantidad.

4.° La renta anual que el clero sacaba de sus propiedades rurales y urbanas, calculada al 3 por 100 de su tasacion, ascendia á 461,828 rs.; este importe, unido con los 274,196 rs. de líquido prod. de los foros y censos, despues de rebajadas las cargas, componia un total de 741,024 rs., que por la disminucion de los 333,506 rs. de renta correspondientes á los bienes vendidos, se reduce hoy á 402,518 rs. para las atenciones del culto, ya sea que su adm. se devuelva al clero, ó bien sea que siga á cargo del Gobierno.

ADUANAS. Como en cada pobl. se fijan los pormenores del movimiento de las aduanas, no se puede publicar hasta el fin de la obra el cuadro por prov. Solo, pues, diremos que en el quinquenio de 1837 á 1841 se obtuvieron los resultados siguientes:

Quinquenio	6.223,000
Año comun	1.244,600

NUEVO SISTEMA TRIBUTARIO. Para señalar las sumas que puedan corresponder á la prov. de Almeria, fijaremos las cuotas conocidas por las cantidades que figuran en los documentos oficiales, y en las demas señalaremos las que deban satisfacer en la proporcion que han pagado hasta el dia, sin perjuicio de presentar lo antes posible los resultados que ofrezca el sistema que hoy se está ensayando.

Contr. de inmuebles	4.895,000 rs.
Derecho de hipotecas (1'76)	316,800
Consumos (1'02)	1.836,000
Subsidio industrial y comercial (1'86) (*)	744,000
Inquilinatos (1'76)	105,600
Papel sellado	187,500
Tabacos	549,066
Total	8.633,966 rs.

Se ve, pues, que siendo la riqueza imp., por nosotros presentada, 45.182,341 rs., y las cuotas impuestas en seis art. 8.633,966, sale gravada la riqueza en un 19'11 p%, prescindiendo de otros art. que contiene el nuevo sistema tributario, y prescindiendo tambien de los gastos prov. y municipales que todos pesan sobre la materia imp. Estas cifras manifiestan la necesidad de conocer mejor los elementos de riqueza pública que el pais encierra, para saber hasta qué punto puede soportar la nacion los impuestos que sobre ella pesan. Como sobre este grave negocio hemos de hablar diferentes veces, nada mas decimos hoy.

ALMERIA (DIOCESIS DE): sufragánea de la metropolitana de Granada: pertenece en su totalidad á la prov. civil del mismo nombre, sin que en las limitrofes haya enclavado terr., distr. ó part. alguno, que corresponda á la dióc. de Almeria. Su circunscricion, principiando por su lím. meridional al SO. de Almeria, sit. á la orilla del mar Mediterráneo, con quien confina por esta parte, en las salinas de Roquetas ó punta de las Entinas, sigue por toda la costa al cabo de Gata, á San Juan de los Torreros, hasta el cabo de Cala-Redonda, que confina con la de Murcia; continua al E. del campo de Pulpi, haciendo una inflexion curva al O. del Pozo de la Higuera, cuya inflexion separa á Huercal-Overa, que pertenece á dicha dióc. de Murcia. Sigue luego la linea divisoria al cabezo de la Jara, por el O. del cast. Giquena, al E. de los campos de Velez-Blanco, hasta el S. del origen del r. Quipar, girando un poco al O., punto donde se divide la dióc. de Murcia, y principia el lim. con Huescar, dióc. de Toledo. Continua por la Junquera, sit. en el camino de Caravaca, por la venta de Alicena, y la ermita de Bugejar: despues pasa á la sierra de Periate, por el punto donde va el camino de Maria á Huescar, prolongándose por la cord. de la sierra de Maria á la de Chircal, á la Balsa, y las vertientes al O. de Chirivel, prolongándose por la de Oria, y luego al S. para venir al O. de la jurid. de Lucar, á subir á la cresta de la sierra de Seron y Bacares, á los lím. de Gergal, por el Almendral, con direccion al peñon del Aguila, sit. sobre Aulago, punto donde principia la dióc. de Granada. Luego pasa al O. de las Alcubillas y la linea occidental al E. de la rambla de Gergal; al molino de las Angosturas de Galachar, por los Huechares; al O. de los Timonales por Carcaos; al acueducto romano, por Casa-Blanca, y en fin á las salinas de Roquetas, donde termina. Cuya circunferencia, segun las dist. de unos puntos á otros, es en todo su perimetro de 72 leg. Confina por el N. con la abadia de Baza, dióc. de Guadix; E. abadia de Lorca, dióc. de Cartagena; S. y SE. con el mar Mediterráneo, y O. con dicha metropolitana. La estension desde la cap. del ob. al estremo mas largo, que es el radio al NNE. en el punto donde principia el lím. de Huescar, y fenece el de Murcia, es de 22 leg.; y el mas corto al NNO. de 3 1/2, que confina con la dióc. de Granada. La de Almeria se halla dividida para los negocios ecl. en 6 vicarías foráneas que comprenden las parr. de los pueblos que figuran en el estado que presentamos al final de este articulo.

El clero cated. se compone del Illmo. Sr. ob., 7 dignidades, incluso el dean, 6 canongias, 3 de oficio y 3 de gracia, 6 raciones, y otras tantas capellanias de real nombramiento: en la actualidad estan vacantes la mitra, 5 dignidades, 3 canongias, todas las raciones y 3 capellanias.

La jurisd. ecl. se ejerce por un gobernador ecl., provisor y vicario capitular, un fiscal general, 3 notarios de la curia y un secretario de cámara.

En esta dióc. existian los conv. á saber: en la cap. uno de religiosos dominicos, en cuyo templo se da en el dia especial culto á Nuestra Señora del Mar, patrona de la misma; otro de trinitarios calzados, y otro de franciscanos observantes, á cuyo templo se ha trasladado la parr. de San Pedro; y dos de religiosas llamados de la Purísima Concepcion y Sta. Clara, que viven actualmente unidas en el primero, hallándose ocupado el templo del segundo por la parr. de Santiago, y el resto del edificio por la dip. prov. y oficinas del gobierno politico. En Albox, un hospicio; en Cuevas, un conv. de observantes de San Francisco; en Velez-Blanco, otro de los mismos; en Velez-Rubio, otro igual, y en Vera otro de mínimos de San Francisco de Paula. Hay en la cap. un colegio seminario, llamado de San Indalecio, con rector, vice-rector y 11 catedráticos, 6 de teologia con diversas asignaturas, 3 de filosofia y 2 de latinidad.

Puede verse la antigüedad é historia de esta dióc. en el art. Almeria c. y su parte historia eclesiástica.

Como datos curiosos, que serán del agrado de nuestros lectores, insertamos los adjuntos, que hemos adquirido del ob. de Almeria, deseosos siempre de que los art. de nuestro Diccionario reunan en su clase cuantas noticias puedan contribuir á hacer su lectura mas interesante.

Segun relacion del ob. de Almeria de 3 de agosto de 1587, á las casas pobladas que comprendia este ob., eran 3,476 en la forma siguiente:

	Número de casas.
Almeria y su jurisdiccion	1,060
Vicaria de Vera	845
Vicaria de Purchena	381
Vicaria de Seron	280
Vicaria de Cantoria	211
Sierra de Filabres	94
Vicaria de Velez	605
	3,476

En los trabajos estadísticos de 1768 y 1769 aparece el ob. de Almeria con los datos siguientes:

Pueblos	68	
Parroquias	69	
Solteros varones	29,301	94,511
Id. hembras	29,649	
Casados varones	17,747	
Id. hembras	17,814	

(*) Admitimos la base adoptada al ejecutarse la ley de 3 de noviembre de 1837.

Curas	77
Beneficiados	318
Conventos de Religiosos	10
Religiosos	221
Conventos de Religiosas	2
Religiosas	77
Total general de almas	95,204

Dependientes de iglesias legos.

Sirvientes de iglesias	207
Hermandades de religiones	100
Sindicos de religiones	43
Exentos por real servicio	504
Id. por Hacienda	157
Id. por Cruzada	11
Id. por Inquisicicion	11
Id. por hidalguia	45

El presupuesto del noveno en este ob. es el que á continuacion se designa, advirtiendo que este dato sirve de corroboracion á lo que dejamos manifestado al hablar en el art. de Intendencia respecto al noveno, cuyo dato es demasiado inexacto para apreciar por él la riqueza terr. y pecuaria de la prov. como lo hizo la comision de 1842.

Producto del Noveno en este obispado.

QUINQUENIO.	Rs. vn.	AÑO COMUN.
1802	514,923	
1803	409,893	
1804	379,709	
1805	359,905	
1806	419,559	
Total	2.083,989	416,797
1815	561,531	
1816	360,783	
1817	410,379	
1818	303,572	
1819	255,507	
Total	1.891.772	378,354
1825	262,247	
1826	228,653	
1827	172,265	
1828	376,855	
1829	161,111	
Total	1.201,131	240,226
		1.035,377
Tercera parte ó sea año comun de los quince		345.125

DIOCESIS DE ALMERIA, SUFRAGANEA DE GRANADA.

NOMBRES DE LOS PUEBLOS.	NOMBRES DE LAS PARROQUIAS.	CLASE DEL CURATO.	ANEJOS Y ERMITAS.	CONVENTOS SUPRIMIDOS.	NUM.° DE ECLESIASTICOS. Perpetuos de patronato Real.	Amovibles por el ordinario.	Clérigos particulares	SACRISTANES Y OTROS DEPENDIENTES.
Almeria	Catedral				Obispo. 7 dignidades 6 canónigos. 6 racioneros 6 capellanes		3 capellanes llamados de Araos.	1 sacristan m. 2 organistas. 12 acólitos. 1 caniculario. 1 pertiguero. 1 celador. 2 sochantres. 3 salmistas. 2 violines. 3 músicos. 3 bajonistas.
»	Sagrario	Término.	San Antonio. Ermita.	»	»	2 tenies.	8	1 sacristan t.
»	San Pedro	id.	Sto. Domingo. Ermita.	Dominicos, Franciscos y Trinitarios calzados.	1 cura. 1 beneficia.	1	4	id. y 1 organ.
»	Santiago	id.	Virgen de Monserrat y S. Cristobal. Ermitas.	»	1 cura. 1 beneficia.	1	3	id. y 1 organ.
»	San Sebastian	id.	San Urbano. Anejo.	»	1 cura. 1 beneficia.	2	2	id, y 1 organ.
Antas	Concepcion	2.° ascen.	»	»	1 cura. 1 beneficia.	1	2	1 id.
Arboleas	Santiago	id.	»	»	1 cura. 1 beneficia.	1	2	1 id.
Albox	Rosario	Término.	Saliente. Anejo.	Hospicio.	1 cura. 3 beneficia.	2	16	id. y 1 organ.
Albanchez	Encarnacion	2.° ascen.	»	»	1 cura.	1	1	id. y 1 organ.
Armuña	Rosario	Entrada.	»	»	id.	1	»	1 id.
Alcudia	Rosario	id.	Benitagla. Anejo.	»	id.	1	»	1 id.
Benahadux	V. de la Cabeza.	id.	»	»	id.	»	»	1 id.
Bacares	Santa Maria	1.° ascen.	»	»	id. 1 beneficia.	»	»	1 id.
Bayarque	Santa Maria	Entrada.	»	»	1 cura.	1	»	1 id.
Benizalon	Santa Maria	id.	Monteagt. Ermita.	»	id.	1	»	1 id.
Benitorafe	San Roque	id.	»	»	id.	»	»	1 id.
Cantoria	Carmen	Término.	»	»	id. 2 beneficia.	1	3	1 id.
Cuevas	Encarnacion	id.	Guazamara. Ermita.	Franciscanos	1 cura. 3 beneficia.	2	13	2 id. y 1 org.
Chirivel	San Isidro	id.	Asguda. Contad. Erm.	»	1 cura.	2	2	1 id.

DIOCESIS DE ALMERIA, SUFRAGANEA DE GRANADA.

NOMBRES DE LOS PUEBLOS.	NOMBRES DE LAS PARROQUIAS.	CLASE DEL CURATO.	ANEJOS Y ERMITAS.	CONVENTOS SUPRIMIDOS.	NUM.º DE ECLESIASTICOS. Perpetuos de patronato Real.	Amovibles por el ordinario.	Clérigos particulares.	SACRISTANES Y OTROS DEPENDIENTES.
Cobdar	San Sebastian	1.º ascen.	»	»	1 cura.	»	1	Sac. y 1 orga.
Chercos	Santa Maria	Entrada.	»	»	id.	»	»	1 id.
Enix	San Judas	id.	Marchal. Anejo.	»	id.	1	»	1 id.
Felix	Encarnacion	1.º ascen.	San Roque. Ermita.	»	id.	1	»	1 id.
Fines	Santa Maria	id.	»	»	id.	»	2	1 id.
Gador	Santa Maria	2.º id.	»	»	id.	»	2	1 id.
Gergal	Carmen	Término.	Aulago. Alcubillas. An.	»	id. 2 beneficia.	2	5	1 id.
Huercal	Santa Maria	Entrada.	»	»	1 cura.	1	»	1 id.
Huebro	Santa Maria	id.	»	»	id.	»	»	1 id.
Lixar	Santa Maria	id.	»	»	id.	»	1	1 id.
Laroya	Dolores	id.	»	»	id.	»	»	1 id.
Lucar	Concepcion	1.º ascen.	»	»	id. 1 beneficia.	1	»	1 id.
Lubrin	Rosario	Término.	Chive. Anejo.	»	1 cura. 2 beneficia.	2	4	id. y 1 organ.
Lucainena	San Sebastian	1.º ascen.	»	»	1 cura.	»	»	1 id.
Maria	Encarnacion	2.º id.	»	»	id. 2 beneficia.	1	4	1 id.
Macahel	Santa Maria	1.º id.	»	»	1 cura.	»	»	1 id.
Mojacar	Santa Maria	2.º id.	Carboneros. Anejo.	»	id. 2 beneficia.	2	4	1 id.
Nijar	Asuncion	Término.	»	»	1 cura. 3 beneficia.	1	»	id. y 1 organ.
Olula de Castro	San Sebastian	Entrada.	»	»	1 cura.	»	»	1 id.
Olula del Rio	Patrocinio	1.º ascen	»	»	id.	»	»	1 id.
Oria	Mercedes	Término.	Cerricos. Anejo.	»	id. 2 beneficia.	2	1	1 id.
Péchina	San Indalecio	1.º ascen.	»	»	1 cura.	1	1	1 id.
Purchena	San Ginés	2.º id.	»	»	id. 2 beneficia.	2	2	id. y 1 organ.
Portalga	San Antonio	Entrada.	»	»	1 cura.	»	»	1 id.
Rioja	Rosario	1.º ascen.	Mondujar. Anejo.	»	id.	1	»	1 id.
Roquetas	Rosario	id.	Vicar. Anejo.	»	id. 1 beneficia.	»	»	1 id.
Santafé	Santa Maria	Entrada.	Huechar. Anejo.	»	1 cura.	»	»	1 id.
Senés	Santa Maria	id.	»	»	id.	»	»	1 id.
Seron	Santa Maria	Término.	Alcontar. Anejo.	»	id. 3 beneficia.	2	2	id. y 1 organ.
Sierro	San Sebastian	1.º ascen.	»	»	1 cura.	»	»	1 id.
Somontin	San Sebastian	Entrada.	»	»	id.	1	1	1 id.
Sorbas	Concepcion	Término.	Huelga. Anejo.	»	id. 2 beneficia	2	2	1 id.
Sufli	Santa Maria	Entrada.	»	»	1 cura.	»	2	1 id.
Tabernas	Encarnacion	Término.	»	»	id. 2 beneficia.	2	2	id. y 1 organ.
Turrillas	Santa Maria	1.º ascen.	»	»	1 cura.	1	»	1 id.
Turre	San Francisco	2.º id.	Cabrera. Anejo.	»	id. 1 beneficia	1	»	id. y 1 organ.
Tahal	Santa Maria	1.º id.	»	»	1 cura.	»	1	1 id.
Tijola	Concepcion	2.º id.	Higueral. Anejo.	»	id.	1	»	1 id.
Urracal	Santa Maria	Entrada.	»	»	id.	»	»	1 id.
Uleila	Santa Maria	1.º ascen.	»	»	id.	1	»	1 id.
Viator	Angustias	id.	»	»	id.	»	»	1 id.
Velefique	Santa Maria	Entrada.	Castro. Anejo.	»	id.	1	»	1 id.
Vera	Encarnacion	Término.	Pulpi. Anejo.	Mínimos de S. F. de Padua.	id. 2 beneficia	2	12	id. y 1 organ.
Vedar	Santa Maria	2.º ascen.	»	»	1 cura.	1	»	1 id.
Velez-Rubio	Encarnacion	Término.	Taberno, Cabezo de Jara, Torrentes, Fuente-grande. Anejos	Franciscan.	id. 3 beneficia	5	20	id. y 1 organ.
Velez-blanco	Santiago	id.	Topares, Biar, Berde. Anejos.	id.	1 cura. 3 beneficia	5	15	id. y 1 organ.
Zurgena	San Ramon	2.º ascen.	»	»	1 cura. 1 beneficia	1	2	1 id.

NOTAS AL ANTERIOR ESTADO.

1.ª Aunque decimos con respecto al clero catedral, que se compone del Ilmo. Sr. Obispo, 7 dignidades, 6 canongias, 6 raciones, y 6 capellanias, no se debe olvidar lo espuesto en el fondo del art, acerca de las dignidades vacantes.

2.ª En su propia columna van señalados los anejos de los pueblos respectivos; y estos anejos son cortijadas que distan una y dos leg. de la matriz, donde hay una ermita en que se dice misa los dias festivos, sin que tengan libros parroquiales. En algunas de mas vecindario hay tambien sacramentos con residencia fija.

3.ª Aunque las igl. parr. de esta dióc. estan todas comprendidas en la prov. civil de Almeria, esta abraza tambien varios pueblos que son respectivamente de los ob. de Guadix y Cartágena y arzob. de Granada.

4.ª En Almeria la igl. de San Pedro fue trasladada á la de San Francisco, quedando la antigua á favor del Estado. Lo mismo sucedió con la de Santiago que fue trasladada á la igl. del conv. de Santa Clara, por haberse este reunido con el de la Concepcion, y quedó su igl. en igual estado que la antigua de San Pedro. Las igl. de los conv. suprimidos de Albox, Cuevas, Vera, Velez-Rubio y Velez-blanco, continúan abiertas con culto público por órden del Gobierno.

ALMERIA: r. tiene su origen en las faldas meridionales de Sierra-Nevada, al E. de la v. de Laujar, cuya vega ciñe tambien por el E., en el part. jud. de Canjayar, prov. de Almeria, y recibe las vertientes de las sierras de Gador, Baza y Alhamilla. Su nombre ant., y que aun conserva en una estension de 3 ó 4 leg. desde su nacimiento, es el de *Araja* ó *Andarax*; cuya última denominacion se atribuye á los árabes, pues la primera se le dió en memoria del r. Arajes, en las sierras de Armenia, segun opina el Dr. Orbaneja en su obra de la vida de San Indalecio, y se lee en Almeria Ilustrada, parte 1.ª, cap. 2.°. Corre por un espacio de 10 leg. próximamente, hasta desembocar en el mar á 1/2 leg. E. de Almeria. En el verano no lleva aguas, pues se distraen y consumen en el riego de las vegas de los muchos pueblos sit en sus riberas; pero en el invierno es bastante caudaloso, arrastrando las grandes avenidas de esta estacion y del otoño, un limo ó tarquin que dejan depositado en las tierras de sus márg., el cual forma su mas esquisito abono, prestándoles una fertilidad asombrosa. A 4 leg. del mar, ó sea desde las angosturas llamadas de Galachar, recibe el nombre de r. de Almeria, y atraviesa en direcion de N. á S. uno de los valles mas fértiles y pintorescos. Son varias las ramblas que desaguan en este r., principalmente por su márgen izq.; pero las mas notables son la de *Gergal* en el térm. de Santafé de Mondujar, y la de *Tabernas*, en el de Rioja, que en tiempos lluviosos aumentan considerablemente sus aguas, sin que por esto sea, ni haya podido ser navegable en lo ant., como se ha dicho por algunos, aunque fuera por barcos pequeños. Tambien recibe las aguas del r. *Alboloduy* (V.). Su profundidad es muy corta, porque las corrientes arrastran las tierras y arena que tienen siempre cubierto su álbeo, y desde Gador, sobre todo; por la estension y naturaleza del cáuce, se filtra en las arenas, y desaparece la mayor parte del agua: á su desembocadura en el mar tiene el cáuce unas 620 varas de anchura, de modo que era necesario un caudal muy considerable de agua para que pudiesen llegar alli embarcaciones. En la orilla der. se hallan sit. los pueblos de Ragol, Gador, Benahadux, Huercal y Almería; y en la izq. los de Bentarique, Terque, Santafé de Mondujar, Rioja, Pechiná y Viator, sin contar otros muchos que en uno y otro lado se encuentran, mas ó menos dist., y en sit. mas elevada que sus márg. No tiene puentes: solo se conserva cerca de su nacimiento, inmediato á Laujar, para ir a Benecid, uno bastante sólido, de mampostería, de un solo arco, de unos 20 pies de elevacion, que parece del tiempo de la dominacion de los árabes: está algo deteriorado, y seria conveniente se reparase, pues ahora solo sirve para el paso de los vec. de Laujar, cuando van á cultivar sus tierras el otro lado, ó sea la izq. del r. No cria pescados, á escepcion de algunas anguilas en las acequias.

ALMERIA (GOLFO DE): situado en la prov. y part. jud. de Almeria, correspondiente á su jurisd. y á las de Enix, Vicar y Roquetas: está formado por la punta de Santa-Elena al O. de Almeria, y por el cabo de Gata al E. de la misma: tiene 8 leg. de estension y 2 de seno; con vientos fuertes del tercer cuadrante se puede fondear en Roquetas, y con los del primero en Almeria, y en la parte occidental del cabo de Gata. Es de mucho fondo, sin ningun bajo ni escóllo, y abundante en pesca; la costa es inaccesible desde *Agua-dulce* al puerto de Almeria y rasa en el resto del golfo; pero en todas partes acantilada.

ALMERIA: part. jud. de *término* en la prov. y dióc. del mismo nombre, c. g. de Granada, compuesto de 1 c., 1 v., 10 l., 4 ald., 1 cas., 1 baño y varios cortijos que reúnen 12 ayunt. y un alc. ped. El adjunto estado demuestra las dist. que se miden entre unas y otras de las cap. de estos ayunt. y desde ellas á las pobl. de que dependen.

Almeria cab. de part. y dióc. de su nombre.

1 1/2	Benahadux.												
3	4	Enix y Marchal.											
4	5	1	Felix.										
2 1/2	1	2 1/2	3	Gador.									
1	1	3	3	1 1/2	Huercal.								
1 1/2	1/2	4	3 1/2	1/2	1/2	Pechina.							
2 1/2	1	3	3 1/2	1/4	1/2	1/4	Rioja.						
4	5 1/2	2	2	6 1/2	5	5 1/2	6 1/2	Roquetas.					
3 1/2	1 1/2	3	3	1/2	2	3/4	1/2	7 1/2	Santa Fé de Mondujar.				
1	1	3	3 1/2	1	1/4	1/2	1/2	5	1 1/2	Viator.			
4	4	2	1	3	4	4	4	1 1/2	4	4	Vicar.		
24	22 1/2	23	23	21 1/2	23	22 1/2	21 1/2	26	20 1/2	23	23 1/2	Granada.	
67 3/4	90 1/4	90 3/4	90 3/4	89 1/4	90 3/4	90 3/4	89 1/4	93	88 1/4	90 3/4	91 1/4	67 3/4	Madrid.

Los lím. de este part. son; al N. el de Gergal; al E. el de Sorbas, al S. el mar Mediterráneo, y al O. el part. de Berja, todos de la misma prov. El de que tratamos tiene de estension de N. á S. 3 1/4 leg., desde el térm. de Santa-fé á Almeria, y de E. á O. 8 leg. desde el cabo de Gata hasta la torre de la Sentina. Estas mismas 8 leg. tiene de costa el part., la cual comprende de O. á E. los puntos siguientes, descritos ya con todo detenimiento, (á escepcion del golfo de Almeria, de que trataremos en esta c.) en el artículo de *Almeria* prov. (V.) La torre de la Sentina, punta del Sabinal, punta de Elena, torre de los Cerrillos, cast. de, ó de las Roquetas, su fondeadero, placer y pobl., torre de los Bajos, id. de la Garrofa, id. de Rambla Honda, punta del Torrejon, fondeadero y c. de Almeria, punta del r. del mismo nombre, torre de Bobar, id. de Perdigal, id. de Garcia, id. de San Miguel, fondeadero de los Corraletes, y cabo de Gata.

Los vientos que reinan, son el SO. y O. en el otoño é invierno, aunque en esta última estacion suelen soplar tambien los N. Los primeros son fuertes en la costa, y van disminuyendo, á medida que se internan. En la primavera y estio, ademas de los SO. y O. reinan los NE. y E., á veces con violencia, y siempre estraordinariamente secos. Los grandes temporales en la costa, casi siempre son del tercer cuadrante. Los vientos ordinarios empiezan á sentirse á las 9 ó 10 de la mañana, y aumentan de fuerza hasta las 3 ó 4 de la tarde, quedando generalmente en calma de noche. El CLIMA es de los mas benignos de la costa meridional de la Península: el termómetro de Reaumur señala por térm. medio en el invierno de 12 á 18°, y en el estio de 22 á 30°, notándose las variaciones consiguientes á la posicion topográfica de cada pueblo. No se conoce ninguna enfermedad endémica, y son muy pocas las estacionales: el cielo es despejado.

Las principales sierras de este part. son la de *Alhamilla* (V.) y la de Enix, que es un ramal de la de Gador. La primera entra en el part. por el cabo de Gata, se separa un poco al E. hácia el part. de Sorbas, y vuelve á entrar en el de Almeria por el térm. de Viator, hasta Gador. La vegetacion en ella se reduce á tomillo y algunas tierras de labor que dan buenas cosechas en los años lluviosos. En esta sierra estan los baños minerales del mismo nombre. (V. ALHAMILLA BAÑOS DE.) La de Enix no contiene particularidad alguna digna de notarse. Ademas hay varios montes aislados, con poca vegetacion todos ellos, en los cuales solo se encuentran algunas minas de plomo, que en varios, como el de Benahadux, prod. cantidades considerables de alcohol. Son muy pocas las cañadas que se hallan en el terr. de este part., y los valles tambien escasean: la llanura de mas estension es el llamado llano de Roquetas, cuya mayor parte pertenece al part. de Berja (tambien de Almeria); y el terreno comprendido desde esta c. hasta la base del promontorio del cabo de Gata, en una long. de 3 leg. de E. á O. y 2 de N. á S. El campo de Roquetas es terreno duro y gredoso, sumamente fértil en los años húmedos, pero estéril en los secos, á causa de carecer de todo género de riego. La vega de Almeria es terreno flojo y suelto, como formado por las tierras arrastradas por los aluviones: los terrenos elevados son en lo general pedregosos y duros, variando muy poco sus prod. de los de vega No hay ninguna clase de arbolado mas que escasos frutales, especialmente higueras: el monte que existe es bajo, sin encinas ni chaparros: el carbon se conduce del part. de Gergal. Tampoco corre por el de Almeria ningun r. cuyas aguas duren todo el año, pues el llamado de Andarax ó de Almeria, que entra por el térm. de Santa-fé, es de aluviones y casi siempre se seca en el verano: sus aguas fertilizan las vegas de los pueblos sit. á una y otra orilla, como Pechina, Benahadux, Huercal, Rioja, Viator y Gador, cuyos terrenos son de la misma naturaleza que los de la cap. con las mismas prod. Hay algunas ramblas, como la de Tabernas, Gergal, y Santa-fé, que desaguan en dicho r., el cual en los fuertes aluviones llega al mar, aunque raras veces, pues se invierte en el riego de las tierras de ambas riberas, por medio de sangrias ó boqueras para cada pago: los molinos harineros que muelen con sus aguas, se designan en cada uno de los pueblos En la falda set. de la sierra Alhamilla tiene su origen el r. Aguas en un lugar inmediato á Sorbas, cap. del part. jud. de su nombre: corre costeando la misma sierra y la de *Cabrera* (V.), y va á desembocar por Mojacar en el mar, pasando por el pueblo de Turre. La cuenca de este r. descubre la base de una estensa formacion de sedimiento que se halla limitada al S. por dichas dos sierras: por las de Velez y Filabres hácia el N.; por las colinas de Bedar y Ballagona al O., y por la sierra Almagrera ó de Montroy al E. Este depósito por cuyo centro corre el r. Almanzora, tiene comunicacion con el que forma los campos de Nijar y tabernas, y la cuenca del r. Almeria, notándose solo algunas pequeñas diferencias en la formacion.

Los CAMINOS principales son de N. á S.: el que conduce de Almeria á Granada es de arrecife hasta Gador, pasa por este pueblo y por el de Benahadux, y sirve para todos los inmediatos al r. por medio de veredas transversales, todas capaces de ruedas. El otro es el que parte de Almeria al E., y sirve para las comunicaciones con los pueblos de Nijar y demas de Levante: y por último el de herradura que va desde la cab. del part. á Roquetas, en muy mal estado, y por el cual se comunican los pueblos de la sierra de Enix. Solamente en el primero hay las cuestas de la Peinada y Calderona; en los demas no existe ninguna que merezca este nombre.

Las PRODUCCIONES consisten en trigo, cebada, mucho maiz, algun vino, aceite, barrilla, todo género de legumbres y hortalizas, frutas; ganado cabrio, mular, poco lanar y vacuno; caza abundante de perdices, conejos y codornices, zorras y lobos; pesca, tambien abundante y variada en toda la costa. Ya hemos hablado de la clase de minerales que se beneficia, y tambien se encuentran en el part. algunos mármoles y otras piedras. Las salinas de Roquetas surten los alfolies de la prov., y parte de los de Granada.

Hállase la fáb. de estas salinas á 3/4 leg. al SO. de la pobl. del mismo nombre, y es propiedad del Gobierno. Comprende varias habitaciones para los empleados, y un gran corral descubierto para depositar la sal que se estrae de unas pozas ó charcos que hay en las inmediaciones, formadas con caballones de retama y barro: se llenan de agua llovediza en el invierno, y se cuajan con los soles de los meses de abril, mayo y junio, convirtiéndose en sal de buena calidad. En los años abundantes de agua pueden fabricarse sesenta mil fan. de 112 libras de sal, la cual se conduce á la playa de Roquetas, desde donde se embarca para los diferentes puntos de consumo. En la misma playa se hallan varios almacenes donde se deposita el plomo que producen las fáb. de fundicion de los pueblos inmediatos para esportarlo al estrangero. La rada está resguardada de los vientos de SO. y O., donde fondean muchos buques cuando son fuertes; pero es muy peligrosa para los del E y SE. El l. de Felix, del mismo part., es uno de los que se conduce á Roquetas alguna cantidad, aunque insignificante, de plomo. Hace algunos años existian en el térm. del indicado Felix, cinco fáb. de fundicion de dicho metal, que en el dia estan paradas á causa de la escasez de minerales: solo se encuentran algunas pavas, ó sean hornos para refundir das escorias de las primeras fundiciones del alcohol, que producen aquella cantidad de plomo,

El COMERCIO se reduce al que se hace transportando los frutos del pais de unos á otros pueblos del part. Los mercados principales consisten en la feria de Almeria que principia el 22 y concluye el 27 de agosto; abundante en ella especialmente los art. de quincalla, ganado mular, asnal y vacuno, algunas telas, sombreros juguetes etc.

Dedicánse los naturales del part. generalmente á la agricultura, arrieria, pesca, y mineria; muy pocos á las artes, y los precisos á aquellos oficios que son necesarios para las necesidades de la vida. Sus costumbres son sencillas, y ellos sóbrios y robustos, de buen aspecto, y de carácter dócil.

ESTADISTICA CRIMINAL Los acusados en este part. jud. durante el año 1843 fueron 105; de ellos 3 absueltos de la instancia y 10 libremente: 75 penados presentes, 17 contumaces; 1 reincidente en el mismo delito, 2 en otro diferente; 21 contaban de 10 á 20 años de edad; 53 de 20 á 40, 22 de 40 en adelante, de 10 se ignora la edad; 89 eran hombres, 16 mujeres; 44 solteros, 52 casados, de 9 no consta el estado; 20 sabian leer y escribir, de 65 no resulta si poseian esta instruccion; 3 ejercian profesion científica ó arte liberal, 31 artes mecánicas,

En el mismo periódo se perpetraron 53 delitos de homicidio, 2 con armas de fuego de uso lícito, 1 de ilícito; 12 con armas blancas permitidas y 5 con prohibidas, 14 con instrumentos contundentes, y 19 con otros instrumentos ó medios no espresados.

CUADRO sinóptico, por ayuntamientos de lo concerniente á la poblacion de dicho partido, su estadística municipal y la que se refiere al reemplazo del ejército, con el por menor de su riqueza imponible.

AYUNTAMIENTOS.	Obispados á que pertenecen.	POBLACION. VECINOS.	POBLACION. ALMAS.	ESTADISTICA MUNICIPAL. ELECTORES. Contribuyentes.	ELECTORES. Por capacidad.	ELECTORES. TOTAL.	Elegibles.	Alcaldes.	Tenientes.	Regidores.	Síndicos.	Suplentes.	Alcaldes pedáneos.	REEMPLAZO DEL EJERCITO. JOVENES VARONES ALISTADOS DE EDAD DE 18 años.	19 años.	20 años.	21 años.	22 años.	23 años.	24 años.	Total.	Cupo de soldados corres. á una quinta de 25,000 hom.	RIQUEZA IMPONIBLE. Territorial y pecuaria. Rs. Vn.	URBANA Rs Vn.	Industrial y comercial Rs. Vn.	Capacidad para consumo. Rs. Vn.	TOTAL. Rs. Vn.	POR vecino. Rs.	POR vecino. Ms.	Por habitante. Rs	Por habitante. Mrs
Almeria.	ALMERIA.	4450	17800	1148	29	1177	1086	1	3	12	2	12	»	200	181	150	140	122	76	81	950	34'6	643627	971244	2387316	1700000	5702187	1281	13	325	33
Benahadaz		185	740	125	2	127	117	1	1	4	1	5	»	16	6	8	4	4	2	1	41	1'4	52035	3670	21500	25610	102815	555	26	138	32
Enix y Marchal.		275	1100	146	»	146	54	1	1	6	1	6	1	20	10	10	4	6	5	2	57	2'	58995	3960	12100	22000	97055	352	32	88	8
Felix		535	2140	238	2	240	238	1	1	8	1	6	»	40	20	42	14	9	6	8	139	4'2	85820	13482	11400	89030	199732	373	11	93	11
Gador.		425	1702	183	1	184	182	1	1	6	1	6	»	26	14	20	12	10	10	1	93	3'3	96546	13770	51500	90000	251816	592	17	147	32
Huercal.		400	1600	194	»	194	187	1	1	6	1	6	»	18	11	14	16	12	10	10	91	3'1	81467	11088	29950	40000	162505	406	9	101	19
Pechina.		438	1752	225	»	225	217	1	1	6	1	6	»	20	16	40	19	10	2	12	119	3'4	96538	11276	60000	86544	254358	580	25	145	6
Rioja		267	1069	158	2	160	106	1	1	6	1	6	»	10	11	13	8	5	6	4	57	2'1	181774	7301	42200	35000	266275	997	10	250	33
Roquetas		550	2200	149	2	151	149	1	1	8	1	6	»	27	21	19	16	12	6	9	110	4'3	35857	21879	72900	141223	271859	494	10	123	19
Santa Fé		110	441	85	1	86	68	1	1	4	1	5	»	6	5	3	1	3	2	1	21	0'9	36102	1980	8400	10000	56482	513	17	128	3
Viator.		350	1400	174	1	175	168	1	1	6	1	6	»	20	11	10	8	9	6	9	73	2'7	90545	6140	12000	26000	134685	384	28	96	7
Vicar		275	1100	162	1	163	162	1	1	6	1	6	»	12	8	6	8	4	5	6	49	2'0	79014	5940	10400	23450	118804	399	9	108	»
Totales		8260	33044	2987	41	3028	2734	12	14	78	13	76	1	415	314	335	250	206	136	144	1800	64	1538320	1071730	2719666	2288857	7618573	922	12	230	19

NOTA. La matrícula catastral de 1842 no presenta el por menor de las contr. que se pagan por ayunt: solo presenta el resúmen total de las que paga la prov. y ascienden á rs. vn. 4.762,749, que son el 13'53 por 100 de su total riqueza, valuada en rs. vn. 35.206,924; y las que repartidas entre los 63,216 vec. y 252,952 alm. de que se compone su pobl., dan para cada uno de los primeros 75 rs. 12 mrs., y 18 rs. 28 mrs. para cada hab. Suponiendo que las contr. de este part. guardasen con su riqueza una proporcion igual á la de la prov., su importe total sería de rs. vn. 1.030,793, que saldrian á razon de 124 rs. 27 mrs. por vec., y de 31 rs. 7 mrs. por habitante.

ALMERIA: c. con ayunt., cap. de la prov., part. jud. y dióc. de su nombre, correspondiente á la aud. terr., c. g. y arz. de Granada (24 leg.): es á la vez prov. y part. marít. á que están sujetos los distr. de Albuñol, Adra y Roquetas: dista de Cádiz que es el departamento, 72 1/2 leg. y de Málaga, cab. del tercio, 36: su bandera mercante es blanca con cruz roja, siendo el ancho de la cruz la quinta parte del de la bandera. Tiene como cap. de prov. todas las oficinas que son consiguientes á esta categoría; aduana marít. de 2.ª clase: y es residencia de vice-consules de los Estados-Unidos de América, de Francia, Dos-Sicilias, Portugal, Suecia y Noruega, y Turquía: el puerto es cómodo y está habilitado para la importacion y esportacion al estrangero: carece de muelle y solo se ven los vestigios de uno construido por los árabes durante el tiempo de su dominacion, y las atarazanas donde se construian toda clase de barcos.

SITUACION Y CLIMA. Está sit. á los 36° 52′ lat. N., 1° 10′ long. del meridiano de Madrid, próxima á la playa del Mediterráneo, en la vertiente meridional de la sierra de Enix, ramal considerable de la de Gador, en un hermoso llano de unas 8 leg. superficiales, desde el que se disfruta de una perspectiva pintoresca y cielo despejado. Hállase resguardada de los vientos NO. y N. por las alturas que la dominan hácia estos puntos, reinando generalmente los del SO. y O. en el otoño é invierno, en cuya última estacion suele haber tambien algunos dias de N., en particular cuando nieva en las sierras inmediatas. En la primavera y estío, ademas de los vientos SO. y O., suelen soplar los E. y NE. algunos dias con violencia, y en la canícula son por lo regular estraordinariamente cálidos, y siempre secos y sofocantes. A no ser en los grandes temporales que se esperimentan en las inmediaciones de los equinocios, los vientos SO. y O. comienzan á soplar á las 10 de la mañana, aumentan de fuerza á medida que el sol se acerca al meridiano, y disminuyen al aproximarse al ocaso, quedando completamente en calma la noche: en las madrugadas se llama el viento N.; pero tiene poca fuerza, y cede completamente al salir el sol. El CLIMA es de los mas benignos que se conocen en los pueblos del mediodia de la Península: el termómetro de Reaumur señala generalmente en el invierno de 15 á 18°, y en el estío de 24 á 30°. Las enfermedades mas comunes son en el invierno los catarros simples y pulmonales, fluxiones etc.: en el estío se desarrollan las afecciones del hígado y vientre, como vómitos biliosos, diarreas, y calenturas pútridas: y en el otoño é invierno las calenturas malignas é intermitentes, que por lo regular se generalizan en la vega. No hay ninguna enfermedad endémica, á lo que contribuye poderosamente la circunstancia de no existir aguas estancadas en las inmediaciones de la pobl., y reinar la mayor parte del año vientos fuertes.

El fondeadero de Almeria se comprende desde la punta del Torrejon, en que principia una ensenada que tiene de saco para el N. poco mas de 1/2 milla, en el fondo de la cual esta sit. la c., hasta la punta del r., que dista de la de Torrejon 2 1/2 millas al E., que es el fin del fondeadero. Las embarcaciones que quieran estar franqueadas y abrigadas del viento E., se han de amarrar al SSO. del baluarte de la Santísima Trinidad, que es el ángulo del E. de la c., desde 10 hasta 15 brazas, fondo arena, dist. de la playa 1/2 milla. Sin embargo, es fondeadero mas cómodo para fragatas, jabeques y embarcaciones menores al SO, y OSO. del mismo baluarte, las primeras por 8 ó 10 brazas, y las últimas por 5 ó 6, frente de la casa de los guardas, donde pueden dar cabo á tierra. Todo lo principal de este, como de los fondeaderos que estan contiguos, se halla sembrado de piedras de lastre, que las embarcaciones que van á cargar han arrojado al mar, lo que es perjudicial por el roce de los cables, y por esto se necesita algun cuidado. Se puede hacer aguada con facilidad en las fuentes de la c., que es buena y abundante.

Interior de la poblacion y sus afueras. Una gran parte de ella esta rodeada de murallas con varios baluartes, cuyo perímetro, de figura irregular, es de 3,500 varas castellanas, en esta forma: una cortina como de 1,000 varas en direccion E-O. en la parte meridional de la pobl., que mira al mar, con dos fuertes, uno á cada estremo: el del E. se llama baluarte de la *Trinidad*, con bateria, merlones y tres cañones montados; y el del O. fuerte de la torre del *Tiro*, tambien con bateria con merlones: casi en el centro de ambos hay una batería á barbeta, que mira al mar, con dos cañones montados, y se llama fuerte de *San Luis*. Desde el de la torre del Tiro sigue la murálla de la c. en direccion NNO., como unas 400 varas; y desde este punto al NE. hasta el fuerte de *San Cristobal*; continuando al E. á la puerta de Purchena, y luego al S. unas 800 varas hasta el baluarte de la Trinidad. En toda esta línea hay de trecho en trecho algunos baluartes, tambores, torreones, y ángulos salientes, sin artilleria alguna. La muralla en general tiene 6 varas de altura por la parte esterior: su espesor varía, segun las desigualdades del terreno; pero en toda ella pueden marchar dos personas de frente.

El casco de la pobl. ocupa 917,504 varas superficiales; incluso el barrio llamado de las Huertas y el Alto, cuyo espacio llenan 3,390 casas de 12 varas de altura, y dos cuerpos por lo regular, á escepcion de algunas modernas que se elevan hasta tres, distribuidas de modo que el interior le ocupa un cuadro que sirve de patio, al rededor del cual se hallan las habitaciones cómodas y limpias por lo comun. Forman 259 calles, irregulares, estrechas, medianamente empedradas y muy limpias, por la esquisita policia que vigila incesantemente para ello: 5 plazas, la de la Constitucion, que es un trapecio de 100 varas en su lado mayor de NE. á SO., y 60 en el menor de NO. á SE.; es vistosa por el buen gusto de las casas, con soportales que de poco tiempo acá se edifican en ella; encierra la casa de ayunt. bastante capaz, mejorada en 1842 con los 5 arcos con columnas que se le añadieron en la fachada, las cuales sostienen una galeria, y á los estremos dos torres altas de figura cuadrada; la casa de la diputacion provincial; las oficinas del gobierno politico, y sirve para el mercado: la plaza de San Francisco, cuadrada, de 60 varas por lado, es tambien hermosa; pero las de la Catedral, Sto. Domingo y San Sebastian, asi como las 7 plazuelas, nada ofrecen digno de notarse. Al E. de la pobl. se halla el teatro, y en la calle Real la cárcel, reducida, incómoda é insalubre. Existe una junta provincial de instruccion; siete escuelas de primera enseñanza, leer, escribir y rudimentos de la gramática y aritmética, á las que concurren 430 niños, 200 á la primera clase, 150 á la segunda y 80 á la tercera. Cinco escuelas con 198 niñas, á las que ademas de las labores propias de su sexo, se les enseña lectura, escritura y las cuatro primeras reglas de contar; en la primera clase se hallan 90, en la segunda 60 y en la tercera 48. Un colegio de señoritas que se estableció hace 5 años, en el que ademas de las labores de cosido y bordado, hay clase de música, de pintura, de geografia y lenguas, pero poco concurrido. Otro de humanidades fundado bajo los auspicios del ayunt. y dip. prov. con ocho maestros y un regente de estudios, en el cual se admiten alumnos internos y esternos, y se enseñan primeras letras, gramática castellana, latina y francesa, matemáticas, elementos de fisica y química, geografia, dibujo, ideologia, grámatica general y dialéctica, música, literatura é historia, y filosofia moral: cuenta, alumnos internos 12; medio pensionistas 7; alumnos esternos 28; concurren á primeras letras inclusos algunos de gramática castellana 27; á la cátedra de latinidad 13; á la de francés 11, á la de matemáticas 8; á la de elementos, de fisica y quimica 17; á la de dibujo 23; á la de ideologia, gramática general y dialéctica 9; á la de literatura é historia 14, y á la de filosofia moral 8. Un seminario conciliar, llamado de San Indalecio, creado en el año 1610, por el Illmo. Sr. D. Juan Portocarrero, ob. de esta c., y ampliado despues en 1686, el cual tiene cátedras de latinidad, filosofia, teologia y disciplina ecl.; sus rentas consistentes en 24,000 rs. producto de nueve beneficios (hoy vendidos por el Estado en virtud de la ley de desamortizacion secular), cuyas vacantes le estaban adjudicadas, y del repartimiento de los partícipes de diezmos, en el dia han bajado considerablemente; su gobierno interior y económico está confiado á un rector y un vicerector, que tienen para la recaudacion é inversion de fondos un mayordomo administrador. Para la enseñanza hay un catedrático de latinidad, con un sustituto, 3 catedráticos de filosofia y 5 de teologia y disciplina ecl.; y asisten á ella 78 alumnos, 16 de beca y 62 esternos; de todos ellos 34 estudian latin, 18 filosofia y 26 disciplina ecl. Una escuela particular de dibujo con 28 discípulos, pagada por la prov., para lo cual se hace un repartimiento á cada pueblo. Ademas de estos establecimientos de instruccion pública hay una sociedad económica de Amigos del Pais, compuesta de 44 socios de número y 2 de mérito; y es lástima que á pesar de haberse mandado en 1835 que con los volúmenes que existian en las bibliótecas de los conv. suprimidos, se formase una en la c., continuen todavia aquellos hacinados, sin clasificar y echándose á perder, sin que el público pueda reportar las ventajas que eran consiguientes al establecimiento de la biblioteca.

Existe una junta superior de caridad y beneficencia; pero de esta clase de establecimientos no hay mas que un hospital de caridad llamado de Sta. Maria Magdalena, creado por la Sta. igl. cat. en 1492, con el objeto de asistir á los enfermos pobres de Almeria, Huercal-Overa, Viator, Pechina, Benahadux, Rioja, Gador, Santafé, Tabernas, Turrillas, Nijar, Huebro, Enix, Felix, Vicar y Roquetas, Gergal, Bacares, Velefique, Castro y Olula de Castro. Lo dirige una junta compuesta de 5 vocales, uno á nombre del ob., otro en representacion del cabildo ecl., un regidor, un caballero particular y el gobernador militar de la plaza, y tiene para su gobierno un reglamento, aprobado por Real órden de 5 de diciembre de 1777, y reformado en 12 de setiembre de 1833: actualmente se halla, segun previene la ley, bajo la inspeccion de la junta municipal de beneficencia. El edificio es un rectángulo de 60 varas de frente y 40 de fondo, y tiene en el centro un patio cuadrado de 20 varas por lado, con columnas y arcos que sostienen una galeria: las salas para los enfermos son espaciosas y ventiladas, llamando la atencion el techo que está cubierto de teja cuando todos los de la c. son de terrado. El número de enfermos que por un quinquenio se calcula ingresan en este hospital es de 3,660; de los cuales curan 3,635 y mueren 25: sus rentas ascendian á 32,955 rs. anuales procedentes de diezmos, montepio beneficial, censos y algunos predios rústicos; en el dia cuenta con 7,000 rs. por rent. y censos; 27,000 por estancias militares y 2,000 por las de los carabineros que forman la suma:

De.. . . . . 36,000 rs.

Los empleados que tiene y sus dotaciones son:

	Sueldos.
Administrador.	3,660
Capellan.	2,190
Médico.	2,190
Cirujano.	2,190
Practicante.	2,555
Enfermeros, dos.	3,660
Enfermera.	730
Portero.	730
Cocinero.	730

Botica	3,660
Oficial de contaduria	2,190
Id. de secretaria	2,190
	26,675

Agregada al hospital hay una casa de niños espósitos, fundada por D. Rodrigo Demandia, ob. que fue de la dióc.: consistian sus rent. en 67,030 rs. anuales de censos, una pension sobre la mitra, y la mitad del sobrante del fondo pio beneficial del ob.; pero hoy están reducidas á 27,000 rs. de censos; paga 120 nodrizas á 30 rs. mensuales cada una. En 21 de junio de 1834 se instaló una sociedad de 32 señoras, que cuidaban del arreglo económico y de inspeccionar la asistencia de los espósitos de dentro y fuera de la casa; mas despues se disolvió la junta, y su objeto lo llena el ayunt. por medio de una junta. El número de espósitos es 266; 105 varones y 161 hembras, de ellos:

	VARONES.	HEMBRAS.
Se crian en la casa	12	5
Fuera de la casa	93	156
Del núm. de los que ingresan anualmente, mueren en la casa	2	3
Fuera de la casa	5	8
Son adoptados	2	1
Sacados á criar por caridad	2	»

El número de descunados es 30, los cuales permanecen en la casa hasta la edad de 15 años, en cuya época se le destina á los oficios mecánicos, ó á servir en casas particulares.

Almeria tiene cabildo cated., compuesto en la actualidad de un arcediano, presidente del cabildo, 1 dignidad de tesorero, 1 vicario capitular, gobernador de la mitra, *sede vacante*, 3 canónigos y 3 capellanes. El edificio de la catedr. se principió el dia 4 de octubre de 1524, siendo ob. D. Diego Fernandez de Villalan, el cuarto de los que han regido la dióc.: se suspendió la obra por varios obstáculos que presentaron los vec., hasta que, mandada continuar por una real órden, se concluyó en 1543, á escepcion de la torre, que quedó en poco más de los cimientos; esta se prosiguió en 1610, siendo ob. D. Fr. Juan de Portocarrero, pero no se concluyó, y despues nada se ha vuelto á trabajar en ella. El edificio es de órden gótico, de 110 varas de N. á S., y 85 de E. á O., formando un rectángulo regular, con un patio cuadrado en el centro, de 30 varas por lado, y arcos alrededor: la igl., cuyo titular es Nra. Sra. de la Encarnacion, se halla sit. en la parte N. de la obra, dividida en tres naves, con bóveda de arcos y columnas góticas; su long. es de 100 varas, y de las dos portadas de órden dórico y compuesto que le dan entrada, la una está al N. y la otra al O.: dirigiéndose por esta última se halla á la der. una capilla con el Sagrario, la cual comunica con la igl.: los objetos que en ella llaman particularmente la atencion, son: el trascoro, hecho de mármol blanco y jaspeado, de piezas notables por sus dimensiones y hermosura, y la silleria del coro, toda de madera de nogal con figuras de bajo relieve, algunas de bastante mérito. En la torre, que ocupa el ángulo N. O., cuadrada, de 17 varas por su base, y 33 de altura, se encuentra un relox que rige al vecindario. Como al tiempo de levantarse el edificio los corsarios de la costa de África hacian frecuentes incursiones en la de España, se nota á primera vista que el conjunto de la cated. mas bien presenta el aspecto de una fort. prevenida para resistir á un golpe de mano, que el de un templo dedicado al Dios de la paz: por eso se ven tambores en todos los ángulos, con aspilleras que flanquean los costados; las paredes son de piedra de silleria de notable solidez, y la altura 22 varas, con techo de terrado sobre la bóveda. Aun se conserva, aunque ruinosa y cerrada, la antiquísima igl. de San Juan, que siendo mezquita, se consagró de cated. en el tiempo de la conquista.

Cuatro son las parr. existentes: la del Sagrario (en la cated.), Santiago, San Pedro y San Sebastian. La muy ant. de Santiago debe su fundacion al ya mencionado ob. D. Diego Villalán: se principió á levantar en 1553, y duró la obra hasta 1559; es un rectángulo de 40 varas de long. y 30 de lat., y nada ofrece de particular, sino la solidez de sus muros, y la torre, sit. en el ángulo SO., que es de 26 varas de altura, y se sostiene sobre cuatro columnas formando arcos. Actualmente se halla establecida esta parr. en el conv. de monjas de Sta. Clara. La de San Pedro, cerrada tambien hoy, y trasladado el Sagrario á la igl. del suprimido conv. de franciscos, era una pequeña mezquita que se destinó á templo del Señor, cuando los moros fueron espulsados de esta hermosa c. Conservose en la primitiva planta por muchos años, reparándose con frecuencia, hasta que el Illmo. Portocarrero la reedificó como se halla. El edificio es tambien rectangular, como el de la parr. de Santiago, de 40 varas de long. y 35 de lat., con dos portadas, una al S. y otra al O., y forma una nave con varias capillas colaterales. Cuando bajo el reinado de los Reyes Católicos, quedó definitivamente unida á la corona de Castilla la c. de Almería, se consagró una mezquita que se hallaba sit. estramuros de la c., en la huerta llamada de Santa Rita, y esta ermita sirvió de parr., hasta que en 20 de enero de 1673 se principió de nueva planta la igl. de San Sebastian, que quedó concluida en 1684. Tiene 50 varas de long. y 30 de lat., formando ángulos rectos y tres naves con columnas y arcos de órden jónico; la fachada, de órden compuesto, está al SO., y la torre en el ángulo NO. Hay cerradas y de venta varias ermitas, que antes estuvieron dedicadas al culto, bajo la advocacion de los santos que les daban nombre: tales son la de San Antón, en el estremo O. de la c.; la de San Cristobal, en un cerro elevado que la domina por el N.; la de San Gabriel en la calle Real, y la de Monserrate á menos de una milla al E. de la poblacion.

Antes de la supresión hubo tres conv. de frailes, á saber: el de Sto. Domingo, la Trinidad y San Francisco. En 31 de diciembre de 1494 el ayunt. de Almería, por mandado de los Reyes Católicos, señaló el sitio donde se habia de fabricar el conv. de Sto. Domingo. Su igl., que fué la principal mezquita de la c. en tiempo de los árabes, de 60 varas de long. y 20 de lat., con una sola nave y dos arcos, que forman cruz latina, nada ofrece ni en el interior, ni en el esterior, que sea digno de notarse, como tampoco el edificio del conv.: las ant. celdas se hallan alrededor de un patio cuadrado con arcos en el primer cuerpo y corredores en el segundo. En el dia está destinado á colegio de humanidades. El primitivo conv. de la Trinidad se situó estramuros de la pobl.; pero por temor á las frecuentes incursiones de los corsarios berberiscos, se dió principio al nuevo edificio en 16 de noviembre de 1584, junto á la puerta llamada del Mar. Recientemente ha desaparecido, y le han sustituido almacenes de particulares. El de San Francisco, sit. al NE. de la c., fue fundado por órden y á nombre de los Reyes Católicos, como patronos, en el año 1502; pero en el de 1790, de resultas de los terremotos que asolaron á Oran, se resintió la igl. en términos, que fue necesario abandonarla. A los pocos dias se principió su derribo, abriendo al propio tiempo los cimientos de la igl. actual, que fué concluida en 1800. Tenia el edificio 80 varas de E. á O. y 70 de N. á S., y al lado del N. un patio descubierto de 15 varas en cuadro, alrededor del cual estaban los corredores y celdas, habiéndose edificado casas en su lugar. La igl. se compone de 3 naves, con arcos de órden jónico, y en el testero de la central está el altar mayor; la fachada que mira al O. consta de 3 arcos del órden espresado y del toscano. Ya se dijó que la ant. parr. de San Pedro ha sido trasladada á esta igl.

Tambien existen dos conv. de monjas, el de la Concepcion y el de Sta. Clara, ambos de la órden de San Francisco. El primero, fundado por el rey D. Fernando el Católico en 1515, tiene 102 varas de N. á S., 70 de ancho por el frente del N., y 50 por el del S., en cuyo lado se halla la igl., de una nave, de 30 var. de largo y 10 de ancho, con dos entradas, la una al S. y la otra al E. que sirve para comunicacion con el conv.: este tiene en el interior dos patios cuadrados y descubiertos con corredores y celdas, y por algunas partes está bastante deteriorado. Por disposicion del Gobierno se reunieron con las monjas de esta casa las del conv. de Sta. Clara; componiendo entre todas el número de 28 profesas. Fueron fundadores de este último D. Gerónimo Briaño y Doña Micaela de la Cueva, su mujer, nombrando por patronos al ob., una dignidad de la cated. y al guardian de San Francisco; por testamento otorgado en 19 de junio de 1589 en las casas de su habitacion, y dejando para el culto y sostenimiento del monasterio cuantiosos bienes en esta c., en Granada, Alhama, Loja, Alcalá la Real y v. de Illora. El ant. edificio tenia 70 varas de N. á S. y 80 de E. á O. con dos patios descubiertos y corredores con arcos alrededor: en el dia, de las 80 varas de E. á O., solo se conservan 50, habiéndose ocupado las otras por una calle que alli se abrió, la cual pasa por el jardin del conv.: en este se hallan en la actualidad la diputacion prov., y las oficinas del gobierno político. La igl. sit. al S., con una puerta en este punto y otra al E., es cuadrada con tres naves que forman cruz latina, y ya se dijo que ha sustituido á la ant. parr. de Santiago.

El primero que predicó el Evangelio en Almeria fue San Indalecio en el año 66 antes de Jesucristo, quedando por su primer prelado y patron. El arz. de Granada D. Antonio Calderon, dice que desembarcó en Almeria el apóstol Santiago, cuando vino á España el año 37, acompañado de sus doce discípulos.

En la parte NO. de la c., y en la meseta de un cerro que se eleva 80 varas sobre el nivel del mar, de pendiente rápida por el S. é inaccesible por los demas puntos, se halla un fuerte ant. llamado *Alcazaba*, de figura irregular, de 520 varas de long. de E. á O., y de 100 varas de anchura media. Su área esta dividida en tres plazas ó recintos, por murallas sólidas, flanqueadas con torreones y tambores: en el primer recinto hay una noria de 70 varas de profundidad, para surtir la guarnicion en caso de sitio: en el segundo, magníficos algibes subterráneos, capaces de contener una porcion considerable de agua; y en el tercero, que es el mas bien defendido, y ocupa la parte mas elevada de la meseta, se ven diversos muros de edificios de admirable solidez, cuyas obras son algunas del tiempo de los árabes, y otras posteriores á la conquista, en el reinado del emperador Cárlos V. En el estremo O. de la Alcazaba se halla una torre de figura circular, que sirve para depósito de pólvora. Las murallas de la Alcazaba son en su mayor parte de fab. árabe, y capaces por su buena construccion de resistir mucho tiempo á las máquinas de guerra de aquella época. Por los escombros y cimientos que se descubren, puede deducirse el crecido número de edificios que habrán existido en los dos primeros recintos, y que han desaparecido completamente: solo se conserva aun la ant. mezquita que desde la restauracion sirve de capilla. Ya hace mucho tiempo que este fuerte no tiene guarnicion, y su custodia está confiada á los artilleros; desde él se domina la c., se descubre perfectamente la vega, y por la parte del mar mas de 10 leg. de horizonte. Distante 250 varas de esta fort., hay otro cerro separado del primero por una hondonada de tierra llamada la Olla: está elevado sobre el nivel del mar 82 varas, y en su cresta existen cuatro fuertes torreones arábigos que denominando las dos primeras plazas de Alcazaba, forman parte de la muralla, y flanquean los puntos mas culminantes del esterior de la pobl. Ultimamente se ha construido ademas una bateria inmediata á la ermita de San Cristóbal, con dos cañones montados. La línea de muralla desde este fuerte á la Alcazaba, sirve para comunicarse ambos, pasando por la hondonada, punto el mas débil de la ant. fortificacion, y que á pesar de sus muchos torreones, está dominado por los cerros inmediatos. Las murallas son en general de fáb. árabe, como las de la Alcazaba, particularmente la parte del N.; lo demas es posterior á la conquista. En las ruinas de una línea de circunvalacion ant., sit. á poca dist. de la moderna, se distinguen varios torreones que pueden atribuirse á los fenicios, cartagineses ó romanos, puesto que su arquitectura difiere notablemente de la de los árabes, y no se halla en ellos inscripcion alguna, por la cual se determine con fijeza su orígen. En el perímetro de la muralla de la c. existen cuatro puertas: la colocada á la parte del N. se llama de Purchena; se reformó en el año 1837, y se compone de dos puertas, una para entrar, y la otra para salir: la del Mar está al S.; reformada tambien en 1839: su figura y adornos son sencillos y elegantes, consta de tres puertas, una grande en el centro con columnas, y dos mas pequeñas á los costados, y el todo de ella presenta una perspectiva agradable. Al O. se halla la del Socorro, que sirve para la comunicacion del puerto; y al E. la del Sol, que comunica con la vega, sin que ni la una ni la otra tenga cosa alguna notable.

Al pie del ángulo NE. de la muralla de la c., por la parte esterior, hay una alameda de dos calles, con una fila de árboles en el centro: su long. es de 237 varas, y de 17 su ancho. En la parte oriental del barrio de las Huertas, en un parage llamado Rambla de Belen, hay otro paseo de una calle de álamos negros, que tiene 504 varas de long. y 26 de anchura. A la salida de la puerta del Mar, en direccion de la cortina meridional de la muralla, se encuentra un malecon de 350 varas de largo, y 16 de ancho, con asientos por ambos lados, que sirve de delicioso paseo en las noches calurosas del estio, y en los dias serenos del invierno. En un ángulo saliente de la muralla, inmediato al teatro, se ha formado un terraplen con asientos, que sirve de paseo, y desde él se disfruta de un agradable punto de vista. A dist. de 80 varas al N. del barrio de las Huertas, está el cementerio, cuya figura es un cuadrilátero de 6,552 varas de área, cercado de tapias de 5 varas de altura, con varios nichos en el interior, y la capilla en el frente que mira al E. Su sit. es muy higiénica, pues ademas de que por su estension es innecesario remover con frecuencia la tierra, muy pocas veces reinan los vientos de aquella parte.

Para proveer de agua á la pobl., hay un acueducto cubierto como 1/4 de leg., y el resto descubierto, y sucio su cáuce hasta la fuente llamada del Mami: el agua en su orígen es buena, pues procede de las filtraciones del r. de Almeria; pero como tiene que pasar por terrenos sembrados de raices de cañas y otras plantas, se adultera notablemente. La cantidad de agua que produce la fuente, se divide en tres partes: dos para regar la vega, y el resto se conduce á la c., distribuyéndose por medio de cañerias á las casas, muchas de las cuales tienen pozo de agua potable: en la pobl. hay seis pilares para el servicio del público. A dist. de 2 leg. NE., si bien fuera de su jurisd., se halla un nacimiento de agua caliente, azufrosa, que sirve para baños termales (V. ALHAMILLA BAÑOS.).

Confina su TÉRMINO en las partes mas próximas á la línea set., con los de Huercal y Enix, E. con el de Nijar, S. con el Mediterráneo, y O. con la sierra de Enix y su térm.: estendiéndose sus lím. por el O. una leg., por el N. una y media, y por el E. cuatro leg. En él se hallan las ald. de *San Urbano* con 126 cortijos, y la de *Mazarulleque* con 102, que comprenden 2,000 hab., y ademas los cas. de la *Almadraba del Cabo de Gata* (V. sus respectivos articulos.). La cabida del terreno es de 110,000 tahullas, de 1,600 varas superficiales cada una: de ellas 38,000 se cultivan, y 30,000 gozan del beneficio del riego; las que no se cultivan son estériles, y á escepcion de algun prado artificial, solo prod. higos chumbos ó de pala. En la segunda y tercera época constitucional se han desamortizado 1,004 tahullas, por valor de 1.979,000 rs. en tasacion, y 4.357,000 rs. en remate, pertenecientes á comunidades religiosas de ambos sexos.

CALIDAD Y CIRCUNSTANCIAS DEL TERRENO. En general es llano, desde la base de la sierra de Enix hasta el promontorio del cabo de Gata, y el que se cultiva blando y gredoso, que produce en el regadio 20 por 1 y la mitad en el secano: no cria mas arbolado que la higuera, á causa de los frecuentes y fuertes vientos del tercer cuadrante: se carece por lo tanto de leña, y el carbon es conducido de los pueblos inmediatos. El r. Andarax ó de Almeria, corre por el térm., dividiendo en dos partes la vega, y desemboca 1/2 leg. al E. en el mar: es de avenida, y como de cáuce llano, tiene frecuentes desbordaciones: la última y mas desastrosa de que hay memoria, fue la ocurrida el 3 de setiembre de 1830, que despues de inundar toda la vega, arrastró molinos, árboles, ganados, y aun haciendas enteras. Seria fácil contener las aguas de este r. en lím. determinados, construyendo fuertes murallones en las dos orillas; y ya hubo una época en que se cobraron derechos sobre varios efectos con este objeto, que jamas llegó á realizarse. Tampoco se utilizan, como se pudiera, estas aguas, para regar las tierras; porque con haber construido los naturales norias en la mayor parte de las haciendas, no se cuidan de poner el cáuce del r. en disposicion de que todo el caudal que recoge, corriera por la superficie de la tierra, y no se filtrara hácia el mar por veneros subterráneos: asi es que para poder regar las haciendas con las aguas del r., es preciso que la lluvia sea á torrentes y continuada. Para pasar una rambla que en los fuertes aguaceros se hace bastante copiosa, se construyó en 1776, 1/2 leg. al O. de la c., camino para Roquetas, un puente de piedra de silleria, de un arco, con 5 varas de luz en la parte inferior, y hasta 6 en la superior, de 33 1/2 varas de elevacion, 112 de long., y 5 1/2 de lat.: su estado es bueno.

Caminos.—Correos. Hállase en buen estado el camino general que conduce á Granada, si bien fuera de la jurisd., está bien malo, como el de herradura que va para O. en direccion á la costa: el de E. de ruedas, construido últimamente, es bastante bueno. Las entradas y salidas de los correos, se manifiestan en el adjunto estado.

SALIDA DE LOS CORREOS DE MADRID.		ENTRADA EN ALMERIA.		SALIDA DE ALMERIA.		ENTRADA EN MADRID.		EMPLEAN EN IDA Y VUELTA.	
Dias	Horas.	Dias.	Horas.	Dias.	Horas.	Dias.	Horas.	Dias.	Horas.
Mártes..... Juéves..... Sábados...	1 de la mañana.	Viérnes..... Domingos. Mártes......	7 1/2 de la mañana.	Viérnes..... Lúnes...... Miércoles..	5 de la tarde.	Miércoles. Viérnes.... Lúnes......	4 de la mañana.	8 9	3 3

ENTRADA DE LOS DEMAS CORREOS.			SALIDA DE LOS DEMAS CORREOS.		
Dias.	Puntos.	Horas.	Dias	Puntos.	Horas.
Mártes.... Viérnes... Domingos	De Granada, Andalucia y general del reino.	7 1/2 de la mañ.	Lúnes .... Miércoles. Viérnes....	Para Granada, Andalucia, Valencia, Murcia, Cataluña y general del reino.	5 de la tarde.
Miércoles. Domingos	De la provincia.	6 1/2 de la tarde.	Lúnes..... Juéves....	Para la provincia.	6 de la mañana.
Viérnes... Domingos	De Valencia, Murcia y Cataluña.	7 1/2 de la mañ.			

NOTA. Esta c. no tiene mas que dos comunicaciones semanales con la prov., asi como no recibe sino dos de Murcia Valencia y Cataluña, por llegar estos correos á Guadix, despues de haber salido para Almeria.

No hay diligencias ni sillas de posta para ningun punto.

Producciones. La principal es el maiz en los años que el r. riega diversas veces la vega: despues está la cebada, y luego el trigo, siendo insignificante la de los demas granos y semillas, habas, guisantes, habichuelas, patatas, etc. y la de miel; tambien se hace cosecha de aceite, vino, lino, esparto, barrilla en los secanos, y sosa, y de las frutas son las mas abundantes los higos de hoja y de pala, las granadas y las almendras. El trigo, semillas y liquidos no son suficientes para el consumo de la c.: el primero se importa en años lluviosos del campo de Nijar, y en los secos, que son en mayor número, de la prov. de Jaen, y por mar de Sevilla; el vino, de Albuñol, Alhama y Huécija; el aguardiente de Cataluña, Mallorca y Alpujarras; el aceite de algunos pueblos de la prov. y de las de Jaen y Córdoba, y el arroz de Cullera. Solo se consume 1/5 del maiz que se coge; el resto se estrae para Nijar, Roquetas, Enix, Felix, Vicar, Adra, Berja, y á veces hasta Málaga y Valencia, si bien en los años escasos de agua, se hacen introducciones de Sevilla y Galicia: á este terr., á Málaga y á Mallorca se conduce la barrilla. El ganado vacuno, cabrio y lanar no es suficiente para el consumo, importándose de los pueblos inmediatos mas de 300 cab. de vacuno, y 1,500 de cabrio y lanar, de donde tambien se hacen esportaciones para Murcia y Valencia. Hay destinadas á la labranza 400 yuntas de ganado vacuno, y 50 pares de mular; al acarreo de estiércoles para las huertas y demas tierras 150 de ganado asnal; y en el tráfico y servicio del vecindario se ocupan 400 cab. de ganado mular y asnal, y 25 de caballar. No se hace cosecha de seda, y la de lana del térm. será de 500 a. La caza mas abundante es la de las codornices, pero tambien hay perdices, churras, patos, liebres y conejos, cuya cantidad no es suficiente para el consumo, y en la mar pesca bastante abundante de toda clase de pescados: los animales dañinos son lobos y zorras, si bien en escaso número, porque se les persigue incesantemente. En la falda E. del promontorio del cabo de Gata, se esplotan algunas minas de alcohol plomizo en poca cantidad, por cuya razon no se siguen con constancia los trabajos, y á veces se abandonan completamente.

Industria. Nueve molinos harineros de agua sit. en el r., y 4 de viento al E. de la c., consumiéndose en ella las harinas; 2 fáb. de ladrillos, 2 de albayalde, que se benefician con el plomo de sierra de Gador, y sus prod. se esportan á diferentes puntos de la Península y al estrangero, 3 fáb. de sombreros, 1 teneria, 2 platerias, 4 boticas, 2 imprentas y librerias, 8 panaderias, una cereria, 6 confiterias, 6 posadas, 5 hosterias, 4 fáb. de perdigones, 2 de fundicion de plomo, 2 pavas ó sean hornos de 2.ª y 3.ª fundicion del mismo metal, 50 telares de lino y cáñamo, 10 alfarerias, 6 jabonerias, 4 salitrerias, dos tintes, varias fáb. de esparto, y todos los oficios necesarios para subvenir á las necesidades de la vida. Esceptuando el albayalde, el esparto, los perdigones y el plomo, que se esportan para diferentes provincias, y el estrangero, los demas prod. de las artes é industria se consumen en la pobl. y pueblos inmediatos, siendo del pais casi todas las primeras materias.

Comercio. Ademas del que se hace en granos, ropas, ganado menor, géneros ultramarinos, quincalla, maderas, vino, aceite, carbon, y todo género de comestibles, los ramos mas principales de esportacion son plomo, esparto y barrilla: el plomo se esporta para Marsella, Burdeos, Nantes, Brest, y el Havre; el esparto para Lisboa, Oporto y Faro, y la barrilla para Málaga, Galicia y pocas partidas para Inglaterra. La importacion consiste en géneros de algodon y lana de Cataluña, telas de seda de Valencia y Málaga; de Marsella y Gibraltar lenceria y quincalla. De estos efectos, ademas de lo que se consume en la pobl., se internan partidas para Ubeda, Baeza y Guadix, siendo los conductores del pais: las especulaciones se hacen á dinero efectivo. La importacion comercial de esta c. seria mucho mayor, si los caminos de Granada y de O. y E. estuviesen en buen estado, pues entonces las esportaciones de plomo que en el dia se hacen por la rada de Roquetas, se harian por este puerto, como tambien muchas importaciones que se ejecutan por Málaga y Calahonda. A pesar de ser puerto habilitado desde el año de 1778, carece absolutamente de muelle y de desembarcadero, como dijimos al principio de este art., en términos que con los vientos mas bonancibles del 3.er cuadrante, que son los que reinan generalmente, solo pueden aprovecharse para las faenas de carga y descarga las primeras horas de la mañana, sufriendo por esta causa el comercio perjuicios de mucha consideracion, y que causan gastos escesivos. Mil proyectos han existido para construir un desembarcadero; hay ademas hace muchos años una junta de construccion y conservacion del muelle, compuesta del comandante militar de marina de la provincia, el capitan del puerto, tres vocales mas y un secretario; pero nada se ha adelantado hasta ahora, sin duda por falta de fondos; y cuando la naturaleza ha colocado á 100 varas de dist. la piedra necesaria para construir una dársena como la del Ferrol, se mira con pesar, porque parece mengua del honor de la nacion, que en una cap. de prov. y puerto habilitado, tengan los muchos estrangeros que lo frecuentan, que aguardar á bordo de sus buques que amanezca ó anochezca para saltar en tierra sin esponerse á mojarse.

En los estados que siguen se demuestra el movimiento comercial de importacion y esportacion que ha habido en este punto y aduana, en los años á que los mismos se refieren, con la entrada y salida de buques.

Noticia de los valores que ha tenido esta aduana en el quinquenio de 1836 á 1840.

	1836	1837	1838	1839	1849	TOTAL.
Comercio de importacion de las provincias exentas	6,907 17	»	2,336 11	»	8,432 »	17,675 28
Importacion de América	4,444 5	6,680 26	4,260 24	3,816 20	»	19,202 7
Importacion del estrangero	536,410 28	299,952 14	159,271 9	579,065 »	1.070,142 11	2.680,841 28
Esportacion al estrangero	»	»	»	»	»	5.714,063 18
Cabotage de entrada, derecho de puertas	9,300 33	51,414 6	111,972 33	142,200 5	166,727 10	481,615 19
Cabotage de salida	»	»	»	»	»	»
TOTALES	557,063 15	358,047 12	313,841 9	725,081 25	1.245,301 21	8.914,398 32

NOTA. Los 5.714,063 rs. y 18 mrs., importe de los derechos de esportacion, los ha causado en su mayor parte el plomo, cuya estraccion en los cinco años ascendió á 1.264,749 qq., y no se espresa el por menor de derechos de cada año, por no aparcer en los estados que se tuvieron á la vista para formar éste.

Movimiento comercial con el estrangero América y Asia en los años de 1843 y 1844, sacado de los estados mensuales y oficiales de esta aduana, número de buques nacionales y estrangeros que han entrado y salido del mismo puerto con este destino.

	AÑOS.	NACIONALES. En cada año. Buques	Toneladas	Tripulantes	Año comun. Buques	Toneladas	Tripulantes	AÑOS.	ESTRANGEROS. En cada año. Buques	Toneladas	Tripulantes	Año comun. Buques	Toneladas	Tripulantes	AÑOS.	RESUMEN. En cada año. Buques	Toneladas	Tripulantes	Año comun. Buques	Toneladas	Tripulantes
ENTRADA	1843	70	11226	1372	»	»	»	1843	167	20354	1413	»	»	»	1843	237	31580	2785	»	»	»
	1844	38	6094	745	»	»	»	1844	141	17185	1193	»	»	»	1844	179	23279	1938	»	»	»
	Total de los dos años.	108	17320	2117	54	8660	1058	Total de los dos años.	308	37539	2606	154	18769	1303	Total de los dos años.	516	54859	4723	258	27429	2361
SALIDA	1843	23	1452	204	»	»	»	1843	126	14485	1027	»	»	»	1843	149	15037	1231	»	»	»
	1844	91	5831	808	»	»	»	1844	214	24601	1744	»	»	»	1844	305	30432	2552	»	»	»
	Total de los dos años.	114	7283	1112	57	3641	556	Total de los dos años	340	39086	2771	170	19543	1385	Total de los dos años.	454	46369	3783	227	23184	1891

CABOTAGE.

Número dc buques nacionales entrados y salidos en el puerto de Almeria por el comercio de cabotage en los dos años de 1843 y 1844.

AÑOS.	ENTRADA.						AÑOS.	SALIDA.					
	EN CADA AÑO.			AÑO COMUN.				EN CADA AÑO.			AÑO COMUN.		
	Buques	Toneladas	Tripulacion.	Buques.	Toneladas.	Tripulacion.		Buques.	Toneladas.	Tripulacion.	Buques.	Toneladas.	Tripulacion.
1843	575	22888	4373	»	»	»	1843	542	20897	3947	»	»	»
1844	897	35701	6821	»	»	»	1844	938	38092	7194	»	»	»
Total de los dos años.	1472	58589	11194	736	29294	5597	Total de los dos años.	1480	58989	11141	740	29494	5570

ESPORTACION AL ESTRANGERO.

Mercaderias entradas en los dos años de 1843 y 1844, segun los estados mensuales y oficiales de la misma aduana.

NOMENCLATURA.	UNIDAD PESO Ó MEDIDA.	1843. BANDERA. Nacional.	1843. BANDERA. Estrangera.	1843. TOTAL.	1844. BANDERA. Nacional.	1844. BANDERA. Estrangera.	1844. TOTAL.	TOTAL GENERAL DE los dos años.	AÑO COMUN.
Alcohól	Quintales.	12139	1334	13473	1391	536	1927	15400	7700
Aceite	Arrobas.	»	»	»	508	»	508	508	»
Arroz	Id.	»	»	»	225	»	225	225	»
Cebada	Fanegas.	14400	»	14400	3800	1000	4800	19200	9600
Coloquintida	Arrobas.	»	23	23	9	40	49	72	36
Esparto	Quintales.	8757	24090	32847	4105	33290	37395	70242	35121
Ganado de cerda	Cabezas.	130	«	130	11	»	11	141	70
Habas	Fanegas.	»	«	»	200	»	200	200	»
Higos secos	Arrobas.	»	»	»	»	600	600	600	»
Jaboncillo	Quintales.	»	»	»	»	143	143	143	»
Leña	Id.	»	»	»	30	»	30	30	»
Litargirio	Id.	»	»	»	»	30	30	30	»
Plata en pasta	Marcos.	12668	»	12668	454	»	454	13122	6561
Plomo	Quintales.	34953	181108	216061	9032	85460	94492	310553	155276
Simiente de lino	Id.	»	67	67	»	»	»	67	»
Uvas	Arrobas.	204	13240	13444	»	11871	11871	25315	12657
Efectos varios (valor)	Rs. vn.	4940	4520	9460	5647	5410	11057	20517	10258
Valor total de estas mercaderias	Rs. vn.	4439952	9445010	13884962	697434	4628875	5326309	19211271	9605635
Importe de los derechos	Rs. vn.	176608	893515	1070123	41496	455369	496865	1566988	783494

IMPORTACION DEL ESTRANGERO.

Mercaderías introducidas en dicho puerto en los dos años de 1843 y 1844, segun los estados oficiales de la misma Aduana.

NOMENCLATURA.	UNIDAD, PESO ó MEDIDA.	1843. BANDERA Nacional.	1843. BANDERA Estrangera.	1843. TOTAL.	1844. BANDERA Nacional.	1844. BANDERA Estrangera.	1844. TOTAL.	TOTAL general de los dos años.	AÑO comun.
Acero en barras	Libras.	6775	»	6775	1945	»	1945	8720	4360
Alambre	id.	2492	»	2492	2258	400	2658	5150	2575
Anteojos	docenas.	31	»	31	175	»	175	206	103
Armazones de paraguas	número.	150	»	150	260	»	260	410	205
Azúcar	arrobas.	»	»	»	448	»	448	448	»
Bacalao	qq.	17	2632	2649	714	»	714	3363	1681
Bastones	número.	96	»	96	293	»	293	389	194
Botones	gruesas.	466	»	466	333	380	713	1179	589
Cajas de varias clases	docenas.	82	»	82	219	»	219	301	150
Canela	libras.	545	»	545	121	»	121	666	333
Carbon	qq.	10536	177505	188041	6726	233938	230664	418705	209357
Carteras de badana	número.	638	»	638	110	»	110	748	374
Clavo de especia	libras.	2612	»	2612	1943	»	1943	4555	2277
Clavos de hierro	id.	5011	»	5011	5921	»	5921	10932	5466
China en piezas	piezas.	437	»	437	262	»	262	699	349
Estuches	docenas.	92	»	92	77	»	77	169	84
Goma de varias clases	libras.	343	»	343	285	»	285	628	314
Herramientas	docenas.	641	20	661	107	70	177	838	419
Hierro	qq.	202	67	269	43	303	346	615	307
Hoja de lata	libras	5258	»	5258	28	»	28	5286	2643
Hilo blanqueado	qq.	3	»	3	3	»	3	6	3
Jarcia vieja	arrobas.	»	46	46	»	368	368	414	207
Ladrillos refractarios	número.	»	94028	94028	»	77769	77769	171797	85898
Leña vieja	qq.	»	»	»	»	1942	1942	1942	»
Loza ordinaria	piezas.	544	3849	4393	6098	2483	8581	12974	6487
Madera de construccion	palos.	»	»	»	22	328	350	350	»
Madera vieja	qq.	»	3880	3880	»	»	»	3880	»
Manteca de vacas	libras.	796	125	921	100	»	100	1021	510
Metal labrado	id.	250	»	250	709	20	729	979	489
Pañuelos de seda	número.	1334	»	1334	1225	»	1225	2559	1279
Pimienta negra	libras.	16892	»	16892	12834	»	12834	29726	14863
Productos químicos y farmacéuticos	id.	1905	»	1905	6837	6776	13613	15518	7759
Queso	id.	2316	»	2316	6615	»	6615	8931	4465
Tablas y tablones de pino	número.	928	»	928	288	»	288	1216	608
Tejidos de hilo	qq.	76	»	76	121	»	121	197	98
Idem de lana	varas.	21970	»	21970	27225	740	27965	49935	24967
Idem de seda	libras.	692	»	692	568	»	568	1260	630
Tierra refractaria	qq.	»	38	38	»	28646	28646	28684	14342
Varios artículos de perfumería	libras.	1433	»	1433	800	»	800	2233	1116
Idem de quincalla	id.	1083	120	1203	1722	52	1774	2977	1488
Vidrios huecos	arrobas.	254	4	258	194	24	218	476	238
Efectos varios. (valor)	Rs. vn.	89551	13320	102871	125379	30152	155531	258402	129201
TOTAL valor de estas mercaderías	Rs. vn.	1288395	701557	1989952	1186921	985100	2172021	4161973	2080986
Derechos que han pagado	Rs. vn.	349680	639590	989270	346251	826415	1172666	2161936	1080968

No apareciendo valorado en los estados oficiales de esta Aduana el carbon de piedra, aunque sí los derechos, se ha considerado al precio de 2 rs. qq., para lo formacion del presente.

Nota del valor de las mercaderías del Reino y estrangeras que han entrado y salido por el comercio de cabotage en dicho puerto, en los dos años de 1843 y 1844.

ENTRADA.	1843.	1844.	TOTAL.	AÑO COMUN.
Géneros del Reino (rs. vn.)	25.889,534	12.613,308	38.502,842	19.251,421
Id. estrangeros	2.967,867	2.537,657	5.505,524	2.752,762
Id. de América y Asia	775,627	999,386	1.775,013	887,506
TOTALES	29.633,028	16.150,351	45.783,379	22.891,689
SALIDA.				
Géneros del Reino	28.948,858	16.326,586	45.275,444	22.637,722
Id. estrangeros	261,751	258,607	520,358	260,179
Id. de América y Asia	36,380	13,317	49,697	24,348
TOTALES	29.246,989	16.598,510	45.845,499	22.922,749

Balanza general de entrada y salida en el año comun, segun los estados mensuales y oficiales de esta aduana.

		Rs. de vn.
Valor total de la importacion del estrangero		2.080,986
Id. id. por el cabotage		22.891,689
TOTAL IMPORTACION		24.972,675
Valor total de la esportacion al estrangero	9.605,635	32.528,384
Id. id. por el cabotage	22.922,749	
ESCESO EN FAVOR DE LA ESPORTACION		7.555,709
En la esportacion se comprenden 6,561 marcos de plata (en el año comun) á 160 rs. marco, que hacen rs. vn.	1.049,760	8.838,560
Id. 155,776 qq. de plomo á 50 rs.	7.788,800	
Por lo que viene á resultar un verdadero esceso en la importacion de mercaderías, de		1.282.851

NOTA. 1.ª Hecha abstraccion del plomo, aparece bastante equiparado el movimiento mercantil del puerto de Almeria, por lo que no hay objeto para observaciones especiales.

2.ª Nos hacemos un deber en consignar aquí, que para la formacion de los datos estadísticos de esta aduana y de las demas de que habla nuestro Diccionario, hemos encontrado la mas franca cooperacion en la Direccion general del ramo, á cuyo director el Sr. D. José María Lopez, nos complacemos en dar esta corta muestra de gratitud, así como á los dos hermanos D. Manuel y D. José García Barzanallana, encargados del departamento de Aranceles y Estadística comercial.

FERIAS, MERCADOS Y FIESTAS: Todos los lúnes hay mercado en la plaza, y en él, ademas de los efectos diarios, se vende alfarería y utensilios de madera. Anualmente se celebra una feria que principia el dia 22 de agosto y concluye el 27: en ella se colocan algunas tiendas de vec. de Granada con surtido de quincalla, sombreros y muñecos, y tambien se vende ganado mular, asnal, vacuno y de cerda: fue concedida por Real provision de 25 de setiembre de 1807, y es poco concurrida. El aniversario de la conquista de la c. se celebra el dia 26 de diciembre; y la fiesta de la patrona, que es la Vírgen del Mar, el domingo anterior al 25 de agosto.

POBLACION, RIQUEZA Y CONTRIBUCIONES; vec. 4,450: hab. 17,800; de estos unos 2,000 viven fuera de la pobl. en los cortijos ó cas. de la Almadraba, Cañada de San Urbano, Mazarulleque, y rambla de Morales: en el térm. de la c. nacen 428 varones, 398 hembras; mueren 237 varones y 215 hembras; y se celebran 157 matrimonios. La riqueza imp., segun resulta de la matrícula catastral remitida al Gobierno en el año 1842, es la siguiente:

Por territorial y pecuaria	643,627	5.702,187 rs.
Por urbana	971,244	
Por comercial é industrial	2.387,316	
Por capacidad para consumos	1.700,000	

El PRESUPUESTO MUNICIPAL ordinario asciende á 134,684 rs. 26 mrs., cuya cantidad se invierte en las atenciones siguientes:

Sueldos de empleados en el ayunt.	37,400	7
Profesores de educacion	440	
Profesores facultativos	3,300	
Guardas y peones de camino	220	
Reparo y conservacion de obras públicas	13,500	
Cargas, funciones y beneficencia	7,700	
Gastos de policía urbana y utilidad pública	42,000	
Contr. de fincas de propios	295	19
Gastos de M. N. (cuando existia)	24,429	
Id. de diput. prov.	5,400	
	134,684	26

Estos gastos se cubren con las cantidades siguientes:

Productos de propios	10,716	
Arbitrios establecidos	89,072	32
Contr. de los esceptuados de la M. N. (cuando existia)	13,000	
Repartimiento vecinal	21,895	28
	134,684	26

Antes de tratar de la historia de esta c. diremos que su ayunt. promueve en ella varias mejoras.

1.º La reforma de la galería de la casa consistorial, de órden jónico y bellas proporciones, que dará un aspecto noble y grandioso al edificio, sirviendo de complemento á la nueva plaza construida para mercado público.

2.º La prolongacion del acueducto para conducir á la c. las aguas potables que vienen ahora descubiertas y mezcladas de sustancias estrañas que alteran su pureza y salubridad.

3.º La construccion del muelle, que ofreciendo abrigo seguro y puerto cómodo á las embarcaciones, reanimará el comercio y facilitará la salida de los frutos de la tierra, y sobre todo del plomo y de los varios productos que de él se elaboran. Otras mejoras reclama este terr., lejanas todavía, puesto que no se realizarán hasta que restablecida la confianza afluyan los cap. que tanto escasean. El camino de poniente que corre ahora por terrenos desiguales y escabrosos encareciendo el transporte y oponiendo dificultades insuperables á la salida de las prod. de los campos de Roquetas y Dalias: la repoblacion de los montes que lleva consigo la dulzura y humedad del clima, la abundancia de los alimentos y la prosperidad de muchas ind.; el establecimiento de un hospicio, de un instituto de enseñanza, y de un banco Agrícola, para consuelo de la indigencia, educacion de la juventud y para proporcionar al diligente labrador los cap. necesarios para recoger los frutos, aprovechar las aguas y hacer fértiles las tierras de inferior calidad, transformando su naturaleza y composicion por medio de los abonos de la alternativa ó sucesion de plantas, y del cultivo de los prados artificiales fundamento de la buena agricultura.

Para dar á nuestros lectores una idea de los consumos por derecho de puertas de esta c., presentamos el adjunto:

ESTADO de los efectos, géneros y frutos de todas clases consumidos en la misma durante el quinquenio de 1835 á 39, en un año comun, y de la proporcion del consumo y pago de cada habitante, con espresion de las sumas devengadas á la entrada, tanto por derecho de puertas como por arbitrios municipales.

NOMENCLATURA Y CLASIFICACION DE LOS EFECTOS.	UNIDAD Ó MEDIDA.	CUOTA de los derechos. Puertas.	CUOTA de los derechos. Arbitrios.	CANTIDADES entregadas al consumo. Durante el quinquenio	CANTIDADES entregadas al consumo. Año comun.	Cantidades consumidas por individuo en el año comun	SUMAS DEVENGADAS en el quinquenio por derechos. Puertas.	SUMAS DEVENGADAS en el quinquenio por derechos. Arbitrios.	SUMAS DEVENGADAS en el quinquenio por derechos. Total.	CONTRIBUCION anual que resulta para cada individuo.
GÉNEROS DEL REINO.		Rs. mrs.	Rs. mrs.	Rs. ms.			Reales.	Reales.	Reales.	Rs. ms. C
Aceite comun: derecho ent.	Arrobas.	5 22	1 »	61912	12767	0'717	349620	61912	411532	4 23'78
—módico.	id.	3 17	»	1924			6734	»	6734	
Algodon hilado: drcho. ent.	Libras.	» 24	»	231	6951	0'391	163	»	163	» 2'19
		» 17	»	490			245	»	245	
		» 14	»	524			216	»	216	
		» 11	»	1138			368	»	368	
		» 10	»	3268			961	»	961	
		» 8	»	1414			333	»	333	
		» 5	»	18159			2670	»	2670	
—módico.	id.	» 11	»	91			29	»	29	
		» 8	»	272			64	»	64	
		» 4	»	577			68	»	68	
—reducido.	id.	» 5	»	496			73	»	73	
		» 4	»	789			93	»	93	
		» 3	»	753			66	»	66	
		» 2	»	6555			386	»	386	
Alquitran y brea: dcho. ent.	Arrobas.	1 2	»	222	231	0'013	235	»	235	» 0'41
		» 31	»	866			790	»	790	
—mod.	id.	» 17	»	68			34	»	34	
—red.	id.	»	»	»			»	»	»	
Arroz: drcho. ent.	id.	1 »	»	66022	16978	0'954	62022	»	66022	» 27'98
—mod.	id.	» 25	»	2720			2000	»	2000	
—red.	id.	» 11	»	16147			5224	»	5224	
Azafran: drcho. entero.	Libras.	6 21	»	787	166	0'009	5208	»	5208	» 2'06
—mod.	id.	4 22	»	41			191	»	191	
Azucar indigena: drcho. ent.	Arrobas.	1 2	»	211	42	0'002	233	»	233	» 0'09
Barajas: drcho. ent.	Docenas.	2 30	»	653	460	0'026	1982	»	1982	» 1'64
		1 27	»	1092			1959	»	1959	
—mod.	Id.	1 12	»	23			31	»	31	
—red.	id.	» 20	«	535			315	»	315	
arrillas: drcho. ent.	Arrobas	» 31	»	2982	596	0'033	2719	»	2719	» 1'04
Batatas: id.	id.	» 17	»	17112	3422	0'192	8556	»	8556	» 3'27
Cáñamo: id.	id.	1 »	»	14751	2950	0'166	14751	»	14751	» 5'63
Carbon: id.	Cargas.	1 15	»	184	3891	0'219	265	»	265	» 9'85
		1 11	»	19273			25508	»	25508	
Carnes y reses: Jamon d. en.	Libras.	» 8	»	12173	2435	0'137	2864	»	2864	2 24'57
Tocino: id.	Arrobas.	4 17	»	474	208	0'012	2133	»	2133	
		3 17	»	566			1981	»	1981	
Reses: Borregos drcho. ent.	Número.	4 »	»	2034	439	0'025	8136	»	8136	
—mod.	id.	3 »	»	160			480	»	480	
Bueyes y vacas: drcho. ent.	id.	70 »	»	767	167	0'009	53690	»	53690	
—mod.	id.	53 17	»	68			3638	»	3638	
Cabras y machos: der. ent.	id.	6 »	»	2560	550	0'031	15360	»	15360	
—mod.	id.	4 17	»	188			846	»	846	
Cabritos y corderos: d. ent.	id.	3 »	»	3539	1296	0'073	10617	»	10617	
		1 »	»	2612			2612	»	2612	
—mod.	id.	2 9	»	286			648	»	648	
		» 25	»	44			32	»	52	
Carneros: drcho. ent.	id.	7 »	»	1419	292	0'016	9933	»	9933	
—mod.	id.	5 8	»	42			220	»	220	
Suma.							611303	61912	674214	8 34'51

NOMENCLATURA Y CLASIFICACION DE LOS EFECTOS.	UNIDAD Ó MEDIDA.	CUOTA de los derechos. Puertas.	Arbitrios.	CANTIDADES entregadas al consumo. Durante el quinquenio	Año comun.	Cantidades consumidas por individuo en el año comun.	SUMAS DEVENGADAS en el quiquenio por derechos. Puertas.	Arbitrios.	Total.	CONTRIBUCION anual que resulta para cada individuo.
Suma anterior. rs. vn.							611303	61912	674214	8 34'61
Cerdos, derecho entero. . .	Nûm.°	30 »	»	1191			35730	»	35730	
		20 »	»	1254			25080	»	25080	
		10 »	»	1109			11090	»	11090	
		1 17	»	1134			1701	»	1701	
id. módico.	id.	23 17	»	258	1072	0'06	6063	»	6063	
		15 »	»	137			2055	»	2055	
		7 17	»	188			1310	«	1310	
		1 3	»	91			99	»	99	
Novillos, derecho entero . .	id.	24 »	»	1299	273	0'015	31176	»	31176	
id. módico.	id.	18 »	»	66			1188	»	1188	
Ovejas, derecho entero. . .	id.	3 22	»	1606	330	0'019	5857	»	5857	
id. módico	id.	2 25	»	47			129	»	129	
Terneras, derecho entero. .	id.	9 »	»	845	170	0'010	7605	»	7605	
id. módico.	id.	7 8	»	6			43	»	43	
Cera, derecho entero	Arrobas.	18 »	»	253	55	0'003	4554	»	4554	» 1'79
id. módico.	id.	6 »	»	20			120	»	120	
Cobertores, derecho entero.	Núm.°	1 21	»	1054			1705	»	1705	
		2 21	»	71	229	0'013	186	»	186	» 0'73
id. reducido.	id.	» 30	»	18			16	«	16	
Curtidos, badanas, dro. ent.	Libra.	» 11	»	3472			1123	»	1123	
		» 8	»	1911			450	»	450	
id. módico.	id.	» 7	»	62			13	»	13	
id. reducido.	id.	» 4	»	365			42	»	42	
Baldesas, derecho entero . .	id.	» 8	»	1944			459	»	459	
id. módico	id.	» 6	»	148			26	»	26	
id. reducido.	id.	» 3	»	48			4	»	4	
Becerrillo, derecho entero .	id.	» 16	»	1414			664	»	664	
		» 14	»	734			302	»	302	
		» 11	»	1623			525	»	525	
id. módico	id.	» 12	»	342	12056	0'677	121	»	121	» 5'64
id. reducido.	id.	» 5	»	289			57	»	57	
		» 4	»	390			46	»	46	
Cordoban, derecho entero. .	id.	» 11	»	1287			416	»	416	
id. módico.	id.	» 8	»	98			23	»	23	
Suela, derecho entero . . .	id.	» 8	»	38500			9240	»	9240	
id. módico.	td.	» 6	»	3000			540	»	540	
id. reducido.	id.	» 2	»	2250			180	»	180	
Vaqueta, derecho entero . .	id.	» 11	»	125			40	»	40	
		» 8	»	1760			414	»	414	
id. módico.	id.	» 7	»	245			51	»	51	
id. reducido	id.	» 4	»	270			29	»	29	
Drogas, derecho entero. . .	Valor.	6 p. 00	»	143833			8630	»	8630	
id. moderado.	id.	4 id.	»	1850	29386	1'651	74	»	74	» 3'33
id. reducido	id.	2 id.	»	1100			22	»	22	
Efectos varios, derecho ente.	id.	6 id.	»	409967			24598	»	24598	
id. módico.	id.	4 id.	»	102500	136013	7'641	4110	»	4110	» 12'25
id. reducido	id.	2 id.	»	167600			3352	»	3352	
Esparto cocido, derecho ent.	Cargas.	2 30	»	3036			8751	»	8751	
crudo, id	id.	1 31	»	8582			16701	»	16701	
labrado, id.	id.	57 »	»	22	2374	0'133	1254	»	1254	» 11'57
		51 »	»	36			1836	»	1836	
		9 »	»	194			1746	»	1746	
Frut. hort. y verd. dro. ent.	Valor.	4 p. 00	»	715300	143060	8'037	28612	»	28612	» 10'93
secas, derecho entero .	id.	6 id.	»	264750			15885	»	15885	
id. módico	id.	4 id.	»	23175	59515	3'344	927	»	927	» 6'50
id. reducido	id.	2 id.	»	9650			193	»	193	
GRANOS ALIMENTICIOS Y HARINAS.										
Centeno y maiz, dro. ent.	Fanegas.	» 20	»	37049	14345	0'8	21793	»	21793	
—id. módico.	id.	» 15	»	9076			4004	»	4004	
Suma, ...							904262	61912	966174	10 19'2

NOMENCLATURA Y CLASIFICACION DE LOS EFECTOS.	UNIDAD Ó MEDIDA.	CUOTA de los derechos. Puertas.	Arbitrios.	CANTIDADES entregadas al consumo. Durante el quinquenio	Año comun.	Cantidades consumidas por individuo en el año comun.	SUMAS DEVENGADAS en el quinquenio por derechos. Puertas.	Arbitrios.	Total.	CONTRIBUCION anual que resulta para cada individuo.
Suma anterior, rs. vn.							904262	61912	966174	10 19'2
Derecho reducido...	id.	» 7	»	9090			1871	»	1871	
Trigo, derecho entero. . . .	id.	» 28	»	11502			9443	»	9443	
id. módico.	id.	» 21	»	2244	14345	0'8	1386	»	1386	
id. reducido..	id.	» 9	»	2762			731	»	731	
Harina de centeno, dro. ent.	Arrobas.	» 10	»	7298			2146	»	2146	
id. módico.	id.	» 8	»	2767			651	»	651	6 32'17
de maiz, derecho ent.	id.	» 14	» 4	147036			60544	17298	77842	
de trigo, derecho ent.	id.	» 20	» 8	577866	160632	9'»	339922	135968	475890	
id. módico.	id.	» 12	»	48707			17191	»	17191	
id. reducido..	id.	» 9	»	19486			5253	»	5253	
para anim. y for. Alg. d. e.	Fanegas.	» 14	»	2882			1186	»	1186	
Alpiste, id. id.	id.	4 8	»	240			1016	»	1016	
Cebada, id. id.	id.	» 20	»	34889	9363	0'526	20523	»	20523	
id. módico.	id.	» 15	»	4774			1886	»	1886	» 16'55
id. reducido..	id.	» 7	»	4029			832	»	832	
Paja, derecho entero. . . .	Cargas.	» 32	»	17175	3435	0'193	17871	»	17871	
Hierro en barras: dro. ent.	Arrobas.	» 26	»	836			627	»	627	
Cergajon, id. id.. . . .	id.	1 4	»	576			644	»	644	
id. módico.	id.	» 17	»	36			18	»	18	
id. reducido..	id.	» 13	»	8696			3261	»	3261	
Colado, id. entero. . .	id.	» 30	»	1248			1120	»	1120	
En herraduras, id. id.	id.	3 »	»	657			1971	»	1971	
Labrado, id. id.. . . .	id.	3 20	»	905	3048	0'171	3248	»	3248	» 4'87
id. módico.	id.	2 24	»	68			195	»	195	
id. reducido..	id.	1 7	»	108			130	»	130	
Viejo, id. id.	id.	» 27	»	1826			1391	»	1391	
id. módico.	id.	» 20	»	234			138	»	138	
id. reducido..	id.	» 9	»	50			13	»	13	
Jabon, derecho entero. . .	id.	4 17	»	1660			7470	»	7470	
id. módico.	id.	3 13	»	73	441	0'025	247	»	247	» 3'22
id. reducido..	id.	1 17	»	472			708	»	708	
Lana sucia, derecho entero.	id.	4 11	»	2677	535	0'03	11574	»	11574	» 4'42
Legumbres, Garbanzos, d. e.	Fanegas.	4 »	»	3211			12844	»	12844	
id. módico.	id.	3 »	»	194			582	»	582	
Habas blancas, derecho ent.	id.	1 14	»	831			1173	»	1173	
Negras, id. id.	id.	1 7	»	1170			1511	»	1511	
Judias, id. id.	id.	2 »	»	5643			11286	»	11286	
id. módico.	id.	1 17	»	222	2,805	0'158	333	»	333	» 11'45
id. reducido..	id.	» 23	»	2303			1558	»	1558	
Lentejás, id. entero.	id.	1 21	»	354			469	»	469	
id. módico.	id.	1 10	»	92			119	»	119	
id. reducido..	id.	» 18	»	6			3	»	3	
Lencería. Cáñamo, dro. ent.	Varas.	» 6	»	12736			2247	»	2247	
id. módico.	id.	» 4	»	1117			131	»	131	
Casera, id. entero..	id.	» 7	»	5311			1094	»	1094	
Cruda, id. id.	id.	» 4	»	751			88	»	88	
id. módico.	id.	» 3	»	1363	5,248	0'295	120	»	120	» 1'81
id. reducido..	id.	» 1	»	1259			37	»	37	
Lona, id. entero..	id.	» 8	»	532			125	»	125	
Mantelería, id. id.	id.	» 10	»	1682			495	»	495	
		» 9	»	1488			394	»	394	
Leña, derecho entero. . . .	Cargas.	» 19	»	8853	4,864	0'273	6065	»	6065	» 4'06
		» 10	»	15467			4549	»	4549	
Lino, id. id.	Arrobas.	1 10	»	565	113	0'006	731	»	731	» 0'28
Listonería de algodon, d. e.	Libras.	1 3	»	150			163	»	163	
		1 33	»	1124			1091	»	1091	
		» 28	»	453			373	»	373	
		» 27	»	162			129	»	129	
		» 16	»	1236			582	»	582	
id. módico.	id.	» 21	»	77			48	»	48	
Suma							1467809	215178	1682987	18 30'0

NOMENCLATURA Y CLASIFICACION DE LOS EFECTOS.	UNIDAD Ó MEDIDA.	CUOTA de los derechos. Puertas.	CUOTA de los derechos. Arbitrios.	CANTIDADES entregadas al consumo. Durante el quinquenio	CANTIDADES entregadas al consumo. Año comun.	Cantidades consumidas por individuo en el año comun.	SUMAS DEVENGADAS en el quinquenio por derechos. Puertas.	SUMAS DEVENGADAS en el quinquenio por derechos. Arbitrios.	SUMAS DEVENGADAS en el quinquenio por derechos. Total.	CONTRIBUCION anual que resulta para cada individuo
Suma anterior. Rs. vn.							1467809	215,178	1682987	18 30'0
		» 11	»	270			87	»	87	
Derecho reducido.. . .	id.	» 9	»	1330			352	»	352	
		» 5	»	199			29	»	29	
De hiladillo, id. entero.	id.	1 21	»	26	1,105	0'062	42	»	42	» 2'52
De hilo, id. id.	id.	1 7	»	14			17	»	17	
De seda, id. id. .	id.	8 »	»	373			2984	»	2984	
		6 14	»	97			622	»	622	
id. módico.	id.	4 20	»	15			69	»	69	
		9 20	»	82			786	»	786	
Loza, derecho entero. . . .	Cargas.	4 8	»	625			2647	»	2647	
		3 33	»	245			973	»	973	
		7 7	»	63			454	»	454	
id. mod.	id.	3 6	»	8	240	0'014	25	»	25	» 2'10
		2 33	»	139			445	»	445	
id. red.	id.	3 7	»	48			154	»	154	
		1 11	»	10			13	»	13	
Mat. para edifi. Azulejos d. e.	1000	48 »	»	152	30	0'002	7248	»	7248	
Baldosas, id. id. . . .	100	1 27	»	185	395	0'022	332	»	332	
		1 7	»	1792			2160	»	2160	
Cal, id. id.	Faneg.	» 12	»	2060	1,127	0'063	727	»	727	» 5'54
		» 8	»	3574			841	»	841	
Ladrillos, id. id.	100	1 17	»	1367	273	0'015	2051	»	2051	
Yeso, id. id..	Faneg.	» 8	»	799	1,240	0'696	188	»	188	
		» 6	»	5403			953	»	953	
		2 17	»	1176			2940	»	2940	
Medias de algodon, dro. ent.	Docenas	1 23	»	84			141	»	141	
		1 13	»	1803			2492	»	2492	
id. mod.	id.	1 1	»	58	949	0'053	60	»	60	
id. red..	id.	» 16	»	778			366	»	366	» 5'95
de lana, dro. ent. . . .	id.	4 »	»	268			1072	»	1072	
de seda, id. id..	id.	16 28	»	450			7571	»	7571	
		7 7	»	128			922	»	922	
Menudencias, id. id.	Valor.	6 p. %	»	947917	189,583	10,651	56875	»	56875	» 21'73
Miel blanca, id. id.	Arrobas..	3 »	»	1402			4206	»	4206	
id. mod.	id.	2 14	»	11	323	0'018	27	»	27	
id. red.	id.	1 28	»	39			71	»	71	» 1'70
negra id. ent.	id.	» 30	»	163			144	»	144	
		4 14	»	35			157	»	157	
		2 28	»	88			248	»	248	
		2 7	»	1110			2449	»	2449	
Paños, dro. ent.	Varas.	1 28	»	583			1063	»	1063	
		1 14	»	2796			3946	»	3946	
		1 »	»	4642			4642	»	4642	
		» 22	»	5018			3247	»	3247	» 8'05
		1 22	»	156	4,278	0'24	257	»	257	
id. mod.	id.	1 2	»	1752			1855	»	1855	
		» 26	»	2149			1643	»	1643	
		» 17	»	2410			1205	»	1205	
		» 25	»	433			318	»	318	
id. red.	id.	» 16	»	26			12	»	12	
		» 7	»	195			40	»	40	
		4 14	»	499			2201	»	2201	
Pañuelos de algodon, dro. e.	Docenas	1 21	»	58			94	»	94	
		1 10	»	4809			6223	»	6223	
		1 7	»	270			325	»	325	
id. mod.	id.	» 33	»	41	1,257	0'701	30	»	30	
		»	»	»			»	»	»	
id. red.	id.	» 18	»	24			13	»	13	
		» 15	»	536			236	»	236	
de gasa, id. ent.. . . .	id.	4 28	»	46			222	»	222	
de seda, id. id.	Libras.	8 28	»	261	62		2303	»	2303	
Suma							1601624	215,178	1816802	20 14'2

NOMENCLATURA Y CLASIFICACION DE LOS EFECTOS.	UNIDAD Ó MEDIDA.	CUOTA de los derechos.		CANTIDADES entregadas al consumo.		Cantidades consumidas por individuo en el año comun.	SUMAS DEVENGADAS en el quinquenio por derechos.			CONTRIBUCION anual que resulta para cada individuo.
		Puertas.	Arbitrios.	Durante el quinquenio	Año comun.		Puertas.	Arbitrios.	Total.	
Suma anterior. rs. vn.							1601624	215178	1816802	20 14'2
Dro. mod.	id.	6 21	»	32	62	0'004	212	»	212	
id. red.	id.	2 22	»	17			50	»	50	
		6 »	»	14			84	»	84	
		2 7	»	2383			5345	»	5345	
Papel, dro. ent.	Resmas.	1 7	»	2315			2792	»	2792	
		1 »	»	1175			1175	»	1175	
		» 11	»	1057	2,080	0'117	342	»	342	» 4'07
id. mod.	id.	» 26	»	84			64	»	64	
		» 25	»	167			123	»	123	
id. red.	id.	» 14	»	304			125	»	125	
		» 11	»	1308			423	»	423	
		» 4	»	1595			188	»	188	
Pescado fresco, dro. ent.	Arrobas.	1 »	»	16502	8,213	0'462	16502	»	16502	
salado, id. id.	id.	» 17	»	66			33	»	33	» 8'52
		» 8	»	24499			5764	»	5764	
Pimiento molido dulce id. id.	id.	2 4	»	620	244	0'014	1313	»	1313	» 0'89
picante, id. id.	id.	1 23	»	602			1009	»	1009	
Queso añejo, id. id.	id.	3 »	»	983			2949	»	2949	
fresco, id. id.	id.	2 »	»	1088	447	0'025	2176	»	2176	» 2'05
id. mod.	id.	1 17	»	164			246	»	246	
Quincalla dro. ent.	Valor.	6 p. 00	»	511233			3674	»	30674	
id. mod.	id.	4 id.	»	8600	105,467	5'925	344	»	344	» 11'91
id. red.	id.	2 id.	»	7500			150	»	150	
Seda, dro. ent.	Libras.	4 28	»	436	207	0'012	2103	»	2103	» 1'57
		3 12	»	600			2012	»	2012	
Sombreros, id. id.	Núm.º	3 21	»	531	145	0'008	1921	»	1921	» 0'79
		» 25	»	192			141	»	141	
Teg. de lana, Anascote d. e.	Varas.	» 16	»	558			263	»	263	
		» 28	»	2217			1826	»	1826	
		» 22	»	300			194	»	194	
Bayeta, id. id.	id.	» 11	»	5271			1705	»	1705	
		» 6	»	512			90	»	90	
		» 4	»	4656			548	»	548	
		» 21	»	168			104	»	104	
id. mod.	id.	» 17	»	240			120	»	120	
		» 8	»	352			83	»	83	
		» 4	»	304			36	»	36	
		» 9	»	937			248	»	248	
id. red.	id.	» 7	»	243	7,404	0'416	50	»	50	» 3'94
		» 4	»	4739			560	»	560	
Estameña, id. ent.	id.	» 14	»	1236			509	»	509	
		» 11	»	6394			2040	»	2040	
id. mod.	id.	» 11	»	188			61	»	61	
id. red.	id.	» 5	»	2972			437	»	437	
Franela, id. ent.	id.	» 22	»	241			156	»	156	
id. mod.	id.	» 17	»	203			101	»	101	
id. red.	id.	» 7	»	1013			209	»	209	
Gerga, id. ent.	id.	» 6	»	631			111	»	111	
Picote, id. id.	id.	» 6	»	1176			208	»	208	
Sarga, id. id.	id.	» 14	»	1088			448	»	448	
id. red.	id.	» 5	»	1471			216	»	216	
Teg. de seda, Felpa dro. ent.	id.	1 15	»	788			1136	»	1136	
		1 7	»	70			84	»	84	
id. mod.	id.	1 3	»	71			77	»	77	
id. red.	id.	» 16	»	104	1,388	0'078	49	»	49	» 2'31
Gerja, id. ent	id.	3 10	»	82			270	»	270	
Sarga, id. id.	id.	1 »	»	2226			2226	»	2226	
Tafetan, id. id.	id.	» 28	»	488			402	»	402	
		» 14	»	1425			587	»	587	
Suma							1695038	215178	1910216	21 16'2

NOMENCLATURA Y CLASIFICACION DE LOS EFECTOS.	UNIDAD Ó MEDIDA.	CUOTA de los derechos. Puertas.	Arbitrios.	CANTIDADES entregadas al consumo. Durante el quinquenio	Año comun.	Cantidades consumidas por individuos en el año comun.	SUMAS DEVENGADAS en el quinquenio por derechos. Puertas.	Arbitrios.	Total.	CONTRIBUCION anual que resulta para cada individuo.
Suma anterior. rs. vn.							1695038	215178	1910216	21 16'2
Derecho mod.	Varas.	» 5	»	130			19	»	19	
Tabinete, id. ent.	id.	» 22	»	1505			974	»	974	
Terciopelo, id. id.	id.	9 14	»	14			132	»	132	» 2'31
		2 21	»	36			94	»	49	
Telas de algodon, der. ent.	id.	» 7	»	1727			356	»	356	
		» 6	»	35888			6332	»	6332	
		» 5	»	112269			16511	»	16511	
		» 4	»	36971			4350	»	4350	
id. mod.	id.	» 5	»	2296	67,862	3'812	338	»	338	» 13'75
		» 4	»	8350			983	»	983	
		» 3	»	2150			190	»	190	
id. red.	id.	» 2	»	95778			5634	»	5634	
		» 1	»	43881			1291	»	1291	
Vidrios huecos, id. id.	Cargas.	13 27	»	97	71	0'004	1238	»	1238	» 2'44
planos, id. id.	id.	19 27	»	260			5146	»	5146	
Vinagre, id. id.	Arrobas.	1 18	»	3295	707	0'04	5039	»	5939	» 2'02
id. mod.	id.	1 4	»	239			255	»	255	
Vino comun del pais, id. ent.	id.	4 12	»	59662			259705	133359	393064	
id. mod.	id.	3 9	»	1040			3395	1743	5138	
del reino. id. ent.	id.	5 17	»	61953	25,564	1'436	340741	138480	479221	10 6'63
id. mod.	id.	4 4	»	5130			21124	8600	29724	
generoso, id. ent.	id.	8 »		35			280	77	357	
GÉNEROS COLONIALES.							2369165	497437	2866602	32 7'11
Añil, derecho entero.	Libras.	2 4	»	1543	309	0'017	3268	»	3268	» 1'25
Azúcar blanca, id. id.	Arrobas.	4 47	»	4826			21717	»	21717	
id. mod.	id.	3 13	»	233			788	»	788	
id. red.	id.	1 17	»	4992			7488	»	7488	
terciada, id. ent.	id.	3 31	»	4800	3,993	0'224	18776	»	18776	» 21'49
id. mod.	id.	2 32	»	528			1553	»	1553	
id. red.	id.	1 10	»	4587			5936	»	5936	
Cacao Caracas, id. ent.	id.	13 7	»	860			11357	»	11357	
id. red.	id.	4 12	»	629	534	0'03	2738	»	2738	» 9'18
Guayaquil, id. ent.	id.	8 14	»	1182			9933	»	9933	
Canela, id. id.	Libras.	2 4	»	669	134	0'008	1417	»	1417	» 0'54
Efectos varios, id. id.	Valor.	6 p. %	»	3786	757	0'043	227	»	227	» 0'09
Madera de caoba, id. id.	Arrobas.	3 »	»	49	10	0'001	147	»	147	» 0'06
Palo brasil, id. id.	id.	3 »	»	429	440	0'025	1287	»	1287	» 2'12
Campeche, id. id.	id.	2 14		1771			4271	»	4271	
GÉNEROS ESTRANGEROS.							90903		90903	1 0'73
Acero en barras, dro. ent.	Libras.	» 8	»	4669	1,745	0'098	1099	»	1099	» 0'56
id. red.	id.	» 3	»	4055			358	»	358	
Alambre de hierro, id. ent.	id.	» 32	»	963			906	»	906	
id. red.	id.	» 11	»	464	474	0'026	150	»	150	» 0'93
de laton, id.	id.	1 16	»	943			1387	»	1387	
Bacalao, id. ent.	Quintales	10 »	»	1021	532	0'03	10210	»	10210	» 6'41
id. red.	id.	4 »	»	1641			6564	»	6564	
Café, id. ent.	Libras.	» 16	»	210	42	0'002	99	»	99	» 0'04
Canela, id. id.	id.	4 13	»	258	401	0'023	1131	»	1131	» 1'41
id. red.	id.	1 16	»	1747			2569	»	2569	
Clavillo y pimienta, id. ent.	id.	» 20	»	4027	1,827	0'103	2369	»	2369	» 1'31
id. red.	id.	» 7	»	5107			1052	»	1052	
Drogas, id. ent.	Valor.	10 p. %	»	4910	2,855	0'161	491	»	491	» 0'29
id. red.	id.	3 id.	»	9307			281	»	281	
Efectos varios, id. ent.	id.	10 id.	»	21810	7,509	0'428	2181	»	2181	» 1'02
id. red.	id.	3 id.	»	15733			472	»	472	
Hojalata, dro. ent.	Libras.	» 12	»	1255	251	0'014	443	»	443	» 0'17
Total							31702		31702	» 12'14

NOMENCLATURA Y CLASIFICACION DE LOS EFECTOS.	UNIDAD ó MEDIDA.	CUOTA de los derechos. Puertas.	Arbitrios.	CANTIDADES entregadas al consumo. Durante el quinquenio	Año comun.	Cantidades consumidas por individuo en el año comun.	SUMAS DEVENGADAS en el quinquenio por derechos. Puertas.	Arbitrios.	Total.	CONTRIBUCION anual que resulta para cada individuo
Suma anterior. rs. vn.							31762		31762	» 12'14
Lencería, Bretaña id. id.	Varas.	» 23	»	2087			1412	»	1412	
id. red.	id.	» 8	»	4042			951	»	951	
Coti, id. ent.	id.	» 31	»	1357			1237	»	1237	
id. red.	id.	» 10	»	3809			1120	»	1120	
Crea, id. ent.	id.	» 23	»	4590			3105	»	3105	
Cregüela, id. ent.	id.	» 15	»	1459			644	»	644	
id. red.	id,	» 5	»	12787	7,733	0'436	1880	»	1880	» 5'86
Manteleria, id. ent.	id.	2 10	»	46			106	»	106	
Platilla, id. id.	id.	» 28	»	2536			2088	»	2088	
		» 20	»	3242			1884	»	1884	
id, red.	id.	» 9	»	1260			334	»	334	
Ruan, id. ent.	id.	» 24	»	518			366	»	366	
id, red.	id.	» 8	»	934			220	»	220	
Maderas finas, id. ent.	Quintales.	13 6	»	44	9	0'001	580	»	580	» 0'22
Manteca de vaca, id. id.	Libras.	» 22	»	5720	1,450	0'082	3701	»	3701	» 1'52
id. red.	id.	» 7	»	1530			315	»	315	
		5 «	»	56			280	»	280	
Pañuelos de anascote dro. e.	Núm.º	3 6	»	268			851	»	851	
		1 28	»	74			133	»	133	
de hilo, id. id.	id.	» 27	»	702	275	0'016	557	»	557	» 1'23
		6 14	»	44			281	»	281	
de merino, id. id.	id.	5 17	»	47			258	»	258	
		4 20	»	186			855	»	855	
Queso de bola, id. id.	Arrobas.	5 24	»	159	42	0'002	907	»	907	» 0'38
id. red.	id.	1 31	»	51			98	»	98	
Quincalla, id. ent.	Valor.	10 p. %	»	104630	22,546	1'267	10463	»	10463	» 4'09
id. rd.	id.	8 p. %	»	8100			243	»	243	
Té, id. ent.	Libras.	3 14	»	80	16	0'001	273	»	273	» 0'10
Teg. de lana. Alepin der. en.	Varas.	2 13	»	501			1192	»	1192	
Burato, id. id.	id.	2 »	»	26			52	»	52	
Calamaco, id. id.	id.	1 17	»	20			36	»	36	
Cúbica, id. id.	id.	2 13	»	743			1770	»	1770	
id. mod.	id.	1 28	»	1036	994	0'056	1889	»	1889	» 2'48
Franela, id. ent.	id.	2 14	»	130			314	»	314	
Monfores, id. id.	id.	1 14	»	82			116	»	116	
id. red.	id.	» 16	»	2016			949	»	949	
Sarga, id. id.	id.	» 27	»	90			71	»	71	
Sayal, id. mod.	id.	» 11	»	324			105	»	105	
Teg de seda. Felpa, id. ent.	id.	4 20	»	71			326	»	326	
Raso, id. id.	id.	3 14	»	8			27	»	27	
Sarga, id. id.	id.	2 14	»	20			48	»	48	
Tafetan, id. id.	id.	2 25	»	545	359	0'02	1491	»	1491	» 1'29
		1 24	»	333			568	»	568	
id. red.	id.	» 31	»	751			685	»	685	
Tul, id. ent.	id.	3 10	»	67			221	»	221	
Vidrios huecos, id. id.	Docenas.	1 «	»	804	204	0'012	804	»	804	» 0'34
id. red.	id.	» 12	»	215			76	»	97	
Resúmen							77644		77644	» 29'65
DE LAS SUMAS DEVENGADAS.										
Géneros del reino.	»	»	»	»	»	»	2369165	497437	2866602	32 7'11
coloniales.	»	»	»	»	»	»	90903	»	90903	1 0'73
estrangeros.	»	»	»	»	»	»	77644	»	77644	29'65
TOTAL.							2537712	497437	3035149	34 3'69

Valuacion de los consumos que presenta el estado que antecede, calculada sobre los derechos devengadas á su entrada, y gasto anual que corresponde á cada habitante.

OBJETOS DE CONSUMO INMEDIATO.				
Géneros del Reino y coloniales cuyos derechos se consideran el 6 p% de su valor al tiempo de su introduccion. Derechos. Rs. vn.	1.743,716	Valor rs. vn.	29.061,934	
Idem id. 4 p% id.	100,268		2.506,700	
Idem id. 2 id. id.	37,689		1.884,450	
Géneros estrangeros id. 10 id. id.	54,009		540,090	
Idem id. 6 id. id.	1,994		33,233	
Idem id. 3 id. id.	15,461		515,367	
			34.541,774	
Recargo de los derechos.	1.953.137			
Idem de los arbitrios	497,477		2.450,614	
			36.992,388	
Aumento de 10 p% en la venta			3,699,239	40.691,627
MATERIAS PRIMERAS DE LOS OBJETOS FABRICADOS DENTRO DEL PUEBLO.				
Géneros del Reino y coloniales, cuyos derechos son el 6 p% de su valor. Rs. vn.	540,159		9.002.650	
Idem id. 4 p% id.	24,024		600,600	
Idem id. 2 id. id.	14,218		710,600	
Géneros estrangeros id. 10 id. id.	3,253		32,530	
Idem id. 3 id. id.	2,027		97.567	
			10,443,947	
Recargo de los derechos			584,575	
			11.028,575	
Aumento de 20 p% en la fabricacion y venta			2.205,704	13.234,226
Total valor de los consumos del quinquenio			Rs. vn.	53.925,853
Año comun				10.785,170
Corresponde á cada habitante un gasto anual de			Rs. vn.	605 31 mrs.

RELACION DE LA CONTRIBUCION ANUAL QUE CORRESPONDA A CADA HABITANTE CON SU GASTO RESPECTIVO.

Por derecho de puertas	Rs. vn.	28	17'46 mrs., ó sean	4 5/8 p%
Por arbitrios municipales		5	20'03	» 7/8 id.
TOTAL	Rs. vn.	34	3'49 mrs. ó sean	5 1/2 p%

PAN FABRICADO CON LOS GRANOS ALIMENTICIOS Y HARINAS ANUALMEMTE CONSUMIDAS, Y CONSUMO DIARIO QUE CORRESPONDE A CADA HABITANTE.

Las 14,346 fanegas de granos consumidos en un año comun, á razon de 125 libras de pan por fanega, dan	1.793,250 libras.		
Las 160,632 arrobas de harinas id. á razon de 40 libras por a.	6.425,280 id.		
TOTAL	8.218,530 libras,	ó sean	22.516 libras diarias.
Corresponde á cada habitante			» 1'27 id.

Todos estos cálculos se refieren á la poblacion oficial de 17,800 alm. que señala la matrícula catastral de la prov., formada de órden del Gobierno, en 1842; pero si se toma por base otro dato oficial, cual es el estado de los alistamientos para el reemplazo del ejército de 1842, se ve que el número de los jóvenes varones de 18 años de edad que entraron en suerte en dicha época, fue de 206; y como á este número corresponde, segun las tablas generales de mortalidad y probabilidad de la vida humana, una poblacion de 26,244 alm.; los resultados anteriores deberán rectificarse del modo siguiente:

Gasto anual que corresponde á cada habitante, respecto á los 10.785,170 rs. de valor total de los consumos en un año comun				Rs. vn. 411
CONTRIBUCION ANUAL QUE CORRESPONDE A CADA HABITANTE Y RELACION DE LA MISMA CON SU GASTO RESPECTIVO.				
Por derecho de puertas	Rs. vn. 19	11 mrs.	54 c. ó sean	4 3/4 p%
Por arbitrios municipales	3	26	89	1
TOTAL	23	4	43	5 3/4 p%
Consumo diario de pan que corresponde á cada habitante respecto á las 22,516 libras de consumo total: libras				0'86 c.

HISTORIA CIVIL. Ya vimos en el art. *Abdera*, como han querido varios encontrar su correspondencia con *Almeria*; quien suponiendo este nombre corrupcion de aquel, debida á los árabes y á un idiotismo del pais, quien congeturando, que destruida, fué reedificada por Amalarico, y tomó su nombre, siendo uno y otro de todo punto infundado, y constante su correspondencia con *Adra*; pues *Abdera* estaba ya fuera del seno *Virgitano*, como está *Adra*; su nombre, interpretado *fortaleza*, la conviene, y la voz *Adra* es precisamente aféresis de *Abdere*. Otros dan á *Almería* el nombre *Murgis*, y no es mas crítica esta opinion: aunque de los geógrafos del imperio resultan dos c. con este nombre en la *Bética*, ambas aparecen con antecedentes bastantes á contradecir esta reduccion, si se ha de poner en armonía el testo de los padres de la ciencia geográfica. Atendido solo Plinio, que viene mencionando las c. de O. á E. *Sexi*, *Selambina*, *Abdera*, *Murgis*, *Fœticæ Finis*, como nombrada luego despues de *Abdera*, de indisputable reduccion á *Adra*, bien se podria colocar en *Almería*, é inmediata á ella la c. *Barea*, *caput Bœticæ*, segun el mismo Plinio, en su cap. III, tomando la region por la parte E.; pero el príncipe dela geografía ant. Cl. Ptolomeo, pone esté *Bœticæ Finis*, en una línea tirada desde el promontorio *Charidemo* ó cabo de *Gata*, por la orilla del mar Balearico hasta los 11° 4′ de longitud, 37° 10′ de latitud, donde coloca la c. *Barea*, *Finis Bœticæ* (V. BAREA): la *Murgis* que puede tomarse en Plinio (capitulo 1.°) como fin de la *Bética*, tal vez por descuido de los copiantes que omitiesen á *Barea*, ó porque el mismo Plinio la reservase para nombrarla, como cabeza de la *Bética*, al ocuparse en describir la *Tarraconense*; ó mas bien por mala inteligencia de la frase con que el historiador la quiso mencionar, llamándola, con toda propiedad en aquel caso *Bœticæ Finis*; no podia estar muy dist. de esta linea, no al O. del cabo de *Gata*; no en *Almería*, bien conocida de la antigüedad, como luego veremos, aunque no hiciese mencion de ella Plinió, sino en *Muxacar*, que se encuentra á poca dist. del lím. marcado por Ptolomeo, y ofrece todas las probabilidades en su apoyo (V. MURGIS). La otra *Murgis*, mencionada por Ptolomeo, era mediterránea, en la region de los *Túrdulos* (V.) Algunos como Felipe Ferrario (in geogr.), D. Miguel Cortés, D. Juan Lopez (que ademas la llama tambien *Murgis*), D. Cárlos Romey y otros, con el geógrafo Alejandrino, la han atribuido el nombre *Portus Magnus*; mas este, que no era su verdadero nombre, la fue dado por antonomasia, siendo su puerto el de mas consideracion que habia en la costa desde *Málaga* á *Cartagena* de Levante. Nuestro geógrafo Pomponio Mela es quien con toda precision ofrece el nombre que realmente la distinguió para los antiguos: trae en su descripcion órden inverso al de Plinío «Verum ab his, quæ dicta sunt, *ad principia Bœticæ*... nihil referendum est. *In illis oris*, ignobilia sunt oppida, et quarum mentio tantum ad ordinem facit; *Virgi in sinu quem virgitanum vocant*, *extra Abdera*, Ex Mænoba Malaca»... Si solo en obsequio del órden descriptivo merecian mencionarse las c. de estas costas; nada se ha de estrañar que ora se nombrasen unas, ora otras, y nadie quisiera ó pudiese hacer mencion de todas ellas. Si entrando en la *Bética*, vencido el lím. que todos los geógrafos la han marcado, aparece una c. denominante de un seno, fuera del cual se da luego con *Abdera*, no puede estar mas bien indicada la sit. de *Almería* y su golfo para la c. *Virgi* y el *Virgitanus Sinus*: seria idea agena de los conocimientos del cosmógrafo que estaba hablando de las costas de su patria mas próximas al lugar de su naturaleza (V. ALGECIRAS), suponer que el golfo y su c. denominante estuviesen al E. del promontorio *Charidemo*, y hubiese dicho *extra Abdera*; ó que en el centro de un golfo estuviese la avanzada prominencia del cabo de *Gata*, sin que lo dividiesen dos, como dice del gran seno Ibérico, donde aparece el promontorio *Ferraria*, formando los dos golfos *Sucronense* é *Illicitano*. D. Juan Lopez, el abate Masdeu, el P. M. Florez, y otros eruditos escritores, han incurrido sin embargo en este error, con todo su juicio crítico: viendo una c., llamada *Urci* por Plinio y Ptolomeo, próxima á *Barea*, *Bœticæ Finis*, dicha asi con toda propiedad, *post Bœticæ Finem*, y *Terraconensis caput*, denominante de un seno ó golfo, no dudaron identificar ambas c. *Virgi* y *Urci*; saltando su diferencia corográfica y en completo olvido de la terminante espresion de Mela, la colocaron fuera del lím. de la *Bética*, resultando, á ser esto exacto, una entera ignorancia de estas costas, un manifiesto error que nuestro cosmógrafo hubiera consignado en su testo, pues ninguna razon le asistia para haber mencionado á *Virgi*, y su seno *in illis oris*, cuando pertenecian á la *Terraconense* (este en su mayor parte), ni para decir *extra Abdera*, *Ex* etc. teniendolo interpuesto el promontorio *Charidemo*. Otros menos conocedores de la geografia ant., despues de identificarlas como estos, han arrebatado con ambas á la Bastitania *Vergens in mare* de Plinio. Pongamos, como se ha dicho, en armonia la espresion de los geógrafos mayores, y quedará este lugar, tan oscurecido hasta por sus mas ilustrados intérpretes, vuelto á toda su claridad, aplicándose de suyo á la geografia moderna. Basta, segun se ha visto, el testo de Mela, para no dudar la existencia de una c. llamada *Virgi*, denominante de un seno ó golfo en la costa oriental de la *Bética*, dejando la c. *Abdera* á su O. y el diligentisimo Cl. Ptolomeo, que aprovechó en su *Iphigesis* geográfica los conocimientos de cuantos le habian precedido, despues de *Abdera* viene hácia el E. mencionando aun en la *Bética* el *Portus Magnus*, el promontorio *Charidemo* y la c. de *Barea*, siendo indudable la identidad de la *Virgi* de Mela, y el *Portus Magnus* de este geógrafo: nada mas natural que en atencion al hermoso puerto que hubo de tener la c. que daba nombre á un golfo, nada mas propio ciertamente que los romanos, de quienes copió Ptolomeo este nombre con caractéres griegos, asi como los latinos los copiaban griegos con caractéres de su idioma, la llamasen *Portus magnus* por antonomasia siendo *Virgi* su ant. y verdadero nombre. El mismo Ptolomeo, entrando á describir la costa del mar Balearico, despues del término de la *Bética*, donde está *Barea*, dice empieza la costa de los *Bastitaños*, y en ella menciona á la c. *Urci* οὔρκι pero es conocido que se escribió υ por ί (V. URCE.) Plinio como se ha dicho la menciona igualmente, y no cabe dudarse su existencia. No es necesario ahora acudir á variantes, como lo hace el Sr. Cortés en su diccionario, para asignarlas una correspondencia la mas ajustada al testo de los geógrafos, pues nada hay de comun entre la *Virgi* y el *Virgitanus sinus* de Mela, *Portus Magnus* de Ptolomeo, y la *Urci* de este mismo geógrafo y de Plinio, ni con el *Urcitanus sinus*, que de ella se denominase; siendo imposible ademas verificar las correcciones que propone, sin una completa violencia de la razon geográfica: *Virgi* y el seno que de ella tomaba su nombre *Virgitano* correspondian á la *Bética*; *Urci* era de la *Tarraconense*, y asimismo, al menos en su mayor parte, el seno que denominaba. *Almeria* y su golfo presentan con toda exactitud á *Virgi* y su seno; el *Puerto de las Aguilas* y el golfo donde se encuentra á *Urci* y al *Urcitanus*: aqui resulta con toda precision aplicado el testo de Plinio; allí el de Mela; y en ambos lugares el de Cl. Ptolomeo, como se lee en unos apuntes geograficos que poseemos, formados sobre el terreno, por el laborioso y erudito autor del paralelo histórico, en sus marchas militares. Quiere aun el Sr. Cortés que la *Virgi* de Mela fuese la c. de los *Virgilienses* de Plinio; pero estos iban á ventilar sus pleitos á *Cartagena*, siendo de los *Bastitanos*, segun Ptolomeo, y *Urgi* correspondía á los *Bastulos poenos*: la reduccion que la da luego, con D. Juan Bautista Perez, á *Verja*, ni conviene á *Vergilia* por estar *Verja* en la region de los *Bastulos poenos*, ni á *Virgi*, porque esta daba su nombre al golfo, siendo para ello *Verja* demasiado mediterránea. Esta misma razon se opone á la correspondencia que la asigna el doctor Orbaneja en la vida de San Indalecio, reduciéndola á *Pechina*, distante 1 leg. de Almeria, diciendo que el nombre *Pechina* le fué aplicado por los godos, en razon de haberse disminuido, y que de sus ruinas se edificó *Almeria* donde estuvo el *Portus Magnus*: si no obstase la distancia de *Pechina* al golfo, para haberle comunicado su nombre, bastando con solo tocar en él su térm.; ó por ser el *Portus Magnus* propiedad suya, cómo el *Portus Magnus* del océano calaico lo era de los *Brigantinos*, el *Portus Victoriæ* de los *Juliobrigenses* etc., preciso es convenir al menos, en que no hay necesidad de discurrir esta traslacion, haciendo á *Virgi* y al *Portus Magnus* cuerpos de pobl. distintos. La correccion que hace Cortés sobre las ediciones del Itinerario, donde aparece *Urci* como mansion en el camino que conducia desde *Castulo* á *Málaga*, escribiendo *Virgi*, es muy conforme con la juiciosa crítica de este erúdito geógrafo, que tanto ha ilustrado las antigüedades españolas; pero no para llevarla á *Verja*, identificada con *Virgilia*, dejando únicamente á la antigua *Virgi* el nombre que la dieron los latinos, y habiendo de contradecir despues todas las razones de reduccion, para darla, en una á dos c. distintas, negada una de ellas al sitio, que, con el decisivo testimonio de Mela, y un hermoso puerto, digno de haber sido llamado *Portus Magnus* por los romanos, la estaba reclamando; cualquiera que sea el esfuerzo que muchos y muy eminentes escritores hayan puesto en probar lo contrario, citando los mismos testimonios antiguos, por los cuales tan naturalmente hemos resuelto este oscurecido lugar de nuestra ant. geografía. Muy estraño es, que, entre ellos, el mencionado P. M. Fr. Enrique Florez, copiando del mismo Plinio »*Hispania ulterior apellata, eadem Bœtica. Mox á fine Urgitano citerior, eademque Tarraconensis ad Pyrenae juga.*» De Ptolomeo »*Post Bœticæ terminum, Bastitanorum littoralis ora, Urce.*» Y de Mela igualmente que nosotros. »*Ab iis quæ dicta sunt ad principia Beticæ, præter Carthaginem... nihil referendum est. In illis oris ignobilia sunt oppida, et quorum mentio tantum ad ordinem facit. Virgi in sinu quem Virgitanum vocant. Extra Abdera etc.*» Admira en verdad, que este diligentísimo escritor no observase la diferencia de la doctrina geográfica que arroja de sí el testo del último, con la de los anteriores, continuando por el contrario, sobre su espresion »donde se vé, que pone fuera del seno *Virgitano á Abdera*, la cual estuvo en el mismo golfo, á que mira *Almeria*; y por tanto el golfo de Granada no fué el *Urcitano*, pues este, segun *Mela*, era el de la costa de *Cartagena* antes de llegar á la Bética.» Preciso es decir con Milton: *ningun hombre es infalible*: de otro modo hubiera encontrado el M. Florez, que Mela, como antes hemos dicho, con la espresion *in illis oris*, se refirió á las costas orientales de la *Bética*, y por tanto, á las de Granada, donde asienta *Almeria*, donde está su golfo; y que solo hablando de este golfo, pudo el mas insigne de los geógrafos españoles decir *Extra Abdera*; lejos de haber podido apoyarse el P. M. en esta espresion, para suponer que hablaba del golfo de la costa de *Cartagena*, y afirmar, que, segun *Mela* el *Sinus Urcitanus* era el de aquella costa, cuando, si bien esta es una verdad geográfica, no es Mela á quien la debemos; pues Mela solo mencionó á *Virgi in sinu quèm virgitanum vocant, in illis oris*: por *in oris Baeticaæ*: asi Mendoza sobre el Concilio Iliberitano, copiando el mismo pasage de Mela dice: »*Virgi oppidi memenit Pomponius Mela: In illis oris (inquit agens de Bœtica) igniobilia sunt oppida....*» mas incurriendo en el error opuesto al de Florez, quiere identificar con esta c. la *Urci* de Plinio, corrigiendo este nombre por aquel; correcion muy natural si ambos geógrafos al mencionar estas c. hubiesen descrito una misma region; pero impracticable con su diferencia corográfica. Ningun geógrafo ha presentado todos los objetos dignos de conocerse, mucho menos él primero que diese una cosmografía completa, como fué Pomponio Mela: no pocas son las regiones que el mismo Plinio dejó de nombrar, asi como á la c. *Virgi*; aunque hubiese leido á Mela y recorrido por si mismo gran parte de España, estando algun tiempo en la Bética como intendente de Vespasiano ó de Neron; no debe esto estrañarse, ya por la naturaleza y método de su obra, ya por la menor importancia de esta pobl. y de las otras de la misma costa, como resulta del *Iozano*. Cl. Ptolomeo que pudo aprovechar mas minuciosamente los conocimientos tópicos que le suministraban los autores que tuvo á la vista, ciñéndose á presentar los objetos por solo el aspecto ó colocacion que tenian en el mundo con relacion á los puntos cardinales del globo y á los circulos ó divisiones celestes, ya hemos visto que, en su Iphigesis geográfica, ofrece la *Virgi* de Mela, con el nombre *Portus Magnus*, que la hubieron de dar los latinos, y la *Urci* del naturalista. Si hubiera observado el M. Florez la diferencia corográfica de *Virgi* y *Urci*, en vez de discurrir que la de los nombres no presentaba mas que un error de los copiantes, fundándose en que quien nombra una no menciona otra, y por ver que en unos códices del Itinerario, atribuido á Antonino, se lee *Urci*, y en otros *Virgi*; cuantos argumentos produce para identificarlas, y contra los que reducen á *Virgi* á *Almeria*, ó á sus inmediaciones, los hubiera encontrado comprobantes de la exactitud de esta reduccion; hubiera dicho, que el formar este terr. parte de la *Bética*, siendo el promontorio *Charidemo* ó cabo de *Gata* aun de esta region, como las c. *Barea* y *Murgi*, *Vera* y *Muxacar*, y particularmente la gran diferencia que hay entre el mar de *Almeria*, y el golfo de *Cartagena*, el uno oriental y meridional el otro »hacen preciso colocar á *Urci* fuera del terr. inmediato á *Almeria*, asi por la diversidad de los golfos, como de las prov., y á *Virgi*, con toda precision, en *Almeria*» distinguiendo entre ambas c. hubiera dicho, como dejamos sentado: allí *Urci* y el *Urcitanus sinus*, con *Plinio* y *Ptolomeo*; aquí *Virgi*, su *Portus Magnus*, y el *Sinus Virgitanus*, con *Pomponio Mela* y el mismo matemático *de Alejandria*. No debo ocuparnos la reduccion que algunos la han dado á *Verjer*, en los confines de Aragon y de Navarra, sin distinguir ademas entre *Virgi* y *Urci*, ni la del P. Vivar, que comentando á Dextro, la coloca entre *Luceña* y *Guadix*; ó la de Rodrigo Caro, con el Pinciano y M. Maximo, que la llevan á *Murcia*, ó Isac Vossio (*in Melam*) que la identifica con *Urgi* ó *Urci* y *Murgi* porque no las nombra Mela, asi como los que se propusieron seguir á Plinio, identifican con *Urci* á *Virgi* por no resultar en este autor, queriendo unos y otros sin razon alguna sujetar el testo del uno al otro, como si ambos hubiesen estado en la necesidad de nombrar unas mismas c., cuando tal vez ni en la posibilidad se encontraban por falta de noticias, ó apuntaciones, ú omisiones de los copiantes. Ferrari en su lexicon geográfico, distinguió, como D. Miguel Cortés, á Virgi de Urci; pero erró en las reducciones colocando á esta en un lugar mediterráneo llamado Orce, por solo la semejanza de los nombres en contradiccion de Plinio y Ptolomeo, y á aquella en Vera, aplicando con poca precision el testo de Mela. Julian Perez (*in Adv*) distinguió tambien dos c. en estas denominaciones; una en la *Tarraconense* y otra en la *Bética*: pero á ambas dió el nombre *Urci*: no se dice con propiedad que hayan olvidado la corografia Bética los que colocan en ella una *Urci*, porque en estos debe ser el nombre variante de *Virgi*, siempre que no contraigan la existencia de otra *Urci* en la Tarraconense; así Marineo Siculo (*in Hisp. illustr.*), Garcia Loaisa (*in Concíliis*), Padilla (*in Hist. Ecol.*), Garibay, Mendez Silva etc., confundiendo los nombres *Urci* y *Virgi*, dan aquel á *Almeria*; Mendoza (*in concil. iliber.*), Vaseo (*in Hisp. illustr.*), Don Alonso el Sabio, y otros muchos con todo acierto; la denominaron *Virgi*. (V. VIRGI, VIRGITANUS SINUS, PORTUS MAGNUS, URCI, URCITANUS SINUS, MURGIS ABDERA, y BERGI.

Atribuye Tarrasa á los Sarmatas el origen de esta ant. pobl., quienes, dice, la llamaron *Susana*; pero aunque no deba obstar que la de Tarrasa el nombre *Urci*, por ser para este autor lo mismo que *Virgi*, carece de todo fundamento su opinion. Apollodoro dijo haber sido esta costa de los famosos Ligures, que Dionisio Halicarnaseo presenta en la Iberia, ahuyentando á los Sicanos á Sicilia, y que Scylax nombran entre Emporias y el Ródano; mas tampoco en este concepto se la puede atribuir, con bastante fundamento origen setentrional. Mejor autorizada se presenta su procedencia de la alcurnia del oriente: puede provenir su nombre *Virgi* de la raiz hebrea *chur* y la voz *Gah (altura)*, siendo muy adoptable para una pobl. que por su topografía mas tarde pudo haberse llamado σκοπια por los griegos y *Specula* por los latinos, *(mirador ó atalaya)*, asi como fue لأنها مرية البحر *Meria, Albahri* (*espejo del mar*) para los árabes. Fue como se ha dicho, de los Fenicios ó *Phoenos*, apellidados *Bastulos* (*delegados ó enviados*) V. BASTULOS): á estos debe atribuirse su origen ó al menos su engrandecimiento. Dominada por los cartagineses, (año 238 antes de J. C.) y por los romanos, quienes en razon de su hermoso puerto la llamaran *Portus Magnus* ó *Virgitanus*, como al *Portus Brigantium* del océano calaico. Quieren Mendez, Silva y otros que arruinada y desierta *Virgi* (escriben *Urci*) por accidentes del tiempo, la reedificó Amalarico, rey godo, imponiendola su nombre, pero esto mismo es lo que se dice de *Abdera*, sin prueba en uno ni en otro caso; pudieron muy bien ser destruidas ambas en la entrada que hicieron los imperiales en tiempo de Justiniano, como se dijo en Adra mas nada consta particularmente de *Virgi*, aunque de *Abdera* sea conjeturable por la traslacion que parece haber sufrido. *Virgi* es de suponer subsistió siempre, como veremos al tratar de su silla ep. Con la invasion agarena fue cuando perdió su nombre *Virgi*: los sarracenos, como los ant., atendiendo á su sit., la dieron el de *Al-Meria*; que tan puro lo conservado. No consta qué tribus fueron las que se posesionaron desde luego de ella; y estas debieron conservar su dominio, pues cuando Abul-Katar dispuso un nuevo empadronamiento, para fijar las turbas de beduinos ó errantes de que abundaba España, atraidas inumerables familias árabes, persas, siriacas, y de todas partes de Africa por el cebo de la conquista (V. ESPAÑA.), verificándose entonces el segundo arreglo terr. entre los conquistadores, no se hace mencion de su terr. En el año 766 fue corrido este terr. por El-Meknesi, capitaneando muchos enemigos de Abd-el-Rahman. Este emir, que fué quien creó la marina árabe en España, estableció una atarazana (*al-dar-al-Zanaa*) en *Almeria* (año 773), que era uno de los puertos principales de la Peninsula, y se cuenta entre aquellos donde hicieron agua los innumerables bajeles de las dimensiones mas crecidas que á la sazon se usaban para la guerra, mandados construir por el mismo Abd-el-Rahman. El Mondhir, hijo segundo de Mahomet-ben-Abd-el-Rhaman estaba en los baños de esta c., cuando fue llamado al emirato por muerte de su padre el año 886, y regresó precipitadamente á Córdoba. En el puerto de *Almeria* se metió un gran bagel, construido en Sevilla, que habia atacado y rendido á un buque africano en las aguas de Sicilia, y venia perseguido de una flota mandada por El-Hasan-ben-Alí, Walí de Sicilia; pero el walí entró tras él, lo apresó con todo su cargamento, y quemó cuantos navichuelos mercantes encontró ademas, retirándose ufano con su venganza. Fue tomada Almeria por Mohamed-el-Edris á principios del siglo XI. Era su gobernador Hhayran, cuando se empeñó con decision en el partido de Hescham que le revalidó esta tenencia; y apenas los defensores de este desgraciado hubieron salido de la c.; Afila, poderoso moro, de la faccion opuesta trató con sus parciales de poner la c. á la obediencia de Soleiman-ben-el-Haker, y se hizo dueño del alcázar: vino Hhayran sobre Almeria, y á los 20 dias de sitio la tomó; Afyla y sus hijos fueron ahogados en el mar. Entre los muchos reinos que se fundaron sobre los escombros del califato de Córdoba, fenecida la dinastia de los Benhumeyas, negando los gobernadores de las plazas, nombrados por estos, la obediencia á los Almoravides, se erigió el de Almeria, fundado por Hhayran-el-Sekleby, y por su sucesor y compatricio Jahair, por cuyo testamento lo heredó Abd.el-Aziz, Saheb de Valencia, quien dió su investidura á su deudo Maan ó Moez el Tadjibita, ó el Samedahita: duró esta corona hasta el año 1091, y fueron cinco sus reyes, correspondiendo á entrambos fundadores:

Hhayran-el-Sekleby (año 1009).

Zohahir-el-Ahmery-el-Sekleby (1117).

Maan ó Moez-ben-Mohamed-ben-Abd-el-Rahman, apellidado Abu-el-Awas y Dzu-el-Wazirat-Ein (dueño de dos wasyratos (1041).

Mohamed-ben Maan Maez-el-Daulah Abu-Yahyah; apellidado El-Moatesin-Billá y El-Watek-bi-Fadl-Ela (1051 ó 1052).

Obeidalá ben Mohamed Hosam el Davolah Abu Merwan (1091).

Abd el Haziz ben Abd el Rhaman era político tan mañero, segun la crónica arábiga, que cohechó á todos los Ahmerides, especialmente á Zohair el Sekleby, dueño ya de Almeria, y de sus dependencias, mirándole todos como á su príncipe y señor, lo que habia conseguido á viva fuerza arrojando al Cadí Mohamed ben Kasem Zobeidi, quien murió en el asalto defendiendo la plaza. Fué sobre los años 1041 cuando enfermó y falleció Zohair el Ahmery el Esclavon, nombrando por sucesor en todos sus estados á Abd el Aziz. Maan Abu el Ahwas, á quien este envió por su lugar teniente ó naib, gobernó estos estados con independencia y tino parando todos en señorio propio y hereditario, por cuyo medio se rehicieron los Tadjibitas en la España meridional. Este Saheb murió en el año 1051, reemplazándole su hijo, reconocido ya sucesor antes de cumplir 18 años; con la proclamacion se le dieron varios dictados augustos al estilo de los califas de oriente: El Dawlah compitió en poesia con Abu el Kasem Mohamed, emir de Sevilla. En 1086 se desentendió este emir de Almeria de la invitacion que se le hizo pa a unir su ejército al de Yusuf contra Alfonso, porque el *tadjirnasrum*, probablemente *el Cid* le traía sobresaltado. Hallóse en la famosa espedicion contra el cast. de *Albid* ó *Lebid* en 1088, y fue uno de los que se opusieron á levantar su sitio: abandonada la empresa, Yusuf se embarcó en Almeria para pasar á Mauritania, enconado con los reyes árabes de España. Fue sitiado el Dawalah dentro de esta c. por una division de Almoravides, mandada por Abu Zakaria, y murió de pesadumbre á 26 de mayo de 1091 (*4 de rabi el akher de* 484). Su hijo Obeidala Hosam Ed Daulá, se defendió con teson hasta la llegada del caid de Yusuf Mohamed ben Aischa; pero temeroso de caer en manos de los Lamtunes, aprontó un buque reservadamente, se embarcó de noche con mujeres, hijos, tesoros, y la familia de su hermano Rafy Ed Daula, abandonando asi capital y estados á los Almoravides, en setiembre ú octubre de dicho año (á fines de *schavan* ó durante el *ramadhan* de 484), á los cinco meses del fallecimiento del padre, retirándose por consejo de este á los estados de Almanzor, de la dinastia de los Beny-Hamades, que estaba reinando en Bugia, donde logró el gobierno de Temes, se dedicó al estudio, y compuso varias obras. A la madrugada de la huida de Obeidala, entraron las tropas Almoravides en *Almería*, y con la toma de Montujar y demas plazas, redondearon la conquista de aquel reinezuelo. Predicaba en *Almería* la doctrina de Alghazali, condenada por el gobierno en España, el decantado El Aryf, y allí le oyó Ahmed ben Hosein, natural de la campiña de Jilve, llamado tambien Abul Kasem el Rumi, y volviendo á su ald. la predicó, juntó una cuadrilla de secuaces y se tituló Iman, siendo estas las primeras chispas de sublevacion contra los Almoravides en España. Al poco tiempo (año 1143 al 1144 verificó la insurreccion *Almería* y les obligó el vecindario á retirarse con su wali Almanzor ben Mohamed bed el Hadj, á la Kasbah, sitiándola estrechamente por 7 meses. El emir Taschfyn tenia encargado á su aliado de Almeria Abdala ben Maymon, que le guardase habilitadas diez naves mayores en el puerto de Wahran. Por Almeria se dirigió á Mallorca Abdala ben Ganya, ajustadas las condiciones en el sitio de Játiva con Merwan ben Abd-el-Aziz, en 1145. En las sierras de esta c., fue traido Merwan á las manos del alcaide Mohamed ben Mamun, estraviado por un guia, y á pesar de su disfraz, Mohamed le conoció, le encarceló y trato como á rebelde, arrojándole y remitiéndole á Abdala, que muy gozoso por verle en su poder, le fue llevando consigo, como preso, en todas sus correrias; mas no derramó su sangre. Los parciales de Ebn Ganya, los descontentos de Murcia, y los partidarios de Beny Hud, animaron á los cristianos contra el agareno en 1147: los innumerables corsarios berberiscos que desde Almeria infestaban los mares, la habian hecho temible á todas las potencias comerciales, y fue entonces el blanco de su saña: el emperador D. Alfonso determinó su conquista: escaseando de marina, comisionó á D. Arnoldo, ob. de Astorga, para pedir auxilios á Raymundo, conde de Barcelona, á Guillermo, duque de Mompeller, y á las repúblicas de Génova y Pisa: desempeñó el de Astorga cumplidamente sus encargos; se aplazaron para acudir todos con sus naves el 1.° de agosto sobre Almeria, y regresó á dar cuenta al emperador del éxito de su embajada. Alfonso convocó á sus condes y grandes á principios de abril, para que á últimos de mayo acudiesen con sus tropas á Toledo. Al mes lo verificaron D. Fernando Juanes, con las de Galicia; D. Ramiro Florez Frolaz, con las de Leon; D. Pedro Alfonsez, con las de Asturias; el conde Ponce y D. Fernando Ibañez, con las de la alta y baja Estremadura; D. Martin Fernandez, con los de Hita y Guadalajara; D. Gutierre Fernandez de Castro y D. Manrique de Lara, con las de Castilla la Vieja; D. Alvaro Rodriguez, con las de la Nueva, y D. Armengol, conde de Urgel, D. García, rey de Navarra, y D. Ramiro, rey de Aragon, con las suyas. Reunidas las fuerzas, salió el emperador á campaña; entró en Andalucia y sitió á *Almería* el 1.° de agosto, como lo tenia dispuesto. Al mismo tiempo asomaron á la altura de la plaza los bajeles auxiliares, componiendo una formidable armada, de modo que vino á quedar la plaza instantáneamente cercada por mar y tierra. «Acude el Embalatur Aladfuns, como dice un arrogante escritor, acaudillando los cristianos, con infinidad de ginetes é infantes que cubren cerros y vegas. Apenas basta el agua de manantiales y riach. para su consumo, é igualmente la yerba y las plantas, para tantísimas acémilas y caballos. Estremécense, resonando las lomas con sus pasos; acompañando tambien las tropas por adalides, el cónsul Ferdeland de Galicia, el conde Radmiro, el conde Armegudi, con otros caudillos de *El Frank*, y de las fronteras cristianas; llega por mar el conde Remon con muchas naves, y sitian el pueblo por agua y tierra, de modo que únicamente pueden entrar las águilas. Desabestecidos los musulmanes, y faltos de todo arbitrio, capitulan y se rinden al Embalatur, salvando solo la vida, á fin del año 542 (1147).» Capituló el dia 17 de octubre, habiendo sido considerable el número de los muertos y de los esclavos. El emperador repartió los despojos, que fueron muchos, á genoveses y pisanos, al rey de Navarra, al conde de Barcelona, y al duque de Mompeller, con la reserva competente para agraciar á los soldados. Cupo en suerte á los de Génova un rico plato formado de una esmeralda de seis puntas, de valor inestimable (*). Tomó Almería por armas, en escudo plateado, una cruz colorada de San Jorge, con orla de castillos, leones y granadas: era la cruz, de los genoveses; los castillos y leones, de las coronas del emperador, y las granadas por estar enclavada en el reino de Granada: hoy ostenta los mismos blasones. Pasando á España Abu Haffs en 1151, por encargo de Abd el Mumen, con crecida hueste de almohades, acompañado de Cid Abu Said, hijo del emir el Mumenin, traia como principal pensamiento el recobro de *Almería*, conduciendo al efecto sinnúmero de naves: verificó denodadamente el sitio, echando el resto para reducir el vecindario al mayor estremo. Ciñó Abu Said su recinto con un malecon impenetrable: los cristianos pidieron auxilio á Alfonso; éste envió sus generales al socorro, y fue con ellos Ebn Mordanisch; mas no lograron precisar á los almohades á levantar el cerco; ni aun acercarse al atrincheramiento de Ebn Said. Emprendieron los cristianos otro espaldon elevado y fuerte cerca del de los almohades, y con motivo de estorbar ó seguir la obra, se trabaron diariamente muy reñidas escaramuzas, donde campeaban las proezas entre los valientes de ambos ejércitos, hasta que, desahuciados de vencer, levantaron el campo Ebn Mordanisch y los cristianos, desviándose sus tropas, para ya nunca reincorporarse. La plaza siguió resistiéndose mucho tiempo contra los embates agarenos, por su gran poderío; mas á principios del año 1157, Cid Abu Said la estrechó tanto, que no pudo menos de rendirse. Pidieron los cristianos seguridad para sus vidas, y el regreso á sus paises; ajustó con ellos el Wazir Abu Djafar ben Atia las condiciones de la entrega, y se rehicieron los musulmanes con esta importante plaza á los diez años de haberla perdido: se restableció el rezo en todas las mezquitas de la c. por Abd el Mumen; se reedificaron sus murallas, muy quebrantadas por los combates anteriores; y la hueste se encaminó luego á Granada. Cuéntase Almería entre las pobl. de que se hizo reverenciar y obedecer por rey, en 1228, Aben Hud, bajo pretesto de restituir la ant. religion de Mahoma á la primitiva observancia y ritos, publicando ser falsa la de los almohades. Llegó á esta c. en 1238: su caid Abd-el-Rahman, le hospedó en la Alcazaba, le agasajó con espléndido banquete; pero aquel mismo dia (15 de enero, juéves de Djumadá-el-Awal), sin que se sepa la causa, le hizo ahogar alevosamente en el baño. Asi feneció aquel emir, empeñado en realzar la suerte de su alcurnia á favor de la anarquia, siendo advertído, valeroso, y digno de mejor estrella: Mohamed el Sabany celebró en versos primorosos su peregrino heroismo. No malició su tropa la traicion, publicándose habia muerto de apoplegia ó de beodez; pero, faltando su emir y Saheb, se retiró á su pais, sin que pudieran los caudillos detenerle y seguir la empresa entablada á favor de los valencianos. El alevoso Caid para congraciarse con Mohamed ben Yusuf, Saheb de Arjona y de Jaen, hizo que las tribus de Almeria y todo su terr. se declarasen por él. Fueron talados los campos de esta c. en 1275, por el infante D. Pedro de Aragon. No contento el moro Aborrabe con el título de *Arraez* que gozaba en *Almeria*, se sublevó en 1309 contra su rey Mohamed de Granada, erigiéndose soberano de aquella c.; mas luego volvió á poder del granadino, y Aborrabe pasó al Africa. Por este mismo tiempo el rey de Castilla, viéndose con D. Jayme de Aragon, determinaron la guerra santa, prometiendo aquel á este la sesta parte de la conquista del reino de Granada; y mientras que el castellano se dirigió contra Algeciras, vino el de Aragon sobre *Almeria*. En el mes de agosto formalizó el cerco, del cual hizo el rey Mohamed gran sentimiento, diciendo que los reyes de Aragon nada tenian que ver en sus estados; los de Castilla, ademas de caer Granada en sus lím. y fronteras, solian pagar á sus reyes tributo, pero con Aragon nada mediaba; y dejando á los del cerco de Algeciras, dieron diversos rebatos en los aragoneses sobre Almeria, con tanto empeño que sin una barrera y palanque fabricados de órden de D. Jayme para defensa del real, se hubiera visto en gran peligro: los de la c. hicieron tambien salidas con sumo arrojo; mas al fin Mohamed envió al arraez de Andarax al aragonés, y habiendo concertado que aquel le entregaria á Quesada Bedmar, Cuadros y Chungin, 50,000 doblas pagadas en cierto plazo, y los cautivos que tuviera aragoneses, quedó libre la c., despues de siete meses de asedio, al que asistieron D. Fernando hijo de D. Sancho, rey de Mallorca; D. Guillen de Rocaberti, arz. de Tarragona; D. Ramon, ob. de Valencia y chanciller del rey; D. Artal de Luna, gobernador de Aragon, y otros prelados y caballeros. Con el auxilio de algunos moros principales de Almeria, verificó Mohamed el Cojo, sobrino del rey de Granada, en 1445, la atrevida empresa de apoderarse de la Alhambra de aquella c., haciendo prisionero á su tio. Abul-Abdali, arrojado de Granada por su padre Abul-Hosein en 1483, fue obligado á retirarse á Almeria, y conservó el título de rey de esta c. Sus hab. tomaron las armas en 1485, contra él, aborreciéndole como á renegado por induccion de su tio el Zagal que habia ganado á los Alfaquies, y so pretesto de que estaba confederado con los cristianos, y lo era oculto, con sus sermones y conferencias alarmaron al pueblo: achacaban tambien á su cobardia infinitos males; acometieron el palacio, mataron en él á un hermano suyo, y prendieron á su madre, principal causa y atizadora de la discordia que entre padre é hijo antes hubiera: supo el rey aquel desastre, estando ausente de la c., y perdida la esperanza de prevalecer, se fue á Córdoba con algunos pocos que le acompañaban. Vino asi Almeria á poder del infante Muley Boabdelin que luego fue alzado rey. Estaba Almeria en 1488 en poder de Abohardil, con Guadix y Baza, y Juan de Benavides taló sus campos é hizo muchos daños: D. Fernando que se hallaba en la guerra de Andalucia, quiso venir sobre esta c.; pero impedia la entrada un cast. de posicion inespugnable, llamado *Taberna*; habiendo de contentarse con devastar su campiña. Despues de la toma de Vera por D. Fernando y Doña Isabel en el mismo año, Mohamed el Zagal se encerró en Almeria con 1,000 caballos y 2,000 infantes, dejando sin defensa al pais que inmediatamente se rindió, pensaron los reyes sitiar esta c.; mas por ser avanzada la estacion lo dejaron para la siguiente campaña. Rendida Baza, , en 1489 su alcaide Mohamed Aben Hazan, que se hizo vasallo de los reyes de Castilla, pasó á Almeria á verse con el afligido Muley Boabdelin Mohamed el Zagal, y le persuadió la entrega de la c. Este rey estipuló las mejores condiciones para sus súbditos; sin acordarse de si mismo. El Rey católico se encaminó á la c. con una parte del ejército por la montaña, y la Reina por otro camino. Mohamed salió á recibirles con grande acompañamiento: algunos señores del ejército cristiano, habiéndose adelantado, aconsejaron al musulman se apease de su caballo y fuese á entregar al rey las llaves de la c.; consejo que D. Fernando reprendió severamente, obligando al príncipe moro á montar en su caballo; y poniéndole á su izq. entró en Almeria el dia 22 de diciembre: Mohamed fue tratado con todo el respeto debido á su dignidad. En esta c. celebraron los reyes la fiesta de Navidad. Habiendo pasado revista al ejército, vieron que en siete meses habia perdido 20,000 hombres, y dejaron por gobernador de la plaza el comendador Cárdenas, partiendo para Cuadix. Fué avisado el rey de Castilla, en 1490, de que los moros de Almeria, Baza y Guadix se entendian con el rey Mohamed, para rebelarse: acudió con su ejército á estos puntos, y echó de ellos á los moros, obligándoles á habitar en tierra sin defensa, ó á pasar al Africa. Hallábase en Almeria D. Pedro Fajardo en 1500, y habiéndose sublevado los moros de las Alpujarras á la voz de que se les queria bautizar por fuerza, se puso con alguna gente sobre Alhumilla, ganándoles la v. de Marxena; los moros de Almeria fueron bautizados. En el puerto de esta c. hubo de entretenerse algun tiempo por no serle favorable la armada que en 1505 se aprestó para la guerra de Berberia, y alzadas velas partió á 11 de setiembre, surtiendo en el puerto de Mazalquivir. Fue conducido á Almeria en 1705 con su tropa y entera libertad D. Francisco Velasco, virey de Cataluña, habiendo capitulado en Barcelona con los del Archiduque. El virey de las islas Baleares, el conde de Cervellon, y muchos de los ministros, habiendo entrado en Palma por capitulacion el ejército de Cárlos, á 27 de setiembre de 1706, fueron traidos á *Almeria*. Aportó en esta c. á 31 de

(*) Una ciega piedad, no viendo lo impropio de la aplicacion, ha dicho ser este el plato en que cenó J. C. el Cordero Pascual, la víspera de su Pasion.

julio de 1811 el general Blake con la fuerza del segundo y tercer ejército, con las partidas que dependian de ambos y las tropas espedicionarias. Estas se componian de las divisiones de los generales Zayas y Lardizabal, y de la caballeria á las órdenes de D. Casimiro Loy, formando de 9 á 10,000 hombres al todo. Tomaron pronto tierra, escepto la artilleria y bagajes que fueron á desembarcar á Alicante. Permaneció Blake en Almeria hasta el 7 de agosto que salió para Valencia. A tiempo que aun desembarcaba un batallon de la espedicion de Blake (sobre el 14 de agosto) llegaron á esta c. las fuerzas que el mariscal Soult mandó sobre las Alpujarras y la costa, cuyo número ascendia á 1,800 infantes y 1,000 caballos; mas pudo aquel batallon librarse.

Los árabes contaban 52 autores entre los hijos de esta c. Varios se han distinguido tambien posteriormente, por sus talentos y virtudes.

Historia eclesiastica. Piadosamente asegura el Dr. Don Antonio Calderon, arz. de Granada, que por los años de 36 al 37 desembarcó en el puerto de Almeria Santiago, acompañado de 12 discípulos, ademas de sus padres el Cebedeo y Maria Salomé, su tia Maria Cleofas, Simon Cirineo y sus 2 hijos Rufo y Alejandro; José de Arimatea y el Centurion, Cayo ó Pio, segun Mendez Silva. Tambien se atribuye á San Indalecio uno de los siete apostólicos que se quiere viniesen á España, el orígen de la cristiandad de esta c. y de su dignidad pontificia. Otros lo refieren de San Tisifonte. Puede, sí, asegurarse, que apenas brilló la luz del Evangelio en el Oriente, no tardó en recibirla esta ant. c., reemplazando en ella la Cruz á los símbolos ó alegorias de fanatismo vano. Respecto á atribuir á esta c. la sede de San Indalecio, ya hemos visto al principio de su historia civil corresponder á ella la ant. *Virgi*, y ahora veremos como sin razon bastante, se ha querido suponer la dignidad episcopal en la *Urci* bastitana de la Tarraconense, segun ya dijimos en el art. Aguilas (San Juan de las). Aunque esta infundada opinion tampoco afectaria mayormente al interés del ob. cayendo en su terr. ambos sitios, no es necesaria la traslacion de la Silla, con que conviene el M. Florez por ser indispensable, determinando en favor de *Urci*. No consta que San Indalecio predicase mas bien en *Urci* que en *Virgi*; y aunque asi fuese, es muy fácil que un nombre pierda una I, la C es trasmutable con la G, y no fuera de estrañar leerse por *Virgi*, *Urci*. Conviene el mismo respetable Florez en que el cuerpo de este Santo estaba, en el siglo XI, en un lugar, llamado por los moros *Paschena*, dist. de Almeria 2 leg., segun escribe Briz en su historia de San Juan de la Peña, ó poco mas de 1 segun Orbaneja: no nos opondremos á la opinion del erudito P. M., respecto á la facilidad con que se concilia el hallazgo de este santo cuerpo en *Pechina*, y la no existencia de la ant. *Urci* (por *Virgi*) en aquel sitio, pudiendo haber pasado á él con las reliquias del Santo Patron los *Virgitanos* ó *Urcitanos*, si los moros destruyeron la c., ó cuando Abd el Rahman declaró la persecucion contra los cuerpos de los santos; pero es preciso convenir, que en cualquiera de ambos casos pudieron mas facilmente traer estas reliquias desde *Virgi* (*Almeria*) á *Pechina*, dist. solo una leg., que desde *Urci*. (*San Juan de las Aguilas*) con tanta mayor dist.

El primer prelado que se quiere hallar escrito despues del santo, fue *Santiago*, discípulo de San Indalecio, segun Zurita; tal vez sin otro fundamento que la historia de la traslacion de San Indalecio, escrita en el siglo XI por el monge Ebretmo, donde se refiere, haberse aparecido un venerable anciano á uno de los monges que fueron á buscar las reliquias, previniéndose en el márg. de aquel punto: "Santiago, ob. de *Urci*"; pero esto no se refiere alli, entre las palabras del anciano, que solo declaró ser custodio de aquel templo de San Indalecio.

En las ant. ediciones del Concilio Illiberitano, aparece la firma de un ob. llamado *Cantonio*, titulándose *Corsicano* ó *Corsitano*, en el Códice Emilianense se ha corregido *Uncitano*; lo mismo pudiera corregirse *Virgitano*, y no habia necesidad de suponer luego, con tan poco motivo, la traslacion de la Silla. Existiendo este ob. *Virgitano* en tiempo de la persecucion, dice muy bien el M. Florez, que inmediata ya la paz de la igl., aunque no se conserven noticias por falta de documentos, debe suponerse la continuacion de los prelados.

En los Concilios 4.º y 5.º de Toledo, resulta la firma de un ob. de esta dióc. llamado *Marcelo*, y tampoco obliga su título á decirla *Urcitana* mejor que *Virgitana*. Discurre con su natural precision el M. Florez, que debió haber dos Marcelos, no pudiendo haber firmado por el primero el vicario Daniel que asistió á los concilios 8.º, 9.º y 10; porque Marcelo firmó en el concilio 5.º en el sétimo lugar, y el vicario en último, en el concilio 10.º

Sucedió á Marcelo *Palmacio*, que asistió á los concilios de Toledo 11.º, 12.º, 13.º, y 14.º.

Despues fue consagrado *Habito* por San Julian, Metropolitano de Toledo, y asistió al concilio 15º Toledano.

Ninguna de todas estas suscriciones puede ofrecerse como prueba bastante de titularse la Sede *Urcitana* y no *Virgitana*. Aunque en todas quisieramos suponer haberse escrito *Urcitanus*, mas fácil es atribuir en estos testos el nombre á un error de copia, que no en los geógrafos, particularmente cuando en estos tienen á su favor la corografia de las regiones, y sin embargo hemos visto, al determinar la correspondencia de la ant. *Virgi* como lo han creido en ellos varones muy ilustrados. Pero no se ha de atribuir á error de los copiantes; si como es de suponer, la c. Urci de Plinio y Ptolomeo fue destruida en los últimos esfuerzos que hicieron los romanos, por restablecer su dominio en este pais como fue destruida Cartagena y lo fueron otras c. de la misma costa y permaneció Virgi la de Mela, nada mas natural que la confusion de los nombres *Virgi* y *Urci*, y la indiferente aplicacion de ambos á la c. metropolitana, sin el mejor conocimiento de la geografia ant. Ninguna dificultad ofrece que el nombre *Virgi* se corrompiese generalmente en *Urci*, no habiendo otra c. con la que se pudiera confundir: quien leyese á Plinio y Ptolomeo, poco versado en la geografia comparada y sin el necesario exámen de sus testos, era aun mas propio que la llamase *Urci*. Nosotros no solo opinamos que la sede *Urcitana* de Florez y otros voluntariamente adoptada, debe decirse *Virgitana* y que corresponde á *Almeria*: sino tambien la *Abderitana*, que han supuesto haber existido con tan débil fundamento como vimos en Adra. (*)

Sucedida la invasion agarena, menos valor debe darse todavia al uso de las denominaciones Virgi y Urci, y asi hemos visto con cuanta inexactitud se han aplicado desde muy ant. y por hombres eminentes.

En el Apologético del Abad Samson, resulta que en 862, *Genesio* gobernaba esta diócesis.

Despues de la entrada de los Reyes Católicos en esta c. fue reedificada su cated. y la consagró el cardenal D. Pedro Gonzalez de Mendoza, arz. de Toledo, competentemente autorizado con bulas de Inocencio VIII, poniendo por ob. á D. Juan Ortega, natural de Búrgos, su sacristan mayor; despues Fray Diego de Villaizan que oró en las honras del Gran Capitan, fabricó el permanente templo, servido de 6 dignidades, 8 canonicatos, 6 racioneros, comprendiendo todo el ob. mas de 70 pilas bautismales, que rentaban al pastor 6.000 ducados sin carga ni gravámen alguno.

ALMESTREIRA: l. en la prov. de Lugo, ayunt. de Aba, dióc. y felig. de San Juan de *Villarente* (V.).

ALMINA DE CEUTA: se da este nombre á todo el terreno que casi aislado se halla al E. de la c. de Ceuta, y comprende el espacio de 1 1/2 milla de ENE. O SO.: es de regular altura, con siete montecitos, siendo el mas oriental y mas alto sobre el que está el Acho: los seis restantes son mucho mas bajos, á cuyas faldas de la parte de occidente está el barrio, pues la c. es la que, separada de la Almina, se ve fortificada entre ella y la tierra firme. Forma la Almina el estremo oriental meridional del Estrecho de Gibraltar; el mencionado Acho cast. á la moderna, está en lat. de 35°, 54', 4'', y en long. de 0°, 59', 51'', justamente al S. 11°, 40' E. de punta de Europa; al S. 30° 5' E. de la del Carnero: al S. 68°, 20' E. de la torre de la isla de Tarifa, y al S. 88°, 10' E. de Sierra Bullones.

ALMIÑE (el): l. en la prov., aud. terr., c. g., adm. de rent. y dióc. de Búrgos (11 leg.), part. jud. de Villarcayo (2), y uno de los que componen el ayunt. de la merind. titulada de Valdivielso: sit. á los 14° y 20' de long., y á los 43° y 15' de lat. N., en la base de una sierra que se eleva á 1,400 pies en una inclinacion de 35° al S. del pueblo, á cuyo O., é

(*) Con aquellas dos suscriciones del concilio 3.° de Toledo y el hispalense puede aumentarse el catálogo de los obispos Virgitanos.

inmediato á las casas, hay una cortadura en la misma sierra, por la cual pasaba la ant. carretera de Búrgos á Bilbao; goza de buena ventilacion y de CLIMA saludable: consta de 40 CASAS de dos pisos, de 20 á 30 pies de altura; 12 de ellas forman cuerpo de pobl., otras 8 estan igualmente reunidas á la dist. de 6 minutos al E. de aquellas, y las demas se hallan dispersas en la márg. de dicho camino: hay una plaza rectangular de 100 pies de long. y 40 de lat., una casa para las reuniones de los individuos que componen el ayunt. de toda la merind.; una escuela de primera educacion dotada con 16 fan. de trigo anuales, en la que se enseña á leer, escribir y contar á los 24 alumnos de ambos sexos que á ella concurren, varias fuentes que nacen en la cortadura de la espresada sierra, de cuyas ricas y abundantes aguas se surte el vecindario; y un cementerio á 300 varas al N. del pueblo en parage bien ventilado; la igl. parr. bajo la advocacion de San Nicolás, es muy ant., y se halla servida por un cura párroco que provée el arz. de Búrgos por oposicion entre los patrimoniales: existen ademas 4 ermitas, 2 de ellas dentro de la pobl., dedicadas la una á Sta. Lucia, que está casi arruinada; y la otra á San Sebastian; y otras 2 fuera, la primera con el titulo de San Roque, se encuentra á 400 varas N., y la segunda con el de Ntra. Señora de la Hoz á 3/4 de leg. S. sobre una altura ó páramo del mismo nombre: confina el TÉRM. por N. con los de Quintana y Val-de-Noceda; por E. con los de Sta. Olalla y Poblacion; por S. con los de Huéspeda y Pesadas, y por O. con el de Dobro: dist. los lim. del N. de 30 á 40 varas, y los del SE. y O., una leg. poco mas ó menos: el TERRENO por la parte del N. es llano; abraza 250 fan. de tierra cultivable, cuyas 3/4 partes son cascajosas y de secano, y la restante arcillosa y de regadio; se divide en primera, segunda y tercera suertes; de las cuales la primera contiene 60 fan., la segunda 80, y la tercera 110, que producen de 6 á 10 por una: hay ademas 44.435,536 varas cuadradas de terreno, con el nombre de comunes ó ejidos que comprenden 4,629 fan. de sembradura en el páramo de la Hoz, y 2,314 de sierra con peña viva, en que se crian encinas, robles y arbustos; esta es una cord. que trae origen de Galicia, atraviesa el principado de Asturias, pasa por el S. del pueblo uno de los dos ramales en que se divide al principio del valle, y uniéndose despues al otro á las dos y media horas de long. y media de lat., en cuya cuenca se encuentran 14 pueblos, sigue á Pancorbo, el Moncayo y Monserrat en Cataluña; tiene 2,315 pies sobre el nivel del mar, y en su cumbre se estiende una llanada de tierra bastante fructifera, capaz de hacer la fortuna de sus hab., si se les permitiese roturarlas, ó mas bien si se redujera el terreno á dominio particular: lo baña un arroyo formado de las fuentes de que ya se ha hecho mencion: corre de N. á S. con un caudal de aguas suficiente para dar movimiento en el invierno á dos molinos harineros de una piedra, y para regar en verano las huertas del pueblo, y aun las de otro que encuentra en su carrera hasta que desagua en el *Ebro* que pasa á 1/4 de hora; los CAMINOS son de servidumbre, á escepcion del ant. de Búrgos á Bilbao, abandonado desde el año de 1832 en que se habilitó el de Bercedo. FIESTAS: la de San Nicolás, patrono del pueblo, se celebra en 6 de diciembre; la de Sta. Lucia en 13 del mismo, y la de la Virgen de la Hoz en romeria el 2 de julio. PROD.: trigo, cebada, avena, vino en poca cantidad, habas, garbanzos, titos, legumbres, alubias, cerezas, nueces, manzanas y hortaliza; ganado vacuno, lanar y cabrio: caza: algunas liebres y perdices, encontrándose tambien lobos, y bastantes zorros, y águilas que destruyen á veces la cria del ganado de lana y pelo: COMERCIO: importacion de vino y esportacion de los ganados viejos: POBL.: 22 vec., y 88 alm.: CAP. PROD.: 506,600 rs.: IMP., 49,923. El PRESUPUESTO MUNICIPAL asciende de 90 á 100 rs., y se cubre con el fondo de propios, que consiste en 30 á 36 rs. del abono de la tinada, en 8 á 10 de los asestaderos, y en 11 rs. 9 mrs. que la v. de Pesadas y el l. de Dobro satisfacen á este, con el nombre de menudos; y el ramo de arbitrios que se reduce á la venta del vino al por menor, cuyo arrendamiento suele valer de 40 á 60 rs. anuales, y todo lo demas que se paga, se efectúa por reparto entre los vecinos.

ALMIRANT: monte en la prov. de Alicante, part. jud. de Pego; es una continuacion de la montaña llamada *Mostalla* (V.), siguiendo hácia el O., en su lado set. se halla Forna, y por el mediodia la parte oriental del valle de Gallinera.

ALMIRANTA (TORRE DE LA): torre de vigia, sit. cerca del muelle de Algeciras, al N. 3/4 milla de las Restingas, sobre una punta de mediana altura, cercada de piedras.

ALMIRANTE: l. en la prov. de Pontevedra, ayunt. de Portas, y felig. de San Pedro de *Lantano* (V.).

ALMIRUETE: l. con ayunt. de la prov. y adm. de rent. de Guadalajara (8 leg.), part. jud. de Cogolludo (3), aud. terr. y c. g. de Madrid (15), dióc. de Toledo (27): SIT. en terreno desigual al S. del cerro y elevada montaña de *Ocejon*, está defendido del aire N.; goza de CLIMA templado y sano, y solo se padecen algunos reumas y tercianas: tiene 62 CASAS de mediana construccion, distribuidas en calles de piso irregular, con casa de ayunt., pósito y escuela de primeras letras, dotada con 12 fan. de grano, á la que asisten 20 niños: hay una fuente en medio del pueblo, construida de piedra silleria; sus buenas aguas surten lo bastante al vecindario: la igl. parr. titular de la Asuncion de Ntra. Sra., está servida por un cura de provision ordinaria; es un edificio regular, sit. á la estremidad N. del pueblo; y á cosa de 3,000 pasos al O., se halla una ermita titulada de la Soledad, que está en el dia medio arruinada, é inmediato á ella el cementerio que fue construido en el año 1834: confina el TÉRM. por N. con el de Valverde; E. Palancares; S. Tamájon, y O. Campillo de Ranas; cuyos pueblos dist. 2 leg. el primero y último, y una los demas: comprende un monte hueco de encina al lado del Tamajon, otro de roble á la parte de Valverde y Palancares, y le cruza tambien el r. Sorbe de N. á S.: el TERRENO es áspero, montuoso y de sierra, por cuya razon abunda en manantiales de aguas esquisitas, y es de poco prod.: los CAMINOS locales y en mal estado: el CORREO se recibe en Cogolludo por medio de un vec., á quien se comisiona: PROD.: poco trigo, centeno y algunas legumbres: se mantiene ganado lanar, entre-fino y basto, cabrio, vacuno y mular, todo con escasez: IND.: un molino harinero, carboneras, corte y conduccion de maderas, de las que construyen algunas piezas para coches y carros: POBL., 42 vec., 195 alm.: CAP. PROD.: 1.032,200 rs.: IMP.: 53,200: CONTR.: 2,328 rs. 8 mrs. vn.: PRESUPUESTO MUNICIPAL, 700 rs., del que se pagan 500 al secretario por su dotacion, y se cubre con el prod. de los pocos propios que hay.

ALMISDRANO ó ALMISDRA: desp. en la prov. de Alicante, part. jud. y térm. jurisd. de Orihuela: SIT. en la huerta á una leg. E. de dicha c., junto al camino que conduce á Guardamar: se ignora la época y causas de su desaparicion: únicamente se sabe, que tuvo una igl. parr. dedicada á San Bartolomé, servida por un cura beneficiado, cuyas rent. posteriormente, cuando ya no existia el pueblo, fueron adjudicadas á la mesa capitular de San Salvador de Orihuela. Tambien en los registros sobre riego de la espresada huerta y distribucion de las aguas de la izq. del r. *Segura*, se hace mérito del part. de *Almisdrá*. Hoy dia, el parage donde se cree existió dicho l., es conocido con el nombre de San Bartolomé, á consecuencia de una ermita, que, conservando la advocacion de este Santo, sirvió por mucho tiempo para decir misa los dias festivos, cuyo edificio de poca capacidad, fue destinado en 1831 para ayuda de parr. de la cated. de *Orihuela* (V.), y encomendado su culto á un teniente de cura.

ALMISERAT: (tambien se llama ALMISERA) l. con ayunt. en la prov., aud. terr., dióc. y c. g. de Valencia (12 leg.), part. jud. de Gandía: SIT. al E. de un cerro, en el parage denominado la *Hoya*, en las vertientes E. de los montes que hay entre el valle de Albayda y la huerta de Gandia: bátenle todos los vientos, ménos los del O., y goza de CLIMA, generalmente saludable, aunque por las frecuentes variedades atmosféricas, suelen desarrollarse bastantes catarros. Tiene la pobl. unas 50 CASAS de mediana fáb. y comodidad interior; cárcel pública, carnicería, y una igl parr. aneja de la de Rótova, servida por un vicario ó teniente de cura. Para surtido de los vec. hay varios pozos abundantes de aguas de buena calidad. Confina el TÉRM., por N. con el de Rótova, por E. con el de Alfahuir, por S. con los de Lugar Nuevo y Castellonet, y por O. con los del mencionado Lugar Nuevo, y Benicolet, y se estiende 1/2 leg. de N. á S. y 1/4 de E. á O. El TERRENO es desigual y peñascoso, cubierto de arcilla roja, cuyo grueso varía segun la disposicion primitiva del suelo, en el que las aguas ó vertientes de las alturas depositaron diversidad de materiales; entre los cerros que hay en el térm. es notable el llamado *Tramús*, en el cual principalmente hay canteras de hermosos mármoles, unos de fondo amarillento, jaspeado de color de rosa, con manchas encarnadas; otros con diferentes vetas, ya imitando el color de canela, ya pardo y rojo engastados en una masa blanca, susceptible del buen pulimento: abraza 486 jornales, de los cuales hay 242 puestos en cultivo, y se reputan de mediana calidad; los restantes consisten en monte y peñascales, y por lo mismo permanecen baldíos, los que únicamente ofrecen pastos y leña. PROD.: trigo, maiz, mucha algarroba, bastante vino y aceite, patatas, legumbres, considerable cantidad de hortalizas, pimientos, melones, seda, higos, y otras varias frutas: cria ganado de cerda, lanar y cabrio; y el mular, vacuño y asnal necesario para la agricultura y trasporte. IND. y COMERCIO: la principal ocupacion de los hab. es la agricultura, dedicándose tambien á elaborar carbon, cuyos prod., con los frutos sobrantes, se venden en Gandia y otros pueblos inmediatos; y muchos pasan á los de la Ribera, al tiempo en que se realiza la siega de trigo y arroces, cuya última ocupacion suele depararles funestos resultados en su salud. POBL.: 46 vec.: 203 alm.: CAP. PROD.: 296,183 rs. 11 mrs. IMP.: 11,527: CONTR.: 5,054 rs.

ALMIZARAQUE: granja en la prov. de Almeria, part. jud. de Huercal-Overa y térm jurisd. de Cantoria.

ALMIZOTE ó TRILLAS: riach. (V. ALMIZOTE l.).

ALMIZOTE: l. en la prov. de Lugo, ayunt. de Jove, y felig. de San Estéban de *Sumoas* (V.): le baña el r. *Trillas* que tomando el nombre de este l. se dirige á la felig. de Sta. Eulalia de Lago, donde á su paso de S. á N. recibe al r. *Vilar*, y lleva las aguas al Océano.

ALMOAJA: l. con ayunt. de la prov. y adm. de rent. de Teruel (6 leg.), part. jud. de Albarracin (4), aud. terr., c. g. y dióc. de Zaragoza (21), SIT. en parage montuoso, aunque no de sierras elevadas, combatido mas particularmente por los vientos del N. y S. que hacen su CLIMA frio y bastante sano, sin que por lo general se padezcan otras enfermedades, que algunas tercianas producidas por la humedad que exhala una balsa que se halla debajo de la pobl. Ésta la forman 30 CASAS, distribuidas en varias calles; una muy regular para el ayunt., y la cárcel que se halla en la misma: hay escuela de primeras letras, á la que concurren 10 niños; y una igl. aneja de la parr. de Peracense, bajo la advocacion de Ntra. Sra. del Rosario, servida por un coadjutor, junto á la cual está el cementerio. El TÉRM. confina por el N. con el de Peracense (3/4 de leg.), por el E. con el de Pozondo (1), por el S. con el de Alba (1 1/2), y por el O. con el de Rodenas (1): dentro de su circunferencia se encuentran varias fuentes, de cuyas aguas se surten los vec., y una ermita dedicada á Maria Santísima de la Rosa. El TERRENO es montuoso y de secano: la parte que se cultiva será de unas 780 fanegadas, de las cuales 80 quedan generalmente sin cultivar; hay 270 de monte blanco y 280 de carrascal, en el que tambien se crian malezas de estepas, aliagas y otros arbustos: de este monte se surte el vecindario de leña, para sus hogares; pero no sirve para madera de construccion: ningun r. ni arroyo corre por él, pero si hay varias fuentes, como se ha dicho, y un manantial llamado el caño que sirve para abrevadero de bestias y ganados, y para dar impulso á las ruedas de un molino harinero de una sola piedra, aunque no puede ser continuo su movimiento, porque las aguas á que debe este beneficio, no son muy abundantes; no hay tampoco arbolados de otra clase, pero si buenas yerbas de pasto. Los CAMINOS son locales y de herradura; por lo regular se encuentran en buen estado, aunque alguno hay muy malo. El CORREO se recibe de Calamocha por medio de una hijuela que llega á Villar de Salz, donde va á buscarse los lúnes y juéves, y se lleva los mártes y viérnes. PROD.: trigo puro, morcacho, cebada, avena y lentejas, y cria ganado lanar, cabrio y abundante caza de perdices, liebres, conejos y algunos venados y corzos: POBL. 30 vec.: 190 alm. CONTR.: 4,373 rs. 7 mrs.

ALMOALLA: barrio con alc. p. en en la prov. de Avila, part jud. y térm. de Piedrahita, de cuya v. depende y dist. 3/4 leg.: SIT. á la falda del cerro, llamado de la Cruz, entre N. y O.; tiene 15 CASAS pequeñas y mal construidas, pero con los suficientes medios para la cria de ganado vacuno, á que principalmente se dedican sus moradores: hay una ermita en la que se celebran los oficios divinos por el cura de la casa de Sebastian Perez, de cuya parr. es anejo: hay buenos prados artificiales para el mantenimiento de los ganados. PRODUCCIONES: algun trigo, cebada, centeno, alubias, garbanzos, patatas, lino y legumbres: su POBL., RIQUEZA y CONTR. estan comprendidas en las de Piedrahita, como su matriz.

ALMOAY: desp. en la prov. de Málaga, part. jud. de Velez Málaga, SIT. en la falda O. de la sierra de Tejea: su TERRENO escabroso y de montaña, está hoy destinado al cultivo de viñas y olivares, perteneciendo á los vec. de Canillas de Aceituno, á cuyo térm. corresponde: conserva solo el nombre de Almoay (antes de Almohai), y se cuenta entre los part. de Campo, que comprende la jurisd. del espresado pueblo. Tiene en sus heredades alguna que otra casa, aunque sin formar cuerpo de pobl., habiendo sido conquistado del poder de los árabes por los Reyes Católicos, en el año de 1484.

ALMOCADEN: cortijo en la prov. de Cádiz, part. jud. y térm. jurisd. de Jeréz.

ALMOCITA (antes ALMOCÉTA): l. en la prov. y adm. de rent. de Almeria (7 leg.), part. jud. de Canjayar (1), aud. terr. c. g. y dióc. de Granada (21): SIT. en una hondonada entre la faldas de las sierras Nevada, Gador; su CLIMA es muy benigno y saludable, y los vientos mas frecuentes los de levante y alguna vez los del O. Tiene 190 CASAS, las mas de mala construcion por lo regular de dos pisos y de 7 ú 8 varas de altura: forman calles tortuosas y de piso incómodo, y una plaza de figura cuadrilonga con 40 varas de largo y 20 de ancho. Hay una casa pósito en la cual celebra el ayunt. sus sesiones; una escuela de primeras letras á la cual concurren los niños de ambos sexos, aunque con separacion; la dotacion del maestro es 1,100 rs. anuales y 100 la de la maestra; una fuente de agua cristalina que derrama en un pilar por tres caños; viene encañada desde su nacimiento, que está al N. del pueblo á bastante dist., y una igl. parr. bajo la advocacion de Ntra. Sra. de la Misericordia: fue reedificada á fines del siglo XVII y el 15 de noviembre de 1703 se colocó en ella el Stmo. Sacramento, por mano del Ilmo. Sr. D. Martin de Ascargorta, arz. de Granada; ocupa el centro de la pobl., y N. de la plaza; el edificio es sólido, de piedra de canteria trabajada con todo esmero; consta de una sola nave con 34 varas de largo, 10 1/2 de ancho y 21 de alto; las maderas del techo son de pino labradas á estilo mosaico, la pila bautismal es hermosa de mármol blanco, asi como la que hay á la entrada para tomar el agua bendita; la torre ha quedado á la misma altura que la igl. por haberse rebajado sus tres cuerpos á causa de haber quedado muy quebrantados por los terremotos del año de 1804; tambien dejó muy desmantelado el tejado de la igl. por el lado del N. una tormenta de aire que tuvo lugar el 22 de abril de 1838, y á pesar de las reclamaciones hechas, continúa en tal estado con inminente riesgo de que se pierda un edificio tan lindo y de tanto coste. El primer libro parr. empieza en el año 1582. Es igl. matriz y tiene por anejo al l. de Beires. Sirve el culto 1 cura párroco, cuya vacante se provee por el ordinario en concurso general. A un estremo del pueblo y contiguo á las casas esta el cementerio con notable detrimento de la salud pública, y á corta dist. una ermita en la cual se venera la imágen de Ntra. Sra. con el título de los Desamparados: en el dia pertenece á la Nacion. Confina el TÉRM. por el N. á 600 pasos con el de Beires, por el E. con el de Canjayar á 1 leg. por el S. con la sierra de Gador á 1/2 leg. y por el O. con el térm. de Fondon á 1 leg: en él se encuentran el cas. llamado Cacin con un oratorio público, el de la Cartagena y el del Marchal, y muchas fuentes de buenas aguas. Al O. de la pobl. algo inclinada al N. y como á 400 pasos al lado de una gran barranqueta, se eleva un montecito en forma de pirámide; todo él esta cubierto de una capa de tierra blanco, amarilla salitrosa, que contiene gran porcion de yeso folicular, y á poco que se cava se descubren grandes masas de pizarra de amolar sumamente blanda y que se labra con la mayor facilidad: se emplea para formar los arcos interiores de los hornos reverberos de todas las fundiciones de plomo que hay en la prov.; pues no se sabe que en toda ella haya otra cantera igual, resiste el fuego activo de los hornos por diez y mas años, adquiriendo una dureza admirable. A 1/4 de leg. O. se halla la famosa cantera de yeso compacto, cuya veta visible tiene 1/2 leg. y junto á la fuente llamada del Marchal la de la piedra con que se hizo la igl. parr.: son muy pocas las minas que hay abiertas en el térm. á pesar de que en todas las rocas se ven puntas de metal plomizo. Como á 1/2 hora S. de la pobl. corre de E.

á O. el r. Andarax, lleva por lo comun pocas aguas: á sus márg., algunos bancales de frútales, en los cuales se encuentran otras semillas, y se riegan con sus aguas 2 molinos, 1 harinero y otro de aceite, y en el punto denominado Bogaraya una fáb. para fundir hierro, perteneciente á la marquesa de Lugros, como heredera del marques de Bogaraya: en el dia está parada y casi inutilizados los hornos; la mena se llevaba de la famosa mina que existe en el térm. de Beires nombrada el Hoyo de la Mena. El TERRENO es quebrado, lleno de barrancos, cerros y rocas escarpadas estériles, las tierras en cultivo prod. muy poco; tampoco se puede sembrar de continuo la vega por falta de aguas, pues solo pueden aprovechar los vec. dos dias á la semana, las que vienen de Beires. Los CAMINOS son locales, de herradura, y mal pisó, escepto el de Almeria á Andarax que cruza por los llanos de Cacin, el cual es de ruedas. Antes se recibia la CORRESPONDENCIA por Granada, despues la recibió por Ugijar, y en el dia la recibe de Almeria, los mártes y viérnes, por medio de un cartero. PROD.: las principales son el aceite y el maiz; tambien se cosecha trigo, cebada, vino, seda y frutas en corta cantidad. Su estenso y bien poblado bosque encinar ha sido talado del todo y consumidas en los hornos de fundicion hasta las raices; cria ganado lanar, cabrio, mular, asnal y vacuno, este mayor número. IND. 3 molinos harineros, 1 de aceite, 2 fáb. de fundicion de plomo con hornos de reverbero, ademas de la ya mencionada de hierro de Bogaraya: COMERCIO esportacion del plomo.

El PRESUPUESTO MUNICIPAL ordinario asciende á 3,661 rs. y se cubre con 380 rs. que rinden los propios y el resto por reparto vecinal.

ALMOCHUEL: l. con ayunt. de la prov., aud. terr., c. g. y dióc. de Zaragoza (8 1/2 leg.), part. jud. y adm. de rent. de Belchite (2 1/2): SIT. en un llano donde le baten libremente todos los vientos: su CLIMA es saludable, si bien algo propenso á tercianas. Forman la pobl. 14 CASAS fabricadas de piedra y yeso, por lo regular de 60 palmos de altura, que hacen una calle bien proporcionada y limpia: hay una posada pública y una igl. parr. bajo la advocacion de San Gervásio y San Protasio, servida por 1 cura y 1 sacristan: el curato es de entrada y se provee por S. M. ó el diocesano: el edificio es de una nave con un altar, y á mil pasos del mismo, está el cementerio. Confina el TÉRM. por el N. y O. con el de Belchite (5/4 hora), por el E. con el de Azayla (1/4), y por el S. con el de Vinaceyte (1/4). El TERRENO es llano y de mediana calidad: se cultivan sobre 17 cahizadas de regadio y 425 de secano; en unas y otras se crian muchos olivos é higueras. Por todo él no corren mas aguas que las de un pequeño arroyo de curso incierto, que va á desaguar al r. Ebro en las avenidas: en lo restante del tiempo tiene tan poco caudal que no da ni aun las aguas suficientes para regar las pocas tierras de la vega. Los CAMINOS son todos de pueblo á pueblo, escepto la carretera que de Albalate lleva á Zaragoza: PROD.: trigo, cebada, aceite, higos y ganado lanar en corto número: POBL. 21 vec., 100 alm.: CAP. PROD.: 90,160 rs.: CAP. IMP.: 9,100: CONTR. 1,667 rs. 6 mrs.

ALMODOVAR: r. en la prov. de Cádiz, part. jud. de Algeciras; tiene su origen de un manantial en la sierra de Ogen y sitio llamado los Huertezuelos, perteneciente á la deh. de los Pedregosos, cuatro leg. al N. de Tarifa: corriendo de SO. á NO. va á depositar sus aguas en la laguna de *Janda*, 5 leg. dist. de dicha c., y 3 de su origen. Es de poco caudal y de curso perenne desde el nacimiento hasta la mitad de su descenso, pero desde aqui suele cortarse en el estio, embebiendo el terreno las aguas. Su cauce tendrá desde 2 hasta 5 varas de profundidad, y en los charcos cria anguilas y barbos de mediana magnitud. No tiene puente alguno, y su paso, fuera de los vados conocidos, es peligroso en términos, de haber perecido algunos imprudentes. Para regar las pocas huertas á que presta este beneficio, se elevan las aguas con norias.

ALMODOVAR DEL CAMPO: part. jud. de ascenso en la prov. de Ciudad-Real, aud. terr. de Albacete, c. g. de Castilla la Nueva (Madrid), dióc. de Toledo; comprendido en el terr. de la órden de Calatrava: se compone de 13 v., 5 lugares y 18 ald., que forman 18 ayunt., y cuyas dist. entre sí; á la cap. de prov., á la aud. terr., á la c. g. y á la dióc. resultan del estado que sigue:

ALMODÓVAR DEL CAMPO, cab. del partido.

3	Abenojar.																		
4	7	Aldea del Rey.																	
1	4	3	Argamasilla de Calatrava.																
5 1/2	8 1/2	2	4 1/2	Belvis.															
2	3	6	3	7 1/2	Brazatortas.														
2	1	6	3	7 1/2	2 1/2	Cabezarados.													
2	5	5	2	5 1/2	2	4	Cabezarrubia.												
3	3 1/4	3	2	5	5	3 1/4	4	Caracuel.											
3 1/4	3	3 1/4	2 1/4	5 1/4	5 1/4	3	4 1/4	1/4	Corral de Caracuel.										
2 1/2	5 1/2	4 1/2	2 1/2	4 1/2	3 1/2	4 1/2	1/2	4 1/2	4 1/2	Hinojosas.									
3	6	4	2 1/2	4	4	5	1	5	5 1/4	1/2	Mestanza.								
1	4	4	3/4	4 1/2	2	3	1	3	3 1/4	1 1/2	2	Puerto llano.							
1	2	5	2	6 1/2	2	1	3	3	3 1/4	3 1/2	4	2	Tirteafuera.						
1	2 1/2	4	1	5 1/2	3	2	2	2	2 1/4	2 1/2	3	1	1	Villamayor de Calatrava.					
5	8	2	4	1/2	7	7	5	5	5 1/4	4 1/2	4	4	6	5	Villanueva de San Carlos.				
24	25	22	23	24	26	24	25	21	21	25	26	24	24	23	24	Toledo dióc.			
34	32	33	32	36	34	35	31	31	35	36	34	34	33	32	32	32	Albacete aud. terr.		
6	4	5	6 1/2	8	6	7	3	3	7	7	6	6	5	7	7	18	29	Ciudad Real	
36	33	35	33	38	37	37	33	33	37	37	36	36	35	33	33	12	36	30	Madrid, corte.

Sit. entre los part. jud. de Almagro por la parte del N., de Valdepeñas por el E., y de Almaden por el S. y O.; goza de clima templado, y los vientos que con mas frecuencia le combaten, son el E. y O. y algunas veces el N. y S. Todo el terreno que abraza, está cubierto de montañas, aunque no de mucha elevacion, las cuales forman infinidad de gargantas y vallejos, siendo la principal de ellas la titulada de Almodóvar, que linda con tierras del ob. de Córdoba: hay tambien bastantes cerrillos pelados que nada producen, á escepcion de varias yerbas medicinales como son el ládano, el cantueso, la salvia, el malvavisco, la cresta de gallo, el pie de leon, la manzanilla, y buena flor de malva; cuyos cerros no tienen comunicacion mas que con los nombrados de Sierra Morena, por la parte del S.: la mayor parte de ellos están plantados de inumerables encinas ó carrascas, robles, fresnos en las márg. de los r., alcornoques de que sacan gran número de corchos, chaparros, maraña, acebuches, durillos, de los que se hacen escelentes bastones y baquetas para escopetas, criándose igualmente mucha adelfa, llamada en el pais valadre, muy perjudicial para los ganados; los referidos montes y arbolado pertenecen á los concejos, y sus maderas se destinan para el uso de la labor y para el combustible. Las principales cord. que en él se encuentran son la de Cabezarrubias, la Antigua, la de Puerto Llano, hasta la Alcudia de los Sauces, la de la izq. del r. de la Vega, la del Hoyo del Tamaral, la de Solana del Pino y Aldea de San Lorenzo, todas las que estan sumamente enlazadas las unas con las otras: sus tierras son á propósito para toda clase de pastos, granos y hortalizas, principalmente en los pueblos sit. á la parte de Ciudad-Real; criándose tambien ganados mayores y menores de todas especies y abundando en él como pais montañoso, mucha caza de jabalies, ciervos, corzos, cabras monteses, perdices, conejos, liebres, zorras, y lobos en bastante número, cuyos animales dañinos consumen gran parte de dicha caza: contiene infinidad de fuentes de aguas potables, dulces y delgadas, algunas de las cuales demuestran pasar por minerales de cobre y de hierro, entre ellas las célebres de Puerto-llano, y las dos lagunas llamadas de Villamayor, en medio de las que se halla este pueblo; la que está sit. en la parte del corral de Caracuel á 1 leg. de dist., tiene de circunferencia mas de 5 fan. de tierra de sembradura ó sean 32,000 varas cuadradas, y la que se encuentra por el lado de Almodóvar dist. 3/4 de leg. de Villamayor, comprende 4 fan. tambien de sembradura ó 25,600 varas en cuadro: ninguna de las dos tiene afluencia de aguas de arroyo alguno, uniéndosele únicamente las que se desprenden de las alturas circunvecinas en tiempo de invierno: su profundidad es en el punto que mas, de cuatro á cinco varas, permaneciendo muy reducidas en los veranos que no son muy calorosos; pues en los de gran calor suelen secarse enteramente. Los principales r. que cruzan por el terr. de este part. jud., son los que á continuacion se espresan: primero; el denominado Fresnedas, que nace cerca de dos leg. mas arriba del Viso del Marqués en el camino real de Madrid á Andalucia y tierra llamada de San Andrés en Sierra Morena, incorporándosele por la der. el arroyo del Peñoso, el de la ermita de San Andres titulado Orijuela, el de la huerta de Monja, el de Ruizapo, y el de los Molinillos, todos los cuales se juntan en la Fresneda Alta, que era una de las encomiendas de D. Cárlos; corre por medio de la Fresneda baja, que es otra encomienda, y desde aqui entra en este part. volviendo hácia la parte del S., deja á su izq. á 3/4 de leg. de dist. al pueblo de Ortezuela, anejo de la calzada; sigue hácia las tierras de San Lorenzo que queda á su izq. como á 1 leg.; poco despues recibe las aguas de los r. Montoro y Tablillas, antes de llegar á la cuerda de la Solana del Pino, y dejando á su izq. á este último pueblo y al de la Antigua, se introduce en el Jándula, que es uno de los afluentes del Guadalquivir, una leg. mas abajo de Andújar: segundo; el titulado de la Vega, que nace al pie del cerrillo que llaman de la Nava, perteneciente al part. jud. de Almagro; corre por la der. de las famosas aguas de Puerto-llano, deja á la dist. de 1/2 leg. á Almodóvar, las lagunas de Villamayor, Cabezarados y Abenojar, sigue su curso por la inmediacion de los Cerros de la huerta del Naranjo, y dejando á su izq. á Navacerrada, entra en el Guadiana, por el monte llamado del Chiguero frente á Luciana, poco mas arriba de la desembocadura en el mismo del r. Bullague que baja de los montes de Toledo, saliendo de este part. en el térm. del espresado pueblo de Navacerrada: tercero; el de Valdeazogues que nace entre Navacerrada y los cerros de Valdeazogues y Minquillan, corriendo como 5/4 de leg., sale de este part., y entra en la de Almaden, lindando con todo lo ancho de la parte occidental del valle de Alcudia; cuarto; el de Ventillas que nace en las sierras de Gargantiel, part. de Almaden, corre muy poco por este de Almodóvar, y viene hasta el sitio y pueblo de la Garganta dejándole á su izq., en cuyo punto cambia de direccion formando un arco y se incorpora con el Fresnedas: quinto; el de Montoro que trae su origen de los cerros de Cabezarrubias, corre por entre varias sierras y se une con el de Fresnedas por bajo de los térm. de San Lorenzo: sesto; el de Puerto-llano que nace en los cerrillos del mismo nombre, y dando una pequeña vuelta, se junta con el Fresnedas, recibiendo antes al arroyo de la Higuera: sétimo; el de Retamal que procede de la cord. del sitio de los Sauces, y pasando por la linde del de su nombre, se une tambien al de Fresnedas; y finalmente, el denominado Tablillas, cuyo origen viene de las sierras del Puente del Canto, casi en medio de la Alcudia, corre por los térm. de Cabezarrubias y Brazatortas y entra por ultimo en el de Fresnedas: corren tambien por su térm. diversos arroyos formados por las vertientes de los muchos cerros que existen en este part., no viéndose puente alguno ni sobre los primeros, ni en los segundos: su curso suele interrumpirse en los años de gran calor, quedando solo varias charcas que llaman Tablas, en las que se crian ricos peces y galápagos, y siendo el mas permanente el titulado Fresneda: sus aguas dan movimiento á algunos molinos harineros que muelen únicamente en las temporadas de invierno por medio de canales de madera, no aprovechándolas para la labor, mas que para el riego de diferentes huertas. Los CAMINOS son todos de herradura y ásperos por la naturaleza del suelo, escepto los que conducen á Ciudad Real, Daimiel y Almagro, que son en algun tanto mas suaves. No hay otras ferias en todo el part. que la que se celebra en Almodóvar el dia 25 de marzo de cada año, siendo los artículos que la constituyen el ganado caballar, yeguar, de cerda y alguna cordeleria, concurriendo tambien varios comerciantes con telas de diferentes clases de Ciudad Real y Almagro. Como la mayor parte de este part. es montuoso, segun se ha manifestado, las principales ocupaciones de sus naturales son la cria de ganados, no dejando de beneficiar algun terreno los serranos de la parte de Estremadura; particularmente las tierras inmediatas á la Alcudia.

ESTADISTICA CRIMINAL. Los acusados en este part. jud. durante el año de 1843, fueron 38: de ellos absueltos de la instancia 4; 31 penados presentes, 7 contumaces, 3 reincidentes en el mismo delito, con el intervalo de 6 meses; 16 contaban de 10 á 20 años de edad, 14 de 20 á 40, 1 de 40 en adelante; de 7 se ignora la edad; 30 eran hombres, 8 mujeres; 22 solteros; 9 casados; de los 7 contumaces no consta el estado; 2 sabian leer y escribir, 27 carecian de esta instruccion: de 7 no se sabe si la poseian, como ni tampoco la ocupacion: 31 ejercian artes mecánicas. En el mismo periodo se perpetraron 24 delitos de homicidio y heridas, 2 con armas de fuego de uso lícito, 7 con armas blancas tambien de uso licito, y 1 de uso ilícito, 12 con instrumentos contundentes y 2 con otros instrumentos ó medios. Aunque reservamos comunmente las reflexiones á que dan lugar los datos de la estadística criminal para los art. de prov., debemos llamar la atencion de nuestros lectores sobre el resultado que las casillas relativas á la instruccion de los acusados nos da; 38 es el total de estos y tan solo 2 reunen la circunstancia de saber leer y escribir; los 36 restantes no sabian ni aun leer. Ninguno de los partidos judiciales cuya estadística criminal hemos presentado, nos ofrece menor número de acusados que reuniesen este ramo de educacion; y si tan amargamente hemos censurado en todos los art. de prov. el descuido que en ellas se observa en la instruccion pública, en ello no llevamos otro fin que el de ver si podemos conseguir escitar á los hombre benéficos para que reuniendo sus esfuerzos fomenten la educacion de sus conciudadanos; igual objeto nos ha impelido á singularizarnos en este part. atendido el mal estado de la instruccion. Damos fin á este art. con las noticias que aparecen del siguiente:

CUADRO SINOPTICO, por ayuntamientos, de lo concerniente á la poblacion de dicho partido, su estadística municipal y la que se refiere al reemplazo del ejército, su riqueza imponible y las contribuciones que se pagan.

AYUNTAMIENTOS.	OBISPADOS Á QUE PERTENECEN.	POBLACION. Vecinos.	POBLACION. Almas.	ESTADISTICA MUNICIPAL. ELECTORES. Contribuyentes.	ELECTORES. Por capacidad.	ELECTORES. TOTAL.	Elegibles.	Alcaldes.	Tenientes.	Regidores.	Síndicos.	Suplentes.	Alcaldes pedáneos.	REEMPLAZO DEL EJÉRCITO. Jóvenes varones alistados de 18 á 25 años de edad.	Cupo de soldados correspondientes á una quinta de 25,000 hombs.	RIQUEZA IMPONIBLE. Por ayuntamiento	Por vecino.	Por habitante	CONTRIBUCIONES. Por ayuntamiento.	Por vecino	Por habitante.	Tanto por 100 de la riqueza.
																Rs. Vn.	Rs. Mrs.	Rs. M.	Rs. Vn.	Rs. M.	Rs. M.	Rs.c.
Abenojar	TOLEDO.	212	1281	120	2	122	106	1	1	4	1	5	1	Se verán en el estado general de la provincia.	3'1	369100	1741 1	288 5	17536	82 24	13 24	4'75
Aldea del Rey		330	1994	185	5	190	150	1	1	6	1	6	»		7'	463300	1403 32	232 12	29830	90 14	14 33	6'44
Almodóvar del Campo		1124	6791	451	13	464	428	1	1	8	1	8	10		14'3	1992400	1772 20	293 13	147538	131 9	21 25	7'41
Argamasilla de Calatrava		404	2441	193	»	193	178	1	1	6	1	6	»		4'4	621500	1538 12	254 21	40493	100 8	16 20	6'52
Belvis		26	157	19	»	19	12	1	»	2	1	3	»		0'2	51800	1992 10	329 32	8706	334 29	55 16	16'81
Brazatortas		221	1335	141	»	141	45	1	1	6	1	6	»		3'	187100	846 21	140 5	12610	57 2	9 15	6'74
Cabezarados		72	435	52	6	58	34	1	1	2	1	4	»		0'8	71600	994 15	164 20	5112	91	11 27	7'14
Cabezarrubias (*)		160	967	130	»	130	64	1	1	4	1	5	»		2'2	»	»	»	«	»	»	«
Caracuel		52	314	52	»	52	27	1	»	2	1	3	»		0'5	46000	884 31	146 17	6390	122 30	20 12	13'67
Corral		263	1589	142	1	143	116	1	1	6	1	6	»		3'1	309100	1175 [illegible]	194 18	20288	77 5	12 26	6'56
Hinojosas (**)		206	1245	105	»	105	90	1	1	4	1	5	»		2'2	»	»	»	»	»	»	»
Mestanza		432	2610	184	2	186	172	1	1	4	1	5	2		5'4	715000	1631 32	273 32	36134	83 22	13 29	5'05
Pozuelos		34	205	34	»	34	20	1	»	2	1	3	»		0'3	24800	729 14	120 33	14204	417 26	69 10	57'27
Puertollano		504	3045	310	10	320	306	1	1	8	1	7	1		9'2	1570900	1433 10	236 30	83853	76 20	12 28	5'34
San Lorenzo		87	526	79	»	79	50	1	1	2	1	4	»		1'5	17900	205 25	34 1	6461	74 9	12 10	36'10
Tirteafuera		52	314	52	»	52	37	1	1	2	1	4	»		0'6	58400	1123 3	186	4068	78 8	12 32	6'97
Villamayor de Calatrava		231	1396	141	1	142	139	1	1	6	1	6	»		3'2	413800	1791 12	296 14	20495	88 24	14 23	4'95
Villanueva de San Cárlos		96	580	62	1	63	50	1	1	2	1	4	»		0'6	12600	131 9	21 25	5236	54 18	9 1	41'57
		4506	2722[illegible]	2452	41	2493	2024	18	15	76	18	90	14		61'6	6925300	1536 31	254 13	458954	101 29	16 29	6'63

(*) La riqueza imponible y las contribuciones de este ayuntamiento se incluyen en el de Puertollano, de que fue segregado despues de 1843.
(**) Este ayuntamiento está en el mismo caso que el de Cabezarrubias.

ALMODOVAR DEL CAMPO: v. con ayunt. de la prov. y adm. de rent. de Ciudad-Real (6 leg.), part. jud. de su nombre, aud. terr. de Albacete (34), c. g. de Madrid (36), dióc. de Toledo (24): sit. al O. de la cap. á la falda de la sierra de Sta. Brígida, que forma cord. con Sierra-Morena, y la resguarda del viento S.; está en terreno llano la mayor parte, regularmente ventilada por los demas lados y goza de clima saludable.

Interior de la poblacion y sus afueras. Tiene 650 casas de dos pisos la mayor parte, con buena distribucion interior; las calles son cómodas, escepto algunas que están sit. en la cuesta llamada del Castillo: todas bastante limpias aunque mal empedradas: la plaza tiene soportales al E. y O.; ocupan el último lado la casa consistorial de 30 pasos de fachada y 12 varas de elevacion; en el piso alto se halla el salon de sesiones, y en el bajo las oficinas para el archivo y cobranzas; fue reedificada en el año 1822; el pósito con el fondo de 1,633 fan., 11 celemines y 2 cuartillos de trigo, y 3,757 rs. en metálico; 866 fan. y 82,791 rs. en deudas, y 8,020 rs. suministrados á las tropas en 1836, reintegrables de los fondos públicos, y 28,000 rs. en documentos de la deuda con interés, cupo que le correspondió en el empréstito de 36 millones, decretado en 1806: al lado S. hay dos posadas; y al N. la igl. parr., bajo el título de la Asuncion de Ntra. Sra., con el sobrenombre vulgar de *Mochuelos*: es bastante espaciosa, y por haberse incendiado la capilla mayor en 23 de junio de 1605, empezando el fuego por el cordon de la lámpara, está recompuesta y ha perdido una gran parte de su mérito: se cree haber sido fundada en el año 1511, juzgando por este guarismo, que entre algunas letras borradas y la palabra *Calatrava* se lee en una lápida que existe al lado der. de la llamada Puerta del Sol en la misma igl.; pero la torre colocada al N. del templo fue edificada en el año 1546, y en ella existe el relóx de la v.; su párroco se titula prior como los demas de la órden de Calatrava, á pesar de que solo este y tres mas pueden usarlo, y es provisto por el tribunal especial de lás Ordenes Militares: tiene cabildo presbiterial, que se compone de todos los sacerdotes de la v.: hubo tambien conv. que perteneció á los carmelitas descalzos, fundado por San Juan de la Cruz y Sta. Teresa de Jesus, aunque se ignora la época; fué destinado durante la guerra civil para hospital general de heridos, y despues ha sido subastado y rematado en 100,000 rs: su igl. permanece destinada al culto, y son notables la gran porcion de pinturas que posee abandonadas en el dia y espuestas á su total destruccion, con mengua de las autoridades á quienes compete el manifestar mas interés por la conservacion de estos monumentos de las bellas artes: tiene este conv. un molino de aceite dentro de sus muros, que fue vendido en 1822 al Sr. marqués de Casa-Pacheco en 100,000 rs. En el mismo conv. se ha edificado un bonito teatro capaz de contener 400 personas, y en el que representa sus funciones una sociedad dramática compuesta de lo mas escogido de la pobl.: tiene ademas salones de descanso para el público y actores, vestuarios y foros. Hay 4 ermitas dentro de la pobl., unas sin culto, y otras arruinadas; en el mismo estado se halla un hospital fundado por Diego Fernandez Buitrago, vec. de ella, por cláusula espresa de su testamento, otorgado en 13 de enero de 1752, ante Juan García de Velasco: la escuela está dotada en 3,300 rs. que se abonan de los prod. de un vínculo fundado para este objeto por D. Fernando Redondo Portillo, natural que fue de esta v. y canónigo doctoral de la Sta. igl. cated. de Orihuela; asisten á ella 170 niños matriculados; y por último hay una buena cárcel, que fué reedificada en el año 1839, y 3 molinos de aceite. En los afueras aparecen en primer lugar dos lienzos del ant. cast. que defendia la pobl.: está sit. al E., y segun sus ruinas debió ser de los mejores del campo de Calatrava: á su inmediacion un molino de viento; al SE. la ermita del Calvario construida en el último siglo á espensas de D. Fernando Pacheco, dignidad de sacristan mayor de la órden de Calatrava; la de San José, reedificada despues de la guerra de la Independencia por D. José Salido, y segunda vez en 1841 por su viuda Doña Angustias Estrada é hijos: la de Sta. Brígida en la cúspide de la sierra que le da nombre, sitio muy delicioso, desde el que se descubre toda aquella basta campiña, reedificada en 1841 por el celó del prior D. José Montemayor y alc. c. D. José Salido y Estrada, que abrieron una suscricion entre todos los vec.; en ella se celebra una divertida y concurrida romeria el dia 1.° de mayo: las de San Sebastian y la Vírgen de la Cabeza en mal estado: á 900 pasos al SO. la fuente del Espíritu Santo, de buenas y abundantes aguas de las que se surte la mayor parte del vecindario; en el olivar que fue del conv., y ha pasado á dominio particular en cantidad de 120,000 rs. hay otra fuente de la que se surten los vec. de aquella parte; á la espalda del cast. una laguna que se destina con otra infinidad de pozos y norias para el riego de huertas, y por fin al O. un pilar para abrevadero de los ganados de labor y vacuno, y el cementerio mal sit. en un hondo pantanoso y que no ha perjudicado aun á la salubridad por su mucha estension y las pocas inhumaciones de un pueblo sano y corto.

Término. Confina por N. con Villamayor de Calatrava, por E. con Argamasilla y Puertollano; S. Fuencaliente, y O. con Santa Eufemia, Torrecampo y Tirteafuera; su estension es bastante irregular, pues al paso que por N. y E. solo alcanza á 1/2 leg., se prolonga por el S. 6 1/2 y por el O. hasta 13 1/2 leg.: están en cultivo 7,000 fan., hay otras varias deh. de pastos, y dentro de él está comprendida la mayor parte del famoso Valle Real de la Alcudia, que consta de 162 millares con 14 leg. de long. y 2 de lat., en el que pasta gran número de ganado trashumante: la deh. encomienda de Villalba que perteneció al secuestro de D. Diego Godoy; que percibia medio diezmo por razon del dominio directo, pues el útil lo venia disfrutando el pueblo hace mas de 300 años; ha sido subastada en 1.600,000 rs.; tiene ademas constituido á su favor el portazgo de que se hablará mas adelante; las dos casas de campo tituladas de Salido y Mohedano á 3/4 leg. al O., y las diez ald. enclavadas en su jurisd. llamadas Casas de Alcudia, Retamar, Viñuelas, San Benito, Fontanosas, Navacerrada, Sendalamula, Valdeazogues, Veredas y Ventillas, de las que se trata en art. separados; hay tambien montes de roble, alcornoque y encina que suministran combustible y madera para los aperos de labranza; le cruzan los riach. *Ventillas*, que nace en la sierra de San Juan, *Tablillas*, *Guadalméz*, *Tartaneros*, el *Chiquero*, la *Cabra* y *Casillas* en el valle de la Alcudia, y el de la *Vega*, que viene de Argamasilla; el *Guadalméz* conserva por algun tiempo mas su corriente, pero todos la dejan en el verano: á escepcion de *Tablillas* y *Ventillas* que dirigen su curso al E., los restantes le encaminan al O.: la pobl. se halla á la parte del N. de ellos, si se esceptua el de la *Vega* que la deja al S.: abundan en riquísimas anguilas y otros peces; se vadean con facilidad, y sobre el Guadalméz y Casillas hay 9 batanes y otros tantos molinos: á 5 leg. se halla la fuente de Navalesnilla, cuya agua es de un efecto saludable para el dolor de estómago.

Calidad del terreno. Participa de monte y llano: los principales montes forman cord. y se encuentran al S. del pueblo; es pedregoso, de miga, y no se riega; del cultivado son 1,500 fan. de primera calidad, 2,500 de segunda y 3,000 de tercera.

Caminos. La ant. calzada de la Plata pasa á 3/4 leg. al NO. de la pobl., los demas son comunales, carreteros y de herradura, pero todos muy abandonados; se cobra en ella un portazgo perteneciente á la encomienda de Villalba, y como por via de cánon; pero este impuesto ademas de retraer á los trajineros de aquel punto, es irritante por el mal estado de los caminos y debió abolirse hace muchos años, como derecho señorial, ó emplearse por lo menos su prod. en mejorar las comunicaciones; su tarifa se reduce á 4 mrs. por caballeria menor, 8 por mayor y un real por cada carro; se administra por la amortizacion y se halla subastado en el dia (*).

Correos. Se contestan los lúnes, juéves y sábados de cada semana y se reciben la tarde anterior.

Producciones. Es la mas abundante la de trigo, que se calcula en 40,000 fan., siguen las de cebada, centeno, garbanzos, pitos, vino y aceite: hay ganado lanar, cabrio y vacuno en número y estado regular; se mantienen 100 pares de bueyes y 60 de mulas de labranza, y abunda la caza mayor y menor.

Industria. Ademas de la agricultura y ganaderia, hay algunos telares en que las mujeres se dedican á tejer picotes para sus vestidos; otras se emplean en el tejido de blondas que presentan despues á la fáb. de Almagro en su dependencia de Puertollano; existen ademas 8 tahonas y los molinos de viento, aceite, harineros y batanes de que se habló en su lugar.

Comercio. Está reducido á la esportacion del sobrante de cereales é importacion del vino, aceite y frutas que son los géneros que mas escasean: su mayor movimiento se ejercita en la feria que se celebra el 25 de marzo: es de grande concurrencia por asistir á la cuerda multitud de yeguas y jacos serranos que se traen de los que pastan en la Alcudia, y se buscan con estimacion para hacer la trilla en el agosto y para las labores valencianas; se presentan ademas bastantes tiendas de telas y paños de todas clases, platerias, quincalla y otras menudencias: hay tambien mercado todos los lúnes, pero de escaso valor.

Poblacion, riqueza y contribuciones. En los cálculos siguientes están incluidas las casas de campo y ald. sujetas á su jurisd., sin que pueda designarse lo que corresponde á cada una: los datos oficiales las consideran como un solo pueblo, y no nos es dado separarnos de lo que en este punto tiene adoptado el Gobierno; en este concepto se cuentan 1,124 vec.: 5,620 alm.: cap. imp.. 1.300,000 rs.: contr.: por todos conceptos 147,538 rs.: presupuesto municipal: 25.000, de los que se cubren 10,000 con el prod. de propios que consisten en 12 quintos de á 300 fan. cada uno, y los 15,000 restantes por derrama vecinal.

Historia. Esta v., cuyo nombre arábe *Almodóvar* equivale á *esférico ó redondo*, al que posteriormente se unió el distintivo *del Campo* por haber otros pueblos con aquella misma denominacion, se supone fundado por los sarracenos, los cuales tuvieron en ella una de las fort. mas considerables de la Mancha. La conquistó el emperador don Alonso VII, y haciéndola dependencia de la de Calatrava, la entregó con esta á

(*) Acaba de abolirse este derecho.

D. Raimundo, arz. de Toledo, quien repitió la donacion en favor de los caballeros Templarios. Estos la poseyeron veinte y siete años, hasta que, muerto el emperador en 1157, amenazaron los sarracenos emprender la reconquista de España, y no juzgándose con bastante poder para oponerse á su irrupcion, con la defensa de estas v., las pusieron en manos del rey don Sancho III, quien las prometió por edictos al que se quisiese encargar de ellas. Dos monges de la órden del Cister fueron los únicos que se ofrecieron; F. Raimundo, abad de Fitero, y F. Diego Velazquez, que habia sido soldado viejo en las banderas del Emperador. Realizada la donacion al principio del año 1158, estos celosos monges empezaron sus preparativos, y fué tanta su fama, que á ella se le atribuyó solamente, el abandonar los moros su presunto intento de reconquista. Este santo prelado dió entonces á los soldados que quisieron seguírle un hábito particular, y á propósito para no embarazar el uso de las armas, y fundó la órden de Calatrava que fué confirmada por el papa Alejandro III en 1164, y que tan poderosa llegó á hacerse. Almodóvar, como los demas pueblos pertenecientes á esta órden, se daba á los soldados viejos de la misma, para que con sus rent. pudieran alimentarse, volviendo á la órden con su muerte; pero no bastó el espíritu de su institucion para que despues no viniese sirviendo al lujo cortesano. Es patria Almodóvar del venerable Juan de Avila, del beato Juan Bautísta de la Concepcion, del venerable é Ilmo. don Juan Pareja Rosillo, ob. de Vera-Paz, y de otros muchos hombres que se hicieron conocer por sus virtudes y erudicion en las ciencias eclesiásticas.

ALMODOVAR DEL PINAR: v. con ayunt. en la prov., adm. de rent. y dióc. de Cuenca (8 leg.), part. jud. de Motilla del Palancar (3), aud. terr. de Albacete (12), c. g. de Castilla la Nueva (Madrid 30): SIT. á la falda S. de una sierra confinante con la de Cuenca, al borde de una cañada ó valle que se prolonga de E. á O. entre los montes de uno y otro lado, que aunque poco elevados están bien vestidos de pinos, enebros, sabinas, romero y otros mil arbustos y plantas de diferentes especies. Los espresados montes y cord. le resguardan algun tanto de los vientos del N., y le baten libremente los demas, haciendo que sea su CLIMA sano: tiene unas 200 CASAS de arquitectura ordinaria, bastante capaces, de poco gusto, aunque aventajan en solidez á lo general del pais; muy cargadas de madera, efecto sin duda de la ant. abundancia de sus montes, por desgracia bien desmejorados en el dia; forman calles de 3 á 5 varas de ancho, empedradas, pero incómodas y sucias por falta de policia urbana. Hay casa municipal y en ella la cárcel, una igl. parr. dedicada á Ntra. Sra. de la Asuncion. El edificio es sólido, de cal y canto sus paredes, con los estremos y arcos de las dos puertas de canteria, de cuyo material es tambien la torre, con un capitel de pizarra, en la cual está el relox de la v.; consta el templo de una sola nave de 168 palmos de long., 64 de lat. y 156 de elevacion, con 8 altares, el mayor de escultura ant., en cuyo centro se ve una pintoresca imágen de talla de la titular, y á sus lados las efigies de San Pedro y San Pablo, tambien de buena mano. El curato es de 2.° ascenso, 2 ermitas, una dedicada á San Vicente Ferrer casi destruida, y otra á San Blas en un estado regular; y al estremo S. el cementerio parr. Fuera del pueblo al E. se halla el colegio de PP. Escolapios, fundado el año 1724: su local es bastante capaz, de suerte que en su seminario pueden colocarse con toda comodidad y decencia 80 pensionistas: disfruta una sit. bastante agradable: colocado en alto, domina una dilatada vega y pasa por su pie el camino de Valencia. Al O. al frente de su fachada principal, hay un espacio de terreno en forma de herradura adornado con varios álamos que con sus frondosas y pobladas copas hacen delicioso aquel sitio en la estacion del estio. Las haciendas destinadas al sosten del establecimiento son bastante considerables, pero rinden poco por lo desmejoradas que se encuentran, de modo que no podria subsistir sin los 30 alumnos internos que en el dia cuenta: concurren ademas 58 esternos á quienes se enseña gratis lo mismo que á los colegiales, leer, escribir, gramática castellana, aritmética, gramática latina, retórica, poética, geografia é historia de España. Junto al conv. de Escolapios se ve la ermita de Ntra. Sra. de las Nieves, patrona de la v., cuya festividad se celebra el dia 5 de agosto, y al O. de la pobl., sobre una altura, dos tubos de cal y canto casi destrozados, un pozo de nieve en el mismo estado y los restos de un edificio que se cree haber sido cast. de moros. Confina el TÉRM. por el N. con el de Monteagudo, por el E. con el de Campillo, por el S. con los de Motilla y Gabaldon, y por el O. con el de Solera, estendiéndose en todas direcciones 3/4 de hora poco mas ó menos. El TERRENO se divide en monte y vega; el primero abundante en pastos, leñas y algunas maderas, el segundo migoso y feraz: carece de aguas para el riego y no disfrutan de este beneficio sino tres huertas que hay dentro de la v., á las cuales se les proporciona con norias. Como terr. de sierra tiene esquisitos manantiales de agua; pero no baña el térm. r. alguno ni arroyo, ni otras corrientes que las de diferentes ramblas que se forman en los aguaceros y que desaparecen tan pronto como estos cesan; los CAMINOS comunes son malos, y aunque carreteros, pedregosos y angostos, si se esceptua el que se abrió por Cuenca para la Corte, y que debia seguir por las Cabrillas á Valencia. La CORRESPONDENCIA la trae desde Motilla un jornalero á quien da el ayunt. una pequeña gratificacion y los interesados un cuarto por carta. PROD.: trigo, centeno, cebada, escaña, patatas y otras raices, legumbres, hortalizas, azafran, miel, cera, y poco cáñamo; faltan el vino y aceite de cuyos art. se proveen con el importe de las maderas; la cria de ganado lanar ha decaido mucho; tambien se crian algunas cabras, asnos y algo de vacuno: IND.: telares de lienzo y telas del pais para el surtido ordinario: COMERCIO de maderas: POBL.: 234 vec.; 934 hab.: CAP. PROD.: 3,094,140 rs.: IMP.: 154,707 rs.: importan los consumos 9,783 rs. 16 mrs. El PRESUPUESTO MUNICIPAL ordinario varia con frecuencia, lo mismo que los prod. de propios y arbitrios con que se cubre. Fue ganada esta pobl. á los sarracenos por el rey D. Alonso el año 1085.

ALMODOVAR DEL RIO: v. con ayunt. en la prov., dióc. y adm. de rent. de Córdoba (4 leg.), part. jud. de Posadas (2), aud. terr. y c. g. de Sevilla: SIT. á la márg. der. del Guadalquivir, en la ladera oriental de un elevado cerro y á 1 leg. de Guadalcazar: su CLIMA es bastante sano, y las enfermedades mas comunes, las producidas por el cambio de las estaciones. Consta de 213 CASAS de teja, y 66 de choza, de mediana construccion, entre las cuales se ven 21 arruinadas; las calles en número de 17, aunque pendientes la mayor parte por la naturaleza del terreno, son en algun tanto regulares: hay casa consistorial, pósito, una escribania pública, dos escuelas de primeras letras, la una para niños, cuyo maestro está dotado por el ayunt., y la otra de niñas sin mas dotacion que las asignaciones de las que á ella concurren; y dos fuentes de buenas aguas, de que se surte el vecindario; la llamada de Arriba dist. un tiro de bala de la pobl., y la que se titula de Abajo, se halla aun mas inmediata: hubo tambien en otro tiempo un hospital, el que por haberle enagenado sus rent. en el año de 1803, no puede sostener camas en la actualidad, invirtiéndose por consiguiente sus fondos en socorros domiciliarios: la igl. parr., dedicada á Ntra. Sra. de la Concepcion, consta de una nave bastante capaz, en la que se cuentan cinco altares, el mayor de talla, sin dorar, y de mal gusto; en el del lado del Evangelio se ve la imágen de Ntra. Sra. del Rosario, patrona de la v., en cuyo dia se celebra una solemne funcion y velada muy concurrida de los pueblos circunvecinos: tiene una buena capilla dedicada á Jesus Nazareno, estando la igl. servida por un cura párroco perpétuo, de nombramiento de la Corona en los ocho meses apostólicos, á propuesta en terna del diocesano, y de este en los cuatro restantes ordinarios; pero siempre prévia oposicion en concurso: sus libros bautismales y de matrimonios datan del año 1573, y los de difuntos del de 1669: existen ademas dos ermitas, la una dentro del pueblo, titulada Ntra. Sra. de Gracia, y la otra fuera, bajo la advocacion de San Sebastian, á cuya inmediacion se encuentra el cementerio. El cast., denominado de Almodóvar, la domina perfectamente, pues el cerro en que está sit. tiene unos 255 pies de elevacion, siendo su núcleo una gran roca, como se descubre por varias partes, con especialidad por la del r., y su subida sumamente penosa: fue construido por los árabes y reedificado despues de la conquista, en cuya ocasion colocaron en el lienzo interior de la parte S., el escudo de Castilla y de Leon: esta fort. encierra una plaza en que se encuentran, como un almacen subterráneo, que algunos han creido ser una mina, y las paredes como de dos algibes ya cegados: los muros se hallan casi derruidos, y desde la esquina sit. entre E. y S. sale un arco de cuatro varas de largo y tres de ancho, por el cual se pasaba á la torre, estando ahora horadado en el centro, por cuya razon no se puede entrar en ella sin peligro de precipitarse: tiene esta torre 102 pies de altura, y está muy bien conservada en lo esterior, aunque le faltan los canes de las ventanas, y las almenas y garitas: en lo interior es en la que se encuentran mejores piezas y mejor conservadas, lo que induce á creer seria la principal del cast.; en su parte inferior hay un subterráneo, en cuya bóveda existe una argolla de que pende una cadena, y dentro de la plaza otras cuatro torres casi arruinadas y de menos elevacion que la ya mencionada, de las cuales tres son esquinadas y una redonda; áun existen vestigios de otras dos mas, quedando de la una dos medios lienzos, y distinguiéndose todavia los fosos ó cabos de la parte de oriente. Confina su TÉRM.: por N. con el de Tras-sierra y Villa-viciosa; por E. con el de Córdoba; por S. con el de Guadalcazar y Fuente-Palmera, y por O. con el de Posadas. A 3/4 de leg. de la v., en la posesion titulada de Fuen-real, se encontró un acueducto por el que los romanos conducian las aguas de la sierra para regar la vega, no contentos con las del r. y los torrentes que se despeñan de los montes: á 1/4 de leg. de la misma, por la parte del S., se halla tambien la posesion de Villa-seca; tiene esta 1,700 fan. de tierra distribuidas en dos cortijos; unos 20,000 pies de olivo y algunas encinas, estándose desmontando en la actualidad mas terreno para la plantacion de la primera especie de arbolado: su cas. es escelente, sin carecer de ninguna de las oficinas necesarias á una casa de campo, entre las cuales se ve un molino con dos prensas, y una máquina hidráulica para beneficiar la aceituna. Está gran heredad es cab. del mayorazgo que fundaron en 21 de marzo de 1431 Martin Alfonso de Villaseca y su mujer Doña Isabel Rodriguez Barba, con facultad del rey D. Juan II. El TERRENO en lo general es de buena calidad, hallándose dividido del modo siguiente: 5,892 fan. de tierras de labor, 1,128 de pastos, 5 de viña, 1,099 de olivar, 22 de hortaliza, 5,419 de monte alto, y 8,464 de monte bajo, que forman un total de 22,029 fan. de tierra. Comprende 10 cortijos y la hacienda de olivar llamada del Picacho, que aunque sit. en térm. de las nuevas pobl., pertenece no obstante á la jurisd. de Almodóvar del Rio. Fertilizan el TERM. de esta v. el caudaloso r. Guadalquivir, cuyas deliciosas márg., las muchas huertas que cuenta, y las hermosas vistas que goza por su elevacion, hacen muy alegres y amenos los contornos de la misma; sobre él hay una barca que corresponde al fondo de propios, en la cual no pagan nada sus vec.: el Guadiato que atraviesa el camino que conduce á Posadas, pasándose por un puente que se reparó en los años de 1616 con el prod. del trigo del pósito de la ald. de Nava del Serrano que se despobló por aquel tiempo; y finalmente, el arroyo denominado Guadazuheros, que nace al pie del cerro del Zauz: los CAMINOS son de pueblo á pueblo, siendo muy llano y divertido el que dirige á la cap. por entre la encantadora ribera del Guadalquivir y las deliciosas faldas de Sierra Morena. PROD. trigo, cebada, legumbres, aceite y miel; cria ganado vacuno, yeguar, asnal, lanar, cabrio y de cerda, y caza mayor y menor: la IND. se reduce á dos hornos de cal y ladrillo, dedicándose por lo regular sus naturales á la agricultura y arrieria: POBL.: 323 vec., 1,292 alm.: CONTR.: 69,376 rs. 12 mrs.: su RIQUEZA se verá en el part. judicial.

HISTORIA. El Diccionario Universal publicado en Barcelona, da á esta v. como ant. el nombre bárbaro *Cartula*. Cean-Bermudez reduce á ella la ant. *Carbula*, que mas bien corresponde á la Palma (V. CARBULA). No debe buscarse su origen mas allá de la dominacion agarena. La voz árabe *Almodóvar* (*de al-Modvar*) se interpreta *redondo*. Aparece ya esta pobl. en el año 759 (142 de la hejira), en que Yusuf logró sorprenderla, y desde ella corria las campiñas con el afan de sublevar el pais. Era fort. (*Hisn*) de consideracion. Retirándose á esta fort. en 1226 el rey moro de Baeza Aben-Mohamed, fue alcanzado y muerto por sus propios súbditos á causa de la amistad que habia establecido con los cristianos. Entregóse Almodóvar por capitulacion al santo rey D. Fernando, en 1240, y fue concedida al señ. y vasallage de Córdoba, por privilegio del mismo rey, fecho en Toledo á 24 de julio de 1243. En 1359 el rey D. Pedro I tuvo presa en el fuerte cast., que la dominaba, á Doña Juana de Lara, señora de Vizcaya, mujer de D. Tello, á la que poco despues mandó quitar la vida en Córdoba. Esta fort. que habia sido reedificada despues de la conquista, colocando en el lienzo interior del lado S. el escudo de Castilla y de Leon, se cuenta entre las destinadas por el rey D. Pedro, para custodiar sus tesoros. D. Enrique III despues de haber tenido preso á su tio D. Fadrique, duque de Benavente, hijo natural de su abuelo D. Enrique II, y de Doña Leonor Ponce de Leon, en el cast. de Búrgos y de Monreal: últimamente lo mandó poner en esta misma fort., donde murió. Los Reyes Católicos, por cédula espedida en la v. de Dueñas á 9 de noviembre de 1478 ante Alfon de Avila, su secretario, confirmaron á Diego Fernandez, alcaide por dichos señores reyes del cast. y fort. de Almodóvar del Rio, en la tenencia, maravedis y portazgos pertenecientes á la citada alcaidia, segun la habia tenido su padre Gonzalo de Córdoba, oficial del cuchillo de SS. AA.; del su consejo, y veinticuatro de Córdoba, el cual la habia renunciado en dichos Diego Fernandez, cuyos maravedises habia concedido el rey D. Enrique III. En 1513 fue entregada esta fort. al comendador Alonso de Esquivel por el conde de Palma, en cumplimiento de provision espedida por la reina Doña Juana, á consecuencia de no haber satisfecho la c. de Córdoba los 15,000 ducados en que habia comprado á la órden de Calatrava la jurisd. de Fuenteobejuna; pero Córdoba satisfizo, y el conde de Palma mandó á Pedro Diaz de Sahagun, alcaide de Almodóvar, que la restituyese á la c. Tratando el rey Felipe IV en 1629 de vender 20,000 vasallos, á razon de 16,000 mrs. cada uno los del distr. de la Chancilleria de Granada, y de 15,000 los del distr. de la de Valladolid; ó si se graduaba el precio por las leg. del térm. que tuviese el pueblo, á razon de 6,400 ducados por leg. cuadrada, D. Francisco del Corral y Susman, caballero de la órden de Santiago, y señor de la v. de la Reina, compró el señ. y jurisd. de Almodóvar en 15.135,412 mrs., y la alcaidia de su cast. en 1.500,000 mrs., en cuya época contaba la v. 120 vec. El haberse apoderado de la fort. de Almodóvar el conde de Cabra, llenando de caballos la campiña, con los que impedia el comercio y comunicaciones de Córdoba, dió motivo á que volviese á alborotarse la c., despues que parecia haber ya alguna concordia entre los adictos al rey D. Enrique IV y los partidarios de su hermano el infante D. Alonso.

La sucesion de los señores de Almodóvar del Rio y alcaides de su cast. es como sigue:

D. Francisco del Corral y Guzman, señor de la Reina, compró el señ. y jurisd. de esta v. y alcaidia de su cast. en el año de 1629, quien casó con Doña Inés Ponce de Leon.

D. Rodrigo del Corral y Ponce de Leon, señor de la Reina, caballero de la órden de Santiago y veinticuatro de Córdoba, que casó con Doña Maria de Córdoba y Mendoza, hermana del primer conde de Torralva, D. Iñigo Fernandez de Cordoba.

D. Gabriel del Corral y Córdoba, señor de la Reina y caballero de la órden de Santiago, que casó con Doña Inés de Acebedo y Guzman.

D. Francisco del Corral y Acebedo, señor de la Reina, caballero de la órden de Calatrava y veinticuatro de Córdoba, que casó con Doña Josefa de los Rios y Argote.

D. Gabriel del Corral y Rios, señor de la Reina, que casó con Doña Francisca de Saavedra y Torreblanca.

Doña Maria del Corral y Saavedra, señora de la Reina, que casó con su primo hermano D. Gabriel de Valdivia y Corral, regidor preeminente de Andújar.

D. Joaquin de Valdivia y Corral, señor de la Reina, que murió sin sucesion.

Doña Maria de Valdivia, señora de la Reina.

D. Gabriel de Valdivia, casó segunda vez con Doña Joaquina de Córdoba.

D. Francisco de Paula Valdivia y Córdoba, conde de Torralva, señor de la Reina, que casó con Doña Francisca Laso de la Vega, marquesa del Saltillo, y no habiendo tenido sucesion heredó.

Doña Manuela Fernandez de Santillan y Valdivia, marquesa de la Motilla y de Valencina, condesa de Torralva y de Casa-Alegre, que casó con D. Antonio Desmaisieres, coronel de infanteria y caballero de la órden de Santiago.

D. Fernando Desmaisieres y Fernandez de Santillan, marqués de la Motilla y de Valencina, conde de Torralva y de Casa-Alegre, señor de Moreda, Pozoblanco y la Reina, etc.

ALMOFRAGUE: ant. v. que se contaba entre las cinco primitivas del ob. de Plasencia. En la crónica de las órdenes militares de Francisco Rades, se refiere que en el año 1171, D. Fernando, rey de Leon y Galicia, hizo donacion del cast. de *Almofrague*, en la ribera del Tajo, á la órden de Santiago, constando asi por escrituras de dicha órden. No se sabe, dice Fernandez en sus anales de Plasencia, como viniese despues este cast. á poder del rey D. Alonso, fundador de Plasencia, para hacer donacion de la v. de *Almofrague* á esta c., reservando para si el cast., que despues la fue concedido igualmente por su nieto el rey D. Fernando el Santo. Parece haber sido ganada de nuevo por los moros, y restaurada por D. Alonso, pudiendo de este modo hacer merced de ella á Plasencia y su nieto, del cast. Los frailes de quienes el rey en el privilegio dice hubo el cast. fueron los de Trujillo. El cast. y v. de *Almofrague* pertenecieron á la jurisd. de Plasencia. Despues le dieron los reyes al padre de Pedro Sanchez de Grimaldo cerca de los años 1300; viniendo á sus descendientes los Trejos, señores de Grimaldo y de *Almafrague*. Despoblóse esta v. de la cual hay grandes ruinas y poblóse la de las *Corchuelas* al pie de la sierra, permaneciendo la mayor parte del cast. La ermita de Ntra. Sra. dentro de los muros de esta v. debió ser antiguamente la parr. de *Almofrague* (V. CORCHUELAS LAS).

ALMOFREY: ald. en la prov. de Pontevedra, ayunt. de Cotovad y felig. de San Lorenzo de *Almofrey* (V.).

ALMOFREY (SAN LORENZO DE): felig. en la prov. de Pontevedra (1 1/2 leg.), dióc. de Santiago (10), part. jud. de Lama (1 1/2), y ayunt. de Cotovad (1): SIT. entre montes á la izq. del r. Lerez ó Vedra y ventilada por N. y S.: CLIMA templado y bastante sano; tiene sobre 80 CASAS distribuidas en los l. de Almofrey, Gesteira, Miron y Vitabona; hay una escuela á la cual concurren 40 niños: la igl. parr. (San Lorenzo), fue hijuela de San Pedro de Tenorio; hoy está servida por un curato propio de presentacion ordinaria: su TÉRM. confina por N. á 1/2 leg. con San Martin de Borela, por E. á igual dist. con Santa María de Touron, por S. con Santa Marina de Bora y al O. con Tenorio, ambos tambien á 1/2 leg.: comprende los montes de Pieda-mua y Padornelo al N.; al E. el llamado Pumarbelle y al O. el de la Soldada; le baña corriendo por el centro, un riach. que baja del l. de la Graña, felig. de Borela, y se une en las fuentes de Bora al r. llamado Tenorio ó Jebe: el TERRENO destinado á cultivo es de buena calidad: pasa el CAMINO de Pontevedra á Orense ó ruta ant. por Bora al Carballino; el CORREO se recibe en la cap. de prov.: PROD.: maiz, centeno, algunas legumbres, fruta y vino: cria ganado vacuno, lanar, cabrio y de cerda: hay caza de perdices, conejos y liebres, y pesca de truchas: IND.: la agrícola, varios molinos y algunos canteros: POBL.: 76 vec.: 270 alm.: CONTR. con su ayunt. (V.).

ALMOGABAR: fort. notable en la prov. de Córdoba, part. jud. de Pozoblanco: SIT. sobre un montecillo, en la hermosa planicie de los Pedroches, entre Torre-campo y Conquista, como posicion defensiva para las Andalucías; en sus inmediaciones se encuentran varios sepulcros escavados en la piedra, y cubiertos con una lastra ó lancha (nombre técnico en el pais) de pizarra, de una sola pieza, en los cuales se han hallado muchas monedas. No lejos de este sitio se ven tambien algunas piedras druídicas, en medio de los bosques y sobre las colinas.

ALMOGUERA: r. llamado tambien por algunos Usera, que nace al S. de Chaorna prov. de Soria, part. jud. de Medinaceli: baña por el espacio de 3/4 de hora el térm. del lugar de su nacimiento, sale de él por la parte del N. entrando en el de Montuenga, y despues de haber recorrido este durante 1/2 legua, vierte sus aguas en el r. Jalon, incorporándosele antes algunos arroyos de poca nombradía. Este r., en el térm. de Chaorna, lleva el nombre Osera, y no toma el de Almoguera hasta que llega á dicho térm. de Montuenga. Los vec. de los dos pueblos porque cruza, utilizan sus aguas para regar unas 120 fan. de tierra destinadas la mayor parte á legumbres y hortalizas; haciendo al intento sangrias en los puntos suficientemente elevados, para poderlas conducir á las tierras destinadas á aquellas producciones. No le cruzan otros puentes que algunos formados de maderos cubiertos de ramage y tierra, que sirven para el paso de los peones, pues es vadeable en todos los puntos en que el terreno ó las marg. lo permiten.

ALMOGUERA: arciprestazgo comprendido en el terr. de la Vicaría general de Alcalá de Henares, dióc. de Toledo: es uno de los doce en que se halla dividida aquella vicaría general, para su mejor adm. y gobierno, desempeñando el cargo de arcipreste el cura párroco de la v. de Almoguera, con la jurisd. y facultades espresadas al hablar de la *Vicaría de Alcalá* (V.): los pueblos que este arciprestazgo comprende, número de parr., igl. y sacerdotes adscriptos, resultan del estado siguiente:

ARCIPRESTAZGO DE ALMOGUERA.

Pueblos.	Part. jud.	Provincia.	Número de parroquias.	Idem de anejas.	Conventos cuyas igl. estan: Con culto.	Cerrados.	Santuarios y ermitas.	Curas párrocos.	Ecónomos.	Tenientes.	Beneficiados.	Capellanes.	Dependientes.	Categoría de los curatos: Entrada.	1.er asc.	2.º asc.	Término.
Almoguera	Pastrana	Guadalajara.	1	»	»	»	»	1	»	»	1	»	1	»	1	»	»
Albáres	Id.	Id.	1	»	»	»	1	1	»	»	»	1	1	»	1	»	»
Driebes	Id.	Id.	1	»	»	»	2	1	»	»	»	»	1	»	»	»	»
Mazuecos	Id.	Id.	1	»	»	»	»	1	»	»	»	1	6	»	1	1	»
Pozo de Almoguera	Id.	Id.	1	»	»	»	»	1	»	»	»	»	1	1	»	»	»
			5	»	»	»	3	5	»	»	1	2	10	1	3	1	»

ALMOGUERA; v. con ayunt. de la prov. y adm. de rent. de Guadalajara (7 leg.), part. jud. de Pastrana (2), aud. terr. y c. g. de Castilla la Nueva (Madrid 10), dióc. de Toledo (16): SIT. en la confluencia de tres valles, y en el centro del estrecho barranco que forman; defendida de los vientos por los altos cerros que la circundan por todas partes menos la del O. su CLIMA es algo enfermo, propenso á afecciones reumáticas y tercianas: tiene 190 CASAS de mala construccion y peor distribucion, de dos pisos, siendo el bajo inhabitable por su mucha humedad, tanto que hasta las paredes arrojan agua: sus calles, anchas, irregulares y sin empedrado, forman grandes lodazales en tiempo de lluvias: hay casa de ayunt., pósito con el fondo de 100 fan. de trigo, escuela de niños dotada con 1,500 rs. y 15 fan. de grano, á la que asisten 30; otra de niñas con dotacion de 550 rs. á la que concurren 12; igl. parr. dedicada á Sta. Cecilia, en la cual hay una capilla que pertenece á la familia de los Manriques fundada por el Illmo. Sr. obispo de Plasencia D. Juan Francisco Manrique de Lara Bravo de Guzman; la torre está separada de la igl., está fundada sobre una gran piedra, donde antes estuvo el fuerte cast. del nombre del pueblo, y se pasa de uno á otro edificio por un camino subterráneo: el curato se provee por concurso, y hay ademas un beneficio servidero con el título de San Juan que es el de otra parr. que antes existia y cuyos cimientos apenas se conocen; en los afueras existe solo la ermita del Sto. Cristo de las Injurias, las ruinas de otras dos, el cementerio que no perjudica á la salubridad, y una gran peña hueca donde se albergan los mendigos: no hay fuentes, los vec. beben las aguas del Tajo, y para los usos domésticos se sirven de pozos que suele haber en las casas, ó de los arroyos que pasan á la inmediacion, cuyas aguas son muy salobres. Confina el TÉRM. por N. con el de Yebra, y desp. de

Araduéñiga; E. Zorita y Albalate, S. Illana, y O. Mazuecos y Albares; se estiende 1 leg. de N. á S. y 1 1/2 de E. á O. Comprende 10,000 fan. de tierra, de las que se cultivan la mitad, y son 700 de primera clase, 1,800 de segunda y el resto de tercera, sin contar las que ocupan 5,000 pies de olivo, 80,000 cepas de viña, y los montes baldios mal conservados que apenas dan para leña y carbon: el TERRENO es entre llano y cerros que forman pequeñas cord. consideradas como brazos salientes de los que divide el r. *Tajo*, y están enlazados por la orilla izq. con la sierra de Altomira: su calidad es floja en lo general y tenaz en lo que coge la vega; se riegan 200 fan. con las aguas de los dos arroyos que bajan de Albares y desp. de Araduéñiga, cuyo primer pueblo alterna con esta v. en el riego; estos arroyos se unen á las inmediaciones del pueblo y dan movimiento á dos molinos harineros; el r. Tajo á cuya der. se halla la pobl. corre á 1/2 leg. de dist., y tiene establecida una barca para facilitar su paso: los CAMINOS son locales y en mal estado, no tanto por lo escabroso del terréno, como por el ningun cuidado con que se miran: el CORREO se recibe en la estafeta de Pastrana, tres veces á la semana, por medio de balijero. PROD.: las principales son trigo, cebada, cáñamo, aceite y vino, debiendo advertirse, no se puede calcular la cantidad del cáñamo que se cosecha con la conveniente regularidad, por la diferencia que se observa en la siembra. El sobrante de las tres primeras especies de frutos se lleva á vender á los mercados de Mondejar, Pastrana y otros pueblos inmediatos, comprando en el mencionado Pastrana y en Almonacid de Zorita el aceite que les falta para el consumo. Tambien se cogen legumbres pero en corta cantidad. La cria de ganado lanar es muy escasa, lo mismo que la del cabrio; pero se cuentan 120 mulas y mas de 30 bueyes destinados á la labor. Es bastante regular la caza de perdices, conejos y liebres, no asi la caza mayor, ni tampoco abundan los animales dañinos. La pesca que se hace en el r. Tajo es muy sabrosa: IND.: ademas de los molinos harineros y de aceite de que se hizo mencion, se fabrican en pocos telares paños y lienzos ordinarios en las casas para el vestido de la familia: COMERCIO: arrieros y traginantes que esportan el cáñamo sobrante y las sogas y lias que se fabrican para Madrid y otros diferentes puntos; otros arrieros introducen de Estremadura diferentes efectos de consumo, y los buhoneros franceses y montañeses recorren el pais, surtiéndole de art. de vestir, quincalla ordinaria, clavazon y otros efectos de ferreria Tambien hay en la pobl. tiendas de merceria y abaceria. POBL.: 165 vec.; 749 alm.: CAP. PROD.: 2.708.890 rs.: IMP.: 243,800: CONTR.: 16,571 rs. 12 mrs.: PRESUPUESTO MUNICIPAL: 7,000: se cubre con las rent. de propios y arbitrios que consisten en el valor de las yerbas de un monte de 500 fan., el de otras 60 de tierra labrantia; 1 posada, 2 casas, 1 molino de aceite, la barca sobre el Tajo, los pastos de los baldios, y los de 800 fan. que pertenecen á arbitrios.

HISTORIA. Parece ser esta v. de origen árabe, y asimismo su nombre. Su cast. fué donado por el rey D. Alonso á la órden de Calatrava en el año 1174: habia estado sujeto á Don Fernan Ruiz de Castro, rival de la casa de los Laras, durante la minoridad de aquel rey. Fué *Almoguera* cabeza de la comunidad que componia con las v. de *Brea* y *Albares*, los tres l. *Drieves*, *Mazuecos* y el *Pozo*, y los siete desp. que son: *Valdeormeña*, *Fuente-Espino*, *Fuenvellida*, *Conchuelas*, *Aradueñiga*, *Anos* y *Santiago de Velilla*: conservaron la mancomunidad de pastos hasta el año 1818, en que, advirtiendo los pueblos comuneros los muchos daños y perjuicios que resultaban con la entrada franca de los ganados, celebraron junta y de unánime conformidad acordaron cerrar y acotar los respectivos térm. jurisd. y no dejar abiertos mas que los de los desp., los cuales están esclusivamente sujetos á la jurisd. civil y penal de *Almoguera*. Todos los acuerdos que las mismas v. adoptan para el uso y aprovechamiento de los pastos se celebran bajo la presidencia del alcalde del pueblo, qué hace cabeza, nombrando cada v. su comisionado para que asista á la junta que dicho alcalde ordena y convoca, cuando lo pide ó exige el interés de las pobl. que tienen derecho en la comunidad. En el año 1337 concedió el rey á los que vivian en el cast. de *Almoguera* el privilegio de no pagar otro pecho que la moneda forera del rey D. Alonso. Desmembrado el señ. de esta v. de la órden de Calatrava en virtud de bula pontificia espedida por Clemente VII, fue comprado al emperador Carlos V. por el Excmo. Sr. marqués de Bélgida en el año 1537: tenia el señor la facultad de aprobar la eleccion que hacia el pueblo para los cargos de justicia y ayunt., y el derecho de cobrar anualmente 50 rs. con el titulo de pechas, y de proveer la escribania numeraria. Hace *Almoguera* por armas tres cabezas de moros, dos banderas encarnadas con unos signos árabes, y en medio una cruz y un cast. Es patria de Pascual ó Pascasio, dean de la igl. de Toledo, arz. electo de la misma: murió en junio de 1262.

ALMOGIA: v. con ayunt. en la prov., dióc. y adm. de rent. de Málaga (3 leg.), part. jud. de Alora (3), aud. terr. y c. g. de Granada (17): SIT. en la falda de un monte á la márg. der. y dist. de 1/2 leg. del r. Campanillas, combatida por todos los vientos, y con CLIMA bastante sano; las enfermedades que mas comunmente se padecen, son tercianas, tabardillos y algunos dolores de costado. Cuenta 443 CASAS formando cuerpo de pobl., dos escuelas de primeras letras, á las que asisten 46 niños y 19 niñas, sin que sus maestros disfruten asignacion alguna fija, y un edificio en estado ruinoso, que encierra la sala capitular, la cárcel, el pósito y la carniceria: la igl. parr., dedicada á Ntra. Sra. de la Asuncion, consta de dos naves de órden gótico; sus paredes, bóveda y torre, son de piedra y ladrillo, conteniendo esta un relox con una campana pequeña; cuenta 6 altares de poco mérito, y las alhajas indispensables para el culto; se ignora el año de su fundacion, mediante á que hace mas de 30 se perdió una parte del archivo; pero las primeras partidas que en él aparecen datan del de 1565: está servida por un cura párroco, perpétuo, dos tenientes y un sacristan, cuyo curato se provee mediante oposicion: hay ademas una ermita y dos fuentes de buenas aguas que abastecen al vecindario, recogiendo la sobrante en un abrevadero para las caballerias. Fuera de la v. se cuentan hasta 20, las que se secan en su mayor parte durante el estio; otra de aguas minerales que beben las personas que han perdido el apetito, un cast. arruinado del tiempo de la dominacion árabe, y un cementerio muy reducido y mal cuidado, con buena ventilacion. Confina el TÉRM. por N. con el valle de Abdalajiz, Casa-bermeja y Antequera, por E. con el r. Campanillas, por S. con Málaga y Cártama, y por O. con Alora, todos á 1 1/2 leg. de dist.: en su campo se encuentran hasta 280 casas habitadas por los arrendatarios de las haciendas, comprendiendo su jurisd. 20,300 fan. de tierra, de las que se cultivan 16,200, entre ellas 4,000 de primera clase, 8,200 de segunda y 400 de tercera, estando destinadas á pastos las 4,100 restantes. El TERRENO es casi todo montuoso y quebrado, cuya mayor parte se ha plantado de viñas y arbolados; lo baña el mencionado r. Campanillas, sobre el cual existe un puente de 5 varas de elevacion con un solo arco de piedra y madera; corre de E. á O., siendo tan escaso su caudal, que queda seco durante los meses de verano: los CAMINOS son de pueblo á pueblo, sin mas carreteras que la de Málaga á Antequera, y la CORRESPONDENCIA se recibe de la cap., los mártes, viérnes y domingos por medio de un encargado pagado por el ayunt. PROD.: cebada, trigo, habas, garbanzos, yeros, altramuces, aceite, vino, almendras y muchos higos chumbos; las legumbres, frutas y verduras se importan de Málaga y Alora, pues aunque hay 5 fan. de tierra divididas en algunas huertas, empleadas en estos frutos, no bastan para el consumo del vecindario: cria ganado lanar fino y ordinario, vacuno, de cerda y cabrio; y caza de conejos y perdices, haciéndose tambien alguna cosecha, aunque corta de cera, miel y lana: IND.: una fáb. de jabon blando, otra de aguardiente, un molino de aceite dentro de la pobl., dos en los afueras y varias tiendas de mahones, indianas, quincalla y abaceria; los hombres se dedican por lo regular á la agricultura, arrieria y ganaderia, y las mujeres á la fabricacion de pleitas y sombreros de palma: POBL.: 1,036 vec.: 4,068 alm.: CAP. PROD.: 15.153,520 reales: IMP.: 480,380, prod. que se consideran como cap. imp. á la ind. y comercio 69,960: CONTR.: 110,509 rs 22 mrs. El PRESUPUESTO MUNICIPAL ordinario asciende á unos 15,000 reales. y se cubre con el prod. de propios y arbitrios, que rinden sobre 2,000 rs., cubriéndose el déficit por repartimiento entre los vecinos.

ALMOHADA: puente de piedra en la prov. de Zaragoza y part. jud. de Daroca: SIT. sobre el r. *Huerba*, en el térm. de Villareal, á 200 pasos de la carretera que conduce de Zaragoza á Valencia en el ramal que vuelve á unirse con la misma, en el pueblo de Calamocha, cruzando por el campo de los Romanos. No contiene particularidad alguna que merezca llamar la atencion, y solo es notable por hallarse sobre el r. Huerba mencionado, contiguo á las ventas que llevan su nombre.

ALMOHAJA: léese en la hist. de Cabrera, que habiendo seguido su marcha las fuerzas carlistas que estaban en *Monreal*, por *Alba*, *Pozohondon* y *Orihuela del Tremedal*, los ejércitos reunidos (*de la Reina*) siguieron esta misma direccion hasta *Almohaja*, en donde el general en gefe, conde de Luchana, puso dos de sus escuadrones á disposicion de Oráa, para que continuase sobre Orihuela, ínterin aguardaba en *Almohaja* la infanteria del ejército del N. Perdida ya la aspiral de la *a* en el nombre de *Almohaja*, debió haberse escrito *Almoaja* (V.).

ALMOHARIN: v. con ayunt. de la prov. y aud. terr. de Cáceres (8 leg.), part. jud. de Montanches (2), adm. de rent. de Trujillo (6), c. g. de Estremadura (Badajoz 14), dióc. de San Márcos de Leon en Llerena (18): SIT. en un llano que se estiende al S., resguardada del aire N. por la sierra de San Cristóbal á cuya falda se halla, por cuya razon es uno de los pueblos mas calorosos de la prov., y se padecen tercianas con mayor frecuencia: tiene 430 CASAS bajas y de poca comodidad, distribuidas en calles tortuosas y de mal piso, por carecer de empedrado la mayor parte; una plaza con la casa municipal, pósito, cárcel segura, escuela de niños dotada en 1,800 rs., á la que asisten 100; otra de niñas sin dotacion, á la que concurren 30; igl. parr. dedicada al Salvador, servida por un cura de provision del tribunal especial de las Ordenes Militares, y 7 sacerdotes, é inmediata á ella la ermita de Ntra. Sra. del Rosario. Confina el TÉRM. por N. con el de Valdemorales; E. y S. el Escurial, Miajadas y deh. de D. Benito; O. Arroyo-molinos: comprende 3,000 fan. roturadas y 1,000 montuosas, en las que se cuentan los montes de encina llamados *Dehesa*, *Hoya*, *Retamales*, *Parrilla* y *Patos*, sit. al E. y O. la fuente llamada *Carrasco* muy ferruginosa, y de admirables efectos para las obstrucciones y opilaciones, adonde concurren tambien á bañarse muchas personas, y lo haria un número considerable, si se construyeran baños que ofreciesen alguna comodidad; y la ermita titulada de Sopetran á 3/4 leg. y cerca de la referida deh. de D. Benito: cruza el térm. el riach. *Muelas*, y lo divide del de Miajadas el *Búrdalo*: el TERRENO es llano, lo que se halla á la parte del S.; los demas cerros y valles, con una parte de la sierra de San Cristóbal pedregosa y con monte de rebollo; todo es laborable, aunque de segunda y tercera calidad á propósito para olivos, por cuya razon hay muy buenos plantios, y escaso de aguas, principalmente en los montes, lo que perjudica mucho para engordar los cerdos que los aprovechan: los CAMINOS son locales y de herradura; se recibe el CORREO en Montanches por medio de balijero dos veces á la semana: PROD.: trigo, centeno, cebada, avena, habas, lino, garbanzos, vino, aceite y bellota; se crian y ceban algunos cerdos, ovejas, cabras, las yuntas de bueyes y vacas necesarias para la labor, las caballerias para lo mismo, que en su mayor parte son jumentos, y poca caza menor: IND.: una fáb. de tinajas pequeñas y otros cacharros: telares de lienzo y colchas de lino y lana manejados por mujeres; cinco molinos de aceite y otros tantos de harina sobre el Búrdalo, y se comercia alguna cosa de ganado de cerda: POBL.: 400 vec.: 2,191 alm.: CAP. PROD. 2.845,500 rs.: IMP.: 142,279: CONTR.: 20,437 rs. 20 mrs.: PRESUPUESTO MUNICIPAL: 14,500 rs., del que se pagan 3,300 al secretario, y se cubre con el prod. de propios y arbitrios, que consisten en fincas y pastos pertenecientes á la v. Es fama que fundó esta v. un moro del linage de los Almohades, quien la puso su nombre; labrando un cast. ya enteramente derribado. Fue ald. de Montanches, y se eximió el año 1588; haciéndose v. y sugetándose al part. de Mérida.

ALMOHARINEJO: arroyo en la prov. de Badajoz, part. jud. de D. Benito: tiene su origen en Valdemorales, part. jud. de Montanches en la prov. de Cáceres; pasa por medio del pueblo de Almoharin y entra en el térm. de D. Benito por la deh. de las Mezquitas, uniéndose al r. Búrdalo por bajo del puente que este r. tiene en el mismo térm., y sirviendo uno de sus tres ojos para dar paso á este arroyo, es vadeable en todo tiempo; tiene un molino harinero; no cria pesca.

ALMOITE (SANTA MARIA DE): l. y felig. en la prov. y dióc. de Orense (3 leg.), part. jud. de Allariz (2 1/4), y ayunt. de Baños de Molgas: SIT. sobre una colina, defendido de los vientos O.: CLIMA sano: sobre 58 CASAS forman esta pobl.; la igl. parr. (Sta. Maria) es bastante buena; sufrió un detrimento en la última guerra; tiene los ornamentos necesarios; su curato es de entrada y el patronato laical: en 1833, y á costa de los vec., se construyó el cementerio rural al O. del pueblo. El TÉRM. confina por N. y E. con el de la felig. de Maceda, por S. con Baños de Molgas y r. Arnoya, y por O. con San Martin de Betan. El TERRENO es montuoso; pero feraz y en parte bueno para el cultivo: los CAMINOS son de herradura y malos: el CORREO se recibe de Maceda: PROD.: centeno, maiz, patatas, lino, algun trigo, habas, frutas y hortalizas; cria ganado con abundancia, y se encuentra alguna caza de perdices y conejos: POBL.: 60 vec.: 240 alm. CONTR. con su ayunt. (V.).

ALMOLDA (LA): v. con ayunt. de la prov., aud. terr., c. g. y dióc. de Zaragoza (10 leg.), part. jud. y adm. de rent. de Pina (5): SIT. en la falda meridional de una sierra, donde le baten principalmente los vientos del N. y E.: su CLIMA, aunque por lo regular es sano, propende á enfermedades inflamatorias y carbunclos por efecto de la aridez y salobridad del suelo. Tiene 310 CASAS de construccion ordinaria, distribuidas en varias calles y plazas de figura irregular, aunque aseadas y sin empedrar; hay una carniceria, un matadero, una escuela de primeras letras pagada por los padres de los niños, á la que concurren de 100 á 110; y una igl. parr., bajo la advocacion de Ntra. Sra. de la Luz, servida por 1 cura, 2 beneficiados y 1 sacristan; el curato es de segunda clase, y su presentacion corresponde á patronos particulares. Dentro del pueblo hay tambien una ermita dedicada á San Antonio, y á poca dist. hácia la sierra otra á Sta. Quiteria, cuyo edificio es muy grande y hermoso; y dos balsas de agua muy buena, de la que se surten los vec. para beber y todos los usos domésticos. Confina el TÉRM. por el N. con el de Castejon de Monegros (1 leg.), por el E. con el de Osera (1 1/2), por el S. con el de Valfarta (2), y por el O. con el de Jelsa: en su circunferencia se encuentran varias balsas para abrevar los ganados. El TERRENO parte llano y parte quebrado, es de buena calidad, pero de secano, por lo que aprovecha solo para la siembra de granos. El monte carece de arbolado, roturada que fue la partida llamada Sabinal, donde se criaban sabinas muy robustas y de grande utilidad para estacadas de r. Las yerbas de pasto son muy abundantes y de la mejor especie. Los CAMINOS son todos de pueblo á pueblo. PROD. trigo, cebada, avena mucho ganado lanar y cabrio. IND.; telares de lana y lino: POBL.: 260 vec., 1,283 alm.: CAP. PROD.: 2.610,806: CAP. IMP.: 142,300: CONTR.: 37,014 rs. 20 mrs.

ALMONACID: granja en la prov. de Sória (6 leg.), part. jud. de Almazan (2), dióc. de Sigüenza (9): SIT. en una ladera dominada por todas partes de cerros bastante elevados: ha tenido mayor número de CASAS, cuyos cimientos se encuentran en todos sus alrededores. Las que en el dia existen son de mala construccion y pequeñas, escepto la que fue igl., que está reducida á casa, y es de mayor capacidad, siendo sus paredes y estribos de piedra silleria; asi como el arco de la puerta. Sobre esta hay una piedra de tres cuartas de largo y dos de ancho, que ha tenido una inscripcion, la que destruida por las aguas, no es posible comprender. No se puede fijar con exactitud la época en que dejaron de celebrarse los oficios divinos en ella; sin embargo, por lo que se deduce de algunas cartas de venta y escrituras, debió de ser en el año 1500, poco mas ó menos; lo que mas hace creerlo asi es, que en aquel tiempo se despobló enteramente la granja. Ha tenido siempre alc. p. con igual jurisd. que los de su clase, hasta el año de 1836, en que por Real órden se mandó que las granjas se incorporasen á los pueblos mas inmediatos: desde entonces hay un teniente alc. nombrado por el ayunt. de Nepas, á quien se unió: tiene dos fuentes á su inmediacion, que corren por un barranco bastante profundo; su TÉRM. se estiende 1/2 leg. de N. á S., é igual dist. de E. á O., y confina con los pueblos de Nepas, Escobosa, Neguillas, Perdices, y Moñas; se encuentra en él y al N. una ermita dedicada á Maria Santísima, bajo el título de los Santos: á pesar que su construccion manifiesta poca ant., no se conserva documento alguno que fije el tiempo de su instalacion: el TERRENO es escabroso en su mayor parte y de mala calidad, y tiene un montecito con el nombre de la Mata, que compró á la corona; se ignora el tiempo en que se hizo esta compra, pero debió ser mucho ántes del año 1812, porque en aquella época hicieron los vec. una informacion, que prueba haber tenido la ejecutoria de su posesion: PROD.: cebada: trigo, avena, y algunas legumbres con bastante escasez; cria ganado lanar, y hay seis yuntas de labor: POBL.: 2 vec., 9 alm.: CAP. IMP., 7,268 rs. 30 mrs.

ALMONACID: pueblo desaparecido en el reino de Valencia, á 1 leg. de *Segorbe*, el cual daba nombre al valle de *Almonacid* (V.).

ALMONACID (VALLE DE): comprendia este ant. valle del reino de Valencia los pueblos de *Almonacid*, que lo daba nombre, *Ahir*, *Malhèt*, *Algimia*, *San Juan* y *Torrs Somera*. Estos l. fueron primero del duque de Sessa, y por confiscacion pertenecieron al Rey, de quien los compró el conde de Aranda, y despues los poseyó D. Pedro de Urrea. En el año 1526 se rebelaron los moros de este valle con los de *Estida*, *Ugo* y *Segorbe*, á causa del edicto, por el cual se les obligaba á bautizarse, ó pasar al Africa. Se retiraron á la montaña de Espadan en número de mas de 4,000, y eligiendo por su Rey á un llamado Corbau, que tomó el nombro de Selim Almanzor, resolvieron hacer guerra á los cristianos. Estos se reunieron en gran número en Valencia, y poniéndose á su frente el duque de Segorbe, fueron á atacarles. Los moros se defendieron con mucho valor y les obligaron á retirarse. Con esta victoria se hicieron tan orgullosos, que todos los pueblos inmediatos sufrian mucho de sus correrias, hasta que en Valencia se formó un cuerpo considerable de tropas veteranas, y salió en su busca. Defendiéronse los moros en la montaña de Espadan, donde se habian hecho fuertes; pero fueron vencidos, quedando muertos 2,000 en el campo, y los 2,000 restantes prisioneros, entre los cuales se hallaban los principales autores de la sedicion, que pagaron con sus vidas. Los demas fueron dispensados y se restableció el órden.

ALMONACID DE LA CUBA: r. de la prov. de Zaragoza en el part. jud. de Belchite; se forma de los arroyuelos de Herrera y del Villar de los Navarros, reuniéndose debajo de Herrera, se hunden y ocultan hasta que renacen en los térm. de Azuera, cuyo pueblo bañan consumiéndo comunmente todo su caudal. Sin embargo, debajo de Azuera en el mismo cáuce ó rambla brotan algunos manantiales que discurren hácia Letux. Por otra parte en los térm. de Segura nace otro riach. que discurre por Mayeas, Huesa, Blesa y Moneva, y se hunden y ocultan hasta cosa de 1/4 de leg. de Sampér, del Salz, que nacen las fuentes de Alhayar cuyas aguas discurren por este pueblo y l. hasta Letux. En este pueblo se reunen dichas aguas con las que vienen de la rambla ó r. de Azuara, las cuales dan el nombre al r. Almonacid, que algunos llaman r. Aguas ó r. de Aguas Vivas. Este discurre por Letux, y llegando á la Cuba de Almonacid, sirve esta de presa para tomar las aguas y conducirlas por dicho pueblo hasta Belchite, que no tiene otra agua para beber y regar sus térm., escepto la partida llamada la Riera de huertos de hortalizas y frutales, que se riega con las aguas que nacen mas abajo de la Cuba. Belchite trae las aguas desde la Cuba por una acequia, que será una hora de larga, y aunque fuera de cuando el r. hace alguna salida, coge en la Cuba toda el agua que baja, en tiempo de verano especialmente es muy poca, y nada se cria por lo regular. El cáuce ó r. sigue desde la Cuba, seco por lo comun, y pasa por la riera de Belchite, á cosa de medio cuarto de la v., por Vinaceite, Almochuel de San Agustin, Azayla, venta de Romana y Lazaida, donde desagüa en el r. Ebro. Solo, pues, hasta la Cuba hay agua en todo tiempo, en el verano ménos de media muela, y seis ú ocho veces mas en el invierno, segun es mas ó menos lluvioso. Desde la Cuba en adelante no corre el agua sino cuando llueve, y hace alguna salida que dura dos ó tres dias. Antes, que abundaban mas las aguas, se criaban algunos barhos delicados, pero en el dia son rarisimos por falta de agua. Letux, Almonacid y Belchite por la Cuba riegan en todo tiempo con las aguas del r.: los demas pueblos, cuando llueve y baja agua. No hay ninguna barca ni otros puentes que la Cuba de Almonacid, que sirve de presa y de puente: en Belchite hay un arco solo sobre el r., por donde pasan las gentes cuando hay avenidas: para que pasen las caballerias es menester subirlas á mano. La Cuba es de cal y piedra que llaman piñonada; su antigüedad se dice vulgarmente que es de tiempo del Rey D. Jayme. El arco de Belchite es de ladrillo, su basa de piedras sillares; y nadie dá razon de su origen: aquella está para durar eternamente; pero este tan descarnado por los cimientos, y como nadie cuida de él, el mejor dia caerá en tierra, pues como dicen las gentes, está degollado.

ALMONACID DE LA CUBA: l. con ayunt. de la prov., aud. terr., c. g. y dióc. de Zaragoza (7 1/2 leg.), part. jud. y adm. de rent. de Belchite (1 hora.): SIT. entre un barranco y el r. Aguas, en la caida de un cerro, rodeado de cabezos bastante elevados, y que le resguardan de todos los vientos, lo que hace que su CLIMA no sea de los mas sanos, y que se desarrollen con facilidad enfermedades pleuréticas, catarrales, gástricas y reumáticas. Forman la POBL. 90 CASAS, 6 de ellas de tres pisos, y las restantes, por lo regular, de dos; distribuidas en 2 calles, 7 callejuelas y 2 plazas llamadas, una de la Iglesia, y la otra del Rebote: la primera es cuadrada, y contiene la casa municipal, cárcel y la igl.; y la segunda cuadrilonga. Tanto las calles como las plazas están sin empedrar; sin embargo, son limpias, porque si se esceptúan dos que hay llanas, las demas son muy pendientes. Hay un hospital para enfermos pobres y transeuntes, pero sin rent.; por lo que su existencia es de poca utilidad: una escuela de primeras letras, dotada en 1,000 rs. vn., á la que asisten 30 niños; y una igl. parr., bajo la advocacion de Sta. Maria la Mayor, servida por un cura y un sacristan: el curato es de primer ascenso, y se provee por S. M. ó el diocesano, mediante oposicion en concurso general: el edificio es de piedra, de órden gótico, y consta de una sola nave de 120 palmos de long., 50 de lat., y 80 de elevacion, con 9 altares; la torre, de la misma fáb. que la igl., se eleva 130 palmos, y contiene un relox regular. Ademas hay dentro del pueblo una fuente con cuatro caños para el surtido del vecindario; el cementerio ocupa un punto ventilado fuera de la pobl.: el TÉRM. confina por el N. con el de Fuen-de-Todos (1 1/2 horas.), por el E. con el de Belchite (1/4), por el S. con los de Lécera y Letux (1), y por el O. con el de Azuera (1): dentro de su circunferencia se encuentran varias fuentes y manantiales, aunque de poco caudal, y 10 corrales para encerrar ganado: el TERRENO por las inmediaciones de la pobl. es llano, pero luego continúa montuoso y quebrado; sin embargo, es todo de mediana calidad, se cultivan sobre 800 cabizadas de huerta, y unas 1,400 yuntas de secano: carece de pinar y carrascal; pero esta falta se suple muy bien con el inmenso número de latoneros que por todo él se crian; de este árbol se surten de leña los vec., y fabrican muchos centenares de horcas, instrumento que usan los labradores para hacinar la mies en la era, las cuales venden en todos los pueblos de Aragon, originándose de aqui, que por muchos se dé á este l. el nombre de Almonacid de las Horcas. Como se dijo, pasa inmediato á la pobl. el r. Aguas en direccion al E., y de sus aguas se sirven para el riego; al efecto hay en él una gran presa de unas 100 varas de largo y 10 de grueso, fabricada de mortero; la cual cierra tan completamente la corriente, que bien pudiera decirse que desde ella en adelante no existe ya tal r., á no ser por las avenidas; desde ella se escorren las aguas á una crecida acequia que fertiliza los térm., y proporciona la necesaria para beber á los hab. de algunos pueblos: sirve tambien la espresada presa de puente, escepto en las inundaciones. No se sabe la época en que fue construido; pero se cree comunmente ser del tiempo del rey D. Jayme el Conquistador; se le designa con el nombre de Cuba, y de ella ha quedado al pueblo el sobrenombre que lleva. Los CAMINOS son locales, de herradura y de carro, y se hallan en un estado regular. El CORREO se recibe por medio de un peaton que le toma en Belchite los mártes y viérnes: PROD. trigo, cebada, avena, maiz, patatas, azafran, alguna seda, y escasas hortalizas y frutas: cria ganado lanar con abundante número de corderos y lana, caza de perdices, conejos y liebres; y pesca de barbos y madrillas. La IND., ademas de las profesiones y oficios mecánicos mas indispensables, consiste en la elaboracion de las horcas, algunos telares de lienzos ordinarios y de estameñas, dos molinos harineros y un batan. El COMERCIO, á la venta de algunos de estos efectos, particularmente de las horcas, lana y demas art. sobrantes: POBL.: 101 vec.: 480 alm.: CAP. PROD.: 2.071,200 rs. vn.: CAP. IMP.: 124,200 rs.: CONTR.: 25,325 rs. 6 mrs. vn.

ALMONACID DE LA SIERRA: v. con ayunt. de la prov., aud. terr., c. g. y dióc. de Zaragoza (9 leg.), part. jud. y adm. de rent. de la Almunia (2): SIT. en el estenso valle que forma la sierra de Algairen en su direccion de E. á O., la que lleva el nombre de la v. que se describe y se prolonga desde el estremo SO. de la anterior hasta el N.; se halla bien combatida de los vientos y goza de cielo alegre y CLIMA saludable. Tiene 300 CASAS de regular construccion distribuidas en varias calles y plazas espaciosas y bien empedradas; un pósito, una carniceria, dos posadas públicas, una escuela de primeras letras pagada de los fondos del comun, á la que concuren de 80 á 100 niños, otra particular para las niñas en la que ademas de las labores propias de su sexo, se les enseña á leer y escribir, y una igl. parr. bajo la advocacion de la Asuncion de Ntra. Sra., servida por un cura, un coadjutor, un esclaustrado agregado á la parr. y un sacristan. El curato es de segundo ascenso y de presentacion particular. Fuera de la pobl. y en parage que no daña á la salud pública está el cementerio y se encuentran dos ermitas y diferentes manantiales de aguas delgadas de las que se sirven los vec. para su surtido. Confina el TÉRM. por el N. con el de la Almunia (1 hora), por el E. con el de Alfamen (1/2), por el S. con el de Cosuenda (1/4), y por el O. con el de Toved y Alpartir (1/2 leg.). El TERRENO llano en general es de buena calidad y muy feraz, aunque pudiera serlo mas á tener las aguas suficientes para el riego: pasan de 5,600 las yugadas de tierra que se cultivan; hay un pequeño carrascal, un estenso terreno poblado de maleza, y deh. de finas yerbas de pasto que abrazan al rededor de 6,220 yugadas. Los CAMINOS son todos locales. PROD.: vino, trigo puro, centeno, cebada, avena, garbanzos, judias, pocas frutas y hortalizas, y cria ganado lanar, cabrio y alguna caza. IND.: se reduce á algunas alfarerias, fáb. de aguardiente y la arrieria: COMERCIO: el que ofrecen los art. espresados que se esportan en su parte sobrante, importándose el aceite y géneros ultramarinos: POBL.: 286 vec.: 1.361 alm.; CAP. PROD.: 2.876,263 rs.: CAP. IMP.: 192,300 rs.: CONTR.: 32,807 rs. 32 mrs. vn.

ALMONACID DEL MARQUESADO: v. con ayunt., en la prov., adm. de rent. y dióc. de Cuenca (10 leg.), part. jud. de Belmonte (5 1/5), aud. terr. de Albacete (21), c. g. de Castilla la Nueva (Madrid 18): SIT. en la falda de un cerrito que se levanta por el N., donde la combaten con libertad todos los vientos: su CLIMA es sano. Tiene 177 CASAS de mala construccion, y pocas comodidades, formando varias calles, algunas de las cuales se ponen intransitables en tiempo de lluvias. Hay casa consistorial, con cárcel y pósito; una escuela de instruccion primaria, igl. parr., y una fuente de buena calidad para el surtido de los vec. Confina el TÉRM. por el N. con los de Castillejo y Villalva, por el E. con los de Villarejo de Fuentes é Hito, por el S. otra vez con el de Villarejo, y por el O. con el de Puebla de Almenara; en él se encuentran los desp. denominados de San Clemente y de San Miguel; y le bañan dos arroyos, que en temporadas de lluvias tienen salidas impetuosas. El TERRENO, aunque no de lo mas fértil, es de buena calidad; se cultiva como la mitad, y aun pudiera roturarse una pequeña parte de lo inculto. Hay viñedo y olivar: PROD.: trigo, centeno, cebada, escaña, patatas, vino, aceite, legumbres y hortalizas abundantes, yerbas medicinales, canteras de pedernal y de jaspes de diferentes colores; tambien se sospecha haber minas de metales, pero no se han hecho catas ni se benefician: POBL.: 202 vec., 786 alm.: CAP. PROD.: 1.569,540 rs.: IMP.: 78,477 rs.: CONTR.: 14,000 rs.: importan los consumos 7,526 rs. 13 mrs.

ALMONACID DE TOLEDO: l. con ayunt. de la prov., dióc., y adm. de rent. de Toledo (3 leg.), part. jud. de Orgaz (2), aud. terr. y c. g. de Madrid (12): SIT. á la falda de una sierra y orilla del r. Guadiela; goza de buena ventilacion; CLIMA templado, escepto cuando sopla el N. que se convierte en frio, y se padecen calenturas catarrales, remitentes y gástricas: tiene 123 CASAS útiles y 60 arruinadas, que forman 29 calles y una plaza, con casa consistorial, cárcel, pósito, carniceria, un hospital con dos empleados, y camas para cuatro enfermos, fundado por el Ilmo. Sr. D. Silvestre Garcia Escalona, ob. de Salamanca, con 2,000 rs. de dotacion: escuela de niños, dotada por los fondos públicos en 1,600 rs., á la que asisten 46; otra de niñas, á la que concurren 14 por cuenta de sus familias; é igl. parr. servida por un cura y un esclaustrado: confina el TÉRM. por N. con las deh. de Ochocientas y Majazala, E. el térm. de Villaminaya, S. el de Mascaraque, y O. el de Chueca: abraza 2,600 fan. de tierra, de las que se cultivan 2,400, y son 20 de primera calidad, 400 de segunda, y 1,980 de tercera: tiene solo de notable en esta comprension el cast., que se halla sit. en la cúspide de la sierra al S. del pueblo: los CAMINOS son locales, y en buen estado: se recibe el CORREO en Toledo por medio de balijero, tres veces á la semana: PROD. trigo, cebada, centeno, algarroba, garbanzos, vino, aceite, patatas; se mantiene ganado lanar, de cerda, caballerias mayores y menores, vacuno cerril y de labor: POBL.: 200 vec., 807 alm.: CAP. PROD.: 783,678 rs.: IMP.: 24,192: CONTR., 27,135: PRESUPUESTO MUNICIPAL; 9,600, del que se pagan 2,200 al secretario, y se cubren con el valor de propios y arbitrios, consistentes en dos prados, derechos de alcabalas, correduria, almotacenia y reparto vecinal; fácil, es advertir que las cantidades señaladas por contr. y presupuesto esceden al CAP. IMP. en 12,543 rs., lo cual no deja de ser una prueba bastante triste de la exactitud de nuestras estadísticas.

HISTORIA. Cuéntase Almonacid entre los pueblos con que dotó el rey D. Alonso á la igl. de Toledo, despues de la conquista de esta c. En el cast. de Almonacid fué tenido largo tiempo preso el conde de Gijon, de órden de D. Juan I de Castilla, á causa de las pretensiones de este rey á la corona de Portugal, habiendo muerto sin sucesion el rey D. Fernando, para prevenir que este infante no pasase á Portugal y se llamase rey: estuvo bajo la guardia de D. Pedro Tenorio, arz. de Toledo, hasta el año 1391, que no contento este prelado con el nombramiento de gobernadores, para regentar el reino, durante la minoridad del rey D. Enrique, pidió se le exonerase de este cuidado, y el conde fué trasladado á Monterrey, á cargo del maestre de Santiago. El dia 10 de agosto del año 1809 Juntó el general Venegas sus fuerzas en Almonacid. En la creencia de que los franceses solo eran 14,000, repugnábale desamparar la Mancha, inclinándose á presentar batalla. Oyó sin embargo antes la opinion de los demás generales, la cual coincidiendo con la suya, se acordó entre ellos atacar á los franceses el 12, dando el 11 descanso á las tropas. Mas en este dia previnieron los enemigos los deseos de los españoles, trabando la accion en la madrugada. Componíase la fuerza francesa del 4.° cuerpo al mando de Sebastiani y de la reserva á las órdenes de Dessolles y de José en persona, cuyo total ascendia á 26,000 infantes y 4,000 caballos. Situáronse los españoles delante de *Almonacid* y en ambos costados: el derecho le guarnecia la segunda division, el izquierdo la primera, y ocupaban el centro la cuarta y la quinta. Quedó la reserva á retaguardia, destacándose solo de ella dos ó tres cuerpos. Distribuyóse la caballeria entre ambos estremos de la linea, escepto algunos ginetes que se mantuvieron en el centro. Empezó á atacar el general Sebastiani, antes que llegase su reserva, dirigiéndose contra la izquierda española. Vióse por tanto muy comprometido un cuerpo de la primera division, fué herido mortalmente el teniente coronel de Bailen D. Juan de Silesa. Inútilmente fué á su socorro el general Giron, hasta que desplegando al frente de las columnas enemigas D. Luis Lacy con lo restante de su primera division, contuvo á aquellas y las rechazó, apoyado por la caballeria. A la sazon llegó el general Dessolles con parte de la reserva francesa, y animando á los soldados de Sebastiani renovóse con mas ardor la refriega. Viéronse tambien entonces acometida la cuarta y quinta division española: la última colocada á la derecha de *Almonacid*, dió luego indicio de flaquear; mas la otra sostúvose bizarramente, distinguiéndose los cuerpos de Jerez, Córdoba y Guardias españolas, guiado el 2.° con conocimiento y valentia por D. Francisco Carvajal. Cargaba igualmente la caballeria y anunciábase allí la victoria, cuando muerto el caballo del comandante de aquellos ginetes, vizconde de Zolina, hombre de nimia superstícion, aunque de valor no escaso, paróse este, tomando por aviso de Dios la muerte de su caballo. Entre tanto acudió José con el resto de la reserva al campo de batalla, y rota la quinta division que ya habia flaqueado, penetraron los franceses hasta el cerro del cast., al que subieron despues de una muy viva resistencia. Llegó con esto á ser muy crítica la situacion del ejército español, en especial de la gente de Lacy, por lo cual Venegas juzgó prudente retirarse. Para ello ordenó á la segunda division del mando de Vigodet, que era la menos comprometida, que formase á espaldas del ejército. Ejecutó dicho gefe esta maniobra con prontitud y acierto, siguiendo á su division la 4.ª de Castejon. No bastó tan oportuna precaucion para verificar la retirada ordenadamente; pues asustados algunos caballos con la voladura de varios carros de municiones, dispersáronse ó introdujeron desórden. De allí no obstante con mas ó menos concierto, dirijiéronse todas las divisiones por distintos puntos á Herencia, y en seguida á Manzanares. Costó á los españoles la batalla de Almonacid 4,000 hombres, unos 2,000 á los franceses (*).

ALMONACID DE ZORITA: v. con ayunt. de la prov., y adm. de rent. de Guadalajara (8 leg.), part. jud. de Pastrana (2), aud. terr. y c. g. de Madrid (15), dióc. de Toledo (20). SIT.: á la falda de la sierra de *Buendia* en parage llano, hermoso y deleitable, defendido del aire E., y ventilado por los demas: goza de CLIMA saludable, no esperimentándose otras enfermedades que las propias de las estaciones, y algun reuma entre las personas que se dedican al riego: tiene 300 CASAS, de mala construccion en lo general, de dos pisos, habitable el segundo, y destinado el bajo para las oficinas de cueva, aceitero, cuadra y demas necesario; hay algunas bastante cómodas y capaces; y son notables sobre todas, las de los condes de San Rafael y de Saceda, que contribuyen á hermosear la pobl., la primera se halla en una estremidad, y tiene una hermosa huerta cercada, la segunda está contigua al colegio de Jesuitas que allí existió, cuyo edificio es uno de los principales, por su buen gusto y arquitectura: su igl. está destinada al culto por haberse trasladado á ella la imágen de Ntra. Sra. de la Luz, patrona del pueblo, que antes existia en una ermita bastante deteriorada, á pesar de haberse habilitado para cuartel de la Milicia Nacional; en el resto de aquel edificio se halla el archivo de la v. y la escuela, la cual está dotada con 2,200 rs., y asisten á ella 30 discípulos: una vecina del pueblo instruye á 5 ó 6 niñas sin mas retribucion que unos 200 rs. que tambien percibe de los fondos públicos: la igl. parr., dedicada á Sto. Domingo de Silos, es un edificio regular: tambien lo es la torre del relox, construida en los términos que aparecen de la siguiente inscripcion:

REINANDO FELIPE II,
Y SIENDO SU GOBERNADOR EN ESTE PARTIDO DE ZORITA
EL LICENCIADO D. JOAQUIN DE CÉSPEDES, HICIERON LOS VECINOS
DE ESTA VILLA DE ALMONACID ESTA TORRE;
AÑO DE 1589.

Hay ademas un hospital que carece de rent. fija; pósito con el cap. de 240 fan. de trigo centenoso; cárcel, y una casa que habitaban los gobernadores ó alc. m., destinada para las sesiones del ayunt. por estar arruinada la propia de la municipalidad; todos estos edificios forman calles, aunque irregulares y mal empedradas, llanas y limpias; y dos plazas de bastante estension: en la principal se celebran los mercados, tiene portales en 3 de sus aceras, y en el centro una fuente de 4 caños de agua potable: la otra se titula el *Coso*. Tiene tambien una fuente con un caño, y hay entre otras una casa de la v., desde donde el ayunt. preside las corridas de novillos: hay otra fuente con caño en una de las calles, y ademas de estas aguas atraviesan el pueblo varias acequias construidas de piedra silleria, que dan paso á la corriente de un arroyo, cuyo nacimiento está muy proximo: en los AFUERAS se hallan otras dos buenas fuentes, la una de un caño, y la otra de seis; sus aguas surten un hermoso lavadero de ropas, fabricado de piedra silleria á un tiro de bala de dist.; algo mas cerca está el conv. de monjas de la Concepcion, procedente del que en principios del siglo último se trasladó desde Escariche, y en sitio elevado se encuentra el cementerio construido en 1818: no hemos hecho mencion de la muralla que este pueblo tuvo, porque solo se conservan de ella 4 arcos que dan frente á los cuatro lados cardinales, y eran las puertas de comunicacion. Confina el TÉRM. por N. con el r. Tajo, á 1/2 leg. de dist., E. con el térm. de Buendia á 1 leg.; S. con el de Albalate de Zorita á 1/4, y O. con el de Zorita de los Canes á 1/8, estendiéndose por lo tanto 3/4 de N. á S., y 5 de E. á O.: comprende 7,500 fan. de tierra, en las cuales estan incluidas unas 1,000 fan. de monte de buena calidad, y los cerros que no se cultivan: ademas de este monte posee este pueblo el de la *Bugeda*, que forma térm. separado (V.): el TERRENO participa de llano y cerros, formando estos con el nombre de Sierra de San Anton, una cord. árida y escabrosa, parte integrante de la sierra de *Buendia*, y sigue enlazándose con las de *Altomira*: su calidad es floja, y por las faldas de la sierra, pedregoso, se cultivan 1,600 fan. divididas en pedazos de 2 y 3; habrá 300 de primera clase, 500 de segunda, y 800 de tercera: de todas ellas se riegan unas 400; sin embargo de lo cual, producen muy poco: para facilitar el riego hay construidos 4 canales, llamados Peliñas, Villar, Barranco de Arriba, y Barranco de Abajo: en esta operacion se observa un turno rigoroso, cuyo derecho está siempre consignado en los documentos de propiedad de las fincas: hay ademas 50,000 vides, 38,000 pies de olivo, y van roturándose algunos pedazos en los sitios en que lo permite la sierra, para aumentar este plantio: hay tambien una alameda á 1/4 leg. del pueblo, bien poblada de árboles y arbustos, y con abundancia de aguas: el r. Tajo corre á la dist. de 1/2 leg., al confin del térm., segun se ha indicado, y sobre él se halla una barca que pertenece á los propios, y un molino harinero: los CAMINOS son locales, y á escepcion del que conduce á Albalate, que solo tiene 1/2 leg., todos los demas se hallan en mal estado: se recibe el CORREO tres veces á la semana en la estafeta de la cab. del part., por medio de balijero: PROD.: vino, aceite, cáñamo, trigo, cebada y algunas legumbres: se mantiene ganado lanar, cabrio, y 200 caballerias mayores y menores, destinadas á la labranza: IND.: cuatro telares de lienzo para el uso de los moradores: se sostiene algun comercio en la saca de los primeros frutos é importacion de cereales que faltan, en las dos tiendas de géneros y abaceria, y en el mercado que se celebra los jueves de cada semana; hay tambien una feria el 8 de setiembre, pero solo es de nombre: POBL., 300 vec., 1,265 alm.: CAP. PROD.: 14.380,000 rs., IMP.: 438,000: CONTR.: 30,683 rs. 3 mrs.: PRESUPUESTO MUNICIPAL: 29,000; se cubre con el prod. de los bienes de propios, que consisten en 3 hornos de cocer pan, la barca, el molino harinero, otro de aceite, y unas 150 fan. de tierra que solo alcanzan lo mas á 20,000 rs., y el resto por repartimiento vecinal.

HISTORIA. Refiere el P. Henao haberle informado persona noticiosa y residente de muchos años atras en la v. de Almonacid de Zorita, hallarse á 1/2 leg. de ella una eminencia sobre la junta y puente de Tajo y Guadiela, con nombre de *Recópolis*, usado inmemorialmente por todos los moradores de aquella comarca, y que muchos, subiendo á pasearla, veian en lo mas alto no solamente ruinas de edificios, sino huesos y calaveras, siendo la capacidad del espacio, llamado *C. de Recópolis*, con ruinas y rastros de murallas, como para 4,000 casas, teniendo esta eminencia una fuente de escelente agua, en plaza anchurosa; por el lado de poniente subida inaccesible, y toda de peña natural, tan lisa como hecha por el arte; por el mediodia el Guadiela, por el set. el Tajo, y presentando solo por el oriente una caida hácia la v. de Poyos. Si en este sitio es donde fundó el rey Leovigildo la c. *Recópolis*, que el Biclarense dice haber fundado en la Celtiberia el décimo año de su reinado, dándola este nombre por el de su hijo (*Recaredo*), adornándola con obras admirables, con murallas y arrabales, y concediendo al pueblo privilegios de una nueva c.; de cuya c. refieren casi lo mismo San Isidoro y el Emilianense: *urbem in Celtiberia fecit, et Recopolim nominavit*; y si Recópolis fue totalmente destruida en la invasion de los sarracenos, como refiere Ferreras, parece natural atribuir el origen de la v. de *Almonacid* á los restos de aquella pobl., sobre alguna de sus dependencias enunciadas por el Biclarense; y se presenta mas probable la fundacion de Leovigildo en este sitio, que no en *Ripoll*, como juzgó Garibay, cuya opinion siguieron Pujades y otros, que el mismo cita, ó en *Ricla*, como creyó Moret (V. RECOPOLIS). Morales y Mariana la redujeron á este sitio, llamándolo el primero *uno de los mas altos y fuertes que se pueden hallar en España*. El moro Rasis, en su descripcion de España, presenta á Recópolis con el nombre *Racopel*, partiendo térm. con el de *Santa Vera* y con el de *Zurita*. Parece Almonacid obra de los árabes y á ellos debe indudablemente su nombre. Sobre los años 1576 contaba 800 vec. En todos los sitios públicos de esta v. se ven las armas de los caballeros de Calatrava, hallándose comprendido en el terr. de las órdenes. Su consejo proponia terna para el nombramiento de corregidor, con el nombre de gobernador, y á él estaba aneja la subdelegacion de montes y plantios, penas de cámara, y pósitos. Correspondia á la encomienda de Zorita,

(*) *Toreno, hist. del levantamiento, guerra y revolucion de España; tom. 2.°, pág. 67.*

pagando anualmente á la mesa maestral 85 fan. de trigo centenoso, y otras 85 de cebada, ademas 823 rs., 18 mrs.; y por la escribanía de órdenes 200 rs. el escribano que la desempeña.

ALMONASTER LA REAL: v. con ayunt. de la prov., y adm. de rent. de Huelva (14 leg.), part. jud. de Aracena (4), aud. terr., c. g. y dióc. de Sevilla (16): SIT. en una cord. próxima al arroyo Nogales: disfruta de buena ventilacion y de CLIMA saludable, si bien se desarrollan algunas pulmonías. Tiene 240 CASAS en la parte que constituye la v. algunas de ellas cerradas por falta de moradores, y 285 en las ald. ó cas. las primeras son bajas por lo regular, pero bien distribuidas y forman calles incómodas por su posicion en cuesta, aunque bien empedradas y limpias: entre las segundas se encuentran muy pocas de dos pisos. Hay una escuela de primeras letras dotada en 1,100 rs. al año, mas la retribucion convenida de los 30 alumnos que por lo comun concurren á ella; una igl. parr. bajo la advocacion de San Martin Ob. fundada por los años 1300; sirven el culto 1 cura ecónomo de primer ascenso y de nombramiento del ordinario, 1 teniente, 1 beneficiado de nombramiento tambien del diocesano, 4 presbíteros, 1 sochantre, 1 sacristan, 1 organista y 3 acólitos: el templo se halla en bastante mal estado y necesita pronta reparacion; y en la plaza principal una capilla dedicada á la Santísima Trinidad. Fuera del pueblo, á unos 100 pasos se ven un cast. arruinado, y en él una ermita titulada Ntra. Sra. de la Concepcion; otra ermita denominada de Cristo de la Humildad á 120 pasos, á 140 la de San Sebastian; el cementerio en parage que no puede perjudicar á la salud pública, y casi tocando á las casas una fuente decente y de muy buena agua para el surtido del vecindario. Se estiende el TERM. 4 leg. poco mas ó menos de N. á S. y 1 de E. á O., con mas una *contienda* de 1/2 leg. confinando con los de Jabugo, Santa Ana, Alaxas, Aracena, Campofrio, Zalamea, Cabañas, Cerro, Aroche y Cartegana; como arriba queda insinuado, mas de la mitad del vecindario vive en 20 cas. rurales ó ald.; ademas de las ermitas que en las proximidades del pueblo se encuentran, hay otra á 1/2 leg. bajo la advocacion de San Cristóbal, en estado ruinoso, sit. sobre una altura muy considerable que domina casi toda la prov. hasta la barra de Huelva, dist. 16 leg. Otra titulada Santísima Trinidad de los Vaneros á 1 leg. y otras dos á 2 leg. dedicadas á Santa Eulalia y á Ntra. Sra. del Rosario. El arroyo Nogales, del cual queda hecha mencion, corre al N. de la pobl.; es de curso perenne, lleva bastante caudal y da impulso á 5 molinos harineros. Tambien bañan el térm. el arroyo denominado Valdeniebla y Escalada, no menos abundante que el anterior, con cuyas aguas muelen 2 molinos, el Nogalejo que pone en movimiento las ruedas de otros 3 molinos; y el Rio-caliente que da impulso á dos molinos harineros: los tres primeros llevan su curso hácia el S., y el último al O. Abundan las aguas minerales, entre las que merecen la preferencia, las de la deh. de la Aguijuela que han hecho prodigios en la curacion del mal de piedra y otras enfermedades de orina. El TERRENO es en lo general montuoso; y forma 4 cord., una al N., otra en el centro mismo de la pobl. y la cuarta al S., todas pobladas de encinas, jara, brezo, guinuelo y madroño; casi todo él es riscoso, pizarroso, árido, y poco fértil aun en los huertos; se divide en 4 suertes, 200 fan. de primera calidad, 300 de segunda, y 6,000 de tercera y cuarta; la mayor parte del térm. son tierras bravas: por lo regular se cultivan las de primera suerte, 200 fan. de la de segunda y 300 de la de tercera; hay una deh. de monte bajo con algunas minas, llamada la Liseda, y otra de igual calidad denominada de Valdelogrado sin árboles. Los CAMINOS son todos de herradura, así los prov. como los locales, y se hallan en mal estado. La CORRESPONDENCIA sale los miércoles y sábados para Sevilla y Huelva: PROD.: trigo y cebada, aun no lo bastante para el consumo, castañas, aceite y frutas, lo necesario para la pobl., poca miel y sana; la cria de ganado cabrío y de cerda es numerosa, no tanto la de ganado lanar y vacuno: abunda la caza de perdices, conejos, jabalíes, venados y corzos, los zorros, lobos, tejones y garduñas. Hay mina de cobre en los sitios denominados la Giz á las orillas del r. Odiel, Sierra de Potes y Vega de los Silos y de plano en la Juliana, todas estan perdidas y no se han conocido beneficios: IND.: los molinos harineros indicados y algunos telares de frisa para la gente del campo: COMERCIO: importacion de vino y cereales de Estremadura y condado de Niebla, y esportacion de carnes, principalmente de cerda y de cabrio para Cádiz y Sevilla, las de la primera especie, y para esta última c. y pueblos limítrofes las segundas. POBL. 507 vec., 2,007 hab. CAP. PROD.: 2.561,598 rs.: IMP.: 114,190: CONTR.: 16,913 rs. 15 mrs. El PRESUPUESTO MUNICIPAL asciende á 16,000 rs. y se cubre con 6,000 rs. de propios y el déficit por reparto vecinal. Cuando el rey Fernando el Santo se decidió á la conquista de los reinos de Sevilla y Córdoba, hizo que D. Pelay Correa, maestre de la órden de Santiago, corriera y sujetára á su órden los pueblos de la der. del Guadalquivir y los del Algarve: entre ellos lo fue Almonaster, que en algun tiempo correspondió al reino de Portugal y despues al arz. de Sevilla. A fines del siglo pasado compró la v. su señ., y quedó con jurisd. propia. La denominacion es árabe y proviene de *Al-Munia* la *fortaleza*.

ALMONT (CAMPOS DE): V. MONT (SANTA MARIA DE).

ALMONTE: v. con ayunt. de la prov. y adm. de rent. de Huelva (7 leg.), part. jud. de Moguer (5), aud. terr., c. g. y dióc. de Sevilla (10): SIT. en una ladera de poca pendiente, circundada de tierras pobladas de olivos y pinares; por cuya razon no es muy libre la ventilacion; sin embargo su CLIMA es sano, si bien suelen padecerse tercianas y algunas pulmonias producidas por los vapores de los pantanos y calidez de las arenas de que se hablará. Forman la pobl., incluyendo las chozas que se hallan en algunas de sus entradas, 800 CASAS casi todas bajas y de poca estension interior, que se distribuyen en varias calles incómodas y sucias la mayor parte del año, por estar sin empedrar y salir á ellas los caños, por los cuales vierten de las casas las aguas inmundas; y una plaza pequeña cuadrilonga en la que se halla la capitular ó municipal, que es un edificio de dos cuerpos, formado con sus arcos, sostenidos con buenas columnas dobles de mármol. Tiene una cárcel bastante mala y una escuela de instruccion primaria, elemental completa, dirigida por un maestro examinado, cuya dotacion consiste en 15 rs. vn. diarios, y un pasante á quien contribuyen con 5 rs. vn., tambien diarios: concurren por lo general 198 discípulos, cuyos padres suplen por reparto lo que falta para cubrir las asignaciones espresadas, á las que se hallan sujetas las cortas rent. de un legado pio fundado con este objeto, y cien ducados de los fondos de propios. Tiene tambien una igl. parr. bajo la advocacion de la Asuncion de Ntra. Sra., servida por 2 curas beneficiados, un beneficiado propio y un sacristan: los curatos son perpétuos y se proveen en la forma ordinaria, prévia oposicion en concurso general. Ademas tiene con culto público una igl. en el conv. de monjas de Sto. Domingo, cuyas religiosas mantienen un capellan ó vicario: este conv. fue fundado en el año 1610 por el licenciado Juan Ruiz Prieto y Doña Agueda Bejarano su mujer. Antes de la esclaustracion existia otro conv. de la órden de San Francisco de Paula, cuyo edificio está hoy sirviendo de casa morada para varios vec., y sin uso su igl.: fue fundado por los años de 1540 segun lo demuestra la inscripcion que se conserva sobre el sepulcro del fundador D. Pedro Gauna, canónigo de la catedr. de Sevilla. Cuatro ermitas se encuentran dentro de la v. y en sus calles de Sevilla y Santiago; de aquellas solo la dedicada á San Sebastian está abierta; la llamada de Santo Cristo de la Sangre sirve para sala de escuela, y las otras dos de San Bartolomé y Ntra. Sra. de Gracia se hallan cerradas, invirtiéndose las pobres rent. de todas, y las escasas de un hospital, que sirve únicamente para asilo de los mendigos transeuntes, en otros objetos de beneficencia. El cementerio ocupa un parage ventilado y que no puede perjudicar á la salud pública, y en los estremos de la pobl. hay tres grandes pozos de cuyas aguas, aunque gruesas y de no muy buena calidad, se sirven para beber y demas usos domésticos la mayor parte de los vec.; empleando las de los pozos particulares que contienen los corrales de las casas, para abrevadero del ganado de labor. El TÉRM., que consta próximamente de 35 á 40 leg. cuadradas, confina por N. con el de Bollullos é Hinojos (de la prov. de Sevilla), por E. con el de Aznalcázar y el Guadalquivir, por S. con el Océano, y por O. con los de Moguer y Rociana. Dentro de su circunferencia se encuentran dist. una leg. de la v. 4 fuentes de aguas mas delgadas y de mejor calidad que las de los pozos de que hemos hablado, de las que usan los vec. que tienen proporciones para su conduccion, y otros manantiales tambien de muy buenas aguas pero muy dist.. Se encuentran igualmente abundantes y escelentes abrevaderos para las bestias y ganados, y lagunas ó pantanos difíciles de cegar por estar formados en arenales muertos, á los que se atribuye la causa de las enfermedades de que se ha hecho referencia. Se encuentra asimismo dist. 3 leg. una ermita dedicada á Ntra. Sra. del Rocío, que ocupa sitio pintoresco y delicioso en una dilatada llanura, camino de Sanlúcar de Barrameda, y márg. de la llamada Marisma. Todos los años en las pascuas de Pentecostés se hace á ella una romería, que es de las mas célebres de Andalucía, pues que en ella se reunen mas de 6,000 alm. de distintos pueblos muy dist. algunos de ellos. De muy ant. hay establecidas herm. en la Palma, Moguer, Pilas, Villamanrique, Triana, Rota y Almonte, que salian de sus respectivos pueblos para encontrarse en la víspera del dia de la Pascua en el Real de la fiesta; iban formalizando la entrada por órden de antigüedad, precedidos de dulzainas y atambores, pasando por frente de la puerta principal de la ermita, y llevando cada uno su pendon, al que siguen el hermano mayor y demas hermanos y hermanas sobre los vistosos carros ó enjaezadas caballerías en que habian hecho su viaje. No se ha entibiado, sin embargo, la devocion de estos hab. á la Virgen, y continúan con igual fervor, prestándole este tributo de adoracion y de respeto, siendo de admirar el que á pesar de la concurrencia, que despues se entrega á toda clase de diversiones, rara vez tiene que mediar la autoridad para cortar las desavenencias que indispensablemente deben promoverse, pues que todas cesan al grito de *viva la Virgen del Rocío*; y aunque todos dejan en libertad sus caballerías para que pasten en las inmediaciones, sin que nadie las custodie, no se ha dado caso de un robo. Cerca de esta ermita hay una fuente de aguas frescas, ricas é inagotables. Segun hemos dicho, el Océano baña este térm. por la parte del S., y en su dilatada costa, de 10 leg. de estension, llamada vulgarmente de Castilla, por ser la primera que en Andalucía dominaron nuestros antiguos reyes: no se encuentra rada ni ensenada, ni otro abrigo donde puedan ampararse los buques; de aquí es que no tiene establecimientos permanentes, sino pequeñas chozas de ganaderos, y otras donde habitan los empleados de Hacienda, llamados guarda-costas, para impedir el contrabando. En algunas temporadas vienen á estas costas grandes artes de pesca llamadas jábegas, sedales y almadrabas, para ocuparse en la de sardina, bonito y atunes, y suelen ser abundantes y productivas estas pesquerías. Cubren la costa grandes montes de arena, de tal movilidad, que es muy frecuente verla tapar elevados árboles, ó que deja descubiertas las antes profundas raices de corpulentos pinos. Regularmente en las faldas de estos montes, mirando al interior, se encuentran pequeños valles, llamados corrales, y pintorescas lagunas rodeadas de álamos blancos, fresnos y otros bellos árboles, con pastos abundantes en todo el año. Consérvanse en la costa hasta 6 torres equidistantes entre sí de una á dos leg., que fueron construidas en la edad media para vigías contra las piraterías de los berberiscos: en el dia estan casi todas destruidas, y la llamada de la *Higuera* no habiendo podido resistir el embate de un fuerte huracan por hallarse socavada en sus ant. cimientos, ó por efecto de algun grande terremoto, cayó sin haber perdido su forma, encontrándose en el dia de pie, pero con los cimientos en alto y las almenas enterradas en arena; y esta singular posicion ha dado lugar á que en el pais se formen conjeturas y se acompañen de relaciones y cuentos fantásticos. En la parte del SSE. de Almonte, embebido en el TÉRM. que describimos, se halla el llamado coto de Oñana, que ocupa próximamente de 10 á 12 leg. cuadradas. El centro de esta gran finca es montuoso, con varios cas., entre ellos el palacio de los Sres. marqueses de Villafranca, á quienes pertenece, y una venta ó parador inmediato sobre el camino que de los pueblos del Condado de Niebla conduce á Sanlúcar de Barrameda; todo él está destinado á la cria de ganados, y como coto cerrado tambien á la de caza mayor y menor; por ambos conceptos reditua al propietario considerables prod. Puede decirse que este es uno de los sitios de recreo mas deleitoso de Andalucía, pues que abunda en conejos, liebres, perdices, palomas, y proporcionalmente en mayor abundancia en ciervos y jabalíes: se arrienda por partidos á los aficionados del pais; y sus arrendatarios no solo lo frecuentan, sino que en varias temporadas asisten acompañados de multitud de forasteros, y aun estrangeros, especialmente ingleses, que lo visitan con solo el objeto de la caza. Dentro del coto, y contiguo á los montes de arena, sobre la costa, se encuentran varias lagunas, y entre ellas la nombrada de Santa Olalla, ó la Pajarera, que tiene de circunferencia 3/4 de leg.: es abundante de varias clases de peces, y aun mas de aves acuáticas, patos de variadas clases, flamencos, ánades y otros que cubren con sus vuelos en algunas ocasiones los rayos del sol: en la primavera es entretenida la caza de huevos de gallereta, cuyas aves forman sus nidos sobre las ramas y pasto que flotan en el agua, y allí crian sus polluelos; embarcándose en pequeñas canoas, con facilidad se acercan los cazadores á los nidos y llenan cestas de aquellos huevos gustosos y delicados al paladar. Pacen aquellos pastos crecidas piaras de ganado vacuno, y merece citarse con interés la innovacion introducida por el actual arrendador de aquella finca, aclimatando en este suelo los camellos: seis ú ocho años hace que condujo de las Canarias un macho domado y dos hembras de dicha especie, y han procreado en términos de contarse en el dia mas de 20 cab., notándose que la casta lejos de degenerar, se mejora; el macho domado se utiliza en tirar de un carro, y sobre conducir tanta carga como un par de bueyes, lleva á estos la ventaja de la celeridad. De desear fuera que se generalizase en este pais tan provechosa ganadería. El TERRENO es todo de aluvion: predomina el sílice, en términos que tan solo una pequeña parte hácia el N. es susceptible de cultivo. En general solo puede criar montes de pinos y alcornoques, que son los árboles que en este pais se dan bien en los arenales; mas por la incuria de los hab. y por el abandono con que se mira este ramo importante de riqueza, han ido desapareciendo, de manera que á escepcion de algunos pocos que pertenecen á particulares ó de propios, apenas subsistirán en pie una vigésima parte de los que los poblaban en los años anteriores. Solo, pues, lleva este inmenso terreno monte bajo, únicamente útil para el pasto de ganado cabrío. Calcúlase en 2 leg. cuadradas la parte que está destinada para cereales, ó plantada de arboleda; aunque en ella tambien predomina el sílice, suela en calizo, y de vez en cuando se presentan cañadas ó valles de buena tierra vegetal. Estas 2 leg. cuadradas ocupan la parte N. del TÉRM. contigua al de Rociana, Bollullos é Hinojos. Llevan sobre 100,000 pies de olivos, mucho plantío de viñas y bastante de higueras y otros frutales: quedan sobre 500 fan. de tierra para cereales, pero ademas los vec. siembran tambien rozas, y en las inmediaciones han roturado porcion de ellas al sitio que llaman los Tarajales. Ningun r. corre por este terr.; pero lo bañan diferentes arroyos, que, aunque escasos de aguas, pues generalmente se secan en el verano, sirven durante la temporada de invierno para dar impulso á las ruedas de un molino harinero: y otros conservan charcas que proporcionan abrevaderos para los ganados. De estos arroyos los principales son el conocido con el nombre de la Puente ó Sequillo, que nace en el térm. de Bollullos, y viene de N. á S., al que se le reunen otros, llamados el Sartillo y el Garrote, y tiene un puente de madera sobre el camino que de Almonte conduce á Rociana: el denominado Cañada, que tiene su origen en el térm. de Lucena del Puerto, y el de Rocina, que se une con el anterior. Todos estos arroyos vienen á incorporarse cerca de la ermita del Rocío, de que ya nos hemos ocupado, y allí se estienden formando en el invierno un gran lago de cerca de 6 leg. de largo y 1/2 de ancho, que termina en el Guadalquivir. El suelo sobre que este lago se forma es gredoso y fuerte, por manera que si fuera posible dar corriente á aquellas aguas, quedarian disponibles para la labor muchos millares de fan. de tierra. Varias veces se ha proyectado este canal y no ha podido realizarse. Por frente de la ermita se llama Canaliega, despues hácia su térm. Marisma, y es tan llano y tan apacible su curso, que apenas se conoce: encuéntranse en ella unos sitios llamados Ojos, que son unos viveros de agua, insondables, cubiertos de musgo, que los hacen parecer de sólido suelo, el ganado tiene instinto particular para evitarlos. CAMINOS: son todos locales; conducen á los pueblos inmediatos; y al mediodía uno que dirige á Sanlúcar de Barrameda; la mayor parte son carreteros, pero arenosos y descuidados. El CORREO se recibe de la adm. de la Palma los lúnes, miércoles y sábados, y se despacha los domingos, mártes y viérnes. PROD.: con abundancia aceite y vino, trigo, y otras semillas, aunque no el suficiente para el consumo: cria ganado lanar, cabrío y de cerda, y se matienen de 2 á 3,000 vacas de vientre y 500 yeguas; caza de toda clase, asi mayor cómo menor, con especialidad de esta última, y pesca de barbos, galápagos y anguilas. IND.: ademas de las artes mecánicas é indispensables, como son de carpinteria, herreria, albañileria etc. y de 4 molinos de viento, el de agua que se ha dicho, y 8 de aceite, se dedican á la elaboracion del jabon para lo que tienen dos fáb. COMERCIO: 2 tiendas de géneros ultramarinos, 6 de quincalla, la esportacion de aceite, vino y ganados, y la importacion de los demas art. de que carecen. POBL.: 883 vec.: 3,779 alm.: CAP. PROD.: 21.082,694 rs.: IMP.: 892,879 rs.: CONTR.: 94,459 rs. 25 mrs. El PRESUPUESTO MUNICIPAL asciende á 28,444 rs. 17 mrs.: se cubre con varias rent. urbanas, con otras de pesca de anguila, la de bellota, con la de la casa carniceria, con la de las sanguijuelas, con la del almotacen, con la de acebuchina, con los prod. de pastos, con los de maderas para arados, y con las rent. de algunas tierras de propios y de montes para las rozas; siendo todo el prod. de propios y arbitrios en cada un año, la cantidad de 10,000 rs. poco mas ó menos; resultando un déficit de mas de 18,000 rs., que se cubren con alguna venta de pinos que suele hacerse en los pinares de propios con superior aprobacion.

HISTORIA. Rodrigo Caro, y con él Masdeu, reducen á esta pobl. la ant. *Alostigi* (V.). Los vec. de Almonte, mientras las tropas del rey D. Alonso de Castilla sitiaban á Olbera en 1327, pasaban sus mujeres, hijos y haciendas; pero noticioso el rey de ello, envió á Rui-Gonzalez de Manzanedo con algunas tropas y el pendon de Sevilla á que los tomase. D. Rui-Gonzalez ejecutó la órden con tanto cuidado, que dando de improviso sobre los que se retiraban á Ronda, los hizo prisioneros con sus mujeres é hijos, les tomó sus haciendas, y los envió al rey con gente de guardia. Rendido Olbera, pasó el rey despues de algunos dias sobre Almonte que se habia hecho fuerte: pero luego se entregó, y estando adelante el otoño, regresó el Rey á Sevilla. Esta v. hace por armas en escudo partido de arriba á bajo, á la der. el noble blason de las dos calderas, y á la izq. una banda orlada de las Quinas de Portugal.

ALMONTE: r. en la prov. de Cáceres: nace en las sierras de Guadalupe, llamadas las *Villuercas*, de las que salen tres gargantas; una á la der. del pueblo de Navezuelas, otra entre este y el de Roturas, y la tercera tocando al último; estas gargantas tienen 2 puentecillos en el camino de Retamosa á Roturas, y á corta dist. por bajo de ellos, se reunen y toman el nombre que lleva este r.: asi formado, corre de E. á O., incorporándosele los arroyos de Berzocana, Garciaz, arroyo Mojon, Tozo y Tamuja por la izq., y por la der. varias gargantas sin nombre y el arroyo de Talavan, que nace en las calles de este pueblo, entrando en el *Tajo* con bastante caudal despues de 15 leg. de curso, en el sitio de Alconetar; aunque vadeable por muchos puntos, son sus márg. sumamente escabrosas, por cuya razon tiene 4 puentes sit., el primero en el camino de Aldeanueva de Centenera á Retamosa, y se llama *Puente del Conde*, que sirve de lím. á los part. de Logrosan y Trujillo: el segundo en el camino real de Madrid á Badajoz á 1/2 leg. por bajo de Jaraicejo, y 3 1/2 de Trujillo: el tercero en el camino de esta c. á la de Plasencia, junto á la venta de la *Barquilla*, á 4 leg. de la primera, y el último en el sitio llamado *Aijon de Pantoja*, en el camino de Talavan á Cáceres, térm. de esta cap., á 2 1/2 leg. de dist.: este puente se halla 50 pasos por cima de la confluencia de este r. con el Tamuja: abraza ambas corrientes, en términos que son mas propiamente dos, y constan cada uno de un arco y dos ventanas á los costados; se halla sin pretiles, y á pesar de su regular elevacion, se ve cubierto de agua en las grandes crecidas de los r.: se le llama *Los puentes de D. Francisco*, y fue construido en tiempo de Cárlos I á espensas de D. Francisco de Carvajal y Sande, natural de la v. de Cáceres; hasta este puente hay 22 molinos harineros, que toman el nombre de los pueblos ó sitios por donde pasa, á saber: molino de Navezuelas, Roturas, Berzocana, Rincon, Risquillo, Puente del Conde, Higueras, Vaquillas, la Ramira, Acedo, Antellano, Góngora, Naharro, Carrera, Ramirillo, Carrascos, Apaña, Severo, Puente de Jaraicejo, Pilitas, Utrera y Monroy; desde aquel punto al Tajo dos aceñas y dos cañamares ó presas de pesca, pertenecientes al Sr. duque de Frias: en las tres primeras leg. produce algunas truchas, despues anguilas y barbos hasta de 10 libras: aunque en el verano se disminuyen notablemente sus aguas, es rarísimo el año que pierde su corriente.

ALMOR: l. con ayunt. de la prov., adm. de rent. y dióc. de Gerona (4 leg.), part. jud. de Olot (2 1/3); aud. terr. y c. g. de Barcelona (22 1/2): SIT. entre varios montes, y fuertemente combatido por los vientos del N. disfruta de CLIMA saludable: lo forman 8 CASAS esparcidas por todo el térm.; tiene una fuente de buenas aguas, llamada *Deusala*, de la que se surten los vec. para beber y demas usos domésticos, y una igl. parr. bajo la advocacion de San Silvestre, cuya fiesta se celebra el dia 31 de diciembre. Consta el edificio de una nave con tres altares. La sirve un párroco. Confina el térm. por N. con el de Argelaguer; por el E. con el de Besalú, por S. con el de Torul, y por el O. con el de Lamiana. Le riega el r. *Tuhínell*, que baña el pueblo por la parte del S. Su TERRENO es de buena calidad á pesar de su aspereza, y comprende la jurisd. 58 cuarteras de tierra, de las cuales hay 49 en cultivo, y son, cuatro cuarteras ricas, fuertes y de 1.ª clase; nueve de 2.ª, y 36 que pueden computarse como de 3.ª: la mejor tierra se destina para trigo, maiz, fajol, legumbres, hortaliza y frutas: las segundas á avena y centeno, y la tercera á cebada y espelta: el prod. de todas ellas un año con otro puede calcularse en 4 por 1 de sembradura. Hay tambien 160 cuarteradas de tierra de bosque y monte: sus CAMINOS estan reducidos á los de pueblo á pueblo, todos en muy mal estado. La CORRESPONDENCIA se recibe los domingos, mártes y viérnes. PROD.: lo referido anteriormente, y ganado lanar ordinario, cabrio, mular, vacuno, asnal y de cerda: POBL. 6 vec., 20 alm. CAP. PROD. 210,400. CAP. IMP. 5,260: CONTR. por todos conceptos 666 rs. 4 mrs.: EL PRESUPUESTO MUNICIPAL asciende á 106 rs., y se cubre por repartimiento vecinal.

ALMORADI: v. con ayunt. en la prov. de Alicante (7 leg.), part. jud. de Dolores (1), adm. de rent. y dióc. de Orihuela (2), aud. terr. y c. g. de Valencia (30); SIT. en llano á la márg. izq. del r. *Segura*, donde la baten principalmente los vientos del E. y O., y goza de cielo alegre y CLIMA muy saludable, sin que se padezcan otras enfermedades que las propias de la estacion. Tiene 288 CASAS de mediana fáb. y comodidad, distribuidas en 12 calles y una plaza; escuela de primeras letras, dotada con 2,000 rs. del fondo de propios, y otra de niñas, cuya maestra percibe 1,400 rs. del mismo fondo; un hospital de caridad con suficientes rent. para el auxilio y curacion de 4 enfermos pobres, cualquiera que sea la dolencia de que se hallen acometidos; una igl. parr. dedicada á San Andrés Apóstol, servida por un cura párroco, dos vicarios, y cinco sacerdotes esclaustrados: el curato es de segundo ascenso, cuya plaza y la de uno de los vicarios se provee por S. M. ó por el diocesano, segun los meses en que vacan, mediante oposicion en concurso general: siendo el destino de segundo vicario, amovible á voluntad del ob. Antes de la supresion de los conv. hubo uno de frailes mínimos, donde habitaban 15 sacerdotes, 3 legos, é igual número de donados; cuyo edificio ninguna particularidad ofrece. Tambien se hallaba dentro de la pobl. una ermita titulada San Antonio Abad; la cual se arruinó; pero en el térm. se conservan 3 bajo distintas advocaciones, en las cuales se dice misa por ecl. pagados por los labradores del distr. Confina aquel con los de Dolores y Catral por N., con los de Daya y Puebla por E., por S. con el de Orihuela, y por O. con el de Benejúzar; pudiendo calcularse su estension en 1/4 de leg. en todas direcciones. El TERRENO en lo general es llano y bastante fértil, abraza unas 30,000 tahullas de secano, y 16,000 de huerta, la cual se riega con las aguas del espresado r. Segura, las que tambien aprovechan los vec. para su consumo doméstico; tanto las tierras de riego como las de secano son muy productivas, hallándose roturada la mayor parte del suelo; las labores del campo se hacen regularmente con yuntas de ganado mular, vacuno, y aun caballar. Hay 5 CAMINOS, que respectivamente conducen á las Dayas y Guardamar, al Campo y Cartagena, á Orihuela, á Dolores y Alicante, y á Catral. La CORRESPONDENCIA se recibe de la adm. de Orihuela los domingos, mártes y viérnes. PROD.: trigo, maiz, cebada, barrilla, hortalizas, legumbres, dátiles, palmas, cáñamo, lino, vino, aceite, seda, alfalfa, y diversidad de frutas: IND.: no obstante que los hab. son casi en su totalidad dedicados á la agricultura, hay una fáb. de aguardiente, dos calderas de tintes, una fáb. de jabon, un molino harinero que se mueve con las aguas del r. Segura, en cuya orilla se halla construido; y otros 6 para aceite dentro de la POBL.: tiene esta 619 vec.: 3,095 alm.: RIQUEZA PROD. 4.903,773 rs.: ID. IMP.: 156,337: CONTR.: 59,053 rs. Esta v. dista. de Madrid 65 leg.

ALMORADIEL: (V. PUEBLA DE ALMORADIEL.).

ALMORCHON: monte elevadísimo en la prov, de Jaen, part. jud. de Segura de la Sierra, térm., jurisd. de *Santiago de la Espada* (V.).

ALMORCHON: monte en la prov. de Albacete, part. jud. y térm. jurisd. de Chinchilla, de cuyo pueblo dista 5 horas: es notable por los restos de un ant. edificio que aun se descubre en su meseta.

ALMORCHON (DEL): cortijo en la prov. de Jaen, partido jud. de Villacarrillo, térm. jurisd. de Castellar de Santisteban.

ALMOREJO: labranza en la prov. de Toledo, part. jud. de Navahermosa, térm. de Navalucillos.

ALMORFE: ald. en la prov. de Orense, ayunt. de Nogueira de Ramoin, y felig. de San José de la *Carballeira* (V.): POBL.: 8 vec.: 29 almas.

ALMOROX: v. con ayunt. de la prov., adm. de rent. y dióc. de Toledo (9 leg.), part. jud. de Escalona (1), aud. terr. y c. g. de Madrid (11): SIT. á la vertiente N. de una pequeña colina, en terreno llano, ventilada de todos los aires, atmósfera despejada, y CLIMA vario; se padecen en el verano enfermedades pútridas, y catarrales en el invierno: tiene 300 CASAS, contándose las partes que se han hecho entre los herederos de una sola, de mala distribucion interior, muy bajas y algunas á teja vana: forman calles irregulares, y una pequeña plaza cuadrada, la mayor parte con empedrado, y las que no lo tienen estan bastante súcias: hay casa consistorial y cárcel en el mismo edificio, que tiene una hermosa fachada de piedra silleria formando soportal con 5 arcos muy buenos: fue edificada en el año de 1790: otra casa que sirvió para el pósito, hoy sin fondos, en la que se hallan la carnicería y una tienda de abaceria, tambien con un soportal, cuyos edificios ocupan los lados S. y N. de la plaza; y en el centro de ella está el rollo de un grueso considerable, todo de piedra, puesto sobre 6 gradas y de 8 varas de altura; fue construido en el año 1566; hay ademas 4 posadas públicas; una escuela de primera educacion, dotada por los fondos municipales con 200 ducados, á la que asisten 90 niños, igl. parr. dedicada á San Cristóbal, de curato perpétuo y provision ordinaria, construida en su totalidad de piedra silleria con una magnífica portada al N.: en los AFUERAS, pero inmediato á esta igl., se halla el cementerio; hecho en el año 1814 en sitio ventilado, que no perjudica á la salud: á 200 pasos al N. sobre un pequeño cerro que domina la pobl., la ermita de Ntra. Sra. de la Piedad, edificada á espensas de un párroco que fue natural del pueblo, y á otros mil pasos, dos fuentes abundantísimas, tituladas, de la *Mora* y de *Abajo*, para el surtido de los vec. Confina el TÉRM. por N. con el de San Martin de Valdeiglesias y Cadalso; E. Villa del Prado; S. montes de Alamin y Escalona; O. con los de Paredes y Cenicientos; se estiende 2 leg. de N. á S., y 1 1/2 de E. á O., con 2,600 fan. de cabida, de las que se cultivan 1,560, y son 30 de primera calidad, 280 de segunda, y 1,250 de tercera: tiene un buen plantio de higueras, viñas, olivares, un monte de encinas, y otro de pinos: el TERRENO es flojo, pedregoso y árido; forma cord. hácia el N., y es mas útil para el viñedo que para otra cosa: hásta el año 1842 se habian denunciado 80 minas, se beneficiaban 21, todas de plomizo y cobrizo, pero se han abandonado; hay tambien muchas canteras de piedra berroqueña de muy buena calidad: el r. *Alberche* corre á una leg. al S. formando su lím. en un pequeño trozo, donde se halla el vado de Campisano; pero le cruzan de N. á E. los arroyos *Labros y Tabalon*, que reuniéndose cerca del pueblo forman el llamado *Tordillos* y entra en el Alberche junto al palacio de la v. de Escalona: aquellos arroyos dan movimiento á tres molinos harineros: los CAMINOS son locales y de herradura, aunque tambien pueden transitar carros: se recibe el CORREO en la estafeta de Escalona, por medio de balijero, 3 veces á la semana. PROD.: vino abundante, higos, aceite, piñones, centeno, trigo, cebada, garbanzos, legumbres y alguna seda: se mantiene poco ganado lanar, cabrio, de cerda, 40 cab. de vacuno cerril, 160 de labor, 136 de caballar mayor y menor, 500 colmenas y mucha caza: se venden en las prov. limítrofes aquellos primeros frutos y la seda, surtiéndose á su vez de los cereales que les faltan, en cuyas únicas operaciones consiste su comercio: IND.: 3 molinos harineros y 3 de aceite: POBL.: 299 vec.: 1,128 alm.: CAP. PROD.: 1.816,605 rs.: IMP. 52,775: CONTR. 30,440 rs. 12 mrs.: PRESUPUESTO MUNICIPAL: en el año 1844 fue de 14,129 rs. 17 mrs., en el de 1845, 16,790, de los cuales se pagan 2,200 al secretario, igual cantidad al cirujano, 3,700 al médico, y se cubren con el importe de los pastos, bellota y rastrogera de los terrazgos de propios, y el déficit, que siempre lo hay, con repartimiento vecinal. Perteneció antiguamente esta v. al marques de Villena, duque de Escalona, y estaba sujeta á la jurisd. de la última hasta el año 1566 que se redimió haciéndose v., sin que desde entonces se haya pagado al señor cantidad alguna por alcabalas ni diezmos.

ALMORQUI: cas. en la prov. de Alicante, part. jud. y térm. jurisd. de *Monóvar* (V.).

ALMOYNES (tambien se llama ALMOYNA): l. con ayunt. en la prov., aud. terr., dióc. y c. g. de Valencia (9 leg.), part. jud. de Gandia (1/4): SIT. á la der. del r. *Alcoy*, casi en el centro de la huerta de dicha v. donde le baten todos los vientos, y goza de CLIMA bastante saludable; pero la proximidad de los arrozales que hay en la mencionada huerta suele producir algunas calenturas tercianarias durante el otoño. Tiene 100 CASAS, la de ayunt. cárcel pública, 1 escuela de primeras letras dotada por el fondo de propios con 1,300 rs. á la cual asisten 26 niños, otra frecuentada por 28 niñas, cuya maestra percibe 1,100 rs. anuales pagados del mismo fondo, 1 igl. parr. bajo la advocacion de San Jaime Apóstol; servida por un cura párroco de nombramiento del diocesano mediante oposicion en concurso general; y 1 ermita dedicada á San Vicente Ferrer, la cual se halla sit. á 25 minutos del pueblo en la márg. der. del espresado r. Confina el TÉRM. por el N. con el de Gandia (15 minutos), por E. con el de Real (7), por S. con el de Beniarjo (20), y por O. con el de Bellrreguart (25). Dentro del mismo se halla el desp. de Benieto, cuyo lugar desapareció desde la espulsion de los moriscos, y 4 casas de campo con las proporciones necesarias para la agricultura, habiendo en una de ellas un molino harinero de dos piedras para moler trigo y maiz. El TERRENO, enteramente llano, es bastante fértil aunque escaso de aguas en algunos años, pues no tiene otras que las que se toman por medio de un azud del espresado r. Alcoy, el cual pasa por los confines del térm. y proporciona al mismo tiempo las que aprovechan los vec. por ser de buena calidad: abraza 1,400 jornales de tierra puesta en cultivo, de ellos hay 400 de primera clase, y 300 de segunda; siendo 1,000 de riego; en todos ademas de los cereales abundan los árboles de distintas especies; habiendo dos huertos en los cuales especialmente crecen hermosos naranjos y otras frutas, de modo que si bien el térm. de este pueblo no es de los mejores de la incomparable huerta de Gandia, escede con mucho en riqueza, y amenidad á los de otras pobl., donde abundan las aguas y donde hay mas medios de hacer productivo el suelo. Los CAMINOS son transversales, conducen á Beniarjó, Real, Bellrreguart y Gandia, y se encuentran en regular estado. La CORRESPONDENCIA se recibe de la estafeta de dicha v. por un balijero que llega los lúnes, miércoles y viérnes por la mañana, conduciendo cada interesado sus cartas á la espresada estafeta, de donde sale el correo los lúnes y sábados por la noche y los juéves á las 4 de la tarde. PROD.: trigo, avena, cebada, maiz, algarrobas, pasa, legumbres, seda, hortaliza y diversas clases de frutas, en particular naranjas, manzanas y albericoques; sostiene corta porcion de ovejas, que pastan en la huerta, y el ganado mular, caballar, asnal y vacuno indispensable para la labranza, y hay alguna caza de codornices. IND. Ademas del molino harinero de que se hizo mérito habia unas máquinas para torcer seda, movidas parte por las aguas, y otras con caballerias, y en cada semana torcian sobre 600 libras de dicho art.; pero por fallecimiento de su dueño á mediados de 1841 quedaron cerradas, y continuan arruinándose tanto los artefactos como el edificio. POBL.: 103 vec. 420 alm.: CAP. PROD.; 1.369,062 rs.: IMP.: 52,854 rs. CONTR.: 9,775 rs. El PRESUPUESTO MUNICIPAL asciende á 4,507 rs. el cual se cubre con los arbitrios ó impuesto sobre los art. de comer, beber, y arder, y con el de reses que se consumen, cuyo importe puede calcularse en 1,260 rs., repartiéndose lo que falta entre los vecinos.

ALMOZARA: l. en la prov. de la Coruña, ayunt. de Sta. Comba y felig. de San Martin de *Fontecados* (V.).

ALMUCERA (ALMUCARA, ALMOCERA): riach. en la prov. de Zamora, part. jud. de Benavente, de curso interrumpido en el verano, pero caudaloso en el invierno. Tiene orígen en Congosta y confluencia de varios manantiales del prado y desp. de Huerga (Villaverde), y de las aguas que se desprenden de los montes y térm. de dicho Congosta, Ayoó, Carracedo y San Pedro de Viña; desde donde se dirige SE. por la ant. *Meridad de Vidriales*, bañando los terr. de Rosinos, Villaobispo y Bercianos, que deja á la izq., al mismo tiempo que, por la der. fecundiza los campos de Tardemezar y Grijalba, antes de llegar al puente de piedra y l. de Granucillo: desde este pueblo sigue entre Moratones y Cuquilla á pasar por el S. de Quintanilla de Urz; recorre por O. los térm. de Quiruelas y Vecilla de Trasmonte, tocando en el de Colinas, y se une al Tera, quien le recibe por la márg. izq. antes de su paso por Mozar. En las 5 leg. que recorre encuentra algunos puentes, ádemas del de Granucillo, pero son de mala construccion y poca consistencia; fertiliza con sus aguas muchos valles y prados de dichos pueblos, y proporciona buenas truchas, anguilas y tencas.

ALMUCHIC: monte en la prov. de Alicante, part. jud. de Pego, térm. jurisd. de *Oliva* (V.): en su falda occidental se encuentran vestigios de una ant. pobl. llamada *Elca*.

ALMUDAFAR: l. con ayunt. de la prov. de Huesca (11 1/2 leg.), part. jud. de Fraga (3), adm. de rent. de Barbastro (6 1/2), aud. terr. y c. g. de Zaragoza (18 1/2), dióc. de Lérida (7): SIT. á la márg. izq. del r. *Cinca*, en una llanura en el vértice de una sierrecita que corre de S. á N. muy combatida de los vientos del N.; su CLIMA es sano, aunque se adolece con frecuencia de tercianas. Forman la pobl. 9 CASAS de 8 á 16 varas de alto; todas en una calle ancha y hermosa, pero sin empedrar, y un edificio del que solo se conservan el lienzo de una pared y un cuarto que sirve de cárcel, que fue el palacio de los ant. señores del pueblo. Hay una igl. parr. bajo la advocacion de Ntra. Sra. del Pilar, servida por un cura y un sacristan que este nombra: el curato es de entrada y su provision corresponde á S. M. ó al diocesano, mediante oposicion en concurso general. El cementerio ocupa un sitio ventilado fuera de la pobl. El TÉRM. confina por el N. con el monte llamado Oso (1/4 leg.), por el E. con el de Zaidin (1); por el S. con el de Ballobar y el espresado r. Cinca (1/2), y por el O. con el mismo r. y el de Chalamera (1). El TERRENO se divide en monte y huerta, el primero es flojo, pedregoso y árido, pero útil para los cereales: el segundo, aunque no superior, es de buena calidad y muy propio para legumbres, hortalizas, raices y cáñamos: hay un hermoso si bien pequeño soto, pero tan feraz en yerbas y árboles que aunque bastos, produciria maderas suficientes para las necesidades del pueblo, y sobre todo leña abundantísima si se cuidase cual correspondia. El r. Cinca en direccion de O. á E. pasa besando las tierras de la jurisd., y por medio de una acequia, que tiene su origen en el térm. de Belver y pasando por el de Almudajar concluye en el de Zaidin, les proporciona el agua para beber, demas usos del vecindario, y abrevadero de sus bestias, y el riego suficiente para las tierras. Tiene dicho r. su cáuce regularmente profundo, y aunque presenta vados bastante seguros, hay una barca para cruzarle con mas comodidad: sus desbordaciones en el verano, que no dejan de ser frecuentes, no causan sin embargo perjuicios. Los CAMINOS son locales. La CORRESPONDENCIA se recibe por un peaton que tambien está encargado de la de otros pueblos inmediatos, y llega los lúnes y juéves: PROD.: trigo, cebada, avena, maiz, trigo, aceite, judias y otras legumbres, patatas, hortalizas, seda, lino y cáñamo, y cria ganado lanar y caza de bastantes liebres, algunos conejos y perdices, y pesca de barbos y anguilas: POBL.: 9 vec., 4 de catastro: 56 alm.: CONTR.: 1,275 rs. 14 mrs. vn.

ALMUDAINA: sierra en la prov. de Alicante, part. jud. de Concentaina, sin formar parte de cord. alguna, se dirije de E. á O. y tiene 1 1/2 leg. de estension poco mas ó menos. En su cumbre se disfruta una bella perspectiva, presentándose hácia el S. la montaña llamada *Serrella*, cuya grande altura termina la vista, al O. aparece todo el part. ó condado de Concentaina, y mas lejos los puertos de Agres y de Albaida; por el lado del N. se divisa el puerto de Salem, y entre estos parages y el de observacion se percibe el valle ó baronia de Planes, cuyos pueblos radican en las faldas setentrionales de esta sierra; dirigiendo luego la visual hácia el E. se descubre el valle de Gallinera y las lomas que ocultan á Pego, é inclinando otra vez al S. se ve el de Lahuar, el cual ocupa el largo trecho de escarpados montes, que siguiendo hácia E. llegan á Denia, y por el S. hasta las vertientes que por Murla caen al r. *Jaló*. Antiguamente esta montaña abundaba en pinos y otros árboles, pero hoy dia, á consecuencia de las frecuentes talas para combustible y carboneo, ha quedado casi sin arbolado: únicamente hay en ella arbustos, maleza y escarpados riscos, entre cuya fragosidad se guarece la caza mayor y menor y aun algunos animales nocivos: en sus vertientes tiene orígen un arroyo llamado tambien *Almudaina* (V.).

ALMUDAINA: arroyo en la prov. de Alicante, part. jud. de Concentaina; el cual tiene orígen en las vertientes del monte de su mismo nombre; y se dirige de E. á N. por cuyo punto y mas arriba de Planes confluye en el r. Alcoy: el caudal de sus aguas es bastante escaso, y por lo regular, así como las fuentes de que procede, queda agotado durante el estio: bien sea por la escabrosidad del terreno que atraviesa, bien por la profundidad de su cáuce, ó por la poca agua que lleva, casi no presta utilidad alguna al pais.

ALMUDAINA (tambien se llama ALMODAINA): l. con ayunt. en la prov. de Alicante (9 leg.), part. jud. de Concentaina (1 1/4), aud. terr., c. g. y dióc. de Valencia (10): es uno de los pueblos que componen el valle ó baronia de Planes, y se halla SIT. á una hora S. de esta v., en la falda set. de la sierra de Almudaina, donde le combaten todos los vientos y goza de CLIMA saludable. Tiene 80 CASAS de mediana fáb. distribuidas en varias calles de mal piso, y una igl. parr. servida por un cura párroco, de la cual es aneja la de Beniafalquí dist. 1/2 hora N., por donde confina el TÉRM. de este pueblo, al E. con el de Balones, por S. con el de Benillup, y al O. con el de Benimarfull. El TERRENO, aunque muy áspero, desigual y de secano, es bastante productivo; brotan en él algunas escasas fuentes, cuyas aguas aprovechan los hab. para surtido de sus casas y otros objetos: en varios parages se ven gruesas piedras, algunas de 10 y 12 pies de diámetro, las cuales se utilizan para hacer pilas y muelas de almazaras ó molinos de aceite; la parte montuosa se hallaba antes muy poblada de pinos, mas en la actualidad, á consecuencia de las talas y quemas hechas en el arbolado, ha disminuido este de una manera estraordinaria; en las tierras destinadas á labor hay ademas de la sembradura de cereales, varios pedazos de olivar, buenos viñedos, algunos cerezos, y muchos guindos. Los CAMINOS son de herradura y se conservan en mediano estado: PROD.: trigo, cebada, avena, aceite, vino, legumbres, y esquisitas cerezas: cria ganado lanar y cabrio, y el mular y asnal indispensable para la labranza y trasporte. IND. algunos molinos de aceite. COMERCIO el de esportacion de vino y aceite sobrante, importacion de cereales (por no cosecharse suficientes para el consumo), hortalizas, y otros géneros de que se carece en el pais. POBL.: 69 vec. 403 alm.: CONTR. con la *Baronia de Planes* (V.).

ALMUDEFAR: térm. rural de la prov. de Tarragona, dióc. de Tortosa, part. jud. de Gandesa, jurisd. de Caseras al que fué agregado en el año 1842: SIT. en la márg. der. del r. Algas en parage muy desigual dividido en valles y collados: le baten libremente los vientos, y goza de CLIMA sano. Tiene 4 casas de campo llamadas en el pais *masias*, con varias cabañas y corrales para los muchos ganados que pastan y pastores que los guardan; segun tradicion fué antiguamente una pobl. de 100 vec., cuya opinion comprueban las muchas ruinas que se encuentran, entre ellas las de un famoso cast. incendiado al parecer algunos siglos há, y el resto de su igl. parr. dedicada á Sta. Ana, donde el cura de Caseras tiene obligacion de celebrar misa los dias festivos y de precepto. El TERRENO es mediano; los collados están poblados de robles y pinos, los valles abundan en olivos y viñedo, y en la parte roturada se coge mas trigo que en la pobl. de que depende. PROD. vino, aceite, trigo y centeno: POBL. 20 habitantes.

ALMUDEMA: part. de campo en la prov. de Murcia, part. jud. y á 2 leg. de Caravaca, térm. jurisd. de Singla, compuesto de varios cortijos mas ó menos distantes entre sí, segun la sit. de los predios de sus respectivos dueños: tiene una ermita reducida, dedicada á San Antonio Abad; una tienda de comestibles, y 200 vec., jornaleros en su mayor parte, y los restantes labradores y pegujaleros, dependientes casi todos de propietarios residentes en Caravaca.

ALMUDEVAR: v. con ayunt. de la prov., adm. de rent., part. jud. y dióc. de Huesca (3 leg.), aud. terr. y c. g. de Zaragoza (8): SIT. en la meseta poco elevada que forma una estensa llanura, de modo què por todos lados tiene declive y espide las aguas con mucha facilidad; goza de cielo alegre y buena ventilacion, especialmente por la parte del N.: el CLIMA no es de lo mas sano, se padecen con frecuencia fiebres intermitentes y unos flujos serosos que se presentan bajo el aspecto de cólicos biliosos, nerviosos y cóleras estacionales; créese provenir estos males de las aguas salitrosas que se beben y de la descuidada elaboracion del pan y vino. Forman la POBL.: 371 CASAS comunmente de 10 varas de alto: las calles por lo general son cómodas, todas empedradas aunque muy descuidado este; la única plaza que se encuentra es pequeña, sin soportales ni edificios públicos. Hay un hospital para enfermos pobres, cuyas rent. ascienden á 320 rs., por cuyo motivo son muy insignificantes los beneficios què á los dolientes pueden prestar: una escuela de primeras letras pagada por los fondos del comun, á la que concurren de 80 á 90 alumnos; una igl. parr. bajo la advocación de Ntra. Sra. de la Asuncion, servida por un curá, 10 racioneros, 1 sacristan y 2 dependientes. El curato es de 1.ª clase, y su provision corresponde á S. M. ó al ordinario según en los meses que vaca y siempre por oposicion en concurso general: los racioneros son nombrados por el pueblo en virtud del derecho de patronato que ejerce y los dependientes por el capitulo que se forma del cura como presidente y los racioneros. Hay también una ermita dedicada á Ntra. Sra. de la Corona: y otra fuera del pueblo, cuyo titular es Sto. Domingo; las dos se hallan en buen estado por la caridad de los fieles, sin embargo de carecer de rent.: el cementerio ocupa un lugar ventilado en el cual no puede perjudicar á la salud. Hay ademas 6 tiendas de géneros ultramarinos y de abacería en una de las que se venden paños; carniceria, matadero y hornos de pan cocer. A corta dist. de la v., se halla una abundante fuente de aguas, útiles solo para el abrevadero de las bestias y lavar la ropa; muchos pozos y balsas, y entre estas una muy bien cuidada para los usos domésticos; las otras se aprovechan para los ganados. Por el lado del O. se eleva una cuesta á corta dist. de la pobl., y en su cima se distinguen dos gruesos trozos de la muralla que cerraba un ant. y fuerte cast. Confina el TÉRM. por el N. con el de Alcalá de Gurrea, por el E. con el de Huesca, por el S. con el de Tardienta, y por el O. con el de Zuera. El TERRENO es llano en general y de secano, pero de buena calidad y abraza una considerable estension. Tiene bosques para el combustible, y de madera propia para construccion de edificios; las deh. de pastos se reducen á once acampos parizonales que corresponden á los propios de la v.; cria muchas y muy buenas yerbas de pastos. Pasa por la v. el camino general que desde Zaragoza sale para Huesca; otro que dirige á Navarra y otro que conduce á Cataluña ademas de los locales, y todos se hallan en buen estado. Las diligencias de la ant. cap. de Aragon para Huesca, llegan á esta v. los lúnes, miércoles y viérnes, y de retorno los mártes, juéves y sábados, mudando aqui de caballerias; los CORREOS de Huesca para Zaragoza y viceversa entran los mártes, viérnes y domingos. PROD.: trigo, centeno, cebada, vino, crecido número de cab. de ganado lanar con numerosa cria de borregos y lana, ganado vacuno y cabrio; caza de perdices y liebres, y algunos lobos y zorras. IND.: ademas de los mencionados en el centro del art., de los profesores de la ciencia de curar y artesanos de diferentes oficios mecánicos, hay fáb. de curtidos, telares de lienzo y otros tejidos de lana: COMERCIO: esportacion de los frutos sobrantes y de sus artefactos, é importacion de algunos art. de primera necesidad que les faltan, de géneros ultramarinos, de quincalla, percales y paños. POBL.: 371 vec. 121 de catastro: 1,998 alm.: CONTR. 38,581 rs. 7 mrs.

HISTORIA. Redúcese á esta pobl. la ant. *Burtina*, c. de los ilergetes, segun Ptolomeo, y pueblo de descanso en el camino que desde Astorga conducia á Tarragona por Huesca. Se halla escrito *Bostina* y *Bostinæ*; los árabes la dieron el nombre que hoy tiene. Fue conquistada por el rey D. Alonso I el año 1118, quien la mandó poblar de cristianos. Los reyes D. Cárlos II de Navarra y el de Aragon se vieron en Almudevar el año 1364, en dondé el rey D. Cárlos y los condes de Trastamara y Ribagorza trataron de matar á D. Bernardo de Cabrera, gran privado del rey de Aragon, caballero de buen consejo, que no estando bien con los negocios del navarro y del de Trastamara, decía siempre á su señor lo conveniente á su servicio: pero antes que pudiesen efectuar su proyecto, llegó á noticia del Cabrera y se retiró á Navarra: siguiéronle por mandado de D. Enrique algunos capitanes de á caballo de los suyos, y le prendieron en Carcastillo, teniéndole en buena guarda hasta entregarle al rey de Aragon. Atendiendo al mérito y fidelidad de los moradores de Almudevar, en lo ant. se les concedió privilegio de asistir por medio de sus procuradores con voto en las córtes del reino de Aragon. Hace esta v. por armas, en escudo partido de arriba á bajo, las cuatro sangrientas barras de Wifredo, conde de Barcelona, en campo dorado á la der., y á la izq. en campo verde, una medida que llaman *almud*, con la cual se declara el nombre de la poblacion.

ALMUEDANO: desp. en la prov. y part. jud. de Sevilla; SIT. entre el camino que conduce del Garrobo á Gerena, y el r. de Sanlúcar inmediato á la union de los dos brazos de agua que bajan del Castillo de las Guardas, formando el espresado r. Confina con el desp. de Castrejon y el pueblo de Guillena, y prod. granos, legumbres, aceite, y algun ganado.

ALMUERZO (SIERRA DEL): llamada tambien de los Siete Infantes de Lara, se halla en el part. de Agreda, prov. de Sória al N. de esta c. y á 4 leg. de la misma, y puede decirse que es una continuacion de la sierra del Madero; por la parte del S. tiene un monte poblado de carrasca, al que en otoño, invierno y primavera acuden muchos venados, y en su falda está el pueblo de Cortos: hácia el N. de la misma hay otro monte de igual clase: se encuentran los lugares de Suellacabras y Narros, y en el térm. de este último, una ermita dedicada á la Vírgen bajo el titulo de Ntra. Sra. del Almuerzo: su estension en longitud es de dos leg. poco mas ó menos.

ALMUIÑA: l. en la prov. de Lugo, ayunt. de Taboada y felig. de San Lorenzo *de Gondulfe* (V.): POBL.: 7 vec. 38 almas.

ALMUIÑA: ald. en la prov. de Pontevedra, ayunt. y felig. de *Arbo* Sta. Maria (V.).

ALMUIÑA: ald. en la prov. de Pontevedra, ayunt. y felig. de *Salcedo*, San Martin (V.).

ALMUNARCIA: ald. en la prov. de Logroño; part. jud. de Santo Domingo, térm. jurisd. de *Ojacastro* (V.).

ALMUNIA: ald. en la prov. de Pontevedra, ayunt. de Berducido y felig. de Sta. Maria de *Jeve* (V.).

ALMUNIA: granja en la prov. de Valencia, part. jud. de Liria, térm. jurisd. de *Betera* (V.); SIT. á 3/4 de hora de dicha v. en terreno plantado de viñas, algarrobos, olivos, é higueras, que prod.: buenos frutos: POBL.: 1 vec. 5 almas.

ALMUNIA DE DOÑA GODINA (LA); v. con ayunt. de la prov., aud. terr., c. g. y dióc. de Zaragoza (9 leg.); cab. del part. jud., adm. subalterna de rent., estafeta de correos y encomienda de su nombre, correspondiente esta última á la órden de San Juan.

SITUACION Y CLIMA. Se halla sit. á la márgen der. del r. Grio en una fragosa y abundante llanura, donde le baten principalmente los vientos set.: disfruta de cielo alegre, atmósfera despejada y clima saludable.

INTERIOR DE LA POBLACION Y SUS AFUERAS. Describe un círculo casi perfecto, y se divide en interior y arrabal; éste se halla separado de aquel por el camino de calzada que de Madrid conduce á Zaragoza, y se compone de 29 CASAS, todas iguales, propias del Sr. Conde de Torreflorida. La parte interior se halla rodeada de una muralla de poca consistencia, flanqueada de algunos torreones y 3 puertas que le dan entrada. Cuenta 800 CASAS, algunas de ellas construidas con sumo gusto y hasta con lujo, no pocas medianas y de buen aspecto, y las mas de un solo piso, de mala fáb. y escasas comodidades, distribuidas en calles espaciosas y en varias plazas y plazuelas: entre ellas llama la atencion la Mayor ó de la Constitucion, que es un cuadrilongo de buenas proporciones, adornada por todos sus lados con las mejores casas, y por el del O. con las Consistoriales, edificio hermoso, que descansa sobre unos bien entendidos soportales. Hay un pósito llamado el granero de la Villa, varias carnicerias, un matadero, dos posadas públicas algo incómodas, dos paradores para las diligencias, el uno, en la ant. de puerta de Calatayud, y el otro en el arrabal, algunas tiendas de abacería, paños, telas, quincalla y géneros ultramarinos; cererías, confiterías, una platería, varios bodegones y un café y villar. Tiene tambien una escuela de primeras letras para los niños, dotada con los fondos del comun, una cátedra de latinidad, sostenida por fundacion particular, y á las niñas, ademas de las labores propias de su sexo, les enseñan á leer y escribir algunas mujeres laboriosas, sin mas estipendio que el que les ofrecen sus alumnas. Ademas hay un hospital para los enfermos pobres, fundado por D. Miguel Ortubia, y dotado con muy buenos fondos que administra una junta de doce vocales, entre los que lo son natos el alc., el regidor primero y el síndico. Una igl. parr., bajo la advocacion de la Asuncion de Ntra. Sra., servida por un cura denominado prior, 17 beneficiados, 2 capellanes de villa y 1 sacristan. El curato es de cuarto ascenso, y se provee por el ordinario, previa oposicion, y es de presentacion particular, lo mismo que 13 de los beneficios; otros dos de ellos son de provision de S. M., y los dos restantes con las dos capellanías de villa los presenta el ayunt. Hay otra igl. particular de los caballeros de la órden de San Juan, una capilla pública en el hospital y dos oratorios. Antes de la esclaustracion hubo un conv. de frailes franciscanos, el cual sirvió de fuerte durante la última guerra civil, y despues se enagenó por la amortizacion. Ninguno de estos establecimientos religiosos llama la atencion, ni por su arquitectura, ni por objetos artísticos ó de otro género que contengan.

Término. Confina por el N. con el de Calatoras; por el E. con el de Alfamen, por el S. con el de Alpartir, y por el O. con el de Ricla, estendiéndose sus lím., en direccion de cada uno de los espresados puntos una hora poco mas ó menos. Dentro de esta circunferencia, hácia el N. y dist. de 1/2 hora se halla la ermita llamada de Cabañas, por haber existido en este punto el pueblo que asi se denominaba, el cual debió despoblarse á principios del siglo XV. Fue l. realengo, el cual el rey D. Pedro II de Aragon permutó en 1210 con los Templarios por cierto número de vasallos moros y judios; en la referida ermita se venera á la Vírgen Santísima, bajo la advocacion de Ntra. Sra. de Cabañas, cuya imágen, que tiene poco mas de dos palmos de alto, es de buena escultura. Debajo de la tribuna se conserva la pila bautismal, aunque sin uso, y por diferentes lados de la igl. se ven algunos sepulcros, cuyas inscripciones denotan pertenecer á los siglos XIII y XIV, y colgados y fijos en las paredes y en las losas del pavimento, diferentes escudos de armas que verosímilmente corresponderian á las familias nobles que habitaron allí: á la izq. de la carretera general de Madrid se encuentra otra ermita, titulada de Ntra. Sra. de los Palacios, propia de la casa de D. Manuel Hernandez, dueño tambien de varias posesiones que le rodean, en las que se han descubierto y denunciado por dicho Sr. dos minas de galena argentífera, denominadas de San Fernando y de Ntra. Sra. de los Palacios, y otra del mismo género llamada la Murciálaga, denunciada por José Ostalé, vec. de Zaragoza. A medio tiro de bala de la espresada ermita hay un portazgo servido por un administrador, un mozo de cadena y un guarda de las veredas estraviadas. Ultimamente, dentro de esta jurisd. se encuentran hasta 25 casas de campo, conocidas en el pais con el nombre de torres, en las que viven los criados de labor, y los propietarios en ciertas épocas del año.

Calidad del terreno. Es de la mejor, y de lo mas fértil. Riegan su dilatada vega, adornada de árboles frutales de mil clases diferentes, de un crecido olivar y de un estenso viñedo, las aguas del r. Jalon, que se toman en un escelente azud, á cosa de 2 horas de dist., las de Grio y las del arroyo de Alpartir. Ademas de las líneas de álamos, olmos y sáuces que rodean el pueblo, se ven tambien plantaciones de este género por diferentes lados.

Caminos. Pasa, como queda manifestado, por el lado del S. entre el interior y arrabal, el real de calzada, que desde Madrid conduce á Zaragoza. Las diligencias, correos y sillas de posta, se detienen en este punto á cambiar los tiros. Otros varios caminos salen en distintas direcciones, y todos son espaciosos y cómodos.

Correos. La Mala, que va desde Madrid á Barcelona, entra y sale todos los dias.

Producciones. Trigo, cebada, vino, aceite, legumbres, hortalizas, ricas frutas, patatas y otras raices, cáñamo, lino y alfalfa: cria ganado lanar.

Industria. Fábricas de jabon y de aguardiente, y molinos de aceite.

Comercio. Se reduce á la esportacion de los frutos sobrantes, y para facilitar el del interior de la pobl. se celebra una feria todos los años en los dias 25, 26 y 27 de setiembre, que es bastante concurrida.

Poblacion. 750 vec., 3,563 alm.: cap. prod.: 8,340,264 rs.: cap. imp.: 542,000 rs.: contr.: 114,346 rs. 26 mrs. vn.

Historia. Ha querido el Sr. Cortés en su Diccionario de la España ant., encontrar la etimología del nombre *Almunia* en el griego *Ametaia*, sinónimo de Belsinum, pero esta congetura, que de no presentarse otra procedencia mas natural, y á no haber tantos l. geográficos con el nombre *Almunia*, tendria alguna fuerza, no puede convencer en este caso. Hallamos si muy probable la correspondencia de la ant. c. *Belsinum* de los celtíberos á esta pobl., y tambien cierta sinonimia en los nombres *Belsinum* y Almunia, pero este la fue dado por los árabes atendiendo á su topografía solamente, como se ve en Conde. Cerca de la Almunia fué donde el año 1411, dió muerte en una celada al arz. de Zaragoza D. García de Heredia, el decidido partidario del conde de Urgel, Antonio de Luna, porque el arz. era el que mas se mostraba contra la pretension del conde en las divisiones del reino de Aragon sobre la sucesion del trono. Pareció este caso muy atroz: declararon sacrílego y descomulgado al que lo cometiera, y fue ocasion de que empeorase el partido del conde. En 21 de junio de 1808 pasó en la Almunia reseña de su tropa el general Palafox, que unido al varon de Versages, contaba con una division de 6,000 hombres y 4 piezas de artillería; y el 23 marchó sobre Epila. Hasta la Almunia persiguió á los franceses que arrojó del puerto del Fraspo, D. Pedro Villacampa en 1809. En 6 de noviembre de 1811 rindió D. Juan Martin, el Empecinado, la guarnicion francesa de la Almunia compuesta de 150 hombres.

ALMUNIA DEL ROMERAL (la): l. con ayunt. de la prov., part. jud., adm. de rent. y dióc. de Huesca (3 leg.), aud. terr. y c. g. de Zaragoza (13 1/2): sit. á la marg. izq. del r. *Guatizalema* y de un arroyo llamado Vallimora que en su direccion á O. se reune con dicho r.: bátenle principalmente los vientos del N., pues que de los demas lo resguarda la sierra de Guara que se levanta á corta dist., pero su clima es muy sano. Forman el pueblo 20 casas de un solo piso alto, distribuidas en calles irregulares é incómodas y sin empedrar; hay una escuela de primeras letras dotada con 800 rs. vn., á la que concurren 12 niños, y una igl. aneja de la parr. de Sta. Olaria la Mayor, bajo la advocacion de San Vicente Mártir, servida por un rector que nombra el cura de la parr. Fuera del pueblo, en parage ventilado, se halla el cementerio, y aun mas inmediato que este una fuente que solamente mana en tiempo lluvioso; los vec. se surten para beber y demas usos domésticos de las aguas del espresado r. Guatizalema que son abundantes y cristalinas. Confina el térm. por el N. con el de Sta. Olaria, por el E. con el de Aguas, por el S. con el de Sipan, y por el O. con el de Ayera. El terreno participa de monte y llano; aquel en lo inculto está poblado de bojes, romeros y algunas encinas y carrascos que dan suficiente leña para combustible y carboneo, y cria yerbas de pasto: en lo cultivado asi como en la parte llana es flojo, pedregoso, secano y de menos que mediana calidad. Aunque pasa por él el r. Guatizalema, como se ha dicho, no puede fertilizarle porque su cáuce es demasiado profundo, y sus aguas ademas de los usos que quedan espresados solo aprovechan para dar impulso á las ruedas de un batan que está en movimiento algunas temporadas del año. Para atravesar el repetido r. hay un puente de madera, sencillo y de ningun mérito particular. Los caminos son locales; el mas notable que conduce á Huesca, es como los demas de herradura y se hallan en buen estado. El correo se recibe de esta c. por un balijero. prod.: trigo, avena, vino, aceite, legumbres, corto número de ganado lanar y cabrio, y cria caza de perdices, conejos, liebres; y pesca de barbos y madrillas. pobl.: 10 vec., de catastro, 100 alm.: contr.: 3,182 rs. 18 mrs.

ALMUNIA DE SAN LLORENS. ald. de la prov. de Huesca, part. jud. de Benavarre y jurisd. del l. de Luzas: sit. en un cerro dominado por el S. por una muy elevada sierra donde le combaten libremente todos los vientos. Tiene 8 casas de mala fáb., y en una de ellas hay una capilla donde celebra la misa todos los dias feriados el cura párroco de Luzas. El TERRENO parte llano, pero mas generalmente montuoso, es de mediana calidad: con las aguas de varios arroyuelos que nacen y mueren en él, se riegan algunos pequeños huertecillos: hay un monte carrascal que ademas de la bellota cria yerbas de pasto. PROD.: vino, trigo, centeno, avena, cebada y judias, guijas, nabos, pocas hortalizas, nueces, cáñamo, y cria algun escaso número de cab. de ganado lanar y cabrio. POBL.: 4 vec., 50 alm. RIQUEZA Y CONTR. (V. LUZAS.)

ALMUNIA DE SAN JUAN: v. con ayunt. de la prov. de Huesca (12 leg.), part. jud. de Tamarite (2 1/2), adm. de rent. de Barbastro (3 1/2), aud. terr. y c. g. de Zaragoza (20), dióc. de Lérida (8): SIT. á la márg. izq. del r. *Sosa*, al pie de la sierra llamada Gesa, libre á la influencia de todos los vientos, principalmente de los del O. que hacen su CLIMA sano. Tiene 93 CASAS de regular altura y construccion, distribuidas en varias calles cómodas y dos plazas: y 1 escuela de primeras letras dotada en 2,480 rs. vn., y concurrida por 20 ó 30 niños, pero el maestro está obligado ademas á servir la secretaria de ayunt. y la plaza de organista. Hay 1 igl. parr. bajo la advocacion de San Pedro Apóstol, servida por 1 cura, 10 beneficiados y 1 sacristán: el curato es de primer ascenso y se provee por S. M. ó el diocesano, mediante oposicion en concurso general: el edificio está bien y hermosamente construido, y tiene un escelente órgano; junto á él se halla el cementerio bastante ventilado: en una de las plazas hay una ermita dedicada á Santa Ana, y contigua á la v. otra á Santa Maria Magdalena: otra tercera se encuentra cuarto y medio, dedicada á la Virgen de la Piedad, con hermosa igl., que contiene un coro muy regular, y á su alrededor varios algibes abiertos en las peñas de la montaña, donde se recogen las aguas llovedizas para el surtido de los vec. y abrevadero de las bestias y ganados, ademas de las que contienen varias balsas de poca importancia, y dos mayores que se hallan inmediatas á la pobl., mantenida una de ellas por una fuente perenne con bien compuesta y arreglada cañeria, pero cuyas aguas no sirven para beber y se emplean para las caballerias y para el abasto de un molino de aceite que hay en las afueras de la v. Su TÉRM. confina por el N. con el de Fonz (1/2 leg.), por el E. con el de San Esteban (3/8); por el S. con el de Monzon (1/4), y por el O. á la misma dist. con la pardina de Ariestolas. El TERRENO es montuoso, pero de buena calidad, especialmente en la pequeña huerta regada con las saladas aguas de una acequia que se toma del r. arriba mencionado: tiene un carrascal de unas 20 yuntas de estension; carece de otros árboles silvestres, pero las demas tierras incultas que ascienden á 1,500 yuntas, crian abundantes yerbas de pasto. PROD.: trigo, cebada, centeno, avena, vino, aceite, cáñamo, judias y otras legumbres, nabos, algunas hortalizas y frutas, ganado lanar, cabrio y vacuno en bastante número. POBL. 93 vec., 28 de catastro. CONTR. 8,927 rs. 30 mrs. vn.

ALMUNIA DE SIPAN: ald. de la prov. de Huesca en la jurisd. del l. de *Sipan* (V.).

ALMUNIA (LA): part. jud. de la prov., aud. terr., c. g. y dioc. de Zaragoza, compuesto de 14 v., 19 l., 2 ald. 1 pardina y 2 desp. que constituyen 33 ayunt. cuyas dist. entre si, á la corte, aud., c. g. y dióc. se manifiestan en el estado que va al concluir el articulo.

Se halla SIT. en el centro de la prov. en el terreno mas fértil y ameno de toda ella, libre á la influencia de todos los vientos, con un cielo alegre, despejada atmósfera, y dilatado horizonte hácia todos los lados á que se dirija la vista: su CLIMA es sano en lo general por la abundancia de aguas saludables, y de alimentos sustanciosos y de la mejor calidad. Su estension es de 8 leg. de N. á S. tirada una linea desde el pueblo de Alcalá de Ebro hasta el de Almonacid de la Sierra, y de 6 de E. á O. cruzando otra linea por el centro de la anterior, que saliendo del l. de Botorrita, vaya á morir en el de Chodes. Confina por el N. con el de Ejea de los Caballeros, del cual le separa el r. Ebro, por el E. con los de Zaragoza y Belchite, por el S. con el de Daroca, y por el O. con el de Calatayud. Llano en su mayor parte son muy pocas las montañas que en él se encuentran y aun las principales que por sus estremos penetran algun tanto en el terr. vienen ya declinando á formar sus estensas llanuras. De esta naturaleza son la sierra de Visor, que se aproxima hasta la dist. de 1 1/2 leg. de la cab. del part. por el O.; la de Almonacid que desprendiéndose de la inmensa cord. de Gudar, se prolonga de S. á N. hasta llegar al térm. de Alpartir, donde se dilata entre E. y O.; y la de la Muela, sin dificultad la mas elevada de todas, que desprendiéndose del Moncayo, va derramándose en diferentes direcciones hasta que se pierde en las llanuras de Zaragoza. Poco poblados de árboles por lo comun estos montes, abundan de ricas yerbas de pasto, donde se mantienen numerosos rebaños de ganado lanar y cabrio, algun vacuno y poco caballar; en sus entrañas encierran jaspes preciosos y mármoles pintados de mil colores diferentes, entre los que obtienen la preferencia los de Epila: canteras de piedra berroqueña, de cal y de yeso, muy apreciadas por la escelente calidad de las materias. Ningun r. de consideracion nace entre los cerros de estas cord., porque los manantiales de aguas escasean en ellos. Todos los que cruzan por el part., tienen su origen fuera de él: los principales son el Ebro que desde el térm. de Luceni part. de Borja, entra por el de Alcalá de Ebro, pasa por Alagon sin prestar beneficio alguno, y continua su curso hasta Zaragoza: el Jalon que despues de fertilizar el térm. de Villanueva, riega por medio de diferentes azudes y acequias los de Morata, Ricla, Almunia, Calatorao, Lucena, Berbedel, Epila, Rueda, Urrea, Plasencia, Bardallur, Barboles, Onda y Peraman, por la der. y por la izq. los de Chodes, Lumpiaque, Marica, Pleitas, Grisen, Figueruelas y Alagon, cerca de cuyo térm. desagua en el anterior: el Huelva que pasa por las paredes de Morata y Botorrita, sit. á su márg. der., y por los de Mezalocha y Muel que se hallan á la izq., beneficiando con sus aguas las tierras de unos y otros: el Grio que al llegar á Alpartir recibe un grande incremento con el caudal de un crecido arroyo que se forma de los vertientes de los cerros, entre los que está sit. la pobl. y llega á la Almunia donde deja el nombre con sus aguas en el rio Jalon, asi como el Aranda despues de regar el térm. del l. de Chodes. Tambien recorre gran parte del part. el magnífico canal de Aragon. Entra en él por Pedrola, pasa inmediato al l. de Cabañas, por los despoblados de Amer y Bonavia, y á las pobl. de Figueruelas, Grisén, donde esta la grande obra llamada de Grisen Peraman, Pinseque y Marlofa desde cuyo térm. se introduce en el part. de Zaragoza. Como se dijo al principio, el terreno del part. de la Almunia, favorecido de todos modos por la naturaleza, es de la mejor calidad y de lo mas fértil; es susceptible de todo género de simientes: en todo él se dan con abundancia el trigo y la cebada, las legumbres y raices de lo mas sustancioso que se da en España, Dificil es que encuentren competencia sus jugosas hortalizas, y lo delicado de sus frutas no cede á ninguna de las que en el reino se cosechan; el aceite es sumamente suave y sus vinos figuran entre los mejores de España. La riqueza del suelo absorve toda la atencion de estos hab., y lo bien que recompensa sus sudores les hace preferir esta ocupacion á todas las demas ind.; asi es que la fabril apenas tiene desarrollo alguno, pudiendo decirse se halla reducida á la fáb. de loza basta de Muel, á las alfarerias de Alpartir, y á las fáb. de vidrio ordinario de Alfabien. Tampoco se halla mas desenvuelta la ind. comercial, que consiste en la esportacion de los muchos frutos sobrantes, la lana y carnes, y en la importacion de géneros ultramarinos, paños y telas de las fáb. nacionales y estrangeras, y efectos de quincalla. Dos caminos importantes cruzan por este part., el de calzada de Madrid á Zaragoza, y el de esta última cap. á Navarra: otros muchos caminos hay en diferentes direcciones, y todos en bastante buen estado.

ESTADISTICA CRIMINAL. Los acusados en este part. jud. durante el año 1843 fueron 104; de ellos 6 absueltos de la instancia y 8 libremente; 85 los penados presentes y 5 los contumaces; 9 los reincidentes, uno en el mismo delito y 8 en otro diferente, con el intervalo de 1 á 4 años 8 1/2 meses desde la reincidencia al delito anterior; del total de acusados 11 contaban de 10 á 20 años de edad, 74 de 20 á 40, y 19 de 40 en adelante; 92 eran hombres y 12 mujeres, 46 solteros y 58 casados; 27 sabian leer y escribir, 51 carecian de toda instruccion; de los restantes se ignora; 2 ejercian profesion cientifica ó arte liberal: 100 artes mecánicas, no se averiguó la profesion de los otros dos.

En el mismo periodo se perpetraron 37 delitos de homicidio y de heridas, 6 con armas de fuego permitidas y 1 con prohibidas, 10 con armas blancas de uso lícito, y 2 de ilícito: 17 con instrumentos contundentes, y 1 con otro instrumento ó medio no espresado.

Terminamos el articulo con el cuadro sinóptico y estado de distancias que siguen:

CUADRO sinóptico, por ayuntamientos de lo concerniente á la poblacion de dicho partido, su estadística municipal y la que se refiere al reemplazo del ejército, su riqueza imponible y las contribuciones que se pagan.

AYUNTAMIENTOS.	OBISPADOS A QUE PERTENECEN.	POBLACION.		ESTADISTICA MUNICIPAL.									REEMPLAZO DEL EJERCITO.									RIQUEZA IMPONIBLE.			CONTRIBUCIONES. (1)			
				ELECTORES.									JOVENES VARONES ALISTADOS DE EDAD DE															
		VECINOS.	ALMAS.	Contribuyentes.	Por capacidad.	TOTAL.	Elegibles.	Alcaldes.	Tenientes.	Regidores.	Síndicos.	Suplentes.	18 años.	19 años	20 años.	21 años.	22 años.	23 años.	24 años.	Total.	Cupo de soldados correspondiente á una quinta de 25,000 hom.	Por ayuntamiento.	Por vecino.	Por habitante.	Por ayuntamiento.	Por vecino.	Por habitante.	Tanto por 100 de la riqueza.
																						Rs. vn.	Rs. Mrs.	Rs. Mrs.	Rs. Vn.	Rs. Mrs.	Rs. Mrs.	
Alagon.	Zaragoza.	407	1932	242	2	244	241	1	1	6	1	6	38	30	33	13	10	11	6	141	5'4	444570	1092 10	230 4	85566	210 8	44 10	19'25
Alcalá de Ebro.	id.	50	298	53	»	53	53	1	1	2	1	4	2	5	1	1	5	1	2	17	0'8	49400	988	165 26	9677	193 18	32 16	19'79
Alfamen	id.	73	345	73	3	76	73	1	1	2	1	4	7	6	5	7	2	7	»	34	1'0	35570	487 6	103 3	8242	112 31	23 30	23'17
Almonacid de la S.	id.	286	1361	223	6	229	223	1	1	6	1	6	22	20	27	22	2	3	4	100	3'8	185670	649 12	136 14	39808	139 6	29 8	21'44
Almunia (La).	id.	750	3563	376	7	383	376	1	1	8	1	7	32	30	29	30	31	35	14	201	10'0	549300	732 14	154 2	114347	152 16	32 3	20'82
Alpartir.	id.	153	727	120	2	122	120	1	1	4	1	5	7	11	10	6	3	5	1	43	2'0	124500	814 13	171 9	25222	164 29	34 24	20'26
Bárboles.	id.	56	264	63	»	63	59	1	1	2	1	4	1	6	3	3	3	2	5	23	0'7	33840	604 10	128 6	7331	130 31	27 26	21'66
Bardallur y la venta de Teraman.	id.	67	317	69	1	70	67	1	1	2	1	4	8	5	6	3	2	5	2	31	0'9	61250	914 6	193 8	11841	176 25	37 12	19'33
Berbedell.	id.	12	57	14	»	14	13	1	»	2	1	3	»	»	»	»	»	»	»	»	0'2	21730	1810 28	381 10	3971	330 31	69 23	18'37
Botorrita.	id.	37	175	42	»	42	40	1	»	2	1	3	»	4	»	3	»	4	2	13	0'5	33590	907 29	191 32	6643	179 18	37 33	19'78
Cabañas	id.	57	271	64	»	64	62	1	1	2	1	4	1	4	»	3	4	2	1	15	0'8	35570	624 1	131 9	7698	135 2	28 14	21'64
Calatorao.	id.	253	1200	180	2	182	180	1	1	6	1	6	21	14	12	10	24	21	9	111	3'3	183750	726 9	153 4	38313	151 15	31 32	20'85
Chodes.	Tarazona	24	113	28	»	28	26	1	»	2	1	3	3	2	1	»	4	1	»	11	0'3	23710	987 31	209 28	4350	181 9	38 17	18'35
Epila.	Zaragoza.	501	2424	338	4	342	334	1	1	8	1	7	36	34	43	23	26	8	9	179	6'8	377390	753 9	155 23	78389	156 16	32 12	20'78
Figueruelas.	id.	46	219	57	»	57	44	1	1	2	1	4	»	5	4	2	2	2	1	16	0'6	29640	644 12	135 12	6360	138 24	29 1	21'46
Grisen	id.	32	150	37	»	37	35	1	»	2	1	3	4	4	10	5	3	5	4	35	0'4	55320	1719 12	368 27	9985	310 5	66 6	17'94
Lamuela.	id.	86	411	81	3	84	75	1	1	4	1	5	6	8	14	8	4	1	»	41	1'2	92860	1079 26	225 32	17928	206 5	43 20	19'31
Longares.	id.	171	800	135	4	139	135	1	1	6	1	6	14	14	8	4	7	11	7	65	2'2	276620	1617 23	345 26	39485	232 3	49 12	14'27
Lucena.	id.	48	201	57	»	57	49	1	1	2	1	4	3	5	4	1	»	1	2	16	0'6	7900	164 20	39 27	2964	61 26	14 25	37'52
Lumpiaque.	id.	106	500	92	4	96	88	1	1	4	1	5	10	11	11	8	7	4	4	55	1'4	51370	484 21	102 25	12254	115 22	24 17	24'05
Mezalocha y Ailes	id.	87	413	78	1	79	76	1	1	2	1	4	5	7	4	3	4	1	»	24	1'1	114600	1317 8	277 16	21424	246 9	51 30	18'69
Morata de Jalon.	Tarazona	300	1425	195	2	197	193	1	1	6	1	6	20	13	25	16	15	8	10	107	4'0	173880	579 20	122 1	37474	124 31	26 10	21'55
Mozota.	Zaragoza.	32	150	37	»	37	35	1	»	2	1	3	»	»	»	»	»	»	»	»	0'5	59280	1852 17	395 7	10619	331 28	70 27	17'91
Muel.	id.	188	897	145	5	150	128	1	1	6	1	6	10	15	10	7	4	5	3	54	2'5	191660	1019 16	213 23	37359	198 24	41 22	19'49
Oitura.	id.	3	15	5	»	5	5	1	»	2	1	3	1	»	2	1	1	»	1	6	0'1	9880	3293 11	658 23	1697	565 23	113 5	17'18
Pedrola.	id.	373	1770	227	2	229	227	1	1	6	1	6	21	20	17	14	11	15	11	109	5'0	247000	659 18	139 19	53278	142 28	30 3	21'57
Pinseque.	id.	54	255	61	»	61	59	1	1	2	1	4	2	3	1	2	2	4	2	16	0'7	41500	768 18	162 33	8534	158 1	33 16	20'56
Plasencia de Jalon	id.	109	517	94	»	94	91	1	1	4	1	5	9	12	5	4	2	1	2	35	1'5	71130	652 20	137 20	15214	139 20	29 14	21'39
Pleita.	id.	8	39	32	»	32	28	1	»	2	1	3	»	1	2	»	2	»	1	6	0'1	25680	3210	658 16	4400	550	112 28	17'13
Ricla.	id.	294	1395	196	»	196	192	1	1	6	1	6	16	19	16	9	24	17	14	115	3'9	195600	665 10	140 8	41647	141 20	29 29	21'29
Rueda de Jalon.	id.	87	414	84	»	84	72	1	1	4	1	5	12	8	8	13	13	9	3	66	1'2	92860	1067 8	224 5	17945	206 9	43 12	19'33
Salillas.	id.	79	343	72	2	74	72	1	1	2	1	4	12	7	3	6	»	4	4	36	1'0	43470	550 9	126 25	10130	128 16	29 18	23'30
Urrea de Jalon.	id.	103	490	91	1	92	88	1	1	4	1	5	8	7	3	3	3	5	5	34	1'5	79030	767 10	161 9	13440	130 17	27 15	17'00
Totales		4932	23451	3661	51	3712	3559	33	26	122	33	153	331	330	317	230	220	198	129	1755	66'0	4019120	814 31	171 13	803475	162 31	34 9	19'99

(1) Se incluye en las contribuciones la de culto y clero por la suma de rs. vn. 172,060, que sale á razon de 34 rs., 30 mrs. por vec., 7 rs., 14 mrs. por hab., y al 4'28 p.% de la riq. imp.

ALMUNIA.

7	Alagon.																
1	8	Almonacid de la Sierra.															
7 1/2	1/2	8 1/2	Cabañas.														
1	6	2	6 1/2	Calatorao.													
1 1/2	8 1/2	1	9	2 1/2	Chodes.												
3	4	4	4 1/2	2	4 1/2	Epila.											
4	8	5	3 1/2	3	5 1/2	2 1/2	Lamuela.										
2	8	2	8 1/2	2	3	4	3	Longares.									
2	9	1 1/2	10	3	1	5	6	4	Morata de Jalon.								
4	4	5 1/2	4 1/2	3 1/2	5 1/2	4	2	2	6	Muel.							
7 1/2	2	8 1/2	1	6 1/2	9	4 1/2	5	8	9 1/2	7	Pedrola.						
5	2 1/2	6	3	3 1/2	6 1/2	2	2	5 1/2	7	5	2 1/2	Plasencia de Jalon.					
1/2	7	1 1/2	7 1/2	1	2	3	4 1/2	3	1 1/2	4 1/2	7	5	Ricla.				
4	3 1/2	5	4	3	5 1/2	1	3	4 1/2	6	3 1/2	3 1/2	1	4	Rueda de Jalon.			
4 1/2	3	5 1/2	3 1/2	3 1/2	6	1 1/2	2 1/2	5	3 1/2	4	3	1/2	4 1/2	1/2	Urrea de Jalon.		
8	4	9	5	7	9	6 1/2	4	7	10	5	6	5	8	6	5 1/2	Zaragoza.	
42	49	43	50	43	41	45	46	44	40	48	49	47	42	46	46	50	Madrid.

ALMUNIENTE: l. con ayunt. de la prov., adm. de rent. y dióc. de Huesca (3 leg.), part. jud de Sariñena (3 1/2), aud. terr. y c. g. de Zaragoza (9); SIT. en llano à la márg. izq. del r. *Flumen*, al lado meridional del cerro llamado de la Corona que impide la libre circulacion de los vientos del N.: esta circunstancia, unida á la escesiva humedad que exhala el espresado r., hacen que el CLIMA sea poco sano y que se desarrollen con frecuencia tercianas, cuartanas, afecciones del pecho y otras fiebres estacionales. Tiene 94 CASAS, en general de mala construccion, distribuidas en varias calles, de las que solo una es de figura regular y todas mal empedradas y sucias. Hay una escuela de primeras letras dotada por los fondos de própios en 600 rs. vn., á la que concurren de 20 á 30 niños, y una igl. parr. antiquisima, renovada en el año 1746 bajo la advocacion de San Agustin, en cuya conmemoracion se hace el dia 28 de agosto una procesion por todo el pueblo; el curato es de la clase de vicarias y lo presenta la casa de los señores condes de Fuentes. Inmediato á la pobl., en parage bien ventilado, está el cementerio, y á dist. de 1/2 hora se encuentra una fuente abundante de agua muy regular, de que se surten los vec. para beber; para los demas usos domésticos y abrevadero de bestias y ganados se sirven de las del Flumen. Confina el TÉRM. por el N. con el de Callen (1 hora), por el E. con el de Grañen (1/2), por el S. con el de Robres (2), y por O. con el de Torralva (1 1/2). El TERRENO es llano, en general arenoso y pizarroso, y se divide en monte y huerta ó tierra de secano y tierra de regadio. Carece de bosques, arbolados y hasta de malezas: los únicos arboles que se encuentran son algunos chopos y sáuces. El r. Flumen, diferentes veces mencionado, corre conjunto á la pobl. en direccion de N. á S. y se pasa por un puente de piedras y maderas: por medio de dos azudes que el uno se toma en Barbues y termina en Grañen, y el otro tiene su origen en Buñales, se riegan considerable número de cahizadas de tierra, y se da impulso á las ruedas de un molino harinero: PROD.: trigo, cebada, avena, maiz, patatas y vino. Cria ganado lánar y caza de perdices y codornices; POBL.: 86 vec., 30 de catastro: 420 alm.: CONTR.: 9,565 rs. 20 mrs.

ALMUNIETA (LA): (conócese tambien con el nombre de la ALMUNIETA DE SAN JUAN): cot. red. de la prov. de Huesca, en el part. jud. y jurisd. de Barbastro (1 leg.): SIT. en una llanura entre S. y O. de dicha c., con grandes vertientes, combatida por todos los vientos y muy particularmente por los del N. y O. que hacen su CLIMA muy sano y agradable. Tiene 4 CASAS de campo que sólo habitan sus dueños y dependientes en algunos dias de las épocas que las operaciones de agricultura exigen mas cuidado y asiduidad en el trabajo. El TÉRM. confina por el N. y O. con el de Barbastro (1 leg), por E. con el mismo y el r. Cinca (1/2), y por el S. con el de Castejon del Puente (1). El TERRENO aunque árido es muy bueno, con especialidad para granos y vino, y tiene algunas yerbas de pasto. Los CAMINOS son rurales para las pobl. con cuyos térm. confina y para Selgua y el r. Cinca: PROD.: trigo, cebada, centeno y vino. Cria caza de liebres y algunas perdices. Antiguamente pertenecia á la encomienda de San Juan: hoy es una de las partidas del térm. de Barbastro, como se ha dicho, y su propiedad corresponde á varios vec. de la misma c. en cuyas contribuciones se halla embebida la suya.

ALMUÑA: l. en la prov. de Oviedo, ayunt. de Valdés y felig. de San Sebastian de *Barcia* (V.): POBL.: 9 vec.: 41 almas.

ALMUÑECAR: c. con ayunt., en la prov., aud. terr., c. g. y dióc. de Granada (11 leg.), part. jud. de Motril (4), cab. de la vicaría ecl., y del distr. militar de su nombre, con adm. de rent., habilitada para el cabotage, en la que hay un administrador tesorero, un interventor y un fiel de playa, dotados por la nacion. Se halla SIT. en la orilla del mar y sobre una colina, detras de la cual se eleva una cord. de escarpadas sierras en forma de anfiteatro, libre á la influencia de todos los vientos: su CLIMA es templado y muy saludable, sin conocerse mas enfermedades comunes que las estacionales, y aun estas de carácter benigno: el CASERIO bueno y cómodo en lo general, ocupa la mayor parte de la mencionada altura, habiendo bastantes casas edificadas sobre la arena, y en direccion del E. Tiene un estanco de tabacos, una tercena, una intervencion de sal con un fiel medidor pagado por la empresa; tres tiendas de ropas, algunas de quincalla, y varias de abaceria y comestibles; casa municipal, cárcel pública, pósito, carniceria, pescaderia, una posada, dos figones, y tres escuelas de instruccion primaria, dos de ellas para niños, donde ademas de leer y escribir, se les enseña elementos de aritmética, geografía, historia, dibujo, física é historia natural; y la otra para niñas, en la cual aprenden, no solo las labores propias de su sexo, sino tambien á leer, escribir y algo de cuentas, historia, geografía, etc. Tambien hay un hospital bastante capaz y cómodo, dotado con fincas propias, en el que se asiste á los enfermos pobres, tanto vec. de la c. como transeuntes; una igl. parr., titulada la Mayor, servida por un cabildo compuesto de un cura párroco y cuatro beneficiados, y por un teniente, un vicario, varios capellanes de coro, un sacristan, organista, colector y cuatro acólitos, todos los que, á escepcion de los capellanes, se hallan dotados actualmente por el Estado, si bien en tiempos anteriores cada beneficiado disfrutaba 21 marjales de tierra, y 8 el sacristan, y á la fáb. de dicha igl. correspondia una porcion de fincas sit. en el térm. de esta c., y en los de Gete, Otibar, Lentejo é Itrabo, las que han ingresado en la nacion; una ayuda de parr., que es la igl. del suprimido conv. de mínimos; un santuario, con el nombre de la Antigua, sin duda porque fue edificado en tiempo de los sarracenos, y sirvió de primitiva igl.; tres ermitas, una bajo la advocacion de la Santisima Trinidad, dentro del pueblo, y las otras dos tituladas de Ntra. Sra. de Gracia y San Sebastian, sit. á un tiro de fusil; y dos oratorios, uno en el hospital de Caridad, y otro en una hacienda, llamada Cantalobos, de propiedad particular. La colina, sobre que dijimos existe la mayor parte de la pobl., se prolonga por el lado del S., y allí habia un reducto fabricado por órden del emperador Cárlos V., el cual volaron los ingleses cuando en 1812 le evacuaron las tropas francesas; continuado dicha colina se eleva un cerro, llamado *Punta de San Cristobal*, que avanza en la misma direccion 230 toesas dentro del mar; se encuentra á los 36° 44' lat. N., 2° 30' 50" long. E.: es pequeña, formada de peñotes altos, y por ambas partes tiene dos playas, que son los fondeaderos de Almuñecar. El de la parte de levante es abrigo de ponientes en toda la playa, que tiene bastante hondura; se fondea por 9 á 10 brazas dist. de los peñotes como 1 1/2 cable, en cuyo puesto se queda en disposicion de poder montar la punta (que es sondable), si salta el viento al E. El fondeadero de la parte del O. solo es abrigo para embarcaciones de poco porte, pues la punta las resguarda del viento E., fondeado por 7 brazas, dist. de los peñotes un cable. Ambos fondeaderos son solo para una necesidad, porque los vientos del E. y SE. son frecuentes y fuertes en esta costa, particularmente en invierno. Se puede hacer aguada con facilidad en la pobl., pues en toda la costa no hay agua dulce. En 1821 las comisiones reunidas de Hacienda y Comercio, informaron á las Córtes que se debia establecer el Depósito de segunda clase, que se trató constituir en la prov. de Granada, habilitando el puerto de Almuñecar y no el de Calahonda, como solicítaba Motril, porque la última carecia de las circunstancias esenciales, con arreglo al decreto de 5 de octubre de 1820; pero este proyecto, aunque ventajoso, fue paralizado, y no tuvo resultado alguno el espediente instruido al efecto.

Confina el TÉRMINO por N. con los de Jayena, Albuñuelas, Guajaras, Lentejí, Otibar, Itrabo y Gete; por E. con los de Salobreña y Molvizar; por S. con el mar, y por O. otra vez con el mar y con el de Nerja (prov. de Málaga), y tiene 8 leg. de circunferencia. Tres son los r. que le cruzan en diversas direcciones; uno llamado *Verde*, que nace á 5 leg. N. de la c., y desagua en el mar junto á esta por la parte del E.; su escaso caudal, especialmente en los años de pocas lluvias, no basta á fertilizar los 5,000 marjales de que se compone la parte de vega que atraviesa: otro titulado r. *Seco*, porque únicamente lleva agua en tiempos de fuertes y continuadas lluvias, y el denominado *Jate*, el cual tiene origen en el parage de la Fuente Santa á 2 leg. NE. de la pobl.; riega las tierras de varios cortijos sit. en sus márg., y los de la vega de la Herradura, por cuyo punto desagua en el mar. Hay ademas seis arroyos, denominados *Cantarrayan*, las *Tejas*, *Cotobro*, *Espinar*, *Cabrías* y *Barranco del Medio*, cuyas aguas fertilizan diversos trozos de tierra que se hallan en sus respectivas orillas y vertientes. El TERRENO en su mayor parte montuoso y de secano, es muy á propósito para viñedos, olivares, árboles silvestres y buenos pastos; en los parages altos y escabrosos se crian muchos pinos, encinas y alcornoques con bastante monte bajo; en los barrancos y sitios frondosos hay abundantes árboles frutales de todas clases; tiene como 1,000 marjales de tierra, que componen una vega de inferior calidad, é igual número en el parage llamado de la Herradura, contiguo al mar; y á una leg. E. de la c. forma otra vega con diferentes bancales; en este punto se encuentran 150 cortijos habitados por sus labradores.

Los CAMINOS son de herradura, tanto el que va por la costa desde Almeria á Málaga, como los que conducen á la cap. de prov., hallándose todos en tan mal estado, que con mucha frecuencia se ponen intransitables.

CORREOS. Tiene una estafeta dependiente de la adm. de Motril, en la que se recibe la correspondencia, y se despacha tres veces en cada semana.

PRODUCCIONES. Se cosecha trigo, cebada, centeno, maiz, caña dulce, pasa moscatel, algodon muy fino, batatas llamadas de Málaga, garbanzos, judias, habas, patatas, legumbres, hortaliza, vino esquisito, aceite, naranjas, limones, bergamotas agrias de tamaño y gusto particular, almendras, higos, y otras frutas de escelente calidad; cria ganado caballar, mular, de cerda, lanar y cabrio, y hay caza de varias especies.

INDUSTRIA. Sin contar la agricultura, distintos molinos harineros y de aceite, hay 2 fáb. de azúcar, y 2 de alfareria, con los oficios y artes mecanicas de primera necesidad, dedicándose tambien los vec. á la pesca en el mar por medio de barquichuelos dependientes de su matricula.

COMERCIO. El de esportacion de frutos del pais para el interior y para el estrangero, é importacion de géneros coloniales y ultramarinos.

POBLACION: 1,008 vec.; 5,000 alm.: RIQ. PROD.: 10.832,300 rs.; IMP.: 488,804: CONTR.: 48,938 rs. 15 mrs.

El PRESUPUESTO MUNICIPAL asciende regularmente á 31,451 rs., y se cubre con el prod. de varias fincas de propios, importante 20,707 rs., y el de arbitrios sobre el peso de harinas, venta de pan, arriendo de medidas y pesos al que no los tiene, é introduccion del pescado de la playa, que redituan comunmente unos 23,467 rs.

HISTORIA. Ya el P. Florez determinó la correspondencia de la ant. *Sexi* á *Almuñecar*, aplicando con toda precision la doctrina de los geógrafos del imperio Estrabon, Mela, Plinio y Ptolomeo; aunque Florián de Ocampo la redujo á Motril, y Vedmas, en su historia de Málaga, á Velez-Málaga. De distintos modos se ha escrito el nombre de esta ant. c.; *Ex* en Mela; en Ptolomeo *Sex*; *Ex* y *Sexi* en Plinio y Estrabon. Ocampo y Mariana, y con ellos otros muchos escritores, vienen detallando su orígen: refiere el segundo que »Pygmaleon, despues de la muerte de Sicheo, partió de Tyro con nuevas flotas y volvió á España; surgió y desembarcó en aquella parte de los Túrdulos de Andalucia, donde hoy está *Almuñecar*, y allí edificó una c. llamada *Axis* ó *Exis*, para desde ella contratar con los naturales.» Sabau en su nota á este testo dice ya, que la venida de Sicheo y de Pigmaleon á noestra España, y lo que de ellas refiere Mariana no está fundado sobre ningun autor antiguo, que merezca fe, habiendo de tenerse por fabuloso. Debe sin embargo suponerse á *Sexi* de fundacion fenicia, por hallarse en el territorio de los Bástulos poenos. Poco conoció el P. Mariana este lugar de la geografia antigua para creer la c. *Sexi* en la region de los túrdulos (V. SEXI). Tambien erraron los que han dicho haberse llamado Almuñecar *Menoba* (V). Muy famosa fué la c. *Sexi* por sus delicados escabeches: Atheneo, en sus cenas de de los sabios, no los pasó en silencio, celebrando ademas la monedula ó graja hispana, llamada *Sexitana*: Marcial, que escribió *Saxe* por *Sexi*, satirizando á Papilo por la esplendidez de su mesa cuando tenia convidados, y su mezquindad cuando cenaba solo, pues no tomaba mas que una cola del pescado llamado colias, dijo:

Cum saxetani ponatur cauda lacerti,
Et, bene si cœnas, conchis injuncta tibi sit.
Sumen, aprum, leporem, boletos, ostrea
Mullos mittis. Habes nec cor, Papile,
Nec genium.

Plinio manifestó, que el lagarto *sexitano* era un bocado esquisito (lib. 32, cap. II). Y en Galeno se ven aplaudidas las salsas y los escabeches de esta c. Entre las salsas era la preferida la llamada Garo.

Los árabes dijeron á *Sexi Hisn-al-Munecab* (fortaleza de las lomas), de donde adulterado hoy se dice *Almuñecar*. Era plaza de grande importancia. El dia 3 de la luna de *djulkhadah* del año 138 de la hejira (8 de abril de 756), desembarcó en su puerto Abd-el-Rahman ben Moawiah con unos 1,000 caballos de la tribu de Zeneta. Acudieron á recibirle los jeques principales de Andalucía, y asiéndole la mano le juraron obediencia. Los esclarecidos de las provincias meridionales le tributaron homenage; entre ellos Abu-Otman y Abu-Khaled, ambos descendientes de antiguos libertos del califa Otman, y caudillos de las tribus de Elvira; Yusuf-ben Bakht, Djodran ben Amru el Modjakhi de Málaga, Abu Obaidalah el Kelu de Sevilla, etc., y el pueblo le aclamaba emir por todas partes. Encaminose de *Hisn-al-Múnecab* hácia poniente: revolviendo, alcanzó á Yusuf en el térm. de esta misma c., y trabada batalla, Yusuf y Samail, que le acompañaban, fueron derrotados y acosados hasta la sierra de Elvira. A fines del mismo año el Meknesi, capitaneando los enemigos de Abd-el-Rahman, cayó desde la serrania de Ronda, donde estaba enriscado, sobre las costas de Almuñecar. Al eco de aquella correria el *walí* de Elvira, Asad-ben-Abd-el Rahman, el Scheibani, salió contra ellos y los atacó denodadamente; pero lleno de heridas, sin poder continuar la campaña, tuvo que volver á espirar en Elvira á principios del año de la hejira 150 (marzo ú abril de 757). Reuniéronse en Almuñecar sobre los años 1015 ó principios de 1016, Hayran, con la gente de este pueblo, y Ali con la tropa de Ceuta, de Tánger, de Algeciras y de Málaga, y juntando allí sus banderas, juraron restablecer á Hescham en el califato de Córdoba y obedecerle como á su emir, siendo el único y verdadero descendiente de sus emires ant. Solemnizaron el juramento ante la tropa escuadronada, por cuanto habia entre ellos mucha zozobra, diciéndose consistir toda aquella liga no tanto en los intereses de Scham, como en miras particulares de los coligados. Acampaban los aliados en las campiñas inmediatas á Almuñecar, en ademan de marchar á Córdoba, cuando supieron la llegada de Soleiman á aquella c. con un cuerpo de caballeria escogida. El ejército de Aly ben Hamud, con refuerzos recien llegados de Africa, marchó desde Almuñecar hácia el estremo del Guadalquivir. Recorriendo el ejército de los almohades el pais de Granada, ahuyentó á Aly, principe de los almoravides, á Almuñecar, que era del *waliato* de Elvira, donde se guareció con el objeto de embarcarse, si empeoraban sus negocios: allí feneció envenenado en 1156. Hallóse la gente de guerra de Almuñecar entre la selecta hueste de ginetes é infántes con que el caudillo Mohamed ben Said marchó hácia Granada contra los almohades, en 1162. En Almuñecar tuvo preso Mohamed IV de este nombre, llamado Aben-Azan, á su hermano Mohamed Aben Alhamar el ciego, en 1310, hasta que se hubo apoderado de todas las fort. del reino, y para libertarse de todo recelo, le hizo volver á Granada, donde le quitó la vida. El fortisimo cast. de Almuñecar, donde dice Mariana solian estar los tesoros de los reyes moros y su recámara, divulgada la rendicion de Baza, se entregó á los reyes católicos el año 1489. Mendoza, en su guerra de Granada, refiere haber sido atacada esta pobl. en 1569 por Abdala Aben Abo, que, queriendo ocupar algun lugar de nombradia en la costa, escogió 3,000 hombres, y con escalas y como pudo, la acometió de noche; pero fué bien defendida por su capitan, teniendo que retirarse el musulman á la sierra con algun descalabro, y dejando las escalas; por lo que, viendo Aben-Abo que salian mal sus empresas, y que iba á ser reciamente perseguido por los cristianos, envió de nuevo á Argel al alcaide Hoceni, pidiendo gente para mantenerse, ó embarcaciones para desamparar la tierra. El emperador Cárlos V. hizo un reducto que dominase al puerto, cortando el estremo del cast. ant. por la parte del mar con una fuerte cortina ó muralla, y cuatro grandes torreones, defendida por un ancho y profundo foso con puente levadizo; cuya fortificacion, con su gran torre cuadrada ó Alcazaba, llamada *Mazmorra*, fue volada en mayo de 1812, segun indicamos, por los ingleses, desalojadas las tropas francesas que la guarnecian, despues de un fuerte cañoneo dirigido tres dias consecutivos por una escuadra al mando de Stings, que montaba la fragata Elisa: lleváronse los ingleses la artilleria de cobre de grueso calibre que habian clavado los franceses y las campanas de este cast. Hace Almuñecar por armas un escudo con una galera en mar ensangrentado, y en él varias cab. de moros.

ALMUÑECAR (titulado tambien FARDE ó FRAILES): r. en la prov. y part. jud. de Granada, térm. jurisd. de Huetor Santillan: nace en las sierras de este último nombre y punto denominado *Dientes de la Vieja*: corre 4 leg. de O. á E., y pasando á 1 de Guadix, forma un semicírculo y se dirige por la parte del N.; baña los térm. de la Peza, Diezma, Graena, Purullena, Benalua, Fonelas, y Villanueva de las Torres ó de Don Diego; recibe las aguas de los r. llamados la Peza, Guadix, Gor, Zujar y Pozo-Alcon, y da movimiento á muchos molinos harineros, introduciéndose en la prov. de Jaen para incorporarse con el Guadalquivir, despues de haber corrido otras 12 leg. por el terr. de la misma. Es de curso perenne y abundante de aguas, en las que se crian ricas truchas, anguilas y peces de varias clases, viéndose á sus márg. frondosas alamedas, parras y otros árboles frutales propios del pais, como son cerezos, guindos, ciruelos y perales: para su tránsito no tiene puente ni barca alguna, por cuya razon es necesario vadearle á 1 leg. de O. Guadix, en la carretera de Granada, Málaga y otros puntos de Andalucía.

ALMURADIEL (CONCEPCION DE): l. con ayunt. en la prov. y adm. de rent. de Ciudad-Real (10 leg.), part. jud. de Valdepeñas (2 1/4), aud. terr. de Albacete (26), c. g. de Madrid (37) dioc. de Toledo (25): SIT. al estremo de la prov. en sus lim. con *Sierra-Morena*, sobre la carretera general de Andalucia, en una altura combatida por todos los vientos, y desde la cual se domina el pais; goza de CLIMA saludable, aunque se padecen algunas pulmonias: tiene 80 CASAS de un solo piso, que forman alineadas 1 calle ancha, 6 estrechas, y 1 plaza de 80 varas en cuadro; hay casa consistorial con cárcel, escuela de primeras letras dotada por los fondos públicos con 100 ducados, á la que asisten 25 niños; una posada de las mejores de la carrera, y una igl. parr. dedicada á la Purísima Concepcion, fabricada en el año 1783, servida por un ecónomo, que nombra el vicario de Ciudad-Real: en los afueras existe una fuente abundante para el consumo del pueblo. Confina el TÉRM. por N. con Sta. Cruz de Mudela; E. con el Castellar de Santiago; O. con el Viso del Marqués, todos en el mismo part. y prov., y por el S. con el de Sta. Elena en la prov. de Jaen; comprende 1,400 fan. roturadas para labor, 60,000 vides, y 1,200 pies de olivo, todo de nuevo plantío: el TERRENO está compuesto de lomas y cerros, bastante montuoso, con chaparros, jarales y marañas; le cruzan á 1 leg. del pueblo el r. llamado *Cabeza de Malos* y el *Magaña*, que pasa por el puente de la Venta del *Melocoton*, y se dirige al estrecho de *Despeñaperros*: hay tambien á 3/4 leg. de dist. una fuente que se llama «*La mina de la Nazarena*» de agua ferruginosa, muy útil para varias enfermedades tomada principalmente en baños: es tránsito de la carrera de Andalucia; pasan los CORREOS para la Corte los lúnes, miércoles y sábados á las 11 de la noche, y para Andalucia los domingos, miércoles y viernes á las 4 de la mañana: del mismo modo hacen su tránsito los coches de las compañias de diligencias Generales y Peninsulares, pasando alternativamente un dia para la corte y otro para Andalucia: las horas del primer tránsito son a las 3 de la tarde, y del segundo á las 3 de la mañana: PROD.: trigo, cebada, aceite, vino, y se mantienen 130 reses vacunas: POBL. 89 vec.; 445 alm.: CAP. IMP.: 42,030 rs.: CONTR. 6,360 rs. 9 mrs.: PRESUPUESTO MUNICIPAL 6,500, del que se pagan 200 ducados al secretario, y no teniendo este pueblo propios de ninguna clase, se cubren todas sus atenciones por repartimiento vecinal. Este l. es uno de los que componen las nuevas pobl. de *Sierra-Morena*: fue fundado por los años 1781, reinando el Sr. D. Cárlos III, en el terreno que ocupaba una deh. encomienda, llamada Almuradiel; se gobernaba por leyes particulares como todos los de su clase; en el dia, publicada la Constitucion, han desaparecido todas sus diferencias: es conocido vulgarmente con el nombre de *el Visillo* por su inmediacion al Viso del Marqués; se le llama tambien Almuradiel solamente, ó Concepcion de Almuradiel por el titular de su parroquia.

ALMURADIEL: r. (V. MAGAÑA.).

ALMURFE: l. en la prov. y dióc. de Oviedo, part. jud. de Belmonte y ayunt. de *Miranda*: SIT. á la orilla izq. del *Pigueña*: tiene igl. parr. dedicada á San Blas, hijuela de San Andrés de *Aguera*, con la que confina por N.: el TERRENO es quebrado y poco fértil. Las PROD. agrícolas son las mismas que en la matriz: POBL. 26 vec.; 132 alm.: CONTR. con el ayunt. (V.).

ALMUSAFES (tambien se escribe ALMUZAFES): v. con ayunt. en la prov., aud. terr., c. g. y dióc. de Valencia (3 leg.), part. jud. de Sueca (2): SIT. en llano á 1/2 leg. O. de la Albufera, la combaten todos los vientos y goza de CLIMA bastante saludable, aunque por los miasmas que exhalan las arroceras de la huerta, suelen padecerse algunas tercianas, que ni son malignas ni de larga duracion. Tiene 246 CASAS, la de ayunt., cárcel pública, algunas tiendas de abaceria y comestibles, una taberna, horno de pan cocer, una escuela de primeras letras, dotada con 1,800 rs. anuales, á la que asisten 43 niños; otra frecuentada por 42 niñas, cuya maestra percibe 1,300 rs.; una igl. parr. bajo la advocacion de San Bartolomé Apóstol, servida por un cura párroco de provision ordinaria: desde la torre ó campanario se disfruta la mas deliciosa perspectiva por la multitud de pobl. y arbolado de aquella dilatada campiña, viéndose á lo lejos las torres, cúpulas, y remates de los mas sobresalientes edificios que decoran la cap., y en diversas direcciones y dist. los pueblos de Algemesi, Sollana, Sueca, Cullera, Benifayo, Alginet, Silla, el ancho lago de la Albufera, y la torre de Espioca. Confina el TÉRM. por N. con los de Picasent y Silla (1/2 leg.), por E. con el de Sollana (1/4), por S. con el de Algemesi, y por O. con el de Benifayó (igual dist.); dentro del mismo se perciben algunos restos de la Venta de Ferrer, masias de la Granja, y Casa del Conde, cuyos edificios desaparecieron sucesivamente, ignorándose el motivo. El TERRENO es llano, fértil, ameno, y muy productivo; ademas de la parte de secano comprende unas 1,000 cahizadas, que se riegan: 1.º, con las aguas de la fuente llamada de la *Carrasca*, conducidas desde el térm. de Benifayó por medio de una acequia, cuyo nombre antiguamente era la *Rabiosa*, y en el dia se distingue con el de *Rochosa*: 2.º, con las procedentes de otra fuente titulada Nueva ó del *Vicario*, dist. 1/8 de hora de la pobl., las cuales, en sentir de los facultativos, producen efectos medicinales, porque cruzan por minerales de magnesia: 3.º, con la acequia llamada de la *Alcántara*, la cual recibe las aguas en el térm. de Benifayó, de las que lleva la famosa acequia Real de Alcira, y despues de fertilizar el hermoso distr. llamado *dels Plans* en esta jurisd., pasa á la de Sollana; y 4.º, con las que tambien se toman de la mencionada acequia Real en el porton llamado de *Espioca*; estas dos últimas acequias ó canales se denominan del Duque, porque efectivamente el Excmo. Sr. duque de Híjar fue el que proyectó y llevó á cabo la prolongacion de la referida acequia de Alcira, estrayéndola varios ramales, con los que dió riego á muchas pobl., cuyos campos en otro tiempo, áridos y de secano, se hallan en el dia convertidos en un hermoso vergel, donde como sucede, especialmente en Almusafes, es prodigiosa la multitud de moreras, olivos, viñedo, árboles frutales de diferentes clases, y la diversidad de frutos que enriquecen el suelo, y le constituyen uno de los mas amenos de la prov. Cruza por la v. el *camino real viejo*, ó sea la carretera de Játiva á la cap.; y aqui se le une el que viene desde Dénia costeando el mar, y toca por Gandia, Sueca y Sollana; tambien tiene un camino transversal que dirige á Benifayó, todos en buen estado. CORREOS: se reciben por balijero los procedentes de la adm. de Valencia, los mártes, viérnes, y domingos; y salen los lúnes, miércoles y sábados. PROD. trigo, cebada, maiz, arroz, vino, aceite, algarrobas, hortalizas, seda, naranjas, peras, melocotones, y otras frutas; cria ganado de cerda, lanar y cabrio, con el mular y caballar necesario para la agricultura; y hay caza de codornices, perdices y otros pájaros. IND.: un molino de aceite en buen estado. POBL.: 192 vec.: 814 alm.: CAP. PROD.: 2.988,022 rs.: ID. IMP.: 113,174: CONTR.: 20,808 rs.: el PRESUPUESTO MUNICIPAL asciende regularmente á 11,000 rs., y se cubre con el prod. del horno de pan cocer y del molino espresados, pertenecientes á propios, y con varios arbitrios sobre comestibles, peso y medida.

ALMUZA: cot. red. de la prov. de Navarra, merind. y part. jud. de Estella, dióc. de Pamplona, cond. de Lerin, y jurisd. de Sesma, á cuyo S. y distancia de 1 leg. se halla SIT. Contiene mas de 12000 robadas de tierra de labor, sin incluir varias porciones plantadas de viña y olivar, y muchas que cultivan los vec. de Alcanadre y Lodosa, ni algunos collados estériles que se estienden de NO. á NE. En él existe una basílica bajo la advocacion de Sta. Maria con abadia y granero separado. La parr. de Sesma percibia la primicia de los frutos de este térm. en virtud de cesion que le fué hecha en 1544 por D. Pedro Pacheco, ob. de Pamplona, y los pueblos inmediatos que llevan en cultivo tierras de este cot. pagaban el medio diezmo á la espresada basilica.

ALMUZARA: l. en la prov. y dióc. de Leon (6 1/2 leg.), part. jud. de La Vecilla (1 1/2), y ayunt. de Cármenes (1/4): SIT. á la falda S. de las *Peñas de Pontedo*, é izq. del r. *Torio*: el CLIMA, aunque frio, es sano. Tiene por igl. una ermita, bajo la advocacion de Santiago, anejo de la parr. de Cármenes: el TÉRM. se estiende á 1/8 de leg. desde el centro á la circunferencia: CONFINA por N. con el de Pontedo, por E. con el de Valverde, por S. con el de Gete, y por O. con el de Cármenes, interpuesto el Torío: el TERRENO, en lo general quebrado y poco fértil, cuenta unas 20 fan. de tierra para cultivo, pero tiene buenos prados con regadio para pastos: PROD. centeno, trigo, y legumbres en corta cantidad: la IND. pecuaria y la arrieria es la ocupacion de estos naturales: POBL. 9 vec., y 16 alm.: CONTR. con el ayunt. (V.).

ALOBRAS: v. con ayunt. de la prov. de Teruel (6 leg.), part. jud., adm. de rent. y dióc. de Albarracin (5), aud. terr. y c. g. de Zaragoza 30: SIT. en terreno quebrado que divide la pobl. en dos trozos; sin embargo la libre ventilacion que goza, hace su CLIMA saludable. Tiene varias CASAS distribuidas en diferentes calles irregulares, 1 escuela de primeras letras, á la que asisten 25 niños; 2 fuentes llamadas del Berro y del Peral con aguas escelentes y abundantes para el surtido del vecindario, y 1 igl. parr. bajo la advocacion de San Fabian y San Sebastian, servida por 1 cura y 1 sacristan: el curato es de segundo ascenso y lo provee S. M. ó el diocesano, segun los meses en que vaca, siempre por oposicion en concurso general: el edificio se reedificó el año 1651 por Pedro Palacios y otros arquitectos, á espensas de D. Juan Valero Diaz, secretario de S. M. é hijo de Alobras; su arquitectura es de órden toscano, se divide en 3 naves, la de enmedio tiene 33 varas de long. 10 1/2 de lat. y 12 de elevacion, y las colaterales 19 de long. 4 1/2 de lat. y 7 de elevacion: este templo se compone de 10 altares de los cuales el mayor es de órden corintio, y se halla adornado con muy buenas pinturas; tiene coro y sacristía muy capaces y un órgano de octava corta. Ademas encierra reliquias de los Stos. Patronos, y otras que fueron auténticamente trasladadas, y se veneran en el mismo desde el año 1726. En su parte esterior es digna de notar la portada de piedra silleria; 10 estribos de lo mismo de 10 1/2 varas de elevacion, un pórtico cubierto con 18 palmos de fondo; 2 estátuas de piedra de los Stos. titulares, y la torre que contiene el relox. Al estremo de la pobl. ocupa el cementerio un lugar bastante ventilado, y á 1/4 de hora de la misma hay una ermita dedicada á San Roque. El TÉRM. confina por el N. con el de Jabaloyas, por el E. con el de Tormon, por el S. con el del Cuervo, y por el O. con los de Vequillas y Salvacañete, estendiéndose de E. á O. 2 horas y 1 de N. á S.: dentro de su circunferencia, se encuentran varias fuentes y una masada ó casa de campo llamada la Serna. El TERRENO todo él es de secano y la mayor parte monte que cria encinas, rebollos, pinos y sabinas que surten de leña y maderas para las necesidades del vec., y tambien pastos para el ganado lanar y cabrío. Los CAMINOS todos son locales y de herradura. El CORREO lo recibe de Albarracin por medio de un peaton que va á buscarle. PROD.: trigo, cebada, centeno, y avena, y cria algun ganado lanar y cabrio: antes de la guerra civil el número era considerable, pero destruido por las tropas de D. Cárlos, quedó reducido á la nulidad, y la miseria en que se encuentra el vec. no permite que su reposicion se haga sino con mucha lentitud. IND.: hay un molino harinero con una sola muela, que por la escasez de agua no tiene impulso contínuo, y 2 malos telares de lienzos y cordellates ordinarios. POBL. 90 vec.: 349 alm. CONTR.: 11,594 rs. 33 mrs. v.

ALOCAZ: cortijo en la prov. de Sevilla, part. jud. y térm. jurisd. de *Utrera* (V.): está sit. entre los térm. de las Cabezas de San Juan y Utrera, sobre el camino real que va á los puertos. En él hay muchos vestigios de pobl. y aun los restos de un hormazo ó torreon de los que en otro tiempo ocupaban los soldados llamados *almogavares*; pero nada se ha podido descubrir acerca de la época en que se fundó el pueblo. Hay quien cree fuese la ant. *Alica*, cuyo nombre consta por una inscripcion hallada en Tarragona, pero es con muy poco fundamento. Otros aseguran haber sido un pueblo llamado *Asculas*, desamparado por sus ant. vec., quedando gruesos beneficios de sus rentas ecl. Del ant. pueblo *Alocaz* ó *Alayvas* se hace frecuente mencion en el repartimiento de Sevilla, porque á los caballeros que eran repartidos en el aljarafe, olivares, huertas y figuerales, les daban aqui les tierras de pan sembrar que son muy gruesas y fértiles. Aparece tambien mencionada esta v. en la historia del rey D. Alonso XI. No ha mucho que junto á las torres, trabajando en las hazas fronteras, se descubrieron dos leones de mármol blanco de hermosa escultura. La causa de la despoblacion de *Alocaz* fue sin duda estar espuesto á las correrias de los moros de la Serrania de Ronda, siendo pueblo abierto y retirándose progresivamente sus moradores á los inmediatos de Lebriga, Palacios, etc.

ALOCEN: v. con ayunt. de la prov. y adm. de rent. de Guadalajara (6 leg.), part. jud. de Sacedon (1 1/2), aud. terr. y c. g. de Madrid (15), dióc. de Toledo (25): SIT. en una hondonada á la inmediacion del r. Tajo, combatida del N. y de CLIMA sano, con 96 CASAS de mala construccion y poca comodidad, consistorial, pósito, cárcel y un albergue para los mendigos; dos escuelas de primera educacion, una para niños, dotada con 1,500 rs. á la que concurren 34, y otra de niñas con solo la retribucion de las 24 que á ella asisten; dos fuentes de buenas aguas para el surtido del vecindario: igl. parr (Ntra. Sra. de la Asuncion), y en los afueras, inmediatas á la pobl., tres ermitas tituladas la Soledad, Sta. Ana, y San Juan. Confina el TÉRM. por N. con el de Albar, E. con el de Chillaron, S. con el de Auñon y O. con el de Berninches; le cruza el mencionado r. Tajo: el TERRENO es de buena calidad y da lo necesario para el consumo del pueblo; los CAMINOS son locales en mediano estado: el CORREO se recibe de Budia por balijero los miércoles, viérnes y domingos, y sale los lúnes, juéves y sábados. PROD.: trigo, cebada, garbanzos, vino, aceite, patatas, alazor y zumaque; se mantiene algun ganado vacuno, mular y asnal para las labores, y se cria caza de perdices, conejos, liebres y corzos, y pesca de barbos, truchas anguilas y bogas: POBL.: 100 vec.: 353 alm.: CAP. PROD.: 1.425,000 rs. IMP.: 142,500: CONTR.: 10,642: PRESUPUESTO MUNICIPAL: 8,100, del que se pagan 400 al secretario y se cubre por repartimiento vecinal.

ALOITE: l. en la prov. de Orense, ayunt. y felig. de Sta. Maria de *Beariz* (V.).

ALOLANS: l. en la prov. de Orense, ayunt. de Berea y felig. de Sta. Maria de *Pitelos* (V.).

ALOMARTES: ald. que forma ayunt. con la v. de Illora en la prov., aud. terr., c. g. y dióc. de Granada (9 leg.), part. jud. de Montefrio (2): SIT. 1/2 leg. al SO. de su matriz y á la falda de la sierra de *Parapanda*; goza de CLIMA tan saludable como aquella: tiene 260 CASAS todas bastante regulares y de moderna construccion, una posada, escuela de primeras letras é igl. parr. erigida en el año 1771, y edificada en el de 1784 en el mismo sitio en que se hallaba la ant. y estrechísima ermita destinada para los divinos oficios; comprende su felig. la ald. del Tocon y cortijada de Bracana, y está servida por un cura propio que reside en Alomartes y un teniente en el Tocon: el edificio es elegante, planteado y dirigido por el arquitecto D. Francisco Quintillan, y costeado de los sobrantes de la cuarta decimal con ayuda del vecindario y del Sr. Solarigo: en los afueras se halla el cementerio. No tiene TÉRM. propio como enclavada en el de su matriz; sin embargo el TERRENO que la rodea es de buena calidad y sobre todo es feracísimo el de la vega que se halla á su frente regada con las aguas de la fuente de Alomártes, que da tambien movimiento á 4 molinos harineros; esta fuente es uno de los prodigios que encierra el térm. de Illora, y que como próxima á esta ald., y tomando de ella su nombre, describiremos en este lugar. A la falda meridional de la sierra de Parapanda, y al E. de la ald. se forma un hoyo como de 9 pies de diámetro, circunvalado de piedras sueltas colocadas naturalmente; de su fondo arenisco surgen aguas con abundancia que elevándose sobre el terreno, se derraman á la parte esterior dando origen á una caudalosa corriente, que despues de rodear la pobl. por su lado S. desciende á buscar la vega, dando movimiento á los cuatro molinos referidos, y alcanzando su benéfico influjo hasta otras posesiones mucho mas distantes: la naturaleza parece hizo un esfuerzo para ostentarse rica y pródiga en este manantial copioso, y el arte no se ha atrevido á tocar la obra del Criador: las aguas son puras, saludables, dulces y delicadas, y de ellas se surte el vecindario de la ald. recogiéndolas en el mismo manantial, que se forma indudablemente de las filtraciones de la sierra: al pie del segundo molino, que se halla en la ribera formada por esta fuente, hay una torre antiquísima y regularmente conservada que tiene su entrada por el mismo molino llamado por esta razon *de la Torre*, y á 900 pasos de la ald. están los baños del *Hachuelo* ó *Jachuelo*, de los que se hablará en su lugar. (V.): para sus PROD., RIQUEZA, CONTR. y POBL.: V. el art. *Illora*, en cuyos cálculos está comprendida, con las demas ald. que constituyen aquel térm. municipal.

ALON: uno de los cuatro pueblos que Jacobo Lacombe quiso encontrar en el pasage estragado de Plinio, donde se lee *Alostingiceli*, y de otros modos debió Lacombe haber corregido *Alontigi*, *Celi*, *Alostigi*, en vez de *Alon*, *Tigi*, *Celia*, *Lostigi*. Los Alontigos son los que en Mela y en las medallas que acuñó su c. se llaman *Olontigi* (V.).

ALON (STA. MARIA DE): felig. en la prov. de la Coruña (10 leg.), dióc. de Santiago (6), part. jud. de Negreira (2), y ayunt. de Sta Comba (1/4): SIT. en terreno llano, frio, humedo y bastante ventilado; comprende las ald. de Alon de Abajo, Alon de Arriba, Cotadoira, Coto y Esmorade: hay unas 74 CASAS de mala construccion: tiene escuela temporal de ambos séxos, pagada por los padres de los alumnos. La igl. parr. (Sta. Maria) fue reedificada en 1784 á estilo moderno; es bastante capaz, y en su átrio se halla el cementerio: el curato de patronato lego, que ejercen varios partícipes. El TÉRM. confina por N. con Sta. Comba (San Pedro de), E. con Ser (San Pedro de), por S. y O. con San Andres de Pereira y r. Jallas: este recibe distintos arroyos formados de los derrames de las fuentes, y que dan impulso á varios molinos harineros: el TERRENO participa de monte poblado y de unas 720 fan. de tierra de mediana calidad: los CAMINOS locales y mal cuidados: el CORREO se recibe por Negreira: PROD.: maiz, trigo, patatas, centeno, lino y legumbres: cria ganado vacuno, mular, caballar, lanar, cabrio y de cerda, que presentan en los mercados inmediatos, donde se provisionan de los art. que necesitan; encuéntranse tambien lobos, jabalíes, zorros y otros animales dañinos; se pescan truchas y cazan perdices y liebres; á la IND. agrícola se agrega la de algunas alfarerias y el tráfico de pescado salado: POBL.: 72 vec.: 288 alm.: CONTR. con su ayunt. (V.).

ALON DE ABAJO: l. en la prov. de la Coruña, ayunt. de Sta. Comba y felig. de Sta. Maria de *Alon* (V.).

ALON DE ARRIBA: l. en la prov. de la Coruña, ayunt. de Sta. Comba y felig. de Sta. Maria de *Alon* (V.).

ALONA: Diago, en sus anales de Valencia, Mariana en su historia de España, y otros, han escrito *Alona* por *Alone*, c. de la ant. *Contestania*. (V.)

ALONÆ: Asi se escribe en Ptolomeo. (V. ALONE.)

ALONDIGA ó ALHONDIGA: de nuestras crónicas y de las árabes, resulta haber existido una pobl. asi denominada, hasta la cual siguió el alcance del agareno el rey Ramiro II, despues de haberle batido en la batalla de Simancas. Florian de Ocampo la llama *c. en la ribera del Tórmes por bajo de Salamanca*, refiriendo haberse recogido Abd-el-Rahman en ella, y que salió de alli secretamente, sin parar hasta Córdoba, cuando entendió que le seguia el rey cristiano, ó cuando se vió cercado por sus armas. Aumenta luego que el rey tomó el cast. de *Alhóndiga*, y se volvió á los suyos. Ferreras refiere, que derrotado Abd-el-Rahman el dia 6 de agosto de 938 junto á Simancas, despues de haber dado D. Ramiro un ligero descanso á sus tropas, sabiendo que aquel recogia en *Alhóndiga* las reliquias de su ejército, le siguió con sus tropas, y volvió á derrotarle, escapando Abd-el-Rahman mal herido y siendo muy pocos los que tuvieron igual fortuna. Son varios los historiadores en que se lee haber repoblado Ramiro II á *Alhóndiga* entre otras ciudades, villas y fortalezas á la sazon desiertas (939). El nombre *Alhóndiga* es de origen árabe: unos lo interpretan venta ó meson; otros depósito de granos. Nada se sabe de la época y modo de la despoblacion de *Alhóndiga*.

ALONDIGA ó ALHONDIGA: v. con ayunt. de la prov. y adm. de rent. de Guadalajara (6 1/2 leg.), part. jud. de Sacedon (2 1/2), aud. terr. y c. g. de Madrid (15), dióc. de Toledo (22): SIT. sobre una pequeña elevacion rodeada de otros 4 cerros mas altos llamados de la Dehesilla que ocupa el lado N.; del Viso el del E.; la Cuesta, el del S.; y de la Fuente el del O., reinando con mas frecuencia el viento de este último lado, y goza de CLIMA templado, benigno y saludable. Tiene 218 CASAS, bajas, estrechas y de mala construccion, que forman 30 calles y callejuelas de mal piso, mal alineadas y poco limpias, y una plaza cuadrada en medio de la pobl., en la cual existe la casa municipal, la cárcel y el pósito: hay escuela de instruccion primaria elemental dotada en 2,200 rs. del fondo de propios, y asisten á ella 50 niños; un hospital para pobres transeuntes, pero de tan escasos recursos, que apenas se puede proporcionar á los indigentes otro consuelo que el abrigo de la intemperie; 2 posadas, é igl. parr., que está sin concluir, en medio del pueblo, servida por 4 sacerdotes: en las afueras y en lo alto de un cerro bien ventilado donde se hallaba antes la igl. destruida, está el cementerio, que no perjudica á la salud pública. Confina el TÉRM. por N. con el de Berninches; E. Fuentelaencina. S. el Coto de Collado y térm. de Auñon; y O. con el desp. y monte de Anguix: se estiende 1/4 leg. por los tres primeros puntos, 1/2 por el último, y comprende 4,000 fan., de las que se cultivan la mitad, todas de mala calidad: hay algunas viñas y olivares, cáñamos y legumbres, que se riegan con las aguas de un arroyo que baja por la parte de Berninches, el cual pone ademas en movimiento un molino harinero; hay otro arroyo de agua dulce que atraviesa la carretera de Madrid, á los baños de Sacedon, del cual se surten los vec. para sus usos, y ademas una fuente de agua salobre. El TERRENO es flojo, con muchos cerros y cuestas: los CAMINOS de herradura, escepto la referida carretera que cruza por medio del pueblo: el CORREO se recibe de Pastrana por conducto de un balijero: PROD.: cebada, centeno, avena, vino, aceite, garbanzos y otras legumbres: se mantiene muy poco ganado lanar, cabrio y de cerda, 600 colmenas, 70 yuntas de mulas, 10 de bueyes y 30 de asnos. POBL.: 204 vec. 773 alm. CAP. PROD.: 2.455,460 rs.: IMP.: 270,100: CONTR. 18,288 10. mrs. PRESUPUESTO MUNICIPAL: 11,000 del que se pagan 1,100 al secretario por su dotacion y se cubre con el prod. de propios que asciende á unos 9,000 rs., y el resto por repartimiento vecinal.

ALONDIGA ó ALHONDIGA: deh. de pasto y labor perteneciente al Real Patrimonio, en la prov de Toledo, part. jud. de Illescas, térm. de Añover de Tajo: se compone de 3 millares, en 6 ejidos que llaman Valdeasturianos, Valdeabejares, Valdejuanete, Valquemado, Valdeclara y Valdeatarfal, con mas 1/2 millar de la isla de la Comendadora; y el soto del Peral correspondiente á la misma. La calidad de las tierras en la parte baja es fuerte y muy prod. en años lluviosos; en los altos, generalmente floja y mas propia para trigo que otra clase de semillas: las destinadas para la labor son 408 fan. de 400 estadales, las de pastos los producen de muy buena calidad, y pueden mantener al año de 400 á 450 ovejas de cria: sin embargo de estar abolido el diezmo se paga en cierto número de ellas el derecho de Onzavo, que es de cada 11 fan. de grano, 2: PROD.: trigo, cebada, avena y demas semillas. Se paga por rent. anual 9,500 rs. á la Real Acequia del Jarama, cuya adm reside en Cien-pozuelos (V. ARANJUEZ).

ALONE: Mela y Ptolomeo han mencionado esta c. en la costa de los contestanos, colocándola aquel en el *Seno illicitano*, oriental de *Lucentum*, y este en los 12° 40' de long. 38° 35' de lat. Segun Estéphano Byzantino, la edificaron los phocenses establecidos en Marsella. La raiz griega de su nombre *als*, equivale á nuestra voz *sal*, y esta razon topográfica conviene exactamente á *Guardamar*, donde la colocó el erudito Mayans; coincidiendo igualmente los testos de Mela y Ptolomeo, y el mismo nombre *Guardamar*, degeneracion de las raices árabes *Guadiamar*, (agua salada) (V. GUARDAMAR). Se equivocó Isaac Bosio (*in Melam*) identificando esta c. con la *Tudemir* de los árabes, y no menos Diego, en sus anales de Valencia, que la reduce á *Alicante*, y otros que la han confundido con *Lucentum* (V.)

ALONES: De este modo aparece escrito en Mela el nombre de la ant. *Alone* (V)

ALONGICELI: este es uno de los vocablos mas estragados que se leen en el testo de Plinio. Aqui, sin duda por un resto de hebraismo, se ha mudado la vocal *o* en *a*, y por contraccion de dos nombres se ha formado uno: *Olontigi*, como se lee en Mela y en las medallas que acuñó su c. y *Celti*. (V. sus respectivos art.)

ALONGOS: ald. en la prov. de Orense, ayunt. de Toen y felig. de San Martin de *Alongos* (V.): POBL.: 8 vec.: 36 almas.

ALONGOS (SAN MARTIN DE): felig. en la prov., dióc. y part. jud. de Orense (1 leg.), y ayunt. de Toen: SIT. á la márg. izq. del r. *Miño*; CLIMA sano: comprende las ald. de Alongos, Corredoira, Outeiro, Regengo, Resayo y Tapia, que reunen 60 CASAS y varias chozas en que custodian el ganado. La igl. parr. (San Martin) está servida por un curato de primer ascenso y presentacion ordinaria: el TÉRM. confina por N. con el r. Miño, al E. con Mugares, al S. Toen, y por O. con Sta. Maria de Teá: el TERRENO participa de monte poblado y de llano fértil: el CAMINO de Orense á Ribadavia que cruza por está felig. está bastante descuidado: el CORREO se recibe en la cap. del part.: PROD: vino, trigo, maiz, castaña y algunas legumbres y pasto: cria ganado vacuno, de cerda y lanar: POBL. 54 vec.: 289 alm. CONTR. con su ayunt. (V.).

ALONIS INSULA: muy bien conjeturó el Sr. Mayans ser esta la misma *Alone*, mencionada por Mela y Ptolomeo, debiendo haberla llamado *isla* Estéphano Byzantino, por estar en una península formada junto á la boca del Segura. (V. ALONE).

ALONSO-ARENAS: granja de la prov. de Albacete, part. jud. de la Roda, térm. jurisd. de *Munera* (V.).

ALONSO-CALLEJA (CUARTO DE): granja de la prov. de Albacete, part. jud. de la Roda, térm. jurisd. de *Munera* (V).

ALONSO RUIZ: valle con huertas de la prov. de Ciudad-Real, part. jud. de Valdepeñas, térm. jurisd. de *Viso del Marqués*.

ALONSOTEGUI: l. con ayunt. en la prov. de Vizcaya, dióc. de Calahorra (7 1/2 leg.), aud. terr. de Búrgos (25), c. g. de las prov. Vascongadas (12 1/2), y part. jud. de Bilbao (1 1/2): SIT. á la falda N. de la montaña de Pagazarra, y orilla del r. *Cadagua*: su CLIMA sano: bajo el sistema foral se regia por un fiel sin asiento ni voto en las juntas de Guernica, por haberse separado de su matriz (Arrigoriaga) sin consentimiento del Señorío: la igl. parr. (San Bartolomé Apóstol) fundada por sus feligreses á principio del siglo XVI, es de una nave con 62 pies de long. y 37 de lat.: el curato es de patronato real: tiene 23 sepulturas y una tumba, ademas del cementerio. El TÉRM. confina al N. con Abando 1/4 leg., al E. con Arrigoriaga 1/2, por S. con Miravalles y La-Cuadra 1/2, y á O. con Baracaldo y Gueñes 1/2: le baña el Cadagua, que dejando á la der. la igl, sigue su curso á Castrejana: este r. tiene un puente ant. llamado *Irauregui*, y otro recientemente construido en el camino real de Bilbao á Búrgos, por Valmaseda, que es de cinco arcos: se denomina puente de *Zaramillo*, y confina con Gueñes. El TERRENO participa de monte y llano; en lo general fragoso, pero con tierra de mediana calidad para el cultivo: los CAMINOS vecinales poco cuidados; la CORRESPONDENCIA se recibe de la cap. del partido por medio de balija: PROD.: maiz, trigo, patatas, algunas legumbres y frutas, bastante combustible y algun viñedo: cria ganado vacuno y se encuentra caza de liebres, jabalíes y zorros, y pesca de anguilas, barbos y truchas: IND.: una ferr. y un molino harinero: ambos artefactos en estado de prosperidad: POBL. 44 vec.: 200 alm.: riqueza y CONTR. (V. VIZCAYA).

ALONTEGI: (V. ALONTIGI).

ALONTIGI: (V. OLONTIGI.)

ALONTIGICELI: En algunas ediciones de Plinio se lee, que junto á la costa inmediata del *Menoba*, navegable, habitaban los *alontigicelos* y *los alostigos*: *Ab ora venienti prope Monobam amnen et ipsum navigabilem haud procul accolunt Alontigiceli, Alostigi* (lib. 3, cap. 3): Aunque el P. M. Florez entendió en este lugar de Plinio por la voz *Ora* la costa de Málaga, no obstante haberse descrito ya, mas bien se infiere con Rodrigo Caro que era la del Océano, refiriéndose al *venienti* al que seguia el camino del Itinerario *ab ostio fluminis Anæ*, y el *Menoba* al Guadamiar, que desagua en el Guadalquivir. Próxima al Guadiana, en la misma costa, aparece mencionada por Mela la c. *Olontigi*; y las medallas dan la c. *Olont*: asi Isaac Bosio (*in Melam*) corrigió en el nombre bárbaro de Plinio *Alontigiceli*, *Olontigi*, *Celia*. Pudo, muy bien formarse *Alontigiceli* por contraccion de estos dos nombres mudada la *ó* en *a*, como sucede con la mayor frecuencia en los escritores antiguos. Sin duda *Olontigi* y *Celti* son los patronímicos de la *Olont* de las medallas, y de *Celia ó Celi*: ambas c. reducidas á Gibraleon y á Gelo, llenan exactamente el testo de Plinio con esta correccion. (V. OLONTIGI y CELII).

ALOÑOS: l. en la prov., distr. marit. y dióc. de Santander (6 leg.), part. jud. y ayunt. de Villacarriedo (1), aud.

terr. y c. g. de Burgos (23): SIT. dentro del valle titulado de Carriedo, en la falda y vertiente oriental de la montaña *Rugomez*, á la izq. de Conquera; le baten libremente todos los vientos, escepto el S., reinando las enfermedades inflamatorias, como son pulmonías, pleuresías, catarros, y algunas irritaciones cerebrales; sin embargo, se nota que sus hab. llegan por lo regular á una edad muy avanzada. Se compone de 68 CASAS, las 38 de piso alto y de 20 á 25 pies de elevacion, una toda de silleria, y las demas de bastante poca capacidad; todos estos edificios manifiestan ser muy ant., estan separados á corta dist. los unos de los otros, sin formar calle alguna, y son en su mayor parte tristes y sombrios, tanto por su sit., cuanto por los castaños, nogales y cajigas que existen entre ellos; hay una escuela de primeras letras, á la que concurren ordinariamente 24 niños de ambos sexos, cuya dotacion consiste en 3 rs. diarios, satisfechos de un censo impuesto sobre los bienes del marques de Valero; y dos fuentes de esquisitas aguas para el uso de los vec. y el de sus ganados: la igl. parr., dedicada á San Fructuoso, cuya fiesta se celebra en 21 de enero, está servida por un beneficiado de la clase de patrimoniales, que se provee mediante oposicion ó concurso entre los hijos del pueblo, siendo en su defecto de provision del diocesano: este edificio denota tambien mucha antigüedad; su figura es cuadrilonga, la espadaña y frontis, en el que se ve un cobertizo ó tejado, que llaman pórtico, de piedra silleria, y las paredes laterales de cal y canto; el pavimento es de losa dividido en sepulturas; el retablo mayor cubierto de dibujos, aunque sin órden marcado de arquitectura, y á sus costados otros dos altares, el uno con la efigie de Ntra. Sra., habiendo ademas al lado der. de la igl. una capilla particular perteneciente á la casa de los Bustillos; tiene igualmente una ermita bajo la advocacion da Ntra. Sra. de la Soledad, á cuya fiesta, que se celebra el segundo domingo de julio, concurre mucha gente de los pueblos inmediatos; y un cementerio construido en el año de 1834 en otra ermita que llevaba el nombre de San Juan, que se hallaba en un sitio titulado *Monejo*, punto bien ventilado fuera de la pobl. Confina el TÉRM. por N. con el de Soto á 1/2 cuarto de hora, por E. con el de Santibañez á la misma dist., por S. con los de Bárcena de Toranzo y Santibañez á 1/2, y por O. con los de Bejoris y San Martin, á igual dist.; en él se encuentran los cas. denominados la Cotera, Bellanosa, Gandarillas, y el Cabañal de Castrejones, y una sima insondable, que llaman la Torca, refiriendo la tradicion que en esta cueva habitó San Fructuoso, por lo que tambien suelen darle este nombre: en ella se arrojan las reses y animales muertos, y algunos pretenden que mina una gran parte del valle, mas es lo cierto, que aun no se ha conocido su fondo. El TERRENO es quebrado, fuerte, pedregoso y medianamente fértil; la parte de tierra de sembradura asciende á 1,800 carros de 81 brazas cada uno, y la de prado á 2,200, estando destinado el resto para arbolado y pastos comunes; tiene un monte en mancomunidad con Santibañez y Soto, titulado el *Ayal*, que contiene muchos millares de escelentes árboles de haya, cagiga y aun de castaño; entre ellos hay una parte llamada *Cagigal del Rey*, como de unos 600 pies, de haya y roble, para el surtido de la marina real, la cual está al cuidado de la Gefatura politica y direccion de Montes. Todos los prados se riegan con las aguas llovedizas, muy abundantes en este pais, y con las de unas fuentes inmediatas al pueblo, que dan origen al r. Conquera, que corre por su térm.: sobre él existen 4 molinos harineros de una rueda cada uno para maiz, los cuales solo muelen en el invierno: los CAMINOS son comunales, en buen estado por la naturaleza del suelo, que es de piedra caliza, y el CORREO se recibe de la estafeta de Santibañez. PROD.: maiz, alubias, patatas, trigo, lino, yerba y frutas; ganado vacuno, lanar, caballar, y alguno cabrio: en el monte se encuentran lobos, zorros, corzos, y alguna vez jabalíes: los naturales concurren á las ferias y mercados de los pueblos inmediatos para vender sus sobrantes, y surtirse de los art. de que carecen. POBL.: 60 vec. y 290 alm.: CONTR. con el ayunt. (V.).

ALOQUEIRO: ald. en la prov. de Pontevedra, ayunt. de La Guardia y felig. de San Lorenzo de *Salcido* (V.).

ALORA: part. jud. de entrada, en la prov. y dióc. de Málaga, aud. terr. y c. g. de Granada; compuesto de 5 v. y un l., formando otros tantos ayunt., que son: Alora, Almogia, Alozayna, Cártama, Casarabonela y Pizarra; cuyas dist. entre sí, aparecen del siguiente estado:

ALORA, part. jud.

3	Almogia.							
3	6	Alozaina						
2	3	3	Cártama.					
2 1/2	5	1	3	Casarabonela.				
1/2	3 1/2	2	1	2	Pizarra.			
17	17	18	21	19	17 1/2	Granada, aud. y c. g.		
5	3	6	3	6	4 1/2	18	Málaga. dióc.	
85	73	88	87	87	85 1/2	66	82	Madrid.

Los vientos que en él reinan con mas frecuencia son el NO, y el SO., gozando de una atmósfera alegre y despejada, y de CLIMA bastante sano y templado, de tal modo, que ninguna parte de su terr. fue invadida por las epidemias de la fiebre amarilla y el cólera-morbo, que aquejaron á los hab. de la cap. y otros muchos pueblos de la prov. Confina por N. con el part. jud. de Campillos y el de Antequera; por E. con el de Colmenar y el de Málaga; por S. con el mismo de Málaga y el de Coin, y por O. con los de Ronda, Coin y Campillos, abrazando 7 leg. de estension de N. á S., y 8 de E. á O.

Su TERRENO es en lo general montuoso y quebrado con motivo de las muchas sierras que lo cruzan en distintas direcciones; por la parte del NO. entra en el térm. jurisd. de Almogia, la conocida con el nombre de la Estacada, de fácil acceso por todos lados, la cual es continuacion de la del Torcal de Antequera, y muere en el mismo terr. de Alora: en el de Cártama, y sin salir de él, se levantan otras dos, tituladas de los Espartales y Sierra-llana, ocupando la primera el O. de dicho pueblo y la segunda el E. Por el N. entra tambien en el part. jud. que se describe, la sierra de Arais ó Larajis, que es igualmente ramificacion de la del Torcal; se divide por una cortadura sorprendente para dar paso al r. Guadalhorce, y continúa por la denominada de Aguas hasta Carratraca; desde aqui sigue á la del Caparain, separando térm. entre Alora, Ardales y el mencionado Carratraca; y dividiéndose en el sitío nombrado de Puerto-Martinez, camino del Burgo y Ronda, entra con la denominacion de sierra Prieta ó Parda, en el part. de Coin, despues de haber separado tambien los lim. de Alozayna y la Junquera hasta Tolon. En térm. de dicho Alozayna se eleva un cerro que llaman de Ardite, el cual se ha destinado al cultivo de viñas y olivos; habiendo otro de bastante altura en la misma jurisd., con el nombre de Fuente del Albar, poblado de encinas y quejigos. Otro grupo de sierras elevadas se levantan al NE. de la pobl., conocidas con el nombre del Hacho y Monte-Redondo, teniendo un descenso y declive natural hasta que llegan á los r. y arroyos donde vacian sus vertientes; en lo general son sierras peladas y sin árboles, y accesibles con mas ó menos dificultad.

Al E. de la cab. del part. existe una cord. de cerros de bastante elevacion, poblados de olivos, viñas, encinas, higueras y almendros, que cultivan con mucho esmero, estendiéndose al térm. de Almogia y Cártama; se titulan los Lagares, y descienden por el del primer pueblo á desaguar en el r. Campanillas, formando muchos valles y profundas cañadas. En el de Alozayna se encuentran canteras para piedras de molino de mérito particular, y en el de Casarabonela, cuyo terreno es todo montuoso, y faldas de la sierra de Caparain, las hay tambien de mármol prieto y blanco y de piedras de chispas; para la elaboracion de estas últimas se estableció y estuvo en ejercicio una fáb. en dicha v., que quedó sin uso hace muy pocos años: en las mismas faldas se halla igualmente abundante mineral de hierro, aunque sin beneficiar, habiendo estado en años anteriores muy animada en todo el terr. del part. la investigacion y esplotacion de minas; pero gastadas muchas cantidades en estos trabajos sin efecto alguno, las abandonaron casi en su totalidad, pudiéndose decir, que si algunos siguen al presente, mas bien es por pura ambicion que por la utilidad que produzcan, ni haya de ella una fundada esperanza.

Como la mayor parte del terr. que comprende este part. es montuoso, son varias las cañadas y valles que en él se encuentran, hallándose sus llanuras principalmente al S. de Alora en las márg. del Guadalhorce, y siendo sus tierras en lo general de buena calidad; en ellas se cosecha de toda clase de granos y semillas, y se cria ganado vacuno, lanar, cabrio, de cerda, yeguar, asnal y mular, desde que se levantó la prohibicion del garañon: todo el de la cap. y demas pueblos del part., está sumamente aprovechado, labrándose sus campos para la siembra de granos, semillas y plantacion de árboles, no quedando por cultivar mas que aquellos destinados al pasto de ganados, y que no dan esperanzas de una prod. regular: los terrenos de labor se llevan, comunmente á dos y tres hojas, segun el interés que encuentra en ellos el cultivador.

Los art. de consumo que se esportan, son: higos, uvas, pasas, limon, naranja china, cáscara de la agria, aceite, aceituna verde, almendra y mostos, que regularmente se venden sin embodegarlos, sin que se importen otros que el arroz y los ultramarinos: sus precios comunes son: en los higos de 7 á 8 rs. a., la de uva de Loja en Casarabonela, que es donde mas se cria, de 12 á 14; la de pasa larga ó de sol á 15; el ciento de limones de 4 á 5; el de naranja china al mismo precio; la a. de cáscara de agria á 10, la de aceite de 28 á 30; la fan. de aceituna verde á 24; la de almendra de 70 á 80; la a. de mosto de 8 á 9; la de vino á 16, y la de arroz, fruto que se importa, de 25 á 30, alterándose el precio de los art. ultramarinos, segun la abundancia ó escasez del puerto de Málaga.

Por la parte del N. entra en este part. el r. Guadalhorce, el que cortando la sierra de Antequera, se precipita á la llanura por el punto que llaman el Chorreadero ó Despeñadero del Agua, saliendo por un diámetro de unas doce varas de estension, que si bien es suficiente para el caudal de aguas que ordinariamente lleva el espresado r., sube á la mayor altura en épocas de grandes lluvias y avenidas; atraviesa todo su terr. de N. á S. por el térm. de Alora, quedando esta v. á la márg. der. del mismo y á la dist. de mil varas poco mas ó menos: en su tránsito se le unen por dicha márg., antes de llegar á la pobl., el arroyo de los Granados, el de Colmenar, el de Cañamero, el de la Dehesilla, el de las Canitas, el de Paredones, el del Sabinar; y pasado el pueblo, el denominado Arroyo-Hondo, el de Catalina Dias, el de las Cañas y el de Casarabonela: por la márg. izq. se incorporan con él, el de las Piedras, el de Espinazo, el de Morales, cuyos dos últimos se unen al nombrado de Geba formando un solo torrente, el de Bujia, el de Corrales, el de la Ahumada y otros arroyuelos de menos consideracion: pasa á unas 600 varas por la der. del l. de Pizarra, y al llegar al térm. de Cártama, convirtiéndose al SE., y aumentado ya con la confluencia de Rio-grande unido con el de Jorox, que entran por el terr. de Coin, sigue su curso y se introduce en el part. de Málaga, donde recoge tambien las aguas del Campanillas.

Con las del citado r. Guadalhorce, desde el Despeñadero del Agua hasta su salida del part., se riegan y benefician una gran porcion de fan. de tierra de campiñas y de huertas, para lo cual, y para dar impulso á 14 molinos harineros, se sacan de él los cáuces necesarios con sus respectivas presas, que por lo regular se renuevan en todo ó en su mayor parte en los años de grandes lluvias.

Para su tránsito se encuentran tres barcas, una á las inmediaciones de Alora, de la que usan sus vec. por igualas con su dueño; otra próxima al pueblo de la Pizarra, y la tercera en el térm. de Cártama, siendo vadeable por diferentes puntos, aun en las estaciones de invierno, á no ser en tiempo de fuertes avenidas.

En la sierra de Antequera tiene su origen el r. Campanillas; entra en el terr. de este part. por el térm. de Almogía, y va á desaguar en el Guadalhorce por el de Málaga, existiendo sobre él un puente inmediato á la referida v. de Almogía: hay tambien en su térm. un arroyo que nombran la Rambla, y otro llamado Cupiana, los cuales se incorporan con dicho Campanillas, dando movimiento con sus aguas á dos molinos harineros.

En jurisd. de Carratraca nace el arroyo de las Cañas, el que inmediatamente entra en el terr. de este part. por el térm. de Casarabonela, y despues de atravesarlo, se introduce en el de Cártama, uniéndose al Guadalhorce. En el mismo de Casarabonela se forma el arroyo de este nombre de los nacimientos titulados del Comparale y Fuensanta, con cuyas aguas, y otras de varios manantiales de menos consideracion, se benefician porcion de terrenos poblados de huertas, y muelen seis molinos de harina, dos de aceite, y un batan de paños, despues de lo cual se incorpora tambien con el mencionado Guadalhorce.

El r. denominado Jorox trae origen de la sierra de su nombre en el térm. de Alozayna, el cual se incorpora con el de Rio-grande, entrando ya juntos en el terr. de Coin: hay otro arroyo que llaman del Lugar; baja de la Sierra-Parda, y atravesando el térm. de Alozayna, aumentado con las aguas del Valentin, va á desaguar en dicho Rio-grande: existe últimamente un nacimiento nombrado Fuente del Albar, que es el que surte á la pobl. de las aguas que necesita en una fuente construida fuera de la misma: sobre el citado r. Jorox se ve un puente de mediana fáb., dando impulso con su corriente á seis molinos harineros; es muy poco el terreno que fertiliza con sus aguas, por no ser fácil su conduccion á los que las pudieran recibir, con motivo de la sit. montuosa en que se encuentran.

A escepcion de la v. de Casarabonela en que existen abundantes nacimientos de aguas, todas delgadas y de muy buena calidad, en los demas pueblos del part. solo hay la necesaria para sus usos, y para regar algunos terrenos que no se hallan dominados por el r. Guadalhorce: en el térm. de Cártama, y arroyo titulado el Peral, se encuentra una fuente dist. como 1/2 leg. de la pobl., cuyas aguas producen muy buenos resultados en las enfermedades del estómago; y en el de Alora, en tierras del cortijo de la Cureña, hay un pozo que llaman de la Herriza, de iguales propiedades, diciéndose lo mismo de las aguas del pozo del Chopo, sit. tambien en dicho término.

Cruzan por este part. jud. los CAMINOS que á continuacion se espresan: el de ruedas que desde Antequera conduce á Málaga, en el que se encuentran dos ventas; el que de esta última c. guia para Carratraca, pasando por las ventas de Cártama, Villalon y el Santicio, y dirigiéndose despues á la c. de Ronda por el térm. de Casarabonela, en cuyo espacio, que ya es solo de herradura, se hallan otras dos ventas; finalmente, por jurisd. de Alora atraviesa el que viene de Coin para el Valle y Antequera, encontrándose como á medio cuarto de leg. de esta pobl. la venta denominada de Tendilla: existen ademas varios caminos de herradura para el tránsito de unos pueblos á otros.

En todo este part. no se ejerce mas IND. que la de las labores del campo, á escepcion de la del mencionado batan y la de tres telares de paños que hay en la v. de Casarabonela: en la de Almogia se ocupan generalmente los hombres y mujeres en la labor de la palma, fabricando espuertas y sombreros de todas clases; ejercitándose tambien algunos de sus hab. en la arriería: el precio de los jornales por lo regular es de 4 rs.; pero en las épocas de recoleccion de frutos, suele subir hasta 6 y 7. No hay mas ferias que la que se celebra en la cab. del part. el dia 2 de agosto, cuyo tráfico consiste en ganados de todas especies.

El carácter de sus naturales, en lo general, es pacífico, bondadoso y afable.

ESTADISTICA CRIMINAL. Los acusados en este part. jud. durante el año 1842 fueron 40: de ellos 5 absueltos de la instancia; 18 penados presentes y 17 contumaces; 1 reincidente en el mismo delito y 2 en otro diferente, con el intervalo de dos á seis años; 9 contaban de 10 á 12 años de edad, 23 de 20 á 40, 4 de 40 en adelante, de 4 no consta la edad. Todos los acusados eran hombres; 17 solteros, 19 casados, de 2 se ignora el estado; 5 sabian leer y escribir, 31 carecian de esta instruccion, 4 no se sabe si la poseian, 36 egercian artes mecánicas, de 4 no aparece la ocupacion.

En el mismo periodo se perpetraron 21 delitos de homicidio y heridas, 4 con armas de fuego de uso lícito, 2 de ilícito, 5 con armas blancas permitidas, 2 con armas de la misma especie prohibidas, 7 con instrumentos contundentes y 1 con otro instrumento ó medio no espresado. Terminamos este art. con las noticias contenidas en el siguiente cuadro sinóptico, cuya importancia no puede en modo alguno ocultarse á nuestros lectores, tan interesados en los resultados que los mismos arrojan, y que pueden considerarse como el fiel de sus derechos y obligaciones.

CUADRO sinóptico, por ayuntamientos, de lo concerniente á la poblacion de dicho partido, su estadística municipal y la que se refiere al reemplazo del ejército, su riqueza imponible y las contribuciones que se pagan.

AYUNTAMIENTOS.	OBISPADOS á que pertenecen.	POBLACION. Vecinos.	POBLACION. Almas.	ESTADÍSTICA MUNICIPAL. ELECTORES. Contribuyentes.	ELECTORES. Por capacidad.	ELECTORES. TOTAL.	Elegibles.	Alcaldes.	Tenientes.	Regidores.	Síndicos.	Suplentes.	REEMPLAZO DEL EJÉRCITO. Jóvenes varones alistados de 18 á 25 años de edad.	Cupo de soldados correspondiente á una quinta de 25000 hombres.	RIQUEZA IMPONIBLE. Territorial y pecuaria. Rs. Vn.	URBANA. Rs. Vn.	Industrial y comercial. Rs. Vn.	TOTAL. Rs. Vn.	CONTRIBUCIONES. POR ayuntamiento. Rs. Vn.	POR vecino. Rs. Ms.	POR habitante. Rs. Mrs.	Tanto por 100 de la riqueza.
Almogia	MALAGA.	1036	4068	408	4	412	408	1	1	8	1	7	Estos datos se hallarán en el art. de Málaga prov.		416330	64050	69960	550340	110510	106 23	27 5	20'08
Alora		1730	6794	580	1	581	580	1	2	11	1	9			755858	138733	258120	1152711	174275	100 25	25 22	15'12
Alozaina		742	2914	311	»	311	309	1	1	8	1	7			90194	29510	49995	169699	60495	81 18	20 26	35'65
Cártama		729	2863	315	2	317	295	1	1	8	1	7			617500	56158	55660	729318	88196	121	30 27	12'08
Casarabonela		920	3613	410	2	412	399	1	1	8	1	7			331548	89316	90365	511229	74949	81 16	20 25	14'66
Pizarra		381	1496	215	»	215	202	1	1	6	1	6			1851	15425	20460	37736	9965	26 5	6 23	26'41
Totales		5538	21748	2239	9	2248	2189	6	7	49	6	43			2213281	393192	544560	3151033	518390	93 21	23 28	16'45

ALORA: v. con ayunt. y cab. de part. jud. de su nombre, en la prov., adm. de rent. y dióc. de Málaga (5 leg.), aud. terr. y c. g. de Granada (17).

SITUACION Y CLIMA. Se halla sobre un monte desigual y con bastante declive al pie de la sierra nombrada del Hacho: combátenla libremente todos los vientos, con especialidad el terral y el O., y goza de clima saludable, si bien se dejan sentir con frecuencia las fiebres intermitentes, como son las cotidianas, tercianas y cuartanas, sin conocerse, empero, ninguna clase de enfermedades endémicas.

INTERIOR DE LA POBLACION Y SUS AFUERAS. Se compone de 1,028 casas de tres pisos formando cuerpo de pobl., 13 de las cuales se pueden considerar como de primer órden, y todas las demas de segundo: cuenta 2 plazas públicas; la llamada de la Constitucion que se halla al S. de la v. y próxima á la igl. parr., es de figura cuadrilonga con 65 pasos de largo y 37 de ancho; la otra denominada de la Fuente-alta, tambien de la misma figura que aquella, consta de 84 pasos de long. y 17 de lat.: esta ocupa el centro de la pobl., habiendo en cada una de ellas una fuente de agua potable, aunque bastante escasa, de que se surte el vecindario para sus usos domésticos: las calles, á escepcion de dos, son muy irregulares, á causa de la desigualdad del terreno en que se encuentran; están bien empedradas y muchas de ellas se hallan adornadas de calzadas ó baldosas en las puertas de las casas para la mayor comodidad de su entrada; hay un establecimiento de beneficencia, llamado el hospital de San Sebastian, si bien en estado bastante deplorable con motivo de la escasez de sus rentas, que solo consisten en el arrendamiento de dos fincas de su propiedad, y en la posesion de un censo: un pósito con 752 fan. de trigo de existencia y 4,152 rs., cuyas dos partidas se reparten á su debido tiempo entre los vec. labradores, teniendo ademas 27 acciones en el Banco de San Fernando; una cárcel muy deteriorada, cuyo alcaide disfruta el sueldo anual de 3,300 rs., pagados por todos los pueblos que componen el partido; dos escuelas de educacion primaria, de las cuales la una está dotada con 2,200 rs. anuales, satisfechos del fondo del comun; á ella concurren 32 niños, á quienes se enseña á leer, escribir, contar, gramática castellana, doctrina cristiana y algunas ligeras nociones de geografía y de historia; no gozando la otra mas dotacion que las asignaciones de 24 alumnos que asisten á la misma, á los que se da igual instruccion que á los de la primera: otra para niñas á cargo de las beatas, en la cual, ademas de las labores propias de su sexo, se instruye tambien á las 18 que á ella concurren en la lectura, escritura, doctrina cristiana y cuatro primeras reglas de la aritmética; y una cátedra de latinidad dotada por la v., bajo la direccion de D. Joaquin Mamelí, si bien en la actualidad no tiene ningun discípulo. Dando frente á la plaza de la Constitucion y á la parte S. de la v. se halla la única igl. parr. de Alora, dedicada á Ntra. Sra. de la Encarnacion: principió á levantarse á espensas del pueblo en el año de 1600, y quedó concluida en 1699, habiendo sido consagrada en el siguiente de 1700 por el Ilmo. Sr. D. Bartolomé Espejo y Cisneros ob. de Málaga; es un edificio muy sólido y construido todo de piedra de cantería por el órden jónico: consta de tres naves de 46 varas de long., 33 de lat. y 20 de altura hasta el centro de la bóveda; en ella se ven siete altares, todos de retablos de buena escultura y con efigies de bulto, bastante bien trabajadas; en medio del altar mayor se encuentra la de la patrona; á sus lados cuatro imágenes tambien de bulto y un hermoso crucifijo en su remate cuyo retablo fue retocado de dorado, en el año de 1800, y sucesivamente los demas: la media naranja que lo cubre, labrada en yeso, formando vistosos relieves, es tambien del órden jónico, como el resto del templo, y los ornamentos que tiene para su servicio, se hallan en un estado bien miserable, contando únicamente tres cálices de plata, para la celebracion de la misa: á la der. de la entrada de la capilla en que existe la pila bautismal, se encuentra el archivo, sumamente incompleto por las vicisitudes de los tiempo: la torre es de figura cuadrada, y de 55 varas de elevacion, conteniendo un relox y tres campanas en muy mal estado de conservacion; al rededor de la igl. y formando cuerpo con ella, está la casa del sacristan, la del organista, la escuela nombrada del Cristo, la que fue silla decimal y el hospital de que ya se ha hecho mérito, en cuyo local celebraba la municipalidad sus sesiones, en el año de 1628 y en los anteriores, por carecer de casa propia para el objeto, verificándolo en el dia en una que perteneció al conv. de San Francisco de Asis: esta parr. estuvo servida por dos curas párrocos y cinco beneficiados, hasta el año de 1805 que se reunieron en uno los dos curatos, por órden del Consejo de Castilla, agregándosele dos tenientes de cura, dotados con 200 ducados anuales, y existiendo tambien dos sacristanes que tenian la décima de los cinco beneficios y la cuarta en los derechos de pie de altar y estola: el curato es de cuarta clase y se provee por el Gobierno en consulta que hace el ob. de la dióc.: el clero de esta v. se compone de trece sacerdotes, dos de ellos regulares esclaustrados, uno secularizado, dos diáconos, y unos doce ordenados menores. Próximo á la sacristia existe un cementerio sin uso, el cual fue construido en el año de 1799, habiendo sido el primero que en él se enterró el beneficiado D. Tomás Estrada, cuando aun se estaba edificando; despues se ha levantado otro fuera de la pobl. y en parage ventilado, para que no perjudique á la salud pública, que es del que se sirven en la actualidad. En el centro del pueblo, y dando frente á la plaza, denominada Fuente-Alta, hay un beaterio, bajo la advocacion de Ntra. Sra. de la Concepcion: este edificio se empezó á construir en los años anteriores al de 1600 á costa del vecindario, en el local en que antes se hallaba una ermita; tomaron posesion de él el 19 de enero de 1700 las hermanas Ana, Francisca, Maria y Margarita Vallenato, cuya comunidad consta en el dia de nueve religiosas, dedicadas á la enseñanza de las niñas de la pobl., como ya se ha manifestado, siendo simples únicamente los votos que hacen á su entrada en dicho beaterio. Antes del año de 1798, le servia de igl. el local que hoy está destinado á sacristía, la cual estuvo usándose hasta el referido año que acabó de edificarse la que actualmente tiene; toda la obra del edificio es de mampostería, en bastante buen estado, estando labrada la igl. por el órden dórico; ésta no consta mas que de una nave, en la que se ven tres altares, con efigies de bulto de buena escultura, el mayor de los cuales está dedicado á Ntra. Sra. de la Concepcion, que se halla en medio, teniendo á sus lados dos imágenes pequeñitas tambien de bulto: el retablo es bajo, bastante sencillo y cubierto con una media naranja, labrada por el mismo órden dórico; hay ademas otros 2 altares abiertos en la pared en figura de nichos, contando toda la igl. 20 varas de long., 9 de lat. y 23 de altura su torre, que es únicamente de fachada con 2 campanas. En este beaterio se celebran los dias de la Purísima Concepcion, Sta. Clara, Sta. Ana, San Antonio y San Francisco de Asis, vistiendo las religiosas el hábito de este último con toca blanca y el pelo cortado: el coro que da vista á la igl. es cerrado por medio de una celosia de madera, en el cual hay un órgano pequeño aunque de buenas voces. Hácia la parte del N. y á la dist. como de 1/2 hora de la pobl., se encuentra un conv. de San Francisco de Asis, dedicado á Ntra. Sra. de Flores, cuyo edificio se construyó en el año de 1592 á costa de los hab.; de él tomaron posesion el dia 14 de marzo del indicado año, los padres Fr. Diego Gomez, guardian del monast. de Sta. Maria de los Angeles de la c. de Málaga, Fr. Juan Gutierrez y Fr. Pedro de Espejo, recoletos de la órden de San Francisco de Asis: antes de entrar en la igl. se halla un atrio regular dando vista al oriente, constando aquella de una sola nave de 28 varas de largo, 14 de ancho y unas 17 de elevacion, con 33 de altura su torre; tiene 5 altares de retablos, estando colocada en el mayor Ntra. Sra. de Flores en un hermoso camarin labrado por el órden jónico, y cubierto de una media naranja diestramente trabajada en yeso por el corintio, siendo el resto de la igl. de órden toscano; en el coro hay una vistosa silleria de nogal y un órgano bastante deteriorado: á la izq. del conv. existe una huertecita que perteneció al mismo con agua de pie potable, con cuyo derrame se riega una fan. de tierra plantada de algunos árboles frutales: sus alhajas fueron entregadas por el guardian Fr. Antonio Estrada al depositario de amortizacion cuando en el año 1835 se suprimieron los conv., en cuyo tiempo existian en este 10 religiosos profesos. Se nombra conv. de Flores, porque cuando se conquistó este pueblo por los Reyes Católicos D. Fernando y Doña Isabel, sentaron los reales en este punto, y se erigió un altar portátil en el que se dijo misa dedicándola á Ntra. Sra. de Flores: ganada despues la pobl., varios gefes naturales de Encinasola y Cumbrebaja, formaron una ermita y colocaron en ella la imagen de dicha Señora que trageron del primer pueblo, quedando por consiguiente constituida hasta la fundacion en ella del espresado conv. Cuenta ademas 3 ermitas urbanas y 4 rurales, entre las cuales la mas notable por su historia y ant., es la de Jesus Nazareno, sit. hácia la parte S. de la pobl. á la izq. del cast.: fue mezquita de moros y su dedicacion católica se debió al suceso siguiente: viniendo con los sitiadores del pueblo algunas mujeres, una de ellas dió á luz un niño que fue bautizado en dicha ermita bajo el nombre de Gaspar de Estepa, para cuyo acto se hizo necesaria su consagracion; desde entonces sirvió de parr. hasta la construccion de la que ya queda mencionada, hallándose el edificio en la actualidad muy deteriorado, sin embargo de lo cual, se distingue que su arquitectura perteneció al órden gótico: se ignora su origen, pero se atribuye generalmente al tiempo de los romanos.

A la espalda de la ermita, titulada del Calvario, y en terreno elevado, como unas 400 varas sobre el nivel del r. Guadalhorce, se ha construido últimamente una glorieta, que sirve de paseo, desde cuyo punto se divisa gran porcion de huertas, presentando por lo tanto unas vistas muy agradables y pintorescas. Es pueblo abierto, si bien existen todavía en la cima de un cerro sit. al S. de la v., varios torreones del ant. cast. gótico que le servia de defensa, el cual, titulado de las Torres, parece haber sido en aquellos tiempos una fort. de grande importancia.

Término. Confina por N. con el de Carratraca y Valle de Abdalagis, por E. con el de Almogia, por S. con el de la Pizarra y Cártama, y por O. con el de Casarabonela y Alozayna, todos á 3/4 de hora ó 1 de dist., con corta diferencia: comprende su jurisd. 430 cas., siendo la parte mas despoblada la que corresponde al Occidente.

Calidad y circunstancias del terreno. Este es generalmente montuoso y dividido en colinas de mas ó menos elevacion, formando diferentes quebradas y arroyos de bastante profundidad: tambien se halla cortado por la sierra denominada de Aguas, que corre desde el NE. al N. de la pobl., uniéndose por este último punto con la del Valle de Abdalagís, y por el primero con la de Caparain, térm. de Casarabonela; por la pequeña titulada del Hacho y Monte Redondo, que marchando en la misma direccion que aquella, viene despues á descender al O., y últimamente por la conocida con el nombre de la Pizarra, que se encuentra aislada en la parte S. del pueblo. En la falda de la primera, por la parte NE., y á la dist. de 1/2 cuarto de leg. uno de otro, nacen dos manantiales de aguas minerales de la misma naturaleza que los de Carratraca, aunque con bastante rebaja de mineral: uno de ellos es desconocido de casi todos los hab. de esta circunferencia; pero el otro es muy frecuentado en el verano por innumerables enfermos. Los principios constitutivos de esta agua son compuestos de gran porcion de azufre, de tal modo que se nota á la vista y al paladar; es conocida en la pobl. por los baños de la Hedionda, aunque no hay en ellos establecimiento de ninguna clase. El suelo es por lo regular arcilloso, estando destinado por lo tanto al cultivo de cereales; hay, sin embargo, una porcion de tierra arenisca muy á propósito para el plantío de viñas, olivos, almendros, chaparros é higueras, y algunas llanuras, aunque de corta estension, á las márg. del r., dedicadas á las producciones del regadío. De quince años á esta parte se buscan con ansia las tierras, habiéndose roturado con este motivo muchas que se encontraban incultas: el número de fan. roturadas será de 9,000, sobre poco mas ó menos; de ellas 4,000 de primera clase, 2,500 de segunda y 1,500 de tercera, contándose ademas 4,000 sin roturar, cuya mayor parte no puede servir sino para pastos, á causa de no admitir ninguna clase de mejoras. A la izq. de la pobl., y corriendo de N. á S., cruza como á 1/4 de hora de la misma el r. nombrado Guadalhorce, con cuyas aguas fertiliza las infinitas huertas que existen en sus deliciosas márg., en donde se respira el suavísimo y embalsamado ambiente que exhalan los innumerables naranjos, limoneros, granados, perales y mil diversas flores aromáticas de que aquellas se hallan cubiertas: es de curso perenne y bastante precipitado, y tiene una barca que generalmente se usa en los inviernos, por las grandes avenidas que suele traer durante este tiempo: las dos mayores que se han conocido tuvieron lugar, la una el dia 16 de julio de 1834, y la otra el 16 de octubre de 1840; estas fueron tan fuertes y desastrosas, que inundaron todas las huertas y acequias, tomando las aguas una elevacion increible, y arrastrando sus impetuosas corrientes infinidad de árboles, fortines y toda clase de parapetos: de él se estraen diversas acequias que sirven las unas para el riego, y las otras para dar impulso á varios molinos harineros: los pescados que en el mismo se encuentran son anguilas, bogas, barbos y otros de esta clase, teniendo algunos de ellos 3 carniceras de peso.

CAMINOS. Todos son de herradura para los distintos pueblos limítrofes, uniéndose el que conduce á Málaga con el carretero de Carratraca á 1 1/2 leg. de esta v., cuyo espacio pudiera muy fácilmente habilitarse para ruedas, con lo que recibiria un beneficio incalculable todo su vecindario.

CORREOS. Los recibe de la c. de Málaga por medio de un comisionado pagado por la municipalidad con 600 rs. anuales.

PRODUCCIONES. Naranjas chinas y agrias, limones, granadas, peras, ciruelas, higos, toda clase de verduras, maiz, trigo, cebada, habas, muy poco centeno, yeros, habichuelas, garbanzos, arbejones, altramuces, almendras finas y bastas ó almendrón, aceite, aceitunas verdes muy celebradas, bellotas; algarrobas, pasa larga y moscatel, uvas de todas clases, higos chumbos y vinos esquisitos. Todos estos frutos bastan en lo general para el consumo de la pobl., conduciéndose el sobrante á los pueblos inmediatos, con especialidad las naranjas, la pasa, el vino, la almendra, la aceituna verde, el aceite y la cáscara de la naranja agria, desde donde los esportan despues para el estrangero; no faltando ningun art. para su manutencion escepto el de los vestidos que importan desde Málaga. Abunda el ganado vacuno, cabrio, el lanar y el de cerda, no dejando de ser tambien considerable el yeguar: la grangeria de estos ganados está reducida á que cada labrador cría y conserva los que necesita; no pudiendo establecerse en grande por cuanto la propiedad terr. está muy repartida y los pastos se guardan por sus respectivos dueños. A 3/4 de leg. de la v., hay caza abundante de conejos, perdices y liebres; no conociéndose otros animales dañinos que los lobos y las raposas, aunque en corto número. La cosecha de seda es tan escasa que puede reputarse por nula, graduándose la de lana en 2,000 a. Hasta ahora no se conocen minerales de ninguna especie, sin embargo de lo cual se estan esplotando dos minas, una de alcohol y plata al NE. de la pobl. en el arroyo de Santi-Petri, y otra de carbon de piedra al N. en el part. de la Atalaya, pero aun no se ha sacado de ellas producto alguno.

INDUSTRIA Y COMERCIO. Existen 12 molinos de aceite y 9 harineros, 3 de los primeros dentro del pueblo, dos fáb. de jabon blanco, una de sulfato de sosa, y otra de aceite esencial de limon: sus moradores se dedican por lo regular bien á la labor, bien á la esportacion ó importacion de varios art. de los que faltan ó sobran: el COMERCIO se reduce á una tienda de lienzos, quincalla y algunas otras clases de telas, en la cual se vende por mayor y menor, habiendo ademas otras muchas tiendas para la venta al por menor de art. de primera necesidad.

FERIAS. El dia 2 de agosto se celebra una de ganados y otros géneros, muy poco concurrida hasta el dia, habiendo tenido principio en el año de 1838 por concesion de la Reina Doña Isabel II.

POBLACION. 1,730 vec.: 6,794 alm.: CAP. PROD. 28.193,723 rs.: IMP.: 894,591: PROD. que se considera como cap. imp. á la ind. y comercio 258,120: CONTR. 174,275 rs. 14 mrs. El PRESUPUESTO MUNICIPAL asciende á 26,965 rs. y se cubre por repartimiento entre los vec. Los propios de esta v. consisten en 2,041 fan. y 6 celemines de trigo, que gravitan sobre terreno de labor que dió á censo la municipalidad á varios vec. de la misma, 200 rs. por el fielato almotacen que se subasta anualmente en dicha cantidad; 1,791 rs. 5 mrs., réditos de censos igualmente sobre terreno de labor; 112 fan. de tierra en el sitio nombrado Monte Redondo y 2,000 en sierra de Aguas, todas las cuales sirven para pastos: por un quinquenio se pueden calcular 11,000 rs. de prod., ascendiendo sus cargas á 16,970 rs. que paga de censos por razon de los intereses que le suministraron á esta v. para adquirir su jurisdiccion.

HISTORIA. Segun resulta de lápidas conservadas en Alora, y de una trasladada á Alhaurin el Grande, copiadas por Cean-Bermudez en el *Sumario de las antigüedades que hay en España*, debió llamarse esta pobl. en lo ant. *Iluro* (V.). De la relacion que hace Lucio Floro de la célebre batalla de Munda, y de la muerte de Cn. Pompeyo, ilustrada con el testo de Estrabon, la vemos tambien con el nombre *Laurona*. pudo fácilmente escribirse *Iluro* ó *Ilauro* por *Lauro*, como se halla escrita *Ibarca* por *Barca*, *Ibalsa* por *Balsa*, y aumentarse la silaba epéntica *na*. En esta c. (LAURO *V.*) Segun Floro, fue alcanzado Cn. Pompeyo por Cesonio, y reanimado, presentándose en batalla, recibió la muerte con las armas en la mano: *Cnæum prelio profugum, crure saucio deserta et avia petentem, Cesonius apud Lauronem oppidum consecutus (adeo nondum desperabat) interfecit*. Estrabon refiere que despues de vencido Cn. en Munda, se huyó á Carteya, donde se embarcó, y saltando á tierra en una region montañosa, contigüa al mar (*sin duda la sierra de Ronda*), fue alcanzado y muerto por los de César. Puede verse ademas á Hircio (*de bell. Hispan.* § XXXVII y XXXVIII); Apiano, (*Guerras civile lib. II* § CV) y á Plutarco (*in Cæsare*). En el concilio Iliberitano aparece entre los que suscribieron sus actas un presbitero de *Lauro*, llamado Ianuarius. De *Iluro* ó *Lauro* tal vez por corrupcion se dice Alora.

El año 1184, dominándola el agareno, fué combatida esta pobl. por los cristianos. Se conquistó en 1319 por los infantes D. Pedro y D. Juan, los maestres de Santiago, Calatrava y Alcántara; y los arz. de Toledo y Sevilla, mas no ganaron su cast., y se volvió á perder la pobl. En 1434 Don Diego Rivera, adelantado de la Andalucia, estando batiendo á Alora, fué muerto de una saeta que le tiraron del muro. Fué talada la campiña de esta pobl. por los castellanos en 1456. La sitió el rey D. Fernando en 1484: se combatieron sus puertas y murallas, y abatida con la artilleria parte de los adarves, se rindió el dia 21 de junio partido de que sus moradores pudiesen salir libres con todas sus alhajas. Regresando el Rey á Castilla, dejó para la defensa de Alora á Luis Fernandez Portocarrero. El dia 14 de abril de 1812 atacó en esta v. D. Francisco Ballesteros á una division francesa, y le tomó bagages y dos cañones, é hizo algunos prisioneros. Lo mismo aconteció el dia 23, atacando á otra columna enemiga la vanguardia española á cargo de D. Juan de la Cruz Mourgeon la cual arrolló causándola mucha pérdida.

ALORIA: l. en la prov. de Alava (6 leg. á Vitoria); dióc. de Calahorra (23), part. jud. de Orduña (1/2), herm. y ayunt. de Arrastaria (1 1/4): SIT. á la falda oriental de la peña de Orduña: la igl. parr., advocacion de San Juan Bautista; la sirve un cura beneficiado. El TÉRM. á corta dist. confina por N. con Lezama, al E. Uzquiano, por S. Artomaña, y á O. Orduña, interpuesto el r. *Nervion*: tiene buenas fuentes y un molino harinero. El TERRENO es quebrado, con monte de poca arboleda: pero con 3,000 aranzadas de tierra de buena calidad para el cultivo de cereales y viñedo. Los CAMINOS son bastante buenos para los carros del pais: PROD.: trigo, maiz, patatas, vino, legumbres, lino, hortaliza y frutas: cria algun ganado: POBL. 12 vec.: 60 alm.: CONTR. (V. ALAVA. INTENDENCIA).

ALORIN: cortijo en la prov. de Sevilla, part. jud., térm. jurisd., y á 4 leg. de *Utrera* (V.).

ALOS: (entendido comunmente por ALOS DE ESTERRI DE AÑEO para distinguirle de otro Alos del part. de Balaguer): l. con ayunt. de la prov. de Lérida (38 horas), part. jud. de Sort (11), aud. terr. y c. g. de Cataluña (Barcelona 55), dióc. de Seo de Urgel (17), oficialato de Aneo: SIT. á la márg. der. del r. *Noguera Pallaresa*, en medio del Pirineo y al estremo del valle de Aneo: le combaten principalmente los vientos N. y S., y su CLIMA es bastante sano, sin embargo de que por su escesiva frialdad suelen desarrollarse de vez en cuando algunas calenturas catarrales y pulmonias. Forman la pobl. 24 CASAS, una escuela de primeras letras frecuentada por 30 niños, cuyo maestro se halla dotado con 340 rs. y con la retribucion mensual de los discípulos: y una igl. parr. dedicada á San Licerio, servida por un cura párroco y 4 beneficiados; el curato de la clase de rectorias es de entrada, y se provee por el diocesano en concurso general, debiendo recaer la eleccion en personas naturales ú originarias del valle, cuya última circunstancia tambien es necesaria para la provision de los beneficios, que igualmente realiza el ordinario. Confina el TÉRM. por N. con el de Salau (Francia 2 1/2 horas), por E. con el de Servi (1); por S. con Isil (1/2), y por O. con el de Mongarre (2): en varios puntos del mismo brotan fuentes de aguas muy delgadas, las cuales con las del mencionado r. aprovechan los hab. para surtido de sus casas y abrevadero de sus ganados. El TERRENO es de inferior calidad para el cultivo, todo él se halla cubierto de montes y escabrosidades, donde hay muchos y escelentes pastos, y bastante combustible. Unicamente le atraviesa el CAMINO que conduce desde el interior á Francia, pasando por el puerto llamado de Álos, y se encuentra en mal estado. La CORRESPONDENCIA se recibe en Tremp desde donde la lleva un balijero á Esterri, á cuyo punto va á tomarla un espreso; llega los juéves y domingos, y sale los mártes y viérnes por la tarde: PROD.: centeno, patatas y heno; cria ganado lanar, vacuno, de cerda y algunas mulas y caballos: abunda en caza de liebres, perdices y cabras monteses; y hay pesca de muchas y buenas truchas en el r.: IND. y COMERCIO: la cria y recria de ganado, cuyas lanas se estraen para Francia, y la importacion del interior de la prov. de trigo, vino, aceite y géneros coloniales: POBL.: 24 vec.: 134 alm.: CAP. IMP.: 36,179 rs. El PRESUPUESTO MUNICIPAL asciende á 500, que se cubre con ciertos arbitrios procedentes del comercio, y el resto por reparto entre los vecinos.

ALOS: v. con ayunt. de la prov. de Lérida (6 leg.), aud. terr. y c. g. de Cataluña (Barcelona 24 1/2), part. jud., adm. de rent. y oficialato de Balaguer (1 1/2), dióc. de Seo de Urgel (12): SIT. en un vallado al pie meridional del monte de su nombre, y á la márg. izq. del r. *Segre*, sobre el cual hay un puente de madera con solo un arco; combátenla principalmente los vientos del N. y E.; y su CLIMA, aunque templado, es propenso á calenturas pútridas, tercianas y catarros. Forman la pobl. 100 CASAS distribuidas en una pequeña plaza, y varias calles incómodas y sucias por estar mal empedradas. Hay tambien casa municipal, cárcel pública, y una igl. parr. dedicada á San Felix, la cual tiene por aneja la de Baldomar: se halla servida por un cura, un vicario y cinco beneficiados, dos de estos residentes en la igl. de Baldomar: el curato, de la clase de rectorias, es de térm. y lo provee S. M. ó el diocesano, segun los meses en que vaca; pero siempre mediante oposicion en concurso general: en lo mas alto del pueblo se ve una casa muy grande y ant. circuida de torreones á cierta dist., desmoronados ya por el tiempo, llamada la *Carlana* ó cast. Confina el TÉRM. por N. con el de Figuerola de Meyá y Vall de Iriet á 1 1/4 leg.; por E. con el de Baldomar á 3/4; por S. con los de Cubells y Rubio á 1, y por O. con los de Camarasa y Lamasana á igual dist. Dentro del mismo, además del que se ha dicho da nombre á la v., se elevan los cerros llamados *Rubio*, al S. de la misma; costa Carbonera al O. y San Mamerto al N.: en la cima de este último hay una capilla bajo la advocacion del Santo de su nombre, desde cuyo punto por su considerable altura se descubre toda la Conca de Meyá. El TERRENO es montuoso en general, flojo y pedregoso, escepto en la pequeña huerta que se riega con las aguas del Segre, el cual, descendiendo de la parte de la Cerdaña, atraviesa este térm. de S. á O., y tocando á la pobl. se dirije hacia Balaguer. Brotan en varios sitios algunas fuentes de esquisitas y cristalinas aguas, que con las del Segre aprovechan los vec. para surtido de sus casas, abrevadero de sus ganados y bestias de labor. Los CAMINOS conducen á Balaguer, Agramunt y Villanueva de Meyá, y se encuentran en buen estado. El CORREO lo recibe cada interesado en la carteria de Cubells: llega los lunes, miércoles y sábados, y sale los mártes, viernes y domingos: PROD.: trigo, cebada, mucho centeno, vino, aceite, judias, patatas, cáñamo, yerbas para pastos, y arbustos para combustible: cria ganado vacuno, lanar, y cabrio: caza de conejos, liebres y perdices: pesca de barbos y anguilas en el r.: IND.: 3 telares de lienzos caseros, algo de alpargateria, 2 molinos harineros, 1 de aceite y una fáb. de aguardiente: POBL. 100 vec.: 500 alm.: CAP. IMP. 88,493 rs.

ALOS, CAN: casa de campo en la isla de Mallorca, prov. de Baleares, part. jud. de Inca, térm. y felig. de *Santa Margarita* (V.).

ALOSNO (EL): l. con ayunt. de la prov., adm. de rent. y distr. marit. de Huelva (6 leg.), part. jud. del Cerro (5), aud. terr., c. g. y dióc. de Sevilla (20): SIT. en la sierra denominada de Andévalo, que forma parte de la cord. de Sierra-Morena en su confin con el Guadiana y reino de Portugal; mas la pobl. está en un llano bien combatida de todos los vientos, y la componen 750 CASAS que forman un solo cuerpo, casi todas de un solo piso, de construccion tosca: las calles son regulares, pero mal niveladas, por lo que su piso se hace incómodo; hay una plaza pequeña donde estan las casas consistoriales, y ademas una casa de peregrinos donde se albergan los mendigos transeuntes; tiene un pósito de trigo, propio de la municipalidad, cuyo cap. asciende próximamente á 250 fan., que se reparten anualmente los labradores; dos escuelas de primera enseñanza: la una dotada en 2,200 rs., á la que concurren 126 alumnos; la otra particular en que se instruyen 58 niños: la educacion de las niñas está confiada á dos maestras. Al estremo de la pobl. existen dos ermitas bajo la advocacion, una del Cristo de la Columna, y la otra de San Sebastian; hay 3 fuentes públicas al rededor del pueblo, de buenas aguas, y sirven para el surtido del vecindario: la igl. parr. es de construccion moderna y proporcionada para los fieles; hay tambien un cementerio público. El TÉRM. se compone de poco mas de 2 leg. cuadradas y corresponden al campo comun del ant. condado de Niebla del que formó parte: confina al O. con el de la Puebla de Guzman, N. con el del Cerro, al S. con el de San Bartolomé de la Torre, y al E. con el de Calañas y Beas; y la pobl. está SIT. casi en el centro de este terr. Se calculan 3,300 fan. de sementera divididas en 3 hojas, que solo pueden aprovecharse cada año una tercera parte. Mucha porcion de este terreno lleva monte alto de encina que se beneficia cumplidamente, sirviendo su fruto para el engorde de cerdos. La calidad del TERRENO es arenisco, pedregoso, y solo en las cañadas ó valles, es donde suele hallarse buena tierra de miga. Encuéntranse en su térm. numerosos vestigios de haberse beneficiado en lo ant. muchas minas: en el dia se benefician 3, dos de ellas de plomo y la otra de cobre que no estan en prod.: los escoriales estan casi todos denunciados con el objeto de volver á beneficiar los trabajos antiguos. Atraviesan el térm. dos arroyos principales que llaman del *Agustin* y del *Oro*, y ambos se reunen fuera del térm. en la ribera llamada de Meca, que desagua en el r. Odiel. Los CAMINOS son todos de herradura y en mal estado: recibe y despacha la CORRESPONDENCIA en la caja de Gibraleon. PROD.: trigo y avena, no la cantidad suficiente para el consumo del vecindario; bastante naranja que se estrae para el consumo de los pueblos inmediatos: hay cria de 7,000 cab. de ganado lanar, 3,000 de cabrio y mas de 500 de vacuno: POBL. 738 vec. 2,884 hab., dedicados á la agricultura y muy especialmente á la arrieria, tráfico y comercio, puesto que casi todo el vec. se emplea en conducir drogas, y géneros ultramarinos, desde Cádiz á Ayamonte, á las prov. de Estremadura y de Castilla, reportando géneros manufacturados y frutos de estas prov. á las de Andalucia: el comercio con Portugal, es tambien bastante activo: la IND. consiste en 8 molinos harineros de viento, 5 de agua, 12 tahonas y en varios oficios de los mas precisos en el pueblo: en todas las casas se elaboran géneros de lienzo y de lana, para el consumo ordinario: CAP. PROD. 5.593,091 rs.: IMP. 298,518 rs.: CONTR. 50,646 rs. 10 mrs. El PRESUPUESTO MUNICIPAL asciende á 19,175 rs., que se cubre con los prod. de 2 deh. llamadas Siete Barrios y Agustinez, ambas de bastante estension; y el déficit por repartimiento vecinal.

HISTORIA. Que existió en lo antig. una pobl. romana en las inmediaciones de este pueblo es innegable, por cuanto á que Rodrigo Caro vió en la igl. parr. una inscripcion dedicatoria que hubo de servir de base de estátua: y ademas se encuentran frecuentemente en aquel térm., monedas de los emperadores romanos. La denominacion actual de este pueblo es árabe, y tal vez se llamaria *Al-Hins* el *Castillo*. Existió despues de la conquista en sus inmediaciones una pequeña áld. que se llamó el Portichuelo, de la cual se trasladaron los vec. al Alosno. Correspondió como se ha dicho al señ. de Niebla; contaba en 1594, solo 101 vec. y en 1588 tenia ya una pila bautismal, 83 CASAS, 83 vec. y 390 personas de poblacion.

ALOSTICA: el P. Mariana da el nombre *Alostica* á la c. de los alóstigos (*Alostigi*) de Plinio (V. ALOSTIGI).

ALOSTIGI: tambien se han introducido muchas variantes en el nombre de los *aléstigos* que menciona Plinio, despues del bárbaro nombre *Alostingiceli* ó *Alontigiceli*, formado de *Olontigi* y *Celti*; pero en el nombre *Alostigi* no puede haber error de ortografía, pues resulta así en algunas lápidas de la coleccion de Masdeu. Viniendo despues de los *alóstigos* los *beticos*, y dando el nombre *Alostigi* la raiz griega *á los* (la *sal*), debe reducirse esta pobl., con Rodrigo Caro, á *Faenalcazar* (V.).

ALOSTRIGÆ: presenta Estrabon unas gentes asi llamadas

en la parte boreal de España. Sin duda está equivocado este nombre, como sospechó Casaubon, debiendo escribirse *Antrigæ* por ser los autrigones de Mela y Plinio (V. AUTRIGONES.)

ALOTRIGAS: nombre formado sin duda por la semejanza de la *l* griega (Λ) y la *v* (V. *Alotrigæ*).

ALOVERA (VILLAHERMOSA DE): V. *Villahermosa de Alovera.*

ALOYON: desp. de la prov. de Toledo, part. jud. de Quintanar de la Orden, térm. jurisd. de Corral de Almaguer: en el dia está reducido á una deh. de pasto de labor con aquel título; con varias alamedas.

ALOZ: cas. del valle y ayunt. de Lónguida en la prov., aud. terr. y c. g. de Navarra, merind. y part. jud. de Sangüesa (5 leg.), dióc. de Pamplona (4): SIT. en una cuesta al E. y á 1 1/4 leg. de la v. de Aoiz, con libre ventilacion y CLIMA sano. Tiene 1 CASA bastante capaz, y su TÉRM. que confina con los de Itoiz, Orbaiz, Osa, y Olaberri (1/4 de leg. en todas direcciones) comprende 50 robadas de terreno de tercera clase, destinadas á cultivo de cereales y algunos viñedos; hay tambien un monte poblado de pino y varios trozos baldíos donde se crian pastos para el ganado. PROD. trigo, cebada, avena y vino. POBL. 1 vec. 8 alm.: CONTR. con su valle; y es propiedad de la Real casa ó Colegiata de Roncesvalles.

ALOZAYNA: v. con ayunt., en la prov., dióc. y adm. de rent. de Málaga (6 leg.), part. jud. de Alora (3), aud. terr. y c. g. de Granada (18): SIT. parte al N. sobre un cerro, y parte al S. en una loma á que aquel da principio, formando ambos la figura de un águila, cuya cabeza la imita otro cerro; goza de buenas vistas y de clima sano y templado, siendo frecuente ver en ella personas de mas de 80 años de edad; la combaten los aires E. y O., y si se padecen algunas tercianas y calenturas gástricas, son tan benignas que fácilmente se cortan. Se compone de 348 CASAS de un solo piso; 15 de ellas modernas, y 5 ó 6 de tres cuerpos y de regular construccion; sus calles, de mas de 8 varas de anchura, aunque estan empedradas, son en general de mal tránsito por las desigualdades del terreno: en el centro del pueblo se halla la plaza de la Constitucion, de 45 varas de long. y 22 de lat., estando inmediata á ella la titulada del Romero, de figura triangular y de 38 varas de circunferencia: hay casa consistorial, cárcel y carniceria en un solo edificio, bastante deteriorado; escuela de primera educacion, dotada con 4 rs. diarios de los fondos públicos, ademas de los 2 mensuales con que contribuye cada alumno de los 20 que á la misma concurren; y otra particular para niñas, á la que asisten en número de 12: la igl. parr. sit. al estremo E. de la pobl., fue concluida por los años de 1770 al 1774, bajo la direccion del arquitecto de Málaga D. Felipe Perez; sus paredes y torre son de mamposteria, formando aquellas una sola nave de 36 varas de largo, 9 de ancho y 25 de altura, y esta un cuadrado de 18 varas por lado y 40 de elevacion, encerrando un relox y dos campanas: está dedicada á Sta. Ana, su patrona titular, cuya fiesta celebran los vec. el dia 26 de julio, habiendo sido consagrada por el beneficiado de ella D. Juan Rivas, en virtud de comision del Illmo. Sr. ob. de la dióc. D. José Franqui: tiene 4 capillas bajo la advocacion de Ntra. Sra. de los Dolores, del Rosario, de Jesus Nazareno y de San Francisco de Paula; y ocho altares, incluso el mayor, el cual se halla dedicado á la Purísima Concepcion, y cuya arquitectura es bastante regular: la mayor parte de las alhajas de plata que poseia, fueron robadas en la noche del 23 al 24 de marzo de 1840, fracturando la puerta de la sacristía que mira al cementerio, que se encuentra en parage que no puede perjudicar á la salubridad pública; así es que en el dia solo han quedado los ornamentos y vasos sagrados, que afortunadamente se hallaban fuera del templo aquella noche, los cuales son insuficientes para el servicio preciso de la parr.; servida por un cura propio, que se provee mediante oposicion, un teniente y un beneficiado. Es constante que en el mismo sitio que hoy ocupa dicha igl., existió la primitiva, cuya antigüedad data del año de 1578, siendo la causa que motivó su demolicion el mal estado en que se encontraba, y su poca capacidad: hay ademas una ermita arruinada, que estuvo dedicada á San Sebastian, habiendo sido trasladadas hace algunos años á la parr. las imágenes que contenía. Fuera de la pobl. existen varias fuentes, dos de ellas públicas, la una al S., muy escasa, y la otra al N., mas abundante, pero en la actualidad se halla esta en un estado deplorable por las muchas roturas de la cañeria por donde corre, lo cual obliga á los hab. á surtirse de las aguas de los arroyos y de las fuentes de dominio particular. Confina su TÉRM. por N. con el de Casarabonela, por E. con el de Coin, por S. con el de Tolox, y por O. con el de Yunquera, cuyos lím. dist. del pueblo 1/4 de leg. con corta diferencia. A igual dist. de la pobl. se ve la sierra llamada *Prieta*, que ofrece desde su cumbre el punto de vista mas agradable, por los deliciosos sitios que mira á sus pies, y á una dilatada estension; pues desde ella se descubre el Mediterráneo, gran porcion de la costa de Africa, parte de la c. de Málaga, su cast. de Gibralfaro, y toda su Hoya, la salina de Fuente de Piedra, y parte del reino de Sevilla: en el cerro que figura la cabeza del águila á que se asemeja esta v., como ya se ha dicho, edificaron los moros un fuerte cast., del que todavia se conservan algunas torres y murallas. El TERRENO, que participa de monte y llano, tiene en cultivo 2,400 fan., poco mas ó menos; de estas, 1,200 son propiedad de la duquesa de Montellano; 300 pertenecen al caudal de propios, y las 900 restantes á los vec.: sobre la mayor parte de estas últimas gravitan algunos censos á favor de la espresada señora, y de todas ellas se cuentan 1,300 fan. de primera suerte, 700 de segunda, y 400 de tercera: 16 tienen regadio de la cañada de Jorox, las que se destinan al cultivo de hortalizas, árboles frutales, lino y zumaque: de las 900 que pertenecen á particulares, 200 se emplean en la siembra de granos, y las 700 que restan, en la plantacion de olivos, viñas é higueras: el terreno inculto se aplica á pastos para los ganados, habiéndose comprado por un vec. de la c. de Málaga, en la cantidad de 112,000 rs., la huerta con olivar y tierras, que correspondió al conv. de San Bernardo de dicha cap. En el térm de esta v. nace el r. titulado de Jorox; es de curso perenne, y corre de O. á E. á la dist. de 1/2 leg. de la pobl.: sus aguas fertilizan una ribera de huertas, introduciéndose despues en térm. de Yunquera. Por las inmediaciones del pueblo corre tambien en la misma direccion, un arroyo llamado del Lugar, el cual interrumpe su curso desde junio hasta principios de invierno: los CAMINOS son intransitables para carruages, sirviendo solo para herradura; y la CORRESPONDENCIA se recibe los miércoles y sábados de cada semana por medio de un hombre que envia el ayunt. á Coin, pagándole 330 rs. anuales. PROD.: trigo, cebada, higos, legumbres, pasa redonda, vino, aceite, ganado lanar, cabrío, vacuno, caballar y mular; y caza de conejos, perdices y liebres, encontrándose tambien algunos lobos y zorras. IND.: cinco molinos harineros, cuatro de aceite, un alambique, una alfareria y un tejar: el COMERCIO está reducido á una tienda surtida de paños, lencerias, abaceria y quincalla, dedicándose por lo regular sus naturales á la agricultura é importacion de granos de la vega de Granada, y á la conduccion de pescados á esta misma ciudad. POBL.: 742 vec., 2,914 alm.: CAP. PROD.: 3.547,090 rs.: IMP. 119,704: Prod. que se consideran como cap. imp. á la ind. y comercio: 49,995 rs.: CONTR.: 60,495 rs. 15 mrs. El PRESUPUESTO MUNICIPAL asciende á unos 13,000 rs., de cuya cantidad se deducen 5,128 del prod. anual de los propios, que consisten en 300 fan. de tierra para pan sembrar, y el déficit de 7,872 rs. se cubre por repartimiento entre los vecinos.

ALP: pequeño r. que nace en el monte del pueblo del mismo nombre en la prov. de Gerona, part. jud. de Rivas: corre en direccion de S. á N., fertiliza los térm. de Alp, Torre de Riu, Escardars, Astoll, Suriguera y Suriguerola, desembocando por este punto en el Segre y perdiendo su nombre; en estio es muy escaso de aguas, cria truchas y anguilas, no le cruza puente alguno, y para atravesarle bastan unos pequeños maderos.

ALP: l. con ayunt. de la prov. é intendencia de Gerona (10 horas), adm. de rent. de Puigcerdá (1 1/2,) part. jud. de Rivas (6), aud. terr. y c. g. de Barcelona (34), dióc. de Urgel (12): SIT. en el declive de la montaña de su nombre, á la márg. izq. del r. Alp, donde le combaten principalmente los vientos del N.; su CLIMA es frio, pero saludable: tiene 95 CASAS de regular construccion, distribuidas en varias calles tortuosas y de piso desigual, una igl. parr. bajo la advocacion de San Pedro, servida por un cura propio, cuya vacante se provee por oposicion en concurso general, y por dos beneficiados de sangre; una capilla pública de dominio particular: confina el TÉRM.

por N. con el de Aja y Puigcerdá, al E. con el de Vilallovent, al S. con el de Das, y al O. con el de Isobal y Olpta; su estension en todas direcciones es de medio cuarto de hora, escepto por la parte del E. que con motivo de la montaña espresada se prolonga la jurisd. cerca de 1 hora; dentro de esta circunferencia se encuentran varias fuentes de delicadas aguas, que aunque no son termales propiamente, prod. los mejores efectos en las obstrucciones, y promueven notablemente el apetito, con especialidad en aquellos que no las tienen usadas; el TERRENO es de mediana calidad: mas á propósito y útil para prados que para otro género de simientes: el r. Alp en su direccion al SO. le proporciona abundantes aguas para el riego, con cuyo auxilio se ve todo aquel llano cubierto de árboles de diferentes especies, de jugosas hortalizas, y estensas praderas alfombradas de escelentes yerbas de pasto, y matizadas con flores de diversas clases: al todo se cultivan 327 jornales de tierras de segunda clase, y 700 de tercera: hay 1,183 jornales de prados naturales y artificiales; 600 de bosque en el que crecen árboles maderables de diferente género, y 1,000 de bosque de maleza: sus CAMINOS son los locales, todos de herradura y en mediano estado: PROD.: centeno, patatas, hortalizas, algunas frutas y abundantes y ricas yerbas de pasto; el té, la poligola, el liquen y otras mil yerbas medicinales cubren la sierra desde el pie hasta lo mas elevado de su cima; en la montaña de Alp hay diferentes canteras de hermosos mármoles de color azul con vetas de otros colores; al pie del torrente de Carretaro las hay de mármol colorado con diferentes visos, y tambien abunda la hermosa piedra llocarda, que bien trabajada, sirve para sobremesas: se cria ganado lanar, cabrio, vacuno caballar y mucha caza; POBL.: 85 vec.; 427 alm.: CAP. PROD.: 3.790,000, IMP.: 94,750.

ALPAGÉS: l. desaparecido en las inmediaciones donde hoy se halla el sitio real de Aranjuez, prov. de Madrid, part. jud. de Chinchon: no puede señalarse la época de su despoblacion; pero consta que la encomienda de Alpagés se compone de la deh. de este nombre con su agostadero que comprende desde las salinas del mismo, lindantes con el térm. de Ontígola, hasta el mojon del cerro que divide la deh. de Aranjuez: dentro de ella se incluye el montecillo y carrascal, toda la calle de la Reina, el jardin del Príncipe y el de la Primavera, la huerta de secano, el criadero de árboles que está mas arriba, las casas de Alpagés, y la igl. parr.; en la visita general que por comision del capítulo de la órden de Santiago celebrado en Tordesillas, hicieron Diego de Vera, comendador de Calzadilla, Pedro de Ludeña, comendador de Aguilarejo, y Pedro Alonso de Estremera, abad de Trianos en 4 de octubre de 1494, se dice, que en el térm. de la encomienda de Alpagés, que confina con Aranjuez, estaba un Villar, que en otro tiempo fue l., y que allí habia unas casas ya caidas, y una torre comenzada á hacer de cal y canto y de altura de tapia y media, que los visitadores anteriores mandaron hacer de los bienes del comendador Mosen Soler, el cual fue intruso, y se le privó de la Encomienda. La igl. de este l. se conservó junto á estas casas hasta fines del siglo XVII, con advocacion de San Márcos Evangelista, y es hoy la ayuda de parr. del sitio (V. ARANJUEZ) y hallamos que esta igl. fue aneja de Ontígola, cuyo párroco conserva los derechos parr. en Alpagés, como propios de aquel beneficio, y la justicia ordinaria venia con el pueblo en rogativa, el dia de San Márcos, con vara alta de jurisdiccion.

ALPANDEIRE: v. con ayunt. en la prov. y dióc. de Málaga (13 leg.), part. jud. y adm. de rent. de Ronda (2), aud. terr. y c. g. de Granada (25): SIT. á la estremidad S. de la sierra denominada Jarastepal y en medio de los cerros pedregosos titulados Cerrajon, Cuervo y Castilleja, que se hallan el 1.° al E., el 2.° al N., y el 3.° al O.; está combatida por los vientos N. y E.; su CLIMA es frio en general, y las enfermedades mas comunes son catarros, pulmonias, dolores de costado y los cánceres en las personas de edad avanzada. Cuenta 264 CASAS sin formacion de calles, una plaza, una plazuela que llaman el Llanete, un cotarro para recogerse los mendigos transeuntes, y una igl. parr. con un anejo en Atajate, dedicada á San Antonio; esta servida por un cura párroco, y un beneficiado de Real patronato. El TÉRM. se estiende 1 leg. de N. á S. y 1/2 de E. á O., confinando por N. con el de Benaoján, por E. con el de Tarajján y Juscar, por S. con el de Jubrique, y por O. con el de Atajate: en él se encuentran los despoblados de Pospitar y de Audazar ó Audalazar; la copiosa mina de hierro en grano llamada de los Perdigones, por salir de la tierra hecho bolas sueltas, de tal modo que parece se halla ya colado, el cual servia para una fáb. de hoja de lata; existiendo tambien varias otras de cobre que si se esplotasen serian bastante productivas, y algunos restos de un ant. cast. en el espresado cerro de Castillejo, cuyo nombre parece haber sido el de Ambereg. El TERRENO quebrado, montuoso, y en parte pedregoso, está poblado de encinas, quejigos, alcornoques, morales, castaños y toda clase de árboles frutales, siendo las tierras en general de inferior calidad: cruzan el término los arroyos donominados Audazar, camino de Atajate, el de Aljandaque en el de Jubrique, y el de las Vegas; es notable un r. muy caudaloso que nace en tiempo de lluvias en unas cortaduras próximas al pueblo, secándose de repente cuando aquellas cesan, y observándose corriente subterránea, sin saber no obstante cual sea su salida: los CAMINOS son de herradura, en mal estado, y la CORRESPONDENCIA se recibe de la adm. de Ronda, los lunes, juéves y sábados, y sale los mismos dias. PROD.: trigo, cebada, buen vino, aceite, frutas y maiz en corta cantidad, y algun ganado lanar, cabrio y de cerda. POBL.: 359 vec. 1,017 alm. que se dedican á la agricultura, carboneria y arrieria: CAP. PROD. 2.022,250 rs. IMP. 98,050: CONTR. 25,794 rs. 9 mrs.

ALPANSEQUE: l. con ayunt. de la prov. y adm. de rent. de Sória (13 leg.). part. judicial de Medinaceli (4); aud. terr. y c. g. de Burgos (33), dióc. de Sigüenza (6): SIT. en un llano: le baten libremente los vientos y especialmente el de E. y O. Su CLIMA es sano, y no obstante se padecen algunas tercianas: se compone de 96 CASAS, una plaza, 3 calles, y algunos callejones: tiene casa de ayunt. con pósito y local para escuela, y tanto esta como las demas estan construidas de piedra con alguna solidez, pero muy miserables interior, y esteriormente. La escuela de instruccion primari, es comun á ambos sexos, y se halla servida por el sacristan que á la vez es secretario del ayunt., quien por los tres cargos recibe 40 fan. de trigo. Hay una igl. parr. dedicada á la Asuncion de Ntra. Sra., de fáb. comun, con órgano, y un relox en la torre: tiene un cementerio unido á ella, pero no se ha notado perjudique á la salud pública: en sus inmediaciones hay 2 fuentes de buenas aguas de las que se surte la pobl. para sus usos. Confina el TÉRM. por N. con el de Baraona á 1/4 leg., por E. con el de Romanillos á 1/2 leg., al S. con el de Valdelcubo á 1/4, y por O. con el de Paredes á 1/2: se encuentra en él y á dist. de 3/4 de leg. una ermita dedicada á Ntra. Sra. de la Soledad, de pobre construccion, y sostenida de las limosnas del vecindario. Su TERRENO comprende 6,180 fan., y de estas se cultivan 3,160, de las que son fuertes ó de primera calidad 340, gredosas ó de segunda 1,200, arenosas ó de tercera 1,620. No se puede destinar á cultivo mayor número por ser de mala calidad, y por estar destinadas al pasto de los ganados. Cada año se siembra la mitad de la tierra, quedando la otra de descanso; del total de tierras en labor se destinan á granos 2,900 fan.; á legumbres 58, á hortalizas y frutas 52, á raices 40, al cáñamo y lino 120: hay de prados y pastos naturales 2,960, de artificiales 46, de monte arbolado 600, id. de maleza 400, baldias 1,962; sus CAMINOS se dirigen para Romanillos, Atienza, Valdelcubo y Baraona, todos de herradura, en muy buen estado. El CORREO se recibe y despacha por la estafeta establecida en la inmediata v. de Baraona: PROD.: lo referido anteriormente y ganado lanar ordinario, mular, asnal, vacuno y de cerda. La IND. está reducida á 3 telares de paños bastos y cáñamo para el consumo del vecindario, y lo sobrante de granos, y lanas se lleva á los mercados de Sigüenza, Medinaceli, Almazan y Atienza. POBL.: 71 vec.; 286 alm.: CAP. IMP. 60,986 rs. 18 mrs. El PRESUPUESTO MUNICIPAL asciende á 721 rs. y se cubre con 136, que prod. las yerbas, y el resto por repartimiento vecinal.

ALPARRACHE: l. con ayunt. de la prov., part. jud. y adm. de rent. de Sória (8 leg.), aud. terr. y c. g. de Búrgos (24), dióc. de Osuna: SIT. en una llanura cerca del r. Rituerto, en su confluencia con el *Duero*; dominanle libremente todos los vientos, y esto hace que á pesar de la escesiva humedad que exhalan los dos r. la atmósfera se mantenga despejada y que su CLIMA bastante benigno no produzca enfermedades endémicas, ni de otras dolencias que las comunes y estacionales. Se compone de 13 CASAS de ordinaria construccion y de pocas comodidades; hay una escuela de instruccion primaria servida por el sacristan que es á la vez secretario de ayunt.; tiene un cementerio y una igl. parr. aneja de la de Sauquillo, cuyo párroco la sirve; el edificio es de fáb. muy ant., pero no tiene objeto alguno que pueda llamar la atencion. Confina el TÉRM. por N. con el de Nomparedes, al E. con el de Castil de Tierra, por S. con el de Sauquillo, y por E. con el Almarail; le fertilizan los dos r. Duero y Rituerto; el primero desciende por la parte del N. y por ella entra en el térm., llegando casi á tocar á las paredes del pueblo, y el segundo lleva el mismo curso por algunas horas; antes de llegar al térm. cambia de direccion al O. llegando á la mitad del pueblo á unirse con el Duero por el lado O. Su TERRENO es de mediana calidad, y la mayor parte tierra muy quebrada: hay algunas yerbas de pastos, y leñas para combustibles, y á pesar del mal trato que en varias épocas se ha dado á sus montes, todavia se les ve poblados de buenos pinos, y otros árboles maderables; sus caminos son llanos, pero fangosos en tiempo húmedo: PROD.: trigo comun, cebada, avena, titos y guijas; cria ganado lanar, aunque poco, vacuno, mular, y algunas yeguas: POBL.: 14 vec. 52 alm.: CAP. IMP.: 17,105 rs.

ALPARTIR: l. con ayunt. de la prov., aud. terr., c. g. y dióc. de Zaragoza (9 leg.), part. jud. y adm. de rent. de la Almunia (1): SIT. al E. en la falda de una montaña que le rodea casi por todos lados, próximo á un arroyo que desciende de ésta, el cual en sus avenidas suele causar estragos de consideracion. Los vientos que principalmente combaten el pueblo son los del E. y S.; pero en su térm. soplan con violencia los del N., de donde proviene que á pesar de la bondad del CLIMA con el respectivo cambio de temperatura, se desarrollan con facilidad fiebres inflamatorias, dolores pleuríticos, anginas, reumas, y calenturas ardientes y catarrales. Tiene 180 CASAS en estado de ruina la mayor parte, por el deterioro que causó el incendio originado por los franceses en el año de 1809; ademas la municipal, en la que se hallan los graneros del pósito, una carniceria, un molino harinero, otro de aceite, una casa de la Encomienda de San Juan, y 10 fáb. de alfareria en que se ocupan muchas personas. Hay una escuela de primeras letras dotada de los fondos del comun, á la que concurren de 30 á 40 niños, y una igl. parr. bajo la advocacion de Ntra. Sra. de los Angeles, servida por un prior ó vicario, un beneficiado, un sacristan y un organista. El priorato es de primer ascenso y corresponde á la órden de San Juan, á cuyo patron está dedicada una ermita que se encuentra en uno de los estremos del pueblo. Fuera de éste, en parage ventilado, está el cementerio, y en varias direcciones se hallan fuentes de aguas de muy buena calidad, que sirven para el surtido del vecindario. El TÉRM. confina por el N. con el de la Almunia, por el E. con el de Almonacid de la Sierra, por el S. con el de Toved, y por el O. con el de Morata de Jalon, estendiéndose por cada uno de estos puntos cuarto y medio de leg. escepto por el de Toved que se prolonga hasta 1/2 leg. Dentro de esta circunferencia á dist. de 1/2 leg. de la pobl., en medio de un monte, se encuentra un conv. que fué de frailes franciscanos menores sit. en un punto delicioso. El edificio es bello y la igl. de bastante buen aspecto: en el dia no tiene destino ni aplicacion alguna. Tiene una cerca contigua que circunvala el monte, con varias ermitas y una huerta que en años abundantes de lluvia cria especiosas hortalizas: fuera de la cerca y como á 1,000 pasos de dist. hay otra ermita dedicada á San Clemente. Entre diferentes barrancos que se forman en este térm. hay 50 ó 60 cabañas ó casetas de bortelanos, y en el llamado Limaco una hermosa casa de campo habitada por sus dueños en el verano y otoño: ademas hay un sitio que se denomina los Pajares de Toved, al pie de un monte que se distingue con el nombre de Somero, en el que habitan cuatro ó cinco familias de aquel pueblo, y hasta allí se hallan los barrancos de que se ha hablado, poblados de frutales, especialmente de melocotoneros, cuyo fruto no cede en mérito á los tan apreciados de Campiel. El TERRENO es de buena calidad aunque áspero en general, y escaso de aguas para el riego. Tiene plantíos de álamos y chopos por las laderas de los barrancos: crecen los nogales en varias partes y se dan bien el olivo y el viñedo. El monte Somero está poblado de carrascas y de un espeso chaparral, de donde los vec. se surten con abundancia de combustibles. Por los vericuetos de los cerros y entre los barrancales crecen finas yerbas de pastos para los ganados, asi como otras muy específicas de que un botánico sacaria grandes ventajas, como la que consiguió un observador hallando la yerba que un sabio francés llamó *mijum solis* con la que han curado muchos enfermos de dolor de hijada y mal de orina, y otros espelido diferentes cuerpos estraños como la solitaria, lombrices, y demas que hieren el canal intestinal. Segun escritos de otro sabio, morador en el conv. de que se ha hecho mérito, se encontraron en el siglo pasado en la cuesta del espresado conv. y en otros sitios, unas piedras que encierran unas conchas donde se contiene el diamante. Los CAMINOS son todos locales y de herradura. PROD.: vino, aceite, cebada, trigo, garbanzos, judias, centeno, avena, lentejas, nueces, cáñamo, zumaque, frutas y hortaliza: cria ganado lanar y cabrio. IND.: la altareria y la arrieria: COMERCIO: la esportacion de los art. sobrantes é importacion de géneros ultramarinos: POBL. 153 vec.: 727 alm.: CAP. PROD. 1.898,626 rs.; CAP. IMP. 125,800 CONTR.: 25,321 rs. 28 mrs. vn.

ALPATRO (tambien se llama PATRO): l. del ayunt. del valle de Gallinera, en la prov. de Alicante (10 1/2 leg.), part. jud. de Pego (3 1/2), adm. de rent. de Dénia (6 1/2), aud. terr., c. g. y dióc. de Valencia (12): SIT. en una pequeña eminencia que hay dentro de un barranco formado por dos montañas; una de las cuales se eleva por la parte del N., y la otra por la del S., donde le combaten principalmente los vientos de E. y O., y goza de CLIMA templado y bastante saludable, no obstante que en algunas épocas suelen desarrollarse calenturas no malignas y algunos asmas. Tiene 72 CASAS de mediana fáb., y una igl. parr. dedicada á la Asuncion de Ntra. Sra., servida por un cura párroco de provision ordinaria, la cual tiene por anejas las de los pueblos de Benisili, Carroja, Alburquerque y Llombay: confina el TÉRM., prescindiendo del respectivo á dichos anejos, por N. con los del Adsubia y Villalonga (2 leg.), por E. con el de Planes (1), por S. con el de Lorcha, y por O. con los de Alcalá y Ebo (igual dist.); dentro del mismo brotan algunas fuentes de escasas, pero saludables aguas, las cuales, con las de otro manantial que hay á 10 minutos de la pobl., aprovechan los vec. para surtido de sus casas y otros objetos de agricultura: el TERRENO, aunque desigual y montuoso, es bastante fértil; parte del mismo se halla regado con las aguas del r. *Gallinera*, que hace en el térm., y sobre el cual no hay puente alguno por conceptuarse innecesario, atendido el corto caudal que lleva dicho r.: los CAMINOS conducen á Alcoy y á los pueblos inmediatos, y se encuentran en deplorable estado, principalmente en tiempo de nieves y lluvias: la CORRESPONDENCIA se recibe de Oliva por medio de cualquiera persona que quiera hacer este servicio voluntario, y si no cada particular tiene precision de procurarse aquella: PROD. trigo, maiz, cebada, aceite, nueces, legumbres, hortaliza, cerezas, peras de invierno y otras frutas; cria ganado lanar y cabrio, con el necesario para la labranza; y hay caza de liebres, conejos y perdices: POBL., RIQUEZA Y CONTR.: con el valle y ayunt. de *Gallinera* (V.).

ALPE: en la España del anónimo de Rávena, se ha escrito *Alpe* por *Calpe* (V.).

ALPEDRETE: v. con ayunt. de la prov., adm. de rent. aud. terr. y c. g. de Madrid (7 leg.), part. jud. de Colmenar Viejo (4), dióc. de Toledo (12): SIT. al principio de la sierra de Guadarrama, en donde la baten los aires N. y O., por cuya razon es en todo tiempo de CLIMA frio y propenso á tercianas, aunque no con mucho esceso: tiene 40 CASAS, en cuyo número se cuenta un palacio perteneciente al señor conde de Adanero, bastante arruinado; la consistorial, cárcel, pósito y escuela, á la que asisten 25 niños de ambos sexos; el maestro percibe 4 rs. diarios, casa y leña, pagados de los fondos públicos: para el consumo de los vec. hay una fuente de agua muy delgada y poco manantial, por cuya razon, para suplir la falta de aguas, se sirven de algunos charcos: la igl. parr., dedicada á Ntra. Sra. de la Paz, es matriz de la de Collado-Villalba, y de las dos ventas llamadas de Martin, dist. 300 pasos entre sí, y 1/8 leg. de este anejo, camino del cual y á 400 pasos de la v. se halla tambien la ermita de Sta. Quiteria: confina el TÉRM. con los de Moralzarzal, Guadarrama, Escorial, Collado-Villalba, y Collado-Mediano, en la estension de 1/4 á 1/2 leg., y comprende la venta de Juan Lázaro (1/4 leg.) al lado del camino real que baja desde Guadarrama á la Corte, y mucho monte bajo de chaparro, enebro y jara: el TERRENO es arenoso, cubierto en su mayor parte de grandes canteras de piedra silleria, de inferior calidad, y de secano: cruzan el térm. las carreteras que dirigen á Castilla la Vieja, quedando el pueblo á 1/8 leg. y como en el centro de ellas: el CORREO se recibe de Guadarrama por medio de balijero: PROD.: centeno: se mantiene algun ganado vacuno, menos lanar, y pocas cabras; y se cria bastante caza menor, aunque no tanta como era de esperar, atendida la naturaleza del pais, sin duda por lo muy perseguida que se halla por los cazadores y por los animales dañinos: IND., se ejercitan los naturales con frecuencia en la saca de piedra sillar de que abunda el terreno, y su conduccion á la Corte: POBL., 35 vec: 168 alm.: CAP. PROD., 1.352,540 rs.: IMP., 44,257: CONTR., oficiales, segun el cálculo general de la prov., el 11 p. %: su PRESUPUESTO MUNICIPAL se cubre con el fondo de propios y arbitrios. El nombre propio de este pueblo es *El Pedrete*; pero el uso general ha adulterado la pronunciacion, y es conocido ademas en todos los documentos oficiales, con el que acaba de dársele.

ALPEDRETE DE LA SIERRA: v. con ayunt. de la prov. y adm. de rent. de Guadalajara (6 leg.), part. jud. de Cogolludo (5), aud. terr. y c. g. de Madrid (12), dióc. de Toledo (24): SIT. en un barranco, formado por las vertientes de varias colinas que se elevan hácia el N. y S. de la pobl.; bátenla alli con fuerza los vientos E. y O. que hacen su CLIMA frio, pero sano, si bien algo propenso á calenturas intermitentes y afecciones espasmódicas: tiene 60 CASAS de mala construccion, y pocas comodidades, distribuidas en dos calles, y una plaza sin alineacion ninguna ni empedrado, y por consiguiente de feo aspecto y demasiado sucias, especialmente en tiempo de lluvias; casa de ayunt. con el pósito que no se diferencia de las demas, é igl. parr. dedicada á la Purísima Concepcion, que nada ofrece de notable: en los AFUERAS existe una ermita ruinosa, titulada de San Pedro, y próxima á ella una fuente de agua de buena calidad, de la cual se surte el vecindario: confina el TÉRM. por N. con el de la Puebla de la Mujer Muerta en el part. de Buitrago, prov. de Madrid; O. con el de Atazar en el mismo part. y prov.; E. con el de Valdepeñas de la Sierra, y S. con el de Uceda: comprende en una leg. de estension 10,000 aranzadas de tierra, de las cuales se cultivan 1,400 fan., y son 100 de primera clase, 400 de segunda, y 800 de tercera: las demas estan pobladas de monte bajo, entre breñas y riscos, que ninguna puede reducirse á cultivo: existe en su comprension el desp. de Navezuelas, y la granja llamada de San Agustin, que perteneció á la univ. de Alcalá de Henares: el TERRENO es desigual y áspero en lo general, de escasos prod. y de secano, aunque corren por el térm. un arroyo que da movimiento á dos molinos harineros, y al O. el riach. Lozoya que trae su corriente por sitios tan hondos que para nada pueden aprovecharse sus aguas, sino para abrevadero de los ganados: los CAMINOS son vecinales, de herradura y desatendidos: el CORREO se recibe en Torrelaguna tres veces á la semana por medio de los vec. que van á vender algunas cosas: PROD. trigo, cebada, centeno y aceite; se mantiene algun ganado lanar churro, cabrio, vacuno, de cerda, asnal, y ademas 16 yuntas de bueyes de labor, y 10 de mulas: POBL., 35 vec., 122 alm.: CAP. PROD., 1.504,450 rs.: IMP.. 45,400; CONTR.: 2,855: PRESUPUESTO MUNICIPAL: 258, del que se pagan 200 al secretario por su dotacion, y se cubre con el fondo de propios, que consiste en la Solana del Aguilar, casa nueva y Solana del Murciano, uno de los molinos harineros, la casa en que habita el cura, y 10 rs. de martiniega.

ALPEDROCHES: l. con ayunt. de la prov. de Guadalajara (12 leg.), adm. de rent. y dióc. de Sigüenza (5), part. jud. de Atienza (1), aud. terr. y c. g. de Madrid (22): SIT. al S. sobre una pequeña lastra, cercado de huertos, prados y muchas arboledas; de sano CLIMA, aunque batido del N.; con 38 CASAS de mala construccion, entre las que se encuentra la de ayunt. que tambien sirve de cárcel provisional; hay escuela de primera educacion para niños y niñas, á la que concurren 12 de aquellos y 8 de estas; el maestro está dotado con 20 fan. de trigo por este concepto y los de sacristan y secretario de ayunt. que tambien desempeña; igl. parr., (Ntra. Sra. de la Asuncion); en lo mas elevado de la pobl. se halla una fuente no muy abundante, pero de buena calidad, de la que se sirven los vec., y con el sobrante riegan algunos huertos aunque casi todos tienen pozos con buenos manantiales, y en los afueras varias fuentecitas de aguas muy buenas. Confina el TÉRM. por N. con Tordelloso y Cañamares, E. con el desp. de Matamala, S. con Miedes y desp. de Torrubia, y O. con Miedes y Cañamares, dist. 1/4 á 1/2 leg.: el TERRENO es de secano de mediana calidad: los CAMINOS son de pueblo á pueblo, en regular estado: el CORREO se recibe de Guadalajara por medio de balijero: PROD.: trigo, cebada, centeno, avena, garbanzos, bisaltos, algarrobas, yeros, patatas, cáñamo y hortaliza; se cria ganado lanar ordinario, vacuno, mular y asnal, constituyendo la principal riqueza los dos primeros: POBL.: 25 vec.: 105 alm.: CAP. PROD.: 383,340 rs.: IMP.: 34,500 CONTR.: 4,562 rs. 23 mrs.: PRESUPUESTO MUNICIPAL: 600 rs., se cubre con 20 rs. de arbitrios y repartimiento vecinal.

ALPEDROCHES: granja de la prov. de Sória, part. jud. de Almazan, térm. jurisd. de *Cabanillas* (V.). Consta de 2 CASAS con 7 hab.; cógese muy mal trigo, algo de cebada y centeno, y tiene suficientes pastos para 250 cab. de ganado lanar.

ALPENS: l. de la prov., aud. terr. y c. g. de Barcelona (12 leg.), part. jud. de Berga (4), dióc. de Solsona: SIT. en la cima de un monte rodeado de otros de mayor elevacion, disfruta de buena ventilacion y CLIMA saludable. Forman la pobl. 104 CASAS, la mayor parte de ellas reunidas entre si, escepto unas pocas que se hallan diseminadas por el térm. en las heredades: hay una escuela de primeras letras dotada por los fondos del comun en 1,600 rs. anuales, á la que comunmente asisten unos 35 alumnos, y una igl. parr. bajo la advocacion de Sta. Maria, servida por un cura párroco y su teniente que tiene por aneja la igl. de San Pedro de Serrallonga dist. una hora hácia la parte del N.: el cementerio se halla junto á la igl.: inmediata á la pobl. hay una fuente de regular calidad, que solo deja de manar en tiempos de mucha sequia despues de agotados dos pozos de que tambien se surte el vecindario y los demas que hay en las casas. Confina el TÉRM, por el N. con los de las parr. de Sta. Maria de las Llosas, Santa Maria de Matamala y San Estéban de Viñolas; por el E. con el de San Pedro de Sorá, por el S. con el de San Agustin de Llusanes, y por el O. con los de Sta. Maria de Llusá y San Estéban de Comiá. El TERRENO es montuoso y bastante árido; las tierras que se cultivan no son de la mejor calidad; no corre por él r. alguno que le fertilice, y solo se desprenden de aquellos montes algunos arroyuelos, cuyas aguas se aprovechan para mover dos molinos harineros, y regar algunos huertecillos: abunda en toda clase de pastos para los ganados y escasea en leñas á causa del gran destrozo que han sufrido los bosques en tiempos en que se hacia mucho carbon: PROD.: trigo, maiz y judias en poca cantidad: cria ganado lanar, vacuno y cabrio: POBL.: 130 vec. 545 hab.: CAP. PROD.: 2.782,800 rs.: IMP.: 69,570.

ALPEÑES: l. con ayunt. de la prov. de Teruel (9 leg.), part. jud. de Segura (4), adm. de rent. de Aliaga (6), aud. terr., c. g. y dióc. de Zaragoza (19): SIT. en alto, á la falda de una montaña, combatido libremente por todos los vientos, con CLIMA frio, pero saludable. Tiene 63 CASAS distribuidas en varias calles, y una plaza crecida y bien empedrada; hay 1 igl. parr. al E. del pueblo, bajo la advocacion de San Andres, servida por un cura y un sacristan, que este nombra; el curato es de primer ascenso, y se provee por S. M. ó el diocesano, mediando oposicion en concurso general: el edificio es obra del maestro alarife Francisco Quilez, que le construyó con mucha solidez y buen gusto en el año de 1762: consta de 3 naves con 9 altares, bien adornados, y un hermoso bautismerio, que se hizo en el año de 1830, con pila de piedra jaspe y rejados de hierro: tiene ademas una torre de 3 cuerpos, fabricada de ladrillo, con crecido número de adornos y labores: y á un estremo de la pobl. una fuente muy bien concluida, en cuya arca mana la delgada y cristalina agua que arroja por 3 caños de hierro, con un lavadero bastante espacioso, inmediato á la misma. A 1/4 de hora de dist. se encuentra la ermita de Ntra. Sra. de Lancosta, con una preciosa igl. de 3 naves, y pegado á ella un magnífico edificio, con casa para el capellan, priorato y santeros, y ademas 25 habitaciones, una para cada uno de los 25 pueblos que componian la herm., y otras muchas comodidades: en el dia no hay en esta ermita capellan, porque sus haciendas y rent. se hallan adjudicadas al Gobierno, si bien hay pleito pendiente con los 25 pueblos que componian la herm., que pretenden se declare que aquellos bienes no son ecl. Frente á la mencionada ermita hay una espaciosa plaza, y en ella un olmo, cuyo grueso tronco, altura y espesa copa demuestran su ancianidad. El TÉRM. confina por el N. con el de Portal-Rubio (1/2 hora), por el E. con el de Torres los Negros (1), por el S. con el de Pancrudo (3/4), y por el O. con el de Corbaton (1/2): dentro de esta circunferencia se encuentra un hermoso arbolado de chopos, olmos y sáuces, un monte rebollar de roza; buenos y abundantes pastos, y una cantera de jaspe de varios colores: el TERRENO es de buena calidad; se cultivan 400 yugadas de tierra de primera clase, 500 de segunda y 600 de tercera, y pudiera cultivarse todo él, pero la escasez de bestias que tiene el vecindario no lo permite: brotan por diferentes lados muchos manantiales, y por las quebradas de los cerros descienden varios arroyos, y todos llevan sus aguas á enriquecer el r. de *Pancrudo*, que nace entre los térm. del pueblo de este nombre y de Alpeñes; en su curso fertiliza algunas porciones del terreno de que se habla, y pone en movimiento las ruedas de dos molinos harineros que se hallan en el mismo: PROD., trigo, centeno, cebada, legumbres, yerbas de pasto, y cria ganado lanar. POBL.: 63 vec., 252 alm. CAP. IMP.: 50,683 rs. vn.: CONTR.: 6,400 rs. vn.

ALPERA: v. con ayunt., de la prov.; adm. de rent. y aud. terr. de Albacete (7 1/2 leg.), part. jud. de Almansa (3), c. g. de Valencia y dióc. de Cartagena: SIT. entre cuatro montes de bastante elevacion, en lo mas estrecho de un estenso plano inclinado, con ligerísimas desigualdades, y poco combatida de los vientos; disfruta de un CLIMA templado, y tan sano que no se conoce enfermedad alguna endémica, ni ha sufrido el azote de ninguna de las epidemias que en diferentes epocas han afligido la Peninsula, siendo bastante frecuente el encontrarse personas de ambos sexos que pasan de 90 años. Compónese la pobl. de casas generalmente espaciosas de un solo piso, distribuidas en calles rectas y anchas, que aunque sin empedrar, se hallan siempre muy limpias; hay tres plazas, la de la Constitucion, que se halla en el centro es un cuadrilongo rectángulo de 70 pasos de long. y 40 de lat., y otras dos casi de las mismas dimensiones; casa de ayunt. con cárcel y graneros para el pósito; un ant. palacio de los que fueron señores jurisd., que aunque desmantelado en gran parte, todavia se advierten en él vestigios de la preponderancia feudal; una escuela de primera educacion para cada sexo, dotadas de los fondos de propios; dos malas posadas; un horno de cocer pan, y una igl. parr., bajo la advocacion de Sta. Marina, en la que se conserva una reliquia de la Santa, que en el dia de su festividad se espone á la veneracion pública, y un *Lignum crucis*, que regalado por el papa San Pio V á D. Juan de Austria, y legado pór este, al morir, á su confesor, vino por último á parar en poder de D Pedro Alejandro Villaescusa, prebendado de Cartagena, y natural de Alpera, quien la regaló á la v. con los correspondientes documentos que acreditan su autenticidad y procedencia: el templo, aunque sencillo, es de buen gusto; tiene un gracioso tabernáculo, y en la torre, cuyos dos cuerpos superiores fue necesario demoler por amenazar ruina, está el relox de la v.: al estremo de esta, por la parte del O., y contigua al cementerio, se encuentra una hermosa ermita, dedicada á San Roque, en la cual llama la atencion una imágen de San José, obra del inmortal Sarcillo; y hácia el N., tocando con las casas, hay un lavadero cubierto sobre una acequia. Confina el TÉRM. al N. y E. con el de Ayora, al S. con el de Bonete, al SE. con el de Almansa, y al O. con el de Higüeruela; su mayor long. es de 3 1/2 leg., y su lat. cerca de 2: dentro de él se encuentran, una ermita dedicada á San Gregorio Nacianceno, con una capilla de la Virgen de la Soledad, á la que se profesa singular devocion; las ruinas de otras dos, dedicadas á Jesus y Sta. Ana; varias casas diseminadas, entre las que se distingue por su construccion lujosa, una edificada por los ant. señores del pueblo; y otras que agrupadas forman las pequeñas ald. de 8 ó 10 vec., llamadas *Casas de Delgado*, *Casas de D. Pedro* y *Casas del Sej*; cuatro montañas, tituladas el *Mugron* ó *Almugron*, *Sierra del Bosque*, *La-Muela* y *Jiravalencia*; á la falda de la primera hay una cantera, de la que se hace uso para la construccion de edificios, y de las otras tres se desprenden bastantes manantiales, que unos por medió de balsas, y otros sin ellas, dan riego á varias posesiones y el surtido á los cas.: en algunos puntos, y señaladamente en la sierra de Jiravalencia, se encuentran mariscos fósiles, petrificados, en grande abundancia, entre ellos caracoles, almejas ó chapinas de varios colores y dimensiones, lisas y estriadas, y aun esqueletos de peces conocidos; en las inmediaciones del Mugron se hallan almendras petrificadas, de una forma tal que no pueden desconocerse, y junto á las Casas de Delgado se encontró una caverna toda incrustada de estaláctitas y estalagmitas blancas, de caprichosas figuras y casi transparentes como la loza; hácia el camino de Almansa hay un sitio arbolado que sirve de paseo, y por último, se hallan en el térm., y lo atraviesan, dos largas cañadas paralelas, casi en toda su estension, de NO. á SO.: la primera, llamada de *Pedro Ponce*, arranca desde las vertientes de la sierra de Jiravalencia, y al llegar á las inmediaciones de un molino llamado de las *Aguzaderas*; cambia de direccion hácia el S., y concluye en el pantano de Almansa; y la segunda, denominada *Canadapajares*, principia en unos cerros, llamados *Malafatones*; al llegar á unas fuentes pierde el nombre, y continúa hasta un molino cercano á la pobl.; desde este punto, hasta un estrecho formado por dos pequeñas alturas peñascosas, se llama la *Hiedra*; deja este nombre en su continuacion hasta el camino de Ayora, tomando el de *Vega*; cambia luego este en el de *Balanejo*, y variando su direccion al E., se denomina la *Vuelta*, hasta introducirse en el térm. de Ayora: nacen en el centro de esta cañada tres fuentes copiosas, llamadas del *Alamo*, del *Casar* y de las *Hermanas*; reúnense las destilaciones de las tres mas abajo de la última, y forman una acequia ó arroyo que sirve para fecundizar bastante terreno y surtir á la pobl., por cuyas inmediaciones pasa con un cáuce de media vara de profundidad y una de anchura. El TERRENO, que en su parte principal está comprendido en las predichas cañadas, es de muy buena clase; acostumbra reditúar 24 por 1 de sembradura, prod. que no llega al de otros pueblos del partido, sin embargo de que los vec. de Alpera no estan mas atrasados que aquellos en los conocimientos y prácticas de la agricultura: se destina á la siembra de cereales y legumbres la parte mas á propósito de él; y la que no lo es tanto, al plantio de viñedo, que se ha aumentado considerablemente de 15 años á esta parte, y al de arbolado, por haber conocido los labradores las ventajas que reporta, lejos de ser perjudicial, como creian, y por lo que le tenian la mayor aversion. Sus CAMINOS son locales. PROD.: toda clase de cereales, almortas, guisantes, lentejas, garbanzos, maiz, cáñamo, vino, azafran, patatas, nabos de superior calidad; hortalizas y algunas frutas: encuéntranse canteras de piedras de afilar, y se cria ganado lanar, cabrio, de cerda, vacuno y caballar: la IND. está reducida á un molino harinero, algunos telares de ropas ordinarias, y á los oficios mas indispensables: el COMERCIO consiste en la venta del sobrante de frutos y en la de ganado lanar, cabrío y de cerda: hay mercado todos los domingos y una feria en los dias 14, 15 y 16 de setiembre. POBL. 555 vec., 2,432 alm.: CAP. PROD.: 6.698,819 rs.: IMP.: 321,907: CONTR.; 30,244. Esta v. hace por armas un cast. con dos torreones: en cada uno un águila con un pie en el torreon y el otro en el cast., mirándose una á otra, y debajo de los torreones dos ciervos uno en cada lado. En la era de 1328 era Alpera un corto cas., perteneciente á Chinchilla, y en 1575 tenia 85 vec., á quienes Felipe II concedió su emancipacion de dicha c., pagando á la corona la cantidad de 5,000 ducados.

ALPERI: ald. en la prov. de Oviedo (1 1/4 leg.), ayunt. de Tudela (1/4), y felig. de San Julian de *Box*: SIT. en una loma al NE. de la parroquia (V.).

ALPERIZ: l. en la prov. de Lugo, ayunt. de Saviñao y felig. de Sta. María de *Reiriz* (V.): POBL.: 13 vec. 70 almas.

ALPERIZ: ald. en la prov. de Pontevedra, ayunt. de Lalin y felig. de San Pedro de *Alperiz* (V.): POBL. 1 vec. 5 almas.

ALPERIZ (SAN PEDRO DE): felig. en la prov. de Pontevedra (11 leg.), dióc. de Lugo (11), part. jud. y ayunt. de Lalin (1): SIT. sobre la márg. izq. del r. Arnego; en terreno quebrado, donde la baten todos los vientos, con CLIMA saludable: tiene 12 CASAS de mediana construccion: la igl. parr. (San Pedro) es aneja de la de San Lorenzo de Moimenta donde reside el cura párroco. El TÉRM. confina por el N. con las de San Julian de Pedroso y Cadron, por el E. con la de Sta. María de Parada, por el S. con la de San Martin de Mazaira, y por el O. con las de Moimenta y San Miguel de Goigas: su estension de N. á S. 1/2 log., y de E. á O. 1/4: el TERRENO participa de monte y llano; el primero bastante escabroso y áspero abraza unos 458 ferrados, donde únicamente se crian arbustos, leña y muchos pastos para toda clase de ganados; la parte destinada al cultivo, que ascenderá á 248 ferrados, es de mediana calidad, y se riegan algunos pedazos con las aguas de varias fuentes que brotan en el térm. y con las del r. Arnego. PROD.: centeno, avena, maiz, mijo menudo, patatas, nabos, lino, hortaliza y frutas; cria ganado vacuno, de cerda, lanar y cabrio: IND. algunos tejidos y filatura de lana y lienzos ordinarios, y un molino harinero: POBL. 10 vec.: 50 alm.: CONTR. con su ayunt. (V.).

ALPES: Livio y Plinio dieron este nombre á las crestas mas elevadas de los Pirineos: Caton llamó *Alpinos* á los españoles de estas montañas. Es voz greco-scythica que equivále á cumbre (*): así en el Silense leemos que el rey de Castilla, trasmontando velozmente los *Alpes* de Oña (sobre los años 1039), como leon hambriento, que mira á lo lejos rebaños tendidos por la campiña, se lanzó sediento de conquista al terr. de los árabes: «Superatis igitur Oniæ montis rapidissimo cursu Alpibus, ut famelicus Leo cum patentibus campis armentorum turbam oblatam vidit, sic Hispanus Rex prædia Maurorum sitibundus invadit.»

ALPESA: así da Plinio el nombre á una ant. c. de la Beturia céltica; y aunque en algunas lápidas resulta *Salpesa*, aquella debe ser la verdadera ortografía, habiéndose aspirado aquí la vocal con la silbante *s*, segun costumbre que tenian particularmente los latinos, pronunciando *sex* por *ex*, *septem* por *epta*, y como leemos con la mayor frecuencia en los ant. *Sonoba* por *Onoba*, *Segesta* por *Egesta*, *Sedetania* por *Edetania*, etc. El nombre *Alpesa* debe provenir del greco-scythico, dado á esta c. en razon de su topografía. Rodrigo Caro, y con él el M. Florez, que acostumbra seguirle, y otros, han creido corresponder *Alpesa* á *Facialcazar*, entre Conil y Utrera; pero siendo de la Beturia, que se estendia solo del Betis al Anas, y aun en ella del terr. que habitaban los celtas, que era la parte mas inmediata á este último r., es del todo inadmisible la reduccion de aquel erudito anticuario. Si en el desp. de *Facialcazar* apareció la inscripcion de *Alpesa*, por la cual resulta haber tenido el dictado de *Municip. Fluv. Salpesano*, no puede bastar este hallazgo para alterar la corografía de una region bien conocida y limitada por los geógrafos: no deben las lápidas arrastrar hácia el lugar donde sean descubiertas la doctrina de estos; sino por el contrario, deben ser llamadas al que en ella se les designa, por mas grande que sea su valor. Muchas razones han podido ocasionar la ereccion de un monumento lejos de la república que en él se mencione; mucho ha podido sufrir la inscripcion ya del tiempo, ya del deseo de sus intérpretes, como uno y otro no se oculta al filólogo: no es tan fácil la inexactitud de la doctrina de un escritor coetáneo del lugar que describe, cuyo testo ademas resulta exactamente acorde con la idea que otros hayan tenido de los mismos lugares geográficos que presenta. La analogía que el nombre Alpesa ofrece con el de *Cumbres Altas*, ha persuadido á D. Miguel Cortés su correspondencia: puede adoptarse esta opinion como la mas probable (V. CUMBRES ALTAS).

ALPETEA ó ALPETREA: cast. ant. de mucha consideracion en la prov. de Guadalajara, part. jud. de Molina, term. del Villar de Cobeta: SIT. en la cumbre de un cerro pedregoso que domina todas las alturas inmediatas, á la der. del r. Tajo sobre el puente de S. Pedro, por cuya parte se halla lo mas elevado y escarpado, y alcanzando la vista al cast. de Molina, llamado Torre de Aragon: en tiempo de los sarracenos formaba su linea fortificada hasta Valencia, y en su espulsion fué el último punto que abandonaron en el pais: desde esta época subsistió sin objeto particular, desmoronándose diariamente hasta que en febrero de 1840, situado el gefe carlista Balmaseda en la serranía y fuerte de Beteta, dió principio á su reedificacion; con el objeto de formar linea fortificada desde el mismo á la carretera de Zaragoza, y estrechar al mismo tiempo el bloqueo de Molina: pero las fuerzas nacionales que mandaban el comandante general D. Gaspar Rodriguez, y el coronel del provincial de Laredo, hicieron varias tentativas para impedir las obras, y en el dia 3 de mayo del mismo año consiguieron apoderarse de la altura y demoler toda la fortificacion: con este motivo su estado actual es tan ruinoso como el que tenia anteriormente. Este cast. dista de Villar 1/2 leg.; de Torrecilla, Cuevas Labradas, Cobeta y la Olmeda, 1; de Zaorejas por el puente de San Pedro, 1 1/2; de Beteta, 5; de Molina, 6, de Guadalajara, 16; de Madrid, 25.

ALPINOS: nombre que segun Aulo Gelio, dió Caton á los españoles del Pirineo (V. ALPES).

ALPOBREGA: la única noticia que se conserva de esta pobl. es haber sido concedida por el rey D. Alonso VI á la igl. de Toledo, entre aquellas con que la dotó.

ALPOLACA: acequia de riego en la prov. de Granada, part. jud. de Santafé, térm. jurisd. de *Gavia la Grande*.

APOTREL: arroyo en la prov. de Cáceres, part. jud. de Valencia de Alcántara; nace á 1 1/2 leg. al SE. de esta v., y atraviesa el camino que de la misma va á San Vicente, en el cual hay un puentecillo arruinado de un solo arco, de construccion comun y tosca, y de 3 varas de elevacion: riega algunas huertas, especialmente las llamadas de la *Mancera*, sitio muy ameno y delicioso, y al cabo de 2 leg. de cáuce en que se recoge el regato *Murera*, se junta con el *Cañito* al N., y perdiendo ambos el nombre, forman el *Alburrel* (V.).

ALPOTREQUE: desp. en la prov., part. jud. y térm. de Cáceres; SIT. á 3 leg. al S. de esta cap.: conserva solamente un cast. que lleva el mismo nombre: nada puede decirse sobre la época de su despoblacion.

ALPOTRON: pueblo desaparecido del valle de Gallinera, perteneciente á los duques de Gandia.

ALPUCHE: refieren algunos de nuestros cronistas, que el rey D. Pedro de Castilla, mientras tenia sitiada á Murviedro en 1363, tomó á Alpuche entre otras pobl.: es una de las muchas que han desaparecido.

ALPUEBREGA: deh. en la prov. y part. jud. de Toledo, térm. del l. de Polan.

ALPUEBREGA: labranza en la prov. de Toledo, part. jud. de Navahermosa, térm. de Totanes.

ALPUENTE: v. con ayunt. en la prov., aud. terr. y c. g. de Valencia (13 leg.), dióc. de Segorbe (9), part. jud. y adm. de rent. de Chelva (3).

SITUACION Y CLIMA. Se halla sit. en los confines de Aragon y Castilla á los 39° 50′ lat., y 16° 20′ long. del meridiano de Madrid en la confluencia de dos montes, llamados el uno del *Castillo*, y el otro *loma de San Cristóbal*: bátenla principalmente los vientos del N. y S., y goza de CLIMA bastante sano, aunque de 50 años á esta parte es algo propenso á erupciones herpéticas.

INTERIOR DE LA POBLACION Y SUS AFUERAS. Si bien su entrada por el lado del N. es llana y embellecida con algunos pequeños huertos, por el O. es demasiado escabrosa, formando una cuesta de penoso acceso. A principios de 1840 se contaban dentro de la v. 185 CASAS y 430 en las varias ald. de que consta su vecindario; actualmente hay en aquel recinto 70 casas edificadas en su mayor parte de nuevo, porque fueron incendiadas en abril del referido año por las tropas de D. Cárlos; las arruinadas en las ald. inmediatas á la pobl. no bajaron de 110, muchas de las que tambien se hallan reconstruidas, aunque de una manera provisional é imperfecta. Las calles son irregulares á consecuencia de la desigualdad del terreno, pero limpias y bien empedradas en su mayor parte. Hay una pequeña plaza de figura oval, casa de ayunt., único edificio que se conservó en la espresada catástrofe, el cual tiene 50 pasos de largo, 16 de ancho, y es de sólida y ant. arquitectura, aunque parece ser de posterior época á la de unos torreones de piedra de silleria unidos á dicha casa, en los cuales está la cárcel pública; una escuela de primeras letras dotada con 2,400 rs. anuales pagados del fondo de propios, á la que asisten 55 niños: otra frecuentada por 25 á 30 niñas, cuya maestra percibe 600 rs. del mismo fondo con obligacion de enseñar á las discípulas, ademas de las labores propias de su sexo, á leer, escribir y doctrina cristiana; en las ald. de Corcolilla y Collado tambien hay dos escuelas de instruccion primaria de niños, cuyos respectivos maestros tienen el sueldo ó retribucion que estipulan con los padres de los alumnos. Dentro de la v. habia una magnífica igl. parr., cuyo edificio, la ermita de Sta. Bárbara y otras 14 dedicadas á San Cristóbal,

(*) ¿Quid aliud Alpes, quam montium altitudines? Tit. Liv. lib. 12 c. 11; *gallorum lingua Alpes alti montes vocantur. Sanct. Isid; de Etim. lib. 4 c. 8.*

San Antonio; el Calvario y la Purísima Concepcion, existentes en las inmediaciones fueron tambien incendiadas y destruidas en la mencionada época de 1840; la igl. parr. bajo la advocacion de Ntra. Sra. de la Piedad, fundada en 1370, se halla servida por un cura y cuatro beneficiados; el curato de la clase de rectorias es perpétuo, y su provision corresponde á S. M. ó al diocesano segun los meses en que ocurren las vacantes; tiene por anejas las de Corcolilla y el Collado, en cada una de las cuales hay un teniente de cura para servir el culto, cuyos destinos, así como los beneficios, se dan por oposicion, escepto la plaza de organista que la provee la junta; aun se perciben algunos vestigios de la ant. muralla, de construccion árabe, la cual rodeaba los edificios y casas mas inmediatas al cast.; este es de origen muy ant., pues se descubren algunos restos de fáb. romana, árabe y de estos últimos años, en que los partidarios de D. Cárlos limpiaron las cisternas y reedificaron casi en su totalidad la muralla, la cual despues fue destruida y vuelta á rehabilitar con mas sencillez por las tropas de la Reina, cuando en mayo de 1840 ocuparon dicha fortificacion: consiste esta en un peñon tajado por todos lados, escepto por una subida angosta y artificial de camino cubierto; la superficie de dicho cast. es de 300 pasos de long. y 80 de lat., siendo su elevacion de 680 palmos en toda la circunferencia, menos por la espresada subida donde únicamente tiene 180: á la der. y al fin del camino cubierto hay una torre de fáb. muy ant. de silleria, que defiende la espresada subida; en el dia está algo arruinada á consecuencia de la esplosion de la misma, practicada por las tropas nacionales; á su izq. existe un puente levadizo de unos 120 palmos de elevacion que facilita la entrada en el cast., dentro del cual hay algunos subterráneos y edificios en mal estado por el mucho fuego de cañon y mortero que le dirigieron las mencionadas tropas. A 20 minutos dist. de la pobl. y en parage que no perjudica á la salud pública, se halla el cementerio; y á 6 minutos de aquella una fuente abundante de buenas aguas, que nacen á 1/2 hora de dist. y son conducidas por una acequia descubierta, aunque para atravesar un barranco está sostenida por varios arcos de piedra silleria; dichas aguas no solamente sirven para consumo de los vec. y surtido de los lavaderos y abrevaderos públicos, sino para regar los huertecitos de que se hizo mérito en las inmediaciones de la v.: tambien hay un paseo bastante regular; pero en la actualidad carece de adornos porque los carlistas destruyeron el arbolado.

TÉRMINO. Confina por N. con los de Arcos y Torrijas (prov. de Teruel, part. jud. de Mora), por E. con el de la Yesa, por S. con el de Chelva, y por O. con los de Aras y Titaguas, teniendo 5 horas de long. y 2 de lat.; en esta circunferencia hay 20 cas. ó ald., cuyas denominaciones se estampan á continuacion y las de las ermitas que existen en las mismas.

Relacion de las ald. comprendidas en el térm. municipal de Alpuente.

Hortichuela, Carrasca, Campo de Abajo, Campo de Arriba, Baldobar, Cañadilla, Berandia, Las Heras, El Chopo, Cañadaseca, Las Cuebarruces, La Canaleja, La Almeza, Cañada Pastores, Las Torres, El Collado, El Ontanar, Vizcotas, Benacatazara y Corcolilla; entre dichas ald. tienen ermita la de Corcolilla, bajo la advocacion de San Bartolomé, en la que se venera á Ntra. Sra. de Consolacion, la del Collado dedicada á San Miguel (en estas dos, segun digimos, residen los tenientes curas por considerarse igl., ayudas de parr.) las Cuebarruces, otra titulada de San José, Baldobar, la de San Roque y la del Campo de Arriba, otra titulada de Sta. Bárbara.

CALIDAD Y CIRCUNSTANCIAS DEL TERRENO. En su mayor parte es llano, si bien en algunas se halla cortado por diferentes cerros sueltos, sin que formen cord. otros que los llamados la *Cumbre*, sit. al N. de la v. y á dist. de 3 horas; casi en su totalidad es secano, algun tanto pedregoso y bastante fértil, cultivándose dos terceras partes del mismo: carece de arbolado y de bosques, aunque en el monte hay algunos pinos y nogueras en las haciendas que suministran escaso combustible: parte del terreno está fertilizado con las aguas de un arroyo, el cual nace en las inmediaciones de la ald. del Collado, y corre de N. á S. pasando á 8 minutos de la v.; su caudal es muy corto é incierto, pues suele agotarse durante el estío, si bien se aumenta en tiempo de lluvias, y con sus aguas recogidas en balsas se da impulso á dos molinos harineros.

CAMINOS Y CORREOS. Todos los caminos son de herradura; conducen á los pueblos inmediatos y se encuentran en buen estado; la correspondencia se recibe de Titaguas, adonde pasa á recogerla un encargado por el ayunt. los mártes y juéves.

PRODUCCIONES. Trigo, cebada, avena, vino, patatas, algunas legumbres, miel, cera, hortaliza, y pocas frutas: sostiene bastante ganado lanar y cabrio, aunque antes de la última guerra civil era muy crecido el número de rebaños, pues habia mas de 40,000 cab. de una y otra especie, hallándose reducidas hoy dia á 8,000 de lanar y 1,000 de cabrio: tambien abunda en los montes la caza de liebres, conejos y perdices, y algunos lobos y zorras con otros animales dañinos.

INDUSTRIA Y COMERCIO. Ademas de los molinos harineros de que se ha hecho mérito, hay algunos tejedores y cardadores de lanas; consistiendo el comercio en la esportacion de los frutos sobrantes, los cuales se venden en los mercados de Valencia, Liria y Chelva, é importacion de los mismos puntos de cuantos carece el pais, especialmente géneros ultramarinos, coloniales y de vestir, á escepcion de las ropas de lana, que en gran parte se fabrican por los habitantes.

FERIAS Y MERCADOS. El dia 11 de junio se celebra una especie de feria en la ald. de Corcolilla y otra en la v. en 15 de agosto; en ambas se venden frutas, enseres de labranza y de herreria, algunas ropas, zapatos y otros efectos poco considerables.

FIESTAS. Son las principales la de Ntra. Sra. de la Piedad que es la titular de la parr.: se celebra con toda la solemnidad posible el 8 de setiembre; la de San Blas, patron de la v. en 3 de febrero; la de Ntra. Sra. de la Asuncion, el 15 de agosto; y en 29 de abril, dia de San Pedro Mártir, se va en procesion y romería desde la v. hasta la ermita de San Bartolomé en la ald. de Corcolilla.

POBLACION, RIQUEZA Y CONTRIBUCIONES: 501 vec., 2,356 alm.: CAP. PROD.: 3.628,331 rs: IMP.: 144,212 rs.; CONTR.: 31,453 rs. El PRESUPUESTO MUNICIPAL asciende á 11,300 rs. vn. que se cubren con el prod. del arriendo del molino harinero, y de un horno de pan cocer, varios censos, el arbitrio de una tienda de comestibles importante unos 450 rs. al año, y lo que falta se reparte entre los vec. Esta v. ya por lo mucho que ha padecido en la última guerra civil, ya por el ínfimo valor de los art. sobrantes, se halla en estado deplorable, del cual podria salir activando el comercio y teniendo por parte del Gobierno las debidas indemnizaciones.

HISTORIA. Alpuente fué pueblo romano, en donde y en su castillo del Poyo, se hallan monedas y otras antigüedades: hace pocos años se recogieron hasta un número considerable de medallas de todos módulos y metales, y muchas de ellas preciosísimas, por su rareza, y su buena conservacion; en el mismo lugar se encontró un pedazo de bronce con la figura de macho cabrio. Estaba en la raya celtibérica, confinando con la Ededania. Escolano, en su hist. de Valencia, dice, que en tiempo de los godos ya se llamaba *Alpuente* ó *Alpont*, como hoy pronuncian los valencianos, y que en algunas escrituras ant. se halla *Altum Pontem*, *Alto Puente*, en razon de unos arcos por donde le venia el agua. Bajo la dominacion agarena debió adulterarse este nombre, y así, en las crónicas árabes, se lee que Hescham ben Mohamed, huyendo de los Beny Humades, se habia retirado al lado de un amigo, llamado Abdalá ben Kasen, el Fheri, alcaide de la fort. de *Albonte*, sin duda *Alpuente*. Fué uno de los pueblos que el rey moro Zeyte Abuzeyte, ofreció á D. Jayme el Conquistador en prenda de la firme liga que entre los dos se estableciera contra el rey Zaen. En 1236, convertido Zeyte á la fe cristiana, dió este pueblo, entre otros, á D. Guillen, ob. de Segorbe, disponiendo, que en este señ., pudiera gozar su igl. todos los derechos que las otras cated. y ob. tenian en sus dióc. D. Jayme otorgó á Alpuente, en Cedrillas, á fines de mayo del mismo año, una liberal franqueza, en presencia de D. Pedro Fernandez de Aragon y otros caballeros. En 10 de octubre de 1498, el rey D. Fernando la concedió, en Zaragoza, franqueza de sal, y confirmó otros privilegios á sus vec. Fué ocupada esta pobl. por las tropas de Cabrera en 1835, habiéndola abandonado su guarnicion, al saber la derrota de Yesa.

ALPUJARRAS: tiene este nombre un distr. ó terr. montuoso que se estiende 17 leg. de E. á O. desde Motril, en la prov. de Granada, hasta Almeria, y que ocupa 11 leg. de anchura desde la costa del Mediterráneo, hasta la larga cord. de sierra Nevada. Todo este terr. que perteneció en el órden político hasta el año de 1833 á la prov. de Granada, y que por la nueva division terr. practicada en aquel año, forma parte de aquella y de la prov. de Almeria, constituyó hasta dicha época el part. jud. denominado de Alpujarras, cuya cap. era Ugijar, y se componia de los pueblos que figuran en el adjunto estado, en el cual se espresa la correspondencia de estos mismos pueblos á los actuales part. judiciales.

Pueblos que formaban el antiguo partido de las Alpujarras en la prov. de Granada, con su correspondencia á las prov. y part. actuales.

PUEBLOS.	CLASE.	Part. jud. á que en la actualidad corresponden.	PROVINCIAS.
Almegijar	Lugar.		
Cadiar	Id.		
Castaras	Id		
Juviles	Villa.		
Lobras	Aldea.	ALBUÑOL.	
Narila	Lugar.		
Nieles	Aldea.		
Notaes	Id.		
Timar	Lugar.		
Atalbeitar	Id.		
Bubion	Id.		
Capileira	Id.		
Ferreirola	Id.		
Mecina-Fondales	Id.	ORGIVA.	
Pitres	Villa.		GRANADA.
Pampaneira	Lugar.		
Portugos	Id.		
Trévelez	Id.		
Balor	Id.		
Berchules	Id.		
Cherin	Id.		
Cojayar	Id.		
Jorairata	Id.		
Lorales	Id.		
Mairena	Id.		
Mecina de Alfahar	Id.		
Mecina del Buen-baron	Villa.	UGIJAR.	
Murtas	Lugar.		
Nechite	Id.		
Picéna	Id.		
Turon	Id.		
Ugijar	Villa.		
Yator	Lugar.		
Yégen	Id.		
Beninar	Id.	BERJA.	
Barrical	Id.		
Alcolea	Id.		
Almocita	Id.		
Bayarcal	Id.		
Benecid	Aldea.		
Beires	Lugar.		ALMERIA.
Canjayar	Villa.		
Fondon	Lugar.	CANJAYAR.	
Laujar	Villa.		
Ohanez	Lugar.		
Paterna	Villa.		
Padules	Lugar.		
Presidio de Andarax	Id.		
Lucainena de Alpujarra	Villa.	SORBAS.	

Asimismo se consideran como pueblos de la Alpujarra, Berja, y Dalias por tener su situacion en el escabroso terreno de donde toma su denominacion, y tambien porque dependieron en otro tiempo del corregimiento de Ugijar. Antigüamente se consideraban como pueblos del mismo terr., Carataun a, Bayacas y Soportujar

Comprende este terr. varias sierras de considerable altura, que forman grupos compuestos de muchas cord., que toman nombres particulares, como sierra Bermeja, sierra de Gador etc. (*). Esta última y la Contraviesa, llamadas por los árabes *Montes del Sol y del Aire*, que son el núcleo ó armazon de las Alpujarras, forman parte del sistema bético (**), que si no es el mas estenso, es sin duda el mas notable de todos los demas por su elevacion, y pueden considerarse como dos estribos muy altos en línea paralela á la sierra Nevada, entre esta y el Mediterráneo. El TERRENO de las Alpujarras es áspero y de suyo muy quebrado, á escepcion del pequeño valle de Andarax, por cuya causa la mayor parte está inculto; pero en aquellos parages que han sido susceptibles de recibir la benéfica impresion de la mano laboriosa del hombre, alli ostenta la naturaleza lo mas ricó y variado de sus frutos, y ofrece el cuadro mas encantador con que pueden brindar para que se elija por morada (***). Cortado este terreno por valles profundos en direccion de N. á S., es abundante de aguas, como que en él brotan muchas fuentes que forman arroyos, rios, y vistosas cascadas. Despréndense de las cord. de sierra Nevada el r. Almeria ó Andarax, que se une al nombrado de Ohanes, y ambos desembocan en el mar, junto á Almeria: los de Adra y Alboloduy, cuyas descripciones particulares hemos publicado: el de Nechite que se incorpora con el de Valor, cuyo origen se halla en la misma sierra: el de Berchul y el del Barranco de Poqueira, que se juntan á las inmediaciones de Orgiva, desde donde toma ya este nombre, y va á desaguar junto á Motril. En el puerto llamado de la Ragua nace un r. poco caudaloso, escepto en el invierno en que recibe aumento su corriente, y se denomina tambien de la Ragua; fertiliza y baña el pueblo de Bayarcal y los térm. de Laroles, Picena, Cherin, Lucainena, hasta llegar junto á Darrical, donde se une al de Yator. Este trae su origen del barranco de Mecina-Bombaron, y antes de unirse á dicho r. de la Ragua, baña los térm. de Yator y Jorairata, pasando por Iscariantes, última fort. que tuvieron los moriscos en este part. y cuyas ruinas existen todavia: recorre luego la pequeña vega de Benivar y fuentes de Marbella, que son baños medicinales en térm. de Berja, y va á deságuar en el Mediterráneo por Levante. Y por último los r. denominados de Paterna y Laroles, que se reunen á los dos últimamente mencionados en las inmediaciones de Darrical. Todos estos r., y otras muchas corrientes que seria muy prolijo enumerar ahora, puesto que en los art. de los pueblos por donde pasan, hemos de hacernos cargo de ellas, llevan por lo comun muy poca agua fuera del invierno, á escepcion del r. de Orgiva, que en algunas épocas del año se necesitan vadeadores para pasarlo por no haber puente alguno, á pesar de que por espacio de muchos años se exijió un impuesto para formar el que se principió, y en una de las avenidas del r. quedó tan destruido, que apenas se conocen en la actualidad sus cimientos.

Fertilizado, pues, el terr. de las Alpujarras, con tantos manantiales de ricas y cristalinas aguas; reune ademas el privilegio especial de hallarse refrescado con los ventisqueros de las sierras, y caldeado por los aires calurosos del Africa. Asi que en un solo dia se puede pasar desde una playa ardorosa, cubierta con el verdor de los trópicos, hásta las cumbres heladas donde llega á desaparecer la vegetacion; siendo tan vario el aspecto que ofrece la naturaleza, que en muy pocas horas se pueden recorrer todos los climas,

(*) La importancia que por si tienen las sierras enclavadas en el terr. de las Alpujarras, nos obliga á dedicarles art. separados, en los cuales descenderemos á examinar las circunstancias particulares que concurren en cada una de ellas.

(**) No existiendo en nuestra Peninsula una cord. de montañas de donde partan, como ramificaciones suyas, la multitud de crestas y elevados cerros de que está erizado el terr. español, pueden referirse á seis los sistemas montañosos que en él existen. 1.° Sistema Pirenáico; 2.° Ibérico; 3.° Carpetano-Betónico 4.° Lusitáno; 5.° Mariánico; 6.° Bético.

(***) Como prueba de la fertilidad del terr. de las Alpujarras, basta decir que en la v. de Ugijar, cap. de su ant. part. un marjal que comprende 25 varas en cuadro de tierra, vale por lo comun en venta 1,200 hasta 1,500 rs., y prod. en renta anual 1 1/2 y 2 fan. de trigo.

desde el ecuador á las regiones polares, son muy pocas las plantas que no pueden cultivarse al aire libre. Cerca de la costa prospera el algodon y la caña dulce, y han llegado á aclimatarse un gran número de vegetales de la zona tórrida, como los ananos, el café y el añil. Las últimas plantas que allí se encuentran son las de los montes Hiperbóreos, el andrósace setentrional, la sablina de Noruega, la sagifraga ó quebranta-piedras de Groenlandia, mezcladas y confundidas con los sáuces herbáceos de la Laponia. Las principales prod. son el vino, aceite, cebada, centeno, almendras y seda: los pastos son admirables, y con ellos se mantiene mucho ganado lanar y de cerda, cuyos perniles son esquisitos: hay una multitud de yerbas y plantas medicinales; aguas minerales-ferruginosas en el térm. de Berchul, que producen un asombroso efecto en las enfermedades gastritis crónicas y epatitis del mismo género; bosques de árboles frondosos y frutas delicadas; canteras de piedra esquisita, y minas de diferentes clases, especialmente de galena plomiza en sierra de *Gador* (V.) en tantá abundancia, que este pais que antes parecia ser la cuna de la escasez y de la abyeccion, y cuyos moradores proletarios, entorpecidos con el narcótico de la miseria, yacian en el estupor de la molicie y en el olvido; este pais, repetimos, descubiertos los inmensos tesoros encerrados en las metalíferas entrañas de la privilegiada sierra de Gador, ha cambiado enteramente de aspecto, y se halla transformado en otro de opulencia, de riqueza y de ilustracion.

Cruzan este terr. varios caminos principales de N. á S. hácia la costa: 1.° en su parte mas occidental, el que va á parar á Motril desde Granada: 2.° el que con la misma procedencia pasa por Padul, Mondujar, Tablate, Lanjaron, Torbiscon y se dirige á Albuñol: 3.° el de Ugijar á Berja y Adra: y 4.° el que desde Granada, pasando por Guadix, Abla, Gergal y otros pueblos va á parar á Almería. Ademas de estos caminos, siempre dificiles por lo escabroso del terreno, hay otros de comunicacion de pueblo á pueblo, por lo regular en mal estado, que se ponen intransitables en ciertas estaciones.

La elevacion arramblada ó entrecortada de todo el pais, en que apenas se observa un pequeño llano, le constituye naturalmente fuerte y defendible á poca costa; por eso ha sido en distintas épocas teatro de los notables acontecimientos de que vamos á ocuparnos.

Historia. Estrabon miró esta montaña, como un ramal del monte Orospeda, siendo uno de sus cabos Sierra Morena, y avanzando otro por el S. hasta al Cálpe. Ptolomeo dejó al Orospeda en la Tarraconensè, y contando entre los dos montes de mas nombradía de la Bética, el *Ilípula* que coloca á los 7° 20′ de long., y 37° 30′ de lat. (segun la edicion Argentina), cuya altura de polo es la misma de Nebrija y Carisa; este es sin duda el nombre con que se conoció en lo ant. la montaña de las Alpujarras. Aunque Estrada supone haberse llamado *del Sol*; segun el testimonio de Plinio, este monte, es decir el *Mons Solorius* del que sin duda hablará Estrada, era el que dividia á la España Tarraconénse de la Bética, llamándose hoy *Sierra Nevada*; pues esta sierra es la que forma el oriente de la ant. Bética, y la divide de la Bastitania. Tampoco en la interpretacion de la voz *Solòrius* que presenta Estrada diciéndola *del Sol*, puede determinarse con seguridad: San Isidoro de Sevilla, en sus etimologias, dice, llamarse *Solorius á singularitate*; porqne es el que se eleva sobre todos los montes de España; ó porque apenas aparece el sol, ó antes de aparecer ya le inflaman sus rayos. El nombre que corrompido hoy, se dice *Alpujarras*, fue dado á esta montaña por los árabes: Romey, con Mr. de Sacy, supone que Suar el Kaisi y otros revoltosos de la Andalucia oriental, levantaron por las serranías de Granada algunas fort., llamadas *Al-Bordjela* (Cast. de los aliados), de cuyo nombre estragado ha venido á formarse el de *Alpujarras*. Xerif Aledrix y Conde han congeturado mejor llamarse Alpujarras de *Al Bug scharra* que se interpreta *sierras de yerba ó de pastos*. No encontramos fundamento alguno á la opinion de los que suponen venir el nombre Alpujarras de haber poblado estas montañas un moro llamado *Abrain Alpujar*: ni pór ser tierra guerrera, como dice Nebrija, ni tampoco encontramos bastante razon en la corruptela que quiere traer Cortés de *Ilipula*, *Ilipuja*, *Alipuja-acra*, *Monte Ilipuja*; pues no se ofrece, como se haya traducido la voz *mons* en *acra*, aunque se presente propia la aplicacion de ambas voces unidas *ili y acra* equivaliendo á decir *Mons altus* en el idioma que se habló despues de la época en que se estendieron así la raiz *ili ohil*; como *acra* en el terr. ibérico; pues si bien es natural la conversion de las raices *ili y acra* en *Mons altus*, y *Mons altus* en Monte alto, no lo es que de Monte alto haya venido al segundo y á decirse *ili acra* en el tercero. El moro Rasis ensalzando á Abdalaziz, dice, no haber quedado nada en España de que no se hiciese dueño, escepto las montañas de Asturias; no obstante Florian de Ocampo afirma, que gran parte de estas sierras quedó sin ser conquistada á causa de su aspereza. Nótase, en la hist. de Ben Ketib Alsalami, la mucha pobl. de este terr. Eran sus moradores estraordinariamente belicosos. Rebeldes al emir de Córdoba, capitaneados por Suar ben Hamboun el Kaisi que se titulaba rey de las Alpujarras, alcanzaron una gran victoria en las campiñas al S. del Guadalquivir, matando 7,000 hombres al wali de Jaen Gaud ben Abd el Gafir que quedó él mismo prisionero; y se tendieron por toda la provincia (año 890). Despechado Abdalá, acaudilló fuerzas, y buscó el encuentro del Kaisi que le esperaba en la falda de la Alpujarra: fue el Kaisi batido, cayendo prisionero, y presentado al emir, le mandó cortar la cabeza, que envió á Córdoba con la noticia de su victoria (por los meses de junio ó julio del mismo año). Algunos historiadores le traen sobre los años de 894 tomando á Granada; pero es un error cronológico. Almed ben Mohamed el Hambdani, fue nombrado por la morisma serrana su caudillo (año 919), y fortificó crecido número de castillos en las Alpujarras. Las tribus de estas montañas se manifestaron contra el nombramiento del califa Soleiman, hecho en Córdoba (año 1009). Los edrisitas dominaron todas sus vertientes menos el. terr. de Almería. Encontráronse los alpujarreños bajo las banderas del caudillo Mohamed ben Said en 1162, marchando contra los almohades hácia Granada. Entregó el rey moro las Alpujarras á los Reyes Católicos, despues de tomada Baza (año 1490). Rebeláronse los alpujarreños al siguiente año, y no logró pacificarlos el rey D. Fernando, sino con mucho trabajo, y nombró un gobernador para este pais. Varias veces repitieron el grito de libertad contra un yugo que no podian soportar; pero la rebelion mas considerable fue á mediados del siglo XVI. Reunidos los principales en Cadiar, pueblo sit. en la estremidad de la montaña, nombraron por su rey (año 1569) á D. Fernando Valor, jóven de mucha intrepidez y talento, de edad de 25 años; siendo descendiente de los reyes de Granada, tomó el nombre de Aben-Humeya que habia sido el de sus abuelos; empezó el uso de sus facultades, y se gobernó con tanto secreto que la corte de Felipe II nada pudo penetrar cuando ya todos los hab. de las Alpujarras estaban armados. El marques de Mondejar, entrando en algunas sospechas, pidió mayor número de tropa; pero Deza se opuso por competencias particulares entre ellos, y se negó el refuerzo. Aben-Humeya que trataba apoderarse de Granada, hizo sus tentativas para ello; y entonces fue cuando el Rey mandó fuerzas para Granada. Entre tanto Aben-Humeya fortificaba los desfiladeros y las gargantas por donde se debia pasar para llegar á las *Alpujarras*, y puesto al frente de un cuerpo dió el mando de otro á Aben-Farax, primer motor en la insurreccion. Visitaron los pueblos, destruyeron los altares é imágenes, convirtiendo en mezquitas las igl.; dando muerte á los sacerdotes y á todos los que no querian abrazar el mahometismo. El marqués de Mondejar, luego que recibió los refuerzos, salió á sofocar la rebelion: halló alguna resistencia en las montañas; pero al fin Aben-Humeya tuvo que retirarse á lo mas inaccesible de ellas, y en pocos meses fueron reducidas las *Alpujarras* y sometidos los rebeldes. El rey Felipe queriendo evitar nuevas sublevaciones, mandó que los prisioneros mayores de once años, sin distincion de sexo ni condicion, fuesen vendidos como esclavos, lo que irritó á los moros de tal manera, que volvieron á las armas. Mondejar no tenia para pagar los soldados; perdió su autoridad, y se desertaron no pocos, saqueando los pueblos y matando á muchos moros, por lo cual acabó de escitar la rebelion bajo las órdenes del mismo Aben-Humeya. La guerra se hizo con gran calor: el marqués de Mondejar trataba con notable consideracion á los vencidos, en la persuasion de que muchos eran cristianos, (bajo este nombre habian fraguado su conspiracion); pero acusado de inteligencias con ellos, no dió cuartel á los vencidos, accion bárbara que le desacreditó. El marqués de los Velez entró en las *Alpujarras*, donde tuvo varias acciones con los moriscos, peleando estos con el mayor valor y obstinacion, y no pocas veces hicieron retirar, con gran pérdida, á las tropas del marqués, el cual no quiso obrar de concierto con Mondejar, produciendo sus particulares desavenencias, graves perjuicios á la causa nacional. Gran cuidado dió esta guerra á la Monarquia: el Rey pasó á Córdoba convocando numerosas tropas: los generales ademas del marqués de Mondejar y el de los Velez, eran Gil de Andrade, comandante de las galeras de España, D. Luis de Requesens con las galeras de Nápoles, y el marqués de Santa Cruz; últimamente fué señalado por general de la empresa D. Juan de Austria; asistente para el consejo el duque de Sesa, nieto del gran capitan Luis de Quijada, presidente de Indias, y otros caballeros. Despues de varios sucesos de ambas partes en que pelearon hasta las mujeres camo amazonas, los mismos conjurados mataron á Aben-Humeya y eligieron en su lugar á Adalá-Aben-Abob: tambien este murió á manos de los suyos: asi entre ellos mismos se iban destruyendo; con lo que cesó aquella guerra á fines del año 1570. Despobló el Rey todo este terr. y lo mandó poblar de cristianos ant., siéndolo de gente de varios reinos de España, en especial de Estremadura. Desde entonces, no solo ha estado pacifico, sino que sin necesidad de otras milicias ni armas, los mismos paisanos han defendido sus costas de los enemigos de la corona, como se ha visto en varias ocasiones, particularmente á principios del siglo pasado. Las milicias del pais fueron varias veces á Almeria, Motril, Adra y Málaga: el año 1706 acudieron á defender á Murcia de los ingleses; y el de 1719 pasaron á Ceuta á sostenerla contra moros. En toda la costa habia atalayas para descubrir los enemigos en el mar, daban aviso con bachones encendidos, y con humadas á los pueblos vec , donde se tocaba á rebato; y sália la gente de guerra á la playa que le tocaba. En cada pueblo habia una ó dos compañias de milicias vivas, con obligacion de acudir á cualquiera hora á los arrebatos con todos sus oficiales. Proponia al alférez el capitan, y le señalaba el c. g. Este proponia al capitan, y le elegia el Rey por real cédula. Residia el c. g. de la costa en Velez-Málaga, y tenia un letrado que era auditor general de guerra, para las causas que se presentaban. En atencion á estos continuados servicios, espidió el Rey un decreto, dado en el Buen-Retiro á 11 de agosto de 1716, que dice asi: «Teniendo consideracion al continuo servicio que ejecutan las compañias de milicias del partido de las Alpujarras, y de toda la costa de Granada, asistiendo á su socorro en los arrebatos, que ocasionan los insultos de los moros, que penetrarian la tierra adentro, si faltase esta oposicion y defensa; y por lo que su conservacion es conveniente y útil á mi real servicio, he resuelto, que á los capitanes y oficiales de estas compañias, se les conceda y mantenga el fuero militar en lo criminal, segun y en la forma misma que por lo pasado tenian y se les habia suspendido, mediante lo dispuesto en las últimas órdenes, de que solo le gocen los que tuviesen sueldo por la tesoreria mayor.» En el año 1810, la presencia del general Blaque hizo que se levantasen en este pais partidas contra los franceses. Sus pueblos son sumamente entusiastas de la libertad.

ALPUJARRAS: l. en la prov. de Lugo, ayunt. de Riobarba, y felig. de San Miguel de *Negradas* (V.).

ALPUJATA: alberca en la prov. de Málaga, part. jud. de Coin, térm. jurisd. y al SE. de *Monda* (V.); se forma en las sierras del mismo nombre, con cuyas aguas se riegan varios huertos.

ALQUEIDON: l. en la prov. de la Coruña, ayunt. de Brion, y felig. de Sta. Maria de los *Angeles* (V.).

ALQUEIRA: cas. en la prov. de Lugo, ayunt. de Sober y felig. de San Jorge de *Santiorgo* (V.): POBL.: 1 vec.: 5 almas.

ALQUEÑA: cas. en la prov. de Alicante, párt. jud. de Monovar, térm., jurisd. de *Pinoso* (V.).

ALQUERETS NOUS (LOS): fuente en la isla de Mallorca, prov. de Baleares, part. jud. de Inca, térm. de *Pollenza* (V.). Tiene su nacimiento dentro del torrente de Tornellas en la misma jurisd., y unida á las fuentes de este nombre, riega las huertas de Cubellos.

ALQUERETS VEIS (LOS): fuente en la isla de Mallorca, prov. de Baleares, part. jud. de Inca, térm. de *Pollenza* (V.): Tiene su nacimiento en un monte del predio llamado Ternellas, de la misma jurisd., y unida con las denominadas como el predio: riégan la huerta de Cubellos.

ALQUERIA: ald. de la isla de Mallorca: SIT. en el part. jud. de Ibiza: corresponde á la jurisd. y felig. de la v. de Palma. Tiene un oratorio público servido por un teniente ó vicario delegado del cura de la matriz (V.).

ALQUERIA: prédio con cas. en la isla de Mallorca, prov. de Baleares, part. jud. de Inca, térm. y felig. de *Selva* (V.).

ALQUERIA: cas. con ermita y riego de la prov. de Murcia, part. jud. de Yecla, térm. jurisd. de *Jumilla* (V.).

ALQUERIA (LA): l. con ayunt. de la prov. y adm. de rent. de Almeria (10 leg.), part. jud. de Berja (1 1/2), aud. terr., c. g. y dióc. de Granada (18): SIT. á la márg. der. del r. Adra en el declive de un cerro, y en una cañada dividida por una rambla: su CLIMA es bastante templado, participando de los vientos del mar al S., del que dista 1/2 hora: siendo tercianas sus enfermedades mas comunes, producidas sin duda por las humedades del r. Forman la pobl. 153 CASAS de mala construccion y escasas comodidades, casi todas de un solo piso; sus calles son incómodas, sin empedrar, y generalmente súcias; hay una fuente de poca agua, pero buena, con un caño y pilar; y una igl. parr. bajo la advocacion de Maria Sma. de las Angustias, fundada en 1738. El curato es perpétuo y de concurso general; su felig. comprende los hab. de Rio-grande y los cortijos de los Gallardos del térm. de Berja; se provee por S. M. á quien pertenece el patronato, y en propuesta triple hecha por el diocesano. Las paredes, bóveda y torre del edificio son de ladrillo; se compone de una sola nave de 39 varas de largo, 8 de ancho, y 8 y 1/2 de alto; y la media naranja tiene 14 varas de alto: detras del altar mayor está la sacristía, con 5 varas de long. y 8 de lat., por lo cual se puede considerar todo como una nave de 44 varas de long.; hay dos capillas colaterales; en la de la der. está el Sagrario, y un nicho encima con una imágen de bulto de San Antonio de Pádua, y en frente está la otra con una imágen de Jesus Nazareno. En el cuerpo de la igl. hay varios altares que nada ofrecen de particular. La torre es cuadrada, de 30 varas de alto y 6 1/4 de ancho; tiene dos campanas y pueden colocarse hasta ocho. Al estremo del pueblo, é inmediato á la igl. está el cementerio que en nada perjudica á la salud pública, y á la márg. der. del r. una fáb. de fundicion de alcoholes, propiedad de la casa de comercio Guerrero y Compañia; cuyo edificio está rodeado de una cerca que comprende en figura cuadrilonga, pero irregular, un espacio de 25 á 26 varas cuadradas superficiales; tiene un despacho que consta de 3 habitaciones; hay 7 almacenes, uno para polvos y ligas lavadas, 2 para carbon cok, 2 para alcoholes, 1 para hierros y demas útiles, y otro para cebada; la cuadra de los hornos es de 56 varas de largo, 9 1/2 de ancho, y 6 de alto, en la que hay 4 hornos ingleses con 5 puertas, todas al frente; los prod. de estos hornos son del 62 al 67 de plomo p. % de alcohol; hay ademas 2 hornos castellanos ó pavas para la segunda fundicion, los que son alimentados de viento por una caida de agua que se conduce desde lo alto del r.: hay 2 talleres ó habitaciones para carpintería y herreria, 2 caleras á la inglesa, y fuera de la cerca un horno de ladrillo. Para recoger los humos de los hornos, y aprovechar el plomo que se volatiliza por la fuerza del fuego, hay un recipiente de 40 varas de largo, 3 de ancho, y 3 de alto, de donde sale una bóveda ó chimenea subterránea, toda de ladrillo y mezcla, cuya long. es de 611 varas, lat. 2, y altura 2 1/2, incluso el medio punto; teniendo al final una torre redonda de 25 varas de alto, 3 1/2 y 1/2 cuarta en su base de ancho interior, y 1 1/2 en la parte superior; la direccion de esta bóveda es de S. á N., y el desnivel desde su arranque hasta lo alto de la torre de 129 varas. El TÉRM. aun no le tiene designado, segun tuvimos ocasion de manifestar en el art. *Adra* (V.). Sin embargo, pertenecen á este pueblo las acequias del *Molino* y del *Ingenio*, sit. al SO. 1/8 de hora, y á la der., del r. la primera, y á 400 pasos y á la izq. la segunda, que es la que conduce las aguas que dan impulso al ingenio de Adra; el *Campillo*, cortijo de labor; y el barranco titulado *Chuqui*, sit. al E. 1/4 hora el primero, y á 300 pasos el segundo; el cerro llamado *Capitana* 1/2 hora al SE., el que en el año 1841 se hizo célebre, creyéndose que producia plomo argentífero: en él se establecieron muchas minas para esplotar el terreno, pero en la actualidad está abandonado; el *Castillejo*, fort. pequeña, y arruinada, del tiempo de moros, colocado al N. y á 600 pasos de la pobl., del que no quedan mas que cortos vestigios; el *Cayro*, cas. con 6 cortijos de labor 1/2 hora al SO.; otro cas. de labor con doce cortijos llamado *Checas*, 1/4 de hora al O.; el *Caribayla*, cortijo de labor al NO., 1/4 hora; el *Rincon*, rambla al N. é inmediata al puebló; la *Matanza*, cerro al O. 1/4 de hòra; al què pusieron este nombre por un combàte que hubo entre moros y cristianos, habiendo sido múcha la pérdida que sufrieron los primeros; la *Torrecilla*, atalaya arruinada del tiempo de moros; al SO., unos 300 pasos del pueblo; y los Hurtados, barranco al NO., 1/4 de hora. El r. *Adra* que baja de Beninar, pasa á la dist. de unas 140 varas, el que es conocido con el nombre de Rio-grande, marcha de N. á S., y aunque de corto caudal, su curso es perenne; el cáuce es llano, y tiene frecuentes desbordaciones en las temporadas de lluvias, sin causar daños de consideracion. Las corrientes sirven para el riego y dan impulso á 5 molinos harineros. El TERRENO participa de monte y llano; aquel árido, y este fertilísimo: en la vega se cultivan 320 marjales de primera clase, 300 de segunda, y 90 de tercera. Sus CAMINOS son locales y de herradura, escepto el que se dirige á Adra por la inmediacion al r., que lo es carretero; este tiene por su der. un atajo bastante frecuentado, existiendo ademas varias veredas que dirigen á diferentes sitios. El CORREO se recibe por el conductor de Adra á su paso para Bérja. PROD.: trigo, maiz, y azúcar, por un quinquenio aproximado, 150 fan. de la primera especie, 2,600 de la segunda, y 2,500 a. de la tercera. Hay 4 yuntas de bueyes y 3 de mulas. La IND. está reducida á la fáb. de fundicion de alcoholes, y el COMERCIO á la esportacion del azúcar para los pueblos del interior; mas la importacion del aceite de Alcolea y valle de Orfiva: POBL.; 210 vec. 840 alm.: materia imponible para el impuesto directo 59,111 rs.: capacidad indirecta por consumos, 33,394: CONTR. en todos conceptos 7,931 rs. con 31 mrs. El PRESUPUESTO MUNICIPAL asciende á 3,100 rs., y se cubre por repartimiento vecinál.

ALQUERIA (LA): SANCASIA DEN PASCUAL: alq., en la isla de Mallorca, prov. de Baleares, part. jud. de Inca, térm. y felig. de *Campanet*. (V).

ALQUERIA (LA): vulgo SENCARIA DES CONTA: alq. en la isla de Mallorca, prov. de Baleares, part. jud. de Inca, térm. y felig. de *Sta. Margarita*. (V).

ALQUERIA (LA): ANCARIA DEN GRAU: alq. en la isla de Mallorca, prov. de Baleares, part. jud. de Inca, térm. y felig. de *Campanet*. (V).

ALQUERIA (LA): cortijo en la prov. de Granada, part. jud. de Huesçar, térm. jurisd. y á 1/4 leg. SE. de *Galera* (V); SIT. en una cañada pedregosa, llamada *Prado del Comun*, qué se prolonga de S. á N.: contiene 42 vec., 547 alm., que habitan en 42 cuevas ó subterráneos, colocados en las ruinas de una grande pobl., romana al parecer, si se atiende á las monedas que se han encontrado de diferentes emperadores, algunas de ellas con la figura de una esfinge, trozos de mármol, vasos sepulcrales y urnas cinerarias. Algunos pretenden, aunque sin demostrarlo, que fuese la ant. Urci. En el dia se halla poblada de viñedo, y su tierra de labor está beneficiada por una fuente abundante, que nace en su parte superior, y es afluente del r. Orce, cuyá vega y la de Galera fertiliza.

ALQUERIA DE AZNAR: l. con ayunt. en la prov. de Alicante (7 leg.), part. jud. de Concentaina (1/2), aud. terr., c. g. y dióc. de Valencia (13 1/2): SIT. á la orilla del r. *Alcoy* en una lomita dist. 1 hora de la sierra de Mariola, la cual se eleva por la parte del O, combatido por los viento de este punto y los del N.: su cielo es alegre y el CLIMA bastante sano, aunque por la humedad que exhalan las aguas suelen padecerse algunas enfermedades tercianarias. Tiene 40 CASAS de regular construccion, aseadas y cómodas; un pósito y una igl. parr., dedicada á San Miguel Arcángel, aneja de la de Alcudia de Concentaina, de cuyo pueblo pasa el cura párroco á decir misa en este los dias festivos; y á administrar los sacramentos cuando hay necesidad. Confina el TÉRM. por N. con los de Muro y Benamer, por E. con el de Benimarfull, por S. con el de Concentaina, y por O. otra vez con el de Muro; y se estiende en todas direcciones sobre 1/8 de leg., escepto por el lado de Benimarfull, cuya dist. se aproxima á 1/4 de leg.; dentro de esta circunferencia, y no lejos del pueblo, brotan algunas fuentes, cuyas aguas de buena calidad aprovechan los vec. para surtido de sus casas. El TERRENO es bastante fértil, especialmente la parte que riegan las aguas vertientes de Mariola y las del mencionado r. Alcoy, el cual atraviesa el térm. de S. á N., pasando por el E. de la pobl.; comprende 185 jornales de tierra, toda en cultivo, de los que 28 son de primera clase, 137 de segunda, y 20 de tercera, destinándose las dos primeras del modo siguiente: 28 jornales á trigo y panizo, 137 á viñedo, y 20 á olivar; no obstante que en los mejores trozos hay otras prod.; las labores se hacen con yuntas de mulas y caballos, y donde lo permite la naturaleza del suelo con azada. Los CAMINOS conducen á Gandía y al valle de Gallinera, y se hallan en regular estado. La CORRESPONDENCIA se recibe en Concentaina los lúnes, miércoles y sábados: PROD.: trigo, panizo, vino, aceite, legumbres, hortaliza, seda y algunas frutas: IND: ademas de la agricultura, que es la principal ocupacion de los hab., se dedican algunos de estos á tejer lienzos ordinarios: POBL.: 34 vec., 118 alm.: RIQUEZA PROD.: 300,400 rs.: IMP.: 9,522: CONTR.: 3,051. Dista de la córte 53 leg.

ALQUERIA DE LA CONDESA: l. con ayunt. en la prov., aud. térr., dióc. y c. g. de Valencia (10 leg.), part. jud. de Gandia (1 hora): SIT. en llano á la márg. der. del r. *Alcoy*: le combaten todos los vientos, y goza de CLIMA en lo general saludable, aunque suelen desarrollarse algunas tercianas y asmas, producidas, segun opinion de los hab., por la delgadez y fortaleza de las aguas que beben. Tiené 90 CASAS, y una igl. parr., dedicada á San Pedro y San Pablo, servida por un cura párroco, de presentacion del señor duque de Gandía. Confina el TÉRM. por N. con el de Beniarjó, por E. con el de Miramar, por S. con el de Palmera, y por O. con el de Bellrreguart: estendiéndose 1/2 hora de N. á S., y casi igual dist. de E. á O.; dentro del mismo hay un oratorio público, donde se dice misa los dias festivos. El TERRENO es muy fértil y frondoso; abraza 2,000 fan., que se riegan con las aguas del mencionado r., tomadas por un azud, las cuales, juntamente con las de varios pozos, aprovechan tambien los vec. para surtido de sus casas; entre las tierras de labor hay tres hermosos huertos cercados de pared, de 100 fan. cada uno, en los cuales especialmente se crian limoneros, naranjos, y otros frutos, y en el resto del terreno multitud de moreras y otros árboles. Cruza el térm., pasando muy cerca de la pobl., el CAMINO que desde Denia, costeando el mar, se dirige á Gandia, Cullera y Sueca, y va á enlazarse en Almusafes con el que desde Játiva conduce á Valencia, llamado camino real viejo, porqué efectivamente antes de construirse la carretera que pasa junto á Alberique y por la Alcudia, aquel era el de Madrid á Valencia: PROD.: trigo, cebada, maiz, legumbres, hortalizas, seda, granadas, limones, naranjas, ciruelas y otras esquisitas frutas: cria poco ganado lanar, y el vacuno, mular y asnal preciso para la labranza y trasporte: IND.: algo de arriería, dedicándose tambien los vec. á buscar trabajo durante algunas épocas del año en los pueblos de la ribera: POBL.: 122 vec., 414 alm.: CAP. PROD.: 1.793,643 rs.: IMP.: 69,857 rs.: CONTR.: 9,833 rs.

ALQUERIA DEL CONDE DE AMPURIAS: l. de la isla de Mallorca, prov., aud. terr. y c. g. de las Baleares, part. jud., adm. de rent. y dióc. de Palma: SIT. al pie de la cord. de montañas, llamadas de Enfabeya, en el hermoso y fértil valle de Soller; es l. ped. de la v. de este nombre, en cuyo térm. se hálla enclavado, y en su felig. tiene una capilla servida por un vicario, ó teniente delegado del cura párroco de la matriz. (V).

ALQUERIA DELS CAPELLANS: ald. en la prov. de Alicante, part. jud. de Concentaina, térm. jurisd. de *Muro* (V), en cuyas inmediaciones se halla SIT.: sus moradores, dedicados esclusivamente á la agricultura, laborean con mucho esmero los trozos de tierra que dentro de su térm. riega el r. *Alcoy*.

ALQUERIA DEL DUQUE: casa de campo ó masia en la prov. de Valencia, part. jud. y térm. jurisd. de *Chiva*. (V).

ALQUERIA DE FUENTES: ald. dependiente del l. de la Estrella, en la prov. y dióc. de Toledo, part. jud. del Puente del Arzobispo: SIT. al descenso de una meseta que se eleva desde este punto hasta el pueblo de la Estrella, le bate el aire S. y N.: es CLIMA árido y las enfermedades mas comunes son catarrales y tercianas: tiene 50 CASAS útiles y de mediana construccion cubiertas de teja, y algunas de retama; otras 12 inhabitables, por hallarse arruinadas la mayor parte; una taberna, una posada, y una igl. dedicada á San Pedro, aneja á la parr. de la Estrella y servida por un teniente de residencia fija; para el surtido de los vec. tiene pocas aguas y de mala calidad. A las inmediaciones de las casas, y camino que sale para Aldeanueva de San Bartolomé, hay 3 hornos de cal de muy buena calidad: este pueblo no tiene térm. propio, mas disfruta sin embargo una deh. con arbolado de encina denominada *Peña del Gato*, que produce pastos y bellota para sus ganados, y éstos prod. no se confunden con los propios de la matriz, dándose cuenta separada de unos y otros. Su POBL., RIQUEZA y CONTR. están incluidas en las del l. de la Estrella. Esta ald. es llamada Fuentes, ó Alqúeria de Fuentes sin distincion, conociéndose mas generalmente por este segundo nombre, y es el que hemos adoptado.

ALQUERIA DE GUARDAMAR: (tambien se llama ALQUERIETA): l. con ayunt. en la prov., aud. terr., dióc. y c. g. de Valencia (9 leg.), part. jud. y adm. de rent. de Gandia (1/2 hora): SIT. en un llano, donde le combaten todos los vientos, y su CLIMA es húmedo, por cuya razon, y por las exhalaciones de los arrozales, se padecen algunas calenturas intermitentes. Tiene 34 CASAS y una igl. parr., bajo la advocacion de San Juan Bautista, servida por un cura de provision ordinaria. Dentro del pueblo hay un pozo cuyas aguas aprovechan los hab. para su gasto doméstico. Confina el TÉRM. por N. con el de Daymús (1/4 de hora), por E. con el de Miramar, por S. con el mar (igual dist.), y por O. con el de Gandia (1/2). El TERRENO es llano y bastante fértil; brotan en varios puntos del mismo tres fuentes, cuyas aguas de buena calidad, pero blandas, tambien utilizan los vec. para beber y dar riego á algunos pedazos de tierra, en los cuales se crian ademas de la sembradura, algunos olivos y diferentes árboles frutales. Los CAMINOS dirigen á Oliva y Grao de Gandia, y se hallan en buen estado: se recibe la CORRESPONDENCIA de la adm. de la espresada c. los lúnes, miércoles y sábados, y sale tambien los lúnes, sábados y juéves: PROD.: trigo, cebada, maiz, seda, arroz, aceite, hortaliza y frutas; cria algun ganado lanar, y el mular y caballar preciso para la labranza; y hay pesca abundante de peces menudos, llamados, lluz, pajel, y otros de diferentes especies: POBL.: 26 vec., 102 alm.: CAP. PROD.: 185,575 rs.; IMP.: 7,274: CONTR.: 2,166 rs. El PRESUPUESTO MUNICIPAL asciende á 500 rs., poco mas ó menos, y se cubre con algunos arbitrios del ayunt., y si algo falta por reparto entre los vecinos.

ALQUERIA DEL PILAR: casa de campo ó masia en la prov. de Valencia, part. jud. y térm. jurisd. de *Chiva* (V.).

ALQUERIA VIEJA: desp. en la prov. de Valencia, part. jud. de Onteniente y térm. jurisd. de Ayelo de Malferit: SIT. á 1/4 de hora de este pueblo. Se ignora la época y causa de su desaparicion, no habiendo mas noticias de su existencia que las tradicionales y los restos de edificios hallados en varias escavaciones que se han practicado en el espresado sitio.

ALQUERIAS (PARTIDA DE LAS): casas de campo en la prov. de Castellon de la Plana, part. jud. y jurisd. de Villareal: están esparcidas en una estension de mas de 1 leg. en cuadro habitadas todas por labradores. En esta partida tuvieron los frailes de Candiel una famosa heredad, y en ella una capilla dedicada á la Virgen del Niño Perdido, la cual se conserva en buen estado y en la que se celebra misa los dias feriados. Su SIT., CLIMA, confines de su TÉRM., y demas (V. VILLAREAL).

ALQUERIAS ó CINCO ALQUERIAS (VERJILIA): ald. del térm. municipal de Murcia (2 1/2 leg.), con 131 CASAS é igl. parr. dedicada á San Juan Bautista y servida por un cura propio; está SIT. en el centro de la huerta, y en su TÉRM. que confina al N. con Basea, E. con Ceneta, S. con Beniafan, y O. con Santa Cruz: se cultivan 6,546 tahullas de tierra de riego que prod. alguna seda, trigo, cebada, y mucho lino: POBL. 378 vec.; 1516 hab. dedicados á la agricultura. Los datos relativos á RIQUEZA y CONTR. van incluidos en el art. de la matriz. IND.: algunos telares de lienzo.

ALQUEZAR: v. con ayunt. de la prov. y dióc. de Huesca (6 leg.), part. jud. y adm. de rent. de Barbastro (2 1/2), aud. terr. y c. g. de Zaragoza (14): SIT. á la márg. der. del r. *Vero* en el declive de unos altos cerros que forman la sierra llamada de Sobrarve donde le baten principalmente los vientos del N. S. y O.: su CLIMA es el mas saludable, y la pureza de aquellos y buena calidad de los alimentos y de las aguas, hace que muchos forasteros concurran allí á pasar una temporada, especialmente cuando se hallan convalecientes de alguna enfermedad. Forman la pobl. 160 CASAS de buena fáb. aunque muy desiguales, distribuidas en varias calles bastante pendientes, pero limpias y bien empedradas y dos plazas, adornada la una con sus porches. Ademas casa municipal y en ella las cárceles, otra del pósito donde están tambien la carniceria y el matadero, un hospital para los enfermos pobres de la v. y sus ald. con asistencia de profesores y enfermeros, y para cubrir sus gastos con rent. suficientes bien administradas como lo están, bajo la inspeccion de la junta municipal de beneficencia: una escuela de primeras letras sin dotacion fija, pero que siempre ascenderá á 1,300 ó 1,400 reales vn., á la que concurren de 30 á 40 niños, una igl. colegiata y otra parr.: la primera bajo la advocacion de Sta. María la Mayor, y la segunda de San Miguel Arcángel, ambas servidas por un capitulo compuesto de 1 cura, 15 racioneros, 2 sacristanes y 4 monaguillos. El curato es de 2.ª clase y se nombra por el capitulo así como tambien los sacristanes y los monaguillos: los racioneros son nombrados por el ayunt. y su provision debe recaer en los naturales de la v. y sus ald. El edificio de la colegiata sit. en una peña suelta que tiene cuarto y medio de hora de estension por 1/8 de amplitud, está en la punta mas inmediata al pueblo á la vista del mismo por la parte del S. Tiene 143 palmos aragoneses de largo, 120 de ancho y 100 de elevacion. Es bastante bueno con el coro en su centro como el de una cated. y un escelente órgano; la sacristia muy capaz y de pavimento de peña viva. Tiene tambien una torre de 300 palmos de altura, y 14 en cuadro con 6 campanas y un relox. No puede subirse á dicha igl. sino por un punto porque la peña en cuya elevacion se halla, está rodeada por el r. Vero y por unos barrancos intransitables, cuya menor profundidad es de 300 varas, y ademas amurallada la cuesta por la parte exenta de aquellos inconvenientes. En ella se encuentra un ant. é inespugnable cast. que la domina, y dos portales, el uno de ellos con una cárcel, donde en tiempo de los moros custodiaban á los prisioneros cristianos y desde la cual fueron conducidos á la mencionada c. de Huesca las Stas. Nonila y Alodia, cuyas efigies se conservan sobre la puerta de la espresada cárcel. En los cláustros de la repetida igl. se conservan tambien algunas urnas en las que hay enterrados cuerpos de personas reales, segun se colige de la última cédula de S. M. de 16 de julio de 1775, por la que se concede el patronato activo y pasivo al alcalde y regidores, y al regidor primero de sus 4 ald. que lo son: Pelegrin, Radiguero, Buera y Asque. El edificio de la parr. se halla en una de las plazas de que se ha hecho mencion. Está entrando en el pueblo á su der.: es todo de piedra firme muy bien ejecutado; tiene un coro bastante regular y un órgano, aunque inútil en la actualidad. Su long. será de 100 pasos, su lat. de 138, y su elevacion de 63. Hay dos sacristias, una buena y capaz, la otra arruinada y una torre de 12 palmos en cuadro y 88 de altura con una sola campana. Contiguo al espresado edificio está el cementerio que asimismo es muy capaz. Fuera del pueblo hay 4 ermitas dist. la que mas 1/4 de hora. Ninguna tiene rent. para su conservacion y están descuidadas: solamente en la de San Gregorio habita un ermitaño que se mantiene de las limosnas que hacen los fieles de la v. y pueblos inmediatos, y tiene la obligacion de hacer señal con una campana que hay en ella á las 12 del dia, y muy particularmente cuando se forma alguna tempestad. En varias direcciones se encuentran fuentes de delicadísimas aguas, con especialidad la llamada baños de Alquezar, que brota á la izq. del r. Vero ya espresado, contigua al mismo y á 1/4 de leg. de la pobl. Las de este manantial son muy claras, de un gusto bastante agradable y salen algun tanto calientes: llevan partículas de azufre, hierro y nitro y contribuyen muy eficazmente á curar las enfermedades de hipocondria, obstrucciones, reumatismos, ardores de hígado y todas las de riñones y vejiga. En lo ant. se usaron interior y esteriormente como lo demuestran dos baños que aun se conservan, uno de figura redonda para medio cuerpo y otro como un sepulcro para bañarse enteramente una persona. Aunque por algunos antores se sabia la existencia de esta fuente, no se tuvo una noticia exácta hasta que por los años de 1800 en que una avenida del r. la dejó descubierta. Desde esta época su uso es interior solamente, pero tan generalizado ya, que por disposicion de los facultativos se estraen al año 3,000 ó 4,000 a. aragonesas de agua para los enfermos de dentro y fuera de la v. El TÉRM. confina por el N. con Radiguero (1/2 leg.) por el E. con Asque (1), y por S. y O. con el de Adahuesca á igual dist. El TERRENO es en general escabroso y de ménos que mediana calidad por la imposibilidad de elevar las aguas que por lo comun llevan su cáuce muy profundo. Es poco á propósito para cereales, pero bien poblado de olivar y viñedo; el monte carece de arbolado y toda su estension está cubierta de mata baja, entre la que se crian yer·

bas de pasto; tambien hay prados naturales que las dan muy sustanciosas. Corre por el de N. á S. á cuarto y medio de hora de dist. de la pobl. el citado r. Vero que tiene su origen en el térm. del l. de Lecina, de una fuente muy caudalosa. Le atraviesan dos puentes y uno en el de la ald. de Buera, llamados de Villacantal; del Molino y de Buera: este y el Villacantal son de dos ojos y tienen 50 palmos de altura el primero y 30 el segundo; el del molino, de 3 ojos y cuenta 30 palmos de elevacion: todos están construidos con piedra caliza y en buen estado. Despues dirige su curso por Huerta de Vero, Pozan, Castillazuelo y Barbastro, y va á desaguar en el r. Cinca en el monte de Castejon. A 1 1/2 leg. del pueblo con direccion al N. y part. llamada del Tito, hay una mina de piedra blanca bastante sólida que recien arrancada de debajo de tierra tiene la particularidad de cortarse con una navaja como se hace con el jabon, y á pocos dias de solearse queda como el mas fuerte pedernal. Los CAMINOS son de herradura, conducen á la montaña y á Barbastro y se hallan en mal estado. La CORRESPONDENCIA se recibe de esta c. los lúnes, miércoles y sábados por medio de un balijero que la lleva los mismos dias por la mañana. PROD. aceite, vino, poco trigo, cebada, avena, patatas y legumbres, bastantes frutas y hortalizas; cria ganado lanar y cabrío, mucha caza de perdices, conejos y liebres, y pesca en el r. de truchas, barbos y alguna anguila. IND. varios telares de lienzos ordinarios, la arrieria y el hilado de lana y estambre á que se dedican gran número de mujeres, dos molinos harineros y tres de aceite. COMERCIO: se reduce al cambio de los art. sobrantes por otros que faltan para el consumo y á una pequeña tienda de poca importancia, POBL. 160 vec. 72 de catastro; 845 almas. CONTR. 22,957 rs. 14 mrs. vn. Ignoráse la fundacion de esta v., aunque se cree haberlo sido por D. Sancho Ramirez al emprender la conquista de Huesca. Sus murallas, su inespugnable cast., la arquitectura de lo general del pueblo es conocidamente árabe. Paró en mano de los sarracenos durante la vida del rey D. Ramiro I. La conquistó D. Sancho Ramirez el año 1091 y restableció su cast. Aun se ven en un collado al frente de la pobl. los postes de la horca, signo de su humillacion bajo la tirania de los tiempos feudales. El nombre *Alquezár* es adulteracion de Alcázar: hace por armas la imágen de su fortaleza.

ALQUIFE: v. con ayunt. de la prov., aud. terr. y c. g. de Granada (11 leg.), part. jud., adm. de rent. y dióc. de Guadix (2): SIT. al pie de una colina en la falda de sierra Nevada en un llano que la defiende de los vientos del N., con CLIMA saludable aunque frio. Tiene 120 CASAS en una larga calle con una plazuela en el centro; una cárcel que solo sirve para correccion por su estado de inseguridad; un pósito ó banco de labradores, cuyo fondo se halla en muy buen estado; una escuela de primera enseñanza, comun á ambos sexos, concurrida por 50 discípulos, los cuales forman la dotacion del maestro con mas 300 rs. vn. que le pagan los fondos de propios, y una igl. parr. bajo la advocacion de San Hermenegildo, servida por 1 cura, 1 capellan y 1 sacristan: el curato se provee por S. M. ó el diocesano, mediando oposicion en concurso general. Dentro de la pobl. hay una charca ó balsa de aguas fijas para apagar incendios y para abrevadero de las bestias, que se renueva todas las semanas en tiempo de verano, haciéndolo de por sí en el invierno, en cuya estacion, por no hacerse uso de las aguas para regar las tierras, están en continuo curso: para beber las personas y para los demas usos domésticos se surten de las de un algibe. Fuera del pueblo en parage ventilado está el cementerio, y en la cima de la colina ó cerro, á cuyo pie hemos dicho hallarse sit. la v., se descubren los restos de una fort. árabe arruinada. El TÉRM. confina por N. y O. con el de Lanteira, por E. con el de Aldeyre, y por S. con los de ambos pueblos, estendiéndose por N. 1/2 leg., por O. 1/2 cuarto, por E. 1/4, y por S. 1/2 leg. El TERRENO, á escepcion de las montañas de sierra Nevada que tiene al S., es llano y de regadío, poblado de castaños, moreras y otros frutales, arenoso y de mediana calidad: necesita beneficiarse con estiércoles, sin cuyo requisito no es productivo ó produce poco. No hay en todo él r. ninguno, pero si un arroyo, que descendiendo de la sierra Nevada de S. á N., utiliza sus aguas en el riego de las tierras. La colina ó cerro de que se ha hablado al hacerlo de la sit., y que despues hemos tenido ocasion de repetir, se halla llena de minas de hierro, de cuyo art. se estrae muchisimo. Los CAMINOS conducen á los pueblos inmediatos y á Guadix, son de herradura y se hallan en buen estado. De esta c. recibe el CORREO los domingos, mártes y viérnes; sin que tenga dia fijo de salida. PROD.: trigo, cebada, centeno, maiz, judias, garbanzos, lino, cáñamo, patatas, uva, pera, manzana, toda clase de hortalizas, ganado mular, asnal, de cerda, lanar y cabrío, y poca caza. IND. y COMERCIO: se reduce á la que se ha dicho de las minas de hierro, y ganaderia que se estrae, como igualmente los demas art. sobrantes, importando en su lugar los de que carece la v. POBL.: 120 vec.: 546 alm.: CAP. PROD.: 1.235,766 rs. IMP.: 50,445 rs.: CONTR. 11,817 rs. 1 mrs.

ALQUITE: l. con ayunt. de la prov. y adm. de rent. de Segovia (14 leg.), part. jud. de Riaza (1), aud. terr. y c. g. de Madrid (21), dióc. de Sigüenza (16): SIT. en un cerro, y dominado por otro mayor á la falda N. de la alta cord. de la sierra; 3 leg. al O. del pico de Grado y 5 al NE. del puerto de Somosierra, de CLIMA frio; tiene 20 CASAS malas y de un solo piso, escepto la del curato, que tiene dos, sin formar calles ni plaza; escuela de primeras letras dotada con 12 fan. de grano, pagadas entre las familias de los 10 niños de ambos sexos que concurren; igl. parr. con el titulo de San Pedro, de curato perpetuo en concurso, con un anejo en el inmediato l. de Martin Muñoz; el cementerio inmediato á ella, y á corta dist. una fuente de buen agua para surtido de los vec. Confina el TÉRM. por N. con el de Cincovillas; E. Villacorta; S. Martin Muñoz, y O. Riaza, en una estension de 3/8 leg., y comprende 2,000 obradas, de las que se labran 700, permaneciendo lo demas erial ó para pastos, y algunos prados cercados de seto: el TERRENO es muy desigual, cubierto de mata de roble, brezo y estiércol, pedregoso y húmedo como al pie de sierra, mas propio para ganado que para la agricultura: CAMINOS locales y de herradura: se recibe el CORREO en Riaza: PROD.: centeno; se mantienen 800 cab. de ganado lanar, 300 de cabrio, 40 de vacuno cerril, 26 de labor, y 12 yeguas, y se cria bastante caza mayor y menor: IND.: la mayor parte de los vec. son pastores, ejercitándose ademas en el carboneo y leña que con los esquilmos de sus ganados venden en Riaza: POBL.: 12 vec. 30 alm.: CAP. IMP.: 8,029 rs.: CONTR. 2,000. Es uno de los pueblos comprendidos en la tierra de Aillon, que perteneció á D. Alvaro de Luna, despues al conde de Miranda que cobraba las alcabalas y tercias reales.

ALQUIZA: v. en la prov. de Guipúzcoa, dióc. de Pamplona (12 leg.), aud. de Búrgos (34), c. g. de las prov. Vascongadas (1), y part. jud. de Tolosa (1): SIT. en la falda oriental del monte Hernio; su CLIMA sano: tiene ayunt. de por si y perteneció á la union de *Ainsu* (V.): el centro de pobl. es una plaza que forman siete CASAS y la de ayunt. que sirve de posada, el cas. restante se halla disperso, pero dividido en 3 barrios: la igl. parr. (San Martin Ob.) es bonita y conserva algunas bellezas arquitectónicas, obra de D. Miguel de Irazuta, natural de la v.: está servida por un cura que presentan los dueños de las casas del distr. y 2 beneficiados, cuyas vacantes si no ocurren en los meses de marzo, junio, setiembre y diciembre que corresponden al rector, las provee S. M. El TÉRM. se estiende á 1/2 leg. de uno á otro punto cardinal, y confina por N. con Asteasu, al E. Anoeta, por S. Hernialde, ald. de Tolosa, y á O. Albistu. Un crecido número de fuentes de cristalinas y saludables aguas, procedentes del encumbrado Hernio, constituyen los arroyos de *Arrayaga* y Aranerreca: este lleva las aguas al *Oria* pasando por junto Anoeta y ambos producen truchas, y anguilas. La frondosidad del indicado monte ademas de presentar una halagüeña vista, proporciona á estos naturales, robusta arboleda, plantas medicinales y rico y abundante pasto para su ganado, al paso que los valles y cañadas se ofrecen á la agricultura, premiando el asiduo trabajo de aquellos. Los CAMINOS son vecinales, pero bien cuidados, y el CORREO se recibe en Tolosa á cuyo mercado llevan el sobrante de las cosechas: estas consisten en trigo, maiz, legumbres, lino, muchas castañas, nueces, manzanas y otras frutas y alguna hortaliza: se cria toda clase de ganado; hay un molino harinero en cada uno de los tres barrios, y no es poca la utilidad que les reporta el carboneo para las ferr. inmediatas. POBL.: 105 vec. 527 alm.: su RIQUEZA TERR. se valora en 43,490 rs. y en 3,000 la de su IND. y comercio: CONTR. (V. GUIPUZCOA.) Esta v. que lo es desde 1731 por merced de Felipe V concedida en Sevilla el 21 de enero, se hallaba sujeta á la jurisd.

de San Sebastian. Esta v. hasta el año 1731 estuvo sujeta á la jurisd. de San Sebastian; Felipe V, estando en Sevilla á 21 de enero de dicho año, la hizo merced de exencion, y quiso fuera v. por si con jurisd. civil y criminal ordinaria, y está encabezada en 19 fuegos para los repartimientos de la provincia.

ALSABARA: cast. arruinado en la prov. de Alicante, part. jud. de Pego, y valle de *Lahuar* (V.) donde asi como en el de Pop hicieron los moriscos tenaz resistencia y sus últimos esfuerzos en aquella parte de la Peninsula.

AL-SALLA: la situacion de la prov. de *Salla* ó *Salha* ó *Al-Sahla* nó está todavia averiguada. Abu Abdalla la coloca en una gran llanura que tenia lugares muy fortificados. Abu-Bakero llama su cap. *Sta. Mária de Sahlet*, y la pone en un campo sobre Córdoba en terr. anchísimo y muy fertil. El geógrafo Nubiense dice que en tiempo de los árabes una parte del reino de Córdoba se denominaba Provincia de *Campania*, y que en ella, entre otras c., habia una que él llama *Al-zah-ra*, dist. 5 millas de la cap. Esta por la semejanza del nombre y por la identidad de la sit. debe corresponder á la *Al-Shala* de Abu-Bakero mas bien que la que puso el Nubiense entre Alicante y Albarracin, pues á la prov. sit. entre estas dos c. no dió el nombre de *Al-Shala*, como pensó D. Miguel Casiri; sino el de *Al-Cratem*. Segun estas descripciones la c. de Al-*Salla* estaba al NE. de Córdoba. El reino de *Al-Salla* empezó en la hejira 401 año 1010 ó 1011, y se mantuvo firme por casi un siglo. Sus reyes fueron Hozail ó Hazil Abu Mervan hijo de Razin Gesamaldaulat. 2.° Abdelmalec Abu Meruan hermano del antecesor. 3.° Hozail hijo del anterior. 4.° Abdelmalec hijo del anterior. El 5.° y último fué Jahia hijo del antecesor, que habiendo perdido el reino en tiempo de Josef, hubo de acabar antes de 1106. En Al-Salla mandaron los de la Casa Horail.

ALSASUA: l. del valle de Burunda, en la prov., aud. terr. y c. g. de Navarra, merind., part. jud. y dióc. de Pamplona (8 leg. NO.), arciprestazgo de Araquil: SIT. en la parte mas céntrica del espresado valle á la márg. izq. del r. de este nombre y al E. de Ciórdia y O. de Iturmendi, de cuyos pueblos dist. 1/2 leg. La combaten todos los vientos, y su CLIMA es saludable. Forman la pobl. 232 CASAS de regular fáb., entre ellas la consistorial con cárcel pública, 1 escuela de primeras letras dotada con 3,650 rs. á la que asisten unos 60 niños de ambos sexos, y 1 igl. parr. dedicada á la Asuncion de Ntra Sra., que tiene por anejos á Zanguitu y Elcuren, y para su servicio un cura párroco llamado abad, y 3 beneficiados; el curato es perpetuo y lo provee el diocesano, mediante oposicion en concurso general. Fuera del pueblo hay 2 ermitas, dedicada la una á San Pedro Apóstol; y la otra bajo la advocacion del Sto. Cristo, cuyo santuario es muy ant. y venerado por los hab. de esta é inmediatas pobl. Contina el TÉRM. por N. con los de Segura, Idiozabal y Atun (3 leg. Guipuzcoa), por E. con el de Urdiain (1/2), por S. con las sierras de Andia y Urbasa, y por O. con el de Olazagutia (3/4): en varios puntos del mismo brotan fuentes de esquisitas aguas, las cuales juntamente con las del referido r. Burunda (que tambien suele llamarse Araquil, Larraun y Asiain) aprovechan los hab. para surtido de sus casas, abrevadero de ganados y otros usos agricolas, sirviendo ademas las últimas para dar impulso á un molino harinero. El TERRENO participa de monte y llano, y abraza 3,400 robadas, de las que hay en cultivo 2,400, reputándose 1,200 de primera calidad, 600 de segunda, é igual número de tercera, destinadas á cereales y otros frutos que rinden el 3 por 1. Las restantes tierras son de bosque y arbolado, tan á propósito para la construccion civil y náutica, que en varias épocas han surtido de maderas á los arsenales, por cuya razon interesa mucho á la riqueza de éste pueblo que se cuiden con esmero y se hagan frecuentes plantaciones. Ademas de los CAMINOS locales cruzan el térm. la carretera que conduce desde Pamplona á Alava, y el camino real que desde dicha c. dirige á Guipuzcoa, siendo carretero hasta Alsasua, y de aqui en adelante de herradura; unos y otros se conservan en regular estado. PROD. trigo, cebada, maiz, cáñamo, escelente lino, castañas, legumbres y hortalizas; cria ganado lanar, cabrío, vacuno y mular. IND.: 1 molino harinero, tejidos de lienzos caseros, corte de maderas y tragineo. POBL. 235 vec. 1,116 alm.: CONTR. con el valle. Dista de la Corte 59 leguas.

Fuera de este pueblo, en la cumbre donde está la ermita de San Pedro Apóstol, hay una lápida moderna en la que se dice haber sido elegido alli en 17 de enero de 717 García Ximenez por primer rey de Navarra, sobre la fe de una bula de Gregorio II en el año 9 de su pontificado. Los eruditos han demostrado la falsedad de este instrumento, en que se afirma tambien que D. Pelayó fué electo en el mismo año á 26 de marzo en el templo de San Salvador de Oviedo, que no se fundó sino mucho despues. Con la entrevista que tuvieron en Alsasua Juan Ortiz de Balmaseda, merino del rey de Castilla, y D. Diego Lopez de Salcedo, merino mayor de Alava, se pacificó está prov. en 1294. Al mismo merino Juan Ortiz fué encomendada la guerra de los puertos de Larraun y Alsasua, para resistir á D. Diego Lopez de Haro, caballero aragonés, que queria entrar en Vizcaya. En este pueblo se dió una accion el año 1833, en la que las tropas de la Reina sufrieron la pérdida de varios oficiales, entre ellos los desgraciados Odonell, y Clavijo, y 28 soldados, que cogidos prisioneros despues de heridos fueron pasados por las armas: Odonell fué invitado por los gefes carlistas á tomar las armas en su partido, y se resistió manifestando que habia jurado á la Reina y moriria en su defensa.

ALSEDO: barrio en la prov. de Santander, part. jud. de Ramales, térm. de Matienzo (V.).

ALSINA: ald. de la prov. de Lérida, part. jud. de Seo de Urgel, jurisd. y parr. de Aliña (1/2 hora): SIT. en una pequeña altura con libre ventilacion y CLIMA saludable. Tiene 6 CASAS; y su TERRENO y PROD. son en un todo iguales á las de el espresado l., con quien tambien contribuye (V.): POBL.: 6 vec.: 27 alm.

ALSINA: l. con ayunt. de la prov. de Lérida (17 horas), part. jud. de Tremp (4 1/2), aud. terr. y c. g. de Cataluña (Barcelona 42), dióc. de Seo de Urgel (20), prepositura ó pabordato de Mur: SIT. en la rápida vertiente de una colina, que elevándose sobre el pueblo, le resguarda de los vientos del O.: su CLIMA es bastante saludable. Tiene 21 CASAS de 2 altos; pero de mezquina fáb. y poca comodidad, distribuidas en calles muy pendientes y sin empedrar; y una igl. parr. bajo la advocacion de Sta. Cruz, aneja de la de Moró, cuyo párroco cuida de su servicio. Fuera de la pobl. se encuentra el cementerio en parage bastante ventilado. Confina el TÉRM. por N. y E. con el de Moró, por S. con los de San Estéban de la Sarga, Castellnou de Monsech y Mur, y por O. con los de Ager y Beniure, estendiéndose de N. á S. 1 1/2 hora y de E. á O. 1/2: en esta circunferencia se encuentran varias fuentes, cuyas esquisitas aguas aprovechan los hab. para surtido de sus casas abrevadero de ganados y riego de algunos huertecitos; tiene tambien distintos barrancos que forman las lluvias y nieves al derretirse, y al O. del pueblo, dist. 7 minutos, hay una casa llamada la *Masia*, cuyo edificio se halla distribuido y destinado para la labranza. El TERRENO, montuoso, cubierto de rocas calizas y abundante en petrificaciones, es árido, poco productivo, y se dilata por el monte de Monsech al O. del de Moró; para obtener escasos rendimientos roturan los vec. algunos pedazos de bosque, que abandonan al cabo de pocos años para beneficiar otros nuevos, sin lograr en uno ni otro caso los resultados favorables que se prometen de su incesante laboriosidad, pues únicamente hallan con abundancia el material necesario para combustible, pastos y fabricacion de carbon en la multitud de robles, encinas y arbustos que crecen en aquellas asperezas. Los CAMINOS son de pueblo á pueblo, y por consecuencia precisa de la escabrosidad del terreno se encuentran en mal estado: PROD.; poco trigo, cebada, centeno, vino, aceite; patatas y algunas hortalizas; cria ganado lanar y cabrio, el indispensable vacuno y mular para las labores, y mucha caza menor, con crecido número de animales dañinos, especialmente lobos; IND.: un molino de aceite y carboneo, cuyos prod. en gran cantidad conducen los vec. para venderlo en Tremp, de donde importan los géneros de vestir y comestibles que les hacen falta: POBL.: 13 vec.: 67 alm.: CAP. IMP.: 22,696 rs.: CONTR.: 2,934 rs. 29 mrs. Celebra este pueblo, con la posible solemnidad, su fiesta mayor el dia 14 de setiembre.

ALSINA (LA): casa de campo arruinada en la isla de Mallorca, prov. de Baleares, part. jud. de Inca. térm. y felig. de Sta. Margarita (V.).

ALSODUX: l. con ayunt. de la prov., adm. de rent. y dióc. de Almeria (4 leg.), part. jud. de Jergal (2), aud. terr.

y c. g. de Granada (19 1/2): SIT. á la márg. izq. del r: *Alboloduy*, con buena ventilacion y CLIMA saludable. Tiene 80 CASAS de fáb. tosca, de 9 varas de altura; una muy reducida que sirve de cárcel y para las reuniones del ayunt.; un horno de poya de propios, pósito con 25 fan. de trigo, escuela de primeras letras indotada, á la que concurren 8 discípulos, de los cuales 4 saben escribir; y una fuente de buenas aguas que basta al consumo del vecindario: la igl. parr., de antigüedad remota, es aneja de la de Alhavia, y está servida por un teniente que provee el diocesano, y un sacristan: carece de cementerio, y se da sepultura á los cadáveres en un local determinado. Confina el TÉRM. por N. con Santa Cruz, E. con Santafé, S. con Ragol, y O. con Alboloduy. El TERRENO, montuoso y llano, comprende 300 fan. de secano, 87 bastante productivas en años lluviosos y las restantes incultas, por ser su mayor parte riscos y barrancos están destinadas para pastos; hay ademas 248 tahullas de riego; 113 de primera calidad, 87 de segunda y 48 de tercera: 85 tahullas de olivar, inclusas en las de sembradura, y no existe mas viñedo que algunas parras en las orillas de las haciendas: al pasar por el térm. el r. Alboloduy fertiliza las feraces tierras de la Vega que son muy á propósito para granos y arboledas, y tambien se emplean en el riego las aguas sobrantes de la fuente del pueblo: el monte de encina ha desaparecido totalmente: las labores se hacen con 12 yuntas de ganado mular y 4 vacuno. El CAMINO que conduce á Almeria, de cuya c. se recibe la CORRESPONDENCIA dos veces á la semana, es bastante regular, y los demas muy pedregosos: PROD.: trigo, maiz, alguna cebada; en los años regulares basta la cosecha para el consumo, y en los escasos se importa lo que falta del reino de Jaen y de la Hoya de Baza: hay cria de ganado lanar y cabrio, algunas liebres, conejos y perdices: IND.: 10 telares de lienzo comun, un molino harinero, 2 de aceite: POBL.: 100 vec.: 400 alm.: materia imponible para el impuesto directo 43,365 rs.: capacidad indirecta por consumos 13,880 rs. El PRESUPUESTO MUNICIPAL asciende á 3,080 rs. vn. que se cubre con 307 rs. que importa el arriendo del horno de que se ha hecho mérito, y el resto por reparto entre los vecinos.

ALTA: cas. y deh. en la prov. de Málaga, part. jud. y térm. jurisd. de Velez-Málaga. Siendo baldio este terreno en el año de 1820 y siguientes, se intrudujeron en él los braceros, formando viñas, que conservaron luego que se restableció el gobierno absoluto, imponiendo un cánon á sus tierras. Está hoy poblado y plantado de vides y arbolado de olivos, higueras, almendros y algarrobos.

ALTA: ald. en la prov. y ayunt. de Lugo, felig. de Sta. Maria de *Alta* (V.): POBL.: 9 vec.: 56 almas.

ALTA (SANTA MARIA DE): felig. en la prov., dióc., part. jud. y ayunt. de Lugo (1 1/4 leg.): SIT. sobre el camino de Lugo á Santiago: CLIMA frio, resguardado de los vientos E.: comprende las ald. de Alta, Locai, Marcoi, Matelo, Riobo y Vilariño: la igl. parr. (Sta. Maria) es matriz de la de San Vicente de Beral, en cuyo térm. se encuentra la ermita de San Matias; el curato es de entrada y patronato lego: el TÉRM. confina por N. con la felig. de Ilombreiro, por E. con su anejo Beral, por S. con Vilacha de Mera, y al O. con la de Torible: el TERRENO participa de monte con algunos castaños y de llano de buena calidad: el CAMINO, de que se ha hecho mérito, está cuidado por los vec.: el CORREO se recibe de Lugo. PROD.: centeno, maiz, habichuelas, patatas, nabos, alguna avena, lino, castañas y poco trigo: hay ganado vacuno, lanar, cabrio, de cerda y algo de yeguar dedicado á la cria de mulares: se encuentra caza de liebres, conejos, perdices, codornices, palomas, y algunas becadas: IND.: agricola, y varios molinos harineros: POBL.: incluso el anejo, 110 vec.: 600 alm.: CONTR. con su ayunt. (V.).

ALTABACALES: pago de la isla de la Gran Canaria prov. de Canarias: part. jud. de Palmas, jurisd. y felig. de *Arucas* (V.).

ALTABACAS: pequeño arroyo, en la prov. de Almería, part. jud. de Berga, se forma de unas fuentecillas que nacen al N. del pueblo de Darrical, Encina de la Torrecilla, próximo al r. Ugijar y á la desembocadura del barranco de Turmal.

ALTABISCAR: monte del valle de Valcarlos, en la prov. de Navarra, merind. y part. jud. de Sangüesa; es como una ramificacion del Ibañeta, y sigue hasta los Pirineos y térm. divisorio de España y Francia: abunda en fuentes de buenas aguas, y tiene bosques de árboles, arbustos y maleza con escelentes pastos para toda clase de ganados.

ALTABLE: v. con ayunt. en la prov., dióc., aud. terr. y c. g. de Búrgos (11 leg.), part. jud. y adm. de rent. de Miranda de Ebro (2): SIT. en llano, batida libremente por todos los vientos y con CLIMA sano, sin que se conozcan otras enfermedades que las estacionales y alguna que otra pulmonia. Consta de 46 CASAS, la mayor parte cómodas y de buena construccion; tiene casa consistorial, en la que se halla la escuela de primera educacion, dotada con 45 fan. de trigo y habitacion para el que la regenta, enseñándose á leer, escribir y contar á los 18 niños y 10 niñas que á ella concurren; un hospital para pobres transeuntes y para los del pueblo en caso de necesidad, y 2 fuentes, la una de esquisita agua para el surtido de los hab., y la otra para el uso del ganado mayor: la igl. párr. dedicada á San Sebastian, es, aunque pequeña, de bastante buena fáb., y se encuentra servida por un capellan y dos beneficiados; á la salida del pueblo, por la parte de Pancorbo, hay tambien una hermosa ermita bajo la advocacion de Ntra. Sra. del Campo. Confina el TÉRM. por N. con los de Pancorbo y Foncea, por E. con el de Treviana, por S. con el de Valluercanes, y por O. con el de Fonzaleche, todos á 1 leg. de dist.; en él se encuentra una magnifica huerta bañada por un riach., propia de los señores Rios, de 5 fan. de heredad, cercada de pared y cubierta de árboles fructíferos de todas especies, una hermosa venta á tiro de fusil del pueblo sobre el camino real que conduce de Búrgos á Logroño, á propósito para toda clase de viajeros, bien transiten en carruages, bien en caballerias; 40 huertas de 2 celemines de tierra cada una, destinadas al cultivo de hortalizas y legumbres de todo género, que riegan con las aguas de una de las fuentes de que se ha hecho mencion, y tres amenos sotos de olmos, en que se crian aves de varias especies, perdices, liebres y conejos: el TERRENO es de buena calidad: CORREOS: le recibe por medio de balijero de la adm. de Pancorbo los domingos, miércoles y viérnes: PROD.: trigo, cebada, comuña, avena, habas, patatas y lino; cria ganado vacuno, lanar, yeguar y mular: POBL.: 43 vec.; 173 alm.: CAP PROD.: 1.348,767 rs.: IMP.: 127,902: CONTR. 5,489 rs. 19 mrs.: El PRESUPUESTO MUNICIPAL asciende á 4,000 rs., poco mas ó menos, y se cubre por reparto entre los vecinos.

ALTABON: ald. en la prov. de Pontevedra, ayunt. de Alba y felig. de San Pedro de *Campañó* (V.).

ALTADO: cas. en la prov. de Lugo, ayunt. de Ponton y felig. de San Vicente de *Deade*.(V.); POBL.; 1 vec, 5 almas.

ALTAFULLA: v. con ayunt. de la prov. y dióc. de Tarragona (3 leg.), part. jud. del Vendrell (3 y 3/4), aud. terr. y c. g. de Cataluña: SIT. en la pendiente de un cerro á las inmediaciones del mar, y próximo á la desembocadura en este del r. Gayá, sobre el cual á muy corta dist., camino de Tarragona, hay un buen puente que sirve de comunicacion á la carretera real de Barcelona á Valencia: goza de buna ventilacion, cielo alegre y despejado, y saludable CLIMA: tiene 270 CASAS, algunas de ellas de regular y vistosa construccion, distribuidas en varias calles incómodas y de mal piso, una plaza bastante grande, y dos pozos de agua dulce dentro de la pobl. para el abasto del vec.: hay una cátedra de latinidad, una escuela de primera enseñanza, bastante concurrida, pagada de los fondos del comun y con la retribucion de los alumnos; una igl. parr. servida por 1 cura párroco, cuya plaza se provee en concurso general, y varias tiendas de abacería. Fuera de la v. en la cima del cerro en que está colocada, hay un ant. cast. bastante bien conservado, y que da indicios por la solidez de su fáb.; torres, y aspilleras que le rodean, haber sido en otro tiempo una fort. de alguna consideracion: tambien en el recinto de la pobl. se conservan tres torreones construidos con mucha solidez en tiempo de la dominacion árabe. Confina el TÉRM. por el N. con el de la Nou dist. 1 hora, por el E. á 1/2 hora con el de Torredembarra; por el S. con el mar, dist. 1/4; y por el O. á igual dist. con los de Ferran y Tamarit del Mar, separados entre si. En esta circunferencia se hallan dos canteras de muy buena piedra, siendo la una de ellas superior á la otra, de muy buen color, y mucha ductibilidad que facilita en gran manera la elaboracion, y en toda la costa desde Tarragona á Vilanova de Cubellas muchas y abundantes salinas que el Gobierno administra por si ó por medio de arrendadores. El TERRENO en parte montuoso y en parte llano, es de muy buena calidad, bastante feraz, y poblado de olivos, algarrobos, crecidas cepas, y algunos árboles frutales: contendrá en su totalidad 700 jornales de tierra, á saber: 290 de primera calidad, 200 de segunda, algo gredosas, y 210 de tercera, la mayor parte de ellas de regadio por medio de norias y con las aguas del r. Gayá, que ponen igualmente en movimiento dos ruedas de un molino harinero. Celebra esta v. un mercado todos los jueves, y en el último domingo del mes de octubre de cada año; por concesion hecha en el año 1834, puede celebrar una feria. PROD.: vino, aceite, algarrobas, trigo, muy buen centeno, judias y otras legumbres, cáñamo de superior calidad, hortalizas y frutas: IND. marineria, y algunas fab. de jabon y aguardiente: POBL. 276 vec. 1,119 alm.: CAP. PROD. 13.076,500 rs.: IMP. 412,875 rs. vn. Redúcese á esta pobl. la antigua *Palfuriana*, pueblo de descanso en el camino romano que iba desde Arlés por Barcelona á Tarragona, y parece mas probable esta reduccion, que no á *Vendrell* como opinó Weseling (V. PALFURIANA.). Altafulla figura entre los pueblos donde se acuarteló el ejército del conde de la Mota en 1641 queriendo reducir á Tarragona por hambre; fué ademas una de las pobl., que guarnecidas de catalanes cayeron en poder del marqués de Hinojosa el mismo año. El marqués de Tamarit, poseedor del señ. de esta v., habitaba en su cast. dentro de la misma pobl. é inmediato á la igl. Altafulla hace por armas en escudó de gules una hoja de laurel.

ALTALAMAÑA: l. en la prov. de la Coruña, ayunt. de Dumbria y felig. de San Mamed de *Salgueiros* (V.).

ALTAMI: l. en la prov. de Oviedo, ayunt. de Llanera y felig. de Sta. Cruz de *Anduerga* (V.).

ALTAMIN: desp. de la prov. de Valladolid, part. jud. de la Mota del Marques, térm. jurisd. de Tordesillas (V.).

ALTAMIRA: sierra elevadísima en la prov. de Cáceres, part. jud. de Granadilla, que divide los térm. de Casar de Palomero y Marchagáz, sit. aquel al N. y este al S. de ella, y distantes 1 leg. entre sí; pero es tal su posicion, que si pudiera horadarse no distarian 1/4 leg., con la particularidad que por la parte N. se halla cubierta de castaños y arbustos que presentan un aspecto delicioso, y por el S. apenas se muestran rastros de vegetacion: en este lado y próximo á su cúspide se hallaba el conv. hoy suprimido de San Márcos, órden de San Francisco, del cual apenas existen los cimientos; desde sus ventanas y atrio se divisaba casi toda la Estremadura y él mismo se veía desde largas dist. como un punto blanco en medio de la sierra: allí se criaba un cedro robustísimo y otras plantas exóticas.

ALTAMIRA: ald. en la prov. de la Coruña, ayunt. de Aranga y felig. de San Pedro de *Feas* (V.).

ALTAMIRA: barrio en la prov. de Vizcaya del ayunt. y anteiglesia de *Morga* (V.) tiene una ermita dedicada al Arcángel San Miguel.

ALTAMIRA: casa solar y armera en la prov. de Vizcaya, ayunt. y anteigl. de Bedarona.

ALTAMIRA: l en la prov. de la Coruña, ayunt. de Zas y felig. de San Pedro de *Brandomil* (V.).

ALTAMIRA: jurisd. ant. en la prov. de la Coruña, dióc. de Santiago compuesta de 10 felig.; San Lorenzo de Agron, Sta. Maria de los Angeles, San Julian y San Salvador de Bastabales, San Felix do Briosi; perteneciendo algunas fracciones de estas á la jurisd. de Mahia, San Pedro de Bugallido, Sta. Maria de Cornanda, San Pelayo de Lens, San Julian de Luaña y Sta. Maria de Trasmonte; la pertenecia tambien parte de la parr. de San Juan de Calo, Sta. Maria de Urdilde. Sta. Maria de Ons y San Juan de Ortoño, que eran de las jurid. de Giro, la Rocha, Quinta y Mahia, en el dia corresponden á distintos ayunt. y part. jud. Esta jurisd. formaba parte del condado de su nombre y sus poseedores la proveian de juez: confinaba por N. y NE. con el r. *Tambre* que la dividia de la de *Barcala*, por S. y E. con parte de la del Giro de la de Rocha, y al O. con la de Noya y San Justo.

ALTAMIRA: l. en la prov. de la Coruña, ayunt. de Cambre y felig. de San Juan de *Anceis* (V.).

ALTAMIRA: cas. en la prov. de Vizcaya, y en la anteigl. de *Zaratamo* (V.).

ALTAMIRA: barrio y casa solar y armera en la prov. de Vizcaya, part. jud. de Bermeo y anteigl. de *Busturia* (V.), tiene de notable el palacio de su nombre reedificado en el siglo X por D. Manso Lopez, Sr. de Vizcaya: pobl. 68 vec. y 307 almas.

ALTAMIRA: cas. en la prov. de Lugo, ayunt. de Trasparga y felig. de San Julian de *Roca* (V.).

ALTAMIRA: cas. en la prov. de Lugo, ayunt. de Vivero y felig. de Sta. Maria de *Galdo* (V.).

ALTAMIRA (LA): ald. en la prov. de Oviedo, ayunt. de Avilés y felig. de Sta Maria Magdalena de *Corros* (V.).

ALTAMIRA (LA): ald. en la prov. de Oviedo, ayunt. de Castrillon: SIT. en una altura al N. de la felig. de San Cipriano de *Pillarno* (V.): POBL. 2 vec. 9 almas.

ALTAMIRA: cas. en la prov. de Lugo, ayunt. de Samos y felig. de San Juan de *Lozara* (V.): POBL. 1 vec. 5 almas.

ALTAMIRA (CASAS DE): en la prov. de Vizcaya, ayunt. y anteigl. de Arrigorriaga, en el barrio de *Martiartu*.

ALTAMIRA (TORRES DE): fort. ant. en la prov. de la Coruña, part. jud de Negreira, y ayunt. de Brion: SIT. en una colina que termina una pequeña cord. al S. de la parr. de *Brion*. La indicada fort. tiene de dimension de N á S. 58 varas castellanas, de E. á O. 45; la altura ó profundidad de la pared principal del N. 18 1/4; la del S. 17; espesor de ambas 9 1/2: circunferencia de todo el edificio, inclusas las fortificaciones esteriores, 210. Perteneció á los ricos-homes de su nombre, que posteriormente se llamaron Condes. En 1073 fue incendiada por Gonzalo Moscoso, hijo de Beremundo.

ALTAMIROS: cot. red. de la prov. y part. jud. de Avila, térm. jurisd. de Gallegos de Altamiros: SIT. á 1/8 leg. de este pueblo y 3 al E. de la cap. Confina por N. con las deh. de Arevalillo y la Gasca, E. con el térm. de Gallegos, S. con el de Piedrahitilla, y O. con el de Chamartin, estendiéndose de N. á S. 1/2 leg., otro tanto de E. á O. y 1 1/2 de circunferencia: el TERRENO es todo de monte que ocupa parte de la cord. que se halla al frente y O. de Avila; flojo, pedregoso generalmente de secano, y comprende 1,773 obradas en esta forma: 960 de tierra labrantía de tercera clase que se disfrutan de 3 á 3 años, 3 de regadío de primera calidad, 2 de segunda en un prado cercado, 350 de pizarrales y tierra inútil que solo prod. algunos pastos, y 430 de encina y roble: perteneció al cabildo cated. de Avila, con la circunstancia respecto al monte de que solo le correspondia el arbolado, y los pastos eran del pueblo. PROD. centeno, bellota, pastos y leña.

ALTAREJO: hacienda con cortijos, en la prov. de Murcia, part. jud., térm. jurisd. y al N. de *Caravaca* (V.).

ALTAREJOS: v. con ayunt. de la prov., part. jud., adm. de rent. y dióc. de Cuenca (5 leg.), aud. terr. de Albacete (20), c. g. de Castilla la Nueva (Madrid 20): SIT. en una hondonada resguardada de los vientos del N., con CLIMA propenso á tercianas y pulmonias. Forman la pobl. 130 CASAS de fáb. ordinaria distribuidas en calles mal delineadas y sin empedrar, y en una plaza cuadrada muy regular: divídese aquella en dos partes por el r. *Altarejos* que la atraviesa, sobre el cual hay dos puentes de piedra que facilitan la comunicacion de entrambas. Tiene casa municipal con cárcel, pósito y archivo, una escuela de primeras letras bien dotada por los fondos de propios, á la que concurren 50 á 60 discípulos, y una igl. parr. bajo la advocacion de la Asuncion de Ntra. Sra., servida por 1 cura y 1 sacristan: el curato se titula abadia, es de 2.° ascenso y lo provee S. M. ó el diocesano previa oposicion en concurso general: el cementerio se halla en parage ventilado fuera de la pobl., y hácia el N. de la misma una ermita dedicada á Ntra. Sra. de la Torre. Las aguas de que se surten los vec. para beber y demas usos domésticos brotan en dos manantiales que hay cerca del pueblo, á pesar de que muchas de las casas tienen pozo. Confina el TÉRM. por N. con Villarejo del Seco, Pobeda de la Obispalia, cas. de las Tejas, y Fresneda de Altarejos; por E. con el de la Mota de Altarejos, por S. con el de la Parrilla, y por O. con los de los cas. de la Meson, cañada del Manzano y Malpesas, teniendo en todas direcciones una estension muy dilatada. El TERRENO es escabroso y flojo, muy propenso al hielo, por cuya razon no se da muy bien al viñedo, cuyo fruto se pierde con frecuencia: abraza muchas cahizadas de tierra destinadas al cultivo de cereales, pero podrian utilizarse muchisimas mas con el mismo objeto: ahora solo prod. yerbas de pasto para los ganados. Ademas del r. Altarejos que, como hemos dicho, atraviesa la pobl., se forma un arroyo de los dos manantiales de que tambien hemos hablado, y pasa lamiendo sus paredes por la parte del S.: á dist. de 500 pasos se reune con el repetido Altarejos, y forman su direccion al Júcar que dist. 1 leg.: para el paso de dicho arroyo tiene dos puentes de madera de poca importancia, y aunque su caudal es escaso, como tambien el de Altarejos, su curso es perenne; no se utilizan para el riego sus aguas, si se esceptúan algunos huertos que fértilizan con ellas, y cuando se reunen forman una vega, que si se desaguara, podria ser fertilísima, especialmente para trigos y legumbres. Los CAMINOS son todos de herradura y descuidados. PROD.: cereales, patatas, vino, corderos, cabritos y lana. POBL. 135 vec. 536 alm.: CAP. PROD.: 1.215,820 rs.: IMP.: 60,791 rs.: importe de los consumos 3,075 rs. 8 mrs.: el PRESUPUESTO MUNICIPAL asciende en un quinquenio á 3,000 rs, y se cubren con prod. de los propios.

ALTAREJOS: r. ó arroyo de la prov. y part. jud. de Cuenca: tiene su origen en varios manantiales que brotan en los prados que hay en dicho part. y l. de la Mota de Altarejos, y cruzando el térm. del mismo, entra en el de Altarejos cuya pobl. atraviesa, sigue su curso hácia el S., y sin salir del part. desagua en el Júcar, despues de haber fertilizado la vega de la Mota y regado algunos huertos de Altarejo, en cuya v. tiene 2 puentes de piedra, aunque de poco mérito y valor, con un solo arco, y otro igual en la Mota. No se puede graduar el caudal de sus aguas, porque varian mucho con las estaciones; pero es perenne su curso, y en las inmediaciones de la v., que le da nombre, recibe las de otro arroyo que se forma en ella de los manantiales ó fuentes que sirven para el surtido del vec. En este r. ó arroyo no se cria pescado de ninguna clase.

ALTARRIBA: ald. de la prov, de Lérida (9 leg.), part. jud. y adm. de rent. de Cervera (1), aud. terr. y c. g. de Cataluña (Barcelona 14), dióc. de Solsona (6 1/2): SIT. en una altura cerca del nacimiento del r. *Sio*, donde la combaten principalmente los vientos del E., y goza de CLIMA saludable. Tiene 3 CASAS y 1 igl. parr., bajo la advocacion de San Jorge, aneja de la de Santa Fe, cuyo párroco pasa á celebrar misa los dias festivos, y á administrar los sacramentos en caso necesario. El gobierno económico y civil de esta ald. se halla á cargo de un alcalde. Confina el TÉRM. por N. con el de Manresana; por E. con el de Malacara, por S. con el de Sta. Fe, y por O. con el de Molgosa; dentro del mismo brota una fuente de esquisitas aguas, las cuales aprovechan los habit. para surtido de sus casas. El terreno es quebrado, secano y de inferior calidad: abraza unos 100 jornales con algunos bosques; donde hay arbusto y maleza, que proporcionan escaso combustible. No hay otros CAMINOS que los que conducen á los pueblos inmediatos, y se hallan en mal estado por ser muy pedregosos. La CORRESPONDENCIA se recibe de Cervera: PROD.: algun centeno y avena, poco vino y legumbres, pero abunda en caza de liebres, conejos y perdices: POBL.: 3 vec., 8 alm.: CAP. IMP.: 4,788 rs.: asciende el PRESUPUESTO á 200 rs. que se cubren por reparto entre los vecinos.

ALTARRIBA: (CUADRA DE ALTARRIBA DE TORRE DE OBATO): cot. red. de la prov. de Huesca, en el part. jud. de Benavarre, térm. y jurisd. del l. de *Torre de Obato*. (V).

ALTARRIBA: capilla en la prov. de Barcelona, part. jud. de Vich, térm. jurisd. de San Martin de *Rindeperas*. (V).

ALTASOBRE: coto red. desp. de la prov. de Huesca, part. jud. de Jaca, jurisd. del l. de Osia, propiedad de D. Domingo Mainer, vec. de dicho pueblo: SIT. entre los térm. de Osia, Centenero y Arzanigo, inmediato á un pequeño arroyo de curso incierto, y de un bosque arbolado que cria buenas maderas para la construccion de edificios. Por los vestigios que aun se conservan sobre la cima de un monte, se viene en conocimiento de que antes fue pobl. de 2 á 3 vec., pero se ignora la época y las causas de su ruina. En toda su ostension; que será la de 1 hora en cuadro, poco mas ó menos, abraza 70 cahizadas de tierra de mediana calidad, de las cuales se destinan al cultivo de trigo, cebada y avena sobre 20: de las restantes, las diez estan pobladas de árboles, y las 40 de arbustos y maderas, y en unas y otras crecen abundantes yerbas para el pasto de los ganados: RIQUEZA y CONTR. (V. OSIA).

ALTASOBRE: riach. de la prov. de Huesca, en el part. jud. de Jaca; nace al NO. al pie del TÉRM. de Botaya; lleva su direccion al E., lamiendo una cord. que se corre por su márg. meridional; por su izq. baña los campos de Osia, juntándose á poco de haber salido de dicha jurisd. con el r. Bataragua, no lejos del l. de este nombre; es de poco caudal, de curso incierto, y muy poco útil á la agricultura; cria alguna trucha de esquisito gusto.

ALTEA: v. con ayuut. en la prov. de Alicante (8 leg.), part. jud. y adm. de rent. de Callosa de Ensarriá (1), aud. terr., c. g. y dióc. de Valencia (19).

SITUACION Y CLIMA. Se halla sit. á la der. del r. *Algar*, al pie de un pequeño cerro, y en el centro de la bahia de su nombre: la combaten todos los vientos, pero con especialidad los del E.; su cielo es alegre, y goza de *clima* templado y bastante saludable, sin que se padezcan mas enfermedades que las estacionales y algunas calenturas intermitentes, producidas por la estancacion de las aguas del espresado r. cuando el estío es muy caloroso.

INTERIOR DE LA POBLACION Y SUS AFUERAS. Si bien en lo ant. estuvo rodeada de murallas, hoy dia es pobl. abierta, cuyo casco se compone de 1,116 CASAS fabricadas de piedra y yeso, con bastante anchura y comodidad, distribuidas en varias calles espaciosas, pero la mayor parte en cuesta demasiado pendiente. Tiene dos mataderos, otras tantas carnicerías, casa municipal, en la que se halla la escuela de primeras letras, otra escuela de latinidad, y varias casas particulares, donde se enseña á las niñas las labores propias de su sexo: una igl. parr., dedicada á Ntra. Sra. del Consuelo, servida por un cura párroco, dos beneficiados y un sacristan; dos ermitas, igual número de oratorios públicos; y antes de la esclaustracion hubo un conv. de franciscos recoletos, cuyos edificios todos ninguna particularidad ofrecen digna de notarse: Sobre un cerro inmediato á la pobl., se halla un cast. con artilleria, cuya mitad de fuegos defienden la ensenada, por estar dirigidos hácia el cabo *Negrete* y hácia el de *Albir*, que es el meridional de aquella, enfilando la otra mitad la punta setentrional de la sierra *Helada*, conocida por nuestros marinos con el nombre de *Peñas de Arabí*: desde la cumbre del cast. se disfrutan bellisimas vistas, dominándose desde allí la pobl., su térm. y huertas, se descubre el cuadro mas animado y pintoresco que se puede imaginar; por una parte se ven las casas, el arbolado y los campos cubiertos de varias prod., y matizados de un verdor constante y delicioso; divisándose hácia el S. la ensenada, los buques y el anchuroso mar.

TÉRMINO. Confina por N. con los de Benisa y Callosa de Ensarriá (1 leg. poco mas ó menos), por E. con el de Calpe (1 1/4), por S. con el mar, y por O. con el térm. de Nucia (3/4): hácia el NO., y dist. 1/2 leg. de la v., en la falda meridional del monte Bernia, hay un cas., muy cerca del sitio en que estuvo la pobl. conocida con el nombre de Altea la Vieja, de la que aun se perciben algunos vestigios, los cuales manifiestan que la posicion topográfica de dicho pueblo, no era tan ventajosa ni tan bien ventilada como la que hoy dia ocupa la v. de este nombre.

CALIDAD DEL TERRENO Y SUS CIRCUNSTANCIAS. Participa de monte y llano y es bastante fértil: comprende 1,820 jornales, de ellos 280 se reputan de primera clase, 530 de segunda, y 1,010 de tercera: la parte de huerta que hay entre el mar y el espresado r. Algar consta de mas de 1,000 jornales, los cuales se riegan con las aguas conducidas del mismo por diversas acequias, y con las que vienen de una abundante fuente que brota en el mencionado cas. de Altea la Vieja; estos terrenos, aunque desiguales é interrumpidos por pequeños montecitos, son los mas feraces del térm., pues ademas de la sembradura, contiene multitud de moreras y árboles frutales, hallándose en todas direcciones estensos viñedos, aun en las alturas; olivos, almendros é higueras, cuya variedad de frutos, al paso que aumenta la amena frondosidad y riqueza del pais, manifiesta la incansable laboriosidad de los habitantes.

PRODUCCIONES. Son muy abundantes, y mucho mas lo serian si hubiese suficientes medios para abonar las tierras; cuyo defecto se remedia en parte con los residuos fecundantes que de distintas clases arrastran las aguas del mar: los principales frutos consisten en trigo, maiz, centeno, cebada, vino, pasa, aceite, algodon, legumbres, frutas de distintas especies, y en particular naranjas chinas de esquisito gusto, y bastante soda, pues hay algunas moreras que rinden 35 a. de hoja: cria ganado de cerda, lanar y cabrío, con el mular y asnal preciso para la labranza y trasporte, y hay caza de varias clases.

INDUSTRIA. Tiene 3 molinos harineros, 1 de aceite, fáb.

de cordelería y de járcias, 1 de jabon, varios telares de lienzos ordinarios y 12 hornos de yeso.

COMERCIO. Es puerto habilitado para la esportacion y cabotage para el estrangero, habiendo 300 hab. matriculados en la marinería; y tambien ejerce algun tráfico y tragineria con el interior del reino.

FERIAS Y MERCADOS. Unicamente celebra uno en el mártes de cada semana, consistiendo las especulaciones en la venta de géneros y frutos del pais, y en la de generos coloniales y ultramarinos.

POBLACION, RIQUEZA Y CONTRIBUCIONES. 1,450 vec., 5,502 alm.: RIQUEZA PROD.: 13.546,333: IDEM IMP. 435,540: CONTR.: 53,633. rs.

HISTORIA. El deseo de acumular glorias y antigüedades en su pais, ha inducido á los escritores valencianos en el error de suponer la correspondencia de la ant. *Althæhia*, c. la mas considerable de la Olcadia en esta pobl., que tanto dista de aquella comarca, llamada por Livio *Apéndice de la Carpetania*. El nombre Altea, sin embargo de no provenir del de Althæia conocido en lo ant., hace que no repugue el origen griego que se le atribuye. Favorece esta suposicion topográfica, el ant. castillo que defiende su ensenada, y algunas antigüedades que aparecen en ella. Fue arruinada en tiempo de los sarracenos: el rey D. Jayme la hizo poblar de cristianos. Altea fue una de las pobl. que el rey D. Alonso III concedió en 1286 al vizconde de Castelnou D. Lazberto, hasta que recobrase el vizcondado que habia perdido en la guerra de Francia. El castellano, regresando de Ibiza, la batió en 1359 sin saltar en tierra ni ocuparla. D. Francisco Palafox la repobló en 1540. Llegó á ella la escuadra del archiduque, despues de la jornada de Barcelona, el dia 14 de agosto de 1705. Francisco de Avila, acalorado partidario de D. Cárlos, desembarcó en Altea, habiéndose visto en Lisboa con los generales de la grande alianza. D. Luis Manuel Fernandez de Córdova, conde de Santa Cruz, se entregó á los ingleses que ocupaban este punto, con las dos galeras que le habia confiado la córte para el socorro de Oran, que estaba sitiada por los moros. El señ. terr. de Altea vino á los marqueses de Ariza.

ALTEA LA VIEJA: desp. y cas. en la prov. de Alicante, part. jud. de Callosa de Ensarriá: térm. jurisd. de *Altea*. (V).

ALTEJOS: alq. en la prov. y dióc. de Salamanca, part. jud. de Sequeros, agregada en lo ecl. á Aldeanueva de la Sierra, y sujeta en lo civil á Tamames, en cuyo TÉRM. á 1 leg. al O. se halla SIT.: tiene sobre un collado bien ventilado 2 CASAS medianas, habitadas por dos guardas del monte y térm., uno puesto por el duque y otro por el concejo de Tamames; una igl. arruinada, restos de otro edificio; una fuente perenne y abundante, próxima á las casas; una charca en el monte para abrevadero de los ganados, y un riach. que deja de correr en el estío, sirviendo en las demas estaciones para dar riego á algunas tierras: el TERRENO, que se estiende de N. á S. 1/2 leg., y 3/4 de E. á O., es tenaz, de miga; una pequeña parte con buen monte de encina y robles, y varios valles y prados con pastos abundantes y de buena calidad, y está dividido para el cultivo, la mitad para el duque, y la otra en diversas porciones entre vec. de Tamames. PROD.: trigo y demas granos, bastante lino y alguna legumbre, ganado lanar, vacuno y cerdoso con bastante abundancia: RIQUEZA TERR. PROD.: 118,600 rs.: IMP.: 5,930 rs.

ALTERNIA: en las tablas de Ptolomeo aparece una c. de la *Carpetania* con este nombre. Ruchelo quiere sea *Alcázar de Consuegra*; el P. Gerónimo Roman de la Higuera la coloca entre Villacañas y Lillo; el Sr. Cortés, buscando la degeneracion de su nombre, la reduce á *Almaguer* ó á *Arganda*: ninguna correspondencia se la puede asignar que sea fundada; parece sin embargo mas probable la de *Arganda*.

ALTERNUM: sin duda quiso espresar con este nombre la Altenia de Ptolomeo el anónimo de Rávena, único geógrafo en que se lee (V. ALTERNIA).

ALTERRI: r. de la prov. y part. de Gerona, que nace á 1/4 de hora de Bañolas Se forma de cinco acequias ó ramales que salen del estanque que hay en las inmediaciones de dicha v., de los cuales cuatro se reunen en el sitio llamado Manso Riera, y el otro se junta un poco mas abajo cerca el Mas Verdaguer. Sigue su curso por vegas y cañadas, pasando por el barranco de la *Costa-Roija* (Cuesta Roja), hasta unirse con el r. Ter á 1/4 de leg. del de Madiñá, en frente del térm. de San Juliá de Ramis, recorriendo un espacio de 3 leg. Lleva por término medio 30 pies cúbicos de agua, y durante su curso va enriquaciéndose con las rieras de Matamos y Mardanzá que se le unen en el térm. de Borgoña, con las de Cumanells y Rebardit, que se le agregan en el del pueblo de Sors, con las de Marmaña que se le junta en el de San Andrés del Terri, y con la de Parada que recibe en el de Sta. Leocadia de Terri, cuyas riberas se le juntan por su márg. der., y por la izq. recibe las riberas de Regumbert y Ponti, en el citado térm. de Sors. Fertiliza con su riego la mayor parte del térm. de Masa; que son 250 fan. de tierra, en el de Borgoñá unas 100 fan.: y durante su curso perenne da movimiento á 5 molinos de papel y á 7 harineros. Le cruzan 2 puentes; uno en el pueblo de Sors que es de piedra de silleria, construido de tiempo inmemorial, el cual tiene tres ojos y 30 pies de elevacion: á pesar de su antigüedad, está en muy buen estado, y su recomposicion es de cargó del ayunt.: el otro en el pueblo de San Andrés del Terri, es tambien de piedra de silleria, tiene dos arcos, 50 pies de elevacion, es de fáb. moderna, y su reparacion está á cargo de un particular. Desde el 18 de setiembre del año 1843, en que una avenida estraordinaria inutilizó una parte insignificante, pero suficiente para impedir el paso; se halla intransitable. No tiene ninguna barca, y á pesar del caudal de aguas que lleva, es vadeable por todos lados y en todas ocasiones, escepto en las grandes avenidas que á veces suelen causar los mayores estragos, como sucedió en la del referido año de 43, que destruyó 7 molinos harineros y 1 de papel, de los cuales se han reedificado 6 de harina, y costó la vida á 29 personas y á una gran multitud de reses. Tambien destruyó la propia avenida el puente de Madiñá, sit. en la carretera real de Gerona á Figueras, que constaba de tres arcos, pero era tan estrecho, que no podian pasar carruages por él, hasta que por los años de 1790 á 1793 se ensanchó, poniendo vigas al través en su parte superior; con cuya operacion se facilitó el paso: la barandilla era tambien de madera, y estaba apoyada en los estremos de las vigas. Su reparacion estaba bajo la Direccion de Caminos: habia junto á él un portazgo que se ha trasladado á Madiñá. Este r. podia ser navegable canalizándolo desde el estanque de Bañolas hasta las playas de Pals y Torroella de Mongri, punto en que el Ter desagua en el mar. Este pensamiento llegó á ser proyecto que indudablemente se hubiera realizado, si los franceses hubieran permanecido mas tiempo en Bañolas durante la guerra de la Independencia; y á la verdad, seria sorprendente y muy admirable el que á 5 leg. del mar, y en medio de ásperas montañas se viese un puerto de mar segurísimo y capaz de contener 300 buques de muchas toneladas.

ALTERRI (*) (STA. LEOCADIA DE): l. con ayunt. de la prov. part. jud. y dióc. de Gerona (1 3/4 leg.), aud. terr. y c. g. de Barcelona (14): SIT. en un llano á la márg. del r. de su nombre en el camino que se dirige de Barcelona á Francia, donde la combaten todos los vientos, especialmente los del N; goza de horizonte despejado y CLIMA saludable: tiene 27 CASAS, una parada de diligencias y una igl. parr. servida por un cura párroco, cuya vacante se provee por oposicion en concurso general: confina el TÉRM. por el N. con los de Pujals dels Pagesos y San Esteve de Guialvos, por el E. con el de Mediña, por el S. con el de San Andrés de Alterri, y por el O. con los de Cornellá y Sors, siendo su radio con direccion á todos puntos de 1/2 hora, poco mas ó menos: el TERRENO es fértil, proporcionándole abundante riego el r. Alterri que recorre su térm. Se cultivan 150 vesanas de tierra rica y fuerte; 300 de segunda calidad y 400 de tercera: PROD.: trigo, cebada, legumbres, vino, aceite, hortalizas, ganado lanar y vacuno: POBL.: 20 vec., 116 alm.: CAP. PROD.: 2.826,800 rs. CAP. IMP. 71,670 rs. vn.

ALTES: l. con ayunt. de la prov. de Lérida (20 horas), part. jud. de Solsona (4), adm. de rent. de Cervera (12), aud. terr. y c. g. de Cataluña (Barcelona 30), dióc. de Seo de Urgel (12), oficialato de Oliana: SIT. sobre una colina de 70 pasos de elevacion á la márg. izq. del riach. llamado *Ribera-Salada*: le combaten todos los vientos, y goza de CLIMA saludable: tiene 12 CASAS de mediana fáb.; pero bastante espaciosas, agrupadas al rededor de una pequeña plaza, y 15 *cho-*

(*) Aunque en algunas comunicaciones oficiales se le denomina Terri (Sta. Leocadia de), no obstante, ya por hallarse sit. junto al r. Alterri, ya por conformarse con la locucion del pais, se le ha dado la denominacion que lleva.

sas habitadas y dispersas en el térm. Hácia el N., é inmediata al pueblo, está la igl. parr. bajo la advocacion del Apóstol San Pedro, servida por un cura párroco, cuyo destino de la clase de rectorías, es de segundo ascenso y lo provee S. M. ó el diocesano, segun los meses en que vaca, mediante oposicion en concurso general: el edificio, que fue construido en 1828, tiene 60 palmos de long., 30 de lat., y 45 de altura; y consta de una sola nave con tres altares y de una sencilla torre, en la cual hay una campana, y no ofrece cosa alguna que llame la atencion: cerca del mismo se halla la casa que habita el párroco, llamada la Abadía, construida sobre un peñasco. A 100 pasos del pueblo, y en parage muy ventilado se encuentra el cementerio. Confina el TÉRM. por N. con el de Oliana (3/4 de hora); por E. con los de Salsa y Ogern (1/4), por S. con el de Madrona (1); y por O. con el de Basella (1/4): el TERRENO casi en su totalidad se ve cubierto de montes que forman cord., á las cuales se da el nombre de *Costas de Altes*, elevándose al S. de la pobl. la sierra llamada de Madrona, y por el lado del N. la de Coll-de-Banch. El espresado riach. Ribera-Salada, fluye al pie de la colina, sobre la cual se dijo existe el pueblo: sus aguas, por su calidad salobre, únicamente sirven para dar impulso á un molino harinero, y para riego de algunos huertecitos; su corriente es muy rápida, y tan considerables sus avenidas, que frecuentemente impiden las comunicaciones de los vec. y la de los viajeros, obstruyendo los CAMINOS locales, y los que conducen de Lérida á la Cerdaña y Seo de Urgel, todos de herradura. Los hab. aprovechan para surtido de sus casas las de escasas fuentes que brotan en el térm., y suelen agotarse durante el estio, y las pluviales recogidas en balsas. Las tierras destinadas á cultivo, ademas de los referidos huertecitos, ascienden á unos 140 jornales de secano y de mediana calidad, entre los cuales se cuentan algunos viñedos: lo demas del terreno es, como se ha dicho, montuoso y lleno de asperezas, donde se crian pinos bastante malos, robles, encinas, y muchos pastos para el ganado: PROD.: poco trigo, cebada, avena, bastante escaña y centeno, legumbres, patatas, algun aceite, vino, y varias frutas; cria ganado de cerda, lanar, cabrio, y el indispensable vacuno para la labranza; hay caza mayor y menor, y pesca abundante de barbos, anguilas y truchas en la *Ribera Salada*: POBL.: 27 vec., 130 alm.: CAP. IMP.: 28,911 rs.: CONTR.: incluso el PRESUPUESTO MUNICIPAL con 2,942 rs. que se reparten entre los vec., por carecer de propios y arbitrios. Celebra este pueblo la festividad del Sto. titular de la parr., el 29 de junio, y la de San Roque, como patron, el 16 de agosto.

ALTET: l. con ayunt. de la prov., y adm. de rent. de Lérida (6 1/2 leg), part. jud. de Cervera (2), aud. terr. y c. g. de Cataluña (Barcelona 16), dióc. de Seo Urgel (15 1/2), oficialato de Guisona: SIT. en terreno desigual, donde le combaten principalmente los vientos del E., y goza de CLIMA saludable: tiene 24 CASAS, la consistorial, escuela de primeras letras dotada por el fondo de propios y por los padres de los 20 niños, que con otros de los pueblos inmediatos concurren á la misma; y una igl. parr. bajo la advocacion de San Pedro, servida por un cura párr., cuya plaza, de segundo ascenso, provée el diocesano en concurso general: el edificio es muy ant., de buena arquitectura, y se halla bien conservado. Para surtido de los vec. no hay mas aguas que las pluviales que se recogen en algunas balsas: confina el TÉRM. por N. con el de Claravalls, por E. con el de Figuerosa, por S. con los de Cunill y Llusá, y por O. con los de Ofegát y Anglesola, teniendo de estension en todas direcciones 3/4 de hora: el TERRENO participa de monte y llano, y aunque de secano, es de mediana calidad: abraza unos 250 jornales de cultivo, entre los que hay algunos viñedos y olivares; la parte montuosa, donde se crian árboles silvestres, arbustos y maleza, ofrece pastos para el ganado: atraviesa por el pueblo el CAMINO que conduce desde Tárrega y Taladell á Agramunt; es de herradura, bastante pedregoso, y con dificultad transitable por los carros: se recibe la CORRESPONDENCIA de Tárrega, á cuya estafeta va á buscarla un balijero: PROD.: trigo, centeno, cebada, legumbres, vino, y poco aceite; hay ganado lanar y cabrio, y caza de liebres, conejos y perdices: POBL.: 18 vec., 80 alm.: asciende el PRESUPUESTO MUNICIPAL á 600 rs., que se cubren por reparto entre los vec.: CAP. IMP.: 44,800 rs.

ALTHÆA: (V. ALTHÆIA).

ALTHÆIA; (V. ALTHEIA).

ALTHEIA: por Tit. Liv. sabemos que esta c. era opulenta y cab. de los pueblos Olcades ó Arcades: *Athæiam* (*) *urbem opulemtam, caput gentis ejus, expugnat arripitque Annibal* (*lib.* 21 *cap.* 1): del mismo historiador resulta, que, tomada esta c. por Annibal, las c. menores de aquella region, sobrecogidas de temor, se hicieron estipendiarias de Cartago. Mucho erraron los escritores valencianos presumiendo ser esta ant. c. la *Altea* del reino de Valencia, terr. *Contestano*, dominado ya por Amilcar, y centro de las operaciones militares de Asdrubal. Saltando la corografía de la region *Olcade* ó *Arcade* (LA ACTUAL ALCARRIA V.), la han llevado otros á *Ocaña*, en los llanos de la Carpetania, y asimismo á Ciezar en terr. bastitano. Su reduccion mas probable parece ser á *Alconchel*, aunque tampoco se apoya mas que en débiles congeturas.

ALTIBOA: l. en la prov. de la Coruña, ayunt. de Carballo, y felig. de San Jorge de *Artes* (V.).

ALTIBOYA: ald. en la prov. de la Coruña, ayunt. de Ordenes, y felig. de San Andrés de *Lesta* (V.): POBL.: 4 vec. y 18 almas.

ALTIDE: l. en la prov. de Lugo, ayunt. de Begonte, y felig. de Sta. Maria de *Trobo* (V.): POBL.: 6 vec., 28 almas.

ALTILLO: barrio de la v. del Tomelloso, en la prov. de Ciudad-Real, part. jud. de Alcázar de San Juan: SIT. al estremo de la calle del Charco de aquella v. y algo mas elevado que lo restante de la pobl.; tiene 31 CASAS exactamente iguales á las demas del pueblo, distribuidas en dos calles y dos callejones; de las primeras se llama la una Principal que no es mas que la prolongacion de la del Charco en el Tomelloso, dirigida al O. SO., y la otra dicha del Campo al N. NO.: tiene una ermita titulada de San Anton. Este barrio era antiguamente ald. de la v. del Campo de Criptana en el mismo part. y prov., pero dist. de ella 4 leg., y para su adm. civil nombraba el ayunt. un vec. de la ald., como alc. p.: la calle del Campo dividia la jurisd. de ambas v.; pero en el año 1840 desapareció esta irregularidad, y quedó incorporado al Tomelloso, como uno de sus barrios: su clima, ind., comercio, pobl., riqueza y contr. estan espresados en las respectivas á la v. del Tomelloso.

ALTILLO (DEL): cortijo de la prov. de Jaen, part. jud. y térm. jurisd. de *Villacarrillo* (V.).

ALTO: ald. en la prov. de la Coruña, ayunt de Frades, y felig. de Sta. Marina de *Gafoy* (V.): POBL.: 3 vec., 14 almas.

ALTO: ald. en la prov. de Lugo, ayunt. de Castro de Rey de Tierrallana, y felig. de Sta. Comba de *Orizon* (V.); POBL.: 15 vec., 38 almas.

ALTO: l. en la prov. de la Coruña, ayunt. de Mellid, y felig. de Santiago de *Juvial* (V.).

ALTO: l. en la prov. de la Coruña, ayunt. de Carballo, y felig. de San Lorenzo de *Verdillo* (V.).

ALTO: l. en la prov. de la Coruña, ayunt. de Laracha, y felig. de San Julian de *Coyro* (V.).

ALTO: l. en la prov. de Lugo, ayunt. de Pastoriza, y felig. de Sta. Catalina de *Pousada* (V.).

ALTO: l. en la prov. de Lugo, ayunt. de Foz, y felig. de San Acisclo de *Valle de Oro* (V.).

ALTO: l. en la prov. de Lugo, ayunt. de Abadin, y felig. de San Pedro de *Corvite* (V.).

ALTO: l. en la prov. de Lugo, ayunt. de Villalva, y felig. de Sta. Maria de *Gondaisque* (V.): POBL.: 4 vec., 18 almas.

ALTO: l. en la prov. de Lugo., ayunt. de Muras, y felig. de Sta. Maria de *Balsa* (V.)

ALTO (EL): cortijo de la prov. de Jaen, part. jud. de Villacarrillo, térm. jurisd. de *Santistevan* (V.).

ALTO (EL): cortijo de la prov. de Jaen, part. jud. y térm. jurisd. de *Villacarrillo* (V.).

ALTO (STA. EULALIA ó SANTALLA DE): felig. en la prov. dióc. y part. jud. de Lugo (3 leg.), y ayunt. de Corgo (1): SIT. á la izq. del r. Neira y próximo al camino de Lugo á Becerrea; CLIMA frio y sano: hay unas 30 CASAS distribuidas en los l. de Casanoba, Golar, Iglesia, Riazor, Santalla, Vigo y Vilar, la igl. (Sta. Eulalia) es matriz de San Salvador de Castrillon y el curato de entrada y patronato lego: su TÉRM. confina con el anejo, felig. de San Pedro de Bande y el de la ant. jurisd. de Lancara: el TERRENO en la estension de 600

(*) En algunos códices impresos se lee *Carteiam*; pero debe corregirse por *Althæiam* que dan otros (V. *Carteia*).

fan., solo se cultivan dos terceras partes, y todo de mediana calidad: los CAMINOS locales y mal cuidados: el CORREO se recibe en Corgo. PROD.: maiz, cebada, trigo, algunas legumbres, hortaliza, patatas y lino: cria ganado vacuno y algo de lanar y cerda: POBL. 29 vec. 147 alm.: CONTR. con su ayunt. (V.).

ALTO (SAN JUAN DE): felig. en la prov., dióc., part. jud. y ayunt. de Lugo (1 leg.): SIT. entre sierras y CLIMA frio: comprende los l. de Abelairas, Gorgoso, Seoanes y Villa-Estevez, que reunen 20 CASAS: la igl. parr. (San Juan) es anejo de San Vicente del Burgo. El TÉRM. confina con el de la matriz y San Vicente de Beral: le baña un riach. que baja de la felig. de Sta. Eulalia de Lamas, en direccion S. á N., y se une al Miño: el TERRENO en lo general montañoso es poco fértil: los CAMINOS malos, y el CORREO se recibe en Lugo. PROD.: cereales y algunas legumbres: cria ganado vacuno, lanar, cabrio y de cerda, y caza de liebres, conejos y perdices: POBL. 22 vec.: 116 alm.; CONTR. con su matriz (V.).

ALTO DE SANTA MARINA: l. en la prov. de la Coruña, ayunt. de Serantes y felig. de Santa Marina del *Villar* (V.).

ALTO EL PORTILLO: monte muy elevado en la prov. de Valencia, part. jud. de Chiva: SIT. sobre el puerto ó portillo de las *Cabrillas* á la izq. del camino real que conduce desde Madrid á Valencia; si se quisiera establecer una linea telegráfica entre estas dos pobl., seria este parage ó cumbre muy á propósito para constituir en él uno de los telégrafos del periodo de la linea hasta Requena.

ALTOBAR: v. en la prov. de Leon (9 leg.), part. jud. de La-Bañeza (3), aud. terr. y c. g. de Valladolid, de la encomienda de San Juan y ayunt. de Audanzas: SIT. en llano á poca dist. de una colina elevada y circular que llaman el *Muelo de la Vieja*, la cual domina la ribera del r. Orbigo que pasa á 1/4 de leg. por la parte del O.: las CASAS de que se compone, fabricadas de tierra, son de un solo piso, sucias y de mala distribucion, formando calles irregulares y desempedradas aunque de buen piso: tiene una igl. parr. de entrada, bajo la advocacion de San Martin, servida por un vicario dependiente del prior de Arrabalde. Confina el TÉRM. por N. con el desp. de Mestajas, por E. con Pozuelo del Páramo, por S. con Saludes, Alija y desp. de Puente Vizana, y por O. con Alija y La Nora: el TERRENO, en su mayor parte escesivamente llano y de poca consistencia, hace que en los años lluviosos sean escasas las cosechas de centeno que es su principal art.; tiene de estension 1/4 de leg. de N. á S. y 1/2 de E. á O., encontrándose en él buenas praderas á la márg. izq. del espresado r., cuyas aguas dan movimiento á un molino harinero de 6 ruedas, inmediato al pueblo. PROD.: centeno, trigo y lino, y cria ganado vacuno. POBL. 75 vec, 350 alm.: CONTR. con el ayunt. (V.).

ALTOMIRA: sierra elevada en las prov. de Guadalajara y Cuenca, ramificacion de la cord. carpeto-vetónica, que atraviesa la Alcarria y parte de la Mancha: tuvo los nombres de Javaleña y Almenara, y fue frontera contra los árabes, donde existieron cast. de las órdenes militares: en el pico mas alto de ella, llamado Altomira, dist. 1 1/2 leg. de Huete, y 1/2 del pueblo de Mazarulleque, existen ruinas de una ant. hospederia, fundada por los caballeros templarios, convertida despues en conv. de carmelitas; y un poco mas bajo al E. una capilla ó ermita dedicada á la Vírgen Maria, con el título de Altomira: sobre otro pico al N. existe un muro redondo, en cuyo hueco habia otra capilla, y á corta dist. nace una hermosa fuente, que lleva sus aguas al Guadiela, cuyo r. intercepta ó corta esta sierra cerca de Buendia; se halla cubierta de monte bajo de chaparro, resto de los muchos árboles de encina, roble, pinos y sabinas de que estaba poblada, y han sido arrasados por los pueblos inmediatos; tambien se cria alguna caza mayor de corzos y ciervos.

ALTO-PASO: l. en la prov. de la Coruña, ayunt. de Sobrado y felig. de San Andres de *Boade* (V.).

ALTO-PECHO: quintería arruinada de la prov. de Ciudad-Real part. jud. y térm. jurisd. de *Valdepenas*.

ALTO-REY: sierra elevada en la prov. de Guadalajara, part. jud. de Atienza: principia en la llamada Peña de la Bodera, y sigue hasta Valverde, en direccion de E. á O.: sus tierras son de mala calidad, pues los labradores solo las emplean para sembrar centeno: en lo mas elevado de ella hay algo de monte alto de roble, y marojo, y lo demas es monte bajo de brezo: en la cúspide hay una ermita dedicada al *Todopoderoso*, bajo el título de *Rey*, y vulgarmente de *Santo Alto-Rey*, de gran nombradía y veneracion entre los pueblos comarcanos (V. ALDEANUEVA DE ATIENZA): es toda de piedra silleria, y reedificada con mucha solidez á fines del siglo pasado: antiguamente hubo en su inmediacion un conv. de templarios, cuya igl. parece fue la ermita indicada, conservándose aun en el pueblo de Bustares la casa del maestre, que se distingue, porque tiene sobre la puerta una imágen de piedra, igual á la que se venera en la citada ermita: á un lado de esta se ve un nacimiento de agua hermosísima, y en las faldas se encuentran otros muchos, por los diferentes caminos que de los pueblos conducen á lo alto (V. ALBENDIEGO). En la pascua de Pentecostés se celebra en este sitio una feria que llaman de la Iguala, y es bastante concurrida: los pueblos sit. á las faldas de esta sierra, son: Prádena al E., Gascueña y Bustares al S.; Aldeanueva al SO.; Valverde al O.; Robledo y Albendiego al N.

ALTORRICON: ald. de la prov. de Huesca en el part. jud. y jurisd. de la v. de Tamarite: SIT. en un llano combatido por todos los vientos con cielo alegre y CLIMA saludable. Tiene 53 CASAS y una igl. parr. bajo la advocacion de San Bartolomé, servida por 1 cura y 1 sacristan; el curato es de entrada y su presentacion corresponde al ayunt. de Tamarite que ejerce el derecho de patronato. A corta dist. hay una ermita dedicada tambien á San Bartolomé, y un pozo de agua potable de la que se sirve el vec. para beber y demas usos domésticos en las temporadas de sequia, muy frecuentes en aquel pais: ademas hay balsas que sirven para dichos usos y para abrevadero de las bestias y ganados. No tiene TÉRM. demarcado, porque, como se ha dicho, se halla enclavado en la jurisd. de Tamarite. La calidad de su TERRENO, PROD. POBL. Y CONTR. (V. esta v.).

ALTORS: l. de la prov. y dióc. de Gerona (11 leg.), part. jud. de Figueras (5), aud. terr. y c. g. de Barcelona, jurisd. municipal de la Junquera: SIT. al pie del Pirineo en los mismos confines del vecino reino de Francia é inmediato al Perthús; su CLIMA es muy frio por los fuertes vientos que le baten con violencia, pero es muy sano: dividese la pobl. en dos barrios ó cas. separados por grandes barrancos; el mas bajo, lleva el nombre del pueblo, y el otro se llama San Julian, muy inmediato á Francia: el primero tiene 7 CASAS, y el segundo 6, todas separadas y esparcidas por el térm. sin forma alguna de pobl. Tiene una igl. parr. bajo la advocacion de San Julian colocada en lo mas alto del l. al pie de una gran roca rodeada de frondosas encinas y de enormes barrancos que imprimen á aquella mansion solitaria un aspecto lúgubre y melancólico; por el esterior está blanqueada, su interior que revela una antigüedad la mas remota, sus tres altares tan pobres como su pequeña sacristia lo es en ornamentos para el culto, y el aspecto de su torre, en el que hay colocadas dos campanas para llamar de quince en quince dias á los fieles, inspiran reflexiones las mas melancólicas; es aneja á la de la Junquera cuyo párroco tiene la obligacion de decir misa en ella cada quince dias y el del Sto. Tutelar. Confina el TÉRM. por el N. con el de Francia, por E. con el de la Junquera; y por S. y O. con el de Agullana, su estension hácia estos puntos es de 1/2 hora poco mas ó menos El TERRENO es de lo mas áspero que se puede imaginar, barrancoso y en estremo quebrado, cria con abundancia y lozania espesos bosques de encinas, alcornoques, algunos nogales y castaños, y escasea en tierras de labor, siendo las pocas de pésima calidad: fertilizan algunos huertecillos que se cultivan, varios arroyos que se desprenden de las vertientes de los Pirineos, que pasando por entre breñas y barrancos van á enriquecer al Llobregat al pie del camino real de la Junquera á Francia. Casi todo el terreno inclusos los bosques pertenece á propietarios forasteros, lo que origina la miseria en que se ven sumidos aquellos hab., que es tan grande, como que las mujeres se ocupan en cortar leña que llevan al fuerte de Bellegarde y al Perthús cambiándola por pan de municion con la tropa de aquella fort., y todos ellos ven con sentimiento llevarse á elaborar en otra parte el rico corcho que se da con tanta abundancia en el sitio que naciera. PROD. corcho, centeno, maiz, patatas, y corto número de ganado de cerda. lanar y vacuno. POBL. 13 vec. 63 almas.

ALTOS (CASAS DE LOS): casa de labor en la prov. de Ciudad-

Real; part. jud. de Valdepeñas: SIT. sobre unas lomitas calizas, á 1 leg. NO. de Sta. Cruz de Mudela, á la izq. del camino que va á la c. de Almagro y á la der. del que conduce á Moral de Calatrava: la baña por el O. una charca de aguas que prod. el curso de la rambla que por alli pasa. en la que se crian peces, barbos y bogas; por la parte del S. hay dos huertos de hortalizas con algunos árboles frutales: confinante con estos hay una alameda que fue talada en estos últimos años de discordias civiles, y principia ahora á criarse, conservándose aun algunos olmos: lindando con dicha casa por la parte del E. se encuentran 445 olivos y por el O. 700 fan. de tierras de labor cultivadas en arrendamiento por varios vec. de Sta. Cruz de Mudela: dicha hacienda pertenece al Excmo. Sr. marqués de Castellanos vec. de Salamanca.

ALTOS (LOS) cord en la prov. de Murcia, part. jud. y térm. jurisd. de *Yecla* (V.).

ALTRON: l. con ayunt. en la prov. de Lérida (28 1/2 leg.), part. jud. y oficialato de Sort (1 1/2), adm. de rent. de Talarn (10 1/2). aud. terr. y c. g. de Cataluña (Barcelona 49), dióc. de Seo de Urgel (10 1/2): SIT. en el fondo de un valle circuido de 3 elevadas montañas, le combaten principalmente y con frecuencia los vientos del N., y su CLIMA aunque frio durante el invierno, y muy caloroso en el estio, es bastante sano. Tiene 30 CASAS distribuidas en calles, una escuela de primeras letras, cuyo maestro percibe las retribuciones mensuales que estipula con los padres de los alumnos; una igl. parr. bajo la advocacion de San Saturnino, servida por un cura párroco y 1 beneficiado; el curato de la clase de rectorias es de térm. y lo provee S. M. ó el diocesano, segun los meses en que vaca, mediante oposicion en concurso general; el edificio es de buena arquitectura y se halla bien conservado. Confina el TÉRM. por N. con los de Escas y Sorre, por E. y S. con los de Surp y Olp, y por O. con el de Saurí, de cuyos puntos dista. 3/4 de hora poco mas ó menos en todas direcciones. El TERRENO en lo general es montuoso y abraza unos 1,020 jornales de cultivo y prados; entre los de la primera clase hay algunos trozos que se riegan por medio de acequias con las aguas del r. *Noguera Pallaresa*; y son bastante fértiles; en las tierras incultas, ó sea en la mayor parte del térm. hay árboles silvestres, arbustos y maleza con muchos y sabrosos pastos para el ganado. Los CAMINOS son de herradura y se encuentran en mal estado por las muchas piedras que dificultan el tránsito: se recibe la CORRESPONDENCIA de Sort, á cuyo mercado llevan los hab. el sobrante de sus frutos y donde se proveen de los art. que les hacen falta. PROD. el terr. buen trigo, centeno, cebada abundantes patatas, legumbres, hortalizas y frutas, especialmente ricas manzanas de invierno; cria ganado de cerda, mular, lanar y cabrio, y el vacuno necesario para las labores. POBL. 20 vec. 140 alm.: CAP. IMP. 30,860 rs.: CONTR. 3,482 rs. El 30 de agosto celebra este pueblo la fiesta del titular de su parr. San Saturnino.

ALTUBE: gran monte de la prov. de Alava, en el part. jud. de Orduña, ó Amurrio, formando lím. con Vizcaya: su circunferencia abraza sobre 4 leg., con 1 de N. á S. Confina al N. con Barambio, al NE. con la Peña y monte de Gorbea, al S. con Amezaga, y á O. con Uzquiano y otros pueblos de Zuya: de su abundante y frondoso arbolado participan los pueblos que componen los valles de Zuya, y algunos de la herm. de Urcabuztais. En los años de 1816, 17 y 18, se construyó por la Provincia un camino real desde Murguía y Amezaga alta, besándolo de S. á N., y continuando por Barambio hasta la jurisd. de Orozco, cuyo valle levantó tambien la leg. de su terr., habiendo despues la Provincia construido el resto, hasta enlazar con el de Areta, que sigue á Bilbao. Para dar seguridad al tránsito se proyectó por la Diputacion general de prov., poblar toda la estension del monte en la carretera nueva, y prévia real facultad para la exencion de diezmos y contr. por diez años á los pobladores, se levantaron 8 cas. en sitios determinados, con las convenientes proporciones, para que de todos los puntos del tránsito se tuviese siempre pobl. á la vista, habiéndose concedido á los constructores, gratuitamente, el terreno suficiente para huerta y labranza; y el aprovechamiento del monte, como se ha indicado, lo disfrutan los pueblos de Zuya. Nace en su térm. un r., que uniéndose en Orozco con el que desciende de los montes de Gorbea, corren sus aguas al *Nervion*, que pasa por Bilbao, hasta entrar en el mar Cantábrico por Portugalete. PROD.: mucha leña, que sirve en gran parte para carbon, con que se alimentan las ferr. de Vizcaya, especialmente las de Orozco, y la de la Encontrada, en Alava: tiene yerbas buenas, que nutren toda especie de ganado: solo se cultiva el terreno próximo á los cas., y algo en las faldas. El CAMINO y la pobl. ha dejado muy despejado y seguro aquel paso, antes siempre peligroso, y muchas veces impracticable: próxima á la cumbre ha levantado tambien la Provincia una caseta para la cobranza del peaje, donde suele haber miñones de observacion, que dan proteccion á los caminantes. Hubo proyecto de construir una pequeña igl., pero las circunstancias de los tiempos lo impidieron, y los vec. se ven en la necesidad de concurrir, los de la parte alta del monte á la parr. de *Amezaga*, y los de los cas. mas bajos á la de *Gujuli*.

ALTUBE: l. en la prov. de Alava (4 leg. de Vitoria), dióc. de Calahorra (22), part. jud. de Orduña (4), herm. y ayunt. de Zuya (1): SIT. á la falda del monte que le da nombre: el CLIMA sano: carece de igl., y los vec. asisten á las de Amezaga y Gujuli: su TÉRM. confina por el N. con la gran peña de Gorbea que le separa de la prov. de Vizcaya; al E. Marquina; al S. Belunza y Oyardu, y al O. Uzquiano y Lezama: nace en el térm. el r. de su nombre, que corriendo de SE. á NO. se une en Orozco con el que baja de la peña de Gorbea, y llevan sus aguas al Nervion: el TERRENO es quebrado; pero fértil y frondoso su monte: sus CAMINOS (V. ALTUBE MONTE): PROD.: toda clase de cereales, algunas legumbres y poca hortaliza: cria ganado vacuno, lanar, cabrío, caballar, mular y de cerda: POBL.: 10 vec., 65 alm.: CONTR.: (V. ALAVA INTENDENCIA). Altube se llamaba Monreal de Murgia; pero hoy solo se le conoce por el primer nombre.

ALTUBE: r. en la prov. de Vizcaya, y part. de Durango: tiene origen en el monte que le da nombre. (V).

ALTUBE (VENTILLAS DE): cas. en la prov. de Alava, del ayunt. de Urcabuztais, y TÉRM. de *Gujuli* (V): POBL.: 2 vec., 11 almas.

ALTUNA: casa, palacio y ferr. en la prov. de Guipúzcoa, part. jud. de Azpeitia, térm. municipal de Cestona y felig. de Ntra. Sra. de la Asuncion de *Urrestilla*, anejo de Azpeitia.

ALTURA: v. con ayunt., de la prov. y adm. de rent. de Castellon de la Plana (6 1/2 leg.), part. jud. y dióc. de Segorbe (3/4), aud. terr. y c. g. de Valencia (7 1/2): SIT. á la márg. der. del r. *Palancia*, en la planicie de una colina con declive por uno y otro lado á diferentes barrancos, donde la combaten con libertad todos los vientos; esto unido al hermoso cielo y atmósfera despejada que disfruta, hace que su CLIMA sea de lo mas benigno y sano. Tiene 593 CASAS, una escuela de primeras letras concurrida por 75 á 80 alumnos, otra de niñas, en la que ademas de las labores propias del sexo, se enseñan las primeras letras á las 50 discípulas que comunmente la frecuentan: ambas estan pagadas por los fondos de propios, y una igl. parr., bajo la advocacion de San Miguel Arcángel: el curato es perpétuo, y lo provee S. M. ó el diocesano, prévia oposicion en concurso general. Confina el TÉRM. por el N. con el de Verica, (1/2 hora.), por el E. con el de Segorbe (1/4), por el S. con el de Liria (3 1/2), y por el O. con los de Bexís y Alcubla (2 1/2). En él, y á no muy larga dist. de la pobl., se encuentran fuentes de aguas cristalinas para el surtido de los vec., diferentes ermitas, un santuario, llamado de Ntra. Sra. de la Cueva, muy frecuentado por españoles y estrangeros, cuyas limosnas sostienen el culto del mismo y 2 capellanes, penitenciarios perpétuos, siendo la igl. una cueva formada por la naturaleza, y adornada por el arte, y la cartuja, llamada de Vall de Cristo, la cual, con las hermosas tierras que le circuían y de ella dependian, fueron enagenadas por la Hacienda nacional en 469,065 rs. El TERRENO participa de monte y llano; aquella parte la forman por un lado la sierra de Espadan, y por el otro la de Cueva Santa, en las cuales se hallan abundantes canteras de mármol negro, algunas minas de barniz, plomo y plata, y un estenso pinar. La tierra rojiza y de mucho fondo, es de lo mas fértil que puede darse, á lo que contribuye no solo la laboriosidad de los hab. y templado de la atmósfera, sino la abundancia de aguas. Ademas de las del r., comportea con los vec. de Segorbe y pueblos inmediatos, la fuente llamada de la Esperanza, sit. al NE., no lejos de aquella c., la cual brota á las raices occidentales de un cerro de piedra, en tanta copia, que da la bastante para regar 4,000 fanegadas, de las cuales 1,600 corresponden á este térm., creciendo en ellas con vigor y lozania todo género de simientes y plantíos. Hay ademas un secano de mucha estension, y en él dilatados viñedos, estensos sembrados, muchos olivos y algunos algarrobos. Los CAMINOS son locales, y se hallan en buen estado: PROD.: vino, trigo, maiz, aceite, seda, muchas hortalizas y frutas: POBL.: 541 vec., 1,905 alm.: CAP. PROD.: 2.449,481: CAP. IMP.: 148,529. Fue concedida á esta v. la preeminencia de ser calle y ald. de la c. de Valencia, con sus mismos privilegios, teniendo el ayunt. de esta c. su jurisd. criminal. Los reyes D. Pedro IV y D. Martin, hicieron merced de su señ. temporal al real monasterio de Valdecristo.

ALTURA (SAN JULIAN DE): parr. de la prov., aud. terr., c. g. y dióc. de Barcelona (5 horas), part. jud. de Tarrasa (5 1/4): SIT. sobre una pequeña colina en medio de un llano donde la baten con libertad todos los vientos: su CLIMA es bastante sano. La igl., dedicada á San Julian, celebra su festividad el dia 28 de agosto, y está servida por un párroco, cuya plaza se provee por S. M. y el diocesano, segun los meses de la vacante: dependen de ella dos oratorios, el uno de propiedad particular, y el otro perteneciente al Estado: el edificio es de construccion moderna, consta de una nave con 7 altares sencillos y escasos de adornos, teniendo 104 palmos de long., 36 de lat. y 80 de altura. La torre es de igual fáb., y tiene de elevacion 140 palmos: hay un cementerio al S. con buena ventilacion: al rededor de la igl., y esparcidas por las heredades, hay 14 CASAS de labor y dos fuentes permanentes, la una llamada Botellas, y la otra de la Torre de Oms. Confina el TÉRM. por N. con la parr. de Matadepera á 1/4 de hora, por E. con el del pueblo de Castellar á 1/4, y por S. y O. con el de San Pedro de Tarrasa á 3/4: el TERRENO, si se esceptúa el pequeño llano en que está sit. la igl., es muy montuoso, poblado de bosques y de árboles por todas direcciones, aunque útiles solo para leña: comprende 845 cuarteradas, de las que son de tercera calidad 25, y 125 de cuarta; las restantes son muy inferiores: le fertilizan dos arroyos, llamados de Rivatallada y Casa Ustrell, á los que se unen cuatro mas, que van á desaguar al r. *Ripoll*, con otra infinidad de barrancos que se desprenden de los cerros: tiene un CAMINO de herradura que va de Barcelona á la c. de Manresa, Cardona, Berga y Sallent. La CORRESPONDENCIA se recibe de la adm. de Tarrasa. PROD.: vino, leña, algunos granos: aceite, poca hortaliza y abundante caza de liebres, conejos, perdices, palomas y otras aves. La IND. está reducida á un molino de hilados de algodon; y el COMERCIO á la esportacion de él. POBL.: 26 vec., 173 alm.: CAP. PROD.: 3.704,400: IMP.: 92,610.

ALTUZARRA: ald. en la prov. de Logroño, part. jud. de Sto. Domingo de la Calzada, parr. de Posadas, ayunt. y térm. jurisd. de *Ezcaray*. (V).

ALUA: desp. en la prov. de Madrid, part. jud. de Getafe, térm. de Fuenlabrada de Madrid: SIT. al N. y 1/4 leg. de este pueblo: se ignora la época y causas de su despobl., y es en el dia terreno labrantío.

ALUCEMAS (SAN AGUSTIN Y SAN CARLOS DE LAS): isla, plaza fuerte y presidio en el mar Mediterráneo, prov. y dióc. de Cádiz (47 leg.), part. jud. de Algeciras (28); aud. terr. y c. g. de Sevilla (63) (*): SIT. á los 35° 15′ lat. N., 2° 30′ 44″ long. E., segun el derrotero del Mediterráneo 1,568 varas de la costa del Ref en el imperio de Marruecos, 2 1/2 millas del Cabo del Morro, y 5 del de Quilates en el mismo imperio: goza de CLIMA suave y sano, no contándose otras enfermedades, aunque en pocos casos, que el escorbuto y disenterias, que tienen su principal orígen en los alimentos: la plaza se compone de 28 CASAS de muy mala construccion, la del gobernador, que es mas capaz y vistosa, tres almacenes llamados del factor y de artilleria, un cuartel para la tropa, otro para los presidiarios, llamado la Pulpera, un hospital, dos pabellones en la plaza de armas, una habitacion para el vigia, cinco malos calabozos y una igl. parr. castrense; que forman una plaza llamada del Desengaño y cuatro calles muy limpias; el hospital es uno de los mejores edificios; consta de 3 salas bajas y una alta, bastante capaces y ventiladas; despensa, cocina, patio, y casa para el contralor: tanto este establecimiento como la botica, que recibe las medicinas de la nacional de Málaga, y está al cargo de dos practicantes, se hallan muy bien servidos: la casa del vigia, que se halla sit. en lo mas elevado del peñon, á mas de observar las operaciones de los moros de la costa y las novedades del mar; tiene el vigia la obligacion de anunciar las horas, á cuyo fin hay destinados doce presidiarios que se relevan de hora en hora, los que por medio de una ampollita de arena graduan el tiempo y anuncian las horas y cuartos con dos campanas de distinto sonido: el cuartel del presidio se compone de dos cuadras sombrias y humedas y malsanas, y otra subterránea que antiguamente sirvió de enterramiento: la igl. es de buena construccion, bajo la advocacion de San Agustin y San Cárlos, cuyos Santos disfrutan para su culto una racion de 55 mrs. diarios; está servida por un cura castrense, que á mas de su dotacion cobra de cada confinado 16 mrs. mensuales para la herm. de Animas: hay ademas 5 cisternas ó algibes donde se recoge el agua suficiente para el consumo, y se hallan sit. en el cuartel de la Pulpera, en la igl., en el principal, en los cubos y en el huerto de la casa del gobernador, único que hay en el pueblo. Toda la isla tiene 194 varas de largo, 98 en su mayor anchura y 501 de circunferencia; sus frentes N. y E. son inaccesibles por naturaleza, y el último está defendido con 6 piezas; el lado O. tiene otra bateria de 6 piezas llamada de las Vacas, y en el S. está la muralla real, cuya cortina sirve de paseo y cubre toda la línea del campo infiel; y está artillada con 19 piezas, todas de cobre y grueso calibre: en este lado está el fondeadero de las embarcaciones de la correspondencia y trato con España, y la entrada se verifica por una escala portátil: entre la plaza y el cabo del Morro hay dos islotes; uno llamado de tierra y otra de fuera ó del mar, y este último está destinado para cementerio. La inmediata costa de Africa es pintoresca por la variedad de árboles que se crian en las orillas del r. *Naccor* que desemboca en la ensenada frente á la plaza, por cuya causa los berberiscos llaman á Alucemas *Hagiar-en Neccor* (sepultura de Naccor), y son enemigos irreconciliables de los cristianos, sin embargo de lo cual hacen con la plaza algun comercio de trigo, cebada, frutas, miel, huevos, estambre, lana, hilo, carnes y otros efectos, cuyas mercancias las trasladan nadando metidas en pellejos de cabra y algunas veces en las lanchas de la plaza, sin que lo llegue á entender el caid de su guardia. La pobl. de Alucemas, está reducida á los empleados, algunas viudas de marineros y soldados veteranos, la guarnicion y el presidio: este se compone de 68 hombres mandados por un capataz, y es destacamento del de la plaza de Ceuta, del que depende en su régimen interior: la guarnicion consta de 85 hombres, un capitan, un teniente y dos subtenientes; un oficial de artilleria de la clase de prácticos con un cabo ó sargento y cuatro artilleros; un subalterno de las compañias de veteranos de Melilla con 8 soldados que se llaman descubridores; algunos soldados de mar que se dedican á la pesca, ejerciendo el mas ant. el cargo de capitan del puerto; un comisario de guerra y el gobernador que es un capitan de la clase de retirados, con su secretario, que es un sargento de las compañias de veteranos de Melilla. Tanto la guarnicion como el presidio y empleados gozan racion de armada y 7 cuartillos de agua diarios en verano y 5 en invierno. Esta plaza fue tomada por los navios españoles San Agustin y San Cárlos en 28 de agosto de 1673 sin oposicion alguna, pues solo la habitaban algunos pescadores moros, desde cuya época no ha sido formalmente inquietada; sin embargo al relevar su guardia los moros fronterizos, hacen generalmente algun disparo con una pieza de á 4 que tienen en la playa, para cuya carga reunen la pólvora que pueden; armando grande algazara si la bala dá en algun edificio: para evitar las desgracias consiguientes, nuestro vigia dá las señales convenidas y los moradores se recogen á sus casas: estos peligros se repiten cuando se hacen los enterramientos en el islote que sirve de cementerio; pues cuando lo advierten los moros, se colocan en una altura que domina aquel sitio y hacen un vivo fuego sobre los que conducen el cadáver. Tales demasias no estan previstas en el tratado de paz con Marruecos de 1.° de marzo de 1799, al cual no están sujetos los moros de esta playa; y seria de desear que el gobierno

(*) Repetimos la nota puesta al art. Algeciras, pág. 556; columna 2.ª del 1.er tomo, siendo aun mas singular respecto á esta plaza, que sin embargo de su asignacion á Algeciras, tanto las oficinas de cuenta y razon, como el gobernador de ella se entienden con la intendencia y c. g. de Granada respectivamente.

procurase poner esta plaza al abrigo de tan repetidos insultos.

ALUENDA: l. con ayunt. de la prov., aud. terr. y c. g. de Zaragoza (13 leg.), part. jud., y adm. de rent. de Calatayud (2 1/2), dióc. de Tarazona (13 1/2): SIT. al pie de la sierra llamada puerto del Frasno, que se corre por el lado del N. de O. á E.; goza de buena ventilacion y de CLIMA bastante saludable. Tiene 22 CASAS de mala fáb.; 2 posadas públicas bastante regulares junto á la carretera que conduce de Madrid á Zaragoza, y una igl. parr. bajo la advocacion de la Coronacion de Maria Santísima, servida por un cura, un beneficiado que se halla vacante, y un sacristan. El curato es de provision ordinaria; pero solo tienen opcion á él los hijos del pueblo en virtud del derecho de patronato que reside en el Arcedianato: el cementerio está á espaldas de la igl. Confina el TÉRM. por el N. con el de Paracuellos de la Ribera, por el E. con los del Frasno é Inoges, por el S. con el de Sediles, y por el O. con el de Calatayud, estendiéndose á cada uno de los espresados puntos 1/2 leg., poco mas ó menos. Hay en él dos fuentes de aguas abundantes y de buena calidad, y 6 corrales para encerrar ganado. El TERRENO montuoso y quebrado en general y falto de agua, es sin embargo de buena calidad y muy productivo: las tierras que se riegan con las aguas de las dos fuentes que se recogen en una balsa, apenas llegan á 10 yugadas de las 100 que poco mas ó menos hay roturadas, en las que se crian algunos cerezos y nogales: el monte carrascal es tambien muy pequeño; tiene una deh. de pasto para el ganado de unas 20 yugadas: CAMINOS: pasa junto al pueblo, como se ha dicho, el arrecife que conduce de Madrid á Zaragoza: PROD.: trigo, cebada, centeno, garbanzos, judias, lentejas, zumaque, cerezas y nueces, todo en pequeña cantidad; cria ganado lanar y caza de perdices, conejos y liebres: POBL.: 20 vec.: 94 alm.: CAP. PROD.: 215,238 rs.: IMP.: 11,600 rs.: CONTR.: 2,892 rs. 14 mrs. vn.

ALUMBRES: ald. de la prov. de Murcia, part. jud., térm. jurisd. y á 1 leg. de *Cartagena* (V.): tiene igl. parr., varios cas. en su térm. y consta de 338 vec., 1,563 habitantes.

ALUÑESA: l. en la prov. de Pontevedra, ayunt. de Caldelas y felig. de San Martin de *Fustánes* (V.).

ALUSTANTE. l. con ayunt. de la prov. de Guadalajara (27 leg.), part. jud. de Molina (6), aud. terr. y c. g. de Madrid (38), adm. de rent. y dióc. de Sigüenza (18): SIT. en lo mas alto de una loma, con esposicion al S. la mayor parte, sobradamente ventilado, y de CLIMA muy frio: tiene 360 CASAS, mal alineadas y de pocas comodidades, aunque algunas son modernas y mejor distribuidas: la consistorial, que forma uno de los lados de la plaza de la Constitucion, es ant., tiene un gran patio bajo llamado *Lonja*, que sirve para las reuniones populares y juego público de pelota: en el piso alto se halla la sala de sesiones, habitacion para el maestro de escuela, sala para los niños, y cárcel incómoda y poco segura: á la escuela concurren unos 60 alumnos, y el maestro se halla dotado por los fondos públicos, con 200 ducados, y ademas 3 celemines de trigo que abonan las familias de cada uno de los concurrentes: hay en la plaza tambien una buena fuente de dos caños, y un largo pilon para abrevadero, cuyas aguas vienen encañadas desde dos manantiales á 500 pasos al S. del l.; esta obra se construyó en el año 1827, y se conserva con el mayor esmero por un alarife fontanero, dotado con 300 rs. anuales: la igl. parr., sit. á uno de los estremos, es de mucha antigüedad, capacidad y solidez; siendo lo mas notable su gran torre de fáb. romana, y en ella la escalera de caracol, que en su punto céntrico rueda sobre un cordoncillo de mármol blanco delicadamente trabajado: su curato es perpétuo y de concurso general, y tiene tambien un beneficiado coadjutor: en los AFUERAS, á mayor ó menor dist., hay 5 ermitas tituladas: de Ntra. Sra. del Pilar, inmediata á las casas, muy reducida y de propiedad particular; de San Fabian y San Sebastian, camino de Molina: de Ntra. Sra. de la Soledad, camino de Orea: de Ntra. Sra. de Cirujeda, y de San Roque á 3/4 de hora de la pobl. en camino de Tordesilos. Confina el TÉRM. por N. con los de Tordellego, Setiles y Tordesilos; E. con los del Villar del Saz, Ródenas, Paracense, Monterde y Bronchales, en el part. de Albarracin, prov. de Teruel, y el de Motos en su mismo part.; S. Orihuela de Albarracin del espresado part. y Orea, en el de su comprension; O. Checa y Alcoroches; NO. Traid, Piquéras y Adoves: sus confines en general dist. del pueblo 1 1/2 hora, escepto por Alcoroches y Motos que será poco mas de 1/2; comprende 2,500 fan. en cultivo, muchas corralizas cubiertas de barda y algunas de teja, para encerrar los ganados; muchos montes pinares y algunos chaparros: le cruzan varios arroyuelos de corto raudal, que dan movimiento á temporadas á dos molinos harineros de chorrillo, y riegan unas pequeñas huertas llamadas del Rubial: el TERRENO es sumamente quebrado, aun el que se cultiva, y hay necesidad en mucha parte de cortarlo en bancales para facilitar las labores; todo él no puede regularse mas que de dos clases, á saber: 1,500 fan. de segunda y 1,000 de tercera: los CAMINOS corresponden á la naturaleza del suelo; son mas bien travesias de herradura, en mal estado y abandonados: se recibe el CORREO por medio de un cartero que tambien sirve á los pueblos inmediatos, tomando la correspondencia de la estafeta de Molina dos veces á la semana, con la dotacion de 600 rs., y 4 mrs. en carta: PROD.: poco trigo puro, centeno, cebada, avena, guisantes y otras legumbres: se mantiene algun ganado lanar, cabrio, vacuno, mular, yeguar y menor, y abunda en caza de todas clases: su IND. está limitada á los dos molinos harineros ya referidos, y á la estraccion de piedra lapiz que abunda en el térm. de Checa y se esporta á varias c. del reino, siendo este uno de los art. de su comercio, empleándose además como unos 100 vec. en el tráfico de caballerias cerriles, desde las ferias de Sariñena, Berdun, otras de Galicia, y la que se celebra en el mismo pueblo el 14 de mayo; hay ademas un mercado semanal insignificante: POBL.: 297 vec.: 1,215 alm.: CAP. PROD.: 13.525,780 rs.: IMP.: 317,320 rs.: CONTR.: 13,492 rs. 28 mrs.: PRESUPUESTO MUNICIPAL: 4,000, del que se pagan 500 al secretario por su dotacion; se cubre con el prod. de una posada y un molino de propios, que será unos 2,000 rs., los arbitrios de taberna y acotamiento de yerbas, que ascienden á 1,500, y el resto por repartimiento vecinal.

ALVAR: ald. en la prov. de Lugo, ayunt. de Sober y felig. de Sta. María de *Amandi* (V.).

ALVARADO (DE): cas. de la prov. de Granada, part. jud. de Santafé, térm. jurisd. de *Belicena*.

ALVARIN: l. en la prov. de Orense, ayunt. de Bola y felig. de Sta. Leocadia de *Sotomel* (V.).

ALVARIZA: l. en la prov. de Oviedo, ayunt. de Miranda y felig. de San Julian de *Belmonte* (V.): sit. á la orilla del r. Pigüeña: tiene un martinete y un molino: POBL. 15 vec., 78 almas.

ALVAS-CUEVAS: sierras en la prov. de Málaga, part. jud. y térm. jurisd. de Antequera.

ALVEAR: cas. en la prov. de Santander, part. jud. de Laredo, ayunt. de Voto, y térm. del l. de San Pantaleon de *Aras* (V.).

ALVEDRO: en la prov. de la Coruña, felig. de San Julian de *Almeiras* y cap. del ayunt. á que da nombre: (V. SAN JULIAN DE ALMEIRAS).

ALVEDRO: ayunt. en la prov., aud. terr., c. g. y part. jud. de la Coruña (1 1/2 leg.), dióc. de Santiago (8 1/2): SIT. al S. de la cap. del part. y márg. izq. del r. *Mero*; su CLIMA es sano: se compone de las felig. de San Julian de Almeira, Santiago de Búrgos, Santiago de Castelo, Sta. Maria de Celas, San Esteban de Cullaredo, San Pedro de Ledoño, San Salvador de Orro, Sta. Maria de Rutis, San Martin de Sésamo. San Esteban de Sueiro y San Silvestre de Veiga, con muchos y buenos cas.: su TÉRM. confina al N. con el de Oza; por E. los de Cambre y Oleiros; al S. con los de Corral, y por O. Arteijo; un crecido núm. de fuentes contribuyen á formar varios arroyuelos que desaguan en la r. del Burgo: el TERRENO es fértil y corresponde á su esmerado cultivo: los CAMINOS de la Coruña á Betanzos con direccion á Madrid, asi como el que se dirige á Santiago por Culleros y Rutis, se encuentran en mediano estado: el CORREO se recibe por la Coruña; PROD. cereales, legumbres, hortalizas, vino y frutas; cria ganado de todas clases, y el sobrante de las cosechas se consume en la cap. de la prov.: POBL., segun datos oficiales, 1,010 vec., 4803 alm.; y conforme á la matrícula, RIQUEZA PROD. 21.376,983 rs. 22 mrs., MASA IMP. 661.033, CONTR. 40,126 rs. 19 mrs. El PRESUPUESTO MUNICIPAL asciende en un año comun á 12,600 rs. 28 mrs., que se cubre con el arbitrio de *Octavilla* sobre el consumo de vino, que serán unos 4,500 rs., y el déficit por reparto vecinal.

ALVELA: monte en la prov. de Lugo y part. jud. de Becerrea; pertenece á la cord. que de los Pirineos se dirige al cabo

Finisterre, casi paralelamente á la costa cantábrica: al llegar á los térm. de Galicia, forma esta cord. una sinuosidad con inclinacion al SO., y dos vertientes opuestas, la una al Navia, y es la primera set. de Galicia; y la otra al Burbia, Valcarce y Lor, r. afluentes del Sil; al tocar al Cebrero toma ya otro rumbo al O., y sigue por la Alvela á incorporarse al pico de Penamayor, desde donde continua hasta las vertientes del Eo, dividiendo la cuenca del Navia de la del Miño. Pasa por la cumbre de este monte la ant. carretera, que ya desde tiempo de los romanos se dirigía de Lugo á Astorga. La base de este monte es primitiva, y de sus rocas se estraen buenas piedras para molinos harineros.

ALVENDO: entre los pueblos conquistados por D. Alonso el VI que nombran algunas crónicas, se lee Alvendo.

ALVERCHER: r. que tiene su origen en el part. jud. de Pego, prov. de Alicante; toma el espresado nombre en el estrecho de Isber, hasta cuyo punto se llama *Barranco del Inférn*; pasa por las raices meridionales del monte Segária, y nunca lleva aguas al mar sino cuando caen grandes aguaceros; hay quien le llama *Rio-Sec*, ó sea *Rio-Seco*, en la dist. que hay desde el estrecho Isber hasta que recibe al *Bolata*, cuyo nombre le da equivocadamente algun escritor.

ALVERITE: arroyo de la prov. de Cádiz, que nace en el part. jud. y térm. jurisd. de Arcos de la Frontera, es en todo el año abundante de aguas que disfrutan varios huertos y la ganaderia; da impulso á un molino harinero de cubo, que abastece de harina á las haciendas de campo de sus inmediaciones, y se incorpora despues con el r. Guadalete.

ALVIA: en Ptolomeo aparece una c. Vaccea, cuyo nombre se ha escrito *Avia* ó *Aovia*, y, aunque no se lee mas que *Avia Lvia, Aovia*, ó *Lovia*, es muy natural la coreccion *Alvia* ó *Albia*, pues son muy frecuentes semejantes nexos, á causa de la precipitacion de los copiantes, que oscurecen ó cambian con estos y otros errores las mas claras doctrinas. Redúcese esta c. á *Alba de Tórmes*; en su art. mismo se verifica, haberse unido dos conceptos enteramente distintos, escribiéndose «*quien*» por «*D. Juan II*» despues de «*D. Enrique IV.*»

ALVISUA: barrio en la prov. de Vizcaya, ayunt. de Orozco y felig. de San Martin de *Albisu-Elexaga*.

ALYBA: Eustathio, el comentador de Dionisio, opinó, segun Gottofrido Olcario, en sus notas á Philostrato, que el nombre *Calpe* fué aplicado á aquella de las columnas de Hércules, que distingue por los bárbaros, llamándola *Aliva* los griegos, pudo muy bien ser asi; pero se ofrece mas probable que diese aqui á una los nombres de ambas columnas: *Alyva* es el nombre de *Abyla* leido á la manera griega (V. AVILA MONTE Y CALPE MONTE).

ALZA: l. en la prov. de Guipúzcoa (4 1/2 leg. á Tolosa), dióc. de Pamplona (13), aud. terr. de Búrgos (34 1/2), c. g. de las prov. Vascongadas (19), part. jud. de San Sebastian (3/4), con ayunt. de por sí: SIT. sobre una altura á la der. del r. *Urumea*, y al S. de la bahia de Pasage: CLIMA templado y sano: perteneció al ayunt. de San Sebastian, como barrio de esta c., y de cuya parr. es filial la que tiene, con la advocacion de San Marcial ob. de Limoges: el edificio es de graciosa arquitectura, y fundado en 1390 con permiso del ob. de Pamplona y cardenal de la igl. romana D. Martin Zalva; en aquella época solo se erigió un oratorio de madera, para que los labradores del partido llamado de *Artigas*, pudiesen oir misa: en 2 de setiembre de 1396 se otorgó concordia entre el cabildo ecl. de la c. y moradores de Alzá, y los beneficiados de Sta. María y San Vicente iban á celebrar misa á dicho oratorio, hasta que en 1620 se exoneró el cabildo, poniendo un vicario para la adm. de los sacramentos: hoy está servido por un beneficio unido á la matriz. El TÉRM. confina por N. con Pasage, por E. con Rentería, al S. con Astigarraga, y por O. con San Sebastian: el TERRENO es montuoso, con buenas y abundantes aguas, y se presta al cultivo. Los CAMINOS son locales, medianamente cuidados; y la carretera que va á construirse pasará entre la bahia de Pasages y falda N. de monte en que está la parr.: el CORREO se recibe en San Sebastian. PROD.: maiz, trigo, algunas legumbres, hortalizas y mucha fruta, con especialidad manzanas, de que elaboran bastante sidra; los montes proporcionan madera, leña y pastos: cria ganado vacuno, lanar y de cerda: POBL.: 72 vec., 360 alm.: RIQUEZA TERR.: 93,807: COMERCIAL é IND.: 4,000: CONTR. (V. GUIPUZCOA). Alzá en la última guerra civil sufrió el incendio de las dos terceras partes de sus cas., y la pérdida de 16 á 20,000 manzanos; pero unos y otros se van restableciendo.

HISTORIA. El 6 de junio de 1836, se presentaron las fuerzas carlistas en esta pobl. y en Carzo, contra los españoles é ingleses, que Evans mandaba. Trabada la refriega, fué sangrienta y tenaz; la artilleria hizo entre los carlistas gran destrozo; por fin se retiraron, siendo notable su pérdida. Volvieron á arremeter el 9, sobre la izq. de las fuerzas de Evans, que se apoyaba en la cord. al E. de Pasage. El lord John-Hay defendia este punto con la fuerza de su real marina, que habia hecho desembarcar, y un batallon español al mando de Araoz. Antes de amanecer empezó la accion, y la artilleria jugó como en el combate anterior, disminuyendo considerablemente las filas carlistas, que dejaron los campos de Alzá y Rentería sembrados de cadáveres, entre ellos muchas mujeres y niños, á quienes habian obligado á asistir, para la conduccion de los heridos y otros quehaceres. La pérdida de las tropas de la Reina fué tambien considerable. Todos los buques británicos surtos en las aguas de Pasages, tuvieron parte en esta accion, arrojando, con mucho acierto, balas y granadas á las filas de D. Cárlos. El dia 1.° de octubre del mismo año, cargaron vigorosamente de nuevo los carlistas sobre toda la linea desde Alzá hasta las Herreras. Los ingleses se echaron sobre ellos; los envolvieron en su segunda carga; y, ayudados con los disparos de las baterias de Alzá, les obligaron á retirarse con grave pérdida, y costándoles mucho trabajo desembarazarse del vencedor. Los carlistas no desmayaron sin embargo y reprodujeron luego el combate. Otaméndi que acababa de traer un refuerzo de chapelchurris se arrojó á él ciegamente pero tambien fué rechazado dejando muchos muertos. El mismo Otamendi y otros gefes recibieron heridas que les inutilizaron, y fueron trasladados á Irun donde murieron de sus resultas. El coronel inglés Wallefield, á la cabeza de los landeros británicos, cargó con bizarria, arrojando á los carlistas desbandados por derrumbaderos y barrancos, mientras les acuchillaban en la fuga los riflers, y tropas españolas. Durante la refriega ocurrió un suceso que contribuyó á desconcertar á las tropas carlistas: una granada estalló entre los arcones de su artilleria, y la esplosion causó la muerte de mas de 20 hombres que se hallaban en las inmediaciones. En tal confusion y no sabiendo á que atribuir semejante catástrofe, concibieron sospechas de que un oficial inglés, que estaba en su servicio, habia dado lugar maliciosamente á la esplosion, y esto bastó para hacerle victima, arcabuceándole acto continuo.

ALZAA: casa solar y armera de Vizcaya en la anteigl. de *Marquina Echevarria*.

ALZABON: por un privilegio del archivo de Zurita, citado por Sandoval, resulta, que, el emperador D. Alonso, dió al conde D. Nuño Perez y á sus hijos y descendientes, la ald. de Alzaban.

ALZAGA: barriada en la prov. de Vizcaya, part. jud. de Bilbao y anteigl. de *Lezona* (V.).

ALZAGA: v. en la prov. de Guipúzcoa, dióc. de Pamplona (13 leg.), aud. de Búrgos (31), c. g. de las provincias Vascongadas (3), y part. jud. de Tolosa (3): SIT. á 1/4 leg. del r. *Oria* en el declive de una sierra: el CLIMA templado: tiene ayunt. de por sí, y pertenecia á la union de *Oria* (V.), se compone de unas 20 CASAS, inclusos los cas. de su térm.; la igl. parr. (San Miguel) está servida por un cura que nombran los vec., y un beneficiado que presenta S. M. en los meses que le corresponde en la alternativa con el párroco; CONFINA al N. Segorreta, por E. Baliarrain, por S. Zaldivia, y por O. Arama é Isasondo, estendiéndose por donde mas, á 3/4 de leg.; varias fuentes de buenas aguas forman distintos regatos que se dirigen al Oria: el TERRENO quebrado, pero bastante fértil, y en sus montes se encuentran mucho arbolado y pasto: los CAMINOS son vecinales, el CORREO lo recibe por Villafranca: PROD.: maiz, trigo, algunas legumbres, y patatas, castañas, nueces, manzanas, y otras frutas en corta cantidad: cria ganado vacuno, algo de lanar y cerda: tiene caza, y participa de la pesca del Oria: POBL.: 30 vec., y 148 alm.: RIQUEZA TERR.: 11,637 rs.: IND. y MERCANTIL: 1,000; CONTR. (V. GUIPUZCOA).

ALZAGA: barrio en la prov. de Vizcaya, ayunt. y anteigl. de *Cenarruza*.

ALZAIBAR: casa, solar y armera en la prov. de Vizcaya, y anteigl. de *Echano*.

ALZAMORA: l. con ayunt. de la prov. y dióc. de Lérida (16 leg.), part. jud. de Tremp (6), aud. terr. y c. g. de Cataluña (Barcelona 42): SIT. en la pendiente set. de la montaña llamada de *Monsech*, donde le combaten principalmente los vientos del E. y O., hallándose resguardada de los restantes por elevarse otro cerro en direccion opuesta á dicha montaña: su CLIMA es destemplado, por cuya razon propende á calenturas catarrales y dolores reumáticos: tiene 17 CASAS de un solo piso, de mediana fáb., las cuales forman una pequeña plaza y una calle mal empedrada, en cuya mitad solo hay una línea de aquellas; una igl. parr. bajo la advocacion de San Estéban Protomártir, que tiene por aneja la de Chia, servida por un cura párroco; y un sacristan nombrado por el primero: el curato es de segundo ascenso, y se provée por S. M. mediante oposicion en concurso general; contiguo á la igl., y en parage ventilado, se halla el cementerio; y dos ermitas, cuyos edificios ninguna particularidad ofrecen; en los afueras de la pobl., y á muy corta dist., hay una fuente, cuyas aguas de buena calidad utilizan los vec. para surtido de sus casas; en la parte opuesta á estas se levanta un escarpado peñasco, en cuya cima hay un torreon, que se dice fué construido en tiempo de los sarracenos: confina el TÉRM. por N. con el de Clusa, por E. con el de San Estéban de Sarga, por S. con el de Ager, y por O. con el de Monreveitg; su estension de N. á S. es de 1 3/4 de hora, y de E. á O. 3/4; en esta circunferencia se encuentra un barranco, cuyas aguas, que solamente fluyen durante el invierno, corren hácia el O. hasta rennirse al r. Noguera Ribagorzana: no causa daño por la profundidad de su cáuce; el cual, ademas se halla bordeado de peña viva: el TERRÉNO participa de monte y llano, es pedregoso, árido y poco fértil, escepto en los valles, donde rinde comunmente el 5 por 1 de sembradura; se cultivan 300 jornales, y con el agua sobrante de dos escasas fuentes que hay en el térm. se riegan unos pocos huertos; tiene bosque, el cual ademas de proporcionar leña para combustible, prod. encinas, con cuyo fruto se cria bastante ganado de cerda; en el mismo se hacen varias roturaciones, pero de escaso provecho: cruza por el pueblo el CAMINO que desde Ager conduce al puente de Montañá y demas pobl. de la ribera del Noguera Ribagorzana; es de herradura y se encuentra en mal estado: PROD. trigo, centeno, cebada, avena, patatas, vino de mala calidad, legumbres, poco aceite, algunas frutas, y hortaliza; cria, ademas del ganado de cerda, lanar y cabrio, el vacuno y mular necesario para las labores: hay caza de liebres, conejos y perdices, muchos lobos y otros animales dañinos: POBL.: 10 vec., 51 alm.: CAP. IMP.: 11,683 rs.: CONTR.: con 1,379 rs. 26 mrs., incluso el PRESUPUESTO MUNICIPAL. Celebra este pueblo su fiesta principal el tercer domingo de octubre.

ALZANA: entre los pueblos que refiere Mariana haber ganado los cristianos en la comarca de Antequera por los años 1410, nombra *Alzana*.

ALZANIA: monte bastante elevado de la prov. de Navarra, part. jud. de Pamplona en el térm. divisorio por el valle de la Borunda, entre aquella y las prov. de Alava y Cuipúzcoa; los pueblos de Idiozabal, Segura, Cégamo y Cerain, tienen en él mancomunidad de pastos, aguas y arbolado. Para salir al espresado valle atraviesa por este monte un camino de herradura, que se enlaza con el sitio por donde seguia la via militar de los romanos, la cual conducia desde Astorga á Burdeos, dejando á su izq. este monte con los de San Adrian, Aralar, Alba y Araceli, conforme al itinerario Antonino.

ALZAOS: r., nace en la deh. de Alcobaza, térm. de Jeréz de los Caballeros, prov. de Badajoz; donde se llama Arroyo del Lobo; entra en el térm. de la v. de Oliva, donde toma el nombre de Alzáos; y pasando al de la v. de Valencia del Monbuey, entrá en Portugal. Tiene un puente de piedra, cal y ladrillo, de un arco, en el térm. de Oliva, su construccion ant.: fue reedificado en 1840.

ALZAPIÉ: ald. en la prov. de Oviedo, ayunt. de Gozon y felig. de Sta. Eulalia de *Nembro* (V.).

ALZAPIERNAS: riach. ó garganta de la prov. de Cáceres, part, jud. de Jarandilla; tiene su nacimiento en la jurisd. del *Guijo de Sta. Bárbara*, entre las asperezas de aquellas elevadísimas montañas; se precipita de E. á O.; y se reune á la garganta de Jaranda cerca del mismo pueblo del Guijo.

ALZATEA: monte y puerto (tambien se conoce con el nombre de Puerto de Orbaiceta, por hallarse inmediato á dicho l.), en el valle de Aezcoa, prov. de Navarra, merind. y part. jud. de Sangüesa. Tiene un CAMINO de herradura muy frecuentado por los que viajan á Valcarlos y Castel-Piñon de Francia, que durante el invierno se halla casi intransitable por la gran cantidad y duracion de las nieves y hielos que lo obstruyen; cuya circunstancia, unida á que se estrecha demasiado entre la montaña y el r. Iratí, le constituyen en punto muy defendible en tiempos de guerra.

ALZHI: en el tratado de paz, que delante de Orihuela se concluyó á 4 de redieb del año 94 de la hejira entre Abdalaziz y Teodomiro (*Tadmir ben Gobdos*), conviniéndose que la potestad de Tadmir ó Teodomiro se egerciese pacificamente sobre siete c., figura entre ellas *Alzhi*, que se supone ser Aspis.

ALZIBAR: casa solar y armera en la prov. de Vizcaya, y anteigl. de *Ceanuri*.

ALZIBAR: barrio en la prov. de Guipúzcoa, part. jud. de San Sebastian, y uno de los del valle de *Oyarzun* (V.).

ALZO: v. en la prov. de Guipúzcoa, dióc. de Pamplona (11 leg.), aud. terr. de Búrgos (32), c. g. de las prov. Vascongadas (13), part. jud. de Tolosa (1), con ayunt. de por sí: SIT. á la der. del camino real de posta de la carrera de Francia y orilla oriental del r. Oria; su CLIMA sano: comprende las ald. de Alzo de Abajo y Alzo de Arriba, ú Olazabal, que se separaron de Tolosa. Hay dos parr. independientes; la de arriba (Asuncion de Ntra. Sra.), está servida por un rector que presentan los dueños de las casas de la felig.; y la de abajo (San Salvador), por un beneficiado rectoral que presenta el conde de Villafuente: esta última pobl., proxima al citado Oria, se le llamaba *Olazabal*, por la casa de este nombre cercana á la igl., y á la que corresponde el patronato que ejerce el referido conde. El TÉRM. se estiende á una leg. de E. á O., y 1/2 de N. á S.: confina al N. con Tolosa, por E. con Leabúru, al S. con Lizarza, y á O. con Alegria, interpuesto el Oria, al cual se une el Arages despues de recorrer el terr.: este es quebrado y montuoso, pero bastante fértil, con especialidad en la ribera: los CAMIMOS son vecinales y poco cuidados; y el CORREO se recibe en la cap. del part.: PROD. toda clase de cereales; pero la principal cosecha es de cebollas, que en carretillas conducen á los mercados de Tolosa, asi como la leña de sus montes: hay alguna caza, y cria ganado vacuno, lanar y de cerda: POBL.: 72 vec., 360 alm.: SU RIQUEZA TERR.: 21,735 rs,: la IND. y COMERCIO: 3,000: CONTR. (V. GUIPUZCOA.)

ALZO DE ABAJO ú OLAZABAL: ald. en la prov. de Guipúzcoa, part. jud. de Tolosa, á la der. del r. *Oria*: junto á su igl. parr. (San Salvador) se halla la ant. casa de Olazabal, que asi como la ald. forma parte de la v. de *Alzo* (V.).

ALZO DE ARRIBA: ald. en la prov. de Guipúzcoa, part. jud. de Tolosa, y una de las que componen la v. de su nombre (V.): tiene igl. parr. (la Asuncion).

ALZOLA: anteigl. en la prov. de Guipúzcoa (4 leg. á Tolosa), dióc. de Pamplona (15), part. jud. de Azpeitia (3), y ayunt. de Aya (V.): SIT. á la izq. del r. *Oria*: tiene igl. parr. (San Roque), y el curato lo presentan los herederos de D. Fausto del Corral, alternando con otros partícipes naturales y estraños del térm. municipal: su TERRENO es fértil: PROD. cereales, frutas y hortalizas: hay arbolado; cria ganado; se encuentra caza, y disfruta de pesca: POBL.: 30 vec., 146 almas.

ALZOLA DE AZPILCUETA: anteigl. en la prov. de Guipúzcoa, dióc. de Calahorra, part. jud. de Vergara, y ayunt. de Elgoybar, en cuyo térm. y á la orilla der. del r. *Deva* se halla sit. La igl. parr. (San Juan Bautista) es aneja de la de Elgoybar, y está servida por un beneficiado de la matriz: hay una fuente de agua termal: POBL.: (V. la matriz).

ALZOLARAS: barrio en Guipúzcoa, part. jud. de Azpeitia y v. de Cestona (V.): SIT. en el camino de Azpeitia en terreno montuoso y á la der. del r. *Urola*, á cuyas aguas se unen las del arroyo de su nombre, despues de fertilizar algun terreno y pasar por la ferreria de Altuna.

ALZOME (STA. MARIA): felig. en la prov. de Pontevedra (V. ALZEME).

ALZORRIZ: l. del valle y ayunt. de Uncití en la prov., aud. terr. y c. g. de Navarra, merind. y part. jud. de Sangüesa (6 leg.), dióc. de Pamplona (3), arciprestazgo de Ibargoití: SIT. en la falda occidental de una montaña, donde le combaten principalmente los vientos del N. y O.; y goza de CLIMA saludable. Tiene 36 CASAS de mediana fáb., una taberna, secuela do primeras letras, á la que asisten 33 niños de ambos sexos, cuyo maestro se halla dotado con 1,416 rs.; una igl. parr. dedicada á la Purificacion de Ntra. Sra., servida por un cura párroco llamado vicario, y por un sacristan; el curato es perpétuo y se provee por el diocesano mediante oposicion en concurso general; y 3 erm. que bajo distintas advocaciones se encuentran abiertas al culto público. Para surtido de los hab. hay una fuente de abundantes y esquisitas aguas. Confina el TÉRM. por N. con el de Artaiz (1 leg.), por E. con el monte Izaga (igual dist.), por S. con el de Salinas de Monreal (1 1/2), y por O. con el de Zaraquiain (1/4). Dentro del mismo está el desp. de Muguetajarra, ignorándose la causa y época de su desaparicion; las ruinas de una erm. y un elevado torreon, cuyas troneras y fáb. indican haber servido de fuerte en tiempos ant. El TERRENO en lo general es montuoso y cubierto de escabrosidades; comprende 3,000 robadas, de las cuales se cultiva una mitad, reputándose 500 de segunda clase y 1,000 de tercera; entre las primeras hay unas 20 robadas que se riegan con las aguas de 3 fuentes que brotan en la falda del espresado monte de Izaga, las cuales tambien sirven para dar impulso á un molino harinero que perteneció al gran prior de Navarra; las tierras incultas se reducen á bosques de robles, hayas y maleza, de las que podrian reducirse á labor una 400 robadas, pero de inferior calidad y escaso provecho; se realiza el cultivo con bueyes y á fuerza de brazos, siendo necesario dejar en descanso el terreno de 3 á 4 años: PROD.: trigo, cebada, avena, maiz, vino, legumbres, hortaliza, cáñamo y lino; cria ganado vacuno, mular, de cerda, lanar y cabrío, que se sostiene con los sabrosos pastos de que abunda el terreno, en el cual tambien hay caza de liebres, conejos y perdices, y se encuentran lobos y otros animales dañinos: IND.: tejidos de lienzos ordinarios: POBL.: 30 vec.: 185 alm.: CONTR.: con su valle, dist. de Madrid (60 leg.).

Este pueblo cedió al rey en 1415, el derecho de patronato de su igl., y el rey lo traspasó al monasterio de Roncesvalles, en 1416.

ALZUSTA: barriada en la prov. de Vizcaya, part. jud. de Durango y anteig. de *Ceanuri* (V.): tiene una erm. (San Miguel): POBL.: 63 vec.: 254 almas.

ALZUZA: l. del valle y ayunt. de Egüés en la prov., aud. terr. y c. g. de Navarra, merind. y part. jud. de Sangüesa (7 leg.), dióc. de Pamplona (1 1/2), arciprestazgo de La Cuenca: SIT. en un cerro donde le baten todos los vientos, y goza de CLIMA saludable. Tiene 7 CASAS y una igl. parr. dedicada á San Estéban Protomártir, con una ermita; ambas son servidas por un vicario, cuya plaza provee el ordinario por oposicion en concurso general. Contribuye con otros pueblos del valle á sostener una escuela que se halla establecida en el l. de Elcano, á la que asisten 32 niños de ambos sexos, bajo la direccion de un maestro dotado en 1642 rs. anuales. Confina el TÉRM. por N. con Egulbati (1/2 leg.), y por S. con Ollóqui (3/4). El TERRENO comprende 5,492 robadas de tierra, de las que solo se cultivan 575; siendo de estas 150 de primera calidad, 200 de segunda y 225 de tercera. Hay además 100 robadas de viñedo; 80 de prados, 16 de bosque poblado de fresnos, 4,246 de maleza, 20 de tierras concejiles y 142 de baldío. PROD., trigo, cebada, legumbres y vino, aunque en corta cantidad: POBL.: 13 vec.: 52 alm.: CONTR. con su ayuntamiento.

ALL: l. con ayunt. de la prov. de Gerona (12 horas), part. jud. de Rivas (9), aud. terr. y c. g. de Barcelona (37), dióc. de la Seo de Urgel (15): SIT. en llano al E. de una colina, próximo á la márg. izquierda del r. *Segre*; le combaten con libertad todos los vientos, circunstancia que contribuye á la salubridad de su CLIMA; tiene 18 CASAS, y una igl. parr. dedicada á la Asuncion de Ntra Sra., servida por un cura párroco, cuya vacante es de provision ordinaria prévio concurso general. En la misma montaña en que está colocada la pobl. se encuentran varias canteras de lapiz rojo, y en una de sus faldas un santuario que lleva el nombre de Ntra. Sra. de las Cuadras, el cual está muy en veneracion y concurrido por aquella comarca, pero en especial por la Solana, y servido por un sacerdote que cuida de su culto. Confina el TÉRM. por el N. con el de Greixer, por el E. con el de Ger, por el S. con el r. Segre, por el O. con el de Olopte; sus lím. hácia cada uno de estos puntos se estienden á 1/8 de hora: el TERRENO es de menos que de mediana calidad, abunda en pastos, pero escasea en las demas prod.: aunque corre por él el r. Segre, y 1/4 de hora mas arriba de la pobl. una acequia construida por algunos particulares que compraron la propiedad de una parte de las aguas del r. Carol procedente de Francia, por cuyo motivo no pueden faltarle, no obstante, solo se riegan algunos prados, hortalizas y arboledas: PROD.: trigo candeal, trigo rojo en mayor abundancia, cebada, poca fruta y hortalizas, mucha yerba para pasto del ganado vacuno, cabrío, caballar y de lana que cria: POBL.: 18 vec.; 90 alm. CAP. PROD.: 1.587,200 rs.: IMP.: 39,680 rs. vn.

ALLA: barrio en la prov. de Santander, part. jud. de Ramales y ayunt. del Valle de Soba; es uno de los que componen el l. de *Regules* (V.).

ALLAN: l. en la prov. de la Coruña, ayunt. de Arteijo y felig. de Sta. María de *Loureda* (V.).

ALLANDE: ayunt. en la prov. y dióc. de Oviedo (10 leg.), aud. y c. g. de Valladolid (52): SIT. al NO. de la prov. entre los r. *Navia* y *Narcea*: CLIMA templado; las felig. de que se compone pertenecen á distintos part. jud., á saber: á Grandas de Salime, Berducedo, Erias, Lago, Santo Millano, Sta. Coloma y Valledor; al part. de Cangas de Tineo, las de Beduledo, Bustantigo, Celon (hijuela de Villaverde), Linares que tiene en el conc. de Tineo el l. de Moceres, Lomes, Pola de Allande (cap. del ayunt.), Prenes (hijuela de Linares), Villavacer (hijuela de Villagrufe) que tiene el l. de Jamallasa en el referido conc. de Tineo, Villagrufe, Villar de Sapos, y Villaverde: comprende ademas los pueblos de Boyo, Comba, Forniella, Fuentes y Noceda de la parr. de San Martin de *Besullo*, y los de Araniego, Argancina y Parasa de San Juan de *Araniego*, que son de la municipalidad de Cangas de Tineo: el TÉRM. confina por N. con el de Navia, por E. el de Tineo, al S. Cangas de Tineo, y al O. los de Salime y Peroz: corren con direccion de S. á N. los mencionados r. de *Narcea* y *Navia*, bañándole el primero por E., y el segundo por O., y recogiendo varios arroyos que cruzan el terr., en lo general quebrado y montuoso: abraza sobre 3,743 fan. de tierra cultivable de buena calidad: los CAMINOS son vecinales, y se hallan mal cuidados: el CORREO se recibe en la Pola, á donde le conduce un peaton desde la adm. de correos de Cangas de Tineo: PROD.: centeno, maiz, trigo, castañas, patatas, algun vino, legumbres, ricas frutas y hortaliza; abunda en pasto, no carece de leña, y cria ganado vacuno, lanar, cabrío y de cerda: hay alguna caza y la pesca que le proporcionan los r. indicados: POBL.: sobre 820 vec.: 4,540 alm. RIQUEZA PROD.: 6.453,365 rs.: MASA IMP.: 603,504 rs. 27 mrs.: prod. capitalizado del 4 p0/0 exigido en 1840 en equivalencia del diezmo, 1.509,525 rs.: CONTR.; 24,260 rs. 2 mrs.: el PRESUPUESTO MUNICIPAL 29,580 rs.

ALLAR: arroyo, nace en la sierra de Alfacar, prov. y part. jud. de Granada, y á poco pasa por bajo de dos hermosos arcos, el primero que sirve para el agua de la fuente grande que va á Granada, y el otro despues muy elevado y sólido para la del Morquí; camina en direccion de E. á O., pasando por frente del pueblo de Alfacar; atraviesa el camino real que de él va á Granada, en cuyo sitio se ve el puente llamado de los *Panaderos*, sólido, de piedra, de un solo ojo de mas de 20 varas de elevacion; y como á 100 pasos de dist. recibe el agua de la fuente chica de aquel pueblo; da movimiento á 9 molinos harineros, y se recogen despues sus aguas, propiedad de las caserias ó quintas que hay al N. de Granada, lindantes con los pueblos de Jun y Pulianillas al E. de Maracena, en la hermosa presa de canteria que han construido estos pueblos y las caserias, para el riego, lo que impide que lleguen al r. Genil; dist. 2 1/2 leg., habiendo corrido 3/4 desde su nacimiento.

ALLARES: ald. en la prov. de Lugo, ayunt. de Mondoñedo y felig. de San Esteban de *Oiran* (V.).

ALLARIZ: cas. en la prov. y ayunt. de Lugo, y felig. de Sta. Cristina de *San Roman* (V.): POBL.: 1 vec.: 4 almas

ALLARIZ: ant. terr. jurisd en la prov. de Orense, compuesto de la v. de que tomaba nombre y de los feligreses de Cocieiro, Corbillon, Espineiros, Figueiredo, Folgoso, Golpellás, Pazo, Piñeiro, Queiroás, Rabeda, San Torcuato, Seoane, Toboadela, Villanueva y las de Urros, Sta. Eulalia y San Mamed, regidas por un juez ordinario que nombraba el marqués de Malpica en todas ellas á escepcion de la de Santiago de Rabela, en cuyo nombramiento era partícipe el monast. Bernardo de Melon: hoy pertenecen estas parr. á distintos ayunt., y aun á part. jud. distintos,

ALLARIZ: part. jud. de *entrada* en la prov. y dióc. de Orense, en el terr. de la aud. de la Coruña y c. g. de Galicia; comprende 9 ayunt. que reunen las 71 (*) felig. de:

Abeleda	San Vicente.
Aguas-Santas	Sta. Marina.
Alfoz de Allariz ó	San Torcuato.
Almoite	Sta. María.
Allariz	San Pedro. San Estéban. Santiago.
Ambía	San Estéban.
Armariz	San Salvador.
Arnuid	Sta. María.
Asadúr	Sta María.
Baños de Molgas	San Salvador.
Betán	San Martin.
Bobadela	Sta. Marina.
Bóveda	Sta. María.
Cantoña	San Mamed.
Coedo	Santiago.
Costa	Id.
Coucieiro	San Vicente.
Escuadro	Sta. Eulalia.
Esgos	Id.
Esgos	Sta María.
Espiñeiros	San Verisimo.
Figueiredo	San Pedro.
Figueiroa	Sta. Julia.
Folgoso	Santiago.
Golpellás	Sta. Eulalia.
Graña	Santiago.
Junquera de Ambía	Sta. María.
Junquera de Espadañedo	Id.
Lamamá	San Ciprian.
Maceda de Limia	San Pedro.
Maus	Id.
Mezquita	San Victorio.
Mourisco	San Salvador.
Niño da Guia	Sta. María.
Paderne	San Ciprian.
Padrenda	San Miguel.
Pazó	San Martin.
Pesqueiras	San Martin.
Piñeiro	San Salvador.
Prado	Sta. Cruz.
Puente-Ambía	Sta. María.
Queiroanes	San Verisimo.
Rabeda	Santiago.
Ramil	San Miguel.
Rebordechao	Sta. María.
Requejo	Sta María.
Ribeira	San Pedro.
Riobó	Sta. María.
Rocas	San Pedro.
San Tirso	Sta. María.
Seiro	San Salvador.
Seoáne	San Juan.
Siabal	San Lorenzo.
Sobradelo	San Roman.
Solveira de Belmonte	San Salvador.
Sotomayor	Santiago.
Taboadela	San Miguel.
Tioira	Sta. María.
Torán	Id.
Torneiros	San Miguel.
Touza	San Jorge.
Urrós	Sta. Eulalia.
Urrós	San Mamed.
Vide	San Juan.
Villanueva	Sta. María.
Villar de Barrio	San Felix.
Villar de Canes	San Juan.
Villar de Ordelles	Sta. María.
Zorelle	Santiago.

(*) Las felig. de Coedo y Torneiros, pertenecientes al ayunt. de Merca, en el part. jud. de Celanova, fueron agregadas al ayunt. de Allariz; por Real órden de 20 de octubre de 1845, y por consiguiente su pobl. y riqueza no se comprende en la de que hacemos mérito en este art., por referirnos á los datos que manifiesta la matrícula catastral de 1842.

Estas felig. se forman de las 4 v. de Allariz, Baños de Molgas, Junquera de Ambía y Maceda de Limia, 126 l., 280 ald. y 7 cas. (*), en los indicados 9 ayunt., cuyos nombres y dist. entre sí aparecen en el siguiente cuadro:

	ALLARIZ.	Baños de Molgas.	Esgos.	Junquera de Ambía.	Junquera de Espadañedo.	Maceda.	Paderne.	Taboadela.	Villar de Barrio.	Orense. prov. y obisp.	Santiago. arzob.	Coruña. c. g.
Baños de Molgas.	2											
Esgos.	3 1/4	1 1/2										
Junquera de Ambía.	1	1	2 1/2									
Junquera de Espadañedo.	3 1/4	1 1/2	1 1/2	2 1/2								
Maceda.	3	3/4	1	2	1							
Paderne.	2	1 1/4	1 1/2	1 1/2	2 1/2	1 1/2						
Taboadela.	1	2	2 1/2	2	3	3	1					
Villar de Barrio.	3	1 1/2	3 1/4	2 1/2	2 1/2	2	3	3 1/2				
Orense. prov. y obisp.	3	3	2 1/2	3 1/4	3 1/4	3 1/4	2	2	5			
Santiago. arzob.	17	17	16 1/2	17 1/4	17 1/4	17 1/4	16	16	19	14		
Coruña. c. g.	26	26	25 1/4	26 1/2	26 1/4	26 1/2	25	25	28	23	10	
Madrid.	76 1/2	74	75	75	74 1/2	74	75 1/2	77 1/2	72 1/2	79 1/2	93 1/2	98 1/2

SITUADO al SO. de la cap. de la prov. y en CLIMA templado y sano. El TÉRM. confina por NNO. con el part. de Orense, al E. con el de Tribes, al SSE. con Ginzo de Limia, y al O. con Celanova. El TERRENO en lo general montuoso, es cruzado por varias colinas que dejan entre sí á los valles de la Raveda y Allariz, y Vega de Maceda. La sierra de San Mamed, cuyo nombre se cree proceda de una capilla que existió en su parte mas culminante, forma el lim. oriental del part. en mas de 2 leg. de estension, corriéndose por el N. hasta el r. *Sil*, y por el S. hasta Monterey (part. de Verin); y las montañas de Rocas que toman origen de la indicada sierra, se estienden por la parte S., siguiendo hasta la felig. de San Ciprian de Cobas, térm. municipal de Aguiar (part. de Orense). Así la sierra, como la montaña, son escasas de arbolado, y sus cumbres las mas elevadas, no solo de las del part., sino tambien de la prov.; pero se ignora su altura con relacion al nivel del mar. Tambien son bastante elevados los montes de Penamá, cerca de cuya cumbre se encuentra la ald. del mismo nombre; sit. á 1/2 leg. de la v. de Allariz, se estienden al O. y se introducen en el part. de Celanova, por las felig. de Corbillon y Pardavedra, describiendo hácia el E. un arco ó segmento de círculo que fija el térm. municipal y part. de Allariz, y continuando el SSE. por cima de Junquera de Ambía, va desapareciendo y formando pequeñas colinas, hasta llegar á la mencionada sierra de San Mamed. Del mismo punto de Penamá se desprende otra cadena de montes, en direccion S., la

(*) Por no aparecer demasiado molesto, omitimos el nomenclator de estas 413 pobl., de las cuales hacemos mencion, no solo en las felig. de que dependen, sino tambien en el cuerpo del Diccionario y lugar que por la letra inicial de su nombre vemos corresponderles.

cual divide los part. de Ginzo y Celanova; hasta tocar en Portugal. Por la parte O. forman el lím. otros montes pequeños que, tomando el nombre de las felig. por donde pasan, se denominan montes de Castro, de San Mamed y de San Victoriano. En el centro del part. hay otros montes de alguna consideracion: el de Sta. Marina de Aguas-Santas, casi paralelo y á 1 leg. S. de dist. del de Penamá, que estendiéndose á mas de 3/4 de leg. hasta Salgueiros, en la felig. de Armariz, en cuyo punto se forma una cañada por donde cruza un camino de herradura; continúa despues con el nombre de monte Cobreiro, en direccion E. hasta la felig. de Maceda; y desde el principio del Cobreiro se separa otra especie de cord., hácia el N. que forma el lím. oriental de la felig. de la Raveda, terminando en la de Sta. Eulalia de Esgos. Entre los citados montes de Penamá y Sta. Marina, se encuentra el deleitoso y ameno valle ó cuenca de Allariz, poblado de ald. ó l. entre árboles y praderas, formando vistosas y agradables perspectivas: al N. de Sta Marina está el valle de la Raveda, y entre Maceda y la mencionada sierra de San Mamed, se encuentra un llano ó vega de leg. y media de largo, sobre media de ancho. En lo general dichos montes son pelados; no se descubre en ellos mineral alguno, ni otra clase de cantería que pizarras en la sierra, y granito mas ó menos fino en los demas.

Rios. Abundantes, aunque mal utilizadas, son las aguas que pudieran fertilizar los campos de este part. El r. *Arnoya* (V.), que tiene orígen en la mencionada sierra de San Mamed, recorre toda la parte meridional de este terr. y por el N. del de Celanova, enriqueciéndose con los caudales de varios riach. que toman el nombre de los pueblos que bañan. Á las aguas del r. del *Castro* ó de *Villar* de *Cás*, por cuyos pueblos atraviesan, se unen en este último l. las del titulado r. Castelo, y corren al O. por el llano ó vega de San Mamed, pasando por la felig. de Sta. María de Tioira y l. de Foncuberta, en cuyo punto reciben las de otros riach. que descienden de Asadúr, sit. á la falda de la indicada sierra, y siguiendo con direccion S., se mezclan con las del citado Arnoya, cerca de la v. de Baños de Molgas. En el punto que, como se ha dicho, se unen la sierra de San Mamed y montaña de Rocas, nace otro riach., que dirigiéndose al S., y como á 1 leg., toma el nombre de r. de *Maceda*, por ser este el pueblo mas inmediato; en él encuentra un puente de piedra sillería, y sigue hasta confundirse á poca dist. del anterior, con el mismo r. Arnoya. No muy lejos del Maceda tiene origen otro arroyo, el cual corre de E. á O. por las felig. de Esgos y Villar de Ordelles al part. de Orense por entre las parr. de San Juan de Moreira y Calvelle: finalmente, del monte Cabreiro y próximo á Salgueiros, se desprende un arroyo que en su curso se dirige á Onsende y ald. de la *Barbaña*, cuyo nombre toma, y continúa atravesando el valle de la Raveda de E. á NO. por la venta del Rio y la de Calbos, en cuyo último punto aumenta sus aguas con las que recibe de otro arroyo que desciende de la felig. de Sotomayor. El Barbaño se introduce tambien en el part. de Orense y se une al Miño poco mas abajo del puente de aquella c.

Fuentes. Son diversas las que brotan en el térm.; pero merecen especial mencion los tres manantiales de aguas termales que aparecen á las márg. del Arnoya en la v. de *Baños* de *Molgas* (V.): el situado á la márg. der. é inmediato al puente, es escaso, y su temperatura 23 1/2°; el de la izq., como á 60 pasos del mismo puente, es muy abundante y á la temperatura de 37 1/2°, y el tercero, á dist. de unas 6 varas del segundo; se diferencia de este en 1/2°, puesto que tiene 37° del termómetro de Reaumur: todas estas aguas son diáfanas, sin sabor ni olor perceptible, y si bien aun no se hallan analizadas, podemos asegurar que prod. maravillosos efectos contra los reumas crónicos (*).

El terreno, repetimos, es mas montuoso que llano, y sin embargo del atraso que se observa en este pais, respecto á los conocimientos agrónomos, y de no utilizarse como pudieran las abundantes y bien distribuidas aguas de los r., sobre todo en la casi inculta vega de Maceda, se presta á toda clase de prod.; pero nos lamentamos de no ver en el part. de Allariz los estensos prados artificiales de que es susceptible, y que hicieran prosperar la riqueza agrícola y pecuaria.

(*) Sin perjuicio de ocuparnos con mas detenimiento de estas aguas en el respectivo art., creemos deber llamar la atencion del Gobierno hácia unos baños, de los cuales no recibe la humanidad doliente los beneficios que pudiera, por no haber alcanzado á ellos la mano protectora de la Administracion.

Caminos. La carretera de Madrid á Orense entra en este part. por Ginzo de Limia, pasa á Allariz, en cuya v. (V.) hay buenas posadas y mesones, y continúa á Taboadela y ventas de Calbos y de Sejalbo á Orense; su estado es bastante malo, si bien va mejorándose con la nueva carretera de Vigo á Castilla, que comprende toda la cuesta de Taboadela y la de San Marcos en la bajada á Allariz. Otros caminos de herradura cruzan el part., aunque solo puede decirse que son dos los frecuentados por los arrieros á su paso de Tribes á Orense y de esta c. á Castilla: el primero entra por el Pinto, l. de la felig. de Villar de Ordelles; continúa á Sta. María de Esgos, á la de Niño da Guia, y por la cuesta de Marcelle, en San Miguel de Ramil, atraviesa la sierra de San Mamed, y sale al part. de Tribes por el l. de Villeriño Frio: este camino es regular, y son medianas las posadas que se encuentran en el Pinto y Esgos; el segundo sale de Orense por Sejalbo y Reboredo, cruza el valle de la Raveda de NNO. á SE., y entra en los l. Lozende, Salgueiros y Puenteambia, y atravesando el r. Arnoya por el puente Lapiedra, se dirige despues por los pueblos de Lamamá y Villar de Barrio, y por la cuesta denominada la Alberguería sube á los montes de Laza en el part. de Verin: este camino es malo, como tambien las posadas que se encuentran en su tránsito.

Las producciones comunes son centeno, patatas, maiz, trigo, cebada, lino, vino flojo, castañas, legumbres, heno y pastos; las primeras con especialidad el centeno, esceden al consumo; y sus precios y los de los jornales aparecen del siguiente estado de:

PRECIO MEDIO.

DE FRUTOS.			DE JORNALES.	
Clases.	Medida.	Rs. v.	Clases.	Valor.
Trigo	Ferrado	10		
Centeno	Id.	5		
Maiz.	Id.	6	Labradores . . .	4 rs.
Cebada	Id.	5	Id. con carro ó arado.	16 id.
Garbanzos . . .	Id.	18		
Habas	Id.	6	Canteros.	7 id.
Castañas. . . .	Id.	8	Carpinteros . . .	
Lino en rama. .	Arroba.	66	Tejido.	una vara por 10
Vino.	Olla.	4		
Heno	Carro.	36		

Ganado. Se cria de todas clases y con especialidad vacuno, de cerda y lanar: en la sierra de San Mamed se ven algunos osos, ciervos y corzos, y tanto en esta sierra como en la montaña de Rocas, lobos, liebres, conejos y perdices; y en todos los riach. abundan esquisitas truchas y algunas anguilas.

La industria consiste, ademas de la agrícola, en las fáb. de curtido de Allariz y l. de Valverde en el mismo térm. municipal; 8 molinos harineros, sit. en Castro, Villar de Cás, Betán, Tioira, Niño da Guia y Esgos; varios telares de lienzo, en que se ocupan las mujeres, de modo que puede decirse que no hay felig. donde no se encuentra alguno; fabricacion de loza ordinaria en Niño da Guia y algun carboneo: en las faldas de la sierra de San Mamed y en el térm. municipal de Esgos, donde la agricultura no ocupa todos los brazos, se dedican al tráfico de cuatropea, á la cordelería, y no pocos á introducir géneros de ilícito comercio por la frontera del inmediato reino de Portugal.

El comercio está reducido á la esportacion de efectos manufacturados en las fáb. de curtidos, y al que proporcionan las ferias mensuales de Allariz y Noceda: la primera se ejecuta el primer dia del mes, y la segunda el veinte, á no ser festivo ó de media fiesta, en cuyo caso se transfieren al mas próximo que no lo sea: en estas ferias, que pueden llamarse de ganado por las especulaciones que en este ramo se hacen, hay tiendas de paños ordinarios, loza fina de piedra y de cristal de las fáb. del reino y de barro ordinario; se venden cueros al pelo, jabon, legumbres, gallinas, manteca de vacas y quesos del pais: se encuentra tambien en ellas hierro en barras y en instrumentos para la labranza, clavazon y cerrajería, utensilios para cocina del mismo metal y de cobre. Otras tres ferias mensuales de menos concurrencia y casi esclusivas para ganado vacuno y de cerda, se celebran en el part.; una en el mencionado l. de Pinto, en Villar de Ordelles el dia 6; la segunda el 10 en la felig. de San Jorge de la Tousa y l. de Sta. Leocadia, y el 24 en Junquera de Ambia: hay ademas varios mercados.

Los PESOS y MEDIDAS no solo son distintos de los usados en Castilla, sino es que se nota diferencia entre los de este part. y demas pueblos de Galicia; para el trigo y centeno se usa del *ferrado* que es igual á la cuartilla del pote de Avila; pero la fan. se compone de cinco ferrados: para el maiz y demas frutos, aunque con igual denominacion, es mayor la medida, puesto que el trigo de un ferrado de esta especie, pesa próximamente 25 libras y 4 onzas, al paso que el mismo grano medido por el ferrado, destinado al maiz, pesaria 32 libras y 1 onza; las patatas se miden por este ferrado, pero sin rasar, y su peso es poco mas de arroba y media; la fan. se divide en 5 ferrados ó 30 cuartos, ó 150 copelos; el moyo de vino consta de 8 cántaras ú *ollas* de á 32 cuartillos, y la olla se divide en 8 azumbres, y estos en 4 cuartillos ú 8 medios. La medida de long. tambien es distinta; la llamada vara de Allariz consta de 561 3/5 líneas y está en razon de 1'3 á 1 vara de Búrgos; por manera que 100 varas de Allariz=130 de Castilla.

INSTRUCCION PUBLICA.

NUMERO DE Ayuntamientos.	NUMERO DE Almas.	ESCUELAS.	Públicas.	Privadas.	TOTAL.	CONCURREN. Niños.	CONCURREN. N.ªas.	CONCURREN. TOTAL.
9	29,970	Elementales.	2	1	3	152	6	158
		Incompletas.	33	1	34	1,351	273	1,624
		Totales......	35	2	37	1,503	279	1,782

Proporcion... de las escuelas.. con los ayunt 4'11 á 1'00; con las almas 1'00 á 810'00; de los concurrentes con las almas 1'00 á 16'82

El estado precedente demuestra que la instruccion pública, en el part. de Allariz, si bien no es tan brillante como deseariamos, no puede decirse se halla abandonada; á pesar de lo dispersa que se encuentra la pobl.; pero como no podemos considerar exacto el número de alm. que determinan los datos oficiales, de aqui la razon por qué deseariamos que fuesen mas las escuelas, y estas distribuidas de manera que facilitase la concurrencia de los niños.

ESTADISTICA CRIMINAL. Los acusados en este part. jud. durante el año 1843, fueron 77, 26 absueltos de la instancia, 14 libremente, 37 penados presentes, 5 contumaces; 3 de 10 á 20 años de edad, 49 de 20 á 40, y 25 de 40 en adelante; 70 hombres, 7 mujeres; 39 solteros y 38 casados; 1 sabia leer; 37 leer y escribir, 12 carecian de este ramo de educacion, de 27 se ignora si lo poseian; 7 ejercian profesion científica ó arte liberal, 65 artes mecánicas: la ocupacion de los 5 contumaces no resulta.

Los delitos de homicidio y de heridas, perpetrados en el mismo periodo fueron 37 (*), 1 con arma de fuego de uso lícito, 2 de uso ilícito, 1 con arma blanca permitida, 8 con instrumento contundente, y 25 con otros instrumentos ó medios que se ignoran.

Terminamos este art. con el cuadro sinóptico por ayunt. de lo concerniente á la poblacion del part.: su estadística municipal y la que se refiere al reemplazo del ejército, y las contr. que se pagan en todos conceptos.

(*) En el artículo de Orense, prov., haremos las reflexiones á que da lugar la comparacion del número total de penados en esta parte, con el de los delitos de homicidio y de heridas.

AYUNTAMIENTOS.	OBISPADOS Á QUE PERTENECEN.	Feligresías de que se compone.	POBLACION. VECINOS.	POBLACION. ALMAS.	ESTADISTICA MUNICIPAL. ELECTORES. Contribuyentes.	ELECTORES. Por capacidad.	ELECTORES. TOTAL.	Elegibles.	Alcaldes.	Tenientes.	Regidores.	Síndicos.	Suplentes.	Alcaldes pedáneos.	REEMPLAZO DEL EJERCITO. JOVENES VARONES ALISTADOS DE EDAD DE 18 años.	19 años.	20 años.	21 años.	22 años.	23 años.	24 años.	TOTAL.	Cupo de soldados cor. á una quinta de 25,000 hombs.	CONTRIBUCIONES. Por ayuntamientos. Rs. Vn.	Por vecino. Rs.	Por vecino. Mrs.	Por habitante. Rs.	Por habitante. Mrs.
Allariz	ORENSE.	16	1,049	5,255	564	19	583	502	1	2	11	1	9	16	44	66	66	58	49	42	30	355	12'4	104102	108	27	21	24
Baños de Molgas	ORENSE.	9	829	4,145	331	«	331	331	1	1	8	1	7	9	38	38	28	44	22	24	32	226	8'8	33976	41	33	8	7
Esgos	ORENSE.	4	753	3,765	295	6	301	278	1	1	8	1	7	5	26	23	28	23	19	9	12	140	5'9	17669	23	16	4	24
Junquera de Ambia	ORENSE.	6	607	3,035	247	17	264	218	1	1	8	1	7	6	29	27	21	29	23	10	18	157	7'2	28956	47	24	9	18
Junquera de Espadanedo	ORENSE.	3	338	1,940	200	5	205	200	1	1	6	1	6	3	21	19	14	20	18	8	2	102	4'2	11508	34	2	5	32
Maceda	ORENSE.	8	696	3,480	307	8	315	279	1	1	8	1	7	8	41	42	42	45	37	23	25	255	10'1	52299	75	5	15	1
Paderne	ORENSE.	9	756	3,780	274	6	280	274	1	1	8	1	7	9	30	25	25	29	26	17	18	170	6'6	25820	34	5	6	28
Taboadela	ORENSE.	5	488	2,440	248	»	248	248	1	1	8	1	7	5	22	16	18	15	15	13	6	105	4'6	18780	38	17	7	24
Villar de Barrio	ORENSE.	9	426	2,130	163	12	175	175	1	1	6	1	6	9	16	19	12	25	22	13	8	115	4'2	23355	52	16	10	17
TOTALES		69	5,912	29,970	2629	73	2,702	2,505	9	10	71	9	63	70	267	275	254	288	231	159	151	1625	64'0	325468	52	31	10	17

NOTA AL ANTERIOR ESTADO.

La matrícula catastral de 1842 no suministra los datos necesarios para determinar el valor de la riqueza imponible de cada ayuntamiento, ni por consiguiente la del partido; solo se encuentra en ella la valuacion del total de la provincia, dividido del modo siguiente:

Riqueza territorial y pecuaria, con inclusion de la desamortizada. . .	Rs. vn.	23.576,455
Idem comercial é industrial.		13.924,435
Total.		37.500,890

cuya cantidad repartida entre los 63,807 vecinos que dicha matrícula señala para la provincia, da 589 rs., 11 mrs. para cada uno, y entre los 319,038 habitantes de la misma, 117 rs., 2 mrs. Esta riqueza, calculada para el partido de Allariz proporcionalmente á su vecindario, deberia ser de rs. vn. 3.492,254, en cuyo caso sus contribuciones vendrian á ser el 9'32 p. % de la misma. En dichas contribuciones se incluye la de culto y clero por la suma de rs. vn. 72,290, cupo correspondiente á la riqueza imponible de este partido en la proporcion de 2'07 p. % de su riqueza á que sale en toda la provincia, y á razon de 12 reales, 6 mrs. por vecino, y 2 rs., 14 mrs. por habitante.

ALLARIZ: v. en la prov. y dióc. de Orense (3 leg.), part. jud. y ayunt. de su nombre, de los que es cap., aud. terr. de la Coruña (26), y c. g. de Galicia.

Situacion y clima. A los 42° 10' 11." de lat., y á los 4° 7' 3." de long. Oc. de Madrid respecto al paralelo del cast., está colocada en el centro de una cuenca de 1 1/2 leg. de diámetro, á la falda de los montes de Penamá y San Márcos, en un plano inclinado de ENE. á OSO., su temperatura en los estremos del frio no pasa de 4° bajo 0, ni en los de calor escede nunca á 24° sobre 0 del termómetro de Reaumur: el térm. medio en el verano es de 19° y de 6° en el invierno. Las enfermedades que en lo general se observan son estacionales benignas.

Interior de la poblacion y sus afueras. 409 casas, sin incluir las 41 que forman á los barrios de Couto y Sucastelo, contiguos á esta v., la constituyen en un pueblo reunido con 16 calles y 2 plazas: una de estas, llamada de la Constitucion, es de figura irregular, motivada por la igl. de Santiago, que se halla sit. en ella; su estension es de 1,048 varas cuadradas, y el pavimento embaldosado: la otra plaza, titulada del *Eiro*, se encuentra al SSO. de la v. y frente á la igl. de San Pedro; su figura es triangular, y la superficie de 275 varas cuadradas: las calles son en lo general estrechas, pues tienen de 8 á 18 pies de ancho; el pavimento es de piedra labrada, pero muy deteriorado por el frecuente tránsito de los carros, y usar estos de clavo de resalto en las llantas de sus ruedas. Las casas son de 21 á 30 pies de elevacion, casi todas de piedra, mas ó menos trabajada, algunas de construccion moderna, de vistosa fachada, y de buena y cómoda distribucion interior; mas hay muchas que si bien la base es de piedra, el segundo piso á medio cuerpo, está formado de sencillos tabiques: en la plaza principal, y en la pared de la casa llamada la *Panera*, hay una fuente de buen agua, con dos caños y su correspondiente pilon. Los edificios notables son las igl. y monast., de que nos ocuparemos mas adelante. La casa ayunt., sit. en la plaza de la Constitucion, es bastante capaz, pero con mala distribucion interior: la fachada la constituye un balcon bastante ruinoso, y forma un soportal, único que hay en esta plaza: en la misma casa municipal, y en el piso bajo de uno de sus estremos, se halla la cárcel pública, con su alcaide: es incómoda, insalubre, y de ninguna seguridad; razon porque los reos de consideracion son trasladados á la cárcel de Orense, siguiéndose de aqui graves perjuicios á la adm. de justicia, y aun á los mismos desgraciados, que lo son en el mero hecho de tener que sufrir arresto: una habitacioncita menos incómoda, la cual se halla encima de la cárcel, sirve para detener en ella á las mujeres. La escuela es una sala de 121 varas cuadradas, construida al lado de la casa consistorial, con 6 puertas vidriedas, 3 al N. y 3 al S.: el maestro disfruta la dotacion de 2,750 rs., pagados por los fondos de propios, y da la instruccion primaria á 86 niños: dos maestros aprobados, pero sin dotacion, contribuyen tambien á la instruccion pública en escuelas particulares, á las que concurren 26 niños menores de 7 años y 31 niñas. Hubo un colegio donde se enseñaba gramática y filosofia; hoy solo existe la casa, y está muy deteriorada. Tambien hubo un monte de piedad ó *pósito*, á cargo del ayuntamiento, en la casa que conserva el nombre de Panera; se reunian sobre 800 fanegas de centeno para repartir á los pobres en el mes de mayo, y se recaudaban de nuevo en agosto, con el aumento de un cuarto (6.ª parte del ferrado y 30.ª de la fanega); mas es de presumir que no existen ni aun antecedentes de esta obra pia tan benéfica.

La igl. parr. de Santiago, sit. en el centro de la pobl., es un edificio sólido, cuyas paredes y torre son de piedra labrada, se ignora la época de la fundacion, si bien el punto que ocupa y su construccion gótica, hacen presumir sea tan ant. como la v.: su estension es de 27 varas de largo sobre 11 1/2 de ancho y 41 de elevacion: tiene cinco altares, pero el único de que puede hacerse mencion, es el mayor, dedicado al Apóstol Santiago, y en el que se ven medianos adornos de bajo relieve en madera pintada; la torre es un paralelógramo de 4 1/4 varas por un frente, 7 3/4 por el otro, y 20 de alzada; en esta torre se halla colocado el relox de la v., cuidado por un encargado, á quien el ayunt. paga 150 rs. anuales de los fondos de propios. Hay en la igl. cuatro fundaciones: la primera lo fue en 1495 por los antecesores del marques de Malpica, con la obligacion de celebrar misa cantada todos los dias á las 9 de la mañana desde el 1.° de abril hasta 1.° de octubre, y á las 10 en los meses restantes; es servida por cuatro capellanes, uno de ellos con el título de mayor, y un sacristan, tambien sacerdote, nombrados por el marques, quien les da anualmente 111 1/2 fan. de centeno y 686 rs.: la segunda es fundacion que con todos sus bienes hizo en 1657 D. Benito Ojea de Rivera, para que se celebrase la misa de doce: la tercera la fundó en 1688 doña Ana Feijóo, vec. de la v., con objeto de que se digese una misa á la hora de alba todos los dias que hubiese obligacion de oirla; la administra el ayunt., y sus tierras y rent. producen en un año comun 4,400 rs.; y la cuarta lo fue para celebrar una misa á las once de la mañana, aunque desde 1825 no tiene hora fija por haber desaparecido parte de las rent. que constituian la fundacion. Contigua á la parr. está la igl. de San Lorenzo, edificada en 1691, segun se lee en el arco de una de sus puertas; es propia de la herm. de ecl., con la advocacion á aquel santo mártir: las rent. que posee son 48 fan. de centeno y una de trigo, 534 rs. de censos (sin incluir 66 rs. incobrables), 77 rs. de derechuras, 6 rs. de cada cabeza de casa que muere en el pueblo, y 11 rs. que paga cada hermano de los que viven á mas de 1 leg. de dist., por eximírseles de asistir á las funciones: el objeto de esta fundacion es socorrer á los pobres con todos sus fondos, menos los indispensables para el sostenimiento de la igl. y funciones, que consisten en la del patrono y su octava de misas cantadas, una misa semanal rezada, un acto general por los hermanos; dos aniversarios, el funeral completo á la muerte de cada hermano; el número de estos que llegó á 104, solo es el de 85: es aneja á esta igl. la capilla de San Isidro, y de obligacion de la herm. el celebrar en ella una misa semanal.

San Estéban es la igl. parr. que se encuentra al ENE. de la v.; es muy ant., poco simétrica, de 31 1/2 varas de largo, 7 3/4 de ancho, y 7 de alto: la torre es cuadrada, de 4 varas por frente, con 15 de alzada; hay cuatro altares, dedicado el mayor á San Estéban, y los tres restantes á Ntra. Sra. del Cármen, San Róque y San Juan Bautista: entre las alhajas de plata se conserva un cáliz y patena, notables por su antigüedad y rara forma. Esta parr. tiene dos ermitas rurales en su térm., una cerca de la ald. de Nanin, con la advocacion de Sta. Eulalia, fundada en el siglo XIV, la cual carece de rent. y la otra en el de Vilaboa, dedicada á Santa Bárbara, erigida el XVII, que tampoco disfruta de rent. A 50 pasos de esta igl., y frente de sus puertas principales, hay un templo, dedicado á la Vírgen de la Asuncion; costó 13,000 ducados, y es de piedra primorosamente labrada, de 26 varas de largo en su estension, 14 de ancho y 10 de alto; la torre cuadrada de 8 1/2 varas de lado y 17 de elevacion, tenia dos campanas, que hace poco se trasladaron á la parr. de San Estéban: ademas del altar mayor tiene dos colaterales, donde se veneran á los Arcángeles San Miguel y San Rafael: para el servicio de esta igl. estaban dotados tres sacerdotes y un sacristan, con obligacion de celebrar misa cantada todos los dias, y tres rezadas cada semana; pero hace mas de medio siglo que solo se cumplen las rezadas: lo costeó en 1616 Gaspar Lopez Salgado, vec. de la v., quien tambien fundó junto á la misma igl. una casa de beneficencia, dotada con suficiente renta, donde, como se ha dicho, se enseñaba gramática y filosofía; mas las rent., que consistian en juros, han desaparecido, por lo que solo existe la casa, aunque muy deteriorada, la cual, asi como la igl., conservan el nombre de colegio.

San Pedro es otra de las igl. parr.: está sit. al estremo SSO de la v., construida de piedra labrada; es un edificio sólido, de 29 varas de largo, 8 1/2 de ancho y 7 de alto: fue consagrada en 23 de enero de 1170, segun la inscripcion latina que tiene sobre la puerta principal, y se reedificó en 1774: en la sola nave de que se forma, tiene 4 altares, el mayor dedicado á San Pedro, y los otros tres á Ntra. Sra. del Rosario, la Concepcion y Sta. Lucía; la torre es de 7 1/2 varas cuadradas en su base con 19 de elevacion; se hizo en 1773.

Las tres parr. de que acabamos de hacer mérito, están servidas por otros tantos curatos que se confieren por S. M. en los ocho meses apostólicos, y en los cuatro restantes por el ob. de Orense, prévio concurso y oposicion; son abades, de cuyo título de honor y dignidad disfrutan todos los de su clase en esta dióc.: ademas hay 4 clérigos, 14 esclaustrados y 3 sacristanes. El cementerio se encuentra al NO. de la pobl., de la cual le separa el promontorio ó cerro donde está el cast., y por cuya sit. no puede perjudicar á la salud del vecindario: se hizo en 1841 para el servicio de las tres parr. y su costo ascendió á 11,000 rs., sin incluir la roturacion ó desmonte del terreno, hecho por los vec., y que puede valorarse en igual cantidad: es un cuadro de 29 1/2 varas por sus frentes, ó sea de 1,740 1/2 de superficie, y las paredes de 3 1/2 de elevacion; el frente es de órden dórico, de sillería bien trabajada, con una ancha puerta, á la que se llega por seis gradas semicirculares; termina en lo alto con una cruz de piedra, y es acaso el mas suntuoso y mejor sit. de todos los de la prov. Hay en esta v. una *casa-hospital* de peregrinos; es propiedad del referido marques de Malpica, quien tiene señalado al hospitalero 6 fan. de centeno y 60 rs. anuales, para que dé asilo á los pobres; pero si estos enferman los socorre la caridad pública.

El TÉRMINO de Allariz se estiende como leg. y media de N. á S., y 3/4 leg. de E. á O.: confina por N. con el r. *Arnoya*, que le baña; por S. con los montes de Penamá y San Márcos á 1/2 leg.; por E. á 1/2 leg. con la felig. de Requejo, y por O. con la de San Salvador de Piñeiro á 1/4 de hora. Al N. de la v. y desde las últimas casas se eleva un cerro de rocas escarpadas á la altura de 82 varas sobre el pavimento de la plaza, es de figura elíptica, su base tiene 625 varas de circunferencia, y en el vértice está colocado el cast. del que fué último poseedor el marqués de Malpica: era fort. inespugnable antes del descubrimiento de la pólvora. Desde este cast. se desprendia una muralla de mucha solidez de 10 á 14 pies de espesor, y de 20 á 25 varas de elevacion, circundando al pueblo en un perímetro de 1,347, dejándole solo cinco puertas principales y dos falsas, encima de las que se elevaban torres; unas y otras de piedra labrada: hoy está el cast. arruinado, y las murallas se han convertido en casas; consérvanse solo dos portadas que manifiestan lo que fueron en tiempos antiguos.

El r. *Arñoya* corre suavemente de ENE. á OSO. del pueblo, rodeando una cuarta parte de él á dist. de 100 varas, y aun menos por algunos puntos; deja la v. á su izq., lleva bastante agua, y abunda en peces, con especialidad en truchas y anguilas de un gusto esquisito: le atraviesan dos puentes; uno al NO. de la pobl., y le llaman *Puente de Villanueva*, el cual tiene 72 varas de largo, 5 1/4 de ancho sin incluir los pretiles de cuarta y media de grueso y vara y cuarta de alto; le sostienen dos arcos de 12 3/4 varas de ancho, y su mayor altura hasta los pretiles, es de 11 3/4; en medio de este puente á la izq. saliendo de la v., y sobre la cepa que sostiene á los dos arcos, hay un pequeño espacio cuadrilátero con asientos de piedra, y en el respaldo se lee: *reedificado en* 1766. Todo él es de piedra labrada y muy sólido, y da paso al correo de Madrid á Orense. El *puente de San Isidro* que se halla á OSO. de la v., es el otro que por el térm. de ella atraviesa al r. Arnoya: asi como el anterior es de piedra labrada con sus pretiles del mismo alto y grueso; tiene 85 varas de long. y 3 3/4 de lat.; se forma de tres arcos, el del centro tiene de luz 17 1/4 varas, el lateral esterior 12, y el interior ó sea á la parte del pueblo 10 1/2; este último arco se desmoronó á principios de 1842, y se hizo de nuevo en el mismo año; la altura del puente es de 14 varas, y en una piedra del pretil se lee «*Siendo corregidor el licenciado Gándara año de* 1608,» mas no se sabe si fue hecho ó reedificado: por este puente debe pasar la carretera proyectada de Vigo á Castilla. Las aguas del Arnoya dan impulso á 8 aceñas que surten de harina á Allariz y parr. inmediatas, y reciben un arroyuelo, que tomando orígen en una cañada de los montes indicados, se dirige de SSE. al O. á depositar sus aguas en el citado Arnoya, despues de haber regado algun terreno y dado movimiento á un molino harinero en los seis meses de invierno y primavera: le atraviesa el *Ponton de San Lázaro*, que tiene de largo 149 varas, de las que 22 son de arrecife, y las otras de cantería, con solo un arco de 5 1/2 varas de ancho y 3 de alto; por este ponton va el camino de herradura de Allariz á Celanova. El nombre de este ponton procede de una *Capilla y hospitalito de San Lázaro*, fundado al SO. de la pobl. y como á 300 pasos de la igl. de San Pedro, para curar leprosos y enfermedades contagiosas; pero no existe desde fines del siglo pasado.

A la orilla der. del Arnoya hay un paseo pintoresco que se titula el *Arnado*: tiene 553 varas de largo, que es la dist. que hay entre los dos puentes de que hemos hablado, los cuales fijan sus estremos; la mitad de este paseo estuvo poblado de árboles, y aun existen algunos álamos altísimos que remedan dos calles; pero en vez de cuidarlos y aumentarlos se dejan secar y desaparecer. Sigue á este paseo un espacioso campo llamado de *San Isidro*, por la capilla dedicada á este Santo, sit. á la misma der. y á 35 varas del r. Junto á esta capilla, y tomando tambien el nombre del Santo, hay una fuente de muy buena agua, con un caño grueso, un abrevadero espacioso, y al lado un estanque circular para lavar ropa en el invierno: la inscripcion que se lee en una piedra de la fuente indica que se hizo en 1668, y que se reedificó en 1774. Al SE. de la v., y tocando á sus muros, se ve el gran *Campo de la Barrera*, de unas 24,000 varas cuadradas, casi llano y sin embaldosado; pero susceptible de transformarse en una deliciosa alameda: en el centro tiene una fuente parecida á la de la puerta de Atocha de Madrid, de 4 1/4 varas de alto, con 4 caños en la rueda inferior, 8 pequeñitos que salen de entre las hojas de una alcachofa, y 4 de una esfera ó bola en que termina el árbol, sobre la cual estan colocadas las armas del ayunt. y una corona dorada: el pilon ó abrevadero es de 11 3/4 varas de circunferencia, y 1 1/4 de alto; por consiguiente, no guarda proporcion con la altura de la fuente: esta recibe el agua, como la de la Plaza Mayor, por una encañada de mas de media leg., y procede aquella del *monte y cuesta de San Márcos*, llamado asi este sitio por haber existido en él antiguamente una capilla dedicada al Sto. Evangelista. Hermosean el campo de la Barrera la capilla de San Benito y el conv. de Sta. Clara de religiosas franciscas: este conv. se halla sit. frente al indicado campo y al SE. de la v.; es un edificio de piedra labrada, órden toscano, y un cuadro perfecto de 7,225 varas cuadradas de superficie, en la que no se incluye la huerta á él contigua por la parte SO. y SE., que comprende casi otro tanto espacio, y la limita un muro altísimo y muy sólido. Tiene el conv. unas 15 varas de alto, y en medio de la fachada un farol ó torre con dos campanas y relox. Interiormente es un cláustro tambien cuadrado, bastante espacioso, dividido en dos pisos, bajo y alto. El primero le ocupan las oficinas del archivo, granería, leñera, bodega, portería, locutorio, coro bajo, y la igl.: y el segundo tiene dos órdenes de habitaciones ó celdas, unas encima de otras, en número de 40 con sus chimeneas francesas, cada una de las cuales sirve para cuatro celdas: estan sit. todas estas al SO. y SE., y ninguna al NO. que dice al pueblo, á escepcion del mirador. Todo el frontis le ocupa la igl. y la vicaría que habita el confesor, y servia antes de hospedería á los religiosos de la órden, á su tránsito por el pueblo. Es la igl. suntuosa, toda de bóveda, bien acabada, de 28 1/2 varas de largo, 8 de ancho, y 15 en el arranque de un crucero que hay hácia el medio de ella. Tiene cinco altares, el mayor de órden corintio, y tan alto como la igl.; está primorosamente dorado, con cuatro columnas agrupadas, y en medio Sta. Clara, á los lados San Francisco y San Bernardino, de grandor natural y de bastante mérito, y en el medio, y en la parte elevada la Purísima Concepcion. En los costados de la capilla mayor, y debajo de los arcos que hay en las paredes se ven dos pequeños altares con la advocacion de Ntra. Sra. del Cármen y San José, y en el indicado crucero dos colaterales, dedicados á San Antonio y San Buenaventura: estos cuatro son de madera sin pintar, del mismo órden corintio; pero los dos últimos de sobresaliente mérito. En el fondo de la igl. está el coro bajo y alto con su órgano. Deja el cláustro un espacio cuadrado, que es un campo con algunos árboles frutales y una fuente en medio, de esquisita agua, que viene encañada, con separacion de la del pueblo, del monte y cuesta de San Márcos. La fundacion de este conv. consta en una inscripcion, que colocada encima del arco de una puerta tapiada en la fachada NE., bajo de las armas reales con dos águilas y una corona, dice:

Es de Patronazgo Real.
Fundolo la Reina Doña Violante y su hijo el Rey Don Sancho, en la Era MCCCXXIV.

Se cree que la primera abadesa fue Doña Sancha, hija ó hermana del Rey, y en el coro bajo, y aun en el cláustro, se ven lápidas sepulcrales con inscripciones que no se leen; pero que no pudieron menos de ser de mujeres ilustres. Existen en la actualidad once monjas, su mayor número de edad avanzada y casi todas enfermas, hasta el estremo de que con dificultad pueden asistir las suficientes para el coro. La amortizacion se hizo cargo de 6,849 ferrados, 4 cuartos y 1 1/2 copelos de centeno: 1,116 ferrados, 4 cuartos y 3 copelos de trigo: 62 moyos, 196 cuartas y 25 1/2 picholas de vino: 18 1/2 ferrados de castañas, 15 gallinas, 2 solomos y 12,540 rs. 33 mrs. de censos y derechuras.

La *capilla de San Benito* es un edificio muy sólido, de orden toscano, y de piedra primorosamente labrada, que tiene de largo interior 28 1/2 varas, de ancho 6 varas y 3/4, y 15 varas en un crucero que hay cerca del altar, en cuyo centro se eleva una media naranja elegantísima que termina en un farol con seis vidrieras grandes en su circunferencia: la fachada, en la que está un San Benito de piedra, y de bastante mérito, tiene de alto hasta la cornisa ocho varas, y sobre esta descansa el primer cuerpo de la torre con otras 8 varas de altura; el segundo cuerpo quedó sin concluir por falta de fondos, que nunca tuvo otros que la limosna. Hay en esta capilla un solo altar que no corresponde á la magnificencia del templo: se hizo esta capilla en 1770, á espensas de los devotos, y la torre en 1827.

La *Fuente Nueva* se halla al E. del pueblo y á 300 pasos de dist. en el camino que va á Junquera de Ambía; es baja, tiene dos caños, y fue construida por el ayunt. La de la *Oulíveira*, cercana al muro de la pobl., es un manantial perenne, al que se le hizo una arqueta para conservar el agua limpia.

El *Campo de la Mina*, es un sitio al ENE. y á 100 pasos N. de la igl. de San Estéban, en donde se enterraban los hebreos que subsistieron en la v. hasta el siglo XVI, en cuyo sitio se han hallado lápidas sepulcrales con caractéres de aquella nacion: las sepulturas, todas de piedra, tenian la figura de silla, en la que colocaban los cadáveres sentados y con algunas alhajas de plata y oro. Finalmente, al S. de la v. y en una cañada á 1/2 leg. de dist. está la ald. *San Salvador*, con una capilla, sin otro mérito que su mucha antigüedad.

El terreno en lo general cubierto de montañas, es quebrado, peñascoso y flojo á par que fertilísimo por algunos puntos, con especialidad los inmediatos al r.

Los caminos son todos de herradura incluso el de Madrid que es el menos malo, y por consiguiente aunque hay parada de postas, no cruzarán diligencias interin no se concluya la carretera de Vigo á Castilla.

El correo de Madrid á Orense y Santiago, llega de 8 á 12 de la noche en los domingos, mártes y viérnes; y sale al amanecer para la córte los lúnes, miércoles y sábados: la v. paga ademas un correo particular que lleva y trae la correspondencia de la Coruña desde Orense en los mártes y sábados; pero este correo se considera inútil desde que se estableció la tercera espedicion semanal.

Producciones. En las tres parr. con sus l. y ald., segun el último quinquenio, puede calcularse en un año comun en la forma siguiente:

Frutos.	Cantidad.	Frutos.	Cantidad.
Trigo, fan.	380	Castañas, fan. . . .	94
Maiz.	2,600	Patatas, a.	14,000
Garbanzos.	38	Lino en rama, id. .	80
Centeno.	2,400	Vino flojo, cargas.	260
Habas.	100	Heno, carros. . . .	200

Las frutas, aunque pocas, son esquisitas, especialmente las pavías, peras de diversas clases y manzanas; no falta hortaliza y se cria ganado vacuno, de cerda y algo de lanar ordinario. Abunda en perdices y hay conejos y algunas liebres. Los únicos animales dañinos que se conocen, son los lobos que ocasionan desgracias así en los niños como en los animales.

Industria y comercio. Aunque en Allariz no se desconocen totalmente las artes, el comercio ni la ind., son tan pequeñas sus operaciones en estos ramos que puede considerársele como pueblo agrícola, puesto que se reducen á 3 fáb. de curtidos de becerrillos finos y ordinarios; estos se consumen en el pais y aquellos se trasportan á Castilla; 3 confiterías trabajan continuamente toda clase de dulces, con especialidad almendras bañadas y anises de mucho aprecio: existen tiendas de paños ordinarios, quincalla, abacería y otros efectos de comercio, las cuales abastecen de estos art. á los pueblos y ald. inmediatas, y en fin la pobl. se compone de 12 empleados públicos y del juzgado; de 21 ecl. y 3 sacristanes; 7 abogados, 2 médicos, uno de ellos dotado con 2,200 rs. de fondos de propios; 2 cirujanos, uno con igual dotacion; 1 boticario y 3 albeitares; 2 maestros de instruccion primaria, aunque solo uno en ejercicio; 2 maestras de niñas y un pintor: 6 propietarios, 21 labradores y 25 braceros ó jornaleros; 3 comerciantes, 6 tenderos de abacería: 3 mesoneros, 12 taberneros y 15 traficantes y arrieros; 3 fabricantes de curtidos; 8 zurradores, 3 confiteros, 2 chocolateros, 5 molineros y 5 horneros; 8 barberos, 10 sastres, 40 zapateros con 32 oficiales; 10 carpinteros, 4 herreros, 4 canteros y 5 tablajeros: el resto de los hab. se ocupan indistinta é indeterminadamente en los oficios indicados, resultando solo 17 pobres de solemnidad. La pobl. rural, formada de las ald. de las tres parr., se compone de labradores y jornaleros á escepcion de 16 vec. que tienen algunas tinas ó pilones en que curten becerrillos ordinarios para vender en las ferias.

Ferias y mercados. En el espacioso campo de la Barrera se celebra una feria todos los dias 1.° de mes, si no es feriado, en cuyo caso se transfiere para el inmediato; los art. que mas abundan son el ganado vacuno que va para Castilla y Portugal, el de cerda, y caballerías de todas clases, paños que vienen de Orense, loza fina y ordinaria del pais, frutas, legumbres y cuantos art. son necesarios para la vida: esta feria es una de las mejores de la prov., y todas las operaciones se hacen á dinero. Hay ademas 3 mercados semanales en los domingos, mártes y viérnes; en ellos se venden casi esclusivamente cereales porque las legumbres, castañas, etc., figuran en muy poco: concurren á ellos de la Limia (part. de Ginzo) con su abundante y esquisito centeno, y aqui se hacen acopios para conducir á Vigo y Pontevedra, y estraerlos del reino, á pesar del costosísimo acarreo por el mal estado de los caminos. Si llega á concluirse la carretera comenzada de Vigo á Castilla, recibirá nueva vida este partido y el de Ginzo que se ahogan en su misma riqueza. Pueden calcularse en 11,000 fan. de centeno las que se venden al año en los mercados.

Fiestas religiosas. La mas notable es la del Corpus; esta atrae una grande concurrencia por la solemnidad con que se hace y por las danzas de los gremios: la octava se celebra al dia siguiente con igual pompa y solemnidad.

Poblacion. En la v. 349 vec.: 1,752 alm., que en union con la rural forman 550 vec.: 2,756 almas.

Riqueza y contribuciones. La matrícula catastral formada en 1842, si bien valora la riqueza de esta prov., no lo hace en particular de los ayunt., y mucho menos de los pueblos, pero con los datos que hemos reunido, podemos asegurar que el térm. de las tres felig. contribuye por encabezamiento de prov. 39,600; por jabon 473 rs. 8 mrs.; por utensilios 960; por recargo en esta rent. 2,383; por penas de cámara 48; para presos pobres 257, que forman un total de 43,721 rs. 8 mrs. Es de advertir que se hacen dos encabezamientos de prov. para cada felig., uno por la parte que tienen dentro de la v., cuyo térm. alcabalatorio no se estiende á 300 varas de sus muros, y otro por las ald. que las corresponden y llaman part. de *Combatoria*, nombre de una de ellas: sistema que ocasiona grandes litis y disgustos entre los contribuyentes.

HISTORIA. Huerta y Vega, en sus ann. de Galicia reduce á esta v. la ant. c. *Araduca* (V.). El P. M. Gandara quiere que un sepulcro hallado en *Allariz* el año 1663 sea el del rey Witiza; pero el citado analista dice: nó debe darse crédito á esta noticia: carece de todo otro fundamento que no sea el interés del cronista P. M. Fr. Felipe Gandara por esta v. que era su patria. Hace Allariz por armas una sigla de A y T con corona por timbre. Fue de señ. particular, perteneciendo al marqués de Malpica, quien nombraba corregidor, 5 regidores, 6 escribanos, 4 procuradores, un alguacil mayor, tasador de costas y alcaide del cast.; era plaza fortificada, quizá de las mejores de Galicia, y tuvo varios gobernadores, de los cuales el último fue Mr. Lecaille. Aun existen en esta v. las casas ilustres de los Soto-altamiranos, Amoeiros, Gandaras, en donde nació el escritor Fr. Felipe de la Gandara, y la en que se crió y educó el ilustre Feijóo, pues aunque nació en Melias, vino á esta v., en donde vivieron sus hermanos, sobrinos y parientes.

ALLARIZ: ayunt. en la prov. y dióc. de Orense (3 leg.), aud. terr. y c. g. de la Coruña (26), y part. jud. á que da nombre: SIT. al SE. de la cap. de prov. en CLIMA templado y sano, comprende á la v. de Allariz con sus tres parr., San Estéban, Santiago y San Pedro, y las felig. de Aguas-Santas, Espiñeiros, Folgoso, Mezquita, Pazo, Piñeiro, Queiroás, San Torcuato, Seoáne, las de Urrós (San Mamed y Sta. Eulalia), Villanueva y las de Coedo y Torneiros que le fueron agregadas en 20 de octubre de 1845, pertenecientes al de Merca en el part. jud. de Celanova: su TÉRM. confina con los municipales de Taboadela, Junquera, Ginzo, Celanova y Merca: el TERRENO en lo general llano y medianamente fértil, disfruta de las aguas del r. Arnoya. Los CAMINOS son regulares, y ha mejorado en partes la carretera de Madrid á Orense: el CORREO se despacha en la estafeta ó cartería de la v. de Allariz: sus PROD. RIQUEZA Y CONTR. (V.) lo que decimos en el art. del part. POBL. 1,049 vec., 5,245 alm.: el PRESUPUESTO MUNICIPAL asciende á unos 14,000 rs., y se cubre con 951 ferrados de centeno (190 1/2 fan.) de rent., 1,517 rs. vn. de *foros*, sobre terrenos comunes por privilegio que concedió el rey D. Fernannando en Zamora á 10 de agosto de 1219; con 1,000 rs., á que ascenderá el arbitrio de *peso* y *cuchara*, y con el derecho de feria que rinde sobre 9,000 rs.: disfrutaba ademas de un portazgo, el cual se suprimió á instancia de los concejales de 1837.

ALLARIZ (SAN ESTEBAN DE): felig. en la prov. y dióc. de Orense, y ayunt. á que da nombre: se compone de las ald. de Airavella, Guimarás, Nanin, Portela de Airavella, Pumedelo, Vilaboa, Villarino y parte de la v. de Allariz; el curato es de primer ascenso y de presentacion ordinaria (V. ALLARIZ v.).

ALLARIZ (SANTIAGO DE): felig. en la prov. y dióc. de Orense, y ayunt. á que da nombre: comprende las ald. de Buimelo y San Salvador, y parte de la v. de Allariz: el curato es de entrada y de presentacion ordinaria (V. ALLARIZ v.).

ALLARIZ (SAN PEDRO DE): felig. en la prov. y dióc. de Orense, y ayunt. á que da nombre; comprende las ald. de Combatoria, Jugueiros, Payocordeiro, Panamá y parte de la v. de Allariz: el curato es de entrada y de presentacion ordinaria (V. ALLARIZ v.).

ALLAS (SAN PEDRO DE): cas. en la prov., y part. jud. de Segovia, térm. de Juarros de Rio-Moros: SIT. á 1/2 leg. de este pueblo, á la mitad de una no muy empinada cuesta, que hay á la izq. del r. *Moros*, tiene una casa granja del mismo nombre, otra de labranza con sus correspondientes pajares, bodega, caballerizas y corrales; un molino harinero sit. á la der. del r. referido, en una pequeña llanura, del valle formado entre los cerros que se ven á los dos lados; y una pequeña igl., en la cual se celebran todos los oficios parr.: perteneció esta heredad á los PP. Premostratenses de la c. de Segovia, los cuales ejercian la cura de almas en esta igl. y en la parr. de Sta. Ana de aquella c. por medio de tenientes de su orden que ponian en una y otra: estinguidas las comunidades religiosas, y devuelta esta propiedad á su legítimo dueño, que la habia comprado en 1822, se ha confiado por el diocesano el cargo parr. al cura de Juarros en calidad de ecónomo: el TÉRM. redondo de Allas consiste en 260 obradas de pinar bajo; 140 de chaparral, 50 de soto con bastantes fresnos, 17 de pradera, 30 de viñedo, 40 de tierra de labor de primera clase, 210 de segunda y tercera, 2 de era empedrada, y 300 en que pueden regularse el r., cáuce del molino y tierra erial: confina por N. y O. con el monte chaparral de Redonda, y térm. de Perdojo, que son de propiedad particular; E. con el térm. del l. de Abades, y S. cas. y molino de la Castellana y venta del Alcalde; PROD. buen trigo, centeno, cebada, algarrobas, garbanzos, y vino; y se mantienen en todo tiempo 300 cab. de ganado lanar: POBL.: 2 vec., 11 alm.: su RIQUEZA está comprendida en el art. de Juarros: CONTR.; 1,040 rs.: rent. de las tierras de labor 160 fan., mitad trigo y cebada: idem del molino 150 en igual forma, y de 15 á 20 a. de tocino.

ALLEDO: cas. en la prov. de Lugo, ayunt. de Baleira, y felig. de Sta. Maria Magdalena de *Retizós* (V.): POBL.; 1 vec., 5 almas.

ALLEGUE: l. en la prov. de la Coruña, ayunt. de Puentedeume, y felig. de San Miguel de *Breamo* (V.): POBL.: 4 vec., 15 almas.

ALLEGUE: l. en la prov. de la Coruña, ayunt. de Villarmayor y felig. de San Pedro de *Grandal* (V.): POBL.: 2 vec., 12 almas.

ALLEIRA: ald. en la prov. de Lugo, ayunt. de Cerbo y felig. de San Roman de *Villaestrofe* (V.): POBL.; 17 vec.; 93 almas.

ALLENCE: l. en la prov. de Oviedo, ayunt. de Právia y felig. de San Pedro de *Allence* (V.).

ALLENCE (SAN PEDRO DE); felig. en la prov. y dióc. de Oviedo (7 leg.), ayunt. y part. jud. de Právia (1): SIT.: en el valle de Arango, entre las vertientes de las Outedas y las de la sierra de Sandamias: su CLIMA es bastante sano; comprende los l. de Allence, Prado, y Quintana: la igl. parr. (San Pedro) está servida por un cura párroco de presentacion particular que hacen los Sres. marqueses de Ferrera y Florez de Právia: tiene las alhajas y ornamentos puramente necesarios; el cementerio es regular, y está sit. á la márg. izq. del r. *Aranguin*: el TÉRM. confina por N. con el de las felig. de Selgas é Inclán, y por E. S. y O. con el de la de San Martin de Arango; el TERRENO, aunque tiene algun monte, es bastante llano y fértil; le baña el indicado r. Aranguin que corre por medio de la felig., y riega algunos prados y huertos: los CAMINOS son vecinales y de travesia, y se hallan en mediano estado: el CORREO lo recibe de la cap. del ayunt.: PROD.: trigo, escanda, maiz, patatas, castañas, lino, manzanas, varias legumbres, otras frutas, hortalizas, y pasto: cria ganado vacuno, lanar, cabrio, y de cerda: IND.: la agricultura, un molino harinero, y cuatro telares: el sobrante de sus frutos los venden en los mercados inmediatos, con especialidad en el de Právia, de donde se abastecen de los varios art. de que necesitan; POBL.: 45 vec., 200 alm.: CONTR.: con su ayunt. (V.).

ALLENDE: barrio en la prov. de Oviedo, ayunt. de Llanes, y felig. de Sta. Eulalia de *Ardisana* (V.).

ALLENDE: barrio en la prov. y dióc. de Oviedo, y ayunt. de Llanes, y felig. de San Pedro de *Vivaño* (V.): SIT.: á la orilla del r. Bedon, sobre el cual tiene un puente que toma el nombre del barrio.

ALLENDE EL RIO: barrio en la prov. de Santander, part. jud. de Potes, ayunt. de Castro, y térm. del l. de Lebeña (V.).

ALLENDE EL RIO: barrio en la prov. de Santander, part. jud. de Laredo, y ayunt. de Voto: es uno de los que componen el l. de *Secadura* (V.): POBL.: 5 vec. 25 almas.

ALLENDELAGUA; arrabal de la v. de Castrourdiales (1/2 leg.), en la prov. y dióc. de Santander: SIT. en un plano inclinado hácia el mar, casi á la falda del monte Cerredo, y muy cerca de la ant. y ruinosa ermita de San Anton. Tiene varias CASAS y una igl. parr. bajo la advocacion de San Márcos Evangelista, aneja de la de Castro, y servida por un cura beneficiado del cabildo de la matriz: el TERRENO, en lo general es llano, escaso de aguas, y de mediana fertilidad: PROD. trigo, maiz, alúbias, patatas y cebóllas en cantidad insuficiente para el consumo de los vec.; los cuales tienen precision de surtirse de Guriezo y de Castro; tambien hay vino, conocido en el pais con el nombre de chacolí, de buena calidad, cuyo fruto obtienen los hab. á costa de incesante trabajo y esmerado cultivo: cria ganado lanar y cabrio, y el vacuno y mular indispensable para la labranza: POBL.: 25 vec., 110 almas; CONTR. con el ayuntamiento.

ALLENDELAGUA: barrio en la prov. de Santander, part. jud. de Laredo, y ayunt. de Voto: es uno de los que componen el l. de *Secadura* (V.); POBL.: 6 vec., 31 almas.

ALLENDELHOYO: l. en la prov. y dióc. de Santander, part. jud. de Reinosa (5 leg.), aud. terr. y c. g. de Búrgos y ayunt. de Valderredible; SIT. á la izq. del r. *Carrales* con buena ventilacion y CLIMA saludable: tiene 8 CASAS y una igl. parr. servida por un cura párroco, cuya plaza provee el diocesano mediante oposicion en concurso general: confina el TÉRM. por N. con el de Soto, por E. con el de Espinosa de Bricia, por S. con el de la Serna, y por O. con el de Cejancas: el TERRENO es quebrado y desigual, y ademas del espresado r. Carrales, le fertiliza un riach. llamado *Presa*, cuyas aguas, con las de dos fuentes de buena calidad que brotan en el térm., aprovechan los hab. para el surtido de sus casas y abrevadero de los ganados: hay un monte cubierto de robles y hayas, del cual se estrae madera para construccion, y leña para los usos domésticos: PROD. trigo, cebada, maiz, vino, legumbres, frutas, y esquisitos pastos: cria ganado lanar, cabrio, vacuno, caballar, y de cerda, y se pescan barbos, truchas y anguilas en ambos r.: POBL.: 8 vec., 30 alm.: CONTR. con el ayuntamiento.

ALLEPUZ: l. con ayunt. de la prov., adm. de rent. y dióc. de Teruel (7 leg.), part. jud. de Aliaga (4), aud. terr. y c. g. de Zaragoza (24): SIT. á la márg. der. del r. *Alhambra* en la falda de la sierra de su nombre, donde le baten libremente todos los vientos, á escepcion de los que vienen del N., por cuya parte le resguarda una cord. de peñas: su CLIMA es frio, pero muy saludable. Forman la pobl. 187 CASAS de fáb. regular, las cuales se distribuyen en varias calles: hay una destinada para la municipalidad y otra para escuela de primeras letras; está se halla dotada de los fondos de propios. Tiene tambien pósito, carniceria con su matadero y una igl. parr., bajo la advocacion de la Purificacion de Ntra. Sra., servida por un cura, 6 capellanes y 2 dependientes. El curato pertenece á la clase de los de primer ascenso, y se provee por S. M. ó el ordinario segun los meses en que vaca, siempre por oposicion en concurso general. Confina el TÉRM. por el N. con los de Jorcas y Villarroya de los Pinares (2 horas), por el E. con el de Valdelinares (5), por el S. con el de Gudar (2), y por el O. con los de Monte-agudo, el Póvo y Ababux (2 1/2). Dentro de esta circunferencia se encuentran 40 cas., ó masadas, esparcidas por uno y otro lado, al frente de las ricas heredades que los propietarios poseen, y sirven para graneros, almacenes de los aperos de labor y corraliza para los ganados: asimismo se encuentran abundantes minas de carbon de piedra en la sierra, á cuya falda hemos dicho se halla sit. la pobl.; aquella es una continuacion de la del Gudar que viene de SE. á NO., continuando despues hácia otros pueblos cuyos nombres toma; su cima y faldas se ven cubiertas por la parte del S. de interminables pinares que proporcionan buenas maderas de construccion, mucho combustible, y sustanciosas yerbas de pasto. El TERRENO en cultivo es rico, y admite todo género de simientes y plantios, escepto el viñedo y olivar, que no pueden darse por lo frio de la temperatura; varias acequias tomadas del r. Alhambra proporcionan el riego suficiente no solo á los campos y huertos, sino á estensas y vistosas praderas; comunmente se ponen en labor con el competente número de bestias, 1,100 yugadas de tierra de primera calidad, 2,000 de segunda y 3,000 de tercera; y aun pudieran reducirse á cultivo otras 10,000 no menos rica, fuerte y productiva que la anterior; pero creen los vec. hallar mas ventajas dejándolas en el estado que en el dia tienen para la cria de los ganados. PROD.: trigo, cebada, centeno, legumbres, hortalizas, frutas, patatas, nabos, maderas, leñas y yerbas de pasto: cria abundante ganado lanar, mucha lana, miel y cera. IND. telares de cordellates y sayales: POBL.: 187 vec.: 748 alm. CAP. IMP.: 68,801 rs. vn.

ALLER: r. ó arroyo caudaloso en la prov. de Oviedo, part. jud. de Pola de Laviana, y térm. municipal de que toma el nombre: trae su origen del puerto seco de Vegarada, y se dirige de S. á N. y O. buscando al *Caudal* con quien unido se confunde en el *Nalon*; marcha desde su nacimiento, dejando á la der. la felig. de Serrapio, y á la izq. Casomera; atraviesa las de Piñeres y Boo, baña por el S. la de Moreda y pasa por la de Sta. Cruz del conc. de Pola de Lena, por el cual corre hasta mezclar sus aguas con las del caudal. En su tortuoso curso recibe varios arroyos y le cruzan distintos puentes; entre ellos los de madera de Moreda, Piñeres y Casomera; los primeros con dos pilastras y una en el tercero en cuyo térm. existe un ant. puente de piedra que abandonó el r. y que como otro, que se halla en San Julian de Marlera, no está en uso por la nueva direccion que han tomado las aguas; ambos puentes son de dos arcos y del tiempo de los romanos. En lo general llevan las aguas unos 4 pies de altura; sin embargo en las avenidas causan estragos de consideracion por el impulso que las presta su escesivo descenso, y mas de una vez han arrastrado por su corriente los puentes de madera de que dejamos hecho mérito, circunstancia que dificulta, aun la mas pequeña navegacion en su curso; pero en todo él ofrece ricas y abundantes anguilas, truchas y algunos salmones, fertiliza los campos y da impulso á 7 batanes y 100 molinos harineros, si bien solo unos 40 trabajan de continuo.

ALLER: ayunt. (su cap. *Collanzo*), en la prov., dióc. y aud. terr. de Oviedo (6 leg.), c. g. de Castilla la Vieja (26), y part. jud. de Pola de Laviana (1 1/4): SIT. al S. de la prov., y entre dos montañas que forman cord. con direccion de E. á O., ciñéndole por N. y S.: el CLIMA es frio y sano. Comprende las felig. de Bello, Sta. Eulalia; Bóo, San Juan; Cabaña-Quinta., San Salvador; Casomera, San Roman; Conforcos, San Miguel; Cuérigos, San Martin; Llamas, San Juan; Moreda, San Martin; Murias, Santa María; Nembra, Santiago; Pelúgano, Sta. María; Pino, San Félix; Piñeres, San Pedro; Pola de Collanzo, San Esteban; Santibañez, San Juan; Serrapio, San Vicente; Soto, San Martin; Vega, San Martin; y Villar, Sta. María. El TÉRM. municipal, que se estiende por donde mas á 6 3/4 leg., confina por N. con los de Laviana y Mieres, por E., y S. con el de Lillo y Tercia (ambos en la prov. de Leon), y por O. con el de Lena. El TERRENO, en lo general móntuoso y quebrado, tiene, no obstante, colinas y valles fértiles y pintorescos, que son muy deliciosos en el verano; á lo cual contribuyen, no solo el crecido número de fuentes de cristalinas y saludables aguas de que se abastece el vecindario, sino tambien los diversos arroyos que con distintas direcciones recorren el térm., y van á unirse al r. *Aller* (V), abundante en truchas y anguilas, y cuyas aguas utilizan para el riego con bastante beneficio. Los montes cubiertos de arbolado, aunque no en la cantidad que pudieran, proporcionan castaños, hayas, robles, acebuches y abundante caza: hay minas de plata, cobre, plomo, antimonio, hierro y carbon; pero no se elaboran, porque sin duda arredra á los especuladores la falta de medios para el trasporte, puesto que los CAMINOS son vecinales y cruzados por puentes de corta resistencia, si bien de mucha utilidad para la comunicacion de los pueblos entre sí: el CORREO se recibe por Mieres del Camino. Las PROD. pueden calcularse por un quinquenio en 7,000 fan. de maiz, 4,500 de trigo escanda, 8,700 de patatas, 580 de habas, 700 a. de lino, y sobre 37,000 carros de heno, sin hacer mérito de otros granos, legumbres y hortalizas, ni de las muchas y esquisitas frutas, con especialidad manzanas; siendo sensible no se cultive el olivo, que acaso con poco trabajo se obtendria, mediante á que parece brindar á ello los acebuchales que se encuentran por el térm. La IND. pecuaria se halla en mediano estado: se cria ganado lanar, caballar y de cerda; pero el mas preferido es el vacuno, para el abasto de tres fáb. de manteca al estilo de Flándes, cuyos prod. se estraen para las Andalucias y otros puntos de dentro y fuera de la Península; en fin, la recria de mulas contribuye tambien á la utilidad que sacan estos naturales en las ferias de Oviedo y Leon. POBL.: conforme á la matrícula de 1842: 1,974 vec., 7,944 alm.: RIQUEZA PROD.: segun el mismo documento 4.275,192 rs.: MASA IMP.: 825,437 rs. 27 mrs.: CONTR.: 105,026 rs. 22 mrs.:

El PRESUPUESTO MUNICIPAL asciende de 7 á 8,000 rs., y se cubre por reparto vecinal, por falta de propios y arbitrios.

ALLES: ald. en la prov. de Oviedo, ayunt. de Peñamellera, y felig. de San Pedro de *Alles*. (V).

ALLES ó PLEÇIN (SAN PEDRO): felig. en la prov. y dióc. de Oviedo (17 leg.), part. jud. de Llanes (2), y ayunt. de Peñamellera: SIT. entre encumbradas sierras: CLIMA templado y sano: comprende los l. de Alles, Bezne, Llonvero, San Roque, Socampo, Tojo, Tres-palacios y barrio de la Pastoría, que reunen 80 CASAS, muy medianas: hay escuela dotada por fundaciones piadosas, con 300 ducados, y concurren á ella 30 niños y 12 niñas. La igl. parr. (San Pedro), cuyo curato es de primer ascenso y patronato real, es un edificio moderno y el mejor de la prov., si se esceptúa la cated.: le costeó D. Domingo Trespalacios y Escandon, natural de esta felig., individuo del Consejo de S. M., é inquisidor general que fue en Méjico. El TÉRM. confina por N. con la felig. de Cuera, é interpuesto el monte del mismo nombre, conocido tambien por el monte Morca; por E. con Llonin, de cuya felig. le separa el r. Bezne, que baja á unirse con el Cares; por la parte S., entre esta parr. y la de Trescares, hijuela de Caraves; por el O. linda con la de Ruenes y le bañan algunos insignificantes arroyos, que contribuyen á enriquecer el riach. de Sta. Maria, que lleva su curso por entre las dos felig. El TERRENO montuoso y quebrado, disfruta de poco llano, pero de buena calidad: los CAMINOS son locales y malos, y el CORREO se recibe por Cangas de Onis: PROD.: maiz, castaña y patatas con abundancia, y aunque en menor cantidad se cosechan de todas las semillas y frutas que son comunes en aquella prov.: cria ganado vacuno, de cerda, lanar y cabrio, y hay caza mayor y menor: POBL.: 80 vec., 400 alm.: CONTR. con su ayunt. (V).

ALLI: l. con ayunt. del valle de Larraun, en la prov. aud. terr. y c. g. de Navarra, merind., part. jud. y dióc. de Pamplona (6 leg. NO.), arciprestazgo de Araquil: SIT. en un llano con libre ventilacion y CLIMA aunque frio bastante saludable. Tiene 22 CASAS y 1 igl. parr., dedicada á San Juan y San Pedro, servida por un cura, llamado abad, cuyo destino provee el diocesano, por oposicion en concurso general. Confina el TÉRM. por el N. con el de Huici (1 leg.), por E. con el de Echarri (3/4), por S. con el de Madoz (igual dist.), y por O. con el de Baraibar (1/2), estendiéndose 1/4 de leg. por lo ancho, y otro á lo largo; le atraviesa el r. Arajes, cuyas aguas dan impulso á un molino harinero, y sirven para consumo de los hab. y otros usos agricolas. El TERRENO es de mediana calidad, cuya circunstancia generalmente se atribuye á lo frio del pais; abraza unas 160 robadas de cultivo, ó sea la quinta parte de las tierras comprendidas en toda la jurisd., permaneciendo las restantes de erial, contándose entre estas algunos bosques de árboles, arbustos y maleza, con unas 56 robadas de prados y pastos naturales, y 5 pertenecientes al concejo ó fondo de propios: la parte destinada á labor, se emplea un año en cereales, otro en maiz, y el tercero en habas, y asi sucesivamente alternando, á lo cual en el pais se da el nombre de tres manos. PROD.: trigo, cebada, avena, maiz, habas, legumbres, hortaliza y frutas; cria ganado lanar, cabrio: y el mular y vacuno necesario para la labranza: POBL.: 22 vec., 129 alm.: CONTR.: con el valle.

ALLIN: (tambien se dice LIN): valle de la prov., aud. terr. y c. g. de Navarra, merind. y part. jud. de Estella, dióc. de Pamplona: SIT. en terreno desigual, con libre ventilacion y CLIMA saludable: comprende los pueblos de Amillano, Aramendia, Artavia, Arteaga, Arveiza, Echavarri, Eulz, Galdeano, Ganuza, Larrion, Muneta, Metauten, Ollogoyen, Ollobarren, Zufia, y Zubielqui. Confina por N. con el de Amescoa Baja (1 1/4 leg.), por E. con el de Yerri (1 1/2), por S. con el térm. de Estella (1 1/4), y por O. con Valle de Ega (1): tiene de estension de N. á S., por donde mas se ensancha que es por Arveiza (1 1/4), y de E. á O. (1 1/2) desde el puerto de Echavarri hasta Ollogoyen. El TERRENO participa de monte y llano, es fértil y delicioso hácia el E. Se halla cortado de altos riscos, donde se crian diversos árboles, arbustos, maleza y abundantes pastos para toda clase de ganados; le atraviesan los r. *Urederra* y *Ega*, los cuales aislan el monte de San Gregorio, menos por el lado del O.; sus aguas, engrosadas con las de varias fuentes que brotan en el valle, y las que descienden de las montañas de Montejurra y Monjardin, riegan varios trozos de terreno, y dan impulso á distintos molinos harineros. Ademas de los caminos que conducen de pueblo á pueblo, cruzan el valle los de Pamplona á Nazar de Tudela, á Estella, y el que dirige de Estella á Vitoria, todos los cuales son de herradura. PROD.: trigo, cebada, avena, centeno, aceite, vino, castañas, patatas, legumbres, hortaliza, frutas y cáñamo; cria ganado vacuno, lanar y cabrio; hay caza mayor y menor en sus montes. POBL.: 272 vec., 490 alm.: CAP. PROD.: 501,357 rs.

ALLO: v. con ayunt. de la prov., aud. terr. y c. g. de Navarra, merind. y part. jud. de Estella (2 leg.), dióc. de Pamplona (8), arciprestazgo de la Solana.: SIT. á la márg. der. del r. *Ega*, en un llano y al pie del cerro ó cord., llamada *Monte Jurra*, donde la combaten principalmente los vientos del N. Su CLIMA, por la variedad de temperatura, es propenso á enfermedades reumáticas y del pulmon. Tiene 300 CASAS de buena fábrica, entre ellas la consistorial; cárcel pública, y 1 posada; escuela de primeras letras á la que concurren 80 niños, cuyo maestro se halla dotado con 4,000 rs.; otra, dirigida por una maestra dotada con 2,000, á la cual asisten 90 discipulas para instruirse en las labores propias de su sexo. Hay una igl. parr. dedicada á la Asuncion de Ntra. Sra., servida por un cura titulado vicario y algunos beneficiados; el curato es perpétuo y se provee por el diocesano en concurso general; el edificio es de muy reciente construccion con una sola nave, sin torre, ni otra particularidad digna de notarse. Para surtido de los vecinos hay una fuente abundante, cuyas aguas, aunque algo duras, son saludables. El primer edificio que se encuentra en el pueblo, viniendo desde Estella por la parte del N., es una ermita dedicada al Sto. Cristo de las Aguas, cuya imágen es muy venerada por los hab. Confina el TERM. por NE. y O. con el de Dicastillo (1/4 leg.), y por E. con el de Lerin (1 1/2). El TERRENO en general es llano, aunque por el lado del N. tiene algunas pequeñas eminencias cubiertas de olivos: le baña el espresado r. Ega, que sirve de linea divisoria entre este térm. y el bosque de Baigorri, propiedad de los señores duques de Alva: sus aguas dan impulso á un molino harinero construido en sus márg., perteneciente á los propios, y sirven para regar algunos trozos de tierra; abraza el térm. unas 36,000 robadas, de las cuales se cultivan 25,000; reputándose 50 como de primera calidad, 20,000 de segunda y 1,950 de tercera: las de primera se destinan á legumbres, verdura y forrage, las de segunda á cereales, y las de tercera á centeno y avena; el trigo y centeno dan de producto 4 por 1, la cebada 10 y la avena 5; y se dejan descansar cada año mas de 1,000 robadas; entre las tierras de labor tambien se cuentan 2,000 robadas plantadas de viña y 3,000 de viña y olivar. Hay ademas un monte llamado de Ezquibel, donde se crian buenos pastos para el ganado; y un bosquecito poblado de encinas. Cruzan el térm. los CAMINOS que conducen á Sesma, Estella, Dicastillo y Pamplona; los primeros en buen estado, el último pantanoso en tiempo de lluvias. La CORRESPONDENCIA se recibe de Estella por medio de un peon pagado por el ayunt.: llega y sale los lúnes, mártes, jueves y sábados. PROD.: trigo, cebada, avena, centeno, vino, aceite, hortaliza y legumbres; cria ganado lanar y cabrio, aunque en mediana cantidad por la escasez de yerbas; y el mular y vacuno indispensable para las labores; hay caza de liebres, conejos y perdices, y pesca de barbos, anguilas y pocas truchas en el r. Ega.: IND.: ademas del mencionado molino harinero, hay otros 6 de aceite: POBL.: 229 vec., 1,364 alm.: CONTR.: incluso el PRESUPUESTO MUNICIPAL, son 39,112 rs. Esta v. es patria del Illmo. Sr. D. Gerónimo Torres, ob. de Lérida.

ALLO: cas. en la prov. de Lugo, ayunt. de Taboada y felig. de Santiago de *Esperante*. (V): POBL.: 1 vec., 5 almas.

ALLO: l. en la prov. de la Coruña, ayunt. de Zas y felig. de San Pedro de *Allo*. (V).

ALLO (SAN PEDRO DE): felig. en la prov. de la Coruña (9 leg.), dióc. de Santiago (8), ayunt. de Zas, y part. jud. de Corcubion (6): SIT. en el alto de una montaña, dominada por todos los vientos: su CLIMA frio, pero sano: comprende los l. de Allo, Casanova, Cebolla, Muriño, Pombal, Regalados y Torres: la igl. parr. (San Pedro) es mediana, y el curato de provision ordinaria: el cementerio capaz y bien ventilado: el TÉRM. confina con las felig. de Pazos, Borneiro y Bayo; abunda de escelentes aguas: el TERRENO es feráz y productivo: los CAMINOS malos: el CORREO lo recibe de la cap. del ayunt.: PROD.: trigo, centeno, maiz, patatas, legumbres, hortalizas y algunos frutales: cria ganado vacuno, lanar, mular y de cerda; hay alguna caza, y su IND. consiste en la agrícola: POBL.: 38 vec., 188 alm.: CONTR. con su ayunt. (V).

ALLOBONE: (V. ALABONA).

ALLON: l. en la prov. de la Coruña, ayunt. de Villarmayor y felig. de San Pedro de *Grandal*. (V): POBL.: 7 vec., 30 almas.

ALLON: en el anónimo de Rávena por *Alonæ* (V.).

ALLONCA: ald. en la prov. de Lugo, ayunt. de Fuensagrada y felig. de Sta. Maria de *Allonca*. (V). POBL.: 6 vec., 28 almas.

ALLONCA (STA. MARIA DE): felig. en la prov. de Lugo (10 leg.), dióc. de Oviedo (24), part. jud. y ayunt. de Fuensagrada (1): SIT. en los confines de su prov. con la de Oviedo: CLIMA frio y sano por la buena ventilacion que disfruta: comprende los l. y cas. de Allonca, en el cual se halla sit. la igl., Braña, Campos, Frontal, Lamas, Muiña, Pantaras, Pumeda, Quintela, Relayo, Tronsa, Villarello y Allonquiña; este último recibe los Sacramentos de la felig. de Santa Maria de Trabada (Asturias), reunen sobre 50 CASAS muy medianas: la igl. parr. (Sta. Maria) es aneja de San Martin de Suarna, de la órden de San Juan; su TÉRM., que abraza unas 1,000 fan. en toda su estension, confina por E. con la mencionada felig. de Trabada, por N. y S. con la de Santa Maria Magdalena de Fonfria, y por O. con la de San Pedro de Neiro: el TERRENO es de mediana calidad, y aunque abundante en aguas, disfruta de poco regadio por la altura de su situacion; tiene no obstante buenos prados y bastante arbolado: los CAMINOS son locales y muy abandonados: el CORREO se recibe en Fuensagrada los domingos y miércoles, de cuyo punto sale los lúnes y jueves: PROD.: centeno, maiz, patatas, algunas legumbres, castañas y pocas frutas y hortaliza: cria ganado vacuno, lanar, cabrio y de cerda; hay alguna caza de perdices, palomas y otras aves: su IND. consiste en la agrícola y pecuaria, y varios molinos harineros: POBL.; 59 vec.: 365 alm.: CONTR. con su ayunt. (V.).

ALLONE: (V. ALABONA).

ALLONES: l. en la prov. de la Coruña, ayunt. de Bugalleira y felig. de San Felix de *Allones* (V.).

ALLONES: r. de la costa de Galicia que fué mencionado por Ptolomeo con el nombre Via (V.).

ALLONES (SAN FELIX DE): felig. en la prov. de la Coruña (7 leg.), dióc. de Santiago (8 1/4), part. jud. de Carballo (3), y ayunt. de Bugalleira: SIT. en parage alegre y ameno, á la márg. der. del r. á que da nombre: su CLIMA sano: comprende los l. de Allones y Tella; la igl. parr. (San Felix) es regular y está servida por un cura parr. de provision ordinaria; el cementerio capaz y ventilado. El TÉRM. se estiende 1/2 leg. bañada por el SO. por el indicado r.: confina con las felig. de Tallo, Caspindo, Cesullas y Esto: el TERRENO es feraz y productivo: tiene una hermosa y despejada esplanada, toda de labrantio: los CAMINOS son vecinales y medianos: el CORREO lo recibe de la cap. del part. PROD.: trigo, maiz, mijo, patatas, habas y lino; se encuentran algunos frutales y un poco de viñedo; no carece de pesca ni de caza, aunque no muy abundante: cria ganado vacuno, mular y de cerda: IND.: la agrícola, curtidores y zapateros: POBL.: 166 vec.: 774 alm.: CONTR. con su ayunt. (V.).

ALLONES ó RIO GRANDE: r. en la prov. de la Coruña que nace entre los confines de los part. jud. de Ordenes y Carballo en la Braña de Zudre y fuente de Miguel Vilar. Su curso es perenne y de mas de 6 leg., engrosándose notablemente con las aguas que recibe en el tránsito. Toma varios nombres, segun las parr. que baña y otras que limita, siendo el mas general *Allones*, sin duda porque en sus inmediaciones termina. Desde su nacimiento corre en direccion al NNE. por el part. de Carballo, marcando una curva por la parr. de Cerdeda y sirve de linde con la de Soandres hasta dividir á esta de la de Enrobas, y separa en un pequeño trecho á Soandres de Meirama. Toma entonces la direccion al O. y recibe las aguas de Meirama, y atravesando por térm. de Soandres deja á esta parr. y pasa á la de Erboedo, separándola de la de Coiro por dist. de 1/2 cuarto de leg., quedando su igl. á la márg. izq. y Erboedo á la der., se dirige á la de Leston y á la der. deja la igl. y todos sus l.: continúa por la de Torás, formando un triángulo; se introduce en las de Golmar y Vilaño que atraviesa muy cerca de su igl. Llega á la felig. de Berdillo y pasando á la de Lemayo, recorre un pequeño triángulo irregular entre Berdillo y Bertoa, quedando la igl. y toda la pobl. á la der. Sigue bañando por su izq. gran parte de monte y dos l. de Bertoa, y por la der. á la igl. y los demas l. de que se compone esta parr. Se introduce en el térm. de la de Carballo por entre la igl. y el l. de los Baños; continúa á Sisamo donde se le agrega otro r. mas fuerte llamado *Puente de Lubiñn*, que unidos siguen hasta el punto denominado de Barcia, donde dejan á la parr. de Oca á la izq.; y encontrando el puente de Ceide, que tiene tres ojos y sirve para la gente de á pie, separan la felig. de Javiña de la de Goyanes que queda á la der. formando lím. entre esta y la de Canees; corre entre las de Verdes y Ceréo, que deja á la izq., y entra en Tornes, á cuya parr. separa de la de Ceréo hasta el pozo de Sta. Marina, en cuyo punto finalizan los térm. de ambas: marcha despues separando los de Langueiron y Tallo á la der. de Corcoesto, que atraviesa, dejando á esta márg. el l. de Cardeso de la misma felig., y en donde está el puente de su nombre para gentes y caballerías. Córre en fin limitando las felig. de Esto y de Allones, y dejando la igl. y pobl. á la márg. der., continúa sirviendo de lím. de Esto y Cesullas, como lo es tambien de la de Allones y Caspindo que quedan á la der. hasta mas abajo del puente Coso, en donde desagua en el mar Cantábrico; por la ria de los puertos de Lago y Corne. Produce este r. escelentes truchas y fertiliza con su riego todo el pais que recorre y desde la union con el Lubian, se pescan grandes y ricos salmones, reos y lampreas que tienen mucha estimacion en los pueblos y mercados inmediatos. Hay sobre este r. 6 puentes que se llaman Gargá de Ceide, Verdeos, Dona, Cardeso, Albones y Ceso; los dos primeros y el último de piedra, y los tres restantes de madera; no obstante en lo general es vadeable en todo su curso.

ALLONQUIÑA: l. en la prov. de Lugo, ayunt. de Fuensagrada y felig. de Sta. Maria de *Allonca*, aunque en lo espiritual pertenece á Sta. Maria de *Trabada* en Oviedo.

ALLOTRIGAS; variante del nombre *Antrigonez* que aparece en Estrabon (V. ANTRIGAS Y ANTRIGONES).

ALLOZ: granja en el valle de Yerri, prov. de Navarra, merind. y part. jud. de Estella, ayunt., térm. jurisd. y á 1/4 de leg. E. del pueblo del mismo nombre (V.).

ALLOZ: l. con ayunt. en el valle y arciprestazgo de Yerri de la prov., aud. terr. y c. g. de Navarra, merind. y part. jud. de Estella (1 1/2 leg.), dióc. de Pamplona (5 1/2): SIT. á la márg. der. del r. *Salado* en la falda de una pequeña eminencia llamada de las *Peñas*, donde le combaten principalmente los vientos del N. y S.; el CLIMA es templado y bastante sano, si bien á las veces suelen desarrollarse algunas calenturas estacionales. Tiene 24 CASAS, una escuela de primeras letras á la cual asisten 36 niños de ambos sexos, cuyo maestro se halla dotado con 60 robos de trigo: y una igl. parr. bajo la advocacion de Sta. Maria de Eguiarte, de la que es abad el arcediano de este título, dignidad de la Sta. igl. cat. de Pamplona: sirve el culto un vicario y un beneficiado. Debe notarse respecto de esta parr., que tambien es la del pueblo de Lacar, cuya circunstancia proviene, segun tradicion, de que la imágen que se venera en aquella, se apareció en la muga de los dos pueblos Alloz y Lacar, por lo cual cada uno de ellos pretendia llevársela, cuya disputa se puso en conocimiento del diocesano, quien decidió que en el mismo sitio de la aparicion se construyese la igl. parr. de ambas pobl.: asi se verificó y se halla el edificio en el térm. divisorio de las mismas. Tambien se asegura tradicionalmente que durante la dominacion sarracena sirvió de hospital para los cristianos, y parece corroborar esta idea la multitud de sepulcros de piedra que se han descubierto donde hay esqueletos y algunos de estos con rosarios. En el centro del pueblo hay una cruz dedicada á San Miguel Arcángel, sin particularidad que merezca notarse; en las inmediaciones y hácia el O. una fuente de piedra con una pila para lavar, y algo mas distante por la parte del N. otra llamada de San Miguel, cuyas aguas de buena calidad aprovechan los hab. para surtido de sus casas. Confina el TÉRM. por N. con el de Arizala (1/2 leg.), por E. con el de Garisoain (22 minutos), por S. con el de Lacar (8), y por O. con el de Murillo (5/4 de leg.). Le baña el espresado r. Salado en su curso tortuoso de N. á SE.; sobre el mismo hay un puente de madera para pasar á la granja llamada de Alloz; sit. en su márg. izq., y en la cual hay una casa con varios hab. ó colonos, cuyo edificio y huerta perteneció al monast. de monges bernardos de Iranzu: á la der. del r. existe un pequeño campo llamado Donamaria, dominado por una eminencia interpuesta entre el pueblo y el r. á la que dan los naturales el nombre de Romeral. El TERRENO es muy escabroso y cubierto de medianas alturas, donde se crian viñas, y en la mayor parte aliagas, arbustos y buenos pastos para el ganado. Ademas de los CAMINOS locales de herradura hay uno carretero que desde la pobl. pasa por la granja, y dirigiéndose constantemente hácia el SE. va á enlazarse con la carretera real, dist. 1/2 hora: es muy pedregoso y lleno de lodo. La CORRESPONDENCIA se recibe de Estella por un balijero, llega y sale los juéves y domingos: PROD.: poco trigo, cebada, centeno, legumbres, hortaliza, aceite y mucho vino; cria ganado de cerda, vacuno, lanar y cabrio; hay caza de liebres y perdices, y pesca de bárbos, anguilas y truchas, acaso las mejores de Navarra, no obstante la calidad demasiado salobre de las aguas del r.: COMERCIO: la estraccion de vino que en considerable cantidad realizan los arrieros para las prov. Vascongadas: POBL.: con la granja 27 vec.: 163 almas.

ALLOZA: l. con ayunt. de la prov. de Teruel (18 leg.), part. jud. de Hijar (4), adm. de rent. de Alcañiz (4 1/2), aud. terr., c. g. y dióc. de Zaragoza (14 1/2): SIT. á la márg. der. del arroyo llamado *Escorisa*, en un llano rodeado á muy corta dist. de unas colinas no muy elevadas que no impiden la libre circulacion de los vientos; y hacen su CLIMA muy sano. Tiene 380 CASAS, en general de dos pisos y buena distribucion interior; forman varias calles de regular anchura, bien empedradas y limpias, y 2 plazas, una denominada de San Blas y otra del Hospital, por el que sin duda debió existir en ella en algun tiempo: hay una escuela de primeras letras dotada con 3,000 rs. vn., á la que asisten 50 niños; otra de niñas cuya maestra enseña á las 30 discípulas que la frecuentan, las labores propias de su sexo; esta se halla dotada con 1,000 rs. vn., y ambas se pagan de los fondos de propios; hay tambien casa municipal, cárcel y una igl. parr. bajo la advocacion de la Purisima Concepcion, servida por un cura, 7 beneficiados, de los cuales solo existen 3 desde el año 1833, y un sacristan; el curato, de la clase de rectorias, es de cuarto ascenso y su provision corresponde á S. M. ó al diocesano, segun los meses en que vaca, mediando oposicion en concurso general; el edificio ocupa un punto despejado en la parte mas alta del pueblo; es bastante súntuoso, con 3 naves espaciosas, buen altar mayor de dos cuerpos y linda torre. Fuera de la pobl. y en sitio ventilado se halla el cementerio. Confina el TÉRM. con los de Ariño, Oliete, Crivillen, la Mata y Andorra; abraza su circunferencia 1 1/2 hora y dentro de ella se encuentran á dist. de 1/2 cuarto de hora del pueblo el magnífico sepulcro del Señor, cuya divina imágen de perfecta escultura, encerrada en una preciosa urna de cristales, ocupa el centro de un chiquito, pero hermoso templete, sostenido por 4 bellas columnas de mármol negro de órden jónico, con sus chapiteles y basamentos de bronce dorado muy bien concluidos; y 4 ermitas conocidas con los nombres de los santos Cristóbal, Toribio, la Virgen del Pilar y San Miguel, y San Gregorio, esta última á dist. de 1/2 hora: tambien se encuentra en la misma circunferencia la venta llamada de Sta. Bárbara. El TERRENO es de monte y huerta; por la parte de Crivillen y la Mata, cruzan algunas cord. cubiertas de pinares y abundantes yerbas de pasto, y se benefician muchas minas de alumbre cuya clarificacion deja á los vec. crecidas utilidades; lo demas es mas llano, de buena calidad y feraz; se cultivan con 500 caballerias de labor mas de 3,000 cahizadas de tierra poblada en gran parte de moreras, olivos, otros árboles frutales y estenso viñedo; la huerta es muy corta y estrecha por no permitir mas ni el terreno, ni las escasas aguas del arroyo arriba mencionado que es el que proporciona el riego, ademas de servir para todos los usos del vecindario. Los CAMINOS son todos locales y de herradura, se hallan en buen estado. La CORRESPONDENCIA se recibe por balijero, llega los sábados á las 3 de la mañana y sale los domingos á la misma hora: PROD.: vino, aceite, trigo, cebada, seda, hortalizas, frutas, legumbres y cria ganado lanar; IND. Y COMERCIO; hay 8 fáb. de alumbre y un molino de aceite: POBL.: 270 vec.: 1,082 alm.: CAP. IMP.: 155,950 rs. Entre los pinares de este l. se refugiaron en agosto de 1834, los gefes carlistas Cabrera y Carnicer con su gente, para libertarse de la persecucion de las tropas de la Reina. Carnicer fué atacado entre *Alloza* y Verge: tuvo en esta accion mas de 40 muertos; casi todos los heridos que cayeron prisioneros fueron fusilados sobre el campo de batalla. Cabrera para emprender su viaje á Navarra en enero del año 1835, se ocultó en Alloza por estar de acuerdo con un rico labrador del mismo, quien le proporcionó dinero y pasaporte y le acompañó en el viaje, saliendo en 27 de dicho mes con una mujer de 30 á 40 años, carlista fervorosa. En abril del mismo año, Cabrera desde Ejulve se dirigió á Alloza con su gente y la de Quilez, recogiendo en esta correria gran cantidad de víveres y aumentando sus filas hasta el número de 390 infantes y 30 caballos. En 23 del mismo abril, se hallaba en los pinares de este l. el mismo caudillo carlista cuando divisó la columna de la Reina á las órdenes del brigadier Nogueras; salió del pinar y en la llanura fue atacado, no con los mejores resultados: pues que falleció en esta jornada el bravo coronel Zabala.

ALLOZAR: cot. red. en la prov. de Jaen, part. jud. de Ubeda, térm. jurisd. y á 1 leg. E. de la *Torre de Pero-Gil* (V.); fue concedido por el rey Felipe III á Rui-Diaz de Molina, con titulo de villazgo y facultad de poblarlo si queria, y aun de aumentar el térm. señalado, mediante un servicio pecuniario por cada cuarto de leg. que solicitase y adquiriese: hasta el año 1819 tuvo alc. m., nombrado por los Sres. Zayas, sus legítimos poseedores, y ejercia jurisd. ordinaria sin otra dependencia que la de la Chancilleria de Granada, habiéndose dado caso de ajusticiar en él á un delincuente que cometió un asesinato dentro de su térm. Caducados estos privilegios, la enunciada v. de la Torre reasumió la jurisd. del coto, confundiéndola con la suya en los térm. en que hoy se encuentra.

ALLOZARES: dos deh. contiguas en la prov. de Toledo, part. jud. de Torrijos, térm. de la Puebla de Montalban: SIT. 1/4 leg. al S. de esta v. se distingue cada una con la denominacion de Allozar de Toledo y Allozar de la Puebla: la primera comprende 1,000 fan. de tierra destinada á pastos; la segunda 600 de labor; no tienen casa ni cosa notable mas que abundancia de liebres.

ALLOZOS (LOS): dos cas. en la prov. de Ciudad-Real, part. jud. de Villanueva de los Infantes, térm. de Alhambra: SIT. á 1 leg. de esta v.: tienen 4 CASAS cada uno, entre ellas una bastante capaz con oratorio y buenas comodidades; se hallan muy próximos uno de otro, por cuya razon se comprenden bajo un mismo nombre; tienen buenas tierras de labor, y abundancia de caza de perdices.

ALLS (SAN CIPRIA DELS): l. de la prov., part. jud. y dióc. de Gerona (3 1/2 leg.), aud. terr. y c. g. de Barcelona (17). SIT. en medio de varios cerros, en parage fuertemente combatido por los vientos del N., bajo un cielo alegre y despejado; su CLIMA es muy saludable. Tiene 15 CASAS y una igl. parr. bajo la advocacion de San Cipriano, cuya fiesta se celebra el dia de su Conmemoracion con solemnes cultos y públicos festejos; la sirve un cura párroco cuya vacante se provee por el ordinario, prévio concurso general. Confina el TÉRM. por el N. con el de Cruillas, por el NE. y E. con los de San Pol y Calonge, por el S. con el de Romañá, y por el O. con el de San Ciprian de Lladó: el TERRENO montuoso y [illegible] áspero, es de regular calidad á pesar de carecer de riego: hay en él algunos trozos de bosque, arbolado de mata baja, útiles para combustible, pastos para el ganado y mucha parte de él poblado de alcornoques, principal riqueza del pais, cuyo arbolado produce anualmente mas de 7,000 libras, moneda de Cataluña (10 rs. 20 mrs. vn. cada libra), por el corcho que se estrae de él. Se cultivan 100 vesanas de primera calidad, 200 de segunda y 400 de tercera: PROD.: trigo, legumbres, aceite, vino, pocas hortalizas, mas de 600 qq. de patatas, de superior calidad, y muy buena [illegible]. Cria ganado lanar, vacuno y cabrio, en bastante número la última especie: POBL.: 15 vec., 92 alm.: CAP. PROD.: 1.519,200 rs. IMP.: 37,980 reales.

ALLUE: l. con ayunt. de la prov. de Huesca (9 leg.), part. jud., adm. de rent. y dióc. de Jaca (4), aud. terr. y c. g. de Zaragoza (18): SIT. sobre una colina á la márg. izq. del r. *Basá*, libre á la influencia de todos los vientos, con cielo alegre, despejada atmósfera y CLIMA saludable. Tiene 5 CASAS, con mas la municipal muy deteriorada, y una igl. parr. bajo la advocacion de San Juan Bautista: el curato es perpétuo y lo provee S. M. ó el diocesano en concurso general; junto á la igl. en parage bien ventilado, está el cementerio; hay fuentes de buenas aguas para el uso de los vec.; las bestias y ganados abrevan en el r. Confina el TÉRM. por el N. con el de San Roman (1/2 leg.), por el E. con Jebra (1/2), por el S. con Abenilla (1 1/2), por el O. con el de Osan (1/2). El TERRENO es de menos que de mediana calidad, flojo, pedregoso y de secano, á pesar de cruzar por él, como ya se dijo, el r. Basa; pues tiene tan profundo su cauce, y corre por un terreno tan peñascoso y desigual, que no se conoce medio alguno de poder elevar sus aguas. Hay monte arbolado, pero de corta estension, y sus pocas maderas son útiles para la construccion de edificios; las mas se aprovechan para el combustible. Tambien es el terreno escaso en yerbas de pasto, lo que unido al alto precio que aquellas han tomado, han reducido los ganados á escaso número de cab.: PROD.: trigo, cebada, mijo y avena; POBL.: 5 vec., 4 de catastro, 41 alm.: CONTR.; 1,275 rs. 14 mrs.

ALLUEVA: l. con ayunt. de la prov. de Teruel (12 leg.) part. jud. de Segura (2 1/2), adm. de rent. de Calamocha (2 1/2) aud. terr., c. g. y dióc. de Zaragoza (13): SIT. en medio de un valle, donde le baten libremente todos los vientos: tiene 24 CASAS y una igl. parr., bajo la advocacion de la Asuncion de Ntra. Sra., servida por un cura, cuya plaza es de primer ascenso, y se provee por S. M. ó el diocesano mediante oposicion en concurso general: se compone el edificio de una sola nave, sólida y de buena fáb., con 5 altares bien adornados: confina el TÉRM. con los de Fonfria, Rodillas, Torrecilla y Sacedillo, dist. sus lim. por cada uno de los cuatro puntos cardinales, 1/2 hora poco mas ó menos: hácia el lado del N. se eleva una cord., llamada la Muela, en la que hay un gran monte pinar que da el combustible necesario para el consumo, y maderas útiles para la construccion de edificios y tablazon, ademas de criar abundantes yerbas de pasto; brotan en ella tres fuentes de buenas aguas, y forman un riach., que descendiendo por el lado que llaman pártida de los Villares, sirve para poner en movimiento las ruedas de un molino harinero, y se une con el r. *Aguas* en el térm. de Huesa: hay tambien 2 dehesas que tienen bastante yerba de pasto, las cuales se utilizan solo en el verano, por ser punto que la nieve hace intransitable en el invierno. El TERRENO, en parte llano y en parte montuoso, es de mediana calidad: las tierras que se cultivan son poco mas ó menos 24 yugadas de primera clase, 200 de segunda y 490 de tercera. Los CAMINOS son de herradura y se hallan en buen estado. PROD. trigo, cebada, avena, maiz y poca hortaliza; cria maderas, ganado lanar, algun cabrio y caza. POBL. 23. vec., 92 alm. CAP. IMP. 27,200 rs. vn. CONTR. 3,500.

ALLURRIAGA: barrio en la prov. de Alava, del ayunt. y térm. de *Amurrio* (V.): POBL. 10 vec., 52 almas.

AMACA: Ptolomeo presenta, en la region de los astures, una república con este nombre, cuya c. principal era *Asturica*. El nombre *Amaca* es tomado del primitivo hebreo, en el que *amakim* significa los *valles hondos* (V. ASTURICA).

AMACAS (PUNTA DE): punta en la isla del Hierro, y la mas set. y saliente de esta parte de la isla.

AMACASTA: en la donacion de varios cast. y v., hecha por D. Rodrigo de Lizana á 29 de setiembre de 1241, en favor del maestre del hospital, Fray Ugo do Folcalquer, y en él á su órden, aparece *Amacasta*.

AMACI: Gentilicio de *Amacá* (V.).

AMACOS: Ptolomeo nombra á los Amacos en la region de los astures, diciendo, ser su c. *Asturica* (V. ASTURICA Y AMACA).

AMADO: arroyo conocido vulgarmente con el nombre de Majadilla de Amado, en la prov. de Málaga y part. jud. de Estepona: nace en la cumbre del part. de Estercal, térm., y á 1/2 leg. de Jubrique, y despues de bañar sus tierras se incorpora con el arroyo llamado tambien Estercal.

AMADO; l. en la prov. de Orense, ayunt. de Padrenda y felig. de San Juan de *Monteredondo* (V.).

AMADORES (CUARTO DE): granja de la prov. de Albacete, part. jud. de La-Roda, térm. jurisd. de *Munera*.

AMADORIO: riach. en la prov. de Alicante, part. jud. de Villajoyosa, el cual tiene origen en las raices y vertientes orientales del monte Cabesó; corre únicamente en invierno ó tiempos de lluvias, y lleva sus aguas al pantano llamado de Villajoyosa, sit. en el térm. de *Relleu* (V.).

AMADOS: cas. en la prov. de Pontevedra, ayunt. de Gondomar y felig. de San Miguel de *Peitieiro* (V.).

AMAGO: ald. en la prov. de Oviedo, ayunt de Gangas de Tineo y felig. de Sta. Marina de *Obancá* (V.).

AMALAIN: granja del valle de Atez en la prov., aud. terr. y c. g. de Navarra, merind., part. jud. y dióc. de Pamplona (2 leg. N. O.) arciprestazgo de Anue, parr. de Erice, y ayunt. de Ciganda: SIT. en una altura con libre ventilacion y CLIMA sano. Consta de una sola CASA, y confina el TÉRM. por N. con el de Gascue (1 leg.), por E. con el de Eguaras (1/4), por S. con el de Marcalain (1/2), y por O. con el de Ciganda (igual dist.). El TERRENO es bastante árido y estéril; cruza por el camino de herradura, que conduce desde Pamplona á Francia, pasando por Santisteban y Vera. PROD.; con escasez trigo, cebada y avena, y algunas legumbres; pero cria bastante ganado vacuno, lanar y cabrio, el cual se sostiene con las abundantes yerbas y pastos que hay en el térm. POBL.: 1 vec., 8 alm.: CONTR. con el valle.

AMALIA (STA.): l. con ayunt. de la prov. de Badajoz (14 leg.), part. jud. de Don Benito (2), aud. terr. de Cáceres (10), dióc. de Plasencia (23), c. g. de Estremadura, adm. de rent. de Villanueva de la Serena (3): SIT. sobre una pequeña elevacion que antes se llamó «La Fuente de las Magdalenas» le sigue una estensa llanura, hallándose á 1/4 leg. al E. otros cerros que se llaman de la Mesta y Morragorda; y al N. los de Cogolludo, Sierra-Larga y Fortanchin, que estan próximos al arroyo Caganchel: está bien ventilado, y sus enfermedades mas comunes son fiebres intermitentes en el estio y otoño: tiene 257 CASAS, todas de 36 varas de largo y 14 de fondo; las concluidas son de dos pisos y de 6 varas de altura; estan bien alineadas, y forman cuerpo de pobl. en 8 calles, que todas salen de la plaza; las calles tienen 10 varas de ancho cada una, están empedradas desde 1841: la plaza es cuadrada, con 80 varas por frente, incluyendo los huecos de las dos calles de cada uno; y la forman 5 casas en cada lado, escepto el en que se halla la igl. que solo tiene tres; este edificio se halla colocado en la acera de la plaza que mira al O.; tiene bastante solidez, 25 varas de largo y 14 de ancho, sin mérito particular: fue construido por el alarife Fabian Gonzalez desde 1831 á 1837, en que se suspendió la obra; pero fue concluida en 1842, y se consagró en 11 de noviembre del mismo año, bajo el título de Sta. Amalia: hasta el dia es aneja de la de Don Benito; pero la cura de almas está servida por un sacerdote que nombra y paga el ayunt.: inmediata á esta igl. se halla una ermita, que durante la obra de la igl. ha servido para la celebracion de los divinos oficios; fue fundada por Alonso Banda y su mujer Maria Rodriguez, y consagrada el 21 de enero de 1832 por D. Juan Pedro Lozano, vicario ecl. de Medellin: hay casa de ayunt. al frente de la igl., y en ella misma un pequeño local que sirve de cárcel; una escuela elemental completa de instruccion primaria, pagada de los fondos públicos con 200 ducados anuales, y la módica retribucion que satisfacen los 50 niños y 15 niñas que concurren; un gran pozo en el centro de la plaza, otros muy próximos á las casas, llamados de la Magdalena, de la Mesta y de la Laguna de Abajo; algo mas lejos dos lagunas que se llaman de la Cuesta y de los Ladrillos; 9 pozos, mas en diferentes sitios, todos de buenas aguas para el uso de los vec., y por último, el cementerio al N. bien sit. y de suficiente capacidad. Confina el TÉRM. por N. con las jurisd. de Miajadas á 1 1/2 leg., Don Benito á 1/2, Arroyo-Molinos, Alcuescar y Almoharin á 2: por el E. con térm. de Medellin á 1 leg., por el S. con el mismo term. de Medellin á 500 varas, con Valdetorres y Guareña á 1 1/2 leg. y por el O. con este último pueblo á 1 leg.: su total cabida asciende á 10,000 fan., que se dividen en monte y labor: el primero se compone de arbolado de encinas, dividido en dos tercios, denominados, Valdecabrero y Colada de Zambrano, y ademas la sierra de Alico, cubierta de monte pardo de jara, charneca y madroño; el valle del Lobo, el Ejido Gansal, y la plaza de Armas, que todas comprenden 4,000 fan. destinadas á pastos: las otras 6,000 fan. son de terreno labrantio, la mayor parte de tercera calidad: le cruzan el r. *Guadiana* á 1 1/2 leg. del pueblo, en direccion de E. á O.: á 1,500 varas el r. *Búrdalo* en igual direccion, sobre el que hay un molino harinero, y á la parte opuesta el riach. Caganchel: PROD. trigo, centeno, avena, poca cebada, y habas; se mantiene algun ganado lanar, cabrio, vacuno, de cerda, 300 caballerias mayores y menores, 150 colmenas, abundante caza menor, y alguna pesca de peces comunes en los r.: IND.: 9 tejedores de lienzos comunes, un molino harinero y una tahona: POBL.: 250 vec., 960 alm.: CAP. PROD.: 1.535,210 rs.: IMP.: 65,920: CONTR.: 6,606: PRESUPUESTO MUNICIPAL: 13,000, del que se pagan 3,300 al secretario por su dotacion; se cubre con el prod. de 2,050 cab. de yerbas en que consisten los propios. La fundacion de este pueblo es uno de aquellos hechos que prueban cuanto puede el hombre con una constancia firme y una voluntad resuelta. Antonio Lopez, vec. pobre de Don Benito, autorizado y ayudado por otros 99 de la misma clase y vecindad, y algunos de Montanches, se presentó en la Corte en el año pasado de 1826; y por espacio de 28 meses sostuvo la solicitud para el establecimiento de aquella nueva pobl.: el terreno en que estos honrados estremeños idearon la formacion del pueblo, pertenecia á los baldios comuneros del ant. condado de Medellin, y si bien al principio los interesados en estos terrenos miraron con desprecio el asunto, por la ínfima categoria de los pretendientes, no fue lo mismo luego que, hasta con sorpresa, se supo la concesion de aquella solicitud, señalándose á cada vec. terreno para construir casa, y 24 fan. de tierra para si y sus descendientes: á estos 100 pobladores se agregaron luego otros 100, que se han denominado de segunda clase, á los cuales se les ha hecho tambien propietarios, dándoles terreno para construir su casa, y 12 fan. de tierra en propiedad para labrar: ademas del suelo han solicitado el arbolado, y lo han obtenido tambien, con la ventaja de disfrutar los terrenos por si, y no en comunidad como los demas pueblos: han sufrido estos nuevos pobladores muchas calamidades, pues permanecieron á la intemperie mientras construyeron sus casas, y aunque por de pronto edificaron una capillita, como ya se dijo, para oir misa los dias festivos, no tenian concedida licencia por el gobierno ecl. ni para bautizarse, ni casarse; ni aun para enterrar sus cadáveres; teniendo que ir á Don Benito para todas estas funciones: en las escavaciones para la fundacion del pueblo se han encontrado cimientos de edificios, sepulcros de piedra de canteria, y dentro de ellos vasijas antiquísimas de barro y vidrio; y ademas una piedra de Lion perfectamente labrada, de 1 1/2 varas de larga y 3/4 de ancha, la cual fue hallada por uno de estos colonos en el solar de la casa que se le destinó: esta piedra se ha colocado en la fachada de la casa de ayunt. con el lema de «Plaza de la Constitucion.» El Rey D. Fernando VII, al conceder la pobl. de este l., mandó que en el altar mayor de la parr., luego que se edificase, se colocase el Santo de su augusta esposa (Sta. Amalia), el del padre de la misma señora (San Maximiliano) y el de su nombre; lo que así se ha verificado, debido todo á la ocurrencia de los fundadores, de dar á este pueblo el nombre de su Reina, que influyó poderosamente en la concesion de esta gracia.

AMALOBRICA: en el itinerario romano aparece esta ant. pobl. como lugar de descanso en el camino que desde Mérida por Madrid, conducia á Zaragoza. Menciónase entre *Alcella y Septimanca*. Como la ortografia del nombre, es vario el número que espresa su dist. de la primera, segun son las ediciones: unas dan 27 millas, cuyo número adoptó Weleling; otras presentan 22. La dist. que la asigna de *Septimanca* es de 24 millas. Los editores del Morales la redugeron á un desp., llamado *de la Ribera*, ó á un lugarcillo que se denomina *Villalbrojo*; pero si *Albucella* ó *Arbucale* es *Toro*, y *Septimanca Simancas*, como en sus art. veremos, esta reduccion no conviene á ninguna de las dist. que resultan del Itinerario. Tampoco se presenta otra que las llene mucho mejor. Sin embargo, desconfiando de la exactitud de unas y otras, bastando su variedad para suponer error en todas, no es improbable su reduccion á *Torrelobaton*, que la da Cortés, porque al menos presenta vestigios de antigüedad, y las condiciones apetecibles para servir de descanso á los ejércitos romanos; si bien la congetura que Cortés produce del analisis de ambos nombres *Torrelobaton* y *Amalóbrica* ó *Amalóbriga*, que es como debe escribirse, siendo permutables la c y la *g*, no presente el mayor valor; pues, téngase que la voz *briga* pudo convertirse en *torre*, como en *ciudad*, como en *puebla* etc., por ser todas correlativas de la apelativa *briga* de los celtas, en nuestro modo de hablar posterior á la época en que se denominó *Amalóbriga*; pero conviniendo en que la voz *amal*, del hebreo, significa, entre otras cosas, fatiga y trabajo, y *lobat* ó *lobaton* vale igual en el mismo idioma, no aparece razon para que, en tiempos tan posteriores, convirtiese el uso comun aquella voz en esta sinónima. Concédese sin dificultad la correspondencia de Amalóbriga á *Torrelobaton*, y la analogia de los nombres si se quiere; pero no que esta analogia sea una prueba de reduccion. Parece mas probable que en alguna de las grandes vicisitudes, que corriera *Amalóbriga*, perdiese hasta su ant. nombre, dándosele despues otro, aun sin conocimiento de aquel.

AMALOBRIGA: en inumerables casos se han trasmutado la c y la *g*. En el Itinerario romano atribuido á Antonino, aparece una mansion, denominada *Amalóbrica*, en algunas ediciones; *Amallobrica* en otras, doblada la *l*, como tambien se verifica con frecuencia; y como facilmente se conocen dos raices en la composicion de estos nombres: *amal* del hebreo, y *briga* del greco-scythico; debe corregirse *Amalóbriga* (V. Amalobrica).

AMALLO: l. en la prov. de Lugo, ayunt. de Tierrallana del-Valle-de Oro, y felig. de San Juan de *Alaje* (V.): Pobl.: 3 vec., 14 almas.

AMALLO, (ó Renteria de): barriada en la prov. de Vizcaya (8 leg. á Bilbao), una de las que comprende la v. de *Ondarroa* (V.): sit. á la izq. del r. que baja desde Marquina, al cual se une en este punto el arroyo *Amallo*, formado de las vertientes de la sierra de este nombre.

AMALLOA: l. en la prov. de Vizcaya, ayunt. y anteigl. de *Jemein* (V.).

AMALLOBRICA: (V. Amalobriga).

AMAMIO: desp. en la prov. de Alava, part. jud. de Salvatierra, entre los ayunt. de Asparrena y San Millan, como térm comun de los pueblos Albeniz y Araya: se ignora la época de su destruccion, si bien se hace mérito de él en el privilegio llamado de los Votos del conde Fernan Gonzalez: conserva una ermita bajo la advocacion de San Juan, en el sitio que se dice fue la parroquia.

AMANAY: punta en la isla de Fuerte-Ventura, prov. de Canarias, part. jud. de Teguire, al O. de la isla; la forma un ramal de las montañas que recorren la costa desde el NO. al OS.

AMANCE: ald. en la prov. de Pontevedra, ayunt de Golada, y felig. de Santiago de *Eidian* (V.): pobl.: 2 vec., 11 almas.

AMANDE: l. en la prov. de Lugo, ayunt. de Panton, y felig. de San Vicente de *Pombeiro* (V.): pobl.: 27 vec., 138 almas.

AMANDI: l. en la prov. de Lugo; ayunt. de Sober y felig. de Sta. Maria de *Amandi* (V.): pobl.: 18 vec., 93 almas.

AMANDI: r. en la prov. de Oviedo, part. jud. y ayunt. de Villaviciosa: se forma en el sitio de Balbucar, térm. de la parr. de Amandi, en donde se juntan los que bajan de Cabranes, part. del Infiesto, y de Sietes por la Vega; desde dicha confluencia toma propiamente el nombre de r. Amandi, fertilizando el terreno hasta la represa del Retromar, siguiendo por entre las felig. de Villaviciosa y Gazanes hasta Buetes, en donde toma el hombre de r. Linares, y va á perderse á la Rada del Puntal, despues de haber recorrido unos 7/4 de leg. desde su origen: tiene 4 puentes de piedra, uno en Balbucar, otro en Labares, otro en San Juan de Amandi sobre la carretera de Villaviciosa á Oviedo, y el otro en Buetes: el primero es ant., se halla en mal estado y sirve de paso para Villaviciosa, parr. de Lugás y conc. de Cabranes; el segundo se principió el año de 40 y aun no está concluido, por no haber bastado el primer presupuesto que se les concedió para su construccion; es de un ojo, y sirve tambien de paso para Villaviciosa á Labares y parr., que están á la parte del mediodia de su sit.; el tercero es ant. de un arco, y se ignora la fecha de su construccion; á uno y otro lado del puente hace un repecho bastante embarazoso para los transeuntes: el cuarto y último, sit. en el camino de Villaviciosa á Gijon, es tambien ant., de dos ojos, buena construccion y medianamente conservado: sirve de paso para las felig. que se encuentran hácia la marina: el indicado r. en su mayor anchura tiene 7 varas, y de profundidad unos dos pies: prod.: truchas, anguilas y mugiles.

AMANDI (Sta. Maria de): felig. en la prov. y dióc. de Lugo (11 leg.), part. jud. de Monforte (2), y ayunt. de Sober: sit. hácia la ribera del Sil, en clima sano; reune sobre 56 casas medianas distribuidas en las ald. y barrios de Albar, Aldea de Abajo, Aldea de Arriba, Amandi, Canton, Cortina, Gudin, Lameiro, San Pedro y Vigo. La igl. parr. (Santa Maria) es pobre, y está servida por un curato de entrada y de patronato real y ecl. El térm. confina por N. y O. con el de San Julian de Lobios, por E. con San Martin de Doade, y por S. el indicado r. Sil, que contribuye á fertilizar el TERRENO: este es de mediana calidad: los CAMINOS son malos y el CORREO se recibe por Monforte. PROD.: vino, centeno y castaña: cria algun ganado: su IND. la viñera, cuya sétima parte del prod. percibia el cabildo de Lugo por via de patronato: POBL.: 60 vec.; 306 alm.: CONTR. con su ayunt (V.).

AMANDI (SAN JUAN DE): felig. en la prov. y dióc. de Oviedo (6 leg.), del arciprestazgo, part. jud. y ayunt. de Villaviciosa (1/4): SIT. en terreno quebrado con buena ventilacion y CLIMA sano: comprende las ald., barrios y cas. de Abayo, Algara, Amandi, Balbucar, Biaño, Bitienes, Bozanes, Campos, Casquita, Ferreria, Gordinayo, Labares, Obaya, Palacio, Poladura, Quinta, Ribera y Ribero; el primero se encuentra aislado entre las felig. de San Andrés de Bedriñana, Villaviciosa y Cazanes; reunen entre todos unas 180 CASAS, en su mayor parte bajas y terrenas, si bien las hay elevadas y cómodas, con especialidad en el valle que se estiende desde Casquita hasta Retromar por donde pasa la carretera de Villaviciosa, y en cuyo tránsito encuentra el viajero pintorescas y agradables vistas, tanto por sus diversas y frondosas arboledas, cuanto por la variedad que ofrecen las tierras destinadas á prados y cultivo; la ígl. parr. (San Juan Bautista), cuyo curato es de segundo ascenso y de patronato real, está colocada en una altura y como á tiro de fusil de la carretera. Es un edificio de bastante solidez y acaso de los mas preciosos que se conservan de la arquitectura, generalmente usada en Asturias antes del siglo XII: el cuerpo principal de la igl. es una nave paralelógrama de 51 pies de long., 25 1/2 de lat., con 35 de elevacion hasta la bóveda, sostenida por arcos de piedra labrada y de grano, los cuales se cortan por su centro ó vértice formando ángulos esféricos que distribuidos de dos en dos á proporcionadas distancias, se estienden por todo el largo de la bóveda desde el arco toral hasta el estremo opuesto: en los intermedios hay en cada uno otro arco cuyas cuerdas serian líneas rectas paralelas entre si, tiradas de las paredes laterales, y las de los cruzados diagonales, cortándose en ángulos rectos; unos y otros arcos descansan, segun la direccion que respectivamente marcan, en las paredes de los costados, y en estas, en correspondencia con los ángulos que trazan los arcos, se perciben nichos de arcos apuntados, en varios de los cuales hay abiertas ventanas ó luceras para dar luz á la igl.; en los vértices de los arcos de la bóveda se notan florones redondos como de un pie de diámetro. Está arcada divide la superficie de la bóveda en ángulos esféricos de caras cóncavas ó de medio cañon en la figura que describen. Los cuatro altares que tiene la igl. dos á la der. dedicados á Ntra. Sra. del Rosario y al Santo Cristo, y los de la izq. á la Virgen del Cármen y San Antonio de Padua, son de sencilla construccion. La sacristia se halla separada y á la parte del mediodia, pero comunica con la igl. por una puerta sit. cerca del arco toral, y entre los indicados altares del Rosario y Santo Cristo; tiene 30 pies de largo, 18 1/2 de ancho y 25 de elevacion hasta la bóveda, que es igual en su arquitectura, á la que cubre á la igl. La capilla mayor es una obra trabajada con todo esmero y de un gusto esquisito: en ella se notan á la par que gentileza y solidez, arregladas proporciones y la bella y acertada distribucion de su profuso ornato; y no puede menos de admirarse que en la época á que pertenece, ó en la que al menos se sabe que ya existia, se hiciese una fáb. tan acabada como primorosa y perfecta: su figura es la de un cuadrado de unos 16 pies, separado del cuerpo de la igl. por un arco semicircular de tres fajas, sostenido por dos pilastrones, y por cada lado de estos tiene en el macizo una columna como de las tres cuartas partes de su diámetro: cada una de estas, asi como los pilastrones, estriban en un pedestal de tres pies de altura; tienen zócalo de forma cónica, basa con escocia, y dos anillos y capitel, cuyo tambor está guarnecido de hojas parecidas á las del laurel, dispuestas en dos órdenes paralelas, desde el collarino al cornisamento, que viene á ser como una corona sencilla con algunos filetes: las paredes de los costados estan adornadas cada una con diez columnas de fuste enterizo y cilíndrico, de piedra de grano, de 5 pies escasos de alto, y poco menos de medio de diámetro, colocadas unas sobre otras, y repartidas con la mejor proporcion: las basas de las del primer órden, casi redondas y decoradas con diversos filetes, descansan sobre plintos cuadrados, mas salientes que el bocel ó toro inferior, y estos sobre un talon ó escarpa, tambien de piedra de grano, de igual altura que el pedestal de los pilastrones y columnas de adorno del arco toral, desde el cual arranca y recorre los tres lienzos de la fáb.; en sus capiteles se ven marcadas de relieve varias figuras caprichosas. Las del segundo órden sostienen arcos de medio punto con capiteles y figuras como el anterior. El testero del frente tiene 14 columnas distribuidas y apoyadas por el mismo estilo que el de los laterales, y como separadas por un resalto de medio pie que hace la pared, formando una especie de pilastras altas y estrechas, y decorado de molduras por su frente; sobre las pilastras estriba un arco de medio circulo con varias labores, el cual por la parte superior se retira de su punto céntrico como unos 4 pies, guarneciendo de este modo un gracioso cascaron, que figura el mismo testero, bajo cuyo arco, y dentro de las pilastras, se halla el altar mayor, dedicado á San Juan Bautista, colocado sobre gradas de piedra. Las paredes estan acanaladas, y forman nichos prolongados y repartidos con mucha proporcion; en los intercolumnios hay cuatro ventanas rasgadas, de arco, altas, estrechas y mas angostas por el interior que por la parte de afuera, y son las que dan luz á toda la capilla. Cuatro fájas distribuidas con oportunidad recorren los tres lienzos, y forman con el todo un aspecto muy airoso: las dos primeras pasan por los cimacios de las columnas de ambos órdenes ó cuerpos, y las sirven de cornisa, continuando por los nichos en la forma cóncava que estos tienen, hasta recorrer los tres frentes; la del primer cuerpo se compone de hojas, tallos y flores de relieve, y la del segundo de molduras y cuadros menudos muy bien dispuestos: la tercera está sobre los arquillos, y sigue la curva de estos formando ondas; se halla cubierta de hojas de medio relieve parecidas á las de la flor de la azucena, colocadas de manera que cada cuatro representan una planta ó flor con un ojito en el centro: la cuarta que completa y remata la obra, sirviéndola de cornisa, se reduce á una tira recta de unas 4 pulgadas de ancho, sembrada de conchas y flores bien dispuestas y combinadas. Por esta parte, y como á las 3 pulgadas de la cornisa, se retira la pared como otras 6 pulgadas, lo que hace resaltar con gracia el cornisamento y demas ornato; y luego continúa trazando en cada uno de los dos lados, un luneto ó semicírculo de unos 6 pies de alto, medidos por su centro. De estos semicirculos arranca la bóveda, semejante á la de Arista, que cubre el interior de la capilla, y se compone de cuatro triángulos esféricos, cuyas superficies ó caras son cóncavas ó de medio cañon, y en su punto vertical hay un floron redondo y laboreado, como de un pie de diámetro: figura á la vista dos arcos cruzados que se cortan por su vértice, cuyas cuerdas serian dos diagonales tiradas de los ángulos opuestos del cuadrado que, cortándose por su centro, presentan 4 ángulos esféricos, sirviéndoles de aristas ó intersecciones. Por el esterior hace la figura de un arco semi-circular, como de unos 28 pies de alto y 63 de circunferencia, todo de silleria de piedra de grano, apoyado en un talon ó escarpa de un pie de alto, el que sigue descubierto en su mitad fuera del muro hasta los 37 de la circunferencia. Aqui hace la pared un resalto de 6 pulgadas de arriba abajo por ambos lados, y luego continúa como 13 pies por cada uno, hasta unirse con el cuerpo de la igl. En este espacio de los 37 pies del arco, hay 15 columnas cilíndricas, tambien de piedra de grano, con 8 pies de elevacion, incluso base y capitel, algo embutidas en el muro, y distribuidas en 3 órdenes ó cuerpos, 5 en cada uno, y colocadas perpendicularmente unas sobre otras. Las 9 del centro tienen poco mas de un pie de diámetro, y las 6 de los lados, que estan en los escoces ó dichos resaltos, el semidiámetro de aquellas. Las del primer cuerpo tienen pedestales cuadrados de poco menos de 3 pies de alto, plintos de la misma forma y dos anillos, sirviéndolas de capitel la imposta que recorre la obra, y es como una faja de cerca de un pie de ancho cortada en cuadritos menudos de relieve. Sobre esta imposta que resalta unas 4 pulgadas por la parte superior, y acaso mas de un pie al pasar por las columnas en la circunferencia que estas tienen, y que baja espiralmente hasta perderse en ellas y en la pared, estan apoyadas las del segundo cuerpo y llegan hasta los arquillos que adornan las luceras. Por este punto una faja revestida de hojas como la que pasa sobre los arquillos del interior, pero poco mas ancha y en direccion horizontal, recorre tambien la obra, y al pasar por las columnas describe perfectamente sus capiteles. Sobre dicha faja, que sobresale poco mas ó menos que la imposta por la parte superior, y que baja diagonal y espiralmente como esta, descansan las del tercer cuerpo, y se estienden hasta el cornisamento, que es sencillo y sin mas labores que una media caña sobresaliente por la parte superior, y tienen capiteles de diferentes figuras. Las 4 ventanas ó luceras que por el esterior son mas altas, segun se ha dicho, tienen arquillos semi-circulares sostenidos cada uno por dos columnas cilíndricas de medio pié de diámetro, con capiteles de distintas figuras, tambien de capricho. Estas columnas con plintos cuadrados y dos anillos, se apoyan en el saliente de la faja últimamente descrita. Los arquillos estan guarnecidos por el derredor de otra faja que se estiende en la forma semi-circular que trazan ó describen, y es como la que ciñe al segundo cuerpo, en la que se apoyan sus estremos. Esta columnata adorna el semi-circulo esterior del edificio; pero interrumpida por las fajas del primero y segundo cuerpo, que al pasar por las columnas representan bien sus capiteles, no se percibe la base de las del segundo y tercer órden, las cuales figuran á la simple vista 5 pilastrones cilíndricos, cuyo grueso no es muy proporcionado á su altura. En el año de 1780 se reedificó esta capilla, porque amagaba ruina la parte esterior del mediodia, segun lo espresa una inscripcion que está en este mismo lado en uno de los sillares sobre la primera lucera; pero se sabe ciertamente que para ejecutar su restauracion, se numeraron y marcaron los sillares, de modo que en alguno que otro, se percibe todavía su numeracion, y en varios alguna letra; y se puso el mayor cuidado en la delineacion, de manera que la obra quedó en el mismo estado y forma primitiva que tenia anteriormente. Se ignora quien fuese el autor de esta obra, ni el tiempo de su fundacion; pero consta que existia ya á fines del siglo X, segun lo acredita una inscripcion sepulcral que está en la lápida que cubre la caja del sepulcro, colocado en un nicho de arco apuntado, abierto en la parte esterior del lienzo del mediodia de la igl., que cae al átrio por este lado, y la cual indica que la igl. de Amandi existia en la era de 1028, que corresponde al año de 990, contando ya, como en este caso es de suponer, algunos años de fundacion. El P. Carballo en sus antigüedades de Asturias, (parte 2.ª, tit. 19, párrafo 13, pág. 221, edicion de 1695) en la enumeracion que hace de los muchos conv. de benedictinos que habia en Asturias por el reinado de D. Ordoño I, coloca precisamente entre ellos á San Juan de Malayo, que con este nombre de Malayo, Mal cayo ó Malcao, se llamó en lo ant. el terr. de Villaviciosa; lo que denota que por los años de 850 al 862 ya estaba en pie esta fáb. Las persecuciones árabes acaecidas en los tiempos de D. Ordoño y en las anteriores, bajo el reinado de su padre D. Ramiro, ejercidas mas especialmente y con el mayor encarnizamiento por Abderrahman II y su hijo Mahomed, reyes de Córdoba, obligaron á infinitos religiosos y aun comunidades enteras á emigrar á las montañas de Galicia y Asturias, pais libre de la dominacion morisca, buscando en sus desiertos asilo seguro para sus personas y á propósito para celebrar las funciones religiosas; con tan piadoso objeto fundaban alli sus templos, y muchos de ellos vinieron á convertirse en parr., asi como otros quedaron reducidos á simples ermitas; y es muy verosímil que á esta época deba su fundacion la igl. de Amandi. Algunos hay que suponiendo genuina y cierta una inscripcion que está en el frente de la igl., sobre una ventana que da luz á la tribuna, remontan la creacion de este edificio al año de 634, porque asi lo espresa la era puesta en ella; pues dice:

HIZO HERA
D. C. 7XXIIA
REDIFICOSE AÑO 1755.

Però esta inscripcion tiene las apariencias de apócrifa, ya porque en el tiempo á que se refiere la era no estaba en uso el lenguage castellano, aunque imperfecto y tosco, como espresa ella misma, ni se usó tampoco en los instrumentos ni monumentos públicos hasta muchos siglos despues, y ya tambien porque repugna creer que en un terr. casi despoblado, como debia ser entonces el de Malcayo, que no obtuvo carta-puebla hasta últimos del siglo XIII, se erigiese un templo de tanto lujo para aquellos tiempos. El frente de la igl. se reedificó en 1755, y la lápida que contenia la inscripcion primitiva dicen que se hizo pedazos, y aunque aseguran que la era se copió fiel y exactamente, siempre viene á ser un traslado, que al paso que rebaja el mérito de su veracidad, se hace sospechoso por otras diferentes razones; una de ellas es la manía que á veces se observa de dar á los monumentos públicos mayor antiguedad que la que realmente les pertenece, con la cual solo se consigue cubrir de oscuridad el origen de la fundacion, é impedir, por lo general, el hacer una averiguacion exacta. Mas cualquiera que sea la época de la fundacion, conviniendo con lo espuesto por el Sr. Jovellanos en las notas al elogio de D. Ventura Rodriguez (pág. 216, cuaderno 5.º), colocamos la igl. de Amandi entre otras de tiempo incierto, aunque sin duda anterior al siglo XII, no obstante que la inscripcion sepulcral, de que hemos hablado, indica que existia en el X. Hoy está á cargo de un cura párroco; y las alhajas y ornamentos dedicados al servicio divino son los puramente indispensables. Al N. de la parr. está el cementerio, bastante capaz y bien ventilado; y finalmente en esta felig. hay cuatro ermitas; una en el barrio de Ábayo, dedicada á San Cipriano; otra en Amandi, á San Juan Bautista; otra en Bozanes á Santa Agueda, y la otra en Casquita, á San Blas. El TÉRM., que alcanza de N. á S. unas 3,800 varas y 2,000 de E. á O., confina por N. con la parr. de Villaviciosa, por E. con la de San Salvador de Fuentes, por S. con la de Sta. Maria de Lugás; y por O. con las de San Vicente de Grases y San Julian de Cazanes: le baña el r. *Amandi*, atravesándole casi por el centro con direccion oblicua de SE. á NE., y aunque de poca agua en el verano, prod. buenas truchas y anguilas, y tiene varios puentes; uno en Balbucar, otro en Labares recientemente construido, y el de San Juan de Amandi, todos de piedra de mala arquitectura, y con especialidad este último; hay ademas otro de madera junto al molino de Palacio. Tambien recorren el térm. diferentes arroyuelos, ya de curso perenne, ya solo invernables, y cuyas aguas no se utilizan por la escabrosidad del TERRENO: en este hubo frondosos y ricos montes de robles, que el abandono ha dejado que desaparezcan; hoy se ven sobre 2,000 dias de bueyes de monte pelado, y solo unos 1,400 de bosques de pastos y castaños; la parte destinada á la labor comprende 1,962 dias de bueyes, 370 de primera calidad, 610 de segunda y 982 de tercera suerte. Los CAMINOS transversales son de carro y herradura, están en mal estado, y vienen á enlazar con la carretera de Villaviciosa, que dijimos pasa por el centro de la felig. desde Retromar á Casquita: PROD.: maiz, trigo, castañas, patatas, algunas legumbres y hortalizas, nueces y otras frutas, con especialidad manzanas, de las cuales se elaboran en un año comun hasta 2,000 a. de sidra: cria ganado vacuno, lanar, cabrio, y algo de yeguar, cruzado con garañon; IND.: siete molinos harineros y una tienda de abaceria en el l. de Amandi: COMERCIO: el depósito de avellanas que de Langreo, Labiana y Piloña se esportan para Inglaterra, embarcándolas en el Puntal; y la venta de los frutos sobrantes, á cuyo fin concurren estos naturales al mercado de Villaviciosa, y á la feria de paños, lienzos y otros efectos, que celebra el 24 de junio en el sitio denominado *Campo de San Juan de Amandi*: POBL.: 184 vec., 994 alm.: CONTR.: con su ayuntamiento. (V).

AMANDO (STA. MARIA DE): en los anales de Galicia por Huerta y Vega se cita un privilegio dado por el rey Alfonso, en 1.º de enero de 836, haciendo donacion á la igl. de Sta. Maria de Lugo, entre otras, del monasterio de *Sta. Maria de Amando*, que espresa haber sido destruido por los ismaelitas; y reedificado por él mismo.

AMANO (V. AMANUM PORTUS).

AMANUM PORTUS: nombra Plinio el *puerto Amano* en el occidente de la costa Cantábrica, diciendo ser aquel, donde se levantó en su tiempo *la colonia Flaviobriga*. En una inscripcion sepulcral de la coleccion de Masdeu hallada en Xerica, resulta su gentilicio *Amanitanæ*. Ya dijimos en el art. *Abando puerto*, su correspondencia á este lugar.

AMAR (CASA DE): granja de la prov. de Albacete, part. jud. y térm. jurisd. de *La-Roda*.

AMARADO: lago en la isla de Mallorca, prov. de Baleares, part. jud. de Inca, térm. y felig. de *Muro* (V.).

AMARANTE: ant. jurisd. en la prov. de Lugo, compuesta de las felig. de Amarante, San Pedro Felix, Amarante, San Martin, Arbol, Borreiros, Castro, San Esteban, Castri, Sta. Ma rina; Cutian; Facha; Jian y Reboredo, cuyo juez ordinario era nombrado por el conde de Amarante.

AMARANTE: ald. en la prov. de Lugo, ayunt. de Antas y felig. de San Esteban de *Amaranti* ó *Castro*. (V.): POBL. 3 vec., 17 almas.

AMARANTE: l. en la prov. de la Coruña, ayunt. de Oza y felig. de Sta. María de *Cuiña* (V.).

AMARANTE: l. en la prov. de Orense, ayunt. de Masido y felig. de Sta. María de *Amarante* (V.).

AMARANTE: ald. en la prov. de Lugo; ayunt. de Antas y felig. de San Estéban de *Castro* de *Amarante* (V.): POBL. 3 vec.: 17 almas.

AMARANTE (SAN MARTIN): felig. en la prov. y dióc. de Lugo (7 1/2 leg.), part. jud. de Taboada y ayunt. de Antas: SIT. entre montes y con libre ventilacion: su CLIMA es frio y saludable; comprende los l. y cas. de Fontelo, Lodeiro, San Martiño, Santomé y Outeiriño, que reunen 22 CASAS de pocas comodidades: su igl. (San Martin) es hijuela de San Estéban de *Castro* (V.): el TÉRM. confina con la matriz: su TERRENO es escabroso, abraza 2,500 ferrados, pero en lo general infértil á causa del mucho tiempo que le cubren las nieves: hay varias fuentes cuyos derrames y el deshielo forman distintos arroyuelos que dan impulso á varios molinos harineros; los CAMINOS son locales y malos: la CORRESPONDENCIA se recibe en la cap. del part. PROD. algun centeno y maiz, patatas, nabos y criadillas de tierra, poco lino, frutas y hortaliza: cria ganado y alguna caza. POBL. 23 vec.: 118 alm.; CONTR. con su ayunt. (V.).

AMARANTE (SAN PEDRO FELIX DE): felig. en la prov. y dióc. de Lugo (7 leg.), part. jud. de Taboada (1 1/2) y ayunt. de Antas (1): SIT. entre montañas, pero con buena ventilacion: disfruta de CLIMA frio y sano: reune sobre 30 CASAS bastante pobres, distribuidas en los l. y cas. de Bellos, Carballo, Casado-Seijo, Chorente, Ermide, Nugallas, San Felix y Vila-Sion; su igl. parr. (San Felix) es anejo de San Estéban del *Castro* (V.). El TÉRM. confina con las felig. de Arcos, Areas y Ventosa: el TERRENO abraza 6,700 ferrados, en su mayor parte escabroso y escaso de agua, y la tierra destinada al cultivo de mediana calidad: los CAMINOS malos: el CORREO se recibe por la cap. del part. PROD. centeno, maiz, patatas, nabos, hortaliza, algun lino y poca fruta: POBL. 32 vec.; 164 alm. CONTR. con su ayunt. (V.).

AMARANTE (STA. MARIA DE): felig. en la prov. y dióc. de Orense (3 leg.), part. jud. de Carballino (1/2), y ayunt. de Maside, cuya pobl. corresponde en mucha parte á esta felig., y en la que se está construyendo una buena casa consistorial: SIT. en un declive hermoso y ventilado: se compone de los l. y ald. de Agrodequinta, Aldeñas, Amarante, Barreiro, Casanova, Castro, Dacon, Fonteboa, Negrelle, Pozo, Pousada, y parte del l. de Maside, que entre todos reunen sobre 400 casas, las mas de ellas de un solo piso: hay dos escuelas dotadas, cada una con 1,100 rs., á las que asisten 250 niños de ambos sexos: la igl. parr. (Sta. María), segun lápida que conserva, fue fundada en 1232; el curato se provee por la Cámara, prévio concurso, y en los cuatro meses ordinarios, por el cabildo de Santiago; el cementerio se halla en el átrio de la igl.; junto á ella está la ermita de San Roque, casi abandonada: hay otra en el l. de Dacon, dedicada á San José, y una capilla de propiedad particular en el l. de las Candomas, á la entrada del pueblo de Maside: el TÉRM. se estiende 3/4 leg. de N. á S., y lo mismo de E. á O.: confina por N. con el de San Juan de Arcos, por E. con las de Garabanes y Maside, por S. con las de Sta. Comba y Lago, y por O. con las de Partóvia y Señorio: le bañan insignificantes arroyos que solo en el invierno dan impulso á tres molinos. Al N. se notan unas estensas escavaciones, en cuyo centro hay un profundo pozo, denominado el Lago, con 1,500 varas de circunferencia: se dice fueron ejecutadas por los romanos, y examinadas por persona inteligente, se confirma que hubo esplotacion de plata; hoy solo sirven estas escavaciones para retener las aguas en pantanos poco favorables á la salud pública: el TERRENO, pedregoso y de mala calidad, es escaso de agua y de arbolados; y aunque se presta á todos los frutos, ofrece muy corta cosecha y poco pasto para el ganado. Por el centro de esta felig. pasa el CAMINO de Orense á Pontevedra y otros puntos, el cual, así como los transversales, se hallan en mal estado: hay una cartería, dependiente de la adm. de Carballino: PROD. centeno, maiz, patatas, vino, algun trigo, lino y legumbres; poco ganado caballar y mular, y se abastecen en el mercado ó feria de Masido: IND.: la agrícola y el tráfico ó arriería; hay ademas algunos herreros y carpinteros: POBL.: 486 vec., 1,660 alm.: CONTR.: con su ayunt. (V.).

AMARANTE (SAN ESTEBAN): felig. en la prov. de Lugo, part. jud. de Taboada, y ayunt. de *Antas* (V. CASTRO DE AMARANTE).

AMARANTE (STA. MARINA): felig. en la prov. de Lugo, part. jud. de Taboada, y ayunt. de Antas (V. CASTRO DE AMARANTE).

AMARELA: l. en la prov. de Lugo, ayunt. de Vivero, y felig. de Sta. María de *Galdo* (V.).

AMARELA: l. en la prov. de Lugo, ayunt. de Tierrallana, y felig. de Sta. Eulalia de *Budian* (V.): POBL.: 5 vec., 20 almas.

AMARELA: l. en la prov. de Lugo, ayunt. de Villalba, y felig. de San Cosme de *Nete* (V.): POBL.: 2 vec., 9 almas.

AMARELLE: ald. en la prov. de Pontevedra, ayunt. de la Estrada, y felig. de San Miguel de *Arca* (V.): POBL.: 12 vec., 58 almas.

AMARELLE: l. en la prov. de la Coruña, ayunt. de Pino, y felig. de Sta. María de *Gonzar* (V.).

AMARELLE: l. en la prov. de la Coruña, ayunt. de Santa Comba, y felig. de Sta. María de *Montouto* (V.).

AMARGUILLO: riach. de la prov. de Toledo, part. jud. de Madridejos; se forma de las lluvias que caen en las sierras del térm. de la v. de Urdá; sigue su curso dejando á esta v. á su der. por la parte del S., y pasando por las calles de la de Consuegra, entra en los térm. de Madridejos, Camuñas y Villafranca de los Caballeros, quedando estos pueblos á su izq., y pasa al inmediato de Herencia, part. de Alcázar de San Juan, prov. de Ciudad-Real, donde se incorpora en el r. Jigüela, que muere despues unido con el Záncara, en Guadiana: es de corto caudal, y solo tiene corriente en las estaciones de aguas; se le agrega en el térm. de Madridejos el arroyo de *Valdespino*, y los demas que prod. las lluvias: no fertiliza ningunas tierras por hacerse uso para las mismas de los pozos ó norias: mueve solamente dos molinos harineros; uno á 1 leg. al S. de Consuegra, y el otro muy cerca de este mismo pueblo; tiene 4 puentes de piedra dentro de esta v., con 5 ojos cada uno, de 6 á 7 varas de elevacion; otros 2 tambien de piedra en las inmediaciones de Madridejos de 4 á 5 varas, con 3 ojos cada uno pasando sobre uno de estos la carretera general de Andalucía; se hallan todos en buen estado, no se cobra pontazgo en ninguno, y se ignora la época de su construccion: el r. no produce pesca, ni existen en el mismo barcas, vados ni barrancos, por ser todo el pais una continuada llanura en ambas orillas.

AMARGUILLO: pago de viñas, en la prov. de Cádiz, part. jud. y térm. jurisd. de *Jeréz*.

AMARITA: r. en la prov. de Alava, part. jud. de Vitoria: nace en la Peña de Echagüen, y con el nombre de Bostibayeta pasa por Villarreal que deja á la der.; se une al Urquiola que baja de las montañas de Gorbea, y sigue su curso N. á S. á tocar en el térm. O. de Elosu, corre á Sta. Engracia; se desliza por la indicada sierra de Gorbea, y dejando á Urrunaga á la der., encuentra un puente de piedra de 3 ojos, bien conservado, sobre el camino real de Bilbao, parecido al de Urbina, cuya pobl. deja á la izq., y pasando el insignificante puente de Luco, corre por el térm. de Miñano-Mayor y atraviesa de nuevo el camino de Bilbao por el puente de piedra de Amarita, á cuyo pueblo deja á la der., y se une al Zadorra: fertiliza varios prados y tierra de cultivo, da impulso á diversos molinos harineros y proporciona alguna pesca.

AMARITA: l. en la prov. de Alava, dióc. de Calahorra (19 leg.), vicaría de Gamboa, herm. y part. jud. de Vitoria (1), ayunt. de Ali (1 1/2): SIT. en un llano á la márg. der. del r. que forma el Urquiola y Sta. Engracia antes de unirse al Zadorra: el CLIMA sano: tiene igl. parr. (San Pedro Apóstol), servida por dos beneficiados: el TÉRM. confina al N. con Arroyabe, al E. Ullibarri Gamboa, por S. Mendivil, y al O. Miñano-Mayor: hay dos montecillos al S. y O., pero con poco arbolado: el TERRENO, recorrido por los derrámes de varias y buenas fuentes, asi como por el indicado r., sobre el cual tiene un molino harinero, es fértil: los CAMINOS son medianos, y el CORREO se recibe por Vitoria, á cuyos mercados concurren estos naturales con sus PROD. de toda clase de granos, algunas legumbres, frutas, hortaliza y lino: cria poco ganado: POBL.: 16 vec., 79 alm.: RIQUEZA Y CONTR. (V. ALAVA INTENDENCIA.)

AMARO (SAN): pago de la isla y part. jud. de la Palma, prov. de Canarias; SIT. al O. de la isla, en las inmediaciones del monte de los Pintados. Es uno de los barrios que componen el ayunt. y felig. del l. de Puntagorda, y en su centro está la igl. parr. servida por un cura, cuya vacante provee el ordinario; de sus PROD. POBL., RIQUEZA Y CONTR. se hablará en el art. de *Punta-gorda* (V.).

ALMARO (SAN): ald. en la prov. de la Coruña, ayunt. y felig. de *Frades*, San Martin (V.): POBL. 2 vec. y 10 almas.

AMARO (SAN): ald. en la prov. de Oviedo, ayunt. de Castrillon y felig. de San Cipriano de *Piltarno* (V.).

AMARO (SAN): l. en la prov. de Pontevedra, ayunt. de Barro y felig. de San Mamed de *Portela* (V.).

AMARO (SAN): ald. en la prov. de Pontevedra, ayunt. de Arbo y felig. de San Juan de *Barcela* (V.).

AMARO (SAN): l. en la prov. de Pontevedra, ayunt. de San Genjo y felig. de San Mauro de *Arra* (V.).

AMARO (SAN): ald. en la prov. de Orense, y ayunt. de Salamonde: pertenece en parte á las felig. de Sta. Maria de Salamonde, San Fiz ó Felix de Navio, y San Martin de Beariz: en su térm. se celebra el dia 26 de cada mes una feria ó gran mercado de ganado vacuno y cerda: concurren de Carballino y aun de Madrid, algunos mercaderes con paño, lencería, lino y géneros de quincalla: los maragatos y asturianos asisten á este mercado con jamones, potes y utensilios de labor, se presentan muchos cereales, frutas, gallinas, dulces y pescado.

AMARO (SAN): ald. en la prov. y ayunt. de Lugo, felig. de San Andrés de *Castro* (V.): POBL. 3 vec. 16 almas.

AMARRADOR DE LAS TRES ALCAZAS: pequeña ensenada en la isla de Menorca, sit. al S. del Cabo de Perpigna: la punta de la galera divide esta ensenada de otra no mayor llamada la Falconera.

AMARROJIN: cas. en la prov. de Alava, ayunt. de Urcabustaiz y térm. del l. de *Oyardu*: POBL. 1 vec. 5 almas.

AMASA: ant. v. en la prov. de Guipuzcoa, dióc. de Pamplona (12 leg.), aud. de Búrgos (34), c. g. de las prov. Vascongadas (13), y part. jud. de Tolosa (1), forma hoy una sola v. con la de *Villabona* (V.); SIT. en el cerro de su nombre, á la der. del r. *Oria* y carretera de Francia; el CLIMA es sano: la igl. parr. (San Martin), es única para las dos pobl., está servida por un rector y tres beneficiados; al primero y á uno de estos los presentan los dueños de las casas de ambos pueblos, y los otros dos beneficiados, el Rey y el rector en sus respectivos meses. El TÉRM. se estiende á 4 leg. y confina por N. con Andoin (interpuesto el Liezaran que corre á unirse con el Oria, por E. Berástegui, por S. Anoeta, y á O. Asteasu, uno y otro á la izq. de la carretera y r. de que hemos hecho mérito: comprende los montes llamados Loazu, Garaño, Arremillosoro, Escuiturri, Descarga y Mugaraizpea, con frondoso arbolado y abundante pasto; de ellos se desprenden varios arroyuelos que contribuyen á fertilizar el TERRENO: la carretera de Francia pasa por medio de la pobl. unida (Villabona), los demas CAMINOS son vecinales, poco cuidados: el CORREO se recibe en Tolosa. PROD. maiz, trigo, manzanas, nueces, castañas y algunas legumbres y hortalizas: mucho arbolado de roble, fresno, olmos, alisos, castaños, nogales y chopos, que utilizan para obras de construccion y mueblage, asi como en el carboneo: se cria ganado vacuno, lanar, poco cabrio y gatos monteses, y disfruta de la pesca en el Oria. POBL. en ambas v. 166 vec., 832 alm.: RIQUEZA TERR. 68,588 rs.: IND. y COMERCIO 10,000: CONTR. (V. GUIPUZCOA INTENDENCIA.) Estuvo separada y formó v. por si, aunque eran comunes con la de Villabona, los térm. concejiles, la igl. parr., la ferr. de Amasola, (arruinada), y los molinos de Arroa y Orcaiztegui; se unieron ambas v. para evitar los frecuentes litigios, y otorgaron concordia, que fué aprobada por el Sr. D. Felipe III, en 1620: desde entonces se reputan por una sola v. Hace por armas, en campo de oro, un árbol verde entre cinco flores de lis, con dos leones rapantes.

AMATOS DE ARAPIL: barrio ó arrabal de Alba de Tórmes (cuya municipalidad nombra en él un alc. ped.), en la prov. y dióc. de Salamanca (4 leg.), part. jud., térm. jurisd. y á 1/2 leg del mismo *Alba*, aud. terr. y c. g. de Valladolid (18): SIT. en la calzada de Estremadura á Valladolid, en una llanura combatida por todos los vientos, con 17 CASAS de mal aspecto esterior y pocas comodidades interiores, á escepcion de la perteneciente al mayorazgo de Oviedo que reune todo lo necesario á una buena casa de labradores; una posada bastante concurrida, calles pantanosas, igl. titulada de San Pablo, anejo de Ntra. Sra. de Otero (aunque si se verifica el arreglo proyectado por el Sr. ob. de la dióc., cuyo espediente obra en el Ministerio, dejará de ser anejo de Otero y pasará á San Miguel de Alba), y cementerio contiguo á la igl. sin que se haga ni haya hecho uso de él, pues los cadáveres se llevan á Alba. El TÉRM. confina por N. con Matamala, E. con Garcihernandez, S. con Alba, y O. con La Lagartera, pasando el r. Tórmes por medio: se estiende de N. á S. 3/4 leg., y de E. á O. 1/2 leg., y en él hay una fuente de agua abundante y saludable, y un crecido arroyo llamado *Regato del Lugar*, sin que tenga otro nombre, tan copioso, que riega 12 huertas que encuentra en sus orillas. Su campo fértil que se labra un año de 3, comprende unas 300 huebras, de 400 estadales cada una, laboreadas con 12 yuntas de ganado vacuno: el CAMINO que dirige á Alba de Tórmes se halla en regular estado, de cuya v. se recibe la CORRESPONDENCIA por medio de los vec.: PROD. buen trigo, centeno, garbanzos y hortaliza: hay cria de ganado lanar y en escaso número de cerda: los datos relativos á vec. y riqueza, estan incluidos en *Alba* (V.).

AMATOS DEL RIO: desp. sujeto á la jurisd. de Calvarrasa de Abajo, en la prov., part. jud., y dióc. de Salamanca (2 leg.): está sit. á la orilla del r. Tórmes; su TÉRM., que ocupa de E. á O. 1/4 leg., de N. á S. cuarto y medio, y de circunferencia 1 leg., confina por N. con Soto Sambricio, por E. con térm. de Huerta, por S. con el de Castañeda, y por O. con el de Andrés Bueno, y comprende 464 fan., de las que 440 pertenecieron al clero, y su mayor parte á las religiosas de Sta. Clara de la cap.; todas las tierras son de secano, están divididas en tres clases y se siembran un año si y otro no: PROD. trigo, centeno y pastos: POBL. 1 vec. y 3 hab.; CAP. TERR. PROD. 1.015,900 rs.: IMP. 34,777 reales.

AMATOS DE SALVATIERRA: ald. en la jurisd. de *Pedrosillo de los Aires*, prov., adm. de rent. y dióc. de Salamanca (5 1/5 leg.), part. jud. de Alba de Tórmes (4), aud. terr. y c. g. de Valladolid (23): SIT. en una llanura gredosa con 4 CASAS bajas propias para labradores, é igl. dedicada á San Miguel, aneja de la vicaria de *Navarredonda de la Fuente Santa*. Confina su TÉRM. por N. con Sanchiluerto, E. con Castillejo, S. con La Dueña y O. con Pedrosillo de los Aires: por él pasa un arroyo sin nombre propio, bastante caudaloso, que nace en la sierra de Herreros y muere en el Alándiga, y ademas hay una abundante fuente de agua potable, y una magnífica huerta cultivada con esmero: rodea la ald. un monte cuadrado que se estiende de E. á O. 5/4 leg., cuyo arbolado de encina, bien cuidado, mantiene por un quinquenio 200 cerdos de vara y 500 malandares; y hallándose sin roturar en su mayor parte, los pastos que cria son de mediana calidad á escepcion de las riberas en que son algo mejores: las tierras de labor ascienden á 400 huebras y se labran cada tres años con 7 pares de ganado vacuno; de ellas 250 son de primera clase, y tan buena que producen el 14 por 1; 100 de segunda y 50 de tercera: los CAMINOS son bastante quebrados, y la CORRESPONDENCIA se recibe por los vec. en Salvatierra, á cuyo part. ant. perteneció. PROD. trigo, cebada, lino, buenas legumbres y frutas; ganado lanar, vacuno, cerdoso y caballar; caza de conejos, perdices y liebres, y á temporadas corzos que bajan de la sierra. Los buenos morales de los alrededores tienen nombradia en el pais. POBL. 4 vec. 12 hab. dedicados á la agricultura. CAP. TERR. PROD. 787,700 rs.; IMP. 36,505 reales.

AMATRIAIN: l. del valle de Orba en la prov., aud. terr. y c. g. de Navarra, merind. de Olite, part. jud. de Tafalla (2 1/2 leg.), dióc. de Pamplona (4), arciprestazgo de la Valdorva, ayunt. de Garinoain, no obstante de que las sesiones se celebran en Catalain: SIT. en llano al pie meridional de una cuesta circuida de montes, con buena ventilacion y CLIMA bastante saludable. Tiene 7 CASAS, 1 palacio de cabo de armeria, y 1 igl. parr. dedicada á San Esteban Protomartir, servida por un cura párroco llamado abad, cuyo nombramiento pende de los vec. Confina el TÉRM. por N. con el de Artariain, por E. con el de Olleta, por S. con el de Maquirriain, y por O. con el de Bezquiiz de cuyos puntos dist. 3/4 de leg. El TERRENO es fértil, y bastante productivo: abraza 2,500 robadas, de las cuales se cultivan 700, siendo las restantes baldias; donde hay buenos pastos para el ganado, y dos montes poblados de robles y arbustos, que facilitan suficiente leña para combustible. En varios puntos se encuentran manantiales de buenas aguas, de las cuales se sirven los vec. para surtido de sus casas, abrevadero de ganados, y otros usos agricolas. PROD.: trigo, cebada, avena, legumbres, y hortalizas; cria ganado vacuno, lanar y cabrio y hay bastante caza de liebres, conejos y perdices. POBL. 17 vec., 68 alm. CONTR. con el valle de Orba.

AMAVIDA: l. con ayunt. de la prov., adm. de rent. y dióc. de Avila (7 leg.), part. jud. de Piedrahita (3), aud. terr. de Madrid (22), c. g. de Castilla la Vieja (Valladolid 22): SIT. en una cuesta suave con esposicion á todos los vientos: tiene 50 CASAS malas, y una igl. sumamente pequeña, mal construida, aunque de piedra, dedicada á San Miguel, la cual forma felig. con la parr. de Villatoro (1/4 leg.), cuyo cura dice misa en este l. los dias festivos. Confina el TÉRM. por N. con el de Poveda, E. Guareña, S. Prado-segar: O. Villatoro: comprende 2,592 fan. de tierra, de las cuales se cultivan 1,942: el TERRENO es llano en su mayor parte con algun monte de encina hácia el N. y E., y se encuentran no lejos de la pobl. dos fuentes de buenas aguas, de donde se surte el vecindario: los CAMINOS son locales y de herradura en mediano estado. PROD. trigo, centeno, cebada y alguna patata, y se mantienen algunas yuntas de vacas para la labor, á la que se dedican esclusivamente todos los moradores. POBL. 68 vec. 323 alm. CAP. PROD. terr. y pecuario 755,500, id IND. 800. CAP. IMP. 30,000, CONTR. por el primer concepto 4,965 rs. 13mrs. Id. por ind. 32.

AMAYA: v. con ayunt. en la prov., aud. terr., c. g. y dióc. de Búrgos (9 leg.), part. jud. de Villadiego (3): SIT. al pie meridional de la elevada peña de su nombre, donde tiene origen el r. *Fresno*, el cual baña sus inmediaciones de N. á S. hasta desaguar en el Pisuerga junto al pueblo de Castrillo: la combaten principalmente los vientos del N.; su atmósfera es despejada, y el CLIMA bastante saludable, pero á las veces suelen desarrollarse calenturas catarrales. La pobl. se halla dividida en dos barrios, que son el de Peones y Amaya; ambos tienen 64 CASAS de mediana fáb., la consistorial, un hospicio para albergar á los transeuntes pobres, y escuela de primeras letras dotada con 20 fan. de trigo, á la que asisten 40 niños. Hay dos igl. parr., la una en Amaya, bajo la advocacion de San Juan Bautista, servida por un cura párroco beneficiado, y un capellan que disfruta medio beneficio; el curato es perpetuo y lo provee el diocesano, asi como la espresada capellania, recayendo el nombramiento en patrimoniales: la otra igl., dedicada á la Asuncion de Ntra. Sra., existe en el barrio de Peones, y se halla servida por un cura tambien beneficiado, cuya provision igualmente corresponde al ordinario. Dentro de la v. hay tres fuentes, cuyas aguas, con las de otros manantiales que nacen en distintos puntos mas lejanos, aprovechan los vec. para surtido de sus casas, abrevadero de ganados, diferentes objetos de agricultura, y para dar impulso á 5 molinos harineros, que únicamente se mueven en la temporada de invierno, ó durante la estacion lluviosa. Confina el TÉRM. por N. con el de *Puentes*, por E. con el de Salazar, por S. con el de Sotresgudo, y por O. con el de Villavedon, de cuyos puntos dista una leg. poco mas ó menos. El TERRENO, aunque en lo general montuoso y lleno de asperezas, es bastante fértil y productivo; abraza unas 3,500 fan., de las cuales se cultivan 2,200 destinándolas á todo género de labor; las restantes son incapaces de abono, por consistir en peñascales y fragosidad, donde únicamente se cria yerba para el ganado. Sobre la peña, á cuyo pie se dijo existe la pobl., se ven los vestigios de un cast. del tiempo de los moros; y en los alrededores de Amaya se perciben las ruinas de varios edificios, las cuales indican la mayor estension que tenia cuando en los tiempos ant. era c.: en el dia estos sitios se encuentran cultivados. No obstante que el r. Fresno atraviesa el térm., sus aguas no prestan la menor utilidad, porque su cauce es muy profundo, y las desigualdades del suelo no dejan medio para elevar las aguas hasta la superficie. Los CAMINOS son de pueblo á pueblo y se encuentran en mediano estado. La CORRESPONDENCIA se recibe de Villadiego por un balijero. PROD.: trigo, centeno, cebada, avena, cáñamo, lino, legumbres y hortaliza; cria ganado vacuno, lanar, especialmente ovejas, cuya leche y carne son muy apreciadas, y cabrio. IND.: elaboracion de queso muy estimado por su esquisito sabor: POBL.: 46 vec.: 184 alm.: CAP. PROD.: 931,400 rs.; IMP.: 89,204: CONTR.: 5,192 rs. 4 mrs. El PRESUPUESTO MUNICIPAL asciende á 2,000 rs., el cual se cubre por reparto entre los vecinos.

HISTORIA. El Biclarense, Florian de Ocampo, Mariana, Murillo y otros, han creido ser *Amaya* la c. *Aregia*, que San Isidoro de Sevilla cuenta entre las conquistas del rey Leovigildo; pero, segun el mismo San Isidoro, *Aregia* ó *Baregia*, como escribe el arz. D. Rodrigo, hubo de corresponder á los *Cántabros*, que no comprendian el terr. de *Amaya* (V. AREGIA). «*Amaya*, dice Sandoval, en la crónica de D. Alonso VII, fué c. famosa en tiempo de los romanos, y aun llegó su grandeza hasta que los moros la destruyeron, cuando se perdió España.» No se equivocó Sandoval, aunque se niege su correspondencia con la mencionada *Aregia*: el terr. de *Amaya* comprendido en la ant. region de los *Murbogos* de Ptolomeo, ó *Turmodigos* de Plinio, de Orosio, y de las inscripciones debió ser habitado por la república *Segisamajuliense*, que entre ellos menciona Plinio, diciendo iban á ventilar sus pleitos al convento de *Clunia*. No hay otra localidad que reuna toda la luz tópica con que se presenta la c. *Segisama Iulia*, cab. de esta república, sino es *Amaya*, como se verá en el art. *Segisama Iulia*, concurriendo no poco á indicar su situacion hasta la misma discordancia que ofrecen los testos de Plinio y Ptolomeo respecto á su corografía: aquel la adjudica á los *Turmodigos*: este á los *Vacceos*, divididos de los anteriores por el r. Pisuerga solamente: lo que prueba ser c. limítrofe de los *Turmodigos*: pues Ptolomeo se paró poco en el deslinde las regiones, aplicando á cualquiera de ellas las ciudades que las cartas geográficas de su tiempo le ofrecian en los lindes, y como asentó á Valencia en la *Contestania*, á *Laminium* en los *Carpetanos*, perteneciendo á la *Edetania* aquella, y está á los *Oretanos*, dió á *Segisama Iulia* á los *Vacceos*, de cuyo descuido presentan sus tablas otros muchos ejemplos.

Refiriendo los historiadores del imperio las causas que movieron las armas de Augusto contra los *Cántabros*, nos ofrecen esta c. aliada de Roma antes de aquella guerra, y como tal sufriendo los ataques de los libres y arrojados montañeses, que provocaban á la lid á los conquistadores del mundo. Desplomábanse de sus riscos sobre los pueblos que, ó habian sucumbido al yugo de los romanos, ó lo miraban con neutralidad: entre ellos ha de contarse *Segisama Iulia*. En esta c. sentó Augusto sus reales, segun refieren Lucio Floro y Paulo Orosio, cuando acudió con su ejército á domar á aquel pueblo bravo. Aunque dice el P. Henao en el lib. 2 de sus investigaciones haber sido *Amaya presidio principal de los Cántabros y frontera contra las invasiones que se intentasen hacer en lo interior de la Cantabria por la parte de Aguilar de Campoo* v. *dist. 4 leg. por la de Asturias de Santillana*: padeció en esto error, particularmente si hace relacion á aquella antigüedad, pues ni era *Amaya* de los Cántabros, ni consta otra cosa de lo que se deja mencionado. Aunque en el cronicon del Biclarense se lee haberse apoderado de *Amaya* el rey Leovigildo á viva fuerza, ya hemos dicho confundirse aqui con *Aregia* ó *Baregia*, que no la corresponde; es de suponer sin embargo, que esta c. corriera igual destino. Consta que en tiempo de los godos se llamó ya *Amaya* por San Braulio, que en la vida de San Millan (*cap.* 9), escribió: *nomine autem bárbara mulier quædam afinibus Amayæ adducta*: Pudo muy bien formarse el nombre *Amaya* de *Segisama Iulia*: por contraccion *Segisamæiulia*; por aféresis (Segis), *Amaiulia*: y por síncopa *Amai* (uli) *a*; aunque Romey en su historia de España supone deberse este nombre á los árabes, asimismo que su fundacion.

Algunas crónicas refieren, haberla cercado Tarifa el año 714, siendo c. grande y populosa, donde por su fortaleza natural y robustas murallas se habia recogido mucha nobleza y numeroso pueblo para defenderla; pero que no pudiendo sostenerse por falta de abastecimientos, se entregó á partido á los pocos dias, dando grandes riquezas acumuladas y muchos cautivos al vencedor, que pasó á destruir la tierra de Campos. *De todo esto*, dice Florian de Ocampo, *se colige, que Amaya era gran cosa, segun lo habia sido en tiempo de los romanos, como lo muestran sus grandes ruinas, y piedras escritas que en ella se han encontrado.*» Cuéntase entre las conquistas del rey Alfonso I, variando mucho la opinion de los autores por lo que hace á la fecha. Hubo de ser destruida en las grandes calamidades de aquel tiempo, como dicen Sandoval, Huerta, Vega, Masdeu y otros, y consta de los anales complutenses, donde se lee haber sido poblada por cierto Rodrigo, cuya familia se ignora, de alcurnia goda, segun su nombre, el cual es el primero que aparece con el título de conde en las crónicas castellanas, reinando Ordoño I, hijo de Ramiro I: «*in era DCCCXCVIII populavit Rodericus comes Amaiam.*» Lo mismo resulta de la crónica de Búrgos: *era DCCCXCVIII populavit Rodericus comes Amajam per mandatum regis Ordonii,*» y de los anales complutenses: «*era DCCCXCVIII populavit Rodericus comes Amajam mandato Ordonii regis.*» Los anales toledanos traen esta pobl. en el año 882: «*pobló el conde Rodrigo á Amaya era DCCCCXX;*» pero sin duda un error de copia ha dado esta fecha por 860. Sin razon alguna han creido varios escritores haber destruido posteriormente esta c. el mismo D. Rodrigo en la rebelion que suscitó en Asturias el conde D. Fruela de Galicia, contra D. Alonso III, siendo D. Rodrigo quien la sosegó en el año 886. Tambien se atribuye esta pobl. á otro D. Rodrigo por los años 915, segun Garabay, y 939 á 940, segun Mariana; sin mas fundamento que el anterior. Refieren algunos que el conde Rodrigo, poblada Amaya, la erigió capital de sus estados, y que lo fue los seis años que por lo menos duró su gobierno, de lo que hubo de originarse el ant. refran «*Harto era Castilla pequeño rincon, cuando Amaya era la cab. y Hitero el mojon.*» Fue en efecto Amaya arruinada por los años que hemos dicho, supone Mariana; mas no por las armas de Rodrigo, como entiende, sino por el califa de Córdoba Ab-el-Rhaman, en union con su tio el Modhafer, los cuales, en la primavera del año del 939, atravesaron el Duero, con mas de 100,000 hombres en tres divisiones; al mando del Modhafer la primera, del Wali de Badajoz, Obeidila ben Abmed ben Ialy ben Wahch el Corthobi (de Córdoba) la segunda; y la tercera á las órdenes del mismo califa, ladeado por los walis de Toledo, de Valencia y de Tádmir, en clase de lugar tenientes, y destruyeron y quemaron varias fort., entre las cuales se encuentra *Amaya*. En el otoño del mismo año, la repobló Ramiro II, campeando con un ejército que Sampiro apellida *Azeifa* por el nombre arábigo de la espada *saif* ó *seif*, lo que dió á Ferreras lugar de suponer equivocadamente á Ramiro en campaña contra el general *Azeif*, tomando aquel nombre por el de un sugeto. Por los montes de Amaya abrió el rey D. Sancho, en 1034, camino á la peregrinacion de Santiago, ofreciéndole este pais seguridad. Fué Amaya una de las pobl. que el rey D. Alonso VIII dió á Doña Leonor de Inglaterra: solemnizándose sus desposorios en Tarazona el año 1169, y encargó á los embajadores ingleses pasasen á tomar posesion de todos aquellos sitios en nombre de la nueva reina, juramentándose en su presencia para el debido cumplimiento de todo el contrato. Cuéntase Amaya entre las pobl. que el conde D. Alvaro de Lara tenia en su poder pertenecientes al Real patrimonio, en 1217, cuando fue hecho preso por las tropas del rey D. Fernando, y hubo de restituirlas para conseguir su libertad. Fué tambien *Amaya* una de las fort. de que se apoderó D. Juan de Lara el año 1296.

AMAYA: ant. fort. del reino de Navarra, muy famosa en las guerras que afligieron al pais á principios del reinado de Cárlos I de España. En las diferencias que se suscitaron entre el conde de Haro y el duque de Nájera, sobre el baston de general, contra la invasion francesa, empuñándolo aquel por Castilla, y pretendiéndole este como virey de Navarra; fue el término la fidelidad que Amaya sostuvo al emperador: esforzaba su partido el conde, diciendo que el reino de Navarra se habia perdido, y quedado por tanto sujeto á nueva conquista que indudablemente tocaba á su oficio: pero constando no haberse perdido enteramente este reino, por conservarse á nombre del emperador la fort. de *Amaya*, en cuya fidelidad valerosa vivia aun el alma de su dominio, se hizo valer en este argumento otras convenientísimas razones al crédito del virey, como dice Sayas en sus Anales de Aragon, y cedió el de Haro. En el mismo año 1521, Guillermo Gauferio, almirante de Francia, habiendo entrado en Navarra con un ejército de 25,000 hombres de infanteria y caballeria, artilleria y pertrechos, y un gran séquito de agramonteses que deseaban la ocasion de emplearse contra la parcialidad beaumontesa, persuadido de que pudiesen los efectos de aquella invasion descontar en algo las anteriores pérdidas, de las cuales aun corria la sangre en el reino de Navarra, combatió la fort. de *Amaya*; que hubo de rendirla su alcaide, como se rindió la del Peñon; teniendo la misma Pamplona, y aun el reino de Aragon, á tan rudo acometimiento. Fue Amaya recuperada por el conde de Aranda, virey de Navarra, al año siguiente.

AMAYAS: l. con ayunt. de la prov. de Guadalajara (16 leg.), part. jud. de Molina (4), aud. terr. y c. g. de Madrid (26), adm. de rent. y dióc. de Sigüenza (8): SIT. en una elevada loma, con buena ventilacion y CLIMA saludable; tiene 60 CASAS pequeñas sin alineacion alguna con suelo bastante áspero de pedriza: la consistorial es de igual clase; en ella está la cárcel, insegura é incómoda, y al mismo tiempo sirve de sala de escuela que desempeña el sacristan, y percibe 4 celemines de trigo por cada uno de los 12 niños que concurren, y lo pagan sus respectivas familias: la igl., que antiguamente era aneja de Hinojosa, se reedificó en el año de 1778, y fue erigida en parr. el de 1784, con curato perpetuo de oposicion, y está dedicada á San Martin: en los afueras hay una fuente que da bastante surtido al vecindario. Confina el TÉRM. por N. con el de Villel de Mesá; E. el de Labros; S. Mochales; O. Anchuela del Campo: todos sus confines dist. poco mas de 1/2 hora, y solo el de la parte de Villel se aleja hasta una. Comprende 1,600 fan. de tierra en cultivo, bastante monte de encina, sabina y roble y muchas corralizas de barda para encerrar los ganados: á 3/8 leg. NE. del l. se halla la ermita de Sta. Bárbara de regular construccion, sit. en una eminencia: aunque ningun arroyo le cruza, brotan algunos manantiales en diferentes puntos, cuyas aguas recogidas cuidadosamente en pequeñas balsas, sirven para abrevadero: el TERRENO es todo muy quebrado, alto y pedregoso, escepto las pequeñas cañadas que se cultivan, de cuyo total son 500 fan. de primera clase; 800 de segunda y 300 de tercera: los CAMINOS corresponden á la naturaleza del suelo, y son veredas de pueblo á pueblo; el CORREO se recibe los domingos de cada semana en la estafeta de Molina por un cartero que se paga en union con los pueblos comarcanos. PROD.: centeno, trigo, cebada, avena, guisantes; se mantiene algun ganado lanar, cabrio, vacuno, mular mayor y menor y de cerda, siendo notable el buen gusto de la carne de este último, que se atribuye á las muchas víboras que se crian; y tambien perdices, ciervos y lobos. POBL.: 53 vec.; 215 alm.: CAP. PROD.: 1.703,580 rs.: IMP.: 63,322: CONTR.: 2,314-33: PRESUPUESTO MUNICIPAL: 1,200, del que se pagan 200 al secretario: se cubre con el prod. de la taberna y tienda de abaceria, que asciende á menos de 500 rs., y lo demas por repartimiento vecinal.

AMAYUELAS DE ABAJO: v. con ayunt. en la prov., adm. de rent. y dióc. de Palencia (4 leg.), part. jud. de Astudillo (3 1/2), aud. terr. y c. g. de Valladolid (12). SIT. en un llano al N. del canal de Castilla, el cual se atraviesa por un puente de un solo y magnifico arco; la combaten todos los vientos, su cielo es alegre y despejado, ofreciendo la vista mas deliciosa, porque desde este punto se descubren muchos pueblos con sus arbolados; la hermosa fáb. harinera de Calahorra, con su casi-fonda para los viajeros; y las pintorescas huertas del ex-priorato de Sta. Cruz de Premostratenses; el CLIMA, en general saludable, es algo propenso á calenturas, tercianas y cuartanas, por la proximidad del espresado canal, que solo dist. de la v. 2,000 pasos. Tiene 44 CASAS de un solo piso distribuidas en varias calles sin empedrar, pero cómodas por estar en un declive casi imperceptible, y una pequeña plaza. Hay tambien una escuela de primeras letras pagada por los padres de los 33 niños que de ambas Amayuelas concurren á la misma, y una igl. parr. bajo la advocacion de San Vicente Mártir, servida por un cura y un beneficiado; el edificio, sit. al S. de la pobl., es de arquitectura gótica, tiene 3 naves y un hermoso coro sostenido por 2 columnas de jaspe. Contiguo á la v. hay un pilon de buenas y abundantes aguas, las cuales aprovechan los vec. para surtido de sus casas y abrevadero de los ganados. Confina el TÉRM. por N. con el de Revenga (1/4 de hora), por E. con el de Amayuelas de Arriba (1/4), por S. con el de Amusco (3/4), y por O. con el de San Cebrian de Campos (1/3). El TERRENO aunque de secano es bastante fértil; hay en él algunos lagos considerables donde se pescan tencas con abundancia; abraza unas 1,500 obradas de cultivo y 900 cuartas plantadas de viña. Los CAMINOS son de pueblo á pueblo, los mas de herradura y algunos para carros: PROD.: mucho y buen trigo, cebada, avena y legumbres, y gran cantidad de vino, aunque de calidad inferior; cria ganado lanar y cabrio, y el vacuno y mular necesario para la labranza; IND.: tejidos de lana para vestirse los hab.: COMERCIO: el de esportacion de granos sobrantes é importacion de aceite de Andalucia, y carnes de Asturias. Celebra la fiesta del titular de su parr. San Vicente Mártir el 22 de enero, y la de Sta. Bárbara, como patrona de la v., el 4 de diciembre: POBL.: 38 vec.; 198 alm.: CAP. PROD.: 141,300 rs.: IMP.: 9,100 rs. El PRESUPUESTO MUNICIPAL asciende á 800 rs., y se cubre con el prod. de 50 fan. de tierras concejiles, con el de arbitrios, consistentes en 101 rs. de la taberna, 300 de la alcabala de romana, 416 de la de viento y 22 de fiel medidor.

AMAYUELAS DE ARRIBA: l. con ayunt. en la prov. y dióc. de Palencia (4 leg.), part. jud. de Astudillo (3), aud. terr. y c. g. de Valladolid (12): SIT. en un declive dist. 2,000 pasos del canal de Castilla: combátenle todos los vientos y su cielo es alegre, ofreciendo la hermosa perspectiva de varios pueblos con sus arbolados y huertas, la famosa fáb. de harinas de Calahorra con su espaciosa fonda para los viajeros, las márg. del espresado canal pobladas de árboles y frondosidad, y la deliciosa vista del ex-priorato de Sta. Cruz, y calzada de Santander; goza de CLIMA muy saludable, siendo las enfermedades comunes algunas calenturas y tercianas de carácter benigno. Tiene 46 CASAS de regular elevacion distribuidas en varias calles sin empedrar, pero de cómodo piso, y en una plaza, que mas puede llamarse una calle ancha, en cuyo frente se halla la casa municipal sin mérito alguno; hay ademas un pósito de labradores, cuyos fondos se reducen á 40 fan. de trigo, y una igl. parr. dedicada á Sta. Columba, servida por un cura párroco de provision de S. M., mediante oposicion en concurso general; el edificio sit. al S. del pueblo es de estilo ó arquitectura gótica, se halla ruinoso, ignorándose la época de su fundacion. Los niños de este pueblo concurren á la escuela de primeras letras establecida en Amayuelas de Abajo; para el surtido de los vec. hay dos fuentes de buenas y abundantes aguas, las cuales tambien aprovechan para abrevadero de sus ganados. Confina el TÉRM. por N. con el de Poblacion, por E. con el de Peña de Campos, por S. con el de Amusco, y por O. con los de San Cebrian y Amayuelas de Abajo. El TERRENO enteramente llano es bastante estéril, cuyo defecto suple la incesante laboriosidad de los hab.; abraza 100 obradas de cultivo y sobre 800 cuartas de viña. PROD.: trigo de buena calidad, cebada y vino de clase inferior; cria ganado lanar y cabrio, con el mular y vacuno necesario para la agricultura, caza de liebres y perdices, y pesca de anguilas y barbos en el canal: IND.: elaboracion de harinas, que en el dia se encuentra en decaimiento por la emigracion de los principales capitalistas á Fromista y Boadilla del Camino: POBL. 43 vec.: 224 alm.. CAP. PROD.: 183,600 rs.: IMP.: 5,800. El PRESUPUESTO MUNICIPAL asciende á 860 rs., y se cubre con el prod. de 15 fan. de trigo, 20 cuartas de viña y 200 rs. que en un quinquenio rinde el cuarto de correduria.

AMAYUELAS DE OJEDA: l. con ayunt. en la prov. y dióc. de Palencia (16 leg.), part. jud. de Cervera de Rio Pisuerga (3), aud. terr. y c. g. de Valladolid (24): SIT. en un vallejo cercado de montes por der. é izq.; su CLIMA es bastante frio á causa de batirlo con frecuencia el viento N., y las enfermedades mas comunes son dolores reumáticos. Consta de 16 CASAS de mediana fáb., entre las cuales se halla la consistorial que sirve tambien para cárcel; tiene una escuela de primeras letras con la dotacion de dos cargas de trigo y las asignaciones particulares de los 20 alumnos que á ella concurren; dos fuentes de buena calidad, la una dentro del pueblo y la otra fuera, de cuyas aguas se surten los hab. para sus usos domésticos y para abrevadero de sus ganados; y una igl. parr. bajo la advocacion de Sta. Marina, servida por un cura teniente, de presentacion de la abadesa del monast. de San Andrés, á quien correspondió en propiedad todo este pueblo de Amayuelas de Ojeda; hay ademas una ermita, dedicada tambien á Sta. Marina, la cual se encuentra fuera de la pobl, en un sitio delicioso por las montañas que la rodean. Confina su TÉRM. por N. con el de Cubillo de Ojeda, por E. con el de Payo, por S. con el de la Dehesa de Montejo, y por O. con el de Colmenares. El TERRENO es de ínfima calidad, y seria de todo punto improductivo á no ser por los desvelos é incesante trabajo de los hab., que únicamente se dedican á la agricultura; cruzan por el térm. dos riach. corriendo de N. á S., y sus montes se hallan poblados de infinidad de robles y copudos chopos: los CAMINOS se dirigen á Pradanos de Ojeda y Cervera de Rio Pisuerga, pero están en muy mal estado; y el CORREO lo recibe de la adm. del primero los domingos, saliendo los mártes: PROD.: morcajo y poco trigo; cria ganado vacuno y lanar, y caza de liebres, perdices y venados, pescándose en el verano algunas truchas y cangrejos: la IND. se reduce á dos molinos harineros sit. á la inmediacion del l.: POBL.: 9 vec.: 46 alm.: CAP. PROD.: 19,790 rs.: IMP.: 699.

AMAZA: casa solar y armera en la prov. de Vizcaya, part. jud. de Durango (1/2 leg.), y anteigl. de Yurreta: tiene contigua la ermita de San Martin, que segun tradicion era un monasterio que el rey de Navarra D. Sancho V y su esposa donaron á San Millan.

AMBA: la única noticia que se tiene de esta ant. pobl. es el nombre, conservado en una medalla: AMBA F.

AMBADE: l. en la prov. de la Coruña, ayunt. de Naron y felig. de Sta Maria de *Castro* (V.): POBL. 8 vec. 32 almas.

AMBAR (ROQUE DE): lengua de tierra en la isla de Lanzarote, prov. de Canarias, part. jud. de Tequise, la cual penetra á bastante dist. en el mar, formando la punta mas saliente del O. del puerto de Arrecife.

AMBAS: barrio en la prov. de Oviedo, ayunt. de Villaviciosa y felig. de San Pedro de *Ambás* (V.).

AMBAS: l. en la prov. de Oviedo, ayunt. de Grado y felig. de San Salvador de *Ambás* (V.).

AMBAS: l. en la prov. de Oviedo, ayunt. de Carreño y felig. de Santiago de *Ambás* (V.).

AMBAS (SAN PEDRO DE): felig. en la prov. y dióc. de Oviedo 5 leg.), part. jud., arciprestazgo y ayunt. de Villaviciosa (1): SIT. sobre la carretera que de esta v. sigue á la cap. de prov.; su CLIMA sano: comprende los l. y barrios de Ambás, Castiello Coudarco, Lloses, La Rosa y Seana, La Vega, Viesca, Villabona y Villacorrientes, que reunen sobre 62 CASAS. La igl. parr. (San Pedro Apóstol), es matriz de la de San Martin de *Teruin*: el curato es de ingreso y patronato ecl., al párroco se le autorizó en 1750, con la cláusula de *por ahora*, y continúa, para celebrar dos misas en los dias de precepto, una en San Pedro y otra en San Martin, por acallar las cuestiones promovidas por los vec. de los distintos barrios que se disputaban la preferencia: la provision se verificaba, prévio concurso, por los abades del ex-monasterio de *Val de Dios* en terna que presentaba el diocesano. En esta igl. se encuentra el santuario de Ntra. Sra. de la Reliquia, llamada asi por la que se venera de un poquito de lienzo, que se dice hilado por la Virgen. En el barrio de Castiello está una capilla muy ant. propia de la casa de Miravalles, junto á la que fué trasladada en 1839 por hallarse ruinoso el edificio: el cementerio sit. al N. y junto á la parr. es capaz y decente. El TÉRM. de la felig. se estiende á unos 3/4 de leg. de long., y poco mas de 1/3 de lat., formando una figura irregular: confina por N. con el de San Vicente de Grases, por E. con los de San Juan de Amandi y San Juan de Camoca, por S. con el de San Andrés de Valdebarzana, y por O. con los de San Bartolomé de Puelles, Sta. Maria de Rozadas y Sta. Eulalia de Nievares. El monte de Ambás forma cord. con los de Arbazal y Valdebarzana, la cual, asi como varias colinas aisladas, entre ellas la de Coralla, la Escuentra y Trascuenta ó Cumbre, constituyen un terreno demasiado quebrado: en él se encuentran 8 fuentes de buen agua; 4 en Priores y Ambás, 2 en Lloses y Villabona y las restantes en Castiello y la Sota: un riach. que nace en Val de Dios y pasa por la riera, y entra en este térm. por la Balonguina, baña los prados de Seana y los de la Fuente, en donde se le une el que baja de Rozadas, y continuando por el Revasti pasa á la felig. de Grases al salir de la Rosa, que llaman Rosa de Seana: este riach., aunque de poca agua en el verano, prod. truchas y anguilas, y tiene en Revasti un puente de madera sobre estribos de mamposteria, y un ponton en Seana; en este barrio y junto á su molino harinero esta un puentecito de piedra de un solo ojo sobre el r., que se ha dicho baja de Rozadas á unirse con el de Val de Dios. La riega de Ambás y Cumbre, cómo otros arroyuelos formados con las lluvias del invierno, recorre el térm., si bien puede decirse que solo sirven para abrevadero del escaso ganado que mantienen aquellos descuidados montes: las pendientes de estos y algunos valles es el TERRENO destinado al cultivo y praderia: puede calcularse en 1,300 dias de bueyes, 260 de primera clase, 390 de segunda y 650 de tercera ó infima: la parte baldia ó concejil serán unos 20 dias de bueyes. Los CAMINOS de travesia son malos, y aun la citada carretera tiene trozos de mal paso: el CORREO se recibe en Villaviciosa. PROD. maiz, trigo, habichuelas, patatas, castañas, nueces y otras varias frutas, algun lino y hortalizas, pero con especialidad manzanas de las que elaboran anualmente sobre 90 pipas de sidra: cria el ganado indispensable para las labores agricolas, y estos naturales se ven en la precision de recurrir á Villaviciosa para abastecerse de los art. de primera necesidad: POBL. 60 vec.; 232 alm.: CONTR. con su ayunt. (V.).

AMBAS (SAN SALVADOR DE): felig. en la prov. y dióc. de Oviedo (5 leg.), part. jud. de Belmonte (1 1/2), y ayunt. de Grado (que lo es del part. de Pravia): SIT. á la izq. del r. Cubia, ó Caudal, á la falda de una montaña que circunda á la pobl. por S., O., y N.: CLIMA templado y sano: comprende los l., ald. y brañas de Ambás, Berducedo, las Corujas, Cubia, Pumariega, Sorribas y Tablado, que reunen 170 CASAS las mas con un solo piso. La igl. parr. (San Salvador) es matriz con un anejo (Santiago de Sorribas), y su curato de ingreso y patronato real. El TÉRM. se estiende á 1/4 de leg. del centro á la circunferencia, y confina por N. con su anejo, por E. con Rodiles, al S. con Santianes, y por O. Rubiano: le baña el mencionado r. al cual se une otro riach. enriquecido con las aguas sobrantes de muchas y buenas fuentes; el TERRENO en lo general montuoso, disfruta de unos 600 dias de bueyes destinados al cultivo, huertas, y prados de pasto; se encuentran algunos montes de robles y castaños, los restantes son bajos y peñascosos, pero abundantes de pastos y combustibles. Los CAMINOS vecinales y malos, y el CORREO lo recibe por Belmonte: PROD.: trigo escanda, maiz, habas, patatas, hortaliza, alguna fruta, lino y cáñamo; cria ganado vacuno, lanar y cabrio: IND.: agricola, la cual ejercen como propietarios: POBL.: 173 vec.: 739 alm.: CONTR.: con las demas felig. que forman el ayunt. (V.).

AMBAS (SANTIAGO DE): felig. en la prov. y dióc. de Oviedo, part. jud. de Gijon (3 leg.), y del ayunt. de Carreño (2): SIT. al N. y falda de la sierra Monte de Areo: su CLIMA sano; si bien se padecen algunas fiebres y reumas: comprende los barrios y l. de Ambás, Huerno, el Montico y Piñeila: los tres primeros sit. en la indicada falda y el cuarto colocado frente del segundo: reune 65 CASAS muy medianas, y hay una escuela á la cual concurren 40 niños, cuyo maestro disfruta la dotacion de 14 1/3 fan. castellanas de trigo y maiz por mitad; la igl. parr. (Santiago) es matriz, con curato de ingreso y de patronato real: El TÉRM. confina por N. con el de Sta. Maria de Logrezana; por E. con Sta. Eulalia del Valle; por S. con la de San Miguel de Serin, del ayunt. de Gijon, interpuesto el citado Monte Areo, y por el O. con San Juan de Tamon: hay buenas y abundantes fuentes que contribuyen á formar algunos arroyuelos que fertilizan el TERRENO: este es de buena calidad y no escasea de arbolado: los CAMINOS son medianos y el CORREO se recibe en la cap. del ayunt.: PROD.: trigo, maiz, habas, castañas, mucha manzana de que elaboran buena sidra, algun lino y abundante pasto: cria ganado vacuno, caballar, lanar y de cerda: IND.: la agricola y pecuaria, siendo esta última la mas ventajosa: hay dos molinos harineros en el l. de Montico, y asi en este como en toda la felig. varios menestrales; POBL. 90 vec.: 502 alm.: CONTR. con su ayunt. (V.).

AMBAS-AGUAS: l. en la prov. y dióc. de Leon (4 leg.), part. jud. de la Vecilla (4), aud. terr. y c. g. de Valladolid (23), ayunt. de Sta. Colomba de Curueño (1); SIT. en la confluencia de los r. Onza y Curueño al O. del Valle de este nombre, donde le combaten principalmente los vientos del N. y S.: goza de CLIMA templado y sano en lo general, siendo las enfermedades mas comunes algunas fiebres tercianarias y cuartanas. Tiene 28 CASAS de mediana fáb. y comodidad, escuela de primeras letras, á la que asisten unos 12 niños de ambos sexos, y cuyo maestro se halla con la mezquina dotacion de 180 rs. al año; y una igl. parr. dedicada á los santos Fabian y Sebastian, servida por un cura párroco de provision de los vec. en concurso general. Dentro del pueblo hay una fuente de esquisitas aguas, las cuales utilizan los hab. para su consumo doméstico. Confina el TÉRM. por N. con el de Lugan (1 leg.), por E. con el de Cerezales (1/4), por S. con el de Devesa (un tiro de bala), y por O. con el de Barrio de Nuestra Señora (igual dist.). Lo fertilizan los espresados r. Curueño y Onza, los cuales bajando el primero por el valle de su nombre y el segundo por el de Boñar, vienen á reunirse en el confin de este térm., desde cuyo punto llevan el nombre de Onza: sus aguas ademas de dar riego á algunos trozos de tierra y de servir para abrevadero de los ganados, impelen dos molinos harineros. El TERRENO es de buena calidad y bastante fértil: comprende ademas de la parte destinada á cultivo un dilatado monte, poco poblado de árboles, pero con abundancia de pastos para toda clase de ganados. Cruza por medio de la pobl. el camino que de Leon conduce á Boñar, el cual se encuentra en mediano estado. Recibe la CORRESPONDENCIA de Vegas del Condado por un balijero los mártes y sábados en la noche, saliendo los mismos dias por la mañana: PROD.: trigo, centeno, cebada, lino, garbanzos, titos, habas, patatas y frutas: cria ganado lanar, cabrio, mular, vacuno y caballar; hay caza de liebres, perdices, corzos y jabalies, y pesca de barbos y truchas en abundancia: IND.: ademas de los mencionados molinos, hay uno de aceite de linaza. COMERCIO: consiste casi esclusivamente en el de esportacion de lino para Asturias. POBL.: 20 vec.: 68 alm.: CONTR.: con el ayuntamiento.

AMBAS-AGUAS: l. en la prov. de Leon (14 leg.), part. jud. y adm. de rent. de Ponferrada (6), aud. terr. y c. g. de Valladolid (28), dióc. de Astorga (7), y ayunt. de la Baña. SIT. en un valle á la márg. der. y en la confluencia del r. *Cabrera* con el arroyo Losada, sobre los cuales hay un puente de piedra para pasar á Quintanilla de Losada: combátenle todos los vientos y su CLIMA es bastante saludable. Tiene 34 CASAS, algunas de ellas de dos pisos, todas cubiertas de pizarra ó teja y de mala distribucion interior. Hay una igl. parr. bajo la advocacion de Sta. Marina, aneja de la de Robledo de Losada, y servida por un vicario ó teniente nombrado por el cura párroco de la matriz. Confina el TÉRM. por N. con el de Quintanilla de Losada, por E. con el de Nogar, por S. con el de Sta. Eulalia, y por O. con el de Robledo de Losada. El TERRENO es enteramente llano, y se halla regado con las aguas de los espresados r., las cuales aprovechan tambien los hab. para surtido de sus casas, y abrevadero de sus ganados: ademas de las tierras empleadas en cultivo, comprende varios trozos de monte alto y bajo, que proporcionan combustibles y buenos y abundantes pastos. Los CAMINOS son carreteros y se hallan en bastante mal estado por el abandono con que se les mira: PROD.: trigo, centeno, frutas y hortalizas; mucho lino, castañas, patatas, y nueces: cria ganado vacuno, de cerda, lanar y cabrio; hay caza de perdices y algunos animales dañinos: IND.: filatura y tejidos de lana y lino: POBL.: 31 vec.; 140 alm.: CONTR. con el pueblo de Quintanilla de Losada, en cuyo cupo va incluido el de este lugar.

AMBASAGUAS: ald. de la prov. de Logroño (9 leg.), part. jud. de Cervera de Rio Alhama (5), aud. terr. y c. g. de Búrgos (30), dióc. de Calahorra (5), ayunt. de Muro de Ambasaguas (1): SIT. en terreno escabroso, donde la combaten principalmente los vientos del N., por cuya razon su CLIMA es frio, pero saludable, no obstante que á las veces suelen aparecer algunas calenturas inflamatorias. Tiene 26 CASAS, escuela de primeras letras, dotada con indeterminada cantidad de trigo, la cual satisfacen los padres de los 9 niños que de ordinario concurren á ella; 1 igl. parr., bajo la advocacion de San Juan Bautista, sufragánea de la de Muro, cuyo párroco provee al culto; y cerca de la pobl. una ermita, dedicada al Sto. Cristo de la Columna. Dentro de la ald. hay una fuente de esquisitas y abundantes aguas, las cuales aprovechan los vec. para sus necesidades domésticas. Confina el TÉRM. por N. con el de Prejano 1 leg., por E. con el de Cornago 1 1/2, por S. con Navalsaz, ald. de Enciso, 1/2, y por O. con el de Muro de Ambasaguas 1. Brotan en el mismo infinitos manantiales, que dan origen á varios arroyuelos, los cuales vienen á reunirse en la pobl., y fluyendo por entre Muro y Cornago, bajan á Igea; sin embargo de que tanta abundancia de aguas es muy agradable, de poco sirve para la fertilidad del TERRENO, por ser este muy áspero y de dificil riego, escepto en algunos pequeños trozos que se aprovechan para verduras; la tierra destinada á cultivo se reputa como de mediana calidad; y tocando con el térm. de Cornago hay un monte casi desp. de árboles, pero abundante en pastos, arbustos y maleza, asi como los demas pedazos de terreno erial ó baldio. Los principales CAMINOS son los que conducen á Muro, Cornago, San Pedro y Enciso, y se hallan en mediano estado por la escesiva escabrosidad del pais. La correspondencia se recibe de Muro por medio de un balijero que llega y sale los viérnes. Prod.: trigo, comuña, cebada, avena, legumbres y hortalizas; cria ganado lanar y cabrio; hay caza de liebres, conejos y perdices: ind.: un molino harinero casi destruido: pobl.: 19 vec., 76 alm.: cap. prod.: 398,000 rs.: imp.: 34,365: contr.: 2,980 rs.

AMBAS-AGUAS: l. de la prov. de Orense, dióc. de Astorga; part. jud. de Valdeorras, ayunt. y felig. de Rubiana: sit. en el ángulo que forma la confluencia de los arroyos Cigüeño y Regueiral. (V. Sta. Maria de Rubiana:) Pobl.: 10 vec., 35 habitantes.

AMBAS-AGUAS: ald. en la prov. de Oviedo, ayunt. de Cangas de Tineo, de cuya v. es arrabal, y corresponde á la felig. de Sta. Maria de *Ambas-aguas*. (V).

AMBAS-AGUAS: arrabal en la prov. de Orense, ayunt. y felig. de *Castro Caldelas*, Sta. Isabel (V.): pobl.: 3 vec., 15 almas.

AMBAS-AGUAS ó ENTRAMBAS-AGUAS (Sta. Maria de): felig. en la prov. y dióc. de Oviedo (14 leg.), part. jud. y ayunt. de Cangas de Tineo (1/8): sit. en la confluencia de los r. *Luynia* y *Narcea*: clima sano: la pobl. está distribuida en los l. y ald. de Ambas-aguas y el Corral (arrabales de la v. de Cangas), Curiellos y Llamas del Coto. La igl. parr., donde se venera con gran devocion, una imágen, bajo la advocacion de Ntra. Sra. del Cármen, es pequeña, moderna y de buena fáb.; el patronato es de la corona, que lo ejercia en los meses ordinarios con el suprimido monast. de San Juan de Corias. Confina por N. con Sta. Maria de Berdules, por E. y con Cangas y Limes, por S. con Sta. Eulalia de Cuevas, por O. con San Julian de Adrales. Al S., en una peninsula que forma el Luynia, se halla una capilla, bajo la advocacion de San Tirso, que fue monast. de San Benito, reunido con otros varios al ya citado de San Juan de Corias. Esta capilla, que aun conserva la pila bautismal, fue la parr. ó matriz, y hasta fines del siglo pasado, se veia en la pared de su pórtico, sobre una sepultura terrena marcada con lozas, una lápida en que se alcanzaba á leer:

OBIIT PETRUS PELAGIUS
FAMULUS DEI ERA M....

El terreno que abraza el térm. es quebrado, pero fértil y de buena calidad: los montes y prados abundan de pasto, y la parte roturada se cultiva con esmero: los caminos malos, y el correo se recibe en Cangas de Tineo: prod. toda clase de granos, bastante fruta y algun viñedo: cria ganado vacuno, lanar, cabrio y de cerda: pobl.: 55 vec., 257 alm.: contr.: con su ayunt. (V).

AMBAS-MESTAS: l. en la prov. de Leon (21 1/2 leg.), part. jud. de Villafranca del Vierzo (2 1/2), adm. de rent. de Ponferrada (6), aud. terr. y c. g. de Valladolid, dióc. de Lugo (12), ayunt. de Vega de Valcarce: sit. junto al r. de este último nombre en la carretera general de Madrid á la Coruña; la cual pasa sobre el r. Balboa por medio de un puente de piedra construido en la entrada de la pobl. Combátenle todos los vientos, y su clima es saludable. Tiene 20 casas de mezquina fáb., y poca comodidad, y una igl. parr., dedicada á San Pedro Apóstol, servida por un cura párroco; el curato es de entrada, y su provision corresponde al diocésano en concurso general Confina el térm. con los de la Vega, Portela y Soto Gayoso. El terreno es llano y de escasa fertilidad; ademas de los pedazos destinados á cultivo, comprènde bastantes baldios, donde se crian arbustos, castaños y pastos para el ganado: prod.: centeno, cebada, castañas y algunas legumbres; cria ganado vacuno, lanar y cabrio: pobl.: 23 vec., 92 alm.: contr. con el ayuntamiento.

AMBAS MESTAS: sitio en la prov. de Oviedo, inmediato y al S. de Právia, en cuyo punto se reunen los r. *Nalon* y *Narcea*.

AMBAS-VIAS (Sta. Eulalia de): felig. en la prov. y dióc. de Lugo (9 leg.), part. jud. de Becerreá (3), y ayunt. de Cervántes (1 1/4): sit. al N. de la sierra de Outeiro en una pendiente ventilada, con clima sano: 28 casas medianas, distribuidas en los barrios ó ald. de Sta. Eulalia ó Santalla y San Estéban, constituyen esta felig., cuya igl. parr. (Sta. Eulalia), está servida por un curato de entrada y de patronato real y ecl. El térm. confina por N. á 1/2 leg. con San Justo de Villaver, por E. á 1/4 con Sta. Maria de Son; por S. á 1 con Sta. Maria de Castro, y por O. con San Justo de Quindós á 1 1/2; le bañan los derrames de varias fuentes y el arroyo de Villaver, que fertilizan el terreno; este es de buena calidad, aunque escaso de arbolado. Los caminos son malos, y el correo se recibe los domingos por Becerreá: prod.: centeno, patatas, nabos, lino y poca yerba; cria ganado vacuno, cabrio, lanar y de cerda: hay caza de perdices, liebres, jabalíes y corzos: ind.: un molino harinero: pobl.: 21 vec., 109 alm.: contr. con su ayunt. (V).

AMBEL: v. con ayunt., de la prov., adm. de rent., aud. terr. y c. g. de Zaragoza (12 leg.), part. jud. de Borja (1); dióc. de Tarazona (3): sit. en un llano con libre y buena ventilacion, cielo alegre y despejado, dilatado horizonte y saludable clima. Forman la pobl. 150 casas de uno y dos pisos, distribuidas en varias calles; hay un hospital para enfermos pobres y transeuntes, sin rent. de ningun género, por cuyo motivo no puede prestar servicio alguno á los indigentes; una escuela de primeras letras, á la que concurren unos 30 discipulos, pagada por los fondos del comun con 1,900 rs. anuales, y una igl. parr., bajo la advocacion de San Miguel Arcángel, servida por un cura con el nombre de prior, un capellan coadjutor y un sacristan; el curato es de primer ascenso, y se presenta por la Encomienda de la órden de caballeros de San Juan; el cementerio está situado fuera de la pobl., en parage bien ventilado. No muy dist. de la v. se encuentra una ermita, titulada de la Virgen del Rosario, muy pobre y sin mérito. Confina el térm. por el N. con los de Bulbuente y Alcalá de Moncayo, por el E. con el de Borja, por el S. con el de Tabuenca, y por el O. con los de Talamantes y Añon, y se estiende de un estremo de sus lím. al otro cosa de hora y media. El terreno no es enteramente llano, pero las alturas que se hallan son muy suaves; se cultivan 600 cahizadas de tierra de secano, y 100 de regadío, cuyo beneficio proporciona un arroyo nombrado Moxana: carece de bosques, no tiene mas dehesas que las que corresponden á los propios, buenas para ganado lanar de vientre. No corren por todo el térm. otras aguas que las del mencionado arroyo Morana, tan escaso que apenas basta para el riego de la poca tierra de huerta y surtido de los vec., siendo muy frecuentes las ocasiones en que falta para lo uno y lo otro. Prod. trigo, cebada, avena, cáñamo, patatas, aceite, vino, y cria ganado lanar, y caza de perdices, conejos y liebres: ind.: se ocupa una tercera parte de los hab. en la que llaman marrequería, que consiste en un tejido de tela de cáñamo y estopa para talegos, sacos de lana y otras obras de esta naturaleza, consumiéndose en la primera sobre 11,000 a. de cáñamo: pobl.: 121 vec., 557 alm.: cap. prod.: 1.860,000 rs.: cap. imp.: 134,600 rs.: contr.: 23,881 rs. 32 mrs.

Historia. Esta v., de fundacion inmemorial, con antigüedades de la España agarena, fue de la corona hasta el año 1152, que se dió á los Templarios. Espinal y Garcia, en su Atlante Español, y los señores del Diccionario Universal publicado en Barcelona, suponen esta donacion hecha el año 1132; pero la verificó el príncipe D. Ramon, marido de Doña Petronila, en recompensa del derecho que aquellos caballeros pretendian tener sobre la v. de Borja y el cast. de Magallon, habiéndole nacido ya de la Reina, su hijo D. Ramon; y en 1135, esto es, 3 años despues del en que se supone la donacion, aun era ob. de Roda el que habia de ser abuelo de este niño. Efectuóse la donacion en la *Zuda de Barcelona el postrero de abril de* 1152, hallándose presentes el conde de Pallás y algunos caballeros aragoneses. Fue secuestrada Ambel á los Templarios en 1308, y concedida á la órden de San Juan de Jerusalen. En el año 1517 contaba esta pobl. 500 vecinos.

AMBEREY: cast. arruinado en la prov. de Málaga, part. jud. de Ronda, térm. de Alpandeire; en cuyo sitio se dice estuvo antiguamente sit. esta v.

AMBIA: (San Esteban de): felig. en la prov. y dióc. de Orense (3 1/2 leg.), part. jud. de Allariz (1 1/2), y ayunt. de Baños de Molgas: sit. al E. de la cap. del part. á la falda de un monte, continuacion del de San Márcos y Penamá: su clima sano: comprende los l. y ald. de Aceñala, Fondo de Vila, Poedo (Santiago de), Sta. Eufemia, Suatorre y Villamea, y Pazos, que reunen 140 casas diseminadas y propias de pobres labradores. La igl. parr. (San Estéban), es vicaria que proveen el prior, ob. de Valladolid, y el cabildo ecl. de Junquera de Ambia: tiene por anejo á Santiago de Poedo; carece de cementerio rural, y las inhumaciones se hacen en el átrio de la igl.; pero por hallarse esta en desp., en nada perjudica á la salud pública: el TÉRM. confina por E. con Pesquora, por O. con Junquera de Ambia, por N. con el r. Arnoya, y por S. con Bobadela: en la cima del monte que hemos indicado, y con inclinacion á S., está Poedo; el resto de la parr. mira al N. y ocupa un plano inclinado hasta el r. Arnoya, el cual se dirige por el térm. de E. á O. Cruza al r. el puente de la Piedra por el sitio de Esperela: este puente antiquísimo, tiene 14 varas de altura desde el fondo del agua, y 48 de largo con piso llano; sus pretiles los forman piedras toscas y mal colocadas, que dejan un espacio de 2 1/2 varas de ancho, estriba en peñascos por uno y otro lado, y el único ojo que tiene es de 13 varas de luz, muy bien construido y todo de piedra; facilita la comunicacion á esta parr. con la de Puente Ambia, y da paso al camino de herradura que desde Orense va á la Puebla de Sanabria, ó Castilla la Vieja por Laza; camino que prefieren los arrieros al de Allariz, por ser mas corto aunque menos poblado. A la izq. del r. y á corta dist. O. del Puente de la Piedra, se encuentra el l. de la Aceña, en el que hay tres molinos harineros impulsados por el Arnoya. En el l. de Santa Eufemia hay una capilla dedicada á esta Santa; pero carece de rent.; y en fin, en Suatorre ó Subatorre, cuyo l. pertenece á los Sres. de Sorga, que nombraban juez, aunque no cobraban diezmos ni alcabala, se ve la mitad de una torre, cuyo origen se ignora. El TERRENO es en parte montuoso; pero muy feraz á orillas del r. Los CAMINOS de travesía son de herradura y malos: el CORREO se recibe en Allariz: PROD.: maiz, centeno, patatas, castaña, lino, y algunas legumbres: cria ganado, con especialidad vacuno: POBL.: 140 vec., 571 almas; CONTR.: con su ayunt. (V.).

AMBIANDE: l. en la prov. de la Coruña, ayunt. y felig. de San Félix de *Monfero* (V.): POBL.: 2 vec., 12 almas.

AMBIEDES (SANTIAGO DE): felig. en la prov. y dióc. de Oviedo (5 leg.); part. jud. de Avilés (1), y ayunt. de Gozon (1 1/4 á su cap. Luanco): SIT. en terreno bastante llano y ventilado: CLIMA sano: reune hasta 110 CASAS distribuidas en los barrios, ald. y cas. de Barredo, Carballo, Iboya de Abajo, Iboya de Arriba, La-Barrera, Moriello, Perdones, Redivó, Rimañon, Valverde y Valle, con una escuela de instruccion primaria. La igl. parr. (Santiago) es capaz, pero pobre; su curato de primer ascenso y patronato real; hay tres ermitas, la de San Benito en Iboya, la de San Juan en Perdones, y la de San Lorenzo en Barredo. El TÉRM. confina con las felig. de San Jorge de Manzaneda, San Pedro de Navarro, San Martin de Podes, y Sta. Leocadia de Laviana, á la cual corresponden algunas casas del barrio de Iboya: le bañan distintos arroyuelos enriquecidos con el derrame de cuatro fuentes de escelentes aguas. El TERRENO es de buena calidad, y la parte montuosa denominada la Granda y el Estrellin, la primera al S. y el segundo al E.; se encuentran desp. Los CAMINOS locales son medianos; y el que desde Luanco sigue á Avilés, cruzando la felig., es malo: el CORREO se recibe de la cap. del part. por medio de un balijero. PROD.: trigo, maiz, patatas, habas y otras legumbres: cria ganado vacuno, lanar, de cerda, y caballar cruzado con garañon, que es el mas preferido, y forma su IND. pecuaria: hay un molino que solo trabaja en el invierno: POBL.: 110 vec.; 610 alm.: CONTR.: con su ayunt. (V).

AMBINGUE: l. en la prov. de Oviedo, ayunt. de Ponga, y felig. de Sta. Maria de las Nieves de *Cazo* (V.): POBL.: 50 vec., 214 almas.

AMBINON: el anónimo de Rávena que tan adulterados presenta, en lo general, los nombres de las pobl. y para quien nada significan las voces *justa y confinare*, pues las estiende á veces á mas de 50 leg., trae una c. denominada *Ambinon*, sin duda es la *Ambisna*, que Ptolomeo nombra en los *Murbogos* (V.).

AMBIS: dióse antiguamente este nombre á un pequeño puerto cercano á Cádiz, en el cual surgió Magon cuando al regresar de su espedicion de Cartagena, los gaditanos le cerraron las puertas de su c. Desde este puerto envió diputados á la isla para quejarse de aquella novedad que se atribuyó á la plebe. Manifestó Magon deseo de hablar con los magistrados; estos se le presentaron y al punto los mandó prender, azotar sangrientamente y crucificar. De este modo se despidieron los cartagineses de España, reembarcándose Magon atropelladamente, cometido el atentado.

AMBISNA: c. mencionada por Ptolomeo en la region de los *Murbogos*; á los 11° 10′ de long., 43° 5′ de lat., segun las ediciones Argentina, Ulmense y de Roma; aunque no aparece en la griega de Erazmo y otras. En el Ravenate se lee *Ambinon*. Siguiendo la indicacion de Rui Vamba, que congeturó deben estar hácia la confluencia del Arlanzon y el Pisuerga, puede reducirse con D. Miguel Cortés á *Pampliega* (V.).

AMBITE: v. con ayunt. de la prov., adm. de rent., aud. terr. y c. g. de Madrid (7 leg.), part. jud. de Alcalá de Henares (4), dióc. de Toledo (14): SIT. junto al r. Tajuña, á su der. en la ladera de la vega por donde corre dicho r., libre de la influencia de todos los vientos, con cielo alegre, despejada atmósfera, y CLIMA saludable. Tiene como 140 CASAS, distribuidas en calles, la mayor parte empedradas; entre ellas un palacio con su hermoso jardin, y próximo á él una huerta inmensa cercada de pared, dentro de la cual hay varias alamedas de ólmos y frutales, perteneciente al Sr. marqués de Legarda, que goza tambien el titulo de vizconde de Ambite, con señ. y jurisd. hasta 1808; una fuente pública, plaza, casa consistorial, meson, carniceria, dos molinos de aceite, escuela de primeras letras, concurrida por 40 á 60 niños; igl. parr. bajo la advocacion de la Asuncion, en la cual se conservan los restos del Sr. D. Alonso de Peralta y Cárdenas, en un magnífico panteon de mármol y jaspe, que existió en la igl. del ex-convento de San Bernardo de Madrid, fundado por el mismo Sr. Peralta. Tambien lo fue de un buen mayorazgo en esta v. que lo posee el referido marqués de Legarda su descendiente, el mismo que el año 1841 trasladó á esta igl. el panteon y cenizas de que se hace mérito: la parr. se sirve por un cura de provision del diocesano en concurso general, y aunque en lo ant. hubo dos pósitos, uno pio y otro comun, en el dia no existe ninguno: fuera de la v. se halla una ermita dedicada al Santo Angel de la Guarda; á la márg. izq. del r., y contiguo á ella el cementerio en parage ventilado. El TÉRM. que se estiende á 1 leg. por los cuatro vientos, confina por N. con la Olmeda de la Cebolla y Pezuela de las Torres, por E. con Mondejar y Fuente Novella; por S. con desp. de Baldeormeña, Fuente del Espino y v. de Oruzco, por O. con la v. de Villar del Olmo. El TERRENO disfruta de monte y llano de todas calidades, y abraza unas 6,600 fan. de tierra; de las cuales hay 200 de primera calidad, que se riegan con las aguas del r. por medio de una presa construida en él; 250 de segunda, que se riegan con las aguas que pasan por este pueblo y las de un arroyo que baja desde el Villar; 300 de tercera, y las restantes de ínfima y de monte de carrascales y mata parda, de que se hace carbon: sobre el mismo r. hay un puente de piedra silleria, de 5 ojos, el cual se halla en muy buen estado, y su corriente sirve de motor á un molino harinero y un batan: las tierras de secano abundan de olivos, viñedos, y dilatados sembrados; y las de regadio de muchos y diversos árboles. Hubo antiguamente dos molinos harineros, y una fáb. de papel; pero hace mas de 40 años que se arruinaron, habiendo quedado reducida la IND. de este pueblo á un telar de paños ordinarios, y otro de lienzos. PROD. trigo, cebada, centeno, cáñamo, anís, alcaravea, aceite, vino, gran cantidad de legumbres y hortalizas, alguna fruta, poca miel y cera, y se mantiene ganado lanar y cabrio: POBL.: 166 vec., 655 alm.: CAP. PROD.: 4.156,150 rs.: IMP.: 154,102: CONTR.: 17,767 rs.

AMBLES: valle en la prov. y part. jud. de Avila, cuya cap. está sit. en su estremo oriental; le forman las vertientes de las sierras llamadas de Avila por el N.; las de las montañas dichas baldios de Avila y la Paramera al S., y las de Villatoro al O.; ocupa una estension de 7 1/2 leg. de largo y de 1 á 1 1/2 de ancho, en direccion de O. á E.; le baña el r. *Adaja*, y aunque su terreno es ligero, está mejor cultivado que el de toda la prov., y cria pingües pastos: su aspecto es risueño y agradable, tiene muchos pueblos y está cruzado de varios arroyos que bajan de las sierras, desembocando en el Adaja, los cuales pudieran regar casi todo el valle.

AMBOADE: ald. en la prov. de Lugo, ayunt. de Panton y felig. de Santiago de *Vilar de Ortelle* (V.); está unida á la de *Arcas*.

AMBOADE: ald. en la prov. de Pontevedra, ayunt. de Lalin y felig. de San Estéban de *Barcia* (V.): POBL.: 4 vec.: 22 almas.

AMBOADE: l. en la prov. de la Coruña, ayunt. de Laracha y felig. de Santiago de *Vilana* (V.).

AMBOAGE: l. en la prov. de la Coruña, ayunt. de Santiso

y felig. de San Vicente de *Ribadalla* (V.): POBL.: 11 vec.: 57 almas.

AMBOJO: barrio en la prov. de Santander (2 leg.), part. jud. de Entrambasaguas (2), ayunt. de Marina de Cudeyo, y uno de los que componen el pueblo de Elechas: SIT. sobre la costa del mar á la vista de Santander, de cuya c. lo separa la ria que tendrá poco mas ó menos 2 leg. de lat.: combátenlo libremente todos los vientos y goza de CLIMA saludable. Consta de 13 CASAS, de las cuales 9 son altas y de muy buen aspecto y distribucion interior; tiene una igl. parr. bastante pequeña, servida por un cura párroco y dedicada á San Pedro, cuya fiesta se celebra el 29 de junio; buenas y abundantes aguas para el surtido de los hab. y abrevadero de sus ganados: á 1/2 cuarto de leg. hay tambien un embarcadero que llaman *Pedreña* con un muellecito muy cómodo, á donde atracan las lanchas á su paso de Santander. El TERRENO es llano en su mayor parte, el cual abraza sobre 800 carros de tierra destinados al cultivo, otros tantos á prado y varias huertas cercadas de pared; estas dan esquisitas frutas de todas clases, que es su principal cosecha, las cuales venden en la cap. ascendiendo su prod. de 6 á 8,000 rs.: PROD.: frutas de superior calidad, como ya se ha dicho, vino chacolí, maiz, legumbres, hortalizas y algun ganado lanar; con muy poca leña á causa de hallarse los montes del comun bastante despoblados de arbolado: POBL.: 13 vec.: 66 alm.; CONTR. con *Elechas* (V.).

AMBOSORES: l. en la prov. de Lugo, ayunt. de Orol y felig. de San Pantaleon de *Cabanas* (V.).

AMBOTO: sierra elevada en la parte mas boreal de la prov. de Alava, part. jud. de Vitoria al O. del térm. municipal de Aramayona: es continuacion de la de Albina y de la de San Adrian que siguen de E. á O. á unirse con la de Gorbea, separando la prov. de Alava de la de Vizcaya. En esta sierra está el famoso *Peñascal* de su nombre, cuya base alcanza á 2 leg. de circunferencia; tiene varias cuevas y la de inmensa profundidad denominada *Urrecazulo*, donde han encontrado la muerte varios de los que han intentado examinarla y reconocer las minas de metal, que parece se esplotaban allí no ha muchos siglos.

AMBRA: cast. arruinado en la prov. de Alicante, part. jud., térm. jurisd. y á 1/2 hora al S. de *Pego* (V.).

AMBRA: desp. de la prov. de Alicante, en el part. jud. y valle de Pego; fué ald. del espresado valle antes de la espulsion de los moriscos, y con motivo de este acaecimiento quedó inhabitada y reducida á escombros.

AMBRACA: aunque parece ser de *Ambraca* el gentilicio *Ambracencis*, que resulta de la lápida de Plasencia, donde leyó su analista Fernandez *Ambracensis Pagus*, como hubo una *Ambracia* en el Epiro, mencionada por Ovidio, en sus Metam., por Estrabon y Ptolomeo debe indudablemente entenderse tambien *Ambracia* esta c. Española (V. AMBRACIA).

AMBRACENSIS PAGUS: (V. AMBRACA).

AMBRACENSIS SALTUS: (V. AMBRACIA).

AMBRACIA: el analista de Plasencia Fr. Alonso Fernandez dijo leerse en una lápida, colocada en la calle de esta pobl., que llaman *del Rey*, la inscripcion *Pagus Ambracensis*. En el l. de Cáparra, manifestó haber otra piedra con los nombres *Ambracensis Saltus*: en el privilegio de fundacion de Plasencia, dado por el rey D. Alonso, se lee: «*in loco, qui antiquitus vocabatur Ambroz, urbem ædifico, cui Plasentia (ut Deo placeat, et hominibus) nomen imposui.*»: de lo cual se ha concluido por algunos que la ant. Ambracia estuvo donde hoy Plasencia; sin embargo, bien examinado el terreno, la direccion que debió llevar la calzada romana, llamada por nosotros, *Camino de la Plata*, segun los vestigios que de ella se conservan, y atendiendo á las localidades donde han aparecido la mayor parte de los recuerdos de *Ambracia* así como á la particularidad de tomar el r. *Ambroz* su nombre, que es tambien el mismo de *Ambracia* en el l. de *Aldeanueva del Camino*, nos inclinamos á creer la correspondencia de la antigua *Ambracia* á este l. (V.), debiendo haber existido donde hoy Plasencia tal vez el *Pagus Ambracensis* de la inscripcion que posee, cuyo pago, con otros *opidos, vicos* y castillos montanos, formará parte de la república *Ambracense*, de la cual la *Acrópolis* existiese en *Aldeanueva del Camino*.

En el art. Plasencia volveremos á hacernos cargo de esta cuestion.

AMBREIJO: ald. en la prov. de Lugo, ayunt. de Palas de Rey y felig. de San Vicente de *Ambreijo, ó Viña* (V.); POBL.: 2 vec., 10 almas.

AMBREIJO ó SAN BREIJO: ald. en la prov. de Lugo, ayunt. de Palas de Rey y felig. de Sta. María de *Breijo* (V.); POBL.: 2 vec; 10 almas.

AMBREIJO ó VIÑA (SAN VICENTE DE): felig. en la prov. y dióc. de Lugo, part. jud. de Taboada, ayunt. de Palas de Rey y felig. de Sta. María de Cuiña, de que es anejo; SIT. en terreno desigual y atmósfera despejada; comprende los l. y cas. de Ambreijo, Areosa, Castro y Viña que reunen 8 ó 9 CASAS; la igl. parr. está servida por el cura de la matriz; su TÉRM. confina con el de Cuiña, Curbían y Mato; el TERRENO escabroso es sin embargo bastante fértil en la parte cultivable; varias fuentes proporcionan riego y abrevadero para el ganado; los CAMINOS son malos; el CORREO lo recibe con el de la matriz: PROD.: trigo, centeno, avena, nabos, patatas, y algún lino y hortaliza; hay arbolado de pinos y castaños; cria algun ganado y tiene un molino y varios telares caseros: POBL.: 8 vec.; 42 alm.: CONTR. con su matriz y ayunt. (V.).

AMBRES: l. en la prov. de Oviedo, ayunt. de Cangas de Tineo y felig. de Sta. Eulalia de *Ambres* (V.): POBL.: 6 vec.; 31 almas.

AMBRES (SANTA EULALIA DE): felig. en la prov. y dióc. de Oviedo (12 leg.), part. jud. y ayunt. de Cangas de Tineo (1 1/2): SIT. en el declive y falda de la sierra Carrizal; CLIMA frio y sano; comprende los l. y ald. de Ambres, Cuadriellas, Frades y Ridera; que reunen sobre 29 CASAS bastante pobres. La igl. parr. (Sta. Eulalia) es ant. y pequeña; el curato de ingreso y de patronato real; hay dos ermitas de propiedad del vecindario. Su TÉRM., que se estiende á 1 leg. de N. á S. y 3/4 de E. á O., confina al N. con Santiago de Sierra interpuesto, el llamado *Campo de la Matanza*, por E. con el térm. municipal de Somiedo, por S. con San Bartolomé de Mieldes, y al O. Sta. Maria de Maganés: le baña por SO., con el nombre de r. Ambre, uno de los brazos del que nace en los vertientes de Somiedo y pasa á reunirse con el *Narcea*; el TERRENO es quebrado y pedregoso; la parte de monte, casi desp., solo sirve para dar abrigo entre su maleza á diferentes animales nocivos; la tierra destinada al cultivo serán 300 fan., pero todo de tercera clase: los prados de pasto disfrutan de algun riego, si bien la frialdad de las aguas, procedentes de las nieves derretidas, retrasan la vegetacion. Los CAMINOS son malos, y el CORREO se recibe de la cap. del part. PROD.: centeno, maiz, algun trigo y varias legumbres; cria ganado vacuno, lanar y de cerda; hay caza mayor y menor: POBL.: 31 vec.: 183 alm.: CONTR. con su ayunt. (V.).

AMBRET: cas. de la prov. de Lérida, part. jud. y dióc. de Seo de Urgel; ayunt. y parr. de Coborriu de la Llosa (V.): POBL.: 1 vec.: 6 almas.

AMBROA: ald. en la prov. de la Coruña, ayunt. de Tordoya y felig. de San Mamed de *Andoyo* (V.): POBL.: 5 vec.: 18 almas.

AMBROA (SAN TIRSO DE): felig. en la prov. de la Coruña (5 leg.), dióc. de Santiago (9), part. jud. de Betanzos (1), y ayunt. de Irijoa (3/4): SIT. al S. de las colinas de Monfero y falda NO. del monte de San Anton: su CLIMA frio y húmedo ocasiona algunos reumas y fiebres gástricas: comprende los barrios y ald. de Cenda, Chaos, Corredoira, Escañoy, Graña, Hairoa, Hodreiros, Lambre, Lápido, Moreira, Polabrada, San Mamed, Tiulfe, Vilarcia y Vilar-Daviña, que reunen sobre 100 cas. pobres; hay una escuela indotada, á la cual asisten pocos niños, á causa de ocuparse desde muy temprano en ayudar á sus padres, que se cuidan poco de la educacion primaria. La igl. parr. es anejo de Sta. Eulalia de *Viña* (V.), y la ermita sit. en Lápido, está dedicada á San José. El TÉRM. confina por N. con Santiago de Villamateo; por E. con la matriz, por S. con Sta. María de Mantarás, y por O. con Santiago de Adragonte, del ayunt. de Paderne; le baña el r. Lambre, que bajando de Viña pasa el puente de Sampayo y sigue al puente del Porco, despues de cruzar por esta felig., en donde encuentra el puente de piedra, llamado La-antigua, que da paso al camino de Monfero á Betanzos, y otros dos de madera, de los cuales el denominado La Nueva proporciona el tránsito desde Irijoa á Puentedeume. El TERRENO es de mediana calidad, disfruta de los montes San Anton y Cenda, poco poblados, y de las colinas de Monfero. Los CAMINOS indicados son malos, asi como las demas veredas vecinales: el

CORREO se recibe en Betanzos por falta de balijero; PROD.: maiz, centeno, patatas y castaña; cria ganado vacuno, y hay un buen molino harinero: POBL.: 148 vec.: 753 alm.; CONTR. con su ayunt. (V.).

AMBRONA (SAN TIRZO DE): entre las v. é igl. de que hizo merced por su testamento el ob. Odoario á la igl. cated. de Lugo, figura la de *San Tirzo de Ambrona con sus uniones*.

AMBRONA: ald. de la prov. y adm. de rent. de Sória (13 leg.), part. jud. de Medinaceli (1), aud. terr. y c. g. de Búrgos (33), dióc. de Sigüenza (3): SIT. en un llano al pie de un cerro que le resguarda del viento N., batiéndola mas libremente los de E. S. y O.; su CLIMA es bastante sano; sin embargo se padecen algunas tercianas, efecto sin duda, de la próximidad de una laguna que se halla á poco menos de 1/4 de leg.: se compone de 31 CASAS habitadas, y 4 inhabitables; unas y otras de miserable apariencia y mala construccion, que forman 3 calles y una plaza; hay casa municipal que sirve para cárcel y escuela de instruccion primaria, comun á ambos sexos, la que está servida por el sacristan que á la par es secretario de ayunt., y percibe por los tres cargos 480 rs. por repartimiento vecinal, y 40 de los fondos municipales: tiene una igl. parr., dedicada á San Ginés, de fáb. ant. y en muy buen estado; en las inmediaciones del pueblo, y como á 300 pasos de él, se halla el cementerio, que en nada ofende por su posicion á la salud pública; y muy próxima al pueblo una fuente bastante abundante, de la que se surten los vec.: sus aguas, aunque gruesas, son sanas. Confina el TÉRM. por el N. con el de Miño, al E. con los de Medinaceli y Fuencaliente, al S. con los de Torralba y Orna, y al O. con los de La Ventosa y Miño: su estension es de 1/4 leg. por todos puntos. El TERRENO, en su mayor parte, es de buena calidad, y comprende 3,500 fan., de las que se cultivan 1,980, siendo de primera calidad 240, de segunda 890 y de tercera 850: cada año se siembra la mitad de la tierra, quedando en descanso la otra mitad; lo restante no se siembra por su mala calidad y por no carecer de pastos: tiene 7 CAMINOS de herradura que dirigen á los pueblos de Miño, La Ventosa, Orna, Torralba, Conquezuela, Fuencaliente y Medinaceli: la CORRESPONDENCIA se recibe y despacha por Medinaceli: PROD.: trigo, cebada, avena, judias, garbanzos y otras legumbres: cria ganado lanar, vacuno, caballar, mular, asnal y de cerda: hay algunas colmenas, y no faltan aves domésticas: carece de toda IND., y el COMERCIO esta reducido á la esportacion de lo sobrante de granos y lana á los mercados de Medinaceli, Sigüenza y Almazan. POBL.: 38 vec., 160 alm.: CAP. PROD.: 35,566 rs. 8 mrs.: IMP.: 16,793 con 18: CONTR.: por todos conceptos paga 3,538: el PRESUPUESTO MUNICIPAL asciende á 260 rs., y se cubre con 90 rs. que pagan los ganaderos por las yerbas, 20 que prod. la taberna, y el resto por repartimiento vecinal.

AMBROSERO: l. en la prov. y dióc. de Santander (4 1/2 leg.), part. jud. de Entrambasaguas (3), aud. terr. y c. g. de Búrgos (24) y ayunt. de Barcena de Cícero: SIT. en una cañada circunvalada de montañas, sin ventilacion, pero de CLIMA bastante sano. Forman la pobl. 40 CASAS de piso alto, construidas de mampostería; 4 de ellas prestan comodidades por su capacidad y buena distribucion interior: estan diseminadas, y en lo general muy sucias, particularmente á la entrada, con motivo de que los hab. hacen en ella los abonos: tiene una igl. parr. de mala fáb., bajo la advocacion de San Andrés Apóstol, servida por dos curas párrocos; á su inmediacion se halla el cementerio cercado de una tapia: cuenta varios manantiales de esquisitas aguas para el surtido de los vec. y abrevadero de sus ganados. Confina el TÉRM. por N. con el de Escalante, por E. con el de Barcena de Cícero, por S. con el de Moncalian, y por O. con el de Veranga, todos á 1/4 de hora de dist.: el espacio que media entre estos térm. y la parte cultivada del pueblo, es de 18 á 20,000 carros de tierra (cada carro 2,304 pies cuadrados) montañosa, á propósito solamente para pastos y escelente para arbolado, de que se halla calva en su mayor parte. El TERRENO es de mediana calidad y muy desigual, con montes que forman cord., los cuales constan de mas de 2,000 pies de elevacion, especialmente el de Oceña y el de Moncalian, y le separan de los demas pueblos; hay otros de propios, como de una leg. en cuadro, de madera de construccion, pero muy despoblados por efecto de las grandes talas que han sufrido, sin haberlos replantado despues; lo baña el pequeño r. Ambrosero que corre al O. de la pobl., y va á desaguar en la bahía de Santoña, dando movimiento á 4 molinos harineros de una y dos ruedas cada uno: los CAMINOS son de travesía, en mal estado ó intransitables en tiempo de lluvias: la fiesta del Sto. titular se celebra el dia 30 de noviembre. PROD. maiz, habichuelas, vino chacolí, patatas, yerba y gran cantidad de manzanas de escelente calidad que llevan á vender á Santander y Santoña; tambien dan sus montes maderas para construccion de edificios urbanos, y abundancia de leña para el consumo del vecindario: cria ganado vacuno, lanar, cabrio y yeguar, aunque en poca cantidad: IND.: elaboracion de carbon que venden en los pueblos limitrofes; sus naturales se dedican asimismo al oficio de canteros, emigrando, con el fin de trabajar, á diferentes prov. y principalmente á Madrid. POBL. 31 vec., 158 alm.: CONTR. con el ayuntamiento.

AMBROSERO: r. en la prov. de Santander, part. jud. de Entrambasaguas. Nace en el monte de la v. de Moncalian 1/4 de leg. al O. mas arriba del l. de Ambrosero, y desemboca al S. en la bahia del puerto de Santoña. Baña el barrio de Rocadilla de Ambrosero, y el de Gama del pueblo de Barcena de Cicero; tiene un puente de madera en este último, con pilastras de piedra, bastante estropeado y muy ant.; otro de piedra de un arco de mala construccion llamado de *Cornucio*, y otro titulado de las *Tablas* enteramente derruido, por lo que se le ha sustituido con un madero que cruza de una márg. á otra. Su caudal de aguas es muy escaso, tanto que en su mayor fuerza durante el invierno apenas puede dar movimiento á tres paradas de molino; no fertiliza ninguno de los térm. por donde corre, respecto a que las tierras no necesitan de regadio.

AMBROX: l. con ayunt. de la prov., adm. de rent., aud. terr., c. g. y dióc. de Granada (1 leg.), part. jud. de Sta. Fé: SIT. á la orilla izq. del r. *Genil*, en un llano sumamente agradable y pintoresco, por descubrirse desde él multitud de pueblos circunvecinos; de CLIMA sano, combatido por todos los vientos, y espuesto mas bien á fiebres intermitentes que á otras enfermedades: tiene una sola calle de casas pequeñas, un molino de aceite, otro de harina que ha sido enagenado por la Hacienda, una tienda de comestibles y vino, y un oratorio particular: carece de igl., por cuyo motivo los vec. reciben los auxilios espirituales de la de *Cullar de la Vega* de que es anejo el pueblo en lo ecl.: unidas sus CASAS á las de los 5 cortijos, forman el total de 34. Confina su TÉRM. por N. con el de Purchil, E. con el de Churriana, S. con el de Cullar de la Vega, y O. con el de Belicena: tiene de largo 1/2 leg. escasa y 1/4 de ancho: el TERRENO todo es llano de cabida de 3,100 marjales de vega cultivados, 800 de primera suerte, 900 de segunda, y 1,400 de tercera: 300 marjales pertenecieron á comunidades religiosas, y tambien han sido desamortizados; inmediato al pueblo y en direccion de S. á N. corre el r. *Dilar*, llamado tambien *Seco*, el cual recoge gran cantidad de agua cuando llueve, y llena de arena una considerable porcion de terreno: asimismo pasa el Genil no lejos de las casas, é inunda en sus crecientes las tierras de la parte de Oriente: de este r. se toma la acequia llamada de Tarramonta, que ademas de fertilizar la vega y dar impulso al molino de harina mencionado, sirve para el surtido del vec. y para los ganados: los CAMINOS se hallan en mal estado, y la CORRESPONDENCIA se recibe de la cap. por medio de un cartero. PROD. trigo, cebada, habas, cáñamo, lino, maiz, legumbres, aceite y alazor. POBL. 38 vec. 172 hab. dedicados á la agricultura: CAP. PROD.: 625,833 rs.: IMP.: 25,383 rs.: CONTR.: 2,346 rs. 4 mrs.

AMBROZ: r. en la prov. de Cáceres, part. jud. de Granadilla: nace en la alta sierra de Piñajarro, térm. y al E. de la v. de Hervás, por cuya inmediacion se precipita atravesando despues la calzada real de Estremadura en el punto precisamente donde se tocan los térm. de Hervás, Baños y Aldeanueva del Camino, en el cual existe el llamado *Puente de la Doncella*: cruza el térm. de este último pueblo, los de la Abadia, Granja, Zarza, el desp. de Cáparra, y entra en el Alagon por su márg. izq. y mas abajo del ponton del Guijo: camina de NE. á SO. por un espacio de 8 leg., recogiendo en este tránsito los torrentes ó gargantas de Andrés, Gargantilla, Segura, Casas del Monte ó Garganta Ancha y otras procedentes de la sierra de la *Cabrera*, y las que vienen por la parte de *Lagunilla*, á uno y otro lado de su corriente: en las 2 primeras leg. trae sus márg. escarpadas, álveo estrecho lleno de arenas y guijarros enormes; en las 6 restantes se desliza por hermosas llanuras cubiertas de encinas, con márg. suaves, y frondosas, sin que se agote nunca su caudal, aunque escaso en el verano: tiene para su paso 5 puentes de piedra canteria labrada, uno en Hervás, 2 en el térm. de Aldeanueva, el 4.° inmediato al l. de la Abadia, y el último en el desp. de Cáparra, todos en muy buen estado aunque el de la Abadia recompuesto con madera: facilita riego por medio de cáuces que de él se sacan á crecido número de heredades de los pueblos por donde pasa; da movimiento á no pocos molinos harineros y de aceite: á las máquinas que constituyen las fáb. de paños y bayetas de Hervás, y cria muy buena pesca, particularmente barbos y anguilas.

AMBROZ: desp. en la prov. de Madrid (1 1/2 leg.), part. jud. de Alcalá de Henares, comprendido en la jurisd. de Vicálvaro del que dista 200 pasos al S.: fué declarado tal en el año 1832; tiene 4 CASAS y una igl. con el titulo de San Benito Abad, aneja tambien á la parr. de Vicálvaro: á 80 pasos hay una huerta que se riega con el agua de una fuente y una noria que la misma tiene. Confina el TÉRM. por N. con Canillejas; E. con el de Coslada, S. y O. con Vicálvaro, estendiéndose por el primer punto á 1/4 leg., y 1/2 por el segundo; comprende el desp. de San Cristóbal, del que no hay memoria de la época ni causa que contribuyese á su abandono: el terreno es llano con algunas pequeñas quebradas, se labra todo para semillas, aunque de mediana calidad, siendo escaso de leñas y yerbas de pasto. PROD. trigo, cebada, centeno, avena, garbanzos y otras legumbres. POBL. RIQUEZA Y CONTR. están incluidas en *Vicálvaro*(V.).

AMBROZ: l. en la prov. de Lugo, ayunt. de Mondoñedo y felig. de *Rillera de Ambroz* (V.).

AMBROZ: (V. AMBRACIA y PLASENCIA).

AMEA: l. en la prov. de Lugo, ayunt. y felig. de *Orol*, Sta. Maria (V.).

AMÉA: ald. en la prov. de Orense, ayunt. de Sarreaus y felig. de Sta. Maria de *Codosedo* (V.): POBL. 11 vec. y 33 almas.

AMEADE: l. en la prov. de la Coruña, ayunt. de Carballo y felig. de San Jorge de *Artes* (V.).

AMÉAL: l. en la prov. de Pontevedra, ayunt. de Caldas de Reyes y felig. de Sta. Maria de *Arcos de Condesa* (V.).

AMEAL: l. en la prov. de Pontevedra, ayunt. y felig. de Sta. Cristina de *Lavadoros* (V.).

AMEAN: l. en la prov. de Orense, ayunt. de Padrenda y felig. de San Julian de *Crespos* (V.).

AMEAR: ald. en la prov. de Pontevedra, ayunt. de Dozon y felig. de Sta. Maria de *Vidueiros* (V.): POBL.: 10 vec. 54 almas.

AMEAR: l. en la prov. de Orense, ayunt. de Piñor, y felig. de Sta. Maria de *Destierro* (V).

AMEAS: l. en la prov. de la Coruña, ayunt. de Carral, y felig. de San Vicente de *Vigo* (V).

AMEDIN: ald. en la prov., y ayunt. de Lugo, felig. de San Martin de *Hombreiro* (V.): POBL.: 9 vec.: 47 almas.

AMEDO: l. en la prov. de Orense, ayunt. de Celanova, felig. de San Tomé de *Barja* (V.): POBL.: 8 vec., 40 almas.

AMEDO: ald. en la prov. de Pontevedra, ayunt. de Dozon, y felig. de Santiago de *Sáa* (V.): POBL.: 12 vec.: 62 almas.

AMEDO: ald. en la prov. de Lugo, ayunt. de Guntin, y felig. de San Juan de *Eugea* (V.): POBL.: 1 vec., 4 almas.

AMEDO: ald. en la prov. de Lugo, ayunt. de Chantada, y felig. de San Félix de *Asma* (V.): POBL.: 2 vec., 13 almas.

AMEDO: cas. en la prov. de Lugo, ayunt. de Taboada, y felig. de Sta. Maria de *Taboada dos Freires* (V.): POBL.: 1 vec.: 5 almas.

AMEDO: ald. en la prov. de Orense, ayunt. de Pereja, y felig. de San Martin de *Villarrubin* (V.): POBL.: 3 vec., 14 almas.

AMEDO: ald. en la prov. de Orense, ayunt. de Maseda. y felig. de Sta. Maria de *Asadúr* (V.): POBL. 2 vec., 6 almas.

AMEDO: ald. en la prov. de Orense, ayunt. de Taboadela, y felig. de San Jorge de *Touzá* (V.): POBL.: 12 vec., 58 almas.

AMEDO: cas. en la prov. de Lugo, ayunt. de Rendar, y felig. de San Pedro de *Cubela* (V.): POBL.: 1 vec., 5 almas.

AMEDO: cas. en la prov. de Lugo, ayunt. de Páramo, y felig. de Santiago de *Saá del Páramo* (V.). POBL.: 1 vec., 5 almas.

AMEEIROLONGO: l. en la prov. de Pontevedra, ayunt. de Mos y felig. de Sta. Maria de *Sanguiñeda* (V).

AMEIGEIRA: l. en la prov. de la Coruña, ayunt. de Laracha y felig. de San Julian de *Coyro* (V).

AMEIGEIRA: ald. en la prov. de Pontevedra, ayunt. de Salcéda, y felig. de San Estéban de *Budiño* (V.).

AMEIGEIRA: ald. en la prov. de Pontevedra, ayunt. de Crecente y felig. de San Bernabé de *Ameigeira*, anejo de San Pedro de *Filgueira* (V.). POBL.: 40 vec., 204 almas.

AMEIGEIRA (SAN BERNABÉ DE): felig. en la prov. de Pontevedra (10 leg.), dióc. de Tuy (7), part. jud. de Cañiza (1/2), y del ayunt. de Creciente (1/2): SIT. entre montañas y bien ventilada: su CLIMA sano, aunque en el invierno se padecen catarros y fiebres: comprende las ald. ó l. de Padroso, Moseros, Riva, San Cosmed, Paredes, Reinaldos, y Ameigeira, que reunen 134 CASAS; la igl. parr. (San Bernabé) es anejo de la de Filgueira; el cementerio es capaz y bien ventilado: el TÉRM. confina por N. á 1/2 leg. con Sta. Maria de Melon; por E. con la de Rebordechan á 1/2 leg.; por S. con la del Couto á 1/4, y á O. con su matriz á 1/2 leg.: buenas fuentes contribuyen á enriquecer al riach. que corre entre esta felig. y la de Oroso, á que da paso un insignificante puente: el TERRENO montañoso, tiene robles, mucho esquilmo y leña, y la parte destinada al cultivo, es de mediana calidad: los CAMINOS son medianos, y no es mejor la carretera que pasa con direccion á Orense, vadeando el Miño en térm. de Filgueira: el CORREO se recibe de Ribadavia el viérnes, por un conductor particular; y sale el mismo dia para el indicado punto. PROD. maiz, centeno, patatas, algun lino y frutas: cria ganado vacuno, mular, lanar, y cabrio; hay caza de liebres, conejos y perdices, y algunos lobos: IND.: la agrícola, aunque hay varios molinos: POBL.; 160 vec., 840 alm.: CONTR.: con su ayunt. (V.).

AMEIGEIRAS: cas. en la prov. de Lugo, ayunt. de Trasparga, y felig. de Sta. Maria de *Labrada* (V).

AMEIGEIRAS: l. en la prov. de la Coruña, ayunt. de Aro, y felig. de San Félix de *Campelo* (V.).

AMEIGEIRAS: l. en la prov. de la Coruña, ayunt. de Carral, y felig. de San Estéban de *Paléo* (V.).

AMEIGEIRAS: l. en la prov. de Pontevedra, ayunt. de Puenteareas, y felig. dé San Estéban de *Cumiar* (V.).

AMEIGEIRAS. l. en la prov. de Lugo, ayunt. y felig. de *Muras* San Pedro (V.).

AMEIGEIROS: ald. en la prov. de Lugo, ayunt. de Saviñao, y felig. de Sta. Maria de *Segan* (V.): POBL.: 3 vec., 18 almas

AMEIGENDA: ald. en la prov. de la Coruña, ayunt. de Amés, y felig. de Sta. Marina de la *Ameigenda* (V.).

AMEIGENDA: l. en la prov. de la Coruña, part. jud. de Negreira, ayunt. de Coé, y felig. de Santiago de *Ameigenda* (V.).

AMEIGENDA; l. en la prov., part. jud. de la Coruña, ayunt. de Bugalleira, y felig. de San Salvador de *Pazos* (V.).

AMEIGENDA: l. en la prov. de la Coruña, part. jud. de Carballo, ayunt. de Cabana, y felig. de San Pedro de *Nanton* (V.)

AMEIGENDA (STA. MARINA DE); felig. en la prov. de la Coruña (10 leg.), dióc. de Santiago (1), part. jud. de Negreira (1), y ayunt. de Amés (1/4): SIT. á la falda del monte Fecha; su CLIMA es frio y húmedo: comprende las ald. de Ameigenda, Costegado, Alfolgueira, Mercato, Monte-Mayor, Quintans, Vilar, y Zura, que reunen sobre 40 CASAS rústicas: hay escuela temporal pagada por los padres de los alumnos. La igl. parr. es de construccion mediana, pero capaz y con cementerio en su átrio. El TÉRM. confina por S. y O. con la felig. de Sto. Tomás de Amés, y por los otros puntos con la cord. que desde Amés sigue al N. hasta el r. Tambre cerca de los puentes Portomouro y Alvar, y vuelve al S., continuando hasta las inmediaciones de Santiago: le baña el r. *Aguapesada*; al cual se unen los arroyos que tienen origen de las fuentes que nacen entre los l. de Cortegada y Quintans á la falda de la indicada cord., y forman un torrente, de cuyas aguas se sirven diferentes molinos harineros: el TERRENO proporciona unos 700 ferrados para el cultivo, lo demas es monte de maleza y pastos. Los CAMINOS son malos; y el CORREO se recibe en Negreira. PROP. trigo, maiz, centeno, patatas, algunas legumbres, y pocas frutas: cria ganado de todas clases, y se encuentran jabalies, lobos y zorros: POBL.: 40 vec., 288 alm.: CONTR. con su ayunt. (V.).

AMEIGENDA (SANTIAGO DE): felig. en la prov. de la Coruña (14 leg.), dióc. de Santiago (9), part. jud. de Corcubion (3/4), y ayunt. de Ceé: SIT. en la orilla del mar y parte occidental de la costa de Cantabria, dando vista al cabo de Finisterre, y á los montes denominados del Pindo: CLIMA frio y sano; se compone de distintos l. y barrios, siendo los mas notables Ameigenda y Gures: la igl. parr. (Santiago) es mediana, el curato de provision ordinaria, y el cementerio capaz y bien ventilado: el TÉRM. confina con las felig. de Brens, Bujantes y Ezaro: hay fuentes de buen agua; y el TERRENO es quebrado, pero productivo y ameno; disfruta de montes y prados de pastos: los CAMINOS son malos; y el CORREO se recibe en la cap. del part.: PROD. trigo, maiz, habas, centeno, lino y patatas: se cria ganado vacuno, cerril, caballar, mular y de cerda: IND.: la agricultura y pesca: POBL.: 70 vec., 300 alm. CONTR.: con su ayunt. (V.).

AMEIGIDE: l. en la prov. de Lugo, ayunt. de Germade, y felig. de San Andrés de *Lousada* (V.): POBL.: 3 vec., 13 almas.

AMEIGIDE (STA. MARIA DE): felig. en la prov., part. jud. de Lugo (4 leg.), del priorato de San Marcos de Leon, y ayunt. de Castro de Rey de Tierrallaña (1/2): SIT. en un vallecito á la falda de unas alturas: su CLIMA es sano: 19 CASAS forman esta pobl., la cual tiene una fuente de escelente agua; la igl. parr. (Sta. Maria) es anejo de San Martin de *Goberno* (V.), con quien CONFINA al N. y á 1/4 de leg.; por E. linda con Balmonte á 1/4; por S. con Auscimar á 1/2, y á igual dist. por O. con Quintela: el TERRENO es de buena calidad, con poco monte: sus CAMINOS son vecinales; y el CORREO lo recibe de Quintela: PROD.: centeno, maiz, patatas, nabos, y alguna otra legumbre: cria ganado vacuno, lanar y cerdoso; y se encuentran algunas perdices y liebres: POBL.: 20 vec., 90 alm.: CONTR.: con su ayunt. (V.).

AMEIJOADA: l. en la prov. de Pontevedra, ayunt. de Meira y felig. de San Martin de *Moaña*. (V).

AMEIRO-LONGO: l. en la prov. de Orense, ayunt. de Rairiz y felig. de San Adrian de *Zàpeaus*. (V).

AMEJUADOIRO: ald. en la prov. de Lugo, ayunt. de Friol, y felig. de San Julian de *Carballo*. (V.) POBL.: 2 vec., 9 almas.

AMELLERA: cot. red. de la prov. de Huesca, part. jud. de Benavarre, en la jurisd. del l. de Sagarras Altas. Tiene 1 CASA que habita el montero, y una capilla inmediata; donde rara vez se celebra misa, y que corresponde en lo espiritual á la parr. del l. de Lascuarre, dióc. de Lérida. Abraza sobre 600 fan. de tierra, de las cuales solo se cultiva una sétima parte; las demas son de bosque arbolado, en el que tambien se crian yerbas de pasto para mantener 800 cab. de ganado durante el verano, y 200 en la temporada de invierno. Al rededor de la casa, que se ha dicho que se halla en el declive de una altura, se encuentran como 20 fanegadas de tierra de primera calidad, y un huerto de 5 almudes, que se riega con las aguas de una fuente. Sus CONFINES, TERRENO, PROD. y CONTR. (V. SAGARRAS ALTAS).

AMENAL: l. en la prov. de la Coruña, part. jud. de Arzua y ayunt. del Pino, felig. de San Miguel de *Pereira* (V.).

AMENALAS: cas. en la prov. de Guipúzcoa, ayunt. y anteigl. de *Beizama* (V.). POBL.: 2 vec., 13 almas.

AMENANDE: l. en la prov. de Oviedo, ayunt. de Allande y felig. de Sta. Maria de *Lago*. (V. ARMENANDE).

AMENEDO: l. en la prov. de la Coruña, ayunt. de Sobrado y felig. de San Julian de *Grijalva*. (V.) POBL.: 3 vec., 17 almas.

AMENEIRAL: l. de la prov. de la Coruña, ayunt. del Pino y felig. de San Miguel de *Pereira*. (V).

AMENEIRAL: l. en la prov. de la Coruña, ayunt. de Puentedeume y felig. de San Cosme de *Noguerosa*. (V.): POBL.: 4 vec., 27 almas.

AMENEIRO: l. en la prov. de la Coruña, ayunt. de Teo y felig. de San Juan de *Calo*. (V).

AMENEIRO: l. en la prov. de la Coruña, ayunt. de Fene y felig. de Santa Marina de *Sillobre*. (V.): POBL. 4 vec., 19 almas.

AMENEIRO: l. en la prov. de la Coruña, ayunt. de Cabañas y felig. de San Braulio de *Caaveiro*. (V.): POBL.: 4 vec., 13 almas.

AMENEIROS: l. en la prov. de la Coruña, ayunt. de Cabañas y felig. de Sta. Eulalia de *Soaserra*. (V.) POBL.: 2 vec., 5 almas.

AMENSONS: l. en la prov. de la Coruña, ayunt. de Santa Comba y felig. de San Felix de *Freijeiro*. (V).

AMER: riach. en la provincia de Gerona. (V. AMER, v.)

AMER: v. con ayunt. de la prov., adm. de rent. y dióc. de Gerona (4 horas), part. jud. de Sta. Coloma de Farnés (4), aud. terr. y c. g. de Barcelona (22): SIT. en una cañada que forman las montañas que se elevan por los lados del E. y O., y batido generalmente por el viento S.: su temperatura es fria en invierno, y escesivamente calorosa en verano, proviniendo de tan opuestos estremos, que en la variacion de las estaciones, se desarrollen muchas fiebres agudas, dolores de costado, y otras calenturas tan impertinentes, como tenaces en su curacion: se compone de 291 CASAS, la mayor parte de un solo piso, distribuidas en varias calles, y una plaza de buen aspecto, de figura casi cuadrada, y de las mas espaciosas; las casas de su alrededor son las únicas del pueblo que tienen dos pisos: hay una escuela de instruccion primaria á la que concurren unos 20 ó 30 alumnos; está en la casa municipal, y dotada por los fondos de propios; antes de la esclaustracion, hubo un conv. de monges benedictinos, cuyas pingües posesiones se incorporaron al estado: establecida la parr. desde largo tiempo en la igl. del conv., continua esta aplicada al mismo objeto. La sirve un vicario encargado de la cura de almas, y un beneficiado: fuera de la pobl. en la cima de una de las montañas arriba insinuadas, se encuentra una ermita bajo la advocacion de Sta. Brigida. Confina el TÉRM. por el N. con los de San Cristofol de las Planas y la Barroca, por el E. con el de San Clemente, por el S. con el r. Ter, y térm. de la Sellera, y por el O. con el de San Martin de Sacaln (vulgo) *Cantallops*: sus lim. se estienden en todas direcciones 2 1/2 horas: dentro de esta circunferencia, se encuentran diferentes casas destinadas á los menesteres de la agricultura. El TERRENO es en su mayor parte montuoso, á escepcion de unas 200 vesanas de regadio que es llano; tiene unas 400 de cultivo plantadas de viña, avellanos y olivos; abunda en bosques de encinas y castaños de los que se sacan madera y carbon. Pasa por su der. un riach. llamado *Amer*, que proporciona riego suficiente, y da movimiento á un molino harinero, uniéndose al Ter, que cruza por el térm. Tenia un hermoso puente de piedra, pero deteriorado este hace muchos años por las corrientes, ha sido necesario suplir esta falta con algunos tablones que se han colocado al lado de sus restos: los CAMINOS son todos de herradura, y el CORREO se recibe dos veces á la semana: PROD. trigo, legumbres, patatas, vino, aceite, avellanas, y poca hortaliza; cria ganado lanar y vacuno, y abunda con especialidad en el de cerda. La IND. está reducida á las labores del campo y carboneo, y el COMERCIO á la esportacion de los frutos sobrantes, avellanas, madera y carbon. Se celebran dos ferias, la una el 6 de enero, y la otra el 11 de octubre, ambas son muy concurridas; y tiene mercados todos los miércoles. POBL. 293 vec. 1,215 alm.: CAP. PROD. 7.324,800 rs.: IMP. 183,120. Pujades cree, que el emperador Carlo Magno, habiendo derrotado á los sarracenos en los campos de esta v., en memoria del suceso fundó un monasterio con el titulo de *Ntra. Sra. de Amer* (amargo), nombre que impuso tambien al valle, por haber sido amarga á los moros aquella jornada. Refiere Mariana que en este pueblo, por los años 1420 se abrieron dos bocas de fuego que abrasaban en la aproximacion de dos tiros de piedra: de otra boca, junto á las de fuego, dice, salia un agua negra, que á media legua se mezclaba con un r. que discurre ser el *Sameroca*, cuyo olor fétido destruyó el pueblo y mató los peces de este r. Ponderando la hediondez del agua, dice, que las aves batian las alas al pasar por alli, y se estendia tanto que llegaba hasta Gerona, dist. 4 leg. Repoblose *Amer*, y los franceses la saquearon y quemaron, en desagravio de la victoria que los españoles habian conseguido sobre sus armas en 30 de junio de 1696.

AMER: punta de la isla, tercio y prov. marit. de Mallorca, apostadero de Cartagena: distr. de la bahia de Alcudia forma con el cabo del Ratx ó del Rache la bahia de *Arta* (V.)

AMER (SON): predio de la isla de Mallorca, prov. de Baleares, part. jud. de Inca, jurisd. de la v. de Escorca. Tiene un edificio casi destruido que llaman ermita, porque antiguamente era habitado por ermitaños; y algunas fuentes de aguas frescas y saludables. Sus PROD. y demas (V. ESCORCA.).

AMER (SAN CLEMENTE DE): l. con ayunt. de la prov., part. jud., dióc. de Gerona (2 1/2 leg.), aud. terr. y c. g. de Barcelona (17): SIT. entre varios montes y dominando á la parte del N. por los de San Andres de Sobrerroca, terminados en dos puntos, llamados el uno de Puigdelia y el otro San Roque, de donde se descubren los valles de Gerona, la Selva y llano del Ampurdá; le baten libremente todos los vientos, en especial el del N., y disfruta de CLIMA saludable: tiene 14 CASAS de ordinaria construccion, y una igl. parr. bajo la advocacion de San Clemente, cuya festividad se celebra con solemnes cultos y festejos públicos el dia de su conmemoracion, la que se halla servida por un cura párroco, cuya vacante se provece prévio concurso general. En la citada altura de San Roque hay una ermita dedicada á este Santo. Confina su TÉRM. por el N. con el de San Estéban de Llausana, por el E. con los de Serras (Sta. Cecilia de las) y San Julia dels Llors, por el S. con el de Sellera de Angles, y por el O. con el de Amer (part. jud. de Sta. Coloma de Farnés), siendo su estension de 1/4 de hora de dist. hácia todas direcciones: el TERRENO áspero y montuoso en lo general, es poco feráz, y las tierras de mediana calidad, por carecerse del riego necesario para fecundarlas. Se cultivan 200 vesanas de primera calidad, 250 de segunda y 400 de tercera. PROD: trigo, legumbres, vino y aceite en poca cantidad. POBL.: 14 vec., 69 alm.: CAP. PROD. 1.286,000 rs.: IMP. 32,150 rs. vn.

AMÉS: ayunt. en la prov., aud. terr. y c. g. de la Coruña (10 leg.), dióc. de Santiago (2), y part. jud. de Negreira (1/2): SIT. al E. de Santiago y en terreno desigual: su CLIMA es sano: se compone de las felig. de Agron, San Lorenzo, Ameigenda, Sta. Marina; Amés, Santo Tomas; Bugallido, San Pedro; Cobas, San Esteban; Lens, San Pelayo; Ortoño, San Juan; Piñeiro, San Mamed; Tapia, San Cristobal; Trasmonte, Sta. Maria y Viduido, San Martin: el TÉRM. municipal confina por N. con el de Bujan, del part. de Ordenes, por E. con el de Conjo, que lo es del de Santiago, por S. con el de Brion y por O. con el de Aro, interpuesto el Támbre; en cuyo r. y á su curso de NE. á SO. desaguan varios arroyuelos que contribuyen á fertilizar el TERRENO: este participa de monte y llano de buena calidad: los CAMINOS son de herradura y malos, y por la parte E. pasa la carretera general de Santiago á la Coruña y Vigo: el CORREO se recoge en Negreira, y las PROD. son abundantes y de todas las clases de cereales, frutas y legumbres, comunes en la prov.: hay montes arbolados de bastante consideracion, y las felig. tienen su deh. particular de buen pasto, cuidada por un celador que nombra el ayunt.: cria mucho ganado, cuyo ramo y el de la agricultura forman la IND. de estos naturales, si bien se encuentran telares de lienzo y algunos molinos harineros: el COMERCIO está reducido al que se hace en los mercados inmediatos y en la feria de Susavila dos Carballos en la felig. de Trasmonte; pero en unos y en otra se dejan sentir los perjuicios á que da lugar la falta de unidad en pesos y medidas: POBL. 968 vec. 5,419 alm.: RIQUEZA PROD. 44.041,204 rs.: IMP. 1.347,305: CONTR. 73,339 rs. 10 mrs.: PRESUPUESTO MUNICIPAL, sobre 3,200 rs., cubierto por reparto vecinal, y de los cuales percibe el secretario 2,110.

AMÉS: ald. en la prov. de la Coruña, ayunt. y felig. de Santo Tomás de *Amés* (V.).

AMÉS (SANTO TOMAS DE): felig. de la prov. de la Coruña (10 leg.), dióc. de Santiago (2), part. jud. de Negreira (1 1/2) y ayunt. á que da nombre: SIT. á la falda de un monte que forma parte de la cord. de Ameigenda: CLIMA sano: comprende las ald. de Aguapesada, Amés, Castelo, Castiñeiro de Soto, Cruleiras, Lamas, Oca, Outeiro, Padron, Pegariños, Pedras, Pedrousos, Pousada, Proupin, Seares de Abajo, Seares de Arriba y Vila: hay escuela primaria de ambos sexos, pagada por parte del PRESUPUESTO MUNICIPAL y gratificacion de los alumnos; asisten niños y niñas. La igl. parr. (Santo Tomas), es de arquitectura moderna con un cementerio espacioso y bien ventilado: tiene por su anejo á San Cristóbal de Tapia; el curato es de provision ordinaria: el TÉRM. confina por N. con su anejo y montes de Ameigenda, por E. con Ameigenda, por S. con Cobas, y por O. con Lens y Trasmonte; le recorre el Aguapesada, que recibiendo los derrames de varias fuentes, da impulso á distintos molinos harineros: el TERRENO es de buena calidad; se cultivan sobre 1,700 ferrados, y en sus montes, bastante arbolados, se encuentran lobos, jabalies y zorros: los CAMINOS son el de herradura que pasa de Santiago al puente Maceira, Barcala, Jallas, Finisterre, Corcubion, Ceé y otros puertos de la costa Occidental: tambien es de igual clase el que va á la misma c. desde el puente Portomouro sobre el *Tambre*, que pasa entre esta parr. á la de Ameigenda: el CORREO se recibe en Negreira: PROD. maiz, centeno, patatas, lino, legumbres y frutas: cria ganado vacuno, caballar, mular, lanar y de cerda, que enagenan en los mercados inmediatos; hay caza de perdices y otras aves: el *Aguapesada* proporciona ricas truchas: á la IND. agricola se añade la de lenceria en corta cantidad: POBL. 160 vec., 960 alm.: CONTR. con las felig. que forman el ayunt. (V.).

AMESCOA: r. en la prov. de Navarra, part. jud. y merind. de Estella, conocido comunmente con el nombre de *Urederra* (V.).

AMESCOA ALTA: valle en la prov., aud. terr. y c. g. de Navarra, merind. part. jud. de Estella, dióc. de Pamplona, arciprestazgo de Yerri: SIT. en un barranco formado por las sierras de Andia ó Urbasa, que se elevan hácia el N., y las de Santiago de Loquiz por el lado del S. Constá de los pueblos de Larraona, Aranarache y Culate, y ademas de los referidos puntos, confina por E. con el térm. rural de San Martin de Amescoa Baja, y por O. con el de Contrasta (Alava); por aqui penetra el r. *Viarra*, el cual despues de bañar las pobl. de este valle corre hácia Barindano, en cuyo térm. confluye en el *Urederra*. El TERRENO es quebrado y muy fragoso, especialmente en la parte donde se elevan las mencionadas sierras, cuyos empinados riscos y profundas sinuosidades sirven de guarida á muchos lobos y otros animales dañinos, que ocasionan considerable perjuicio á los ganados, y disminuyen la caza de qué abunda el pais, cubierto de multitud de árboles silvestres, arbustos y maleza con esquisitos pastos que aprovechan los hab. para sostener sus rebaños, y los que suben de diferentes puntos de la Ribera; varias son las fuentes de ricas aguas que brotando en diversos sitios contribuyen á la frescura y frondosidad del valle, y sirven para dar riego á algunos trozos de terreno: PROD.: trigo, cebada, avena, jiron, lentejas, habas, arbejas, alholvas, cáñamo, lino, frutas, hortalizas; cria ganado vacuno, lanar y cabrio: POBL.: 97 vec.; 580 alm.: CAP. IMP.: 215,268 rs.

AMESCOA BAJA: valle en la prov., aud. terr. y c. g. de Navarra, merind. y part. jud de Estella, dióc. de Pamplona, arciprestazgo de Yerri; SIT. en el barranco que forman las montañas de Loquiz y Urbasa. Le componen los pueblos de Baquedano, Artaza, Barindano, Urra, San Martin, Gollano, Ecala y Zudaire. Es de figura oval y confina por N. con la mencionada sierra de Urbasa, por E. con el valle de Allin, por S. con la montaña de Loquiz, y por O. con el valle de Amescoa Alta. En el sitio llamado Ubaga, térm. de Baquedano y al pie de la sierra de Urbasa, tiene su origen el r. *Urederra*, el cual sigue su curso hácia el S. recibiendo en la jurisd. de Barindano las aguas del r. *Viarra*, que penetra en el valle por el lado del O.; el primero por la profundidad de su cáuce no proporciona utilidad alguna, pero las aguas del Viarra sirven para el riego de varios trozos de terreno; este es muy quebrado y lleno de fragosidades, en las que se alimenta diversidad de animales dañinos, y abundante caza mayor y menor. Como la situación topográfica de este valle y la calidad de sus tierras es idéntica á la de la otra Amescoa, con la cual se halla contiguo, unos mismos ó iguales en un todo son los frutos que rinde: POBL.: 161 vec.; 985 alm.: CAP. IMP.: 324,166 rs. No debemos pararnos en lo que dice Trelles de Villademoros, atribuyendo la pobl. de *Amescua* á Lope ó Lupo II. por los años 182 de J. C. Los escritores que han querido remontar el establecimiento de los reyes de Navarra hasta principios del siglo VIII, llaman señor de *Amescua y Abarzuza* al Garcia Jimenez, en que basan su ingeniosa genealogia, no menos destituida de pruebas que la de los duques ó principes de Cantabria y Asturias, del Trelles Villademoros. Ni el continuador de la crónica de Bidar, ni Isidoro Pacense, ni el Salmaticense, ni el Albendense, ni San Eulogio, ni el Silense hacen mencion del Garci Jimenez, ni de sus sucesores; y las inscripciones sepulcrales del monasterio de San Juan de la Peña, citadas en su apoyo, son conocidas por apócrifas. En 1466 la princesa Doña Leonor, considerando que el valle de *Amescua* era frontero de Castilla, y que convenia fomentar su pobl., redujo el impuesto de cuarteles, que estaba tasado en 45 florines por cada uno, á 15 libras ó 10 florines.

AMESPATA: cas. en la prov. de Vizcaya, ayunt. y anteigl. de Arrigorriaga en el barrio de *Dumutio*.

AMETE: deh. de la prov. de Albacete, part. jud. y térm. jurisd. de *Alcaraz*, á cuyos propios pertenece en parte: abunda en pastos para toda clase de ganados.

AMETLLA: l. con ayunt. de la prov. y adm. de rent. de Lérida (7 1/3 leg.), part. jud. de Balaguer (4), aud. terr. y c. g. de Cataluña (Barcelona 28 1/4), arciprestazgo de Ager (3/4): SIT. casi en la cúspide de la montaña llamada *Monsech*, la cual se eleva por el lado del N. formando cord. de E. á O.; combátenle principalmente los vientos del E. y goza de CLIMA muy saludable. Tiene 20 CASAS, de las que solamente hay 7 reunidas en linea, y las restantes dispersas en el térm. sin órden ni simetria. Careciendo de escuela de primeras letras, concurren los niños de este pueblo á la de la v. de Ager, donde reciben la instruccion primaria elemental. Hay una igl. parr. dedicada á Sta. Bárbara, cuya festividad, como patrona que tambien es de la pobl., se celebra el dia 4 de diciembre; tiene por aneja la de Orones, y está srrvida por un cura párroco de la clase de rectorias, cuyo destino provee el arcipreste en concurso general; el edificio con la casa del párroco se halla aislado en una altura; es de construccion sólida y moderna, de 150 palmos de long., 60 de lat. y 90 de elevacion, alzándose sobre el frontispicio una pared de 6 palmos que sirve de campanario; en su interior hay 3 altares pequeños, sin mérito ni valor alguno. Contiguo á la igl. se encuentra el cementerio en parage muy ventilado. Confina el TÉRM. por N. con el de Guardia (2 horas), por E. con el r. Noguera Pallaresa (igual dist.), por S. con el de Orones y espresado r. (1 1/4) y por O. con los de Regola y Ager (3/4). El TERRENO es en general áspero, desigual y pedregoso, aunque escaso de regadio y abrevadero de ganados en las 6 fuentes que brotan en su térm., cuyo sobrante se emplea en beneficiar algunos huertecitos que surten al pueblo de verdura y hortalizas; abraza unos 100 jornales de cultivo de calidad floja é inferior, de las cuales se destinan 20 á cereales, igual número para viñedo y 60 de olivar, cuyo fruto constituye la principal cosecha de la pobl.; el monte muy escabroso y cubierto de peñascos casi en su totalidad, abunda en arbustos, matorrales y algunos bosques de encinas y robles, que proporcionan bastante leña para combustibles y sabrosos pastos para el ganado. Si bien el mencionado r. Noguera Pallaresa discurre tocando el térm. de E. á S., ninguna utilidad proporciona, por ser muy profundo su cáuce y hallarse entre enormes peñascos. La CORRESPONDENCIA se recibe de Balaguer, á cuya estafeta pasan los interesados á recojerla: PROD.: por un quinquenio 33 cuarteras de trigo, 150 de centeno, 30 de escaña, 35 de avena, algunas patatas, pocas hortalizas y frutas, unos 1,000 cántaros de vino y 600 a. de aceite; cria 1,000 cab. de ganado lanar y cabrio, abundando sus montes en caza mayor y menor, con multitud de lobos y otros animales dañinos: COMERCIO: venta del ganado y sus prod. en las ferias de Verdú y Guisona, y compra de los art. necesarios en el mercado de Balaguer: POBL.: 20 vec.; 120 alm.: CAP. IMP.: 9,721 rs.: CONTR.: 791 rs. 6 mrs. Perteneció este pueblo á los canónigos de la colegiata de Ager, los cuales tenian derecho de percibir el diezmo de sus prod.; como es muy fragoso y lleno de escabrosidad, su térm. ha servido de constante guarida á los partidarios de D. Cárlos durante la última guerra civil.

AMETLLA (CÁSAS DE LA): cas. de la prov. de Tarragona (11 leg.), part. jud. y dióc. de Tortosa (7), aud. terr. y c. g. de Barcelona (31): SIT. á orillas del mar, á dist. de 2 horas del l. de Perelló, en cuyo térm. se halla enclavado, y del cual depende en un todo, y batido por los vientos en particular por el N.; su CLIMA es regularmente sano; se compone de unas 70 CASAS habitadas por pescadores, y una capilla servida por un ecl. en calidad de coadjutor, en virtud de convenio celebrado con el cura y ayunt. del *Perelló* (V.); su TERRENO es llano en general y PROD. algo de aceite y algarrobas; hay conejos y perdices: POBL.: 80 vec.; 500 alm. Tenia la Ametlla una magnífica torre con artilleria de grueso calibre, y un encargado de su custodia llamado Torrero, con renta y fuero de armas que en el dia disfruta, á pesar de que la torre fue destruida por los ingleses en la guerra de la Independencia.

AMETLLA DEL VALLES (LA): l. con ayunt. de la prov., aud. terr., c. g. y dióc. de Barcelona (4 leg. 1/2), part. jud. de Granollers (1): SIT. al pie del monte Serrát de la Aucata entre dos riach. llamados el uno del *Congots* y el otro de *Atenas* ó de *Sta. Eulalia*, cuyos vapores cubren aquel valle de niebla la mayor parte del año, la que se disipa con prontitud á los primeros rayos del sol ó al impulso del viento N., que domina con preferencia y contribuye sobremanera á la salubridad de su CLIMA; tiene 150 CASAS diseminadas en grupos que llaman arrabales ó estadales, y son: Sagrera, que comprende las casas que se hallan al derredor de la igl., en donde hay una plaza regular, Arrabal, el Veinat, Mas Orcá, Mas Febrera y el Serrat de Rucatá: todos sit. en diversas direcciones, y su conjunto presenta una vista muy pintoresca y agradable: hay escuela de primera enseñanza á la que concuren unos 30 niños; y una pequeña y sencilla igl. parr. de ant. construccion, dedicada á San Ginés Martir, la que en el año 906 fué consagrada por Teodorico ob., habiéndose repetido esta ceremonia en el año 1123 por San Olegario Ob. de Barcelona: tiene una buena torre cuadrada con 4 campanas, construida de ladrillo, que remata en forma piramidal: para el servicio del templo y suministrar el pasto espiritual hay un cura párroco y un vicario, á cuyo cargo está tambien la capilla pública de San Nicolás sit. á 1/4 de hora de la parr. hácia la parte del N.: ademas hay 4 oratorios ó capillas de propiedad particular. El TÉRM. confina por el N. con Mou-many y la Garriga; por el E. con el último y Llorona, por el S. con Llisá de *Munt* (de arriba) y Canovellas, y por O. con Sta. Eulalia de *Rousanés* y *Bigas*, siendo su confin mas dist. de hora y 1/4 de estension y el mas cercano de 3/4. El TERRENO es montañoso, contiene mucho bosque de propiedad particular, y la tierra roturada es de buena calidad, fértil, y gran parte de regadio con las aguas de los riach. arriba mencionados, de los cuales la ribera de Atenas aumenta su caudal con las del torrente llamado la Albareda que nace en el cerro de la Cucata. No tiene otros CAMINOS que los de herradura de pueblo á pueblo, y si llega á realizarse la construccion de la carretera de Barcelona á Vich, debe pasar por Alcoll. PROD. trigo, maiz, vino, aceite, judías, cáñamo y legumbres. No se ejerce ningun género de IND., pues sus hab. son enteramente agricolas. POBL. 150 vec., 747 hab. CAP. PROD. 4.488,800 rs. IMP. 112,220 rs. vellon.

AMETLLA de TARREGA: (asi llamado para distinguirle de otro pueblo del mismo nombre en el part. de Balaguer), l. con ayunt. de la prov. y adm. de rent. de Lérida (6 1/2 leg.), part. jud. de Cervera (2), aud. terr. y c. g. de Cataluña (Barcelona, 16), dióc. de Vich (24): SIT. en el declive de un monte, circuido de otros, donde le combaten principalmente los vientos del S., y goza de CLIMA templado y saludable. Tiene 25 CASAS y 1 igl. parr. bajo la advocacion de San Pedro, de la cual son anejas las de Montornes y Mas de-Bondia, servida por un cura párroco, cuyo destino es de entrada y se provee por S. M. ó el diocesano; segun los meses en que vaca, prévia oposicion en concurso general. Confina el TERM. por N. con el de Montornes (200 pasos), por E. con el de Albió (150), por S. con el de Cabestañy, y por O. con el de Mas de Bondia. El TERRENO en lo general áspero y montuoso es de inferior calidad; no tiene otras aguas que las de lluvia, las cuales recogidas en balsas sirven para el consumo doméstico de los vec. y abrevadero de sus ganados; abraza 250 jornales, de los que se cultivan 20 de mediana clase y 180 de tercera; siendo los 50 restantes de bosque arbolado que facilita alguna madera y el combustible necesario. Los CAMINOS conducen á Monblanch, Cervera y Barrega, y se encuentran en mediano estado. PROD. mucho centeno, avena, cebada, pocas legumbres, vino y aceite con escasez, y la hortaliza bastante para el gasto de los hab.: cria únicamente ganado vacuno, con el cual se hacen las labores del campo. POBL. 27 vec., 108 alm.: CAP. IMP. 27,786 rs.: el PRESUPUESTO MUNICIPAL asciende á 365 rs., los cuales se cubren por reparto entre los vecinos.

AMEYER: v. en el valle de Baztan, prov. de Navarra, part. jud. de Pamplona, entendida comunmente por *Maya* (V.).

AMEYUGO: v. con ayunt. en la prov., aud. terr., dióc. y c. g. de Búrgos, (12 leg.), part. jud. de Miranda de Ebro (2): SIT. en el camino real que conduce de Madrid á Francia.

dominada de montañas por S. y N., y con bastante ventilacion por E. y O.; el CLIMA es templado y las enfermedades mas comunes reumas, efecto de la mucha humedad. Se compone de 70 CASAS de regular construccion, entre ellas la consistorial, en la que se encuentran tambien la taberna, dos pesos y una escuela de primeras letras á la que concurren 30 niños de ambos sexos, y cuyo maestro está dotado con 50 fan. de trigo anuales: hay dentro de la pobl. una fuente con cuatro caños y muchos manantiales en el térm. de ricas y cristalinas aguas, de que se sirve el vecindario para sí y para sus ganados; una igl. parr. bajo la advocacion de Ntra. Sra. de la Antigua, servida por un cura párroco; y dos ermitas, la una dedicada á Sta. Ana, se halla á la falda del monte dando vista á la carretera, y la otra con el título de San Juan, á la entrada del pueblo en el mismo camino real. Confina el TÉRM. por N. con Moriana y Ayuelas, por E. con Bugedo, por S. con Pancorbo y Encío, y por O. con Foncea, todos á 1 leg. de dist.: tiene un monte medianamente poblado entre esta v. y Foncea, y otro nuevo por la parte de Enció; 1/2 leg. á la izq. de la carretera para Miranda, hay unas casas en número de seis que llaman la granja de *Cande-Pajares*, las cuales pertenecieron al suprimido monast. de Bugedo del órden Premostratense; y una pilastra entre esta misma v. y Pancorbo denominada la *Cuba*, en donde principia el camino real para Bilbao, atravesando en las ventas de Encio tambien á 1/2 leg. el que dirige á Santander. El TERRENO es de regular calidad, y bastante productivo: lo baña el r. Oroncillo que nace en Silanes á 2 1/2 leg. de dist., pasa por Cubo y Pancorbo enriqueciéndose entre este último pueblo y la v. con unas fuentes que nacen en la carretera; tiene dos buenos puentes, uno á la entrada y otro á la salida de la pobl.: CAMINOS el ya mencionado de Madrid á Francia, y un trozo de 3 leg. de otro para Santander, que se empezó hace 50 años, y no obstante ni aun las 3 leg. referidas están concluidas del todo; el CORREO se recibe por medio de balijero de la adm. de Pancorbo los domingos, miércoles y viérnes, saliendo los mismos dias. PROD. trigo blanco, álaga, cebada, centeno, comuña, avena, maiz, legumbres, lino, cáñamo, frutas, vino chacolí, patatas y nabos; cria ganado lanar mezclado de merino y churro, por ser esta la lana que mas estimacion tiene en el pais; caza: perdices, codornices y alguna que otra liebre; pesca: ricas truchas, anguilas, barbos, y otra clase de pescado, que llaman logimas: IND. cinco molinos harineros, tres de una sola piedra blanca, y los dos restantes con blanca y negra: con la primera muelen trigo solamente, y con la segunda cebada, maiz y legumbres; el COMERCIO consiste en la estraccion de algunas fan. de granos al mercado de Miranda de Ebro. POBL. 53 vec.; 214 alm.: CAP. PROD. 1.643,400 rs.: IMP. 135,937: CONTR. 11,510 rs. 30 mrs. El PRESUPUESTO MUNICIPAL asciende á 11,500 rs. y se cubre con el prod. de la taberna, cargando 4 rs. á la cántara de vino. En el fuero de Cobarrubias, dado por el conde de Castilla Garci Fernandez, concediendo esta v. y otros muchos pueblos á su hija Doña Urraca Garcés, para fundar monasterio en la igl. de San Cosme y San Damian, á 24 de noviembre de 978, figura *Ameyugo* como libro de *sayoria*, *fosado*, *anubda*, *alicidio*, *herbage* y *portazgo*. Cuéntase Ameyugo (se lee Amejuas), entre las posesiones de la casa de Lara; por los años 1351: mediante el matrimonio de D. Juan Nuñez, se incorporó con el señorío de Vizcaya.

AMEZAGA: ald. en la prov. de Alava (5 leg. á Vitoria), dióc. de Calahorra (15), vicaria y part. jud. de Salvatierra (1), herm. y ayunt. de Asparrena (3/4): SIT. en un llano cerca de la carretera de Vitoria á Pamplona, á la orilla del r. Burunda: CLIMA frio y sano: tiene 10 CASAS medianas, y una igl. parr. (San Juan Bautista): su TÉRM. se estiende á 1/2 leg. de N. á S., y lo mismo de E. á O. Confina al N. Araya, por E. Albeniz y San Roman, al S. Eguiláz, y por O. Zalduendo, de donde baja el indicado r., que nace en el puerto de Aranzazu, y sigue su curso hácia Navarra, cruzando el térm. de Amezaga y Zalduendo; en el cual se encuentran dos buenos puentes de piedra: al O., é inmediato á la pobl., hay un monte de roble, y otro á la parte N., ambos bastante poblados: tiene 3 fuentes de buenas aguas, aunque escasas en el verano: el TERRENO es escelente para el cultivo: los CAMINOS pantanosos y poco cuidados: el CORREO se recibe de Salvatierra por medio de un peaton: PROD.: toda clase de cereales, algunas legumbres, poca hortaliza y fruta; cria ganado vacuno, caballar y de cerda; abunda de perdices, liebres, y á su tiempo codornices y aves anfibias: se pescan truchas, anguilas y otros peces: POBL.: 6 vec., 66 alm.: RIQUEZA y CONTR. (V. ALAVA, INTENDENCIA.).

AMEZAGA: l. en la prov. de Alava (3 leg. á Vitoria), dióc. de Calahorra (21), vicaria de Cuártango, part. jud. de Amurrio ú Orduña (3), y de la herm. y ayunt. de Zuya (1/2): SIT. á la izq. del r. Bayas en un llano, á la falda de los montes de Altube y Gorbea: su CLIMA es templado y sano: tiene igl. parr. (San Bartolomé Apóstol): su TÉRM. confina al N. con Altube, interpuesto el *Bayas*, y al S. con Murgia: hay varias fuentes de aguas cristalinas, que formando algunos arroyuelos, fertilizan el TERRENO: éste, aunque bastante quebrado, disfruta de llanos de buena calidad: los CAMINOS son penosos, y el CORREO se recibe en Zuya: PROD.: cereales, algun lino y cáñamo, pocas legumbres y frutas, pero mucho y buen pasto: cria ganado vacuno, lanar, cabrío y algo de cerda: POBL.: 16 vec., 172 alm.: RIQUEZA y CONTR. (V. ALAVA).

AMEZAGAS: barrio en la prov. de Vizcaya, ayunt. y anteigl. de *Barrica* (V.).

AMEZQUETA: casa solar de la prov. de Guipúzcoa, en el part. jud. de Tolosa, y que dió nombre á la v. de Amézqueta.

AMEZQUETA: r. en la prov. de Guipúzcoa. (V. AMÉZQUETA, v.).

AMEZQUETA: v. en la prov. de Guipúzcoa, dióc. de Pamplona (13 leg.), aud. terr. de Búrgos (33), c. g. de las provincias Vascongadas (12) y part. jud. de Tolosa (2): SIT. á la izq. del r. *Oria*, y falda del monte Aralar: CLIMA sano: correspondió á la v. de Tolosa; fue de la union de Bosué Mayor, y hoy tiene ayunt. de por sí, comprendiendo la anteigl. de *Ugarte* ú *Ozcué*, y barrio desp. de Aralar, con voto en las juntas generales de prov. La igl. parr. (San Bartolomé), está servida por un cura, dos beneficiados y dos capellanes de presentacion ordinaria. El TÉRM. se estiende á 1 leg. de N. á S, y 1 1/2 de E. á O.: confina por N. con Bedayo de Tolosa, por E. con térm. de Navarra, en que sirve de lim. el citado Aralar, por S. con Abalcisqueta, y por O. Alegria. Varios arroyos fertilizan el térm. y forman un riach., que toma el nombre de la v. y corre el espacio de 1 leg.; lleva las aguas al *Oria*, frente de la plaza de Alegria; el TERRENO, en lo general montuoso, está poblado de árboles, abunda de buen pasto, y se presta al cultivo, aunque con mucho trabajo de sus hab.: los CAMINOS son locales y poco cuidados: el CORREO se recibe por Tolosa. PROD.: trigo, maiz, castañas, legumbres y poca fruta, pero se cria mucho ganado, especialmente lanar, que proporciona la elaboracion de quesos muy apreciados en la prov.: la IND. cuenta con dos buenas ferr., una fáb. de papel de estraza y varios molinos harineros; las minas de cobre, que hasta el año de 1794 se esplotaban en su monte, ocupaban muchos brazos destinados hoy al pastoreo: POBL.: 296 vec., 1,480 alm.: su RIQUEZA TERR. se gradúa en 72,002 rs., y en 18,000 la IND. y comercial: CONTR. (V. GUIPUZCOA). Dió nombre á esta v. la insigne casa de *Amezqueta*, una de las que mandó allanar el rey D. Enrique IV, en 1457. Parece haber sido oriundo de esta v. aquel Mosen Juan de Amezqueta, que en 1430 vino por embajador de Inglaterra al Rey D. Juan II, como refiere su crónica, espresando que, como quiera que era natural de Guipuzcoa, tenia heredamiento en Inglaterra.

AMEZQUETA: cas. en la prov. de Alava, ayunt. de Lezama.

AMIADOSO: l. en la prov. de Orense, ayunt. de Allariz, y felig. de San Martin de *Pazó* (V.): POBL.: 31 vec., 124 almas.

AMIDO: ald. en la prov. de Orense, ayunt. de Peroja y felig. de Santiago de *Carracedo* (V.): POBL.: 6 vec., 27 almas.

AMIDO: l. en la prov. de la Coruña, ayunt. de San Saturnino y felig. de Santa Maria de *Iglesiafeita* (V.): POBL.: 8 vec., 28 almas.

AMIEBA (SAN JUAN DE): felig. en la prov. y dióc. de Oviedo (13 leg.), part. jud. de Cangas de Onis (3), y ayunt. de Amieba, su cap. Sames (1/4): SIT. á la falda del puerto de Beza y Picos de Europa, á la der. del r. Precendi; su CLIMA frio y sano: unas 44 CASAS reunidas forman la pobl., en la cual hay una escuela, dotada por D. Diego Conesa, canónigo de Oviedo. La igl. parr. (San Juan Bautista) es muy mediana, y está servida por un curato de ingreso y presentacion laical, y tiene una ermita ó capilla, bajo la advocacion de San Agustin. El TÉRM. se estiende á 2 leg. de N. á S., y 1 de E. á O.: confina por N. con Argolivio y San Roman; por E. con Picos de Europa; por S. con térm. municipal de Sajambre (prov. de Leon), y al O. con la felig. de San Ignacio de Ponga: es una espaciosa vallada que comprende la hermosa *praderia de Angon*, que se estiende hasta el lim. de Sajambre: á la entrada en el térm. por el citado puerto de Beza, se halla la ermita de Ntra. Sra. de Sabugo, y una caseria donde encuentra posada el viajero, al cual le sirve de guia la campana del santuario, con cuyo objeto se toca en las primeras horas de la noche, con especialidad en las épocas de nieves; estas cubren las montañas que rodean á la felig., ó inutilizan el pasto, si bien perjudican en poco á los diversos y robustos árboles de que estan pobladas. El TERRENO destinado al cultivo es de corta estension, pero fértil; la praderia sostiene sobre 1,000 cab. de ganado vacuno y un crecido número de otras clases, que se recogen en el invierno en unas casas ó cabañas preparadas á este fin, y á la conservacion de la yerba que se recolecta de la misma praderia; esta se encuentra dividida entre muchos participes, si bien luego que se recoge la yerba se abre al pasto comun, que llaman *derrota*: costumbre perjudicial que va desapareciendo á virtud de la ley de acotamiento, y que ha impedido siempre una segunda cosecha de pasto. Los CAMINOS mal cuidados, y el CORREO se recibe en la cap. del part.: PROD.: trigo, maiz, algunas legumbres, hortalizas y poca fruta: cria ganado vacuno, lanar, de cerda, cabrio y caballar; hay caza mayor y dos molinos harineros: POBL.: 46 vec., 184 alm.: CONTR.: con su ayunt. (V).

AMIEBA (SAN ROMAN DE): felig. en la prov. y dióc. de Oviedo (13 leg.), part. jud. de Cangas de Onis (2 1/2), y ayunt. de Amieba (3/4): SIT. al pie de la elevada sierra de la Escoba, y márg. der. del r. Precendi: su CLIMA es frio y sano: unas 42 CASAS forman el único pueblo que constituye á esta felig., cuya igl. parr. (San Roman), es reducida, pobre, de patronato laical, y su curato de ingreso. El TÉRM. confina por N. y E. con Mian, por S. con San Juan de Amieba, y al O. con Argolivio: el TERRENO de labor es poco, pero fértil, y hay buenos prados de pasto: los CAMINOS vecinales y malos: el CORREO se recibe en la capital del part. PROD.: maiz, trigo, escanda, habas, patatas, nabos, algunas avellanas y pocas legumbres y hortalizas: cria ganado vacuno, lanar, de cerda, cabrio y algo de caballar. POBL.: 62 vec., 288 alm.: CONTR.: con su ayunt. (V).

AMIEBA: ayunt. en la prov., dióc. y aud. terr. de Oviedo (13 leg.), de la c. g. de Castilla la Vieja (Valladolid), y part. jud. de Cangas de Onis (3/4): SIT. al SO. del part.; disfruta de un CLIMA templado y sano; comprende las felig. de Amieba, San Juan Bautista; Argolivio, San Martin; Mian, Santa Maria; San Roman de Amieba y Sebarga, Sta. Maria de las Nieves; la cap. ó residencia del ayunt. es Sames, l. de la referida parr. de Mian. El TÉRM. municipal se estiende á 3 leg. de N. á S. y 2 1/2 de E. á O.; confina por N. con el de Parres, por E. con el de Cangas de Onis y el de Sajambre (part. jud. de Riaño en Leon), y por S. con el mismo de Sajambre y el de Ponga, que continúa hasta Coto de Cazo que forma el lím. O. El r. *Precendi*, que nace en las montañas de Leon, térm. del citado Sajambre, le atraviesa casi por el medio de S. á N., hasta poco antes de llegar á Sames, donde le recibe el *Ponga*; en su tortuoso giro deja á la der. el puerto de Beza, el l. de Amieba, y los de Cien, San Roman, Carbes, Mian y Sames; por la izq., despues de recoger las aguas del r. Biamon, que trayendo su origen del puerto de Ponton, se desliza por el concejo de Ponga con direccion NNE.; baña los de Vega, Argolivio y Villaverde; sobre este r. y entre los l. de Cien y Vega, hay varios molinos harineros y un puente de madera; el r. *Dobra* le recorre de N. á S., bañando las faldas de las montañas que llaman *Pico de Europa*, que dividen los concejos de Cangas de Onis y Amieba, llega al camino real y térm. de la parr. de Mian, donde encuentra un puente de piedra al que da nombre, y sigue á desaguar en el mencionado *Ponga* antes de tocar en los l. y vegas de Previs, sin ofrecer sus aguas á otro pueblo que á Vis, sit. á su izq.; finalmente el *Ponga* corre de SO. á NE. por entre los cot. de Cano y Tornin, enriqueciéndose con las aguas que por la orilla der. le entregan Precendi y Dobra; estos 3 r. abundantes en anguilas, tienen riquísimas truchas y algunos otros peces. Entre los muchos montes dispersos por este distr., descuellan Carrombo, Llamarcei, Mampodre y Tornos bastante poblados de árboles de diversas clases, que han facilitado á los arsenales buenas maderas de haya, abedul, roble, álamo y castaño; en estos montes se crian osos, jabalies, lobos, zorros, corzos y robecos (*). El TERRENO dedicado al cultivo es sumamente corto, pues no escederá de alguna 1/2 leg., y las cosechas de trigo, maiz, habas blancas y negras, patatas y nabos no alcanzan á cubrir el consumo, ya porque la fragosidad del terreno no admite la labor, ya por no cultivarse el que lo permitiera, ó ya en fin por la desidia de muchos de aquellos naturales bien avenidos con la sobriedad, y el ningun lujo que en ellos se observa. La cria del ganado, la leche, la manteca, los manzanos y castaños, los avellanos y otros frutales acuden á la subsistencia de estos vec., que si bien en la mayoria son pobres, no puede llamárseles mendigos; acaso no haya quien deje de tener un poco de labor y una ó dos cab. de ganado. Los CAMINOS que cruzan el térm. municipal son de poca consideracion, si esceptuamos la ant. carretera de Castilla á Cangas de Onís, servible aun para herradura, y por la que en 8 y 16 de agosto de 1836 entró y salió Gomez con su caballeria en Asturias; fue abierta en peña viva por espacio de 2 leg. y costeada por el célebre arcediano que fundó el colegio de San José de Oviedo; principia en el puerto de Beza (concejo de Sajambre), entra por Amieba, y pasando por los l. de San Roman, Mian, Sames y Vega de Pervis, hasta el Coto de Tornin, se dirije á Cangas de Onís y Ribaderella. Si se continuase, como es posible, aunque costosa, la *apartará* de este camino por la direccion que lleva el r. Dobra, se conseguiria acercar al mar los graneros de Castilla y poner á Carrion y Cea dist. de los puertos de Cantabria solo 24 leg. de camino llano; pues seria muy poco sensible el desnivel que pudiera quedar en la cord. que separa á Leon de Asturias, y esta prov. disfrutaria fácilmente el beneficio de las diligencias que aun le es desconocido. La CORRESPONDENCIA la recibe el ayunt. y los vec. en la estafeta de Cangas de Onis. La IND. pecuaria, auxiliada de los buenos pastos de que abundan los montes y los prados, es de bastante consideracion, al paso que la minera aun no se ha querido esplotar; asi es que la herreria (á la catalana) establecida en Caneya desde 1838, funde hierro de Somorrostro, por no querer ó saber aprovechar el que con abundancia, aunque mas duro, pudiera proporcionar el pais: POBL.: 472 vec.; 2,126 alm.: RIQUEZA: PROD.: 190,500 rs.; masa IMP.: 124,000: PRESUPUESTO MUNICIPAL, sobre 13,680 rs., que se cubre en su mayor parte por reparto vecinal.

AMIEIRA: ald. unida á la de Carballos, en la prov. de Lugo, ayunt. de Taboada y felig. de Sta. Maria de *Glan* (V.): POBL.: 5 vec.; 27 alm. La barca de su nombre se encuentra sobre el r. Miño.

AMIEIRO: l. en la prov. de la Coruña, ayunt. de Santa Marta de Ortigueira y felig. de Sta. Maria de *Mera* (V.).

AMIEIROS: l. en la prov. de Orense, ayunt. de Irijo y felig. de Sta. Marina de *Loureyro* (V.).

AMIEIROS: l. en la prov. y dióc. de Oviedo (26 leg.), part. jud. de Grandas de Salime (5), ayunt. de Oscos y felig. de Sta. Eulalia (1): SIT. en la falda de un monte y orilla der. del arroyo *Amieiros* de que toma nombre; confina por E. con Sarceda, por S. con Villarchas y Nonide, y por O. y N. con Brañabella y Mazanovo; le baña el citado arroyo que trae su origen del mencionado Villarchas (prov. de Lugo), y corre á unirse al r. de Sta. Eulalia á 1/2 leg., despues de dar impulso á 5 molinos harineros y á un martinete, al paso que sus aguas fertilizan algunos prados, á cuyo fin se encuentran algunos cáuces construidos con estacas, denominados *Torulas* ó *Chapacuñas*. El TERRENO es de buena calidad, si bien solo se hallan roturadas sobre 20 fan.: PROD.: centeno, mucha patata y alguna castaña: POBL.: 20 hab.: CONTR. con los demas l. que constituye la felig. (V.) Sta. Eulalia de *Oscos*. Este pueblo cuenta su fundacion desde el año de 1820, en que

(*) Se llaman en Asturias *robecos* una especie de cabras monteses de estraordinaria ligereza y de dificil caza por el instinto que tienen para vigilar la llegada del cazador: en su figura se asemeja á la cabra, pero es algo mas pequeña; no tiene barbas y sus cuernos son de 5 á 6 pulgadas, muy negros y vueltos atras, figurando dos escarpias.

D. Manuel Rodriguez Arango, escribano y vec. de Mazonovo, obtuvo permiso para ello; pero la prematura muerte de D. Manuel, impidió á este realizar sus proyectos y de darle el nombre de Arango.

AMIEIROS: l. en la prov. de Lugo, ayunt. de Saviñao y felig. de San Vitorio de *Ribas de Miño* (V.): POBL.: 4 vec.; 22 almas.

AMIELLA: ald. en la prov. de Oviedo, ayunt. de Siero y felig. de San Martin de *Anes* (V.).

AMIERO: l. en la prov. de Lugo, ayunt. de Riobarba y felig. de San Roman del *Valle* (V.).

AMIL: l. en la prov. de la Coruña, ayunt. y felig. de *Cambre*, Sta. Maria (V.).

AMIL: l. de la prov. de Pontevedra, ayunt. de Mondariz, felig. de *Meirol*, San Andrés (V.).

AMIL: ald. en la prov. de la Coruña, ayunt. de Trazo y felig. de Sta. Maria de *Castelo* (V.).

AMIL: ald. en la prov. de Pontevedra, ayunt. de Moraña y felig. de San Mamés de *Amil* (V.).

AMIL (SAN MAMÉS): felig. en la prov. de Pontevedra (3 leg.) dióc. de Santiago (7), part. jud. de Celdas de Reyes (1 1/2), y del ayunt. de Moraña (1/2): SIT. entre montañas y ventilada por N. y S.; su CLIMA es sano; comprende los l. de Amil, Apedrado, Barra, Cartamil, Picota, Piñeiro, Ruibar, Torre y Vilacoba que reunen 120 cas. de labradores: hay escuela para ambos sexos sostenida por los padres de los concurrentes: la igl. parr. (San Mamés), está servida por un párroco, cuya presentacion la hace la casa denominada de la *Buzaca*; el cementerio es capaz; tiene una ermita (Ntra. Sra. del Milagro) en el sitio llamado de la *Xesteyra*; el TÉRM. confina por N. con San Lorenzo de Moraña y Sta. Maria de Casoyrado; por E. con San Miguel de Campo, por S. con Jeve y Berducido, y por O. con San Pedro de Rebedon, estendiéndose por donde mas á 3/4 de leg.; hay algunas fuentes de buenas aguas, cuyos derrames bajan á unirse al riach. denominado Labandeira; el TERRENO en lo general montuoso é inculto, disfruta no obstante de parte de buena calidad destinada al cultivo; los CAMINOS son vecinales y muy medianos; el CORREO se recibe de la cap. del part. por medio de un peaton: PROD.: maiz, centeno, habas y patatas; cria ganado vacuno, lanar y algo de caballar; hay caza de conejos, liebres y perdices: IND.: la agricola y varios molinos harineros de invierno: POBL.: 109 vec.; 360 alm.: CONTR.: con su ayunt. (V.).

AMILIVIA: casa solar y armera en la prov. de Guipúzcoa, ayunt. de Zumaya y anteigl. de *Zarnazabal*.

AMILLADOYRO: l. de la prov. de la Coruña, part. jud. de Arzua, ayunt. de Sobrado y felig de San Pedro de *Porta* (V.).

AMILLANO: l. del valle y ayunt. de Allin en la prov., aud. terr. y c. g. de Navarra, merind. y part. jud. de Estella (19 leg.), dióc. de Pamplona (8), arciprestazgo de Yerrí: SIT. á la márg. izq. del r. Urederra en parage elevado y pendiente con libre ventilacion y CLIMA saludable. Tiene 8 CASAS y una igl. parr. dedicada á San Roman, servida por un cura llamado Abad, cuya vacante provée el diocesano mediante oposicion. Confina el TÉRM. por N. con el de Echavarri (1/2 leg.), por E. con el de Eraul (1), por S. con el de Larrion (1/4), y por O. con el de Galdeano (igual dist.). Le atraviesa el espresado r. Urederra (conocido tambien con el nombre de Amescoa), cuyas cristalinas aguas aprovechan los hab. para surtido de sus casas, abrevadero de ganados, y otros usos de agricultura. El TERRENO, aunque desigual y escabroso, es bastante fértil; abraza 700 robadas, de las cuales 400 estan destinadas á cultivo, reputándose 25 de primera clase; 175 de segunda, y 200 de tercera. Tambien hay un monte poblado de encinas, donde se crian buenos pastos, asi como en las restantes tierras incultas. PROD. trigo, cebada, centeno, habas, alubias, cáñamo, lino, y hortaliza: hay ganado vacuno, lanar, cabrio y de cerda, y abundantes truchas en el r., acaso las mejores de Navarra. POBL.: 8 vec., 37 alm.: CONTR.: con el valle de Allin.

AMIO: l. en la prov. Leon, part. jud. de Murias de Paredes, y concejo de Luna de Abajo (V. el art. SOTO y AMIO).

AMIRA: l. en la prov. de la Coruña, ayunt. de Muros, y felig. de San Julian de *Torea* (V.): anejo á la de San Estéban de *Abelleira*.

AMIROLA: cas. en la prov. de Alava, ayunt. de Ayala, y térm. de *Respaldiza*: POBL.: 1 vec., 5 almas.

AMITJER (CASA LÓ AMITJER): prédio con cas. en la isla de Mallorca, prov. de las Baleares, part. jud. de Inca, térm. y felig. de *Escorca* (V.): tiene bosque de encinas, en que se ceban muchos cerdos; hay fuentes de aguas las mas finas de la isla, y es abundante en caza de perdices, liebres y conejos.

AMIUDAL (SANTIAGO DE): felig. en la prov. y dióc. de Orense (7 leg.); part. jud. de Ribadavia (2 1/2), y del ayunt. de Abion (1/2): SIT. en un llano: CLIMA sano, aunque húmedo, por la buena ventilacion que disfruta: comprende las ald. de Barro, Pescai, Subribas y Taboazas, que reunen hasta 200 CASAS de construccion ordinaria y de un solo piso; si bien con cuadra y local para recoger la yerba seca: la igl. parr. (Santiago) es pobre; el curato de primer ascenso y de provision ordinaria: hay una ermita ú oratorio público que es del comun de los vec., quienes tienen derecho á nombrar el sacristan de la parr.: el TÉRM. confina con las felig. de Sta. Marina de Abelenda, San Justo de Abion y Couso: hay buenas fuentes, cuyos derrames enriquecen diversos arroyos que fertilizan el terreno: este es de buena calidad, y participa de monte que disfruta de mancomun con las felig. inmediatas: los CAMINOS son malos; y el CORREO lo recibe por la cap. del part. PROD. maiz, centeno, lino, patatas, castañas, varias legumbres y algun lino: cria ganado lanar, vacuno y de cerda; y hay caza de perdices, conejos, zorros y lobos: POBL., 200 vec. 960 alm.: CONTR. con su ayunt. (V.).

AMNION: uno de los muchos nombres corrompidos en la España del Ravenate; sin duda es el *Interamnium Flavium* del itinerario romano.

AMOA: l. en la prov. de Lugo, ayunt. de Riobarba, y felig. de Sta. Maria de *Cabanas* (V.).

AMOCA: la lápida, por la cual consta la existencia de esta c., nada deja apetecer en órden á su corografía: conservada en Tarragona, y pudiendo verse en la coleccion de Masdeu, en la Cantábria de Florez, y en Frútero, se lee en ella, que prévio permiso de la prov. de la España citerior, se erigió una estátua por Lucio Antonio Modesto, natural de *Intercatia*, en los Vacceos, á su buena esposa Palimia Paterna, natural de *Amoca*, del conv. *cluniense*, y region de los *cántabros*, la cual habia sido Flamínica de la España citerior. Pudo escaparse el nombre *Amoca* á los ilustres geógrafos que describieron nuestra España, por ser alguna de las fort. que estaban encabezadas á otra c., sin que por esto dejasen de ser de importancia, y cuyas ruinas confunden hoy á muchos anticuarios, teniéndolas por *Acrópolis*. No es tan facil acertar con su topografía: el señor Cortés, sin embargo, conjetura ser Aguilar de Campóo, y el argumento que para ello deduce del apellido Campóo, creyéndo encontrar en él el nombre *Amoca*, leido á la manera griega, y atraida la *p*, por la *m*, no deja de merecer algun valor; aunque lo de *Aguilar* y *akilias* nada signifique, siendo en nuestra geografía innumerables los *Aguilares*. (V. AGUILAR DE CAMPÓO).

AMOCADEN: dos cortijos de este nombre en la prov. de Jaen, part. jud. de Villacarrillo, térm. jurisd. de *Castellar* (V.).

AMOCAIN: cas. del valle y ayunt. de Arce en la prov. y c. g. de Navarra, aud. terr. y dióc. de Pamplona, part. jud. y merind. de Sangüesa (4 leg.): SIT. en terreno montuoso con libre ventilacion y CLIMA saludable. Tiene una sola casa bastante capaz y con las comodidades que la labranza exige. Confina el TÉRM. por N. con el de Galduroz (3/4 de leg.), por E. con el de Aguinaga (igual dist.), por S. con el de Elía (1/2), y por O. con el de Sagaseta (1/4). El TERRENO es muy desigual, y se halla cubierto de escabrosidades, donde se crian muchos pinos y otros árboles silvestres; en varios puntos hay algunas fuentes de buenas aguas, las que aprovechan los hab. para su consumo y abrevadero de sus ganados: la parte destinada á cultivo es de mediana calidad por la naturaleza áspera y quebrada del suelo, cuya circunstancia dificulta notablemente el laboreo: PROD. trigo, cebada, avena, algunas legumbres y hortalizas; cria ganado de cerda, vacuno, lanar y cabrio; y hay entre la espesura de sus montañas bastante caza mayor y menor: POBL.: 1 vec., 11 alm.: CONTR. con su valle.

AMOEDO (SAN SATURNINO DE): felig. en la prov. de Pontevedra (3 leg.), dióc. de Tuy (4), part. jud. de Redondela (3/4), y ayunt. de Pazos de Borben: SIT. en un llano elevado entre montes, y resguardada de los vientos E.: su CLIMA es sano; si bien se sufren algunas fiebres y costados: comprende los tres barrios nombrados Masusan, Iglesia y Carballino, que reunen sobre 96 CASAS: la igl. parr. (San Saturnino), es matriz con curato de entrada, provisto por la comunidad de religiosas de Redondela; el TÉRM., que por donde mas se estiende 1/2 leg., confina al N. con Soto-Mayor; por E. con Pazos, por S. con Borben y Cepeda, y por O. con Reboreda; abrazando algunos cas. y desp.; hay muchas y buenas fuentes, cuyos derrames bajan á unirse al riach., que trayendo su origen de los montes Valongo y Espiño, proporciona riego por medio de una acequia, y se dirige despues á la felig. de Reboreda, donde pierde el nombre de Valongo al incorporarse con el Torrado: el TERRENO, de mediana calidad, tiene trozos de primera y segunda suerte, y en lo general disfruta del riego de que hemos hablado: sus CAMINOS dirigen á Pontevedra, Redondela, Ribadavia, y Puenteareas, y se encuentran bastante abandonados; el CORREO se recibe tres dias á la semana en la cap. del part., á donde es necesario ir á recogerlo: PROD. maiz, centeno, algunas legumbres, panizo, y poco y mal vino: cria ganado vacuno, lanar y cabrío, y se encuentran perdices, conejos y liebres: hay cuatro molinos, única IND. que puede unirse á la agrícola y pecuaria: POBL.: 100 vec., 390 alm.: CONTR. con su ayunt. (V.).

AMOEIRO: l. en la prov. de Orense, cap. del ayunt. y felig. de Sta. María de *Amoeiro* (V.): POBL.; 18 vec., 76 alm.: hay feria el dia 14 de cada mes.

AMOEIRO (STA. MARIA DE): felig. en la prov., dióc. y part. jud. de Orense (3 leg.), y del ayunt. á que da nombre: SIT. al NO. de la cap. de prov., en un llano elevado: su CLIMA frio y sano: se compone de los l. Amoeiro (residencia del ayunt.), Juriz y Souto; y de las ald. Abellás, Casares, Castañas, Costa de Monte, Fontes, Gilfonge, Outeiro, Piça, Poutas de Abajo, Poutas de Arriba y Souto; todos tienen fuentes, mas ó menos abundantes; reunen 100 CASAS, y varias chozas ó cubiertos para el abrigo del ganado, destinado á las labores del campo: hay una escuela para ambos sexos. La igl. parr. (Sta. María) es pobre, y el curato de entrada y provision ecl.; el TÉRM. confina por N. con la felig. de Cornoces, por S. con la de Fuentefria, por E. con la de Abruciños, y por O. con el r. Barbantiño que separa esta felig. de las de San Miguel de Armoses y Santiago de Parada: el TERRENO en lo general llano, es bastante fértil, escaso de arbolado, pero abunda en pasto Los CAMINOS son vecinales y están mal cuidados: hay una carteria que recibe la CORRESPONDENCIA de Orense. PROD. maiz, vino, patatas, centeno y trigo; algunas legumbres, y lino: cria ganado vacuno y lanar: IND. la agrícola; y COMERCIO el que le proporciona una feria mensual: POBL. 106 vec., 442 alm.; CONTR. con las demas felig. que forman el ayunt. (V.).

AMOEIRO: ant. jurisd. en la prov. de Orense; compuesta de las felig. de Amoeiro, Barran, Castrélo, Cornóces, Sobréira y Trasálba, cuyo juez ordinario era nombrado por el conde de Ribadavia.

AMOEIRO: ayunt. en la prov., dióc. y part. jud. de Orense (3 leg.), aud. terr. y c. g. de la Coruña (23): SIT. al NO. de la cap. de prov., á la márg. der. del r. Miño, y en el l. de que toma nombre: se forma de las felig. Abruciños, San Juan; Amoeiro, Sta. Maria; Bóveda, San Pelayo ó San Payo; Cornoces, San Martin; Fuentefria, Sta. Marina; Parada, Santiago; Ronzós, San Ciprian y Trasalba, San Pedro; en las cuales reside un alc. p.: el TÉRM. municipal confina con los de Bolmorto, Peroja, Orense, y forma lím. con los part. jud. de Ribadavia y Carballino; le bañan los r. Miño, Barbantiño y Fuentefria: el TERRENO en lo general llano y fértil, con especialidad el denominado Os-chaos de Amoeiro; escasea de arbolado; pero tiene buenos pastos: los CAMINOS son vecinales, á escepcion del que desde Orense llega á Santiago, si bien todos abandonados: el CORREO lo recibe de la cap. del part.: PROD. centeno, maiz, trigo, patatas, castañas, y lino: cria ganado vacuno, lanar, y de cerda: IND., la agrícola y pecuaria, sin otra especial que la fabricacion de sillas en A ruciños: su COMERCIO se reduce á la esportacion de frutos del pais, é importacion de vino y artículos de primera necesidad; celebra feria de ganado, granos, paños y quincalla el dia 14 de cada mes en el l. de Amoeiro: POBL., 604 vec., 3,020 alm.: RIQUEZA Y CONTR. (V. ORENSE PART. JUD.).

AMOEJA (SANTIAGO DE): felig. en la prov. y dióc. de Lugo (6 leg.), part. jud. de Taboada (3), y ayunt. de Antas (1/4): SIT. en terreno un poco elevado y montuoso, donde la baten los vientos NO.: su CLIMA es bastante saludable; comprende 36 CASAS de mediana fáb., y repartidas en los l. de Amoeja, Casar, Casilmoure, Caira, Outeiro, Pereiras y Riobo: la igl. parr. (Santiago), matriz de los anejos San Martin de Fente, con los l. de Graña y Fente, donde vive el párroco en casa rectoral, con buenos diestros de tierras, prados, y una famosa deh.; y Sta. Eulalia de Santiso con igl. arruinada: el curato es de ascenso y de presentacion de la casa de Wervik y Alba: el TÉRM. confina por NE. con Fente y San Andrés del Rial, por SO. con Sta María de Olveda y San Lorenzo de Peibás, y se estiende de uno á otro punto del horizonte 3/4 leg; tiene varias fuentes y riach, cuyas aguas fertilizan el TERRENO, aunque es de mediana calidad: los CAMINOS son vecinales y en mal estado: el CORREO se recibe de la cap. del part.: PROD. mucho centeno, patatas y nabos, algun trigo, cebada, maiz, y lino; abundancia de castañas, bastante fruta, y alguna hortaliza: hay buenos prados y montes, con cuyo pasto crian ganado vacuno, mular, y hermosas manadas de cabras y ovejas: IND.: la agrícola con seis molinos harineros, dedicándose particularmente sus naturales á la cria de mulas: POBL.: 37 vec., 189 alm.: CONTR. con su ayunt. (V.).

AMOLAR: l. en la prov. de Orense, ayunt. y felig. de San Ginés de *Lobera* (V.): POBL. 7 vec., 30 almas.

AMOLLOBRICA: variante con que se lee en el itinerario romano el nombre *Amalobriga*. (V).

AMONDO: cas. en la prov. de Alava, ayunt. de Lezama.

AMOR: desp. y coto redondo de la prov. y part. jud. de Zamora (2 1/2 leg.), térm. jurisd. del l. de la Tuda (1/4): SIT. en una colina, de poca elevacion, de vista alegre y pintoresca, y dominado de algunos collados; se compone de 2 CASAS: en el siglo pasado habia mayor número, y componian una vicaria que regentaba un monge de San Gerónimo de Salamanca, tenia su igl. con pila bautismal: á fines del siglo se despobló y derrotó la igl., y habiendo sido matriz de la Tuda, quedó sujeta á esta como su aneja: confina el TÉRM. por N. con deh. de Sta. Maria de los Barrios y térm. de la Tuda; al E. con el de San Marcial y deh. de Villardiegua; al S. con el de Peñacesende y deh. de Llamas, y por el O. con el de Llamas y deh. de Castro. Se estiende de N. á S. 1/4 leg. y de E. á O. 1 leg.: le baña un arroyo de su mismo nombre que solo tiene curso en invierno, y corre de S. á N.; pero quedan depósitos permanentes que sirven para abrevaderos de los ganados, y en ellos se crian buenas tencas; tiene algunos manantiales y arroyuelos que vierten las aguas en el espresado arroyo, y algunas fuentes de poco mérito: el TERRENO en general es un bosque espeso de encinas altas, jaras, iniestas y retamas; en el año 1836 fué muy derrotado, pero vuelve ya á repoblarse; la parte llana está destinada para pastos por su poca consistencia, y solo unas 300 fan. al N., son cultivadas por los colonos: sus márg. esteriores todas son colinas y collados de mayor ó menor elevacion; y al O. hay 2 cerros de unas 60 varas de elevacion, que por formar figura y posicion natural de fort. se les llama los *Castillos* castellanos; sus CAMINOS los que cruzan de pueblo á pueblo; y por la parte del E. pasa la calzada de Zamora á Ciudad-Rodrigo. PROD. trigo 400 fan., centeno 200, cebada 100, algarrobas y otras legumbres 100; se mantienen regularmente 3,000 ovejas, 100 vacas de cría, y algunos años 200 cabras: se ceban (los años abundantes), 300 cerdos gordos, y sostiene 3 meses otros 600 de camperos: es muy abundante la caza de liebres, perdices y conejos, y no faltan lobos y zorros. POBL. 2 vec., que habitan como colonos de la deh., y pagan anualmente á su propietario, el Sr. duque de Gor, 24,000 rs.: CONTR. con la Tuda.

AMORAS: l. en la prov. de Lugo, ayunt. de Pastoriza y felig. de San Andrés de *Loboso* (V.): POBL. 2 vec., 11 almas.

AMOREBIETA: casa solar y armera en la anteigl. de su nombre (V.).

AMOREBIETA ó ZORNOZA: anteigl. con ayunt. en la prov. de Vizcaya (3 leg. á Bilbao), dióc. de Calahorra (29), aud. terr. de Burgos (26), c. g. de las prov. Vascongadas (9), part. jud. de Durango (2): SIT. á la márg. del r. de *Durango*: CLIMA frio y sano: comprende la felig. de *Bernagoitia* (V.): las barriadas de Boroa, Dudea y plaza de Zubiaur: bajo el sistema foral era regida por dos fieles con asiento y el 29° voto en las juntas generales de Guernica. La igl. parr. (Sta. María), servida por 8 beneficiados, 5 de entera racion, uno de media, y dos de cuarta, presentados por el cabildo y sindicos de las barriadas, es una de las mejores de

Vizcaya, construida de nuevo en los años de 1556 al 1608, en que principió á servir para el culto divino: es un edificio de piedra de silleria arenisca con una nave de 156 pies de long., 62 de lat. y 78 de elevacion, con 6 altares; el mayor concluido en 1773, costó su dorado 220.000 rs.; el coro es suntuoso, buena la silleria, hermoso el órgano, y ricos los ornamentos; sobre su elevada torre, en cuyo remate se halla una cruz de peso de 24 1/2 a. de hierro, hay un buen relox con sonora campana: la sacristia es espaciosa, de buena arquitectura, con balcones y asientos comunes que dan vista al r.: en el pavimento de la igl. hay 156 sepulturas. Junto á la misma igl. estan algunas casas, pero el mayor número de las reunidas se hallan en el punto por donde pasa la carretera de Bilbao á Durango: las hay solares y armeras, como son las de Andrandegui, que se dice es la primitiva en la anteigl.; Garay, Zubiana, Jaúregui, Ibarra, Berma, Aldana, fundada por la de Ascoeta en 824, el palacio del conde de Cancélada, Zornoza, residencia del merino ó juez mayor de la merindad de su nombre, y la de *Amorebieta*, fundada en el area que hoy ocupa la igl. En el indicado camino está sit. la casa municipal, con escuela costeada por los fondos públicos, y una carniceria recientemente construida. Tambien hay algunas casas modernas de aspecto agradable y cómoda distribucion, y una bien surtida botica. El TÉRM. se estiende á 1 1/2 leg. de N. á S., y 1 1/4 de E. á O.: confina al N. con Morga y Guernica, por E. Ibarruri, al S. Yurreta y al Dima, y al O. Galdacano y Lemona. Le baña el mencionado r. de Durango y varios arroyos que proceden de los Montes de Muniqueta y Gumucio, de cuyas aguas se utilizan 5 ferr. y varios molinos harineros; para el consumo hay fuentes de escelente agua, y las tiene minerales en las denominadas Astepe, Ofrendo y Orguebarrena. El TERRENO, en lo general montuoso, participa de alguna vega; esta es bastante ligera y de fácil cultivo, al paso que las laderas son arcillosas y duras, pero fértiles. Los CAMINOS estan bien cuidados, asi como el puente de dos arcos y piedra sillar que tiene sobre la indicada carretera, por la cual pasan dos diligencias diarias; la una de Vitoria á Bilbao, y otra de esta v. á la de Vergara; en la temporada de verano pasa otra diligencia para Tolosa por Azpeitia á los baños de Cestona: el CORREO se recibe de Durango por medio de un peaton. PROD. trigo, maiz, patatas y alguna hortaliza; hay arbolado de castaños y manzanos, y se cultivan los nabos para la ceba del ganado vacuno: se cria tambien lanar y de cerda: la IND. agricola y ferrera, algunos menestrales y las tiendas de géneros de quincalla y confites, contribuyen á la riqueza, de estos hab. POBL., segun datos que tenemos á la vista, 345 vec.: 1,602 alm.; pero conforme á la estadistica municipal y matricula catastral 199 de los primeros y 859 de los segundos: RIQUEZA y CONTR. (V. VIZCAYA INTENDENCIA.)

AMOREDO: nombre con que, segun Iturriza, era conocida la anteigl. de *Amoroto*.

AMORIN (SAN JUAN DE): felig. en la prov. de Pontevedra (8 leg.), dióc. y part. jud. de Tuy (1), y del ayunt. de Tomiño (1/2): SIT. á la márg. der. del Miño en terreno algo quebrado con atmósfera despejada, buena ventilacion y CLIMA sano, observándose solo algunas fiebres y costipados: se compone de tres barrios denominados Carregal, Onteiro y Rotea, donde se encuentran buenas fuentes y hasta el número de 141 CASAS algo medianas: la igl. parr. (San Juan) colocada en el centro de la felig. junto al camino de Tuy á la Guardia, es mediana, y el curato de entrada y de patronato real y de presentacion ordinaria previa oposicion: el TÉRM. confina por N. con el de Urrás, al E. con el citado r. Miño, por S. con la felig. de Forcadela y por O. con el de Taborda; le cruza un riach. que trae su origen de los montes de Malvas inmediatos al de San Julian, y cortando el camino de que se ha hecho mérito, y donde encuentra un puente de mala construccion, desemboca en el Miño: á las orillas de este, está el cast. á que da nombre la parr.: se encuentra bastante deteriorado si bien le habitaba, hace pocos años, un destacamento de tropa: próximo al cast. y en el punto llamado de Pasages se halla establecida una casilla de registro con el competente número de carabineros: el TERRENO es de buena calidad y participa de monte poblado de pinos y robles á la parte E. y despoblado al O., y disfruta, como se ha dicho, de abundante riego: los CAMINOS locales son medianos, y la vereda real, que indicamos corre desde la v. de la Guardia á la c. de Tuy, se encuentra en buen estado: en este último punto se recibe el CORREO; pero es necesario que vayan á buscarlo los interesados: PROD. maiz, vino, centeno, trigo, lino, patatas, algunas legumbres, hortaliza y varias frutas: cria ganado vacuno, lanar, mular y de cerda: hay caza de conejos, liebres y perdices; abundante pesca de sabalos, lamprea, ricos salmones, truchas y anguilas en el Miño, en el cual asi como en el riach. se encuentran otros peces: IND.: dos tabernas y 4 molinos harineros, y ademas de la agricola y pecuaria la del tráfico que hacen, con especialidad los vec. de Onteiro y Rotea, comprando pescado de los puertos de Vigo, Bayona y Panjon, para introducirlo en el inmediato reino de Portugal y otros pueblos de la cercania: POBL. 123 vec. 766 alm.: CONTR. con su ayunt. (V.).

AMORIN DE ABAJO: ald. en la prov. de Lugo, ayunt. de Chantada y felig. San Vicente de *Argozon* (V.): POBL. 5 vec. 27 almas.

AMORIN DE ARRIBA: cas. en la prov. de Lugo, ayunt. Chantada y felig. San Vicente de *Argozón* (V.): POBL. 1 vec. 5 almas.

AMOROCE: l. en la prov. de Orense, ayunt. de Celanova y cap. de la felig. de Santiago de *Amoroce* (V.): PROD. 8 vec. 40 almas.

AMOROCE: (SANTIAGO DE): felig. en la prov. y dióc. de Orense (3 leg.), part. jud. y ayunt. de Celanova: SIT. á 1/2 cuarto de leg. al O. de esta v. en un alto del valle: comprende los l. de Amoroce, Barreiro, Campelo, Canballeira, Casal, Casbasco, Casiña, Goterre, Granja, Onteiro, Quintairos y Rial: 54 CASAS de labradores de pocas comodidades, forman esta pobl. que pertenece al distr. de escuelas de Celanova; pero que no obstante tiene una particular indotada: la igl. parr. (Santiago Apóstol), está servida por un curato de entrada y de presentacion ecl.; el TÉRM. que se estiende á 1/4 de leg. de N. á S. y otro de E. á O., confina por N. con la de Castromao, por E. con la de Celanova, por S. con Cañon y por O. con Acevedo; le fertilizan aguas que sacan de las minas y las de un insignificante arroyo: el TERRENO es de buena calidad, y disfruta de algun arbolado con especialidad castaños. Los CAMINOS son vecinales, en mediano estado: el CORREO se recibe en Celanova. PROD. maiz, patatas, centeno, lino, castañas, algunas otras legumbres; muy poco vino y pasto: cria ganado de cerda, vacuno y algo de lanar: POBL. 53 vec. 236 alm.: CONTR. con su ayuntamiento (V.).

AMOROS: l. en la prov. de Lérida (9 leg.), part. jud. y adm. de rent. de Cervera (2), aud. terr. y c. g. de Cataluña (Barcelona 16); dióc. de Vich (23): SIT. en un llano con libre ventilacion y CLIMA saludable. Tiene 4 CASAS de mediana fáb. y una igl. aneja de la de San Donis, dist. 1/2 leg.; y una fuente mal cuidada, cuyas aguas aprovechan los hab. para surtido de sus casas y otros objetos. Confina el TÉRM. por N. con el de Freranet, por E. con el de la Tallada, por S. con el de la Rabasa, y por O. con el de San Guim. El TERRENO es de inferior calidad, comprende una porcion de bosque donde hay árboles silvestres, arbustos y maleza; la porcion destinada á cultivo ofrece algunos trozos de sembradura con varios almendros, nogueras y otros frutos. Los CAMINOS que conducen á Vich y á Solsona se hallan en mediano estado. La CORRESPONDENCIA cada interesado la recibe en la adm. de Cervera. PROD.: poco trigo, bastante centeno, almendras, nueces, algunas legumbres y frutas: cria el ganado vacuno preciso para la labranza; y hay mucha caza de liebres y conejos, pero escasea la de perdices. POBL. 4 vec. 18 alm.: CAP. IMP. 7,589 rs. El PRESUPUESTO MUNICIPAL asciende á 102 r. y se cubre por reparto entre los vecinos.

AMOROTO: anteigl. en la prov. de Vizcaya (7 1/2 leg. á Bilbao); dióc. de Calahorra (30), aud. terr. de Búrgos, c. g. de las Provincias Vascongadas y part. jud. de Marquina (2): SIT. á la der. del r. de Lequeitio, en una montaña elevada con buenas vistas al Océano Cantábrico, y CLIMA sano: su ayunt. bajo el sistema foral era regido por un fiel con el asiento y voto 22 en las juntas de Guernica: la igl. parr. (San Martin Ob.) fundada por sus feligreses en el siglo XVI, es anejo de Sta. Maria de la v. de Lequeitio y servida por dos de los beneficiados de aquel cabildo: fue reedificada y ampliada en 1798, formando una nave de 108 pies de long. sobre 49 de lat.: el TÉRM., que se estiende á 1 1/4 leg. de N. á S. y 3/4 de E. á O.: confina por N. y O. con Isparter y Guizaburuaga;

al E. y S. con Berriatua, Jemein y Murelaga de Aulestia; le baña por N. el indicado r. de Lequeitio á cuyo v. pertenecen algunos cas., ferr. y molinos harineros comprendidos en la jurisd. de Amoroto. Este r. trae su origèn de la parte setentrional de la sierra de Aoiz; á 1 leg. de su curso deja á la izq. á Guerricaiz y á 600 pasos mas, baña con su márgen der. á la parr. de Munditibar, y continuando el espacio de 1 leg., pasa por Murelaga de Aulestia y baja por una cañada á Guizaburuaga: entra en seguida en Amoroto donde recibe las aguas de un arroyo, y dejando á la izq. á la v. de Lequeitio, termina su curso de 6 leg., entregando las aguas al Oceáno. En el TÉRM. de Amoroto radica la casa anteigl. y solar de *Anchurra*, de donde fue natural D. José Andres de Ancharra ob. de Trujillo, en la América, el año 1796: el TERRENO es quebrado, pero de buena calidad con escelentes montazgos de argoma y pasto, bastante arbolado de encina, roble y castaño: los CAMINOS son penosos y mal cuidados: la CORRESPONDENCIA se recibe de Durango por Lequeitio. PROD.: trigo, maiz, patatas, nabos, castaña, manzana, algunas peras y hortaliza: cria ganado vacuno y lanar; hay caza de liebres, perdices y aves de paso; se pescan truchas con abundancia: IND.; la agrícola, algunos molinos harineros; un tejar, varias canteras calizas y se carbonea para las ferr. inmediatas: POBL.: segun datos oficiales 68 vec.: 293 alm., si bien por otros que poseemos resultan 580 hab.: RIQUEZA Y CONTR. (V. VIZCAYA)

AMORTEIRADO: l. en la prov. de la Coruña, ayunt. de Mugardos y felig. de Santiago de *Franza* (V.): POBL.: 8 vec.: 33 almas.

AMOSA: ald. en la prov. de Pontevedra, ayunt. de Carbia y felig. de Santa Maria de *Ollares* (V.): POBL.: 4 vec.: 21 almas.

AMOSA: ald. en la prov. de Pontevedra, ayunt. de Carbia y felig. de San Salvador de *Camanzo* (V.): POBL. 9 vec.: 46 almas.

AMOTIRO: entre las 24 baylías de los templarios en Castilla, que eran como encomiendas, mencionadas en la citacion que el arzob. D. Gonzalo hizo á aquellos caballeros por comision del papa Clemente, data en Tordesillas á 15 de abril de 1310, figura *Amotiro* como una de ellas.

AMPARO: pago en la isla de Tenerife, prov. de Canarias, part. jud. de Orotova: es uno de los barrios que componen el ayunt. y felig. de *Yeod.* (V.).

AMPARO (NTRA. SRA. DEL): santuario en la prov. y part. jud. de Orense, ayunt. de Peroja y felig. de Santiago de *Carracedo*: SIT. en parage á propósito para la concurrencia de los muchos devotos que asisten á las romerias del 25 de marzo y dominica infraoctava de Natividad. La capilla es de fáb. ant. y humilde, y aun no se ha realizado el proyecto de darla mayor estension, para lo cual se principiaron los cimientos.

AMPEL: masia en la prov. de Lérida, part. jud. de Solsona, térm. jurisd. de Torre de Nagó: SIT. al SO. de este pueblo, es una casa aislada de mala fáb. y ninguna comodidad, pero muy conocida en el pais á consecuencia de la feria del mismo nombre que en aquellas sierras se celebra el 19 de octubre, á la cual llevan los especuladores mucho ganado vacuno, y algun lanar y cabrio. Se debe observar que tanto esta feria, como las del Bancal del Ars, Torregasa, Virgen del Milagro, y demas que se celebran en desp., van haciéndose cada dia mas concurridas é importantes á pesar de la falta de comodidades; cuyo resultado puede atribuirse indudablemente á que en estos sitios no se esperimentan las exacciones municipales, y gabelas de todo género, que son tan frecuentes en las ferias de poblaciones.

AMPHILOCHIA: Estrabon menciona una c. de los calaicos llamada *Amphilochia*, y Justino asegura estar ocupada por *amphilocos* una parte de Galicia. Asclepiades Mirliano, citado por Estrabon, atribuyó la fundacion de esta c. á Amphiloco, uno de los héroes griegos que se hallaron en el sitio de Troya: habiendo venido con una colonia á tomar asiento en Galicia, como refiere de Teucro el mismo compendiador de Trogo Pompeyo. Es constante la existencia de esta c. en tiempos anteriores á Estrabon, y lo es su origen griego, aunque no puede asegurarse otra cosa; mayormente respecto á su topografia. El ob. Perez, en sus notas al cronicon de Vasco, la redujo á un pueblo llamado *Antiochia*, á 2 leg. de Orense. El P. Murillo supone ser la que despues se llamó *Aquæ calidæ*, y que convertido este nombre por los suevos en el sinónimo de su idioma, la llamaron *Urentes*, y de aqui *Orense*, en cuya c. quiere encontrarla. Cean Bermudez la reduce á *Guinzo.* Campomanes, en su discurso preliminar al periplo de Hannon, por la autoridad del P. Sarmiento, la coloca como Murillo, en Orense: no puede al menos contradecirse esta reduccion.

AMPOLLA (GOLFO DE): ensenada en la prov., part. jud. y distr. militar marit. de Tortosa, apostadero de Cartagena; se da este nombre á la parte del NO. de la ensenada y puerto de Fangal: es de poco abrigo por estar al descubierto de los vientos del E. y SE.

AMPOLLA (CASAS DE LA): venta y cas. de la prov. de Tarragona (20 y 1/2 leg.), part. jud. y dióc. de Tortosa (5), jurisd. del l. del Perelló (1 1/2): SIT. en la carretera real de Barcelona á Valencia, junto á las riberas del Ebro, á corta dist. de ella, junto al mar, en terreno algo elevado: hay 11 CASAS de pescadores y de consiguiente de pobre construccion; ocupa el sitio mas alegre y pintoresco que puede darse; los alrededores están cubiertos de crecidas y frondosas vides y copudos algarrobos, y al propio tiempo se descubren desde allí á lo lejos, por un lado las frondosas riberas del Ebró con la imponente y magestuosa entrada de este en el mar, descollando la gran lengua de tierra que forma el puerto del Fangal que va en aumento diario; y por la otra parte se observa en lontananza la gigantesca cord. de los montes de Tortosa, con un horizonte intermedio de algunas leg., todo poblado de olivos algarrobos y abundantes mieses. Cuéntase la venta de *Ampolla* en los fuertes ocupados aun por los franceses entre Tarragona y Tortosa, á fines de marzo de 1813, que fueron arrasados en el térm. de tres dias por Eroles, auxiliado de Mr. Adam, comandante del navio inglés *Invencible.*

AMPORROS: l. en la prov. de Oviedo, ayunt. de Pileña y felig. de Sta. Eulalia de *Coya* (V.).

AMPOSTA: v. con ayunt. de la prov. de Tarragona (12 1/2 leg.), part. jud., adm. de rent. y dióc. de Tortosa (2 1/2), aud. terr. y c. g. de Barcelona (25): SIT. en la orilla der. del r. Ebro, en la carretera de Valencia á Barcelona, sobre un peñasco, llamado el Castillo: su posicion es en estremo alegre y pintoresca por su dilatado horizonte, cielo despejado, y sitios amenos y agradables que desde alli se descubren; su CLIMA es sano, pero en las estaciones mas calorosas se padecen, aunque benignos, algunos casos de intermitentes; es batida de todos los vientos, y en particular por la canal que forma el r. Se compone de 300 CASAS bien alineadas, de uno y dos pisos, con algunos terrados, distribuidas en 5 calles regulares á lo largo, 3 que cruzan, y 2 callejuelas, todas llanas y cómodas, y por lo comun de 30 palmos de ancho: hay 2 plazas, la Mayor y la de Sta. Susana, una escuela de instruccion primaria, en la cual se enseña á los 100 alumnos que por lo comun concurren á ella, ademas de leer, escribir y contar, elementos de gramática castellana, geografia, historia sagrada y principios de geometria; está bajo la direccion de un maestro examinado, dotado con 10 rs. diarios, habitacion y casa para el establecimiento; otras dos escuelas particulares de niñas bastante asistidas; 4 tiendas de comercio; 5 hornos de pan cocer; 8 tabernas; 1 fonda; un meson; un café con villar; 5 almacenes; 6 molinos aceiteros con prensas de Guinch, ó sea palanca de tercera especie, y 1 Igl. parr., bajo la advocacion de la Asuncion de Ntra. Sra.; es de primer ascenso, y patronato de la órden militar de San Juan de Jerusalen; está servida por un cura párroco, titulado prior, y por un capellan de patronato familiar, obligado á auxiliar al párroco: el prior electo administra la parr. en calidad de ecónomo: la igl. fue derribada á principios de este siglo para construir otra nueva en el mismo sitio á espensas de los partícipes decimales; pero habiendo faltado esta prestacion, la obra está detenida, y se desmorona: entre tanto sirve de igl. una capilla, dedicada á Sta. Susana, que existe dentro de la pobl., pero tan estrecha que apenas puede contener en su recinto la cuarta parte del vecindario. Al N. hay un cast., edificado sobre los restos de otro de desconocida antiguedad; circuye tres partes de la pobl. un muro con su contra-foso, y el r. la otra parte: hay dos entradas públicas, una á cada estremo, llamadas Puerta del Rio y Puerta de Valencia: á 1/8 hora al S. se encuentra un inmenso prado pantanoso, el que se cree prod. las intermitentes indicadas: tiene 8 leg. de circunferencia, y en medio de él existen dos estanques, uno de 2 horas de long., y otro de 1, y por algunos puntos 1/2 de lat.; ambos se comunican por medio de un canal con el Mediterráneo. Confina el TÉRM. por N. con el de Tortosa, por O. con el de Freginals, por el S. con el de San Cárlos de la Rápita, y por E. con el r. Ebro: se estiende por N. 2 1/2 leg., y por E. 1/2: se encuentran en él unas 36 á 40 masias, y el r. Ebro, que pasa tocando la pobl., el cual podia fertilizarle con sus aguas por medio de acequias, de las que carece desgraciadamente: serian muy considerables las ventajas que reportaria, si se abriese un canal hasta los Alfaques, en lugar del ant., que está obstruido, con lo que floreceria el comercio en esta v., y se evitarian los perjuicios incalculables que se esperimentan á la salida de la Gola, donde el empuje de las aguas del mar y la corriente del r. forman un banco tan peligroso, que el buque que no acertara el canal, veria muy próxima su ruina. A fin de evitar en lo posible estas desgracias, hay un piloto pagado por el Gobierno, para que diariamente señale por medio de dos estacas el parage por donde deben entrar y salir los barcos; tambien traeria muchas utilidades el que se procurase un medio de hacer mas fácil el paso del r., de lo que es en el dia, con el puente de barcas; pues es tanto el alboroto de sus aguas en algunas ocasiones, que impide el paso de la diligencia y demas carruages: el TERRENO es en general llano, y abraza 22,000 jornales, de los que se cultivan 3,160 de tierras ricas, fuertes ó de primera calidad; 1,500 de mediana ó de segunda, y 3,000 de tercera: en las tierras incultas se encuentran estensos trozos de pastos, con bosques arbolados y de maleza: hay una carretera que se halla en regular estado, por la que pasa la diligencia de Valencia á Barcelona: el CORREO se recibe de la adm. de Tortosa los mártes, viérnes y domingos, y salen los lunes, juéves y sábados. PROD.: trigo, cebada, aceite, maiz, algarrobas, regaliz, sosa, toda clase de legumbres, frutas y vino: cria ganado lanar, vacuno y caballar. Tambien se cogen todos los años en los pantanos de 150 á 200,000 sanguijuelas de superior calidad, y una multitud de otras mas inferiores: hay muchos galápagos, y es tan abundante y sabroso en ellos el pescado, que anualmente se dedican á la pesqueria de 40 á 50 hombres: en invierno acuden numerosas bandadas de patos de distintas castas, algunos de ellos matizadas sus plumas de preciosos colores: muchos se dedican á esta caza, divertida por la abundancia, peró muy peligrosa en razon á los frios que se esperimentan, llegando al estremo de helarse algunos años los estanques; abunda en toda clase de pesca, y en caza de conejos y perdices. La IND. consiste en una fáb. de jabon, los molinos de aceite ya espresados, y dos fáb. de yeso; y el COMERCIO, en la esportacion de toda clase de géneros del pais, escepto el trigo, y en la importacion de arroz y pesca salada: hay una feria anual por los dias 25, 26, 27 y 28 de julio, y mercado los domingos de cada semana. POBL.: 357 vec., 1,674 alm.: CAP. PROD.: 9.855,876 rs.: IMP.: 401,355 rs.: CONTR. en todos conceptos: 20,554 rs. con 23 mrs.: el PRESUPUESTO MUNICIPAL asciende á 19,856 rs. y 20 mrs., y se cubre con los arriendos de tiendas, carniceria, panaderia, taberna y hornos.

HISTORIA. Describiendo el poeta Rulo Festo Avieno la costa de los Iberos, en su poema didascálico, dice: «*Prima eorum civit. Idera surgit*» cuyo testo indica la existencia de la c. *Idera* junto á la costa ibérica. Isaac Vosio creyó ser el nombre *Idera* de correcta ortógrafia: otros la han identificado con *Ilerda*; pero *Ilerda* está demasiado apartada de la costa: ni es la *Dera* de Estephano Byzantino, segun han querido algunos (V. DERA). La exacta ortografia del nombre de la c. del testo de Avieno resulta de Tito Livio, que ademas la coloca junto á la boca del Ebro: *Ibera*. Conservándose una medalla en que se lee:

TL. CAESAR
DIVI.AUG.F.
AUGUSTUS
DERT.
M. H. I.
ILERCAONIA.

El P. M. Florez fue de opinion que debia atribuirse á dos c.: á *Destosa* y á *Hibera*, cognominada *Julia Ilergabonia*, entre las cuales supone alguna *omonia* ó alianza; por cuya razon hubieron de poner sus nombres juntos en las monedas. Masdeu quiere, que la moneda pertenezca á una sola c., y esta diferente de *Dertosa*, la cual se llamase *Destosense Municium Ibera Julia Ilercaonia*. Con razon desecha el Sr. Cortés la opinion de Masdeu; pero tampoco es un pensamiento tan claro y fundado el de Florez, cuánto este geógrafo lo califica, no obstante que se ofrezca muy preferible (V. HIBERA). Es indudable la correspondencia de *Ibera* á *Amposta*, atendidos los indicios topográficos que resultan de Livio, de Avieno, y de su mismo nombre *Ibera*, que á la vez revela su grande antigüedad; aunque no sea tanta como la introduccion de su raiz *iber* ó *ber* en la nomenclatura geográfica, cuyo significado, por mas que se haya querido suponer idéntico al de nuestra palabra *rojo*, como la voz *erythreo* (*fenicia, adulterada por los griegos*) y como se ha entendido la arábiga *Alhambra*, solo puede asegurarse que es aplicable á los r., y á las regiones fluviales, por resultar siempre en la composicion de sus nombres, sin que un solo caso dé bastante valor á lo de *rojo*, que se ha pensado interpretar: es muy crecido el número de los r. que en la geografia ant. de ella se denominaron el *Hebro* de Tracia, el *Ebrus* de la Mesia, el *S'Iberis* de la Sangárida; el *Rin* llamado *Iber* por Nono (*Dionis*), el *Tibery* hasta su antiquisimo nombre *Dehebris* (*Varró*) y otros muchos (V. ESPAÑA). Mariana, Florez, Masdeu, Cortés etc. reducen tambien la c. *Ibera* á *Amposta*. Debió tomar su nombre ant. esta pobl. del r. *Ibero*, sobre el cual se encuentra, y asimismo el nombre moderno *Amposta* por composicion de las dos voces latinas *amni imposita* (V. IBERA). Era esta c., no como supone Masdeu pequeña, y edificada por *Dertosa*, para la mayor comodidad de su comercio marit.; sino la más opulenta de la region *ilergabona*, ya siendo aliada de Asdrubal, segun espresion de Tito Livio: «*Urbem á propinquo flumine Iberam appellatam opulentissimam regionis ejus.*» Por esta razon, cuando supieron los Escipiones los decretos de Cartago y la resolucion de Asdrubal sobre Italia, disponiéndose con todas sus fuerzas á estorbar la marcha de aquel general, y su incorporacion con Annibal; pasaron el Ebro, y al determinar la guerra contra los aliados de Cartago, para llamarle la atencion por este medio, sitiaron á *Ibera*. Pero Asdrubal, conocido el intento de los romanos, en vez de acudir en su socorro, se abalanzó á otra c., que poco antes se habia hecho de Româ, y los Escipiones hubieron de abandonar el sitio para buscar el encuentro de Asdrubal, sobre quien les esperaba una próxima y completa victoria (V. ILDUM). Calla la historia respecto á *Ibera* desde aquella época hasta que vino al yugo agareno; con la pérdida de España. Pretenden algunos que fue entonces destruida, más no consta. El conde de Barcelona, D. Ramon Berenguer III, concibió la idea de edificar un cast. en *Amposta*, que se decia I. entonces, para apoyar en él sus operaciones militares, dirigidas sobre Tortosa, determinada la conquista de esta plaza: comunicó el pensamiento con D. Artal, conde de Pallás: este lo aprobó y fué encargado por D. Ramon de llevarlo á efecto, quien le encomendó igualmente el cast., para cuando estuviese concluido, asi como los castellanos del mismo; le concedió ademas cuatro sestas partes de cuanto perteneciera al cast. en feudo; de las otras dos una para señ. propio; y la restante la reservó para si D. Ramon (sobre los años 1097). En esta pobl. recibió Fr. Armengol de Aspá, maestre de la órden de San Júan del Espital, la donacion del cast. de *Olocan*, que hizo á dicha órden el rey D. Alonso de Aragon, en agosto del año 1180. Menciónase el castellan de *Amposta*, que era Fr. Martin de Andos, entre los agraciados por la donacion que en 1210 hizo el rey D. Pedro de Aragon á la misma órden del Hospital, á su gran maestre en España, D. Jimeno de Lavata, y al referido Andos, de todas las mezquitas de Burriana, y su térm.; con sus posesiones, heredamientos y derechos, para cuando se ganasen de moros. Hasta Amposta llegó Zaen, rey de Valencia, cuando en 1234 entró por tierras de Aragon, robando y quemando v. y pueblos. El príncipe D. Fernando, enviado por el rey D. Juan II de Aragon, en 1465, contra las pretensiones de D. Pedro de Portugal, y luego el mismo D. Juan, pasaron el Ebro con barcas y sentaron sus reales sobre *Amposta*; este cerco se hizo dificil de continuar, no solo por los combates que tenian que sufrir, sino tambien por la frialdad del tiempo, tan escesiva que, según se lée en algunos escritores, acúdian al campamento lobos y otras fieras, y hasta serpientes andaban mansamente por el real: cuéntase ademas, que se oian por las noches muchas voces semejantes á humanas: todo lo que infundió tanto terror al ejército que el rey dicen hubo de animarle con gran *razonamiento*: al cual un caballero siciliano llamado Scipion Patela, contestó; que no le faltaria nadie hasta la muerte: todos los caballeros se conformaron con la respuesta de Patela: y el rey dando órden para que con mas empeño se combatiese la v. y su cast.: despues de dos dias de bravos asaltos, entró por fuerza, (en marzo de 1466) y cortando las cabezas á algunos, perdonó á otros, entre estos al alcaide del cast., y varios que se habian refugiado en la fort. Cuéntase entre los castellanos de Amposta D. Juan de Aragon, duque de Luna. Fué esta pobl. saqueada en 1518, por el alcaide Hazan, que pasó de Argel con cinco naves. El pontífice Adriano VI se embarcó en *Amposta*, pasando de Zaragoza á Tarragona, el dia 8 de julio de 1522. Perdidas las esperanzas de apoderarse de la c. de Tortosa, que habia concebido el diputado de Cataluña D. José Miguel de Quintana, el año 1640, siendo castellan de *Amposta*, quiso al menos conservar esta fort. que abundaba de víveres y forrages. El marqués de Mortára, luego que fué enviado por el rey con título de virey y capitan general á Cataluña, sobre los meses de mayo ó junio de 1650 ocupó la castellania de *Amposta*. Desde esta pobl. regresó á Barcelona el conde de Etrees, que, en 16 de agosto de 1679, habia salido de su puerto, en busca de las galeras españolas. Por *Amposta*, echando un puente volante sobre el Ebro, le cruzaron Lord Bentinck, y la espedicion anglo-siciliana, con la division de Whittinghan, y el tercer ejército, bajo las órdenes del duque del Parque en 1813.

AMPROA (DA): l. en la prov. de Pontevedra, ayunt. de Carril, y felig. de San Ginés de *Bamio* (V.).

AMPUDIA: abadía mitrada (*vere nullius*), en la prov. y part. jud. de Palencia (4 1/2 leg.); su abad ejerce jurisd. cuasi episcopal en el terr. que comprende, y de sus sentencias se apela al tribunal de la nunciatura. Esta abadía solo ha existido en la v. de Ampudia desde el año dé 1608, en que fue trasladada de la de Usillos por D. Francisco Sandoval y Rojas, duque de Lerma. En los primeros siglos de la era cristiana parece con algun fundamento fue un conv. de religiosos, que vivian en comunidad, como en aquella época y en la de la edad media lo verificaban todos los monges ó canónigos cristianos. Cuando el indicado duque de Lerma logró con su influjo en la córte de Felipe III su traslacion á dicha v. de Ampudia, se estableció constase de un abad mitrado, cuatro dignidades, doce canónigos, ocho racioneros, ocho capellanes, y los demas sirvientes necesarios para su servicio, refundiendo en estas piezas ecl. los beneficios patrimoniales del pueblo: su patrono secular es en la actualidad el duque del Infantado, quien como tal ha presentado todas las piezas de que hoy se compone, las cuales, con los pueblos que abraza la mencionada abadía, resultan del estado que se ve á continuacion:

ABADIA MITRADA DE AMPUDIA.			Núm. de parroquias.	Su clase.	CONVENTOS CUYAS IGL. ESTAN		Santuarios y ermitas.	Abad.	Dignidades.	Canónigos.	Racioneros.	Curas párrocos.	Capellanes.	Dependientes.
PUEBLOS DE QUE SE COMPONE.	PART. JUD.	PROV.			con culto.	cerradas.								
Ampudia	Palencia.	Palencia.	1		»	1	3	1	4	6	4	»	3	3
Calabazanos	Id.	Id.	1	Entr.	1	»	1	»	»	»	»	1	»	1
Usillos	Id.	Id.	1	Id.	»	»	1	»	»	»	»	1	»	1
Valoria del Alcor	Id.	Id.	1	Id.	»	1	1	»	»	»	»	1	»	1
Villaldavin	Id.	Id.	1	Id.	»	»	»	»	»	»	»	1	»	1
			5		1	2	6	1	4	6	4	4	3	7

AMPUDIA: v. con ayunt. en la prov., part. jud. y adm. de rent. de Palencia (4 1/2 leg.), abadia mitrada exenta, aud. terr. y c. g. de Valladolid (6): SIT. en un valle bastante profundo, formado por unas colinas que se elevan al NE. E. y S., quedando abierto por el N. y NO. camino de tierra de Campos; goza de CLIMA sano y apacible, escepto en el invierno cuando sopla el viento N., en cuyo caso, encañonándose en el valle, el frio se hace sumamente intenso. Se compone de unas 500 CASAS, la mayor parte de piso alto y mal construidas, y casi todas con su pozo de agua potable en mucha abudancia; hay una sola plaza, que aunque pequeña, es bastante cómoda con motivo de los soportales que la adornan en derredor, los cuales sirven para los vendedores de pan, hortalizas, carne, etc. y de único paseo durante el invierno á las personas acomodadas: la casa municipal, sit. en la calle Mayor, es de regular construccion: la sala principal que está en el piso alto cuenta 30 pies en cuadro, sirviendo el bajo de seguridad á los criminales: tiene un pósito con mas de 200 cargas de trigo de existencia; es un edificio de 90 pies de long. y 30 de lat., construido en el año dé 1792; una escuela de primera educacion para niños de ambos sexos, dotada miserablemente de los fondos de propios, por lo qué los alumnos se ven precisados á satisfacer un estipendio mensual al maestro en proporcion á los adelantos de cada uno, pero la mayor cantidad no escede de una peseta; y un hospital de beneficencia titulado de Sta. María de la Clemencia, fundacion del señor del estado de Ampudia Pedro Garcia Herrera, hijo del pueblo, quien murió por los años de 1455: tiene dos salas regulares en el piso alto con ocho camas decentes cada una, para hombres y mujeres naturales de esta v.: las rent. de este establecimiento fueron muy pingües, pero en el dia apenas son suficientes para el socorro preciso de los enfermos: el actual patrono de este hospital es el duque de Liria, y para su gobierno hay una junta compuesta de un administrador, dos individuos del cabildo y dos mayordomos anuales. Tiene una igl. colegial y parr. con abad mitrado, la cual fué trasladada de la v. de Usillos por el Sr. D. Francisco Sandoval y Rojas, duque de Lerma, durante el reinado de Felipe III, hácia los años de 1608: la igl. sit. casi en el centro de la pobl. es un edificio bastante grande, no guardando órden ni reglas fijas de arquitectura, á causa de haber sido fabricada en muchas y distintas épocas: tiene diez capillas, siendo las mejores las de la Concepcion y Sta. Ana, reedificadas el año de 1787: el altar mayor, dorado en el de 1670, es sumamente vistoso, ocupa su centro la Purísima Concepcion, sobre la cual y en diverso nicho se encuentra San Miguel Arcángel patron de la colegiata, á cuyos costados están San Pedro y San Pablo todos de cuerpo entero, y sobre estos San Juan Bautista y San Juan Evangelista de medio cuerpo. Las mejores alhajas que poseia fueron trasladadas á Palencia de órden del gobierno en el año de 1837, todas las cuales eran regalo del citado duque y de otros varios personajes hijos del pueblo: en ella se conservan algunas reliquias; entre ellas una que se dice espina de la corona de J. C., y un Liguum crucis, que dió el espresado Sr. Felipe III en cambio de una canilla de San Lorenzo, la que, segun dicen, se halla hoy en el relicario del ex-conv. del Escorial. El patrono secular de la colegiata es en la actualidad el duque del Infantado, quien como tal ha presentado la Abadía, las 4 dignidades, 6 canongías, 4 raciones y 3 capellanias; las demas piezas ecl., que ascendian á 33 eran patrimoniales, y de oposicion, por haberse agregado á ella los 15 beneficios que tenia el pueblo cuando se trasladó á él la colegiata, cuyo cabildo se componia del abad, las 4 dignidades, 12 canongías, 8 raciones, un cura párroco y 8 capellanias. Esta v. fué silla episcopal, se cree que desde el siglo IV; pues á principios del V tuvo por ob. á Odolo, Gerundiano, Cloro ó Isignio: tamien hubo tres conv.; uno de templarios, otro de agustinos y otro de benedictinos; de los dos últimos, no se conserva vestigio alguno, pero si del primero, del cual se ven aun algunos escombros al NO. de la pobl.: otro de franciscanos existe en un estremo de la v., cuya igl. sirve hoy á la órden tercera; este fué fundacion del mencionado duque de Lerma con una cátedra de latinidad. Próximos á la pobl. hay tres abundantes caños deagua potable que surten á todos sus hab., estancándose la sobrante en una gran pila ó alberca para el abrevadero de los ganados. En la cumbre de las colinas del NO. se eleva su ant. cast. á un tiro de pistola de la v., el cual se halla muy maltratado desde la guerra de los comuneros, en cuya época le tomó y saqueó el célebre Acuña, ob. de Zamora. El cementerio sit. al N. es bastante capaz, habiendo sido construido en el año de 1834, estrayendo del cast. la poca piedra que contienen las paredes que lo cercan. Contaba antes Ampudia con un número crecido de ermitas en sus inmediaciones, cuales eran las de San Tirio, San Sebastian, San Bartolomé, San Cristobal, San Lázaro, San Martin, La Madaglena, Santiago, Ntra Sra. del Castillo y la célebre de Arconada: todas se hallan reducidas á escombros, escepto las tres últimas, de las cuales las dos primeras no merecen mencionarse, por no ser mas que unas casetas miserables, en donde ni aun se dice misa; mas no asi la última, en la que se venera la Virgen de Arconada hasta con supersticion por todos los pueblos de Campos: está sit. esta célebre ermita en la falda del monte de la v. como 1/2 cuarto de leg. de dist. al NO.: es un edificio de bastante dimension, de órden gótico, con un gran patio y casa para el ermitaño; forma una nave de 50 pies de altura, 120 de lat. y 40 de long. con dos especies de capillas á los lados: en medio de ella se eleva en un rico tabernáculo la pequeña imágen de la Virgen, que dicen fué hallada detras de unos matorrales en el sitio en que hoy está construida la ermita, por un pastor de la v. llamado Márcos, hacia los años de 1220: casi todas sus paredes están adornadas de hermosos cuadros de pinturas, alusivos á la aparicion al citado pastor, y al tenaz empeño de los vec. de Arconada en el part. jud. de Carrion (de donde dicen se fugó la Virgen enfadada de sus vicios y corrupcion), en querer volverla á su pueblo; y de millares de ofrendas de los devotos de la misma, cuyo patrono es el cabildo de Ampudia. El TÉRM. se estiende 1 1/2 leg. de E. á O., y 2 de N. á S., confinando por N. con la torre de Mormojon, por E. con el monte de Torozos, por S. con la v. de Corcos, y por O. con las de Villerias y Valoria del Alcor, cuyos lim. dist. 1 leg. el que mas: como á 1/4 de leg. de la pobl. junto á su monte se encuentra el desp. de Rayaces, en el que solo existe una casa grande y mal construida con varios corrales para ganado lanar y estensas cuadras; se compone de distintas tierras labrantias de particulares de Ampudia y del dueño del mismo, un poco de monte y como unas 100 obradas de tierra inculta, que prod. muchas yerbas, pertenecientes al referido dueño, que en la actualidad es Doña Concepcion Barreda. El TERRENO es llano en su mayor parte, fuerte y sumamente productivo los años lluviosos, que son las únicas aguas que lo fertilizan; la porcion destinada al cultivo se calcula en 6,600 obradas de tierra blanca de pan llevar, de las que solo se siembra la mitad cada año, siendo su prod. por lo regular de 40,000 fan. de trigo, ademas de la cebada; y unas 900 aranzadas de viña, que prod. un año con otro 26,000 cántaros de vino bastante mediano: CAMINOS: el que conduce de Palencia á Rioseco y otros varios locales en muy mal estado: el CORREO se recibe de la adm. de Palencia, á cuya c. va por él tres dias á la semana un mozo pagado con 350 rs. anuales de los fondos de propios, y ademas un cuarto por cada carta. PROD.: trigo de escelente calidad, cebada, avena, legumbres, y cria ganado lanar, caza muchas liebres, conejos y perdices: IND.: esta consiste en doce telares de lienzo basto y estameñas, los cuales se hallan parados la cuarta parte del año, y en muchas yeseras, que aunque no muy abundantes se benefician por la escasez de este art. en los pueblos circunvecinos, que con precision tienen que surtirse de ellas: COMERCIO: se halla reducido á cuatro tiendecitas de varios comestibles, alfileres, agujas, cintas, etc.; sin haber en el pueblo un comprador de trigo, por lo que los labradores tienen que esperar un mercader de afuera, para poder dar salida á los prod. de su ind. ferias y mercados: tiene el privilegio de feria franca desde el 8 al 15 de setiembre, y el de mercado tambien franco todos los viérnes del año, cuyas gracias consiguió el mismo señor duque de Lerma, que miró siempre á este pueblo con suma prediliccion; la feria es bastante buena, pero el mercado se puede decir que no le hay: fiestas; la principal es la de la Virgen de Arconada, que se celebra el 8 de setiembre: el dia de San Miguel hay tambien funcion de igl., aunque esta es de menos consideracion. POBL.: 353 vec., 1,836 alm.: CAP. PROD.: 1.865,505 rs.: IMP.: 99,130. El PRESUPUESTO MUNICIPAL asciende á 14,000 rs. incluso el salario del médico, los que se cubren con los prod. de los propios, que consisten en un monte que forma parte del llamado de Torozos, en una casa-meson, y en las yerbas de una porcion de obradas de tierra, que no se labran por ser abundantes de este artículo. En 1298 Doña Maria, reina viuda de Castilla, mandó se fuese á tomar Ampudia, donde se habia encerrado D. Juan Nuñez de Lara; viendo que tardaba en rendirse, fue la misma Reina en persona, y luego se tomó la plaza; pero D. Juan temiendo la venida de la Reina, se escapó una noche con 10 caballos, y se fue á Lovaton. Las tropas de Wellington se establecieron en Ampudia el 6 de junio de 1813.

AMPUERIOS: l. en la prov. de Oviedo, ayunt. de Piloña y felig. de Sta. Eulalia de *Qués* (V.).

AMPUERO: v. con ayunt. en la prov. y dióc. de Santander (7 leg.), part. jud. de Laredo (1 1/2), aud. terr. y c. g. de Búrgos (23): SIT. á la falda de las montañas de Cerviago, Rascon y las Nieves, batida por los vientos NE., N. y S. y con CLIMA sano; las enfermedades mas comunes son calenturas y alguna que otra pulmonia. Se compone de 216 CASAS con otras varias arruinadas, de un solo piso, de bastante elevacion, fabricadas de mamposteria y cubiertas de teja; están divididas en 13 barrios que son: Barcena, Bernales, el Camino, Cerviago, el Collado, las Garmillas, Aludo, Pieroguillano, Rascon, Rosillo, Solamaza, las Entradas y Tabernilla: hay médico-cirujano dotado con 7,000 rs. anuales, un boticario, una escuela de instruccion elemental á la que concurren sobre 60 niños y cuyo maestro goza de 6 rs. diarios; una casa consistorial capaz para el efecto, pero toscamente construida, escasa de luz, con mala entrada y muy desabrigada, en la que se halla tambien la mencionada escuela; y dos igl., la una matriz bajo la advocacion de Sta. Maria, y la otra aneja, dedicada á San Mamés, en donde se dice misa los dias festivos á los vec. del barrio de Cerviago en el cual se halla sit.: están servidas por cuatro curas beneficiados de provision del diocesano entre los patrimoniales; la primera es un edificio bastante capaz y de una arquitectura no comun, con dos hermosas y espaciosas capillas á los lados del altar mayor propias de particulares, trabajadas con gusto y finura y con un altar dorado cada una: el mayor es magestuoso, de igual altura que la bóveda, hechura de media naranja, dorado y marmoreado con todo esmero, teniendo á una elevacion proporcionada del ara y mesa del mismo, un globo ó tabernáculo de madera sobredorada con calados y relieves muy bien acabados, en cuyo centro se encierra otro figura de limon, dorado tambien en lo interior y esterior, en el cual se manifiesta el Smo. Sacramento desde su festividad hasta la conclusion de la octava: cuenta ademas tres ermitas: la de San Pedro Advíncula en el barrio de Rascon, la de Sta. Lucia en el de Bernales y la de San Sebastian, junto á la que se encuentra el cementerio. El TÉRM. se estiende 1/2 leg. de N. á S. y 1 de E. á O, confinando por N. con Limpias, por E. con los valles de Liendo y Guriezo, por S. con Rasines, y por O. con Cereceda y Marron: en él se encuentran varios manantiales de abundantes aguas para el surtido de los vec. y abrevadero de los ganados. El TERRENO es de mediana calidad, y cortado por grandes barrancos y elevados montes, poblados de robles, hayas, castaños y otros árboles de diferentes especies, de los que se sacan buenas maderas de construccion y abundancia de leña para los usos domésticos: abraza sobre 12,000 carros de tierra cultivable, (cada carro consta de 40 pies cuadrados) de los cuales 2,500, están destinados á viñedo, 7,500 á pan llevar y alubias, y los 2,000 restantes á pastos: cruzan por el térm. el caudaloso r. Ason, cuyo paso se facilita por medio de una barca, y en el cual se pescan con abundancia esquisitos salmones que conducen á lomo á la córte, distribuyendo su prod. por mitad entre este pueblo y el de Marron; el llamado Bernales que baña el barrio de su nombre, y sobre el cual hay un puente de piedra de tres ojos denominado de Ampuero, construido en el año de 1837 y muy bien conservado; últimamente el de Cerecéda y las Toveras, todos los cuales desaguan en el primero; CAMINOS el que dirige desde Laredo á Búrgos en buen estado y varios de travesía casi intransitables por el abandono en que se les tiene: el CORREO se recibe de la adm. de Laredo por medio de su conductor los lúnes, juéves y sábados, y sale los mártes, viérnes y domingos. PROD. maiz, alubias, patatas, castañas, frutas de varias clases, legumbres, hortaliza, vino chacóli de mediana calidad y mucha yerba; cria ganado vacuno, lanar, cabrio, caballar y de cerda: caza de jabalíes, corzos, perdices y palomas, encontrándose tambien lobos y zorras: pesca de buenas truchas y los ricos salmones de que ya se ha hecho mérito: IND. una ferr. sobre el Bernales, y bastantes molinos harineros, de los cuales solo trabaja todo el año el que se halla sobre el Ason: COMERCIO: este consiste en un mercado que se celebra todos los sábados en el reducto de una gran torre propia del duque de Noblejas, de 72 pies de elevacion y 32 de anchura con 30 almenas de piedra labrada, y una puerta de cinco pies y medio de luz; á él concurren algunos tenderos de paños, lienzos y comestibles, y tambien varias gentes de los pueblos inmediatos, especialmente en el invierno, á vender y comprar cerdos que de recria suelen revenderse en abundancia en los mismos pueblos: fiestas: la de Sta. Maria el dia 8 de setiembre, la cual es bastante concurrida, y la de San Mamés el 7 de agosto. POBL. 250 vec., 1,301 alm. CAP. PROD. é IMP. (V. el part. jud.): CONTR. 14,642 reales 11 mrs. El PRESUPUESTO MUNICIPAL asciende á 14,000 reales y se cubre con la mitad del prod. de la pesca del salmon, cuyo remate se divide entre este ayunt. y el de Marron partícipes ambos; 4 mrs. por persona del pasage de la barca que existe sobre el r. Ason, si los que transitan no son vec. de cualquiera de estos pueblos, y lo que rinde la venta de dos casas-tabernas que se hallan, la una en el barrio del Collado, y la otra en el centro de la poblacion.

AMPURDAN ó AMPURDA: terr. de la prov. y dióc. de Gerona, part. jud. de Figueras, aud. terr. y c. g. de Barcelona; comprende 12 v., 99 l. y 13 ald., de cuyas dist. entre si, á la corte, cap. de prov., aud. y c. g., asi como de su estadística municipal y criminal, y de lo concerniente á la pobl., reemplazo del ejército, riqueza imp. y contr. que se pagan, se hablará al describir el part. jud., que en su mayor parte abraza este territorio.

SITUACION, CONFINES Y CLIMA. Sit. en la parte oriental del ant. principado de Cataluña, confina al N. con el reino de Francia, al E. con el Mediterráneo, al S. con el r. Fluvia, y al O. y NO. con el propio r. y el part. jud. de Olot: su circunferencia es de 27 leg., y cada uno de sus diámetros opuestos que forman las carreteras de Barcelona á Francia, y de Rosas á Olot pasando por Figueras; tiene 7 leg.: á pesar del frio intenso que se esperimenta en invierno por las nieves de que se cubre el Pirineo, y de los escesivos calores que se esperimentan en verano, y que no bastan á mitigar las brisas del mar inmediato: el CLIMA es sano, contribuyendo á hacerle algun tanto incónstante el viento N., conocido en el pais con el nombre de *Tramontana*, el cual suele dominar á veces con tal violencia, que vuelca los carruages y diligencias que transitan por la carretera, arranca los mas corpulentos y robustos árboles, agosta en pocos instantes las cosechas mas pingües, y causa unos estragos difíciles de describir, de suerte que puede compararse á los horrorosos australes: estos récios temporales, cuya duracion es de cuatro á cinco dias, suelen repetirse tres ó cuatro veces al año: la primavera generalmente es fria y lluviosa, y puede decirse que se pasa repentinamente de un temperamento estremo á otro; pero en cambio el otoño es muy prolongado y delicioso: aun cuando los vientos del S. y O. no son los dominantes, déjanse sentir con alguna frecuencia, en perjuicio de la vegetacion y la salud, y las enfermedades mas comunes son fiebres inflamatorias é intermitentes; pero estas, que en algunos puntos son endémicas, van disminuyendo á medida que desaparecen los estanques en que abundaba el terreno y las producian.

MONTES Y SIERRAS. Dominado el terr. en toda la linea del N. por los Pirineos, en los que se ven estensos bosques de encinas, robles, acebos y arbustos, y de donde se desprenden innumerables fuentes y arroyos de esquisitas aguas; tiene ademas elevadísimas montañas, ramificaciones de aquellos: las principales son las de Salinas y Requesens, poblada de acebos, que se hallan en la misma direccion; la de Rodas al E., y la de Mon al O.: en cada una se encuentra un santuario, y en la de Rodas hubo un monast. de claustrales tarraconenses, que se trasladó á Vilasacra, y despues á Figueras: en el interior se encuentran dos montañas aisladas, de menor elevacion que las anteriores; la una llamada Monroig, poblada de espesos bosques de alcornoques, está inmediata al camino que conduce de Figueras á la Junquera; y en su cima hay un cast. que los franceses fortificaron y artillaron en la guerra de la Independencia, para evitar las sorpresas y daños que incesantemente les hacian los somatenes y guerrillas, guarecidos en los matorrales, en tales términos, que por esta razon la llamaban *montaña negra*; y al evacuar el terr. volaron la fortificacion: la otra, llamada *sierra de Sta. Magdalena*, se halla en la parte del O., es muy escarpada, carece de toda vegetacion, y á su falda se encuentra un santuario, dedicado á Ntra. Sra. de la Salud: en la parte del Pirineo que separa el Ampurdan de la Francia, hay varias cortaduras y collados, por los cuales la comunicacion entre los dos reinos es mas fácil y espedita que por el resto de aquellas escabrosidades; los mas conocidos y frecuentados, son el llamado Coll de Bañuls, el de Portell, el del Vi, el del Morit, y el de Panisas, célebre por haber acampado en él con su ejército el emperador Cárlo-Magno, y por la entrevista que en el mismo tuvieron en el año de 1289 los reyes Alonso de Aragon y Cárlos de Francia, para la terminacion de la guerra que por tanto tiempo los enemistara: desde el Perthus á la Albera (pueblos de Francia), hay otro collado, que llaman de la *Condesa*, el cual, segun el tratado que en 1765 se celebró con la Francia, es neutral para ambas naciones, cuya circunstancia generalmente se ignora en el pais. Muchos valles y cañadas se encuentran en el terr., pero los de mas nota son los de Llausá y San Quirico de Culera, por sus escelentes vinos, y los de la Serna, Cabrera, Arnera y Albaña. Toda la parte del Ampurdan que está á la der. de la carretera que conduce á Francia, es una dilatada llanura que puede considerarse subdividida en otras tantas, cuantas son sus denominaciones, segun el térm. jurisd. que respectivamente ocupa; pero de la que no puede prescindirse de hacer particular mencion, es de la que se atraviesa 1/2 leg. despues de Pont de Molins, llamada *Plá del Cotó*, en cuyo punto se ven las ruinas de un conv. de Templarios, una ermita con la advocacion de Ntra. Sra. del Roure, y un monumento bastante elevado con una inscripcion latina, que recuerda el desgraciado cuanto glorioso fin del general, conde de la Union, en la batalla que se dió allí los dias 17 y 20 de noviembre de 1794 entre las tropas españolas y las de la república francesa. El terreno, del que por falta de brazos queda mucha parte inculta, es generalmente rico y feraz, y se dan bien en él cuantas prod. se encuentran en las demas prov. de España: por la parte del S. y O. se ven estensos olivares de una lozania y robustez poco comun; por la del N. dilatados bosques de encinas, robles, acebos, alcornoques y arbustos, que no solo producen maderas en abundancia para construccion, carboneo y combustible, sino que ademas proporcionan una considerable riqueza con la bellota y el corcho: en todas las montañas, collados y cañadas se crian infinidad de yerbas medicinales, y las cortas de encina y demas arbolado, se reponen con la plantacion de castaños, que si se propaga, asegurará otra riqueza al pais por su fruto y buena madera: se cria mucho ganado lanar, cabrio, de cerda y caballar, y no falta caza mayor y menor y toda clase de pesca. La feracidad del terreno hace que no haya necesidad de importar mas géneros que los coloniales y manufactureros, algo de trigo y pesca salada; pero en cambio se esporta mucho vino y aceite, bastante ganado, corcho, maderas, carbon, licores, lana, curtidos y algun prod. químico, siendo los precios de los frutos de un año comun, los que se espresan á continuacion:

Trigo	120	rs. carga.
Aceite.	400	id. id.
Vino.	60	id. id.
Corcho en rama. .	20	rs. a.
Lana	40	id. id.
Carnero.	4	rs. 17 mrs. la carnicera.
Vaca.	4	rs. id.
Tocino fresco . . .	5	rs. id.
Id. salado.	6	rs. id.

RIOS, FUENTES Y ESTANQUES. La multitud de manantiales

y destilaciones que se desprenden del Pirineo, da origen á varios r. y arroyos que cruzan el terr., y al paso que le fertilizan, contribuyen al aumento de su riq., impulsando diferentes molinos y otros artefactos. El *Fluvia*, que tiene su origen en el part. jud. de Olot, limítrofe al Ampurdan, baña á este en toda la línea del S., pasa por los térm. de Besalú, Crespía y Basëara; en su curso de 5 leg. dentro del terr., riega mucho terreno, da movimiento á varios molinos harineros, y tiene tres barcas para su paso; una en Vilert, otra en Bascara, y otra en San Pedro Pescador, por cuya playa desemboca en el mar. *Algama*, cuyo nacimiento y curso ya se describió, (V.) no obstante la escasez de sus aguas y el corto trecho de 2 1/2 leg. que corre por este terr., impulsa las ruedas de cinco molinos harineros, y despues de prestar esta utilidad, se une al *Mánol*, que mas caudaloso y de mas rápida corriente, da sus aguas á siete molinos harineros y un martinete de batir cobre, y antes de llegar á Sta. Leocadia de Algama, es sangrado en cantidad de tres muelas, por medio de un famoso acueducto, construido 10 años ha, para dar movimiento á dos molinos harineros en las inmediaciones de Figueras y punto llamado *Creu de la Má*; esta hijuela vuelve á unirse con el r. antes de llegar á Vilanova, en cuyas inmediaciones pierde el nombre, confluyendo con el *Muga*, que tiene su origen en la linea divisoria de España y Francia; en su direccion de N. á S., rápida y estrepitosa al principio, recibe las aguas de varias fuentes, y las del *Arnera*, en el punto llamado *Muga Torta*, térm. de San Lorenzo de la Muga, donde tiene un puente de un solo arco; fertiliza muchas huertas y praderas, da impulso á un martinete, á 17 molinos harineros y á la famosa máquina de Jordá de Molins, cuyo artefacto, admirado de nacionales y estrangeros, puede moler en tres meses todo el trigo del Ampurdan: en su curso se encuentran diferentes saltos, pero el principal es el què se ve en las inmediaciones de San Lorenzo, donde estaba la famosa fragua nacional de Stá. Bárbara, en la que se fundian toda clase de proyectiles, y fue incendiada por los franceses en 1595, habiéndose construido despues, próxima á sus ruinas, otra de propiedad particular, que produciria mas utilidades si se hallara mas dist. del vecino reino: entra el *Muga* en el llano del Ampurdan, próximo á Pont de Molins, donde le cruza un puente de tres arcadas, de construccion moderna, muy sólido; mas apacible ya su corriente, sigue en direccion de Pereleda, en cuyo térm., y sitio llamado la *Salanca*, se le unen el *Llobregat* y el *Orlina*, despues de haber regado diferentes terrenos, é impulsado varios artefactos; aumentando asi su caudal, continúa con mansa corriente hasta desembocar en el Mediterráneo por la bahía de Rosas; á 1/2 leg. de Castellon de Ampurias, donde tiene otro puente con siete ojos, que aunque de construccion moderna es de muy mal gusto, y se halla mal cuidado. Son muchos los estragos que con sus avenidas y desbordaciones ha causado en diferentes épocas este r.; pero entre las que mayores daños han producido, se cuenta la que ocurrió en 1421, de cuyas resultas casi desaparecieron los pueblos de Cabanes, Fortiá, Bimons y Villanova, habiendo arrastrado tambien la corriente parte de las murallas de Perelada, un barrio de Castellon de Ampurias, y dos fuertes y antiquísimas torres que se hallaban inmediatas á Rosas: muchos riach. y arroyos se encuentran tambien en el terr., que, ó no tienen nombre, ó le pierden muy pronto, por depositar sus aguas en otros de mas caudal. En Ciurana, Castellon de Ampurias, Rosas, y otros puntos, hay estanques de bastante estension, y en algunas partes se procura su desagüe para evitar las muchas intermitentes que se padecen, y de las que se los considera como la causa principal. En Dosguers, la Estrada y San Clemente Sasebas, hay fuentes de aguas termales sulfurosas, que aunque abundantes y de muy buena calidad, se hallan descuidadas y apenas son conocidas en el pais; y en Requesens, San Miguel de Culera y otros puntos, se encuentran manantiales de aguas ferruginosas, en igual estado de abandono que aquellas.

CAMINOS. Atraviesa el Ampurdan casi por su centro de S. á N., la carretera que conduce de Barcelona á Francia, pasando por Figueras, Hostalets, Pont de Molins y la Junquera; hállase en buen estado, y en toda la línea se encuentran posadas y fondas, donde el viajero es servido con esplendidez y lujo; de E. á O. le cruza la carretera de Rosas á Olot, que está muy deteriorada y casi intransitable por algunos puntos, como sucede con todos los demas caminos locales, carretero y de herradura.

INDUSTRIA. Aun cuando los ampurdaneses se hallan dotados de escelentes disposiciones para toda clase de adelantos, no abraza la ind. que se ejerce en el pais tantos ramos como la de las demas prov. de Cataluña, pues se halla reducida á los molinos y artefactos de que se ha hecho mérito, á la fabricacion de paños ordinarios, bayetas, alfareria, algunos prod. químicos y otros objetos de primera necesidad; á varias fáb. de tapones de corcho en Agullana, Figueras y otros puntos, á las de curtidos que hay en la última pobl., y las de hierro, en el Pirineo: siendo de notar, que si de las dos últimas clases no existieran, acaso reportaria mas ventajas el pais y la hacienda pública; pues á su sombra se cometen innumerables abusos, que al paso que no sirven mas que para enriquecer á un reducido número de especuladores, arruinan á los operarios y comerciantes de buena fe, y privan del sustento á muchas familias. El precio de los jornales en las labores de la agricultura es de 8 á 12 rs., segun las estaciones, y el de los artesanos de 6 á 12.

COMERCIO. Limitado el que se hace en el Ampurdan á la venta del sobrante de sus prod., se conducen estas á los mercados de Figueras y Castellon de Ampurias, como puntos los mas á propósito para el tráfico, por su sit. y las demas circunstancias que reunen.

COSTUMBRES. Las de los ampurdaneses, cuyo carácter es vivaz, emprendedor, belicoso y hospitalario con el forastero, se diferencian muy poco de las del resto de Cataluña; si bien se advierte en su trato la proximidad al vec. reino de Francia: entre sus diversiones, las que mas predominan son el baile (al que tienen una aficion que casi raya en frenesí), y los juegos de naipes y de pelota.

HISTORIA. El nombre *Ampurdan* ha quedado á este terr. del de la ant. y célebre c. *Ampurias*, asi como los latinos le denominaron *Emporitanus*, y antes se dijo de los *indicetes* ó *indigetes* por la c. *Indica*, su denominante primitiva (V. INDICA). Los geógrafos *mayores* adjudican á estas gentes, que eran las mas orientales de España, toda la costa desde el Ter, cuyo r. es el térm. de los Laletanos, hasta el *Saltó Pirenaico*. Ptolomeo les atribuye en ella el r. *Sambroca* y el *Clodiano*, y las c. *Emporiæ* y *Rhode*, y en lo Mediterráneo *Deciana* y *Iuncaria*. Estrabon, atendiendo sin duda á las cuatro c., que despues hubo de nombrar Ptolomeo, capitales las cuatro de otros tantos cantones ó distr., espresó que los *indigetes* estaban divididos en cuatro parcialidades. El poeta Rufo Festo Avieno dijo ser esta gente dura, feroz, dada á la caza, y avezada á los valles y bosques, al describir su costa:

Post indigetes asperi se proferunt
Gens ista dura; gens ferox, venatibus
Lustrisque inherent.
Dehiscit illis máximo Portus sinu,
Cavumque late cespitem inrepit Saltum,
Postquæ recumbit littus indigeticum
Pyrenæ ad usque prominentis verticem.

Sin duda es el golfo de Rosas, del que habla Avieno; y de Estrabon, Mela y Plinio resulta su misma doctrina, estendiendo á los *indigetes* hasta el Pirineo: los últimos de la costa desde el Ebro á estos montes los coloca el primero: «*Quidam*; dice ademas, hablando de los mismos, *et extrema pyrenes accolunt usque ad trophæa Pompeii, per quæ iter est ex Italià in exteriorem, quam vocant Hispaniam....*» «*flumen rubricatum, á quo laletani et indigetes*»; escribe el segundo: «.... *Tum iter pyrenæi promontoria Portus Veneris est Sinu Salso; et Cervaria locus, finis Galliæ*»; concluye el tercero la descripcion de la costa, viniendo de Francia á España (V. INDIGETES).

Es de suponer que este fue el pais primero que los fenicios pisaron de nuestra Peninsula: segun Diodoro Sículo, aportaron cerca de los Pirineos, donde hallaron tanta abundancia de oro y plata (V. PIRINEOS), que esta riqueza les cebó mas que todo para establecer colonias á lo largo de la costa ibérica (V. ESPAÑA). Tambien los griegos surcaron sus aguas y colonizaron en esta region (V. RHODE y EMPORIA). Por ella vió Roma marchar sobre sí las armas de Cartago al mando de Anibal. Vinieron los indigetes á ser de Roma, cuyas armas recibió está region, la primera de las de España; y despues que su ejército fue batido por el cónsul M. Porcio Caton, ya no se libertó de su dominio, que antes tanto odiara; hasta que fue de los invasores del Norte. Fue de los sarracenos, y sin gozar mas su ant. independencia, fue luego de un conde ó de un rey, y quedó reservada para sufrir inmediatamente las rivalidades de franceses y españoles. Cuando Cataluña dió el grito contra el Gobierno de Felipe IV, no son de calcular los males que hubo de sufrir el *Ampurdan*, particularmente en las repetidas veces que fue asolado por las tropas del Rosellon. No fueron pequeños tampoco los que le afligieron en las guerras de Sucesion, habiéndose declarado por el Austriaco, ni despues en la de la Independencia, y en las civiles que últimamente han tenido lugar. Contaba en esta época el *Ampurdan* 6 batallones de Milicia Nacional, 2 de ellos ligeros y los otros 4 de línea; una compañia de artilleria, otra de bomberos y alguna caballeria; milicia que prestó grandes servicios, ya en las columnas que de ella se formaron, como en los varios destacamentos á que fue destinada, habiendo sostenido por sí sola el obstinado sitio de *Besalú* contra la division de Guergué. Parte de esta fuerza quedó desarmada en 1842, cuando la sublevacion de Barcelona, y la restante lo fue el año de 1843, á consecuencia del alzamiento por la Junta Central. Como han trabajado á este pais las guerras, se ha visto asolado tambien en diferentes ocasiones por otras calamidades: la gran sequia del año 1333; una peste en los de 1347 y 1348, que dejó desiertas algunas pobl.; la langosta, que acabó con toda su vegetacion en julio de 1358; una inundacion en 1421, que dejó casi destruidas las pobl. del bajo Ampurdan; la gran sequia del año 1541; los terremotos y tormentas en el año 1612; por cuyos estragos terrorizados los ampurdaneses, determinaron procesiones al Pirineo, cada pueblo á punto determinado y distinto: se reunian en San Quirdo de Colerá, y de allí subian á la capilla de Requeséns, tomando en seguida cada uno el sitio que tenia señalado. Al votarse por los pueblos esta procesion se resolvió verificarla cada cuatro años, para evitar sus consiguientes dispendios; despues algunos pueblos la dejaron del todo, y otros la continuaron cada año por via de diversion. Ademas de las ruinas que ofrecen muchas alturas del Ampurdan, pertenecientes aun á los ant. cast. montanos, que tenian sus c. *indigetas*, tambien presentan muchas las torres ó atalayas que edificaron los ampurdaneses para defenderse de las correrias del corsario Barba-Roja, cuyas atalayas eran guardadas por un alcaide con cuatro ó mas hombres, y un perro de presa cada una.

El título de condado, que goza este terr., data desde luego despues de haber sido asolado por la invasion agarena. Solnoan, capitan y prefecto de los sarracenos en esta parte de la provincia Tarraconense, para asegurarse mejor en la posesion de su gobierno, resolvió someterse á la obediencia del rey Pipino, cuyas armas victoriosas le hacian temer la pronta pérdida de su estado. Este suceso dió á los reyes de Francia toda la oportunidad que apetecian para restaurar de algun modo los pueblos, y establecer el gobierno mas conveniente á su defensa. Nombraron varios condes á fin de que guardasen los paises de que se titularan, por cuya razon fueron llamados *Guardias del límite hispánico*. Dividióse este en algunas dióc., y cada una de ellas en cierto número de condados. El terr. de *Ampurias* fue unido á la de Gerona; apareciendo el condado *Emporitano* entre los cuatro que se formaron de aquella dióc. Hermingario, á quien otros llaman Irmingario, es el primero que se ve titulado conde de *Ampurias* en la historia con fecha del año 813. Este condado, cuya cabeza es la v. de Castellon, estuvo muchos años en la casa de los Moncadas, descendientes de Dapifer: por los años de 1300 entró en la corona de Aragon, y por via de parentesco fue trasmitido á la ilustre casa de Medinaceli.

AMPURDAN (SAN ISCLE DE): l. con ayunt. de la prov., adm. de rent. y dióc. de Gerona (4 1/2 horas), part. jud. de La-Bisbal (1 1/2), aud. terr. y c. g. de Barcelona (24 1/2): SIT. en un llano á la marg. del r. Ter, bien combatido de los vientos y con cielo alegre; disfruta de un CLIMA saludable; tiene 20 CASAS y una igl. parr. bajo la advocacion de San Iscle, servida por un cura, cuya vacante se provee por oposicion en concurso general; confina el TÉRM. por el N. con el de Canet de Berges, por el E. con el de Serra, por el S. con el de Fonolleras, y por el O. con los de Parlaba y Ultramont, estendiéndose á 1/4 de hora en todas direcciones: el TERRENO fertilizado en parte con las aguas del r. Ter, es de buena calidad; participa de monte y llano; en aquel hay escelentes pastos de prados naturales y algun arbolado para combustible; y en este se da con bastante lozanía el olivo y viñedo; hay en cultivo 300 vesanas de primera calidad, 600 de segunda y 437 de tercera: PROD.: trigo, avena, espelta, vino, aceite, cáñamo, legumbres, pocas hortalizas, leñas de combustible y buenos pastos: POBL.: 20 vec.; 104 alm.: CAP. PROD.: 2.807,600 rs.: IMP.: 71,690 rs.

AMPURIAS (CASTILLO DE SAN MARTIN DE): l. unido á la Escala (1/2 leg.), en la prov., part. jud. y dióc. de Gerona (4 3/4), aud. terr. y c. g. de Barcelona (19): SIT. en una pequeña colina á la orilla del mar en el golfo de Rosas, sobre la peña y ruinas de la ant. y poderosa c. de *Emporiæ*, que por su celebridad dió nombre al terr. llamado hoy *Ampurdan* (V. su art.): le baten libremente todos los vientos, especialmente el del N., y á causa del encharque de aguas en el ant. alveo del r. *Fluvia*, el CLIMA es propenso á fiebres intermitentes, y malsano; tiene 26 CASAS de ordinaria construccion, contándose entre ellas las de los cas. Cinclans y las Corts, y una igl. parr. dedicada á San Martin y servida por un párroco; el templo de una sola nave y de un aspecto tristísimo por lo tosco y pobre de su arquitectura tiene 27 varas de long., 11 1/2 de lat. y 15 de elevacion; está construido con fragmentos de zócalos, pedestales, cornisas y otros ornamentos que denotan ser restos de algun magnífico edificio del tiempo de los romanos; hay 5 retablos de escaso mérito, y coro edificado sobre un arco, ambos de distinta construccion que el todo de la igl.; separada de esta, á la der., se halla una capilla, y contigua á ella la sacristia, que habiéndose edificado en el año de 1743, se agregaron al templo. En el fróntis de la puerta de este hay una lápida con una inscripcion en dialecto catalán, en la que se lee: «que en el dia de Sta. Margarita del año de 1527 se colocó la primer piedra;» en un pedestal que forma la base ó estribo del arco sobre que está el coro, se ve la siguiente inscripcion: «1538» y en el lado opuesto las barras de Cataluña; en la parte esterior al lado del S., y á la altura de 3 palmos del nivel del terreno se halla una piedra de 1/2 vara de long. y 3/4 de lat.; que copiado fielmelite es como se demuestra á continuacion:

AIIMOKPI
CWCPAT
PAVLLA
AEMILIA
H:

el trozo que falta fue robado en 1832 por un curioso estrangero, cuyo intento era hacerlo de toda la piedra, y no tuvo la suficiente precaucion para arrancarla de su lugar; circuye á la pobl. casi por todos lados una fuerte y espesa muralla, obra de siglos muy remotos, y se cree que en aquellos tiempos era este punto la torre ó fanal que servia de guia á los marineros para la entrada y salida de las embarcaciones en el puerto: segun lo indican las ruinas, este barrio era mucho mayor de lo que ahora representa, y si no estaba enteramente circuido de las aguas del mar le faltaba poco. Por la parte del S. de dicho fuerte se encuentra un pedazo de muralla de cal y canto; construida con estraordinarias piedras sobre una cord. de rocas, continuamente azotadas por el mar, la que ha resistido por espacio de tantos siglos al continuado embate de las olas; su long. será de 100 varas con 5 de espesor y 6 de elevacion; esta muralla se prolongaba al parecer hasta la misma peña donde estaba colocada la torre y fuerte del farol, hoy casco de la pobl.; por lo que se deja conocer que la subsistente no es mas que una sesta parte de la que encerraba aquel grande puerto; pues no ha muchos años se conservaban en dicho trozo grandes argollas de hierro, cuyo objeto no podia ser otro que el de amarrar las embarcaciones; á 200 varas en línea perpendicular de dicha muralla, hay un conv. de PP. Servitas de Gracia, antes ermita de San Salvador; en el espacio que media entre la repetida muralla y el conv., se descubren entre la arena los restos de un gran edificio que se supone seria algun templo, y en torno suyo otras muchas ruinas de edificios, sepultadas tambien en la arena; el conv. que ya es una verdadera ruina, pues durante la última guerra han sido sustraidos sus materiales furtivamente, hasta el estremo de no haber quedado mas que los cimientos y algunas paredes, estaba colocado sobre una pequeña colina, ramal de un monte elevado unas 36 varas sobre el nivel del mar; y la cima de dicho monte que forma una hermosa esplanada, es segun opinion generalmente recibida, la parte mas principal de la opulenta *Emporiæ*, y asi lo demuestran los restos de formidables muros y multitud de edificios que se hallan alli enterrados; se conoce que esta parte de pueblo estuvo separada de lo demas por medio de una gran muralla de piedra y cal, cubierta de una fuertísima argamasa hecha de picadillo á modo de betun, de la cual existe en la parte del S. un trozo de 300 varas: hácia el O, se ven pedazos de otro muro demolido de la propia estructura que el anterior; entre ellos uno de 500 varas de long., 5 de elevacion y 4 de espesor. Otros ant. restos que se han encontrado en varios puntos de la plataforma del conv., no permiten dudar que aquella parte principal de la c. estaba completamente circuida por un muro idéntico al del S., formando el todo un cuadrilongo de 150,000 pies. Segun se colige por las ruinas que se encuentran á los lados del E. y del O. del espresado cuadrilongo, habia dos grandes arrabales circuidos tambien de sus respectivas murallas, pero se ha observado que ninguno de estos barrios ha proporcionado tantas preciosidades, ni manifiesta tantos vestigios de edificios notables y suntuosos, como la parte principal que se ha descrito: á 1/4 de hora de la pequeña pobl. de Ampuria hay un vecindario de 4 casas de campo llamadas las *Corts*; y en 2 de ellas se conservan aun dos fuertes torreones muy altos, que á primera vista denotan su antigüedad, y se dice que en este sitio se reunian los ancianos y magnates emporitanos para tratar de los negocios graves de justicia; y promulgar las sentencias de muerte contra los delincuentes, merecedores del último suplicio; y confirma esta opinion el que á unos 700 pasos de dichos torreones, al estremo, hácia un montecillo en medio de un cercado de piedra y cal que forma una plaza cuadrada de 670 varas, se vé lo que llaman *Castellet* ó Gorias, y consiste en una torre maciza y cuadrada, construida con grandes piezas de argamasa muy dura, formando un cubo de 4,800 pies, y sobre él una columna de fino mármol, de la cual colgaba la cúchilla del rigor, en señal de la dureza del castigo y rectitud de la justicia.

Además de los monumentos de que se ha hecho mérito, se descubren continuamente al ejecutar las operaciones agrícolas, cimientos innumerables; cisternas y algibes, sepulcros, trozos de columnas y otras preciosidades; entre las que merecen particular mencion las que ya en el año de 1785 tenia en su poder D. José Maranges y de Marimon, y eran mas de 500 monedas de plata y cobre de varios cónsules y emperadores romanos, principalmente de Escipion, Caton, Mario, Agripa y Julio César; un idolo de cobre; una culebra de plata con dos cab., agatas y cornelinas con varias figuras; un riquisimo camafeo, muchas piedrecitas finísimas, un busto de Tiberio César, una diosa Venus de cobre dorado, vestida á la romana; un finísimo topacio oriental engastado en una sortija de oro; una cornelina muy rica con dos bustos grabados en fondo, de Uton y Silvio; vasos de vidrio y de barro del modelo mas raro y de estrañas figuras, y un porfido que indica haber sido pedestal de una columna, con la siguiente inscripcion:

SEPTUMIA C. L. SECUNDA. V. S. F. H. M. H. N. S.

Mas de 2,000 medallas que reunieron D. José Antonio de Marinon; hacendado de La-Bisbal, y el Sr. Bolós, vec. que fue de Olot, con las cuales formaron monetarios; y unas 600 medallas, dos idolos de bronce, una cab. de Baco en mármol, y varias piedras preciosas que posee D. Gabriel Molina, vec. de la Escala. En vista, pues, de tantos descubrimientos como se han hecho y se están haciendo, y atendida su importancia y la ninguna utilidad que muchos de ellos reportan á las ciencias y á las artes, por deberse á la casualidad de abrir hoyos para plantar viñas, ó al arado de un labrador que despreciara, y aun acaso inutilizara objetos de gran mérito, pero de poca estima para él, porque no los conozca; seria de desear que el gobierno mandase practicar escavaciones en aquel terreno, con la debida direccion y método, y tal vez de esta suerte se enriquecieran nuestros museos de antigüedades, y tuvieran la arquitectura y escultura modelos dignos de imitacion y de estudio, iguales y tal vez superiores á los que se han descubierto en las del *Herculano* y *Pompeya*.

El TÉRM. de Ampurias, en cuanto á sus confines, puede verse en el art. de la Escala de donde se considera como arrabal: su TERRENO es pantanoso: la CORRESPONDENCIA la recibe en la Escala los domingos, miércoles y viérnes, y sale los mismos dias: PROD.: trigo, centeno, cebada y maiz, y la mayor cosecha es de los dos primeros art.; hay ganado lanar, vacuno y caballar, siendo este el mas abundante; caza de perdices, conejos, liebres y aves acuátiles, y pesca de anguilas y barbos: la IND. está reducida á un molino harinero impulsado por las aguas del r. Ter: POBL.: 26 vec.; 100 alm.: CAP. PROD., IMP. y CONTR. con la *Escala* (V.).

HISTORIA CIVIL. Descrito el lugar donde existiera la ant. y célebre *Emporiæ*, y los restos que de ella se han descubierto, aqui es á donde su historia debe acudir á encontrar todo el interés que ofrece á los sucesos el conocimiento de las localidades; aunque como pobl. desaparecida enteramente, y nuevas las que en la actualidad ocupan el asiento de su ant. *Acrópolis* y sus dependencias, parezca mas natural tratarse de ella en el art. *Emporiæ*. Debió esta c. su nombre y esplendor á los griegos establecidos en Marsella, oriundos de la c. *Phocea* de la Grecia asiática, sit. en el lím. de la *Jonia* con la *Eolia*, lo que dió motivo á que en Mela y Plinio aparezca como pueblo jónico, y eolio en Ptolomeo. Aunque se pudiera dudar de donde vinieron los que, con nombre de *Phocences*, fundaron diversas colonias en Italia, Francia y España, por resultar en dos partes de la Grecia, como dice el P. Risco, cierto principio y origen para denominar á los que se celebraron con este nombre, habiendo en la Grecia europea una pequeña region, llamada *Phocis*, cuyos pueblos, refiere Pausanias, fueron destruidos por las guerras de los persas, y convertidos de c. en ald., y la c. Phocea, en la gran region donde se colocó la cuna de la poesia y de las artes que florecieron en la Grecia; y sin embargo de que atendiendo á los escritores ant., parece deberse establecer su procedencia de la region Phocis, por el nombre que dan á la parte de donde les trageron, pues Séneca dice que vinieron *Phocide relicta*; Agelio, que fueron echados *ex terra Phocide*; Lúcano, que se trasladaron á estas regiones *exutæ Phocidos arces*, y Livio dice de ellos *á Phocide profectos*; debe tenerse por constante su pártida de la célebre c. de Jonia, que fue la mas dedicada á la marina y comercio de la Grecia, segun resulta de los escritores ant., y envió frecuentes espediciones marit. á varias partes de Europa, fundando muchas colonias ó emporios de su comercio. La moneda de *Emporiæ* en que se funda Morales para asegurar su origen de los Phocenses de Beocia, porque presenta un rostro á un lado con el nombre de la c., y en el otro el caballo Pegaso, reverenciando mucho estos Phocenses al dios Apolo y á las nueve Musas, estimando y celebrando su monte Parnaso y la fuente Pegasea, nada arguye contra su orígen jónico: segun Estrabon, todos los jonios reverenciaban mucho tambien el templo de Apolo de Delphos, como á Diana de Epheso, cuyas divinidades tenian por hermanas. A estos Phocenses, atribuye el mismo Estrabon la fundacion de la colonía Masilia ó Marsella, asi como á Marsella la de *Emporiæ*. Erodoto y otros autores dicen igualmente, que Marsella fue fundacion de asiáticos. No desconoció Morales la fuerza de estos testimonios, y por tanto vino á conciliar con ellos la doctrina, que creia resultarle de la moneda, suponiendo á los Phocenses de la Jonia, descendientes de los Beocios, lo que en efecto puede rastrearse en algunos escritores: *Phocenses ab ea nempe phocide genus ducunt, quæ ad parnassum montem est*, dice Pausanias; pero no es necesario creer que el caballo Pegaso representase en la moneda tan remoto origen, careciendo de motivo para negar el uso natural de este signo á la c. que debió reverenciar á Apolo, puesto que le reverenciaba su progenitura inmediata la colonia Masilia, y se le creia hermano de la Diana de Epheso, deidad á que particularmente adoraba. Aun el símbolo del Pegaso, que se llamó hijo de Neptuno, representaba con gran propiedad la velocidad de las naves, y pudo muy bien usar de él, sin otro motivo, esta c. como dedicada á la marina.

Por el testimonio de Estrabon sabemos, que los masilienses, buscando el comercio de España, antes que en el Continente, tomaron tierra en las islas Medas, donde construyeron un pequeño pueblo que llamaron *Paleópolis* (V.); mas su esterilidad no podia largo tiempo retener á esta gente industriosa y comerciante. En la costa que les caia al frente, sentaba, algun tanto separada del mar, la c. de los indígenas españoles, llamada *Indica*, cap., y denominante de los pueblos *indicetes* (dichos generalmente *indigetes*), mencionada por Estephano Byzantino, *Urbs Hispaniæ prope Pyrenæum*, una de las cuatro parcialidádes en que Estrabon presentó estos pueblos divididos (V. INDICA), y hubo de ganar mucho la amistad de esta c. la cultura y comercio de aquellos estrangeros, pues les permitió establecerse junto á ella, y fundar para si otra c., mediando solo entre ambas una muralla con una puerta, que, abierta durante el dia, para la mutua comunicacion, se cerraba de noche, y se vigilaba de modo que, como dijo Livio, la disciplina era la prenda de paz, y aun equivalia al poder. Sin razon alguna pretenden varios escritores modernos que la c. indígena, junto á la cual se establecieron los masilienses, era fundacion de Ascanio, hijo de Eneas, quien quiso edificar un pueblo semejante al de *Alba* de Italia, imponiéndole su mismo nombre; ni aun hay fundamento bastante para creer que se llamase *Alba* una c. en toda la region de los indigetes, siendo muy débil la congetura que resulta del nombre del r. Alba que, segun Plinio, pasaba junto á esta pobl. para afirmar que se llamase Alba ella misma; y esta es la única que se ofrece. Ningun geógrafo dejó memoria de c. alguna indigeta con esta topografía: consta de su existencia desde que nos dijeron, que junto á ella se estableció la colonia Griega; pero ninguno la dió nombre. Nos fundamos para creer que una c. denominó á los pueblos indigetes, porque es natural; y especialmente por mencionarla Estephano Byzantino, *Indica*. No dudamos ser esta c. la española que tan bien acogió á los masilienses por la propiedad de su topografía, para la existencia de una gran c., para la denominante de la region estendida desde el Ter al Pirineo, y sobre todo porque si su nombre no hubiera sido absorvido de tan ant. por el de *Emporiæ*, que tanta mas generalidad hubo detener desde luego, por el mayor comercio de los hab. griegos, no apareciera en Estphano Byzantino solamente el nombre *Indica*. Sabemós ademas la grande importancia de esta c. española, unida á la masiliense, á la que nadie da su nombre propio, por su conducta, ya al recibir á los estrangeros, y permitir sú establecimiento en sus mismas puertas del modo que lo hizo, ya por la manera de establecerse estos, y política entre unos y otros observada; pero mayormente por la conducta que se la vió guardar en las grandes vicisitudes que corrió el pais, cuando fue invadido por estrangeros armados. Ella supo abrir sus puertas al comercio y á la ilustracion, y ella supo cerrarlas y defenderlas valerosa y obstinadamente contra la tirania por sola su prévision al ver un ejército. No parece merecer en verdad esta conducta los dictados de gente dura y feroz, que, aunque español, dió á los indigetes, el poeta Avieno en tiempo de Teodosio el Grande. No pueden menos de persuadir todas estas congeturas la existencia de la denominante de los pueblos indigetes en esta c. incógnita. Los griegos llamaron su nueva c. *Emporium*, que se interpreta depósito ó factoria. Es del todo arbitrario lo que discurrió Erro, diciendo, que este nombre es de origen ibero, céltico ó éuskaro, y fué el que distinguió á la c. indígena: poco filológicos son uno y otro pensamientos separados ambos de las autoridades mas respetables y de las fuentes del crítico. Léese en singular *Emporium* en el periplo de Scylax, en Polibio, en Estrabon, y en Estephano Byzantino; en los escritores latinos Livio, Mela y Plinio, aparece *Emporiæ*. Este nombre absorvió luego, como hemos dicho, el de la c. inídgena y ambas c. se denominaron como una sola pobl.; aunque no dejó de espresarse la diferencia que existia entre ambas. «*Est antem*, dice Estrabon, *in duas urbes divisa muro ducto, cum olim accolerent Indigetum quidam.*» Lo mismo manifestó Livio: «*Jam tunc Emporiæ duo oppida erant muro divisa: unum Græci habebant á Phocea, unde et Massilienses oriundi, alterum Hispani*» é igual idea que espresó Estrabon al llamarla *Diópolis*, esto es, c. *doble*, manifestó tambien Plinio: *Emporiæ geminum hoc, veterum incolarum, et græcorum, qui phocensium fuere soboles*. Teniendo presente la doctrina de tantas y tan irrecusables autoridades como dejamos vistas, solo puede apoyarse el dicho de Estephano que llama á esta c. céltica, y fundada por los masilienses, en que este geógrafo tuviese por céltica toda la costa de España, suponiéndola habitada por los celtas de la Galia, y diera á la c. el nombre que juzgaba caber á toda la region, segun entendió Marca. Como quiera, ni Estephano pudo creer que los masilienses, ni su colonia emporitana fuesen celtas, ni por tanto merecer en toda su fuerza la impugnacion de Casaubon y Nuñez: tambien Estrabon cuenta entre las célticas la colonia de *Nicea*, fundada por los masilienses en los términos de Italia, y bien conoció Estrabon el origen de *Masilia*.

De esta pobl. *Diopolis* ó *Gemina*, la c. que daba al mar era de los griegos, dueños de todo el puerto, por no ser los españoles dedicados á la marina. Segun Tito Livio (lib. 34 cap. 3) esta parte de la c. no contaba mas que 400 pasos en derredor de su muralla. La española, que estaba al lado opuesto y apartada del mar, era mucho mayor: tenia hasta 3,000 pasos de circuito, conforme á los códices mas correctos del mismo historiador. Estrabon refiere, que los españoles mantuvieron su mismo gobierno despues de la llegada de los griegos, y aunque unos mismos muros los guardaban de sus comunes enemigos, para mas seguridad quisieron unos y otros estar separados por una muralla que los dividia, la cual nada estorbaba al mútuo auxilio en casos de necesidad. Admiró Tito Livio que dos naciones calificadas de opuestas, y siendo los griegos pocos y los españoles muchos; aquellos dados á la contratacion, y estos de ánimo feroz, segun dice, y aficionados á la guerra, se mantuviesen en tan buena armonía, que no se leyera hubiese entre ellos jamas un motivo de discordia, y atribuye esta paz entre griegos y españoles al gobierno y rigorosa disciplina que observaban aquellos para conservar su amistad y la seguridad de su dominio. Los griegos, dice, confiaban á los españoles todos sus intereses y les hacian guardas de ellos. Tenian, sin embargo la parte de su pueblo que daba al campo muy bien fortificada, con una sola puerta, en la que habia siempre de guardia uno de los principales en el gobierno de la c.; y por la noche la tercera parte de los habitantes vigilaban los muros con tanta diligencia, como si tuviesen presente al enemigo. No admitian en su recinto á español alguno, ni salian ellos sin necesidad muy urgente. Cuando lo verificaban por la puerta que iba á la pobl. de los españoles, no salian menos de la tercera parte, y estos eran los mismos que en la noche antes habian estado de centinela sobre las murallas. Unico objeto de sus salidas era la contratacion: los españoles no eran navegantes, y compraban las mercancias que importaban ellos de paises remotos; los masilienses careciendo de campos que cultivar, compraban de los españoles los frutos necesarios á la vida. Con esta disciplina y la recíproca utilidad del comercio se mantenían estas gentes en suma paz y concordia. Los griegos emporitanos se aliaron pronto con Roma, como los hab. de Marsella, y sus vec. indigetes respetaron esta alianza; aunque no hubieron de imitarla. Vió está doble c. pasar por su terr. la hueste cartaginesa, marchando sobre Roma: el emporitano cerró su puerta al rival de su comercio y de su aliada; el indigete la cerró al odioso enemigo de su libertad. En Emporias aportaron las naves y los soldados de Gncio Scipion, segun refiere Livio (lib. 21 cap. 26), y del mismo Livio resulta haber aportado tambien en la misma c. Scipion el jóven con el propretor M. Junio Salinator y una armada de 30 naves, despues de la ruina de su padre y de su tio. Con poca diferencia siguió el mismo rumbo qué habian traido los Scipiones el cónsul M. Porcio Caton, encargado de sujetar casi toda la España citerior, que se habia libertado del yugo romano: doblado el promontorio pirenáico, aportó con su armada, primero á Rosas y de alli pasó á Emporiæ, que siempre conservó gran fidelidad á Roma, mientras que su contigua c. indígeta era una de las que se habian levantado contra aquella república. El cónsul entró en la parte marítima y griega de la c. y fue recibido como amigo; la otra parte de la misma c. era tan enemiga de Roma que no se rindió á su poder hasta que, vencidos todos los ejércitos españoles, no quedó ya á los indigetes esperanza alguna de poder sostener su libertad: honroso motivo para que los escritores del imperio llamasen luego bárbaros, duros, feroces y aficionados á la guerra á estos bravos y libres habitantes, que de otro carácter, y otra clase de costumbres, habian dado antes prueba á los Phocenses. Entonces los ciudadanos de Indica y los que se habian refugiado en su c., se entregaron al cónsul, quien les trató con toda consideracion, enviando libres á sus casas á todos los que nó eran parte de la *Emporiæ* española. «*Púgna pridie adversa emporitanos hispanos, accolasque eorum in deditionem compulit: multi et aliarum civitatum, qui emporias perfugerunt, dedirerunt se, quos omnes appellatos benigne, vinóque et cibo curatos, domos dimisit.» (Tito Livio lib. 34 cap.* 8). Este acontecimiento dió sin duda lugar á que Estrabon pudiera decir despues «*Tempore, in unam coaluerunt civitatem mistan ex barbaricis et Græcis constitutionibus quod et multis aliis evenit.*» Habian vivido siempre los españoles y Phocences con su única comunicacion de comercio, con diferentes leyes y costumbres. No solo quedó hecha *Emporiæ* una c. regida igualmente por los estatutos españoles y griegos; sino que todos sus vec. que hubieron estado mas separados por la diversidad de condiciones y costumbres, que por el muro que tenian interpuesto, recibieron tambien el idioma, costumbres y leyes de los romanos. Julio César, despues de vencidos los hijos de Pompeyo, aumentó esta c. con nuevos colonos, estableciendo en ella soldados latinos, y en tiempo de Tito Livio ya estaban enteramente confundidos los tres linages y habian desaparecido las diferencias de naciones y de orígenes; todos formaban una sola c. con privilegio y fuero de ciudanos romanos «*Tertium genus Romani coloni ad Divo cesare post devictos Pompeii liberos adjecti. Nunc in corpus unum confusi omnes; Hispanis prius postremo et Græcis in civitatem Romonam ascitis.*» (*Tito Livio lib.* 34 *cap.* 9). Han querido algunos deducir del testo de Livio, que esta c. fue elevada á la dignidad de colonia; pero la voz *coloni*, como espresa Flórian de Ocampo, no quiere decir, *moradores de Colonia*, sino de cualquier lugar, y, á serlo, no la hubiese contado Plinio entre las de ciudadanos romanos, y hubiese espresado aquella calidad, siendo conocida su diligencia en referir las colonias. Obtuvo tambien de los romanos *Emporiæ* él privilegio de batir moneda, y en ellas ostenta el comercio, origen de su riqueza y el dictado de *municipio*, que es el honor que la dió Roma, como dice Ocampo y puede verse entre las medallas de las colonias y municipios de España, publicadas por el M. Florez en la tabla 24, número 9; sin que se haya descubierto hasta ahora bastante fundamento para atribuirla el título de *Colonia*. Por las mismas medallas que se batieron en esta c. y se han encontrado en su terreno, se manifiesta la confusion y mezcla de las gentes que la habitaron; en ellas se ven grabados caractéres latinos, griegos y españoles ant., idénticos á los que se hallan en otras monedas, propias de las c. ant. de España. Por ellas se ven tambien las diferentes divinidades á que dedicó su culto: tratando del origen de los griegos que la poblaban, ya se ha hablado de las que representan el caballo Pegaso, simbolo de Apolo y de las Musas; en otras figura Minerva, culto que hubo de recibir igualmente que el anterio de los *Masilienses* ó *Phocenses* de *Jonia*, cuyas dos denominaciones *Masilienses* y *Phocenses* convienen asi á los hab. de *Masilia* ó Marsella, por el nombre de su c. la primera y por su origen la segunda, como á los de *Emporiæ*, que por su origen inmediato eran *Masilienses*, y *Phocenses*, atendiendo el mas remoto, sin que en esta atencion envuelvan dificultad alguna, como se propone Marca para afirmar el origen *masiliense* de *Emporiæ* ni el testo de Plinio: *Geminum hoc veterum incolarum, et Græcorum, qui Phocensium fuere soboles;* ni el verso de Silio Itálico:

Phocaicæ dant Emporiæ dant Tarraco puvem.

Segun Estrabon, veneraban á Minerva en figura sentada: *Antiquorum Minervæ simulacrum multa sedentia videtur ut Phoceæ Massiliæ*;.... «Pausanias habla tambien del templo ant. de Minèrva en los Phocenses de *Jonia*. Otras medallas ofrecen la diosa Diana, que ya digimos adorar sus progenitores, y Estrabon, mencionada *Rodop*, continua: *ibi et Emporiis Dianam Ephesiam colunt, causam dicemus, ubi de Massilia sermo erit*. Lôs Españoles hubieron de conservar sin duda su religion particular, hasta que en tiempo de Caton se mezclaron con los griegos, segun se ha visto, y despues los romanos introdujeron tambien sus divinidades. El comercio principal de *Emporiæ* consistia en sus ricos tejidos de lino, y en sus apreciados espartos. Si se hubiese de creer al ob. de Gerona, contaba esta c. 30,000 vec. cuando mantenia su primitiva magnificencia. Esta magnificencia se sostuvo, no solo mientras duró en España el poder de los romanos, bajo el cual se perpetuó Emporiæ despues de sometida á Caton, sino tambien en tiempo de los godos, con la dignidad de silla ep.; ocurriendo probablemente su destruccion bajo el alfange agareno, pues no es de suponer fuese en el estrago que trajeron los alemanes á sus costas en tiempo de Galieno, habiendo perseverado mucho despues de aquella destruccion su sede. En los anales Metenses, que del dominio de Solinuan, capitan y prefecto de los sarracenos en la parte oriental de la Tarraconense refieren haber estado reducido á las c. que habian quedado menos destruidas, las cuales fueron *Barcelona* y *Gerona*, no se hace mencion de *Emporiæ* ó *Ampurias*, que de haber existido al menos en atencion á su anterior importancia, no se hubiera callado su nombre; pero hubo de ser enteramente arruinada, y así, no aparece tampoco mencion alguna de ella en las jornadas de Pipino y Carlo-Magno, referidas por los historiadores franceses. Entre los condados que formaron los reyes de Francia á consecuencia de haberse sometido á Pipino el espresado Solinuan, deseando asegurarse mas por este medio en su gobierno, cuyos condados ó distritos en que fueron subdivididas las diócesis que se hicieron, se encargaron para su defensa á otros tantos condes, llamados *guardias del límite hispánico*, aparece el *emporitano*, siendo uno de los cuatro de la dióc. de Gerona. Ampurias fue otra vez poblada; pero en el siglo siguiente al de la irrupcion de los sarracenos, trajeron los normandos nueva asolacion á toda la costa de España: «*omnem ejus* (Hispaniæ) *maritimam gladio*, dice el Salmaticense, *igneque prædando dissipaverunt*. No debió esceptuarse de esta calamidad el terr. de *Ampurias*, y en ella se fija la total destruccion de la ant. y opulenta *Emporiæ*, como entonces fueron arruinadas las c. *Elena* y *Rosellon*, sus vecinas. Habia sido restaurada *Ampurias*: asi consta de la escritura que se publicó en la *Marca Hispana* con el titulo: *Notitia judicati pro Ecclesia Gerundensi*. Estaba tan reparada en sus edificios, segun este instrumento, que se juntaron en ella el conde Adalarico, el ob. de Gerona Gondemar, y otros señores, y habia un tribunal, de cuyos jueces se escribe: *sedebat enim in Impuria civitate in Mallo publico pro multorum causis ad audiendum et rectis, et justis judiciis diffiniendum*. Pero otra vez sucumbió al furor de los invasores, quedando de nuevo y para siempre reducida á escombros. Mucho vuelve aun á figurar en las crónicas el nombre *Ampurias*; pero debe entenderse relativo al terr. conocido con el de *Ampurdan* (V.), ó á la v. de *Castellon de Ampurias* (V.); sin que la localidad de la famosa *Emporiæ* haya despues llamado la atencion del historiador con acontecimientos, cuyo recuerdo hubiera de merecer ahora segregarse del cuadro general de la historia, para su adjudicacion á estas ruinas, aunque los hayan atestiguado repetidos en las grandes calamidades y guerras que muchas veces han asolado al Ampurdan: el suelo de las célebres repúblicas *Indica* y *Emporum*, que vinieron despues á formar c. tan importante en el órden civil y en lo ecl., ocupado desde aquella destruccion, cuando mas, por cortos cas. y un establecimiento religioso, solo ha dado ocupacion al anticuario, que al recorrerlo ha de repetir: ¡*fue grande Emporias*! «*Sed civitas ipsa, olim destructa, ut diximus, neque tunc, neque posterioribus sæculis, restituta, in ruinis suis adhuc jacet sepulta.*» (Marca, lib. III, cap. XX.)

Historia eclesiástica. El inventor de los falsos cronicones afirmó haber aportado á *Ampurias* el Apóstol Santiago al venir á España, siendo esta c. la primera que logró oir su predicacion; pero no necesitó *Ampurias* de esto para que se la suponga una de las mas atendidas por los Apóstoles que predicaron el Evangelio en la prov. Tarraconense. Era un rico emporio del comercio, y por tanto la mas proporcionada para la propagacion de la luz evangélica, asi como para recibir pronto su ilustracion. Sin duda los Apóstoles procuraron fundar en ella sede episcopal, y su antigüedad no debe remontarse menos que al siglo I de la igl. Sin embargo, la primer memoria que se ha conservado de ella, como de las otras sillas de la misma prov., corresponde al siglo VI, en que se comenzó á escribir y mantener documentos. Las colecciones de concilios impresos, en la suscricion del congregado en Tarragona á 6 de noviembre del año 516, ofrecian, en primer lugar, despues de Juan, metropolitano de Tarragona, la firma del ob. *Tyrasonense*, cuyo nombre se enmendó con arreglo á los ejemplares manuscritos, y en la edicion de Loaysa se lee: «*Paulus in Christi nomine episcopus impuritanæ Civitatis suscripsi.*» Este mismo ob. asistió al concilio celebrado al año siguiente en la sede próxima de Gerona, y firmó las actas en tercer lugar, precediéndole Frontiniano, que le habia sucedido en la suscricion del concilio de Tarragona: en aquel manifestó al firmar ser el mas ant. de cuantos se juntaron en el sínodo; en este causó sin duda la antelacion de Frontiniano, la atencion que se le debia por celebrarse el concilio en su propia igl. A Paulo sucedió en la sede *Casonio*, cuyo nombre resulta escrito con la mayor variedad en las colecciones de concilios: *Cannonio*, *Cantomo*, *Casoncio*, *Castonio*, *Caroncio* y *Casonio*, cuya última escritura adopta el P. Risco. Suscribió este prelado el cuarto en el concilio segundo de Toledo, celebrado en mayo del año 527. El P. Risco persuade no deber estrañarse la firma de este ob. en un concilio provincial, de una c. tan dist. de Toledo como Ampurias. *Casonio* firmó tambien en el concilio de Lérida, celebrado el año 546, y aunque ni en uno ni en otro espresó la sede de su presidencia, el códice manuscrito, llamado *emilianense*, en que se halló un concilio celebrado en Barcelona; ofrece en el principio de este concilio las sedes que gobernaban los ob. asistentes, y entre ellos se lee: *Casontius Emporitanus*, despues de Sergio metropolitano, y de Nebridio de Barcelona. Colócase este concilio en el año 540, faltando en las actas la nota de la época en que se celebró. En el concilio tercero de Toledo firmó un ob. llamado *Fructuoso*, y en el de la prov. Tarraconense, en que se celebró la conversion de los arrianos á la religion católica, suscribió el arcipreste de su igl. en esta forma: *Galanus Archipresbyter Empuritanæ Eclesiæ, agens vicem domini mei Fructuosi Episcopi, suscripsy.*» Esta firma es la primera entre las de los vicarios ó procuradores que enviaron los ob. que no asistieron por sus personas, lo que prueba la antiguedad de *Fructuoso*. El sucesor de *Fructuoso* tuvo el mismo nombre de *Galano*, y es muy verosimil que fuese él mismo, siendo elegido del cabildo de la igl. de *Ampurias*, conforme á los cánones, que determinaban que el ob. fuese tomado del clero propio; su firma aparece al núm. 2 del concilio segundo Cæsaraugustano, en las letras tituladas *de Fisco Barcinonense*, y en la suscricion del concilio de Barcelona, celebrado el año 599, en cuya firma espresó la sede que gobernaba, no apareciendo en las otras dos anteriores. Los prelados que asistieron al concilio de Egara, no espresaron en las firmas sus igl.; y no es posible determinar el nombre del ob. *Emporitano*, aunque debe contarse entre ellos. *Sisaldo* presidia esta igl. en el año 633, como resulta de la suscricion al concilio cuarto de Toledo en el número 14, precediendo á un crecido número de prelados, lo que demuestra su antigüedad. En el concilio sétimo Toledano, suscribió *Donum Dei*, ob. de Ampurias, en el lugar 30, segun el órden que traen los manuscritos; en las ediciones de Loaysa y Aguirre se coloca en el 28, con estas palabras: «*Donum Dei Sanctæ Eclesiæ Empuritanæ Episcopus similiter subscripsit.*» El mismo prelado firmó en el concilio octavo Toledáno, en el lugar 12: «*Donum Dei impuritanus episcopus.*» Los impresos daban esta suscricion corrompida: «*Donus Imopyrenæus Episcopus*», cuya bárbara lectura hizo que Gerónimo Zurita en sus notas al Itinerario Romano, advirtiese sobre el pueblo que en él se espresa con el nombre *Imopyreneo*, que se hacia este descanso en un pueblo condecorado con sede episcopal. *Gundilano* consta haber presidido esta dióc. en los años 683 y 693 por las suscriciones del concilio décimo tercio nacional celebrado en Toledo, en la que aparece firmando en su nombre un Aban llamado Segario: «*Segarius Abas agens vicem Gundilani Episcopi Impuritani.*» Por la del concilio décimo quinto nacional, reunido en la misma c., leyéndose su firma en el núm. 35: «*Gaudila Empuritanæ Sedis Episcopus subscripsi.*» Y por la del concilio décimo sesto Toledano, que presenta su nombre en el número 10, con una ligera metátesis *Guadila*. Este es el último ob. de que se tiene memoria, con el titulo *Emporitano*. Con la pérdida general de España y la destruccion de Ampurias, desapareció esta dióc. bajo el poder islamita, y aunque fue esta c. restaurada, segun consta de la escritura que en comprobacion de este aserto hemos citado, no volvió ni ha vuelto á obtener su ant. dignidad; no ha logrado jamas, que se la restituyese la Sede Episcopal con que fue condecorada en los primeros tiempos de la igl. Pudiera alguno entender lo contrario, leyendo la mencionada escritura *Notitia judicati pro Eclesia Gerundensi*; pero debe tenerse aqui presente que si bien se da en ella al condado *Impuritanense* el nombre de ob., son muchos los casos en que se presenta este nombre aplicado á porciones de la Diócesi Pontifical, donde se ponian cóndes para el mejor gobierno de las armas, sin que tuviesen por esto ob. propio, y aunque algunos de los condados se constituyeron ob., correspondiéndoles de este modo el nombre con toda propiedad, á la fecha de la escritura citada no lo era alguno de los condados que alli se nombran con el titulo de ob. Por la relacion testificada, que se lee en la misma escritura se sabe, que el terr. del condado impuritanense lejos de tener ob. propio, fue adjudicado á la Diócesis Gerundense por Ludovico Emperador, que hizo esta merced al ob. Wimar, el cual fue puesto en posesion por el conde de Ampurias. Asi se mantuvo, dice el P. Risco, esta c. en los tiempos siguientes. En el siglo X pretendió restaurar su sede el abad llamado *Cesario* con las otras que pertenecian á la Metrópoli de Tarragona; pero no se cumplió su deseo por la contradiccion de los ob. de la misma prov. No solamente no ha vuelto á tener ob. propio Ampurias, sino que, como se ha manifestado en otra parte, ha permanecido hasta ahora sepultada en sus propias ruinas.

AMUNARRIZQUETA: composicion de *Munarrizqueta* (V).

AMURGA: monte de la isla de la Gran Canaria, prov. de Canarias, part. jud. de las Palmas: SIT. al S. de la isla y de los cerros que forman la cord. que por el espresado lado cierra el valle, cuyo centro ocupa la montaña llamada Calderita. En su cima tiene su origen un barranco lleno de asperezas y cortaduras por el cual desciende un arroyo que va á desaguar al mar sin producir ventaja alguna.

AMURRIO: l. con ayunt. en la prov. de Alava (7 leg. á Vitoria), dióc. de Calahorra (27), vicaria y herm. de Ayala, aud. terr. de Búrgos (20), c. g. de las Provincias Vascongadas y part. jud. de Orduña (1): SIT sobre las márg. del r. Nervion en un llano delicioso, cercado de diferentes colinas, muchas de ellas bien pobladas: su CLIMA, aunque dominante el viento N., es templado y húmedo, por lo cual se padecen dolores de reuma: 191 CASAS distribuidas en varios grupos, hasta la estension de mas de una leg., forman los barrios y cas. de Aldama, Alday, Alluriaga, Aresqueta, Aviaga, Barrenengo, Berganza, Crucialde, Eligorta, Isanca, La Calle, Landaburo, Landaco, Larra, Lejondo, Los Trigueros, Mariaca, Mendico, Mendiguren, Onsoño, Oquilurri, Orue, Pardio, Sagarribay, San Roque, Tontorra, Ugarte, Uritagoico y Zabalibar; hay casa de ayunt. y escuela elemental completa, dotada con 2,200 rs., y á la que asisten 51 niños y 27 niñas: no hay cárcel, pues si bien sirve de ella provisionalmente, la casa ayunt., pasan los presos á la cárcel de Ayala en Respaldiza, que á su solidez en la construccion reune la posible comodidad: la igl. parr. (la Asuncion de Ntra Sra.) es matriz, y comprende al l. separado Echegoyan, al cual sirve de igl. una ermita, dedicada á la Aparicion de San Miguel Arcángel: en el distr. parr. hay varias ermitas, como lo son la de San Antonio Abad y San Isidro, en el centro de la pobl.; la de San Silvestre y San Roque, en el térm. que toma nombre de este último Santo; la de San Simon y San Judas, en el barrio de Aldama; y finalmente las de San Pablo, San Pelayo y San Pedro que existen en Urrieta, Ugarte, y Mariaca, se encuentran en total abandono: seis beneficiados, dos de ellos autorizados para la cura de almas, todos perpétuos y de patronato del cabildo, entre patrimoniales, hacen el servicio parr., para el cual cuentan con las alhajas y ornamentos indispensables, y un buen cementerio rural: la beneficencia sostiene en este distr. un hospital para sus pobres. El TÉRM. confina por N. con Luyando á 1 leg., por E. con Olaveza (2) ó Izoria (1), por S. con Echegoyan (2) y Serracho (1), y por O. con Larrimbé y Barambio: le baña el r. Hermon, llamado por algunos Nervion, que nace en el monte de Santiago, sobre la peña de Orduña, y bajando al l. de Delica, corre por aquella c. y siguiendo por medio de Saracho, Amurrio, Luyando y Llodio, va á desembocar en la ria de Bilbao: el TERRENO, aunque de suyo árido, proporciona para el cultivo unas 30,000 aranzadas de tierra de buena calidad, monte arbolado y prados fecundizados no solo por el mencionado r., sino tambien por las cristalinas y hermosas aguas de varias fuentes. Pasa por Amurrio el CAMINO real de Bilbao á Castilla, y un ramal que enlaza con el de Vitoria y llega hasta Arceniega: el CORREO se recibe de Orduña por medio de un encargado los mártes, juéves y sábados. PROD. trigo, maiz, manzana, peras, castañas, legumbres y hortaliza; cria ganado vacuno, lanar, cabrio y de cerda; hay caza de liebres, perdices y tordas, y se encuentran algunos corzos: el r. proporciona abundante pesca de barbos, loinas, anguilas y peces menudos: la IND. sostiene una ferr. y seis molinos harineros, ocupándose el resto de la pobl. en las operaciones agrícolas, y en el carboneo para el surtido de la ferr.: POBL. 156 vec.: 756 alm.; RIQUEZA Y CONTR. (V, ALAVA INTENDENCIA): el PRESUPUESTO MUNICIPAL asciende á unos 22,240 rs., de los que percibe 1,000 el secretario; todo él se cubre con algunos arbitrios y reparto vecinal. En el térm. de Amurrio habia un torreon antiquísimo con el nombre de cast. de Mendijur, perteneciente á los estados del duque de Wervik; pero fue demolido en el año de 1839, y sus materiales utilizados en la construccion de un fuerte establecido á corta dist. del torreon. La casa solar de Mariaca es célebre en aquel pais por las estremadas fuerzas que se dice tenia su fundador Juan de Mariaca, verdaderamente admirables, si fueran creibles. En Amurrió estuvo de paso en junio de 1813, la fuerza que mandaba D. Pedro Giron, dirigiéndose á Vitoria para tomar parte en la batalla que en sus inmediaciones se dió contra los imperiales.

AMURRIO: part. jud. de entrada en la prov. de Alava, aud. terr. de Búrgos y c. g. de las prov. Vascongadas: hoy se denomina part. jud. de *Orduña*, por residir el juzgado en dicha c. (terr. de Vizcaya). Este part. es uno de los que demuestran la deforme division terr. que rige en la Península. La c. de Orduña perteneciente, repetimos, al terr. de Vizcaya, no aparece por los datos oficiales muy recientes que tenemos á la vista, que su ayunt. correspoda á aquella prov. ni á la de Alava, al paso que en esta se incluyen en su estadística municipal los ayunt. de Llodio y Oquendo que depende en lo judicial del part. de Valmaseda (Vizcaya). Déjase conocer la dificultad que ofrece reseñar asi geográfica como estadísticamente un part. que presenta las anomalias que hemos indicado; sin embargo, adoptamos describirle bajo el nombre que lo hacemos, por denominarlo asi el Gobierno político de Alava, y por ser de esta prov. el mayor número de la pobl.: esta se compone de 3 v.; 62 l. y 3 valles á los que podemos añadir la indicada c. de Orduña con sus 4 ald. y los valles de Llanteno, Llodio y Oquendo, formándose el part. de 73 pobl. con 195 barrios y 79 cas. que entre todos reunen sobre 3,000 CASAS. La nomenclatura de estas pobl. podrá verse en los ayunt. de Amurrio, Arceniega, Arrastaria, Ayala, Lezama, Urcabustaiz y Zuya; en los de Llodio y Equendo, asi como en el de la c. de Orduña; cuya dist. entre si y la que media entre estos y las cap. de sus dióc., aud. y c. g., se desmuestran en el siguiente estado.

AMURRIO.															
3	Arceniega.														
1 1/2	4	Arrastaria, cap. Délica.													
1	2	2 1/2	Ayala, cap. Respaldiza.												
1/2	3 1/2	1 1/2	1 1/2	Lezama.											
2	3	3 1/2	2	2 1/2	Llodio.										
2	2	3 1/2	1	2 1/2	1	Oquendo.									
1	4	1/2	2	2	3	3	Orduña.								
5	2	6 1/2	4	5 1/2	5	4	6	Balmaseda.							
2	5	1 1/2	3	1 1/2	4	4	2	7	Urcabustaiz, cap. Izarra.						
3	6	2 1/2	4	2 1/2	5	5	3	8	1	Zuya, cap. Murguia.					
20	23	19	21	20 1/2	22	22	19	20	21	22	Búrgos.				
25	28	24	26	24 1/2	27	27	25	30	23	22	31	Calahorra.			
18	15	19 1/2	17	18 1/2	19	18	19	13	20	21	28	43	Santander.		
7	10	7	8	6 1/2	8 1/2	9 1/2	7	12	4	4	19 1/2	17	27	Vitoria.	
60	63	59	61	60 1/2	62	62	59	60	61	62	43	74	70	62	Madrid.

NOTA. Es de advertir que cada leg. en esta prov. de Alava y Vizcaya, se compone de diez trozos de á 2,000 pies cada uno, por lo que resulta que cada leg. tiene 20,000 pies.

Está SIT. en la parte N. de la prov. con inclinacion al E. ciñéndolo por la parte boreal la cord. que en este punto toma el nombre de *Gorbea ó Gorbeya*, y el monte Altuve que le separa de Vizcaya; por la parte O. sigue una cadena de cerros y montes que forman lím. con el terr. conocido por las Encartaciones (Vizcaya); al SO. confina con la prov. de Búrgos, y famosa peña de Orduña, por S. con el part. jud. de Añana, y al E. con el de Vitoria: el CLIMA en lo general frio, ofrece las alteraciones á que da lugar la desigualdad del suelo; pero es sano sin que se observe en sus naturales otras enfermedades que las muy comunes.

El TERRENO es bastante fértil, con especialidad en los valles de Amurrio, Arrastaria y Lezama; pero si bien la tierra que mas abunda es de segunda y tercera clase, y la parte montuosa se compone de arcilla sobre piedra, el esmerado laboreo en que ejercitan la laya, el rastreo y la cava, como tambien el abono de estiércol, cal y aun la escoria del fierro, suple á la falta de vigor: sin embargo, en todas direcciones se encuentra arbolado de nogales, manzanos, perales, cerezos y no escascan el roble, el castaño y la encina, á pesar del destrozo que ha esperimentado en las últimas guerras, y el abandono en que se hallan nuestros montes. El terr. del part. de Amurrio es susceptible de mejoras agrícolas é industriales utilizando con acierto las muchas aguas que le fertilizan. El Nervion, conocido tambien por Hermon, nace bajo la peña de Orduña y monte Santiago, en el l. de Délica, y corriendo de S. á N. por el valle de Arrastaria, se dirige despues por Saracho, Amurrio, Luyando y Llodio á formar la famosa ria de Bilbao, despues de cruzarle 13 puentes; 6 en el valle de Arrastaria; 3 en el térm. de Saracho, y 4 en el de Amurrio: el r. Bayas, que tiene origen en las alturas del Gorbea, recorre el valle de Zuya, de N. á S. y lleva su curso por los térm. de Urcabustaiz, dirigiéndose al part. de Añana, por Quartango y la Ribera, á desembocar en el Ebro mas abajo de Miranda; este r. caudaloso en el invierno, no interrumpe su curso en el verano, y se le cruza por los puentes de la Encontrada, Luquiano, Zubiegui, Amezaga, Blanco, Igas y Aldarru: el r. Gujulí, baja á unirse al indicado Bayas, trayendo origen de la sierra de Guibijo, y despues de encontrar los puentes de Ugalde, Grade, Gandía, Amorroqui y Urquillo: el Elizarra le enriquece tambien despues de recorrer desde Sustaizara, térm. jurisd. de Urcaqustaiz hasta el valle de Cuartango, donde le encuentra, el *Altuve* (V.), que lleva sus aguas al Nervion; el Arceniega que nace en la peña de Tudela, formándose de varios arroyuelos, y baja á esta v., desde la cual se dirige por Gordejuela, terr. de Vizcaya; y en fin otros varios riach. brindan, como se ha indicado, á las mejoras de que es susceptible la ind. de este pais. No le es menos favorable el hallarse cruzado por las carreteras que desde Pancorbo siguen á Bilbao, tocando en Orduña y Amurrio; por la que desde Vitoria se dirije á aquella invicta v., pasando por Berambio; por el ramal que desde este punto sigue por Amurrio hasta Respaldiza, y por un crecido número de caminos de herradura que facilitan la comunicacion entre todos sus pueblos; los cuales disfrutan de las tres espediciones semanales de CORREO, que algunos de ellos lo reciben diariamente por la Mala. Sús PROD. agrícolas son hoy el trigo, el maiz, muchas patatas, algunas legumbres y frutas, gran cosecha de manzanas, de las que elaboran chacoli, y poco viñedo; pero cria mucho ganado caballar y mular, lo hay tambien cabrio, lanar, de cerda, y el vacuno necesario para el trabajo: abunda la pesca, y no escasea la caza.

La INDUSTRIA fabril cuenta con las ferr. de Abornicano, Amurrio, Astovisa, Barambio y Laencontrada, que todas ocupan algunos brazos, si bien no tanto como pudieran, varias alfarerias, en Zuya, proporcionan vasijas ordinarias á todo aquel pais; y las ferias de Amurrio, Arceniega y Quejana, son los únicos puntos en que se ejecutan las operaciones del tráfico en granos y ganados, que es el COMERCIO que se conoce en este partido, si se esceptua el de importacion de vinos que se hace de la Rioja.

La instruccion se encuentra en buen estado, pues si recordando lo desparramada que está la pobl., examinamos el siguiente cuadro, observaremos con gusto que en el part. jud. de Amurrio, pueblo agrícola y ocupado continuamente en las penosas labores del campo, no se descuida la

INSTRUCCION PUBLICA (*).

NUMERO DE: Ayunt.	NUMERO DE: Almas.	ESCUELAS.	Públicas.	Privadas.	TOTAL.	CONCURREN: Niños.	CONCURREN: Niñas.	CONCURREN: TOTAL.
9	10,528	Elementales...	6	»	6	345	160	505
		Incompletas...	23	1	24	410	156	566
		TOTALES...	29	1	30	755	316	1,071

Proporcion....	las escuelas con los ayunt.....	003'333 á 1
	las almas con las escuelas.,...	350'930 á 1
	las almas con los concurrentes	009'830 á 1

ESTADISTICA CRIMINAL. Los acusados en este part. jud. durante el año 1843, fueron 34; de estos resultaron absueltos de la instancia 3, otros 3 libremente y 28 penados; del total de acusados 3 contaban de 10 á 20 años de edad; 24 de 20 á 40, y 7 de 40 en adelante: pertenecian al sexo masculino 30, y al femenino 4: eran solteros 17 é igual el número de casados: 23 sabian leer y escribir; los demas carecian de esta educacion: 9 ejercian profesion científica ó arte liberal, y 25 artes mecánicas. En el mismo periodo se perpetraron en este part.: 20 delitos de homicidio y de heridas; 2 con armas blancas de uso lícito; 3 con instrumentos contundentes y 15 con otros instrumentos ó medios no espresados.

Concluimos, pues, presentando el:

(*) En este cuadro no se comprenden la pobl. ni escuelas de la c. de Orduña.

CUADRO sinóptico, por ayuntamientos de lo concerniente á la poblacion de dicho distrito, su estadística municipal y la que se refiere al reemplazo del ejército.

AYUNTAMIENTOS ó HERMANDADES.	PARTIDOS judiciales á cuya jurisdiccion pertenecen.	OBISPADOS DE QUE DEPENDEN.	NUMERO de pueblos de que se componen.	POBLACION: Vecinos.	POBLACION: Almas.	ESTADISTICA MUNICIPAL. ELECTORES: Contribuyentes.	ELECTORES: Por capacidad.	ELECTORES: TOTAL.	Elegibles.	Alcaldes.	Tenientes.	Regidores.	Síndicos.	Suplentes.	Alcaldes pedáneos.	REEMPLAZO DEL EJERCITO. JOVENES ALISTADOS DE LA EDAD DE: 18 años.	19 años.	20 años.	21 años.	22 años.	23 años.	24 años.	TOTAL.	Cupo de soldados correspondiente á una quin. de 25,000 hombres.
Amurrio.	Orduña.	Calahorra.	1	156	756	101	7	108	93	1	1	4	1	5	»	7	11	11	3	10	6	8	56	No se verificó el reparto entre los pueblos.
Arceniaga.	id.	Santander.	7	146	708	93	10	103	81	1	1	4	1	5	6	10	4	3	6	5	4	»	32	
Arrastaria.	id.	Calahorra.	4	103	499	71	10	81	68	1	1	4	1	5	4	10	1	5	8	7	»	3	34	
Ayala.	id.	Sant.r y Calah.a	24	531	2,574	185	72	257	180	1	1	8	1	7	24	31	22	24	28	26	33	19	183	
Lezama.	id.	Calahorra.	6	296	1,435	208	20	228	179	1	1	6	1	6	6	15	10	10	21	12	11	15	94	
Llodio.	Balmaseda.	id.	1	391	1,895	200	10	210	177	1	1	6	1	6	»	27	16	24	23	23	8	13	134	
Uquendo.	id.	id.	1	191	926	118	7	125	112	1	1	4	1	5	»	13	3	8	4	9	3	6	46	
Urcabustaiz.	Orduña.	id.	11	125	606	74	18	92	60	1	1	4	1	5	11	7	6	7	3	6	6	8	43	
Zuya.	id.	id.	13	233	1,129	124	22	146	104	1	1	6	1	6	11	12	12	19	14	19	3	8	87	
TOTALES.			68	2,172	10,528	1,174	176	1350	1,054	9	9	46	9	50	62	132	85	111	110	117	74	80	709	

AMUSCO: puente en la prov. de Palencia, part. jud. de Astudillo: SIT. sobre el r. Ucieza, en el camino que conduce de la v. del mismo nombre á Carrion de los Condes: su fab. es de piedra mamposteria, y aunque le faltan varias piedras en sus pretiles, lo cual es causa de que muchas veces caigan algunas caballerias y sus conductores á la vega, afortunadamente sin hacerse daño por su poca altura y hallarse aquella cubierta de yerba, no obstante se conserva en buen estado: consta de once ojos de 14 pies de luz cada uno, siendo toda su long. 205 pies, su lat. 14 y su altura 15: el agua del Ucieza pasa por los ojos segundo, tercero y cuarto mas inmediatos á la v. del mismo nombre; por el último ha corrido hasta el dia un cuernago que daba impulso á un molino harinero, el cual daba principio unas mil varas mas arriba del puente, y concluia á otras mil por la parte de abajo: contiguas al último ojo hay doce alcantarillas hechas mientras la vega ha estado inundada para dar mas pronto salida á las aguas en tiempo de avenidas, que se estendian por toda la llanura á causa de faltar la madre al rio.

AMUSCO: V. con ayunt. en la prov., dióc. y adm. de rent. de Palencia (3 1/2 leg.), part. jud. de Astudillo (2 1/2), aud. terr. y c. g. de Valladolid (11): SIT. en una llanura de hermosa y alegre vistá por los diez ó doce pueblos que se encuentran en su circunferencia, dist. 1 leg. de la misma; libre á todos los vientos, y con CLIMA saludable: las enfermedades que mas frecuentemente aquejan á sus hab. son las pulmonias, producidas por el aire N. y NO. en los meses de febrero, marzo y abril, y las tercianas en la estacion de otoño. Consta de 460 CASAS de un solo piso alto y regularmente distribuidas; las cuales forman calles anchas, mal empedradas y súcias en general: hay dos plazas con bastantes soportales, una llamada Mayor, y otra Menor, que es la de la Constitucion; á cuya inmediacion se halla la casa consistorial y la igl., sirviendo sus átrios, que estan uno cubierto y otro sin cubrir, de paseos de invierno y de verano; un hospital para la asistencia de 12 enfermos con los fondos suficientes producidos por unas 60 obradas dé tierra y 90 á 100 cuartas de viña, legadas á dicho establecimiento por diferentes vec. del pueblo; un pósito con mil y pico fan. de grano de existencia; una escuela para niños de ambos séxos, cuyo maestro goza de una pingüe dotacion, consistente en casa para vivir con su lagar, en 14 obradas de tierra, 43 cuartas de viña, 320 rs. pagados de propios, unos 2,000 y pico de censos en favor y titulos del Estado, y ademas las retribuciones de los 80 ó 90 alumnos que á ella concurren, las cuales varian segun los adelantos de cada uno desde 1 real mensual hasta 3; y una cárcel muy mala que se halla en la casa habitacion del alguacil del ayunt.: sus hab. se abastecen del agua de una alcantarilla procedente del canal, porque la de las 6 ó 7 fuentes que cuenta es salobre y gruesa, á escepcion de la de una titulada *Fuente del Mimbre*, la cual es sumamente dulce y delicada; pero no se hace uso de ella por distar cerca de 1 leg. de la v. La igl. parr., bajo la advocacion de San Pedro Apóstol y sit. en el centro del pueblo, está servida por un cura párroco de provision del diocesano, y por 7 beneficiados patrimoniales: el edificio es todo de piedra labrada y de formas gigantescas, tanto que la llaman por mal nombre el *Pajaron de Campos*; es de una arquitectura sumamente sencilla, sin encontrarse en todo él la mas insignificante moldura; y se compone de una inmensa nave sin apoyo en columna alguna, teniendo 150 pies de long., 85 de lat., y 110 de altura con 150 que cuenta su elevada torre: el altar mayor es tambien de dimensiones colosales, pudiéndose asegurar que no hay otro igual en Castilla; ocupa toda la anchura de la igl.; se eleva hasta la techumbre del edificio, es de maderas perfectamente sobre-doradas, y contiene en sus respectivos nichos todos los Apóstoles en figuras atléticas de cuerpo entero ocupando el centro San Pedro, sentado en su silla y vestido de pontifical: en cada lado de la nave se ven tres altares, y fronterizo al mayor su magnífico coro con su gran órgano. Fundose esta igl. á mediados del siglo XVI, á costa, segun aseguran, del cabildo cated. de Palencia, de las rent. reales, del pueblo, y sobre todo del marqués de Lara, que tenia sobre él señ. jurisd.: hay un beaterio para hombres, con el nombre de *Escuela de Cristo*, adonde algunos concurren á orar los domingos por la tarde; y como á 200 varas del pueblo una grande ermita con el titulo de Ntra. Sra. de las Fuentes, abogada de los pastores del contorno, quienes celebran una solemne funcion el domingo siguiente á la Natividad de la Virgen; el edificio consta de 3 naves de arquitectura gótica; en el centro de la de en medio se encuentra el altar de la Virgen, y en las laterales otros 5 retablos, estando 4 de ellos en sus respectivas capillas: esta ermita sirvió de igl. parr. hasta que se construyó la de que se ha hablado: próximo á la pobl. se halla el cementerio bastante capaz y bien ventilado. El TÉRM. confina por N. con el de Piña de Campos, por E. con los de Palacios del Alcor y Valdespina, por S. con los de Monzon y Sta. Cruz, y por O. con los de San Cibrian y ambas Amayuelas, dist. 1 leg. el que mas de estos lim.: comprende sobre 10,000 obradas de tierra blanca, inclusas las 2,000 concejiles y las 1,300 de la vega inundada, y ademas 1,500 aranzadas de viñedo; en la anterior época constitucional nada se vendió perteneciente al clero, pero en la presente se ha desamortizado todo lo que poseia, reducido á 80 obradas de tierra de unas monjas, á 400 del clero de la v., y 100 aranzadas de viña. Tambien tiene un monte dist. 1 1/2 leg. del térm., llamado el *Carrascal*, del cual solo le pertenece la leña al vecindario, pues el suelo es propio de un titulo de Castilla. El TERRENO es todo llano, menos las 2,000 obradas concejiles que estan en el páramo y en las colinas que dan subida al mismo; su calidad en general es superior para dar abundantes cosechas de trigo y cebada, y mas cuando los inviernos son lluviosos, que es lo que conviene á esta tierra, á causa de ser arcillosa, fuerte y compacta: de las 8,000 obradas de la llanura, las 3,500 inclusas las infructiferas de la vega, son de primera calidad, 3,000 de segunda, y las restantes de tercera; las 2,000 concejiles son por lo regular de cuarta y quinta clase, tierra ligera, seca y pedregosa, que escasamente compensa los afánes y sudores del infeliz bracero, que es quien la cultiva sin pagar cosa alguna; pero el terreno, cuya feracidad estraordinaria apenas es creible, es el de la vega que durante 60 ó mas años ha inundado el r. Ucieza por carecer de álveo; este se está hoy construyendo, merced á la constancia y sufrimiento de unos cuantos vec. del pueblo, y sobre todo, del Sr. D. Eugenio Gárcia Ruiz, que no ha escaseado sacrificio alguno por orillar el espediente seguido ante el Gobierno para la apertura del cáuce, y proporcionar despues los recursos necesarios á fin de llevar á efecto tan importante obra: tambien al autor del Diccionario le cabe la satisfaccion de haber contribuido en cuanto ha estado á sus alcances, al logro de un objeto que indudablemente labrará la felicidad de esta pobl.; entre los que á tan laudable objeto han concurrido, merece un lugar muy distinguido el Sr. D. Jaime Ceriola, quien con una laudable generosidad ha suministrado los fondos necesarios para la ejecucion de tan grandiosa obra. Es tal la feràcidad de esta hermosa vega, que segun las cosechas que se hacian antes de inundarse completamente, y segun lo que producen algunas tierras dist. del ant. cáuce, y sembradas á la buenaventura en años de pocas avenidas, puede dar cada obrada de 30 á 40 fan. de trigo, y mas que doble de cebada: segun cálculos muy aproximados, producirán las 1,300 obradas de tierra inundada por 20 y mas años seguidos, de 30 á 40,000 fan. de trigo en cada uno, cuya estraordinaria feracidad solo se ve en los terrenos virgenes de la América del N.; su calidad es sumamente compacta; y al propio tiempo mantecosa y suavísima, sin que en todo él se encuentre una piedra del peso de una onza: cruzan por el térm. el r. Ucieza como á unas 500 varas al O. del pueblo en direccion de N. á S.; viene de Piña, y despues de bañar el campo de Amusco, desemboca en el Carrion que pasa á 1 leg. corta de la v.: diferentes arroyos de poca importancia que mueren en el Ucieza, siendo el principal el titulado *Monzon*, el cual divide gran parte del térm. de ambas pobl.; tiene su nacimiento en el valle donde se halla Valdespina, atraviesa este pueblo, y á la 1/2 leg., ya en terreno de Amusco, da movimiento á un pequeño batan, y á otra 1/2 á otro de igual clase, de cuyo artefacto salen sus aguas para unirse al Ucieza, muy cerca de su embocadura; y últimamente, el hermoso canal de Castilla, en cuyo curso por este térm. se encuentran dos puentes y dos acueductos de piedra: CAMINOS: pasa junto al pueblo la carretera de Santander que se halla en el mejor estado: tambien hay un camino carretero desde esta v. á la de Carrion, siendo los demas de pueblo á pueblo, los cuales se ven en un estado lastimoso, particularmente en el invierno, que muchos estan intransitables: CORREOS Y DILIGENCIAS: cruzan por la v. el correo y diligencia de Santander, recibiendo su correspondencia tres veces á la semana por medio de un balijero que va por ella á Palencia:

PROD. trigo, cebada, vino, patatas, legumbres y avena en corta cantidad; ganado yeguar y algo de vacuno: CAZA: perdices, liebres y conejos: PESCA: ricas anguilas, tencas, truchas y barbos: IND.: el principal ramo de riqueza despues de la agricultura, es la fáb. de bayetas ordinarias, con que se sostiene mas de la mitad de su vecindario; hay de 65 á 70 telares montados á la ant., que dan al año sobre 2,500 piezas de 60 varas cada una, las que los fabricantes venden tintadas y tambien en blanco en Palencia, Valladolid, Medina del Campo, Rioseco, Tordesillas, y sobre todo en las montañas de Santander y Asturias; la lana para la fáb., se compra en toda esta prov. y en las grandes pobl. del centro de Campos, pertenecientes á las de Valladolid, Zamora y Leon: esta fáb. se halla hoy en decadencia notable, debido, sin duda, á que sus prod. no pueden competir ni en finura ni en baratura con los de otras fáb. de Castilla, donde el mayor trabajo, que es el de las manos, se ha sustituido con la maquinaria, desconocida á los fabricantes de Amusco. Tambien hay dos tintes para las bayetas, aunque muchas se tintan en Palencia, así como se blanquean otras en los batanes de Sta Cruz por no ser suficientes los dos del arroyo de Monzon: se atribuye, aunque no se sabe con que fundamento, el establecimiento de esta fáb. en el pueblo á los marqueses de Lara por los siglos XV ó XVI: COMERCIO: ademas del que se hace de bayetas y granos, hay una tienda de telas inglesas y paños de Ezcaray, otra de cerería y confitería, 5 ó 6 de abacería y varios géneros ultramarinos, y un almacen de maderas y hierro de Vizcaya y Santander: FIESTAS: la del Santo titular es el 29 de junio, dia de San Pedro Apóstol; pero hay otras dos mas solemnes y concurridas, que son las de Ntra. Sra. de las Fuentes, que celebran con gran pompa los pastores de todos los pueblos comarcanos, y la de la Asuncion de la Virgen, dia 15 de agosto, que se celebra por el pueblo con misa y sermon por la mañana, y con novillos, fuegos y danzas por la tarde: POBL.: 335 vec.: 1,743 alm.: CAP. PROD.: 1.974,100 rs.: IMP.: 113,266: el PRESUPUESTO MUNICIPAL asciende á unos 6,000 rs., el que se cubre con la rent. de 40 obradas de tierra y 60 cuartas de viña, y con diferentes arbitrios, como el matadero, el peso y la venta esclusiva del aceite y de los pescados. Consérvanse en esta v. vestigios de ant. murallas. Hasta el siglo XVII se conoció con el nombre de *Famusco*; en esta época empezó á decirse *Amusco*. Fue trabajada en el siglo XIV, por las contiendas de las familias de Osorio y Lara, quienes se disputaron su posesion, quedando por la última, cuyo señ. ha gozado hasta el año 1812, en que fue declarada Amusco pueblo realengo. En tiempo de estas diferencias era cab. de 9 pequeñas pobl. que habia en su térm., y á la sazon fueron destruidas. Sufrió esta v. en 1804 una horrorosa peste, producida por la miseria. Tiene por armas 4 calderas, 2 cast. y 2 leones.

AMUSQUILLO: v. con ayunt. de la prov. de Valladolid (7 leg.), part. jud. de Valoria la Buena (3), aud. terr. y c. g. de Valladolid, dióc. de Palencia (6), SIT. sobre una pequeña altura á la der. del r. Esqueba; le baten los vientos N. y O. que hacen su CLIMA bastante fresco, y produce algunas calenturas intermitentes ó tercianas. Lo forman 50 CASAS de regular construccion: tiene una escuela de instruccion primaria, comun á ambos sexos, á la que concurren diez niños y cuatro niñas: dirigida por un maestro con la dotacion de 200 rs. y 7 cargas de trigo que se le pagan de propios; hay una igl. parr. bajo la advocacion de San Estéban Proto-Mártir: la sirve un cura de primer ascenso. Confina el TÉRM. por N. con Bertavillo, por E. con Villuo, por S. con Villafuerte, y por O. con Esquevillas: se estiende por N. y O. 1 leg., y por E. y S. 1/4. Se encuentran en él varios manantiales, cuyas aguas son bastante salobres, por cuya razon se surten los vec. del r. Esqueba. Hay al O. y 1/4 leg. de la pobl. una ermita de San Millan de la Cogulla, sit. en una altura ó cuesta aislada, que está bastante deteriorada; al N. un monte de roble, bastante poblado, aunque de corta estension. El r. Esqueva le fertiliza, y pasa á unos 20 pasos de la pobl., á cuyo frente hay un puente, que aunque de piedra, es de mediana construccion: su TERRENO es de mediana calidad, y regular prod.: hay cinco CAMINOS, que conducen á Valladolid uno, otro á Villafuerte, otro á Bertavillo y Alba, y el otro á Palencia; malísimos en tiempo de lluvias: el CORREO se recibe de la adm. de Peñafiel, por medio de balijero, sin que sean fijos los dias de llegadas y salidas: PROD. trigo, morcajo, cebada, avena, muelas, centeno, anís, yeros y patatas; siendo la mas abundante la del trigo, morcajo y cebada: cria ganado lanar, vacuno y mular; hay liebres, conejos y perdices; y del r. se sacan, especialmente en setiembre, abundancia de cangrejos con un gusto particular y esquisito, y anguilas que son preferidas á las de los r. grandes: el COMERCIO está reducido á la venta de granos en el mercado de Peñafiel, y al de ganado lanar en el de Maamud, por el mes de mayo; surtiéndose en Peñafiel de los art. de consumo necesarios: POBL.: 50 vec., 200 alm.: CAP. PROD.: 367,670 rs: IMP. 36,767: el PRESUPUESTO MUNICIPAL asciende á 500 rs. que se cubren por repartimiento vecinal.

ANA (SANTA): cas. que con otro llamado de San Juan, y otro de Cardaba, contiguos entre si, han pertenecido al cot. red. del monast. de San Bernardo de Sacramenia, en la prov. de Segovia (12 leg.), part. jud. de Cuellar, (7), jurisd. de Valtiendas (1/2), felig. del espresado monast. agregado á la vicaria de Fuentidueña: SIT. en el asiento de una cuesta bastante elevada, y sin abrigo alguno; tiene 4 CASAS propias para los usos de la labranza, y una fuente de agua no muy buena; á la falda de la cuesta hay un valle, por el que pasa un arroyo que da movimiento á un molino harinero y un batan: su TÉRM. confina con Sacramenia, Cuevas y Pecha-Roman: el TERRENO es algo quebrado, y labrantío la mayor parte: PROD.: trigo, cebada, centeno, garbanzos y otras legumbres, se mantiene bastante ganado lanar y palomas: sus vec., RIQUEZA Y CONTR. estan incluidos en los cálculos de Valtiendas, de que depende en tales conceptos. Este cas. y cot. red. fué enagenado en 1823, y hoy es de dominio particular.

ANA (SANTA): ald. con alc. ped., en la prov. de Jaen: Es uno de los 12 part. de campo en que se halla dividido el térm. de la c. de *Alcalá la Real* (V.), y por tanto corresponde á su part. jud., y abadia: dista de ella 1/2 leg. al E. El cerro de las Cruces tiene en su cúspide una esplanada de cerca de 1/2 leg. de diámetro, terminando en casi toda su circunferencia por cortaduras y tajos; pero en direccion de O. á E. forma un suave declive, en cuya parte inferior está colocada la ald. de que nos ocupamos, en sit. agradable y muy llana, pues por ella se prolonga dicha esplanada, conocida con el nombre de los Llanos. Edificado el pueblo sobre canteras de piedra, en terreno arenoso, sus calles estan sin empedrar, y son muy desiguales, con barrancos formados por las corrientes de las aguas llovedizas; y como las casas tienen corrales en lo general de mucha estension, aparenta esta ald., vista de lejos, ser una c. crecida. Cuenta 131 CASAS de uno ó dos pisos, 25 cortijos y casas notables diseminadas, 7 casillas, tambien diseminadas, 3 molinos harineros, 1 de aceite, y 2 ventas. A la escuela de primera enseñanza, dotada con 100 ducados, concurren 18 niños. La igl. parr. que da nombre al part., agregada á la de Sto. Domingo de Silos, de Alcalá la Real, es la mejor de sus part. de campo, y se venera en ella la titular compatrona de dicha c.: tiene el templo, que es de piedra cantería, 18 varas de long. y 6 de lat., con la correspondiente altura, una media naranja en la capilla mayor, 7 altares con algunos retablos, tres lienzos de marca mayor, entre ellos el de los Santos Doctores, de bastante mérito, siendo regulares los otros dos: la sacristía es de bastante estension, y muy buena la portada de la igl., de órden corintio, sostenida por columnas estriadas: tiene campanario y casa para el sacristan. Colocado este templo en el centro de la pobl. se forma en su puerta una especie de plaza bastante grande, y en uno de sus estremos existe una fuente con abrevadero, que recibe el agua que arrojan en abundancia sus dos caños: ademas de esta fuente, hay otra al N., llamada del Comendador, con 4 pilas, en donde bebe el ganado. En el térm. de este part. de campo se halla la fuente del Rey, y por encima la de Somera, que es muy abundante y de buenas aguas, sirviendo como la anterior de lavadero, aunque en esta no hay preparacion alguna: la de Granada, sit. á unas 1,000 varas al S. de Alcalá la Real, es un grandísimo pilar con bastante agua, y junto á él, camino de Granada, se halla el de las Pilillas, sin duda llamado así, porque estas son muy pequeñas: con las aguas de estos veneros, especialmente de las fuentes del Rey y Somera, se riegan unas 150 fan. de tierra.

Ademas de las casas que forman esta pobl., hay diseminados en el part. los 38 edificios que hemos enumerado, siendo los principales, el cortijo de la Lancha, la casería de

Utrilla; los cortijos, la Mesa, Cabeza del Carnero, Polinar, el Ciego, la Cuesta, Media-naranja, Piqueras, Salobrar, la Dehesa, de Leon, la Merced, Melgar, Pernilla, Pernia, Peña del Yeso; y las caserias de Biedma y Melico, la de Leon ó Noveruelas; la de Alambra, de los Frailes, Duran, Pinedas y Peñuelas. En este último sitio, á 1/6 leg. al S. de Alcalá, se encuentran algunos sepulcros, que se cree sean del tiempo de los romanos. Las dos ventas se denominan de Góngora, y de Máximo: la primera está á 1,000 pasos de dicha c. en el camino de Granadá, y la segunda en el mismo á 3/4 leg.: los molinos harineros se conocen con los nombres de Fuente del Rey, Lancha y Veinte Novias, y el de aceite se concluyó en fines del año pasado 1844. Ademas del referido cerro de las Cruces, ó Llanos, se hallan en este part. los de el *Cascante* á 1/4 leg. al SE. de Alcalá, con una torre del mismo nombre, y la *Moraleja* á igual dist. al S., con otra torre árabe como la anterior: ambos cerros tienen muy poca elevacion, y estan formados de capas de piedra arenosa de canteria, de donde se estraen losas para los edificios: en las diferentes canteras donde está muy compacta la piedra, se corta para diferentes usos. Segun las cualidades de este terreno se ve que estos cerros, y principalmente los Llanos, son un gran filtro, donde se destilan las aguas potables de Alcalá la Real, y las de la fuente del Rey y Somera. La clase de la tierra del térm. de este part., por el que pasa á 1/4 leg. al E. con direccion de N. á S. el arroyo *Salobrar*, es vária como vimos en Alcalá: en los cerros poco fructífera, y sin embargo se siembran de cereales algunos pedazos que serian mas á propósito para pinares y otros árboles que prosperan en terreno arenoso: en las vegas hay algunas tierras de primera clase, aunque la mayor parte son de segunda. Existen 5 ó 6 alamedas de álamos blancos y negros, varios frutales en las huertas de la fuente del Rey, tres pagos de viña y algunos olivos y encinas. Las demas prod. de este part., así como los datos relativos á su pobl., RIQUEZA, CONTR. y otros no menos importantes que estos, quedan señalados en el art. de Alcalá la Real.

ANA (SANTA): fort. de la prov. y part. jud. de Almería, construida en el reinado de Carlos III, á la orilla del mar al ESS. y como á 1,000 varas de dist. de Roquetas, para defender el fondeadero en la rada de este pueblo: su figura es cuadrilonga con una bateria principal en la cortina del E. Los temblores de tierra esperimentados en el año 1804 han destruido las obras interiores del edificio, conociéndose en las ruinas de la plaza, oratorio y alojamientos para la guarnicion: solo ha quedado en estado de uso la espresada bateria, que hoy se halla desartillada, y sin guarnicion, y solamente de noche acostumbra haber un destacamento de carabineros para evitar los alijos de géneros de ilícito comercio. Seria muy conveniente en caso de una guerra marit. la reparacion de esta fort. y la de la bateria casi arruinada que se halla á flor de agua á 100 pasos de aquella, pues que con los vientos fuertes del O. y SO. fondean muchos buques en la rada de Roquetas, bajo los fuegos de la primera bateria.

ANA (STA.): ald. de la prov. de Albacete, part. jud. de Chinchilla, térm. jurisd., y á 2 leg. O. de *Peñas de San Pedro* (V.), POBL. 20 vec., 86 almas.

ANA (STA.): desp. en la prov. de Granada, part. jud. de Iznallor, térm. jurisd. y muy cerca de *Montejicar* por el costado S.: su figura es un triángulo, cuyos lados escederán de 200 varas: se halla resguardado por un cerro que ocupa el estremo E., y habiéndose destruido una ermita de la Sta. que le da nombre, solo tiene al NE. una casa-fáb. de tejas y ladrillos; pero aumentándose rápidamente el vec. de Montejicar, se proyectan varias casas en este despoblado, que acaso mas tarde será un barrio de dicho pueblo.

ANA (STA): sierra en la prov. de Murcia, part. jud. de Yecla, térm. jurisd. de *Jumilla*.

ANA (STA.): l. en la prov. de Oviedo, ayunt. de Cangas de Tineo y felig. de Sta. María de *Regla de Corias* (V.).

ANA (STA.): ald. en la prov. de Oviedo, ayunt. de Aller y felig. de San Vicente de *Serrapio* (V.): POBL. 6 vec. 27 almas.

ANA (STA.): l. en la prov. de Oviedo, ayunt. de Langreo y felig de San Estéban de *Ciaño* (V.): POBL. 4 vec., 19 almas.

ANA (STA.): barrio en la prov. de Oviedo, ayunt. de Villaviciosa y felig. de San Fabian y San Sebastian de *Quintes* (V).

ANA (STA.): l. en la prov. de Pontevedra, ayunt. de *Lama* y felig. de San Salvador (V.).

ANA (STA.): ald. en la prov. de Orense ayunt. de Tribes y felig. de San Salvador de *Sobrado* (V.): POBL. 13 vec. 65 almas.

ANA (STA.): cas. en la prov. de Vizcaya, ayunt. y anteigl. de *Echevarri* (V.).

ANA (STA.): ermita en la prov. de Barcelona, part. jud. de Vich, térm. de San Andrés de *Gurb* (V.).

ANA (STA.): diput. en la prov. de Murcia (8 leg.), part. jud. y ayunt. de Cartagena (1 1/2), y agregada en lo ecl. á la parr. de Pozo-Estrecho (1/2): SIT. en el centro del campo de Cartagena; su CLIMA es templado, se halla combatida por los cuatro vientos cardinales y es propenso á pleuresías y demas enfermedades inflamatorias; tiene 110 CASAS; una ermita con el nombre de la diput., servida por un capellan; y varios algibes de buen agua para el surtido del vecindario. El TÉRM. que comprende confina por N. con el de Murcia, E. con el de Palma, S. con el de Cartagena, y O. con el de Fuente-Alamo; en él se hallan los cas. llamados los *Segados*, los *Rosiques*, los *Sanchez*, los *Cojos*, las *Piñuelas* y las *Cuevas*, que toma esta denominacion de las que se conservan del tiempo de los moros; el TERRENO es llano y de mediana calidad; lo atraviesa el CAMINO real que desde Murcia va á Cartagena, de cuya c. se recibe la CORRESPONDENCIA por la posta general en los lúnes, miércoles y viérnes, y se envia los mártes, juéves y sábados: PROD.: la que mas abunda es la cebada; pero tambien se coge almendra, trigo, vino y aceite; y hay cria de ganado lanar y cabrio: POBL.: 100 vec., 412 hab. dedicados á la agricultura, ganaderia y esportacion de la cebada sobrante al embarcadero de Cartagena, desde cuyo punto se trasporta regularmente á Cataluña; existen dos molinos harineros y una almazara para moler la aceituna. Los datos relativos á la RIQUEZA y CONTR. van incluidos con los de *Cartagena* (V.).

ANA (STA): desp. en la prov. de Palencia, part. jud. de Baltanás, térm. de la v. de Valdecañas, SIT. á poco mas de 1/4 de leg. al E. de la misma. Consta como de 80 obradas de tierra labrantía, algunos baldios y un pedazo de monte muy deteriorado; no se sabe á punto fijo en qué año y por qué causa dejó de existir; solo si que era de un titulo, quien lo vendió á los ascendientes del Sr. D. Francisco María de Orense, de Palenzuela, y que estos á su vez cedieron todo su térm. á los vec. de Valdecañas á foro, consistente en 100 fan., mitad de trigo y mitad de cebada, y en un cántaro de miel que pagan en la actualidad. El terreno es de tan ínfima clase, que apenas prod. lo bastante para satisfacer el espresado foro: cruzan por él dos arroyuelos que nacen en los dos pequeños valles, de que se compone la mayor parte de su térm., cuyas escasas aguas corren sin aprovechamiento alguno de E. y S. á O., interrumpiéndose su curso algunos años en la temporada de verano. Confina por N. y O. con Valdecañas, por E. con la v. de Tabanera y deh. de Villalmiro, y por S. con Antigüedad y deh. de Valverde, no existiendo mas vestigio de esta pobl. que algunos cimientos de lo que parece haber sido iglesia.

ANA (STA.): v. con ayunt. de la prov. y aud. terr. de Cáceres (6 leg.), part. jud. y adm. de rent. de Trujillo (2), c. g. de Estremadura (Badajoz 21), dióc. de Plasencia (15): SIT. en una cañada rodeada de llanuras, á la der. de las sierras de *Robledillo*; de CLIMA saludable, mas propenso á tercianas en verano y catarros en invierno que á otras enfermedades; tiene 90 CASAS reducidas y mal trazadas, de 5 varas de altura, escepto 12 algo mas elevadas que ofrecen comodidades; calles sin simetria y sin empedrado con corrales y establos para el ganado en sus intermedios; cárcel en cuyo portal ó zaguan, poco decente, celebra sus sesiones la municipalidad, y una igl. de una sola nave á la salida N. de la v., de 7 varas de altura, con el cementerio á su espalda, servida por un cura y dedicada á Sta. Ana, que celebran el 26 de julio. Confina su reducido TÉRM. por N. con Ruanes, dist. un corto paseo. E. con Ibahernando y S. y O. con Robledillo y Salvatierra de Santiago, como á 1 leg. corta; la deh. boyal, sit. al S. de 700 fan., correspondiente al caudal de propios está poblada de encinas y alcornoques, único arbolado que se encuentra; todo el TERRENO es llano y abundante de buenos pastos, y lo cruza por el E. el riach. *Gibranzo* que tiene un puente pequeño de piedra á 1/4 de leg. de la v., en el camino que dirige á Miajadas y Escurial; se le une el arroyo Lanchal que sale de las vertientes de la pobl. á corta dist. de este sitio; las labores se hacen con 60 yuntas de ganado vacuno: los CAMINOS se hallan en regular estado para rueda y herradura: la CORRESPONDENCIA se recibe en Salvatierra dos veces á la semana, por medio del alguacil á quien el ayunt. envia: PROD.: trigo, cebada, centeno, avena, lino, garbanzos, habas; se crian ganados, particularmente de cerda: IND.: 26 telares servidos por mujeres, en los que tejen lienzos lisos y labrados y algunas colchas y mantas de lana: su COMERCIO está reducido á la venta de cereales en los mercados de Trujillo: POBL.: 100 vec.; 548 alm.: CAP. PROD.: 637,100 rs.: IMP.: 31,835 rs. CONTR.: 3,919 rs. 14 mrs. El ant. nombre de este pueblo fue *Aldea del Pastor*, lo que ha dado motivo para creer fue fundado por alguno de este oficio; en 1628 se hizo v., y en el de 1640, con real aprobacion, tomó el nombre que actualmente lleva.

ANA (STA.): desp. en la prov. de Badajoz, part. jud. y térm. de Villanueva de la Serena: SIT. á 1/4 leg. de esta pobl.: tenia una ermita con el título de Sta. Ana, en la cual se celebraba la festividad de su dia, haciéndose en ella una funcion solemne, y despues la velada á la que concurrian muchas gentes, y todavia se conserva el nombre de este sitio en los padrones de aquella v. (V.).

ANA (STA.): venta de la prov. de Zaragoza en el part. jud. y jurisd. de la c. de Tarazona: SIT. sobre la carretera que conduce de esta c. á la v. de Agreda á 1/4 de leg. de dist. de aquella en la parte del O.; consta de una sola casa ó edificio que no ofrece ningun mérito particular, y que en lo ant. contenia una ermita, á la que los hab. del l. de Torrellas tuvieron la mayor devocion. Su CLIMA, TÉRM., TERRENO, PROD. y demas (V. TARAZONA).

ANA (FLUMEN): sin duda el nombre *Ana*, por el que el r. Guadiana fue conocido de la antigüedad, corresponde al idioma primitivo de los iberos, y tal vez le fue dado en atencion al fenómeno que hoy mismo se observa en su curso. ¿Anah? (dónde esta?): pudieron preguntarse al ver que unas veces aparecia caudaloso, y otra se escondia bajo tierra, y de aqui haberle quedado aquel nombre. Los árabes antepusieron la voz apelativa *Guadi* (r.); llamándosele despues *Guadiana* (V.).

ANA DE ABAJO (STA.): ald. en la prov., part. jud. y térm. jurisd. de *Albacete* (V.); perteneció al clero parr. de esta v., y su labor es de dos labradores, el uno con 4 pares de mulas y el otro de uno.

ANA DE ARRIBA (STA.): ald. en la prov., part. jud. y term. jurisd. de *Albacete* (V.); perteneció á los templarios, y su labor es de cuatro labradores de par de mulas cada uno.

ANA DE PUSA (SANTA); l. con ayunt. de la prov. y dióc. de Toledo, (10 leg.), part. jud. de Navahermosa (4), adm. de rent. de Talavera de la Reina (5), aud. terr. y c. g. de Madrid (19): SIT. á la salida de un valle y á la falda de 2 cerros llamados de *Manolita* y *Rochal*, que le resguardan del N. y E.: goza de sano CLIMA: tiene 119 CASAS de mediana comodidad y de dos pisos, de los que el alto sirve para cámara ó granero, distribuidas en 14 manzanas que forman 10 calles irregulares, y una plaza proporcionada á la pobl., algunas empedradas y no muy sucias: en la plaza existe el edificio del pósito con 5 habitaciones destinadas una para este objeto, aunque sin fondos, las demas para casas consistoriales, cárcel, escuela y archivo: hay ademas en la plaza la casa de la villa ó granero de participes, y la igl. parr. fundada en el año 1526: esta igl. fué aneja de Navalmoral de Pusa, pero habiéndose prolongado el edificio un doble de lo que antes era á fines del siglo pasado, consiguió parroquialidad propia, y su curato es de provision ordinaria: en los afueras hay una fuente ó pozo abundante y de buen agua, tres mas en diferentes sitios de los cuales se surte el vec., aunque se usa mas generalmente el agua del r., de que se hablará despues; y por último el cementerio estrechísimo, con paredes sumamente bajas, sin tejado ni abrigo alguno, y sit. cerca de un arroyo que le perjudica en términos de que, cuando ha de darse sepultura á un cadaver, hay necesidad primero de desaguar el hoyo ó barranco, lo que no siempre se consigue, como no sea en el rigor del calor. Confina el TÉRM. por N. con el de San Martin de Pusa, E. Navalmoral de Pusa, S. con el de Navalucillos, y O. con el r. Pusa: los tres primeros á 3/4 de leg., y el último á 1/2 escasa. Comprende 8 cas., ó cortijos de labor llamados Bermejo, Gallinero, La Hoz, Samoral; dos de la fuente de la Parra, y dos de Andariego; casi todo es de labrantio y lo mejor del pais, con una deh. de monte hueco y plano llamada tambien de Pusa, propia del Excmo. señor marqués de Malpica; corre de S. á N. el ya mencionado r. que forma el lím. O., hallándose por consiguiente el pueblo á su márg. izq.: su cáuce es profundo, entre enormes peñascos, encarcelando su corriente en algunos parages en vara y media de terreno; su piso está sembrado de enormes guijarros, y sin arena, por cuya razon son muy peligrosos sus vados: no es mas seguro el puente que tiene en el camino de Talavera, de 38 pies de altura, estrecho, ruinoso y con un arco solamente, por cuya razon las crecientes del r. que son terribles, se han llevado los pretiles varias veces, y el puente desaparecerá muy pronto si no se rehabilita dándole otros dos ojos para proporcionarle desaguaderos, y evitar asi la completa incomunicacion en que permanece este pueblo en las temporadas de lluvias: el TERRENO es fuerte, en mucha parte arenoso, de secano, y á la parte del r. pedregoso: pero en todas fértil: los CAMINOS son comunales para los pueblos inmediatos, de herradura y en mal estado: el CORREO se recibe en Navalmoral de Pusa, á donde lo trae de Talavera el conductor de este pueblo. y el ayunt. de Sta. Ana manda un hombre 3 veces á la semana. PROD. cereales y muy poco aceite: se mantiene algun ganado lanar y cabrio, alguna caza en la deh. de Pusa; peces, buenas anguilas y mejores truchas en el r. del mismo nombre. IND. algunos molinos harineros sobre el r. POBL.: 93 vec., 408 alm.; CAP. PROD. 797,750 rs.: IMP. 22,443: CONTR. 5,864: culto y clero 6,200: PRESUPUESTO MUNICIPAL 7,900; se cubre con el fondo de propios, que consiste en 100 fan. de baldios que se arriendan para pastos de invierno, 200 fan. que pertenecen al concejo, y el déficit por repartimiento vecinal. Este pueblo fué fundado en el sitio llamado el Canchal en 1526 por carta-puebla de D. Payo Barroso de Rivera, marqués de Malpica y mariscal de Castilla, en favor de Diego Garcia de Lope, Blas Muñoz y otros vec. de Magan: en 1544 aumentaron la pobl. Francisco Gallego y otros vec. de Casarubios del Monte, y en 1571 se contaban ya cerca de 80 vec.: hasta fines del siglo pasado se llamó Sta. Ana de Bienvenida, pero despues ha sido sustituido con el nombre del rio.

ANA LA REAL (STA.): v. con ayunt. en la prov., adm. de rent. y distr. marit. de Huelva (14 leg.), part. jud. de Aracena (3), aud. terr., c. g. y dióc. de Sevilla (16): SIT. en la sierra llamada de *Aroche*, sobre una altura dominada de otras, y combatida por todos los vientos; notándose que á pesar de ser el pueblo sano, suelen ser frecuentes las afecciones pulmonales, tal véz porque está mas espuesta al viento N.: las CASAS de esta v., bajas y de un solo piso, forman diferentes cuerpos de pobl., contándose con el de *Santa Ana* hasta cinco, llamados los demas: *Corte de Calabazares*, *Fuente Loro*, los *Prietos* y la *Presa*: hay una plaza regular, donde existen las casas de ayunt., la cárcel y la igl. dedicada á Sta. Ana y servida por 1 cura ecónomo, 1 presbitero y 1 beneficiado: el TÉRM. de la v. linda con el de Jabugo, Almonaster, Alajar y el Castaño, constando próximamente de 1 leg. cuadrada: el TERRENO es ágrio y pedregoso y del todo improductivo, escepto algunas cañadas, donde se encuentran castaños y encinas, y algunas huertas; no atraviesa el térm. ni r. ni arroyo notable. Los CAMINOS son todos de herradura, destinados al servicio comunal, y la CORRESPONDENCIA se recibe de la v. de Aracena en dias indeterminados. La PROD. mas considerable es la de bellota de encina y castañas para cebar cerdos, algun vino de mala calidad, poco trigo y menos aceite; la cosecha de patatas es abundante, y es art. de estraecion. POBL. 151 vec., 605 hab., dedicados la mayor parte del año, á consecuencia de la esterilidad del terreno, al tráfico y arrieria, generalmente con caballerías menores, conduciendo carne de cerdo chacinada, y patatas á los pueblos de la prov. de Sevilla y Cádiz, y llevando en retorno vino y aguardiente, y efectos ultramarinos para el consumo del pueblo y de los inmediatos: CAP. PROD. 954,467 rs., IMP. 42,790 rs.: CONTR. 5,355 rs. 29 mrs. Este pueblo fué dependiente de Almonaster hasta el año de 1752 en que se le concedió privilegio de villazgo, y no tuvo igl. parr. hasta el de 1788. Fue antiguamente ald. de Almonaster; y erigióse en v. el año 1752, en cuya ocasion el rey le concedió el aprovechamiento del fruto de bellotas roadizas y demas disfrutes que tenia y tuviese la v. de Almonaster de la que se emancipaba.

ANABERE: el P. Porcheron supone, con mucha probabilidad, que este nombre geográfico, presentado únicamente por el anónimo de Rávena, es desfiguracion del nombre de la c. *Anabis* de la Lacetania (V.).

ANABIS; las tablas de Ptolomeo ofrecen esta c. en la Lacetania; Plinio, describiendo el conv. jurídico de Tarragona, y nombrando por órden alfabético los pueblos estipendiarios adscritos á este conv. de los *Aquiçaldenses* pasa á los *Onenses*, y luego retrocede en su órden adoptado á los *Bæculonenses*, congeturándose de aquí deberse corregir en *Onenses Anenses*, que hubo de ser el patronímico de *Anabis*, perdidas las letras *a* y *b*. Buscando la etimología del nombre *Anabis* en el verbo griego *anabæno*, que espresa el acto de subir á la altura; acudiendo luego al equivalente de *altura* en el mismo idioma *acra*, y despues á variantes se ha querido reducir esta ant. pobl. á *Agramunt*; pero son estas muy débiles congeturas, sin que se presente tampoco otra reduccion con mucho mejor fundamento. Rui-Vamba creyó deberse colocar entre *Barbera* y *Querol*. Pedro de Marca en *Tárrega*.

ANADES: estanque ó islote en la prov. y part. jud. de Castellon de la Plana, jurisd. de la v. de *Cabanes* (V.).

ANADON: l. con ayunt. de la prov. de Teruel (13 leg.), part. jud. de Segura (1 1/2), adm. de rent. de Calamocha (3), aud. terr., c. g. y dióc. de Zaragoza (13 1/2): SIT. en un llano á la falda de una sierra que se estiende 4 leg. de E. á O., y le resguarda de los vientos del N., pero le castigan con violencia los del O., que hacen su CLIMA muy frio aunque sano; los hab. de este pueblo adolecen por lo general de unos bultos, que principiando por debajo de la barba, los van rodeando casi todo el cuello, crecen con la edad y mueren con ellos, aun cuando lleguen á una muy avanzada: hasta el dia no se ha encontrado remedio alguno á este género de dolencia: tiene 94 CASAS, 9 de ellas sin habitar, y 5 arruinadas, distribuidas en calles angostas y mal empedradas, y una gran plaza donde está la igl. parr., bajo la advocacion de Sta. Maria la Mayor, servida por un cura y un sacristan: el curato es de segundo ascenso y se provee por S. M. ó el diocesano, mediando oposicion en concurso general: se edificó el templo en el año de 1173, y consta de una nave con 8 altáres bastante bien adornados, y una torre de poca elevacion: no muy dist. del pueblo, hay una ermita dedicada á San Jorge. Confina el TÉRM. con los de Maicas, Huesa, Rodilla, Salcedillo y Segura, formando el diámetro de una hora. El TERRENO es de secano, pero no por esto dejan de ser las tierras que se cultivan de buena calidad, aunque por la naturaleza del cielo y frialdad de la temperatura no admite cierto género de simientes. Frente del pueblo forma una val ó planicie, y por el lado del N. al pie de la cord. arriba indicada una gran umbria. Hácia la misma parte hay un monte carrascal muy espeso, aunque no de mucha estension, y cubierto de yerbas de pasto. PROD.: mucho trigo, cebada, avena, ganado lanar, cabrio y abundante caza: IND.: dos telares de poco comercio: POBL.: 76 vec.: 305 alm.: CAP. IMP.; 24,400: CONTR.; 6,148 rs.

ANAFERAS (LAS): pago de viñas en la prov. de Cádiz, part. jud. y térm. jurisd. de *Jerez de la Frontera*.

ANAFREITA (SAN PEDRO DE): felig. en la prov., dióc. y part. jud. de Lugo (4 leg.): y del ayunt. de Friol (1): SIT. en terreno quebrado y CLIMA frio: se compone de las ald. de Curral de Pao, Curraldos Mateos, Pardiñeira, Paredes y Portolamay: su igl. parr. (San Pedro) es anejo de San Mamed de Nodar; su TÉRM. confina con la matriz y con Sta. Maria de Angeriz: el TERRENO participa de monte y llano de mediana calidad: los CAMINOS locales y malos: PROD.: centeno, avena, maiz, habichuelas, patatas y algun trigo: cria ganado vacuno, cabrio, lanar, caballar y de cerda; no carece de combustible ni de caza: POBL.: 62 vec., 318 alm. CONTR., con su ayunt. (V.).

ANAGA: cord. de montañas al NE. de la isla de Tenerife, prov. de Canarias. Tiene su origen en el hermoso llano de los Rodeos, el cual le separa del grupo central; se estiende hácia el NE. dividiéndose en varios ramales, de los cuales el uno se dirige al N., y penetrando en el Océano forma la punta y rocas de Anaga, y los otros dos, prolongándose al E. van á formar el cabo de Anaga y la punta ó roquete de Antequera, llamada tambien de Anaga. Esta cord., cuya punta culminante se eleva á 3,160 pies sobre el nivel del mar, corta en dos partes iguales el estenso terreno que recorren. Los cerros del lado del NE. se ven cubiertos de bosques en sus dos vertientes, resaltando en ellos los sitios llamados las Mercedes y Taganana, que pueden rivalizar con lo mas pintoresco que se conoce de este género de vistas. La v. de Taganana está sit. en los valles que caen al N.; las ald. del lado opuesto dependen de la jurisd. de Sta. Cruz, y las del O. de la c. de la Laguna. Los puntos angulares, en que comunmente rematan, de los cuales algunos penetran bastante adentro en el mar, formando arrecifes peligrosisimos, distinguen esta cord. de la central y del NO., cuyas formas macizas y contornos redondos describen ondulaciones mas regulares. Lo mas elevado de las montañas de Anaga lo constituyen casi enteramente capas basálticas y escorias volcánicas. Son varios los arroyos y torrentes que desde sus empinadas crestas, escabrosos barrancos y hendiduras se precipitan en los valles fertilizándoles con sus aguas.

ANAGA: cabo en la isla de Tenerife, prov. de Canarias, part. jud. de Sta. Cruz de Tenerife. Es un promontorio formado por un ramal de la cord. de montañas orientales; en su cúspide se halla un telégrafo que por medio de una combinacion de señales que se hacen con banderas, da noticia á la plaza de Sta. Cruz de los buques que se aproximan á la costa y descubren á larga dist., su porte, nacion y rumbo; por la noche se hacen las señales con fuegos; este telégrafo se llama la Atalaya.

ANAGA (PUNTA DE): pago de la isla de Tenerife, prov. de Canarias, part. jud. de Sta. Cruz, jurisd. y felig. del l. de *Taganana*. (V).

ANAGAZA: l. en la prov. de Orense, ayunt. de la Puebla de Tribes, y felig. de *Somoza*, anejo de Sobrado. (V): POBL.: 17 vec., 85 almas.

ANAHUIR (tambien se llama ANNAHIR y ANNAGUIR): l. con ayunt. en la prov., aud. terr., c. g. y dióc. de Valencia (8 1/2 leg.), part. jud. de Játiva (1/4 de hora): SIT. en lo mas hondo de la vega de esta c. á la orilla der. de la rambla de Montesa, y en la parte set. de la elevada sierra de Bernisa, dist. 8 minutos, cuya circunstancia hace que su atmósfera se halle demasiado oscurecida, principalmente en el invierno, durante el cual los rayos del sol no iluminan el pueblo hasta las diez de la mañana; este defecto se encuentra subsanado en parte por las buenas vistas que disfruta hácia el N., descubriéndose la dilatada y risueña vega de Játiva, y porcion de pobl. diseminadas en aquella direccion y en la del E.: el CLIMA es bastante saludable, sin conocerse comunmente otras enfermedades que las peculiares á cada estacion. Tiene 16 CASAS de mala fáb. y desagradable aspecto, escepto la del señor terr., distribuidas en dos calles y una plaza bastante reducida; una igl. parr., aneja de la de Novelé, cuyo edificio tambien es poco capaz y de esterior mezquino, y un pósito; al NO., en parage ventilado, se halla el cementerio. Confina el TÉRM. con los de Játiva, Novelé, Ayacor y Torre de los Frailes, y tiene de estension 1/4 de leg. en cuadro. El TERRENO es de buena calidad, y se encuentra bien cultivado: le fertilizan las aguas de la acequia, llamada de la Villa; que es una de las cuatro en que se distribuye el riego de los Santos, procedente de una fuente del mismo nombre, la cual brota en el térm. de la Alcúdia de Crespins; dicho riego se gobierna por ordenanzas muy ant., reformadas en 1755, y aprobadas por el Consejo de Castilla, las que arreglan la distribucion de las aguas con grande utilidad de los partícipes; los hab. de este pueblo tambien las aprovechan para su consumo doméstico, por ser de buena calidad, ó por que carecen de otras mas próximas: PROD.: trigo, maiz, lentejas, seda, nabos, vino, hortaliza y frutas: cria ganado lanar y cabrio, y el mular y asnal preciso para la labranza: POBL.: 36 vec., 105 alm.: RIQUEZA PROD.: 945,673 rs., IMP.: 38,654 rs., CONTR.: 3,614 rs. Antes de la estincion de los señ. perteneció el de este pueblo á D. Vicente Leon de Valencia, el cual, si bien perdió sus derechos de enfitéusis y de percepcion de frutos, conserva en él algunas fincas de propiedad particular.

ANAIGO DE ARRIBA: ald. en la prov. de Orense, ayunt. de Canedo, y felig. de San Mamed de *Palmés*. (V.): POBL.: 6 vec., 32 almas.

ANAMEDINA: valle con huertas en la prov. de Ciudad-Real, part. jud. de Valdepeñas, térm. jurisd. de Viso del Marques.

AÑAS: l. con ayunt. en la prov. de Lérida (34 horas), part. jud. de Sort (7), aud. terr. y c. g. de Cataluña (Barcelona 50), dióc. de Seo de Urgel (12), oficialato de Cardós: SIT. en una pequeña altura, al pie de la cual pasa el riach. llamado de *Estaon*; le combaten principalmente los vientos del N. y S., y el CLIMA, aunque frio, es bastante saludable, sin conocerse mas enfermedades que algunos catarros y pulmonias. Tiene 16 CASAS, escuela de primeras letras, á la que asisten de 25 á 36 niños, cuyo maestro está dotado con 400 rs. anuales, y una igl. parr., dedicada á San Roman, de la que es aneja la de Bonastarre: sirven el culto un cura párroco y dos beneficiados; el curato, de la clase de rectorias, es de primer ascenso, y lo provee S. M. ó el diocèsano, según los meses en que vaca, mediante oposicion en concurso general. Confina el TÉRM. por N. con el de Estaon, 1 hora, por E. con el de Bonastarre 1/4, por S. con el de Surri 1/2, y por O. con el de Betros-Subirá 1 1/2. Dentro del mismo brotan algunas fuentes, cuyas aguas, juntamente con las del espresado riach., aprovechan los hab. para su consumo doméstico y otros usos agrícolas. El TERRENO es muy escabroso, hallándose circuido de altas montañas que proporcionan leña para construccion y combustible, con muchos y esquisitos pastos para el ganado: contiene unos 150 jornales de tierra de labor, de mediana calidad y sumamente floja, por lo que el riego le favorece muy poco. Cruza por el térm. el camino real que dirige á Francia por el puerto de Tabascan. La CORRESPONDENCIA la conduce de Tremp un balijero hasta Llaborsi, donde la toma un espreso; se recibe los domingos y juéves por la tarde, y sale los mártes y viérnes: PROD.: algun trigo, centeno, patatas, hortaliza, heno y otros frutos: cria ganado vacuno, lanar y cabrio, y algun mular y caballar; hay caza de liebres y perdices, y pesca de truchas. COMERCIO: el de esportacion de lanas á Francia por el puerto de Tabascan, é importacion del interior de la Peninsula de vino, aceite, géneros coloniales y ultramarinos. POBL.: 16 vec., 92 alm.: RIQUEZA IMP.: 13,808 rs.: el PRESUPUESTO MUNICIPAL asciende á 450 rs., y se cubre con el prod. de algunos arbitrios y por reparto entre los vec. Antes de la abolicion de señ. pertenecia el de este pueblo al conde de Villamur, á quien se pagaba cierto cánon, que concluyó en la indicada época.

ANAS: riach. de la prov. de Zaragoza, part. jud. de Sos; tiene su origen en el TÉRM. de Uncastillo, á 1 leg. al N. de la v., en el cerro llamado Fuchaguera; pasa por el de la viña, y se incorpora al Cadena en la partida que le da nombre. Por la profundidad de su cáuce no fertiliza térm. alguno: es poco caudaloso, y en el verano llega á secarse. Al rededor de los manantiales de que se forma, se crian yerbas de tan mala calidad, que hay que tener mucho cuidado de que los ganados no se acerquen á ellas.

ANASTASIA (STA.): riach. de la prov. de Zaragoza, part. jud. de Sos, nace en el TÉRM. de Uncastillo al E., y á hora y media de dist. de la v., en la partida que le da su nombre; corre hácia el S., y entrando en la partida de San Martin, desagua en el r. Arba, á poca dist. de su origen.

ANAYA: l. con ayunt., de la prov., part. jud., adm. de rent. y dióc. de Segovia (2 1/2 leg.), aud. terr. y c. g. de Madrid (16): SIT. al O. de la cap. en terreno llano, con solo una pequeña colina, á la ribera del r. *Moros*; está bien ventilado, y solo se padecen algunas intermitentes, que se atribuyen á la proximidad del r.: tiene 38 CASAS, y otros cinco edificios, llamados cijas, que estan destinados para encerrar el ganado lanar: forman todos cuerpo de pobl., unida á manera de circulo, con calles sin empedrar, por cuya razon se hacen lodazales en tiempos de lluvias: tiene casa consistorial, escuela de primera educacion sin dotacion fija, á la que concurren 8 niños; una fuente pública y pozos en todas las casas para los usos domésticos; igl. con el título de Santiago Apóstol, fundada en el año 1504; fue aneja de la de Garcillan hasta fines del siglo pasado que se erigió en parr., servida por un vicario de provision ordinaria; y dos ermitas, tituladas de Ntra. Sra. de Oñed y del Smo. Cristo de la Agonia. Confina el TÉRM. por N. con el de Añó, por E. con el de Garcillan; San Juan de Rio-Moros, y O. con el de Marazuela, del part. de Sta. Maria de Nieva: comprende 1 leg. de estension, y como 1,500 obradas: el terreno es todo llano y secano: se cultivan 600 obradas; tiene un pinar propio del concejo, dos sotos con algo de plantio de álamos blancos y negrillos: le cruza á corta dist. del pueblo en direccion al E. el r. Moros, que tiene un puente, denominado de Oñed, con 4 arcos y 6 varas de elevacion: los CAMINOS son prov., de herradura, y en estado regular: la CORRESPONDENCIA se recoge en la cap. PROD.: trigo, centeno, cebada, algarrobas y garbanzos: se mantiene algun ganado lanar y el necesario para su corta labor: POBL.: 30 vec., 106 alm.: CAP. IMP.: 40,135 rs.: CONTR.: 3,000 rs.: PRESUPUESTO MUNICIPAL: 1.000, que se cubre con el prod. de las fincas de propios, que consisten en 100 obradas de tierra, y ademas con el arrendamiento de la taberna y alcabala.

ANAYA: quinta notable en la prov. de Málaga, part. jud. y térm. de Velez-Málaga, perteneciente á D. Juan José Giner: se compone de algunas fan. de tierra, muy bien cuidadas y resguardadas de las avenidas del r. que la baña por el hermoso soto de álamos que contiene.

ANAYA DE ALBA (LA): l. con ayunt. de la prov., adm. de rent. y dióc. de Salamánca (6 leg.), part. jud. de Alba de Tórmes (2), aud. terr. y c. g. de Valladolid (19): SIT. en una llanura pantanosa, con 60 CASAS bajas, calles irregulares, una plaza pequeña, escuela de primeras letras con 38 niños de ambos sexos, dotada de los fondos de propios; una pequeña posada; igl. parr., dedicada á Ntra. Sra. del Cármen, servida por un vicario perpétuo de oposicion; una ermita dedicada al Cristo del Amparo, y cementerio en los afueras: como á 900 pasos de dist. se encuéntra un magnífico pozo de agua, que, aunque único, basta para surtir al vecindario, y contiguo á él un regatillo pobre, que apenas nace, cuando concluye; hay ademas una charca donde beben los ganados en las estaciones de otoño, invierno y primavera, si bien en el estio tiene el pueblo que mendigar el agua de los limítrofes. Confina su TÉRM., que es cuadrado, por N. con Herrezuelos, E. con La Rodrigo S. con Santa Inés y Galindobejar y O. con Narrillos; se estiende 3/4 leg. de N. á S., y otro tanto de E. á O.: hácia esta última parte hay un montecito que mantiene 60 cerdos de vara y 230 malandares: las tierras de labor se calculan en 1,900 huebras de 400 estadales cada una, divididas en tres hojas que se labran con 60 pares de ganado vacuno; 1,200 son de primera calidad y las restantes de segunda: los CAMINOS son bastante regulares; y la CORRESPONDENCIA se recibe de la v. de Alba por conducto de los vec.: PROD. trigo, cebada, garbanzos, titos y guisantes; hay cria de ganado lanar, asnal y cerdoso: POBL. 54 vec., 228 hab., dedicados á la agricultura: CAP. TERR. PROD.: 170,200 rs.: IMP. 8,510 rs.; valor de los puestos públicos, 935 reales.

ANAYA DE HUEBRA ó SAN PEDRO DE HORCAJO: l. con ayunt. en la prov. y adm. de rent. de Salamanca (9 leg.), part. jud. de Sequeros (5), aud. terr. y c. g. de Valladolid (31), jurisd. *nullius* de *Valdobla* (V.): SIT. á la falda de un pequeño cerro á la márg. der. del r. *Huebra*, que pasa al S. junto á las casas: goza de bastante ventilacion; y no es muy sano en verano por el estancamiento de las aguas del r., del cual se surte el vecindario, construyendo al efecto pozos en la ribera para que se filtre el agua y pueda ser potable en la estacion referida, en la cual pierde aquel su curso. La pobl. se halla formada por 23 CASAS poco cómodas, con igl. parr. servida por un ecónomo, y cementerio unido á ella. Confina su TÉRM. por N. con La Sagrada, E. con Carrascalejo de Huebra, S. con el mismo y Cerbandez, y O. con Gallegos de Huebra y Abusejo del part. de Ciudad-Rodrigo, y se estiende de N. á S. 1 leg. y 1/4 de E. á O. A la izq. del r. á dist. de medio cuarto leg. de él, estuvo fundado el primitivo pueblo, bajo el nombre de *San Pedro de Horcajo*, y todavia se conservan las ruinas de la que fue igl. dedicada á este santo: se dice, que la traslacion al nuevo local, se hizo porque el ant. era muy enfermizo. Tambien se encuentran al E. á 1/4 leg. las ruinas de la ermita de San Márcos, cuya festividad era muy concurrida por los vec. de todos los pueblos inmediatos. Tiene el r. cerca del pueblo un largo puente tan deteriorado, que de sus ocho ojos de piedra solo se conservan los machones, casi destruidos ya de los estremos, en terminos que si no se atiende á su composicion, ni aun podrá sostener las malas vigas y tablas que hoy facilitan el paso á las personas (no sin peligro inminente de precipitarse), para las posesiones que cultivan. Se unen á las aguas del r. en el mismo térm., las de un riach. llamado de la *Redonda*, que aunque de escaso caudal, es de curso perenne. El TERRENO, propio de D. Manuel Carvajal de la casa de Abrantes, es tenaz, muy guijarroso, con bastante monte de encina, una pequeña parte de regadío y algunos prados y pastos, buenos y abundantes en toda la ribera: los CAMINOS son de travesía y se hallan en buen estado: la CORRESPONDENCIA se toma todos los mártes en Tamames, dist. una leg, larga. PROD.: trigo y cebada algo mas de lo necesario para el consumo, poco centeno, garbanzos, mucho lino y de buena calidad, y algunas legumbres: hay cria de ganados de todas clases, que se abrevan en el r., vendiéndose alguna porcion de todas; unas cuantas yeguas de vientre, caballerías menores para los usos domésticos, y alguna caza menor: POBL.: 14 vec., 53 hab., dedicados á la agricultura y ganadería: CAP. TERR. PROD.: 474,000 rs.: IMP.: 23,700 reales.

ANAYO (STA. MARIA DE): felig. en la prov. y dióc. de Oviedo (7 leg.), part. jud. de Infiesto (1 1/4), y ayunt. de Piloña: SIT. en una altura ventilada y sana; se compone de varios l., y estos de ald., á saber: *Capareda*, Bustiello, Cu-lluenzo y Subustiello; *Fresnosa*, la Canga, el Canto, Ceñal, Collado, la Cuenya, Llabandero, Pandiello, las Pedrazas, la Quintana, Sorrobledo y la Viña; *Robledo*, la Cantera, la Espina, Fuentes y la Prida; *Llares* y *Faedo*, ó los montes Blabial, Cabañon, Canton y el Peralin: sobre 100 CASAS, las mas de ellas terrenas, mal construidas ó incómodas, forman esta pobl. rural, donde hay una escuela para niños y niñas, pagada por los vec. La igl., de fundacion inmemorial, está dedicada á Sta. Maria; y su curato de primer ascenso, servido por un párroco de provision real, que antes hacian en sus respectivos meses el pueblo, la corona y el ob.: el cementerio, aunque junto á la igl., en nada perjudica. Hay cuatro ermitas: en Faedo Ntra. Sra. de los Dolores; en Fresnosa San José; en Robledo San Isidro, y en Capáredo la de Jesus Maria y José, fundada y dotado su capellan por D. Ignacio Valdez. Las fuentes de Llares y Faedo surten de buenas y abundantes aguas al vecindario. El TÉRM. confina por N. con las parr. de San Martin de Valles y Granedo, por E. Libardon, por S. Borines, y por O. Pintuales: el TERRENO participa de monte y llano, secano en la mayor parte, á pesar de las riegas ó arroyuelos que le recorren, entre las que se encuentra la denominada *Grande*, no obstante la escasez de aguas con que baña á Capareda. Los montes comunes nombrados los Valles, Cueto, del Oto, la Granda, Fonfeléa y el Cabañin, son bastante escarpados y de poca arboleda; pero en ellos y en los prados se encuentran robles, álamos, olivos, castaños, y buen pasto. La Hacienda nacional posee en esta felig. una deh., cuyos pastos y arbolado son de poca consideracion. La tierra que se cultiva asciende á 1,000 fan., mucha de ella de buena calidad. Los CAMINOS que cruzan el térm. son vecinales, de herradura y en mal estado: el CORREO se recibe en el Infiesto, á cuyo mercado, asi como el de Colunga, concurren estos vec. PROD. trigo escanda, ó pan de fiega, maiz, habas, patatas y otras legumbres y frutas: ademas del ganado necesario para las labores del campo, se cria alguno vacuno, caballar y lanar en parceria; hay perdices, liebres y zorros: IND.: la agrícola, si bien se encuentran algunos carpinteros y sastres: las mujeres se ocupan en el hilado y tejido, sin desatender sus quehaceres domésticos: POBL.: 146 vec.: 484 alm.: CONTR.: con su ayunt. (V.).

ANAZ: r. en la prov. de Santander, part. jud. de Entrambasaguas. Nace á 1/4 de leg. del l. de Pamanes; sigue su curso en direccion al N., pasando por dicho pueblo, Anaz, Hermosa, y Ceceñas, en donde se incorpora con el r. Miera junto á la Cavada: su carrera es de 5/4 de leg., durante la cual se le reunen algunos manantiales de poca consideracion, siendo sin embargo su caudal de aguas tan escaso, que en el verano queda casi seco. Tiene 6 molinos harineros, 2 puentes de piedra de un ojo, muy ant. y de pobre fáb.; el uno en Pámanes y el otro en Hermosa, y otro de madera peonil en Anaz, pues el que habia tambien de piedra en este pueblo, fue destruido por una avenida en el año de 1841.

ANAZ: l. en la prov. y dióc. de Santander (4 leg.), part. jud. de Entrambasaguas (1 1/2), aud. terr. y c. g. de Búrgos (24), ayunt. de Medio Cudeyo (1/2): SIT. en llano, con buena ventilacion y CLIMA, aunque muy frio en el invierno, bastante sano: sus hab. padecen pulmonias, dolores de costado, alguna que otra afeccion de pecho, y calenturas tercianas, que contraen en tierra de Campos, á donde van á trabajar en tiempo de verano. Se compone de 24 CASAS de teja y mampostería, con tres pisos de buena perspectiva y de mediana distribucion interior; entre ellas se encuentra una magnífica con espaciosas habitaciones, algunas con dos torrecillas-miradores, dos balcones, uno de hierro y otro de madera; grandes huertas á su alrededor, y un hermoso jardin sembrado de arbustos y flores selectas, traidas de Francia, Aragon y otros puntos; á continuacion se ven dilatados solares de viña, y un delicioso parral que sirve de paseo durante la estacion calurosa; siguen dos montes propios de la misma casa el uno al N. y el otro al O., cubiertos de elevados y copudos castaños, los quales, con las praderas contigüas de igual procedencia, entran en jurisd. de los l. de San Vitores y Pamanes: hay otra tambien de bastante buena construccion, aunque pequeña, pero sin posesiones propias á sus alrededores: tiene ricas y abundantes aguas para el surtido de los hab. y abrevadero de sus ganados; y una igl. parr. dedicada á San Juan Bautista, cuya fiesta se celebra sin embargo el dia 27 de diciembre, dia de San Juan Evangelista, con toda solemnidad de igl. por la mañana, y con una gran romería por la tarde, la cual sé estableció con motivo de ir las gentes á ver un preciosísimo pélicano y centellero, ambos de oro y de bastante magnitud, los que se vendieron en tiempo de la guerra de la Independencia; está servida por un cura párroco de provision del diocesano. Antiguamente hubo una ermita con el título de San Roque, hoy demolida y destinada á cementerio; estaba en medio del pueblo, inmediato á la plaza de Bolos, donde existe una gran arboleda de castaños, hayas y encinas, que forman un hermoso paseo sit. á la márg. del r., y muy cerca de la igl.; junto á la cual se ve tambien una haya nacida en el cementerio, tan copuda y frondosa por todos lados, que llama la atencion de cuantos la observan, ocupando su sombra mas de dos carros de tierra de 42 pies cúbicos cada uno, y cuyo tronco es de un grueso tal, que con dificultad pueden abrazarlo cuatro hombres. El TÉRM. confina por N. con San Vitores, por E. con Valdecilla, por S. con Hermosa, y por O. con Pamanes, todos á 1/2 leg. de dist., poco mas ó menos. Comprende montes comunes que corren en diferentes direcciones, formando con otros diversas cord.; los correspondientes á este pueblo se estienden 1/4 de leg., hallándose poco poblados de arbolado de roble, á causa de haber sido destruidos para abastecer de carbon á la fáb. de fundicion de la Cavada, y de la corta que hicieron los vec. durante la guerra contra Napoleon para pagar las fuertes contr. que se les imponian: hay una parte como de 300 carros de tierra, titulada *Dehesa-Real*, cuyo arbolado está destinado para la construccion naval perteneciente á la nacion, pero se encuentra igualmente muy deteriorado. El TERRENO es fresco y arenisco, por lo que los labradores siembran mas tarde que los pueblos circunvecinos, haciendo sus labores en pocos dias por ser tierra muy suave: lo baña el r. Anaz en direccion de E. á O., sobre el cual existe un pequeño puente de madera, de paso solo peonil: CAMINOS: hay uno carretero que conduce de Paz á Santander, y algunos otros comunales en buen estado: CORREO: se recibe de la estafeta de Entrambasaguas los lúnes, juéves y sábados por medio de un peaton que recoge tambien la correspondencia para los pueblos de aquel ayunt. PROD, maiz, alubias, patatas, vino chacolí, hortalizas, yerba, y alguna fruta; ganado vacuno y de cerda: estos prod. no alcanzan para su consumo, por cuya razon tienen que surtirse del inmediato mercado de Oznayo: CAZA: liebres, codornices y tordas, y algunos lobos que se crian en el monte: IND.: cuatro molinos harineros, tres de 3 ruedas y uno de 2; en los cuales se muele el trigo y maiz de los pueblos limítrofes: POBL.: 26 vec.: 127 alm.: CONTR.: con el ayuntamiento.

ANCA (SAN PEDRO DE): felig. en la prov. de la Coruña (8 leg.), ob. de Mondoñedo (9), part. jud. del Ferrol (1 1/2), y ayunt. de Neda (1/2): SIT. en terreno quebrado, bajando del alto de Mourela y Cruz de Pouzo, de que toma denominacion toda la ria del Ferrol; sus aires son puros y el CLIMA sano; forma un cot. red. que pertenecia al señ. jurisd. del marques de San Saturnino: comprende los l. y barrios de Abruñedo, Bouza-Redonda, Cobelúda, Corredoira, Chisqueira, Fraguéla, Fuentevieja, Galános, Liñares, Lubéira, Pedrós, Riocóbo, Rojál, Salgueiras, Sande, Soto, Torre, Torrento, Vila de Anca, Vilár, y Vista-Alegre; cuya pobl. se compone de unas 160 CASAS rústicas. La igl. parr. (San Pedro) es matriz de San Andrés de *Viladonelle* (V.): confina por N. y E. con los parr. de Narahio, Doso y Pedroso; por S. con Sta. Maria de Sillóbre, y por E. con Sta. Maria de Neda: el TERRENO aunque en su mayor parte es montuoso, disfruta de una fértil campiña bañada por varios arroyuelos que dan impulso á diferentes molinos harineros: los CAMINOS son medianos, y conducen al Ferrol, Coruña y otros puntos; el primero es en lo general carretera, y el segundo de mal tránsito: PROD. con abundancia maiz, trigo, centeno, patatas, legumbres y frutas: cria toda clase de ganado; tiene una fáb. de papel de estraza y carton, mas ó menos fino, en el l. de *Rojal*, y otra que se está planteando para tejidos de algodon y lino, costeada por una compañia inglesa, y bajo la direccion de los Sres. Weigas, naturales del pais; á poca dist. y á inmediacion del r. que desagua en la ria de Neda, se halla otra fáb. de carton, papel ordinario y naipes; edificio sólido, y de la propiedad de los herederos de D. Angel Garcia Fernandez: POBL.: 160 vec., y 620 alm.: CONTR. con su ayunt. *Neda* (V.).

ANCA: ant. jurisd. en la denominada prov. de Betanzos, compuesta de las felig. de su nombre y de la de Villadonelle, y cuyo juez ordinario nombraba el conde de Lemos.

AÑCADEIRA: ald. en la prov. y dióc. de Oviedo (24 leg.), part. jud. de Grandas de Salime (4 1/2), ayunt. y felig. de Sta. Eulalia de Oscos (1/2): SIT. en una montaña peñascosa y á la izq. del r. Santalla: confina por E. con térm. de Cabanela: el TERRENO es todo inferior, y prod. á razon de 3 por 1 en las 6 fan. de tierra que se cultivan. En la parte baja y por un estrecho puente de madera, se atraviesa el referido Santalla, cuyas aguas no se utilizan en el riego por la desconfianza que tienen los vec. del mal terreno que ocupan: sin otro CAMINO que el que conduce á la parr.; su escasa cosecha es de centeno: maiz y patatas; y la IND. especial, la construccion de clavos. POBL.: 8 vec.; 35 alm.: CONTR. con *Oscos* (V.).

ANÇADOS (TORRE DE): vigia en la prov. de la Coruña, al S. y á 1/4 de leg. de la v. y puerto de la Puebla-del-Dean.

AÑCARES: valle en la prov. de Leon, part. jud. de Villafranca del Vierzo: SIT. parte en llano y parte en montaña: comprende los pueblos de Candin, Pereda, Sorbeira, Villamuil, Suertes, Espinadera de Ancares, Tejedo, Lumeras, Villarbon, Valouta y Suarbo: tiene una fuente de agua mineral bastante saludable, de la que algunos enfermos se han aprovechado con buen éxito: sus naturales, bien por inclinacion, bien por la esterilidad del pais, estan generalmente destinados al comercio ó tráfico de cera, aguardiente, pescados, sardinas y otros art. que benefician en las ferias y mercados de la prov. y fuera de ella. Sus principales prod., se reducen á algun ganado vacuno y lanar, legumbres, patatas, centeno y lino; tambien prod. alguna yerba y buenos pastos, debidos á la influencia de dos r. que se forman en las sierras de Suertes y Tegedo, con cuyas aguas se riegan y fertilizan, haciendo las muchas nieves de que se cubren las elevadas montañas que circundan este pais, que su CLIMA sea muy frio, aunque bastante sano: la IND. es bien limitada, pues que solo consiste en algunos molinos harineros y varios telares de lienzo y lana. En la mayor parte de sus montes se distinguen vestigios que hacen sospechar con fundamento, que son abundantes en minas, en cuya atencion parece que se han denunciado algunas, que en su principio prometen ya resultados favorables.

ANCARES: r. en la prov. de Leon, part. jud. de Villafranca del Vierzo: tiene su origen en el valle del mismo nombre en un lago formado por varios manantiales que nacen en el monte titulado *Campanario de Ferreira* al E. del alto de *Pico de Orrio*, que por aquella parte divide la prov. de Leon de la de Lugo: sigue su curso de O. á S. atravesando dicho valle hasta el sitio que llaman *Cruz de Villar*, en cuyo punto varia de direccion, y marcha de E. á S. por entre una cord. de montes hasta los Puliñeiros en donde desemboca en el Cua y pierde su nombre. Desde su nacimiento deja á la izq. los pueblos de Tejedo, Suertes, Espinareda, Villaumil y Lumeras; y á la der. los de Pereda, Caudin, Sorbeira, Villarbon, la Bustarga, San Martin de Moreda y San Pedro de Olleros: en el espacio de 2 y 1/2 leg. que abraza su carrera, recibe las aguas de diferentes arroyos y riach. de poca consideracion, siendo de curso perenne, aunque en los meses de verano se disminuye mucho su caudal á causa de hallarse aumentado, asi como los arroyos que se le incorporan, de las muchas nieves que durante el invierno cubren las montañas que le rodean. Sus aguas dan movimiento á 11 molinos harineros y á una ferr. de propiedad particular en el pueblo de Tejedo: en el de San Martin tiene un puente de piedra, de un solo arco y otro de madera denominado de San Martin: cuenta ademas muchos pontones tambien de madera que facilitan el paso de los diversos arroyos que tanto abundan en el espresado valle de Ancares. PROD.: muchas y delicadas truchas, y fertiliza una gran porcion de praderia, alguna hortaliza y tierras linares.

ANCEAN: l. en la prov. de la Coruña, ayunt. de Dumbria y felig. de San Pedro de *Bujantes* (V.).

ANCEIS: l. en la prov. de la Coruña, ayunt. de Cambre y felig. de San Juan de *Anceis* (V.).

ANCEIS: (SAN JUAN DE): felig. en la prov. y jurisd. de la Coruña (2 leg.), dióc. de Santiago (8), y ayunt. de Cambre: SIT. en el camino de Santiago á la Coruña, CLIMA sano: comprende los l. ó barrios de Altamira, Anceis, Mercuin, Picardos, Seoane y otros reuniendo unas 90 CASAS labriegas: la igl. parr. (San Juan), es anejo de Santiago de *Sigrás*: el TÉRM. confina con el de las felig. de Cambre, Meigigo, Andeiro, Sueiro y la de Sigrás; en él se encuentran algunas buenas casas de campo: el TERRENO participa de monte y llano con muchas y saludables aguas: el citado CAMINO se halla en mediano estado y el CORREO se recibe de la Coruña: PROD. trigo, maiz, habas, patatas y otros frutos: cria ganado de todas clases y alguna caza: POBL. 92 vec. 482 alm.: CONTR. con su ayunt. (V.).

ANCEU: l. en la prov. de Pontevedra, ayunt. de Caldelas y felig. de San Andrés de *Anceu* (V.).

ANCEU (SAN ANDRES DE): felig. en la prov. de Pontevedra (3 leg.), dióc. de Tuy (6), part. jud. de Puente Caldelas y ayunt. de Caldelas (1): SIT. entre el r. Ontaven y la parr. de Barbudo donde la baten principalmente los vientos N. y S.: el CLIMA aunque templado es propenso á fiebres pútridas y nerviosas: 124 CASAS de mediana construccion, forman esta felig. con los l. de Anceu, Esfarrapada y Ramiz: tiene una escuela de instruccion primaria á la que concurren 40 alumnos: la igl. parr. (San Andres), es matriz y servida por un cura de primer ascenso y de patronato del marques de Mós: el TÉRM. confina por N. con San Pedro de Forzanes, por E. con San Lorenzo de Fornelos, por S. con San Adrian de Calvos, y por O. con Sta. Maria de Barbudo: le baña por el E. el indicado r.: el TERRENO es de mediana calidad, y los montes de Esfarrapada y Porto-Outavén no carecen de pasto: el CAMINO de Caldelas á Puenteareas es mediano, y la CORRESPONDENCIA se recibe en la cap. del part. PROD. maiz, centeno y otros frutos: cria ganado vacuno, cabrio, lanar y de cerda; hay caza de conejos y perdices, asi como pesca de truchas: IND. agricola, pecuaria y varios molinos harineros: POBL. 120 vec. 600 alm.: CONTR. con su ayunt. (V.).

ANCI: en el geógrafo Ravenate, que tantos nombres de pobl. ofrece, desconocidos sin él á la ciencia geográfica, por la suma inexactitud con que se han escrito en su testo, se encuentra la c. *Anci*: sin duda, como congeturó el P. Porcheron, con este nombre viene significada la c. que Ptolomeo llama *Arsi* en la Edetania (V.).

ANCIA: ald. desp. en la prov. de Alava, part. jud. de Salvatierra; sus vec. pasaron el siglo XIV á poblar la v. de *El Burgo* (V.).

ANCIAN: l. en la prov. de la Coruña, ayunt. de Laracha y felig. de San Pedro de *Soandres* (V.).

ANCIL: l. en la prov. de Lugo, ayunt. de Jove y felig. de Sta. Eulalia de *Lago* (V.).

ANCILES: v. en la prov. y dióc. de Leon (11 leg.), part. jud. y ayunt. de Riaño (1/2), aud. terr. y c. g. de Valladolid (26): SIT. á la der. del r. Esla, en una estrechísima garganta cercada de peñas tan elevadas que no permiten la entrada del sol en los 4 meses del invierno, batida con especialidad por el viento N. y alguna vez por el S., y con CLIMA bastante frio: las enfermedades que mas frecuentemente padecen sus hab. son costipados, reumas, dolores de costado y alguna que otra tisis. Tiene 42 CASAS, una escuela de primeras letras para niños de ambos sexos con la dotacion de 160 rs. y un celemin de pan por cada uno de los 22 alumnos que á ella concurren, una fuente dentro de la pobl., y varios manantiales en el térm. de aguas muy delicadas de que se surte el vecindario, y una igl. parr. bajo la advocacion de San Estéban, servida por un cura párroco de presentacion del marques de Prado. El TÉRM. confina por N. con los de Lois y Liegos á 5/4 de leg., por E. con el de Riaño á 1/2, por S. con el r. Esla á 1/4 y por O. con el de Salomon á 3/4: comprende varios montes, entre los cuales se encuentra uno al O. muy poblado de hayas de que fab. ruedas, que en esta Castilla se reputan por las mejores del pais; en los demas se ven tambien hayas, acebos y tejos, aunque en corto número. El TERRENO es sumamente escabroso, por lo que solo hay una pequeña parte destinada al cultivo; lo baña el mencionado Esla y un arroyo llamado Redilloso, que corriendo de N. á S. pasa por el pueblo, cuyos hab. se sirven tambien de sus aguas, bien para sus necesidas domésticas, bien para abrevadero de sus ganados: CAMINOS: hay sólo uno en muy mal estado, que sube de la ribera de Gradefes para Val de Buron y Asturias: CORREO, lo recibe de la balija que va de Leon á Riaño los jueves y domingos, saliendo los lúnes y viérnes. PROD. centeno, titos y muy poco trigo; ganado vacuno, lanar y cabrio: caza robecos, corzos, perdices y osos, y se pescan truchas de esquisita calidad: IND.: 3 molinos harineros, el uno en muy buen estado, pero los dos restantes solo muelen 6 meses al año.: COMERCIO: se estraen maderas, ganado vacuno, queso y manteca, y se importan granos, vino y algunas legumbres. POBL. 38 vec. 152 alm.: CONTR. con el ayunt.

ANCILES: barrio de la v. de Benasque en la prov. de Huesca, part. jud. de Boltaña: SIT. á la mág. izq. del r. *Esera* en un llano dist. 1/2 hora de la v., y con montañas muy elevadas á otra igual dist. Se compone de 19 CASAS con fuentes de aguas esquisitas en sus inmediaciones. Su CLIMA, TERRENO, PROD., CONTR. y demas (V. BENASQUE).

ANCILLO: barrio en la prov. de Santander, part. jud. de Ramales y ayunt. del valle de Soba; SIT. en la vertiente N. de la peña llamada de *San Vicente,* á la márg. izq. del r. Gándara; es uno de los que componen el l. de *Rozas* (V.).

ANCIN: l. con ayunt. en el valle de Ega, de la prov., aud. terr. y c. g. de Navarra, part. jud. y merind. de Estella (2 1/2 leg.), dióc. de Pamplona (9), arciprestazgo de la Berrueza: SIT. á la izq. del r. *Ega* en la falda de un monte cubierto de encinas, donde le combaten principalmente los vientos del N.; no obstante lo cual su CLIMA es templado y saludable, sin conocerse mas enfermedades comunes que algunas tercianas durante el estio. Tiene 46 CASAS, inclusa la municipal, en la que está la cárcel pública, y una escuela de primeras letras frecuentada por 32 niños de ambos sexos, cuyo maestro percibe el sueldo de 60 robos de trigo anuales; una igl. parr. dedicada á San Fausto, servida por un cura párroco llamado abad, y una ermita bajo la advocacion de San Roman, construida á 200 pasos N. de la pobl. Muy cerca de las casas, á la parte á bajo de la parr., brotan muchas fuentes cuyas abundantes y esquisitas aguas aprovechan los vec. para su consumo doméstico. Confina el TÉRM. por N. con la sierra llamada Sarza (1/4 leg.), por E. con el de Mendilibarri (igual dist.), por S. con los de Legaria y Piedramillera (1/2), y por O. con el de Granada de Ega (la misma dist.). El TERRENO es llano en lo general, escepto por la parte del N., donde hay bastantes pedregales; le fertiliza el mencionado r. Ega, el cual aumentando su caudal con las aguas de las espresadas fuentes, corre de O. á E., pasa cerca del pueblo, y da movimiento á 2 molinos harineros; sit. uno á los 100 pasos de las casas y en el estremo oriental de un puente de piedra con dos ojos, y el otro á 1/8 de leg.; ambos de dos muelas, perteneciente el primero á los propios y el segundo á varios vec. de Piedramillera; hácia el N. hay un monte de 1/2 leg. de largo y 1/4 de ancho poblado de encinas, y otro de menor estension por el lado del O. y márg. opuesta del r., tambien cubierto de encinas, con abundantes y buenos pastos para toda clase de ganados, sirviendo sus maderas para construccion y combustible. Ademas de los CAMINOS locales se encuentran dos bastante frecuentados de arrieros y transeuntes; el uno que conduce desde Estella á Vitoria, el cual á muy poca costa podria hacerse carretero por ser llano y de tierra cascajillo, y el que dirige de las Amescoas á Los Arcos. La CORRESPONDENCIA se recibe de Estella los domingos y juéves por medio de balijero que conduce la de todos los pueblo del valle: PROD.: trigo, centeno, cebada, avena, maiz, habas, patatas, cáñamo y algun vino; cria ganado vacuno, de cerda, lanar y cabrio; hay caza de liebres, perdices y palomas, y pesca de barbos, anguilas y madrillas: IND.: ademas de la agricultura y de los dos molinos harineros, se dedican los hab. al carboneo: POBL.: 46 vec.; 169 alm.: CONTR. con el valle. Antiguamente cerca del pueblo hubo un monast. llamado de San Cristóbal, del que D. Sancho el Mayor hizo donacion á la cat. de Pamplona.

ANCONES (LOS): promontorios de la isla de la Gran Canaria, prov. de Canarias, part. jud. de las Palmas: SIT. al E. de la isla en la jurisd. y al N. de la v. de Telde; consiste en una larga lengua de tierra con diferentes picos salientes que forman en su descenso la sierra de Gando. Estrecha la entrada del puerto de Melenera, y le pone al abrigo de los vientos meridionales.

ANCORADOS (SAN PEDRO DE): felig. en la prov. de Pontevedra (7 leg.), dióc. de Santiago (5), part. jud. de Tabeirós (1), y ayunt. de Estrada (1): SIT. en una llanura bastante ventilada y con buenas vistas; su CLIMA templado y sano: 58 CASAS de mediana construccion forman esta felig. con los l. de Bentosela, Mamoela, Pena, Pousadela, Ribas-grandes, San Pedro y Fajo, que corresponde en parte á Sta. Maria de Rubin: la igl. parr. (San Pedro) es matriz y servida por un cura de provision en concurso general; tiene por anejo á Sto. Tomé de Ancorados. El TÉRM. confina por N. y E. con Sta. Marina de Agar, por S. con Rubin y Curantes, y por O. con Sto. Tomé de Ancorados; hay varias fuentes de buen agua: el TERRENO es gredoso y de mediana calidad; los CAMINOS vecinales y el que conduce á Estrada, Pontevedra y Lalin, son medianos: el CORREO se recibe de la cap. del ayunt.: PROD.: maiz, trigo, centeno, habichuelas, patatas, nabos, hortalizas y lino de buena calidad; cria ganado vacuno, lanar y mular; hay caza de perdices y conejos: IND.: la agricola y un molino harinero: COMERCIO; la venta de granos y ganados del pais: POBL.: 58 vec.; 295 alm.: CONTR. con su ayunt. (V.).

ANCORADOS (STO. TOMÉ DE): felig. en la prov. de Pontevedra (7 leg), dióc. de Santiago (4 1/2), part. jud. de Tabeirós (1), y ayunt. de Estrada (1): SIT. en un llano despejado y con buena ventilacion: el CLIMA templado y sano; 41 CASAS forman esta felig. con las ald. de Brey, Castro, Gontar y Sto Tomé: la igl. parr. (Sto. Tomé) es aneja de San Pedro de Ancorados, en cuyo punto reside el cura. El TÉRM. se estiende 1/4 de leg., y confina por N. con Remesar, por E. con Agar, por S. con San Pedro de Ancorados, y por O. con esta misma felig. y la de Rubin; hay 4 fuentes de buenas y abundantes aguas: el TERRENO es gredoso y muy fértil; los CAMINOS son vecinales, y el principal que conduce de la cap. del ayunt. á varias parr.: el CORREO se recibe de Estrada por medio de un peaton los domingos, mártes y juéves, y sale los lúnes, miércoles y sábados: PROD.: maiz, centeno, trigo, patatas, castañas, habichuelas, nabos, hortaliza de buena calidad y lino esquisito; cria ganado vacuno, lanar y mular; hay caza de conejos, liebres, perdices, codornices y otras aves: IND.: la agricola y un molino harinero, y se teje lino, estopa y lana para vestidos de campo: COMERCIO: la esportacion del maiz sobrante: POBL.: 45 vec.; 220 alm.: CONTR. con su ayunt. (V.).

ANCHORIZ: l. del valle, ayunt. y arciprestazgo de Esteribar, en la prov., aud. terr. y c. g. de Navarra, part. jud. de Aoiz (4 leg.), merind. de Sangüesa, dióc. de Pamplona: SIT. en llano á la der. del r. *Arga,* combatido de todos los vientos; su CLIMA es bastante saludable. Tiene 7 CASAS y una igl. parr. dedicada á la Purísima Concepcion, servida por un cura párroco. Confina el TÉRM. por N. con el de Zuriain (1/2 leg.) por E. con el de Iroz (1/4), por S. con el de Zabaldica (igual dist.), y por O. con el de Zay (1). El TERRENO, aunque abundante en aguas, no es susceptible de riego, porque no lo permiten las muchas desigualdades y escesiva escabrosidad del suelo; hay un desfiladero ó garganta, por donde se desprende el r. *Zubiri,* formada de peñas tan elevadas y consistentes que han dado origen al dicho proverbial en el pais: *Mas fuerte que la peña de Anchoriz.* Abraza 740 robadas de tierra, de las cuales hay en cultivo unas 240, todas de secano segun se ha espuesto, en las que, ademas de los cereales, se crian algunos viñedos; la parte erial é inculta ofrece leña para combustible y buenos pastos para el ganado: PROD.: trigo, cebada, centeno, vino y legumbres: cria ganado vacuno, lanar y cabrio, y caza de varias especies: POBL.: 7 vec.; 47 alm.: CONTR. con su ayunt. y valle.

ANCHOS (LOS): cortijada de la prov. de Jaen, part. jud. de Segura de la Sierra, térm. jurisd. de *Santiago de la Espada.*

ANCHOTEGUI: casa solar y armera en la prov. de Vizcaya y anteigl. de *Arrazola.*

ANCHOVE: anteigl. y puerto en la costa del Océano Cantábrico (V. ELANCHOVE).

ANCHS: l. con ayunt. en la prov. de Lérida (24 horas),

part. jud. de Sort (3), adm. de rent. de Talarn (7), aud. terr. y c. g. de Cataluña (Barcelona 45), dióc. de Seo de Urgel (12); SIT. al pie setentrional de una montaña, libre á la influencia de todos los vientos: su CLIMA es saludable. Tiene 15 CASAS, y una igl. parr. servida por un cura párr. y un capellan; el curato es perpetuo y lo provee S. M. ó el diocesano, segun los meses en que vaca, mediante oposicion en concurso general. Confina el TÉRM. por N. y O. con el de Povellá, y por E. y S. con el de Mentuy, estendiéndose 1/4 de hora de E. á O. y 1/2 de N. á S. El TERRENO es muy escabroso, y de mediana calidad; escasea de aguas para el riego, y por lo mismo no pueden fructificar en él ciertas simientes; abraza 140 jornales, de los que hay 10 en cultivo y de segunda calidad, y 30 de tercera: los restantes son incultos con arbustos y matorrales, entre los cuales se cria alguna yerba: PROD.: centeno, legumbres, hortalizas y patatas; cria ganado lanar en corto número, y el vacuno necesario para las labores: POBL.: 4 vec.: 35 alm.; CAP. IMP.: 8,339 rs.

ANCHUELA DEL CAMPO: l. con ayunt. de la prov. de Guadalajara (18 leg.), part. jud. de Molina (4), aud. terr. y c. g. de Madrid (28), adm. de rent. y dióc. de Sigüenza (9): SIT. en una llanura á la cual rodean unos pequeños cerros prolongados; le baten los aires S., O. y N. que constituyen un CLIMA templado, y se padecen catarros y erupciones: tiene 69 CASAS, algunas de construccion regular y mediana comodidad, pero las mas de escasa habitacion: la que sirve de consistorial y cárcel no es de mejor fábrica; en ella se halla tambien la sala de escuela desempeñada por el sacristan que percibe 4 celemines de trigo pagados por las familias de los 25 niños que concurren: su igl. parr. fué reedificada con mucha solidez el año 1791 á espensas de D. José Perez, natural de este pueblo, y residente en América: está dedicada á San Miguel, y es de curato perpétuo de la cámara; en los afueras hay una ermita titulada de Ntra. Sra. de la Soledad, y varias fuentes de agua dulce y delgada. Confina el TÉRM. por N. con Estables; E. Concha; S. Amayas y Labros; O. Turmiel, todos á 1/2 leg. de dist. poco mas ó menos: comprende 1,300 fan. de tierra de cultivo, de las cuales son 500 de primera clase; 700 de segunda y 100 de tercera, algo de monte chaparral y de sabinas, varias corralizas para encerrar ganados menudos, y un desp. llamado Sta. Cruz, cuya antigüedad se ignora: le cruza á poco mas de 1/4 leg. el r. *Mesa*, que tiene un puente de piedra en la ant. carretera de Aragon, y el arroyuelo la Hoz de poco raudal: el TERRENO es quebrado por una continuacion de cabezos escalonados, y para el cultivo se aprovechan las cañadas que forman los mismos: pasa por el pueblo la ant. carretera de Madrid á Zaragoza, la cual como abandonada se halla ya en mal estado, pero aun transitan algunos carruages, especialmente los que de Madrid se dirigen á Molina y Teruel: se toma la CORRESPONDENCIA en Molina dos veces á la semana por medio de un cartero, que paga en union con los otros pueblos comarcanos: PROD.: trigo, centeno, cebada, avena, guisantes y yeros: se mantienen 3,000 cab. de ganado lanar y 120 caballerias mayores y menores; IND. un molino harinero: POBL.: 60 vec.: 275 alm.: CAP. PROD.: 960,300 rs.: IMP.: 86,247: CONTR.: 2,293 rs. vn.: PRESUPUESTO MUNICIPAL: 1,200, del que se pagan 240 al secretario por su dotacion; se cubre con el prod. de una pequeña posada, el de la taberna y abaceria, y el deficit por repartimiento vecinal.

ANCHUELA DEL PEDREGAL: l. con ayunt. de la prov. de Guadalajara, part. jud. de Molina (1), aud. terr. y c. g. de Madrid (33), adm. de rent. y dióc. de Sigüenza (14): SIT. á la falda S. de una sierra cubierta de lastras de piedra, y algo de monte chaparral, está combatida por todos los vientos, menos el N.; sin embargo de lo cual es de CLIMA frio: tiene 33 CASAS de mala construccion y escasas de habitaciones; la que sirve de consistorial no es mejor, y en ella hay un local para cárcel, incómodo é inseguro: tiene tambien escuela sin mas dotacion que la retribucion de los pocos alumnos que asisten, igl. aneja á la parr. de Tordelpalo, dedicada á San Andrés Apóstol, y servida por un teniente de fija residencia, que en igual concepto asiste á la de Novella, en virtud de disposicion del tribunal ecl. del año 1794: y en el llamado comun del Gabilan, contiguo á su térm. jurisd. de Molina, pero perteneciente en lo ecl. á este pueblo, hay una ermita titulada de Ntra. Srá. del Gavilan: en el dia, aunque existe la ermita y dos casas de labor, la imágen se halla en la igl. de Anchuela, adonde se trasladó en la guerra de la Independencia: las circunstancias de este comun, y ermita, se verán en su lugar (V.). Confina el TÉRM. por N. con Cubillejo del Sitio: E. con Tordelpalo; S. comun del Gavilan, O. Novella: todos sus confines dist. de 1/4 á 1/2 hora; comprende unas 800 fan. de cultivo, de las cuales son 100 de primera clase, 500 de segunda y 200 de tercera; abunda de pastos, especialmente para ganado cabrio, bastante monte chaparral y muchas corralizas cubiertas de barda para encerrar los ganados; el TERRENO es muy quebrado, montuoso y lleno de maleza, y pedriza por el N. y O.; al S. se estiende una cañada de buena labor, y es tambien suave al E.; no le cruza ningun r.; pero á la salida del pueblo se forma un arroyo con las aguas de las lluvias que bajan de los montes, y con las de otros dos ó tres manantiales, y corre en direccion á Novella: por el lím. SE. del pueblo pasa la ant. carretera de Madrid á Teruel en mal estado; los demas son caminos vecinales: la CORRESPONDENCIA se recibe por los mismos interesados en la estafeta de Molina, y ademas tiene un cartero con los demas pueblos comarcanos, que la recoge cada 8 dias: PROD.: trigo, centeno, cebada, avena, guisantes, guijas, patatas; se mantiene algun ganado lanar, cabrio y vacuno, y 50 caballerias mayores y menores: POBL.: 27 vec.: 98 alm.: CAP. PROD.: 403,760 rs.: IMP.: 32,300: CONTR.: 922 rs. 6 mrs.: PRESUPUESTO MUNICIPAL: 600, del que se pagan 200 al secretario por su dotacion; se cubre (por carencia de propios) con 300 rs. que prod. el arbitrio de la taberna, y el resto por repartimiento vecinal. Este pueblo se llamó hasta 1469 la torre de Anchuela, y era propio de Diego Campillo, regidor perpetuo de Molina.

ANCHUELO: v. con ayunt. de la prov., aud. terr. y c. g. de Madrid (7 leg.), part. jud. y adm. de rent. de Alcalá de Henares (1/2), dióc. de Toledo (17); SIT. en un valle entre dos cerros á 1 leg. N. del r. Henares, y 2 S. del Tajuña, defendida de los vientos del N. con cielo alegre y CLIMA saludable: tiene 65 CASAS, 2 molinos de aceite, un hospital sin rent., una posada pública, é igl. parr. bajo la advocacion de Sta. Maria Magdalena, de curato perpetuo y provision ordinaria: en los afueras hay fuentes de agua esquisita, cuya abundancia es muy estimada para el riego de varios trozos de tierra; y por último una ermita con el título de Ntra. Sra. de la Oliva. Confina el TÉRM. por N. con los de Alcalá y los Santos de la Humosa, E. con Santorcaz, S. con el de Corpa y O. con el de Villalvilla, á dist. de 1/4 á 1/2 leg. Comprende 4,105 fan., de las cuales se cultivan 654 de primera clase, 2,220 de segunda y 400 de tercera; carece de monte alto y bajo, y el poco TERRENO baldio está dividido por suertes entre los vec.: todo el térm. participa de cerros y llanuras, y aunque escaso de aguas para el riego, es de bastante buena calidad. PROD.: trigo, cebada, centeno, avena, vino, aceite y pocas legumbres; se mantiene algun ganado lanar y vacuno: POBL. 65 vec., 275 alm.: CAP. PROD. 2.700,580 rs.: IMP. 111,970: CONTR., segun el cálculo general de la prov., el 11 por 100.

ANCHURAS: l. con ayunt. de la prov. y adm. de rent. de Ciudad-Real (17 leg.), part. jud. de Piedrabuena (13), aud. terr. de Albacete (47), c. g. de Castilla la Nueva (Madrid 25), dióc. de Toledo (18): SIT. sobre una colina formando un plano inclinado hácia el SE.; goza de CLIMA templado, ventilado por los aires E. y SO., y se padecen con mas frecuencia tercianas: tiene dos anejos llamados Navalasenjambres y Encina Caida, que con este l. componen 70 CASAS, que mas bien parecen zahurdas; pues se conoce que al tiempo de su construccion se consultó mas á las comodidades del ganado que á las de los hombres: hay un pequeño edificio para el pósito, que al mismo tiempo sirve de casa de ayunt. y cárcel; igl. parr., que comprende ademas de los anejos referidos, la alq. llamada Valdeazores, que pertenece á la jurisd. de Navalucillos en el part. de Navahermosa, prov. de Toledo, bajo la advocacion de la Asuncion de Ntra. Sra.; fué creada esta parr. en el año 1676 por el Excmo. Sr. arz. de Toledo D. Pascual Aragon; pues hasta entonces, tanto este l. como sus anejos y otras muchas alq. que se hallaban por aquellas sierras, pertenecian á la de Piedraescrita: el curato es perpétuo y de oposicion. Este pueblo es el último de la prov. de Ciudad-Real; confina su térm. por N. con los de Piedraescrita y Robledo del Mazo, part. del puente del Arzobispo, prov. de Toledo; al O. con Sevilleja del mismo part. y prov., S. con Castilblanco, part. de Herrera del Duque, prov. de Badajoz, y por el E. con el del Horcajo de los Montes en el mismo part. á que este l. pertenece; dist. sus lím. de 1 1/2 á 2 leg.: el TERRENO es sumamente montuoso, áspero y cruzado de sierras en todas direcciones; de muy poca capacidad para la labranza, y á propósito mas bien para pastos: su arbolado es de encina, roble, chaparro, jara, brezo y otros muchos arbustos: le baña el r. *Estena* que pasa inmediato á la pobl., y despues de 10 leg. de curso desemboca en el Guadiana; el Estenilla y otros manantiales y arroyuelos que se desprenden de aquellas montañas; entran en el Estena y dan movimiento á dos molinos harineros: los CAMINOS son conformes á la calidad del terreno, y solo para la precisa comunicacion entre los pueblos inmediatos: el CORREO se recibe en el Horcajo por medio de un vec. á quien se impone este servicio cada 8 dias como carga concejil. PROD.: pocos cereales, ganado cabrio y lanar en bastante número, algo de vacuno y de cerda; colmenas, y mucha caza mayor y menor. POBL. 70 vec., 350 alm.: CAP. IMP.: 12,174 rs.: CONTR.: 7,430 rs. 31 mrs. PRESUPUESTO MUNICIPAL: 3,000, del que se pagan al secretario por su dotación 1,000 rs., y se cubre por repartimiento vecinal, conforme á lo que resulta del llamado *libro de gastos*. En estos datos están incluidos sus anejos. Este pueblo es uno de los que corresponden al terr. enclavado en la prov. de Toledo, llamado la *Jara*, y el único que del mismo terr. pertenece á la prov. de Ciudad-Real: es muy notable cuánto hace relacion á este pais, sit. en los confines de las prov. de la Mancha y Estremadura, pero tiene tal enlace la historia de los 34 pueblos que componen *La Jara*, que no nos parece conveniente separarla en fracciones, que lejos de dar á conocer las vicisitudes de este pais, embrollarian su sencilla descripcion: en tal concepto reservamos para el art. *Jara* (V.) el dar una estensa relacion de todos los pormenores que á estos pueblos corresponden, contentándonos con manifestar respecto al que ahora nos ocupa, que hasta el año 1785 fué una alq. ó ald. pedanea de Sevilleja, y en este año, con facultad del Consejo de Castilla, consiguió formar ayunt. separado con las alq. que le son anejas.

ANDA: l. en la prov. de Alava (4 leg. á Vitoria), dióc. de Calahorra (21), part. jud. de Salinas de Añana (2), vicaria, herm. y ayunt. de Cuartango (1): SIT. al N. en una pequeña colina en donde le combaten los vientos N. y S.; CLIMA frio, pero sano: la igl. parr., (San Estéban) es matriz y curato de provision ordinaria: hay una escuela de ambos sexos á la que concurren de 20 á 30 niños, dotada con tres fan. de trigo: el TÉRM. confina por N. con una pequeña colina y pueblo de Abornicano 1/2 leg.; por E con Catadiano 1/4, por S. con Sendadiano 1, y por O. con Andagoya 1/2; le baña el r. Bayas, que trae su origen desde Gorbea con direccion al Ebro, sobre el cual tiene un puente de piedra de 4 arcos y bien conservado: el derrame de varias fuentes de cristalinas y saludables aguas que abastecen la pobl., aumenta los arroyuelos que se desprenden de las sierras inmediatas: el TERRENO en lo general quebrado, montuoso y de mediana calidad, aunque participa de algun llano; los labradores cultivan con la mayor avidez las mas pendientes laderas. Hay buenos prados de pastos, y disfrutan con Abornicano y Catadiano el monte y terreno de la comunidad de San Bernabé: se aprovechan tambien de los de la Ledania de Anda y sus deh., de las de Berrueta, Badaya y sierra y monte de Guibijo. Tiene dentro de su térm. una cantera de mármol negro con vetas blancas, capaz de buen pulimento y de dar piezas de gran tamaño, como lo era la que se estrajó de 13 pies 9 pulgadas de largo, con 5 1/4 de ancho para la mesa de la sacristía de San Pedro de Vitoria. Los CAMINOS son vecinales y bien cuidados; pasa por el térm. el de la Rioja á Vizcaya, el cual es áspero desde el primer punto indicado hasta el l. que describimos: el CORREO se recibe por los interesados en la cap. del part. PROD. trigo, cebada, maiz, patatas, avena y varias legumbres: cria ganado vacuno, lanar, cabrio, con especialidad caballar cruzado con garañon: hay caza de perdices, liebres y aves de paso, y en el Bayas se pescan truchas esquisitas, barbos, anguilas y otros peces; su IND.: la agricola, un molino harinero y una máquina para aserrar piedras: el COMERCIO se reduce á la venta de granos y muletas que verifica en los mercados inmediatos: POBL. 10 vec.: 58 alm.: CONTR. (V. ALAVA INTENDENCIA).

ANDABA: desp. de la prov. y part. jud. de Sória, térm. jurisd. de Almenar (1/2 hora): SIT. entre los térm. de los pueblos de Mazalbete y Almenar; perteneció al priorato de San Benito de Sória y al Sr. conde de Gomara, pero hoy pertenece á este último y á D. Joaquin Nuñez de Prado, vec. de Madrid, por compra que ha hecho á la Hacienda pública; conserva las ruinas de su igl. y algunas casas, pero se duda el tiempo y el motivo de su despoblacion; hay una deh. boyal de bastante estension con su buena fuente, de donde sin duda se surtirian sus habitantes.

ANDABAO (SAN MARTIN): felig. en la prov. de la Coruña (8 leg.), dióc. de Santiago (7), part. jud. de Arzua (2), y ayunt. de Boimorto (1/2): SIT. á la izq. del r. Tambre: CLIMA templado y sano; comprende las ald. de Areas, Arentia, Casas, Horros, Hospital, Labandeira, Parabisco, Pedreira, Pena-Vigia, Puente-Presaras, Quintas, Rua-nova, Souto, Torre y Vilar, que entre todas reunen 100 CASAS de mala construccion é incómodas. La igl. parr. (San Martin) es matriz y servida por un cura de presentacion laical; tiene por anejo á San Miguel de *Boimil*, y á mas una ermita, sit. junto al monte en la ald. de Arentia, bajo la advocacion de San Isidro; hay una escuela de niños, pagada por los padres de estos: el TÉRM. confina por N. con el r. Tambre, por E. con el Puente-Presaras sobre dicho r. y parr. de Sta. Cristina de Folgoso 1/2 leg.; al SE. á 1/4 con su anejo Boimil; por S. con la parr. de Santiago de Boimorto 1/3, y por O. con la de San Pedro de Cardeiro 1/2; le baña por N. y NE. el r. Tambre, que deja á la der. la felig. de San Pedro de Presaras y al NE. la de Sta. Maria de Mezonzo; sobre el indicado r. se halla el puente Presaras que divide el térm. con la parr. de San Pedro de su nombre. El TERRENO es poco fértil; pero el riego de las aguas del Tambre le hace productivo. Los CAMINOS mal cuidados, el CORREO se recibe de la cap. del part. por medio de un balijero: PROD.: trigo, centeno, maiz y patatas; se elabora manteca y quesos de leche de vacas; cria mucho ganado vacuno para lo cual tiene escelentes yerbas y pastos; hay caza de perdices, conejos, liebres, jabalies, lobos y zorros: IND.: la agrícola y venta de quesos y manteca: POBL.: 100 vec., 500 alm.: CONTR. con su ayunt. (V.).

ANDADURIA DE SARRIA: ant. part. en el reino de Galicia, perteneciente á la estinguida jurisd. de Sarria; estaba compuesto de las felig. de San Salvador de Villar de Sarriá, Santiago de Farban, San Martin de Fontao, San Martin de Requeijo, San Salvador del Mato, San Estéban de Lousadela, Santiago y San Julian de la Vega.

ANDAGOYA: l. en la prov. de Alava (4 leg. de Vitoria), dióc. de Calahorra (21), part. jud. de Salinas de Añana (2), vicaria, herm. y ayunt. de Cuartango (1): SIT. á la falda NE. de la montaña denominada del Castillo, y á la der. del r. *Bayas*; el CLIMA sano. La igl. parr. está dedicada á la Asuncion de Ntra. Sra. y servida por un cura beneficiado; y en un valle junto al monte de Yarto está la ermita de San Estéban. El TÉRM. 1/2 leg. de N. á S., y poco menos de E. á O. confina por N. con Abecia y Abornicano (1/2 leg.), al E. Anda (1/4), al S. Sendadiano cap. del ayunt., y á O. Délica, interpuesta la sierra de Guibijo 1/2: le baña el arroyo Badillo que corre por SE. á unirse al Bayas que por esta parte toca en el térm. El TERRENO es quebrado y montuoso; al NE. se encuentra la sierra y monte del Cuartel de Anda, al SE. el alto de San Mamés; por SO. la referida montaña del Castillo, y sigue cercándole la citada de Guibijo y otros que disfruta de mancomun con los pueblos circunvecinos; se cultivan unas 200 fan. de tierra de mediana calidad, la cual participa del escaso riego que las proporciona el derrame de 5 fuentes de buen água de que se abastece la pobl. Los CAMINOS son de pueblo á pueblo, quebrados é incómodos por su desnivel: el CORREO se recibe en Orduña por los interesados: PROD.: trigo, maiz, patatas, cebada, avena, yerba, lino, algunas legumbres, hortaliza, poca fruta y mucho forraje; cria ganado lanar, vacuno, cabrio y caballar cruzado; hay caza de perdices, liebres y palomas, y pesca abundante en el r. Badillo: tiene un molino harinero y 3 telares caseros: COMERCIO la venta de frutos de sus cosechas y ganado mular: POBL.: 25 vec.; 140 alm. RIQUEZA Y CONTR. (V. ALAVA INTENDENCIA.).

ANDALUCIA (CAPITANIA GENERAL DE), que abraza las prov. de Sevilla, Huelva, Cádiz y Córdoba (*), y las comandancias generales de las mismas, de Ceuta y del Campo de Gibraltar. Confina al N. con las c. g. de Estremadura y Castilla la Nue-

(*) Las otras 4 prov. de *Andalucia*, Granada, Almería, Málaga y Jaen, forman la c. g. que lleva el nombre de la prime. (V.).

va, al E, con la de Granada, al S, con el Mediterráneo, estrecho de Gibraltar y Océano, y al O. con el reino de Portugal; comprendiendo unas 16 leg. de frontera y 50 de costa. Tiene los 12 gobiernos militares de Sevilla, Cádiz, Ayamonte, Tarifa y Ceuta, que son plazas, y los de los cast. fuertes y puntos de San Sebastian, Puntal, Sta. Catalina, Santi Petri, Cabo de las Torres, Sanlúcar de Guadiana y Paymogo. El capitan general reside en Sevilla. El arma de artilleria tiene en este distr. la maestranza, fundicion de cañones de bronce, y fáb. de fusiles de Sevilla, y las comandancias de las plazas de Sevilla, Cádiz, San Fernando, Campo de San Roque, Algeciras, Ceúta, Ayamonte y Tarifa.

ANDALUCIA: limítase á veces esta denominacion geográfica á los antiguos reinos de Sevilla y Córdoba, y entonces se divide en *alta* y *baja*, segun el curso del Guadalquivir; pero generalmente se estiende tambien á los de Jaen y Granada, llamándose *Andalucía* todo el delicioso pais meridional de España, comprendido entre los 36° y los 38° 42′ de lat., y desde los 2°, E. á los 3° 35′ O. long. del meridiano de Madrid. Batenle por el S. las olas del Mediterráneo, y se prolonga sobre el Océano, pasando el estrecho de Gibraltar, hasta que confina con el Portugal por O.; la gran cord. de Sierra Morena es su lím. N.; y por el E. lo son las sierres de Segura y Cazorla. Su estension de E. á O. es de 87 leg., y de 40 la de N. á S.: el desarrollo de su superficie compone 3,283 leg. cuadradas. Dividido este terr. en una multitud de valles mas ó menos espuestos á los ardores del sol y á la influencia de los ramales de las montañas que le cruzan en varias direcciones, pobladas unas de bosques frondosos, otras desnudas de toda vegetacion y otras cubiertas de perpetua nieve, participando tambien de la accion de las aguas del mar en una costa tan dilatada, offrece un CLIMA en unas partes ardiente, sobre todo hácia las costas; en otras mas ó menos templado y en otras deliciosísimo. Muy rara vez se ve la nieve en sus llanuras, y cuando en los inviernos mas rigurosos cae alguna, se derrite asi que toca la tierra; costando mucho trabajo conservarla, aun en los montes inferiores; al paso que en otras cimas resiste á los mas estremados estios.

La Andalucia se presenta erizada de montañas mas ó menos elevadas, muy fértiles unas, y otras muy ricas, ya en pastos, ya en minas de diverso género, y en canteras de mármol y otras piedras. La ciñe por la parte del N., de E. á O., con alguna inclinacion al SO., en las inmediaciones de la embocadura del Guadiana, la cord. de sierra Morena, de la cual bajan hácia el S. todos los r., riach. y arroyos que desembocan en el Guadalquivir por su orilla set., menos el Tinto y otros menores que desaguan en el Océano, en las inmediaciones de Palos, Moguer y Huelva. Casi la misma direccion sigue la cord. que, arrancando del confluente del Guadalmena con el Guadalimar, y en la direccion SE., hasta Orce, del part. jud. de Huescar, prov. de Granada; se endereza luego al O. á buscar la sierra de Alhama, y llega á Ronda, donde se inclina hácia el S., é internándose un poco en la prov. de Cádiz, va á terminar en Gibraltar. Del nacimiento del r. Guadix en el part. de este nombre, sale un ramal de la misma sierra, en direccion de E. á O., que termina hácia Montilla y Lucena; y reunidas estas dos cord. en la confluencia y el curso de aquellos dos r., por medio de algunos ramales que se desprenden de la sierra de Alcaráz hácia Puerta-Segura, forman el gran valle, ó la Cuenca del Guadalquivir, que recibe por su orilla meridional todas las aguas que bajan al N. de la segunda cord., menos el Guadalete y algunos otros menores, que de la sierra de Ronda llevan sus aguas, ya hácia el golfo de Cádiz, ya hácia el Estrecho; y todos los riach. que, teniendo su origen en la misma cord. hácia el S., desembocan en el Mediterráneo, entre Gibraltar y el cast. de los Terreros, en el lím. de la actual prov. de Almeria, y la de Murcia. Los principales de estos últimos, son, el Guadiaro, el Guadajoz, el Grande, el de Adra, el de Almeria, y el Almanzora; y de los que desaguan en el Guadalquivir, son el Genil, el Guadix, el Guadalimar, y el Corbones. El Guadiana puede tambien considerarse como perteneciente á Andalucia, pues la separa de Portugal por el O., hasta que se le une el r. Chanza, que continúa dividiéndola hasta cerca de su origen y el lim. de Estremadura. Hablaremos en sus respectivos art. de cada uno de estos r., asi como de las sierras mas importantes que toman diversos nombres, segun sus ramificaciones de sierra Bermeja, que con la Blanquilla forman parte de la sierra de Ronda, sierra de Filabres, de Bujo, de Javal-Cobol, Sierra-Leita, sierra de Quesada, que con los montes de Torres en el ant. reino de Jaen, forman la union con sierra Morena y sierra de Segura; las sierras de la Alpujarra, de Gador, y Contraviesa, la de Cazorla, sierra Susana y de Constantina.

Al penetrar en Andalucia desde las Castillas, se atraviesa un país, cuyos prod. naturales empiezan ya á indicar el influjo de un clima mucho mas que templado; pero que no se diferencia demasiado de los estremos de aquellas. Mas apenas se llega á las cimas de los montes Marianos, ó sierra Morena, parece que ya se encuentra una naturaleza distinta: la misma colina que en su pendiente set. se ve cubierta de jaras, tomillos, antirrinos y escilas, que indican un paralelo inferior á los 13°; esa misma está poblada en su falda meridional de lentiscos, coscojas, anagiris, y otros arbustos de los paises ardientes, á cuyo pié crecen las plantas umbelíferas, malváceas, y labiadas africanas. En las inmediaciones de Sevilla crecen al aire libre los plátanos, los critales, el árbol del coral; y cuando se va uno acercando á las costas marit., ya casi ha desaparecido la vegetacion europea, para dar lugar á las plantas exóticas, ó que se miran como tales en la flora-atlántica. Los palmitos ó palmeras enanas son, digámoslo asi, el vegetal indígena de esta parte de Andalucia; y asi es que cubre todo el terreno que no le disputa el labrador. El alcaparro, el olivo silvestre, llamado acebuche, y los astragalos leñosos crecen espontáneamente en algunas comarcas pedregosas, y los alelies, conocidos con el nombre de *viola-matronal*, se encuentran á la vez por do quiera. Por eso las pobl. estan al tiempo de la florescencia de los árboles embalsamadas con el delicioso perfume de los naranjos y limoneros, que unos y otros forman bosques de una prodigiosa estension; y cuando desaparece su verdor por estar cubiertos de blanquísimas flores, llega á ser casi insoportable su fragancia. El TERRENO, aunque seco, es feracísimo; y produce tanto, que apenas hay cosa necesaria á la vida ó al capricho del hombre, que no se halle en grande abundancia. Es copiosísima la cosecha de trigo, cebada, aceite y esquisitos vinos, de que provee á una gran parte de Europa y de América; y variada hasta el infinito la clase de las uvas. Son muy especiales las frutas de sus deliciosas vegas, muchas de las cuales estan cubiertas de árboles, asi como las huertas y jardines de naranjos, limoneros, higueras granados y otros árboles frutales. Las verduras, hortalizas y legumbres son muy apreciables, aunque escasas por falta de riego. En la costa del Mediterráneo, desde Gibraltar á Málaga, se cultiva el algodon y la caña de azúcar, y se hace gran cosecha de seda, ágrios, cidras, higos, almendras y pasas. Aunque la mayor parte del terreno es suave, llano, y muy espacioso, no faltan, como hemos dicho, montes de árboles con pastos escelentes que mantienen mucho ganado vacuno, cabrio y de cerda, y dan abrigo á la caza, especialmente de perdices y conejos; y en las deh. de monte bajo y deliciosas riberas, se cria considerable número de ganado lanar. Hay tambien numerosas yeguadas en que se crian hermosos, veloces y briosos caballos, de donde han salido los mejores de España. La mayor parte de los r. abundan de buenos pescados; pero ningunos tan sabrosos como los sábalos, albures y róbalos: tambien se cogen infinitos y variados en toda la costa, y la marisma está poblada de aves estraordinarias, muchas de ellas no conocidas, ni aun por sus nombres. En cuanto al reino mineral la Andalucia, tan rica bajo los cartagineses y los romanos en minas de oro, plata, y otros metales y piedras, es tambien en el dia notable por el desarrollo que en ella ha esperimentado la riqueza minera, como ya hemos manifestado en algunos art., y tendremos ocasion de reiterar en la seguida de nuestras tareas.

En cuanto á la IND., COMERCIO, INSTRUCCION PUBLICA, BENEFICENCIA, CRIMINALIDAD, y otros detalles á que no es posible descender ahora, sin cometer repeticiones, nos referimos á los art. de las ocho prov. en que en la actualidad está dividido el terr. de Andalucia. Sin embargo, como parte integrante de este artículo, presentamos el estado que sigue.

Los andaluces son festivos, de imaginacion ardiente, y con recuerdos arabescos en la pronunciacion de sus guturales. En Andalucia es donde residen mas familias gitanas, sin duda por lo que favorece el clima á sus grangerias y tratos, y por la consonancia de su genio avieso y decidor con el habla graciosa de los naturales.

ESTADO de las capitanías generales, audiencias territoriales, provincias y partidos judiciales en que se halla dividido el terr. de Andalucía, con espresion de su pobl., estadística municipal, la que se refiere al reemplazo del ejército, riqueza imponible y contribuciones que paga.

CAPITANÍAS GENERALES.	AUDIENCIAS.	PROVINCIAS.		PARTIDOS JUDICIALES	Ayuntamientos.	POBLACION. Vecinos.	POBLACION. Almas.	Electores.	Elegibles.	Jóvenes alistados para el reemplazo del ejército.	Cupo de soldados en una quinta de 25,000 hombres.	RIQUEZA IMPONIBLE.	Contribuciones.
Granada.	GRANADA.	Almeria.		9	103	63216	252952	25549	23847	13893	492	35206923	4762749
		Granada.		13	205	81681	370974	37738	37666	21637	790	41382138	8214369
		Jaen.		12	98	64959	246639	27913	25459	14471	570	25210634	10697539
		Málaga.		13	110	86186	338442	33067	29369	19438	701	66833019	11598837
				47	516	296042	1209007	124267	111341	69439	2553	168632714	35273494
Andalucía. (1).	SEVILLA.	Cádiz. (2)	Sin incluir los presidios agregados á Algeciras	12	40	68660	286316	19522	18276	18121	645	38759322	18774206
		Córdoba.		15	77	76690	306760	28740	26100	16100	674	70799492	11786657
		Huelva.		6	78	34520	136564	16817	15762	8657	261	20033644	2970457
		Sevilla.	Inclusos los 4 partidos de la capital.	16	97	87685	367303	31603	24995	20258	769	58581126	20732279
				49	292	267555	1096943	96682	85133	63136	2349	188173584	54263599
				96	808	563597	2305954	220949	196474	132575	4902	350806298	89537093

(1) La palabra *Andalucía* se aplica aquí especialmente al terr. de la c. g. de su nombre; por lo demas tratamos del que comprenden las ocho prov. en que está subdividida la estension de terreno llamado genéricamente Andalucía.

(2) La riq. imp. de esta prov. que aquí se presenta, es solamente la terr. y pecuaria: no se han incluido las que se distinguen con los nombres de urbana, ind. y comercial porque no se hace mérito de ninguna de ellas en la matrícula catastral de 1842, de que nos valemos para esta clase de datos.

La division marítima de Andalucía, inclusas las Canarias, aparece del siguiente estado.

DEPARTAMENTO Y APOSTADERO.	TERCIO DE	TERCIOS NAVALES Y PROVINCIAS.	PROVINCIAS Y PARTIDOS.	DISTRITOS.	Pilotos.	Oficiales de mar.	Patrones.	Veteranos.	MARINERIA. Hábil.	MARINERIA. Inhábil.	Forasteros y agregados.	INDIVIDUOS de maestranza. Hábil.	INDIVIDUOS de maestranza. Inhábil.	Embarcaciones de todas clases.
CADIZ.....	PONIENTE.	Cádiz.....	Cádiz........	Puerto de Sta. María, Puerto-Real, San Fernando, Conil y Veger.										
			Algeciras...	San Roque, Tarifa y Ceuta.										
		Málaga...	Málaga......	Estepona, Marbella y Velez-Málaga.										
			Motril.......	Nerja y Torrox, Almuñecar y Solobreña.										
			Almeria.....	Albuñol, Adra y Roquetas.										
		Sevilla...	Sevilla......	Coria y Puebla, subdelegacion de Alcalá del Rio y la del Tablazo.	618	237	1291	35	5318	1714	4499	2135	373	3150
			Sanlúcar....	Rota, Jerez de la Frontera y Chipiona.										
			Huelva....	Ayamonte, Higuerita, Cartaya y Lepe, Moguer y San Juan del Puerto, Gibraleon y la Isla Cristina.										
			Canarias..	Gran Canaria, Orotava, Lanzarote, Garachino, Palma, Fuerte-Ventura, Gomera y Hierro.										

Historia civil. En este delicioso pais, agraciado por la naturaleza con el concurso de las proporciones de todos los paises; y como adjudicado con este motivo, por la misma, al dominio del mas fuerte; habiendo de retirarse al fragoso nacimiento de los r., á adquirir nuevo vigor, en la dureza de su clima é ingratitud de su suelo, aquellos que á la feracidad y dulzura de esta region feliz le hubiesen depuesto, para volver á disputar sus comodidades á los que se las arrebataran; en este pais privilegiado no hubo de perpetuarse poder alguno, hasta que la ilustracion trajera abajo la idea de conquista, y arrancase el éxito de las armas á la fuerza, confiándolo al talento. Mientras era el teatro de continuas batallas, fué tambien el objeto de la poesia de la Grecia, que desfiguró los hechos mas notables de su historia. Aquellos campos Elíseos donde cantó Homero soplar siempre los céfiros, y haber enviado los dioses, en su tiempo á Menelao; aunque quiso Bailly estuviesen en la Atlántida, mal podia una helada region desde los 70° de lát. boreal rivalizar con la dichosa Andalucia, para dar en ella los poetas morada á los bienaventurados, cuando no pudiera ofrecer comodidad ni aun á las fieras. Si bien se colocaron los Eliseos junto al *Tártaro*, que es la mansion de las tinieblas, y con esta idea parece convenir la noche de 6 meses en el norte; tambien á esta noche se sigue un dia de igual duracion que la repugna. La mansion de las tinieblas era sin duda aquella region del último térm. de la tierra, donde el sol, despues de dada su vuelta y concluido su curso, desuncía sus caballos y se entregaba al descanso. Aquella region donde se elevaban las columnas, con que se fingió haber marcado este Hércules físico el térm. de sus espediciones. Aquella region donde dice Homero:

Incidit Oceano lux fulgentissima solis.
Nigrantem noctem et madida sidera ducens.
(Iliad. 9. v. 585.)

Era esta la region misma donde aseguró Artemidoro hacerse el sol cien veces mayor de lo que es natural, y sobrevenir la noche al punto que se verificaba su puesta, la cual, segun Posidonio, se creia realizar haciendo rechinar con grande ruido las aguas del Océano por apagarse en ellas su llama, cuyas opiniones rebaten el mismo Posidonio y el filósofo Estrabon: Mirando en los últimos térm. de la tierra una region, como origen de las sombras, para espresar esta idea geográfica, se la llamó el *Tártaro*. Eran estos últimos térm. de la tierra el monte *Calpe* y el cabo de *San Vicente*, segun Estrabon, que colocó los lím. occidentales de la tierra en los últimos promontorios de Europa, habitados por los iberos. Plinio llamó á Calpe el *monte estremo*: Avieno dijo ser esta costa *ora última terræ*. Aqui empezaban el *Tártaro* y los *Campos Eliseos*, que estaban vecinos. Por esto Trogo Pompeyo colocó en los bosques *Cunetes* la guerra de los titanos, que Homero presentó en el *Tártaro*, y Ovidio dijo: *Presserat occiduus Tartesia litora Phœbus*. De aqui el llamarse *tartesios* los de la isla de Cádiz:

Nam unicorum lingua conseptum locum
Gadir vacabat: ipsa tartessus prius
Cognomimata est. (*Avienus.*)

De aqui el nombre *tartessos* del r. Guadalquivir (atendiendo particularmente á sus bocas), que dijo Pausánias ser el mas considerable de España. La c. *Tartessus* de la Iberia, espresó Estephano Byzantino, tomar su nombre del r., y hubo de comunicarle igualmente á toda la Andalucia; como la comunicó despues el nombre *Bœtis*, que le dieron los griegos, segun Séneca el trágico:

Nomenque terris qui dedid Bœtis suis.
(*in Medea*).

Asi el nombre *Tarteside* debió espresar no solo la region formada entre las bocas del *Bœtis*: sino todo este pais, al que convenia igualmente que al r., interpretada la voz *Tartessis*, *occasu último*, por Séneca (*traged.* 1): De este modo dijo Estrabon, haber ocupado los *tartessios* la region llamada en su tiempo *Turdulia*, en Herodoto se llama *Tartessis* á la Bética; los *tartessios* aparecen mencionados en Polybio, aunque con error de copia *Thersitas* por *Tartesitas*; Anacreon apellidó beatos y bienaventurados á los *tartessios*; y Avieno dijo que habitaban un campo feraz y rico. Conforme al rigor de la idea mitológica, que se ha manifestado envolver la voz *Tártaro*, y su equivalente el nombre *Tartessis*, no podian aplicarse mas que á la costa que ve caer el sol en el Océano, reservando este campo rico y feraz de Avieno, para los *Campos Eliseos*; mas, por estension, la geografía le aplicó á todo este pais de occidente, donde se conceptuaban los últimos términos de la tierra, en cuyo concepto puede provenir el nombre *Tartessis* del hebreo *aretz-sop*, pronunciado con art. griego *Tuaretsop*, y de aqui *Tartessos*. Habrá alguno, que, colocando con Bailly en el N. el ibon del género humano, contra el fundado parecer de Pinkerton, las antiquísimas tradiciones de Platon, y la sagrada historia de Moisés, repugne esta etimología, negando á Marco Barron, grande investigador de antigüedades, la venida de *iberos* y *persas* á este pais, antes que los traficantes de Fenicia; la pobl. de los *Thobelios* á Flavio Josepho, escritor diligentísimo, que, como hebreo que era, leyó y oyó esplicar las historias de Moisés, y se ocupó en estudiar á todos los historiadores caldeos, egipcios y griegos que le habian precedido, aprovechando hasta de las tradiciones; su verdad filosófica á las fábulas de todos los pueblos contra el dictámen de Dionisio Halicarnaseo, Estrabon, Tito Livio, Diodoro Sículo (lib. I pág. 6.): Aldrete en el orígen de la lengua castellana (lib. III cap. 1): D. Martin Panzano en su paralelo histórico, etc., y los conocimientos que proporcionan á las etimologías, sin apreciar la luz que Samuel Bochart, Tomás Hide, Cristiano Wormio, Natal Alexandrino, etc. han dado á la geografía sagrada, y al orígen y propagacion de las naciones. Dionisio de Halicarnaseo no desdeñó las antiquísimas fábulas que escritores anteriores habian pasado por alto, no siendo de aprovechar sin dificultad y gran trabajo: *Historiam autem ordior ab antiquissimis fábulis, quas superiores scriptores prætermisserunt, quod non sine dificultate et magno labore, reperiri possent* (Antig. Rom., lib. I c. 8). Segun Estrabon, en las fábulas se escribieron la física y la historia de los ant. Asi bajó la fábula del Hércules, que levantó las famosas columnas al térm. de sus trabajos, el cual representado como piloto, es el compañero de Baco y de Pan, los Noe y Thoel de la historia, se ofrece la venida de los orientales, siguiendo al sol hasta el O., y su establecimiento en este pais. Homero coloca á los Titanes en el Tártaro, desde donde dice movieron contra los dioses la guerra tan celebrada; de este modo se hubo de contar ya alguna guerra, sostenida por los Tartessios ó Turdetanos, para conservar sus envidiadas propiedades, invadidas por un rival poderoso. La fábula del Hércules Argonauta, que vino á robar las vacadas al pastor tartesiano Gerion, dice la llegada de los Fenicios á la *Tartessis*. Conocido es lo que, al descubrirla hubieron de cebarse estos traficantes en sus incalculables riquezas, y el trastorno que trajeran sus contrataciones á la religion, moral, ritos y costumbres de sus pueblos, contenidas en los poemas y versos de los Turdetanos, que Estrabon dijo, contar en su tiempo 6,000 años de antigüedad. Adoraba la *Tartessis* á un dios supremo, que no podia ser nombrado, ni representado con imágen corporal, ni cerrado entre paredes. Veneraba tambien al dios *Endobélico*, y alguna otra divinidad, como Hércules, en cuyo templo gaditano tampoco habia imágen alguna: «*Nulla effigies simulacrave nota Deorum majestate locum, et sacro implevere timore*» (Silio Italico lib. III v. 30). Los fenicios hubieron de comunicarla sus deidades y sus usos (V. España), empezando aqui la adulteracion de sus ant. que habian de continuar otros pueblos. El diligentisimo Estrabon refiere el principio y progresos de sus establecimientos, conforme á las tradiciones de los gaditanos: dice que los Tirios, habiendo de enviar una colonia á las columnas de Hércules por la autoridad de un oráculo, como los gobernantes de Tiro hubieron de persuadir al pueblo, para que tomase la espedicion con entusiasmo, trataron de conocer antes las ventajas del pais.

Al llegar sus comisionados al estrecho, creyendo ver las columnas de que habia hablado el dios en los montes que le forman, tomaron tierra; pero habiendo heeho sacrificio á Hércules, y no presentando buenos auspicios las víctimas, esto es, no habiendo sido bien recibidos, desnudo de la locucion litúrgica el sentido histórico, retrocedieron hácia Calpe. Pasado algun tiempo; avanzando estos mismos comisionados unos 1,500 estadios en lo esterior del estrecho, llegaron á una isla que ya entonces estaba consagrada á Hércules. Era adyacente á la c. *Onoba* (Huelva): repitieron allí los sacrificios; creyendo podia ser este el térm. de su viaje; mas por el exámen de las victimas, hubieron de retirarse igualmente. Verificada la tercera espedicion, asentaron en Cádiz, edificando la c. y el templo, dedicado al Hércules Ibero, en el oriente de la isla. Este fue su primer establecimiento en la *Tartessis*, desde donde estendieron luego numerosos y ricos puntos de comercio á lo largo de la costa. Muy verosímil es que la *Tartessis* venga ya conocida bajo el nombre de aquella region abundantísima en oro y otros efectos de comercio, llamada *Tharsis*, en las sagradas letras. En el lib. 3 de los Reyes, cap. 10, v. 21, se espresa, llegaban de ella cada tres años las naves de Salomon, rey de los israelitas, y del fenicio Hiram, cargadas de oro, plata, monos y pavos, de modo que este oro habia hecho decaer la estimacion de la plata en la córte del primero; en cuya casa, así como en la que tenia en el bosque del Líbano, no se usaban otros vasos para beber, que de oro puro importado de *Tharsis*. Este concepto se repite en el lib. 2 de los Chronicos ó Paralipomenos (cap. 9, v. 21), y en el cap. 20, v. 36 del mismo lib. se espresa, que los reyes Josaphat y Oczias enviaron igualmente á esta region sus naves construidas en el puerto de Asiongaber. Las naves fabricadas con destino á tan largos viajes, eran tan fuertes, que el profeta David para dar una idea del poder divino, dijo, que las estrellaria con solo un soplo. Se las llamaba de *Tharssis*; por el viaje á que estaban destinadas. Negándose el profeta Jonás á cumplir con el precepto divino, que le encargaba la predicacion de la penitencia á los ninivitas, se embarcó en una nave que en el puerto de Jope botaba á *Tharssis*. El profeta David predijo que los reyes de *Tharssis* doblarian su rodilla y ofrecerian dones al Mesias. Eran muy célebres los negociantes de esta region, como resulta del profeta Ezequiel (cap. 38, v. 13.). La doctrina geográfica emanada de estos antecedentes, que indica una region riquísima, distante del puerto de Asiongaber, de modo que costaba tres años su viaje entre ida y vuelta, comerciándose con ella tambien por mar desde Jope y la costa de Siria, á ninguna region es tan conveniente como á la *Tartessis*. Este nombre da el de *Tharsis*, aspirada la *a* y perdida la silaba *te* por síncopa; prescindiendo de que este pais hubiese podido tomar el nombre *Tharsis* del patriarca de este mismo nombre, como quieren muchos; era *Tartessis* la region mas abundante en oro que conocieron los antiguos; críanse aun hoy muchos monos en el monte Calpe; y podian cargarse dientes de elefantes y pavos en la costa del Océano, dando desde Asiongaber la vuelta á toda el África, cuya vuelta, por el Cabo de Buena Esperanza; cuando la dieron las naves de Necao, rey de Egipto, viniendo desde el mar Rojo á las columnas de Hércules, no seria tan desconocida como lo era la navegacion del mar de la India, al verificar Nearco su espedicion desde el Indo al golfo Pérsico. Los viajes desde Asiongaber, Jope y la costa de Siria, eran mas naturales á esta region que á la India oriental, contra lo que han querido algunos; pues ademas de que no habian sido aun frecuentados sus mares por los traficantes de Fenicia cuando la espedicion de Nearco; por lo que hace al puerto de Asiongaber, desde él no hubieran costado tanto, como se ha dicho, los viajes al mar de la India. Quien examine los peligros y lo largo y costoso del viaje desde Assiongaber á *Tarso*, en Cilicia, pudiendo haber verificado aquellos reyes su comercio con tanta mas comodidad desde los puertos del Mediterráneo, hallará menos probable aun la reduccion del nombre geográfico *Tharsis* á esta c., que han pensado otros; y lo mas infundado es la conjetura de los que han interpretado el nombre Tharsis por el mar mismo. Algunos eruditos escritores han sostenido la identidad de *Tharsis* con *Tartessis* ó *Tartesso*, y al menos no es de negar la verosimilitud, Como los Fenicios, sus discípulos los griegos tambien acudieron á esplotar la riqueza de *Tartessis*: ocuparon, dice Herodoto, el Adriático, el Thyrreno, la Iberia y la Tarteside. Por estas mismas palabras se infiere que su llegada á *Tartessis* fue en la 2.ª espedicion que verificaron á nuestras costas. Esta fue la que verificó Colco ó Colcho, Samio, quien dirigiéndose á Egipto fué arrojado por un viento subsolano desde Therca á las columnas de Hércules y desembarcó en *Tartesso*. Los fenicios parece no frecuentaban ya tanto estas costas, segun el testimonio de Herodoto, que dice, acudian á Cádiz tan pocos comerciantes, que este mercado ó emporio estaba casi en su total integridad. Algunos suponen que Sostrato, hijo de Laomedonte, natural de Egineta, habia hecho otra espedicion á Tartesso antes que Coleo (V. Gadiz). Posterior á la espedicion de Coleo se presenta la de los phocenses á la misma *Tartesso*, cuyo rey, llamado Argantonio, de quien la historia tanto encarece la cultura, llevó la hospitalidad y la política hasta brindarles con el terreno que quisiesen escoger en la Tartessis, si querian establecerse en ella; pero sitiada su patria por Harpago, general de Cyro, hubieron de acudir á su socorro renunciando á estas generosas proposiciones. Los ricos presentes que les habia hecho el Tartesiano, fueron invertidos por estos en el socorro de su patria, como dice Herodoto (lib. 1). Segun Apiano aun quedaron algunos en la *Tarteside* (V. Tartessos). Estos griegos adulteraron probablemente el nombre antiguo de la region, acomodándole á la índole de su idioma en la forma que se ha conservado y como lo adoptaron para espresar generalmente lo occidental; para los poetas valia tanto como el lugar de tinieblas, segun se ha manifestado. Los mismos hubieron de dar el nombre *Bætis* al r. *Tartesso*, que mas tarde ha distinguido toda la region. Tambien los famosos *ligures* de la antigüedad, á quienes tuvieron algunos por los primeros pobladores de Italia, se establecieron en este pais, segun resulta de Apollodoro. Tzetzes, intérprete de Licophron, citado por Isaac Vosio *in Melam* (lib. 2 cap. 5.) y el geógrafo Scilax, y tambien se presentan en él, establecimientos de los celtas que se descolgaron de las sombrías regiones del setentrion, contra la florida imaginacion del abate Masdeu, que concibió la singular idea de establecer el origen de estos bárbaros en la Bética, estendiéndolos desde ella hácia el principio de donde les vieron derramarse Estrabon, Livio, y Plutarco. Cartago, que desde luego de establecida, desarrolló un carácter distinto del de todas las demas colonias fenicias, no tardó en dirigir sus ambiciosas miradas sobre la rica Bética, introduciendo en ella su dominio. Así en el tratado que celebró con los romanos en el año 351 antes de J. C., logró escluirlos de todo el terr. comprendido desde el promontorio *Charidemo* (cabo de Gata), *Mastia* (Baza) y las fuentes del *Tartesso*, hasta *Cádiz*. Los *gaditanos* acosados por los *tartesios* y por Theron, régulo de la citerior, que les atacó con una armada y acaso se apoderó de Cádiz; pidiendo auxilio á los cartagineses, presentaron ocasion á esta república, segun se lee en Polybio, para enviar sus tropas por primera vez á la *Bética*, las cuales vinieron al mando de Himilcon, y ocuparon una parte de este terr. Himilcon, ó Amilcar el mayor, murió junto á las columnas, segun Silio itálico (lib. 1, v. 142). Habia perdido ó descuidado Cartago lo que poseia en la *Bética*, con motivo de la primer guerra púnica; pero al punto que Amilcar Barca vió á su república algo convalecida y asegurada de las disensiones civiles, con el mismo ejército de que se sirvió para estinguirlas, autorizado por su partido pasó á la *Bœtica* (año 238 antes de J. C.), domó á los tartesios, y restableció en ella los antiguos intereses de Cartago. No tardó Roma en acudir á disputar á la república africana esta posesion tan codiciada, y 35 años despues, Magon se embarcó en Cádiz, con los últimos restos de su ejército, abandonándola enteramente á los romanos. Formalizada por estos la division de España en dos provincias pretorias, con las denominaciones de *citerior* y *ulterior*, la *Bética* quedó en la última. Tambien en la *Bética* tomaron los naturales las armas por su libertad contra Roma, y el pretor Neron hacia la guerra contra ellos con poco éxito, cuando Marco Porcio Caton tuvo que pasar en su auxilio; siendo luego llamado por nuevas sublevaciones á la Celtiberia en el año 195 antes de Jesucristo. Al año siguiente la invadieron los lusitanos para saquear á los aliados de Roma, y Publio Cornelio Escipion Nasica los derrotó en ella. No fué esta la única vez que hubo de sufrir la *Bética* de Roma y de los enemigos de los romanos, aun despues de echados los cartagineses de la Iberia. Los pompeyanos que ensayaron la division de España en 3 prov. formaron una de la *Bética*, separándola de la Lusitania, y se encargó de su mando Petreyo, segun refiere César (*In comment. belli civil.* pág. 369). En esta prov. vinieron á estrellarse los dos grandes partidos de César y los Pompeyos. (V. Munda). Vencidos estos, hizo aquel suyas las ciudades Béticas que se le habian separado, y convocó los pueblos á una junta general, que se tuvo en Sevilla, donde les dirigió la arenga, cuyo fragmento se conserva al fin del *lib. de Bello hispaniensi* (V. Sevilla). Habia sido Julio César cuestor y pretor en la Bética, mirando á esta provincia como suya, con especial inclinacion, segun resulta del citado fragmento, y con esto encareció los cargos que en su oracion hizo á la provincia en general y en particular á algunas ciudades, acusándolas de haber correspondido con ingratitudes á sus beneficios. Despues, segun Dion Casio, fue cargando mas tributos, y quitando campos á los rebeldes; al paso que premiaba á los que le habian servido, á unos con el derecho de ciudadanos romanos ó de municipio; á otros con el de inmunidad; ó concediéndoles campos; aunque tambien recibió algun interés por tales gracias. Con Julio Cesar, se halló en la Bética su sobrino Octavio, llamado despues Augusto, y puesta en manos de este la España, concluida la guerra Cantábrica, sancionó la division en 3 prov., en su sétimo consulado, 27 años antes de J. C. Quedó entonces esta gobernacion consolidada, y fijos los lím. de la Bética cuya prov. dejó Augusto al gobierno del Senado. Por el Occidente tocaba con la boca del *Ana* (Guadiana); el lado setentrional se estendia por toda la orilla izq. de este r. hasta encontrar la Tarraconense en la *Oretania*, que alcanzaba hasta la Puebla de Alcocer; el oriental se limitaba por una línea tirada desde este pueblo, por el E. de Mengivar á Cazlona, y por el O. de Baza y Guadix, á Barea ó Vera, colocada por Ptolomeo cerca de los 12° de long.; y el lado meridional daba con el Océano, el estrecho Hercúleo, y el mar interno, como espresa el mismo Ptolomeo. Distintas naciones poblaban este terr. Los geógrafos del imperio presentan á los *Túrdulos mediterráneos*, estendidos en la parte oriental hasta Ecija; su cap. era Córdoba por el N., y Ecija desde Jaen hasta las *Alpujarras* (V). Los *Turdetanos* propiamente dichos, pues bajo su nombre, segun Estrabon, muchos comprendian tambien á los *Túrdulos*, como Tit. Livio, que no hizo diferencia entre unos y otros, pudiendo comprenderse igualmente todos los hab. de la Bética, conforme al testimonio del mismo Estrabon (V. TURDETANIA), ocupaban lo interior hasta cerca de la costa atlántica; su cap. era *Hispalis*. La costa dicha estaba dividida entre *Vástulos* ó *Vastitanos* desde el Guadiana al Guadalquivir; y *Túrdulos* maritimos deste este r. hasta Calpe. Ocupaban la costa del mar Ibérico los bástulos-poenos. Sobre los bastitanos de la costa atlántica se estendia una region que tomaba inmediatamente su nombre del Bétis: la parte oriental de esta region pertenecia á los *Túrdulos*; la occidental estaba habitada por los célticos, trasladados de la Lusitania (V. BÆTURIA). En tiempo de Plinio (*imperio de Vespasiano*), las ciudades ó cabezas de repúblicas que habia en la Bética, eran 175; y cada una tenia en su distr. ó jurisd. varios opidos, cast., montanos, vicos, y pagos, que formaban parte de la c. De estas c. 9 eran colonias, 8 municipios, 29 con fuero de Lácio antiguo, 6 libres ó inmunes de tributos legales, contribuyendo con donativos, 3 federadas y 120 estipendiarias. Para ventilar sus pleitos estaban distribuidas en 4 conventos jurídicos: el *Cordubense* (de Córdoba), el *Astigitano* (de Ecija), el *Hispalense* (de Sevilla), y el *Guditano* (de Cádiz), de los cuales los 3 primeros fueron establecidos por Augusto; Suetonio (*in Cæsare*) menciona el de Cádiz, visitado por Julio Cesar. En el reinado de Othon, se unieron en lo civil á la provincia Bética las costas mediterráneas de Africa: «*provinciæ Bæticæ Maurorum civitates, dono dedit.*» (Tacito, lib. 1.). Esto fue bajo el concepto de colonias, tomando el nombre de *España Tingitana*, y quedando bajo la jurisd. de la isla de Cádiz. Las costas de esta parte de Africa estaban entonces muy pobladas y florecientes, y las dos Mauritanias eran dos provincias pingües y de suma consideracion. Sobre los años 171, un ejército venido de las costas y del interior del Africa, donde se han levantado el reino de Fez y el imperio de Marruecos, pasó el Estrecho, para talar las prov. meridionales de la Peninsula; pero el gobernador romano M. Galo ó Valio, y Severo, cuestor á la sazon de la Bética, marcharon al encuentro de los agresores, y aquel no solamente les arrojó de esta prov., sino que los persiguió hasta el Africa, en las costas de Tánjer. Las mayores turbaciones de la Bética, ocurrieron en el siglo V con la entrada de los vándalos, godos y suevos. Compadeciéndose los mismos bárbaros de los estragos que sus mútuas hostilidades causaban en las prov., resolvieron sortearlas, y tocó la *Bœtica* á los vándalos, apellidados Silingos, segun refiere Idacio en su Chronicon, sobre el año 411. Poco duró la residencia de los Silingos en ella; porque viniendo los godos mandados por el rey Walia, les acabó en el año 419. Los vándalos de Galicia, dejando á los suevos con quienes estaban en guerra, pasaron á la *Bœtica* el año 420. Quiso echarles de ella el maestre de la milicia romana, llamado Castino; les sitió de modo que llegaron ya á pensar en la rendicion; pero comprometiéndose inconsideradamente aquel en batalla, hubo de retirarse á Tarragona por la infidelidad de las tropas auxiliares. Los vándalos, resueltos á invadir el Africa, robaron cuanto podian bajo las órdenes de su rey Gunderico. Murió este rey, y le sucedió su hermano, quien se pasó á Mauritania con toda su gente por mayo del año 429. De los vándalos dedujeron muchos autores el origen de la voz *Andalucía*, que últimamente se ha dado al terr. de la *Bœtica*. El arz. Don Rodrigo, en la historia de los Ostrogodos (cap. II) dice, que por los Vándalos Silingos se llamó *Vandalia* y por el vulgo *Andalucía*; pero es improbable que estos bárbaros, habiendo reinado tan poco tiempo en la Bética, que en 8 años se acabaran, la diesen nombre, y asimismo los otros Vándalos que salieron de Galicia, sin permanecer en este pais mas que desde el 420 al 425, pasándose al Africa en los cuatro años siguientes. Sobre ser tan corto el tiempo de su permanencia en la Bética, este fue de continuas guerras, desde que los godos empezaron á inquietarles en el año 416. Prevalecieron en esta prov. los godos; y si de los vándalos la hubiese quedado el nombre *vandalia* ó *Andalucia*, no hubiera de aparecer mejor este nombre en otro tiempo que en los inmediatos á su invasion, esto es, por los siglos V, VI y VII; y hasta mas de 300 años despues de los vándalos no fue esta voz conocida, lo que no deja valor alguno á la conjetura que únicamente ha podido fundarse sobre la semejanza de los nombres *Vándalos* y *Andulucia*, en los siglos de la oscuridad, como dice el P. Florez. Quiere Bivar, concluyendo las adiciones de San Braulio, que el nombre *Andalucia* provenga del nombre *Ampelusia* del promontorio de Africa, y no es esto mas probable que lo de los vándalos, sin otra autoridad igualmente que la alusion de las voces; pues como habian pasado mas de 300 años desde que existieron los vándalos en Andalucia, cuando empezó á conocerse este nombre geográfico, tambien hacia muchos que se habia anticuado y aun desconocido el de *Ampelusia*, faltando ademas toda razon para que un promontorio de Africa trajese, en ningun tiempo su nombre á España, habiendo en la misma costa á que se quiere aplicar otros promontorios mas considerables. Su origen es sin duda de la época de los árabes en España, algun tiempo despues de su invasion, porque, ni el Pacense, que escribió en el siglo VIII, ni otro autor español anterior á D. Rodrigo, usan del nombre *Andalucia*. Antes le adoptaron los árabes, como aparece en la geografia del Nubiense, escritor del siglo XII; pero fue aplicándolo á toda España; por lo que se dijo á *Toledo centro de la Andalucia*, y su parte boreal á la Galicia. En la misma geografia (Clima 4.°) se espresa que la tierra de Andalucia es la misma que se llama España. La voz arábiga *Andalos*, segun D. Miguel Cassiri, espresa cosa del occidente ó del fin de la luz, y es el sinónimo de *Hesperiæ* aplicado á *España*, y de *Tarteside*, si se atribuye á la ant. Bética. El haber quedado en esta region, habiéndose estendido antes á toda España, puede provenir de la mayor duracion que tuvo en ella el dominio de los árabes. De aqui resulta quiza que el nombre *Andalucia* no se aplica precisamente á lo que se decia antes *Bœtica*, estendiéndose mas por el E. en las prov. de Jaen y de Granada, y menos por el setentrion, dejando al nombre Estremadura la parte de la prov. de Badajoz, meridional del Guadiana, que era de aquella ant. prov. Los suevos, ausentados los vándalos de la Bética, continuaron las guerras en ella. Andevoto fué vencido por Rechila, junto al r. Singilis (Genil), el año 438. A los tres años siguientes se apoderó el mismo rey de toda la Bética. Vito, general de los romanos, hizo, segun Idacio, mucho daño en esta region, auxiliado de los godos. Los suevos, despues de haber vencido á este ejército, tampoco fueron mas humanos. En el año 458 llegó á esta prov. el ejército que envió el rey godo Teodorico á España, capitaneado por Cirila. Este caudillo regresó á las Galias al año siguiente, habiendo llegado á la Bética el capitan godo Sunierico con mas tropas. Los godos pasaron el estrecho, aunque no les salió bien la espedicion, como refiere San Isidoro, hablando del rey Theudis. El sucesor de este rey, Theodiselo, residió en la Bética y fue muerto en Sevilla por la continencia con que miraba á las mujeres de los mas poderosos caballeros. Agila, que reinó despues de Theodiselo, movió guerra contra los cordobeses por motivo de religion; pero estos triunfaron de él, que hubo de huir á Mérida (V. CORDOBA). El capitan Athanagildo, valiéndose de esta ocasion, se rebeló contra Agila, usurpando para sí la corona, y el ejército que el rey envió contra él fue vencido. Entonces, conociendo los godos el perjuicio de estas guerras civiles, mataron entre ellos mismos á Agila en Mérida, y se sujetaron al usurpador. Por muerte de este rey se siguió Liuva que dió á su hermano Leovigildo el reino de la España citerior, y quedando luego Leovigildo solo, se estendió mas que otros por la Bética, venciendo no solo á los soldados romanos del emperador de Oriente, que Athanagildo habia convocado en su guerra contra Agila; sino á varias c. de españoles, que como buenos católicos, no se le querian sujetar. Dió luego Leovigildo parte en el reino á su hijo San Hermenegildo, dejándole por corte á Sevilla. A este siguieron muchas c., como á príncipe católico, cuya bandera levantaron contra su padre; siguiéndose de aqui la funesta guerra civil que costó muchas vidas, y concluyó haciendo Leovigildo prisionero á su hijo, privándole del reino, desterrándole á Valencia, y haciéndole por fin mártir. Mucho padeció este pais en tiempo de los godos; pero las grandes vicisitudes le estaban reservadas para cuando su monarquia hubiese de sucumbir bajo el alfanje agareno. Varias correrias por la costa bética anunciaron largo tiempo la catástrofe. Tarec tomó por fin tierra en ella á 28 de abril del año 711. (V. ALGECIRAS). Teodomiro general de Rodrigo le buscó el encuentro pero quedó batido. Apresuróse Rodrigo á llamar godos y romanos á la defensa de la patria comun: Tarec recibió refuerzos de Africa, y vinieron á encontrarse en las orillas del Guadalete, donde fue hollada la corona de Rodrigo (V. GUADALETE). El mismo Muza, gobernador de Mauritania, desembarcó en la Bética para redondear la conquista. La parte oriental de esta prov. se conservó independiente hasta el año 472, bajo gobernadores godos. En el año 756, Abd-el-Rahman, de la familia de los Omiades, fundó el Califato de Occidente en Córdoba (V. CORDOBA). Las guerras civiles conmovieron esta potencia. Dos veces los normandos vinieron á destruir sus costas. Las incursiones de los cristianos llegaron hasta su centro. La Bética tan feliz cuando se llamó *Tartesis y Turdetania*, parecia ofrecer cumplido su destino, hecha el teatro de continuas batallas, sin decidirse quien habia de ser su dueño. Fenecida la dinastia de los Benhumeyas, negando los gobernadores de las plazas, nombrados por estos, la obediencia á los almoravides, se disolvió el Califato de Córdoba, formándose de él muchos reinos independientes, de los cuales se hablará en sus respectivos artículos. Los mas considerables de los reinos que se erigieron en este terr., y en los que vinieron á refundirse todos los otros, fueron *Sevilla, Córdoba, Jaen y Granada* (V). Concreto á estos reinos por largo tiempo el dominio de los musulmanes en España, tambien se ciñó al territorio que abrazaban, el nombre Andalucía, que antes, como se ha dicho, dieron á toda la nacion; y despues de siglos de continuas guerras, fue cuando se logró su completa estirpacion y redondear la reconquista, rendida la c. de Granada á los Reyes Católicos en el año de 1492. Los cuatro antiguos reinos mencionados, vinieron de este modo á ser provincias del de Castilla: la de *Jaen* comprendia la c. de este nombre, con corregidor, los l. llamados de la tierra y jurisd. de la misma c., los eximidos de ella, y los part. ó correg. de Andújar, Baeza, Mártos y Ubeda La prov. ant. de Córdoba abrazaba los correg. de la cap., el Carpio, los Pedroches y Sta. Eufemia. La de Granada. el de la cap, su vega y sierra, el del Templo y general de Zafoyana, agregado al anterior, el de las Villas, cuya cap. era Granada, asi como el del que formaba el valle de Lecrin, el de las Alpujarras, cuya cap. era Ujijar, y los de Adra, Orgiba, Torviscon, Motril, Almuñécar y Salobreña, Laja, Alhama, Velez-Málaga, Málaga, Cuatro-Villas de la Hoya de Málaga, cuya cap. era Coin, Ronda, Marbella, agregado al de Ronda, Guadix, Baza y Almería; y por último, la prov. ant. de Sevilla tenia el part. de la cap. con *asistente* (*) y los de Ecija, Carmona, Sanlúcar de Barrámeda, Jerez de la Frontera, Campo de Gibraltar, Antequera y Cádiz.

HISTORIA ECLESIASTICA. La misma escelencia de la Bætica, del modo que atrajo sobre sí los infortunios, siendo codiciada de todas las naciones, y el culto supersticioso de todos los pueblos; tambien hubo de atraerse pronto la luz evangélica. Ilustrada con esta luz desde los primeros tiempos de la Iglesia, mucho hubo de sufrir esta region, eminentemente cristiana, en las persecuciones. La irrupcion de los Vandalos, Suevos y Godos, si bien perturbó en ella el gobierno civil de los romanos, no conmovió menos el órden de lo eclesiástico. Cuando Rechila, vencido Andevoto, se apoderó de toda la Bætica, vióse afligir de mil maneras su espiritu religioso. Agila intentó profanar las reliquias y sepulcro del mártir San Acisclo, guardadás por los cordobeses. Leovigildo, instigado por su mujer Gosvintha, que antes lo habia sido de Athanagildo, persiguió duramente á los católicos. Gran realce dan estos acontecimientos al mérito de los prelados eclesiásticos de la Bætica; pues lejos de abatirse con tantas adversidades, se hicieron siempre superiores, manteniendo en su pureza el culto de la verdadera religion, y llegando á reducir á ella á los godos, como se verá estensamente al tratar de su metrópoli y de las demas iglesias.

ANDALUZ: riach. de la prov. de Sória, part. jud. de Almazan: nace en el confin N. de este, en la sierra de Inodejo; corre de N. á S., pasa por Fuentepinilla, llega al pueblo que lleva su mismo nombre, dejando á los dos á la izq., y despues de dar movimiento con sus aguas á un molino harinero, desemboca en el Duero por su derecha.

ANDALUZ: arciprestazgo de la prov. de Sória, arz. de Toledo. La capital es Fuentepinilla; y la parr. de este punto con las de Tajueco, Valderrodilla, Fuentelárbol, La Ventosa, La Seca, Osma, Valderrueda y Centenera: componen su jurisd. Confina su TÉRM. por el N. con los de Bayugas, La Revilla y Tardelcuende, por E. con los de Pinilla, Santa Maria y Almazan, por el S. con los de Revollo y Hortezuela, y por O. con los de Morales y Gormaz, tiene Osma á 2 1/3 leg. de este confin, hallándose en el intermedio los pueblos de Lodares y Valdenebro.

ANDALUZ: l. con ayunt. de la prov. de Sória (7 leg.), part. jud. y adm. de rent. de Almazan (4), aud. terr. y c. g. de Búrgos (22), dióc. de Osma (4): SIT. en la falda de una alta sierra á las márg. del r. de su nombre: la escesiva humedad que este exhala, asi como el *Duero* que pasa por su inmediacion, unido á que los vientos que alli reinan son el N. y SO., hacen que el CLIMA no sea de lo mas sano; se compone de 36 CASAS inclusa la municipal, distribuidas en varias callejuelas y una plaza; hay una escuela de instruccion primaria comun á ambos sexos, con la dotacion de 4 fan. de centeno pagadas por los padres de los alumnos, que son en número de 12; y una igl. parr. de primer ascenso, bajo la advocacion de San Miguel, servida por un cura: el edificio es de buena construccion, de solo una nave y con 5 altares muy buenos, en particular el mayor: tiene 2 cofradias con el titulo de San Miguel; la una y la otra con el de la Veracruz; fuera del pueblo hay un cementerio en parage ventilado. Confina el TÉRM. por N. con el de Valderueda, por E. con el de Tajueco, por S. con el de Berlanga y por O. con el de Centenera: su estension por todos puntos es de una leg.: se encuentran en él un monte de encina muy regular, otro de pino bastante escaso y de mala calidad, y un cas. propio del Sr. duque de Abrantes, con el nombre de *Bosque de San Gerónimo*: le cruzan el r. de su nombre y el Duero: el primero, que nace en la sierra de Inodejo, pasa inmediato al pueblo y dando movimiento á 2 molinos harineros, desagua sin salir de la jurisd. en el segundo que corre á 300 pasos del l., á cuyo frente hay un puente de piedra con 6 arcos, imperfecto de las dos entradas, pues debia tener otros tantos; y el carecer de ellos, hace que en la creciente mas insignificante no se pueda pasar: su long. es de 120 pies, y su altura de 20 incluso el pretil. El

(*) Lo que en otras c. se llamaba correg., en Sevilla comenzó á nombrarse *asistente* desde el reinado de D. Enrique IV, con cuyo titulo gobernaron dicha c. Juan de Lujan, el Dr. Pedro Sanchez del Castillo, Diego de Valencia, Pedro de Segovia, y el conde de Tendilla; hasta que últimamente el año de 1478 los Reyes Católicos establecieron este oficio con perpetuidad, siendo el primero que nombraron para él, á Diego de Merlo, el Valiente, en quien empieza la cronologia de esta autoridad, que concluyó en el Excmo. Señor D. José Manuel de Arjona; al verificarse en 1833 la nueva division del terr. español, y formacion en 1834 de los part. jud., ó juzgados de primera instancia.

TERRENO en general es de mediana calidad, mas el que ócupa la parte del S. es todo llano, y contiene tierras muy feraces y ricas, formando una deliciosa vega, en la que se hallan muchos huertecitos con árboles frutales y otros arbustos. Pasa un CAMINO por el centro del pueblo, que viene de Almazar para el Burgo; y otro muy inmediato para Berlanga, ambos de herradura y en mediano estado: el CORREO se recibe de la adm. de Berlanga, por un vec. que al efecto se nombra por turno; viene los domingos y miércoles, y sale los lúnes y juéves. PROD.: trigo, centeno, avena, judias, hortaliza y frutas: cria ganado lanar, vacuno, mular y caballar: abunda en caza de perdices y conejos: en sus r. se cogen alguna trucha, muchos cangrejos, abundantes anguilas, y barbos de delicadisimo gusto. POBL. 26 vec. 109 alm.: CAP. IMP. 38,022 rs. 6 mrs. El PRESUPUESTO MUNICIPAL asciende á 400 rs. y se cubre por repartimiento vecinal. Segun tradicion este pueblo tenia antiguamente 11,000 vec. y aun se encuentran varios vestigios, cómo son muchisimos sepulcros, cimientos de casas y edificios arruinados.

ANDALLON: l. en la prov. de Oviedo (2 leg.), ayunt. de las Regueras y felig. de Sta. Maria de *Andallon* (V.): POBL. 26 vec. 98 almas.

ANDALLON (STA MARIA DE): felig. en la prov., dióc. y part. jud. de Oviedo (2 leg.), y ayunt. de las Reguèras (1/4): SIT. al E. del r. Nora, con un valle quebrado y CLIMA regular: reune sobre 64 CASAS medianas en los l. de Andallon, Mariñas, Alberin y Arenas: los mas notables son los dos primeros y en ellos se encuentran siete fuentes. La igl. parr. (La Visitacion de Ntra. Sra.), está servida por un curato de ingreso y patronato real, y en el mencionado pueblo de Mariñas está la ermita de San Fabian y San Sebastian, en un campo poblado de árboles de varias clases. El TÉRM. confina con Santullano, Biedes, Balsera y el indicado r. Nora: le baña otro r. que nace en la felig. de Sta. Cruz de Llanera, y va tomando el nombre de las parr. por donde pasa: en esta y l. de Andallon, tiene un puente de piedra junto á la igl. sin barbacana; poco util, pero seguro. El TERRENO es de mediana calidad con algun monte despoblado: CAMINO, el de la cap. del ayunt. á la de prov., y de Grado á Guijon: se encuentran en mal estado: el CORREO se recoge por los interesados en Grado ú Oviedo. PROD. trigo, maiz, habas blancas y negras, arbejas, patatas, castaña, manzana, cáñamo, lino y algunas otras legumbres y hortalizas: cria ganado vacuno, caballar, lanar, cabrio y de cerda; hay caza de perdices, liebres y codornices y pesca de truchas y anguilas: IND. la agricola y dos molinos harineros: POBL. 80 vec. 300 alm.: CONTR. con su ayunt. (V.).

ANDAMOLLO: ald. en la prov. de Pontevedra, ayunt. de Chapa y felig. de San Tirso de *Manduas* (V.): POBL. 6 vec. 32 almas.

ANDANI: l. con ayunt. de la prov. y adm. de rent. de Lérida (4 1/3 leg.), part. jud. de Balaguer (4), aud. terr. y c. g. de Cataluña (Barcelona 24 1/2), arciprestazgo de Ager (3 1/2): SIT. á 1/8 leg. de la márg. izq. del r. *Noguera Ribagorzana,* en una espaciosa llanura, la cual estendiéndose hácia el N. y S. se halla limitada por una sierra, que se eleva por el O., le combaten todos los vientos y goza de CLIMA bastante saludable. Tiene 9 CASAS de dos pisos distribuidas en una sola calle, en cuya estremidad está la plaza; una igl. parr. dedicada á San Nicolas Ob., servida por un cura párroco, cuyo destino provee el arcipreste en concurso general: el edificio, construido con toda solidez en el siglo XVII, consta de una sola nave de 80 palmos de largo, 40 de ancho y 50 de altura; por no tener torre, las dos campanas se hallan colocadas en el frontispicio de la igl.; en lo interior de esta hay 5 capillas sin altares, pero en el mayor se ve un precioso retablo con la efigie ó imágen de San Nicolas: á fines de 1843 se desplomó una noche toda la bóveda del templo, la cual fué reconstruida á espensas del arcipreste, marqués de Alfarrás, ayunt. y de varios sugetos piadosos; en el centro del pueblo se encuentra el cementerio, por lo que seria oportuno fuese edificado en parage menos perjudicial á la salud de los hab. Como no tiene escuela, los niños pasan á la de Alfarrás, donde reciben la instruccion primaria. Confina el TÉRM. por N. con el de Castillonroy (prov. de Huesca), mediando el térm. rural de Piñana (1/2 hora), por E. con el de Ibars de Noguera al lado opuesto del mencionado r. Noguera Ribagorzana (1,000 varas), y por S. (700 varas), y O. (3/4) con el Alfarrás. El TERRENO, en su mayor parte llano, es de mediana calidad: abraza 300 jornales de cultivo, cuya mitad son de huerta, la cual se riega con las aguas de la acequia llamada de Lérida, que pasa por el térm., y las de una pequeña fuente. sirviendo ademas las primeras para el consumo doméstico de los vec., que se ven precisados á filtrarlas cuando bajan turbias. La parte, montuosa en la cual hay pinos, arbustos y buenos pastos, regularmente la llevan en arrendamiento los vec. de Castillonroy para sostener sus ganados: ademas de las tierras situadas en este térm. cultivan los hab. otras en el rural de Piñana, perteneciente al marqués de Alfarrás. Los CAMINOS son de pueblo á pueblo, escepto el que conduce hácia la alta montaña, especialmente desde Lérida á Caldas de Bohi; si bien todos pudieran ser carreteros, únicamente sirven para caballerias de carga, y se encuentran en buen estado. La CORRESPONDENCIA se recibe de Almenar, á cuyo punto la lleva desde Lérida un peon sostenido por varios pueblos. PROD.: trigo, centeno, cebada, poco aceite y vino, legumbres, judias, cáñamo y frutas: cria ganado vacuno, lanar y cabrio, con el necesario mular para la labranza. POBL.: 10 vec. 42 alm.: CONTR.: 1,048 rs. Celebran los vec. la fiesta de San Nicolas como patrono y titular de la igl., el dia 6 de diciembre. Hasta la abolicion de los diezmos percibia el de este pueblo el marqués de Alfarrás, señor jurisd. del mismo.

ANDARAX r.: (V. ALMERIA, r.).

ANDARAX: v. ant., en la prov. de Almeria, part. jud. de Canjayar (V. LAUJAR).

ANDARAX (TAHA DE): en la prov. de Almeria, part. jud. de Canjayar: esta palabra *Taha* es de origen arábigo: Luis del Mármol en su *Rebelion de los moriscos*, dice que era un epiteto que se daba á las cab. de part. ó felig.: Rodrigo Mendez de Silva en su *Catálogo Real* dice, que se interpreta capitania ó presidencia: segun el granadino D. Diego de Mendoza en su Guerra de Granada, significa sujetarse; y en una de las notas que tiene al márg. el moro *Albucacin* en su *Pérdida de España*, se advierte que en arábigo á la obediencia, proteccion y amparo le llama Taha: por último los moros llaman *de la Taha* (de la obediencia) al 2.° capitulo de los 206 en que está escrito su *Alcoran*, libro 3.°; de todo lo cual se deduce que *Taha* significa comarca, part., jurisd. ó distr., sujeto á una cab. principal, en la cual ponian los moros un alcaide y un Alfequi para que gobernasen los pueblos de su comprension en lo temporal y espiritual. La *Taha de Andarax*, dice el referido Mármol, comprendia 15 l., llamados Bayarcal, Alcudia, Paterna, Harat-Alguacil, Harat-Albolot, Harat-Aben-Muza, Iniza, Guarros, Alcolaya, Laujar, Alhizar, Codvar, Hormical, Beni-Ail y Fondon, y omite á Abenzuete y Camacin; pero los que hoy existen son Bayarcal, Paterna, Alcolea, Presidio, Fondon, Benecid y Laujar, que es la cab. de la Taha de Andarax. Sus confines son por el E. con la de Luchar, O con la de Ujijar, S. con las de Berja y de Dalias, y N. con la sierra Nevada y la parte de ella que cae sobre el marquesado del Cenet.

ANDARIEGO: dos labranzas en la prov. de Toledo, part. jud. de Navahermosa, térm. de Sta. Ana de Pusa.

ANDARIEGO: labranza en la prov. de Toledo, part. jud. de Navahermosa, térm. de Torrecilla.

ANDARIZ: l. en la prov. de la Coruña, ayunt. de Santeio y felig. de San Cristóbal de *Pezobre* (V.): POBL. 3 vec. 16 almas.

ANDARUZ: monte en la prov. de Santander, part. jud. de Villacarriedo, ayunt. y térm. de la v. de *Vega de Paz* (V.).

ANDARUZ: cabañal en la prov. de Santander, part. jud. de Villacarriedo, ayunt. y térm. de la v. de Vega de Paz. Contiene 6 cabañas habitadas solo durante el verano por otros tantos vec. de la espresada v., que componen 28 alm., los cuales por la demasiada altura de este sitio, descienden en el invierno á otras cabañas con sus ganados.

ANDARRASO: l. en la prov. de Leon (7 leg.), part. jud. de Murias de Paredes (5), dióc. de Astorga (5 1/2), aud. terr. y c. g. de Valladolid (29), ayunt. de Inicio: SIT. en la cumbre de la cord. de montes que divide el valle de Inicio del de la Cepeda; está combatido por todos los vientos, su CLIMA es bastante frio, y las enfermedades mas frecuentes en sus hab. son las pulmonias y dolores reumáticos. Tiene 30 CASAS de pobre construccion, una escuela de primeras letras para niños de ambos sexos, á la que concurren en número de 20, estando dotado su maestro con la cantidad de 50 rs.; una fuente dentro de la pobl.; y varias en el térm., de cuyas buenas aguas se surte el vec.; y una igl. parr. bajo la advocacion de Santiago, servida por un cura de presentacion del conde de Luna. Confina el TÉRM. por N. con Santibañez de la Lomba, por E. con Valdesamario, por S. con Ponjos y por O. con Murias de Ponjos, los tres primeros á la dist. de 1/2 leg., y el último á la de una. El TERRENO es de mediana calidad, sin mas aguas para beneficiarlo que las que bajan de las alturas en tiempo de lluvias, y las que brotan de las fuentes de que ya se ha hecho mérito, cuyas vertientes van á unirse con el r. titulado Omaña por uno y otro lado; hay dos montes poblados de robles, avellanos y brezo, de los cuales el uno se halla al N. y el otro al S.: los CAMINOS son de pueblo á pueblo en mal estado; y la CORRESPONDENCIA se recibe de Riello por medio de un particular los miércoles y sábados, saliendo en los mismos dias. PROD.: centeno y algun lino; y cria ganado vacuno, lanar y cabrio, y caza de osos, jabalíes, corzos, perdices, faisanes y palomas torcaces: sus naturales se dedican en general á la agricultura, y á la conduccion de algunas maderas á Astorga, y cubas á Villamañan. POBL. 16 vec. 72 alm.: CONTR. con el ayuntamiento.

ANDARROMERO: deh. en la prov. de Salamanca (6 leg.), part. jud. de Alba de Tórmes (2), térm. jurisd. de *Galinduste* (V.): SIT. en una llanura con una casa habitada por el montaraz y su familia. Confina por N. con Galinduste, E. con Valverde, S. con Gutierrez Velasco, y O. con Martin-Perez, y forma un cuadrilátero que se estiende de N. á S. 3/4 de leg., y de E. á O. 1/2 leg.: el terreno es algo arenisco; lo cruza un arroyo bastante caudaloso, y comprende 1,200 huebras, de las que solo 30 estan roturadas, y las restantes cubiertas de arbolado de encina, con cuyo fruto se mantienen 70 cerdos de vara y 200 camperos: los demas pastos alimentan unas 1,400 cab. de ganado lanar en el invierno y 1,800 en la primavera: paga de CONTR. 526 rs.

ANDAVIAS: l. con ayunt. de la prov., adm. de rent., part. jud. y dióc. de Zamora (2 leg.), aud. terr. y c. g. de Valladolid (17): SIT. en una pequeña hondonada formada en un llano de bastante estension, aunque no corren los vientos con la misma libertad que en la altura, no deja sin embargo de estar bien ventilado, especialmente en la parte del O., donde su elevacion es algo mayor: su CLIMA es sano, pero se padecen algunas tercianas: se compone de 72 CASAS divididas en dos barrios dist. entre sí unos 200 pasos; todas ellas son de un solo piso, bastante pequeñas, de 12 á 16 palmos de altura y ordinariamente de mala distribucion interior; aunque mal alineadas, forman cuerpo de pobl. en diferentes calles, todas irregulares, desempedradas y muy sucias en el invierno: hay casa de ayunt. de poca mas estension que las demas, y en ella está la cárcel; en el centro de la pobl. hay una fuente para el surtido de los hab., que aunque no es demasiado caudalosa, es suficiente para el consumo: tiene una escuela de instruccion primaria, comun á ambos sexos, á la que concurren como unos 20 alumnos: el maestro está dotado con 600 rs., pagados de los fondos de propios, y tres cargas de trigo, que le dan los padres de sus discípulos: hay á la parte del S. una igl. parr., cuyo curato es de térm., bajo la advocacion de San Miguel, servida por un cura, á cuyo nombramiento concurren varios partícipes, entre los que se encuentran el mayorazgo de los Guadalfajaras de Zamora, el conde de Bornos y el mayorazgo de los Trejos: el edificio, construido en 1792 por Juan Bernardo, y costeado por el cura párroco D. Ramon Flores, es sólido, del órden toscano, con bóveda y media naranja sobre la capilla mayor: tiene 100 palmos de long., 40 de lát. y 55 de altura: la torre es una espadaña de piedra labrada: los altares son 3, y las alhajas y ornamentos los indispensables para el culto: antes de esta igl. hubo otra al SE. del pueblo, dist. unos 100 pasos: hoy sirve de cementerio: tiene 56 palmos de largo y 30 de ancho; sus paredes son de mamposteria y goza de buena ventilacion, pues se halla colocado en una altura, aunque pequeña: al O. del l. hubo una ermita dedicada á Ntra. Sra. del Piñero, de la que no existen mas que sus paredes y la torre. Confina el TÉRM. por N. con el cot. red. de Mazarés, térm. jurisd. de Palacios; por el E. con el de Montamarta y la Hiniesta; por el S. con cot. red. de Palomares, térm. jurisd. de la Hiniesta; y por O. con el de Palacios: su estension por N. y E. es de 1/2 hora, por S. de 1, y por O. de 1/8. En él se encuentra una alameda de dominio particular, de estension de una fan.; un plantio nacional, de cabida de 3 celemines; una porcion de manantiales, todos perennes, y un arroyo que pasa por medio de los dos barrios en que se halla dividido el pueblo; lleva su curso de E. á O., y sobre él hay un pontoncillo de madera y tierra para el tránsito de las personas en el invierno, único tiempo en que lleva agua. El TERRENO es en lo general llano, bastante árido, y comprende 4,335 fan. de tierra, de las que se cultivan 3,000, siendo de segunda clase su mayor parte, con poca de tercera: hay tambien unas 100 fan. de terreno montuoso, que produce roble y carvallo: sus CAMINOS son todos locales, y en mediano estado: la CORRESPONDENCIA se recibe de Zamora: PROD.: trigo, cebada, centeno, vino, garbanzos y otras legumbres: su mayor cosecha es la del trigo: hay cria de ganado lanar y vacuno, y como unos 30 pares de labor: el COMERCIO está reducido á la esportacion de algun grano sobrante, y del ganado de ambas especies, á la feria de Zamora, Toro y Carvajales. POBL.: 69 vec., 244 alm.: CAP. IMP.: 40,000 rs.: CONTR.: 5,373 rs. 2 mrs.: el PRESUPUESTO MUNICIPAL asciende á 2,127 rs., y se cubre con el prod. de propios.

ANDAYA DE LERMA: monte en la prov. de Búrgos, part. jud. de Lerma, cuya propiedad pertenece á este último pueblo y al de Quintanilla de la Mata: á aquel lo corresponden dos partes y á este una, siendo sus pastos comunes, y pagando proporcionalmente al guarda que lo custodia: tiene de circunferencia una leg., y linda por N. con el térm. de Lerma, por E. con el de Quintanilla, por S. con los enebrales de la comunidad de Cilla, y por O. con el monte y térm. de Abellanosa: es de bastante buena calidad, tanto en el arbolado, que es de encina, en la mayor parte tallar, como en su suelo: dista 1/2 cuarto de leg. al O. de la calzada de Madrid, concluyendo en él la cord. de riscos, que viene de la cuesta de Tejada por la parte del E.

ANDAZA: montes y cot. red. en la prov. de Guipúzcoa, part. jud. de San Sebastian, térm. de la v. de Usurbil: SIT. á la izq. del r. *Oria*: se estiende á mas de 1 leg. de N. á S., y otro tanto de E. á O., cubierto de frondoso y corpulento arbolado, propio para construccion naval, á que se halla destinado hoy, por reclamacion que hizo el comandante de la prov. y part. marit. D. José Resusta, manifestando al Gobierno la utilidad que reportaria al Estado con darle esta aplicacion, en vez de la enagenacion principiada, y la fácil y económica conduccion de las maderas á los astilleros, como se ha comprobado con las considerables remesas hechas al Ferrol por menos de la cuarta parte del costo que ocasionaban las de otros puntos: bajó la direccion del mismo Sr. Resusta han tenido estos montes una mejora de mucha importancia en su arbolado, reducido antes á solo el prod. del carboneo.

ANDAZA: barrio en la prov. de Guipúzcoa, y ayunt. ó univ. de *Aya* (V.): POBL.: 29 vec., 146 almas.

ANDE (DE): l. en la prov. de Pontevedra, ayunt. de Villagarcía y felig. de Sta. María de *Rubianes* (V.).

ANDEADE: l. en la prov. de la Coruña, ayunt. de Touro, y felig. de Santiago de *Andeade* (V.): POBL.: 10 vec., 54 almas.

ANDEADE (SANTIAGO DE): felig. en la prov. de la Coruña, (8 leg.), dióc. de Santiago (7), part. jud. de Arzua (2) y ayunt. de Touro (3/4): SIT. al E. de Santiago y SE. de Arzua: el CLIMA sano: se compone de las ald. Andeade, Castelo, la Iglesia y Outeiro, con unas 29 CASAS y una igl. parr. (Santiago), cuyo curato es de provision ordinaria: su escaso TÉRM. confina al N. con Quion, al E. con Beseño, al S. Nuevefuentes, y á O. Fao y Touro: no carece de buenas aguas, y el TERRENO participa de llano, monte arbolado y escelentes prados con riego: los CAMINOS son vecinales, muy medianos: el CORREO lo recibe con su ayunt.: PROD.: maiz, centeno, castañas, patatas, lino y algunas legumbres y hortalizas: cria ganado vacuno, mular, lanar, cerdoso y caballar: POBL.: 36 vec., 198 alm.: CONTR. con su ayunt. (V.).

ANDEAN: l. en la prov. de la Coruña, ayunt. de Mellid y felig. de San Salvador de *Abeancos* (V.): POBL.: 4 vec., 49 almas.

ANDECOAS: barriada en la prov. de Vizcaya, del ayunt. y anteigl. de *Fruniz* (V.).

ANDEIRO: l. en la prov. de la Coruña, ayunt. de Cambre y felig. de San Martin de *Andeiro* (V.).

ANDEIRO (San Martin de): felig. en la prov. y part. jud. de la Coruña (3 leg.), dióc. de Santiago (8), y ayunt. de Cambre: su sit. es amena, la atmósfera despejada y el clima sano; comprende los l. de Andéiro, Gocende y Pazos que reunen sobre 40 casas de labradores; su igl. parr. (San Martin) es mediana. El térm. confina por N. con el de Anceis, por E. con Brejo, al S. con Sergude, y por O. con Castelo y Cela: el terreno participa de monte y llano de buena calidad; los caminos son locales, y el correo se recibe de la Coruña: prod.: maiz, trigo, centeno, nabos, patatas y vino; cria ganado vacuno, cabrio, lanar y de cerda, y se encuentra alguna caza: pobl.: 40 vec.; 123 alm.: contr. con su ayunt. (V.).

ANDEL: l. en la prov. de la Coruña, ayunt. de Castro y felig. de San Juan de *Villanueva* (V.). Antiguamente estaba unido á la parr. de *Andrade* (San Martin) en lo politico y gubernativo, formando un cot. red. conocido con el nombre de *Andél* y *Regueira*: pobl.: 24 vec.; 97 almas.

ANDELO: ald. en la prov. de Orense, ayunt. de Peroja y felig. de San Vicente de *Graices* (V.): pobl.: 2 vec. y 10 alm.

ANDELUCHA: arroyo de la prov. de Toledo, part. jud. de Puente del Arzobispo; nace en las vertientes de las sierras de Mohedas, que pertenecen á las de Guadalupe, al S. de este pueblo, pasa al térm. de Aldeanueva de San Bartolomé, la Estrella, Navalmoralejo y Azutan, y entra en el r. Tajo: tiene un puente de madera en el térm. de Mohedas; otro de piedra berroqueña con dos ojos en el de Aldeánueva, otro lo mismo en el de la Estrella, é iguales en los de Navalmoralejo y Azútan: sus delgadas aguas se emplean especialmente en Mohedas en regar los muchos frutales y buenas legumbres que tienen aquellos hab. en los cercados inmediatos á su nacimiento, y en los demas sirven para abrevadero de los ganados.

ANDEMIL: ald. en la prov. de Lugo, ayunt. de Chantada y felig. de San Salvador de *Villauge* (V.): pobl.: 3 vec.; 18 almas.

ANDEMIL: l. en la prov. de Lugo, ayunt. de Palas de Rey y felig. de Sta. María de *Ambreijo* (V.): pobl.: 6 vec.; 33 almas.

ANDEO: ald. en la prov. de Oviedo (20 leg.), ayunt. de Ibias (2, y felig. de *San Antolin* (V.): confina por E. y S. con el l. de Dou, y por O. y N. con el de Pradias; del cual desciende el r. de su nombre, que viene á bañar el térm. de Andeo, que es medianamente fértil y no escasea de arbolado: pobl.: 12 vec.; 50 almas.

ANDERAS (las): cortijo de la prov. de Cádiz, part. jud. y térm. jurisd. de *Arcos de la Frontera* (V.).

ANDERAZ: granja del valle y arciprestazgo de Yerri en la prov., aud. terr. y c. g. de Navarra, merind. y part. jud. de Estella (1 leg.), ayunt. de Abarzuza (1/4), dióc. de Pamplona: sit. en una altura próxima á un monte encinar que la domina por el lado del N.; libre á la influencia de todos los vientos; su clima es muy saludable. Consta de 1 casa ó palacio, en el que hay habitaciones suficientes para el propietario, para los colonos, los departamentos adecuados á la agricultura, y una igl. bajo la advocacion de Santiago, servida por un cura que celebra misa especialmente en los dias festivos. Confina el térm. por N. con el de Iruñuela (3/4 leg.), por E. con el de Arizala (1/2), por S. con el desp. de Eza (1/4), y por O. con el térm. de Abarzuza (igual dist.). El terreno es bastante fértil y se halla regado por varios arroyos que le cruzan por diversos puntos: prod.: trigo, cebada, vino y legumbres; sostiene ganado vacuno, lanar, cabrio y de cerda, y hay caza de diferentes clases: pobl.: 1 vec.; 10 alm.: contr. con su ayunt. En el apeo de 1366 no consta la existencia de esta granja, á no ser que se confunda con el pueblo de Erendazu que tenia 6 fuegos, y contribuyó con 15 florines.

ANDERVE: l. en la provincia de Oviedo, ayunt. de Cangas de Tineo y felig. de San Martin de *Sierra* (V.).

ANDES (San Pedro de): felig. aneja en la prov. y dióc. de Oviedo (17 1/2 leg.), part. jud. de Luarca (3), y del ayunt. de Navia (1/4): sit. en una llanura á la orilla del Océano; su clima es templado y sano; se compone de las ald. de Aspera, Paderne, Teifaros, Villalonga y cas. denominado Palacio de Andés; su igl. parr. (San Pedro) es anejo de San Antolin de Villanueva. En el centro de las indicadas pobl. y dentro del palacio de Andés, hay otra igl. (Sto. Domingo de Guzman, con privilegio de bautizar, casar, enterrar y suministrar los Sacramentos sin dependencia de la matriz ni de la hijuela, y la sirve un ecl. nombrado por el dueño del palacio, que lo es hoy D. Francisco Julian de Sierra: su térm. confina al N. con el Océano, por E. y S. con la matriz, y por el O. con la ria de Navia, abundante en pesca y con especialidad en rico salmon; el terreno participa de arenisco y pizarra. Tiene sin embargo tierras de mas que mediana calidad destinadas al cultivo. Pasa por el térm. la carretera de Bayona de Francia á Bayona de Galicia, la cual se encuentra en buen estado: el correo se recibe por la cap. del ayunt.: prod.: trigo, maiz, patatas, nabos y algunas legumbres; aunque escasa de arbolado, frutas y hortalizas; cria poco ganado, y se utiliza de la pesca del r. Navia: pobl.: 139 vec.; 695 alm.; contr. con su matriz (V.).

ANDES ó PALACIO DE ANDES; cas. en la prov. de Oviedo, ayunt. de Navia y felig. de San Pedro de *Andés* (V.): dentro de este palacio hay una igl. (Sto. Domingo de Guzman) con privilegio de bautizar, casar, suministrar el viático y enterrar sin dependencia de su parr. ni de la matriz, que lo es San Antolin de *Villanueva*.

ANDEVALO (hoy Nevalo): fort. ant. en la prov. de Córdoba, sit. en la cumbre de la cord. que corre desde Villaviciosa y Villanueva del Rey á Posadas, entre el r. Guad-hiato y el de su nombre. su origen parece ser del tiempo de los romanos, habiéndola tenido los árabes tan bien fortificada, que para adquirirla le costó á Fernando III un sitio en forma, cuando conquistó la prov. de Córdoba. Es de propiedad señ. de la casa de Henestrosa de Fuente-Obejuna.

ANDÉVALO (sierra del): llámase así el térm. occidental de la Sierra-Morena, entre la ribera *Chanza*, fronteriza á Portugal, y el r. *Odiel*. Ocupa una gran parte del part. jud. del Cerro, prov. de Huelva, con la estension próxima de 45 ó 50 leg. cuadradas, y en ellas se comprenden los térm. jurisd. del Alosno, Cabezas-rubias, Calañas, Puebla de Guzman, Paymogo, Villanueva de las Cruces, Sta. Bárbara y el Cerro. Todos estos pueblos, menos el último, han correspondido al ant. condado de Niebla, hoy incorporado al marquesado de Villafranca. Este terr., considerado geológicamente, es de los llamados de transicion; y aunque no tiene alturas considerables, todo él es de sierra montuosa y agria. Por lo mismo solo se cultivan pequeñas cañadas, y en general solo es susceptible de llevar montes de encinas. Abunda en indicios de minerales de cobre y hierro, y encuéntranse muchos depósitos de escoriales, que demuestran haberse esplotado en tiempos remotos muchas minas. En el dia se benefician algunas, especialmente en los térm. de la Puebla de Guzman y Paymogo, como se dirá en sus respectivos artículos. Créese que trae su origen la denominacion de *Andévalo*, del dios Endovélico, ant. deidad que adoraron los primitivos españoles; y esto se prueba por haberse encontrado á principios del siglo XVI una piedra cerca de Paymogo, con una inscripcion en que se entendia el nombre de esta conocida deidad. Los geógrafos ant. mencionan en este terr. varios pueblos, entre ellos Rubras, Presidium, Aras. En tiempo de los godos y de los árabes dependió del gobierno de Niebla, y la conquista se hizo por el rey de Castilla D. Alonso X, segun parece, en el año de 1257. En el dia los hab. de este pais difieren de los demas de la prov. en sus costumbres y en sus trages; visten únicamente de los géneros de lino y lana que ellos mismos elaboran. Sus costumbres sencillas, y su pronunciacion pura castellana, en términos que en el Cerro y en Calañas se habla con tanta correccion como en el reino de Toledo. En general los hab. son vivos, astutos, y muy dispuestos para el estudio de las ciencias. Se dedican generalmente al comercio y arrieria, y son de bellisima disposicion física, especialmente las mujeres.

ANDIA: ant. casa solar en la prov. de Guipúzcoa; está sit. en la calle mayor de la v. de Tolosa; es de mamposteria, y su tosca construccion, sus puertas de hierro y la forma de las ventanas demuestran su antigüedad.

ANDIA Y URBASA: cord. muy elevada en la prov. de Navarra, merind. y part. jud. de Estella, la cual desde el E. y valle de Echauri, se prolonga en direccion del O. 10 leg. hasta la prov. de Alava, estendiéndose 1 1/4 de N. á S. desde las Amescoas hasta los valles de Araquil y la Borunda: su centro participa de monte y llanos muy considerables, pero sus estremidades son escabrosas y compuestas de enormes peñascos, en cuya fragosidad se alimenta abundante caza de todas clases, y muchos animales dañinos, particularmente lobos, los que ocasionan grave daño en los ganados: si bien las Córtes de 1558 prohibieron hacer roturaciones en estos montes, hay algunos trozos donde se siembran cereales, legumbres y otras semillas. Ademas del arbolado ofrecen estas sierras muchos y esquisitos pástos de aprovechamiento comun á todos los pueblos de la prov., por cuya razon no solamente los utilizan los hab. de la comarca, sino que son numerosos los ganados vacuno, lanar y cabrio que suben de la ribera durante el estio, y permanecen allí hasta que refresca el tiempo. Tambien son abundantes las fuentes de puras y cristalinas aguas, que naciendo en diversos parages, contribuyen á la fertilidad del terreno, y dan origen á varios arroyos y r. que lo cruzan en distintas direcciones; siendo el principal de estos el r. *Urederra* ó de *Amescoa* (porque tiene su nacimiento en el valle de *Amescoa Baja*, y sitio llamado *Ubagua*) su curso es de O. á S. por un canal profundo, y despues de bañar varios pueblos, confluye en el *Ega*, antes de llegar á Estella. En una de las cumbres de esta cord. hay un palacio con cuatro torres. de fáb. ant., propiedad del marques de Andia, en el cual existe una capilla, bajo la advocacion del Sto Cristo de las Agonías, servida por un capellan, que celebra misa los dias festivos; como es punto tan solitario y casi intransitable durante el invierno, los viajeros hallan alivio y hospitalidad en dicho cast., donde tambien en tiempos remotos habia un alcalde nombrado por el espresado marques, para decidir los altercados que ocurrian entre los ganaderos. En 1594 se erigió en estas montañas una igl. ó basílica, dedicada a la Anunciacion de Ntra. Sra, para que tuviesen misa los pastores, y se les administrase los sacramentos, la que aun subsiste, siendo su curato de patronato real.

ANDICONA: casa solar y armera en *Berriz*, anteigl. de Vizcaya.

ANDICONA: barriada en la prov. de Vizcaya, part. jud. de Durango, y anteigl. de *Berriz:* (V). Hay una ermita (Ntra. Sra. de la Candelaria), reedificada y ampliada por los vec. en 1550: es un edificio sólido y mediano, con varias lápidas sepulcrales: los devotos acuden en sus necesidades á este santuario, en donde se celebra una concurrida romería el dia 2 de febrero.

ANDILLA: v. con ayunt., en la prov., aud. terr. y c. g. de Valencia (10 leg.), part. jud. de Villar del Arzobispo (2 1/2), dióc. de Segorbe: SIT. en la falda de un cerro casi aislado, donde la combaten todos los vientos, y su CLIMA, aunque vario y muy frio por las muchas nieves de las montañas inmediatas, especialmente las de Bellida y pico de su nombre, es bastante sano, sin que se padezcan otras enfermedades que las propias de cada estacion. Tiene el CASERIO de mal aspecto, y distribuido en varias calles estrechas y de piso incómodo, casa municipal, cárcel, carniceria, escuela de primeras letras, frecuentada por 51 niños: otra á la cual asisten de 24 á 30 niñas; y una igl. parr., dedicada á la Asuncion de Ntra. Sra. cuyo edificio es de buena fáb., y se halla decorado con alabastro, hermosos mármoles, y con pinturas muy preciosas de Ribalta y Castañeda: sirven el culto un cura párroco, tres beneficiados, un organista, dos sacristanes é igual número de acólitos; el curato es de térm. y lo provee S. M.: los beneficios son familiares, y bajo este concepto son provistos por la familia en quien radican, interviniendo tambien en la provision de uno de ellos el ob., y en la de otro el párroco, de quien, y de los concejales, pende el nombramiento de los sacristanes, organista y acólitos. Confina el TÉRM. por N. con Abejuela (1 leg.), por E. con el de Bejis (igual dist.); por S. con el de Liria (2), y por O. con los de Chelva y el Villar (la misma dist.), teniendo de estension 3 leg. de N. á S., y otras tantas de E. á O., la que siendo demasiado dilatada para el vecindario, se ven precisados los hab. á dar tierras en arrendamiento á los del Villar, Alcublas y de otros pueblos inmediatos. Dentro de dicha circunferencia, se hallan las ald. de Artaj, la Pobleta y Oset, habiendo en la primera una ermita, bajo la advocacion de Sta. Paula, y en la segunda otra dedicada á Ntra. Sra. del Cármen, ambas de propiedad de sus respectivos moradores, que proveen al aseo y culto de las mismas. El TERRENO, aunque montuoso, es bastante fértil; en lo general se compone de piedras gredosas y cascajo, formando un grueso cortezon que conserva la humedad en los campos, preservándolos de los calores, á veces muy escesivos, durante el estio. En la parte erial y baldia hay muchos y escelentes pastos para los ganados, y abundancia de alabastros y buenos mármoles, cuyo material, demasiado comun en este térm., sirve para la construccion de edificios, juntamente con el yeso, que se estrae en gran cantidad del cerro, á cuyo pie, se dijo, está la pobl. Las tierras destinadas á cultivo ascienden á unas 4,700 cahizadas, de las que 400 se reputan de primera clase, 720 de segunda, y las restantes de tercera: las mejores de todas ellas son de huerta, dispuesta en graderios, para que los campos superiores puedan recibir las aguas que descienden de la fuente llamada del *Conflle*, la cual brota á 1 leg. E. de la v., en los confines de Aragon: PROD.: trigo, cebada, avena, maiz, aceite, vino, legumbres, hortalizas, esquisitos higos y otras frutas: cria mucho ganado lanar y cabrio, algun vacuno, de cerda, y el mular preciso para la labranza: IND.: ademas de la agricultura, principal ocupacion de los hab., se dedican estos á elaborar yeso, y beneficiar las canteras de mármol para diversos usos: POBL.: 238 vec., 822 alm.: RIQUEZA PROD.: 2.329,483 rs. 11 mrs.: IMP.: 91,196 rs.: CONTR.: 19,014 rs. 20 mrs.

ANDINA DE ABAJO (LA), vulgarmente ANDIA (DE): l. en la prov. de Oviedo, ayunt. del Franco y felig. de San Cipriano de *Arancedo*. (V). POBL.: 10 vec., 57 almas.

ANDINA DE ARRIBA (LA), vulgo ANDIA (DE): l. en la prov. de Oviedo, ayunt. del Franco y felig. de San Cipriano de *Arancedo*. (V.) POBL.: 12 vec., 73 almas.

ANDINAS: l. en la prov. de Oviedo, ayunt. de Riba de Deva, y felig. de San Juan de *Villanueva*. (V.): SIT. á la orilla del Deva y camino que, separándose del de Santander á Oviedo, sigue á Reinosa y Liébana: POBL.: 20 vec., 91 almas.

ANDINILLO: granja en la prov. de Búrgos (12 1/2 leg.), part. jud. de Villarcayo (1/2), ayunt. de la merind. de Castilla la Vieja, y TÉRM. de la granja de *Andino*. (V).

ANDINO: granja, en la prov., dióc., aud. terr. y c. g. de Búrgos (12 1/2 leg.), part. jud. de Villarcayo (1/2), ayunt. de la merind. de Castilla la Vieja: SIT. en una estensa llanura á los 14° y 22′ de long. y á los 43° y 24′ de lat. N., con buena ventilacion y CLIMA saludable. Consta de 15 CASAS de dos pisos y de 20 á 25 pies de altura: las 10 forman un cuerpo de pobl. denominado Andino, y las 5 restantes otro titulado Andinillo á 4 minutos de dist. al SO. del primero; tiene una fuente cuyo origen, viene de un terreno lagunoso durante el invierno, el cual se seca en la estacion calurosa, quedando sin embargo viva la mencionada fuente; una igl. bajo la advocacion de San Vicente, anejo de la de Sta. Cruz y servida por el párroco de este último pueblo y un cementerio bien ventilado: El TÉRM. confina por N. con el de Orna, por E. con el de Sta. Cruz de Andino, por S. con el de Visjueces, y por O. con el de Villalain, dist. 20 minutos el que mas de estos lim.: abraza 2.777,777 varas cuadradas superficiales de tierra con el nombre de comunes ó ejidos, y se cultivan 100 fan. de propiedad particular, divididas en primera, segunda y tercera suertes, de las cuales la primera contiene 40 fan, la segunda 30, y la tercera otras 30 que producen de 8 á 10 por una. El TERRENO es todo llano, fuerte y tenaz, á escepcion de una pequeña loma en que es cascajoso, teniendo 2,300 pies sobre el nivel del mar; le baña un arroyo que corre de N. á S., cuyas aguas dan movimiento á una rueda de molino harinero en tiempo de invierno, y riegan en verano algunos huertos que hay próximos á las casas, que es el único uso que de ellas se hace: PROD. trigo, cebada, yeros y pocas legumbres, ganado lanar y vacuno en corta cantidad: COMERCIO: estraccion de algunos granos é importacion de vino y legumbres. POBL.: 7 vec., 26 alm. CAP. PROD. 265,100 rs.: IMP. 26,683. El PRESUPUESTO MUNICIPAL asciende á 40 ó 50 rs. y se cubre por reparto entre los vecinos.

ANDINO (STA. CRUZ DE): l. en la prov., dióc., adm. de rent., aud. terr. y c. g. de Búrgos (13 leg.), part. jud. de Villarcayo (1/4), y ayunt. de la merind. de Castilla la Vieja: SIT. en una altura que ofrece á la vista la hermosa perspectiva de 40 pueblos, Villarcayo y Medina, llamándose con razon el balcon de Castilla: batido libremente por todos los vientos y con CLIMA sano: las enfermedades mas comunes son dolores reumáticos, con especialidad en los hombres. Se compone de 24 CASAS de mediana construccion, entre ellas la de concejo, y de una igl. parr., dedicada á San Blas, matriz de la de Andino y servida por un cura párroco de provision ordinaria; hay dentro de la pobl. 3 fuentes de agua bastante gruesa para el uso del vecindario, y 12 manantiales fuera de ella, de los cuales se surten las gentes de labranza para sí y para abrevadero de sus ganados. Confina el TÉRM. por N. con Villarcayo, por E. con Visjueces y las granjas de Andino y Andinillo, por S. con Villerias, y por O. con Orna, el que mas 1/2 leg. de dist. El TERRENO es de primera, segunda y tercera calidad, y en lo general arenoso, cruzando por él una ciénaga que nace al pie de la sierra de Tesla, pasa por Andinillo y va á deságuar en el r. de Villacomparada á 1 leg. de su nacimiento: CAMINOS: hay 4 de servidumbre para Villarcayo, la Aldea, Medina de Pomar y Orna: CORREO: lo recibe de la estafeta de la cabeza del part. los domingos, miércoles y viérnes, saliendo los lunes, jueves y sábados: PROD.: trigo, cebada, centeno, habas, yeros, titos, maiz, patatas, avena, altramuces, verduras y fruta; ganado lanar, mular, asnal y caballar: caza: perdices y codorníces, y se pescan con abundancia anguilas, cangrejos y peces: POBL. 13 vec., 49 alm. CAP. PROD. 64,600 reales; IMP. 2,677. El PRESUPUESTO MUNICIPAL asciende á 200 reales, y se cubre por reparto entre los vecinos.

ANDIÑUELA: l. en la prov. de Leon (11 1/2 leg.), part. jud. y dióc. de Astorga (4), aud. terr. y c. g. de Valladolid (29), y ayunt. de Rabanal del Camino (1): SIT. en terreno quebrado y montuoso, batido por el viento N. y con CLIMA aunque muy frio bastante sano: las enfermedades mas comunes son calenturas intermitentes y gástricas. Tiene 80 CASAS de inferior construccion: dos fuentes de buenas aguas para el consumo del vecindario, y una igl. parr., dedicada á Santiago, servida por un cura párroco de libre provision. El TÉRM. confina por N. con Rabanal Viejo á 1/2 leg., por E. con Turienzo y Sta. Marina á 1; por S. con Villar de Ciervos á 1/2, y por O. con Foncebadon á 1. El TERRENO es de ínfima calidad, cercado de montes bastante poblados de roble y brezo y los CAMINOS de herradura en muy mal estado: PROD.: centeno, patatas y algunas frutas de invierno: ganado vacuno, lanar y cabrio en poco número. Caza: perdices, corzos y jabalies. POBL. 82 vec., 302 alm.: CONTR. con el ayuntamiento.

ANDION: desp. en la prov. de Navarra, part. jud. de Tafalla, térm. jurisd. de Mendigorria (1/2 leg. NE.): SIT. á la der. del r. *Arga* en una eminencia con libre ventilacion y CLIMA saludable. Tiene una erm. dedicada á la Virgen del mismo titulo, cuyo edificio es de hermosa piedra de silleria, y de muy bellas proporciones en su interior con su correspondiente coro, sacristia y altar mayor todo dorado; sobre la puerta de la sacristia en el lado del Evangelio se halla colocado el escudo de armas de la mencionada v., y en la parte inferior del mismo la siguiente inscripcion: «*Soy de la villa* »*de Mendigorría. Me colocaron aqui sus vecinos á 7 de junio* »*del año de* 1661;» contigua á la ermita hay una casa muy capaz y de buena fáb., destinada para recibir á los que van en romeria y para habitacion del ermitaño y su familia, el cual tiene obligacion de cuidar del aseo y decoro del santuario, cuyo trabajo se le remunera con algunas limosnas y con el usufructo de algunos huertecitos inmediatos. Confina por N. con térm. de Cirauqui (1 leg.), por E. con el r. Arga, por S. con el de Larraga (1/2) y por O. con el de Oteyza (3/4). El TERRENO en lo general es llano, con pendiente hácia el NE. muy á propósito para fortaleza ant.: PROD.: se cosecha trigo, cebada, avena, legumbres y hortalizas; cria muchos y escelentes pastos para ganado vacuno, lanar y cabrio, y abunda en caza de liebres, conejos y perdices.

HISTORIA. Es el ant. *Andelus* ó *Andélon* de los vascones y romanos; Ptolomeo y Plinio designan á Andélon como uno de los pueblos vascones pertenecientes al conv. jurídico de César-augusta (hoy Zaragoza). Masdeu en el tomo 6.° de su historia crítica coloca á Andélon en el catálogo de las c. vasconas y romanas, que ademas de gozar desde el tiempo del emperador Vespasiano del fuero de Lacio, era uno de los pueblos estipendiarios, segun Moret lib. 1.°, cap. 4.°, párrafo 2.° de los anales de Navarra. Que este era el ant. Andélon lo acredita en primer lugar la analogía entre el nombre de Andion y Andélon, como tambien los vestigios y ruinas subterráneas de suntuosos edificios, entre otros los de una portada de casa ó palacio de formas y proporciones colosales, mayores que las de la portada de la cated. de Pamplona, de mejor pulimento y labor mas delicada, cuyos restos fueron hallados por unos cazadores en 1816; pero en el año de 1833 un labrador encontró en un campo frente á la ermita tres ó cuatro columnas de figura cilindrica, fabricadas de piedra arenisca y con gusto; sabiéndose tambien por tradicion que hará unos 80 años que un vec. de Mendigorria halló un depósito ó vasija que contenia porcion de monedas romanas de plata y cobre. Sin embargo de lo dicho, lo que mas hace creer que el desp. de que tratamos era la ant. Andélon son las dos lápidas ó inscripciones sepulcrales de hermosos y finos caractéres que aun se conservan asi despues de 20 siglos, como si acabaran de salir de manos del artífice, y que algun cantero ignorante, las colocó detras de la pared de la sacristia en el lado del huerto; y son las mismas que vió el P. Moret hácia los años de 1640 á 1650 cuando escribia sus obras literarias, de las que hace una minuciosa relacion en el lib. 1.°, cap. 2.°, párrafo 4.° y tomo de investigaciones históricas de las antigüedades del reino de Navarra; las vió al pie de un arco de costosa fáb. y parecian arrancadas de él por la impericia (dicho arco probablemente fue destruido cuándo se restauró la ermita que hoy subsiste). Las citadas inscripciones son como sigue:

Primera.

CALPURNIÆ URCHATE TELLI FILIA L. ÆMILIUS SERANUS MATRI.

Segunda.

L. ÆMILIO SERANO, L. ÆMILIUS SERANUS FILIUS.

cuyo contenido se refiere á la época ó dominacion de los romanos. No contradice lo espuesto la lápida encontrada en Santacara de Navarra, que cita el mismo Moret en el párrafo 4.°, cap. 2.°, lib. 1.° de sus investigaciones, dedicada á Sempronia, hija de Firmo Andelonense, la cual murió de edad de 30 años, y mandada poner por su marido Calpurnio Estivas, y por Sempronio, su hermano; pues Moret resuelve la dificultad, diciendo que su padre Firmo era natural de Andélon, y ella probablemente tambien; pero que se estableceria ó casaria en Santacara; porque si hubiese nacido en este último pueblo no se espresara por ser muy sabido. Casi puede asegurarse que Andélon permaneció hasta la invasion de los godos ó de los árabes, como sucedió á otros pueblos de la Peninsula; despues hácia los siglos XI y XII, época de la restauracion de muchas pobl. de Navarra, hubo de repoblarse Andion, mas no con la grandeza del tiempo de los romanos. Segun consta de documentos auténticos, ya por el año de 1176 existia aquel, y tenia 49 vec. con un palacio y varios molinos en las márg. del r. Arga: muy verosímil es que continuó en este estado hasta el último tercio del siglo XV, época de su total destruccion, que se verificó con motivo de las guerras civiles de Navarra entre los bandos llamados agramontes y Beamontes, que duraron cerca de 50 años; en este tiempo la v. de Mendigorria siguió constantemente el partido de los agramonteses, y de consiguiente el del rey D. Juan II de Aragon, tambien rey de Navarra, que conservaba siempre guarnicion de soldados aragoneses, catalanes y valencianos en el cast. ó recinto fortificado de Mendigorria, en el cual se refugiaron los vec. de Andion, perseguidos por el condestable de Lerin, y desde entonces quedaron confundidos sus intereses con los de la espresada v., formando comunidad y un mismo pueblo, toda vez que el de Andion fue asolado por los beamonteses en venganza de dicha resolucion: posteriormente y hácia los años de 1650 á 1660 se restableció la mencionada ermita con la advocacion de Ntra. Señora de Andion (patrona del ant. pueblo del mismo nombre), en la forma que en el dia tiene y queda referida.

ANDION: ald. en la prov. de Lugo, ayunt. de Pol y felig. de Santiago de *Silva* (V.): POBL.: 13 vec.; 63 almas.

ANDOAIN (LEYZAUN): v. en la prov. de Guipúzcoa, dióc. de Pamplona (13 leg.), aud. de Búrgos (35), c. g. de las prov. Vascongadas (2), y part. jud. de Tolosa (2): SIT. á la márg. der. del *Oria* y sobre la *carretera de Francia*: su CLIMA sano. En el siglo XIV era ald. de San Sebastian, hoy tiene ayunt. de por sí, y su procurador disfrutaba de asiento y voto en las juntas generales de Provincia. Se compone de unas 170 CASAS reconcentradas la mayor parte sobre una áspera cuesta, cuya cima es un llano donde está la plaza, la casa municipal y el juego de pelota; hay escuela de instruccion primaria, casa de posta y parador de diligencias. La igl. parr. (San Martin) tiene cura párroco y dos beneficiados; el edificio es de piedra jaspe y mediana construccion con buena torre y dos cláustros bastante espaciosos. El TÉRM. en su estension de 3/4 de leg. N. a S. y 1/2 de E. á O.: confina por N. Urrieta, al E. Berastegui, al S. Villabona, y por O. Sorabilla, interpuestos por los dos últimos puntos los r. *Leizaran* con puente sobre la carretera, y el *Oria*, ambos abundantes de ricas truchas, y confluyen cerca de la casa fuerte y torre de Leizaran: el TERRENO es quebrado, montuoso y arbolado, pero la porcion roturada de muy buena calidad: la carretera y puente estan medianamente cuidados, no asi los CAMINOS de travesia: la CORRESPONDENCIA se recibe por Tolosa. PROD.: trigo, maiz, algunas legumbres y poca hortaliza y fruta; se cria ganado, caza y buena pesca; hay un crecida número de menestrales, varios molinos, y una famosa ferreria, que destruida con otras varias casas en la última guerra civil, se ha rehabilitado desde 1842: POBL.: 274 vec.; 1,480 alm. La RIQUEZA terr. escede á los 79,074 rs. en que se le valora, como tambien de los 14,000 en que se calcula la de su ind. y comercio. Es patria del célebre jesuita Manuel Larramendi, autor del Diccionario Trilingüe latino, castellano y vascuence, y de D. Juan Bautista de Erro, que publicó el Alfabeto y Mundo Primitivo, con otras obras de mucha erudicion sobre la misma lengua. La notable casa fuerte y torre de Leizaran fue allanada por Enrique IV en 1457; se conserva en ella un cuadro con una lechuza en el centro y unos versos, cuyo significado no se ha comprendido por ninguno de los muchos que en ellos han fijado la atencion; dicen:

Jauna guc zuri
Etz zuc guri
Leyzaurtarrac Ontzari.

ANDOIN: l. en la prov. de Alava (6 leg. á Vitoria), dioc. de Calahorra (16), vic. y part. jud. de Salvatierra (2), herm. y ayunt. de Asparrena (1): SIT. en una hondonada á la falda N. de la sierra y montes de Encia: clima frio y sano; le forman doce casas de mediana construccion: la igl. parr. (Sta. Marina), es matriz y servida por un beneficiado: el TÉRM. confina al N. con la carretera que dirige á Pamplona, por E. con el indicado monte, por S. con el l. de Ibarguren y por O. con el de Ciordia; tiene una fuente de buen agua llamada la Toberia, y un riach. que baja del monte á unirse á corta dist. con el Burunda que trae su origen de Zalduendo: el TERRENO en lo general áspero y quebrado; pero bastante fértil por la asidua laboriosidad de los hab. Los CAMINOS son medianos, y el correo lo recibe de Salvatierra por medio de un encargado los sábados, júeves y domingos, y sale en este mismo dia, mártes y viérnes. PROD.: trigo, avena, cebada, yero, alholba, centeno, habas y demas legumbres y hortalizas: cria ganado lanar, vacuno, y mucho de cerda por el buen monte que disfruta; hay perdices, liebres, palomas y codornices, jabalies y zorros; se pescan algunas truchas: IND.: la agrícola y un molino harinero que solo trabaja en el invierno: POBL. 24 vec.: 125 alm.; RIQUEZA y CONTR. (V. ALAVA INTEND.).

ANDOLFA (CASAS DE): cot. red. y cas. de la prov. de Huesca, part. jud. de Benabarre, jurisd. del l. del Pilzan. Corresponde al conde de Montijo, y está SIT. al pie del monte llamado de San Quilez en el estremo del llano del cast. de Plá; tiene 2 CASAS y una igl. dedicada á Ntra. Sra. de las Nieves, dependiente de la parr. de Pilzan, cuyo cura pasa á decir misa y administrar los sacramentos caso de necesidad. Entre las casas y el monte hay una fuente á 1/2 cuarto de hora de dist., que surte á los vec. para beber y demas usos domésticos, para abrevadero de sus bestias mayores, y en años abundantes para regar dos huertos que tienen las referidas dos casas. Confina su TÉRM por N. con Pilzan (5/4 leg.), por E. con Estopiñan (5/4), por S. con Saganta (1/2) y por O. con Zurita (1 1/2). El TERRENO participa mas de llano que de monte, aunque de O. á S. está la sierra que forma cord. desde la ermita de Labazuy hasta San Quilez, y tiene 2 horas de estension. Los árboles en parte de dicha sierra y por su falda son carrascas y robles, y algunos olivos. Las tierras cultivables ascienden á 110 yuntas, de las cuales 8 pertenecen á la primera clase, 40 á la segunda y 62 á la tercera; pero no se cultivan todas, porque algunas son de poco suelo y sirven para leña, con la cual se hacen hormigueros para beneficiar las demas, y porque sirven tambien para pasto de los ganados. PROD. y demas (V. PILZAN).

ANDOLLU ó VILLA-ALEGRE DE ANDOLLU: v. en la prov. de Alava (2 leg. á Vitoria), dióc. de Calahorra (17), herm. de su nombre, vic. y part. jud. de Vitoria (2) y ayunt. de Elorriaga (1 1/2): SIT. en llano y cubierta al S. por la segunda cord. de montes que del E. á O. atraviesa la prov.: el CLIMA sano. La igl. parr. (Sta. Catalina) está servida por un beneficiado que presentaba con título de capellan, y pagaba su dotacion, el monast. de Quejana, que ejercia el patronato y percibia las rentas ecl. Los marqueses de Villa-alegre, en quienes recayó el señ., nombraban la justicia y cobraban 25 rs. 18 mrs. y 4 gallinas. Confina al N. con la v. de El Burgo, por E. Villafranca, al S. Trocaniz, y á O. Aberasturi: su escaso térm., en el que hay una fuente, es de buena calidad y fértil: los CAMINOS para Alegria, Villafranca y Troconiz, en buen estado: el CORREO lo recibe en Vitoria, tiene unas 200 fan. de tierra destinadas al cultivo, un monte propio y otro comunero. PROD.: trigo, cebada, rica, maiz, avena, habas y otras semillas, alguna hortaliza y frutas: cria ganado caballar y hay caza de perdices, liebres, codornices y otras aves de paso: POBL.: 9 vec.: 47 almas.

ANDON: l. en la prov. de Pontevedra, ayunt. de Forcarey y felig. de Sta. Maria de ACIBEIRO (V.): POBL.: 14 vec., 49 almas.

ANDONAEGUI: casa solar y armera en la prov. de Vizcaya y anteigl. de *Berriatua*.

ANDORCIO: l. en la prov. de Oviedo, ayunt. de Llanera y felig. de San Juan de *Ables* (V.).

ANDORIÑAS: ald. en la prov. de Orense, ayunt. de Pereiro de Aguiar y felig. de Sta. Marta de *Moreiras* (V.): POBL.: 5 vec. y 25 alm.

ANDORRA: v. con ayunt, de la prov. de Teruel (18 leg.), part. jud. de Hijar (4), adm. de rent. de Alcañiz (4 1/4), aud. terr., c. g. y dióc. de Zaragoza (14); SIT. en la falda de una colina bastante elevada, donde le combaten todos los vientos; disfruta de alegre cielo y de un CLIMA muy sano. Cuenta 360 CASAS en general de dos pisos y de buenas comodidades, distribuidas en varias calles espaciosas, empedradas y limpias, y dos plazas denominadas la una de la Iglesia y la otra Nueva: la primera tendrá 40 varas de largo y 80 de ancho, desembocando 5 calles en ella, y la segunda que se halla colateral á la parte der. de la igl., constará de 30 varas de largo sobre 24 de ancho; hay una escuela de primeras letras dotada con 3,000 rs. vn. á la que concurren sobre 50 alumnos; otra de niñas con 400 rs. vn., y en ella se enseña las labores propias de su sexo á las 20 ó 30 discipulas que asisten: hay tambien en el centro de la pobl. una fuente de agua delgada y cristalina, y otra á la salida; de ellas se sirven los vec. para beber y para todos los usos domésticos: 1 igl. parr. bajo la advocacion de la Natividad de Ntra. Sra., servida por 1 cura, 4 beneficiados, 2 sacristanes y 1 luminero. El curato es de seguindo ascenso, y se provee por S. M. ó el diocesano segun los meses en que vaca, y siempre por oposicion en concurso general: el edificio es de una regular arquitectura. Fuera de la pobl. se encuentra el cementerio en parage ventilado, y encima del cerro, á cuya falda hemos dicho se halla aquella, se vé la ermita de San Macario su patrono, á la cual sube un capellan en los dias de tempestad á conjurar las tronadas; los vec. del pueblo y los del contorno lo verifican en grandes romerias el dia del Santo á celebrar el de su conmemoracion. Confina el TÉRM. por N. con Albalate y Mora (1 leg.), por E. con La Mata (2), por el S. con Alcorisa (1), y por O. con Calanda (2). Dentro de esta circunferencia se encuentran muchas masadas ó casas de campo, habitadas por sus dueños durante las temporadas de la sementera y recoleccion de granos, varios manantiales de agua buena y saludable y 1 ermita bajo la advocacion de San Blas. El TERRENO es bastante llano, escepto por la parte del SE. y N., entre los cuales corre una cord. poblada de pinar, romero, sabina y coscojo útiles, solo para el combustible, y abundantes yerbas de pasto. Es secano, pues en todo él no hay mas aguas que las de los manantiales arriba espresados, y algunas balsas que sirven para abrevadero de los ganados: sin embargo, es tambien muy feraz; con 500 caballerías de labor se cultivan 8,200 cahizadas de tierra de primera calidad, 2,700 de segunda y 3,100 de tercera. Los CAMINOS conducen á los pueblos limítrofes y se hallan en buen estado; recibe el CORREO por balijero los mártes y viérnes por la tarde, saliendo los miércoles y sábados por la mañana. PROD.: trigo, cebada, vino, aceite, seda, miel, cera, avena, caza de conejos y liebres; cria ganado lanar y cabrio, prefiriéndose el primero en el pais por las mayores utilidades que reporta. IND.: tres telares de lienzos ordinarios y un molino de aceite. COMERCIO: 2 tiendas, en que se vende al por menor los art. de primera necesidad y algunas telas ó géneros, y la esportacion de los art. sobrantes de trigo, cebada, seda, lana, vino, miel y cera, é importacion de los demas que faltan. POBL. 424 vec., 1,600 alm. CAP. IMP. 192,752: CONTR. 25,730 reales.

ANDORRA (VALLE DE): pais neutral con el nombre de República, sit. entre Francia y España al S. del departamento del Ariege, y al O. y N. de la prov. de Lérida á los 42° 28'0" lat., y á los 5° 13'0" long. O. del meridiano de Madrid. Confina por el N. con la parte del condado de Foix que forma el valle de Auzat: por el E. tambien con el mismo condado, con el valle de Carol, y parte de la Cerdaña, por el S. con el pais llamado el Barrida, con la comarca de la c. de Urgel y parte del vizcondado de Castellbo, y por el O. con el mismo vizcondado, los valles de San Juan y de Terrera; la Conca de Burch, y los Comunes de Os y de Tor. Su estension de E. á O. es 7 leg., y 6 de N. á S. Las nieves y hielos, que suelen durar por lo menos 6 meses en lo alto de los cerros, hacen su CLIMA frio, pero la pureza de las aguas y los aires contribuyen á que sea de lo mas sano: en el verano las lluvias son frecuentes. Metido entre los Pirineos, los montes ó cabezos mas altos que en él se encuentran son el de las Miñeras, llamado asi por las muchas minas de hierro que en él existen, el de Casamanya, de Saturria, Montclar, de San Julian, y de Iuglar. Entre medio de las ásperas y quebradas cord., inaccesibles las mas de ellas á los hombres y á las bestias, se hallan varios puertos ó gargantas que en diferentes épocas del año quedan transitables, aunque siempre con mucho trabajo é inminentes peligros; los principales de estos que conducen á Francia, son el de Valira, de Soldeo, Foutargent, Siguer, Auzat, Arbella, y Rat; y de los que cumunicán con España, el llamado Port-negre, Perafita, y Portella. Abundantes minas de hierro de la mejor calidad; una de plomo, no pocas de alumbre, de cuarzo, de pizarra, tierra negra, de arminio, y muchas canteras de preciosos jaspes y de varios mármoles, se encuentran en las entrañas de estos montes; y por entre las hendiduras de los peñascos brotan en diversos parages aguas termales, sulfúreas y ferruginosas, cuya aplicacion y uso interior prod. los mas sorprendentes efectos en las dolencias de cierto género. Las fuentes y manantiales de aguas ligeras y delicadas, que causando un embelesador murmullo, ó se precipitan desde lo mas alto de los cerros, ó descienden de sus faldas, ó salen en los mismos valles, bien serpenteando, bien elevándose en forma de surtidor, son inumerables, asi como la multitud de r. y de arroyos á que dan origen, ó que fomentan con el tributo que á su paso les rinden; las principales de estas corrientes son las tres que con el nombre de Valira atraviesan el valle en diferentes direcciones, y despues de salir de él, se unen formando un solo r. que conserva el mismo nombre hasta que, algo mas abajo de Urgel, se confunde con el Segre. El TERRENO poco fértil, como puede suponerse, se divide en prados, donde se cria variedad de yerbas de pasto para el alimento de los ganados durante el invierno; tierras de labor, en las que se cosecha centeno, algunas legumbres y hortalizas, poco cáñamo, sabrosas patatas, algun frutal, especialmente nogueras y castaños, y cuya parte mas baja y meridional se destina á la plantacion de tabaco; y en terreno inculto ó erial donde se encuentran ricos pastos de verano, bosques de pinos, abetos, robles, encinas, abedules, fresnos, chopos, y otros árboles que proporcionan abundante combustible y madera, no solo útil para los edificios, sino para mástiles y construccion de buques; la cual se trasporta por los r. Valira y Segre hasta Tortosa y otros puertos del Mediterráneo: hay tambien estensos trozos en que crecen con lozania el avellano, el sauco, el boj, el enebro, y otros arbustos; la frambuesa, la zarzamora, la fresa y la grosella, que con su fruto aromático embalsamán el ambiente y halagan el paladar con los áccidos mas gratos y saludables: muchas raices y plantas medicinales. El ganado lanar, cabrio, vacuno, mular, caballar y de cerda, cuyo jamon es buscado por su grato sabor, debido sin duda á la hoja del fresno de que se alimenta el animal, y á la frescura del aire con que se cura, distribuidos en pequeños rebaños pueblan lo llanos y los montes; saltan con libertad entre los jarales y mayores espesuras las cabras monteses, los osos, lobos, zorras, liebres y ardillas; anidan en los puntos mas abrigados de los espresados sitios, ó en las ramas de los copudos árboles la gallina de monte, la perdiz blanca, la parda ó xerra, algunas de la especie comun, y multitud de mirlos y ruiseñores: las águilas de varias especies, y otras aves de rapiña habitan en lo mas pelado de los cerros, desde donde se dejan caer sobre su presa á golpe seguro.

Hay otros terrenos que son comunes á los pueblos de la frontera, tanto por la parte de España, como por la de Francia, á los cuales se da por tradicion el nombre de *Emprius*. La parr. de Andorra la Vieja los tiene comunes con los pueblos españoles de Vilielle y de Lles, la de Massana con algunos pueblos del Alto Pallas; las de Ordino y Canillo con los pueblos franceses de Siguér; Miolos y Coma de Ensinyac; el terreno llamado la Solana, entre Soldeo y Hospitalet (Francia) fue por mucho tiempo disputado á los andorranos, quienes ganaron el pleito seguido en Tolosa en 1835 ante la *Court-Royal*.

Divídese el valle en 6 parr. ó comunes: á saber; Andorra la Vieja, San Julian de Loria, Massana, Ordino, Encámp y Canillo: de cada uno de estos comunes dependen varios pueblecitos ó sufragáneas, ald. y mansos, subdivididos en cuarts o cuartos rurales. Su gobierno es un misto de monarquia y democrácia con tendencia á la aristocrácia. Tienen su príncipe soberano en dos personas pro-indiviso, á saber: el ob. de Urgel y el rey de Francia, y la constitucion democrática que los emperadores Cárlo Magno y su sucesor Ludovico Pio les otorgaron al tiempo de su reconquista, á cuyo código dan ellos cierto carácter aristocrático, como se ha insinuado, no admitiendo para el gobierno sino á los hombres de arraigo, cab. de familia, casados ó viudos, escluyendo á los solteros: de aqui viene á resultar que en cada parr. ó comun los cargos de cónsul, consejero, y pro-hombre quedan perpetuados entre cuatro ó seis familias. Cada principe nombra un veguér ó lugar-teniente, quienes juntos administran justicia criminal en nombre de sus conseñores. Como el veguér francés reside en su pais por no tener salario, el que nombra el ob. es el que ejerce estas funciones. El veguér puede ser español ó andorrano, y no necesita ser letrado: se les confiere el cargo de por vida, pero los principes les exoneran si decaen de su confianza, y tambien por otras causas. Los veguéres son los gefes de la fuerza armada, y á sus atribuciones corresponde la alta policia. Cuando las sentencias de los veguéres llevan consigo pena *córporis* aflictiva, de alguna gravedad, necesitan la aprobacion de las llamadas córtes de justicia, que es el supremo tribunal de los valles en la adm. de la justicia criminal. Se compone este de los dos veguéres, del juez de apelaciones, si es letrado, y si no le nombran los veguéres entre los abogados de la c. de Urgel, como mero asesor; sin embargo, es el que sustancia la causa hasta difinitiva en nombre de aquellos funcionarios. Ademas concurre el notario ó escribano de la causa, un portero y dos pro-hombres que elige el consejo general con el nombre de *rahonadors* ó defensores de los acusados, y con el cargo al propio tiempo de celar que se observe la mayor legalidad en los procedimientos, y el que se cumplan y guarden los privilegios. Este tribunal impone hasta pena capital, que se ejecuta sin apelacion pasadas 24 horas. Las sesiones de las córtes de justicia no son periódicas, se reunen solo cuando hay necesidad: en este caso los veguéres ó el veguér, si existe uno solo, da conocimiento del dia en que ha de verificarse la apertura al sindicó general, y este convoca al consejo para elegir los rahonadors de los acusados. Entonces los individuos de las córtes, vestidos de toda ceremonia, se presentan en el consejo general á fin de hacerle saber los motivos de la convocacion. El dia de la sentencia se reunen el consejo y las córtes en el salon de la casa del Valle, y juntos pasan á la plaza pública, donde presencian la lectura de la sentencia. Concluidas las sesiones de las córtes, vuelven los individuos que componen el tribunal á presentarse al consejo general, á quien dan cuenta de haber terminado sus tareas, y este nombra dos comisionados para revisar las costas del proceso y cuenta de gastos, que se pagan todos de los bienes del reo, si bastan, ó se suple el déficit del fondo del consejo general. Nombra tambien cada uno de los conseñores, por si ó por su veguer, un baile, á cuyo fin el consejo general propone seis personas, una de cada parr. entre los de mayor probidad é inteligencia, naturales del valle, y que residan en él. Los bailes conocen y sentencian en las causas civiles en primera instancia, consultando en algunos casos con los ancianos, ó con el asesor que el gobierno andorrano nombra y paga en la c. de Urgel. Las partes litigantes pueden acudir á aquel de estos funcionarios que mejor les parezca, y ellos tienen su córte ó curia en cualquier punto del valle, si bien generalmente se constituyen en tribunal en el pueblo ó parr. á que pertenecen los pleiteantes. Cuando el valor de la cosa litigada no escede de 10 libras catalanas, los procesos son verbales, y se consignan las sentencias en un registro que el escribano lleva *ad hoc*: la sentencia causa ejecutoria, si no se apela de ella dentro del término de 13 dias. Los bailes, cuyo empleo dura tres años, son subalternos de los veguéres para celar sobre el órden y sosiego del pais, son superiores de los capitanes, denarios y demas oficiales de justicia. Para los casos de apelacion hay un juez con cargo perpétuo, á no intervenir inhabilitacion fisica ó moral: es nombrado alternativamente por cada uno de los conseñores; el que existe en la actualidad es francés. La imparcialidad y pureza con que los bailes proceden en la adm. de justicia, es causa de que sean muy raras las apelaciones, y tambien las ha hecho mas difíciles y repugnantes la legislacion del pais con los grandes gastos que ocasionan; pues sin contar con otras pequeñeces, el juez de apelaciones tiene señalado como emolumento el 15 p. % del valor del objeto que se litiga, con preferencia al que gana el pleito, y con antelacion á la toma de posesion de la cosa que se le adjudica en virtud de la sentencia pronunciada; ademas el juez no tiene obligacion de trasladarse á Andorra, y por consiguiente las partes se ven en la precision de acudir á su domicilio, y este es otro motivo para abstenerse de apelar. En última instancia se puede recurrir al conseñor que nombró el juez de apelaciones, quien prevenido; señala un tribunal ó nombra un magistrado, para que en su nombre conozca y sentencie: por lo regular el rey de Francia cómete estos negocios á la Court-Royal de Tolosa, y el ob. de Urgel á un consejo ecl., ó bien á su veguer, que antiguamente lo era el alc. m. de la c. de Urgel.

Cada parr. ó comun tiene un capitan nombrado por el consejo general, á propuesta de los respectivos consejos parr.; aunque funcionarios de los comprincipes, bajo la inspeccion de los vegueres y bailes, mandan la compañía de su comun.

Los pueblecitos y ald. de que la parr. se compone son administrados por denarios ó decuriones, cuyo nombramiento hacen los consejos parr. Tanto el cargo de estos funcionarios, como el de los capitanes, es anual, pero pueden ser reelegidos. El veguer aprueba el nombramiento; y en nombre de este y de los bailes cuidan del órden público en sus respectivas demarcaciones. Los denarios son los oficiales subalternos de las compañias, y se da crédito á su simple palabra ante los tribunales. Antiguamente habia un solo notario ó escribano en todo el valle, elegido alternativamente por el rey de Francia y el ob., á propuesta del consejo general, que al efecto presentaba dos personas de la mayor probidad é inteligencia. Los candidatos eran examinados en la c. de Urgel, por delegados del ob.: posteriormente se crearon dos notarios mas, pero el decano suele ser el secretario del concejo, y archivero. El último funcionario en la adm. de justicia es el nuncio ó portero nombrado por el veguer, á quien tambien se da crédito por su simple palabra ó relato. Todos los precitados funcionarios de los comprincipes al tomar posesion de sus respectivos cargos, prestan juramentos de fidelidad; los capitanes y denarios, notarios y nuncio, ante el veguir, y este, el juez de apelaciones y bailes, ante el consejo general, despues de haberle presentado sus respectivos titulos, lo que se verifica con la mayor ceremonia. Dada una sucinta razon de los diferentes agentes de los comprincipes y de los tribunales, que en nombre de aquellos administran justicia, vamos ahora á enterar á nuestros lectores de las varias corporaciones populares que en el valle existen; de los funcionarios que las componen, y de las atribuciones que ejercen. La primera, y mas preeminente, es el consejo general de los veinte y cuatro; el cual se compone de doce cónsules y doce consejeros que hay entre las seis parr.; estos eligen el presidente, quien toma el nombre de síndico-procurador-general, el vice-presidente ó sub-síndico, y su secretario y archivero, que, como se dijo, lo es comunmente el notario decano. Los tres destinos son vitalicios, pero los nombrados pueden renunciarlos, y el consejo exonerarles si lo tiene á bien: del nombramiento de síndico general hay que dar cuenta al intendente de Barcelona y obtener su aprobacion, porque sin este requisito no serian admitidos los certificados en la aduana de Urgel, pará la espedicion de guias de los prod. andorranos; y además el nombrado debe prestar juramento ante aquel funcionario, de conducirse bien y legalmente en el despachó de certificados. El consejo se reune en la capital (Andorra la Vieja) en una gran casa llamada Casa del Valle, en la que hay dos espaciosos salones, y una capilla, dedicada á San Hermengol, ob. que fue de Urgel, y principe de Andorra. Celebra cinco sesiones al año, pero suele reunirse estraordinariamente, cuando asuntos imprevistos lo requieren. Tambien se celebra á las veces junta general, á la que asisten un cónsul, ó un cónsul y un consejero por cada parr.: en las juntas se tratan cosas de menor interés, y los cónsules y consejeros que á ellas asisten, traen poder de sus demas cólegas. Pertenece al consejo general todo lo relativo á policia, economia, y lo contencioso en materias comunales. Hace ordenaciones y leyes con la aprobacion y sancion de los conseñores, mira por el bien del pais, cela por la observancia de sus usos, leyes y privilegios, y determina sobre los negocios esteriores que se ofrezcan con España y Francia, con otras muchas facultades y prerogativas. Cuando el consejo general no se halla reunido, el síndico general, ó bien el sub-síndico en su ausencia, ó los dos juntos, le representan y obran en su nombre; pero en cosas de importancia lo convocan. El síndico procurador general es el ejecutor de los acuerdos del consejo, á quien da cuenta del resultado, asi como de lo que ha hecho ó ha providenciado, en uso de sus atribuciones. Siguen á la anterior corporacion los consejos parr., equivalentes á nuestros ayunt.: se componen de dos cónsules, mayor y menor, y de dos consejeros: sus atribuciones consisten en administrar los bienes de sus respectivos comunes, resolver en las cosas de los mismos en lo económico y administrativo, y elegir sus empleados y dependientes. Para ciertos asuntos asisten tambien á estos consejos los pro-hombres, y hasta los cabezas de familia que sean elegibles para los cargos de república. Los consejos parr. se renuevan todos los años: los cónsules y consejeros salientes eligen á los entrantes, cuya eleccion aprueba ó reprueba el consejo general en la sesion que celebra el dia de Sto. Tomas Apóstol; y los elegidos toman posesion el dia de los Inocentes. Los cónsules cesantes quedan de consejeros-natos durante otro año; pero no comienzan á funcionar hasta la Pascua de Pentecostés, que es cuando cesan los consejeros salientes. Ademas del consejo comunal hay en cada parr. un mustafá, un veedor y un manador; el mustafá cela sobre la legalidad de los pesos, medidas, precio y calidad de los comestibles: este encargo se confiere al prohombre que en los dos anteriores años ha sido cónsul mayor y consejero: el veedor decide sobre las contiendas que se suscitan en la parr. respectiva sobre lindes, paredes, pertenencia de terreno, etc.: si con su decision no se conforman los interesados, recurren al consejo comunal, y cuando tampoco la decision de este, es bastante á cortar la contienda, se constituyen en tribunal los seis veedores, practican los oportunos reconocimientos, y sentencian sin ulterior recurso: el cargo de veedor corresponde al prohombre, que en los dos años anteriores fue cónsul menor y consejero. El manador es el encargado de comunicar y hacer que se ejecuten las órdenes, que emanan del consejo parr.; es elegido entre los ciudadanos hábiles para los cargos municipales, y sirve de escala para ascender al consulado. Tambien los cuarts en que una parr. se halla dividida, tienen su consejo compuesto de los individuos arraigados en el respectivo cuarto, bajo la presidencia del cónsul de la parr.: sus atribuciones se limitan á las cosas concernientes al mismo cuarts., como en pastos, bosques, caminos, fuentes, acequias, puentes, etc.; castigan á los inobedientes á sus determinaciones, pero de las multas y penas impuestas puede apelarse al consejo parr., en segunda instancia al general, y en tercera á los mismos comprincipes.

En la casa del Valle se halla el archivo del Gobierno, guardado bajo seis llaves que tienen en su poder otros tantos cónsules, uno por cada parr., y que no se abre sin la asistencia de estos seis magistrados: se le mira como cosa sagrada, sin permitir á ningun estrangero ver los papeles que contiene; consisté en un armario, fijo en la pared de uno de los salones, donde permanece intacto y respetado desde la espulsion de los moros. Se dice, hay en él pergaminos de Carlo Magno y Ludovico Pio su hijo, por quienes fueron concedidos al valle las libertades y privilegios que goza.

Carece la república de Andorra de códigos y leyes escritas; solo posee algunos reglamentos sobre el mantenimiento de las formas en los procedimientos civiles y criminales: los jueces suelen arreglarse al derecho comun, leyes de Cataluña y á las particulares del valle, apoyadas en sus privilegios, usos y costumbres. Los vegueres aplican las penas, segun su idea y conciencia, consultando al asesor en casos graves: los bailes juzgan segun les dicta su buen sentido, siguiendo mas bien los usos y costumbres, que no las leyes positivas, que admiten interpretacion; á las veces se asesoran de letrados, y otras de los ancianos del pais; el juez de apelaciones aplica el derecho español ó francés segun su procedencia; los juzgadores son árbitros de tomar juramento ó no á los testigos, atendiendo al parentesco é interés de estos hácia los litigantes ó procesados, á su edad y otras circunstancias. Si alguna persona hace resistencia corporal al ser arrestado, la simple frase de *Rindete al Príncipe*, le refrena. Al que se niega á obedecer á los funcionarios públicos, le imponen estos el *Cot de la terra*, que es una multa arbitraria que fijan despues los magistrados, segun la posibilidad y circunstancias del transgresor.

Ningun empleado ni magistrado disfruta de sueldo fijo, únicamente el secretario del consejo, que, como se dijo, cuida tambien del archivo, tiene una corta gratificacion, y los cónsules 12 libras catalanas y una cuartera de centeno al año: los gastos de justicia los pagan las partes recurrentes, y los de las córtes y procedimientos criminales, los satisfacen los reos como se insinuó, ó los suple el consejo. Los demas gastos del gobierno general y de los comunes ó parr., los satisfacen estas, es decir por partes iguales aquellos, y luego cada comun los suyos respectivos, cuyo importe lo sacan del arrendamiento de los pastos, corte de pinos para maderas y carbon: los cónsules cuidan de la cobranza de estos caudales en su parr.; y dos veces al año, el lúnes de la Pascua de Pentecostés y el dia de Sto. Tomás Apóstol, presentan al consejo general el contingente que este les señala para gastos generales; con el dinero á la vista se pagan los originados hasta aquellos dias, y á los facultativos el estipendio pactado cada seis meses: las cuentas de los cónsules las inspecciona el consejo comunal, y las del gobierno el general.

Los síndicos, cónsules, consejeros y el secretario cada dia que se hallan de funcion en el consejo ó junta general, gozan de una indemnizacion de 6 sueldos catalanes, comida, cama y yerba para las caballerias, si ván montados, ó para *las caballas*, como dice el reglamento, á cuyo fin hay un conserge contratado. En el desvan de la casa del Valle tiene cada parr. un humilde aposento con dos anchas camas, en donde duermen sus cónsules y consejeros si pernoctan en la cap., en cuyo caso disfrutan de cena y de almuerzo al dia siguiente, siempre que su permanencia sea para asuntos oficiales; tambien hay para los síndicos una cama en un aposento algo mas espacioso, pero sin aparato alguno. A los síndicos y otras personas, si salen de sus hogares en comision del gobierno, este les pasa 8 rs. diarios, por via de jornal, abonándoles ademas los gastos del viaje, cuya cuenta revisa el consejo. Los vegueres tienen consignados derechos muy módicos en las causas criminales; pero como los procesados pertenecen generalmente á la clase pobre, es tan poco lo que perciben que no les basta para los gastos de escritorio y correspondencia. La dotacion del juez de apelaciones, ya se dijo en lo que consistia. Los bailes cobran 4 rs. por sesion de cada pleito civil, y ademas cinco sueldos catalanes por cada testigo á quien toman juramento. Los escribanos cobran tambien una peseta por la asistencia á cada pleito, y una libra catalana por cada declaracion que estienden; la tarifa de los otros documentos que suelen librar, es muy moderada.

Los andorranos pagan, como única contr., la llamada *Quistia*, tributo personal que satisfacen los individuos de comunion de ambos sexos: es mayor el año en que debe percibirlo el comprincipe francés, pues entonces consiste en 1 real y 2 mrs. vn. y en la mitad cuando corresponde cobrarlo al comprincipe español ob. de Urgel. Ambos comprincipes se convinieron en admitir una cantidad fija y proporcionada, de modo que al francés se pagan 1,920 francos (7,228 rs. 8 mrs. vn.), y 3,200 rs. al español, en los años que corresponde á cada uno cobrar la Quistia.

El ob. de Urgel se considera párroco general de todas las seis parr. del valle, y como tal hace suyo el diezmo, siendo de su obligacion mantener en cada parr. un vicario perpétuo, dotado con una cantidad fija en dinero, grano y vino: en algunos pueblos del valle, la percepcion del diezmo corresponde al cabildo de la cated. de Urgel. Los demas ecl. estan dotados con bienes comunales, ó disfrutan de beneficios. En el año 1842, vista la reforma del diezmo en España, se trató de introducir este beneficio en la república andorrana, y lo consiguió el consejo general conviniéndose amigablemente con los dos partícipes ecl. y el único lego, que es la casa de Areny, en el modo de sustituir aquella imposicion. Cuando vaca la silla de Urgel sucede en las temporalidades el Sumo Pontífice, ó su muy reverendísima Cámara Apostólica.

Si hay que hacer obras públicas, carga con su coste el cuartel ó parr. en que se verifica; para servir de peones, se nombran por turno á los hab., sin escepcion alguna, cualquiera que sea su condicion, incluso el síndico general, y tienen que desempeñar el trabajo sin percibir jornal: los pudientes acostumbran á mandar un criado á quien pagan de su bolsillo. Los estrangeros que residen en los dominios de la república no pagan la Quistia, ni hacen guardia, ni tienen la obligacion de conducir presos; en subrogacion de todos estos servicios satisfacen la contr., llamada *Estrary*, que consiste en 5 sueldos catalanes al año, y disfrutan en lo demas todas las ventajas y privilegios que los naturales, escepto la de desempeñar cargos públicos. Si un estrangero se casa con una *Pubilla* (heredera), es considerado como ciudadano, pero para ello necesita una autorizacion espresa del consejo general.

No se usa en esta república del papel sellado; ni hay estancos; ni el comercio tiene restriccion alguna; no se conoce la carga de alojamientos, ni de bagajes; ni se pagan cartas de seguridad; ni para transcurrir por todo el terr. se necesita pasaporte.

La fuerza armada consta de 6 llamadas compañias, una por cada comun, las cuales mandan los capitanes y los denarios, que son los oficiales subalternos, sin que se conozca en ellas otra categoría: no usan los alistados, que son un individuo por cada familia, de escarapela, ni de bandera, ni de cajas de guerra, ni de otro instrumento nacional. Los vegueres, como se dijo, son los gefes superiores de esta fuerza, que reunida, compondrá unos 600 hombres escasos. Todos los años el veguer presente pasa revista á cada una de las compañias, acompañado de los bailes, el secretario del consejo general, y en cada comun de sus respectivos cónsules y consejeros. El acto se verifica en la plaza de la parr.; se pone en ella una mesa y varias sillas, las cuales ocupan el veguer y demas que le acompañan: el secretario lee en voz baja el nombre de los alistados, segun el órden en que se hallan inscritos: el núncio, puesto en pie á su lado, lo pronuncia en voz alta, y el llamado se presenta en medio de la plaza, y en vez de responder *presente*, dispara su arma al aire, y se aproxima á la mesa, donde pone de manifiesto sus municiones, que han de consistir precisamente en una libra de pólvora, 24 balas y tres piedras de chispa: el que no tiene corriente su arma y municiones es castigado con una pequeña multa, segun su posibilidad; el que deja de concurrir á la revista tiene que verificarlo en la inmediata, justificando el motivo de no haber concurrido á la anterior. El servicio que esta fuerza presta es gratuito, y se reduce á escoltar los presos hasta salir de su comun, en cuyo punto lo reciben los gefes de la compañia inmediata. Para movilizarla por causas menores se valen los bailes y cónsules de los denarios; y por mayores, de los capitanes y del veguer; el síndico general puede tambien disponer de ella para asuntos de su incumbencia. Cuando el interés de la república lo requiere se reune á esta fuerza el somaten, en cuyo caso su ejército se compone de mas de 1,000 hombres mal armados, pero tiradores certeros por la práctica que generalmente adquieren en la caza mayor y menor, á que son aficionados.

Enclavada, como se dijo, la república de Andorra entre las dos grandes naciones Francia y España, sujeta por su constitucion á la soberania mutua del Rey de los franceses y del ob. de Urgel, y bajo la proteccion del Rey de España, como patrono de la silla urgelitana; sus relaciones son tan frecuentes con una y otra, y especialmente con esta última, como ha podido conocerse por lo que llevamos dicho: cada uno, pues, de los espresados monarcas ha encargado el conocimiento de los negocios diplomáticos á aquel de sus agentes que creyó mas oportuno. El rey de Francia confirió estas atribuciones al Prefecto del departamento del Ariego, el de España al Capitan general de Cataluña, quien á las veces suele delegar sus facultades para el conocimiento de algunos asuntos en el gobernador de la plaza de Urgel. Tambien tiene el gobierno español un comisionado cerca de aquella república, cuyo encargo es procurar se observen y ejecuten los convenios celebrados entre los dos Estados, reducidos á la espulsion de gente sospechosa, de conspiradores, etc.; á la entrega de criminales y desertores, y á que los mencionados no obtengan asilo, ocultacion y cooperacion de parte de los hab., fijando multas y castigos á los contraventores. Los estraidos lo son bajo condicion de *valerles la inmunidad andorrana*, que es igual á la ecl. de España. Conforme al último convenio, puede el comisionado especial hacer se introduzca fuerza armada de España, con la anuencia del consejo general, y respetando sus privilegios, á fin de perseguir á los malhechores y conspiradores.

La instruccion pública se halla en pésimo estado, apenas hay una escuela primaria en cada parr., y estas en mal local: la latinidad y demas ciencias las estudian en España los muy pocos que á ellas se dedican: la IND. se reduce á tres fraguas que dan abundante y buen hierro; á algunos telares de paños burdos, y mantas en el pueblo de Escaldas y en el de San Julian de Loria: los telares de lienzos son rarísimos; en los parages mas altos se hace queso y manteca. Los oficios mecánicos los ejercen en lo general franceses y españoles; de esta nacion son comunmente naturales todos los vicarios y los profesores en las ciencias de curar.

El COMERCIO de esportacion consiste con España en mucho hierro, ganado de toda especie, paños y mantas de las fab. Escaldas, jamones, queso y manteca; y con Francia en pieles sin curtir, lana, algun ganado lanar fino y terneras. El de importacion con el primer punto es considerable, atendida la pequeñez del pais neutral; todo lo que se consume en Andorra de comestibles y bebidas, se introduce de España, con otras muchas cosas necesarias á la vida, inclusa la sal, los libros y hasta la bula de la Sta. Cruzada: de Francia se importa únicamente cóngrio y algunos licores compuestos. El contrabando que desde esta república se hace con las dos naciones vecinas, es grande; solo en la v. de San Julian de Loria hay ocho tiendas, en las que se venden géneros y artefactos de Francia, desde donde, como es de suponer, se introducen fácilmente en España: tambien pasan de este reino al vecino fraudulentamente vinos generosos, aceite, sal, géneros ultramarinos y seda, pero en muy poca cantidad por la esquisita vigilancia y buena organizacion de los aduaneros franceses. Los tenderos son de esta última nacion y españoles; los contrabandistas generalmente españoles. No hay en Andorra ningun CAMINO carretero; todos son de herradura, en general malos y descuidados y á veces intransitables; el que desde Urgel conduce á San Julian de Loria, no es malo y pudiera mejorarse mucho á poca costa.

Antes acudian á la adm. de correos de Urgel para sacar allí su correspondencia; pero en 1837 se convino en que un conductor español la llevase desde dicha c. á Andorra, y que un andorrano la recibiese allí, y la condujese hasta Ax (Francia), y vice versa; si bien las cartas de esta nacion, aunque dirigidas á Andorra, pasan á Urgel, desde cuyo punto se remiten al estafetero de la república para que las distribuya.

La pobl. total de Andorra se calcula en 5 á 6,000 alm.; pero se la ve aumentar conocidamente cada año. El valle de Andorra en tiempo de los romanos formaba parte del pais de los ceretanos, y en tiempo de los godos de la llamada Marca de España: fue el último terr. que en la Cataluña ocuparon los sarracenos, y el primero que abandonaron, porque durante los 12 1/2 años que le dominaron, se vieron incesantemente hostigados por los cristianos, que á su llegada se refugiaron en lo mas espeso de los montes. En el siglo VIII y á principios del IX el emperador Carlo Magno y su hijo Ludovico Pio, lo conquistaron á los moros, y sus hab. formaron parte de los valientes alnugabares. En 805 el emperador Carlo Magno concedió al ob. de Urgel Sisebuto y á sus sucesores la décima ó tercera parte de Telonio de los valles de Andorra, cuya gracia fue confirmada por su sucesor Ludovico Pio. El mismo emperador en el espresado año con motivo de haberse refugiado muchos moros de la baja Cataluña, á lo mas áspero del Pirineo, se dirigió á la ciudad de Urgel y valle de Andorra, en donde acabó de esterminar á aquellos; y ántes de regresar á su corte dejó en uno y otro punto varios hombres para que lo poblasen y cultivasen: se supone que estos pobladores correspondian al ejército y que eran oriundos de la Galia Narbonense; les otorgó á ellos y á los que en lo sucesivo vinieran á habitar en los referidos puntos, la facultad de conocer, *vicisim* de todas las causas á escepcion de las de homicidio, violencia é incendio, constituyéndoles iguales entre si, sin rango ni distincion de personas; que habitasen en dichos puntos seguros y quietos en todo tiempo, bajo la obediencia y yusion del emperador; que pudieran elegirse libremente conde que les defendiese y amparase, de yusion del mismo emperador, á quien no pagarian ni reconocerian sino con uno ó dos peces por todo tributo; que no pudiese espelerse del valle á hombre alguno que en él quisiere habitar, sino por ley y justicia; que enviasen diputados á Barcelona; que guardasen el mandato de este su gobernador ó conde, acerca de homicidio, violencia é incendio; y finalmente, que ninguno se atreviese á elegir señor contra dicho emperador, ó su gobernador ó conde. En el año 819 el 1.° de noviembre, fiesta de todos los Santos, restaurada la igl. de Urgel y habiéndole señalado sufragáneas, consagrándose y dedicándose la igl. cated. por su ob. Sisebuto, asistiendo á este acto por mandato del emperador Ludovico, Seniofredo (ó Semofredo) á quien poco antes habian creado conde de Urgel, asistiendo tambien á dicha solemne funcion gran concurso de príncipes, eclesiásticos y magnates, pasaron el ob. Sisebuto y el referido Seniofredo, á dotar á dicha igl., conforme á la voluntad del emperador, de los terrenos y pueblos que le habia señalado antes Carlo Magno, confirmándose su posesion y derechos del modo como eran poseidos en vida de este emperador por dicho ob., espresando las décimas de hierro, pega y tercera parte de Telonio etc. El acta de dotacion dice: «Que fue dotada, nominadá y espresivamente de todas las parr. de los valles de Andorra, con todas sus igl., v., pueblos, cas. y demas de ellos dependientes: juntamente con las décimas, primicias, derechos y emolumentos etc.; sujetando los referidos pueblos y sus habitantes á dicha igl. y á dicho ob. Sisebuto y á sus sucesores en el dominio, jurisd. y disposicion plenaria, de tal manera, que ningun príncipe, conde, baron, ni otra persona alguna, se atreviese á hacer violencia, ni fuerza, ni inversion de las cosas dadas á dicho señor ob. y á sus sucesores.» Firmaron el acta el ob. Sisebuto, el conde de Urgel Seniofredo y muchas personas de distincion. Este documento se conserva en el archivo de la cated. de Urgel, asi como las actas de las ratificaciones de esta misma donacion otorgadas por el emperador Ludovico Pio en 824 y 836, y las confirmaciones de los Santos Padres dadas y refrendadas en 951, 1001, 1010 y 1099.

En tiempo de los emperadores Carlo Magno, Ludovico Pio y Cárlos Calvo, los condes eran meros custodios ó guardas de los lim. que se les encomendaban, cuya comision era temporal. Cárlos Calvo en la guerra contra los normandos, que se le habian sublevado, se valió de la fidelidad de sus vasallos, Wifredo conde de Barcelona y Seniofredo conde de Urgel, quienes le prestaron eminentes servicios: sujetos los rebeldes en 843, recompensó la lealtad del primero haciéndole señor absoluto y soberano, con exencion de todo derecho, vasallage y de todo reconocimiento, del pais que con titulo de conde gobernaba, conservando este mismo titulo; y al segundo le hizo desde el monast. de San Vedasto de la c. de Arras, muchas concesiones, y entre otras le donó la v. de Kauvas en el Rosellon, de Prades de Conflent, de Muntalla y Zeticorrio en la Cerdaña y del valle de Andorra en el terreno de la c. de Urgel con todos sus agregados, dominios, imperios, jurisd., y todo lo demas, esplicando: «Que le transferia de él, el dominio y todo el derecho que el rey tuviese; las palabras del acto son» «*Vallis andorræ cum omnibus suis appendicibus sicut nos habere cernebamur*». En virtud de esta donacion se reputaron y fueron tenidos los condes de Urgel como príncipes soberanos de los valles de Andorra, ejerciendo actos que probaban su suprema jurisd. Como por otra parte los ob. de Urgel ejercian tambien estos mismos actos, Hermengol conde de Urgel, asistido de muchos señores catalanes y aragoneses, movió fuerte guerra en el año 1194 contra el ob. Bernardo del Castillo y sus aliados. No teniendo el señor ecl. bastante fuerza para resistir las hostilidades y violencias que en su dióc. cometian sus enemigos, y especialmente en el valle de Andorra, pidió auxilio y asistencia al conde de Foix, Ramon Rogerio, prometiéndole que le cederia el dominio pro-indiviso de los valles de Andorra: accedió el conde á la súplica del ob., y con su auxilio devolvió este á sus contrarios los atropellos y devastaciones con que le habian antes aflijido.

Desde este tiempo se cree quedó asegurada la soberania del valle de Andorra á los ob. de Urgel, como se les habia donado Ludovico Pio, y desestimada la pretension que á ella tenian, sin fundado motivo, los condes de Urgel, apoyados en el acta de Carlos Calvo; pues que este les confirió únicamente todos los derechos que él creia tener. No habiendo pues nunca poseido la soberania de Andorra, que su antecesor habia desmembrado de la corona para adjudicarla á la silla de Urgel; mal podia trasmitirla á los condes de este nombre. Esta misma interpretacion la corroboran el reconocimiento hecho por el conde de Hermengol, y su consorte la condesa Adaguis en 1230, la condesa Aurembiarx en 1231, el reconocimiento y proclamacion libre y espontánea del consejo general en el mismo año y otro reconocimiento de otro conde Hermengol hecho en favor de Pedro de Urgio en 1287. Pacificamente disfrutaban los ob. de Urgel de la soberanía del valle de Andorra desde el año 1194, en que el conde Rogerio de Foix le vengó tan á sabor de sus enemigos, sin que ninguno de estos, ni otro señor le disputase tal derecho, y sin que ni el mismo Rogerio, ni alguno de sus sucesores, se acordase de reclamar el cumplimiento del tratado, otorgado entre el ob. y el conde con motivo de dicha guerra; pero por los años 1270 el conde de Foix Rogerio Bernardo, tercero de este nombre, heredero de las casas de Foix, del vizcondado de Castellvo y de otros muchos dominios y señ., deseoso de libertarse del humilde reconocimiento que debia prestar al ob. de Urgel como soberano de Andorra, por el señ. del cast. de San Vicente al pie de Montclart, recordó el compromiso que el mencionado ob. habia contraido con su antecesor Rogerio Bernardo conde de Foix, y para requerir al diocesano sobre el cumplimiento del espresado convenio, entró en sus estados con un ejército de 1,000 ginetes y 20,000 peones, talando y destruyendo cuanto encontraba. En vano el ob. y el cabildo intentaban resistir á las absolutas demandas de aquel; conocieron su impotencia y hubieron de ceder á la capitulacion que les otorgó. Entre los art. de esta bahia dos, el tercero y cuarto que obligaban al principe soberano de Andorra, bajo la pena de 50,000 sóus melgarienses, á hacer ir de Roma en el término de 4 años la confirmacion de las concesiones, que en virtud de la capitulacion se vió precisado á hacer al arrogante conde: pero pasaron estos; espiró el plazo sin que hubieran venido las bulas, y el impaciente Foix volvió de nuevo á invadir los estados del ob., llevándolo todo á fuego y sangre. Fatal hubiera sido al diocesano este segundo ataque del impetuoso conde sin la pederosa y pronta mediacion del ob. de Valencia Talberto, que con sus virtudes y talento, pudo reducir á las partes beligerantes á que renunciando al estrepitoso tumulto de las armas, sometiesen sus querellas y pretensiones al juicio de arbitros arbitradores y amigables componedores: aviniéronse á tan justa demanda ambos enemigos, y al efecto juraron acta de compromiso el ob. de Urgel, su capitulo, Rogerio Bernardo conde de Foix y el rey D. Pedro de Aragon llamado el Ceremonioso, como caucion y fianza, y nombraron por arbitros al mencionado ob. de Valencia, á Bononato de la Vaine canónigo de Narbona, á un caballero llamado Isarne de Tranjan y á Guillermo Ramon de Tosa, Raymundo de Vijia y Raimundo de Risuldine. Congregados los arbitros en la c. de Urgel declararon con respecto al señ. de Andorra: 1.° que el conde de Foix Rogerio Bernardo y sus sucesores tengan el dominio y señ. de los valles de Andorra *pro indiviso* con el señor ob. de Urgel Pedro, y sus sucesores: 2.° que el conde de Foix y sus sucesores, puedan hacer pagar y cobrar la *quistia* á su arbitrio *alternis annis*, sobre los naturales y moradores de los valles; que en aquel año, el de 1278, lo cobrase el conde de Foix, y que el ob. y sus sucesores, solo percibirlo *año por otro* en la cantidad de 4,000 sous melgarienses: 3.° Que uno y otro de los conseñores y sus sucesores debian de tener alguna persona, á cuyo cargo fuese y perteneciese administrar justicia, tanto civil como criminal con el ejercicio de alta, mediania y baja jurisd. ó justicia, mero y misto imperio sobre todos los hab. y moradores de los valles: que pueden tener y celebrar sus córtes elijiendo y nombrando á su juez de tal manera, que si sucediese que el uno de los vegueres no pudiera intervenir en las córtes, por enfermedad, ausencia ú otro motivo, aquel que esté presente las pueda tener y celebrar en nombre de los dichos conseñores; pero reservándose siempre lo que toque de los emolumentos de la adm. de justicia al ausente, y que si este llegase á las córtes en cualquiera estado que se encontraren, deberá ser admitido por el que las convocó: 4.° que de las cuartas partes de prod. y emolumentos de la adm. de justicia, tenga tres el conde de Foix y sus sucesores, y que la misma proporcion se guarde para el pago de gastos: 5.° que el conde de Foix y sus sucesores tengan en feudo del ob. y de sus sucesores el cast. de San Vicente y demas que posean en el valle de Andorra; y que debia prestarle homenage á contemplacion de las cosas y derechos que tenia en dichos valles: 6.° que los dichos señores tengan tanto el uno como el otro entre los hombres de los valles (dentro de ellos y no otramente) gente de armas, infanteria y caballeria, sin que el uno de los señores pueda valerse de la dicha gente de armas contra el otro.

Esta sentencia arbitral ó *Pariatges* fue pronunciada y declarada por los referidos árbitros en la c. de Urgel á 7 de setiembre de 1278; y se firmó, ratificó y promulgó por los árbitros y partes interesadas, por el rey D. Pedro de Aragon como caucion y fianza, y por otras muchas personas de distincion; fue sellada por notario público, confirmada y autorizada por el Papa Martin IV con fecha del mes de octubre del año 1288, y presentada al conde de Foix el dia 30 de setiembre de 1289.

En virtud de la precedente sentencia Rogerio Bernardo y sus sucesores compartieron la soberania de los valles de Andorra con sus ant. señores los ob. de Urgel. Unida despues la casa de Foix á la de Bearne y con las de Moncada y Castellvell de Rosanes, vinieron á caer todos estos señ. en la casa de Borbon, y entraron á formar parte de la corona de Francia cuyos reyes son en el dia comprincipes del valle de Andorra con el ob. de Urgel.

Las armas de esta republica se componen de un escudo partido en cruz con cuatro cuarteles. En el superior de la der., se ven la mitra y báculo episcopal, para significar que el ob. de Urgel es el principal y mas ant. señor del valle. En el segundo cuartel inferior las cuatro sangrientas barras de Cataluña, para denotar que los valles son parte del Principado. En el cuartel superior de la izq. las tres barras rojas de la casa de Foix en señal del condominio que dicha casa ejercia en los valles, y en el inferior de la izq. las dos Vacas de los principes de Bearne, como testimonio del derecho que á esta casa trasmitió su union con la de Foix: al pie de las armas se lee:

SUSCIPE SUNT VALLIS NEUTRIS STEMMATA, SUNTQUE
BEGNA QUIBUS GAUDENT NOVILIOSA TEGI:
SINGULA SI POPULOS ALIOS ANDORRA BEARUNT
¿QUIDNE JUNCTA FERENT AUREA SECLA TIBI?

A pesar del señ. que pro-indíviso ejercen los reyes de Francia y los ob. de Urgel, y del protectorado que como patronos de esta dignidad, ejercen los reyes de España, los andorranos no dependen ni de una, ni de otra nacion. Constantes en su neutralidad, no prestan auxílio de ningun género en las contiendas que se suscitan en las poderosas naciones de sus comprincipes, ni se mezclan en las guerras que acerca de sus derechos puedan tener estos. En los casos en que necesitan el apoyo de uno de sus consoberanos, lo impetran y nunca les ha faltado; sin que esta confianza haya puesto jamas en peligro su libertad é independencia. Cierto es que los reyes de Aragon confiscaron aquella república dos veces por los esceses de los conseñores; pero tambien lo es que respetaron sus privilegios y franquicias, y que muy luego levantaron el secuestro. La misma república francesa que hacia temblar con su poder los tronos y las testas coronadas, respetó esta independencia y neutralidad que tan bien han sabido sostener los andorranos con su prudente conducta. A pesar de que proclamada la revolucion de 1791 no quisieron los franceses nombrar veguer ni baile, ni admitir la Quistia, abandonando ú olvidando la consoberania que en aquel pequeño terr. les correspondia; cuando en 1794 una columna de franceses llegó hasta el centro de Andorra para ir á sitiar la plaza de Urgel, retrocedieron sobre el camino en atencion á que una diputacion andorrana les salió al encuentro, y manifestó al general Charlet la neutralidad é independencia del valle. Elevado Napoleon al trono de Francia, este hombre que con mano pródiga repartia las coronas entre sus parientes y amigos, no se desdeñó de ejercer el condominio que con el ob. de Urgel le correspondia en aquella pequeña república.

Son muy pocos los monumentos ant. que en Andorra se conservan: en una roca sobre el pueblo de Ordino, se ven las ruinas de un ant. castillejo ó torreon llamado *Castell de la Mesa*, el cual se presume ser del tiempo de los árabes: en lo mas alto del puerto de Fontargent, se distinguen los vestigios de una argolla de hierro, clavada en una piedra, la que, segun la opinion mas sentada, mandó fijar en aquel parage Ludovico Pio en señal de su tránsito por aquel punto, ó como lim. del valle: próxima á la v. de San Julian hay una casa sobre una eminencia denominada el *Puig de Olivera*, la cual se cree seria uno de los primeros puntos habitados y fortificados en el valle, sea por los moros, sea por las tropas de los emperadores que reconquistaron aquel terr. Entre las personas que con sus hechos y sus virtudes han ilustrado la república de Andorra, las mas notables son el bizarro militar Calvo natural de Soldeo, que fue gefe ó general entre las tropas de Luis XIV y de quien decia este soberano, estaba sin cuidado cuando Calvo defendia una plaza; y el doctor D. Antonio Fiter y Rosell natural de Ordino famoso letrado y autor del *Manual Dijesto de los valles de Andorra*: ejerció varios empleos en Andorra y en 1748 tomó el encargo de arreglar el archivo y formar la historia de su patria y el Dijesto: con este motivo tuvo ocasion de registrar y tomar notas de documentos ya olvidados, y presentó al consejo general su libro recomendándole con mucho ahinco, que no se sacasen mas que tres ó cuatro copias; que no se diese á la imprenta, ni se espusiese á la vista de los estrangeros para que no se hiciese comun y vulgar entre estos la ciencia del gobierno y adm. política, civil y económica de los valles. En efecto, son rigurosamente observados los consejos y deseos del autor, de modo que hasta los mismos andorranos no saben el contenido de un libro que miran como sagrado los que tienen noticia de su existencia, pues no pocos hasta esto ignoran, siendo como es su único código y guia y el que consultan las autoridades, y á cuyas disposiciones arreglan sus acuerdos. Sin embargo de no haberse escrito mas que tres ejemplares de los cuales el primero está en el archivo, otro en poder del ob. de Urgel, y otro en el del síndico procurador general: sabemos que consta de seis libros ó secciones que tratan 1º de la geografia, historia, privilegios, diezmos etc.: 2.º de las funciones de los vegueres, bailes, juez, notaria, y escribania pública, capitanes, denarios, y demas oficiales de justicia: 3.º de lo concerniente al consejo general y tierra de Andorra, sus usos, costumbres, libertades, y prerogativas: 4.º del ceremonial de todas las funciones de los vegueres del consejo etc. y demas que pueda sobrevenir en los valles, recepcion de los princípes, ceremonial de las córtes, de la justicia etc.: 5.º la lista y genealogías de los ob. de Urgel y condes de Foix que han sido consoberanos de Andorra, y 6.º una série de máximas de politica y prudencia para la mejor conservacion de los valles.

En la república de Andorra se observa como única religion, la católica apóstolica romana desde los primeros tiempos del cristianismo en que Thesiphonte, uno de los siete mas distinguidos díscipulos de Santiago, les predicó el Evangelio y fue su primer prelado en el año 10. Como los africanos ocuparon los valles tan solo 12 años y medio, se presume que el culto cristiano no se interrumpió en lo alto de sus montes donde se refugiaron tantos fieles.

Los andorranos antigüamente eran españoles: su pais se halla enclavado en la Peninsula, y por lo tanto no es de estrañar los muchos privilegios que en ella gozan. En lo relativo á comercio son considerados como españoles: los prod. de su suelo é ind. tienen entrada libre sin pagar derechos, y viajan con pasaporte andorrano por toda España. Están exentos de portazgos, pontazgos, paso de barcas, del derecho de Lezda etc.: pueden enviar sus delincuentes á los presidios de la Peninsula: obtener en el Principado de Cataluña, canonicatos, curatos y otras dignidades ecl. y empleos seculares sin pedir naturalizacion, y tienen hospitales y cunas en varios pueblos de Cataluña. Tambien en Francia gozan de privilegios, pero ni tantos ni tan señalados. Los andorranos son religiosos, hospitalários, apegados á sus ant. costumbres, sumamente celosos de sus libertades y privilegios, pacificos; rara vez cométen delitos de gravedad, á pesar de los leves castigos que se les imponen: viven en lo general del prod. de sus tierras, ganado y arrieria, sin dedicarse á la ind., artes y oficios: son muy aficionados á la caza, á la pesca y al vino. Su vestir es idéntico al de los demas montañeses de Cataluña. El vegüer en los actos de ceremonia se presenta en trage sério, espada, baston con puño de oro, y sombrero armado. Los bailes, cónsules y consejeros, visten un gambeto negro de paño burdo con mangas y sombrero tricornio, sin espada ni baston. El síndico general lleva el mismo trage que los anteriores sin otra diferencia sino que el paño del gambeto es de color carmesí.

ANDORRA: v. ant. cap. del valle de su nombre; se halla sit. en una altura al pie de la montaña de *Montelar* que se levanta al NO. en el centro de una esplanada de 1 3/4 leg. de NE. á OS. y 1/4 de ancho en direccion del r. *Valira*, el cual se pasa por un hermoso puente de piedra que se halla cerca de la pobl. En esta v. está la casa llamada del valle, que, como se dice en el art. que precede, es en la que se reune el consejo de los 24, el archivo de la república, y donde tienen sus habitaciones el síndico general, sub-síndico y consejeros. La v. de Andorra constituye la primera parr. del valle, la cual se compone de las ald. y l. siguientes: las casas de Puyal, al O. casi contiguas á la v.; las de Tovira y fuente de este nombre, algo mas al S. que las anteriores; el pueblo de Sta. Coloma con unos 60 hab., al O. 1/4, S. 3/4 dist. de la matriz: por encima de esta ald. se ven las ruinas de la igl. y cast. de San Vicente, por cuyas cercanias corre un arroyo que baja de la mencionada montaña de Montelar para unirse al Valira; las casas ó bordas de la Margineda, al SO. á 1/4 de hora; aqui hay otro puente sobre el espresado r.; al SE. el cuart. de Fene á la izq. del Valira con 50 hab., al S. de este cuart se ve la cima ó valle de *Prat-primer*; al O. á 1/2 hora, ocupando las dos márg. del indicado r. y comunicándose por un puente de piedra estan las dos Escaldas con 200 hab. y ricas aguas sulfurosas, buenas para beber y para baños, muchos telares de lana y lino y batanes; á un lado de las Escaldas se halla Engordani con 80 hab., y algo mas al N. Vila con 12. Entre las Escaldas y Andorra se verifica la reunion de los brazos oriental y setentrional del Valira, el cual pasa al poco rato por el famoso puente llamado de *Escalls*; sobre una altura á la der. del puente, se ve la capilla de San Pedro, y á mitad de la dist. que media entre el mencionado puente y la v., la ermita de San Andrés; al E. de las Escaldas se encuentran las casas de Barri, y algo mas arriba corre la ribera denominada *Madriu*, la cual se cruza por un buen puente de piedra; 3/4 al SE. se une esta ribera á la que baja de la cima de *Claró* por el llamado *Puerto-negro*, que conduce á Bascarán, engrosado poco antes con las aguas de otra ribera que viene del SE. por el puerto de *Perafita*; entre estas dos últimas riberas se halla el pequeño estanque llamado la *Nou*; en la de Madriu sobre una altura hay otro estanque denominado *Azul*, y subiendo contra su corriente se llega al Vall de Civera donde estan los estanques de los *Ahorcados*, el puerto de los Esparvers que conduce al Vall de la *Llosa*, y á cuyo costado se levanta el *Puig de la Muga*; sobre las Escaldas á la der. de la repetida ribera de Madriu, ó izq. del Valira se halla el mas de Noguer; mas arriba las bordas de Soquer, y al último en un llano al E. la capilla de San Miguel, las bordas de *Augulastés* y luego la alta montaña denominada de la *Toca*. De la naturaleza del terreno, de las prod., de su gobierno municipal, de su comercio y contr. y de la instruccion pública. Digimos en el art. Andorra (valle) cuanto se podia decir. La pobl. de la v. que nos ocupa es 400 hab. y 800 la de toda la parroquia.

ANDOSILLA: v. con ayunt. en la prov., aud. terr. y c. g. de Navarra, part. jud. y merind. de Estella (6 leg.), dióc. de Pamplona (10), arciprestazgo de Solana: sit. el casco de la v. sobre un cerro de yeso, y el arrabal en la vega y márg. izq. del r. *Ega*: la combaten con libertad todos los vientos, y aunque su cielo es alegre, el clima es propenso á calenturas tercianarias, cuartanas y fiebres agudas. Tiene 250 casas de buena fábrica, bien distribuidas y cómodas, la municipal, cárcel pública, escuela de primeras letras dotada con 3,000 reales anuales á la que asisten 60 niños, y otra dotada con 2,000, frecuentada por 40 á 50 niñas, cuya maestra las instruye en las labores propias de su sexo. Hay tambien una igl.

parr. bajo la advocacion de San Julian y Sta. Basilisa, servida por un cura párroco y bastantes beneficiados; el curato de la clase de vicarias es perpetuo, y se provee en concurso general; y una ermita titulada Ntra. Sra. de la Cerca, sit. al estrémo del arrabal y al pie de un ant. torreon, que al parecer fué construido en tiempo de moros. Confina el TÉRM. por N. con el de Lerin (1 1/2 leg.), por E. con el de Peralta (igual dist.), por S. con el de San Adrian (1/2), y por O. con el de Carcar (la misma dist.). Hállase comprendida en el mismo la ald. de Vegilla, compuesta de 6 casas en la márg. der. del r. Ebro, frente al pueblo de Ausejo (part. de Calahorra), la cual en lo espiritual ó ecl. corresponde á Sartagudá; y los desp. de la Romareta, y Vagueria, en los que se crian buenos pastos para el ganado, y algun combustible. El TERRENO participa de monte y llano, y es bastante fértil, especialmente en la parte que se riega con las aguas del mencionado r. *Ega*, las cuales por su buena calidad tambien aprovechan los hab. para surtido de sus casas y abrevadero de los ganados: abraza 40,000 robadas de tierra, de las que hay 16,000 destinadas á cultivo, sembrándose la mitad cada año en esta forma: 4,500 de granos, 200 de legumbres, 40 de hortalizas y 800 de cáñamo y lino, habiendo 1,800 plantadas de viña, 100 de olivar, 800 de prados y pastos artificiales, 1,000 de pastos naturales, 800 de bosque y maleza y 80 de tierras concejiles. Los propietarios cultivan 10,000 robadas y unas 6,000 hay dadas en arrendamiento. CAMINOS: conducen á Calahorra, Logroño, Los Arcos, Estella, Pamplona, Tafalla, Peralta y Caparroso, y se encuentran en mal estado. La CORRESPONDENCIA se recibe de Peralta por medio de balijero, que paga el ayunt., los jueves y domingos al mediodia; saliendo los mismos dias al amanecer. PROD.: son las principales trigo, cebada, avena, alubias, cáñamo, lino, vino, aceite, verduras y frutas de buena calidad, cria ganado de cerda, vacuno lanar y cabrio: hay caza de varias clases, pero la mas abundante es de conejos; tambien abunda la pesca de diferentes clases, pero con especialidad la de barbos, y madrillas. IND.: ademas de la agricultura, principal ocupacion de los hab., hay un molino harinero, otro de aceite y algunos telares de lienzos ordinarios: COMERCIO: esportacion de frutos sobrantes, é importacion de géneros coloniales y ultramarinos. POBL. 210 vec, 1,284 alm.; RIQUEZA IMP. 413,651 rs.: asciende el PRESUPUESTO MUNICIPAL á 16,000 rs. vn., el cual se cubre con los prod. de propios y arbitrios, y lo que falta por reparto entre los vecinos.

ANDOSQUETA: desp. en la prov. de Alava, part. júd. de Vitoria, ayunt. de Barrundia y térm. del l. de Heredia; existe solo una ermita (Santiago), donde estuvo la parroquia.

ANDOYO (SAN MAMED DE): felig. en la prov. de la Coruña (6 leg.), dióc. de Santiago, part. jud. de Ordenes y ayunt. de Tordoya: SIT. en CLIMA frio y sano: comprende las ald. de Ambroa, Casal, Castiñeiriño, Tornelos, Lestido, Pazos y Rego que reunen unas 40 CASAS de mala construccion é incómodas; la igl. parr. (San Mamed) es bastante capaz: su cementerio espacioso, y el curato de provision ordinaria. Confina por N. con Rodis, por E. con Rus, por S. con Bardaos y por O con Villadabad: el TERRENO es montañoso, y solo se cultiva la tercera parte, reducidas las demas á monte pelado, cascajales y tierras pantanosas: PROD. trigo, maiz, centeno, lino, berza gallega, nabos y patatas: cria ganado vacuno que se emplea en la labranza: POBL. 40 vec., y 211 alm.: CONTR. con su ayunt. (V.).

ANDRA (POZO DE): pequeña laguna en la prov. de Santander, part. jud. de Potes; SIT. entre las peñas tituladas de *Europa* en la parte correspondiente al valle de Cillorigo, y en terreno de pastos propio de 5 conc. del mismo valle que son: Lebeña, Reyes, Cabañes, Pendes y Colio, ocupando tambien algun espacio en térm. de Tresyiso: los CAMINOS que á la misma conducen son sumamente escabrosos, los cuales, asi como el sitio donde se halla, están cubiertos de nieve la mayor parte del año; de ella se cuentan algunas particularidades raras, y se pondera mucho su profundidad: lo probable es que formada por la naturaleza una concavidad á manera de un gran vaso cerrado por las mismas peñas, conserva el agua producida por las nieves, que con grande abundancia caen sobre la misma, y por las que recibe de los elevados peñascos que la circundan: en este punto se cree haberse beneficiado una mina de alcohol y plomo, segun licencia concedida en el año de 1582.

ANDRADE: f. en la prov. de Orense, ayunt. de Salamonde y felig. de San Ciprian de *Das-Las* (V.).

ANDRADE: ald. en la prov. y ayunt. de Lugo, felig. de San Pedro de *Calde* (V.): POBL. 1 vec. 4 almas.

ANDRADE: ant. cast. de los condes de este nombre: SIT. en la prov. de la Coruña y felig. de *Noguerosa* (V.).

ANDRADE: l. en la prov. de la Coruña, ayunt. de Conjo y felig. de San Martin de *Arines* (V.).

ANDRADE (SAN MARTIN DE): felig. en la prov. de la Coruña (5 leg.), dióc. de Santiago (11), arciprestazgo de Prusos, part. jud. y ayunt. de Puentedeume (1/2): SIT. á la subida y S. de la cap. del part.; su CLIMA es frio y sano: comprende los l. de Barreiro, Campanilla, Castros, Cobés, Cruceiro de Campolongo, Fonte, Grobe, Loureiro, Portovedro, Rigueira, Talega, Valdeviñatos y Vidreiro: la igl. parr. (San Martin) es anejo de San Cosme de Noguerosa: y en Cobés hay una ermita que fundó y dotó el Excmo. Sr. D. Bartolomé Rajoi y Losada, arz. de Santiago; pero las rent. fueron aplicadas al Estado. El TÉRM. confina con los pueblos de Villar, Carantoña, Doroña, Castro y Villanueva: el TERRENO participa de monte y llano fértil que se presta al cultivo, y los CAMINOS son locales, malos y abandonados. PROD.: maiz, centeno, trigo, habas, patatas, otras legumbres, frutas y algun vino: cria ganado, hay una fáb. de teja, y celebra una feria ó mercado de ganado vacuno el 18 de cada mes en el l. de Talega. POBL. 77 vec. y 574 alm.: contribuye con los demas que forman el ayunt. (V.).

ANDRAGALLA: l. en la prov. de la Coruña, ayunt. de Zás y felig. de Sta. Maria de *Lamas* (V.).

ANDRAIX ó ANDRACHE: v. con ayunt. de la isla de Mallorca, prov., aud. terr., y c. g. de las Baleares, part. jud. y dióc. de la Palma (5 1/4 leg.): SIT. al O de la isla, en la falda de un cerro donde le combaten libremente todos los vientos: su CLIMA es naturalmente sano; pero las exhalaciones mefíticas que con el calor del verano se levantan de las aguas detenidas en una laguna que hay próxima al mar, desarrollan en aquella estacion muchas tercianas. Forman la pobl. 715 CASAS de buena fáb., distribuidas en calles espaciosas y limpias, y en plazas de grandes dimensiones, y adornadas de buenos edificios. Hay una aduana de cuarta clase con sus correspondientes empleados; una escuela de instruccion primaria elemental bien concurrida y dotada decorosamente por los fondos de propios, y una igl. parr. bajo la advocacion de San Bartolomé, servida por 1 cura, 2 vicarios, un beneficiado, 6 sacerdotes ordenados á titulo de patrimonio, acogidos para confesar y agonizar; 6 tambien ordenados al mismo titulo adscritos á la igl. sin especial obligacion; 1 sacristan y 2 monacillos; el curato es de 2.° ascenso, y se provee por S. M. ó el diocesano, previa oposicion en concurso general. Actualmente se halla vacante; y servido por un esclaustrado en clase de ecónomo, y el capitulo lo forman 1 vicario y 3 sacerdotes mas. Ademas de la igl. parr. hay abiertas con culto público, una capilla del Sto. Cristo de la Racó, dist. 3/4 de hora de aquella, de patronato del párroco, con 2 misas en los dias de precepto, para unas 760 personas que alli acuden, y 3 oratorios rurales de propiedad particular con misa en los dias festivos. El TÉRM. confina por N. con el de Puigpuñent (5/4 leg.), por E. con el Calvio (1), y por S. y O. con el mar. Dentro de este radio se encuentran 4 masías, 129 casas de campo y de recreo, la laguna ó albufera arriba mencionada á 1 hora al O., á 1/2 en la misma direccion el puerto á que da nombre la v., y al frente de esta y separado por un pequeño canal de poco mas de 1/4 de ancho, la isla de la *Dragonera*, alegre y templada en todas las estaciones (V.) El puerto corresponde al tercio y prov. marít. de Mallorca, apostadero de Cartagena: está sit. al O. entre la Mola llamada tambien de Andrache y el cabo Falcon, á 2 millas de la v. que le da nombre: su boca es como de 3 cables de ancho (720 brazas) con 7 brazas de fondo, y aunque capaz es poco cómodo para embarcaciones grandes, pues disminuye aquel de pronto á 5, 3 1/2, 2 1/2 y aun mas; puede servir no obstante de abrigo á dos ó tres buques de mediano porte y á otros muchos de chico. Su travesia es el O. y SO. cuyos vientos meten mucha mar, y es preciso atracarse con ellos á la costa del N. todo lo posible y dar cabo en tierra para estar mas resguardado. Antes de llegar á él por el S., se encuentran el cabo de Llamp 1/2 leg. al O. del cabo Andrichol, parecido á este por su altura, color rojo, tajado, y por encima poblado tambien de árboles; y á otra 1/2 leg. de dist. al N. 65° O. del cabo de Llamp, la mencionada Mola de Andrache, cabo menos elevado que el anterior, pero mas cortado, pues cae perpendicular al mar. Entre ambos, mediando una punta poco saliente, hay una ensenada á donde con los vientos del primer cuadrante, van algunos barcos costeros á cargar leña. Rebasando la punta del puerto por el N. se ven, pegado á tierra, el islote llamado el Aguilet, que deja paso para barcos chicos, el cabo Falcon, menos saliente al SE., del cual se halla cala Gor y la punta del Moro, tambien poco saliente y pareja con los demas de la costa que es de mediana altura. Es puerto de cuarta clase y cab. de su distr. marít., cuenta 380 hombres matrículados y 114 pescadores. El número de buques tambien de aquella matrícula, asciende á 11 de primera clase, 25 de segunda, 17 de tercera y 21 de cuarta.

El TERRENO es en general escabroso y de menos que mediana calidad, si se esceptúa el del lado del N. que contiene las mejores tierras, es tambien muy escaso de aguas para el riego, y esto contribuye á hacerle menos fértil; sin embargo, en lo cultivado crecen con lozania muchos olivos y algarrobos, algunos frutales y poco viñedo á pesar de haber pocos terrenos mas propios para este género de plantio. Los montes que ocupan la mayor parte del térm. y que no admiten las labores por ser peñascales, con poca capa de tierra, y esta de muy ínfima clase, estan poblados de encina, pinos y otros árboles, muchos y variados arbustos, mata baja, y ricas y abundantes yerbas de pasto: en diferentes parages de ellos hay canteras de un mármol muy esquisito de mezcla entre rojo y blanco. Brotan en el térm. algunas fuentes de buenas aguas para el surtido de los vec., y de lo alto de los montes desciende un torrente que va á desaguar al mar; es escaso su caudal ordinario, pero con las lluvias se desborda con violencia, impidiendo el tránsito por muchos dias, si bien este inconveniente se remedió algun tanto con un puente que se construyó en el año de 1835. Los CAMINOS en todas direcciones son incómodos por las desigualdades del suelo, cortaduras y barrancos que se cruzan á cada paso. PROD.: trigo, cebada, avena, legumbres, aceite, algarrobas, poco vino, pero muy esquisito, y algunas frutas y hortalizas: cria ganado lanar, cabrio, vacuno y de cerda. IND. la pesca en que se ocupan hasta 114 personas, hilado de estambre y lino en que se emplean 387 mujeres, telares de lienzos ordinarios, 2 alfarerias, 3 molinos de aceite, la arrieria y las profesiones y oficios mecánicos mas generales: COMERCIO: el de importacion y esportacion por su puerto, cuya balanza presentaremos en el articulo prov.: POBL. 1,155 vec. 4,609 alm.: CAP. IMP. 633,789 rs.: CONTR. 14,800 17 mrs.

ANDRAMARIA: barriada en la prov. de Vizcaya, ayunt. de *Orozco* y felig de San Juan *Bautista* (V.).

ANDRANDEGUI: casa solar y armera (V. AMOREVIETA, anteigl. de Vizcaya).

ANDRAS (SAN LORENZO DE): felig. en la prov. de Pontevedra (31/4 leg.), dióc. de Santiago (8), part. jud. de Cambados (1 3/4) y ayunt. de Villanueva de Arosa (1): SIT. en el declive de un monte que la domina por el E.: CLIMA templado y sano: se compone de unos 50 cas. distribuidos en las ald. de Casás, Cruceiro, Gandra, Manga, Nejon, Rial de Corvos, Ruanueva y Tapelledo: la igl. parr. (San Lorenzo) es matriz y servida por un cura de provision ordinaria, previo concurso: el TÉRM. confina por N. con el de Villajuan, al E. con el de San Pedro Felix de Solobeira, al S. con el de San Estéban de Tremocdo, y por O. con el de Sta. Maria de Caleiro: el TERRENO es de buena calidad, y lo cultivan labradores arrendatarios por medio de foros, puesto que todo él se encuentra vinculado; no carece de riego, ni los montes de combustible y pasto: los CAMINOS estan abandonados, y el CORREO se recibe por la cap. del ayunt.: PROD. centeno, maiz, trigo, lino, hortaliza y algunas legumbres y frutas: cria ganado vacuno, caballar y mular, lanar y de cerda que, así como el sobrante de sus cosechas, llevan á los mercados de Cambados y Villagarcia: PROD. 51 vec. 191 alm.: CONTR. con su ayunt. (V.).

ANDREA (STA.): ald. en la prov. de Lugo, ayunt. de Quiroga y felig. de Sta. Maria de *Quintá de Lor* (V.): POBL. 11 vec. 49 almas.

ANDREADE ald. en la prov. de Lugo, ayunt. de Paradela y felig de Santiago de *Andreade* (V.): POBL. 12 vec. 60 almas.

ANDREADE (SANTIAGO DE): felig. en la prov. y dióc. de Lugo (5 leg.), part. jud. de Sarria (2), y ayunt. de Paradela: SIT. entre montañas: su CLIMA es frio, pero sano: se compone de 12 cas. dispersos y una igl. parr. (Santiago), anejo de Santa Maria de *Villaraguinte* con quien confina por N.; al E. limita con Sta. Maria de Villamayor, al S. con montes de Castroderrey, y por O. con Sta. Cristina de Paradela: el TERRENO es aspero é inculto en su mayor parte: los CAMINOS locales y malos: y el CORREO se recibe por la cap. del part. PROD. centeno, patatas y nabos: cria ganado vacuno, de cerda, lanar y cabrio, y no escasea de combustible ni de caza. POBL. 12 vec. 73 alm.: CONTR. con su ayunt. (V.).

ANDREAS: l. en la prov. de Lugo, ayunt. de Mondoñedo y felig. de Sta. Maria *Mayor* (V.)

ANDRES: ribera ó garganta en la prov. de Cáceres, part. jud. de Granadilla: se forma en las vertientes N. de las elevadas sierras de Hervás, ramal izq. de las del puerto de Baños; baja al térm. de Aldeanueva del Camino, y despues de cruzar la carretera de Castilla á Estremadura á 1/2 leg. de este pueblo, entra en el r. Ambróz. Tuvo un puente en la misma carretera que formaba parte de la ant. Calzada de la Plata, por lo cual se llama en el dia Puente de los Romanillos: se halla destruido, conservando solamente el simple arco que forman las primeras piedras del mismo: para suplir su falta en las crecidas, se ha colocado un ponton de madera en el mismo sitio: se le sacan infinitos cáuces para el riego de aquellos terrenos, por cuya razon es interesantísima.

ANDRES (SAN): cala de la isla, tercio y prov. marít. de Menorca, distr. de Ciudadela, apostadero de Cartagena: SIT. al S. del puerto de Ciudadela entre las calas del Degollador y la Blanca; sirve solo para jabeques chiquitos. En ella son travesía los vientos del tercer cuadrante, y meten mucha mar, por lo que es necesario buenas amarras ó barar como lo hacen los pescadores.

ANDRES (SAN): pago de la isla de la Gran Canaria, prov. de Canarias, part. jud. de las Palmas, jurisd. y felig. de *Arucas* (V.), está SIT. al N. de dicho lugar cerca de la playa del mar.

ANDRES (SAN): v. con ayunt. de la isla y part. jud. de la Palma, prov., aud. terr. y c. g. de Canarias, dióc. de Tenerife, SIT. al E. de la isla en un pequeño y delicioso valle entre los barrancos del Agua y de San Juan, con cielo alegre, buena ventilacion y CLIMA saludable. Forma ayunt. con el l. de los Sáuces y los pagos de Galguitos, las Lomadas y barrancos del Agua. Tiene 658 CASAS, pocas de ellas agrupadas en el centro de la jurisd. y las demas esparcidas en los referidos pagos, y una igl. ó parr. bajo la advocacion de San Andres, de la que es aneja la igl. de Ntra. Sra. de Monserrate que se halla en los Sáuces, servida por un cura, un presbítero y dos sacristanes: el curato es de primer ascenso y se provee por S. M. ó el diocesano, mediando oposicion en concurso general. Hay una escuela de primeras letras, un pósito de corto capital, y cuatro ermitas dedicadas á San Sebastian y San Juan Bautista en el pago de los Galguitos; á San Pedro en el de Lomadas y á Ntra. Sra. en el del barranco del Agua. Antes de la esclaustracion hubo un conv. de frailes franciscos, cuya igl. y edificio nada tienen de particular. Confina el TÉRM. por N. y O. con el de Barlovento, por E. con el mar, y por S. con el de Puntallana. El TERRENO es de buena calidad y abundante de aguas. PROD. trigo, cebada, maiz, patatas, legumbres, orchilla, vino, frutas de varias especies, ganado cabrio, lanar y vacuno, abundantes pastos: POBL. 658: vec. 2,635 alm.; CAP. PROD.: 4.311,933 rs. IMP. 130,948: contr. 41,041 rs.

ANDRES (SAN): pago en la isla de Fuenteventura, prov. de Canarias, part. jud. de Teguire, jurisd. y felig. del l. de la Oliva. Está SIT. á corta dist. del mar en la orilla de un volcan antiguo: tiene una ermita bajo la advocacion de San Andres, en la que un capellan pagado por los vec. celebra misa los dias feriados. En cuanto á PROD. y demas (V. LA OLIVA).

ANDRES (SAN): ald. de la isla del Hierro, prov., aud. terr. y c. g. de Canarias, part. jud. y dióc. de Tenerife, jurisd. de Valverde; SIT. casi en el centro de la isla entre dos elevados cerros colocados á su E. y O. donde le combaten libremente todos los vientos: su CLIMA es bastante saludable. Compónese la POBL. de 115 CASAS de fábrica ordinaria, altura regular y cubiertas con paja de centeno por no haber tierra á propósito para la fabricacion de tejas: tiene una igl. bajo la advocacion de San Andres, dependiente de la parr. de Valverde; servida por un capellan que forma parte del capitulo de la espresada parr. Confina el térm. por el N. con el de la v. ant., cap. de la isla, por el E. con el mar, por el S. con él de Pinar y por el O. con el de Tigaday; en su circunferencia se encuentran los pagos de Azofa, Tinor, Al barrada, la Cuesta, la Madera, los Llanos, Isora, las Rozas y Tajaste. El TERRENO, casi todo montuoso, ofrece no obstante algunas planicies y mesetas con tierras útiles para el cultivo y de buena calidad: escasea como lo general de la isla de raudales de agua, no solo para el riego de los campos, sino para los usos de la vida; recogen en grandes cisternas las aguas pluviales del invierno con las cuales llenan ambos objetos, conservándolas con el mayor cuidado: abundan en los montes los bosques vírgenes de arbolado de toda especie y yerbas de pasto: los llanos y las mismas faldas de los cerros estan cubiertos de moreras, higueras y otros géneros de frutales, de estensos viñedos y campos de cereales. Los CAMINOS son veredas que ponen en comunicacion los diferentes barrios de que se compone el pueblo, escepto la hijuela que va á unirse con el general. PROD. vino, trigo, cebada, maiz, legumbres, patatas, orchilla, higos secos, seda, lino, lana, miel, cera, ganado lanar, cabrio, de cerda, algun vacuno y abundante caza: POBL., CAP. PROD. é IMP., y CONTR.: (V. VALVERDE).

ANDRES (SAN): labranza en la prov. de Toledo, part. jud. de Torrijos, térm. de Camarena: SIT. 1/4 leg. al N. de este pueblo, comprende 600 fan. de tierra labrantía con un monte bien poblado de encinas, y una casa para el recogido de los ganados que se destinan á la labor: le cruza el arroyo Camarlin que baja por medio del pueblo: el CAP. PROD. de este terr. está calculado en 200.000 rs. y sus utilidades y CONTR. comprendidas en el pueblo de que depende.

ANDRES (SAN): desp. y deh. en la prov. de Toledo, part. jud. de Illescas, térm. de Chozas de Canales: comprende 900 fan. de tierra muy mediana, que se siembra de trigo en su mayor parte, y está ademas poblada de encinar, escepto un prado de 80 fan. que prod. escelentes pastos: pertenece en propiedad al Sr. conde de Cedillo, y por disposicion de la dip. prov., dictada en 1844, ha sido agregada para el pago de contr. á la villa de Camarena, part. jud. de Torrijos.

ANDRES: (SAN) ald. en la prov. de Logroño, part. jud. de Torrecilla de Cameros, térm. jurisd. de *Lumbreras* (V.).

ANDRES (SAN): desp. en la prov. y part. jud. de Logroño, térm. jurisd. de Agoncillo. Aunque se perciben vestigios del antiguo pueblo, se ignora cual fue su nombre, la época, y causas de su desaparicion.

ANDRES (SAN): l. de la prov. de Logroño (8 leg.), part. jud. y adm. de rent. de Nágera (3), aud. terr. y c. g. de Burgos (16), dióc. de Calahorra (14), con los pueblos de Estollo, Rio, y San Millan de la Cogolla forma el ayunt. y valle de este último nombre. Se halla SIT. á la márg. der. del r. *Cárdenas*, é izq. del arroyo llamado *Cavañares*; le combaten principalmente los vientos del N. y O., por cuya razon y por las humedades que exhalan ambos r. el CLIMA es frio y propenso á calenturas tifoideas, pulmonías, y dolores reumáticos. Tiene 32 CASAS de mediana fáb. y escasa comodidad distribuidas en varias calles tortuosas, estrechas, y algunas sin empedrar: una pequeña casa donde se tratan y ejecutan los asuntos comunes del pueblo; una igl. parr. bajo la advocacion de San Andres Apóstol, de la cual es aneja la del l. del Rio, y está servida por un cura párroco y un beneficiado, que con los demas ecl. de los pueblos de Estollo, Berceo, y Rio componen el cabildo llamado *de las Unidas*: el curato es perpétuo y se provee por el diocesano ó por S. M., segun los meses en que vaca, previo concurso: el edificio consta de una sola nave con el altar mayor pintado de jaspe y molduras doradas, y dos colaterales, dedicado el uno á la Concepcion de Ntra. Sra. tambien jaspeado, y el otro á San José con igual pintura; y una ermita titulada de San Blas Ob. y Mártir, la cual se halla hácia el E. á 350 pasos de la pobl. Careciendo de escuela de primeras letras concurren á la de Estollo de 13 á 15 niños de ambos sexos, cuyos padres satisfacen al maestro la cantidad mensual que se estipula. Confina el TÉRM. por N. con el Berceo (1/4 leg.), por E. con el de Badaran (1), por S. con el de Tobia (1 1/4), y por O. con el de Pazuengos (1). Dentro del mismo se encuentra un cas. llamado la *Iruela* cuyos moradores se dedican esclusivamente á la agricultura. El TERRENO participa de monte y llano, y es bastante fértil; le atraviesa el mencionado r. Cárdenas, cuyo nombre adquiere de la montaña en que nacen sus aguas con las del arroyo Cavañares y las de otras muchas fuentes que brotan en el térm.: sirven para regar algunos pedazos de tierra, y abrevadero de los ganados, aprovechándose tambien las del r. para dar impulso á 2 molinos harineros, pues los vec. utilizan para surtido de sus casas las aguas del espresado arroyo y las muy esquisitas de la fuente llamada *Guitarra*, la cual nace no lejos de la pobl. Hácia el S. y O. del térm. hay varios montes, entre ellos el *Vituvia*, en todos los cuales se crian abundantes hayas, robles, encinas, arbustos, yerbas aromáticas y medicinales con buenos pastos para el ganado. Los CAMINOS que conducen á los pueblos de Badaran, Villar de Torre, Villaverde y otros inmediatos, y los que sirven para comunicarse de unos á otros puntos del térm., todos son de herradura y se encuentran en mediano estado. Recibe la CORRESPONDENCIA de Nágera por medio de balijero los lúnes, juéves, y sábados á las doce del dia, y sale los mártes y viérnes á las 9 de la mañana. PROD. trigo, cebada, centeno, avena, habas, cáñamo, alubias, legumbres, hortaliza, y pocas pero muy delicadas frutas: cria algun ganado vacuno, lanar y cabrio: hay en los montes corzos y animales dañinos, y en los campos abundante caza de codornices, especialmente en el estío: COMERCIO el de esportacion de granos sobrantes y cáñamo, é importacion de los art. necesarios para comer y vestir: POBL. 28 vec. 108 alm. CONTR. con los demas pueblos del valle y ayunt. de San Millan de la Cogolla. Celebra con toda solemnidad la fiesta de San Andres como titular de la parr. el 30 de noviembre; y la de San Blas el 3 de febrero, siendo esta última muy concurrida por la gran devocion que tienen los habitantes de este é inmediatos pueblos á dicho santo,

ANDRES (SAN): térm. rural en la prov. de Navarra, part. jud. de Aoiz, jurisd. de Caseda; SIT. á 1/2 leg. NO. de esta última v. Tiene un edificio aspillerado, que al parecer sirvió de fuerte á un pueblo pequeño, y tambien se perciben los cimientos y vestigios de una reducida igl. El TERRENO produce trigo, cebada, centeno y buenos pastos para el ganado.

ANDRES (SAN): arroyo de la prov. de Cádiz, que nace al pie de la sierra de Bórnos, en el part. jud. y térm. jurisd. de Arcos de la Frontera, y despues de regar con sus abundantes aguas varios huertos que encuentra al paso, se incorpora al r. *Guadalete*: su curso es perenne y en lo antiguo daba impulso á un molino de cubo, que aun se conserva aunque inutilizado; pero el nuevo dueño trata de recomponerlo y de formar una gran hacienda de arbolados.

ANDRES (SAN): cot. en la prov. de Leon (5 leg.), part. jud. de Valencia de D. Juan (1), y ayunt. de Villacé, perteneciente á la ant. é ilustre casa de los Flores de Villamañan, y cuya posesion la tiene en la actualidad el coronel D. Isidro Baena Flores. Se halla á la márg. der. del r. *Esla* que le atraviesa en parte por el O. y cuyas aguas causan en él considerables deterioros en sus grandes avenidas. Confina por el N. con Benamariel, por el E. con Villamañan, por el S. con Fresno de la Vega, y por O. con el mismo térm. de Fresno, sobre cuyo deslinde suele haber muchas disputas y altercados: á la parte del poniente, y en las arribas del soto se advierten aun las ruinas de su capilla que estuvo dedicada á San Andrés. Todo el terr. que comprende es de superior calidad, y á escepcion de dos huertas que producen toda clase de hortalizas y cereales, está destinado á pastos, cuyas yerbas son sumamente nutritivas y sirven para la recria de ganados de todas especies: tiene mucha caza de conejos, perdices y codornices, y sus aguas abundan de buenas truchas, sustanciosas anguilas y esquisitos barbos. A la misma parte del poniente, confinando con el térm. de Villamañan é inmediato al camino real de Leon á Benavente, se encuentra la casa de molinos harineros con habitacion para los dependientes, cuadras y seis ruedas, la una de pan de tahona con una escelente pesquera; el cáuce ó presa que las da movimiento recibe las aguas del Esla en térm. de Benamariel, cuyo gran puerto está en frente del cementerio ó igl. vieja de dicho pueblo, y por cuya razon percibe de foro 32 fan. de pan mediado. Concurren á estas paradas los pueblos de los valles de Ardon, Valdebimbre, Villacé, los del Páramo, algunos de la vega de Toral, y la panadería de Villamañan. Sus prod. ascienden en un año comun á 1,400 fan. de pan; pero las reparaciones del puerto son de mucho coste, pagando ademas los réditos de un censo con que se halla gravado. Su hermoso arbolado y la abundancia de toda clase de arbustos cuyos despojos sirven para la refeccion del puerto y cáuce, hacen á este cot. de San Andrés el sitio mas ameno y pintoresco del pais, y la mansion de recreo mas deleitable en las estaciones de primavera, estío y aun del otoño. En el dia está agregado al espresado pueblo de Benamariel, habiendo tenido anteriormente su señor la jurisd. civil y criminal, en cuya virtud nombraba alc. m. y demas dependientes de justicia.

ANDRES (SAN): ant. santuario en la prov. de Leon, part. jud. de Ponferrada. Este edificio estuvo á la orilla izq. del r. del *Silencio*, el cual se desprende de los montes Aquilianos. Fue erigido por San Genadio hácia el año de 896, siendo abad del monast. de San Pedro de Montes: sus ruinas nada ofrecen de particular, y se cree que los monges, para quienes era gravosa su conservacion, emplearon los materiales útiles en las obras de su monasterio.

ANDRES (SAN): l. en la prov. de Santander (17 leg.), part. jud. de Potes (1), dióc. de Leon (18), aud. terr. y c. g. de Búrgos (24), ayunt. de Cabezon (1/2). SIT. en un valle muy profundo de 1/4 de leg. de long. y 200 varas de lat., formado por dos elevadas sierras, la una al N. y la otra al S.; batido por los vientos E. y O. y con CLIMA aunque frio durante el invierno, bastante sano, por cuya razon solo padecen sus hab. las enfermedades que son consiguientes al cambio de las estaciones. Consta de 40 CASAS con las de un barrio llamado Batreguil, dist. del pueblo como unos 300 pasos al S.; son de pobre fáb., de mala distribucion interior, y en lo general separadas, aunque formando cuerpo de pobl.: tiene tambien un soberbio torreon, obra del siglo VIII, varios paseos naturales sumamente deliciosos, una fuente de agua superior para el surtido de los hab., y una escuela de primeras letras en union con el l. de Perrozo, cuyos alumnos en número de 20 á 24 se reunen en una ermita sit. entre los dos pueblos, teniendo su maestro la dotacion de 100 rs., las retribuciones de sus discípulos consistentes en uno ó dos rs., y una torta ó pan de dos libras cada mes: la igl. parr., á la que se halla unido el cementerio, es un edificio ant., pobre y de pequeñas dimensiones; está dedicada á San Andrés y servida por un cura párroco de presentacion de S. M. en los meses apostólicos, y del prior de Piasca, órden de San Benito, en los ordinarios, cuyo conv. poseía algunos foros en este l. El TÉRM. confina por N. con Torices a 1/2 leg., por E. con Buyezo á igual dist., por S. con el monte Oria á 3/4, y por O. con Perrozo á 1/2. El TERRENO es todo montuoso, pedregoso y arcilloso, cultivándose únicamente algunos pedazos llanos ó entre-llanos en los alrededores de la pobl.; hay prados naturales de muy buena calidad, y sus montes, que forman grandes cord., están poblados de robles, hayas, encinas y otros árboles de diferentes especies, cuya conservacion se halla sumamente descuidada. Corre por el térm. en direccion de E. á O. el riach., titulado Tornes, de curso perenne, sobre el cual se cuentan cuatro puentes de madera y algunos otros pontones, regando con sus aguas varios prados y hortalizas: CAMINOS: hay uno á la márg. del r. que se incorpora á la 1/2 leg. con el que dirige de Castilla á Potes; los demas son de pueblo á pueblo en muy mal estado: el CORREO lo recibe de la adm. de Potes por medio de propio: PROD. trigo, cebada, maiz, vino, legumbres, yerba, lino y frutas de diferentes clases, especialmente manzanas y peras esquisitas que llevan á vender á Castilla; ganado vacuno, lanar, cabrío y de cerda: CAZA: corzos, perdices, faisanes, osos, jabalíes y otras especies de fieras, y se pescan algunas truchas y anguilas: IND. 6 molinos harineros de poco mérito, escepto uno que es de superior construccion; el cual prospera de dia en dia: POBL. 22 vec. 100 alm.: CONTR. con el ayunt. El PRESUPUESTO MUNICIPAL asciende á 475 rs. y se cubre por reparto entre los vecinos.

ANDRES (SAN): cot. red. en la prov. de Santander, part. jud. de Villacarriedo, térm. del l. de *Argomilla* (V.). Es una eminencia casi en forma de pirámide, cubierta de árboles de roble, y en cuya cima se halla la igl. parr. del espresado pueblo y la casa de Ceballos, que tenia jurisd. sobre este terr. y el derecho de nombrar alcalde.

ANDRES (SAN): desp. en la prov. de Palencia, part. jud. de Astudillo, térm. de Torquemada. Fue casa hospitalaria de la órden de San Juan de Jerusalen, segun consta del apeo de algunas heredades de la capellania fundada en la cabeza de part. por el contador Brabo con las que confinaba: cuando se hizo este apeo hace dos siglos, ya la encontraron arruinada, descubriéndose únicamente los cimientos contiguos al prado titulado de la Tejera, y camino que por la parte de NO. conduce á Astudillo.

ANDRES (SAN): barrio en la prov. de Guipúzcoa, del ayunt. y térm. de la villa de *Mondragon* (V.).

ANDRES (SAN): l. en la prov. de la Coruña, ayunt. del Pino y felig. de Sta. Maria de *Gonzar* (V.).

ANDRES (SAN): ald. en la prov. de Lugo, ayunt. de Taboada y felig. de Santiago de *Sobrecedo* (V.): pobl. 5 vec.; 28 almas.

ANDRES (SAN): l. en la prov. de Lugo, ayunt. de Mondoñedo y felig. de San Andres de *Masma* (V.); POBL.: 19 vec.; 88 almas.

ANDRES (SAN): l. en la provincia de Lugo, ayunt. de Fuensagrada y felig. de San Andres de *Logares* (V.): POBL.: 6 vec.; 36 almas.

ANDRES (SAN): ald. en la prov. de Lugo, ayunt. de Sarria y felig. de San Andres de *Paradela* (V.): POBL.: 14 vec.; 70 almas.

ANDRES (SAN): l. en la prov. de Lugo, ayunt. de Doncos y felig. de San Andres de *Nogales* (V.): POBL.: 7 vec.; 38 alm.

ANDRES (SAN): ald. en la provincia de Lugo, ayunt. de Corgo y felig. de San Andres de *Chamoso* (V.): POBL.: 13 vec. 49 almas.

ANDRES (SAN): barrio en la prov. de Orense, ayunt. de Trasmiras y felig. de San Salvador de *Villa-de-rey*. (V.).

ANDRES (SAN): ald. en la prov. de Orense, ayunt. de Boborás y felig de San Miguel de *Albarellos* (V.).

ANDRES (SAN): l. en la prov. de Orense, ayunt. de Parada del Sil y felig. de Sta. Maria de *Chandreja* (V.); POBL.: 1 vec.; 5 almas.

ANDRES (SAN): l. en la prov. de Pontevedra, ayunt. del Porriño y felig. de Santiago de *Pontellas* (V.).

ANDRES (SAN): l. en la prov. de Pontevedra, ayunt. de Salvatierra, felig. de *Uma*, San Andres (V.).

ANDRES (SAN) l. en la prov. de Oviedo (8 1/2 leg.), ayunt. de Lena (2 1/2) y felig. de Sta. Maria de *Parana* (V.): POBL.: 11 vec., 57 almas.

ANDRES (SAN): l. en la prov. de Oviedo, ayunt. de Siero y felig. de San Juan Bautista de *Celles* (V.).

ANDRES (SAN): barrio en la prov. de Oviedo, ayunt. de Villaviciosa y felig. de Sta. Maria de *Rozadas* (V.).

ANDRES (SAN): ald. en la prov. de Oviedo, ayunt. de Grado y felig. de Sta. Maria de *Truvia* (V.).

ANDRES (SAN): vega, molino, barca y ermita en despoblado en la prov. de Badajoz, part. jud. de Puebla de Alcocer, jurisd. de Esparragosa de Lares: SIT. en la márg. del r. Guadiana, 1 1/2 leg. de dist. del pueblo: la vega es fértil y productiva; el molino tiene 4 piedras; la ermita, que estaba dedicada á San Márcos y San Andres, se destruyó en el año de 1802, y las imágenes fueron trasladadas á la parr. de Esparragosa: sus paredes compuestas en el dia sirven de casa al molinero, y tanto estos terrenos y edificios, como la barca que se halla sobre el Guadiana en el mismo sitio, son de propiedad particular: inmediato al molino pasa el camino que conduce á Orellana la Vieja.

ANDRES (SAN) ó CASTRILLOS: desp. de la prov. de Valladolid, part. jud. de Rioseco, térm. jurisd. de *Medina de Rio seco* (V.).

ANDRES (SAN): deh. y granja en la prov. y dióc. de Zamora (4 leg.), part. jud. y ayunt. de Toro (1): SIT. en un repecho á la orilla der. del Duero, es un punto sumamente delicioso, y la naturaleza y el arte parece han contribuido á porfia para presentar aquella posesion de un modo el mas risueño y agradable: el Duero que lo baña de S. á O. ofrece allí en el dilatado espacio de sus corrientes, y en lo frondoso de sus márg., la vista mas encantadora que se puede apetecer, pues se encuentran frondosos bosques de sauces, álamos, fresnos y negrillos, cuyo verdor atrae, y anida en primavera multitud de avecillas; el r. ancho y magestuoso se precipita, formando vistosas cascadas; las colinas que se elevan en la parte angosta y tienen sus estremos sobre el camino de Zamora, están cubiertas de viñas y frutales; y en la tierra suelta de este campo en que se mantiene y abriga gran número de ganados: hay corpulentos pinos que contribuyen en gran parte á la hermosura y variedad de ella: tiene algunas casas de labranza, una de 2 pisos y de ordinaria construccion en la entrada de la deh., destinada para guardas de ella; otra que tiene un horno de ladrillo y teja con habitacion para el hornero; y la del dueño de esta preciosa heredad colocada sobre una pequeña altura á la der., en la que se encuentra cuanto se puede apetecer para la comodidad y recreo; rodeada de jardines, bosquecitos, palomares y estanque para la pesca: tambien hay una ermita bajo la advocacion del Apóstol San Andres, aneja de la parr. de Sto. Tomás Cantuariense de la c. de Toro, en donde se celebra misa que costea el dueño de la finca, y á la que concurrian antiguamente en romeria los vec. de la c. y pueblos comarcanos. El TERRENO es muy fértil y de buena calidad, contribuyendo á mejorar su clase el buen gusto y esmero de su dueño actual el Sr. D. Manuel Villachica: le atraviesa de N. á SO. el arroyo Adalia, que toma el nombre de San Andres al entrar en esta propiedad; sus aguas dirigidas con el mejor tino le hacen parecer mas caudaloso de lo que es; sirven de motor á un buen molino harinero recien construido, y de riego á mucha parte del terreno: sobre este arroyo hay un hermoso puente de piedra berroqueña, de 2 arcos y de 8 pies de luz, el que da paso para la granja: tiene tierra de labor, escelente viñedo, buena huerta, frutales de diversas clases, frondosos prados, robusto arbolado y mucho pasturage para ganado lanar, vacuno, caballar y mular; todo se reune en este sitio agradable, muy concurrido en los dias festivos de primavera y verano. En pocos años esta deh. ha tenido muchos dueños; en 1737 recayó en el colegio de PP. Jesuitas de Villagarcía; en el de 1772 la adquirió una obra pia, fundada en el l. de Espinama; en 1800, á consecuencia de las órdenes generales dictadas para la venta de bienes raices pertenecientes á dichos establecimientos, entró en la casa de Don Manuel José de Ribacoba y Gorbéa, vec. de Madrid, y en el dia la posee el mencionado D. Manuel Villachica, descendiente por afinidad de dicha casa.

ANDRES (SAN); l. con ayunt. de la prov., adm. de rent. y part. jud. de Soria (4 leg.), aud. terr. y c. g. de Búrgos (28), dióc. de Osma (13.): SIT. en un valle que por la parte de N. estrecha, y ensancha por la de E., teniendo por S. á Almarza y por O. á una sierra llamada Tabanera, que está enlazada por N. y S. con el puerto de Piqueras, y por E. y O. con la sierra de Cebollera; su CLIMA es bastante frio; reinando generalmente el viento N.: en invierno cae mucha nieve y hielo: sus enfermedades mas comunes son catarrales, pulmonias y tercianas: forman la POBL. 120 CASAS de mediana construccion: hay una escuela de instruccion primaria comun á ambos sexos, servida por un maestro con la dotacion de 30 fan. de trigo comun, y concurren á ella como unos 30 alumnos: tiene una igl. parr. de primer ascenso bajo la advocacion de San Andres Apóstol: la sirve un cura párroco: en las inmediaciones á unas 300 varas al N. se encuentra una ermita titulada de Ntra. Sra. de la Soledad, y dos molinos harineros, al N. el uno y el otro al S. Confina el TÉRM. por N. con Arquijo á 1 leg.; por E. con Estepa de Tera á 1/4; por S. con Almarza á 200 pasos, y por O. con Rollamienta á 1/2: se encuentra en él una deh. boyal comun de este pueblo y el de Almarza, en la que hay un monte robledal del que se surten ambos pueblos de leña; y una ermita titulada Ntra. Sra. de Santos Nuevos: con respecto á esta deh. ejercen la jurisd. por alternativa de años las autoridades ecl. y civil de ambos pueblos segun sus respectivas atribuciones: hay varios manantiales pequeños de los que no se hace uso alguno, pues se surte la pobl. del agua de un pequeño r. llamado vulgarmente Celadillas, que nace en la sierra Tabanera, cruza por la sierra de que se ha hecho mérito, pasa al O. del pueblo y se une á unas 1,000 varas con el r. Tera: tiene tres puentes, dos de madera y uno de piedra: el TERRENO mediano, muy frio y pedregoso: CAMINOS, tiene una calle ó entrecercado á Almarza, un camino á Tera, otro á Rollamienta y otro á Arquijo, todos en mal estado: el CORREO se recibe de la adm. de Sória los lúnes y viérnes á las 5 de la tarde, y salen los mismos dias entre 5 y 6 de la mañana; PROD.: trigo comun bastante regular, algo de centeno, de cebada y de garbanzos, titos, guijas, lino, patatas y trigo; pero este último no llega al consumo de los hab.: cria ganado vacuno y algun lanar trashumante, siendo aquel el que se aprecia, con especialidad las hembras para hacer la poca labor y criar: hay liebres y alguna perdiz: su IND. está reducida al tegido de lienzos, en cuyo oficio se emplea una tercera parte de la pobl., otra tercera parte son sastres que salen á su oficio por muchos pueblos de la prov., y los restantes pastores del ganado trashumante y labradores, siendo estos últimos muy pocos, pues las mujeres son las que se ocupan en las labores del campo. POBL.: 108 vec.: 390 alm. CAP. IMP. 12,422 rs. 6 mrs. CONTR. 3,300 rs. El PRESUPUESTO municipal asciende á 1,500 rs. que se cubre por repartimiento vecinal.

ANDRES (SAN): desp. de la prov. de Sória, part. jud. de Agreda, térm. jurisd. de *Agreda* (V.).

ANDRES DE ABAJO (SAN): barrio en la prov. de Oviedo, ayunt. de Parres y felig. de Santiago de *Pendas* (V.).

ANDRES DE AFUERA (SAN): ald. en la prov. de la Coruña, considerada como barrio de la c. de Santiago (V.): POBL.: 114 vec.; 560 almas.

ANDRES DE ARRIBA (SAN): barrio en la prov. de Oviedo, ayunt. de Parres y felig. de Santiago de *Pendas* (V.).

ANDRES DE ARROYO (SAN): l. con ayunt. en la prov. y dióc. de Palencia (13 leg.), part. jud. de Cervera del Rio Pisuerga (4); aud. terr. y c. g. de Valladolid (21): SIT. en el declive de dos montes donde le combaten los vientos E. y S., y disfruta de CLIMA saludable, si bien algo propenso á enfermedades reumáticas é intermitentes. Tiene 6 CASAS, cárcel, un real monast. de religiosas, dedicado á San Bernardo é hijuela de las Huelgas de Búrgos, con jurisd. omnímoda, no solo en este pueblo sino en los de La Vid, Becerril del Carpio y Perazancas, habiendo sido en otro tiempo el que se describe propiedad de dichas religiosas por donacion del rey D. Alfonso IX; y una igl. parr. bajo la advocacion de San Andres. Dentro de la pobl. hay una fuente de esquisita agua que aprovechan los hab. para su consumo doméstico. Confina el TÉRM. por N. con el de Becerril del Carpio, por E. con el de Pradanos de Ojeda, por S. con el de La Vid, y por O. con el de Villella. El TERRENO es de mediana calidad, fertilizado por las aguas de una fuente que brota en el térm. y por las de un arroyo que naciendo en los montes de Cervera pasa por las cercas del monast. y se junta en Herrera con el r. *Pisuerga*. Los CAMINOS son locales y se hallan en estado regular. La CORRESPONDENCIA la recibe del mismo Herrera por balijero los mártes, saliendo el lúnes: PROD.: trigo, cebada y avena; cria ganado vacuno y lanar; hay caza de liebres y perdices, y pesca de cangrejos: POBL.: 6 vec.; 24 almas.

ANDRES DE CARABEOS (SAN): barrio de la prov. de Santander; part. jud. de Reinosa, ayunt. de los Carabeos y uno de los que componen este conc. (V.).

ANDRES DEL CONGOSTO (SAN): l. con ayunt. de la prov. y adm. de rent. de Guadalajara (7 leg.), part. jud. de Atienza (5), aud. terr. y c. g. de Madrid (17); dióc. de Sigüenza: SIT. á las faldas de las sierras del *Congosto* (V.), en el descenso de un cerro; le bate con mas frecuencia el aire N. sin embargo de lo cual goza de CLIMA templado; sus enfermedades mas comunes son las tercianas: tiene 70 CASAS que forman dos calles, 3 callejuelas y 2 plazas, sin ninguna alineacion y de piso desigual, casa de ayunt. y cárcel insignificantes; escuela que desempeña el secretario de aquella corporacion y sacristan, percibiendo por los tres conceptos 36 fan. de trigo; igl. parr. con el título de San Andrés Apóstol, de mal gusto y de curato perpétuo, y una fuente en medio del pueblo con su pilon para el uso de los vec.: en los afueras hay una ermita con el título de la Soledad. Confina el TÉRM. por N. con el de Alcorlo, por E. con el de la Tova, por S. con Membrillera, y por el O. Veguillas, todos á dist. de 1/4 á 1/2 leg., y comprende 2,380 fan. de las que se cultivan 912, y son 20 de riego con 60 de primera clase, 190 de segunda y el resto de tercera; le cruza el r. Bornoba de N. á S. que entra por el estrecho del Congosto, y cuyas aguas utilizan tambien los vec. para sus usos domésticos: el TERRENO es arcilloso y de buena calidad, con muchas pedrizas y barrancales: los CAMINOS locales y de herradura, el CORREO se recibe en Cogolludo por los mismos interesados: PROD.: trigo, cebada, garbanzos, patatas legumbres, vino, cáñamo, melones y frutas; se mantienen 1,000 cab. de ganado lanar, 300 de cabrio, 60 de mular de labor, 70 de cerda y algunos jumentos y bueyes: POBL.: 50 vec.; 152 alm.: CAP. PROD.: 1.344,000 rs.: IMP.: 67,200 rs.: CONTR.: 3,485 rs. 29 mrs.: el PRESUPUESTO MUNICIPAL se cubre con los bienes de propios que consisten en 24 fan. de tierra de las que son de regadio una tercera parte y prod. 140 rs.; una deh. que prod. 80, una casa 35, un huerto 14 y un censo de 20 rs.; total 289 rs.

ANDRES DE LUENA (SAN): l. en la prov. y dióc. de Santander (9 leg.), part. jud. de Villacarriedo (3), aud. terr. y

c. g. de Búrgos (17), ayunt. de San Miguel de Luena (1/4): SIT. en la falda de la montaña llamada Colina; está combatido por los vientos N., NO. y S., y goza de un CLIMA bastante templado y benigno, sin que se conozcan mas enfermedades de consideracion que alguna que otra pulmonia, dolor de costado y reumas en personas de edad avanzada. Tiene una escuela de primieras letras sin mas dotacion que las retribuciones convencionales con los padres de los alumnos que á ella concurren; una fuente de muy buenas aguas para el surtido del vecindario y una igl. parr. bajo la advocacion de San Andres, servida por un cura párroco y un teniente de cura. Confina su TÉRM. por N. con el de Entrambasmestas y el barrio de Aldano, por E. con el de San Pedro del Romeral, por S. con el de San Miguel de Luena y el de Resconorio, y por O. con los de Iguña y Campo de Barcena; encontrándose en él únicamente un pequeño monte que llaman la Garganta, poblado de algun arbolado. El TERRENO es de mediana calidad, por el cual corre, pasando á 200 pasos de la igl, el r. titulado de la Magdalena, que nace en el l. de Resconorio: los CAMINOS son de servidumbre, escepto la carretera real de Santander á Búrgos que tambien atraviesa por su jurisd. PROD.: maiz, alubias, castañas y mucha yerba, y se cria ganado vacuno, lanar y cabrio en bastante número; hay caza de alguna que otra liebre, y se pescan algunas truchas en el citado r.: POBL.: 80 vec.; 320 alm.; CONTR. con el ayuntamiento.

ANDRES DE MONTEARADOS (SAN): l. con ayunt. en la prov., aud. terr., c. g. y dióc. de Búrgos (7 1/2 leg.), part. jud. de Sedano (3 1/2); SIT. en el declive de una peña que forma parte del monte denominado Lora, gozando de una temperatura, aunque fria, bastante saludable. Tiene 19 CASAS de construccion ordinaria, y una igl. servida por un cura párroco. La tierra cultivable es muy escasa, la mayor parte de la cual se halla en la cima del espresado monte; PROD.: trigo. cebada, centeno, avena y yeros, ascendiendo por lo comun la cosecha de todas estas especies á 705 fan. anuales; cria ganado vacuno y lanar, y mucha caza de perdices y palomas silvestres, encontrándose tambien alguna liebre: POBL.: 10 vec.; 38 alm.: CAP. PROD.; 179,500 rs.: IMP.: 17,565 rs.: CONTR.: 804 rs. 7 mrs.

ANDRES DE MONTEJOS (SAN): ald. en la prov. de Leon (15 leg.), part. jud. y ayunt. de Ponferrada (1/2), dióc. de Astorga (8), aud. terr. y c. g de Valladolid (32): SIT. en una llanura con algunos pequeños declives, combatida por el viento O. y algunas veces por el E. que suele ser cálido y dañoso, sin embargo de lo cual su CLIMA es despejado y sano; las enfermedades mas comunes son las inflamatorias y los dolores reumáticos que padecen hasta los niños. Tiene 60 CASAS, entre ellas una de concejo de escasas dimensiones, una escuela de primeras letras á la que asisten 20 alumnos y cuyo maestro está dotado con 240 rs; una fuente en el térm., de aguas muy frescas y delicadas, y un pozo manantial en el pueblo, de mala calidad; hay una igl. parr. bajo la advocacion de San Andres, servida por un cura párroco de libre provision, cuyo edificio es bastante viejo, con un retablo de ant. y desagradable arquitectura, pero de escelente escultura y muy buena pintura, encontrándose tambien en el centro de la pobl. una ermita dedicada á San Roque. Confina su TÉRM. por N. con Cubillos á 1/2 leg., por E. con Barcena á igual dist., por S. con Columbrianos á 1/4, y por O. con Cortiguera á 1/2, Al E. del pueblo arrancando desde sus últimas casas, se levanta una colina casi redonda y de grande altura, dividida en tres fajas iguales: la primera plantada de pomposas viñas aunque poco fructiferas: la segunda de monte de roble, alto, delgado y frondoso, á cuyo estremo N. inferior se ve un peñasco de poca elevacion y en su centro un manantial llamado Fuente del Abranal, de aguas cristalinas, frias y esquisitas, comparables con las mejores de España: al estremo S. tambien inferior hay una profunda encañada, de cuyo seno brota otra pequeña fuente de aguas no tan apreciables como las de la primera, denominada del Regueral: la tercera faja hasta cubrir su cima, de monte bajo compuesto de diferentes arbustos, retamas, piornos, estepas, madroñeras, brezos y carrascos: en la cumbre forma una planicie de mediana estension, hecha indudablemente por el arte, rodeada de un foso profundo, doble en algunos puntos con vacios montones de guijarros de diferentes tamaños; en dicha cumbre y sus fosos se han hallado algunos trozos de ruedas de molinos de mano, todo lo cual parece demostrar fue campamento de tropas en tiempos antiguos, creyéndose con algun fundamento, seria en el de la conquista ó dominacion romana: otro monte existe á la parte del N. plantado igualmente de arbolado de robles. El TERRENO es pedregoso, aunque de mediana calidad, sin mas aguas que las que le suministra una reguera formada por las lluvias durante el invierno, sobre la cual se encuentran dos malos pontones; hay un CAMINO carretero muy descuidado que conduce desde Ponferrada á los pueblos de Cubillos y Toreno, recibiéndose el CORREO del primero tres veces á la semana. PROD.: trigo, centeno, cebada, vino, patatas, legumbres, yerba, nabos, peras y hortalizas regadas á mano, ganado vacuno, lanar y de cerda, y caza de perdices, liebres, lobos y alguno que otro corzo: la IND. se reduce á un mal molino que solo trabaja en tiempo de invierno, dedicándose por lo regular sus naturales á las labores del campo; y el COMERCIO á la estraccion de algun vino para Asturias y montañas del Vierzo, y venta de granos en la plaza de Ponferrada: POBL.: 60 vec.; 270 alm.: CONTR. con el ayuntamiento.

ANDRES DE NAVA (SAN): desp. en la prov. de Búrgos, part. jud. de Lerma y térm. de Villamayor de los Montes: en él se encuentra una ermita bajo el mismo nombre, de fáb. ant. y de 40 pies de long. y 18 de lat., la cual con otras dos que se hallan tambien en desp. en dicho térm., la una titulada San Juan de Zurita, hoy Ntra. Sra. de Nava, y la otra San Bartolomé de Bazalancio, en la actualidad el Angel, tienen un beneficiado de la clase de patrimoniales que provee el abad de Lerma. El TERRENO que comprende es de tercera calidad, cuyos productos segun el quinquenio de 1829 á 1833 ascienden á 40 fan. de trigo, 100 de comuña, 40 de centeno, 100 de avena y 10 de yeros, de todo lo cual percibia el duque de Medinaceli dos novenos, uno la fáb., un tercio el cabildo de Búrgos, y otro el beneficiado.

ANDRES DE SAN PEDRO (SAN): l. con ayunt. de la prov. de Sória (5 leg.), part. jud. de Agreda (6), aud. terr. y c. g. de Búrgos (30), dióc. de Calahorra (10), SIT. al pie de una colina, y batido principalmente del viento OE., su CLIMA es frio y algo propenso á fiebres inflamatorias: forman la pobl. 60 CASAS, entre ellas la municipal, que tambien sirve de cárcel; hay una escuela de instruccion primaria, á la que concurren 20 alumnos, bajo la direccion de un maestro dotado con la de 800 rs. anuales; y una igl. parr. aneja de la de San Pedro Manrique, dedicada á la Asuncion de Ntra. Sra. é inmediata al pueblo hay una ermita bajo la advocacion de San Andres: confina el TERM. por N. con el de Mataasejun:, á 1/2 leg.; por E. con el de Valtageros á 1 leg.; por S. con el de Castilfrio á igual dist., y por O. con el de Collado á media leg.; le atraviesa un pequeño riach. que baja de la sierra de Castilfrio, y sus aguas que son de muy buena clase, sirven para el surtido del vecindario: el TERRENO es de inferior calidad, y á la parte del S. se encuentra un pequeño monte titulado la *Dehesa*, que proporciona buenos pastos para el ganado caballar, y leña para combustible: sus CAMINOS son, uno que conduce á la capital y otro á San Pedro Manrique, ambos en mediano estado; recibe la CORRESPONDENCIA de la adm. de Sória, por un balijero que llega los mártes y sábados; y sale los domingos y juéves: PROD. trigo, cebada, avena y alverjones; hay ganado caballar, y lanar estante y trashumante, siendo este el mas preferido; y se cria alguna caza de perdices y liebres: POBL.: 51 vec.; 210 alm.; CAP. IMP. 27,344 rs.; el PRESUPUESTO que asciende de 3 á 4,000 rs. se cubre por reparto vecinal.

ANDRES DE LAS PUENTES (SAN): ald. en la prov. de Leon (13 leg.), part. jud. de Ponferrada (4), dióc. de Astorga (6), aud. terr. y c. g. de Valladolid (31), ayunt. de Albares de la Ribera (3/4): SIT. en la bajada de la sierra de Fonfria que llaman el Perú, por cuya razon su CLIMA es bastante frio aunque sano, y las enfermedades mas frecuentes en sus naturales las pulmonias y calenturas intermitentes. Tiene 35 CASAS; una escuela de primeras letras abierta únicamente cinco meses al año, á la que concurren 20 alumnos, y cuyo maestro está dotado con la cantidad de 100 rs.; varias fuentes de buenas aguas, de cuyos derrames se forma un raudal que baja por el centro de la pobl.; y una igl. parr. bajo la advocacion de San Andres, con un anejo en San Facundo, estando ambas servidas por un cura párroco de libre provision. Confina su TÉRM. por N. con la carretera de Madrid á la Coruña, por E. con las sierras de Fonfria, por

S. con San Facundo, y por O. con San Pedro Castañero. El TERRENO es de mediana é ínfima calidad, con montes por todos lados, escepto por la parte del S.: lo baña el r. Agurio que tiene su origen en las sierras de Fonfria, Puibueno y Matavenero; corre por las inmediaciones de San Andres fertilizando sus praderas, y se incorpora con el denominado Torre á 3/4 de leg. de su nacimiento: hay dos CAMINOS, el uno para San Facundo y el otro que viene de Astorga, el cual pasa por el Perú, uniéndose á poca dist. con la carretera de la Coruña: el CORREO lo recibe de la estafeta de Bembibre. PROD. vino, centeno, habas, patatas, escelentes manzanas, peras y castañas; ganado vacuno, lanar y cabrio, y caza de perdices, corzos, jabalies y lobos, pescándose ricas truchas en los dos r. de que ya se ha hecho mérito: la IND. consiste en algunos telares de lienzos, un batan para la fáb. de paño pardo, y varios molinos harineros. POBL.: 30 vec.; 90 alm.: CONTR. con el ayuntamiento.

ANDRES DEL RABANEDO (SAN): ayunt. en la prov., part. jud. y dióc. de Leon, aud. terr. y c. g. de Valladolid: compuesto de los pueblos de San Andrés del Rabanedo, cap., Azadinos, Ferral, Pobladura de Bernesga, Sariegos, Trobajo del Camino y Villabalter, cuyo vecindario asciende á 256 vec., que forman el número de 1,152 alm. Su RIQUEZA PROD. es de 2.764,310 rs., la IMP. de 137,139, y la CONTR. con que está gravado de 20,097 rs. 6 mrs.

ANDRES DEL RABANEDO (SAN): l. con ayunt. en la prov., part. jud. y dióc. de Leon (1/2 leg.), aud. terr. y c. g. de Valladolid (23): SIT. en una pendiente á 1/4 de leg. O. del r. Bernesga, combatido por los vientos N. y O., con CLIMA, aunque frio, bastante sano, padeciendo sus hab. por lo comun algunas fiebres pútridas y calenturas intermitentes. Componen la pobl. 57 CASAS de regular fab., entre las cuales se cuenta la consistorial y tres de alguna notabilidad; hay una escuela abierta desde el mes de noviembre hasta la Pascua de Resurreccion, á la que concurren varios niños de ambos sexos que aprenden á leer y escribir, enseñándose ademas á las niñas las labores que les son propias; una igl. parr. bajo la advocacion de San Andrés Apóstol, cuyo edificio, sin concluir aun, es sumamente bello y de arquitectura moderna; está servida por un cura párraco de presentación de S. M. en los meses apostólicos, y del administrador del hospital de San Antonio de Leon en los ordinarios, poseyendo tambien una capellanía de sangre con cargo de misas y sin residencia: á la parte del E. poco antes de entrar en la poblacion, se encuentra una ermita dedicada á Jesus Nazareno, y una fuente en el térm., de buenas aguas de que se surte el vecindario. Confina este por N. con Villabalter á 1/2 cuarto de leg., por E. con el r. Bernesga á 1/4, por S. con Trobajo del Camino á igual dist., y por O. con Ferral á 1/2: el TERRENO es feraz, particularmente en la parte de la vega sit. al O.: corre por el mismo el Bernesga en direccion de N. á S. incorporándose con el Torio por bajo de la c. de Leon; tambien lo baña otro procedente de Ferral hácia el S., el cual se une con la presa de los molinos que existe en dicha c., cuyo origen proviene del espresado Bernesga: los CAMINOS son de pueblo á pueblo, hallándose en regular estado, y el CORREO lo recibe de la adm. de Leon: PROD.: trigo, centeno, cebada, garbanzos, habas, patatas y lino; ganado vacuno y lanar, y caza de palomas silvestres: IND.: cuatro molinos harineros con tres ruedas cada uno, ocupándose la mayor parte de sus hab. en las labores agrícolas: POBL. 57 vec.: 270 alm.: CAP. PROD. IMP. y CONTR. (V. el ayunt.)

ANDRES DE LA REGLA (SAN): l. con ayunt. en la prov. de Palencia (11 leg.), part. jud. de Sáldaña (2), dióc. de Leon (10), aud. terr. y c. g. de Valladolid (17)., SIT. en la llanura de un estenso páramo á que da nombre; combatido por los vientos E. y SO. y con CLIMA sano: las enfermedades mas comunes son dolores de costado, tercianas y algunas calenturas pútridas. Tiene 32 CASAS de regular construccion, entre ellas la consistorial; una fuente en el térm., de agua bastante buena para el surtido del vecindario, una escuela de primeras letras que solo se abre por temporadas; cuyo maestro no goza mas dotacion que las asignaciones convencionales de los 28 á 30 alumnos que á la misma concurren; y una igl. parr., bajo la advocacion de San Andres, servida por un cura párroco de patronato de legos. Confina el TÉRM. por N. con Renedo á una leg., por E. con Villota de Páramo á 3/4, por S. con Villadiego del Páramo á igual dist., y por O. con Carbajal á una. El TERRENO es de ínfima calidad, cuya mayor parte se compone de monte bajo cubierto de brezo, habiendo á las inmediaciones de la poblacion, una majada para el resguardo del ganado mayor: corre por su térm. en el invierno y parte de la primavera un arroyuelo conocido con el nombre de la Cueza de Villadiego, baña este pueblo y baja á Villambran, en donde se incorpora con el de los Templarios: los CAMINOS son de pueblo á pueblo en muy mal estado, y el CORREO se recibe de Saldaña por medio de los interesados. PROD. centeno, muy pocas y malas legumbres y alguna cebada, avena y leña; ganado vacuno y lanar para el cual hay abundantes y buenos pastos: CAZA, muchos conejos y algunas liebres, lobos y jabalíes: el COMERCIO se reduce á la esportacion de lanas y carneros: POBL. 18 vec. 94 alm.: CAP. PROD. 34,000 rs, IMP, 1,879. El PRESUPUESTO MUNICIPAL asciende á 300 rs. y se cubre por repartimiento entre los vecinos.

ANDRES DEL REY (SAN): v. con ayunt. de la prov. y adm. de rent. de Guadalajara (6 leg.), part. jud. de Brihuega (3), aud. terr. y c. g. de Madrid (16), dióc. de Toledo (30); SIT. en una vasta llanura, próxima al nacimiento de un arroyuelo, se halla combatida por todos los vientos, goza de CLIMA muy sano, presentándose solamente algunos dolores de costado: tiene 50 CASAS de 4 varas de altura por lo general, mal distribuidas en el interior, formando calles y una plaza de 20 pasos en cuadro: con piso llano, pedregoso y bastante limpias: hay casa de ayunt. de buena construccion, con tres pisos y toda la fachada de piedra silleria; pósito, cuyo fondo consiste en 20 fan. de trigo y centeno; escuela de niños á la que asisten 5 que pagan una corta retribucion en granos, é igl. parr. dedicada á San Andres Apóstol, cuyo curato es de provision del diocesano: en las afueras se encuentra á 300 pasos una fuente de buena y abundante agua para el uso de los vec.; á 500 pasos el manantial referido al principio para el de los ganados; á igual dist. la ermita de Ntra. Sra. de las Mercedes, é inmediato á ella el cementerio que no perjudica á la salud pública. Confina el TÉRM. por N. con el de Berninches (á la dist. de 1 leg.); por E. el Olivar (1/2); por S. Budia (1/2); y al O. con el de Yelamos de Arriba (1/4): comprende ademas de las tierras de labor, el monte llamado del Rebollar al E. de la pobl.: el TERRENO es todo llano, flojo, de secano, con poca miga, y sumamente pedregoso; le cruza el arroyo, cuyo nacimiento se halla cerca del pueblo, y que por esta razon se llama el barranco de San Andres; marcha en direccion de los Yelanos, y entra en el Tapiña, despues de 2 leg., en la v. de Romanones: los CAMINOS son comunales, de herradura y en buen estado: el CORREO se recibe en Budia dos veces á la semana por los mismos interesados: PROD. trigo, cebada, avena, vino; se mantiene algun ganado lanar y abunda la caza menor: POBL. 46 vec.; 183 alm.: CAP. PROD, 1.370,000 rs.: IMP. 68,500: CONTR. 3,573--14, PRESUPUESTO MUNICIPAL 1,200 que se cubre con el producto de un horno de poya, una posada, y repartimiento vecinal; el secretario es tambien el sacristan y percibe 30 fan. de grano por su dotacion.

ANDRES DE SOBREBARCENA (SAN): l. en la prov. de Oviedo, ayunt. de Tines y felig. de San Miguel de *Bárcena* (V.): POBL. 8 vec.: 42 almas.

ANDRES DE TEIXIDO (SAN): santuario en la prov. de la Coruña, ayunt. de Cedeira y lugar de *Teixido (V.)*, en la felig. de Sta. Maria de *Regoa*.

ANDRES DE VALDELOMAR (SAN): l. en la prov. de Santander, part. jud. de Reinosa, aud. terr., c. g. y dióc. de Búrgos, y ayunt. de Valderredible. Está bien situado, tiene un monte poblado de robles, y nace á sus inmediaciones el riach. titulado Mardancho: POBL. 3 vec: 10 alm.: CONTR. con el ayuntamiento.

ANDRES EL NUEVO (SAN): cortijo de la prov. de Cádiz, part. jud. y térm. jurisd. de *Arcos de la Frontera*. Confina con otro cortijo que se distingue con el nombre de San Andres el Viejo.

ANDRES EL VIEJO (SAN): cortijo en la prov. de Cádiz, part. jud. y térm. jurisd. de *Arcos de la Frontera*. Confina con otro cortijo conocido con el nombre de San Andres el Nuevo.

ANDRES y VILAR (SAN): l. en la prov. de la Coruña, ayunt. de Valdoviño y felig. de Santiago de *Lago*. (V).

ANDRESASO: arroyo en la prov. de Badajoz, part. jud. de Puebla de Alcocér, térm. de Peñalsordo: nace en unos valles bondos, sit. al O. de la pobl., que confinan con la deh. de Lerena, jurisd. de Cabezá del Buey: corre de S. á N., y desemboca en el r. Sujar, cerca de la jurisd. de este último pueblo.

ANDRES-BUENO: desp. de la prov., part. jud. y dióc. de Salamanca (2 1/2 leg.), sujeto al ayunt. de *Calbarrasa de Abajo*: está SIT. á orillas del r. Tórmes, el cual sirve de lim. á su térm. por el N. y E., separándolo de la v. de San Morales: por el S. confina con el desp. de Cuelgamures y O. con Centerrubio: tiene de N. á S. 1/8 de leg., de E. á O. 1/4 escaso, y de circunferencia 1 leg., y comprende 551 huebras de 400 estadales cada una; de las cuales 531 y 250 estadales pertenecieron al estado ecl., y especialmente al conv. de Santa Clara de Salamanca: se halla dividido en dos hojas, con tierras de dos calidades para la siembra de trigo y centeno, y de una sola para cebada; y tiene ademas un sotillo plantado de fresnos, y una casa con 1 vec., y 4 hab.: PROD.: trigo, centeno, cebada, pastos y ganados: CAP. TERR. PROD.: 1.245,850 rs.: IMP.: 42,793 rs.

ANDREU (SON): cas. en la isla de Mallorca, prov. de Baleares, part. jud. de Inca, térm. y felig. de *Selva*. (V).

ANDREU DE CALVIÑA (SAN): cas. en la prov. de Lérida, part. jud. de Seo de Urgél, térm. municipal de *Calviñá*. (V).

ANDREU DE LA VALL DE CASTELLBO (SAN): ald. en la prov. de Lérida, part. jud. de Seo de Urgél, térm. municipal de *Castellbó*. (V).

ANDRIA (SAN): cala SIT. al O. de la isla de Menorca y muy inmediata al puerto de Ciudadela por la parte del S.: tiene á su embocadura una torre abandonada.

ANDRICAIN: cas. del valle y ayunt. de Elorz, en la prov., aud. terr. y c. g. de Navarra, part. jud. de Aoiz (3 1/2 leg.), dióc. de Pamplona, arciprestazgo de Ibargoiti: SIT. en la falda meridional de una sierra, que se prolonga 1 leg. por la parte del N.: lo combaten todos los vientos, y su CLIMA es muy saludable. Tiene 1 CASA bastante capaz y con las comodidades que la labranza exige. Confina por N. con el TERM. de Labiano (1 leg.), por E. con el de Monreal (igual dist.), por S. con la montaña de Alaiz (3/4), y por O. con el de Ezperun (1/2). El TERRENO es bastante áspero y desigual; ademas de la parte destinada á cultivo, abraza mucho monte, donde hay multitud de hayas, y otros árboles, con buenos pastos para el ganado: PROD.: trigo, cebada, maiz, legumbres y alguna hortaliza; sostiene ganado vacuno, de cerda, lanar y cabrío, y hay bastante caza de varias clases. POBL.: 2 vec., 12 alm.: CONTR.: con su ayunt. y valle.

ANDRICHOL: cabo de la isla, tercio, prov. y distr. marit. de Mallorca. (V. PALMA, PUERTO).

ANDRIN: l. en la prov. de Oviedo, part. jud., ayunt. de Llanes, y uno de los comprendidos en la parr. de Sta. Maria de *Llanes*. (V.): SIT. á la inmediacion del mar Océano, con quien confina por el N.; al E. con el l. de Puertas; al S. Puron, y á O. Acebal: corren por su térm. varios arroyos y el r. Puron, abundante en truchas, y cuyas aguas dan impulso á unos molinos harineros: el TERRENO, aunque algo peñascoso, tiene sobre 160 fan. de tierra de buena calidad y prados de pasto: POBL.: 67 vec., 330 almas.

ANDRINAL: monte en la prov. de Santander, part. jud. de Villacarriedo, ayunt. y térm. de la v. de San Pedro del Romeral.

ANDRINAL: cabañal en la prov. de Santander, part. jud. de Villacarriedo, ayunt. y térm. de la v. de San Pedro del Romeral. Tiene 3 vec., y 12 almas.

ANDRINAL: garganta ó torrente en la prov. de Avila, part. jud. del Barco de Avila: tiene su origen en las vertientes de la sierra de Solana, del mismo part., al sitio de *Penanegrd*, y concluye en el r. Aravalle, junto al pueblo de la Canaleja: su curso es de 1 leg.: con sus aguas se riegan algunos linares y prados del concejo de Carrera y Sta. Lucia.

ANDRINAL: arroyo en la prov. de Cáceres, part. jud. de Logrosan: tiene su origen en el valle del Buho, térm. jurisd. de *Canamero*, y despues de correr hácia el S. como una hora, entre los térm. de Logrosan y Cañamero, va á unirse con el r. Ruecas.

ANDRINALES: ald. en la prov. de Oviedo, ayunt. de Piloña y felig. de Sto. Domingo de *Marca*. (V).

ANDRIS: l. en la prov. de la Coruña, ayunt. de Oza, y felig. de San Nicolás de *Cines*. (V).

ANDRUGAL: pardina de la prov. de Huesca, en el part. jud. de Jaca, jurisd. del l. de Ascara: abraza 55 cahizadas de tierra, de las cuales 45 estan destinadas al cultivo de cereales, y las restantes para yerbas de pasto. Su SIT., CLIMA, confines de TÉRM. y demas (V. ASCARA).

ANDUA: monte en la prov. de Navarra, part. jud. de Aoiz, el cual se eleva en el valle de Aibar, térm., y á 200 pasos N. de la v. de Lerga: hay en él muchos arbustos, chaparros y buenos pastos para el ganado; y se perciben las ruinas de un ant. fuerte; paralelo á otros cast., igualmente destruidos en las alturas inmediatas, que probablemente servirian para defender toda la sierra, cuando en ella, segun tradicion, existian varios conv. ó casas de templarios.

ANDUALLA: pequeña sierra en la prov. de Málaga, part. jud. de Colmenar, térm. jurisd. de Comares, dist. un tiro de bala de sus muros: tendrá 1/2 cuarto de leg. de long., y su figura es casi triangular: á la parte del N. hay un tajo cortado como de 60 á 70 varas de piedra caliza, y en la del E. otro de unas 80 de altura de piedra asperon: brotan en ella tres fuentes en distintos parages: una á su pie, de un brazo de agua, delgada, y fria en el verano, llamada el Chorro de Bonacho, la cual sale de una cueva formada por la union de dos peñascos en su cúspide; fertiliza media hanegada de tierra, criándose á su alrededor, entre piedras, álamos negros y blancos, olivos, morales, sáuces y parras; y las dos restantes en su cumbre, en las que se observan dos arcos de construccion árabe; la principal, titulada Delgada, consta de dos caños, por los que despide abundante y cristalina agua, que aprovechan los hab. de Cómares pára su consumo doméstico.

ANDUAYA: barrio en la prov. de Guipúzcoa, y ayunt. de *Ezquioga*. (V.): SIT. sobre el camino real de Francia, entre Zumarraga y Ormaiztegui: POBL.: 20 vec., 110 almas.

ANDUERGA: l. en la prov. de Oviedo, ayunt. de Llanera, y felig. de Sta. Cruz de *Anduerga*. (V).

ANDUERGA (STA. CRUZ DE): felig. en la prov., dióc. y part. jud. de Oviedo (2 leg.), y ayunt. de Llanera: SIT. en el ángulo NO. del concejo: CLIMA templado y sano: comprende sobre 140 CASAS, distribuidas en los l. ó barrios de Anduerga, Bendon, Fanes de abajo, Fanes de arriba, La Granda, Las Cuevas, Sta. Cruz, Villayo, y otros cas. La igl. parr., con la advocacion de Sta. Cruz, se halla en el l. de este nombre: su curato es de ingreso y patronato real; hay dos ermitas de propiedad particular, cuyos dueños sostienen el culto: el TÉRM. confina por N. con el de lilas, por E. con el de Arlós, por S. con el de Bonielles, y por O. con el de Reguera: el TERRENO, en lo general quebrado, participa de monte con alguna arboleda, y en la parte cultivable hay alguna de buena calidad: los CAMINOS son malos, y el CORREO lo recibe por la cap. del ayunt., cuyo balijero lo recoge de Oviedo. PROD.: maiz, trigo y escanda, patatas, algun centeno, varias legumbres y frutas: cria ganado vacuno, caballar y mular; y de otras clases, con especialidad de cerda: POBL.: 145 vec., 502 alm.: CONTR.: con su ayunt. (V).

ANDUJAR: c. con ayunt., cap. del part. jud. de su nombre, en la prov. y dióc. de Jaen (6 leg.), aud. terr. y c. g. de Granada (20), con adm. subalternas de correos y loterías.

SITUACION Y CLIMA. Hállase colocada al pie S. de Sierra Morena en una frondosa llanura á la orilla der. y dist. de 1200 pasos del r. Guadalquivir: la baten poco los vientos; y asi es que el calor se hace sentir con esceso, como el frio, padeciéndose como enfermedades endémicas las biliosas, y las pútridas inflamatorias: tambien reinan garrotillos, anginas, erisipelas, carbuncos, úlceras corrosivas, y otros males, cuyo desarrollo fomenta el escésivo uso de la carne de cerdo *acecinada*, de licores espirituosos y de las salsas, para cuyo remedio ofrece la naturaleza misma del terreno variedad de plantas escelentes y salutíferas.

INTERIOR DE LA POBLACION Y SUS AFUERAS. La forman 1,796 CASAS, bastante regulares y con comodidad interior, claridad y limpieza, distribuidas en 50 calles, 8 plazuelas y dos plazas irregulares, si bien la de la Constitucion se halla adornada con el precioso edificio de las casas consistoriales, que es el mejor de Andújar. Tampoco carecen de elegancia la casa carnicería, el matadero y la albóndiga ó mercado de granos, especialmente la primera y la última, que son ademas muy cómodas para los usos á que estan destinadas: hay varias posadas y cafés. En el empedrado de las calles, que es bastante bueno, se encuentran fragmentos de las piedras en que se crian varios metales, y muchos mármoles de mezcla y blancos, algunas coralinas y cristal de roca, todo lo cual indica la cercania de los terrenos que ocultan dichas producciones. Crecé esta c. de aguas potables en los años secos, y solo tiene una fuente, que procede de un venero que hay en el térm., mas bajo que el pueblo, y por tanto de dificil subida para las aguas: el vecindario se surte del Guadalquivir. Los establecimientos de instruccion pública son: 3 escuelas de primeras letras para niños, en las que se les enseña á leer, escribir, elementos de aritmética, gramática castellana, y doctrina cristiana, y concurren á ella 150 niños en la primera clase, 110 en la segunda, y 100 en la tercera; otras tres escuelas de niñas, que aprenden, ademas de las labores propias de su sexo, á leer, escribir, doctrina cristiana; y én algunas elementos de aritmética y gramática castellana: en la primera clase se cuentan 150 discípulas, 90 én la segunda y 65 en la tercera. Solo un maestro está dotado de los fondos públicos con 400 ducados, y su pasante con 1,350 rs.: los demas, y todas las maestras, reciben una retribucion convenida, que por lo regulár es 4 rs. al mes cada niño, y 5 las niñas. Ademas hay una cátedra de latinidad con 10 alumnos en la primera clase, 8 en la segunda y 6 en la tercera. La junta municipal de beneficencia tiene á su cargo: 1.° un hospital llamado de la Caridad, fundado por Juan de Matienzo presbitero, prior de la parr. de Sta. Maria, en el año de 1563, habiéndose hecho cargo de él los religiosos hospitalarios de San Juan de Dios, en 1625. Entraron en esta casa en 1842, 40 enfermos, de los que curaron 25 y murieron 15: el costo de las estancias fue 3 rs. 17 mrs., y el gasto de empleados, un enfermero con 3 1/2 rs. diarios, y una enfermera con 2 rs. 2.° una casa-refugio para ancianos desvalidos, en la que ingresaron tres en dicho año, costando 3 rs diarios las estancias. 3.° Otra para ancianas, tambien desvalidas, cuyo número ascendió á 13 en la misma época: se les da habitacion, 10 rs. mensuales, y toda asistencia cuando enferman: 4.° Una casa de espósitos, que acogió 120 en el referido año de 1842, 62 varones y 58 hembras, de los cuales murieron 50: no se crian ahora en el establecimiento sino cuando es inevitable, y las amas se los llevan á su morada por la retribucion mensual de 25 rs. hasta el destete, que suele ser á los 18 meses: por este medio se han economizado muchos gastos, y se ha evitado algun tanto la escesiva mortandad de estos desgraciados, cuando las amas estaban dentro de la casa. Cuando tienen edad para ello, unos se dedican á menestrales, y otros á los trabajos del campo, en cuyo caso nada les da el establecimiento; pero los recoge si enferman ó se desacomodan, hasta que se establecen ó son de mayor edad; la mayor parte de ellos, permanécen en casa de sus mismas nodrizas; las hembras salen á servir, volviendo, cuando se desacomodan, al establecimiento, en el que estan al cuidado y vigilancia de una mujer de edad, titulada ama general, con 80 rs. mensuales de dotacion, la cual cuida de recoger los niños del torno, y de buscar al momento quien les dé el pecho. Son rarisimos los prohijamientos, y mas las legitimaciones. Todos estos establecimientos se han estado sosteniendo con el prod. de las fincas, consistentes en algunos predios rústicos y urbanos, y en censos; pero habiéndose vendido la porcion mas considerable de sus bienes, que eran los del hospital, en la época de 1820 al 23, fué preciso limitar la hospitalidad á cierto número de camas; y ademas la junta de beneficencia de 1841 reunió todos los establecimientos en el ex-convento de capuchinos, bajo la direccion de un presbitero rector, que recibe 8 rs. diarios, prorateados entre todos ellos, con lo que se ha conseguido economizar los emolumentos de estas plazas, que antes de ahora eran tres, á mas de los religiosos hospitalarios de San Juan de Dios. En el órden eclesiástico, tenia Andújar, que es vicaria, 5 parr. tituladas Sta. Maria, San Miguel, Sta. Marina, Santiago y San Bartolomé. La igl. de Sta Maria, tal vez la mas ant., y segun tradicion, fundada en la mezquita de los moros, pertenece en su parte esterior al género plateresco, como prueba su bien ejecutada y graciosa portada, y en la interior al gótico adulterado algun tanto, y encierra en una de sus capillas laterales un *alto-relieve* del Santo Entierro, de autor desconocido, digno de la contemplacion de los artistas, ya por lo bien desempeñado de su ejecucion, ya por ser una brillante página, de la historia de la escultura, pues pertenece á la primera época de la restauracion de las artes en Europa, y á la escuela italiana. Tambien son notables en el altar mayor, dos cuadros de la misma escuela, una *Adoracion de los Reyes*, y una *Presentacion* de Jesucristo á Caifás. La igl. de San Miguel, tiene la torre mas elevada de la c., aunque sin ninguna elegancia; y á fin de evitar su desplome se le añadió hace años un revestimiento de piedra, que afeándola, no por eso le dió mas solidez. La de Sta. Marina que encerraba un buen cuadro de la *Sacra Familia*, de la escuela flamenca, se suprimió en 1843, asi como la de Santiago. La de San Bartolomé es de estilo gótico, pero llena de retablos y otras obras de muy mal gusto. Se ignora cuando se erigieron estas parr.; pero parece indudable que, esceptuando la de San Bartolomé, que está fuera de los antiguos muros de la c., todas las otras se establecieron poco despues de la conquista: lo que de seguro se sabe por la concordia que sobre límites de sus ob. celebraron el arz. de Toledo y el ob. de Baeza, es que la parr. de San Miguel existia en el año de 1243. La de Sta. Maria, de 2.° ascenso, está servida por el cura prior, 2 tenientes, 1 beneficiado y un sirviente, sacristan sochantre, organista, y dos acólitos: el curato es perpetuo, de provision ordinaria en concurso. Asi es tambien el de San Miguel, de térm. servido por el prior, 2 tenientes, 1 beneficiado, 1 sirviente, 3 capellanes, 2 sacristanes, sochantre, organista, y dos acólitos. La parr. de San Bartolomé, en cuya demarcacion se hallan las ermitas del Buen Suceso, la Aurora, Virgen de la Cabeza, y San Lázaro, en poblado, y las de San Cristóbal y San Amáncio en despoblado, ademas de un oratorio público en las casas del conde de la Quinteria, está á cargo del cura prior, tambien de nombramiento ordinario, 2 tenientes, 2 beneficiados, 1 sirviente, 2 sacristanes, sochantre, y 2 acólitos. El santuario de Ntra. Sra. de la Cabeza, distinto del anterior de igual nombre, sit. en sierra Morena, á 3 leg. de Andújar, en su térm, está asistido por un rector, capellanes y ministros, nombrados por el ordinario, y ha servido alguna vez de casa de correccion para ecl. Tambien hubo en esta c. antes de la esclaustracion, 5 conv. de frailes: trinitarios calzados; minimos de San Francisco de Paula; menores observantes; carmelitas descalzos, y capuchinos. El de trinitarios calzados fué fundado en 1244; trasladado despues al que ocuparon los carmelitas descalzos, y últimamente en 1569 á la corredera de San Lázaro, cuya igl. estuvo dedicada á San Eufrasio, Ob. y Mártir, patron de la c. y de todo el ob. de Jaen. El conv. de mínimos de San Francisco de Paula, ó Ntra. Sra. de la Victoria, bajo la advocacion de Sta. Elena, es el segundo que en España se fundó de esta órden, viviendo aun su fundador San Francisco, en el año 1495: estuvo sit. estramuros de la pobl. en el punto que llaman la Victoria Vieja, desde donde fue trasladado en 1678 por el padre Fr. Francisco Navarro, general de la órden, á la plazuela llamada la Victoria, sitio que en el dia ocupa. La igl. es muy mediana, aunque de buena planta, y tiene en el alzado muchos defectos; tambien los tiene el retablo principal; pero no se le puede calificar de malo, como lo son los restantes; en el lado del evangelio, en una especie de relicario, hay dos bustos de santos mártires de bastante mérito. El conv. de menores observantes de San Francisco, se fundó en el año 1514, con bula del Pontifice, en el beaterio de terceras de la misma órden, quienes espontáneamente se unieron al de monjas de Sta. Clara, con sus rent., dejando el conv. que estaba sit. en la ermita de Sta. Ana y casas contiguas, hoy del mencionado conde de la Quinteria, á los religiosos que le habitaron hasta su traslacion á la calle llamada de San Francisco. El de carmelitas descalzos, que antes fue de trinitarios, como se ha dicho, se fundó en el año 1590. El de capuchinos erigido en 1645, estuvo sit. al estremo de la Corredera de San Lázaro, en la ermita de este santo: la igl. continúa abierta, como capilla de los establecimientos de beneficencia. Cuéntanse 4 conv. de monjas: el de Sta. Clara, inmediato á la parr. de Santiago, fundado bajo la advocacion de Sta. Ines, y regla de terceras de San Francisco en el año de 1225, hasta que en el de 1450 se erigió en conv. de Sta. Clara, adoptando las constituciones de esta misma Sta.: en 1514 se agregaron á él, como queda dicho, las beatas, de Sta. Ana: sirvió de hospedage por algunos dias á la Reina Católica Doña Isabel 1.°; y fué suprimido en mayo de 1836. El de minimas de San Francisco de Paula, titulado de Jesus Maria, en la calle de este nombre, único de religiosas que existia á la muerte del santo fundador, fue erigido convento en el año de 1495, bajo la regla que aquel les dió. El de la Concepcion de Ntra. Sra., de religiosas trinitarias calzadas, se estableció en 1587, y se halla en la calle de Granados. El de Jesus, Maria y José, de religiosas capuchinas, fué fundado en 1682, estramuros, en la ermita llamada del Dulce Jesus, y en 1685 se trasladó á la calle Calanchos, donde se conserva actualmente. Ni por su arquitectura, ni por otras bellezas artísticas, llama la atencion ninguno de estos conv. Existió tambien en esta c. colegio de Jesuitas, fundado en 1615, en la calle del Juego de Pelota, desde donde se trasladó á la calle llamada de la Compañia: se enseñaba en él primeras letras, y latinidad; y á la supresion de los Jesuitas en 1767, se pusieron las escuelas bajo la direccion de preceptores seculares, con cargo á las temporalidades de aquellos: pero habiéndose desentendido de tal gravámen, poco despues de la guerra de la Independencia, los que sucedieron á los Jesuitas en el disfrute de sus bienes, hubo de cargar la municipalidad con esta atencion, concretándose á la primera enseñanza.

Tiene Andújar hasta el Guadalquivir un buen paseo con calles para las personas y para los coches y caballerias, adornado de hermosas arboledas. Otras alamedas se encuentran en el camino de Madrid y otros puntos de los afueras.

Término. El de esta c. confina por el N. con los de Mestanza y Fuencaliente, de la prov. de Ciudad-Real; por el E. con los de Villanueva de la Reina y la Higuera de Arjona; S. con los de Arjona y Arjonilla, y O. con el de Marmolejo; estendiéndose de E. á O. 4 horas y 10 de N. á S. Pocos térm. hay en España mas deliciosos y poblados que el de Andújar: los cas. y cortijos, quintas y casas de campo que en él se encuentran, son numerosísimos y forman grandes posesiones de olivares, viñas, huertas y arbolados. Adjunta es la lista de los cas., cortijos y desp. mas notables que comprende el térm. y su dist. á la c.

NOMBRES.	CLASES.	DISTANCIAS DE ANDUJAR.	
Aldehuela..	Caserio y desp.	3/4 de leg. al	NE.
Alamos (los).	Caserio.	1	NE.
Alcaparrosa.	Pago de viñas.	1 1/4.........	N.
Atalaya (1)	Cerro.	1	N.
Boca de Escoba.	Caserio.	2	O.
Casa de la Vírgen.. . . .	Id.	1 1/4.........	NE.
Casa de Tovira..	Id.	2	E.
Casa de la Torre.	Id.	1 1/2.........	NE.
Corcama.	Id.	2 1/2.........	NE.
Cortijuelo..	Pago de cortijos	1 1/2..	E.
Encinajero.	Caserio.	2 1/2.........	N.
Escoriales..	Id.	3	NE.
Fuente de la Peña. . . .	Cas. y Cortijo.	1	SO.
Inestrosa..	Caserio.	1	NE.
Naranjal.	Pago de viñas.	1 1/2.........	NE.
Ntra. S. de la Cabeza (2).	Santuario.	3	N.
Marquesa (3)	Pago de viñas.	1 1/2........	N.
Martin-Gordo..	Caserio.	1 1/4.........	NE.
Majuelos (4).	Pago de viñas.	3	»

(1) Se ha hecho célebre este cerro por sus minas plomizas ya esplotadas.

(2) Se fundó este Santuario en el año 1227: el edificio es de cantería, de mucha solidez y la igl. de arquitectura gótica. Está servida por clérigos, dotados con las limosnas que ingresan: estas plazas son amovibles, al arbitrio de los SS. ob. de Jaén. Es notable el número de gente que de gran parte de Andalucía y Mancha concurren á este Santuario el último domingo de abril, y aunque no tan considerable, se celebra otra romería el dia 8 de setiembre: con motivo de la última guerra civil se trasladó la imágen de Ntra. Sra. á la igl. del estinguido conv. de frailes franciscos, donde continúa asistida por sus capellanes y donde se celebran sus festividades.

(3) Junto á éste pago existe una ermita.

(4) Existe igualmente en este pago otra ermita bajo la advocacion de San José.

NOMBRES.	CLASES.	DISTANCIAS DE ANDUJAR.	
Paz (la)..	Caserio.	1	E.
Peñallana (1)	Pago de viñas.	2	NE.
Pino de Quero.	Caserio.	1	E.
Puente de la Vírgen (2).	Despoblado.	2	N.
Ruidero..	Caserio.	1 1/4.........	»
San Anton.	Id.	2 1/2.........	N.
San Francisco.	Id.	2 1/2.........	NE.
San Andres..	Id.	1	E.
San Pedro y S. Pablo. . .	Cortijada.	»	S.
Salado.	Id.	1	S.
Toledillo.	Caserio.	3/4.........	N.
Barrios (los).	Cortijada.	1/2.........	E.
Velillos..	Caserio.	1 1/2.........	NE.
Villares ó Andújar el viejo. (3).	Cortijo y Desp.	1	»

El r. *Guadalquivir*, tan copioso como fecundo en recuerdos históricos, bajo el nombre de *Bœtis*, pasa, como queda indicado, á la dist. de 1,200 varas de Andújar, en cuyo térm. y sus inmediaciones se engruesa con las aguas de algunos otros r. de menos valer que él, y con las de varios arroyos. A la espresada dist. tiene un antiquísimo puente de 15 arcos, lastimosamente descuidado, con un fuerte cast. ó plaza de armas en medio, y á 5/4 de hora de la pobl. la parada de aceñas llamada de las Palominas, y á 1 1/2 leg. la conocida con el nombre de Valtodano. El r. *Jándula*, que nace en sierra de Mestanza, se introduce como á 1 1/2 leg. de su nacimiento en el térm. de que tratamos, atravesándolo de NO. á S. por la parte montuosa hasta su confluencia con el Guadalquivir, que se verifica á la dist. de 1 leg. á O. de la c.: separa su térm. del de la v. de Marmolejo, y á la espresada dist. tiene un puente bastante considerable, ademas del que da nombre al desp. Puente de la Vírgen. El riach. *Escobar*, que nace en el térm. de Villanueva, separándole del de Andújar á 1/2 leg. de su nacimiento, entra en este 1/4 antes de depositar sus aguas en el Guadalquivir: el curso del riach. es de 2 leg. de N. á S., y en el arrecife de Madrid tiene un hermoso puente al E. y dist. de 2 leg. de la c. El *Martingordo*, arroyo, que como el anterior atraviesa el arrecife de Madrid, con un puente de 2 arcos á 1 leg. al E. de Andújar, corre solo el espacio de 1 leg. y desemboca en el mismo r. que los anteriores, cerca de Andújar el Viejo. El arroyo *Molinos* pasa á 1/4 leg. de la pobl. y lleva su curso de N. á SO.: hay sobre él, y á la parte de O., un puente de 4 arcos y unos molinos harineros. El *Salado* desciende del térm. de Torrecampo, dividiendo el de Andújar de los de Arjona, Arjonilla y parte de Marmolejo, en el cual se introduce para desaguar en el Guadalquivir: corre de E. á NE. unas 6 leg. y tiene 2 puentes; uno en el térm. ds Arjona y otro en el arrecife de Sevilla, á 1/2 leg. al SO. de Andújar. El térm. de esta c. abunda de bosques de robles, encinas, quejígos y acebuches, y sus llanos y planicies en famosos y espesos olivares, que sin dificultad se estienden 4 y 6 leg. Ademas de las plantas aromáticas y salutíferas que dijimos se aplican con buen éxito á ciertas dolencias, se encuentran con abundancia otras que sirven para tintes, como la grana kermes, la rubia, la granza ó lapa, la gualda, la buglosa ó lengua de buey y otras muchas, con variedad de cortezas de diversos arbustos. Las tierras de monte bajo y peñascales son áridas en gran parte, pero las de la izq. del Guadalquivir, de muy buena calidad: de unas y otras abraza el térm. 145,587 fanegas.

Caminos y correos. Por esta c. pasa la carretera general de Andalucía, y de ella salen al otro lado del Guadalquivir, co-

(1) Se hallan en él dos ermitas; titulada la una de la Concepcion y la otra dedicada á San Miguel.

(2) Estuvo poblado en otro tiempo este punto, pero por ser demasiado enfermizo hubo de abandonarse por sus hab.: hay aquí un puente sobre el rio Jáudla bastante largo, aunque bajo y estrecho.

(3) Se encuentran en este sitio los restos de una ant. c. (*V. Andújar el Viejo*).

municaciones para Jaen, Baena y otros puntos: tiene casa de postas; parada de diligencias Generales y Peninsulares, y un portazgo que se estableció en 27 de mayo de 1787, con el objeto general de invertir sus prod. en la conservacion de la carretera: fue arrendado en 1840 por 3 años en 40,000 rs. cada uno: concluido este contrato se hizo otro por 2 años, satisfaciendo igual cantidad; y por último en 1844 se hizo otro contrato por igual tiempo que el anterior en 43,920 rs. anuales. El correo de Madrid entra los domingos, miércoles y viérnes en la noche, y sale los lúnes, miércoles y sábados por la mañana: la correspondencia de Puertos la trae y lleva tambien el correo general, escepto lá que llega el domingo, miércoles y viérnes en la tarde, y sale los lúnes, juéves y sábados por la mañana. Las diligencias entran un mes los dias pares y otro los impares alternativamente: llegan al anochecer y salen á las 12 de la noche.

Las producciones consisten en trigo, cebada, legumbres, verduras, zumaque, vino, mucho y esquisito aceite y pocas frutas: se cria toda clase de ganado, escepto el lanar fino, alguna miel y abunda la caza y la pesca.

Industria y comercio. Consiste la primera despues de la agricultura, en fáb. de loza blanca y pintada, curtidos, jabon, alfareria, teja y ladrillo, y en varios telares de sayales y estameñas. El comercio de importacion consiste en objetos de lujo y géneros coloniales: y el de esportacion en el sobrante de los muchos y delicados frutos que el térm. produce de los ganados, y de una infinidad de cargas de alcarrazas, botijas, jarras, etc., por ser de un barro muy á propósito para enfriar el agua.

Fiestas y feria. La fiesta que con mas solemnidad se celebra es la de Ntra. Sra. de la Cabeza, el último domingo de abril: hay una feria en los dias 20, 21 y 22 de setiembre, de la cual son objeto principalmente los ganados.

Poblacion del ayunt. 2,361 vec.; 9,353 almas. Riqueza imponible: 953,736 rs. Contribuciones: 654,543 rs.

Historia. Esta c. fue fundada en el desp. de los Villares, que aun hoy se dice *Andújar el Viejo*: pertenecia á la region de los Turdulos. Se llamó *Iliturgi* y fue una de las infinitas que se declararon por el Pueblo Rey, luego que los Scipiones ganaron la gran victoria de Ibera. Reforzado despues el ejército de Cartago, la sitiaron Asdrubal, Magon y Amilcar, hijo de Bomilcar, y los Scipiones la libertaron batiendo á su vista con 16,000 soldados un ejército de 60,000; la elevaron á municipio, con los dictados *Magnum Triunphale* y, segun Tito Livio, fue una de las dos *maxime insignes magnitudine*. Pero su fe á los romanos no duró mas que la prosperidad de sus armas: muerto Publio en el puerto Tugiense, no lejos de esta c., muchos de sus soldados se refugiaron en ella, la que deseosa de merecer el bien del vencedor, sin reparar en los medios, entregó estos infelices al furor africano, habiendo llegado hasta á sacrificar muchos por sí misma. Cuando Scipion, hijo de Publio, logró arrojar los cartagineses hasta Cádiz, creyó era llegado el tiempo de dar un ejemplar castigo á este atentado y la atacó en persona con su segundo Lelio. Los iliturgenses se defendieron como quien está seguro de perecer: el mismo Scipion recibió una contusion grande en la cabeza; pero al fin fué tomada, pasados á cuchillo hombres, mujeres y niños y, dado fuego, reducida á un monton de escombros. *De Plinio*, que la denomina *Forum Iulium* adscrita al conv. jurídico Cordubense, de Ptolomeo y del itinerario de Antonino consta que fue pronto restablecida *con la traslacion al lugar que hoy ocupa*; mas consultada la verdad histórica, nada podemos decir de ella hasta que fue ganada del poder de los árabes por el emperador D. Alonso VII, en el año 1155. Poco disfrutaron los cristianos de esta reconquista, pues en 1157 tuvo ya que repetirla el mismo D. Alonso, sin que tampoco entonces fuese mas estable su dominio; pues apenas murió el emperador, cuando cayó de nuevo en poder de musulmanes, en el cual permaneció hasta el año 1224, que el Sto. Rey D. Fernando III, auxiliado por el moro de Baeza, volvió á ganarla. No brillaron mas desde entonces las medias lunas sobre sus murallas; pero no por esto dejó de sufrir los horrores de la guerra, aun muchos años, particularmente en el de 1369, que con la mayor obstinacion quisieron los musulmanes hacerla suya, y en las alteraciones civiles y azarosas circunstancias que afligieran al pais. En 1383 D. Juan I la donó, sin derecho de trasmision á los herederos, al desgraciado rey de Armenia Leon V, prisionero del soldan de Egipto, quien le dió libertad por su mediacion. En 1388 cuando se celebró el matrimonio de D. Enrique con Doña Catalina, el rey su padre les dió el señ. de Andújar, y muerto en 1391 el armenio, que la poseía, volvió á la corona. Fue v. hasta el año 1467 en que D. Enrique, premiando la adhesion que probó á su trono, la concedió el título de c., y añadió un cast. y un águila á sus armas que eran ya, en escudo azul, un puente de plata con tres arcos, un pez y dos llaves de oro, con una corona por timbre. Tambien siguió el partido real durante las comunidades de Castilla. En 18 de junio de 1808 fue ocupada por el ejército francés á las órdenes del general Dupont, y abandonada de la mayor parte de sus hab. sufrió un terrible saqueo. En 1809 fijaron en ella su cuartel general, José Bonaparte y el mariscal Soult, y en toda esta guerra dió pruebas de su españolismo, asi como tambien en la última terminada en 1839 y en los trastornos civiles hasta el dia.

Fue una de las primeras pobl. que recibieron la fe de Cristo, y en ella padeció martirio San Eufrasio, su primer ob., en 1.° de febrero del año 47, cuyos huesos, temiendo que los moros se apoderasen de ellos, se trasladaron á Galicia. Es patria de Fr. Alonso Ruiz Navarro, de Fr. Gomez de San Luis, misionero en el Japon, y de Juan Acosta, autor de una relacion de la India.

ANDUJAR: part. jud. de *ascenso*, en la prov. y dióc. de Jaen, aud. terr. y c. g. de Granada; compuesto de 1 c., 9 v., 67 cas., 16 cortijos y 12 desp., que reunen 10 ayunt., cuyas cap. distan entre sí, y de Granada, Jaen y Madrid, las leg. que marca el siguiente estado. (*)

	ANDUJAR, cap. del part. jud. de su nombre.	Arjona.	Arjonilla.	Cazalilla.	Espelui.	Higuera de Arjona.	Lopera.	Marmolejo.	Menjivar.	Villanueva de la Reina.	Granada: aud. y c. g.	Jaen: cap. de prov.
Arjona.	2											
Arjonilla.	1	1										
Cazalilla.	3	2	3									
Espelui.	2 1/2	3	3	1								
Higuera de Arjona.	2	1	3	1	2							
Lopera.	3	3	2	4	4 1/2	4						
Marmolejo.	1	2	1	5	3 1/2	4	2					
Menjivar.	4	2 1/2	4 1/2	1	1	2	7	4				
Villanueva de la Reina.	2	2	3	1	1/2	1	5	3	2			
Granada: aud. y c. g.	20	18	21	18	22	20	19	20	19	20		
Jaen: cap. de prov.	6	5	6	5	5	4	7	7	4	5	14	
Madrid.	51 1/2	50	50	49	49	51	54 1/2	52 1/2	49 1/2	51 1/2	67 1/2	53 1/2

Confina el part. por el N. con el de Almodóvar, prov. de Ciudad-Real; E. con el de la Carolina, S. con el de Martos, ambos de la prov. de Jaen, y O. con el de Montoro, de la de Córdoba, estendiéndose 11 leg. de N. á S., y 9 de E. á O. Los vientos de S. y O. son los que reinan con mas frecuencia, si

(*) Preferimos las leg. ant. á las modernas, por no estar estas marcadas en todos los puntos: segun ellas Andújar dista de Madrid 59 leg., y por la misma razon habrá que contar 56 desde Cazalilla, Espelui y Menjivar á Madrid, etc., etc.

bien en años secos suelen soplar los Nortes y Levantes: el clima es caluroso y sereno en la mayor parte del año: en los otoños y primaveras llueve regularmente, pero rara vez nieva, y cuando esto sucede se deshace muy pronto la nieve.

La única cord. que lo atraviesa es Sierra-Morena; que entra en el part. por el confin del de la Carolina, y acaba en el de Montoro. Toda ella es una série de cerros, sinuosidades y cañadas cubiertas de monte bajo, que ordinariamente es lentisco, madroño, jara, estepa, cantueso, coscoja, romero y almoraduz: en algunos puntos hay encinares, pinos, donceles, fresnos, alisos, acebuches y algunos pirútanos, ó sean perales silvestres. En la parte inferior de la sierra se dan los olivares y algunas viñas, aunque estas generalmente son de escasos rendimientos: los valles ó faldas de la sierra, que llegan hasta el Guadalquivir, ocupan su márgen der., y la izq. es de tierras labrantías. Las tierras son delgadas y de pizarra, y en otras partes las conocidas con el nombre de salmoral: las piedras, granito muy basto, y de suma dureza. La mayor elevacion de esta sierra, la tienen unas cord. que estan en gran parte dentro de la prov. de Ciudad-Real, limitante por el S., como hemos dicho, con el part. de Andújar, y se llaman Quintana y Madrona. Las canteras de granito, que solo se emplean en los molinos de pan y de aceite, puede decirse que son innumerables; pero las que estan en uso son las del Pedroso y Morales: hay otras en Sto. Domingo y Marmolejo, de piedra franca encarnada, que se usa para la construccion de puentes y edificios.

Escasean mucho las aguas, especialmente en el estio, y las minerales conocidas, son: la fuente ágria del Marmolejo, en que domina el gas áccido carbónico segun los análisis que se han practicado: la fuente ágria de Nava de la Higuera que no está analizada, pero que á la vista y al paladar es idéntica á la del Marmolejo, y otras que parecen ferruginosas. La fuente de la Encina, en que recientemente se ha construido un baño, es fria, sulfurosa, aunque de escaso caudal; produce buenos efectos en algunas úlceras y enfermedades herpéticas, y dista 1/2 leg. de la c. de Andújar. El r. *Guadalquivir* atraviesa el part. de E. á O., en una estension de 8 leg. atendidos sus rodeos, entrando en él mas arriba de Menjivar, y saliendo 1/2 leg. antes de la Villa del Rio; sobre él se hallan la barca de Menjivar, la de Espelui, la de Villanueva, el puente de Andújar y el de Marmolejo, actualmente cortado; tiene las paradas de aceñas de Espelui, inmediatas á aquel pueblo; las de Valtodano, 1 leg. al E. de Andújar; las Palominas, 1/4 tambien al oriente de Andújar; las de Villalva, 1/2 leg. al E. del Marmolejo, en cuyo térm. se hallan; y las del Marmolejo, 1/4 leg. de la misma v.: junto á esta parada hay una grua ó noria que saca agua del Guadalquivir, con la que se riegan unas 200 cuerdas de tierra. El r. *Herrumblar* que solo corre una parte del año en direccion de NE. á S., entra en el part. 1/2 leg. antes de su confluencia con el Guadalquivir: trae las aguas del part. de la Carolina, y recoge todas las de aquella parte de sierra Morena y del terr. de Baños. El *Escobar* nace dentro del part. en térm. de Villanueva, corre 2 leg. de N. á S., desagua en el Guadalquivir, y tiene un puente muy bueno en la carretera de Madrid. El curso del *Martin-Gordo*, que tambien desagua en el mismo r., es de 1 leg. de N. á S. dentro del térm. de Andújar, y tiene un puente en la carretera referida, 1 leg. antes de llegar á Andújar. El *Molinos*, con otro puente bastante bueno, corre 1 leg., y se halla á 1/4 al O. de Andújar. El *Jandula*, que nace en la prov. de Ciudad-Real, atraviesa de N. á S. una porcion considerable del part., y desagua en el Guadalquivir, 1 leg. al E. de Andújar. Este r. Jándula; como casi todos los del part., es mas bien un torrente que no conserva agua en el estío, á no ser en algunos charcos muy grandes que llaman *tablas*, cuyas exhalaciones son tan insalubres, que enferman cuantas personas habitan en las caserias inmediatas, dominando las calenturas intermitentes de índole muy perniciosa. Tiene dos puentes, uno en el Rincon, y otro que se llama de la Virgen, por hallarse en el camino de Ntra. Sra. de la Cabeza. El r. de la *Yegua*, procedente como el anterior de la prov. de Ciudad-Real, separa el part. de Andújar del de Montoro, correspondiente á dicha prov., desde el sitio llamado Mal-recado, 1 leg. antes de su confluencia con el Guadalquivir, hasta llegar á ella. Los demas arroyos procedentes de sierra Morena, son todos de poca consideracion, y por lo regular no tienen agua sino en el invierno. El arroyo *Salado* que baja de Torre-Campo, part. de Jaen, cruza por el térm. de la Higuera de Arjona, divide el de Andújar de los de Arjona, Arjonilla y el Marmolejo, se introduce en el de este último pueblo y desagua en el Guadalquivir 1/4 leg. al E. de dicha v.: su curso por el part. es de 3 leg.; sobre él hay un puente en el camino de Andújar á Jaen; otro en el de Andújar á Arjona; otro en el que desde la misma c. conduce á Arjonilla; otro sobre la carretera de Madrid á Cádiz, 1 1/2 leg. al O. de Andújar; y finalmente el llamado de las Calañas, 1/4 leg. al O. del Marmolejo: sus aguas dan impulso por lo regular 6 meses del año á un molino harinero, sit. á 1 leg. al N. de Arjona. El r. *Salado*, distinto del anterior, trae sus aguas del part. de Martos, y entra por el térm. de Lopera en el de Tratancos, separándolo despues del de Montoro, prov. de Córdoba: lo baña en un espacio de 2 leg., y va á desembocar en el Guadalquivir 1/4 leg. al E. de la Villa del Rio: tiene un puente á la inmediacion y al O. de Lopera, y otro sobre la carretera de Madrid á Cádiz, 1/4 leg. al E. de la indicada v. del Rio.

La carretera de Madrid á Cádiz, atraviesa el part. desde su lím. oriental con el de la Carolina hasta el occidental, donde linda con el de Montoro, en una long. de 6 1/2 leg.; sin que se encuentre mas pueblo que la c. de Andújar, aunque las v. de Villanueva de la Reina, Arjonilla y el Marmolejo, distarán una media hora de ella. Desde Andújar sale camino de travesia para Granada por la v. de Arjona, que es el que llevaba la correspondencia pública hasta el año de 1841: no tiene mas obra que el puente sobre el Salado. Otro camino sale de la misma c. para la v. de Arjonilla, que es el que se usaba para la correspondencia de Málaga hasta el mismo año: en él se halla el mencionado puente, tambien sobre el Salado La carretera de Madrid á Granada atraviesa la estremidad oriental del part. por la v. de Menjivar: hay camino transversal para Estremadura por la v. del Marmolejo, el cual solo es practicable para caballerias: y á 1/4 de hora de Andújar se desprende de la carretera de Madrid á Cádiz una calzada del tiempo de los romanos, de la que se conservan algunos trozos en las 4 leg. de Andújar á Menjivar, que se utilizan en el espresado camino que atraviesa á Villanueva de la Reina, como en la mediacion de él.

Las PRODUCCIONES son trigo, cebada, escaña, alverjones, yeros, habas, garbanzos y bastante aceite y vino: hay ganado cabrio, lanar, de cerda, caballar y algun vacuno; colmenas y caza mayor y menor; beneficiadas en lo ant. varias minas, la mayor parte de plomo, se han hecho algunos ensayos en esta época en busca de minerales, cuyas tentativas han sido inútiles por no haber dado resultados satisfactorios.

La INDUSTRIA dominante es la agricultura; llamando muy particularmente la atencion en el ramo de alfarería las fábricas de Andújar, en que se elaboran las famosas alcarrazas y otras vasijas de barro poroso y muy delgado de color blanquecino que se esportan á Madrid y á otros muchos puntos, por ser muy á propósito para enfriar el agua: tambien hay fábricas de loza blanca y pintada; curtidos, jabon, etc., etc., y varios telares de sayales, estameñas y lienzos: COMERCIO, el de esportacion de frutos del pais, y entre otras cosas de las alcarrazas de barro de que hicimos mérito en el párrafo anterior, é importacion de art. coloniales y de vestir.

ESTADISTICA CRIMINAL. Los acusados en este part. jud. durante el año 1843, fueron 62; de los cuales resultaron absueltos de la instancia 1, libremente 2, penados presentes 54 y contumaces 5; del total de penados 2 habian reincidido en el mismo delito, y 1 en otro diferente con el intérvalo de 4 á 6 años desde la reincidencia al delito anterior. Entre los 62 acusados 14 contaban de 10 á 20 años de edad, 33 de 20 á 40 y 13 de 40 en adelante: de 2 no pudo averiguarse la edad: 61 eran hombres y una mujer; 27 eran solteros, 33 casados; de 2 no consta el estado; 17 sabian leer y escribir, 43 carecian de esta educacion; de 2 no resulta si la poseian; 2 ejercian profesion científica ó arte liberal; 58 artes mecánicas; la profesion de los otros 2 restantes no aparece.

En el mismo periodo se perpetraron 33 delitos de homicidio y de heridas; 2 con armas de fuego de uso lícito, y 1 de ilícito; 13 con armas blancas permitidas y una con armas prohibidas de la misma especie; 5 con instrumento contundente y 11 con otros instrumentos ó medios no espresados.

Los datos relativos á la POBL., RIQUEZA, CONTR., etc., aparecen en el siguiente:

CUADRO sinóptico, por ayuntamientos, de lo concerniente á la pobl. del part. jud. de Andújar, su estadística municipal y la que se refiere al reemplazo del ejército, su riqueza imponible y las contribuciones que se pagan.

AYUNTAMIENTOS.	OBISPADOS Á QUE PERTENECEN.	POBLACION. VECINOS.	POBLACION. ALMAS.	ESTADISTICA MUNICIPAL. ELECTORES. Contribuyentes.	ELECTORES. Por capacidad.	ELECTORES. TOTAL.	Elegibles.	Alcaldes.	Tenientes.	Regidores.	Síndicos.	Suplentes.	REEMPLAZO DEL EJERCITO. JÓVENES VARONES ALISTADOS DE EDAD DE 18 años.	19 años.	20 años.	21 años.	22 años.	23 años.	24 años.	TOTAL.	Cupo de soldados corr. á una quinta de 25,000 homb.	RIQUEZA IMPONIBLE. Territorial y pecuaria.	URBANA.	Industrial y comercial.	TOTAL.	CONTRIBUCIONES. Por ayuntamientos.	Por vecino.	Por habitante.	Tanto p.% de la riqueza.
																						Rs. Vn.	Rs. Vn.	Rs. Vn.	Rs. Vn.	Rs. Vn.	Rs. Mrs.	Rs. Mrs.	
Andújar	JAEN.	2361	9353	766	7	773	716	1	2	11	1	9	156	131	101	108	100	81	62	739	22'0	586590	242183	124963	953736	654543	277 8	69 3	68'63
Arjona		824	3598	367	1	368	344	1	1	8	1	7	55	43	28	25	20	13	10	194	8'0	275695	81237	87390	444322	219773	266 24	61 3	49'46
Arjonilla		568	2398	272	»	272	252	1	1	8	1	7	30	34	31	22	31	20	13	181	5'0	205647	43184	30080	278911	132847	233 30	55 14	47'63
Cazalilla		64	177	44	»	44	24	1	1	2	1	4	2	1	1	3	3	2	»	12	0'5	95444	9224	1600	106268	21518	336 7	121 19	20'25
Espelui		41	172	38	»	38	36	1	»	2	1	3	2	4	2	4	3	»	»	15	0'5	40010	2090	13400	55500	17510	427 2	101 27	31'55
Higuera de Arjona		170	685	119	»	119	111	1	1	4	1	5	16	6	8	8	8	9	3	58	1'5	75572	8213	3101	86886	42479	249 30	62	48'89
Lopera		564	2179	275	2	277	168	1	1	8	1	[illegible]	23	22	21	21	28	5	11	131	5'0	438831	61925	107100	607856	117525	208 13	53 32	19'33
Marmolejo		544	2020	260	1	261	245	1	1	8	1	7	29	24	20	21	22	10	10	136	5'0	392608	52155	31095	475858	183565	337 15	90 29	30'19
Menjivar		363	1502	206	»	206	200	1	1	6	1	6	22	13	15	13	14	10	5	92	3'5	74114	34278	22138	130530	84672	233 9	56 11	64'86
Villanueva de la Reina		517	1747	277	»	277	257	1	1	8	1	7	13	15	25	10	13	11	9	96	4'0	403551	57569	60500	521620	169997	328 28	97 10	32'51
TOTALES		6016	23831	2624	11	2635	2353	10	10	65	10	10	348	293	252	235	242	161	123	1654	55	2588062	592058	484367	3661487	1644429	273 13	69	44'91

ANDUJAR EL VIEJO: asi se llama el desp. de los Villares, á 1 leg. de la c. de Andújar, por haber existido en él esta c., con el nombre de Iliturgi, de donde se trasladó al lugar que hoy acupa, al reedificarse despues de destruida por Scipion el jóven, como consta de Plinio, *que la encontró ya en la misma orilla del Bétis*. Desde entonces quizá empezó á denominarse *Iliturgi vetus*, con algun Vico que allí se conservara, y siguiendo las variantes del nombre Andújar, vino á quedar *Andújar el Viejo*. En el concilio iliberitano, reunido á ruego de Melancio, asistió Mauro, presbítero de esta pobl., Mora hist. de Toledo (V. Andujar).

ANDURA: en una lápida hallada en Torreximeno, copiada por los Sres. Florez y Cean, que se conserva en la plaza de la Victoria de Andújar, sirviendo de pedestal á la cruz que hay frente á la igl. del suprimido conv. de la Victoria, se lee el patronímico «*Andurensis*.» Esto ha bastado á algunos, como á Rus Puerta y el Sr. Jimena, en su historia de Jaen, para creer que el actual Andújar se llamó *Andura*, siendo distinta y coetánea de *Iliturgi*, y el mismo Sr. Cortés en su Diccionario geográfico-histórico, no ha repugnado esta opinion. Pero atendido á que ninguno de los geógrafos mayores ha hecho mencion de *Andura*, ni este nombre aparece en historia alguna, ni en otra parte que en la referida lápida, blanda ademas y de poca duracion, de modo que ya está ilegible; no dudamos que no es ant. y que en vez de ser el nombre *Andújar* arabizado de Andura, este es latinizado de aquel, al tiempo de ponerse la inscripcion, tal vez simple gratulatoria, por la traslacion que hizo del referido conv. de donde estaba antes, estramuros de la c., al R. P. F. Francisco Navarro, general de la órden, natural de Andújar. Lupercio Leonardo Argensola dijo en muy buenos versos, que el nombre Andújar era una corrupcion de Iliturgi, y seguramente siendo Iliturgi duro á la pronunciacion de los árabes ¿qué de mas natural que las metátesis *Ilturgi*, *Alturgi* y *Altúrja*, como se lee en la enumeracion que hizo de las principales c. de Andalucia el gobernador Yusuf-el Fehri, y *Aldújar*, al describir el curso del r. Guadalquivir (Conde en su historia de la dominacion de los árabes), y que por fin la llamasen *Andújar*, cuando encontraron que este nombre valia para ellos tanto como *tierra negra* ó *morena*? Así nosotros no tememos asegurar que el nombre *Andura* es un bárbaro latin de *Andujar*, y esta sencilla corrupcion del de la ant. y desgraciada *Iliturgi* (V.).

ANDURIÑA: l. en la prov. de la Coruña, ayunt. de Mellid y felig. de San Pedro de *Falladela* (V.): pobl.: 2 vec.; 15 almas.

ANDURIÑA: l. en la prov. de Lugo, ayunt. de Baleira, y felig. de Santiago de *Cubilledo* (V.): pobl.: 4 vec., 23 almas.

ANDURIÑA: l. en la prov. de la Coruña, ayunt. de Villarmayor, y felig. de San Pedro de *Grandal* (V.): pobl.: 5 vec., 16 almas.

ANDURIQUE: l. en la prov. de Pontevedra, ayunt. de Poyo, y felig. de San Salvador de *Poyo* (V.).

ANEAL: pequeña punta en la costa del Mediterráneo, entre las torres que llaman de Torre-Quebrada y Torre-Bermeja, correspondientes á la prov. y part. jud. de Málaga.

ANEIRO: l. en la prov. de la Coruña, ayunt. y felig. de *Serantes, San Salvador de* (V.): SIT. en llano bien ventilado; pero de CLIMA propenso á repentinas variaciones: unas 12 CASAS rústicas componen la pobl., que confina por N. con Serantellos, por E. con Pazos, al S. con Bosque, y á O. con Corrales; le baña el riach. de su nombre, que cruzado por insignificantes puentes, desagua en la Malata, ensenada de la ria del Ferrol: el CAMINO que va á este puerto, asi como los demas locales, son carretiles estrechos: PROD. maiz, trigo, cebada, patatas y legumbres; cria ganado vacuno, lanar y de cerda: POBL.: 12 vec., 60 almas.

ANENTO: l. con ayunt. de la prov., aud. terr., c. g. y dioc. de Zaragoza (16 leg.). part. jud. y adm. de rent. de Daroca (1).: SIT. en un barranco formado por dos elevados cerros; bátenle los vientos de N. y disfruta de CLIMA saludable. Tiene 46 CASAS; una escuela de primeras letras dotada por los vec., á la que concurren de 12 á 20 alumnos, y una igl. parr. bajo la advocacion de San Blas, servida por 1 cura, 1 capellan y 1 sacristan: el curato es de segundo ascenso y se provee por S. M. ó el diocesano, mediante oposicion en concurso general. Confina el TÉRM. por el N. con el de Nembrevilla, por el E. con el de Lechon, por el S. con los de Baguena y San Martin, y por el O. con el de Villanueva, estendiéndose en todas direcciones de 1/4 á 1/2 hora. El TERRENO es de mediana calidad y escaso de aguas para el riego. Su corta vega, aunque mas fértil que lo demas del suelo, se vé con frecuencia descuajada por las avenidas de una rambla, que descendiendo acanalada por entre los dos cerros arriba mencionados, la cruza de medio á medio destruyendo cuanto encuentra. Carece de arbolado, y hasta de bosque de maleza que le proporcionen combustible; la mayor parte de las tierras incultas aprovechan solo para pasto de los ganados. Los CAMINOS son todos de herradura y de pueblo á pueblo. PROD. trigo, cebada, avena, cáñamo, judias, poco vino, menos hortaliza y frutas; cria ganado lanar y cabrio. POBL.: 40 vec.; 220 alm., CAP. PROD. 578,643, IMP. 32,200 CONTR. 7,404 rs. 10 mrs.

ANEO: uno de los 18 oficialatos de la dióc. de Seo de Urgel, en la prov. de Lérida, part. jud. de Sort, y valle de su nombre: comprende los pueblos siguientes: Alós, Arreu, Boren, Berros Jossá, Berros Subirá, Burgo, Dorbe, Esterri, Estahis, Espot, Escalarre, Gavas, Jou, Llaborre, Son, Sorpe con el Manso de Bruguera, Serví, Unarre con el Manso de Aurós, Valencia, Isabarre, é Isil. Los curatos, de la clase de rectorias, y los beneficios de que consta este oficialato, se proveen por concurso en sugetos naturales y originarios del valle, con terna á S. M. en sus ocho meses, menos los beneficios. Los que obtienen estos quedan obligados á ser confesores y á ayudar á sus respectivos párrocos; debiendo residir forzosamente en sus ig..; gozan de ciertos privilegios en virtud de bula del papa Paulo V, y los títulos les sirven para ordenarse; el oficial ecl. de este part. se llama dean: asciende el personal de las parr. á 20 curas, 45 beneficiados, y 5 subalternos; pues en todas ellas, menos en la de Esterri, desempeñan los felig. los cargos inferiores.

ANEO ó ANEU (VALLE DE): en la prov. de Lérida, part. jud. de Sort, aud. terr. y c. g. de Cataluña, dióc. de Seo de Urgel, oficialato de su nombre, compuesto de 21 pueblos y una ald., que son: Esterri (cap. del valle), Alós, Isil, Arren, Borren, Sorpe, Isabarre, Valencia, Son, Jou, Estaho, Espot, Berros, Jossá, Berros Subirá, Dorbe, Llaborre, Burgo, Gavas, Servi, Unarre, Escalárre y Auros: se halla SIT. en el estremo set. del part., por donde confina con Francia; por E. con montes de Anás y Estaon; por S. con Escaló, y por O. con los valles de Buhí y de Arán; estendiéndose 7 horas de N. á S. y 6 de E. á O.; los vientos que reinan con mas frecuencia son los del N. y S., que atravesando montañas cubiertas de nieve en la mayor parte del año, hacen el CLIMA muy frio., aunque en lo general saludable, sucediéndose las variaciones atmosféricas con estremada rapidez, tanto en los grados de temperatura, como de un estado de completa claridad á otro oscuro y nebuloso. A escepcion del llano que ocupa la cap., todo lo demas del TERRENO es demasiado áspero y desigual: le circundan por N. O. E. los Pirineos, y por las demas partes otras montañas de segundo órden; debiéndose mencionar como muy notables por su elevacion las llamadas Puy y Teso, que casi nunca se ven descubiertas de nieve. En la mayor parte de dichas montañas se crian dilatados bosques de pinos, abetos y otros árboles silvestres muy á propósito para la construccion civil y náutica, y abundantes pastos de buena calidad para toda clase de ganados: inumerables fuentes de esquisitas aguas, algunas ferruginosas y sulfúricas, brotan en varios parages, las cuales reuniéndose sucesivamente, dan origen á distintos riach. que en igual forma confluyen con el r. Noguera Pallaresa, único considerable que cruza por este valle; viniendo desde las montañas de Alós, donde tiene su nacimiento, baña los pueblos de Isil, Boren, Isabarre, y Esterri, y continúa su curso por Escaló, hasta desembocar en el Segre, en el térm. de Camarasa; las aguas del espresado r. Noguera, si bien dan impulso á varios molinos harineros, aprovechan poco para el riego, porque el terreno, ademas de su flojedad en la parte cultivable, ofrece muchas desigualdades y aspereza casi en su totalidad; pero todo esto no impide que la misma frescura producida por tan prodigiosa afluencia de manantiales y arroyos, y la natural fertilidad del suelo, presente por todas partes una superficie cubierta de verdor, en la cual, ademas de los frutos naturales de que se ha hecho mérito, hay multitud de plantas aromáticas y medicinales, como son la mejorana, orégano, parietaria, tusilago, valeriana, artemisa, belladona, cicuta, dulcámara, digital, centaura, y otros mil que fuera prolijo enumerar; en varios puntos se encuentran canteras de escelentes mármoles, los que no pueden beneficiarse atendido el mal estado de los caminos, y falta de medios de trasporte; y tambien se cree que hay abundantes minerales de hierro, cuya esplotacion igualmente permanece descuidada por las mismas causas. La aspereza y fragosidad de las montañas alimenta considerable número de cabras monteses, corzos, liebres, conejos, y distintas clases de volateria, con bastantes animales dañinos y algunos osos; criándose en las lagunas ó grandes estanques, que estan en medio de las mas elevadas sierras, muchas y esquisitas truchas.

CAMINOS. Rodeado, como dijimos, este valle de elevadas sierras, no es difícil penetrar en él durante el estio, porque los pasos y veredas que hay en las montañas son practicables por todos lados en la espresada época en que no existen nieves, hielos, ni obstáculos de esta clase que impidan el tránsito; pero en las demas estaciones, especialmente en el invierno, solo se puede ir por el camino de herradura que, entrando por Escaló ó lado del S., dirige á Esterri, donde se divide en dos ramales; uno de los cuales conduce al valle de Arán por el puerto de Pallás, Bonaigua ó Piedras blancas; y el otro guia á Francia por el puerto de Alós ó Salau; el primer ramal tiene desde Escaló á la venta llamada *Guingueta* 1 hora, á Esterri otra, á Valencia y á la venta de Bonaigua (que está al pie del puerto) 1 1/2; el otro ramal cuenta desde el mencionado Esterri 1 hora á Isabarre, 1 1/2 á Boren, á Isil 2, y á Alós, que se halla al pie del puerto del mismo nombre, 3 horas.

PRODUCCIONES. Se cosecha trigo, centeno, cebada y patatas en gran cantidad; bastantes legumbres, hortaliza y algunas frutas; cria ganado vacuno, de cerda, lanar, cabrio, mular y caballar.

ARTES, INDUSTRIA Y COMERCIO. Ademas de la agricultura, ocupacion á que se dedican principalmente los hab. de este valle, se emplean en la cardadura y tejidos de lana para vestir, en elaborar manteca y escelentes quesos, particularmente los vec. de Espot, y en el carboneo y corte de maderas, las cuales conducen á Barcelona, Tortosa, Lérida y otros puntos: se esporta mucho centeno y cebada para el valle de Arán, ganado de todas clases á el interior del reino, y gran cantidad de lanas á Francia; y se importa aceite, vino de la Conca de Tremp, y géneros coloniales y ultramarinos.

Aunque en 1841 se concedió un mercado á la v. de Esterri, no se celebra por falta de especuladores.

POBLACION. Se cuentan en todo el valle 373 vec., y 2,702 alm. Perteneció antes de la estincion de los señ. al marquesado de Pallás, existente en la casa de los Sres. duques de Medinaceli; disfrutó grandes privilegios en lo ecl. y civil; conservándose en el archivo part. de Esterri algunas constituciones muy curiosas, que para el gobierno político y económico del valle dió el duque de Medinaceli, por medio de su representante el castellano del cast. de Valencia de Aneo, cuya fort. se halla sit. á 5 minutos de dicho pueblo, viéndose aun las ruinas de sus murallas y del resto del edificio, con inumerables piedras redondas en forma de granadas de distintos calibres, esparcidas por las inmediaciones; si bien se ignora el uso fijo á que estaban destinadas, es de presumir por su figura y solidez, que servirian para arrojarlas con alguna máquina hácia el enemigo, caso de ser atacado el castillo.

ANERO: l. en la prov. y dióc. de Santander (2 leg.), part. jud. de Entrambasaguas (1/4), aud. terr. y c. g. de Búrgos (28), ayunt. de Ribamontan al Monte: SIT. en una llanura, batido por los vientos S. N. y NE., y con CLIMA sano, siendo las enfermedades que mas frecuentemente aquejan á sus naturales las fiebres catarrales, inflamatorias y pútridas: tiene 115 CASAS de mediana construccion, divididas en los barrios denominados la Pelilla, Gorenzo, Villanueva y Cárrales; una escuela de primeras letras, á la que concurren 80 discípulos, y cuyo maestro está dotado con la cantidad de 500 rs.; cuatro ó cinco fuentes, de las cuales son dos de muy buenas aguas; una igl. parr. bajo la adv. de San Félix Mártir, servida por un cura párroco; y una ermita en el barrio de Villanueva, á la falda del monte Garzon, dedicada á Ntra. Sra. de la Concepcion: confina su TÉRM. por N. y E. con el valle de Hoz, por S. con Hoznayo, y por O. con Praves; encontrándose en él las cabañas tituladas de Garzon, y un monte que llaman de Rondillos con algun arbolado de roble. El TERRENO es de superior, mediana é ínfima calidad, sin mas aguas para su riego que las que le proporciona un arroyo denominado de Villanueva. Los CAMINOS son peoniles y de carro para los pueblos limítrofes; y el CORREO se recibe de Santander por medio de balijero los lúnes y juéves, saliendo los mártes y viérnes. PROD.: maiz, alubias, habas y vino chacolí; ganado vacuno, lanar y caballar, y caza de liebres y algunas perdices: la IND. se reduce á un molino de una rueda para maiz, que solo muele en el invierno; y el COMERCIO á un almacen de vino blanco de la Nava, surtido tambien de quincalla, azúcar, bacalao y algunos otros efectos de consumo. POBL.: 110 vec., 560 alm., CONTR. con el ayuntamiento.

ANÉS (CASAS DE): l. en la prov. de Oviedo, ayunt. de Siero, y felig. de San Martin de *Anés* (V.).

ANÉS (SAN MARTIN DE): felig. en la prov., dióc. y part. jud. de Oviedo (2 leg.), del ayunt. de Siero (1/3): SIT. en terreno bastante montuoso; pero de buen CLIMA: sobre 300 CAS. forman diversos grupos conocidos por los nombres de l. ó ald. de Agüera, Anés, Calabaza, Campo Fernando, Catoloña, Coto, Cueva, Espiniella, Figarona, Floridayerbano, Fon-boña, Grandarasa, Huergo-Villar, Lozonillo, Llano, Lloredo, Normiella, Palmiaños, Pañedanueva, Pañedavieja, Pladano, Poladura, Rebollar, San Pedro de Robledo, San Tirso de la Madera, Urbiz, Varo, Vioo y otros cas.: la igl. parr. (San Martin) está servida por un curato de primer ascenso y de patronato real: hay seis ermitas dentro del TÉRM.; este confina con el de Sta. Maria de Lugo, Santiago de Prubia, San Andrés de la Pedrela y San Julian de Labandera; un crecido número de fuentes llevan sus aguas al r. Noreña que en Anés se denomina Ravaldi: el TERRENO, aunque quebrado y montuoso, tiene parte de mediana calidad, destinada al cultivo: no escasea de arbolado, y abunda en pastos: los CAMINOS son locales y malos: la CORRESPONDENCIA se recibe por Oviedo en la Pola. PROD.: maiz, trigo y escanda, castañas, patatas, algunas legumbres, hortalizas y frutas: cria ganado vacuno, lanar, cabrio, de cerda, y algo de mular; hay caza de liebres, perdices y aves de paso: IND.: la agrícola, pecuaria, y varios molinos harineros: POBL.: 303 vec.: 1,093 alm.: CONTR. con su ayunt. (V.).

ANETO: l. con ayunt. de la prov. de Huesca (27 leg.), part. jud, y adm. de rent. de Benabarre (11), aud. terr. y c. g. de Zaragoza (35), dióc. de Lérida (20): SIT. á la márg. izq. y cerca del nacimiento del r. *Noguera Ribagorzana*, en una hondonada rodeada de peñascos, y combatido fuertemente por los vientos del N. Forman la pobl. 14 CASAS de 4 varas de altura, en general, distribuidas en calles irregulares y mal empedradas. Hay una igl. parr. bajo la advocacion de San Clemente, servida por 1 cura, 1 beneficiado y 1 sacristan. El curato es de entrada, y lo provee S. M. ó el diocesano prévia oposicion. El edificio fué fundado por los años de 1539, segun aparece de una inscripcion que se ve en el umbral de la puerta. El cementerio parr. se halla en parage bien ventilado. Hay tambien dentro del pueblo dos fuentes de muy buenas aguas para el surtido del vecindario y demas usos domésticos, y á 1/4 de hora de dist. se observan las ruinas de un cast. que conserva algunas paredes, y segun noticias, fue construido en la penúltima guerra con los franceses. Confina el TÉRM. por el N. con el de Viella (1/2 leg.) por el E. con el de Senet (1/8), y por el S. y O. á igual dist. con el de Bono. El TERRENO es tenaz, espinoso, árido, secano y poco fértil; entre los montes que, como se dijo, encierran la jurisd., se distingue como el principal, el llamado sierra de los Evangelios, que va á unirse con los Pirineos al O. de la pobl.; todos ellos están poblados de fresnos y muchos bojes, y de buenas yerbas de paste. El r. Noguera, de que ya se hizo mencion, y que limita por el E. los terr. de la prov. de Huesca y de Lérida, es de curso perenne, de cáuce profundo y aumenta sus aguas á proporcion que se derriten las nieves abundantes en este pais por espacio de 6 meses; y que á veces le dejan incomunicado con los pueblos inmediatos, por los ventisqueros que forma el aire, arrebatando la nieve de una á otra parte. Las desbordaciones del Noguera son frecuentes, y causan perjuicios de la mayor consideracion; un puente de madera facilita el paso de este r., el cual da movimiento á las ruedas de un molino harinero, y cria abundante pesca de truchas y otros peces. PROD.: centeno, legumbres y poco ganado lanar y cabrio. POBL.: 14 vec., de ellos 3 de catastro; 47 alm.: CONTR.: 4,463 rs. 32 mrs.

ANFEOZ: l. en la prov. de Orense, ayunt. de Cartelle y felig. de Sta. Eulalia de *Anfeóz* (V.): POBL. 6., vec.; 30 alm.

ANFEOZ, STA. EULALIA DE (vulgo STA. BAYA): felig. en la prov. y dióc. de Orense (3 1/2 leg.), part. jud. de Celanova y ayunt. de Cartelle: SIT. al E. y á 1 leg. de la cap. del part.; comprende los l. de Anfeóz, Gueral de Abajo, Gueral de Arriba, Miros, Pena, Regin, Sabud, Santa Baya, Sta. Catalina, Soutelo, Villar y Texeira, cuyos vec. están dedicados á la agricultura; hay una escuela dotada con frutos de la cosecha; y asisten algunos niños en invierno. La igl. parr. (Sta. Eulalia), es matriz de su hijuela Ntra. Sra. de Mundil y del anejo de San Juan de Eixadas, al que se reunen los l. de Carballal, Seasa de Montes, Seixadas, Seixadelas y Vagullo, así como á la hijuela de Mundis los de Carregal, Nogueiro, Outumuro y Sta. Catalina. El curato es de término, y su presentacion ordinaria, prévio concurso: la ejercia el estinguido monasterio de Benedictinos de Celanova, cuyo abád se titulaba *marques* de Sande y *conde* de Vande: tiene las alhajas necesarias para el culto, y el cementerio en el atrio de la igl. El TÉRM. se estiende á 1 leg. de N. á S., y 1 1/4 de E. á O.; confina por N. con Espinoso; por E. con el r. Arnoya y Penela; por S. con este mismo r. y Freas; y por O. con Villar de Bacas y Cartelle; le baña el Arnoya por E. y S.: el TERRENO participa de monte y llano bastante fértil. Los CAMINOS vecinales y poco cuidados: el CORREO se recibe en la cap. del ayunt.: PROD. maiz, centeno, lino, patatas, algunas legumbres, poco vino y bastante pasto: cria ganado vacuno para el cultivo, y se pescan truchas, anguilas, lampreas y otros peces: POBL.: 305 vec.; 1,364 alm.: CONTR. con su ayunt. (V.).

ANFESTA: l. con ayunt. en la prov. de Lérida (12 leg.), part. jud. de Solsona (4 1/2), adm. de rent. de Cervera (5 1/2), aud. terr. y c. g. de Cataluña (Barcelona 13), dióc. de Vich: SIT. en terreno montuoso con buena ventilacion y CLIMA, aunque frio, bastante saludable. Tiene 12 CASAS de mediana fábrica, parte de ellas alrededor de un cast. cuya estructura denota ser del tiempo de los moros, y las demas esparcidas en varias direcciones, y una igl. parr. aneja de la de Colonjá (prov. de Barcelona), cuyo párroco pasa á decir misa los dias festivos y á administrar los sacramentos en caso de necesidad. Confina el TÉRM. por N. con el de Pinós, por E. con el de San Pedro dels Archs, por S. con el de Calaf, y por O. con el de Calonja, de cuyos puntos dista 1/2 leg. poco mas ó menos. El TERRENO es áspero y quebrado; en diversos parages del mismo brotan fuentes, cuyas buenas aguas utilizan los vec. para surtido de sus casas y abrevadero de sus ganados, dando tambien origen á un riach. llamado *Riubregós*; abraza 1,500 jornales de tierra, de los que hay en cultivo 30 de segunda calidad y 68 de tercera, en lo demas del térm. se crian bosques de árboles, arbustos y maleza, que proporcionan leña para construccion y combustible. PROD.: trigo, cebada, legumbres y algun vino; cria ganado vacuno, lanar y cabrio, y hay caza de varias especies. IND., ademas de la agricultura se dedican los habit. á elaborar yeso con abundancia. POBL.: 12 vec.; 46 almas.

ANFOS (CABO DE): cabo de la isla, tercio, prov. y distr. marit. de Menorca, apostadero de Cartagena, SIT. al O. 1/4

NO. del cabo Ternells, entre este y el de Levante que dist. uno de otro 2 millas. Forma con el cabo de Levante una gran ensenada á la cual nombran golfo ó ensenada de Anfós.

ANGAN: l. en la prov. de Lugo, ayunt. de Jove y felig. de Sta. Eulalia de *Lago* (V.).

ANGARIELLA: arroyo en la prov. de Oviedo, part. jud. de Pola de Laviana y térm. municipal de *San Martin de Rey Aurelio*; nace en el monte Blanco y se dirige al *Nalon*, en donde y al sitio de su nombre, deposita las aguas, cuya altura es de 2 á 3 pulgadas en su estado normal: el caminar este arroyo, en todo su curso, por entre montes, impide el que se utilicen sus aguas, las cuales producen algunas anguilas.

ANGEL: venta en la prov. de Zaragoza, part. jud. de Daroca, en el térm. del l. de Encina-corba: SIT. sobre la carretera que conduce de Zaragoza á Valencia, en terreno escabroso y á cuyas inmediaciones se forman muchas veces barrizales que atascan los carruajes con grave perjuicio de los viajeros; es la primera què se encuentra bajando del puerto de Cariñena, y se compone de una sola casa ó edificio que nada ofrece de particular. Su CLIMA, TÉRM., TERRENO, PROD., CONTR. y demas (V. ENCINA-CORBA en cuya jurisd. está enclavada.)

ANGEL (SAN): barrio del l. de Traucedo en la prov. de Huesca, part. jud. de Benabarre. Se compone de 4 CASAS: antiguamente formaba distinta parr. sujeta al Abadiado de San Victorian; hoy se halla sujeta á la del referido l. SIT., CLIMA, TERRENO, PROD., y CONTR. (V. TRANCEDO.)

ANGEL DE LA GUARDIA: ald. en la prov. de Pontevedra, ayunt. de Tuy, y felig. de *Pasos de Reyes* (V.).

ANGEL (EL): riach. en la prov. de Búrgos, part. jud. de Lerma: tiene su orígen en unas fuentes que se hallan en el térm. comunero de Cuevas de San Clemente y Mazariegos: corre por entre los riscos que llaman las Hoces, atravesando igualmente el monte titulado el Bardal en tierra de Lerma: despues se dirige á Torrecilla, desde cuyo térm. se introduce en el de Villamayor, cruzando la calzada que conducé desde Búrgos á Madrid, donde hay un puente de piedra de un solo arco en buen estado, que se construyó en el año de 1824: á poco mas de 1/2 cuarto de leg., se le reunen las aguas de otro riach. cuyo orígen viene de varias fuentes que se encuentran en los térm. de Cubillo, la Cerca y Cubillejo, bajando por las canteras de Hontoria que pertenecen al part. de Búrgos: en seguida baña los pueblos de Tornadejo, Madrigal del Monte y Madrigalejo, atravesando tambien en el térm. de este mismo el camino real de que ya se ha hecho mérito, en cuyo punto existe otro puente de piedra con un pequeño arco en buen estado de conservacion, construido en 1804: pasa despues por el l. de Zael, en donde da movimiento á un molino harinero de dos ruedas, por la granja de Villahisan, por el térm. de Villahoz en el que cruza el camino de herradura que desde este pueblo conduce á Mahamud, para cuyo tránsito se encuentra un puente de piedra en mediano estado, y entrando por último en el de Santa Maria del Campo se incorpora con el r. Arlanza, frente de los molinos viejos de Torrepadre: su curso se interrumpe durante la estacion calurosa, sin producir sus aguas mas que bermejuelas y cangrejos en abundancia.

ANGELAS: el itinerario romano presenta esta pobl. en el camino militar desde Cádiz a Córdoba como lugar de descanso entre Anticaria é Ipagro: debe reducirse á *Iznajar* (V.).

ANGELES: baños minerales en la prov. de la Coruña, térm. municipal de Brion y lugares de Trema y Alqueidon de la felig. de Sta. Maria de los *Angeles* (V.)

ANGELES: l. en la prov, de la Coruña ayunt. de Mellid y felig. de Sta. Maria de *Angeles de Borente* (V.) POBL.: 3 vec.: 16 almas.

ANGELES: l. en la prov. de la Coruña, ayunt. de Bugalleira y felig. de San Julian de *Brántuas* (V).

ANGELES: r. de la prov. de Cáceres, part. jud. de Granadilla: nace en el chorro denominado, *Mea-cera*, inmediato al conv. de San Francisco titulado de los *Angeles* del que toma su nombre (V.): aumentado con los muchos torrentes que producen las ásperas montañas de las Hurdes, cruza por todo el concejo del Pino-franqueado, se aproxima á este pueblo, Azabal, Casar de Palomero, Ribera de Oveja y Pesga, para entrar en el Alagon en el sitio llamado *Boca de Oveja*: durante su curso va tomando el nombre de los pueblos por donde pasa, los cuales se hallan todos á su der., y aunque tiene muchos vados, son tan peligrosos, principalmente por la parte del Pino, que han sobrevenido infinitas desgracias, por cuya razon se ha construido un puente regular en el año de 1842 cerca de aquel pueblo: sus aguas son cristalinas y puras, se utilizan en el riego de los pequeños huertos de los hab. de las Hurdes, dan movimiento á algunas aceñas, crian mucha pesca de truchas y anguilas, y arrastran continuamente muchas arenas de oro, con las que enriquecen el r. Alagon, como en el mismo se dijo.

ANGELES: desp. de la prov. de Avila (3 leg.), correspondiente á los part. jud. de Avila y Arévalo, y á las jurisd. de Oso y Hernansancho que la ejerce el 1.º en 6 partes y el 2.º en 5, de cuyos pueblos dista 1/2 leg., su TÉRM. todo roturado y que se estiende 1/2 leg. de N. á S., lo mismo de E. á O. y 3 escasas de circunferencia: linda por N. con el de San Pascual, E. con el de Hernansancho, S. con el de Gotarrendura, y O. con el de Oso: nada se sabe de la época de su poblacion.

ANGELES: conv. suprimido en desp. en la prov. de Cáceres, part. jud. de Granadilla, térm. de Bijuela, alq. del concejo de Pino Franqueado en el terr. de las Hurdes: SIT. en la pendiente S. de la alta sierra que divide las dos prov. de Cáceres y Salamanca, junto al Canchal llamado «*Mea-cera*» en el que nace el r. del mismo nombre de este Santuario, en terreno quebrado, áspero y montañoso: se halla en total ruina habiendo desaparecido todas las maderas, hierro, piedras labradas y cuanto habia de algun valor: perteneció á la órden de San Francisco. La sierra en que se halla este conv. lleva tambien el nombre de los *Angeles*, y sus faldas occidentales se estienden hácia los pueblos de Robledillo y Descargamaria en el part. de los Hoyos de la misma prov., dando nacimiento por esta parte al r. Arrago.

ANGELES DE BOENTE (STA. MARIA DE LOS): felig. en la prov. de la Coruña (10 leg.), dióc. de Lugo (7), part. jud. de Arzua (2), y ayunt. de Mellid (1/8): SIT. á la falda del monte *Merco* al N. de Mellid donde la combaten todos los vientos: su CLIMA frio y sano; se compone de unas 28 CASAS distribuidas en los l. y cas. de Angeles, Corbelle, Forte, Garceiras, Mascaño, Penacoba, Rañadoyro, Ribeiro, Teixin y Vilacoba. La igl. parr. (Sta. Maria de los Angeles) era aneja de San Juano de San Cibrao; pero demolida esta última, sus vec. recibian el pasto espiritual de la de los Angeles que vino á declararse matriz y se la dió por anejos la mencionada de San Cibrao y la de San Vicente de Vitriz; su TÉRM. confina por N. con San Martin de Gondollin 1/4 de leg.; por E. con el de San Salvador de Abeancos á igual dist.; por S. con la v. de Mellid y por O. á 1/8 de leg. con su anejo, San Juano ó San Juan de San Cibrao: hay una fuente de buen agua y cruza el TÉRM. de NO. á SE. un arroyo que desde Gondollin se dirije á San Salvador de Abeancos con direccion al r. Furelos, que es quien recibe sus aguas: el TERRENO es de buena calidad; pero carece de arbolado aun en la parte de monte que disfruta al N.; pasa por esta felig. y su l. del Forte el camino real que de Mellid dirige á Lugo; el cual asi como los vecinales se hallan en mediano estado: el CORREO se recibe de Lugo por Mellid. PROD.: centeno, maiz, algun trigo, habichuelas y otras legumbres: cria ganado vacuno, lanar, de cerda y caballar mular; se cazan perdices, conejos y liebres, y hay alguna pesca de truchas. POBL.: 28 vec.: 146 alm.: CONTR. con su ayunt. (V.). Esta parr. fue conocida hasta el siglo 16 con el nombre de Santa Maria de Malos, despues se la dió el de Angeles de Boente por corresponder á la jurisd. de este nombre; hoy se la llama tambien Angeles de Mellid para distinguirla de la de Sta Maria de Angeles; SIT. junto á Dormea.

ANGELES (SAN MAMED DE): felig. en la prov. de la Coruña (7 1/2 leg.), dióc. de Santiago (4), part. jud. de Ordenes (3) y ayunt. de Oroso; SIT. en una altura á la der. del r. *Tambre* y CLIMA sano, comprende las ald. de Bran, Cabanas, Cachopal, Calvente, Canes, Meimije, Pedralba y Sar que reunen 70 CASAS de mala construccion: la igl. parr. (San Mamed) es de órden regular, con cementerio capaz, y el curato de provision ordinaria, auxiliado por un teniente: su TERM. confina por N. con Calvente, San Juan; por E. con Lardeiros; por S. con Gonzar y por O. con Senra: el TERRENO es bastante quebrado y le bañan buenas aguas que dán impulso á dos molinos harineros y, aunque en su mayor parte, se halla inculta, tiene buenos pastos y arbolado, especialmente de castaños, con cuyo fruto alimentan parte del año el ganado de cerda: tambien cria vacuno, caballar, mular y lanar: PROD.: trigo, maiz, centeno, patatas y lino: POBL.: 83 vec.: 415 alm.: CONTR. con su ayunt. (V.).

ANGELES (SAN MAMED DE LOS): felg. en la prov., dióc. part. y ayunt. de Lugo (3/4 leg.): SIT. en una altura bien ventilada, en CLIMA frio y se padecen con frecuencia dolores de reuma y pulmonias: reune sobre trece cas. en los l. y ald. de Barja, Cardoso, San Mamed, Viador y Vilanóva; hay una escuela para esta y las felig. inmediatas, y cuyo maestro solo disfruta de la remuneracion que le dan los padres de los alumnos. La igl. parr. (San Mamed) es matriz de San Andrés de Castro y San Julian de Vilachá, y su curato de entrada y patronato ecl. y laical, el TÉRM. confina por N. con Sta. María de Bóveda, por E. y S. con San Lorenzo de Recemil, y por O. con San Juan de Peña; estendiéndose por donde mas á medio cuarto de leg.: brotan en él varias fuentes de muy buenas aguas que van á unirse con las del r. Miño: el TERRENO es de buena calidad y en sus montes con especialidad en el de Sanfitorio, se encuentra leña baja: los CAMINOS transversales son malos: el CORREO se recibe dos veces á la semana de la adm. de Lugo. PROD.: centeno, maiz, castañas, patatas, trigo, algun lino y varias frutas: cria ganado vacuno, yeguar cruzado, lanar y de cerda; hay caza de liebres, perdices y aves de paso, y pesca de anguilas, truchas y otros peces: POBL.: 15 vec.: 90 alm.; CONTR con su ayunt. (V.).

ANGELES (STA. MARIA DE LOS): felig. en la prov. de la Coruña (9 leg.), dióc. de Santiago (7), part. jud. de Arzua (2 1/8), y ayunt. de Boimorto (1/2): SIT. en las vertientes de los montes de las felig. de Dormea y Boimol: su CLIMA es frio y bastante sano: unas 30 CASAS de mediana construccion forman las ald. y cas. de Anguieiro, Corredoiras, Cotosalgueiro, Iglesia, Liñeiro, Peroja, Quintás, Siria, Vereá ó Vereda y Vilar. La igl. parr. (Sta. Maria de los Angeles), sit. junto al monte, está servida por un curato, cuya presentacion, prévio concurso, la ejercía el estinguido monast. de San Martin de Santiago: el TÉRM. confina por N. con Sta. Cristina de Folgoso á 1/2 leg.; por E. con Rodeiros y San Cristóbal de Dormea, por S. con esta felig., por O. con Boimorto y por NO. con San Miguel de Boimil: sus abundantes aguas se dirijen al S. á unirse con el Ulla, pues si bien algunas marchan al Tambre, en lo general bajan al Iso por el cas. de Liñeiro: el TERRENO es montuoso y fértil: sus CAMINOS ó veredas locales mal cuidadas: el CORREO se recibe por la cap. del part. PROD. centeno, maiz y patatas: cria ganado en corto número, y hay caza de perdices: tiene un molino harinero y celebra romeria el dia de Sta. Lucia: POBL. 32 vec., 170 alm.: CONTR. con su ayunt. (V.). Esta felig. se denominó hasta el siglo XVI, Sta. Maria de *Perros*; hoy se la conoce tambien por la de los Angeles de Dormea, á causa de hallarse inmediata, como se ha dicho, al priorato de San Cristóbal de este nombre.

ANGELES (STA. MARIA DE): felig. en la prov. de la Coruña (12 leg.), dióc. de Santiago (2), part. jud. de Negreira (2 1/2), y ayunt. de Brion (1/4): SIT. en llano y su CLIMA sano: comprende las ald. de Adoufe, Alqueidon, Armental, Buyo, Cabanas, Carregal, Cóbo, Estrar, Gosende, Gudin, Guisande, Guitiande, Lago, Outeiro, Perros, Piñeiro, Rial de Outeiro, Saime, So-Iglesia, Setun, Souto, Tremo y Vilanova, que reunen unas 110 CASAS de mala construccion: tiene escuela primaria costeada por los padres de los alumnos. La igl. parr. (Sta. Maria) tiene por anejo á Bastabales (San Salvador), y el curato de presentacion ordinaria: el cementerio espacioso y bien ventilado: el TÉRM. confina por N. con el monte de Brion; por E. con Viduido, por S. con la confluencia de los r. Aguapesada con el Sar; unido este al Sarela y por O. con Bastabales. En la ald. de Tremo hay un baño mineral frio, sulfúreo y nitroso, cuyas aguas no solo se aplican á la sumersion sino tambien á la bebida de los que padecen afecciones, inclusa la elefancia en sus primeros grados, y surten buenos efectos, y en Alqueidon una fuente mineral salino-ferruginosa que prod. el alivio de obstrucciones é irritaciones; por cuya razon esta felig. es muy concurrida desde la Coruña, Santiago, Padron y demas pueblos de la costa: el baño no tiene mas edificio que un retiro para el abrigo de sus concurrentes, y el agua ferruginosa se toma de un caño, á corta dist. del manantial; pero es indispensable aguardar á que se hallan desecado otras aguas, que sit. á mayor altura se le mezclan por efecto de la filtracion, en cuyo caso se han esperimentado notables accidentes perjudiciales á la salud. El TERRENO participa de monte y llano: el agua del Sar y los arroyos de varias fuentes dan impulso á diferentes molinos harineros: los CAMINOS son locales, de herradura y mal cuidados, á escepcion de la indicada carretera que va á Santiago; pero todos se inutilizan en tiempo de avenidas: CORREO; lo recibe por la cap. del part. PROD.: trigo, maiz, centeno, patatas, lino y algun vino: cria toda clase de ganado, en que se funda su principal ind.: POBL. 116 vec., 464 alm.: CONTR. con su ayunt. (V.).

ANGELES (NRA. SRA. DE LOS): santuario en desp. de la prov. de Madrid, part. jud. de Getafe: SIT. sobre un cerro bastante elevado al E. de la carretera general de Madrid á Andalucia á 2 leg. de la cap. y 1/4 del pueblo de que depende; de este santuario toma el nombre la parada y casa de postas que hay á la falda del cerro, y sobre la espresada carretera; y en el mismo sitio hay una casa ó ventorrillo donde se surten los viajeros de algunos art. de comestibles.

ANGELES (VIRGEN DE LOS): santuario de la prov. de Castellon de la Plana, part. jud. y jurisd. de la v. de San *Mateo* (V.).

ANGELITO (EL): labranza en la prov. de Toledo, part. jud. de Navahermosa, térm. de Menasalvas.

ANGELO (SANTO): cot. red. desp. de la prov. de Huesca, part. jud. de Jaca, jurisd. y felig. del l. de San Julian de Sebos, en cuyo térm. se halla enclavado y con el cual contribuye (V.).

ANGELU (ANGUELLO): desp. en la jurisd. de Villarreal prov. de Alava de cuyo ant. pueblo se hace mencion en el catálogo que existe en San Millan, y era uno de los seis que se agregaron á la herm. por don Alonso XI en 25 de abril era 1371 año de 1333 (V. VILLAREAL DE ALAVA).

ANGELLAS: variante del nombre *Angelas*, cuya ortografia es la que debe adoptarse (V.).

ANGERIZ: l. en la prov. de Lugo, ayunt. de Orol y felig. de Sta. Maria de *Gerdiz* (V.): POBL. 10 vec.; 50 almas.

ANGERIZ: ald. en la prov. de Lugo, ayunt. de Alfoz y felig. de San Salvador de *Castro de Oro* (V.): POBL. 5 vec., 24 almas.

ANGERIZ: ald. en la prov. de Lugo, ayunt. de Friol, felig. de Sta. Maria de *Angeriz* (V.); POBL. 8 vec., 37 almas.

ANGERIZ (STA. MARIA DE): felig. en la prov., dióc. y part. jud. de Lugo (5 leg.), y ayunt. de Friol (1 1/2): SIT. en los confines de la prov. con la de la Coruña y no muy dist. del r. Parga, su CLIMA frio y bastante sano: el cas. disperso forma no obstante los l. de Angeriz, Cuiña, Penelas, Piñeiro, Sabugueiro y Sisto: la igl. parr. (Sta. Maria), es uno de los anejos de Santiago de Trasmonte con la cual confina su TÉRM. asi como la de Negradas, Miraz, Bra, Carlin y Anafreias: el TERRENO participa de monte y llano; aquel arbolado y este de mediana calidad: hay fuentes de buen agua que utilizan los vec. para sus usos domésticos: los CAMINOS locales y mal cuidados: PROD. trigo, centeno, maiz, bellota, castañas, legumbres, hortalizas, lino y cáñamo: cria ganado vacuno, caballar de cerda y cabrio: hay caza de liebres y perdices. IND. tejidos y filatura de lana y lienzos ordinarios: POBL. 20 vec.: 106 alm.: CONTR. con su ayunt. (V.).

ANGERIZ (STA. MARINA DE): felig. en la prov. de la Coruña (6 leg.), arz. de Santiago (4), part. jud. de Ordenes (2), y ayunt. de Tordoya: SIT. á la izq. y cerca del nacimiento del r. *Dubra*: comprende las ald. de Abres, Belesal, Brandoñas, Casasnovas, Folgueira de Abajo, Folgueira de Arriba, Pazo, Pispieiro, Pousadoiro, Rapadoiro y Torre, con unas 60 CASAS rústicas. la igl. parr. (Sta. Marina), es mediana, el cementerio espacioso y el curato de provision ordinaria. El TÉRM. confina al N. con el r. *Jallas* en su origen, por E. con Villadabad, interpuesto el r. *Dubra*, por S. con Puente de Piedra y Marcelle, y al O. con Basar: el TERRENO aunque todo montañoso es feraz; los CAMINOS locales y malos. PROD.; cebada, centeno, trigo, patatas, varias legumbres y lino: cria bastante ganado vacuno, alguno caballar, mular, lanar y de cerda: POBL. 64 vec.: 320 alm.; contribuye con su ayunt. *Tordoya* (V.).

ANGLADA (MAS DE): casa rural en la prov., part. jud. y dióc. de Tarragona, térm. jurisd. de Constanti, 1/2 leg., (V.): SIT. inmediata á la carretera de Tarragona á Reus, y á la parte NO. de Constanti: es bastante magnífica, y está habitada por una familia de labradores;

ANGLÉS: v. con ayunt de la prov. y dióc. de Gerona (2 1/4 leg.), part. jud. de Santa Coloma de Farmes (2 1/4), aud. terr. y c. g. de Barcelona (13): SIT. en la márg. der. del r. *Ter*, al pie de una sierra que se eleva al lado del O., cuyos vientos la baten mas comunmente: su CLIMA es saludable: está fortificada, y los muros que la rodean la hicieron inespugnable durante las últimas contiendas civiles, estan construidos sobre los cimientos de una ant. muralla, que se supone ser obra del tiempo de la dominacion de los romanos. Forman la pobl. 80 CASAS de ordinaria construccion; en general de un solo piso, distribuidas en varias calles mal empedradas, y una plaza muy regular: tiene un hospital para los pobres enfermos de la v., administrado por el ayunt. y dos coadjutores, sostenido con la escasa renta de 1,500 rs. vn., la que se invierte para el sosten y aumento del establecimiento; una escuela de primeras letras, pagada de los fondos del comun, á la que concurren de 30 á 40 alumnos; y una igl. parr. de primer ascenso, servida por un cura párroco que nombra el ordinario, prévio concurso general. Confina el TÉRM. por el N. con el r. Ter, por el E. con el de Vilana, por el S. con el de San Martin Saprera, y por O. con el de Cellera: dentro de sus lím. se encuentran algunas minas de hierro y de alcohol. El TERRENO es montañoso, á escepcion de unos 500 jornales de tierra llana, casi toda de regadío con las aguas del Ter, que le baña por la parte del N., y con las de la riera de Ozor, que la fecunda por la parte del O.: aquel está cubierto de robles, encinas y castaños, que proporcionan buena madera para la construccion, leña y carboneo; y este da abundante cosecha de avellanas y otros frutos necesarios para el consumo de aquellos hab. El espresado r. Ter da impulso á un molino harinero; y ambas corrientes crian ricos y sustanciosos barbos y anguilas. PROD. avellanas, castañas, patatas, hortalizas, legumbres, madera y carbon; cria ganado mular, lanar y vacuno, y abunda en caza de perdices, liebres y conejos, que trasportando estos efectos á los mercados inmediatos, constituye su principal IND. y COMERCIO. POBL. 80 vec., 558 hab.: CAP. PROD.: 2.400,000: CAP. IMP.: 85,000 reales vellon.

ANGLESOLA: v. con ayunt. en la prov. de Lérida (6 1/2 leg.), part. jud. y adm. de rent. de Cervera (2), aud. terr. y c. g. de Cataluña (Barcelona 15 1/2), dióc. de Solsona (8): SIT. en un llano, donde le combaten principalmente los vientos del N. y S.: goza de cielo alegre y CLIMA benigno y saludable, aunque á las veces se suelen desarrollar algunas calenturas intermitentes de varias especies. Forman la pobl. 174 CASAS, distribuidas en varias calles y plazas bien alineadas y con buen piso. Hay casa municipal, pósito, una posada pública, algunas tiendas de abacería y de otros art. de consumo, un hospital para enfermos pobres transeuntes; escuela de instruccion primaria á cargo de un maestro examinado, pagado por los fondos del comun, á la que concurren mas de 100 niños: una igl. parr. dedicada á San Pablo Narbonense, cuyo edificio de buena arquitectura presenta un conjunto de muy agradable aspecto: sirve el culto un capitulo, compuesto de un cura párroco y 9 beneficiados; el curato es de término y de patronato Real, é igualmente algunos de los beneficios; pues los restantes pertenecen á particulares, ó son de familia: y una ermita, sit. fuera del pueblo, en la cual se celebra misa los dias festivos. Antes de la supresion de los conv. hubo uno de trinitarios calzados, muy capaz, de buenas proporciones y con una hermosa igl., la que con el resto del edificio permanece cerrada. Confina el TÉRM. por N. con el de Moncortés, por E. con el de Villagrasa, por S. con el de Mollerusa, por O. con el de Liñola, de cuyos puntos dista 1/4 de hora poco mas ó menos. El TERRENO es muy fértil y prod., especialmente en la porcion que puede regarse con las represas que hay sobre el torrente que desciende por el lado de Cervera, y continúa su curso de E. á O., cuyas aguas tambien sirven para dar impulso á dos molinos harineros. Se cultivan 800 jornales de tierra de primera calidad; 1,600 de segunda, y 1,126 de tercera; en todas ellas crecen muchos almendros, cuyo fruto es esquisito. PROD. trigo, cebada, aceite, vino, legumbres y hortalizas; cria algun ganado lanar y cabrío, y el mular necesario para la labranza. IND.: ademas de los mencionados molinos harineros y de la agricultura, hay en esta v. fáb. de encajes negros de muy buena calidad, dedicándose tambien los hab. á la arriería. POBL. 152 vec., 757 alm.: CAP. IMP. 338,389 reales.

ANGLESOLA (PALAU DE): conocido vulgarmente con el nombre de ALPALAU: l. con ayunt. de la prov., part. jud. y adm. de rent. de Lérida (4 1/2 leg.), aud. terr. y c. g. de Cataluña (Barcelona 21), dióc. de Solsona (14): SIT. á 1/2 leg. de la carretera de Barcelona, en la hermosa llanura de La Seo de Urgel, donde le combaten todos los vientos, y goza de CLIMA muy saludable, si bien de vez en cuando suelen aparecer algunas calenturas inflamatorias. Tiene 125 CASAS, distribuidas en varias calles de buen piso; casa municipal; escuela de primeras letras, dotada con 1,200 rs. de los fondos del comun, á la cual asisten de 40 á 50 niños; y una igl. parr. bajo la advocacion de San Juan Bautista, servida por un cura párroco, cuya plaza es de término y de patronato de S. M. Confina el TÉRM. por N. con los de Poal y Barbens, por E. con el de Utxafaba, por S. con el de Fondarella, y por O. con el de Bellvis. Dentro del mismo se encuentran los rurales ó desp. de Novella, Escarabat y Marlét. El TERRENO, aunque enteramente llano, carece de aguas corrientes; pues solo tiene las pluviales recogidas en balsas, que aprovechan los vec. para su gasto doméstico, abrevadero de ganados, y otros objetos de agricultura: abraza 4,000 jornales de tierra, de los cuales hay 1,600 en cultivo, destinándose 400 de los mismos á viñedo, y 200 á olivar, todos de buena calidad; lo restante del térm. permanece baldío é inculto por falta de riegos; únicamente ofrece algunos arbustos, yerbas y pastos para el ganado. Los CAMINOS que conducen á los pueblos limítrofes, y particularmente el que va á enlazarse con la carretera de Barcelona se hallan en buen estado. La CORRESPONDENCIA se recibe de la estafeta de Mollerusa. PROD. trigo, cebada, avena, vino, aceite, barrilla y algunas legumbres de buena calidad; cria ganado vacuno, lanar y cabrío, y el indispensable para la labranza: y hay alguna caza de liebres, conejos y perdices: IND.: fabricacion de barrilla y aguardiente, y un molino aceitero: COMERCIO: se esportan granos, vino aceite, aguardiente y barrilla; y se importan géneros coloniales y tejidos del país: POBL.: 125 vec., 540 alm.: CAP. IMP.: 99,318 rs.: CONTR.: por todos conceptos, incluso el PRESUPUESTO MUNICIPAL 20,538 reales.

ANGLIS: barrio de la v. de Ayerve, en la prov. y part. jud. de Huesca: SIT. próximo al r. *Vadillo*, en un llano que disfruta de cielo alegre y CLIMA saludable. Se compone de 21 CASAS de regular altura: y una igl. bastante buena. Tiene una fuente y varios arroyos, cuyas aguas, ademas de surtir á los vec. para sus usos domésticos, sirven tambien para el riego de varios huertecillos. El TÉRM., calidad del TERRENO, PROD. y demas (V. AYERVE, en cuya jurisd. esta enclavado).

ANGOARES (SAN PEDRO DE): felig. en la prov. de Pontevedra (5 leg.), dióc. de Tuy (3), part. jud. y ayunt. de Puenteareas (1/4): SIT. sobre la márg. izq. del r. *Tea*: su CLIMA sano, aunque frio y húmedo; comprende entre otros los l. y cas. de Abilleira, Balboa, Castiñeira, Carballal, Curejeira, Mosteiro, Ponte de Veiga y Tras de Searas, que reunen sobre 80 CASAS: la igl. parr. (San Pedro) está servida por un cura amovible, nombrado por el cabildo cated. de Tuy: el TÉRM. confina con Puenteareas, San Mateo de Oliveira, San Martin de Moreira y con el indicado r., al cual baja á unirse el Angoares, que corre por el térm. de esta felig.: el TERRENO que participa de monte y llano, es bastante fértil y no carece de arbolado: los CAMINOS son locales, y el CORREO lo recibe en la cap. del part. PROD. maíz, vino, trigo, centeno, cebada, habichuelas, otras legumbres, y varias frutas y hortaliza: cria ganado vacuno y de cerda; hay caza de conejos y perdices, y se pescan anguilas, lampreas y truchas: POBL. 85 vec., 376 alm. CONTR. con su ayunt. (V.).

ANGON: l. con ayunt. de la prov. de Guadalajara (9 leg.), part. jud. de Atienza (2), aud. terr. y c. g. de Madrid (19), adm. de rent. y dióc. de Sigüenza (3): SIT. entre dos cerros, á la umbría, le dominan los aires N. y E. que producen CLIMA frio, y enfermedades de reumas y catarrales: tiene 80 CASAS y la consistorial que sirve de cárcel y escuela, desempeñada por el secretario de la misma corporacion que percibe por ambos conceptos 32 fan. de trigo, y asisten 22 niños: dos fuentes á la entrada del pueblo, de buenas aguas, para el uso del vecindario; igl. parr. con el titulo de Sta. Catalina, y en las afueras una ermita dedicada á Ntra. Sra. de la Soledad. Confina el TÉRM. por N. con el de Rebollosa; E. Colada, comun de Santiuste; S. Negredo; O. Palmaces, á dist. todos de 1/4 leg. y comprende 2,255 fan. de las que se cultivan 1,675, siendo 330 de primera calidad, 554 de segunda y las restantes de tercera; el TERRENO es de secano con dos montes huecos, el uno de carrascal sit. al SO. del l. y el otro de roble al NO.: los CAMINOS son locales y pasa muy cerca al E. la carretera de Madrid á Pamplona; se recibe el CORREO en Jadraque por los mismos interesados: PROD. trigo, cebada, centeno, avena y escasas legumbres por falta de riego: se mantiene algun ganado lanar, cabrío, de cerda y vacuno para las labores, y se cria alguna caza menor: POBL. 65 vec. 227 alm. CAP. PROD. 919,167 rs. IMP. 110,300, CONT. 4,847 rs. 25 mrs.

ANGONES: l. en la prov. de Oviedo, ayunt. de Gijon y felig. de San Julian de *Labandera* (V.): POBL. 6 vec. 33 almas.

ANGOREN: barrio en la prov. de Pontevedra, ayunt. de Redondela y felig. San Fausto de *Chapada* (V.).

ANGORRILLA: arroyo; nace en la jurisd. de Vianos, prov. de Albacete, part. jud. de Alcaraz, y corre á unirse al r. *Guadalmena* en el térm. de Villapalacios: se cultivan sus cañadas, y da movimiento á un molino del mismo nombre, sit. en la ladera S. de un barranco en el térm. del Salobre.

ANGOSAUBA (antiguamente ANGOSÁLVO): cala en el predio Tormentor en la isla de Mallorca, prov. de Baleares, part. jud. de Inca, térm. y felig. de *Pollenza* (V.).

ANGOSTADA: l. en la prov. de Pontevedra, ayunt. de Puenteareas y felig. de *Guillade* San Miguel (V.).

ANGOSTINA: l. en la prov. de Alava (4 1/2 leg. á Vitoria) dióc. de Calahorra (15), vicaria de Campezo y part. jud. de Laguardia (3), herm. y ayunt. de Bernedo (1): SIT. á la izq. del ramal del Ega que baja por Villafria, circuido de montes: su CLIMA frio y sano. La igl. parr. (Sta. Colomba ó Coloma y cuyo patron es San Martin Ob.) es hijuela de la de Bernedo y servida por un beneficiado de aquel cabildo: tiene escuela de primeras letras á la que asisten 8 niñas y 6 niños, y el maestro percibe la dotacion de 468 rs.: el TÉRM. se estiende á 1/4 de leg. del centro á la circunferencia, y confina por N. con Urturi, al E. Quintana, al S. la cord. que forma lím. entre esta prov. y la de Búrgos, y por O. Bernedo interpuesto el indicado brazo del r. Ega: el TERRENO es fértil; tiene buen monte arbolado, escelentes prados de pasto y unas 200 fan. de tierra de superior calidad destinadas al cultivo: los CAMINOS son locales y en mediano estado, y la CORRESPONDENCIA la recibe de Laguardia: PROD. trigo, centeno, yero, legumbres, patatas, hortaliza y fruta; cria algun ganado y en particular de cerda; hay caza de liebres, perdices y abundancia de garduños: POBL. 40 vec. 110 alm.: RIQUEZA Y CONT. (V. ALAVA INTENDENCIA.)

ANGOSTO: l. en la prov., dióc., aud. terr. y c. g. de Búrgos (16 leg.), part. jud. de Villarcayo (2 1/2), ayunt. de Aldeas de Medina: SIT. á los 14° y 22′ de long., y á los 43° 27′ de lat. N. en un vallejo cercado de cerros de poca elevacion por la parte del E., N. y O., sin embargo de lo cual está bien ventilado y goza de CLIMA saludable, sin que se conozcan por lo comun otras enfermedades que algunas tercianas y dolores de estómago: se compone de 38 CASAS de dos pisos y de 20 á 30 pies de altura, formando cuerpo de pobl.; hay una escuela de primeras letras á la que concurren 20 alumnos de ambos sexos; una fuente de buenas y abundantes aguas para el surtido del vecindario; una igl. parr. bajo la advocacion de San Pedro, servida por un cura párroco que por oposicion provee el diocesano en patrimoniales; y un cementerio con buena ventilacion. Confina su TÉRM. por N. con el de Castro, por E. con el de Villalacre, por S. con los de Cubillos y Salinas, y por O. con el de Villataras. El TERRENO es arcilloso y flojo en su mayor parte, dividiéndose en primera, segunda y tercera clase; la primera contiene 200 fan. de sembradura, la segunda 400 y la tercera 500, que componen el número de 1,100, que cuenta de tierra cultivable, encontrándose tambien en sus montes hayas, encinas y robles: por las inmediaciones de la pobl. corre un arroyo de curso perenne, cuyas aguas apenas se utilizan para el riego: los CAMINOS son de pueblo á pueblo y el CORREO se recibe de Villarcayo por medio del balijero de Medina de Pomar: PROD. trigo, cebada, yeros, titos, habas, patatas y yerba; ganado vacuno, lanar, cabrío y caballar; caza de liebres, perdices, zorros y lobos, y pesca de anguilas y cangrejos: la IND. se reduce á un molino harinero dentro del pueblo y dos en el térm., que solo trabajan en la temporada de invierno; y el COMERCIO á la esportacion de ganados é importacion de granos, vino y aceite para su consumo: POBL. 8 vec. 30 alm. CAP. PROD. 70,000 rs. IMP. 6,237. El PRESUPUESTO MUNICIPAL asciende de 70 á 80 rs. y se cubre parte con el fondo de propios, y el resto por reparto entre los vec.: aquellos consisten en dos arroturas que prod. tres fan. de cebada al año, y los arbitrios en 30 á 40 rs. en que se remata la taberna, teniendo ademas 30 millones de varas cuadradas superficiales de terreno con el nombre de ejidos para arbolado, pastos y sembradura.

ANGOSTO (EL): cortijada con alc. p. á quien están agregadas las del *Valle* y *Herrerias*, en la prov. de Almeria, part. jud. de Purchena, térm. jurisd. y á 3/4 leg. al O. de la v. de *Seron* (V.). En la confluencia de la rambla del Ramil, que corre de O. á E., y el arroyo de las Herrerias de S. á N., se halla SIT. esta cortijada, dividida entre ambas orillas del arroyo, por cuya circunstancia y por los muchos árboles que tiene su pequeña vega, muy fértil para cereales, legumbres y hortalizas, forma un sitio muy pintoresco. La cortijada y arroyo de las Herrerias se hacen notables por la fáb. de hierro que se halla á la izq. de este á 3/4 leg. al S. del Angosto, por la bondad y considerable potencia del mineral que se beneficia. A fines del año 1843 se descubrieron unas minas de nitro nativo, entre el espacio que media desde el Angosto al Valle, las cuales, en sentir de algunos inteligentes, son muy ricas: la mas inmediata á la cortijada está esplotándose, y á su pie hay construida una fáb. con dos calderas, siendo probable que se hayan concluido ya ocho calderas mas, en otra fáb. que debia construirse inmediata á aquella. Ademas existe la denominada Santa Ana, al N. de la primera, y una magnífica de nitro con los departamentos y utensilios necesarios, en la cual se elaboran todos los metales que se estraen de las minas la *Nariz* y *Morciguilla*. Por último se encuentran en las cercanias del Angosto algunas minas de hierro y plomo, y canteras de yeso marmoleño de mucha blancura; y de espejuelo, escelente para estucos.

ANGOSTO (NTRA. SRA. DE): ermita en la prov. de Alava; part. jud. de Salinas de Añana y térm. municipal de *Villanañe* (V.): SIT. al N. de la pobl. En las inmediaciones ó campos de esta ermita se celebran dos grandes ferias de ganado en los primeros 8 dias de junio y setiembre, á las que concurren los ganaderos y labradores de los pueblos del part. y otras partes.

ANGOSTURA: puerto seco en la prov. de Ciudad-Real, part. jud. de Valdepeñas, térm. del Moral de Calatrava á 1 leg. SO. del mismo en el camino que va á la c. de Almagro: á su entrada y sobre su der. hay una casa de labor; á su salida y sobre la izq. otras arruinadas tituladas de *Linares*: divide 2 cerros como de 500 á 600 varas de altura, conocidos con el nombre de *Cabeza parda* y *Lentiscar*: el primero destinado casi todo á labranza, el segundo á pastos; la estension de este puerto es de 1/4 leg. próximamente, y su terreno es áspero y pedregoso.

ANGOSTURA: barrio de Zapardiel de la ribera en la prov. de Avila (11 leg.), part. jud. de Piedrahita (2): SIT. al N. del r. Tórmes, y 1/4 leg. escaso de su matriz: tiene 25 CASAS pequeñas y mal construidas, formando una sola felig. y ayunt. con el espresado pueblo: PROD.: centeno, patatas y algunas hortalizas, se mantiene bastante ganado vacuno y algunas ovejas, y la mayor parte de los vec. son labradores: la POBL. RIQUEZA y CONTR. van incluidas en el pueblo de *Zapardiel* (V.).

ANGOSTURA: arroyo en la isla de Tenerife, prov. de Canarias, part. jud. de Orotava. Tiene su origen á 6,400 pies sobre el nivel del mar en las montañas de las cañadas: la temperatura de sus aguas se eleva á 5 grados y 7/100. Contienen gran cantidad de ácido carbónico, muchas sales en disolucion y el mismo principio que los vapores acuosos del pico de Teide.

ANGOSTURA: paso en la isla de Tenerife, prov. de Canarias, part. jud. de Orotava: SIT. al pie del monte llamado Monton de trigo, el cual comunicándose con la garganta de Arenas negras y la Degollada de Ucauca, proporciona un seguro aunque penoso acceso, hasta el mismo pico de Teide.

ANGOSTURA: pago en la isla de la Gran Canaria, prov. de Canarias, part. jud. de las Palmas: SIT. al S. de la isla y al N. de la montaña de la v. de Agüimes, á cuya jurisd. y felig. corresponde (V.).

ANGOSTURA: pago de la isla de la Gran Canaria, prov. de Canarias, part. jud. de las Palmas, jurisd. y felig. de San Mateo de la Vega (V.): está SIT. en la falda del monte de su nombre: lo constituyen unas cuantas barracas abiertas en la toba ó lava arrojada por el cráter volcánico que se encuentra en la cima de dicho monte.

ANGOSTURAS: arroyo en la prov. de Cáceres, part. jud. de Alcántara: nace en una huerta á 1/2 leg. S. de Ceclavin, llamada Reina, en una fuente de escaso manantio; se le une alguno que otro regatillo que no merece describirse, y corriendo de N. á S. 3/4 leg., entra en la ribera del Acebuche en el sitio divisorio de Ceclavin y la Zarza: sus aguas no dan utilidad alguna, y se seca en las estaciones del calor.

ANGUARINILLA: casa de labor arruinada en la prov. de Ciudad-Real, part. jud. y térm. de Valdepeñas, SIT á 1 1/2 leg. al NO.: la circunda un considerable número de fan. de labor, pero en el dia están destinadas á pasto solamente: este sitio se halla á igual dist. de las v. de Valdepeñas, Santa Cruz de Mudelá y Moral de Calatrava.

ANGUAS: alq. en la prov., adm. de rent. y dióc. de Salamanca (7 leg.), part. jud. de Alba de Tórmes (4), aud. terr. y c. g. de Valladolid (26), térm. jurisd. y á 1/2 leg. de *Salvatierra* (V.): tiene una CASA muy regular con corrales para los ganados; y su térm., que es un cuadrilátero de 3/4 de estension de N. á S. y 1/2 leg. de E. á O., confina por N. con Villarejo, E. con Tala, S. con Monasterio y O. con Montejos; y cria unos pastos que llaman la atencion por lo abundantes y sustanciosos. En él hay una fuente de buena agua, que aunque no muy abundante, jamás se hecha de ver su falta por la cercania del r. Tórmes: cada año de 3 se labran 340 huebras poco mas ó menos, de las que 280 son de primera calidad, y las demas bastante inferiores; las labores se hacen con 12 yuntas de ganado vacuno; los CAMINOS son angostos y malos; la escasa CORRESPONDENCIA se recibe en Salvatierra: PROD.: trigo de buena calidad, centeno, cebada, garbanzos y ganado cerdoso: POBL.: 1 vec., 6 hab., dedicados á la agricultura.

ANGUDES (SAN JUAN DE): felig. en la prov. de Pontevedra (8 leg.), dióc. de Tuy (9), part. jud. de la Cañiza (1), y ayunt. de Creciente (1): SIT. al NO. y orilla der. del r. Miño: CLIMA sano: tiene 87 CASAS de pocas comodidades, distribuidas en los l. ó ald. que la componen; que son Carreira, Paradela, Pousá, Quinta, Rial, y Samboy; hay escuela bastante concurrida y dotada por una obra pia. La igl. parr. (San Juan) está servida por un curato de entrada y patronato del marques de Mos: fue anejo de la colejiata de San Pedro de Creciente: hay 2 ermitas; la del Rosario en el l. de Paradola, y la de la Virgen del Camino en el terr. de San Roque del Freijo: el TÉRM. confina por N. con el de Sta. Maria de Rebondechan y monte comun, denominado Requean, por E. con el de Sta. Cruz de Sendelle, por S. con el monte llamado Virgen del Camino, y por O. con el citado r. Miño: el TERRENO es pedregoso y en parte de regadío; y su cabida asciende á 260 fan. de tierra, de las cuales se cultivan 145, resultando 9 de primera calidad, 56 de segunda y 80 de tercera; en el terreno inculto se encuentran buenos pastos y algunos árboles, cuya madera sirve para combustible: CAMINOS: el que dirige á Ribadavia en estado regular, y el que va á la barca del Pontancho sobre el Miño, térm. de dicha parr.: el CORREO se recibe de Ribadavia por medio de cartero, todos los domingos.: PROD.: maiz, centeno, lino, vino y castañas de buena calidad, cria ganado vacuno, lanar y de cerda; hay caza de perdices y conejos, y se pescan sábalos, lampreas, salmones y truchas del r. Miño: IND.; la agricola: POBL.: 87 vec.: 435 alm.: CONTR. con su ayunt. (V.).

ANGUEIRA: l. en la prov. de la Coruña, ayunt. de Rois y felig. de Sta. Marina de *Ribasar*. (V.).

ANGUERA: r. de la prov. de Tarragona, part. jud. de Montblanch; se forma de las aguas llovedizas que se desprenden de los montes de Forés, Vallvert, y parte de la montaña de San Miguel: en su direccion de N. á SO. se engruesa con las de varios manantiales, pasa junto á Sarreal, cuyas huertas fertiliza, y á corta dist. de Barbará; sigue despues tocando el arranque de la colina en que está sit. el pueblo de Pila, llevando por alli tan profundo el cáuce, que no pueden aprovecharse sus aguas para el riego: cambia aqui su curso hasta aproximarse á 1/2 hora del l. de Guardia del Prats; vuelve luego su direccion hácia Montblanch; riega este térm. y sin salir de él pierde su nombre, confluyendo con el r. Francoli, muy cerca de un puente conocido con el nombre de la Fusta.

ANGUES: l. con ayunt. de la prov. part. jud. adm. de rent. y dióc. de Huesca (4 leg.), aud. terr. y c. g. de Zaragoza (14): SIT. á la márg. izq. del r. *Alcanadre* y der. del *Arnillas*, dist. uno y otro mas de 1 hora, en un llano, con buena ventilacion; goza de cielo alegre, despejada atmosfera y CLIMA saludable. Forman la pobl. 99 CASAS de regular altura, distribuidas en varias calles y plazas bien empedradas. Tiene una escuela de primeras letras dotada por los niños que la frecuentan en 6 cahices de trigo y 6 nietros de vino; un pósito ó banco de labradores, una carniceria con su matadero, una tienda de abaceria, 1 horno de pan cocer, 1 posada, 1 molino de aceite y 3 lagares con sus bodegas, el uno en la casa llamada de la primicia y los dos restantes en la de la décima. Tiene tambien una igl. parr. bajo la advocacion de la Purificacion de Ntra. Sra., servida por 1 cura, 2 beneficiados y 1 sacristan. El curato es de segunda clase y se provee por S. M. ó el diocesano mediando oposicion en concurso general. Fuera del pueblo á corta dist. hay 3 ermitas, una de ellas, dedicada á San Miguel, se encuentra al E., y junto á ella el nuevo cementerio; otra al O. á San Blas, bastante regular por su construccion y capacidad con casa para el ermitaño; y la tercera que es la mas dist. tambien al O. á San Márcos, es reducidisima y de mala fáb. Tambien se encuentran al rededor de la pobl. fuentes de buenas aguas, un pozo al que dan la preferencia los vec., y una balsa para abrevadero de las bestias y los ganados. Confina el TÉRM. por N. con el de Junzano, por el E. con el r. Alcanadre ya espresado, que le separa del de Abiego, por el S. con el de Bespen, y por el O. con el tambien espresado r. Arnillas. Dentro de su circunferencia se hallan dos casas de campo llamadas en el pais Torres, y en el camino que conduce á Huesca junto á un barranco llamado la Tejeria, otra con su hermosa huerta y fáb. de aguardientes. El TERRENO es de mediana calidad y de secano, pues el barranco de la Tejeria, de que se hace mérito, no tiene curso sino en tiempo de lluvias, y aun entonces no pueden servir sus aguas para el riego: hay un monte carrascal, y por el llano se ven algunos sauces, álamos y bastantes olivos. Los CAMINOS son de herradura y locales, á escepcion del que se ha dicho que conduce de Huesca á Barbastro, que pasa por el pueblo; se hallan en regular estado. El CORREO se recibe de las dos pobl. arriba espresadas los mártes, jueves y domingos. PROD.: trigo, cebada, avena, vino, aceite, y bellota: cria ganado lanar, cabrio, de cerda y vacuno en corto número, y alguna caza de perdices y conejos: POBL. 121 vec., 25 de catastro: 730 alm. CONTR. 7,071 rs. 11 mrs. vellon.

ANGUIA: monte y mojon divisorio en la prov. de Santander, part. jud. de Castrourdiales, SIT. en una altura que domina todo el vallo de Sámano por la parte del SO.: señala las jurisd. del lugar de Aguera y el espresado valle, pertenecientes ambos al ayunt. de la junta del mismo nombre. Es punto visible á grandes dist., y el mas distinguido de los amojonamientos del pais.

ANGUIANO: v. con ayunt. en la prov. de Logroño (7 leg.), part. jud. y adm. de rent. de Nágera (3), aud. terr. y c. g. de Búrgos (17), dióc. de Calahorra (14).

SITUACION Y CLIMA: Se halla sit. al pie de la sierra llamada de *Cameros Altos*, en cuya cúspide se encuentran las ruinas del estinguido monast. de Ntra. Sra. de Valbanera; combátenla principalmente los vientos N. y S. y goza de CLIMA templado y bastante saludable, aunque á las veces suelen desarrollarse algunas hidropesias y enfermedades paraliticas.

INTERIOR DE LA POBLACION Y SUS AFUERAS. El casco de la v. se halla separado de su barrio llamado *Cuevas* por el r. *Nayerilla*, sobre el cual hay un puente muy sólido de un solo arco de 106 pies de altura y 42 de diámetro, que sirve para las comunicaciones entre los habitantes de uno y otro punto. Forman la pobl. 250 CASAS de mediana fáb., distribuidas en varias calles mal empedradas é incómodas por estar en cuesta, y 1 plaza, en la que se construyó en 1848 un local para la escuela de primeras letras; dotada con 3,300 rs. y habitacion para el maestro; asisten á ella 170 niños. Tiene tambien una casa consistorial; cárcel pública, tiendas de comestibles, posada: las artes y oficios mecánicos indispensables para la vida: 1 hospital donde se recogen los enfermos pobres, el cual no tiene otros estatutos que algunas disposiciones adoptadas por los ob. en sus visitas; las rent. consisten en los réditos de censos, cuyo capital asciende á 35,000 rs., 2 igl. parr., una en el casco de la v. bajo la advocacion de San Andrés Apóstol, servida por un capitulo compuesto de un cura párroco y 3 beneficiados; el curato es perpetuo y lo provee S. M. ó el diocesano segun los meses en que vaca, y previo concurso; los beneficiados son de nombramiento del cabildo, é igualmente los dependientes ó subalternos, tanto de esta igl. como de la otra tambien parr., que aneja de la primera y dedicada á San Pedro se encuentra en el espresado barrio de Cuevas, servida por un teniente, cuyo destino desempeñaba antes el beneficiado mas moderno, si bien en el dia lo tiene un sacerdote designado por el diocesano; un oratorio titulado la escuela de Cristo, el cual permanece cerrado al culto público, y á 3/8 de leg. de la pobl. entre S. y O., una ermita dedicada á Sta. María Magdalena, en muy buen estado y con una hermosa fuente de cristalinas y saludables aguas, la cual tiene 12 caños de bronce, y sobre estos otros 3 grandes de piedra para despedir la sobrante, que se aumenta y disminuye en periodos indeterminados: tanto las aguas de esta fuente como las de otras 2 que hay en la v., sin contar las muchisimas que brotan en el térm., todas esquisitas, sirven para el consumo doméstico de los moradores, abrevadero de sus ganados y otros usos agricolas: TÉRM.; confina por N. con el de Bobadilla (1 leg.), por E. con el de Pedroso (igual dist.), por S. con los de Ortigosa y Brieba (2), y por O. con el de Ventrosa (la misma dist.). Le cruza el mencionado r. Nagerilla, entrando por el NE.: sus aguas dan impulso á 5 molinos harineros, dos de ellos en buen estado, á 2 batanes, riegan varios trozos de tierra, y ofrecen abundancia de esquisitas truchas, con algunas anguilas; escepto por el lado del N., todo el térm. se encuentra rodeado de montañas, donde se crian robles, hayas, pinos, encinas, y buenos pastos para toda clase de ganados: en ellas y dentro de la jurisd. de esta v. (2 1/2 horas) hay un desp. conocido con el nombre de Granja de Villanueva, cuyo arruinado edificio perteneció al mencionado conv. de Ntra. Sra. de Valbanera. CALIDAD DEL TERRENO; generalmente es flojo y de mediana calidad, si se esceptúan los pedazos de regadio, en los cuales con incesante laboriosidad y esmerado cultivo se óbtienen diferentes frutos tanto de sementera como de plantio y arbolado, aunque este último en corta cantidad: CAMINOS: los de pueblo á pueblo, y el principal que descendiendo de la sierra de Canales atraviesa de N. á S. y conduce á Logroño y Nájera, se encuentran en deplorable estado. CORREOS: se recibe la correspondencia los lúnes, juéves y sábados por medio de un balijero desde Nájera, para donde sale los lúnes, mártes, juéves y viérnes. PRODUCCIONES: trigo, cebada, centeno, patatas, legumbres, pocas hortalizas y frutas: cria ganado vacuno, mucho de cerda, lanar y cabrio; y hay caza de perdices, conejos, liebres y corzos, con algunos lobos y jabalíes. COMERCIO: consiste en el de esportacion de lanas y algunos granos sobrantes, ó importacion de vino, aceite y otros art. necesarios. POBL. Y RIQUEZA; 317 vec. 1,020 alm.: CAP. PROD., 2.792,320 rs.: IMP. 216,600: CONTR. 37,077 reales.

ANGUIEIRO: l. en la prov. de la Coruña, ayunt. de Boimorto y felig. de Sta. María de los *Angeles* (V.): POBL. 3 vec. 16 almas.

ANGUICIROS: ald. en la prov. de Lugo, ayunt. de Quiroga y felig. de San Miguel de *Montefurado* (V.). POBL. 16 vec. 77 almas.

ANGUIEIROS: ant. jurisd. en la prov. de Orense, compuesta de la felig. de la Incinéira, cuyo juez ordinario era nombrado por Doña María Quiñdós y D. Pedro Losáda.

ANGUILA: punta de la isla de Formentera, tercio; prov. y distr. marit. de Ibiza, apostadero de Cartagena: SIT. á 130 millas al NE. 12 grados al ES. del estremo merid. de la Mola, cosa de 1/4 de hora al SO. del estremo occidental merid. de la playa del Mediodia; es de mediana elevacion, pareja y cortada á piqué.

ANGUIOZAR: valle en la prov. de Guipuzcoa (á la cap. 8 leg.), dióc. de Calahorra (26), part. jud. de Vergara (1), ayunt. de Elgueta (3/4): SIT. en una ladera de un hondo valle, rodeado de cerros: su CLIMA húmedo y frio: se compone de unas 22 CASAS reunidas y 82 cas. dispersos; hay una escuela dotada con 6 rs. diarios, y en la cual reciben instruccion de 50 á 70 niños: la igl. parr. (San Miguel), está servida por 4 beneficiados: su TÉRM. confina por el N. con el citado Elgueta, por E. con la cap. del part., por S. con Mondragon á 1 1/2 leg. y por O. á igual dist. con Elorrio: al N. está la ermita de Ntra. Sra. de Elejamendi, á cuyas inmediaciones se encontraba el desmensurable roble de que habla la Academia en su Diccionario, y que hace poco fué derribado por un fuerte ventarron; hácia el mismo sitio se encuentra la de la Ascencion; al NE. la de San Vicente; al E. la de San Martin; al S. la de San Miguel, y al SO. la de San Bartolomé: en el centro de la pobl. hay una fuente de muy buen agua, y en todo el térm. se encuentran muy abundantes; entre ellas las hay minerales ferruginosas, y todas contribuyen á formar los arroyos de Anguiosar, Ubegui y Ubera, que bajan á desembocar en el r. Deva, cerca de la plazuela del célebre *Convenio de Vergara*: cruzan estas aguas los puentes de Ascasibar, Errotabarri, Iturricho, Loiri y Munave: el TERRENO en lo general arcilloso y de mediana calidad, es fértil por el continuo y bien dirigido trabajo de aquellos naturales: los CAMINOS á Vergara, á Mondragon y á Elgueta están bastante penosos á pesar de los reparos ejecutados en estos últimos años: el CORREO se recibe de Vergara por el balijero de Elgueta: PROD.: maíz, trigo, habas, judias, patatas, castañas, manzanas y otras varias frutas: cria ganado vacuno, lanar, y alguno caballar y de cerda, hay caza de liebres, perdices, así como de chochas y aves de paso; se pescan anguilas, truchas y distintos peces: á la IND. agrícola se agregan 6 molinos harineros de 2 muelas, 3 telares de lienzo, ocupados por hombres; 5 de la misma clase por mujeres, y otro para telas de lana; dos fraguas de herramientas para la agricultura y dos confiterias: POBL.: 166 vec. 832 alm.: CONTR. (V. GUIPUZCOA INTENDENCIA.)

ANGUIX: v. con ayunt. en la prov., aud. terr. y c. g. de Búrgos (12 leg.), part. jud. de Roa (1), dióc. de Osma (13): SIT. á la falda de una pequeña cuesta titulada el Torrejon, parte en ladera y parte en llano, batida por los vientos N. y NO., y con CLIMA saludable. Se compone de unas 106 CASAS con dos pisos, de mala fáb. en su mayor parte y peor distribucion interior, siendo sus calles bastante limpias por la naturaleza del terreno: tiene una plaza redonda y una plazuela, en donde se halla la casa consistorial que tambien comprende la cárcel; una escuela de primeras letras para niños de ambos sexos, dotada con 900 rs. del fondo de propios y una cántara de vino al año por cada alumno de los 22 que á ella concurren; una igl. parr. dedicada á Ntra. Sra. de la Asuncion, cuyo edificio es hermoso y de bastante solidez, estando servida por un cura párroco y un beneficiado de provision de la corona ó del diocesano segun los meses en que vaca; y 2 ermitas, de las cuales la una, bajo la advocacion de San Juan Bautista, está situada en un altillo en medio de las bodegas que hay proximas al pueblo para la conservacion de los vinos; y la otra, dedicada á San Roque, junto á la fuente principal, con pilon de piedra, que se encuentra á la salida del pueblo en direccion de Quintana de Manvirgo, de cuyas aguas y de las de otros varios manantiales que existen en el térm., se surte el vecindario para sus usos domésticos y abrevadero de sus ganados. Confina por N. con Olmedilla á 1/2 leg., por E. con la Horra á 1, por S. con Roa á igual dist., y por O. con Quintana de Manvirgo á 1/4; en su térm. no se encuentran mas cas. que una venta en el camino de Búrgos que lleva el nombre de la pobl., en la que solo paran por lo regular los trajineros de vinos. El TERRENO es en la mayor parte arenoso, dividiéndose en primera, segunda y tercera clase; tiene algunas pequeñas alturas y valles en que se crian bastantes álamos blancos y negros, nogales y otros árboles frutales; tres prados de corta estension para pastos, y una estrecha vega bañada por un arroyo, que á la 1/2 leg. se incorpora con el Duero: la tierra cultivable asciende á unas 1,000 fan., de las cuales se siembra la mitad cada año, labrándose ademas 50,000 cepas de viñedos, cuyas cosechas han disminuido considerablemente por falta de brazos, y por consiguiente de cultivo: hay caminos de herradura para Valladolid, Palencia, Búrgos y Aranda, y el CORREO lo recibe de Roa por medio de los interesados ó de algun encargado que vaya á dicho pueblo. PROD.: vino tinto de buena calidad, trigo, legumbres verdes y secas, patatas, hortaliza y algunas frutas: ganado vacuno y lanar, y caza de liebres y perdices: sus naturales se dedican por lo comun á la agricultura, y el comercio se reduce únicamente á la esportacion de algun vino para Búrgos y pueblos inmediatos. POBL.: 82 vec. 324 alm.: CAP. PROD. 1.151,000 rs.: IMP. 106,205: CONTR. 16,708 rs. 4 mrs. El PRESUPUESTO MUNICIPAL asciende á 6,000 rs. y se cubre con el prod. de propios, que consisten en 24 fan. de tierra blanca, 13,000 cepas de viñedo, varios artefactos de beneficiar la uva, y la tercera parte del derecho de correduria de vinos y fiel medidor, completándose el déficit por repartimiento entre los vecinos.

ANGUIX: v., desp. y monte de la prov. de Guadalajara (7 leg.), part. jud. de Pastrana (1): SIT. en la jurisd. de Sayatón; pertenece al Excmo. Sr. marqués de Bélgida, por la compra que de él hizo en 20 de junio de 1538 al emperador Cárlos V: tiene una ermita donde se dice misa los dias festivos por un capellan de Valdeconcha, un horno de pan cocer, una posada, seis habitaciones para otros tantos guardas, y un cast. sobre una roca, cercana al r. Tajo: es de piedra sillería, y cuadrado, tiene en sus esquinas cuatro cubos, está desmantelado y bastante arruinado; formaba línea con el de Zorita, al que se comunicaba por medio de una atalaya sit. en la sierra de Buendia, y punto llamado Sierra de San Anton, térm. de Almonacid de Zorita. Confina el TÉRM. por N. con la jurisd. de Alóndiga, por E. con el r. Tajo, S. con el térm. comun de Pastrana, y O. con el de Valdeconcha, dist. el primer lím. del tercero 1 1/2 leg., y el segundo del cuarto 5/4. El TERRENO es generalmente montuoso, y está lleno de cerros, siendo los mas altos el de Cabeza de Conde, de la Campana, Cabeza Herreros y Miravalles: al rededor de las casas de los guardas se halla una pequeña llanura, en la que se cultivan unas 250 fan. de tierra de mediana calidad, y todo lo demas del monte está cubierto de pinos, robles, encinas y algunos arbustos, y se encuentra dividido en catorce cuarteles para la alternativa de la corta anual, que uno con otro, y por un quinquenio, dan 20,000 a. de carbon, pero si estuviesen bien cuidados, atendido el mucho daño que hacen los vec. de los pueblos inmediatos, no bajarian de 26,000 a. Este monte está administrado por una persona conocida bajo el nombre de alcaide: PROD.: trigo y cebada: la matrícula catastral de 1842, sin que sepamos la causa, calcula el vecindario y riqueza de este desp. con el l. de Anguita, del que dista cerca de 20 leg., y con el que no tiene ningunas relaciones.

ANGUITA: asi se llamó antiguamente la deh. del *Aguila* (V.) en la prov. de Salamanca.

ANGUITA: l. con ayunt. de la prov. de Guadalajara (15 leg.), part. jud., adm. de rent. y dióc. de Sigüenza (4), aud. terr. y c. g. de Madrid (25): SIT. en una ladera á la márg. del r. Tajuña; le combaten los aires SO. y N., con CLIMA frio, pero saludable, aunque se padecen algunas tercianas: tiene 124 CASAS habitadas, y 6 en ruina, la mayor parte de construccion regular, de dos pisos y con algunas comodidades; las cuales forman una plaza y ocho calles, siendo las mejores la de la Hoz, sit. en medio del barranco del mismo nombre, por donde pasa el r. lamiendo las paredes de las casas, con vista muy agradable al frente de la ribera, poblada de árboles frutales y legumbres; y la calle Mayor, que atraviesa por la falda del l., adornada con balcones y rejas. Hay casa municipal bastante capaz y sólida, cárcel en el mismo edificio, una posada, un hospital para los enfermos mas necesitados, cuya renta consiste en 43 fan. de trigo: no consta cuando fue su fundacion, ni por quién; pues solo hay un libro de cuentas desde el año 1773: son patronos el cura párroco y el ayunt., y su adm. está encomendada á un mayordomo, que desempeña esta plaza gratuitamente en atencion á la escasez de recursos: hay escuela de instruccion primaria elemental completa, cuyo maestro recibe 1,100 rs. de dotacion por los fondos públicos, y 4 celemines de trigo por las familias de los 75 niños que concurren; é igl. parr. antiquisima, dedicada al Apóstol San Pedro, y servida por un cura de oposicion en concurso general, un beneficiado, y un capellan; está sit. al pie del r.; en el estremo oriental del pueblo; y sobre un pequeño cerrillo, se halla la ermita de Ntra. Sra. de la Lastra, cuyo templo es precioso, de una sola nave, con su camarin, y algo mas lejos por el lado opuesto, otra ermita, titulada de Ntra. Sra. de la Soledad, donde se veneran algunos pasos de Semána Santa bastante regulares. Confina el TÉRM. por N. con el de Luzon, E. el de Rata, S. el de Hiniestola, y O. el de Aguilar; se estiende 5/4 de leg. de S. á N., y 7/4 de E. á O.; comprende 12,400 fan. de tierra, de las cuales se destinan para cereales 8,095, á hortalizas, frutas y legumbres 78, á prados y pastos naturales 902, id. artificiales 887, á bosques de encinas y pinos 1564; permanecen las restantes incultas, pero con buenos pastos para los ganados: en este espacio se halla comprendido el desp. de Ratilla, del cual no se sabe cuando ni por qué causa fue abandonado: el TERRENO es feráz en su mayor parte; especialmente lo que se riega, que son unas 465 fan., con las aguas de las diferentes acequias, alimentadas por medio de presas hechas en el Tajuña con piedra y césped; este r. que entra en el térm. por la parte de Luzón, da movimiento á cinco molinos harineros y tres batanes; tiene tres puentes, el uno de cal y canto, de buena construccion, y los otros de madera, de poca solidez, y surte á los hab. para todos sus usos: hay ademas una fuentecilla, que brota en las márg. del mismo r., de agua muy saludable: los CAMINOS se dirigen á los pueblos inmediatos, y se hallan medianamente reparados: el CORREO se recibe en Alcolea del Pinar, por medio de un cartero del pueblo, que la conduce dos veces á la semana: PROD.: trigo, cebada, avena, garbanzos y otras legumbres, hortalizas y frutas; se mantiene algun ganado lanar, cabrio, de cerda, vacuno, y caballar menor y mayor, y ademas 50 yuntas de vacuno y mular para las labores, 100 colmenas, mucha caza de todas clases, y la pesca de truchas y peces en el r.: la IND. está reducida á varios telares de lienzos y paños ordinarios, tintes, molinos harineros y batanes: se ejercita algun COMERCIO en la estraccion de sus cereales á las prov. de Aragon y Valencia. POBL.: 136 vec., 574 alm.: CAP. PROD.: 2.124,450 rs.: IMP.: 191,200: CONTR.: 8,392 rs. 12 mrs.: PRESUPUESTO MUNICIPAL: 2,109, del que se pagan 640 rs. al secretario por su dotacion, y se cubre con el prod. de propios, que consisten en una posada, dos hornos de poya, y en el arbitrio de la taberna. La matrícula catastral de 1842, comprende en los cálculos de riqueza y pobl. que acabamos de indicar, el desp. de Anguix; pero este desp. ningunas relaciones tiene con el l. de Anguita, ni aun por razon de proximidad, pues se hallan á opuestos estremos de la prov., correspondiendo Anguita al part. de Sigüenza, y el desp. al de Pastrana, jurisd. de *Sayaton*. (V).

ANGULO: barrio en la prov. de Vizcaya, ayunt. de Orozco y felig. de San Pedro de *Murueta*. (V).

ANGULO (VALLE DE): l. en la prov., aud. terr. y c. g. de Búrgos (20 leg.), part. jud. de Villarcayo (7), dióc. de Santander (15), ayunt. del Valle de Mena: SIT. en un valle profundo, dominado por el SO. de una sierra, que se eleva á 1,500 pies, cuya cumbre es una peña viva vertical con algunas desigualdades de 80 á 200 pies de diferencia, y en la que se ha abierto una vereda, por donde transita mucha gente y caballerias cargadas de vino, con gran peligro de precipitarse; está ventilado, y goza de CLIMA saludable. Se compone de 120 CASAS, la mayor parte de solo piso bajo, las cuales se hallan divididas en siete barrios dispersos, denominados, la Abadia, Ahedo, Cozuela, Encima-Angulo, las Fuentes, Martijana y Osagurera: tiene dos escuelas de primeras letras, sin mas dotacion que las asignaciones convencionales de los 42 alumnos que concurren á la primera, y de las 8 niñas que asisten á la segunda; una fuente en cada barrio, y varios manantiales en el térm., de buenas, frescas y cristalinas aguas; y tres igl. parr., dedicadas á San Martin de Ahedo, San Juan de Bárcena y Sta. Maria de Osaguera, siendo felig. de la primera los hab. de Ahedo y Encima-Angulo; de la segunda los de Cozuela y las Fuentes, y de la tercera los de la Abádia, Martijana y Osaguera; estan servidas por dos curas párrocos, de provision del diocesano en patrimoniales: hay ademas tres ermitas, bajo las advocaciones de Sta. Bárbara, San Sebastian y San Fabian, sit. en los barrios de Cozuela, las Fuentes y Encima-Angulo; un cementerio en parage ventilado, y tres ant. torres casi derruidas. Confina el TÉRM. por N. con Ciella, por E. con Añes y Salmanton (de la prov. de Alava), por S. con la Peña de Angulo, y por O. con Sta. Olaja de Tudela; todos á la dist. de 1/4 de leg. sobre poco mas ó menos. El TERRENO es montuoso; dividiéndose en primera, segunda y tercera suertes; la primera contiene 200 fan. de sembradura, la segunda 300, y la tercera 400, que prod. por lo comun de 6 á 10 por una: sus montes estan poblados de hayas y robles, y las huertas de abundante arbolado de manzanos, perales, ciruelos y muchos avellanos silvestres; todas las cuales se benefician con las aguas de un arroyo perenne de cáuce profundo, que nace en su térm., atravesando la pobl.: hay CAMINOS para la Rioja, valle de Mena y Arciniega en regular estado, de cuyo último pueblo se recibe el CORREO los lúnes, juéves y sábados, saliendo los mártes, juéves y domingos: PROD.: trigo, maiz, patatas, legumbres, hortalizas y frutas; ganado vacuno, lanar, caballar y mular; caza de liebres, perdices, y alguno que otro corzo: y pesca de ricas truchas, anguilas, y otros peces menores: la IND. se reduce á la agricultura y á varios molinos harineros; y el COMERCIO á la importacion de los artículos de que carecen, de los cuales se surten en los mercados de Orduña y Balmaseda. POBL.: 90 vec., 428 alm.: CONTR.: con el ayuntamiento.

ANGUNCIANA: v. con ayunt. en la prov. de Logroño (7 leg.), part. jud. y adm. de rent. de Haro, (1), aud. terr. y c. g. de Búrgos (11), dióc. de Calahorra (13).

SITUACION Y CLIMA: se halla sit. á la márg. der. del r. *Tiron* en un llano, donde la combaten todos los vientos, y goza de CLIMA sano, aunque á consecuencia de la humedad que exhalan el r., el cauce molinar, y el mucho arbolado que hay hácia el N. y O. suelen padecerse calenturas tercianarias.

INTERIOR DE LA POBLACION Y SUS AFUERAS: tiene 100 CASAS, la mayor parte cómodas para habitar, pero no para los usos de la labranza, distribuidas en calles regulares, limpias y á medio empedrar: dos anchas plazas de figura cuadrilonga con pequeños soportales, casa municipal, en cuyo recinto está la escuela de primeras letras, á la que asisten de 80 á 90 niños de ambos sexos y su maestro se halla dotado con 6 rs. diarios ademas de la habitacion y los prod. de un huertecito contiguo; una torre ó palacio del Sr. del pueblo, de fáb. ant. y sólida, con varias habitaciones cómodas y espaciosas unidas al cuerpo principal de la obra, la que se halla circuida de una pared ó especie de muralla y en buen estado: una igl. parr. bajo la advocacion de San Martin, servida por un cura párroco, 3 beneficiados, un sacristan y un organista: el curato es perpetuo y de nombramiento del diocesano en concurso general, correspondiendo la provision de los beneficios y la de sacristan y organista al cabildo catedral; y una ermita titulada de la Concepcion: sit. en una pequeña altura al N. de la v.; contigua á la misma se encuentra el cementerio en parage que no perjudica á la salud pública, y en esta direccion, no lejos del pueblo, brota una fuente poco abundante poro de esquisitas aguas, las cuales juntamente con las de otra que nace hácia el O., aprovechan los hab. para surtido de sus casas durante el estío, pues en lo demas del año beben las del *cáuce molinar* que tambien son muy buenas. En la parte del N. é inmediaciones de la pobl. hay 50 bodegas construidas á pico sobre peña viva y bajo una hermosa cantera arenisca cuya frescura contribuye á la conservacion de los vinos: dichas bodegas ó cuevas colocadas simétricamente y paralelas entre sí, forman una especie de calle cubierta, que tiene su entrada por el espresado lado del N. Hácia el O. existe un soto plantado de árboles y arbustos, que aunque deteriorado por las frecuentes avenidas del Tiron, es un punto delicioso, especialmente en la primavera y sirve de paseo á los hab., y en la parte donde el cáuce molinar entra en el r. se encuentra un lavadero público bastante espacioso y cómodo.

TÉRMINO. Continua con los de Cihuri, Casa la Reina y Haro; teniendo apenas una leg. de circunferencia: le cruza de S. á E. el mencionado r. Tiron, cuyo curso es rápido, mudando frecuentemente de cáuce en las avenidas de invierno y primavera, por lo que produce graves daños en las tierras, sin que sea fácil remediar este mal por lo pendiente que es el suelo tiene un puente denominado el *Grande*, con dos arcos de piedra de 25 pies de altura, y otros tres puentes de madera, que se hallan en buen estado, y cuyo costo si se fabricasen de sillares, ascenderia segun cálculo aproximado á unos seis mil duros. Tambien atraviesan este térm. las aguas del r. *Oja ó Ilera*; tomadas en la jurisd. de Casa la Reina por medio de una acequia llamada *cáuce molinar*, por cuya servidumpre se pagan 120 rs. anuales á los propios de dicha v.; sobre este canal hay un puente tambien de piedra, y sus aguas ademas de servir para consumo del vecindario, como dijimos, dan impulso á un molino harinero de tres ruedas, y riegan gran parte del terreno, confluyendo despues en el referido r. *Tiron* en los confines de esta v. y pueblo de Cihuri.

CALIDAD Y CIRCUNSTANCIAS DEL TERRENO. Es llano y muy fértil, aunque no tan productivo como podria, si la propiedad se hallase mejor distribuida entre los hab.: los que bien por las ant. trabas consiguientes á todo terr. señorial, bien por ser este demasiado reducido, se vieron precisados en gran parte á fincarse en jurisd. estrañas, quedando este suelo casi en su totalidad á merced de meros colonos, que por lo mismo no despliegan todo el interés y celo posible en hacer mas fructífero un terreno rico feraz por naturaleza: en todas direcciones, no obstante lo dicho, se ve cubierto de multitud de árboles frutales que alternando con los trozos de sembradura y viñedos, ofrecen una hermosa perspectiva, creciendo en las orillas del r. y del cáuce molinar muchos álamos y chopos, cuya madera es á propósito para construccion de edificios, y para utensilios domésticos y de agricultura.

CAMINOS. Son locales y de herradura; pero hay un atajo muy frecuentado por los viajeros desde Pancorbo hasta Haro; los que caminan á caballo dejan la carretera en las viñas de Foncea, y los que van con carruajes se separan de la misma en los prados de Cuzcurrita, y ahorran una hora de marcha, evitando al mismo tiempo el portazgo de Casa la Reina.

PRODUCCIONES. Se cosecha anualmente 1,100 fan. de trigo, 860 de cebada, 35,000 cántaros de vino; algunas legumbres, hortalizas y frutas de distintas especies; hay ganado vacuno, de cerda, lanar y cabrio con el mular preciso para la labranza.

ARTES, INDUSTRIA Y COMERCIO. Ademas de la agricultura, principal ocupacion de los vec. de Anguinciana, hay en esta v. las artes y oficios mecánicos de primera necesidad: 15 trujales ó prensas para elaborar el vino, y el molino harinero de que se hizo mérito, cuyo artefacto sirve no solamente para este vecindario, sino tambien para otros pueblos inmediatos: consiste el COMERCIO en la esportacion de frutos sobrantes, en particular vino para las montañas de Santander, Búrgos y prov. Vascongadas, é importacion de los géneros que no hay en el pais, especialmente los de vestir, coloniales, y ultramarinos.

POBLACION, RIQUEZA Y CONTRIBUCIONES. Tiene con su barrio Orcca 106 vec.: 474 alm.: RIQUEZA PROD. 1.911,320 rs.: IMP. 173,867 rs. 5 mrs.: CONTR. con 20,710 rs.: el PRESUPUESTO MUNICIPAL asciende ordinariamente á 3,000 rs. vn. y se cubre con el prod. de propios consistentes en una posada ó meson, la carniceria, una prensa ó trujal de vino, un corral de ganado, y en una alameda de olmos y chopos, y si algo falta se reparte entre los vec. El señ. de esta v. fué concedido por el rey D. Enrique III en 1393 á los señores Blanco de Salcedo con tal estension que les correspondia desde la piedra del r. hasta la hoja de los árboles: los sucesores de aquellos se han denominados los señores de Anguinciana, y actualmente se sigue pleito sobre si debe incorporarse á la nacion la propiedad terr., antes de señorio.

ANGUSTIAS: barranco de la isla y part. jud. de la Palma, prov. de Canárias; SIT. al O. de la isla; tiene su origen en la abertura que las lávas volcánicas hicieran en las montañas que rodean la gran caldera; y constituyen una estrecha y peligrosa garganta que es preciso cruzar para penetrar en la espresada caldera; dirígese hácia el SO. dividiendo en dos grandes brazos el sistema general de montañas. Entra en el mar formando la rada ó fondeadero de Tazacorte; por el canal que describe, corre una caudalosa rambla á la que dan el nombre de r., por llevar agua todo el año. En lo mas profundo del barranco á una ladera se ve la ant. ermita de Ntra. Sra. de las Angustias, á cuya imágen profesan una particular devocion los naturales.

ANGUSTINA: ald. en la prov. y dióc. de Santander, part. jud. de Castrourdiales, perteneciente al ayunt. y valle de Guriezo: SIT. cerca de la igl. ayuda de parr., titulada de San Sebastian, atravesando por medio de sus casas el riach. Romendon, que tiene su origen en la peña que llaman del Cuadro, y da movimiento á tres molinos harineros que solo trabajan dos ó tres meses al año. POBL. 22 vec., 112 alm.: CONTR. con el ayuntamiento.

ANGUTA: l. con ayunt. en la prov. de Logroño (10 leg.), part. jud. de Santo Domingo de La Calzada (3), aud. terr. y c. g. de Búrgos (10), dióc. de Calahorra (18): SIT. en terreno montuoso, con libre ventilacion y CLIMA bastante saludable, aunque á las veces se padecen enfermedades asmáticas. Tiene 16 CASAS de mediana fáb., la municipal, cárcel pública, escuela de primeras letras, dotada con 19 fan. de centeno, á la que asiste indeterminado número de niños; una igl. parr., dedicada á la Asuncion de Ntra. Sra., de la cual son anejos dos barrios, conocidos con los nombres de *Encimero* y *Bajero*: sirve el culto un cura, cuya plaza provee mediante oposicion S. M. ó el diocesano, segun el mes en que vaca; y una ermita titulada San Cristobal, que se halla en una altura dist. del pueblo. Confina el TÉRM. por N. con el de Avellanosa, por E. y S. con el de Valgañon, y por O. con el de Entrena, de cuyos puntos dista 1/2 leg. poco mas ó menos. Dentro del mismo brotan varias fuentes, cuyas esquisitas aguas aprovechan los hab. para consumo de sus casas, abrevadero de sus ganados y otros usos; una de aquellas es tan abundante que da origen al riach. llamado *Lechigo*, el cual lleva su curso hácia el N., y baña los pueblos de Avellanosa, Redecilla, Bascuñana y Velasco. El TERRENO, aunque escabroso, es bastante fértil, comprende algunos montes cubiertos de hayas y otros árboles, con muchos y buenos pastos para toda clase de ganados. Los CAMINOS son locales de herradura, y se conservan en buen estado. La CORRESPONDENCIA se recibe de Ezcaray los juéves y sábados, y sale los domingos y miércoles: PROD.: trigo, cebada, centeno, legumbres y hortalizas; cria ganado vacuno, mular, de cerda, lanar y cabrio; y hay caza de codornices en abundancia, y algunas perdices: POBL. 16 vec., 84 alm.: RIQUEZA PROD. 186,160 rs.: IMP. 10,520: CONTR. 668 reales.

ANIA: l. en la prov. de Oviedo, ayunt. de las Regueras y felig. de San Julian de *Santullano*, ó *Viado* (V.).

ANIA: desp. en la prov. de Alava, herm. y part. jud. de Vitoria, ayunt. de Elorriaga y térm. de Junquitu, existe en él una ermita (San Martin de Ania) con su cot. red. amojonado, cuyo diezmo pertenecia á un beneficio simple, y la primicia se cobraba por las igl. de Junquitu, Matauco, Arbulo y Lubiano alternando: á cargo de ellas estan el aseo y alumbrado de dicha ermita. El duque del Infantado percibe la alcabala de las ventas que se hacen en este terr. Antiguamente, fue parr. del pueblo llamado *Ania*, perteneciente á la merind. de *Harhazua*, segun se hace mencion en el catálogo que existe en San Millan.

ANIAGO: monast. de cartujos, SIT. en la parte meridional de Valladolid, dist. (3 leg.), part. jud. de Medina del Campo, jurisd. de Villanueva de Duero (1/4), colocado en medio de inmensos arenales, en la confluencia de los r. Adaja y Duero, con libre ventilacion, despejada atmósfera y CLIMA sano; todo el térm. está plantado, parte de monte y parte de pinares vastísimos, que circuyen el monast. por el N. y E., abundantísimos de caza menor de toda especie, con muy buenos pastos, siendo para lo demas improductivo por la aridez del terreno. Sin embargo, á medida que se va aproximando al monast., se advierte su posicion de las mas pintorescas que puede idearse: por la parte del S. cubre con sus frondosas riberas el r. Adaja, formando espesas alamedas y deliciosos bosquecillos; y por el O. se adelanta con orgullo el magestuoso Duero, que despues de haber tomado á corta dist. de Simancas las aguas del Pisuerga, viene á apoderarse de las del Adaja, haciéndole perder su nombre. En el ángulo que forma la confluencia de estos r., sitio perfectamente llano, se eleva la ant. cartuja de Aniago, edificio humilde en su esterior, é irregular en sus formas; de suerte que apenas puede imaginar el viajero, que este aislado edificio sea un monast., pues á escepcion de la torre ó espadaña que descuella sobre el resto de la fáb., circunvalada por enormes tapias de mamposteria, mas se asemeja á una casa de campo regular, que á lo que realmente es en sí: contiene este recinto las habitaciones de los monges, igl. nueva y vieja, paneras, y grandes edificios para los colonos: lo mas notable de todo, y que aun se conserva en buen estado, es un magnífico cláustro de estilo gótico, fáb. de piedra y ladrillo, compuesto de cuatro ángulos regulares, cuyos corredores tienen 65 pasos de long., y 7 varas y 1/2 de elevacion; en su alrededor estan las celdas habitadas antiguamente por los monges, que por su construccion se echa de ver el aislamiento y soledad en que vivian: cada monge tenia dos habitaciones, alta y baja, que se comunicaban por medio de una escalera interior, y un jardin de 26 pasos de largo y 13 de ancho, plantado de árboles frutales y flores que cultivaban ellos mismos, para cuyo riego tenian un pozo con su correspondiente algibe: en la puerta de cada celda habia un torno para la introduccion de los alimentos, de suerte, que solo se comunicaban con los demas un dia cada semana, ó en caso de enfermedad. La igl. vieja, fuera de su esterior de piedra y ladrillo, nada tiene de particular; pues el interior está sin altares y en estado de completa ruina: en la igl. nueva hay 6 altares y una hermosa sillería de nogal en derredor del templo. La porcion de edificios contiguos al principal, si bien en la actualidad presentan un aspecto repugnante y ruinoso, indican que fueron construidos con lujo y solidez.

HISTORIA. Aniago á principios del siglo XIV era un pueblecito pequeño con su térm. respectivo que pertenecia á Valladolid, por lo que en uso del derecho de propiedad, su ayunt. en 7 de noviembre del año 1365 le vendió á la Reina Doña Juana, ó á quien la representase. Once años despues esta señora le donó á Fr. Pedro Fernandez, prior del monast. de S. Gerónimo de la Fita, cerca de Toledo, para que fundase un conv. de su órden, que era la de San Agustin. En 1409 ya no existia dicho conv., y el l. de Aniago con todos sus térm. era nuevamente de Valladolid, y prod. 600 mrs. anuales de la moneda de entonces. En 26 de enero del mismo año de 1409 mandó el Rey á la entonces v. de Valladolid, que vendiese dicho l. de Aniago á D. Joaquin Vazquez de Cepeda, ob. de Segovia, para que fundase allí un monast. á manera de hospital (hospedería ú hospicio) de capellanes mozárabes. En su virtud se hizo la venta en 20 de febrero siguiente, obligándose el ob. á pagar 2.000 mrs. de censo anual, aceptando dos condiciones de reversion para ciertos casos: primero, cuando dejára de existir la institucion de los capellanes mozárabes, y segundo, para cuando se enagenára el conv., en cuyos casos habia de volver esta finca á la c. Al dia siguiente tomó posesion de dicho l. el mencionado ob. con las formalidades necesarias, y en 28 de octubre de 1436 otorgó testamento, en que instituyó el mencionado monast. de mozárabes, nombrando patrona del mismo á la Reina Doña Maria, á quien en codicilo de 14 de noviembre de 1437 dió facultades amplias para que, si no podian continuar dichos capellanes, fundase el monast. que creyese mas conveniente; y en su consecuencia la Reina fundó en 18 de octubre de 1441 el monast. de la Cartuja, que fue suprimido en el año de 1836.

ANIAGO: puente y pontazgo en la prov. de Valladolid (3 leg.), part. jud. de Medina del Campo (5), jurisd. de Villanueva de Duero (1/4), construido sobre el r. Adaja en el camino que desde La-Seca conduce á la cap. de la prov.; es de hermosa fáb. de piedra, y tiene tres arcos; el del centro bastante grande y de considerable elevacion, y los laterales mas reducidos: durante la guerra de la Independencia el arco mayor ó del medio fue volado por las tropas aliadas, desde cuya época se hallaba reedificado con vigas bien trabadas entre sí, que aseguraban y facilitaban el tránsito. Como dicha obra se realizó por los moradores de los pueblos inmediatos, estaban estos exentos de pagar el pontazgo; hasta que en 1840 se verificó su recomposicion á espensas del Sr. conde de Villariezo, quien, al parecer, percibe mediante subarriendo, el derecho mencionado, al que solo estan sujetos los ganados de toda especie. En las inmediaciones del puente está sit. la magnífica bodega llamada de Aniago, donde los monges del monast. de este nombre, guardaban las cosechas de su estenso viñedo.

ANIBAL (ISLA DE): Plinio menciona esta isla entre las que coloca fronteras á la c. de Palma, y la califica de pequeña.... «*Et parva Hanibalis*.» Leyéndose en varios códices *patria* por *parva*; han querido algunos que hubiese nacido en ella el famoso capitan Annibal (Pujades cron. de Catal. lib. 2.° cap. 17 y 28). Pero cuanto refieren con este motivo es contra lo que dijeron los historiadores de la vida de Annibal, que afirman su nacimiento en Cartago. «*Annibal Amilcaris filius Carthaginensis*» (Cornelius Nepos in Annibale). Se cree que esta isla es la isleta *Alseca* ó del *Seque*.

ANIBAL (TORRES DE): nombre que se daba, segun Plinio (*lib.* 2 *cap.* 61) á las muchas torres que dijo Livio (*lib.* 21 *cap.* 13) se veian en España puestas en los altozanos, para servir de resguardo á las c. y de lugares de defensa contra los ladrones. Hircio (*de bell. Hispan.*) refiere que por las frecuentes escursiones de los bárbaros en la España, todos los l. dist. de las c. estaban defendidos con torres y muros. Servian estas torres de atalayas y de refugio. Estando en alto se preparaban las c. con los avisos, por lo que espresó Plinio ser difícil en esta nacion tomarlas de sorpresa. Muchas de estas atalayas se ven aun en las alturas por donde iban los caminos. Desde Segorbe por Caudiel á Ragudo, en el espacio de 5 leg. se conservan aun en pie 4. Otras por toda la España, han sido convertidas en ermitas.

ANIBARRO: casa solar y armera en la prov. de Vizcaya, y anteigl. de *Ceanuri*.

ANICIENUM AUGUSTUM: hállase el nombre de está c. en una inscripcion conservada en el east. de Tortosa, que es una dedicacion que los Dertosanos consagraron al dios Pan, porque sus negocios habian sido manejados ventajosamente en el congreso de la España citerior celebrado en este pueblo. Parece no debia estar lejos de Tarragona y Tortosa. Cortés conjetura que pudo ser *Fortanete* (V.).

ANIDA: l. en la prov. de Lugo, ayunt. de Mondoñedo, y felig. de San Estéban de *Qiran* (V.).

ANIDO: ald. en la prov. de Lugo, ayunt. de Tierrallana, y felig. de Sta. Eulalia de *Frejulfe* (V.: POBL.: 4 vec.: 17 almas.

ANIDO: l. en la prov. de la Coruña, ayunt. de Arteijo, y felig. de San Estéban de *Larin* (V.).

ANIDO: l. en la prov. de la Coruña, ayunt. de Mañon, y felig. de Sta. María de *Bares* (V.).

ANIDO: l. en la prov. de la Coruña, ayunt. de Coristanco, y felig. de San Lorenzo de *Agualada* (V.).

ANIDO: l. en la prov. de la Coruña; ayunt. de Castro, y felig. de San Juan de *Callobre* (V.): POBL.: 7 vec., 49 almas.

ANIDOS: l. en la prov. de la Coruña, ayunt. de Cabañas, y felig. de San Mamed de *Larage* (V.): POBL.: 4 vec.: 19 almas.

ANIES: l. con ayunt. de la prov., part. jud., adm. de rent. y dióc. de Huesca (4 leg.), aud. terr. y c. g. de Zaragoza (13): SIT. á la márg. izq. del r. *Riel*, y der. del *Soton*, sobre una colina al pie de la sierra de su nombre, que forma cord. con la de Loarre, Rasal, Bentué y Bolea; y tiene su origen á dist. de 1 hora: bátenle todos los vientos, y mas especialmente los del N. y O.: goza de cielo alegre y CLIMA saludable, aunque frio. Forman la pobl. 114 CASAS de 10 á 12 varas de altura separadas las unas de las otras, porque la mayor parte de ellas tienen contiguo su huerto, y distribuidas en calles irregulares y mal empedradas, y dos plazas que forman un cuadrilongo cada una, con 30 varas de long. por 20 de lat. Hay una escuela de primeras letras, dotada por los fondos públicos en 1,300 rs. vn., á la que concurren de 40 á 50 discípulos; dos tiendas de abacería, panadería y horno de pan cocer. Tiene una igl. parr. bajo la advocación de San Estéban Protomártir, servida por 1 cura, un capellan, y 1 sacristan: el curato es de tercera clase, y su presentacion corresponde á la encomienda de San Juan. Fuera del pueblo, en parage ventilado, está el cementerio; y no muy dist. de las casas se encuentran tres fuentes, aunque no muy copiosas, pero si de buenas aguas, que sirven para el surtido del vecindario y para abrevadero de bestias y ganados. El TÉRM. confina por el N. con los de Rasal y Bentue (1 1/4 de hora), por el E. y S. con el de Bolea (1/2), y por el O., á igual dist., con el de Loarre. Dentro de esta circunferencia se hallan 4 ermitas dedicadas una á Ntra. Sra. de la Peña, otra á Sta. Bárbara, otra á los Stos. Cosme y Damian, y otra á San Cristóbal, que es la mas concurrida, y á cuya imágen profesan los hab. la mayor veneracion: esta ermita es la primera de las que están sit. en la sierra de Gratal, y dist. 1 hora de la pobl. El TERRENO es flojo en lo llano, y fuerte y pedregoso en la sierra: carece de bosques maderables, pero los hay abundantes para el combustible, de box y coscojo rojo y negro. Las tierras en cultivo son 400 fan. de primera suerte, 800 de segunda, y 1,800 de tercera: la que se riega es muy poca, y este beneficio lo proporciona el r. *Riel*, arriba mencionado, el cual da al mismo tiempo impulso á las ruedas de 2 molinos harineros. Tiene su curso hácia el S., como tambien el que igualmente se ha espresado de Soton, que nace en la elevacion de su monte; pero este no presta ningun auxilio, y las corrientes de entrambos no son perennes; pues acostumbran perderlas en los meses desde junio á setiembre. Los CAMINOS son locales y de herradura. PROD.: trigo, cebada, avena, centeno, vino, aceite, patatas y las hortalizas necesarias para el consumo; y cria ganado lanar, cabrio, vacuno, de cerda, caballar y mular. IND.: la de un molino de aceite, una fáb. de aguardiente, varios telares de lienzos y estameñas ordinarias, un tinte de lana recientemente construido, y las profesiones de la ciencia de curar, y oficios mecánicos mas indispensables. COMERCIO: la esportacion de trigo á la cap. de la prov., de vino á Jaca, de aceite á diferentes puntos, y de ganados á las ferias y mercados de los pueblos inmediatos, é importacion de otros artículos que faltan para el consumo: POBL.: 80 vec., 34 de catastro: 660 alm.: CONTR.: 10,841 rs. vn.

ANIEVAS: r. en la prov. de Santander, part. jud. de Torrelavega: nace en las alturas del valle de su mismo nombre, de varios manantiales pequeños, el mayor de los cuales se halla en el punto denominado de las Fuentes: es de curso perenne, aunque escaso, especialmente en el verano; corre como 1 leg. de estension, encontrando á su paso al pueblo de San Juan de Raicedo, poco mas abajo del cual, y cerca del de Arenas, se confunde con el Besaya: sus aguas, que se aumentan bastante durante el invierno con las que se deslizan de las montañas inmediatas procedentes de las lluvias, en cuyo tiempo lleva un caudal crecido é imponente por su impetuosidad, dan movimiento á 5 molinos harineros, los 4 de una rueda, y el restante de tres, que solo pueden trabajar en dicha época; en él se crian anguilas, truchas y otros peces menores, pero no en abundancia.

ANIEVAS: valle en la provincia de Santander, part. jud. de Torrelavega: compuesto de los l. de Barrio Palacio, Calga, Villasuso y Cotillo.

ANIEVAS: ayunt. en la prov. de Santander, part. jud. de Torrelavega: se compone de los pueblos de Barrio-Palacio, Calga, Cotillo, y Villasuso, que forman un total de 174 vec.: 886 alm.: SU RIQUEZA Y CONTR. se verán en el art. de PART. JUDICIAL.

ANIEZO: conc. en el valle de Valdeprado, y prov. de Santander, part. jud. de Potes (1 1/2 leg.), aud. terr. y c. g. de Burgos, dióc. de Leon, y ayunt. de Cabezon (1 1/4): SIT. en un estrecho valle á la falda O. de la gran montaña que llaman de Peñasagra, y orillas de un arroyo que se desprende de la espresada altura: su CLIMA, aunque bastante frio, es sin embargo saludable, si bien es frecuente un mal, que mas bien se considera como deformidad, conocida con el nombre de *bocio*. Cuenta 37 CASAS de mala construccion y distribucion interior, por lo general separadas las unas de las otras, aunque agrupadas en los dos barrios que lo constituyen, titulados, Aniezo y Somaniezo: hay una escuela de primeras letras, á la que concurren de 14 á 16 niños de ambos sexos, y cuya dotaciones de 220 rs., ademas de las retribuciones de los alumnos, que consisten en una torta ó pan de 2 libras, y 1 real ó 2 mensuales por cada uno de ellos: tiene una igl. parr. sit. como á unos 40 pasos del barrio de Aniezo, bajo la advocacion de San Salvador, servida por un cura párroco perpétuo, de presentacion en patrimoniales: á la dist. de hora y media del pueblo, en la montaña de Peñasagra, se halla el santuario de la Virgen de la Luz, de mucha devocion, adonde se va en romería el dia de San Juan Bautista: es un edificio embovedado, de poca elevacion, y dividido por un fuerte enrejado de hierro que sube hasta la bóveda: la imágen, que se dice fue aparecida en aquel sitio, es muy pequeñita, en cuyo altar se ven 2 grandes jarrones de china, regalo de D. Felipe Montes, tesorero general que fue, y natural de Polaciones: está imágen baja en procesion todos los años el dia 2 de mayo, y llega al monast. de Sto. Toribio, deteniéndose en el camarin en que se custodia y venera una parte de la Sta. Cruz: á su paso toca en los l. de Cambarco, Frama, y v. de Potes, acompañándola en su tránsito las autoridades, párrocos, ó insignias parr. de estos pueblos, en cuyas igl. se detiene tambien á su regreso á dicho santuario. Hay ademas otras dos ermitas, de las cuales la una, dedicada á Ntra. Sra. de la Asuncion, está sit. como á unos 150 pasos del pueblo; y la otra, bajo la advocacion de San Asisclo y Vitorio, en el centro del barrio de Somaniezo: hay finalmente varias fuentes de buenas aguas á sus inmediaciones para el surtido del vecindario, y un cementerio á espaldas de la parr., con buena ventilacion. Confina su TÉRM. por N. con el de Luriezo, por E. con el del valle de Polaciones, por S. con el de Torices, y por O. con el de Cambarco. El TERRENO es todo montuoso y quebrado, formando grandes cord., y sus montes estan poblados de hayas y robles en abundancia, y otras especies de arbolado, para cuya conservacion ningun cuidado se tiene, y solo la naturaleza los produce con vigor, á pesar de lo mucho que diariamente se destruye: los sitios inmediatos al l. mas entrellanos, en donde tambien crece y fructifica el nogal, se destinan para el cultivo de cereales, y los que parecen mas á propósito, para prados naturales: tiene mancomunidad de pastos con los l. circunvecinos en toda la dilatada cord. de Peñasagra, en la cual se crian diversas plantas medicinales, de que se hace uso en las boticas, ocupándose algunos hijos del pais en recogerlas en las estaciones oportunas, vendiéndolas despues en diferentes puntos. Cruza por el térm. pasando próximo á la pobl., como ya se ha dicho, el arroyo titulado Vieda, de curso perenne, que nace en la citada montaña de Peñasagra: con sus aguas se benefician varios huertos y porciones de tierra, dando movimiento ademas á 8 molinos harineros de una piedra pequeña cada uno, y de los que tambien se sirven los l. de Coecho, Luriezo y Torices; y á 2 batanes, donde se trabajan las telas ordinarias ó sayales que se tejen en el pais: los CAMINOS son de pueblo á pueblo, en muy mal estado; y el CORREO se recibe de la cab. del part. PROD. trigo, cebada, legumbres, patatas, hortalizas, y varias clases de frutas; ganado vacuno, lanar, cabrio y de cerda; caza de corzos, jabalíes, osos, lobos, zorros, y algunas liebres y perdices; y pesca de truchas y anguilas: la IND. consiste en la fabricacion de calzado de madera, que llaman albarcas, y en otras partes almadreñas, del cual usan mucho en invierno sus hab. y todos los de sus contornos. POBL.: 27 vec., 90 alm.: CONTR. con el ayunt. El PRESUPUESTO MUNICIPAL asciende á 856 reales.

ANIMAS: alq. de la prov. de Toledo, part. jud. de Torrijos, térm. jurisd. de Puebla de Montalban. Comprende 200 fan. de tierra labrantía, con una casa para los ganados.

ANIMAS (HUERTAS DE): ald. considerada como barrio de Trujillo (1/4 leg. N.), en la prov. de Cáceres: SIT. en un llano de muy mal piso por los enormes peñascos de granito que lo constituyen: su temperamento es sano, padeciéndose solo algunas tercianas en verano y pulmonias en invierno, y sus 430 CASAS sin formar calles, estan reunidas en cuatro grupos, en el mayor de los cuales hay una plaza cuadrilonga, bastante espaciosa, y la única casa de piso alto, cómoda y bien distribuida: de todas las otras solo hay 12 ó 14 de buena construccion. Es escaso de aguas potables, pues solo tiene dos fuentes, que comunmente se secan en los meses de julio y agosto, y el ganado bebe de un pozo que tambien se agota en el otoño: la igl. parr. (San José), moderna, de una sola nave, de 250 pies de largo, y 70 de ancho, está servida por un ecónomo, dotado con 3,000 rs., y 2,449 aplicados al culto: POBL.: 430 vec., 1,700 alm,, ganaderos en su mayor parte, y algunos labradores de una y dos yuntas vacunas, en lo general. La pobl., que se gobierna por un alc. p., crece de tal manera, que de 40 años acá tiene tres cuartas partes de aumento. Los datos de contr. y otros, pueden verse en el articulo Trujillo.

ANIMAS: l. en la prov. de la Coruña, ayunt. de Naron, y felig. de San Lorenzo de *Doso*. (V.): POBL.: 2 vec., 8 almas.

ANIMAS: casa de campo en la prov. de Albacete, part. jud. de Alcaráz, térm. jurisd. de *Paterna*. (V.): comprende unas 150 fan. de tierra en cultivo.

ANIÑARELLE: l. en la prov. de la Coruña, ayunt. de Aro, y felig. de Santo Tomé de *Albite*. (V).

ANIÑON: l. con ayunt., de la prov., aud. terr. y c. g. de Zaragoza (17 leg.), part. jud. y adm. de rent. de Ateca (3), dióc. de Tarazona (10), y arcedianato de Calatayud (2 1/2): SIT. al estremo de una pequeña montaña, que se eleva casi insensiblemente por espacio de una hora, hasta unirse con otras mayores, que forman parte de la cord. Ibérica, la cual lo defiende de los vientos del N., y se halla bastante espuesto al sol del mediodia; su cielo es alegre y despejado, y disfruta de unas pintorescas vistas, mas agradables en la entrada del otoño que en las demas estaciones: su CLIMA es sano, aunque algo propenso á fluxiones y enfermedades reumáticas. Tiene 417 CASAS, en lo general fabricadas de tapias de tierra alveadas con yeso por la parte esterior, las mejores son de dos pisos, estan distribuidas en ocho calles angostas, de piso desigual y mal empedradas, y varias plazas, entre las que es la mejor la llamada de la Constitucion, que describe un cuadrilátero de 68 varas de largo por 14 de ancho: la casa municipal es ant., pero mal distribuida, con una sala regular para las sesiones ordinarias, y otra mas capaz para las públicas: conserva un archivo con muy pocas antigüedades; hay una escuela de primeras letras, concurrida comunmente por 100 niños; el maestro con el agregado del órgano, tiene de dotacion anual 4,000 rs., pagados por los fondos de propios; otra escuela de niñas, en la que á las discipulas que la frecuentan, ademas de las labores propias del sexo, se les enseña las primeras letras; la retribucion de la maestra consiste en 1,000 rs., pagados por el ayunt., y 2, 3 y 4 rs. por cada una de las niñas, segun la labor á que se dedican. Hay ademas 1 posada pública, y 2 hornos de pan cocer, que pertenecen á los propios. En el centro de la pobl., sobre una eminencia, se ve la igl. parr., bajo la advocacion de Ntra. Sra. del Castillo, rodeada de ant. almenas, indicio seguro de que en algun tiempo fue casa fuerte ó cast.: está servida por un capitulo ecl., que se compone de 10 beneficiados, de los cuales en el dia se hallan tres vacantes; la cura de almas se desempeña con el titulo de regente, por aquel de los capitulares que nombra el vicario general de Calatayud, á propuesta de la corporacion, y los beneficios son para los hijos del pueblo que ántes se ordenan: el edificio se halla construido en la area que ocupaba la ant. igl., que quedó reducida á pavesas en un incendio que ocurrió á principios del siglo XIII: consta de una sola nave, que forma un cuadrilátero rectangular, con ocho capillas laterales, espaciosas y cubierta por una bóveda que á su solidez reune el mejor gusto simétrico, y cruzada por un arco tirado, de mucho mérito artistico, para sostener el coro; éste es capaz, con una silleria de nogal regular, y su correspondiente órgano: tiene 12 altares bastante buenos, entre los que sobresale el mayor, obra del famoso Berrugete; la torre es sólida, de ladrillo, de 42 varas de alto y 7 de ancho, con su relox de repeticion muy regular: se veneran en esta igl., con octava, en el tercer domingo de setiembre, unos santos corporales con las formas, que, bañadas en sangre, se hallaron entre las cenizas del templo: de ellas la mayor, se regaló al rey D. Juan II de Aragon, quien la depositó en la cated. de Valencia, y remuneró á la parr. con varias reliquias. Hay tambien dentro de la pobl. 3 fuentes perennes y de buenas aguas para el surtido del vecindario, ademas de otras que existen en las casas particulares para los usos domésticos, y dos abrevaderos públicos para las bestias, sin contar con muchos manantiales que brotan por diferentes puntos de los alrededores del pueblo. Fuera de este, en parage ventilado, está el cementerio, y á corta dist. del mismo, se encuentran las ermitas de San Sebastian, la de San Ramon, San Salvador, San Anton Abad, y separada cerca de una hora, metida ya en el monte, la del Dulce Nombre de Jesus. Confina el TÉRM. por el N. con el de Getor y Jarque; por el E. con el de Viver de la Sierra; por el S. con el de Torralva, y por el O. con los de Villarroya y Cervera, estendiéndose de N. á S. 2 leg., y de E. á O. 1. El TERRENO es pedregoso y ligero, mas á pesar de esto esperimenta sequias en la primavera y el estío, que podrian remediarse formando depósitos donde se guardaran las aguas que del invierno sobran: las tierras que se cultivan ascenderán poco mas ó menos, á 5,500 yugadas, de las que á una gran parte se proporciona riego por medio de varios barrancos que nacen de los diferentes valles que forman las colinas, distribuyéndose sus aguas bajo las reglas que establece la ordenanza municipal, formada en 7 de marzo de 1813: cuando el agua escasea en los barrancos, se suple con la encerrada oportunamente en un pequeño estanque construido en los primeros años del siglo XVII, el cual costó por contrata 75,352 rs.: al N. del térm. hay una porcion de monte casi destruido en la guerra de la Independencia, el cual vuelve á poblarse con lozania, por ser el terreno muy á propósito, y su sit. al S.; tiene de estension 1 1/4 hora de E. á O., y 2 1/4 de N. á S. La agricultura va haciendo ensayos, de los cuales han de resultar conocidas ventajas á los vec., si no desmayan á los primeros inconvenientes: los prados artificiales ó siembra de la alfalfa, que no se conocia, ó se conocia muy poco, ha recibido un grande impulso, si bien encuentra grave oposicion en los perjuicios que ocasiona la propagacion de un insecto que devora los prod. de las dos mejores siegas. La plantacion de la morera filipina ó *multicaulis*, principiada de tres años acá, hace concebir las mejores esperanzas. Los CAMINOS son locales y de herradura, y se hallan en regular estado, aunque por causa del terreno se descomponen con facilidad, por lo que se necesita el mayor celo por parte de los ayunt. para su conservacion. El correo se recibe de Calatayud, á donde va á buscarle un encargado de dicha corporacion. La IND. está reducida á los profesores y artesanos de primera necesidad, á varios telares de lienzos ordinarios, un molino harinero, ocho fáb. comunes para sacar aguardiente, y otra de vapor para el mismo uso, que cada 24 horas destila 100 a. de licor. El COMERCIO consiste en dos tiendas de paños y telas de las fáb. nacionales y estrangeras, varias tiendas de abacería, y en la esportacion de frutos sobrantes. PROD.: vino, trigo puro, cebada, centeno, avena, lentejas, judias, garbanzos, cáñamo, aceite, alfálfa, patatas, frutas, hortalizas, y cria ganado lanar: POBL.: 400 vec., 1,700 alm.: CAP. IMP.: 178,620 rs.: CONTR.: 36,726 rs. 20 mrs.

ANIPINOA: punta de la isla, tercio y prov. marít. de Mallorca, distr. de Alcudia, apostadero de Cartagena, SIT. entre la punta del Viento y el cast. de Pollenza, entre el puerto de este nombre. (V).

ANITORGIS: Ortiz opinó corresponder á *Ademuz* esta ant. c. tan célebre en la historia. Donjat la reduce á *Villaharta* ó *Villarrobledo*. Pero la luz geográfica que resulta de la reunion de las circunstancias históricas con que aparece mencionada, indica su identidad con *Alcañiz*, como puede verse en Tito Livio (lib. 25, cap. 23) y en las guerras ibéricas de Apiano Alejandrino. Esta es ademas la correspondencia que la ha dado Cortés, en su Diccionario, con Ferreras y otros. (V. ALCAÑIZ).

ANIZ: l. del valle y ayunt. de Baztan, en la prov., aud. terr. y c. g. de Navarra, merind., part. jud. y dióc. de Pamplona (7 1/2 leg. N.), arciprestazgo de Araquil: SIT. á la izq. del r. *Vidasoa*, en la falda de un monte, con libre ventilacion y CLIMA muy saludable. Tiene 13 CASAS, una municipal, y una igl. parr., dedicada á la Asuncion de Ntra. Sra., servida por un cura párroco. Confina el TÉRM. por N. con el de Ziga, (1/2 leg.), por E. con montes (1/4), por S. con el de Berrueta (igual dist.), y por O. con los de Arrayoz y Oronoz (3/4 poco mas ó menos). El TERRENO es quebrado y desigual; brotan en varios puntos del mismo aguas esquisitas, que aprovechan los hab. para su gasto doméstico y otros usos, juntamente con las del mencionado r. PROD.: trigo, cebada, maiz, patatas y otros frutos: sostiene ganado vacuno, lanar y cabrio, y hay caza mayor y menor: POBL.: 17 vec., 112 alm.: CONTR.: con el valle. Es patria de D. Pedro Fermin Indart, del consejo de Hacienda.

ANLEO: ald. en la prov. de Oviedo, ayunt. de Valdés, y felig. de San Miguel de *Anleo*. (V.): POBL.: 8 vec., 43 almas.

ANLEO (SAN MIGUEL DE): felig. en la prov. y dióc. de Oviedo (17 leg.), part. jud. de Luarca (3), y ayunt. de Navia (1/2): SIT. á la der. del r. Navia: su CLIMA templado y sano: comprende los pueblos y ald. Anleo, Braña del Rio, Caborno, Cácabelos, las Murias, Puñil y Villa de Sante: la igl. parr. (San Miguel), está sit. en una llanura en medio de Anleo: el curato es de entrada y se provee por el Sr. marqués de Sta. Cruz de Marcenado, sin previo concurso: su TÉRM. se estiende 2 leg. de E. á O.; y 3/4 de N. á S.; confina al N. con San Antolin de Villanueva, Cabanella y Polavieja, por E. con Montaña del Rionegro, al S. Oneta y Arbon y por O. el indicado r.: le bañan varios arroyuelos que contribuyen á enriquecer al riach. Armental que se dirige al NO. á encontrar el Navia, que corre de S. á N. El TERRENO medianamente fértil, tiene buenos prados y bosques con algun arbolado y pastos: los CAMINOS son locales y estan poco cuidados y la CORRESPONDENCIA se recibe en Navia de Luarca. PROD. centeno, maiz, trigo, patatas, nabos, habas, poca cebada, frutas y hortalizas; cria ganado vacuno, lanar y de cerda: tiene 2 molinos harineros y disfruta de alguna caza y de la buena pesca que el Navia le proporciona. POBL. 147 vec. 812 alm.: CONTR. con su ayuntamiento (V.).

ANLLARES: l. en la prov. de Leon (17 leg.), part. jud. de Ponferrada (5), aud. terr. y c. g. de Valladolid (34), dióc. de Astorga (10), y ayunt. de Páramo del Sil: SIT. en la falda S. de las montañas que dividen los part. de Ponferrada, Villafranca del Vierzo y Murias de Paredes. Tiene 78 CASAS, muchas de ellas terrenas, cubiertas de pizarra ó paja y regularmente distribuidas; y una igl. parr. bajo la advocacion de Sta. Maria, servida por un cura párroco de presentacion de la casa de Benavides, teniendo por anejo al l. de Anllarinos. Confina el TÉRM. por N. con el de este último pueblo, por E. con el de Páramo, por S. con el de Sorbeda, y por O. con el de Argayo. El TERRENO es montuoso y de mediana calidad, en el cual se encuentran bosques de varias clases de arbolado y monte bajo: lo baña el r. denominado Sil, y algunos arroyos sin nombre que solo corren en el invierno: los caminos son comunales para carros, y se hallan en regular estado. PROD. cereales, habichuelas, maiz, lino y pastos; ganado vacuno, lanar, y cabrio: la IND. se reduce á diferentes telares de lana y lino, fáb. de manteca y colmenas para la de miel. POBL. 68 vec., 254 alm.: CONTR. con el ayuntamiento.

ANLLARINOS: l. en la prov. de Leon (18 leg.), part. jud. de Ponferrada (5 1/2), dióc. de Astorga (10), aud. terr. y c. g. de Valladolid (35), ayunt. de Páramo del Sil: SIT. en la montaña de Faro que sirve de lim. á los part. de Ponferrada, Villafranca del Vierzo y Murias de Paredes. Consta de unas 20 CASAS caprichosamente agrupadas, la mayor parte de tierra y cubiertas de paja, y de una igl. aneja de la de Anllares bajo la advocacion de San Cipriano. Su TÉRM. confina por el N. con el de Faro; por E. y S. con el de Anllares y por O. con el de Cariseda. El TERRENO es de mediana calidad y en él se encuentran bosques de diferentes especies de arbolado y monte bajo, bañados por varios arroyos sin nombre que regularmente quedan secos durante el estio: los caminos son comunales para carros, y se hallan en mal estado. PROD. centeno, lino, habichuelas, maiz, y pastos: ganado vacuno, lanar y cabrio; y caza de gamos, corzos, ciervos, lobos, osos y zorros: la IND. se reduce á algunos telares de lino y lana, fáb. de manteca, y colmenas para la de miel. POBL. 18 vec. 76 alm. CONTR. con el ayuntamiento.

ANLLO: ald. en la prov. de Lugo, ayunt. de Sobér y felig. de San Estéban de *Anllo* (V.): POBL. 4 vec. 23 almas.

ANLLO: l. en la prov. de Orense, ayunt. de Cea y felig. de San Ciprian de *Castrelo* (V.).

ANLLO: l. en la prov. de Orense, ayunt. de Salamonde y felig. de Santiago de *Anllo* (V.).

ANLLO: ald. en la prov. de Lugo, ayunt. de Pastoriza y felig. de San Pedro de *Baltar* (V.): POBL. 2 vec. 9 almas.

ANLLO (SAN ESTEBAN DE): felig. en la prov. y dióc. de Lugo (11 leg.), part. jud. de Monforte (2), y ayunt. de Sobér (1): SIT. en la ribera del Sil: CLIMA templado y sano: se compone de los l. ó ald. de Anllo, Bouza, Burdallá, Carreira, Castinandi, Cuñas, Juncal, Mogueira, Nogueira, Ortas, Pacios, Portizó, Rigueiro, Souto-novo y Ziguñeira: la igl. parr. (San Estéban), está servida por un curato de 2.° ascenso cuyo nombramiento pertenecia al monasterio de benedictinos de San Estéban de Ribas de Sil en la prov. de Orense: hoy es de patronato Real y ecl.: el TÉRM. confina por N. con San Martin de Anllo, por E. con Sta. Maria de Bolmente, por S. con el mencionado r. Sil y por O. con San Miguel de Rosende: el TERRENO es bastante fértil, y no carece de arbolado: los CAMINOS son medianos y el CORREO se recibe de Monforte: PROD. vino, centeno, castañas, algunas legumbres, maiz, patatas y lino: cria ganado vacuno, lanar, cabrio y de cerda, hay bastante caza y mucha pesca: su IND. es la agrícola viñera y varios molinos harineros, y su COMERCIO la esportacion de vinos á los mercados inmediatos: POBL. 200 vec. 1,160 alm.: CONTR. con su ayunt. (V.).

ANLLO (SANTIAGO DE): felig. en la prov. y dióc. de Orense (4 leg.), part. jud. de Señorin en Carballino (3/4), y del ayunt. de Salamonde: SIT. en un llano elevado y CLIMA sano: comprende los l. y ald. de Anllo, Cabana, Cruz, Fontao, Hospicio, Lama, Outeiro, Pazos, Quintana, Rozas, San Sebastian y Vilar que reunen sobre 112 CASAS; hay escuela dotada con 1,100 rs. de los fondos públicos, y recibe ademas el maestro, las remuneraciones que contrata con los padres de los pocos niños que asisten á ella: la igl. parr. (Santiago) es curato de primer ascenso y su patrono el conde de Ribadavia: el cementerio es regular aunque situado en el atrio de la igl.: el TÉRM. se estiende á 3/4 de leg. de N. á S. y poco mas de E. á O.; al N. confina con el de Partovia, por E. con los de Grijoa y Salamonde, por S. con Navio y Osmo, y por O. con Gomariz y Baron: el TERRENO es árido y el arbolado de castaños, robles, sáuces, perales, manzanos y cerezos; hay viñas de mediana calidad y la cosecha de cereales es corta. El CAMINO general de Carballino al puente de San Clodio atraviesa por el lado del poniente, y por el centro el que baja á r. Boó, ambos en mal estado; la CORRESPONDENCIA se recibe en Salamonde: PROD. maiz, centeno, vino, patatas, castañas y otras legumbres y frutas: POBL. 114 vec. 430 alm.: CONTR. con su ayunt. (V.).

ANLLO (SAN MARTIN DE): felig. en la prov. y dióc. de Lugo (11 leg.), part. jud. de Monforte (2), y del ayunt. de Sober (1): SIT. en llano, de buena ventilacion y CLIMA sano: comprende las ald. ó barrios de Argemil, Arrejó, Barreal, Bertonia, Boca, Camilo, Couto, Ferbenza, Ferroños, Matanzá, Navas, Naz, Pena, San Payo y Vigilde: la igl. parr. (San Martin), es anejo de Sta. Maria de Prendos: su TÉRM. confina por N. con San Martin de Arrojo, por E. con San Juan de Barantes, por S. con Sta. Maria de Bolmente, y por O. con San Miguel de Rosende: su TERRENO es fértil: los CAMINOS locales y malos y el CORREO se recibe de Monforte: PROD.: vino, centeno, castañas y otros granos, patatas y legumbres: cria ganado vacuno y de cerda, y se encuentra caza de liebres y perdices: POBL.: 150 vec.: 730 alm.; CONTR. con su yunt. (V.).

ANNA (DE): riach. en la prov. de Valencia, part. jud. de Enguera, el cual nace de varios manantiales y de un lago llamado la Albufera en el térm. de la v. de *Anna* (V.).

ANNA ó ANA: v. con ayunt. en la prov., aud. terr., c. g. y dióc. de Valencia (9 leg.), part. jud. de Enguera (1): SIT. en un hondo formado por dos cord. ó alturas llamadas de las Eras y de Nero, y á la inmediacion del barranco de este nombre: la combaten principalmente los vientos del N. y O., y goza de CLIMA templado y generalmente saludable, aunque á las veces suelen desarrollarse algunas calenturas intermitentes é inflamatorias. Forman el casco de la pobl. 218 CASAS fabricadas de cal y canto, la mayor parte de 2 pisos y algunas de 3, bastante cómodas, y distribuidas en 8 calles; la principal de estas denominada Mayor se estiende de E. á O. y es bastante ancha, pero las restantes que se dirigen de N. á S. son estrechas, aunque limpias y de piso llano y cómodo: hay 2 plazas de figura cuadrilonga, una de ellas titulada de la Constitucion, y la otra de los Alamos, sin duda porque antiguamente existian en la misma árboles de esta clase: casa municipal, una cárcel insegura, carniceria, escuela de primeras letras dotada con 1,800 rs. anuales á la que concurren de 80 á 90 niños, otra á la cual asisten de 70 á 80 niñas, cuya maestra percibe 1,300 rs. al año, pagadas ambas dotaciones por el fondo de propios; y una igl. parr. dedicada á la Purisima Concepcion, servida por un cura párroco, cuyo nombramiento corresponde al Excmo. Sr. conde de Cervellon como á señor terr. del pueblo: el edificio sit. en el centro de la v., es muy sólido, de piedra y argamasa, escepto algunos pilares que son de ladrillo, y las esquinas de piedra canteria; sobre una de estas se eleva una pequeña torre ó campanario de igual fáb.: el interior del templo, poco capaz para el vecindario, es de una sola nave y tiene 13 altares sin mérito alguno, á escepcion del mayor que es un retablo con pilastras de madera dorada construido con bastante regularidad y buen gusto. En el estremo oriental de la v. existe la casa palacio de los señores condes de Cervellon, de fáb. ant. y tan sólida que las paredes principales ó maestras tienen 2 1/2 varas de grueso, compuestas de cal y canto; aunque espacioso este edificio y distribuido conforme á la época de su construccion, carece de adornos, y no ofrece cosa digna de notarse: y dist. 150 varas hácia el S. se encuentra el cementerio sit. en parage que no ofende á la salud pública, porque son muy pocas las veces que reinan los vientos de esta parte. Confina el TÉRM. por N. con los de Chella y Cotes, por E. con los de Sellent y Estubeny, por S. y O. con el de Enguera, teniendo casi 1 leg. cuadrada de estension; dentro de la misma sobre la espresada altura de las eras dist. unos 500 pasos O. de la v. hay 10 casas habitadas por labradores, una venta, distintos corrales para encerrar ganados, y una ermita dedicada al Sto. Cristo de la Salud, cuyo edificio ninguna particularidad ofrece. Al S. de la pobl. y dist. 100 pasos se encuentra la fuente llamada Negra, cuyas aguas de esquisita calidad aprovechan los vec. para su consumo doméstico; y por el lado del E. á 1/4 de hora hay otra de agua muy salada, cuyo mineral utilizan por medio de la evaporacion los hab. de éste é inmediatos pueblos, no obstante las gestiones que para impedirlo han practicado varias veces los dependientes de la Hacienda pública, pero el manantial ó depósito mas considerable que hay en el térm. es el lago llamado la *Albufera*, sit. á 1/2 hora S. E. de la v., el cual contiene por algunas partes 9 pies de agua, la que brota con tanta impetuosidad por algunos parages, que se eleva sobre el nivel de la balsa mas de un palmo formando columnitas de 6 pulgadas de diámetro; las aguas de este lago, las de la mencionada fuente Negra y de otras que nacen en el térm. dan origen al riach. llamado indistintamente de *Anna* ó de la *Albufera*, el cual ademas de fertilizar porcion de terreno, da impulso á 4 molinos harineros, á 6 batanes, mueve 3 fáb. de papel blanco, 2 de estrazá, y 1 de paños, desaguando despues en el de *Chella*, que á su vez confluye en el r. *Jucar* en el térm. de Cotes, part. de Alberique; sin embargo de los beneficios que este riach. proporciona á los vec. de Anna, es sensible que no se aprovechen tambien para batanes, molinos de papel y otros artefactos de conocida utilidad, las muchas aguas que por varios puntos se precipitan en el barranco, que dijimos hay cerca de la pobl., las cuales con sus hermosas y repetidas cascadas pudieran servir ventajosamente al espresado objeto. El TERRENO en lo general es montuoso con muchas desigualdades, de naturaleza caliza y abundante de carbonato y sulfato de cal; hallándose en el sitio llamado *el Tejar* una mina de greda pegajosa y algo azulada, que suelen utilizar los fabricantes para batanar los paños; abraza 7,000 hanegadas de tierra, de las cuales hay 4,500 de montes y baldios, y 2,500 destinadas á cultivo; de estas se reputan 1,000 de primera calidad, y las restantes de segunda, aunque unas y otras en gran parte son de huerta, que se riega con las aguas del mencionado riach. y de las otras fuentes que dijimos brotan en varios parages del térm.: en las tierras de labor no solamente hay buenos y dilatados sembrados de cereales, sino que abundan las nogueras, moreras, ciruelos, higueras y otros árboles frutales, criándose en los pedazos de secano multitud de algarrobos, olivos, y estensos viñedos; la huerta por lo comun rinde un 6 por 100 del capital, y los secanos un 4; las labores se hacen con mulas y jumentos. Los CAMINOS que conducen á los pueblos inmediatos del valle de Carcer, Estubeny, Ayora y otros son de herradura, habiendo uno de ruedas por el que se va á Enguera, al pueblo de Canal de Navarres, y enlaza con la carretera de Madrid á Valencia, todos en mal estado. La CORRESPONDENCIA se recibe de Játiva por medio de un balijero que llega los lúnes, miércoles, y sábados, y sale los domingos, mártes, y viérnes: PROD.: por un cálculo aproximado se cosechan anualmente 400 cahices de trigo, 600 de maiz, 2,000 a. de algarrobas, 5,000 cántaros de vino, 1,000 a. de aceite; 2,000 libras de seda: alguna cebada, centeno, bastantes nueces, legumbres, hortaliza, ciruelas, esquisitos higos y otras frutas; cria ganado lanar y cabrio, con el mular, y asnal preciso para la labranza; hay caza de liebres, conejos y perdices; y pesca de barbos, anguilas y otros peces.

ARTES É INDUSTRIA. Ademas de los molinos, batanes y fáb. de que se hizo mérito, y de la agricultura, principal ocupacion de los vec. de Anna, hay en esta v. los oficios y artes mecánicos de primera necesidad: COMERCIO: el de esportacion de frutos sobrantes especialmente de vino, maiz, seda, y papel é importacion de los art. de que carece el vecindario, y con particularidad de los necesarios para el surtido de los molinos de papel, y fáb. de paños: POBL.: 317 vec.: 884 alm.: CAP. PROD.: 4.321,641 rs.: IND. IMP. 165,510. El PRESUPUESTO MUNICIPAL asciende regularmente á 10,000 rs. VN., el cual se cubre con los arbitrios que siguen, prévia aprobacion de la diputacion prov.: 3,750 importe del arrendamiento de una tienda, 1,950 de impuestos sobre carnes, 300 rs. prod. de la basura que se recoge en los caminos, igual cantidad por pesos y medidas, y 60 rs. de un juego de pelota: dichas sumas no son fijas, y cuando no bastan para satisfacer las obligaciones municipales, lo que falta se reparte entre los vec. Esta v. es muy susceptible de mejoras no solamente por las muchas aguas de que se halla circuida, sino por la sit. topográfica de parte del terreno, pues en el parage ó llano mencionado de las Eras, podrian construirse muchas mas casas; y en otros puntos establecerse máquinas, recogiendo las aguas y dándoles la debida direccion; todo lo que aumentaria considerablemente la riqueza y el vecindario.

ANO: monte en la prov. de Santander, part. jud. de Entrambas-aguas, y térm. jurisd. de la v. de Escalante: SIT. al O. de la bahia de Santoña, está rodeado de mar, y su figura es cónica con 400 pies de elevacion sobre el nivel del mar y mas de 10,000 de circunferencia. Se encuentran en su cúspide los cimientos y algunos paredones de argamasa bastante gruesos de un ant. castillo, el cual se cree perteneció á los condes de Escalante. El monte es escesivamente breñoso, de costosa y molesta subida y de difícil tránsito por algunos puntos: en la parte N. existe un puente de piedra de sólida construccion con un solo ojo, por el cual se comunican los vec. de Escalante para la estraccion de leñas, pasando tambien por bajo de él lanchas que van y vienen á Santoña: PROD.: leñas para los usos domésticos y para el emparrado de las viñas, que aprovechan los hab. de Escalante, respetándose sin embargo la propiedad que de algunas porciones de dicho monte tienen los vec. de la misma. Al E. del punto que describimos se halla, sobre una roca que bate el mar, un conv. dedicado á San Sebastian de Ano.

ANO (SAN SEBASTIAN DE): conv. de frailes franciscos recoletos en la prov. de Santander, part. jud. de Entrambasaguas y térm. jurisd. de la v. de Escalante: SIT. al E. del monte del mismo nombre, sobre una roca que baten las aguas de la bahia de Santander, de cuya plaza dista por mar 1/4 de leg.. Este edificio es de fáb. muy ant., sin ningun género marcado de arquitectura, á escepcion de la porteria que se halla hácia el N. que es del órden jónico, aunque en un estado muy deteriorado; goza de alegres vistas por la elevacion en que se encuentra. Inmediato al conv. hay un hermoso muelle de piedra de silleria de 652 pies de largo y 20 de ancho, construido para la comodidad de los que se embarcan en aquel punto, pudiendo subir hasta tocar con él buques de alto bordo, pues tiene 20 pies de fondo en bajamar. A corta dist. del conv. se encuentra un bosquecillo de encinas y algunos huertos cercados de pared de cal y canto, que cultivaban los frailes y producian frutas, hortalizas y legumbres en corta cantidad. El número de religiosos que contenia en el año 1836 era el de 8 de misa y 2 legos profesos, cuya comunidad tenia á su favor un capital de censos de mas de 200,000 rs., casi todos en la v. de Escalante, los cuales aun no han sido redimidos. En 1842 fué adjudicado dicho edificio con todo lo demas que llevamos indicado, á un rico comerciante de Santander en la cantidad de 50 y tantos mil rs. pagados en papel de la deuda del Estado, precio ciertamente muy bajo considerada la ventajosa posicion que ocupa y la mucha utilidad que de él puede sacarse.

ANOCIBAR: l. del valle y ayunt. de Odieta, en la prov., aud. terr. y c. g. de Navarra, merind., part. jud. y dióc. de Pamplona (3 leg. N.), arciprestazgo de Anué: SIT. en la parte mas occidental del valle á la izq. del r. *Ulzama ó Mediano*; libre á la influencia de todos los vientos, goza de CLIMA bastante sano. Tiene 15 CASAS, una ermita y una igl. parr. bajo la advocacion de Sto. Tomás, servida por un cura párroco. Los niños de este pueblo concurren á la escuela de primeras letras establecida para todos los del valle, cuyo maestro percibe 1,512 rs. anuales de sueldo. Confina el TÉRM. por N. con el de Olágue (3/4 de leg.), por E. con el de Ciaurriz (1/4), por S. con el de Anoz (igual dist.), y por O. con los de Ripa y Latasa (1/2). El TERRENO aunque áspero y desigual, es bastante fértil: le riega en parte el mencionado r. Ulzama, sobre el cual hay un puente de poca consideracion, cuyas aguas y las de varias fuentes que brotan en el térm. utilizan tambien los hab. para su gasto doméstico y otros objetos: PROD.: trigo, cebada, maiz, legumbres y hortalizas; sostiene con sus buenos pastos porcion de ganado vacuno, mular, lanar y cabrio; y hay caza de liebres, conejos y perdices, con alguna pesca: POBL.: 15 vec.; 111 alm.: CONTR. con el valle.

ANOETA: v. en la prov. de Guipúzcoa, dióc. de Pamplona (11 1/2 leg.), aud. de Búrgos (33 1/2), c. g. de las prov. Vascongadas (1/2), y part. jud. de Tolosa (1/2): SIT. á la izq. del r. *Oria* en un llano ceñido por O. de varios montes, y CLIMA sano: perteneció á la *Union de Ainzu* (V.): tiene ayunt. de por sí y usa un escudo de armas orleado y cubierto con un águila imperial que tiene en la garra der. 4 saetas y otra en la izq. acompañada del arco. Hay unas 40 CASAS y entre ellas la que sirve á la municipalidad para sus sesiones. La igl. parr. (San Juan Bautista) es mediana y servida por un párroco y dos beneficiados. El TÉRM., que se estiende á 1/4 de leg. del centro á la circunferencia, confina al N. con Villabona, al E. Irusa, por S. Tolosa, y por O. Hernialde y Alquiza, de cuyos montes se desprenden dos arroyuelos que unidos y con el nombre de *Arancerreca* pasan al E. llevando sus aguas al *Oria* mezcladas con los derrames de las muchas y buenas fuentes que encuentran en su tránsito: el TERRENO participa de monte bastante arbolado, y llano de mediana calidad destinado al cultivo. En el monte *Irumendi* hay una profunda cueva de la que se estrae barniz, arena y arenilla que utilizan para sus moldes las fáb. de fundicion de Tolosa. De este térm. estrajeron con profusion los partidarios de D. Cárlos mineral de hierro propio para balerio y bombas que construian en la cap. del part. Los CAMINOS son locales y mal cuidados, dista 1/2 leg. de la carretera de Francia interpuesto el *Oria*: la CORRESPONDENCIA se recibe en Tolosa. PROD.: maiz, trigo, alubias, otras legumbres, lino, manzanas, castañas, hortaliza y algunas frutas: cria ganado lanar y vacuno, caza menor, y se pescan con abundancia ricas truchas y anguilas; hay un molino harinero y algunos telares caseros: POBL.: 39 vec.; 195 alm.: RIQUEZA TERR.: 18,934 rs., y mercantil é industrial 2,000: CONTR. (V. GUIPUZCOA).

ANORIA: cas. en la prov. de Almeria, part. jud. y térm. jurisd. de *Huercalovera* (V.): tiene una ermita y una venta.

ANORIAS: ald. en la prov. de Albacete, part. jud. de Chinchilla, térm. jurisd. y á 1 leg. al S. de *Petrola* (V.): con 24 vec., 72 hab. Todo el terrazgo que se destina á cereales, es del poseedor del mayorazgo de Petrola; á principios del siglo habia en su contorno espesos pinares, que han ido desapareciendo con incendios y talas: la rambla, que lleva el nombre de la ald., muy á propósito para la caza de torcaces y tórtolas, y que se prolonga desde las casas en direccion al S., como hasta 1/4 de leg., tiene en el principio un abundante manantial que surte al vecindario, y en el sistema de pastos adehesados fue abrevadero de los ganados de varias deh. de los propios de Chinchilla.

ANOS: desp. de la prov. de Guadalajara, part. jud. de Pastrana; perteneciente á la comunidad de la tierra de *Almoguera* (V.): se encuentran todavia vestigios de la igl. y cimientos de algunas casas: SIT. en un pequeño cerro, en cuya parte inferior brota una fuente de agua salobre, que sirve para abrevadero de los ganados, y se oculta á los 200 pasos de su nacimiento. Confina su TÉRM. por N. y E. con el de Drieves; S. con el desp. de Santiago de Velilla y Brea, y por O. con Mondejar; en una estension de 1/4 leg. de N. á S., y 1/2 de E. á O.: comprende 1,800 fan. de tierra, de las que se cultivan 1,000 divididas en 200 de primera clase, 300 de segunda y 500 de tercera: las restantes permanecen eriales ó yermas, que solo sirven para pastos y esparto, y tiene ademas un plantio de 4,000 vides. El TERRENO es llano aunque con algunos cerros por la parte del E.; pero de calidad floja y árida, con bastantes piedras de yeso y muchos majanos; sobre el aprovechamiento de estos terrenos y derechos de los pueblos que los disfrutan (V. ALMOGUERA).

ANOS (SAN ESTÉBAN DE): felig. en la prov. de la Coruña (9 leg.), arz. de Santiago (8), part. jud. de Carballo (3), y ayunt. de Cabana: SIT. cerca de la costa y bien ventilada, el CLIMA es templado y sano: se compone de les l. y barrios de Cirita, Cotaredo, Creceiro, Esmoris, Galiñeira, Gusande, Hermida, Jerne, Medoña, Miraflores, Outeiro, Piñeiro, Reminisqueira, Rosamonde y Sanlés que reunen hasta 90 CASAS bastante humildes. La igl. parr. (San Estéban), tiene cementerio regular, y el curato es de provision ordinaria. Confina con San Martin de *Cánduas*, San Pelayo de *Condins* y San Juan de *Borneiro*: varias fuentes de buen agua abastecen para el consumo y abrevadero del ganado: el TERRENO es de buena calidad y fértil: los CAMINOS nada cuidados: la CORRESPONDENCIA se recibe por la cap. del part. PROD.: maiz, trigo, centeno, patatas, lino y algunas legumbres; cria ganado vacuno, de cerda, caballar y cabrio: POBL.: 89 vec.; 231 alm.: CONTR. con las demas que forman el ayunt. (V.).

ANOVES: cas. en la prov. de Lérida, part. jud. de Solsona, dióc. de Seo de Urgel, térm. jurisd. y oficialato de *Oliana* (V.). Tiene una igl parr. dedicada á Sta. Eulalia, de la que es aneja la de Moracondal; sirve el culto un cura párroco llamado rector, cuya plaza es de entrada y la provee S. M. ó el diocesano, segun los meses en que ocurre la vacante, en concurso general.

ANOZ: l. del valle y ayunt. de Ezcabarte, en la prov., aud. terr. y c. g. de Navarra, part. jud., merind. y dióc. de Pamplona (2 1/2 leg.), arciprestazgo de Anué: SIT. en una hondonada circuida de montañas, no obstante lo cual le combaten los vientos del N. y O., y goza de CLIMA muy saludable. Tiene 8 CASAS y una igl. parr. dedicada á la Purificacion de

Ntra. Sra., servida por un cura párroco llamado abad. Confina el TÉRM. por N. con el de Anocibar, por E. con el de Enderiz, por S. con el de Navaz, y por O. con el de Usi, de cuyos puntos dista 1/2 leg. poco mas ó menos. El TERRENO es bastante escabroso y desigual; brotan en varios puntos del mismo fuentes de buenas aguas, que con las de distintos arroyos aprovechan los hab. para consumo de sus casas y otros usos agrícolas; en la parte erial ó inculta hay muchos y esquisitos pastos para toda clase de ganados. PROD.: trigo, cebada, maiz, cáñamo, legumbres y hortalizas; cria ganado lanar, cabrio, de cerda, vacuno y mular; hay caza mayor y menor, y alguna pesca en los arroyos: IND.: las mujeres se dedican á la hilaza y tejidos de lienzos ordinarios: POBL.: 8 vec.; 64 alm.: CONTR. con su valle.

ANOZ (tambien se escribe AÑOZ): l. del valle y ayunt de Ollo, en la prov., aud. terr. y c. g. de Navarra, merind., part. jud. y dióc. de Pamplona (3 leg.), arciprestazgo de la Cuenca; SIT. á la márg. izq. del r. *Arga* en terreno pendiente, donde le combaten principalmente los vientos del N. y O., y goza de CLIMA templado y saludable, siendo las enfermedades comunes algunas calenturas tercianarias y catarrales. Tiene 15 CASAS de mediana fáb., escuela de primeras letras, á la cual concurren 12 niños de este pueblo, y los del de Lete, cuyo maestro se halla dotado con cierta cantidad de trigo; y una igl. parr. bajo la advocacion de San Blas, servida por un cura párroco; el curato, de la clase de vicarias, es perpétuo, y se provee por el diocesano mediante oposicion en concurso general. Dentro de la pobl. hay una fuente, cuyas aguas aunque blandas é insípidas, aprovechan los vec. para surtido de sus casas, por hallarse á mayor dist. otras bastante esquisitas que brotan en diversos puntos. Confina el TÉRM. por N. con el de Atondo (1/2 hora), por E. con el de la granja de Yarte (1/4), por S. con el de Beasoain (1/2), y por O. con el de Ilzarbe (igual dist.). Le atraviesa el mencionado r. Arga, sobre el cual hay un puente en las inmediaciones del pueblo, donde se le reune un riach. llamado Ollarra, que naciendo al pie de los montes divisorios de este valle y del de Goñí, corre rápidamente por el centro del primero: sus aguas dan impulso á un molino harinero de dos muelas y prod. truchas de escelente calidad; en la confluencia de ambos r. se encuentra un sitio muy á propósito para construir una fáb. de papel por ser muy abundante y cristalina el agua y convidar á ello la disposicion del TERRENO: este, aunque quebrado, arenisco y cubierto de arcilla, es bastante fértil; abraza 400 robadas, de las cuales únicamente hay 100 destinadas á cultivo, reputándose 25 de primera clase, igual número de segunda y 50 de tercera; las demas tierras son eriales y baldias, y solamente se aprovechan para pastos de toda clase de ganados y leña para combustible, contándose en este número los montes poblados de robles y encinas que se hallan al N. y S. del térm. Los CAMINOS son de herradura, bastante penosos y se dirigen á Pamplona y á los valles de Goñí y Araquil. La CORRESPONDENCIA se recibe de Erice. PROD.: trigo, cebada, avena, maiz, jiron, garbanzos, alhorbas, nabos, patatas, hortaliza y frutas; cria ganado de cerda, lanar y cabrio y el vacuno necesario para las labores del campo, las cuales ejecutan los hab. con azadas y layas, ademas del arado, beneficiando las tierras con estiércol: IND.: ademas del molino harinero, de que se ha hecho mérito, hay varios hornos de yeso, cuyos prod. venden los hab. á subido precio por la buena calidad de dicho art. POBL.: 15 vec.; 84 alm.: CONTR. con su ayunt. y valle. En la antigüedad hubo en esta pobl. un monast. de monjas benedictinas, de cuyas rentas y demas que le pertenecian hizo donacion el rey D. Garcia VI de Navarra á la catcd. de Pamplona el 19 de abril de 1047.

ANPHILOCHIA: (V. AMPHILOCHIA).

ANQUELA: l. en la prov. de Orense, ayunt de Verea y felig. de San Adrian de *Cejo* (V.).

ANQUELA DEL DUCADO; l. con ayunt. de la prov. de Guadalajara (19 leg.), part. jud. de Molina (4), aud. terr. y c. g. de Madrid (29), adm. de rent. y dióc. de Sigüenza (8): SIT. á media ladera de una elevada altura con esposicion al S. á la vista de un valle y del pueblo de Selas que se halla á unos 150 pasos: reinan con mas frecuencia los opuestos vientos del E. y O.; su CLIMA es templado y no se conocen enfermedades endémicas: tiene 36 CASAS pequeñas de un solo piso, y mala construccion, una posada y una sala para el ayunt.: las calles que forman son irregulares y penosas por la sit. del pueblo: el sacristan desempeña la escuela, á la que asisten 8 niños, y percibe 20 fan. de trigo: la igl. parr., dedicada á la Asuncion de Ntra. Sra., es matriz de la del inmediato l. de Tovillos, de curato perpétuo en concurso, y fué construida en el año 1600. Confina el TÉRM. por N. con el comun de Buen-grao y Valdeortum; E. y S. Selas; O. Tovillos, estendiendose por todos lados á 1/4 leg., escepto el de Selas que tan solo alcanza á los 150 pasos que se dijo al principio: comprende unas 1,500 fan. de tierra de labor, de las cuales se consideran 300 de primera clase, 1,000 de segunda y 200 de tercera, con un monte pinar bien poblado al E., un pequeño carrascal al N. que ahora se está criando, y varias corralizas de barda para encerrrar ganados menores: se hallan en él térm. vestigios de dos desp., el uno llamado de los *Casáres* frente á la deh. de la Avellaneda térm. de Selas, que fué del cabildo de Sigüenza, y el otro inmediato á Tovillos del que no se conserva ninguna memòria: es tambien notable un peñasco enorme que llaman *Peña-cordera*, sit. sobre un cerro elevado que le hace aparecer á una mayor altura, de forma que desde él se divisan muchas y remotas pobl., y en aquel mismo sitio se dividen las aguas vertientes al Tajo y al Ebro: cruza el térm. el r. *Mesa* que pasa á 60 pasos de la pobl., y entra en un barranco donde háy un molino harinero, y unas pequeñas huertas; á este se unen otros dos arroyuelos que se forman de dos manantiales llamados el Val y la Varga: el TERRENO es muy quebrado y montuoso, escepto el valle que se dirige á Selas: los CAMINOS son mas bien travesías de pueblo á pueblo en mal estado; no siendo mucho mejor el que atraviesa el pueblo para dirigirse desde Alcolea del Pinar á la cab. del part.; pues aunque van algunos carruages tienen que apartarse en él térm. de Aragoncillo para salir por cima de la cuesta de Anquela que es muy larga y sumamente pedriza: el CORREO se recibe en la estafeta de Maranchon por medio de un vec. tres veces á la semana. PROD. trigo, centeno, de buena calidad, cebada, avena, legumbres, verduras: se mantiene algun ganado lanar, poco vacuno, 52 caballerias mayores y menores para la labranza, y mucha caza de todas clases. POBL.: 17 vec., 58 alm.: CAP. PROD. 250,000 rs.: IMP. 22,500, CONTR. 824 rs. 10 mrs; PRESUPUESTO MUNICIPAL 1,500, del qué se pagan 300 al secretario por su dotacion; se cubre con el prod. de una posada de propios que asciende á 600 rs., el arbitrio de la taberna 500, y algunos años el carboneo del monte pinar que prod. unos 4,000 rs. Perteneció este pueblo al ducado de Medinaceli.

ANQUELA DEL PEDREGAL y tambien ANQUELA LA SECA y ANQUELILLA: l. con ayunt. de la prov. de Guadalajara (24 leg.), part. jud. de Molina (3): aud. terr. y c. g. de Madrid (34), adm. de rent. y dióc. de Sigüenza (14): SIT. en un terreno elevado sobre suelo de pedriza; tiene 66 CASAS de mala construccion, y ademas la del esquileo de los ganados finos, que perteneció á la congregacion de San Felipe Neri, de Molina; en la cual tiene el ayunt. arrendada una habitacion para sus sesiones, y un granero para los frutos de las derramas vecinales por falta de casa consistorial: el sacristan desempeña la escuela, á la que asisten 16 niños; pagan 4 celemines de trigo cada uno: su igl., titulada de la Asuncion de Ntra. Sra., aneja antes á la del Povo, fué erigida en parr. el año 1793, con curato de provision ordinaria: el edificio es muy ant., pues consta que ya existia en el año 1400: su espadaña fué reedificada con buenos sillares el de 1836: hay dentro del pueblo para surtido de los vec. un manantial de agua potable tan escaso, que en tiempos de sequia tiene el ayunt. que cerrarlo y distribuir el agua según las necesidades y familia de cada uno; por esta razon se le dá el nombre de Anquela la Seca: para lavar y demas usos se acude á las ramblas fuera del térm.: confina este por N. con el de Pradosredondos y Chera, E. Morenilla y desp. de Teros, S. Tordellego y cas. de Mortus, y O. Otilla: se estiende por los cuatro puntos de 1 leg., á 5/4, comprende 1,500 fan. de tierra de labor, de las cuales se consideran 500 de primera clase, 700 de segunda y 300 de tercera: abunda en montes de encina y roble, particularmente en su deh. y comun llamada de Matazuela: el TERRENO es muy quebrado, de piedra caliza, pedregoso, y solo ofrecen llanura, unas cañadas inmediatas al pueblo: los CAMINOS corresponden al mal estado del suelo: el CORREO se recibe semanalmente en la estafeta de Molina, por medio de un cartero que pagan los pueblos comarcanos. PROD. trigo, centeno, cebada; avena, guisantes y guijas: se mantiene algun ganado lanar, 126 caballerías mayores y menores para la labranza, mucha caza de todas clases, y animales dañinos: IND.: hornos de cal y una tejera. POBL. 60 vec.: 222 alm.: CAP. PROD. 1.836,670 rs.: IMP. 75,300: CONTR. 3,311 rs. 11 mrs.: PRESUPUESTO MUNICIPAL: 1,500, del que se pagan 250 al secretário por su dotacion; y se cubre por falta de propios con el prod. del arbitrio de la taberna y repartimiento vecinal. Habiendo sido batidas todas las fuerzas del gefe carlista Cabrera en 15 de diciembre de 1835 por el general Palarea en los campos de Molina, fueron á rehacerse, alimentarse y curar sus muchos heridos á este pueblo donde pernoctaron, causando notables perjuicios, y haciendo grandes exacciones, que se repitieron despues con frecuencia, por hallarse el pueblo en las avenidas de Aragon: correspondió al ant. sexmo del Pedregal.

ANQUIJES ó ANQUISQUES: ald. en la prov., part. jud. y térm. jurisd. de Albacete (V.), tiene 16 vec., entre ellos cuatro labradores de dos pares de mulas, y los demas son jornaleros.

ANS: l. en la prov. de la Coruña, ayunt. de Carral y felig. de San Estéban de *Paleo* (V.).

ANSAMONDE: l. en la prov. de Orense, ayunt. de Maside y felig. de San Martin de *Lago* (V.).

ANSAR: ald. en la prov. de Lugo, ayunt. de Monterroso y felig. de San Cristóbal de *Veloide* (V.): POBL. 6 vec., 33 almas.

ANSAR (SAN ESTEBAN): felig. en la prov. y dióc. de Lugo (6 leg.), part. jud. y ayunt. de Taboada: SIT. en la falda de la sierra de Majar, en punto bien ventilado; CLIMA frio y poco saludable: tiene 10 ó 12 CASAS en las ald. de San Esteban y Mourelle: la igl. parr. (San Esteban), sit. en la ald. de este nombre, está servida por un curato de entrada de patronato lego: su escaso TÉRM. confina con los de Ferreiros, Veloide, Cerdeda y Olveda: el TERRENO demasiado escabroso, es no obstante de mediana calidad y no escasea de arbolado y prados de pasto: los CAMINOS son malos: y el CORREO lo recibe por la cap. del part. PROD. centeno, maiz, patatas, castañas, algunas legumbres, lino y hortalizas: cria ganado vacuno, de cerda, lanar y cabrío: hay alguna caza menor: POBL.: 14 vec.: 72 alm.: CONTR. con su ayunt. (V.).

ANSARAS. ald. en la prov. de Pontevedra, ayunt. de Chapa y felig. de Santiago de *Bréija* (V.).

ANSARAS: l. en la prov. de Oviedo, ayunt. de Tineo, y felig. de San Julian de *Ponte* (V.).

ANSAREN: ald. en la prov. de Lugo, ayunt. de Neira de Tusá, y felig. de Sta. Maria de *Pacios* (V.): POBL.: 2 vec., 13 almas.

ANSARIZ DE ABAJO: cas. en la prov. de Orense, ayunt. de Peroja, y felig. de San Salvador de *Armental* (V.): POBL.: 1 vec., 5 almas.

ANSARIZ DE ARRIBA: ald. en la prov. de Orénse; del ayunt. de Peroja, y felig. de San Salvador de *Armental* (V.): POBL.: 6 vec., 30 almas.

ANSEAN: ald. en la prov. de Pontevedra, ayunt. de Lalin, y felig. de Santiago de *Ansean* (V.): POBL.: 3 vec.: 15 almas.

ANSEAN (SANTIAGO): felig. en la prov. de Pontevedra (10 leg.), dióc. de Lugo (10 1/2), part. jud. y ayunt. de Lalin (1): SIT. sobre la márg. der. del r. Deva, con libre ventilacion y CLIMA bastante sano. Tiene 28 CASAS de mediana fáb. y cómodas, repartidas en las ald. de Alen, Ansean, Santullo y Ulleiro: la igl. parr. (Santiago) es aneja de San Estéban de Barcia: confina el TÉRM. por el N. con el de San Jorge de Cristimil, por el E. con el de Santiago de Gresande, por el S. con su matriz, y por el O. con el de San Miguel de Oleiros; su estension de uno á otro punto del horizonte será de 1/4 de leg.: el TERRENO, cubierto de escabrosidad y aspereza, es bastante escaso de aguas; abraza unos 1,050 ferrados, cuya mayor parte son de monte que únicamente cria leña, y pastos para toda clase de ganados: en la tierra destinada al cultivo hay algunos árboles frutales diseminados entre las hortalizas. Los CAMINOS son locales y malos: el CORREO se recibe en Lalin. PROD. centeno, maiz, lino, panizo, mijo menudo, patatas, nabos y frutas, especialmente manzanas y cerezas; abunda en ganado vacuno, de cerda, lanar y cabrio: POBL.: 24 vec., 120 alm.: CONTR. con su ayunt. (V.).

ANSEAN (STA. CATALINA): felig. en la prov., dióc. y part. jud. de Lugo (2 1/2 leg.), del ayunt. de Corgo (3/4): SIT. en un llano con atmósfera despejada y CLIMA sano: comprende las ald. y cas. de Barreiro, Corral, Lamapulleira, Mourelle, Peizas, Portela, Cuntela, Torre y Vila, que reunen sobre 20 CASAS muy medianas, y una igl. par. (Sta. Catalina), cuyo curato de entrada, es de patronato lego: el TERRENO es de tercera calidad, y mucha parte inculto: los CAMINOS, vecinales y abandonados: el CORREO lo recibe por Lugo y Corgo: PROD. centeno, patatas, nabos, pocas legumbres y frutas, pero bastante castaña: cria ganado vacuno y de cerda, poco lanar y cabrío: POBL.: 32 vec., 153 alm.: CONTR. con su ayunt. (V.).

ANSEDE: l. en la prov. de la Coruña, ayunt. de Naron, y felig. de San Martin de *Jubia* (V.): POBL., 5 vec., 20 almas.

ANSEDE: l. en la prov. de Lugo, ayunt. de Trasparga, y felig. de San Juan de *Lagostelle* (V.): POBL.: 5 vec., 23 almas.

ANSEMAR (SAN SALVADOR DE): felig. en la prov. y part. jud. de Lugo (2 1/2 leg.), dióc. de Mondoñedo (5), y ayunt. de Castro de Rey de Tierrallana (1/2): SIT. en un llano á la falda del monte Rodela y Cordal: CLIMA templado y sano: 40 CASAS de mediana construccion forman esta felig. con los l. de Aldea, Curros y Lamas; la igl. parr. (San Salvador) es matriz, y servida por un curato de entrada y patronato laical que ejerce la casa de Balmonte: el TÉRM. confina por N. con Ameijide, por E. con Villadonosa, por S. con Loentia á 1/2 leg. con cada uno de estos tres puntos, y por O., con el monte Carboeiro; tiene una ermita bajo la advocacion de San Antonio: el TERRENO, de buena calidad, en lo general montuoso y bastante poblado: los CAMINOS, vecinales y mal cuidados: el CORREO se recibe de la cap. del part.: PROD. centeno, trigo, maiz, nabos, patatas, habas, lino, hortaliza, miel y cera: cria ganado vacuno, lanar, cabrío, caballar y de cerda: IND., la agrícola y pecuaria: POBL.: 42 vec., 210 alm.: CONTR. con su ayunt. (V.).

ANSEMIL: ald. en la prov. de Pontevedra, ayunt. de Chapa, y felig. de San Pedro de *Ansemil* (V.): POBL.: 7 vec., 38 almas.

ANSEMIL: ald. en la prov. de Lugo, ayunt. de Chantada, y felig. de San Vicente de *Argózon* (V.): POBL.: 5 vec., 18 almas.

ANSEMIL (SAN PEDRO DE): felig. en la prov. de Pontevedra (10 leg.), dióc. de Lugo (11), part. jud. de Lalin (2), y ayunt. de Chapa: SIT. á la márg. izq. del r. Deva, en terreno llano, de libre ventilacion y CLIMA bastante saludable: tiene 40 CASAS de mediana fáb., repartidas en insignificantes ald.; la igl. parr. (San Pedro) está servida por un curato de entrada y patronato real y ecl.: el TÉRM. confina por N. con el de Martije, por E. con el de Sta. Maria de Carboeiro, por el S. con el de Santiago de Bréija, y por O. con el citado de San Cristóbal de Martije: el TERRENO, en lo general llano, participa de monte y prados; la parte cultivada disfruta de algun riego de varias fuentes, y de las aguas del Deva, el cual da impulso á tres molinos harineros: los CAMINOS son locales y malos, y el CORREO se recibe por la cap. del part.: PROD. trigo, centeno, maiz, lino, patatas, hortaliza y frutas: cria ganado vacuno, de cerda, lanar y cabrio: IND., tejidos de lienzos ordinarios, y los mencionados molinos: POBL., 26 vec., 130 alm.: CONTR. con su ayunt. (V.).

ANSEMIL (STA. MARIA DE): felig. en la prov. y dióc. de Orense (3 1/2 leg.), part. jud. y ayunt. de Celanova: SIT. al E., y en el valle á que da nombre la cap. del part.: la forman los l. de Barrio, Feal, Lama de Abajo, Lama de Arriba, y Sambades: las casas de un solo piso, contienen algunas comodidades para la labranza, única IND. de sus moradores. La igl. parr. (Sta. María) está servida por un curato de entrada y patronato ecl.; el cementerio se halla en el átrio; pero en buena disposicion: el TÉRM. se estiende 1/4 de leg. de N. á S., é igual dist. de E. á O.; confina al N. con Veiga, al E. con Sorga, al S. con San Payo, y al O. con Morillones: el TERRENO participa de monte y llano, regado por aguas de minas, y en parte por el r. Sorga que le baña por el E. Los CAMINOS son vecinales, bastante descuidados; la CORRESPONDENCIA se recibe por Celanova. PROD. granos y pastos, frutas abundantes, poco vino, y de inferior calidad: cria ganado vacuno para el cultivo: POBL., 56 vec., 276 alm.: CONTR. con su ayunt. (V.).

ANSERALL: l. con ayunt. en la prov. de Lérida (20 leg.), part. jud., adm. de rent., dióc. y oficialato mayor de Seo de

Urgel (1/2), aud. terr. y c. g. de Cataluña (Barcelona 27): SIT. al pié de una montaña en la márg. der. del r. *Balira*; donde lo combaten principalmente los vientos del N., y goza de CLIMA muy sano. Tiene 35 CASAS, y una igl. parr. dedicada á San Saturnino, de la que son anejas las de Mortes, y Estalareny; sirve el culto un cura párroco, cuya plaza es de entrada, y la provée S. M. ó el diocesano, segun los meses en que ocurre la vacante, y prévia oposicion en concurso general. Confina el TÉRM. por N. con los de Ars, Arcabell, y San Juan de Ministrell, por E. con el de Calviñá, por S. con los de Urgel y Castellciutat, y por O. con los de Arabell, Ballestá, y Campmajo, de cuyos puntos dist. una 1/2 hora poco mas ó menos; dentro del mismo se perciben las ruinas del famoso y ant. monast. de San Saturnino de Tabarnolas, que perteneció á la órden del Temple. El TERRENO participa de monte y llano, y es muy fértil; tiene el suficiente riego, que le suministran las aguas del mencionado r. Balira, sobre el cual hay un puente de madera para facilitar el paso al camino que conduce á Andorra; abraza el térm. 400 jornales de tierra de labor, que comunmente rinden el 7 por 1 de sembradura; la parte erial y montuosa ofrece abundante leña para combustible, y buenos pastos para toda clase de ganados. PROD. trigo, centeno, cebada, vino, cáñamo, legumbres, patatas, hortaliza, y escelentes frutas; y cria ganado vacuno, de cerda y lanar: POBL.: 24 vec., 160 alm.: RIQUEZA IMP. 27,237 reales.

ANSEROLA: cortijo en la prov. de Albacete, part. jud. de Yeste, térm. de la diputacion de las Ombrias, jurisd. de *Nerpio* (V.): el TERRENO es de secano y riego: recibe este de una fuente titulada Rambla-Comicea; y PROD. maiz, patatas, frutas de verano, y algunos granos.

ANSIAS: cuadra con ayunt. en la prov. de Lérida (18 leg.), part. jud. y dióc. de Solsona (3), adm. de rent. de Cervera (10 1/2), aud. terr. y c. g. de Cataluña (Barcelona 20), part. de Canalda (1/4): SIT. en un valle hondo y fragoso; con CLIMA templado y saludable. Tiene 1 casa y 4 barracas; y confina su TÉRM. por N. con el de Canalda, por E. con los de Guixés, y San Lorenzo de Moriñes, por S. con el de Torrens, y por O. con la cuadra de Isanta, y otra vez con Canalda; de cuyos puntos dist. 1/4 de hora poco mas ó menos. El TERRENO es quebrado, desigual y poco fértil; en varios parages del mismo brotan fuentes, cuyas aguas, de buena calidad, aprovechán los vec. para su gasto doméstico, y abrevadero de los ganados; hay en cultivo unos 36 jornales de tierra de segunda y tercera clase; lo demas se halla poblado de pinos, robles, encinas, y matorrales; y abunda en pastos para el ganado: PROD. en un año comun, graduado por un quinquenio, sobre 80 cuarteras de centeno; poca avena, escaña, legumbres, patatas, y alguna bellota: sostiene ganado de cerda, lanar y cabrio, y hay caza de varias especies. POBL., 5 vec., 24 alm.: CONTR. por catastro 412 rs., por escuadras 30, y por razon de culto y clero 84 rs. Todos los hab. de esta cuadra son colonos, pues el térm. es propiedad de un particular que vive en San Lorenzo de Moriñes.

ANSIAS: l. de la prov., adm. de rent. y dióc. de Gerona (4 1/3 leg.), part. jud. de Olot (3 2/3), aud. terr. y c. g. de Barcelona (23 1/3): SIT. en la llanura de un valle, entre medio de varios montes, donde le baten libremente todos los vientos, especialmente los del O. Se compone de 13 CASAS esparcidas por el térm., al lado de las cuales se encuentran varias fuentes que sirven para el surtido de los vec.: hay una igl. parr. bajo la advocacion de Ntra. Sra., servida por un cura párroco, cuya vacante se provée por oposicion en concurso general; la imágen y fáb. de la igl. son antiquísimas; corre entre los vec. la tradicion de haber sido edificado el templo en tiempo de Carlo Magno. Confina el TÉRM. por N. con el de Cogolls; por E. con el de San Aniol de Finestres, y San Estéban de Llemana; por S. con el de Amer, y por O. con el de las Planas: el TERRENO es de buena calidad y feraz, y comprende 498 cuarteradas de tierra, de las cuales hay 220 en cultivo; de ellas 102 son ricas, fuertes, y de primera calidad; 39 de segunda, y las restantes pueden computarse como de tercera; la mejor se destina para trigo, legumbres y hortaliza; la segunda y tercera á centeno y avena; su prod. en un año con otro puede calcularse á 4 por 1; hay ademas 1,170 cuarteradas de bosque, pastos, é inculta. Sus CAMINOS son de pueblo á pueblo, y en muy mal estado: la CORRESPONDENCIA se recibe los domingos, mártes y viérnes. PROD. lo referido anteriormente, y se cria ganado lanar, cabrio, vacuno, mular, asnal y de cerda: hay perdices y conejos; POBL., 13 vec., 56 alm.: CAP. PROD. 1.584,000 rs.; IMP. 39,600: CONTR. por todos conceptos 5,011 rs. con 32 mrs.

ANSILAN: l. en la prov. de Oviedo, ayunt. de Coaña, y felig. de Santiago de *Folgueras* (V.): POBL.: 3 vec., 15 almas.

ANSILLOS: cas. en la prov. de la Coruña, ayunt. de Serantes, y felig. de Sta. Cecilia de *Trasancos* (V.): POBL.: 1 vec., 7 almas.

ANSIMONDE: l. en la prov. de la Coruña, ayunt. de Castro, y felig. de Sto. Tomé de *Bemantes* (V.): POBL.: 27 vec., 93 almas.

ANSO: valle de la prov. de Huesca, part. jud. de Jaca, le componen la v. de su nombre y el pueblo de Fago: está SIT. al N. de la prov. y del part.; por cuyo punto confina en la estension de 2 leg. con el vec. reino de Francia: sepáranle por el O. de las prov. de Navarra y Zaragoza las peñas y sierra de Ezcuarri, que se corren hasta el frente de Isabul, y van á morir en el r. Aragon; sus lím. por el E. y S. son los valles de Hecho, Canfranc, Aragues y Aisa, en cuya garganta termina: su figura es semejante á la de una faja desplegada, prolongándose de N. á S. 6 1/2 leg., y 2 1/2 de E. á O. El TERRENO es áspero; por todo él se elevan altas montañas cubiertas de nieve la mayor parte del año, y llenas de escarpaduras, barrancos y precipicios que las hacen intransitables, aun despues del deshielo. Todas ellas estan pobladas de pinos, abetos, tilos, hayas, bojes y otros diferentes y variados árboles y arbustos, de los cuales muchos son útiles para la construccion de edificios, y aun para la armada naval; con ambos fines se estraen en gran número por el Veral al Aragon, y por este al Ebro, trasportándolas á diferentes puntos y puertos del Mediterráneo: de pobre naturaleza las tierras para la prod. de cereales y otros frutos, abundan en ricas yerbas de verano, en cuya estacion se agrega en aquellos montes infinito número de cab. de toda especie de ganado: en las espesuras se abrigan osos, lobos, zorros, tejones, corzos, jabalíes, sarrios y mucha caza menor: solo los r. Veral y el Fago nacen entre los valles de esta cord. del Pirineo; pero se deslizan desde las cañadas multitud de arroyos, y por la cima, en la falda y al pié de los cerros brotan otras tantas fuentes y manantiales de cristalinas y saludables aguas. Los dos r. mencionados crian abundante pesca de truchas, las mas esquisitas, y tienen para facilitar su paso varios puentes, unos de piedra y otros de madera; lo profundo que llevan su cáuce, los peñascales inmensos por donde corren, imposibilitan el que puedan aprovecharse para el riego; y el poco terreno que fertilizan, y el impulso que el primero da á las ruedas de un molino harinero y á un batan, se debe á la presa construida sobre un peñasco en el térm. de la v. cab. del valle, la cual obliga á las aguas á elevarse y descargar en una pequeña acequia. Los CAMINOS son de herradura, y aunque se conservan en buen estado, su tránsito es siempre peligroso; el principal es el que sigue las márg. del r. Veral, el cual se divide en cuatro despues de atravesar los desfiladeros de Fuente Torroblas y Zaparreta, el que se dirige mas al O., retrocede á poco trecho y conduce al valle de Roncal en Navarra; los otros tres penetran en Francia por los puertos de Lupiza, Pectragema y Lacherit. Las circunstancias características de los hab. del valle de Ansó, son la severidad, franqueza, sencillez y exactitud en el cumplimiento de sus deberes. El CLIMA es frio; pero no faltan en el verano dias hermosos, y algunos de escesivo calor. PROD.: trigo, cebada y avena en corta cantidad para el consumo, escelentes judias y otras legumbres, patatas, alguna hortaliza, y el lino bastante á cubrir las necesidades domésticas; lo que la pobreza del suelo les niega en la agricultura, les recompensa con esceso la cria de ganados, el lanar sube á muchos miles de cab., tambien abundan el vacuno, el caballar, el asnal y el de cerda; pero lo que mas ventajas les proporciona es la recria de muletas que importan de Francia y llevan á vender á su tiempo á los mercados y ferias de todo el ant. reino de Aragon. La IND. está reducida á la fabricacion de lienzos ordinarios y mantelerías, paños burdos, sayales y bayetas que se consumen en el pais, y queso, manteca, no tan afamada como la de otros puntos de la cord. del Pirineo, pero sí de tan buena ó mejor calidad. La arrieria, la esportacion de sus ricas lanas y carnes, y de ganados de todo género, y la importacion de trigo y demas cereales, vino y aceite que de todo punto les faltan, constituyen el COMERCIO. POBL., 413 vec., 97 de catastro, 2,040 alm.: CONTR., 30,928 rs. 25 mrs.

ANSO: v. con ayunt. de la prov. de Huesca (21 leg.), part. jud., adm. de rent. y dióc. de Jaca (5), aud. terr. y c. g. de Zaragoza (24), y cab. del valle de este nombre, que se compone de la misma y el l. de Fago: SIT. á la márg. izq. del r. *Veral*, en un llano rodeado de montes; bátenle principalmente los vientos del NE., SE. y O., por cuyos puntos no son tan elevados como por los demas los cerros que le rodean y que forman cord.: su CLIMA es sano, sin que se desarrollen otras enfermedades que pleuresías y dolores reumáticos, á causa del escesivo frio que se esperimenta en todas las estaciones. Forman la pobl. 260 CASAS, en general de un solo piso alto, distribuidas en calles bastante cómodas, y hermosamente empedradas, y una plaza cuadrilonga con 580 varas de superficie, donde se encuentra la casa consistorial con la cárcel, descansando sobre unos soportales que sirven de paseo en los dias crudos y húmedos. Hay un hospital para los enfermos pobres de la v. y forasteros transeuntes, encomendado á un enfermero, y asistido por los profesores de la ciencia de curar conducidos: carece de rent., pero á pesar de esto la caridad de los vec. suple tan abundantemente esta falta, que nada echan de menos los dolientes mientras permanecen en él: una escuela de primeras letras dotada por los fondos de propios en 2,000 rs. anuales; concurren á ella 120 ó 130 discipulos; y una igl. parr., bajo la advocacion de San Pedro Apóstol, servida por 1 cura, 1 coadjutor, 1 magistral, 2 penitenciarios. 1 organista, 2 racioneros y 1 sacristan: el curato es de térm., y se provee por S. M. ó el diocesano, segun los meses en que vaca, por oposicion en concurso general. El edificio es de una sola nave, muy capaz, con 11 altares regulares y una torre con relox de repeticion. El cementerio se halla estramuros, á espaldas de la igl., en parage cómodo y bien ventilado. Hay ademas una aduana, cuyo administrador disfruta 3,000 rs. de sueldo. Contigua á la pobl. hay una ermita dedicada á Sta. Bárbara, cuyo edificio es muy regular y de moderna construccion; y una fuente con aguas, aunque no muy abundantes, de la mejor calidad, de la cual se surten los vec.: dist. 3/4 de hora del pueblo, se encuentra otra ermita hácia los confines de Navarra, bajo la advocacion de la Virgen de la Puyeta; la cual fue incendiada por los franceses durante la guerra de la Independencia; y separada tres horas de este, una torre ant., fortificada en otro tiempo, y guarnecida con un destacamento á las órdenes de un subteniente: aun se le da en el dia el nombre de cast. de Ansó. Confina el TÉRM. por el N. con los pueblos de Lascun, Acos y Borza, del vec. reino de Francia (5 horas); por el E. con los montes del valle de Hecho (2), por el S. con los térm. de Huertals, Majones y Salvatierra, del part. de Cinco-Villas de Aragon (3), y por el O. con los de las v. de Burguí, Tarde, Urranqui é Isaba de Navarra (1). El TERRENO es todo montuoso, escepto algunos trocitos á la márg. del Veral, y en otros puntos inmediatos á la pobl.: no es de los mas tenaces, y aunque pedregoso y de secano, fértil. Los montes mas elevados que en él se encuentran son los de Petrachema y las Joyas, por donde van los caminos de Francia; siguen á estos los de Quimbra, Petraficha, Alano, Ezcaurri, Pueyo de Segarra y Calveira, que forman cord. En todos hay estensos bosques poblados de pinos, abetos, tilos, hayas y bojes, muchos de ellos útiles para la construccion naval, y dehesas de pastos para el verano, que mantienen los ganados del valle y muchos forasteros que arriendan los sobrantes. El r. Veral, que, como se dijo, pasa inmediato á la pobl., lleva su direccion de N. á S., y aunque de caudal escaso, es de curso perenne: hay sobre él 4 puentes de piedra y 2 de madera de mucha elevacion: el pescado en que mas abunda es la trucha de escelente calidad. Tambien cria peces de esta especie y de mucho peso, pero inferiores en el gusto á los del espresado r., un lago llamado el Ibon de Astanes, que tiene 3/4 de hora de circunferencia, el cual se halla entre los confines del térm., los de Canfranc y de Borza de Francia. El Veral por su profundo cáuce no tiene desbordaciones, y por la misma causa no ue n aprovecharse sus aguas para el riego, pero contenidas estas por una gran presa que se levanta sobre una peña, se las obliga á entrar en una acequia, consiguiendo así dar impulso á las ruedas de un molino harinero y de un batan, y fertilizar algunos huertecillos. Tambien corre por cerca de la v. un arroyuelo insignificante que ninguna utilidad produce sino la de aumentar las aguas del r. con las suyas cuando los deshielos y lluvias copiosas. Los CAMINOS todos locales y de herradura, se hallan en buen estado en cuanto lo permite la escabrosidad del terreno: los principales conducen á Francia, Navarra, Canal de Berdun y Jaca. La CORRESPONDENCIA la sirve un encargado por el ayunt., que la lleva y trae de Jaca dos veces á la semana. PROD.: trigo, cebada, avena, lino, pocas legumbres, crecido número de cab. de ganado lanar, cabrio, vacuno, caballar, mular, asnal y de cerda, mucha lana: cria abundante caza de perdices, liebres, jabalies, corzos, sarrios, y de animales dañinos, como osos, lobos, zorros y tejones, y pesca que queda espresada: IND.: telares de lienzos ordinarios y de servilletas; de paños, bayetas y sayales; los oficios mecánicos indispensables; la arrieria, tiendas de abaceria, hornos de pan cocer y panaderías: COMERCIO: consiste en la esportacion de lanas sobrantes y el que tiene lugar con motivo de la aduana que hemos dicho se halla establecida, que es de cuarta clase, cuya nota del valor y derechos de las mercaderias importadas y esportadas por la misma, aparece del siguiente estado: POBL.: 270 vec., 84 de catastro, 1,416 alm.: CONTR.: 26,783 rs. 28 mrs.

NOTA del valor de las mercaderías introducidas del estrangero en los dos años de 1843 y 1844, de las esportadas durante los mismos, y de los derechos que han pagado.

AÑOS.	Valor de las mercaderias importadas.	DERECHOS.	Valor de los objetos esportados.	DERECHOS.
	Rs. vn.	Rs. vn.	Rs. vn.	Rs. vn.
1843	19,120	5,455 7	96,849	Libre.
1844	31,480	8,034 23	104,611	Libre.
TOTALES	50,600	13,489 30	201,460	»

ANSOAIN: cend. (*) en la prov., aud. terr. y c. g. de Navarra, merind., part. jud. y dióc. de Pamplona, arciprestazgo de Anue; ademas del pueblo de su nombre comprende los de Añezcar, Ainzoain, Artica, Ballariain, Berrioplano, Berriosuso, Berriozar, Elcarte, Larragueta, Loza, Oteiza y el barrio de Oronsospe. Se halla SIT. en terreno montuoso, con libre ventilacion y CLIMA saludable; y confina por N. con el valle de Julaspeña (1/2 leg.), por E. con el de Ezcabarte (3/4), por S. con la cend. de Olza (igual dist.), y por O. con la de Iza (1/2 leg.): crúzanle dos riach., de los cuales baja uno de Erice por la parte del O., y el segundo por la del E.; y juntándose despues cerca de Orcoyen van á desaguar en el r. *Arga*. El TERRENO, aunque demasiado áspero y desigual, es bastante productivo; ademas de la porcion destinada á labor, abraza algunos bosques poblados de encinas y robles, cuya madera utilizan los hab. para construccion y combustible; tambien hay muchos y escelentes pastos para toda clase de ganados: PROD.: con abundancia trigo, cebada, maiz, vino, legumbres, hortaliza y otros frutos: caza mayor y menor; y sostiene mucho ganado lanar y cabrio, bastante vacuno y de cerda: POBL.: 163 vec., 1,260 alm.: RIQUEZA PROD.: 516,099 rs. En el apeo de 1336 era conocida esta cend. con el nombre de Cuenca de Pamplona, en la que se hallaban tambien comprendidas las cend. de Iza, Zizur, Galar y Olza; hoy dia en la que nos ocupa hay un diputado que, segun la ant. costumbre, representa los intereses generales de toda ella.

ANSOAIN: l. con ayunt. de la cend. de su nombre, en la prov., aud. terr. y c. g. de Navarra, merind., part. jud. y dióc. de Pamplona (1/4 de leg.), arciprestazgo de Anue: SIT. sobre una pequeña altura, á la falda meridional del monte de San Cristóbal; combátenle todos los vientos, y goza de CLIMA

(*) La palabra cendea, segun nuestro corresponsal, y segun el señor Ochoa, en el prólogo de su Diccionario geográfico histórico de Navarra, es lo mismo que valle, y significa porcion de pueblos confederados entre si para el arreglo de sus intereses locales, cuyas juntas son presididas por un individuo de ayunt., llamado diputado ó alcalde.

muy saludable. Tiene 16 CASAS, y 3 arruinadas, una escuela de primeras letras con Artica, á la que asisten 17 niños, cuyo maestro percibe 840 rs. anuales de sueldo; y una igl. parr., bajo la advocacion de los Santos Cosme y Damian, servida por un cura párroco, titulado vicario. Confina el TÉRM. por N. con el de Ezcaba (1/2 leg.), por E. con el de Villaba (3/4), por S. con el de Pamplona (1/4), y por O. con el de Artica (igual dist.). El TERRENO es montuoso y desigual; brotan en él varias fuentes, cuyas buenas aguas, y las que bajan de las alturas; utilizan los hab. para su gasto doméstico, abrevadero de ganados y demas objetos agrícolas. Hay bosques de robles y encinas, y por todas partes abundancia de esquisitos pastos. PROD.: trigo, cebada, maíz, legumbres, hortaliza y otros frutos; cria ganado vacuno, mular, lanar y cabrio, y caza de liebres, conejos y perdices: POBL.: 15 vec., 90 alm.: CONTR.: con la cend. de su nombre.

ANSOAR: ald. en la prov. de Lugo, ayunt. de Chantada y felig. de San Cristóbal *Fornas* (V.): POBL.: 5 vec., 27 almas.

ANSOLÁ: cortijada en la prov. de Granada, part. jud. de Santafé, térm. jurisd. de *Pinos-puente* (V.).

ANSOTEGUI: casa solar de Vizcaya, en la anteigl. de *Marquina*, con oratorio particular.

ANSOTEGUI: casa solar y armera en la prov. de Vizcaya, en la anteigl. de San Andres de *Echevarria*, á 4 leg. de Durango: fue reedificada en 1730.

ANSOVELL: l. con ayunt. en la prov. de Lérida (22 leg.), part. jud., adm. de rent., dióc. y oficialato mayor de Seo de Urgel (2 1/2), aud. terr. y c. g. de Cataluña (Barcelona 28 1/2): SIT. á la márg. izq. del r. *Segre*, en la falda set. del monte *Cadí*; con libre ventilacion y CLIMA muy sano. Tiene 23 CASAS de mediana fáb., 1 igl. parr., dedicada á San Martin; cuya festividad se celebra el 11 de noviembre: sirve el culto un cura párroco de primer ascenso, nombrado por S. M. ó el diocesano, segun los meses en que ocurre la vacante, mediante oposicion en concurso general; y una ermita en lo alto de un cerro, bajo la advocacion de Ntra. Sra. de Beygao, en la que reside un capellan y un subalterno. Confina el TÉRM. por N. con el de Arseguel, por E. con el de Cabá, por S. con el espresado monte Cadí, y por O. con el de Vilanoba, de cuyos puntos dista 1/2 hora poco mas ó menos. El TERRENO es montuoso y desigual, se halla poblado de espesos bosques, que proporcionan leña para combustible, y alguna madera para construccion, con abundantes pastos para toda clase de ganados. Al pie del espresado monte Cadí hay dos minas cobrizas, que se benefician con esperanza de buenos resultados; abraza 400 jornales de tierra, de las que se cultivan únicamente unos 100, pudiéndose calcular su prod. en 5 por 1 de sembradura: PROD.: se cosecha algun trigo, bastante cebada, centeno, patatas y legumbres: cria ganado vacuno, de cerda, lanar y cabrio; y hay caza mayor y menor: POBL.: 18 vec., 113 alm.: CAP. IMP.: 21,814 rs.

ANSOY: l. en la prov. de la Coruña, ayunt. de Oza y felig. de San Pedro de *Porzomillos*. (V).

ANTA: l. en la prov. de Pontevedra, ayunt. de Cotovad y felig. de San Gregorio de *Corredoira*. (V).

ANTA: l. en la prov. de Pontevedra, ayunt. de Tuy y felig. de Sta. Marina de *Areas*. (V).

ANTA DE RIOCONEJOS: v. con ayunt. de la prov. de Zamora (14 leg.), part. jud. de la Puebla de Sanabria (2), aud. terr. y c. g. de Valladolid (28), dióc. de Astorga (11): SIT. al N. de un cerro titulado el Castro: su CLIMA es frio y produce algunas pulmonias: se compone de 36 CASAS y una sola calle torcida: tiene tres fuentes de aguas finas; una en lo alto del pueblo, otra en el medio, y la otra en la parte inferior; una escuela de instruccion primaria, que se ve concurrida por 40 alumnos, solo en la temporada de invierno; y una igl. parr. de entrada, bajo la advocacion de la Sta. Cruz, servida por un párroco, cuya plaza se provee por tres voces legas: el edificio, que nada ofrece de notable, está al E del pueblo, y á 500 pasos de él. Confina el TÉRM. por N. con Gusandanos y Monterrubio; por E. con Rioconejos; por el S. con Asturianos, y por O. con el de El Villar: se estiende 1/4 de leg. en todas direcciones, escepto por el E., cuya distancia es de 500 pasos: el TERRENO es de mediana calidad, y le fertiliza el r. llamado Escudero, que naciendo en el pueblo del mismo nombre, pasa por las inmediaciones de este: tiene un puente compuesto de seis vigas tiradas sobre seis pilares, construidos tambien de maderos: dista como 500 pies del pueblo, y por bajo de él hay 3 molinos. Sus CAMINOS estan reducidos al de la Puebla de Sanabria y Astorga: la CORRESPONDENCIA se recibe de la adm. de Mombuey por medio de un balijero, los lúnes, saliendo en el mismo dia: PROD.: centeno, patatas, lino y yerba: cria ganado lanar, cabrio, vacuno y mular, siendo el mas preferido el vacuno: la IND. está reducida á algunos tejedores: POBL.: 20 vec., 83 alm.: CAP. PROD.: 60,450 rs.: IMP.: 300: CONTR. en todos conceptos 2,167 rs.

ANTA DE TERA: v. con ayunt. de la prov. é intendencia de Zamora (12 1/2 leg.), part. jud. de la Puebla de Sanabria (3 1/4), aud. terr. y c. g. de Valladolid (26), dióc. de Astorga (10): SIT. á las márg. del r. Tera: su CLIMA es destemplado, frio y húmedo: forman la pobl. 40 CASAS de mediana construccion, de mampostería, cubiertas de losa y algunas de paja; hay dos calles torcidas, una igl. parr. dedicada á San Miguel, servida por un párroco, cuyo curato es de entrada, y se provee por el marques de Villasurda: dos fuentes de cristalinas aguas para el surtido del vecindario, y á 20 pasos de la v. en direccion del E., una ermita: confina el TÉRM. al N. con Valdemesilla á 1/4 de leg.; al S. con Codesal á 3/4; al E. con Fresno, y al O. con Cernadilla, á 1/4 en ambas direcciones; cruza por él á 40 pasos del pueblo, el espresado r. Tera, para cuyo paso hay una barca; y pegado á las casas corre un arroyo, sobre el que hay un ponton de seis vigas tiradas sobre dos estribos de mamposteria mal formados: el TERRENO es de regular calidad; hay en cultivo 100 fan., de las cuales 50 son de primera clase, y las otras 50 de inferior; lo restante está destinado á pastos y prados: es fertilizado en parte por las aguas del Tera, y mas aun por las del indicado arroyo, que principalmente es el destinado al riego de huertos, y la parte de vega: los CAMINOS son todos de herradura, y en regular estado: recibe la CORRESPONDENCIA de la carteria de Mombuey. PROD.: centeno, lino, patatas, legumbres, alguna hortaliza y poca fruta: hay ganado lanar, cabrio, vacuno y yeguar, procurándose con particular esmero su cria y aumento: la IND. consiste en dos molinos harineros impulsados por las corrientes del Tera: POBL.: 12 vec., 49 alm.: CAP. PROD.: 42,490 rs.: IMP.: 4,674 rs.

ANTAS: v. con ayunt. en la prov., adm. de rent. y dióc. de Almeria (18 horas), part. jud. de Vera (3/4), aud. terr. y c. g. de Granada (40), departamento marit. de Cartagena, distr. de Garrucha: SIT. en un entrellano en la márg. der. de un arroyo que corre de O. á E., en parage bien ventilado y mas propenso que á otras enfermedades, á calenturas inflamatorias y á tercianas que á veces se hacen endémicas, producidas por las exhalaciones de algunos pantanos que se forman en toda la estension del arroyo espresado. El casco de la v. lo forman 318 CASAS, y en el campo se hallan 206, todas de una altura de 4 á 6 varas, y de poca comodidad: su única plaza, llamada de la Constitucion, es cuadrilonga, de 40 varas de long. y 20 de lat., y se hallan en ella las casas de concejo, la cárcel y una posada, todo perteneciente á propios: las calles, que por algo pendientes y tortuosas, son algun tanto incómodas, aunque no estan empedradas, se hallan por lo comun limpias: el pósito está totalmente arruinado, por cuya razon se depositan sus existencias en una casa particular alquilada á eleccion del ayunt.; sus fondos consisten en 732 fan. 10 celemines 2 y 1/2 cuartillas de trigo, y 9,137 rs. 2 mrs. en dinero efectivo; todo en débitos incobrables en su mayor parte por su remota procedencia: hay una escuela de primeras letras, dotada con 1,100 rs. del fondo de propios y arbitrios, cuyo maestro enseña á leer, escribir, contar y rudimentos de doctrina cristiana á los 45 niños que concurren; igl. parr. de 2.º ascenso, fundada en 26 de mayo de 1505, dedicada á la Concepcion y servida por un cura, un teniente, un beneficiado y un sacristan; 2 ermitas, la una urbana y la otra rural, aquella con la advocacion de San Roque, patrono del pueblo, y esta con la de Ntra. Sra. de la Cabeza, cuyo reparo y servicio se sostiene por una capellania familiar; cementerio al O. estramuros de la pobl. que en nada perjudica á la salubridad; y aun que no existe fuente alguna pública, las hay de abundantes y buenas aguas, propias de las haciendas ó pagos que suelen beneficiar, y de ellas se surte el vecindario para el uso doméstico y abrevadero de los ganados. El TÉRM. confina por N. con el de Zurgena y Cuevas, E. con el de la c. de Vera, S. con el de Turre y Bedar, y O. con el de Lubrin: en él se encuentran 206 casas ó cortijos todos diseminados, y abraza 1,200 fan. de tierra de secano, y 230 de riego en las riberas del arroyo, y en el pago del Real que se riega con norias: 2 fan. de las que disfrutan de este beneficio han sido desamortizadas en la segunda época constitucional, pertenecientes al conv. de mínimos de San Francisco de Paula de la c. de Vera. El TERRENO es en parte montuoso y lo restante llano, y aunque varia en muchas clases, generalmente es flojo: los principales montes son, la *Torre de Ballabona* que se halla al N. de la v.; el *Puntal* y el *Serron*, entre N. y O.; y *El Cabezo de Maria* al S., y todos están aislados escepto el Serron, que corre para el térm. de Lubrin cerca de 1/2 leg.. Como á 200 varas de la v. cruza el mencionado arroyo llamado r. de *Antas* en direccion de O. á E., el cual nace en el térm. de Lubrin: su cáuce es por lo comun llano, y rara vez se desborda tanto, que cause daños á las heredades contiguas: la mayor avenida que en él se ha conocido tuvo lugar en el año 1831, la cual causó estragos de grande consideracion en toda la ribera, sin que cuando esto sucede puedan evitarlo de modo alguno por el mucho declive que trae en su curso: para el riego de las haciendas de la Vega no se emplean ni pueden aprovecharse las avenidas, haciéndolo solo con fuentes que desagúan en él, las cuales tambien se utilizan en los molinos harineros que hay construidos en sus márg.: los CAMINOS son locales; el que dirige á Vera y demas pueblos limítrofes es carretero; los demas son de herradura y generalmente se hallan en mal estado: la CORRESPONDENCIA de todas las prov.. llega los lúnes, miércoles y sábados á la una de la tarde, y sale á las 5 de la misma en iguales dias: el de la de Almeria se recibe los mártes y viernes á las 11 de su mañana, y sale en los mismos dias á las 5 de la tarde. PROD.: aunque en corta cantidad para el consumo del vecindario, trigo, cebada, panizo, centeno, garbanzos, cáñamo, lino, habas, vino, aceite, higos, legumbres en abundancia, y frutas de todo género, pues todo el arbolado de este térm. es frutal, escepto un corto número de álamos: hay caza de conejos y perdices, y algunos lobos y zorras: la grangería se halla en el mayor abandono: y como es tan escaso el número de ganado lanar, cabrio y vacuno, se importa el que falta de la c. de Vera. POBL. 575 vec. 2,300 hab., los que de ellos no se dedican á la agricultura, salen á Estremadura y Malaga á trabajar: existen 12 molinos harineros, 2 alfarerías, 2 fáb. de salitre y una de jabon. Los efectos de vestir se importan de las prov. limítrofes, escepto el lienzo, que se fabrica en las casas particulares: se trabajan algunas minas plomizas y de cobre; y no puede saberse la utilidad de cada una por estar en los primeros trabajos: matéria IMP. para el impuesto directo, 157,168 rs.: capacidad indirecta por consumos, 47,258 rs. El PRESUPUESTO MUNICIPAL ordinario asciende anualmente á 14 ó 15,000 rs., y se cubre por repartimiento vecinal, escepto 5 rs. que pagan dos sitios en que se reedificaron dos hornos de pan cocer, y de 3 á 400 rs. que producen las rent. de la centenilla, del viento y almotacen que se subasta á favor de este ramo.

ANTAS (SAN JUAN DE): felig. en la prov. y dióc. de Lugo, part. jud de Taboada (V. SANTAS SAN JUAN).

ANTAS: ayunt. en la prov. y dióc. de Lugo (6 1/2 leg.), c. g. y aud. terr. de la Coruña (13), part. jud. de Taboada (2 1/2): SIT. en el valle de Ulla, al SO. de la cap. de prov.: CLIMA templado y sano: comprende 29 felig., que son Anguela, San Mamed; Albidron, Sta. Maria; Amarante, San Estéban; Amarante, San Martin; Amarante, San Pedro Felix; Amoeja, Santiago; Antas ó Santas, San Juan; Arbol, Sta. Eulalia; Arcos de Peibás, Sta. Maria; Areas, Sta. Cristina; Barreiros, San Ciprian; Casa de Naya, Sta. Maria; Castro de Amarante, Sta. Marina; Cebreiros, San Miguel; Cervela, San Miguel; Cutian, Santiago; Dorra, Santiago; Facha, San Julian; Gradoy, Santiago; Olveda, Sta. Maria; Peibas, San Lorenzo; Queijeiro, San Pedro; Rebbóredo, Santiago; Real, San Andres; Sta. Eulalia, de San Tirso; Senande, San Miguel; Terracha, San Jorge; Vilanuñe, San Salvador, y Villaprompe, San Martin; su TÉRM. confina por el N. con el municipal de Palas de Rey, al NE. y E. con el de Monterroso; al S. con el de Taboada, y lim. de la prov. de Pontevedra, el cual continúa con la parte. O.; forma su terr. como se ha dicho parte del hermoso y estenso valle de Ulla cercado de distintas cord. que dán márg. á diversos r., que corren á unirse al Ulla: El TERRENO es fértil y bastante arbolado: los CAMINOS que le cruzan son municipales que, asi como la vereda de Lugo y Asturias á Carballino, Rivadabia y otros puntos, están abandonados. El CORREO se recibe por la cap. del part. tres veces á la semana: PROD. centeno de escelente calidad, trigo, maiz, mucho lino, algunas frutas, con especialidad castañas, varias legumbres y hortalizas: cria toda clase de ganado, si bien son preferidos la vacuna y caballar; hay caza de perdices y liebres, y pesca de esquisitas truchas: un crecido número de molinos harineros, y telares para lienzos ordinarios, asi como la cria de ganado vacuno y yeguar, constituyen la IND. de este ditr. municipal, cuyos naturales se dedican tambien al tráfico de cuatropea, á la estraccion del centeno, y al COMERCIO que les proporcionan las ferias inmediatas con especialidad la de Monterroso: POBL.: conforme la matricula catastral 568 vec. 2,843 alm.: RIQUEZA PROD.: 1.139,155 rs.: IMP. 191,182; del indicado documento no puede obtenerse una noticia exacta de las CONTR. que paga; sin embargo por datos oficiales que tenemos á la vista, consta que en 1843 debió satisfacer por todos conceptos 27,940 rs. 23 mrs. El PRESUPUESTO MUNICIPAL asciende á unos 3,000 rs. vn., dé los cuales percibe el secretario 1,500: todo él se cubre por reparto vecinal.

ANTAS: l. en la prov. de Pontevedra, ayunt. de Lama y felig. de Santiago de *Antas* (V.).

ANTAS (SANTIAGO DE): felig. en la prov. de Pontevedra (3 leg.), dióc. de Tuy (7), part. jud. de Puente Caldelas (1 1/2), y ayunt. de Lama (1/2): SIT. entre el monte de Ceo al E., y el de Seijo al O., y combatida por los vientos N. y S.: su CLIMA templado y sano; comprende los l. de Abelendo, Antas, Moa y Ramallal, que entre todos reunen 200 CASAS de mediana construccion; hay una escuela de primera educacion á la que concurren 50 niños: la igl. parr. (Santiago), es matriz y servida por un cura de primer ascenso y patronato laical: el TÉRM. confina por N. con San Sebastian de Cobelo; por E. con San Bartolomé de Seijido, por S. con San Salvador de la Lama, y por O. con Sta. Maria de Aguasantas, todos á media legua de distancia; le baña el r. Berdugo, que baja á Caldelas, cuyas aguas son de muy buena calidad: el TERRENO lo es de mediana, y al E. se halla el monte Ceo, poblado de robles y otros arbustos: los CAMINOS son vecinales y mal cuidados: el CORREO lo recibe de Caldelas: PROD. maiz, centeno, mijo menudo, patatas, lino, habas y hortaliza: cria ganado vacuno, lanar, cabrio, de cerda y alguna mula; se cazan conejos y perdices, y se pescan truchas: IND. la agricola y algun molino harinero; ademas se ocupan algunos en la importacion de vino y sal, y otros en obras de canteria: POBL.: 200 vec. 1,000 alm.: CONTR. con su ayunt. (V.).

ANTEAN: ald: en la prov. de Pontevedra, ayunt. de Lalin y felig. de Santiago de *Catasós* (V.).

ANTECUIA: las tablas de Ptolomeo presentan esta c. de la region de los antrigones en los 13° de long. y 43° 40′ de lat., conforme á la edicion de Norimberga; los minutos de lat. varian en algunos códices. Atendiendo á estas graduaciones, aunque no suministran mas que un indicio comparativo, y á la analogia de los nombres *Antecuia* y *Pancorvo*, puede reducirse á esta pobl., que presenta restos de antigüedad romana. El nombre *Antecuia* pronunciado con aspiracion eólica é introducida v, da *Bantecuvia* y *Pantecuvia*, y de aqui con fácil degeneracion *Pancorvo* (V.)

ANTEGIL: cortijada en la prov. de Albacete, part. jud., térm. jurisd. y á 2 leg. entre S. y O. de *Yeste* (V.), situada al pié del cerro llamado *Molejon*: el terreno es quebrado; pero hay una huerta donde se crian moreras, árboles frutales, maiz y demas frutas de verano, regada con una fuente que nace en su parte superior.

ANTELA: l. en la prov. de Pontevedra, ayunt. de Setados y felig. de Santiago de *Tortoreos* (V.).

ANTELA ó LAGO BEON: laguna, en la Limia baja, prov. de Orense y part. jud. de Ginzo, formada de las aguas que nacen en el mismo Lago: y de las que en él se reunen de las vertientes de los montes y colinas que la rodean; cuya descripcion haremos en otro lugar (V. LIMIA LA).

ANTE LA IGLESIA: l. en la prov. de Oviedo, ayunt. de Grado, y fel. de Sta. Eulalia de la *Mata ó Santo Dolfo* (V.).

ANTELO: l. en la prov. de la Coruña, ayunt. de Noya y felig. de San Pedro de *Boa* (V.).

ANTELLA (ACEQUIA DE): en la prov. de Valencia, part. jud. de Alberique, la cual se estrae del r. Júcar en el térm.

de Tous y desagua en la Real de Alcira al E. y 1/8 de hora de *Antella* (V.).

ANTELLA: v. con ayunt. en la prov., aud. terr., c. g. y dióc. de Valencia (7 leg.), part. jud. de Albérique (1), adm. de rent. de Alcira (2).

SITUACION Y CLIMA. Se halla SIT. en la izq. del r. *Júcar* al pie meridional de un cerro llamado la *Creueta* que la resguarda de los vientos del N.: libre á la influencia de todos los demas; su CLIMA es bastante saludable, aunque por la humedad que exhala el r. y las emanaciones mefíticas de los arrozales inmediatos, suelen desarrollarse algunas calenturas intermitentes de varias especies.

INTERIOR DE LA POBLACION Y SUS AFUERAS. Forman el casco de la v. 186 CASAS de regular altura, algunas edificadas con gusto, todas cómodas y distribuidas en varias calles estrechas, pero limpias y de buen piso, y en 3 plazas; en la llamada Mayor, que es bastante capaz y de figura cuadrada existe la casa municipal, reducida y casi ruinosa, la igl. parr. de que mas adelante se hablará, y al frente de esta se levanta el palacio del Sr. territorial, cuyo edificio, si bien de fáb. muy ant. abunda en solidez y magnifica proporcion en todas sus dimensiones; su fachada de 123 pies de estension es magestuosa é imponente, elevándose sobre la misma una torre, que sirve de miramar, ó punto destinado para disfrutar la bella perspectiva que desde allí se ofrece, dominando un terreno tan estenso como variado y pintoresco; en lo interior del edificio hay grandes salones con otros departamentos y viviendas de orden inferior, un oratorio, donde se veneraba el Santo Crucifijo de la Agonia, de que luego hablaremos, grandes caballerizas, y una almazara ó molino de aceite. En la actualidad se encuentra este palacio alquilado á un particular, sirviendo sus aposentos para depósito de granos, y una parte lóbrega y estrecha del piso bajo para cárcel pública; otra de dichas plazas fue construida en 1837, derribando al efecto las casas que formaban una calle, cuyo valor pagó la comunidad de regantes de la acequia Real de Alcira, por lo que dicha plaza tomó el nombre *de la Comunidad*, y porque en uno de sus lados se halla la casa del mismo título, la cual es un edificio cuadrado de 69 pies de estension y de bastante altura, encima de la puerta principal hay un letrero que dice «*Plaza* y *casa de la comunidad de regantes año de* 1837;» y mas abajo se ve el escudo de las armas reales de España entallado en piedra; en su interior hay un patio espacioso y cuadrilátero con una ancha escalera, que conduce á las habitaciones superiores, una de estas es la sala de juntas donde las celebraban los diputados de todos los pueblos que componen la espresada comunidad; tiene 75 pies de long. y 24 de lat. y se halla regularmente adornada, viéndose en en ella un mapa demostrativo del trayecto de la mencionada acequia: actualmente está algo desatendida la conservacion de dicha sala, porque las juntas que en la misma tenian lugar se realizan en la casa construida junto al origen de la espresada acequia; el resto del edificio contiene habitaciones para hospedar al juez, síndico y demas empleados en la adm. del canal, y ademas los departamentos destinados á cocina, despensas, etc. Hay una escuela de niños á la que acuden de 30 á 40 para aprender á leer, escribir y doctrina cristiana, cuya enseñanza desempeña un eclesiástico dotado con 2,250 rs. anuales pagado del prod. de ciertas fincas donadas por su fundador el cura Mosen Patricio Arsis: y una igl. parr. dedicada á la Purísima Concepcion de Ntra. Sra. servida por un cura párroco, cuyo destino se provee alternativamente por el baron de Antella señor de la v., y por el cura de Carcer; habiendo tambien otro eclesiástico poseedor de una capellania fundada en 1739 por el mencionado Mosen Patricio Arsis, con obligacion de que el que la obtuviese habia de tocar el órgano, y desempeñar el magisterio de primeras letras; hasta el año de 1574 dependió esta igl. de la de Carcer, su edificio actual sit. en la plaza mayor, como ya dijimos, se principió en 5 de marzo de 1704, poniendo la primer piedra el cura párroco D. Vicente Esteve, quien bendijo la obra á presencia de los jurados: es bastante sólida y de buena arquitectura; consta de una sola nave con 9 altares que nada ofrecen de particular, y tiene un órgano bastante bueno, pero lo mas notable de esta parr. es su torre de figura cuadrilátera, construida con elegancia, en la que hay 4 campanas y un relox, que ademas de su propia máquina, tiene otra por medio de la cual se hace asomar en cada campanada que designa la hora y por una ventanita que mira á la plaza, un figurin, ó maniquí vestido grotescamente y segun el capricho de los encargados del relox. Para surtido del vecindario hay un pozo cubierto en medio de la plaza mayor muy curiosamente conservado y de escelente agua; pero las que mas aprovechan los hab. son las del Júcar, acopiándolas en tinajas dentro de las casas, y en algunas de estas tambien existen pozos, cuyas aguas por su mala calidad no se utilizan mas que para ciertos usos mecánicos. Al S. de la v. dist. unos 300 pasos se encuentra el cementerio en parage ventilado y que no puede perjudicar la salud pública; y en la falda del espresado monte de la Creueta, no lejos del pueblo, se encuentra la famosa ermita titulada el Smo. Cristo de la Agonia, cuyo edificio construido á espensas de los vec. tiene 3 altares, hallándose en el principal el Santo Crucifijo que da nombre á la ermita, y en los colaterales las imágenes de San José y Virgen de los Dolores: aunque carece de rent., la piedad de los devotos sostiene el culto y provée lo necesario para que se celebre misa los dias festivos: llégase á la ermita por medio de una calle de cipreses que principia á la salida de la pobl. en el parage donde está el Calvario; en el mismo lugar que hoy ocupa dicho ermitorio hubo otro mas pequeño edificado en 1695 á costa del cura Mosen Castellvi, señor de Antella, á consecuencia, segun una piadosa tradicion, de haberle hablado el Smo. Cristo, que en aquella época era venerado en el oratorio del palacio señorial, como ya dijimos.

TÉRMINO. Confina por N. con el de Tous (1 1/2 hora), por E. con el de Gabarda (1/2), por S. con el de Cotes (igual dist.), y por O. con el Sumacarcer (1/4). Al NO. y en el camino que dirige á este último pueblo, hay una casa de campo llamada de *Crespi*, dist. de Antella poco mas de 1/4 de hora, en cuyo punto precisamente estuvo sit. el l. llamado la *Charquia*, del que actualmente no quedan mas que algunas ruinas. Tambien se ve la casa titulada de la *Comuna* (comunidad) ó de juntas, contigua al origen de la acequia Real; fue construida determinadamente para el objeto á que está destinada cuando se concluyó la obra principal del azud en 1835; no es muy grande, pero de mucho gusto y de graciosa forma, segun la moderna arquitectura; se halla aislada y figura un cuadrilátero de 8 varas de alto y de 42 pies de estension en cada uno de sus lados: ocupa las habitaciones inferiores el acequiero mayor, y en el piso alto hay dos espaciosas salas, en una de ellas muy bien pintada, y con varios adornos, entre los cuales se nota el retrato de S. M. Doña Isabel II, pintado al oleo; en el testero principal celebran sus juntas los diputados de los pueblos que componen la comunidad de regantes, á cuyas espensas se construyó todo el edificio, que tiene ademas una galeria, desde donde se disfruta una hermosa perspectiva, dominando porcion de terreno sumamente variado; pues en él se ve el monte, el r., el azud, el nacimiento de la acequia en la casa de *Compuertas*, y mas lejos las bien cultivadas huertas, pobladas de árboles y de constante verdor.

CALIDAD Y CIRCUNSTANCIAS DEL TERRENO. Participa de monte y llano; el primero ocupa el lado del N. donde se levanta el cerro de la *Creueta*, á cuyo pie digimos se encuentra la pobl.: su altura es como de 1/8 de hora, y detras del mismo hay otro mas elevado, que uniéndose á varios por der. é izq., forman una cord., conocida en el pais con el nombre de *els Alts*: la parte llana, la cual se estiende en las demas direcciones es bastante fértil, especialmente en los arrozales y huerta; comprende unas 500 fan. destinadas al cultivo de arroz; cerca de 900 de huerta con moreras, y sobre 300 de secano plantadas de olivos, algarrobos y viñas. Antiguamente habia algunos bosques formados por los pinares que poblaban las laderas del monte, pero desaparecieron muchos años há, y segun se dice, desde que el señor del pueblo se propuso abastecer de carbon para todo un año á la c. de Valencia. Cruza por la der. de la v. el espresado r. *Júcar* á unos 300 pasos y en direccion de O. á E; tiene 3 vados frente á la pobl. dist. entre si 1/8 de hora, ó poco menos; las aguas que sirven para el riego se toman por medio de 4 fesas abiertas en el magnifico canal llamado *Real Acequia de Alcira*, de la que se habló con la debida estension en su respectivo art. (V.); y por otra acequia del mismo nombre del pueblo, la cual tambien tiene origen en el Júcar en el térm. de Tous, á dist. de 2 1/2 horas N. de Antella; dicha acequia despues de fertilizar los campos donde principia y los de esta v., desagua en la Real de Alcira en este mismo térm. hácia el E. y á dist. de 1/8 de hora de la pobl.; su cáuce es de 4 palmos de lat., y lo mismo poco mas ó menos de profundidad; en algunos puntos de su trayecto se ven precisados los hab., por la posicion recíproca de ambas acequias, á hacer pasar las aguas de esta pequeña por encima de la Real, valiéndose de canales de madera para conducirlas á los campos.

CAMINOS Y CORREOS. Los caminos locales ó de comunicacion con los pueblos inmediatos son de herradura y se encuentran en buen estado; el que pasa por Gabarda y va en busca del camino real de Madrid es carretero y de penoso tránsito, la CORRESPONDENCIA se recibe de Alberique los lúnes, miércoles y sábados, y sale los mártes, viernes y domingos; condúcela un peaton que percibe 200 rs. anuales del fondo de propios, ademas de 12 mrs. por cada plica, lo que unido á que en la adm. de Alcira se grava con igual cantidad, aumenta considerablemente el precio de las cartas, en términos que aun antes de la actual tarifa de correos una carta regular costaba en Antella 1 real y 22 mrs. aunque fuese de un punto cercano como Valencia.

PRODUCCIONES. Se cosecha trigo, maiz, habas, algarrobas, vino, aceite, legumbres, hortalizas, melones y otras frutas; mucho arroz y seda; y sostiene algun ganado lanar y cabrio, con el mular preciso para la labranza.

ARTES, INDUSTRIA Y COMERCIO. Adèmas de la agricultura, principal ocupacion de estos vec., hay dos almazaras ó molinos de aceite, y uno harinero, sit. al estremo S. de la pobl., al que dan impulso las aguas de la espresada acequia de Antella. El comercio consiste principalmente en la venta de arroz y seda, despachándose aquel en el mismo pueblo, á donde acuden los especuladores de diferentes puntos que se lo llevan sin descascarar, porque el único molino, que hemos dicho hay, no basta á limpiarlo con la apetecida prontitud; la seda se esporta á Albèrique, Alcira, Játiva ó Valencia, en donde sus dueños la venden á los comerciantes que en ella trafican; y se celebra un mercado los miércoles de cada semana, reduciéndose las especulaciones á la compra y venta de art. de primera necesidad, tanto de los que ofrece el pais, como de los que se importan de afuera, particularmente géneros coloniales y ultramarinos.

POBLACION, RIQUEZA Y CONTRIBUCIONES. Se cuentan 200 vec., 652 alm.: la riqueza prod. asciende á 1.494,738 rs.: la imp. á 59,151; y contr. con 21,311 rs. con 5 mrs.; el PRESUPUESTO MUNICIPAL sube ordinariamente á 11,000 rs., que se cubren con el prod. de los arbitrios siguientes: 4,211 rs. procedentes del arriendo de la taberna; 1,848 de pesos y medidas, y 1,500 de impuesto sobre las reses que se matan para el consumo del público, y lo que falta se reparte entre los vec. El señ. de este pueblo pertenece al conde de Rótova, con el titulo de baron de Antella, el cual cobraba hasta el año 1832 la quinta parte de todos los frutos, y desde esta época, por convenio celebrado con los vec., percibia la duodécima de toda cosecha y un real de laudemio por cada libra valenciana del precio de la renta.

HISTORIA. Se ignora él año de la fundacion de esta v.; únicamente se sabe que su origen dimana de una ó dos casas de campo, á las que sucesivamente se fueron agregando otras hasta constituirla, como en la actualidad se halla. Antes de existir este pueblo, habia otro llamado *Charquia* ó la *Charquia*, en el punto, donde hemos dicho, se hàlla la casa de *Crespí*: se asegura que á medida que se despoblaba este, aumentaba Antella el número de casas y vec., de manera que con la desaparicion sucesiva del mencionado l. se formó la v. de que tratamos; y aunque ningun dato positivo patentiza la época en que esto sucedió, el documento que testifica la desmembracion de esta igl. de la de Carcer, dice: «que en 1574 tenia el pueblo de Antella 120 casas de cristianos nuevos, los cuales habian sido moros hasta entonces.» Respecto de la etimología del nombre de esta v. hay dos opiniones robustecidas únicamente por la tradicion del pais; una de ellas asegura, que arruinado el pueblo de Charquía fue construido el que nos ocupa delante de ella ó *ante ella*; y que estas dos palabras confundidas dieron lugar á la compuesta de ambas *Antella*; la otra afirma, que dicho nombre trae su origen de una espresion del gobernador moro del cast. de Peñarroja (cuyas ruinas se ven en el térm. de Sumacarcer), quien irritado por haberse casado una hija suya con un cristiano, con el que huyó de la cólera paterna, despachó hombres en su persecucion, con órden espresa de que en cualquiera parte que alcanzasen al seductor lo matasen *ante ella* misma; cuyo rigoroso mandato fue ejecutado precisamente en el sitio donde se halla el pueblo; y de consiguiente que de aquellas palabras «matadle *ante ella*» adquirió el nombre la v. de que tratamos. En la última guerra civil sufrió algunas calamidades; pues fue invadida dos veces por los partidarios de D. Cárlos; una de ellas tan inesperadamente, que sorprendidos sus hab., se vieron precisados, muchos de ellos milicianos nacionales, á hacer una resistencia desesperada, tiroteándose con desproporcionado número de enemigos, quedando 11 muertos en la refriega, sin contar otros que resultaron estropeados en la huida. Tambien ha sufrido algunas inundaciones del Júcar, que, aunque de tarde en tarde, ha tenido desbordaciones terribles: en 14 de noviembre de 1716, á las 7 de la noche, hubo tan grabde riada que inundó todo el pueblo, segun consta en un documento que se conserva en el archivo de la igl.; se pusieron centinelas en el r. para si se aumentaba la creciente, haber marchado con los sacramentos á lo alto del monte. En 17 de noviembre de 1805 hubo otra, en la que llegó el agua á la altura de 9 palmos en la casa llamada de las Compuertas, cuyo acontecimiento se ve recordado por una inscripcion que hay en la pared de dicha casa, la cual dice:

«El 17 de noviembre de 1805 llegó el agua del rio Júcar hasta aquí.»

Las demas inundaciones no se tienen presentes, acaso por haber sido menos desastrosas, ó en tiempos mas remotos.

ANTEMIL: ald. en la prov. de la Coruña, ayunt. y felig. de *Cerceda*, San Martin (V.): POBL. 3 vec. y 13 almas.

ANTENZA: l. con ayunt. de la prov. de Huesca (14 leg.), part. jud. y adm. de rent. de Benabarre (1), aud. terr. y c. g. de Zaragoza (22), arciprestazgo de Ager (3): SIT. á la márg. izq. del barranco *Rinsec*, al pie de un montecito, en buena ventilacion y CLIMA saludable. Forman la pobl. 20 CASAS de fáb. regular. Hay una igl. parr., bajo la advocacion de Santiago Apóstol, cuya fiesta, como patron, se celebra el dia 25 de julio; el curato es perpétuo, y se provee por el arcipreste de Ager, prévio ejercicio de oposicion. El cementerio ocupa un parage á propósito, donde no puede perjudicar á la salud pública. Fuera de la pobl. hay una fuente de buenas aguas, aunque algo escasa, con las cuales y las del barranco se surte el vecindario; y una ermita dedicada á San Salvador. Confina el TÉRM. por el N. con el de Siscar (1/4 leg.), por el E. con el de Tolva (1), por el S. con el de Caladrones (1/2), y por el O. con el del Pilzar (1). El TERRENO, parte llano y parte montuoso, es algo flojo y pedregoso; tiene algo de huerta, que se riega con el barranco arriba insinuado, cuyas avenidas causan notables perjuicios; su curso es hácia el S., y desagua en el Noguera Ribagorzana. Entre los montes que recorren el térm., el principal se denomina de la Sierra; en todos ellos, poblados de carrascas y quejigos, crecen algunos árboles y buenas yerbas de pasto. PROD.: centeno, cebada, avena, escalla, poco vino, menos aceite; y cria ganado lanar, cabrío y caza de conejos y perdices: POBL.: 20 vec., 3 de ellos de catastro, 90 alm.: CONTR.: 956 rs. 19 maravedis.

ANTEPARDO (VENTA DE): en la prov. de Alava, térm. municipal de *Salcedo* y del l. de *Caicedo Yuso*: SIT. en el camino real de la Rioja á Orduña.

ANTEPORTAS: l. en la prov. de la Coruña, ayunt. de Padron y felig. de Sta María de *Iria Flavia* (V.).

ANTEQUEIRA: l. en la prov. de la Coruña, ayunt. de Rois y felig. de Sta. Maria de *Oin* (V.).

ANTEQUERA: vicaria ecl. en la prov. y dióc. de Málaga, part. jud. de su nombre, compuesta de la c. de Antequera, Villanueva de San Márcos, Cuevas-bajas, Mollina, Humilladero, Fuente de Piedra, valle de Abdalajis, Bobadilla y Villanueva de Cauche. Esta vicaria tuvo principio al crearse en dicha c. las diversas parr., que en ella existen, que fue cuando el ob. de Málaga se separó del arz. de Sevilla. El vicario ecl. es foráneo: en la actualidad forma tribunal gubernativo, solo para matrimonios, con los de distinta vicaria ó dióc., y preventivo ó por comision en sumarias: tiene un notario mayor espreso, y otros titulares que alternan en el servicio; un promotor fiscal y un alguacil, todos de nombramiento del diocesano.

ANTEQUERA: part. jud. de *ascenso* en la prov. y dióc. de

Málaga, aud. terr. y c. g. de Granada: compuesto de siete pobl. que constituyen otros tantos ayunt., cuales son: Antequera (cap.), Bobadilla, El Valle de Abdalajis, Fuente de Piedra, Humilladero, Mollina, y Villanueva de Cauche, cuyas dist. entre sí á la aud. terr., c. g., dióc., y cap. de prov. resultan del siguiente estado.

ANTEQUERA: part. jud.									
Bobadilla.	2								
El Valle de Abdalajis.	2	2							
Fuente de Piedra.	3	1 1/4	3 1/4						
Humilladero.	2 1/2	1	3	1/2					
Mollina.	2	1	2	1	1/2				
Villanueva de Cauche.	2	4	2	5	4 1/2	4			
Granada; aud. y c. g.	13	14 1/2	15	15 1/2	15	14 1/2	13 1/2		
Málaga; dióc.	8	10	6	11	10 1/2	10	5	18	
Madrid.	68 3/4	69 1/2	11/27	69 1/2	69	68 1/2	60 3/4	68	76 1/2

Todo el terr. que abraza este part., forma un gran valle circundado de elevadas montañas: está combatido suavemente por los vientos NE. y O., y goza de una atmósfera alegre y despejada y de CLIMA dulce y benigno, aunque algo desigual en las diferentes estaciones del año. Confina por N. con el part. jud. de Archidona, por E. con los de Loja y Alhama (prov. de Granada), por S. con el de Colmenar, y por O. con el de Campillos. A la parte del S. se hallan las sierras de los Torcales y Chimeneas, á la del E. las de Saucedo y Nebral, entre E. y S. la de Cabras, y al O. la del Valle de Abdalajís; todas las cuales están enlazadas con la primera formando un medio círculo. Entre N. y E. en medio de la vega, camino de Archidona y á 1 leg. de dist. de la cab. del part. que se describe, se encuentra la famosa peña llamada de los Enamorados, que se compone de 500 pasos de long. y unos 100 de lat. Al N. sit. la sierra de Arcas y entre N. y O. la de la Camorra con otras dos mas pequeñas unidas, que se titulan los Camorros. En la citada de la Camorra existen trece cuevas de maravilloso aspecto, cuyos nombres son los siguientes: la de los Organos, la del Corralon, la de la Lengua del Ciervo, la de los Pastores, la de los Finados, la de Gonzalo, la del Viento, la de las Palomas, la de Salas, la del Cántaro, la del Higueron, la del Jarro y la de las Lomas: ademas de estas que son las principales, hay tambien algunas otras con capacidad suficiente para guarecerse en ellas bastantes ganados, que pueden beber de las aguas que de la altura de la misma se deslizan. Esta sierra dist. de Antequera poco mas de 2 1/2 leg., corre de E. á O., su forma es prolongada de mas long. que elevacion, y de la figura de la concha de una tortuga; tiene una leg. de circunferencia, su color es rojo y está casi toda cubierta de monte bajo, hallándose en direccion de la misma, algo mas hácia el O., la denominada de Mollina, aunque sin contacto alguno con ella.

En todo el terr. que abraza este part. hay abundancia de piedra caliza, de yeso, de canteria para obras, de sipia, de jaspe de varios colores y de jaspe basto en hojas que sirven para las aceras de las calles. Tambien hay en él diferentes sitios, en los que se encuentran criaderos de plomo, hierro y carbon de piedra; estos dos últimos art. son bastante abundantes, pero no se han esplotado; no ha sucedido lo mismo con las minas plomizas, algunas de las cuales han sido beneficiadas, si bien sin resultado, tal vez por la falta de inteligencia. En su jurisd. existian antiguamente muchas deh. tituladas del Juncar, de las Perdices, de los Potros, de las Yeguas, del Romeral y de la Ciudad: estas se hallaban divididas para veranear é invernar las yeguas y potros; mas habiéndose casi abandonado la cria caballar, se encuentra el terreno que aquellas ocupaban roturado y metido en labor. Las tierras que comprende son generalmente de buena calidad, á escepcion de los parages elevados en que por lo regular son estériles. Los rios mas caudalosos que cruzan el part. en distintas direcciones son el Guadalhorce, el de la Villa y el de Guadalmedina, atravesándolo tambien otros muchos arroyos de mayor ó menor consideracion, cuyas descripciones aparecen mas circunstanciadamente en el art. de Antequera (ciudad).

CAMINOS. Por la garganta que forman las sierras de las Cabras y del Torcal pasa el camino de arrecife que hay de Antequera á Málaga llamado el puerto de la Boca del Asno., en cuyo punto se separan las sendas que conducen á los pueblos de Villanueva de Cauche, Casabermeja, y el Colmenar: por la del Torcal y sierra de Chimeneas que titúlan el puerto de la Escaleruéla cruza el de herradura en la misma direccion que el anterior y muy próximo á la v. de Almogía: por la garganta de las sierras de Chimeneas y valle de Abdalajis denominada el puerto de las Orejas de la Mula, á causa de haber dos peñascos que á cierta distancia figuran las orejas de dicho animal, atraviesan los caminos del valle de Abdalajis y Alora: finalmente los generales del terr. son: el que conduce de Málaga á Sevilla, el del Puerto de Sta. Maria, el de Cádiz, el de Granada y el de Córdoba, todos transitables para carruages.

PRODUCCIONES. Las principales son trigo, cebada, habas, guijas, maiz, habichuelas, garbanzos, yeros, aceite, vino, vinagre, bellota, frutas y hortalizas: ganado caballar, mular, asnal, vacuno, lanar, cabrio y de cerda; siendo los árboles de mas consideracion que en él se encuentran el nogal, el cerezo, el albaricoque y el álamo blanco y negro; y para carboneo la encina, el quejigo y el olivo. Entre las infinitas yerbas medicinales que tambien producen estas fertilísimas tierras, se encuentran el echio vulgar que pertenece á la clase de las plantas borragineas; el eringio campestre ó cardo corredor, y el aliso espinoso que sirve para la composicion de los famosos polvos contra la picadura de la vívora, y cuyos admirables efectos los han publicado los que se dedican á coger la grana, esperimentándose muy particularmente en el señor D. Luis Romero, que fue acometido por uno de estos venenosos animales.

INDUSTRIA Y COMERCIO. Ademas de la agricultura, que es en lo que principalmente se ocupan sus hab.; hay en Antequera fáb. de hilados y tejidos de lana, las cuales son de las mejores que se conocen en la Península por su buena elaboracion. Los jornales en la agricultura son de 4 á 5 rs. en el invierno y de 6 á 8 en el verano, siendo muy pocos en la ind. fabril los que están á precio fijo, pues estos ganan generalmente segun lo que trabajan. El COMERCIO consiste en la esportacion ó importacion de cereales y aceite, cuyo precio en un año comun es el siguiente: el trigo de 28 á 32 rs., la cebada de 14 á 16, las habas, yeros, guijas, maiz y alverjones de 18 á 20, y el aceite de 25 á 30. En todo este partido no hay mas que una feria que se celebra en Antequera los dias 20, 21 y 22 de agosto de cada año, la cual es bastante concurrida y abundante en ganados y en todos los efectos de ind. Por último sus naturales son en lo general pacíficos y honrados.

ESTADISTICA CRIMINAL. Los acusados en este part. jud. en todo el año de 1843 fueron 112, de los cuales resultaron absueltos de la instancia 16, libremente 4, penados presentes 50, contumáces 39. De los penados 10 reincidieron en el mismo delito y 11 en otro diferente con el intervalo de 1 á 7 años desde la reincidencia al último delito. Entre el total de acusados 11 contaban de 10 á 20 años de edad, 88 de 20 á 40, y 13 de 40 en adelante: 111 eran hombres y 1 mujer; 54 solteros y 58 casados, 13 sabian leer y escribir y 99 carecian de este género de educacion; 4 ejercian profesion científica ó arte liberal y 108 artes mecánicas. En el mismo periodo se perpetraron 68 delitos de homicidio y de heridas; 5 con armas de fuego de uso lícito ó igual número de ilícito: 22 con armas blancas permitidas, 9 prohibidas y 25 con otros instrumentos ó medios no espresados. El cuadro sinóptico que á continuacion se estampa, dará á conocer á nuestros lectores minuciosamente los interesantes datos contenidos en el mismo.

CUADRO sinóptico, por ayuntamientos, de lo concerniente á la poblacion de dicho partido, su estadística municipal y la que se refiere al reemplazo del ejército, su riqueza imponible y las contribuciones que se pagan.

AYUNTAMIENTOS.	OBISPADOS á que pertenecen.	POBLACION. Vecinos.	POBLACION. Almas.	ESTADISTICA MUNICIPAL. ELECTORES. Contribuyentes.	ELECTORES. Por capacidad.	ELECTORES. TOTAL.	Elegibles.	Alcaldes.	Tenientes.	Regidores.	Síndicos.	Suplentes.
Antequera.	MALAGA.	4332	17012	1398	32	1430	1255	1	3	12	2	10
Bobadilla.		22	85	25	»	25	22	1	»	2	1	3
Fuente de Piedra.		134	526	103	»	103	103	1	1	4	1	5
Humilladero.		140	550	59	1	60	52	1	1	4	1	5
Mollina.		451	1771	220	3	223	215	1	1	6	1	6
Valle de Abdalajis.		728	2859	331	1	332	322	1	1	8	1	7
Villan.ª de Cauche.		100	393	83	»	83	14	1	1	4	1	5
TOTALES.		5907	23496	2219	37	2256	1983	7	8	40	8	41

AYUNTAMIENTOS.	REEMPLAZO DEL EJERCITO. Jóvenes varones alistados de 18 á 25 años de edad.	Cupo de soldados correspondiente á una quinta de 25000 hombres.	RIQUEZA IMPONIBLE. Territorial y pecuaria. Rs. Vn.	URBANA Rs. Vn.	Industrial y comercial Rs. Vn.	TOTAL. Rs. Vn.	CONTRIBUCIONES. POR ayuntamiento. Rs. Vn.	POR vecino. Rs. Ms.	POR habitante. Rs. Mrs	Tanto por 100 de la riqueza.
Antequera.	Estas noticias se hallarán en el art. de Málaga prov.		2500000	1050000	1765992	5315992	756097	174 18	44 15	14'22
Bobadilla.			31300	7440	4455	43195	12193	154 8	143 19	28'23
Fuente de Piedra.			148524	13195	25685	187404	30838	230 4	68 21	16'46
Humilladero.			97750	12800	10120	120670	24086	172 1	43 27	19'96
Mollina.			126865	22600	20975	170440	72327	160 13	40 29	42'44
Valle de Abdalajis.			155040	60250	35985	251275	25328	34 28	8 29	10'08
Villan.ª de Cauche.			26600	5500	1705	33805	6414	64 5	13 27	18'97
TOTALES.			3086079	1171785	1860917	6132781	927283	156 33	39 33	15'14

ANTEQUERA: c. con ayunt.; vicaria ecl., comandancia militar y cab. del part. jud. y rentístico de su nombre, en la prov. y dióc. de Málaga (8 leg.), aud. terr. y c. g. de Granada (13).

SITUACION Y CLIMA. Se halla á los 36° 43' de lat. N., y 1° de long. E. del meridiano de Cádiz, y á 1/2 leg. del pie de la eminente sierra nombrada de los Torcales hácia la parte del N., descubriéndose á su frente la espaciosa llanura de su pintoresca y encantadora vega, sin embargo de estar dominada la pobl. por el elevado cerro de San Cristóbal, sit. entre E. y S., y el pequeño del Infante ó de la Vera-Cruz al N. La mayor parte del pueblo, que ocupa como una 1/2 leg. en circunferencia, se encuentra en terreno llano, siendo el viento que con mas frecuencia le combate el que proviene de la sierra, llamado vulgarmente solano. Su temperamento es benigno, pues como la c. está constituida bajo la zona templada, goza al año de 4 estaciones iguales que la hacen mas deliciosa; por lo general disfruta de salubridad, sin conocerse que ninguna enfermedad predomine en ella; las que se padecen comunmente, aunque en muy corto número, son calenturas biliosas, pero estas no causan estragos, y así es que con bastante frecuencia se ven personas que esceden de la edad de un siglo.

INTERIOR DE LA POBLACION Y SUS AFUERAS. Cuenta Antequera dentro de su recinto 3,016 CASAS, siendo de notar que en los 7 últimos años hayan desaparecido 317 que pertenecian á capellanias, patronatos y al Estado como bienes procedentes de los conv. suprimidos: todas ellas componen 153 calles, las que menos con 22 pies castellanos de anchura, formando 8 plazas denominadas de la Constitucion, del Coso Viejo ó de las Verduras, de San Sebastian, de Santiago, de San Bartolomé, del Espíritu Santo, de Portichuelo y del Cármen, de las cuales la mayor y principal es la primera, aunque de figura irregular y de malos edificios, siendo las demas muy pequeñas, si bien adornadas de mejores casas. En la titulada de la Constitucion hay unas casas consistoriales construidas especialmente para las funciones públicas; pero habiéndose arruinado las ant. de cabildo, que existian en el sitio que llaman Plaza-alta, inmediato á la parr. de Sta. Maria, se habilitaron aquellas para celebrar las sesiones, estableciendo en ellas un oratorio para el uso del cuerpo municipal: estas ya no sirven mas que para su primitivo objeto por haberse trasladado el ayunt. al conv. de los Remedios. En la plaza de San Sebastian, se encuentran otras casas consistoriales destinadas principalmente para las subastas públicas.

Los fecundos nacimientos de la Magdalena y de la Villa, que se hallan á 1/2 leg. de la c. poco mas ó menos, abastecen de agua dulce, cristalina y saludable 11 fuentes públicas y 31 particulares, cuyos dueños tienen obligacion de darla tambien al público. El nombrado del Duranquillo, aunque no de agua tan superior como aquellos, surte otras 3 fuentes públicas y dos particulares, el cual es el mas próximo á la pobl., contándose ademas otras varias de aprovechamiento esclusivo de sus dueños.

En el punto en que existió la ant. v., que es el más alto de la c., é inmediato á la igl. de Sta. Maria y Plaza-alta, se halla el cast., cuya obra se cree sea de los romanos, reedificada por los godos y por los agarenos: sus muros y torreones fueron reparados últimamente por los católicos, pero se descubre muy poco gusto en su arquitectura; es de figura cuadrada, siendo sus paredones laterales de una consistencia admirable: tiene dos torres que forman otras tantas esquinas, de las cuales la una está destinada al depósito de la polvora para el consumo del público, y en la otra se conserva el relox nombrado de Papabellotas, propiedad del ayunt., cuya campana tiene 100 quintales de peso; en la actualidad se encuentra este cast. casi destruido, y la causa de haberle abandonado hasta el estremo de que paulatinamente vaya desapareciendo un monumento de la mas remota antigüedad, ha de ser sin duda por carecer de agua para su servicio, falta principal que lo constituiria de muy poca defensa, y mucho mas dominándolo el cerro de San Cristóbal: en su orígen seria ciertamente inespugnable, porque no conociéndose en aquellos tiempos la invencion de la pólvora, ningun perjuicio podria causarle la eminencia de dicho cerro, que es el único que lo domina.

En esta c. se cuentan varios establecimientos de beneficencia que son: 1.° El hospital civil de San Juan de Dios, destinado á la curacion de pobres de ambos sexos, vec. de la misma y transeuntes; en lo ant. eran 7 denominados la Caridad, San Sebastian el Viejo, la Concepcion, San Juan, Sta. Ana, Jesus y Buena Nuevas; pero por una Real cédula se reunieron en uno el año de 1609 poniéndose al cuidado de una herm., y en el de 1677 al de la religion hospitalaria, por disposicion del ob. de la dióc. Fr. Alonso de Sto. Tomás, y del general de la órden Fr. Fernando Estrella. Tambien son admitidos en este hospital los militares bajo el correspondiente abono de las estancias que ocupan. Su caudal consiste en fincas rústicas, urbanas y varios censos, con el cual se cubren las cargas y obligaciones que sobre él gravitan, hallándose en el dia al cargo de la junta municipal de beneficencia: 2.° El hospital de Caridad, el cual tiene por objeto dar hospedaje á los pobres transeuntes, socorrer á los ajusticiados, y dar sepultura á los desvalidos, atendiendo á todo ello con los escasos fondos que posee; está á cargo de una herm. nombrada de Caridad, bajo la inspeccion de la junta, de que ya se ha hecho mérito: 3.° El colegio de huérfanas y espósitas, cuya obligacion es amparar las niñas que quedan sin padres ó parientes que cuiden de su educacion y alimento, y á las espósitas salidas de la lactancia. Tiene una directora nombrada por el ayunt., y con su reducido caudal está tambien á cargo de dicha junta municipal. 4.° La casa-cuna, en la que se admiten todos los que se presentan de esta pobl. y pueblos de su part., y de los de Archidona y Campillos; pero, no siendo posible que su reducidísimo caudal llenase las sagradas obligaciones de su instituto, se hizo indispensable que cada uno de dichos pueblos contribuyese con la cuota que le fue asignada por la dip. prov., lo que en efecto se llevó á cabo desde el año de 1839. Celosas las principales señoras de Antequera é interesándose en el bien y prosperidad de este establecimiento filantrópico, se prestaron á constituirse en una junta regida por un reglamento especial aprobado competentemente, y bajo su inmediata direccion se hallan estos seres desgraciados, con dependencia é intervencion de la citada junta de beneficencia: 5.° y último. Un pósito creado antes del año de 1616 por los vec. labradores, el cual consiste en trigo y dinero que se destina para sementera y barbechera; hay 632 familias agrícolas, y 500 de ellas disfrutan de este establecimiento por el rédito de 2 cuartillos en fan. de las que se les reparten, cuyo principal y creces satisfacen en tiempo de la recoleccion.

Hay un colegio de instruccion primaria elemental completa nombrado de San Antonio de Padua, agregado á la universidad de Granada y á cargo de un director empresario; en él existen tambien cátedras de filosofía, historia natural, química, matemáticas, aritmética mercantil, giros y partida doble, inglés, francés, dibujo lineal, natural y calografía. Otro colegio hay para niñas nombrado de Ntra. Sra. del Cármen á cargo de una empresa particular, en donde ademas de recibir con esmero la primera educacion comprensiva de lectura, escritura, aritmética, gramática castellana y religion, se les enseña la costura, bordado, música y baile.

Tiene 6 igl. parr. que son las siguientes: 1.ª La de San Juan Bautista, que fue consagrada en el año 1489, la cual en su principio era un templo sumamente pequeño y reducido para el objeto que se le destinaba; mas posteriormente en tiempo del ob. D. Francisco Pacheco se amplió y labró tal cual hoy existe, concluyéndose la nueva obra en el de 1584. Se compone de tres naves de órden dórico, en una de las cuales y en capilla separada se venera la milagrosa imágen del Crucificado, con el título del Señor de la Salud y de las Aguas: 2.ª, La santa igl. insigne real, colegial y parr. de Sta. Maria, la que en 1502 fue visitada por D. Diego Ramirez de Villaescusa, capellan mayor de la Reina y ob. de Astorga; y notando el incremento que en poco tiempo habia tomado la pobl., augurando su futura grandeza, y considerando que sus abundantes diezmos podian sostener una igl. colegial, concibió el proyecto y lo hizo presente á los Reyes Católicos, que lo acogieron y cooperaron á su realizacion. Las rent. que propuso para su dotacion fueron las dos terceras partes de las tercias reales que el rey Enrique IV cediera en beneficio de las igl. de Antequera, dejando lo restante para las fáb.; y como cada parr. tenia 2 beneficios simples, los de la en que se fundase la colegial debian incorporarse ó ingresar en la masa comun luego que vacasen, dotándose con la tercera parte remanente 4 beneficiados en cada una de las otras parr. Obtenida bula de Julio II, espedida en 8 de febrero de 1503, dicho Sr. Ramirez de Villaescusa creó y fundó la citada colegial en la parr. de Sta. Maria, por hallarse esta entónces en punto mas acomodado que las demas, en donde el pueblo pudiera congregarse para los actos religiosos; fue preferida ademas esta parr. por ser su titular la Virgen de la Asuncion ó de Sta. Maria la Mayor, que segun el canónigo Yegros, historiador de esta igl., era Ntra. Sra. de la Esperanza que trageron los conquistadores. El Papa, en virtud de las razones que se le espusieron, y en atencion á la nobleza de la c., á la decente dotacion del cabildo y al decidido apoyo que para el efecto prestaban los Reyes Católicos sin omitir privilegio alguno de los concedidos á las principales igl. de la monarquía, le dispensó otras gracias y esenciones singulares, no quedándose en zaga nuestros reyes. Creáronse en ella una dignidad con el nombre de Prepósito, que preside al clero y al cabildo; 12 canongías, entre ellas la magistral, doctoral y lectoral, si bien la de escritura no se fundó hasta el año de 1568 en una vacante, en cumplimiento de lo que previene el concilio de Trento, sesion 5.ª cap. 1.°; 8 raciones, y con el nombre de medios racioneros, nombrados por el cabildo en virtud de real privilegio confirmado repetidamente por varias reales cédulas, los demas ministros necesarios al culto y servicio de la colegial, como son un maestro de capilla, un cura sin jurisd. con. la denominacion de arcipreste, un preceptor de latinidad, un sacristan mayor, un sochantre, un organista y un pertiguero: el campanero y el caniculario gozan cada uno 1/3 de racion. Ademas hay varios capellanes de diferentes fundadores con obligacion de asistir al coro y servicio del altar, de los cuales 4 con el nombre de beneficiados están destinados á la parr., y 6 al altar para subdiáconos y diáconos, y acompañar al preste. El racionero Juan de Aguilar, ademas de las dos capellanias que dejó fundadas, hizo donacion á la colegial de 32 ducados de renta para 4 seises, y ordenó que de su patronato se le diese á cada uno hopa encarnada, sobrepelliz y bonete para el servicio del coro. De la canongía llamada de Mozos dispuso D. César Riario, ob. de Málaga para dotar algunos músicos, desde cuyo tiempo tiene esta igl. su capilla de música compuesta de cantores y ministriles, sacando de las fáb. lo que faltaba para la integra dotacion de ellos. Por concesion de Clemente VII que confirmó Felipe IV en 1.° de julio de 1617, gozaban los prebendados las vacantes que ocurrian. La igl. de Sta. Maria, la mejor de Antequera, es un edificio suntuoso de fuerte canteria con 3 naves muy capaces y un cuerpo bastante elevado. Siete gradas enlosadas de piedras bruñidas y encarnadas franquean el paso al altar mayor: el retablo es vistoso y de perfecta arquitectura, de madera dorada; tiene 2 cuerpos; el primero de 3 varas de altura con 16 columnas dóricas, sus capiteles y pedestales; y el segundo de vara y media con otras tantas columnas: su fachada, en la que se ven 3 puertas, es primorosa y se halla adornada de muchas pirámides de esquisito gusto; esta obra no se concluyó hasta el año 1550, y en el de 1692 se trasladó el cabildo á la igl. de San Sebastian. 3.ª La parr. de este último nombre, que existia ya en el año de 1512, si bien en aquella época era un templo reducido, por cuya razon el ob. Fr. Bernardo Manrique promovió su ampliacion en 1540. Construíase al mismo tiempo la magnífica igl. de Sta. Maria, en la que se habian invertido ya 3,000 ducados; y como los fieles acudian á esta obra con preferencia, escaseaban sus limosnas en la de San Sebastian, retardándose por lo tanto su conclusion: en vista de ello mandó el prelado que se suspendiese la de Sta. Maria á fin de que pudiese progresar la de San Sebastian; pero el ayunt. que tenia mas interes por la primera representó á S. M. el agravio que el ob. habia hecho á la c. con aquella disposicion; y el rey por su cédula de 24 de marzo de 1544, mandó al ob. que en los tres primeros años siguientes emplease las rent. de la fáb. en la obra de San Sebastian, mas que finalizado este térm. no pudieran invertirse sino en el edificio de Sta. Maria. Aceleráronse los trabajos con este motivo, concluyéndose en el año de 1547 el templo de San Sebastian, con lat. y capacidad suficiente para la congregacion de sus feligreses y el desempeño de los augustos ejercicios á que fue destinado. Consta de 3 naves construidas de silleria y mamposteria, conociéndose muy bien la precipitacion con que se acabó la obra, de tal modo que en el año de 1675 fue necesario renovar la nave de la der. En el dia es la mejor parr. de Antequera, porque abandonando la pobl. antigua y estendiéndose la moderna al derredor de ella, todo el señorio pertenece á su felig., hallándose en el centro y plaza principal de la c.; su portada y frontis son tambien de sillares labrados, y sobre su puerta se ven las armas del emperador Cárlos V con las columnas de Hércules, y la inscricion *non plus ultra*; y á los lados 3 efigies de piedra de San Pedro, San Pablo y San Sebastian colocadas en otros tantos nichos. Deteriorado y casi destruido este templo por el incendio que acaeció el 11 de noviembre de 1690, tal vez no se hubiera reparado todavia, si el cabildo ecl. no hubiesé obtenido en 1691 una Real cédula de Cárlos II para trasladarse, como lo hizo, de Sta. Maria á San Sebastian, concluida la obra en 1692 saliendo el dia del Corpus 5 de júnio lá procesion de aquella igl. y terminando en la última. En el año de 1675 los ministros de ésta parr. habian levantado un campanario de poco gusto sobre los sillares de una fuente, donde colocaron las 2 campanas qué existian en la igl., y los hermanos de las ánimas modernas otra mas pequeña para sus aniversarios y entierros; pero en el de 1703 empezó la magnifica obra de la torre actual que duró 6 años, en la que pusieron los canónigos 4 campanas de su propiedad, las 3 de la parr. y una qué dió la c. colocada antiguamente en las casas consistoriales de la Plaza alta, que es la que se llama de la Queda. Dirigió esta obra el artífice Francisco Andres Burgueño: está labrada de sillares y ladrillos, y tiene 4 cuerpos y 12 balcones de hierro; anteriormente remataba en 8 pirámides de piedra, mas en nuestros dias la han aligerado de un peso tan enorme sustituyéndola un precioso chapitel forrado de plomo. En ella se conserva un reloj que sirve de norma al público, como el principal de la c. anunciando la hora cada 15 minutos, y cuya construccion, que se debe á D. José Gonzalez, hijo de Antequera, ha sido admirada por todos los inteligentes que han tenido ocasion de examinarla. Elévase sobre su cúpula un ángel colosal de cobre dorado á fuego que se sostiene en un pie, con una bandera al hombro para designar el viento que reina: está vestido de tonelete, peto, botin y morrion adornado de plumaje, teniendo al pecho un relicario con reliquias de Sta. Eufemia patrona de la pobl. La igl. de San Sebastian, sin embargo de que para parr. tendria suficiente capacidad, seria un templo mezquino para colegial sin las muchas obras que el cabildo ha hecho con el objeto de mejorarlo, especialmente la de ampliacion qne emprendió en el año de 1819, y concluyó en el de 1824; habiéndole dado algunas varas de long. y levantado una magnifica capilla mayor, y estando aun pendienté la obra proyectada de un sagrario para las funciones de la parr. Entre las buenas esculturas que hay én ella de la pertenencia del cabildo, se admiran una imágen de Ntra. Sra. de la Antigua, descubierta despues de la restauracion, y otra con el titulo del Señor del Mayor Dolor, obra de D. Andrés Carvajal en el siglo anterior: entre las pinturas llaman la atencion un cuadro de la Transfiguracion, otro de San Gerónimo y uno pequeño, pero de gran mérito de San Francisco de Paula. La sacristía y sala capitclar son dos piezas magníficas, y todas las decoraciones del templo del órden jónico. 4ª. La de San Pedro que en 31 de junio de 1522 bendijó D. Juan de Orgaz, ob. y prior de San Juan de Acre en Sevilla, cuyo templo costeó Estéban de Villalon, consagrándolo al principe de los apóstoles: era bastante reducido, y por lo tanto destinado poco despues para parr. con el titulo de San Pedro, se procedió á su ampliacion en el año de 1574, principiándose en el de 1656 la nueva obra para construir la capilla mayor, que no fue concluida hasta el 30 de setiembre de 1731: es un edificio tambien magnifico, fabricado por el órden toscano, compuesto de 3 espaciosas naves, ricamente adornadas con muy buenos altares. Las varias cofradias y hermandades instituidas en esta parr. han contribuido siempre á sostener en ella un culto sobresaliente al de las demas de la c.: 5.ª La de Santiago, que en un principio fue una ermita del mismo nombre edificada en el año de 1563 por Pedro de Trujillo y otros vec. de Antequera, en virtud de licencia que les fué concedida por el provisor y vicario general del ob. de Málaga, D. Bartolomé de Baena, con fecha 19 de marzo de 1519; y en el de 1677 tomó el titulo de ayuda de parr. auxiliar de la de San Pedro, con cuyo motivo se le dio á este templo, solo de una nave, mayor amplitud. En el dia es parr. como las demas con felig. separada desde el año de 1836 en que fue ganado el litigio que seguia el cura auxiliar sobre su separacion con el cura y beneficiados de la de San Pedro: 6.ª La de San Miguel, cuya antigüedad se ignora, pero es de creer que su construccion tuvo lugar antes del año de 1515 en que fueron aprobadas las constituciones de la cofradia del Santo Arcángel, siendo tradicion que promovieron su fundacion dos hermanos llamados los Migueles. En sus principios fue ermita y despues auxiliar de la de San Sebastian; mas siguiendo el mismo órden que la de Santiago, es en la actualidad una parr. independiente.

Hay ademas un colegio seminario, para cuya fundacion el Dr. D. Francisco Zerio de Esquivel, canónigo que fue de la doctoral de la colegial de Antequera, por su testamento bajo del cual falleció en el año de 1650, dejó los bienes suficientes para la dotacion de un seminario con doce becas, un rector y el competente número de sirvientes. El cabildo colegial, como patrono, recurrió al rey D. Felipe IV, quien por su Real cédula de 18 de julio del mismo año, que original se conserva en el archivo de la misma igl., se dignó mandar al ob. de la dióc. se formalizase la fundacion con arreglo á lo que previene el concilio de Trento en el cap. 18, sesion 23. Cumplimentada en efecto dicha Real órden, se instaló el colegio el dia 18 de enero de 1652, y en el de 1657 el Dr. Fr. Alonso de Santo Tomas, le dió las constituciones con que hoy se gobierna segun la mente del fundador, resultando de ellas que en el instituto de este establecimiento es, ademas de la educacion é instruccion de los jóvenes pobres que no pueden costear en las universidades la carrera literaria, asistir diariamente á la igl. para su servicio, en reemplazo de los mozos de coro á quienes sustituyeron los colegiales. Para proveer al seminario de maestros con precision á lo que dispone el espresado concilio, se le agregó la cátedra de latinidad erigida en la colegial con la rent. de media racion, y las de escritura y moral á que están afectas las canongias lectoral y magistral; y por si alguno de los seminaristas sacaba buena voz, y queria dedicarse al canto llano ó al de órgano, estaban obligados á enseñar estas facultades respectivamente el sochantre primero y el maestro de capilla, como cargas anejas á sus prebendas. Las becas de gracia que al principio fueron 12, tuvieron que reducirse despues á 6; y no bastando aun las rent. para cubrir sus atenciones, se suplia el déficit con el sobrante de los pensionistas cuando estos eran muchos; teniendo ademas el cabildo á su disposicion por la ereccion y estatutos de la igl., como salvaguardia de la subsistencia de este establecimienio, la canongia de mozos, los cuales con la fundacion del colegio quedaron suprimidos. Patrono el Prepósito y cabildo por una cláusula del testamento del fundador y por las constituciones del colegio, goza el derecho de admitir seminaristas, proveer las becas y nombrar rector y demas superiores, designando tambien dos canónigos visitadores del colegio en el cabildo de oficios que se celebra anualmente. Incorporado el seminario á la universidad de Granada en el año de 1829, se crearon ademas de las cátedras ya enumeradas, dos de filosofía, y otras dos de teologia con arreglo al plan de estudios vigente, señalando sobre las rent. del seminario 150 ducados, racion y habitacion en el colegio á cada uno de los catedráticos. En el presente curso hay 5 catedras: una de humanidades á cargo de D. José Rodriguez Palma y D. Juan Pedro Lasala, dirigidos por el canónigo D. José Delgado y Quirós, rector del seminario; dos de filosofía regentadas por el vice-rector D. Francisco Delgado Ferrer y D. Francisco Terrones; y 2 de teologia servidas por los curas párrocos D. Juan Nepomuceno Lopez y D. Ramon Aurides.

En esta c. se cuentan 19 conv.: 12 de frailes y 7 de monjas; que son: 1.º El de San Francisco, cuyo edificio bajo la advocacion de San Zoilo se concluyó en el año de 1507, estableciéndose en él los religiosos observantes: en su obra se invirtieron 34,000 mrs., que para un templo dedicado al mismo Santo concedió el príncipe D. Juan por su testamento otorgado en Salamanca en 1497. La igl. construída de mampostería por el órden dórico, consta de dos naves de bastante capacidad: el retablo de la capilla mayor, que pertenece como patronos á los marqueses del Vado, es primoroso, y su tallado de bello gusto. Descansan en este monast. los restos del venerable Fr. Francisco del Villar, hijo de los duques de Segorve, quien abandonando su fortuna y ocultando su nombre, murió en clase de lego en la conventualidad de Antequera. La igl. se halla en un estado regular y se da buen culto en ella con el auxilio de los fieles y de la hermandad de terceros; pero el cuerpo del conv. está ruinoso, sin embargo de ser ya de propiedad particular. 2.º El de San Agustin para cuya fundacion D. Diego Ramirez de Villaescusa hizo donacion á los religiosos de esta órden de la ermita de Sta. Catalina, tomando posesion de ella Fr. Martin de San Agustin. El comendador Rui Diaz de Rojas y Narvaez y Doña Elena de Zayas, su mujer, edificaron la capilla mayor concluida en el año de 1526, segun aparece de la escritura que otorgó en su favor la comunidad, la cual se halla firmada por Sto. Tomás de Villanueva, provincial de la órden de San Agustin, conservándose en el protocolo de la escribania numeraria de D. Miguel Talavera. Permutaron despues los religiosos dicha ermita, las viñas, olivares y censos que poseian, por unas casas en la calle de Estepa propias del alcaide Diego de Narvaez, segun escritura otorgada ante Alvaro de Oviedo en 25 de julio de 1540, y en el mismo sitio que aquellas ocupaban se edificó el citado conv., ayudando á levantar la capilla mayor Pedro de Narvaez hermano del alcaide, y colocando en el arco toral 17 banderas que ganó su padre Rui Diaz de Rojas y Narvaez conocido por el de la *gran lanzada*, en diversas batallas en que peleó contra los moros, cuyos célebres timbres se conservan todavia en el espresado l. La igl. de una nave por el órden dórico y de bastante latitud es suntuosa, existiendo en ella una urna ricamente adornada que contiene un cadáver vestido de malla de oro con piedras preciosas, en cuya cubierta se lee la siguiente inscripcion. «*Verdadero y sagrado cuerpo y vaso de sangre del Sr. San Clemente Mártir.*» La silleria del coro es de un mérito sobresaliente, y en su construccion se admira el primor con que en alto relieve estan representados los santos mártires y célebres hombres que ha producido la religion agustina. Es ciertamente sensible la destruccion de este mérito artistico de la antigüedad, porque vendido el conv. que ya ha demolido su poseedor, se ve cortada toda comunicacion con el coro, sin que sea posible dársela mas que por una nueva escalera que se construya en la misma igl., causando por consiguiente su imperfeccion. 3.° El del Cármen, que fue construido en el punto en que se hallaba la ermita de San Sebastian el Viejo, cedida por el ayunt. á Fr. Juan Ortega y otro religioso que le acompañaba, quienes tomaron posesion de ella. La obra de este templo y conv. de carmelitas calzados se concluyó en el año de 1614, y su capilla mayor en el de 1633, para cuyos gastos concurrieron D. Gerónimo Rojas y Doña Catalina de Córdoba y Segura, su mujer, y otros señores de la misma familia, con 300 ducados cada uno. La igl. es magnífica, de una sola, aunque espaciosa nave del órden dórico, siendo el tallado del retablo de su capilla mayor de muy esquisito gusto. El conv. con esclusion de la igl. es de propiedad particular y sirve en el dia de fábrica de tejidos de lana. 4.° El colegio de Sta. María de Jesus, cuya obra se principió el año de 1527 en las cuevas del Portichuelo á consecuencia del infatigable celo del R. P. Fr. Martin de las Cruces del órden tercero de San Francisco: posteriormente fue suspendida por haberse opuesto y entablado pleito otras comunidades, el cual terminó por intervencion del ayunt., ordenando continuase la obra y que no se llamase conv., sino colegio de Sta. Maria de Jesus, obligándose por lo tanto la comunidad á sostener en él una cátedra de filosofía. La construccion de este pequeño edificio que seria concluido por los años de 1615, no es de gran mérito: en su igl. se instituyó pocos años despues de su fundacion una cofradia con el título de Jesus Nazareno, que se dirigia en procesion con sus imágenes al cerro de la Cruz el Viérnes Santo de cada año. A la vuelta de algun tiempo se establecieron los dominicos en Antequera, los que en uso del privilegio que Pio V les concedió para agregar á sus igl. las cofradias del Dulce Nombre, entablaron un pleito sumamente ruidoso, que ganado al fin por ellos, tomaron en su virtud la sagrada imágen, trasladando á su igl. la cofradia en 1617. En este litigio entró con mucho calor la casa de Narvaez, que ejercia la Alcaidia de Antequera, en favor de los de Jesus, y la de Chacon, en quien habia recaido el titulo de Alférez mayor en el de los dominicos, resultando de aqui el principio de una grande rivalidad entre ambas casas, que dió márgen á que los de Jesus creasen otra cofradia con el nombre de la Sta. Cruz de Jerusalen, con lo que tomaron antigüedad sobre la otra. Estas cofradias denominadas de Arriba la de Jesus y de Abajo la de Sto. Domingo, han porfiado muchos años por aventajarse en el lujo de sus procesiones, y no hay duda que los escesivos gastos de estas funciones religiosas y las disensiones y disgustos que reinaban entre ambas, dió lugar á que el Rey lo tomase todo en consideracion, llegando hasta el caso de prohibir dichas procesiones: aunque en el dia está revocada esta prohibicion, han dejado de salir, sin embargo, hace ya algunos años. 5.° El de la Victoria, fundado en virtud de licencia que concedió el ayunt. en cabildo celebrado el dia 29 de enero de 1585 á varios religiosos del órden mínimo de San Francisco de Paula: su construccion tuvo efecto en el lugar que ocupaban unas casas de la calle Fresca, habiendo sido concluido en el de 1669: tanto el conv. como la igl. son edificios bastante reducidos, encontrándose en el dia en estado ruinoso. 6.° El de Sto. Domingo, cuyo conv. trae origen de la licencia que el ob. de Malaga D. Francisco Pacheco concedió para que se establecieran en la igl. de la Concepcion el año de 1586, 9 religiosos del órden de Predicadores, entre los cuales se hallaba el provincial de Andalucia Fr. Gerónimo Mendoza, tomando posesion igualmente de la casa que habia edificado su cofradia con destino á los niños espósitos. Auxiliada dicha comunidad con 1,000 ducados que le franqueó Doña Inés Fernandez de Cordoba, viuda de Luis Diaz de Rojas y Narvaez, emprendió la obra de este edificio en las casas que compró en la calle Nueva, inmediatas á la Concepcion. Su capilla mayor la costearon el regidor D. Francisco Ulloa y Fabora, y Doña Beatriz Chacon Zapata, su mujer, en el año de 1595 y en el de 1600, habiendo adquirido los religiosos el meson de los Naranjos, concluyeron su pequeño cláustro, y cuyo edificio como de propiedad particular, sirve en la actualidad para habitacion de su dueño y de almacenes de licores. La igl. construida por el órden dórico es muy decente y capaz, adornándola imágenes sumamente preciosas, que reciben un esmerado culto. En ella se halla instituida la cofradia del Dulce Nombre de Jesus, que por lo comun se denomina de Abajo; y en las famosas procesiones de competencia renunciando los individuos de ella la túnica blanca de que usaban antes de separarse de Jesus, adoptaron desde 1617 la morada con que se distinguen de los de Arriba. 7.° El de los Remedios, cuyo conv. del órden 3.° de San Francisco existia en el part. de las Suertes bastante estramuros de la c.: su comunidad lo abandonó en el año de 1607 internándose en la pobl., y apoderándose de la ermita de San Bartolomé sit. en la calle de Estepa; pero el 27 de enero de 1608 se trasladó al sitio que hoy ocupa el nuevo conv. en la misma calle: en solicitar terreno y labrar el templo se invirtieron 100 años, si bien la obra del conv. no se concluyó hasta el de 1745. La igl., arreglada al órden dórico, es de las mejores de la c.; tiene 3 naves muy espaciosas, y su cielo está cubierto de pinturas de bello gusto, que representan los principales hechos en que resplandecieron las virtudes del santo fundador y otros de su religion. Consérvase en ella en una urna el verdadero cuerpo de la venerable Marina Alonso, natural de Antequera, digna de mencionarse por su vida ejemplar y relevante virtud. El conv. es tambien de grande capacidad y de muy buena construccion, mas habiendo servido de cuartel en diferentes ocasiones, y despues visto so abandonado, se destruyó en gran parte, hasta que adquirido en propiedad por el ayunt., segun escritura de 15 de julio de 1845, otorgada por el intendente de Málaga á consecuencia de la Real órden de 10 de febrero del mismo año, ha sido reedificado y mejorado, habiéndose establecido en él las oficinas municipales y construido un magnifico salon para las sesiones del ayunt., dentro de cuyo local se verán tambien muy pronto el juzgado de primera instancia y las oficinas de Hacienda pública. Su escalera es digna de mencionarse; esta se compone de 33 peldaños de piedra jaspe encarnada; cada uno de una sola pieza del largo de nueve pies castellanos, que es el ancho de ella; tiene 3 tramos iguales y dos descansos, y los costados tambien de piedra de la misma clase están el uno al aire como pasamano y el otro sobre la pared que sirve de ojo, hallándose decorados con casetones de esquisito gusto y con las armas de la c.: 8.° El de Capuchinos, sit. estramuros de Antequera; los primeros religiosos que fueron á esta pobl. se establecieron el año de 1612 en la ermita de la Virgen de la Cabeza, y pasado un año se trasladaron al sitio conocido en el dia por el de los Capuchinos Viejos, donde construyeron un edificio poco sólido: vendido este, compraron tierras á Juan Pacheco, Salvador del Castillo y Andres de Vegas, y formaron en ellas una reducida habitacion. En 1656 nombrados patronos D. Alonso de Bilbao y Doña Maria Guerrero de Torres, su mujer, cuya casa lleva hoy el titulo de condes de Castillejo, concluyeron en 3 años la obra del actual conv., el que por estar encargado á un digno vec. de la c., labrador de su huerta, se encuentra en tan buen ó mejor estado que cuando lo habitaban los religiosos. 9.° El de Belen: la comunidad de carmelitas descalzos, se estableció en una ermita de Ntra. Sra. de Belen, camino de Granada el año de 1617. Trasladose despues á un molino de aceite que hoy se conoce con el nombre de molino de los Frailes, donde permaneció algun tiempo hasta que se levantó el estenso conv. que existe en la calle de las Tres Cruces, que ahora se llama de Belen. La igl. es de tres naves, muy primorosa, y de bellisima arquitectura. 10.° El de la Trinidad fundado por el R. P. Fr. Simon de la Concepcion del órden de trinitarios descalzos, quien se presentó en Antequera con este objeto, comprando unas casas en la Cruz Blanca y empezando la obra en el lugar que estas ocuparon. Habilitada prontamente una pieza, se celebró la primera misa por el provincial de la órden en 20 de agosto de 1637; concluyéndose el templo en el de 1683 y quedando por terminar su cláustro: todo el edificio se halla en muy buen estado, y la igl. construida por el órden dórico es suntuosa, con 3 naves de bastante capacidad, debajo de las cuales tienen su panteon la ilustre familia de los Parejas ó condes de la Camorra y el marqués de Villadarrias. El conv. está concedido al ayunt. para cárcel, mas esto será dificil se lleve á efecto por la escasez del caudal de propios. 11.° El de la Magdalena, construido en la ermita del mismo nombre, estramuros de la c., en la cual se estableció en el año de 1686, la comunidad de San Pedro Alcántara, lanzando de este santuario á unos ermitaños que con su capellan lo habitaban; y en el de 1690 emprendieron la obra del actual conv. terminándolá en 1708. El edificio se encuentra en buen estado, por cuya razon el ayunt. lo tiene solicitado del gobierno para lazareto en el caso de enfermedades contagiosas. 12.° El de San Juan de Dios, cuya obra se empezó el 9 de mayo de 1696, con motivo de haber dispuesto Fr. Alonso de Santo Tomás ob. de Málaga, que los religiosos de esta órden se hicieran cargo de los hospitales de Antequera. Tenian bajo su cuidado y direccion el de enfermos de ambos sexos tanto civiles como militares, y la casa cuna de espósitos de que ahora se halla encargada la junta municipal de beneficencia, en virtud de la esclaustracion de los frailes. Los conv. de monjas son: el de Madre de Dios de Monteagudo del órden de agustinas calzadas, que fundaron Doña Isabel de Espinosa, acompañada de otra religiosa procedente del de las Nieves de Córdoba, las cuales celebraron su primera profesion el dia 2 de junio del año de 1520; en la casa que es hoy curadero de cera, plazuela del Albaicin, hasta que concluido en el de 1528 el precioso conv. que habitan en la actualidad, se trasladaron á él, no obstante de que entonces se encontraba este fuera de la pobl. El titulado de la Encarnacion del órden de carmelitas calzadas, fundado en 1520, al que se agregaron María Ruiz la Rubiana, y Lucia de Albañez, su hija, las que bajo la regla de Sta. Catalina vivian en la capilla que edificaron, en honor de la Sta. Cruz y memoria del Monte Calvario, en el cerro del Infante. El de Sta. Eufemia patrona de Antequera, que edificaron en el año de 1601 Doña Maria de la Paz y otras dos religiosas del conv. de Jesus Maria de Archidona, siendo la regla que profesan la de San Francisco de Paula. El de Sta. Clara, cuya obra se concluyó en el año de 1603, habiéndose dicho en su igl. la primera misa el 18 de diciembre del mismo año y profesando las religiosas la 2.ª regla de San Francisco. En 1.° de agosto de 1841 pidió su esclaustracion la comunidad, á escepcion de tres, y trasladadas estas á otros conv., salieron las demas al dia siguiente, vendiéndose poco despues este edificio que en el dia lo tiene dedicado su dueño á casas de habitacion. El de Sta. Catalina, sit. en la plaza del Coso Viejo: en el año de 1639, y al lado del barranco de San Sebastian, se establecieron las religiosas catalinas que profesan la regla de Sto. Domingo, las que se trasladaron despues á la casa llamada de los Gigantes que en el dia sirve de fáb. de tejas y demas efectos de barro, en la calle de Pastores frente á la de Pasillas. En el de 1650 pasaron al actual conv., si bien hasta el de 1735 no fué acabada la obra de la igl. y cláustro. El de las descalzas fundado en 1635 para la clausura de las religiosas carmelitas, celebrándose la primera misa el 13 de julio del mismo año en su pequeño templo, al que se dió despues mas estension, empezando la nueva obra en 28 de mayo de 1707, aunque la igl. no se concluyó hasta el de 1734. Finalmente el de las recoletas: Doña Maria Gabiote por su testamento cerrado, abierto ante Cárlos de Talavera en 6 de setiembre de 1676, ordenó que con sus bienes se edificase un conv. de agustinas descalzas, con cuyo motivo se establecieron estas el 25 de junio de 1745 en una casa calle de Carreteros esquina inferior de la del Purgatorio: el 10 de noviembre de 1757, se trasladaron á la esquina opuesta del conv. de Madre de Dios, donde permanecieron hasta la estincion de la Compañia de Jesus, época en que se constituyeron en el conv. que se halla en la calle de los Tintes, en el que residen en la actualidad.

Ademas de las parr. y conv. de que hemos hablado, hay en Antequera varias ermitas que son: la de Ntra. Sra. de Loreto, edificada en la ribera de los molinos en el año de 1570, por Pedro Fernandez y Francisca de Aguilar, su mujer: la de San Roque en la plaza de este nombre que en el dia es propiedad del ayunt., la cual está destinada para depósito de cadáveres por su inmediacion al cementerio: la Humildad, que se halla en la calle Carrera, y corresponde á la cofradia de su nombre: la Escuela de Cristo, construida en la calle de Cantareros en 1665, la cual pertenece á la congregacion de San Felipe Neri, y está dedicada á la Virgen de la Rosa: la capilla de la Via Sacra que se encuentra bajo la puerta principal de la igl. de los Remedios, pero independiente de ella: la de San Judas, sit. en lo alto de la cuesta de su mismo nombre: la de la Virgen de la Cabeza levantada sobre las ruinas de la Ravita, sitio donde batió á los moros el ob. de Palencia, y en la que hay una cofradia, que era la sesta que asistia con bandera á sierra Morena el segundo dia de Pentecostés, en cuya memoria celebra una funcion anual, concurriendo á ella un inmenso pueblo: la de la Virgen de Estrella que se venera en una torre de la ant. v.: la de la Virgen de Espera que tambien existe en otra torre que está á la entrada del camino de Málaga: la de San Isidro edificada por la sociedad de labradores en la calle de la Taza: la de San Antonio de Padua en la de la Alameda, labrada por D. Diego Escobar y Ortiz, el año de 1827 en una casa de su propiedad: la de la Caridad construida en la calle de Estepa en 1715, la cual se halla á cargo de una hermandad benéfica; y últimamente la del colegio de niñas huérfanas en la calle de Carreteros, de la que ya se ha hecho mencion en su correspondiente lugar. Hubo ademas en esta c. las igl. y ermitas que á continuacion se espresan: la mezquita que tenian los moros dentro de su cast., la cual fué consagrada el dia 1.° de octubre de 1410, por el arz. de Santiago D. Lope de Mendoza, quien celebró en ella la primera misa dándole el nombre de San Salvador, y siendo la primera parr. de Antequera, de cuyo templo solo ha quedado la memoria: la igl. de San Isidoro que era una casa de armas de los infieles, de muy poca altura y reducida capacidad, sit. hácia la puerta de Málaga ó Virgen de Espera; pero trasladado el sagrario de esta parr. á la ermita de Santiago, se arruinó aquel edificio, desapareciendo tambien en nuestros dias hasta las paredes que lo constituyeron despues en cementerio, siendo en la actualidad terreno de labor: la ermita de Sta. Lucia que estuvo en el camino de Málaga junto á la fuente Santa: la de San Cristóbal el Alto, fundada sobre la cumbre del cerro de este nombre: la de San Cristóbal el Bajo en la falda de dicho cerro; y la del Espiritu Santo en la plazuela de la misma denominacion.

Tambien han desaparecido en el año de 1819 las magnificas casas de cabildo, sitas en la plaza Alta, dejando aislado el famoso arco de Hércules ó de los Gigantes, conservador de varias lápidas que recuerdan las glorias de los pasados siglos, en una de las cuales se lee la siguiente inscripcion:

GIENIO MUNICIPI ANTIK
JULIA M. T. CORNELIA MA-
TERNA
MATER TESTAMENTO PONI
JUSSIT.

«Julia Cornelia, hija de Marco, al Genio del Municipio de Antikária-Materna, su madre, lo mandó poner por su testamento.»

Finalmente despues del año de 1826 fué demolida la cárcel antigua edificada en la misma plaza Alta, y cuyo edificio era de buena construccion y de bastante seguridad, sin que hubiera al parecer otra causa para su derribo que el haber quedado en despoblado.

El cementerio está sit. estramuros de la c. á espaldas del cerro del Infante ó de la Vera-Cruz é inmediato al camino de Granada, cuya obra se principió en el año de 1834 sin haberse concluido aun mas que su cerca y portada: cuenta únicamente 238 nichos, 40 de los cuales corresponden al cuerpo municipal, 38 al número y colegio de escribanós, y los restantes á diversas cofradias y hermandades: tiene 400 varas cuadradas de estension y es propiedad del ayuntamiento.

TÉRMINO. Confina por N. con los de Sierra de Yeguas, la Roda, la Alameda, Paleriana, Benameji, Cuevas Bajas y Villanueva de Algaidas, los 6 primeros á la dist. de 3 1/2 leg., y el último á la de 3; por E. con el de Archidona á 1 1/4, el de Saucedo á 2, y con parte del de Colmenar á la de 3 1/2; por S. con la otra parte del térm. de Colmenar, el de Casabermeja, el de Almogia y el de Alora, distantes todos 3 1/2 leg.; y por O. con el de Hardales á 4, el de Teva á igual dist.; y el de Campillos á 3 1/2. Dentro de esta circunferencia se encuentran con sus reducidos térm. los pueblos de Mollina, Humilladero, Fuente de Piedra, Valle de Abdalajis, Bobadilla y Villanueva de Cauche, que son los que componen el part. jud. de Antequera.

En las inmediaciones del pueblo de Fuente de Piedra existe la estensa laguna formada con las aguas que bajan del mismo, las que mezcladas con las de las tierras de Santillan, se coagulan por medio de la accion del sol, produciendo la mas saludable sal. Tanto en tiempo de los moros como en el de los cristianos fué un manantial de riqueza para los vec. de esta c., hasta que el rey D. Juan II hizo donacion á los propios de la misma de todos los montes, deh., r. y lagos que no perteneciesen á propiedad particular, en cuya consecuencia el ayunt. disponia de toda la sal que aquella producia, invirtiéndola en el consumo del vecindario y enagenando la parte que no necesitaba. Por la Real cédula que Felipe V espidió, mandando incorporar á la corona las rent., derechos y oficios segregados de ella, fué despojada la pobl. de la propiedad de dicha laguna, que le rendia mas de 30,000 rs. anuales, sin otra costa para estraerla y almacenarla que 10 mrs. en fan.; pero quedó disfrutando de 2 rs. tambien en fan. de la que se espendia para la adm. de salinas del reino de Granada, hasta el año de 1766 en que á pretesto de su insalubridad, fué prohibido su uso y aprovechamiento, costeando el Estado un numeroso resguardo para evitar su clandestina estraccion. En el de 1828 se mandó desaguarla, con cuyo motivo el ayunt. hizo presente los perjuicios de tan desatinado proyecto, y lo dificil de realizarlo, porque tomando las aguas otra direccion, formarian en su tránsito pequeñas salinas que seria muy gravoso custodiar, patentizando al mismo tiempo que, lejos de ser aquella sal nociva á la salud, era preferible á la de Loja, pueblo tenazmente interesado en desacreditar y estinguir esta inagotable riqueza. El Rey, en vista de las razones espuestas por el ayunt., ordenó se hiciese de ella un escrupuloso analisis, del que resultó, que no solo contenia las bases ó radicales que debian constituirla, sino que tambien en las proporciones convenientes, y que los demas principios que se hallaban en su combinacion, no podian desvirtuarla ni perjudicar á la salud por su naturaleza y por sus pequeñas cantidades, siendo de suma utilidad para toda clase de condimentos y aun preferible á la de Loja por su mayor salubridad, en razon á contener esta en libra dos dracmas y sesenta granos de sulfato de cal, y la de la laguna que se describe solo 19 granos: sin embargo de todo esto, se sacó su desagüe á pública subasta el año de 1835, mas habiendo recurrido el ayunt. á S. M. logró paralizarla.

La ant. Singilia, hoy desp., estuvo fundada sobre un monte en el sitio que en el dia se conoce por el Cortijo del Castillon en la vega, y á 1 leg. de dist. de Antequera hácia la parte del O., en cuyo punto se distinguen todavia vestigios de su pobl., que se cree fue destruida por los vándalos del N.: tenia un fuerte muro de circunvalacion, y en su interior se elevaba una ciudadela que podia servir de asilo á 5,000 personas. La adornaba un precioso anfiteatro de bellísima construccion, destinado á las fiestas y juegos públicos, ó sea al combate con las fieras, y una copiosa laguna naumáquia de 400 pasos de long. y 120 de lat., sembrada de finísimas piedras de alabastro de diferentes colores, y del tamaño de una haba, colocadas con graciosa simetria. Estos datos y los que facilitan las inscripciones de tan esclarecido municipio romano, que fueron trasladadas y existen en el arco de Hércules ó de los Gigantes de Antequera, prueban la grandeza y opulencia de Singilia.

En el cerro ó monte Leon, donde se halla la huerta de Solana, dist. unas 2 leg. al S. de la pobl., existió otro municipio romano llamado Oso ú Osone, descubriéndose en efecto en aquel parage ruinas y vestigios de antigüedad, en las que se han encontrado recientemente algunas inscripciones: los historiadores han querido colocar aqui la fabulosa Antia, derivando de ella el nombre de Antequera; pero las nuevas lápidas encontradas destruyen esta idea.

CALIDAD Y CIRCUNSTANCIAS DEL TERRENO. Es en su mayor parte de superior calidad, si bien las tierras que contienen los cerros de San Cristobal, Virgen de la Cabeza, Torre del Hacho, y el de la Cruz, son de inferior clase y bastante estériles, como sucede por lo regular en todos los parages elevados: las tierras de labor de todo su térm. ascenderán sobre poco mas ó menos á unas 100,000 fan.; 3,000 de ellas de regadio, con inclusion de los huertos, siendo llano una tercera parte del mismo, y las dos restantes compuestas de cerros y sierras: hay dos deh. nombradas de Yeguas la una y de Potros la otra, que estaban destinadas para pastos y cria de estos ganados, mas desde que fué abolido el ant. sistema ó ramo de caballerias, se hallan en labor, sirviendo para pastos la parte que tiene algun monte bajo: ambas estan dadas en arrendamiento á distintos colonos por el caudal de propios que es á quien pertenecen en propiedad. A la parte del S. se encuentra la espaciosa sierra de los Torcales en direccion de O. á E., la cual se denomina en distintos puntos sierra de Chimeneas, del Torcal, de las Cabras y del Nebral: está compuesta en sú totalidad de grandes peñascos, descubriéndose el mar desde la cumbre de algunos de ellos á 6 leg. de dist., y divisándose ademas hácia el N. y O. un inmenso terr.: es digno de verse el maravilloso espectáculo que presenta, pues á cierta dist. se cree distinguir formas humanas, arcos primorosos, c. pintorescas, torres y pirámides soberbias; siendo productiva mucha parte de ella de buen pasto para los ganados. En medio de la vega, camino de Archidona, se halla la célebre peña nombrada de los Enamorados: consta de 500 pasos de long. y unos 100 de lat., cuya elevada cumbre, que parece acaba en figura piramidal, es sin embargo plaña, y sirve tambien para pastos, corriendo á su falda el r. Guadalhorce.

RIOS Y ARROYOS DEL TÉRMINO. Entre Loja y Archidona, al pie de las sierras de aquella c. nace el fecundo r. titulado Guadalhorce, que atraviesa la vega de Antequera: sus aguas derramadas por las casas de campo, fertilizan el térreno que encuentra en su tránsito: se dirige á la parte del O., pero despues vuelve hácia el S., y llevando sus corrientes á las sierras del Valle de Abdalajis que parece salen á detener su curso, se despeña por un caladero y desemboca en el Meditérráneo 1 leg. al O. de Málaga. Plinio lo llamó r. de los *Confederados*, y Ptolomeo de *Saducar;* mas los árabes deseosos de que desaparecieran aquellas nomenclaturas romanas, lo cambiaron en el de Guadalhorce, que significa r. de Trigo. Tiene un puente de piedra de cantèria con tres ojos, en el camino y á 1/2 leg. de la c. de Lucena. Tambien cruzan su térm. el r. de la Villa, que como hemos dicho anteriormente, abastece de agua potable una gran parte de la pobl.: nace al pie de la sierra como á 1/2 leg. de Antequerá, por bajo del nuevo camino de Málaga; y ademas de dar movimiento á todos los molinos de pan, batanes y fáb. de hilados que encuentra á su paso, esparce sus corrientes por entre las huertas y cas., fertiliza parte de la vega, y se confunde al fin con el Guadalhorce: cuenta dos puentes en los caminos de Mancha y Archidona, y otro de mejor construccion en el de Villanueva del Rosario. El r. de Guadalmedina que nace en la sierra del Nebral, dirigiéndose á Málaga sin fertilizar terreno alguno. El de Campanillas que trae su origen por la parte del S. de la sierra del Torcal, sin que sus aguas rieguen algunas tierras hasta que se incorpora con el Guadalhorce: tiene un puente denominado del Horcajo en el camino y á 3 leg. de Málaga, construido de silleria de piedra ripia, con un arco rebajado, viéndose en uno de los machos que hay para buscar la altura del puente, una nave que sirve de acuartelamiento de presidarios. El arroyo del Alcázar que desciende por la parte del O., y corre de S. á N. regando un dilatado partido de huertas y olivares. El de las Adelfas que nace al E. en el sitio de la sierra de las Cabras, y aunque de menos caudal que el anterior, riega tambien varios part. de cas. y huertas. El de las Piedras que tiene su origen en el punto de Prados de Estava, el cual fertiliza la pequeña parte de esta jurisd. que rodea la v. del Valle y otras tierras del mismo pueblo, confundiéndose despues con el Guadalhorce en térm de Alora. El de la

Yedra que nace al pie de la sierra de las Cabras sin regar terreno alguno hasta que se une con el espresado r. El del Parroso que proviene de la sierra del Nebral, beneficia con sus aguas varias huertas, da movimiento á un molino, y se incorpora tambien con el de Guadalhorce. Y finalmente el llamado de Caucho, que trae su origen de la sierra de las Cabras hácia la parte del S., el cual se dirige á la v. del mismo nombre, donde fertiliza algunas huertas y mueve un molino harinero.

Caminos. Pasan por la c. las carreteras reales de Sevilla y Córdoba para Málaga: estas no se hallan en el mejor estado, por cuya razon se estan recomponiendo en el dia, con especialidad desde Antequera á la cap. de prov. por disposicion de la junta de comercio de la misma. Los demas caminos son de pueblo á pueblo, unos de carruages y otros de herradura.

Correos. Tiene una estafeta compuesta de un adm. y un interventor, en la que entra el correo general los lúnes, juéves y sábados á las 12 de la noche; y sale los miércoles, viérnes y domingos á igual hora del dia: el de los puertos y Granada se recibe los lúnes, miércoles y sábados á las 8 de la mañana; saliendo los domingos, mártes y viérnes á las 10 de la noche. El de Málaga entra los mártes, juéves y sábados á las 9 de la mañana; y sale los lúnes, juéves y sábados á las 12 de la noche. Este es el plan mandado observar desde el dia 1.° de julio de 1841, en cuya fecha dejó de ser Antequera punto de parada de postas, sustituyéndole la adm. de Loja.

Fiestas. Las principales que se celebran en esta pobl. son la de la patrona Sta. Eufemia el 16 de setiembre, que fué el de la conquista de la c., y la de San Felipe y Santiago el 1.° de mayo en memoria de la célebre batalla contra los moros, ganada por los antequeranos en el sitio del Chaparral, á cuyas igl. se conduce con magestuosa pompa la bandera ó estandarte bajo el que pelearon aquellos guerreros, entregándola al alcaide de la v. el infante conquistador. A estas funciones asiste el ayunt., el cabildo ecl. y las parr.; y en la de Santa Eufemia, única vez en el año, sirve al celebrante la casulla hecha del sirgo de la bandera que perdieron los moros en el asalto del dia de la conquista. Tambien concurren por voto particular las mismas corporaciones á las honras que se celebran el dia 14 de enero en memoria del rey D. Enrique IV á quien debe Antequera grandes beneficios; y el 2 de mayo á las que tienen lugar en honor de los primeros mártires de la libertad española en Madrid. Hay ademas otras funciones religiosas dedicadas á las compatronas Ntra. Sra. del Rosario y Ntra. Sra. de los Remedios el dia de su natividad; á San José, San Francisco de Paula y San Miguel, concurriendo á ellas el ayunt., en virtud de votos antiguos.

Producciones. Como pueblo principalmente agrícola, consisten estas en trigo, cebada, aceite, vino, vinagre, bellota, frutas y hortalizas; cuyos efectos abastecen á la pobl. en abundancia, siendo trasportados sus sobrantes á la c. de Málaga y otros puntos para su venta y consumo. Hay tambien cria de ganados, contándose de cada especie las cab. siguientes:

Yeguar y caballar.	8,000
Mular.	1,000
Asnal.	3,000
Vacuno.	6,000
Lanar.	70,000
Cabrio.	10,000
De cerda.	12,000
Total de las citadas especies.	110,000

Prod. ademas bastantes aves, liebres y conejos, siendo los únicos animales dañinos que se conocen los lobos y zorros; pero como se premia del caudal de propios á los que los presentan muertos, no se les deja procrear abundantemente, que es la causa de que no se esperimenten grandes daños en sus campos.

Indústria y comercio. Hay 8 fáb. de hilados y tejidos de lana con movimiento de agua, y 5 con movimiento de sangre, ademas de un gran número de telares sueltos en otros edificios. La elaboracion principal consiste en bayetas perfectamente acabadas y tintadas de fino y basto: su calidad y circunstancias las constituyen de mucho mérito; de tal modo, que de ellas se surten varias prov. del reino, y aun del estrangero. En la fáb. de los Sres. Moreno-Hermanos se han labrado otras clases de telas y paños de muy buena calidad, pero esta elaboracion la tienen suspendida en el dia. Se cuentan tambien 10 fáb. de curtidos, en las que se elaboran suelas, becerros, cordobanes y badanas: otras 10 de alfareria; 12 de seda; 5 de sombreros de lana; 2 de fideos; 2 de cera; 1 de papel blanco ordinario; otra de tela de cañamazo, y 5 de chocolate. Existen igualmente 6 batanes; 21 molinos de pan; 5 de almidon; 7 tintes; 8 prensas de fajas; 6 de grabar ropas; 35 tiendas de comercio, surtidas en su mayor parte de todos los géneros de telas, sederia y quincalla, y 74 de abaceria. Hay un escultor; 3 agrimensores; un tonelero; una drogueria; 7 establecimientos de plateria; 3 de guarnicioneria; 3 de albarderia; 3 de hoja de lata; 5 de cola; 3 de odreria; 5 destinados para lavadero de ropas, y 2 cafés, el uno con dos mesas de villar. Los panaderos, posaderos, cordoneros, zapateros, carpinteros, cerrajeros, armeros, confiteros, coleteros, herreros, horneros y caldereros, se hallan unidos como si fuesen gremios, segun se conocian anteriormente. Por último, el principal comercio de Antequera consiste en la venta de sus trigos, cebadas y aceites, y en el tráfico de sus bayetas y curtidos.

Poblacion: 4,337 vec., 17,031 alm.: cap. prod., 76.250,000 rs.: imp., 3.550,000: prod. que se consideran como cap. imp. á la ind. y comercio, 1.765,992 rs.: contr. 756,096 rs. 17 mrs. Las cargas y gastos municipales ascienden á 259,155 rs. segun el presupuesto formado para el año de 1845; y se cubren con 183,646 rs. 23 mrs. de los prod. ordinarios del caudal de propios, 51,803 rs. 25 mrs. de arbitrios y derechos establecidos, y 35,600 rs. de prod. estraordinarios, cuyas tres cantidades forman un total de ingresos de 271,050 rs. 14 mrs. En 1.° de octubre de 1642 fue concedido por S. M. á su ayunt. el uso de dosel y tratamiento de Señoria, contribuyendo por ello al estado con 60 rs. anuales, pagados al fin de cada quindenio.

Historia. Buscando la antigüedad histórica, que de esta pobl. certifican los monumentos que posee, se presenta *Antequera* indicada entre las c. mas ant. de España, y rica y floreciente bajo los romanos, erigiendo templos, estátuas é inscripciones, ya entonces con el nombre latino *Antikaria*, para significar su remoto origen. Es muy débil el apoyo que asiste á los que pretenden formar el nombre *Antikaria* de las voces *Antia* y *Aquaria*: aquella atribuida á un pueblo, que suponen haber existido, de cuyos restos quieren se edificase *Antikaria*; y esta á la topografía de la actual c., para espresar la abundaucia de sus aguas. Tampoco es de suponer que en tiempo de los romanos se la llamase *Antikaria* por conservadora de antigüedades, pues no lo eran entonces las que hoy posee, causa sin duda de esta interpretacion. Aunque ella haya venido á convenirla tambien despues de haberse acumulado en esta c. con sus propios monumentos, los pertenecientes á los pueblos comarcanos que en otro tiempo existieran; como son *Singilia*, *Nescania* y *Aratispi* (V.), conocido es emanar del adjetivo *antiquus*, el nombre *Antikaria*. Consiguió esta c. de los romanos la dignidad de municipio, como resulta de la inscripcion que se ha conservado:

GENIO. MUNICIPI
ANTIK. IULIA. M. F.
CORNÆLIANE. MATERNA
MATER. M. CORNE-
LIANÆ. TESTAMEN
TO. PONI. IUSSIT.

Merecen tambien copiarse por su curiosidad otras dos inscripciones de esta ant. poblacion:

P. MAGONIO. Q. F.
QUIR. RUFO. MAGONIANO
TRIB. MIL. III.
PROC. AUG. XX. HER.
PER. HISP. BÆT. ET. LUSIT.
ITEM. PROC. AUGPER. BÆTIC.
AD. KAL. VIGES
ITEM. PROC. AUG. PROV. BÆT.
AD. DUCEM. ACCIPIEN.
AMICO OPTIMO
ET BENE. DE PROVINCIA
SEMPER. MERITO
D. D.

«A Publio Magonio Rufo Magoniano, hijo de Quinto, de la Tribu Quirina, Tribuno militar de la 3.ª Legion, Procurador Augustal de la vigésima de las herencias en las Españas Bética y Lusitana, despues Procurador de Augusto en la Bética, y Ayudante de los calendarios vigesimarios (es decir, de los que en las calendas del mes ponian ó tomaban dinero al rédito de uno por veinte); y ultimamente procurador Augustal de la Ducena (que era el tributo del dos por ciento), en la prov. Bética, el mejor amigo, y siempre benemérito de la Provincia; por decreto de los Decuriones (se dedicó).»

JULIÆ. AUG.
DRUSI. FILIÆ
MATRI
TI. CÆSARIS. AUG.
PRINCIPIS. ET. CONSERVATORIS
ET. DRUSI. GERMANICI
GENITRICIS. ORBIS
M. CORNELIUS. PROCULUS
PONTIFEX. CÆSARUM.
K. VI.

«A Julia Augusta, hija de Druso, madre de Tiberio Cesar Augusto, nuestro príncipe y conservador, y de Druso Germánico, madre del Mundo; Marco Cornelio Proculo, pontifice de los Césares.» (la dedicó). Tambien Sevilla incurrió en esta impía adulacion (V.).

Por otra inscripcion se sabe habia en *Antikaria* un templo ó panteon, dedicado á todos los dioses, hecho fabricar por el célebre Marco Agripa, despues de su tercer consulado, y reedificado por Lucio Septimio Severo y Marco Aurelio Antonino. Una medalla, de que hablan el maestro Florez y el abate Masdéu, ofrece el nombre de esta c. *Antikaria*, ademas de la inscripcion que se ha copiado, cuyo nombre ha producido el actual *Antequera*. Era l. de la Bética en la region de los *Turdetanos*, y del conv. jurídico de Ecija, mansion en el camino militar, que desde Cádiz conducia á Córdoba, tocando en Sevilla. Segun resulta del Itinerario, atribuido á Antonino, que es el único geógrafo que hace mencion de ella, debió estar sit. sobre la cumbre del monte donde hoy se conserva su arruinado cast., habiendo descendido á buscar la mayor comodidad que ofrece su actual topografía, perdida la inclinacion dominante de los antiguos á edificar en las alturas. Sus adyacencias se estendian hácia E. y O. ocupando los sitios conocidos ahora con los nombres de *Martin-Anton, Sta. Lucía, Capuchinos Viej.s, y Virgen de la Cabeza*, donde se descubren todavia con frecuencia restos de antigüedad. Calla la historia respecto á esta poblacion desde esta época, ilustrada por sus propios vestigios, hasta que la ofrece, siendo una fortaleza de importancia, bajo el poder agareno. Fue sitiada en 1361 por el rey D. Pedro de Castilla, acompañado de D. Sancho de Rojas, ob. de Palencia, Alváro de Guzman, Juan de Mendoza, Juan de Velasco, D. Ruiz Lopez Dávalos, y otros señores, y ricos hombres; pero hubo de retirarse sin conseguir nada. En 26 de abril de 1410 la puso cerco D. Fernando, hermano de D. Enrique III, con 10,000 infantes y 3,500 caballos, resuelto á no levantar mano hasta apoderarse de ella. Trató de obligarle el rey de Granada, y envió al efecto crecido número de tropas, que el mismo infante batió completamente el 6 de mayo de dicho año. Conseguido este triunfo, se previno el sitiador contra nuevos esfuerzos de aquel rey, circunvalando su campo con una trinchera de tapias y torreones formales. Habiendo descubierto una intriga entre los de la c y algunos traidores de su campo, castigados los culpables, para evitar toda comunicacion en lo sucesivo, hizo tirar un foso en derredor de los adarves. Supo á esta sazon la muerte de D. Martin, rey de los aragoneses, que falleció de modorra, y como, suplicado por las córtes de Barcelona, habia designado por sucesor á aquel á quien asistiese mejor derecho; y creyéndose significado, celebró un acto público, en el que aceptó el supuesto nombramiento, y despachó embajadores á las prov., para que le reconociesen por rey, no queriendo abandonar su empresa de conquista. Volvió á presentarse en las inmediaciones una turba de enemigos, molestando continuamente á los cristianos; sin atreverse á atacarles, hasta que un dia, que venian á caer sobre sus caballos y brigada, que estaban paciendo, con poca guardia, á orillas del rio *Corzo*, D. Fernando les salió al encuentro y les batió de nuevo. Despues de un trabajoso y difícil sitio, durante el cual la c. hizo una heróica defensa, la tomó por asalto en 16 de setiembre del mismo año; y á los ocho dias, sin necesidad de mas hostilidades, capituló el castillo, y entró en él D. Fadrique, conde de Trastamara, tio del infante, con el ob. de Palencia, y evacuado por los mulsumanes, que sacaron libres sus personas y haciendas, fué entregado á D. Rodrigo de Narvaez, quien quedó de su alcaide, y gobernador de la c. El infante mandó rehacer sus fortificaciones y poblarla de cristianos, heredando á muchos caballeros nobles, que ocuparon su parte elevada, inmediata al castillo, y la concedió muchos privilegios y franquezas, y por armas, en escudo azul, una jarra de azucenas entre un castillo y un leon, y abajo, en campo verde, una *A* y una *T*, significando el nombre de la pobl. entonces v. Don Fernando fue apellidado en lo sucesivo *el de Antequera*. De grande importancia fue desde luego esta conquista para los cristianos en la continuacion de aquellas guerras, ya sirviendo de apoyo, ya por sus particulares servicios, como fue el de la célebre jornada de 1.° de mayo de 1424, que derrotaron los antequeranos una numerosa hueste sarracena en el sitio de su térm., conocido por *el Chaparral*, cuya batalla se llamó vulgarmente *de los Cuernos*, de modo que en su premio y por otros hechos de armas se la concedió el titulo de c. por Real cédula, espedida por D. Juan II á 9 de noviembre de 1441. El rey D. Fernando reunió en Antequera un crecido ejército el año 1482 y voló al socorro de los conquistadores de Alhama, que al acabar de tomarla, habian sido estrechados en ella por los moros. En Antequera, se refugiaron el Maestre de Santiago, y algunos pocos que se salvaron por desiertos y matorrales en la derrota sufrida á 21 de marzo de 1483, al retirarse de la incursion hecha por los montes llamodos *Axarquia*. De ella se condujeron los tiros gruesos para la toma de Málaga, y sus servicios particulares fueron siempre del mayor interés, los que, y las heróicas pruebas de constante fidelidad á su religion y rey, la adquirieron los títulos de muy noble y muy leal, y trajeron á su escudo de armas el precioso lema, que contiene:

«ANTEQUERA POR SU AMOR.»

Esta c. ha sido fecunda en genios para las armas, las ciencias y las artes. Es patria de Antonio Mohedano, buen pintor de la escuela de Céspedes; y de los poetas Agustin de Tejada el licenciado Pedro de Espinosa y Luis Martin de la Plaza; de D. Francisco de Amaya, célebre jurisconsulto, y autor de un libro titulado «*Desengaños de los bienes humanos*;» de D. Juan Ocon y Trillo, y de Doña Catalina Trillo, ilustre Safo de su tiempo, muy versada en los idiomas latino y griego, los cuales enseñó á su hijo, que fue oidor en Valladolid, y dejó escritos unos comentarios al capítulo único de las Decretales: «*De clericis non residentibus*.»

ANTEQUIA: es sin duda la c. nombrada *Antecuia* en las tablas de Ptolomeo, la que viene significada con el nombre de *Antequia*, en el anónimo de Rávena (V. ANTECUIA).

ANTES: l. en la prov. de la Coruña, ayunt. de Sta. Comba y felig. de San Vicente de *Aranton* (V.).

ANTES (SAN COSME): felig. en la prov. de la Coruña (11 1/2 leg.), dióc. de Santiago (7), part. jud. de Muros (5 1/2), y del ayunt. de Mazaricos (1): SIT. en un llano, combatida por los vientos N., S. y O.; CLIMA frio, pero sano; reune sobre 36 cas. de mala construccion que forman las ald. de Cumbraus, Grille, San Cosme; y 2 CASAS que tiene en el l. de Ribadeza pertenecientes á San Mamed de Alborés con toda su labranza: la igl. parr. (San Cosme) es servida por un cura de provision ecl.: el TÉRM. confina por N. con San Andrés de Pereira, por E. con Sta. Marina de Maroñas, por S. con el indicado Alborés, y por O. con Brandomil; tiene montes desp. á la parte del N. inmediatos á la pobl.; le cruza un riach. que, naciendo al E. de la felig. de Moroñas, desagua en el r. llamado *Ezaro*, despues de bañar por la izq. la ald. de Grille. El TERRENO montañoso y de inferior calidad; la cantidad roturada se gradua de 60 ferrados; hay CAMINOS para Santiago y v. de Noya, ambos bastante deteriorados; el primero está cortado por el indicado r., pero facilita el paso un mediano puente: el CORREO se recibe de Vimianzo por medio de un peaton: PROD.: maiz, centeno, patatas y pastos; cria ganado lanar, vacuno y de cerda; hay alguna caza y poca pesca; IND.: varios molinos harineros y el tráfico de trigo: POBL.: 36 vec., 200 alm.: CONTR. con su ayunt. (V.).

ANTEZANA DE ALAVA: l. en la prov. de este nombre (1 leg. á Vitoria), dióc. de Calahorra (18), vicaría y part. jud. de Vitoria, herm. de Badajoz y ayunt. de Foronda (1/4): SIT. en un llano bien ventilado y sano á la orilla del r. Zalla ó Lendia, comprende unas 20 CASAS de mediana fáb.: la igl. parr. (San Miguel Arcángel) está servida por dos beneficiados. En este l. se encuentra el archivo de la ant. jurisd. del duque del Infantado, y á él concurrian á prestar juramento los jueces que el señor nombraba para toda la herm. El TÉRM. confina por N. con Foronda, por E. con Legarda (1/4), por S. con Aztequicta y Otaza (igual dist.), y por O. con Aranquiz y Turre: á la parte N. hay una fuente de buen agua, y el mencionado r. que tiene origen en Apódaca y se dirige al E. hasta unirse al Zadorra, es cruzado por varios puentes, entre los que puede contarse el de piedra, sit. al O. del pueblo: el TERRENO es bastante fértil; con prados de pasto y robledar al S. Los CAMIÑOS son locales y malos: el CORREO se recibe por los particulares en Vitoria, á cuyos mercados concurren estos vec. con el sobrante de sus cosechas. PROD.: trigo, cebada, avena, centeno, varias legumbres y algo de hortaliza; cria ganado vacuno y yeguar; hay caza de liebres, perdices y aves de paso, y alguna pesca de barbos, anguilas y otras peces: IND.: la agrícola y un molino harinero: POBL.: 16 vec.; 98 alm.: RIQUEZA Y CONTR. (V. ALAVA INTENDENCIA).

ANTEZANA DE LA RIBERA: l. en la prov. de Alava (3 leg. de Vitoria), dióc. de Calahorra, part. jud. de Salinas de Añana (2); vicaría de Miranda, herm. y ayunt. de la Ribera Alta (1/2): SIT. á la falda de un monte en el declive oriental: CLIMA bastante sano; unas 22 casas forman esta pobl.: tiene escuela dotada con 14 fan. de trigo y asistèn 12 niños. La igl. parr. (Ntra. Sra. del Campo) está servida por dos beneficiados, uno de los cuales ejerce la cura de almas; hay en ella una capilla dotada que fundó D. Juan de *Abecia*, comisario de ejército en Flandes, quien donó á esta parr. las muchas y notables reliquias que en ella se veneran. A fines del siglo anterior aun se conocian los restos de la antigua igl. parr. de San Martin; contigua al l. se encuentra la ermita de Ntra. Sra. de la Alegría. El TÉRM. se estiende á 1/4 de leg. de E. á O. y medio cuarto de N. á S.; confinan al N. Hereña y Anucita 1/2 leg., por E. los l. de La Sierra, Villanueva y Villa de Tuyo 1/2; al S. Leciñana de la Oca 1/4 y á O. Manzanos y Melledes: varias fuentes de buenas y cristalinas aguas abastecen á la pobl. y forman con sus derrames insignificantes regatos: el TERRENO aunque pantanoso, tiene arcilla y fertilidad, y al O. un monte de arboladó. Los CAMINOS son vecinales y medianos: el CORREO se recibe en la Puebla de Arganzon. PROD.: toda clase de cereales y algunas legumbres, frutas y hortaliza: cria ganado lanar, vacuno y alguna caza, y hay un molino harinero. POBL.: 17 vec.: 110 alm.; su RIQUEZA Y CONTR. (V. ALAVA PROV.): celebra este pueblo junta de hijos-dalgo todos los años el 25 de julio.

ANTIA: suponen algunos haber existido una pobl. asi llamada, de cuyos restos quieren se empezase á formar la actual *Antequera*, imponiéndose el mismo nombre *Antia*: unida á él la voz *aquaria*, para dar una idea de lo abundante en aguas, que es su situacion. Se ha podido fundar la opinion, relativa á la supuesta *Antia*, en una lápida hallada en el desp. de *Cerro Leon*, con dedicacion al genio de municipio de *Antia*: *Genium Municipi Antiæ*. Pero habiendo existido en muy estrecho radio cuatro c. conocidas: *Antikaria*, *Singilia*, *Nescania*, y *Aratispi*, es improbable la existencia de otra nueva en él, cualquiera que fuese el motivo que produjo la idea que se tuvo de la ant. pobl. de la Bética; y como eran tan frecuentes las abreviaturas en la escritura de los antiguos, hubo de serlo *Antiæ* de *Anticariæ*, perteneciendo la inscripcion á esta c., sin que existiese la supuesta *Antia*: El geógrafo Ravenate ofrece tambien una *Antia* entre las c. vasconas, astúricas, y cantábricas, y aqui es sin duda la *A* nexo de *L* y *A*; tomado de la escritura griega, por permitirio su forma, viniendo significada bajo el nombre *Antia* la c. *Lancia* de los astures, célebre en la historia.

ANTIASTÆ: adulteracion del nombre de la célebre *Lancia* de los astures, en la edicion argentina de Ptolomeo. En la edicion de Grasmo se halla escrito *Lancia-tol*, sin duda pòr *Lancia-Polis*, aqui la *A* como en el anónimo de Rávena que escribe *Antia* es nexo de *A* y *L*, y el *toi* se ha convertido en *stæ*. (V. LANCIA ASTURUM).

ANTICARIA: el Itinerario de Antonino, en el camino militar que describe desde Cádiz á Córdoba, tocando en Sevilla, presenta la duodécima mansion, con este nombre. No ha quedado otra memoria de ella en los geográfos; pero conviniendo este indicio topográfico con la situacion de *Antequera*, cuyo nombre es el mismo *Anticaria*, con ligeras variantes, y habiendo aparecido muchos monumentos en esta c., pertenecientes á *Anticaria*, no cabe duda acerca de su identidad. Muchos han confundido á *Anticaria* con su vecina *Singilis*, creyendo unos, que este fuese el primitivo nombre, recibiendo el de *Anticaria* de los romanos; y suponiendo otros, que, arruinada *Singilis*, fué *Anticaria* edificada por los moros sobre sus escombros; pero ambas opiniones son destituidas de fundamento: conocido es, que los sarracenos no la hubiesen reedificado con el nombre *Anticaria*, que no es de su idioma, de no hacerlo con el que antes tuviera, y que los monumentos de *Anticaria* son muy anteriores á su época. Si á la misma *Singilis* se hubiese llamado *Anticaria*, no aparecerian monumentos con aquel nombre, desde que se la impusiera este, y son muchos los que se han descubierto. No hubiera sido de esta opinion Gerónimo Zurita, teniendo á la vista tantas memorias como hoy se poseen (V. ANTEQUERA Y SINGILIS).

ANTIGUA (LA): l. en la prov. y adm. de rent. de Leon (8 leg.), part. jud. de la Bañeza (3), aud. terr. y c. g. de Valladolid, dióc. de Astorga y ayunt. de Audanzas; SIT. al estremo de un pequeño valle en la línea que forman los pueblos de Audanzas y San Adrian, y en el camino que conduce desde la cap. del part. á Valderas. Tiene una igl. parr. bajo la advocacion de Santa María, servida por un párroco, cuyo curato es de libre provision. Confina su TÉRM. con los de Grajála de Ribera, Villamor de Laguna, Cazanuecos y Audanzas. El TERRENO es árido y seco, pues únicamente se riega con las aguas llovedizas. PROD.: trigo, cebada, centeno, vino y buenos pastos para el ganado. POBL.: 40 vec., 180 alm. CONTR. con el ayuntamiento.

ANTIGUA (LA): v. con ayunt. de la isla de Fuerteventura, prov., aud. terr., c. g. y dióc. de Canaría, part. jud. de Tequise: SIT. en el centro de la isla en un espacioso llano donde le combaten libremente todos los vientos. Tiene 468 CASAS, una igl. parr. bajo la advocacion de Ntra. Sra. de la Antigua erigida en tal el año 1790: consta de una sola nave bastante capaz con una torre regular; la sirve un cura beneficiado, cuya plaza se provee por la corona, á propuesta del ordinario, prévio ejercicio de oposicion, y una escuela de primeras letras dotada por los fondos del comun. Fuera de la POBL, en parage ventilado, se halla el cementerio que se construyó en el año 1835. Confina el TÉRM. por el N. con el de las Casillas del Angel, por el E. con el mar, por el S. con el de Tinuige, y por el O. con el de Pajara: dentro de su jurisd. y en el mismo llano que ocupa el pueblo se encuentran los pagos de Agua de Bueyes, casillas de Morales, Triquivijate y Pozetas, en cada uno de los cuales hay una ermita: tambien se estiende la jurisd. de Antigua á las radas de Pozo-negro y Caleta de Fustes, entre las cuales hay un fuerte de poca consideracion. El TERRENO, parte montuoso y parte llano, es feracísimo, especialmente en los años lluviosos: en las alturas se dan muy bien los arbolados, pero no sucede lo mismo en los llanos, pues asentada su capa de tierra vegetal, sobre un pavimento de piedra volcánica, crecen los árboles que profundizan su raiz con lozania hasta cierto punto, pero principian luego á decaer, y perecen á los pocos años: los valles que descienden de la montaña y las márg. del barranco que divide el pueblo, son abundantes de águas que se aprovechan en regar algunos trocitos de terreno. Para el servicio de la CORRESPONDENCIA hay una estafeta. PROD.: trigo, cebada, barrilla, millo, cochinilla, patatas, algodon, frutas, ganado cabrío, lanar y camellos. IND.: telares de lino y lana ordinarios. COMERCIO; frutos sobrantes. POBL.: 468 VEC.; 1,780 alm. CAP. PROD. 1,219,233. CAP. IMP 42,184. CONTR. 28,932.

ANTIGUA (LA): carretera romana en la prov. de Orense, ayunt. de Rubiana y térm. de Oiego: es un trozo de camino que hicieron los romanos para comunicarse con el que despues se llamó reino de Leon, y las c. de Orense y Lugo; se estiende á mas de 600 varas al través de enormes peñascos calizos de suma dureza: su anchura es de unas 13 varas, y su estado tan bien conservado, que solo con limpiarlo de las malezas pudiera ponerse en uso, y utilizarla para el tránsito por una de las cord. mas ásperas de España, como es la conocida con el nombre de *La Encina*.

ANTIGUA (LA): cas. en la prov. de Oviedo, ayunt. de Castropol y felig. de San Juan de *Moldes* (V.): POBL. 5 vec., 20 almas.

ANTIGUA (LA): ald. en la prov. de Oviedo, ayunt. y felig. de San Tirso ó Santiago de *Abres* (V.); POBL. 50 vec., 240 almas.

ANTIGUA DE GUERNICA (NTRA. SRA. DE LA): ermita juradera en la prov. de Vizcaya, part. jud. de Bermeo y anteigl. de Luno, donde celebra las juntas cada bienio el noble señ. de Vizcaya. Demolida la ant. ermita se edificó nuevamente; finalizados los trabajos el año de 1829, y si bien no se han hécho todos las proyectados, sin embargo, el edificio tal como hoy se halla, es costoso y de gusto, y ofrece tódas las comodidades que pudieran apetecerse.

ANTIGUALLAS: ald. en la prov. de Lugo, ayunt. de Baleira y felig. de Santiago de *Còrneas* (V.): POBL. 5 vec., 24 almas.

ANTIGUEDAD: v. con ayunt. en la prov., dióc. y adm. de rent. de Palencia (6 leg.), part. jud. de Baltanás (1 1/2), aud. terr. y c. g. de Valladolid (11): SIT. parte en llano y parte en cuesta, formando la figura de una herradura, batida por todos los vientos, á escepcion del N., por cuyo punto le resguarda una colina que llaman las Conejeras; las enfermedades que mas comunmente aquejan á sus hab. son dolores de estómago y hérpes, causadas, sin duda, por los malos alimentos que tienen, y el mucho trabajo á que constantemente estan dedicados. Componen la pobl. 200 CASAS de 20 pies de altura y mala distribucion interior en su mayor parte, las cuales forman varias calles irregulares y muy mal empedradas, aunque algunas limpias. Tiene una mala plaza de figura triangular en declive de 100 pies de long. y 40 de lat., con un soportal de 16 en cuadro, donde se encuentra la casa municipal, con cárcel en su piso bajo, el que tambien sirve á las veces de carniceria; un pósito ó banco de labradores, con el fondo de 260 fan. de trigo morcajo; una posáda particular, poco concurrida, cuyo dueño presta albergue á los pobres transeuntes; una escuela de primeras letras, á la que asisten 70 niños en invierno, y casi ninguno en verano, durante la recoleccion de frutos, siendo la dotacion del maestro de 100 ducados anuales, pagados la mitad por el cabildo cated. de Palencia, y la otra mitad del caudal de propios de la v.; una igl. parr. dedicada á Ntra. Sra. de la Asuncion, y servida por un párroco, un beneficiado, y ademas un esclaustrado, cuyo curato se provee por oposicion con título de la cámara: inmediato á la pobl. hácia el S. se halla el cementerio, en parage poco ventilado y húmedo, advirtiéndose en la estacion calorosa malos olores que perjudican á la salud pública: á una leg. de dist. por la parte E., se encuentra una ermita, dedicada á Ntra. Sra. de Garon, sin renta alguna, sostenida únicamente por la piedad de los fieles, y hácia el occidente á 1/2 existe el cas. y deh. de la propiedad del Sr. duque de Abrantes, con dos casas que habitan los guardas, el cual fue en otro tiempo pobl. que mantuvo cura, segun manifiestan los sinodales del ob.: hoy sus moradores dependen en lo espiritual de la parr. de Antigüedad, sin pagar nada por costumbre inmemorial; hay una fuente pública dentro del pueblo con frescas y abundantes aguas, de las cuales se sirven los hab. para su consumo y demas usos domésticos, á pesar de ser un poco gruesa; sale por dos caños de bronce á un filon de piedra que sirve de abrevadero para las caballerias; y finalmente otra fuera de la v., cuyas aguas son mucho mas finas, y sirven para cocer las legumbres, la cual tiene su origen en un arroyuelo que nace en el sitio llamado de Valdefuentes. El TÉRM. confina por N. con Villan, Tabanera y Cobos (á 2 leg.), por E. y S. con la deh. de San Pedro la Yedra, y por O. con el de Baltanás (á 1/2): el TERRENO participa de monte y llano de mediana calidad, estando todo lo demas poblado de enebro ya muy bajo y claro desde la época de la guerra de la Independencia: le bañan dos arroyos poco caudalosos, de curso perenne el uno, que pasa por el pueblo cerca de la parr., bajando del valle de Garon, y el otro, titulado de los Caños, que trae su curso inmediato á las casas, dirigiéndose ambos de E á O.: á las veces suelen inundarse las posesiones inmediatas á sus márg., por efecto del abandono en que las conservan sus dueños, haciéndolas estériles y despreciando lo que podia hacer su fortuna; pues que siembran en los páramos, cuya feracidad es bien corta: CAMINOS: son carreteros y de herradura en regular estado, y el CORREO lo recibe de la adm. de Baltanás por medio de los interesados. FIESTAS: la de Ntra. Sra. de la Asuncion; las de San Bernabé, San Antonio de Pádua y San Matias, que celebran por voto que hicieron los ant. hab. de esta v.; y la de Ntra. Sra. de Garon el último domingo de mayo: PROD.: cebada, morcajo y centeno, cuya cosecha en un quinquenio asciende á 1,000 cargas de todo grano; ganado lanar, cabrío y mular; caza de liebres, perdices y algunos conejos; lobos y raposos en abundancia, pesca de cangrejos: IND. Y COMERCIO: tres molinos harineros de poco aguante, movidos por las aguas de los arroyos anteriormente citados; dedicándose la mayor parte de estos hab. á las labores del campo, esportacion de los granos sobrantes á Pampliega (prov. de Búrgos), y en el laboreo del carbon que llevan á vender á Palencia: POBL. 190 vec., 988 alm.: CAP. PROD.: 295,559 rs.: IMP. 20,736. El PRESUPUESTO MUNICIPAL asciende á 1,100 rs., y se cubre con los fondos de propios y por reparto vecinal; consisten estos en un molino harinero de una sola rueda que prod. 20 fan. de morcajo anuales, dos cuartos en cántaro de vino, que en un quinquenio asciende al año á 500 rs., y las tierras y montes llamados ejidos, de cabida de 400 obradas.

ANTIGUO (DEL): anteigl. en la prov. de Guipuzcoa (4 leg. á Tolosa), dióc. de Pamplona (14), part. jud. y ayunt. de San Sebastian: SIT. al SO. y tiro de cañon de la plaza, forma uno de los barrios de dicha c.; reune doce ó catorce cas., y entre ellos se cuentan las casas solares y armeras de Añonga, Pagola, Oriamendi y otras no menos ant.; habia una igl. parr. (San Sebastian), á la cual estaba agregado un conv. de religiosas dominicas; una y otro fueron incendiadas en la última guerra civil, y los restos de la igl. han desaparecido á causa de que sobre esta area pasa la linea de la carretera, que por Andoain é Irun sigue á Francia. En una parte del conv., que pudo salvarse de las llamas, se ha establecido una igl. provisional para proporcionar el pasto espiritual al vecindario que llega al número de 60 á 80 alm. (V. SAN SEBASTIAN.)

ANTIJUELA: masia en la prov. de Castellon de la Plana. part. jud. de Vivel, térm. de *Aramul* (V.).

ANTIKARIA: nombre antiguo de *Antequera*, segun resulta de los monumentos, que se han conservado (V. ANTEQUERA.)

ANTILLON: l. con ayunt. de la prov. adm. de rent. y dióc. de Huesca (3 leg.), part. jud. de Sariñena (4), aud. terr. y c. g. de Zaragoza (12): SIT. en una colina, donde le combaten todos los vientos con cielo despejado y CLIMA saludable. Tiene 100 CASAS distribuidas en calles incómodas y sin empedrar, una plaza, dos plazuelas, buena casa consistorial y cárcel pública; una escuela de primeras letras dotada con 200 rs. vn., á la que concurren 12 niños, y una igl. parr. bajo la advocacion de la Natividad de Ntra. Sra., servida por un cura, un beneficiado y un sacristan; se ignora el tiempo de su fundacion, aunque se conceptúa muy ant., atendida la fecha y letra de varios documentos de su archivo: el curato es de cuarta clase, y su presentacion corresponde al Sr. duque de Hijar, ant. señor del pueblo, en virtud del derecho de patronato que ejerce: el edificio está muy deteriorado; á un lado de la puerta existe un sepulcro de piedra, que figura una urna; de 7 palmos de largo y 3 de ancho, ignorándose para que persona se construyó, ni de quién son los despojos que en ella se conservan: tambien hay dos ermitas, dedicada la una á San Cosme, y la otra, rodeada del Calvario, que se titula de San Juan. En las inmediaciones de la pobl., en sitio ventilado, está el cementerio. El aspecto de este pueblo nos indica que fue en lo ant. de bastante consideracion, pues aun se ven los vestigios de un cast., piedras acumuladas, restos de elevados torreones y de murallas que por todas partes le circunda. Confina el TÉRM. por el N. (1/2 leg.) con el de Bespen, por el E. 1/4 con el de Pertusa, por el S. (1 1/2) con el de Salillas, y por el O. con el de Blecua (1/2 cuarto). Corre dentro del mismo un barranco de curso incierto, que viniendo del mencionado Bespen, desagua en el r. Alcanadre: á 1/4 de leg. del pueblo, brota una fuente de aguas saludables para el consumo de los vec., habiendo en diversos puntos tres pozos pertenecientes á particulares, y tres balsas, en que se recogen las aguas pluviales para abrevadero de las caballerias y ganados. El TERRENO es escabroso, de secano, y cortado en diferentes puntos por algunas colinas, en que se crian pinos, encinas, olivos y abundantes viñedos. Los CAMINOS son locales y de herradura; en el que se dirige á Pertusa hay una venta dist. del pueblo 1/2 hora: PROD.: trigo, cebada, centeno, avena y ganado lanar, algun vacuno, poca caza de conejos y perdices, y muchos zorros y lobos: POBL.: 96 vec., 20 de catastro, 450 alm.: CONTR.: 6,377 rs. 2 mrs.

ANTIMIO DE ABAJO: l. en la prov., part. jud. y dióc. de Leon, aud. terr. y c. g. de Valladolid, ayunt. de Onzonilla: SIT. á 2 leg. de la cap.; tiene una igl. bajo la advocacion de San Pedro y San Pablo, con un anejo en Villoria, la cual se halla servida por un cura párroco de libre colacion: confina con los pueblos de Onzonilla, Vilecha y Antimio de Arriba, y sus prod. son granos, legumbres, pastos y algun vino de mediana calidad, cuya cosecha se aproxima á 1,000 cántaros un año con otro, criando tambien ganados de diferentes clases.: POBL.: 14 vec., 57 alm.: CONTR.: con el ayuntamiento.

ANTIMIO DE ARRIBA: l. en la prov., part. jud. y dióc. de Leon, aud. terr. y c. g. de Valladolid, y ayunt. de Chozas de Abajo: SIT. á 2 leg. de la cap.: tiene una igl. bajo la advocacion de San Juan Evangelista, servida por un cura párroco de presentacion de S. M. en los meses apostólicos, y del cabildo ecl. de Leon en los ordinarios: confina con los pueblos de Antimio de Abajo, Ardoncillo, Cembranos y Villoria, y PROD. granos, legumbres, pastos, ganados y algun vino de mediana calidad: POBL.: 25 vec., 117 almas: CONTR.: con el ayuntamiento.

ANTIMONIO (NORIAS DE): granja en la prov. de Ciudad-Real, part. jud. de Valdepeñas, térm. de Sta. Cruz de Mudela: SIT. en el cuarto llamado del Salobral, á 3/8 leg. de esta v.: tomó este nombre de una mina de antimonio que se registró en aquel sitio en 21 de noviembre de 1761; fue beneficiada en el de 1774 por Francisco Laguna, vec. de Sta. Cruz, y despues en 1829 por D. Sebastian del Peral, de la misma vecindad, hasta que se agotó el mineral, que consistia en una veta de súlfuro de antimonio, ó sea antimonio gris compacto; de testura, ya granujienta, ya laminosa sencilla, y se encontraba á 8 varas de profundidad; en posicion casi horizontal, formando como una bolsa ó depósito aislado: en el dia existe un gran barranco y muchos escombros procedentes de su esplotacion, y con las aguas que de este sitio proceden, que son *accídulo-gaseosas*, y estan saturadas de hierro y otras sales, y las de otro pozo contiguo al barranco, ha construido el mismo D. Sebastian del Peral, unos baños minerales, que son frecuentados por los vec. y forasteros de los pueblos inmediatos, logrando en ellos la curacion de sus dolencias por la gran virtud tónica de que estan dotados: aprovechan despues las mismas aguas para fertilizar un terreno de mas de 5 fan. pobladas de árboles frutales, olivos y viñas, con una casa para comodidad de los que van á bañarse; todo de la propiedad del mismo caballero, que tan bien ha sabido aprovechar los dones de la naturaleza.

ANTIRRINO (DE): cueva-cortijo de la prov. de Granada, part. jud. de Huescar, térm. jurisd. de *Galera*. (V.).

ANTIST: l. con ayunt. en la prov. de Lérida (16 horas), part. jud. de Sort (6), adm. de rent. y oficialato de Tremp (3 1/2), aud. terr. y c. g. de Cataluña (Barcelona 48), dióc. de Seo de Urgel: SIT. en la cúspide de un cerro circuido de otros tres mas elevados, donde le combaten principalmente los vientos del N. y O., y su CLIMA, aunque frio, es bastante sano, sin conocerse mas enfermedades comunes que algunas inflamaciones biliosas y pulmonías. Tiene 8 CASAS que forman una calle de piso pendiente, y 1 igl. parr., dedicada á Ntra. Sra. del Rosario, de las que son anejas las de Estavill y Castell Estahó; sirve el culto un cura párroco llamado rector, cuyo destino es de primer ascenso, y lo provee S. M. ó el diocesano, segun los meses en que vaca, mediante oposicion en concurso general: los niños de este l. concurren á la escuela de primeras letras de la Pobleta de Bellvehi, dist. una hora. Confina el TÉRM. por N. con el de Obeix, por E. con el de Castell Estabó, por S. con el de Estavill, y por O. con el de Lara, teniendo de estension de N. á S. 3/4 de hora, y 1/2 de E. á O. El TERRENO es muy escarpado, de manera que las lluvias ocasionan muchos daños, arrastrando con frecuencia las tierras labradas, que ascienden á 42 jornales, de mediana calidad. Los CAMINOS son de herradura y de difícil tránsito. PROD.: trigo, bastante centeno, alguna avena, patatas, legumbres y buenas manzanas de invierno: cria ganado mular, de cerda, lanar y cabrio: COMERCIO: el de esportacion de los frutos sobrantes; que se venden en el mercado de la Pobla de Segur, dist. 3 1/2 horas, de cuyo punto se importan los géneros necesarios, coloniales y ultramarinos: POBL.: 3 vec., 36 alm.: CAP. IMP.: 12,717 rs.: CONTR.: 1,139 rs. La fiesta del patrono del pueblo, que es San Estéban, se celebra con la posible solemnidad el 26 de diciembre. En otro tiempo era de señ. ecl., y el diocesano nombraba el baile ó alcalde: cobraba el diezmo de los frutos, y la primicia correspondia al cura.

ANTISTIANA: en el camino militar que en el Itinerario romano describe desde Arlés á Tarragona, á Cartagena, y á Castulo, aparece *Antistiana*, en la region de los *Cosetanos* despues de *Subur*, de lo cual distaba 27 millas, segun el códice Blandiniano. La voz *Artistes*, en el vulgar eclesiástico, significa el *obispo*, y siendo su equivalente en lemosino *Bisbe*, es probable la reduccion de *Antistiana* á *La Bisbal*, por donde debió ir la calzada á *Altafulla*, sin tocar en *Villafranca*, que, viniendo de Tarragona, quedaba muy á la izq. Pudo el nombre *Antistiana* habérsela dado el de C. Antistio, que se hizo célebre en la guerra cantábrica.

ANTOLI: cortijo, masia ó meson de la prov. de Castellon de la Plana, en el partido jud. de Albocacer, jurisd. de la v. de Cati: SIT. al E NE. de la misma, en la union de los caminos que de Morella conducen al Maestrazgo, y desde Cati con título de carretera á Vinaroz. Los confines de su TÉRM. y demas (V. la repetida v. de CATI.)

ANTOLI (SAN): l. con ayunt. en la prov. de Lérida (9 leg.), part. jud. y adm. de rent. de Cervera (1 1/2), aud. terr. y c. g. de Cataluña (Barcelona 14), dióc. de Vich (23): SIT. en el declive de un cerro cerca de un torrente, que desciende por el lado del E.: combátenle principalmente los vientos del N., su cielo es alegre, y el CLIMA bastante sano. Tiene 15 CASAS y una igl. parr. dedicada á Sta. Maria, y servida por un cura párroco, cuya plaza de primer ascenso, la provee S. M, ó el diocesano, segun los meses en que vaca, mediante oposicion en concurso general; es aneja de esta parr. la de Vilanova de San Antolí, cuyos hab. tambien concurren á formar el ayunt. del pueblo de que tratamos. Confina el TÉRM. por N. con el de Pomá, por E. con el de Pallerols, por S. con el de Pavía, y por O. con el de Robinat, de cuyos puntos dista 3/4 de hora, poco mas ó menos. El TERRENO, parte montuoso y parte llano, es bastante fértil y productivo, á pesar de la escasez de aguas para el riego, pues no hay otras que las pluviales y las que por medio de represas se pueden subir del torrente mencionado, en pequeña cantidad, para dar movimiento á 2 molinos harineros: hay en cultivo 50 jornales de tierra fuerte y de primera clase, y 3 jornales de bosque arbolado con igual número de bosque de maleza: lo restante del terreno sirve para pastos. PROD.: trigo, cebada, centeno, legumbres, algun vino y poca hortaliza: cria ganado lanar, y cabrío, y el mular preciso para la labranza: POBL.: 12 vec., 83 alm.: CAP. IMP.: 33,806 rs.

ANTOLIN (SAN): l. en la prov. de Lugo, ayunt. de Sarria, y felig. de San Antolin de *Sta. Eufemia* (V.): POBL.: 9 vec., 45 almas.

ANTOLIN (SAN), STA. EUFEMIA DE: felig. en la prov. y dióc. de Lugo (5 leg.). part. jud. y ayunt. de Sarria (1): SIT. en terreno quebrado y CLIMA sano: comprende los l. de San Antolin y Sta. Eufemia, la igl. parr. con la advocacion de esta santa, es anejo de Sta. Maria de *Toubille*: el TÉRM. confina por N. con el de Santiago de Souto; por E. con San Martin de Rio; por S. con San Pedro de Seleventos, y al O. con Sta. Maria de Corvelle: el TERRENO es de mediana calidad: los CAMINOS malos, y el CORREO se recibe por Sarria: PROD.: trigo, centeno, maiz, patatas, lino, castaña, habichuelas y bastante pasto: cria ganado vacuno, lanar y de cerda: POBL.: 13 vec., 79 alm.: CONTR.: con su ayunt. (V).

ANTOLIN (SAN): v. en la prov. y dióc. de Oviedo (24 leg.), part. jud. de Grandas de Salime (7), y cap. del ayunt. de Ibias: SIT. en un llano, á la márg. izq. del r. de este nombre: su CLIMA templado y sano: el TÉRM. confina por E. y S. con el del l. de Cuantas, y por O. y N. con el de Folgoso: le baña, corriendo de S. á N., el indicado Ibias, cuyo r. es bastante caudaloso y con especialidad en el invierno. A la bajada de la v. se encuentra el puente de San Antolin; es de madera y tiene 10 varas de elevacion. El TERRENO es de buena calidad y se cultivan 60 fan. de tierra en cada suerte, que dan á razon de 5 por 1. Los CAMINOS son buenos y sirven de vereda por el Bierzo y distintos puntos de las prov. de Oviedo y Lugo: el CORREO se recibe dos veces á la semana por medio de un peaton que lo recoge de la adm. de Cangas de Tineo. PROD.

trigo, centeno, maiz, patatas, castañas y vino, y no escasea de legumbres, frutas y hortalizas: IND. la agrícola: se celebra un mercado todos los domingos terceros del mes, y en él se venden los granos que prod. el pais, algun ganado vacuno, lino de Castilla y efectos de vestir y de adorno, tanto para hombres como para mujeres; POBL. 28 vec.; 130 alm.: CONTR. con el ayunt. (V.).

ANTOLIN (SAN): felig. en la prov. y dióc. de Oviedo (24 leg.), part. jud. de Grandas de Salime (7), y ayunt. de Ibias del que es cap. el l. de San Antolin con nombre de v.: SIT. en terreno quebrado con buena ventilacion: su CLIMA es sano: reune sobre 300 CASAS distribuidas en los l. de Villa de San Antolin, Andeo, Balbaler, Baldebucis, Brualla, Busto, Caldevilla, Cuantas, Dou, Ferreira, Folgoso, Folgueira de la Bionga, Forna, Linares, Moureton, Pradias, Seroiro y Uria; Marentes, Marcellana y Villajane en el anejo de Sta. María Magdalena, y Arandojo y Peliceira en el de San Bernardino. La igl. parr. (San Antolin), está servida por un curato de primer ascenso y patronato laical. El TÉRM. se estiende á 1 1/2 leg. por E. y confina con el del ayunt. de Cangas de Tineo, por S. á 1/4 linda con el de la felig. de Cecos; por O. 1/2 leg. terminando con el cot. de Serra, y por N. con el ayunt. de Allande y con el de Buron (Galicia) hasta 1 leg.; abunda de agua, si bien entre los diversos riach. que le recorren solo es notable el r. Ibias, el cual tiene un puente de madera en la v. de San Antolin. El TERRENO en su estension de 17,971 fan. solo es cultivable en unas 1,900, de las que solo 51 son de primera suerte, 371 de segunda calidad y el resto de tercera: mas de 16,000 fan. quedan incultas por su aspereza ó infertilidad: lo quebrado del terreno obliga en muchas partes al uso de la azada, al paso que las lluvias lavan y desvirtuan la tierra de las pendientes. Los CAMINOS, sin embargo, son medianos, y cruzan por la felig. distintas veredas que se dirijen al Bierzo y á varios puntos de Asturias y Lugo: el CORREO se recibe dos veces por semana por medio de un peaton que lo lleva de Cangas de Tineo (7 leg.): PROD.: trigo, centeno, maiz, patatas, nabos, vino, lino, castañas, hortaliza, varias frutas y bastante combustible y pastos: cria ganado con especialidad vacuno: celebra un buen mercado de ganado y frutos del pais todos los domingos terceros del mes en la v. de San Antolin. POBL.: inclusos los anejos, 340 vec., 3,600 alm.: CONTR. con las demas felig. que forma el ayunt. (V.).

ANTOLIN (SAN): r. al NE. de la prov. de Oviedo y O. del part. jud. de Llanes; tiene orígen de los manantiales y vertientes N. de la cord. que separa al conc. de Llanes del de Peñamellera, del puerto de Cabrales y sierras del térm. de la felig. de Caldueño, desde la que corre á la de Vibaño; en esta recibe por la der. á *Rioseco*, ó sean las aguas que en la invernada se deslizan por los montes que están al S. de esta felig. en la cual y al sitio de las Herrerias se encuentra el bello puente de piedra de silleria con tres arcos que hizo construir en los años de 1827 al 28, á sus espensas, el cardenal D. P. Inguanzo para dar paso á su casa nativa; á poca dist. recibe por la izq. á Riocaliente que, recogiendo las aguas de la sierra y puerto de *Piedrahita* y las que desprendidas del camino del Rio de las Cabras, se le unen en el sitio de *Puente-nuevo*; baña por SE. al valle de Ardizana. Unido Riocaliente al de San Antolin y con este nombre ó el de Bedon, recorre la parr. de Rales y valle de la de Posada, para introducirse en el Océano, como lo verifica dejando á la izq. á Sta. Ana de Naves. En su curso fertiliza algunas arboledas y prados de pastos, y da impulso á varios molinos harineros.

ANTOLIN DE BEDON (SAN): cas., ant. monast. de benitos en la prov. de Oviedo, ayunt. de Llanes y felig. de Sta. Ana de *Naves* (V.).

ANTOLIN DE VILLANUEVA (SAN): felig. en la prov. y dióc. de Oviedo (17 leg.), part. jud. de Luarca (3), y ayunt. de Navia (1/4): SIT. en una despejada llanura á la der. del Navia y orilla del Océano: goza de un clima templado y sano: la constituyen los l., ald. y cas. de Aceñas, Armental, Aspra, Cabanella, La Mabona, Paderne, Palacio de Andés, Salcedo, Talaren, Teifaros, Valmeon, la Venta y Villalonga: hay una escuela sit. en el Torrejon de Talaren, y concurren 70 niños y 16 niñas; el maestro percibe 700 rs. pagados por el conde de Nava. La igl. parr. (San Antolin) es matriz de San Pedro de Andés y de San Martin de *Cabanella* (V.): el curato es de térm. y se provee por la Corona, prévio concurso: esta igl. se halla sit. en un espacioso campo cercado de almenas; es muy capaz, decente y de regular arquitectura: su torre de silleria y de bastante elevacion, está sostenida por 4 arcos; á unas 20 varas se encuentra un torreon ant. de cantería labrada que se dice ser y es del conde de Nava, fabricado por sus ascendientes: la casa rectoral sit. en el centro de la felig. y á 400 varas de la igl., es un edificio de buena construccion, espacioso y cómodo: inmediato á él (á 100 pasos), hay una elegante fuente cercada de un asiento en forma de camapé, obra de cantería, con dos abundantes caños y un estenso y bien construido baño que sirve de abrevadero al ganado vacuno y caballar: sus aguas que son las mejores del pais, venian sin encañar y habia que estraerlas de un sucio sótano, hasta el año de 1841 en que el ilustrado y celoso ecónomo actual Don Gregorio Fernandez Ayones, dirigió y costeó á sus espensas, obra tan útil en beneficio de sus feligreses. Hay repartidas por el térm. hasta 9 ermitas ó capillas en que puede celebrarse el santo sacrificio de la misa, y en las inmediaciones de Armental, se encuentra el ant. palacio de Lienes, propio del conde de Nava. El TÉRM. en la long. de 1 leg. escasa y 1/2 de lat. confina al N. con el Océano, por E. con las parr. de Piñeira y Polavieja, al S. la de Anleo y por O. la de Sta. María de la Barca y el caudaloso *Navia* (V.): le bañan dos arroyos denominados r. de *Armental* y el *Valde-Sende*: el primero trae su orígen de la montaña denominada Panondres, y el segundo nace en el sitio llamado San Martin, térm. de Carbanella; ambos rinden sus aguas al Navia, despues de haberlas reunido en las cercanias de Aceñas, en cuya ald. hay una famosa fáb. de curtidos igual á la de la misma clase, aunque de distinto dueño, que existe en Paderne. El TERRENO en lo general fértil: escasea el arbolado, pero tiene algunos castaños, muchos pinabetes, y en el térm. de Salcedo y Armenta, abundantes y ricos frutales. Los CAMINOS vecinales, asi como la carretera que desde Bayona de Francia sigue á Bayona de Galicia y pasa por entre esta felig. y su anejo San Pedro de Andés, están medianamente cuidados: el CORREO se recibe por Navia. PROD. trigo, maiz, patatas y nabos con abundancia, algun centeno, legumbres, frutas, escelente hortaliza y lino; cria poco, pero buen ganado vacuno, lanar y caballar: las dos indicadas tenerias, algunas obras de cantería, carpinteria y otros oficios de primera necesidad, son los que unidos á la agricultura forman la IND. de estos laboriosos hab., quienes tambien se ocupan en la pesca del abundante y buen salmon que les proporciona el Navia. POBL.: inclusas las hijuelas, 300 vec.: 2,500 alm.: CONTR. con las demas parr. que forman el ayunt. (V.).

ANTON: ald. en la prov. de Lugo, ayunt. de Otero de Rey y felig. de San Salvador de *Mosteiro* (V.): POBL. 1 vec.: 4 almas.

ANTON (SAN): ald. de la prov. de Murcia, part. jud., térm. jurisd. y á 1/4 de leg. de Cartagena (V.): con 283 vec., 1,349 hab: su igl. es ayuda de parr. de la de Cartagena, cuyo cura nombra el teniente que sirve aquella.

ANTON (SAN): pequeño arroyo en la prov. de Cadiz, part. jud., térm. jurisd. y á 1/4 leg. de *Sanlúcar de Barrameda*, en el sitio llamado Huebo-blanco; da agua á varias fuentes, riega algunas huertas y desemboca en el Guadalquivir, atravesando la pobl.: tiene como 1/2 leg. de long. y menos de 12 varas por la parte mas ancha.

ANTON (SAN): l. en la prov. de la Coruña ayunt. de San Vicente de Pino y felig. de Sta. Eulalia de *Arca* (V.): POBL. 3 vec.: 12 almas.

ANTON (SAN): l. en la prov. de Pontevedra, ayunt. de Cambados y felig. de San Adrian de *Vilarino* (V.).

ANTON (SAN): pago en la isla de Tenerife, prov. de Canarias, part. jud., jurisd. y felig. de La Laguna (V.): tiene 1 ermita dedicada á San Anton.

ANTON (SAN): ald. en la prov. de Logroño, part. jud. de Sto. Domingo de la Calzada, térm. jurisd. de Ezcaray (V.). Tiene una igl. dedicada á San Antonio aneja de la parr. de la espresada villa.

ANTON DE GARCIA: cort. de la prov. de Sevilla, part. jud. y térm. jurisd. de *Utrera* (V.): comprende 200 fan. de tierra de labor en la campiña alta, y pertenece al Sr. marqués de Alcañices.

ANTON DEL PINAR (SAN): pago de la isla de Hierro, prov. de Canarias, part. jud. de Sta. Cruz, jurisd. y felig. de *Valverde* (V.).

ANTON-MIRON: deh. de la prov. de Cáceres, part. jud. de Alcántara, térm. de Brozas; está cubierta como todas las de aquel térm., de espeso monte de encina, que produce abundante bellota, madera para los aperos de labranza y combustible.

ANTONES: l. en la prov. de Orense, ayunt. de Cortegada y felig. de San Benito de *Rabiño* (V.): POBL.: 14 vec.; 70 almas.

ANTONES: cortijo de la prov. de Granada, part. jud. y térm. jurisd. de *Albuñol* (V.).

ANTONES (LOS): cas. con ermita en la prov. de Cuenca, part. jud. y térm. jurisd. de *Requena* (V.).

ANTONINO (SAN): felig. en la prov. y dióc. de Oviedo (5 1/2 leg.), part. jud. de Pravia (2), ayunt. de Salas (1), y anejo de San Justo (1/4): SIT. á la márg. del Narcea: su CLIMA es templado y sano. La igl. es muy reducida y, como se ha dicho, hijuela de la de San Justo. Su TÉRM. confina con el de la matriz: el TERRENO es calizo y poco fértil: PROD.: maiz, alguna escanda, nabos, patatas y otros frutos: POBL.: 31 vec.; 123 alm.: CONTR. con las demas felig. que forman el ayunt. (V.).

ANTONIO (SAN): ermita en el térm. de Sta. Coloma de Centellas prov. de Barcelona, part. jud. de Vich. (V. CENTELLAS STA. COLOMA.)

ANTONIO (SAN): cortijo en la prov. de Sevilla, part. jud. de Sanlúcar la Mayor, térm. jurisd. y á 1 y 1/2 leg. al N. de *Olivares* (V.): tiene un hermoso cas. y su terreno abraza 1,650 aranzadas.

ANTONIO (SAN): pago en la isla de Tenerife, prov. de Canarias, part. jud., jurisd. y felig. de *Orotava* (V.): se halla sit. al S. de dicha v., inmediato á uno de los brazos del arroyo de Agua Mansa: tiene una ermita dedicada al Santo de su nombre.

ANTONIO (SAN): v. de la isla, part. jud., adm. de rent. y dióc. de Ibiza (2 1/2 horas), prov., aud. terr. y c. g. de las Baleares: SIT. entre montañas, libre á la influencia de todos los vientos, con cielo alegre y CLIMA saludable. Forma ayunt. con los l. de su jurisd. que son Sta. Inés, San Mateo y San Rafael. Cuenta 168 CASAS y una igl. parr. servida por un cura párroco de tercera clase, de provision ordinaria, y un sacristan. El edificio es bastante capaz, sólido y de regular arquitectura; tiene una torre que domina el puerto, fortificada y guarnecida con 2 piezas de artilleria de grueso calibre. Confina el TÉRM. comprendiendo en él sus pedáneos, por el N. con el de San Miguel, por el E. con el de Sta. Eulalia, por el S. con el de San José, y por el O. con el mar; aqui está su puerto llamado *Puerto magno*, pero mas comunmente de *San Antonio* (V.). El TERRENO es montañoso, especialmente por el lado del N., pero tiene al E. y S. algunos llanos muy fértiles con el riego que les proporcionan varios riach. que desde los cerros bajan al mar, con cuyas aguas se da tambien impulso á las ruedas de algunos molinos harineros. En el monte hay bosques arbolados de pinos y otros arbustos, y crian abundantes yerbas de pasto. PROD.: trigo, cebada, aceite, vino, legumbres, hortalizas, frutas, ganado lanar, vacuno, de cèrda, cabrio y mucha caza: COMERCIO: esportacion por el espresado puerto de frutos sobrantes, carbon y leña: POBL.: inclusos sus anejos, 558 vec.; 3,539 alm.: CAP. IMP. 381,659 rs. CONTR.: 975 rs. 27 mrs.

ANTONIO (SAN) ó PUERTO MAGNO: puerto de la isla, tercio, prov. y distr. marít. de Ibiza, apostadero de Cartagena: SIT. al O. y próximo á la v. que le da nombre; su boca es de dos millas, en esta forma: principia la costa del NE. en el cabo de Negrete ó punta Verde, de mediana altura y poblado de árboles, el cual se halla al S. 11° O. 2 1/4 millas del pico de Nono. Al S. 28° E. 1/3 de milla de aquel se llega á cabo Blanco, nombrado asi por el color de la tierra, de mediana altura tambien y que hace con el referido cabo, la cala de Gracic. 1/2 milla al S. 41° E. se pasa por la punta de las Cuevas Blancas, mas alta que el Cabo Blanco, y menos pareja la tierra que le forma; entre esta y aquel hay otra cala mayor denominada de Moros, ambas tienen buenos fondeaderos, para verano. 1/2 milla escasa al S. 43° E. de la punta de las Cuevas Blancas, está otra rasa desde la cual continua la costa 1/2 milla al E. y luego al SSE. 1 1/4 milla á formar el saco del puerto. La costa del SO. principia en la cala de la Balsa, mas al E. 1/2 milla mediando una punta rasa; está la cala del Aciste, y como al ESE. 1 1/4 milla la punta de la Fuente, sigue de aquí la costa igual dist. y al mismo rumbo tirando luego para el N. á formar el saco del puerto. La punta de Robira rasa y saliente cerca de la cual en una elevacion hay una torre y el pico ó cabo de Nono, constituyen el alza esterior del puerto, cubriéndole en parte toda la estension de la isla llamada Conejera Grande. La entrada en él no tiene inconveniente alguno, pues no hay que dar resguardo sino á lo visible. En verano es bueno para cualquier numero y porte de navios, porque pueden elegir el fondo y sitio que acomode, pero en invierno á causa de los vientos del N. y NO. que son continuos y la crecida mar, no es acomodado sino para buques menores que pueden entrar todo lo que les permita el fondo, cuyo tenedero es escelente. Hay una casa recientemente construida para hospedaje.

ANTONIO (SAN): cabo en la prov. de Alicante, part. jud. de Denia: SIT. al S. de esta c. y á los 38° 48′ 23″ lat. y 6° 30′ 4″ long. E. del meridiano de Cádiz: es alto, parejo y cortado á pico, el cual se eleva sobre el estremo oriental del monte llamado *Mongó*, y forma el lím. set. de la ensenada de Jabea; en su planicie hay algunos molinos de viento, una ermita dedicada á San Antonio, y una torre de vigia. Desde muy ant. ha sido célebre este cabo, no solamente como estremo del seno *Illicitano* y principio del *Sucronense* (hoy Golfo de Valencia), sino porque ha dado márgen á empeñadas disputas de geógrafos é historiadores acerca del promontorio conocido con los nombres de *Ferraria, Hemeroscopeo y Hemeroscopium*, *Specula-diurna*, *Artemisio y Dianio*, *San Martin y San Anton*. Florian de Ocampo en el párrafo 1.° cap. 2.° de su crónica general de España, dice: «Que á Denia la solian llamar Dianio, donde se mete por la mar otra punta de tierra, que los navegantes llaman agora *Cabo de Martin ó de Denia*» «los antiguos (añade) nombraban este cabo de Denia el *promontorio Ferraria*.» «Tambien le decian *Hemeroscopeo y Artemisio*, que quiere decir lo mismo que *Dianio*.» Y en el párrafo 3.° cap. 29 al tratar de los tres lugarejos, que segun Estrabon, fundaron los marselleses entre el Júcar y Cartagena, confunde uno de ellos con la c. llamada *Hemeroscopium*, no siendo en realidad mas que su arrabal; despues de manifestar que «los navios de los marsellanos encallaron en la costa cerca de la punta, que nuestros navegantes llaman agora *Cabo de Martin* en cuyos confines hallaron un templo solemne con una figura de la diosa Diana», se espresa mas adelante en los términos siguientes: «la punta de tierra metida contra la mar donde tenian el templo, no muy lejos de este pueblo de *Dianio*, fue por estos mesmos dias nombrado tambien *Artemisio*, que significa tanto como *Dianio*, porque ni mas ni menos llaman aquellos griegos *Artemis* á la sobredicha diosa. Fue, pues, en aquella punta donde hallaron el templo ya declarado, en todos los tiempos antiguos muy apropiada, segun su gentil postura, para todo negocio de mar en guerras y en mercancias, y mucho conveniente para recoger, amparar y fortalecer cuanto por tierra le viniese.» «Junto con esta tenia cerca de sí grandes venas y mineros de hierro perfecto y esmerado, que se labraron despues con ingenios y artificios que hicieron estos marsellanos.» «A cuya causa la mesma punta fue nombrada muchos años entre los antiguos el *Promontorio Ferraria*.» Por lo que se acaba de transcribir se ve que Ocampo llama *Cabo Martin* al actual de *San Antonio*. El P. Juan de Mariana, despues de asegurar en el párrafo 1.° cap. 12 de su historia general de España, que de el famoso templo de *Diana* tomó su nombre el promontorio *Dianio*, «que es donde al presente está la v. de Denia» dice en el párrafo 3.° cap. 14 (contradiciéndose al parecer) «que el *Cabo de San Martin* cae no lejos de Denia, y antiguamente se llamó el promontorio *Hemeroscopeo*.» Tambien Gaspar Escolano en el párrafo 6.° cap. 14 de su Historia de Valencia, marcando, como Mariana, con señales inequívocas el cabo que nos ocupa, empieza á tratar de este denominándole cabo de *San Martin* «que era llamado en tiempo de los romanos y gentiles *Ferraria* como lo enseña nuestro español Pomponio Mela,» y despues de refutar los errores de Ptolomeo que llamó á este mismo cabo *Tenebrium Promontorium*; los de Lucio Marineo Siculo que designó el promontorio *Ferraria* cerca de Tarragona; y las equivocaciones del Anio Viterbense que dijo que el r. Ebro descargaba en el mar de Mallorca á raiz del promontorio *Ferraria*, añade «Estrabon á este cabo, que Pomponio Mela llama *Ferraria*, por las minas de hierro, le nombra en griego *Hemeroscopio* que en latin es lo mismo que decir *Specula diurna*.» «Porque, segun allí dice, echando de ver el gran capitan Sertorio las muchas comodidades de aquel cerro para sus guerras.... le escogió por su plaza de armas, y le quedó por nombre *Atalaya de Sertorio*.» «Tambien dice Estrabon que se llamó *Dianio*, por el templo fabricado en él á la honra de la diosa Diana etc.» No pudiendo ocultarse al buen criterio del autor, de quien acabamos de transferir los precedentes pasages, que el promontorio en cuestion no podia ser el monte, cuyo remate tiene hoy el nombre de cabo *de Martin*, vuelve sobre si, y observa con mucho juicio que «si por *cabo Martin* (son sus propias palabras) no entendemos todo aquel erizo de puntas y cabos que forman en aquel parage aquella profunda frente y espolon dentro del mar, que le viene á cortar en dos senos, sino solo el cabo donde está asentado el cast. de San Martin, háceseme mal de acomodar mi entendimiento á creer que el cabo que tuvo antiguamente los nombres de *Ferraria*, *Hemeroscopio*, *Artemisio* y *Dianio*, por el templo famosisimo de Diana que en él estaba edificado (como dice Estrabon) fuese este cabo del cast. de San Martin.» «Porque segun lo atestigua espresamente el dicho autor, el templo y el promontorio *Dianio* estaban tan vecinos á Denia, que de ellos se le pegó el nombre á la c.» «Mas el cabo del cast. de San Martin dista por lo menos 2 1/2 leg. de ella, y como quiera que entre él y Denia se levantan 3 ó 4 puntas ó cabos:... vengo á persuadirme que el cabo llamado por los antiguos *Ferraria, Hemeroscopio, Specula diurna, Artemisio y Dianio* seria uno de los mas cercanos á Denia, y no el tan desviado que nosotros llamamos *de San Martin*.» De toda esta confusion y aparentes contradiciones nos saca el Doctor D. Márcos Antonio Palau en sus *Antiguas Memorias* sobre Denia. Efectivamente, entre los autores que además de los ya citados han tratado esta cuestion, ninguno la fija y dilucida con mas exactitud que dicho Doctor, no solo por su vasta erudicion, sino porque, siendo hijo de la indicada c., examinó por si mismo con infatigable laboriosidad todos los puntos de esta costa, y cuantos publicistas y documentos podian ilustrarle sobre un asunto tan confuso: en la mencionada obra (inédita por motivos que no son del caso esponer, aunque su gran mérito fuese conocido hasta por el mismo censor que dió márgen á que no se publicase), prueba el Sr. Palau en el cap. 15 con grande copia de autoridades y razones incontestables 1.º: que el primitivo conv. de San Martin, aquel que segun Gregorio Turonense estaba sit. entre Sagunto y Cartago la Spartaria, y que encontró el rey Leovigildo yendo contra su hijo Hermenegildo, se hallaba fundado en el llano que hay sobre el cabo llamado San Anton, hoy San Antonio por la ermita que subsiste de este santo; 2.º que en aquel mismo sitio, y 658 años despues que los moros asolaron dicho conv.. se fundó sobre sus ruinas otro de San Gerónimo: 3.º que sobre los restos de ambos se edificó la espresada ermita: y 4.º que el cabo susodicho de San Anton se llamaba antiguamente *de San Martin* y de *Martin* por el primer conv. Entre todas las autoridades y estensas razones aducidas por este autor, nos parece muy notable y concluyente un auto que pasó ante Andrés Sant en 23 de octubre de 1393, donde hablando de la referida ermita de San Anton se dice que «estaba constituida en el cabo de Martin, térm. de Denia.» Es pues indudable que dicha ermita está edificada sobre las ruinas del primitivo conv. de San Martin; que el cabo de que tratamos tomó su primer nombre del mencionado conv., y que sustituido este por la ermita, trocó su nombre por el que hoy lleva, pasando aquella denominacion de San Martin al cabo mas inmediato que es el meridional oriental de la ensenada de Jabea. Asi quedan salvados los errores y contradicciones en que debieron incurrir escritores de tanto mérito como los citados y otros mas modernos, suponiendo equivocadamente que el ant. promontorio en cuestion era el cabo llamado hoy de *Martin*; aunque Escolano, segun hemos notado, espuso las dudas que sobre el particular tenia, las que no pudo resolver. Quede pues sentado que el promontorio *Hemeroscopeo y Hemoroscopium*, *Ferraria*, *Specula diurna*, *Dianio y Artemisio* era la colina metida en el mar, en la cual remata la parte oriental del monte Mongó, cuyo estremo es el cabo conocido en la actualidad con el nombre de San Antonio. Y solo por deferencia á los graves escritores de que se ha hecho mérito, puede concederse, que acaso en tiempos muy remotos se entenderia por ese promontorio el conjunto de colinas puntas y cabos que forman una parte de la cord. *Ibérica* de la cual habla el Sr. Antillon, que se avanza en el mar desde el montecito donde está el cast. de Denia hasta el actual *cabo Martin*, ó mas bien hasta el de la Nao. Repetimos, sin embargo, que entendiéndose por un promontorio (segun los mas eminentes geógrafos) «la elevacion de tierra que se avanza en el mar;» y por cabo «la estremidad de un promontorio» (á pesar de que la Academia española y varios autores hacen sinónimas ambas voces), únicamente la parte E. del Mongó y el cabo de que tratamos reunen completamente las señales y pormenores que los geógrafos é historiadores antiguos, y modernos han dado á cerca de dichos puntos; sin que en toda la costa haya otros con quienes puedan confundirse.

ANTONIO (SAN): barrio en la prov. de Guipuzcoa, part. jud. y ayunt. de Vergara: SIT. junto á la carretera de Madrid á Francia frente á la union del r. Anzuola al Deva: hay un portazgo y buen parador que toma nombre, como el barrio, de la ermita dedicada en este punto al referido Santo.

ANTONIO (SAN); barrio en la prov. de Oviedo, ayunt. de Colunga, y felig. de San Pedro Apostol de *Lué* (V.).

ANTONIO (SAN): cas. en la prov. de Alava, ayunt. y térm. de Arceniega; POBL.: 2 vec.; 9 almas.

ANTONIO (SAN): isla en la prov. de Pontevedra y part. jud. de Vigo: su figura circular forma el diámetro de unos 1,020 pies, con 342 de long. y unos 189 en su mayor lat. Está cubierta de enormes canteras; pero se encuentran en ella algunos restos de edificios y un pozo formado por el arte. Está SIT. esta isla al estremo N. de la de *San Simon* (V.).

ANTONIO ABAD (SAN): isla en el mar cantábrico, prov. de Guipuzcoa, part. jud. de Azpeitia a O. del islote y punta de Mairruarri unida á la costa de Guetaria á cuyo puerto resguarda de los vientos N NO.: tiene un muelle para lanchas que en la bajamar quedan en seco. Es alta y en su centro y cumbre, están las ermitas de San Pedro y la del santo que la da nombre: tiene dos baterías para defensa del puerto. La estension de esta isla es de unas 600 varas de largo con 400 de ancho y su terreno es abundante de buen pasto.

ANTONIO ABAD (SAN): ald. en la prov. de Murcia, part. jud. y térm. jurisd. de Cartagena; se halla SIT. á 1/4 de leg. de la plaza de este nombre, cuyo cura párroco nombra el teniente de la igl. que en la ald. sirve de ayuda de parr.: POBL. 283 vec. 1,349 almas.

ANTONIO DE LA CABANA (SAN): l. en la prov. de la Coruña, ayunt. de Serantes y felig. de San Roman de *Doniños* (V.): POBL. 11 vec. 40 almas.

ANTONIO DEL CERRO (SAN): sant. en desp. de la prov. y part. de Segovia, jurisd. de las Navas de San Antonio: SIT. á 3/4 leg. NNE. de su matriz, próximo al camino que de la misma conduce á la cap (5 leg.), en la cima de un cerro bastante elevado: pertenece en lo civil y ecl. al mismo pueblo de las Navas; consta de una igl. dedicada á San Antonio, y unidas á ella una pequeña hospedería y una casita para el santero; tuvo su primer origen en el año 1457, y se ha sostenido con el prod. de algunas fincas y censos: se celebran dos romerias en este santuario; una el 13 de junio (dia del santo), y la otra el domingo siguiente: la primera es muy concurrida formándose una especie de feria sobre el plano del cerro, que es de alguna estension, y se descubre desde el mismo un vasto horizonte.

ANTONIO DE LA FRAGA (SAN): cas. y capilla en la prov. de Lugo, ayunt. de Ribas de Sil y felig. de Santiago de *Sotordey* (V.): SIT. sobre la márg. del arroyo San Antonio que corre á unirse al Sil: POBL.: 2 vec.: 10 almas.

ANTONIO DE URQUIOLA (SAN): santuario y hospedería de peregrinos en la prov. de Vizcaya, part. jud. de Durangó y barriada de *Mendiola*.

ANTONIO DEL VISO (SAN): l. en la prov. de Orense, ayunt. de Villameá y felig. de San Andrés de *Penosiños* (V.).

ANTONIO DEL VISO (SAN): l. en la prov. de Orense, ayunt. de Freas de Eiras y felig. de San Juan de *Escudeiros* (V.).

ANTOÑANA: l. en la prov. de Oviedo, ayunt. de Miranda y felig. de San Martin de *Leyguarda* (V.).

ANTOÑANA: v. en la prov. de Alava (6 leg. á Vitoria), dióc. de Calahorra (10), vicaria herm. de Campezu, y part. jud. de Laguardia (7), y ayunt. de su nombre: SIT. en un llano, circuida de montes: su CLIMA frio y sano: forman la pobl. 60 CASAS de mediana construccion. La igl. parr. (San Vicente), es matriz y servida por 3 beneficiados; el cementerio capaz y bien ventilado: el TÉRM. confina por N. con Atauri 1 1/2 leg.; por E. con Genevilla igual dist.; por S. con Corres 1, y á O. con Orbiso 1 1/2: contiguo á la v. está la ermita bajo la advocacion de Ntra. Sra. del Campo, y otra en medio del térm. divisorio de Atauri y la indicada v. con el nombre de San Saturnino Mártir, la cual sirve para ambas pobl.: el TERRENO es poco productivo, pero el riego de las aguas del r. *Sabando* que pasa por el E. de la v., le hace muy fértil, bañándole tambien, aunque poco, los derrames del r. que nace en Azazeta y corre por el O. de la mencionada v.: participa de monte con arbolado de robles, hayas y buenos prados de pasto. Los CAMINOS locales y medianamente cuidados; cruza la carretera de Vitoria para Navarra: el CORREO se recibe de Logroño por balijero los viérnes. PROD. trigo, maiz, patatas, todo género de legumbres, hortaliza y frutas: cria ganado vacuno, lanar, caballar y de cerda: hay caza de perdices, liebres, palomas y otras aves de paso; se pescan truchas, barbos y otros peces: IND. la agrícola y un molino harinero: POBL. 65 vec. 260 alm. RIQUEZA y CONTR. (V. ALAVA INTENDENCIA.)

HISTORIA. Esta v. fué en lo ant. fort. considerable; conserva sus murallas y 2 torreones. El rey D. Sancho el Sabio, de Navarra, la concedió fuero municipal en Tudela el año 1182; la Academia de la Historia tiene copia, de este fuero sacada del cartulario del rey Teobaldo, existente en la cámara de Comptos de Navarra: en él se la señala por términos hasta la cruz de San Roman, y hasta Azascaeta, Anzar cacta, Anzargaray, San Vicente de Galguitu, la igl. de San Saturnino, la Cruz de Osanar, y hasta la carretera de Maines; los árboles de la Cruz de Maoteyo, y hasta la carretera de Sancho Perdiola, concediéndo á sus pobladores los l. de Osategui y Lonia, cuyos nombres unos son en el dia totalmente desconocidos, y otros se conservan aun sin especial alteracion, como San Román, San Vicente, la ermita de San Saturnino, Mamés, Maoteyo y el sitio de Piedrola. Por esta demarcacion se deja ver que la jurisd. y térm. de la v. se dilataba mucho mas entonces que al presente, siendo asi que Lonia, hoy Laño, del condado de Treviño, ni confina con ella, ni pertenece á su jurisd. El fuero de Antoñana conviene en sustáncia con el de la Guardia, y es uno de los primeros en que se ve establecida con toda claridad la inmunidad personal de los eclesiásticos: el obispo, dice, no perciba de los diezmos sino la cuarta parte, el resto con las obligaciones de los fieles sea de los clérigos, á quienes haga libres de todo pecho y servicio. Prohibe á los pobladores el fuero y costumbre, general entonces en España, y aun en la Europa, de acudir para la averiguacion de la verdad y decision de los litigios á las pruebas vulgares de agua y fuego, y al desafio ó batallá campal. Los juramentos y deposiciones de testigos se debian hacer y recibir en la Igl. de San Cipriano, sit. á la puerta de la v. La pena ordinaria del homicida consistia en una multa pecuniaria de 250 sueldos, caso que el rey no tuviese á bien hacer justicia en el reo.

Pasó el dominio de esta v. á la corona de Castilla desde que su rey D. Alonso VIII, en el año de 1200 se apoderó del valle de Campezo. En el de 1367 Henrique II concedió el señ. de ella á Rui Diaz de Rojas, cuyos derechos recayeron en la casa de los condes de Orgaz, que viniéron á gozarlos despues con grandes limitaciones. Consta por Real cédula, dada en la c. de Valladolid á 4 de marzo de 1563, haberse condenado á D. Juan de Mendoza, conde de Orgaz, á que no precisase al concejo de Antoñana acudir por la confirmacion de los oficios de su gobierno, no estando á la sazon el conde ó su alc. m. en la dist. de 8 leg. de la jurisd. de la v., ni los pudiese demandar fuera de ella, como tampoco sus sucesores; y que el alc. y merinó usasen de sus respectivos empleos sin otra confirmacion alguna. Tambien por otra Real carta ejecutoria, despachada en Valladolid á 18 del mes de agosto del año de 1588, se condenó á D. Juan Hurtado de Mendoza Rojas y Guzman, conde de Orgaz, á que no pudiese tener otro derecho que tomar residencia, en el caso de hallarse personalmente en esta v., acomulative y á prevencion con los alcaldes ordinarios, de ella ó los oficiáles de su gobierno, con arreglo á las leyes reales, en corroboracion de la posesion inmemorial, y de las cartas ejecutorias que tenia la v. Ultimameute consta de la Real cédula de 12 de agosto del año de 1635, que á esta v. y la de Sta. Cruz de Campezo, en virtud de la obligacion que contrageron á 9 de octubre de 1630 de dar al rey 5,000 ducados, y del efectivo pago que hicieron en 20 de julio de 1635, en esta manera: Antoñana 2,202 y la de Sta. Cruz de Campezo 2,798 de á 375 mrs. cada uno, recibidos en plata doble, se declaró á su favor por ningúna la merced que se habia hecho al conde de Orgaz, y en su consecuencia se mandó despachar privilegio á Antoñana para tener y gozar perpétuamente la jurisd. civil y criminal, que no tocó ni toca á dicho conde, y de que habeis usado y usais; asi por cartas ejecutorias, como en otra cualquier manera á mí perteneciente, sin tocar ni innovar en la jurisd. de dicho conde por el domicilio de la dicha v. etc.»

ANTOÑAN DEL VALLE: l. en la prov. de Leon (5 1/2 leg.), part. jud. y dióc. de Astorga (2), aud. terr. y c. g. de Valladolid (24), ayunt. de Benavides: SIT. en un valle, batido por todos los vientos y con CLIMA sano: sus CASAS, aunque se hallan separadas las unas de las otras, forman sin embargo cuerpo de pobl. con calles anchas y sin empedrar: tiene una igl. bajo la advocacion de San Salvador, servida por un cura párroco de libre provision, un cementerio en parage ventilado, y varias fuentes en el térm., de cuyas aguas se surte el vecindario para sus usos domésticos, y abrevadero de los ganados. Confina con Quintanilla del Valle, Palazuelo, Vega de Antoñan y Otero del Escarpizo: su TÉRM. participa de terreno quebrado, cuyas colinas, en las que se crian pastos y monte bajo, proceden de la meseta que forma la der. de la Cuenca de Orbigo y la izq. de Riotuerto; todo él es de secano, pedregoso en las laderas y arcilloso en el fondo, sin mas aguas que las de un arroyo formado por el derrame de las fuentes de que se ha hecho mérito: los CAMINOS son de pueblo á pueblo, los que, aunque descuidados, están transitables para carros del pais: y el COMERCIO se reduce á la esportacion de algunos hilados que venden en la Bañeza, comprando el lino en el mercado de Benavides, y á la importacion de varios artículos de consumo de que carecen, PROD.: centeno, trigo y cebada, y cria ganado vacuno y lanar: POBL.: 84 vec.: 264 alm. CONTR. con el ayunt.

ANOÑANES DEL PARAMO: l. en la prov. de Leon (5 leg.), part. jud. de la Bañeza (2 1/2), dióc. de Astorga (3 1/2), aud. terr. y c. g. de Valladolid, y ayunt. de Matalobos: SIT. en llano á 1 1/2 leg. del r. Orbigo, está batido por todos los vientos y goza de CLIMA saludable. Las CASAS que lo constituyen son la mayor parte de tierra con techos de paja de un solo piso y de mala distribucion interior: tiene una igl. bajo la advocacion de San Pedro Apóstol, servida por un cura párroco cuya provision es una vez laical del conde de Luna, y otra alternativa de presentacion ecl. Confina su TÉRM. por N. con el de Bustillo, por E. con los de la Mata y Villarin, por S. con el de Mansilla del Páramo, y por O. con el de Huerga de Frailes: el TERRENO es todo de páramo por cuya razon solo prod. centeno y ganado lanar: la IND. consiste en algun tráfico al por menor de aceite de linaza qué sus hab. compran y venden por el pais. POBL. 40 vec. 186 alm. CONTR. con el ayuntamiento.

ANTOÑANZAS: ald. en la prov. de Logroño, part. jud. de Arnedo, térm. jurisd. de *Munilla*: (V.); SIT. en una altura, combatida por todos los vientos, y CLIMA frio, pero saludable. Tiene varias casas con 1 igl. á la que concurre á decir misa el cura de Peroblasco, que es individuo del cabildo parr. de Munilla. El TERRENO prod. granos de todas clases, patatas, legumbres y sostiene con sus buenos pastos mucho ganado lanar y cabrio. POBL. 15 vec. 49 alm. CONTR. con el ayunt. de la espresada villa.

ANTORAL: l. en la prov. de Pontevedra, ayunt. de Setados y felig. de Santiago de *Tortoreos* (V.).

ANTRACA: Las tablas de Ptolomeo presentan esta c. en la region de los vacceos. El verbo griego ανθρακώ (*anthraco*) significa *quemar*, y de aqui *Antraca*, la quemada. Este nombre se halla en una v. muy principal de la region vaccea, que es *Torquemada*, siendo muy probable su correspondencia (V. TORQUEMADA.)

ANTRELLUSA: puerto muy reducido en la prov. de Oviedo, term. municipal de Carreño, part. jud. y comandancia de marina de Gijon: SIT. al E. de la *Punta de Socampo*; su entrada está abrigada por una isla, pero solo lo usan los pescadores de sardina, con pequeñas barcas por no poder entrar de otra clase: se notan señales de haber tenido pobl.;

mas hoy se halla desamparado: aun se conservan restos de obras, por cuyo medio parece que se sobordaban las lanchas de pesca para asegurarlas en tierra, de los embates del mar y la fuerza de los vientos.

ANTRIALGO: l. en la prov. de Oviedo, ayunt. de Piloña y felig. de San Pedro de *Villamayor* (V.): SIT. á la orilla del r. Grande ó Piloña, sobre el cual tiene un puente de madera de 5 pilastras: POBL. 38 vec. 155 almas.

ANTRIALGO: l. en la prov. de Oviedo, ayunt. de Polo de Laviana y felig. de San Juan de *Antrialgo* (V.): SIT. á la márg. izq. del Nalon entre este r. y el riach. que baja de Villoria: POBL. 10 vec. 49 almas.

ANTRIALGO (vulgo ENTRALGO) SAN JUAN DE: felig. en la prov. y dióc. de Oviedo (6 leg.), part. jud. de Pola de Laviana (1), y ayunt. de Laviana: SIT. á la izq. del r. Nalon y falda de la montaña que limita el concejo de Aller: su CLIMA frio, pero sano: comprende los l., barrios y ald. de Acebal, Antrialgo, Canzana, Celleruelo, Inguanzo, Muñera, Puente de Arco, Ribota y Soto: hay fuentes de buenas aguas, y la igl. parr. (San Juan), está servida por un curato de primer ascenso y patronato Real; el cementerio es capaz y bien ventilado. El TÉRM. confina por N. con el de Pola de Laviana, de la que le separa el Nalon: por E. con la de Sta. Maria de Carrió; por S. con la de San Nicolas de Villoria y por O. con la de San Martin de Lorio. Ademas del Nalon le baña un riach. que baja de Villoria á desaguar en aquel r., despues de dar movimiento á 3 molinos harineros y haber regado algunas praderias y arbolados: en la montaña que se ha indicado al S. del Nalon, se conservan las ruinas de un cast. denominado del *Circo*, y que se dice ser del tiempo de los árabes: el TERRENO destinado al cultivo, aunque escaso, es de buena calidad y fértil; se labra con yuntas de bueyes y vacas y sin otro abono que el estiércol; hay buenos robles, nogales, castaños, avellanos y otros árboles, aunque no en el número que pudiera. Los CAMINOS que cruzan el térm. son vecinales y se hallan en mediano estado: la CORRESPONDENCIA la reciben en Pola de Laviana, y a de la Pola de Siero: PROD. trigo, centeno, maiz, habas, castañas, nueces, avellanas y patatas, algunas legumbres, frutas y hortalizas: cria ganado vacuno, caballar, yeguar, mular, lanar, cabrio y de cerda: IND.: la agricola, y para la venta del sobrante de las cosechas, asi como para el tráfico de cuatropea, concurren al mercado que todos los juéves se celebra en la Pola de Laviana: POBL. 79 vec. 396 alm. CONTR. con su ayunt. (V.).

ANTRIN: riach. en la prov. de Badajoz: tiene su origen entre Nogales y Feria, part. de Zafra; y despues de correr 6 leg. entra en el Guadiana á 1/2 leg. de Talavera la Real, habiendo antes cruzado á 3 1/2 de Badajoz la carretera general de esta c. á Madrid, en donde tiene un buen puente con 3 arcos de piedra de grano, reedificado en 1833: no se paga pontazgo; cria peces comunes y con escasez: este r. se llama tambien Lentrin ó Lantrin en virtud de la pronunciacion vulgar.

ANTROMERO DE ABAJO: ald. en la prov. de Oviedo, ayunt. de Gozon y felig. de San Martin de *Bocines* (V.).

ANTROMERO DE ARRIBA: ald. en la prov. de Oviedo, ayunt. de Gozon y felig. de San Martin de *Bocines* (V.).

ANTUIN: l. en la prov. de Lugo, ayunt. de Sober y felig. de Sta. Maria de *Bolmente* (V.).

ANTUIN: ald. en la prov. de Pontevedra, ayunt. de Lalin y felig. de Santiago de *Catasós* (V.): POBL. 2 vec. 10 almas.

ANTUIÑO (STO.): ald. en la prov. de Lugo, ayunt. de Saviñao y felig. de Santiago de *Louredo* (V.): POBL. 5 vec. 27 almas.

ANTUMIANA ó ARTUMIANA; cas. en la prov. de Alava, ayunt. y térm. de Arceniega: POBL. 2 vec. 9 almas.

ANTUÑANO: barrio en la prov. de Búrgos, part. jud. de Villarcayo y ayunt. del valle de Mena: es uno de los que componen el lugar ó concejo de *Bortedo* (V.).

ANUCITA: l. en la prov. de Alava (3 1/2 leg. á Vitoria), dióc. de Calahorra (20), part. jud. de Salinas de Añana (1 1/2), y ayunt. de la Ribera Alta (1): SIT. á la falda NO. de Sopeña, y márg. izq. del r. Bayas: su CLIMA sano: se compone de unas 10 CASAS, inclusas las de su barrio, llamado Mimbredo, y hay una escuela costeada entre ocho pueblos circunvecinos. La igl. parr. (San Estéban Proto-Mártir), está servida por un cura y un beneficiado; hay una ermita dedicada á San Clemente papa. El TÉRM. confina con la cord. de Peñas á 1/4 de leg.; por E., á igual dist, con Nubilla, por S. á 1/2 leg. con Hereña, y á O. 1/4 con el indicado r. Bayas en su tránsito de Corvea al Ebro, con cuyo r. confluye. El TERRENO en su mayor parte calizo y estéril, se presta poco al cultivo, y el monte sólo produce maleza: los CAMINOS son vecinales y medianos: el CORREO se recibe en la Puebla de Arganzon (1 leg.): PROD.: trigo, cebada, avena, varias legumbres y patatas: cria ganado cabrio, y se encuentran algunas perdices y pesca menuda, hay un molino harinero: POBL.: 12 vec., 62 alm.: CONTR.: (V. ALAVA INTENDENCIA.)

ANUE: arciprestazgo de la dióc. de Pamplona, en la prov. de Navarra: comprende (en el valle de su nombre) los pueblos de Lanz, Ealegui, Egozcue, Olague, Arizu, Leazcue, Etulain, Burutain y Esain; (en la cendea de Ansoain) los de Artica, Ansoain, Berriozabar, Ainzoain, Berrioplano, Berriosuso, Ballariain, Elcarte, Oteiza y Añezcar; (en el valle de Ulzama) los de Juarve, Auza, Elzaburu, Larrainzar, Iraizoz, Alcoz y Locen, Arraiz y Orquin, Cenoz, Lizaso, Gorronz, Olano y Udoz, Guerendiain, Elso, y Urrizola con Galain; (en el de Olaibar) los de Olave, Olaiz, Osocain, Osavide, Zandio y Beraiz, Olaibar, Enderiz y Ostiz; (en el valle de Ezcabarte) Arre, Oricain, Sorauren, Anoz y Naguiz, Aderiz y Eusa, Orrio, Maquirriain, Cildoz, Garrues, Azoz y Ezcaba; (en el de Julaspeña) Ollacarrizqueta é Igurzun, Nuin, Beorburu, Osacar, Aristregui, Osinaga, Larrayoz y Oñaga, Marcalain y Gasciriain, Navaz, Unzu, Belzunce y Usí; (en el de Odieta) los de Ciaurriz, Anocibar Ripa y Güendulain, Latasa y Orocheta, Gascue y Guelbenzu; y (en el Valle de Atez) los de Eguaras, Arostegui, Erice-Labaco y Amalain, Ciganda y Eguillor, Berasain, Beunza é Iriberri; cuya pobl. es de 1,031 vec., 7,580 alm., componiendo el personal de sus parr. 72 curas párrocos é indeterminado número de sacerdotes y subalternos.

ANUÉ: valle en la prov., aud. terr. y c. g. de Navarra, merind.; part. jud. y dióc. de Pamplona, arciprestazgo de su nombre. comprende los pueblos de Arizu, Burutain, Ealegui, Egozcue, Esain, Etulain, Leazcue, Olague, y la v. suelta de Lanz (*). Se encuentra SIT. en terreno montuoso, libre á la influencia de todos los vientos y con CLIMA muy saludable. Confina por N. con el de Baztan (2 leg.), por E. con el de Esteribar (igual dist.), por S. con el de Olaibar (1), y por O. con el de Ulzama (la misma dist.), estendiéndose 4 leg. de N. á S., y 1 de E. á O. entre los dos riach. qué principalmente tributan sus aguas al r. *Arga* antes de llegar á Pamplona. El TERRENO, aunque escabroso y desigual, es bastante fértil; en la parte montuosa cria muchas encinas, arbustos y gran cantidad de pastos para toda clase de ganados. Hácia el N. se halla la montaña, denominada Arcequi, cuyas cúspides se conceptúan de las mas altas de la prov.; en su falda oriental brotan seis copiosas fuentes, que aprovechan los vec. para surtido de sus casas y otros usos agrícolas; de una de ellas, llamada *Oculin*, se forma el pequeño r. de *Anué*, que corre por el lado del S. con inclinacion al O., hasta que confluye en el Arga. PROD.: trigo, cebada y maiz para consumo de sus hab., legumbres, hortaliza y algunas frutas; cria mucho ganado vacuno, lanar, cabrio y de cerda, especialmente con los escelentes pastos de la referida sierra de Arcequi, cuya circunstancia contribuye á que este valle sea uno de los mas ricos y florecientes de Navarra: y tambien hay abundante caza de diversas clases: POBL.: 173 vec., 953 alm.: RIQUEZA PROD., con inclusion de la perteneciente á Lanz, 310,356 rs.

ANUE (DE) riach.: en la prov. de Navarra, part. jud. de Pamplona, que nace en la montaña de Arcequi y atraviesa por el valle de su nombre. (V).

ANUNCIBAY: barrio y puente en la prov. de Vizcaya, ayunt. de Orozco, y anteigl. de San Pedro de *Murueta*. (V).

ANXOMIL: l. en la prov. de la Coruña, ayunt. de San Vicente de Pino, y felig. de San Julian de *Cebreiro*. (V.): POBL.: 6 vec., 26 almas.

ANYSTO r.: Avieno en su poema didascálico, mencionó este r., en la region de los *indigetes*. No aparece con este nombre de otro geógrafo. Tal vez sea al r. Mañol, pues trae algun residuo de aquel este nombre.

(*) Llámase pueblo ó villa suelta en Navarra, la que estándo comprendida en un valle ó cendea, se rige por si, sin sujecion alguna ni dependencia de la cabeza ó de la Junta general.

ANYSTUS AMNIS: (V. ANISTO r.).

ANZANO (CASTILLO DE): cot. red. perteneciente á la casa de Espes: de la prov. y part. jud. de Huesca, en la jurisd. del l. de Esguedas: SIT. en un espacioso llano, libre á la influencia de todos los vientos. Tiene una casa propia para las labores del campo, con graneros y demas apartamientos necesarios para la recoleccion de la cosecha, custodia de utensilios, bestias y ganados, y con un oratorio en la misma donde se celebra misa los dias feriados. Carece de arbolado, pero cria abundantes y ricas yerbas de pasto. Los confines de su TÉRM., calidad del TERRENO, PROD. y demas (V. ESGUEDAS).

ANZANIGO: l. con ayunt. de la prov., adm. de rent. y dióc. de Huesca (7 1/2 leg.), part. jud. de Jaca (4 1/2), aud. terr. y c. g. de Zaragoza (15): SIT. á la márg. der. del r. *Gállego*, al pie del monte llamado Selva, en un pequeño llano, al cual rodean los montes Poyro, la espresada Selva y Pueyo, combatido de todos los vientos, en especial de los de N. y S. Su CLIMA es sano: tiene 16 CASAS, una escuela de primeras letras, dotada en 8 cahizes de trigo, teniendo ademas el maestro la obligacion de servir de sacristan, campanero y secretario de ayunt.; y 1 igl. parr. bajo la advocacion de Sta. Agueda Virgen y Mártir, servida por un cura, cuya provision corresponde á S. M. ó al diocesano, mediando oposicion en concurso general: el edificio es de piedra con tres altares. En parage muy ventilado está el cementerio. Inmediatas á la pobl. hay pequeñas fuentes de muy buenas aguas, para el surtido del vecindario y abrevadero de los ganados, sirviéndose indistintamente para estos objetos de las del r. Gállego, que no son de peor calidad. A media hora se encuentra la ermita de la Virgen de Izarve, imágen muy venerada de los hab. y pueblos limítrofes. Confina el TÉRM. por N. con el monte del l. de Centenero (1 hora), y con la pardina de Pacopárdina (1/2), por el E. con la pardina de Salamaña y Sta. Quiteria (3/4), por el S con el monte de Rasal (2) y pardina de la Garoneta (1), y por el O. con el monte de Yeste (1 1/4). El TERRENO es montuoso y áspero, sin mas llanos que el de algunos muy pequeños valles. Sus montes prod. pinos de mala calidad, robles, sabinas, coscojos, bojes y otros arbustos; pero si se sacaran del abandono en que se encuentran, podrian prosperar en ellos otros árboles, como nogales, almendros, manzanos, perales, castaños, moreras, etc. Los granos que se cogen de toda especie son de muy buena calidad, aunque en muy corta cantidad, por ser poca la tierra que se cultiva: hay un corto trozo plantado de viñas de pocos años, cuyo fruto es de mediana calidad. El cáuce del r. Gállego, que hemos dicho, pasa por cerca de la pobl., es muy profundo, y sus aguas no pueden aprovecharse para el riego: hay otro que pasa por este monte y desagua en el Gállego; se llama Izarbe, y corre á 200 pasos de la ermita arriba espresada: tampoco puede regarse con sus aguas, por ser demasiado montañoso á un lado y otro el terreno, con grandes peñascos y honduras, por las que no se puede sacar acequias. A falta de otros arbolados que los ya referidos, se encuentran varias flores muy hermosas, muchas yerbas odoríferas y en abundancia para medicamentos y para pasto de los ganados. Los CAMINOS son de herradura y de muy mal acceso: por medio del pueblo pasa el que conduce de Zaragoza para Jaca, y á dist. de 200 pasos, poco menos, se halla un puente de piedra con cinco arcos sobre el espresado r. Gállego. La CORRESPONDENCIA se recibe de Ayerve: PROD.: cereales y vino, todo en corta cantidad, algunas legumbres y hortalizas de muy buena calidad, en varios huertecillos que hay en los alrededores del pueblo; y cria ganado lanar, cabrío y vacuno; caza de perdices, liebres, conejos, y pesca de truchas; anguilas y nutrias. Tambien se albergan corzos, jabalíes, lobos, zorras, gatos monteses, ardillas, tejones y otros animales: POBL.: 9 vec. de catastro, 100 alm.: CONTR.: 2,913 rs.

ANZAS: l. en la prov. de Lugo, ayunt. de Rivadeo, y felig. de San Vicente de *Cubelas* (V.): POBL.: 50 vec., 234 almas.

ANZAS: l. en la prov. de Oviedo, ayunt. de Tineo, y felig. de San Estéban de *Bustiello* (V.): POBL.: 8 vec., 43 almas.

ANZO: l. en la prov. de Oviedo, ayunt. de Sobrescovio, y felig. de Sta. Maria de *Oviñana*. (V.): POBL.: 4 vec., 15 almas.

ANZO: l. en la prov. y dióc. de Oviedo (3 3/4 leg.), part. jud. de Právia (2 3/4), ayunt. de Grado (1/2), y de la felig. de San Juan de Peñaflor: SIT. á la falda de la montaña de Aguileiro, mas abajo de la vega de Anzo, y á la márg. izq. del r. Nalon: su CLIMA es sano: confina con su parr. por O., y á unas 300 varas: el TERRENO, bastante llano y fértil, cuenta no obstante con bosques de maleza y pastos: sus prod.: maiz, escanda, patatas, habas, otras legumbres, frutas y hortalizas: cria ganado, con especialidad vacuno: POBL.: 20 vec., 82 alm.: CONTR.: con la felig. y ayunt. (V).

ANZO (SAN JUAN DE): felig. en la prov. de Pontevedra (11 leg.), dióc. de Lugo (10), part. jud. y ayunt. de Lalin (1): SIT.: á la márg. izq. del r. Deva, sobre la ladera occidental del Carrio, donde la baten todos los vientos: su atmósfera despejada, y CLIMA bastante saludable: tiene 32 CASAS de mediana construccion, repartidas en las ald. que la componen, que son Barrio, Cruceiro, Iglesia, Nogueiras, Outeiro, Reibó y Sisto: la igl. parr. (San Juan) es anejo de Sta. María de Noceda: su TÉRM. confina por N. con el de San Facundo de Busto, por E. con el de San Adrian de Madriñan, por S. con el de la matriz, y por O. con Sta. Eulalia de Lozon, estendiéndose á menos de 1/4 de leg. de uno á otro punto. El TERRENO es áspero y escabroso; brotan en él diversas fuentes de buenas aguas, y abraza sobre 1,400 ferrados, de los que unos 600 permanecen de monte, donde se crían escelentes pastos para toda clase de ganados, destinándose los restantes á labores de distintos géneros: los CAMINOS son veredas vecinales: el CORREO se recibe en Lalin: PROD.: centeno, maiz, lino, mijo menudo, panizo, patatas, nabos, hortaliza y frutas: cria mucho ganado vacuno, de cérda, lanar y cabrío: COMERCIO: el de esportacion de ganados para otras prov.: POBL.: 32 vec., 160 alm.: CONTR.: con su ayunt. (V).

ANZO (VEGA DE): l. en la prov. de Oviedo (3 leg.), part. jud. de Právia (3), ayunt. de Grado (1), y felig. de San Martin de *Grullés* (1/4): SIT. á la márg. izq. del Nalon, bastante inmediato á él, y en frente de Balduno, que corresponde al conc. de las Regueras: POBL.: 14 vec., 63 almas.

ANZO: r. en la prov. de Navarra; conocido comunmente con el nombre de *Areso* (V).

ANZO: l. en la prov., aud. terr. y c. g. de Búrgos (18 leg.), part. jud. de Villareayo (6), dióc. de Santander (11), ayunt. del valle de Mena: SIT. á la falda de una elevada peña, que le resguarda del viento S.: combátenle por lo regular los del E. y NO., por cuya razon su CLIMA es frio, aunque sano. Se compone de 44 CASAS de 16 á 28 piés de elevacion, algunas con piso alto, la mayor parte de las cuales estan divididas en dos barrios, y las restantes diseminadas: hay 1 escuela de primeras letras, sin mas dotacion que las asignaciones de los alumnos que á ella concurren; 1 igl., bajo la advocacion de San Estéban Preto-mártir, servida por un cura párroco; 1 ermita que llaman de Sta. Maria Egipciaca, sit. como á unos 300 pasos de la pobl. por la parte del E., sobre una altura, desde la que se descubre la mayor y mejor parte del valle de Mena; un cementerio en parage ventilado, y una fuente dentro del pueblo, y 3 en el térm.; dos de estas últimas son de superior calidad, pero la otra, que es la mas próxima al l., pasa por una mina de yeso, con cuyo motivo nada se puede cocer con sus aguas, y segun el dictámen de varios facultativos, es propensa al mal de orina, enfermedad que no se ha desarrollado con todo en sus hab., sin embargo de que la mitad de ellos la usan para beber. Confina su TÉRM. por N. con Villasana á 1/2 leg., por E. con Ovilla, á igual dist., por S. con el valle de Losa á 1, y por O. con Vigo á 1/2. El TERRENO es muy á propósito para siembra de trigo, y se divide en primera, segunda y tercera suertes: la primera contiene 80 fan. de tierra de sembradura, la segunda 90 y la tercera 130, que prod. de 5 á 8 por 1: todo él es de secano, pues no le atraviesa mas que un pequeño arroyo formado por los derramés de las citadas fuentes, con cuyas aguas se riegan únicamente algunos huertecillos: tiene tambien un monte sit. al S., tal cual poblado de hayas y algunos robles: los CAMINOS son de pueblo á pueblo, en mal estado; y el CORREO lo recibe por balijero los lunes, juéves y sabados, saliendo los mártes, viérnes y domingos. PROD.: trigo, maiz y patatas en abundancia, cebada, avena y judias, y cria ganado vacuno, yeguar, cabrío, lanar, de cerda y algo de mular: este último y el yeguar es el mas preferido, en razon á que es el que rinde mas utilidades, y el que menos cuesta en proporcion: en sus campos se cazan perdices y codornices en gran número, y algunas liebres y palomas torcaces: sus hab. se dedican por lo general á la agricultura y cria de ganados, consistiendo únicamente su COMERCIO en la esportacion de algunas fan. de trigo y venta de ganado, y en la importacion de calzado, vestidos y otros artículos de primera necesidad: POBL.: 40 vec., 170 alm.: CONTR.: con el ayuntamiento.

ANZOBRE: l. en la prov. de la Coruña, ayunt. de Arteijo y felig. de San Pedro de *Armenton* (V.).

ANZOBRE: ant. jurisd. en la prov. de la Coruña, que comprendia las felig. de San Pedro de Armenton y San Esteban de *Larin* (V.), y cuyo juez ordinario le nombraba el conde de Jimonde.

ANZORA: barrio en la prov. de Vizcaya y anteigl. de Ibarranguelua: tiene una ermita dedicada á San Vicente mártir.

ANZORES ó PUNTA DE STA. CATALINA: en la prov. de Vizcaya, part. jud. de Marquina, térm. de la v. de Lequeitio: SIT. en el Océano Cántabrico al NO. de la ria y puente de Lequeitio, 3 1/2 millas del cabo Ogoño y 1 de la montaña denominada Alto de Lequeitio; es punto de vigia y de defensa para el mismo puerto; su elevacion es mediana y su color negro: hay una ermita dedicada á Sta. Catalina, Virgen y Mártir, de la cual tenia el nombre.

ANZUJAO: cas. en la prov. de Pontevedra, ayunt. de Lalin y felig. de San Adriano de *Madriñan* (V.) POBL. 1 vec. 5 almas.

ANZUL: v. ant. (hoy desp.) en la prov. de Córdoba, part. jud. de Aguilar de la Frontera, térm. alcabalatorio de Puente-Genil. Solo queda de su anterior pobl. un cast. que lleva su nombre construido en un cerro muy elevado rodeado por todas partes de cortijos de labor pertenecientes casi todos al duque de Medinaceli. Confina por N. con Lucena (3 leg.), por E. con Aguilar (2), por S. con el r. *Genil* (1/4) y por O. con Puente-Genil (3/4). El licenciado Franco dice, que antiguamente fue Ventipo, célebre por la resistencia hecha á Julio Cesar, pero que capituló á la noticia de lo acaecido en Ategua. Otros creen que Ventipo fue Puente-Genil antes llamado Puente D. Gonzalo, en atencion á las medallas y lápidas encontradas en el térm. de Casariche cerca de dicha v. del Puente, las cuales son anteriores á la época del imperio romano.

ANZUOLA: r. en la prov. de Guipúzcoa, part. jud. de Vergara; se forma de las regatas de Iguirain y Lizar-Erreca que unidas pasan por medio de la v. de Anzuola, de la que toma el nombre; y dirigiéndose de E. á O. llega al barrio de San Antonio de la v. de Vergara, en donde se une al Deva despues de cortar la carretera de Madrid á Francia, donde encuentra un puente de piedra de un arco; en su curso le cruzan 5 puentes, impulsa á 6 molinos harineros, y fertiliza poco terreno y proporciona alguna pesca.

ANZUOLA: ant. part. de la prov. de Guipúzcoa que se componia de la v. de su nombre y del l. de Viarraga, y ocupaba el asiento número 31 en las juntas de su provincia.

ANZUOLA: v. en la prov. de Guipúzcoa (7 1/2 leg. de Tolosa), dióc. de Calahorra (22), aud. de Búrgos (30), c. g. de las prov. vascongadas (7 1/2), y del part. jud. de Vergara (1/2) con ayunt. de por sí: SIT. en la carretera de Madrid á Francia en terreno quebrado y rodeada de los montes de Sta Cruz, Astuaga, Descarga, Laquiola, Arrola, Coroso, Lizargarate, Astubiaga y Miso: CLIMA húmedo, pero sano: comprende los barrios de Basálde, Galarza, Irundegui, Lizarraga y Uzárraga, que reunen hasta 19 cas.: el casco de la v. se forma de 4 calles, 2 plazas, en la principal está la casa de ayunt. cuyo edificio de piedra sillar con arcos y soportales, ocupa uno de sus frentes, formando otro el de la parr. de Ntra. Sra. de la Piedad, hermoseado con el pórtico recien construido: en esta plaza hay una buena fuente, y en la casa ayunt. se halla establecido un decente hospital para los pobres enfermos: en la segunda plaza, denominada Ondarra, hay otra fuente de agua cristalina y perenne como lo es la de la plaza principal. Las casas de la v. en número de 86 son de buena y cómoda construccion: tiene escuela dotada por los fondos municipales con 200 ducados, á la cual asisten sobre 80 niños y niñas, ademas de los que concurren á las particulares establecidas en Uzárraga y en la ermita de Sta. Engracia. Dos igl. parr. proporcionan el pasto espiritual, y unidas entre si, no se distinguen con el nombre de matriz ó aneja. La de San Juan Bautista sit. en lo mas eminente del barrio de Uzarraga, es de las igl. rurales mas ant. del pais: perteneció el edificio á los templarios, y Fernando IV el Emplazado, lo cedió con los bienes del monasterio y los de Sta. Marina de Ojirondo de Vergara, en 1805, á Beltran Ibañez de Guevara (despues conde de Oñate), por unos collados que este poseia en la prov. de Alava; pero reedificada la igl. desde los cimientos, á mediados del siglo último, no conserva signo alguno de su antigüedad, ni otro documento que los libros parr. principiados en 1498: su arquitectura es muy mediana, forma una sola nave con crucero y recibe la luz por la parte del mediodia. La otra igl., sit. como se ha dicho en el centro de la pobl., se erigió por los años de 1524, y la consagró en 8 de marzo del 25 el ob. de Tripoli; su arquitectura es sencilla de una nave y crucero; su long. 143 pies sobre 47 de lat.; el retablo principal que no cuenta medio siglo, es de mármol estraido de las canteras de Azpeitia, bastante bello y de órden corintio; en su centro está colocado un grupo de escultura en alto relieve, que representa á Ntra. Sra. en el acto de contemplar el cuerpo difunto de su Santísimo Hijo, y en la sacristia hay algunas pinturas al oleo de dibujo correcto y buen colorido. Estas igl. son servidas por 8 beneficiados, 4 de racion entera y los otros de media racion; los 2 mas antiguos *cura rector* y *cura coadjudor*, alternan de dos en dos años de una á otra igl.: ambas son de patronato del conde de Oñate, quien presenta los beneficios en hijos patrimoniales: las rent. de los beneficios curales son de 400 ducados, los 2 de racion entera 300, y los 4 de media de 200: el patronato estaba obligado á entregar al mayordomo capitular del cabildo 360 fan. de trigo, otras tantas de maiz y 200 ducados; y los curas rector, y coadjutor percibian de las primicias 20 fan. de trigo, ó igual cantidad de maiz para completar su dotacion. El TÉRM. municipal confina por N. á 1/2 leg. con Vergara y montes de Elosua; por E. á 1 con Villarreal; por S. con Legaspia y Oñate á igual dist., y por O. vuelve á tocar en Vergara. Al lado occidental y á una milla de la pobl., hay una fuente mineral ferruginosa, y otros varios manantiales de agua potable en los montes que le rodean, y cuyos derrames forman las regatas de Iguirain y Lizar-Erreca que dan origen al r. Anzuola, que despues de pasar por el centro de la v. cruza la carretera por junto al portazgo y parador de San Antonio, por bajo de un puente de piedra de un solo arco, y se une al r. Deva. El TERRENO montañoso, como se ha indicado, tiene no obstante un pequeño llano inmediato á la pobl.; en lo general es arcilloso y se ve una lozana vegetacion debida mas al arte que á la calidad de la tierra. Los CAMINOS, escepto la carretera, son en estremo penosos, y el CORREO se recibe de Vergara por medio de un peaton. Las diligencias paran en esta v. el tiempo necesario para mudar los tiros en una buena posada. PROD. trigo, maiz, castañas, habas, judias, manzanas, nueces, lino y patatas: los montes poco arbolados sirven para el pasto de ganado vacuno y lanar: y crian algunas liebres, perdices y tordas. La IND. cuenta con 4 molinos harineros y 2 buenas fábricas de curtidos, y un crecido número de telares ocupados en la marragueria, cuyos efectos elaborados no solo se espenden en los pueblos de Guipúzcoa, sino tambien en muchos de Castilla y Aragon: el COMERCIO se reduce á varias tiendas surtidas de generos para el consumo, y las especulaciones se hacen mas bien en cambio de trigo que por medio de métalico: el vino y el aceite es importado de las prov., Alava y Navarra, y permutado por cereales. POBL. la de la v. asciende á 116 vec. y en los cincos barrios se cuentan hasta 177, formando un total de 1,800 alm.; sin embargo, los datos oficiales le designan 215 vec. y 1,073 alm.: su RIQ. TERR. se valora por los mismos datos en 109,137 y la mercantil é ind. en 18,000: CONTR. (V. GUIPUZCOA.) Por un documento existente en el archivo de San Pedro de Vergara, resulta que el casco de la pobl. de Anzuola, es posterior al año de 1394, pues en aquel tiempo no se conocia semejante nombre, y esta parte cuya descripcion se ha hecho, era conocida con el nombre de *anteigl. de Uzarraga*. Pero los vec. de Uzarraga, los de Ojirondo (Sta. Marina de Vergara) y los de San Pedro de Ariznoa, cuya igl. existia el año de 1200, se reunieron en el pórtico de San Pedro de Vergara, y otorgaron ante Pedro Ochoa de Galarza y Lope Martinez de Aguirre, escritura de union y formacion de una sola v. que fue aprobada por el rey D. Alfonso XI, espidiéndole título de *Villa nueva de Vergara* año de 1268: desde entonces corrió unida esta pobl. con la de Vergara, formando una sola v.; pero Anzuola pidió y obtuvo la separacion é independencia de Vergara, que le fue otorgada por Real cédula en 1630, desde cuya época es v. de por sí. El escudo de sus armas está dividido en 4 cuarteles: en el 1.° en campo azul un rey vestido de púrpura, con cetro y corona de oro y una cadena al cuello: en el 2.° en campo rojo 12 piezas de artillería con las cureñas de su color: en el 3.° en campo verde, un caliz de oro y encima una hostia de plata, y á cada lado un pino perfilado de oro: en el 4.° en campo azul el nombre de María, coronado de oro, con un arbolito en una jarrita de plata á cada estremo; y en el bajo 3 medias lunas africanas de plata.

AÑA: l. de la prov. y adm. de rent. de Lérida (7 1/2 leg.), part. jud. de Balaguer (4), aud. terr. y c. g. de Cataluña (Bárcelona 20 1/2), arciprestazgo de Ager (6), SIT. á la márg. izq. del r. Segre en una altura donde le combaten principalmente los vientos del O, y goza de cielo alegre, despejada atmósfera y CLIMA bastante sano, aunque á las veces suelen aparecer algunas calenturas tercianarias y catarrales. Si bien este pueblo y sus agregados formaban antes parte de la baronia de Mongastre, desde 1842 se dividió esta por real decision en dos ayunt., constituyendo uno el espresado Mongastre con sus agregados, y el otro la pobl. de que se trata con los suyos de Montargull (2/3 de leg.), la ald. de Vallebrerola (igual dist.), y la parr. de Bedreña (1/2); de suerte que todas estas pobl. pueden reputarse como una sola, y por tal las considera la diputacion provincial, designándolas con el nombre de *Aña y Agregados*, á escepcion del térm. que cada una conserva propio y separado del de las demas. Tiene Aña 20 CASAS de regular altura distribuidas en varias calles cómodas y bien empedradas, una plaza, una igl. parr. dedicada á la Asuncion de Ntra. Sra. y servida por un cura párroco, cuya vacante provee el arcipreste previa oposicion en concurso general; y una ermita titulada de Ntra. Sra. de la Ribera, la cual existe á 1/4 de leg. hácia el N. del pueblo. Confina el TÉRM. por el N. con el de Montargull (2/3 de leg.), por el E. con el de Torreblanca (1/4), por el S., mediando el Segre, con los de Vilves y Cofret (400 pasos), y por O. con los de Villebrera y Alentorn (1/3). El TERRENO participa de monte y llano; el primero con escaso arbolado, ofrece únicamente algunas tierras de cultivo de inferior calidad y buenos pastos para el ganado; la parte llana, aunque con poco riego, es bastante productiva, especialmente una pequeña huerta fertilizada con las aguas del mencionado *Segre*, sirviendo para el uso doméstico de los vec. las puras y saludables de varias fuentes, que brotan en distintos puntos del térm. Los CAMINOS son locales, de herradura y se hallan en buen estado, incluso el que conduce á Tremp. La CORRESPONDENCIA la recibe cada interesado en la cartería de Alentorn: PROD. trigo, mucho centeno, cebada, avena, legumbres, patatas, aceite, vino y bellota: cria ganado de cerda, lanar y cabrio en corta cantidad: hay caza de liebres, conejos y perdices, con multitud de palomas montaraces llamadas en el pais *tudons*; y pesca de anguilas, barbos, y truchas en el r.: POBL. de todo el distr. municipal 44 vec. 220 alm.: CONTR.: 2,000 rs., ascendiendo el PRESUPUESTO á 550 rs., que se cubre por reparto entre los vecinos.

AÑA (STA. MARIA DE): felig. en la prov. de la Coruña (7 leg), dióc. de Santiago (6), part. jud. de Ordenes (2), y ayunt. de Frades: SIT. en terreno quebrado en una vertiente sobre el *Tambre*: CLIMA sano: comprende las ald. de Chedas, Lameiro, Iglesia, Ribadas y San Payo, que reunen 50 CASAS rústicas é incómodas: la igl. parr. (Sta. Maria), es de fundacion inmemorial, con cementerio capaz y ventilado, y el curato de provision ordinaria: confina por N. con Boado, por E. con Brates, por S. con Ledoïra, y por O. con Celtigos: la bañan buenas y abundantes aguas que dan impulso á varios molinos harineros: PROD.: trigo, centeno, maiz, patatas y lino: cria ganado vacuno, caballar, mular y de cerda: POBL.: 51 vec.; 255 alm.: CONTR. con su ayunt. (V.).

AÑABETE: granja de la prov. de Ciudad-Real, part. jud. y térm. de Almagro; es lo mismo que Cañabete.

AÑADOR: (V. DAÑADOR).

AÑALES: r.: nace en el puerto de Competa, que está en la sierra de Jatar, térm., y á dist. de 5/4 leg. de la v. de Arenas del Rey, en la prov. de Granada, part. jud. de Alhama; riega las vegas de Arenas y Fornes; mueve 3 molinos harineros, y como á legua, y media de su nacimiento en el sitio llamado la Torrecilla se reune al r. *Armas* (V.).

AÑAMAZA: r. en la prov. de Soria, part. jud. de Agrêda; tiene su orígen en la laguna de Añavieja, de la que se desprenden dos acequias ó ramales; el uno que se dirige á Devanos y toma este nombre; da movimiento á dos molinos harineros, antes de llegar á dicho pueblo; en las inmediaciones de él impulsa las ruedas de otro y un batan, sigue su curso fertilizando varias labores; y pasando por los barrancos de los Cubos, sale del part. de Agreda y entra en el de Cervera, donde se le reune al instante el riach. titulado de la Virgen del Butar, y el otro ramal de Añavieja, que con el nombre de acequia de San Salvador riega la vega de Valverde y sus ventas; desde la confluencia de los repetidos ramales, toma el nombre de r. Añamaza: riega la hermosa vega de este pueblo, de mas de dos leg. de long., y siguiendo su curso en direccion N., va á desaguar en el r. Alhama, unos 400 pasos mas abajo de los baños de Fitero.

AÑANA ó SALINAS DE AÑANA: herm. de la cuadrilla de su nombre en la prov. de Alava: antiguamente perteneció á la cuadrilla de Vitoria; compuesta de las cinco v. de Salinas de Añana, Astulez, Caranca, Sobron y Puentelarrá y de la ald. de Atiega: estos pueblos, sujetos en lo antiguo á la jurisd. de Salinas, como aun existe Atiega, se separaron y la tenian por sí desde el siglo pasado; fueron de señ. desde que Enrique II de Castilla los donó á su repostero mayor Diego Gomez Sarmiento; gozaban de la escepcion de no contribuir con gente de guerra, aunque el Rey necesitase de este servicio, segun lo declaró la junta general en mayo de 1765: esta hermandad se incorporó á la prov. el año de 1460.

AÑANA; cuadrilla en la prov. de Alava, compuesta de las herm. de Salinas de Añana, Bernedo, Guevara, Bergüenda y Fontecha, Estavillo y Armiñon, Morillas, Labraza, Tuyo, Portilla, Hijona, Martioda, Bellogin, Larrinzar y Andollu.

AÑANA ó SALINAS DE AÑANA: v. en la prov. de Alava (5 leg. á Vitoria), dióc. y aud. de Búrgos (16), part. jud. y ayunt. de su nombre, de los que es cap.: SIT. á los 42° 44′ 51″ lat. y 0.° 38′ 2″ long. E. del meridiano de Madrid, entre elevadas montañas que las resguardan de los vientos y sobre el raudal de agua salada de que toma nombre: el CLIMA sano: hay personas que cuentan sobre 90 años de vida y las enfermedades mas comunes son fiebres pútridas. Algunos vestigios indican que esta v. fue punto fortificado, hoy es pueblo abierto con dos plazas y varias calles regulares que reunen 150 CASAS las mas de ellas de mamposteria hasta el primer piso, con mediana construccion; la hay para el ayunt. con un espacioso entresuelo que sirve de paseo de invierno, y una torre contra la cual juegan á la pelota (diversion favorita), y sobre la que está colocado el relox de v.; la cárcel del part., tiene sala de audiencia, habitacion para el alcaide y cuatro departamentos para los presos; hay tres buenos almacenes para la sal, el denominado *del medio*, puede contener sobre 100,000 fan.; tiene escuela elemental completa; asisten 46 niños y 33 niñas; el maestro está dotado con 1,500 rs. que se le pagan con 50 fan. de trigo; hay ademas casas particulares donde enseñan á las niñas á coser y otros adornos de la educacion de su sexo. A principios del siglo último fundó el marqués de Monte-sacro una preceptoria de gramática latina, dotada con 400 ducados sobre el arbitrio *sisa de Madrid*; pero se halla vacante por falta de pago. La igl. parr. (Sta. Maria de Villacones), es matriz de la de Atiega; el edificio de piedra de silleria con 110 pies de long. y 58 de lat.; se divide en 3 naves con 4 arcos, la arquitectura regular, y buena su torre; hay 9 altares, el mayor que representa en 14 cuadros los misterios de la Virgen, está dedicado á la Patrona, cuya festividad celebran el domingo 1.° de octubre en vez de hacerlo el 8 de setiembre; hay un hermoso órgano de 20 registros (costó 1,000 duros), decentes ornamentos y las alhajas necesarias para el culto, que sirven 5 beneficiados (antes eran 6 1/2), y el mas moderno asiste á la hijuela de Atiega: la provision de estos beneficios se hace entre patrimoniales, previo concurso general y presentacion del mismo cabildo: sus rent. consistian en las tercias del diezmo de trigo y cebada, que ascienden las primeras á 300 fan. y 2 de las segundas, 20 fan. de trigo de renta fija y 400 ducados que producia la sal elaborada en sus eras. Los libros parr. alcanzan al año 1570; no obstante se presume existia en el siglo VIII: se hallan agregados á esta parr. los felig. de la de San Cristóbal, que, sit. en la cumbre de la pobl., fué destruida por el general D. Francisco Longa en 1813 para desalojar un destacamento francés que en ella se guarecia: entre sus ruinas se se encuentra una magnífica pila bautismal de piedra, figurando una concha redonda. Al N., y bien ventilado está el cementerio rural. Inmediato á la v. se encuentra uno de los tres monast. de comendadores de San Juan de Acre, de la real y militar órden de San Juan de Jerusalen, con 7 monjas de coro ó velo negro y tres de velo blanco; se ignora la época de su fundacion, sin duda por la pérdida del archivo, que fue pasto de las llamas en el año de 1100, como todo ó la mayor parte del edificio. El TÉRM. se estiende á 1/2 leg. de N. á S., y 3/4 de E. á O.: confina al N. con Basquiñuelas, al E. con Arreo y Viloria, por el S. Villambrosa, y por O. Tuesta: varias fuentes de agua potable, como son la llamada Fuentemenchon, la Dehesilla, la Calleja del Gavilan, Rosales y el Caño abastecen la pobl., facilitan abrevaderos para el ganado y enriquecen á los arroyuelos que, sin proporcionar riego ni pesca, recorren el térm. por entre ásperos barrancales, y llevan sus aguas al Omecillo; el arroyo mas notable es la *Muera*; nace al E., y á 800 pasos de la v., de la fuente *Ontana*. Este manantial, que se gradúa capaz de dar 70,000 fan. de sal prod. en el dia unas 50,000 en la temporada de julio á setiembre; su calidad es de la mejor por lo blanca y salubre; las eras en que se fabrica, son de distintos propietarios, y hasta el número de 5,000, entre las que se hallan 190 pertenecientes á la Nacion, y que en estos últimos años han estado abandonadas. El TERRENO en lo general árido cuenta con unas 100 yugadas de tierra de segunda clase para el cultivo; solo en las hondonadas se encuentran algunos trozos fértiles. Los CAMINOS son de pueblo á pueblo, y capaces para los carros del pais; hay diversos puentes y alcantarillas de mampostería; los llamados de las *Dehesillas* y del *Caño* se hallan en un trozo de camino provisional, con direccion á Vitoria, construido en 1829; otro á la salida del pueblo y camino á Bergüenda; el de *Terraso*, sobre el camino que va al conv. de comendadoras y el de la *Pozanca*, que facilita el tránsito para Atiega y Tuesta; en el dia se trabaja para llevar á efecto el proyecto formado por la Provincia, de abrir carretera formal desde Vitoria, y se estan construyendo varios trozos por cuenta de la Diputacion. El CORREO se recibe los lúnes, miércoles y sábados en la adm. de Miranda por un balijero, y sale por el mismo conducto los domingos, mártes y viérnes. PROD. trigo, cebada, avena, maiz, patatas, alguna hortaliza, manzanas, peras, ciruelas y bellotas; no escasea de leña, pues la proporciona el encinar y robledal; que bien cuidado se conserva á la parte del N. Se cria ganado vacuno y de cerda. La IND., las ARTES y el COMERCIO se hallan reducidas á un molino harinero, 3 hornos de pan, 4 tejedores de lienzo, 6 sastres, 4 zapateros, 7 carpinteros, 2 herreros, 7 canteros, 9 tiendas de mercaderes de telas, quincalla, licores y abaceria; y á la esportacion de algun grano y ganado para Vitoria y Orduña, al paso que el vino y aceite los importan los arrieros de la Rioja, quienes tambien concurren al mercado de ganado de cerda, que se verifica los sábados, desde el anterior al primero de noviembre hasta mediados de febrero: la POBL. con 133 vec., 695 alm., reune 5 ecl., 1 juez de primera instancia, promotor fiscal, 3 escribanos, 2 alguaciles y 1 alcaide de cárcel; 3 abogados y 4 procuradores; un administrador de sus salinas, guarda almacen, pesador, 1 cabo y 4 dependientes de resguardo; 1 médico, 1 cirujano, 2 boticarios, 1 maestro de escuela, 6 propietarios, 30 labradores y varios trabajadores del campo y salina. Sujeta al sistema económico administrativo foral, se halla encabezada en la Diputacion por 9,536 rs. 14 mrs.: CONTR. ademas por mitad de las mensualidades 8,868. El privilegio de pagar la mitad de las mensuales le fue concedido al separarse de Navarra y unirse á Alava: exenta de quintas, con ningun hombre contribuyó para el ejército de la Reina en la última guerra civil, á cuyo servicio se prestaron algunos voluntarios; pero tuvo 80 en las filas de D. Cárlos, de los que murieron 20; en esta misma época, á pesar de las pérdidas y quebrantos que sufrió, calculados en medio millon, contribuyó por exigencia de ambos ejércitos con unos 500,000 rs. Es patria del Excmo. Sr. primer marqués de Monte-sacro, D. Diego de Zárate y Murga, hijo de un infeliz y honrado vecino.

AÑANA ó SALINAS DE AÑANA: part. jud. de entrada en la prov. de Alava aud. terr. de Búrgos, y c. g. de las prov. Vascongadas: comprende sobre 2,300 casas, en 24 v., 69 l., 19 ald., 2 barrios, 13 ventas y 4 despoblados de que se forman los 16 ayunt. cuyos nombres, distancia entre si y la que media á las capitales de prov., dióc., aud. y c. g. de que dependen se demuestra en el siguiente estado.

AÑANA, ó Salinas de Añana (Capitales de ayuntamiento)																				
Armiñon.	2 1/2																			
Berantevilla.	3 1/2	3/4																		
Bergüenda.	1	2 1/2	3																	
Cuartango: cap. Sendadiano.	1 1/2	2 1/2	3	2 1/2																
Lacozmonte: cap. Barron.	1	3	3 3/4	2	1 1/2															
Nanclares de la Oca.	3	1 1/2	2 1/4	3 1/4	1 1/2	2 1/4														
Ribera alta: cap. Antezana.	1 1/2	1	1 3/4	2	1 1/2	2	1 1/2													
Ribera baja: cap. Ribabellosa.	2	1	1	1 1/2	2 1/2	3	2 1/2	1												
Salcedo.	1 3/4	1 1/2	1 1/2	1	3 1/2	4	3	1 1/2	1 1/2											
Salinillas.	4 1/2	2	1 1/2	4	4 1/2	5	3 1/2	3	2	2 1/2										
Subijana.	2 1/2	2	2 3/4	2	1/2	1	1 1/2	1	2	2 1/2	4									
Valdegovia: cap. Villanueva.	3	5 1/2	5 1/2	2	4	2 1/2	5	4	3 1/2	4	6	3								
Valderejo: cap. Lastra.	4	5	5 1/4	3	4	3 1/2	5	4 1/2	3 1/2	3	6	4	2							
Villanañe.	1 1/2	4	6	1 1/2	3	1 1/4	3 3/4	3 3/4	3 1/2	3	5 3/4	2 1/2	3/4	2						
Zambrana.	3 3/4	1 1/4	1/2	3	3 1/2	4	2 1/2	2	1	1 1/2	1	3	5	5	4					
Calahorra: dióc.	20 3/4	18 1/4	17 1/2	20	20 1/2	21	19 1/2	19	18	18	16	20	21 3/4	22	21	17				
Búrgos: dióc.	16	15 1/2	16	15	17 1/2	18	17 1/2	16	14 1/2	14 1/2	17	16 1/2	17	18	17	16	31			
Vitoria.	5	4	5	6	4	4 1/2	2 1/2	3	4 1/2	5	6	3 1/2	7	9	6 1/2	5	17	19 1/2		
Madrid.	58 1/2	57 1/2	58	57	59 1/2	60	59 1/2	58	56 1/2	56 1/2	59	58 1/2	59	60	59	58	74	43	62	

SITUACION Y CLIMA. Colocado al SO. de la próv. y resguardado por montañas en su mayor parte, disfruta sin embargo de buena ventilacion y clima templado y sano.

SU TÉRMINO en una figura irregular se estiende en la linea mas recta de N. á S. 6 leg. y 8 de E. á O.: confina al N. con el de Orduña (ó Amurrio), por E. con el de Vitória, y Condado de Treviño, al SE. con el de Laguardia, por el S. con el r. Ebro y al O. con pueblos de la prov. de Búrgos.

TERRENO. Entre sus muchos montes son notables el Peñasco de Gavia, confinante con Castilla y las sierras de Arreteja y Arcamo: la cruzan distintos r.; el *Zadorra* (V.) le baña por el E. entrando por Viloria y siguiendo al S. pasa por el *Puente nuevo* de piedra con 6 arcos que encuentra en Nanclares de la Oca y por el *Antiguo* y bien conservado en el mismo térm.; desde aqui se dirige á las *Conchas de Arganzon* y dejando á la der. á los l. de Tuyo, Léciñana de la Oca y Manzanos, corre á buscar el puente de Armiñon (*); y sigue por el O. de Berantevilla y La Corzana en cuyo térm. recibe, por la izq. al r. *Ayuda*; continua al puente de Arce y sirviendo de lim. con Castilla á los pueblos de Sta. Cruz, Portilla y Zambrana, deposita sus aguas, al frente de Ircio, en el r. Ebro, que desde los montes de Arcena, llamados tambien de Aracena, viene separando la prov. de Álava de la de Búrgos hasta llegar á Briñas. Por el centro, corriendo de N. á S. le atraviesa el Bayas que trae su origen de las faldas meridionales de Gorvea, y bañando por su izq. al l. de Anda, pasa por bajo de un puente de 4 arcos, penetra en el part. por entre Andagoya y Catadiano: en este pueblo que deja á la izq., encuentra otro puente de piedra de 2 arcos, y se dirige al de Mambay, que es de 3, como el de Sendadiano, cuya pobl. queda á la der.: continua y divide los pueblos de Zuazo y Jocano; este queda á la der. y en aquel existe un puente de 8 arcos como lo es tambien el de Apricano, desde el cual marcha entre Subijana y Morillas que se comunican por un puente de mamposteria, y va á Pobes donde tambien hay un buen puente: queda á la izq. Anucita y sigue el Bayas á la venta de Mimbredo y l. de Hereña, en cuyo puente facilitan el paso dos buenos tablones; toca en los térm. de Caicedo, San Pelayo; Igay y Villavezana donde encuentra el puente de Igay, y mas abajo el de Ribabellosa, y por último baña el térm. de Quintanilla; sale por el puente de Bayas á la prov. de Búrgos, donde se une al Ebro despues que este ha pasado por Miranda. La parte O. del part. es recorrida por varios ramales que forman al r. Omecillo: aquellos deben su origen á manantiales de dentro y fuera de la prov.; uno nace en Basabe y otro á mayor dist. en los montes de Bóveda en el térm. municipal de Valdegovia, cuyo valle atraviesa el Omecillo; el ramal de Bóveda corre de O. á E. dejando á la der. Tobillas y Gurendes, si bien tocando en sus puentes de piedra y bañando por la izq. á Corro, Pinedo y Valpuesta: marcha á San Millan, Villanueva y Villanañe, en donde hay puentes de mediana construccion: uno de los ramales que tienen principio en Castilla es el que nace algo mas arriba de la Peña de Govia en el l. del Arroyo, y se une al que baja de Bóveda; el otro se forma en el valle de Losa, pasa por Berverana y entra en el part. por el l. y puente de Osma; corre á Carauca, donde estan dos puentecillos y una alcantarilla, y se dirige por térm. de Frésneda á Villanañe, desde donde unido á los tres indicados ramales, y recibiendo poco mas abajo al arroyo de Barrio, marcha por entre los pueblos de Espejo y Berguenda á unir sus aguas á las del Ebro al O. de Puentelarrá: en este tránsito encuentra el puente de la Ferreria, de linda construccion (propiedad de los señores Varonas), y los de Espejo y Berguenda, y recibe en fin al arroyo que baja de Salinas. Aunque en lo general este terr. es, como se ha dicho, montuoso y quebrado, forma algunos valles y colinas: á las márg. de los r. y arroyos hay arbolado de bayas, robles, nogales, y se encuentran pinos; pero es notable la plantacion de unos 20,000 chopos, hecha recientemente por D. Anselmo Samaniego, vecino de Sta. Cruz, sobre un terreno antes pantanoso. La tierra destinada al cultivo puede dividirse en dos clases, aunque toda de 3.ª suerte: al N. es calcada sobre lastra caliza y yeso; ál S. arenisca y floja, mas ó menos fértil; pero que no corresponde á la tenaz laboriosidad de aquellos incansables labradores.

El CAMINO de posta que va de Madrid á Francia pasa por el térm. desde el sitio llamado La Pilastra, por la que se erigió hace 50 años por la prov. de Alava para señalar su confin con Castilla; y sigue 3 leg. de S. á N. por Ribabellosa, Armiñon, Lupierro y Nanclares de la Oca; se halla en buen estado, como tambien el que se dirige desde Búrgos á Vizcaya: este entra en el part. por Puentelarrá (compuesto por el comercio de Bilbao), y buscando el N. atraviesa por los pueblos de Berguenda y Espejo, dejando al E. á distancia de un tiro de bala á Villapaderne, Carcamo y Fresneda, y sale á las 2 leg. por Osma. El tercer camino de consideracion lo es el de Antepardo, que desde Puentelarrá se separa del de Vizcaya, y toma la izq. del Ebro y sigue á Fontecha, Antepardo, Caicedo Yusò, Leciñana del Camino, Comunion, Bayas y Arce y continua por Zambrana hasta concluir en las Conchas de Salinillas; alcanza 4 leg. y tiene la circunstancia de hallarse construido sobre la calzada célebre romana de Astorga á Búrgos por la *via de* Deóbriga cerca de Quintanilla. Los demas caminos son carriles y de herradura, bastante quebrados en lo general.

Las PRODUCCIONES comunes son, el trigo, maiz y patatas: hay algunas legumbres, hortalizas y frutas; algo de viñedo, y se cria ganado lanar, cabrio, vacuno, caballar; para este hay cuatro casas de monta, 2 en el valle de Cuartango, una en el de Valdegovia y la otra en el de Lacozmonte: cria tambien ganado de cerda, pero es poca la caza y pesca. Las cosechas no alcanzan al consumo, y en lo general solo se come carne de cerdo.

La INDUSTRIA cuenta con una buena ferrería, con la fábrica de sal (V. AÑANA); algun carboneo y aquellos menestrales mas necesarios como sastres, zapateros, tejedores, herreros y carpinteros. Se celebran dos ferias en este part. y sitio de la ermita de Ntra. Sra. de Angosto, térm. de Villanañe, en los primeros 8 dias de junio y setiembre: son muy concurridas por los labradores y ganaderos de los pueblos inmediatos, quienes buscan en ellas los utensilios para la labranza y la venta ó cambio del fruto de sus cosechas y ganado.

La instruccion pública se encuentra bastante bien atendida, segun lo demuestra el siguiente cuadro:

NUMERO DE Ayuntamientos.	NUMERO DE Almas.	ESCUELAS.	Públicas de ambos sexos.	TOTAL.	CONCURRENTES Niños.	CONCURRENTES Niñas.	CONCURRENTES TOTAL.
16	9485	Elementales.	4	4	130	70	200
		Incompletas.	50	50	603	443	1046
		Totales...	54	54	733	513	1246

Proporcion de las	Escuelas con los ayunt...	3'375 á 1
	Almas con las escuelas...	175'833 á 1
	Id. con los concurrentes..	7'612 á 1

ERTADÍSTICA CRIMINAL. Los acusados en este part. jud. en todo el año 1843 fueron 42, de los cuales resullaron: absueltos de la instancia 4, libremente 5, penados presentes 33. De los penados 1 era reincidente en el mismo delito y 3 en otro diferente. Entre los acusados 3 contaban de 10 á 20 años de edad, 32 de 20 á 40, y 7 de 40 en adelante: 38 eran hombres y 4 mujeres; 16 solteros y 26 casados: 18 sabian leer y escribir; de los demas se ignora si reunian este género de educacion: 1 egercia profesion científica ó arte liberal, y 41 artes mecánicas.

En el mismo periodo se perpetraron 16 delitos de homicidio y de heridas; 1 con arma blanca de uso licito; 3 con instrumento contundente y 12 con instrumentos ó medios no espresados.

Resta, pues, presentar, como lo hacemos, el siguiente:

(*) Este puente tenia 6 arcos de piedra; pero destruidos dos de ellos por disposicion de D. Cárlos en la última guerra civil, solo ha sido recompuesto con madera, á pesar de hallarse situado en una de las principales carreteras de la Península.

CUADRO SINOPTICO, por ayuntamientos, de lo concerniente á la poblacion de este partido, su estadística municipal y la que se refiere al reemplazo del ejército.

AYUNTAMIENTOS Ó HERMANDADES.	OBISPADOS A QUE CORRESPONDEN.	Número de pueblos de que se componen.	POBLACION. Vecinos.	POBLACION. Almas.	ESTADISTICA MUNICIPAL. ELECTORES. Contribuyentes.	ELECTORES. Por capacidad.	ELECTORES. Total.	Elegibles.	Alcaldes.	Tenientes.	Regidores.	Síndicos.	Suplentes.	Alcaldes pedáneos.	REEMPLAZO DEL EJÉRCITO. JOVENES ALISTADOS DE EDAD DE 18 años	19 años	20 años	21 años	22 años	23 años	24 años	TOTAL.	Cupo de soldados correspondiente á una quinta de 25,000 hombs.
Añana.	Búrgos.	2	194	940	115	12	127	108	1	1	4	1	5	1	10	4	9	5	11	7	4	50	No se hizo el reparto á los pueblos.
Armiñon.	Calahorra.	3	55	267	47	8	55	44	1	1	2	1	4	1	1	2	4	1	5	2	4	19	
Berantevilla.	Idem.	8	173	839	101	26	127	91	1	1	4	1	5	8	8	7	8	8	11	4	7	53	
Bergüenda.	Búrgos.	4	132	640	84	12	96	76	1	1	4	1	5	4	6	14	5	5	10	7	11	58	
Cuartango.	Calohorra.	20	164	795	91	21	112	89	1	1	4	1	5	19	19	16	9	7	11	8	13	83	
Lacozmonte.	Idem.	6	82	397	61	10	71	61	1	1	2	1	4	6	2	3	4	3	2	5	7	26	
Nanclares de la Oca.	Idem.	4	58	329	50	8	58	46	1	1	2	1	4	3	7	2	5	1	2	5	5	27	
Ribera alta.	Búrgos y Calahorra.	21	192	932	113	23	136	105	1	1	4	1	5	21	11	8	12	4	7	11	7	60	
Ribera baja.	Calahorra.	6	95	460	63	14	77	61	1	1	2	1	4	6	8	5	5	9	7	5	7	46	
Salcedo.	Idem.	6	121	586	74	16	90	70	1	1	4	1	5	6	9	8	9	4	4	3	4	41	
Salinillas.	Idem.	1	77	373	62	6	68	58	1	1	2	1	4	»	2	5	7	3	3	2	3	25	
Subijana.	Idem.	3	34	165	27	7	34	25	1	»	2	1	3	3	2	1	2	2	3	3	4	17	
Valdegovia.	Búrgos y Calahorra.	22	433	2049	201	45	246	175	1	1	6	1	6	22	40	24	31	26	27	27	28	203	
Valderejo.	Búrgos.	4	36	174	33	3	36	33	1	»	2	1	3	3	2	3	1	1	3	2	1	13	
Villanañe.	Búrgos y Calahorra.	2	60	292	56	4	60	54	1	1	2	1	4	1	2	2	3	2	1	3	2	15	
Zambrana.	Calahorra.	1	51	247	47	4	51	36	1	1	2	1	4	»	2	8	5	4	4	3	5	31	
TOTALES.		113	1957	9485	1225	219	1444	1132	16	14	48	16	70	104	131	112	119	85	111	97	112	767	»

AÑANA: ayunt. de la prov. de Alava (5 leg. á Vitoria), dióc. y aud. terr. de Búrgos (16), c. g. de las prov. Vascongadas (5), y part. jud. á que da nombre: SIT. al SO. de Vitoria; comprende las v. de Salinas de Añana, y ald. de Atiega; su CLIMA es templado y sano: el TÉRM. se estiende de N. á S. 3 leg., y 2 1/4 de E. á O.: confina por N. con el de Lacozmonte, por E. y S. con el de la Ribera alta, y por O. con el de Valdegovia: le baña el arroyo denominado la Muera, que se dirige por entre Tuesta y Añana, á unirse á el Omecillo que corre de N. á S. y á 1 leg. de Añana: el TERRENO participa de monte, con especialidad al NE. y S., poblado de roble y encina; la tierra destinada á cultivo es de mediana calidad: los CAMINOS son quebrados y malos, tanto el que partiendo del centro sigue por NE. á Vitoria, como el que por S. se dirige á Miranda de Ebro, y el que con direccion á O. marcha á enlazarse con la carretera de Castilla á Bilbao: el CORREO se conduce de Miranda de Ebro por un peaton los lúnes, miércoles y sábados, y sale para aquella adm. los domingos, mártes y viérnes: sus PROD., IND. y COMERCIO (V. AÑANA V.): POBL. oficial 194 vec., 940 alm.: RIQUEZA Y CONTR. (V. ALAVA INTENDENCIA): el PRESUPUESTO MUNICIPAL asciende á unos 24,000 rs., y se cubre con 3,000 que prod. los propios, con arbitrios sobre taberna y carniceria, y el déficit por reparto vecinal: el secretario disfruta 800 rs. anuales.

AÑASTRO: v. con ayunt. en la prov., aud. terr. y c. g. de Búrgos (16 leg.), part. jud. de Miranda de Ebro (2 1/2), dióc. de Calahorra (16): SIT. en una pequeña altura alegre y despejada, batida libremente por todos los vientos, con especialidad por el del N., lo cual hace que su CLIMA sea muy saludable, siendo las enfermedades mas comunes en la ancianidad la hidropesía, que se atribuye por algunos facultativos á las aguas de pozo que beben, donde se crian muchos insectos. Tiene 40 CASAS, entre ellas 12 de construccion bastante regular, y las restantes de mediana: la consistorial edificada en el año de 1829 es de muy bonita perspectiva, con una hermosa sala para las sesiones del ayunt.: en ella se encuentra tambien la cárcel, un granero y la escuela de primeras letras para niños de ambos sexos, á la que concurren 50 alumnos, y cuyo maestro está dotado con 20 fan. de trigo anuales: hay una bella igl. parr. de una sola nave, sostenida por medio con un sólido arco, escepto el presbiterio y coro antiguo, que son dos pequeñas naves separadas de la principal: toda su pared interior y esterior es de piedra sillería y lo mismo sus bóvedas: cuenta 5 hermosos altares, de los cuales el mayor está dedicado á San Andres apóstol, que es su patrono y titular; su pavimento se halla perfectamente enlosado de piedra franca, y su torre cuenta 120 pies de elevacion, conteniendo dos campanas bastante gruesas, tres esquilones y un reloj con cuerda para 8 dias, fabricado en el año de 1844: la igl. está servida por un cura párroco de presentacion del diocesano, y por tres beneficiados que alternan en el servicio de la misma. Hay ademas una ermita bajo la advocacion de San Miguel Arcángel; situada en una pequeña altura como á un tiro de bala de la v.: últimamente, para el consumo de sus hab. no tiene mas aguas que las de los pozos que existen en cada una de las casas que componen la pobl. y las de varias fuentes que se hallan en su térm. Para el abrevadero de los ganados se surten de la de una charca que llaman Pozo de Campo, muy próxima al pueblo, la cual es llovediza y salitrosa, produciendo en el verano infinidad de ranas. Confina el TÉRM. por N. con la Puebla de Arganzon y Ocilla á 1/2 leg., por E. con Cucho y Busto á 1/2 cuarto, por S. con Grandival y Muergas á 1/2 el 1.° y 1 el 2.°, y por O. con San Estéban y Pangua á 1/4. El TERRENO es de mediana calidad y se cultiva e nsu mayor parte, resultando de 2.ª y 3.ª clase: es sin embargo muy á propósito para árboles frutales, de tal manera, que las frutas que estos prod. son de un gusto especial, y esceden mucho á las de Haro y otros pueblos de la Rioja. Tiene un monte bastante poblado de robles por la parte del S. que principia casi á la salida del pueblo, como de 1/2 leg. de largo de E á O., y 1/4 de ancho de N. á S.: sus maderas no sirven para obras por ser demasiado flojas y carrasqueñas. Corre por su jurisd. á la dist. de 20 minutos de la v. el r. denominado Ayuda, cuyas aguas van á confundirse con las del Zadorra. Los CAMINOS son de pueblo á pueblo, en mal estado, especialmente en el invierno; y el correo lo recibe en la Puebla de Arganzon, á donde van por las cartas los interesados. PROD.: trigo, cebada, avena, patatas, lino, frutas y algunas legumbres; cria ganado lanar y caza de codornices; y se pescan barbos, anguilas, algunas truchas y otros peces, todos de esquisito gusto: IND. un telar para tejer los lienzos que se hilan en el pais, y dos molinos harineros movidos por las aguas del Ayuda: el 1.° sit. á la dist. de 30 minutos del pueblo tiene una sola piedra en la que muelen los vec. por sí mismos el grano que necesitan para su consumo; y el 2.° á la de 20, cuenta dos piedras, una buena huerta y un horno en donde se hace un escelente pan que se despacha en la misma fáb. y se conduce tambien á la Puebla de Arganzon y otros pueblos de la Rioja: este molino es en el dia propiedad de D. Pedro Eros, vec. de Treviño., POBL. 33 vec.; 134 alm.: CAP. PROD. 37,700 rs.: IMP. 3,160: CONTR. 3,937 rs. 18 mrs.

AÑAVIEJA: laguna en la prov. de Soria, part. jud. de Agreda: SIT. al N. del pueblo de su nombre, á la dist. de 1/4 de leg. entre los térm. del mismo y los de Castilruiz: tiene 1 leg. de long. de N. á S., y 1/8 de lat. de E. á O., escepto hácia su mitad, donde la estrechan dos rocas de bastante elevacion: del estremo del S. sale un pequeño raudal que por su poca vertiente, al paso que corre, se le ve perder agua y dividirse en multitud de regueros, que ni aun el nombre de arroyuelos merecen: del estremo opuesto se desprenden dos ramales bastante caudalosos; el uno titulado *acequia de San Salvador*, que dirigiendo su curso por el térm. de Agreda, riega las dilatadas vegas de esta v. y las de Cervera del r. Alhama; y el otro que corre en direccion de Debanos; despues de fertilizar su térm. y dar impulso á varios molinos harineros y un batan, aumenta sus aguas con las de un pequeño riach., llamado de Ntra. Sra. del *Butar*; y en las inmediaciones de Cervera se une al primero tomando desde este punto el nombre de r. Añamaza (V.); dos puentes de piedra de silleria hay en las inmediaciones de la laguna; uno en el pueblo de Añavieja con dos arcos; y el otro á 1/4 de leg. á la parte del N., que mas bien puede llamarse una alcantarilla; tiene cuatro sumideros, y cruza por él el camino que conduce de Agreda á las sierras de San Felices, Navajun y otros pueblos: este dilatado y abundante lago, deberia ser un manantial fecundo de riqueza, si los naturales, aprovechando la elevacion de su nacimiento, utilizasen sus aguas por medio de la canalizacion, que podrian conseguir á poca costa, segun manifestaciones de personas inteligentes, que han dado márgen á que algunos capitalistas de otras prov. hayan formado diferentes proyectos sobre el particular: un canal que llevase las aguas á la Rioja y Navarra, fertilizaria las tierras de Fitero, Cintruénigo, Corella y Alfaro; y al paso que proporcionára esta mejora á un estenso terreno, contribuiria á hacer mas saludable el clima de los pueblos limítrofes, y evitaria algunos litigios y desavenencias que suelen suscitarse sobre la propiedad de algunos manantiales, que se cree proceden de infiltraciones de la laguna, entre ellos uno que brota en la c. de Tarazona, cuyo curso trató de cortar el ayunt. de Agreda, y á este fin hizo practicar en 1841 varias escavaciones, sin ningun éxito, por mala direccion. Se crian en la laguna de Añavieja muchos peces, algunas anguilas, abundancia de sanguijuelas, tortugas y cangrejos; hay infinidad de anádes y otras aves acuáticas; y sus márg. abundan en escelentes pastos que aprovechan los pueblos de Añavieja, Debanos, Conejares, Castilruiz, Matalebreras, y especialmente la v. de Agreda.

AÑAVIEJA: l. con ayunt. de la prov. de Soria (8 leg.) part. jud. y adm. de rent. de Agreda (1), aud. y c. g. de Burgos (20), dióc. de Tarazona (4); SIT. al pie de una colina del monte Pegado, entre este y la laguna de su nombre, y batido por los vientos N. S. y E.: su CLIMA, durante 7 meses, es frio y húmedo; á lo que contribuye la proximidad del Moncayo y la indicada laguna, cuyas emanaciones son causa de que se padezcan muchas tercianas, por cuya razon en los últimos años varios vec. han abandonado el pueblo: forman este 34 CASAS, algunas de ellas ruinosas; la de ayunt., y una igl. parr. bajo la advocacion de Sta. Engracia, servida por un párroco, cuyo curato es de entrada y de provision ordinaria, prévio concurso; hay una escuela de instruccion primaria á la que concurren unos 14 alumnos de ambos sexos, bajo la direccion de un maestro que á la vez es sacristan y secretario de ayunt., y percibe por el primer cargo 370 rs. vn. anuales; dentro de la pobl. hay una fuente con un frontispicio de piedra de silleria, dos pilas de lo mismo y un lavadero; tiene dos caños de bronce; pero no corre ninguno hace mas de 20 años, á pesar de ser abundante el manantial de donde se tomaban sus aguas, por haberse roto la cañeria de conduccion, sirviéndose el vecindario para su surtido, de un manantial que hay al estremo E. del pueblo: confina el TERM. por N. con el de Debanos y el de San Felices á 1 y 2 leg.; por E. con el de Agreda á 1 leg.; por S. con los de Matalebreras, Agreda y granja de Conejares, á 1 y 2 leg.; y por O. con los de Castilruiz y San Felices á 2 leg.; dentro de él se encuentran á la parte del E. una ermita bajo la advocacion de Ntra. Sra. de Subpeña; un pequeño paseo con arbolado, y una laguna cuya descripcion se hace en el art. que antecede, al S. una venta, y al O. el referido monte Pegado cubierto en su base de carrascas, y en su cima de estepas y otros arbustos: el TERRENO que en general consiste en cañadas frondosas, es de buena calidad; sus CAMINOS son los locales y el que conduce de tierra de Soria y Agreda para Navarra y Aragon: recibe y despacha la CORRESPONDENCIA en la estafeta de Agreda, por un encargado del ayunt. que pasa á recogerla dos veces á la semana: PROD. trigo puro y comun, cebada, avena, bisaltos, lentejas, algun garbanzo y judia, y mucha bellota, siendo la mayor cosecha la del trigo: hay ganado lanar y algo de vacuno, y de este último podria sostenerse mucho; abunda en caza de perdices, anádes, avetoros, liebres, conejos y algun venado; y en pesca de peces, cangrejos, anguilas y sanguijuelas. POBL. 12 vec. 49 alm. CAP. IMP. 15,749 rs. 22 mrs.: el PRESUPUESTO MUNICIPAL asciende á 800 rs. y se cubre por reparto entre los vecinos.

AÑE: l. de la prov., adm. de rent., part. jud. y dióc. de Segovia (3 leg.), aud. terr. y c. g. de Madrid (17): SIT. al O. de la cap. en una pequeña hondonada llana y á la márg. del r. Moros, se padecen constantemente bastantes tercianas y cuartanas, no obstante de hallarse bien ventilado por todos los aires. Tiene 46 CASAS con 7 edificios mas, destinados á graneros, colocadas en forma de círculo; sus calles sin empedrar son bastante cómodas, aunque sucias en el invierno por los lodazales que se forman con las lluvias y paso de los ganados: hay casa de ayunt.; escuela de primeras letras, á la que asisten 16 niños que pagan una retribucion convencional, é igl. parr. fundada en 1408 con el título de San Juan Bautista: el curato es de la clase de perpetuos, y se provee por oposicion en concurso: en los afueras hay algo de plantio de álamos negros: los vec. se surten de las aguas del r., y para los ganados hay pozos en la mayor parte de las casas. Confina el TÉRM., por N. con el de Carbonero de Ahusin, E. con el de Yanguas: S. con el de Anaya, y O. con el de Tabladillo: comprende 2,000 fan., en cuyo número se cuentan 130 de un pinar de concejo, cuyo único prod. es la leña para el consumo de los vec.; un soto que pertenece tambien al comun, otro de propiedad particular, 800 fan. de todas clases para la labor y 30 de viñedo; le baña el r. Moros que corre en direccion al E. uniéndose con el Eresma, (que en muchos pueblos se conoce con el nombre de r. de Segovia) á 1/4 leg. por bajo del l. en el punto que se halla el molino harinero llamado de Hornos; este r. tiene un puente de barda para el paso de los ganados al soto: el terreno es escabroso y de secano: los CAMINOS de herradura en estado regular: el CORREO se recibe en Segovia por los mismos interesados: PROD. trigo, cebada, uva, centeno, algarrobas y garbanzos; se mantiene algun ganado lanar, vacuno, caballar, caza de liebres y animales dañinos. POBL. 42 vec., 177 alm. CAP. IMP. 26,756 rs. CONTR. 3,400 sin incluir la de culto y clero; PRESUPUESTO MUNICIPAL 1,500; se cubre con el prod. de propios, que consiste en el precio de 40 fan. de trigo, como renta de 120 obradas de tierra, y el arrendamiento del vino y alcabala que asciende á 1,000 rs.

AÑEZ: hoy se escribe AÑES: l. en la prov. de Alava (9 leg. á Vitoria), dióc. de Calahorra (20), part. jud. de Orduña (3), vicaria, herm. y ayunt. de Ayala (1 1/2): SIT. á la falda de la elevada sierra de Sálvada, y CLIMA templado y sano: tiene 26 casas distribuidas en los barrios de Campillo, cerca de la igl., el Bardal, Orzanico y so Añez; hay una escuela dotada con 6 fanegas de trigo y concurrida por 17 alumnos de ambos sexos; la igl. parr. (San Vicente Levita y Mártir) es aneja del monasterio de San Millan de la Cogulla, cuyo abad era ademas de prelado ordinario, señor y patron único principal, con directo dominio y propiedad de ella por donacion del conde D. Diego por el año de 912: se ignora la fundacion, si bien, segun se ve en la cornisa de la igl., es obra del siglo VI: hoy está servida por un ex-monge de San Millan. Hay una hermita (San Sebastian) dentro del pueblo, cerca del barrio del Campillo, y dos buenas fuentes en el térm. de so Añez y huerta del Fraile: CONFINA por N. 1 1/4 leg. con el de Sojo; por E. á 1/4 con Lejarzo; por S. con la gran peña del Aro y por O con la de Angulo y térm. del citado Sojo á 1/2 leg.; el TERRENO es de buena calidad y los montes del Carrascal, Ochatala, Bálagos y las Callejas estan bastante poblados de robles, le baña el r. Llanteno que nace al pie de la citada peña de Angulo, y se dirige por entre Añez, Erbi, Retes y Llanteno á unirse con el Delgadillo, que baja por Arceniega, frente á las ventas de Ureta; otro riach. formado de las aguas de las indicadas fuentes, corre desde la igl. á desembocar en el Llanteno: este es cruzado por los puentes de la Rueda y Bálagos. Los CAMINOS, aunque de herradura, dan paso para Orduña, Quejana, Arceniega, Angulo y Sálvada, son medianos y muy frecuentados por la arrieria y pasajeros: el CORREO se recibe por Orduña desde donde lo conduce un balijero á la v. de Arceniega, punto en que se distribuye para los pueblos inmediatos: PROD. buen trigo, maiz, patatas, alubias, guisantes y alguna hortaliza: cria ganado vacuno con abundancia, caballar, mular y de cerda; hay caza de perdices, liebres, zorros y garduños: se pescan ricas truchas, anguilas y otros peces: IND. la agrícola y un molino harinero: POBL. 27 vec. 135 alm.: CONTR. (V. ALAVA INTENDENCIA.)

AÑEZCAR: l. de la cend. y ayunt. de Ansoain, en la prov. aud. terr. y c. g. de Navarra, merind. part., jud. y dióc. de Plamplona (1 1/2 leg. NE.) arciprestazgo de Anué: SIT. á la der. del r. *Arga* en terreno montuoso, donde le combaten todos los vientos y disfruta de CLIMA sano. Consta de 10 CASAS de mediana fábrica, y de 1 igl. parr. dedicada á San Andres, servida por un cura párroco; con los pueblos de Oteiza y Elcarte sostiene una escuela de primeras letras, á la que asisten de 30 á 40 niños de ambos sexos, cuyo maestro se halla dotado con 1,152 rs. anuales. Confina el TÉRM. por N. con el del mencionado Oteiza (1/4 de leg.), por E. con el de Berrioplano (1/2), por S. con el de Larragueta (1/4), y por O. con el de Sarasa (1/2). El TERRENO es montuoso y lleno de aspereza especialmente por la parte del O.; en diversos puntos del mismo nacen fuentes de buenas aguas que utilizan los hab. para sus necesidades domésticas y otros objetos de agricultura: PROD. trigo, cebada, legumbres y buenos pastos, con los que se alimenta porcion de ganado lanar, cabrío, y vacuno: POBL. 10 vec. 107 alm. CONTR. con su cend y ayuntamiento.

Este pueblo fue comprado por el rey D. Sancho el Fuerte, á una con el de Oteiza en la misma cend. de Ansoain á D. Blasco Artal y su hijo, en el año 1214, por 3,200 maravedis alfonsis. Ocurrieron despues algunas diferencias, que se arreglaron, entre D. Teobaldo I, y D. Pedro Cornel; en 1238, sobre los *clamos* (quejas) *que este tenia de su tio* (1) *el rey D. Sancho; por cuanto le tenia de Zadas á Oteiza y Añezcar, las cuales él tenia en prendas de D. Blasco*. Todos estos eran caballeros aragoneses que poseian pueblos y cast. en Navarra. En 1248 D. Teobaldo I, recibió 600 maravedis de D. Blasco de Alagon, y D. Artal su hijo, á que eran obligados sobre la compra de Oteiza y Añezcar, hecha por D. Sancho el Fuerte á dichos caballeros.

AÑIDES: ald. en la prov. de Oviedo, ayunt. de Castropol, y felig. de Sta, Eulalia de *Presno* (V.)

AÑINA: desp. y pago de viñas en la prov. de Cádiz, part. jud. y térm. jurisd. de *Jerez de la Frontera*. (V.)

AÑOBRE: ald. en la prov. de Pontevedra, ayunt. de Carbia y felig. de San Pedro de *Añobre* (V.): POBL. 12 vec.: 65 alm.

AÑOBRE (SAN PEDRO DE): felig. en la prov. de Pontevedra (10 leg.), dióc. de Santiago (3), part. jud. de Lalin (4), y ayunt. de Carbia (1.): SIT. entre los r. *Ulla* y *Dela*: CLIMA húmedo, pero sano; su pobl. dispersa en cas. tiene una igl. parr. (San Pedro) aneja de San Salvador de Camanzo: su TERM. confina por S. y O. con la matriz, por N. con Santo Tomé da Obra, y por el E. con San Miguel de Brandariz: el TERRENO bastante fértil participa de llano, que así como el monte no carece de arbolado, y se encuentran fuentes de muy buena calidad: los CAMINOS son vecinales y malos, el CORREO se recibe por Chapa: PROD. centeno, maiz, trigo, patatas, nabos, algunas legumbres, hortalizas y frutas; cria ganado vacuno, de cerda, lanar y cabrio; hay caza y pesca de distintas clases: POBL. 28 vec.: 132 alm.: CONTR. con su ayuntamiento. (V.)

AÑOBRES: l. en la prov. de la Coruña, ayunt. de Mugía, y felig. de San Julian de *Moraime*. (V.)

AÑON: v. con ayunt. de la prov., aud. terr. y c. g. de Zaragoza (11 leg.), part. jud., adm. de rent. y dióc. de Tarazona (2 1/2): SIT. á la márg. izq. del rio Huecha en lo alto de un cerro y falda meridional del Moncayo, donde le baten principalmente los vientos del N. y O.; su CLIMA, aunque frio por la sutileza de los aires de aquel puerto, es muy saludable. Tiene 175 CASAS, una municipal, y en la parte mas elevada del pueblo, un ant. y fuerte cast., que se rehabilitó en la última guerra civil. Hay una escuela de primeras letras dotada por los fondos del comun, frecuentada por 30 ó 40 alumnos, y 1 igl. parr. bajo la advocacion de Sta. María la Mayor, servida por 1 cura párroco, 1 capellan y 1 sacristan; el curato es de primer ascenso y su presentacion corresponde á la Encomienda de San Juan; junto á la igl. está el cementerio en parage ventilado. Fuera del pueblo, á corta dist. se distinguen aun las ruinas de dos ermitas, y algo mas separada de la v. que estas, y mas metida hácia la espesura del monte, las de la fáb. de hierro, que tantas ventajas proporcionaba al vecindario, sosteniendo á algunas familias; pero que en el dia ha desaparecido enteramente. Confina el TERM. por el N. con el de Litago (1 1/8 hora), por el E. con el de Alcalá (á la misma dist.), por el S. con el de Talamantes (1/2), y por el O. con el de Beraton (2 1/2); el TERRENO áspero en general y de poca miga, presenta sin embargo algunos cortos valles de tierras fértiles: el monte está poblado de robles, carrascas y rebollos, de arbustos y matas bajas de varias especies y de ricas yerbas de pasto, entre las que se encuentran muchas medicinales: de algun tiempo á esta parte se han plantado varias viñas con tan buena suerte, que los resultados de este esperimento, hacen esperar una ventaja muy conocida para el vecindario, si se dedica á esta plantacion, para la cual es á propósito mucha parte del terreno: el r. Huecha, que, como se ha dicho pasa por la inmediacion de la v., tiene su origen en su térm. y se compone de varios arroyos que descienden del Moncayo, formados por multitud de manantiales que brotan en diferentes puntos, los que ademas de proporcionar el riego á las tierras de cultivo, sirven para el consumo de los hab., que beben las mejores y mas delicadas aguas, acaso de toda España, y ademas para dar impulso á las ruedas de un molino harinero. Los CAMINOS son todos de herradura, y difíciles por la escabrosidad del terreno: PROD.: trigo, cebada, avena, muchas y muy ricas judías y otras legumbres, patatas, habas, alguna hortaliza y frutas, especialmente cerezas, y ma-

(1) Esto es tio de D. Teobaldo.

dera: cria gañado lanar, cabrio y de cerda, abundante caza de perdices, conejos y liebres, poca pesca de truchas, pero muy esquisitas: IND.: habiendo desaparecido la del hierro, solo existe la del carboneo, y las mujeres se dedican á la hilaza de la lana, cáñamo, y fabricacion de calcetas: POBL. 158 vec. 750 alm. CAP. PROD. 1.771,160. CAP. IMP. 112,800. CONTR. 24,223 /10 mrs.

AÑON DE DON SANCHO: l. en la prov. de la Coruña, ayunt. de Carballo y felig. de Sta. María de *Bértoa* (V.)

AÑONGA: casa solar y armera en la prov. de Guipúzcoa, ayunt. de San Sebastian en su barrio del *Antiguo* (V).

AÑORA: v. con ayunt. en la prov. y dióc. de Córdoba (12 leg.), part. jud. de Pozoblanco (1), aud. terr. y c. g. de Sevilla (30): SIT. en la vertiente NE. de una colina bastante elevada, aunque de fácil subida: goza de CLIMA saludable, siendo las enfermedades mas comunes en sus hab. los dolores reumáticos. Se compone de 225 CASAS con calles cómodas, empedradas y limpias: hay una escuela de primeras letras á la que concurren 84 niños, y cuyo maestro está dotado con 1,600 rs. anuales pagados de los fondos de propios y comunes; una casa consistorial en la cual se halla tambien el pósito, la escuela y la cárcel; de una igl. parr. bajo la advocacion de San Sebastian, cuyo curato es perpétuo y de concurso general; á sus inmediaciones se encuentra el cementerio, pero fuera de la pobl.: tiene ademas 2 ermitas, la una dentro de su recinto, dedicada à San Pedro, y la otra en el térm. con el titulo de Nra. Sra. de la Peña: esta está sit. en un sitio elevado que domina todo el valle de Pedroches, siendo notable por su solidez y hermosa arquitectura; fué reedificada á espensas de los vec. á mediados del siglo pasado: fuera de la v. existen tres pozos, cuyas aguas son las únicas que tienen los hab. para su consumo doméstico. Su TÉRM. es comun con el de las siete v. de los Pedroches; y confina por N. con Dos Torres á 1/2 leg. y el Viso á 1 1/2, por E. con Pedroches á 2., por S. con Pozoblanco á 1, y por O. con Alcaracejos á igual dist. El TERRENO es llano, arenisco, pedregoso y de calidad muy inferior, encontrándose 1/2 leg. al S. de la v. una deh. para pastos. A la misma dist. y por la parte del SO. pasa un arroyo llamado Guadarramilla que marcha despues con direccion al N.: corre solamente en tiempo de invierno dejando la pobl. á su der. y sobre él hay un puente de piedra construido por los vec. en el año de 1799 para el paso á la citada deh. Los CAMINOS son de pueblo á pueblo; y el CORREO se recibe los martes y sabados de cada semana de la cap. del part. por medio de un conductor pagado del fondo de propios: PROD. trigo, cebada, avena, y centeno; ganado vacuno, lañar, mular, yeguar y asnal, y caza mayor y menor: las reses vacunas y los carneros se conducen á los mataderos de la corte y de la cap. de prov., surtiéndose el pueblo para su consumo de cabras viejas traidas de Estremadura. La IND. se reduce á varios molinos harineros y al tráfico de lana: POBL.: 15 vec. 1,260 alm: CONTR. 21,137 rs. 15 mrs.: SU RIQUEZA PROD. É IMP. se verá en el art. del part. jud. El PRESUPUESTO MUNICIPAL asciende á 19,337 rs. y se cubre con los fondos de propios, y comunes que consisten en los prod. que rinden la bellota y pastos de varias dehesas.

Fue ald. de Torremilano (*hoy Dostorres*) hasta el año 1553, que obtuvo titulo de v., dado por el principe D. Felipe II, á nombre de su padre el emperador Carlos V, y le concédió á a sazon los mismos fueros y privilegios que á las demas v. de los Pedroches, por cuya concesion pagó 300.000 mrs. Estuvó sujeta á la c. de Córdoba hasta el año 1660, que el rey hizo merced de ella al marques del Carpio, recompensando varios servicios, en cuyo poder permaneció hasta el año 1747, que se incorporó con la corona de Castilla. Ocupó la v. de Añora, en agosto de 1810, la 5.ª division del ejército del general Blake, mandada por el brigadier Creagh, mientras Blake, en la huerta de Murcia, esperaba á su enemigo el general Sebastiani. Añora hace por armas tres fajas doradas en campo de plata.

AÑORBE: l. con ayunt. del valle y arciprestazgo de Ilzarbe, en la prov., aud. terr. y c. g. de Navarra, merind., part. jud. y dióc. de Pamplona (4 leg.): SIT. en la falda de un monte, donde le combaten principalmente los vientos del N. y S. y goza de CLIMA bastante sano, aunque durante la primavera y otoño suelen aparecer algunas calenturas inflamatorias, que muy luego ceden á las evacuaciones de sangre. Tiene 130 CASAS de mediana fábrica, la municipal, cárcel pública, carniceria, algunos tiendas de comestibles, y escuela de primeras letras dotada con 2,000 rs. á la cual concurren unos 60 niños de ambos sexos. Tambien hay una igl. parr. dedicada á la Asuncion de Ntra. Sra., servida por un capítulo compuesto de un cura párroco, llamado abad., y varios beneficiados; el curato es perpetuo y lo provee el diocesano por oposición en concurso general.

En la cumbre del cerro, á cuya falda se dijo está el pueblo, hay una ermita bajo la advocacion de San Martin Ob. de Tours; otra dedicada á San Juan en una llanada y térm. llamado *las Negueas* camino de Mendigorria; y la 3.ª titulada de San Estéban se halla en una altura cerca de las ruinas de un cast. al cual aun hoy dia se da el nombre de Gastelsar, en el camino de Barasoain.

Dentro de la pobl. hay muchos pozos, y no lejos de ella una fuente, cuyas esquisitas aguas aprovechan los hab. para surtido de sus casas, asi como las de diversos manantiales nacidos en varios puntos del térm., entre los cuales se cuentan 3 abrevaderos para el ganado. Confina aquel por N. con los de Ucar y Eneriz (1/2 leg.), por E. con los de Olcoz y Tirapu (igual dist.), por S. con los de Artajona y Barasoain (2), y por O. con el de Obanos (1): el TERRENO, aunque escabroso, desigual y de secano, es fértil y productivo. Comprende unas 18,000 robadas, de las cuales únicamente se cultivan 8,000, reputándose 2,000 de primera clase, 4,000 de segunda y 2,000 de tercera; entre ellas se cuentan 4,000 peonadas plantadas de viña con algunos olivos mezclados y dispersos en varias direcciones: las restantes tierras son baldias con destino á pastos para el ganado, y estensos bosques de árboles, arbustos y maleza, que si bien fueron destruidos ó deteriorados durante la última guerra, en el dia ya están casi repuestos y bastante poblados. Los CAMINOS conducen á Tirapu, Ucar, Olcoz, Mendigorria, Eneriz, Artajona y Barasoain, y se hallan de ordinario en mal estado. La CORRESPONDENCIA se recibe de Puente la Reina los miércoles y domingos, y sale en los mismos dias: PROD. trigo, cebada, avena, maiz, patatas, legumbres, algun aceite y mucho vino de buena calidad; cria ganado lanar y cabrio, de cerda, y el vacuno necesario para la labranza; y hay caza de liebres, conejos y perdices. Desde que los naturales de este pueblo se dedicaron con preferencia al cultivo de las viñas, se ha aumentado su riqueza, y si hubiese buena proporcion ó caminos á propósito para estraer el vino hácia las prov. marit. comarcanas, floreceria admirablemente este comercio é ind., porque la laboriosidad de los hab. no perdonária medio alguno para conseguir mayor utilidad de sus trabajos: POBL. 122 vec. 569 alm. CONTR. con el valle; y el PRESUPUESTO MUNICIPAL asciende á unos 9,000 rs. que se cubren con el prod. de varios ramos arrendables. Antiguamente fue está pobl. mas considerable, tenia dos parr. dedicada la una á San Pedro, y la otra á San Miguel, y es muy verosimil que fuese destruida durante las guerras de los navarros con los castellanos ó aragoneses; ignórase á punto fijo la época en que principió á decaer, y las vicisitudes que sufriera, porque los documentos de donde pudieran sacarse estos datos fueron incendiados en 1823, durante el sitio de Pamplona.

AÑOVER DE TAJO: v. con ayunt. de la prov., adm. de rent. y dióc. de Toledo (4 leg.), part. jud. de Illescas (3), aud. terr. y c. g. de Madrid (8): SIT. sobre un cerro de bastante elevacion, reina generalmente el viento N. que prod. un CLIMA frio y afectos catarrales; padeciéndose tambien tercianas, particularmente entre los dedicados al cultivo de huertas y melonares: tiene 320 CASAS de regulares proporciones; otra para el ayunt. de suficiente capacidad, dos pósitos, nacional y pio, fundado el primero en el año 1606 por los vec., en virtud de órden del estinguido Consejo de Castilla, fecha 28 de julio; y el segundo por el Excmo. Sr. cardenal D. Luis Fernandez Portocarrero, arz. de Toledo en 1684; cárcel y archivo perfectamente conservado desde su fundacion que fue en el año 1528, sin que haya padecido cosa alguna; escuela de primera educacion dotada con 200 ducados, y asistida por 80 niños; dos fuentes para el uso comun de los vec. de agua bastante salobre, un manantial llamado de San Gregorio, cuya agua es purgante, é igl. parr. dedicada á Sta. Ana, cuyo magnífico templo fue construido en el año 1730, aunque la torre aparece ser mucho mas ant.: en los afueras hay 5 ermitas tituladas de Ntra. Sra. de la Vega, de San Bartolomé, de San Antonio Abad, de la Vera-cruz y de la Soledad: sit. la primera y segunda al S., la tercera y cuarta al N., la quinta al O. Confina el TÉRM. por N. con el de Borox y Alameda de la Sagra; E. con el mismo Borox, S. Aranjuez, O. Villaseca de la Sagra, estendiéndose á 1 y 2 leg.: comprende los desp. de Barcilés, y Cinco-yugos; las deh. del mismo Barcilés, Cabezadas y Alóndiga, propias del Real patrimonio, y una hermosa vega de mas de 1,000 fan. de tierra de primera clase, por medio de la cual pasa la Real acequia de Jarama; inutilizada hace mas de un siglo, y que si estuviera corriente daria un fruto inmenso, porque regado aquel terreno prod. 70 fan. de cebada por 1 de sembradura: le baña el r. Tajo á 1/4 leg, al S. de la pobl., sobre el cual hay una barca concedida por Real privilegio, solo para el uso de aquellos vec.: los CAMINOS son locales: el CORREO se recibe en Illescas por balijero 3 veces á la semana. PROD. cebada, trigo, avena, garbanzos y otras legumbres, esquisitos melones y patatas en gran abundancia, espárragos de jardin, frutas, aceite y vino; se mantiene algun ganado lanar: IND. una fáb. de loza vidriada semejante á la de Alcorcon, otra de salitre, tres de yeso blanco fino, y un tejar: POBL.: 371 vec.: 1,554 alm.: CAP. PROD. 1.476,328 rs.: IMP. 36,988: CONTR. segun matrícula y conforme al cálculo general de la prov. 74 por 100; pero segun los datos de la redaccion asciende á 54,867 rs. 15 mrs.: PRESUPUESTO MUNICIPAL 32,000 del que se pagan 4,000 al secretario, y se cubre con el fondo de propios que consiste en los derechos del tanto por ciento ant., los de fiel almotacen, alcabalas y escribanía numeraria enagenados de la corona, y un soto á la orilla izq. del Tajo que estuvo plantado de álamos blancos y chopos, y hoy roturado para labor en virtud de permiso de la diputacion provincial.

HISTORIA. Esta v. fue fundada el año 1222, en que algunos suplicaron al santo rey D. Fernando les permitiera poblar donde hoy se halla Añover; el rey les dió su permiso, con el terreno y térm, montes, sotos, prados y r., con todas sus entradas y salidas y todas sus pertenencias, á escepcion de doce yugadas de bueyes, un huerto y una pesquera, y reservó el derecho de pacer en su distr. la vacada de Magan. Todo lo demas les fue dado *á fumo muerto*, esto es, para perpetuamente por juro de heredad para ellos y sus descientes, con la condicion de que pagasen el diezmo de los frutos á la igl., y un escudo de oro cada año, por par de bueyes. Les fue concedido tambien el mismo fuero que tenia Toledo. Al efecto se les espidió el correspondiente privilegio rodado, en version latina, en la c. de Toledo á 6 de enero de 1222, cuyo documento se conserva original en el archivo municipal de esta v. El mismo rey D. Fernando III hizo donacion de los derechos que se reservara en *Añover*, á D. Rodrigo, arz. de Toledo, y á sus sucesores en recompensa de varios cast. que de su pertenencia pasáron á la corona, de la que se despachó privilegio en 2 de abril de 1243. Los arz. de esta santa igl. disfrutaron de esta concesion hasta el año 1466, que D. Alonso Carrillo, con autorizacion competente, la vendió á censo perpétuo á D. Luis Carrillo por cierta cantidad anual que han percibido los arz., constando dicha venta por la escritura otorgada en Cigales á 17 de setiembre del mismo año 1466. Vendieron los derechos que en *Añover* tenian Doña Constanza y Doña Isabel Carrillo, herederas de D. Luis Carrillo á D. Rodrigo Niño, año 1480, con las licencias necesarias. Sucedió en los derechos que tenia en esta pobl. D. Rodrigo Niño, su hijo D. Juan, quien los agregó al mayorazgo que fundó, con titulo de los Arcos, que hoy posee el conde de Oñate. Estuvo Añover sujeta á Toledo hasta el año 1652, que se emancipó, haciéndose v. en virtud de Real cédula de D. Felipe IV, espedida á 4 de diciembre del espresado año, cuya cédula conserva original en pergamino. La fueron dadas por armas en un lado del escudo las de Castilla, y en el otro un heraldo á caballo. Hasta el año 1834 se componia su municipalidad de un alc. ordinario, otro alc. de la Sta. herm., un regidor decano, alguacil mayor, que hacia oficio de fiscal, otro regidor segundo, interventor del pósito real, un procurador síndico general y tres diputados contadores. Es patria del Dr. D. Casimiro Gomez Ortega, sócio literato que fue de varias sociedades nacionales y estrangeras, individuo de la Real academia española de la que fue tambien decano, de la de farmacia y literatura española, y justamente celebrado de los estrangeros; fundó el real jardin botánico de Madrid, escribió el curso de esta ciencia, y fue continuador de la Flora española de Quert, etc. Nació el 4 de marzo de 1741 y murió en Madrid en 1818.

AÑOVER DE TORMES, llamado antigüamente LA ALDEHUELA DE PALACIOS: l. con ayunt., á cuya formacion concurre la alq. de *Morèras*, de la prov. y dióc. de Salamanca (5 leg.), part. jud. de Ledesma (2), aud. terr. y c. g. de Valladolid (20): SIT. en una pequeña pendiente que vierte hácia el NO., sobre la calzada de Ledesma á Toro; es poco saludable, á pesar de la inmediacion de los árboles de un monte que le rodean, y tiene 35 CASAS, ademas de la consistorial que sirve de cárcel; igl. parr. de la clase de vicariato, una ermita de Sto. Tomás; escuela de primera enseñanza pagada por los vec.; un telar de sayal y lino, y dos herrerias: próxima á las casas, corre una ribera con un puente de mamposteria, cuyas aguas, que sirven para abrevadero de los ganados, se cree son la causa de lo insalubre de la pobl. Confina su TÉRM. con los de Santiz, Valdelosa, Palacinos y Espinorapado: su TERRENO es llano y de monte con 953 fan. en cultivo, labradas con bueyes; PROD.: trigo, centeno, cebada y algarrobas, cuyo sobrante llevan los vec. á los mercados de Ledesma: los pastos y bellota son de común aprovechamiento y crian algunos ganados: POBL. 55 vec., 201 hab. dedicados á la agricultura y ganaderia: RIQUEZA TERR. PROD. 288,750 rs.: IMP. 14,437 rs.: valor de los puestos públicos 920 rs.: hasta la época constitucional fue v. exenta con fuero civil y criminal, perteneciente al condado de Ledesma.

AÑOZA (vulgarmente LAS AÑOZAS): v. con ayunt. en la prov. de Palencia (6 leg.), part. jud. de Frechilla (2), dióc. de Leon (12), aud. terr. y c. g. de Valladolid (13): SIT. en un llano, combatido por todos los vientos y con CLIMA saludable. Tiene 42 CASAS, la mayor parte de un solo piso, que forman varias calles de figura irregular y bastante sucias, especialmente en el invierno: hay casa de ayunt., cárcel, escuela de primeras letras dotada con 800 rs. á la que concurren de 26 á 30 niños de ambos sexos; y una igl. parr. dedicada á la Asuncion de Ntra. Sra. y servida por un cura y dos beneficiados: el curato se provee en oposicion en patrimoniales por el diocesano. Dentro de la pobl. hay varios pozos de aguas saludables, que aprovechan los hab. para su consumo doméstico, y algunas balsas que sirven de abrevadero para el ganado: á sus inmediaciones y sobre un alto existe una ermita bastante deteriorada bajo la advocacion de San Andrés, la cual está destinada para cementerio. Confina el TÉRM. por N. con el de Abastas á 1/4 de leg., por E. con el de Cisneros á 1/2, por S. con el de Villafoquite á 1/4, y por O. con el de Villanueva del Rebollar á 1/2. En él brotan porcion de manantiales y tres fuentes adornadas con arcos de ladrillo. El TERRENO es de buena calidad, arcilloso, y se halla fertilizado en gran parte por las aguas de dichas fuentes y por las del r. *Castel* que nace en el térm. de Abastillas: los CAMINOS son locales y se hallan en mal estado. La CORRESPONDENCIA la recibe en Palencia por un encargado del ayunt.: PROD. trigo, cebada, vino y avena, y cria ganado lanar, aunque poco: POBL. 35 vec., 182 alm.: CAP. PROD., 189,062 rs.: IMP., 8,625. El PRESUPUESTO MUNICIPAL asciende á 600 rs. y se cubre con rent. de propios.

AÑUA: l. en la prov. de Alava (2 leg. á Vitoria), dióc. de Calahorra (14), vicaria y part. jud. de Salvatierra (2 1/2), de la herm. de Iruraiz y ayunt. de El Burgo (1/2): SIT. en una fértil y despejada llanura: el CLIMA sano: 10 CASAS de mediana construccion forman este l.; tiene escuela de primeras letras á la que asisten 7 niños y 6 niñas, dotada en 360 rs.: la igl. parr. dedicada á la Natividad de Ntra. Sra. está servida por dos beneficiados: el TÉRM. confina al N. con Gaceta, al E. con Alegria, por S. Ijona y Equileta, y al O. Andollu, estendiéndose á 1/4 de leg. á los indicados puntos: hay fuentes de escelente agua, le baña el riach. que baja de Alegria, sobre el cual se halla un molino harinero: el TERRENO en su mayor parte es de buena calidad y abraza unas 500 fan. de tierra destinada al cultivo: al N. y al S. tiene dos montes que, aunque pequeños y poco poblados, proveen de leña y proporcionan algun pasto. Los CAMINOS son locales y bien cuidados y la CORRESPONDENCIA se recibe por Vitoria: PROD.: trigo, cebada, máiz, yero, habas, lentejas, rica, lino, hortaliza y fruta; cria algun ganado y el sobrante de las cosechas lo presentan en los mercados de Alegria y Vitoria: POBL. 12 vec.: 60 alm.: CONTR. (V. ALAVA INTENDENCIA).

Esta es una de las ald. que el rey D. Alonso XI agregó á la

jurisd. de la v. de El Burgo, por su privilegio dado en Sevilla á 20 de octubre de 1337.

AÑUEGUEZ: desp. en la prov. de Búrgos, part. jud. de Lerma: pertenece en el dia á la v. de Tordomar por donacion de Doña Fabiana del Castillo, mujer de Juan de Miranda Taburcías, segun testamento otorgado en 24 de marzo del año 1600: ahora no existen mas que los cimientos, pues hace como 12 ó 14 años se derribó parte de la pared de la igl., único vestigio que quedaba en pie. Fue pobl. de corto vecindario, en razon á que solo tuvo de 10 á 12 vec.: su beneficio se reunió á Tordomar por el Ilmo. Sr. D. José Javier Rodriguez de Arellano arz. de Búrgos. Todos los diezmos de su térm. entraban integros en el hórreo comun de Tordomar. En su tiempo era este pueblo uno de los que componian la comunidad de la v. de Lerma y su tierra.

AÑUES: riach. de la prov. de Zaragoza, part. jud. de Sos: nace en el térm. de esta v. en la partida que le da nombre, en una fuente llamada Aragon; dirige su curso de S. á O. y desagua en el r. Aragon á 3/4, ó una hora de su nacimiento: lleva media muela de agua, y con ella se riegan algunos pequeños trozos de tierra.

AÑUS: ald. en la prov. de Lérida (19 leg.), part. jud. y dióc. de Seo de Urgel (3), parr. de Castellás (1), térm. municipal de la Guardia (1): SIT. en terreno montuoso, que PROD. centeno, patatas y legumbres, y buenos y abundantes pastos con los que sostiene ganado vacuno, de cerda, lanar y cabrio: POBL. 7 vec., 31 alm.: CONTR. con *Laguardia* (V.).

AOBRIGENSES: leese este nombre gentilicio en la inscripcion del puente de Chaves, copiada por Juan Vaseo, en su cronicon *Hisp. pág.* 64, y por otros muchos. Estos *Aobrigenses* son sin duda los de *Adobriga*, como conjeturó el M. Florez, haciendo la *A* oficio de *a* y *d*, segun cabe en su figura (V. ADOBRIGA.)

AOIZ: part. jud. de entrada (*) en la prov., aud. terr. y c. g. de Navarra, dióc. de Pamplona, compuesto de 1 c., 43 v., 237 l., 1 granja y 15 cas., que constituyen 79 ayunt. Las leg. que distan entre si las principales pobl., y las que se cuentan desde cada una de ellas á la cap. de prov., aud. terr., c. g., dióc. y á la córte, se demuestran en el estado que hallarán nuestros lectores al fin del artículo.

Se halla SIT. al NE. de la prov.; combátenle especialmente los vientos del N., los cuales, porque atraviesan las nieves del Pirineo, hacen frio el CLIMA, pero muy saludable. Confina al N. con Francia, al E. con los part. de Jaca y Sos (Aragon), al S. con el de Tafalla, y por O. con el de Pamplona. Su estension, no obstante los inciertos lím. con Francia, se puede calcular de 15 leg. de N. á S., y otras tantas de E. á O., ocupando una superficie de 54 leg. cuadradas. El TERRENO en lo general, es y debe reputarse como el mas áspero y montuoso de toda la prov., á escepcion de algunas cortas llanuras que hay hácia el S., principiando desde la v. de Aoiz, y siguiendo á los valles de Lónguida y Urraul Bajo, el corriedo de Liédena, v. de Lúmbier, c. de Sangüesa, y á los valles de Aibar, Ibargoiti, Unciti y Egües; todo lo demas, con poca diferencia, se halla cubierto de elevadas sierras y cord., especialmente en los valles de Roncal, Salazar y Aezcoa, fronterizos á Francia, en las sinuosidades y vertientes del Pirineo; en el primero de estos valles, que es el mas escabroso quizá de toda la Navarra, se encuentra el muy elevado monte llamado *Hernaz*, con sus principales cumbres, tituladas: *San Juan*, *San Cristóbal*, *Ardividegainea*, *Iceilucea*, *Saisehederra* y *Ollasti*: sit. tambien los otros dos valles en el descenso del Pirineo, ofrecen multitud de montañas que, con variedad de nombres locales, se estienden y ramifican por los demas puntos del part.; debiendo ocupar un lugar preferente los montes *Alduides*, acerca de los cuales, por su importancia histórica y política, hablamos estensamente en su respectivo art. (V.): las montañas que en lo interior del part. merecen notarse por su altura, son el monte y puerto de Areta, entre Elcoaz y Abaurrea Alta; el que existe entre Orozbetelu, Garralda y Arrieta, cuya cúspide se halla casi al nivel del Pirineo; el de *Zubiri*, entre el pueblo de su nombre y los de Eugui y Viscarret; la sierra de *Lumbier*, que desde la v. de este nombre se dirige á Salvatierra (Aragon), encontrándose en su travesia el puerto de Leire, los montes de Izaga y Alaiz, los cuales por su elevacion piramidal presentan una agradable perspectiva, sit. ambos entre los valles de Izagaondoa, Unciti y Elorz, y las v. de Monreal y Tiebas por el NO., y los valles de Aibar y Orba por el SE.: en todos ellos se crian pinos, hayas, robles y abetos, cuya madera es acaso el principal ramo de ind. de los hab. de la parte set. del part., especialmente en el famoso bosque de Irati; y se encuentran abundantes canteras de piedra para edificios, buenos jaspes, mármol de diferentes clases, yeso y pizarra; hallándose en algunos parages minerales, cuya esplotacion ha principiado en el valle de Arce, pueblo de Imizcoz, en las inmediaciones de la fáb. de Orbaiceta; y se ha denunciado otra mina de plomo en el de Artieda (valle de Urraul Bajo): lo que mas abunda en las mencionadas montañas, son esquisitos pastos para toda clase de ganados, habiendo al efecto varias cañadas, en las cuales se alimenta el ganado trashumante de los valles de Roncal y Salazar; las principales son, la que desde el puerto de Areta se dirige por los montes de Arizcurren y Rala hasta el puente de Aoiz, y la que desde el Roncal se encamina al puerto de Leire y puente de Lumbier: tanto en estas cañadas como en los demas sitios de pastura, y muy particularmente en los fronterizos á Francia, se cria considerable número de ganados de cerda y vacuno, lanar y cabrío, y aun mular y caballar. Hay tambien en estas sierras guindos, ciruelos, avellanos y manzanos silvestres, y otros árboles; viéndose en las hondonadas setas muy finas, fresas y otras frutas de planta; no abundan menos las aromáticas y medicinales, como el helecho, espino blanco, escrofularia, renúnculo, y otras varias que fuera prolijo enumerar, aunque merece particular mencion la esquisita manzanilla de Roncesvalles. En las tierras algo llanas, entre los pedazos destinados á cultivo, se crian tambien diversos árboles frutales y prodigiosa variedad de flores, que embellecen el pais y comunican al ambiente deliciosa fragancia. La escesiva aspereza del terr., unida á la multitud de árboles y plantas de que se halla cubierto, da orígen á la abundante caza de todas clases que se alimenta y guarece entre su espesura y fragosidad, pues sin contar la de perdices, faisanes, tórtolas, palomas torcaces, y otras especies de volateria, hay tambien muchos corzos, cabras monteses, grandes liebres y conejos, y crecido número de gatos monteses, lobos y garduñas, con algunos osos y jabalíes, no escaseando las culebras y demas reptiles. Muchas son las fuentes de puras y cristalinas aguas que brotan en estos montes, las cuales aglomerándose sucesivamente, dan orígen á varios r., arroyos y regatas que cruzan y fertilizan el pais en todas direcciones, dando impulso á varios molinos harineros y batanes.

RIOS Y ARROYOS. Los principales r. del part., son el *Irati*, el cual tiene su orígen en los montes de su nombre, y durante su curso de N. á S., recibe las aguas de los riach. *Archura*, junto á Itoiz, *Gurpegui*, á las inmediaciones de Ecai, y cerca de Agos las del *Unoz*, que desciende del valle de Erro, despues de lo cual se les reune el *Salazar* al S. de Lumbier: dicho r. *Irati* es vadeable en muchos parages, teniendo ademas puentes en Orbaiceta, Aribe, Garayoa, Oroz, Aoiz, Agos y Lumbier, y barcas en Ezcai, Ayanz, Larrangoz, Artajo y Liedena: tambien es navegable por medio de almedías ó balsas de madera, y aun puede serlo por medio de barcos hasta Aoiz, pues habiéndose construido uno en 1842 por via de ensayo, á costa de la empresa de Irati, navegó con poca dificultad y con algun cargamento. El mencionado r. *Salazar* nace en el valle de su nombre, y descendiendo por el E. y por entre las gargantas de Aspurz é Iso, confluye, como queda

(*) Los datos oficiales, particularmente el registro municipal y matrícula catastral de esta prov., que existen en nuestro poder, y otras noticias, nos hicieron creer con sobrado fundamento, que este part. jud. debia titularse de *Sangüesa*; y bajo este concepto hemos descrito en los artículos anteriores algunos pueblos ú objetos pertenecientes á dicha merind., siguiendo tambien lo que sobre el particular manifiesta el Sr. Ochoa en el prólogo de su Diccionario geográfico histórico de Navarra; cuya prov. se encuentra desde muy ant., y sigue, dividida en 5 merind., á las que comunmente, y aun los mencionados datos oficiales, dan el nombre de part. Pero habiendo observado que en la Guia de forasteros se denomina part. de Aoiz, sin duda porque en esta v., como punto mas céntrico, reside el juzgado (no obstante que tambien ha residido en Lumbier), no queremos desviarnos de semejante nomenclatura, ni contrariarla, por mas razones que nos asisten: y por lo mismo desde ahora continuaremos llamando part. jud. de Aoiz al que con mas fundamento hemos denominado (y nuestro corresponsal), de Sangüesa.

dicho, en el Irati; igualmente el *Salazar* es vadeable en varios puntos, teniendo puentes en Ochagavia, Ezcaroz, Orouz, Esparza, Ustes, Navascues, Aspurz, Isun y Lumbier: y en las cercanias de Adansa hay una red para detener la madera que viene flotante, para cuyo objeto tambien existe un puerto junto al mencionado Lumbier; de lo dicho se infiere que este r. igualmente puede ser navegable á poca costa, y lo es como el Irati por almedias. El r. *Aragon* penetra por el S., y jurisd. de Javier, en el valle de Aibar, y se encamina al E. del part. de Tafalla, recibiendo el *Irati* cerca de Sangüesa, en cuyo punto, asi como en Caseda y Gallipienzo, es vadeable y tiene sus respectivos puentes. Tambien es notable el r. *Ezca*, el cual nace en el térm. de la v. de Isaba (valle de Roncal), de donde sale por el único paso que hay en dicho valle, llamado *Estrecho de Foz*, y despues de una corta travesía de N. á E., confluye en el *Aragon*, mas abajo de Sigües. Cruza ademas, aunque corto trecho de N. á S. por el valle de Esteribar el r. *Arga*, el cual muy luego tuerce al SO. y se dirige á Pamplona. Debe por último hacerse mérito del r. *Valcarlos*, que naciendo en el térm. de la v. de su nombre, y formando por aquella parte la linea divisoria de España y Francia, atraviesa los Alduides, y va á incorporarse con el r. *Nive*, en terr. francés. En los espresados r. abunda la pesca de barbos, angulas, truchas, nútrias y otros peces menudos.

Aguas minerales. Existen en Aribe (valle de Aezcoa), conocidas desde la mas remota antiguedad; son bastante concurridas durante el otoño, porque sirven para curar todo padecimiento crónico de las vias digestivas y sistema cutáneo, como herpes y otras erupciones; para el alojamiento de los concurrentes se ha construido en estos últimos años un espacioso edificio con buenas habitaciones, por D. Francisco Elizondo Bastérico. Tambien hay baños minerales de la clase de diurético-purgantes en la jurisd. de Gorriz á 1/4 de leg. de Aoiz; aunque estas aguas no tienen tanta nombradía como las anteriores, no por eso son menos interesantes, ya por sus conocidos buenos efectos en las gastritis crónicas, hemorroides, y toda clase de opilaciones, aunque sean inveteradas, ya tambien por la posicion topográfica en que se hallan, púes estando cerca de la cap. del part., su uso es muy cómodo y aun recreativo.

Caminos. No hay mas carreteras en este part. que dos: una que conduce desde Pamplona á Lumbier y á Sangüesa, la cual tiene una venta en su punto céntrico, y una cadena en las inmediaciones de la v. de Monreal; y otra que tambien desde Pamplona dirige á Aoiz, y se halla atravesada con dos cadenas, una en Urroz y otra en Huarte; ambas carreteras pasan por entre muchas pobl.: en lo restante del part, los caminos son locales y de herradura; pero deben mencionarse con alguna particularidad los que conducen á Francia por los valles de Roncal, Salazar, Aezcoa, Erro y Valcarlos, de los cuales tambien es preciso hablar separadamente para evitar la confusion que pudiera producir la diversidad de puntos y sus diferentes nombres. En el valle del Roncal son varios los portillos ó caminos que comunican con Francia: 1.° el que va por la der. de la venta de Arraco, y pasa por el puerto que dirige al valle de *Breton*, (en lo alto de este puerto es donde los roncaleses celebran y renuevan sus convenios llamados *pacerías* con los hab. del mencionado valle de Breton, y reciben de ellos las tres vacas de un pelage, cornage y dentage); 2.° el que en dicha venta de Arraco se divide en varios ramales: uno de estos despues de atravesar algun trecho por la falda de la montaña, sube por la izq. en busca de los portillos de *Gimeta* y *Vidieta*; y otro saliendo por la der. va al puerto de *Erince* á desembocar en tierra de Solá (Francia): 3.° el que desde Isaba (en el centro del valle) se dirige al portillo llamado *Minchate*, y pasando las montañas de *Gimeleta*, *Bimbalet* y *Carceska*, sale á tierra de Solá, cortando la frontera en el puerto de Belaya: 4.° el que partiendo por la izq. de la montaña de *Ochagavia*, se dirige por el l. de este nombre hácia Francia; y 5.° el que sale por la der. del espresado cerro de Ochagavia, y va á enlazarse con el camino de *Zuruleta*, que es otro de los pasos para Solá ó tierra de Francia; escepto este camino, que es llano y cómodo, los demas portillos son malos, especialmente para gente de á caballo; sin embargo, una vez vencidos es muy fácil penetrar en el valle de Ansó (Aragon), principalmente por el referido estrecho de *Vidieta* que es el mas frecuentado. Desde el valle de Salazar sube un camino por la montaña de *Abodi*, que está sobre dicho valle y Francia, y va á salir á los montes de *Hori*, donde se divide en tres sendas, llamadas; una *Alcazeune*, la cual dirige al mencionado valle de Solá; y las otras dos, unidas en el r. Irati, pasan por Abodi Alto y Bajo, y terminan en el pais de los vascos: todos estos pasos son tan ásperos y quebrados que aun á pie ofrecen muchas dificultades y riesgo. En el valle de Aezcoa tienen origen otros caminos para Francia; el mas frecuentado va por Orbaiceta y portillo de *Alzatea*; es cómodo para gente de á pie y á caballo, aunque se estrecha mucho entre el r. Irati y los montes; sale á Valcarlos y Castel-Piñon, tocando en el primer punto otras tres sendas, de las cuales una viene por Burguete y las otras dos por las Abaurreas alta y baja, Aribe y el espresado Burguete; aquí se divide el camino en dos ramales; uno que se dirige por Olamendia (ó montaña de Roldan), y cruzando los puertos de Orbaiceta y Roncesvalles, sale al mencionado Castel-Piñon; el otro va por tierra mas baja, y tocando en Ntra. Sra. de Ibañeta, puerto y v. de Valcarlos, continúa por ambas orillas del r. de este nombre y llega á San Juan Pie de Puerto, de donde se infiere que este paso á Francia es fácil y cómodo. Los que cruzan el valle de Erro son los mismos que hemos dicho dirigen por Ibañeta y Burguete á Francia.

Producciones. Trigo, cebada, centeno, avena, maiz, arvejas, garbanzos, habas, cáñamo, lino, legumbres, aceite, vino, hortaliza y frutas.

Artes é industria. Hay molinos harineros y de aceite; con diversos batanes, telares de paños burdos, fáb. de hilo muy fino de estambre para medias, de cuyo artículo se surten no sólo los pueblos del part., sino muchos de la prov.; tambien se ocupan los hab., especialmente los de los valles de Aezcoa y Salazar, en el corte de maderas de construccion civil y náutica, las cuales conducen por el Irati al Ebro, y los de Roncal en hacer quesos, muy apreciados en todo el reino; debiendo tambien hacerse mencion de la fáb. de municiones de Orbaceita, la cual si bien se halló paralizada durante la guerra, ha principiado de nuevo sus trabajos.

Comercio. Consiste principalmente en la venta de ganados y lanas, que, en particular los roncaleses, hacen con los naturales de las prov. limítrofes y con los franceses, á los cuales tambien venden los quesos de que se ha hecho mérito, y mucha parte de trigo y sal, aunque sea por contrabando; y en la importacion de géneros coloniales y estrangeros, de que carece el pais.

Ferias y mercados. Hay cuatro en el part.: una en Lumbier en 30 de mayo; otra en Burguete el 18 de setiembre, la tercera se celebra en Aoiz el 30 del mismo mes, y la cuarta en Urroz el 11 de noviembre; en todas las cuales las especulaciones consisten en ganados y frutos del pais: tambien se celebran mercados semanales en Sangüesa los juéves, en Lumbier los lúnes, y en Aoiz los viérnes, cuyo tráfico tambien consiste en frutos y ganados del pais.

En toda la parte meridional y oriental del part. jud., se habla el castellano, y en las demas, generalmente el vascuence.

Estadística criminal. Los acusados en este part. jud. durante el año 1843, fueron 117, de los cuales resultaron 9 absueltos de la instancia; 4 libremente; 81 penados presentes; 23 contumaces; 10 reincidentes en el mismo delito y 12 en otro diferente, con el intérvalo de 10 años, 1 mes, 18 dias desde la reincidencia al delito anterior. Del total de acusados 17 contaban de 10 á 20 años de edad; 91 de 20 á 40; 6 de 40 en adelante; de 3 no consta la edad: 110 eran hombres y 7 mujeres; 64 solteros y 53 casados; 34 sabian leer y escribir; 58 carecian de toda educacion literaria, y de 25 se ignora si la habian recibido: 2 ejercian profesion científica ó arte liberal, y 115 artes mecánicas. En el mismo periodo se perpetraron 31 delitos de homicidio y de heridas; 2 con armas de fuego de uso lícito: 2 de ilícito: 3 con armas blancas permitidas, y 12 con armas prohibidas de la misma especie y 12 con instrumentos contundentes.

CUADRO sinóptico, por ayuntamientos, de lo concerniente á la poblacion al reemplazo del ejército, con

AYUNTAMIENTOS.	VALLES A QUE CORRESPONDEN.	OBISPADOS A QUE PERTENECEN.	NUMERO de pueblos de que se componen.	POBLACION. VECINOS.	POBLACION. ALMAS.	ESTADISTICA. ELECTORES. Contribuyentes.	ESTADISTICA. ELECTORES. Por capacidad.	ESTADISTICA. ELECTORES. TOTAL.
						Rs. vn.	Rs. vn.	Rs. vn.
Aibar (1)	Aibar.	PAMPLONA.	2	282	1443	139	9	148
Abaurrea alta (2)	Aezcoa.		1	84	421	46	2	48
Abaurrea baja	Id.		1	44	224	23	3	26
Aoiz	»		1	173	884	131	6	137
Aranguren (valle de)	Aranguren.		9	168	858	62	6	68
Arce (valle de)	Arce.		28	322	1646	196	12	208
Aria. (V. Abaorrea)	Aezcoa.		1	43	218	30	»	30
Aribe. (Id.)	Id.		1	16	82	15	2	17
Arriasgoiti (valle de)	Arreasgosti.		7	32	163	29	4	33
Aspurz. (V. Navascües)	Almiradio de Navascües.		1	20	102	18	1	19
Besolla	»		1	7	33	5	1	6
Buogüi. (V. Roncal)	Roncal.		1	122	621	82	1	83
Burguete	»		1	58	295	57	1	58
Caseda	»		1	170	869	112	7	119
Castillonuevo. (V. Navascües)	Almiradio de Navascües.		1	39	201	21	1	22
Egües (valle de)	Egües.		18	296	1513	199	15	214
Elorz (valle de)	Elorz.		13	187	954	80	12	92
Erro (valle de)	Erro.		15	257	1324	155	61	216
Escaroz. (V. Ochagaria)	Salazar.		1	102	519	74	4	78
Eslaba. (V. Aibar)	Aibar.		1	90	461	71	4	75
Esparza. (V. Ochagaría)	Salazar.		1	67	342	61	1	62
Esteribar (valle de)	Esterivar.		30	375	1917	261	8	269
Ezprogui. (V. Aibar)	Aibar.		2	36	182	28	2	30
Galipienzo. (Id.)	Id.		1	109	559	83	6	89
Galues. (V. Ochagaria)	Salazar.		1	8	39	16	1	17
Garayoa. (V. Abaurrea)	Aezcoa.		1	78	398	57	4	61
Gardalain. (V. Aibar)	Aibar.		1	8	43	6	1	7
Garde. (V. Roncal)	Roncal.		1	92	471	70	4	74
Garralda. (V. Abaurrea)	Aezcoa.		1	90	462	66	3	69
Güesa. (V. Ochagaria)	Salazar.		1	22	110	13	2	15
Huarte	»		1	109	555	101	2	103
Ibargoiti (valle de)	Ibargoiti.		9	134	686	77	6	83
Ibilcieta. (V. Ochagaria)	Salazar.		1	23	117	15	»	15
Iciz. (Id.)	Id.		1	13	65	10	1	11
Igal. (Id.)	Id.		1	26	132	21	2	23
Isaba. (V. Roncal)	Roncal.		1	182	931	111	9	120
Izco. (Véase Aibar)	Aibar.		1	23	115	16	1	17
Izagondoa (valle de)	Izagondoa.		13	204	1038	65	9	74
Izal. (V. Ochagaria)	Salazar.		1	26	131	12	4	16
Izalzu. (Id.)	Id.		1	47	240	46	2	48
Jaurrieta. (Id.)	Id.		1	117	596	72	3	75
Javier. (V. Aibar)	Aibar.		4	39	201	27	3	30
Larrasoaña	»		1	29	150	26	1	27
Leache. (V. Aibar)	Aibar.		1	67	344	45	3	48
Lerga. (Id.)	Id.		2	59	302	56	1	57
Liedena. (3)	Corriedo de Liedena.		1	75	382	73	1	74
Lizoain (valle de)	Lizoain.		11	143	732	52	7	59
Longuida (valle de)	Longuida.		26	208	1061	96	9	105
TOTALES			207	4512	23048	2935	229	3164

(1) En este ayunt. se incluye todo lo concerniente al reemplazo del ejército y á la riqueza del valle del mismo nombre, compuesto de los 13 pobl. total es de 888 vec. y 4,546 almas.

(2) Se incluye en estos dos ayuntamientos todo lo concerniente al reemplazo del ejército y á la riqueza del valle denominado de Orbera, y Villanueva, cuya pobl. total es de 609 vec. y 3,102 alm.

(3) Este ayunt. unido con el de Yesa componen el Corriedo llamado de Liedena, cuya pobl. total es de 139 vec. y 708 alm.; y en él

de dicho partido ó merindad, su estadística municipal y la que se refiere el pormenor de su riqueza.

MUNICIPAL.							REEMPLAZO DEL EJERCITO.									RIQUEZA.		
							JOVENES VARONES ALISTADOS DE EDAD DE											
Elegibles.	Alcaldes.	Tenientes.	Regidores.	Síndicos.	Suplentes.	Alcaldes pedáneos.	18 años.	19 años.	20 años.	21 años.	22 años.	23 años.	24 años.	Total.	Cupo de soldados corresp. á una quinta de 25,000 hombres.	Por ayuntamiento	Por vecino	Por habitante
																Rs. vn.	Rs. Mrs.	Rs. Ms.
130	1	1	6	1	6	»	44	41	38	35	30	24	15	227	18'5	1612030	1815 12	354 19
46	1	»	2	1	3	»	30	30	26	24	18	15	12	155	12'5	603611	992 5	194 20
23	1	»	2	1	3	»												
60	1	1	4	1	5	»	7	6	4	7	5	4	4	37	3'5	324943	1878 1	367 20
55	1	1	2	1	4	4	8	6	7	5	8	4	3	41	3'4	343008	2041 24	399 26
90	1	1	4	1	5	20	15	13	10	12	14	11	7	82	6'6	533480	1656 21	324 3
30	1	»	2	1	3	»	»	»	»	»	»	»	»	»	»	»	»	»
13	1	»	2	1	3	»	»	»	»	»	»	»	»	»	»	»	»	»
27	1	»	2	1	3	4	2	2	»	1	2	»	1	8	0'7	81179	2536 29	498 1
18	1	»	2	1	3	»	»	»	»	»	»	»	»	»	»	»	»	»
5	1	»	2	1	3	»	»	»	»	1	»	»	»	1	0'1	12880	1840	390 10
68	1	1	4	1	5	»	»	»	»	»	»	»	»	»	»	»	»	»
56	1	»	2	1	3	»	3	2	1	3	1	2	2	14	1'2	52426	903 31	177 24
112	1	1	4	1	5	»	8	6	7	6	5	7	4	43	3'5	388862	2287 14	447 16
20	1	»	2	1	3	»	»	»	»	»	»	»	»	»	»	»	»	»
105	1	1	4	1	5	11	12	14	7	8	10	5	4	60	6'1	514916	1739 20	340 11
79	1	1	2	1	4	8	9	8	7	7	6	6	4	47	3'9	4950C4	2647 3	518 30
154	1	1	4	1	5	8	14	10	13	9	7	5	8	66	5'3	439712	1710 32	332 4
74	1	1	2	1	4	»	»	»	»	»	»	»	»	»	»	»	»	»
70	1	1	2	1	4	»	»	»	»	»	»	»	»	»	»	»	»	»
61	1	1	2	1	4	»	»	»	»	»	»	»	»	»	»	»	»	»
259	1	1	6	1	6	10	18	17	15	13	14	10	8	95	7'7	673231	1795 10	351 6
24	1	1	2	1	4	»	»	»	»	»	»	»	»	»	»	»	»	»
83	1	1	4	1	5	»	»	»	»	»	»	»	»	»	»	»	»	»
16	1	»	2	1	3	»	»	»	»	»	»	»	»	»	»	»	»	»
57	1	»	2	1	3	»	»	»	»	»	»	»	»	»	»	»	»	»
4	1	»	2	1	3	»	»	»	»	»	»	»	»	»	»	»	»	»
70	1	1	2	1	4	»	»	»	»	»	»	»	»	»	»	»	»	»
54	1	1	2	1	4	»	»	»	»	»	»	»	»	»	»	»	»	»
10	1	»	2	1	3	»	»	»	»	»	»	»	»	»	»	»	»	»
82	1	1	4	1	5	»	5	4	6	3	3	4	2	27	2'2	214040	1963 23	385 22
77	1	1	2	1	4	3	6	6	6	3	4	5	4	34	2'8	196108	1463 17	285 30
15	1	»	2	1	3	»	»	»	»	»	»	»	»	»	»	»	»	»
8	1	»	2	1	3	»	»	»	»	»	»	»	»	»	»	»	»	»
20	1	»	2	1	3	»	»	»	»	»	»	»	»	»	»	»	»	»
98	1	1	4	1	5	»	»	»	»	»	»	»	»	»	»	»	»	»
12	1	»	2	1	3	»	»	»	»	»	»	»	»	»	»	»	»	»
60	1	1	4	1	5	6	10	9	8	7	7	5	6	52	»	358178	1755 26	345 2
12	1	»	2	1	3	»	»	»	»	»	»	»	»	»	»	»	»	»
45	1	»	2	1	3	»	»	»	»	»	»	»	»	»	»	»	»	»
70	1	1	2	1	4	»	»	»	»	»	»	»	»	»	»	»	»	»
26	1	»	2	1	3	»	»	»	»	»	»	»	»	»	»	»	»	»
18	1	»	2	1	3	»	»	1	»	2	»	1	»	4	0'6	46318	1597 6	308 27
30	1	»	2	1	3	»	»	»	»	»	»	»	»	»	»	»	»	»
32	1	»	2	1	3	»	»	»	»	»	»	»	»	»	»	»	»	»
46	1	1	2	1	4	»	5	7	6	4	3	5	5	35	2'8	191466	1377 15	270 15
50	1	1	4	1	5	3	7	6	8	5	4	6	3	39	2'9	233166	1630 18	318 18
90	1	1	4	1	5	16	6	8	6	7	11	8	7	53	4'3	469595	2257 23	442 20
4497	45	23	118	45	172	87	199	187	167	155	145	122	93	1068	184	7425925	6862 28	1340 12

ayunt. que siguen: Aibar, Eslaba. Ezprogui, Galipienzo, Gardalain, Izcó, Javier, Leache, Lerga, Moriones, Peña, Rocaforte y Sada; cuya *Aezcoa*, que se compone de los nueve ayunt. que siguen, á saber: Abaorrea alta y baja, Aria, Aribe, Garayoa, Garralda, Obaiceta, —se incluye lo concerniente al reemplazo del ejército y á la riqueza de ambos.

AYUNTAMIENTOS.	VALLES A QUE CORRESPONDEN.	OBISPADOS A QUE PERTENECEN.	NUMERO de pueblos de que se componen	POBLACION.		ESTADISTICA ELECTORES.		
				VECINOS.	ALMAS.	Contribuyentes.	Por capacidad.	TOTAL
Suma anterior			207	4512	23048	2935	229	3164
Lumbier	»		1	313	1600	263	11	274
Monreal	»		1	83	425	64	3	67
Moriones. (V. Aibar)	Aibar.		1	14	72	9	2	11
Navascües (1)	Almirodia de Navascües.		1	106	542	60	7	67
Ochagaria (2)	Salazar.		1	257	1312	112	8	120
Orbaiceta. (V. Aboarrea)	Aezcoa.		1	103	527	48	3	51
Orbara. (Id.)	Id.		1	47	240	30	»	30
Orouz. (V. Ochagaria)	Salazar.		1	33	169	25	»	25
Peña. (V. Aibar)	Aibar.		1	15	79	10	1	11
Pisilla de Aragon	»		1	123	626	75	3	78
Rocaforte. (V. Aibar)	Aibar.		1	24	124	17	2	19
Romanzado (valle de)	Romanzado.		10	141	718	66	7	73
Roncal. (3)	Roncal.	PAMPLONA.	1	87	444	76	9	85
Roncesvalles	»		1	17	89	14	1	15
Sada. (V. Aibar)	Aibar.		2	122	621	83	5	88
Sangüesa	»		1	472	2412	275	17	292
Sarries. (V. Ochagarria)	Salazar.		2	24	125	18	»	18
Tiebas	»		1	39	198	34	2	36
Unciti (valle de)	Unciti.		7	142	724	61	10	71
Urraul alto (valle de)	Urraul alto.		21	184	940	110	8	118
Urraul bajo (valle de)	Urraul bajo.		9	178	907	120	9	129
Urroz	»		1	129	660	76	8	84
Urzaingui. (V. Roncal)	Roncal.		1	72	360	59	7	66
Uscarroz. (V. Ochagarria)	Salazar.		1	25	126	18	9	27
Ustarroz. (V. Roncal)	Roncal.		1	145	740	83	5	88
Ustes. (V. Navascües)	Almiradio de Navascües.		1	26	134	16	2	18
Valcarlos	»		1	188	962	77	3	80
Vidangos. (V. Roncal)	Roncal.		1	73	374	60	2	62
Villanueva. (V. Aboarrea)	Aezcoa.		1	104	530	58	4	62
Yesa. (V. Liedena)	Corriedo de Liedena.		1	64	326	55	1	56
TOTALES			297	8271	42247	5199	397	5596

(1) El almiradio de Navascües se compone de los cuatro ayunt. de Aspurz, Castillonuevo, Navascües y Urles, cuya pobl. total es de 491 vec. y 979 alm., y lo concerniente al reemplazo del ejército y á la riq. de dichos cuatro ayunt. se inluye en el de Navascues.

(2) En este ayunt. se reune todo lo concerniente al reemplazo del ejército y á la riq. de los 14 que componen el valle llamado de Salazar, y son los siguientes: Escaroz, Esparza, Gallais, Guesa, Ibilcieta, Içis, Igal, Izal, Izazu, Jaurrieta, Ochagaria, Orouz, Sarrius y Vicarroz, cuya pobl. total es de 790 vec. y 4,023 almas.

(3) Se incluye en este ayunt. todo lo concerniente al reemplazo del ejército y á la riq. de los siete que componen el valle de su nombre y son: Burgui, Gardó, Izaba, Roncal, Urzinaga, Yinaroz y Vidangos, cuya pobl. reunida es de 773 vec. y 3,950 almas.

	ÁOIZ.	Aibar.	Burguete.	Caseda.	Gallipienzo.	Lumbier.	Nabascues.	Ochagavía.	Roncal.	Sangüesa.	Valcarlos.	Zubiri.	Pamplona.
Aibar.	4												
Burguete.	6	10											
Caseda.	5	1	11										
Gallipienzo.	5 1/2	1 1/2	11 1/2	1/2									
Lumbier.	3	2	9	4	4								
Nabascues.	4	6	8	8	8	4							
Ochagavía.	7	11	7	13	13	9	5						
Roncal.	7 1/2	9 1/2	8	11	11	7 1/2	3 1/2	4					
Sangüesa.	5	1	11	1 1/2	2	2	6	11	9 1/2				
Valcarlos.	8	11 1/2	2	13 1/2	13 1/2	11	10	8	9	13			
Zubiri.	5	8 1/2	3	10	10	8	9 1/2	7	11	10	5		
Pamplona.	4	6	7	7	7	6	8	11	11 1/2	7	9	4	
Madrid.	64	60	67	60	59	62	66	70	70	60	69	64	60

MUNICIPAL.							REEMPLAZO DEL EJERCITO.									RIQUEZA.		
							JOVENES VARONES ALISTADOS DE EDAD DE											
Elegibles.	Alcaldes.	Tenientes	Regidores.	Síndicos.	Suplentes.	Al caldes pedáneos.	18 años.	19 años.	20 años.	21 años.	22 años.	23 años.	24 años.	Total.	Cupo de soldados corresp. á una quinta de 25,000 hombres.	Por ayuntamiento.	Por vecino.	Por habitante.
4497	45	23	118	45	172	87	199	187	167	155	145	122	93	1068	184	7425925	6862 28	1340 12
263	1	1	6	1	6	»	14	12	11	10	13	9	11	80	6'4	489323	1563 11	305 28
60	1	1	2	1	4	»	4	3	4	2	5	1	2	21	1'7	135232	1629 10	318 7
9	1	»	2	1	3	»	»	»	»	»	»	»	»	»	»	»	»	»
60	1	1	2	1	4	»	9	8	8	6	7	6	5	49	3'9	284677	1400 15	290 27
110	1	1	4	1	5	»	26	39	30	30	24	23	29	201	16'3	1606374	2033 13	399 10
48	1	»	2	1	3	»	»	»	»	»	»	»	»	»	»	»	»	»
30	1	»	2	1	3	»	»	»	»	»	»	»	»	»	»	»	»	»
25	1	»	2	1	3	»	»	»	»	»	»	»	»	»	»	»	»	»
7	1	»	2	1	3	»	»	»	»	»	»	»	»	»	»	»	»	»
75	1	1	2	1	4	»	4	6	5	5	4	3	4	31	2'5	136973	1113 20	218 27
17	1	»	2	1	3	»	»	»	»	»	»	»	»	»	»	»	»	»
66	1	1	2	1	4	5	6	6	9	4	4	4	3	36	2'9	220742	1565 19	307 15
76	1	1	2	1	4	»	28	36	32	28	26	20	27	197	15'9	1568160	2028 23	397
14	1	»	2	1	3	»	»	2	1	»	1	»	»	4	0'4	40650	2391 6	456 25
63	1	1	2	1	4	1	»	»	»	»	»	»	»	»	»	»	»	»
275	1	1	8	1	7	»	15	20	20	17	15	14	18	119	9'7	1083060	2294 21	449 1
18	1	»	2	1	3	1	»	»	»	»	»	»	»	»	»	»	»	»
30	1	»	2	1	3	»	1	1	»	2	»	4	2	10	0'8	82516	2115 27	416 25
61	1	1	2	1	4	1	7	6	4	5	3	6	5	36	2'9	298300	2100 24	412
55	1	1	4	1	5	12	6	8	7	9	8	5	3	46	3'8	294183	1598 28	312 33
116	1	1	4	1	5	2	7	6	8	5	7	6	6	45	3'6	313442	1760 31	347 17
70	1	1	2	1	4	»	6	6	3	4	7	3	1	30	2'7	197216	1528 28	298 28
46	1	1	2	1	4	»	»	»	»	»	»	»	»	»	»	»	»	»
18	1	»	2	1	3	»	»	»	»	»	»	»	»	»	»	»	»	»
76	1	1	4	1	5	»	»	»	»	»	»	»	»	»	»	»	»	»
16	1	»	2	1	3	»	»	»	»	»	»	»	»	»	»	»	»	»
77	1	1	4	1	5	»	8	6	7	5	6	5	3	40	3'9	118413	629 36	123 3
60	1	1	2	1	4	»	»	»	»	»	»	»	»	»	»	»	»	»
54	1	»	2	1	3	»	»	»	»	»	»	»	»	»	»	»	»	»
47	1	1	2	1	4	»	»	»	»	»	»	»	»	»	»	»	»	»
5212	78	43	206	78	303	115	350	361	324	294	282	236	218	2065	170	14653364	1771 22	346 29

AOIZ: v. con ayunt. de la merind. de Sangüesa (5 leg.), en la prov., aud. terr. y c. g. de Navarra, dióc. de Pamplona (4); arciprestazgo de Ibargoiti; es cab. del part. jud. de su nombre: SIT. á la márg. der. del r. *Irati* en el estremo oriental de un llano, donde la baten todos los vientos, y goza de CLIMA muy saludable. Tiene 173 CASAS de regular fáb., la municipal, cárcel pública, varias tiendas de comestibles, una escuela de primeras letras dotada con 2,400 rs. anuales, á la que asisten de 50 á 60 niños, otra frecuentada por 30 niñas poco mas ó menos, cuya maestra percibe de sueldo 1,080 rs.; y una igl. parr. bajo la advocacion de San Miguel Arcángel, servida por un cura párroco llamado vicario, 6 beneficiados y varios subalternos; el edificio es capaz, magnífico, y su retablo mayor obra del famoso Ancheta. Confina el TÉRM. por N. con el de Itoiz (3/4 de leg.), por E. con el de Meoz (igual dist.), por S. con el de Ecai (1/2), y por O. con el de Erdozain (la misma dist.). Le atraviesa de N. á S. el espresado r. Irati, el cual pasa tocando la pobl. por la parte del E. Hácia el N. tiene un puente de piedra, y á dist. de unos 300 pasos se encuentran tres ó cuatro vados que son servibles en la mayor parte del año. El TERRENO, llano en lo general, es bastante fértil: sin contar los trozos destinados á sembradura de cereales y á viñedo, comprende una huerta regada por medio de norias, la cual si bien es de corta estension provee á la v. y aun á otros pueblos de riquísimas frutas y hortalizas, que, puede afirmarse, son de lo mas delicado del part. y aun de toda la prov. Los CAMINOS son locales y de herradura, escepto la carretera que conduce á Pamplona, la cual se halla atravesada con dos cadenas, una en Urroz y otra en Huarte. PROD.: trigo, cebada, maiz, vino, legumbres, hortaliza y frutas; cria ganado mular, vacuno, de cerda, lanar y cabrio; hay caza de diferentes especies, y pesca de esquisitas truchas y anguilas en el Irati. IND. y COMERCIO: ademas de la agricultura, existe en esta v. de Aoiz un molino harinero, algunos batanes, y un molino de papel, á cuyos artefactos dan impulso las aguas del espresado r.; dedicándose tambien los hab. á la filatura de lanas para calcetas y otros objetos, y á la fabricacion de paños burdos, elaborando comunmente en cada año mas de 600 piezas de 60 varas de largo y 3/4 de ancho cada una, en las que invierten sobre 3,000 a. de lana; el comercio consiste en la esportacion de los frutos sobrantes del pais tanto naturales como industriales, y en la importacion de géneros de vestir, coloniales y ultramarinos, y de maderas de construccion y combustible que bajan por el Irati, cuya compañia las deposita en un espacioso almacen destinado al efecto: hay un mercado los viérnes de cada semana, y una feria en 30 de setiembre, cuyas especulaciones se reducen á las ya espresadas, con la diferencia de ser mas considerables especialmente en ganados. POBL.: 173 vec., 884 alm.: RIQUEZA IMP.: 324,043 rs. Por su posicion topográfica que la constituye no solo en punto céntrico del part., sino en el de confluencia de todos los pueblos de esta parte del Pirineo, parece llamada esta v. á desenvolver grandes intereses materiales: pudiera establecerse en ella una gran fáb. de paños: pues que reune todos los elementos necesarios, como son: local á propósito en las inmediaciones del r., aguas abundantes y cristalinas, materia prima ó sean muchas y buenas lanas, y seguridad en la venta y consumo; porque ni en las prov. Vascongadas, ni en el alto Aragon, se encuentran fáb. de esta clase. Segun opinion de hombres inteligentes, la fáb. nacional de municiones de Orbaiceta debia trasladarse á esta v. con incalculables ventajas para el Estado en la parte económica-administrativa, y á desvio de que cayese en poder del enemigo con facilidad en caso de guerra, como prácticamente se ha visto en la de la Independencia y en la civil última; pues en aquella fue ocupada sin grande obstáculo por los franceses, quienes elaboraron en la misma el hierro mortífero que luego destruyó nuestras pobl. y diezmó nuestros valientes; y en la guerra civil, no pudiendo sostenerla las tropas constitucionales, cayó en poder de Zumalacárregui, y le sirvió mucho para rendir varios puntos fortificados; semejantes resultas podrian evitarse si se estableciera en Aoiz, que como punto cercano á Pamplona y con camino real es mas seguro y susceptible de prontos auxilios que Orbaiceta, tan inmediata al Pirineo. En cuanto á gastos está calculado que lo que cuesta bajar las municiones á la cap. de prov., bastaria y aun sobraria para conducir á aqui el material y combustible, pues todo ello se realizaria por el Irati en almadias ó pequeños barcos, de lo cual es susceptible sin grandes desembolsos.

HISTORIA. Por un documento que cita Moret se sabe que en el térm. de esta v., llamado *Zaturriba*, habia un monasterio titulado de San Salvador, del cual hicieron donacion en 1042, los reyes D. García de Nájera y Doña Estefania su mujer, á D. Fortunio Lopez, y posteriormente se agregó al de Leire. El rey D. Cárlos III llamado el Noble, por privilegio dado en Olite á 4 de setiembre de 1424 que se guarda original en el archivo de la v., hizo francos, infanzones, é hijos-dalgo á todos los vec. en atencion á sus distinguidos servicios y al valor con que la habian defendido en tiempo de guerra. La princesa Doña Magdalena, gobernadora del reino por D. Francisco Febus, en consideracion á lo mucho que habia padecido, y á que en ella se habian firmado las paces, y sosegado las guerras civiles, que por mas de 30 años habian durado entre los bandos Beamonteses y Agramonteses, la erigió en buena villa de asiento y voto en Córtes, la concedió feria anual el dia de San Miguel Arcángel, y otras mercedes que contiene el privilegio espedido en esta v. á 17 de setiembre de 1479, confirmado por los reyes D. Juan y Doña Catalina á 22 de junio de 1494, señalándole el asiento que habia de ocupar en las cortes; y por armas en campo encarnado una corona de oro entre dos espadas argentadas, pomos, crucetas, y conteras doradas. Los mismos reyes en 1489 confirmaron la merced de Almirante de Aoiz hecha á Pedro Balanza, en 1480 por el infante D. Pedro, cardenal, y gobernador del reino. Concluimos este art. manifestando que Aoiz ha sido cuna de muchos esclarecidos varones, y entre estos de D. Guirior, virey de Lima, de D. Miguel José Azanza virey de Méjico y ministro de Hacienda en el reinado de Cárlos IV, al principio del de Fernando VII, y en el del intruso José Napoleon; y del general D. Joaquin Bayona.

AORBIGENSES: Ambrosio de Morales leyó esta palabra por *Aobrigenses* en la inscripcion del puente de Chaves, cuyo error corrigió Mayans, *De Hisp. prog. voc. vr. cap. 7, n.* 27.

AOREGRA: l. en la prov. de la Coruña, ayunt. de Baña y felig. de San Salvador de la *Ermida* (V.).

AOSLOS: cas. perteneciente al l. de Horcajo, en la prov. de Madrid, part. jud. de Buitrago: SIT. sobre el r. Madarguillos; abunda en lino, patatas, trigo tremecino, nueces y otras frutas: dista de su parr. 1/2 leg.: 2 de Buitrago y 15 1/2 de Madrid: su POBL. y RIQUEZA estan comprendidas en la matriz.

AOXIN: (PUERTO DE): en la sierra de Cazorla, térm. de Quesada, junto á Toya, se halla este puerto, que antiguamente, por su proximidad á *Tugia*, c. de los oretanos, que ha venido á ser una cortijada (V. TUGIA), se llamó *Tugiensis Saltûs*. Por el se facilitaban y facilitan aun las comunicaciones de la prov. de Jaen con las de Murcia y Almería. Plinio dijo nacer junto á este puerto el r. *Tader*, que regaba el campo de Cartagena, y el *Bétis*, apartándose de él hácia O, hasta el Atlántico, *como quien huye de la Pira de Scipion*. Con efecto L. Scipion, no Cn. como creyó Harduino, murió en el *Salto Tugiense*, donde le acometió Indibil, y acudiendo los númidas desde Castulo, donde se encontraban, peleó bizarramente hasta caer traspasado de un dardo (Livio). Aquí fue quemado su cadáver, segun costumbre de los romanos. En la edicion Pliniana de Trobenio se lee con error *Tygiensy*.

AOZARAZA: anteigl. en la prov. de Guipúzcoa (10 leg. á Tolosa), dióc. de Calahorra (22), part. jud. de Vergara (2), y del ayunt. de Arechavaleta: SIT. en terreno alto, pero llano y agradable y á la der. del r. *Deva*: su CLIMA templado y sano: unas 49 CASAS forman esta pobl., en la cual se encuentra el palacio solariego de Otalora; hay una escuela, cuyo maestro disfruta la dotacion de 1,100 rs., y da instruccion á unos 50 ó 60 niños de ambos sexos de las anteigl. comprendidas en el térm. municipal: la igl. parr. (San Juan Bautista) está servida por 2 beneficiados, cuyas vacantes se proveen en hijos patrimoniales presentados por el beneficiado sobreviniente; dentro de la igl. hay una capilla dedicada á San Miguel, propia de la familia de Otalora, dotada con 2 capellanes. Su escaso TÉRM. confina con Arenáza, Goronaeta, Larrino, Arcarazo, Arechavaleta y Mondragon; le baña en parte el mencionado Deva, y el TERRENO en lo general es fértil: el CAMINO, carretera de Francia, se encuentra á la parte opuesta del indicado r.; los demas son locales y mal cuidados: el CORREO se recibe todos los dias en Mondragon: PROD. trigo, maiz, habas, habichuelas, lino, castaña y alguna hortaliza: cria ganado vacuno y lanar; hay caza de liebres, perdices y zorras, y pesca de anguilas y barbos. POBL.: 50 vec. 276 alm.: CONTR. (V. GUIPUZCOA INTENDENCIA). En esta anteigl. está el palacio solariego de la familia de Otalora, y nacieron en él D. Sancho Lopez de Otalora, del Consejo y Cámara del Sr. Felipe II, á quien mereció particular confianza y merced de 6,000 mrs. sobre la fábrica de sal de la v. de Salinas; y D. Juan de Otalora, caballero de la órden de Santiago, secretario de Hacienda del Sr. Felipe IV.

APAJO: l. en la prov. de Lugo, ayunt. de Villalva y felig. de San Pedro de *Sta. Valla* (V.): POBL. 4 vec. 22 almas.

APARDUES: desp. en la prov. de Navarra, part. jud. de Aoiz (3 leg.), térm. jurisd. de Lumbier (3/4): confina por N. con el térm. de Grez (1), por E. con el de San Vicente (1/2), por S. el de Tabar (3/4), y por O. con el de Indurain (1/2): PROD. cereales de todas clases y buenos pastos, con los que se alimenta bastante ganado vacuno, lanar y cabrío. El ant. l. conocido en los tiempos mas remotos con el nombre de *Apardos* estuvo á 1 1/2 leg. O. de Lumbier, y perteneció al infante D. Ramiro, rey de Viguera, hermano del Rey D. Sancho Abarca, el cual con su mujer Doña Urraca hizo donacion de él y sus palacios al monasterio de San Salvador de Leire, para que rogasen á Dios por el alma de su hermano, enterrado en dicho monasterio; como asi consta de la escritura fecha á 15 de las calendas de agosto de la era 1029, que corresponde al 18 de julio de 991, cuyo documento publicó Garibay (lib. 22 cap. 16) con las equivocaciones de llamar hijo en lugar de hermano al infante D. Ramiro, y de atrasar la fecha 10 años, las que corrigió el P. Moret en el lib. 10, cap. 3.°, párrafo 5.° de los Anales de Navarra, con arreglo al libro becerro de Leire y á la puntual cronologia. Posteriormente recayó el señ. del l. en las monjas benitas de San Cristóbal de Lumbier; y porque cuando se reedificó acudieron á domiciliarse y se negaban á pagar la *pecha* á las monjas, se quejaron ante los jueces nombrados por el rey D. Teobaldo II para reparar los daños causados por sus antecesores, y por sentencia dada en Pamplona, miércoles primero antes de Natividad del año 1254 mandaron que se pagase la *pecha* acostumbrada. En el de 1366, segun resulta del apeo, estaba comprendido el l. en el valle de Urraul y tenia 4 fuegos. Todavia hay algunas ruinas de los edificios, cuyos materiales se aprovecharon para la fáb. del monasterio de las espresadas monjas, cuando se trasladaron á Lumbier.

APARECIDA (NTRA. SRA. DE LA): santuario en desp. de la prov. y part. jud. de Segovia, térm. desp. de Mazuelos, jurisd.

de Valverde del Majano: SIT. á 1 leg. O. de Segovia, sobre un pequeño cerro, á la orilla del camino que conduce desde esta c. al citado Valverde, y muy inmediato á la confluencia del r. Milanillos con el Eresma, en el lugar donde se halló antiguamente la ermita de la Magdalena: haciéndose una escavacion en diciembre del año 1623, cerca de esta ermita (que se cree seria la ant. igl. de Mazuelos), se encontró un cadáver y á sus pies una caja de piedra pizarra que contenia una imágen de Ntra. Sra., la cual se colocó en el altar de la misma ermita con el título de Ntra. Sra. del Sepulcro: por los años de 1634 al 40, se la comenzó á llamar Ntra. Sra. de la Aparecida, y se agregaron á su fáb. los diezmos de granos y corderos que de inmemorial la Magdalena tenia; con cuyo auxilio y el de las limosnas y oblaciones de los fieles, que aumentaron con la devocion á mediados de aquel siglo, se dió principio á la construccion del santuario tal como hoy existe, aunque reparado y renovado en los años 1802 y 1803; el cual consiste en una igl. de 78 pies de long., 26 de lat. y dos casitas unidas á ella, que pudiesen servir de habitacion á un capellan, al mayordomo y santero; en el dia solo la habitan este y su familia: durante la obra se llevó la imágen á la igl. de Valverde, y en 7 de agosto de 1664 se hizo la traslacion á su nuevo templo; y con este motivo hubo una funcion religiosa, concurridísima de las gentes de Segovia y pueblos comarcanos.

APARECIDA (NTRA. SRA. DE LA): cas. en la prov. de Alicante, part. jud. y térm. jurisd. de *Orihuela* (V.).

APARICIO: cerro aislado en la prov. de Ciudad Real, part. jud. de Valdepeñas, térm. de Sta. Cruz de Mudela: SIT. 3/4 leg. al O. de esta pobl.; es de figura cónica, de 600 á 700 varas de elevacion, de TERRENO áspero y poblado de coscojas, magarzas y otras yerbas buenas para pastos; está próximo á dos cord. de cerros de la misma altura, llamadas una de *Valbueno*, y se dirige de S. á N., y la otra los *Castillones*, de E. á O.

APARICIOS: deh. de la prov. de Cáceres, part. jud. de Alcántara, térm. de Brozas: está cubierta de espeso monte de encina, que prod. abundante bellota, madera y combustible.

APARRAL (STA. MARIA DE): felig. en la prov. de la Coruña (11 1/2 leg.), dióc. de Mondoñedo (6 1/2), part. jud. de Sta. Marta de Ortigueira (4 1/2) y ayunt. de Garcia Rodriguez: SIT. sobre una superficie de una leg. cuadrada en un llano bien ventilado, y CLIMA templado y sano: tiene 42 CASAS que forman varios l. dispersos: la igl. parr. (Stá. Maria) es anejo de la de San Pedro Felix de Roupár, perteneciente á la prov. de Lugo y ayunt. de Germade; la indicada igl. es de una sola nave con tres altares, de los que el del medio está dedicado á San Juan Bautista, y el cementerio ventilado y capaz: el curato es de concurso general; los ornamentos y alhajas son muy pobres, y no tiene ninguna clase de renta. El TÉRM. confina por N. con el de la Puentes, por E. con la de Roupár y Cabreiros, por S. con la de Piñeiro, Miraz y Germade de Lugo, y por O. con la de Puentes, Vilavella y Piñeiro; abunda en aguas de fuente, y le atraviesa un r. de poco caudal. El TERRENO reducido á cultivo serán 100 fan. de sembradura; abunda en pastos y mucho arbolado de toda clase: los CAMINOS son vecinales y mal cuidados: el CORREO se recibe de la cap. del part.: PROD. trigo, centeno, avena y patatas: cria ganado vacuno, caballar, lanar, cabrío y de cerda; hay caza de liebres y perdices: IND.: á mas de la agrícola, hay varias tejedoras de lienzos y lanas del pais, y algunos molinos harineros: POBL. 43 vec.: 217 alm.: CONTR. con su ayunt. (V.).

APARTADO: l. en la prov. de Lugo, ayunt. de Orol y felig. de San Pantaleon de *Cabanas* (V.).

APASTDOZA: monte en la prov. de Guipúzcoa, part. jud. de Azpeitia al O., y TÉRM. de la v. de Cerain con vertientes al S. y N.: en él se advierten las repetidas catas y pozos hechos en varias épocas para la esplotacion de cobre y alcohol, siempre abandonada por no corresponder á los gastos.

APATA-MONASTERIO: anteigl. en la prov. de Vizcaya (6 1/2 leg. de Bilbao), dióc. de Calahorra (25), aud. terr. de Búrgos (26 1/2), c. g. de las prov. Vascongadas y part. jud. de Durando (1): SIT. al SE. de la prov. y orilla izq. del riach. que baja de la *Peña de Udala*; su CLIMA sano: tenia ayunt., y bajo el sistema foral se regia por un fiel con asiento y voto 10° en las juntas de Guernica: unas 29 CASAS bastante separadas forman la pobl.: su igl. (San Pedro) es un ermitorio anejo de San Agustin de Echevarria, y servido por uno de los beneficiados de su cabildo. Su TÉRM. se estiende á 1/2 leg. de uno á otro punto cardinal, y confina por E. con Elorrio, al S. con Axpe y Marzana, y por O. y N. con Abadiano: le baña el indicado r. *Orrio* y el riach. que se desprende de la sierra de Amboto; el TERRENO participa de monte arbolado y llano de buena calidad, y unas 150 fan. de tierra destinadas al cultivo y prados de pasto: sus CAMINOS son locales y medianos: la CORRESPONDENCIA se recibe por Durango: PROD. trigo, maiz, patatas, nabos y algunas legumbres, frutas y hortaliza; tiene 4 molinos harineros: POBL. 28 vec.: 128 alm.: SU RIQUEZA Y CONTR. (V. VIZCAYA INTENDENCIA).

APEDRADO: l. en la prov. de Pontevedra, ayunt. de Moraña y felig. de San Mames de *Amil* (V.).

APEDREADO: casa y labor de secano, en la prov. de Albacete, part. jud. de Hellin, TÉRM. jurisd. y 1 1/4 leg. N. de *Tobarra* (V.).

APELLANIZ: v. con ayunt. en la prov. de Alava (4 leg. á Victoria), dióc. de Calahorra (12), aud. terr. de Búrgos (24), c. g. de las prov. Vascongadas (4) y part. jud. de Salvatierra (3): SIT. en un llano cercado de montes y colinas, con CLIMA frio y sano: 64 CASAS bastante decentes forman la pobl., en la cual hay escuela para ambos sexos, sirviendo de maestro el que á la vez ejerce los oficios de fiel de fechos y sacristan: la igl. parr. (Sta. Maria) es un edificio muy regular, si bien algo desproporcionada su cúpula; la torre es mediana, y en ella está un relox de repeticion; el culto es servido por tres beneficiados, ejerciendo uno de ellos la cura de almas, y todos son provistos de entre patrimoniales: hay un buen átrio, y en él se halla establecido un juego de bolos: el TÉRM. confina por el N. á 1 1/4 leg. con Azaceta, por E. á 1 con Maestu, por S. á 2 1/2 con Marañon (Navarra) y por O. á 1 con Arlucea; hácia esta parte y no muy dist. de la v. está la ermita de San Bartolomé: todo el térm. es una planicie de 5/4 de leg. de long. desde Atauri á Maestu, ó sea desde S. á NO., y otro tanto de lat. de O. á E. hasta las raices del monte llamado Arvoro. El gran monte de Izqui, cuya circunferencia alcanza á unas 3 leg., está casi despoblado, porque los distintos pueblos comuneros, para utilizarlo no cuidan de su repoblacion. De las diversas fuentes que brotan en el térm. y de las vertientes de sus sierras se forma un arroyuelo, que siguiendo por el campo de Maestu, toma el nombre de r. Galguitu, que en su curso encuentra tres puentes de madera, y sigue á desaguar en el Ega cerca del punto llamado Peñasalada: el TERRENO en lo general mediano y muy yerboso: los CAMINOS son locales y medianos, asi como el ramal que, partiendo desde el punto de Agua-mayor del monte de Izqui, enlaza con el de Vitoria en Virgala-mayor: el CORREO se recibe de la cap. de prov.: PROD., aunque en corta cantidad, trigo, habas, cebada, avena, yero, alholva, maiz, patatas, aluvias, garbanzos, mijo, lentejas y otras legumbres, manzanas, peras, ciruelas y otras frutas; hay colmenas; cria ganado vacuno, yeguar, cabrío, lanar y de cerda; se encuentra caza de perdices, liebres, palomas y otras aves de paso: IND.: un molino harinero, varios artesanos; pero no se saca toda la utilidad que ofrecen las buenas canteras de piedra franca, sillar, de suavizar y de yeso que hay en el térm.: POBL. 60 vec.: 470 alm.: RIQ. Y CONTR. (V. ALAVA INTENDENCIA) el PRESUPUESTO MUNICIPAL asciende á 6,200 rs., y se cubre por reparto vecinal.

APERREGUI: l. en la prov. de Alava (3 leg. á Vitoria), dióc. de Calahorra (24), part. jud. de Orduña (3), valle, herm. y ayunt. de Zuya (1); SIT. á la falda de una montaña; su CLIMA sano; hay unas 27 CASAS medianas, y escuela de primeras letras, á la cual asisten sobre 21 niños y 6 niñas; el maestro disfruta la dotacion anual de 420 rs. La igl. parr. (San Estéban) se halla servida por un beneficiado, á quien antes acompañaba un religioso de Sta. Maria la Real de Nájera, cuyo monasterio participaba del diezmo. El TERM. confina por N. con Guillerna, al E. con Domaiquia, al S. con los Huetos, y por O. con Catadiano: el derrame de las fuentes y las vertientes de las sierras dan el agua necesaria para dos molinos harineros, que solo estan parados en los tres meses del estio; el TERRENO compuesto de monte y llano es bastante fértil: los CAMINOS son locales y el CORREO se recibe con el del ayunt.: PROD.: cereales, algunas legumbres y pasto para el ganado: POBL. 26 vec.: 139 alm.: RIQ. Y CONTR. (V. ALAVA INTENDENCIA).

APHRODISIAS INSULA (V.) ERYTHIA.

APHRODISIUM: Apiano en sus ibéricas, refiere que Viriato viéndose apurado por los romanos en dos ó tres ocasiones, se refugió en un montezuelo plantado de olivos, y consagrado á Venus, donde habia algun templo dedicado á esta deidad. En una de las veces que este gran capitan lusitano corrió las orillas del Ebro, como se ve en Orosio (lib. 5. cap. 4.), fue cuando sentó su real en *Aphrodisio* ó *monte de Venus*. Desde este monte atacó por tres veces á los segobrigenses. Polibio menciona el templo consagrado á Venus Aphrodites en este monte, refiriendo la espedicion de los Scipiones sobre Sagunto hecha con ánimo de redimir los prisioneros que allí tenian los cartagineses, diciendo que sentaron sus reales á 5 millas de este templo. Hoy es *Almenara* (V.).

APIES: l. con ayunt. de la prov., part. jud., adm. de rent. y dióc. de Huesca (2 leg.), aud. terr. y c. g. de Zaragoza (12): SIT. en la plataforma de una suave colina combatida por todos los vientos y muy particularmente por los del N. y S. con CLIMA saludable; si bien á las veces suelen desarrollarse algunas enfermedades agudas. Tiene 100 CASAS distribuidas en varias calles irregulares y una plaza; ademas otra municipal y para la escuela de primeras letras: á esta, dotada en 5 1/2 cahices de trigo, 5 1/2 nietros de vino y 263 rs. 18 mrs. vn. al año, concurren de 40 á 50 niños. Tiene ademas una cárcel, que se halla en el centro de un torreon fabricado de piedra silleria con bastante solidez, y una igl. parr. bajo la advocacion de San Felix Martir, de la que es anejo la del l. de Lienas, servida por un cura, 3 beneficiados, un sacristan y un monaguillo; el curato es de tercera clase, y su presentacion corresponde al conde de Contamina; el edificio es tambien de piedra silleria y consta de 5 altares. Fuera de la pobl., y como á unas 20 varas de dist., hay una hermosa fuente, cuyas aguas de muy buena calidad bastan para el surtido del vecindario, y aun para el riego de varios huertecillos que se encuentran en sus alrededores; á su lado hay un pequeño prado con algunos árboles, que abundan mas en el espacio que media desde aquella á un lavadero formado de las aguas de la espresada fuente: el cementerio ocupa un parage ventilado, y que no puede dañar á la salud pública. Confina el TÉRM. por el N. con montes de Sabayes y Sta. Olaria de la Peña (1/2 hora), por E. con los de Sagarillo, San Julian y Chibluco (1), por S. con montes de Fornillos y Huesca (1), y por O con montes de Yegueda (1), é Igries (1/2). Dentro de su circunferencia y dist. 1/4 de hora del pueblo se halla una ermita dedicada á la Purísima Concepcion. El TERRENO participa de monte y llano, siendo en este de buena calidad, pero algun tanto flojo y árido en áquel, comprendiendo esta parte ademas por el N. un barranco montañoso poco poblado; por el E. grandes caidas hácia el r. Flúmen, y una sarda llamada de Lienas nada vestida, y por el S. barranqueras y otra sarda llamada de Forpillos, cuyos puntos solo sirven para pasto de ganado mayor y menor. A dist. de una hora del pueblo, donde concluye su térm. por la parte de E., y separándolo de los de San Julian y Chibluco, pasa el r. Flúmen, que por medio de una acequia proporciona aguas para dar impulso á las ruedas de un molino harinero, y muy poco riego, porque la escabrosidad del terreno no le permite contribuir con este beneficio, así como tampoco á otro riach. ó barranco de grandes avenidas accidentales, conocido por los del pueblo con el nombre de r. Liena que corre á 1/4 de hora por la parte del N. y 1/2 por el S. Carece de arbolado, y solo en la parte cultivada se encuentran bastantes almendros, nogales y olivos. Los CAMINOS son locales, á escepcion del que conduce á Huesca, que pasa por medio de la pobl.: tiene una cuesta de 1/2 cuarto muy penosa y descuidada á la 1/2 hora: generalmente se hallan todos en mal estado. El CORREO se recibe de Huesca por medio de balijero. PROD. vino, trigo, aceite, cebada, algo de avena; hortaliza, lino, cáñamo, bastante almendra y nuez; cria ganado lanar, cabrio y caza de conejos, liebres, perdices, palomos, etc. IND.: la de un molino de aceite, y el harinero que se ha dicho. COMERCIO el que proproporciona la venta del vino sobrante á los montañeses: POBL. 80 vec.: 33 de catastro: 600 almas.

APLAZADOIRO: l. en la prov. de la Coruña, ayunt. de Lage y felig. de San Simon de *Nande* (V.).

APODACA: l. en la prov. de Alava, dióc. de Calahorra (19 leg.), vicaría y part. jud. de Vitoria (1 1/4), herm. y ayunt. de Gigoitia (1): SIT. sobre una alta peña y á las márg. del riach. Zalla ó Lendia: CLIMA sano: la igl. parr. (San Martin ob.) está servida por un beneficiado; en el TÉRM. se halla una igl. (Ntra. Sra. de Ascua), cuya fáb. ant., y las ruinas que en sus inmediaciones se descubren, inducen á creer fuera en su tiempo algun edificio de templarios: hoy es propiedad de la órden de San Juan de Mata. Confina al N. Letona, por E. Echavarri, por S. Artaza, y á O. el monte Arrato que se estiende con la misma direccion hasta unas 8 leg.: por esta parte le baña el indicado riach. sobre el cual tiene un molino harinero; el TERRENO es áspero con algunas encinas, pero participa de alguna tierra de cultivo de buena calidad: PROD.: cereales, algunas legumbres, poca hortaliza y frutas: cria ganado y disfruta de alguna pesca: POBL.: 19 vec.; 97 alm: CONTR. (V. ALAVA INTENDENCIA).

APOITIA: casa solar en la prov. de Vizcaya, y anteigl. de *Mallavia*.

APORTA: ald. en la prov. de Lugo, ayunt. de Saviñao y felig. de Sta. Eulalia de *Rebordaos* (V.).

APOZAGA: anteigl. en la prov. de Guipuzcoa (10 leg. á Tolosa), dióc. de Calahorra (18), part. jud. de Vergara (3 1/2), y ayunt. de Escoriaza (1/3): SIT. al N. de esta v. y del camino real de Madrid á Francia en una altura, y CLIMA sano: unas 24 CASAS forman esta pobl. comprendiendo los caserios de Gastañadui, Gastañaduyas, Picoa y Urigarai que se hallan al SO. del anteigl.: la parr. (San Miguel) está servida por un cura beneficiado primero y de un segundo con la obligacion de celebrar la misa temprana en los dias de precepto: el cementerio es capaz y decente: hay ademas una ermita (San Bernabé) al E. del pueblo y junto al camino de Arechavaleta: el TÉRM. confina por N. á 1/4 de leg. con Guellano, por E. á 1/3 con Arechavaleta, por S. con Escoriaza y citado camino real, y por O. á 1/2 leg. con terr. de Alava: muchas y abundantes fuentes brotan en este térm. y entre ellas las hay minerales, sulfúreas y aun potables: en la deh. de esta anteigl. nace un riach. que dirigiéndose al NE. entra en el térm. llamado Barrongarro, y siguiendo su curso hasta Iturbe se dirige al E. hasta desembocar en el r. Deva en el punto Ozimbalzaga, térm. de Arechavaleta, despues de haber encontrado los puentes de madera de Iturbe y Tellaalde, dos de piedra en Lassurieta y variado los nombres de Barrongarroco, Tellaaldeco-Errequia, Iturbeco-Errequia y Lussarietaeo-Errequia: el TERRENO es arcilloso; los montes medianamente poblados y un hermoso prado cubierto de arboleda detras de la parr.: los CAMINOS se dirigen á la v. de Escoriaza, Arechavaleta, Guellano, Aramayona, Ochandiani y Villareal de Alava: el CORREO se recibe de Mondragon por el peaton del ayunt. los lúnes, miércoles, juéves y sabados y sale los domingos, mártes, miércoles y viérnes: PROD.: trigo, maiz, centeno, cebada, avena, habas, alubias, patatas, castaña, manzanas, albérchigos, ciruelas, peras y cerezas, cria ganado vacuno y lanar con abundancia; hay liebres y perdices y suelen encontrarse algunos jabalies, corzos y raposos: POBL.: 24 vec.; 140 alm.: CONTR. (V. GUIPUZCOA INTENDENCIA).

APPETUA: asi se lee en Estrabon por *Attegua* (V.).

APPOS: el anónimo de Rávena ofrece una c. con este nombre, y puede congeturarse quiso dar á entender la mansion del Itinerario, que, con el nombre *Ad Lipos*, figura en el camino que desde Mérida conducia á Zaragoza.

APREGUINDANA: ald. en la prov. de Alava (4 1/2 leg. á Vitoria), dióc. de Calahorra, vicaría y part. jud. de Orduña (1 3/4), herm. y ayunt. de Urcabustaiz (1): SIT. en un llano al N. de la sierra de Guibijo, CLIMA sano. La igl. dedicada á San Lorenzo es aneja de la parr. Unzá. El TÉRM. á 1/4 de leg. en circunferencia, confina por N. con Oyardu, al E. Ondona, al S. la Sierra, y por O. con su matriz Unzá: el TERRENO es fértil de buena calidad: PROD.: toda clase de cereales: algun lino, legumbres, hortaliza y frutas; cria algun ganado en un poco de monte de pasto, y no escasea el agua potable: POBL.: 4 vec.: 18 alm.: CONTR. (V. ALAVA INTENDENCIA).

A-PRESA: l. en la prov. de Lugo, ayunt. de Panton, y felig. de San Vicente de *Pombeiro* (V.).

APRETADERAS, arroyo en la prov. de Málaga, part. jud. de Marbella, térm. jurisd. de *Istan* (V.).

APRETADURA: alq. ó casa de labor en la prov. de Badajoz, part. jud. de Fregenal de la Sierra, térm. de Burguillos.

APRICANO: l. en la prov. de Alava (4 leg. á Vitoria), dióc. de Calahorra (20), part. jud. de Salinas de Añana (3), herm. y ayunt. de Cuartango (1): SIT. á la izq. del r. Bayas entre las elevadas peñas de Badaña y Arcamo; pero bien ventilado y CLIMA sano; hay 13 CASAS y una igl. parr. (Santiago Apóstol) servida por un cura beneficiado con título de perpetuo: el TÉRM. confina por N. á 1/2 leg. con Zuazo, por E. á igual dist. con la mencionada sierra de Badaya, por S. con Portillo de Techa y Subijana á 1/2 leg., así como por O. con la citada sierra de Arcamo y l. de Ullivarri; hay varias fuentes cuyos derrames se unen al Bayas, el cual tiene un puente de piedra de 3 arcos: el TERRENO es de buena calidad y los montes se hallan pobl. de encinas y robles ademas del arbolado y hermosos prados de las riberas del indicado r.: los CAMINOS son medianos, y se dirigen uno desde Castilla á Bilbao y otro á Orduña, atravesando la gran sierra de Guibijo: el CORREO lo recibe en Orduña: PROD.: trigo, cebada, avena, habas y otras semillas, patata, lino, manzana, ciruelas, cerezas, nueces y alguna hortaliza: cría ganado yeguar y mular, vacuno, lanar, cabrío y de cerda; hay caza de perdices, liebres, codornices, sordas y anades; se pescan truchas, anguilas, barbos y otros peces: tiene un mediano molino harinero para el servicio del pueblo: POBL.: 11 vec., 70 alm.: CONTR.: (V. ALAVA INTENDENCIA).

APRIZ: nombre con el que se supone haber conocido los godos la c. de *Jaca* (V.).

APTEL: : entre las posesiones del reino de Leon, que los dip. del rey Alfonso alegaron ante el rey de Inglaterra, nombrado árbitro para terminar sus cuestiones con D. Sancho rey de Navarra, haberse apoderado este rey, valiéndose de la situacion del de Castilla, siendo huérfano en tutela, aparece *Aptol*, *Ajésen* etc., con sus dependencias.

AQUÆ BILBILITANORUM: el itinerario romano da este pueblo en la calzada que desde Mérida iba á Zaragoza. Hubo de tomar su nombre de los baños que poseía, y de su inmediacion al r. *Bilbilis*, ó por pertenecer á la c. de este nombre, de la cual dist. 24 millas. Hoy su nombre, con version árabe, se dice *Alhama* (V.).

AQUÆ CALIDÆ AUSETANORUM: c. que presentan las tablas de Ptolomeo, cuyo nombre tomaba de sus concurridos baños. Plinio menciona los *aquicaldenses* en el conv. jurídico de Tarragona. Debe reducirse esta c. á *Caldas de Malavella*, nombre degenerado de *Alhama-bella*, que quiere decir *baños viejos*. No puede corresponder á *Caldas de Montbui* como han querido algunos, porque esta pobl., á O. de los *ausetanos*, asienta en la region de los *castellanos*.

AQUÆ CELENÆ: dos pobl. ofrece el Itinerario romano con este nombre en dos caminos que desde Braga conducian á Astorga, por la marina el uno, y por el continente el otro: en el primero solo distaba *Aquæ Celenæ* de Braga 165 estádios (5 leg.), y 102 millas (25 1/2 leg.) en el segundo que tocaba en Tuy, siendo la quinta mansion. Sinlebro encontrando dificultad en la exactitud del Itinerario, sospechó que en el primer camino se habia escrito *Aquis Celenis* por *Aquis Lecænis*; y en efecto no es de creer hubiese dos c. del mismo nombre tan inmediatas, sin un dictado que las distinguiera. *Aquæ Celenæ* corresponde á *Caldas de Rey* (V.). *Aquæ Lææ* pertenece á Portugal.

AQUÆ GEMINÆ: mansion del itinerario romano en el camino que demarca desde Braga á Astorga; escríbese *Ad Geminas* por *Ad Aquas Geminas*, esto es, *á los baños dobles*; se reduce á los baños de *Molgas*, valle de *Maçeda*, ob. de *Orense*.

AQUÆ OCERENSES: el anónimo de Rávena presenta una pobl. con este nombre, tomado de los baños que en ella hubiera. Aunque no sea de asegurar la identidad de la pobl. con la c. de *Amphilochia*, que existió en tiempos anteriores á Estrabon, habiéndose sustituido á este nombre el latino *Aquæ calidæ*, en atencion á sus aguas termales; ni determinarse su correspondencia á *Orense*, suponiendo convertido el nombre *Aquæ calidæ* en *Urentes* del idioma de los suevos, de donde pudo el Ravenate llamarla *Aquæ ocerenses* en la edad media, per ser todo congetural; no cabe, sin embargo, fundarse mejor opinion contraria. (V. AMPHILOCHIA y ORENSE).

AQUÆ ORIGINIS: mansion del itinerario romano, que tomó su nombre de los baños que habia en ella; por lo que, y habiéndose hallado vestigios de calzada romana, lápidas, con votos á los lares Viales, y una columna miliaria, en los baños de *Bande*, sobre Limia, parece su identidad bastante acreditada.

AQUÆ QUINTINÆ: en las tablas de Ptolomeo figura esta pob. de la república de los *seburros* ó *seurbos*, como en Plinio de los gallegos lucenses. Su situacion está indicada en *San Salvador de Guntin*, á orilla del r. Ferraria. (V. SEBURROS).

AQUÆ SALIENTES: Mansion del itinerario romano entre los baños de *Molgas* y *Castro de Caldelas*. Redúcese á *Sarracedo*.

AQUÆ VOCONIÆ: en el camino militar, que el itinerario romano describe desde Artes al Pirineo, y desde estos montes á Castulo aparece *Aquæ Voconiæ*, siendo la tercera mansion. Segun Pedro de Marca era este pueblo la *Aquæ calidæ*, que Ptolomeo coloca en los *ausetanos*; mas no hay razon bastante para adoptar la identidad de estas dos antiguas poblaciones. El r. *Bugante* ó *Buganzo* presenta alguna huella del nombre *Voconiæ* en la direccion que hubo de traer el camino que, dejando á la izq. el que conducia á *Gerona*, venia á pasar el *Ter* en Cullera, donde se reune con este r. el *Bugante*. Siguiendo el órden del itinerario, segun resulta de la Tabla Peutingeriana, parece que desde *Gerona* se iba á *Brunyols*, donde pudieron estar las *aguas Voconias*, no en *Caldas de Malavella*, como opinó Weseling. Pudo dar nombre á estos baños el ilustre Voconio, tan celebrado por Plinio el menor, por su fina y delicada literatura. De la familia Voconia quedan muchas memorias en España.

AQUECH: islote en el golfo de Gascona, prov. de Vizcaya: SIT. al S. y 2/3 de milla de Cabo Machicao, á 1/2 tiro de fusil de la costa y muy proximo al celebre santuario de San Juan de la Peña: su estension es reducida y el terreno escabroso: PROD. un arbusto tan duro como el Guayaco, y de tal solidez que no sobrenada en el agua.

AQUECHE: barriada en la prov. de Vizcaya, part. jud. de Bilbao y anteigl. de *Lexona* (V.).

AQUEJOLO: barrio en la prov. de Alava, ayunt. de Lezama y pueblo de Saracho (V.): POBL.: 2 vec.: 10 almas.

AQUELA-VILA: l. en la prov. de la Coruña, ayunt. de San Vicente de Pino y felig. de San Mamed de *Ferreiros* (V.): POBL.: 4 vec.: 26 almas.

AQUELA-VILA: l. en la prov. de la Coruña, ayunt. de Boymorto y felig. de Sta. Maria de *Buazo* (V.): POBL. 6 vec.: 21 almas.

AQUELCABO: l. en la prov. de la Coruña, ayunt. de Arzua y felig. de San Pedro de *Villantime* (V.): POBL. 5 vec.: 35 almas.

AQUELCABO: ald. en la prov. de Lugo, ayunt. de Brollon, y felig. de Sta. Maria de *Saa* (V.).

AQUELCABO: ald. en la prov. de Lugo, ayunt. de Brollon y felig. de San Pedro de *Cereija* (V.): POBL.: 2 vec.: 9 almas.

AQUEL-CABO: ald. en la prov. de Lugo, ayunt. de Bóveda y felig. de San Cristóbal de *Guntin* (V.).

AQUEL-CABO: l. en la prov. de Lugo, ayunt. de Saviñao, y felig. de San Juan de *Abuime* (V.): POBL.: 16 vec.: 82 almas.

AQUELEIRO: l. en la prov. de Pontevedra, ayunt. de Mondarin y felig. de Sta. Maria de *Queimadelos* (V.).

AQUELLABANDA: l. en la prov. de la Coruña, ayunt. de Zas y felig. de San Pedro de *Brandomil* (V.).

AQUERRETA: l. del valle, ayunt. y arciprestazgo de Esteribar, en la prov., aud. terr. y c. g. de Navarra, part. jud. de Aoiz, merind. de Sangüesa, dióc. de Pamplona: SIT. en llano á las inmediaciones del r. *Arga*; con libre ventilacion y CLIMA saludable. Tiene 8 CASAS y una igl. parr. dedicada á la Transfiguracion del Señor, servida por un cura párroco titulado abad. Los niños de este pueblo acuden á la escuela de primeras letras, que para todos los del valle hay en Larrasoaña, dist. 1/8 de leg., cuyo maestro percibe 1,456 rs. anuales. Confina el TÉRM. con el de la espresada v. y los de Irure, Zoriain é Ilurdoz. El TERRENO es bastante fértil y abraza 1,200 robadas, de las cuales se cultivan 380 que regularmente redituan 2 1/2 por 1.; las restantes son baldias donde se crian buenos pastos para el ganado. Hay tambien 2 bosques de pinos, robles y arbustos que dan leña para construccion y combustible. PROD.: trigo, cebada, maiz, algunas habas y berzas, sostiene ganado vacuno, de cerda, lanar y cabrio, y hay caza de liebres, conejos y perdices: POBL.: 8 vec.; 39 alm.: CONTR. con su valle y ayuntamiento.

AQUERRIBAI: casa solar y armera en la prov. de Vizcaya, part. jud. de Bilbao y anteigl. de *Galdacano* (V.): SIT. en la confluencia del r. Durango con el Nervion.

AQUEURI: casa solar y armera (V. GEANURI anteigl. de Vizcaya).

AQUICALDENSES AUSETANI: asi nombra Plinio entre los estipendiarios asignados al convento jurídico de Tarragona á los de la *Aquæ calidæ*, que Ptolomeo presenta en los *ausetanos*, cuya pobl. corresponde hoy á *Caldas de Malavella* (V.).

AQUILIANOS (LOS MONTES): cord. en la prov. de Leon y part. jud. de Ponferrada: es uno de los ramales que desprendiéndose de la sierra del *Teleno* vienen á enlazarse con los puertos de Foncebadon, Manzaual y las montañas de Cabrera, de cuyo pais separa al Vierzo: hállase al S. de este y á 2 leg. de Ponferrada: se compone de diferentes picos, casi todo de peña viva, siendo los principales los titulados la Agiana, la Osma y Pico-tuerto, con los peñascos de Ferradillo. Debieron su nombre á las muchas águilas que en ellos anidaban, las que aun no han sido esterminadas del todo. Fueron célebres por las muchas personas que al tiempo de la irrupcion sarracena y despues de ella se retiraron á sus cuevas á hacer vida anacoreta; de modo que llegó á llamarse la nueva Tebaida: fundáronse con tal motivo multitud de oratorios, ermitas y monast., que todos llegaron á refundirse en el de *San Pedro de Montes*.

AQUININ: ald. en la prov. de la Coruña, ayunt. de Ordenes y felig. de Sta. Marina de *Parada* (V.): POBL.: 4 vec.; 18 almas.

AQUITURRAIN: granja en la prov. de Navarra; part. jud. de Pamplona (2 1/2 leg.), térm. municipal y felig. de Uterga (1/2); tiene 1 CASA con las oficinas y comodidades que exije la labranza; confina por N. con Astrain (1 leg.), por E. con Biurrun (3/4), por S. con Uterga, y por O. con Basongaiz (1/4): PROD.: granos y pastos con los que se alimenta ganado mular, lanar y cabrio. Su POBL., RIQUEZA y CONTR. estan comprendidas en la de *Uterga* (V.).

AR: l. en la prov. de la Coruña, ayunt. de Puentedeume y felig. de San Pedro de *Villar* (V.): POBL.: 7 vec.; 36 almas.

ARA: r. de la prov. de Huesca, part. jud. de Boltaña. Tiene su origen en la cumbre de aquella parte del Pirineo de 2 copiosas fuentes: sit. la una en el llamado paso de Catieras y la otra en el denominado puerto de Cerbollanos, cuyas aguas se juntan á 1/2 leg. de su nacimiento. Lleva su curso por entre peñascales hasta Broto que dist. 6 horas de su principio, y desde aquel l. hasta su desagüe en el Cinca: es diferente de todos los r. de las montañas, imitando mas bien á los de las llanuras, pues corre mansamente y por lo tanto todo este tránsito es llano y despejado fuera de un trozo en Sernobal. Corre de NO. á SE. lamiendo los cerros del valle de Broto, huertas de la ribera del Fiscal y Boltaña; y se cree con bastante fundamento que en la sierra de Janovas, pueblo de la ribera del Fiscal, se filtra por entre las grandes cavernas que en ella se descubren y da su origen á la muy nombrada fuente que nace en el barranco de Rodellar, llamada Mascun, al pie de la sierra de Guara, dist. 10 horas de Janovas, porque desde este punto á Rodellar, sigue una misma cord. de peñas sin interrupcion; cuando crece el r. Ara, la espresada fuente aumenta el caudal de agua que en ella brota, y cuando las avenidas del Ara, arrastran hojas de haya, la fuente presenta las mismas hojas. Aunque no en estremada abundancia, es perenne el curso de este r., sostenido por el de Ordesa y multitud de arroyos que por uno y otro lado desaguan en él. El r. Ordesa se le une á 1/2 leg. de dist. de Torla; viene del punto mas elevado del Pirineo, 6 horas mas arriba que el Ara, conocido con el nombre de las *Tres Sorores*, punto muy visitado todos los años por los estrangeros dirigiéndose de E. á O., tomando antes y á dist. de 2 leg. de Torla las aguas del barranco de Cotatuero que tiene su origen en el puerto y corre 1 leg. de N. á S., hasta morir en Ordesa: abriéndose paso por entre un enorme peñasco, serpenteando en hendiduras y como si dijese *por aqui se puede abrir paso para Francia*. Este barranco llamado Pich, está enfrente de la famosa cascada Gabarnio de aquel vecino reino; á cuyo sitio en los veranos atrae la curiosidad miles de viajeros de toda Europa, y por último en él está pesada y medida la mina que el gobierno francés trató de abrir, siendo su long. de 5/4 de hora de N. á S. De los arroyos que hemos anunciado contribuian á mantener el cáuce del r. que nos ocupa, los principales son el de Stá. Elena, de agua muy fria; el de San Crespin, que tiene una gran cascada debajo del l. de Bujaruelo, los de Sorrosal, Jalle, Forcos, Fiscal, Borrastre, San Juste, Yardo, Liquerri, Arbella y Planilo, los dos de Janovas y las Guargas. El r. Ara en su descenso de 16 horas pasa por Bujaruelo, Torla, Broto, Oto, Ayerve, Asin, Sarvise, Fiscal, Borrastre, Arresa, San Juste, Javierre, Liquerri, Licort, Vililla, Janovas, ald. de Ascaso, Boltaña, Labuerda, Sieste y Ainsa, donde se confunde con el Cinca, perdiendo alli su nombre. No conserva ya mas puentes que el de Broto, Fiscal y Boltaña que son de fáb. de canteria, sólidos y de buen gusto; y el de Solana que mantiene sus pilastras en bastante buen estado; los demas son malas palancas que hacen su tránsito peligroso. A impulso de sus aguas se mueven las ruedas de muchos molinos harineros y batanes; tambien se fertilizan con ellas algunas tierras, pero podria aprovecharse mucho mas á poco coste, abriendo acequias y haciendo grandes praderias para lo que es á propósito el terreno de sus inmediaciones, y con ello se convertiria en un pais ameno y fértil, el que hoy es árido y miserable. Cria abundantes truchas entre las que las hay de 7 y 8 libras, barbos y multitud de anguilas, aunque muy pequeñas.

ARA; l. con ayunt. de la prov. de Huesca (10 leg.), part. jud., adm. de rent. y dióc. de Jaca (2), aud. terr. y c. g. de Zaragoza (18): SIT. á 1 hora de dist. del monte Oruel, en un pequeño valle rodeado de cerros, libre á la influencia de todos los vientos, con CLIMA saludable. Tiene 30 CASAS; ademas la municipal, aunque muy pequeña y deteriorada, y una igl. parr. bajo la advocacion de San Salvador servida por un cura y un sacristan; el curato es de primer ascenso y se provee por S. M. ó el diocesano, prévia oposicion en concurso general: el edificio es de moderna construccion, fabricado de piedra, con 9 altares y buena torre. Inmediato á él, pero en parage ventilado, está el cementerio, y en los alrededores del pueblo se encuentran algunas fuentes de aguas saludables que surten al vecindario para beber y demas usos domésticos. Confina el TÉRM. por N. con el de Binue (1/4 de hora), por E. con la pardina de Ara-Castiello (igual dist.), por S. con las de Viscarillas (3/4), y por O. con el cot. red. de Fatas (1). En su circunferencia se hallan dos ermitas, una dedicada á Sta. Elena, que dist. 1 1/4 de hora, y otra á la Asuncion. El TERRENO es en general montuoso con algunos vallecitos y cañadas que contienen tierras de mediana calidad; aunque no corre por él ningun r. ni arroyo, se le proporciona riego suficiente por medio de una acequia que se toma de un riach. que pasa á bastante dist. por la parte de O., con la que tambien se da movimiento á las ruedas de un molino harinero. Hay bosques arbolados de maderas útiles para la construccion de edificios, mucho box, coscojo, mata baja y yerbas para pasto en los cerros, encontrándose ademas como unas 15 cahizadas de tierra de pastos naturales. PROD.: trigo, centeno, avena, judias, otras legumbres, hortalizas, patatas, lino y cáñamo; cría ganado lanar, cabrio y caza de perdices y liebres. POBL.: 30 vec., 19 de catastro; 263 alm.: CONTR.: 6,058 rs. 7 mrs.

ARABA: (V. ALAVA).

ARABAYONA DE MOGICA U HORNILLOS: v. con ayunt. en la prov., adm. de rent. y dióc. de Salamanca (5 leg.), part. jud. de Peñaranda de Bracamonte (4), aud. terr. y c. g. de Valladolid (16): SIT. en una pequeña altura, rodeada á corta dist. de otras algo mayores que no impiden la ventilacion; su CLIMA es muy sano, y existen 94 CASAS de un solo piso, de 3 varas de altura, poco sólidas y mal distribuidas, formando calles estrechas y sin empedrado; tiene una escuela de primera enseñanza con 30 á 40 niños: igl. parr. bajo la advocacion de Ntra. Sra. de la Zarza, bastante sólida, aunque de poco gusto, servida por un cura ecónomo, cuyo beneficio es de segundo ascenso; cementerio á 5 ó 6 minutos al N. del pueblo, y un conv. llamado Hornillos á igual dist. hácia el O. que era del órden de Basilios, y al tiempo de la supresion solo tenia un religioso: el edificio, sencillo pero sólido, está hoy casi destruido por falta de cuidado; y el culto de su igl. se sostiene por los cofrades y devotos. Confina el TÉRM. por N. con el de Pedroso, E. con el de Cantalpino, S. con el de Villoruela y O. con el de la Puebla, dist. todos una hora: en él se encuentra no lejos de la v. hácia el O. una abundante fuente, que sirve para el consumo del vecindario, y en la misma direccion un arroyo que nace á mil pasos de aquella y que despues camina por el N. hácia Cantalpino, donde aprovechan las aguas, engrosadas con el sobrante de la fuente, para el riego de muchos huertos. El TERRENO es de mediana calidad, y sus mayores dueños son los propios del pueblo y el conde de Peñalba: comprende 2,000 huebras de tierra de pan llevar, 800 de viñedo, 100 de prados y 14 de pinar que se halla á 1/4 de hora al E.: los pocos bienes que existian pertenecientes al clero regular, se hallan desamortizados: las labores se hacen con 50 pares de ganado vacuno; los CAMINOS son provinciales y locales en mediano estado; la CORRESPONDENCIA se lleva y trae de Salamanca. PROD.: centeno, trigo, algarrobas y garbanzos, cuyo sobrante esportan á la cap. de prov.: tambien se coge vino para el consumo del pueblo: hay 400 cabezas de ganado lanar pertenecientes al comun de vec. y otras 1,000 que se mantienen de agostadero por arriendo. POBL. 87 vec. 362 hab. dedicados á la agricultura y esportacion de los géneros sobrantes: CAP. TERR. PROD. 1.015,545 rs.: IMP. 219,152 rs.: valor de los puestos públicos 4,195 rs. El PRESUPUESTO MUNICIPAL asciende á 300 rs., los cuales se cubren con los productos de propios, consistentes en varias huebras de tierra de pan llevar, de prado y en el pinar referido.

ARABEJO (STA. MARIA): felig. en la prov. de la Coruña (8 1/2 leg.), dióc. de Santiago (4), part. jud. de Ordenes (3), y ayunt. de Bujan (1/2): SIT. á la izq. del r. Dubra: CLIMA sano: comprende las ald. de Burgo, Casal, Caseiros, Fonte, Iglesia y Outeiral que reunen sobre 40 CASAS de mala construccion y poca comodidad: la igl. parr. (Sta. Maria) es de órden regular con mediano cementerio, y el curato de provision ordinaria: el TÉRM. confina por N. y E. con el de Villadabad, por S. con Erviñon, y por O. con el mencionado Dubra: el TERRENO es de mala calidad y en lo general poco productivo; tiene buenos pastos y arbolado, con especialidad castaños: los CAMINOS vecinales y malos, y el CORREO se recibe en la cap. del part. PROD. trigo, maiz, centeno, patatas y algunas legumbres y hortalizas; cria ganado vacuno, caballar, mular, lánar y de cerda, y hay alguna caza: IND. la agricola: POBL. 43 vec. 280 alm.: CONTR. con su ayunt. (V.)

ARABELL: l. que forma ayunt. con el de Ballestá, en cuya jurisd. se halla enclavado, en la prov. de Lérida (19 leg.), part. jud. y dióc. de Seo de Urgel (1), aud. terr. y c. g. de Cataluña (Barcelona 26): SIT. en un pequeño llano, donde le combaten todos los vientos; goza de CLIMA saludable. Tiene 9 CASAS de regular fábrica, y una igl. parr. sufragánea de la del pueblo de Adrall dist. poco mas de 1/4 de leg. El TERRENO es bastante fértil y abundante de buenas aguas, las cuales aprovechan los hab. para su gasto doméstico, abrevadero de ganados y para riego de varios trozos de tierra. PROD.: trigo, cebada, avena, legumbres, hortaliza, vino y pastos, con los que sostiene ganado mular, vacuno, lanar y cabrio, y hay caza de varias clases. POBL.: 9 vec. 48 alm.: CONTR. con *Ballestá* (V.).

ARABI: monte en la prov. de Murcia, part. jud. y térm. jurisd. de *Yecla*.

ARABI: punta de la isla, tercio, prov. y distr. marít. de Ibiza, apostadero de Cartagena: SIT. al N. 41.° 30., E. del cabo Lebrell 3 1/2 millas de dist., es baja, oscura y saliente. Forma por la parte del E. con las islas de Sta. Eulalia la ensenada, de este nombre. Al O. de ella 1/4 milla hay una piedra del tamaño de una lancha, que por su parte de tierra no deja paso.

ARABINEJO: cast. y pueblo destruido, en la prov. de Murcia, part. jud. y térm. jurisd. de *Yecla*.

ARABÓ: r. de la prov. de Gerona, part. jud. de Rivas: tiene su nacimiento en el estanque de Larios, sit. en las crestas del Pirineo y Carlit (reino de Francia), en él vierte sus aguas la collada de Larios que ocupa una leg. de circunferencia y cria abundancia de truchas, aunque no tan sabrosas como las del r.: lleva este su curso en direccion de N. á S. no siempre igual, por el valle de Porta y Carol, y entra en España á corta dist., y al S. del molino llamado de la Vinyola: pobre en su orígen, va sucesivamente aumentando su caudal, con la multitud de arroyos, torrentes, barrancos y manantiales que se desprenden de los elevados cerros de los Pirineos, y depositan en él sus aguas por una y otra márg.: fertiliza los campos y deh. de los pueblos de la Cerdaña francesa, Portó, Porta, Corbasill, Riutés, Tor de Carol y Euveit, sit. á su izq. y los de Irabáls y la Venyola á su der. siguiendo su curso, atraviesa los térm. de Ventajola y Talltorta, y á poca dist. de este último, va á unirse con el Segre, por las inmediaciones del puente llamado de Soler, sit. á 3/4 de hora de Puigcerdá. Cria el Arabó diferentes clases de peces y entre ellos ricas truchas y sustanciosas anguilas. Su prolongacion desde el punto en que brota, hasta su confluencia con el Segre, es de 7 leg. De él toman origen 3 acequias para utilidad de los pueblos de la Cerdaña española: la 1.ª concedida por privilegio del Sr. D. Sancho, rey de Mallorca y conde de Rosellon y Cerdaña, dado en Perpiñan en las nonas de setiembre del año de 1318, del cual se hace mencion en la constitucion de Cataluña, promulgada en las cortes de Montsó en el año de 1585 (*lib. 4.º tit. 4. const. última*) toma su orígen por medio de una presa construida en el indicado punto de Corbasil, atraviesa y riega los térm. de la Tour de Carol y Euveitg, y entrando luego en España, sigue por el de Rigolisá, fertiliza sus praderias y termina en un crecido estanque inmediato y sit. en la parte superior ó al NE. de Puigcerdá, en el que se crian grandes truchas, barbos y anguilas; sus aguas sirven para el riego de las muchas huertas que se hallan alrededor de la misma v., y antiguamente daban impulso á unos molinos harineros ya derruidos. La segunda empieza en el mismo punto del citado molino de la Vinyola, entra en España, cruza, fecundiza los térm. de los l. de Seneja, San Martin, Ventajola, Bolvir, Sagá, Ger y All; y finalmente, la tercera que principia en territorio español y mas abajo ó al S. del repetido molino de la Vinyola, y sirve para dar movimiento á 2 fábricas de cardar é hilar lana, y á 4 molinos harineros sit. en las inmediaciones del puente llamado de San Martin, y para regar las grandes praderias y cultivos de la parte inferior ó al S. de Puigcerdá.

ARACALDO: anteigl. en la prov. de Vizcaya (2 1/2 leg. á Bilbao), dióc. de Calahorra (29), aud. de Búrgos (23), c. g. de las prov. Vascongadas (10) y part. jud. de Durango (3 1/4): SIT. á la falda del monte Unzueta y márg. der. del r. Nervion; el CLIMA sano. Tiene ayunt., y en el sistema foral era regida por un fiel sin voto ni asiento en las juntas de Guernica, por haberse separado de la anteigl. de Arrancudiaga sin conocimiento del Señorio. La igl. parr. (Sta. Maria Vírgen y mártir), la fundaron sus feligreses en el siglo XVI, separándose de su matriz; se reedificó y amplió en 1730: es de una nave de 84 pies de long. y 29 de lat. con cinco altares, 18 sepulturas y cementerio; está servida por un cura que presenta el marques de Valdecarzana su patrono. Confina al E. con Ciberio ú Olabarrieta, al S. Orozco y Llodio, por O. Areta y por N. Zollo y Arracundiaga, interpuesto el espresado r. Nervion ó Ibaizabal, cuyas aguas le proporcionan buenas anguilas, y dan impulso á un molino harinero: PROD.: maiz, trigo, algunas legumbres, frutas y hortalizas; cria ganado y participa de algun monte para combustible. POBL.: 32 vec. y 106 alm.: RIQUEZA Y CONTR.: (V. VIZCAYA.)

ARA-CASTIELLO: cot. red. desp. del Sr. marques de Ayerve en la prov. de Huesca, part. jud. de Jaca, jurisd. del l. de Ibol: SIT. entre los térm. de los l. de Abena y Ara y las pardinas de Corona y Ostel. Abraza en su estension de 1/2 leg. 10 cahizadas de tierra de buena calidad, destinada al cultivo de trigo, cebada y avena. Contr. con las pardinas de Lage, Ainéto, Bisus, Buelanzano, Javanaz, Corcabilla, Corato, Ostel y Ordanivo, pertenecientes todas al espresado Sr. Marques; CONTR. 1275 rs. 14 mrs.

ARACELI: sierra y santuario en la prov. de Córdoba, part. jud. y térm. de Lucena: diósele este nombre por haber visto en ella sus naturales porcion de aras ó altares entre las ruinas del templo de los Romanos: en su cumbre (cuya altura desde la gradilla de la casa del Rincon propiedad del conde de Sta. Ana, es de 354 varas 2 pies y 8 pulgadas castellanas) y en el sitio donde estaba la atalaya para observar las avenidas de los moros de Granada, se halla construido el citado santuario, el que por la elevacion del punto disfruta de una vista la mas pintoresca que pueda darse, pues no solo domina la prov. de Córdoba, sino las de Málaga, Granada y Sevilla, pudiéndose distinguir hasta cerca de 30 pobl.: la construccion de su templo es cuadrilonga, tiene 60 varas de long. de E. á O. y 30 de lat. de N. á S. La igl. desde su puerta principal hasta el altar mayor cuenta 30 varas y en su lat. 18; consta de 3 naves divididas por seis magnificos arcos que descansan sobre otras tantas columnas de jaspe, sacado de la misma sierra, de mas de dos varas de elevacion cada una sin la base y capitel: su altura no escede de 12 varas; el cielo raso de la nave principal está pintado con varios misterios de la Vírgen; y en los lados, sobre la cornisa, los Doctores de la Iglesia: divide el crucero una hermosa verja de bronce compuesta de varias piezas unidas por medio de innumerables tornillos, para que pueda desarmarse; la media naranja es singular por su talla y molduras doradas; esto mismo y su arquitectura hace sean dignos de llamar la atencion el retablo del altar mayor y colaterales de Sta. Bárbara y San José. El camarin donde está la Sta. imágen de la Virgen tiene 12 varas de largo y 4 de ancho, dorado tambien y losado con jaspe de la sierra admirable por lo original de lo veteado; está pintado al óleo con geroglíficos de la misma Sta. imágen, que fué traida de Roma el año 1566; es de cuerpo entero, con 7 cuartas y media de altura, hallándose colocada sobre una nube rodeada de querubines.

ARACELI: antiguo pueblo, mansion del Itinerario romano en el camino de España á Aquitania. Plinio asigna á los aracelitanos al convento jurídico de Zaragoza. Redúcese á *Fluarte Araquil*, en Navarra.

ARACELITANOS: gentilicio de *Araceli*, que se lee en Plinio, con una ligera variante *Arocelitanos*, entre los asignados al convento jurídico de Zaragoza. Son los de Araquil en Navarra (V.).

ARACENA: part. jud. de *ascenso* en la prov. de Huelva, aud. terr., c. g. y arz. de Sevilla. Las dist. entre si, de las pobl. mas importantes, á la cab. del part., á la cap. de prov., á la dióc., aud. terr. y c. g., y á la córte resultan del estado siguiente.

ARACENA, cab. del part. jud. de su nombre.

2	Alajar.												
4	3	Almonaster la Real.											
6	5	3	Aroche.										
3	1	2	4	Castaño.									
5	4	1	2	3/4	Cortegana.								
5	5	5	5	4	3	Cumbres Mayores.							
6	6 1/2	6	5	4	4	1	Cumbres de San Bartolomé.						
8	8 1/2	7 3/4	3 1/2	5	4 1/2	2	2 3/4	Encina Sola.					
2	3	5	8	3 3/4	5	6 1/2	5 3/4	8 1/2	Higuera junto á Aracena.				
3	2	1	3	1	2	4	4	5	3	Jabugo.			
16	14	14	14	14	15	19	18	20	14	15	Huelva: cap. de prov.		
14	15	16	18	17	19	19	20	22	12	17	15 1/2	Sevilla: dióc., aud. terr. y c. g.	
85	77	85	85	77	74	70	72	64	97	76	96	89 1/2	Madrid.

Confina al N. con la prov. de Badajoz, al E. con la de Sevilla, al S. con el part. jud. del Cerro, y al O. con el reino de Portugal, y su CLIMA es benigno y sano. Está enclavado en la parte mas occidental de la Sierra-Morena, y ocupando sobre 50 leg. cuadradas, puede dividirse en tres cantones principales que varían en prod. El canton meridional compuesto de los pueblos limítrofes á la prov. de Sevilla y al part. del Cerro, cuyo terr. es á propósito para el arbolado de encinas y alcornoques; el setentrional confinante con Portugal y la prov. de Badajoz, que aunque de sierra, tiene medianas tierras de labor y escelentes encinares; y el canton del centro que ocupa la mayor elevacion del terr., abundantísimo de aguas y á propósito para toda clase de arbolado y frutales, especialmente el castaño, cerezo y nogal. Se encuentran diferentes canteras de mármoles y jaspes y algunas minas que principian á esplotarse, pero dominando el cobre. Nacen en el part. 4 r. ó riberas. El *Odiel*, cuyo principio se halla cerca de Aracena, atraviesa en direccion N. á S. los partidos del Cerro y Huelva, y confluye con el *Tinto* en el Océano al S. de Huelva. El *Chanza*, que nace en el térm. de Aroche y sirviendo despues de lím. de Portugal y de España, entra en el Guadiana, cerca de Alcoutin. El *Múrtiga* que tiene su origen en el centro del part., corre de S. á N. regando infinidad de huertas, hasta que al N. de Encinasola entra en Portugal y se incorpora en el Guadiana; y últimamente la ribera de *Quelba*, que nace en la parte oriental, y corriendo por la prov. de Sevilla se incorpora en el Guadalquivir 1 leg. N., de la espresada c. Sobre estos r. hay varios puentes; uno sobre el Odiel en el camino que de Huelva pasa á Aracena y en el término de Campo Frio, otro sobre el Múrtiga en las inmediaciones de Encinasola, y otro sobre la ribera de Quelba, térm. de Corte Concepcion. Todas las aguas son muy delgadas y abundantes, especialmente la fuente que da nombre á Fuenteheridos, de donde nace Múrtiga, sobre la cual se encuentran varios molinos harineros y batanes. Las principales PROD. de este part. jud. consisten en ganado cebado de cerda, calculándose en mas de 20,000 cab., las que engorda un año con otro, y esporta en pieza ochacinado para las prov. de Sevilla y Badajoz; fruta seca, castaña, nuez, manzana y orejones para los mismos puntos y para Cadiz; aceite, mas del que necesita para su consumo, y corcho en tapones y en panes para Portugal y para Sevilla, desde donde se esporta á otros reinos estrangeros. Falta ordinariamente trigo para el consumo, que importan de la prov. de Badajoz. Algunos pueblos de este part. jud. se dedican á la ind. manufacturera y á la arrieria. Existen fáb. de tapones de corcho en Cortegana y en La Higuera junto á Aracena, y de curtidos en este último punto. Los pueblos de Jabugo, Alajar, Sta. Ana, y el Castaño dependen casi esclusivamente del tráfico. Celébranse dos mercados semanales en Aracena y en Alajar, donde los aldeanos se proveen de lo necesario y venden el escedente de sus frutos, y una feria en aquella v. el dia 15 de setiembre bastante concurrida de ganaderos que traen ricos cerdos bien cebados, y que son muy apreciados en el pais, de la cual hablamos en la descripcion de la cap. del part, por ser allí el lugar mas á propósito. Los hab. de este part. son activos y vivos, y en sus costumbres parecidos á los de Estremadura.

ESTADISTICA CRIMINAL. Los acusados en este part. jud. durante el año 1843 fueron 69, de los que resultaron absueltos de la instancia 8, libremente 7, penados presentes 47, contumaces 7, reincidentes en el mismo delito 6, y en otro diferente 9. Del total de acusados 10 contaban de 10 á 20 años de edad, 43 de 20 á 24, y 16 de 40 en adelante; 59 eran hombres y 10 mujeres, 31 solteros y 38 casados; 27 sabian leer y escribir, 40 carecian de esta parte de la educacion, y de 2 se ignora si la poseian; 3 egercian profesion cientifica ó arte liberal, 64 artes mecánicas, no constando la ocupacion de los dos restantes.

En el mismo periódo se perpetraron 14 delitos de homicidio y de heridas; 4 con armas blancas de uso lícito, 5 de ilícito, 4 con instrumentos contundentes, y 1 con otro instrumento ó medio ignorado.

CUADRO sinóptico, por ayuntamientos, de lo concerniente á la poblacion de dicho partido, su estadística municipal y la que se refiere al reemplazo del ejército, su riqueza imponible y las contribuciones que se pagan.

AYUNTAMIENTOS.	Obispados á que pertenecen.	POBLACION. Vecinos.	POBLACION. Almas.	ESTADISTICA MUNICIPAL. Electores. Contribuyentes.	Electores. Por capacidad.	Electores. Total.	Elegibles.	Alcaldes.	Tenientes.	Regidores.	Síndicos.	Suplentes.	Alcaldes pedáneos.	REEMPLAZO DEL EJERCITO. Jóvenes varones alistados de edad de 18 años.	19 años.	20 años.	21 años.	22 años.	23 años.	24 años.	Total.	Cupo de soldados corresp. á una q. de 25,000 homb.	RIQUEZA IMPONIBLE. Territorial y pecuaria. Rs. Vn.	Industrial y comercial. Rs. Vn.	Total. Rs. Vn.	CONTRIBUCIONES. Por ayuntamiento. Rs. Vn.	Por vecino. Rs.	Por vecino. Ms.	Por habitante. Rs.	Por habitante. Mrs.	Tanto por 100 de la riqueza.
Alajar		561	1995	242	4	246	210	1	1	6	1	6	»	32	29	31	23	11	15	13	154	4'1	114920	51500	166420	36123	64	13	18	4	21'70
Almonaster la Real		507	2007	356	4	360	318	1	1	6	1	6	»	17	13	18	9	13	20	16	106	4'1	108358	5832	114190	16913	33	12	8	15	14'81
Aracena		1108	4370	436	2	438	431	1	1	8	1	7	4	55	57	51	54	43	43	32	335	8'6	334549	56500	391049	71041	64	4	16	8	18'17
Aroche		701	2715	356	4	360	334	1	1	8	1	7	»	48	26	36	21	14	13	23	181	6'7	684002	46667	730669	99712	142	8	36	25	13'65
Arroyo Molinos		182	850	137	»	137	39	1	1	6	1	6	»	11	10	9	11	3	4	3	51	1'7	62118	2092	64210	10721	58	31	12	21	16'69
Cala		131	526	96	»	96	92	1	1	4	1	5	»	6	15	2	11	3	7	3	47	1'1	72552	17066	89618	10926	83	14	20	26	12'19
Campofrio		270	828	138	1	139	126	1	1	6	1	6	»	10	10	5	6	8	4	4	47	1'8	45810	4912	50722	16740	62	»	20	7	33'00
Cañaveral de Leon (1)		70	250	54	7	61	25	1	1	2	1	4	»	1	4	2	4	3	1	1	16	0'5	49564	1800	51364	5007	71	18	20	1	9'75
Castaño		264	1063	164	»	164	154	1	1	6	1	6	»	10	18	11	7	6	7	10	69	2'2	58010	11800	69810	13486	51	3	12	25	19'32
Corteconcepcion		222	723	119	1	120	119	1	1	4	1	5	»	3	14	11	10	12	3	3	56	1'5	87292	6300	93592	15212	68	18	21	1	16'25
Cortegana		856	3295	324	»	324	309	1	1	8	1	7	»	47	36	28	28	15	24	16	194	5'8	251810	47032	298842	31756	37	3	9	21	10'63
Cortelazor		189	704	118	2	120	115	1	1	4	1	5	»	9	10	6	4	3	2	2	36	1'4	54978	11926	66904	9392	49	24	13	12	14'04
Cumbres de enmedio		27	81	25	»	25	19	1	»	2	1	3	»	»	2	1	1	»	»	»	4	0'2	20450	8058	28508	3007	111	13	37	4	10'55
Cumbres mayores	SEVILLA.	512	2056	255	1	256	237	1	1	8	1	7	»	18	30	20	16	6	5	1	96	4'2	126712	95450	222162	27887	54	16	13	19	12'55
Cumb. de S. Bartolomé		230	958	154	»	154	143	1	1	6	1	6	»	11	13	6	8	2	3	3	46	2'0	115786	22312	138098	10039	43	22	10	16	7'27
Encinasola		883	3441	357	»	357	345	1	1	8	1	7	»	58	25	34	28	27	31	23	226	6'7	295278	67782	363060	52560	59	18	15	9	14'48
Fuenteheridos		256	1230	182	»	182	169	1	1	6	1	6	»	10	8	12	9	14	9	10	72	2'5	68181	14592	82773	11338	46	8	9	20	14'30
Galarosa		464	1824	290	»	290	277	1	1	6	1	6	»	23	16	17	19	7	10	10	102	3'8	128078	48326	176404	32601	70	9	17	30	18'48
Granada (La)		112	374	72	2	74	72	1	1	4	1	5	»	3	9	6	8	3	7	3	39	0'9	33238	5858	39096	7956	71	1	21	9	20'35
Higuera junto á Aracena		361	1195	179	»	179	179	1	1	6	1	6	»	17	14	19	23	15	10	14	112	2'4	85790	19826	105616	23447	64	32	19	21	22'20
Hinojales		72	206	52	»	52	48	1	1	2	1	4	»	8	2	6	2	5	1	4	28	0'4	38024	4766	42790	4790	66	18	23	9	11'19
Jabugo		522	2101	246	»	246	240	1	1	6	1	6	2	35	26	27	23	10	15	8	144	4'2	124924	23623	148547	17194	32	32	8	6	11'57
Linares		244	808	151	1	152	151	1	1	6	1	6	»	11	9	9	9	9	4	5	56	1'6	53078	1126	54204	12661	51	30	15	23	23'36
Marines (Los)		117	387	93	»	93	90	1	1	4	1	5	»	9	4	3	2	4	»	2	24	0'9	47532	952	48484	5117	43	25	13	8	10'55
Nava (La)		82	265	45	»	45	37	1	1	2	1	4	»	2	3	2	3	1	»	1	12	0'5	57732	13418	71150	5481	66	30	20	24	7'71
Puertomoral		72	247	49	1	50	48	1	1	2	1	4	»	3	7	2	2	2	»	1	17	0'5	28156	10072	38228	5151	71	19	20	29	13'48
Rosal de Cristina (2)		»	»	64	»	64	64	1	1	2	1	4	»	»	»	»	»	»	»	»	»	»	»	»	»	»	»		»		»
Santa Ana la Real		151	605	106	1	107	102	1	1	4	1	5	»	9	10	8	4	5	6	4	46	1'2	39264	3526	42790	5356	35	16	8	29	12'52
Santa Olalla		317	1080	171	»	171	167	1	1	6	1	6	»	10	12	11	12	6	8	5	64	2'2	81366	78866	160232	32280	101	28	29	30	20'15
Valdelarco		168	603	115	1	116	113	1	1	4	1	5	»	12	11	12	5	5	4	6	55	1'4	41552	6946	48498	8897	52	33	14	26	18'34
Zufre		212	710	102	»	102	60	1	1	4	1	5	»	14	12	6	1	1	2	2	38	1'5	230540	5466	236006	18221	85	32	25	19	7'72
TOTALES		9863	37500	5248	32	5280	4833	31	30	156	31	170	6	502	455	411	363	256	258	228	2473	76'6	3539644	694392	4234036	621015	62	33	16	19	14'67

(1) Este pueblo y el de Arroyo Molinos de Leon, pertenecen á la dióc. de San Marcos de Leon en Llerena.
(2) Este ayunt. es de creacion posterior á 1842, por cuya razon su pobl., su riqueza imponible, sus contribuciones y la parte de estadística que tiene relacion con el reemplazo del ejército, se incluyen en el de Aroche á que perteneció y de que fue segregado.

ARACENA: v. con ayunt. y cab. del part. jud. á que da nombre, en la prov. de Huelva (16 leg.), dióc. de Sevilla (14), y c. g. de Andalucia.

SITUACION Y CLIMA. La mayor parte de la pobl. está sit. en un valle y el resto sobre algunas colinas de mas ó menos altura; aunque rodeada de montañas se respira un aire puro, lo cual unido á lo despejado de su atmósfera y dilatado horizonte, hace que su clima sea saludable, y que no se padezcan mas enfermedades que las propias del cambio de las estaciones.

INTERIOR DE LA POBLACION Y SUS AFUERAS. Se compone de unas 700 CASAS de 15 á 18 pies de altura, de regular construccion y distribucion interior, formando calles anchas, limpias y bien empedradas; tiene cuatro plazas públicas, la una llamada Alta ó de la Constitucion, cuya figura irregular comprende 10,500 pies de superficie, y es donde se hallan las casas consistoriales, un cuartel y el pósito de labradores con 700 fan. de grano: otra nombrada del Pilar, cuadrada, con 14,400 pies superficiales, y una hermosa fuente casi en el centro; otra titulada de Sta. Catalina con 6,000 pies de espacio, y la otra que llaman de Cantarranas de irregular figura con 7,500, y una fuente de aguas delgadas. Hay un hospital dicho de la Misericordia, cuyas rent. anuales ascienden á 2,000 rs.; dos escuelas de instruccion primaria con 150 niños, dotada la una que es pública, con 200 ducados anuales; otra de niñas á la que asisten mas de 40, y una cátedra de gramática latina fundada y dotada por el célebre Arias Montano, uno de los que asistieron al concilio de Trento. Inmediato á la plaza de la Constitucion se encuentra la igl. parr. bajo la advocacion de Nra. Sra. de la Asuncion, cuyo edificio consta de 1,100 varas cuadradas de superficie, y encierra algunas estátuas de mucho mérito: está servida por 2 curas propios nombrados por la corona en sede vacante, y por el arz. de Sevilla en los demas: 1 ecónomo, 8 presbiteros, 2 sochantres, un sacristan y 3 acólitos nombrados por dicha dignidad, á propuesta de los beneficiados. De los 2 conv. de religiosos que contaban; antes de su supresion verificada en 1836, el de Nra. Sra. del Cármen 2 individuos, entre ellos uno de misa, y 1 el de Sto. Domingo, el primero está destinado para cárcel; hallándose tambien en él la escuela pública con habitacion para el maestro: existen dos conv. de monjas, uno dedicado á Sta. Catalina, órden del carmelo, con 14 religiosas, y otro de Jesus Maria y José, órden de predicadores, que cuenta 18. A unos 5,000 pies de la pobl., y sobre una altura se encuentra una fortificacion derruida, llamada el Castillo, del cual aun se conservan fuertes torreones, y algunos de espesos muros: en el centro de esta fortificacion existe una hermosa igl. dedicada á N. Sra. del Mayor Dolor, á la que los vec. de la v. tienen una especial devocion. La igl. se conoce fue en lo ant. mezquita árabe por los arcos de herradura y otros adornos que conserva, especialmente la torre que se conoce sirvió de minaret á aquella mezquita, agrandada y reedificada en los primeros años de la conquista, por lo cual aun subsisten en ella adornos que revelan el gusto arquitectónico de aquella época: sirvió esta igl. muchos años de única parr., y eran entonces sus ayudas la que ahora sirve al conv. de Sta. Catalina, y otra igl. llamada de San Pedro que en el dia es ermita. Hay ademas otras 4 ermitas llamadas la Pastora, Sta. Lucia, San Roque y San Gerónimo, sit. la segunda y tercera en los barrios de su nombre, y la última fuera de la pobl., pero próxima á ella. Ademas de las fuentes que anteriormente hemos designado existen otras dos nombradas de Zulema y del Concejo, de ricas y abundantes aguas, las cuales no solo sirven para los usos domésticos, sino que proveen de la suficiente á los fabricantes de curtidos, surtiendo tambien del riego necesario á varias huertas.

TERMINO. Confina por el N. con Hinojales á 2 leg., por el E. con Corte-Concepcion y Puertomoral á 1/2, por el S. con Campofrio y la Granada, y por el O. con el de Linares á 1/2.

CALIDAD Y CIRCUNSTANCIAS DEL TERRENO. El terreno es todo de sierra, montuoso y pedregoso, pero como abunda en aguas, se presta por muchas partes al plantio de arboledas, y el resto es susceptible de llevar monte alto de encinar y alcornocal; esto unido á la estraordinaria laboriosidad de los vec. de la v., hace que se saque todo el partido posible de la natural esterilidad del terreno, y que se vean riscos elevados y pendientes declives cubiertos de viñedos, olivares y otros frutales. Difícil es graduar el número de tierras reducidas á cultivo, por estar intermediada de montes altos y bajos: mas puede asegurarse que la pobl. no depende toda de la agricultura, y que, aun la mayor parte de las personas dedicadas á esta ind., tienen las haciendas y su labor en tierras estrañas. El aspecto que presenta el térm. es delicioso en tiempos de verano; y como está próxima esta sierra de Aracena al cálido terr. de Andalucía y Estremadura, hace que sea muy visitada en aquella época, de las personas acomodadas de varios puntos.

Correspondieron á la jurisd. de esta v. varios pequeños l., de los cuales muchos se han hecho independientes y solo en el dia se conservan las ald. siguientes:

La Granada.	con	110	vec.
Granadilla.		10	»
Corte--Ranger y Castañuelo. .		41	»
Carboneras.		57	»
Tabuquillo y Valde-Zape. . .		42	»
La Umbria.		35	»

Baña el térm. una ribera llamada de Huelva, bastante caudalosa en todas estaciones, siguiendo su curso de N. á S., por los térm. de Corte-Concepcion, Zufre, Ronquillo hasta desembocar en el Guadalquivir por el punto de la Algava á 1 leg. de Sevilla. Tambien corre por el térm., separándolo del de Campofrio un r. conocido con el nombre de *Odiel*, cuyas aguas llevan la direccion del O., y luego toman la del S. hasta desembocar en el mar, por la cap. de prov.: tiene un puente de mamposteria y generalmente se seca todos los años.

PRODUCCIONES. Las mas abundantes son castañas, bellotas, aceitunas, vino, legumbres y toda clase de frutales; trigo y cebada en corta cantidad; ganado lanar, cabrio y de cerda, tambien muy abundante; poca pesca y caza de animales dañinos.

INDUSTRIA Y COMERCIO. Los naturales de esta villa se dedican á cebar cerdos, y á las labores del campo: hay 18 molinos de aceite y algunos otros de trigo; varias fábricas de curtidos, cuyas primeras materias vienen á las veces de America, sucediendo otras que se esportan las pieles en pelo, las cuales se venden á buen precio, asi como tambien muchas frutas, castañas, bellotas y vino, prod. sobrantes en este pueblo, y se importan granos en gran parte, paños y otros géneros de que carece. Se celebran dos mercados en la semana, miércoles y sábado, vendiéndose en ellos trigo, cebada y algunas otras semillas, cuyo valor cada especie asciende á 1,000 rs. poco mas ó menos. Tambien hay una feria el 15 de setiembre, la cual principia ahora á fomentarse; no pudiendo formarse juicio de lo que podrá ser, aunque desde la época en que se trasladó á este dia, se observa bastante aumento en la entrada de ganado de cerda, habiéndose vendido en el año 1842 4,000 cab., cuyo valor ascendió á una suma bastante considerable.

CAMINOS Y CORREOS. Son los primeros de herradura, en regular estado, dirigiéndose á Sevilla, Huelva y á varios pueblos de su circunferencia: tiene una adm. subalterna de correos, con un administrador y un interventor, dotado el primero con 4,000 rs. y el segundo con 2,200.

FIESTAS. La del patrono San Blas que se celebra el dia 3 de febrero, y la de Nra. Sra. de la Asuncion el 15 de agosto.

POBLACION. 1,108 vec. 4,370 alm.: CAP. PROD. 10.650,231 rs.; IMP. 391,049 rs.; CONTR. 71,041 rs. 2 mrs.

El PRESUPUESTO MUNICIPAL asciende á 30,000 rs., y se cubre, parte con 1,000 y pico de rs. de propios y el resto por reparto entre los vecinos.

HISTORIA. Redúcese á esta pobl. la ant. *Arunda*, célebre por los errores que la asonancia de su nombre con el de *Ronda* hizo concibiesen hombres muy doctos, creando una nueva *Beturia*, ó dándola estension que nunca tuvo, trayendo de la parte que habitaban los Céltas en la orilla izq. del *Ana* esta y otras pobl. á *Ronda* y su Serrania (V. ARUNDA.) Asi equivocados, colocaron algunos en *Aracena* la c. *Lælia* de las tablas de Ptolomeo y de las medallas (V. *Lælia*). El nombre *Arunda* parece tomado del hebreo *Arai*, que significa montañas; y *Arunda* la montañosa, la misma que *Aracena*, aunque algunos atribuyen la fundacion á los griegos, llamándola *Arcena*, en memoria de otra de su tierra, patria de Alejandro;

y otros quieren la fundasen los moros dándole el nombre *Darbacén*, por haber tenido en ella su habitacion un moro llamado *Acen*. En el año 1251 esta v., entre otras ocupadas por los mahometanos, se entregó al rey D. Alonso de Portugal. En *Aracena* tuvo Ballesteros en 26 de marzo de 1810 un combate con las tropas del mariscal Mortier.

ARACIEL: desp. en la prov. de Navarra, merind. y part. jud. de Tudela, térm. jurisd. de Corella. Antiguamente fué un l., á cuyos moradores concedió el rey D. Alonso el Batallador los fueros de Cornago, y el goce de las aguas del r. *Alhama* en 1125. El emperador D. Alonso VIII de Castilla en 1135 lo cedió con su fort. á D. Fortuño Garcés, y tuvo alcaide hasta el año 1294, en que lo era Ruiz de Belmonte; pero siendo muy frecuentes las invasiones que padecia, como fronterizo de Castilla, en las guerras de ambos reinos, llegó á despoblarse á mitad del siglo XIV, y D. Cárlos III de Navarra agregó á Corella todos sus térm., quedando rural la igl. de Santa Lucia que en el dia es ermita, y aun conserva la pila bautismal.

ARACILLUM: antiguo pueblo, conocido por el grande valor y la constancia con que defendió su libertad contra las armas de Augusto, en la guerra que hicieron á los cántabros y astures, como refiere Paulo Orosio: *Aracillum deinde oppidum magna vi, ac diu repugnans, postremo captum ac dirutum est* (*lib.* 6. *cap*. 21). Ningun geógrafo de la antigüedad ha conservado su nombre. Estéban Garibay creyó encontrarle en *Arraxil* ó en *Arrazola*; pero repugna esta reduccion á la historia. Habiendo en el pais de los cántabros á 1 leg. de Fontibre, como dice Florez en su Cantabria (pág. 54.), un pueblo con el nombre *Aradillos*, fácil degeneracion de *Arácillum*, es muy probable su identidad (V. ARADILLOS.).

ARA-CRISTI, ó DEL PUIG (CARTUJA DE): en la prov. de Valencia (2 leg.), part. jud. de Murviedro (igual dist.), térm. jurisd. del Puig (1/4): SIT. á la izq. de la carretera de Valencia á Zaragoza y Barcelona en una hermosa llanura limitada de E. á O. por una cord. de cerros de mármoles rojos y de piedra arenisca y caliza, viéndose los barrancos llenos de galetas ó montones de piedras de diversa magnitud, forma y naturaleza, rodadas allí y desprendidas de las montañas por la violencia de las aguas y vientos. Consta de un cercado de gruesa y elevada muralla, dentro del cual existe la casa de labranza con todas sus oficinas y dependencias; un grande horno de pan cocer; molino para harinas y arroz; varios huertos pequeños, y otro mas considerable que comprende 50 hanegadas de tierra dentro de un cuadro perfecto, dividido en 4 partes por un crucero de naranjos, que parten desde una torrecilla construida en medio de dicho cuadro; y el conv. ó monast. que es un edificio magnífico, á la moderna, y tan grande, que con solo abrir dos puertas en su fachada setentrional, podria servir de habitacion para un pueblo entero; porque ademas de los dilatados patios que hay en lo interior y equivalen á dos buenas plazas, tiene cada celda lo suficiente para morada de una familia, por estensa que fuese, un corral ó jardinito y un pozo de buen agua. Pertenecia tambien á este monast. considerable número de hanegadas de tierra de secano plantadas de algarrobas y viñedo, y una hermosa huerta destinada á cereales, aceite, vino, moreras, y otros frutos, la cual se riega con las aguas del r. *Turia* por la acequia de *Moncada*, que igualmente sirve para dar impulso al molino que dijimos hay dentro del cercado, y á otros 2 construidos fuera del mismo. Hoy dia la mayor parte de este pingüe y feraz terreno, se halla poseido por sugetos particulares, á cuyo favor se enagenó como perteneciente á la nacion.

ARADA (STA. MARIA DE): felig. en la prov. y dióc. de Lugo (5 leg.), part. jud. de Taboada (1 1/2) y del ayunt. de Monterroso (3/4): SIT. al N. E. del part: CLIMA templado y sano: reune 14 CAS. entre la ald. de Arada y la de Sandolfe: la igl. parr. (Sta. Maria) es matriz de Santiago de Labandelo y Sta. Eufemia de Siete-Iglesias; el curato es de entrada y de patronato lego. El TÉRM. confina con los de sus anejos y de las felig. de Castro, Sabadelle (ayunt. de Puertomarin) y las de Penas y Soengas: el TERRENO participa de monte y llano de mediana calidad, y le baña un arroyo que baja á unirse á uno de los brazos que forman el r. Ulla: los CAMINOS son locales y malos: el CORREO se recibe en la cap. del part. y Puertomarin: PROD. centeno, maiz cebada, trigo, patatas, algunas legumbres y buenos pastos: cria ganado vacuno, lanar, cabrío, de cerda y algo de mular: hay bastante caza y poca pesca: IND.: la agrícola y un molino harinero: POBL. 15 vec.: 79 alm.: contrib. con su ayunt. (V.).

ARADILLOS: (ARACILLUM): l. en la prov. y dióc. de Santander, part. jud. de Reinosa, aud. terr. y c. g. de Búrgos, ayunt. titulado de Enmedio: SIT. en la pendiente de una montaña escarpada que conduce á los puertos de Lodar, Fuentes y otros: combátenle todos los vientos, y disfruta de CLIMA saludable, aunque generalmente frio. Sus CASAS, si bien de piedra tosca, no son las mas á propósito para resguardar á los hab. de las muchas y continuas nieves de que se ven cubiertas en la mitad del año: tiene una igl. parr. dedicada á la Concepcion de Nra. Sra. y una fuente con caños y pilas de piedra sillería para abrevadero de los ganados, de cuya abundante y esquisita agua se surten los vec. para su consumo doméstico. Su TÉRM. por la parte N. es muy estenso, pues coge todo el resto de la cord. Ibérica, desde cuya cima se distingue el mar Cantábrico á la dist. de 12 leg.; confina por esta parte con los montes que en otro tiempo se llamaron Medulos y dan vista á las montañas de Santander; por E. con los térm. de Cañeda y Morancas; por S. con el de Fresno, y por O. con el de Fontecha. Hácia la parte S. y á un tiro de bala de la pobl. nace el r. *Besaya*, y á 1/2 leg. SO. de la misma el Ebro. El TERRENO es de mediana calidad, la mayor parte montuoso. Los CAMINOS son locales y se hallan en estado regular: PROD. cereales y abundantes pastos que benefician los naturales para los ganados que llegan de diferentes parages: POBL. 12 vec. 50 alm: CONTR. con el ayuntamiento. Reducése á este l. la ant. c. llamada *Aracillum* célebre en la España romana, por la resistencia que opuso á las armas de Augusto, tomada por su teniente Cayo Antistio, que quedó continuando la guerra contra los Cántabros y Astures, cuando aquel se retiró enfermo á Tarragona (*Paulo Orosio*.).

ARADOS: riach. en la prov. de Santander, part. jud. de Villacarriedo: nace en la falda y vertiente occidental de *Peña redonda*, en el cabañal *monte de Llerana*, y despues de pasar por este, y el del Comun y su terreno, se dirige á la barriada de *Coterillo*, desaguando desde ella en la márg. der. del r. del mismo nombre; corre en una estension de 1/4 de leg. todo el térm. de Llerana en continuo descenso, por cuya razon es un torrente en invierno, si bien en verano sus aguas son escasas, con un alveo de 8 pies vadeables sin puentes, ni barcas, atravesándole solo en algun punto una tabla, que con frecuencia se llevan las avenidas: cria truchas, anguilas y peces muy pequeños.

ARADOS: barrio en la prov. y dióc. de Santander, part. jud. de Laredo y ayunt. de Voto: es uno de los que forman el l. de *Secadura*.

ARADUEÑIGA: desp. en la prov. de Guadalajara, part. jud. de Pastrana, perteneciente á la comunidad de la tierra de Almoguera (V.): SIT.: entre dos pequeños cerros, que en el dia forman la estrecha vega del mismo nombre, conservándose todavia en lo alto de uno tres paredes de la fáb. de la igl., y en la falda de otro algunos cimientos de las casas: en la ladera del primero nace una abundante fuente de agua salobre, la cual se reune con otros varios manantiales, y todos forman un arroyo que sirve para regar el indicado valle, y dar movimiento á un molino harinero, dirigiéndose despues al térm. de Almoguera para desaguar en el Tajo: el TÉRM. de este desp. confina por N. con Yebra, E. con Almoguera, S. Albares, O. con el Pozo de Almoguera: dist. sus lim. de N. á S. 1/2 leg. escasa, y 1/4 de E. á O.: todo el TERRENO está cercado é interpolado de cerros calvos, que se estienden por el N. hasta el Tajo, y se cortan por el S. con Almoguera, concluyendo en punta para formar otro valle, que sube hasta Albares; su calidad es floja, y la mayor parte solo produce tomillo, salvia y esparto: en algunas cañadas se siembran cereales y en la vega referida cáñamo; hay de regadío 30 fan. de segunda clase, y 45 de tercera; de secano 12 de primera, 110 de segunda, y 250 de tercera, quedando de baldíos y cerros 1,403, que solo sirven para pastos de los ganados de los pueblos comuneros: sobre el aprovechamiento de estos terrenos y derechos de los pueblos que los disfrutan (V. ALMOGUERA).

ARÆ: el Itinerario presenta una mansion en el camino de Sevilla á Córdoba, 24 millas al O. de esta cap., y 16 al E. de Ecija, escribiendo *Ad Aras*, que traido al caso recto es *Aræ*;

cuyo nombre hubo de tomar de las *Aras* consagradas á los dioses. Puede congeturarse por el nombre de esta pobl. fuese uno de los lugares inmunes, de que tantas memorias hay en los antiguos historiadores, lo que persuade su identidad con la llamada *Asila* ó *Asilos* por Ptolomeo, no lejos de Ecija. En Plinio parece venir significada con el nombre *Sacrana* ó *Sacrata*. Entre Ecija y Córdoba, en la misma calzada romana, se encuentra *Santaella*, nombre análogo á los de *Aræ*, *Asila y Sacrata*, proviniendo de *Sancta*, *lera*; *Santa*, *Sagrada*. Creyó Zurita aparecer en el testo de Plinio el mismo nombre *Aræ*; pero Weseling observó deberse leer, segun los manuscritos, *Arba*, donde Zurita leyó *Ara* (V. SANTAELLA.).

ARÆ AUGUSTI: L. Sextio Apuleyo, que mandó la guerra contra los cántabros en tiempo de Augusto, le dedicó tres *Aras*, erigidas en el *cabo de Torres*, que es una península enfrente de Gijon, las cuales se conocen mas bien con el nombre de *Aras Sextianas*. Otras *Aras*, que el mismo Sextio levantó en Galicia; son mas comunmente llamadas *Torres de Augusto*, ya por estarle dedicadas, como las anteriores; ya porque este nombre les daba mas importancia y aumentaba su honor y veneracion, como espresó Mela, hablando de las *Aras Sextianas* de la costa de los *Astures* (V. ARÆ SEXTIÆ.).

ARÆ HESPERI: en el epígrama copiado por el abate Masdeu (*tom.* 6, *pág.* 347) de una torre de *Sanlúcar la Mayor*, se vé haber sido este nombre el primitivo de aquella c. que hubo de estar dedicada á Hespero. Se llamó *Hespera*, segun resulta de la inscripcion copiada por el mismo Masdeu (*pag.* 348.) Se dice que César la impuso el nombre de *Solis Lucus* (*bosque del Sol*): asi se llama en la inscripcion copiada por Cean-Bermudez (*pág.* 282); y de *Solis Lucus* ha podido quedarla el nombre *Sanlúcar* (V.).

ARÆ SEXTIÆ: Pomponio Mela dice estar en la costa de los Astures en el pueblo *Noega*, y las tres *Aras Sextianas*, venerables y sagradas por el nombre de Augusto, dando honor á lugares antes desatendidos (*lib.* 3. *cap.* 1.) Ptolomeo nombra el promontorio de las *Aras Sextianas* en el mar Setentrional ó Cantábrico. Leése en Plinio: *Celtici cognomine Neriæ, superque tamarici, quorum in Peninsula tres Aræ Sextianæ Augusto dicatæ*. Pero es conocido que los copiantes pusieron aqui *Aræ* por *Turres*, y son estas las *Torres de Augusto*, mencionadas en el mismo sitio por Mela. Plinio, habiendo leido á este cosmógrafo español, no hubo de traer á punto el *Tambre* de Galicia las *Aras Sextias*, que veia colocadas por aquel sobre el mar Cantábrico en la costa de los *astures*. Dió Plinio el nombre de península al ángulo que forma la confluencia de los r. *Sar* y *Ulla*; Mela coloca las *Torres de Augusto* en la embocadura del *Sar*. Estas son unas de las *Aras* que dedicó Sextio á Augusto como términos de las victorias que consiguió bajo sus auspicios, por las cuales se le concedieron los honores del triunfo en Roma, y su sitio está bien indicado donde se ven hoy las *Torres de Este*. Las *Aras Sextias*, dedicadas igualmente á Augusto por el mismo L. Sextio Apuleyo, en la costa de los *astures*, se elevaron en el *cabo de Torres*, sitio tambien indicado por Mela y Ptolomeo, como el anterior por Mela y Plinio: allí se han hallado sus cimientos.

ARAFO: pago de la isla de Tenerife, prov. de Canarias, part. jud. de Sta. Cruz, jurisd. y felig. del l. de *Güimar* (V.).

ARAFO: l. con ayunt. de la isla y dióc. de Tenerife, prov., aud. terr. y c. g. de Canarias, part. jud. y adm. de rent. de Sta. Cruz: SIT. al SE. de las montañas de las Cañadas, al pie del barranco de su nombre, en un ameno valle, donde le baten libremente los vientos de la brisa, con CLIMA saludable, algo mas cálido que frio. Tiene 193 CASAS, esparcidas por el térm., en general de poca altura y de escasas comodidades; una escuela de primeras letras, pagada por los fondos del comun, y una igl. parr., bajo la advocacion de San Juan Degollado, servida por 1 cura, 1 presbítero, 1 sacristan, 1 sochantre y 1 monacillo: el curato es de entrada, y lo provee S. M. ó el diocesano, prévia oposicion en concurso general. Confina el TÉRM. por N. con las montañas de las Cañadas, por E. con el mar, por S. con el de Güimar, por O. con las montañas centrales. El TERRENO, escabroso en general y escaso de aguas, las cuales se hallan bien aprovechadas en riegos, siendo conducidas en canales de madera bien conservados, por la asociacion de propietarios, es de buena calidad, aunque poco productivo; se encuentran en él poblados bosques de pinar. Los CAMINOS son ásperos, como el todo del terreno: PROD.: trigo, cebada, maiz, patatas, vino, higos, cochinilla y seda: POBL.: 232 vec., 850 alm.: CAP. PROD. 1.307,233 rs.: IMP. 41,137: CONTR. 15,146 reales.

ARAGEME: santuario de Ntra. Sra. de este título, en la prov. de Cáceres, part. jud. y térm. de Coria: SIT. á 1 leg. escasa, y al NE. de la misma c., en una llanura pintoresca, formada sobre la cima de grandes barrancos, que caen sobre el r. Alagón; está rodeada de mucho monte de encina y alcornoque, que produce buenos y abundantes frutos: el templo es sencillo en su arquitectura, pero bastante vistoso; unida á él se halla la casa del ermitaño, con muy buenas habitaciones: en este sitio se celebra el 8 de setiembre una feria muy concurrida, que se instaló á fines del siglo pasado; para este efecto se hallan construidas en derredor de la ermita dos calles de portales para las tiendas, que se hallan formadas con paredes corridas, cortadas á cada 3 ó 4 varas, cubiertas de teja, y con antepecho para el mostrador: en los alquileres de estas tiendas los dias de feria, consisten las rent. de la ermita; el lugar está hermoseado ademas con varios álamos, plantados muchos en el año 1842.

ARAGERODE: monte de la isla de la Gomera, prov. de Canarias, part. jud. de Sta. Cruz de Tenerife. Es una de las tres inmensas rocas, que limitan el terr. de la v. de San Sebastian.

ARAGIGUAL: monte de la isla de la Gomera; prov. de Canarias, part. jud. de Santa Cruz de Tenerife. Es una de las inmensas rocas que limitan el terr. de la villa de San Sebastian.

ARAGON (CORTIJO DE): en la prov. de Granada, part. jud. y térm. jurisd. de *Santafé* (V.).

ARAGON: granja en la prov. y dióc. de Valencia, part. jud. de Liria, jurisd. de *Ribarroja* (V.) SIT. al E y 5/4 de hora de esta pobl. en terreno plantado de viñas, algarrobos, olivos é higueras con varios trozos de sembradura: tiene 2 vec.: 13 almas.

ARAGON: r. en la prov. de Huesca, part. jud. de Jaca: tiene su orígen al N. de aquella en el valle de Canfranc de dos copiosas fuentes de las cuales la una brota en el barranco llamado de Condachú á la caida de las gargantas de Aisa y Borau, y la otra junto al puerto de Astun cuyas corrientes vienen á reunirse poco mas abajo de la venta de Santa Cristina. Es uno de los mas importantes afluentes que tiene el Ebro desde su nacimiento hasta que penetra en el mar. Por una y otra márg. desaguan multitud de r., riach. y arroyos que, deslizándose de lo mas elevado de los puertos de Canfranc, Tortielles, Bernera, Aiguatarta, Coarda, Pau, Lacherit, Petergem, Anier, Santa Engracia, Bimbalet, Laraun, Escalas, Mendivies, Lecumberri, Roncesvalles, Valcarlos y Atalosti, forman los valles de Canfranc, Aisa, Aragües, Hecho y Ansó en Aragon, y de Roncal, Salazar, Aescoa y de Roncesvalles en Navarra; los principales de aquellos por su der. son el Estarrum que se le reune en Santa Cilia, el Aragües cerca de Sanues, el Jago en la v. de Berdun, el Iratí en Lumbier, el Cidaco en Caparroso, y el caudaloso Arga cerca de Villafranca; y por la izq. el Seto, el Rigal en Ruesta, y el Onsella en el térm. de Sangüesa. Lleva su curso de N. á S. hasta llegar á las inmediaciones de Jaca, donde formando un arco hácia Abay se encamina hácia el O., en cuya direccion llega á Sangüesa, Toma nuevamente la del S. en Carcastillo, vuelve otra vez á inclinarse al O., entra en Villafranca, recoge aqui las aguas del Arga, cambia de repente al S., y entrando en el térm. de Milagro, desagua en el Ebro. Su discurso es de 30 leg., las pobl. mas notables por donde pasa son Canfranc, Jaca y Berdun en la prov. de Huesca, Tiermas en la de Zaragoza part. de Sos; el monasterio de San Salvador de Leire, Sangüesa, Aibar, Caparroso, Villafraca y Milagro en Navarra. Son muy escasos los beneficios que presta á la agricultura en los part. de Jaca y Sos, por la escabrosidad del terreno por donde corre; no asi en el reino de Navarra, donde bien naturalmente, bien por medio de presas, riega un considerable número de fan. de tierra. Aunque muy caudaloso desde su orígen carece de barcas para su paso y los vados son generalmente muy espuestos. Tiene muchos puentes asi de madera como de piedra por donde se comunican los pueblos de una márg. con los de otra, siendo los mas atendibles el de las Grajas y el de San Miguel, dist. 1/2 hora y 1 de Jaca, el de Santa Cilia y el de Berdun, hallándose inutilizado el llamado Puente de la Reina. Sus aguas son potables desde su orígen y pueden usarse con preferencia á las de muchos manantiales. Cria abundante pesca de truchas, anguilas, barbos, madrillas y otros peces no menos gustosos que aquellos.

ARAGON (Canal Imperial de): es el Aragon la prov. de España mas feraz por su suelo, apto para todo género de prod.; pero está proporcion pocas veces causa sus efectos por la escasez ó inseguridad de las lluvias en el terr. casi todos los años: así se ve frecuentemente que peligran las cosechas, ó en el tiempo del sementero, ó en su desarrollo, durante la primera, ó en la época inmediata á su sazon, la cual se verifica mal, porque faltando á las plantas la humedad necesaria, se agostan por los fuertes calores que sobrevienen, y que en pocos dias frustran las mas fundadas esperanzas del cultivador. Bien enterado de esto el Sr. Emperador D. Carlos V, primero de España, deseando asegurar á los aragoneses la abundancia de frutos que sus tierras pueden producir, proyectó por los años de 1528, sacar del r. Ebro, á 1 leg. de la c. de Tudela, reino de Navarra, en la jurisd. de la v. de Fontellas, una acequia de riego, á la cual se le puso el nombre de Imperial, para perpetuar así la memoria del autor de tan insigne y útil empresa. Para la formacion de este proyecto se valió el Emperador de ingenieros flamencos; y para su ejecucion comisionó á mosen Pedro Zapata, prior del Sto. Sepulcro de Calatayud, encargándole consultase los medios con los jurados de la c. de Zaragoza. Enterados estos de las grandes utilidades que produciria esta acequia, de acuerdo con dicho prior, contestaron á S. M., que apreciaban su pensamiento, y que estaban prontos á poner todos los medios para llevar la obra á efecto, nombrando desde luego personas para entender perpetuamente sobre ello, y suplicando á S. M. les enviase algun profesor inteligente y esperimentado en obras de esta naturaleza. Así consta de la carta respuesta del Emperador á dicha c., dada en Toledo á 30 de noviembre de 1528, en la que promete tambien S. M. condescender á su súplica, y proveer cuanto fuera necesario para verificar lo mas antes el proyecto. Mas viendo la c. que por sí sola no podia llevar á debido efecto la obra, en el año 1529, hallándose en ella el Emperador, le suplicó tomase á su cargo esta empresa; para la que la misma, á peticion de S. M., contribuyó en los años siguientes con cantidades considerables, como todo consta de los libros llamados, *Registro de los actos comunes de la ciudad de Zaragoza*, que se conservan en su archivo. Estas y otras diligencias practicadas sobre espresado proyecto con el mayor esmero y eficacia, prueban evidentemente las grandes utilidades que se prometian de esta acequia, así el dicho Emperador, como los principales aragoneses. Para verificar, pues, el pensamiento, mandó construir en la rápida corriente del caudaloso r. Ebro, una presa de piedra silleria en direccion diagonal, y junto á ella una casa de Compuertas, sobre cuatro bocas de 11 palmos aragoneses de alto, y 9 de ancho, por donde recibia el agua la acequia; cuyo principio en la estension de 100 varas era tambien de silleria, con 15 varas de lat. y 5 1/2 de profundidad; pero despues el cauce regular era de 12 varas de ancho y 2 de profundo. Este departamento se llamó entonces el *Bocal del Rey*, y ademas de la casa de Compuertas ó palacio, que mandó fabricar para habitacion del gobernador nombrado, en cuyo frontis todavia se conserva su escudo real de armas, hizo construir tambien otra bastante capaz para los dependientes, y algunos almaçenes, para conservacion de maderas y otros efectos. A dicho gobernador se le dió el titulo de juez de aguas; se le confirió toda la jurisdiccion civil y criminal en lo perteneciente á la acequia y sus dependientes, y fue condecorado con los honores de Consejero de S. M. El primero que obtuvo este empleo fue el dicho mosen Pedro Zapata; y por su muerte se nombró, en 1534, á D. Gaspar de Bañuelos, Gentilhombre de cámara de S. M., de cuya órden escribió unas ordinaciones para la mejor administracion y gobierno de esta acequia. Ademas de la referida presa y edificios, se hicieron en la direccion del canal diferentes cortes de terrenos difíciles, y montes elevados, y en distancias proporcionadas se construyeron algunas almenaras para el desagüe de los barrancos en tiempo de lluvias. Así dispuesta la acequia, no tardaron en lograr del beneficio del riego las villas de Rivaforada, Fustiñana, Buñuel, Cortes, y señ. de Mora en el reino de Navarra; y en el de Aragon las de Mallen, Gallur, y los l. de Novillas y Boquiñeni, Pedrola, Grisen, y terr. de Oitura. En este sitio se formó la admirable obra del paso del agua de la acequia por debajo de la madre del r. Jalon, con el objeto de conducirla á los llanos de la c. de Zaragoza, y aun hasta la v. de Fuentes. Esta obra, de las mas ingeniosas y primorosamente trabajadas en aquellos tiempos, se componia de bóvedas de silleria, por las que el agua cruzaba subterráneamente el Jalon con desahogo. La mayor parte de la piedra de estas bóvedas era de la llamada comunmente campanil; pero tan perfectamente ajustada, que parecia una sola pieza: su estension era aun mas de lo necesario para que el Jalon pudiera pasar anchamente en sus mayores avenidas. La superficie esterior de este paso estaba enlosada de piedras llanas y ajustadas, y lo restante formando gradas dispuestas con tal simetría, que presentaban la mas hermosa perspectiva. En la entrada y salida de esta bóveda estaban labrados de relieve unos escudos con los blasones de dicho Emperador. Pasado el tránsito del Jalon regaba la acequia Imperial el térm. de Peramán, y luego volvia al de Alagon, donde se cortó una colina de 38 pies de alto, porque su terreno pedregoso no permitió que se minase; obra que por su coste y por la calidad del suelo acreditó el poder de un Carlos V, y su constante ánimo, superior ciertamente, á las mayores dificultades. Aunque no hay fundamento de que en este sitio haya habido mina ciega por la razon insinuada, sin embargo, sin que se sepa el origen, ni el motivo, los naturales llaman comunmente á esta porcion de acequia, la Mina de Carlos V. De aquí proseguia el agua por los espaciosos llanos de Pinseque, y parte de Garrapinillos, hasta donde únicamente se sabe haber llegado por entonces.

En este punto, y en tal estado, se mantuvo la acequia Imperial por mas de 200 años; sin embargo que todos los monarcas que sucedieron en el reinado á dicho Emperador, continuaron en nombrar gobernador, y sostener las regalías de la acequia, y algunos aun intentaron varias veces alargarla. El Sr. D. Felipe II en el año 1566, trajo de Italia con este destino al ingeniero, de grande fama en aquellos tiempos, Don Juan Francisco Sitoni, y tambien consta que escribió en 1596 á la c. de Zaragoza, encargándola tratase los negocios de la acequia Imperial con su visorey, el duque de Alburquerque. El Sr. D. Felipe IV en el año 1654 comisionó para el mismo fin á D. Domingo Usenda y Mansfelt, capitan de caballeria, quien habiendo hecho un exacto renonocimiento de esta acequia Imperial, confesó ser la obra de mayor importancia de cuantas se construyesen en España, no solo por lo fácil y poco costosa, sino por la abundancia que podia producir de frutos y ganados, y por el considerable aumento de pobl. que resultaria en la cap. del reino, y en cuantos pueblos lograsen de este beneficio. Tambien mereció esta importante empresa la atencion del Sr. D. Felipe V, y aun con ideas de nuevas y mayores ventajas, que las que hasta de aquí se habian concebido. Es una verdad constante que el primero y único objeto de esta grande obra fue verificar una acequia de riego, de mayor ó menor estension, que con sus aguas asegurase las cosechas que frecuentemente peligraban en estos parages. El dicho Sr. D. Felipe V, en 1738, renovó el proyecto que, en las córtes celebradas en el reino de Aragon en los años 1677 y 1678, se resolvió de hacer el r. Ebro navegable. A este fin comisionó á los ingenieros de sus reales ejércitos Don Bernardo Lana, y D. Sebastian Rodolfi, para que reconociesen la madre y curso de dicho r., y espusiesen á S. M. cuanto se les ofreciese necesario para verificar su intento. Estos sabios profesores en vista del terreno de la corriente del Ebro, opinaron que sin dificultad podia ser navegable, con tal que se construyesen algunos canales á poca dist. del r., capaces para suplir la navegacion en aquellos parages por donde corre sumamente estendido, y es dificil incorporar las aguas en cantidad suficiente para transitar barcos de porte de alguna consideracion. En vista de esto, con la proporcion que de sí ya ofrecia la acequia Imperial, para llevar adelante este proyecto, D. Jose Campillo, intendente en aquel tiempo de Aragon, con órden de S. M., estendió una instruccion para que conforme á ella los dichos ingenieros Lana y Rodolfi hiciesen un tanteo de las obras necesarias para formar un canal de navegacion desde el Bocal de la acequia imperial, hasta pasado el l. de Lazayda. Hecho el reconocimiento de todo el terreno, propusieron á S. M. está obra como posible; levantaron el plano del proyecto, y estendieron sobre ello sus correspondientes memorias. Desde esta época ya se concibió el gran proyecto de unir en la acequia Imperial, los dos objetos de riego y de navegacion. A pesar de las disposiciones favorables del gobierno, y el deseo de los naturales, que conociendo la utilidad de la acequia siempre suspiraban por su conservacion y continuacion, no se adelantó esta en dichos reinados; estaba reservado el llevar á cabo esta empresa á los de los SS. D. Carlos III y D. Carlos IV, habiendo merecido al primero el mayor cuidado, desde luego que entró en España, pues ya en el tiempo que se detuvo en Zaragoza, uno de sus ministros pasó de su órden á reconocer esta grande obra acompañado del conde de Aranda. Enterado S. M. de su importancia para la corona, y para la felicidad de sus súbditos, si se llevase á debido efecto, como últimamente estaba proyectado, admitió la proposicion del comisario de guerra D. Agustin Badin Francés, de su hijo D. Luis Miguel Badin y compañia, quienes con el dictámen de los ingenieros franceses Bellecare y Bieus, en el término de ocho años se obligaban á verificar, con algunas pocas variaciones, las obras del proyecto formado por los mencionados ingenieros Lana y Rodolfi, cediéndoles S. M. entre otras gracias el producto de la ant. y nueva acequia por espacio de 40 años. No hallando la compañía el dinero que supuso para la ejecucion, se valió de D. Pedro Pradez, quien pasó á Holanda á negociar caudales, y consiguió al mismo tiempo traer en su compañía al ingeniero holandés D. Cornelio Juan Krayenhoff, á fin de que reconociera si era asequible el proyecto. Todos estos profesores, ó por hacer patente á la compañía los escesivos intereses que se obligaban á pagar, ó por persuadir á la superioridad ventajas considerables, propusieron un nuevo proyecto algo diferente del primero, el cual, aprobado por los interesados, se empezó á poner en ejecucion. Tuvo esta lugar por los años de 1770 dando principio primeramente á la presa y casa de Compuertas, mas arriba de la ant. de Carlos V, y como á media leg. de Tudela en la parte superior. Tambien se empezó á construir allí un magnífico palacio y las oficinas necesarias para los utensilios. A poco tiempo se advirtió que, ó por falta de órden en la administracion de los caudales, ó de inteligencia para la direccion de las obras, el éxito de estas no correspondia á las esperanzas del gobierno, ni á la confianza, privilegios y facultades dispensadas á la compañía, que trabajando con tan poco acierto se habia de ver en el caso de no poder dar cumplimiento á sus exageradas promesas. En efecto, á los dos años se habian invertido ya en las obras mas de tres millones y medio de reales, habiéndose adelantado muy poco; y aun reconocidolo hecho se halló lleno de dificultades. Se iban disponiendo las cosas en términos de que la gloria de está grande empresa se refundiese únicamente en los aragoneses. Informado el Rey del desórden y mal manejo de la compañía, la quitó el gobierno de la empresa, reservándole su derecho, dejando por tesorero á uno de sus individuos, y estableciendo en Madrid una junta presidida por D. Miguel Gomez, á quien por su muerte sucedió D. Miguel Joaquin de Lorieri, alcalde de Casa y Córte, y despues consejero y camarista de Castilla, para la negociacion de caudales, á cuyos réditos salia garante la Corona, y para informar á S. M. del estado de las obras, las cuales desde aquel año (1772) se pusieron á cargo del aragonés D. Ramon Pignatelli, canónigo de la Sta. Metropolitana igl. de Zaragoza, en calidad de protector, quien por su nacimiento, representacion, inteligencia universal, laboriosidad, constancia y sublimidad de ideas, reunia en sí todas las cualidades necesarias para dirigir una obra de esta naturaleza. Deseando Pignatelli desempeñar el honroso y dificil cargo que se le confiaba, hizo ver lo engañoso y errado que era el proyecto de Krayenhoff é ingenieros franceses, que la compañía intentaba verificar; y no queriendo defender con solas sus luces el dictámen que habia formado, solicitó que S. M. comisionase algunos ingenieros españoles del ejército para el exámen y reconocimiento de este proyecto. En efecto, la superioridad nombró á D. Julian Sanchez Boort, y permitió para la satisfaccion de los censualistas holandeses, que viniera á España D. Gil Pin, profesor é ingeniero del canal de Langüedoc. Examinó este con todo cuidado el proyecto de Krayenhoff, Bellecar y Bieus, y sin embargo de haber sido elegido para hacer la parte de la compañía, declaró, despues de repetidas nivelaciones, que eran ciertos los reparos propuestos por D. Ramon Pignatelli, á saber: que Krayenhoff ó por mala inteligencia, ó por otros fines, habia engañado á la compañía suponiendo podia regar el agua del canal cuando menos 10,000 cahizadas mas de lo que estaba proyectado; y por consiguiente que el caudal de agua que llevaba la acequia Imperial segun se ejecutaba, no era suficiente para fertilizar el terreno que decia; que el subir á buscar la embocadura en la parte superior de Tudela, sobre ser muy espuesto, era inútil, pues en las inmediaciones del bocal ant. de Cárlos V se hallaba bastante altura para pasar las aguas sobre el Jalon, desde donde solamente se habian de comenzar las nuevas y verdaderas utilidades. D. Julian Sanchez Boort, habiendo reconocido los proyectos de Krayenhoff y los reparos de Don Gil Pin, se conformó con el dictámen de este célebre profesor, y opinó tambien que se debia abandonar la presa que se estaba construyendo por la compañía, y hacer otra á poca dist. del sitio donde está el Bocal ant. de Carlos V, por ser el terreno mas seguro, y porque de las mediciones geométricas resultaba, que llevando la presa nueva 2 pies y medio sobre la ant., esta altura bastaria para pasar el Jalon, y desde allí estender el riego á mayor dist. que la que se habia proyectado. Manifestó asimismo que el gasto para la ejecucion de este proyecto seria 900,000 pesos menos, aun abandonando las obras de Tudela; que se ganarian 2 ó 3 años; con otras muchas utilidades y beneficios que espresó en una larga memoria. Se añadia á esto que siguiendo el dictámen de Bort se hacia subsistente y mas útil el canal de Tauste.

Habiendo sido tan varias las opiniones de los ingenieros sobre las principales obras, enterado el Rey nuevamente por dictámenes imparciales de lo gravoso que seria la ejecucion del proyecto de Krayenhoff; y de la male fe de esta compañía, se sirvió estinguirla en 1778, confirmando y ampliando las facultades que anteriormente habia dado á D. Ramon Pignatelli como protector, á cuyo celo, amor al bien público é inteligencia confió absolutamente desde entonces la direccion y ejecucion de tan importante empresa. Tambien confirmó S. M. el establecimiento de un juez conservador de las obras, cuyo objeto era sostener los derechos y regalías del canal Imperial, y conocer y resolver en las incidencias de lo respectivo á dicho canal, sin apelacion á otro tribunal que á la sala primera de Gobierno del Supremo Consejo de Castilla. En consecuencia de todo esto, teniendo presente D. Ramon Pignatelli las memorias que sobre el sitio donde se habia de situar nuevamente la presa, habian formado los ingenieros del ejército, resolvió construirla en el terr. de Fontellas, á 630 toesas de dist. mas arriba de la ant. denomidada de Carlos V.

En el reinado de D. Carlos IV mereció esta obra igual proteccion. Apenas entró á mandar, dispuso continuase D Ramon Pignatelli en su destino con las mismas facultades que hasta allí. Ocurrida desgraciadamente la muerte del ilustre Pignatelli en 1793, se confirió el cargo de protector al Excmo. Sr. conde de Sástago, con las mismas atribuciones que aquel le habia desempeñado: se dispensaron nuevas gracias á los intereses é individuos del proyecto; y en 23 de abril de 1794 se dirigió al Consejo de Estado el Real decreto en que S. M. decia espresamente: « que aun en medio de los cuidados y urgen-»cias de la guerra, no ha podido dejar de llamar su atencion »la empresa de los canales de Aragon, obra grande y útil, par-»ticularmente á este reino la que ya está ejecutada en mas de »sus 3 quintas partes, y seria doloroso quedase sin concluir... »Que para llevar adelante, como conviene, tan importante »empresa, cargaba un millon de rs. vn. al año sobre la rent. »prov. de Aragon, conocida con el nombre de *equivalente*, y »que de su Real Hacienda se entregasen tambien 50,000 rs. »vn. mensuales para proseguir las obras con actividad."

La longitud del canal Imperial, segun se habia aprobado y mandado ejecutar, deberia ser desde el Bocal hasta su desagüe en el r. Ebro por la huerta llamada de la Rosa, térm. de Sástago, 32 leg. de á 8,000 varas; su profundidad de 9 pies de Paris desde la superficie de las aguas, en la cual tiene 64 pies de lat., cuyo ancho va disminuyendo hasta el plan ó solera por medio del escarpe correspondiente: de manera que construidas las almenaras de riego á 5 pies mas arriba de la solera, corren siempre por el canal 4 pies de agua, que es la suficiente para todo el riego, y quedan 5, cantidad tambien mas que suficiente para navegar los barcos de mayor porte. Conocida la historia del canal, vamos á presentar la descripcion de este portento de arquitectura hidráulica, que conservará eterna la memoria, no solo de los reyes que lá dispensaron su proteccion, sino del genio sublime que tan bien supo secundar los deseos de aquellos.

Debe reputarse por todos conceptos como la principal obra del Canal, la de la presa nueva construida en el térm. de Fontellas á 630 toesas mas arriba de la ant. Forma un ángulo recto con las bocas, por donde entra el agua al canal, cruzando el caudaloso r. Ebro, cuyas frecuentes avenidas retardaròn considerablemente, y aumentaron el costo de su egecucion. Cincuenta y nueve riadas sobrevinieron desde el año 1778 en que se dió principio á la obra, hasta 19 de agosto de 1790 en que se concluyó; habiendo causado la menor de cada una de ellas el perjuicio, por lo menos, de retrasar algunos dias los trabajos. A pesar de tan poderosos obstáculos, en el insinuado plazo de 12 años se construyó la grande obra de la presa, con las demas necesarias para su seguridad, mediante la inteligencia, constancia, actividad y método de D. Ramon Pignatelli, que preveia y no dudaba asegurar publicamente se verificaria la continuacion y perfeccion del proyecto, si se ejecutaba y concluia esta primera parte. Como las estaciones de la primavera, verano y otoño son el tiempo mas á propósito para obras de esta naturaleza, y en él están precisamente los labradores y jornaleros en la mayor ocupacion de sus labores, se solicitó que la superioridad destinase algunos regimientos de infantería para los trabajos de dicha obra; en consecuencia se mandaron pasar al bocal real succesivamente, los regimientos de Africa, América, España, Flandes, el de San Gall conde de Turm y 400 presidiarios, agregándose á estos algunos peones voluntarios. Mas como eran de tanta consideracion los trabajos, fue menester aplicar la autoridad de los jueces subdelegados para que proporcionasen 1,000 peones mas; los que por via de sorteo concurrian alli de los pueblos de Navarra y Aragon; de manera que en los años de mayor teson, que fueron los de 1786, 87, 88, 89, y 90, se contaban en el departamento del Bocal 1,500 peones de todas clases, 40 carros de mulas y bueyes, 80 oficiales canteros, 100 carpinteros y carreteros, 20 herreros, 38 bombas de arquimedes y de rosario en ejercicio, 24 mazas de torno y de andamio clavando piquetes, y varias embarcaciones para la conduccion de materiales y buros, para la construccion de los malecones. Con estos medios se formó la presa nueva. Tiene esta de largo 120 toesas, y de ancho 17 1/2, su altura 8 pies desde el suelo de las bocas, ademas de sus cimientos; estos donde menos son de 15 pies, y en puntos profundizan hasta los 30: en la misma se halla el puerto para el paso de las maderas, el cual tiene 18 pies de luz y su superficie 2 mas baja que el lomo de la presa, con disposicion de cerrarle siempre que se ofrezca. Inmediato á dicho puerto hay una almenara, un pie inferior al suelo de las bocas con 4 pies de luz y 8 de altura, con el objeto de que abriéndola en tiempo de turbias, se logre limpiar en parte las arenas de la embocadura del canal. La casa de Compuertas, llamada de San Cárlos, se compone de 11 bocas de 6 pies de ancho, 8 de alto y 6 de macizo, que hacen un perfil de 528 pies, el cual unido al de la esclusa que es de 160, proporciona entren en cada hora mas de 3.921,600 pies cúbicos de agúa, si bien el caudal que regularmente pasa por el cáuce del canal en igual periódo es 2.322,800 pies cúbicos: en todas las bocas hay dobles puertas en disposicion de qûe puedan maleconarse á la interior y esterior: sobre ellas está el salon para el manejo de las máquinas, y una habitacion muy cómoda con dos pisos y escalera esterior de silleria, para los protectores y gobernadores. La primera piedra se puso en enero del año 1780. La esclusa para el paso de los barcos del canal al r. Ebro, tiene de ancho en su embocadura 20 pies, 132 de largo, y 19 de alto, desde el suelo del canal. Sobre la inclusa hay un puentecito de piedra con once gradas y 24 pies de claro. Dentro de la misma embocadura de la inclusa existe un acueducto, que por debajo del canal tiene su desagüe al r. por el muro inferior á la caida de la presa: se abre este acueducto en tiempo de turbias y así se consigue que el cargadal del r. sea menos delante de las puertas de la esclusa, y que se pueda usar de esta en cualquier tiempo y ocasion que sea preciso entrar ó salir barcos del canal al r. A los dos estremos de estas obras hay construidas dos murallas, la superior de 60 toesas de long., y la inferior de 30: la altura de la primera es de 19 pies sobre el zócalo superior de la presa, y la de la segunda 24 sobre el zócalo inferior, su escarpe el 6.°: á aquella está unido un dique de tierra hasta el montecillo de Fontellas, su altura 6 pies mas que el de la muralla; el grueso en su coronacion 3 toesas; su escarpe en lo interior igual á su altura, y el esterior el duplo, para evitar los daños del retroceso de las aguas del Ebro, que vienen por Mosquera, jurisdiccion de Tudela. Al lado opuesto, en el soto de Bervel, se halla otra muralla de sostenimiento ó manguardia de la presa; tiene 100 toesas de long., y su cimiento es inferior en 24 pies á la superficie de las aguas del Ebro. La mitad de su zócalo es 18 pies de lat., y el 6.° del escarpe, y la otra mitad 30 pies, á esta semejanza, su coronacion en una mitad es 13 pies de lat., y en la otra 12, con el 6.° del escarpe y 21 contrafuertes ó estribos. Cada uno de estos tiene en su planta sobre dicho zócalo 12 pies de long., y 9 de lat. finando con la altura de la muralla, disminuyéndoles la long. de 7 pies en cuatro gradones: la distancia de uno á otro es igual á la de los macizos. Desde el estremo superior de esta muralla se levanta un dique, cuya long. es 1,023 toesas, 20 pies su lat. en la parte superior, su altura desde 8 hasta 10 pies, el escarpe por la frente del r. en proporcion de 1 á 4, y por la huerta en la del duplo. Al estremo inferior corre otro dique de tierra de 100 toesas de long. y de las mismas dimensiones que el anterior: ambos se construyeron para contener el r. en sus avenidas, y evitar los daños que se habian esperimentado por esta parte. Toda la orilla del Ebro, desde la misma muralla del Bervel por la parte superior hasta la casa de la embocadura del canal real de Tauste, y por la inferior hasta 145 toesas mas abajo de la presa ant. de Cárlos V., está fortalecida por las dos marg. con espigones de piedra zabórra á escollera, y algunos de madera llenos de piedra y tierra, y en los intermedios de espigon á espigón, en parte revestida de piedra suelta, y plantado de selva y mimbre fino que sirve para espuertas y otros usos en beneficio de las mismas obras: asi se evitó que el r. tomase distinta direccion de la que se le habia dado. El interior del principio del canal lo forman dos murallas, que ha sido preciso construir por la mala calidad del terreno, y á causa de los muchos manantiales: dichas murallas están fundadas sobre el pilotage y reja, teniendo la superior 325 toesas de long., y la inferior 260, su altura 12 pies con 4 desde el cimiento hasta el zócalo, que es el suelo del canal, con el 6.° de escarpe, y en su superficie superior 5 pies; la primera muralla tiene ademas varios contrafuertes y estribos; y en algunos de ellos hay arcas ó depósitos donde se recoge el agua de los manantiales, la cual por medio de unos canalones se despide al canal sin perjuicio; ambas murallas se incorporan en el puente de Formigales. Todas estas obras constan de 388,500 pies cúbicos de silleria y de 6,755 toesas de mamposteria, y se finalizaron en 19 de agosto de 1790.

Desde la casa de Compuertas, llamada San Cárlos, hasta el puente de Formigales, hay 911 toesas; el diámetro del arco de dicho puente es de 70 pies, su altura en el centro 22, su lat. 15 y su long. 180: á su pila izq. hay una almenara de desagûe, llamada de San Cárlos: tiene tres bocas; cada una con 4 pies de luz y dobles puertas, en disposicion de maleconarse; se emplearon en dicho puente 45,642 pies cúbicos de silleria, y 280 toesas cúbicas de mampostería. A la parte esterior de dicho puente se ve unido un r. para el terr. de Fontellas, habiéndose allanado en muy poco tiempo un montecillo, y para recoger las aguas de los manantiales que causarian desplomos al canal, se hizo una mina de 65 toesas de largo, 3 pies de ancho y 5 1/2 de alto con varios arcos de ladrillo, dirigiéndose por ella las aguas al riego de Fontellas, habiendo conseguido por este medio asegurar y perfeccionar estas obras. A la entrada de la acequia de riego se construyó una almenara denominada San Vicente, en términos de que no entre mas agua que la que puede llevar en las avenidas del barranco de Fontellas: se cortó este por la parte superior del canal con una escavacion de 80 toesas de long.; su cáuce 30 pies de solera y 10 de altura, dando salida á las aguas al Ebro por el soto de aquel pueblo, sit. á la parte superior de la casa de Compuertas. Para desagûar la almenara de San Cárlos, fue preciso abrir un cáuce hasta el r., revestido de dos murallas que descansan sobre el pilotage y enrrejado de 9 pies en su planta, el 6.º de escarpe y 17 de altura.

Desde el puente de Formigales tendiendo la vista hasta la casa de Compuertas llamada San Cárlos, resulta el punto de óptica mas hermoso del canal; y entre este y el r. hay un terreno susceptible de todos los primores de la agricultura; todo él está cercado de árboles que deleitan por su uniformidad y verdura. Desde dicho puente hasta el lugar de Rivaforada hay 2,330 toesas; aquí se encuentra un hermoso puente de piedra, y entran en el canal dos arroyos ó barrancos, en cada uno de los que se construyó una muralla de 10 pies de altura y 22 de long. formando un puerto superficial por donde entran las aguas de dichos barrancos, recibiéndolas primero una balsa á 4 pies y medio de la muralla, en la que se quedan las arenas y piedra que pueden traer: se hicieron asimismo 4 boqueras de mamposteria con sus arcos de ladrillo para dar riego á la huerta del espresado pueblo; con objeto de recoger las aguas de los collados superiores, las cuales muchas veces inutilizaban la acequia ant. con la tierra y arenas, se abrió un contra-canal de 800 toesas de long., 8 pies de solera con sus escarpes correspondientes; y otro de inferior lat. en la misma banqueta superior del canal, para recoger las aguas de los escarpes del anterior. A la parte baja del lugar de Rivaforada está el juncar, de donde el r. con sus avenidas se habia llevado el terreno; y estaba muy próximo á llevarse tambien el canal. Para evitar esta contingencia se hicieron varios espigones de piedra almendron á escollera, y se cortó el Ebro 700 toesas anterior á este sitio, en los sotos de Fustiñana y Cabanillas, por un estrecho de 500 toesas de long.: con estos medios, y ofreciendo el terreno la mayor parte de la escavacion que naturalmente tenia hecha, se abrió una madre que ayudada despues de unos espigones, dió antes del año por resultado el que pudieran subir y bajar los barcos por el nuevo cáuce del r. El térm. del mencionado pueblo y las nuevas tierras, que con la obra se le adjudicaron, se riegan con la almenara de San Bartolomé, sit. á 1,000 toesas del puente de Formigales.

En las inmediaciones donde se hallaba la almenara vieja de Buñuel, esto es, á 4200 toesas de la embocadura del canal, se construyó la almenara llamada Sta. Ana de desagüe y riego; es de silleria con dos bocas de 4 pies de lat. cada una, dobles puertas y cubierto para los tornos; delante tiene su anden que en todas ocasiones sirve para el fácil tránsito de los caballos del tiro de barcos; su escorredor tiene 2,000 toesas de long. hasta el Ebro, y 8 pies de lat. en la solera: en frente de sus bocas en el cajero superior, se formó un puerto superficial.

A 1,327 toesas de la anterior, se halla la almenara de San Luis, de fáb. tambien de silleria, hasta la altura de las aguas; y lo restante de mamposteria con dobles puertas y casa para poner á cubierto las máquinas y pernoctar el guardia. A 171 toesas de ella se encuentra el puente llamado del montecillo construido por el mismo estilo que el de Rivaforada: junto á él, en el cajero inferior del canal frente á los abejares de Buñuel, se vé un acueducto 2 pies mas bajo que la solera del canal con 1 1/2 en cuadro de luz, y sirve para dar salida á las aguas en tiempo de limpia. Distante 1618 toesas de dicho puente, está la almenara de riego de San Fernando, semejante en un todo á la de San Luis. A 1,265 toesas de ella está el puente de Cortes, primero que se hizo con las dimensiones que tiene para pasar las caballerias de tiro de barcos por debajo del arco, sin quitar la jarcia. Distante 134 toesas del puente se encuentra una pequeña casa, llamada comunmente de Cortes, en la cual descansan los pasageros; tiene corral, caballeriza, pajar y parada para mudar los caballos. Junto á estos edificios están la era para recoger los frutos que pertenecen á la nacion, en el térm. de Cortes, y una pequeña almenara de riego denominada de San Roque. A las 652 toesas de esta almenara se encuentra la de Cortes llamada San Pascual Bailon, de limpia y riego como la de Buñuel é igual á esta en un todo. Frente á dicha almenara se construyó un puerto superficial de 30 pies de luz que sirve para dar salida á las aguas del r. Huecha. Se compone esta obra de 27 toesas de mamposteria y se dirigen las aguas de dicho riach. por un nuevo cáuce que se le abrió de 1,000 toesas de long., 12 pies de solera y 3 de altura con el duplo en los escarpes. En su long. le cruzan varios canales que se sit. sobre machones de mamposteria para no cortar los riegos ant. que disfrutaban los pueblos inmediatos con las aguas del Huecha.

A 740 toesas de la almenara de San Pascual Bailon, se ve construida otra de riego denominada San Nicasio; es de silleria y en todo semejante á las que de su especie se han descrito. Distante 366 toesas de la almenara de San Nicasio, se halla un puente de paso para la comunicacion de los pueblos de Novillas y Mallén. Cerca de esta obra en la parte inferior está la era donde se recogen los frutos de la adm. del canal, y entre esta y el anden, un crecido pajar, y una casa para cerrar dichos frutos al pronto: los cimientos hasta una vara superior del terreno, son de mamposteria con 20 toesas cúbicas, lo demas es de tapia valenciana. A corta dist. de estos edificios se encuentra un acueducto inferior al suelo del canal de 18 pulgadas en cuadro de luz, para facilitar en tiempo de limpias la salida de las aguas que resultan de las infiltraciones de los campos superiores: se compone todo él de 12 toesas cúbicas de mamposteria y 395 pies de silleria. Se llega luego al barranco del henchidero de Mallén que causó daños muy considerables al canal, los cuales se remediaron cortándole á 500 toesas mas arriba, con un murallon y dándole otro descenso.

Las vueltas viciosas que daba el canal desde la almenara de riego de San Nicasio, hasta el puente de Valverde, se corrigieron construyendo un dique ó terraplen de 18 pies de lat. en su coronacion, 12 de altura, 18 en la plata del escarpe; y donde el terreno era menos sólido, se le dieron 24 pies por lo interior que es el duplo de su altura.

Dist. 676 toesas del acueducto, se encuentra el mencionado puente de Valverde, cuyo diámetro es 52 pies, 15 su ancho con inclusion de los pretiles, y 21 de alto: hasta la altura de 12 pies es de piedra silleria por 2,450 pies, y lo restante del arco de ladrillo con los macizos y frentes de mamposteria de la que hay 56 toesas. A 85 del puente se ve un molino harinero de dos muelas, obra de canteria y mamposteria, y una almenara de riego llamada San Francisco de Asis para el térm. de Mallén. Continua el canal con el ancho referido, entrándose por los montes del térm. de Mallén; con las tierras de su escavacion se logró fortificar el dique interior que sirve para el tiro de los barcos, teniendo sobre la superficie de las aguas 3 pies de altura. Cerca del espresado molino se hallan en el andén superior dos puertos superficiales. Dist. 660 toesas de los referidos puertos se encuentra la almenara de limpia de la *Vuelta de la Viuda* llamada Santa Mónica; consta de una boca con andén, dobles puertas, casa para el resguardo de las máquinas, y habitacion del guardia: se compone de 86 toesas de mamposteria, y 5,220 pies de silleria con 16 gradas de descenso. Pasadas otras 690 toesas, se llega al barranco de la Marga, en el cual se construyeron dos murallas para sostener el terraplen, cuya long. en la parte superior es de 101 toesas, y en la inferior 132; su altura en parte 32 pies con inclusion del cimiento, teniendo el 6.º de escarpe, desde encima del zócalo, 4 pies y medio en su coronacion, y 5 en las manguardias del puente-acueducto: en el centro hay una alcantarilla para el paso de las aguas de dicho barranco; su long. 88 pies, el diámetro 12, y su altura 14. Toda esta obra consta de 1,950 toesas cúbicas de mamposteria, y 19,800 pies cúbicos de silleria. Al fin de las muralla se ve una pequeña canal de riego de canteria hasta la altura de las aguas, y de mamposteria lo restante: de lo primero tiene 540 pies, y de lo segundo 22 toesas cúbicas, con su puerta para cerrarla. Cerca de dicho riego hay dos puertos superficiales. Desde aqui sigue el canal por los montes de Gallur. Dist. 743 toesas de esta obra se hallaba el molino de Gallur, que por estar en el centro del nuevo cáuce se quitó, construyéndose en el mismo sitio una muralla de 31 toesas de long., el 6.º de escarpe, 27 pies de altura, incluso el cimiento, y 4 pies de espesor en su coronacion. En su centro se ve una almenara de limpia y riego, denominada San Fermin, con dos bocas de 4 pies y 17 gradas de descenso; se emplearon en ella 271 toesas cúbicas de mamposteria y 11,450 pies de silleria. Al lado derecho frente á ella hay una pequeña balsa para beber los ganados.

A 350 toesas de dicha almenara se encuentra la muralla del Olivar, su long. 51 toesas, 32 pies de altura con los cimientos, 4 en su superficie y el 6.º de escarpe. Junto á ella se levanta otra muralla de 34 toesas de long., é iguales dimensiones, que componen entre ambas 601 toesas cúbicas de mamposteria. Distante 159 toesas de estas murallas, se encuentra el barranco del *Boqueron*, que pasa por debajo del canal, formando en su centro una alcantarilla que sirve tambien de paso al monte de Gallur: el diámetro de su arco es 12 pies, su altura 14, su long. 88; y va unida á dos murallas, de las cuales la superior tiene 24 toesas de longitud y la inferior 40, ambas con 9 pies de grueso en su superficie; toda la obra con su alcantarilla se compone de 1,056 toesas cúbicas de mamposteria, y 6,028 pies de silleria. Transcurridas 330 toesas desde dicho barranco, se llega á la almenara alta de Gallur, denominada San Antonio Abad, con anden correspondiente por delante; y una boca de 4 pies y 9 pulgadas de luz. Desde la almenara de San Francisco de Asis hasta este punto, va el canal por los escarpes de los montes, habiéndose formado en ellos cortes para su cáuce, y construido todo el cajero inferior con terraplenes de 24 á 32 pies de altura. A las 150 toesas de la almenara alta de Gallur entra el canal en la supuesta mina del mismo nombre, de la que no hay noticia, y se infiere que los naturales dieron este nombre á la estrechez de sus montes, cuyas eminencias se cortaron dándoles un escarpe regular. En su centro sostienen el cáucc del canal dos murallas de 300 toesas de long., 15 pies de altura y 4 en la superficie, que componen al todo 750 toesas de mamposteria; quedando en ambos lados entre las murallas y el monte, un andón por la parte superior de 2 toesas, y por la inferior de mas de 3.

A la salida de la mina se halla la almenara baja llamada San Cristóbal, es de una boca y de silleria, con las mismas dimensiones que las anteriores: en su descenso le acompaña una muralla de 27 toesas de long. para evitar que las aguas no socaven hácia la parte del canal. Inmediata á esta almenara se encuentra la casa de posta, ó parada llamada de Gallur, en donde termina la primera jornada desde el bocal: tiene todas las proporciones necesarias para la comodidad y descanso de los pasageros; y sirve tambien para los que por tierra llegan á dicho pueblo: próximo á la posada hay habitacion para el director y dependientes, graneros, bodega vinaria, almacenes para los efectos, y enseres mas precisos del departamento, cuadra y pajar para las caballerías del tiro de barcos: para la comunicacion con el pueblo hay un puente de silleria hasta la altura de 12 pies y la rosca de ladrillo. Tambien se encuentra aqui una almenara, San Pedro Apóstol, la cual templa las aguas, para utilizarlas en el molino harinero de Gallur. Concluyen aqui los montes elevados de este nombre, y camina el canal por una llanura libre de aguas superiores.

A las 1132 toesas se encuentra el barranco del Reguero con dos murallas de 105 toesas de long. cada una, su altura, inclusos los cimientos, en parte 17 pies y en parte 32, 9 de grueso en su coronacion, con el 6.° de escarpe, y una alcantarilla para el paso de las aguas, que se juntan en este barranco. El arco de ella es de 12 pies de diámetro, su altura 10 y 88 su long. Al fin de la muralla inferior está la almenara de desagüe San Pedro Mártir, de dos bocas; sus aguas descienden á dicho barranco. Toda la obra se compone de 14,610 pies de silleria y 1,358 toesas cúbicas de mamposteria. Distante 2,732 toesas hay un puerto superficial, y á 491 mas abajo se llega al puente de paso, llamado de la Canaleta, que sirve para comunicacion de varios pueblos: todo él es de silleria con acueductos sobre su arco, y tiene un diámetro de 52 pies, 19 de alto, 12 de ancho y de largo 140; el arco del acueducto cuenta 6 pies de diámetro; toda esta obra se compone de 72 toesas cúbicas de mampostería, y 22,500 pies de silleria: es una de las mas graciosas del canal, en especial su vista á la caida del acueducto, que forma cascada. Inmediato á este puente hay una casa que sirve para posada, no solo á los que navegan por el canal, sino tambien á los que transitan por el camino Real de Navarra; tiene todas las proporciones para el mas cómodo y decente hospedage.

A 485 toesas se entra en el barranco de la *Fumpudia*, que por la precision del terreno y limpieza de las aguas, se proyectó recibirlas en el canal, dividiendo aquel en dos brazos, uno anterior al puente de la Canaleta, y otro inferior, formando dos murallas en ambos lados, y un puerto superficial para que las aguas sobrantes sigan su direccion. Tambien vienen á unirse en estos puertos las de un contra-canal superior, de una toesa de ancho, que recibe las lluvias de algunos collados inmediatos: estas obras componen 650 toesas cúbicas de mamposteria. A 230 toesas se encuentra construida en el barranco del Cubilar una muralla de 82 toesas de long., su altura con el cimiento 16 pies, por el grueso de su coronacion 9, y el 6.° de escarpe. A su frente se ve un dique de terraplen de la misma long., 11 pies de altura con el anden, y escarpes interior y esterior. A las 360 toesas se llega al barranco del *Morinillo*, con otro puerto superficial de las mismas dimensiones que el de Fumpudia, en cuanto al grueso, alto y ancho, en long. de 10 toesas. Dista de dicho barranco 1,100 toesas el puente de paso de Pedrola, cuyo arco hasta la altura de 12 pies es de silleria y lo restante de ladrillo: el diámetro de su curva da 52 pies, 12 el ancho y 19 lo alto desde el suelo del canal: su long. 123 pies con sus puertas á los lados para el paso del tiro de barcos. Distante 700 toesas de este puente se halla el barranco de *Alfazarán*, el cual se salva con un puerto superficial, igual en un todo al de Fumpudia. A las 1,680 toesas se encuentra el puente acueducto para pasar la grande acequia de Pedrola: su arco es de 52 pies, sobre 19 de altura desde el suelo del canal, su lat. 11 1/2 pies con los pretiles, y 15 pies de ancho; la long. de todo el acueducto descubierto es de 126 pies: acaba este en 9 gradas para volver á su suelo natural, y se dirigen las aguas por 800 toesas de canal nuevo ejecutado en terraplen hasta su antiguo destino: entraron en esta obra 68 toesas cúbicas de mamposteria, y 19,760 pies de silleria. Treinta toesas dista del referido puente acueducto la almenara de limpia, llamada San Joaquin, la cual tiene dos bocas é iguales dimensiones que las anteriores: sus aguas se dirigen al Ebro; y en su cáuce y escorredor hay dos puentes para el libre tránsito á los pueblos interesados, y 6 altos para evitar el daño que pudiera ocasionar la rapidez de las aguas en la solera.

A 180 toesas llega el canal mas abajo del l. de Figueruelas donde hay una alcantarilla de paso para el térm.; y en el macizo de una de sus pilas una acequia-acueducto que lleva el agua á la huerta de dicho pueblo: la long. del acueducto es de 136 pies, y la de la alcantarilla 80, 12 el diámetro con altura igual; toda la obra es de silleria, de cuyo material entraron 9,560 pies, ademas de 216 toesas cúbicas de mamposteria. Corre el canal 1,180 toesas mas, y llega á cortar el camino Real que va á Navarra, y próximo á los términos de Figueruelas, Alagon y Grisen se halla el puente de paso llamado de Pamplona; es de silleria con dos acueductos en su centro para las acequias de Figueruelas y Alagon, las cuales se dividen en otra tercera para Grisen. Estos acueductos tienen 132 pies de long., 4 de lat. é igual altura; el diámetro del arco del puente es de 40 pies, 19 de alto, desde el suelo del canal, y 18 de grueso; se compone de 80 toesas cúbicas de mamposteria, y 26,200 pies cúbicos de silleria.

A 130 toesas del puente de Pamplona se halla una alcantarilla, formada á cantimplora, para pasar las aguas del molino del *Botán* inferiores al canal, las cuales vuelven luego á tomar su altura. Otra alcantarilla del mismo género se encuentra á 1,000 toesas de la anterior, la cual sirve para pasar el agua de la acequia del *Foron* al térm. de Alagon por debajo del canal, debiendo volver á tomar su altura. Antes de llegar á esta alcantarilla va dejando el canal la direccion del ant. para cruzar la val que divide el térm. de Alagon y Grisen, teniendo en su centro el paso del r. Jalon con la precision de no perder su altura hasta introducirse en el monte de Piusequé. Esta obra es despues de la presa nueva la mas considerable del proyecto. Va aqui el canal entre dos diques ó terraplenes, conservando la lat. de 36 pies de medianía.

A 280 toesas se halla la grande obra del valle del r. Jalon. Se compone de dos murallas de 710 toesas de lat. cada una, su ancho en el cimiento 17 pies, sobre el zócalo 13, en su coronacion 9, su altura 24 y el 6.° de escarpe con un pretil en la inferior para el resguardo del tiro de barcos. A mitad de estas murallas está el puente acueducto del r. Jalon, todo de silleria; compuesto de 4 arcos con 30 pies de diámetro, sus pilas 11 pies de grueso, construido todo sobre pilotes y enrejado hasta el terreno firme, y alrededor de sus pilas palplanchas unidas de 9 pies de largo; el ancho del puente son 52 pies; 34 el cáuce y 9 cada uno de los pretiles. A 71 toesas del puente, en la parte inferior, hay una estacada para contener la corriente del r. y que esta no socave el pavimento de la obra. Cruzan inferiores á las espresadas murallas 5 alcantarillas: la primera para el brazal de la *Torre*, su arco 3 pies de diámetro; la segunda para la acequia de Alagon, la tercera para la de Lores, la cuarta para el camino de Alagon y Grisen y para toda la ribera del Jalon, la quinta para la acequia de la Joyosa, que sirve tambien de paso á las huertas y á los pueblos del otro lado del r. Jalon: estas cuatro últimas tienen 82 pies de long., 12 pies de diámetro sus arcos esféricos, y 11 su altura hasta la clave. Pasado el puente se halla la grande almenara de desagüe al Jalon, llamada San Martin; es toda de silleria, y su interior de mampostería, tiene dos bocas, 30 gradas de descenso, y con ellas forman las aguas una hermosísima cascada. Al fin de la muralla se halla otra alcantarilla á cantimplora con 6 pies de diámetro para la grande acequia de Pinseque, cuyas aguas vuelven á tomar la altura que perdieron en el tránsito inferior al suelo del canal. Toda esta magnífica obra está fundada en 43,860 pilotes, muchos clavados con puntas de hierro á golpe de los mayores martinetes, y sobre ellos se puso tambien clavado el emparrillado ó rejado, que se compone de 19,816 toesas de mampostería; el acueducto del puente Jalon tiene 96,300 pies cúbicos de silleria, el terraplen entre las 2 murallas 13,300 toesas cúbicas, y las alcantarillas 32,660 pies cúbicos de silleria: los cimientos en su mayor parte se trabajaron en seco, sin embargo de haberse formado 8 pies inferiores á la cara del r. En este sitio junto al Jalon se halla una casa que sirve de posada para los viajeros del canal; un oratorio público bajo la advocacion de la Purísima Concepcion, en el cual se dice misa para los dependientes y pasageros, todos los dias festivos; se baja desde el canal á dichos edificios por una escalera de caracol. A 300 toesas entra el canal en la llamada comunmente, Mina de Cárlos V, obra de las mas costosas del proyecto antiguo, y que no fue menos en el nuevo, por la mayor latitud del cáuce y por la precision de formar andenes para el tiro de barcos; pero se la ve perfecta y sin que ofrezca el menor riesgo, en virtud de los escarpes que se hicieron en el cáuce y en los montes en toda su longitud.

Distante 900 toesas de la obra de Jalon se halla una boquera que da agua al térm. de Almozara, á los de Pinseque, Lajoyosa y otros que tambien la disfrutan del Jalon, pero no en todos tiempos, porque carecen de ella especialmente en los veranos. A 2,870 toesas de la referida mina, dentro ya del térm. de Zaragoza, se halla la almenara de riego San Juan Bautista, con cuya agua se da impulso á un molino harinero para los l. de Sobradiel, Torres, Lascasetas, etc. A 270 toesas de esta almenara se encuentra el puente de paso llamado de la ribera de Jalon, de iguales dimensiones y de los mismos materiales que el de Pedrola; dist. 100 toesas de él hay una boquera de riego como la de Boquiñeni que fertiliza una porcion de tierras inferiores al puente; pasadas 1,143 toesas se llega á la almenara de riego llamada San Ignacio, y otra denominada San Miguel, tambien de riego, á las 1,036 toesas de la anterior. Desde la almenara de San Miguel, despues de un tránsito de 380 toesas, se llega á un puerto superficial llamado Valdeconejos, por el cual recibe el canal las aguas de los collados superiores; tiene 30 pies de lat. y componen toda su obra 60 toesas cúbicas de mamposteria. Dista de este puerto 675 toesas la almenara de riego denominada Ntra. Sra. de la Sagra: frente de ella en la parte superior hay una boquera de mamposteria para regar diferentes plantíos ó viveros y alguna porcion de tierras. A 60 toesas de esta boquera, térm. de Garrapinillos, se ve una pequeña casa llamada del Rey, la cual sirve para casa de posta, donde se mudan los caballos del tiro de barcos, y recogen al pronto los frutos de aquella parte, hasta que se conducen á sus graneros respectivos. Otra casa hay llamada de San Pascual, separada del canal como unas 800 toesas, con habitacion para un dependiente y guardia, era, graneros, bodega vinaria, lagares, y corral con cubiertos para las yeguas. A 619 toesas de la casa del Rey está la almenara de riego San Lamberto, de iguales dimensiones que las anteriores: á dist. de 3,180 toesas de está almenara se llega á la boquera de Sta. Bárbara que sirve para dar agua del canal á la acequia de su nombre; y con ella se riega el viñedo y térm. de Miralbueno. A 200 toesas de esta boquera se halla el camino real de calzada de Madrid con un puente de paso llamado comunmente de la Muela: es de silleria con acueducto en su centro, por donde pasa la acequia de Sta. Bárbara, la cual tiene 136 pies de long., 6 de lat. y 4 de altura: el diámetro del arco del puente es 40 pies, su altura 19 desde el suelo del canal, y 21 de ancho; fundado todo sobre emparrillado, y el plano de mamposteria: el todo de la obra se compone de 22,813 pies de silleria y de 164 toesas cúbicas de mampostería: desde este puente hay 5/4 de leg. hasta la puerta de la c. de Zaragoza llamada del Portillo. La almenara de riego llamada San José dista 500 toesas del referido puente, tiene 3 bocas y sirve para regar el viñedo; se compone esta obra de 1,908 pies de silleria, 16 toesas y 207 pies cúbicos de mamposteria con habitacion para el guardia. A 893 toesas de la almenara de San José se encuentra un puente-acueducto para pasar el agua de la Huerba que lleva la acequia del medio; su construccion y dimensiones son las mismas que la del de Pedrola, sin otra diferencia mas, que la del cáuce de aquella tiene 40 pies de diámetro. A 150 toesas de dicho puente se llega á una boquera de riego á 5 pies de altura desde la solera del canal para dar agua á la acequia del plano de San Lamberto, cuya obra se compone de 540 pies de sillería y 6 toesas 74 pies cúbicos de mamposteria. Dist. 336 toesas de dicha boquera se halla otra en el anden superior para regar por la der.; á 126 toesas por la mala calidad del terreno en el monte Torrero, que no permitia sostener el canal, se construyeron dos esclusas con las que se bajan 20 pies, y aprovechando este descenso se hicieron los hermosos molinos harineros llamados de la Casa Blanca al lado de aquellas. Por venir la solera del canal, anterior á estas obras, superior á la superficie del terreno, y no hallarse en sus inmediaciones tierra á propósito para formar los andenes, se levantó por la parte inferior una muralla, y por la otra un dique de tierra, siendo la long. de aquella 126 toesas, compuestas de 258 toesas de mamposteria y 188 pies cúbicos con sus postes para asegurar los barcos. Como la frente de los molinos y esclusas es de 25 toesas, forma un puerto espacioso para descargar los barcos. A poca dist. del canal en la parte inferior, se halla una casa llamada de San Cárlos vulgarmente la *Casa Blanca*: en la cual hay una muy buena fonda, y junto á ella algo separada, una capilla dedicada á Ntra. Sra. del Pilar; una fuente de dos caños á su der. llamada de los Incrédulos, la cual recibe el agua del puerto superior, y aunque sencilla, tiene los adornos correspondientes á una buena arquitectura. Las esclusas tienen de ancho en sus puertas 20 pies, en el centro de las vallas 30, con el dozavo en el escarpe, y de largo de puerta á puerta 108 pies, el descenso de cada uno de los altos es 10 pies: su altura contando con estos 23; componiéndose el todo de la obra de 58,611 pies de silleria y 600 toesas, 170 pies cúbicos de mamposteria. Junto á las inclusas hay una almenara de 3 bocas que tiene de descenso los 20 pies que componen los altos de las inclusas; sus aguas vuelven al canal; sus bocas son de 5 pies: unido á dicha almenara se halla el molino harinero arriba mencionado con 5 muelas, esta obra tiene de long. 124 pies, 17 de lat. y se construyó con 17,120 pies de silleria y 89 toesas 24 pies cúbicos de mamposteria, comprendida la habitacion correspondiente para su manejo, y el granero que tiene comunicacion con el puerto. Las aguas de estas fáb. vuelven inmediatamente al canal por debajo de un puente de comunicacion que sigue desde las inclusas á unirse al camino real; el diámetro de su arco es 30 pies, 10 el ancho y 20 la altura, habiéndose empleado en él 6,442 pies cúbicos de silleria y 110 toesas, 104 pies cúbicos de mamposteria. Junto á este se halla otro puente de paso para el camino real de Madrid por Daroca, con un acueducto en su centro para el riego llamado del Sábado en el térm. de la Romarera; el ancho del acueducto es 2 pies 6 pulgadas, é igual su altura; y el diámetro del arco del puente 40 pies, 20 su altura, sobre la solera del canal y 21 su ancho; habiéndose consumido en toda esta obra 13,660 pies de silleria y 174 toesas cúbicas de mamposteria. El hermoso aspecto que presentan las esclusas en la subida y bajada de los barcos, el entretenimiento que producen las cascadas que forman las bocas de la almenara arriba mencionada, los bosquecillos poblados de árboles de diferentes especies que se encuentran, tanto en la parte alta como en la baja de las obras y los hermosos paseos arbolados que á ella conducen, hacen de la Casa Blanca uno de los sitios mas deliciosos que se encuentran en la dilatada campiña de Zaragoza. A 320 toesas del espresado camino real hay una alcantarilla ó cantimplora llamada de la Romarera, cuyas aguas vuelven á tomar su nivel que es á 8 pies, su ancho 4; desde este sitio empieza á formarse el cáuce del r. la Huerba, y hallándose de long. desde la referida alcantarilla hasta la acequia llamada del término de las Adulas, que está del otro lado del r., 51 toesas, fue menester construir dos murallas por ambos lados con 13 pies en su planta, el 6.° en su escarpe, y 9 pies en su coronacion. En su centro se ve el puente acueducto para el paso del canal, siendo el diámetro mayor de su arco 40 pies, 20 su altura desde la solera del r., 34 el ancho del canal, 9 los pretiles ó andenes, ademas de sus manguardias que le unen á los terrenos de las orillas de dicho r. A la salida del puente, con la proporcion que da el cáuce del r., se construyó una almenara de desagüe llamada Ntra. Sra. del Pilar, la cual tiene dos bocas de 4 pies de ancho, 9 su altura, 12 pies de descenso en su salida, 17 en su térm.; su long. hasta el suelo del r. 220 pies, divididos en 3 altos y gradas que la hacen mas suave. Este es el único desagüe en que fia la seguridad del canal desde el r. Jalon hasta este punto, esto es; en el espacio de 13,274 toesas. Toda la obra referida se compone de 62,226 pies de silleria, y 1,400 toesas 112 pies cúbicos de mamposteria. Al fin de las dichas murallas se halla la alcantarilla ó cantimplora del térm. de las Adulas, de iguales dimensiones y circunstancias que la de la Romarera.

Desde aqui entra el canal á faldear el monte Torrero, habiendo sido preciso formar su cáuce en la falda, cuyo terreno era en partes muy fuerte, habiendo sido menester construir el cajero inferior con terraplenes de 14 pies de altura y 330 toesas de long. Tambien fue necesario cortar un collado que en su centro hasta la solera del canal, tenia 48 pies de altura, y por la variacion de los terrenos, darle de ancho por la superficie de la escavacion 143 pies, formando una banqueta en cada lado hasta la cara de las aguas. Sigue el canal por terreno inferior al anterior, pues para tomar otra direccion hubieran sido necesarios mayores gastos.

A 1,000 toesas de dist. de la alcantarilla de las adulas, se encuentra la almenara de Sta. Engracia, que lo da riego á todas las faldas del monte Torrero, y por último viene á unirse en la acequia del térm. de Miraflores. En ella se ve una rueda ó noria de madera con encajonado, la cual, movida con el impulso de la misma agua, saca cuanta se necesita para regar diferentes arboledas y líneas de las banquetas superiores al nivel de las aguas del canal. A corta dist. de esta almenara se halla el puente de paso llamado de América, por haber tomado á su cargo la escavacion de sus fundamentos el regimiento de este nombre: sirve para dar tránsito á los pueblos, viñedo y deh. superiores; su altura desde la solera á la clave es 27 pies; el diámetro del arco que es de ladrillo 62, dejando debajo de él 2 andenes para el tiro de barcos. Se cortó este puente con motivo de los sitios de Zaragoza, á fin de dificultar el paso al ejército invasor, y se reconstruyó despues, haciendo el arco del mismo material que antes se componía. Desde la parte superior de este puente se logra un punto de vista el mas delicioso, por descubrirse á un mismo tiempo una porcion grande y recta del canal, mucha huerta, viñedo, multitud de bosquecillos y viveros de árboles: diferentes pobl. y montes; á su der. hay un dique cubierto, donde se pueden conservar varios barcos sin sacarlos del agua, diferentes habitaciones para los constructores, y un espacioso arsenal formando calles pobladas de hermosos árboles. Pasadas dichas obras seguia un valle con descenso hácia la huerta, perjudicial á la direccion del canal; se cerró este con una muralla de 56 toesas de long., 11 pies en su planta, 26 su altura desde el centro del valle, incluso el cimiento y 9 de lat. en su superficie, componiéndose el todo de la obra de 875 toesas cúbicas de mamposteria, viniendo á resultar un puerto espaciosísimo donde pueden estar cómodamente todos los barcos del canal, y una playa igualmente larga y espaciosa con sus lindos y cómodos embarcaderos. A la izq. de este puerto se encuentran diferentes manzanas de casas formando calles espaciosas y rectas como tiradas á cordel, en las cuales habitan los empleados y dependientes del distr., con mas una casa para aduana, otra que sirve de fonda, oficinas de carpintería, herreria, tejeria, almacenes necesarios para la custodia de los utensilios del canal, estensos graneros para las cosechas, bodegas vinarias y una igl. parr. bajo la advocacion de San Fernando. Junto á esta pobl. hay 2 edificios unidos, el uno que sirve para horno y otro para molino de yeso. Cerca tambien del mismo sitio hay construidos 2 molinos, uno harinero con 2 muelas y otro de aceite con 4 vigas, y 2 sierras de agua, impulsado todo con la del contra-canal que circunda la sobredicha pobl., sin perjuicio del riego inferior, pues por medio de otros contra-canales se recoge toda el agua despues que ha servido á dichas máquinas.

A 30 toesas de dicha muralla se encuentra una boquera de riego, y á 902 de esta el barranco primero llamado de la *Muerte*, por haber sido el parage en que á principios del siglo anterior se dieron una sangrienta batalla con todo su poder los 2 príncipes pretendientes de la corona de España: las aguas de este barranco pasan en las avenidas inferiores al canal, por una alcantarilla de 12 pies de ancho y 12 de alto, á la cual van unidas dos murallas de mamposteria de 465 pies de long., 37 de altura en su mayor profundidad y 9 de ancho en su superficie: obra en que no se empleó madera por hallarse buen terreno, componiéndose toda ella de 930 toesas de mamposteria y 6,510 de silleria. Dist. 507 toesas de la anterior, se halla otra alcantarilla en otro barranco llamado tambien de la *Muerte*, sin otra diferencia que la de ser el diámetro de su alto 8 pies, y componerse sus murallas de 226 pies de long., en las que se invirtieron 376 toesas de mamposteria y 4,200 pies de silleria. A 30 toesas de ésta alcantarilla se llega á la almenara de limpia llamada San Antonio de Padúa con dos bocas; se compone de 80 toesas, 72 pies cúbicos de mamposteria y 6,552 pies de silleria, inclusa la casa para el guardia; con esta almenara se aumenta el agua á la ant. acequia de Miraflores, que se ensanchó para formar un contra-canal de riego, que por su estension da agua á los térm. de Zaragoza y aun del Burgo. En el escorredor de esta almenara, que cuenta 1,200 toesas de long., hay 5 saltos de cantería, 13 de mamposteria y 2 puentes, uno de ellos para el camino de Fuentes, al cual va unido el último salto de canteria. Por el cuarto de dichos saltos pasa inferior la acequia llamada del Plano, formando una alcantarilla de 4 pies de ancho y 4 de alto; por el tercero pasa la acequia de Miraflores, que teniendo en los dos costados del salto sus tajaderas, hace el uso correspondiente para recibir agua de este escorredor cuando de su boquera no la tiene suficiente para el distr. que riega, cuyo descenso hasta el r. es 130 pies. Al fin de este escorredor que da al soto de la Cartuja, llamada de la Concepcion, y cerca de la embocadura de la acequia, por la que se toma el agua en las avenidas del Ebro para regar los campos inferiores que pertenecieron á los PP. Cartujos, hay una tajadera para que las aguas de dicha almenara se introduzcan en la mencionada acequia, y con ellas se riegan los espresados terrenos en cualquier tiempo del año, lo que antes no podian conseguir sino en ciertas ocasiones.

A 167 toesas de dicha almenara fue menester construir, por la naturaleza del terreno, un puerto superficial para recibir en el canal las aguas de las lluvias que se recogen de los collados superiores, y dar salida á las sobrantes. Dist. 400 toesas del referido puerto, se encuentran las esclusas de Valdegurriana, iguales en un todo á las de la Casa blanca, y situadas no lejos de otra casa llamada de San Cárlos; dichas esclusas por la mala calidad del terreno se fundaron las 3 primeras sobre emparrillado de gruesos maderos, y la última sobre pilotage y reja, habiendo profundizado sus cimientos hasta 18 pies. Toda esta obra consta de 2,376 toesas cúbicas de mamposteria, y 117,222 pies cúbicos de silleria. A la der. de la primer inclusa se halla unida á la casa de compuertas ó almenara llamada de San Bernardo, que debe servir para el curso de las aguas por medio de un contra canal, cuando no se usan las esclusas; es de de 2 bocas de 6 pies de lat. y 9 de altura con dobles puertas. A corta dist. de esta almenara, siguiendo el mencionado contra-canal, se halla un salto en gradas de 40 pies que es el descenso de las 4 esclusas; por el cual, vuelve el agua al canal á continuar su curso. Junto al salto en la parte superior, hay una boquera que riega una gran porcion de tierras.

A 1,000 toesas de dichas esclusas se encuentra un puerto superficial, por el cual se recogen en el canal las aguas de algunos collados de la Val de Pueyo; las cuales se conducen por un contra-canal en dist. de 500 toesas. Dist. 343 de este puerto, se hallan 3 esclusas de las mismas medidas que las anteriores: antes de llegar al primer salto hay una alcantarilla de paso para el camino de Belchite, Torrecilla y Ganados, y junto á ella una almenara de 2 bocas. Toda esta obra se compone de 112,722 pies de silleria y 20,012 toesas de mamposteria.

A 1,707 toesas de dichas inclusas hay una alcantarilla de 12 pies de ancho y otros 12 de alto, para pasar inferiores al canal, las aguas del barranco de la Torrecilla; en cuya obra se consumieron 7,200 pies de silleria, y 864 toesas de mampostería. A 30 toesas de esta alcantarilla se encuentra una almenara de desagüe llamada la Concepcion; con casa para un guarda, y una boquera en el costado inferior, que daba agua segura á las tierras novales del térm. de Zaragoza y á los pueblos del Burgo, Fuentes y Quinto. A 1,100 toesas, siguiendo el contra-canal se halla una casa de paradas que sirve para alojamiento de los dependientes: aun continua el cáuce por espacio de 660 toesas; y en el Burgo y en la v. de Fuentes se construyeron almacenes para la recoleccion de frutos y posadas para los navegantes: pero la navegacion nunca ha pasado de la almenara de San Antonio, ó mas bien del puerto de Miraflores; ni el riego que durante algun tiempo se proporcionó con abundancia á las tierras del térm. de la espresada v. alcanza en el dia mas que hasta el Burgo: la naturaleza del terreno, desde la mencionada almenara en adelante, ha hecho inútiles todos los esfuerzos practicados, y las gruesas cantidades invertidas para asegurar la navegacion por el cáuce abierto; algunas tentativas imprudentes para hacer correr las aguas por las nuevas obras debilitaron el suelo, en tales térm., que al menor contacto de humedad se abren simas inmensas que han obligado á limitar la estension del riego. Incidente fatal que tiene privada á la nacion de las ventajas que un proyecto tan grandioso debia proporcionarle hace ya muchos años.

El ilustre Pignatelli que con su constancia y vastos conocimientos, habia conseguido sujetar el caudaloso Ebro con esa presa que eternizará su memoria, y que causa la admiracion de cuantos inteligentes la examinan; que á pesar de los obstáculos de todo género que se le oponian, consiguió en el espacio de tiempo que otros hubieran empleado para trazar el plano del proyecto, llevar el canal hasta Torrero, por medio de obras colósales, y que por dificultades que el terreno le presentara habia triunfado de ellas, tuvo el inconcebible descuido de no hacer examinar la geologia de aquella série de pequeñas colinas, por la cual necesariamente habia de llevar el cáuce del canal, para que este continuase dando los resultados pr ue de navegacion y de riego. La firmeza que el suelo le presentaba en la seguida de las obras hasta la almenara de San Antonio, le indujo á creer que todo el terreno seria igualmente sólido; y sin mas exámen hizo las hermosas obras que se encuentran desde dicha almenara hasta mas abajo de la casa de paradas; pero quedó bien pronto castigado de la precipitacion con que habia procedido. Apenas dispuso se echasen las aguas, cuando el terreno, compuesto todo él de tierra yesosa y de otras sustancias terreas heterogeneas y tan disolubles como aquellas, principió á ceder al peso de las aguas y de las mismas obras sobrepuestas, rasgándose en profundas simas y minas, arrastrando tras sí lo fabricado en unos puntos, y abriendo en otros grietas anchurosas que pusieran en estado ruinoso las obras mas sólidas y perfectamente acabadas. Tan lamentable resultado le dió á conocer toda la estension de su error; hizo repetidos ensayos para vencer la flojeza del suelo; pero con prudencia; no halló el medio de conseguirlo, se alteró su salud; las dificultades en que tropezaba agravaron su dolencia y sucumbió víctima de su amor propio abatido.

Muerto Pignatelli le sucedió como dijimos en la historia el Excmo. Sr. conde de Sástago; durante su corta adm. se dedicó á reforzar las desmejoras que el cáuce del canal habia sufrido con el paso de las aguas en el trozo que nos ocupa; y sin abandonar el proyecto de su antecesor, se empeñó en continuar el cáuce por el mismo punto y con las mismas dimensiones: creyó haber triunfado de los obstáculos que la naturaleza del terreno ofrecia, revistiéndole de un terraplen de arcilla y buro tan bituminoso, que repelia la humedad. Pero iba despacio en la obra, porque habia que traer la arcilla de parages distantes; y cada vara de cáuce revestido en esta forma tenia un costo escesivo. Sin embargo, antes de cesar en su breve protectorado, dejó concluido un trozo bastante largo. No tuvo el Sr. conde de Sástago el disgusto de hallarse al frente de la empresa, cuando llegó el caso de hacer el ensayo de ellas; estaba reservado este golpe á otro hombre mas desgraciado, el Sr. La Ripa, su sucesor. Nombrado este protector del canal, conducido del mejor celo, llamó á su lado un ingeniero, á quien se suponian los mayores conocimientos hidráulicos; pero que en realidad carecia completamente de ellos; apoderado del Sr. La Ripa, le persuadió con su verbosidad, que en sus viajes por Francia y otros paises, habia hecho profundos estudios de los canales de riego y navegacion, que los mismos poseian, y se hizo dueño completamente del espíritu de aquel Sr. A pesar de que sus primeros pasos en la construccion de máquinas para la limpia de los sedimentos que las turbias depositaban en el cáuce del canal, le hicieron aparecer muy luego á los ojos de los menos inteligentes como un farandulero, pues á pesar de todos sus esfuerzos y de las crecidas sumas que invirtió, no pudo conseguir fabricar la máquina de limpia, que tan fácil como útil habia presentado, cuando en virtud de sus consejos se deshizo la muy probada que hasta su venida habia operado en las boqueras de la casa de compuertas del Bocal, continuó dominando al Sr. La Ripa.

Se trató de volver á seguir las obras principiadas por el Sr. conde de Sástago. En vano los directores facultativos del canal amaestrados por la esperiencia, le hicieron presente el ningun éxito que aquellas prometian, ya porque el terreno no podia sostener el peso de las aguas que el riego y la navegacion hacian indispensables, ya tambien porque hecho á trozos el revestimiento de arcilla y buro, infiltradas las aguas por los parages en que hallasen descubierto el terreno primitivo socavarian necesariamente el suelo en que descansaban los revestimientos y desaparecerian estos: el ingeniero favorito del Sr. La Ripa pensó de otro modo; dijo que era menester echar las aguas por el terreno vicioso para que una vez presentase todas las simas y escavaciones, y aplicar un remedio radical; los celosos directores facultativos temieron ante el descabellado pensamiento, conociendo las fatales consecuencias que de llevarse á ejecucion iban á resultar á la empresa; y así lo espusieron una y otra vez de palabra y por escrito al protector; pero este en su ciega ilusion por el ingeniero, dispuso fuesen los directores facultativos á esperar sus órdenes á otros puntos, y ordenó se pusiera en ejecucion el pensamiento de aquel: se da en efecto paso á las aguas, el trozo de cáuce revestido por el Sr. conde de Sástago no pudo resistir el enorme peso de 10,000 a. de agua que por cada pie cúbico trae el canal, y desaparece entre profundas simas que por todas partes se abren, no solo en la solera y costados del cáuce, sino en todo el declive que el suelo presenta hasta el Ebro, á donde fueron á salir las aguas por mil bocas diferentes. Esta prueba no menos irreflexiva que contrariada, debilitó el terreno mucho mas de lo que antes lo estaba, y aquí principió una lucha digna de censura, por no decir criminal, entre el tan atolondrado como ignorante ingeniero, y la naturaleza del suelo. Dispuso aquel cerrar las minas, y á cada composicion volvia la prueba del agua, y el resultado era siempre nuevas y profundas simas, nuevas y mas profundas escavaciones, y nuevas y nuevas cantidades invertidas sin provecho; y el suelo debilitándose mas cada dia y haciendo mas difícil la enmienda de tan repetidos desaciertos. Tarde conoció el Sr. La Ripa el error de haberse dejado conducir por su ingeniero favorito; la opinion pública se levantó contra él; temió las consecuencias de una residencia, y esta pesadilla que le atormentaba sin cesar, le quitó la vida. Con la muerte del desgraciado Sr. La Ripa, se suspendió la encarnizada lucha que constantemente se habia sostenido, con mayor ó menor prudencia, contra la naturaleza del terreno; los franceses, que en el año 9 se apoderaron de la capital de Aragon, descuidaron todas las obras del canal, que de una manera eficaz no contribuian á mantener espedita su comunicacion y trasportes hasta el Bocal; y en su retirada á Navarra en el año 13 destruyeron cuanto en el mismo encontraron. Vuelto el canal á su anterior administracion, los protectores que se sucedieron no pudieron dedicarse á otra cosa que á reparar las desmejoras hechas por las tropas invasoras, alguna de las que podia comprometer la existencia del canal. A esto se dirigieron únicamente los esfuerzos de los protectores del proyecto, hasta que en el año 1826 se confirió tan honorífico cargo al Excmo. Sr. marques de Lazan. Sin embargo de verse este en las mismas dudas y apuros con que habian tropezado sus antecesores, y sin que fueran bastantes á disuadirle las repetidas esperiencias que de un modo evidente demostraban era imposible llevar adelante la navegacion y riego del canal, con las dimensiones trazadas desde un principio; aguijoneado por el plausible deseo de adquirirse la gloria de llevar las aguas del canal hasta Sástago, y á fin de hacer menos costoso el revestimiento, dispuso se practicase un prolijo reconocimiento de los montes inmediatos á las obras, el cual dió por resultado haber encontrado en las entrañas de la tierra minas y vetas abundantes de arcilla, de tan superior calidad, que nada podia apetecerse mejor para su objeto; y tan próximas al cáuce que habia de revestirse, que en algunos puntos pudo echarse al mismo con las manos desde la boca de las minas. Con esta proporcion desde el año 1827 al 33 se habilitaron dos grandes trozos, terraplenándolos en toda regla, formando un grueso de 9 pies y 4 pulgadas todo de pura arcilla, tanto en la solera como en los costados de la caja, disminuyendo el dicho grueso á proporcion que subian los escarpes. Esta obra aunque fácil fue bastante costosa, y necesitó mucho tiempo y detencion para hacerse con toda solidez; lo primero, porque era menester emprender una nueva escavacion por cuanto se hubo de llenar de arcilla el grueso de dicho terraplen formándole á capas, rociando la tierra con agua y apretándolo bien con cilindros y pisones; segundo porque siendo necesaria una cantidad inmensa de arcilla, aun cuando se halló inmediata, habia que hacer grandes desmontes para estraerla de la mina; que aproximarla á la obra; desmenuzarla; rociarla con agua, y hacer otras preparaciones. Como el terreno flojo y malo no se reduce solo al cáuce ya abierto, sino que se estiende proximamente á 3 1/2 leg., fácil es calcular las sumas á que subiria esta operacion, dado caso que las minas diesen la arcilla suficiente para tan largo revestimiento.

Ninguna duda cabe de que si el canal ha de seguir por el cáuce existente, el único medio de lograrlo es el intentado por el Sr. conde de Sástago y mejorado por el Sr. marques de Lazan; pero en nuestro concepto es no menos indudable que atendida la geologia del terreno, todos los medios que se invierten para alcanzar este *desiderandum* serán ineficaces, mientras no se reduzcan las dimensiones del cáuce, esto es, mientras no se abandone la idea de hacerlo navegable y de riego: ampliaremos despues este pensamiento. Empeñada la guerra civil en el año 1834, se suspendieron los trabajos emprendidos con teson por el Sr. marques de Lazan. Desde esta época hasta el 17 de octubre de 1835, en que cesó dicho señor en la direccion del canal, por haberse suprimido el protectorado, limitó sus cuidados á la conservacion de las obras hechas. Igual conducta siguieron los directores facultativos nombrados por el Gobierno, desde el momento en que el canal se puso bajo la inspeccion de la direccion general del ramo, penetrados sin duda de lo inútiles que serian sus esfuerzos para continuar el proyecto de Pignatelli, habiendo que luchar con un terreno tan vicioso, y sin fondos para llevar á cabo cualquier otro pensamiento. Merecedores se han hecho de la gratitud nacional con haber conservado lo existente y aun mejorádolo en parte, con los escasos prod. que el canal rinde. Nada creemos mas á propósito para dar á nuestros lectores una idea del estado en que en el dia se encuentra el canal de Aragon, que el transcribir algunos trozos de la memoria dirigida á la direccion en 7 de junio último, por el actual director el Sr. ingeniero D. Manuel de los Villares Amór, cuyo documento debemos al decidido interés que el Sr. Director general del ramo manifiesta por la mayor perfeccion del Diccionario: dice asi el Sr. Amor.

Cauce del canal. El cauce del canal imperial en las 16 leg. que median entre el sitio de Torrero y el Bocal, ofrecia á la simple observacion el abandono inevitable de unas épocas, y mas ó menos culpable de otras. La planta acuatica conocida con el nombre de carrizo, que segun costumbre necesaria se cortaba todos los años varias veces, por mal entendida economia, solo se habia verificado en los últimos años una sola, y cabalmente en la época en que ya se hallaba seca; y por consiguiente en el acto de cortarla caia la semilla en las márgenes del canal, se reproducia por consecuencia con mayor fuerza, habiendo llegado en el año pasado al estremo de interrumpir el paso de los barcos, especialmente desde la ribera hasta Torrero, en cuyo término por la fertilidad del terreno, llegaban á unirse los carrizos de un lado á otro atravesando el canal. En el presente, se encargó á los guardas, que en su distrito respectivo, cortasen el carrizo por lo menos una vez al mes, evitando con esto que se reproduzca, pues no se le da lugar á criar la simiente. Verificado el corte mensual se ponen altas las aguas de modo, que subiendo á las banquetas puede entrar en los canutos de las plantas, con lo que llegan á pudrirse. Si así se continua por algun tiempo desaparecerá sin duda dicha planta, que ademas del perjuicio que causa, ofrece mal aspecto cuando se halla crecida. Esta operacion se verificó en otros tiempos por ajustes alzados, y segun aparece en cuentas de estas oficinas, costaba unos 14,000 rs. anuales; por consecuencia sobre no haberse hecho este año semejante gasto, queda establecida la práctica de que este trabajo lo verifiquen los guardas como una de sus obligaciones ordinarias. Ademas del carrizo se habian fomentado arbustos en la superficie de los escarpes del cáuce, hasta tal punto, que los troncos de algunos llegaron á maltratar los barcos, y las ramas de otros á enredarse en las maromas de sirga y hacerlos peligrar.

Puentes. De los 17 puentes construidos sobre el canal Imperial, los 14 de fábrica, han prestado y prestan su servicio sin interrupcion; sin embargo, todos exigen algunas reparaciones, especialmente los de la Canaleta, Figueruelas, Pamplona, el de la Muela y el del Medio, á causa de haberse desprendido algunas piedras y fracturado otras por influjo de los hielos. Los tres de madera que son el de Buñuel, Novillas y Grisen, se hallan en peor estado. El 2.° se arruinó en parte en el mes de abril, en términos de haber tenido que desarmarlo, y reconstruir su piso; habiendo estado interrumpido su tránsito qué se habilitó en seguida; y en el de Grisen fue tambien indispensable reponer algunos pies derechos, que podridos en su parte inferior, cedieron al choque de un barco de trasporte impelido por un fuerte huracan.

Acueducto del Jalon. Si bien esta obra es una de las mas sólidas y atrevidas que tiene el canal Imperial, la circunstancia de hallarse construida de silleria de piedra caliza, compacta, pero algo coquerosa, es causa de que existan ya algunas filtraciones, con especialidad en los cañones de los tres arcos principales; mas el corto periodo de tiempo que en este año han podido estar cortadas las aguas, y lo riguroso de la estacion, no han permitido descubrir, ni remediar el orígen de dichas filtraciones, que al menos, de presente no parece ofrecen cuidado. El curso del r. Jalon que salva dicho acueducto se hallaba bastante obstruido por acarreos de tierra y cascajo en los arcos laterales, perjudicando por consecuencia á las pilas del centro y sus fundaciones; lo que se ha evitado regularizando el cáuce en toda la estension de los arcos, mediante la estraccion de aquellas materias. En los paramentos laterales de dicho acueducto, se habia fomentado mucha vegetacion por espacio de 10 años, en que no se habia cuidado de destruirla; en este año se ha limpiado escrupulosamente; á la inmediacion de la base de dichos paramentos se han abierto cunetas para el curso de las aguas, habiendo habilitado la parte de camino paralelo á dicha obra, que pertenece al que desde Alagon pasa á Grisen.

Limpia del canal. La circunstancia de haberse descuidado algunos años la limpia del Canal, con el fin de escusar el escesivo gasto que ocasiona, ha sido causa de que sobre no prestar el espedito servicio de la navegacion, haya aparecido á la vista del público como en estado de verdadero abandóno. En este año se procedió á la limpia, y desde la playa de la casa de compuertas en el sitio del Bocal, hasta el puente de Formigales en long. de 2,256 varas, y lat. media de 17 que tiene el cáuce del canal, se estrageron 5,138 varas cúbicas de fango. Las 2,600 por medio de agua-llevado, aprovechando la inmediacion de la almenara de San Cárlos, elevando sus compuertas hasta dejar totalmente descubiertas las bocas, y las 2,538 restantes, de fango endurecido á baluarte; hacia 30 años no se verificaba esta limpia. Se continuó desde el citado puente de Formigales en adelante, estrayendo el fango que con mas ó menos irregularidad llenaba el cáuce segun sus circunstancias, tales como el escorredero de la almenara de Sta. Mónica, hasta el camino llamado de la India, su long. de 1,980 varas, y lat. media de 2 1/2, habiéndose estraido 1,061 varas cúbicas de fango; en el corredero de la almenara de San Fermin, hasta el puente de las Landillas de Gallur en long. de 2,800 varas, y lat. media de 2 1/2, cuya operacion no se habia ejecutado hacia 15 años; la estraccion del fango subió proximamente á 3,420 varas cúbicas: en el revolvedero de barcos de Gallur se estrajeron 2,320 varas de fango próximamente, acumuladas en aquel sitio, como una consecuencia del uso á que está destinado. Igual operacion se ejecutó en el revolvedero del Jalon y produjo 247 varas de fango.

Se limpió tambien la playa de la Casa blanca, la embocadura de su esclusa llamada de San Cárlos, y el cubo del molimo harinero; se ensanchó la vuelta del ramal inferior al puente de Madrid; limpiando y perfeccionando los escarpes del cáuce del canal, desde la almenara del Pilar á la de Sta. Engracia en línea de 2,813 varas. Igual operacion se practicó en el sitio de Torrero en los dos diques y baradero de barcos; un trozo de la playa del mismo sitio de Torrero en línea de 366 varas hasta el escorredero de Antomir; y la parte de canal que media entre dicho escorredero y la almenara de San Antonio en línea de 3,775 varas, cuya estension no se limpiaba hacia mas de 10 años, y por consecuencia habia llegado al estado de obstruccion; y de no haberse verificado dicha limpia no hubiera sido posible suministrar el riego al distrito del Burgo; el fango estraido en todos los citados puntos del departamento de Torrero, esto es, desde la playa de la Casa blanca hasta la almenara de San Antonio, fueron próximamente 43,200 varas cúbicas. Es de advertir que en la espresada línea del escorredero de Antomir á la almenara de San Antonio hubiera sido de un coste inmenso la total estraccion del fango acumulado en ella por espacio como se dijo, de mas de 10 años, en virtud del entumecimiento que en el mencionado espacio esperimentan las aguas á causa de concluirse en la referida almenara el canal en actividad: por esta razon y á fin de establecer una corriente proporcionada hasta la almenara de San Antonio, se verificó la limpia abriendo en el centro del cargadal un cáuce capaz del curso de un barco, haciendo el oportuno revolvedero frente á la almenara, con lo cual se ha conseguido un considerable arrastre de sedimentos y arenas; el aumento de aguas por dicho escorredero de San Antonio, y por consiguiente por el contra-canal llamado de los Tornos, dando agua á los contra-canales de Bernal y del Platero y finalmente al del Burgo.

Un tanto conocedores del terreno y de la importancia de las limpias del canal, pues su descuido sobre lo que puede embarazar el riego, inhabilita completamente la navegacion, como por espacio de algunos años se ha visto, desde debajo de la playa de la Casa blanca, hasta la almenara de San Antonio, no podemos menos de dar en este artículo cabida á un proyecto, que á nuestro entender, haría menos costosa la limpia del canal, cuando no innecesaria. Si se compara el número de varas cúbicas de fango que en la limpia practicada en el año pasado se estrageron del cáuce del canal en las 15 leg. que median desde la casa de compuertas del Bocal hasta la playa de la Casa blanca, con el estraido desde este punto hasta la almenara de San Antonio, aun sin contar lo ligero de la limpia practicada en el trozo de canal que media entre este último punto y el puerto de Miraflores, se encuentra la diferencia de 1 á 4, es decir, que el depósito de sedimentos y arenas en el trozo de una leg. que es lo que media desde la playa de la Casa blanca, hasta la almenara de San Antonio, es 4 veces mayor que en las 15 leg. restantes, siendo por lo menos triple el número de años que se retardaron las limpias en este trozo que en aquel. Nada mas natural que este resultado; aunque el desnivel del canal sea uniforme desde su nacimiento hasta el punto que termina el primer trozo, esto es desde la casa de compuertas del Bocal, hasta la playa de la Casa blanca, trae el cáuce por lo menos 20 pies mas elevado que en el 2.° trozo, que forma una conca ó valle hasta las compuertas de Valdegurriana inhabilitadas, y por consiguiente carece del violento arrastre que por su medio podia darse al cargadal. La salida de este por la almenara de San Antonio tiene que ser precisamente lenta, por la misma posicion lateral de esta; contribuyendo tambien á que la salida de sedimentos y arenas sea menor, las revueltas que en esta parte da el cáuce del canal; proporcionar, pues, una fácil salida á estos por medio de almenaras oportunamente colocadas, es un pensamiento del mayor interés. La cáusa sin duda alguna, mas eficiente de este escesivo depósito de sedimentos, es el remanso que en la playa de Torrero forman las aguas del canal por el violento cambio de direccion que en el estremo de la muralla izq. de las que constituyen el puerto de Miraflores, toma el cáuce del canal: si, pues, en este punto se construyese una almenara de desagüe de dos ó tres bocas, y con dimensiones iguales á las demas que hay construidas, tendrian salida por ella la mayor parte de los sedimentos y arenas que por el salto de las esclusas de la Casa blanca, bajan á la conca que forma la playa de Torrero; y las pocas que quedasen serian arrostradas sin dificultad por la almenara de San Antonio; consiguiéndose por este medio conservar limpio el cáuce navegable del canal, ahorrando las crecidas sumas á que ascienden las limpias, y que podian ser aplicadas á los adelantos que reclama la empresa. La obra que proponemos ni es escesivamente costosa, ni ofrece dificultad alguna. En el punto en que conviene su ejecucion, existe actualmente un pequeño escorredero que facilita el riego á unos pequeñitos huertos de propiedad del canal, y otras pocas tierras de particulares; el ensanche de esta boquera, la apertura de las nuevas, la construccion de la casa para la custodia de los tornos, y el revestimiento del caidero por donde hubieran de marchar las aguas de esta almenara á unirse con el contra-canal que rodea el cas. de Torrero, no creemos escediese del importe de la limpia de uno, ó por lo mas de dos años. Sentimos no poseer los conocimientos facultativos necesarios para dar á este proyecto todas la esplicacion que su utilidad reclama; pero creemos haber dicho bastante para que la direccion general del ramo y directores del canal, se apoderen de él, y lo estudien convenientemente.

SIGUE LA MEMORIA DEL SEÑOR DE LOS VILLARES AMOR.

Contra-canales.

La inutilidad de la parte del canal imperial desde la almenara de San Antonio hasta el Paso del Ganado, indujo desde un principio á adoptar como medio oportuno, la apertura de un contra-canal que si bien practicado en terreno de igual naturaleza que aquel, es claro que, por la considerable reduccion del cáuce, ocasionaria muchos menores gastos en la reparacion de simas; tal fue el orígen del contra-canal llamado de Miraflores y de los Tornos que sale de las inmediaciones de Torrero, aumentando el caudal con el escorredero de la espresada almenara de San Antonio al Ebro, y que va á concluir en el Paso del Ganado, siendo su estension total de 8,550 varas.

A medio cuarto del Paso del Ganado se halla el torno del Bernal que da agua al contra-canal de su nombre y al del Platero, distr. de Miraflores y del Burgo respectivamente. Por la almenara de la Concepcion, última del canal, se escurren las aguas sobrantes del contra-canal del Burgo, y cuando se abren simas en él, toma el agua por la misma almenara y cursa hasta el fin del térm. del Burgo, dist. 3 leg.; y como estos contra-canales se hallan abiertos en un terreno el menos á propósito para esta clase de obras, casi diariamente hay que atender á la reparacion de simas, en que anualmente se consumen cantidades de mucha consideracion; tanto para que no falte el riego á una parte del térm. de Zaragoza, como al del Burgo. No obstante todo esto, los efectos de la limpia del canal desde la playa de Torrero hasta la almenara de San Antonio, el órden en la distribucion de las aguas y la continua vigilancia en la reparacion de simas de dichos contra-canales, les ha dado por resultado tal abundancia de riego en el insinuado térm., cual sus terratenientes no la habian esperimentado, desde que por primera vez vieron llegar las aguas á su suelo.

Cuatro consecuencias se deducen de la parte que hemos transcrito de la memoria del Sr. de los Villares de Amor: 1.° que debe abandonarse la idea de continuar la prolongacion del canal lateral de Aragon conforme al proyecto de Pignatelli, por las casi insuperables dificultades que el terreno presenta hasta el térm. de la v. de Fuentes: 2.° que las magníficas obras que se encuentran desde la casa de compuertas del Bocal hasta la almenara de San Antonio, se hallan en el mejor estado de conservacion, pues las desmejoras que en algunos puntos se advierten son de tan poca entidad, que no pueden comprometer su existencia, y que el costo de los reparos es tambien de poca consideracion: 3.° que con la limpia practicada en el año pasado y disposiciones adoptadas para el corte del carrizo y arbusto que cubren las laderas del cáuce, se ha asegurado la navegacion en las 16 1/2 leg. que median entre el Bocal y la espresada almenara de San Antonio: y 4.°, que en virtud de aquella operacion se ha hecho mas espedito el riego de todas las heredades sit. á las márgenes del canal; y se han vencido los obstáculos que paulatinamente iban privando de igual beneficio á las tierras del término del Burgo.

Conocida la historia del canal, descritas sus portentosas obras, hecha la relacion de los esfuerzos practicados por los señores que sucedieron al ilustre Pignatelli, para vencer los obstáculos que la naturaleza del terreno oponia á la prosecucion del proyecto, y presentado el cuadro de su actual estado, entramos naturalmente en el exámen de las ventajas que este prodigio hidráulico proporciona al terr. por donde corre, puesto que el hallarse incompleto por las partes alta y baja, no le permiten estender sus beneficios á la nacion en general.

Dos esclusivos objetos tiene el canal; el riego y la navegacion; y cada uno de ellos ha influido conocidamente en la prosperidad del pais. Por medio del primero se han abierto muchos terrenos, que de otra manera hubieran permanecido siempre incultos; y se han hecho feracísimas muchas tierras que nada producian, ó producian muy poco; el plantio de árboles se fomentó de un modo tan sorprendente, que llegó á constituir uno de los principales ingresos de la empresa; y si bien por una fatalidad inconcebible, efecto de las vicisitudes del establecimiento, las políticas, y mas que todo, en el último periodo, el espiritu de mal entendida economia, le habia reducido casi á la nulidad, sin embargo, ha vuelto á su ant. ser, gracias al celo de los directores que á su frente han estado; solo en el año pasado se plantaron 57,190 árboles de la clase de olmos, chopos, acacias, fresnos, aceroleras, nogueras y álamos blancos, y ademas se hicieron semilleros de olmos, acacias, nogueras, pinos, castaños, cipreses y almendros, que por un cálculo aproximado producirán mas de un millon de pies; y se habilitaron con la limpia mas de medio millon de árboles ya formados en la faja der. del canal, desde el Bocal á Ribaforada: á el riego se deben los deliciosos sitios del Bocal; de la Casa Blanca y de Torrero en la c. de Zaragoza, y los hermosos paseos que rodean esta pobl., que nada le dejan que envidiar en este punto á la mayor parte de las cap. de la Península; por lo estenso de sus calles adornadas de álamos blancos y negros, de corpulentos olmos que mezclando su ramage oponen la mayor resistencia á los ardientes rayos del sol, al mismo tiempo que ofrecen la madera mas sólida para toda clase de construccion, hermosos plátanos y castaños de la India que deleitan la vista y proporcionan en los dias del estio la sombra mas apacible y paraisos que embalsaman el aire en su fragancia; por medio del riego se ha incrementado admirablemente la cria del ganado lanar, vacuno, mular y caballar en los pueblos sit. á sus márgenes; y la pobl. de estos se ha cuadruplicado en menos de 73 años; á el riego se deben muchos molinos harineros, de aceite, batanes y la existencia en sus diferentes departamentos de otras muchas máquinas de la mayor utilidad; al mismo tiempo que los muchos saltos de agua que en el canal se encuentran con motivo de las almenaras de desagüe, de riego y boqueras de escorredores, estan invitando al establecimiento de fábricas de todo género en que aquel elemento pueda emplearse como motor, en parages los mas amenos, entre bosques de árboles y en tierras tan fértiles que pudieran cultivarse en ellas las primeras materias, con la seguridad de obtener el éxito mas feliz y las ventajás que son consiguientes.

Pasando á la navegacion, es incalculable la economia de tiempo y caudales en el trasporte de materiales para las obras, efectos de cualquiera género y frutos; asi como la comodidad, decencia, baratura y prontitud con que se corren en los buques del canal las 16 leg. que median entre el Bocal y Zaragoza. Antes se empleaban en este viaje 24 horas en la subida y 12 en la bajada; en el dia la primera se hace en 10 y la segunda en 7.

El cánon segun el cual pagan las tierras regantes del canal Imperial es como sigue.

Desde Ribaforada hasta Gallur inclusive, todas las tierras pagan en mies de 6 fajos 1, escepto 1,390 cahizadas de Novillas, que siendo tributarias de la encomienda de la órden de San Juan, satisfacen solo al canal de 31 fajos uno.

Desde Zaragoza hasta el Burgo la tierra ant. paga el 5.° en granos y semillas en limpio, y el 7.° de frutos; y la tierra noval el 6.° en grano limpio, y el 8.° de los demas frutos.

El térm. de las Adulas y otros comprendidos en el de Zaragozá, que riegan por albaranes, pagan en dinero 8 rs. plata, por primera vez que riegan desde 1.° de setiembre, y 4 rs. por cada una de las demas.

La tarifa de los derechos de trasporte ó flete que se paga por la navegacion de las 16 leg. de tránsito que median entre el Bocal y puerto de Torrero ó de Miraflores, es lo mas equitativo que puede darse, como se conocerá por el estado que sigue; en el cual se espresa lo que se pagaba antes de 1830, y lo que desde aquella época se paga en virtud de Real órden de 28 de diciembre de 1829.

NAVEGACION.

Relacion que manifiesta los derechos que se pagan por las diez y seis leg. desde el Bocal á Torrero, y los que se han de pagar en adelante, en virtud de la rebaja que se ha hecho, y ha sido aprobada por Real órden, fecha 28 de diciembre de 1829.

PERSONAS Y EFECTOS.	Se pagan por las 16 leg.		Deberán pagarse en virtud de la Real órden espresada.	
	Rs.	M.	Rs.	M.
Por cada persona en el barco ordinario . . .	30	»	24	»
Por cada a., esceso de equipage, id. id. . .	1	30	1	14
Por cada cahiz de trigo, medida de Aragon, cebada, judias y cualesquiera otro grano en barcos descubiertos.	7	18	4	24
Por cada a. de azúcar, cacao, etc.	»	24	»	16
Por id. id. de manufactura de lana, algodon, etc.	»	24	»	16
Por id. id. de lana en rama, lino, cáñamo, etc.	»	32	»	24
Por id. id. de aceites de comer, vinos, licores en frascos, etc.	»	32	»	24
Por id. id. de carbon.	»	16	»	16
Por cada q. de hierro forjado en barras, planchuelas, llantas. etc	1	30	1	17
Por id. id. de hierro en armas, balas, etc., siendo para el Real ejército y armada. . .	1	30	1	17
Por id. id. de los demas géneros y efectos, que no se hallen especificados en este arancel	2	28	1	30

Nota: Los barcos de diligencias, que son los mas costosos y de menos prod. al Establecimiento, pagan actualmente 450 rs. vn. por el viaje de Torrero al Bocal, y lo mismo desde el Bocal á Torrero; pero cómo se ha introducido la costumbre de solicitar los pasageros viajar toda la noche en el verano, por su mayor comodidad, se deberá acordar, paguen los mismos 450 rs. vn., viajando de dia; y 550 rs. vn., si quieren viajar toda la noche.

Otra: El que fleta un barco de diligencia paga lo mismo por el regreso, que por la ida; y como en este caso resulta un beneficio al Establecimiento, en atencion á que, cuando se fleta solo para ir al Bocal, tiene que regresar el barco de vacío, y lo mismo por la inversa, cuando se pide para venir del Bocal, siendo digno de alguna consideracion, el que desde luego lo fleta para ida y vuelta, se le rebajará la tercera parte del importe de vuelta, resultando de este modo un beneficio al fletador y al Establecimiento; en inteligencia, que en ida, vuelta y permanencia, únicamente ha de emplear cuando mas cuatro dias, pagando por los que escedan de estos, que serán los que detallen los gefes del Establecimiento, segun las circunstancias, 30 rs. vn. diarios.

Otra. Siempre que ocurra embarcarse un matrimonio, ó bien dos personas que paguen dos fletes y llevasen consigo un niño que su edad no esceda de 8 años, irá éste franco; si fuesen dos pagarán por uno; si tres por dos, y asi progresivamente; en el concepto que en esta regla no se compreden los niños de pecho; pues deben continuar libres, como lo han sido hasta el dia.

Otra. Por cada talego que suministre el canal, para la conduccion de granos, por los barcos, se exigirán ocho maravedises, como se practica en el dia.

Ademas del cánon de riego y derechos de navegacion, tiene el canal otros ingresos, como son los molinos harineros y máquinas de otras especies, el arbolado, las yerbas de pasto, diferentes edificios urbanos, los muchos que se encuentran en sus departamentos, como posadas, almacenes etc., alguna corta porcion de tiendas; y el agua que anualmente vende á diferentes térm. que no tienen las propias suficientes para dar riego á sus tierras en todas épocas.

Pero estos ingresos no son bastantes á cubrir los gastos de adm. y conservacion, como lo demuestran las relaciones que siguen, en las que van reunidos los productos y gastos de ambos canales, y cuya separacion no nos hemos decidido á hacer por no incurrir en alguna equivocacion.

CANALES DE ARAGON.

Relacion de los productos de los dos canales llamados Imperial y de Tauste desde el año de 1772 hasta el de 1840 inclusive; pero con esclusion de los cinco que pertenecen á la dominacion francesa.

El análisis de esta relacion que se subdivide en 6 periodos distintos, presenta los resultados siguientes:

Primer periodo, anterior á la invasion francesa: se compone de los 35 años transcurridos desde el 1772, en que principia hasta el de 1806 en que concluye: el total de los prod. procedentes esclusivamente de los canales, esto es, sin incluirse en ellos los de la contr. de un millon, impuesta por el Real decreto del Sr. D. Cárlos IV del 23 de abril de 1794, que se cobraba por la tesoreria de la prov. asciende á la suma de (*). 37.078,336

Año comun 1.059,381 (**).

Segundo periodo, posterior á la invasion francesa y anterior al establecimiento del régimen constitucional de 1820: se compone de los 7 años transcurridos desde 1813 hasta 1819 inclusive; prod. de los canales. 9.106,190

Año comun 1.300,884 rs. vn. (***).

En este periodo la contr. del millon principió á recaudarse por la adm.; pero solo desde 1815 su prod. durante los 5 años que figuran en la relacion general fue de 4.584,705 rs. vn.

Año comun 916,941 rs. vn.

Tercer periodo del régimen constitucional de 1820 á 23: se compone de 3 años durante los cuales los prod. de los canales ascendieron á. 3.585,015

Año comun 1.195,005 rs. vn. (****).

La parte de la contr. de un millon recaudada en estos 3 años es de 960,172 rs. vn.

Año comun 320,057 rs. vn.

Cuarto periodo, de los 11 años del régimen absoluto restablecido en el reinado de Fernando VII, esto es, desde el año de 1823 hasta el de 1834: el total de los prod. especiales de los canales es de. . 13.140,873

Año comun 1.194,625 rs. vn.

En este periodo el año de mayores prod. es el de 1825, en que ascienden á 1.646,841 rs. vn., y el que menos produjo fue el de 1833, que solo dió 904,907 rs. vn.

La parte de contr. recaudada en estos 11 años importa 6,783,877 rs. vn.

Esta suma considerada en sí da por año comun 510,352 rs. vn.

Pero si se advierte que los 3 primeros años no presentan mas ingresos que la insignificante cantidad de 5,201 rs. vn., y que solo se recaudó en el cuarto (1826) 161,375 rs. vn., de donde se puede inferir que esta contr. no se hizo efectiva, sino en los 8 años últimos, en cuyo caso el año comun seria de 847,947 rs. vn.

Quinto periodo, de los 3 primeros años posteriores á la muerte de Fernando VII; total de los productos. 3.240,189

Año comun 1.080,063 rs. vn.

En estos 3 años no se advierten diferencias notables en sus prod. respectivos.

La parte recaudada de la contr. de un millon asciende á 1.246,842 rs. vn.

Año comun 415,614 rs. vn.

Pero conviene tener presente que la recaudacion del último año (1836) es solo de 9,879 rs. vn. y que en los 4 años posteriores no se recaudaron tampoco mas que 13,943 rs. vn., que no pueden ser sino atrasos de los años anteriores; considerando, pues, el total de las sumas recaudadas en este periodo y en el siguiente como prod. de los 2 primeros años (1834 y 1835), en que la contr. se hizo efectiva, el año comun será de 630,392 rs. vn.

Sesto periodo de los 4 años trascurridos desde 1837 á 1840 inclusive: total de los prod. 3.453,465

Año comun 863,366 rs. vn.

El año de mayores prod. es el de 1837 que dió 1.074,198 rs. vn., y el menor (1838) solo dió 633,933 rs. vn.

Total general de prod. durante los 63 años á que se refiere esta relacion. 69.604,068

Año comun 1.104,826 rs. vn.

Pero segregados de este total los prod. especiales del canal imperial en los 9 primeros años anteriores á su union con el de Tauste que son de. . 1.514,020

Quedarán por los 54 años restantes, en que se reunieron los prod. de ambos. 68,090,048

Cuyo año comun es de 1.260,927 rs. vn.

Pero prescindiendo de las consideraciones políticas en que se funda la clasificacion de los 6 periodos en que se subdivide la relacion á que se refieren los cálculos que anteceden, y considerando en abstracto la marcha progresiva ó de decadencia de estos canales, sin entrar en la investigacion de las causas que hayan podido influir directa ó indirectamente en estas vicisitudes, se verá que los prod. han ido aumentando progresivamente hasta el año de 1806, en que llegaron á su apogeo; y que sin detenerse en el grande desfalco que se advierte en los 3 años de 1813 á 1815, que puede muy bien atribuirse á las circunstancias especiales en que se encontraba la nacion entonces, los rendimientos han seguido tambien una marcha progresivamente opuesta, como lo demuestra el siguiente estado:

	Prod. totales.	Año comun.
Primeros 9 años de prod. del Canal Imperial.	1.514,020	168,225
Ambos canales reunidos.		
Quinquenio de 1781 á 1785.	1.957,405	391,481
1786 á 1790.	5.245,788	1.049,058
1791 á 1795.	7.751,394	1.550,279
1796 á 1800.	8.585,442	1.717,088
Los 6 años de 1801 á 1806.	12.024,288	2.004,048
Los 3 años de 1813 á 1815.	2.516,389	838,796
Quinquenio de 1816 á 1820.	7.707,247	1.541,449
de 1821 á 1825.	6.897,610	1.379,522
de 1826 á 1830.	5.714,900	1.142,980
de 1831 á 1835.	5.040,037	1.008,007
de 1836 á 1840.	4.649,550	929,910

No solo se carece de datos para conocer ni aun aproximadamente el importe de las sumas invertidas en la confeccion de estos canales, sino que tampoco se conoce el importe de los gastos anuales de su adm. y conservacion en el periodo á que se refiere la relacion de sus prod., para poder compararlos unos con otros. Es de creer que estos no bastaban para cubrir aquellos, cuando se tuvo que acudir al establecimiento de la contr. de un millon con este objeto. En el dia esta insuficiencia se manifiesta claramente por los estados siguientes que se refieren á un año comun del quinquenio de 1830 á 1834, á saber:

(*) *Advertencia importante.* Los prod. del canal de Tauste no figuran en esta relacion sino desde el año de 1781 inclusive, por manera que los de los 9 años anteriores, cuyo importe es de 1.514,020 rs. vn., pertenecen esclusivamente al canal Imperial, y dan un año comun de 168,225 rs. vn. Por consiguiente el prod. de los 2 canales reunidos durante los 26 años posteriores, es de 35.564,217 rs. vn. y un año comun de 1.367,855 rs. vn.

(**) En este periodo, el año de mayores prod. es el de 1805, en que ascendieron á 2.572,326 rs. vn. y el menor es el de 1779 en que se redujeron á 36,673 rs. 17 mrs. vn.

(***) El año de mayores prod. de este periodo es el de 1817 que dió 2.108,835 rs. vn. y el menor es el de 1813, que solo figura por 237,056 rs. vn.

(****) El año de este periodo que dió los mayores prod. es el de 1822, en que ascendieron á 1.334,219 rs. vn., y el que menos produjo fue el de 1820 que solo subió á 1.117,445 rs. vn.

Relacion ó estado general de los productos, rentas, utilidades y demas recursos con especificacion de clases, que la empresa de los canales tiene por un año comun, sacado del quinquenio de 1830 á 1834, é igualmente las cargas con que está gravada aquella para deducirlas, y ver lo que resta líquido aplicable á las mismas obras y conservacion.

PRODUCTOS Y RENTAS.	CAHICES.	FAN.	CUARTERAS	VALORACION DE FRUTOS.	IMPORTE. Rs. vn.	Mrs.
Trigo cobrado en ambos canales por sus derechos del 5.° y 6.°	4,841	7	14/5	á 11 rs. 22 mrs. fan.	451,150	17
Id. de arriendos de molinos y contratas de agua.	1,596	7	1	á id.	148,792	5
Cebada cobrada del 5.° y 6.°	1,229	2	4	á 5 rs. fan.	49,171	22
Avena id.	354	»	9	á 4 rs. id.	11,331	
Centeno id.	2	7	11	á 7 rs. 10 mrs. id.	174	16
Por los derechos del 7.° y 8.° de olivas en el canal imperial y prod. en aceite.	353 a.	21 l.	»	á 44 rs. la a.	15,557	23
Id. por los de uvas en dicho canal.	»	»	»	»	77,777	6
Por los derechos de riego que se pagan en dinero.	»	»	»	»	103,527	2
Por productos de arriendos de menuceles ó verdes de ambos canales y otros varios que se cobran en dinero.	»	»	»	»	195,215	8
Por algunas obras que hace el canal en riegos particulares y que reintegran estos despues y por ventas de materiales y árboles.	»	»	»	»	21,796	29
Por prod. de navegacion del canal Imperial.	»	»	»	»	93,458	19
					1.167,952	11

Cargas y gastos sin contar los de obras.

Por las cuotas de trigo fijas y eventuales que paga la empresa á los partícipes de decimales y primicias, etc. de ambos canales.	1,596	2	10	á 11 rs. 22 mrs. fan.	148,742	22
Id. de cebada.	584	3	»	á 5 rs. id.	23,375	
Id. de avena.	35	1	2	á 4 rs. id.	1,124	22
Id. de centeno.	19	4	31/2	á 7 rs. 10 mrs. id.	1,140	
Id. á la mitra y cabildo de Zaragoza por diezmo de este distrito, en dinero.	»	»	»	»	30,000	
Id. al escusado del Burgo en dinero.	»	»	»	»	1,079	8
Suministro de raciones de cebada á las caballerias que tienen algunos empleados para el desempeño de sus destinos.	249	7	10	á 5 rs. fan.	9,099	5
Id. de aceite á los talleres, cuadras y demas usos.	78 a.	»	»	á 44 rs. a.	3,432	
Presidio: por suministro de raciones de pan.	372	4	10	á 11 rs. 22 mrs. fan.	34,717	32
Id. al mismo por prest y calzado.	»	»	»	»	96,530	27
Por gastos de recoleccion, administracion y conservacion de frutos.	»	»	»	»	145,914	12
Por los de arbolados y paseos.	»	»	»	»	49,254	12
Por los gastos de composicion de carruages, montura y herrage de caballerias de todos los empleados que las necesitan para el desempeño de sus destinos, mozos que las cuidan y otros gastos comunes de obras y administracion, inclusa la cantidad de 8,000 rs. anuales que hay señalada por Real órden para los gastos de visitas á las obras y departamentos, se aplican del total importante que asciende á 78,520 rs. 18 mrs., la mitad que se gradua corresponde al ramo de administracion.	»	»	»	»	39,260	9
Por gastos de navegacion.	»	»	»	»	106,854	6
Por pensiones, viudedades y jubilados.	»	»	»	»	162,687	17
Por censos que tiene contra sí la empresa de los canales.	»	»	»	»	10,877	26
Por sueldos de todos los empleados de ambos canales.	»	»	»	»	283,033	33
					1.148,023	17

RESUMEN.

Productos y rentas por un año comun.	1.167,952	11
Gastos y cargas en que está gravada la empresa.	1.148,023	17
Liquido producto aplicable á las nuevas obras y conservacion de las antiguas.	19,928	28

Relacion que manifiesta el gasto que ha tenido en un año comun sacado del quinquenio de 1830 al 1834, la conservacion ordinaria de las limpias é hijuelas de los canales de Aragon, de sus molinos, almacenes y demas edificios de toda especie, las barcas, embarcaderos y otros objetos pertenecientes á los mismos, á saber:

CANAL IMPERIAL.

	Rs. vn.	Mrs.	Rs. vn.	Mrs.
En la caja de Zaragoza. . . .	1.956,722	29	2.602,563	29
En la caja de Gallur.	483,653			
En la caja de Fuentes. . . .	162,188			

CANAL REAL DE TAUSTE.

En la caja de Tauste.	277,696	31
Suma la conservacion de los 5 años.	2.880,260	26
Año comun.	576,052	5

1.° Estado general de los productos.		1'167,952
2.° Id. de los gastos de administracion.	1.148,024	1.724,076
3.° Id. do los de conservacion. . .	576,052	
Déficit.		556,124

Siendo de advertir que el año comun que resulta de los prod. presentados en este estado es aun mas elevado que ninguno de los tres últimos quinquenios de la relacion general, aunque ambos documentos procedan de la misma fuente que es la adm. directa de estos canales.

Y como los verdaderos prod. han ido y van siempre disminuyendo, segun se demuestra por el siguiente:

Estado de las rentas de los años de 1841 á 44 inclusive.

AÑOS.	NAVEGACION. Rs.	Mrs.	AGUAS. Rs.	Mrs.	FINCAS. Rs.	Mrs.	FRUTOS Y EFECTOS. Rs.	Mrs.	TOTAL. Rs.	Mrs.
1841. . . .	93,608	24	183,124	3	144,198	13	360,015	14	780,946	20
1842. . . .	143,395	2	233,337	1	68,652	23	436,560	28	881,945	20
1843. . . .	132,000	»	177,915	18	97,362	23	561,977	30	969,251	3
1844. . . .	182,423	29	214,986	17	97,832	28	385,637	22	880,880	28
	551,427	21	809,363	5	408,046	19	1.744,191	26	3.513,029	3
Año comun.	137,856	31	202,340	22	102,011	22	436,047	32	878,257	9

	Rs.	Mrs.
Es evidente que, si los gastos siguiesen los mismos, el déficit iria siempre en aumento, y llegaria á la suma de rs. vn. 846,819; pero se ve por el siguiente presupuesto de 1845, que los de adm. se han reducido á.	338,02	16
Aumentándose, sin embargo, los de conservacion hasta la cantidad de.	800,00	»
Los que componen un total de.	1.138,02	16
Y dejan todavia, por consiguiente, un déficit de.	260,35	7

No proviene ni de lo vicioso de la adm., ni de malversacion, ni de descuido, el resultado que dan las relaciones precedentes; cierto es que la partida de gastos pudiera rebajarse mucho disminuyendo el núm. de empleados y desentendiéndose el canal de las obras de ornato que en el dia gravitan sobre sus fondos; y que debieran costearse por los pueblos que de ollas disfrutan; pero ni aun asi los prod. del canal dejarán remanente para atender á nuevas obras. La causa que á esto se opone es la naturaleza del establecimiento; su doble carácter de riego y navegacion. Incompleto el canal por la parte alta y por la baja; sin tocar en ningun mercado tan concurrido como conviniera; limitada su prolongacion á 16 leg.; el trasporte es insignificante; lo mismo que el paso de personas; al propio tiempo que hizo indispensables obras grandes, cuya conservacion y reparos tienen que ser necesariamente muy costosos; hace indispensables almenaras de desagüe, cuyo servicio no puede omitirse sin comprometer gravemente la existencia del canal; hace indispensables limpias frecuentes, pues de otro modo se perderia la navegacion, y el costo de ellas es escesivo; obliga á tener barcos de pasaje y de trasporte, caballerias de tiro, pilotos y otros dependientes necesarios para el servicio de los buques; y estos gastos son en el dia poco menores que lo serian, si el canal llegase hasta Tudela y tuviera corriente su salida al Ebro. La prueba incontestable de este aserto nos la ofrecen las precedentes relaciones. Conveniente creemos hacer presente á nuestros lectores que el prod. que en el año comun damos á la navegacion, es escesivamente mayor que lo que ha producido despues del año 34 como pasamos á demostrarlo. La navegacion ha estado arrendada en dos épocas; en la primera por 3 años y en cantidad de 27,000 rs. en cada uno; y en la segunda inmediatamente despues de aquella por otros 3, ofreciendo los arrendadores anualmente 34,000 rs., pero creyendo sin duda no poder sacar utilidad alguna, solicitaron la rescision del contrato, en el que por efecto de rivalidades se hizo la manda de 132,000 rs. anuales que fué aprobada, pero el arrendador no satisfizo mas que una pequeña parte; se incohó un pleito, y la direccion tuvo á bien disponer se rescindiese el contrato. Estos antecedentes hicieron desistir de nuevos arriendos, se administró la navegacion por el mismo canal; y despues de una contínua vigilancia, de todo el esmero posible en proporcionar á los pasageros comodidad, produjo la navegacion en el año 44: 80,000 rs., esto es 13,000 menos que en el año comun, habiendo sido menester, indudablemente, aumentar los gastos por la multiplicacion de tiros, mayor número de caballerias y sirvientes, para dar á la navegacion la celebridad que arriba dejamos indicada.

Los Sres. ingenieros directores del canal se hallan bien penetrados de lo que acabamos de decir; y en diferentes ocasiones han propuesto á la direccion del ramo las medidas que podian adoptarse para fomentar los ingresos del canal. Las propuestas con este motivo por el ilustrado individuo del cuerpo, Sr. D. José Maria Otero en 31 de diciembre de 1841 y que transcribimos, nos parecen muy oportunas, y quizás las solas capaces de incrementar los ingresos del canal: 1.° la conservacion y reparacion de las obras existentes se continuará con el método que se sigue en la actualidad: 2.° el establecimiento del canon en dinero, designándose los edificios, tierras y demas objetos que servian para la preparacion y conservacion de los frutos, con el fin de proceder á la enagenacion, ó arriendo, con las formalidades legales: 3.° declarar la libre navegacion, permitiendo la construccion de barcos á los que quieran construirlos de su cuenta, con sujecion á las dimensiones y formas que se designen: el arrastre será de cuenta de los mismos con la indemnizacion de un 25 p°/o del derecho que devenguen: 4.° Arrendamiento de los derechos de navegacion, rebajando una tercera parte á los cargamentos de abonos y materiales de construccion: 5.° Proceder á la prolongacion del cáuce hácia Tudela, levantando un empréstito sobre una parte de sus rendimientos: 6.° Estudio detenido del proyecto que haya de seguirse para introducir el canal en el Ebro.

Persuadidos estamos que, si como propone el Sr. Otero, el cáuce del canal se llevase á Tudela; y por la adopcion del proyecto mas conveniente llegase la navegacion al Mediterráneo, cambiaria completamente la escena; el canal no solo seria útil al pais que recorre, sino que produciria ventajas incalculables á la nacion toda; no solo cubriria los gastos que su administracion y conservacion ocasionase, sino que daria al tesoro sobrantes de consideracion, al mismo tiempo que fomentaria todas las fuentes de la riqueza pública.

Dar á conocer, pues, los diferentes proyectos que en cualquiera época se han agitado para conseguir tan deseado objeto, á fin de que los inteligentes se apoderen de ellos, y con sus doctrinas coadyuven á la direccion del ramo, lo creemos de la mayor utilidad; por ello vamos á presentarlos á nuestros lectores, con las reflexiones que nuestro celo por el bien público nos sugiera, ya que no los escasos conocimientos que poseemos en materia tan difícil.

PROYECTOS PARA LLEVAR EL CAUCE DEL CANAL HASTA TUDELA.

Dos son los de que tenemos noticia, presentado el uno á la direccion del ramo con fecha 30 de setiembre de 1838, y el otro con la de 26 de marzo de 1844. El primero propone la prolongacion del canal por medio del campo de Mosquera, cuya obra la reduce su autor á la construccion de una esclusa de 6 pies próximamente de caida para descender desde el canal nuevo al Imperial y vice-versa: la escavacion del terreno en las 4,500 varas primeras deberá ser de 9 á 10 pies en terreno facil, y aunque se encuentra en él agua á poca profundidad, presenta la facilidad de darle desagüe por medio del r. *Moral* en bajas aguas; y cuando estas crezcan tendrán su salida al canal Imperial, puesto que la superficie estará en verano al nivel de la solera del cáuce que de nuevo se proyecta, y en invierno pié y medio mas elevada. Por lo demas, asegura el autor del proyecto, no ofrece el menor inconveniente su ejecucion, pudiendo casi afirmarse no habrá necesidad de surtirlo de agua del Ebro, porque sobrará para la navegacion con la que fluya de los terrenos superiores. Tanto por ver si esto se logra, continua, como, cuanto para dar salida á las aguas de la escavacion, se principiará á trabajar desde el bocal hasta las tierras buenas ó cultivadas; punto desde el cual se puede seguir en linea recta hasta salir al Ebro, ó continuar la traza hasta la alameda de Tudela. Por de pronto la obra mas esencial de este proyecto es el establecimiento de una esclusa para ganar los 6 pies de altura que hay desde las aguas del canal Imperial, hasta el punto donde han de tomar las aguas para el nuevo tramo. A fin de evitar toda contingencia y dar salida á los sedimentos y arenas que el r. pueda depositar en la embocadura, se dan dos pies de desnivel á este nuevo tramo, que siendo en linea recta, quedará limpio con solo abrir la esclusa, que igualmente propone en estos términos; se adosará al costado der. de la esclusa del canal Imperial que facilita la salida al Ebro un cuerpo superior de otra esclusa, cuyas compuertas tendrán la misma altura que tienen las de la ant., para que en caso que el Ebro crezca estraordinariamente, no pueda penetrar en el canal Imperial presentándole igual resistencia en ambas partes.

Si sale al Ebro, añade el autor del proyecto, hay que construir una esclusa de retencion; la cual no presenta dificultad alguna, ni la cámara necesita ir revestida de silleria, mediante á que esta esclusa no tiene salto; y solo se establecen sus puertas para que el nuevo canal conserve siempre una misma altura de aguas, pudiendo entrar y salir sin riesgo alguno al r. Tambien, dice, podrá omitirse esta esclusa, con solo dejar que el canal tomase la misma altura que el Ebro, no habiendo en esto riesgo alguno, atendido á que el canal marcha con una escavacion de 9 á 10 pies cuando menos, y las tierras que esta produciria son mas que suficientes para la formacion de los diques sin temor de que las crecidas del r. pudieran sobrepujarlos. A pesar de todo, opina, debe ejecutarse la esclusa indicada. Para que la navegacion sea de un todo perfecta, cree será mas conveniente dirijir el canal á la Peña del Prado, donde pueden establecerse almacenes y cuantos edificios sean necesarios; y advierte que la topografía de la c. de Tudela ofrece la posibilidad de introducir el canal hasta dentro de las mismas calles, por medio del cáuce abierto del r. Queilés.

Cualquiera, continúa, que sea la traza que se elija, siempre estarán de nivel los puntos de derivacion, ó sean el bocal del nuevo canal; en el primer caso tomará sus aguas por la esclusa, y en el segunda por una compuerta de 7 pies de altura y 7 de lat., recibiendo 4 1/2 pies de agua: recuerda que quiza al tiempo de hacer la escavacion se encuentre tanta agua, que no sea necesario tomar ninguna del Ebro, porque la que fluya en los terrenos superiores, proveerá abundantemente para la navegacion. Con objeto de salvar las 3 acequias de riego que atraviesa la traza, propone la construccion de un puente de madera, con canales, igual á los que han de facilitar la comunicacion de una márg. con otra; los cuales ha de procurarse no impidan el paso de los barcos. La direccion que se da á la traza del nuevo trozo, dice, no es arbitraria, pues ademas de conciliar ir en línea recta, que siempre es preferible, se ha tenido presente atravesar el menor número de tierras cultivadas; podria haberse marchado con menos escavacion, pero se encontraria agua desde el principio, y no habria las tierras suficientes y de la calidad que se necesitan para la formacion del dique izq., que debe libertar al canal de las inundaciones del Ebro. La mayor de estas que se ha conocido es de 5 á 6 pies sobre el campo de Mosquera, no durando arriba de 48 horas, cuyo inconveniente se precave con la altura que se da al dique. Se ocupa despues en hacer ver las ventajas que de este proyecto habian de seguirse, y presenta un presupuesto detallado del costo de esta obra, cuyo resúmen es:

Desde el Bocal del canal Imperial hasta la Peña del Prado.	688,000 rs.
Desde el mismo Bocal hasta salir al Ebro por medio de la esclusa de retencion.	882,000 rs.

El segundo proyecto, formado sobre el terreno, por órden de la direccion general del ramo de 1.° de enero de 1843, se separa del anterior; 1.° porque la Peña del Prado dist. 1,100 varas de Tudela, resultaria punto de escala; 2.° porque la toma de agua directa del Ebro lleva consigo obras de mucha consideracion; 3.° porque si el canal habia de tener 7 pies de agua, seria menester que la solera se hallase estos 7 pies mas baja que las aguas mas bajas del r., de lo que resultaria tener que ir en mucha linea con una escavacion de 15 á 20 pies; y ademas de aparecer un canal sepultado, seria de temer que comunicándose las aguas del canal y del r., se nivelasen ambos vasos, en cuyo caso las consecuencias serian funestas; y 4.° porque el Ebro cambia violentamente su curso en la Peña del Prado; su direccion natural es desde el puente de Tudela sobre la presa del Bocal atravesando el campo de Mosquera, cuya direccion toma en las avenidas en que rebosa sobre sus márgenes, estableciéndose entonces la gran corriente en la linea del proyecto anterior, circunstancia que unida á las ya mencionadas, pudiera dar por resultado la desaparicion del canal en la primera avenida del Ebro. Deseando evitar estos inconvenientes se propone alimentar el nuevo tramo de canal por la presa alta ó nueva, situada á 2,420 varas mas arriba de Tudela, conduciéndolas en tubos de hierro; desde la cabeza del puente de piedra de dicha c. hasta el embarcadero que se coloca en el sitio de la Alameda, casi á las puertas de Tudela, y tangente á la carretera. Sigue desde aquí una línea de 767 varas, y formando luego un ángulo de 158° se inclina á las colinas para tener escavacion y lastimar menos á los muchos y pequeños propietarios de los campos de Lodares y de Arquetas, corriendo otra linea de 1,634 varas. Forma aquí otro ángulo de 166°, y siguiendo el vértice de las colinas en una linea de 850 varas, y formando en este punto otro ángulo de 160° va á unirse con el canal Imperial en una sola linea de 2,950 varas. Bien pudiera evitarse el 2.° ángulo; pero la necesidad de tierras para formar el dique, la ocupacion de huertos de valor, y la necesidad de dar paso á los riegos precisan á seguirlo. Si en vez de describir el ángulo citado de 158°, se llevase el cáuce en una sola linea hasta el 2.° ángulo, habria necesidad de muchas tierras, no solo para el dique, sino tambien para el canal. Ademas en 7 pies de escavacion que se lleve el canal, se da facil entrada por la superficie á las aguas de los riegos; cuidando de dar igual sálida á la parte inferior, se evitan así los acueductos de sifon, que siempre son incómodos y de censo continuo. La altura que se fija al dique es de 3 pies y medio mas que lo que subieron las aguas en la riada de 1831, las cuales tomaron un nivel de 5 1/2 pies sobre la alameda de Tudela, en el punto en que se sitúa el embarcadero. La buena eleccion de tierras para este dique y su buena construccion son de sumo interés, asi como el darle consistencia por una triple plantacion de arboles y arbustos de mucho follage.

La long. total que se propone al nuevo cáuce es de 6,201 varas; á saber, desde el embarcadero á la 1.ª esclusa 3,638, desde la 1.ª esclusa á la 2.ª 2,463, y desde este punto al canal Imperial 100.

El desnivel entre la solera del canal Imperial, y la solera en el embarcadero, es de 15 pies 10 pulgadas; y habiendo dado á la linea 10 pulgadas, quedan 15 pies que se propone dividir en 2 esclusas iguales de 7 1/2 pies; la primera pasado el abejar de Labastida, y la otra 100 pies antes de la union de ambos canales.

El canal tendrá en su solera 20 pies y á flor de agua 41; los escarpes y banquetas 1 1/2 de base por uno de altura, y los demas uno de base por uno de altura.

Tendrá 7 pies de fondo, y á flor de agua una berma de 1 1/2 pie á cada lado.

Los caminos de sirga tendrán 16 pies de lat. y seguirán á nivel con la cara de aguas y á tres pies de altura sobre ellas.

El dique tendrá en su coronacion 16 pies, y una banqueta de 3 en la parte media de su altura.

Los tubos de conduccion de aguas serán de hierro colado y de 2 pies de diámetro por 0 1/2 de longitud.

El embarcadero tendrá 300 pies de long. por 100 de latitud.

Las esclusas serán rectangulares; tendrán 7 1/2 pies de salto, 100 entre puertas y 20 de lat. en la cámara, formando las puertas un ángulo de 143°.

Ciñéndose el autor á los gastos comunes de navegacion, evaporacion y filtracion, y suponiendo el paso de 10 barcas, calcula como necesarios 164,982 pies cúbicos de agua cada 24 horas, cuya cantidad, y aun mayor, suministrarán comodamente los tubos de hierro.

Se presuponen para este proyecto 3.191,762 rs.

Ambos proyectos fueran recibidos con entusiasmo por el ayunt. de la c. de Tudela; y seguro de que ningun pueblo iba á salir mas beneficiado con su ejecucion, ofreció en vista del primero el adelanto de 15,000 duros, y el valor de las tierras que ocupase la traza del canal, reintegrándose de este adelanto con la tercera parte del prod. de la navegacion, ó sea del aumento que esta recibiese en virtud de la prolongacion del mismo canal. No menos espresivo se manifestó el mencionado ayunt. con respecto al 2.°

Carecemos de los conocimientos topográficos y geológicos tan detallados como son indispensables para decidirnos por el uno ó el otro de los dos proyectos; pero tenemos entendido que la direccion del ramo ha dado su aprobacion á este último; y para nosotros es del mayor peso la dicision de un cuerpo tan ilustrado, como interesado en el bien público.

Proyectos de prolongacion por la parte baja hasta introducir el canal en el Ebro.

1.° El trazado en tiempo del señor Pignatelli. En diferentes parages de nuestro artículo hemos manifestado los obstáculos casi insuperables que á la ejecucion de este proyecto opone la naturaleza del terreno; el empeño de querer triunfar ha costado sumas inmensas, y consumiria quizá otras mas crecidas. El presupuesto que se ha calculado para hacer desaguar el canal en el Ebro por el térm. de Sástago, asciende á 62 millones de rs; pero opinamos como el señor Garcia Otero que escederia de 100 millones el costo de las obras, sin que pudiera asegurarse la existencia del canal.

2.° Proyecto. Echar el canal al Ebro desde el puerto de San Carlos en la Casa Blanca. Persuadidos estamos que si al construirse el canal se hubiera pensado en este medio, la navegacion desde el Bocal al Mediterráneo haria ya bastantes años se hallaba asegurada; pero habiéndose perdido aquella coyuntura, no es ya mas acertado, en nuestro concepto, este proyecto que el anterior. Con el derrame del canal al Ebro por la Casa Blanca se inutilizaban las magníficas y costosas obras hechas desde el espresado punto, hasta 600 toesas mas abajo de la almenara de la Concepcion; esto es 2 1/2 leg. de cáuce; habia que abrirse otro nuevo de mas de 1 leg.; construir mas de 6 esclusas para descender al Ebro, y habilitar la navegacion de este r. por lo menos desde frente del cast. de la Aljafería hasta venir á formar la perpendicular con el punto en qne concluye el cáuce de canal abierto; y estas obras no ofrecen menos inconvenientes que los que dejamos indicados en el anterior proyecto. Prescindimos de contar como gastos la suma invertida en las obras, que poco ha dijimos habian de quedar abandonadas, y vamos á hacer mencion de solo aquellos, que necesariamente constituyen nuevos desembolsos. Por de pronto era menester cambiar las esclusas de la casa de San Carlos desde la parte del E. donde se encuentran, al N., para descender los 20 pies que llegaria á tener de desnivel el canal en el terreno por donde habia de correr el nuevo cáuce: este, hasta la puerta denominada del Portillo en la c. de Zaragoza ofreceria pocas dificultades; pero haria necesaria la construccion de puentes que pusieran en comunicacion los diferentes caminos que por este lado de la mencionada pobl. cruzan. Desde la espresada puerta es corto el trozo que media hasta el r., pero rápido y de considerable altura sobre este, en términos que sospechamos, que por profunda que viniera la escavacion, y aun cuando se inclinase el cáuce algo al O., habria que construir por lo menos 3 ó 4 esclusas para introducir el canal en el r., y todas estas obras serian tanto mas costosas, cuanto los materiales especialmente la canteria, tenian que conducirse de larga dist. Es indudable que el costo de las obras indispensables para habilitar la canalizacion desde la Casa Blanca hasta el r. Ebro, seria mayor que la habilitacion de un modo conveniente del cáuce ya abierto de canal; á lo que debe agregarse la pérdida de molinos harineros y otras máquinas, y el riego de todas las tierras que median desde el puerto de San Carlos hasta el Burgo, á las cuales se lo facilita en el dia la empresa, y no podria proporcionarlo entonces; pues las heredades que en la actualidad reciben este beneficio están mucho mas elevadas que el terreno por donde habia de marchar el nuevo cáuce. No son sin embargo las mas costosas y difíciles las obras hasta aqui mencionadas; las dificultades y gastos incalculables principian con la canalizacion del Ebro: aunque de los mas caudalosos de España, corre en el espacio mencionado por un cauce tan estenso, que esparramadas sus aguas presentan poca profundidad para navegar cómodamente; ademas la desigualdad de su corriente y las islas de arena y de cascajo que descuellan por encima de las aguas, ó se estienden bajo la primera capa de estas, hacen que la mayor parte de líquido se incline bien á este lado bien á otro, pero con tal inconstancia que todos los años se advierten nuevas corrientes por donde antes quizás se veia á flor de agua el suelo del r. La consecuencia de esta inseguridad en la madre del Ebro la demuestra la muralla de su márg. der., especialmente por frente de los grandes edificios que fueron conv. de dominicos é inquisicion; el admirable y sólido puente de piedra, y por la márg. izq. el ant. conv. de mercenarios. La misma estension, y por tanto escasa profundidad, se advierte desde el puente de piedra abajo, con aumento de inconvenientes para la canalizacion, porque por su der. desagua en el Ebro el pequeño, pero impetuoso en sus avenidas r. Huerba, y por la izq. algo mas adelante el Gállego, famoso por lo cristalino de sus aguas y por sus espantosas desbordaciones, formando por una y otra márg. depósitos inmensos de tierra y arena. Siempre con poca profundidad en la madre y con inconvenientes de otro género, corre el Ebro hasta cerca del Burgo; y la dificultad de trasportes por él, lo acredita el penoso trabajo con que los catalanes suben sus llautes vacios hasta la playa de Zaragoza. Dos son los únicos medios que para vencer estas dificultades inmensamente mayores en las aguas bajas se presentan; ó estrechar por ambas márg. el cáuce del r., ó abrir otro artificial en su centro, ó por donde mas conviniera: lo atrevido de cualquiera de los dos medios no puede ocultarse á quien conozca el terreno de que nos ocupamos, y haya visto aquellas prodigiosas avenidas que dan á este r. el aspecto de un brazo de mar. El cálculo de las sumas que se necesitarian para dar cima á esta empresa se escapa de la imaginacion del mejor matemático; y sin embargo quedaban las dificultades y los gastos que la continuacion del canal, bien por el r., bien lateral, habia de ocasionar, desde el Burgo hasta el Mediterráneo.

3.° Proyecto. Introducir el canal en el Ebro por el término de Quinto. Formado el estrecho de Quinto por los cabezos del Prado, las alturas de Matamala y las pedreras del conde, que son unos cerros compuestos de capas alternadas de caliza y piedra yeso, no permiten, dice el ilustrado autor de este proyecto, que el canal pueda llevarse por ellos sin grandes dispendios: tocan la márg. del r. en términos que apenas puede conservarse un camino muy estrecho; de modo que parece que la naturaleza ha marcado el principio de este, para la union del canal con el r., porque presenta en él una márg. cóncava y un régimen estable. Admitido este dato, la línea de prolongacion no es dudosa ni presenta dificultad; toda ella va por el llano y en su mayor parte por terrenos de buena calidad, donde hay acequias cuyo estado garantiza el éxito del canal. Su long. será de unas 6 leg., 2 1/2 menos que el ant. con la ventaja de la construccion del canal en llanura. En el térm. del Burgo hay 2 1/2 leg. de terreno simoso que es menester revestir; pero aquellas simas no son de grande profundidad, porque se halla la capa consistente del terreno á 12, 10 y hasta 7 pies de la superficie. La seccion de esta prolongacion podrá tener de solera 20 á 30 pies; 6 de altura con la lat. que resulte á flor de agua, de dar á los escarpes 1 1/2 y 2 de base, segun la clase de tierras. Las esclusas deberán ser rectangulares con las dimensiones y construccion convenientes. Se prescinde en este proyecto de los riegos; y se regula su costo, con inclusion de las obras, en un total de 18 millones.

Creemos este proyecto mejor que los dos anteriores, si bien no podemos juzgar de él convenientemente, por no haber tenido á la vista el plano, y por consiguiente ignorar desde qué punto habian de echarse las aguas al llano. Debemos sin embargo confesar, con la franqueza que nos caracteriza, que hallamos en él una cosa que no puede satisfacernos; á saber, el que se insista en cruzar, no solo el terreno simoso que se encuentra desde el punto en que termina el cáuce antiguo hasta el Burgo, sino el quizás peor, que desde dicho punto se halla hasta salir de Fuentes, segun hemos oido decir constantemente.

4.° Proyecto. Echar las aguas del canal al Ebro por el término del Burgo. Mucha semejanza existe á nuestro modo de ver entre este proyecto y el anterior; y aun nos persuadimos sea quizás uno mismo: guiados por este temor lo omitiriamos, si no fuera porque conocemos mas á fondo algunos de sus detalles. La primera ventaja que en él encontramos es la de aprovecharse las obras existentes en el dia en el cáuce abierto. 2.°: que asegura el riego, cuando menos, hasta el punto en que las tierras disfrutan actualmente este beneficio. 3.°: porque minora mucho las dificultades, siendo escesivamente menor la estension de terreno flojo que el nuevo cáuce ha de recorrer, y 4.°: porque su coste ha de ser tambien mucho menor que en ninguno de los otros poryectos. Ya dejamos insinuado en varios parages del articulo, que el inconveniente que se presentaba para prolongar la navegacion desde las esclusas de Valdegurriana, eran la debilidad y flojedad del terreno por su naturaleza yesosa, y por hallarse amalgamadas con esta sustancia otras tierras tan heterogéneas como disolubles por la humedad, y porque con las irreflexivas pruebas practicadas, durante el protectorado del Sr. La Ripa, se habia maleado aun mas el terreno, habiendo dado lugar á que se abriesen profundas simas y minas inmensas: que debilitado asi este suelo, por grandes que fuesen las obras que se hicieran, nunca llegaria á evitarse el que, oprimido el terreno con el enorme peso de las aguas que para el riego y su navegacion debia contener en un cáuce tan ancho y profundo, se desplomase, arrastrando tras sí las nuevas obras. A evitar, pues, estos inconvenientes está reducida toda la operacion, y lo creemos conseguido por los medios que vamos á indicar. Fortificada la almenara de San Antonio con mayores revestimientos de mamposteria y silleria que los que en el dia tiene, para evitar los males que necesariamente debe de causar el violento descenso de las aguas desde la altura á que se encuentra; por ella puede desaguarse el canal de todo el volúmen de aquellas que se considere necesario para regar las tierras, valiéndose á este efecto de una ramificacion de pequeños canales, susceptibles de recibir la direccion que mas bien parezca; quedando desde este punto destinado el canal al solo objeto de la navegacion. Reducido el peso de las aguas á una mitad, y aun á menos si necesario fuese, y angostado el cáuce hasta dejar la anchura suficiente para que cómodamente pasen un barco de ida y otro de vuelta, y uno solo, si hasta tal estremo habia que contraerse, pues por medio de puertos acertadamente colocados se evitan bien todas las dificultades; el terreno que tantos obstáculos ofrecia para la continuacion de las obras, porque no podia resistir el peso que se le cargaba, revestido ahora de arcilla y buro, no se asimaria mas, como lo demuestran los contra-canales de Miraflores y de los Tornos, el de Bernal y el del Platero, en los que las simas que se abren son de poca consideracion, sin mas causa que el menor volúmen de agua que conducen. El costo de estas obras, inclusa la habitacion de las esclusas de Valdegurriana y del Paso del Ganado, notorio es habia de ser de poca consideracion, atendida la naturaleza de las obras; y comparadas estas con las que habian de sustituirles en cualquier de los otros proyectos. Desde el punto que termina el cáuce abierto del canal al térm. del Burgo, en el cual, conforme á este proyecto, habia de confluir con el Ebro, median por la parte mas larga 1,200 toesas, en cuya línea era menester abrir un cáuce nuevo sobre terreno no mas firme que el anterior, pero menos desmejorado, y por donde amaestrados por la esperiencia, se caminaria ya sin las dificultades con que antes se tropezó. La elevacion aquí del terreno sobre el nivel del Ebro puede calcularse en unos 90 pies; y por lo tanto, hay necesidad de construir dos ó mas esclusas con el fin de hacer cómoda y fácil la entrada de los barcos que vinieran por el canal al Ebro y vice-versa. Metido ya el canal en el r. podia darse por asegurada la navegacion; pues si bien desde este punto no faltan obstáculos que vencer, no son ni tantos ni de la entidad que los precedentes; se hallan reducidos á algunos azudes de poca elevacion que tienen en el Ebro los pueblos de Gelsa Velilla, Alforque, Cinco Olivas, Alhorge, Sástago y Menuza, y la presa de Flix, mas abajo de Mequinenza; las primeras no oponen dificultad á la navegacion sino en las aguas bajas, y esta podia vencerse, bien por medio de compuertas ó bien arrampándolas. En la presa de Flix era indispensable colocar una esclusa. Emprendido este proyecto, el mismo curso de las obras iria conduciendo á mejoras inapreciables; en diferentes puntos podia convenir abrir canales laterales para vencer algunos inconvenientes, ó para ganar algun terreno. Desde el térm. de Alforque, y aprovechando su mismo azud, un trozo de canal de menos de 800 toesas, libertaba á los barcos de recorrer las muchas revueltas, que desde dicho punto hasta pasado Sástago, describe el r. Ebro.

Dejamos trazada á nuestros lectores la importante y curiosa historia del origen del canal de Aragon, y les damos la descripcion tan detallada como nos ha sido posible obtener, de sus muchas y admirables obras; hemos procurado instruirles con toda claridad de los esfuerzos que por los protectores y directores de la empresa, se han hecho para vencer los obstáculos que la naturaleza del terreno opone á la continuacion del canal y para su conservacion; de las ventajas que este ha producido en el pais que recorre; de sus prod. y gastos; del estado en que se encuentra, y de los diferentes proyectos que existen para prolongarle hasta Tudela y para hacerle confluir en el Ebro: terminamos este articulo con el presupuesto de gastos, que la direccion del ramo y el gobierno de S. M. acordaron para el año 1845, y es el que sigue:

Presupuesto de gastos para el año 1845.

CANALES

IMPERIAL DE ARAGON Y TAUSTE.

GASTOS GENERALES.

Sueldos.

DIRECCION Y ADMINISTRACION CENTRAL.

	Rs. vn. Ms.	Totales.
El Ingeniero gefe de distr., como director de ambos canales, percibe por los fondos de estos	4,000	
El Ingeniero de la prov., como ayudante del director, percibe de los mismos	3,000	
1 Administrador general	13,000	
1 Contador interventor	9,000	61,600
1 Oficial 2.°	7,000	
1 Id. 3.°	6,000	
1 Id. 4.°	5,500	
1 Id. 5.°	5,000	
1 Escribiente	4,100	
1 Portero	3,000	
1 Abogado de la Empresa	2,000	

DEPARTAMENTO DEL TORRERO.

1	Encargado de obras	7,200	
1	Sobrestante mayor	5,760	
1	Constructor de barcos	5,040	
1	Encargado del despacho de albaranes de riego	5,000	
1	Administrador de graneros	5,000	
4	Encargados de aguas en Garrapinillos, Miralbueno, Miraflores, el Burgo á 3,600 rs. cada uno	14,000	
2	Ayudantes de encargados de aguas en Miraflores y Miralbueno á 2,880 rs. cada uno	5,760	143,291 26
3	Sobrestantes de lista en Torrero, Burgo y Bocal á 2,710 rs. 20 mrs. cada uno	8,131 26	
1	Id. del presidio	56,291 26	
1	Mozo de almacen	2,160	
11	Guardas de Almenara 2,160 rs. cada uno	23,760	
4	Id. de id. á 1,800	7,200	
8	Id. de id. á 1,440	11,520	
1	Id. de id.	2,400	
15	Regadores á 2,520 rs. cada uno	37,800	

DEPARTAMENTO DE GALLUR Y BOCAL.

1	Encargado de obras	7,200	
1	Administrador y cajero	7,200	
1	Encargado de aguas	4,200	
1	Carpintero encargado de la casa de compuertas	3,240	38,670 24
1	Capellan del Bocal	2,070 24	
1	Guarda de Almenara	1,800	
9	Id. de id. á 1,440	12,960	

DEPARTAMENTO DE TAUSTE.

1	Administrador y cajero	7,200	
1	Encargado de aguas y ayudante del de obras	5,400	23,040
1	Guarda de Almenara	1,800	
6	Id. id. á 1,440 rs.	8,640	

Gastos.

Para gastos de escritorio de la direccion y adm. general, impresiones, alumbrado, esterado, muebles etc., etc.	7,500	
Para gastos de recoleccion de frutos, conduccion á los graneros y mediciones hasta su venta	50,000	
Para los de viajes y visitas que tienen que hacer los empleados á los departamentos y á las obras, están señalados	8,000	72,000
Para los derechos de los curiales, papel sellado, honorarios y demas gastos que ocurren en los litigios de la Empresa	6,500	

GASTOS DE CONSERVACION Y REPARACION.

Para la conservacion permanente y reparacion de las obras ejecutadas, se calcula necesaria la cantidad de	800,000
	1.138,602 16

ARAGON (CAPITANIA GENERAL DE): comprende las prov. de Zaragoza, Huesca y Teruel, que cada una constituye su com. g. Confina por el N. con el reino de Francia en la estension de 26 leg.: por E. con la c. g. de Cataluña; por el S. con las de Valencia y Castilla la Nueva, y por el O. con las de Búrgos y Navarra. Se encuentran en ellas las plazas de Zaragoza y Jaca con sus respectivos gobernadores y sargentos mayores; y los cast. de la Aljaferia, Benasque, Monzon, Alcañiz y Mequinenza: los dos primeros á cargo de un comandante militar, y los tres últimos de otros tantos gobernadores. El capitan general reside en Zaragoza. En este distr. tiene el arma de artilleria las comandancias de las plazas de Zaragoza, Jaca, Mequinenza, Teruel y Monzon.

ARAGON (REINO DE): una de las prov. en que antes de la division terr. de 1833 se hallaba dividida la monarquia española: SIT. al NE. entre los 40° 2' o", 42° 54' o" lat. y 1° 30' 30", 4° 34' o" long. O. del meridiano de Madrid; la limitaban por el N. el Conserans, el Cominge y los Pirineos que la separaban de la Francia en la estension de 26 leg.; por el E. la Cataluña y una parte del reino de Valencia; por el S. este último y una parte de Castilla la Nueva, y al O. la Navarra y la Nueva y Vieja Castillas. Se prolongaba de N. á S. unas 66 leg., y poco menos de 40 de E. á O., describiendo la superficie de 1,232 1/2 leg. cuadradas. Se dividia civilmente en 13 partidos, á saber: Zaragoza, Albarracin, Borja, Benabarre, Calatayud, Cinco Villas, Daroca, Tarazona, Teruel, Jaca, Alcañiz, Huesca y Barbastro, con 12 c., 240 v., 995 l., 168 ald. y barrios, y 534 desp., segun la relacion de personas curiosas y entendidas. Se contaban en esta gran prov. un arz., 6 ob., 8 capítulos colegiales, 29 encomiendas de órdenes militares, 1,396 parr., 228 conv., 21 hospitales, 2 hospicios, 2 univ., 5 colegios y 6 gobiernos militares. El Aragon puede considerarse como una conca rodeada de los Pirineos; las montañas que le dividen de Navarra y Cataluña y de las sierras de Sória, Molina, Cuenca y Morella, que rinden sus vertientes por los parages que le circundan hácia la gran caja del Ebro, que le cruza casi por medio de NO. á SE. girando desde Alforque hácia el E. con muchas tortuosidades hasta Mequinenza, desde donde sirve de lím. con Cataluña, y poco mas abajo entra en este principado en la misma direccion que entró en el reino de Aragon. Goza de distintas temperaturas mas ó menos benignas, segun la varia elevacion y asiento de los pueblos; pero todas aptas para el cultivo de los mas preciosos frutos de las zonas templadas. Los vientos que generalmente reinan, son los llamados en el pais cierzo y bochorno (NO. y SE.), los cuales son tan frecuentes, con especialidad en la cap., que puede asegurarse que unos ú otros soplan los nueve meses del año; y tan violentos los primeros, que arrancan hasta los árboles mas corpulentos: el llamado castellano ó fagüeño, de la voz latina *favonius*, es el mas apacible y propio para la vegetacion, porque suele ocasionar lluvias benéficas é interrumpidas. Los vientos del SO. soplan rara vez en este terr. y duran poquisimo tiempo. El Aragon es de los terr. mas montañosos de España. Las encumbradas y ásperas cord. del Pirineo, son las sierras mas altas y continuadas, y la frontera de Francia por esta parte la que ofrece mayores derrumbaderos, la mas alta y de peores entradas de cuantas separan á España de aquel reino; el punto mas culminante es sin duda alguna el Monte Perdido, cuya elevacion sobre el nivel del mar se calculaba en 1,745 toesas (12,215 pies), esto es 25 pies mas que el pico de Vignemale que es lo mas elevado de todas las vertientes set. De esta inmensa mole, nacen multitud de estribos que se introducen en el terr. formando diferentes valles, por los cuales se precipitan infinidad de r., arroyos y torrentes. Llenan tambien de asperezas el ant. terr. de Aragon diversas prolongaciones del sistema ibérico, pudiendo contarse como las principales las sierras de Albarracin, la de Molina, Cuenca, Gudar, Morata del Conde y el famoso Moncayo, uno de los montes mas elevados de España, sit. entre Aragon, Castilla y Navarra, célebre por las tempestades que en él se forman y que son el espanto de los pueblos sit. en 20 leg. alrededor. Los r. principales que le bañan son, ademas del Ebro, el Veral, el Aragon, el Rigon, el Estarrum, Lumbier, Guaticelema, Alcanadre, Jalon, Jiloca. Garcipollera, Vero, Aranda, Isuelas, Flumen, Cella, Gállego, Martin, Guadalope, Queilés, Sosa, el Gas, Huecha, Ara, Jalle, Bellos, Cinca, Cinqueta, Esera, Piedra, Mesa, Manubles, Miedes, Clares, Guadalabiar, Mijares y Alhambra ó Alfambra. Le cruzan igualmente muchos caminos reales y carreteras, entre los cuales el principal es, el que desde Madrid llega hasta Barcelona; un canal de navegacion y de riego, y otros muchos de esta última clase.

El TERRENO de Aragon es muy fértil; por poco que se le ayude basta para producir prodigiosamente. Las márg.

de los r. despliegan la mas activa vegetacion ; las riberas del Ebro y del Jalon principalmente son de lo mas rico que se conoce. Multitud de valles regados por diferentes riach. producen todo lo que el labrador apetece ; el llano que se encuentra al salir de Fraga y el del Frasno son una série continuada de jardines ; los de Daroca y de la Almuniá son todavia mas hermosos, mas fértiles y mas variados en sus prod.; otros semejantes á estos se encuentran en diferentes puntos; pero hay pocos que igualen en feracidad y riqueza á los huertos de Calatayud y de Ateca. Las llanuras de Alcañiz, de Caspe, de Albalate, de Morella y de Calaceite, no son menos productivas, ni menos ricas; sus estensos campos aparecen una continuacion de jardines en que los olivos y los frutales disputan á las otras prod. la ventaja de enriquecer al cultivador; pero todas estas bellezas no pueden ser comparadas con las fértiles campiñas que rodean á la cap.; tres r. y un canal magnifico le rinden su tributo para fertilizarlas, y el suelo secunda admirablemente la diligencia del agricultor, produciendo á competencia los frutos de toda especie y los granos de todo género. Una estensa llanura rodeada de montañas en los confines de Cataluña y de Valencia, es tambien hermosa y rica y de una fertilidad poco comun en granos, aceite, lino, cáñamo, moreras y en frutas de todas clases; debe su feracidad á los 5 r. que la bañan.

Desgraciadamente la agricultura no se halla en Aragon al nivel de Valencia y Cataluña; si asi fuese, este terr. llegaria á ser otra tierra de promision.

Las prod. son considerables: el trigó, la cebada, el maiz y demas granos gruesos se cosechan en todos los puntos. En los partidos de Alcañiz, Barbastro y Zaragoza es donde se cultiva principalmente el olivo: los territorios de Ayervé, del Somontano, de Zaragoza, de Huesca, de Barbastro, Tarazona, Cariñena, Calatayud, Borja, Daroca, Benabarre, Cinco Villas, Bolea y Loarre, son estremadamente fértiles en vino, muy propio para la esportacion por su mucho cuerpo; todavia serian mucho mejores, si fuera mas esmerada la fabricacion; pero la poca salida por falta de medios de comunicacion, conserva tan bajo el precio de este género, que los cosecheros no pueden sin perjuicio hacer las mejoras indispensables, tanto en el cultivo de la vid como en el laboreo del licor. Los terr. de Zaragoza, Alcañiz, Caspe, Calanda, Albalate del Arzobispo, Hijar, Maella, Calaceite, la Fresneda, Almunia, Calatayud, Ateca, Daroca y todos los terrenos de las riberas del Martin, Jiloca, Jalon, Guadalope, Gállego, Cinca y la Huerva dan frutas esquisitas de toda especie. Tambien se da en Aragon el lino, aunque se cultiva en pocos puntos; donde mas abunda es en los partidos de Daroca, Calatayud, Borja, Tarazona, y Cinco Villas, obteniendo la preferencia de todos el del partido de Borja. Aun es mas adaptable al suelo el cultivo del cáñamo y mayor su cosecha que la del lino. El azafran se cultiva en los Monegros, en Fuentes, Quinto, Torrijos, Caminreal, Fuentes Claras, Lecera, Blesa, Muniesa, el Povo, Almonacid de la Cuba, Azuara, Aguilon, Atojos, Herrera, Villar de los Navarros y en otros puntos. En el part. de Huesca es donde abunda mas la cosecha de almendra. La sosa fue antes un objeto muy importante de la riqueza de esta prov., pero ha decaido notablemente. El cultivo de la morera y la cria de la seda, han estado siempre muy descuidados en Aragon, sin embargo no carece de importancia en los terr. de Zaragoza, Albarracin, Caspe, Alcañiz, Albalate y otros puntos. Las montañas de Aragon abundan en escelentes pastos, y tampoco faltan de buena calidad á los pies de aquellas; los mejores y mas abundantes son los de Jaca, Benabarre, Albarracin y Belchite. Las lanas de Aragon son hermosas, largas y finas, varian su calidad segun los terrenos; las de Benasque pasan por de las mejores, pero son superiores á todas las de Albarracin.

El Aragon, como se dijo, está cubierto de montañas elevadas poco pobladas, pero ricas en plantas aromáticas y medicinales. Muchas de estas montañas están cubiertas de una especie de rocas que no son ni arcillosas, ni calcáreas, las cuales reducidas á polvo ni se licúan al fuego, ni se calcinan, ni se disuelven en los ácidos. Abundan mucho en minerales de diferentes especies. En Hecho hay una mina que se cree de oro. Se ven restos de otras de plata en Calcena, Benasque y Bielsa, hay minas de plomo en Zoma, en Benasque cerca de Plan, en la jurisd. de Barbastro, en la cima de los Pirineos, sobre la montaña de Sallent, y otras de hierro muy dulce; en Almoaja, en Torres, Noguera, Ojos Negros y en el Moncayo se encuentran minas de cobre: en el espresado Plan, cerca de Calamocha sobre la montaña denominada la *Platilla*, al NE. de Molina y en las que separan el Aragon de Castilla la Nueva: este presenta un grano blanco y es de lo mas fino; el de la Platilla se cria entre cuarzos blancos, se presenta de color azul, verde, amarillo y mezclado con tierra blanca calcárea. El Aragon es muy rico en alun, se halla en los alrededores de Alcañiz, en toda la prolongacion de la sierra de Gudar y en otros muchos puntos. En Tordera y Milmarcos se conocen dos especies de esmeril, y una abundante mina de cobalto en el valle de Gistain; de esquisito azabache en Utrillas, Alcañiz y no lejos de Daroca, las cuales se esplotan por estrangeros, llevándose en bruto el mineral que despues nos importan elaborado en dijes y adornos de mil formas diferentes; por la parte de Teruel hay ricas minas de azufre; en Torres y Remolinos se esplotan minas inagotables de sal gema, y de la misma especie son la cord. de cerros que desde las inmediaciones de Zaragoza se prolongan por la márg. izq. del Ebro con el nombre del Castellar; se encuentra piedra calamina cerca de Linares; hemotitis cerca de Grustán, y carbon de piedra, en este mismo punto y en Graus; los montes de Aragon abundan en jaspes y mármoles de diferentes colores; son muy estimados los de Ricla, Calatorao, Epila, Estadilla, Escatron y Alama; los hay preciosisimos en la puebla de Alborton, Jaca, Hecho, Canfranc y Benabarre; lo hay negro, de un brillante pulimento en Albalate; azul amarillo y blanco en Tabuenca y de mas de 12 clases diversas en Alcañiz. Abunda el Aragon en fuentes intermitentes; las hay á las inmediacines del que fue monast. de San Juan de la Peña, en la entrada del valle de Tena; en el terr. de Frias cerca de Albarracin; en Crivillent part. de Alcañiz. No son menos numerosos los depósitos de agua salada que por medio de la evaporacion dan rica sal, se encuentran en Fuente Garcia (Albarracin), en Arcos en los confines de Valencia; la laguna de Gallocanta cerca de Used (Daroca) y en Naval (Barbástro). Pocos terr. de España hay mas ricos en aguas minerales y termales; llaman la atencion los de Alhama á 5 leg. de Calatayud; los de Alquezar á igual dist. de Barbastro; los de Alpies á 3 leg. de Huesca; los de Ntra Sra. de Arcos en los terr. de Ariño y Albalate, los de Villel, á 4 leg. de Teruel; los de Paracuellos de Jiloca; los de Tiermas, los de Juseo, los de Quinto, Benasque, Barranco del Salto, y sobre todo los muy estimados de Panticosa. Todos los r. de Aragon abundan en pesca; las truchas del Gállego y del Huecha son riquísimas; las asalmonadas del Gállego no tienen igual; las anguilas de la estanca de Alcañiz admiran por su grandor y su delicado gusto; y las sabogas del Ebro forman el plato mas regalado de las mesas de los pudientes que moran á sus orillas. Los aragoneses reunen todas las circunstancias necesarias para progresar en las ciencias: vivacidad natural, imaginacion penetrante y juicio sólido, asi que en todas épocas ha producido personas que se han distingudo en las diferentes partes de las ciencias, en la literatura y en las artes (V. HISTORIA). Es el aragonés orgulloso, habla poco y defiende su opinion con firmeza; ensalza su pais hasta la hipérbole, le enardece la menor contradiccion; desconocen sus propios defectos y rara vez confiesan los de sus compatriotas, sin embargo de ser naturalmente envidiosos, cuando hablan con estrangeros. Su altaneria natural, su acogimiento seco comunmente, su aire serio, sus maneras frias, su tono á las veces brusco, repugna á los que no les conocen y estos son los únicos defectos que les ponen; pero defectos que se hallan bien recompensados por mil cualidades estimables. Si el aragonés es frio y seco, tambien es á la vez prudente y reflexivo, provisto de un juicio sólido y de un sentido el mas recto: la preocupacion en favor de sus compatriotas no les ciega hasta desconocer las ventajas de los otros, y tributan el mas sincero homenage al mérito estrangero; si son altaneros, son al propio tiempo atentos y comedidos; su acogimiento, aunque serio y frio, es mas verdadero y de corazon, que el afectuoso y urbano de muchas prov. Son hábiles cortesanos, sin falsia; valientes sin fanfarronada; arrojados hasta la temeridad; emprendedores como nadie: tienen audacia y ambicion. Su carácter decidido, firme é inalterable les hace á las veces aparecer indóciles. Nunca cedieron los aragoneses cuando fué menester combatir en defensa de las leyes, de la independencia nacional, de la libertad y del trono de sus reyes. ¡Ah, cuántos disgustos les han ocasionado estas mismas virtudes!

Nos hemos detenido en hacer esta ligera reseña del antiguo terr. de Aragon; aun con el temor de haber de incurrir en repeticiones, por no presentar tan pelado el art. geográfico de este suelo privilegiado por naturaleza; reservando hablar del estado de su instruccion pública, de su ind.; de su comercio y de las otras diferentes partes de la estadística, asi como el desenvolver mas minuciosamente la descripcion topográfica y civil en los art. correspondientes. Antes de entrar en su historia, debemos decir que la ant. prov. de Aragon se halla actualmente dividida en las tres prov. de Zaragoza, Huesca y Teruel, cuya division civil y otras noticias curiosas resultan del siguiente cuadro sinóptico.

Estado de las capitanias generales, audiencias territoriales, provincias y partidos judiciales en que se halla dividido el territorio de Aragon, con espresion de su poblacion, estadística municipal, la que se refiere al reemplazo del ejército, riqueza imponible y contribuciones que paga.

CAPITANIAS GENERALES.	AUDIENCIAS.	PROVINCIAS.	Partidos judiciales.	Ayuntamientos.	POBLACIÓN.		Electores.	Elegibles.	Jóvenes alistados para el reemplazo del ejército.	Cupo de soldados en una quinta de 25,000 hombres.	RIQUEZA IMPONIBLE.	CONTRIBUCIONES
					Vecinos.	Almas.						
Aragon.	Zaragoza.	Huesca......	8	665	31,420	182,996	25,738	21,015	10,541	459	40.317,641	5.247,531
		Teruel.......	10	285	45,743	181,433	26,318	22,142	10,451	459	35.559,314	5.364,969
		Zaragoza...	13	331	48,784	231,577	34,901	32,438	16,736	651	35,100,819	7.447,383
			31	1281	125,947	596,006	86,957	75,595	37,728	1560	110.977,774	18.059,883

Historia civil. Detenida y filosóficamente observado este pais, su mismo exámen va remontando la imaginacion de siglo en siglo, hasta que perdida en la perpetuidad de los tiempos, viene á colocarse sobre la cumbre de los Pirineos, que geológicamente recorre, y allí mismo encuentra el resultado del récio impulso y largo choque de las aguas, cuya efusion se presenta, como la base de todas las fiestas ant.; y volviéndose hácia Oriente, ve al Xisurus de los caldeos, á voluntad de las olas; ve luego al Peyrum de los chinos, salvándose en una barca de la inundacion general; ve al Vichnou de los indios, conduciendo la barca conservadora del género humano; y como en las ant. tradiciones de todos los pueblos, en el gran cuadro de la naturaleza, encuentra el cataclismo universal, que despues la sagrada escritura ha de persuadirle, como el Edda lo hubo de persuadir á otro pueblo, y allí se reposa sobre la época que viene á servir de base al historiador. Débiles son, sin embargo, los rastros de luz que hasta ella elevan su pluma; pero *debemos contentarnos con lo que parece mas probable, no desechando sino lo claramente falso* (Biblia de Vence, t.° 1, pág. 460); pues no es justo menospreciar en la historia estos pequeños rastros de la verdadera antigüedad: «*Es una indulgencia debida á la antigüedad, aprovechar aun de las escasas luces que pueden ofrecer las fábulas* (Tit. Lib.). Estas y las tradiciones, que son las que mas visible ofrecen al filósofo la huella de las revoluciones morales del mundo, como de las físicas la encuentra en su superficie, vinieron tambien á enriquecer este pais en los floridos tiempos de la Grecia. Como amenizaron á la Tartesside, habiendo de aplicarse á ella, por ser el último térm. de la tierra para los ant., las hermosas fábulas del fin de los trabajos de Hércules, del Tártaro, de la guerra de los Titanes, de la mansion Elisia, etc.; aquí, por la incalculable riqueza que encierran los Pirineos en su seno, hubieron de fijar el trono del anciano *Pluto*, viéndole recorrer sus vertientes, ciego y jorobado, con pasos lentos; y luego desaparecer veloz, agitando sus alas. *Hércules*, enamorado de la ninfa *Pirene* (*personificacion de la Ibéria*), al recorrer estos paises, cuando hubo de abandonarla por su ausencia, la vió morir de pena contra los Pirineos, como ve terminarse la España en estas cumbres, quien montándolas va á buscar la *Saturnia ó la Escondida* detras de los Alpes. Este es el modo litúrgico con que hubo de referirse el tránsito del primer héroe por este pais, cuya memoria se haya conservado, tal vez el Hércules hobel, que; desde oriente, siguiendo al Hércules físico, viniera á pasar el estrecho Istmo que antes uniese las penínsulas Ibera y Africana (V. Avila monte), y á colonizar la grande Ibéria, despues de la particion del mundo entre los *noachidas* (Genes), que otros presentaron entre los *dioses*: esta es la espedicion de *Pan*, enviado por *Libero Pater* (M. Barron); la del *Hércules* de los griegos (Herodoto); la del *Tearcon* de los ethiopes; la de *Osiris* de Egipto; la del *Mavorte* de Thracia, etc.; la famosa espedicion de que tantos recuerdos el génio investigador encuentra en todas partes (V. España).

Como las c. que Oenotrio enseñó á su pueblo á edificar en las alturas (Dionisio Alicarnasio), aparecen los de la antigüedad de este pais, y por sus nombres puede aun conjeturarse el orígen de los que las edificaron. Flavio Josepho y todos los escritores adugeron por prueba estas conjeturas. Por ellas, unas se presentan diciéndose testigos de aquella famosa espedicion; y reclaman los nombres de los *Aborigenes* de Italia, y de los *Authothonas* de la Grecia, como si fuesen hijas del mismo pais en que se encuentran: llamánse *Iberas*, aplicado por antonomasia á España el nombre *Iberia*, que tan grande estension tuvo en otro tiempo (desde el *Vistula* hasta *Gades*), nombre que con toda propiedad las corresponde; aunque escritores franceses, que solo pueden discurrir para España un orígen Indo-scythico, sostengan ser moderno viéndolo por primera vez en el periplo de Escilaz: este navegante hubo de encontrar ya la voz *Iber*, no solamente en el caudaloso r. que cruza este terr.; sino muy generalizada como del idioma de aquellos españoles que se vislumbran al traves de los tiempos mythicos. Otra gran parte de ciudades ofrecen su orígen setentrional: ya no son tan oscuras, aunque no dejan de serlo mucho, las épocas en que esta alcurnia verificó sus transmigraciones: las tribus errantes que Estrabon, Tito Livio y Plutarco vieron descolgarse de la ant. *Scytia*, derramándose en la Peninsula por las gargantas del Pirineo, tambien tomaron asiento en este terr., siendo los primeros que en él se mezclaran con los *iberos*, viniendo á formar una tercera raza (*los celtiberos*) que tanta preponderancia habia de tener mas tarde en la Peninsula. No se adulteraron la religion, usos y costumbres de los primitivos españoles, tan pronto, ni tanto en este pais mediterráneo como en las regiones marítimas, con el trato de los estrangeros; asimismo su libertad fue en todos conceptos mas duradera y siempre hubieron de distinguir á sus hab. el carácter de independencia y el desenfado guerrero (V. España.)

Descendiendo á edad mas conocida, encontramos á estos hab. divididos en tantas repúblicas cuantas eran las c.; aun que incorporadas todas en 4 regiones estendidas mas allá de los lím. que despues con la palabra *Aragon* habian de significarse: de los *ilergetes* era desde la confluencia del Cinca y el Ebro, siguiendo la orilla izq. de este r. hasta Alagon, que era de la *Vasconia*. A esta region pertenecia la parte boreal, separada del pais *Ilergete* por una linea tirada desde *Alagon* al *Pirineo*, abrazando dentro de sus lim. á *Huesca* y á *Jaca*. Los *celtiberos* ocupaban el O. de las prov. de Teruel y Zaragoza hasta *Olva*, *Aliaga*, *Montalvan*, *Herrera*, *Belchite* y *Zaragoza*. De los *edetanos* era el terr. restante comprendido entre las lineas que forman estos pueblos *celtiberos* y el Ebro.

Todos estos lim. hubieron de alterarse con el tiempo, como se verá en sus artículos.

Dos colosos se presentan luego especulando sobre la independencia de estos libres españoles, y como otro pais (*la Bética*) quedó esclusivamente de la conquista de Cartago, púnicos y romanos, determinan hacer este suyo. Aquellos son los primeros en acometer la empresa. Amilcar Barca despues de haber tocado los Pirineos, abriendo paso por la costa á sus soberbias miras contra Italia, amenaza con la dominacion africana á estas regiones del interior. Apóyase ya en su parte meridional, con varias fort. púnicas: los celtíberos de *Helia* toman actitud defensiva contra su poder, y el grande Amilcar, que acude contra la sublevacion, perece á manos de los heliones (año 230 antes de J. C.). Viene luego la division de este pais entre ambos poderes, pues al encumbrar el jóven Asdrubal el de Cartago en España, respira la ambicion de Roma, y no solo introduce en la Península su proteccion para las colonias griegas, sino estipula cierta porcion de ella para su esclusiva conquista: el Aragon de hoy queda dividido por el Ebro entre Cartago y Roma (226). Este r. separa los dos poderes: su orilla izq., térm. de la España citerior, pertenece á la conquista de esta república; aquella se obliga á no llevar sus armas mas allá del r. Tambien Asdrubal esperimentó el carácter libre y generoso de los hab. de estas regiones: murió á manos de un celtíbero vengador de la muerte que él habia dado antes políticamente á su señor. Anibal encareciendo la alianza que tenia contraida con ciudades de este pais, hostigadas por los amigos de Roma, toma pretesto para la segunda guerra púnica, y ambas orillas del Ebro vienen al dominio de Cartago (años 219 antes de J. C.). No tardaron ya á presentarse tambien sobre ellas las legiones romanas, y sus valientes hab., en la política confederacion que se organizára contra ambos conquistadores, vinieron á alternar entre ellos sus servicios, prometiéndose por este medio facilitar su comun ruina. Los cartagineses son echados por los Escipiones lejos de este terr. y volviendo sobre él, abandonado Cneo por los celtíberos, queda á discrecion del ejército de Asdrubal, habiendo de sucumbir (212). Volvió pronto el poder de Roma á despojar de este pais al de Cartago, y estirpado por fin el africano de toda España, removiéndose los lim. de la citerior hasta Cartagena, y el mar Cantábrico por el N., quedó en ella todo este terr., dividido antes por el Ebro entre las dos Españas. En él se abrió luego la sangrienta lucha de las regiones españolas con la soberbia Roma, cuya lucha consumió, por espacio de 200 años, mas ejércitos romanos que la conquista del mundo entero; y no contribuyó otro pais mas que este á que Veleyo Paterculo hubiera de decir de España haber consumido tantos cónsules, y tantos pretores, y haber levantado con su valor á Sertorio á tanta gloria, que por 5 años estuvo indeciso qué nacion era la mas valiente, la española ó la romana; y qué pueblo mas digno de la silla imperial del mundo (V. España). Este pais, por tantos años teatro de sangrientas batallas, ora sufriendo todos los horrores de la guerra, ora los mas odiosos aun de los tiranos gobernantes, vino á manos de Augusto, quien dió á España la forma que le pareció mas conveniente en lo geográfico y civil. Quedaron entonces sentados los lim. de las regiones que le ocupaban, alterados con frecuencia antes por el éxito de las guerras, y permaneció siempre en la España Tarraconense ó citerior. Estableció Augusto un conv. jurídico en Zaragoza, que era su centro, pues en ella confinaban las cuatro regiones *ilergeto*, *vasconia*, *celtiberia* y *edetania*, para sentenciar los pleitos de 152 ciudades (Plinio): de estas ciudades gozaban el fuero de ciudadanos romanos los *beliones* (de Belchite), los *celsenses* (de Xelsa), los *calagurritanos násicos* (de Calahorra), los *surdaones* (de Sobrarbe), los *oscenses* (de Huesca), y los *turiassonenses* (de Tarazona). De latinos viejos eran los *cascantenses* (de Cascante en Navarra), los *ergabigenses* (de Arcabriga en el desp. de Cabeza de Griego), los *grachuritanos* (de Agreda), los *leonicenses* (de Castelliseras), y los *osicerdenses* (de Mosqueruela). Eran federados los *larragenses* (de Lárraga, en Navarra), y estipendiarios los *arcobrigenses* (de Arcos de Medinaceli), los *andologenses* (de Andosilla), los *aracelitanos* (de Araquil); los *bursaonenses* (de Borja), los *calagurritanos fibularenses* (de Loharre), los *complutenses* (de Alcalá); los *carenses* (de Cariñena), los *cincenses* (de la orilla de Cinca), los *cortenses* (de Cortes del Ebro), los *damanitanos* (de Domeño y Chelba); los *iarsenses* (de Hijar), los *iturisenses* (de Irureu), los *ispolenses* (de Epila); los *ilumberitanos* (de Lumbier), los *jaccetanos* (de Jaca), los *lybienses* (de Leyba, cerca de Nágera), los *pompelonenses* (de Pamplona), y los *segienses* (de Sangüesa). Desde esta época en que toda España quedó como una prov. del imperio, desaparecida la libertad ant. de este terr., su historia viene á ser comun á toda la nacion, habiendo asi de dar precipitadamente con los setentrionales, que aprovechando la debilidad de los emperadores, lograron apoderarse de esta hermosa porcion de su mando. Si las regiones á que pertenecia Aragon independiente en lo ant. admiraron al mundo con el esfuerzo que opusieron á Roma conquistadora, acostumbradas ya á su poder y gobierno en esta época, tambien resistieron tenaces á los nuevos invasores, señalándose particularmente en la defensa de la *Vasconia* (V.) Consiguientes á esto fueron los grandes padecimientos del pais; trabajado se vió por unos y otros bárbaros, y las vicisitudes que hubo de correr la monarquía gótica; pero siempre dependiente y formando un cuerpo con la demas España, es mas á propósito ocuparnos de estas épocas y acontecimientos al tratar de la nacion en general, y en los art. de las pobl., por lo que fuese la suerte particular que las cupiera; hasta que venimos á dar con la invasion agarena, origen del famoso reino de Aragon, principal objeto de este artículo.

Dueño el poderoso Islam de toda España, como antes estuvo sujeto este terr. al imperio de los Césares, quedó de los califas de Damasco. Sin duda fue adjudicado á los Bereberes, particularmente sus montañas por ser menos felices y de conservacion mas trabajosa, conocida la injusticia con que trató Muza en los repartimientos á los primeros y mas valientes conquistadores de España. No hubieron de ocupar, sin embargo, todas sus fragosidades, y mientras la tiranía estrangera campeaba libre mas que nunca por las llanuras, huyendo el hijo del pais al salvage nacimiento de los r., encontró en lo mas enriscado de los Pirineos la ant. libertad celtíbera, donde por largos años permaneciera retirada. Afirman algunos, que huyendo de los conquistadores musulmanes se reunieron hasta 300 cristianos en el monte *Uruel*, próximo á Jaca, y no lejos de allí poblaron en un lugar que se decia *Pano*, fortificándose con varios cast., resueltos á defenderse de los mahometanos; pero que antes de haberse bien prevenido fueron atacados, cautivos y muertos, sin quedar en aquella region mas gente que algunos ermitaños (V. Peña, San Juan de la). Presentad luego como señor en aquella montaña de Aragon por Garci Ximenez, rey de Navarra y su esposa la reina Enenga (año 758), al conde Aznar, que dicen murió en tiempo de Fortun García, tercer rey de Navarra, hijo de Garci Iñigo, nieto del Garci Ximenez; sucediendo á este conde, Galindo, su hijo, que murió en el reinado de Sancho Garcés, hijo de Fortun, etc.; pero esta sucesion hereditaria que tan cabalmente se guarda en los reyes de Navarra, con nombres tan españoles todos, desde principios del siglo VIII, apoyada particularmente en las inscripciones sepulcrales del monast. de San Juan de la Peña, conocidas por apócrifas, debe tambien mirarse como de pura imaginacion, y asimismo cuanto en ellas se funde (V. Navarra.). El analista regnícola Gerónimo Zurita, con el arz. D. Rodrigo, el rey D. Jayme I de Aragon, en su historia, y el rey D. Pedro IV, en una relacion que envió al Papa Clemente VI, deduce el origen de la corona aragonesa, diciendo haber estado en aquellas montañas, frontero contra los infieles, Iñigo Arista, á quien por su valor, por su persona y suerte en las armas, y esclarecido linage, se dieron por caudillo los cristianos. Refiere ser natural de Bigorra, y atribuye su nombre *Arista* á su bravura y ligereza contra los enemigos, habiendo sido él primero en descender de las montañas á lo llano de Navarra, y por su estremado valor erigido rey de Pamplona el año 819, á cuya eleccion concurrió Fortun Ximenez, conde de Aragon. El príncipe D. Carlos, citado por Zurita, afirma haber tenido lugar esta eleccion en el año 885, siendo Iñigo Arista ó Iñigo García, como él le llama, hijo de Ximen Iñiguez, señor de Abarzuza y Bigorra. En la historia del mismo príncipe D. Cárlos se refiere, que, suscitadas disensiones entre aragoneses y navarros, para cortarlas, se ordenó el fuero de Sobrarbe, é hicieron sus leyes *como hombres que habian ganado la tierra de los moros*, estableciendo en aquel fuero, que, pues de comun sentimiento le elegian por rey, y le daban lo que ellos habian ganado de agarenos; ante todas cosas les juráse mantenerlos en derecho, y mejorarles siempre sus fueros; que partiria la tierra con todos sus naturales-ricos hombres, caballeros ó infanzones, y que ningun rey pudiera tener córte; ni juzgar, sin consejo de sus súbditos y naturales, ni determinar guerra, paz, tregua, ni negóciacion de importancia con príncipe alguno, sin acuerdo de 12 ricos-hombres, ó de 12 de los mas ancianos y sabios de la tierra, y otros estatutos segun en aquel fuero se sostiene (V. SOBRARBE). Trescientos fueron, se dice, los caballeros que se hallaron en la eleccion, todos de las montañas de Sobrarbe; siendo estos nobles, y sus descendientes legitimos los que se llamaron ricos-hombres, á quienes los reyes respetaron tanto que ninguna cosa se hacia sin su parecer y consejo; nada pasaba á ejecucion sin su autoridad; todo el gobierno de las cosas del Estado, de la guerra y de la justicia eran suyas; con ellos eran obligados los reyes á partir las rent. de los lugares principales, que se iban ganando, asi como ellos lo eran á servirles con sus caballeros y vasallos, segun la cantidad que en cada c. ó v. se señalaba en honor al rico-hombre. Refieren algunos, que, siendo elegido, Iñigo Arista, concedió á sus súbditos que si contra derecho ó fuero les quisiese apremiar, ó quebrantarse sus leyes, y lo establecido entre ellos, al recibirle por rey, *no teniendo mas parte ni derecho en la tierra, que cualquiera otro*, en tal caso pudiesen elegir nuevo rey aun de entre paganos ó infieles: segun lo estimasen conveniente, cuya proposicion, en cuanto daba libertad á elegir por rey á un infiel, no quisieron admitir. Asi presentan respetables autores el establecimiento del reino de Sobrarbe, viniendo luego á disputar si este reino era el mas ant., á cuyo dominio suponen sujeta la prov. de *Aragon*, ó el de *Pamplona*, dicho despues de *Navarra*, apoyándose los aragoneses particularmente en la vecindad de *Bigorra*, de donde creen haber venido Iñigo Arista, que corresponde a los pueblos de *Torla* y *Benasque*, primer pais que se conquistara, de donde se fué estendiendo su reino; en el principio del fuero y leyes de Sobrarbe, leyendo en él que los caballeros que se hallaron en la eleccion del rey eran de estas montañas; en el nombre del mismo fuero y leyes, tomado de la region donde se establecieron, y sobre todo por ser este fuero el mas ant. que tuvieron los navarros, por el cual aquel reino y la prov. de Guipúzcoa afirman haberse gobernado mucho tiempo, guardándolo los navarros hasta el reinado de D. Sancho el postrero, y hasta mucho despues la prov. de Guipúzcoa; en el mismo nombre de *Arista*, propio de las montañas de Aragon y no vascongado como quieren otros; en haber elegido para su sepultura aquellos primeros reyes los monasterios de San Juan de la Peña, y San Victorian, dentro de las prov. de Aragon y Ribagorza, y en otros argumentos semejantes; de lo que se infiere atribuirse á Sobrarbe y Aragon los mismos reyes, que otros establecen en Navarra. Asi terminantemente lo espresan varios escritores, diciendo que Aragon, una de las primeras prov: que sacudieron el yugo de los moros, se eligió un cabo, designando por tal los votos á Garcia Ximenez, á quien hacen hijo-dalgo de la misma prov., y refieren haber tomado el título de conde, limitándose su poder con leyes, cuya observancia juró por sí y sus sucesores, declarando que, en caso de violarlas, quedarian los pueblos libres de su obediencia, y *en derecho de darse un rey ó príncipe, aun de entre paganos ó infieles*, lo mismo qua se ha dicho de Iñigo Arista. Pero ya indicamos no presentarse autorizada la genealogia de éstos reyes, invencion sin duda de la avidez de glorias de algunos escritores por un pais, que en verdad no las necesita inventadas, abundando en muy positivas y constantes. Consultada ahora la verdad histórica, y bien persuadidos como acabamos de decir, que el ant. reino de Aragon no necesita de mentidas grandezas, encaramando su origen mucho mas allá de donde pueda rastrearlo el historiador, para que goce una celebridad eterna, no es en nuestro concepto de adoptar ninguna de las opiniones que se han espuesto.

Quiére remontarse la antigüedad del reino de Aragon á principios del siglo VIII: respetables historiadores lo afirman. Unos encabezan allí el catálogo de sus señores con García Ximenez, con el título de conde, erigido de entre los hijos-dalgo de la misma prov.; mientras otros le hacen primer rey de Navarra, en el año 716. Muchos quieren, que la prov. de Aragon estuviese sujeta al reino de Sobrarbe, mas ant. que el de Navarra, y fundan el catálogo de sus reyes en Iñigo Arista, por los años de 839. Entre tanto, ni el continuador de la crónica de Biclar, que escribia en 724, ni Isidoro Pacense, que acabó de escribir en 754, ni el Salmaticense, que emprendio su crónica desde 886, ni el Albeldense, ni San Eulogio de Córdoba, que á mediados del siglo IX hizo un viaje á Navarra, etc., hacen mencion de tales reyes. Las inscripciones del monast. de San Juan de la Peña, de las cuales resultan, ya se ha dicho, ser conocidas por apócrifras, y de tiempos modernos, como algunos criticos lo han demostrado. Acudiendo así al fundamento de estos reinos tales como se les quiere presentar, aparecen completamente en el aire, sin que escritor ó documento alguno de las épocas á que su principio se refiere, ó inmediato á ellas, autorice los conceptos que á escritores muy posteriores ha inspirado sin duda el laudable amor de su pais.

Mientras todo el terr. aragonés queda sujeto al califa de Damasco, y en su nombre gobernado por walis; despues, mientras que un partido conspira, en él, contra el Omiade, que ha fundado el califato de Córdoba, y, al llamamiento de esta parcialidad, entra Carlo-magno hasta Zaragoza, esperanzado de la dilatacion de sus dominios, incorporando con ellos la España, y es derrotado á su regreso en Roncesvalles por los coligados de Vizcaya, Alava, Navarra, Ruchonia y Aragon, que le atacan, resueltos á perecer antes que sujetarse á los francos; mientras las persecuciones del wali de Zaragoza Huseinben Yahyah, opuesto al emir de Córdoba, como al rey franco, se ceban igualmente en españoles, godos y árabes, que huyen á los valles del Pirineo, donde no predominan los abdaritas castizos; mientras son reducidos todos los walis y caides del terr. aragonés, al califa de occidente; en lo mas áspero de las montañas de Sobrarbe y Jaca, de los ant. *Surdaones* y *Vascones*, vienen á encontrar algunos libres, como se ha dicho, la ant. independencia de la primitiva España, oculta á favor de los riscos, y se va acrecentando su número con el tiempo y las vicisitudes que corre la Península. Dejamos el tratar de los waliatos, establecidos en este terr., para cuando nos ocupemos de la história de España en general, y de la particular de las c., que hubieron de erigirse despues reinos musulmanes independientes; negando sus walis la obediencia al trono del califa, desviados de él los omiades. Fijándonos únicamente ahora en la semilla de independencia, que siempre hubieron de abrigar los Pirineos; aunque no hayamos convenido en el establecimiento de un reino aragonés desde luego en toda planta, como ha sido tan general quererse persuadir, de ella lo veremos brotar con el tiempo. A últimos del siglo VIII aparece ya un estado, reducido al nacimiento de los torrentes precipitados de los riscos, que se pone bajo la proteccion de los franco-aquitanos, y por nombramiento de Luis el Bondadoso, viene á él de frontero un conde, llamado *Aureolo*, en 798. Ya no se ciñe la lucha entre franco-aquitanos y árabes á la España, llamada propiamente oriental; aquí es donde con mas ahinco se sostiene. Por los años de 806, este estado, segun puede rastrearse comprendia ya los manantiales y parte del valle del Gállego, introduciéndose con una punta hasta Lohorre, segun se lee en la March Hispan.: algunos nombran en él á Jaca. El musulman Amru, que dejando el gobierno de Toledo, vino á sustituir al hijo de El Haken en la España oriental, consigió bienquistarse en el pais, amañándose hasta con el conde Aureolo, de manera que muerto este á fines del año 809, le fue fácil apoderarse de su ministerio (Eginh. annal., ad ann, 809), quedando asi restablecida la autoridad musulmana por aquella linea del Pirineo, que habia empezado á asomar el poder cristiano. Trató con esto Amru de alucinar en Córdoba, aparentando que á impulsos de su celo musulman acababa de recobrar parte del confin natural de la Península; pero no escuchaba en todo Amru otro interés que el propio, y así al mismo tiempo envió una embajada á Carlomagno, ofreciéndole ponerse él y los suyos bajo su obediencia, para de este modo irse sosteniendo con unos y otros. Carlomagno recibió con todas veras la promesa, y le envió inmediatamente sus encargados, los cuales llegaron á Zaragoza á principios de 810; Amru, para ir sin duda dilatando el cumplimiento, pidió conferenciar antes con los caudillos de la raya de España para zanjar algunos inconvenientes; aunque prometiendo allanarse siempre con los suyos á las disposiciones del emperador, quien le concedió este pedido que no llegó á tener efecto, segun se lee en Eguinhardo (Annal, adann. 810). Ni al apoderarse Tarek y Muza de España se habia luchado con mas ardimiento que en esta época entre agarenos y cristianos.

Eriberto, enviado de Carlomagno, llegó á este terr. para obligar á Amru al cumplimiento de su promesa y recobrar el valle de *Canfranc* y los del Gállego y el Arga, que habian compuesto el ministerio de Aureolo. Estos valles volvieron al dominio cristiano bajo la proteccion franco-aquitana que pronto habian de aborrecer. En el año 812 hubieron de agitarse tambien con el movimiento de los vascones contra su poder y aun contra sus influencias; pero fueron restablecidas por Luis el Bondadoso. El nuevo sacudimiento del año 824, derrotados y prisioneros los condes *Eblo* y *Asenario* (Anon. Astr., Vita Hludov. Pii) en Roncesvalles, donde antes habia sido batido Carlomagno, obligó al rey de Aquitania á abandonar terminantemente sus pretensiones sobre esta porcion de la Peninsula. El prisionero *Asenario* fue muy bien tratado por los vascones, segun espresa el anónimo astrónomo, y sin duda es el mismo que luego se ha querido presentar como primer conde de Aragon (*Aznar*). Ya vemos en estas montañas un estado no solo independiente, sino capaz de sostener su libertad contra árabes y aquitanos, y aun de estender su dominio. Su existencia hubo de ser púramente militar, y sus condes, sin otra autoridad que de caudillos. De aquí se ha de ver pronto brotar el reino de Navarra, encumbrado por el nieto de aquel *Garsea* el Navarro, yerno de Muza (Sebast. Salm. chron., núm. 26). Los cristianos de los riscos de Aragon, segun dice la crónica musulmana; los hab. de *Ainsa*, de *Benabarre*, de *Benasque*, etc., capitaneados por el aventurero Hafsun con quien se habian confederado, se desplomaban sobre los musulmanes de las llanuras. Hafsun consigió asegurarse de toda la cord. del Pirineo; pero vino á hacerle activa guerra el conde de Navarra, Sancho Garcia (Sancio Garseano), ganando de su poder probablemente hasta *Ainsa*, de las tierras que ya entonces empezaban á aparecer con el nombre de *Aragon* (Addit. de Reg. Pampil., núm. 87). Unos creen derivarse este nombre de la aut. region *Autrigona*; pero estando esta region muy apartada del terr. que de ella quiere denominarse, es absolutamente inverosimil esta conjetura; otros lo deducen de los *rucones* mencionados por San Isidoro (V.); otros de *Tarraco* (Tarragona); otros del vascuence; y otros quieren, que, aplicado en lo ant. al r. Aragon por algun altar ó ara de Hércules, erigida junto á su curso, y los juegos agonales, que se celebraban en su honor, se comunicára al reino naciente, en tiempo de la reconquista: parece la mas probable esta conjetura; nada puede sin embargo asegurarse. Sancho Garcia, que de *conde* hubo de llamarse *rey*, no tomó este dictado hasta haber redondeado su ministerio, segun se ha dicho con la conquista de *Ainsa*; y es muy probable que, verificada, en esta pobl., recibiese el nuevo titulo de manos de los ricos-hombres, como otros refieren haberse dado el titulo de conde de Aragon á Garci-Ximenez, y otros de rey á Iñigo Arista, formándose en esta ocasion el célebre fuero de *Sobrarbe*, cuyo nombre hubo de tomar del terr. en que se establecia, y fue el mas ant. que rigió en el reino de Navarra. A estos reyes quedó sujeto el terr. de *Sobrarbe*, y cuanto iban absorviendo sus conquistas, hasta que por muerte de Garcia II subió al trono Sancho II de este nombre y cuarto rey auténtico de Navarra, cuyo reinado los anales compostelanos, y los mejores documentos históricos hacen durar 64 años y 8 meses, desde junio de 970, hasta febrero de 1035, estendiendo sus estados en derredor y por ambas corrientes del Pirineo, con enlaces ó conquistas. Sancho casó con Urraca, de la que tuvo un hijo llamado Ramiro, á quien el monge de Silos y todos los analistas posteriores apellidan *bastardo*. En segundo matrimonio tuvo por esposa á la hija del conde Sancho de Castilla, hijo de Garcia Fernandez, llamada por unos Munia, y por otros Geloira, pero generalmente la Mayor; nacieron de este enlace 3 hijos *Garcia*, *Fernando* y *Gonzalo*, y una hija llamada *Jimena*. Dividió D. Sancho sus estados entre sus hijos, adjudicando el reino de *Navarra* á *Garcia*; el condado de *Castilla*, que obtuvo por su esposa Doña Mayor, á *D. Fernando*, quien tomó el titulo de rey; á *D. Ramiro* el estado de *Aragon* que habia tenido por arras la reina Doña Mayor, madre politica de éste; y á D. *Gonzalo* el de *Sobrarbe* en Ribagorza, donde tomó el titulo de rey, cuyo titulo conservaron los reyes de *Aragon* que le sucedieron, hasta que *Ribagorza* volvió á ser condado en tiempo de los reyes D. Pedro III y su hijo D. Jaime II. Desde esta division de los estados reunidos en la corona de D. Sancho el Mayor es desde cuando ha de mirarse establecido el reino aragonés; y con D. Ramiro debe encabezarse el catálogo de los reyes, que le son propios. Presentando este catálogo, en obsequio de la brevedad que exije el art. de un Diccionario nos contentaremos con ir apuntando algunos de los acontecimientos mas notables de este reino, que suministren alguna idea de su engrandecimiento hasta su definitiva incorporacion con Castilla, y escusaremos entrar en los detalles de su larga historia, aunque de grande interés, bien tratada por sus analistas y otros escritores regnicolas.

REYES DE ARAGON.

Número en la sucesion general.	NOMBRES.	Número en los nombres.	Años en que sucedieron.	Edad que contaban al suceder.	ALGUNAS PARTICULARIDADES NOTABLES DE SUS REINADOS.	ESPOSOS Ó ESPOSAS QUE TUVIERON.	Años en que se celebraron sus matrimonios.	Años de la disolucion de estos.	Modo porque se verificó.	Número en la sucesion de familia.	Hijos que tuvieron de sus matrimonios ó fuera de ellos.	SUCESOR EN LA CORONA.	Genealogía de los descendientes de los segundos que llegaron á ocupar el trono.
1.°	Ramiro.	I.	1034		Fue el primero que, con solo los estados de Aragon, se tituló rey. Murió el año 1063 cerca del Grado, en batalla con su sobrino D. Sancho de Castilla.	Gisberda.	1036				Sancho, hijo natural.		
						....	......	......	......	......			
						Hermesinda.		1049	Muerte.	1 2 3 4	Sancho Ramirez. Garcia. Sancha. Teresa.	Sancho Ramirez.	
2.°	Sancho Ramirez.	I.	1063	18	Sobre el año 1076 fue muerto en Roda D. Sancho, rey de Navarra, por su hermano D. Ramon, y por miedo, se huyó un solo hijo que tenia D. Sancho; por lo que los navarros, viéndose sin rey, eligieron al de Aragon D. Sancho Ramirez, uniendo de este modo las dos coronas.	Doña Felicia.			Muerte.	1 2 3	Pedro. Alonso. Ramiro.	Pedro.	

Número en la serie general.	NOMBRES.	Número en los nombres.	Años en que sucedieron.	Edad que contaban al suceder.	REYES DE ARAGON. ALGUNAS PARTICULARIDADES NOTABLES DE SUS REINADOS.	ESPOSOS ó ESPOSAS QUE TUVIERON	Años en que se celebraron sus matrimonios.	Años de la disolucion de estos.	Modo porque se verificó.	Número en la sucesion de familia.	Hijos que tuvieron de sus matrimonios ó fuera de ellos.	SUCESOR EN LA CORONA.	Genealogía de los descendientes de los segundos que llegaron á ocupar el trono.
3.°	Pedro.	I.	1094		El año 1104 murió el infante D. Pedro, único hijo que tuvo este rey; y á los pocos meses acaeció tambien la muerte del padre, pasando la corona de Aragon al hermano de este, D. Alonso.	No se sabe su nombre.			M.		Pedro.		D. Alonso, hermano de D. Pedro, rey. D. Ramiro, hermano de D. Alonso, emperador.
4.°	Alonso, emperador.	I.	1104		Por el enlace de Doña Urraca unió D. Alonso á su reino el de Castilla. Fue tomada por este emperador la ciudad de Zaragoza y su reino, que tenian los moros en el año 1118. Zaragoza fue cabeza de los reinos de Aragon, Sobrarbe y Ribagorza. Murió D. Alonso en la batalla de Fraga, año 1134.	Urraca.	1109		Divorcio.				
5.°	Ramiro el Monge.	II.	1135		En las córtes de Monzon decidieron los aragoneses elegir por su rey á D. Ramiro, que era á la sazon obispo de Roda, y fué proclamado rey en Huesca, año de 1135. Casó con Doña Inés, hermana del conde de Puytiers, despues de relajado el voto por el Sumo Pontífice. Murío año 1147.	Inés.	1135				Petronila	Petronila	
6.°	Petronila	I.			D. Ramiro el Monge dió á D. Ramon Berenguer, conde de Barcelona, su hija por esposa, con todos sus estados, teniendo lugar la otorgacion del instramento en Barbastro el año 1137, en el mes de agosto; y en noviembre del mismo año hizo total cesion del reino, y se retiró del gobierno el rey D. Ramiro. Resulta que en tres años fué D. Ramiro nombrado rey; casóse: tuvo una hija, la desposó y se retiró al cláustro, haciendo renuncia. Murió el principe D. Ramon año 1162; Doña Petronila murio año 1173.	Ramon Berenguer.	1137		M.	1 2 3 4	Ramon, despues Alonso. Pedro. Sancho. Dulce. *Nota.* Tuvo él príncipe de Aragon dos hijos mas, uno llamado D. Pedro, y otro don Berenguer que fue abad de Montaragon; este era natural.	Alonso.	
					DINASTIA del conde Vifredo y CONDES DE BARCELONA.								
7.°	Alfonso.	II.	1192	12	Por el enlace de Doña Petronila con D. Ramon Berenguer, conde de Barcelona, cambiose la dinastia no interrumpida desde Ramiro I. D. Alonso es el primero que ocupó el trono de Aragon, siendo de la dinastía de los condes de Barcelona, cuyas armas trajo al escudo de Aragon D. Ramon, y son las que se han conservado. Murió D. Alonso año 1174. Doña Sancha murió en 1208.	Doña Sancha.		1174	M.	1 2 3 4 5 6 7	Pedro. Alonso. Hernando Costanza Leonor. Sancha. Dulce.	Pedro.	

Número en la sucesion general.	NOMBRES.	Número en los nombres.	Años en que sucedieron.	Edad que contaban al suceder	REYES DE ARAGON. ALGUNAS PARTICULARIDADES NOTABLES DE SU REINADO.	ESPOSOS Ó ESPOSAS QUE TUVIERON	Años en que se celebraron sus matrimonios.	Años de la disolucion de estos.	Modo porque se verificó.	Número de la sucesion de familia.	Hijos que tuvieron de sus matrimonios ó fuera de ellos.	SUCESOR EN LA CORONA.	Genealogía de los descendientes de los segundos que llegaron á ocupar el trono.
8.°	Pedro.	II.	1196		En tiempo de este rey sucedió la famosa batalla de las Navas de Tolosa, tenida contra los moros en el año **1212**. Fue el primero de los reyes de Aragon que mereció el renombre de Católico.	María: segun Zurita, Matilde.	1204				Jayme.	Jayme.	
9.°	Jayme, llamado el Conquistador	I.	1214	7	El rey D. Jayme ganó en **1232** las islas Baleares, Mallorca y Menorca. Divorcióse D. Jaime con Leonor, y despues casó con Violante, hija del rey de Hungria. Ganó el reino de Valencia. Murió el infante D. Alonso en el año **1260**, por cuyo motivo heredó D. Pedro los reinos de Aragon, Valencia y condado de Barcelona. Las islas de Mallorca y Menorca, con parte en Ibiza, las adjudicó D. Jayme al infante del mismo nombre. Murió el rey D. Jayme año **1276**.	Leonor.	1221	1229	D.	1	Alonso.		Pedro.
						Violante.	1235		M.	1 2 3 4 5 6 7 8	Pedro. Jayme. Hernando Sancho. Violante. Costanza. Sancha. María.		
10.°	Pedro, llamado el Grande	III.	1276		Llamóse D. Pedro el Grande para diferenciarle de los demas que de su nombre habia habido en Aragon. Emprendió las mas árduas acciones, y contra reyes poderosos, encontrándose en él juntamente el valor, la prudencia y discrecion, por lo que se hizo acreedor al título de Grande.	Costanza.	1260	1285	M.	1 2 3 4 5 6	Alonso. Jayme. Fadrique Pedro. Isabel. Violante.	Alonso.	
11.°	Alonso.	III.	1286		Murió D. Alonso de 27 años, á la sazon que iba á casar con Leonor, hija del rey de Inglaterra. Dejó por sucesor á su hermano Jaime, rey de Sicilia.								Jayme
12.°	Jayme.	II.	1291		D. Jayme concertó su boda con Isabel, hija del rey de Castilla, que era de 9 años; mas se deshizo este enlace, y casó con Doña Blanca, hija del rey de Sicilia. Esta murió en 1291, habiendo tenido 10 hijos. Casó D. Jayme en terceras nupcias con Maria, hija del rey de Chipre. Por renuncia del primogénito D. Jayme en el año 1319, pasó la corona á D. Alonso, hijo 2.°	Isabel.	1291		Repudió.				
						Blanca.	1295			1 2 3 4 5 6 7 8 9 10	Jaime. Alonso. Juan. Pedro. Ramon. María. Costanza. Isabel. Blanca. Violante.	Alonso.	
						Maria.	1315						
13.°	Alonso.	IV.	1327	27	Casó D. Alonso, siendo todavia infante, con Doña Teresa Entenza, cuyas bodas se celebraron en Lérida, y hubo siete hijos de este matrimonio. En segundas nupcias casó con Doña Leonor, hermana del rey de Castilla, de la cual tuvo dos hijos. Conquistóse reinando D. Alonso el reino de Nápoles.	Teresa.	1314	1327	M.	1 2 3 4 5 6 7	Alonso murió de un año. Pedro. Jayme. Costanza. Fadrique. Isabel. Sancho.		
						Leonor.	1329	1336	M.	1 2	Fernando Juan.		

Número en la sucesion general.	NOMBRES.	Número en los nombres.	Años en que sucedieron.	Edad que contaban al suceder.	REYES DE ARAGON. ALGUNAS PARTICULARIDADES NOTABLES DE SUS REINADOS.	ESPOSOS Ó ESPOSAS QUE TUVIERON	Años en que se celebraron sus matrimonios.	Años de la disolucion de estos.	Modo porque se verificó.	Número en la sucesion de familia.	Hijos que tuvieron de sus matrimonios ó fuera de ellos.	SUCESOR EN LA CORONA.	Genealogía de los descendientes de los segundos que llegaron á ocupar el trono.
14.°	Pedro.	IV.	1336	17	Este rey se enlazó con Doña Maria, hija del rey de Navarra. Muerta esta casó con Leonor, hermana del rey de Sicilia.	Maria.	1338	1347	M.	1 2 3 4	Pedro, muerto al nacer. Costanza Juana. Maria.		
						Leonor.	1349	1374		1 2 3 4	Juan. Leonor. Martin. Alonso.		
						Sibilia de Forcia.	1380			1	De esta solo quedó Isabel.		
15.°	Juan.	I.	1387	36	Casó D. Juan con Doña Matha, hermana del conde de Armeñaque, en primeras nupcias, de la que tuvo una hija, que se llamó Juana. Despues se desposó con Doña Violante, hija del duque de Bar.	Matha. Violante.	1372 1384		M. M.	1 2	Juana. Violante. Hernando murió en 1386.		Martin
16.°	Martin.	I.	1395		Tuvo D. Martin de la reina Maria cuatro hijos, que murieron antes que el padre; al menor, que fue Martin, hicieron rey de Sicilia por casarse con su reina. Tampocó dejó hijos legitimos. Murió el rey año 1410. Despues de la muerte de este rey estuvieron los Estados de Aragon en gran ansiedad por no aparecer claro el derecho del que habia de suceder. Decian tenerle la Reina de Nápoles con su hijo primogénito, el infante de Castilla D. Fernando, el infante D. Alonso, duque de Gandia, D. Fadrique, conde de Luna, y Don Jayme, conde de Urgel. Transcurridos dos años de revueltas, se decidió quien tenia mejor derecho, por los nueve varones que representaban todos los Estados, y fue en Caspe, recayendo en D. Fernando, infante de Castilla.	Maria.	1372	1399	M.	1 2 3 4	Martin. Jayme. Juan. Margarita		
17.°	Fernando	I.	1412	33		Leonor.				1 2 3 4 5 6 7	Alonso. Juan. Enrique. Sancho. Pedro. Maria. Leonor.	Alonso.	
18.°	Alonso.	V.	1416	22	Casó D. Alonso con Doña Maria, infanta de Castilla. En tiempo de este rey se unió el reino de Sicilia al de Aragon.	Maria.							Juan hermano del rey Alonso
19.°	Juan.	II.	1458	61		Juana.	1415	468	M.	1 2 3 4 5	Fernando Alonso. Juana. Marina. Leonor.	Fernando	

Numero en la sucesion general.	NOMBRES.	Número en los nombres	Años en que sucedieron.	Edad que contaban al suceder	REYES DE ARAGON. ALGUNAS PARTICULARIDADES NOTABLES DE SU REINADO.	ESPOSOS Ó ESPOSAS QUE TUVIERON	Años en que se celebraron sus matrimonios	Años de la disolucion de estos.	Modo porque se verificó.	Número de la sucesion de familia.	Hijos que tuvieron de sus matrimonios ó fuera de ellos.	SUCESOR EN LA CORONA.	Genealogía de los descendientes de los segundos que llegaron á ocupar el trono.
20.°	Fernando el Católico.	II.	1479	27	D. Fernando casó con Doña Isabel de Castilla. Por este enlace se unieron las dos coronas, habiendo sucedido esta reina á D. Enrique IV en la castellana el año 1474 siendo proclamados en Segovia. Al siguiente año en esta misma ciudad, despues de jurado D. Fernando, estando presentes varios principales nobles de Castilla, se decidió lo que se habia de hacer con los gobiernos de Aragon y Castilla, y fue que, ambos gobernasen en esta si se hallaban en ella; pero si D. Fernando estuviese en Aragon, dispusiera en él solo y Doña Isabel en Castilla. Subió al trono de Castilla Felipe I. por su esposa Doña Juana, y hubo de retirarse á Aragon D. Fernando, mas por la temprana muerte de aquel rey, y no juzgando capaz de desempeñar el gobierno á Doña Juana, fue llamado D. Fernando por los castellanos. Entonces se perpetuó la union de ambas coronas.	Isabel.	1409				Juan, que murió de 28 años de edad. Juana.		

Entre las leyes á que desde su principio estuvieron sujetos los reyes de Aragon, se hacen muy notables aquellas que autorizaban al pueblo á congregarse y unirse por lo relativo á la defensa de la libertad, en lo que parece hubieron de fundarse despues aquellos dos privilegios de D. Alonso III, llamados de la Union, que se revocaron por las córtes generales, en tiempo de D. Pedro el Postrero. La ley que estableció la autoridad del Justicia, encargado de la conservacion de las leyes, cuya persona y bienes solo estaban sujetos á las córtes del reino, que se componian del pueblo y del rey. La que establecia que en caso de agraviar el rey á algun súbdito se hiciesen los nobles cargo de su hecho y causa, y estorbasen el pago de todo tributo al rey, mientras no hubiese compensado y satisfecho al que hubiera sido vejado por él. Aquella ley, por fin, que se observaba en las coronaciones, hincándose el rey de rodillas, con la cabeza descubierta, ante el Justicia, quien, sentado y cubierto, despues de recibir su juramento solemne de guardar las leyes y privilegios del reino, le decia á nombre del pueblo: «Nos, que valemos tanto como vos, os hacemos nuestro rey y señor, con la condicion, que guardareis nuestros privilegios y franquezas; mas no de otro modo.» Esta manera de prestar fé y homenage duró hasta el reinado de D. Pedro IV, bajo el cual las córtes anularon la ley que la prevenia, y habiéndole presentado el pergamino en que estaba contenida, tiró de su puñal, y haciéndola con él pedazos, se hirió la mano; vió su sangre, y dijo: «ley que da poder á los vasallos para elegir rey, sangre de rey ha de costar.» Por esto se llamó D. Pedro el *del Puñal*, y el *Ceremonioso*. Conservóse el poder del Justicia sobre los jueces y sobre todos los ministros y oficiales que oprimian al pueblo. Vió este reino, como los demas de la Península, combatidas y minadas considerablemente las instituciones por la fuerza colosal del rey Cárlos I. En el reinado de Felipe II, habiendo intentado este monarca prender y formar causa á Pedro Antonio Perez, su secretario y mas íntimo confidente, por razon de cierto asesinato que se decia haber cometido éste de su órden, el pueblo se alborotó. Apeló Perez ante el tribunal del Justicia mayor, y le soltaron de la cárcel. De esto se originaron grandes debates y disturbios, y la muerte del conde de Almenara, que por la esperanza de obtener en propiedad el vireinato de Aragon, defendia la causa de Felipe. El jóven Juan de Lanuza, que á la edad de 27 años habia sucedido á su padre en el honroso cargo de Justicia mayor, viendo que Vargas bajaba de Castilla con fuerzas considerables, lo que era espresamente prohibido por las leyes de Aragon, arrebatado del ardor juvenil y del deseo de defender las libertades patrias, mandó levantar gente y salió con ella á campaña; eran sus contrarios mas prácticos en el arte de la guerra; tenian tropas disciplinadas; Lanuza quedó derrotado y prisionero. Aquel jóven magistrado fue degollado en la plaza de Zaragoza á pocos dias de su derrota el año 1581. Al año siguiente lo fueron tambien Jaime Lanuza y Francisco de Ayerbe. Desde entonces aquel tribunal, tan formidable para los tiranos, fue decayendo á proporcion que se desmoronaba la libertad. Felipe V vino casi á dar fin con los privilegios de los aragoneses, por haber reconocido por rey de España á Cárlos de Austria. Entònces se suprimieron los estados, que estaban divididos en los cuatro brazos ó estamentos, que eran; el eclesiástico, la nobleza, los caballeros é infanzones, y las universidades, bajo la presidencia del rey: su gobierno quedó el mismo que el de todo el resto de la monarquia, escepto el pago de rent. provinciales, hecho por equivalente. Entre las muchas y muy sabias disposiciones de aquellos originales fueros y leyes escritas de Aragon, que encontramos aun vigentes en sus tribunales, á pesar de toda la caida que sufrieron, llaman particularmente la atencion las que versan sobre la condicion de las mujeres é hijos de familia, bien distintas de las de Castilla, y los cuatro procesos forales de *Firma*, *Aprehension*, *Inventario*, *y Manifestacion*.

Es el primero aquel interdicto que antes espedia el Justicia, y despues la audiencia de Aragon, por el que se inhibe y veda el molestar y turbar á quien le obtiene en sus derechos, persona ó bienes, segun abrazase el pedimento, y fundase en la informacion. El segundo es un secuestro de bienes inmuebles, hecho por el juez ordinario secular, ó por la audiencia, á efecto de que sin violencia, ni luchas, deduzcan y consigan los interesados el derecho real que en ellos tengan. Este juicio tiene cuatro partes: la de la provision y ejecucion de la aprehension; el art. de *lite pendente ó Sumarisimo*; el art. de firma ó plenario posesorio; y el art. de propiedad; y cada parte tiene su serie, reglas y efectos diferentes. El tercero es una descripcion ó embargo de bienes muebles ó papeles, que hace el juez ordinario secular ó la audiencia, á fin de que, precavida toda violencia, le deduzcan, y obtengan los interesados el derecho que tengan en ellos. El cuarto quedó reducido á la manifestacion de procesos ecl., que es un interdicto ó decreto librado para la exhibicion de los procesos. La manifestacion de personas era de dos modos, una á *posse judicum*, y la otra á *posse privatarum*; solo subsistió esta, y es un interdicto ó decreto, para que se exhiban las personas, que estuviesen en poder de personas privadas, ó sin jurisdiccion.

HISTORIA ECLESIASTICA. El reino de Aragon recibió la fe de boca del apóstol Santiago, y segun una ant. y piadosa tradicion, tanto mas firme cuanto mas disputada ha sido, fue privilegiado del cielo con un favor sin ejemplar. Fue el mas fecundo de mártires en la primitiva Iglesia, y produjo dos héroes como San Lorenzo y San Vicente, los Levitas mas famosos de la igl. latina. Es de suponer que en este terr. se establecieron y limitaron las dióc. de manera que los ob. pudiesen visitarlas é instruirlas. Casi generalmente se ha convenido en no reconocer en él otras sedes ant. que la *Cæsar-augustana*, *la Oscense y la Turiasonense*: sin embargo, ya llevamos en el curso de este Diciohario aumentada á aquellas tres dioc. la *Arcabricense*; y asimismo nos ocuparemos de todas las demas que ciertamente le correspondan, como de las dudosas y aun de las falsas, al hacerlo de las pobl. de su título. Asi, tratándose en los art. de las pobl. condecoradas con sede episcopal de su historia, no parece necesario prolongar mas este, que no habia de ser otra cosa que la reunion de los estremos que aquellos han de comprender.

ARAGONCILLO: l. con ayunt. de la prov. de Guadalajara (19 leg.), part. jud. de Molina (2), aud. terr. y c. g. de Madrid (28), adm. de rent. y dióc. de Sigüenza (10): SIT. á la falda S. de las sierras de su nombre y con CLIMA muy frio. Tiene 67 CASAS de mala construccion, incómodas en sus habitaciones, y todas de piso bajo: la consistorial sirve tambien de cárcel y sala de escuela, que desempeña el sacristan con una retribucion de 3 celemines de trigo por cada uno de los 20 niños que á ella concurren: su igl., dedicada á San Bartolomé, es aneja á la de Selas, y está servida por un teniente de fija residencia: en los afueras hay una fuente para el uso de los vec., una balsa para abrevadero de los ganados, y 3 ermitas, de las cuales apenas se conservan los vestigios. Confina el TÉRM. por N. con el desp. de Chilluentes, E. el comun del Campo de la Torre, S. térm. de Torremocha y Granja de Arandilla, y O. el de Selas: dist. estos confines de 3/4 á 1 leg., y comprenden entre varios terrenos cubiertos de monte bajo de sabinar y marojo 2,000 fan. de tierra de labor, de las cuales son 1,500 de segunda clase, y 500 de tercera: á la parte de la sierra hay varias escavaciones ant. de minerales, y en el dia se han registrado, una de plomo argentífero, otra de cinabrio y otra de hierro; pero en todas son muy lentos los trabajos; en el mismo lado hay algunos manantiales de corta consideracion: el TERRENO es montuoso, muy quebrado y áspero, propio para pasto de ganado cabrío: los CAMINOS son mas bien travesías de pueblo á pueblo, y ásperos por la calidad del terreno; sin embargo, frente al pueblo se toma el carril que sale al camino de Molina por cima de la cuesta de *Anquela del Ducado* (V.): el CORREO se recibe en Molina por medio de los vec. que van á los mercados.: PROD.: centeno, trigo, cebada, avena, guisantes y guijas: se mantiene algun ganado lanar, cabrio y mular para la labor: ademas de la agricultura se emplean los naturales en curtir por si mismos pieles de cabrio, dándoles el color subido de café, que emplean para vestirse, especialmente en calzon y chaleco, cuyo traje les distingue en el pais: POBL.: 55 vec., 224 alm.: CAP. PROD.: 1.732,000 rs.: IMP.: 73,200: CONTR.: 3,308 rs. 33 mrs.: PRESUPUESTO MUNICIPAL: 1,300, del que se pagan los 300 al secretario por su dotacion, y se cubre con el arbitrio de la taberna, que prod. unos 500 rs., y lo demas por repartimiento vecinal.

ARAGONESA (LA): cot. red. de la prov. de Huesca, part. jud. de Barbastro, jurisd. del l. de Laluenga. Se compone de 1 CASA y porcion de tierras, que aunque áridas son muy productivas, y abundan en ricas yerbas de pasto para toda clase de ganados. Los confines de su TÉRM., calidad del TERRENO, PROD. y demas (V. LALUENGA, en cuya jurisd., como hemos dicho, se halla enclavado).

ARAGONESES: l. con ayunt. de la prov., adm. de rent. y dióc. de Segovia (4 leg.), part. jud. de Sta. Maria de Nieva (1); aud. terr. y c. g. de Madrid (17): SIT. á la falda de un pequeño cerro, el cual domina una gran llanura que se estiende hasta las sierras de Guadarrama y Navacerrada: este cerro ofrece un punto de vista muy alegre y variado, pues por todas partes, menos por el N., se alcanzan á ver hasta 30 pueblos, entre ellos la cap. de prov. y el Real sitio de San Ildefonso: su CLIMA es sano, y no se conocen de ordinario otras enfermedades que las intermitentes: tiene 91 CASAS, algunas sin habitar, y si se esceptúa la propia del curato, todas las demas son de un solo piso, construidas de piedra y tierra, y revocadas de cal; forman 7 calles y 1 plaza de 86 varas de largo con 36 de ancho; y todo el pueblo ocupa 780 pies, y 579 respectivamente: hay escuela de primeras letras, á la que asisten 32 niños; tiene 210 rs. de dotacion por los fondos públicos, y 28 fan. de trigo por parte de los alumnos; igl. parr., dedicada á Sto. Domingo de Silos, que tiene por anejo al inmediato pueblo de Tabladillo y los desp. de Villafria y San Pedro Miguel-añez; su curato es perpétuo, de concurso general; en los afueras hay 2 fuentes, 4 pozos, 2 balsas y 3 charcas, que todo sirve para uso de los vec. y abrevadero de los ganados, y á 200 pasos de la igl. entre E. y N., se halla el cementerio, que anteriormente fue ermita del Humilladero. Confina el TÉRM. al N. con el de Pascuales, E. Tabladillo, S. Paradinas, y O. con Balisa, á dist. todos los puntos de 1/4 á 1/2 leg., y comprende 1,640 fan. de labor, de las cuales son 405 de primera clase, otras tantas de segunda, y el resto de tercera; 1 pinar de 30 fan., que solo sirve para leña, y algunos prados: el TERRENO es llano, en gran parte arenoso y poco fértil: los CAMINOS locales y de herradura: el CORREO se recibe de Sta. Maria de Nieva por propio que envia el ayunt. todos los viérnes: PROD.: trigo, cebada, centeno, algarrobas, garbanzos, muelas y vino; se mantiene algun ganado lanar, 20 pares de bueyes, 7 mulas de labor, y 33 machos con 300 pollinos para la arrieria, siendo esta la principal ocupacion de 24 vec., que se emplean en conducir garbanzos á Madrid, Zaragoza y otros puntos mas dist., comprando de retorno aceite, jabon y cuanto se les proporciona, que espenden en el pais ó llevan á otras partes: POBL.: 75 vec., 262 alm.: CAP. IMP.: 61,496 rs.: CONTR.: 17,000: el PRESUPUESTO MUNICIPAL, del que se pagan 400 rs. al secretario por su dotacion, se cubre con el prod. del pinar, de que ya se ha hecho mencion, 30 fan. de trigo y 10 de prado para pastos.

ARAGONIA: nombre desconocido en la antigüedad romana, y que solo aparece en el anónimo Ravenate. El P. Porcheron en sus notas dice: *de hac urbe ubique siletur*. Cortés conjetura, que ó es la *Erga* de Ptolomeo, convertida en *Arga*, de donde se haya dicho Aragonia; ó que es la *Alavona* con algunas variantes. Todas son débiles conjeturas, y nada puede asegurarse; mucho menos respecto á su correspondencia moderna.

ARAGONZA: ald. en la prov. de Pontevedra, ayunt. de Chapa, y felig. de San Martin de *Fiestras* (V.): POBL.: 4 vec., 27 almas.

ARAGOSA: l. que forma ayunt. con el inmediato de Mirabueno (1/2 leg.), en la prov. de Guadalajara (10), part. jud., adm. de rent. y dióc. de Sigüenza (2 1/2), aud. terr. y c.g. de Madrid (20): SIT. entre peñascos á la orilla del r. Henares; le baten los aires E. y O., con CLIMA enfermizo por la humedad del r., siendo propenso á dolores reumáticos y tercianas: tiene 17 CASAS malas, que forman 1 calle, y 1 plaza de 25 varas de largo y 11 de ancho, con el suelo pedrizo y guijarroso, casa municipal con el pósito, escuela de primeras letras, á la que concurren 18 niños de ambos sexos, que abonan al maestro una corta retribucion, é igl. bajo la advocacion de San Pedro Apóstol, aneja á la parr. de Mandayona. Confina el TÉRM. por N. con el de Baides á 1/4 leg., por E. con el de Cabrera á 1/2, S. con los de Mirabueno y Algora á 1/4, y por O. con el de Mandayona á 1/8: comprende 1,698 fan. de tierra, de las que se cultivan 558, y son: 76 de primera clase, 306 de segunda y 174 de tercera; de ellas se riegan 6 fan. que pertenecen á varios huertos, otras se destinan á viñedo, y las incultas permanecen desatendidas por su mala calidad; cruza el térm. el r. Henares, del cual y de una fuente inmediata se surten los vec.; el TERRENO es pedregoso y de ínfima calidad: los CAMINOS vecinales, de herradura y en mal estado: el CORREO se recibe en Torremocha del Campo por medio de un vec. los miércoles y sábados, y se despacha en los siguientes dias: PROD.: trigo ínfimo, centeno, cebada, avena, , cáñamo, uvas, judías y patatas; se mantiene muy poco ganado lanar, menos de cabrio y de cerda, 3 yuntas de bueyes de labor, 5 de mulas y 4 de caballerias menores, algunas colmenas, caza menor, y la pesca de truchas, anguilas y otros peces qué prod. el r.: IND.: una fáb. de papel blanco ordinario y dos molinos harineros: POBL.: 31 vec., 135 alm.: CAP. PROD.: 455,560 rs.: IMP.: 41,000: CONTR.: 1,843 rs. 17 mrs.: PRESUPUESTO MUNICIPAL: 900, del que se pagan 80 al secretario, y se cubre con los fondos de propios, que consisten en 800 rs. del prod. de la hoja del monte y repartimiento vecinal.

ARAGUES: r. de la prov. de Huesca, part. jud. de Jaca, tiene su orígen en el valle de su nombre de dos copiosos manantiales: SIT. el uno al N. y el otro al E. del Puerto de Tastielles, los cuales vienen á reunirse á corto trecho de su nacimiento: en su direccion al S. deja á la der. la v. de Aragues del Puerto y el l. de Javierregay, y á su izq. los pueblos de Jasa, Fraginal, Lastiesas y Sosmanes, y va á desaguar en el r. *Aragon* no lejos del térm. del último pueblo y del puente de la Reina; lleva bastantes aguas por lo regular, proporcionando con ellas el riego á las pocas tierras susceptibles de este beneficio que hay en los térm. por donde pasa, y dando impulso á las ruedas de algunos molinos harineros: es impetuoso en sus avenidas, cria truchas, anguilas y barbos.

ARAGUES DEL PUERTO: valle de la prov. de Huesca; part. jud. de Jaca; le componen la v. de su nombre y el pueblo de Jasa que dista de aquella de 12 á 15 minutos: está SIT. entre el Pirineo al N. de la prov. y de la cab. del part., su estension es de 3 y 1/2 leg. de N. á S., y 1 1/4 de E. á O. con 9 1/2 de circunferencia. Confina por el N. con el de Ansó, por el E. con el de Aisa, por el S. con el térm. de Embun y por el O. con el valle de Hecho. El TERRENO, como el de todos aquellos valles, es áspero, cubierto de elevadas montañas entrecortadas de barrancos y precipicios, que imponen aun al mas acostumbrado á su vista; durante 6 ó 7 meses del año están cubiertos de nieve por la parte del N. y todos poblados de pinos, abetos, hayas, bojes y otros árboles de diferentes especies, de los cuales podria sacarse abundante madera de construccion; de sus cimas descienden en las temporadas del deshielo multitud de arroyuelos que van á engrosar el r. Osia, único de alguna importancia que en él se encuentra; por sus faldas brotan infinitos manantiales de aguas las mas dulces y cristalinas, y entre las espesuras de sus inmensos bosques se abrigan las perdices, liebres, palomas torcaces, los jabalies, corzos, cabras monteses y gamos, los lobos, osos y otros animales dañinos. Las tierras en general son flojas, pedregosas y áridas, solo en el TÉRM. propio de Jasa se encuentran algunas de mejor calidad, que con el riego de una copiosa fuente que desciende del puerto llamado Estiva, prod. todo género de cereales y legumbres. Ambos pueblos tienen comunes los térm., montes, y deh. de pasto escepto la deh. Boalar que poseen en particular para sus bestias de labor. Dentro del TÉRM. se encuentran las ruinas del l. de Boza y de la v. de Suesa que se ignora la época en que perecieron, sin que se sepa otra cosa (y esto por tradicion) que sus últimos moradores se retiraron á la v. Aragues y l. de Jasa. Los CAMINOS son locales, de herradura y ásperos en general; en los puntos de Bernera y la Trinchera está el que sirve de comunicacion para el reino de Francia, en la parte NO. hay otro para el valle de Hecho; de los dos que conducen al valle de Aisa, el uno es de Jasa á Aisa, y el otro hácia el E. á Sinues y Esposa el cual inclinándose un poco al N. va á la v. cab. del valle; otros dirigen al interior de la prov. y pasan por Sinues, Tiesas y Embun: PROD., IND. y COMERCIO, (V. ARAGUES DEL PUERTO v.): POBL.: 140 vec., 35 de catastro; 980 alm.: CONTR.: 11.159 rs. 29 mrs.

ARAGUES DEL PUERTO: v. con ayunt. de la prov. de Huesca (14 leg.), part. jud., adm. de rent. y dióc. de Jaca (4), aud. terr. y c. g. de Zaragoza (22), es cab. del valle de su nombre, está SIT. al pie del Pirineo á la márg. der. del r. Osia, sobre la falda de una colina llamada el Puerto; bátenla principalmente los vientos del N. NO. y S.; su CLIMA es frio, pero sano. Forman la pobl. 90 CASAS de un solo piso alto, por lo comun, distribuidas en varias calles bastante cómodas, aunque mal empedradas en su mayor parte, y poco limpias, y tres plazuelas sin soportales, en una de las cuales está la cárcel del Valle, y en la otra la casa consistorial que es el mejor edificio de la v. Hay un pósito, consistente en 48 cahices de trigo, y una escuela de primeras letras dotada en 10 cahices de trigo, pagados por reparto entre los vec.; concurren á ella de 25 á 30 discipulos, y de estos los que aprenden á escribir pagan ademas 6 rs. anuales cada uno. Tambien hay una igl. parr. bajo la advocacion de Ntra. Sra. del Rosario, servida por 1 cura y 1 sacristan; el curato es de térm., y se provée por S. M. ó el diocesano prévia oposicion en concurso general. En un incendio acaecido el año 1,601 se quemaron los papeles del archivo, por lo que no consta el de su fundacion; se cree es muy ant., y fue reedificada el año 1,704: el edificio es de piedra tosca; tiene 9 altares, de los cuales el mayor por su escultura es de bastante mérito. Junto á la igl. en uno de los estremos del pueblo, se halla el cementerio capaz y bien ventilado. Los hab. beben el agua de una fuente escasa, pero de esquisita calidad, que hay á otro estremo hácia el O. á corta dist. de la pobl.; en el sitio llamado el Tejar se encuentra otra sulfurosa, no muy abundante, cuyas aguas prod. los mejores efectos en algunas indisposiciones; no se ha hecho el análisis de ellas, ni se conocen por lo mismo cientificamente sus virtudes medicinales. Los confines del térm. son comunes con los del l. de Jasa, que es el otro pueblo con quien forma el valle á que da nombre y se espresan en el art. de *Aragues valle* (V.): en su circunferencia se hallan dos ermitas dedicadas, una á San Pedro y otra á Santiago; y á poco mas de 1 hora por la parte del N. y por la de O. hasta 18 ó 20 pajares. El TERRENO es todo montuoso, sin parte alguna perfectamente llana, es flojo, pedregoso y de secano, sin otra escepcion que algunos pequeños huertos que los naturales cultivan á uno y otro lado del r. Osia, que, como queda dicho, corre por él; lleva su direccion de N. á S., y aunque de curso perenne, es de poco caudal, en términos de quedar casi seco en los veranos; detras de los referidos huertos se elevan dos cord. principales, cuya altura sobre el nivel del mar no se conoce, si bien debe ser considerable, especialmente la del pico llamado Bisaurin, que cuando está nevado, se descubre desde el puente de piedra de Zaragoza. Hay 3 bosques principales donde crecen pinos, abetos, hayas, bojes y otros árboles y arbustos útiles para la construccion naval, 4 deh., denominadas puertos, pertenecientes á propios de valles, que se arriendan todos los años para yerbas de verano; y hácia el N., como á 1 hora de dist., una sierra para cortar tablas, que por hallarse muy inmediata á los bosques, se ha mandado inutilizar con arreglo á ordenanza. En el paso ó camino para Jasa, que es el otro pueblo que forma el valle, segun se ha dicho, hay un puente de madera que desaparece todos los años con las avenidas, y que es preciso rehacer, buscando el parage mas angosto y sólido. Tambien hay sobre el r. en la parte baja de la v. un molino harinero, que la mayor parte del año no puede moler sino por intervalos, recogiendo las aguas en una balsa construida al efecto. Los CAMINOS son todos locales y de herradura, dificiles por la escabrosidad del terreno y poco cuidado de los naturales; PROD.: trigo, cebada, centeno, avena, judias y otras legumbres, todo en corta cantidad; patatas, lino, cáñamo, maderas; cria ganado lanar, cabrio, vacuno, caballar, mular y de cerda; caza de perdices, liebres, palomas torcaces en el monte bajo, y en las espesuras jabalies, corzos, cabras monteses ó sarrios, osos, lobos, zorros y tejones; y pesca en el r. de algunas truchas, y anguilas. La IND. consiste en 4 ó 6 telares de lienzos y sayales ordinarios para el vestido de las familias: los vec. que por la escasez de las cosechas no tienen medios para subsistir todo el año, emigran con sus hijos al inmediato reino de Francia para ganar un jornal: POBL.: 75 vec., 22 de catastro; 380 alm.: CONTR.: 7,014 rs. 26 mrs.

ARAGUES DEL SOLANO: l. con ayunt. de la prov. de Huesca (12 leg.), part. jud., adm. de rent. y dióc. de Jaca (1), aud. terr. y c. g. de Zaragoza (20): SIT. en el declive meridional de un monte de donde se deriva el nombre de Solano; á su izq. y á dist. de 1/2 cuarto de hora está el r. ó barranco de Lubierre, que descendiendo de los puertos de Borau desagua en el r. Aragon entre los pueblos de Ascara y Abay; á la der. y dist. 1/2 hora el r. ó barranco de Estarrun, que bajando de los puertos del valle de Aisa, desagua en el espresado Aragon entre los pueblos de Fraginal y Ascara. Combátenle principalmente los vientos del O., E. y S., y goza de un cielo despejado y CLIMA saludable, aunque se padecen fiebres intermitentes por efecto de la insalubridad de las aguas. Hay 21 CASAS todas á escepcion de una, de un piso, distribuidas en calles pendientes é incómodas sin empedrar, y una plaza de irregulares dimensiones. Tiene una escuela de primeras letras dotada con 500 rs., á la que concurren de 18 á 20 niños, tanto del pueblo como de los inmediatos: una igl. parr. bajo la advocacion de San Policarpo, servida por 1 cura y 1 sacristan; el curato es de primer ascenso, y se provee por S. M. ó el diocesano mediando oposicion en concurso general. El cementerio está con buena ventilacion en la parte mas alta del pueblo; y en medio de este hay un pozo de mas de 70 palmos de profundidad, de cuyas aguas se sirven los vec. en la temporada de verano, aprovechando en lo restante del año las de una fuente ó arroyo algo dist., las cuales son salobres y de mala calidad. Confina el TÉRM. por el N. con los de Esposa y v. de Borau, por el E. con el de Canías, por el S. con el de Noves, y por el O. con los de Fraginal y Lastiesas; su estension de E. á O. es de 3/4 de hora y 1/2 de N. á S. El TERRENO es áspero y quebrado formando una continuada cord. desde el barranco de Lubierre hasta el de Estarrun; y de inferior calidad las tierras que se cultivan, siendo indispensable estercolarlas con frecuencia en virtud de haber desmerecido por los pedriscos y aguaceros que han sufrido desde 1835 al 37, y aun asi queda una gran parte inculta. Hay dos pequeños trozos de huerta en las marg. de Lubierre y Estarrun, que con frecuencia se inundan y desaparecen por las avenidas de los mismos, de 50 á 60 cahizadas de tierra blanca, en la que se emplean de 16 á 18 yuntas: dos medianos bosques, el uno muy á propósito para criar robles de buena calidad; pero por haber estado abandonado mucho tiempo, permanece en mal estado y necesita algunos años y particular esmero para su reparacion; el otro produce pinos que solo sirven para leña; y un cerrado para pasto de ganado vacuno. En las inmediaciones del Lubierre existe un molino harinero perteneciente á los propios, que la mayor parte del año está sin moler. Ademas de los r. espresados corren otros arroyos y brotan algunas fuentes de aguas saludables y buenas, de que no se surten los vec. por hallarse á considerable dist. del pueblo. Los CAMINOS son locales, de herradura y se hallan en mal estado en invierno: PROD.: trigo, avena, cebada, centeno con escasez, patatas con abundancia y algunas judias y maiz; cria ganado lanar, cabrio y vacuno, caza de perdices, palomas torcaces y liebres, y algunos lobos, jabalíes y corzos. POBL.: 22 vec. 6 de catastro, 180 alm.: CONTR. 1,558 rs. 26 mrs.

ARAGÜNDE: l. de la prov. de Pontevedra, ayunt. y felig. de *Catoyra* San Miguel (V.).

ARAHAL (EL): v. con ayunt. en la prov., aud. terr., c. g. y dióc. de Sevilla (7 leg.), part. jud. de Marchena (2), con adm. de rent. estancadas.

SITUACION Y CLIMA. Está sit. sobre una colina de poca elevacion, que forma en su cima una estensa planicie: su temperatura es calurosa en verano, y en los inviernos muy frios, á veces, se disfruta de una agradable primavera, cuando no reinan los vientos E. y N.: el clima es bastante saludable, sin duda por las buena sit. del pueblo; y solo en años muy secos se padecen algunas enfermedades conocidas por calenturas intermitentes y algunas otras de la especie de las gastro-enteritis.

INTERIOR DE LA POBLACION Y SUS AFUERAS. Se compone de 1,307 CASAS distribuidas en 45 calles cómodas, con vistas muy agradables por el E., S. y O., y 2 plazas; siendo los edificios, á escepcion de los públicos, en lo general de pésima construccion y peores materiales. Las casas de ayunt. se hallan en buen estado, y contienen la cárcel, con una ermita pública donde se celebra el santo sacrificio de la misa á espensas del patronato, fundado por Diego Leboro Castilla, y que administra la fábrica de la igl. parr. Contiguo al referido edificio se encuentra el pósito, cuyo caudal efectivo es de unas 4,400 fan. de trigo, y en metálico 1,265 rs., con un certificado de crédito del Banco Español de San Fernando, que habiendo satisfecho con él dos años de contingente, ha quedado reducido á 1,770 rs. 14 mrs., por importar aquellos 1,081 rs. 20 mrs.: y ademas una carta de pago de 20,292 rs. para reintegrarse del importe de la mitad de las existencias en trigo de que dispuso la estinguida junta de armamento y defensa de la prov. Tambien tiene el pósito á su favor, como escluidas en finiquitos de cuentas, 1,697 fan. y 5 celemines de trigo, y en metálico por igual concepto 119,522 rs. 19 mrs.; encontrándose las partidas consideradas como caudal efectivo, unas en poder del establecimiento y otras en el de varios vecinos procedentes de repartimientos con suficiente responsabilidad, y por tanto en buen estado de cobranza. No sucede lo mismo con las escluidas de cuentas, pues su reintegro en algunas se verifica paulatinamente, mientras otras no tienen alteracion alguna, como producidas de gastos hechos con la competente autorizacion en la época constitucional de 1820 al 23. Los establecimientos de instruccion pública que existen, son: 1.°; 7 escuelas de ambos sexos, 2 de ellas de niños, donde se enseña gratis á todos los jóvenes pobres por disposicion del ayunt. que recompensa este trabajo de los fondos de propios; pues aunque cierto número de niñas reciben gratuitamente las lecciones, es en cumplimiento del deber que se impone á las maestras en el título que se les da: concurren á las clases por ambos conceptos, tanto de gracia, como de pago, 272 niños y 151 niñas. 2.°; una cátedra gratuita de latinidad, dotada por una capellania, á la que concurren unos 14 jóvenes. 3.°; otra de moral que carece de alumnos, dotada tambien por capellania; con la estincion del conv. de mínimos quedó suprimida la cátedra de filosofia que habia en él, pensionada sobre sus fincas, á cargo hoy del crédito público. Hay un hospital, titulado de la Sta. Misericordia, con la dotacion de 12 camas y destino á la curacion, asi médica como de cirujia, de hombres, bien sean vecinos ó forasteros: su caudal consiste en 2,000 pies de olivo en este térm. y el de Paradas, 35 fan. de tierra, plantadas de estacas, como de endeble calidad para sembradío, 14 aranzadas de viña con una casita para el guarda, 4,500 rs. de réditos anuales y 1 molino aceitero, unido á la casa-hospital, con lagar y bodega, gravado todo con 773 rs. 17 mrs., réditos de varios hospitales y 508 rs. 17 mrs. de memorias de misas. La igl. parr. (Santa Maria Magdalena), está sit. á un estremo de la pobl.: sus dos curatos de primer ascenso, siendo patrono el Excmo. Sr. duque de Osuna, están servidos por los curas propios, aunque no con colacion por ser de nombramiento de dicho señor, vacante el uno y servido por un cura ecónomo nombrado por la dignidad arz., y ademas 1 cura teniente, 8 presbiteros, 1 sochantre, 1 organista, 1 sacristan, estos tres últimos de esclusivo nombramiento del Sr. duque, 4 acólitos y 1 pertiguero. Existen las ermitas del Hospital, Sta. Cruz y San Antonio, las tres de herm., y la de la Madre de Dios; cuya patrona es Doña Francisca Reina. La igl. de los dos conv. que hubo de religiosas, el uno de San Roque, del órden de San Francisco, y el otro de la Victoria, del de Mínimos, están en uso, asi como la del conv. existente de monjas de Sto. Domingo. El cementerio, sit. en desp. al E. de la v. y dist. de unos 200 pasos, se halla contiguo á una de las ermitas y vereda de Osuna, y es bastante capaz.

TÉRMINO. Confina Arahal con la v. de Paradas, que se halla á 1 leg., la de Moron á 3; la de Conil, los Molares y Utrera á 4; Alcalá de Guadaira á 5, y Carmona á 4, llegando su térm. por el E. hasta el de Paradas, mediando solo entre ambos una vereda; por el S. con el de Coronil, á dist. de 3 leg.; por el O. con los de Utrera y Alcalá, hasta 2 leg., y por el N. hasta el de Paradas, á la dist. ya dicha, y el de Carmona á 1 leg., comprende 30,243 fan. de tierra, en las que hay 23 casas ó cortijos. El TERRENO en lo general es arcilloso y bien ínfimo, y lo restante calcáreo de mediana calidad; abunda demasiado en palmas, y se cultiva en la estension de 4,023 fan. el arbolado de olivar; tambien hay viñedo.

Corre por el térm. el r. de *Guadaira*, y los arroyos del Cuerno, Barros, Guadairilla, Butreco, Alameda y Saladillo: el r. nace de la sierra de Moron, mas arriba de Pozo-amargo, y se dirige por Alcalá de Guadaira al Guadalquivir, pasando por el S. y O. de esta pobl. El arroyo del *Cuerno* nace en el matadero de Moron, desembocando en dicho r. por las tierras del cortijo del Fresno, que se halla al S. en el térm. de esta v. El de *Barros* tiene su origen en las inmediaciones del cortijo de la Rana, entre la Puebla y Moron, corriendo de E. á S. á desaguar en dicho r. Guadaira entre la trocha del cortijo de Casulas y camino del Coronil, jurisd. de Arahal. El *Guadairilla* nace en el térm. de Moron, y marcha de S. á O. á desembocar en el mismo r. á las inmediaciones de *Alcalá de Guadaira* (V. este art.). El *Butrero* se forma en las tierras del cortijo del Pacho en la v. de Moron, y camina de E. á S. á desaguar en el de la Alameda entre los molinos harineros de las Animas y Jasdilla, del térm. de Arahal. El arroyo *Alameda* nace junto al cercado de los Locos, camino de Osuna, térm. de la v. de que tratamos; y dirigiéndose de E. á S. y O., va á unir sus aguas á las del r. de Guadaira, por las tierras del cortijo Cabeza de Lobo, del indicado térm. Por fin el *Saladillo* principia en Monte-Palacios, y cañada que llaman de Gavilanes, jurisd. de Paradas, al E. de Arahal, y pasa por S. y O. á unirse al mismo r. que el anterior por las tierras del cortijo de los Alamillos, jurisd. de Carmona. Tanto el r. Guadaira, como los mencionados arroyos, son escásos de agua, si bien tienen pasos fatales cuando las lluvias son frecuentes: solo hay dos alcantarillas sobre el Saladillo. Los CAMINOS, que se hallan en direccion á Sevilla y Puertos, Málaga y Granada, se hallan en muy mal estado: hasta el año de 1835 estuvo la casa de Osuna cobrando un portazgo, cuyo gravámen se quitó en dicho año. La CORRESPONDENCIA se recibe por un conductor, que va á buscarla á la caja de Carmona, pagado por el ayuntamiento.

Las PRODUCCIONES del térm. son: trigo, cebada, garbanzos, yeros, habas y demas semillas: las mencionadas son de buena calidad y abundantes, las otras escasas: tambien abunda el aceite, cuyo sobrante se conduce á la cap., y basta para el consumo el vino y el vinagre; el ganado que se cria es el vacuno, caballar, asnal, de cerda, lanar, y alguno cabrio, prosperando en segundo lugar el lanar, y principalmente el vacuno, como mas adecuado al sustento de las palmas: el de cerda y cabrio es las mas veces insuficiente para el consumo de la pobl. La caza consiste en conejos, liebres y perdices; no faltan lobos y zorros, que causan algun daño en el ganado, ni peces en el r.

ARTES, INDUSTRIA Y COMERCIO. La agricultura es la ocupacion dominante, y despues la elaboracion de pan: hay una fáb. de sombreros de lana, 2 de jabon blando, 3 de alfareria, 1 molino de yeso, 5 de pan, 3 de ellos en el r. Guadaira, y 2 sobre el arroyo de la Alameda; 32 tahonas, parte de ellas para el uso particular de sus dueños, 26 molinos de aceite, 6 de ellos rurales, y 23 lagares para pisar uvas, de estos, 5 en desp. El comercio se reduce á la esportacion á la cap. de prov. del sobrante de los frutos, bien por arrieros ó por los propios dueños, á la cap. de prov., de donde se importan á la vez los géneros y manufacturas de que se carece.

POBLACION, RIQUEZA CONTRIBUCIONES. 1,668 vec. 6,988 alm. CAP. PROD. para contr. directas; 26.341,266 rs.; imponible 790,238 rs.; para contr. indirectas: CAP. PROD. 2.781.066 rs. 22 ms.: IMP. 83,432 rs.: CONTR. de cuota fija 301,050 rs. 24 ms.

ARAHOS, ó ARAOS: l. con ayunt. en la prov. de Lérida (32 1/2 horas), part. jud. de Sort (5 1/2), adm. de rent. de Tremp (14 1/2), aud. terr. y c. g. de Cataluña (Barcelona 48 1/2), dióc. de Seo de Urgel (9), oficialato de Tirbia: SIT. á la der. del riach. *Alins* en el valle de Vall-farrera y en un llanito circuido de elevadas montañas; le combaten principalmente los vientos del E. y O., y el CLIMA, aunque muy frio por la escesiva duracion de las nieves, es bastante sano, sin embargo de padecerse algunos catarros, pulmonías, y paperas, llamadas en el pais *golls*. Tiene 11 CASAS, y 1 igl. parr. bajo la advocacion de San Estéban Proto-mártir, servida por un cura párroco y un beneficiado de sangre; el curato de la clase de rectorías es de primer ascenso, y lo provee S. M. ó el diócesano, segun los meses en que ocurre la vacante, mediante oposicion en concurso general. Cerca del pueblo hay una fuente, cuyas aguas ferruginosas, fuertes y de buen gusto, con las de otras que brotan á mayor dist., aprovechan los hab. para su gasto doméstico y otros usos. Confiina el TÉRM. por N. y O. con el de Ribera (1 1/2 hora), por E. con el de Ainet de Vall-ferrera (1/2), y por O. con los de Tirbia y Burch (1). Dentro del mismo á 1/8 de hora O. de la poblacion, hay una capilla dedicada á San Francisco Javier, la cual ninguna particularidad ofrece; y á una hora hácia el E. se encuentra otra bajo la advocacion de San Licerio, á donde concurren los vec. en romería el dia del Santo; se cree comunmente que este pueblo estuvo sit. en un principio en los alrededores de la espresada ermita. En la primera direccion, esto es, al O. y á 1/4 de hora de las casas se ven los restos de un cast. llamado la *Forza*; el cual, se dice, se halló guarnecido hasta el siglo V., en cuya época dejó de existir, y se trasladó la guarnicion á Alins. El TERRENO es montuoso y áspero, y aunque muy abundante de aguas, no puede regarse por no permitirlo la flojedad de las tierras. Cruza por el térm. el CAMINO real que dirige á Francia por el puerto de Areú, el cual es de herradura y en mal estado, así como los demas trasversales ó de pueblo á pueblo. La CORRESPONDENCIA se conduce desde Tremp por un balijero hasta Llavorsi, donde la toma un espreso; se recibe los domingos y juéves al mediodia, y sale los mártes y viérnes por la tarde. PROD.: centeno, patatas, legumbres, alguna hortaliza, manzanas, ciruelas y otras frutas, aunque en corta cantidad, y muchos pastos, con los que sostiene bastante ganado vacuno, lanar y cabrio, y alguno de cerda, molar y caballar: hay caza de liebres y perdices; y pesca de truchas. IND. y COMERCIO; ademas de la agricultura se dedican los hab. al carboneo, cuyos prod. venden en los pueblos inmediatos; reduciéndose su comercio á la estraccion de lanas para Francia, é importacion del interior del reino de vino, aceite, trigo, y géneros coloniales: POBL. 10 vec. 50 alm. CONTR. 2,560 rs., ascendiendo el PRESUPUESTO MUNICIPAL á 450, el cual se cubre con el prod. de alguna finca de propios, y lo que falta por reparto entre los vecinos.

ARAHUETES: l. con ayunt. de la prov., adm. de rent. y dióc. de Segovia (5 1/2 leg.), part. jud. de Sepúlveda (4), aud. terr. y c. g. de Madrid (21): SIT. en una loma, tiene 35 CASAS de inferior construccion de 3 á 4 varas de altura, formando calles de figura mala y sin empedrado: hay una casa llamada de concejo en la que el ayunt. se reune con todos los vec. para tratar los asuntos del pueblo y dar cumplimiento á las órdenes generales, é igl. parr. con un anejo en Requijada. Confina el TÉRM. por N. y O. con los de Valdevacas, el Guijar, Cubillo y Arevalillo, S. con el de Pedraza de la Sierra, E. con el de Velilla de Pedraza; comprende monte de enebro, comun con los pueblos con que confina al N. y O. 14 fan. de buena tierra á la márg. del riach. de Sta. Agueda, que cruza el térm., y lo demas del TERRENO es de mala calidad: este riach. da movimiento á un molino harinero, y á 1/8 leg. se reune con el r. Cega: los CAMINOS son vecinales á los pueblos inmediatos: PROD. poco trigo y endeble, centeno, garbanzos y lino; se cria algun ganado lanar y vacuno: POBL. 31 vec. 103 alm.: CAP. IMP. 25,700 rs.: CONTR. segun el cálculo general de la prov. 20 rs. 24 mrs. p%.

ARAICO; ald. en la prov., aud. terr. y c. g. de Búrgos (18 leg.), part. jud. de Miranda de Ebro (2 1/2), dióc. de Calahorra (17), ayunt. de Treviño: SIT. en una colina formada á la falda de un monte; combátenle los vientos del N. y disfruta de CLIMA saludable, pues solo se conocen algunos constipados. Tiene 6 CASAS y una igl. parr. bajo la advocacion de San Cosme y San Damian, servida por un beneficiado. A dist. de 1/4 de hora de la pobl. y junto al r. *Ayuda*, existe una ermita dedicada á Nra. Sra. de Uralde con un ermitaño que tiene la obligacion de enseñar los primeros rudimentos de leer y escribir á los niños de este pueblo y el de Grandival, verificándolo un año en cada uno; igualmente alternan de dos en dos años los indicados pueblos, en la presidencia de las festividades que se celebran en la ermita anualmente el 25 de marzo y 8 de setiembre. Confina el TÉRM. por N. con el de Cucho, por E. con el de Caricedo, ambos 1/2 leg.; por S. con el de Grandival á 1/4 y por O. con el de Dordoniza 3/4. En él brotan cuatro fuentes llamadas, Gorceta, San Martin, el Silo, y Hoyo-Grande; esta última despide sus abundantes y esquisitas aguas en direccion del pueblo atravesándole por medio y sirviendo al consumo de los hab. y abrevaderos de los ganados. El TERRENO parte monte y parte llano, es de mediana calidad y se halla fertilizado por las aguas de dichas fuentes y por las del r. *Ayuda*. Los CAMINOS son locales y se encuentran en estado regular. La CORRESPONDENCIA la recibe de Treviño por balijero los lúnes, juéves y sábados, saliendo en los mismos dias: PROD. trigo, cebada y algunas legumbres; cria ganado vacuno, caballar y lanar, caza de perdices, y pesca de loinas, barbos y alguna trucha: POBL. 15 vec. 24 alm.: CONTR. con el ayuntamiento.

ARAIZ: valle en la prov., aud. terr. y c. g. de Navarra, merind., part. jud. y dióc. de Pamplona: SIT. en terreno desigual con libre ventilacion y CLIMA saludable. Comprende los pueblos de Arriba, Atallo, Azcárate, Gainza, Inza, y Uztegui. Confina por N. y O. con la prov. de Guipuzcoa, por E. con el valle de Larraun; y por S. con el de Basaburua menor y se estiende 2 leg. de N. á S. y 1/2 de E. á O. Le atraviesa el r. *Aspiroz* ó *Arajes*, cuyas aguas de buena calidad, juntamente con las de varios manantiales que hay en distintos puntos, aprovechan los moradores para su gasto doméstico, abrevadero de ganados, y otros usos tanto mecánicos como de agricultura. El TERRENO participa de monte y llano; en el primero hay bosques de robles y hayas á propósito para construccion y combustible; y en todo él se crian muchos y escelentes pastos para toda clase de ganados: PROD: trigo, cebada, maiz, castañas, cáñamo, lino, legumbres, hortaliza y algunas frutas, con particularidad manzanas; sostiene mucho ganado vacuno, de cerda, lanar y cabrio, en cuya cria consiste la mayor riqueza de este valle; hay caza de varias especies, y pesca de anguilas, barbos y otros peces.

INDUSTRIA Y COMERCIO; no bastando los prod. de la agricultura para la manutencion de los hab, se dedican estos, segun hemos dicho, con particular esmero á la ganadería y elaboracion de quesos, cuyo sobrante venden en Pamplona y Tolosa, proveyéndose con su importe de los frutos del país, coloniales, y ultramarinos de que tienen necesidad: POBL., conforme á las noticias oficiales, 342 vec. 2,203 alm.: CAP. PROD., 507,368 rs.

ARAJES: r. en la prov. de Navarra, conocido con el nombre de *Aspiroz* (V).

ARALAR: montaña muy elevada y estensa de la prov. de Navarra, que principia hácia el E. en el valle de Araquil, continua transversalmente por el S. tocando en el de la Burunda, y entrando hácia el O. en la prov. de Alava, termina por el lado del N. en la de Guipuzcoa. En su mas alta cumbre y espresado valle de Araquil, hay una igl. dedicada á San Miguel de Excelsis, á cuyo santo han tenido siempre particular devocion los navarros, invocándolo con mucha frecuencia en los lances de guerra. Antiguamente existió allí un monast. con rent. tan pingües, que sirvieron para fundar en lo sucesivo la dignidad de chantre de la cated. de Pamplona; hoy dia solo ha quedado una cofradía con el nombre del mencionado Arcángel, la cual conduce la efigie á la referida c. el lunes de Cuasimodo á las 5 de la tarde, volviéndola el inmediato miércoles sobre las 11 de la mañana. Abunda esta sierra en robles, hayas, avellanos y otros arboles bravos, de que se saca mucha y buena madera para construccion civil y náutica; en sus bosques hay bastante caza mayor y menor con muchos animales dañinos, especialmente lobos y aun jabalies; y en toda ella esquisitos pastos para ganado. De sus faldas salen varios riach. que se incorporan y hacen considerable el r. que atraviesa el indicado valle con el nombre de *Burunda*; se encuentran en su seno diversos minerales; habiéndose descubierto poco há una mina de carbon de piedra; y tiene hácia el N. dos ferrerias llamadas de *Elcorri*, las que suelen elaborar durante ocho meses en cada año. Tambien hay á la parte NE. hácia Amezquetá unas escelentes minas de cobre que se esplotaban á fines del siglo pasado. El nombre de esta montaña, idéntico al de otra que hay en Armenia donde se paró el área de Noé despues del Diluvio, ha dado origen á discursos poco sólidos sobre la antigüedad y procedencia de los pueblos inmediatos.

ARALAR; barrio desp. en el monte de su nombre, prov. de Guipúzcoa, part. jud. de Tolosa y Villa de *Amezqueta* (V.): sit. en el térm. divisorio de esta prov. y la de Navarra: habia una fáb. de cobre en que se ocupaban sus vec. á fines del siglo último.

ARALDE: l. en la prov. de Lugo, ayunt. de Vivero, y felig. de Sta María de *Magazos* (V.).

ARALDE, (DE): l. en la prov. de Pontevedra, ayunt. de Villajuan y felig. de San Martin de *Sobran* (V.).

ARALLA: l. en la prov. de Leon (7 1/2 leg.), part. jud. de Murias de Paredes (6), dióc. de Oviedo (14), aud. terr. y c. g. de Valladolid (29), ayunt. de Lancara: SIT. en un valle contiguo á la collada de su mismo nombre, en cuyo alto nace el riach. que pasa á la der. de San Pedro y muere en el r. *Luna*; combátenle los vientos N. y E., disfrutando de CLIMA saludable, aunque algo propenso á enfermedades reumáticas y pulmonales. Tiene 30 CASAS; escuela de primeras letras dotada con 80 rs., á la que concurren 30 niños, y una igl. parr. bajo la advocacion de Sta. Marina, servida por un cura, cuyo curato es de provision de la corona. Dentro de la pobl. hay una fuente de abundante y esquisita agua que aprovechan los hab. para su consumo doméstico. Confina el TÉRM. por N. con el de Caldas, por E. con el de Geras, ambos á una leg., por S. con el de Mirantes, y por O. con el de San Pedro de los Burros á 3/4. El TERRENO es de mediana calidad, fertilizado en parte por las aguas de varias fuentes que brotan en distintos parages y por las del ya indicado riach. Los CAMINOS son locales y se hallan en mal estado. La CORRESPONDENCIA la sacan los vec. de San Pedro de los Burros: PROD. trigo, centeno y legumbres; cria ganado vacuno, caballar, lanar y cabrio, y caza de perdices: IND. tres molinos harineros, suficientes para el abasto del pueblo: POBL. 20 vec.: 90 alm.: CONTR. con el ayuntamiento.

ARAMA: pobl. en la prov. de Guipúzcoa, dióc. de Pamplona (14 leg.), aud. de Búrgos (30), c. g. de las prov. Vascongadas (2 1/2), y part. jud. de Tolosa (2 1/2): SIT. en un alto á la márg. der. del Oria, su CLIMA frio y sano: tiene ayunt. de por sí, y el procurador que enviaba á las juntas generales de prov. tenia voto y asiento en el número 60. Consta de unas 18 CASAS de labranza, esparcidas por el térm., y de la rectoral que se halla próxima á la igl. parr. (San Martin); el curato lo presentan los vec. La estension del TÉRM. es 1/8 de las del centro á la circunferencia, y confina por N. Isasondo, al E. Alzaga, por S. Zaldivia y á O. Villafranca, en dondo recibe el CORREO: le baña por NO. el indicado *Oria*, sobre el cual tiene un buen molino harinero y un puente bastante sólido, que facilita la comunicacion con Isasondo y la carretera de Francia: el TERRENO está bastante poblado de robles y castaños; la parte roturada es de mediana calidad: prod. maiz, trigo, algunas legumbres, mucha manzana y castañas: se cria poco ganado; hay alguna caza y abundante pesca de truchas, anguilas y peces: POBL. 20 vec.: 99 alm.: SU RIQUEZA TERRITORIAL 8,040 rs. y 1,000 la IND. Y MERCANTIL: CONTR. (V. GUIPUZCOA).

ARAMAYONA: riach. que se forma de los manantiales de aguas potable, ferruginosa y sulfúrea, que nacen en los montes de Arangio, Amboto, Albinagoya y otros de la hermandad y valle de Aramayona en la prov. de Alava: reunidas estas aguas en el fondo del valle, dan principio á dos grandes arroyos que bajan uno por SO. y otro por NO. de la anteigl. de Zaldo y pueblo de Ibarra, en cuyo centro se reunen: desde aqui se dirige á la prov. de Guipúzcoa, y recorriendo los valles de Gasagarza y Guesalivar, pasa por medio de la anteigl. de Sta. Agueda, cerca de la casa de baños, donde le cruza un puente, y continua por el térm. de Mondragon á desembocar en el r. Deva; despues de dar impulso á un crecido número de molinos harineros.

ARAMAYONA: valle y hermandad de la cuadrilla de La Guardia, prov. de Alava, compuesto de los pueblos que constituyen el ayunt. de su nombre: es titulo de condado que posee la casa de los marqueses de Mortara. Estuvo comprendido este valle en el señ. de Vizcaya hasta el siglo XV, en el que se incorporó á la prov. de que hoy depende, estipulando entre otras cosas, y segun consta en su archivo, que á las contribuciones y derramas se contase solo con 45 contribuyentes si bien despues se han hecho algunas alteraciones: se gobernaba por un alcalde elegido por el señor entre los 6 sugetos que al efecto le proponian los pueblos: el nombramiento de un regidor preeminente (mayordomo bolsero), regidor 2.°, fiel aforador, comunero, personero, 4 monteros, el de procurador de prov. y alc. de herm. se hacian reuniéndose el consejo general en Barajuen, y los electores prestaban juramento bajo de una encina, que está á la puerta de la igl., de proceder fiel y legalmente en la eleccion. El alc. juzgaba en primera instancia, y las apelaciones se dirigian al alc., m. puesto por el conde, ó la estinguida chancillería de Valladolid.

ARAMAYONA: ayunt. de la prov. de Alava y dióc. de Calahorra (23 leg.), aud. terr. de Búrgos (24), c. g. de las provincias Vascongadas (5), valle y herm. de su nombre: part. jud. de Vitoria (5): SIT. al N. de la prov. y rodeado de las altas peñas y sierras de Arangio, Amboto y Albinagoya: su CLIMA es frio, pero sano: comprende los pueblos de Arrejola, Azcoaga, Barajuen, Echagüen, Ganzaga, Ibarra, (cap.) y su anteigl. Zalgo, Olaeta, Uncella y Uribarri; tiene escuela elemental completa, dotada con 3,300 rs. y asisten 74 alumnos. El TÉRM. se estiende 1 1/2 leg. de N. á S. y 2 de E. á O., y formando una especie de península limita por ONE y parte de S. con pueblos de Vizcaya; unido solo por esta última parte á la prov. de que depende y confines del ayunt. de Villa-Real de Alava; abundante de aguas dulces asi como de ferruginosas y sulfúreas, le recorren distintos arroyuelos; el TERRENO, aunque áspero y escabroso, tiene sin embargo algunos puntos capaces de cultivo: sus montes, en los cuales se encuentran el mármol, lapiz y pizarras, estan poblados de robles, hayas, encinas y castaños, y ofrecen mucho y buen pasto; los CAMINOS, especialmente el que dirige á Villa-Real y Vitoria, se hallan en buen estado: el CORREO se recibe en Ibarra: PROD.: trigo, maiz, centeno, legumbres y alguna hortaliza y frutas; cria toda clase de ganado; no escasea la caza y se encuentran muchos molinos harineros: POBL. 377 vec.: 1,827 alm. RIQUEZA y CONTR. (V. ALAVA INTENDENCIA). El PRESUPUESTO MUNICIPAL asciende á 26,579 rs.: se cubre con arbitrios y reparto vecinal: el secretario percibe 2,000 rs.

ARAMENDIA: l. del valle y ayunt. de Allin ó Lin, en la prov., aud. terr. y c. g. de Navarra, merind. y part. jud. de Estella (1 1/4 leg.), dióc. de Pamplona (8), arciprestazgo de Yerri: SIT. en pendiente al pie de la sierra llamada *Santiago de Loquiz*, con libre ventilacion, y CLIMA muy sano: Tiene 18 CASAS, la del consejo, una igl. parr. bajo la advocacion de San Sebastian, servida por un párraco; y una ermita dedicada á N. S. Jesucristo en una especie de calvario, de forma triangular, de piedra silleria y buena arquitectura. Confina el TÉRM. por N. con el de Muneta (1/4 leg.), por E. con Larrion (igual dist.) por S. con el de Eulz (1/2), y por O. con el de Ganuza (1/4). Le cruza un riach., cuyas aguas, de escelente calidad, aprovechan los vec. para su consumo doméstico, riego de algunas tierras, y para dar impulso á un molino harinero. El TERRENO es bastante desigual y escabroso; comprende 1,500 robadas, de las cuales solo hay en cultivo 400, y de estas se reputan 30 de primera clase, 170 de segunda y 200 de tercera, contándose entre ellas 15 robadas de viñedo. La parte inculta abraza 700 robadas de bosques á propósito para construccion y combustible, y 400 de maleza; se crian en ellas buenos y abundantes pastos para toda clase de ganados: PROD. trigo, cebada, maiz, legumbres, vino, hortaliza, lino y algunas frutas; sostiene ganado mular, vacuno, de lana y cabrio; hay caza de liebres y perdices, y animales dañinos de varias clases: POBL. 12 vec.: 59 alm.: CONTR. con el valle.

ARAMIL (SAN ESTEBAN DE): l. y felig. en la prov., dióc. y part. jud. de Oviedo (2 1/2 leg.), ayunt. de Siero (3/4): SIT. en un llano resguardado de los vientos N. por una elevada sierra, su CLIMA es templado y sano, comprende los barrios ó ald. de Camino Real de Abajo y Camino Real de Arriba: la igl. parr. (San Estéban) es mediana, y su curato de ingreso y patronato laical; el cementerio es capaz y se encuentran en la pobl. y term. varias ermitas. Confina por N. con la sierra que hemos indicado; por E. con Sto. Tomás de Teleches, por S. con Sta. Eulalia de Vigil, y por O. con Sta. Cruz de Marcenado; bañándole por el mediodia uno de los brazos que forman el r. Nora. El TERRENO es de buena calidad en la parte cultivable, y sus montes no carecen de arbolado; asi como las aguas de sus fuentes contribuyen á la fertilidad del suelo: los CAMINOS son locales y malos: el CORREO se recibe en la Pola de Siero ó caja del ayunt.: PROD. maiz, trigo, escanda, patatas, habas, castañas, varias legumbres y frutas en los huertos, donde tambien se encuentran hortalizas: cria ganado vacuno, mular, caballar, poco lanar; pero bastante de cerda: hay caza de liebres y perdices, y dos molinos harineros: POBL. 98 vec.: 400 alm.: CONTR. con su ayunt. (V.).

ARAMIO: l. en la prov. de la Coruña, ayunt. de Conjo y felig. de San Martin de *Arines* (V.).

ARAMUNT: v. con ayunt. en la prov. de Lérida (22 horas), part. jud. y oficialato de Tremp (4), aud. terr. y c. g. de Cataluña (Barcelona 40), dióc. de Seo de Urgel (18): SIT. cerca del camino real que conduce desde la tierra baja á los puertos de Francia, en el declive de un cerro que se eleva hácia el S. y O. con libre ventilacion, cielo alegre y CLIMA muy saludable. Tiene 93 CASAS en general de dos pisos, pero mal construidas y de escasa comodidad; de ellas hay 83 formando escala hasta la cumbre del mencionado cerro, y distribuidas en dos pequeñas plazas, y varias calles pendientes y mal empedradas, 8 en la falda del monte llamado de San Miguel, y las 2 restantes permanecen aisladas: una igl. parr. dedicada á San Fructuoso Mártir, servida por un cura párroco, cuyo destino de la clase de rectorias y de térm., se provee por S. M. ó el diocesano segun los meses en que ocurre la vacante, mediante oposicion en concurso general; anteriormente era este curato uno de los mas pingües de toda la dióc, y entre los muchos célebres curas que lo han ocupado merece notarse el Sr. D. Pedro Diaz Valdés, ob. que fue de Barcelona, cuyo sabio prelado dejó algunos gratos recuerdos en la pobl., y entre ellos el relox de la igl. Confina el TÉRM. por N. con los de San Martin de Canals y Personada, por E. con este último, por S. con el de Bastay, y por O. con los de Montesquin y Salas; de cuyos puntos dist. 3/4 de hora poco mas ó menos. Dentro del mismo, al lado de un torrente profundo, y cercano á la v., se eleva un cerro denominado de *San Corneli*, en cuya cúspide hay una ermita dedicada á dicho santo, desde la cual se descubre toda la Conca de Tremp; otra ermita bajo la advocacion de la Virgen Maria existe á 500 pasos del pueblo; una capilla dedicada á San Miguel en el cas. de este nombre, y otra titulada San Francisco Javier en el mansó de *Miret*, el cual se halla hácia el O dist. 3/4 de hora de la v.; encontrándose á 200 pasos de esta restos de una ant. fortificacion con un trozo de torre. Al pie de la cuesta, en que se ha dicho existe el principal grupo de casas, brota una fuente abundante de buenas aguas, que aprovechan los hab. para su gasto doméstico, para abrevadero de las bestias, y lavadero público; mas copiosa que la anterior es la que nace al pie del mencionado monte de San Corneli, la cual se llama *Rams*, y da nombre al torrente ó riach. de que se hizo mérito, el cual bajando de Herbasabina, y pasando por la der. de la v., cruza este térm. de E á O. en el que riega algunos trozos de terreno; da impulso á un molino de harina propio del baron de Eroles, y confluye en el r. Noguera Pallaresa frente la torre de Antros; sobre el mismo hay un puente de piedra con un solo arco, y el caudal de sus aguas es bastante escaso é insignificante hasta que recibe las de la espresada fuente; no obstante que en las grandes lluvias viene tan crecido que causa muchos y considerables daños, dificiles de precaver, porque las obras que son necesarias al efecto costarian sumas enormes, ó al menos valdrian mucho mas que los indicados daños. Dist. 1/4 de hora de la fuente que hemos reseñado, nace otra al pie del mismo cerro, cuyas aguas aunque menos abundantes, son tambien muy esquisitas. Lo mas notable de el térm. es una cueva que hay en la ladera meridional de la montaña de *Boumort*, en la cual se forman continuamente gruesas masas de hielo de diversas y caprichosas figuras con el agua que mana por todas partes, aun en medio de los calores del estío, en cuya temporada prod. mas de 8 a. de hielo por dia, mucho mas duro que el que se saca de las neveras comunes. Ademas del espresado cas. de San Miguel y del mansó de Miret, hay hácia el N. una casa de campo llamada la Borda de Petirro, cerca de esta otra denominada Borda de Carlá que nada de particular ofrecen; y al pie del cerro, cuyo declive ocupa la pobl., 8 barracas ó eras en las que se custodia la paja, y se guarecen los ganados. El TERRENO participa mas de monte que de llano, es bastante flojo y abraza 2,000 jornales en cultivo, de los cuales se riegan solamente 12. No tiene mas bosque de arbolado, que el llamado de Boumort, propio del Sr. duque de Medinaceli, y está casi destruido; lo demas del terreno se halla inculto y cubierto de matorrales, arbustos y alguna leña para combustible. Los CAMINOS son locales, de herradura, y se encuentran en mal estado: dist. 1/2 hora de la v. pasa el que se ha dicho dirije á Francia. PROD.: trigo, cebada, centeno, vino, patatas, legumbres, hortaliza, algunas frutas y poco aceite, cuya última cosecha fue de mucha importancia, hasta que en 1827 las heladas destruyeron casi todos los olivos; cria ganado lanar, cabrio, asnal, de cerda, y el vacuno y mular preciso para la agricultura; y hay caza de varias clases. POBL. conforme á datos oficiales, 27 vec., 148 alm.: segun otras noticias 94 vec. y 517 alm.: CAP. IMP.: 52,113 reales.

ARAN (VALLE DE): y part. jud. (*) de *entrada* en la prov. de Lérida, dióc. de Seo de Urgel, aud. terr., c. g. de Barcelona, compuesto de 4 v., 26 l., 8 ald., 4 cas. y 3 santuarios, que forman 27 ayunt., cuyas pobl. mas importantes tienen entre si con la cap. de prov., Madrid, y las dos c. referidas, las dist. que aparecen en el cuadro siguiente:

VIELLA: cab. del part. jud. y del Valle de Arán.												
1	Arties.											
5	6	Bausén.										
3 1/2	4 1/2	1 1/2	Bossost.									
5 1/2	6 1/2	1	2	Canejan.								
4	5	1	1/2	1 1/2	Les.							
2	1	7	5 1/2	7 1/2	6	Salardú.						
1/2	1 1/2	4 1/2	3	5	3 1/2	2 1/2	Vilach.					
3	4	3	1 1/2	3 1/2	2	5	2 1/2	Vilamós.				
40	39	45	43 1/2	45 1/2	44	42	40 1/2	43	Lérida: cap. de prov.			
19	18	24	22 1/2	24 1/2	23	17	19 1/2	22	25	Seo de Urgel: dióc.		
62	61	67	65 1/2	67 1/2	66	60	62 1/2	65	36	40	Barcelona: aud. terr. y c. g.	
90	91	95	93 1/2	95 1/2	94	92	90 1/2	93	76	101	107	Madrid.

SITUACION. Puede decirse que este valle se halla enclavado dentro del Pirineo entre elevadas montañas, que desde los puntos mas culminantes de aquella importante córd. se desprenden por la vertiente set. hácia el terr. de Francia, á una dist. casi igual entre Bayona y Perpiñan, centro por consiguiente de la dilatada linea con que la naturaleza ha marcado los lim. de España; al pie tambien, para la mayor importancia del pais que se describe, del encumbrado pico de la Maladeta, objeto de admiracion de naturales y estrangeros.

CONFINES. Por N. con el departamento del Alto Garona y con el del Ariege, por E. con este último y el part. jud. de Sort, prov. de Lérida, por S. con dicho part. y el de Boltaña prov. de Huesca, y por O. con esta misma prov. y el ya mencionado departamento del Alto Garona: la simple designacion de los confines demuestra que la mayor parte del valle está rodeado de terr. francés, puesto que la casi totalidad de sus variadas montañas traza los lim. de España y Francia.

TERRITORIO. En los diferentes diccionarios, en que se ha hablado del valle de Aran, se ha dicho que este pais tenia 7 leg. de largo y 6 de ancho, sin duda adoptando para fijar la primera dist. el punto de Tredós hasta Puente de Rey, lim. de España y Francia; y para la segunda el terreno que media entre los montes que están sobre Viella ó sobre Arties y los confines del suelo francés, en las escasas y dificiles comunicaciones que se hallan á la der. del r. Garona. Pero en el señalamiento de estas dist. ha habido á no dudarlo esceso de ligereza y escasez de estudio, porque el terr. que comprende el part. jud. del valle de Aran, el que estaba en lo ant. sujeto á la autoridad del gobierno militar del pais, gobierno conocido con el nombre de Castel-Leon, el que por tantos siglos se ha visto regido por fueros especiales de aquella comarca, es mucho mas estenso, porque comprende desde el hospital de la Bonaigua, ya vertiente meridional del Pirineo, confinando con pueblos del part. jud. de Sort, ant. corregimiento de Talarn, hasta llegar cruzando siempre el valle, bordeando constantemente el r., al referido Puente del Rey: otra estension pudiera tambien trazarse del valle de Aran desde el confin oriental de las posesiones correspondientes al santuario de Montgarri en sus confines con el pueblo de Alos, part. jud. de Sort, última pobl. de España al pie del puerto de Salau, siguiendo la magnífica y sorprendente llanura de Beret, pasando por el mismo nacimiento del r. Garona hasta llegar á Tredós y Salardu, y entrar en el camino que viene de la Bonaigua: en uno y otro caso la estension, ó hablando con mas propiedad, lo largo del terr. no baja de 11 á 12 leg. En la anchura del terr., si adoptáramos como térm. de partida el hospital dicho de Viella (tambien en la vertiente meridional, lindante con los pueblos de Senet y Aneto, de Lérida el primero, de Huesca el segundo, sit. á der. é izq. del Noguera Ribagorzana), para subir el puerto del nombre de la cap. del valle, descender á esta y cruzar el Garona, á fin de doblar despues las montañas que se hallan sobre Vilach con direccion al terr. francés, hasta alcanzar los lim. de ambas naciones cerca del pueblo de Senteny del departamento vecino, no se haria seguramente esta travesia en el espacio de 10 horas. Hecha esta aclaracion, que hemos creido necesaria para no incurrir en errores que otros han cometido, seguiremos describiendo el terr. de este valle presentando las mas importantes modificaciones de su suelo. Elevadas y ásperas montañas le circuyen por todas partes, siendo la principal conocida en el pais con el nombre de pico de la Maladeta, al SO. con direccion á Benasque, prov. de Huesca. Esta abundancia de montes que unos á otros se suceden, rodeando el valle sin interrupcion desde Tredós hasta el puente del Rey, bien se tome la direccion de la izq. del Garona por Arties, Casarill, Escuñau, Betren, Viella, Casau, Gausach, Las Bordas, Bossost y Bausen, bien la de la der. por Bagergue, Tredós, Salardu, Uña, Gesa, Garos, Vilach, Mont, Montcorbau, Betlan, Aubert, Vila; Arros, Begós, Benós, Vilamos, Arró, Arres, Les y Canejan; esta abundancia de montes, repetimos, hace que á la vez la llanura del valle no llegue ni á medio cuarto de hora; en algunos puntos ni á 5 minutos, abrazando en otros solo el cauce del r. y el camino que á su lado marcha hasta llegar á Francia.

En un pais tan montañoso, con nieve perpetua en algunos puntos es natural broten diferentes fuentes que dan nombre á r. mas ó menos importantes y varios de ellos caudalosos. El r. principal del valle de Aran es el Garona, ya porque le cruza en toda su estension, ya porque lleva el mayor caudal de agua, ya en fin porque da el nombre á uno de los mas grandes que la Francia conoce, cruzando una vasta estension de su terr. Caminando desde Salardú á Montgarri y cuando apenas se ha marchado 1/4 de hora por aquel áspero, pendiente y peligroso camino, se descubre el monte, que mas bien pudiera llamarse y nosotros llamamos llanura de *Beret* (V.). Con dificultad puede un viajero verse mas agradablemente sorprendido al llegar á la altura, desde donde se domina una gran parte de terreno llano, ó bien cubierto de nieve en cantidad considerable, ó bien ocupado por grandes rebaños de ganado de toda clase, nacionales y estrangeros: á poca dist. desde que la llanura principia, siguiendo un camino de herradura poco conocido, y junto á él, hállase una fuentecita que ofrece muy escasa cantidad de agua; aquel manantial es conocido en el pais y designado en el lenguage que alli se usa con el nombre de *Guell de Garona* (Ojo del Garona). ¡Cuántas veces con personas notables del pais, con hombres influyentes del vecino reino de Francia y otras naciones, visitando esta fuente, hemos comparado su soledad, su humildad, su escasez de agua, con el aspecto que presenta la conclusion de aquel mismo r. en la c. de Burdeos, donde ofrece tanto movimiento, tanta animacion, tanta vida; si bien por desgracia, lo sentimos en el fondo de nuestro corazon, no tanta riqueza como deberia tener una pobl. que va perdiendo su importancia mercantil, al paso que el Havre y Marsella ostentan su inmenso poderio! Este manantial que

(*) Este part. figura en la Guia con el nombre de Viella, su ap., pero en el pais lo llaman juzgado del valle de Aran.

no nos atrevemos á darle en su nacimiento el nombre de r., sale de la llanura de Beret para dirigirse por encima de Tredós, adquiriendo á cada paso mayor caudal de agua, hasta recibir ya en la parte baja los arroyos que proceden de las montañas del puerto de Pallas ó de la Bonaigua: desde este punto sigue ya magestuoso el Garona, atravesando ó lamiendo los pueblos de Tredós, Artíes, Casarill, Betren, Viella, Aubert, Las Bordas, Bossost y Les: este r. con sus aguas, beneficia algunas huertas y muchos prados, y mueve diferentes molinos harineros y de serrar madera. Y no son estos los únicos y principales beneficios que ofrece el r. Garona á los hab. del Valle de Aran: uno de los principales es el de poder los araneses conducir á beneficio de sus aguas los *sucs ó ruilles* (*) adquiriendo un valor que seguramente no tendrian si hubieran de conducirse por bueyes ó caballerias, ya que la mayor parte del camino no admite las carretas. Para conocer hasta que punto benefician los araneses las aguas del Garona, en este concepto, seria suficiente comparar el valor que ofrecen las maderas de los montes de la parte set. del Pírineo, con el que tienen las que pertenecen á pueblos del part. de Sort, colocados en la vertiente opuesta de la cord. En el dilatado puerto del Pallas ó la Bonaigua nacen tambien varios riach. que juntos forman el r. denominado Ruda, que por un terreno áspero, pedregoso y algunas veces profundo, conduce sus aguas, fertilizando antes de llegar á Tredós los abundantes prados de esta pobl., uniéndose poco antes de llegar á ella con el r. Garona por su márg. izq.: conviene advertir que al unirse estos dos r., las aguas del Garona son escasísimas en comparacion de las que lleva el r. cuya descripcion concluimos. A muy pocos pasos y procedente de las montañas que desde el puerto de la Bonaigua corren sin interrupcion por la márg. izq. del r., se une otro riach. llamado Ayguamoix, que baja del puerto, que en el pais denominan de Cáldas. Debajo de Salardu, únese tambien al Garona por su márg. der. el r. Iñola, que naciendo en sus diversos manantiales de los puertos de Roya, (vulgo Orqueta) y de Orla, pasa entre el pueblo indicado y Uña. De las montañas que estan á la der. é izq. de los caminos que van desde Artíes á los baños de Cáldas y hospital de Viella, vertiente meridional, brotan infinidad de fuentes que forman el r. dicho Balartias (**), y pasando por Artíes entra inmediatamente en el Garona por su der. Corto, pero elevado, como diremos despues, es el puerto de Viella, y de él y de las montañas que bordean la pintoresca ribera de la capital, nace el *riu Nere* (r. Negro) asi llamado, porque aunque sus aguas son cristalinas, el cáuce se halla sembrado de piedras negras que le hacen aparecer de dicho color, y aun sus pocas, pero sabrosas truchas, son negruzcas: este r. atraviesa la cap. del valle, y á 20 pasos de la pobl. entra en el Garona por su márg. izq. El Vilach, que nace en las montañas de su nombre, al NO. del valle pasa á alguna dist. del l. y atravesando el camino que conduce á Francia, lleva sus aguas al Garona por su márg. der. Junto al nacimiento de las fuentes del Vilach brota el Barradós, y pasando cerca del pueblo de Arrós, entra por la der. en el Garona próximo al puente de este último l. En las ásperas y pobladísimas montañas que se hallan en el camino del puerto dicho de Benasque, brotan varias fuentes que forman el r. llamado Jueu; de agua saludable y clara, con muchas y esquisitas truchas: este r., despues de regar muchos y estensos prados y unas pocas huertas, se une al Garona al pie de las Bordas, frente al sitio en que estuvo el cast. de Leon, punto fortificado de donde tomó el nombre el gobierno militar de este valle. En la ribera de San Juan de Turan nace otro r. que toma este último nombre, y fertilizando las tierras de Canejan, pueblo pintorescamente sit. á grande elevacion del camino que conduce á Francia, á poquisima dist. de esta nacion, se une al Garona por su márg. der. entre Les y Puente del Rey, en el punto conocido en el pais con el nombre de Pontau, que quiere decir Puente Alto, por haber uno muy elevado para atravesar el Garona. Otros r. y arróyos de menos importancia hay en este valle; pero no hacemos de ellos mencion, ó porque es escaso su caudal de agua, ó porque es muy pequeño su curso, entrando desde luego en el Garona: los hab. utilizan cuanto pueden las aguas de los r. y de los arroyos, principalmente en el riego de sus cuantiosos prados, principal, ya que no digamos casi única riqueza de los honrados y laboriosos araneses. Hay tambien en este valle manantiales de aguas termales, especialmente hidrosulfúricas y ferruginosas: los pueblos privilegiados con este motivo son Les y Artíes, quienes á pocos pasos de la carretera tienen dos casas de baños; bonita, cómoda y nueva la primera; arruinada, desastrosa y vieja la segunda: en ocasion oportuna hablaremos de uno y otro establecimiento. En el terr. del valle, bien que dirigiéndose por la parte meridional, nacen los dos Nogueras, Pallaresa y Ribagorzana; el primero á 30 pasos del orígen del Garona, marchando por el marquesado de Pallas hacia Esterri, cap. del valle de Aneo, y regando despues inmenso terr. de la prov. de Lérida; el segundo en el puerto de Viella, que corriéndose por el valle de Barravés, sirve por largo espacio para marcar la division de las prov. de Huesca y Lérida.

Con la simple descripcion de las montañas de este valle, del curso que por todo él lleva el r. Garona, de las corrientes que se le unen por uno y otro lado, con mas ó menos abundancia, descendiendo de los mas elevados montes y de las mesetas que á la vez en ellos se encuentran, se conoce fácilmente, que desde Tredós hasta Puente del Rey, se encuentra una série no interrumpida de pequeños, pintorescos y risueños valles, entre los que pueden y deben considerarse como principales los de Les, Bossost y Viella; el de Les, que presenta sin duda la mayor estension de terreno llano, desde donde se descubre mirando á Francia los pueblos de Bausen y Canejan, á der. é izq. del camino, sobre una altura considerable, cerca de las dos enormes rocas, colocadas allí para servir de barrera entre las dos naciones, centinelas avanzadas una y otra pobl. en defensa del honor y de la lealtad castellana; el de Bossost con montañas pobladísimas desde donde se mira el escarpado camino que conduce á Francia con direccion á Bañeras de Luchon, al paso que se ven sobre la márg. der. elevados montes con muchos cas., y abundantes prados para pastar los ganados que la pobl. cuenta; el de Viella, punto sin duda el mas pintoresco del valle en la confluencia del r. Negro con el Garona, rodeado de pueblos, ya en llano, como Betren, ya en las pendientes de las montañas, como Casau, Gausach, Vilach y Mont, con el puerto de su nombre á 1 hora escasa de dist., con el de la Bonaigua al frente al terminar el valle, ó mejor dicho al principiarle, viniendo del interior de España. Nosotros hemos visitado tambien el pintoresco pais de la Suiza, hemos visto sus lagos, sus valles, sus praderas, y aunque ausentes de nuestra patria, no ciertamente por voluntad nuestra, hemos gozado allí dias placenteros, porque el pais convida, porque la naturaleza sorprende. Pero ni allí pudimos olvidar las delicias que ofrece en un caluroso dia de verano la permanencia en la altura que á Viella domina, dicha de Santa Creu, donde estaba la fortificacion construida en 1835 y 36 por los defensores de la Reina Isabel II, á fin de proteger á los araneses de las incursiones de los enemigos de las instituciones liberales. Contemplar desde aquella altura, tan próxima á las imponentes montañas del puerto de Viella, la deliciosisima ribera de su nombre; tender la vista adelante, sin detenerla hasta el puerto de Bonaigua, viendo en el espacio que media las pobl. de Betren, Escuñau, Casarill, Garos, Artíes, Gesa, Salardú y Tredós con todas sus montañas, todas sus praderas, todos sus ganados, todos sus pastores; dirigir despues la vista hácia la izq. para admirar á poca dist., y pasados los dos r. el monte dicho de Viella, cultivado parte y cubierto el resto de pastos naturales, y sobre su cima una meseta, y al terminar un estanque ya de la pertenencia de Vilach; observar mas cerca los pueblos de Casau y Gausach, sobre la misma pobl. de Viella, pintorescamente sit., y mas lejos, en posicion militar muy recomendable, el pueblo de Villach y el l. de Mont, que le avecina, teniendo á la espalda y á escasisima dist. del punto de partida que lo es, como hemos dicho, Sta. Creu, el imponente pico Moncorbison; es á no dudarlo gozar cuanto la naturaleza puede ofrecer en un pais montañoso, poblado de bosques, cubierto de praderas, y bañado en todas direcciones por impetuosas corrientes. En todo el camino, desde que doblándose el puerto de la Bonaigua se llega á las cerca-

(*) Asi llaman en el pais á los maderos que cortan en los bosques y que despues de limpiarlos del ramage los bajan hasta el punto donde las aguas del Garona permiten el trasporte por el rio.

(**) Llámase asi de las palabras valle de Artias, y es conocido tambien con el nombre de Rius, porque este es el nombre del puerto donde toma origen.

nias del punto qué designan en el pais con el nombre de Cap de Aran, se marcha disfrutando á cada paso nuevas vistas, risueñas todas, todas pintorescas; barrancos por todas partes que se cruzan por peligrosos puentes hacen difícil y en algunas épocas del año peligroso el tránsito; pero eso no impide que se contemplen los pueblos sit. en montes elevadisimos como cuando se pasa por frente de Vilamós, de Arres, á donde conduce un camino estrecho y temible por una cuesta prolongada que doblan sin ninguna dificultad, aun con nieve y con hielo las caballerias del pais habituadas á aquel terreno ¡Un dia llegará, abrigamos esta dulce esperanza, en que este valle sea un punto predilecto de concurrencia para los hombres que en la estacion del verano abandonan sus hogares á fin de buscar en las pequeñas pobl. descanso á sus fatigas, y en el ambiente libre y puro de aquellas frescas montañas un alivio á su salud quebrantada! Para que esto se consiga, para que puedan un dia ser felices los araneses, necesario será adoptar algunas medidas, y estas medidas las indicaremos nosotros en lo que falta de este articulo.

Caminos: Hablando con propiedad, puede decirse que el valle de Aran solo tiene un camino desde Tredós hasta Puente del Rey, generalmente bordeando el r. y cruzándole algunas veces puentes, ya de madera, ya de piedra, como en Tredós, Artíes, Viella, Aubert, Les (*) y Puente del Rey: este último es de madera, seguro, bastante ancho, corto, porque el r. va encajonado entre dos peñascos, sit. en terr. español á 6 pasos del francés. El camino generalmente es malo; desde Tredós hasta Viella es solo para caballerias, y en algunos puntos bastante peligroso; desde la cap. hasta Puente del Rey van carretas y aun carros de 4 ruedas, en su mayor parte de madera, bien que algunas forradas de hierro y tiradas únicamente por bueyes para conducir las maderas de sus bosques: por esta razon hay empleado crecido número de caballerias, no solo para los trasportes del interior del valle, sino para los de los pueblos de Fos, San Beat y otros de Francia con quienes tienen relaciones los araneses. La necesidad primera del pais es facilitar la comunicacion desde Tredós hasta el Puente del Rey, á cuyo punto llega el camino real de Francia, que contrasta por cierto con el que presenta la España: la carretera no ofrece en punto alguno dificultades, porque on la casi totalidad de la estension que hoy tiene, pudiera servir el actual camino dándole mayor ensanche y solidez. Para la construccion de esta carretera se hace necesaría la intervencion del Gobierno, porque el pais por sí solo no puede sufragar tanto gasto; los demas caminos del valle son todos de herradura, todos en cuesta y la mayor parte peligrosos: las comunicaciones de uno á otro pueblo generalmente son por veredas, intransitables gran parte del año; los demas caminos están en los puertos que conducen á Franeia y á las prov. de Lérida y de Huesca, y de los que haremos mencion por su importancia.

Para comunicar el valle de Aran por el camino que desde Esterri de Aneo (part. de Sort) va á Tremp y Lérida, ó por la izq. á Barcelona, tienen que atravesar los araneses el puerto que unos llaman de Pallás y otros de la Bonaigua: este puerto no es elevado, pero en cambio es sumamente largo, no bajando de 4 horas, y es de advertir que en las épocas de peligro, doblado el puerto no cesa el riesgo, porque en las dos riberas, particularmente en la de Tredós, ocurren muchísimas desgracias. Este puerto, el principal del valle, el mas concurrido, aun cuando esté cubierto de nieve, aunque la haya en grande cantidad, se transita, con tal que el tiempo no sea tempestuoso, porque si reinan vientos fuertes ó es muy espesa la niebla, el valle de Aran se incomunica con el resto de España por 10, 20 y aun 30 dias, y hasta con muchisima dificultad reciben el correo en determinadas ocasiones, retardando el paso mas de 8 dias algunas veces y doblando el puerto con grave riesgo, acompañado de varias personas de uno y otro lado. Este puerto puede considerarse completamente abierto, derretida la nieve del tránsito cinco meses; cuatro y medio comunicable á beneficio de los esfuerzos del pais y del valor proverbial de los hab. para luchar contra este género de peligros, pudiendo decirse que los dos meses y medio mas rigurosos del invierno estaria completamente cerrado para las personas, como lo está para las caballerias, si no tuvieran los araneses necesidad de proveerse en este lado del Pirineo de los articulos indispensables de la vida. De aqui las desgracias que ocurren en este puerto, en el que apenas pasa un invierno en que no tenga el pais que llorar la muerte de honrados ciudadanos, de hombres laboriosos, de padres recomendables. Con dificultad podrá en largos tiempos olvidar el valle la terrible catástrofe de febrero de 1843, de que haremos ligera mencion, por la importancia que estos hechos puedan tener, á fin de fijar la suerte y el porvenir de este pais, digno de la proteccion del Gobierno. Varios vec., de esos que ganan el sustento de su familia luchando contra todos los elementos que la naturaleza presenta en aquellos paises, algunos de ellos á quienes personalmente conociamos, residentes en Viella, Arties, Gesa, Salardú y Tredós, se hallaban con sus caballerias al otro lado del puerto en la v. de Esterri. Claro el dia, apacible el horizonte, sin ninguna de aquellas señales que auguran una tempestad próxima, emprendieron su marcha: en lo alto del puerto cambió el tiempo, principió á caer abundante nieve, comenzaron los riesgos, sobrevino la fatiga, nació el desaliento; poco despues un fuerte torbellino vino á complicar la situacion de aquellos desgraciados, y ya, como á una hora de Tredós, abandonaron las caballerias para salvarse. Pero era tarde; habian perdido el camino, al paso que agotado sus fuerzas. En aquel instante se dispersaron; 5 de ellos murieron; 1 logró llegar al pueblo moribundo, y otro pudo ganar con las caballerias una cabaña, y allí permaneció 2 dias hasta que pudieron socorrerle.

En epoca mas reciente, 23 de enero de 1845, en este mismo puerto, y cerca del mismo punto de aquella catástrofe, un capitan de carabineros, uno de sus subalternos, 2 franceses y 4 españoles perecieron por otro torbellino, salvándose solo una de las 10 caballerias que llevaban cargadas, sin que nadie tuviese noticia de esta terrible catástrofe, hasta que al cabo de 4 dias el relincho del mulo que vivia, llamó la atencion del correo, quien, al volver la vista, hubo de presenciar el triste cuadro que ofrecia el aspecto de tantos cadáveres: el animal sufrió cuatro dias, siguió al correo y llegó á Tredós. El mismo autor del Diccionario, separándose del órden cronológico, puede referir, como testigo presencial, el hecho siguiente: hallándose en el año 1835, en aquel pais, de gobernador y juez de primera instancia del valle (*), tuvo precision de doblar el puerto para una operacion militar de importancia; con este motivo salió á las 12 con una columna á sus órdenes de la cap. del part., y llegó á las 4 de la tarde á Tredós; al dar las disposiciones para emprender el movimiento, despues de un corto descanso, instáronle vivamente sus amigos para que no pasara el puerto de noche (**); pero el movimiento no podia retardase ni un instante; la sorpresa que se verificó, debia realizarse antes de amanecer: salimos á las 5 de Tredós con varios paisanos que sirvieran de guia y auxiliaran la marcha de los caballos: la mayor parte de aquellos huyeron en la misma ribera de Tredós y mucho antes de subir á lo alto del puerto, los animales hubieron de detenerse fatigados hasta el último punto: la columna siguió su marcha, y á las 10 de la noche perdió el rumbo; el frio era estraordinario, la nieve abundantísima, los palos elevados que señalan el camino, estaban cubiertos; la situacion era crítica, los momentos decisivos: los hombres menos valerosos temian próxima la muerte; la risa, señal del próximo fallecimiento, asomaba á los labios de los menos robustos; un teniente del pais se vió ya perdido, cuando el autor de esta obra mandó que dos tambores le pegasen grandes golpes con las correas de la caja; esforzados araneses y pallareses se separaron de la columna para ver si encontraban la señal de los árboles: en aquel estado de inesplicable agonia, el camino se encontró; al recibir la noticia el

(*) Con este nombre se conoce no solo el puente que hay dentro de la pobl. de Les, sino tambien el que se halla al terminar la llanura en direccion á Francia, al que llaman en el pais Pont de la laña de Les, (puente del llano de Les).

(*) El juzgado lo tenia en comision, por ser en propiedad juez de primera instancia de Barcelona.

(**) En el pais se tiene por muy arriesgado, y lo es ciertamente pasar el puerto en el invierno, despues de las dos de la tarde, y todos prefieren salir de los puntos habitados antes de amanecer; primero, porque la nieve esta mas firme; segundo, porque son raras las tempestades por la mañana; es pues un adagio en lenguage de aquella comarca, *al port y al molí de matí* (*al puerto y al molino de mañana*).

que estas lineas escribe, en lo mas alto del puerto en aquella posicion angustiosa, «nos hemos salvado, gritó con voz esforzada «columna, viva la libertad, viva Isabel II;» todos respondieron con entusiasmo, y abriendo camino, emprendimos la marcha entrando á poco tiempo en el hostal (meson) de la Bonaigua. Nunca podrá olvidar el escritor de este artículo el interés que inspiraba la conducta de los hombres, que primero llegaron á aquel sitio, cuando, despues de tomar un ligero alimento, se lanzaron de nuevo al puerto para auxiliar á aquellos de sus compañeros que, no habiendo podido resistir tanta fatiga, se habian quedado rezagados: nadie murió por fortuna, y solo á un soldado franco fué necesario hacerle la amputacion de los dedos de los pies. Hechos son estos que nadie puede desmentir, y que deben llamar la atencion del Gobierno, porque dignos son, á no dudarlo, de la proteccíon de su Reina, los españoles que el valle de Aran habitan, á pesar de que la naturaleza les haya colocado fuera de los limites naturales de la España. Por lo pronto es de absoluta necesidad la construccion de un hospital al pie del puerto en la vertiente set., al principiar la prolongada y peligrosa ribera de Tredós. Bien conocemos que la naturaleza opone un obstáculo poderoso en otra de las fatalidades que aquejan á los que habitan la falda del Pirineo; hablamos de lo que en el pais se llama *lauets*, en francés *avalanche* ó sea desprendimiento de nieve caída de lo alto de las montañas. Aquellas inmensas moles en dias de calma se desprenden, destruyendo cuanto á su paso encuentran, bajando mezcladas con enormes peñascos, con árboles robustos. De muy lejos, los habitantes oyen el ruido de aquella prolongada detonacion, sobrecogiéndose de espanto al contemplar las desgracias que ocurrir hayan podido. Y es de notar que estas catástrofes sobrevienen en el dia mas sereno, con el sol mas brillante, con la atmósfera mas despejada. Nosotros hemos pasado este puerto en el mes de abril, hemos tenido la precaucion, que no deben olvidar los militares, de hacer una fuerte descarga en lo mas alto, porque allí no pueden alcanzar los desprendimientos (*): tres dias despues volvimos á pasar el puerto, y un valle profundo y dilatado le encontramos cubierto por una cantidad inmensa de nieves, piedras disformes y árboles estraordinarios: para que nuestros lectores formen una idea de lo que suponen estos desprendimientos, diremos dos cosas: primera, que mucho antes de llegar la *avalanche*, el viento que la precede arranca de cuajo los árboles mas robustos; segunda, que á una columna de 1,000 y 2,000 hombres, un mediano desprendimiento la envuelve sin que quede ni señal de haber ocurrido tal catástrofe. Nosotros hemos presenciado *avalanches* en los Alpes suizos, hemos visto cerca de Grindelwald desprendimientos de los elevados picos de Eiger, Mettenberg y Wetterhorn, y podemos asegurar que nos han parecido mas terribles, mas desastrosos los de la parte del Pirineo que describimos. Sigan pues, las respetables autoridades del valle de Aran, particularmente su digno gobernador D. Ignacio Fabian de la Puente, el pensamiento que han concebido de construir el hospital de Tredós; secunden este proyecto los hombres ilustrados y filantrópicos de este pais, y no duden que tanto el autor del Diccionario, como otras personas que por la suerte de los araneses se interesan, auxiliarán con sus fondos la construccion del edificio.

Desde la v. de Arties sale un camino que despues se divide en dos ramales al puerto que llaman de Cáldas y Rius; el primero, al que acude tambien otro caminito desde Tredós, va con direccion á los baños de Cáldas de la prov. de Lérida, y el segundo se dirige al hospital de Viella y entra en el camino que marcha á la der. é izq. del Noguera Ribagorzana, dividiendo el Aragon y Cataluña: estos puertos son intransitables en el invierno y hasta difíciles en el verano.

A 1 hora escasa de la cap. con direccion á España, por la parte de Vilaller para alcanzar la línea divisoría entre Cataluña y Aragon, hoy entre las prov. de Lérida y Huesca, se halla el puerto de Viella, al que dirige el camino de la ribera de este nombre. El puerto es corto, pero elevado y peligroso: no ofrece riesgos en las riberas de uno y otro lado, porque en uno y otro hay localidades seguras para socorrer á los desgraciados. En la parte set. está inmediatamente la cap., y aun antes diferentes cabañas y cuadras para un momento de apuro. En la meridional, al pie del puerto mismo, se halla el hospital dicho de Viella, porque á esta pobl. pertenece; magnífico edificio, de mucha solidez y de gran capacidad: hay en él un hospitalero ú arrendatario con su familia, y un sacerdote de los de la cap. del valle, que hacen por turno este servicio: el viajero encuentra en este hospital buena comida, buen cuarto, chimenea y buena cama: como acuden clases no muy acomodadas á este edificio, el gobernador del valle ponia los precios á las raciones ó comidas que se daban á los transeuntes: este puerto desde noviembre hasta junio está intransitable para las caballerias: como el puerto es tan corto le atraviesan las personas cuando los dias son muy buenos: aunque se ha dicho que hasta junio no cruzan las caballerias este puerto, deberemos sin embargo hacer presente que en dos épocas hacen los naturales increibles esfuerzos para que aquellas doblen la cord.: llevan los araneses, siempre laboriosos, sus ganados mayores á las ferias mas importantes del pais: celébranse por desgracia en el invierno las dos muy concurridas en Sariñena (prov. de Húesca): ó es preciso renunciar á la venta de las caballerias, ó arrostrar los riesgos del puerto, alternativa terrible para un pais cuya principal riqueza consiste en sus prados, cuyo único comercio es el ganado: espérase con ansiedad un dia despejado, y si amanece al fin, afanosos los comerciantes dirigen sus caballerias precedidas de 30, 40 y 50 bueyes para abrir camino y pisonar la nieve: empieza la marcha del convoy con 600, 800, 1,000 y mas caballerias, no solo de los araneses, sino tambien de mulateros de los valles vecinos: cuantos se interesan en el bien del pais miran la comitiva subir el puerto, y cuando ya han alcanzado la cima de aquellas elevadas montañas, cesa el sobresalto de los que tienen allí comprometida su fortuna, pendiente de la mas pequeña tempestad que pudiera sobrevenir en aquel delicado trance: si alguna vez la desgracia de los hab. es tal que ni por Viella ni por la Bonaigua pueden pasar sus ganados, la afliccion del pais es estraordinaria, no solo porque dejan de vender las caballerias que han criado ó recriado, sino porque contándose con aquella salida, si no se realiza, escasean las yerbas con grave perjuicio de los habitantes.

Comunica tambien el valle de Aran con el de Benasque, ya de la prov. de Huesca, por el puerto de su nombre: el punto ordinario de partida es las Bordas por el santuario ó ermita que llaman de *Artiga de Lin*, si bien en el verano desde Viella se puede marchar por el camino que llaman del bosque de Baricauva pasando por Gausach: el puerto no es muy alto, pero sumamente largo, por cuyo motivo es intransitable en el invierno, porque puede decirse que hay peligro en el espacio de 12 horas, por ser larguísima la ribera de Benasque, de cuyo punto en ciertas épocas no pueden salir las caballerias: para que nuestros lectores puedan formarse una idea de este puerto, diremos, que nosotros lo hemos atravesado á pie, andando sobre nieve, desde las 4 de la mañana hasta las 9 de la noche, en que entramos en la referida v. de Benasque; admirando en el tránsito á la izq. del camino el tan memorable pico de la Maladeta. Desde la Bordeta una vereda dificilísima y desde Bossost un camino bastante peligroso, conduce al que llaman *portillon*, que se dirige por el pueblo de San Mamet (francés), á la pintoresca pobl. de Bañeras de Luchon: el tránsito es corto y poco peligroso por la nieve, pero como desgraciadamente no hay camino en la parte de España, y como las aguas se detienen y se hielan, el paso es dificilísimo para las caballerias en lo mas rigoroso del invierno.

A la der. del Garona, apenas deben llamar la atencion las comunicaciones que se encuentran: desde luego en el invierno están intransitables los puertos y solo en el verano se pasan los de la Orqueta y Orla, que conducen á las pobl. de Senteny y Castillon del departameno del Ariege, pudiendo decirse que casi todos los pueblos de la der. del r. tienen pequeñas veredas que dirigen á los dos puertos referidos.

Producciones. Dividiéndose el terreno en praderias que ocupan las orillas de los r. que les proporcionan riegos, se cosechan sustanciosas yerbas para alimentar el ganado: este durante el verano pasta libremente por las praderas que presenta el pais en todas partes, y en el invierno se alimentan de las mismas yerbas que los araneses recogen cuidadosamente y las conservan en los pajares que tienen en las bordas y cuadras: en el terreno de cultivo ó sean tierras blancas, se siembra un año

(*) Mandando á una compañia que haga una descarga, las moles de nieve que no estan aseguradas se desprenden, y el paso entonces no ofrece grandes riesgos.

centeno y poco trigo, y en el siguiente patátas, cebada, legumbres, maiz, mijo, fayol y nabos; la tierra es de por si floja y por consiguiente muy espuestas las cosechas, particularmente en los años secos y de mucha nieve, porque á una y otra calamidad están sujetos estos hab.: las praderas y terreno cultivado solo se estienden por lo ancho en algunos parages á 3/4 de hora, en otros á 1/2 hora y en no pocos á mucho menos. Sobre los campos de labor se hallan bosques de pinos, abetos, hayas y otros árboles robustos que ofrecen abundante combustible, y rica madera de construccion: en medio de los bosques, en terreno inculto crecen junto con las yerbas de pasto muchas plantas aromáticas ó medicinales, entre ellos el ruibarbo de esquisita calidad, y algunas que en sentir de los hab. preservan de la peste: así como en los montes, puertos y prados se alimenta crecido número de ganado vacuno, mular, de cerda, caballar, lanar y cabrio, hay tambien por todas partes cabras monteses, liebres, venados, perdices, lobos, osos, zorras y otras especies de animales así cuadrúpedos como de volatería, llamando entre estos últimos la atencion el pavo silvestre y otras muchas aves de paso sumamente caprichosas.

INDUSTRIA Y COMERCIO. Como son escasas la tierras cultivables, como estas son de mala calidad y el frio por otra parte es intenso en 8 meses del año, la ind. agrícola es de escasísima importancia, no produciendo ni con mucho los frutos necesarios para el consumo de los hab.: sin una sola cepa en todo el valle; sin un solo olivo, con poquísimo trigo, natural es que la sit. del pais sea angustiosa. De aquí la necesidad de dedicarse á la cria y recria del ganado, siendo aquella de poca estension, porque tampoco consiente un invierno tan prolongado criar un número considerable de mulas y machos; es este sin duda el objeto principal de la ind. agrícola porque al menos por este medio consumen sus yerbas y si no tienen desgracia en los puertos, y las ferias presentan (lo que no siempre sucede) un mercado ventajoso, ven en cierto modo recompensados sus afanes y reintegrados sus desembolsos. En la imposibilidad de atender hoy los araneses á su subsistencia con los medios que el suelo ofrece y la industria pecuaria; (en la cual comprendemos la elaboracion del queso y manteca, objetos de esportación,) hoy no muy florecientes, á que se dedican, crecido número de habitantes, que no bajan de 2,000, emigran del valle y pasan á Francia, unos á trabajar la tierra, otros á limpiar botas, y no pocos, sensible es haberlo de decir, á implorar la caridad pública con 4, 6 y hasta 8 hijos de pequeña edad. Al cabo de 6, 7 y aun 8 meses vuelven al valle con el dinero que han ahorrado, y se dedican entonces al cultivo de sus tierras con ardor sumo; cierto que importan en el valle caudales de alguna consideracion; pero no lo es menos que este género de vida desmoraliza el pais y da en el estrangero una triste idea de la nacion española: tambien la clase menesterosa pasa en el verano el Pirineo en busca de jornales en el tiempo de la siega por los valles cercanos y aun en el llano de la Seo de Urgel, retirándose al pais con oportunidad á recoger sus propias cosechas: las gentes mas acomodadas del valle compran en Francia á principios del invierno el ganado mular que necesitan para consumir los pastos sobrantes, y despues de recriarlo, en lo que son sumamente diestros, lo venden en las ferias y mercados del interior y en las dos muy concurridas que se celebran en Viella. Otras varias personas se dedican á la arrieria conduciendo al valle desde la Conca de Tremp, de las orillas del Cinca y otros puntos vino, aceite, aguardiente y otros diferentes art. de consumo. La ind. fabril consiste en varios talleres de lienzo y de paños muy bastos que consumen los mismos naturales del pais, existiendo tambien los sastres y zapateros puramente necesarios, y un solo alpargatero, por ser la alpargata el calzado que menos se gasta.

MINAS. En un pais montañoso, natural es se encuentren minas de diferentes clases: en tiempos ant. se han descubierto varias de hierro, de cobalto y de galena que no se han esplotado, ya por falta de capitales ya por dificultad de la esportacion del material: en el dia se han descubierto y tratan de beneficiarse en las montañas de Vilach minas de plomo y alguna porcion de plata.

FERIAS. Celebranse 3 en este valle, 2 en Viella, una en Bossost, para la venta del ganado que en el pais se cria, siendo muy concurridas, como diremos en su respectivo lugar.

MEJORAS. Las principales que reclama este pais son las siguientes: 1.ª Que el camino de Tredós á Puente del Rey se habilite para carruages y ofrezca completa seguridad hasta el punto de poderse servir de caballerias en vez de bueyes: este camino podria hacerse á poca costa, ya porque, como se ha dicho, no hay dificultades grandes que vencer, ya porque estan en la mano los materiales necesarios: 2.ª Que la dificilísima y peligrosísima vereda que conduce á lo alto del Portillon, dirigiéndose á Bañeras de Luchon, se convierta en camino seguro, sólido, no ciertamente para carruages, pero si caballerias de todas clases: grandes serian las utilidades que reportaria el pais de habilitar este camino, por que desde el centro del valle se puede ir á Bañeras y volver en un dia, porque en el interés de los araneses está conservar y estrechar relaciones con este último punto lo mismo que con Fos y San Beat, y porque facilitada esta comunicacion, la mayor parte de las personas que van á los baños de Bañeras, pasarian al valle de Aran, (suponiendo que se habilitaran casas correspondientes para dar decente y cómodo hospedage), protegiendo de este modo su ind. favoreciendo su comercio, y dejando desde luego en el pais caudales de alguna importancia. 3.ª Que se fije por el Gobierno de una vez la suerte de este valle, ó bien procurando que de los art. de primera necesidad, se hagan grandes acopios para aquellos hab. antes de las nevadas, ó permitiendo que en circunstancias estraordinarias, para el consumo de los araneses, y solo en los dias que la incomunicacion, dure, se permita importar de Francia los art. mas precisos, fiscalizando los empleados de la aduana su entrada, á fin de que no se hiciera contrabando á pretesto de supuestas necesidades: 4.ª Que se aprovechen los elementos que el pais ofrece para establecimientos industriales, á fin de evitar la emigracion que deploran todos los hombres ilustrados del valle. 5.ª y última: Que se activen los trabajos preparatorios para resolver de una vez el espediente sobre abrir un *tunnel* en el Pirineo. La necesidad de proporcionar un camino entre Francia y España, atravesando la cord. del Pirineo está generalmente reconocida: un camino por la parte central es del interes de ambas naciones, hoy que desapareciendo las preocupaciones que antes existian para facilitar las comunicaciones entre pueblos vecinos, se pronuncia fuerte y robusta la opinion en favor de una carretera central del Pirineo: el Gobierno francés tiene muy adelantados sus trabajos; el español por desgracia no ha hecho mas que manifestar en diferentes épocas sus deseos: á la vista tenemos datos curiosísimos sobre este proyecto, y para nosotros, conocedores del terreno, está fuera de toda duda que el interés nacional reclama que el *tunnel* en el Pirineo se abra por el valle de Aran, por el puerto de Viella, por la montaña que llaman *Coll de Toro*. Remontando desde Viella el r. Negro, y dejando á la izq. el puerto, se encuentra la roca indicada, y abriendo allí el *tunnel* se halla inmediatamente el valle que traza el r. Noguera Ribagorzana. La naturaleza de este art. no permite que entremos en todos los detalles de este proyecto importante, que tantos beneficios proporcionaria á la España, muy particularmente á los pueblos de las prov. de Lérida y de Huesca: nos limitaremos pues á decir que en los dos puntos que se señalan para abrir el subterráneo, la estension en el uno es de 1,822.ᵐ 58, á una altura de 1,779.ᵐ 2 sobre el nivel del mar, y en el otro de 2,906.ᵐ 92, á una altura de 1578.ᵐ 92: hubo un tiempo en que nosotros considerámos quimérica la apertura de este *tunnel*, pero despues que hemos visto los que se hallan abiertos en el camino de Paris á Orleans y Ruan, de Lion á San Estéban y Rouanne, y muy particularmente los que se encuentran desde Manilas á Colonia (Bélgica y Prusia), tenemos por sencillísima la operacion de perforar el Pirineo en la roca de Toro, facilitando así el comercio de aquellos paises, y uniendo por este medio al resto de la nacion unos pueblos que, aunque separados por la naturaleza del terr. propiamente español, estan de tal modo identificados con la suerte de sus compatriotas, que con dificultad habrá naturales mas amantes de la nacionalidad y de la independencia de su pais.

CARACTER, USOS Y COSTUMBRES DE LOS ARANESES. Son laboriosos, emprendedores y atrevidos para especulaciones mercantiles: no desmayan, aunque no les sonria la fortuna en sus negocios, particularmente en las compras de mulas para llevarlas á las ferias del interior de España: criados en un pais que ofrece tantos peligros arrostran los riesgos acaso con poca prudencia: aunque como terr. de pequeños pueblos cunde la chismografia, no es de mala indole y aun los mismos que por esto causan algun daño, se arrepienten luego: hay emulacion, pero no hay grandes enemistades en el pais, naciendo de aqui, que aunque se entablen muchos pleitos, luego los transijen y se reconcilian las partes; la criminalidad es poca, como se verá mas adelante, siendo los delitos leves, sin que en años enteros haya heridas ni homicidios: tienen los araneses grande apego á su pais, y no gustan abandonarle, los hombres por especulaciones de comercio ú otras carreras, ni las mujeres por casamiento: las diversiones durante el invierno, como el pais está cubierto de nieve, son poquisimas; en el verano cada pueblo tiene su fiesta; se celebran funciones en las ermitas ó santuarios, y como los pueblos dist. tan poco, la gente alegre se reune frecuentemente para las diversiones habituales.

Fueros de los araneses. No obstante que muchos de los privilegios del valle de Aran han caido en desuso, ó han venido á confundirse por su identidad con las garantias generales de la Nacion, otros han sido derogados por oponerse á la unidad del sistema administrativo, y ser muy pocos los que continúan en observancia como relativos á los intereses municipales, nos parece oportuna y que deberá agradar á nuestros lectores una reseña de la ant. division terr.; gobiernos, leyes y costumbres de este pais. Se hallaba dividido en 6 *Tersones* (*); á saber, el de *Viella* que se componia de esta v. y de los pueblos de Gausach, Casáu, Betrén, Escuñau, y Casarill; el de *Pujolo*, compuesto de la v. de Salardú, y de los l. de Tredós, Bagergue, Uña y Gesa; el de *Artíes* que comprendia la v. de su nombre y el pueblo de Garos; el de *Marcatosa* que constaba de la v. de Vilach, y de los l. de Mont, Montcorbau, Betlan, Aubert, Vila y Arrós; el Terson de *Irisa* que abrazaba la v. de Vilamos y los pueblos de Arres, Arró, Benós, Begós y Bordas; y el Terson de Bossost, que se estendia á la v. de su nombre y á los l. de Les, Canejan y Bausen. Su gobierno se distinguia en espiritual y secular, el primero pertenecia al ob. de Comenge, en cuya dióc. se hallaba el valle, y era cometido á un provisor, que en nombre de aquel ejercia la jurisd., con mayores poderes de los que comunmente confiere el derecho canónico á los oficiales ó vicarios foráneos, y tenia su tribunal en Viella, para juzgar con arreglo al precitado derecho, y segun las bases del concilio de Trento; y para decidir las competencias de jurisd. que se suscitasen entre dicho provisor y el gobernador del valle, que lo era el Castellano de Leon, existian ciertos capitulos, llamados *acordados*, que establecieron y firmaron los reyes de España con los ob. de Comenge. Pero en la actualidad, y despues que los sucesos separaron este valle de toda dependencia estrangera, existe el régimen ecl. en el ob. de Seo de Urgel, del cual, como delegado, hay en Salardu un oficial ó vicario foráneo. El gobierno temporal ó secular era esencialmente diverso del de los demas pueblos de la prov.; pues en cada uno de los de este valle habia un consejo particular, compuesto de los propietarios de las casas mas distinguidas, que trasmitian este derecho á sus sucesores. Dicho consejo procedia anualmente á la eleccion de ayunt., á pluralidad de votos, debiendo recaer precisamente en individuos del propio consejo; á cargo del ayunt. estaba la adm. comunal, con anuencia y dependencia del cuerpo electoral. Ademas del consejo municipal habia otro que se titulaba consejo de Terson, compuesto del consejero del mismo (que era Presidente) y de los individuos de los consejos particulares, que hubiesen obtenido en sus respectivos pueblos los mas distinguidos cargos de ayunt. Superior á los dos espresados se conocia otro en la cab. del valle (en Viella), con el nombre de consejo general, que constaba del gobernador (Presidente), su asesor, un consejero de cada Terson y del síndico procurador general; este era el que ávisaba á los respectivos consejos de cada Terson, acerca del objeto de la asamblea, y estos por medio de los regidores mayores, comunicaban el mismo aviso á los consejos particulares; cada uno de ellos discutia por separado la materia; se reunian despues en el consejo de Terson con el mismo objeto; y luego en el general del valle, para decidir lo conveniente, y estas determinaciones económico-administrativas eran noticiadas por los consejos de Tersón á los de cada pueblo. Tambien habia en cada cab. de Tersón un baile general inamovible, quien, á propuesta de los consejos de los pueblos, nombraba sus bailes subalternos, y estos y aquel eran los ejecutores de las providencias que dimanaban del gobernador y juez real ordinario. Igualmente disfrutaban los hab. del valle los privilegios de exencion del papel sellado (que aun conservan) y de los derechos de pasage, peage y de generalidad, el de ser el valle, terr. separado del resto del principado de Cataluña: el de patronato ó presentacion para los curatos y beneficios ecl., y que unos y otros hayan de proveerse necesariamente en hijos del pueblo en que ocurre la vacante, si los hubiere, y caso que faltasen, en naturales del valle; el de que en ningun tiempo sea el valle enagenado de la corona de España; el de libre dominio de sus haciendas con absoluta y comun libertad de las aguas para pescar, moler y regar; uso de montes y selvas para pastos y corte de madera, combustible y de construccion, y demas aprovechamientos; y otras varias prerogativas que seria prolijo enumerar, debiendo advertirse, que el gobernador, nombrado por la corona, antes de tomar posesion de su destino, tenia que prestar juramento de guardar y hacer guardar los privilegios, sin cuyo requisito no era reconocido por tal, y que las órdenes que emanaban del Supremo Consejo de Castilla se comunicaban directamente á dicho gobernador; asi como el sumario ó bula de la Cruzada era trasmitido por el comisario general al comisario del valle. Agregado este á Cataluña fue regido, en cuanto á lo civil y contencioso por las leyes y constituciones de dicho principado; pero en los asuntos criminales conservó tambien ciertos privilegios, que le fueron concedidos por diversos reyes, entre los cuales era muy notable el que no se pudiesen castigar los delitos de que no acusara la parte ofendida, á menos que por su naturaleza y gravedad merecieran la pena capital ó perdimiento de miembro; y que los escesos susceptibles de perdon de la parte pudiesen componerse con dinero: aunque este privilegio ó estatuto era solamente relativo á los delitos y heridas leves, adquirió luego mucha mas estension, pues poco á poco se introdujo la costumbre de aplicarlo á crímenes de gravedad, y de aqui resultó que los homicidios, robos, incendios, y hasta los sacrilegios, se componian con dinero y quedaban impunes; fáciles son de calcular las funestas consecuencias que con semejante abuso se originarian contra la moralidad y paz de los hab., puesto que el dinero era el único y solo medio de cubrir los mayores escesos, y el que lo poseia, estaba seguro de delinquir, y delinquir sin freno, al paso que la gente pobre, no solo era la víctima de los crímenes de los ricos, sino que en el caso de cometer un delito, por impremeditacion, ó por otra causa atenuante y disimulable, sufria todo el rigor de la ley; el rey D. Felipe III mandó al Castellano de Leon ó gobernador, que de ningun modo se compusiesen en lo sucesivo los delitos por dinero; pero, sin embargo de esta prohibicion, continuó por mucho tiempo tan fatal abuso, sostenido por la ignorancia de unos, y por la fiereza de los mas. El gobernador del valle, nombrado por la corona, ejercia toda la jurisd. civil y criminal, y aun en ciertos casos la suprema y reservada al Rey, como la facultad de perdonar delitos, la de crear notarios, dividir térm., etc. Tenia un asesor, llamado *Jutge* (Juez), con cuyo parecer habia de pronunciar las sentencias, asi civiles como criminales: dicho juez ó asesor podia por su parte pronunciar las interlocutorias; tenia jurisd. y podia prender infraganti delito, advirtiéndose que debia administrar justicia tres dias á la semana en Viella, y los viérnes en el cast. de Leon, residencia del gobernador. Tanto este, como sus delegados, eran obligados á tener *tabla de justicia* de tres en tres años, cuya operacion se reducia á residenciar á los empleados por lo que hubiesen delinquido ó faltado en sus respectivos oficios, durante el trienio; los jueces encargados de desempeñar este cargo se denominaban *jueces de tabla*, y eran nombrados por el gobernador, cuando los enjuiciados eran el asesor ó los bailes. Asi como dicho gobernador antiguamente era aragonés, en términos que los hab. se hallaban facultados para no admitir otro que fuese natural de otra prov., el juez ó asesor unas veces era catalan, y otras aragonés, pero los bailes debian ser naturales del valle.

Sin perjuicio de ocuparnos al hablar de la prov. de Lérida de la pobl. y riqueza de este pais, presentamos como dato oficial el:

(*) Terson significaba la tercera parte del valle, porque en un principio se dividió este en tres partes ó tercios, cada uno de los cuales comprendia determinado número de pueblos; despues cada tercio ó Terson fue subdividido en dos, de donde resultaron los seis de que se hace mérito.

CUADRO sinóptico, por ayuntamientos, de lo concerniente á la poblacion de dicho partido, su estadística municipal y la que se refiere al reemplazo del ejército, con los pormenores de su riqueza imponible.

AYUNTAMIENTOS.	Obispados á que pertenecen.	POBLACION. VECINOS.	POBLACION. ALMAS.	ESTADISTICA MUNICIPAL. ELECTORES. Contribuyentes.	ELECTORES. Por capacidad.	ELECTORES. TOTAL.	Elegibles.	Alcaldes.	Tenientes.	Regidores.	Síndicos.	Suplentes.	Alcaldes pedáneos.	REEMPLAZO DEL EJERCITO. JOVENES VARONES ALISTADOS DE EDAD DE 18 años.	19 años.	20 años.	21 años.	22 años.	23 años.	24 años.	TOTAL.	Cupo de soldados corresp. á una q. de 25,000 homb.	RIQUEZA IMPONIBLE. Territorial. Rs. Vn.	Industrial. Rs. Vn.	Consumos. Rs. Vn.	TOTAL. Rs. Vn.	POR vecino. Rs. Ms.	POR habitante. Rs. Mrs.
Arres	SEO DE URGEL.	44	257	36	2	38	36	1	»	2	1	3	»	»	2	2	3	2	2	»	11	0'5	10358	10219	7299	27876	633 19	108 16
Arró		17	137	15	2	17	15	1	»	2	1	3	»	»	2	1	»	2	»	»	5	0'2	6031	6725	3981	16737	984 18	123 21
Arrós		47	368	25	1	26	25	1	»	2	1	3	»	»	3	4	5	2	»	»	14	0'8	18666	16666	12774	48106	1023 18	130 24
Arties		56	450	49	4	53	49	1	1	2	1	4	»	3	5	»	2	»	3	2	15	1'»	39502	18281	13601	71384	1274 24	157 33
Aubert		22	130	22	»	22	22	1	»	2	1	3	»	2	»	1	»	1	»	2	6	0'2	8756	7419	9646	25821	1172 26	198 21
Bagergue		33	183	31	2	33	31	1	»	2	1	3	»	»	3	»	3	1	»	1	8	0'3	15544	10611	5804	31959	968 15	174 22
Bausen		50	261	50	»	50	50	1	1	2	1	4	»	3	3	4	1	1	»	»	12	0'6	15127	12787	9954	37868	757 12	145 2
Benos. Begos y Bordas		59	429	59	»	59	59	1	1	2	1	4	»	5	3	3	1	3	1	1	17	0'9	15777	19001	13273	48051	814 14	112
Betlan		10	82	9	»	9	9	1	»	2	1	3	»	»	1	»	2	1	»	»	4	0'2	4264	2813	1243	8320	832	161 16
Betren		22	157	20	»	20	20	1	»	2	1	3	»	1	2	»	1	1	»	»	5	0'3	13222	8276	4643	26141	1188 8	166 17
Bossost		125	717	90	3	93	90	1	1	4	1	5	»	6	4	3	2	4	3	3	25	1'5	36897	30204	24880	91981	735 29	128 10
Canejan		125	498	90	3	93	90	1	1	4	1	5	»	2	4	3	4	5	»	3	21	1'5	28438	17493	20735	66666	533 11	133 30
Casau		17	115	13	1	14	13	1	»	2	1	3	»	1	2	»	1	1	»	»	5	0'2	11866	3589	3974	19429	1142 30	168 32
Escuñau y Casarill		30	228	30	»	30	30	1	»	2	1	3	1	2	1	»	»	2	1	1	7	0'5	18622	13077	6302	38001	1266 24	166 23
Garós		24	192	24	»	24	24	1	»	2	1	3	»	1	»	1	2	1	2	»	7	0'5	18042	8093	5305	31440	1310	163 25
Gausach		20	157	17	1	18	17	1	»	2	1	3	»	2	1	1	»	1	»	»	5	0'4	11790	7747	4643	24180	1209	154
Gesa		31	201	25	3	28	25	1	»	2	1	3	»	»	2	»	1	2	1	»	6	0'5	19215	11658	7463	38336	1236 22	190 25
Les		101	512	81	5	86	81	1	1	2	1	4	»	3	4	5	5	1	»	»	18	1'»	28984	23492	18578	71054	703 17	138 26
Mont		15	135	15	»	15	15	1	»	2	1	3	»	»	1	1	»	2	»	»	4	0'3	5785	3148	3826	12759	850 20	96
Montcorbau		13	79	13	»	10	13	1	»	2	1	3	»	»	1	2	»	»	»	»	3	0'2	7204	4409	1419	13032	1002 16	164 33
Salardú		57	398	50	2	52	50	1	1	2	1	4	»	3	1	2	3	»	1	2	12	0'9	25763	21896	13437	61096	1071 29	153 17
Tredós		39	253	27	3	30	27	1	»	2	1	3	»	1	1	»	2	1	»	1	6	0'5	23050	13077	7299	43426	1113 17	171 22
Uña		18	108	18	»	18	18	1	»	2	1	3	»	1	»	1	»	2	»	1	5	0'2	9724	6643	3476	19843	1102 13	183 25
Viella		136	738	89	3	92	89	1	1	4	1	5	1	4	6	4	3	4	3	»	24	1'6	39774	59872	16558	116204	854 15	157 16
Vila. (1)			»	13	3	16	13	1	»	2	1	3	»	2	1	»	1	»	2	»	6	»	»	»	»	»	»	»
Vilach		56	252	49	2	51	49	1	»	2	1	3	»	3	2	»	»	2	1	»	11	0'5	13298	16830	8297	38425	688 10	152 16
Vilamós		54	308	42	2	44	42	1	»	2	1	3	»	»	2	3	3	1	2	»	11	0'7	11090	13784	8623	33497	620 11	108 16
		1221	7345	1002	42	1044	1002	27	8	60	27	92	2	45	57	44	45	43	22	17	273	16	456789	367810	217033	1061632	869 16	144 18

NOTA. La matrícula catastral no manifiesta el importe de las contribuciones que paga cada ayunt.; solo se ve por el resúmen del prod. total de la prov., que su importe es el 14, 48 por 100 de la riqueza imponible. En esta proporcion, corresponderia a este part. la suma de rs. vn. 153,724, que sale á razon de 125 rs. 30 mrs. por vec., y 20 rs. 32 mrs. por hab; en dicha suma se incluye la contrib. de culto y clero por rs. vn. 20,383 que le corresponden, á razon de 1, 92 por 100 de la riqueza imponible, y que dan 16 rs. 23 mrs. por vec., y 2 rs. 26 mrs. por habitante.

(1) Este ayunt. es de creacion posterior á la formacion de la matricula catastral de 1842, por cuyo motivo su pobl. y riqueza imponible se incluyen en el de Arrós, de que fue segregado.

Estadistica criminal. El número de acusados en el valle de Aran en todo el año 1843, fue 15, de los cuales resultaron absueltos de la instancia 6, y por tanto penados presentes 9; sin que ocurriese caso alguno de contumacia, ni de rebeldía; del total de acusados, 13 contaban de 20 á 40 años de edad, y 2 de 40 en adelante, 11 eran hombres y 4 mujeres; 4 solteros y 11 casados; 8 sabian leer, los otros 7 carecian de este ramo de educacion; 3 ejercian profesion científica ó arte liberal y 12 artes mecánicas.

Ningun delito de homicidio y de heridas tuvo lugar en el espresado periodo: esto demuestra que los hab. del valle de Aran, no tienen propension al crimen, pasando muchos años sin que cometan uno de aquellos delitos que prueban la relajacion de las costumbres hasta el último punto: en el tiempo que permanecimos en aquel pais, á pesar de que la guerra civil tenia agitadas las pasiones, ni gubernativa, ni judicialmente fue necesaria nuestra intervencion para castigar el menor desman, la mas leve disputa entre aquellos vecinos.

Historia. La antigüedad del Valle de Aran se halla consignada en la ruina de sus cast. y de sus torres, que á cada paso se encuentran en su reducido terr. Parte un tiempo este pais del conocido con el nombre de la Gascuña, ya figura en el año de 1015 conquistado por el rey D. Sancho. Tambien en el año de 1114 aparece que D. Beltran, conde de Tolosa, al rendir homenage á D. Alonso I, señaló como de su pertenencia el valle de Aran dando importancia á este pais por considerarle en aquella época la llave de su reino: y esto es tan cierto como que en el año de 1194, al dar el rey D. Alonso II en dote á la hija del conde de Comenge el condado y terr. de Bigorra, se reservó el valle de Aran. Mas adelante, en el siglo XIII, al hacer el rey D. Jayme I reparticion de sus reinos entre sus hijos, resulta que al infante D. Pedro le correspondió el valle de Aran. En tal estado, al estallar las guerras entre el rey Felipe el Hermoso de Francia y D. Jayme el II, aquel ocupó el valle y le consideró por largo tiempo como parte de sus estados. A principios del siglo XIV y en virtud de convenio con los reyes de Aragon, el valle de Aran quedó en secuestro á disposicion del rey de Mallorca, interin comisarios nombrados al efecto, resolvian las diversas y opuestas pretensiones sobre su pertenencia y dominio: resultado de este exámen fue declararse señ. del reino de Aragon, verificándose la restitucion por D. Pedro del Castell, gobernador del valle: éste, por medio de sus procuradores y síndicos, prestó juramento de fidelidad y homenage á D. Jayme de Aragon en el año de 1312, recibiendo de éste grandes privilegios y hasta leyes y estatutos con que se ha gobernado el pais mucho tiempo: al terminar el siglo XIV, el conde Pállas quiso ocupar el valle por compra que de él hiciera al rey D. Pedro, hijo de D. Alonso el IV: los araneses opusieron vigorosa resistencia consiguiendo arrojar del pais al invasor, entregándose de nuevo al rey D. Juan, de quien obtuvieron la solemne declaracion de que pudieran resistir con las armas al que quisiera apoderarse del pais en fuerza de la enagenacion indicada; privilegio confirmado posteriormente por los reyes D. Felipe II y D. Felipe III. No vivieron por aquellos tiempos tranquilos los araneses, porque los franceses invadieron el pais diferentes veces, particularmente por los años de 1470 en que se apoderaron del l. y cast. de Les, con otros pueblos del Terson de Bossost. Rechazados mas tarde los de Francia por las tropas españolas que acaudillara Benito Marco, Cárlos V concedió á éste merced del l., cast. y baronia de Les, baronia que hoy se conserva, y cuyo titulo obtiene una persona recomendable en todos conceptos, residente hoy en Francia. Ya concluia el siglo XVI, cuando nuevas desgracias cayeron sobre este pais que se vió invadido por 3,000 luteranos mandados por el conde de San Girons: se apoderó de varios l., quemó y saqueó otros, sitió la v. de Salardú que afortunadamente fue socorrida por el capitan Juan Gomez, quien con un puñado de valientes del Terson de Pujolo rechazó á los enemigos, quedando libre el terr. del valle. Desde aquella época este pais ha sufrido las vicisitudes del resto de Cataluña, hasta que en 1812 Bonaparte lo incorporó al imperio francés por un decreto especial, y sus tropas construyeron un fuerte en la cap. para dominar el valle: los araneses lejos de someterse á las tropas francesas las hostilizaron cuanto á su alcance estuvo, uniéndose sus mas predilectos hijos al ejército que combatia en Cataluña por la integridad del terr. español y por la independencia de la patria: no hace muchos años ha fallecido en Canejan uno de los mas valientes araneses del ejército de Cataluña, el distinguido patricio, benemérito militar y honradisimo ciudadano, coronel D. Francisco Benosa.

En las guerras civiles ha sufrido bastante este pais, por su misma posicion topográfica: en la época del año 20 al 23 el valle fué invadido diferentes veces por los partidarios de Fernando VII: en la espedicion de los emigrados liberales despues de la revolucion de julio, cruzó el valle la pequeña columna que mandaba el entonces coronel D. Manuel Gurrea: en la última guerra, los partidarios de D. Cárlos ocuparon este pais en agosto del año 1835 y permanecieron en él hasta que, invadido el valle por la parte de Francia el 26 de noviembre del mismo año por una pequeña columna mandada por el autor de esta obra, fueron los carlistas batidos el dia siguiente y ocuparon todo el pais los defensores de la Reina Doña Isabel II. Organizado militarmente el valle, levantada una fortificacion cerca de Viella, municionada y artillada, no entraron en el valle de Aran las fuerzas de D. Cárlos mientras fué gobernador el que este art. escribe; pero habiendo salido el 25 de noviembre de 1836 para tomar asiento en el Congreso de Diputados, entraron los carlistas el 27, y desde entonces el pais fue invadido diferentes veces sufriendo los hab. las desgracias consiguientes á una guerra civil de tanta pasion y de tanto encarnizamiento.

ARAN (oficialato del valle de); es uno de los 18 en que está dividida la dióc. de Seo de Urgel en la prov. de Lérida; comprende los pueblos de Arties, Aubert, Arros, Arró, Arres, Bagergue, Betren, Betlan, Benós, Bordas, Bossost, Bausen; Casarill, Casau, Canejan, Escuñau, Gesa, Garós, Gausach, Les, Mont, Montcorbau, Salardú, Tredós, Uña, Viella, Vila, Vilach y Vilamós, y varios agregados á estos, pero que por ser insignificantes carecen de igl. Asciendo el personal de sus parr. á 29 curas párrocos llamados rectores, 82 beneficiados titulados porcioneros, y 3 capellanes, con indeterminado número de sirvientes. Sobre el modo de proveerse los curatos y beneficios, con otros privilegios de este oficialato y número de alm. y vec. que contiene (V. el art. de aran valle de).

ARAN: l. en la prov. de la Coruña, ayunt. de Sta. Comba y felig. de San Vicente de *Aranton* (V.).

ARANA: barrio en la prov. de Alava, ayunt. de Ayala y térm. del l. de *Menagaray*. pobl.: 4 vec.: 19 almas.

ARANA: valle y herm. de la cuadrilla de Salvatierra en la prov. de Alava: sit. al O. de la cord. de montes que separa á esta prov. de la de Navarra: compuesta de las v. de Contrasta, San Vicente de Arana, Ullibarri de Arana y Alda su ald.: es representada en los congresos de prov. por un procurador electo alternativamente, dando principio la v. de Contrasta: de igual modo se elegia un alc. de la herm. cuya jurisd. se estendia á 2 leg. de N. á S. y una de E. á O. confinando por N. con Onraeta y Roitegui, por E. con Larraona (Navarra), al S. Orviso, y por O. con Oteo.

ARANA: casa ant., solar y armera en la anteigl. de *Mañaria* prov. de Vizcaya.

ARANA: ald. en la prov., aud. terr. y c. g. de Búrgos (18 leg.), part. jud. de Miranda de Ebro (4), dióc. de Calahorra (16), ayunt. de Treviño: sit. en una hondonada á la der. de la carretera que conduce de Vitoria á Logroño; combátenle los vientos N. y E. disfrutando de clima saludable, pues solo se padecen algunos constipados. Tiene 5 casas y una igl. parr. dedicada á la Asuncion de Ntra. Sra. Dentro de la pobl. hay una fuente de abundante y esquisita agua que aprovechan los hab. para su consumo doméstico; y á sus inmediaciones una ermita bajo la advocacion de San Andrés. Confina el térm. por N. con el de Moscador, por E. con el de San Martin de Zar, ambos á 1/4 de leg., por S. con el de San Martin de Galbarin á 1/4, y por O. con los de Pedruzo, Armentia y Argate á 1/2. El terreno es de mediana calidad y se halla fertilizado por las aguas de tres fuentes que brotan en diferentes parages. Ademas de los caminos locales le atraviesa la carretera real que dirige de Vitoria á Logroño. La correspondencia la recibe de aquella c. por medio de un balijero: prod. trigo, cebada, avena, centeno y algunas legumbres; cria ganado vacuno, caballar y lanar, y caza de perdices: pobl.: 5 vec.: 22 alm.: contr. con el ayuntamiento.

ARANA (san Vicente de): v. con ayunt. de por si en la prov. de Alava (7 leg. á Vitoria), dióc. de Calahorra (14), y part. jud. de Salvatierra (3): sit. al S. del puerto de Santa

Teodosia en una vertiente casi llana, en el hermoso valle de Arana; ceñido por N. y S. de elevados montes; CLIMA frio, pero muy sano. Reune 56 CASAS y la tiene para el ayunt. con buena sala consistorial; la cárcel con dos calabozos, es segura y sana: la escuela para ambos sexos, está dotada con 33 fan. de trigo y concurren á ella unos 100 alumnos. La igl. parr. (San Vicente Mártir), está servida por 3 beneficiados con título perpetuo de nombramiento del cabildo, y uno de ellos cura *ad nutum* amovible del ordinario: hay 3 ermitas: la primera sit. en la cúspide del puerto de Sta. Teodosia (con esta advocacion); tiene cas. para el ermitaño con obligacion de dar hospitalidad á los viajeros, con especialidad en tiempo de nieves: al N. y á 1/8 de leg. está la ermita da San Estéban igl. parr. que fue del hoy desp. Berberiego, y al S. de la v. á 12 minutos se encuentra la de Ntra: Sra. de Velguralde. El TÉRM. confina por el N. con Riotegui; al E. con el de Alda, al S. con Orbiso y Oteo, y por O. con Sabando; lo bañan distintos arroyuelos y los derrames de muchas y buenas fuentes. El TERRENO es de primera calidad y los montes de la parte N. están cubiertos de robles y hayas, y en los del S. abundan los robles y encinas, y finalmente es frondosa su grande deh. Los CAMINOS son muy medianos, tanto el que por la sierra se dirige á Salvatierra, como los que van á Sta Cruz, Maestu y Navarra: el CORREO se recibe de la cap. del part., lúnes júeves y sábados, y sale mártes, viérnes y domingos: PROD. trigo, centeno, maiz, avena, legumbres de todas especies, lino, mucho pasto y bellota: cria ganado vacuno, lanar, yeguar, cerdoso, mular y cabrio; hay caza de perdices, codornices, liebres y palomas por el otoño; su IND. está reducida á la agricola y pecuaria; hay un molino harinero: POBL. 52 vec., 200 almas.

ARANA (TORRE DE): casa, solar y armera de Vizcaya, en la anteigl. de Izpastor: de ella descendia el inquisidor y ob. de Zamora, en 1725, D. Jacinto de Arana.

ARANA ó CAPITA: cortijo en la prov. de Cádiz, part. jud. térm. jurisd. de *Jerez*.

ARANARACHE: l. con ayunt. en el valle de Amescoa-Alta, de la prov., c. g. y aud. terr. de Navarra (Pamplona 10 leg.), part. jud. y merind. de Estella (4), dióc. de Calahorra (11): SIT. en una vega ó barranca que se estiende á lo largo de la falda meridional de la sierra de Urbasa; combatido de todos los vientos; su CLIMA es bastante frio y propenso á pulmonias, pleuresias é irritaciones gástricas. Tiene 22 CASAS, la de ayunt., en cuyo local está la cárcel, y una escuela de primeras letras dotada con 800 rs. vn., á la que asisten de 13 á 15 niños de ambos sexos: una igl. parr. dedicada á la Asuncion de Ntra. Sra., servida por dos beneficiados, de los cuales el uno ejerce la cura de almas; una ermita dedicada á San Miguel, construida en el estremo oriental del pueblo, y otra con la advocacion de San Lorenzo, sit. hácia el N., donde principia la mencionada sierra. Dentro de la pobl. hay una fuente, cuyas esquisitas aguas y las de otros 3 manantiales que brotan mas lejos, aprovechan los hab. para surtido de sus casas y otros usos. Confina el TÉRM. por N. con la espresada sierra de Urbasa (1/4 leg.), por E. con el de Eulate (igual dist.), por S. con la montaña de Loquíz (1/8), y por O. con térm. de Larraona (1/2). El TERRENO participa de monte y llano, y se compone de una greda arenisca de poco fondo; hácia el N. es una cuesta poblada en parte de hayas, robles, espinos, avellanos y algunos nogales, y parte desnuda de arbolado, cubierta toda ella de grandes peñascos, en cuya cima se eleva una roca considerable que se prolonga de E. á O. algunas leg.; por el lado del S., segun hemos dicho, está la montaña de Loquiz, en la cual hay muchos árboles de diferentes clases, buenos pastos y diversas bordas para los ganados; cruza y fertiliza el terreno el r. *Viarra* ó Uyarra, que naciendo en la jurisd. de Contrasta (Alava), dist. 1 leg., corre de N. á S. hasta confluir en el *Urederra* en el térm. de Barindano. Ademas de los CAMINOS locales, hay otros que conducen por N. al valle de la Borunda, por E. á Estella, por S. al valle de Lana, y por O. á la prov. de Alava, todos los que se encuentran en mal estado. La CORRESPONDENCIA se recibe de Estella por medio de un balijero, el cual sale y llega los domingos y juéves. PROD.: trigo, centeno, cebada, avena, arvejuelas, arvejas, habas, lentejas, garbanzos, yeros, patatatas, nabos, ajos, cebollas, acelgas, borrajas, lechugas, nueces, avellanas, manzanas, peras, ciruelas y pomas: cria mucho ganado vacuno, de cerda, yeguas, ovejas y cabras; hay abundante caza de codornices, vecadas, perdices, palomas, liebres, corzos, martas, y ardillas, no faltando lobos, zorras, gatos monteses, erizos, tejones y jabalíes, y pesca de truchas y otros peces: IND.; un molino harinero; y los hab., ademas de la agricultura, se dedican al carboneo en la sierra de Urbasa, y en elaborar maderas para cubetos, aros de crivas y cedazos para comportas y otros utensilios: POBL.: 19 vec.: 116 alm.; CONTR.: con el valle.

ARANAS (SAN MIGUEL DE): barrio en la prov. de Vizcaya, en la v. de *Bermeo* (V.).

ARANAZ: v. con ayunt.: una de las 5 de la montaña en la prov., aud. terr. y c. g. de Navarra, merind., part. jud. y dióc. de Pamplona (9 leg.), arciprestazgo de Araquil; aunque es v. separada puede considerarse comprendida en el valle de Santestéban de Lerin: SIT. en una altura circuida de elevados montes, donde la combaten todos los vientos escepto el E., y goza de CLIMA generalmente saludable, pero á las veces suelen desarrollarse algunas calenturas gástricas, pletóricas y aun pulmonías. Tiene en el casco de la pobl. 89 CASAS, y 118 distribuidas en 5 barrios ó cas. dispersos en el térm., los cuales se llaman Bordalarrea, Albiz, San Juan, Ayenas y Azquitarrea; casa municipal, cárcel pública, carniceria, taberna y una escuela de primeras letras dotada con 2,560 rs. vn., á la cual asisten 58 niños de ambos sexos. Tambien hay una igl. parr., dedicada á la Asuncion de Ntra. Sra., servida por 1 cura parr., 2 beneficiados, 1 capellan, organista y suficiente número de subalternos; el curato es perpétuo, y lo provee el diocesano en concurso general; y una ermita bajo la advocacion del Salvador, la cual se halla á la salida del pueblo en el camino que dirige á Sumbilla. Dentro de aquel existen 4 fuentes, 3 de ellas cubiertas, cuyas esquisitas aguas con las de muchos manantiales que brotan en el térm., aprovechan los vec. para surtido de sus casas y otros objetos domésticos y de agricultura. Confina el TÉRM. por N. con el de Yanci (3/4), y Lesaca (1 1/4 leg.), por E. con el de Sumbilla (1 1/2), por S. con el Ituren (2 1/2), y por O. con el de Artica ó Articuza (2). El TERRENO es bastante quebrado y calizo, pues abunda en el mismo la piedra cal, que reducida á polvo sirve para beneficiar las tierras de labor. Muchos son los cerros, que segun se dijo, rodean la v., siendo los mas notables el llamado Ecaiza, el cual se halla hácia la parte de S., y está cubierto de multitud de árboles, especialmente de hayas y robles, cuya madera utilizan los moradores para la elaboracion del carbon, que estraen en gran cantidad para las fáb. de hierro que hay en los pueblos inmediatos; otro por el lado del O. poblado de robles, de donde el vecindario se surte de leña, y otro que cae hácia el NO., tambien cubierto de hayas y robles, el cual, si bien en la antigüedad perteneció á la encomienda de San Juan, corresponde en el dia á 92 vec. ó particulares. Un solo r. cruza este térm.; tiene orígen de varias fuentes nacidas en los cerros que se ha dicho existen al O.; sus aguas de buena calidad y aumentadas sucesivamente con las de otros manantiales que hay en el pais despues de regar algunos trozos de terreno y dar impulso á 3 molinos harineros, confluyen en el Vidasoa, jurisd. de Yanci y sitio llamado Berrizaun, en el cual se encuentra una fáb. de hierro; tiene 5 puentes de madera, 2 de ellos en direccion á Yanci y Articuza, y los 3 restantes para facilitar el tránsito de unos á otros cas., y de estos para la v. La tierra destinada á cultivo puede reputarse en 1,406 robadas de buena calidad, cada una de las cuales rinde anualmente 8 robos de granos, sin contar los frutos de distintas especies mezclados entre la sembradura; lo demas del terreno permanece inculto por ser muy escabroso y desigual, y únicamente dispuesto para las prod. de leña, madera, arbustos, maleza y yerbas de pasto. Uno de los CAMINOS que cruzan el térm. dirige á Sumbilla, otro á Oyarzun (Guipúzcoa) y el tercero á Yanci y Lesaca; los dos primeros se encuentran en mediano estado, pero el último en muy malo, particularmente en el parage llamado Argaitza, donde hay un precipicio, y el paso es tan estrecho, que es muy espuesto á despeñarse continuamente personas y caballerias. La CORRESPONDENCIA se recibe de Irun por medio de balijero; llega y sale los lúnes, juéves y sábados de cada semana: PROD.: trigo, cebada, avena, lino, cáñamo, castañas, alubias, cerezas y manzanas muy esquisitas, de cuyo jugo fabrican los naturales la *sidra*, licor llamado en vascuence *sagardua*: la principal cosecha es la del maiz, que es de calidad superior á todo el que se coge en esta prov. y en las Vascongadas, por rendir mucha harina y ser el pan que prod. de muy esquisito gusto: hay ganado lanar y cabrio, y bastante vacuno y de cerda; caza de liebres, conejos y perdices; y variedad de animales dañinos, particularmente algunos jabalies, y pesca de muy finas y sabrosas truchas en el espresado riach. durante el estio: IND.: ademas de los 3 molinos harineros, de que se ha hecho mérito, 2 de los cuales son para maiz y el otro para trigo, se cuentan muchas carboneras, hornos de cal, corte de maderas de construccion y tejidos de lienzos ordinarios, con los demas oficios mecánicos é indispensables para la vida social: COMERCIO: el de importacion de trigo y géneros ultramarinos y coloniales, y esportacion de alubias y maiz para los pueblos comarcanos: POBL.: 218 vec.: 1,349 alm.: CAP. IMP.: 257,778 rs. Asciende el PRESUPUESTO MUNICIPAL á 31,678 rs., los cuales se cubren con los arbitrios importantes 7,056 rs. y lo que falta por reparto entre los vec. El rey D. Teobaldo I, hallándose en Abarzuza por el mes de agosto de 1251, confirmó el fuero que su abuelo D. Sancho concedió á los moradores de esta v., y aun se lo mejoró remitiéndoles las obras reales que retuvo aquel dentro de su térm., y ordenó que en recompensa le pagasen 4,000 sueldos en vez de los 3,400 que satisfacian á su tio.

ARANCEDO: l. en la prov. de Oviedo y ayunt. de El Franco: SIT. á la falda de la Pumarega, con igl. parr. San Cipriano de *Arancedo* (V.).

ARANCEDO (SAN CIPRIANO DE): felig. en la prov. y dióc. de Oviedo (18 leg.), part. jud. de Castropol (3), y ayunt. de El Franco (1): SIT. al N. y falda del pico de Sanvinto á unos 900 pies de elevacion sobre el nivel del mar: el CLIMA sano y templado concede á sus hab. en lo general, una vida de 70 años y algunos llegan á contar hasta 90: comprende los l., ald. y cas. de Arancedo (donde se halla la parr.), Abelleira, Acernada, Andina de Abajo, Andina de Arriba, Arancedo de Arriba, Balcon, Barrosas (las), Braña Mayor, Bustel, Cabanella de Abajo, Cabanella de Arriba, Caborcos (los), Candál, Carbayal, Carbayin, Carbayo, Castro, Cuevas de Andina, Espieira, Figueirola, Gudin, Lebredo, Lleiráa, Llombo, Mazo (el), Penas (las), Poceira, Pozon, Preguntoria, Pumarega, Pumariños, Requeirin, Rio-cabo, Trovo, Vega de Lleira, Veiga del Fouso, Vidureiral é Ingertedo, que reunen sobre 151 CASAS muy medianas: hay 2 escuelas particulares, á las que asisten unos 70 niños y niñas, y si bien unos y otras abandonan la escuela desde luego que la edad los permite ayudar á sus padres en las labores del campo y domésticas, son pocos los hombres que no saben leer, escribir y algunos principios de aritmética, porque si no adquieren estos conocimientos en la niñez, los consiguen ya de adultos aprovechando las largas noches del invierno. La igl. parr. (San Cipriano), mas parece la choza de un miserable vec. que el lugar destinado para dar culto á la Divinidad; es una capilla á teja vana, amenazando ruina, con 2 altares de piedra sin mérito artistico, y sirven de torre 2 maderos clavados en la tierra y arrimados á la capilla. Esta parr. fue creada en 1795 á peticion de los vec. que antes eran felig. de la de Sta Maria de *Miudes*, y por auto del tribunal superior de la prov., confirmado por el rey, el primer párroco tomó posesion en 1.° de octubre de 1796, en la capilla de San Cipriano, habilitada entonces provisionalmente para la celebracion de los oficios divinos, y en la que se ha continuado; no obstante que para la construccion de una buena igl. le fue designada por mucho tiempo la tercera parte de los diezmos, la cual ascendia, segun quinquenio, á 16,000 rs. vn., y por consiguiente se han reunido considerables fondos é invertido en construir una casa rectoral bastante cómoda. El cura percibia el cuarto del diezmo y cedia la sesta parte para gastos de fáb.: eran tambien partícipes de la renta decimal el estinguido monast. de San Juan de Corias y el simplista (beneficiado de las tres parr. de Arancedo, La Braña y Miudes); el párroco percibia ademas por primicia una *medida* de trigo (1/16 de fan.) por cada matrimonio ó viudo, y la mitad por cada viuda: los derechos de estola ascienden á unos 500 rs. A 60 pasos de la igl. está el cementerio muy capaz y ventilado.

El TÉRMINO confina por N. con el Campo de la Mula y r. Perdigueiro, felig. de Sta. María de Miudes; por E. con la cord. que forman los picos de la Cruz de Abredo, el Cuadramon, Pena, Carcobas de Pena, la Pumarega, Montes de las Antiguas, Penas de Mendo, Beiral, Carbayal y otros que separan á esta parr. de la de Cartavio; por el S. con el alto pico de Sanvinto que la separa de la de Boal, y por O. con varios ramales de los montes de Bobia y Penouta, y con el r. de Bao, que la sirve de lím. con las de la Braña y Prendones; de manera que la felig. de Arancedo se ve cercada de eminentes montañas y con una superficie que presenta la figura de triángulo escaleno, cuyo lado mayor es el mencionado r. del Bao que corre tocando su térm. cerca de una leg.; pero aunque desde este r. parten montañas á todos lados, por el oriental forman tan suave declive, que mucha parte del terreno donde estan sit. los l. y sus tierras de cultivo, se le podria llamar vega, si multitud de colinas y cerros elevados, desprendidos al parecer de los altos montes, no hubieran tomado asiento á orillas del r. haciendo sus márg. escabrosas, con especialidad hácia el S. Los l. están colocados, el que mas á 1 milla del Bao y 3 de la igl., y todos abundan de fuentes de agua potable muy sana. Las del Bao, llamado tambien r. de Mercadeiras, son de curso perenne y crian muchas y sabrosas truchas; su direccion es de S. á N. á desembocar en el Porcia, por el punto denominado la Portigueira, térm. de Prendónes: el arroyo de la Anguila, que nace en las Carcobas de Pena y en la Cruz de Abredo, corre por el centro de Arancedo hasta mas abajo de Follaranca, en donde se une al Bao; lleva gran cantidad de agua que se utiliza para impulsar molinos harineros, regar prados y abrevar el ganado. De E. á O. cruza otro arroyuelo llamado de los Corbales, de menos agua que el de la Anguila, con el cual se une en el sitio de Veiga del Fouso y sirve tambien para el riego: por este último cas. corre otro arroyo que toma su nombre y lo cambia por el de Follaranca: su nacimiento es en Pumarega de Pena y desagua en el Bao.

El TERRENO destinado á labor será de unos 400 dias de aradura. El dia de aradura es una superficie cuadrada de 288 varas claveras; estas se componen de 3 varas castellanas; en lo general es calizo y gredoso de mediana calidad: es la mejor la del l. de Lebredo, sit. entre el picó de Sanvinto y Cruz de Abredo, no tan buena la de Arancedo en la falda de la Pumarega, de Pena Monte y Pena de Mendo que forma un suave declive, y por último de ínfima clase, aunque agradecida, y produce buenas cosechas, la de los l. de las Barrosas, Gudin y Figueirola, sit. en una loma que sale del monte Penas de Mendo, y toma direccion al valle de Suero, y cuyos vec. habitan la parte N. de la indicada loma y su falda meridional. Otra clase de terreno es la parte que ocupan los l. de Andina de Abajo, Andina de Arriba, Acernada, el Preguntorio, y el Ingertado, que se encuentran á las faldas de los montes de Abredo, Cuadramon, Pena y otros; estas tierras en pendientes muy difíciles de cultivo, lo requieren de una manera tál, què no sean arrastradas por las aguas que las lluvias precipitan desde los altos. La situacion abrigada de todo este terr. lo hace á propósito para la vegetacion en general, y el arbolado de castaños y robles constituian una cuantiosa riqueza; pero por desgracia solo se encuentran hoy en los montes arbustos silvestres y plantios de poca importancia. Los CAMINOS son de travesia y penosos por su desnivel y mal estado: el CORREO se recibe en la carteria de la v. del Franco, y por la estafeta de Navia: llega los lúnes, miércoles y viérnes, y sale los domingos, miércoles y viérnes por la linea de Oviedo á Castropol: PROD.: segun quinquenio 2,500 fan. de maiz, 900 de trigo, 200 de centeno, 50 de habas, 24,755 a. de patatas y 30 de lino: es considerable la cosecha de nabos; pero muy escasa la de frutas. Cria ganado de todas clases, siendo preferido el vacuno y de cerda: cada labrador mediano mantiene y engorda al año una yunta de bueyes, que en la primavera vende para Castilla; mantiene ademas una yunta de vacas con su cria, y los que se encuentran mejor acomodados recrian mulas que compran en las ferias de Salas por octubre y noviembre, para venderlas por agosto en Fuensagrada: igual tráfico se hace con el ganado, pues aunque no tan generalizado, son muchos los vec. que matan dos marranos, aprovechan el tocino para el gasto de sus casas y venden los jamones para Santander y Madrid: la IND. se reduce á molinos harineros, varios artesanos y algunos telares caseros: POBL.: 175 vec., 1,008 alm.: CONTR. con su ayunt. (V).

La felig. de Arancedo, asi como las demas del ayunt. del Franco y terr. comprendido entre los r. *Eo y Navia*, fue realenga hasta que D. Alonso VII la donó con aquellas al ob. de Oviedo para transigir diferencias graves con el de Lugo, y continuó del señ. ep. hasta 1580 en que Felipe II, usando de las facultades que le concedió el Papa, para enagenar bienes del patrimonio ecl. y aplicar su prod. á las grandes urgencias del Erario, cedió la v. de Suero y su jurisd. á Alonso del Camino, empleado en la legacion de Flandes; pero habiendo este tratado de venderla á Alvaro Flores de Quiñones, salieron los vec. al tanteo, y rescataron sus fueros de que hablaremos con mas estension al hacerlo del *Franco y Castropol*. Entre los l. de Andina de Abajo y Andina de Arriba, y en una de las colinas que alli están agregadas, descuella formando un perfecto cono truncado, la llamada *Corona del Castro*, en cuya cima se perciben claramente las ruinas de una antiquisima fortificacion: debajo de esta colina y en direccion á E. nace un valle muy espacioso que sigue hasta terminar en las *Carcobas de Pena*, dist. 1/2 leg. Este valle no es obra de la naturaleza que habia colocado alli colinas de mucha elevacion, como las que aun existen á 500 pies sobre el nivel del mar, sino que ha sido formado por la mano del hombre con una escavacion tan asombrosa, que sin contar lo mucho que se ha cegado y las capas de tierra y légamo que fueron levantando la superficie por el transcurso de siglos, á cuyo principio no alcanza la historia del pais; todavia las cortaduras perpendiculares que se conocen hechas por lado y lado tienen desde 100 á 300 pies de altura, segun la mayor ó menor de los collados que le dividen. En medio de este valle se encuentran á corta dist. una colina de regular magnitud y una peña elevada que llaman del *Azor*, y se parece á uno de aquellos grandes terrones que ha comenzado á desmoronar el tiempo; este peñasco se presume con fundamento haber sido el núcleo de una montaña descuajada por todos lados para conseguir la esplotacion del mineral: aun hoy se ven por su derredor vetas y filones de piedra, que se distinguen poco del plomo en color y peso: toda la colina está horadada con agujeros de tan desiguales y variadas figuras, que presenta la idea de un esqueleto; y al pie brota perpendicularmente un copioso manantial que levanta gran cantidad de polvos amarillos y plateados de un brillo y peso estraordinario; el aire que sale por el mismo manantial hace borbollar el agua con bastante ruido, y de ahí se ha originado entre las gentes la creencia de que debajo hay algun encanto. La otra colina casi está hueca, pues si se reconoce la *cueva del Castron* se hallarán cuatro grandes galerias que terminan hácia el centro formando una elevada y espaciosa bóveda; esta obra tal vez habrá sido para inspeccionar el interior, lo mismo que otra célebre cueva, llamada del *Brusquete*, que cruza una galeria del frente, y pudo habar sido para acueducto. Pasadas estas colinas sigue la escavacion que forma valle, penetrando por la falda del alto monte *das Carcobas do Pena*, llegando por esta parte casi á dividir del todo la cord. que hemos dicho sirve de lím. oriental á la parr. de Arancedo. Ademas de estas prodigiosas obras que indican el grande interés reportado antiguamente con la esplotacion de mineral, se hallan en todos los montes contiguos, vestigios de hornillos y otros artefactos de rara construccion: en el sitio que actualmente ocupa el cementerio, y en su alrededor, se descubren algunos restos de una gran fáb., y en el r. del *Bao* los de otra que habrá servido quizá para las elaboraciones mineralógicas. No ha quedado memoria ni tradicion del tiempo en que se esplotaba esta mina, pero conjeturas fundadas inducen á creer haya sido mucho antes de la dominacion romana: escavaciones tan formidables no pueden ser obra del corto y agitado periodo que las legiones romanas permanecieron en el pais, las que apenas se estendieron al occidente de esta prov. Si á esta obra se agregan los trabajos de las minas que se hallan á poco mas de 1/4 de leg., *Barganaz*, térm. de la parr. de la Braña; las que hay 3/4 de leg. en el *pico de Beiral*, donde aun se conserva un pozo que tiene mas de 60 brazas de agua; las de la Veguiña, donde hay otro pozo de no menos profundidad, y las célebres de *Salave*, dist. 2 leg. escasas, con un acueducto de mayor dimension y que conduce á ellas las aguas del r. de *la Veguiña* desde el punto del Lagar; si á estas obras admirables añadimos, para tomar en cuenta, los artefactos y tiempo necesario para la elaboracion de tanto mineral, y que no se da un paso en toda esta parte sin tropezar con ruinas de edificios, de ant. fortificaciones, y con un estenso y suntuoso sepulcro, que se halla por parte á dos y tres estados de la superficie de la tierra, y cuyas canterias y sólidos materiales con que habia sido construido ya están reducidos á polvo; parece innegable de que por esta comarca tuvo su asiento un numerosisimo é ilustrado pueblo que apreciaba los metales, y sabia el arte de esplotarlos y elaborarlos, antes que los ejércitos de *Augusto* hubiesen invadido el terr. asturiano; porque si existieran entonces esta pobl. y estas minas, no habria faltado un historiador de aquel tiempo que hiciese mérito de ellas. Tambien es probable que ya estuviesen arruinados, cuando Roma y Cartago se disputaban las riquezas de España; pues á no ser así, no habrian podido menos de escitar su codicia unos pueblos que por su número y riqueza debian ser harto conocidos: su desaparicion puede atribuirse á haberse agotado el mineral y con él los medios de subsistencia, ó lo mas regular, á algun trastorno social de que se haya perdido la noticia.

ARANCEDO DE ARRIBA: l. en la prov. de Oviedo, ayunt. del Franco y felig. de San Cipriano de *Arancedo* (V.): POBL. 10 vec.: 79 almas.

ARANCÉS: ald. en la prov. de Oviedo, ayunt. de Avilés y felig. de Sta. Maria del *Mar* (V.).

ARANCÉS: l. en la prov. de Oviedo (7 leg.), part. jud. de Pravia (1 1/2), ayunt. de Cudillero (1/4), y felig. de Sta. María de *Piñera* (1/8): SIT. entre Cudillero y la Concha de Aguilar cerca del mar al E. de la Atalaya: su TERRENO fértil y PROD. toda clase de granos y semillas, hortaliza y alguna fruta. POBL. 44 vec. 182 almas.

ARANCIL: arroyo de la prov. de Toledo, part. jud. de Navahermosa: nace en su lím. E. en el térm. jurisd. de Ventas con Peña Aguilera, corre de SE. á NO., baña su terreno, y á poco desagua por la der. en el riach. Cuevas.

ARANCON: l. con ayunt. de la prov., adm. de rent. y part jud. de Sória (3 leg.), aud. terr. y c. g. de Búrgos (21), dióc. de Osma (12): SIT. en llano á media leg. de la sierra del Almuerzo y batido por los vientos NE. y NO., su CLIMA es bastante templado, aunque propenso á tercianas, cuartanas y catarros: forman la pobl. 48 CASAS de inferior construccion, distribuidas en 4 calles; hay una plaza, casa de ayunt. una escuela de primera educacion, bastante abandonada, 2 fuentes de abundantes y saludables aguas, y una igl. parr. con el titulo de la Asuncion, en la que se ven 4 retablos dorados y un cuadro de bastante mérito que representa la Sinagoga; fuera de la pobl. hay una ermita y el cementerio: confina el TÉRM. al N. con el de Narros, al S. con el de Tozalmoro, al E. con el de Aldea el Pozo, y al O. con el de Aldehuela, estendiéndose á 1 leg. en todas direcciones; el TERRENO es de mediana calidad y le fertilizan dos arroyos llamados, el uno Chavalindo y el otro Trascastillejos: sus CAMINOS son la carretera que va de Aragon á los pinares, y pasa á 1/4 de hora del pueblo, y la que dirige de Zaragoza á Sória, y pasa á 1/2 hora: PROD. trigo, cebada, centeno, legumbres, abundancia de yerba de siego y mucha leña de roble, encina y monte bajo; hay ganado lanar, churro y vacuno: POBL. 47 vec. 188 alm. CAP.: IMP., 26,090 reales.

ARANDA: r. en la prov. de Zaragoza, part. jud. de Ateca: tiene su origen cerca de la v. que le da nombre, en una caudalosa fuente en un descenso de 6 leg.; despues de fertilizar la Brea de Aranda baña los térm. de Jarque, Gotor Illueca, Brea y Arandiga, pueblos del part. de Calatayud. En este último se le reune el r. Hijuela, y pasando por las tierras de Chodes, part. de la Almunia, desagua en el Jalon por su márg. izq. despues de dar movimiento á algunos molinos harineros y batanes.

ARANDA: v. con ayunt. de la prov., aud. terr., c. g. y dióc. de Zaragoza (20 leg.), part. jud. y adm. de rent. de Ateca (6): SIT. á la márg. izq. del r. de su nombre, sobre una colina, mirando á la frontera de Castilla, combatida por todos los vientos y con CLIMA saludable. Tiene 330 CASAS divididas en 2 barrios; el uno en lo alto de la espresada colina, fundacion sin duda de moros, como indican las vestigios de arquitectura y ruinas de un cast. que alli se encuentran; el otro ocupa la falda del cerro; esta parte se conoce ser mas moderna por el carácter de los edificios; el tránsito del uno al otro barrio es muy penoso por el declive que lo constituye. Hay 2 hospitales, el uno de pobres enfermos y el otro de pobres mendicantes; en cada uno de ellos está encomendado el cuidado de los enfermos á un matrimonio; pero las rent. de los dos establecimientos han venido á quedar en tal estado, que dificilmente pueden desempeñar el objeto de su institucion; una escuela de primeras letras pagada de los fondos del comun. Otra de niñas dotada de los fondos, un Pozo real, una tienda de abaceria, una panaderia, una carnicería con su matadero, una posada y una igl. parr. con 6 altares, bajo la advocacion de Ntra. Sra. de la Asuncion, servida por un cura, un racionero, y 4 beneficiados: 2 de ellos sacerdotes y 2 tonsurados. El curato es de 2.° ascenso y se provee por S. M. ó el diocesano mediante oposicion en concurso general. Antes de la esclaustracion hubo un conv. de capuchinos sit. en la parte mas deliciosa de la vega. Confina el térm. por el N. con el de Calcena, por E. con el de Jarque, por S. con el de Villarroya, y por el O. con el de Ciria, y se estiende hácia cada uno de los referidos 4 puntos una leg. poco mas ó menos. El TERRENO en lo general es áspero, pero sin embargo, entre la misma escabrosidad, se halla una espaciosa vega de tierras fértiles y ricas, capaz de todo género de simientes, la cual se riega con las acequias que alimenta la caudalosa fuente llamada Langen, por los naturales, y r. Aranda por los de los pueblos vecinos, por cuanto es la que da toda la importacia al r. de este nombre; su sobrante sirve para poner en movimiento un molino harinero y un batan. Tambien hay una gran deh. que aumentaria de un modo sorprendente sus prod. si se la proporcionase riego. La parte mas alta y quebrada la ocupan los bosques de robles y encinas, y bosques de maleza y mata baja, donde se cria abundante caza de perdices, conejos y liebres. Los CAMINOS en general son comunales, escepto los que salen para Teruel y Calatayud, que pasan ambos por el pueblo. Su CORRESPONDENCIA la sirve un cartero que la lleva y trae á Calatayud: PROD. trigo, cebada, centeno, vino, legumbres, cáñamo, hortalizas y frutas. La IND. en este pueblo no pasa de las profesiones y oficios necesarios mas indispensables y algunos telares de lienzos ordinarios. El COMERCIO consiste en la venta de frutos sobrantes, efectos de quincalla, de vestir y ultramarinos, cuyas especulaciones tienen su mayor incremento en el dia de la feria que se celebra el 30 de noviembre, en cuyo dia tambien se presentan al mercado otros objetos de menos importancia y algunas cab. de ganado vacuno, mular, caballar y de cerda: POBL. 320 vec. 1,360 alm. CAP. PROD. 2.670,000: CAP. IMP. 160,000 CONTR. 35,018 rs. 30 maravedís.

ARANDA DE DUERO: arciprestazgo en la prov. de Búrgos, y part. jud. de su nombre: es uno de los 14 en que está dividido el ob. de Osma, y ocupa el 8.° lugar atendiendo al órden de asientos que los 14 arciprestes tienen en los sínodos. Su estension es de 9 leg. de N. á S. y 6 de E. á O., y confina por N. con el arz. de Búrgos, siendo el lim. divisorio el r. Esqueva; por S. con el ob. de Segovia y pueblos de Milagros; Fuentelcésped y Sta. Cruz de la Salceda; por E. con los arciprestazgos de San Estéban y Coruña del Conde de su misma dióc. y con térm. de Inojar, los tres Arausos, Arandilla; Langa y Castillejo de Robledo; y por O. con los arciprestazgos de Roa y Aza tambien del ob. de Osma y pueblos de Sotillo, Gumiel del Mercado, la Orra, Berlangas, Cámpillo y Castrillo de la Vega. El arcipreste no tiene residencia fija, pudiendo servir por medio de un teniente; pero es de su cargo convocar y presidir las juntas de párrocos para tratar de los intereses de los mismos, como igualmente circular las órdenes de los gefes del ob. Los pueblos de que se compone, curas párrocos que los sirven, y varias otras noticias que creemos de alguna importancia se hallarán en el estado que sigue.

PUEBLOS DE QUE SE COMPONE.	PART. JUD.	PROVINCIA.	Número de parr.	Id. de anejos.	Conventos cuyas igl. están. Con culto.	Cerradas.	Santuarios y ermitas.	Curas párrocos.	Ecónomos.	Tenientes.	Beneficiados.	Capellanes.	Dependientes.	Categoria de los curatos. Entrada.	1er. asc.	2.° asc.	Término.
Aranda de Duero	ARANDA DE DUERO.	BURGOS.	2	»	1	2	6	2	»	1	»	»	2	»	»	1	1
Aguilera (la)			1	»	1	»	1	1	»	»	1	»	1	»	1	»	»
Badocondes			1	»	»	»	3	»	1	»	»	»	2	»	»	1	»
Baños			1	»	»	»	2	»	1	»	1	»	1	»	1	»	»
Caleruega			1	»	1	»	1	1	»	»	»	»	1	1	»	»	»
Casanova			1	1	»	»	»	1	»	»	»	»	1	1	»	»	»
Cuzcurrita, anejo del anterior			»	»	»	»	»	»	»	»	»	»	»	»	»	»	»
Espinosa de Cervera			1	»	»	»	3	1	»	»	»	»	1	»	1	»	»
Fresnillo de las Dueñas			1	»	»	»	3	»	1	»	»	»	1	1	»	»	»
Fuentespina			1	»	»	»	1	1	»	»	1	3	2	»	»	1	»
Guma, anejo de la Vid			»	»	»	»	»	»	»	»	»	»	»	»	»	»	»
Gumiel de Izan			1	»	»	1	»	1	»	»	5	»	2	»	»	1	»
Hontoria de Valdearados			1	»	»	»	3	1	»	»	»	1	»	»	1	»	»
Oquillas			1	»	»	»	2	»	»	1	»	»	1	1	»	»	»
Peñaranda de Duero			1	»	2	»	2	1	»	»	»	»	1	»	»	»	»
Pinilla de Trasmonte			1	»	»	»	4	1	»	»	2	»	1	»	»	1	»
Quemada			1	»	»	»	1	»	1	»	»	»	1	»	1	»	»
Quintana del Pidio			1	»	»	»	1	1	»	»	»	»	1	»	»	1	»
Quintanilla de los caballeros, anejo de Tubilla del Lago			»	»	»	»	»	»	»	»	»	»	»	»	»	»	»
San Juan del Monte			1	»	»	»	2	»	1	»	»	»	1	»	»	1	»
Sinobas			»	»	»	»	1	1	»	»	»	»	1	1	»	»	»
Tubilla del Lago			1	1	»	»	2	1	»	»	»	»	2	1	»	»	»
Valdeande			1	»	»	»	2	»	1	»	»	»	1	»	1	»	»
Vid (la)			1	2	1	»	1	»	1	»	»	»	1	»	1	»	»
Villalba			1	»	»	»	3	1	»	»	»	»	1	»	1	»	»
Villalvilla			1	»	»	»	1	»	1	»	»	»	1	1	»	»	»
Villanueva de Gumiel			1	»	»	»	1	1	»	»	»	»	1	1	»	»	»
Zazuar			1	»	»	»	3	1	»	»	»	1	1	»	»	»	1
Zuzones, anejo de la Vid			»	»	»	»	»	»	»	»	»	»	»	»	»	»	»
			25	4	6	3	49	17	8	2	10	5	29	8	8	7	2

ARANDA DE DUERO: part. jud. de *ascenso* en la prov., aud. terr., y c. g. de Búrgos, dióc. de Osma; compuesto de 25 v., 18 l. y 1 ald., que forman 41 ayunt., cuyos nombres y datos estadísticos mas notables aparecen del siguiente;

CUADRO sinóptico, por ayuntamientos, de lo concerniente á la poblacion del ejército, su riqueza imponible

AYUNTAMIENTOS.	Obispados á que pertenecen.	POBLACION. VECINOS.	POBLACION. ALMAS.	ESTADISTICA MUNICIPAL. ELECTORES. Contribuyentes.	ELECTORES. Por capacidad.	ELECTORES. TOTAL.	Elegibles.	Alcaldes.	Tenientes.	Regidores.	Síndicos.	Suplentes.	Alcaldes pedáneos.
Aranda de Duero.		1,030	4,122	385	13	398	223	1	1	8	1	7	1
Arandilla.		30	120	30	»	30	27	1	»	2	1	3	»
Arauzo de Torre.		17	68	18	1	19	18	1	»	2	1	3	»
Baños de Valdearados.		91	364	70	1	71	60	1	1	2	1	4	»
Brazacorta.		28	112	22	1	23	19	1	»	2	1	3	»
Caleruega.		46	176	46	4	50	40	1	»	2	1	3	»
Campillo.	Osma.	125	501	88	5	93	70	1	1	4	1	5	»
Casanoba.		29	118	19	»	19	16	1	»	2	1	3	»
Castrillo de la Vega.		141	569	96	1	97	82	1	1	4	1	5	»
Coruña del Conde.		51	209	49	2	51	41	1	1	2	1	4	»
Cuzcurrita de Aranda.		11	35	11	»	11	7	1	»	2	1	3	»
Fresnillo de Dueñas.		60	247	47	3	50	33	1	1	2	1	4	»
Fuente el Césped.	Segovia.	214	858	111	2	113	93	1	1	4	1	5	»
Fuentenebro.		170	683	112	4	116	80	1	1	4	1	5	»
Fuentespina.		130	607	97	6	103	91	1	1	4	1	5	»
Gumiel de Izan.		354	1,417	198	5	203	177	1	1	6	1	6	1
Gumiel del Mercado y Ventosilla.	Osma.	298	1.190	163	6	169	139	1	1	6	1	6	1
Hontoria de Valdearados.		77	249	68	»	68	60	1	1	2	1	4	»
La Aguilera.		117	526	89	»	89	70	1	1	4	1	5	»
La Vid y sus barrios.		50	174	47	»	47	47	1	»	2	1	3	1
Milagros.	Segovia.	80	302	70	2	72	55	1	1	2	1	4	»
Oquillas.	Osma.	34	137	36	»	36	30	1	»	2	1	3	»
Pardilla.	Segovia.	59	276	50	»	50	38	1	1	2	1	4	»
Peñalba de Castro.		36	118	36	»	36	34	1	»	2	1	3	»
Peñaranda de Duero.		169	681	105	»	105	92	1	1	4	1	5	1
Pinillos de Esqueva.	Osma.	17	60	12	1	13	10	1	»	2	1	3	»
Quemada.		79	316	67	3	70	31	1	1	2	1	4	»
Quintana del Pidio.		112	407	78	3	81	78	1	1	4	1	5	»
San Juan del Monte.		75	291	67	»	67	50	1	1	2	1	4	»
Santa Cruz de la Salceda.	Segovia.	106	422	76	2	78	60	1	1	2	1	4	»
Sotillo de la Ribera.		182	730	109	2	111	88	1	1	4	1	5	»
Terradillos de Esqueva.		10	38	10	»	10	10	1	»	2	1	3	»
Torregalindo.		27	113	26	1	27	24	1	»	2	1	3	«
Tubilla del Lago y Quintana de los Caballeros.		29	96	42	2	44	42	1	»	2	1	3	1
Vadocondes.		119	483	90	4	94	90	1	1	4	1	5	»
Valduende.	Osma.	41	148	42	1	43	38	1	»	2	1	3	»
Valverde de Aranda.		6	20	6	»	6	4	1	»	1	1	»	»
Villalba de Duero.		108	386	62	3	65	59	1	1	2	1	4	»
Villalvilla de Gumiel.		28	100	14	»	14	14	1	»	2	1	3	»
Villanueva de Izan.		33	128	24	1	25	24	1	»	2	1	3	»
Zazuar.		108	428	83	3	86	80	1	1	4	1	5	»
TOTALES.		4,527	18075	2881	72	2953	2344	41	24	117	41	162	6

(1) Se debe añadir al importe de la riqueza imponible, territorial y urbana, la cantidad 72,857 rs. vn., procedente de la renta
(2) En las contribuciones está incluida la de culto y clero por la cantidad de 81,187 rs. vn. que le corresponde á razon de 1'44 por y 17 ms. por hab.

Los vientos que en él reinan con mas frecuencia, son los que proceden de la parte del O., con los que llueve generalmente, y despues los del N.: su CLIMA es húmedo y bastante fresco con motivo de estar sit. entre las cord. de Urbión y Somosierra, nevadas durante el invierno y la primavera. Confina por N. con los part. de Lerma y Salas de los Infantes; por E. con el del Burgo de Osma (prov. de Sória); por S. con los de Sepúlveda y Riaza (en la de Segovia); y por O. con el de Roa, comprendiendo 5 leg. de N. á S., y 7 de E. á O.

No hay en este part. montañas notables, pero todo él está sembrado de colinas, á cuyo pie se forman valles de corta estension, muy á propósito para la siembra y cultivo de cereales: hállanse en ellas varias canteras de piedra caliza y arenisca, la primera escelente, de mucha consistencia, y de bello aspecto para la edificacion; y tierras yesosas, blancas de jalbegue, que se usan en crudo para las casas, y otras de que se hace buen ladrillo y alfareria. En los cerros hay bosques de pastos y leña, en los cuales se cria algun ganado lanar y poco de las demas especies; encontrándose en ellos arbolado de pinos, enebros, encinas ó carrascas, robles y sabinas, cuyas maderas, que han servido en otros tiempos para la construccion, solo se usan en el dia para el combustible y carboneo, y para alguna que otra pieza de instrumentos agrícolas: tambien abundan de plantas aromáticas y me-

de dicho partido, su estadística municipal y la que se refiere al reemplazo y las contribuciones que se pagan.

REEMPLAZO DEL EJERCITO.									RIQUEZA IMPONIBLE. (1)				CONTRIBUCIONES. (2)			
JOVENES VARONES ALISTADOS DE EDAD DE								Cupo de soldados cor. á una quinta de 25,000 homb.								
18 años.	19 años.	20 años.	21 años.	22 años.	23 años.	24 años.	TOTAL		Territorial y pecuario.	URBANA.	Industrial y comercial	TOTAL.	Por ayuntamientos.	Por vecino.	Por habitante.	Tanto p. % de la riqueza.
									Rs. vn.	Rs. vn.	Rs. vn.	Rs. vn.	Rs. vn.	Rs. Ms.	Rs. Ms.	
50	44	53	40	36	36	25	284	10'7	272694	56206	96000	424900	206630	200 20	50 4	48'63
5	4	2	1	»	»	1	13	0'2	95604	508	1600	97712	3053	101 26	25 15	3'13
1	»	1	1	3	1	»	7	0'2	70178	368	660	71206	2428	142 28	35 24	3'41
6	4	5	5	1	4	»	26	1'0	186682	1004	720	188406	8032	88 9	22 2	4'27
4	3	4	3	1	»	»	15	0'3	99025	»	»	99025	3005	110 30	27 27	3'04
3	2	4	3	5	3	1	21	0'4	72386	736	640	72762	6296	136 30	35 26	8'65
6	7	3	5	4	6	2	33	1'3	179576	4280	1730	185586	7226	57 28	14 14	3'89
2	1	1	»	2	2	»	8	0'2	41026	»	»	41026	1746	60 7	14 27	4'25
5	5	6	6	6	6	3	37	1'5	157632	2962	9660	170254	18502	131 7	32 18	10'87
6	6	6	5	3	1	»	27	0'6	231896	1328	2790	236014	7621	140 15	36 28	3'23
1	»	2	1	1	1	1	7	0'1	38338	»	800	39138	1529	139	43 23	3'91
8	6	6	5	4	5	1	35	0'6	158301	2282	4000	164583	13646	227 15	55 8	8'29
13	10	5	5	14	8	8	63	2'4	197378	»	25660	223038	23968	114	27 32	10'75
10	9	4	4	7	3	1	38	2'0	123253	6020	7860	137133	22050	129 24	32 10	16'08
17	10	19	10	15	9	6	86	1'5	247604	4526	17700	269830	31915	245 17	52 20	11'85
22	16	15	16	15	6	6	95	3'5	422432	4686	30020	457138	45478	128 13	32 3	9'95
17	15	18	15	9	18	9	101	3'1	92522	6628	19060	118210	50778	170 13	43 17	42'96
6	6	4	3	1	2	4	26	0'8	21606	1798	3590	26994	9982	129 22	40 8	37'24
14	10	9	8	1	3	2	47	1'3	158648	2986	1180	162814	16101	137 21	30 21	9'88
4	4	1	1	3	1	2	16	0'4	23552	420	1600	25572	2892	57 28	16 21	11'35
4	3	6	6	4	6	1	30	0'8	177296	1354	3200	181850	6125	76 29	20 10	3'37
4	4	2	1	3	»	»	14	0'6	76477	2866	12630	91933	10324	303 22	75 17	11'23
4	3	6	6	5	3	1	28	0'7	184564	»	680	185244	5836	98 31	21 5	3'15
4	4	2	2	3	3	»	18	0'2	92727	44	800	93571	2280	63 11	19 11	2'45
5	15	13	10	8	16	3	80	1'8	233709	560	13060	237329	36471	215 21	53 19	14'75
2	1	1	»	»	1	1	6	0'1	25934	1434	6070	33438	12551	738 10	209 6	37'53
13	10	4	4	3	3	2	39	0'8	119305	»	346	119651	6370	80 22	20 6	5'32
9	6	7	6	6	5	5	44	1'7	91402	3240	5460	100102	20870	186 12	51 9	20'84
10	9	6	4	2	7	3	41	0'8	129912	3754	6390	140056	18174	242 11	62 15	12'97
6	6	8	6	3	2	5	36	1'0	169270	3704	5500	178564	14558	137 22	34 17	8'15
13	10	9	7	6	7	4	56	1'9	213825	19408	»	233233	57817	317 23	73 25	24'79
1	1	1	1	2	»	2	8	0'1	13524	334	1060	14918	1701	170 3	47 13	11'40
5	4	3	3	2	»	»	17	0'3	63113	468	1460	65041	3215	119 3	28 16	4'94
6	6	3	2	1	»	»	18	0'4	27507	604	1860	29971	1326	45 25	13 27	4'42
7	6	9	9	5	10	5	51	1'1	216331	10618	»	226949	33575	282 5	69 18	14'79
2	1	4	3	»	1	»	11	0'4	74175	752	120	75047	3917	95 13	27 5	5'42
1	»	»	»	»	»	»	1	0'1	2096	182	»	2278	458	76 11	22 14	20'11
4	3	3	2	4	5	4	25	1'3	117985	9190	»	127175	12083	111 30	31 10	9'50
4	2	4	2	3	»	»	15	0'3	57331	620	1330	59281	3072	109 24	30 24	5'19
1	1	4	4	8	2	»	20	0'4	61406	286	530	62212	3363	101 31	26 9	5'31
7	7	6	6	9	2	»	37	1'1	153223	»	2080	155303	10187	93 16	23 25	6'56
322	263	270	221	208	188	108	1580	48	5190405	156146	287936	6634487	647151	165 1	41 15	13'26

calculada al 3 por 100 de los bienes nacionales no enagenados.
100 del total de la riqueza imponible, á que sale para toda la prov. y que da, respecto á este part., 17 rs. 31 mrs. por vec., y 41 rs.

dicinales, siendo las principales el tomillo, el cantueso y la salvia de superior calidad; la yerba pastel, la rubia y la gualda para los tintes, y varias otras útiles para las artes, de las que los naturales apenas se aprovechan: del enebro hacen la miera ó su aceite, que se aplica á la curacion de las enfermedades del ganado.

El TERRENO, en casi su totalidad, es ligero, arenoso, arcilloso, calizo, predominando la silice menuda, y formando á las veces cascajo mediano, por cuya razon tambien es muy á propósito para la vid, de que se halla plantado en gran parte: este part. constituye la mayor de la comarca, llamada la ribera del Duero, y conocida por la abundancia de sus vinos, todos tintos, escepto algunas cepas blancas que en él se encuentran, pero en muy corto número: de ellos hay cada dia menos estraccion, que es la causa principal de la ruina y miseria del pais; si bien se debe en mucha parte á su mediana calidad por falta de buena elaboracion; de tal modo, que no pueden competir ventajosamente con los de Aragon, la Rioja y prov. de Madrid, que son los que les hacen la concurrencia. El grano que mas se cultiva es el centeno, con el que alternan el trigo centenoso y la cebada, sin embargo de lo cual no alcanza para su consumo: siémbranse ademas patatas, cáñamo, judias, guisantes, habas, yeros y hortaliza de varias clases; y se cogen tambien frutas de todas especies, á escepcion de los agrios, que no pueden darse en este terr. por las heladas de invierno y primavera. En otro tiempo ha habido abundancia de almendros y nogales, y algunos otros árboles que ya van desapareciendo por una rara preocupacion del pais, que les hace cruda guerra, sin penetrarse de las muchas ventajas que producen.

Los principales artículos de COMERCIO son el vino, cuya mayor parte se esporta para los pueblos limítrofes, y para los de las prov. de Soria y Segovia; los granos de que se hace importacion de esta última prov.; el cáñamo y legumbres, que vienen regularmente del part. de Roa; el lino procedente de Aragon; las carnes de Galicia, montañas de Asturias y Santander; las reses menores de los part. y prov. inmediatas; y los pescados frescos y escabeches de las costas de Cantabria. Sus r. de mas consideracion son el Duero, que le atraviesa de E. á O., entrando por la Vid y saliendo por la jurisd. de Castrillo de la Vega; y el Riaza, que baña los térm. de Milagros y Torregalindo: corren tambien por este part. los titulados de Arandilla, Bañuelos y Pilde, y otros varios arroyos y manantiales de menos importancia. Todas estas aguas fertilizan muy pocas tierras, sirviéndose los naturales para el riego de pozos de poca profundidad, de los cuales las estraen por medio de un mecanismo bastante sencillo.

El único CAMINO real que en él se encuentra es el de Madrid á Irun, perfectamente conservado, y arbolado con chopos lombardos de moderna plantacion, desde el térm. de Milagros hasta 1 leg. de Aranda en direccion de Búrgos. Otro camino carretero, hecho naturalmente sin obras algunas, es el de Aragon á Valladolid y Galicia, el cual entra en el part. por la Vid, y sale por Castrillo de la Vega, siguiendo la márg. izq. del Duero: este importante camino es en lo general seco, estando casi todo él en buen estado, escepto algunos pequeños trozos que seria muy útil componer: hay por último algunos otros que conducen á Segovia y otras comarcas limítrofes, pero tan descuidados que únicamente por la naturaleza del terreno son practicables. Las posadas y ventorrillos que en ellos existen no ofrecen comodidad alguna, siendo las mejores las de Aranda de Duero, parada de diligencias y casa de postas, y la de la misma clase de Gumiel de Izán: en los térm. de Caleruega, Valdeande y Coruña del Condé, se ven aun vestigios de una via ó calzada militar del tiempo de los romanos. Las dist. de los principales pueblos entre sí, á la cab. del part., á la cap. de la prov. y á la córte, resultan del estado que sigue:

ARANDA: cab. de part.

2 1/2																		Baños de Valdearados.
1	3 1/2																	Campillo.
1	3	1																Fresnillo de las Dueñas.
1 1/2	4	1 1/2	1															Fuentelcesped.
3/4	3 1/2	1/2	1/2	1														Fuentespina.
2	1 1/2	3	3	3	3													Gumiel de Izan.
3	3 1/2	4	4	4 1/2	3 3/4	2												Gumiel del Mercado.
3	3/4	3 1/2	2 1/2	3 1/2	3 3/4	1 1/3	3 1/2											Hontoria de Valdearados.
2	3	3	3	3 1/2	2 3/4	1 1/2	1 1/2	3										La Aguilera.
3	2 1/2	4	2	2	3 3/4	4	6	2	5									La Vid.
2	4 1/2	1	1 1/2	1	1 3/4	4	5	5	4	3								Milagros.
3	2	4	2 1/2	2 1/2	3	3	6	2	5	1 1/2	3							Peñaranda de Duero.
2	4 1/2	1 1/2	1	1/2	1	3 1/2	4 1/2	3	3 1/2	1 1/2	1	2						Sta. Cruz de la Salceda.
3	4	4 1/2	4	4 1/2	3 3/4	2 1/2	1/2	4	1	6	5	5	4 1/2					Sotillo de la Ribera.
3	1/2	4	3 1/2	4	3 3/4	1 1/2	3 1/2	1	2 1/2	2 1/2	4 1/2	1	5	4				Tubilla del agua.
2	2	2	1	1	1 1/2	3 1/2	5	2	4	1	1 1/2	1 1/2	1	5	3			Vadocondes.
14	11	15	15	15	14	12	12	14	14	14	16	14	14	12	12	14		Búrgos: cap. de prov.
28	30	27	28	27	27	30	30	31	30	29	26	29	27	30	31	28	47	Madrid.

La INDUSTRIA de este part. está reducida casi esclusivamente á los hilados y tejidos á mano de la lana, el lino y el cáñamo, de cuyas especies se hacen telas gruesas, mantelería entrefina, mantas, costales y estameñas ordinarias, todo para el consumo del pais: tambien se ocupan sus hab., aunque en corto número, en el curtido de pieles, alfarería, cordelería, alpargatería y demas oficios mecánicos comunes, y en la fabricacion de queso de mediana calidad; finalmente, la ind. agrícola se halla en él bastante atrasada.

Existen todavia en el part. que se describe las notables antigüedades, restos de la ant. Clunia, gran c. de los romanos, que estuvo sit. entre los pueblos de Coruña del Conde, Hinojar del Rey y Peñalba de Castro, en una elevacion escarpada, que forma una planicie de 3,600 pies de largo y 3,200 de ancho, capaz de contener 60,000 vec., y cuyo terreno se labra hoy por los de Peñalba, encontrándose á cada paso ruinas y trozos de murallas, piedras sillares, monedas y muchos preciosos camafeos, que ya van escaseando en fuerza de buscarlos con afan; lo principal que en la actualidad se conserva es un anfiteatro romano, cuyas graderias estan abiertas á pico en la piedra que forma el terreno, sitio que no se ha esplotado científica y determinadamente, siendo á la verdad muy digno de serlo.

Sus naturales son de costumbres sencillas, aunque no faltos de ingenio, modestos en el vestir y un tanto aficionados á comer bien dentro de sus escasos medios; tienen respeto á las autoridades, y no se cometen frecuentemente atroces delitos, á escepcion de algunos robos, hijos en mucha parte de la miseria del país, y tal cual atentado á la persona por acaloramientos y quimeras; sus fiestas son por lo comun el baile de tamboril y gaita, y algunas corridas de novillos.

ESTADISTICA CRIMINAL. Los acusados durante el año 1843 en este part. jud., fueron 100; de ellos resultaron 3 absueltos de la instancia, 7 libremente, 88 penados presentes y 2 contumaces, 1 reincidente en el mismo delito, y 6 en otro diferente. Del total de acusados, 29 contaban de 10 á 20 años de edad, 55 de 20 á 40, y 16 de 40 en adelante; 92 eran hombres y 8 mujeres; 36 solteros, y 64 casados; 46 sabian leer y escribir; de los restantes no consta esta circunstancia; 7 ejercian profesion científica ó arte liberal, 93 artes mecánicas.

En el mismo periodo se perpetraron 61 delitos de homicidio, y de heridas; 2 con armas de fuego de uso lícito, 1 de uso ilícito, 10 con armas blancas permitidas, y 3 prohibidas, 16 con instrumentos contundentes, y 29 con otros instrumentos ó medios no espresados.

ARANDA DE DUERO: v. con ayunt., arciprestazgo, com. militar, adm. subalterna de loterias, bienes nacionales y de correos, y cab. del part. jud. y económico de su nombre en la prov., aud. terr. y c. g. de Búrgos (14 leg.), dióc. de Osma (9).

SITUACION Y CLIMA. Se halla en la márg. der. del r. Duero, que la separa de un arrabal ó barrio llamado Allende-Duero (vulgarmente Ende-Duero), y al pie de una pequeña colina titulada de la Virgen de las Viñas, á causa de encontrarse en su cumbre el santuario del mismo nombre. Esta colina y el monte de Cortajan sit. á su espalda, y algo mas elevado, defienden al pueblo en algun tanto de los vientos del N., harto frios en este pais, con motivo de pasar por la tierra de Búrgos y Sória, y por la montaña de la Brújula cubierta de nieve durante un largo invierno. El CLIMA es sano, aunque bastante fresco y destemplado, especialmente en dicha estacion y en la de primavera, siéndolo aun mas de 20 ó 30 años á esta parte, desde que se han destrozado los grandes montes que existian en este terr. Las enfermedades mas comunes en sus hab. son las intermitentes y estacionales, producidas en mucha parte por la poca comodidad y aseo de las casas de los pobres, y por la falta de policiá urbana.

INTERIOR DE LA POBLACION Y SUS AFUERAS. Formán el casco de la pobl. como unas 800 CASAS, casi todas de 2 pisos, y en lo general fabricadas de madera y adobe crudo, lo cual las hace de feo aspecto y propensas á desnivelarse, si bien hay algunas ant. y varias otras modernas de piedra, y de sólida construccion; en el interior no presentan por lo comun comodidad alguna, ni ofrecen tampoco abrigo, por ser muy escaso en el pueblo el número de vidrieras para las ventanas y balcones, cuyo balaustrado es casi todo de madera sin pintar como lo están todas las puertas, contribuyendo tambien esta circunstancia á su mala vista esterior: se hallan reunidas en grupo formando grandes manzanas y calles irregulares y estrechas, entre las cuales se ven muy pocas de anchura y long. regular: la mayor parte de dichas casas tienen debajo espaciosas cuevas ó bodegas para la conservacion del vino en cubas de madera de cabida de 100 á 300 A., bastante profundas aquellas, y cavadas en terreno compuesto de una greda arenosa y muy dura; que evita las filtraciones del agua, y hace que no necesiten bóvedas ni arcos para su sostenimiento, escepto en raros casos. Hay 3 plazas de figura irregular, llamadas de la Constitucion, del Trigo y de Palacio: la primera en forma de ataud contiene soportales en casi la totalidad de sus fachadas, de los cuales el que mira al N. es muy estenso y está comódamente embaldosado en estos últimos tiempos con las losas del que fue conv. de dominicos; este soportal, titulado la Acera, sirve por lo comun de paseo en épocas de aguas y calores; siendo en su virtud el punto en que se reune la gente principal de la pobl.; en esta plaza y en sus inmediaciones están sit. las mejores tiendas, y en ella se celebra tambien el mercado de comestibles y otros articulos. La segunda, próxima á la anterior, es de poca éstension y de fea forma, aunque adornada igualmente con soportales, la cual está destinada para la venta de toda clase de granos; y la tercera se halla entre el r. y las ant. murallas atravesando por medio de ella la carretera de Francia. Es de bastante capacidad, aunque con casas de mala perspectiva; algunas de ellas con soportales mezquinos en que se encuentran las principales posadas. Llámase de Palacio, porque en ella existe formando toda la fachada de la parte del N. el que tienen los ob. de la dióc. para su residencia cuando visitan la pobl.; hoy está reducido á una crujia de habitaciones cómodas y espaciosas, que se restauraron modernamente, en atencion á que el magnifico palacio ep. ant., edificado á espensas del Ilmo. Sr. ob. Calderon, fue incendiado en la guerra de la Independencia, presentando únicamente en la actualidad las paredes esteriores con sus balcones y torres: en dicha plaza se celebra la feria de ganados, y los rastros ó mercados de carne en ciertos sábados del año. Hay un hospital llamado de los Reyes, sit. á la márg. izq. del Duero, el cual está bajo la proteccion del ayunt.; es un edificio sólido de piedra silleria, sin saberse á punto fijo la época de su fundacion, pero sí que le dotó con algunos bienes D. Bernardo Garcia Caltañazor; sus rent. consisten en el prod. de una casa en Madrid, algunas propiedades en la pobl. que se describe, los derechos del peso nacional y algun otro arbitrio; todo lo cual rinde cerca de 30,000 rs., con la carga de 4 pensiones de 500 rs. anuales cada una, para otras tantas viudas pobres de la v., las que se dan por el cura párroco de Sta. María y por el regidor comisario del hospital. Para su servicio hay un capellan con 200 ducados al año, un mayordomo con 4 rs. diarios y un enfermero con 6: este edificio tiene bastante amplitud para los enfermos y una igl. muy capaz, estando aislado y con toda la ventilacion necesaria para el objeto á que se halla destinado. Otra fundacion existe que llaman el *Estado Noble*, con rent. para dotar cada año una doncella hija de noble vec. de esta v. ó de la de Sepúlveda y su tierra, cuyos dotes ascienden en el dia á 3 ó 4,000 rs., dándose á mayoria de votos de los incorporados en el estado noble de Aranda de Duero. Tambien hay otra fundacion que es el colegio de la Vera Cruz, patronato de los condes de Castrilo, con rent. para parte de la dotacion de la escuela de latinidad y otros objetos de instruccion y beneficencia, pero no cumpliéndose en su mayor parte, seria muy útil que estos establecimientos corrieran por cuenta del Estado. Tiene una escuela de primeras letras con 11 rs. diarios de dotacion, pagados del fondo de propios, á la que concurren de 120 á 130 alumnos: se cuentan tambien otras 2 particulares, á las que asisten de 40 á 60, bajo la retribucion de 4 á 6 rs. mensuales: pàra la educacion de las niñas puede decirse que no hay escuela fija, si bien algunas señoras se dedican á la instruccion de aquellas, aunque por lo regular en corto número. De los fondos de la v. y con parte de los del espresado colegio de la Vera Cruz se pagan á un preceptor de latinidad 2,100 rs. anuales, dándole ademas 10 rs. al mes cada uno de los 15 ó 20 discípulos que tiene; esta enseñanza, sin embargo, se halla muy descuidada, tanto que las personas de algunas facultades envian sus hijos á otros pueblos, á fin de que hagan dicho estudio con alguna mas perfeccion. El pósito, á cargo del ayunt., consiste en la actualidad en unas 600 fan. de trigo, que se distribuyen á los labradores para la siembra con las garantias necesarias. Los edificios mas notables son: la casa donde el ayunt. celebra en el dia sus sesiones, sit. en la plaza de la Constitucion, y denominada de la Torre, porque en uno de sus estremos tiene un torreon cuadrado en cuyo centro se halla la sala capitular, por bajo de la cual existe una bóveda ó arco que es la entrada principal de la pobl., enfilada con el gran puente que hay sobre el Duero y la carretera de Madrid: en ella se encuentra tambien la cárcel, malsana y peor distribuida, y la habitacion de los ant. corregidores, que hoy ocupan y pagan los jueces de primera instancia: otra casa consistorial cuya fachada principal mira, á la misma plaza de la Constitucion, con el primer cuerpo de piedra silleria que hace pocos años pintaron de color de ladrillo, y el segundo con una galeria de arcos y columnatas de madera y yeso, formando un grande corredor ó balcon de hierro de toda la long. de dicha fachada; este edificio se encuentra aislado y sirve solamente para las fiestas de novillos y demas funciones públicas; finalmente, otra casa sit. tambien en la citada plaza, con arcos de silleria y de buena construccion, en la cual está establecida la escuela de niños de que ya se ha hecho mérito; es un salon con una galeria alta cerrada, y sirve de teatro cómodo á las compañias llamadas de la legua: en el piso bajo de la misma se halla el despacho de la carne perfectamente construido, y el peso público perteneciente al hospital de la v. Cuenta 2 igl. parr. dedicadas á San Juan Bautista y á Sta. Mária; la primera es bastante ant., como lo demuestra el concilio prov. que se celebró en ella en el año de 1474 por el arz. de Toledo D. Alonso Carrillo, y está servida por un párroco y 2 beneficiados; la segunda; que se construyó en su mayor parte en tiempo de los Reyes Católicos, tiene para su servicio un cura párroco, un teniente y 4 beneficiados, que forman cabildo titulado de San Nicolas: es un edificio bastante sólido, con 3 naves del órden gótico y una magnifica portada de rica filigrana, adornada de vistosas figuras, formando un grande arco apuntado; en ella se ven las armas de los citados reyes y las del ob. D. Alonso de Fonseca, quien se cree contribuyó á su edificacion, asi como D. Pedro Acosta, cuyas armas se hallan tambien en la fáb. y ornamentos: tiene algunos retablos de los de mejor gusto de su época, con especialidad el mayor, en donde hay varias figuras de algun merito: el púlpito de nogal con bajos relieves y estátuas, es obra de prolijo y delicado trabajo, pero se encuentra sumamento deteriorado; por último, sus puertas principales de bajo relieve en madera, con diferentes pasos de la vida de Jesucristo han sido de buen gusto, si bien se hallan ya tambien muy destruidas por la intempèrie. Tenia dos conv. de frailes, estramuros; el uno de franciscanos, de buena fábrica, aunque ant., y el otro de P. dominicos, con el título de Santi Spiritus, de hermosa y fuerte construccion, que fundó el Sr. Acosta, ob. de Osma, á sus espensas, en el año de 1562, estando en medio de la igl. en un magnifico sepulcro: ambos fueron quemados en el de 1811 por la division de Durán que fue á atacar á los franceses que los ocupaban, verificando dicha quema despues de marchar el enemigo: posteriormente fueron reedificados en parte, y al presente se hallan desiertos y en bastante mal estado, habiendo servido el de Santi-Espiritus de fuerte y refugio á los nacionales y comprometidos durante la última guerra civil. Hubo tambien un conv. de monjas franciscas, titulado de las antonias, fundado por doña Mencia Mercedes y Contreras en el año de 1560, las que con motivo de haberse arruinado el edificio en tiempo de la guerra de 1808, se refundieron en el de 1816 en las brigidas de Valladolid. En la actualidad existe otro de bernardas, fundacion de doña Urraca de Avellaneda y dependiente del de las Huelgas de Búrgos; es de buena fáb., aunque deteriorado en lo interior, conteniendo 5 religiosas con su capellan; este conv. fue trasladado en 1587 desde la v. de Fuencaliente á esta de Aranda, á instancia del ob. don Alonso Velazquéz. Hay ademas varias ermitas, de las cuales es la principal la de Nra. Sra. de las Viñas, sit. á 1/4 de leg. al N. de la pobl. junto á la carretera de Francia: el edificio es grande, hermoso, y su posicion agradable y pintoresca, y por el bello soto que tiene en su derredor, por la alegre perspectiva que ofrece desde la alturilla en que se encuentra: las otras son de San Pedro en un cerro á la misma dist. por la parte del NE., la de San Isidro algo mas inmediata, aunque en igual direccion; y dentro del pueblo las denominadas del Sto. Cristo y del Buen Suceso, siendo las cuatro últimas de pobre construccion. El conv. de San Francisco ya espresado sirve en el dia de cementerio, y los restos del de las monjas antonias han sido vendidos como finca nacional. El principal paseo de la pobl. es el que forma la carretera para Madrid, todo plantado de chopos de Lombardía desde mas de 1 leg. en direccion de la corte, y mas de otra en la de Burgos, cuyo arbolado está á cargo de la Direccion de Caminos: á 1/4 de leg. al S. existe en la misma carretera una espaciosa glorieta arbolada, con 6 hermosos camapes de piedra blanca que contribuyen tambien á la belleza y comodidad de este paseo. El camino de la Virgen de las Viñas forma una buena alameda de antiguos olmos, si bien van quedando bastante claros por falta de cuidado en su reposicion; al fin de esta alameda y á las inmediaciones de la ermita ya citada, hay un pequeño soto con árboles de dicha especie, siendo un punto bastante concurrido, aunque no de tan despejado y bello horizonte como la carretera de Madrid. Otra alameda muy deteriorada, tambien de viejos olmos, conduce por la parte de N. á la ermita de San Isidro; y finalmente el Montecilló que es un bosque de encinar bajo de 1/2 leg. de long. y de poca anchura, sit. entre la márg. izq. del Duero y el camino de Valladolid, el qué por hallarse junto al pueblo en terr. perfectamente llano y sobre la ribera pintoresca del espresado r., cuyo piso está cubierto de aromáticas plantas vivificadas por algunos manantiales de aguas sanas y delgadas, se considera como uno de los sitios de recreo de la pobl. Cuéntanse en ella 4 fuentes, una particular para el riego de la bella huerta del palacio ep. en la confluencia de los r. Duero y Arandilla, y tres públicas de bastante caudal, aunque absolutamente descuidadas en su nacimiento, conductos, caños y pilones: la primera, llamada de Sto. Domingo, se halla entre el puente principal de la v, y el hospital, saliendo para Valladolid; la segunda titulada de San Francisco, y mas abundante, á la salida del pueblo para Búrgos, junto al puente viejo de su mismo nombre; y la tercera conocida por el nombre de Minaya cerca del puente de igual denominacion en el camino de la Virgen de las Viñas: de las aguas de dichas 3 fuentes se surten sus hab. para los usos domésticos. En el térm. existen ademas algunos manantiales saludables, siendo los principales el que se encuentra inmediato á la ermita de la citada Virgen, los caños que llaman de Mansilla en la orilla del Duero á 1/4 de leg. E. de la pobl., y varios otros mas ó menos abundantes. Al O. y como á 200 pasos de la v., se forman algunas balsas pequeñas en diferentes barrancos que hay junto al camino de Valladolid; y como los vientos procedentes de dicho punto son los mas comunes en el pais, y el hospital está en la misma direccion y muy cercano á las mencionadas balsas, suelen perjudicarle sus efluvios, respecto á que en ellas se tolera indebidamente la colocacion de estiércoles que se repudren y fermentan. Otras lagunas de corta estension hay á la dist. de 1/2 leg. al final del Montecillo de que ya se ha hablado, pero no causan daño á la salud pública. Esta seria aun mas completa á no ser por la falta de cloacas, cuya carencia obliga á los vec. á verter las aguas inmundas, bien en los corrales de las casas, bien en las calles, lo que sucede con mucha frecuencia, ó bien tienen que conducirlas al r. á brazo y por medio de vasijas, pues solo hay dos alcantarillas que dan salida al Duero á las de la carcel y carniceria. En la antigüedad tuvo este pueblo fortificaciones de alguna importancia, conservándose aun varios trozos de muralla fuerte, dos puertas y una torre ó arco que debió ser entonces cabeza de puente. En la última guerra civil ha estado cerrada y ligeramente fortificada la plaza de la Constitucion, habiéndose trasladado despues esta fortificacion al ex-convento de Santi-Spiritus, donde se hicieron obras costosas para defensa contra fusileria, las que han empezado á arruinarse.

Término. Tiene como 2 leg. de N. á S. y poco mas ó menos de E. á O., y confina por N. con el de Gumiel de Izan á 2 leg.; por E. con los de Quemada á igual dist. y Fresmillo de las Dueñas á 1, por S. con el de Fuentespina á 3/4; y por O. con los de Castrillo de la Vega á 1 1/4 y Villalva de Duero á 1/2. En él no existe pobl. de ningun género, casas de labor, ni aun ventas, á lo cual tienen los hab. de Aranda por preocupacion cierta répugnancia, viéndose únicamente algunas casitas pequeñas sin habitar en distintos cercados de viñas de los que abundan en derredor de la poblacion, y en ellas algunos palomares y alguno que otro colmenar.

Calidad y circunstancias del terreno. Es en lo general llano, formando varias vegas con pequeñas colinas á los cuatro vientos: flojo y arenoso en su mayor parte, con grandes trozos de guijarro pequeño ó de arena gruesa y alguma mezcla de caliza, lo que hace que casi todo él sea muy á propósito para el viñedo que es el principal cultivo, y para el centeno ó trigo centenoso que en el pais se llama morcajo. No faltan, sin embargo, algunas tierras algo mas fuertes, en que se da mejor trigo, cebada y hortaliza. Hay mas de 4,000 fan. en los alrededores de la pobl., de las que 400 están destinadas al cultivo de cereales, y mucho mas terreno empleado en viñas, la mayor parte en las colinas, contando ademas 5 montes ó bosques de propios para leña y pastos, que son el Montecillo de que ya se ha hecho mencion; el de Torremilanos, de carrasca y enebro, que confina con el térm. de Castrillo de la Vega; el de la Calabaza, de pinar y enebral, que llega hasta la jurisd. de Quemada; y los de Costajan y Montehermoso, de carrasca, confinantes con los térm. de Gumiel de Izan y Villanueva. Otro monte hay realengo, llamado el Pinar, de poca estension; todos los cuales, que fueron riquisimos de leña hace 20 ó 30 años, se encuentran en el dia en el estado mas deplorable, sintiéndose en el pais cada dia con mas pena la escasez de combustible: para su cuidado hay algunos guardas de campo, pagados del caudal de propios.

Rios y arroyos del término. Baña la v. por la parte meridional y casi besando su muralla el caudaloso r. Duero, el que naciendo en los montes de Urbion en la prov, de Soria, va á morir en Oporto, c. del reino vec. de Portugal: pasa por Aranda en direccion de E. á O., con curso tortuoso, márg. profunda y á las veces peñascosa, con trozos de ribera verdes y risueños, y con bastante caudal de agua, formando delante de la pobl. una grande presa para una aceña muy buena; que se vá destruyendo poco á poco, y en la que hace ya algunos años que no se muele por falta de reparos. Antes de llegar al pueblo, como 1/2 leg. al E., mueve este r. un batan de telas toscas de lana, y al frente de la casa consistorial tiene un magnífico puente de piedra con 3 arcos y bastante elevacion, por el cual cruza la carretera de Francia, habiendo ademas sólidas obras y malecones que en ambas orillas defienden el terreno de la impetuosidad de sus aguas: en este puente cobra la Direccion del ramo un derecho de portazgo, que se estableció en 1.° de enero de 1818; en el de 1840 fué arrendado por un año en 57,520 rs.; en 1841 se hizo nuevo arriendo por 3 años en union con el de Lerma en 192,140 rs. anuales, considerando á Aranda en 83,640 rs., y al finalizar este contrato se ha arrendado por 2 años en 114,773 rs. en cada uno. Mas abajo del referido puente da tambien movimiento á un buen molino harinero, incorporándose delante de la pobl. el r. titulado Arandilla, de curso perenne, el cual baja de la sierra de Búrgos, tomando origen á 7 leg. de Aranda en el pueblo de Huerta de Rey, de muchas y abundantes fuentes que brotan en la peña viva: con sus aguas muelen 2 molinos de harina y un batan, y á un tiro de fusil de su confluencia con el Duero y en las inmediaciones de las casas, tiene un buen puente de un anchuroso arco, aunque algo deteriorado, conocido con el nombre de Conchuela, que da paso al camino de Vadocondes y el Burgo de Osma. Por bajo del puente y dentro todavía de la pobl., se le une tambien al Duero el pequeño r. Bañuelos, que igualmente conserva todo el año parte de sus aguas, naciendo en el térm. de Arauzo de Miel, dist. de 6 á 7 leg. de Aranda: este riach. alimenta un molino y un batan, y tiene en poco trecho 4 puentes de piedra de un arco cada uno; de los cuales los 3 primeros, llamados de las Tenerias, de Minaya y de San Francisco, son bastante ant., y el otro, construido en el año de 1843 por la Direccion de Caminos, es de buenas proporciones, dando paso á la carretera de Francia por el N. de la v.: con los 3 r. mencionados está la pobl. ceñida por todas partes, sin que quede mas que una salida sin puente, que es el camino de Quemada en direccion de la sierra de Búrgos. Hay ademas 1 arroyo que nace en el térm. de Castillejo; corre de S. á N. y viene á morir por la márg. izq. en el Duero junto al conv. de Sto. Domingo, secándose generalmente todos los veranos. A pesar de tantas aguas, ningunas tierras se riegan, ni con las del Duero, con con motivo de la mucha profundidad de su cáuce, ni con las de los demas, por la desidia de los hab.; por cuya razon hace ya tiempo se pensó abrir un canal tomando las aguas del Duero desde la Vid, por donde tambien pasa, el cual fertilizaria vegas muy bellas en una estension de mas de 6 leg., desde dicho punto hasta la v. de Roa, beneficiando parte de los térm. de estos dos últimos pueblos y de los de Vadocondes, Fresnillo, Fuentespina, Castrillo y Berlanquillas, siendo muy sensible que tan útil proyecto haya sido abandonado. Para el riego de los huertos y melonares se estrae el agua de muchos pozos poco profundos por medio de un aparato sencillo que llaman Cigüeñal, del cual tienen que valerse por falta de norias y de máquinas mas perfectas; consiste aquel en un poste fijo con una palanca horizontal á manera de balanza, en uno de cuyos estremos que cae sobre el pozo está suspendido de un largo varal el cubo que ha de sacar el agua, y en el otro una piedra que le sirve de contrapeso para ayudar al movimiento del regador.

Caminos. Pasan por esta pobl. y su térm. la carretera general de Madrid á Irun, que se halla en muy buen estado de conservacion, y la de Aragon, sin arrecife, si bien llana en toda la jurisd. y algunas leg. mas, la cual saliendo de Barcelona viene por el reino de su nombre á las prov. de Logroño y Sória, cruza en este punto el camino de Francia, y siguiendo la márg. izq. del Duero se dirige á Valladolid y despues á Galicia y Portugal: debiera ser carretera general por su importancia, y aun está proyectado arrecifarle, pero se halla paralizada una obra que daria grande animacion al comercio de muchas prov.: su completa habilitacion seria muy fácil, siendo por lo menos urgentísimo afirmar algunos malos pasos, con lo que se haria transitable en todo tiempo á los carruages, que ahora solo le frecuentan durante el verano. Hay otros muchos caminos de rueda y herradura, abiertos naturalmente, que conducen á los pueblos limítrofes y part. inmediatos, los cuales son practicables por la naturaleza del terreno, á escepcion de algunos trozos que hay sumamente malos á causa del abandono en que los tienen, siendo así que para su recomposicion abundan los materiales por el mucho cascajo que se encuentra en todo el término.

Correos y diligencias: Pasa todos los dias la mala de Francia de 4 á 6 de la mañana, saliendo para Madrid á los 15 ó 20 minutos, despues de haber cambiado el tiro y tomado la correspondencia de Aranda. Este mismo correo llega tambien diariamente de la córte de 5 á 6 de la tarde, siendo conducido en coches de 7 asientos, que llevan al mismo tiempo viajeros particulares por cuenta del Gobierno: hay otro para Valladolid y el Burgo de Osma ó Sória 2 y 3 veces á la semana, conduciéndolo á caballo sin gran velocidad: tambien salen de Aranda otros correos particulares para varios pueblos y comarcas inmediatas á cuenta de los mismos vec. En los meses de diciembre á mayo corren de Madrid á Francia y viceversa, un dia las diligencias Generales de España y otro las Peninsulares; esta última empresa mantiene en los restantes el mismo servicio, y la primera pone una góndola diaria y otra de 3 en 3 dias: ambas pasan por la mañana en una y otra direccion, cambiando de caballos y tomando el desayuno ó almuerzo.

Fiestas. La principal es la de la Virgen de la Viñas que se celebra el domingo siguiente al 8 de setiembre de cada año con funcion de igl., romería, bailes de tamboril y dulzaina en su ermita; bailes sérios en las casas públicas; fuegos artificiales y dos dias de novillos por mañana y tarde para los aficionados en la plaza de la Constitucion: tambien hay funciones de igl. y romería en las ermitas de San Isidro y San Pedro en sus respectivos dias, y en la ald. de Sinovas en el de San Bartolomé, celebrándose igualmente con baile de tamboril, de cuya diversion gozan los vec. en dicha plaza todos los dias de fiesta desde las 4 de la tarde hasta la noche.

Producciones. La principal cosecha es la del vino en cantidad de 120 á 150,000 a. ó cántaras castellanas de 8 azumbres cada una: el vino es tinto oscuro, sano y de poca fuerza y de no desagrable sabor; pero por la mala elaboracion, ni es tan bueno como la uva lo permite, ni se conserva en buen estado mas de un año, por cuyo motivo suelen arrojar al r. muchos miles de a. cuando viene una grande cosecha, teniendo alguna semejanza con el de Burdeos, y acaso seria mejor si se trabajase con mas esmero: algunos particulares han hecho vinos de mejores calidades y de mayor duracion; mas el pais no los imita, ya por rancias preocupaciones en los pudientes, ya por falta de capitales que arriesgar en los pequeños coseecheros: hácense tambien buenos vinos oreados ó cocidos, muy agradables para postres. Consúmese en el pueblo como una mitad de la cosecha, y se esporta lo restante para tierra de Búrgos, Sória y Segovia. Con la casca ú orujo se fabrica en pequeños é imperfectos alambiques aguardiente de poca fuerza y mal gusto, por cuya razon se vende á muy escaso precio. Se cogen como unas 20,000 fan. de toda clase de granos, siendo el mas abundante el centeno, si bien no bastan estos para su consumo, importándose en su virtud por lo regular de la prov. de Segovia: prod. ademas algunas legumbres, patatas, frutas, hortalizas y cáñamo, todo de buena calidad; y hay, con corta diferencia, 6,000 cab. de ganado lanar, y algo de cabrío y vacuno, criándose el de cerda aisladamente en muchas de las casas de la pobl. Para las labores del campo se cuentan de 40 á 50 parejas de mulas, varias yuntas de bueyes y bastantes de burros. El terreno abunda en algunos puntos de caza de liebres, conejos, perdices y codornices, no faltando zorros y alguno que otro lobo. Las aguas de los r. Duero y Arandilla dan esquisitos barbos, anguilas y algunas truchas. Por último, su térm. es muy escaso de piedra, siendo de clase inferior la poca que en él se encuentra, la cual solo suele servir para mamposteria.

Industria y comercio. La agricultura es casi la única industria de sus hab.; por lo demas solamente hay tres medianas tenerias para curtidos, los molinos y batanes de que ya se ha hecho mencion, algunos hornos de alfar, y los oficios de cordeleria, alpargateria, zapateros y sastres, con los demas que son necesarios para la vida ordinaria de un pueblo, entre los cuales el de tejedor de lana en estameñas, mantas y costales de cáñamo y lino para lienzos gruesos, manteleria basta y entrefina, no dejan de ocupar algunos brazos: la lana que emplean en estos artefactos es de esta pobl., y las otras materias las conducen de Osma, Aragon y otros puntos. El principal COMERCIO es el del vino que sacan del pais los consumidores ó traficantes forasteros; este tráfico y el de granos se hace regularmente á dinero, siendo el resto del comercio de géneros coloniales, pescado fresco, y toda especie de comestibles y de efectos comunes de vestir, en 30 ó 40 tiendas destinadas á este objeto.

FERIAS Y MERCADOS. Hasta el año 1845 hubo una feria el dia de la Concepcion; pero desde este mismo año se celebran 2 que duran 5 dias cada una, la primera el 30 de mayo, y la segunda el 8 de setiembre: son poco concurridas, siendo el principal comercio que en ellas se hace el de ganado caballar, asnal, mular y vacuno, admitiéndose tambien todos los demas art.; hay de tiempo ant. 2 mercados semanales los miércoles y sábados, cuyos principales objetos son el pescado fresco y escabechado de las costas del N., y los cereales, y legumbres del part. y de los limítrofes, vendiéndose ademas alfareria, y todo género de comestibles y quincalla.

POBLACION. Tiene, con la aid. de Sinobas, 1,030 vec.: 4,122 alm.: CAP. PROD. 6.977,300 rs.: IMP. 504,812: CONTR.: 206,630 rs., 10 mrs. El PRESUPUESTO MUNICIPAL ordinario asciende á unos 80,000 rs., y se cubre con el prod. de varias fincas de propios y con parte de los ramos arrendables; todo lo cual rendirá en el dia 90,000 rs., poco mas ó menos.

La centralidad que ocupa este pueblo en la Península; el terreno llano y fértil que le sustenta; los r. que le bañan, y el crucero de las carreteras de Madrid á Francia y de Barcelona á la Coruña, son circunstancias que le hacen susceptible de grandes mejoras y fomento, si se realizase el proyecto de la citada carretera de levante á occidente, que facilitária la estraccion de vinos, cuya abundancia suele abrumar al pais, vendiéndolo á muy ínfimo precio y arrojándolo á las veces en cantidades escesivas; si se verificase la navegacion del Duero, desde Aranda hasta Oporto en el reino de Portugal, igualmente proyectada, y en la que ya hay hechos muy atendibles trabajos; y en fin, si se llevase á cabo la canalizacion del mismo r. para el riego, desde la Vid hasta Roa por lo ménos. Tambien seria muy útil al pais el establecimiento en Aranda de una casa de beneficencia en que se recogiese á los mendigos, y con especialidad á muchos jóvenes de 10 á 18 años, que cubiertos de andrajos asaltan y rodean á los viajeros, criándose de este modo unos verdaderos vagos: asi lo proyectó á principios de este siglo el ob. Calderon, célebre por su amor á las mejoras materiales, el cual comenzó á construir un grande hospicio, que despues se abandonó, sirviendo los materiales para la fortificacion en la última guerra civil del conv. de Sto. Domingo, en cuya localidad aun podria fundarse aquel ú otro establecimiento público. Necesita igualmente Aranda, en que no faltan presos de todo el part., de una buena cárcel; pues aunque el ayunt. pidió hace algun tiempo el citado edificio para destinarlo á este objeto, caducó la concesion por haber pasado el térm. legal sin realizarlo por falta de recursos. Esta pobl., ciertamente atendible, no ha sido visitada por los gefes politicos; si la examinaran con cuidado no podrian menos de hacer en ella algunas mejoras que agradeceria mucho el pais, á lo menos en la parte de instruccion, beneficencia y caminos, reuniendo los diversos fondos que hay esparcidos en fundaciones para los dos primeros objetos, y dándoles mejor y mas exacta aplicacion. Del mismo modo podrian establecerse otros cultivos, tales como el de la morera para la cria de la seda, de que ya se ha hecho algun ensayo, y el de plantas tintoreas y otras útiles para las artes, reemplazando poco á poco el escesivo prod. del vino, que sobra en esta comarca, por otros de mayor utilidad.

HISTORIA. Cuentan algunos esta pobl. entre las mas ant. de España (Mendez Silva). Hay quien dice, haberse llamado Aranda ya á principios del siglo III (Tarrasa). De ser esto cierto, hubo de ser destruida en las guerras que afligieron al pais; pues datos de bastante autoridad atribuyen su fundacion á Ordoño I, por los años de 861. Aparece luego (año 939) entre las pobl. cristianas, que arrasó y quemó la muchedumbre musulmana del califa Abd el Rahman. Se reedificó pronto, y llegó á contar 3,000 vec. Doña Isabel, hermana del rey D. Enrique (la cual fue despues Doña Isabel I), en ausencia de su marido D. Fernando, desde Torrelaguna, v. del reino de Toledo, acudió á Aranda de Duero, llamada por sus moradores, que aborrecian á la reina Doña Juana, de quien era esta v. (año 1473). D. Alonso Carrillo, arz. de Toledo, que acompañó en esta jornada á la infanta Doña Isabel, convocó en la misma v. un concilio provincial. Acudieron á él los ob. y arciprestes de toda la prov., y un crecido número de personas, asi ecl., como seglares. La voz corria, que se juntaba para reformar las costumbres de los ecl., á la sazon muy estragadas por las revueltas de los tiempos; el principal objeto, sin embargo, debió ser afirmar con aquel color la parcialidad de Aragon, y grangear las voluntades de los que allí se hallasen. A 5 de diciembre promulgaron 29 decretos, que fueron el resultado de este concilio, como se lee en sus actas, que se hallan en la coleccion de Aguirre (tomo 3). Apenas se hubo despedido el concilio acudió tambien á Aranda D. Fernando. En esta v. fué preso el vice-chanciller del rey católico Antonio Agustin, que acudió á ella por llamamiento del rey su señor, y fué conducido al cast. de Simancas (año 1515). Mucho se habló de esta prision: algunos la atribuian á inteligencias que se le hubiesen descubierto con el principe D. Cárlos, en deservicio del rey; y otros á no haber tenido el respeto que debiera á la reina Doña Germana. Puede mirarse por mas cierto que en las cortes celebradas en Calatayud, no habia terciado bien con los varones, y que con su castigo pretendió el rey enfrenar á los demas. Uno de los tres testamentos del rey D. Fernando (el segundo de ellos) fue hecho en esta v. el mismo año, nombrando en él, como en los demas, heredera á la reina Doña Juana; y por gobernador á su hijo el principe D. Cárlos; pero mudada la cláusula del primero, por la cual mandaba que por ausencia del principe D. Cárlos gobernase el infante D. Fernando su hermano, dispuso que en aquel caso tuviese el gobierno de Aragon el arzobispo de Zaragoza, y el de Castilla el cardenal de España. El dia 28 de noviembre de 1808 salió Napoleon de Aranda de Duero, en direccion á Madrid.

Ha obtenido esta v. varios privilegios y mercedes por los servicios prestados á la corona, concediéndola los reyes que no pudiera ser enagenada de ella, en lo que fue el primero D. Sancho IV por cédula dada en Toledo á 1.° de febrero de 1291. D. Diego Lopez de Haro, señor de Vizcaya, intentó hacerla suya con las armas, durante la minoria del rey Don Fernando IV; pero, defendiéndola valerosamente sus hab., solo se la entregó en depósito para mientras durase la minoria, segun obligacion y juramento hecho en la aldea de Sinobas á 28 de setiembre de 1295. A pesar del privilegio concedido por el rey D. Sancho, fue hecha merced de esta v. en 1346 por el rey D. Alonso XI á su hijo D. Tello, cuando casó con la señora de Vizcaya; pero al rey D. Pedro su hermano, le quitó este señorio, como consta del privilegio rodado, despachado en Atienza á 9 de octubre de 1357, recordando y renovando los anteriores, confirmados despues en las cortes de Búrgos por D. Enrique. II, á 14 de noviembre de 1367; y últimamente por D. Juan II en Roa á 12 de setiembre de 1420. En 19 de octubre de 1427 despachó este rey en Segovia su cédula, haciendo merced al condestable D. Alvaro de Luna de las penas de cámara y otros derechos que le correspondian en Aranda. El rey D. Enrique IV dió su señorio, residiendo en la misma, á la reina Doña Juana, su mujer, en 1462. Fue sin embargo esta concesion limitada para durante su vida; volviendo asi por muerte de esta reina á la corona.

Esta v. tiene por armas un puente, por bajo del cual se ven correr las aguas, y sobre él una fuerte torre sostenida por dos leones. Es patria de Martin de Reina, escritor en el siglo XVI: de D. Pedro de Acuña y Avellaneda, ob. de Astorga y Salamanca, que asistió al Concilio de Trento; de D. Gregorio de Rojas y Velasquez, ob. de Leon y Palencia y presidente de la chancillería de Valladolid; de Diego Avellaneda, presidente del consejo de Navarra y de la chancillería de Granada, vice-rey de este reino y ob. de Tuy; de D. Juan Zárate, ob. de Salamanca; de D. Bernardo Sandoval y Rojas, cardenal, arz. de Toledo y protector del inmortal Cervantes; de D. Francisco Perez de Prado, inquisidor general y ob. de Teruel; y de otros hombres notables por su saber, ó por los puestos que han ocupado en el estado civil, militar y eclesiástico.

ARANDAÑO: ant. casa y torre en la prov. de Vizcaya, en

la v. de Durango: hoy sirve de torre á la igl. parr. de Ntra. Sra. de Uribarri en dicha villa.

ARANDEDO: ald. en la prov. de Lugo y ayunt. de Becerreá (1 leg.) y Neira de Jusá: SIT. en una altura frente y á 1/4 de leg. del camino real de Madrid á la Coruña, del cual le separa una profunda cañada, por donde pasa el riach. que de Penamayor baja á Constantin y Baralla, á unirse con el Neira: espuesto al N., su CLIMA es frio: tiene 4 CASAS: una pertenece á la felig. de Sta. María de Penamayor, y 3 á la de Sta. María de Constantin: hay una ermita y un molino harinero; PROD. mucha leña, cereales, legumbres, patatas, nabos y castañas: cria ganado vacuno, lanar, caballar, mular y de cerda en sus buenos prados: POBL. 4 vec. 26 almas.

ARANDIA: casa solar y armera de Vizcaya en la anteigl. de Yurreta, frente á la ermita de Sta. Polonia: perteneció al cabildo ecl. de la v. de Durango, y como tal vendida por la adm. de bienes nacionales.

ARANDIA-GOYCOA (CASAS DE): en la prov. de Vizcaya, ayunt. y anteigl. de Arrigorriaga, en el barrio del *Centro*.

ARANDIGA: v. con ayunt. de la prov., aud. terr. y c. g. de Zaragoza (12 leg.), part. jud. y adm. de rent. de Calatayud (5): SIT. en la confluencia de los r. Aranda y la Hijuela en las faldas y al mediodia de un monte yesoso, y circunvalada de otros cubiertos de peñas calizas; su cielo es triste, pero saludable su CLIMA aunque algo caloroso por su poca ventilacion. Tiene 180 CASAS de poca elevacion y consistencia distribuidas en calles angostas, tortuosas, y la mayor parte pendientes: y dos plazas pequeñas y mal configuradas, casa municipal con cárcel, una escuela de primeras letras dotada por los fondos del comun en 2,000 rs. vn. y 4 cahices de trigo, á la que concurren de 30 á 40 alumnos, y una igl. parr. bajo la advocacion de San Martin servida por un cura, un coadjutor y un sacristan. El curato es de 2.° ascenso, y se provee por S. M. ó el diocesano segun los meses en que vaca, mediando oposicion en concurso general; el edificio es muy sólido, fabricado de piedra sin labrar; consta de una sola nave de 156 palmos de long., y 36 de lat., con 13 altares; tiene un órgano regular y una torre de la misma fab. que la igl., en la que hay un relox y tres campanas. Fuera de la pobl. á dist. de unas 100 varas está el cementerio en parage bien ventilado, y junto á él una ermita de la Purísima Concepcion. El TÉRM. confina por el N. con el de Niguellas; por el E. con los de las v. de Epila y Ricla; por el S. con los de Chodes, Villanueva de Jalon y Purroy, y por el O. con los de Sestrica y Brea. El TERRENO es casi todo montuoso y solo contiene algunos trozos de hondonada en los descensos de los montes, cuya tierra es á propósito para la labor, pues los llanos son mas propios para pastos de los ganados por ser muy estériles: la parte roturada será de unas 250 cahizadas, perteneciendo 100 de estas á la 1.ª clase, 50 á la 2.ª, y 100 á la 3.ª: dividese en tierra de secano y de huerta, á la cual se la proporciona el riego por medio de dos azudes, en las que se toman las aguas de los r. arriba mencionados Aranda é Hijuela, que se unen frente á la pobl. y á dist. de 1/2 hora, dando antes el 1.° impulso á las ruedas de un molino harinero y otro de aceite; ámbos son de escaso caudal particularmente en los meses desde junio hasta noviembre, y formando un solo brazo van á enriquecer en los confines de este térm. con los de Chodes y Ricla las de otro r. llamado Jalon, que pasa á 1/2 hora de la v. marchando de O. á E., y que por medio de una acequia que se estrae encima de Villanueva, proporciona riego á unas 60 cahizadas de tierra poco productiva. Carece de bosques y arbolados, si se esceptuan los pocos frutales, chopos y álamos que se crian en la huerta y márg. de los r.; y prod. pocas yerbas para los ganados, porque los montes no tienen aun arbustos. Los CAMINOS son de herradura de pueblo á pueblo y se hallan en mal estado. El CORREO se recibe de la Almunia los juéves y domingos por peaton: IND. 3 telares de lienzos ordinarios: COMERCIO: dos tiendas de mahones, indianas y abacería; y celebra una feria de poca concurrencia el 11 de noviembre: PROD.: trigo, cebada, legumbres, vino, aceite, cáñamo, hortalizas y frutas en corta cantidad; y cria ganado lanar: POBL. 189 VEC.; 660 ALM.: CAP. PROD.. 1.746,210: IMP.. 123,100.

ARANDIGOYEN: l. con ayunt. del valle y arciprestazgo de Yerri, en la prov., aud. terr. y c. g. de Navarra, part. jud. y merind. de Estella (1/2 leg.), dióc. de Pamplona (6 1/2: SIT. en la márg. izq. de un riach. sobre una pequeña colina, donde le combaten principalmente los vientos del N., y goza de CLIMA bastante sano, aunque á las veces se padecen calenturas inflamatorias. Tiene 11 CASAS, y una igl. parr. dedicada á San Cosme y San Damian, servida por un cura llamado abad. Dentro del pueblo hay un pozo artificial, cuyas aguas por su mala calidad únicamente destinan los hab. á usos mecánicos, valiéndose para beber de las del riach. que son esquisitas. Confina el TÉRM. por N. con el de Murillo (1/2 leg.), por E. con el de Lorca (3/4,) por S. con el de Villa-tuerta (4 minutos), y por O. con el de Estella (1/2 leg.). El TERRENO participa de monte y llano, y es bastante estéril, aunque se halla fertilizado por el indicado riach. que corre de E. á O. sin nombre especial, y tiene dos presas; una para regar sobre 50 robadas de tierra, y la otra para llevar las aguas que en direccion opuesta dan impulso al molino de Villatuerta; tanto las márg. de las dos acequias como las del riach., se encuentran pobladas de álamos, chopos, y otros arboles que comunican frescura en el estío, y ofrecen sitios de descanso y recreo. A 1/4 leg. O. de la pobl. hay un monte donde se crian robles, arbustos, y buenos pastos, y en su alrededor bastantes viñedos y algunos olivares. Las tierras de cultivo ascienden á 500 robadas, de las que 50 se reputan de 1.ª clase, 200 de 2.ª y 250 de 3.ª; de dicho número 200 son cultivadas por sus dueños, y 300 por arrendatarios, haciéndose las labores con bueyes, mulas, layas, y azada. Los CAMINOS son de pueblo á pueblo, y se encuentran en malisimo estado. Se recibe la CORRESPONDENCIA de la c. de Estella los juéves y domingos por medio de balijero: PROD. trigo, avena, cebada, legumbres, hortaliza y aceite en corta cantidad, y bastante vino; cria ganado vacuno, caballar, mular, de cerda, lanar y cabrio; y hay caza de liebres conejos y perdices: COMERCIO; esportacion de vino, é importacion de frutos del pais, coloniales y ultramarinos. POBL. 14 vec. 74 alm.; CONTR. con el valle. Teobaldo I hizo francos á los de este pueblo de toda carga, escépto *hueste* y *cabalgada*, concediéndoles el privilegio de que nó pudieran ser enagenados de la corona, pagándole 15 libras de Sanchetes. Teobaldo II rebajó 5 libras de esta contr., por resarcir el perjuicio que les habia causado por la franqueza concedida á los de Estella dentro del térm. de Murillo.

ARANDILLA: r. en la prov. de Burgos, part. jud. de Salas de los Infantes, térm. de Huerta del Rey; se forma de una porcion de fuentes que nacen en el cerro en que se encuentra el santuario de este mismo nombre (V. ARANDA v.).

ARANDILLA: v. con ayunt. en la prov., aud. terr. y c. g. de Búrgos (14 leg.), part. jud. de Aranda de Duero (4), dióc. de Osma (6). SIT. en una pequeña ladera; combátenle todos los vientos, escepto el N., y disfruta de CLIMA saludable, si bien algo propenso á enfermedades intermitentes. Tiene 50 CASAS, la mayor parte de dos pisos, pero de construccion mediana, distribuidas en dos calles y una plaza pequeña de figura cuadrada con soportal, en donde está la casa de ayunt.; tiene tambien pósito con unas 50 fan. de trigo; escuela de primeras letras, á la que concurren sobre 20 niños de ambos sexos; y una igl. parr. bajo la advocacion de Ntra. Sra. del Páramo, levantada hace 45 años y servida por un cura, cuyo curato se provee en oposicion por el diocesano. Inmediata á la pobl. y sobre la misma ladera existe una erm. dedicada á Sta. Lucia, la que antes de construirse la nueva igl. fue parr., sirviendo en la actualidad de cementerio: á su entrada hay dos fuentes con un pilon la una de ellas, de cuyas abundantes y esquisitas aguas se surten los hab. para su consumo doméstico y abrevadero de los ganados. Confina el TÉRM. por N. con el de Coruña del Conde, por E. con el de Braza-corta, por S. con el de Hontoria de Valdearados y por O. con los de Peñaranda y Valverde. El TERRENO, parte llano y parte de monte bajo, es de calidad mediana, cultivándose sólo unas 300 fan. de las 2,300 que comprende, fertilizadas por las aguas del r. *Arandilla*, que pasa como á 300 pasos del pueblo, al S. del cual le atraviesa un puente de madera, y da movimiento á un molino harinero, suficiente para el abasto de los vec. Los CAMINOS son locales, todos de carretera, y se hallan en buen estado. La CORRESPONDENCIA la recibe de Peñaranda por medio de un vec. nombrado por el ayunt.: PROD. trigo, cebada, centeno y vino; cria ganado lanar, y caza de liebres, perdices y algunos zorros: POBL. 30 vec. 120 alm.: CAP. PROD. 891,210 rs.: IMP. 87,829: CONTR. 3,052 rs. 19 mrs. El PRESUPUESTO MUNICIPAL asciende á 2,000 rs., y se cubre, parte por reparto vecinal y parte del fondo de propios.

ARANDILLA: riach. de la prov. de Guadalajara, part. jud.

de Molina: hace en la granja de su mismo nombre, térm. jurisd. de Torremocha por medio de dos abundantes y perennes fuentes, llamadas el *Coscojar* y *Toviza*; toca en térm. de Torremocha, donde da movimiento á un molino harinero, lame las paredes del santuario de Ntra. Sra. de Montesinos, jurisd. de Coveta, en la cuál presta sus aguas á dos molinos harineros y á dos herrerías, incendiada la una por el gefe carlista Balmaseda, reedificada despues, y construida la otra en 1838: tiene un puente de madera sobre estribos de piedra de muy débil construccion, por el que pasa el camino de Coveta á Molina; dirigiendo su curso por un terreno escabroso, desagua en el r. Gallo entre los térm. de Torrecilla y Cuevaslabrabas. Su corriente es poco caudalosa, y en ella se crian truchas pequeñas, pero muy delicadas.

ARANDILLA: granja en la prov. de Guadalajara (19 leg.), part. jud. de Molina (3), térm. de Torremocha del Pinar (3/4): SIT. en lo alto de una pequeña loma llana, rodeada de otras alturas mas encumbradas y cubiertas de monte carrascal roble, y buenos pinos; se compone de una casa de solidez y muy capaz en sus habitaciones, algunas eras para la trilla de las mieses, y una capilla dedicada á San Bernardo, perteneciéndole ademas un TÉRM. de 1/2 leg. de estension por sus cuatro lados, y confina al N. con el propio de Torremocha; E. Aragoncillo; S. Coveta y O. Selas: solo se cultivan 250 fan. de las que son 100 de primera clase; 90 de segunda y 60 de tercera, y 2 huertas de una fan. cada una: estas reciben riego del riach. *Arandilla* que nace en la misma posesion (V.): el TERRENO que se cultiva es llano, de buena calidad y mediana temperatura; lo demas es escabroso, formando bancos de piedra, y en algunos puntos pedriza de cal, cubierto de monte en esta parte, segun se dijo al principio: PROD.: trigo puro, buen centeno, cebada, avena, guisantes, guijas, patatas y algunas verduras: se mantienen 400 reses lanares, 190 de cabrío, 8 de vacuno, 20 caballerias de todas clases y las crias correspondientes: habitan 2 colonos con 15 alm. que pagan 5,500 rs. de arrendamiento: su RIQUEZA y CONTR. se incluyen en Torremocha del Pinar. Esta granja perteneció á los monges bernardos de Huerta, y su fundacion aun es mas ant. que el monast. de esta V.; pues se cree que desde ella pasaron los del Cister á fundar el monast.: últimamente habitaba en ella un prior para su conservacion y cuidado, el cual servia tambien de párroco á los colonos: desamortizada á consecuencia de la estincion de regulares, pertenece á propiedad particular.

ARANDILLA: granja en la prov. y part. jud. de Soria, y estaba comprendida entre las v. eximidas de dicha prov.: hasta la esclaustracion en 1834 perteneció á los monges bernardos de Huerta.

ARANDILLA: v. con ayunt. de la prov. y dióc. de Cuenca (7 leg.), part. jud. de Priego (1), aud. terr. de Albacete (26), y c. g. de Valencia (32): SIT. en la ladera de un barranco á la entrada de la Alcarria, en sitio combatido por los vientos del N. y S.: su CLIMA, aunque sano, es propenso á tercianas. Tiene 39 CASAS de mala construccion, pósito, escuela de primeras letras, é igl. parr. de entrada, servida por un cura y el sacristan. Confina el TERM. por N. con el de Castilforte, E. con el de Alcantud, y S. y O. con el de Valdeolivas y Albendea; en él se encuentra una fuente de buenas y abundantes aguas que sirve para el consumo del vecindario; y un arroyo que toma el nombre de la v. y fertiliza una pequeña parte del térm.: el TERRENO no es de la mejor calidad, pues su flojedad impide que se cultive la mayor parte: PROD.: trigo y otros granos, cáñamo, patatas, hortaliza, vino, aceite y miel: POBL.: 40 vec.; 159 hab.: CAP. PROD.: 337,880 rs.: IMP.: 16,894 rs.: importe de los consumos 1,005 rs. 30 mrs.

ARANDO CHICO y ARANDO GRANDE: puntas en la costa de Guipuzcoa y puerto de Pasages.

ARANDOJO: ald. en la prov. y dióc. de Oviedo (26 leg.), part. jud. de Grandas de Salime (7), ayunt. de Ibias (1), y felig. de San Bernárdino de *Peliceira* (1/2), hijuela de San Antolin de Ibias: SIT. junto á la elevada sierra de Peliceira; su CLIMA es frio y sano: Confina el TÉRM. por N. con Leares: por E. con el de Bellan, y por S. y O. con el de Pousadoiro: el TERRENO es montañoso y estéril, los CAMINOS locales y malos: y el CORREO lo recibe un peaton en la adm. de Cangas de Tineo: PROD.: centeno y patatas; cria algun ganado y caza: POBL.: 6 vec.; 32 alm.: CONTR. con los demas pueblos que forman el ayunt. (V.).

ARANELLS: pequeña isleta en la prov. y part. marit. de Palamos, distr. militar de Cadaques: SIT. á la entrada de puerto de este nombre, por la parte del E., muy arrimada á tierra: de ella sale un banco de piedra al SE. por la estension de un cable; su mayor agua es de 3 á 4 brazas y de 14 en la proximidad del banco.

ARANGA: ayunt. en la prov., aud. terr., y c. g. de la Coruña (7 leg.), dióc. de Santiago (10), y part. jud. de Betanzos (3): SIT. en terreno montuoso y frio: su CLIMA no obstante es bastante sano: comprende las felig. de Aranga, San Pelayo; Camba, San Pedro; Feás, San Pedro; Terbenzas, San Vicente; Muniferal, San Cristóbal; y Rodeiro, Sta. Maria. El TÉRM. municipal confina por N. con el de Monfero, del part. de Puentedeume, por E. con el de Trasparga, que lo es de Villalva en la prov. de Lugo, por S. con el de Curtis, que corresponde al part. de Arzua, asi como el de Coiros é Irijoa, con los cuales limita por O. y NO. Le cruza el r. Mandeo que aumenta su caudal con distintos arroyuelos que corren por este terr., y deben el origen á las muchas y buenas fuentes que se encuentran en este distr.: el TERRENO, aunque en lo general montuoso y quebrado, disfruta de trozos de buena calidad destinado á toda clase de cultivo. Los CAMINOS son malos, pero los hay para Betanzos, Sobrado, Mellid y otros puntos, y pasa por Feás y Muniferral la carretera de Castilla: el CORREO se recibe de la cap. del part. Las PROD. mas comunes son el centeno, maiz, patatas y trigo, castañas y mucho pasto; cria ganado vacuno; de cerda, lanar y algo de caballar y mular: hay caza mayor y menor, y pesca de truchas: la IND. es la agrícola, pero se encuentran dos martinetes, en Cambás, para estirar barras de hierro; se hace bastante clavazon y se encuentran 15 ó 20 molinos harineros. El COMERCIO está reducido al de frutos y ganados, que hacen en las ferias mensuales que se celebran el dia 8 en la felig. de Feás y el 17 en Cambás: POBL.: segun los datos oficiales 464 vec.; 1,525 alm.: sin embargo, por los muy fidedignos que poseemos, esceden aquellos de 700 y estas de 2,670: RIQUEZA IMP.: conforme con la matricula 391,008 rs. y CONTR. con 32,412 rs. 28 mrs. El PRESUPUESTO MUNICIPAL alcanza á unos 5,000 rs. y se cubre por reparto vecinal.

ARANGA (SAN PELAYO DE): felig. en la prov. de la Coruña (7 leg.), dióc. de Santiago (10), part. jud. de Betanzos (3), y del ayunt. á que da nombre: SIT. sobre las márg. del r. Mandeo y á la falda de una sierra, en CLIMA frio, pero sano: comprende los l. de Barbudos, Beiga, Conderins, Cubas, Manide, Outeiro, Penelas, Pereira y otras ald., que en parte pertenecen á distintas felig. La igl. parr. (San Pelayo), es de buena construccion, pero se halla sin concluir: está servida por un curato de provision real y ecl.. El TÉRM. confina por N. con el de Sta. Maria de Berines á 1/4 leg., por E. con el de San Pedro de Cambas y San Juan de Lagostelle á 1, por S., y á igual dist. con Sta. Maria de Fojado y Sta. Eulalia de Curtis, asi como por O. con San Cristóbal de Muniferral; varias y buenas fuentes llevan sus derrames al citado r. Mandeo, que corre inmediato á la igl. y casa rectoral, y al que se unen los riach. que por diversas direcciones bañan el TERRENO: este es de buena calidad, y sus montes se encuentran poblados de robles y castaños: los CAMINOS locales son medianos, como lo es tambien la vereda que del Puente Castellano se dirige por el S. de la felig. y montes de Orosa y Reborica al Ponto Bello: el CORREO se recibe de Betanzos: PROD.: centeno, maiz, avena, cebada, patatas, mijo, castaña, poco trigo y algunas legumbres y hortalizas: cria ganado vacuno; lanar y cabrio, y caza de perdices: hay varios molinos harineros, única IND. que puede agregarse á la agrícola, y carboneo, en que se ocupan estos naturales: POBL.: 200 vec., 1,500 alm.; CONTR.: con su ayuntamiento (V).

ARANGAS ó ARENAS (SAN PABLO DE): l. en la prov. y dióc. de Oviedo (15 1/4 leg.), part. jud. de Cangas de Onís (4 1/4), y ayunt. de Cabrales (3/4): SIT. cerca de los montes de Cuera: CLIMA frio y sano: su igl. parr. (San Pablo), es hijuela de *Sta. María de Llas* (V.): recorren su térm. dos arroyos que, bajando de la cord. de los citados montes, llevan la direccion E. y O. al S., donde reunidos forman el r. Ribeles, el cual despues de dar impulso á varios molinos harineros y dos batanes que sirven para el sayal que tejen y usan en el pais, se incorpora al *Casaño*: POBL.: 30 vec., 126 almas.

ARANGEL: desp. en la prov. y part. jud. de Sória (4 leg.),

térm. jurisd. de Aliud: SIT. en llano entre el indicado pueblo y el de Paredes Royas, á 1/4 de leg. de cada uno, y atravesado por el r. Tuerto, llamado comunmente Rituerto; no quedan mas vestigios del pueblo que una deh. y un molino harinero que le perteneció, ignorándose la época y causas de su despoblacion.

ARANGIO: sierra elevada en la parte N. de la prov. de Alava, y una de las que forman cord. con la de San Adrian: cruza por el valle de Aramayona, y contribuye á designar el lim. de Alava y Vizcaya.

ARANGO (VALLE DE): en la prov. de Oviedo; comprende las felig. de San Martin de *Arango* y San Pedro de Allence; se estiende en el espacio de 1/2 leg.: le atraviesa el r. *Aranguin*, y es fértil y ameno.

ARANGO (SAN MARTIN DE): felig. en la prov. y dióc. de Oviedo (7 leg.), part. jud. y ayunt. de Právia (3/4): SIT. en las vertientes meridionales de las Outedas: disfruta de CLIMA templado y sano: se compone de los l. de Arborio, la Braña, Controva, Debera, Perzanas, Puentevega, Quintana, el Quintanal, San Martin, San Pelayo, la Tablas y Villagonzay, que siempre han dependido de la municipalidad de Právia; Bouzo, Caunedo, la Mora, Parada, Rivero, Rebollar, San Vicente y Travesedo, sujetos al ayunt. de Salas hasta el año de 1843, desde cuya época han sido incorporados al indicado de Právia con toda su parr.: tiene 1 escuela dotada por suscricion, y concurren de 40 á 50 niños. La igl. parr. (San Martin), está colocada sobre un colladito en el l. de este Santo, y es servida por 1 cura de presentacion particular, que hacen los Sres. marques de Ferrera y marques de San Estéban y las monjas del conv. de San Pedro de Oviedo, por turno: hay un cementerio bastante capaz y ventilado, y en el barrio de Quintana una capilla con la advocacion de Ntra. Sra. de la Asuncion, conocida con el nombre de *Capilla de San Juan*: el TÉRM. se estiende de N. á S. 1/2 leg., y 3/4 de E. á O.; confina por N. con el de las de Inclan, Allence y Selgas; por E. con el de la de Právia; por S. con el de Sandamías, y por O. con los de las de Folgueras y Santullano, que comprendidas en el distr. municipal de Salas, dependen del part. jud. de Belmonte. Las avenidas de estas dos parr., la falda de la sierra de Sandamías y las indicadas vertientes de las Outedas, forman el TERRENO de esta felig., al cual llaman *valle de Arango*: varias fuentes de buen agua potable, los arroyuelos que nacen y se desprenden de las alturas inmediatas, y el r. Aranguin que le atraviesa en toda su long. de 1/2 leg., le fertilizan, al paso que el arbolado de robles, castaños y otros de varias especies, le hacen ameno y deleitable, á lo que contribuye mucho su crecido número de huertos y frutales; participa de monte y llano, pero de buena calidad, y la labranza se hace en lo general con yuntas de vacas. La desamortizacion del terreno, que en este valle disfrutaban las comunidades estinguidas, y las capellanías, han dado algun impulso á la agricultura, si bien aun son pocos los labradores propietarios: CAMINOS: los vecinales se hallan en mediano estado, y el que va de Pravia á Salas continúa en Puente-vega, sobre el r. Aranguin, por el arco de un puente de piedra de la mayor solidez y buena arquitectura, y siguen 420 varas de carretera bien acabada: la CORRESPONDENCIA se recibe de Právia. PROD.: trigo, escanda, maiz, habas, castañas, patatas, lino, legumbres y hortaliza, y frutas de que abunda el valle; cria ganado vacuno, lanar, de cerda y cabrío: IND.: á mas de la agrícola hay 5 molinos harineros, y se ejerce toda clase de arte para uso del pais, dos traficantes en cerdos y una fáb. de manteca imitada á la de Flandes, que en los doce años, que cuenta de existencia, ha fomentado notablemente la riqueza en el pueblo y limítrofes; y se celebra una feria el 10 de setiembre en esta parr.: POBL.: 190 vec., 900 alm.: CONTR.: con su ayunt. (V).

ARANGOICO: barrio en la prov. de Vizcaya, ayunt. de Orozco, y felig. de San Martin de *Albixu-Elexaga*.

ARANGOZQUI: l. del valle y ayunt. de Urraul-Alto, en la prov., aud. terr. y c. g. de Navarra, merind. de Sangüesa, part. jud. de Aoiz (3 leg.), dióc. de Pamplona (8), arciprestazgo de Lónguida: SIT. en terreno pendiente al N. del valle, donde le combaten libremente todos los vientos, y goza de CLIMA sano. Tiene 5 CASAS y 1 igl. parr. bajo la advocacion de San Martin, servida por 1 cura párroco, llamado abad. Confina el TÉRM. por N. con el de Aristu (1/2 leg.), por E. con el de Ayechu (igual dist.), por S. con el de Eparoz (1), y por O. con el de Arizcuren (3/4). Le cruza un riach., que naciendo en la inmediata montaña de Areta, pasa cerca del pueblo, y sus aguas sirven para consumo de los hab., abrevadero de ganados, y otros usos. El TERRENO es bastante estéril, y se halla la mayor parte inculto por su escesiva escabrosidad. Tiene muchos bosques con arbolado de encinas, robles y pinos, cuya madera es buena para construccion, y aprovecha para combustible. La mayor riqueza del térm. consiste en los abundantes y sabrosos pastos, con que se alimenta crecido número de rebaños: PROD. ademas algun trigo, cebada, avena y pocas legumbres: cria ganado vacuno, mular, de cerda, lanar y cabrio: hay caza de varias clases y bastantes animales dañinos: POBL.: 5 vec., 26 alm.: CONTR.: con el valle.

ARANGUIN: r. en la prov. de Oviedo: nace en el térm. del part. jud. de Belmonte, en las brañas de Valderrodeyro, parr. de Sta. Eulalia de Mallecina, y de Gallinero, en la de San Juan de Malleza, ambas del ayunt. de *Salas*, á la caida del Campo Cerezal y montañas que dividen este concejo del de *Valdés*; pasa por las felig. de San Miguel de *Cordovero* y Sta. María de Folgueras, en donde, al sitio llamado *la Calzada*, hay un puentecillo de madera; y siguiendo su curso entra en el part. jud. de *Právia* por el l. de *Travesedo* á Puente-Vega, donde encuentra un puente de piedra de un arco, concluido en 1843; continúa su marcha bañando al *valle de Arango* y á las parr. de San Martin y Allence, del ayunt. de Právia, en las que hay algunos puentes para el servicio de los vec.; prosigue por el l. de Cañedo, donde le cruza un puente de madera con tres ojos, sostenido por pilastras de piedra; entra despues en el térm. de *Agones*, y dejando la pobl. á su márg. izq., pasa por debajo del puente de piedra, de un solo arco, que se halla en el camino real que va desde Právia, y entrega sus aguas al *Nalon*, un poco mas abajo de esta v. El r. Aranguin en su tortuoso curso fertiliza diferentes prados, á pesar de la escasez de agua, especialmente en el verano: prod. bastantes truchas, aunque muy inferiores á las que se pescan en el r. Nalon.

ARANGUIZ: l. en la prov. de Alava, dióc. de Calahorra (19 leg.), vicaría y part. jud. de Vitoria (1), herm. de Badayoz y ayunt. de Foronda (1/2): SIT. á la falda O. del montecillo de Araca, y márg. der. del riach. á que da nombre: su CLIMA sano: hay escuela de primera educacion, á la que asisten 14 niños y 4 niñas, dotada con 365 rs.: la igl. parr. (San Pedro Apóstol), es servida por dos beneficiados: el TÉRM. se estiende 1/4 leg. del centro á la circunferencia, y confina por N. con Mendiguren, por E. con Abechuco, al S. con Yurre, y por O. con Antezana y Foronda: tiene varias fuentes de escelente agua, y le baña el indicado r., al que tambien denominan *Iturrizavaleta*, sobre el cual tiene 1 molino y 1 mediano puente: el TERRENO disfruta de monte con arbolado de roble, buenos prados de pasto, y unas 500 fan. de tierra fértil destinada al cultivo: los CAMINOS vecinales y mal cuidados, y el CORREO se recibe en Vitoria: PROD.: trigo, cebada, rica, maiz, patatas, habas, otras legumbres, frutas y hortaliza: cria ganado vacuno y lanar, el que con el sobrante de las cosechas se presenta en los mercados de Vitoria: POBL.: 18 vec., 127 alm.: CONTR.: (V. ALAVA INTENDENCIA).

ARANGUIZ ó ISTURRIZABALETA: r. en la prov. de Alava, y part. jud. de Vitoria: trae su origen de las abundantes fuentes que brotan en térm. de Echavarri (ayunt. de Cigoitia), se dirige por terr. de Apodaca, y en su curso de N. á S. baña por O. los campos de Mendiguren, Aranguiz y Yurre, y se une al Zadorra, despues de haber dado impulso á varios molinos harineros: en su tránsito encuentra algunos puentes de poco valor, y proporciona á los pueblos inmediatos truchas, anguilas, barbos y otros peces.

ARANGUREN: valle en la prov., aud. terr, y c. g. de Navarra, merind. de Sangüesa, part. jud. de Aoiz, dióc. de Pamplona: SIT. en terreno montuoso, con libre ventilacion y CLIMA saludable, sin que se padezcan mas enfermedades comunes que las propias de cada estacion, ó sean calenturas inflamatorias y catarrales. Comprende los pueblos de Aranguren, Góngora, Ilundain, Labiano, Laquidain, Mutiloa-Alta, Mutiloa-Baja, Zolina y Tajenar. Confina por N. con el de Egües, por E. con el de Izagondoa, por S. con el de Elorz, y por O. con la cend. de Zizur. El TERRENO es desigual y cubierto de cerros, en los cuales se crian árboles de distintas clases, arbustos y maleza, con muchos y escelentes pastos para el ganado; brotan en varios parages del mismo fuentes de esquisitas aguas, que utilizan los hab. para su gasto doméstico y otros objetos de agricultura: PROD.: trigo, cebada, avena, centeno, algun vino, patatas, legumbres y hortaliza: cria mucho ganado lañar y cabrio, con bastante mular y vacuno; y hay caza de varias especies, no faltando animales dañinos que se guarecen en las quebradas y fragosidad de los montes: IND. y COMERCIO: ademas de la agricultura se dedican los vec. á engordar ricos mamantones de la clase de corderos, y vacas cebonas, que venden en Pamplona, proveyéndose con sus prod. de los frutos del pais, y de géneros coloniales y ultramarinos de que necesitan: POBL.: segun los datos oficiales, 130 vec., 858 alm.: CAP. PROD.: 343,008 rs.

ARANGUREN: l. del valle y ayunt. de su nombre, en la prov. aud. terr. y c. g. de Navarra, part. jud. de Aoiz (2 1/2 leg.), merind. de Sangüesa (6), dióc. de Pamploha (2), arciprestazgo de la Cuenca: SIT. en una llanura, donde la combaten libremente todos los vientos, y disfruta de CLIMA saludable. Tiene 13 CASAS, un palacio de cabo de armeria, escuela de primeras letras dotada con 1,024 rs. á la que asisten de 30 á 35 niños de ambos sexos de este pueblo y de Ilundain y Laquidain, y una igl. parr. dedicada á San Vicente Mártir, servida por un cura párroco. En el centro de la pobl. hay una fuente de esquisitas aguas, que aprovechan los vec. para su gasto doméstico. Confina el TÉRM. por N. con el de Azpa (1/2 leg.), por E. con el de Laquidain (1/4), por S. con el de Góngora (1/2), y por O. con el de Badostain (igual dist.). El TERRENO participa de monte y llano; comprende 1,200 robadas, de las que se cultivan 450, y entre ellas hay 200 plantadas de viñas. Lo demas es bosque con arbolado, y tierra destinada á pastos. Debe lamentarse, que habiendo mucha abundancia de manantiales en este térm. no procuren los hab. utilizarlos para regadios, con cuyo beneficio podrian proveerse de hortalizas y otros frutos, y lograr mayores cosechas de las que tienen: PROD.: trigo, cebada, avena, legumbres, y vino; sostiene ganado mular, vacuno, lanar y cabrio, y hay caza mayor y menor.: POBL. 13 vec. 83 alm. CONTR. con el valle.

ARANGUREN: barrio en la prov. de Alava, ayunt. de Lezama y térm. del l. de *Barambio*: POBL. 4 vec. 19 almas.

ARANGUREN: barriada en la prov. de Vizcaya, ayunt. de Orozco y felig. de San Bartolomé de *Olarte* (V.).

ARANIEGO: l. en la prov. de Oviedo, ayunt. de Allande y felig. de San Juan de *Araniego* (V.).

ARANIEGO (SAN JUAN DE): felig. en la prov. y dióc. de Oviedo (13 leg.), part. jud. de Cangas de Tineo (1): los 8 l. de que se compone, pertenecen á 2 distintos ayunt.: al de *Allande*: Araniego, Argancinas y Parajas, y al de *Cangas de Tineo*, Faedo, Lorante, Olgo, Rozas y Trones: SIT. en el declive N. de una montaña y sobre la márg. der. del r. Arganza que atraviesa por Argancinas: el CLIMA frio y poco sano: la igl. parr. (San Juan), es servida por un cura de ingreso y de patronato Real. El TÉRM. se estiende á una 1/2 leg. y confina por N. con el de San Juan de Villaverde, por E. con San Clemente de Lomes y Sta. Maria de Arganza, por S. con Villar de Sapos, y á O. con San Martin de Besullo: aunque escaso de agua para el riego hay varias fuentes que la proporcionan buena y cristalina para el abasto: tiene varias ermitas: el TERRENO es quebrado y combatido por los vientos N. y O. que le cubren de nieve: en el espacio de tres fan. de tierra se encuentra arbolado de roble y castaño y en la estension de 10 á 12 fan., algunos prados de pasto: la parte roturada es de mediana calidad, y los CAMINOS vecinales estan poco cuidados, y la CORRESPONDENCIA se recibe de la cap. del part.: PROD. maiz, centeno, patatas, trigo, castaña, lino y algunas legumbres y hortaliza; cria ganado vacuno, lanar y de cerda: POBL. 66 vec. 322 alm.: CONTR. los pueblos de mancomun con sus respectivos ayunt. (V.).

ARANJUEZ: sitio de recreo de los reyes moros, en la prov. de Murcia, part. jud., térm. jurisd. y huerta de Caravaca.

ARANJUEZ: alq. ó hacienda de recreo, en la prov. de Cádiz, part. jud. y térm. jurisd. de *Arcos de la Frontera* en el sitio llamado de Albalá, que es el nombre vulgar que tiene: abraza tierra de secano, huerta, olivar y viña; se halla establecido en ella el cultivo de la batata de Málaga, y el dueño ha hecho un gran plantio de moreras y arboles frutales de esquisita calidad.

ARANJUEZ: sitio real y v. con ayunt. de la prov., adm. de rent. y aud. terr. de Madrid (7 leg.), part. jud. de Chinchon (3), dióc. de Toledo (7), escepto en lo perteneciente á las reales dependencias que corresponde á la jurisd. de la Patriarcal; de la órden militar de Santiago, y c. g. de Castilla la Nueva.

SITUACION Y CLIMA. Sit. á los 40° 2' 26" lat. á los 0° 4' 41" long. E. del meridiano de Madrid, á 1,545 pies y 85 líneas sobre el nivel del mar, segun las observaciones de Humbold, y á 1,863 pies, segun Antillon; á la márg. izq. del r. Tajo, sobre la carretera general de Valencia y Andalucia, al S. de la v. de Madrid, en un estenso valle rodeado de colinas, que elevándose despues poco á poco, van á formar las sierras que se acercan á la c. de Toledo: domina el viento O., goza de cielo despejado y claro, de CLIMA templado y alegre, apacible y delicioso en la primavera, y saludable aun en los meses del estío: esto último es hoy una novedad, hija de las progresivas mejoras de la pobl., que rodeada antiguamente de bosques y matorrales, con casas pobres y mezquinas, sufriendo las exhalaciones de la marcha lenta del Tajo, de los cáuces de riego, de los pudrideros de basura para beneficiar los jardines; y respirándose un aire grueso y pegajoso, como es propio de todo pais pantanoso, se padecian pertinaces intermitentes: las enfermedades que en el dia se esperimentan no son mas graves que en otras poblaciones.

INTERIOR DE LA POBLACION Y SUS AFUERAS. Reune Aranjuez cuanto puede ser necesario, útil y agradable á la vida: palacios, santuarios y edificios de todas clases, calles espaciosas, hermosas plazas, buenas fondas y hosterias, muchas posadas, cafés, villares, tiendas, fáb., establecimientos de intruccion pública, hospital, teatro, plaza de toros, casa de postas, parador de diligencias, é infinitos jardines y paseos; pero las circunstancias que concurren en este pueblo como sitio de recreo inmediato á la Córte, nos obligan á describir con mas detenimiento todas sus partes, para dar á conocer lo que fué, y lo que es en el dia, sin que por esto hablemos ahora de su historia, que reservamos, para su lugar oportuno.

EDIFICIOS: PALACIO REAL. Establecidos en Ocaña, segun se dirá, los grandes Maestres de la órden de Santiago, y convidados por la feracidad y delicias del sitio, y abundancia de la caza y pesca, se destinó Aranjuez para *mesa maestral*, y para mayor comodidad en gozar estas riberas, el maestre D. Lorenzo Suarez de Figueroa hizo levantar un palacio de escelente fáb. de canteria y ladrillo, desde los años 1387 al 1409 en que murió: este palacio se hallaba en el mismo parage que ocupa el actual próximamente; su forma era de arquitectura ant. con 4 fachadas; en lo interior un espacioso patio adornado de columnas de piedra blanca, que sostenian las galerias del piso principal; sobre las columnas en unas tarjetas de la misma piedra estaban las insignias de la órden de Santiago, que alternaban con las armas de Figueroa propias del Maestre; tenia dos entradas, al E. y O., y un puente de madera y ramaje, que luego se hizo de piedra para dar paso por encima del canal de las aceñas á la isla, donde estaba la huerta y el jardin: adquirida por los señores Reyes Católicos la adm. perpetua, y el cargo de Maestres de las órdenes, se alojaron muchas veces en este palacio, y lo mismo hicieron D. Cárlos I y D. Felipe II; pero no siendo capaz de contener toda la familia de este Monarca, quiso hacer un cuarto real para sí; al efecto eligió el sitio al S. del palacio ant., dejando una calle por medio: mandó hacer lo primero una capilla pública, y unido á ella el Cuarto Real: en 10 de octubre de 1561 se subastó la apertura de las zanjas para esta obra; se remató á 15 mrs. vara y se empezaron á abrir inmediatamente, resultando de escavaciones 1,947 varas lineales con 12 pies de profundidad. Era entonces arquitecto mayor del Rey el insigne maestro Juan Bautista de Toledo, natural de Madrid, á quien S. M. hizo venir de Roma para idear la obra del templo del Escorial, á la cual se dió principio un año despues: desde 1561 hasta primeros de 1568 iban gastados 8.080,650 mrs., y estaba en el tercer cuerpo la capilla y poco mas adelantado el Cuarto Real: en este estado murió Juan Bautista de Toledo y paró la obra: estuvo suspensa hasta 1574 que continuó al cargo de Juan de Herrera y de Gerónimo Gili, que unidos firmaron algunos papeles de destajos: se trabajaba con lentitud, tanto que en 1584, siendo ya Herrera maestro mayor de las obras reales, dió un papel de lo que faltaba que hacer, escrito y firmado de su puño: concluido este palacio, ocupaba el cuadrilongo donde estuvo la capilla antigua mirando al S. con fachadas al O. hasta el pórtico actual; al N. por frente de la escalera principal de hoy, y al E. por la larga del patinillo que está detrás del jardin de las Estátuas: la piedra necesaria se estrajo de una cantera que se compró y escavó en el térm. de la v. de Colmenár, constando por cédula de 17 de marzo de 1587 que el Rey concedio 1,000 varas de sillares al conde de Chinchon para la obra de la capilla de áquella v. que se hacia entonces: la madera para las armaduras, las del conv. del Escorial y el de Doña Maria de Aragon en Madrid, se condujo de los montes de Cuenca por cuenta del Rey en el año 1584; el plomo para las cubiertas y las del Escorial se sacó de unas minas que entonces habia en Madridejos y Consuegra, las cuales no existen ya. En el oratorio interior, se puso un retablo de pintura en lienzo sobre tabla, representando á Cristo N. S., como le ponian en el sepulcro, obra del Ticiano, con molduras de dorado y negro, y su cortina de tafetan azul con cordones de seda; y una piedra de alabastro guarnecida de madera, que en 19 de mayo de 1591 entregó Antonio Boto, Guardajoyas del Rey y Principe, segun con las mismas espresiones consta en el recibo que dió el conserge. Esta pintura del Ticiano se llevó al oratorio de Aceca, y alli estaba en el año 1614. En el año 1599 se hicieron dos pasadizos desde el piso alto, para dar comunicacion al palacio viejo de los Maestres, que atravesaban la calle que quedó formada entre ambos; se concluyó el jardin que sirvió á este Cuarto Real (y es el de las Estátuas) cercándole con tapias y poniendo una fuente en medio; delante de la capilla se formó una plaza de árboles, cercada de palenques y puertas para correr toros y hacer los herraderos al frente de los balcones de palacio: el viejo se destinó para alojar los gefes y caballeros de la córte, y el nuevo sirvió para habitacion de los reyes, sin mas novedad hasta el año 1636: en el patio del ant. estuvo colocada la estátua pedestre de bronce que representa el Emperador Cárlos V con el Furor encadenado á los pies, la cual se mudó al Buen-Retiro el año 1634 por órden del superintendente, de 5 de marzo, en que dice, *se lleve la heregia del Emperador*; se colocó en el jardin de San Pablo, y hoy se halla en el Real museo de escultura de Madrid. En 12 de diciembre de 1660 se prendió fuego al palacio de los Maestres, causando bastante estrago en los adornos y muebles interiores; pero poco en la fáb. En el de 1665 se repitió igual desgracia, quemándose un cuarto enteramente, el cual se compuso luego; en tal estado permaneció hasta el año 1727 que se mandó derribar para concluir la obra del que hoy existe, hallándose en sus cimientos varias monedas del tiempo de su construccion. En el nuevo Cuarto Real se emprendieron nuevas obras por órden del marqués de Torres fecha 24 de febrero de 1636, mandando se mudase la destilacion de las aguas, que estaba á la entrada del jardin de la isla, para continuar el cuarto y el trascuarto de la Reina, que mira á Levante, haciendo las escaleras que fueron menester para tomar las damas desde el cuarto nuevo la casa del palacio viejo y escalera para bajar S. M. al corral de los álamos y á los jardines: esta obra es la parte de fáb. que sigue hácia el Oriente y hace fachada al jardin de las Estátuas, llamándosele Cuarto de la Reina. En esta forma se mantuvo el palacio durante los reinados de los SS. D. Felipe IV, D. Cárlos II y D. Felipe V; pero este mandó á su maestro mayor y aparejador de las obras del palacio de Madrid, D. Pedro Caro Idrogo, que trazase los planos para completar un cuadro con cuatro lineas de fáb. y un patio en el centro, guardando el órden y forma que tenia lo que estaba fabricado, y otra cúpula á la parte del N. que igualase con la que servia de media naranja á la capilla: cumplió su órden este arquitecto presentando su trabajo firmado en el año 1715, en el que se distingue con colores lo que habia hecho, y lo que debia hacerse: lo aprobó el Rey, y en órden de 14 de agosto mandó se construyese un cuarto mas: perseveró S. M. en la idea, y por otra órden de 2 de mayo de 1727 se continuó esta obra bajo la direccion del referido D. Pedro Caro; quien dispuso el derribo del ant. palacio y mandó reconocer la ant. cantera de Colmenar, que era del Rey, y ponerla corriente para sacar toda la piedra necesaria: en 1728 se abrieron las zanjas de la fachada de O. que es la principal; se deshicieron los molinos ó aceñas que habia en la parte de abajo, en el jardin de la isla; se concluyó el puente de piedra que da entrada al mismo jardin, con escalones, y se formó la presa que sirve para dar agua á la cascada (de que se hablará). Muerto D. Pedro Caro, fué D. Teodoro Ardemans, arquitecto mayor del Rey, á reconocer las obras, pero no tuvo el manejo de ellas; habiéndose encargado su direccion en 1733, á D. Estéban Marchand, coronel de ingenieros, y en 1734 á D. Leandro Brachelieu, tambien ingeniero: en 1735 se siguió la muralla de silleria en el canal del r. para poder formar la plazuela delante de la fachada principal del palacio, y se trabajó en el resto de la fáb., teatro y gabinete para la reina: lo relativo á pinturas y adornos lo dirijian D. Juan Bautista Galluci; D. Santiago Bonavit y otros profesores italianos: ademas de las pinturas y dorados, se puso en aquel gabinete una fuente y juegos de agua en un peñasco grande con 4 cabezas de vientos, y otros pequeños con conchas y tazas de mármoles y varias figuras de bronce: 1 Neptuno grande, 4 delfines, 1 leon con una flor de lis en la mano, y otro en ademan de beber; una sirena, un fauno; unos árboles con pájaros, y otras invenciones: duraron estas obras hasta el año 1739, en que se concluyeron, segun consta en dos lápidas que se pusieron en la fachada, y se guardan hoy en el almacén de materiales: en 1740 se arregló un coliseo, para representar óperas y serenatas, y por órden de 24 de junio de 1744, se ideó la escalera principal con grandes luces y magnífica bóveda, aunque los muchos derrames y entradas le hacen aparecer teatral, cuya obra duró largo tiempo: en el mismo año, se mandó deshacer un mirador de madera dorado y pintado, cubierto de pizarra, sustituyéndole con otro de canteria que se derribó en 1768, todo bajo la direccion de D. Santiago Bonavit. Ocurrio á este palacio la fatal desgracia de un voraz fuego la noche del 16 de junio de 1748, estando en él SS. MM., que informados del progreso que hacian las llamas, dejaron su real habitacion y por la mañana del lúnes siguiente se trasladaron al Buen-Retiro. Acudiendo prontamente á fin de estinguir el incendio, se logró salvar la mayor parte del edificio y todo lo mas precioso de muebles y adornos; pero quedaron destrozadas las paredes interiores y armaduras: con este motivo se emprendieron de nuevo las obras para repararle, que duraron algunos años, y entonces se pintaron al fresco la sala de la conversacion, el teatro y otras piezas, por el célebre Conrado Giacinto, y D. Santiago Amiconi, haciendo otras obras al oleo que aun se conservan. Concluida esta reparacion y la escalera principal, pórtico y distinta forma que se dió al frontispicio de la parte de O., poniendo un escudo de las armas reales y balaustrada, se colocaron tres estátuas de piedra que representan al Sr. D. Fernando VI. en el medio; al Sr. D. Felipe V. á la der., y al Sr. D. Felipe II. á la izq. con estas inscripciones:

PHILIPUS II. INSTITUIT.
PHILIPUS V. PROVEXIT.
FERDINANDUS VI. PIUS FELIX
CONSUMAVIT ANNO MDCCLII.

El Sr. D. Cárlos III. de gloriosa memoria, autor de tantos monumentos magníficos que eternizarán su nombre, perfeccionó las obras de este palacio, y construyó el suntuoso gabinete, para su despacho, que no tiene igual: está vestido por sus 4 paredes y bóveda, con piezas de China de infinitas figuras de gran tamaño, bello dibujo y mucha propiedad, puestas con tornillos que fácilmente pueden desarmarse: obra ejecutada con primor en la fáb. de porcelana de la China que el mismo rey habia establecido en el Buen-Retiro, y de que nos ha privado la envidia de los estrangeros: para la dilatada familia de este monarca acordó él mismo en 20 de mayo de 1771 se añadiesen dos alas prolongadas unidas á los estremos de la fachada principal, guardando la arquitectura que tenia la obra ant., mudando á la izq. la capilla pública, y á la der. un nuevo teatro que empezó á pintar D. Antonio Rafael Mengs, pero que no se concluyó y se ha deshecho despues: trazó los planos, y dirijió este aumento D. Francisco Sabatini, mariscal de campo, coronel de ingenieros y maestro mayor de las obras reales, en el año 1772: en el medio de cada ala, y sobre las puertas principales, en unas espadañas con trofeos militares se pusieron estas inscripciones: en el lado derecho

CAROLUS III ADJECIT ANNO MDCCLXXV.

y lo mismo en el izq., con la diferencia de ser 1778 que fue el en que se concluyó: al frente de los dos estremos de las obras adicionadas se hizo una plazuela en medio círculo, y en ella 12 bancos de piedra con respaldos de buen gusto, canastillos de flores y unas piñas por remate: lo grandioso de estas obras, con el inmenso número de árboles que las acompañan, forman el mas agradable y delicioso objeto que cabe en la imaginacion: estos fueron los principios, variaciones y adiciones que ha tenido el Real palacio de Aranjuez, primero y principal de sus actuales edificios, hasta el estado de complemento que hoy tiene: en su interior son de admirar los bellos cuadros de Jordan que hay en una hermosa pieza, representando á Josef el Casto; tres en las entreventanas de muy buena composicion alegórica del mismo, y otro mas notable por su escelente colorido; igualmente llama la atencion el techo de esta sala pintado por Santiago Amiconi, alegórico y muy bueno; en el gabinete ant. hay una Juno y otras pinturas de Jordan; ademas 7 cuadros del mismo representando fábulas y varios paises: tambien allí y en otras piezas se ven paisajes de Juan del Moro, de mediano colorido: en la pieza de mayordomos existen 6 cuadros de Jordan de fábulas y figuras de caprichos, entre los que se admira el que representa á Orfeo, rodeado de animales escuchando su música, con tal gracia de actitudes y atencion que sorprende: en otras salas se hallan los retratos del gran duque y gran duquesa de Toscana y de sus 4 hijos, pintados por Rafael Mengs; los de los reyes de Sicilia por Bonito, y una vista del Vesubio por Antonio Yole, pintor lombardo; varias vistas de Nápoles y de sus contornos, y algunos bajos relieves en cera de colores, ejecutados con mucho esmero, representando cacerías y pesquerias, obra de un tal Pieri. El oratorio interior para el Rey, dedicado al misterio de la Inmaculada Concepcion, está adornado con retablo de ricos mármoles, y el Sr. D. Cárlos IV. le hizo pintar al fresco por D. Francisco Bayeu, con algunos pasajes de la historia de Ntra. Sra.: el cuadro de la Concepcion que le sirve de titular es debido al pincel de D. Mariano Maella; pero lo que mas debe admirarse, es un rico relicario de pórfido, de trabajo delicadisimo, como tambien un Crucifijo de marfil que hay encima, y un mosáico representando una marina, cuya exactitud en las medias tintas es de lo mas perfecto á que se puede llegar.

Casa de Oficios y de Caballeros. Para el servicio de este mismo palacio se mandó construir cerca de él, á la parte del mediodía, una casa para los oficios de boca, y para alojamiento de los caballeros, gefes y gentil-hombres: encargóse esta obra al gran arquitecto Juan de Herrera, como ella misma lo publica, aunque no se supiera por otros documentos: se empezó en el año 1584, segun el plan, que de su puño escribió el citado arquitecto, y se conserva original: sufrió varias s interrupciones, continuándose en los años 1715, 1728, 1756, y quedando concluida en 1762, segun consta de una Real órden espedida en 15 de febrero por el Sr. D. Cárlos III. En su primera construccion se gastaron 1.436,230 rs., que parece mucho, atendido el valor de los materiales y jornales en aquel tiempo; pero está compensado por la solidez y esmero de la obra, en la que se empleó piedra almendrilla, pue se trajo de las canteras frente de Ontígola, y el ladrillo es de mayor marco que el de hoy, y mas cocido; de forma que por la escelente ejecucion y por los materiales puede servir esta obra de modelo para otra de mayores destinos.

Real capilla publica. La asistencia de los dependientes de la Real casa á los divinos oficios reclamó desde muy al principio la atencion de los reyes, y al efecto el Sr. D. Felipe II, mandó construir la capilla de que se hizo mérito al hablar del primer Cuarto Real, que trazó el insigne arquitecto Juan Bautista de Toledo: no se dió á esta obra otra forma por fuera, que el órden del mismo cuarto, y una cúpula ó media naranja que cerraba su cuadro, imitando en pequeño la del gran templo del Vaticano, en que habia servido Juan Bautista de delineador de Micael Angel, y en su remate se colocó el relox; en lo interior no tenia mas adorno que la fáb. seguida con pilastrada y cornison en sus 4 lienzos y guarnicion de estuco en las ventanas, aumentando su magestuosidad esta misma sencillez: en cada frontis habia dos puertas, y solo se hacia uso de una en la fachada principal, otra para salir los reyes á la capilla, hasta que se hizo una tribuna alta, y otra para comunicacion á la sacristia; el altar mayor estaba de cara al oriente, como previene la rúbrica ecl. sin retablo, ni mas que un dosel que cubria el primoroso cuadro de la Anunciacion y Encarnacion del Divino Verbo, que regaló el Ticiano al emperador Cárlos V, como una de sus mejores obras: concluida la fáb. esterior el año 1576, en el dia 30 de abril se puso en la torre de la capilla la Cruz de hierro con asistencia del Sr. Alonso de Mesa, gobernador de Aranjuez, del veedor Luis de Ribera y de Cristóbal de Ortega, teniente-gobernador y alcaide de la casa Real de Aceca, el cual subió hasta el cabo de la torre á poner 3 *Agnus Dei* que envió el Rey para las 3 bolas que están al pie de la Cruz, y permaneció allí hasta que se cerraron de modo que no pudiesen sacarse: en el año 1577 se puso en la propia torre el relox con música de campanillas que permanece. No se hizo uso de esta capilla hasta el año 1583, en el que con fecha en Madrid á 29 de abril, dió órden y licencia para poder decir misa en ella el Emm. Sr. cardenal arz. de Toledo D. Gaspar de Quiroga: en el de 1674 se añadió una tribuna alta por los 3 lienzos, para servicio de los reyes, cerrada con cristales, la cual voleaba al centro: tambien se puso otro altar con un cuadro ovalado de San Antonio de Padua, pintura de Conrado Giacinto, que ahora está en la sacristia; pero esta capilla se deshizo en lo interior reduciéndola á piezas de habitacion y dejando la fachada esterior y la cúpula como antes estaba, construyendo otra nueva en el ala izq. que se aumentó al palacio: esta es mas espaciosa en figura de Cruz latina de órden dórico, cortados los ángulos de los 4 principales pilares que sostienen la media naranja, adornada de estucos y grecas doradas de medio relieve y de escelente gusto, con unos geniecillos que juegan con guirnaldas y colgantes de flores: sobre la entrada se hizo la tribuna para los reyes, y otras menores en los planos del corte de los ángulos: la puerta principal está al E. en un paso interior: la media-naranja con muchos estucos y dorados la pintó al fresco D. Francisco Bayeu, representando sobre el altar mayor la gloria del Cordero con el verso de San Juan, cap. 5.° *Dignus est Agnus qui occisus est, accipere virtutem, divinitatem, et gloriam, et benedictionem*: en frente la Fe con las tablas de la Ley; al lado del Evangelio San Lúcas pintando á Ntra. Sra.; al de la epístola el profeta Isaias y en el medio círculo del altar mayor una gloria de ángeles que acompañan á 2 querubines de estuco, adorando la Sta. Cruz con que remata el altar: este es de mármoles con bronce dorado á fuego, bellamente trabajados, sin mas obra que el marco del cuadro, unas medio pilastras y remate: en él se colocó interinamente una copia del cuadro del Ticiano de la ant. capilla, hasta que se concluyese el que se encargó á D. Antonio Rafael Mengs, estando ya en Roma: pero aunque le remitió poco antes de morir, se quedó en la sacristia de la capilla del palacio de Madrid. Los dos colaterales son correspondientes en la materia, aunque de mas ligera forma, y están dedicados al misterio de la Concepcion y á San Antonio de Padua, en grandes cuadros que pintó D. Mariano Maella. Se bendijo, y celebró la primera misa el dia 25 de marzo de 1779, proveyéndose de vasos sagrados, candeleros, cruces y demas necesario, de plata y bronce de mucho primor y esquisitas formas. En esta capilla se consagró en 2 de junio de 1799, por el arz. de Sevilla, el Excmo. Sr. D. Luis de Borbon, conde Chinchon, que despues fue arz. de Toledo y cardenal: fue su consagrante el Excmo. Sr. D. Luis Sentmanat, cardenal y patriarca de las Indias, asistiendo SS. MM. desde su tribuna. La asistencia espiritual y jurisd. ecl. de esta capilla ha sufrido notables alteraciones. Cuando el Sr. D. Felipe II mandó labrar la primer capilla maestral, no añadió mas asistencia que la del capellan, que desde el año 1561, y por cédula de 17 de enero de 1562, decia misa en la igl. de la Estrella, de que se hablará, mandándole continuase celebrando en la capilla: en 1597 nombró un capellan principal, 2 segundos y un sacristan sacerdote, con buenas dotaciones sobre las rent. de este heredamiento; mandó al Consejo de las Ordenes que se hiciese oposicion en aquel tribunal para la plaza de capellan principal, y que se proveyese en adelante en freire del hábito de Santiago (á cuyo terr. perteneció): para mayor dotacion de esta plaza y evitar encuentro de jurisd., quiso tambien S. M. que en el que se nombrase, se proveyese el curato de Ontigola, pues como term. que era Aranjuez (segun diremos) de la felig. de este párroco, bajaba á administrar los Sacramentos á los dependientes del palacio. Tuvo cumplimiento esta Real intencion, renunciando este beneficio el licenciado Juan Febrero, en 10 de octubre de 1597, por una capellania segunda de esta capilla: por este órden se ha proveido despues la capellania principal y el curato en un mismo sugeto con el titulo de cura de Ontígola, Alpagés, Alhóndiga y la Encarnacion, que es la advocacion de la Real capilla, poniendo un teniente en Ontígola con aprobacion del Consejo de las Ordenes. El patriarca de las Indias, como capellan mayor del Rey, creyó le correspondia ejercer la autoridad de prelado en Aranjuez, como la ejercia en el Real palacio de Madrid, el Pardo y demas sitios reales: se opuso inmediatamente el arz. de Toledo, y seguido juicio, se declaró por la Santidad de Gregorio XV en Breve de 9 de mayo de 1623, el terr. del Sitio por *nullius dióc., et inmediate* sujeto en lo espiritual á la Sede apostólica, señalando por prelado con *omnímoda jurisd.* á la persona que el Rey nombrase: el Sr. D. Felipe IV elijió al patriarca; se repitió la oposicion por la dignidad arz. y recurriendo de nuevo al Papa, declaró en otro Breve de 1639, en el patriarca la parroquialidad de la Real capilla del palacio de Madrid y de los bosques, alcázares y casas de campo; y como tal fue comprendido Aranjuez con todos los terrenos á él unidos: por estos títulos empezó á ejercer el patriarca toda la jurisd. ecl.; pero por medio del cura de Ontígola, como capellan principal; de forma que este reconocia á un tiempo dos prelados; al arz. de Toledo en Ontígola, y al patriarca en Aranjuez: para evitar esto en algun modo, se mandó desde el año 1722 al cura de palacio de Madrid, acompañase á los reyes al Sitio; hizo oposicion á esta novedad el capellan principal D. Rafael Villalobos, pero sin resultado; y habiendo nombrado visitadores el patriarca D. Alfonso Perez de Cuzman, para el sitio y toda su comprension, desde el año 1650 al 1676, salió de nuevo á la defensa del terr. de su dióc., el arz. de Toledo, formándose pleito de jurisd. en el tribunal de la Nunciatura, en el que se dió en 1678 auto de manutencion á favor del arz.: apeló el patriarca ante S. S. y por Breve de Benedicto XIV, fecha de 27 de junio de 1753, se mandó erigir la patriarcal del palacio de Madrid, estendiendo su jurisd. á los sitios reales en la forma que señalase el Nuncio, y declarando de nuevo á Aranjuez *vere nullius dióc.*: al ponerse en ejecucion se suscitaron graves disputas, por los diocesanos respectivos de cada sitio real y por los curas párrocos, especialmente los de Madrid, representando lo que les perjudicaba: suspendiose por lo que hace á la córte, y en cuanto á Aranjuez siguió el patriarca en la posesion que estuvo antes, sin reconocerse mas al arz. de Toledo, que para la igl. matriz de Ontígola; hasta que por último por nueva declaracion de Pío VI en Bula de 8 de abril de 1777, se demarcó por terreno propio de la patriarcal, el palacio de Madrid, el sitio del Buen-Retiro, la Casa de Campo y los palacios del Pardo y Aranjuez, con el terreno que se incluye desde el puente de barcas (hoy colgante de hierro) de la entrada del Sitio. á la casa de los Sres. infantes, la manzana de la capilla de San Antonio, la Regalada, el Fogon de la brasa, Casa-gallinero, cuarteles de guardias Españolas y Walonas, hasta el puente verde del Tajo, y fuera de esto, la casa llamada Cocheras de la Reina (de todo lo cual se hablará despues) declarando S. S. que los diezmos de estos terrenos, si los hubiere, los hayan de cobrar los párrocos ant., y que los cadáveres de los que falleciesen se entierren en las mas inmediatas y no en otras, para no perjudicar sus derechos. Establecido así en Aranjuez, mandó el Rey, á representacion del patriarca, y en órden de 12 de abril de 1778, que el capellan principal por ser cura de Ontígola y Alpagés, no asistiese en adelante á hacer ninguna funcion de su ministerio en la Real capilla; con cuyo motivo se trasladaron á la igl. de Alpagés todas las que eran propias parr.; pero se le reservó el sueldo y título de capellan principal: por esta providencia se mantuvo la Real capilla sin este superior inmediato, hasta el año 1801 en que el patriarca D. Antonio Sentmanat, formó un reglamento suprimiendo la capellania principal, y estableciendo por inmediato superior al cura del Real palacio y 3 sacerdotes con título de tenientes, nombrados por el Rey á propuesta del patriarca y conforme á la censura que ganen en oposicion, debiendo ser graduados en cánones ó teología, con otras prevenciones para el gobierno de la capilla y administracion de Sacramentos á los feligreses que habitan dentro de su terr., y como parr. separada de la ordinaria, en la jurisd. de la patriarcal.

Iglesia parroquial. En el art. Alpagés dijimos, que en aquel l. habia existido una ermita dedicada á San Marcos; esta ermita estaba sit. entre las casas viejas de Alpagés y el puente del Caz, que dá paso á la plazuela redonda de la calle de la Reina: en ella se veneraba al Santo Evangelista, en una pintura muy buena de 3 varas de alto y 2 de ancho, colocada en el altar mayor, y una imágen de Ntra. Sra., de talla, y sentada con su Santísimo Hijo en los brazos, que se titulaba Nuestra Sra. de Alpagés: esta fué la ant. igl. de aquel l. que solo servía para decir misa á los labradores y pastores que habitaban las pocas casas que quedaron en él: en el año 1609 se fundó en ella por el cura capellan principal de aquel palacio, D. Juan de Egea y Valdevira, y el gobernador D. Francisco de Prado con la mayor parte de los criados del Sitio, una cofradia ó herm. de disciplina de la Sangre de Cristo, con titulo de Nuestra Sra. de las Angustias, formando unas ordenanzas para su gobierno en 5 de abril del mismo año, que aprobó el Sr. cardenal arz. de Toledo, D. Bernardo de Rojas y Sandoval, por su decreto de 8 del mismo mes, las cuales adicionó despues la herm. y presentó para nueva aprobacion al Nuncio apostólico Monseñor Pablus Millinus, arz. de Cesárea, mediante el pleito de jurisd. que habia entre el arz. de Toledo y el patriarca de las Indias, de que ya se ha hablado; y fueron tambien aprobadas en Madrid en los idus de octubre de 1678: esta herm. colocó en la misma ermita dos imágenes de N. S. Jesucristo, y otra de Ntra. Sra. de las Angustias, con cuya devocion concurria tanto número de gentes, que no siendo ya capaz la ermita, hizo pensar á los cofrades en una nueva fáb.: propusiéronlo al Sr. D. Cárlos II por un memorial en diciembre de 1680, solicitando licencia para construir de nuevo la ermita, mas inmediata al Sitio, mas capaz, decente y á propósito para pretender que se hiciese ayuda de parr., y poder bautizar y enterrar en ella, escusando la penalidad de acudir á Ontígola para todo: S. M. se sirvió condescender con la súplica, mandando se diese por el Sitio todo lo que se pudiese de materiales y carruages para la obra: con este permiso se juntaron el gobernador y los hermanos el dia 26 de febrero de 1681, para señalar el sitio donde se habia de edificar la nueva ermita, y aunque estos querian fuese en un cerro donde estaba el Calvario del *Via-Crucis*, el gobernador señaló un cerrito mas abajo donde hoy está: se dió principio á la obra por la planta que ofreció de limosna Cristóbal Rodriguez de Jarama, veedor y maestro de obras del sitio de San Lorenzo; concedió el rey 100 fan. de tierra para que se rompiesen y arrendasen en beneficio de la obra: las reinas Doña Maria Luisa de Borbon, y Doña Maria Ana de Austria, con el mismo D. Cárlos, se hicieron hermanos de esta cofradia y dieron varias limosnas con otras ofrendas de devotos; pero nada de esto fué bastante por la calamidad y miseria de aquel tiempo, de forma que en el año 1690 faltaba la capilla mayor, y estaba hecho el cuerpo de la ermita de fáb. de ladrillo y esquinas de canteria de Colmenar, hasta la cornisa, y concluida la fachada, que es de la misma piedra donde pusieron esta inscripcion:

CAROLUS II HISPANIARUM REX,
GUBERNANTE DOM.
FRANCISCO A CASTRO VELA.
ANNO MDCXC.

Quedóse en este estado hasta el año 1702, en que acordó la cofradia se cerrase el cuerpo de la igl. con un tabicon fuerte, dejando separado lo hecho de la capilla mayor, y que se abovedase aquello y diese de yeseria en lo interior para pasar cuanto antes las santas imágenes; lo cual quedó concluido en 23 de enero de 1705, en cuyo dia acordó la herm. que se podian mudar todas las imágenes que habia en la ant. ermita; que se colocase en el altar mayor el cuadro de San Márcos, y que se titulase del glorioso Evangelista, como patron titular de aquella, que no era nueva igl., sino renovacion de la que habia de tan ant., la cual iba á derribarse; que se pusiese á Ntra. Sra. de las Angustias debajo del cuadro en nicho competente, y que se acudiese á pedir las licencias necesarias al ordinario: así se ejecutó, presentando memorial al Sr. D. Pedro Portocarrero, que concedió licencia y facultad por despacho de 18 de febrero de 1705, y en virtud del pleito citado de jurisd., al nuncio D. Francisco Aguaviva y Aragon, arz. de Larisa, y legado *á látere* de la santidad de Clemente XI, que concedió la suya en 25 de diciembre del mismo año, dando comision al R. P. Fr. Cristóbal del Alamo, guardian del conv. de la Esperanza, para que reconociendo las ermitas, fab. y decencia de la nueva, hiciese la bendicion de esta y la traslacion de las imágenes, estableciendo en ella la cofradia de Ntra. Sra, del modo que estaba en la ant., y la habilitase para la celebracion de los divinos oficios; todo sin perjuicio de las partes que litigaban la jurisd. ecl.; el referido P. Guardian, acompañado de peritos hizo el reconocimiento y bendijo la nueva ermita el 29 de diciembre, diciendo despues la primera misa asistido de religiosos de su órden, y la herm. verificó la traslacion de las imágenes el dia 30; pero no habiéndose declarado ayuda de parr., segun lo solicitado, se acudió nuevamente por los cofrades al arz. de Toledo en 1716, y suscitada la especie de si correspondia á la órden de Santiago la ereccion de ayuda de parr., como igl. nueva en su terr., consultó el Rey este punto al Consejo de las Ordenes, el que propuso á S. M. que la ereccion debia ser por su autoridad magistral: en vista de este informe se mandó al mismo Consejo que en nombre del Rey, y como adm. general de la órden de Santiago, pasase á ejecutarlo: hízolo asi el Consejo, y nombró para ello á D. Alonso de Torralba, de la órden de Calatrava, uno de sus ministros, que practicó la informacion de utilidad con citacion del cura propio de Ontigola, D. José Antolines de Castro: evacuada, acordó el consejo en 27 de mayo de 1716 el decreto para la ereccion; y por real provision del dia 28 se comisionó al cura citado de Ontígola, quien la puso en ejecucion el 9 de agosto con toda solemnidad, dando testimonio de todo el escribano de la gobernacion de Aranjuez, Francisco de Herrera Muñoz. Quedó sin concluir, como se ha dicho, la capilla mayor, y se mantuvo asi hasta que por Real órden de 18 de octubre de 1744 se mandó seguir la obra, hacer la media naranja, el retablo del altar mayor y los dos colaterales, todos de estuco: que en aquel se pusiese la cruz de Santiago, y en estos dos efigies de escultura; una de San Fernando rey de España, obra del célebre D. Felipe de Castro, y la otra de San Francisco Javier, ejecutada por D. Domingo Oliveri, y que se renovase toda la igl. mudándola en órden dórico: el plan fué de D. Santiago Bonavit, y la ejecucion de las estátuas alegóricas, ángeles y adornos de estuco de los altares y media naranja de D. Alejandro Gonzalez y Velazquez, costeando la cofradia el trono de la imágen de Ntra. Sra.; cuya obra quedó concluida en el año 1749; en el de 1780 se mandaron quitar las dos efigies de Cristo que estaban en los altares, y en su lugar se pusieron dos grandes cuadros, copia el uno del pasmo de Sicilia (que se halla en el museo), y otro de la Crucifixion en el Calvario, obra de D. Gregorio Ferro: en 1797 se aumentó al altar mayor un tabernáculo de estuco, por dibujos del arquitecto D. Antonio Aguado, y se pusieron las mesas y peanas á los 6 altares restantes: en 1798 un devoto consiguió permiso para hacer 2 altares de estuco en los lienzos de los cruceros, y colocar en ellos las efigies de Cristo que tiene la cofradia, y se habian quitado de los otros altares.

Convento de San Pascual. Fundado por D. Cárlos III, se dió principio á la obra, en agosto de 1765, segun el plano, y bajo la direccion de D. Francisco Sabatini, gefe de ingenieros y maestro mayor de palacio, y de su teniente D. Luis Bernasconi, facultativo italiano: y se concluyó en fines de enero de 1770, bendiciéndose y diciéndose la primera misa el 17 de mayo dia del Santo titular: la arquitectura de la fachada es de órden dórico, con columnas y pilastras en el primer cuerpo con un frontispicio en el centro, y un escudo de las armas reales en el segundo cuerpo: á los lados, dos torrecitas que hacen bella armonia en las cuales están el relox y las campanas. En lo interior guarda el mismo órden y la figura de Cruz latina con dos cuerpos y 4 capillas: la mayor con su crucero y media naranja proporcionada: el altar mayor, le adornan 2 columnas y pilastras grandes y sobre el alquitrave, la adoracion de la Santa Cruz por 2 querubines de estuco: en el centro un gran cuadro del Santo titular, con marco de mármoles y bronce dorado y lo mismo el tabernáculo, gradas y mesa del altar: á los lados en el mismo testero, hay dos urnitas tambien de mármoles y bronce muy graciosas, en que están colocadas en grandes y ricos relicarios de cristal, con pedestal y engarce de plata, dos reliquias de San Pascual y San Diego de Alcalá, segun lo declaran los rótulos que tiene cada una: los demas altares son igualmente de mármoles y bronce con marcos de yeseria. Las pinturas primeras que se pusieron fueron de mano de D. José Bautista Trépolo, pintor de cámara: mandó S. M. se quitáran colocándolas en los tránsitos del conv. y se puso en el altar mayor el admirable cuadro de San Pascual, obra del incomparable D. Antonio Rafael de Mengs; en el colateral del Evangelio una Concepcion de D. Francisco Bayeu, y en el de la epístola un San Francisco, de D. Mariano Maella: en otro altar se puso un Smmo. Cristo de marfil de mas de una vara de alto, bien ejecutado, con Cruz y peana preciosísimas que habia regalado al Rey el sumo Pontífice: en los demas altares se hallan cuadros de San José, San Pedro de Alcántara y San Antonio de Padua obras del citado Maella, y suyo es tambien un buen cuadro de la última cena del Salvador, que hay en el refectorio: el conv. se halla en la parte S., es de sólida fáb. de bóveda con rosca de ladrillo, sin mas madera que las puertas, ventanas y armadura; los cláustros alto y bajo son capaces, con un bello patio en el centro, y en los ángulos del cláustro bajo hay 4 grandes cuadros de D. Francisco Bayeu, que son obra maravillosa, y representan la Anunciacion de Ntra Sra., el Nacimiento del Señor, su Ascension á los cielos y la venida del Espíritu Santo: tambien es de la misma mano una Nuestra Sra. con su Smmó. Hijo en los brazos, colocada en el antepecho del coro: el costo de la obra á escepcion de las pinturas ropas y utensilios fué 3.254,816 rs. 26 mrs. vn. Este conv. que perteneció á la religion de San Pedro Alcántara, (vulgo Gilitos) fué sostenido por los Reyes hasta la esclaustracion general, con ciertas condiciones de una parte y otra que se estendieron por escritura solemne ante Jacinto Lopez de Lillo, en Aranjuez á 26 de agosto de 1770: el conv. está hoy destinado para depósito de granos del Real patrimonio ó heredamiento.

Capilla de San Antonio y hospederia de religiosos de la Esperanza. La mayor concurrencia de gentes en las jornadas de los reyes, hizo pensar en proveerse de sacerdotes, y á este fin se mandaron venir á Aranjuez los religiosos de Ntra. Sra. de la Esperanza, conv. sit. estramuros de la v. de *Ocaña* (V.) y para su mejor comodidad se les hicieron en el año 1663 3 celdas, con un corralito, de que tomaron posesion en el año siguiente, y se habilitó un estremo de las galerias de la casa de oficios, poniendo un altar con un cuadro de San Antonio para decir misa. Deseando el Sr. D. Fernando VI la mayor decencia y comodidad, determinó se construyese una capilla dedicada al mismo Santo en la plaza principal que da entrada al Sitio: hízose en forma de óvalo con pilastras de órden dórico y 6 arcos en su circunferencia sobre los que carga la media naranja: en el principal y los dos colaterales hay 3 pinturas de San Antonio de Padua, San Fernando y Sta. Bárbara, obras de D. Luis Gonzalez y Velazquez, y los otros 5 arcos sirven de entradas á la capilla: en la fachada tiene un pórtico con graderías y pilastras de canteria, y un frontispicio con las armas reales sobre el cornisamento; y á los estremos 4 pirámides que acompañan á la media naranja. Siendo ya pequeña esta capilla, se la ha aumentado una gran pieza cuadrada, que habia detras, retirando á su testero el altar principal; lo que produce mala vista: para la residencia de los frailes, se edificaron nuevas celdas, inmediatas á la capilla, con refectorio y las oficinas necesarias, de las que se les hizo formal entrega por el gobierno del Sitio en el año 1768: desde que se separó y demarcó la jurisd. terr. de la Patriarcal; y quedó esta igl. incluida en ella, sirve como ayuda de parr. de la capilla de palacio.

Hospital de San Carlos. Las muchas obras y lo malsano que era este sitio, producian graves enfermedades dificiles de curar por el desamparo en que se hallaban los enfermos sin casa, sin cama y sin arbitrio para poderles socorrer, verificándose en muchos, administrarles el Santisimo Sacramento en las calles ó parages indecentes: ocurriendo á todo el Sr. D. Carlos III mandó se construyese un hospital con titulo San Carlos Borromeo, donde *á sus espensas* se curasen los enfermos empleados en las obras, labores, y jardines y todos los demas criados pobres, que se remediasen por de pronto y socorriesen todas las necesidades de esta clase de los residentes en el Sitio. Formó el plan de la obra el arquitecto Don Manuel Serrano, y se eligió el parage mas alto y despejado frente de la fachada del conv. de San Pascual, con buena fáb. de ladrillo y mamposteria, y la competente division de salas: se concluyó en 30 de enero de 1776, amueblándole á costa del Rey, y en el mismo año se empezaron á admitir enfermos: en 1778 se hizo una capilla pública dentro del mismo hospital, con advocacion de San José, dejando á San Cárlos en la sala principal: en el dia se halla cerrado.

Teatro. Con tanto como se trabajaba para hermosear á Aranjuez, era indispensable pensar en diversiones públicas; con este objeto se permitieron algunas representaciones cómicas, que por el año 1765 se hicieron en una casa particular: de estos pequeños principios resultó mandarse construir por el Sr. D. Cárlos III, en el año 1767, un teatro mas capaz en la calle de San Antonio, por planes del director D. Jaime Marquet.

Ademas de estos edificios hizo la Casa Real las obras siguientes: En 1728 demolió una manzana de las casas viejas en que estaban los oficios de la contaduria y demas, para hacer el jardin del Parterre: poco despues se edificaron las cocheras y caballerizas que llaman de la Regalada, con alojamiento para los sirvientes de este ramo, y el de ballesteria: en 1735 se levantaron 6 casas en Alpagés delante de las antiguas que se aumentaron hasta 12 en 1745: en 1752 se acabó el cuartel para los guardias de Corps, inmediato al caz, edificio grande con dos patios y todas las comodidades necesarias: en 1756 se amplió la casa de caballerizas y ballesteria, se aumentó la del jardin de la Reina, y se hicieron 12 habitaciones para los perros de caza de S. M.: en 1757 se hizo otra para los oficios del parte y correos, que tiene el destino de casa de postas: por órden de 15 de mayo de 1758, se construyó una gran casa para cocheras, caballerizas y habitaciones de los criados de la Reina madre Doña Isabel de Farnesio; dirigió esta obra D. Jaime Marquet, maestro y director de las del Sitio: este edificio fue incendiado por los franceses, y reedificado en 1829: en 1760 se fabricó la nueva casa para los abastos, con buenas oficinas de carniceria, tocineria y demas necesario: en 1761 se hizo un gran meson con buenos aposentos, cuadras y tinglados para los carruages, inmediato á la plaza pública: en 1762 otra gran casa llamada de las Mulas, destinada para talleres y casa de labores: en 1765 se fabricó el hospicio para recoger los vagos y mendigos: en 1768 se hicieron unas tahonas para el abasto público: en 1770 se construyeron dos bellos edificios de canteria y ladrillo, frente de la fachada principal de palacio, donde dicen «la Estrella» con destino á cuarteles para la guardia Real de infanteria Española y Walona: en 1775 se construyó otro cuartel para la tropa de caballeria que hacia el servicio en las jornadas; en el dia no se usa y sirve de viviendas: en 1781 se hizo casa para el cura y tenientes de la igl. de Alpagés, á la esquina de la calle del Príncipe; y otra frente á la fachada del mediodia de palacio, que llaman «la Valera» con destino á fogones, para brasa de la servidumbre, y otros usos: en 1786 se dió principio á la grande casa para alojamientos de criados del Sitio en la plaza de abastos, en la que se han colocado despues las oficinas principales de rentas: en 8 de julio de 1799 se principió la nueva casa para habitacion del gobernador y establecimiento de los oficios de contaduria, tesoreria y escribania por planes del maestro mayor D. Juan de Villanueva, y se concluyó en 1802; y fué por último construida á espensas de los caudales del Sitio la plaza de toros en 1796, y reedificada en 1829 conforme al plan creado por el arquitecto D. José de Rivas: es magnifica, toda de ladrillo y bóveda con 210 pies de diámetro en el circulo interior de las barreras y 99 balcones. toda pintada de buen gusto, especialmente el balcon principal y frontispicio en que están las armas reales sostenidas por dos Famas que hacen un todo hermoso: la primera fiesta se tuvo el 14 de mayo de 1797.

Casas particulares. Componiase antes Aranjuez de algunas malas casuchas de tierra y una igl. que se titulaba de Ntra. Sra. de la Estrella, sit. en el punto que aun en el dia conserva el mismo nombre, y fue derribada á mediados del siglo pasado: entre aquellas casas era una de las principales la perteneciente á D. Gonzalo Chacon, muy valido de Doña Isabel la Católica, que disfrutó altos empleos del Estado, y muchas haciendas en aquel punto: esta casa fue la primera que sirvió para habitacion de los gobernadores del Sitio: durante la estancia de los reyes en Aranjuez, se alojaba toda la corte en estas casas, ó en las viejas de Alpagés, ó en las de los mismos dependientes del Sitio, siempre con mucha estrechez é incomodidad; y los embajadores y algunos grandes en los pueblos de Ontígola, Cien-pozuelos y Valdemoro con la pension de venir todos los dias á hacer la corte á los Reyes, y volverse á su hospedaje: sostenian esta incomodidad las ordenanzas entonces vigentes en el Sitio: D. Felipe II prohibió por la primera, qué se avecindasen en él otros que los criados y empleados que espresa, y que ninguna persona fabricase casa propia: D. Felipe III, en cédula de 1.° de julio de 1617, mandó que no hubiese mas gentes que las empleadas en el servicio del Rey, y sus viudas, y que saliesen fuera todas las que no fuesen de esta clase: en órden de 22 de abril de 1681 se mandó que no se permitan en el Sitio personas vagabundas, y que no fuesen de las familias de los que sirven á S. M.: lo mismo decretó el Sr. D. Felipe V el año 1722, encargando que no se permitiese vecindad ni asiento á nadie; y lo mismo se repitió en el año 1748: el Sr. D. Fernando VI apeteció que hubiese abundancia de gentes en las jornadas, y quiso que los embajadores, grandes y dependientes de palacio no tuviesen las incomodidades que hemos referido; y al efecto mandó se formase un plan para nueva pobl., el cual formó el maestro D. Santiago Bonavit, aunque le trabajó D. Alejandro Gonzalez y Velazquez, pintor y arquitecto: para tirar las lineas de las calles y plazuelas que se habian de hacer se mandaron derribar las antiguas casas el año 1750; y algunas que quedaron por mejores ó porque no estorbaban, se deshicieron en 1761: se prefirió la parte de oriente del palacio para la nueva pobl., porque ya se habia señalado por entrada al Sitio desde Madrid la del puente de barcas (hoy de hierro), y porque alli estaban las casas viejas; para facilitar que se llenase de edificios y casas bien construidas se dió licencia á todos los particulares que quisiesen, para que pudiesen fabricar casas en Aranjuez, dándoles los solares donde y como apeteciesen gratuitamente; y para seguridad y satisfaccion de los que ya las habian construido, y en adelante lo hiciesen, se comunicó al gobierno del Sitio una Real órden con fecha 20 de agosto de 1757, en la que se dice: que el Rey habia venido en mandar se asegurase á los dueños de las casas el libre uso de ellas, sin que pueda ocupárseles parte alguna para alojamiento de la corte, al mismo tiempo que la perpetuidad de su goce para si y sus sucesores, con estas circunstancias: que hayan de obtener permiso de S. M. para fabricar: que lo hagan en el terreno que se les conceda á linea y segun la planta para la uniformidad y hermosura: que sean fabricadas lo menos de mamposteria, sin que se permitan tapias de tierra, y hagan todas las oficinas precisas: que estén siempre reparadas, y sino pierdan el edificio: que siendo asi, no tengan que pagar por el suelo censo, tributo, ó contribucion perpetua ó temporal: que puedan venderlas ó cambiarlas sin causar derecho de veintena ni otra contribucion, con tal que no sea á comunidades eclesiásticas, seculares ó regulares: que esto no se permita nunca, ni fundar sobre ellas capellanias, aniversarios, ni otras cargas perpétuas, aunque sean con destino al mismo Sitio, ni para su hospital; de modo que por ningun caso caigan en manos muertas; y cualquiera contrato ó disposicion sea gratuita ú onerosa inter vivos ó por título piadoso, aunque sea el mas previlegiado, se declara nulo desde entonces para en adelante, y que sea perdida la casa y caiga en comiso aplicada á la Real Hacienda: que hayan de pedir licencia para venderlas ó enagenarlas, para que S. M. las pueda tomar por el tanto, si quisiere, y de no, sea nula la venta: que se tome razon en la veeduria y contaduria del Sitio de las ventas ó enagenaciones que se hagan, para que se sepa si contravienen á la condicion de no pasar á manos muertas: y últimamente que por el gobernador se dé titulo ó despacho formal de las casas que asi se fabricaren, precediendo certificacion del arquitecto-director de las Reales obras, de estar arreglada á la planta y demas reglas establecidas, y se tome razon en los oficios, y lo mismo todas las veces que por cesion, venta ó cambio pasaren á otro poseedor: despues se han añadido otras prevenciones sobre empedrados y revocos, particularmente las contenidas en el papel que dió sobre este punto el citado D. Juan de Villanueva en 18 de junio de 1794. En fuerza de estas franquicias no fue ya solo la casa Real la que sostenia sus obras en Aranjuez: empezó la fabricacion, siendo la primera casa que se hizo la del arzob. de Toledo, conde de Teva, el año de 1759 en la calle del Principe, dirigida por D. Luis Fernandez Montesinos: por lo que le ha quedado el nombre de casa de Montesinos; la de los infantes D. Pedro y D. Antonio en la plaza de San Antonio, que se empezó el año 1773: la que fue del Principe de la Paz; las de los Sres. duques de Medinacceli y de San Carlos; la del marques de Pontejos; la titulada de Carranza, y otras muchas que han formado una pobl. que puede competir con una buena c., asi en estension como en moradores: consta la v. de 13 calles en direccion de N. á S. y 11 de O. á E., todas llanas, tiradas á cordel, anchas y adornadas de árboles las principales, con tres grandes plazas, de las cuales la primera y mas vistosa es la ya citada de San Antonio en la entrada de Madrid, que con el frontispicio de la capilla del santo que le da nombre y arcos de los lados que se hicieron en el año 1767, y unen con las galerías esteriores del Cuarto de Caballeros y casa de Oficios por un lado, y con las de la casa de los Infantes por el otro, forma una graciosa perspectiva: por cima de las galerías del lado S. y por entre los arcos que las forman se dejan ver los pintorescos cerros del Telégrafo y del Parnaso, adornados de pinos, olivos, almendros, flores de amor, tilos y otros arbustos; á la parte del N. es tambien agradable la vista de esta plaza, desde la que se descubre con admiracion el palacio de los Reyes, su parterre, la gran fuente de Hércules, el molino, su presa y la cascada, rematando en los altos, gruesos y copudos plátanos del jardin de la isla; en esta plaza se colocó el año 1750 una fuente de mármoles que se trajeron de Génova; su figura era un obelisco de malísima forma, por cuya razon sin duda se la ha transformado hace poco tiempo en otra dedicada á Diana, la cual es la mas bonita y variada de todas: lo mas admirable que esta plaza encierra es el precioso jardin, dedicado á nuestra Reina Doña Isabel II, el cual en tan pocos años, desde 1834, llega á competir con los mejores del Sitio; en su centro hay una estátua de bronce que representa á S. M. en su edad infantil, colocada sobre una pilastra cuadrada, en cuyo zócalo se pusieron para memoria las monedas, desde un ochavo hasta una onza de oro, todas de la edad y busto de la Reina. La segunda plaza, titulada del Rey, está rodeada de unas verjas de madera pintada de verde al óleo, con espaciosos asientos de piedra de Colmenar y muchos árboles de acácias, negrillos, lirones y otros que proporcionan comodidad y frescura; en su centro hay una abundante fuente con 4 caños que salen de la boca de otros tantos delfines con las colas altas, construida en el año 1761: son admirables las vistas de esta plaza tomadas hácia el E., presentando una sorpresa agradable los cerros llamados Blanco y del Polvorin. La de ayunt. llamada de Abastos, es la tercera plaza, tambien muy buena; mira á la carrera de Andalucia y tiene una fuente que fue construida en el año 1825, con 4 caños, sencilla, de buen gusto y dedicada al rey Ferdando VII. Hay ademas otras fuentes, sin contar las de los jardines (de que despues hablaremos), en las casas de Alpagés, en la esquina de la casa nueva de Abastos, en los cuarteles de guardias de Corps, guardias Españolas y Walonas, en el patio de la casa de oficios, en el de la de los Infantes, en la de las cocheras de la Reina, hospital de San Cárlos, convento de San Pascual y casa del gobernador: la conduccion de estas aguas desde los sitios de su nacimiento, que son en las cañadas, que de la mesa de Ocaña vierten al valle Mayor, llamadas Aldehuela, Menalgavia, Valhondo y Algivejo, dist. la que mas 1 y 1/2 leg. de Aranjuez, se verificó por primera vez el año 1745, recogiéndose en cañerías provisionales, pagándose su costo por la tesorería mayor: en 1757 quiso el rey D. Fernando VI, se mejorase este viaje de aguas, y comprando las alamedas y cañadas de los nacimientos; la de la Aldehuela, en 52,464 rs.; la de Menalgavia, en 20,108 rs. 26 mrs.; la de Valhondo, en 4,373, y la del Algivejo en 4,000, mandó se volviese á construir la cañeria con fáb. y caños vidriados de Madrid, con muchas arcas ó descansos para su reconocimiento y limpieza, subiendo el importe de todo á 2.542,150 rs. 27 mrs. vn. Consiguiente al progreso de la pobl. fue el establecimiento de colegios y escuelas en que se educase la juventud, y se conservan en el dia dos escuelas de primeras letras para niños; otras dos para la instruccion de labores á las niñas, todas dirigidas por hábiles maestros y maestras, con crecido número de alumnos; un colegio de latinidad, á cargo de un entendido sacerdote, y el colegio de señoras huerfánas, titulado de la Union, establecido en la casa de los Infantes, y fundado por la reina Gobernadora, en 1834: en este colegio se educan con el mayor esmero y hasta con lujo, 60 señoritas huérfanas de otros tantos patriotas y militares, muertos en la última guerra civil, bajo el cuidado de una directora, 3 maestras y un capellan para lo espiritual, encargado al propio tiempo de la adm. económica, sometidos todos á la inmediata inspeccion de la junta de Damas de honor y mérito.

Jardines y paseos. Si la pobl. de Aranjuez presenta el bello aspecto, que es fácil figurarse por la noticia que acabamos de dar, sus paseos y jardines completan este hermoso cuadro, y no podrá atribuirse á pasion, si se dice, que los menos atendibles pasarian por magníficos en las c. mas populosas de Europa: cada una de las avenidas de Madrid y Toledo forman un paseo agradable, por la hermosura de sus calles principales, que se prolongan hasta 1 leg., y por la multitud de calles colaterales, oblicuas y transversales, que se cruzan de trecho en trecho, y vuelven á reunirse, formando estrellas, todas al abrigo de los rayos del sol, por árboles altos, espesos y copudos, que en algunos puntos, ocultan enteramente la vista del cielo; otro paseo, igualmente hermoso y sembrado de copudos árboles, principia en la estremidad del puente colgante, cerca del camino de Madrid, el cual conduce á una plaza descubierta, guarnecida de yerba, y rodeada de espesos árboles: las 2 calles que van á parar al espacio que media entre la plaza de San Antonio y el puente colgante, son tambien otros 2 paseos no menos bellos que los anteriores: la llamada calle de la Reina, sit. á lo largo del jardin del Príncipe, tiene 1 leg. de estension, y va á terminar á un puente de madera sobre el Tajo; se ensancha en tres puntos diferentes, describiendo otras tantas plazas circulares, rodeadas de árboles, que anuncian su antigüedad por el enorme grueso de los troncos, y por el espesor de sus ramas; á la espalda y E. del palacio Real está el precioso *parterre*, separado del camino por un foso de piedra de Colmenar, con dobles barandillas de hierro; este parterre se proyectó el año de 1728, para lo cual se derribó una manzana de las ant. casas y se desmontaron unos cerrillos que allí habia; se construyeron en él 4 estanques grandes, con figuras en su centro vaciadas en plomo y bronceadas, con varias fuentes que han sido sustituidas hace poco tiempo con la asombrosa de Hércules y Anteón, hijo de la tierra; dedicada al dios Héroe, todas sus hazañas se ven retratadas, fundidas y blanqueadas, ya en plomo, ya en mármol, alrededor de la gran pilastra truncada, sobre que se halla este, en el momento de alcanzar una de sus mas señaladas victorias; luchando con el gigante Anteón le levanta en alto, para evitar que tocando en la tierra, recobre sus fuerzas, como hijo de ella, y apretándole entre sus musculosos brazos por la cintura le hace morir en una agonía que el escultor espresa perfectamente, en las contorsiones forzadas y de desesperacion con que quiere huir de aquella presion terrible: Hércules apoya su cabeza sobre Anteón, y desvía la de este, que cae desmayada hácia atras, arrojando por la boca, cual si fuera un vómito de sangre, un caño altísimo de agua: en un nicho, frente del espectador, se halla otra vez Hércules en su cuna, dando ya muestras de su valor y fuerza en la lucha con unas serpientes que le atacan, y él vence: en el lado opuesto se halla la famosa serpiente de siete cabezas, vencida tambien por su formidable clava: el ciervo de pies de bronce y astas de oro, el toro, el leon, serpientes y otros mil trofeos se hallan á sus pies: el descubrimiento, viaje y posesion del estrecho de Cadiz está representado por 2 elegantes columnas de piedra blanca, sobre los 2 montes, Calpe y Abila, que lo forman: en el rincon del cuerpo saliente de palacio está el bello jardin de las estátuas, reedificado y adornado por el Sr. D. Felipe IV con una fuentecita en el medio y varios asientos y nichos al rededor, donde están colocados porcion de bustos de emperadores: en el otro ángulo hay una rambla y una escalera sobre 2 puentecitos que salvan la ria que nace en aquel punto, y aisla el frondoso jardin que está á su frente: aqui llama primero la atencion la magestuosa cascada sobre que se precipita el Tajo, construida en 1753; forma un semi-círculo con gradas, y en ellas unos resaltos, por donde baja el agua de unos en otros, y hace una agradable vista y un ruido muy apacible: allí tambien está el molino construido al estilo de Inglaterra, que mas que molino parece un elegante casino: despues de esto se baja al jardin llamado de la Isla, que merece nos detengamos en el exámen de sus preciosidades. Entre el r. Tajo y el canal de los antiguos molinos se forma una isla que estuvo plantada de huerta y jardin de la casa de los grandes maestres: la Reina Doña Isabel la Católica, gustó mucho de su frescura, y desde su tiempo se llamó la Isla de la Reina: cuando se empezó la fábrica del Cuarto Real, el Sr. D. Felipe II mandó en 1564 dar á este jardin nueva y mas graciosa forma, con cuarteles para flores, pabellones y paseos que aumentaron las delicias de aquel sitio: hizo se trajesen garrofas de Navarra, murtas y naranjos de Valencia, y todo género de árboles de Azuqueica, cerca de Toledo, y de otras partes: para su plantacion y arreglo vino de Flandes Juan Olveque, primer jardinero mayor con título de superintendente de los jardines: para adorno de este jardin se llevaron muchas estátuas de bronce y piedra, y se hicieron varias fuentes: el Sr. D. Felipe III hizo reparar estas y poner otras: para ello se descubrió una cantera de mármol en Villarrobledo (part. hoy de Alcázar de San Juan, prov. de Ciudad-Real) el año de 1664, de donde se sacaron pedestales, y otras piedras para los pilones y estanques, y se llevaron del Alcázar de Madrid 27 estátuas de bronce y mármol: el Sr. D. Felipe IV en 1634 hizo llevar al sitio del Buen Retiro muchas estátuas de las que en aquel habia, y en 1637 y 1660 se hicieron aqui nuevas obras por direccion del arquitecto D. Sebastian de Herrera Barnuevo, su maestro mayor; dando á las fuentes la forma que en el dia tienen, y es el siguiente: en la primera bajada al jardin por la rambla sobre la ria, á la der. y encima de la presa, hubo un cenador, que se deshizo, y han quedado dos estátuas de bronce, que se pusieron el año 1662, y llamán comunmente Adán y Eva, y se cree sean un Antinóo y una Vénus: mas abajo de esta entrada se hizo el año 1774 otra bajada sobre puente de canteria con escalones de mármol y barandilla de hierro, en cuyos pedestales hay 4 estátuas pequeñas que són 2 Venus, 1 Mercurio y 1 Baco: inmediatamente se encuentra la fuente de Hércules, construida el año 1661, donde estaba otra de Diana: tiene en el centro la figura de Hércules luchando con la Hidra, y vestido con la piel del leon que venció; alrededor se ven otras figuras representando ninfas, sátiros y náyades, ejecutadas con bastante delicadeza por Alejandro Algardi, cuyas obras llaman la atencion en Roma: son todas de mármol blanco de Italia, y los pedestales de piedra de San Pablo: el receptáculo ó pilon tiene 4 calles ó entradas con barandillas de hierro. Sigue la que llaman de Apolo, por una estátua que representa esta deidad, en el momento de tener vencida á la serpiente Piton que está á sus pies: en unos bajos relieves que tiene el estanque se ven otras de sus victorias y situaciones de su vida: algunos llaman á la deliciosa plazuela en que se halla esta fuente, la Puerta del Sol: desde aqui parten varias calles, y entre ellas la principal, en que hay un juego de aguas de dos filas de caños á los lados, cuya salida está disimulada, y soltándolos forman unos arcos, que cruzando la calle á la altura del pecho de un hombre, mojan y burlan muy bien á quien con descuido se pasea por ella; en el medio está una piedra cuadrada, que puestos en ella se queda libre de mojarse, y se ven con complacencia correr las aguas por los lados: al remate está la fuente del Relox, que es un estanque circular y esculpidas en su orilla las horas, marcadas por un caño de agua recto, que partiendo del medio viene á caer en una taza de piedra: mas adelante se halla la fuente de las Harpías, que se empezó el año 1615 por Juan Fernandez y Pedro Garay, escultores de Toledo, ajustada en 19,447 rs, y se acabó el 1617; contiene sobre un pedestal su taza, y en medio sentado un muchacho sacándose una espina del pie izquierdo, figura de bronce y copia de otro que hay en el Capitolio de Roma en mucha estima: el pilon es cuadrado de rico jaspe, en cuyos ángulos se elevan cuatro columnas con capiteles corintios, de lo mismo, perfectamente bruñidas en sus remates; harpías ó sirenas que echan agua por la boca y los pechos: la llamaron antes del Negrillo y tambien de la Espina, y se reparó el año 1669: en los ángulos que forma la plazuela de esta fuente hay unos elegantes pabelloncitos de medio punto, sostenidos por unas blancas columnas de mármol de Carrara, con capiteles dóricos, que se hicieron poner en 1783, y producen muy buen efecto. De esta fuente se pasa á la de Venus ó de D. Juan de Austria: toma el primer nombre de la estátua de bronce de esta diosa en pie, que sale del baño apretándose con las manos el cabello, que destila agua; está sobre una rica taza de mármol blanco y encarnado de 9 pies de diámetro; el nombre de D. Juan se le aplica tradicionalmente, porque se dice hecha de una piedra que tomó este príncipe con la escuadra de que fue general en el golfo de Lepanto. Baco se ve en otra fuente de mármol negro, figura vaciada en bronce, monstruosamente gordo, horcajado sobre un tonel, con guirnalda de pámpanos y racimos, y una copa en la mano derecha: hay mucha espresion en la cara de esta figura; los contornos son buenos, aunque un poco achatados, la forma del pedestal y del estanque, muy antigua y de poco valor. La fuente de Neptuno es sin duda la mejor: se llamó de Ganimédes, por una estátua de este semi-dios, que hubo en ella sobre un águila, con un pomo en la mano y una tacilla en la otra; despues se dijo de las Coronas, por cierto adorno que tuvo: hoy consta de 7 grupos de bronce sobre pedestales de piedra: el de enmedio representa á Neptuno sobre un carro triunfal tirado de tritones con el tridente en la mano; está repetido en uno de los pedestales: á su alrededor está la diosa Cibeles en un carro tirado por leones, y coronada por un castillo; en el otro lado se halla Ceres; despues Juno con su pavo real, y por último, Júpiter sobre un mundo que sostienen dos titanes, en ademan de lanzar rayos; son obras de Alejandro Algardí: en los tres paramentos del pedestal del medio se lee:

EL REY N. S. D. FELIPE III MANDÓ HACER ESTA FUENTE,
SIENDO GOBERNADOR D. FRANCISCO DE BRIZUELA,
AÑO DE MDCXXI: SE REEDIFICO EN 1662.»

Al fin de este jardin, desde el puente del Tajo, hasta la ria, se hizo el año 1696 una pared altá, que se cerràba con unas portadas de mármol: fuera de esta pared quedaba una isleta en que se formaron unos estanques para pesca el año 1735; se derribó la pared en 1756, y se unió la isleta al jardin, cercándola con un fuerte murallon á la parte del r., y se plantaron varias líneas de árboles; en esta isleta está la fuente de los Tritones, que es la última, y tuvo varias transformaciones hasta el año 1758 que se fijó donde se halla: su composicion es de 3 figuras de aquellos semidioses que le dan nombre, dentro del pilon ó receptáculo inferior de las aguas sobre una grada, y cada uno tiene un canastillo en el hombro, de varias labores, y en la mano un escudo: en el medio se levanta una columna y alrededor estan 3 figuras de 5 palmos, que representan ninfas, gentilmente vestidas, y entre ellas diferentes ornatos y mascarones; todo es de mármol blanco, y su altara de 20 pies: sobre estas figuras se halla una taza con bajos relieves en su reverso, que representan sirenas sujetando por las agallas á unos delfines; encima de la taza hay otra mas pequeña, y en el intermédio dos figuras de genios, que agrupan con 2 columnas á que están asidas, y vienen á unirse con sus capiteles adornados de mascarones y otras cosas: en la base triangular, cortados los estremos hay grabado:

EL REY N. S. D FELIPE IV MANDÓ PONER ESTA FUENTE,
ESTE AÑO DEL SEÑOR DE MDCLVII,
SIENDO GOBERNADOR D. GARCIA DE BRIZUELA Y CARDENAS.

En los centros hay otras inscripciones latinas alusivas á lo delicioso de las aguas. En este punto se presentan 2 orillas que seguir; por la de Tajo se llega á un sotillo, en el que hizo el infante D. Antonio un hermoso jardin con diversidad de calles de árboles frutales y cuadros de fresas, flores y verduras, con un cuarto para S. A. y para el uso de la jardineria: este sitio se llama la huerta del Infante. Entre la calle de la Reina y el espresado r. Tajo empezó el Sr. D. Cárlos IV, siendo Príncipe de Asturias, á formar un pequeño jardin en el que, poniendo todo su gusto y poder, ha llegado á la magnitud que hoy tiene, y le ha quedado el nombre de *jardin del Príncipe*: para defensa de las aguas del Tajo, se hizo un fuerte murallon de piedra que se estiende por todo él; y por la calle de la Reina, está cercado con verjas de madera pintadas de verde sobre zócalo de piedra blanca, sostenidas por pilares de ladrillo con remates de canteria en forma ovalada, sirviendo de adorno á tan nombrada calle, y de asiento en toda su estension: en esta misma calle tiene sus entradas con verjas de hierro, con buenos cornisamentos y estátuas de niños, y eligiendo la principal se encuentra una hermosa calle de chopos de Lombardia, que sigue de olmos negros con vides á los pies para formar emparrados: al medio de ella hay una plazuela redonda con 8 jarrones de piedra blanca: se encuentra despues el jardinito primitivo cercado con baranda de hierro, y en su centro una fuente soterrada, que representa á Diana recostada, con una copa en la mano izq. y un jarro debajo del brazo der.: al frente de las demas entradas se presentan igualmente calles de chopos de Lombardia y del Canadá, que con las otras calles menores, unas anchas, otras estrechas, rectas, curvas y de mil formas, no pueden contarse ni menos describirse con puntualidad. Este vasto jardin, en el que se ha reunido todo lo mejor y mas particular del reino vegetal que se cria en España, en América, en Francia, Inglaterra y hasta en el Oriente, presenta la mas inmensa variedad de árboles y frutas que puede imaginar el gusto ó el capricho: asi es que mientras por una parte se pisa la yerba *joyo* de los jardines ingleses, y se ven el cedro del Libano, el árbol chino de la vida, el tulipan de Virginia, el fresno seco de Luisiana, el laurel de Nive, el chopo carolino, el pino de Nueva Inglaterra, el de Jerusalen y el de Arcadia, la acacia de 3 puntas de América, el acer y el plátano del Canadá; por otra se cuentan mas de 60 especies de peras, 30 de manzanas, 11 de ciruelas, 8 de guindas y cerezas, 6 de albaricoques, 2 de acerolas, 2 de nísperos, 54 de abridores, pavias y melocotones, 2 de higueras, 2 de granadas y 1 de moras de moral: esta especialidad aumenta á las demas partes una hermosura y amenidad muy singular; y unidas todas á la armoniosa música de los bulliciosos pajarillos de todas especies, que por el jardin anidan; al ruido de las cascadas, y á la pureza del aire, hacen seguramente un deleitable paraiso: alli se mantienen tambien en el reservatorio de cristales, no solo las plantas mas exóticas, conforme al temperamento de sus paises, sino tambien las naturales del suelo, adelantándolas en términos que se sirven á los reyes en los meses de mayores frios, fresas, uvas, higos, judias, espárragos, alcachofas y otros frutos fuera de tiempo. Las fuentes de este jardin dirijidas por D. Joaquin Demandre, escultor del Real sitio de San Ildefonso, son tambien de un mérito singular: es la primera la de Narciso inmediata al reservatorio: contiene en medio de un gran pilon de 60 pies de diámetro una gran taza de piedra que sostiene 4 corpulentos gigantes y en ella la figura de Narciso sentada en una peña, y en accion de enamorarse de su retrato mirándose en las aguas: tiene ademas varios atributos de caza, y su perro tambien inmóvil, como no atreviéndose á mover, por no distraer á su absorto dueño: adornan ademas varias flores del nombre del semidios y otras figuras que forman 17 surtidores, con 8 diferentes juguetes ó formas de aguas, que arrojan este líquido, si se aprieta, hasta fuera del receptáculo. La segunda está detras del reservatorio: la matrona Ceres sentada en medio del estanque chato de la fuente, tiene en su mano la antorcha de la recreacion ardiendo: á sus pies se ven varios atributos de su culto, y detras de ella se abre un haz de trigo, cuyas espigas la rodean, y cuando sale por ellas el agua forma un precioso abanico: en ambos lados hay dos canastillos de flores, cuyo primoroso trabajo merece examinarse con detencion. La tercera está mas arriba enteramente oculta en un bosquete, que no se descubre hasta estar en ella; es pequeña, de mármol blanco y figura dos tritoncillos que sujetan un cisne con una banda, alza este su cuello y arroja por el pico un caño de agua de mas de 17 pies de altura: alrededor se ven varios mascarones fundidos en plomo, por cuyas bocas saltan hasta 13 surtidores de agua, que en su descenso forman diferentes juegos, y principalmente una lluvia ó remolino de muy buena y estraña vista. La cuarta y mas principal está al fin de la calle que enfila con la segunda puerta del jardin, antes de llegar á la segunda plaza de la calle de la Reina, desde la cual hace un grandioso efecto: esta calle está formada por gigantescos chopos, carolinos y lombardos: la fuente figura un templete griego; se ve rodeado el dios de la poesia y de la música por un medio círculo de columnitas de piedra blanca, cuyos capiteles ocupan unos patos con la cabeza levantada, que despiden un surtidor; á los dos estremos del medio circulo, se ven dando frente dos templetes ó pilastras con un nicho hueco en el medio, en el que hay una cabeza de Cupido que arroja otro surtidor, y en la cúspide unos cestones de flores, sostenidos por dos niños: pero lo que mas llama la atencion es la elegante postura de *Apolo*, con su lira en la mano izq. apoyada sobre el muslo, y con la der. parece en actitud de recitar, ó hablar inspirado: esta estátua es antigua, ejecutada en mármol blanco y perfectamente acabada. Desde esta fuente se sube por la calle ancha, que está á su izq. y como emboscada y oculta, se encuentra una estátua de mucho mérito por su escultura; es antigua y la mejor que hay en este jardin: representa á Neptuno recostado y agrupado con un caballo marino; está colocada con mucha propiedad formando sus aguas un pequeño arroyo. Al mismo lado y mas arriba, entre bosquetes, árboles y cuarteles de flores, se encuentran dos estátuas, que representan la union de los r. Tajo y Jarama: la del Tajo en figura de un anciano consumido por los años, desnudo, coronado de espadañas y recostado en las peñas: la de Jarama, en la de una robusta ninfa en pie, con buena actitud y un ropaje bien entendido: en primer término hay dos muchachos que están á su lado, el uno jugando con un gran barbo, y el otro colgándose sobre las peñas viendo los que bullen en el agua, con ansia de cojer otro: del peñasco salen las aguas con abundancia, corren por el jardin formando un r. que vuelve á uno y otro lado, á imitacion del torcido curso del Tajo: á alguna dist. se forma una isla, en la que hay una casita en figura de choza que se llama del Ermitaño, fabricada con trozos de madera de álamo blanco como de un pie de largo sin labrar, acomodados unos sobre otros guardando simetria: en lo interior tiene dos cuartitos para habitacion de un solitario, adornados de estuques, pinturas y dorados con mucho primor: sus pavimentos son romanos que se hallaron en Sepúlveda, y en parte imitados: delante de esta casa se ve un puente de ramaje y un poquito de huerto para que le cultive el ermitaño. Detrás de la figura de Neptuno se halla la montaña Suiza, que es un cerro artificial muy elevado, cubierto de aromáticos arbustos, y encima un templete con varias obras de invencion y capricho, desde el cual se puede mirar la asombrosa perspectiva que presenta casi todo el jardin. Delante de la misma figura y entre las dos calles que salen á la fuente de Apolo y la tercera puerta, circundada de árboles estraños y cuarteles de flores, se halla una gran laguna en que hay peces blancos, encarnados, dorados y matizados: la entra el agua por una gruta que tiene al principio en una isleta, donde se admira la propiedad con que está imitado el natural en la posicion de las piedras, que no parece ha intervenido el arte. Detrás de la misma gruta, sobre otro peñasco, se eleva un obelisco de piedra berroqueña, que imita en su color el granito avellana oriental, el cual se sostiene sobre cuatro galápagos de bronce, puesto encima de un basamento de la misma piedra Desde la isleta pasa un puente á flor del agua para comunicarse con un bellísimo pabellon chinesco que sirve de entrada: su figura es ochavada con 4 puertas, é igual número de ventanas en sus paramentos: tiene dos cuerpos, y remata cerrado en forma de capitel, sobre el cual se eleva una aguja con 5 cofas en disminucion, adornadas con colgantes y festones graciosos, y una gran bola dorada por remate: los paramentos son de grecas chinescas caladas de diferentes dibujos, de modo que desde fuera se goza de lo interior, y en las cornisas, colgantes de otras grecas con campanillas de metal, puestas en forma que las pueda el aire mover fácilmente: delante y en trecho separado, está la entrada con mucha cantidad de campanillas en el arquitrave y frontis: el pavimento de jaspe y mármoles y en medio una mesa de la misma materia; el espacio que circunda el cenador está empradizado y cercado con antepecho bajo: todo es de madera bellamente labrada y pintada de blanco, encarnado y filetes dorados; los ángulos se adornan con tiestos de china y hermosas flores. Al lado opuesto de este pabellon, y dentro de las mismas aguas se eleva un templete de gusto griego, de los que llaman *Menopteros*, perfectamente ejecutado, con 10 columnas de mármol verde oscuro y vetas blancas; los capiteles y bases de mármol blanco y órden jónico, y los arquitraves y pedestales de piedra de San Pablo, de los montes de Toledo y Consuegra: en los intercolumnios se colocaron por órden del Rey, 8 estátuas de mármol negro que representan falsas deidades, ó ídolos de los antiguos egipcios, las cuales correspondieron al gabinete de la reina Cristina de Suecia: en estos sitios se halla el *laberinto*, donde el mas esperimentado se pierde entre mil encrucijadas y vueltas engañosas. Subiendo hácia el puente de la Reina, está la casa llamada del *Labrador*, mandada construir por D. Cárlos IV el año 1803; no tiene nada de lo que manifiesta su titulo, aunque al principio se pensó en ello: es propiamente casa de un rey, por el gusto, la magnificencia de las salas, piezas y repartimientos, pintadas por D. Mariano Maella, D. Zacarias Velazquez y otros profesores: por lo esterior forma la fachada principal la mas preciosa vista, compuesta de su centro y dos alas que se unen con barandilla de hierro, quedando en el medio un patio cuadrado: las ventanas con bellos arquitraves y linteles de escayola, y en los recuadros altos colgantes de flores de la misma materia: en el interior, se entra primero á una piececita baja, donde se admiran los bellos paisajes pintados al fresco por Velazquez, que representan las cacerias de Cárlos IV rodeado de sus monteros y servidumbre; las yeguadas que pastan, la siega, y otras faenas campestres, y las ruinas de una casa rústica: se sube despues al gran salon, en cuya bóveda están representadas las cuatro partes del mundo, en pinturas de Maella y Bayeu; composicion llena de fuego y hermoso dibujo: de los mismos autores son los escudos de armas de España, Parma y Austria, y varias figuras alegóricas: todo es bonito en este salon; los candelabros, jarrones, preciosas arañas, colgaduras, silleria y un relox de timbales de gran valor: se pasa despues á otra pieza, donde se admiran unos bellos grupos de china de Biscui, las vistas de la Granja, Riofrio y Balsain, y el techo pintado por Velazquez, que representa una Venus, Cupido y las Gracias; Neptuno y los vientos: en otras 2 piezas hay varios relojes, colgaduras y floreros de china, y el techo pintado por Perez, que figura una Venus en su carro, tirado por pavos reales: el techo de otra que sigue está pintado por Yapeli, representando las cuatro estaciones; la luna con varios astrólogos en observacion, y una ascension del célebre aerostático Lunardi: en esta sala hay un relox que figura una mujer esculpida en mármol blanco, con una peana de mármoles de colores: pasando otra sala con varios objetos de gusto se llega al precioso cuarto llamado de la *Platina*, por estar forrado todo él con este precioso metal primorosamente trabajado; pero lo que llama mucho la atencion en esta pieza son las 4 pinturas en cobre representando las estaciones: es imposible dar mas efecto al colorido, mas divina forma á los contornos, y mas verdad en la accion; y sin embargo todavia es mas admirable la última sala que se encuentra; cubierta su pared de esquisita sederia, y bordada toda de paises de composicion, á cual mas trabajoso; es de un mérito singular: las colgaduras de seda, de color de punzó, recamadas de oro, los 4 preciosos relojes, los jarrones de china, la mesa de enmedio de maderas finas, el costoso almuerzo tambien de china, la lámpara de cristal, el techo pintado por Maella y Velazquez representando las fiestas reales, y el pavimento de porcelana del Retiro, hacen á esta pieza como una de las mas escogidas en los mejores palacios: despues de estas salas se puede visitar la del Villar con su hermosa mesa y primorosos tacos, y la galeria con su relox en forma de columna de Trajano, al rededor de la cual marcha una estrellita marcando las horas; otro con la Corina sentada sobre una columna rota, cuya figura es de bronce y forma esbelta; muchos objetos de antigüedad; y en fin los frescos de D. Zacarias Velazquez, en que ofrece la agricultura, la noche, el lucero matutino y el comercio, siendo de su hermano D. Isidro la idea de esta galeria: el segundo piso lo forman las boardillas, lindas tambien y adornadas de ricas colgaduras, hermosos frescos y pulidos pavimentos de mármoles en mosáico: la escalera principal es toda de mármoles, bronce y escayola hasta el primer piso; el pórtico de la primera meseta está decorado con 4 columnas corintias de mármol encarnado, menos sus estudiados capiteles que son de blanco: segun hay memoria, se gastaron 600 onzas de oro molido, para dorar la preciosa barandilla de bronce que corre al rededor de la escalera. Forma parte de este mismo jardin del Príncipe el ant. de la Primavera, sin mas division que la doble línea ó paseo de sáuces de Babilonia que se circunda: se llamó primero la huerta de Arriba: despues huerta de la Felipa, por la mujer que la tenia arrendada; luego huerta de los Criados, porque de ella se les daba verdura para su gasto; tambien se llamó jardin de los Negros, del Lombardo, del Esparragal, de la Guindalera y últimamente de la Primavera, por las flores tempranas que en él se crian: en 1616 se le adornó con un relox de máquina, con unas figuras de negros de bronce, que tocaban 11 trompetas y un bajon: y en el de 1675, se hicieron fuentes y burladores: por la parte de la calle de la Reina se cercó el año 1756 con cimiento de fáb., zócalo de piedra blanca, verjas de madera pintadas de verde, machones de ladrillo y remates de la misma piedra; y por el r. con una gruesa pared de mamposteria que se derribó para juntarle con el jardin del Príncipe: creemos escusado decir que este jardin, como los precedentes, está poblado de bellas calles de perales y manzanos, muchos cuarteles de flores, verduras, espárragos y fresa; álamos negros muy altos, arbustos, cenadores y caminos cubiertos formados de plantas con otras diversidades.

TÉRMINO. Confina por N. con el de Cien-pozuelos, E. con el de Oreja, S. con el de Ocaña, y O. con el arroyo de Algodor. Comprende 5 leg. de largo y 20 de circunferencia, en esta forma: empezando por el E. desde la orilla del r. Tajo y raya del Soto de Oreja, por bajo de su cast., sigue al S. á los térm. de Ocaña, Ontígola, Ciruelos y Yepes, hasta las deh. del Campillo y la Saceda que son de esta última v.: pasa por la vega de Yepes á Villamejor hasta Mazarabuzaque y arroyo de Algador al O.: por la parte opuesta, desde la deh. del Parral, por las tierras del comun de Oreja, al térm. de Bayona y r. Tajuña en su confluencia con el Jarama, y volviendo asi abajo linda con los térm. de Cien-pozuelos, Seseña, Borox y fin de la deh. de Alhóndiga, en que se corta con el térm. de Añover: pasado este, vuelve á continuar en Barcilés hasta lo último de Aceca, lindante con Velilla y Mocejon: este térm. no ha sido siempre el mismo: en sus primitivos tiempos fue solo una deh., cuyos lím. partian desde el r. Tajo por el Sotillo (hoy jardin del Principe), y como por el medio del de la Primavera subia por entre las actuales calles del Capitan y de San Pascual á dar por detrás del conv., y por la senda del montecillo, hasta el cerro del Mojon en el medio del prado del Molinillo; pasaba al sitio donde estuvo el colmenar de Juan de la Cadena; seguia dividiendo la cañada del Moral y baldios de la Encomienda de Alpagés, dando vista á la deh. de las Albardiales, térm. de Ontígola; se llegaba á un cerro llamado *La gran Cabeza* sobre el camino de Ocaña á la barca de Requena; volvia por otros 2 cerros que miran al Salmoral, y atravesando un valle pasaba á otros cerros dando vista al Carrascal; de aqui al frente de los Alcores, al camino de la salina de Peralejos, arroyos de Ontigola, fin del prado del *Regajal*, viña de los *Deleites*, cerro de los *Oteros* ú Ortereros, prado del *Galapagar* y el arroyo adelante hasta entrar en el Tajo donde llaman Chachavillas ó Soto de Ontigola: esta deh. de Aranjuez destinada, segun se ha dicho, á mesa maestral, comprendia 4 millares de tierra, y se mandó acotar por el Señor D. Cárlos I, en Real Cédula de 28 de setiembre de 1534 para su caza y diversion, haciendo salir los ganados que alli pastaban; bajando por tal razon la parte de renta correspondiente; y considerando S. M. que eran muy cortos los lím. de esta deh., determinó ensancharlos cuanto fuese posible, reuniendo los terrazgos inmediatos, tanto de las órdenes militares, como de particulares y pueblos vec.; y con este motivo se agregaron en 1535 las deh. de la Puebla de la Horcajada y Chachavillas, que eran del duque de Maqueda, el heredamiento de D. Gonzalo Chacon, las deh. de Sotomayor y del Parral, que eran de la encomienda de Oreja; y en 25 de noviembre de 1539 se agregó toda la encomienda, y ademas las deh. de Requena, soto y deh. del Redondillo, añadido de San Juan, la isla y tierras de San Juan del Burgo, y las tierras del Deheson y Juncarege, que tambien pertenecian al mismo comendador D. Diego de Cárdenas, duque de Maqueda, á quien el Rey reintegró completamente, siendo de notar que entre los bienes dados en recompensa se hallan las v. de Oreja, Noblejas y Colmenar con todos sus derechos, á escepcion de las alcabalas, tercias, pedido, moneda forera, servicios y los minerales de plata y oro; tasándose en precio de 45, 50 y 55 mrs. el millar de tierra, y los *vasallos* á 16,000 mrs.; ¡desgraciada humanidad que asi era objeto del tráfico y diversion de los poderosos! En 1536 se incorporó todo lo que pertenecia á la encomienda de Alpagés, que poseia D. Garcia de Toledo (V. ALPAGES), la deh. del Rebollo, y la de Gulpijares, las tierras del Vadillo, Escaleruela y Valde las Casas, las deh. de Valdajos y Biezma: en 13 de febrero de 1561 se cambió con los vec. de Oreja la deh. del Parral, agregando á Aranjuez 2,239 fan. y 205 estadales, en el Espinarejo, la Parra y otras tierras: en 1536 se agregó á Aranjuez la encomienda de Otos, que pertenecia á la órden de Calatrava y estaba vacante, compuesta de las deh. de Alhóndiga, de la Higuera, de Otos con 10 millares, y varias fincas y derechos en la v. de Boróx. En 1534 la encomienda de *Aceca* (V.): el Señor D. Felipe II agregó la deh. de Villamejor, el prado de Martin-Roman, el soto de Niebles, la deh. de las Vergonzas y parte de la de Mazarabuzaque, que eran del comendador de Mestanza y Almodovar D. Francisco de Rojas, primer conde de Mora; y despues el mismo Rey adquirió por permuta con la v. de Yepes los térm. de los desp. de Sela, Cabeza y Cinco Yugos, una parte de la vega que linda con el soto de Añover, una isla que es parte de esta vega, una cañada de paso para comunicarse la caza, la deh. de Barcilés que era del cabildo de Toledo; los sotos del Jembleque y el Gasco, de la v.

de Seseña, fueron tambien agregados por este Rey; y por último las deh. de Aldehuelá, Menalgavia, Valhondo y Algivejo que se compraron por el Sr. D. Fernando VI para el surtido de aguas, segun ya se ha dicho. Grandes son las riquezas que encierra el térm. de Aranjuez; hablaremos primero de su inmenso arbolado, que ademas de la hermosura, prod. mucha utilidad en el corte de madera de construccion y combustible. El Sr. D. Felipe II dió principio á estas plantaciones, mandando en instruccion de 15 de marzo de 1543 hacer muchas calles de chopos, y que entre uno y otro de estos árboles se pusiesen parras selváticas, que despues de crecidas se ingertasen de buenos sarmientos de San Martin ú otros puestos, que sean de buenos vinos recios: asi se hizo y se plantó la calle de la Reina en 1564, llamándose entonces «la Chopera de Alpagés», la que dicen las Parrillas, la de Juan de Prancs, la de Valera, la de Toledo, la de Madrid; y en 1592 se puso de olmos negros la de Ontígola, la de los Camellos, la Romana, las 9 del Rey, la que seguia al puente de Jarama, las 30 calles del jardin de la Isla, la del Caracol, y la del Veedor: el Sr. D. Felipe III, renovó algunas de estas; y mandó plantar el año 1613 la plaza de las Doce Calles en el soto de Rebollo; el Sr. D. Felipe IV. hizo traer de Valencia 400,000 plantas de morera, con las que despues se crió buena seda; en 1648 hizo renovar la calle de Juan Prados y otras poniéndolas de álamos negros: el Sr. D. Cárlos II, mandó replantar en 1692 de olmos negros la chopera de Alpagés, y desde entonces se llamó «calle de la Reina:» D. Felipe V., el año 1728, hizo grandes plantios y nuevas calles: el Sr. don Fernando VI. en 1747, mandó traer de Jacá 2,000 tilos para la calle del Rey, y que se plantasen robles, fresnos, castaños y álamos, en los rosillos y llanuras de los bosques, y se pusieron las calles de Lemus, la de Malapaga, la del Embocador, la del Príncipe, la de las Infantas, las de la Huerta de Secano, la de Confesores, la del Pabellon, y las del jardin del Príncipe: en tiempo del Sr. D. Cárlos III se plantaron todas las de la casa de Vacas y sus praderas; las del Cortijo, la del puente Largo de mas de 3/4 leg., las del camino de Madrid, la del Colmenar, las del frente de Palacio, la del camino de Toledo, que se alarga cerca de una leg., la de las Barcas de Requena, la del Campo Flamenco, las de Sotomayor, y todas las orillas del caz y caceras del Mar de Ontígola. En los bosques se hicièron grandes plantios; en 1772 se sembró con bellotas la loma del cerro del fin de los Deleites, para formar un encinar, y probando bien esta esperiencia, poblar del mismo modo los cerros que siguen hasta el monte: tardaron en nacer las encinas mas de diez años, cuando ya se habia abandonado y puesto de viña, y aunque salieron con mucha fuerza, se arrancaron despues las mas: en el cerro frente del conv. de San Pascual, se hizo otra siembra de piñon; pero no agarraron, y en el año 1787 se plantó de viñas y olivas: el cerro del frente, que se llama del Parnaso, se puso de almendros y otros árboles y arbustos. La primera y mejor propiedad que en este térm. existe es el cortijo de San Isidro: se empezó á formar por el año 1766, cercándolo, parte con tapia y parte con verjas; se plantaron en diferentes épocas 128,000 vides y 25,000 olivos repartidos en cuarteles ó viñas, cada una de su clase; en 1770 se fabricó una gran casa con cuarto para los reyes, habitacion para el director y otros dependientes, cuadras, pajares, talleres y almacenes, con un oratorio que se bendijo en 1771: separado se construyó el año 1782 un lagar en alto, solado de piedra, con dos máquinas de prensar y husillos, siendo admirable la bodega que se le destinó de mas de 300 varas de long. con crecido número de cubas y tinajas, toda de bóveda y de rosca de ladrillo con dos puertas para entrar y salir los carros: de la bodega se baja á la cueva, que son dos ramales de bóveda de ladrillo, el uno para los vinos, el otro para almacen de aceite; á este cortijo se agregó en 1777 otro que era de varios vecinos de Colmenar, y lo vendieron al Rey: no siendo ya bastante el oratorio que habia en la casa, se mandó fabricar una ermita entre la casa y la bodega, de una nave sólida, con su cúpula y frontispicio de orden dórico, titulada de San Isidro Labrador, patron de Madrid, celebrándose el dia del santo en este sitio una romeria concurridísima por lo delicioso del Cortijo, particularmente la llamada calle del Gobernador, que cruza toda la posesion desde el O. al E., adornada de 4 líneas de robles tan espesos, y sus ramas tan entretegidas, que no dejan penetrar el sol. Luego que se deja á la espalda la casa y ermita de San Isidro, caminando al E. se encuentra otra calle de robles y algunos olivos, adornada de rosales de todas clases, romeros y almendros, hasta una casa arruinada llamada el Cortijo Viejo: frente á estas ruinas hay una calle de espino de flor, que conduce á la puerta del Gobernador y sale al Embocador, que es otra calle de árboles que se dirige á un puente sobre el Tajo, que no se transita por amenazar ruina: dirigiéndose mas á la izq. se encuentra la casa de la Monta, construida en 1761 para la cria del ganado caballar y mular: su interior es espacioso y alegre; sus cuadras anchas, todas á bóveda de rosca de ladrillo, piso con arenas, y pesebres de piedra; en varias de estas cuadras hay tribunas para que los reyes puedan ver sin esposicion de andar entre el ganado: esta casa tiene ademas una magnífica sala rústica para descanso de S. M.; habitaciones para los empleados, y muy cerca de ella está el oratorio: al frente de la puerta se ven los espesos bosques llamados de *Sotomayor*: dejando estos bosques y tomando la falda de los cerros que estan á espaldas de la casa referida en direccion al O., se encuentra otro edificio de ladrillo que se fabricó el año 1834, para dar riego á la posesion contigua llamada *huerta del Secano ó Valenciana*: consiste en una sólida muralla sobre arcos, y sobre estos un canal conductor del agua que habia de elevarse á 50 pies por medio de una rueda de igual altura; hecha esta obra se rompió el ege á los dos meses, y despues se destruyó la rueda, permaneciendo la muralla y quedando sin riego una de las mejores posesiones del Sitio: esta huerta, sit. casi al remate de la deh. de Alpagés, estaba puesta de viña el año 1625; en 1681 se mandó romper un pedazo de 100 fan., que se sembrase de verde para los caballos, y últimamente se mandó entregar para la fáb. de la igl. de Alpagés: en 1755 se cercó de manposteria, y en 1763 se perfeccionó rebajando la pared de Occidente para que no impidiese la vista desde fuera, supliéndose con un foso á lo largo; se pusieron dos puertas de hierro para su comunicacion á las calles de árboles del Príncipe ó Infantas; se la aumentó otro pedazo grande de tierra á la parte del E. llamado el Caramillar, y todo compone 241 fan. de tierra útil, sin las calles: en 1773 se ordenó establecer en ella una labor al estilo de Valencia, para la cual vino un labrador de aquel pais, llamado Joaquin Cotanda, hombre honrado é inteligente que arregló el terreno, estableció crías de seda con la gran porcion de moreras que se pusieron, se aumentó el plantio de vides con 10,500 cepas, entre ellas de todas las calidades que hay en Málaga, y para la fabricacion del vino se encargó á un malagueño que la cuidase; esta huerta producia en arrendamiento 36,500 rs.: dentro de ella y en la calle del Príncipe hizo el Sr. D. Cárlos III una bateria con dos cañones de á 24 y 2 de á 12, para tirar al blanco: á su inmediacion se advierten todavia las ruinas de 2 pequeñas, pero sólidas casas que servian de cuarteles á la brigada de artilleria destinada á custodiar las piezas: en 1836 desaparecieron bajo pretestos frívolos las moreras que habia: á esta posesion sale una mina que se principió en el reinado de Cárlos IV con el objeto tambien de proporcionarla riego desde el arroyo que hoy desagua en el pantano llamado Mar de Ontígola (de que se hablará); tiene 4,000 varas de estension, y fué obra larga y costosa, pero quedó sin llenar su objeto. De mas frondosidad y valor es la posesion llamada Huertas Grandes: habia en la puebla de la Horcajada y Millar de Pico-Tajo, cuando se incorporó á Aranjuez, una labor de 7 plazas entre calles de chopos y moreras que hizo su anterior dueño D. Gonzalo Chacon: el Sr. D. Felipe II mandó formar otras 11 con palenques y calles de olmos negros, nogueras, fresnos, castaños, moreras y otros: en 1756 se arreglaron de nuevo, plantándose en lo interior de los cuadros cantidad de árboles frutales de todas clases; un grande esparragal, muchos planteles de fresa, y criaderos, que han producido muchos millares de árboles para replantar, formándose una posesion rica y deliciosa, que abraza 300 fan. de tierra, y estando arrendada ha producido algunos años hasta 186,602 rs. Ademas de estos criaderos, se mandaron cuidar en 1767, los inmediatos sotos de las Tejeras, Soto-gordo y altos de Mira el Rey, poblados de inmensos matorrales, de los que se han sacado infinitos árboles para los paseos de Madrid, Toledo, el Pardo y cuantos otros lugares los han necesitado: en 1778 se mandó formar en la labor de los Deleites un jardin, que se llamó el Vergel; por serlo verdaderamente, con las mejores frutas, hortaliza, flores y emparrados agradables: á la falda de los altos de Mira el Rey está el llamado Vadillo de los Pastores, y tomando la hermosa calle de árboles de los Confesores, se encuentra la casa llamada de la Potrera, dedicada al cuidado de los potros de la yeguada real, con buenas habitaciones para los dependientes y cuadras para el ganado: saliendo de esta posesion en direccion al O., se va á las Doce Calles, que es un círculo perfecto de fáb. de ladrillo de 1 vara de altura, sobre el cual se elevan de trecho en trecho unas pilastras tambien de ladrillo, que rematan en piñas de piedra de Colmenar, y cuyos intermedios estan cerrados por verjas de madera pintada de verde; en este círculo hay 12 puertas, y cada una conduce á 1 calle de árboles en diferentes direcciones; cerca de este sitio están las ruinas de la ant. casa de Vacas que era suntuosa, y se derribó en tiempo de los franceses: tomando la calle de los Tilos (1 de las 12) se encuentran despues los sotos del Rebollo, todo de labor y hortaliza, el de la Cenizosa muy fértil y de buenos pastos, y la casa de los Marinos así llamada, por ser uno de los departamentos de marina, confiado á la guardia y direccion de los individuos de la armada: es una buena casa sit. á la orilla del Tajo con espaciosas habitaciones para los dependientes; en ella hay varias lanchas, faluas y barcos, para embarcarse los reyes cuando estan en Aranjuez: el embarcadero está sobre el Tajo dentro ya del jardin del Príncipe, y sobre su muralla habia en tiempo de los reyes Carlos III y IV algunas piezas de artilleria. Trasladándonos á la parte S. del térm., encontramos lo primero la ancha pradera llamada del Riajal ó Regajal, en cuyo punto celebra el pueblo de Aranjuez las fiestas de Carnaval: en él hay unas pequeñas casas y chozas de pastores; algunos hornos ó fáb. ant. de yeso; y se vende en la primavera leche tan esquisita que es entonces uno de los puntos mas animados. Desde las casas del *Riajal* se sube al cerro del telégrafo, cubierto de almendros, pinos, olivos, retama de flor y otros arbustos, y en su cumbre está el edificio del telégrafo que se puso por primera vez en 1799: ha tenido varias alteraciones, y hoy no existe; la vista que tiene la ribera de Aranjuez desde este cerro es admirable: domina la pobl.; se descubren todos los edificios por pequeños que sean; alcanza hasta el pueblo de Añover de Tajo (3 leg.), toda su vega y colinas, la cuesta de la Reina, puente largo y carrera de Andalucía, con otra infinidad de objetos que recrean el ánimo y entretienen la imaginacion; con este cerro forman parejas los del Parnaso, que pueden decirse todos uno por su frondosidad: á su falda está el pozo de la nieve, que es una casa de fáb. de almendrilla y ladrillo, con dos grandes pozos para la conservacion de hielo, y á su inmediacion las balsas para recoger el agua que se congela, y poco mas lejos una piedra cuadrada que los naturales llaman del *Judío*, y es un sepulcro en que yacen los restos de un embajador prusiano cerca de nuestra córte, que murió en 26 de mayo de 1805, segun la inscripcion de su epitafio. Bajando del telégrafo por un camino construido á caracol se encuentra poco despues la casa llamada de los Huevos, á su der. lo que se llama el Montecillo, tierra árida con algunos valles húmedos, que se unen por el O. con el monte del Infante, en cuyo centro está la casa del guarda y muy cerca las salinas llamadas de la Cabina, que dan buena y abundante sal, y se hallan obstruidas de órden superior: saliendo del monte y tomando la direccion del N. se encuentra la *Casa Flamenca*, sit. en la deh. de Otos, por donde pasa el camino de Toledo: se construyó en 1775 para comodidad de la labor allí establecida al estilo de Flandes: á este fin se cercaron 200 fan. de tierra, que se dividieron en campos por lineas y calles de álamos negros y moreras, para sembrarlos de yerba y formar praderas artificiales: en la casa se hizo un patio cuadrado con pilares de piedra destinado á fiestas de novillos, con otras obras que quedaron sin concluir: en este terreno se hizo una plantacion de 22,100 sarmientos de uva moscatel y comun del pais; 6,800 olivos y 5,500 membrillos, sin el gran número de moreras que hermosean la posesion en todas direcciones: despues ha sido necesario entresacar las cepas y olivos. La feracidad del suelo en todo cuanto este térm. abraza, ha hecho emprender por todas partes el sin número de plantaciones de que llevamos, hecha mencion y de que aun nos ocupariamos muy estensamente, si no temiéramos cansar á nuestros lectores con descripciones tan repetidas, que si bien hacen admirar los grandes prodigios de la naturaleza y el arte en el inmenso número de bosques y edificios esparcidos por todos lados, fatigan tambien la imaginacion absorta entre tantos objetos bellísimos unos, sorprendentes los otros, y todos dignos de las personas á que se deben; sin embargo, no podemos aun concluir estas noticias sin hacer mencion de otras casas y posesiones que poco ceden á las anteriores: entre ellas merece un lugar preferente la casa de Villamejor, dedicada á la cria mular y caballar; es de una obra sólida, de piedra almendrilla y fajas de ladrillo, con espaciosas cuadras, grandes pajares y habitaciones para los dependientes, guardas de los bosques y un capellan: hay un oratorio público, una posada y varias dependencias propias de una casa de campo: la sala llamada pabellon, pieza destinada al descanso de las Reales personas, es elegante: esta casa ha sido destruida dos veces; una por los franceses, y se reedificó en 1826, y la otra por los carlistas que la incendiaron en 1837: la casa de las Infantas está sobre una colina que domina la ribera del Tajo; hay local para cuadras y habitaciones de los criados y guardas: la casa del Castillejo, las de Aceca y Alhóndiga; los bosques de Matalonguilla, Alamos de San Raimundo, donde se ven las ruinas de una ermita de este Santo, las Cabezadas y el Butron; las deh. de Barcilés, Mazarabuzaque, y otros muchos terrenos, todos cubiertos de una vegetacion asombrosa y cruzados de rios, azúas y canales de riego, de los que vamos á ocuparnos muy en breve, contribuyen á formar un conjunto delicioso, que llama muy particularmente la atencion de los nacionales y estrangeros, y que mas de una vez ha sido objeto de los cantos de nuestros mas distinguidos poetas.

Rios y canales. El Tajo, r. principal de España, llega al térm. de Aranjuez, por la espaciosa vega del Colmenar al E., dejando aqui su rápido curso para entrar con mansedumbre en el térm. y precipitarse despues en los jardines por la gran cascada de que hemos hablado; sus aguas forman la principal parte de las delicias y particularidades que se notan en esta dilatada vega, sangrándose en repetidos cauces y acequias para el riego de aquellas inmensas posesiones. El Sr. D. Cárlos I, luego que hizo la incorporacion de la deh. de Sotomayor, mandó construir una presa y sacar el caz que tiene el mismo nombre; es de tanta utilidad que con sus agu s se riegan los bosques de Sotomayor, sus praderas, calles y matorrales; la calle de la Reina y demas contiguas; los jardines del Principe y Primavera; el de la Isla; el de la Reina y huertas inmediatas, y el de Isabel II: entra y cruza por medio de la pobl. bajo una magnífica bóveda que atraviesa las calles del Capitan, San Antonio, Stuart, Gobernador y carrera de Andalucia; sale detras del parador llamado de la Costurera, regando despues la labor del campo Flamenco, praderas de la vega de Otos, y todas las tierras, huertas y espesuras desde la falda de los cerros del telégrafo hasta la casa del Castillejo, y remata en el mismo r.: por la márg. opuesta se hizo otro caz, que llaman del *Embocador*, mas arriba de la deh. de Gulpijares, y se dirige por el cortijo de San Isidro, praderas de las yeguas y de las vacas, á la azua que se construyó para regar la huerta Valenciana; pasa despues á los depósitos de la Tejera y Tejerilla, y entra en las grandes huertas de *Pico-Tajo*, derramándose en cacéras maestras y particulares para regarlas todas, hasta la confluencia de este r. con el Jarama: muchos pasos se han construido en diferentes épocas sobre el Tajo, en lo que este térm. comprende: en Aceca hubo desde muy ant. unas barcas que despues se han sustituido con un buen puente (V. Aceca): en Alhóndiga se estableció otro paso de barcas y luego un puente de hitos de madera, que habiendo sido destruido por las aguas y recompuesto varias veces, se abandonó por último, y en virtud de varias contiendas con la v. de Boróx, se trasladó el paso á la barca de Requena: al frente del jardin de la isla, en el punto que llaman la Estrella, habia otro paso, donde se construyó al formarse el Sitio, un puente de madera que llamaron el puente de Tajo, y servia de entrada principal por la parte de Madrid; le dirigió Juan de Castro, maestro de las obras del Sitio, y por su muerte en 16 de diciembre de 1571 le sucedieron sus hijos Juan y Gabriel: en 1748 se reedificó por D. Leonardo de Vargas, maestro hidráulico, y se hicieron las portadas de canteria por dibujo y direccion de D. Ventura Rodriguez, que despues fue maestro mayor de Madrid: arruinado por una creciente, se mandó deshacer en 1788 lo que habian perdonado las aguas, quedando la portada sin uso. En 1728 se ordenó construir mas abajo y frente á las huertas grandes otro puente de hitos de madera, que en el dia se llama puente *Verde*, y entre el jardin del Parterre y la calle de la Reina se fabricó en 1656, otro puente de 25 pies de ancho con 4 barcas y antepechos de madera torneada, dirigiéndose por él la carretera de Madrid: tuvo este puente varias alteraciones hasta que en 1833 se hizo colgante de hierro con grandes y vistosos machones de piedra de Colmenar, y consta de un tramo de 110 pies de estension: al fin de la calle de la Reina hubo otro paso donde se hizo un puente de madera que llamaban de Alpagés, se renovó los años 1613, 1628 y otras varias veces, nombrándose despues de la Reina, por la calle de árboles á cuyo estremo se halla: el Sr. D. Cárlos III en 1774 mandó se hiciese de canteria para asegurar algun paso en el Tajo: formó el plan el arquitecto D. Manuel Serrano, y dió principio la obra, que se suspendió despues; consta en el dia de 5 ojos de bastante estension formados por 4 machones, y 2 bien construidos arranques de ladrillo con fajas de piedra de Colmenar que sostienen el pavimento de madera; fue incendiado por los franceses y recompuesto despues: por último al final de la calle del Embocador, hay otro puente de hitos de madera, para la comodidad de pasar SS. MM. á la diversion de la caza en la deh. de Sotómayor. El r. Jarama es el segundo que baña este térm., entrando por el N., y uniéndose al Tajo muy cerca de la pobl., formando un delicioso sitio: para su travesia habia un puente de madera al fin de la calle de las Moreras, que viene á las Doce Calles; desbaratado por una creciente, se subió sobre el vado de las Tejeras, en la deh. de Sotogordo; tampoco aqui pudo sostenerse, y se construyó de nuevo el año 1637 en el soto del Jembleque que se tomó á la v. de Seseña; en 1739 se arruinó tambien por una crecida, y entonces se hizo de barcas: en 1747 se llevó estas el r. y fue necesario hacer otras con precipitacion para habilitar el paso: el Sr. D. Cárlos III, á quien tantas veces hemos citado, y que para gloria de la nacion determinó en 1760 construir las carreteras generales, que desde la córte conducen á las provincias, al poner en planta la de Andalucia encargó al arquitecto que la dirigia, D. Marcos de Bierna, la construccion del puente sobre este r. donde estaba el anterior proximamente, y le llevó á cabo con solidez y hermosura, fabricándose el que hoy se llama puente *Largo*, todo de piedra blanca de Colmenar, de buena forma, con entradas espaciosas á uno y otro estremo; y en los lados banquetas ó aceras de un pie de alto, para que la gente transite sin poder ser atropellada por los carruages y caballerias: consta de 25 arcos iguales de 90 pies de diámetro sobre machones de 12 de espesor: su long. es de 1,080 pies, 29 de ancho y 42 de altura: á los remates de los pretiles hay 2 leones con unas targetas en las garras, que dicen:

A la parte de Aranjuez:

REGE CAROLO III
FEL. P. P. MARCUS DE BIERNA PONTEM
FECIT MDCCLXI.

A la de Madrid:

EN EL FELIZ REINADO DE CARLOS III
HIZO ESTE PUENTE MARCOS DE BIERNA,
AÑO DE 1761.

En el mismo hay establecido portazgo que produce al Sitio una renta muy considerable, con la carga de 30,000 rs. de asignacion para los reparos de caminos. El r. Jarama no da riego á ningun terreno de Aranjuez: no sucede lo mismo con el pantano llamado *Mar de Ontígola*: D. Gonzálo Chacon, á quien ya hemos citado en este art., mandó hacer un caz largo por medio del prado de Ontígola, que recogiese todas las aguas sobrantes de aquellos manantiales, y con ellas regó el prado de Aranjuez, llamándose por esta razon del Regajal ó del riego, de que ya hemos hablado: en este mismo prado habia una balsa ó laguna donde se detenian estas aguas y las llovedizas que venian de los cerros de uno y otro lado del valle Mayor y desde Ocaña: asi estaba todo, cuando el Sr. D. Felipe II empezó á dar forma al Sitio; y siendo indispensable recoger mas aguas, para dar riego á los grandes plantios que se hicieron, y á las huertas y jardines, mandó á su arquitecto mayor Juan Bautista de Toledo, diese forma de contenerlas para juntar mayor caudal: este dispuso el año 1561 hacer un malecon de tierra á la parte de Oriente, y arreglar el terreno ó suelo de la laguna, la cual por su grande estension fue llamada Mar de Ontigola: habiendo flaqueado aquel dique se hizo una pared de mamposteria y canteria, que es la que hoy tiene, por traza y direccion de Juan de Herrera, cuyo asiento ó contrata se celebró en 7 de diciembre de 1568: esta muralla arranca de la falda de un cerro ó colina, y atravesando todo el valle intermedio, fija la otra estremidad en otra colina, presentando un frente de 400 varas de long.; la muralla tiene 10 varas de espesor, en términos que andan carruages por cima de ella; para que los légamos que conduce el agua no ocupasen y llegasen á cegar la caja, se dispuso que las aguas hiciesen descanso en otro charco pequeño mas arriba, y que desde él bajasen mansas á la laguna principal, dejando asolados los légamos y aguas que traian: importó toda la obra del Mar 3.037,984 mrs.: para reconocer los manantiales y darles aumento, hizo venir el Sr. D. Felipe II á un hidráulico, que decian Zahori, y se llamaba Baltasar de San Juan, dándole 15,000 mrs. y 70 fan. de trigo de salario: este hizo aclarar los ant., y descubrió uno nuevo en una peña, que se rompió para dar salida al agua en el mismo prado de Ontigola; y este fue el caudal y dotacion mas propia y fija del Mar; en el año 1625 se hizo en este Mar una isleta, y en ella un pabellon ó cenador ceñido de barandillas de hierro, para divertirse los reyes desde él, en las fiestas que alli se celebraban; que consistian principalmente en corridas de toros nadando, que se capeaban desde unos barcos, ó en cacerias de jabalies y otros animales, llamándolos hácia el cenador, para que los matase el Rey de un arcabuzazo: á pesar de todas las precauciones, este depósito de aguas se ha visto lleno de cieno muchas veces, y en 1841 se hallaba obstruido totalmente, en términos que era insignificante su caudal de aguas: el Real patrimonio administrado y dirigido entonces por los señores D. Agustin Argüelles y D. Martin de los Heros, pensó en limpiarle, para lo cual pidió á la Direccion general de Presidios 1,000 hombres, que llegaron á Aranjuez á principios del mismo año, y habiendo trabajado hasta diciembre, se consiguió muy poco, á pesar del mucho cieno estraido, y el presidio se retiró: en 1842 se sacó á subasta la limpia, y se terminó completamente, quedando este depósito con todo su inmenso caudal, que proporciona una considerable riqueza al Patrimonio: con sus aguas se riegan las calles de árboles del Principe ó Infantas, las de los Deleites, el Vergél, la huerta del conv. de San Pascual, la Valenciana, la calle de la Florida, la del Blanco, la Carrera de Andalucia, las principales calles de la pobl. de Aranjuez para matar el polvo y el calor, el jardin de la casa de Medinaceli, una porcion grande de tierras sit. á la falda de los cerros del Parnaso, del Telégrafo y las del Matadero: ademas de este importante uso se destinan las aguas de este inagotable pantano para las fuentes, surtidores y juegos hidráulicos de los jardines de la isla: para distribucion de las aguas á estas fuentes y juegos, se hizo en el año 1735 un estanque pequeño por bajo del Mar, en el que estan las llaves de cargo y descargo. En el prado de la Cabina, junto á las salinas del mismo nombre, de que ya hemos hecho mencion, se fabricó en 1790 otro estanque grande para recoger las aguas del pequeño arroyo que por él corre, para regar algunas tierras, y á imitacion del grande de Ontígola, se llamó tambien *Mar de la Cabina*; pero una avenida lo destruyó en mayo de 1801, y solo existen sus ruinas.

Calidad del terreno. Despues de lo que acabamos de manifestar en cuanto á la frondosidad, variedad de plantas y producciones de Aranjuez, poco debemos añadir para dar á conocer la calidad de un terreno en el que de nada se carece, nada se desea: ya hemos visto que se crian en el térm. las plantas mas exóticas, los árboles y las frutas mas desconocidas: ahora diremos tan solo, que las vegas y las faldas de las colinas son de primera calidad para los cereales, y que regadas en su mayor parte aumentan sus prod. de una manera considerable: el Real Patrimonio sin embargo, parece que desconociendo sus intereses, ó no entendiendo los empleados enviados alli cuanto deberian hacer en aquella rica comarca, se descuidan los verdaderos ingresos por rutinas antiguas y mal calculadas: el pueblo de Aranjuez por su posicion debe ser esencialmente agricultor, pues ninguno en la Peninsula cuenta con elementos mas á propósito: su laboriosidad en este ramo le haria tambien ser un pueblo industrioso, mercantil y rico por consiguiente: mas el Patrimonio, que mantiene acotada ó para pastos una gran parte de sus pingües tierras de labor, obstruye indubitablemente aquellas fuentes de riqueza, en perjuicio de la pobl. y del Estado en general: como prueba de estas pequeñas indicaciones no debemos omitir que jamás queda por arrendar ni una fan. de tierra de labor, aun á los precios mas escesivos, pues algunas se rematan en 500 rs. anuales, y ninguna baja de 200.

Caminos. Cruza por el centro de la pobl. entrando por el puente colgante y plaza de San Antonio la carretera general de Andalucía y Valencia, que en este punto es una misma, adornada con árboles á los lados y en estado regular: el camino de Toledo, tambien con árboles; los muchos que conducen á las posesiones de recreo, y los locales de los pueblos inmediatos: todos son llanos, cómodos y en buen estado.

Camino de hierro. Pero lo que mas ha de llamar la atencion, lo que va á elevar la importancia y la fortuna de Aranjuez á un alto grado de prosperidad, es la construccion del ferro-carril, que una empresa compuesta de españoles é ingleses ha concebido, y se propone ejecutar en los términos siguientes: el camino de hierro, cuya construccion va á emprenderse inmediatamente, principiará en Aranjuez á la der. del Tajo, cerca del puente colgado y enfrente del molino, donde se establecerá la estacion con todas las comodidades apetecibles. Seguirá el trazado por la inmediacion de la plazoleta denominada de las *Doce Calles*, que quedará á la der. y cruzará el Jarama á unos 3/4 leg. mas abajo del *Puente-Largo*, dirigiéndose en seguida por la cuenca de dicho r. hasta la confrontacion de Ciempozuelos, desde donde, y volviendo sucesivamente hácia la izq., seguirá hácia Valdemoro, que quedará á corta dist. á dicho lado, y pasando despues por Pinto y por la inmediacion de Getafe y Villaverde, irá á cruzar el Manzanares y el Canal, para subir gradualmente hasta las huertas de la puerta de Atocha, en las cuales se establecerá la estacion. Son muchas las obras de fáb. que deben construirse, y entre ellas algunas de importancia, tales como el viaducto sobre el arroyo de Abroñigal y los puentes sobre el Manzanares y el Jarama. Los desmontes y terraplenes son tambien en algunos puntos de gran consideracion, porque el terreno, si bien no ofrece grandes dificultades, presenta una multitud de accidentes que hacen necesarios considerables movimientos de tierra para obtener las pendientes convenientes. Calcúlase sin embargo que el camino podrá estar concluido en el espacio de dos años, empezándose las obras simultáneamente en varios puntos, para lo cual se están preparando todos los elementos necesarios.

La long. del camino será de 8, leg. 7: la pendiente máxima no llegará á 0,009, y el trayecto, que al principio se hará en cinco cuartos de hora á hora y media, llegará con el tiempo á verificarse en una hora.

Este camino producirá inmensas ventajas á Aranjuez, que llegará á ser á la vez un gran depósito comercial y el lugar de solaz y recreo de los hab. de Madrid. Ademas del movimiento ya considerable que en el dia existe entre estos dos puntos, la facilidad, baratura y comodidad de la rápida comunicacion que va á establecerse, serán un aliciente poderoso para crear nuevos hábitos, dar ensanche á necesidades, que en el dia es costoso é incómodo satisfacer; originando así una animacion estraordinaria en toda la zona á que alcance la influencia del camino, cuyos resultados es imposible prever de antemano con acierto, pero que de seguro han de ser de mayor importancia que los que se observan en paises mas adelantados, donde antes de existir los caminos de hierro habia ya medios abundantes, cómodos y baratos de comunicaciou por tierra y por agua.

El camino de hierro de Aranjuez puede considerarse como el tronco principal de las líneas del mismo género que en lo sucesivo se dirijan hácia Alicante y Valencia, Andalucía y Estremadura; las cuales vendrán necesariamente á empalmar en él, para ahorrar gastos y evitar los funestos efectos de la concurrencia, aun dado que esta fuese posible mediando la concesion que ha sido otorgada á la compañía del camino de Aranjuez. De esperar es que construido éste con la rapidez y esmero que se anuncian, se rectifiquen ciertas ideas poco exactas que aun existen por desgracia, y que apreciándose debidamente los hechos ya sancionados por la propia esperiencia, tomen rápido vuelo las nacientes empresas que ahora tienen que luchar contra prevenciones, dudas y temores, disculpables si se quiere en un asunto tan nuevo para nosotros; pero de muy nocivo efecto en los primeros momentos, y cuando cabalmente deben hacerse mayores esfuerzos para vencer las dificultades de todas clases que se presentan (*). El fondo destinado á esta útil empresa asciende á unos 44 millones de rs.; y sus acciones obtienen en el dia en la bolsa (febrero de 1846) el valor de 103 á 105 p. %.

Correos y Diligencias. Hay en Aranjuez adm. de correos, y entran de paso por la carrera general de Andalucía los que van de la córte todos los dias entre 6 y 7 de la mañana, y salen inmediatamente; los de Andalucía entran tambien diariamente entre 4 y 5 de la tarde, y salen para la córte sin detencion. Las diferentes empresas de diligencias establecidas en Madrid tienen organizados sus tránsitos en la forma siguiente:

Empresa de las Diligencias Generales de España.

Servicio directo á Aranjuez. Sale esta diligencia de Madrid los dias pares á las 8 de la mañana, y llega al Sitio á las 12 de la misma. Regresa á la córte los dias impares, saliendo de Aranjuez á la 1 del dia, y llegando á Madrid á las 5 de la tarde.

Carrera de Valencia. Los coches que viajan por esta carrera entran en Aranjuez los mártes y sábados á las 3 1/2 de la tarde, y salen sin detenerse mas que á mudar de tiro.

Carrera de Sevilla. Entran los dias 1, 5, 7, 11, 13, 17, 19, 22 y 25 á las 4 de la tarde y salen como en la anterior.

Carrera de Granada. Entran los dias 3, 9, 15, 21 y 27 á las 4 de la tarde, y salen como en la anterior.

Empresa de las Postas-peninsulares.

Servicio directo. Hay diligencia diaria que llega á Aranjuez á las 2 de la tarde: la que viene de aquel punto sale del mismo á las 12 del dia.

Carrera de Valencia. Los coches que hacen el servicio de esta carrera pasan por Aranjuez en direccion á aquella cap. cada dos dias de 11 á 12 de la mañana, y de vuelta á la córte en los dias siguientes á los de ida, entre 9 y 10 tambien de la mañana.

Carrera de Andalucía. Pasan por Aranjuez todos los dias á las 6 de la tarde en direccion á aquellas prov., y lo hacen para la córte á la 1 1/2 de la madrugada: en todos estos pasos se mudan los tiros.

Producciones. Trigo, cebada, garbanzos, judias, todo género de legumbres y hortalizas; infinitas y delicadas frutas, entre las que se distingue la fresa por su abundancia y esquisito gusto, aceite y vino; se mantiene algun ganado lanar, cabras, vacas y búfalos para las lecherias; mulas y bueyes para la labor; caballos y yeguas de silla y tiro de escelente estampa; toros bravos, camellos, faisanes, patos y otras aves; mucha caza mayor y menor, y abundante pesca de truchas, barbos, anguilas y otros peces en los r. Tajo y Jarama.

Industria. Se ejercitan todos los oficios necesarios para el uso y bienestar comun de los moradores: hay ademas como ramos especiales la gran fáb. de cristales huecos y planos en que trabajan españoles y franceses; otra de curtidos, otra de jabon y barrilla artificial; muchas de chocolate, y la operacion del corte y aserrado de maderas, que sostiene grandes almacenes para los edificios y trabajos de todas clases.

Comercio. Cuando Aranjuez era solo un sitio de recreo de los Reyes, ni habia comercio, ni vida, ni animacion, fuera de las temporadas en que la córte residiásen aquel punto; ni tampoco puede llamarse comercio la presencia de algunos vendedores que atraidos por la concurrencia de personas estrañas, querian aprovechar una ocasion que se ofrecia pocas veces al año. La distinta forma que se dió al Sitio, convirtiéndolo en una pobl. alegre y saludable, cambió tambien el aspecto de su movimiento mercantil, estableciéndose en aquel punto varios capitalistas, que empezaron desde luego á desplegar sus conocimientos comerciales, y en el dia puede decirse

(*) Aprovecho gustoso esta ocasion para manifestar mi reconocimiento á los Sres. de la Empresa del camino de hierro de Aranjuez, que me han facilitado las precedentes noticias.

que Aranjuez es un depósito ó almacen con ventajas reconocidas sobre los demas puntos del interior, y sin necesidad de la presencia de las Reales Personas; pues tiene en sí mismo, los elementos necesarios para existir, y aun para prosperar de un modo rápido, si el Patrimonio acabase de levantar las trabas, de que hemos hecho mérito hablando de la agricultura.

POBLACION ORDINARIA OFICIAL: 897 vec., 3,629 alm.: CAP. PROD.: 15.345,930 rs.: IMP.: 680,270: CONTR.: segun el cálculo general de la prov. el 11 por 100.

HISTORIA. De un privilegio que el rey D. Alonso VII concedió al real conv. de monjas de San Clemente, de la c. de Toledo, á 2 de diciembre de 1118, haciendo donacion por él de la v. de *Aceca* y de unas viñas en su térm.; resulta la existencia de la v. de Almuzundica, por nombre *Aranz*, lindante con *Aceca* por uno de los 4 vientos principales. La v. de *Aceca* existió sin duda en la deh. del *Oyuelo*, térm. de la v. de Yepes, habiendo de significarse así en el citado documento, con el nombre *Aranz*, la actual *Aranjuez*, como lo persuaden la identidad de los nombres; y el no existir noticia de otro pueblo mas inmediato al que se pueda aplicar el ant. *Aranz*, que con tan natural degeneracion ha podido dar el de *Aranjuez*, moderno. Ignorándose las infinitas variaciones que han sufrido los térm. y señ. desde la fecha del privilegio, tampoco se presenta como obstáculo para determinar por esta conjetura la identidad de *Aranz* y *Aranjuez*, la corta dist. que vino á mediar entre los lím. de esta y Aceca la Vieja, causada por la interposicion de parte de los desp. de *Pelas* y *Cabeza*, pertenecientes á Yepes, y el térm. de *Otos*, aplicado despues á este Real Sitio. Alvarez de Quindos supone haber existido en aquel tiempo Aranjuez sobre algunos de los cerros que se tienden á su parte S., mas cerca de la situacion que entónces hubo de tener Aceca; habiéndose mudado al sitio que hoy ocupa á consecuencia de las grandes vicisitudes que corrió el pais, particularmente durante el reinado de Doña Urraca, y en la entrada que hizo el emir Taschfyn en el reino de Toledo, el año 1128, 10 despues de la fecha del mencionado privilegio, en cuya ocasion fue destruido el cast. de *Aceca*, y no hubo de correr mejor suerte su vec. Aranz. Cuanto se diga sobre el origen de este nombre, fundado en muy débiles conjeturas, debe recordarnos que las etimologías forzadas son el último recurso de los caprichos históricos. Los anales toledanos y las escrituras del siglo XIII y siguientes, presentan su degeneracion progresiva, leyéndose ya en ellos *Aranzuet*, *Aranzuel*, *Aranzuege*, y últimamente, en el siglo XV, *Aranjuez*. La proximidad de *Aranjuez* á *Aurelia*, y la importancia de esta, hacen suponer que estaria sujeta aquella á sus destinos en las vicisitudes de los tiempos (V. AURELIA). Despues de su difinitiva reconquista se presentó ya la pobl. de Aranjuez, sit. frente á la confluencia de los r. Tajo y Jarama, al O. del actual palacio, y por el privilegio y fuero concedido á *Aurelia*, en 1139, aparece comprendida en los términos señalados á esta ant. c.; aunque no se le nombra sin duda por ser Aranzuel ó Aranjuez en aquel tiempo ald., como lo era en 1244, segun consta del instrumento de apeo y division de térm., hecho con Peralejos en este año, y era innecesario mencionarla incluyéndose en el nombre de su cap., que hubo de ser *Ontigola*, como nombrada despues de la union de los r., pareciendo incluirse todo lo que mediaba de un punto á otro en aquel de que se hace mencion. Asi lo prueba tambien el haber mantenido esta v. y su curato los derechos ecl. en Aranjuez sin noticia de que los haya adquirido despues; y el haber pertenecido Aranjuez á la encomienda de Alpagés, como la v. de Ontigola, cuando la órden de Santiago, habiendo adquirido el dilatadísimo térm. de Aurelia, que era la cap. de toda esta tierra; aunque observándose y manteniéndose la division de pueblos con sus ald. ó barrios, formó las encomiendas de los cast. y fort. de *Aurelia*, de la torre de Ocaña, la de Alpagés, la de Villarubia, la de Viedma, la de Villoria y la de Montealegre. Tenia Aranjuez con su limítrofe por el O. la ald. de Peralejos, del dominio de los herederos de D. Martin Ibañez, notario del rey de Castilla, discordias sobre la division de los térm. y heredades de su respectiva pertenencia, y comprometidas las partes, representando á Aranjuez el maestre D. Pelay Perez Correa, el comendador de Segura y el capítulo de la Orden de Santiago, y por Peralejos los herederos de D. Martin Ibañez, nombraron por jueces árbitros para concordar sus derechos al maestro Nicolás, Arcediano de Cuellar, á Fr. Gonzalo, abad de Baldeiglesia, y á D. Rodrigo Yenegues, fraile de la órden de Santiago, quienes lo verificaron, señalando y poniendo mojones que dividiesen sus térm., segun se lee en un instrumento que al efecto otorgaron en Ocaña, á 2 de marzo de 1244. Pocos años despues concedió el mencionado maestre D. Pelay Perez Correa mancomunidad de pastos á los vec. de Ocaña, en los térm. baldíos de los pueblos Oreja, Alpagés *Aranzuel*, Ontígola, Dos Barrios, Escorchon, Montealegre y Villoria, espresando ser v. y l. *faceros*, esto es limítrofes ó fronteros del térm. de la v. de Ocaña, lo que prueba que *Aranzuel* era pueblo con térm. propio. El año 1515 aun permanecian algunos vec., y tenia forma de pobl., como resulta de la visita que hicieran Iñigo Lopez de Perea y Gonzalo García Montesin, en la que se dice: *Tiene la dicha casa de Aranjuez la madera necesaria para el reparo de las acenas y de las casas de los vec., que ahí estuvieren de los sotos de Alpagés*. En 1734 se acabaron de arruinar unas casas que habia en lo de la Estrella, *rezagos de la ant. pobl.* (Alvarez de Quindos). Pero mientras aquel *Aranjuez* iba así desapareciendo, vino á florecer el *Aranjuez* moderno. Desde que los grandes maestres de la Orden de Santiago fijaron su residencia en la v. de Ocaña (V. OCAÑA), para mejor disfrutar de las delicias que la naturaleza parece ostentar en estas riberas, establecieron aquí un palacio, como se ha visto en otra parte de este art.; habiéndose destinado este terr. para mesa maestral de la órden, con lo que vino á ser el objeto del recreo de los grandes maestres en varias estaciones del año, ofreciéndoles el descanso de las continuas fatigas de la guerra; y concedida la adm. perpétua de esta órden á la corona, paró en la posesion de los reyes, viniendo con ella el engrandecimiento que en otro lugar se deja examinado. Muchos son los acontecimientos dignos de reseñarse que desde entonces han ocurrido con este motivo en Aranjuez. En esta v. nació la infanta Doña Isabel, hija de D. Felipe II, habida en su primer matrimonio, cuyo nacimiento fue tan celebrado como su cumpleaños, ocupando en festines á los poetas y al pueblo. (Gomez de Tapia y Arjote de Molina). No debe confundirse esta infanta con su hermana del mismo nombre, venida en el último consorcio del rey su padre con Doña Ana de Austria. Jugó el nombre Aranjuez en la guerra de sucesion á la corona de España entre las casas de Borbon y de Austria, sobrevenida por muerte del Sr. D. Cárlos II. pues sus hab. sostuvieron los derechos de D. Felipe V. Sufrieron por algunos dias el gobierno del marqués de las Minas, que les estrajo los fondos de sus arcas reales, cuando pasó á apoderarse de la córte de Madrid con las tropas inglesas y portuguesas á principios del año de 1706; pero mejoró su mal estado el marqués de Santa Cruz, ocupando y guarneciendo la v. y sus bosques, con los reclutas y demas gente que pudo reunir de los pueblos manchegos, para impedir las comunicaciones enemigas por los puentes y vados del r., hasta el punto de obligarles á abandonar la córte y retirarse por Alcalá á Aragon, desembarazando las Castillas, sin haber podido hacer su marcha por Aranjuez á Estremadura á juntarse con las fuerzas portuguesas, ni presentar la batalla á que le hostigaban en las llanuras de esta v. las tropas del Sr. D. Felipe V, que al intento vino é indemnizó á los renteros de huertas y sembrados los daños que habian recibido de sus enemigos, cuyo resultado se vió en agosto del mismo año. En la misma v. exhaló su último aliento la reina Doña Maria Bárbara á 27 de agosto de 1758, de edad de 46 años, 8 meses y 23 dias: hallábase allí su esposo el rey D. Fernando VI, quien la amaba de tal manera, que el dolor de su pérdida no le dejó sobrevivir largo tiempo; y murió sin ver el fin del siguiente año de 1759. El cádaver de Doña Bárbara fué conducido de Aranjuez, con la debida pompa, el 28 de agosto para sepultarse en el monast. Real de la Visitacion de Madrid, fundado por la misma señora. Espiró tambien en esta v. el dia 10 de abril de 1771 el tierno infante D. Javier, de edad de 14 años, 1 un mes y 21 dias; estando en ella con su padre el rey D. Cárlos III y su real familia, y se condujo el dia 12 su cadáver al sitio del Buen Retiro, para trasladarle al Panteon del Escorial. Trocáronse en dias mas felices para Aranjuez los de 1775, viendo nacer á la infanta Doña Carlota Joaquina el 25 de abril. Crióse esta niña con robustez, se educó con esmero, y aprovechó de tal modo, que á los 9 años de edad, y en los dias 8, 9, 11 y 14 de junio de 1784, hizo unos actos públicos en Aranjuez, donde por órden de materias, á cada dia de sus actos señaladas, respondió con admiracion de todos los concurrentes. No dejó de consignarse el nombre de Aranjuez en las capitulaciones firmadas para el casamiento de esta infanta con el infante D. Juan de Portugal á 2 de mayo de 1784, y despues de casada por poderes, volvió la corte á esta v., de donde salió dicha señora para unirse á su esposo, como lo habia anhelado y pretendido la corte portuguesa para renovar por este medio su alianza con España y anudar sus relaciones. Los funerales régios volvieron á afligir á esta v. por los años de 1776, en que espiró en ella Doña Isabel Farnesio á 11 de julio, última esposa de D. Felipe V, y madre de Cárlos III; y en 1783 dia 11 de junio, el Sr. Infante D. Cárlos, heredero del trono, á los 3 años de edad, trasladándose ambos cadáveres al Escorial. Nació en esta v. á 18 de junio de 1786 el infante D. Pedro Cárlos Antonio, hijo del infante de España D. Gabriel, y de Doña Maria de Portugal, cuya boda se ajustó cuando se trató la de la princesa del Brasil. En la misma v. á 28 de marzo de 1788 nació don Cárlos María Isidro, y su abuelo D. Cárlos III le puso inmediatamente el collar del insigne Toison de Oro, y la gran cruz de la Concepcion. El infante D. Felipe Maria Francisco nació en la propia v. el 28 de marzo de 1792, y lo mismo sucedió el dia 10 de marzo de 1794 con el Sr. infante don Francisco de Paula Antonio María, distinguido por su robustez y carácter bondadoso, en el cariño de sus padres.

La mañana del 8 de junio de 1790 ocurrió el singular asalto por un estrangero, al conde de Floridablanca, secretario de Estado, y del Despacho, hasta el caso de herirle por la espalda con una almarada dentro del Real Palacio de Aranjuez, junto á la puerta de la escalera que sube al cuarto de la Reina; cuyo agresor fue condenado á muerte. En 21 de abril de 1792 fué dado en Aranjuez el decreto del establecimiento de la Real órden de la Reina Maria Luisa, accediendo asi el Rey á los deseos de su esposa, en consonancia de otras naciones estrangeras donde estaba establecida. En la mañana del 26 de abril de 1802, se celebró capítulo de la órden de Santiago en la Real capilla del palacio de Aranjuez, para poner la cruz á los dos infantes D. Cárlos y D. Francisco de Paula, por determinacion del Rey: en él se armaron caballeros, y tomaron SS. AA. el hábito, siendo padrinos el infante D. Antonio, hermano de S. M., y el Excmo. Sr. Principe de la Paz.

ARANO: (en la antigüedad, segun tradicion, se llamaba ARANOA, cuya palabra vascuence trasladada al castellano quiere decir *allá voy*): v. con ayunt. de la prov. aud. terr., y c. g. de Navarra, merind., part. jud. y dióc. de Pamplona (10 leg.) arciprestazgo de Araquil; SIT. en la falda de un monte denominado San Sebastian, cuyo nombre sin duda proviene de 1 ermita, que dedicada á dicho santo hay sobre la cumbre de otro cerro dist. 200 pasos, poco mas ó menos, de las primeras casas de la poblacion. La combaten todos los vientos, goza de cielo alegre y despejada atmósfera, y su CLIMA es bastante frio por la proximidad del Pirineo, si bien las nevadas no suelen ser considerables ni duraderas, porque las disipan los aires del mar que está á dos leg. en linea tirada por el aire: las enfermedades mas comunes son las pletóricas, afecciones de estómago, de vientre y dolores reumáticos, conociéndose apenas las tisis y calenturas tercianarias. El casco de la v. se halla dividido en dos barrios conocidos con los nombres de *Arriba* y de *Abajo*, separados entre si por una vega; constan ambos de 49 CASAS de mediana fáb., en el de *Arriba* (una tercera parte mas poblado que el de *Abajo*) se encuentra la casa municipal junto á la plaza ó juego de pelota; y en una de las habitaciones de aquella está la escuela de primeras letras, á la cual asisten de 25 á 30 niños de ambos sexos, cuyo maestro percibe la renta de 1,440 rs. pagados de los fondos comunes, y 34 robos de maiz, que satisfacen los padres de los alumnos. Tiene 1 igl. parr. bajo la advocacion de San Martin, servida por 1 cura párr. y 1 beneficiado; el curato es perpetuo y lo provee el diocesano en concurso general; 1 ermita, ademas de la ya espresada; dedicada á San Roque, construida á 400 pasos S. de la v. en el camino que dirige á Goizueta. Confina el TERM. por N. con el de Renteria (3 leg.), por E. con el de Articuza (2 1/2), por S. con el Goizueta (1), por O. con los de Berástegui y Andoain (3 1/2): hay diseminados en el mismo 37 cas., hallándose 13 de ellos casi reunidos y formando como una pequeña poblacion en el parage llamado *Suro* hácia el SE. de la v. El TERRENO es montuoso y pendiente en lo general, escepto algunas cortas llanuras reducidas á cultivo, menos la de *Iracurri* contigua á la jurisd. de Hernani; su estension casi cuadrada será como de 1 1/2 leg. de uno á otro estremo, de suerte que hallándose la v. en el centro, desde esta á sus cuatro puntos horizontales hay respectivamente 3/4 de leg. Al SO. de la misma se eleva un monte pelado, cuya primer estremidad se llama *Oraun*, y la segunda el *Calvario*, quedando en medio de la cord. 2 puntos que se denominan *Arnabarro* y *Recalco*: aquel como de S. á N. se eleva hasta el sitio ó altura denominada *Culpizar*, y luego á poca dist. de su descenso toma el nombre de San Sebastian, y viene por el E. de la poblacion á terminar en el r. *Urumea*: el *Recalco*, descendiendo en igual direccion, ó sea en linea paralela, y tomando el nombre de *Cuncin*, baja por el lado del O., y termina tambien en dicho r.: entre la multitud de fuentes que brotan en varios puntos del térm. son las mas notables por la esquisita calidad de sus aguas puras y cristalinas la de *Cillegula*, *Onzoroz*, *Burnin*, y *Larreiturri*, siendo esta última la mas inmediata á la v.: los habitantes aprovechan sus aguas para su gasto doméstico con preferencia á las demas. La referida fuente de Onzorroz, y otras 2 que nacen en las estremidades del monte llamado *Macusola*, dan origen al r. *Ostacos*, cuyo nombre toma en el punto donde se reunen todas 3, y á 1/4 de hora de su respectivo nacimiento; cruza como una tercera parte del térm. y bajando entre S. y O. al sitio denominado *Aboña*, adquiere el nombre de *Urumea* por agregársele otro r. cuatro veces mas caudaloso que viene desde Goizueta, separando este térm. del de aquella v.: tiene 3 puentes; uno cerca de su origen y con su mismo nombre, otro llamado *Laisé*, y el tercero *Aboña* cuya fáb. ninguna particularidad ofrece. Las tierras de labor areniscas, arcillosas y de un color amarillento como lo demas del térm. son poco feraces, no obstante á beneficio de la cal, estiércol y mas que todo por el esmerado cultivo de los habitantes suelen producir mucho mas que las de otros paises. Multitud de árboles diseminados en todas direcciones, especialmente robles y castaños á la par que hermosean el term. ofrecen sitios de comodidad y recreo.

Desde el barrio de *Arriba* parten dos CAMINOS: uno que se dirige hácia el S. y á 1/4 de hora de distancia en el punto llamado *Oraun* se divide en dos ramales, uno recto que conduce á Goizueta y otro oblicuo que va á Leiza entre S. y O. alargándose en la misma direccion á distancia de 3/4 de hora contados desde el crucero; se subdivide en el punto llamado *Recalco* en linea recta para el espresado Leiza, y transversalmente hácia el O. para las v. de Berástegui y Tolosa: el segundo camino sale desde la pobl. por el lado del N., y en el sitio llamado *Gurutecaga*, se divide tambien, conduciendo un ramal á Hernani entre N. y O. y el otro á Renteria y Oyarzun por el N. Ademas de estos, y del que conduce de uno á otro barrio en los cuales se dijo hallarse distribuida la v., hay muchos caminos locales que sirven para la comunicacion de unos con otros cas.; todos ellos son ó pueden ser carreteros, y para conservarlos emplean los hab. varios dias en la primavera, durante los cuales reparan los daños causados por las lluvias y avenidas de invierno, sin otro salario que una corta refaccion de pan y vino que se distribuye durante el trabajo, pagada de los fondos municipales. La CORRESPONDENCIA se recibe de Hernani los juéves, lúnes y sábados por medio de un encargado á costa de los antedichos: PROD.: trigo, cebada, mucho maiz, habas, patatas, legumbres, hortaliza, frutos particularmente manzanas, y gran cantidad de castañas; cria ganado vacuno, lanar y cabrio, alguno de cerda y caballar: hay abundante caza de liebres, poca de perdices, algunos corzos y jabalies: la pesca de anguilas y truchas en los mencionados r. es muy considerable; la de salmones no muy abundante, solo existe en ciertas estaciones, pues suben del mar desde principios de abril á fines de mayo, por el mes de agosto y á la entrada del invierno; los que se pescan durante el primero y tercer periodo son grandes, pesando de 12 á 20 libretas cada uno, y los que se cogen en el segundo, es decir por el mes de agosto, tienen generalmente unas 10 libretas de peso; crian en agua dulce y en las estremidades de los remansos ó grandes charcos, siendo muy conocidos los criaderos por hallarse mas limpios que el resto del local. IND.: no se conoce otra que una fáb. de hierro llamada *Arrambide* la cual está al E. de la pobl. confinante con la jurisd. de Renteria y Goizueta; le da impulso el r. que digimos, baja desde este último pueblo; y se halla dividida en dos piezas ó fraguas: la primera que se llama *mayor*, sirve para elaborar el hierro en bruto, y la segunda denominada *menor* ó *martinete* para darle diversas formas y dimensiones: en aquella trabajan de noche y dia 5 personas, en el martinete 6, alternando por mitad, y trabajando 3 por el dia; ocúpanse ademas muchos jornaleros en elaborar y conducir sobre 10,000 cargas de carbon que se gastan anualmente en la espresada fáb. COMERCIO: el que proporcionan los prod. mencionados, los cuales ascienden regularmente á unos 1,000 qq. de hierro en cada año, é importacion de vino, aceite, trigo y habas del interior de la prov. de Vizcaya: POBL. 69 vec.: 396 alm.: CAP. IMP. 111,546 rs. vn.: CONTR. por todos conceptos con 10,993 rs., cubriéndose el PRESUPUESTO MUNICIPAL con los prod. de los propios de la V. que consisten en un molino harinero, una casa llamada *Ascasua* con sus posesiones de tierra de cultivo, y en algunos jaros ó montes comunes.

ARANOLSA: barriada en la prov. de Vizcaya, part. jud. de Bilbao y anteigl. de *Zamudio* (V.): tiene una ermita dedicada á San Antolin; 53 cas. 265 almas.

ARANSA: l. con ayunt. en la prov. de Lérida (24 leg.), part. jud., adm. de rent. y dióc. de Seo de Urgel (4), oficialato de Cerdaña, aud. terr. y c. g. de Cataluña (Barcelona 25): SIT. á la der. del r. *Segre* en la falda meridional del Pirineo donde le combaten libremente todos los vientos, y goza de CLIMA sano, aunque algo propenso á hidropesias, á consecuencia de lo fuertes que son las aguas potables, y del escaso alimento de la mayor parte de los hab. Tiene 43 CASAS de mediana fáb. y una igl. parr. bajo la advocacion de San Martin, de la cual es aneja la del pueblo de Traveseras; se halla servida por un cura párroco y 2 beneficiados de sangre, y el curato de la clase de rectorias y de 2.° ascenso, se provee por S. M. ó por el diocesano, segun los meses en que ocurre la vacante, pero siempre por oposicion en concurso general. Confina el TÉRM. por N. con los de Andorra y Lles (2 1/2 horas), por E. con el de Prullans (3/4), por S. con los de Montellá y Martinet (1/2), y por O. con el de Musa (igual dist.). Le atraviesa el riach. de su nombre (V.), el cual baja por la parte del N. Dentro del espresado térm. y caminando hácia el S. de la pobl. se encuentran las montañas llamadas *Perefita, Coll de Queralt y la Pera*, que forman cord. entre E. y O., en medio de ellas hay 2 lagunas denominadas *de la Pera*, las cuales son famosas en todo el pais por las muchas y esquisitas truchas que crian con otras especies de pesca. El TERRENO, segun lo dicho, es muy escabroso; abraza 7,000 jornales, de los que hay para todo género de labor 1,000, cuyo rendimiento anual se calcula de 5 por 1 de sembradura; lo demas es tierra incapaz de cultivo por su escesiva aspereza, y se halla destinada á pastos, maderas, y combustible: PROD. centeno, cebada, poco trigo, y algunas legumbres: sostiene mucho ganado mular, vacuno, de cerda, lanar y cabrio; y mucha caza mayor y menor: POBL. 43 vec. 192 alm.; aunque los datos oficiales solo le designan 23 vec.: CAP. IMP. 31,749: CONTR. 3,627 rs. El 11 de noviembre celebra este pueblo con la posible solemnidad la fiesta de su patron San Martin.

ARANSA (DE): r. en la prov. de Lérida; el cual tiene origen en los elevados montes de la república de Andorra confinantes con el pueblo de Aransa (part. jud. de Seo de Urgel); á corta dist. de su nacimiento se le incorpora un riach. que baja de la montaña de Bescarán, y durante su curso, que es de 2 leg. por entre barrancos, riega algunos terrenos en el térm. de dicho pueblo, y en los de Musa, Lles y Martinet, confluyendo á 1/8 de hora mas abajo del último en el r. *Segre*: ordinariamente lleva muela y media de agua, pero cuando se derriten las nieves toma considerable incremento; la calidad de aquella es buena para beber, y cria muchas y escelentes truchas.

ARANSIS: l. con ayunt. en la prov. de Lerida (18 horas), part. jud., adm. de rent. y oficialato de Tremp (3), aud. terr. y c. g. de Cataluña (Barcelona 34), dióc. de Seo de Urgel (16), SIT. en llano, y aunque por el lado del S. se eleva un pequeño cerro, este no impide la libre ventilacion; el CLIMA es frio, pero bastante saludable y las enfermedades mas frecuentes algunos catarros y pulmonias. Tiene 49 CASAS en general de un solo piso, mala fábrica y escasa comodidad, distribuidas en una pequeña plaza, y en varias calles llanas, pero mal empedradas, una igl. parr. dedicada al Apóstol San Pedro, servida por un cura párroco llamado rector, cuyo destino es de primer ascenso, y lo provee S. M. ó el diocesano segun los meses en que vaca, y mediante oposicion en concurso general; y una ermita bajo la advocacion de San Fructuoso, construida en los alrededores del pueblo, la cual ninguna particularidad ofrece. Cerca del mismo se encuentra el cementerio en parage poco á proposito; y no lejos una fuente de esquisitas aguas, las que juntamente con otras que nacen á mayor dist. aprovechan los vec. para surtido de sus casas, y otros usos. Confina el TÉRM. por N. con los Conques y Figuerola, por E. y S. con el de Llimiana, y por O. con este último y con el de Gavet; estendiéndose de N. á S. 1 1/4 de hora, y de E. á O. 1 hora. Dentro del mismo se encuentran dos masias ó casas de campo, llamada la una del marques, y la otra Torre de Feliù. Pasa por esta circunferencia un riach. denominado de *Conques*, cuyas aguas utilizan los hab. para riego de algunos trozos de tierra, y para dar impulso á un molino harinero, que existe á 1 hora N. del pueblo, y es propiedad de la casa de Feliú en Figuerola. El TERRENO aunque forma un pequeño declive hácia el espresado riach. puede decirse que es llano, y de mediana calidad, y rinde comunmente el 4 por 1 de sembradura; carece de bosques, y el poco arbolado que hay se halla en las márg. de las heredades y en lo interior de estas; las tierras ó monte comunal no produce otra cosa que arbustos, matorrales y yerbas de pasto. Por las inmediaciones del pueblo cruza el CAMINO de herradura que dirige de la Conca de Tremp á Artesa de Segre por el atajo llamado *pas nou*, pero es muy poco transitado por hallarse en mal estado: PROD. trigo, centeno, cebada avena, muchas patatas, legumbres, algun vino y aceite, y pocas hortalizas y frutas; sostiene ganado vacuno, lanar y cabrio; y hay caza poco abundante de liebres, conejos y perdices: POBL.: segun los datos oficiales 18 vec. 178 alm.: y con arreglo á noticias particulares 50 vec. y 225 alm.: CAP. IMP. 39,900 rs. El señorio de este pueblo pertenecia al duque de Hijar, quien nombraba alc. y cobraba los diezmos, escepto una pequeña parte que con la primicia correspondia al párroco.

ARANTE (SAN PEDRO DE): felig. en la prov. de Lugo (10 leg.), dióc. de Mondoñedo (3), part. jud. y ayunt. de Ribadeo (2): SIT. á las márg. del riach. *Traga daspías*, y dominada por una cord. que la abriga de los vientos NO. y S.; el CLIMA húmedo y poco sano por la hediondez de las aguas detenidas dentro de la pobl: esta se compone de 141 CASAS de mala construccion distribuidas en los cas. ó l. de Barredal, Bistilleiros, Cei, Cima de Vila, y Fondo de Vila que forman la hondonada de *Arante*, y de los l. del Puente, en la carretera de Lugo á Ribadeo, Villamaríz, á la falda del monte Lajoso y Mondigo, Remourelle (en la cumbre de un monte frio y áspero) distribuido en los cas. de Fornos, Magdalena, Pereiriña, Porto bragan y Rego de Miel. La igl. parr. (San Pedro Apóstol), existia á principios del siglo XII y fueron agregados á ella en 1555 varios l. llamados *Debesos* ó Ermitorios, que se hallaban al cargo espiritual del chantre de Mondoñedo, quien continuó percibiendo la tercia del diezmo: el beneficio curado lo presenta la silla episcopal, previo concurso, y se provee por la corona: el cementerio aunque inmediato á la igl. no perjudica á la salud pública: hay las ermitas de Sta. Maria Magdalena, Sta. Marta y Animas, San José y Ntra. Sra. del Puente, donde existe abandonada una hospederia de peregrinos y caminantes enfermos: se ignora que bienes ó rent. disfrutaba, ademas de la Casa-hospital, que todo posee su actual patrono D. José Maria Pardo, vec. de Vivero, en cuya mano están los documentos de fundacion. Se ignora por tanto sus cargas, pero actualmente son ningunas. El TÉRM. en la estension de unos 3/4 de leg., desde el centro á la circunferencia: confina por N. con las felig. de Reinante y la Debesa; al E. Cubela, Cedeira, y Balboa; al S. las de Vidal y Fornéa, y á O. San Juan de Villamartin y Cabarcos: los montes la Coroa, Cumiñeiro y Porto-bragan, forman la cord. que en su mayor parte circunda el terr., por él corre el riach. *Traga daspias*, el cual dirigiéndose de O. á E. se une al de Porto-bragán en el l. del Puente, y unidos van á mezclar sus aguas con las de *Eo*, despues de recogidos los derrames de varias fuentes de mediana calidad y dado impulso á 10 molinos harineros. El TERRENO es en lo general árido, de secano y poco fértil: se cultivan sobre 340 fan. y se hacen rozas que dan buenas cosechas: hay bosque de argoma y de arbolado, y de una deh. plantada de robles destinada al surtido de la armada nacional, y la amortizacion administra las tierras y montes del l. de Remourelle procedentes del ex-monasterio de Lorenzana. El CAMINO que conduce á Lugo, Mondoñedo y Ribadeo está bastante cuidado, y los locales en total abandono: sobre los indicados riach. hay 4 puentes de piedra de un arco y uno de ellos en la referida carretera, y l. del Puente: la CORRESPONDENCIA se recibe de Ribadeo: PROD. trigo, centeno, maiz, patatas, castañas, algunas legumbres, mijo, lino, manzanas, y peras; los castaños, robles, abedules y sauces proporcionan madera y leña: se cria ganado vacuno, lanar y caballar, y caza de perdices, liebres, lobos y zorros: La IND. se reduce á los 10 molinos, de los que solo 3 tienen agua en el verano, y á varios telares de lienzos caseros que se consumen en el pais y en Castilla. El COMERCIO es escaso, y se hace en la concurrida feria de ganados que se celebra en Puente el 17 de octubre, y otra que se verifica en el mismo punto los segundos domingos de cada mes: POBL. 141 vec. y 710 alm.: su RIQUEZA y CONTR. (V. RIBADEO AYUNT.). Esta felig. perteneció al señ. del duque de Hijar, conde de Ribadeo, escepto el l. de Remourelle que lo era del ex-monasterio de Lorenzana.

ARANTIONES: l. en la prov. de Santander (16 leg.), part. jud. de Reinosa (5), dióc., aud. terr. y c. g. de Búrgos (12), ayunt. de Valderredible: SIT. en una altura donde le combaten todos los vientos con CLIMA propenso á calenturas y erupciones cutáneas. Tiene 16 CASAS; la de ayunt. y una igl. parr. bajo la advocacion de San Vicente Mártir, servida por un cura. Confina el TÉRM. por N. y E. con el de Salcedo, por S. con el de Campo, y por O. con el de Quintana Solmo, todos á 1/2 leg. El TERRENO es de mala calidad y se halla fertilizado en su mayor parte por las aguas de 3 fuentes que brotan en distintos parages. Los CAMINOS son locales y se encuentran en mal estado: PROD. algunos cereales, y cria ganado vacuno y lanar: POBL. 15 vec. 70 alm.: CONTR. con el ayuntamiento.

ARANTON: l. en la prov. de la Coruña, ayunt. de Santa Comba y felig. de San Vicente de *Aranton* (V.).

ARANTON (SAN VICENTE DE): felig. en la prov. de la Coruña (10 leg.), dióc. de Santiago (6), part. jud. de Negreira (3), y ayunt. de Sta. Comba: SIT. en terreno desigual, húmedo, frio y poco sano: comprende las ald. de Antes, Aranton, Arán, Cabreira, Coba, Puente-Aranton, Rieiro y Vilarnobo dos Cobos, que estos con la parr. reunen unas 30 CASAS de mala figura y pocas comodidades: tiene una escuela pagada por los padres de los alumnos. La igl. parr. (San Vicente) es de mediana construccion y el curato de provision ordinaria: el TÉRM. participa de monte y llano, y confina por N. con montes que la dividen de la de Sta. Sabina, por E. y S. con el r. *Jallas*, y por O. con el camino que pasa á Vimianzo y Soneira: tiene varias y abundantes fuentes de agua potable: su TERRENO es tenaz, y la parte roturada serán 600 fan. productivas en razon de 3 por una: los CAMINOS son de pueblo á pueblo y mal cuidados, como lo está el que va á Vimianzo: el CORREO se recibe por Negreira: PROD. trigo, maiz, centeno, patatas y algun lino: cria ganado vacuno, caballar, lanar y de cerda: POBL. 31 vec.: 220 alm.: CONTR. con su ayunt. (V.).

ARANZA: l. en la prov. de Pontevedra, ayunt. de *Sotomayor* en la felig. de *San Salvador* (V.).

ARANZA (SANTIAGO DE): l. y felig. en la prov. y dióc. de Lugo (5 leg.), part. jud. de Becerreá (2), y ayunt. de Neira de Jusá: SIT. en lo mas bajo del valle de Neira, y á 1/2 leg. corta de la carretera del camino real de Madrid á la Coruña: su CLIMA frio y húmedo en el invierno, es templado en las primaveras y delicioso en verano: unas 25 CASAS forman esta pobl., cuya igl. parr. (Santiago) se halla unida como hijuela á la de San Jorge de Vale (3/4 de leg.): el TÉRM. confina por N. con el valle de Neira, interpuesto el r. de este nombre, que le separa de las felig. de San Estéban y de Santiago de Pousada, por E. con el monte de San Gregorio, estribo occidental del alto pico de Penamayor, por el S. con el valle de Pol, por el SO. con el monte de Peñas-altas, perteneciente á la cord. que desde el Cebrero sigue hasta los Pirineos, y por O. con el indicado valle y r., que al separarse de los térm. de Aranza, va encajonado entre dos montañas por una profunda cortadura, abierta para dar salida á estas aguas, las cuales en la estension de cerca de 1/2 leg., y las de su confluente el riach. Pol, que atravesando por medio del pueblo á incorporarse con aquellas en una vega de prados, cubiertos de árboles frutales, forman de Aranza una especie de península vistosa y pintoresca: el TERRENO, aunque en la mayor parte es calizo carbonado, con pasto, participa de otras clases; en el valle es de aluvion, dejándose conocer que un dia fue mansion de las aguas; en la altura que domina al pueblo se encuentra por un lado rocas de que se hace muy buena cal, y por el otro canteras de marga con hermosas ramificaciones, que disueltas por la influencia atmosférica en las aguas del Pol, contribuyen á que este fertilice todo el terreno que baña; en la falda del monte de San Gregorio aparecen diseminados por el suelo grandes trozos de bárita sulfatada, sin que hasta ahora se haya analizado el mineral que la acompaña, si bien aparecen vestigios de escavaciones hechas en la mas remota antigüedad, y en el monte de Peñas-altas en sus vertientes á Aranza; el terreno es puramente primitivo, segun lo demuestran las rocas de cuarzo puro, entrelazado con silice que en parte se halla cristalizado; cultivado en lo general hasta mas de la mitad de la altura de sus montes, puede decirse que la cuarta parte se encuentra reducida á prados de pasto; dos cuartas dedicadas á jardin, huertas y cortiñas, cuyo nombre dan á las heredades que nunca descansan, y que á distincion de las huertas se cultivan con arado y se recolectan toda clase de cereales y viñedo, y finalmente que la cuarta restante se ocupa de heredades de año y vez, y con sotos de castaños; le riegan copiosos raudales que á veces causan daños á las mieses y prados, por sus fuertes avenidas, y siempre se dirigen al r. Pol y al Neira que, como se ha indicado, corre por el térm. Los CAMINOS son locales y muy medianos, sin ser mejor el que enlaza con la carretera de Madrid á Lugo: el CORREO se recibe por esta última c. y estafeta de Ferreiros, si bien algunas veces se dirige á la del *Cerezal*: PROD.: centeno, trigo, cebada, otros granos y semillas; buenas frutas y hortalizas, y mucho vino: cria ganado vacuno, de cerda y algo de lanar; y se encuentra caza mayor y menor: IND.: hay 3 molinos harineros, y es notable la fáb. de papel, construida en la profunda garganta que se abrió el Neira en los confines de esta felig., cuyo r. se cruza por un puente establecido, hace poco, para dar paso á la mencionada fáb.: el COMERCIO está reducido al que se hace con el sobrante de las cosechas, especialmente la de vino: POBL. 20 vec., 200 alm.: CONTR. con su ayunt. (V.).

ARANZAZU: sierra en la prov. de Guipúzcoa, part. jud. de Vergara y térm. de la anteigl. á que da nombre; es muy elevada, y unida á la de San Adrian, forma la cord. que separa á las prov. de Alava y Guipúzcua. En uno de sus fragosos valles, y al pie de la alta peña de *Aloña* se encuentra el santuario de Ntra. Sra. de *Aranzazu*, célebre por la concurrencia de gentes que impulsadas por los sentimientos religiosos, llegan á visitar á está Sta. imágen que, refiere Garibay, apareció en el año de 1469 al pastor Rodrigo de Balzalegui. En el principio era una pequeña capilla, transformada despues en conv., cuya pertenencia se disputaron los frailes dominicos y franciscanos, sin rehusar las vias de hecho, ni el rigor de las armas (segun el mismo Garibay), hasta que los últimos ganaron ejecutoria en los tribunales de justicia. En el año de 1552 sufrió un rigororo incendio, del que solo quedó intacta la igl. y perecieron los documentos del archivo; pero la caridad de los fieles en breve tiempo reedificó el edificio, cuya forma es irregular por las dificultades que ofrece la escarpada roca en que está sit. La igl. es bastante capaz y se veneran en su retablo principal y colaterales, varias imágenes de bulto del tamaño natural, como la de San Francisco y San Buenaventura, San Diego y San Antonio, obras del célebre Gregorio Hernandez, de quien, en vista de ellas, no puede dudarse que sea tambien la figura de Sta. Ana del conv. de la v. de Oñate; pues en todas se reconoce una misma naturalidad, una misma viveza, con igual propiedad de espresion en los afectos. En los cláustros bajos de dicho conv. se hallaban tambien algunas buenas pinturas que representaban diversos milagros de la Vírgen, con sus inscripciones históricas. El refectorio era una grande y espaciosa pieza embovedada, cuyas paredes estaban vestidas hasta cierta altura de azulejos de porcelana que hacian buen efecto. La enfermería era acaso la mejor habitacion de la casa, y el Crucifijo que en ella se veneraba, era apreciabilísimo. Todo lo demas de la obra estaba adaptado á las circunstancias del lugar: se hallaba contigua á la igl. la hospederia vieja; la nueva era edificio bastante capaz, y no mal repartido, donde se alojaban los concurrentes. Hay tambien una venta mal abrigada, pero bien provista. La cofradía antiquisima, denominada de Ntra. Sra. de Aranzazu, que en su orígen la componian los vec. de las 2 v. de Mondragon y Oñate, la forman en el dia los caballeros hijos-dalgo de esta: tiene sus estatutos formales, y celebra su funcion solemne aniversaría en el santuario el domingo de la infraoctava de la Asuncion, presidida de todo el gobierno municipal en cuerpo, en cuyo dia hacian los religiosos entrega de las llaves del refectorio á la justicia, y comian en él los cofrades, teniéndose la concurrencia y comida por acto positivo para la prueba de nobleza é hidalguia.

ARANZAZU: r. en la prov. de Guipúzcua, part. jud. de Vergara, procede de las vertientes de los elevados montes de *Artia*, y corre hasta encontrar una enorme y escarpada roca, en la que se sepulta por una concavidad que denominan el boqueron de *Guesalza*, junto al cas. de este nombre, y, á cosa de 1/4 de leg., vuelve á aparecer por el de *San Elias*, denominada así por estar al frente de la gruta y ermita de este Santo. Sigue con inclinacion al N., bañando el térm. de la v. de Oñate, y como á 1 leg. de ella y 4 1/2 de su nacimiento, se une al *Deva*. En su curso recoge las aguas del *Ubao*, pequeño y vistoso torrente que trae su origen de la peña de Aloña, y que al tocar en Oñate se agrega al riach. *Olavarrieta* que se desprende de las montañas orientales de la indicada v.; y unidos pasan por debajo del edificio que fue colegio de jesuitas, mediante un arco de 18 pies de elevacion y 26 de diámetro, y siguen buscando al Aranzazu, despues de recibir al *Anzuelas-erreca*, que desde las montañas sit. al N. NO. de la pobl. entra en ella, atravesando por debajo de la plaza, á favor de otro arco de 16 pies de diámetro y 201 de largo: todas estas aguas, en sus distintas direcciones y antes de confundirse en las del *Deva*, dan impulso á unos 30 molinos, 3 ferr. y á otros artefactos; fertilizan gran parte de terreno y arbolado, y producen anguilas, bermejuela y otros peces.

ARANZAZU: anteig. en la prov. de Vizcaya (3 3/4 leg. á Bilbao), dióc. de Calahorra (26), aud. de Búrgos (27), c. g. de las prov. Vascongadas (7), merind. de Arratia y part. jud. de Durango (2 1/2): SIT. á las márg. del r. que desde Ceanuri pasando Villaro se dirige al N. á unirse con el denominado de *Durango*: el CLIMA sano. Tiene ayunt. y bajo el sistema foral se regia por un fiel con asiento y voto 66.° en las juntas de Guernica: unas 34 CASAS colocadas á una y otra orilla del r. forman la pobl.; la igl. parr. (San Pedro), se halla á la der.; está servida por un beneficiado que presenta su patrono al marqués de Valle-hermoso y Valdecarzana, quien participa de los diezmos. Confina al N. Yurre, por E. Dima, al S. Castillo y Elexabeitia, y á O. Ceberio ú Olavarrieta: el TERRENO es de buena calidad en la parte cultivable con buenos prados de pasto y monte arbolado: los CAMINOS son locales y medianos y la CORRESPONDENCIA se recibe por Durango: PROD. maiz, trigo, patatas, nabos, habas, alubias, lino, hortalizas, manzanas y castañas: cria ganado vacuno, lanar y de cerda: tiene una ferr., 2 molinos y abundante pesca de anguilas y bermejuelas; POBL.: 43 vec. y 176 alm.: RIQUEZA Y CONTR. (V. VIZCAYA).

ARANZAZU (NTRA. SRA. DE): santuario en la prov. de Guipúzcoa, y part. jud de Vergara (V. ARANZAZU SIERRA).

ARANZIBIA (TORRE DE): (V. BERRIATUA ANTEIG. DE VIZCAYA.)

ARANZUELO: r. en la prov. de Búrgos, part. jud. de Salas de los Infantes, térm. de *Aranzo de Miel* (V.).

ARANZUEQUE: v. con ayunt. de la prov. y adm. de rent. de Guadalajara (3 leg.), part. jud. de Pastrana (3), aud. terr. y c. g. de Madrid (9), dióc. de Toledo (17): SIT. á la falda NE. de un cerro, que la defiende de los vientos de aquel lado; se estiende una hermosa vega á der. é izq., y el r. *Tajuña* baña por el S. las paredes de los edificios, lo cual produce las frecuentes tercianas que padecen los moradores: tiene 118 CASAS bastante reducidas, y 12 algo mas desahogadas compuestas de dos pisos; el bajo destinado para habitacion, y el 2.° para graneros ó desvanes; casa municipal, pósito, cuyo fondo consiste en 114 fan. de trigo, escuela de primeras letras dotada por los fondos públicos en 1,500 rs. con asistencia de 24 niños y 8 niñas; é igl. parr. que se cree fundada en el año 1533 por hallarse este número en una piedra colocada sobre la puerta; está dedicada á la Asuncion de Ntra. Sra. y servida por un ecónomo y un capellan, aunque tiene curato propio de concurso general: la plaza y calles que estos edificios forman son bastante cómodas, limpias y solo se halla empedrada la mayor hasta la calzada del puente sobre el r., de cuyas aguas se surte el vecindario; algo mas dist. y en posicion que no perjudica á la salud, se halla el cementerio. Confina el TÉRM. por N. con el de la Armuña; E. montes de la c. de Guadalajara, S. Ranera y Loranca, y O. con el de Horche en 1 hora de estension por todos sus lados, y comprende 5,500 fan. de labor de 200 estadales que se dividen en 650 de primera clase, 1,600 de segunda y las restantes de tercera; 4,000 pies de olivo, 100,000 cepas de viña y algunos baldios para pastos: el TERRENO es llano en su mayor parte y de buena calidad, y en otras con algunos cerros y pedregoso: los CAMINOS locales, anchos y llanos; cruzando por parte de la pobl. el real para los baños de Sacedon: el CORREO se recibe de la cap., y en la temporada de baños hacen parada las diligencias que se establecen para los referidos: PROD.: trigo, cebada, avena, aceite y vino: se mantienen tan solo los ganados de labor, que son 45 yuntas y algunas caballerias menores, y se cria abundante caza de perdices y liebres: no hay mas que la IND. agrícola y el COMERCIO está reducido á la venta de los sobrantes de sus frutos en los mercados de Guadalajara: POBL. 130 vec.: 475 alm.: CAP. PROD.: 2.041,000: IMP.: 204,100: CONTR. 11,454: PRESUPUESTO MUNICIPAL 4,227 que se cubre con el prod. de una posada pública, un molino de aceite dado á censo enfitéutico, un prado y repartimiento vecinal.

ARAÑO (STA. EULALIA DE): felig. en la prov. de la Coruña (16 leg.), dióc. de Santiago (5 1/2), part. jud. de Padron (2 1/2), y del ayunt. de Rianjo (1/2): SIT. al S. de la cumbre del Treito en las vertientes orientales del estribo que de ella desciende hasta Taragoña, formando un mismo valle con esta felig., la de Asados y Rianjo: su CLIMA templado y sano: 120 CASAS de pocas comodidades, forman esta parr. con los l. de Bulesa, Campelo, Capilla, Carballal, Cerqueiras, Ferrerias, Gens, Hermida, Jufren, Lemos, Mirans, Outeijo, Pousada, Rubado, Toural, Traba, Trofaeos y Vilarbelio: la igl. parr. (Sta. Eulalia), es de mediana construccion y se halla servida por un cura párroco de provision ordinaria y un teniente; hay 3 ermitas y un cementerio capaz y bien ventilado: el TÉRM. confina por N. con la parr. de San Martin de Fruime, por E. con la de Sta. Maria de Asados, por S. con la de San Salvador de Taragoña, y por O. con la de San Pedro de Bealo (part. jud. de Noya); le baña el arroyo que divide las felig. de Asados y Rianjo, de las de Araño y Taragoña: el TERRENO es de mediana calidad; hay poco baldio y sus arbustos y malezas se utilizan para abono y combustible: los CAMINOS son vecinales y mal cuidados: el CORREO se recibe de la cap. del part.: PROD.: centeno, maiz, avena, cebada y trigo; cria ganado vacuno, lanar, cabrio y de cerda; hay caza de liebres y perdices: IND. la agrícola, 4 molinos harineros y la que le proporciona su inmediacion á la costa, pues muchos se dedican tambien á la pesca y á la arrieria: POBL.: 129 vec.: 640 alm.: CONTR. con su ayunt. (V.).

ARAÑO: l. con ayunt. en la prov. de Lérida (8 leg.), part. jud. y adm. de rent. de Cervera (1), aud. terr. y c. g. de Cataluña (Barcelona 16), dióc. de Seo de Urgel (15): SIT. en una altura, donde le combaten todos los vientos y goza de CLIMA benigno y muy saludable. Tiene 4 CASAS de mediana fáb. y una igl. aneja de la parr. de Hostafranch, cuyo párroco pasa á celebrar misa los dias festivos, y administrar los sacramentos en caso de necesidad. Confina el TÉRM. por N. con el de dicho pueblo (1/8 de leg.), por E. con el de Moncortés (igual dist.), por S. (400 pies) con el de Canos, y por O. con el de Mollé (900 pies). El TERRENO llano en general es poco fértil, de secano y de inferior calidad los trozos de tierra puestos en cultivo, que ascienden á unos 150 jornales; como carece de manantiales, se han construido en varios puntos distintas balsas donde se recogen las aguas llovedizas que aprovechan los hab. para surtido de sus casas y abrevadero de ganados: PROD. trigo, cebada, centeno, vino y algunas legumbres: y sostiene ganado lanar y cabrio, con el preciso mular y vacuno para la labranza: POBL.: 3 vec.: 9 alm.: RIQUEZA IMP. 14,768 reales.

ARAÑONET: l. con ayunt. de la prov. de Gerona (13 leg.), adm. de rent. de Olot (2 1/2), part. jud. de Rivas (3), aud. terr. y c. g. de Barcelona (14), abadiato de Ripoll, *vere nullius dioc.*: SIT. en la cumbre de un cerro de difícil acceso, formando lo principal de la pobl., la figura de una olla, y batido libremente por todos los vientos escepto el del S., del que está resguardado por unos altos peñascos; disfruta de saludable CLIMA; componese de 9 CASAS y una igl. parr, servida por un cura, cuya vacante se provee por oposicion en concurso; confina el TÉRM. por N. con el de Gombrén á 1/4 de hora, por E. con el de Puigbó á 1/2 cuarto, por S. con el de San Jaime de Frontañá á 1/4; y por O. con el de la Pobla de Lillét á igual dist.: el TERRENO es de mediana calidad y de secano; se hallan en cultivo 10 cuarteras de tierra de primera clase, 19 de segunda y 21 de tercera: el resto está cubierto de bosque poblado de árboles y malezas: PROD.: trigo, algo de maiz, legumbres, espelta, avena, patatas, yerbas de pasto, alguna madera de construccion y en abundancia para combustible: POBL.: 9 vec.: 42 alm.: CAP. PROD.: 560,800 reales; IMP. 14,020.

ARAÑUEL: l. con ayunt. de la prov. de Castellon de la Plana (8 1/2 leg.), part. jud. de Vivel (4 1/2), adm. de rent. de Segorve (3), aud. terr., c. g. y dióc. de Valencia (11): SIT. á la márg. der. del r. Mijares en un corto llano al lado setentrional de una montaña libre á la influencia de todos los vientos, con cielo alegre, despejada atmósfera y CLIMA saludable. Tiene 100 CASAS, entre las que se cuentan la municipal y el palacio de los condes de Castella, ant. señores del pueblo, edificio de mezquina construccion y que en modo alguno corresponde á la grandeza de sus propietarios; las calles no guardan simetria, desembocando todas en la plaza que es un cuadrilongo de 202 palmos de long. por 142 de lat. Hay cárcel, carniceria, una escuela de primeras letras frecuentada por 15 ó 20 alumnos; la dotacion del maestro consiste en el usufructo de una huerta comprada al efecto; y una igl. parr. bajo la advocacion de Ntra. Sra., servida por un cura y un sacristan; el curato es de segundo ascenso y se provée por S. M. ó el diocesano, mediante oposicion en concurso general: el edificio es de bastante regular arquitectura; consiste en una nave de 75 palmos de largo y 70 de ancho incluso el cláustro. Confina el TÉRM. por N. con el de Cartes (1 hora), por el E. con el de Cirat (1/4), por el S. con el de Zucayna (1/2), y por el O. con el de Montanejos (1/4). En él se encuentran muchas masias ó casas de labor entre las que son las mas notables la del Cuerno, inmediata á la pobl., rodeada de una pequeña huerta que riega la fuente llamada la *Porquera*; la de Mesgraile compuesta de tierras de secano y huerta que fecundizan las aguas de un manantial que brota en su circuito: fue esta heredad propia del clero secular y en el dia la posee la hacienda nacional; la de los Catalanes que ocupa la colina de un monte dist. de la pobl. 1 1/2 hora, consiste en varios edificios rudamente construidos en los que habitan hasta 15 familias; la Antijuela sit. en la rinconada que forman diferentes montes, es sitio sumamente agradable por lo ameno de su huerta que toma las aguas de una fuente que brota en la peña viva, tiene casas para 100 hab.; la conocida con el nombre de Encina del Cuerno, casa sola con huerta que se utiliza tambien de las aguas de la mencionada fuente de la *Porquera*, y otras tres masias en la altura llamada del *Plano* que gozan de la mas hermosa vista hácia la parte del mar. El TERRENO está sembrado de montes, pero en el centro de estos forma una vega ó llanura que se prolonga por las dos márg. del r.; es de buena calidad y se halla bien cultivado; crecen en la huerta con lozania las moreras, y frutales de toda especie; la parte que no disfruta de riego está poblada de viñas, higueras y algunos olivos, y lo erial cria árboles silvestres, arbustos y yerbas de pasto. El r. Mijares que fertiliza este suelo entra por el O. y sigue en direccion al E. enriquecido con las aguas que en él depositan, el barranco de la Torre y los dos manantiales salobres llamados el Lavador y el Seger, abundan estos tanto en mineral que se condimentan las cosas, rociándolas con el agua liquida. Los principales CAMINOS que cruzan por el térm. son el de Castellon y el de Segorve, escabrosos, así como los demas, y de herradura: PROD.: trigo, maiz, cáñamo, legumbres. patatas, vino, higos, poco aceite, seda, cria ganado lanar, poca caza, y lobos, zorros y gatos monteses: IND.: telares de lienzos ordinarios: POBL.: 130 vec.; 408 almas: CAP. PROD.: 765,000: CAP. IMP.: 49,425 rs.

Celebran los hab. de este pueblo muchas fiestas entre las que son dignas de notarse por las particularidades que en ellas se observan, la de Sta. Quiteria el dia 22 de mayo; en este dia presentan los vec. al cura una porcion de trigo que luego se amasa, y despues de bendecido se reparte á los concurrentes sin escasearlo ni negarlo á ningun forastero por mas crecido que sea su número. La de Sta. Bárbara, en cuyo dia todo vec. por pobre que sea, despues de la funcion de Iglesia, acude á la casa de ayunt., donde reunidos, hecha la señal por el presidente, que lo es siempre el Sr. Rector, se sirve á todos los presentes una abundante comida; esta ceremonia se repite al dia siguiente despues de celebrado un solemne aniversario con oracion fúnebre por los difuntos de la cofradia; lo que mas llama la atencion de estos festejos es el sepulcral silencio que guardan todos los convidados, sin embargo de pasar á las veces de 300.

ARAOZ: anteigl. en la prov. de Guipúzcoa (9 leg. á Tolosa), dióc. de Calahorra (20), part. jud. de Vergara (4), y ayunt. de Oñate (2): SIT. al SSO. de esta v. entre sierras escabrosas y CLIMA frio, pero sano: cuenta sobre 100 cas. dispersos y una igl. parr. (San Miguel) aneja de la de Oñate. Su TÉRM. confina por N. con Leniz, por E. con la matriz, por S. con Aranzazu y prov. de Alava, y por O. Arechavaleta: comprende la ermita de San Elias, sit. en una gruta entre lo mas escabroso de aquellas breñas y frente al imponente boqueron por donde renace el r. Aranzazu, que baña este térm., y en él recoge los derrames de muchas y abundantes fuentes: confinante en el valle de Leniz está la ermita de Sta. Cruz en un alto, y la de Sta. Ana se encuentra en el cementerio ó campo santo. El TERRENO en lo general pedregoso, ofrece poca parte al cultivo, pero abunda en arbolado: los CAMINOS son locales y muy penosos: el CORREO se recibe en Oñate: PROD.: trigo, maiz, avena, lino, patatas, mucha castaña y avellana, manzanas, cerezas, nueces y otras frutas: cria ganado vacuno, buenos novillos, algunas cabras, ovejas y cerdos: hay caza mayor y menor, y pesca de truchas y anguilas: IND.: 5 molinos; varios canteros y tejeros; y COMERCIO, el de ganado y frutos del pais: POBL.: 100 vec., 700 alm. En la última guerra civil sirvió este pueblo de hospital para las fuerzas carlistas y de campo de instruccion, al paso que de maestranza ó fáb. de armas, y de cast. la citada ermita de San Elias.

ARAPIL: desp. en la prov. de Salamanca (4 leg.), part. jud. y jurisd. de Alba de Tórmes (1/2): SIT. en una altura, al N. de Amatos de Arapil. Es tradicion antiquisima del pais que en este desp. vivió una mora, que por un camino secreto tenia comunicacion con un moro que habitaba en Carpio de Bernardo, con quien estaba en relaciones amorosas; mas esto no puede pasar de una fábula ridícula, si se atiende á que el r. Tórmes media entre Arapil y Carpio de Bernardo.

ARAPILES: l. con ayunt. al que estan agregados la alq. *Corral de Pelagarcia* y desp. *Orejudos*, en la prov., part. jud. y dióc. de Salamanca (1 1/2 leg. al S.), aud. terr. y c. g. de Valladolid: SIT. en un llano, con igl. parr. de segundo ascenso dedicada á San Fabian y San Sebastian, y servida por el párroco y un sacristan; una ermita del Humilladero, propiedad de los cofrades; escuela de primera enseñanza y 12 hornos de cocer pan. Confina su TÉRM. por N. con Corral de Pelagarcia, E. con la alq. de la Maza, S. con Mozarbes, y O. con las Torres: se estiende 3/4 leg. de N. á S., 1 de E. á O., 2 1/2 en circunferencia, y ocupa 1,700 huebras de tierra, de las cuales 150 son de primera calidad para trigo, 130 de segunda y 120 de tercera; y para centeno 70 de primera, 40 de segunda y 90 de tercera: estas tierras prod. un año si y otro no, pero hay otras que se siembran un año de tres; de estas se emplean en trigo, 100 de primera clase, 150 de segunda; y en centeno en igual forma 60, 100 y 150: tambien se cuentan 200 huebras de pastos, y 100 de tierra inútil. El TERRENO es muy feraz; y ademas del trigo y centeno, PROD. cebada, algarrobas, garbanzos, pastos y ganados: POBL.: 79 vec.; 336 hab.: RIQUEZA TERR. PROD.: 366,602 rs.: IMP.: 14,530 rs.; valor de los puestos públicos 1,793 rs. Dióse aqui en 1812 la sangrienta batalla que suele llamarse de Salamanca, en la que el ejército aliado á las órdenes del Lord Welington derrotó á los franceses, mandados por el mariscal Marmont, que perdió entonces un brazo.

ARAQUIL: arciprestazgo en la prov. de Navarra, dióc. de Pamplona: comprende (en el valle de su nombre) los pueblos de Aizcorbe, Ecai, Echarren, Echevarri, Eguiarreta, Erroz, Irurzun, Izurdiaga, Murguindueta, Satrustegui, Urrizola, Villanueva, Yabar y Zuazu; (en el de *Araiz*) los de Arriba, Atallo, Azcárate, Gainza, Inza, y Uztegui; (en el de *Basaburua-mayor*) Aizaroz, Arraras, Beramendi, Berruete, Erbiti, Garzaron, Ichaso, Igoa, Jaunsaras, Oróquieta, Udabe, y Yaben; (en el de *Basaburua-menor*) Beinza-Labayen, Erasun, Ezeurra, y Saldjas; (en el de *Burunda*), Alsasua, Bacaicoa, Ciordia, Iturmendi, Olazagutia, y Urdiain; (en el de *Ergoyena*), los de Lizarraga, Torrano, y Unanoa; (en el de *Gulina*) los de Aguinaga, Cia, Gulina, Larumbe con Oreyen, y Sarasate; (en el de *Imoz*), Echaleeu, Eraso, Goldaraz, Latasa, Muzquiz, Oscoz, Urriza, y Zarranz; (en el de *Larraun*), los de Albiasu, Aldaz, Alli, Arruiz, Astiz, Aspiroz, Baraibar, Echarri, Errazquin, Gorriti, Huici, Iribas, Lecumberri, Lezaeta, Madoz, Muguiro, y Oderiz; el de Ilarregui (en el valle de *Ulzama*), las v. sueltas (*) de Arbizu, Areso, Echarri-Aranaz, Irañeta, Huarte-Araquil, Lacunza, Arano, Arruazu, Goizueta, Leiza, y Betelu; y el l. tambien suelto de Lizarra-Bengoa; cuya POBL. es de 4,198 vec.; 26,692 alm.; ascendiendo el personal de sus parr. á 88 curas párrocos, é indeterminado número de beneficiados, capellanes y dependientes.

ARAQUIL: valle en la prov., aud. terr. y c. g. de Navarra, merind., part. jud. y dióc. de Pamplona: SIT. en llano con libre ventilacion y CLIMA muy saludable. Comprende los pueblos de Aizcorbe, Ecai, Echarreu, Echeverri, Eguiarreta, Erroz, Irurzun, Izurdiaga, Murguindueta, Satrustegui, Urrizola, Yabar, Zuazu y Villanueva. Confina por N. con el de Araiz, por E. con el de Larraun, por S. con el de Ergoyena, y por O. con los montes de Aralar. Le cruzan de N. á S. los r. que descienden de Basaburua y Larraun, y de E. á O. el que baja de la *Burunda*, el cual tiene este nombre, el de *Asiain* y aun el de *Araquil*: las aguas de todos ellos son muy buenas, y sirven para el consumo doméstico de los hab., abrevadero de ganados, riego de porcion de tierras, y para dar impulso á varios artefactos: El TERRENO es llano, espacioso y bastante fértil: PROD.: trigo, cebada, avena, maiz, legumbres, hortaliza, frutas, lino de escelente calidad, y sabrosas yerbas de pasto; cria ganado vacuno, mular, de cerda, lanar y cabrio: hay caza de varias clases, y pesca de anguilas, barbos y otros peces: POBL., segun los datos oficiales, 371 vec., 2,250 alm.: CAP. PROD.: 852,391 rs. Por este valle pasaba antiguamente la calzada romana que iba de Astorga á Burdeos, y en él estaban los *Aracelitanos* (V.); pueblos estipendiarios de Roma, y que, segun Plino, acudian á la Chancilleria ó Convento jurídico de Zaragoza. De las pobl. ant. solo se nombra *Araceli*, que es Huarte Araquil v. suelta ó separada en este valle.

ARAQUIL: r. en la prov. de Navarra, merind. y part. jud. de Pamplona; es conocido tambien con los nombres de *Larraun*, *Asiain*, y comunmente con el de *Burunda* (V).

ARAS: barrio en la prov. y dióc. de Santander, part. jud. de Laredo y ayunt. de *Voto*: es uno de los que comprende el l. de *San Pantaleon de Aras* (V).

ARAS: valle en la prov. de Santander, part. jud. de Laredo: SIT. á la parte E. de la misma, y circuido de elevadas montañas que le dividen de los valles de Ruesga, Marron y Udalla, y de las pobl. Solorzano y Adal: reinan con bonanza todos los vientos, y aunque húmedo y pantanoso en el invierno, disfruta sin embargo de CLIMA saludable. Consta de los 12 pueblos siguientes: Carasa, Bueras, Nates, Padierniga, Llanes, San Pantaleon, Rada, San Mamés, Vadames, San Miguel, Secadura y San Bartolomé de los Montes, que son los que forman el ayunt. de Voto. Los principales y mas elevados cerros que le rodean son, el Alcomba y Cantoarmado; los cuales, si bien en la actualidad estan poblados de escasisimo arbolado, efecto de la destruccion que han sufrido por la elaboracion de carbones, hace como unos 20 años abundaban en toda clase de maderas de construccion. El TERRENO es de mediana calidad y se halla fertilizado por las aguas de algunos manantiales y por las del r. *Rada*, que despues de atravesar todo el valle de E. á O., confluye con la ria de Santoña en el punto llamado tambien Rada, hasta el que llegan buques de 8 ó 9 pies de calado: durante su curso, que será de 1 1/2 leg., da movimiento á varios molinos harineros y 2 ferr., atravesándole algunos pontones de madera en diferentes parages. La grande ventaja de poderse establecer en este r. toda clase de artefactos, si se aprovecharan los muchos saltos de agua que hay en él, unido á la facilidad con que pueden conducirse por mar hasta el punto de construccion todos los materiales necesarios para levantar cualquiera fáb., hacen susceptible á este valle de mejoras y de un fomento que solo poniéndose en práctica las obras conducentes podria calcularse. Los CAMINOS son de pueblo á pueblo, sumamente escarpados, y se hallan en mal estado, á no ser el que por Carasa conduce á Marron, que es mas suave y cómodo que los demas: PROD.: maiz, alubias, vino chacolí de mala calidad, si se esceptua el del pueblo de Carasa, que es muy bueno, legumbres, algunas hortalizas y frutas, especialmente nueces y castañas, ganado vacuno, lanar y cabrio, y bastante caza y pesca.

ARAS (PUERTO DE LAS): paso del monte Turbon en la prov. de Huesca, part. de Benabarre, el cual facilita por una cortadura hecha á mano en el térm. y sobre el l. de Ballabriga, la comunicacion desde el valle de Bardaji á la comarca de las Paules (V. TURBON, monte).

ARAS: riach. de la prov. de Zaragoza, part. jud. de Sos: tiene el origen al S. y á 2 horas de dist. de esta v., dentro de su jurisd., en la sierra llamada del Chaparral. Se dirige al N., y desagua en el riach. llamado de la Retadolla, en el térm. de la Monja á 5/4 de hora de su nacimiento: en el camino de Sangüesa se pasa por un puentecito de madera. Lleva comunmente una muela de agua, y se aumenta en los meses de invierno y primavera: riega 150 cahizadas de tierra.

ARAS: v. con ayunt. en la prov., aud. terr. y c. g. de Valencia (14 1/2 leg.), part. jud. y adm. de rent. de Chelva (4 1/2), dióc. de Segorbe (10 1/2): SIT. en llano, donde la combaten principalmente los vientos del E. y O.: el CLIMA, aunque frio por la proximidad de la sierra de *Javalambre*, casi siempre cubierta de nieves, es bastante saludable, si bien suelen padecerse erupciones herpéticas. Forman el casco de la pobl. 221 CASAS de dos á tres pisos de altura, bien construidas y con bastante comodidad, distribuidas en 2 calles y varias callejuelas, y en 2 plazas, llamada la una de la Constitucion de 280 palmos en cuadro con un olmo en su centro, y circuida de graderia, y la otra de la Iglesia de 160 palmos, tambien en cuadro; la casa municipal espaciosa y cómoda, y en ella una cárcel segura y ventilada, habitacion para el alguacil, 1 hospital para enfermos pobres y transeuntes, 1 buena posada, 2 hornos de pan cocer, 1 tienda de abaceria con algo de quincalla y ropas para vestir; escuela de primeras letras frecuentada por 50 ó 60 niños, cuyo maestro tiene 1,100 rs. anuales pagados por el fondo de propios, y casa para habitar perteneciente á estos; y otra dotada con 6 cahices de trigo, á la cual concurren unas 50 niñas para aprender las labores propias de su sexo, y á leer y escribir. Hay tambien 1 igl. parr., bajo la advocacion de Ntra. Sra. de los Angeles, servida por 1 cura párroco y 1 beneficiado: el curato es de térm., y lo provee S. M. en concurso general, correspondiendo al ob. el nombramiento del beneficiado. Hasta el año de 1292 fue esta parr. sufragánea de la de Alpuente con la denominacion de San Benito, pero hoy dia no solo es independiente, sino que tiene por aneja la igl. de la ald. de Losilla, dist. 1 1/2 hora, en la cual reside 1 vicario y 1 sacristan, nombrado por el párroco de la matriz; su edificio ocupa el centro de la v.; se principió en 11 de junio de 1584, y fue concluido en 28 del mismo mes en 1592: consta de 3 naves con 11 altares de poco mérito, á escepcion del mayor, que es de buen gusto en su escultura y adornos; y tiene contigua una torre muy sólida de 150 palmos de altura y otros tantos de circunferencia; y 3 ermitas, dedicada la una á la Sangre de Cristo, otra á San Sebastian, y la tercera á Santa Catalina Mártir, de las cuales nada se ofrece que decir, escepto de la última que es muy célebre, no solo por la grande veneracion de los hab. y comarcanos á la imágen que en ella se venera, sino tambien por la amenidad del sitio en que se halla construida, que es en las faldas de un monte llamado la Muela, dist. 3/4 de hora de la pobl.; el edificio es muy espacioso, con media naranja y 6 vistosos altares; contigua hay una hospederia bien distribuida y cómoda, con una ancha plaza á su frente, y en medio de ella un abundante manantial, cuyas esquisitas aguas brotan por 25 caños de bronce, embellecida ademas con árboles de varias clases. En parage

(*) Villa ó l. suelto significa en Navarra todo aquel pueblo que se gobierna por sí, sin sujecion ni dependencia alguna de la junta general del valle, aunque se conceptúe ó esté comprendido en los lim. de éste.

ventilado y fuera de la v., se encuentran tambien 2 cementerios, uno para los vec. de esta, y el otro para los que residen en la mencionada ald. de Losilla. Confina el TÉRM. por N. con el de Arcos (prov. de Teruel, part. jud. de Mora), por E. con el de Titaguas y Alpuente, por S. con el de Tuejar, y por O. con el de Sta. Cruz de Moya (part. jud. de Cañete, prov. de Cuenca), estendiéndose 2 horas, poco mas ó menos, en todas direcciones. El TERRENO participa de monte y llano; suceden á este por todas partes cerros, y despues montañas de grande altura sobre el nivel del mar, aunque miradas desde Aras parecen no tan elevadas, porque el terreno donde existe dicha v. se halla bastante prominente. Entre los indicados montes merece notarse el espresado de la Muela, el cual se levanta á 1/2 leg. NE. de la pobl.; está colmada de bancales calizos casi horizontales, con muy poca tierra y sin cultivo en las cumbres, pero de faldas fértiles, todas laboreadas y cubiertas de *ostras*, llamadas en el pais *orejas de moro*; gran número de ellas se desprenden de la parte inferior de los bancos calizos inmediatos á la cumbre, pero se descubren muchas mas en el arado, de modo que la montaña referida parece toda colmada de dichas ostras; estan las mas reducidas á tierra, y siguense descomponiendo otras para aumentar los campos, perdiendo su primitiva forma para adquirir las configuraciones calizas; las que estan petrificadas conservan su forma esterior, y muchas veces hasta el brillo, y cuando se abren se observan sus dos válbulas algo desiguales, con el interior cóncavo la una y la otra convexo en la parte contigua á la charuela; en muchas de ellas hay una petrificacion caliza que ocupa enteramente lo que en otro tiempo el animal que pereció, y otras veces un cuerpo térreo, amarillento y gredoso, que ablandan y deshacen la humedad y el agua, siendo muy notable, que ni en la esplanada de la montaña ni en sus canteras, se halla el menor vestigio de tales ostras. Ademas de la espresada fuente de Sta. Catalina brotan en varios puntos del térm. otras 23, de las que son las mas abundantes las llamadas Cebrillo y Fuente-grande, cuyas esquisitas aguas no solamente sirven para el gasto del vecindario, sino para regar algunos huertos y dar impulso á 2 molinos harineros que hay cerca de la v.; pues las del r. *Turia* que cruza á 1 1/2 hora de esta, se aprovechan para mover otro de 3 muelas, construido en su orilla, y para fertilizar las tierras que hay en sus márg. La parte de terreno reducida á cultivo serán 900 cabizadas, con diferentes corrales y ternadas para recoger el ganado, la mayor parte poblado de pinos, robles y sabinas; pudiendo reputarse como de segunda calidad lo inmediato á la v., de marga arcillosa y roja, sin otros árboles que un corto número de nogales: la fortuna ó desdicha de los hab., casi en su totalidad labradores, pende de la cosecha de cereales, ya porque no encuentran tierras aptas para otro género de labor, ya porque la agricultura se halla muy atrasada entre ellos, pues no saben mas que arar, cavar, y sembrar las viñas como se hacia 200 años há. Los CAMINOS son de herradura y se conservan en buen estado: la CORRESPONDENCIA se recibe de Chelva dos veces á la semana: PROD.: trigo, cebada, avena, centeno, maiz, miel, patatas, cáñamo, hortalizas y mucho vino; sostiene algun ganado lanar y cabrio, con el vacuno, mular y asnal preciso para la labranza y trasporte; y hay caza de varias clases. IND. y COMERCIO: sin contar la agricultura y los molinos referidos, existe una fáb. de jabon, otra de alfareria, cuatro telares de lienzos y paños comunes, y los demas oficios y artes mecánicos de primera necesidad; consistiendo el comercio en la esportacion y venta de frutos sobrantes, é importacion de los necesarios, coloniales y ultramarinos, que regularmente se compran en Chelva y Alpuente: POBL.: 239 vec., 858 alm.: CAP. PROD.: 1.284,470 rs.: materia IMP.: 50,001 rs.: CONTR.: 11,727 rs. 11 mrs.: ascendiendo el PRESUPUESTO MUNICIPAL á 9,000 rs., el cual se cubre con el prod. de las fincas de propios, importe de arbitrios, y si algo falta por reparto entre los vec. Celebran estos una especie de feria de comestibles y juguetes el 25 de abril en la mencionada ermita de Sta. Catalina; y el 15 de agosto la fiesta de Ntra. Sra. de los Angeles, titular de la parroquia.

ARAS: l. en la prov., aud. terr. y c. g. de Navarra (Pamplona 14 leg.), merind y part. jud. de Estella (7), dióc. de Calahorra (9), térm. municipal y felig. de Viana (1): SIT. en una alta ladera, donde le combaten principalmente los vientos del N., y goza de CLIMA generalmente sano, siendo las enfermedades comunes algunos reumas. Tiene 80 CASAS, escuela de primeras letras, frecuentada por 50 niños de ambos sexos, cuyo maestro percibe de dotacion 100 robos de trigo anuales; una igl. parr. dedicada á Sta. Maria, aneja de la de Viana, y servida por un cura párroco, y una erm. titulada el *Santo Cristo del Humilladero*. Confina el TÉRM. por N. con el de Aguilar (1 leg.), por E. con el de Bargota (1/2), por S. con el de Viana (1); y por O. con los de Labraza y Moreda (igual dist.); á 1/2 hora S. del pueblo existen las ruinas de un antiguo convento titulado *San Juan del Ramo*. El TERRENO, aunque escabroso y desigual, es bastante fértil; le cruza un riach. que nace en los lim. setentrionales del térm., y sus aguas sirven para el consumo doméstico de los hab., abrevadero de los ganados, y para dar impulso á un molino harinero construido á 1/4 de leg. de la pobl. Los CAMINOS, ó por mejor decir las *sendas*, conducen á los pueblos inmediatos, y se encuentran en regular estado. La CORRESPONDENCIA se recibe de Viana por un balijero que llega y sale los lúnes, juéves y sábados: PROD. trigo, cebada, avena, aceite, vino y legumbres; cria ganado de cerda, lanar y cabrio, con el preciso mular y vacuno para la labranza: IND.: ademas de la agricultura y del molino de que se ha hecho mérito, hay otro de aceite: POBL. 70 vec., 354 alm.: CONTR. con Viana.

ARASANZ: l. con ayunt. de la prov. de Huesca (14 leg.), part. jud. de Boltaña (2), adm. de rent. de Benabarre (6 1/2), aud. terr. y c. g. de Zaragoza (22), dióc. de Barbastro (9); SIT. en la falda del monte llamado Gallinero, donde le combaten principalmente los vientos del N.: el CLIMA es sano, aunque por efecto de la frialdad que se esperimenta, resultan algunos costipados que degeneran con frecuencia en tabardillos. Forman la pobl. 14 CASAS y una igl. parr., bajo la advocacion de la Asuncion, servida por un cura y un sacristan; el curato es de segunda clase, y se provee por S. M. ó el diocesano por oposicion en concurso general. Confina el TÉRM. por el N. y O. con el de Liri, por S. con el de Castejon de Sox, y por el E. con el de Ormella; su estension en todas direcciones es de 3/4 leg. El TERRENO es de buena calidad y muy á propósito para todo género de simientes; carece de r. y arroyos; pero con los barrancos que se forman al deshielo de las nieves y con las lluvias tiene la humedad necesaria: PROD: trigo, centeno, cebada, avena, legumbres, hortalizas, patatas y cáñamo; cria ganado lanar, que tienen precision de sacar á pasturar fuera del térm. por falta de yerbas: POBL.: 11 vec., 8 de ellos de catastro; 134 alm. CONTR.: 2,550 rs. 28 mrs.

ARASARODE: pago en la isla de la Gomera, prov. de Canarias, part. jud. de Sta. Cruz de Tenerife, jurisd. y felig. de *Alavero* (V). Es abundante de aguas, y se vé poblado su térm. de ñames ó higueras, si bien la principal RIQUEZA de sus moradores es la pecuaria.

ARASCUES: l. con ayunt. de la prov., adm. de rent., part. jud. y dióc. de Huesca (2 leg.); aud. terr. y c. g. de Zaragoza (12): SIT. en llano á la falda meridional del monte Gratal, donde le baten principalmente los vientos del N. y O. Su CLIMA es sano: forman la pobl. 20 CASAS de regular fáb. y altura; las calles son bastante limpias. Hay una escuela de primeras letras dotada por los fondos del comun con 40 fan. de trigo y 48 cántaros de vino; y una igl. parr. bajo la advocacion de San Martin, de la que son anejos el cast. de Nisano y el hospital de la Plana, servida por un cura y un sacristan; el curato es de segunda clase, y se provee por S. M. ó el diocesano, previa oposicion en concurso general; el edificio es muy ant., chiquito, y se halla muy deteriorado: el cementerio ocupa un parage ventilado fuera del pueblo, á cuyo alrededor se encuentran fuentes perennes de buenas y saludables aguas para el surtido del vecindario y abrevadero de las bestias y ganados. Confina el TÉRM. por el N. con los de Gratal y Sta. Olaria, por el E. con el de Savayes, por el S. con el de Igries, y por el de O. con el de Lierta. En su circunferencia se halla una ermita dedicada á Ntra. Sra. del Olivar que dista 1/4 de hora del pueblo, y el coto llamado Hospital de la Plana con 2 casas habitadas por otras tantas familias dedicadas á las labores del campo, y una capilla aneja, como se ha dicho, de esta parr. El TERRENO, aunque llano, tiene bastantes asperezas; es de mediana calidad y muy propio para el viñedo y olivar; tambien cria algunos almendros, y hay plantios de chopos y sauces, al cual se dedican con eficacia los vec. persuadidos de la ventaja que esto les reporta; en el monte se encuentran crecidos bosques de encina que proporcionan abundante leña para el combustible: las tierras de huerta se riegan con las aguas del pantano de Huesca que se halla á poco mas de 1 1/2 hora del lugar. Los CAMINOS son todos locales, pero pueden transitar por ellos carros con bastante comodidad: PROD.: vino, trigo, cebada, avena, judías y otras legumbres; aceite, almendras, cáñamo y las hortalizas necesarias para el consumo: IND. un molino de aceite propio del conde de Robres, antiguo señor del pueblo: POBL. 20 vec. 9 de catastro, 170 alm. CONTR. 2,869 rs. 23 mrs. VN.

ARASILLA, ABENILLA y ATOS: l. de la prov. de Huesca (8 leg.), part. jud., adm. de rent. y dióc. de Jaca (4), aud. terr. y c. g. de Zaragoza (16), le forman 3 barrios ó aldeas denominados cada uno como aparece; entre los que componen el ayunt. que generalmente reside en Abenilla (1/4). Arasilla está SIT. en llano, Atos en la punta de un cerro próximo al pequeño r. Guarga, y Abenilla en la pendiente meridional de un cabezo: todos 3 disfrutan de buena ventilacion y de CLIMA saludable, si bien por el rigor del frio y sutileza de los aires, se padecen con frecuencia pulmonías y algunas tercianas en la variacion de las estaciones. Tiene este ayunt., 9 CASAS y dos parr., una filial de la otra; ambas están servidas por un cura que no es perpetuo, pues que depende del que lo es en el l. de Ipies dist. 1 1/2 hora: la igl. principal bajo la advocacion de San Martin, se halla en el barrio de Abenilla, es de moderna construccion, de piedra de canteria con 5 altares; la otra está en Arasilla. En los 3 barrios hay fuentes de buenas aguas para el surtido del vecindario, usos domésticos, y abrevadero de las bestias y ganados. Confina el TERM. con los de Castillo, San Estéban de Baco, Ipies y Pardina de Buesa, estendiéndose sus lím. en direccion de los espresados puntos 1/2 hora poco mas ó menos. El TERRENO es en parte llano; pero mas generalmente áspero y quebrado, secano y de inferior calidad; apenas puede darse riego por medio del sobrante de una fuente á una cahizada de tierra que cria algunas hortalizas, y á poco mas de 6 yuntas de prados artificiales. Aunque de corta estensión, hay bosque arbolado de maderas útiles para la construccion de edificios, mucho box, coscojo y otras matas y arbustos por el monte, y mas de 60 yuntas de prados artificiales: PROD. trigo, mistura y avena, y cria ganado lanar y cabrío. POBL. 9 vec. 7 de catastro, 88 alm., CONTR. 2,231 rs. 33 mrs.

ARASMONTE: cas. en la prov. de Lugo, ayunt. de Monforte y felig. de Sta. María *La-Parte* (V.).: POBL. 1 vec.; 5 almas.

ARATCERRECA: barr. en la prov. de Guipúzcoa, part. jud. y ayunt. de *Azpeitia* (V.).

ARATCERRECA ó URRESTILLA: riach. en la prov. de Guipúzcoa, part. jud. de Azpeitia: nace de las vertientes de las sierras del térm. de Aratcerreca y aumentado con el que trae su origen del monte de Hernio y montañas inmediatas á Regil, se dirige por Urrestilla, cuyo nombre toma y enriquecido pasa á unirse al Urola por su der., á menos de 1/4 de leg. E. de Azpeitia, despues de fertilizar gran parte de prados y arboledas y de dar impulso á un crecido número de molinos harineros. Encuentra en su tránsito 2 puentes de piedra, el uno en su confluencia con el de Regil, y el segundo cerca de la v. de Azpeitia: en él se pescan con abundancia ricas truchas, anguilas y algunos barbos.

ARATISPI: por las inscripciones halladas en el desp. de *Cauche el viejo* 2 leg. de Antequera, entre muchas ruinas de edificios romanos, piedras labradas, y trozos de columnas, consta la existencia en este desp. de la antigua *república Aritispitana*, desconocida de los geógrafos é historiadores del Imperio. Estas inscripciones fueron trasladadas al cortijo llamado *Cauche*, distante 1/4 leg. del viejo, y pueden verse en Masdeu (*tom.* VI, *pág*, 314), Cean (*pág.* 307) etc.

ARATO (CAMPO DE): presentando Sandoval la descendencia de la casa de Mendoza, con referencia á Lope Garcia de Salazar, refiere, que por los años de 1157 (1195 de la era), los bandos muy reñidos que tuvo D. Gonzalo Lopez con los de Guevara, llegaron á tanto rompimiento, que se dieron batalla en el *campo de Arato*, donde, aunque vió Gonzalo Lopez que sus contrarios le escedian en número, quiso mas pelear y morir, que volverles las espaldas.

ARATORES: l. con ayunt. de la prov. de Huesca (14 leg.), part. jud., adm. de rent. y dióc. de Jaca (2), aud. terr y c. g. de Zaragoza (22), SIT. al pie de la sierra llamada Angeli, no lejos de la márg. der. del r. Aragon, con libre ventilacion y CLIMA saludable. Tiene 11 CASAS y 1 igl. parr. bajo la advocacion de San Juan Bautista, servida por 1 cura y 1 sacristan: el curato es de entrada y se provee por S. M. ó el diocesano; prévia oposicion en concurso general; el edificio aunque contiene un solo altar, es muy regular, fabricado de piedra; el cementerio está contiguo, pero se halla bastante bien ventilado. Hay fuentes de aguas saludables y cristalinas para el surtido del vecindario. Confina el TÉRM. por el N. con el de Arués (5 minutos), por el E. con la pardina de San Juan de Isuél (6), por el S. con el de Castillo (5), y por el O. con el de Borau (2). El TERRENO es de mediana calidad, pero formando pendiente en su mayor parte, ni es susceptible en muchos puntos del beneficio del riego, ni puede producir, porque las lluvias arrastran las mejores tierras; sin embargo hay algunos trozos mas llanos que, regados por medio de azudes con las aguas del r. Aragon, recompensan menos mal las fatigas del labrador. Carece de bosques de árboles y hasta de arbustos para leña; cria con abundancia yerba, pero no la bastante para alimentar los muchos ganados que en verano se agrupan en aquellos montes; PROD. trigo, centeno, avena, legumbres, maiz, hortalizas, cáñamo y lino, todo en corta cantidad, y cria ganado lanar, cabrío y vacuno: POBL. 11 vec. 4 de catastro: CONTR. 1,275 rs., 14 mrs.

ARAUBALZA: casa solar en la prov. de Vizcaya, part. jud. de Bilbao y anteigl. de *Barrica*: en su terreno se fundó año de 1773 la ermita que aun existe dedicada á San Pedro Gonzalez Telmo.

ARAUHESTO; el príncipe D. Cárlos presenta en su historia la elevacion de Iñigo Arista por rey de las montañas de Aragon, siéndolo ya de Pamplona, ocurrida en *Arauhesto* donde se supone no solo haber jurado este rey la observancia de las leyes contenidas en la constitucion que se le presentara, reducida á 5 art. sencillos, que podrán verse en el art. Sobrarbe; sino que ademas concedió el privilegio y libertad de elegir otro rey, aun de entre infieles, si las violaba ú oprimia. Ya hemos examinado aunque muy ligeramente, al ocuparnos de *Aragon*, lo fabuloso de estas relaciones: en los art. de Navarra y Sobrarbe lo haremos mas despacio por ser mas propio de aquellos l.; dejando en ellos bien establecida la verdad histórica. Por lo que hace á *Arauhesto* viene significado sin duda bajo este nombre el actual *Aragües*; aunque en el prefacio del Sr. Sabau, al tomo 3.° de la historia de Esp. de Mariana, se fije aquella pobl. inmediata al monast. de *San Victorian*, tal vez por haber alli cerca un pueblo llamado *Araguas*; pero en los art. de este monast. y de *San Martin de Sires*, cuya identidad se requiere tambien presentar en prueba de esta correspondencia, se demostrará la equivocacion del erudito editor del Mariana.

ARAUJO (SAN PAYO): felig. en la prov. y dióc. de Orense (9 leg.), part. jud. de Bande (3 1/2), y ayunt. de *Lobios*: comprende los l. y barrios de Bouzas, Esperanzo, Guende, Pugedo, Prancide, Reguengo y San Payo: SIT. á la der. del r. Araujo en las encañadas que forman sus aguas y las del regato Forcadiñas, al pie de la sierra de Fuente Fria, que presentándose como una elevada linea de castillos tocando á las nubes y cubierta de nieve muchos meses del año, determina la raya divisoria al E. con Portugal; defendida por este punto, de los vientos, le cubren por N. los ramales de la sierra; no obstante el CLIMA es bastante sano y frio. Las casas en lo general son de un piso y cubiertas de paja, si bien en Pugedo y Reguengo usan de tejas y mejor arquitectura; pero no guardan órden y sus estrechas y torcidas calles estan mal empedradas: todos los pueblecitos tienen buenas fuentes de agua potable para el abasto y ganado; una de ellas solo corre en el verano No hay escuela (V. SAN MARTIN DE ARAUJO), pero los muchachos se enseñan mutuamente y aunque poco, saben los mas leer y firmar. La igl. parr. (San Payo) es un edificio cubierto con paja, y el curato es de provision ordinaria; antes la hacia el conde de Monterey, quien ejerció el señorio en esta felig. y en la de San Martin y Cela: el cementerio está en el atrio de la igl. Hay ademas 3 capillas con la advocacion de Ntra. Sra. de la Reguenga, San Lorenzo y San Antonio, sin otra renta que la limosna de los vecinos. El TÉRM. se estiende á 1 1/2 leg. cuadrada en figura prolongada contra Portugal con quien confina por E., por S. linda con Lobios, por O. con San Martin y por N. con Sta. María de la Cela y San Salvador de Prado. El TERRENO es arenisco y montuoso con declive al S., y varios regatos que forman las aguas que destilan de la *sierra de Fuente Fria* y de Nevosa contribuyen al origen del r. Arango, el cual corriendo de E. á O. pasa por bajo del puente Forcadiñas, proporciona algun riego, y da impulso á varios molinos harineros, antes de llegar á la felig. de San Martin, donde se une al Salas en el punto de la *Portage*. La sierra es áspera y prod. poco, sin embargo los montes de entre los pueblos, están cubiertos de robles, alisos, cerezos y castaños y se notan algunas piedras que indican haber mineral, si bien se ignora su clase. Los CAMINOS apenas pueden prestar el servicio para las labores del campo: la CORRESPONDENCIA se recibe en Lobios; y concurren á la feria de la *Pontage*: PROD. maiz, centeno, vino, algunas habichuelas, patatas y lino, y algunas frutas mal cuidadas: cria ganado vacuno, lanar, y cabrío, y abunda de perdices y conejos: se encuentran zorros y lobos: POBL. 104 vec. y 546 hab., de los que muchos jóvenes marchan á Lisboa y desde alli socorren sus familias: CONTR. con su ayunt. (V.).

ARAUJO (SAN MARTIN DE): felig. en la prov. y dióc. de Orense (9 leg.), part. jud. de Bande (3), y ayunt. de Lobios (1/4): dividida en barrios, se encuentran los de Requejo, San Martin y Villa en una hondonada á la falda del monte y ruinas del castillo de Araujo entre el r. de este nombre y el de Sala, en el ángulo que forman en su confluencia; Delás, Gustomeao, Regada y Saá se hallan á la izq. del citado r. Araujo y falda del monte *La Regada*: cercada de altos montes por NE. y S. disfruta un CLIMA suave y templado, si bien Regada y Gustomeao son frios por encontrarse en mayor elevacion, y en cuyos puntos apenas madura el vino. Las pleuresías, pulmonías y fiebres gástricas son las enfermedades comunes: 84 CASAS de un solo piso y de mala construccion forman los referidos l. con calles estrechas, torcidas y de mal pavimento: tiene 1 escuela dotada con 600 rs. y concurren 18 niños. La igl. parr. (San Martin) es pequeña, aseada y de regular arquitectura; tiene por anejo á la de San Pedro de Parada de la Ventosa á dist. de 1 leg. y térm. municipal de Muiños: el curato es de provision ordinaria, sin embargo el cura actual fue presentado por la casa de Monterey que ejercia el señorío: la administracion espiritual en el l. de Ganceiro se ejerce por este curato y el de San Salvador de Torno; tambien es mista las de Ribas de Araujo entre el párroco de San Martin y el de San Miguel de Lobios, escepto un vec.: el cementerio está en el átrio de la igl. que al efecto se halla murado; hay 3 capillas, la de San Lorenzo en el l. la Villa, San Silvestre en Regada y la de San Bernabé entre Delás y Saá, sin mas rentas que la caridad cristiana. El TÉRM. se estiende á 1/2 leg. cuadrada, y confina por N. con la de San Salvador de Torno á 1/2 leg., por E. con la de San Payo de Araujo á 1, y por S. y O. con la de San Miguel de Lobios 1/4: le atraviesa de E. á O. el r. de Araujo, de Reguero ó de Cabaleiro con cuyos tres nombres es conocido, el cual nace en la sierra de Araujo y baña al l. de San Martin, dejando á la der. á Ribas de Araujo; da impulso á varios molinos harineros, fertiliza los campos y se une en el punto de la Portage, á el Salas que nace en la Bullosa, y despues de correr 5 leg. pasa por los l. de Ganceiros y Gendive, formando parte de la línea divisoria de esta felig. y la de Torno que deja á la der. y se dirige á desaguar en el Limia: ambos r. prod. sabrosas truchas, anguilas y peces pequeños, y en cada uno hay un puente de un solo arco que se dice fueron construidos per los romanos: el de Araujo, llamado la Portage por los derechos que en él cobraba el conde de Monterey, fue reedificado en 1823 á espensas del arcediano de Tuy D. Manuel Martinez Rao, antecesor al actual cura; por los indicados puentes segun tradicion, pasaba la via militar romana de Astorga á Braga de la cual se conservan algunos vestigios y aun columnas cilíndricas con inscripciones, en la felig., de Torno, Lobios y Riacaldo y en el monte *Portela de Home* en la raya de Portugal á donde aquella se dirigia. El TERRENO montuoso, quebrado y arenisco, solo forma llano en la confluencia del Araujo y Salas al frente de San Martin y Requejo. Los CAMINOS estrechos y torcidos se hallan en el mayor abandono: el CORREO se recibe en Lobios á donde lo trae desde Orense, un peaton pagado por los ayunt. de Bande, Etrimio, Lobera y Lobios. El dia 24 de cada mes celebra feria en el sitio de la Portage, á donde concurre el ganado y frutos del pais, y algunos tenderos con paños y quincalla: PROD. maiz, centeno, vino algunas habichuelas, patatas, castañas y lino, buenas frutas y legumbres, aunque en poca cantidad por falta de cultivo: cria ganado vacuno y lanar, perdices, conejos y zorros, y no escasea de combustible: IND. telares de lienzo y 10 molinos harineros, esporta maiz para Portugal, y vino para el interior, é importa los demas articulos de primera necesidad: POBL. 141 vec., 500 alm.: CONTR. con su ayunt. (V.).

ARAUJOS: l. en la prov. de Orense, ayunt. de Rairiz y felig. de Sta. María de *Ordes* (V.).

ARAUNA: barriada en la prov. de Vizcaya, de la cofradia de Arguineta, en la v. de *Elorrio* (V.).

ARAUZO: desp. sujeto al ayunt. de la Nava en la prov. de Salamanca (5 3/4 leg.), part. jud. de Peñaránda de Bracamonte (5/4): SIT. en un llano á la orilla der. del r. *Almar*, y sacudido por todos los vientos: tiene 2 CASAS de un solo piso, bien distribuida, la una para la labor y custodia de los ganados, y estrecha la otra, conservándose las ruinas de la pequeña igl. de la ant. pobl.: las personas que habitan las casas, asi como los ganados, beben el agua del r. Confina por el N. con el Villar de Gallimazo, (3/8 de leg.), E. con Peñaranda (1/4), S. con la Nava (1/8), y O. con Alconada y Ventosa (1/4), y ocupa una estension de 5,420 huebras de terreno bastante llano, de las cuales 1,910 son de labor, 1,310 de pastos y 2,200 de monte de encina alto y bajo: las primeras que por tener mucha guija, son de costoso laboreo, están cultivadas en su mayor parte por los vec. de Ventosa, á 3 hojas, con 60 huebras de erial necesario, y su calidad es mediana con nuevas encinas de mérito superior; las labores se hacen con 2 pares de bueyes; los pastos son riquísimos y han alimentado por muchos años los celebrados toros de la ganaderia del Sr. Gaviria; y el monte se ha repuesto ya de las considerables pérdidas que sufrió durante la guerra de la Independencia: atraviesa el térm. de S. á N. el r. Almar de curso perenne, aunque de corto raudal, que despues de fertilizar unas 100 huebras de pastos, y de dar impulso á un molino harinero con 2 piedras, que generalmente solo trabaja en primavera é invierno, se introduce en el Tórmes. Los CAMINOS, ó mas bien veredas, que dirijen á los pueblos inmediatos se hallan en buen estado, por ser el terreno llano; la carretera de Madrid á Salamanca, usada solo en el buen tiempo por carruajes, le deja 2 tiros de bala al S., y tambien le toca algo por esta parte la cañada que viene del terr. de Rágama, pasa por Aldeaseca y Peñaranda y continúa por la Navilla: PROD.: cereales, bellota, ganados y caza menor, especialmente conejos: POBL.: 2 vec.: 10 háb.: CAP. TERR. PROD.: 1.162,550 rs.: IMP.: 58,127 rs.: en arrendamiento produce anualmente 50,000 rs.

ARAUZO DE MIEL: v. con ayunt. en la prov., aud. terr. y c. g. de Búrgos (11 leg.), part. jud. de Salas de los Infantes (7), dióc. de Osma (4): SIT. en un valle rodeado por N. de un cerro bastante elevado titulado de San Cristóbal, desde el que se alcanza á ver todas las sierras de Sigüenza, el puerto de Somosierra, el Moncayo y la Demanda, descubriéndose todavia en su cumbre los escombros de un santuario que existió antiguamente con advocacion del mismo santo; y por S. de una altura pequeña que domina toda la ribera del r. *Duero*: combátenle los vientos del N., y disfruta de CLIMA saludable, si bien en la primavera se padecen algunas tercianas. Se compone de 225 CASAS, muchas de ellas de piedra con balcones de hierro, distribuidas en varias calles y plazas; en la principal de estas se halla la casa de ayunt. formada de piedra silleria y adornada con 3 arcos y un balcon, tambien de hierro, en su fachada; en ella se encuentran el pósito, cárcel y otras habitaciones que hacen sea reputada por el mejor edificio del pais; tiene escuela de latinidad á la que concurren 13 discípulos que satisfacen al preceptor 2,860 rs. anuales, otra de primeras letras dotada con 2,000 y asistida por 60 ó 70 niños de ambos sexos; una fuente de abundante y esquisita agua que aprovechan los vec. para su consumo doméstico; y una igl. parr. dedicada á Sta. Eulalia de Mérida, servida por un cura y 2 beneficiados, cuyo curato se provee por el diocesano en oposicion en concurso general; el edificio se halla sit. en un pequeño cerrito en medio de la pobl.; está circunvalado de un gran átrio con sus barbacanas de piedra silleria, abierto por 3 puntos distintos que constituyen otras tantas entradas, de las que 2 son de gradas de piedra y otra á piso llano; en su fachada tiene un magnífico arco construido hace unos 60 años, cuya solidez y arquitectura ha admirado á varios inteligentes que han llegado á examinarle; debajo de él hay un gran pórtico que da paso á la entrada principal, y forma como un retablo de piedra franca, en donde se ve infinidad de animales marinos, distinguiéndose una sirena en cada mármol, y en la conclusion de estos una cornisa perfectamente trabajada, desde donde continua un segundo cuerpo que tiene por remate un floron orleadó, sostenido por 2 leones. El cuerpo de la igl. es todo de piedra silleria; consta de 3 naves embovedadas de la misma materia, con 5 altares, entre los que se llevan la preferencia el mayor de Sta. Eulalia y el de la Virgen del Rosario, que se doró y jaspeó el año 1842 á espensas de un devoto. La sacristía es bastante espaciosa y se halla muy bien provista de ornamentos: á la parte O. se eleva la torre de figura cuadrada, en cuyo capitel se encuentra el relox. Existe ademas dentro del pueblo y como á 200 pasos de la espresada igl. una ermita con el título de Nuestra Sra. de la Soledad, de piedra y construccion moderna con 3 retablos dorados de una estension bastante regular, por lo que podria, en caso necesario, servir de parr.: contiguo á ella está el cementerio cercado con una pared de cal y canto. En los afueras se encuentran otras 2 ermitas dedicadas á San Vicente Mártir y á Ntra. Sra. de Plumarejos: la primera de construccion muy ant. se halla sit. en medio de una deliciosa vega á un tiro de bala de la v.; concurriéndose á ella en rogativa el dia de San Márcos; y la segunda le está á 3/4 de leg. en un ribazo que forma una pequeña llanura circuida por todas partes de elevados cerros llenos de riscos y cubiertos algun tanto de pinos, enebros, estepa y otros arbustos; su nombre, segun los ant., era Pinarejos, lo que no deja de tener viso de certeza, si se atiende al lugar que ocupa; es de piedra mamposteria y de una sola nave; la capilla donde está la imágen forma una media-naranja con retablo construido el año 1705. Su festividad se celebra el dia del Dulce Nombre de María, á la que acude infinidad de gentes de los pueblos circunvecinos. Por su parte N., y como á los 20 pasos, sale de un peñon un brazo de agua que puede reputarse por la mejor y mas adundante de todo el térm., pues tanto en verano como en invierno conserva el mismo grado de frialdad, pudiendo tomarse á veces como purgante. Hácia el O. de la misma ermita hay una casa de construccion ant. y propia de la v., de tal capacidad que puede abrigarse en su recinto un número de alm. considerable. Confina el TÉRM. por N. con el de Pinillo de los Barruecos á 1 1/2 leg., por E. con el de Arauzo de Salce á 1, por S. con el de Espinosa de Cervera á 1 1/2, y por O. con el de Huerta del Rey á 3/4. En él se levantan 5 montes llamados La Sierra, Las Viñas, Valde Merino, La Sierra de Bañuelos, junto al r. de este nombre y el de Alares, conocido tambien por Arenal, Portillo y Ondooyales; todos están poblados de enebro, estepa, pinos, robles y otros arbustos, siendo el de mas distincion el de Alares por las preciosas maderas que de él se sacan para toda clase de edificios y manufacturas. Hállanse ademas enclavados en su jurisd. el barrio titulado de Doña Santos, dist. 1/2 leg. N. de la v., y el desp. que se conoció con el nombre de Tejervia, en el que solo se descubren algunos cimientos á 1/2 cuarto de la ermita de Plumarejes. El TERRENO en su mayor parte montuoso, aunque tiene tambien mucha tierra labrada de todas calidades, se halla fertilizado por las aguas del r. *Aranzuelo*, que naciendo de un gran estanque en la parte occidental de la pobl. y uniéndosele el arroyo que forman las aguas de la fuente de la v., sigue su curso, dando movimiento á un molino harinero á los 200 pasos O. de la misma, junto al cual le atraviesa un puente de un solo arco de piedra silleria; baña una hermosa vega en direccion tortuosa, y dejando á su izq. el pueblo de Arauzo de Torre, y á su der. los de Arauzo de Salce, Hontoria de Valdearados y Quemada, entra á 1/2 tiro de bala de este último, en el Arandilla. Otro r. llamado Bañuelos dimana de una fuente en el térm. de esta v. á 1/2 leg. de dist. y en direccion del camino que conduce á Caleruega; á 10 pasos de de su nacimiento hay un arco de piedra silleria bastante deteriorado, y á su inmediacion se advierten vestigios que manifiestan haber existido alguna pobl.; este r. sigue su curso al E., dejando á der. ó izq. los pueblos de Arauzo de Salce, Caleruega, Baños de Valdearados, Villanueva de Gumiel y Sinobas; á 1/2 hora del cual, y despues de atravesar el camino real de Francia, confluye con el Duero. Los CAMINOS conducen á los pueblos limítrofes, y se hallan en mal estado, particularmente en el invierno. La CORRESPONDENCIA la recibe de Aranda de Duero por balijero los miércoles y domingos al anochecer, saliendo los mártes y sábados: PROD.: toda clase de cereales, lino, legumbres y hortaliza; cria ganado vacuno, lanar y cabrio y caza de jabalies, zorros, lobos, venados, tasugos, liebres y perdices, y pesca de truchas, salmon, cangrejos y otros peces pequeños: IND.: 3 fáb. de curtidos, una de aceite de enebro, otra de cera y 3 molinos harineros suficientes para el abasto del pueblo: COMERCIO: estraccion de curtidos, cera, aceite de enebro y madera, é importacion de vino, aceite, jabon y otros art.: POBL.: en union con Doña Santos 110 vec., 442 alm.: CAP. PROD.: 2.206,110 rs.: IMP.: 182,656: CONTR.: 21,556 rs. 16 mrs. El PRESUPUESTO MUNICIPAL asciende á 800 rs., el que se cubre del fondo de propios, y cuando resulta algun déficit por reparto vecinal.

ARAUZO DE SALCE: l. con ayunt. en la prov., aud. terr. y c. g. de Búrgos (12 leg.), part. jud. de Salas de los Infantes (5), dióc. de Osma (6): SIT. en terreno pantanoso, donde le combaten todos los vientos, con CLIMA propenso á enfermedades idrópicas. Tiene 40 CASAS; la consistorial, escuela de primeras letras, á la que concurren sobre 28 niños de ambos séxos, y cuyo maestro está dotado con 20 fan. de trigo anuales, con la obligacion ademas de asistir á los trabajos de la sacristia; y una igl. parr. dedicada á Ntra. Sra. de la Asuncion servida por un cura; el edificio está sit. á 300 varas S. del pueblo; es de sólida construccion, y se halla circuido por un paredon que encierra dentro de sí el cementerio, en el que se levantan 2 grandes árboles, cuya antigüedad se pierde en la oscuridad de los tiempos. Dentro del pueblo hay una ermita titulada de Ntra. Sra. de las Angustias; y en los afueras otra bajo la advocacion de San Miguel, la que se halla bastante deteriorada. Hay ademas en el casco de la pobl. 2 fuentes, de cuyas esquisitas aguas se abastecen los vec. para su consumo doméstico. Confina el TÉRM. por el N. con Arauzo de Miel á 1 leg., por E. con el de Arauzo de Torre á 1/2, por S. con el de Huerda de Beya á 1, y por O. con el de Caleruega á 1/2. Brotan en él varias fuentes de abundantes y buenas aguas; contándose 2 montes poblados de encinas, enebro, tejo, roble y otros arbustos. El TERRENO, generalmente arcilloso y llano, se se halla fertilizado por los r. Aranzuelo y Bañuelos. Los CAMINOS son locales, la mayor parte de ellos carreteros, y se hallan en estado regular. La CORRESPONDENCIA la recibe de Aranda de Duero por el balijero de Arauzo de Miel, los domingos, mártes y miércoles, saliendo los sábados: PROD.: toda clase de cereales, legumbres y alguna hortaliza; cria ganado vacuno, lanar y cabrio; caza de liebres, perdices, y algunos zorros, lobos y jabalies, y pesca de truchas: IND. y COMERCIO: ademas de las labores del campo se ocupan los vec. en tejer lienzos caseros; hay 2 molinos harineros suficientes para el abasto del pueblo, uno propiedad del l., y otro de un particular: POBL.: 26 vec.: 104 alm.: CAP. PROD.: 463,910 rs.: IMP.: 45,033 rs.: CONTR.: 4,642 rs. 4 mrs.

ARAUZO DE TORRE: l. con ayunt. en la prov., aud. terr. y c. g. de Búrgos (13 leg.), part. jud. de Aranda de Duero (5), dióc. de Osma (6): SIT. en un vallecito á la izq. de una deliciosa vega y á la inmediacion del sitio que ocupó la ant. Clunia; combátenla todos los vientos, y disfruta de CLIMA saludable, pues solo se padecen algunas tercianas producidas por la humedad del r. *Aranzuelo* que atraviesa el térm.: tiene 40 CASAS de construccion ordinaria y de poca comodidad, entre las que se encuentra la de ayunt., que sirve ademas de pósito y cárcel; hay escuela de primeras letras, á la que concurren de 10 á 12 niños de ambos sexos, cuyo maestro está dotado con 19 fan. de grano y 45 rs., con la obligacion tambien de desempeñar los trabajos de la sacristía; y una igl. parr. bajo la advocacion de San Pedro Apóstol, servida por un cura, la cual tiene por anejo al desp. de Quintanilla la Yerma; su edificio en tiempo de los romanos debió ser un fortin, y en el de los moros mezquita, si se atiende á las inscripciones cortadas que aparecen en una lápida que hay sobre la puerta principal. En los afueras de la pobl. brota una fuente abundante de buenas aguas que aprovechan los vec. para sus usos domésticos, encontrándose tambien varios manantiales en el térm. para abrevaderos de los ganados. En sus inmediaciones existen dos ermitas dedicadas la una á Ntra. Sra. de los Remedios, y la otra á la de Quintanilla de la Yerma; la primera sit. junto al camino que dirije á Aranda, se halla adornada interiormente de grandes y hermosos cuadros, que han sido admirados por cuantos han tenido ocasion de examinarlos; y la segunda á la dist. de 1 leg. O. al desp. de su nombre, térm. jurisd. de Caleruega y jurisd. ecl. de este pueblo: fue en tiempos pasados parr., cuya asercion se hace probable por la pila de bautismo que aun existe en ella, aunque algo derruida. Confina el TERM. por N. con el de Arauzo de Salce á 1/2 leg., por E. con el de Peñalva de Castro, por S. con el de Caleruega, ambos á 1 leg., y por O. con los de Coruña del Conde y Hontoria de Valdearados á 1 y 2 leg. El TERRENO, aunque pantanoso en su mayor parte, es de mediana calidad, y se halla fertilizado por las aguas de los ya citados manantiales y por las del r. *Aranzuelo*, al que atraviesa un puente de madera de 7 pies de elevacion, edificado sobre los cimientos de la calzada de la gran Clunia ó capital de los romanos. A las partes S. y O. del pueblo se elevan 2 montes cubiertos de robustas encinas, enebro, jabinas, estepas y otros arbustos, en los que hay tambien 2 grandes canteras. Los CAMINOS son locales y se hallan en buen estado. La CORRESPONDENCIA la recibe de Aranda de Duero por el balijero de Arauzo de Miel: PROD.: cebada, avena, cáñamo, patatas, vino y algunas legumbres; cria ganado vacuno y lanar, llamado churro, inferior á todos los del pais; caza de liebres y perdices, y pesca de truchas, cangrejos y algunos peces.: IND. 2 molinos harineros, uno propiedad de las monjas de Caleruega, y otro de este pueblo; ambos estan en buen estado y son suficientes para el abasto de los vec.: POBL. 17 vec., 68 almas: CAP. PROD.: 649,900 rs.: IMP.: 63,938: CONTR.: 2,428 rs. 14 mrs. El PRESUPUESTO MUNICIPAL asciende á 2.026 rs. que se cubre por reparto vecinal.

ARAUZOS (LOS): jurisd. ant. en la prov. de Búrgos, que comprendia los pueblos de Arauzo de Miel, Arauzo de Salce, Arauzo de Torre, Baños de Valdearados, Doña Santos, Espinosa de Cervera, La Gallega, Hinojar del Rey, Huerta del Rey, Quintanaraya, Tubilla del Lago y Valdeande.

ARAVACA: v. con ayunt. de la prov., adm. de rent., aud. terr. y c. g. de Madrid (1 1/2 leg.), part. jud. de Navalcarnero (5): dióc. de Toledo (12): SIT. sobre una pequeña colina á la izq. de la carretera general de Madrid á Castilla la Vieja y Galicia; la baten en invierno los aires del N. y O., y en el verano los del E. y S., con CLIMA saludable, si bien propenso á las enfermedades estacionales: tiene 81 CASAS, entre las que hay 8 ó 10 bastante buenas, otra para el ayunt., pósito, cárcel, cuartel de la estinguida compañía de fusileros guarda-bosques; hospital fundado y dotado por D. Bartolomé Perez de Villoria; natural de esta v. y presbitero racionero de la cat. de Sevilla en 1599, para albergar pobres transeuntes, y recibir los de tránsito para el general de Madrid; escuela de niños, á la que asisten 30, dotada con 1,500 rs.; otra de niñas á la que van 16, y la maestra percibe 400 rs. pagados todos por los fondos públicos; igl. parr. dedicada á la Asuncion de Ntra. Sra. bajo el título de Santa Maria la Blanca, con curato perpétuo de provision del diocesano en concurso general; está parr. tiene por anejos el l. de las Rozas, el palacio de la Zarzuela, la Puerta de Hierro, varias casas del Real bosque del Pardo, y del camino real, que aumentan 120 alm. á la felig.: en los afueras, á 80 pasos de la espresada carretera, se halla la ermita de Ntra. Sra. del Buen Camino. 2 fuentes de esquisitas aguas, un paseo, en el ant. camino de la real Casa de Campo en el cual se construyó en el año 1780 una fuente de buen órden, y en su cúspide un cuadrante de sol y luna exactamente delineado; un gran parador sobre la carretera construido en 1831 por el coronel D. José Gonzalez San Juan, de buena disposicion, grandes cuadras y almacenes. Confina el TERM. por N. con las Rozas y el Pardo á 5/4 leg.; por E. el Real bosque del mismo Pardo á 1/4; por S. real Casa de Campo y Húmera á 1/2 leg. y O. Pozuelo de Alarcon á 3/4; comprendo 3,000 fan. de tierra, 300 de buena calidad, 800 de mediana, 1,500 de inferior, 18 de huertas y lo restante consiste en terreno improductivo y barrancos: en lo ant. tenia esta v. sus deh. al N. que se estendian hasta el real conv. del Pardo, y se incluyeron en el ensanche del real bosque, cuyo cap. debia pagar S. M.: en el dia está impuesto en la Caja de Amortizacion: báñale un pequeño arroyo que nace al O. de Pozuelo de Alarcon: CAMINOS: el general de Castilla: recibe el CORREO por apartado en Madrid: PROD. trigo, cebada, algarrobas, garbanzos, habas, avena, centeno, guisantes, vino y toda clase de verduras; se mantiene poco ganado lanar, y el vacuno necesario para las labores: IND. y COMERCIO: una fáb. de jabon duro con 3 calderas, otra de curtidos; 1 molino de chocolate, con 2 piedras, una tahona, 4 posadas públicas, y 1 almacen de aceite y jabon: POBL.: 81 vec. 493 alm.: CAP. PROD.: 3.135,741 rs.: IMP.: 135,419: CONTR.: con inclusion de la de culto y clero; 28,946: PRESUPUESTO MUNICIPAL; 15,000, del que se pagan 2,200 al secretario por su dotacion, y se cubre con algunos pequeños fondos del comun y repartimiento vecinal.

ARAVALLE: r. de la prov. de Avila, part. jud. del Barco: se forma de las gargantas de la Candeleda y el Sordo, que descienden con otras de menos caudal de las montañas del puerto de Tornavacas; corre por el térm. de Santiago de Aravalle, bañando la vega llamada del Escobar, en direccion al E. y N. hasta desaguar en el Tormes en el sitio denominado puente de las Aceñas, á 2 leg. de Santiago y 1/8 de la v. del Barco, recibiendo antes en su curso, á las inmediaciones de las Casas del Rey, la garganta de la Solana: este r. tiene 2 puentes; uno titulado de San Julian á 1/4 leg. S. del referido l. de Santiago, en direccion al camino que conduce á Estremadura, de 2 arcos; otro en el sitio donde desemboca en el Tormes, que se llama puente de las Aceñas, de 5 ojos y regular construccion; y ademas un ponton junto á las casas de las Veguillas de construccion moderna con mucho gusto y solidez: sus márg. están pobladas de arbolado de aliso, y sus aguas llevan el gérmen de la fertilidad á las praderas y linares limitrofes, dando ademas movimiento á 1 molino harinero en el puente de San Julian, otro frente á las casas del Rey, otro al puente de las Aceñas; y cria abundante y delicada pesca de truchas, apreciadas en la córte como todas las de las muchas gargantas y riach. de aquel pais.

ARAVALLE (SANTIAGO DE): l. con ayunt. de la prov., adm. de rent. y dióc. de Avila (10 leg.), part. jud. del Barco de Avila (2), aud. terr. de Madrid (32), c. g. de Castilla la Vieja (Valladolid 28): SIT. á espaldas de las sierras de Béjar, entre estas y la vega titulada de Escobar: reinan con mas frecuencia los encontrados vientos del S. y del N., con CLIMA frio y nebuloso por la contigüidad á las sierras, y suelen padecerse anginas como enfermedad epidémica: tiene 20 CASAS, malas, otras cuantas arruinadas, la de ayunt. igual á las demas, é igl. parr. dedicada al Apóstol Santiago, la cual es matriz de la felig., que ademas de este l. comprende los de Casas del Abad, Las Fustias, la Umbria, Casas de Mari-Pedro, Casas de las Veguillas, Casas del Rey y Naharros; los vec. se surten de agua en 2 fuentes llamadas del Corcho y del Fraile que se hallan á la inmediacion de las casas. Confina el TERM. por N. con la Solana de Béjar, E. Gil-Garcia, S. Casas del puerto de Tornavacas, y O. con la sierra de Béjar y jurisd. de la Zarza, en estension que no pasa de 1/2 leg.: en él está comprendida, entre este l. y las Casas de las Veguillas, la famosa vega del Escobar de 1/4 leg. de estension: por ella enfila el camino real para la prov. de Cáceres: es una superficie casi plana, aun cuando le baña el r. Araballe se halla abandonada por la inferioridad de su terreno que solo prod. juncos: por la banda del S. se halla tambien la montaña del puerto de Tornavacas, por el E. la sierra de Gil-Garcia, y por O. las elevadas crestas de la de Béjar, en cuyo intermedio está la sierra del Redondo, que solo prod. escobas de brezo, y 1 montecillo llamado el Coto de Santiago, de 1/4 leg. de circunferencia: por esta descripcion se deduce facilmente la aspereza del TERRENO, pelado en mucha parte de las sierras, calizo y pedregoso, y en los sitios bajos algunos prados y bastante arbolado de roble y castaño, cuyas maderas son útiles para la construccion de edificios: los CAMINOS son todos ásperos, y cruza el térm. el ya dicho que conduce á la prov. de Cáceres, y viene por el puerto de Tornavacas, para dirigirse al Barco, Piedrahita puerto de Villatoro, Avila y Madrid: PROD.: la mas abundante es la de patatas, judías y castañas, algunos cereales y lino, surtiéndose de los demas art. de consumo por los trajineros de los pueblos inmediatos; se mantiene algun ganado vacuno, muy poco lanar y cerdoso, y mucha caza de todas clases: POBL. 14 vec.; 56 alm.: CAP. PROD.: 135,500 rs.: IMP. 15,420: CONTR. 4,485 rs. 12 mrs.: PRESUPUESTO MUNICIPAL: 600, del que se pagan 200 al secretario por su dotacion, y se cubre por repartimiento vecinal.

ARAVIANA: riach. en la prov. de Soria, part. jud. de Agreda: tiene su origen en la falda meridional del Moncayo á las inmediaciones del pueblo de la Cueva: baña por su der. los térm. de este pueblo y los de Novierças, Olbega y Cardejon; y por la izq. los de Villamediana y Pinilla del Campo, uniéndose en los térm. de este al Rituerto: en su tránsito se encuentran diferentes molinos harineros, que por la escasez de las aguas solo pueden moler á represadas, y aun algunos solo en el invierno; porque en el verano generalmente se interrumpe el curso de este r. á las 2 1/2 leg. de su nacimiento; siendo solo en este pequeño trozo donde cria algunas truchas y otros peces.

ARAVIANA (CAMPOS DE): uno de los desp. de la v. de Agredá, SIT. á la falda del Moncayo entre los pueblos de La Cueva y Novièreas: en estos campos existió una pobl. de la que tomaron nombre; fué arruinada en el siglo XIV; á sus inmediaciones se encuentra el cerro de la Batalla ó de los Siete infantes de Lara, porque en ella murieron con heroismo los 7 hijos de Gonzalo Gustio, á manos de insuperables fuerzas sarracenas, emboscadas al efecto por intriga de Ruy Velazquez, en venganza del ultraje que creia hecho á su mujer por el menor de los hermanos; sin que bastase en desagravio haber entregado al anciano padre á voluntad del moro, enviándole con una carta cual la de Urias. Hallábase en Araviana, el año 1359, D. Juan Fernandez de Hinestrosa, esperando que D. Diego Perez Sarmiento, Juan Alfonso Benavides, D. Pedro Nuñez de Guzman y D. Pedro Alvarez Osorio acudiesen con su gente contra la entrada que el conde D. Enrique habia hecho por la comarca de Agreda con D. Tello y D. Pedro de Luna, y 600 caballos, cuando valiéndose el conde D. Enrique de la ocasion, le acometió con tanto valor que fueron derrotados los castellanos, muerto el mismo Hinestrosa y otros muchos, é Iñigo Lopez de Orozco, se contó entre los prisioneros: Sarmiento y Benavides llegaron cuando ya estaba acabado el combate, con lo que hubieron de retirarse. Algunos sospecharon haber estos dilatado su venida, por no estar bien con Hinestrosa; Nuñez de Guzman y Alvarez de Osorio no hubieron de portarse bien en esta jornada por igual motivo, y se fueron á Leon temerosos del Rey, quien habiendo sabido este suceso, envió por frontero á esta comarca á Gutierre Fernandez de Toledo, que estaba en Molina.

ARAVIAO DE ABAJO: ald. en la prov. de Oviedo, ayunt. de Llanes y felig. de Sta. Eulalia de *Carranzo* (V.): POBL. 5 vec.; 26 almas.

ARAVIAO DE ARRIBA: ald. en la prov. de Oviedo ayunt. de Llanes y felig. de Sta. Eulalia de *Carranzo* (V.): POBL. 2 vec., 9 almas.

ARAVIO: barriada en la prov. de Vizcaya, y una de las que comprende la cofradia de San Bartolomé en la v. de *Elorrio* (V.).

ARAY: pago de la isla de Tenerife, prov. de Canarias, part. jud. de Orotava, jurisd. y felig. de la v. del valle de *Santiago* (V.).

ARAYA: pago de la isla de Tenerife, prov. de Canarias, part. jud. de Sta. Cruz; jurisd. y felig. del l. de *Candelaria* (V.).

ARAYA: pequeña ribera de la prov. de Cáceres, part. jud. de Alcántara, térm. jurisd. de *Brozas*: nace en la sierra llamada Cabeza de Araya á 1/2 leg. SE. de Navas del Madroño, marcha do N. á S., atraviesa toda la deh. que lleva el nombre de la ribera para desaguar en la der. del r. Salor, al S. y 2 leg. de Brozas: la tierra que corre no presenta barrancos, ramblas ni gargantas, por ser completamente llana: solo se utilizan sus aguas para abrevadero de los ganados; son limpias y poco abundantes: los arroyos que le entran son de poco caudal, asi es que se seca en el estío: no tiene pesca ni puentes.

ARAYA: v. desp. de la prov. de Cáceres, part. jud. de Alcántara, jurisd. de Brozas: SIT. en el camino de Navas del Madroño á la Aliseda, á 2 leg. del primer punto al SO., 2 al N. del segundo, 2 1/2, S. de Brozas, S. NO. de Arroyo del Puerco, 4 O. de la cap. de la prov. en terreno llano; tiene solamente una casa antiquisima donde todavia se ven restos de blasonaje con un escudo de armas á su espalda orlado de lanzas y banderas: en el interior del edificio hay un oratorio dedicado á San Pedro de Alcántara, donde se celebra misa por un sacerdote que al intento va de los pueblos inmediatos todos los dias de precepto; un departamento, que se denomina cárcel, y en el interior un gran corral llamado del concejo, donde los guardas encierran el ganado aprehendido en el térm. para exijir las penas correspondientes; una huerta y un horno de pan para servicio de los moradores: este desp. tuvo siempre en lo ant. las consideraciones de v., nombrándole alc. para su obierno; y gozando de todas las prerogativas que como tal se le debian: en el dia se halla bajo la direccion de un administrador, y por consiguiente han cesado cuantos privilegios tuviera: su TÉRM., que comprende unas 4 leg. cuadradas, confina por E., N. y O. con el propio de la v. de Brozas á cuya jurisd. está agregado, y por el SO. con el de arroyo del Puerco; tiene buen arbolado de encina y alcornoque, un gran olivar cercado de pared al E. de la casa, y le riega la ribera del mismo nombre que nace dentro de sus lím. (V.). Era una de las encomiendas pertenecientes al infante D. Antonio Pascual, y despues á D. Cárlos, y se ha enagenado últimamente como bienes nacionales; habitan 7 ú 8 individuos que tienen á su cargo la custodia de aquel distrito: su RIQUEZA Y CONTR. están incluidas en la v. de Brozas.

ARAYA: l. en la prov. de Alava (5 leg. á Vitoria), dióc. de Calahorra (23), vicaria y part. jud. de Salvatierra (1 1/2), de la herm. y ayunt. de Asparrena del que es cap.: SIT. cerca del puerto de San Adrian y falda S. de la montaña de Araz: CLIMA ventilado, frio y sano: hay unas 60 CASAS, entre las que se encuentran las destinadas para el ayunt., cárcel y escuela: tiene igl. parr. (San Pedro Apóstol), servida por 2 beneficiados: el edificio es mediano, y en él se observan 4 piedras con fragmentos de inscripciones romanas que no pueden comprenderse. El TÉRM., como á menos de 1/4 de leg. desde el centro, confina por E. con Albeniz, por S. con Amezaga á 1/2 leg., al O. Zalduendo, y por el N. la indicada montaña de Araz, por cuya parte tiene buenos montes de roble y hayas, una buena mina de hierro y las ruinas de un cast. sobre la cumbre de una escarpada roca; báñale por esta misma parte el r. Burunda, que baja por el térm. de la citada v. de Zalduendo, partícipe con Araya de los montes y terr. del desp. Astrea (conocido por Aistra), sit. al O.: al E. se halla otro desp. (*Amamio*) que aprovecha de mancomun con el l. de Alberniz: el TERRENO, aunque quebrado, participa de tierra bastante fértil: los CAMINOS son locales, en mediano estado, siendo de notar el que por una peña horadada dirige por el puerto de San Adrian á Cegama, primer pueblo de Guipúzcoa: el CORREO se recibe por Salvatierra: PROD. toda clase de cereales, legumbres y alguna fruta y hortaliza: cria ganado lanar, vacuno, cabrio y de cerda: IND.: la famosa ferr., en donde se elabora todo género de herraje y herramientas para la labranza, y 6 molinos harineros que ocupan, á mas de la agricultura, á toda la POBL.: esta consiste en 53 vec.: 332 alm.: RIQUEZA Y CONTR. (V. ALAVA INTENDENCIA).

ARAYO: pago de la isla de Tenerife. prov. de Canarias, part. jud. de Sta. Cruz, jurisd. y felig. del l. de *Candelaria* (V.).

ARAYON: l. en la prov. de Oviedo, ayunt. de Cangas de Tineo y felig. de Sta. Eulalia de *Cuera* (V.).

ARAZ: barrio en la prov. de Guipúzcoa, part. jud. de Tolosa: SIT. á 2 leg. de *Besain* á cuya v. pertenece (V.).

ARAZA: cortadura escarpada en las montañas occidentales de la isla de Tenerife, prov. de Canarias, part. jud. de Orotava: se encuentran en ella diferentes cuevas abiertas en la misma tosca de los cerros, cuyos hab. forman parte del ayunt. y felig. del valle de *Santiago* (V.).

ARAZURI: l. con ayunt. de la cend. de Olza, en la prov., aud. terr. y c. g. de Navarra, merind., part. jud. y dióc. de Pamplona (1 leg.), arciprestazgo de Cuenca: SIT. á la der. del r. *Arga* en un llano circuido de montañas: le combaten principalmente los vientos del N. y S., y goza de CLIMA muy sano. Tiene 40 CASAS, la de ayunt. comprada á carta de gracia por 200 ducados navarros; una taberna, un palacio de mucha estension con pozo de escelentes aguas, propiedad del conde de Escalante; escuela de primeras letras frecuentada por 35 á 40 niños de ambos sexos, cuyo maestro percibe sobre 1,200 rs. de sueldo anual; una igl. parr. dedicada á San Juan Bautista, servida por 1 cura párroco, 1 beneficiado, y sacristan, y 2 ermitas que nada de particular ofrecen. Confina el TÉRM. por N. con el de Iza (1/2 leg.), por E. con el de Pamplona (1), por S. con el de Gazolaz (3/4), y por O. con el de Ororbia (1/2). El TERRENO llano, en lo general, es bastante fértil; abraza 2,900 robadas, de las cuales se cultivan 2,400, reputándose 300 de primera calidad, 500 de segunda y 1,600 de tercera; cada una rinde comunmente en un año 3 robos por uno de sembradura. Entre las destinadas á labor hay 150 robadas plantadas de viña. Las tierras baldias prod. abundantes y sabrosos pastos para toda clase de ganados, sin que se les pueda dar otro aprovechamiento. Las labores del campo se hacen con bueyes y azada, habiendo 600 robadas cultivadas por propietarios, y 180 por arrendadores; pues las de esta última clase corresponden, 1,120 á mayorazgos, 50 á capellanias, y las restantes á sugetos residentes en esta jurisd: PROD.: trigo, cebada, maiz, vino y legumbres; cria ganado vacuno, lanar y cabrio; y hay caza de varias clases: POBL., segun datos oficiales, 65 vec., 242 alm.: CONTR. con la cend. El PRESUPUESTO MUNICIPAL se cubre con los prod. de fincas de propios, que consisten en tierras de pasto, y lo que falta por reparto entre los vecinos.

ARBA DE BIEL: r. de la prov. de Zaragoza, part. jud. de Sos; tiene su origen al pie de la sierra de Sto. Domingo, térm. de la v. de Biel, al N., y á 1 hora de dist. de la misma: en su direccion al S. pasa tocando las paredes del pueblo; riega una huerta y algunos otros trozos de tierra llamados Recucjos, y entra en térm. de El Frago, primer pueblo del part. jud. de Egea de los Caballeros, cuyo terreno fertiliza, asi como los de Junes, la Rute y Paules, sit. á su márg. izq.; y los de Villaverde, Luna, Erla, en donde cambia su direccion al O., Santia y Ega, en cuyo térm. se une al r. *Arba de Luesia*. En invierno y primavera lleva sobre tres muelas de agua, pero disminuye mucho en verano, conservando apenas la suficiente para el riego de los campos inmediatos: cria barbos, madrillas y alguna anguila.

ARBA DE LUESIA: r. de la prov. de Zaragoza, part. jud. de Sos, tiene su origen al pie de la sierra de Sto. Domingo, al N. y á dist. de 3 horas de la v. de Luesia, aumentado en caudal con las aguas del barranco de Lucientes que nace en la partida de este nombre, y con otros procedentes del monte de Lobera, despues de regar varios trozos de tierra por una y otra de sus márg., pasa á dist. de 1/2 hora de la espresada v., donde tiene un puente de madera sobre pilastras de piedra; llega al térm. de Uncastillo que fertiliza, asi como la partida denominada Fuente de la Morera; sigue al NO., entra en la jurisd. de Biota, primer pueblo del part. jud. de Egea, continúa siempre su curso al S., y pasa regando los térm. de Ribas, en el que se le une un arroyo que viene de Jaraidues de Egea donde se le junta el *Arba de Biel* de Añosa, Canales, Mira y Tauste, sit. todo á su izq., y los de Bayos en cuyo punto recibe el r. Ores de Pibuel, donde recoge las aguas del Raguel y de Canduero; en este térm. despues de un descenso de 18 leg. deja su nombre y aguas confundidos en el Ebro. En el invierno y primavera lleva de 4 á 6 muelas de agua, y en el verano solo la bastante para el riego de los muchos campos que fertiliza, y para que no cese el movimiento del considerable número de molinos harineros que alimenta: cria barbos, madrillas y algunas anguilas de esquisito gusto.

ARBACA: c. mencionada por Estephano Byzantino; redúcese á la v. de *Arbeca*, no lejos de Lérida.

ARBACEGUI: barriada en la prov. de Vizcaya; una de las que componen la anteigl. de Arbacegui, conocida vulgarmente por Munitibar y Munditibar.

ARBACEGUI (llámase tambien MUNITIVAR ó MUNDITIBAR): anteigl. con ayunt. en la prov. de Vizcaya (6 leg. á Bilbao), dióc. de Calahorra (30), aud. terr. de Búrgos (30), c. g. de las prov. Vascongadas (10), part. jud. de Marquina (2): SIT. en un llano rodeado por los montes de Oiz, Achagana, Motrollu, Gaztiburu y Gautiribil: su CLIMA es frio y sano: tiene 100 CASAS dispersas formando barriadas, como lo son Aldaca, Arbacegui, Berreño, Goxenolea, Munitivar, Totorica, Zuzaeta y otras: hay casa de ayunt. y escuela dotada con 2,000 rs., á la cual asisten unos 60 niños. La igl. parr. (San Vicente), estaba sit. en la loma de Arbacegui, donde existe hoy la ermita de San Miguel, pero fue trasladada, por hallarse ruinosa, á la barriada de Munditivar, despues de vencida la oposicion que presentaron las demas barriadas: es de una nave de 100 pies de long. con 39 de lat.; tiene, ademas del cementerio, 52 sepulturas y una tumba de la casa solar de Munditivar; esta servida por 3 beneficiados, dos de ellos con la cura de almas, los cuales asi como el sacristan que lo es un ecl., tiene título de perpetuo y son presentados por el patrono D. Eulogio Ramon de Lunirraga, y finalmente hay 8 ermitas repartidas en las barriadas de que se ha hecho mérito. El TÉRM. confina por N. á 1 leg. con Murelaga, por E. á igual dist. con Cenarruza y su pueblo de Bolibar, por S. á 5, con Guerricaiz, y por O. á 1 leg. con Mendata: comprende las casas solariegas de Aldaolea de Suso y Aldaolea de Yuso, Garro, Goicolea, Gojeazcoa, Totorica, Jauregui, Zubialdea, Zubicoa y la de Bengbolea, fundada en 1080. El TERRENO es escabroso, costanero, medianamente fértil, pero en lo general duro para la labor; le baña el r. principal de *Marrayu* que nace en el puente de Marrayo y lleva su curso por la der. de Guirricaiz, corre por el centro de Arbacegui, sigue á la der. de Murelagá, pasa por Guizaburuaga y desagua en el r. Lequeitio despues de haberle cruzado los puentes de Goicolea, Garro, Olaechea, Zubialdea y Zubibarriaga en el térm. de Arbacegui y Guirricaiz; los de Cetóquiz y Anzidor, en Murelaga, y el de Ingunza en el de la v. de Lequeitio. Los CAMINOS de carril, de Guernica á Marquina son medianos, y se está construyendo uno desde Municta á Lequeitio; de este punto se recibe el CORREO por medio de un peton que pasa á recogerlo de la adm. de Durango. PROD. trigo, maiz, manzanas, castañas y algunas legumbres: cria ganado vacuno, lanar y caballar: hay caza de liebres, perdices y tordas: pesca de truchas, anguilas, nutrias, y bermejuelas; 7 molinos harineros; y se recria y engorda el ganado vacuno: POBL. 113 vec.: 700 alm.; segun los datos oficiales solo corresponden 488 hab. Su RIQUEZA Y CONTR. (V. VIZCAYA INTENDENCIA).

ARBAIZA: casa solar y armera de Vizcaya, en la barriada de Muncharaz en la anteig. de *Abadiano*.

ARBAIZAS: cas. en la prov. de Vizcaya, ayunt. de *Orozco* y felig. de *San Juan Bautista* (V.).

ARBANCON: v. con ayunt. de la prov. y adm. de rent. de Guadalajara (6 leg.), part. jud. de Cogolludo (1/2), aud. ter. y c. g. de Castilla la Nueva (Madrid 16), dióc. de Toledo (28): SIT. en un llano rodeado de colinas bajas, valles ó valles pequeños, y al pie de una sierrecita: goza de CLIMA saludable; dominando con mas frecuencia el NE., y son sus enfermedades mas comunes las intermitentes y algun reuma: tiene 170 CASAS, de las que estan habitadas 134 regulares en lo general, y algunas de buena fáb.: la del ayunt. es bastante decente, con la cárcel, una posada y un horno, todo en el mismo edificio; tiene ademas la v. otra casa para pósito y escuela: á esta asisten 64 niños de ambos sexos; el maestro está dotado por los fondos públicos con 1,300 rs. y 20 fan. de trigo: la igl. parr., San Benito Abad, es muy buena, y con un hermoso capitel de pizarra, y curato perpetuo en oposicion; tiene ademas 2 ermitas á las salidas del pueblo, tituladas Ntra. Sra. de la Soledad, y Ntra. Sra. de los Huertos, y mas lejos otra con la advocacion de Ntra Srá. de la Salceda; por último el cementerio se halla en parage sano y ventilado, y todas las inmediaciones de la v. estan cubiertas de árboles. Confina el TÉRM. por N. con el de Monasterio y Fraguas; E. y S. el de Cogolludo; y O. con los de Jocar y Romerosa; estendiendose de 1/4 á 1/2 leg., y comprende 2,400 fan., de las cuales estan destinadas 1,000 fan. de secano y 100 de regadio á los cereales, y algun olivo; otras 1,000 á viñedo con 600,000 vides; 200 á monte marañal, y 100 que ocupa la deh. boyal con sus agregados, regularmente poblada de roble bajo; brotan en diferentes sitios 11 fuentes todas de aguas potables, aunque algunas gruesas, que no solamente surten al vec. para sus usos domésticos, sino que sirven tambien para el regadio, cruzando los valles en una multitud de acequias en distintas direcciones: el terreno es áspero por la parte del N. con algunas canteras de piedra jaspe, pero en lo general de buena calidad: salen 6 CAMINOS todos vecinales á los pueblos inmediatos, y en estado regular segun la naturaleza del suelo; el CORREO se recibe de Cogolludo por medio de balijero, los domingos, miércoles y viérnes de cada semana: PROD.: trigo, cebada, centeno, avena y toda clase de legumbres, algo de aceite, pocas frutas, y mucho vino; se mantiene ganado lanar, cabrio y de cerda, y se cria alguna caza menor: POBL. 176 vec. 512 alm.: CAP. PROD. 2.113,300 rs. IMP. 181,200: CONTR.: 10,943 16 mrs.: PRESUPUESTO MUNICIPAL: 3,000, del que se pagan 800 al secretario por su dotacion: se cubre con el importe de los puestos públicos, y rent. de las heredades de propios. Esté pueblo se hizo v. en el año 1722.

ARBANIES: l con ayunt. de la prov., adm. de rent., part. jud. y dióc. de Huesca (3 leg.), aud. terr. y c. g. de Zaragoza (12 1/2): SIT. á la márg. izq. del r. Botizalema, en un llano libre á la influencia de todos los vientos y con un CLIMA de lo mas sano. Tiene 40 CASAS en general de un solo piso y de pocas comodidades; las calles están sin empedrar, y en inviérno se ponen intransitables. Hay una escuela de primeras letras dotada con 700 rs. anuales, pagados de los fondos del comun; concurren á ella de 16 á 20 alumnos; y 1 igl. parr. bajo la advocacion de Ntra. Sra. de los Angeles, servida por 1 cura y 1 sacristan: el curato es de cuarta clase y lo provée S. M. ó el diocesano en concurso general. Junto á la igl., cuyo edificio es muy antiguo, se ve un medio derruido torreon, tan viejo como aquella, y con muchas señales en su fáb. de corresponder al tiempo del bajo imperio. Fuera de la pobl., en parage bien ventilado, está el cementerio; mas cerca que este 2 fuentes, llamada la una de Fayed y la otra la Picada: de la primera se surten los vec. en el verano; y de la segunda en el invierno; para abrevar los ganados hay 3 balsas, tambien poco separadas del pueblo. Confina el TÉRM. por el N. con el de Coscullano, por el E. con el de Ibieca, por el S. con el de Liesa, y por el O. con el de Baudalies. El TERRENO es parte llano y parte montuoso: los cerros mas elevados que esta última cuenta, son: la Sarda en el que cria algunas yerbas de pasto y coscojo para el combustible, el Mondod, la altura llamada de Come-carne, y la Ripa; en general es de mediana calidad y de secano; el regadío apenas llega á 2 cahizadas, cuyo beneficio presta una fuente llamada del Aguillan, SIT. al E. El Batizalema ya mencionado, baja serpenteando desde lo alto, y pasa á dist. de 1/4 de hora; es de curso perenne, llevando cuando mas escasa una muela de agua: tiene un puente de piedra muy deteriorado, y se saca de él una acequia que sirve para dar movimiento á las ruedas de un molino harinero. Cruza por el térm. el CAMINO que desde la capital de la prov. conduce á Sobrarbe: PROD.: vino, trigo, poco aceite y cebada y algunas legumbres; cria ganado lanar, cabrio, vacuno y caballar en corto número, caza de perdices, conejos y liebres; y pesca en el r. de barbos, y algunas anguilas: POBL. 40 vec., 15 de catastro, 140 alm.: CONTR. 4,782 rs. 27 mrs.

ARBAS: l. en la prov. y dióc. de Oviedo, part. jud. y ayunt. de Cangas de Tineo (4 1/4 leg.), y felig. de San Julian de *Arbás* (V.): PROD.: trigo, centeno, maiz y patatas; abunda en ganado vacuno, y no tanto de cerda, lanar y cabrio como otros del concejo: POBL.: 5 vec., 26 almas.

ARBAS (SAN JULIAN DE): felig. en la prov. y dióc. de Oviedo (15 1/2 leg.), part. jud. y ayunt. de Cangas de Tineo (1 3/4): SIT. entre los r. de Nabiego y Carballo; su CLIMA frio, pero sano; comprende los l. de Arbas, Corros, Gelan, Lindota, Miraballes, Otardoju, Otero (el), Riomolin, San Juliano, San Romano, Trascastro, Vega de Meoro, Vega de Rey, Villajer y Villar de Reguero: el mas inmediato de estos l., que es Villajer, dista de la cap. del part. (3 1/2 leg.), y los demas, como Trascastro, 4 3/4: la igl. parr. (San Julian) es de patronato real y del ob. de Oviedo, y está servida por 1 cura y 1 teniente; hay ademas 3 ermitas y una fuente de esquisita agua en Miraballes. El TÉRM. se estiende á unos 3/4 de leg. de N. á S., é igual dist. de E. á O., y confina con los de San Pedro de Arbas, Santiago de Civea y r. Luynia, que en este punto le nombran de Leitariego, el cual corre por el O. sin poderse utilizar sus profundas aguas; hay no obstante algunos regatos cuasi perennes por el derrite de las nieves de las sierras de Monio y Leitariego. El TERRENO, en lo general montuoso y quebrado, tiene sobre 700 fan. de monte y arbolado; y unas 400 de tierra roturada; son las destinadas al cultivo, pero todas frias y flojas; los pastos de los montes y prados solo se aprovechan 3 meses de verano á causa de la mucha nieve que los cubre. Los CAMINOS á mas del abandono en que se hallan, son interrumpidos en las épocas de nevada: el CORREO se recibe en Cangas: PROD.: centeno, maiz, patatas, algun trigo, legumbres y hortaliza, cuya cosecha no alcanza al consumo: cria algun ganado vacuno, lanar, cabrio y de cerda: IND., la agrícola: POBL. 90 vec., 401 alm.: CONTR. con su ayunt. (V.). Es patria del capitan D. Luis Romano, Caballero de la Orden de Santiago y Castellano del cast. de Matagorda en 1647.

ARBAS (SAN PEDRO DE): felig. en la prov. y dióc. de Oviedo (15 1/2 leg.), part. jud. y ayunt. de Cangas de Tineo (1 1/2): SIT. en el camino y subida al puerto de Leitariego: CLIMA frio y sano: comprende los l. de Caldevilla, La-Lande, Rubial, San Pedro y Socarral. La igl. parr. (S. Pedro), es servida por 1 cura de ingreso y patronato real: su TÉRM. se estiende 1/2 leg. de N. á S., y 3/4 de E. á O.; confina por N. con el de Sta. Maria de Villacibran, al E. Siero, por S. con San Julian de Arbás, y por O. con el l. de Civea: el TERRENO quebrado, es en lo general de monte calvo y solo cuenta con unas 200 fan. roturadas; su calidad floja ocasionada por las muchas nieves, y porque las lluvias arrastran con frecuencia todo el abono que se le presta; hay poco arbolado, y los prados de pasto no disfrutan mas ventaja que la tierra de cultivo. Los CAMINOS vecinales son penosos, y el del puerto de Leitariego se halla bastante abandonado: el CORREO se recibe en Cangas: PROD. centeno, maiz, patatas y nabos, algun trigo, cáñamo y pocas legumbres, hortaliza y pastos: cria ganado vacuno, lanar y de cerda: IND., la agrícola: POBL. 33 vec., 173 alm.: CONTR. con su ayunt. (V).

ARBAS (STA. MARIA DEL PUERTO DE): col. de patronato real en la prov. de Leon, dióc. de Oviedo, y part. jud. de La-Vecilla: compuesta de 1 abad con jurisd., 3 dignidades y 11 canónigos, comprendiendo 6 pilas bautismales y 8 pueblos, que son: Casares, la Colegiata, Cubillas, Pendiella, San Miguel del Rio, Tonin, Viadangos y Vegalamosa. Se halla á la izq. de la carretera de Asturias, y confina por N. con el puerto de Pajares, por S. con el espresado pueblo de Vegalamosa, y por E. y O. con las grandes sierras que separan las prov. de Oviedo y Leon. En ella se socorren con pan y vino á los transeuntes que piden limosna, haciendo ademas otros muchos beneficios, con especialidad durante el invierno: á sus inmediaciones está sit. el santuario titulado. Ntra. Sra. de Arbas.

ARBAZAL: barrio en la prov. de Oviedo, ayunt. de Villaviciosa, y felig. de San Bartolomé de *Puelles* (V).

ARBE: (tambien se llama SOBRE-ARBE): sierra de la prov. de Huesca, part. jud. de Boltaña. Es una pequeña cord. montada sobre un valle en la que se hallan sit. algunos pueblos, entre los cuales se encuentra el de Abizanda, que ocupa la parte mas elevada de la misma, por cuya razon se distingue en el pais con este nombre, (V. ABIENDA SIERRA).

ARBECA: v. con ayunt. en la prov. y part. jud. de Lérida (5 leg.), aud. terr. y c. g. de Cataluña (Barcelona 22), dióc. de Tarragona (11); SIT. en el bajo Urgel y en el declive de un pequeño cerro, en cuya cima hay un soberbio cast. feudal, propio del Sr. duque de Medinaceli, cuyos muros, torres y parte del palacio se hallan en buen estado; y se fortificó durante la última guerra civil. La combaten con libertad todos los vientos, y goza de CLIMA benigno y saludable, sin que se padezcan otras enfermedades comunes que las estacionales. Tiene 400 CASAS de fáb. regular, la de ayunt., 1 escuela de primeras letras dotada con 2,000 rs. anuales por el fondo de propios, á la que asisten de 50 á 60 niños, y otra frecuentada por 40 niñas, cuya maestra tiene de sueldo 600 rs., pagados del fondo anterior; y 1 igl. parr. bajo la advocacion de San Jaime, servida por un cura párroco de provision ordinaria, y por un sacristan. Para surtido de los vec. hay una fuente dentro de la v., y varias en el TÉRM., bastante escasas y de aguas poco agradables. Confina éste por N. con el de Bellfort, por E. con el de Belianes, por S. con el de Castellots, y por O. con el de Puig-gros, de cuyos puntos dista 1/2 leg. poco mas ó menos. Aunque con térm. aparte puede decirse que está enclavado en el de esta v. el del arruinado pueblo de Castellots, del cual no han quedado mas que 3 casas y los restos de su igl., que se considera aneja de la mencionada parr. de San Jaime. El TERRENO comprende 4,600 jornales de tierra de primera, segunda y tercera clase, la mayor parte poblada de viñas y olivos, cuyo arbolado cubre casi toda la llanura y colinas inmediatas, distribuido en bancales, que presentan una perspectiva monotona, pero desde luego indican un gran cúmulo de riqueza y fertilidad. Y efectivamente el olivo de este pais, es de una especie particular é indígena del mismo suelo, conociéndose con el nombre de *Olivo arbequin*; se eleva á muy poca altura, da una aceituna pequeña, redonda y muy jugosa: se le busca mucho, porque el aceite que produce es el mejor de la prov. Hay un CAMINO que empalma con la carretera de Lérida á Tarragona, y se encuentra en buen estado. El CORREO se recibe de la cartería de las Borjas los mártes, viérnes y domingos, y sale los lúnes, juéves y sábados: PROD.: trigo, cebada, legumbres, vino y mucho aceite; cria ganado lanar y cabrio, y el vacuno y mular preciso para la labranza; hay poca caza porque el terreno se halla casi todo cultivado. IND. y COMERCIO: ademas de la agricultura hay 2 molinos harineros, muchos de aceite, y uno de estos, comprendido en un espacioso edificio con 14 prensas, es propio del duque de Medinaceli; reduciéndose los principales especulaciones de comercio á la esportacion de muchos millares de a. de aceite, ó importacion de los frutos y géneros de que carece la v., particularmente coloniales y ultramarinos: POBL.: 450 vec., 1,900 alm.: CAP. IMP.: 473,154 rs.: CONTR. por todos conceptos, 60,000 rs., inclusos 39,438 que corresponden por catastro.

ARBEGIL: l. en la prov. de Oviedo, ayunt. de *Rey-Aurelio*, y felig. de *San Andres* (V.): POBL.: 3 vec., 14 almas.

ARBEJAL: arroyo en la prov. de Leon, y part. jud. de La-Vecilla: nace en las cumbres que dividen este part. del de Riaño por Adrados de Boñar, y desagua á 1 leg. de su origen en el térm. y r. que lleva el nombre de este último pueblo.

ARBEJAL: l con ayunt. en la prov. de Palencia (18 leg.), part. jud. de Cervera del Rio Pisuerga (1/4), dióc. de Leon (20), aud. terr. y c. g. de Valladolid (26): SIT. en una llanura á la márg. izq. del Pisuerga; combátenle los vientos N. y O. disfrutando de CLIMA saludable, si bien algo propenso á enfermedades catarrales. Tiene 60 CASAS, la de ayunt., un pósito, escuela de primeras letras dotada con 300 rs., á la que concurren 30 niños de ambos sexos; y 1 igl. parr., bajo la advocacion de San Andres, servida por 1 cura de presentacion de la Encomienda del bailiage de las 7 villas de Campos. Confina el TÉRM. por N. con el de Rabanal de los Caballeros, por E. con el de Valsadornin, ambos á 1/2 leg., por S. con la cap. del part. á 1/4, y por O. con el de Santibañez de Resova á 1/2. El TERRENO, aunque escabroso en parte, por dominarle por N. las peñas llamadas Negras, es de mediana calidad, y le fertilizan las aguas del ya mencionado Pisuerga, de las que se abastecen tambien los vec. para su consumo doméstico y abrevadero de los ganados; al subir el puerto de Caroca para la Liébana, le atraviesa un puente titulado de San Roque. Dos montes se levantan en su térm. poblados de robles, quejigos y otros arbustos, de los cuales se proveen los hab. de leña y maderas de construccion. Los CAMINOS son locales, y se hallan en mal estado: recibe la CORRESPONDENCIA de Cervera por balijero, los mártes, viérnes y domingos, saliendo los lúnes, juéves y sábados; PROD.: trigo, cebada, centeno, mucho y buen lino y algunas legumbres; cria ganado vacuno, caballar y lanar, caza de jabalíes, corzos y perdices, y pesca de truchas, barbos, cangrejos, bogas y escelentes anguilas: POBL.: 30 vec., 156 alm.: CAP. PROD.: 29,720 rs.: IMP. 1,880 rs.

ARBEJALES (LOS): pago de la isla de la gran Canaria, prov. de Canarias, part. jud. de las Palmas, jurisd. y felig. de *Teror* (V.).

ARBEJE: l. en la prov. de Oviedo (4 leg.), ayunt. de Mieres (1/2), y felig. de Sta. Maria de *Cuna* (V.): POBL.: 5 vec., 19 almas.

ARBELLALES: l. en la prov. de Oviedo, ayunt. de Somiedo y felig. de San Salvador de *Endriga* (V.): POBL.: 21 vec., 93 almas.

ARBETETA: v. con ayunt. de la prov. y adm. de rent. de Guadalajara (12 leg.), part. jud. de Cifuentes (5), aud. terr. y c. g. de Madrid (22), dióc. de Cuenca (12): SIT. en la parte media de dos veguitas que se unen al S. en terreno áspero, rodeado de elevadas sierras, sin embargo de lo cual está bien ventilado: su CLIMA es frio, y se padecen con mas frecuencia dolores reumáticos y las fiebres estacionales, que algunas veces degeneran en inflamatorias: tiene 140 CASAS, algunas regulares y con las comodidades necesarias para un pueblo, pero la mayor parte bajas y mal distribuidas; la plaza y calles que forman son regulares, aunque de mal piso, pues su empedrado es el natural del suelo: hay casa municipal, que sirve tambien de cárcel, pósito, con el fondo de 35 fan. de trigo, escuela desempeñada por el sacristan, que percibe cierta retribucion en granos por repartimiento vecinal, y ademas la que satisfacen los 30 niños de ambos sexos que á ella concurren; igl. parr. matriz de la de Valtablado, con el título de San Nicolás, y curato perpétuo de provision del ordinario en concurso general: solo ofrece de particular su veleta, que es una estátua ó figura de hierro de 2 1/2 varas de altura: en los afueras al N. se halla un edificio fáb. de vidrio; al NE., sobre una elevacion de piedras bastante considerable, las ruinas de un ant. cast.; al E. una fuente pública de escelente agua, que da la suficiente para los usos domésticos de los vec. y de sus ganados, y al S. el cementerio bien ventilado que no perjudica á la salubridad. Confina el TÉRM. por N. con el r. Tajo á 1 leg., que divide los confines de los de Carrascosa de Tajo, y con los térm. de Armallones y Valtablado del Rio; por E. con los del mismo Armallones y Villanueva de Alcoron; S. el Recuenco, y O. con los de Peralveche y Morillejo, á dist. todos de 1/2 á 1 leg.: de estas tierras solo estan en cultivo 1,400 almudes, y son: 100 de primera calidad, 300 de segunda y 1,000 de tercera, con unos pequeños huertos inmediatos al pueblo, que se riegan con el agua sobrante de la fuente; lo demas del TERRENO es montuoso, pedregoso, árido, de poca miga, y de secano: los montes forman cord. con los de los pueblos inmediatos, y estan cubiertos de pinos, chaparro y otros arbustos de mata baja: ademas del r. Tajo que deslinda el térm. por el N., cuyas profundas aguas no se utilizan en cosa alguna, corre no lejos de la pobl. un arroyo que en tiempo de lluvias da movimiento á un molino de harina: los CAMINOS son locales y de herradura: se recibe el CORREO por medio de propio en el Recuenco: PROD.: trigo, cebada, avena y pocas legumbres, no bastando ninguna de estas especies para el consumo: se mantienen 2,000 cab. de ganado lanar y cabrio, 70 mulas de labor, 80 reses de vacuno, 16 caballerias menores, algunas colmenas y mucha caza de todas clases: IND.: una fáb. de vidrio ordinario, en la que se hacen botellas, vasos, porrones, vidrios planos y demas art. de este género; elaboracion de trementina, pez, resina y agua-rás, y un molino harinero: sus operaciones de comercio consisten únicamente en la estraccion de los efectos de sus fáb., conduccion de drogas, pescados y otros géneros, y de los cereales, aceite y vino que les falta: POBL.: 153 vec., 610 alm.: CAP. PROD.: 2.170,000 rs.: IMP.: 195,300: CONTR.: 9,057 rs. 28 mrs.: por culto y clero: 3,171 rs. 16 mrs.: PRESUPUESTO MUNICIPAL: 2,500, y se cubre con los fondos de propios que consisten en 700 rs., que prod. un horno de pan cocer, y 300 una posada; lo restante por repartimiento vecinal.

ARBEYAL: playa en la prov. de Oviedo, ayunt., part. jud. y com. de marina de Gijon y en la parr. de Sta. Cruz de Jove; se halla entre los promontorios de *Corona* y *Torres*, frente á la entrada de Gijon; sus arenas son del tamaño de las arvejas, de cuya circunstancia parece derivarse el nombre con que es conocida.

ARBEYAL: cas. en la prov., dióc. y part. jud. de Oviedo (1 1/2 leg.) y del ayunt. de Ribera de Arriba (1), felig. de San Pedro de Ferreros: SIT. en la cumbre de la montaña que confina con el Nalon y separa á dicho ayunt. del de Ribera de Abajo: POBL. 1 vec.: 6 alm. CONTR. con su ayunt. (V.).

ARBEYALES: l. en la prov. y dióc. de Oviedo (18 leg.), part. jud. de Grandas de Salime (5), ayunt. de Allande que corresponde al juzgado de primera instancia de Cangas de Tineo y felig. de Sta. Coloma (1/2): SIT. en una hondonada, le divide un arroyo que nace en la sierra del *Palo*: hay casa de monta, con un caballo regular y dos garañones de buena alzada, á la que concurrirán unas 500 yeguas. El TÉRM. confina por N. y E. con el del l. de Sta. Coloma, y por S. y O. con el de Puentenueva: el TERRENO es montuoso y muy poblado de robustos robles, y se cultivan sobre 30 fan. de tierra que dan á razon de 4 por 1: los CAMINOS son locales y en mediano estado: la CORRESPONDENCIA se recibe de Cangas de Tineo por medio de un peaton 2 veces á la semana: PROD. centeno, maiz, patatas, castañas, algunas legumbres, y hortaliza: cria ganado caballar y mular, y poco de las otras clases: IND. la agrícola; POBL. 8 vec.: 45 alm: CONTR. con su ayunt. (V.).

ARBIAN: ald. en la prov. de Pontevedra ayunt. de Carbia y felig. de Sta. Maria de *Piloño* (V.): POBL. 13 vec., 67 alm.

ARBIGANO: l. en la prov. de Alava (4 leg. á Vitoria), dióc. de Calahorra (20), part. jud. de Salinas de Añana (1) vicaria de Miranda, herm. y ayunt. de la Ribera alta (1/2) SIT. al pie de un monte que tiene al N.: CLIMA frio, pero sano; seis CASAS de mediana construccion, forman esta pobl.: hay una escuela de educacion primaria, dotada con 20 fan. de trigo, á la cual concurren 20 niños, de este y otros pueblos inmediatos: la igl. parr. (la Visitacion de Ntra. Sra.) es servida por un cura beneficiado. El TÉRM. se estiende sobre 1/4 de leg. y confina por N. con Ormijana 1/2 leg. por E. con Pobes, por S. con Paul y por O. con Basquiñuelas, los 3 distan 1/4 de leg.: hay varias fuentes de buen agua: el TERRENO es débil de calidad y al N. tiene un encinal, bastante poblado: el CAMINO que dirige á Añana, se halla en mal estado; y el CORREO se recibe de esta por balijeros; PROD. trigo, cebada, avena, maiz, patatas, varias legumbres y hortalizas: cria ganado vacuno, lanar y de cerda; se cazan perdices, y alguna otra ave de paso: POBL. 8 vec.: 40 alm.: CONTR. (V. ALAVA INTENDENCIA.)

ARBIÑA: cas. y molinos en la prov. de Vizcaya, part. jud. de Bermeo, y ayunt. de *Plencia*, (V.). SIT. á unas 2 leg. SO. en las orillas del r. Butron, y hasta cuyo punto llegan las embarcaciones menores que entrando por la barra pasan por bajo del hermoso puente de 9 arcos, el cual impide el que lo verifiquen como pudieran, en las mareas vivas, buques de 150 á 160 toneladas.

ARBINES: l. en la prov. de Oviedo, ayunt. de Pola de Laviana y felig. de San Nicolás de *Villoria* (V.). POBL. 5 vec. 23 almas.

ARBISA: cot. red. de la prov. de Huesca, part. jud. de Boltaña en la jurisd. del l. de Espin: SIT. entre los térm. de Potralva, Fantillo, Espin y Fenes; abraza 38 cahizadas de tierra, de las cuales se cultivan 8, sirviendo las demas para pastos; aunque tiene abundancia de aguas son muy pocas las tierras susceptibles de este beneficio. Antiguamente contenia estensos pinares que si se hubiesen conservado, hubieran sido un manantial inagotable de riqueza; pero han sido destruidos para incendiar y roturar la tierra que los alimentaba, y solo ha quedado un pequeño trozo destinado á este objeto, sin que hayan conseguido ventaja alguna con aquella medida, que por el contrario, ha convertido aquel suelo en un vasto campo árido que no produce ni aun yerbas de pasto, viéndose tan solamente tristes bojes. Tiene este coto 2 CASAS que corresponden á los propietarios de él, y regularmente las habitan en el tiempo de la recoleccion de sus prod. Respecto á estas, CONTR. y demas (V. ESPIN.)

ARBITURRIA: barrio en la prov. de Alava, ayunt. de Ayala y térm. del l. de Ervi: POBL. 2 vec., 9 almas.

ARBIZA: ald. en la prov. de Logroño, part. jud. de Santo Domingo de la Calzada, ayunt. y felig. de *Ojacastro* (V.).

ARBIZU: v. con ayunt. en la prov., aud. terr. y c. g. de Navarra, merind. part. jud. y dióc. de Pamplona (6 1/4 leg.) arciprestazgo de Araquil: SIT. á la márg. izq. del r. *Araquil* en terreno llano dominado por las montañas de Andia y Aralar que se elevan hácia el N. y S.; combátenla todos los vientos, y su CLIMA es bastante sano, aunque por las variedades atmosféricas suelen aparecer algunas veces pulmonias, catarros y dolores reumáticos. Tiene 106 CASAS de mediana fáb. y 14 solares, que restan de los 45 edificios incendiados por las tropas francesas al retirarse en la guerra de la Independencia; casa consistorial, cárcel pública, 2 tabernas, 1 posada, y 1 escuela de primeras letras dotada en 2,160 rs. vn., á la cual asisten de 30 á 40 niños. Hay tambien 1 igl. parr. bajo la advocacion de la Natividad de Ntra. Sra. servida por 1 cura párroco llamado abad, 2 beneficiados y por 1 sacristan; el curato es perpetuo y lo provee el dióc. mediante oposicion en concurso general: á corta dist. del pueblo en una pequeña altura, hay 1 ermita dedicada á San Juan Bautista, cuyo edificio ninguna particularidad ofrece. Confina el TÉRM. por N. con el de Lizarrabengoa (1/4 leg.), por E. con el de Lacunza (igual distancia), por S. con el de Lizarraga (1): y por O. con el de Echarri-Aranaz (1/2), crúzanle el espresado r. y una regata ó riach. que nace en los montes que hay al N. por el lado de Guipúzcoa: las aguas de ambos, asi como las esquisitas de una abundante fuente, que brota á alguna distancia de la v., sirven para el surtido doméstico de los hab., para dar impulso á dos molinos harineros, uno de los cuales es de dos muelas, y para riego de algunos trozos de TERRENO: este es bastante llano, fértil y productivo: abraza (sin contar los montes comunes con los pueblos de Echarri-Aranaz, Lizarraga, Torrano y Unanoa) 4,000 robadas, de las cuales 2,000 son de cultivo y otras tantas de bosques de árboles con abundancia de pastos para toda clase de ganados: aquellas se laborean todos los años, beneficiándose con estiércol y con las hojas secas de árboles que cuidadosamente recogen y hacen fermentar los labradores, verificando el cultivo con bueyes, azada y layas. Ademas de los CAMINOS locales que cruzan el térm. en diferentes direcciones, pasa por la v. la carretera construida pocos años há, la cual conduce de Pamplona á Vitoria. La CORRESPONDENCIA se recibe de Echarri-Aranaz, en cuya estafeta la toma cada interesado: PROD. trigo, cebada avena, maiz, habas, habichuelas, cáñamo, lino de buena calidad, legumbres y frutas; cria ganado vacuno, de cerda, caballar, lanar y cabrio; hay caza de liebres, conejos y perdices; y pesca de truchas y barbos en los mencionados r.: IND. ademas de los molinos harineros de que se ha hecho mérito, hay 2 ferr. situadas en los montes hácia el N., las cuales tambien son comunes á los pueblos de Echarri-Aranaz, Torrano, Lizarraga y Unanoa, los artefactos son impelidos por las aguas de la mencionada regata ó riach., y trabajan únicamente desde fines de setiembre hasta últimos de abril: tambien se cuentan algunos telares de lienzos ordinarios, y corte de maderas para construccion. El COMERCIO consiste en la venta y transporte de los productos de las mencionadas ferr., esportacion de maiz y tráfico de la sal que compran los habitantes en el pueblo de Salinas dist. 5 horas hácia el S. ó sierra de Andia: POBL. 90 vec., 731 alm. CAP. IMP. 173,860 rs. el PRESUPUESTO MUNICIPAL sube de ordinario á 800 rs. que se cubren con el producto de la posada, arriendo de las tabernas y otros arbitrios.

ARBO: jurisd. en la ant. prov. de Tuy (Galicia), compuesta de las felig. de Arbo, Barcelu, Caveiras y Cela ó Sela, cuyo juez ordinario era nombrado por el conde de Salvatierra.

ARBO: ayunt. en la prov. de Pontevedra (8 leg.), dióc. de Tuy (4 1/2), aud. terr. y c. g. de la Coruña (28), y part. jud. de Cañiza (2): SIT. á la márg. der. del r. Miño, y CLIMA bastante sano; se compone de las felig. de Arbo, Sta Maria (cap.); Barcela, San Juan; Cabeiras, San Sebastian; Cequeliños, San Miguel; Mouretan, San Cristóbal, y Sela, Sta. Marina, que reunen 1,271 CASAS en unos 47 l., barrios y cas.; hay 5 escuelas, costeadas por los padres de los niños que concurren, siendo estos hasta el número de 218. El TÉRM. municipal confina por el N. con el de Cañiza y alturas de Luneda á 1/2 leg.; por E. con el de Crecente á igual dist., tocando con la felig. de San Juan; al SE. y S. con el reino de Portugal, sirviendo de lím. el Miño, y por O. con los de las felig. de Vide y Ribarteme del ayunt. de Setados á 1/2 leg: le baña el indicado Miño, el cual recibe junto al barrio de Mouretan, entre esta parr. y la de Arbo, al riach. Deva que baja de las alturas de Petan, dejando á su der. el barrio de Barcia, y á la izq. el mencionado de Mouretan, y encontrando en su curso dos puentes, cuyas aguas, las de un crecido número de manantiales contribuyen á fertilizar el TERRENO; este en lo general llano, participa de buenos y bien poblados montes, y prados de pasto. Los CAMINOS son vecinales mal cuidados; pero los tiene á todas direcciones, y el paso del Miño se verifica por barcas. El CORREO se recibe en Cañiza y Puenteareas, á donde van á recogerlo los interesados: PROD. con abundancia maiz, vino, centeno; trigo, otros granos y semillas; algun aceite, lino y ricas frutas: cria ganado de todas clases, con especialidad vacuno; no escasea la caza, y es abundante la pesca de lampreas, sábalos, salmones y otros peces: la IND. está reducida á la agrícola y pecuaria, y varios molinos harineros: su COMERCIO es el de esportacion de vino y frutos para dentro y fuera del reino: POBL. 4,373 alm.; no obstante la matricula catastral de 1842 le señala 1,092 vec., 3,422 alm.: RIQUEZA IMP. 203,022 rs., y CONTR. 66,240 rs. 16 mrs. El PRESUPUESTO MUNICIPAL asciende á unos 3,000 rs., y se cubre por reparto vecinal.

ARBO (SANTA MARIA DE): felig. en la prov. de Pontevedra (8 leg.), dióc. de Tuy (4 1/2), part. jud. de Cañiza (2), y ayunt. del que es cap.: SIT. en un plano con inclinacion al S., bien ventilado y sano; reune sobre 240 CASAS en los barrios de Almuiña, Bouza, Couto, Fuentemaria, Godon, Granja, Lajes, Pazo, Puentecabaleiros y Regadas; hay casas para ayunt. y cárcel, y una escuela indotada, á la cual concurren 50 niños. La igl. parr. (Sta Maria) es curato de térm. y de patronato real y ordinario; junto á ella, en un monte, se encuentra la ermita de San Benito, y entre las casas de la Granja está la capilla de San Pedro. Su escaso TÉRM. confina por N. con monte desp. y alturas de Luneda, por E. con Mouretan, interpuesto el riach. Deva, por S. con el r. Miño, y por O. con Cabeiras: comprende los desp. de Coto de Marcos y Chan del Rey; y en el sitio denominado Chan de la Horca existió la que designaba el señ., jurisd. que ejercia el conde de Salvatierra, y en el barrio del Pazo permanece aun el rollo, frente á la casa municipal, signo del mencionado señ. El TERRENO es de buena calidad; sus montes y prados poblados de árboles y pasto: los CAMINOS para Cañiza y Puenteareas, muy medianos, y en estos puntos se recibe el CORREO: PROD.: maiz, vino, centeno, trigo, cebada, aceite, lino, legumbres y buena fruta; cria ganado vacuno, lanar y cabrio; hay caza de perdices y conejos, y se pescan lampreas, sábalos y salmones: la IND. se reduce á varios telares para el lino, y algunos molinos harineros; se esporta vino con abundancia: POBL. 226 vec., 904 alm.: CONTR. con su ayunt. (V.).

ARBODAS: cas. en la prov. de Oviedo, ayunt. de Salas, y felig. de *San Pedro de Soto de los Infantes* (V.).

ARBOL: jurisd. en la ant. prov. de Betanzos (Galicia), compuesta de las felig. de San Lorenzo de Arbol, Sta. Eulalia de Rivabéso y San Mamed de Villapedre, cuyo juez ordinario era nombrado por el cabildo de Santiago.

ARBOL (STA EULALIA DE): felig. en la prov. y dióc. de Lugo (7 leg.), part. jud. de Taboada (2), y ayunt. de Antas: SIT. entre montes, pero con libre ventilacion y CLIMA sano: comprende las ald. de Junsin y Randulfe: la igl. parr. (Sta. Eulalia) es aneja de San Julian de Facha: su TÉRM. confina con el de la matriz, y con los de Barreiro, Cerbela, San Estéban del Castro y Revoredo. El TERRENO es fragoso, quebrado, escaso de aguas, y poco fértil: los caminos malos; y el CORREO lo recibe por la cap. del part.: PROD. centeno, maiz, patatas y algunas legumbres y hortalizas; cria ganado vacuno, lanar, de cerda y cabrío que presenta en la feria de Monterroso: POBL. 20 vec., 116 alm.: CONTR. con su ayunt. (V.).

ARBOL (SAN LORENZO DE): felig. en la prov. de Lugo (5 leg.), dióc., aunque está enclavada en la de Mondoñedo (16), pertenece á la vicaría llamada de Arbol, dependiente del dean, del cabildo de Santiago, part. jud. y ayunt. de Villalba (2): SIT. en una llanada en que dominan los vientos N. NE. y S.: el CLIMA es frio, y las enfermedades mas comunes fiebres, costados, anginas é intermitentes. Hay sobre 90 medianas CASAS, repartidas en los l. y barrios de Barreiro, Cajigueira, Corregal, Castro, Espiñarido, Fondal, Fontela, Jemarás, Lama, Lamela, Morcelle, Moscaran, Paredes, Pegos, Picos, Ramonde y algunos otros cas.: hay 2 buenas fuentes; una en el l. de Fontela, conocida con este nombre, y la otra con el de das Paredes. La igl. parr. (San Lorenzo) es única, y su curato de provision ordinaria: á la parte E. de la felig. está la ermita de San Estéban. El TÉRM. confina por N. con los de Santiago de Baroncelle y Sta. María de Carvallidó, por E. con los de Moncelos y Goa, por S. con el de San Juan de Sistallo, y al O. con el de Sta. Eulalia de Roman, dist. á todos estos puntos 1/4 de leg.; le baña en su curso de N. á S., dejando á su orilla opuesta, á Sistallo y á Rioabeso un r. sin nombre conocido, sobre el cual está el puente de Villa-de-Mouros. El TERRENO es de mediana calidad, y el monte de la Croa y Lama, sit. al S., se encuentra desp. Los CAMINOS son locales, de herradura y en mal estado: el CORREO se recibe en la estafeta de Villalba: PROD. centeno, patatas, poco trigo y maiz; pero mucha yerba y pastos: cria ganado vacuno, caballar, algo de mular, de cerda, lanar y cabrío; hay caza de perdices y liebres, pesca de ricas truchas: POBL. 90 vec., 420 alm.: CONTR. con su ayunt. (V.).

ARBOLE: l. en la prov. de Lugo, ayunt. de Cerbo y felig. de Sta. Maria de *Rua* (V.).

ARBOLEAS (llamada por algunos ARBOLEDAS): v. con ayunt., de la prov., adm. de rent. y dióc. de Almeria (15 leg.), part. jud. de Huercal-overa (2), aud. terr., y c. g. de Granada (28): SIT. á 5 leg. de la costa del Mediterráneo, en la ribera S. del r. *Almanzora*, y en la pendiente de una cord. que se enlaza con la sierra de Filabres: goza de un hermoso horizonte, pues desde la parte setentrional de la pobl, se divisa el curso del r. que la baña, por el espacio de mas de 1 leg., y la vega que riega, tanto en el pequeño térm. de la v. como en parte de los de Zurgena y Cantoria: su CLIMA es sano, y las enfermedades mas comunes las inflamatorias y fiebres intermitentes. Tiene 400 CASAS de buena construccion distribuidas en varias calles de piso, aunque sólido por naturaleza, sin empedrar, escabroso y pendiente en la mayor parte de ellas; la plaza de la Constitucion, otra llamada la placeta al E. de la v.; casas consistoriales, cárcel, pósito con 300 fan. de trigo, aunque se halla en estado de nulidad, 2 escuelas de primera enseñanza, una de niños con 60, y 1,100 rs. de dotacion, pagados de propios, y otra de niñas, con 50; una posada, cementerio al E.; un santuario, y la igl. parr. al O., de mamposteria y ladrillo, de 21 varas de long. 8 de lat. y 21 de alt., erigida en 1,492 por el Emmo. Cardenal, arz. de Toledo, D. Pedro Gonzalez de Mendoza, y posteriormente por el Ilmo. Sr. D. Fr. Diego Deza, por su bula dada en Segovia á 26 de abril de 1505: en 1782 fue arreglada su dotacion por el Ilmo. Sr. D. Fr. Anselmo Rodriguez en la cantidad de 6,567 rs.: en el dia el curato es de segundo ascenso, de provision ordinaria, y está servido por el párroco, un teniente, un beneficiado, y el sacristan: desde la fundacion de la parr. data el beneficiado, á quien se asignó una suerte de las 42 en que se dividió la vega para fundar la pobl.; con mas una casa junto á la igl.: tiene el cargo de ayudar al párroco en el confesonario. El sacristan gozó antiguamente de otra de dichas suertes, y en el dia cobra de la cuota destinada para los gastos del culto, que consiste en 3,051 rs. Los diezmos de esta parr. que tuvo por aneja á la de Albox, por cuya razon se hallan en su archivo partidas de aquellos vec., se distribuian en esta forma: dos terceras partes al marqués de Villáfranca, señor jurisd., y otra entre el beneficiado, sacristan, noveno y fáb. El titular de la igl. es Santiago apóstol, cuya imágen ocupa el nicho principal del altar mayor: éste, colocado frente á la entrada principal, tiene un retablo tallado y pintado con gusto. Por medio de la v., cuyos edificios reunidos forman el diámetro de 1,000 varas, pasa un azarbe ó canal que toma las aguas del r. para mover 2 molinos harineros que hay en el mismo pueblo, y para regar los huertos de sus casas. Su TÉRM. confina por N. con el de Huércal-overa; E. con el de Zurgena (1/2 leg.), S. con el de Lubrín (2) y O. con el de Albox y Cantoria (1 1/2): alcanza 5 leg. de circunferencia; 1/2 de long. de E. á O., y 2 de lat.: tiene varios cortijos de labradores, tierras de riego y de secano, albares y collados para pastos, monte de algunas encinas y chaparras, si bien se va reduciendo á cultivo generalmente para plantar viñedos en el interior de la sierra de Filabres, á donde penetra por el sitio llamado el arroyo de Aceituno. En los sitios de Cinta, Alquería, Campillo, la Cueva y Molino Nuevo, hay fuentes ó zanjas, cuya corriente varia mucho segun las estaciones. Las fan. de tierra roturadas ascienden á 1,300. En los sitios llamados Rambla de Limaria y Córdoba, se cree existen algunos criaderos minerales de carbon de piedra, y se esplotan 3 ó 4 minas, poco abundantes hasta el dia. La mayor parte del terreno está sit. en las faldas de la sierra de Filabres, desde las vertientes orientales y setentrionales del monte llamado Montaud, hasta llegar al cáuce del r. Almanzora, dónde se halla la mayor y mas interesante porcion de su vega: hácia el N. toca cerca del monte denominado Limaria. Estas tierras son de la clasificacion ordinaria de riego eventual y fijo, y de secano: las fan. de tierra de riego fijo, sit. á las márgenes del r., y del arroyo Aceituno, ascenderán á unas 200; las de riego eventual, que se hallan en las ramblas denominadas de Cintas, la Tejera, y del Arroyo, serán sobre 145 fan.; y las de secano y roturadas 955. Todas prod., ademas de los cereales ordinarios, algunos pastos y yerbas del consumo de los ganados, especialmente, grama y ballueca: abundan las pitas y algunos álamos y árboles de agrura y demas frutales. El r. de Almanzòra, despues de haber regado los térm. de Seron, Tijola, Purchena y Fines, entra en la vega de Cantoria, y cruza el lím. de esta jurisd. con la de dicha v. en el punto llamado Bóca de Rambla-honda y Cinta, á 1/4 leg. al O. del pueblo que describimos: su corriente es de ordinario muy escasa, y con especialidad en el estío, ó se pierde totalmente ó se infiltra en las arenas, de donde se saca por medio de zanjas y zimbres: corre por este térm. 1/2 leg. de E. á O.; riega el número de fan. de tierra que hemos mencionado por las acequias de los 5 sitios ó pagos Cinta, Alquería, etc.; da movimiento á 4 molinos harineros, y se retira de esta jurisd. á 1/2 leg. de dist. para entrar en la de Zurgena: durante su curso, pasa por un cáuce espacioso, de que suele desbordarse en tiempo de avenidas, y no tiene mas puentes que algunos provisionales para las crecidas: en las riberas hay empalizadas para la reserva de las haciendas. El riach. *Aceituno* penetra en este térm. por el punto llamado los Morcillos, á 1 leg. de la pobl.; riega de SO. á NE. varias huertas, da impulso á un molino harinero, y desemboca en el misno térm. en el Almanzora, á 200 varas de la v. Los arroyos llamados Rambla de Cintas, que entran tambien en dicho r. por la parte del S., y los de la Tejára y de Córdoba, solo conducen aguas escasas en años lluviosos, y en las avenidas riegan con variedad las haciendas de sus riberas: estos dos últimos desaguán en el r. por la márg. del N. Y los sitios llamados Casa-Blanca y la Cueva, dist. 1/4 leg. de la v. Es carretera de Granada para la c. de Vera, y las v. de Cuevas, Huercal, y otros puntos de la costa; el camino que conduce á la cab. del part. es régular, pero malisimo y de dificil compostura el que va á la cap. de prov.; para los demas pueblos hay solo caminos de herradura. La CORRESPONDENCIA se recibe de la adm. de Cantoria los mártes y viérnes, y se despacha en los mismos dias: PROD.: trigo, cebada, centeno, maiz, linaza, habas, habichuelas, verduras, legumbres, aceite, vino, frutas, esparto, ganados, liebres, conejos, perdices, y otros pájaros, aguilas, buhos y otras aves de rapiña, y algunas sabandijas venenosas. Hay yeso en abundancia y de superior clase en varios sitios de la jurisd., pero con particularidad y el mejor se halla en Limaria: POBL.: 594 vec.; 2,378 alm.: IND.: la agrícola principalmente; existen fáb. de salitre y de afino, de jabon, 1 molino de aceite, los espresados harineros, 3 hornos de cocer pan, 6 tejares servidos por mujeres, donde se fabrican lienzos comunes, manteleria, colchas de lana y mantas para caballos y para el uso de los hombres del pais: las primeras materias las prod. aquel terreno en abundancia. Se esporta el sobrante de los frutos y caballerias á los pueblos inmediatos; pero el tráfico mas notable es llevar huevos de gallina á Granada, ó importar aceite de Andalucia para el surtido de la pobl. y las inmediatas: hay una tienda de especeria, lienzos y paños del uso mas comun, y de abaceria. CAP. IMP.: 293,961 rs.: CONTR. ó IMP. de toda clase 41,160 rs. 12 mrs. El PRESUPUESTO MUNICIPAL asciende á 5,979 rs. 13 mrs., y se cubre con 216 rs. prod. de unos censos, y el déficit por repartimiento vecinal. Se celebra en su dia la fiesta del patron San Roque, y la de Santiago Apóstol en el suyo.

ARBOLEJA Y BELCHI: diputacion en la prov., part. jud. y huerta de Murcia, con 222 vec.: 994 alm., y 1,460 tahullas de riego de superior calidad: en esta parte de huerta se halla el malecon, de 16 pies de ancho y 1,400 de largo, con 12 de altura, que al mismo tiempo que sirve de paseo, fue construido para defender la parte baja de dicha c. de las furiosas avenidas del r. Segura.

ARBOLENTE: ald. en la prov. de Oviedo, ayunt. de Cangas de Tineo y felig. de San Salvador de *Cibuyo* (V.): POBL., 86 vec.; 401 almas.

ARBOLES ó CASA DE LOS ARBOLES: cas. en la prov. y part. jud. de Albacete, térm. jurisd. de *Barrax* (V.): su TERRENO se cultiva por 1 labrador con 3 pares de mulas.

ARBOLEYA: l. en la prov. de Oviedo, ayunt. de Cabranes y felig. de San Julian de *Vinon* (V.): POBL.: 35 vec.: 157 almas.

ARBOLI: l. con ayunt. de la prov., adm. de rent. y dióc. de Tarragona (7 1/2 horas), part. jud. de Falset (4), aud. terr. y c. g. de Barcelona (25 1/2): SIT. á la falda de los montes de su nombre donde le baten todos los vientos escepto el de el N.: su CLIMA es sano: se compone de 65 CASAS y una igl. parr., aneja de la de Ciurana, servida por un teniente cura: fuera del pueblo hay una fuente de regular agua, y una ermita al N. dedicada á San Pablo, la que ocupa un punto de hermosas vistas. Confina el TÉRM. por el N. con el de Ciurana: por el E. con el de la Musara y Febro, por el S. con el de Alforja y Porrera, y por el O. con el de Cornudella: su estension es de 1 leg. en todas direcciones; en él se encuentran y á la parte NE. 6 casas llamadas de Gallican, al S. los Mansos-den-viñes y de la Garra, y al O. los de las Moreras, todos habitados: el TERRENO aunque montuoso, calizo, y algo pizarroso, es sin embargo de mediana calidad y abraza 1,210 jornales de tierra de los cuales se cultivan 135 de segunda clase y 254 de tercera: esceptuando la tierra blanca que se labra con mulas ó bueyes, las demas labores se hacen á brazo: le fertiliza un riach. que desciende del pico de Gallican y Coll de Alforja, el que da movimiento á 2 molinos de papel y 1 de harina, uniéndose á 1/4 hora de las Moreras con el r. de Ciurana: sus CAMINOS son de herradura y en mal estado; la CORRESPONDENCIA se recibe de la adm. de Alforja por un vec. cualquiera que la casualidad ó sus ocupaciones le conducen allí, sin que para ello haya dias fijos: PROD. trigo, vino, avellanas, habichuelas, madera de construccion, leña, patatas y varias especies de legumbres: cria ganado lanar, vacuno, cabrio y de cerda no faltando conejos y perdices. La IND. está reducida á los molinos referidos, y corte de la madera de construccion, y el COMERCIO á la esportacion de lo sobrante para Reus y pueblos inmediatos: POBL. 70 vec.: 232 almas.

ARBOLLAR: cortijo colocado casi en el centro del terr. llamado del Temple, en el camino de las c. de Alhama y Santafé, prov. de Granada.

ARBON: l. en la prov. de Oviedo, ayunt. de Navia y felig. de Santiago de *Arbon* (V.).

ARBON (SANTIAGO DE): felig. en la prov. y dióc. de Oviedo (16 1/2 leg.), part. jud. de Luarca (3), y ayunt. de Navia (2): SIT. á la der. del r. de este nombre, con CLIMA templado y sano: comprende los l. de Arbon, Barrio, San Pelayo, Villartodorey y otros cas. La igl. parr. (Santiago), colocada á un estremo del l. de Ardon, está servida por un curato de ingreso que sin prévio concurso presenta el marqués de Sta. Cruz de Marcenado. El TÉRM., que por donde mas se estiende á 1/4 de leg., confina por N. con el de San Miguel de Anleo, al E. con San Julian de Oneta, por el S. con San Pedro de Villayon, y al O. con las parr. de Sarandina y Trelles, interpuesto el citado r. Navia, al cual se une el riach. de Ardan á las 500 varas de esta felig., despues de haberla cruzado de N. á O. al bajar de las montañas de Villayon y haber recogido las aguas de varios arroyuelos. El TERRENO participa de monte de castaños y robles, prados de pastos, llanos de buena calidad, los CAMINOS son locales y malos; el CORREO se recibe en Navia de Luarca: PROD. centeno, trigo, maiz, mijo, patatas, algun lino, frutas y hortalizas; cria ganado vacuno, lanar y de cerda: hay caza y pesca: POBL. 85 vec.; 513 alm.: CONTR. con su ayunt. (V.).

ARBONIES: l. del valle y ayunt. de Romanzado en la prov. aud. terr. y c. g. de Navarra, part. jud. de Aoiz (3 leg.), merind. de Sangüesa, dióc. de Pamplona (8), arciprestazgo de Lónguida: SIT. en una espaciosa llanura, donde le combaten los vientos del N. y O.: su CLIMA es templado y bastante saludable, aunque á las veces suelen padecerse algunas tercianas é inflamaciones. Tiene 30 CASAS, una escuela de primeras letras dotada con 1,000 rs.. á la que concurren 30 niños de ambos sexos, y una igl. parr. bajo la advocacion de San Estéban, servida por un cura párroco; el edificio, aunque reducido, es de buena fáb., y se halla bien adornado el interior donde se celebran las festividades religiosas del valle con la posible solemnidad. Cerca del pueblo y en parage agradable hubo una ermita dedicada á San Pedro, de la cual no existen mas que ruinas, habiéndose trasladado la efigie de dicho Santo á la igl. parr. donde se le da culto. Confina el TÉRM. por N. con los de Murillo y Berroya (1/2 leg.), por E. con el de Domeño (1/4), por S. con el de Adansa (igual dist.), y por O. con el de Lumbier (1). El TERRENO es de buena calidad; en distintos puntos del mismo brotan 3 fuentes llamadas *Echarri*, *Tajeria* y *Sotomayor*, cuyas aguas, juntamente con las de otra que hay cerca de la pobl., aprovechan los vec. para su gasto doméstico, abrevadero de sus ganados y otros objetos de agricultura. Tambien se encuentra una laguna, en la cual se crian muchas sanguijuelas, que se conceptuan por los hab. como las mejores de toda la prov.. Comprende el térm. 2,700 robadas de tierra, de las que no se pueden cultivar de 400 á 500; de las restantes se siembran en cada año unas 700; por ser flojas hay que dejarlas en descanso 5 á 6 años, en cuyo tiempo sirven para pasto de los ganados; entre las cultivadas se cuentan 300 peonadas de viña, y en las criales hay bastantes robles y encinas con muchas y esquisitas yerbas de pasto. Los CAMINOS son locales y de herradura, habiendo uno que conduce por Lumbier á los valles de Roncal, Salazar y almiradio de Navascues; todos se hallan en buen estado. La CORRESPONDENCIA se recibe de la mencionada v. por medio de balijero: PROD. trigo, cebada, avena, escandia, comuña, jiron, centeno, maiz, alubias, patatas, alguna hortaliza y vino de inferior calidad; cria ganado vacuno, de cerda, lanar y cabrio, y hay caza de libres, perdices, ánades: POBL. 20 vec.: 150 alm.: CONTR. con el valle.

ARBOR DE CABO: ald. en la prov. de Orense, ayunt. de Villamarin y felig. de San Juan de *Sobreira* (V.): POBL. 7 vec.: 32 almas.

ARBOR DE IGLESIA: ald. en la prov. de Orense, ayunt. de Villamarin y felig. de San Juan de *Sobreira* (V.): POBL. 9 vec. y 42 almas.

ARBOR DE TRAS-DO-RIO: ald. en la prov. de Orense, ayunt. de Villamarin y felig. de San Juan de *Sobreira* (V.): POBL. 3 vec. y 14 almas.

ARBOR-BUENA: l. en la prov. de Leon (18 leg.), part. jud. de Villafranca del Vierzo (1), dióc. de Astorga (11), aud. terr. y c. g. de Valladolid, ayunt. de Cacabelos: SIT. en una llanura junto al r. *Cud*: combátenle todos los vientos, y disfruta de CLIMA sano. Tiene igl. parr. dedicada á San Juan y servida por un cura. Confina el TÉRM. por N. con el de Villabuena, por S. con el de Quilós, y por E. y O. con los de Pieros y Cacabelos. El TERRENO es de buena calidad, y se halla fertilizado en su mayor parte por las aguas del ya citado r. Cuá y por la de algunos manantiales que brotan en diferentes parages. Los CAMINOS son locales y se encuentran en estado regular: PROD. trigo, centeno, cebada, castañas, vino y algunas legumbres: POBL. 11 vec.: 48 alm.: CONTR.: con el ayuntamiento.

ARBORIO: l. en la prov. y dióc. de Oviedo (6 1/2 leg.), ayunt. y part. jud. de Pravia (1/2), y felig. de San Martin de Arango (1/4 V.): SIT. á la der. del r. *Aranguin*: el TERRENO es llano, de buena calidad y con bastante arbolado de castaño: PROD. maiz, habas, patatas, lino, castañas, hortaliza y otros varios frutos: POBL. 12 vec.: 52 almas.

ARBOS: v. con ayunt. de la prov. y adm. de rent. de Tarragona (8 1/4 horas), part. jud. de Vendrell (2 1/4), aud. terr.; c. g. y dióc. de Barcelona (11): SIT. á la márg. der. del r. Foix, en la carretera de Barcelona á Valencia, en parage elevado donde le combaten bien los vientos: disfruta de cielo despejado y deliciosas vistas; pues domina por un lado al Mediterráneo, dist. 2 horas; y por el otro toda la hermosa campiña del Panades; su CLIMA es saludable. Se compone de 303 CASAS de regular construccion, distribuidas en varias calles y dos plazas limpias y de cómodo piso, aunque algo desiguales por la sit. que el pueblo ocupa; hay una posada pública, un hospital para enfermos pobres transeuntes, asistido por los facultativos de la v., y escaso de rent., pero todo lo suple la caridad de los vec.; tiene escuela de instruccion primaria, dotada de los fondos del comun, á la que concurren como 50 á 60 alumnos, y una igl. parr. de primer ascenso, bajo la advocacion de San Julian: lo sirve un párroco, cuya plaza se provee por S. M. y el diocesano segun los meses en que la vacante ocurriese; hay 2 beneficiados cuyos títulos son de patronato de sangre, y se proveen por sus patronos. El edificio es magnífico, digno de la admiracion de los inteligentes, y sobre todo el altar mayor, en el que se representan con un primor esquisito todos los pasos del martirio del santo titular; su mayor parte es dorado fino, y el pedestal de piedra de mármol blanco y negro, con dos estátuas grandes laterales tambien de mármol blanco, que parece sostienen todo el retablo. La fachada del templo tiene 4 columnas de piedra y 4 estátuas del tamaño de un hombre regular, que representan los Doctores de la Iglesia, en sus capillas de Piedra: sobre su portada principal está la efigie de San Julian Mártir, y por cima de ella en otra capilla mas pequeña que forma el término del frontispicio, la de la Virgen con su Niño en los brazos: hay dos torres colaterales en forma de campanario, y está el relox de la v. en la de la der. En las inmediaciones de la pobl. se encuentra una ermita bajo la advocacion de Sta. Lucia. Confina el TÉRM. por N. con el de la cuadra de Papiol dist. 1/4 de hora, por el E. y S. con los de Castell y Gornal á 1/2, y por el O. con el de Bañeras á 1/4. El TERRENO llano en su mayor parte, es de buena calidad y muy feraz, especialmente en su deliciosa campiña cubierta por todas partes de olivos y árboles frutales: se cultivan 1,000 jornales de tierra; 200 de primera calidad, 300 de segunda y 500 de tercera, beneficiados en parte con las aguas del Foix y con las de otros manantiales que sirven tambien para los usos domésticos: PROD.: trigo puro, vino, aceite, legumbres, frutas, hortalizas, cáñamo, cebada y centeno. La IND. consiste en algunos telares de lienzo ordinario, tejidos de blondas y fáb. de aguardiente: celebra dos ferias al año, una el 10 de agosto, y la otra el 13 de diciembre: la primera de ropas, lienzos, indianas, quincalleria y otros efectos, y la segunda de ganado vacuno, y de cerda: POBL.: 279 vec., 1,200 alm.: CAP. PROD.: 10.173,079 rs.: IMP. 326,638. Esta v. fue incendiada por los franceses el año 1808 en venganza de la valiente resistencia que opuso á sus ejércitos.

ARBOSAR: predio con cas. en la isla de Mallorca, prov. de Baleares, part. jud. de Inca, térm. y felig. de *Pollenza* (V).

ARBOSET: ald. de la prov., adm. de rent. y dióc. de Tarragona (6 horas), part. jud. de Falset (3), aud. terr. y c. g. de Barcelona (2): SIT. en llano, y bajo un cielo alegre y despejado: su CLIMA es sano: forman la pobl. 20 CASAS y 1 igl. servida por el cura de la Vilanova de Escornalbou, de la que es aneja. Confina el TÉRM. por el N. con el de Manso de Moente á 1/2 cuarto de hora; por el E. con el de Vilanova de Escornalbou á igual dist., y por el S. y O. con el de Monroig á 1/4 de hora poco mas ó menos: el TERRENO es de regular calidad, y á escepcion de algunos pequeños trozos de bosque con pinos y otros árboles silvestres, todo está en cultivo; y sus huertas y 20 jornales mas de tierra, se riegan con varios manantiales pequeños y 5 minas subterráneas, que cada una arroja contínuamente una teja de agua, y se recoge al efecto en balsas bien construidas: PROD.: trigo, vino, aceite, almendras, avellanas, algarrobas, higos, limones, naranjas agrias, frutas, legumbres y hortalizas: POBL.: 23 vec., 95 alm.: CAP. PROD.: 618,466 rs. vn.: IMP.: 18,553.

ARBUCALA: c. de los Vacceos, mencionados por los historiadores del imperio Polybio y Livio, y en los geógrafos Ptolomeo é Itinerario de Antonino, aunque con algunas variantes: *Arbucala* en el 1.°, *Arbacala* en el 2.°, *Albocella* en el 3.° y *Albucella* en el 4.°. En el geógrafo de la edad media, Anónimo Ravenate, se lee *Albeceya*, y en el índice de Livio de la edicion de Drakenbork *Arbocala*; siendo indudable la identidad de todos estos nombres, cualquiera que sea la adulteracion que presenten algunos de ellos, emanada en unos de lo poco que los antiguos fijaron la consideracion en las letras vocales, y en otros de los permutables, que son algunas de las consonantes que se encuentran trocadas, ora descompuesta la *a.* griega (Λ) que produce *d.* y *l.*; ora sustituyéndose la *l* á la *r*, ora doblada la segunda *l*, como se observa con frecuencia, segun el gusto de los tiempos. Por la relacion histórica de Polibio y Livio, por las graduaciones de Ptolomeo y la buena direccion del itinerario romano, viene tambien á confirmarse esta identidad, dando luego la de la ant. *Arbucala* y la actual c. de *Toro*, la reunion de los antecedentes tipográficos que de todos aquellos testos resultan (V. TORO).

ARBUCIAS: riach. en la prov. de Gerona, part. jud. de Sta. Coloma de Farnés: tiene su origen dentro del térm. de la v. que le da nombre, en unos manantiales abundantes que brotan por el lado del O.; baña la pobl. por diferentes partes, fertiliza el terreno, y da impulso á 6 molinos harineros, 2 fraguas, una de hierro y otra de cobre, á un batan y á una pequeña fáb. de tejidos de algodon; entra despues en el térm. de San Feliu de Buxalen, donde se aprovechan sus aguas, y se une al Tardeva despues de haber corrido en direccion de N. á S. cerca de 2 horas, y unas 5 desde su nacimiento.

ARBUCIAS: v. con ayunt. de la prov., adm. de rent. y dióc. de Gerona (8 horas), part. jud. de Sta. Coloma de Farnés (4), aud. terr. y c. g. de Barcelona (14): SIT. en un valle al abrigo de todos los vientos, escepto los de Levante, cuya benéfica influencia hace su CLIMA muy saludable; forman la pobl. 300 CASAS, reunidas en varias calles, limpias y cómodas, con una plaza de buen aspecto; y otras 200 desparramadas por diversos puntos del térm., destinadas á los menesteres de la agricultura; hay 1 hospital para los enfermos del pueblo y forasteros, cuyas dolencias no sean crónicas, en el cual prestan su asistencia los facultativos contratados para la pobl.; una escuela de primeras letras, en la que tambien se enseña latinidad, y concurren de 40 á 50 alumnos; una igl. parr. bajo la advocacion de los Stos. Quirico y Julita, la cual tiene por sufragáneas las de Sta. Maria de Liors y San Pedro de Splá; la gobierna un párroco y un beneficiado: estramuros, junto á una famosa capilla de la Virgen de la Piedad, se halla el cementerio en parage bien ventilado; y á la falda del monte llamado Muneñy 3 ermitas dedicadas á Sta. Fe, San Marsel y San Sigismundo, á las cuales concurren en romeria los hab. de los pueblos limítrofes. Confina el TÉRM. por el N. con los de San Hilario de Sacalm y Espinelvas; por el E. con el de San Feliu de Buxallen; por el S. parte con el de San Salvador de Breda, y parte con el de Riells; y por el O. con los de Viladrau y Cerdans; su estension de E. á O. es de 4 horas, y de 3 de N. á S.: el TERRENO participa de monte y llano; y en su mayor parte se halla poblado de pinos, robles, encinas y castaños; el llano abraza una estension de 500 jornales; y las tierras de regadio rinden á 8 por 1 de sembradura; una mitad de él está destinada para hortalizas y legumbres, y la otra para frutales y viñedo, siendo este de mucha estension en la parte montuosa; fertiliza el térm. el riach. que lleva el nombre del pueblo; tiene su origen á las inmediaciones de la sufragánea de Liors, y da movimiento á 6 molinos harineros, 2 fraguas, una de hierro y otra de cobre; un batan y una pequeña fáb. de algodon; los CAMINOS todos son de herradura, escepto el de la marina, por el que pueden transitar carruages: la CORRESPON-

DENCIA se recibe de la estafeta de Hostalrich dos veces á la semana por medio de un balijero: PROD.: aceite, y trigo poco, vino, castañas, avellanas, nueces, manzanas, judias y otras legumbres, maiz, maderas de construccion, y leñas para combustible y carboneo, en abundancia; hay ganado lanar, cabrio, vacuno, mular y de cerda; caza de conejos, liebres y perdices: se cree que hay minas de hierro y cobre, pero no se esplotan: la IND. consiste en los 6 molinos harineros, 2 fraguas, batan y fáb. de algodon, de que queda hecho mérito, en la corta de maderas de construccion y en el carboneo: el COMERCIO se reduce á la esportacion de maderas, carbon y frutos sobrantes; y á la importacion del trigo, aceite y demas art. de primera necesidad que no prod. el térm.: en los dias 20 de enero y 15 de mayo se celebran ferias: POBL.: 287 vec.: 1,084 alm.: CAP. PROD.: 7.092,800 rs.: CAP. IMP.: 177,320 rs.

ARBUES: l. con ayunt. de la prov. de Huesca (11 leg), part. jud., adm. de rent. y dióc. de Jaca (4), aud. terr. y c. g. de Zaragoza (19): SIT. en la falda de la sierra de San Juan de la Peña, con buena ventilacion y CLIMA saludable. Tiene 30 CASAS y 1 igl. parr. bajo la advocacion de San Pedro Apóstol, de la que es aneja la del l. de Paternoy, servidas por un cura, un vicario, que elegido por aquel sirve el anejo, y 2 sacristanes: el curato es de primer ascenso, y se provee por S. M. ó el diocesano, prévia oposicion en concurso general: el edificio es de buena construccion, y tan ant., que si ha de darse crédito á una lápida que se ve encima de una de las puertas, existia ya en tiempo de los godos; el cementerio está contiguo á la igl. Hay una fuente de buenas aguas para el surtido de los vec. y abrevadero de los ganados; pero se halla á larga dist. del pueblo, circunstancia que ocasiona muchas molestias, especialmente en la época del invierno; y apartada 1/2 hora se encuentra una ermita dedicada á San Sebastian. Confina el TÉRM. por el N. con el de Paternoy y Bailo, por el E. con el de Esporse, por el S. con la pardina de Bailo, y por el O. con el térm. del pueblo de este nombre: sus lim. en todas direcciones se estienden 1/4 de hora poco mas ó menos, escepto por el último punto que apenas llega á 1/2 cuarto. El TERRENO en general es llano, pero sembrado en mucha parte de peña; es de inferior calidad, estéril y muy escaso de aguas para el riego: carece de bosques de árboles, y hasta los arbustos para leña son escasos, del mismo modo que las yerbas de pasto: PROD.: trigo, avena, pocas legumbres y cáñamo; escaso número de cab. de ganado lanar y cabrio: POBL.: 30 vec., 9 de catastro, 201 alm.: CAP. PROD.: 99,840: CAP. IMP.; 5,212: CONTR.: 2,869 rs. 23 mrs.

ARBUJUELO: l. con ayunt. de la prov. de Soria (13 1/2 leg.), part. jud. de Medinaceli (1), aud. terr. y c. g. de Búrgos (34), dióc. de Sigüenza (5): SIT. en la ladera meridional y al pie de un cerro, circunvalado de otros que forman un estrecho valle húmedo y pantanoso con poca ventilacion, y batido únicamente por los vientos SE. y NO.: disfruta de un CLIMA enfermizo: componen la pobl. 23 CASAS construidas de piedra y yeso, de poca capacidad y en muy buen estado; algunas se hallan inhabitadas; hay casa de ayunt. bastante capaz, si bien en el esterior nada se diferencia de las demas; una escuela de instruccion primaria, á la que concurren 4 alumnos bajo la direccion de un maestro, que por este cargo y el de sacristan y secretario de ayunt., que tambien desempeña, percibe 18 fan. de trigo al año; y una igl. parr. dedicada á Ntra. Sra. de la Espectacion, servida por un cura, cuya vacante se provee por oposicion en concurso general: contiguo al pueblo se encuentra un pequeño é insignificante arroyuelo formado de las destilaciones que se desprenden de los cerros que le rodean, cuyas aguas no se aprovechan mas que para los usos domésticos y abrevar los ganados. Confina el TÉRM. por N. con los de Lomeda y Medinaceli; por el E. con los de Ures, Velilla y Laina; por el S. con el de Benamira, y por el O. con los de Azcamellas y Medinaceli; su estension diametral en todas direcciones es de 1/2 leg., y de 3 su circunferencia: el terreno contiene en su tolidad 1,760 fan., en esta forma: 100 de primera calidad, 200 de segunda y 50 de tercera; lo restante es montuoso é inculto, que solo prod. pastos para los ganados: parten de este pueblo 8 CAMINOS que conducen á Medinaceli, Lomeda, Velilla, Luzon, Villaseca, Ures y Azcamellas; todos son de herradura, en muy mal estado, é intransitables en tiempo de lluvias y nieves: recibe la CORRESPONDENCIA de la adm. de Medinaceli por medio cualquier vec. que la casualidad ó sus negocios conducen á dicho punto: PROD.: trigo, cebada, avena, patatas, judias y otras legumbres, hortaliza, cáñamo, miel y cera: hay ganado lanar y vacuno; y caza de perdices, palomas, liebres y algun conejo: POBL.: 19 vec., 78 alm.: CAP. IMP.: 171,191 rs.; PROD.: 15,820 rs. 20 mrs.: el PRESUPUESTO MUNICIPAL, que asciende á 180 rs. se cubre con el prod. de los pastos y el importe de la conduccion del vino, y en caso de resultar déficit por reparto vecinal.

ARBUL: monte en la prov. de Lérida, part. jud. de Tremp, el cual se eleva al NO. del *Monsech* en el térm. de Puigbert, estendiéndose 1 1/4 de hora de N. á S., y 1 de E. á O. Confina por N. con el espresado térm. de Puigbert, y con el de Monllobá, por E. con el de Meull, por S. con el de Castellnon de Monsech; y por O. con el de Casticent, y otra vez con el de Monllobá. Hay en él 6 CASAS ó masías, bastante separadas unas de otras, en las que habitan y se guarecen durante las labores agrícolas del estio los labradores de los pueblos limítrofes que tienen en este monte tierras de cultivo. Tambien hay una ermita ó santuario muy ant., bajo la advocacion de de *Ntra. Sra. de Arbul*, donde residia un ermitaño, que se mantenia con los prod. de una pequeña heredad que existe al rededor de la ermita; en esta se celebraban dos grandes fiestas ó romerías el 3 de mayo y 8 de setiembre, concurriendo mucha gente de los pueblos inmediatos y aun de toda la comarca. Aun que carece de maderas de construccion, PROD. robles, encinas, matorrales, muchos y buenos pastos para el ganado lanar y cabrio; centeno, patatas y legumbres; brotando en varios puntos fuentes de escelentes aguas que se aprovechan para beber y para otros objetos. Pertenecia la propiedad de este monte á la órden de San Juan y Encomienda de Sotsterri ó Susterris, á cuyo comendador pagaba el pueblo de Puigbert 800 rs. anuales por el derecho de pacer, aleñar y roturar: y la Encomienda sufragaba los gastos de reparo, ornamentos y demas concerniente al culto de la mencionada ermita, cuyo ermitaño era tambien nombrado por el comendador. Hoy dia el gobierno de este terr. corresponde al alcalde de Puigbert, en cuya jurisd. hemos dicho se halla enclavado.

ARBULO: l. en la prov. de Alava (2 leg. á Vitoria). dióc. de Calahorra (15), herm. y part. jud. de Salvatierra (2 1/2) y ayunt. de El Burgo (1/2): SIT. en una mediana altura al S. y á unos 600 pasos de la carretera de Vitoria para Pamplona, con CLIMA frio pero sano, 22 CASAS de mediana construccion forman este lug.: la igl. parr. (San Martin ob. de Tours) está servida por 2 beneficiados: el TÉRM. confina por N. con los de Urizar y Mendijur, por E. con el de Junquitu, por S. con los de Oreitia y Matauco; los 3 dist. 1/2 leg. y por O. con el de Argomaniz: tiene una ermita con la advocacion de San Lorenzo Mártir, colocada en un estremo del pueblo, contigua al cementerio, y en la carretera se halla la venta llamada Ilazarri, la cual pertenece á Oreitia, Argomaniz y á Arbulo: el TERRENO es de buena calidad: tiene una balsa á la salida del pueblo en direccion á la carretera, cuyo orígen se encuentra en el monte de Ilazarri: este es de comun aprovechamiento para los mencionados l. de Oreitia y Argamaniz; pero á consecuencia de las últimas guerras y del abandono de los pueblos, se halla casi desp.: CAMINOS: el que dirige á la carretera real se halla en buen estado, y el que vá á Vizcaya y Guipúzcoa solo sirve para arrieria: el CORREO se recibe de Vitoria: PROD. trigo, cebada, maiz, habas, rica, alholba, patatas, mijo, algunas legumbres y poca fruta; cria ganado vacuno, yeguas para crias de muletas: estas tienen mucha estimacion para la labranza, y el lanar escasea por falta de pastos; hay caza de perdices, liebres y codornices á su tiempo; se pescan tencas y anguilas: IND: la agrícola y la venta del sobrante de granos en Vitoria los mártes, juéves y sábados, cuya preferencia de mercado es el juéves por concurrir los compradores de Vizcaya y Guipúzcoa: POBL.: 20 vec., 100 alm.: CONTR. (V. ALAVA INTENDENCIA).

ARBUNIEL: r. (V. ALBUNIEL).

ARCA: cas. en la prov. de Lugo, ayunt. de Chantada y felig. de San Juan de *Laje* (V).: POBL.: 1 vec., 5 almas.

ARCA: l. en la prov. de Lugo, ayunt. de Jove, y felig. de San Esteban de *Sumoas* (V).

ARCA (STA EULALIA DE): felig. en la prov. de la Coruña (10 leg.), dióc. de Santiago (2 1/2), part. jud. de Arzua (2 1/2) y ayunt. del Pino (1/2): SIT. al E. de la cap. del part. y al

NO. del monte de la cuesta del Picon sobre el camino de Santiago á Lugo: su CLIMA templado y sano: tiene 103 CASAS distribuidas en las ald. de Astrar, Búrgos, Outeiro, Pazos, Picon Rua ó Dos-casas, Samil, San Anton, Santaya: Santa Irene y Vilaboa. La igl. parr. (Santa Eulalia), colocada en la parte meridional de la ald. de Santaya, es matriz de la de San Vicente del Pino: el curato es de patronato lego, que ejerce la casa de Peña de la c. de Santiago: hay 3 ermitas, pero solo es notable la de Sta. Irene, que se encuentra en la ald. de su nombre, y á la cual se hace romeria el dia de San Pedro: el TÉRM. confina por N. con el de Sta. Maria de Castrofeito y la mencionada de San Vicente del Pino; por E. con el de San Miguel de Cerceda; al SE. con el elevado monte del Picon; por S. con el de San Vicente de Bama, y al O. San Miguel de Pereira: le baña por SE. el arroyo que corre por la falda del Picon, y los de Búrgo y San Anton que nacen al N. y NO. en el mismo térm.: todos se dirigen al S. y felig. de Bama, y desde allí marchan á mezclar sus aguas con las del Ulla, despues de cruzar la vereda Real en donde encuentran algunas puentes de losas. El TERRENO en lo general bastante fértil, poco quebrado y no escasea el plantio. Cruza de O. á E. la vereda de que se ha hecho mérito, y da paso desde Santiago á Lugo y el CAMINO que desde aquella se dirije á varios puntos por la cuesta del Picon. El CORREO se recibe por Arzua: PROD.: maiz, mijo menudo, habas, centeno, trigo, patatas, lino y algunas castañas: cria ganado con especialidad vacuno, y hay molinos harineros: POBL. 115 vec. 560 alm.: CONTR., con su ayunt. (V).

ARCA (SAN MIGUEL DE): felig. en la prov. de Pontevedra (5 leg.), dióc. de Santiago (igual dist.), part. jud. de Tabeirós (1), y ayunt. de Estrada (1): SIT. á la derecha del r. Umia: CLIMA templado y sano: comprende los l. ó barrios de Abelleira, Amarelle, Carballal, Arca-Pedriña, Cruceiro, Goleta, Gustin, Nodar y Penela, que reunen 132 CASAS de mediana construccion: hay una escuela, á la cual concurren 11 niños. La igl. parr. (San Miguel) es matriz de la de San Andrés de Sonto, y tiene una ermita dedicada á la Asuncion de Ntra. Señora. El TÉRM. confina por N. con la parr. de Negoi (1/2 leg.); por E. con Sta. Maria de Cautis (1 1/2); por S. con el indicado r. Umia, y por O. con el monte Paradela: le baña el Umia por der. é izq. hasta Arca, las parr. de Pereiras, Meabia, Rivela Codeseda y Sonto dentro del part. de Tabeirós, y otras en el de Caldas: nace en el l. de su nombre, felig. de San Bartolomé de Pereiras en Forcarey, y desagua en la ria de Cambados; le cruzan varios puentes, y brotan en el térm. 8 fuentes de buen agua. El TERRENO es de inferior calidad: tiene 2 montes desp. titulados: Arnaó y Paradela, de los cuales se saca buena piedra para los pueblos inmediatos. Los CAMINOS trasversales y poco cuidados: el CORREO se recibe de Estrada por medio de un peaton los mártes, juéves y domingos; y sale los lunes, miércoles y sábados: PROD. maiz, centeno, patatas, habichuelas, nabos, poco trigo, lino, alguna legumbre y hortaliza: cria ganado vacuno, cabrio y lanar; se cazan conejos, liebres y perdices, y se pescan truchas y peces: IND.: la agricola, 3 molinos harineros, varios canteros y albañiles, cuyo oficio ejercitan por todo Galicia: POBL. 134 vec.. 530 alm.: CONTR. con su ayunt. (V).

ARCABELL: riach. ó torrente de la prov. de Lérida, part. jud. de Seo de Urgel; el cual tiene origen en las montañas de Andorra á 2 1/2 horas O. de la cap. del part. Despues de atravesar 1 leg. del terr. de dicha república, principia á formar la línea divisoria entre esta y España por espacio de 2 leg., corriendo entre los r. *Segre* y *Balira*, hasta que concluye en este último. Regularmente lleva poca agua, á no ser cuando se derriten las nieves: y durante su curso fertiliza algunas cortas praderas.

ARCABELL: l. con ayunt. en la prov. de Lérida (22 leg.), part. jud., adm. de rent., dióc. y oficialato mayor de Seo de Urgel (2), aud. terr. y c. g. de Cataluña (Barcelona 28): SIT. á la der. del r. *Segre* ó izq. del *Balira* en un pequeño valle y á la falda de un cerro, donde le combaten principalmente los vientos del N.: el CLIMA es saludable. Tiene 40 CASAS de mediana fáb.; 1 igl. parr. bajo la advocacion de San Andrés apóstol, cuya fiesta como patrono se celebra el 30 de noviembre; sirve el culto 1 cura párroco llamado rector, cuyo destino, que es de primer ascenso, lo provee S. M. ó el diocesano segun los meses en que ocurre la vacante, mediando oposicion en concurso general; y una ermita dedicada á Sta. Lucia, que ninguna particularidad ofrece. Confina el TÉRM. por N. con los valles de Andorra, por E. con los térm. de Bescarán, y Estamarin, por S. con el de Calviña, y por O. con los de Ars, y San Juan Fumat; y se estiende de N. á S. 1/2 hora, y 3/4 de E. á O. El TERRENO es montuoso y poblado de bosques; comprende 200 jornales de tierra cultivada y de buena calidad, que rinde comunmente 5 por 1 de sembradura. A pesar de su situacion entre los dos r. espresados, es escaso de riegos por la demasiada desigualdad del suelo; los hab. beben las aguas de lluvia que se estancan en balsas preparadas al efecto: PROD. centeno, legumbres, patatas, madera, leña y buenos pastos para criar suficiente número de cab. de ganado lanar, cabrio, mular, vacuno y de cerda; hay caza de varias especies, y pesca de anguilas, barbos y otros peces en los indicados r.: POBL. 40 vec., 196 alm.: CAP. IMP.: 29,289 rs.: CONTR.: 3,206 rs. con 30 mrs.

ARCABICA: (V. ARCABRICA).

ARCABRICA: famosa c. ep. en tiempo de los godos. En los concilios toledanos de ordinario se firman los ob. Arcabricenses, y con este nombre se hallan en los monumentos ecl. hasta el siglo X, aun despues de destruida la c. y su silla ep. Esta sede sin duda hubo de ser establecida en la ant. Ercavica *nobilis et potens civitas* de Livio, colocada por Ptolomeo á los 12° 20' de long., como lo persuaden la identidad conocida de los nombres; pues para los antiguos lo mismo es Ercavica que Arcabica, Agabro que Egabro, Astapa que Estepa, etc.; los godos particularmente cambiaron con mucha frecuencia en la vocal A la E, y los indicios topográficos que resultan del testo de ambos escritores determinando su situacion *in ultimis locis Celtiberiæ*, pues Gracho, cuya espedicion refiere el primero al mencionarla, para rendir á Munda, á Certima, á Alces, y recibir las llaves de Ercabrica que se le entregó sin resistencia, penetró con su ejército *in ultima Celtiberiæ*, y conforme al segundo distaba mas de 24 leg. de Segóbriga colocada por el mismo á los 13° 30' de long. ó *in capite Celtiberiæ* por Plinio; y la sede *Arcabricense*, que estuvo situada entre la *Segobricense* (de Segóbriga, la actual *Segorbe*), y la *Complutense*, (de *Complutum*, *Alcalá de Henares*) habiéndose agregado á la de Cuenca, se presenta con los mismos indicios tópicos. Bastan estas conjeturas para convencer de la identidad de la *Ercabica* de la edad romana y la *Arcabrica* de los godos; su sit., sin embargo de cuanto pueden indicarla las graduaciones de Ptolomeo y antecedente histórico de Livio, no puede con seguridad determinarse; porque ambos carecen de la necesaria precision, no viniendo á apoyarlos ó fijarlos algun monumento geográfico conservado de la antigüedad, y ninguno existe. No obstante, aparece al fin de la Celtiberia, tanto que solo tiene una c. de esta region á su O. (*Consuegra*) el cerro llamado desde inmemorial *Cabeza de Griego* ó *Cabeza* solamente; á un molino que allí existe se le llama de *So la Cabeza*, cuyos nombres parece no son otra cosa que una traduccion eclesiástico-vulgar de *Arca-briga*: todos los curas saben que en su idióma la voz *Arche*, significa *Cabeza*; *Archiepiscopus*, *Archidiaconus*, *Archipresbiter*; y el vulgo español pronuncia lo mismo *briga* que *griga*, *güeno* que *bueno*; aun en el idióma literato lo mismo es *consagurum* que *cousaburun*, etc.; resultando asi idéntico decir *Archabriga* que *Cabeza griga*, y de aqui *Cabeza griega*, trayendo el nombre á una significacion; aunque de concepto bárbaro. Las grandes ruinas halladas en este cerro, acreditan estar en él sepultada una gran c.; Ambrosio de Morales y cuantos las han considerado por ellas la califican de magnífica y suntuosa, lo que conviene á la *Ercavica nobilis et potens civitas* de Livio (V. ERCAVICA) sin que se presente otra c. de lo ant., que con mas probabilidad la reclame. Habiéndose entregado Ercavica voluntariamente á Tiberio Sempronio Gracho, señalándose despues en su servicio, como parece indicarse en la edicion de Livio por Drakemborkio (lib. 40, cap. 27), hasta es en la conjetura favorable á esta reduccion el hallazgo en este sitio de varias inscripciones con el nombre de Tib. Sempron. Una columna encontrada en las mismas ruinas presenta estas letras ó siglas: F R E A, cuya interpretacion mas sencilla y natural es *Fœdus* ó *Fœderata Romæ Ercavica*, escrita con la primera y última letras E A como se hallan escritos los nombres de Nebrisa, con una N y una A, N A, y *Cæsaraugusta* con C A, y este monumento es una consecuencia de lo indicado por Livio, y de que entre Roma y Ercavica medió algun tratado de fidelidad, por cuya razon se la condecoró con el privilegio y distincion del Lacio antiguo (*Latii veteris*); y era costumbre esculpir las alianzas ó federaciones en columnas. Al pie del monte y fuera de las murallas descúbrese una igl. gótica que parece sea la que, tomada la c. por los sarracenos y apoderádose estos de la cated. que hubo de ser convertida en mezquita, edificáron los cristianos, fuera de los muros donde de ordinario se les permitia reunirse para egércer su religion, como lo pactaban los árabes con las c. que se entregaban por capitulacion, como Toledo y otras. Al trasladarse el culto á esta pequeña y pobre igl. la piedad de los fieles trasladó tambien los cuerpos de sus últimos obispos; y casualmente uno de ellos es Sempronio ó Sephronio ob. arcabricense que firmó en los concilios de Toledo XII y XIII, *Sempronius Arcabricensis episcopus*; aunque en algunos códices del XII, por error se escribió Segobricensis; pero todos advirtieron ya este error; pues el Segobricense entonces era Memorio. Es, pues, constante que Sempronio era ob. de Arcabrica en los años 681 y 683: esto es; unos 28 años antes que Arcabrica fuese ocupada por los árabes. Otro ob. fué enterrado despues de Sempronio allí mismo, llamado Nigrino; y los fieles los juntaron y pusieron sobre sus sepulcros este título:

Hic sunt sepulcra Sanctorum in Domino +
Nigrignus Episc. + Sepronius Episc.

Aun mas, cuando enterraron á Sempronio llamado por el pueblo que le enterró Sephronio, que es lo mismo y significa sóbrio, le pusieron un epitafio; y se descubrió tambien, aunque maltratado en algunas palabras y en especial gastado en el dístico, que muchísimos han intentado suplir y llenar sus vacíos, y ni lo han hecho con acierto, ni han entendido la sentencia moral que en él se contiene, sacada de aquella advertencia de San Pedro: *Fratres sobrii estote, et vigilate*. El Sr. Cortés en el Diccionario de la España ant. lo suple de este modo:

Sefronius tegetur tumulo Antistes in isto,
Quem rapuit populis mors inimica suis:
Qui meritis senectam peragens in corpore vitam,
Creditur Ætheriæ lucis habere diem.
Hunc causæ meserum, hunc querunt vota dolentium,
Quos aluit semper voce, manu lacrimis.

Hasta aqui el epitafio ha descrito la muerte de Sempronio, feliz para sí mismo, dolorosa para sus pueblos, y en especial para los pobres, á los que como á sus ovejas espirituales alimentaba con la limosna, con la predicacion y con la oracion ó sacrificio *voce manu lacrimis*. El dístico que sigue ahora ya no habla de Sefronio, sino que advierte que estén sóbrios para la hora del rapto ó de la muerte, que como ladron vendrá á arrebatarnos, y si no nos halla tan sóbrios como á Sofronio lágrimas eternas lloraremos por el mal en que caeremos, y se espresa este concepto tan sublime en estos dos versos:

Quem sibi non sobrium privabit (ó probabit) transitus iste
Æternum queritur incidisse malum.

Así deja el Sr. Cortés cerrado el epitafio, y arreglado á las leyes del verso. Resiéntese solo del tiempo en que se escribió; esto es, á fines del siglo VII, poniendo *e* por *i* como lo hacian los godos: *tegetur* por *tegitur*, *meserum* por *miserum* y *cause* por *causæ*, errada la ortografía y *querunt* por *quærunt* en el verso 5.°; al contrario en el 7.° *queritur* por *queritur* de *queror* (quejarse, lamentarse) y así lo requiere la cantidad del pentámetro: *Æternum queritur, incidissé malum ó sustinuisse malum*; y todo quiere decir: *Aquel á quien la muerte privará de su vida ó de sí mismo, no estando sóbrio ó vigilante, se lamentará de haber incidido en un mal sempiterno*. El mismo distinguido geógrafo D. Miguel Cortés encuentra en comprobacion de la correspondencia de la ant. Ercabica ó Arcabrica con Cabeza de Griego la etimología, el sitio, la magnificencia; la geografía, la historia, los monumentos, las inscripciones y los ob.; puede asegurarse en efecto que si alguna de las ant. c. españolas se halla indicada en este sitio es Arcabrica ó Ercavica, no con Trevia, como han querido otros, ni Segóbriga que siempre ha existido y existe en Segorbe contra los deseos de los caballeros de Veles, interesados en hallar en aquel sitio enterrada una c. episcopal que no estuviese agregada al ob. de Cuenca, como lo estaban por el Papa Lucio III Arcabrica y Valeria para ser los poseedores de su ob. y contra las preocupaciones de los pueblos engañados con la fama de la ant. Segóbrega. Error es conocido la opinion del Abate Masdeu confundiendo Arcabrica con Arcobriga, que se reduce á Arcos de Medinaceli: así como la correspondencia que otros la dan Arcos de Aragon; ni tampo es de odoptar su reduccion á *Arcas*, con Loaysa y Diago. El Sr. Cortés, con suma erudicion, ha dado á este punto, tan oscuro de nuestra geografía antigua, toda la luz de que es susceptible; por lo que no puede menos de optarse por su opinion, dejando establecida la correspondencia de la ant. *Arcabrica ó Ercavica* (*Archabriga*, como debe escribirse (V.), ó *Cabeza de Griego* (V. ALBARRACIN c.; CABEZA DE GRIEGO desp.; ERCABICA y SEGOBRIGA).

ARCABUCES: cas. desp. en la prov. de Cáceres, part. jud. y térm. de Trujillo; SIT. á 1/2 leg. de esta c., solo ofrece en el dia las ruinas de sus ant. y malos edificios.

ARCABUEJA (antiguamente STA MARIA DE ARCAHUECA): l. en la prov., part. jud. y dióc. de Leon (1 leg.), aud. terr. y c. g. de Valladolid, ayunt. de Valdefresno: SIT. en un cerro sobre la carretera que dirige de Leon á Mansilla de las Mulas: combátenle todos los vientos, y disfruta de CLIMA saludable. La igl. parr., bajo la advocacion de Sta. Maria., está servida por 1 cura de presentacion del marqués de Ferrera, teniendo por aneja á la de Villacete: hay una fuente de medianas aguas que aprovechan los hab. para su consumo doméstico. Confina el TÉRM. por N. con el de Corvillos, por E. con el de San Felixmo, por S. con el de Toldanos, y por O. con el de Valdesogo de abajo y Valdelafuente. El TERRENO, aunque escaso de aguas, es de mediana calidad, contando con algun monte de pastos, buenos prados, y sobre 890 fan. de tierra dedicada al cultivo de cereales y viñedo. Ademas de los CAMINOS locales, le atraviesa la carretera ya mencionada; tanto ésta como aquellos se encuentran en un estado de abandono casi completo: PROD. centeno, trigo, lino aunque poco, y vino bastante inferior; criando algun ganado: POBL. 21 vec., 89 alm.: CONTR. con el ayuntamiento.

ARCADA: acueducto en la prov. de Valencia, part. jud. de Onteniente; construido sobre el r. *Clariano* en el parage llamado *barranco de Fos*, térm. de Ayelo de Malferit, cuyos vec. costearon la obra, que dirigió el maestro José Tormo, vec. de Onteniente en 1806 y 1807, para dar riego á varias huertas. Existe á poco mas de 1/4 de hora de aquel pueblo, y su fáb. de piedra de silleria es muy sólida y atrevida, con un solo arco de 58 1/2 pies de altura, 48 de diámetro y 7 1/2 de espesor. El sitio en que se halla es alegre y pintoresco, por estar ambas orillas del r. cubiertas de vides, olivos, algarrobos é infinidad de adelfas. El agua es llevada al acueducto por una acequia de cal y canto que principia en el térm. de Onteniente junto á un molino de papel, y se estiende casi 1/2 hora á lo largo del r., dando impulso en su tránsito á un molino harinero.

ARCAJO: cas. en la prov. de Oviedo (26 leg.), ayunt. de Villanueva de *Osco* (1), y felig. de Sta. Eulalia (1/2): SIT. en la cumbre de Cotarelo: confina con el l. de este nombre y con los de Moran y San Mamed: POBL.: 1 vec., 12 almas.

ARCALIS; l. con ayunt. en la prov. de Lérida (26 horas), part. jud. y oficialato de Sort (3), aud. terr. y c. g. de Cataluña (Barcelona 46), dióc. de Seo de Urgel (11): SIT. la mayor parte del pueblo al pie de un cerro inmediato al r. *Noguera Pallaresa*, y la otra sobre un montecito dist. del primero 200 varas; le combaten principalmente los vientos del N. y S.; y el CLIMA, aunque frio, es bastante sano. Tiene 14 CASAS de mediana fáb., y una igl. parr. bajo la advocacion de San Licerio, servida por un cura llamado rector, cuya plaza de primer ascenso provee S. M. ó el diocesano, segun los meses en que vaca y prévia oposicion en concurso general; el edificio no obstante que está construido á la moderna y con una sola nave, ninguna particularidad ofrece en su arquitectura ni en sus adornos. Confina el TÉRM. por N. con el de Malmercat, por E. con los de Bayen y San Sebastiá, por S. con los de Anseu y Gerri, y por O. con los de Peremea y Escós, de cuyos puntos dista 1 hora poco mas ó menos. Dentro del mismo y á corta dist. del pueblo hay algunas fuentes de buenas aguas que aprovechan los vec. para su gasto doméstico y para regar algunas tierras. En la falda meridional del cerro, á cuyo pie dijimos está la mayor parte de las casas, hay un peñasco sobre el cual existe una reducida ermita dedicada á Ntra. Sra. de Erboló ú Arboló, cuya imágen tiene bastante mérito artístico. El TERRENO es montuoso, poco fértil y de infima calidad; la parte destinada al cultivo asciende á unos 150 jornales; tiene algunos prados artificiales con buenos pastos para el ganado; y hácia el E. un bosque poblado de hermosos pinos, cuya madera de construccion forma la principal riqueza de este pais, cuyos hab. la trasportan en almedias por el r. Noguera á Lérida, Tortosa y otros puntos; ocupándose porcion de gente en su corte y arreglo, especialmente en las temporadas que lo permiten las labores del campo. Los CAMINOS son locales, de herradura y en mediano estado; la CORRESPONDENCIA se recibe de Gerri, dist. 1 hora: PROD.: centeno, avena, patatas, legumbres, hortaliza, muchas frutas, particularmente esquisitas manzanas de invierno; cria ganado de cerda, lanar y cabrio, con el mular y vacuno preciso para la labranza; y hay mucha caza de liebres, conejos y perdices: POBL.: 10 vec. de catastro, 169 alm.: CAP. IMP.: 26,961 rs.: CONTR.: de cuota fija 461 rs.

ARCALLANA: l. en la prov. de Oviedo, ayunt. de Valdés y felig. de San Julian de *Arcallana* (V.).

ARCALLANA: felig. en la prov. y dióc. de Oviedo (10 leg.), part. jud. de Luarca (3 1/2), y ayunt. de Valdes: SIT. en terreno montuoso, no muy distante del Océano, su CLIMA es templado y bastante sano: comprende los l. ó ald. de Arcallana, Argomoso, Arquillina, Baos, Capiello, Cruces, Foyedo, Gallinero, Gamotosa, Len-de-peña, Longa de Esqueiro, Longas, Mafalla, Murias, Ocinora, Pueblo, Ribao, Sinjania, Tablizo y Villarin, que con otros cas. dispersos reunen hasta 300 CASAS: hay una escuela pagada por los padres de los 29 niños que á ella concurren, y entre pueblo y pueblo abundan fuentes de buen agua potable. La igl. parr. (San Julian) está servida por un curato de primer ascenso y de patronato laical; tiene 3 ermitas: la de Ntra. Sra. del Pilar, en Foyedo, Sta. Maria Magdalena, en el pueblo, y la de San Bartolomé en Tablizo. El TÉRM. confina por N. con el de Ballota á 1 leg., por E. el de Muñas á 1 1/2, por S. con Mallesa á 2, y por O. con el de San Martin de Luiña á 1: le bañan varios arroyos temporales que bajan á unirse con el r. Barganaz, el cual corre por el centro y pasa al térm. de la citada felig. de Luiña: el TERRENO es poco fértil: los CAMINOS locales, asi como el que por Tablizo se dirije á la cap. de prov., son muy medianos; y el CORREO se recibe de la estafeta de Ballota, por un cartero que gratifican los interesados: PROD.: maiz, escanda, patatas, habas, otras legumbres y alguna fruta: cria ganado vacuno, caballar, cabrio y lanar: hay 5 molinos, y un batan para las telas de lana que se fabrican en el mismo pais, POBL.: 300 vec., 1,496 alm.: CONTR. con su ayunt. (V.).

ARCAMO: sierra en la prov. de Alava y part. jud. de Salinas de Añana: SIT. al O. de la prov. y NO. del part. entre los l. Artaza, Barron, Guinea, Cárcamo y Fresneda, de la herm. de Lacozmonte, colocados en su falda occidental y en la opuesta los de Villamanca, Ullibarri y Jocano. Esta sierra con la de Guibijo que le cae al N. y la de Badaya, que se prolonga N. á S. forma el valle de Cuartango.

ARCA-PEDRIÑA: ald. en la prov. de Pontevedra, ayunt. de la Estrada y felig. de San Miguel de *Arca* (V.): POBL.: 10 vec.; 52 almas.

ARCARASO: anteigl. en la prov. de Guipúzcoa (11 leg. de Tolosa), dióc. de Calahorra (22), part. jud. de Vergára (3), y ayunt. de Arechavaleta (1/2): SIT. en una altura casi llana: CLIMA frio, pero sano; sobre 12 CASAS, varias de ellas solariegas, forman esta reducida pobl., y su igl. parr. (San Millan) está servida por un beneficiado que provee el diocesano en hijos patrimoniales mediante concurso: confina con Arechavaleta, Aozaraza, montes de Aranzazu y r. Deva, al cual se dirijen los varios arroyuelos que corren por el térm.: este participa de monte poblado y de llano bastante fuerte: los CAMINOS son locales y estrechos: el CORREO se recibe en Arechavaleta: PROD.: trigo, maiz, centeno, avena, varias legumbres, lino, castañas, manzanas, nueces y pastos: cría ganado vacuno, lanar y de cerda: POBL.: 56 vec., 186 alm.

ARCAS: l. en la prov. de Orense, ayunt. de Merca y felig. de San Pedro de *Mezquita* (V.): POBL.; 6 vec., 20 almas.

ARCAS: ald. en la prov. de Pontevedra, ayunt. de Cambá y Rodeiro y felig. de Sta. Maria de *Guillar* (V.): POBL.; 10 vec., 55 almas.

ARCAS: l. en la prov. de la Coruña, ayunt. de Arteijo y felig. de San Estéban de *Morás* (V.).

ARCAS: l. en la prov. de Pontevedra, ayunt. de Salvatierra, felig. de Sta. Marina de *Resqueiras*.

ARCAS: l. con ayunt. de la prov., part. jud., adm. de rent. y dióc. de Cuenca (2 leg.), aud. terr. de Albacete (19), c. g. de Madrid (24): SIT. á la parte S. de una cañada, en un llano de pequeño declive resguardado de los vientos del N., que no impide la ventilacion ni que sea pueblo sano: lo forman 95 CASAS de un solo piso la mayor parte, con cámara encima que sirve de granero, regularmente distribuidas para el uso de labradores y pastores que es la mayoria del vecindario: las calles son bastante rectas y cómodas, y aunque carecen de empedrado estan por lo regular limpias, hallándose en su centro la plaza de unos 80 pasos en cuadro: hay escuela de primeras letras con 45 niños de ambos sexos, cuyo maestro tiene la asignacion anual de 3 celemines de trigo por cada alumno que aprende á leer, y 1 almud por los que escriben; casa consistorial con la cárcel y el pósito; igl. parr. de entrada, bajo la advocacion de la Natividad de Ntra. Sra., servida par 1 cura nombrado por S. M. ó por el Sr. ob., segun el tiempo en que queda vacante, y tiene por anejo á Olmedilla de Arcas; cementerio á bastante dist. hácia la parte N., que en nada perjudica á la salubridad; una ermita sobre un monte á 1/2 leg., dedicada á San Pedro Martir, en la que hace muchos años se venera á San Isidro Labrador; una fuente dentro del pueblo, muy abundante en todo tiempo, con un hermoso pilar de silleria suficiente para beber 30 bestias á la vez, y un gran estanque de igual construccion que sirve para dar riego á todos los huertos contiguos á la pobl.: los hab. se surten de ordinario de otro no menos abundante que se encuentra á 100 pasos al O., cuya agua sumamente delgada y fina, tiene la particularidad de blanquear de una manera considerable la ropa que con ella se lava. Confina el TÉRM. por N. con los de Cuenca y la Melgosa, E. con los de Morte ó Mohorte y Atalaya de Cuenca, S. con los de Villar de Saz de Arcas, Tórtola, y O. con los de Olmedilla de Arcas y Vallesteros: se estiende de N. á S. 1 1/2 leg., y de E. á O. 1 leg.: el TERRENO, aunque no es enteramente llano, no tiene otros montes ni cerros elevados que el que se encuentra entre E. y S., que divide los térm. de este pueblo y Villar de Saz, de los de Atalaya de Cuenca y Fuentes, el cual es una ramificacion de las cord. de montañas que forman estas serranias; lo demas está dividido en varias cañadas constituidas por cerritos de poca altura que cubren aquel suelo: las tierras son en su mayor parte vitreas, y tambien las hay arcillosas calcáreas y una corta porcion neutra ó vegetal: todas son susceptibles de mejoras por la abundancia que tienen de aguas y facilidad de aprovecharlas en el riego; pero como la mayor parte se halla en poder de colonos, este ramo se mira con bastante descuido: aunque todas las tierras podrian laborearse, no se hace en mucha porcion por ser de infima calidad: de los montes y bosque no se sacan maderas para el surtido de la Real armada, porque los pinos que en ellos se crian son ródenos, y de tan mala especie que solo se aprovechan para leña; y los robles, y carrascas son de mata, que sirven para pasto y abrigo de ganados. Casi todos los vec. tienen poca ó mucha porcion de huerta, en la que siembran patatas, judias, y cáñamo, y tambien existen 2 pequeñas deh., con algun regadio, y unos pequeños baldios que siempre han estado incultos. Este térm. es muy abundante de aguas de escelente calidad; pues ademas de las diferentes lagunas que se encuentran de profundidad desconocida, corre por cada una de las cañadas un arroyo con suficiente agua para darla riego, y despues se reunen todas en el principal, que nace al E. en el térm. de Atalaya de Cuenca, y va á desaguar al Júcar; que pasa á 1 1/2 leg. por la parte S.; dando antes movimiento á 3 molinos harineros, uno en este pueblo, otro á corta dist. del de Vallesteros, y el tercero un poco mas abajo del de Villar de Olalla. Este arroyo, que toma el nombre de r. de *Arcas*, es de curso perenne, pero los hab. de este pueblo no se sirven de sus aguas para el riego por la facilidad y poco gasto con que o adquieren de los arroyos. Las labores se hacen con 30 pares de ganado mular, y 11 de vacuno. Pasa por el térm. en direccion de N. á S., y como á 2,000 varas del pueblo, la carretera que desde la cap. de prov. se dirige á Valencia; la cual todavia no está empedrada mas que en la estension de 2 leg., y lo demas de terraplen bastante deteriorado por las aguas: los demas CAMINOS son de pueblo á pueblo, y se hallan en buen estado: la CORRESPONDENCIA se recibe por los mismos vec. en la c. de Cuenca: PROD. trigo, cebada, centeno, avena y escaña, de las cuales se estraen unas 700 fan. de trigo para pagar la renta á los terratenientes del térm. que viven fuera de él; tambien se cosecha cáñamo, judias y patatas para el consumo del pueblo, y frutas y lino, aunque en corta cantidad: hay cria de ganado lanar, cabrio, vacuno, cerdoso, asnal y yeguar; algunos lobos y zorras; la caza de liebres, conejos y perdices es en corto número, por lo mucho que la persiguen los cazadores de Cuenca: POBL. 97 vec. 345 hab. dedicados á la agricultura, ganaderia, esportacion del sobrante de trigo, centeno y carne para el reino de Valencia, é importacion de aceite de Andalucia y la Alcarria, y vino de la Mancha. Tambien se hace algun cambio de trigo por arroz, y pescado; y existen 2 telares de lienzos y telas ordinarias de lana, cuyas primeras materias son del mismo pueblo, en el cual se consumen las manufacturas; 1 molino harinero, 2 tabernas y 2 posadas: CAP. PROD. 1.280,040 rs.: IMP. 64,002 rs.: importan los consumos 3,787 rs. 29 mrs.: el PRESUPUESTO MUNICIPAL asciende á 1,500 rs., y se cubre con 1,000 rs. que prod. los propios, y el resto por repartimiento vecinal: estos prod. consisten en 15 fan. de trigo que pagan los arrendadores de las tierras de pan llevar en la hoja del año par; 25 fan. por los de la hoja del año non; y los arbitrios de las yerbas de 2 pedazos de deh. que se subastan todos los años, los cuales suelen producir sobre 590 rs.: hay ademas otra deh. de 1/4 leg. de largo, y 1/2 de ancho, poblada de robles y carrascas muy pequeñas y de algunos otros arbustos, cuyo terreno vitreo, en su mayor parte mezclado de arcilla, esta dividido en 2 trozos, uno de ellos correspondiente á los propios y otro al abasto de carnes.

ARCAS ó SAN MARTIN: riach.; nace en la prov. y part. jud. de Cuenca, térm. jurisd. de Atalaya de Cuenca: se dirige por las inmediaciones del l. de Arcas, en donde se le unen las aguas de 2 fuentes llamadas San Isidro y la Peña, y algun otro arroyuelo, y pasando á 1/2 leg. de Vallesteros, asi como por la Vega de Villar de Olalla, se confunde á poca dist. con el r. Júcar, regando antes algunos huertos: cria barbos, peces y truchas, y en mas abundancia cangrejos: su curso es perenne, y aunque en el verano pierde una mitad de agua, da impulso á 3 molinos harineros, sit. en Arcas, Vallesteros y Villar de Olalla, los primeros con sola una piedra y el último con 2: tiene 3 puentes de piedra de buena construccion, uno con 2 ojos en el térm. de Arcas y sitio del Tejar, otro de 1 llamado de San Martin, en el camino que dirige á Olmedilla, y otro con dos mas abajo de Villar de Olalla.

ARCAS-REALES: deh., en la prov. de Albacete, part. jud. de Alcaráz, térm. jurisd. del Salobre y Villapalacios: su terreno para pastos, áspero y con monte de jara, encierra mineral de hierro, de donde se saca mena para la ferreria del Salobre, propia de D. Manuel de Llano y Yandiola, vecino de esta corte.

ARCAUTE: ald. en la prov. de Alava, dióc. de Calaborra (18 leg.), vicaria, herm. y part. jud. de Vitoria (1/2), y del ayunt. de Elorrio (1/4): SIT. en un llano que aunque ventilado es propenso á fiebres intermitentes por la detencion de las aguas: hay 17 CASAS bastante reunidas y una igl. parr. (San Juan Bautista), servida por 2 beneficiados con titulo de perpetuo y presentados por las monjas dominicas de San Juan de Quejana. El TÉRM. confina: N. con Zurbano, por E. el desp. *Petriquiz*, cuyo térm. es comun á *Arcaute* y otros pueblos (V.); por S. con Arcaya y por O. con Elorriaga: el TERRENO es fértil, los CAMINOS muy penosos en el invierno, y el CORREO se recibe en Vitoria: PROD. toda clase de cereales, legumbres y frutos que así como el ganado, presentan estos naturales en los mercados de la capital: POBL. 17 vec.: 74 alm. RIQUEZA Y CONTR. (V. ALAVA INTENDENCIA).

ARCAY (STA. SUSANA): felig. en la prov. de la Coruña (6 leg.), dióc. de Santiago (5), part. jud. de Ordenes (3), y ayunt. de Tordoya (1/2): SIT. á la der. del r. *Lenguella*: CLIMA sano: comprende las ald. de Arcay de Abajo, y Arcay de Arriba, que reunen 13 CASAS de mala construccion y pocas comodidades: la igl. parr. (Sta. Susana), está servida por un párroco de provision ordinaria: el TÉRM. confina por N. con Gesteda, por E. con Lesta, por S. con Gorgullos y por O. con Cabaleiros: tiene buenas y abundantes aguas de fuentes y un arroyo que, naciendo en sus montes, sigue al O., pasa el puente de Santana y va á desaguar al referido Lenguella que se une al *Tambre*: el TERRENO montuoso y en gran parte inculto: los CAMINOS vecinales y mal cuidados: el CORREO se recibe en la cap. del part.: PROD. trigo, maiz, centeno, lino, patatas, vino, legumbres y hortaliza: cria ganado vacuno, lanar, mular y de cerda; hay alguna caza y poca pesca: IND. la agricola: POBL. 15 vec.: 92 alm.: CONTR. con su ayunt. (V.).

ARCAY DE ABAJO: ald. en la prov. de la Coruña, ayunt. de Tordoya y felig de Sta. Susana de *Arcay* (V.): POBL. 6 vec. 22 almas.

ARCAY DE ARRIBA: ald. en la prov. de la Coruña, ayunt. *Tordoya* y felig. de Sta. Susana de *Arcay* (V): POBL. 9 vec. y 70 almas.

ARCAYA ó ARCAHIA: l. en la prov. de Álava, dióc. de Calahorra (18 1/2 leg.), de la herm. de Andollu, en el part. jud. de Vitoria (3/4), y ayunt. de Elorriaga (1/4): SIT. en un llano ventilado y sano, si bien en el verano ocurren algunas intermitentes: tiene sobre 25 CASAS, y una escuela dotada con 720 rs. á la cual asisten 22 ninos y 12 niñas. La igl. parr. (Natividad de Ntra. Sra.) está servida por 2 beneficiados de entera racion; el cementerio es capaz, y en nada perjudica á la salud pública. Confina al N. con Elorriaga, por E. con Ascarza, al S. con Otazu, y por O. con Vitoria; comprende en su térm. al despoblado *Sarricuti*, y tiene mancomunidad en el de Petriquiz: el TERRENO es bastante fértil; los CAMINOS locales y medianos; el CORREO se recibe en Vitoria, á cuyos mercados concurren estos vec. con sus ganados y el sobrante de las cosechas, las cuales consisten en toda clase de cereales, varias legumbres, frutas y hortalizas: POBL: 28 vec., 163 alm.: CONTR. (V. ALAVA INTENDENCIA).

ARCAINAS, (SON): alq. en la isla de Mallorca, prov. de Baleares, part. jud. de Inca, térm. y felg. de *Sinen* (V.).

ARCAYOS: l. en la prov. y dióc. de Leon (28 leg.), part. jud. de Sahagun (4), aud. terr. y c. g. de Valladolid (18), ayunt. de Villamartin: SIT. á la márg. izq. del r. *Cea* en la carretera que conduce de Almansa á la cap. del part.: combátenle los vientos del E., y disfruta de CLIMA saludable, aunque frio y algo propenso á enfermedades reumáticas. Tiene 15 CASAS; escuela de primeras letras dotada con 6 fan. de pan mediado, á la que concurren 23 niños de ambos sexos; y una igl. parr. bajo la advocacion del glorioso San Julian, servida por 1 cura de presentacion del marqués de Alcañices: dentro de la poblacion hay 1 fuente de abundante y esquisita agua que aprovechan los hab. para su consumo doméstico. Confina el TERM. por N. con el de Villaverde de Arcayos, por E. con el de Valdavida, por S. con el de Villaselan, y por O. con el de Villamartin de D. Sancho, todos á 1/4 de leg.: en él existe 1 pequeño monte de robles, por el que cruza la carretera que baja de Buron á Sahagun. El TERRENO es de muy buena calidad, y se halla fertilizado en gran parte por las aguas del indicado r. *Cea* y por las de 3 fuentes que brotan en diferentes parages. Ademas de los CAMINOS locales le atraviesa la ya mencionada carretera que se dijo conduce de Almansa á la cap. del part.; tanto esta como aquellos se encuentran en estado regular. Recibe la CORRESPONDENCIA de dicha capital por balijero: PROD.: trigo, cebada, avena, legumbres y alguna hortaliza; cria ganado lanar, caza de jabalies, corzos, conejos, liebres, perdices y codornices; y pesca de anguilas, barbos, truchas y algunos pescados pequeños: POBL.: 13 vec. 53 alm.: CONTR. con el ayuntamiento.

ARCE: l. en la prov., part. jud. y dióc. de Santander (2 1/4 leg.), aud. ter. y c. g. de Búrgos (23), ayunt. de Piélagos: SIT. en un llano cercado de grandes colinas de piedra, y de una alta cordillera poblada de algunos arbustos; combátenle todos los vientos, y disfruta de CLIMA sano, si bien algun tanto húmedo por atravesarle el r. *Paz*. Tiene 120 CASAS distribuidas en varias calles; entre aquellas y junto al r. y puente que le atraviesa, se encuentra la consistorial de sólida y ant. construccion, una de cuyas partes se halla sobre el camino, haciéndole estrecho é incómodo; por lo que, y en virtud de informe dado por los ingenieros, se dispuso de Real órden su derribo, que no ha llegado á verificarse por la oposicion del pueblo, fundada en la mayor antigüedad del edificio sobre aquel; en uno de sus ángulos salientes se ve 1 escudo con las armas de Castilla, Leon y Navarra; y debajo de la sala en que se celebrán las sesiones existe la cárcel, lóbrega, húmeda y malsana á causa de bañar sus muros el r. ya mencionado. Ademas de este edificio son notables, una casa ant. de los Sres. de Falla; y otras 2 de piedra silleria adornadas con escudos de armas en sus fachadas. Hay escuela de primeras letras dotada con 300 rs., á la que asisten de 50 á 60 niños de ambos sexos; y una igl. parr. dedicada á la Asuncion de Ntra Sra., servida por 2 curas de provision del diocesano en patrimoniales, la cual está sit. al O. del pueblo, siendo de poca hermosura y arquitectura irregular, sin contener cosa alguna que llame la atencion. Existen ademas 5 ermitas, 3 en casas particulares, tituladas la Concepcion de Ntra. Sra., San Julian y Ntra Sra. de la Soledad, y 2 bajo la de San Julian y Sta. Ana; de estas últimas, la primera está en una sierra, y la otra arruinada, hallándose á su inmediacion una casa que en otros tiempos sirvió de hospital para pobres mendigos. Dentro del l. brotan 8 fuentes, de cuyas esquisitas aguas se abastecen los vec. para su consumo doméstico, distinguiéndose entre todas la que nace junto al puente por su mayor abundancia. Confina el TÉRM. por N. con los de Boo y Maoño; por E. con el de Escobedo de Camargo, ambos á 1/2 leg.; por S. con el de Barcenilla á 1/4; y por O. con el r. *Paz*. Cuéntanse enclavados en su jurisd. 7 barrios llamados de Belo, la Cagiga, la Calzada, Solarana, Hontanilla, los Riegos y la Pajosa. El TERRENO es de buena calidad, fertilizándole en parte las aguas de 3 manantiales que nacen en diferentes parages, y las del ya citado r. *Paz*, al que atraviesa en el centro del pueblo 1 puente de piedra de 3 arcos, uno grande en el centro y 2 pequeños en los lados, pasando por él la carretera que conduce de Santander á Reinosa; la superficie de este puente es desigual á causa de la estraordinaria elevacion del arco del centro, pero tiene sin embargo mucha solidez, pudiendo anunciársele una existencia de siglos si se compone una cepa cerca del cimiento, de la que faltan algunas piedras que hacen temer su ruina si no se repara con oportunidad. El agua del mar llega en las mareas ó flujo hasta un tiro de bala mas arriba de este puente. Ademas de los CAMINOS locales le atraviesa como queda dicho la carretera que dirije de Santander á Reinosa: tanto esta como aquellos se hallan en estado regular. La CORRESPONDENCIA la recibe de Torrelavega por el mismo conductor los domingos, mártes y viérnes por la noche, saliendo en los propios dias y horas: PROD.: maíz, trigo, alubias, patatas, frutas, vino chacoli, muchas y buenas yerbas de pasto, y algun lino; cria ganado vacuno, caballar, lanar y cabrio, aunque en corta cantidad estos dos últimos; caza de liebres y animales dañinos; y pesca de salmones, truchas y otros peces del mar: IND.: 2 molinos harineros situados en el térm. del pueblo, suficientes para el abasto de sus hab.: POBL.: 120 vec. 700 alm.: CONTR.: con su ayuntamiento.

ARCE: l. del valle y ayunt. de su nombre, en la prov., aud. terr. y c. g. de Navarra, merind. de Sangüesa (5 leg.), part. jud. de Aoiz (2), dióc. de Pamplona (5), arciprestazgo de Ibargoiti: SIT.: á la izq. del r. *Urrobi*, en una hermosa llanura, con libre ventilacion y CLIMA muy saludable: tiene 4 CASAS, un palacio y una igl. parr. dedicada á la Purisima Concepcion, servida por un cura párroco. Confina el TÉRM. por N. con el de Zandueta (1/2 leg.), por E. con el de Muniain (3/4), por S. con el de Nagore (1/2), y por O. con el de Asnoz, (igual dist.); el TERRENO es completamente llano; en la orilla del mencionado r. hay una deliciosa huerta, la cual se riega con las aguas del mismo, que tambien utilizan los hab. para consumo de sus casas, y otros objetos: PROD.: trigo, cebada, avena, maiz, legumbres, hortaliza y frutas; cria ganado vacuno, lanar y cabrio; y hay pesca de anguilas, truchas y otros peces menudos en el *Urrobi*; POBL.: 5 vec., 32 alm.: CONTR. con el valle.

ARCE ó ARCIBAR: valle en la prov., aud. terr. y c. g. de Navarra, merind. de Sangüesa, part. jud. de Aoiz, dióc. de Pamplona: SIT. en la falda del Pirineo con libre ventilacion, y CLIMA, aunque escesivamente frio, bastante saludable, pues no se padecen otras enfermedades comunes que las estacionales. Comprende los l. de Amocain, Arce, Arizcuren, Arrieta, Artozqui, Asnoz, Azparreu, Equiza, Espoz, Galduroz, Gorraiz, Lacabe, Lusarreta, Muniain, Gurpegui, Imizcoz, Nagore, Orozbetelu, Osa, Saragueta, Uli, Urdiroz, Uriz, Usoz, Villanueva, Zandueta y Zázpe; el cas. de Uloci, y los desp. de Urrobi, Olorioes superior é inferior, y Adása. No tiene cap.; y aunque en su centro se halla el pueblo de Arce, las juntas se celebran en Nagore, donde hay casa para el efecto y en la misma se conserva el archivo con la bandera, tambor y armas de que usaban los hab. en caso de guerra, cuando reputándose todos soldados eran conducidos por su alcalde que era su capitan. Confina por N. con la v. de Burguete, por E. con el valle de Urraul Alto, por S. con el de Lónguida, y por O. con los de Arriasgoiti y Erro. Le cruza el r. *Irati* de N. á S. y el llamado *Urrobi*, el cual tambien penetra por el lado del N., separa los pueblos á der. é izq., y recibiendo varios arroyos que se precipitan de las alturas inmediatas, sale por el S. hasta que en Orbaiz, l. del valle de Lónguida, confluye en el mencionado *Irati*; sus aguas de buena calidad sirven para el consumo doméstico de los vec., abrevadero de ganados, y otros objetos, y crian diferentes pescados. El TERRENO es bastante escabroso, y cubierto de montañas, donde hay robles, hayas, arbustos, plantas aromáticas y medicinales, con abundantes y sabrosos pastos para el ganado: PROD.: trigo, cebada, avena; maiz, patatas, legumbres, hortaliza y algunas frutas; sostiene mucho ganado mular, vacuno, lanar y cabrio; caza mayor y menor, y bastantes animales feroces, que se guarecen en la espesura de los montes.: IND. Y COMERCIO: ademas de la agricultura, se ocupan los hab. en el corte de maderas de construccion, en el carboneo y arrieria, consistiendo sus principales especulaciones comerciales en la venta de dichos prod. y de ganados, é importacion de frutos del pais, coloniales y ultramarinos: POBL. conforme á los datos oficiales 274 vec., 1,646 alm.: RIQUEZA PROD.: 533,430 reales.

ARCEDIAGO ó PUENTE ARCEDIAGO (SAN JUAN DE): felig. en la prov. de la Coruña (11 1/2 leg.), dióc. de Santiago (8), part. jud. de Arzua (2 1/2), y ayunt. de Santiso (1/2): SIT. al S. de Mellid en un declive sobre la márg. del r. Ulla, y ventilada por E. y S. con CLIMA sano: tiene 50 CASAS repartidas en las aldeas de Cornella, Joaine, Outeiro, Rejacendes, Seoanes y Talin. La igl. parr. (San Juan) es matriz de las de Santa Eulalia de Rairiz y San Jorge de Moutazos: su curato, de primer ascenso es de patronato lego. El TÉRM. contina por N. con el de Santiso, por E. y S. con el de Sta. Maria de Barazon interpuesto el r. Jurelos, sobre el cual se halla un puente de madera, y al O. con San Cosme de Mourazos; le recorre de E. á O. en el mencionado r. de Jurelos ó Ulla. El TERRENO es de buena calidad con algun arbolado de robles y castaño en el sitio llamado las Correderas: le cruzan los CAMINOS de la Coruña y Mellid á Orense y el de Monterroso á Santiago; todos en mediano estado, y el puente solo sirve para caballerias. El CORREO se recibe de Mellid: PROD. centeno, maiz, trigo, cebada, nabos, todas clases de legumbres y buenas frutas: cria ganado vacuno, yeguar, mular y algo de lanar; hay caza de liebres y conejos; se pescan truchas, barbos y salmones; su IND. la agricola, pecuaria y 3 molinos harineros, y el COMERCIO de grano y cuatropea: POBL. 48 vec., 200 alm. CONTR. con su ayunt. (V.).

ARCEDIANO: l. con ayunt. en la prov., part. jud., adm. de rent. y dióc. de Salamanca (3 leg.), aud. terr. y c. g. de Valladolid: SIT. en el camino que de la cap. dirige á Toro; tiene igl. parr. de entrada con advocacion á San Miguel, servida por 1 cura y 1 sacristan; 1 posada pública, y escuela de primeras letras con 40 niños de ambos sexos. Su TÉRM. confina por N. con el de Tardaquila, E. con el de Gansinos, S. con el de Armenteros y O. con el de Megrillan, y se estiende 1/2 leg. de N. á S., 3/4 de E. á O. y 7/4 de circunferencia: el TERRENO, aunque muy escaso de aguas y estas de mala calidad, es muy pingüe y no tiene otro arbolado que algun negrillo: comprende aproximadamente 400 huebras de primera clase, 706 de segunda, 770 de tercera, 58 de tierra inútil y 130 de pastos: la principal PROD. es el trigo, que se siembra á dos hojas en tierras de secano de 3 calidades, pero tambien se coge cebada, centeno, garrobas, garbanzos, lentejas y otros granos: POBL. 68 vec., 274 hab. dedicados á la agricultura, tráfico de ganados y arrieria: CAP. TERR. PROD. 1,509,450 rs.: IMP. 49,627; valor de los puestos públicos 2,680 rs.; los ingresos por propios y arbitrios se presuponen en 1,180 rs.

ARCEDON: puerto en la prov. de Santander y part. jud. de Potes; corresponde al valle de Ciñorigo y se sube á él por el l. de Lebeña; su camino es de herradura, muy pendiente y con malos pasos, conduciendo de Liébana á las montañas de Santander: hace pocos años se reparó algun tanto, en razon del mucho tránsito qué tiene en invierno particularmente, por estar mas bajo y no cargar tanto la nieve como en el de Turey, al que se sube por el l. de Bedoya: tiene la salida por encima de los l. del valle de Peñarrubia; siendo el de Cires el primero que se encuentra al llegar á aquella, el cual dist. de Lebeña unas 3 horas.

ARCE-FONCEA: ald. en la prov. de Logroño (10 leg.), part. jud. de Haro (3), aud. terr., c. g. y dióc. de Burgos (12); térm. municipal de Foncea: SIT. en llano al pie de una pequeña altura llamada *Trarribarce*, donde la combaten todos los vientos, y goza de CLIMA benigno y muy saludable. Tiene 20 CASAS de buena fáb.; 1 igl. parr. bajo la advocacion de Sta. Maria de Arce, servida por un cura; si bien en tiempos anteriores desempeñaba el culto un monge del monasterio de San Millan de la Cogulla, á cuya jurisd. ó dióc. *vere nullius* correspondia esta parr.; su edificio, aunque reducido, es muy sólido, ant. y no ofrece otra particularidad, que 1 bóveda debajo del presbiterio, de 7 palmos de alta y 15 de ancha bien construida; se cree que dicha igl. fué convento de templarios, ya por hallarse en la carretera que conducia á Francia, antes de construirse la que dirige por Pancorbo, ó porque la forma del edificio indica haber sido mayor en otro tiempo; lo que tambien coincide con otras ruinas que hay cerca de Cellorigo y del mencionado Pancorbo, que igualmente se cree fueron edificios correspondientes á dicha órden; y una ermita dedicada á Sta. Marina, la cual se destruyó durante la guerra de la Independencia, y sirve actualmente para cementerio. Los niños de esta ald. en número de 7 á 10 acuden á la escuela de Foncea dist. 100 pasos: en los campos inmediatos á la pobl. se encuentran debajo de tierra piedras labradas de mucha magnitud, escombros de tejados, ladrillo muy grueso, y otras piedras qué indican haber sido de pavimento, puesto que no tienen mas que una cara bien labrada y las demas la configuracion necesaria para su union y acomodamiento; tambien hay muchos sepulcros, y algunos casi á la flor del suelo, permaneciendo todos con su cubierta; todo ello indica que esta pobl. fue muy considerable en la ant., y que abrazaba un gran circuito. En el dia carece de térm. y terreno propio hallándose completamente enclavada dentro del de Foncea, no obstante de que sus vec. tienen derecho de pastear los ganados en el terreno de dicha v. y en el de Cellorigo: cuyos campos igualmente llevan en cultivo: POBL.: aunque la matrícula catastral de 1842 designa á esta ald. 22 vec., es seguro que á consecuencia de varias vicisitudes y particularmente por las exacciones en tiempo de la última guerra civil, aquel número se ha reducido á 7, y 30 alm., habiendo los demas emigrado á otros pueblos. No obstante la RIQUEZA PROD. se reputa en 361,880 rs.: la IMP. en 19,096; y paga por CONTR. de cuota fija 2,154 rs.; ascendiendo el PRESUPUESTO MUNICIPAL á 1,800, el cual se cubre con el arriendo de 1 taberna, y por reparto entre los vec. Fué ald. de Cerezo (part. jud. de Belorado, en la prov. de Búrgos) hasta que en 1833 se puso bajo la dependencia de Foncea, cuyo ayunt. en 1837 nombró un alcalde pedáneo ó celador, y asi continua, con la particularidad de que el nombrado para dicho cargo ha de ser vec. de esta aldea.

ARCELLADA: ald. ó barrio en la prov. de Oviedo, ayunt. de San Adriano y felig. de San Roman de *Villanueva* (V.)

ARCELLARES: l. con ayunt. en la prov., dióc., aud. terr. y c. g. de Búrgos (9 leg.), part. jud. de Villadiego (4): SIT. en un vallecito rodeado por N. y SO. de una cord. que le resguarda de los vientos N. y O. disfrutando de CLIMA sano, aunque generalmente frio y propenso á enfermedades gástricas y catarrales. Tiene 16 CASAS y una igl. parr. bajo la advocacion de San Estéban servida por un cura. Dos fuentes de abundantes y esquisitas aguas que hay en la pobl. surten á los vec. de la necesaria para su consumo doméstico. Confina el TÉRM. por N. con Losilla á 1/4 de leg., por E. con Barrio Pañizares á 1/2, por S. con Basconcillos á 1/4, y por O. con Corralejo á igual distancia. El TERRENO es arenisco, arcilloso y calizo, y le fertilizan las aguas de 5 manantiales que brotan en diferentes parages. Hácia las partes N. y O. del pueblo se levantan 2 montes cubiertos de matorrales. Los CAMINOS son locales; y la CORRESPONDENCIA la recibe de Búrgos por el balijero de Villádiego: PROD. algunos cereales, lino, patatas, habas y nabos; cria ganado vacuno, lanar y de cerda; caza de perdices, codornices y liebres; y pesca de cangrejos: POBL. 14 vec., 44 alm: CAP. PROD. 207,920 rs.: IMP. 20,514: CONTR. 4.849 rs. 18 mrs. El PRESUPUESTO MUNICIPAL asciende á 310 rs. que se cubren del fondo de propios, y el déficit por reparto vecinal.

ARCE MIRAPEREZ: barrio en la prov., aud. terr. y c. g. de Búrgos (15 leg.), part. jud. y TÉRM. de Miranda de Ebro (1), dióc. de Calahorra (17). SIT. al pie N. de un pequeño cerro, dando vista por O. á una espaciosa llanura de 5 cuartos de hora que va á morir en las Conchas de Haro: reinan los vientos N. y O., disfrutando de CLIMA templado, aunque algo propenso á jaquecas por las frecuentes nieblas que producen los r. que le circundan. Tiene 6 CASAS de mediana construccion; y á sus inmediaciones 3 lagos con los nombres de Arce, Bayas, y la Corzana, los que crian finísimas sanguijuelas, apareciendo en invierno cubiertos de ánades cuya caza es muy deseada. Este barrio fue granja del estinguido convento de canónigos regulares premostratenses de Bugedo, á cuyo cargo estaba el pasto espiritual de su parr. dedicada á Ntra. Sra. Confina por N. con la Corzana, por E. con Bayas, por S. con Ircio y por O. con Zambrana, todos á 1/2 leg. de distancia. Su TERRENO, la mayor parte infértil, le baña por la parte O., pasando á un tiro de bala el caudaloso Zadorra que nace en Alava y desagua en el Ebro; y por la del S. á medio cuarto de leg. este tan celebrado r.; ambos dan esquisita pesca, siendo muy apreciada la anguila del primero. Ademas de los locales le atraviesa un ramal de CAMINO que empalma en Zambrana con la carretera que va de Rioja á la prov. de Alava, cruza el r. Zadorra por un puente de piedra ruinoso y atravesando la via principal de Francia junto á la venta del Rojo, se enlaza con la del señorio de Vizcaya á corta distancia y al N. de Puentelarrá. La CORRESPONDENCIA la reciben y entregan en Miranda: PROD. trigo, cebada, y algo de comuña; cria ganado lanar aunque en corto número y caza de ánades y codornices: POBL. 6 vec. 22 alm.: CONTR. con su ayunt.

ARCENA ó ARACENA: montes elevados de la prov. de Alava part jud. de Salinas de Añana y ayunt. de Valdegovia, al SO. de la v. de Sobron; estan poblados de pinos y su cima coronada con una peña que designa el térm. occidental de Alava con Castilla.

ARCENIEGA: riach. al NO. de la prov. de Alava, en el part. jud. de Orduña: se forma de varios arroyos, con especialidad del que nace en la peña de Tudela y el del Pozo de Sojo, los cuales se reunen por bajo de la plaza de Arceniega, y á la 1/2 leg. mezcla sus aguas en Ureta con las del r. Delgadillo que trae su orígen de una cascada de la peña de Angulo; continúa á las Encartaciones (Vizcaya), y en Sodupe se une al Sacedon, conocido tambien por el Cadagua, y desemboca en la ria de Portugalete, mas abajo de Bilbao, en el punto de Burceña. Este riach. tiene 7 puentecitos de piedra y son: el Gordeliz, Barraché, Sojo, La-lastra, Petarache, Urtabe y Ureta: da impulso á algunos molinos harineros, y ofrece poca pesca; el Pozo de Sojo cria muchas y escelentes sanguijuelas.

ARCENIEGA: herm. en la prov. de Alava y Cuadrilla de Ayala, compuesta de la v. de Arceniega y sus barrios Campijo, Gordeliz, Sojoguti y Villasus, que formaban un solo concejo, y una sola parroquialidad: el gobernador de Ayala era el juez letrado que solia, en asuntos especiales, estender su autoridad á esta jurisd., cuyo señ. ha disputado el ducado de Berwich, y le han negado tanto la v., como la herm.: en este terr. se conservan indicios de haber sido mucho mayor la poblacion.

ARCENIEGA: ayunt. en la prov. de Alava (7 leg. á Vitoria), aud. terr. de Búrgos (23), dióc. de Santander (15), c. g. de las Provincias Vascongadas (7), y part. jud. de Orduña (3 1/2): SIT. al NO. de la prov., formando lím. de esta con la de Vizcaya: el CLIMA es frio, pero sano; se compone de la v. de su nombre, y de los l. de Campijo, Gordeliz, Mendieta, Retes de Tudela, Sta. Coloma y Sojoguti, con otros 20 barrios y cas. que reunen sobre 154 CASAS; en la v. de Arceniega las hay para el ayunt., escuela y cárcel. El TÉRM., á 1 leg de N. á S., y á igual dist. de E. á O., confina por N. con el del concejo de Ayega del valle de Mena, y con la prov. de Vizcaya, y su valle de Gordejuela, con quien sigue el lím. por E. hasta tocar al valle de Llanteno del ayunt. de Ayala; por el S. con este mismo ayunt. y su pueblo de Sojo, y al O. con los valles de Tudela y de Mena: el TERRENO, en lo general quebrado y montañoso, es sin embargo bastante fértil; le bañan varios arroyuelos que forman al r. *Arceniega* (V.): los CAMINOS, aunque penosos, permiten el tránsito de carros por todas direcciones: el CORREO se recibe de Orduña, por medio de 1 balijero los mártes, juéves y sábados, y sale lúnes, miércoles y viérnes: PROD.: toda clase de cereales y frutas; cria ganado; y el COMERCIO está reducido al que se hace en los mercados y feria de la v. cap.: POBL. 146 vec., 708 alm. RIQUEZA Y CONTR. (V. ALAVA INTENDENCIA). El PRESUPUESTO MUNICIPAL asciende á 10,800 rs. que se cubren con algunos arbitrios, y el déficit por reparto vecinal.

ARCENIEGA, ARCINAGA ó ARCINEGA: v. en la prov. de Alava (7 leg. á Vitoria), dióc. de Santander (15), vicaría de Tudela, part. jud. de Orduña (3 1/2), herm. y ayunt de su nombre, del que es cap.: SIT. entre elevadas colinas al NO. de la prov.; su atmósfera es despejada, y el CLIMA frio, pero sano. Reune sobre 94 CASAS, inclusas las de los barrios de Campijo y Gordeliz, y las de los cas. de Artumiana, Barreteguren, Caserias del Monte, La-Presa, Las-Campas, San Antonio, Villasus y Ureta; la v. está cercada de ant. muros, y 2 puertas son las que permiten el paso para el centro de la pobl., en la cual se encuentran calles bastante regulares, y casas decentes y cómodas: las hay para el ayunt., cárcel y escuela; ésta se encuentra dotada con 2,555 rs., y asisten á ella hasta unos 50 niños: tiene 2 igl. parr. (la Asuncion de la Vírgen y Ntra. Sra. de la Encina); la primera se encuentra dentro de la pobl., y la segunda á estramuros de ella, y ámbas servidas por 4 beneficiados; existe en la v. con 8 religiosas, el conv. de canonesas regulares de San Agustin, que fundaron y dotaron en 1586, D. Pedro Ruiz de Monteano y su esposa Inés de Oribe; la obra principió en 1606, y su igl., dedicada á Ntra. Sra. de los Remedios, es bonita. La parr. de Ntra. Sra. de la Encina, está sit., á 200 pasos de la v., en la cumbre de una deliciosa colina poblada de robustos árboles con una hermosa hospedería; la igl. concluida en el año de 1514 es un edificio de proporcionada arquitectura, y de 3 naves; el altar mayor es de órden gótico, y se encuentra separado del resto de la igl., por una buena y elegante reja de hierro; en él está colocada la Vírgen sobre una encina, como (segun tradicion), fue aparecida: al lado del Evangelio reposan las cenizas del célebre canonista, ob. de Canarias, y despues de Salamanca, D. Cristóbal de la Cámara y Murga, en un suntuoso panteon de piedra, sobre el cual hay una estátua de lo mismo, puesta de rodillas con adornos pontificales: dicho señor natural de Arceniega, falleció en 1641. El TÉRM. á 1/2 leg. confina por N. con la prov. de Vizcaya y valle de Gordejuela, por el E., y á 1 leg. de dist., con Sojo, l. del valle de Ayala, y por S. y O. con la prov. de Búrgos á 1 leg., formando lím. con el valle de Mena. Brotan en él 4 buenas fuentes, cuyos derrames enriquecen al riach. Arceniega, que de S. á N. se dirige con inclinacion al E., encontrando 7 puentes, antes de salir del térm.; en este, y á poco mas de 1/4 de leg. y sitio llamado, Pasos de Gondeliz, se encontraron á fines del siglo último, año de 1787, varios sepulcros, lápidas y restos que indican haber existido en aquel recinto una grande pobl. El TERRENO, aunque poco llano, es fértil, de buena calidad; con monte, prados y viñedo: los CAMINOS algo penosos, pero transitan por todas direcciones los carros del pais: el CORREO se recibe en Orduña: PROD. trigo, maiz, vino, varias legumbres, frutas y hortaliza; cria ganado, caza mayor y menor, y pesca de barbos, anguilas y otros peces; hay 2 molinos; celebra mercado los domingos y miércoles, y una concurrida feria, en el campo inmediato al santuario de la Encina, desde el 14 al 21 de setiembre. No faltan menestrales de primera necesidad, y hay una botica, pero carece de médico, y tiene que servirse de un cirujano: POBL. 94 vec., 470 alm.: RIQUEZA Y CONTR. (V. ALAVA INTENDENCIA).

ARCENILLAS: l. con ayunt. en la prov., adm. de rent., part. jud. y dióc. de Zamora (1 leg.), aud. terr. y c. g. de Valladolid (16): SIT. en un llano al final de una colina de 15 á 20 váras de elevacion, que se estiende 1 leg. al S., y 1/4 de E. á O.; y batido libremente por los vientos: su cielo es alegre, y su CLIMA bastante sano: se compone de 100 CASAS desiguales, y la mayor parte de tierra; 30 de ellas, con las comodidades necesarias á un labrador; todas son de un solo piso y de 5 á 6 varas de elevacion, pero muy decentes y bien adornadas, formando calles rectas, que, aunque sin empedrar, son hermosas y limpias mientras no llueve: hay plaza de 60 varas en cuadro: la municipalidad tiene en ella su casa de poca mas estension que las demas; el pueblo escasea de aguas, pero hay una fuente con 2 hermosos caños de la que se surten los hab.; su agua es de buen gusto; tiene abrevadero para el ganado y un lavadero, aunque se encuentra una laguna que se forma de las aguas que vierte: hay una escuela de instruccion primaria comun á ambos sexos, á la que concurren 70 alumnos, bajo la direccion de 1 maestro, dotado con 1,100 rs.; 1 igl. parr. con la advocacion de Ntra. Sra. de la Asuncion; la sirve un párroco, cuya plaza es de término y de provision real y ordinaria; tiene por sufragánea la de Pontejos que dist. 1/2 leg.; la sirve 1 teniente cura: el edificio de la primera es hermoso y sólido, todo de piedra labrada por el órden romano; fue reedificado en el año de 1597, como consta de una inscripcion puesta en la pared del N.; consta de 2 naves, sostenidas por 2 hermosas y bien acabadas columnas, que dan un realce estraordinario de magestad: el cuerpo de la igl., cuya long. y lat. igual es de 25 varas burgalesas, está cubierto de artesonado, escepto la primera nave ó capilla mayor, que tiene bóveda de ladrillo; consta de 3 altares, los ornamentos muy decentes, y con solo las alhajas indispensables; pero entre ellas tiene 1 viril de oro, plata y piedras preciosas de bastante magnitud y de mucho mérito y valor; hay 1 cementerio al S., cuyas paredes son de tierra, y es proporcionado á la pobl.: confina el TÉRM. por N. con el de Zamora, por E. con el de Moraleja, por S. con el de Casaseca de las Chanas, y por O. con el de Morales: se estiende de N. á S. 1 leg., y de E. á O. 3/4: el TERRENO es bastante fértil, y por la parte de S. todo llano y al nivel del pueblo, lo mismo á O. hasta 1/4 leg.: al NE. tiene un declive de 15 á 20 varas que degenera en una planicie: comprende 4,669 fan., de las que una sesta parte es de primera calidad, dos de segunda y el resto de tercera: sus CAMINOS son locales y en mediano estado: la CORRESPONDENCIA se recibe de Zamora: PROD. trigo, cebada, garbanzos, otras legumbres y vino; de la primera especie, por un quinquenio, 5,000 fan., 1,500 de cebada, 1,000 de garbanzos, 800 ó 1,000 de las otras legumbres, y unos 30,000 cántaros de vino: tiene 30 parejas de labor, y se crian algunas liebres y conejos. La IND. está reducida á 1 tejedor de lienzos; y el COMERCIO á la esportacion á Zamora de los frutos sobrantes: POBL. 15 vec., 61 alm.: CAP. PROD.: 314,000 rs.: IMP.: 21,911: CONTR. por todos conceptos 8,833 rs. El PRESUPUESTO MUNICIPAL asciende á 2,125 rs., y se cubre con el prod. de propios.

ARCENTALES: valle en las Encartaciones en la prov. de Vizcaya (6 leg. á Bilbao), dióc. de Santander (12), aud. terr. de Búrgos (22), c. g. de las Provincias Vascongadas, y part. jud. de Balmaseda (1): SIT. entre ásperas montañas, pero bien ventiladas, y sano: se compone de los l. de Linares, Traslaviña, cuya pobl. está dispersa en varios cas., entre los que son notables las Torres de Mendoza, Traslavilla y Horcasitas. En 1780 se separó del señ. de Vizcaya; en 1800 volvió á unirse, y desde entonces tiene asiento y voto en las juntas de Guernica, sin diferencia de las demas repúblicas: tiene 2 parr., la de San Miguel en Linares, y su anejo Sta María de Traslaviña; servidas por 4 beneficiados patrimoniales, que, prévio concurso, se proveen por la mitra; hay ermitas; Sta. Cruz, Ntra. Sra. de las Nieves, y San Antolin en Linares, y la de San Pedro en Traslaviña. El TÉRM. se estiende á 1 leg. de N. á S., y 1 1/4 de E. á O.: confina por N. el valle de Trucios, por E. Sopuerta, al S. Balmaseda, y á O. Villaverde de Tierras del Conde: varios arroyuelos que corriendo por entre las sierras, forman el riach. *Olavarriela*, que si bien no puede utilizarse para el regadio, da impulso á 4 molinos harineros, y lo hacia á 2 ferr. que se hallan arruinadas: entre las fuentes de escelente agua, de que se abastece el valle, hay 1 con flujo y reflujo, denominada *Pedredo*, en el monte de *Alèn*: el TERRENO participa de monte y llano; aquel con buenos pastos y arbolado de roble y castaño, y en la vega algun viñedo y tierra de mediana calidad para el cultivo de cereales: los CAMINOS son vecinales y poco cuidados; y el CORREO se recibe de Balmaseda: PROD. trigo, maiz, patatas, algun vino, chacoli, legumbres, lino, frutas y hortaliza: cria ganado vacuno, lanar y de cerda: POBL. 115 vec., 600 alm.: su RIQUEZA y CONTR. (V. VIZCAYA).

ARCEO: ald. en la prov., aud. terr. y c. g. de Búrgos (18 leg.), part. jud. de Villarcayo (5), dióc. de Santander (15), ayunt. del Valle de Mena: SIT. parte en llano y parte en una ladera; combatida por todos los vientos y con CLIMA sano, aunque algo propenso á enfermedades catarrales

Tiene 35 CASAS de 15 á 25 pies de elevacion, algunas con piso alto y bastante separadas las unas de las otras, formando varias calles irregulares y sucias: su igl. bajo la advocacion de San Pedro Apóstol, es aneja de la de Vivanco y se halla servida por el cura párroco de este último pueblo. Dentro de la ald. hay una fuente de abundantes y esquisitas aguas, que aprovechan los vec. para su consumo doméstico. Confina el TÉRM. por N. con la sierra de Ordunte, por E, con Concejero y Campillo, por S. con Vivanco, y por O. con Iruz, todos á la dist. de 15 á 20 minutos. El TERRENO es bastante fuerte y de mediana calidad, dividiéndose en primera, segunda y tercera suertes; de las cuales la primera contiene 50 fan. de sembradura, la segunda 60, y la tercera 80, que prod. de 6 á 8 por 1. Por la parte del NO. se eleva una cord. de montes formados por la citada sierra de Ordunte que acompaña en líneas paralelas á las peñas de la Complacera en toda la long. de la costa cantábrica, uniéndose y desuniéndose mas ó menos, segun los valles y desigualdades que encuentran en su carrera: críanse en ellos hayas, robles y otros varios árboles frutales: está fertilizado por las aguas del r. Ijuela, que pasa á 10 minutos del pueblo en direccion de N. á S., teniendo origen en Iruz y Leciñana. Los CAMINOS son de servidumbre de pueblo á pueblo y se hallan en mal estado, cruzando tambien por él el ant. camino de Búrgos á Balmaseda: el CORREO se recibe de Villarcayo por balijero, los lúnes, juéves y sábados, y sale los domingos, mártes y viérnes: PROD.: trigo, maiz, cebada y legumbres; ganado vacuno, lanar y cabrio; caza de liebres, perdices, codornices, osos, zorros, lobos y jabalies; y pesca de cangrejos y otros peces menores: IND.: 1 molino harinero, ocupándose los hab., ademas de los trabajos de la agricultura, en la estracion de ganados é introduccion de cereales, vino, aceite y otros art.: POBL.: 28 vec., 94 alm.: CONTR. con el valle de Mena.

ARCEO (SAN VICENTE DE): felig. en la prov. de la Coruña (8 leg.), dióc. de Santiago (6 1/2), part. jud. de Arzua (2 1/2), y ayunt. de Boimorto (1/2): SIT. á la izq. del r. *Tambre*: CLIMA húmedo pero sano: se compone de los l. Arosa, Campos, Carballeira, Casanova, Guerras, Iglesia, Leiralonga, Logomorto, Outeiro, Paizás, Pazo, Santarandel y Vilaverde, que reunen hasta 70 cas.: la igl. parr. (San Vicente) es bastante capaz, y el curato de provision ordinaria, prévio concurso, y el cementerio bien ventilado: el TÉRM. se estiende como 1/2 leg., y confina por N. con Sto. Tomé de Castro, por E. con San Martin de Andavao, por S. con San Pedro de Cardeiro, y por O. con San Andrés de Roade; le circunda por N. y O. el indicado Tambre, sobre el cual se encuentra el puente de Castro que es de madera y solo sirve para el paso de caballerias: el TERRENO es de buena calidad, y se cultivan sobre 500 fan.; hay escelentes prados de pasto y monte con poco arbolado. Los CAMINOS vecinales y mal cuidados; y el CORREO se recibe por la estafeta de Arzua: PROD.: centeno, maiz, patatas, nabos y hortaliza: cria ganado con especialidad vacuno: concurre á los mercados de Arzua, y celebra romería el dia de San Antonio: POBL.: 70 vec.: 385 alm.: CONTR. con su ayunt. (V.).

ARCEQUI: monte de la prov. de Navarra, el cual se eleva al N. de Leazcue en el valle de Anue, part. jud. de Pamplona: tiene 2 cúspides llamadas *Soroluce* y *Sardaicosoroa*, que pueden competir en altura con las mayores de la prov.; en ellas existen, en figura de sombreros de 3 picos, los mojones que dividen el Baztan. En su falda oriental brotan 6 fuentes, cada una con suficiente caudal para dar impulso á 1 molino. El r. *Anue* corre hácia el S. con inclinacion al O. cuyo origen es la copiosa fuente de *Oculin*, que mantiene todo el año en movimiento el molino de Lanz; igual direccion lleva otra fuente llamada *Arricoa*, porque sale de una peña de modo que pueden beberse sus aguas sin inclinarse. Por la parte del S. tambien hay los grandes manantiales de *Gurbaiz* y *Austilague*, cuyas aguas se dirigen al O. y pasan por Olague; fuera de las dichas se encuentran otras muchas fuentes en sitios menos frecuentados, todas las que dan origen al mencionado r. *Anue* y al de *Esteribar*, asi llamados por los valles que atraviesan de igual denominacion. La prodigiosa humedad de que constantemente disfruta esta montaña, la constituyen muy abundante en robles, hayas y otras especies de arbolado á propósito para construccion civil y náutica, y en sabrosos pastos, en los cuales se alimenta crecido número de ganados del valle y de los pueblos limítrofes.

ARCERA Y ARÓCO: l. en la prov. de Santander, part. jud. de Reinosa, dióc., aud. terr. y c. g. de Búrgos, ayunt. de los Carabeos: SIT. en el valle de Valderredible cerca de la márg. der. del Ebro. Tiene 1 igl. parr. titulada de Sta. Cruz y servida por 1 cura. Confina su TÉRM. por N. con Cardeñosa, por E. con Rasgada y el espresado r., por S. con Coroneles y Villanueva de Lania, y por O. con Navamuel. En él se encuentra 1 mina, que presenta señales de haber sido esplotada en la antigüedad, cuyos trabajos, juzgando por la sólida construccion de 1 estensa bóveda que la atraviesa, quieren hacer llegar algunos hasta el tiempo de los romanos: PROD.: cereales, algunas legumbres y caza: POBL.: 44 vec., 116 alm.: CONTR. con el ayuntamiento.

ARCEYROS: l. en la prov. de Pontevedra, ayunt. de Vilaboa y felig. de *Sta. Cristina* de Cobres.

ARCI ó ACI: cortijo en la prov. de Albacete, part. jud. de Yeste, térm. jurisd. y á 2 1/2 horas entre O. y N. de *Elche de la Sierra* (V.); el TERRENO que comprende, circundado de pinares, es de secano con una buena viña y una pequeña huerta, que surte de verduras á los que le habitan.

ARCI, ARCENSIS COLONIA: en las antigüedades de Rodrigo Caro aparecen copiadas las inscripciones que nos han conservado de este modo el nombre y gerarquia politica de la ant. *Arci*. Redúcese á *Arcos de la Frontera* (V.).

ARCICOLLAR: v. con ayunt. de la prov., adm. de rent. y dióc. de Toledo (4 leg.), part. jud. de Torrijos (2), aud. terr. y c. g. de Madrid (9): SIT. al NO. de la cap. y al NE. de la del part. en una llanura que domina al inmediato pueblo de Camarenilla; su CLIMA es poco sano, padeciéndose constantemente cuartanas: tiene 50 CASAS malísimas de 1 solo piso; consistorial, cárcel, escuela dotada en 400 rs. por los fondos públicos, á la que asisten 10 niños; 1 fuente con caño muy escasa, y de buenas aguas; é igl. parr. dedicada á la Asuncion de Ntra. Sra., matriz de Camarenilla y servida por 1 ecónomo, 1 esclaustrado y 1 capellan; en los afueras hay una hermosa alameda al SE. á mil pasos del pueblo, y el cementerio de mala construccion. Confina el TÉRM. por N. con Camarena, E. Recas, S. Villamiel, O. Fuensalida y Huecas, en estension de 1/4 á 1/2 leg., y comprende 2,400 fan. de tierra de inferior calidad, por ser el TERRENO arenoso en su mayor parte y llano: los CAMINOS son vecinales y en mal estado: la CORRESPONDENCIA se recibe en Valmojado por medio de balijero los domingos, miércoles y viérnes de cada semana: PROD.: trigo, algarrobas, cebada, centeno y garbanzos: se mantienen 500 cab. de ganado lanar, 100 de cerda, 14 pares de mulas y 8 de bueyes de labor: IND.: un tejar malo; POBL.: 42 vec., 209 alm.: CAP. PROD.: 403,093 rs.: IMP.: 10,446 rs.: CONTR.: 2,046 rs.: PRESUPUESTO MUNICIPAL: 3,498, del que se pagan 800 al secretario por su dotacion, y se cubre con 610 que prod. los propios y repartimiento vecinal.

ARCIEL: sesmo ant. de la prov. de Sória, que comprendia los l. de Avion, Buberos, Candilichera, Candejon, Castejon, Carazuelo, Dueñe, Jaray, Ledesma, Mazalbete, Ojuel, Omeñaca, Hontalvilla, Peroniel, Portillo, Reznos, Sauquillo, de Alcázar, Torralba, Torrubia, Tozalmoro, Villaseca, Zarabes y el desp. de Aleza.

ARCILACIS: Ptolomeo presenta esta c. en la region de los bastitanos. Como dice el Sr. Cortés, no se opone á la geografia su reduccion á las Peñas de San Pedro, que parece determinar la etimología del nombre *Arcilacis*, *Arx* y *Lacis*, que quiere decir *Castillo de las Peñas* (V.).

ARCILACIS BÆTICA. En la region de los túrtulos ofrece Ptolomeo esta c. del mismo nombre que la anterior, de la bastitania; y por la misma razon que se ha adoptado la correspondencia de aquella á las Peñas de San Pedro, puede reducirse esta á un desp. llamado hoy *Torre de Alcazar*, junto á *Escañuela* en terreno túrdulo (V. TORRE DE ALCAZAR).

ARCILO: l. en la prov. de Oviedo, ayunt. de Vega de Ribadeo y felig. de San Estéban de *Pianton* (V.): POBL.: 2 vec., 13 almas.

ARCILLA (SAN PELAYO DE): felig. en la prov. de Lugo (2 1/2 leg.), dióc. de Mondoñedo (5 1/2), part. jud. de Villalva (2 1/2), y ayunt. de Cospeito (1/2): SIT. en terreno llano, y combatida por los vientos NE., N. y S.: su CLIMA frio pero sano; 32 CASAS de mediana construccion forman esta felig. con los l. ó barrios de Barciela, Carballido, Casás, Prado, Ramil, Rego-da-vila, San Roque y el cas. de Pumarés con algunos otros insignificantes: la igl. parr. (San Pelayo) es matriz y servida por 1 cura de primer ascenso y patronato de la casa de Pumarés: tiene por anejo á Sta. Eulalia de Sisoy. El TÉRM. confina por N. con Tamoga, San Julian y Pino, San Martin medio cuarto leg.; por E. con la de San Martin de Bestar y con el indicado anejo Sisoy á igual dist.; por S. con el r. Miño, que pasa á corto trecho de la parr., y por O. con otro r. sin nombre conocido; hay 1 ermita con la advocacion de San Roque, en la que se celebra misa el dia de su Santo: le baña el mencionado r. Miño que le separa de Sta. Maria de Cela, del distr. municipal de Otero de Rey; lleva su curso de E. á S., y recoge otro r. sin nombre que baja por entre esta felig. y la de Santiago de Felmil, cruzándole 2 puentes: el TERRENO de mediana calidad; y el monte llamado de San Roque que se halla al E., es desp.: los CAMINOS son de pueblo á pueblo: el mas notable es el que de Lugo pasa á Villalva, aunque en mal estado: el CORREO se recibe de Lugo, á donde pasan los interesados á recoger su correspondencia: PROD.: centeno, patatas, algun trigo y maiz, lino, nabos, alguna legumbre, hortaliza y pastos para el ganado vacuno, caballar, mular, cerdoso y lanar; se cazan perdices y liebres, y se pescan truchas y anguilas: IND.: la agrícola y 1 molino harinero, sit. en el l. do Rego-da-Vila: POBL.: 34 vec., 166 alm.; CONTR. con su ayunt. (V.).

ARCILLEIROS: cas. en la prov. de Lugo, ayunt. de Carballeda y felig. de San Estéban de *Chouzan* (V.): POBL.; 1 vec., 5 almas.

ARCILLERA: l. con ayunt. de la prov. y adm. de rent. de Zamora (7 1/2 leg.), part. jud. de Alcañices (1), aud. terr. y c. g. de Valladolid (19), dióc. de Santiago (40): SIT. en una ladera con vista al N.: su CLIMA es bastante sano: lo forman 24 CASAS y 1 igl. parr., aneja de la de Ceadéa, bajo la advocacion de San Pedro; está servida por el mismo párroco: inmediato á la pobl. hay 1 fuente de agua regular. Confina el TÉRM. por N. con Mellanes, por E. con Ceadéa, por S. con Alcañices, y por O. con Moveros; se estiende 1 1/2 leg. de N. á S., y de E. á O. 1. El TERRENO es quebrado y secano; tiene algunos prados de pastos y 1 pequeño monte de robles altos; la parte destinada al cultivo es de mediana calidad; los CAMINOS son locales y mal cuidados; y la CORRESPONDENCIA se recibe en Alcañices 2 veces á la semana: PROD.: centeno, poco trigo, patatas y legumbres; cria ganado lanar y cabrio; hay perdices, liebres y conejos. El COMERCIO está reducido á la esportacion de lo sobrante á los mercados de Alcañices: POBL.: 15 vec., 61 alm.: CAP. PROD.: 34,100 rs.: IMP.: 3,459: el PRESUPUESTO MUNICIPAL asciende á 340 rs., y se cubre por reparto vecinal.

ARCILLERO: l. en la prov. de Oviedo, ayunt. de Tinéo y felig. de San Miguel de *Bárcena* (V.): POBL.: 6 vec., 34 almas.

ARCILLO; alq. en la prov., part. jud. y dióc. de Salamanca (4 leg.), sujeta al ayunt. y parr. de Tardáguila: se halla SIT. sobre la calzada que conduce á Toro: ocupa 1/4 leg. de N. á S., igual dist. de E. á O., como 1 leg. de circunferencia; y confina por N. con térm. de Espinoarcillo, E. y S. con el de su matriz, y O. con el de Palencia de Negrilla: comprende 317 huebras, de las que 36 pertenecieron al estado ecl.: el TERRENO es feraz, á propósito especialmente para trigo, todo de secano, de 3 calidades y dividido en 2 hojas: PROD.: trigo, cebada, patatas, garbanzos, pastos y ganados: POBL.: 4 vec., 13 hab., dedicados á la agricultura y ganaderia: CAP. TERR. PROD.: 91,650 rs.: IMP.: 4,582. Este térm. es propio del duque de Montellano, á escepcion de algunas tierras entradizas.

ARCO: molino harinero en la prov. y part. jud. de Segovia; térm. y felig. de Palazuelos: SIT. á 500 varas de este pueblo y 1 leg. al SE. de la cap.; tiene 2 piedras y 1 pequeño huerto que prod. verdura y patatas; pertenece á la marquesa del Arco, que por su arrendamiento percibe 1,700 rs. y 12 a. de tocino: le habitan 5 personas.

ARCO: l. en la prov. de Oviedo, ayunt. de Laviana y felig. de San Martin de *Lorío* (V.): SIT. junto al puente de piedra de esta parr.: POBL.: 5 vec.: 26 almas.

ARCO: l. en la prov. de Lugo, ayunt. de Mondoñedo y felig. de San Andrés de *Masma* (V.); POBL.: 12 vec.: 53 almas.

ARCO: l. en la prov. de Lugo, ayunt. de Fuensagrada y felig. de San Julian de *Freijo* (V.): POBL.: 5 vec.; 29 almas.

ARCO: l. en la prov. de Pontevedra, ayunt. de Alba y felig. de San Salvador de *Lerez* (V.): POBL.; 5 vec.: 21 almas.

ARCO: cas. en la prov. de Pontevedra, ayunt. Mondariz, felig. de Sta. Eulalia de *Mondariz*.

ARCO: cas. en la prov. de Oviedo, ayunt. de Soto del Barco y felig. de Sta. Maria de Riberas: lo elevado de la colina en que se encuentra le proporciona buenas vistas, alcanzando con la natural á Muros, Pravia y el Nalón.

ARCO DE ABAJO: l. de la prov. de Lugo, ayunt. de Cospeito, y felig. de San Juan de *Sistallo* (V.): POBL.: 3 vec.: 14 habitantes.

ARCO DE ARRIBA: l. de la prov. de Lugo, ayunt. de Cospeito, y felig. de San Juan de *Sistallo* (V.): POBL.: 5 vec.; 23 habitantes.

ARCO (EL): l. en la prov. de Oviedo, ayunt. de Castropol y felig. de Sta. Eulalia de *Presno* (V.).

ARCO (EL): l. con ayunt. de la prov. y dióc. de Salamanca (4 leg.), part. jud. de Ledesma (2 1/2), aud. terr. y c. g. de Valladolid (19 1/2): SIT. en una pradera á la marg. der. de la ribera de Cañedo, en la calzada de Ledesma á Valladolid, con unas 30 CASAS, ademas de la consistorial, que sirve de cárcel, é igl. parr., dedicada á San Felix, aneja de la vicaria de *Aldea-Rodrigo* (V.), á cuya escuela, dist. 1/4 leg., concurren los niños. Confina al N. con Zamayon, E. con Aldea-Rodrigo, S. con Almenara, y O. San Pelayo, todos á la dist. propuesta de 1/4 leg. El TERRENO en lo general es llano, con un pequeño monte de encina, y 261 fan. de tierra en cultivo, que prod. trigo, centeno, cebada, algarrobas y patatas, cuyo sobrante se esporta á los mercados de Ledesma. Los pastos, como la bellota, son de buena calidad, y alimentan algun ganado que abreva en la mencionada ribera, cuyo curso es al N., y abunda en este térm. de tencas. Los vec. beben el agua de una fuente permanente sit. á la inmediacion del pueblo: POBL.: 32 vec.; 103 hab. dedicados á la agricultura y ganaderia: hay 1 fáb. de teja y ladrillo: CAP. TERR. PROD.: 81,300 rs.: IMP.: 4,065: VALOR de los puestos públicos 897. Corresponde al condado de Ledesma.

ARCO (EL): v. con ayunt. en la prov. y aud. terr. de Cáceres (7 leg.), part. jud. de Garrovillas (3), adm. de rent. de Alcántara (8), c. g. de Estremadura (Badajoz 21), dióc. de Coria (4): SIT. á la falda S. de la elevada sierra del Cañaveral, llamada por los naturales, del Caño, del Cancho del Aguila, y del Cancho Amarillo, segun la parte de ella que tienen que determinar; reinan los vientos N. y E. con CLIMA frio, y se padecen con mas frecuencia las intermitentes: tiene 40 CASAS, todas inferiores, de las que muchas pertenecen á vec. de otros pueblos, como tambien todas las haciendas del térm. con muy rara escepcion: á 600 pasos por cima del pueblo se halla la igl. parr. con el titulo de Ntra. Sra. de la Asuncion, y vulgarmente del Arco, en estado de ruina y sin techo, por cuya razon se celebran los divinos oficios en la sala de una casa: el curato pertenece á la órden de Alcántara y encomienda del Portezuelo; se provée por el tribunal especial de las Ordenes. Confina el TÉRM. por N. con el de Pedroso, E. y S. el Cañaveral, y O. el Portezuelo, á dist. de 1/8 á 1/2 leg.; pertenecen al pueblo tan sólo unos baldios que se dividen en 3 hojas para la sementera, y 1 deh. pequeñita, poblada casi toda de alcornoques, que prod. un corcho muy fino, y algunas encinas: el TERRENO es muy quebrado, pedregoso, lleno de asperezas y de mala calidad la mayor parte; en cambio tiene ricos manantiales que descienden de la sierra, siendo el mas notable el de la fuente llamada la *Roncadera*, que sirve ademas para lavar las ropas y regar un buen prado de árboles de espino con algunos olivos interpolados: otros arroyuelos llamados de las Cercas, de la Melecina, de Rochinos y de la Dehesa, forman los mayores de la Canaleja y del Carbonero, que todos llevan sus aguas al Tajo á 2 leg. del pueblo: los CAMINOS son vecinales, pedregosos y en mal estado: el CORREO se recibe en Garrovillas por el balijero del Cañaveral, los domingos, mártes y viérnes de cada semana: PROD.: limones, naranjas, toronjas, poco trigo y cebada, y menos vino: se mantienen algunas cabras y ovejas, pocos cerdos y vacas, y mucha caza menor: IND.: 1 horno de pan, y otro de teja y ladrillo, que pertenecen á los propios: POBL.: 40 vec.; 219 alm.: CAP. PROD.; 446,000 rs.: IMP.: 51,580: CONTR.: 3,255 rs. 24 mrs.: PRESUPUESTO MUNICIPAL: 2,000, del que se pagan 1,500 al secretario, y se cubre con el prod. de propios y arbitrios: esta v. era de las llamadas ant. eximidas, y hasta fines del siglo pasado tuvo alc. m. lego que nombraba el Excmo. Sr. duque del Arco (Fernan Nuñez), á quien correspondian los diezmos: se le llama vulgarmente el *Arquillo*.

ARCOBRIGA: c. de los celtíberos, segun Ptolomeo, y con mas precision que las graduaciones de este geógrafo, el itinerario de Antonino la coloca entre Sigüenza y Calatayud, sirviendo de descanso en el camino militar que desde Mérida conducía á Zaragoza. El abate Masdeu la confunde con la famosa *Arcabrica* de tiempo de los godos, cuyo error no es necesario demostrar. (V. ERCAVICA). Los arcobrigenses, segun Plinio, pertenecian al convento jurídico *cæsaraugustano*. Mayans (De Hisp., prog., cap. 6, n. 36) corrigió la equivocacion de Florian de Ocampo y de Mariana, que redujeron esta c. á *Ariza*, llamándola el último *Arci*, que es la primera raiz de *Arcobriga* (lib. 21, cap. 1). Tambien se engañó Zurita en la reduccion de *Arcobriga*. Esta c. sin duda conserva aun por tradicion su nombre, como dice Cortés en *Arcos de Medinaceli* (V).

ARCOLL: barriada en la prov. de Guipuzcoa, ayunt. y térm. de *Fuenterrabia* (V.).

ARCONADA: l. con ayunt. en la prov. y dióc. de Palencia (7 leg.), part. jud. de Carrion de los Condes (1 1/2), aud. terr. y c. g. de Valladolid (15): SIT. en una hondonada, combatido por todos los vientos y con CLIMA propenso á enfermedades pulmonales é intermitentes. Tiene 72 CASAS que forman 4 barrios llamados la Mota, el Alto, y los dos restantes del Centro; las de estos últimos están divididas en varias calles cortas, desiguales y sucias, siendo la construccion de 24 de aquellas de adobe, con 1 solo piso, muy poco aseadas y bastante incómodas; la de las demas es mediana, de 2 pisos; entre las que hay 10 con mejores proporciones que las primeras, y cuyas habitaciones se hallan regularmente repartidas. Hay un hospital fundado en el año 1555 por Marta Perez, vec. de este pueblo, para socorrer los pobres enfermes, tanto de él como transeuntes; sus fondos son varios censos que redituan unos 400 rs. poco mas ó menos: en este edificio se celebran las reuniones del comun, y se encuentra la escuela de primeras letras dotada con 960 rs., á la que asisten 27 niños de ambos sexos. Cuenta 2 igl. parr., dedicada una á Ntra. Sra. de la Asuncion, y otra á San Facundo, servidas por 1 cura cada una; la primera sit. en el centro de la pobl. es de construccion grotesca, toda de tierra, y sin bóveda, escepto la torre que es la mitad de ladrillo; su largo es de 34 varas, de 13 su ancho, y de 12 su alt.; tiene 5 altares de los que 4 estan dorados y el otro pintado, hallándose colocado en este un Crucifijo de bastante magnitud: por tradicion se asegura sea quizá la igl. mas ant. de la dióc., lo que hace verosimil algunas inscripciones que se ven en una campana bastante grande. La segunda, ó sea de San Facundo, mas moderna que la anterior, está á 53 varas N. del pueblo en un alto; su arquitectura poco tiene de notable; es de tierra igualmente que aquella, hallándose la misma semejanza en la torre; cuenta 13 varas de lat. sobre 30 de long. y 10 de alt.; consta de 1 sola nave y 3 altares algo deteriorados: su fundacion créese ant. por la inscripcion que sigue, estampada en una piedra puesta en la pared izq. del pórtico. *In honorem Domini nostri Jesu-Cristi. Petrus Episcopus, et Ciprianus episcopus conservalit hanc ecclesiam in era MCCXXX Era sub imperium Ferdinandus rex, Comite Gomez.* En medio y á la parte O. de los barrios del Centro brotan 4 manantiales, uno sin uso, otro que abastece de agua esquisita á los vec., al pie del cual hay una especie de estanque para beber el ganado mayor: el tercero con 2 pilones de piedra sirve para lavadero de ropa; y el cuarto casi abandonado tiene 1 enverjado de hierro con puerta de la misma materia, en el que existe 1 puente de madera; á 300 pasos N. del l. se encuentra 1 tejar, donde se fabrican muy buenos ladrillos: y á 1/4 de leg. un corral para ganado menor, hecho en el año 1842. Confina el TÉRM. por N. y E. con Villaherreros, por S. con Villovieso, y por O. con Villa-Sirga. En él nacen varias fuentes, que formando pequeños arroyos van á reunirse al valle llamado de las Fieras. El TERRENO la mayor parte llano y algo pantanoso, es de mediana calidad, abrazando 1,966 obradas roturadas. Los CAMINOS son locales, y se hallan en invierno cubiertos de un lodo que los hace en cierto modo intransitables; en la actualidad aun se conocen señales de haber pasado por este térm. la calzada conocida por camino francés ó de Peregrinos: PROD.: trigo, cebada, avena, vino, legumbres suficientes para el consumo del pueblo, y alguna hortaliza: cria ganado mayor y menor, y caza de liebres y perdices: IND. y COMERCIO: ademas de la agricultura ocupa á sus hab. la fabricacion de tejidos de lienzos caseros y lanas, y la esportacion de los cereales sobrantes, é importacion de los artículos que faltan: POBL.: 54 vec.; 281 alm.: CAP. PROD.: 45,000 rs.: IMP.: 4,140. El PRESUPUESTO MUNICIPAL asciende á 3,000; rs. y se cubre por reparto vecinal, escepto 800 rs., prod. de un meson que posée el ayuntamiento.

ARCONADA: v. con ayunt. de la prov., aud. terr., dióc. y c. g. de Búrgos (6 leg.), part. jud. de Briviesca (3): SIT. en una llanura donde la combaten todos los vientos, por cuya razon goza de CLIMA sano, sin conocerse otras enfermedades que las producidas por el cambio de las estaciones. Cuenta 14 CASAS de un solo piso, mal distribuidas y de muy mala construccion: la igl. parr., bajo la advocacion de Sta. Eulalia, está servida por un cura de provision del diocesano. Confina el TÉRM. por N. con Solas; por E. con Lences; por S. con Carcedo, todos tres á 1/2 leg.; y por O. con Lermilla á 1. El TERRENO es de mediana calidad, y está bañado por un r. que pasa inmediato á la pobl., de cuyas aguas saludables se proveen los hab. para todos sus usos: los CAMINOS son de pueblo á pueblo, hallándose en regular estado: PROD.: estas se reducen á una escasa cosecha de trigo, cebada, legumbres y vino: POBL. 10 vec.: 39 alm.: CAP. PROD. 203,710 rs.: IMP. 20,418: CONTR. 1,015 rs. 17 mrs.

ARCONCILLOS: barrio de Arcones en la prov. de Segovia, part. jud. de *Sepúlveda* (V. ARCONES).

ARCONES: l. compuesto de los 6 barrios de Arcones, Arconcillos, Colladillo, Castillejo, Huerta y la Mata, que forman un ayunt. y una felig. en la prov., dióc. y adm. de rent. de Segovia (7 leg.), part. jud. de Sepúlveda (4), aud. terr. y c. g. de Madrid (22): SIT. á la falda de la sierra Carpetovetonica; en la parte de Somosierra que divide las dos Castillas, distribuidos los barrios por el llano, sin formar calles: goza de buen CLIMA y se padece de hidropesia con mas generalidad: tiene con todos los barrios, 180 CASAS de inferior construccion, una de concejo en el barrio de Arcones, donde se reunen todos los vec. para tratar los asuntos; escuela de instruccion primaria con 100 ducados de dotacion, á la que asisten 80 niños de ambos sexos, igl. parr. dedicada á San Miguel: hay 3 ermitas: Sta. Cristina, San Roque y Nuestra Sra. de la Lastra; varias fuentes de buenas aguas en la inmediacion de los barrios, siendo de notar la llamada del Cubillo, ó mineral que produce buenos efectos en la salud; pero está muy descuidada. Confina el TÉRM. por N. con Orejana y su barrio de Sancho-Pedro, E. las Rades, S. la sierra y puerto de Somosierra, y O. Pradena, en dist. de 1/2 leg. á todos los puntos: el TERRENO es todo muy endeble, escepto una buena ribera de prados llenos de árboles, de álamos negros y un monte enebral bien poblado: le baña un riach. llamado *Monicio* que sale de la sierra sin ser visto su nacimiento, y á dist. 1/4 de leg. de ella: se descubre junto al molino del mismo nombre, brotando sus aguas de entre unos peñascales enormes, da movimiento á este molino, y á los 20 pasos vuelve á ocultarse hasta llegar á otro molino térm. de Pradena, á mas de 1/4 leg. del anterior: los CAMINOS son vecinales á los pueblos inmediatos y al puerto: el CORREO se recibe en Pedraza por balijero, los lunes y juéves de cada semana: PROD. poco trigo y malo, centeno, lino, garbanzos y otras legumbres; se mantiene algun ganado lanar y cabrio, caballar mayor y menor en bastante número, mas de vacuno y abundante caza de todas clases: IND. un molino harinero: COMERCIO de lanas, potros y becerros de sus grangerias: POBL. 122 vec.: 412 alm.: CAP. IMP 61,853 rs.: CONTR. segun el cálculo general de la prov. 20 rs. 24 mrs. p$\frac{0}{0}$: perteneció este pueblo al ant. part. de Pedraza de la Sierra.

ARCONES: puerto seco que divide las dos Castillas por Somosierra, entre los part. de Buitrago en la prov. de Madrid, y Sepúlveda en la de Segovia: SIT. á 2 leg. de la espresada v. de Buitrago por la parte de Castilla la Nueva, y otras dos del l. de Arcones, del que toma el nombre, por la de Castilla la Vieja; es solo puerto de verano, de herradura y de dificil acceso por uno y otro lado.

ARCOS: alq. ó cortijo de labor en la prov. de Badajoz, part. jud. y térm. de Fregenal de la Sierra.

ARCOS: arroyo en la prov. de Málaga, y part. jud. de Estepona: nace en el térm. y á la dist. de 1/4 de leg. O. de la v. de Manilva; su cáuce es estrecho y llano, corriendo únicamente durante el invierno hasta desembocar en el mar.

ARCOS: r. ó arroyo en la prov. de Teruel, part. jud. de Mora. Tiene su orígen en la jurisd. del l. de su nombre, y se forma de varios manantiales que hay en una rambla, al pie de uno de los cerros que rodean el pueblo, distinguido con el nombre de Sierra de Jabalambre: en su descenso de 8 leg. de N. á S. fertiliza las vegas del espresado l. de Arcos, sale del part. en los confines del térm. de dicho pueblo, habiendo dado impulso á las ruedas de 4 molinos harineros y un batan. Fertiliza despues las tierras de los l. de Hoya de la Carrasca, Puebla de San Miguel y otros varios, y desagua en el r. Guadalaviar ó Turia, junto á Sta. Cruz. Su caudal, comunmente es de 3 muelas de agua y tiene la particularidad de que nace en un sitio pedregoso, cuyos manantiales se observan mas arriba, ó mas abajo, segun sube ó baja el sol en el horizonte, presentando la diferencia de 100 pasos de invierno á verano. No tiene puentes y cria algunas truchas y pequeños barbos.

ARCOS: c. destruida en la prov. de Málaga, part. jud., térm. jurisd. y á poco menos de 1/2 leg. S. de Torrox: se hallaba sit. á la orilla del mar y próxima á los fragmentos del cast. bajo de la citada v., el cual fué demolido por los ingleses en el año de 1812.

ARCOS: v. con ayunt. en la prov., part. jud., dióc., aud. terr. y c. g. de Búrgos (2 leg.): SIT. al pie N. de una pequeña cuesta combatida por todos los vientos; gozando de CLIMA sano y generalmente templado. Tiene 180 CASAS distribuidas en varias calles; entre aquellas se cuentan la consistorial, de escelente y moderna fáb. con 40 pies de ancha, otros tantos de alta y 96 de fachada; y el palacio del Sr. arz. de Búrgos bastante capaz, el cual tiene una tribuna que cae al altar mayor y una puerta que da entrada á la igl.; en él ha conferido varias veces dicho prelado órdenes y confirmaciones, pero el completo abandono en que hace mas de 12 años se encuentra este edificio es causa de que se halle algo deteriorado. Hay ademas otros tres palacios, de los que dos corresponden al conde de Berberana y el otro al marqués de Lorca; uno de aquellos está en buen estado, otro en mediano y el último bastante derruido. La escuela de primeras letras á la que asisten de 80 á 90 niños está dotada con 50 fan. de trigo y 700 rs. anuales; y la igl. parr. bajo la advocacion de San Miguel Arcángel, se encuentra servida por 3 beneficiados y un medio racionero; es matriz ó cabeza de la vicaria titulada de Arcos, reuniéndose en ella algunas veces al año los ecl. de 19 pueblos que comprende á tratar los asuntos pertenecientes á la misma. En los afueras de la pobl. y muy próximas á las casas existen dos ermitas dedicadas á la Vera-Cruz y Sta. Ana; y á 1/4 de leg. en una altura al N. de la misma, otra que lo está á Sta. Bárbara. En cada una de las dos únicas entradas que tiene la v. se levanta un arco de bastante anchura, los cuales se hallan en buen estado y son enteramente iguales, distinguiéndose en su remate unas armas imperiales que demuestran su mucha antigüedad. Una fuente é infinidad de pozos que hay dentro del pueblo, de esquisitas aguas, surten á sus hab. de la necesaria para su consumo doméstico; y varios paseos con arbolado que se hallan á sus inmediaciones les sirven de recreo, dando una vista deliciosa al valle que forma su radio, el que ademas abunda en infinidad de árboles frutales, cuyas prod. redituaban antiguamente sobre 100,000 rs. anuales, al paso que en la actualidad, por la indolencia de los vec., solo va quedando el nombre y recuerdo de lo que fue, siendo esto mas sensible cuanto se ve el progreso que han tomado y siguen tomando otros pueblos de la prov., que se han servido y sirven de las engerteras del que se describe; y para dar una idea clara de su estado baste decir, que antes era un bosque de árboles frutales todo el térm., y en el dia se van reduciendo á solo el círculo de las inmediaciones de la pobl.: las dos Riojas, alta y baja, la Alcarria y tierras de Madrid y de Toro se surtian de las engerteras y frutas de este pueblo, habiéndose aun agotado en el presente año por los hab. del último terr. cuantos árboles habia de saca en aquellas, que no han dejado de ser en número bien considerable. Confina el TÉRM. por N. con el de Espinosa de Juarros, por E. con el de Pedrosa de Candemuño, por S. con el el de Villamiel, y por O. con el de Sarracin. En su jurisd. se encuentran enclavados dos barrios con los nombres de la Granja de Villaolda y la de Santibañez; el primero dista 1/2 leg. del pueblo, y 1 el segundo, y á la de 1/4 hay un cas. con un grande cercado de piedra, y una torre de bastante elevacion, titulado de los Gallos. El TERRENO es de mediana calidad y se halla fertilizado por las aguas de mas de 40 manantiales que brotan en diferentes parages, y por las del r. llamado Ausin que, naciendo de las fuentes de la v. de Campo, de las del pueblo de su nombre y de las de Hontoria le Cantera, cruza de E. á O. el térm. de esta v., en el que le atraviesan tres puentes, dos de piedra muy sólidos y el otro de madera, yendo á morir en el r. Arlanzon junto á la v. de Cabia. A 1/2 leg. de la pobl. se eleva un monte cubierto de roble y otros arbustos de 1 1/2 leg. de circunferencia, del que sacan los hab. leña y maderas para carboneo y construccion. Los CAMINOS son locales y se hallan en estado mediano. Recibe la CORRESPONDENCIA en Búrgos por medio de los interesados: PROD. trigo, cebada, comuña, centeno, avena, toda clase de legumbres y esquisitas frutas, en particular peras y manzanas: cria ganado vacuno, caballar y lanar; caza de liebres, conejos y perdices; y pesca de barbos, truchas, anguilas, y bogas: IND. y COMERCIO: hay 4 molinos harineros suficientes para el abasto del pueblo, de los que dos pertenecen al conde de Berberana, uno á varios particulares y el otro á los propios de la v.: sus hab. ademas de los trabajos de la agricultura, se dedican á la arrieria, estrayendo los frutos y demas artículos sobrantes, é importando los que faltan: POBL. 150 vec., 505 alm.: CAP. PROD. 2.257,420 rs.: IMP. 204,927: CONTR. 20,307 rs. con 19 mrs. El PRESUPUESTO MUNICIPAL asciende á 14,000 rs. y se cubre del fondo de propios y arbitrios.

ARCOS: l. en la prov. de Pontevedra, ayunt. de Baños de Cuntis y felig. de San Verísimo de *Arcos* (V.).

ARCOS: l. en la prov. de Orense, ayunt. de Carballino y felig. de Sta. María de *Arcos* (V.).

ARCOS: l. en la prov. de Orense, ayunt. de Esgos y felig. de San Pedro de *Rocas* (V.): POBL. 19 vec. 78 almas.

ARCOS: ald. en la prov. de Pontevedra, ayunt. de Chapa y felig. de Sta. Maria de *Graba* (V.): POBL. 8 vec. 45 almas.

ARCOS: ald. en la prov. de Lugo, ayunt. de Castroverde y felig. de San Pelagio, ó San Payo de *Arcos* (V.): POBL. 22 vec. 100 almas.

ARCOS: l. en la prov. de Lugo, ayunt. de Pol y felig. de *Arcos de Frades* (V.): POBL. 16 vec. 83 almas.

ARCOS: ald. en la prov. de Pontevedra, ayunt. y felig. de San Salvador de *Lama* (V.).

ARCOS: l. en la prov. de Pontevedra, ayunt. de Caldas de Reis y felig. de Sta. Marina de *Arcos de la Condesa* (V.).

ARCOS: ald. en la prov. de Pontevedra, part. jud., ayunt. de Tuy, y felig. de *Randufe* (V.).

ARCOS: l. en la prov. de Orense, ayunt. de Sandianes y felig. de *Piñeira de Arcos* (V.): POBL. 22 vec. 86 almas.

ARCOS: ald. en la prov. de Orense, ayunt. de Amoeiro y felig. de *Abruciños* (V.): POBL. 11 vec. y 40 almas.

ARCOS: ald. en la prov. de Lugo, ayunt. de Antas y felig. de Sta. Maria de *Arcos de Peibás* (V.): POBL. 4 vec. 22 almas.

ARCOS: l. en la prov. de la Coruña, ayunt. de Mazaricos y felig. de Santiago de *Arcos* (V.).

ARCOS: ald. en la prov. de Lugo, ayunt. de Taboada y felig. de Sta. María de *Arcos* (V.): POBL. 6 vec. 33 almas.

ARCOS (SAN JUAN DE): felig. en la prov. de Orense (3 leg.), part. jud. y ayunt. de Carballino (1/4): SIT. en la ribera del Avia y camino real de Orense á Pontevedra, con CLIMA templado y sano: se compone de las ald. de Baron, Granja, Mouriz, Saá y Seoane, que reunen 130 CASAS de un piso, con cuadras ó cubiertos para el abrigo de ganado y aperos de la labranza en que se ocupan los vec.: estos tienen dotada una escuela, á la que asisten unos 40 niños y niñas en el invierno, y muy pocos en el verano: la igl. parr. (San Juan) es matriz, y tiene por anejo la de los Stos. Facundo y Primitivo de Cea que en lo municipal corresponde al ayunt. que le da nombre (V.): el curato es de segundo ascenso y de provision mista, y el cementerio está en el átrio de la igl.: el TÉRM. se estiende cerca de 1 leg. de E. á O., y confina por N. con el de Piteyra y Lamas, por E. con el anejo Cea y parr. de Castrelo, por S. con las de Garavanes y Amarante, y por O. con Sta. María de Arcos. Al E. é inmediato al anejo hay un monte, y en su cima un llano denominado Campo de la Matanza; se dice murieron los 2

Stos. Mártires San Facundo y San Primitivo, que aunque con igual nombre, son distintos de los que se veneran en Sahagun; á la falda del monte y en el camino real está la fuente Santa, donde da principio un arroyo que á poca dist. se une al que baja de Cea, y forman el r. de este nombre que corre desde E. á N., pasa por el puente *Mazanao* de un solo arco, donde pierde el nombre de Cea, y toma el del puente, hasta que unido al de Benese, desciende de N. á O., entre esta felig. y la de Sta. Maria de Arcos, y sigue por el O, de Carballino á confundirse en el Avia. El TERRENO, aunque poco quebrado, es ingrato, pedregoso y escaso de pasto y plantio; el indicado camino de Orense á Pontevedra está poco cuidado y mucho menos los de travesía ó vecinales. La CORRESPONDENCIA se recibe en Carballino: PROD. patatas, maiz, centeno, alguna castaña, muchas y buenas peras y manzanas: se cria poco ganado lanar y vacuno, y se pescan truchas, peces y anguilas: IND.: la agrícola y algunos molinos harineros; pero solo trabajan en el invierno por la escasez de aguas: POBL.: 120 vec.: 482 alm.: CONTR. con su ayunt. (V.).

ARCOS (SAN LORENZO DE): felig. en la prov. de Orense (13 1/2 leg.), dióc. de Astorga (17), part. jud. de Valdeorras (1/2), y ayunt. de Villamartin: SIT. á la márg. der. del r. Sil en un llano dominado por los vientos E. y O.: su CLIMA sano, si bien se esperimentan fiebres inflamatorias ó intermitentes: hay 60 CASAS de un solo piso, y á unos 150 pasos 2 palacios: uno de ellos del conde de Gabia: á la escuela, indotada y que solo dura 4 meses en el año, concurren 40 alumnos, niños y niñas. La igl. parr. (San Lorenzo) es hijuela de la de San Miguel de Jagoaza, de la encomienda de Quiroga, órden de San Juan de Jerusalen, cuya Sacra Asamblea presenta el curato: el edificio es de mamposteria con mezcla de granito y mala arquitectura: se ignora el tiempo de su fundacion, aunque perteneció á los templarios; y el cementerio está en el atrio: en el referido palacio de Gabja hay una buena capilla de propiedad de la casa. El TÉRM. de esta felig. se estiende por donde mas á 1/4 de leg.: confina por N. con Cernego, al E. con la Puebla, por S. con el Sil, y por O. con Villamartin: le baña el mencionado r., y el arroyo *Arcos*, que bajando de la sierra, llamada la Porqueriza, fertiliza las tierras y prados de Portela y Corgomo; se dirige por O., on donde se encuentra un puente de piedra con un solo arco, y despues de dar impulso á 3 molinos harineros, lleva sus aguas al Sil, las cuales crian tambien muchos y buenos peces. El TERRENO es llano con algunas laderas de corto declive y de buena calidad: se divide en 260 eminas de prado, las mas de ellas con regadio, asi como 230 de cultivo, el cual se estiende á 200 de secano y 2,000 jornales de viñedo; hay sobre 300 olivos, algunos que otros naranjos y limoneros, y mas de 800 castaños: los CAMINOS se hallan en mediano estado; no asi el que va á la Puebla: el CORREO se recibe en Valdeorras: PROD.: vino, patatas, centeno, castañas, legumbres, trigo, frutas, poco y mal aceite, pero mucho pasto: cria ganado vacuno, cabrio, lanar y de cerda: no escasea la pesca y caza: POBL.: 52 vec.: 195 alm.: CONTR. con su ayunt. (V.).

ARCOS (SAN PEDRO DE): felig. en la prov., dióc. y part. jud. de Lugo (1 3/4 leg.), y ayunt. de Otero de Rey (2 1/4): SIT. en un llano á la der. del camino de Lugo á Mondoñedo: su CLIMA sano: comprende los l. y cas. de Agranda, Bidral, Bulas, Cabana, Catadoiro, Folgueiras, Montenovo, Picouzo y Poleo, con 21 CASAS muy medianas y una igl. parr. (San Pedro), cuyo curato es de entrada y patronato lego: su TÉRM. confina con los de Duarria, Teijeiro, Dumpin y Paz: le baña el r. Labio que recoge los derrames de algunas fuentes: el TERRENO es de buena calidad; pero no escaso de arbolado: los CAMINOS de pueblo á pueblo, muy medianos; el CORREO se recibe en Lugo: PROD. centeno, patatas, maiz y nabos; cria ganado vacuno, caballar, mular, lanar, cabrio y de cerda: hay caza de liebres y perdices, y pesca de truchas: POBL. 22 vec.; 116 alm.: CONTR. con su ayunt. (V.).

ARCOS (SAN PEDRO DE LOS): vulgo SAN PEDRO DEL OTERO ó DE LOS PILARES: felig. en la prov., dióc., part. jud. y ayunt. de Oviedo: SIT. estramuros y parte Occidental de dicha c.: su CLIMA es sano: se compone de 3 barrios, y estos de varios l., á saber: *Olivares*, que comprende los l. de Campa (la), Cuerta, Fragua (la), Frialdad, monte de Canales, Pumarin, Quintana de las Cabezas, Quintana del Medio, Quintana de los Rodriguez, Torre (la) y Zurraquera; el l. de la *Vega* que reune los barrios de Aspra, Casas del Canto, Castañedo, Formiguero, Molino de Vega, Rincon, San Cipriano, Solallosa y vega de Acá, y el barrio de San Pedro que reune los l. de Argañosa, Cabaña, Ferreros, Lavapiés, Los-solices, Matorra, Paniceres, Pumarin, Riello y Silla del Rey, que reunen 180 CASAS bastante medianas, y una escuela comun á ambos sexos, y concurren 40 niños y 39 niñas; el maestro disfruta la remuneracion de los padres de aquellos. La igl. parr. (San Pedro), está servida por un curato de primer ascenso y patronato real; hay 2 ermitas, la del Santísimo Cristo en Aspra y la de Sta. Ana en Vega. El TÉRM. confina por N. á 1/4 de leg. con el de Naranco, por E. á 1/2 con el de San Claudio, por S, á 1 con Latores, y por O. á 1/2 con San Juan y San Tirso: disfruta de las escelentes aguas que le proporcionan las fuentes de Sopeña y La Torre, asi como de las de Laplata, la cual da origen á un riach.: el TERRENO es de buena calidad, y participa de monte poblado; le cruzan los CAMINOS carreteros que se dirigen á los baños termales de las Caldas y á la v. de Grado: el CORREO se recibe en Oviedo; PROD. maiz, trigo, habas y manzanas: cria ganado con especialidad vacuno: y su IND. está reducida á la agrícola, 3 molinos harineros y á varias fáb. de telas de lino: POBL, 230 vec.: 920 alm.: CONTR. con su ayunt. (V.).

ARCOS (SAN PELAYO Ó SAN PAYO DE): felig. en la prov., dióc. y part. jud. de Lugo (2 1/2 leg.), y ayunt. de Castroverde (1/4): SIT. á la der. del camino que desde Lugo va á Fuensagrada: en CLIMA frio y húmedo, pero sano: se compone de la ald. de Arcos, l. de Gracian y Sta. Juliana y cas. de Frayas colocado en el mencionado camino: reune 33 CASAS muy medianas; y su igl. parr. (San Pelayo, ó Pelagie), es matriz de la de Sto. Tomás de Souto de Torres: el curato es de entrada y de patronato real y ecl.; hay una ermita pobre en Gracian y la arruinada de Sta. Juliana. El TÉRM. por donde mas se estiende á 1/8 de leg., confina por N. con el de Santa Maria de Moreira; al E. con su anejo Souto de Torres; por S. con las de Monte y Queizan, y por O. las de Piñeiro y Paderme: le baña el r. de San Payo, que trayendo su origen de la parr. de San Pedro de Seres, lleva su curso de N. á S. por el monte de Anguieiro á Souto de Torres, y entra en Arcos, desde donde corre á unirse á uno de los diversos brazos del Miño, despues de recoger un crecido número de derrames de fuentes de que abunda el térm., en el cual encuentra dos puentes. El TERRENO es arenisco; participa de monte poblado, y de trozos de mediana calidad para el cultivo: los CAMINOS son vecinales y malos, y el CORREO se recibe en Lugo: PROD. centeno, maiz, patatas, y nabos; y cria ganado vacuno, lanar y de cerda: IND. la agrícola y la arrieria: POBL. 34 vec. 170 alm. CONTR. con su ayunt. (V.).

ARCOS: (SANTIAGO DE): felig. en la prov. de la Coruña (12 leg.), dióc. de Santiago (8), part. jud. de Muros (3), y ayunt. de Mazaricos (1 1/2): SIT. entre los montes denominados Pindo y Ruña: CLIMA húmedo y sano: comprende los l. y cas. de Arcos, Cabanude, Cornes, Curra, Engilde, Ficiro, Figueira, Furiño, Gandra, Gestoso, Gian, Ginzo, Lugariño, Noveira, Reboredo, Ribeira-torta y Señorío, que reunen 112 CASAS bastante pobres; y hay una escuela dotada con 70 ferrados de centeno y concurren unos 60 niños. La igl. parr. (Santiago) fue aneja de Sta. Maria de Coiro: hoy tiene cura propio considerado de segunda clase, y cuya presentacion laical corresponde en dos terceras partes á los herederos de D. Juan Bautista de la Ribera, en la v. de Ceé, y la tercera restante al Sr. de Montesclaro. El TÉRM. confina con la felig. de Sta. Eugenia, con San Mamed de Carnota y l. del Pindo á 1 leg. dist. de los dos últimos puntos y 1/2 del primero; formando este terr. un cuadro de 3/4 de leg., enteramente quebrado y cubierto por el E. con el indicado monte de la Ruña, y al O. por el mencionado del Pindo; en lo general despoblado, se encuentra, no obstante, todo género de arbolado en el l. de Noveira: le recorre sin prestar utilidad alguna para el riego, el r. que en aquel punto llaman de *Adrano*, y trae su origen de la felig. de Ceiro, y cruza el Puente de Noveira llamado hoy Puente del *Ezaro*, que facilita el tránsito desde la v. de Muros á las de Ceé y Corcubíon: el mencionado r. en su tránsito por esta felig. es imponente y hasta espantoso por los muchos despeñaderos que encuentran sus aguas, siendo algunos de inmensa elevacion, como especialmente el que arroja las aguas á una planicie que hace vibrar el terreno y levanta una niebla ó humada, que se percibe á 1/4 de leg.; reconcentradas estas particulas, vuelven á despeñarse por el monte del Pindo hácia el indicado foco, y hasta este punto se introducen las mareas del inmediato Océano. El TERRENO, como se ha dicho, es quebrado y poco feraz, si bien en el mencionado Pindo se encuentran escelentes pastos y yerbas medicinales. Los CAMINOS de Muros á Ceé, así como los demas vecinales, se hallan en mal estado: el CORREO se recibe de la cap. del part. por medio de un propio: PROD.: maiz, centeno y patatas: cria ganado vacuno, caballar, mular y cabrio, si bien es preferido entre todos el lanar; hay caza de jabalíes, lobos, zorros, conejos y perdices, y abundante y buena pesca hácia las faldas del Pindo: IND. la pastoril, acarreo de leña y 14 molinos harineros: POBL. 115 vec., 583 alm.: CONTR. con su ayunt. (V.).

ARCOS (STA. MARIA): felig. en la prov. y dióc. de Lugo (8 leg.), part. jud. y ayunt. de Taboada (1): SIT. á la falda del monte Faro, con libre ventilacion y CLIMA sano: reune 60 CASAS de mediana construccion y escasas comodidades, distribuidas en los l. de Arcos, Casteda, Elfe, Gomesende, Mouriscados, Souto, Torre y cas. de Aliraelfe, Lamasindin, Rio, Suatorre, Vento y Vilariño. La igl. parr. (Sta. Maria), está servida por 1 curato de entrada presentado por el condado de Maceda. El TÉRM. confina por N. con Santiago de Esperante; por E. Santiago de Cicillon y Sta. Eulalia de Piedrafita; por el S. San Juan de Veiga y San Martin de Mariz, y al O. con Sampayo y Sta. Eulalia de Adá: dentro de este térm. se encuentra el ant. cast. conocido por la torre de Arcos; hay varias fuentes, y entre ellas algunas termales sulfurosas que ni se utilizan, ni están analizadas. El TERRENO es de buena calidad, y lo riega el r. Elfe que corta la vereda de Lugo á Orense: este CAMINO y los demas vecinales están muy abandonados: el CORREO se recibe en la cap. del part.: PROD.: centeno, maiz, trigo, castaña, patatas, nabos, habichuelas, lino, hortaliza, pasto y bastante arbolado: cria ganado vacuno, de cerda y lanar, alguna caza, y pesca de escelentes truchas: la IND. se reduce á 2 molinos harineros y á varios telares para lino y lana: POBL.: 60 vec., 300 alm.: CONTR.: con su ayunt. (V).

ARCOS (STA. MARIA DE): felig. en la prov. y dióc. de Orense (4 leg.), part. jud. y ayunt. de Carballino: SIT. al S. del r. Arenteiro, en un llano ventilado y sano: comprende las ald. de Arcos, Framea, Rapariza, Uceira y parte del pueblo de Carballino, en el cual tiene una ermita dedicada á San Antonio de Pádua. La igl. parr. (Sta. Maria) es un edificio recien construido, y conserva una lápida con la inscripcion de haber sido consagrado en mayo de 1200, el que antes existia: perteneció al señ. de la Encomienda de Beades: el curato es de entrada y de provision ordinaria, y el cementerio se encuentra en el átrio. El TÉRM. se estiende á 1/4 de leg. de N. á S., y 1/2 de E. á O. Confina al N. con el de San Miguel de Piteira; por E. con San Juan de Arcos; por S. con los de Amarante, Señorin y Mesiego, y por O. con la de San Lorenzo de Veiga: le baña el indicado r. Arenteiro, que tiene origen en las cuestas de Osera y Gouja, y se dirige á desembocar en el Avia, despues de recorrer este térm., en el cual se hallan 1 puente de piedra de 2 arcos, denominado Puente Veiga, 2 pontones y unas pasaderas, que facilitan el tránsito á los molinos: hay 2 fuentes, si bien solo se utiliza la de Carballino. El TERRENO es de mediana calidad, tiene algunos prados y poco arbolado, pero no carece de frutales. Los CAMINOS son vecinales y de travesia al de Pontevedra, todos mal cuidados y pantanosos: el CORREO se recibe en Carballino: PROD.: trigo, maiz, patatas, centeno, castaña, varias legumbres, peras, manzanas, otras frutas, y poco y mal vino: cria ganado vacuno y algo de cerda; hay caza, y el mencionado r. proporciona buenas truchas: IND. la agrícola y molinos harineros: POBL.: 102 vec., 500 alm.: CONTR.: con su ayunt. (V).

ARCOS (NTRA. SRA. DE LOS): santuario en el térm. de la v. de Albalate del Arzobispo, part. jud. de Hijar, prov. de Teruel: SIT. á 2 horas de dist. de aquella, sobre la márg. izq. y junto al Rio Martin. Está á cargo del ayunt. de la referida v. de Albalate, y servido por un capellan. Las rent. del santuario cubren su dotacion, y atienden ademas á la de la maestra de niñas de la pobl. El edificio es muy grande, y tiene abundantes y cómodas habitaciones que sirven para todos los que concurren á tomar los baños conocidos por los *baños de Arino*, inmediatos al mismo santuario, á quienes ademas se les facilitan camas y vajillas, sin exigirles retribucion alguna, aun cuando permanezcan muchos dias. Las aguas de estos baños salen á borbotones en el suelo, y son escelentes para todo género de enfermedades, menos para las sifilíticas. Tiene ademas una hermosa huerta que prod. trigo, panizo, aceite y seda, frutas y hortalizas.

ARCOS (DE): l. en la prov. de Pontevedra, ayunt. de Meis y felig. de Sto. Tomé de *Nogueira* (V.).

ARCOS (LOS): santuario, conv. de padres agustinos calzados, bajo la advocacion de Ntra. Sra. de los Quarcos: SIT. á 1/2 hora de dist. del l. de Costean, part. jud. de Barbastro, prov. de Huesca, sobre una eminencia en medio de 2 barrancos. Ignórase el año de su fundacion, y quién fue su fundador: el edificio presenta mas de 2 siglos de antigüedad; y se construyó en aquel sitio por haberse aparecido, segun piadosa tradicion, una imágen de Maria Santísima sobre una carrasca de las que antes lo ocupaban. Se mantenian, con el prod. de las tierras que en su circunferencia le dieron los Sres. duque de Villahermosa en número suficiente para sustentar 8 religiosos. Se veneraba en él el Smo. Cristo que fue trasladado á la parr. de Costean.

ARCOS DE CONDESA (STA. MARINA DE): felig. en la prov. de Pontevedra (2 1/2 leg.), dióc. de Santiago (6 1/2), part. jud. y ayunt. de Caldas de Reis (1/2): SIT. en llano y parage agradable, con CLIMA saludable: comprende los l. de Ameal, Arcos, Arosa, Badoucos, Balsordo, Ceboleyra, Canle, Marari y San Martino, que reunen 132 CASAS de mediana construccion y pocas comodidades, la escuela está indotada y poco concurrida: la igl. parr. (Sta. Marina), es única, y el curato se provee por el cabildo de Santiago: el TÉRM. confina por N. con San Andres de César y Sta. Marina de Caldas; por E. con San Salvador de Sayáns; por S. con San Cristóbal de Briallos, y por O. con Sta. Maria de Portas, dist. todas 1/2 leg. poco mas ó menos; hay varias fuentes de buen agua, y el r. llamado Barosa, atraviesa los lím. de la parr. al O., dirigiéndose al Umia, en el que desemboca por la parr. de Portas, cruzándole el puente Chain: el TERRENO de buena calidad, y aunque sin arbolado disfruta de monte de pasto: CAMINOS: pasa la carretera real de Santiago, á Pontevedra y demas puntos, y se halla en mal estado: el CORREO se recibe de Caldas por medio de un peaton los domingos, miércoles y viérnes, y sale los lúnes, miércoles y viérnes: PROD.: maiz, centeno, habas, patatas, alguna legumbre y hortaliza: cria ganado vacuno, lanar y de cerda; se cazan perdices, liebres y conejos: IND.: la agrícola y algunos molinos harineros que solo muelen parte del año. POBL.: 134 vec., 510 alm.: CONTR.: con su ayunt. (V.).

ARCOS DE MEDINACELI: v. con ayunt. de la prov. de Soria (14 leg.), part. jud. de Medinaceli (2 1/2), aud. terr. y c. g. de Búrgos (32), dióc. de Sigüenza (6 1/2): SIT. á las márg. del r. Jalon, entre dos cerros que la dominan por el E. y O., de suerte que su calle principal ocupa la parte mas baja ó profunda del barranco que forman aquellos, estendiéndose la pobl. por uno y otro lado de sus faldas; la bañan libremente los vientos del N. y del S. y disfruta de CLIMA sano. Tiene 97 CASAS muy mezquinas y en estremo miserables, todas de cal y canto; una que sirve de casa municipal, pósito de granos, cárcel pública y escuela de primera enseñanza, á la que asisten 74 niños y 12 niñas, cuyo maestro por este encargo y por el de sacristan percibe la asignacion de 1,200 rs.: hay 1 igl. parr. dedicada á Ntra. Sra. de la Blanca, cuyo edificio es antiquísimo, de sólida construccion, bien conservado y con muchisimo aseo, servida por 1 cura párroco, cuya vacante se provee por oposicion; el cementerio está al S. de la v. á dist. proporcionada para no perjudicar á la salubridad pública. Sobre el cerro que domina la v. por el lado del O., subsisten los muros de un ant. cast., propiedad del Excmo. Sr. duque de Medinaceli, que fue alcaide del mismo, conservándose aun sus cuatro fuertes muros algo desmoronados: su entrada principal debió ser por la parte del N.; y en la del S. hay todavía un torreon muy sólido, parte de piedra blanca y parte de cal y canto, sin escalera, pisos ni divisiones, en el que se ve un arco de grande dimension. Confina su TÉRM. por el N. con los de Utrilla y Almaluez á 1/2 leg., por el E. con el de Aguilar á 1/4, por el S. con el de Sagides á 1/2, y por el O. con el de Somaen á igual dist., comprendiendo una circunferencia de 2 leg. poco mas ó menos. El TERRENO es bastante feraz en algunos puntos: comprende gran parte de monte, y la parte reducida á cultivo contendrá unas 1,800 fan. divididas en 460 de primera calidad, 660 de segunda, y 680 de tercera, que fertilizan las aguas del r. Jalon, del cual sale un caz construido al intento y para impulsar las ruedas de 1 molino harinero. Los CAMINOS que parten de Arcos para Aguilar, Utrilla, Somaen y otros puntos, son todos de herradura, muy deteriorados é intransitables en tiempos de nieves y aguaceros: á 400 pasos de dist. de la pobl., dirigiéndose hácia el N., pasa la carretera real de Madrid á Zaragoza, sobre la que hay un buen parador, bastante cómodo para la arrieria, con el correspondiente relevo de caballos para correos y diligencias, debiéndose pasar el r. Jalon para incorporarse á dicha carretera por medio de un puente de silleria de un solo arco, que amenaza pronta ruina; destruccion que sería una verdadera desgracia para el servicio público de paso de correos y tropas, y para la misma v. de Arcos, punto de etapa: PROD.: trigo, avena, lino, cáñamo, legumbres, hortaliza, vino y frutas; cria ganado lanar; IND.: está circunscrita á algunos telares que solo sirven para el uso del vecindario, y á la estraccion del sobrante de frutos, granos y lanas que se trasportan á Medinaceli y pueblos inmediatos de Aragon: POBL.: 107 vec., 438 hab.: CAP. IMP.: 55,623 rs.: el PRESUPUESTO MUNICIPAL asciende á 1,200 rs. vn., y se cubre con el valor de 36 fan. de trigo que prod. 1 molino harinero, 3 fan. de una heredad, y 380 rs. que prod. 1 horno de poya; y lo que falta se cubre por reparto vecinal. Esta v. paga ademas un feudo conocido con el nombre de las Chimeneas, que antes percibia la Inquisicion de Cuenca.

ARCOS DE LA CANTERA; l. con ayunt. en la prov., part. jud., adm. de rent. y dióc. de Cuenca (2 leg.), aud. terr. de Albacete (20), y c. g. de Madrid (24): SIT. en un llano, bien ventilado y sano; siendo mas propenso á dolores de costado que á otras enfermedades. Tiene 78 CASAS, la mayor parte de 6 varas de altura y mala distribucion interior, formando una plaza y varias calles que, aunque cómodas, son bastante sucias en el invierno por el lodo que ocasiona la falta de empedrado: 2 pósitos, el nacional con 441 fan. de trigo, y el pio; casa consistorial, cárcel, igl. parr. de primer ascenso, á la que está agregado el anejo de Tondos, dedicada aquella á San Pedro Apóstol, y servida por 1 cura y 1 sacristan, como lo está el anejo por 1 teniente: cementerio, estramuros, bien ventilado; y 1 fuente pública, abundante y de buenas aguas, con un pilar. El TÉRM. confina por N. con el espresado anejo; E. con Embid; S. con Chillaron de Cuenca, y O. con Navalon: el TERRENO es llano por lo regular y de secano, una parte pedregoso, y lo demas de bastante miga; está dividido en 54 suertes de segunda, tercera y cuarta clase, que componen 5,050 fan. de tierra, poco mas ó menos: hay 2 dehesas para leña y pastos, y 3 prados de bastante anchura y humedad. A dist. de 1/4 leg. pasan en direccion al S. dos r. llamados *Noeda* y *Fuentes-Claras*, y se incorporan al Júcar en Albaladegito: no abundan en ninguna clase de pesca, y aunque de poco caudal de agua, dan impulso á 1 molino harinero. Por el térm. pasa la carretera que se dirige á toda la Alcarria con el nombre de camino real de Torralba y Fuentes-Claras: la CORRESPONDENCIA se recibe de la cap. de prov.: PROD.: trigo, cebada, centeno, avena, guijas y patatas; no bastan para el consumo del pueblo, que cria tambien ganado lanar principalmente cabrio y de cerda: POBL.: 60 vec., 239 hab. dedicados á la agricultura y ganaderia: existe 1 telar de lienzos ordinarios: los efectos que faltan en el pueblo se compran á los forasteros á dinero ó á cambio de granos: CAP. PROD.: 709,480 rs.: IMP.: 35,474; importan los consumos 2,241 rs. 1 mrs.: el PRESUPUESTO MUNICIPAL asciende á 1,700 rs., y se cubre con los fondos de propios, que consisten en 1 horno de poya que renta 200 rs.; 1 dehesa, 1,000; 1 cánon 580; los puestos públicos 820; y lo que reditúan 800 á 1,000 fan. de tierras realengas. En 1804 y 1805 sufrió este pueblo una enfermedad, que de los 200 vec. que contaba, solo dejó 30, y estos en mal estado.

ARCOS DE LA FRONTERA; part. jud. de *ascenso* en la prov. de Cádiz, aud. terr., c. g. y dióc. de Sevilla, compuesto de la c. que le da nombre, de las v. de Bornos, Espera y Villamartin, de las nuevas pobl. de Algar ó Santa Maria de Guadalupe, y Prado del Rey ó Almajar y de una multitud de cortijos, haciendas de olivar con cas., y molinos de aceite que constituyen 6 ayunt., cuyas cap. distan entre sí, y de las pobl. de que dependen, lo que aparece del siguiente cuadro, advirtiéndose que las leguas á la capital de provincia son por mar...

ARCOS: cab. del part. jud. de su nombre.

3	Algar.								Pueblos de que se compone.
4	2	Almajar y Prado del Rey.							
2	3	3	Bornos.						
2	5	5	2	Espera.					
4	4	2	2	3	Villamartin.				
9	11	13	11	10	13	Cádiz, cap. de prov.			
12	14	14	12	10	12	23	Sevilla, dióc. y c. g.		
92	92	92	90	88	90	101	88	Madrid.	

La figura de su terr. es un cuadrilongo algo irregular, por las pequeñas sinuosidades que contiene: su long. es de 7 leg. comunes, lindando por E. con el térm. de Zahara, part. de Olvera, y por el O. con el de Jerez y Lebrija (este de la prov. de Sevilla, part. de Utrera); y su lat. 4 leg., confinando hácia el N. con el térm. de Utrera, y por el S. con el de Jerez. En este espacio se encuentra la sierra de Aznar, á 2 leg. de Arcos, célebre por los restos de la ant. c. de Aznicar, cuyas calles y vestigios ruinosos se conservan en ella, como tambien por sus minerales; sierra Balleja, y Peñon Amarillo, con sus canteras de mármol de colores, y piedras litográficas, memorable en la historia moderna, por el encuentro que en ella tuvieron las tropas ligeras del general carlista Gomez, con las del general Narvaez, interin aquel caudillo con el grueso de la faccion espedicionaria salvaba su retirada por Villamartin; sierra de Bornos, que con su abundancia de aguas minerales, tambien ocupa un lugar en la historia de la guerra de la Independencia por las 2 acciones que en ella sostuvo nuestro general Ballesteros, contra las tropas mandadas por los generales franceses, Corruk y Semelec.

Se estienden por el part. varios r.: el Guadalete nace al pie de la v. de Zahara, en el sitio llamado Boca-Leones; y engrosado con los nacimientos y arroyos de Perales, fuente de Cabera, Gerre y Coripe, con las que se le reunen de Comares, entra por Villamartin á Bornos y Arcos; se une á la 1/2 leg. al r. Jeréz, y pasando por las inmediaciones de la c. de este nombre entra en el mar por el puerto de Sta. Maria, dividido en dos brazos. El riach. dicho Salado de Charcos se pasa próximo á la v. de Espera por un puente de piedra; es bastante escaso de aguas, y á cort. dist de Arcos se incorpora con el Guadalete. El Guadalcazacin ó Majaceite, tiene su origen en la sierra del Pinar, térm. de las 4 villas de la serrania de Villaluenga, y sigue su curso hasta unirse con el Guadalete en el sitio llamado de la Pedrosa: para vadearlo hay una barca en el de la Vega del Espino, costeada por los propios de la cap. del part.: tanto el Majaceite como el Guadalete son abundantes en ricas anguilas, bogas, barbos y otros peces sabrosos para regalo de los naturales, entrando ademas en las avenidas del invierno abundancia de sábalos: sus aguas sirven para regar porcion de huertas y maizales, que tiene en sus riberas, y dan impulso á varios molinos harineros. Tambien se encuentran en este part. los arroyos de las Musas y Fontetar, que depositan sus aguas en el Salado; los de Sajar, Albala, Alberite, Comares y San Andrés, que se unen al Guadalete, y el llamado Fundo de Guadalcazacin: varios de estos, los mas caudalosos tienen su alcantarilla ó puente de piedra y los demas se vadean.

El TERRENO en lo general es de secano, á escepcion de una insignificante parte de regadio; es fértil en casi todas las producciones de los 3 reinos; ricas minas de oro y plata, cobre hierro, plomo, cinabrio, azufre, mármoles, carbon de piedra, madera para la marina, abundante grana silvestre, salinas, plantas medicinales, fuentes minerales para diversas aplicaciones y ricas aguas, producen sus montes; miel, aceite abundantísimo, vino generoso, conocido con el nombre de Pajarete, mucho y buen trigo, cebada, habas, garbanzos y toda clase de semilla, se cogen en sus cerros y campiñas; buenas naranjas, singulares damáscos, ciruelas y frutas de todas clases proporcionan sus arbolados, y la ganaderia da gran cosecha de lana fina y carnes abundantes con la cria de cerdos, rebaños de vacas, ovejas y carneros que pueblan sus deh., en las que se encuentran varias castas de toros conocidos por los mas valientes en las principales plazas de España. En el térm. de Arcos se halla aclimatada la mejor raza de caballos, oriundos de los que trageron los árabes á Andalucía; á quien pocos igualan en gallardia, ligereza y habilidad, cuyo renombre tan justamente adquirido, hace que de todas partes ya nacionales ó estrangeros concurran á comprarlos para su recreo. Hay vestigios de haberse trabajado en este terr. muchas minas en la antigüedad. A 1/4 de leg. escaso de la cabeza del part. se encuentra el cerro del Tesdrillo, que lo forman un gran monton de escorias de plomo, y haciendo indagaciones en aquel sitio se encontraron 3 hornos de fundicion, de ventanillas, en muy buen estado. Por escrituras muy ant., consta que en el cerro titulado de la Horca, de dicha c., se trabajaban minas de oro y plata; y en el año de 1841 se encontraron en él varios caños obstruidos y demasiado angostos, en términos, que no cabia un hombre, lo cual demuestra la fecha de estos trabajos, y que la peña, creciendo con los años, los habia inutilizado: últimamente, siguiendo el curso de un manantial que procede sin duda del depósito de aguas que contiene la mina, en su centro, se encontró otro caño en la desembocadura del arroyo llamado de los Siete Virgos, y en este, limpiando sus escorias, se encontraron varias monedas de cobre ya borradas, y candilejas de barro muy fino de las cerradas que se usaban en las minas ant. con varios caractéres desconocidos, y un delfin primorosamente grabado en su superficie, hallándose igualmente este caño obstruido por la acrescencia de la peña. Analizadas las piedras metalíferas estraidas de las escavaciones de las minas que se trabajan en la sierra de Bornos con el nombre de Potosí, resultaron ser de plomo y plata: en la inmediacion de esta v. y camino de Espera, se encontró otra mina ant. con su anchuron, pozo maestro y galerias, de las mismas señas de la anterior; pero la abandonó la compañia descubridora por no tener fondos para desaguarla. En sierra Aznar habia grandes tradiciones de encontrarse minas ricas, por ser todo el térm. muy metalifero, y efectivamente, se formó una compañia, y reconociendo la sierra, encontró un filon de hierro á su superficie, el cual visto por prácticos de sierra Almagrera declararon ser de igual clase que los que cubrian la galeria argentifera del Jaroso: se principiaron los trabajos por un cañon de galeria 20 varas al centro de la sierra, y formando el anchuron para el torno, siguiendo la veta, se tiró el pozo maestro llevando este en un lado la muestra del mineral; á las 30 varas de profundidad se encontró una vena de agua, que se trató de evitar, formando otra galeria de 20 varas en la que ya los gases metálicos impedian la respiracion de las luces: construyó el ingeniero una manga de 75 varas, conductora del aire atmósférico; pero habiendo vuelto á aparecer el agua, y careciendo de fondos la compañia, se deshizo y abandonaron los trabajos que daban tantas esperanzas: el filon de hierro no se presentaba oxidado y los cuarzos de su caja y matriz grises estaban saturados de partículas pequeñas muy brillantes: otra veta, al parecer cobriza, pasa por estos trabajos atravesando la sierra; viene sobre piedra negra, é incrustados en ella ciertos granos dorados tambien de mucho brillo. En el sitio de la Saladilla y cerro del Guijó, se trabaja una abundante mina de azufre; y cuando decrecen las agüas del Guadalcazacin se encuentra á sus orillas un horno de fundicion muy antiguo y bien conservado, de los llamados *muflas*.

No pasa por este part. ningun arrecife ó camino general de ruedas, pero si le cruzan en distintas direcciones los de herradura que conducen de Cádiz y los puertos á Ronda, y del Campo de Gibraltar á Sevilla. Las ventas y paradas que en él se encuentran son: una, sierra Aznar en el camino de Cádiz á Grazalema; la de San José en el de Arcos á Medina; la de Prado del Rey en el de Grazalema á Sevilla; y en el térm. de Villamartin la venta de Higuera en el camino de la sierra á Sevilla.

A continuacion insertamos el cuadro sipnótico de este part. jud., en el cual verán nuestros lectores el número de ayunt. que comprende, el de vec. y alm. que le da la matrícula catastral formada en 1842, el de jóvenes alistados para el reemplazo del ejercito, su riqueza imp. y las contr. que aquellos pagan anualmente, segun los datos que la referida matrícula arroja.

CUADRO sinóptico, por ayuntamientos, de lo concerniente á la poblacion de dicho partido, su estadística municipal y la que se refiere al reemplazo del ejército, su riqueza imponible y las contribuciones que se pagan.

AYUNTAMIENTOS.	Obispados á que pertenecen.	POBLACION. Vecinos.	POBLACION. Almas.	ESTADISTICA MUNICIPAL. Electores. Contribuyentes.	Electores. Por capacidad.	Electores. Total.	Elegibles.	Alcaldes.	Tenientes.	Regidores.	Síndicos.	Suplentes.
Algar	Sevilla.	221	862	111	46	157	108	1	1	4	1	5
Arcos de la Frontera		3174	11272	778	14	792	768	1	2	11	1	9
Bornos		1316	4826	364	5	369	345	1	1	8	1	7
Espera		416	1577	258	6	264	264	1	1	6	1	6
Prado del Rey		545	2143	235	1	236	212	1	1	4	1	5
Villamartin		851	3176	309	4	313	301	1	1	8	1	7
TOTALES		6523	23856	2055	76	2131	1998	6	7	41	6	39

AYUNTAMIENTOS.	REEMPLAZO DEL EJERCITO. Jóvenes varones alistados de edad de 18 años.	19 años.	20 años.	21 años.	22 años.	23 años.	24 años.	Total.	Cupo de soldados corresp. á una q. de 25,000 homb.	RIQUEZA IMPONIBLE. Por ayuntamiento Rs. Vn.	Por vecino. Rs. Mrs.	Por habitante. Rs. Ms.	CONTRIBUCIONES. Por ayuntamiento. Rs. Vn.	Por vecino. Rs. Mrs.	Por habitante. Rs. Mrs.	Tanto por 100 de la riqueza
Algar	12	15	12	11	2	5	13	70	4'0	63420	287	73 19	18584	84 3	21 19	29'30
Arcos de la Frontera	135	120	93	122	69	52	49	640	51'0	1736454	547	153 6	544712	171 21	48 11	31'37
Bornos	46	51	62	51	46	39	24	319	22'0	262848	199 30	54 16	170642	129 23	35 12	64'92
Espera	20	16	12	10	7	10	5	80	7'0	311621	749 3	197 14	108539	260 31	68 3	34'83
Prado del Rey	31	31	24	19	18	11	24	158	9'0	81341	149 8	37 32	33192	60 31	15 17	40'80
Villamartin	40	42	26	39	20	12	20	199	14'0	482296	566 25	151 30	263710	309 30	83 1	54'68
TOTALES	284	275	229	252	162	129	135	1466	107	2937980	450 13	123 5	1139379	174 23	47 26	38'78

FERIAS. Tres son las que se celebran todos los años en el part.; en primer lugar merece mencionarse la famosa de Villamartin, célebre en la antigüedad por la concurrencia á ella de los comerciantes de todas las prov. de España, y muchos de Francia, Portugal, Holanda, Malta y otros puntos á quienes atraia la fama de su mercado tan concurrido; se celebra en los dias 21, 22 y 23 de setiembre; y aunque en el dia es notable su decadencia, siempre es abundante de ganado vacuno, lanar, de cerda y cabrio, arrogantes caballos domados, como tambien enseres de labor y efectos de mercaderias. La segunda se celebra en la c. de Arcos los dias 5, 6 y 7 de agosto: es bastante concurrida de los pueblos inmediatos: en ella se encuentran herrajes de todos usos, sombreros, botines, juguetes, joyas de plata y efectos de moda, lo cual ocasiona un regocijo popular, ó una gran velada, menos útil que perjudicial á la pobl. por el metálico que de ella se astrae, especialmente á la clase jornalera que en esta época gasta tal vez con esceso los ahorros de todo su trabajo del verano en cosas que todo el año abundan en dicha c. La tercera se celebra en la v. de Bornos los dias 1.°, 2 y 3 de setiembre; es de igual clase que la anterior, aunque mucho menos concurrida.

ESTADISTICA CRIMINAL. Los acusados durante el año 1843 en este part. jud. fueron 54; de los que resultaron 4 absueltos de la instancia, 2 libremente, 41 penados presentes y 7 contumaces, 4 reincidentes en el mismo delito y 7 en otro diferente; del total de acusados 7 contaban de 10 á 20 años de edad, 39 de 20 á 40, 7 de 40 en adelante, no constando la edad de uno; los 54 eran hombres, 18 solteros y 36 casados; 20 sabian leer y escribir, 34 carecian de toda instruccion literaria; 3 ejercian profesion cientifica ó arte liberal, y 51, artes mecánicas.

En el mismo periodo se perpetraron 12 delitos de homicidio, y de heridas, 1 con arma de fuego de uso lícito y 11 con armas blancas tambien permitidas.

ARCOS DE LA FRONTERA: c. con ayunt., cap. del part. jud. de su nombre, en la prov. de Cádiz (9 leg. de las cuales son 2 de mar) aud. terr., c. g. y dióc. de Sevilla (12), con adm. de rent. subalterna de la de Jerez de la Frontera (5).

SITUACION Y CLIMA. A los 12° 36' long. NE. de Cádiz, y los 40° 36' SE. de Sevilla, sobre una roca elevadísima ó sea un banco de piedra arenisca de 193 varas. (*) Sobre el nivel del r. Guadalete, que baña su pie, hállase colocada la c. de que tratamos, estendiéndose de E. á O. en cuesta constante y en forma de arco de mas de 1/2 leg. de long.. Por los costados es inaccesible, especialmente por la parte del S. que es donde presenta la mayor altura mencionada: hácia el N. forma declive y su elevacion es mucho menor. La figura y planta es la de un anfiteatro, describiendo sus costados dos círculos vistosísimos: rodéala casi por todas partes el r. Guadalete, variedad de colinas y frondosas vegas; y su CLIMA sano y templado es causa de que solo se padezcan algunas enfermedades estacionales y poco duraderas, de las cuales las mas frecuentes son las tercianas en la gente pobre.

INTERIOR DE LA POBLACION Y SUS AFUERAS. En lo ant. estuvo amurallada y defendida por fuertes torreones, teniendo tres entradas: por la parte oriental, la puerta de Matrera, que SIT. á larga dist. del alcázar, era la que se guardaba con mas cuidado, y su entrada la mas pequeña y fortificada con los torreones que la circundan; por el occidente se hallan las puertas de Jerez y Carmona que daban paso á las comunicaciones de ambos puntos, las cuales no tan fortificadas como la del otro estremo, son mayores, y por su inmediacion al alcázar y templo eran la residencia de toda la gente de armas, que ademas guarnecian una torre aislada, que como punto avanzado se hallaba donde hoy está la ermita de San Miguel. En el dia las murallas se hallan en muy mal estado: algunos restos se conservan al lado de la puerta de Carmona y Jerez; pero en la de Matrera han resistido mas la accion destructora del tiempo. La long. desde un estremo á otro del punto fortificado es de 1,100 varas (**) y su lat. muy desproporcionada, pues por partes no tiene mas que una ó dos calles, aunque es verdad que en el tiempo de la conquista, era mucho mas ancha; pero la poca solidez de la peña sobre que está fundada hace que incesantemente se esté desmoronando, y ya faltan varias calles á los lados, que han desaparecido. Por esta causa se ha estendido la pobl. á las pequeñas colinas de sus estremos; y cuenta ya 2,300 varas de long., en lugar de las 1,100 que tenia amuralladas, pues casi destruidas las murallas, es en el dia pueblo abierto. Las calles son muy pendientes en particular por el lado del E. y todas estan empedradas á espensas del caudal de propios: la principal atraviesa toda la c., aunque variando de nombres: las demas, cuyo número llega á 67, son estrechas é incómodas, por lo desigual del terreno, que no permite paso de carruages por la mayor parte de ellas. Tiene asimismo un llano ó egido bastante capaz, cercado de vecindario que es el de la Caridad. Hay siete plazuelas, ademas de la plaza principal llamada de la Constitucion, que es bastante capaz y linda, y forma un cuadrado de 126 var. por lado: está reconstruida de 9 años á esta parte con mas gusto que lujo; y la fachada del S. adornada con una puerta y verja de orden toscano, suple la falta de terreno que por esta parte ha hecho desaparecer el tiempo y los huracanes que baten la peña. Las CASAS son por lo general de mal gusto é incómodas; su número 1,334, las 1,261 habitadas y 73 arruinadas. Los edificios públicos mas notables son las modernas casas consistoriales, cuya sala de sesiones es muy buena y su enmaderado magnífico; la carniceria; cárcel y el pósito que es bastante moderno. Las casas capitulares, la igl. mayor, con torre cuadrada de 47 varas de altura, el teatro y el castillo de los Sres. duques de Arcos, se encuentran en la referida plaza Cuando la invasion francesa, hicieron los enemigos, de estos edificios un punto fortificado; y de la igl. graneros, quitando los balcones y rejas de la plaza para herraduras de los caballos, poniendo artilleria en la torre, aspillerando todo el recinto, y destruyendo cuanto podia impedir la vista á los centinelas y la direccion de los fuegos; de modo que desapareció la hermosa plaza que habia, y sus ruinas han durado hasta el tiempo de la restauracion referida, en cuya época se ha mejorado el ornato público con la construccion del teatro, un casino muy decente, el alumbrado de reverberos, nivelacion y empedrado de las calles, con otras mejoras que exigian la cultura y riqueza de esta pobl. numerosa, y que no se habian promovido hasta la administracion del digno alcalde D. Joaquin Nuñez de Prado, diputado á Córtes. Hay una sociedad económica de amigos del pais, casa de espósitos y dos hospitales, uno de enfermos y otro de convalecientes. La casa de espósitos fue en la ant. un hospital para pobres enfermos y recogimiento de cadáveres, con constituciones aprobadas en 15 de febrero de 1561. Tiene para su sostenimiento una renta de 28,710 rs. 3 mrs. procedentes de bienes inmuebles y censos, y 20,108 17 mrs. de asignaciones con que deben contribuir anualmente los pueblos de Algar, Bornos, Espera, Prado del Rey y Villamartin, los cuales resistiéndose á su pago, hacen necesario trasladar los niños á otras inclusas, puesto que á las veces se aumenta su número considerablemente y los fondos cobrables no son suficientes á cubrir los gastos que se originan. Está á cargo de un administrador, mayordomo y recaudador, y varios subalternos; médico, cirujano y boticario, quienes no perciben honorario alguno: el presupuesto de gastos ascendia en el año 1842 á 25,170 rs. empleados del modo siguiente: 100 en la compra de medicinas; 16,800 honorarios de las nodrizas; 720 á las niñeras; 200 en embolturas para los niños; 3,300 en sueldos de los maestros; 250 porcargas que gravitan sobre las fincas del establecimiento; 1,800 en reparos de las mismas y 2,000 en la conduccion de los niños á otras inclusas y otros gastos estraordinarios. En el hospital titulado de San Juan de Dios se halla el que habia de San Roque en la puerta de Carmona; y el de la Encarnacion, donde hoy existe la cárcel que reunió con breve apostólico el señor cardenal arzobispo de Sevilla D. Rodrigo de Castro, año de 1586, en el de San Sebastian que estaba en la calle de Don Gerónimo Maldonado, y pasando al de esta órden de San Juan de Dios en 1609 con el destino de caridad que cada fundador le impuso; estaba servido por 7 religiosos, 1 médico y 2 criados seglares; la administracion corria á cargo de los primeros y entre ellos se conocian los oficios de prior-presidente, consiliario, cura, procurador, cirujano, enfermero, despensero y demandante. En el dia está á cargo de 1 administrador,

(*) Otros aseguran que tiene 215 varas por lo mas alto, el tajo formado en esta elevada roca.

(**). En el mismo documento de que es objeto la anterior nota, se dice, que el terreno que ocupa la planta de esta c. es de 3218, varas desde el conv. de Franciscos descalzos que está en el barrio llamado de Abajo, hasta el fin de la calle del Molino, que se halla al estremo opuesto en el barrio de San Francisco.

un mayordomo y varios subalternos; médico, cirujano y boticario, los cuales hacen su servicio sin percibir honorario alguno: en el año 1842 ascendian las rentas de este establecimiento á 20,666 rs. procedentes de fincas rústicas y urbanas, y el presupuesto de gastos á 19,999, 17 mrs. distribuidos en la forma siguiente: 10,950 rs. empleados en la manutencion de 7 enfermos; 1,460 para los dependientes imposibilitados; 1,200 en la compra de medicinas; 400 por reposicion de camas y ropas; 730 pagados al enfermero mayor; 700 al segundo, y 365 á una enfermera; 503, 17 mrs. para satisfacer las cargas que gravitan sobre las fincas; 831 para celebrar 25 misas cantadas; 50 rezadas y hacer la fiesta á los santos Simon y Judas; 1,100 dedicados al sostenimiento del culto de la igl.; 1,600 para la reparacion de fincas y el edificio, y 160 para gastos estraordinarios é imprevistos. El otro hospital, bajo el titulo de la Sta. Caridad, se erigió para incurables y convalecientes en el año de 1767, sujeto á la jurisd. ecl., y su gobierno al de 1 patrono de sangre, 2 compatronos de oficio, 1 cura, médico, mayordomo, sacristan, enfermero y enfermera. Todos estos establecimientos están á cargo de la junta municipal de beneficencia, como tambien el hospicio de niñas huérfanas, fundado con real aprobacion de 9 de octubre de 1798 en la igl. de San Miguel Arcángel, patrono de la c., bajo la dependencia de su ayunt, y al cuidado de una junta compuesta del corregidor, diputado y mayordomo: las niñas que se recogen en esta casa se dedican á tejer gerga ordinaria y algunas otras telas, y estan á cargo de una directora. Existen 5 escuelas dotadas de niños, y 4 de niñas: á las primeras asisten 360 discipulos, y á las segundas 240: 4 de los maestros tienen de asignacion anual 2,200 rs. cada uno y el de latinidad 3,000; 3 maestras con 1,500 rs. cada una, y otra, cuya escuela es la mas concurrida con 3,000; esta última está pagada por la junta de beneficencia y las restantes de los fondos de propios. Tiene 2 igl. parr. cada una con su respectiva auxiliar ó ayuda: no consta de documentos el año en que fueron construidas; pero en el arco toral de la capilla del Sagrario de Sta. Maria de la Asuncion, se ve una inscripcion gótica, que en el siglo pasado fué leida por una persona que poseia este idioma (como consta en el archivo) é interpretada por la misma dice «Año de 1103.» Esta igl. es la mayor y mas ant. por sentencia en juicio contradictorio, del Papa Clemente XIII en 18 de julio de 1764: fué consagrada en los dias 27 y 28 de abril de 1749, por el Ilmo. Sr. D. Fr. Manuel Tercero de Rojas, asistente al solio pontificio, del órden de San Agustin, y ob. *in partibus* de Icosio, auxiliar de Sevilla, y reconciliada despues de la invasion francesa por el Ilmo. Sr. D. Pedro Ignacio Bejerano, ob. de Sigüenza, de resultas de haberla manchado los enemigos y aun cometido el atentado de hacer ahorcar de la torre 2 personas en 1812. El edificio es sólido, de órden gótico, cuyas paredes, bóvedas y torre están construidas de piedra de canteria: esta última es moderna, y por lo que combaten en ella los aires, quedó sin concluir á las 47 varas de altura en el segundo cuerpo; tiene 10 campanas, cuyo sonido dulce y armonioso hace que se consideren, asi como las de la otra parr., por las mejores de Andalucia. La igl. está dividida en 3 naves bien despejadas, con gruesas columnas labradas de arriba abajo, y varias capillas en su derredor; siendo lo mas notable en ella, aunque ant. el retablo del altar mayor, de órden jónico, corintio y compuesto, que representa en figuras la vida de Ntro. Sr. Jesucristo, y el Apostolado, obra muy buena y de buen tiempo, y en sus intercolumnios el Tránsito y Asuncion de la Virgen, con otros misterios repartidos por él: el coro es de caoba, con embutidos de naranjo y granadillo delicadamente trabajados: tambien son de gran mérito las 2 puertas de jaspe de colores que hay en él y dan salida al trascoro, como igualmente el órgano, hecho por Rodriguez Muela á fines del siglo pasado, en cuya época se enriqueció la igl. con muy buenas alhajas y escelentes ornamentos de diferentes colores. La portada que cae á la plaza, aunque no presenta ninguna regla arquitectónica, está adornada de estátuas y otras labores; y la del costado es mejor, y de estilo gótico. De las capillas indicadas son las mas principales la de la Antigua y Belen, fundadas con grandes dotaciones, la primera por el vicario Juan Gonzalez de Gamaza, y la segunda por el licenciado Luis Andino, con cargo de mirar la conservacion de su fáb., dar recado á los parientes capellanes de dichos fundadores, y entre otras memorias la de una fiesta á Ntra. Sra. todos los sábados del año. La del Sagrario, tiene ademas en altar propio el cuerpo de San Felix Mártir, traido con pompa de Roma. Tenia esta parr. para su servicio, segun el plan de curatos formado con aprobacion del Consejo en 14 de abril de 1791, 3 curas con renta de 700 ducados, debiendo residir el mas moderno en la igl. auxiliar ó ermita, nombrada Ntra. Sra. de las Aguas; erigida en 5 de junio de 1729, y trasladada en la actualidad al ex-convento de San Francisco por disposicion del diocesano. Habia anteriormente en la misma parr. una prestamera aneja al deanato de la Sta. Igl. de Sevilla, y que valia 23,351 rs. y un beneficio que poseia el colegio mayor de Sta. Cruz de Valladolid por valor de 15,000 rs., servido por 1 teniente. Ha sido de las mas ricas del arz., asi en rent. como en alhajas; sostenia una capilla de música, y sus festividades se han celebrado con el rigor y solemnidad que en las catedrales, especialmente las de la octava del Corpus, la de la Concepcion y los domingos terceros y desagravios. En lo ant. tuvo unido cierto beaterio llamado de las Emparedadas, que cuidaban de su aseo á la par de emplearse en sus ejercicios espirituales; pero se trasladaron despues por conveniencia de la propia igl. á la de San Juan de Letran hoy San Agustin; cuando se fundó este conv., y mas tarde el de religiosas franciscas, con sus derechos y rent. En la actualidad la parr. de Sta. Maria de la Asuncion de que tratamos, tiene 2 curatos de 2.° ascenso; y comprendidas en su demarcacion la igl. auxiliar de Nta. Sra. de las Aguas, de que ya hemos hecho mérito; la del conv. y hospital de San Juan de Dios; la del de mercenarios descalzos, cuyo culto ha cesado últimamente, dedicándose á la sala de sesiones de la junta de beneficencia; la igl. del conv. de religiosas franciscas; la del de mercenarias descalzas, y una capilla pública titulada, San Miguel, conocida ya por los años de 1594, y reedificada en los de 684 y 795. Los eclesiásticos que la sirven son 3 curas propios de nombramiento ordinario, 1 ecónomo y 1 beneficiado ecónomo, nombrados por la dignidad arz., y 8 presbiteros: ademas hay 1 sochantre, 2 sacristanes, 1 organista, 1 maestro de ceremonias, 6 acólitos ó niños de coro, 1 campanero, 1 archivero y 1 colector; todos nombrados por dicha dignidad, los 3 primeros á propuesta de los beneficiados; De las 6 ermitas de esta parr. han desaparecido 2, y las otras no pueden llenar las obligaciones de su instituto por la pérdida de sus cortas rent. El culto público ha rebajado en ella estraordinariamente, no pudiendo remplazar la capilla de música, ni aun el canto-llano. Por último, desde el terremoto de 1755 padeció el templo, y hubo necesidad de ponerle cadenas para su seguridad: no obstante, hoy se observa en su capilla mayor un grande resentimiento, producido por el huracan de 1842, y es urgentísima su reparacion á juicio de peritos.

La otra parr. titulada de San Pedro, á cuyo santo Apóstol está dedicada, es de muy buena arquitectura y estilo compuesto, de una nave grande y hermosa con una bella y espaciosa capilla del Sagrario, en la que hay 5 altares; en las del Santisimo Baptisterio, la divina Pastora y la del Sto. Cristo del Perdon, se hallan las banderas cogidas á los moros por los naturales de esta c. en la toma de Zahara, año de 1483, yendo al mando del alférez mayor y alcaide Juan de Aillon, por cuyo respeto le fue concedido su patronato. El altar mayor de esta igl. es de notable antigüedad, y era uno de los argumentos en que se apoyaban los que querian disputar la primacia con la de Sta. Maria. En la torre, que tampoco está concluida, se cuentan otras 10 campanas no menos apreciables que las de esta parr., segun dejamos ya indicado. En el año de 1423 gozaba el título de colegial con su cabildo, entre cuyos individuos habia 1 arcediano y 4 canónigos; en el de 1814 tenia para su servicio 2 curas propios y 1 vicario perpétuo para su auxiliar ó ermita dicha de la Sta. Caridad, consistiendo la dotacion de los 2 primeros en 500 ducados anuales cada uno, y 300 el último. Habia en esta parr. beneficio y medio libre, y una prestamera unida á la colegial de Berlanga que valia 16,569 rs. Tuvo bastantes alhajas y otros ornamentos; sus fiestas se celebraban con mucha solemnidad, suficiente número de ministros, y 1 capilla de música hermanada con la de Sta. Maria, por convenio de 6 de octubre de 1728; estaban dotadas las varas del palio con el objeto de que saliese siempre con pompa y boato el Viático á los enfermos. En la actualidad la parr. de San Pedro está servida por 2 curas propios de nombramiento ordinario, 2 beneficiados, tambien propios del mismo nombramiento, 1 ecónomo y 1 presbítero: tiene ademas 1 sacristan, 1 sochantre mayor, 2 menores, 1 maestro de capilla organista y 3 acólitos: los 3 primeros nombrados por la dignidad arz. á propuesta de los beneficiados y 1 sacristan y 1 acólito en la auxiliar ó ayuda de la Caridad; la capilla de música, el pertiguero y 1 acólito se han suprimido por faltar las rentas con que se pagaban: dependen de esta parr. varias ermitas y conv., á saber: la ermita de San Antonio de Padua, edificada en el año de 1681 á instancias del clero de aquella; otra bajo el titulo de la Misericordia, que debe su fundacion al gran duque de Cádiz, D. Rodrigo Ponce de Leon, con ciertas donaciones que aumentaron despues la Sra. Doña Beatriz Pacheco, su esposa, en 1511 y D. Matias de Medina, que dotó en la misma la cuna de niños espósitos y la herm. de su titulo igualmente establecida en ella con la capellania fundada en 1519, á fin de que el capellan cuidase de tan útil establecimiento, sus misas y otras cargas constituidas en estatutos aprobados en 1561. Esta herm. se incorporó á la de la Caridad, habiéndose trasladado en el de 1684 con las debidas licencias y como lugar mas retirado para ejercicios espirituales, la escuela de Cristo que el año anterior se habia fundado en la parr. de Sta. Maria: estas 2 ermitas se hallan dentro de la pobl.: fuera de la misma á 1/4 de leg. se encuentra otra dedicada al Smo. Cristo del Romeral, cuya imágen se dice fué descubierta en una cueva frente al santuario, por el perro de un leñador; á unas 3 leg. existe otra, dicha de Fuen Santa, que, segun tradicion, parece estuvo escondida la imágen de Maria Santisima que envió San Gregorio Magno á San Leandro, arz. de Sevilla, á donde se trasladó, restaurada que fue la España de los moros, y se colocó en la capilla de San Pablo de la misma c., sustituyendo otra de mas cuerpo en el santuario, que describimos. Los infinitos milagros hechos con las aguas y arena del sitio que ocupó la ant. imágen, la hicieron adquirir el titulo de la Fuen-Santa, ser celebrada con romerias y otras fiestas que corrian á cargo de una herm., su procesion y veladas que hacian el dia de la Natividad de Ntra. Sra.: Gregorio Solano, su especial devoto, hizo reedificar esta igl. en 1647, y la dotó con ciertas memorias perpétuas con cargo de confesar y decir misa su servidor ó capellan á los ganaderos y demas personas inmediatas; y finalmente dependen de la parr. de San Pedro las igl. de los 2 estinguidos conv. de franciscos descalzos y agustinos; el primero fundado en el año de 1574, es un edificio de grande estension con una huerta de recreo regada con agua de pie, que viene por una gruta ó acueducto y se cree obra de romanos, y su templo de bastante capacidad; el segundo erigido en 1586 por el P. Fr. Pedro Ramirez sobre una ermita nombrada de San Juan de Letran, donde antes estuvieron, como se ha dicho, las emparedadas, y en el cual existen 2 hermosas imágenes de Ntra. Sra. del Mayor Dolor y de Jesus Nazareno. Tiene ademas esta c. en su cárcel 1 capilla, otra de Ntra. Sra. del Pilar en la puerta de Matrera, y 2 cementerios en parage bien ventilado que no perjudican á la salubridad pública, los cuales se encuentran en muy mal estado de conservacion, y sirven cada uno á su respectiva parroquia.

Término. Confina por N. con los de Bórnos y Espera, por E. con los de la Serrania de Villaluenga, Algar, Villamartin y Prado del Rey, por S. con el de Jerez, y por O. con el de Lebrija, estendiéndose en su circunferencia 6 leg. de E. á O., y 3 de N. á S. Hay en él las haciendas de olivar con cas. y molinos de aceite que á continuacion se espresan: Bachiller, Barrancos, Fain, Peral, Santiscal, Algarabejo, Anderas, San Andres Nuevo y Viejo, la Zorrilla, Cruz de la Legua, Campo de la Verdad, del Rey, Bermejales, Rubio, Liche, de las Cañas, Gédula (este cortijo sit. á 2 leg. en Arcos, fué en lo ant. una ald. asi como tambien los de Bórnos, inmediato á la v. de este nombre); Guadalcazacin á 1 1/2 leg. en el sitio que hoy se llama de las Jarretas; Abadin, inmediata á la ribera del Guadalete, donde se hallan en el dia las huertas de Labadin; Berlanga á 1/2 leg. de la anterior, contigua al r., y dando vista á la piedra de su nombre, Algar diferente de la v. asi llamada, entre los arroyos de Benajima y Peñagate á 3 leg. de la pobl.; Canillas y el Matito que tambien fueron ald. de este térm. en los sitios donde hoy están sus cortijos; Casablanquilla, Aston y Paneguillas, del Coto, Tablellina, Carboneras, Joscar, Palomar, Casinas, Granadilla, Toril, Gedulilla, Soledad, Esparragosilla, Parchite, Carrascosa, Malabrigo y Guadaperos; los cortijos de propios divididos en ranchos, Rosa del Cura, Rosalejo, Soto del Almirante y Fuente del Sol; y finalmente los de Doña Ana, del Cojo y de Rita: hubo tambien varias torres y fort., entre ellas La Torrecilla á 1/2 leg. de la c. en la deh. de su nombre; la de Martin-Gil, en el camino de Jerez, y su memoria consta de la fundacion de la capellania de Antonia Fernandez, en 1496; la del Castellano, lindante con el mismo camino, en tierras de la capellania de Marina Sanchez; la Castellana, la de Martin Garcia, conocida junto al arroyo de los Charcos, en tierras del Vicario Juan Gonzalez de Gamaza; la de Torrejon en la deh. de su nombre; la del Castillejo, en la punta de la sierra de Valléjas, entre la angostura del r. Majaceite y la de Hortales en la cumbre de la sierra de su nombre, próxima al manantial de agua, dicho de la Lapa. Se encuentran asimismo parages que demuestran la existencia de minas ant. argentíferas, particularmente en el cortijo dicho de Plata, Boca de la Fox; Fuente de la Plata, Guijo, Sierra de Aznar y otros varios puntos, como manifestamos al tratar de la descripcion del part. jud.: haremos aqui mencion de unas minas de azogue, sit. en la Cueva del Niño de Dios, al pie de esta c. que segun el parecer de un ingeniero de Rio Janeiro, su boca se halla en el fondo del Charco de la Hoya, y se trabajaba con el r. encañado; mas el agua despues volvió á su curso ant., cubriendo la boca de la mina que registran los nadadores con horror, por el peligro que corren á su entrada: varias canteras de cal, yeso y pizarra de diversas especies; la llamada Valleja es de jaspe con vetas de cristal, y la de Cobiches de piedra comun, que se usa generalmente para los edificios.

Calidad y circunstancias del terreno. Participa de monte y llano; es fértil; sus montes, plantados de árboles, dan buenas maderas para la construccion, asi como en los cortijos existen muchos frutales, tierras de labor, olivares y verduras: la parte destinada al cultivo está dividida en suertes de primera, segunda y tercera calidad, y se cultiva año y vez: se crian en las deh. y bosques ricos pastos para el ganado y yerbas medicinales, de las que se cuentan por los inteligentes hasta el número de 400 especies. Le bañan 2 r.; el Guadalete, que rodea casi toda la pobl., tiene para pasarlo un púente de madera en que se invierten anualmente grandes sumas para asegurarlo y reparar las averias que sufre en las invernadas. En 13 de octubre de 1753 se obtuvo real facultad para construirlo de canteria, y habiéndose contratado el año de 1771 por la cantidad de 475,000 rs., y aun principiado sus arranques, se mandó suspender la obra por el supremo consejo de Castilla en 1796; en la actualidad se está siguiendo espediente á fin de hacer un puente colgante. El otro r. llamado Majaceite ó Guadalcazacin, viene á unirse con el Guadalete, en el sitio dicho de la Pedrosa, y para vadearlo hay una barca en el nombrado la vega del Espino, costeada por los propios de esta c.: corren tambien otros varios arroyos y manantiales que desaguan en el Guadalete; los principales son: San Andres, Benajima, Peñagate, el Salado, el Gato, los Agustinos y Monardas; hay ademas para el surtido de los hab. 2 fuentes, conocidas con los nombres de Fuente del Rio y Fuente Nueva; las aguas de la primera son tan delgadas que su comun gravedad asciende á 5 grados; 2 manantiales de aguas termales, y 3 marciales; los 2 primeros dichos Fuen-Caliente y Casa-Blanca, sirven para curar todo humor cutáneo y úlceras de la periferia, aunque sean envejecidas, precediendo para ello una preparacion médica; los otros 3 de la Alcornocosa, Fuente de Cordones y la del Boyero son eficaces para curar obstrucciones.

Caminos y correos. Tiene camino real para Jerez y los puertos, por donde con frecuencia transitan toda clase de carruajes en tiempo seco, siendo muy dificil que lo hagan en los lluviosos, por no ser de arrecife; varios carriles que comunican á los pueblos circunvecinos para el tráfico de los labradores, y para la conduccion de maderas, desde sus montes al departamento de Marina: esta c. es caja de los pueblos de su part., y se lleva la correspondencia los lúnes, juéves y sábados á Jerez, donde se une con la del correo general, recibiéndose los domingos, mártes y viérnes.

Fiestas. La de Ntra. Sra. de las Nieves, compatrona de la pobl., que se celebra el dia 5 de agosto, con una muy buena velada en dicho dia y en los 2 sucesivos.

Producciones. Es abundante en trigo, cebada y toda clase de semillas, vino, aceite, buenas legumbres, hortalizas y frutas de todas clases; poco ganado, siendo muy famosos los toros y caballos por su viveza y magestuosa presencia; caza de todas clases y bastante pesca.

INDUSTRIA. Hay muchas fáb. de curtidos, muy apreciados en el pais, y las primeras que se conocieron en Andalucía; tambien las hay de tejidos de hilo, sombreros, cordeleria de pita, esparto y cerda.

POBLACION. 3,174 vec., 11,272 alm.: CAP. PROD. 31.633,280: IMP.: 1.736,454: CONTR. 544,712 rs. El PRESUPUESTO MUNICIPAL asciende á 300,000 rs., pagados de los fondos de propios.

HISTORIA. Juliano Luca, y con él Florian de Ocampo, creyeron encontrar en esta pobl. la antigua *Arcobriga*, sin duda por la alusion de los nombres; diciendo el primero, que *esta y Turdeto caian muy cercanas á la famosa c. y al magnífico templo que los fenicios, y sus allegados los de Cádiz tenian en aquella parte*. El Padre Murillo y otros muchos escritores fueron igualmente inducidos en este error geográfico; pero él es conocido siempre que se prescinda de una conjetura que en este caso repugna á la razon científica, consultada con la necesaria independencia, cualquiera que sea el respeto que siempre ha de tributarse á las opiniones anteriormente emitidas por muy eminentes escritores; pero que no han dejado de padecer graves desvios en materia tan espinosa. El erudito Mayans (De Hisp. prog. voc. un. cap. 7 n. 37, 38, 39) corrige ya esta reduccion. De las dos *Arcobrigas*, conocidas en la ant. España, una resulta enclavada por Ptolomeo y el Itinerario, atribuido á Antonino, en la region *Celtibera*; y el mismo geógrafo atribuye la otra á la region de los *celtas ó gletas*, como les llamaron los mas antiguos geógrafos, al NE. de los *cuneos* prov. Lusitana; su correspondencia debe asignarse, con bastante probabilidad, á *Aronches*, prov. de Alentejo, en Portugal. La ant. pobl. á que indudablemente corresponde la primera edad de *Arcos* ha de ser la *colonia Arcensis*, cuyo nombre y categoria política resultan de la inscripcion copiada por Rodrigo Caro, Morales y Mayans, la cual se encontró en una lápida de pórfido, al reparar las gradas de la cated. de Sevilla, y por estar en una esquina de los cimientos de la torre, hubo de quedar sepultada en el mismo sitio. Es *Arci* nombre enteramente latino, y no apareciendo mencionado por Plinio entre los de las colonias, á pesar de la diligencia que este escritor puso en presentarlas, persuade que hubo de adquirir posteriormente este título. La referida inscripcion y algunos otros restos romanos es cuanto se conserva de esta pobl. hasta la época de la dominacion agarena; muy avanzada para Arcos, atendiendo su remoto origen, que, por serlo tanto, los fabuladores de la historia de España han atribuido á Brigo. Viene entonces á figurar en las crónicas nacionales con el nombre *Arcos* (de *Arci*), y en las musulmanas con el de *Medina-Arkosch*. De esta c. salieron gentes para aumentar las fuerzas de Abd-el-Rahman-ben-Moawiah, descendiente del Califa Hesoham, cuando desembarcó con 1,000 caballos de las tribus Zonetas, en la fortaleza de las Lomas, el dia 8 de abril de 756; jurándole los gefes mahometanos obediencia contra Yusuf. Tambien prestó fuerza armada á Abd-el-Melek, para sostener los derechos de Abd-el Rahman contra las tropas de Yusuf, que, acercándose á Córdoba, habian ganado algunos pueblos inmediatos, de los cuales fueron otra vez espelidos y perseguidos por las mismas huestes Omiades. *Arcos* fué la pobl. que mas sufrió las continúas correrias del Meknesi, cuando en el año 766, levantó el estandarte de la rebelion contra Abd-el-Rahman, y acaudillaba y juntaba los enemigos de este; bien para hacer valer los derechos de los Abasides; ó el distintivo verde de los Fatimitas que era el suyo, enriscado en la serrania de Ronda, mientras recibia socorros que esperaba de Africa. La caballeria de Arcos se encontró entre la encargada por el Hakem del cuidado de estorbar la reunion de Abdalá y Soleiman, hijo del esclarecido Abd-el-Rahman, que habia desembarcado contra él, con tropas africanas en 797; aunque esta disposicion llegó ya tarde. El Califa Yahyah mandó, entre los alcaides de otras pobl., al de *Arcos*, caer con sus fuerzas, sobre Sevilla á donde él habia de bajar tambien con las suyas, de Córdoba, para escarmentar al wali que le negaba su juramento de obediencia. Esta pobl. contuvo en su recinto, por via de descanso, 3 dias al ejército Morabita que Yusuf desembarcó en Algeciras el 30 de junio del año 1086, saliendo el mismo dia de Ceuta, en socorro de sus hermanos los sarracenos Andalaces, que habian impetrado su auxilio, los que con sus fuerzas se le reunieron, y marchaban perfectamente ordenados y divididos en tres fracciones, contra el rey Alfonso. *Arcos* fué una de las muchas pobl. de que se apoderó D. Fernando III el Santo, en 1250, despues de restituida Sevilla á la potestad cristiana. A fines de 1254 ó principios de 1255 se sublevaron los mahometanos de esta pobl. y de Lebrija; pero acudiendo con su gente el infante D. Enrique, hermano del Rey D. Alonso, hubieron de entregarse. El mismo infante empezó desde dichas pobl. á hacer algunos daños en la comarca (año 1259), en deservicio del Rey su hermano, y se cree, que para esforzar mas el partido, indujo tambien en la desobediencia á Aben-Mafon, rey de Niebla, negando á D. Alonso el debido feudo (Ferras parte 6.ª pág. 255). Con esta noticia, el Rey de Castilla mandó á D. Nuño de Lara, que con buen ejército pasase á reducir á su servicio aquellas v. y asegurar la persona del infante. Ejecutó D. Nuño la órden, y apenas supo el infante su salida, cuando el mismo con su gente le buscó el encuentro; dándose una porfiada batalla que D. Nuño se vió en gran peligro de perder, con la vida; pero socorrido á tiempo, derrotó á sus contrarios y les puso en fuga. Volvieron á revolucionarse los moros de Arcos, unidos á los de otros pueblos de este pais, el año 1261 y se apoderaron de algunas pobl.; siendo nuevamente reducidos al poder del rey D. Alonso, en 1264, á condicion de que se les dejaria ir libres á donde quisieran, lo que verificado, hubo de repoblarse Arcos de critianos. Marchaban dia y noche las armas de estos al socorro de Nebrija, atacada por 1,500 moros, que Abomelik habia enviado contra esta v. (año 1339), y cerca de *Arcos* los encontraron que caminaban muy despacio, embarazados con la gran presa que conducian: cargaron sobre ellos con tal impetu, que los desbarataron completamente, y apenas quedó uno que no fuese muerto ó preso. Animados con este suceso, determinan atacar á Abomelik; este, levantado su real (que lo tenia en Jerez) se dirigio hácia Arcos, sin llevar adalides ni centinelas; los cristianos, viniendo el día, cayeron valerosamente sobre ellos y los destrozaron. Abomelik, como suele acontecer en un repentino alboroto, huir á pie, y asi, sin ser conocido, fué muerto creyendo quizá, que era algun soldado particular. 600 moros de á caballo y 800 de á pie entraron por tierra de Arcos en 1452; acudió menor número de cristianos, y el dia 9 de febrero los dispersaron completamente cerca de esta pobl. Sus vec. hubieron de tener no pequeña parte en la gloria de estas jornadas y de otras muchas como se infiere por los privilegios y gracias que les han sido concedidas en premio de sus señalados servicios y los grandes padecimientos consiguientes á lo espuestos que por largos años estuvieron á los ataques de los sarracenos, siéndoles fronterizos, de donde proviene el apellidarse la pobl. *de la frontera*. Tales fueron el titulo de c. por la conquista de la v. de Cardela que consiguieron sin auxilio alguno: la concesion de hidalguia comun á sus vec., fecha en 1256, despues de sujetada la rebelion de sus hab. mahometanos por el infante D. Enrique: la de los térm. y de las ald. que en ellos habia en 1264, entregada la pobl. por los musulmanes que en 1261 se sublevaron nuevamente contra el rey D. Alonso, los cuales sacaron solo de ella su libertad: las encomiendas y bandas en las órdenes militares, en 1340, y la de exencion de tributos en 1396; cuyas gracias fueron confirmadas, con otras muchas, hasta el estremo de darse á esta c. parte de los sucesos de la guerra, y acontecimientos que sobrevenian á los reyes y su familia; y de llamarla noble y fidelísima el rey D. Felipe V en 19 de julio de 1706. Ademas de esta singular distincion la dió S. M. otra prueba de aprecio, poniendo su nombre á uno de los regimientos de linea formados en 1707. En el año 1719 se componia su milicia de 5 compañias, la primera de las cuales era de caballeros; cuyos oficiales se elegian á consulta de su ayuntamiento.

Disfrutaron el señ. de esta pobl. el condestable *Ruy-Lopez de Avalos*, y su hijo *D. Fernando*. El rey D. Juan II de Castilla hizo despues merced de ella al almirante *D. Alonso Enriquez*, y á poco le concedió el mismo Rey, con título de condado, á *D. Pedro Ponce de Leon*, primer conde de Medellin, y quinto señor de Marchena, Rota y otros estados. Casó este conde con Doña Maria de Ayala, hija de D. Pedro Lopez de Ayala y de Doña Leonor de Guzman, y falleció en 1448 dejando á D. Juan por hijo, que siguió la linea; á D. Fernando, comendador mayor de Calatrava, á D. Luis, D. Pedro, D. Lope, D. Diego, D. Francisco, Doña Sancha, Elvira y otros.

D. Juan Ponce de Leon fué segundo conde de *Arcos*, y primer marqués de Cádiz: casó de primer matrimonio con Doña Leonor de Guzman, su sobrina, hija de su hermana Doña Sancha Ponce, y de D. Alvar Perez de Guzman, su marido, señor de Orgaz: y habiendo sido estéril este matrimonio, contrajo el segundo con Doña Leonor Nuñez Gudiel, hija de Alonso Nuñez Gudiel; y de esta union tuvo por hijos á D. Pedro, que falleció sin sucesion; á D. Rodrigo, que siguó la linea; á D. Manuel y otros; y fuera de matrimonio; tuvo abundante número de hijos é hijas, de quienes descienden familias muy ilustres.

D. Rodrigo Ponce de Leon fué tercer conde de Arcos, señor de otros estados, y creado primer duque de Cádiz por merced del año de 1492. Este caballero casó con Doña Beatriz Pacheco, hija del maestre de Santiago D. Juan Pacheco, marqués de Villena; pero habiendo sido estéril esta union, tuvo el duque D. Rodrigo en Inés Perez de Becerril, hija de Rúy Jimenez de Becerril, y de Doña Juana de la Fuente, vec. de Marchena, por hija natural á Doña Francisca Ponce de Leon, sucesora en los estados de su padre, y á Doña Maria y Doña Leonor. Fué Doña Francisca legitimada por el Rey católico el año 1476, y con facultad real la fundó mayorazgo su padre. Casó esta señora con su primo D. Luis Ponce de Leon, primer marqués de Villagarcia, nieto de D. Luis hijo tercero de D. Pedro, primer conde de Arcos, su bisabuelo comun. Muerto el marqués en 1528 quedaron de este matrimonio D. Rodrigo Ponce de Leon que sigue la linea; D. Pedro, D. Juan, D. Lorenzo, D. Francisco, D. Bernardino y otros.

D. Rodrigo Ponce de Leon fué segundo marqués de Villagarcia y Zahara y creado primer duque de Arcos. Este caballero casó con Doña Maria Tellez Giron, á quien otros llaman Doña Juaña, acaso por confusion, pues casó con 2 hermanas, cuyos padres fueron D. Juan Tellez Giron, segundo conde de Ureña y su esposa Doña Juana de Velasco; mas del dicho matrimonio con Doña Maria tuvo D. Rodrigo por hijo sucesor á:

D. Luis Cristóbal Ponce de Leon, segundo duque de Arcos, marqués de Zahara y Villagarcia, conde de Cáceres y Grande de España, el cual casó con Doña Maria de Toledo, hija de D. Lorenzo Suarez de Figueroa y de Doña Catalina Fernandez de Córdoba, condes de Feria, marqueses de Priego: de este matrimonio tuvo el duque D. Luis, á D. Rodrigo, que sigue la línea y otros varios.

D. Rodrigo Ponce de Leon, tercer duque de Arcos; señor de los demas estados, que pertenecen á su casa y Caballero del Toison, casó con Doña Teresa de Zúñiga, hija de D. Francisco de Zúñiga Sotomayor, cuarto duque de Bejar, y de su mujer Doña Guiomar de Mendoza; esta union procreó á Don Luis, que continua la sucesion; y á Doña Maria, que casó con D. Antonio A. Pimentel conde de Benavente. *D. Luis Ponce de Leon* fué marqués de Zahara; pero falleció, viviendo su padre, sin llegar á titularse duque de Arcos; pero habia casado con Doña Vitoria de Toledo Colona, hija de D. Pedro de Toledo Ossorio, y de su mujer Doña Elvira de Mendoza, quintos marqueses de Villafranca; de cuya union dejó por hijos á D. Rodrigo, que perpetua la sucesion, y á D. Luis y Doña Elvira.

D. Rodrigo Ponce de Leon, fué como se deja inferir, en sucesion á su abuelo, cuarto duque de Arcos, y señor de los demas estados de esta casa; este caballero casó con Doña Ana Francisca de Aragon, hija de D. Enrique de Aragon, quinto duque de Segorve, y de su mujer Doña Catalina de Córdoba, habiendo fallecido D. Rodrigo en 1658 dejó en su matrimonio por hijos á D. Luis, D. Francisco D. Manuel, y otros. D. Luis se intituló marqués de Zahara y murió sin casar.

D. Francisco heredó los estados, y fué quinto duque de Arcos; y murió sin prole, aunque casó tres veces, viniendo el tercero D. Manuel á ocupar el título de la casa.

D. Manuel Ponce de Leon fué sesto duque de Arcos y señor de los demas estados de la casa, y habiendo casado con Doña María de Guadalupe Alencaster y Cárdenas, duquesa de Abeiro, de Maqueda, de Torrenova y otros estados, tuvo por hijos de este matrimonio á D. Joaquin Ponce de Leon, que sigue a linea, á D. Gabriel y Doña Isabel Ponce de Leon: el don Joaquin renunció en favor de su hermano D. Gabriel los estados de Abeiro en el año 1720, el cual pasó á poseerlo á Portugal; y alli espiró sin descendencia.

Dicho *D. Joaquin Ponce de Leon* fue sétimo duque de Arcos, de Maqueda, Torrenovas y señor de mas estados, y casó de primer matrimonio, con Doña Teresa Henriquez de Cabrera, hija del sesto duque de Medina de Rio-Seco, y de su consorte Doña Elvira de Toledo; y siendo estéril esta union, casó de segundas nupcias con Doña María Espinola y la Cerda, hija del cuarto marqués de los Balboses, duque del Sesto y Benafro, y de su mujer Doña María Isabel de la Cerda; de esta segunda union tuvo el duque D. Joaquin por hijos á D. Joaquin, D. Manuel, D. Francisco y D. Antonio Ponce de Leon.

D. Joaquin, como primogénito, heredó á su padre, y fué octavo duque de Arcos y mas estados, y títulos de sus ascendientes: casó con Doña Teresa de Silva y Mendoza, hija del duque del Infantado, D. Juan de Dios Silva y Mendoza, y de su mujer Doña María Teresa de los Rios; pero acabó el duque D. Joaquin sin descendencia, y lo mismo su hermano segundo D. Manuel, pasando los títulos de la casa á *D. Francisco*, el tercero de los hermanos; y D. Antonio que es el cuarto, se tituló en Portugal duque de Abeyro, por muerte de su tio; pero otro de mejor derecho le disputó y ganó estos estados, y vino titulándose despues duque de Baños.

D. Francisco Ponce de Leon fue el noveno duque de Arcos, de Nágera, Maguedа, etc. por los años 1760; y con este poseedor dejaremos de tratar en este art. de la sucesion de estos estados, que ha de volver á ocuparnos en otros sucesivos. Hace esta c. por armas en escudo, un edificio de 2 arcos, arriba 1 cast., orlado con estas letras, *Arcos de la Frontera*. Es patria del médico Andres Velazquez, que escribió una obra sobre la *melancolía y sus efectos*, y de D. Diego Jimenez Aylion, autor de un poema, sobre los famosos hechos del Cid Diaz de Vivar.

ARCOS DE PEIBAS (Sta. Maria de): felig. en la prov. y dióc. de Lugo (6 leg.), part. jud. de Taboada (2), y ayunt. de Antas: sit. en terreno elevado y montuoso con buena ventilación: clima frio y sano: reune sobre 16 casas distribuidas en los l. de Arcos, Fraga y Pumar: su igl. (Sta. Maria) es aneja de la de San Lorenzo de Peibás, con cuyo térm. confina, así como con los de Aguela y Terracha. El terreno es bastante escabroso y poco fértil, aunque regado con los derrames de las diversas fuentes de buen agua, de que abunda aquel terr.: los caminos son vecinales y están abandonados: el correo se recibe en la cap. del part.: prod. maiz, centeno, patatas, algun trigo y pocas legumbres; cria ganado vacuno, lanar, cabrío y de cerda: pobl. 17 vec., 86 alm.: contr. con su ayunt. (V.).

ARCOS DE LA POLVOROSA: l. con ayunt. de la prov. y adm. de rent. de Zamora (9 leg.), part. jud. de Benavente (3/4), aud. terr. y c. g. de Valladolid (16), dióc. de Astorga (10): sit. á la der. del r. *Esla*, en terreno bastante llano, su clima es sano: se compone de unas 50 casas bastante reducidas: hay casa de ayunt.; 1 escuela de instruccion primaria, comun á ambos sexos, servida por 1 maestro, con la dotacion de 400 á 500 rs., á la que asisten unos 20 alumnos; y 1 igl. parr. de primer ascenso, bajo la advocacion de San Salvador, que la sirve 1 párroco, cuya plaza se provee por 3 voces mistas; confina el térm. por N. con el de Sta. Cristina á 1 leg., por E. con el de Sta. Colomba de las Monjas á 1/4, por S. con Millés á 1/2, y por O. con Mozar á 1: se encuentran en él varias fuentes de buen agua, y le fertilizan los r. *Orbigo* y *Esla*, perdiendo el primero su nombre en los térm. de este pueblo, Sta. Colomba y Barcial, por unirse al segundo; su curso es de N. á S.: al E., y sobre el Esla, se descubren cimientos de 1 puente de piedra que demuestran haber sido magnífico: comprende los desp. de *Subcastro, Cejinas* y *Melilla* (V.); el cas. y cot. red. del priorato de *Ntra. Sra. del Puente*, cuyo conv. de religiosos, anterior á la existencia del pueblo, está destruido; la granja de *Arcos*, que dió nombre al l.; pues debió su orígen á los dependientes de esta quinta, propia de una señora particular, de cuya casa solo existen los escombros. El terreno es de mediana calidad, y en la parte O. hay 1 monte de encina bastante grande, conocido con el nombre de *Cervilla*, que forma cord. con otros, y es propiedad la mayor parte del conde de Benavente: hay un buen prado, denominado *Sotanjo*, el cual, cercado por las aguas del *Orbigo* y *Esla*, figura una isla; la parte destinada al cultivo, es fértil y de buena calidad; los CAMINOS son de rueda y herradura; pero bastante malos: la CORRESPONDENCIA se recibe de Benavente: PROD.: trigo, centeno, cebada, legumbres y alguna fruta; cria ganado lanar y vacuno; se encuentra caza y pesca: POBL. 37 vec., 148 alm.: CAP. PROD. 44,480 rs.: IMP. 7,733: CONTR. en todos conceptos 4,241 rs. y 14 mrs. Este pueblo fue fundado hace 450 años por D. Rui Gomez Osorio, vec. de Benavente y dueño del terr., quien edificó 3 casas á 3 de sus criados ó pastores. El nombre Arcos lo tomó del dicho puente del priorato; asi está espresado en el testamento de la mujer del Osorio, Doña Constanza Yañez Ochoa.

ARCOS DE LA SALINA: l. con ayunt. de la prov. y adm. de rent. de Teruel (8 leg.), part. jud. de Mora (7 1/2), aud. terr. y c. g. de Zaragoza (36), dióc. de Segorve (9): SIT. en una pequeña colina rodeada de montes donde le combaten con especialidad los vientos del N., O. y E. que hacen su CLIMA frio, pero saludable. Tiene 197 CASAS con inclusion de las que se hallan diseminadas por el térm., en las que habita siempre la tercera parte de la pobl. dedicada á la agricultura; tanto estas, como las que forman el casco de aquella, son de mala fáb. y pocas comodidades, y las calles, en que se hallan distribuidas las últimas, pendientes y mal cortadas: hay una escuela de primeras letras dotada con 1,711 rs. vn., á la que concurren 52 discípulos, y otra para las niñas, frecuentada por 38, cuya maestra tiene la asignacion de 270 rs. vn. Hay tambien 1 igl. parr. bajo la advocacion de la Purísima Concepcion, servida por 1 cura, 1 coajutor, 2 beneficiados, 1 sacristan, 1 organista y 2 acólitos: el curato es de térm., y se provee por S. M. ó el diocesano previa oposicion en concurso general. El edificio fué incendiado y casi arruinado enteramente en la pasada guerra; pero se ha habilitado, aunque solo provisionalmente para las funciones de parr. Confina el térm. por N. con el de Camarena (4 leg.), por E. con el de Torrijos (1 1/4), por S. con el de Alpuente (3), y por O. con el de Sta. Cruz de Moya (4). Dentro de esta circunferencia se encuentran hácia el N. y S. 6 ermitas dedicadas á Sta. Quiteria, el Salvador, Virgen de Dolores, San Cristóbal, San Juan, y San Roque: en distintas direcciones muchas fuentes de aguas saludables que surten al vecindario; y 1/4 de leg. al S. al pie de la colina en que se dijo hallarse sit. la pobl., una de agua salada, la cual se estrae por medio de noria á fin de conservarla en estanques para el invierno, y depositada en el verano en diferentes charcas, se deja evaporar al sol y ofrece el producto de 9 á 10,000 fan. castellanas de sal todos los años: el manantial tendrá como unas 5 pulgadas de agua, la que subiendo por medio de arcaduces forma al caer hermosas estalácticas de sal: este manantial se advierte que es mas copioso en el estio que en las demas estaciones, y proviene indudablemente de que durante aquella época se riega el valle que está mas elevado que la salina y las aguas, se infiltran y se mezclan, pero sin que lo dulce de las unas haga disminuir en manera alguna lo salado de las otras, acaso porque en el centro haya mina en que se encuentre la sal. Contiguo á la fuente salada, ademas de los correspondientes almacenes, hay un buen edificio donde tienen sus habitaciones el administrador, interventor y demas dependientes; 3 casas para los operarios, y la ermita que se dijo de Ntra. Sra. de los Dolores que es la patrona del pueblo. Lo mismo que las casas que al hablar del número que contiene esta pobl., hemos dicho se hallan diseminadas en el térm. y que forman los cas. conocidos con los nombres de Carrasca, Zacarias, Desilla, Rolluela, Torre, Mas del Rio, Villares, Tormagal, Agua Buena, é Higuera, se halla enclavada en su jurisd. la ald. de *Dueñas* (V). El TERRENO es quebrado y abundante de yeso y agua salada: aunque cubierto de elevados cerros, en que se ven dilatados pinares muy desmejorados en el dia, y que apenas proporcionan ocupacion á 10 ó 12 sierras, presenta sin embargo algunos cortos valles de tierra muy feraz, merced al riego que les proporciona un arroyo llamado Arcos como el pueblo que nace á la falda del cerro distinguido con el nombre de sierra de Jabalambre, y que corre de N. á S. hasta desaguar en el Guadalabiar ó Turia junto á Sta. Cruz. Los CAMINOS son todos locales, y se hallan en mal estado, á escepcion del que desde el pueblo dirige á la fáb. ó adm. de sal que es muy bueno. El CORREO se recibe de Teruel por medio de un peaton los jueves y los sábados: el último se traslada al domingo en el invierno: PROD.: trigo, cebada, avena, panizo ó maiz, patatas, y legumbres, esquisitas nueces y buenas frutas; cria ganado lanar y cabrio, caza de perdices y conejos, y pesca de algunas truchas: IND. la de 5 molinos harineros que se hallan en estado de decadencia, y 1 batan de curtir paños: POBL. 185 vec., 728 alm.: CONTR. 16,144 rs. vn.

ARCOS DE LA SIERRA: l. con ayunt. en la prov., part. jud., adm. de rent. y dióc. de Cuenca (5 leg.), aud. terr. de Albacete (26), c. g. de Madrid (26), SIT. bajo un clima frio en la falda de una cord. cortada por el N., á un tiro de bala del r. Trabaque, en parage ventilado y mas propenso á calenturas intermitentes y catarros que á otras enfermedades: tiene 50 CASAS bajas, mal distribuidas y sin órden de pobl., una plaza, y calles malas sin empedrado; escuela de primeras letras dotada con 500 rs. pagados de propios; dos pósitos con los nombres de Real y Pio; casa de ayunt. y cárcel; igl. parr. de entrada, dedicada á Nra. Sra. de la Asuncion, servida por 1 cura y 1 sacristan; una ermita con la advocacion, á San Bartolomé, patrono del pueblo á 200 pasos de este; otra de San Sebastian, á 500, y á igual dist. una fuente pública con dos caños, ademas de otras de buenas aguas: confina el térm. por N. con el de Poyatos, y Castillejo, E. con el de Majadas, S. con el de Portilla, y O. con el de Ribatajadilla, distantes todos como 1/4 de leg.: el número de tierras labrantías es de 2,000 fan. que prod. por un quinquenio el 8 por 1, y 158 almudes de regadio en tierras areñosas y frias, que á fuerza de beneficiarlas crian patatas y judias; las 2,381 fan. incultas, son incapaces de producir por lo muy pedregosas y ásperas: una mitad del terreno lo forman cañadas en llano, y lo restante, que se halla al E. del pueblo, son cord. y riscos que producen pastos, pinos maderables y robles. El espresado *Trabeque*, nace en este térm. al E., en la sierra llamada Cachorros; lleva su curso hácia el O. y se introduce en el térm. de Ribatajadilla, perdiendo su nombre, por juntarse con *Escabas*: es de pocas aguas el verano y en el invierno mas caudaloso por razon de las nieves; tiene 2 puentes de vigas de unas 3 varas de altura, llamados de la Colasa y del Badillo, y una presa por donde suben las aguas á un pequeño caz, que las conduce á un molino harinero dist. unos 1,000 pasos del pueblo: á la izq. de este hay tres arroyos con los nombres de la *Noguera*, *Val-de-Lobos* y del *Fresno*. Los CAMINOS son sendas de pueblo á pueblo; y la CORRESPONDENCIA se recibe una vez á la semana de la cap. de prov.: PROD. trigo, centeno, cebada, avena, cáñamo, algun vino, avellanas, legumbres y hortalizas, en especial judias, nabos y frutas; lo que mas abunda es el trigo, centeno, patatas, judias, cáñamo, y nabos: pero jamás las dos primeras prod. bastan para el consumo del pueblo, por cuya razon tiene que comprar un año con otro sobre 400 fan.: ademas del ganado vacuno se cria lanar y cabrio, bastante caza de liebres, conejos y perdices; muchos lobos, zorras, corzos, venados y jabalies; y en el r. abundan los cangrejos, truchas, nútrias, ánades, bárbos y luinas: se cree que existen bastantes minerales pero basta el dia no hay ninguno esplotado: POBL. 52 vec.; 207 hab., dedicados á la agricultura, ganaderia y venta de lana. CAP. PROD. 539,660 rs.; IMP. 29,983 rs.; importan los consumos 2,341 rs. 14 mrs. El PRESUPUESTO MUNICIPAL asciende á 1,500 rs., y se cubre en parte con 20 fan. de trigo que prod. el horno de poya; 601 rs. los pastos, y el resto por repartimiento vecinal. Este pueblo pertenece al marqués de Ariza, y tiene en él dominio directo; dicho Sr. lo cedió con el térm. redondo á censo enfitéutico á los vec., y le pagan un cánon de 444 fan. de trigo y centeno por mitad.

ARCOS DE FRADES (SANTIAGO DE): felig.: en la prov., dióc. y part. jud. de Lugo (3 1/4 leg.), y del ayunt. de Pol (1): SIT. al NE. de la cap. del part. en CLIMA sano: se compone de la ald. de su nombre y cas. de Liñares: tiene 18 CASAS y una escuela indotada á la cual concurren unos 30 niños. La igl. parr. (Santiago) está servida por un curato de entrada y de patronato real y ecl.: el TÉRM. confina por N. á 1/2 leg. con Santiago de Silva, por E. á 1/4 con San Salvador de Mosteiro; por S. á igual distancia con Sta. Maria de Cirio, y al O. con el municipal de Castro del Rey y felig. de Santiago de Villadonga: se encuentran en él varias fuentes de buenas aguas cuyos derrames bajan á unirse con las del r. Azumara; el TERRENO es de mediana calidad, y los CAMINOS locales y malos: el CORREO se recibe en Pol. PROD.: centeno, patatas, trigo, lino, nabos y pasto: cria algun ganado, con especialidad vacuno: POBL. 18 vec.: 92 alm.: CONTR. con su ayunt. (V).

ARCOS DE FURCO (SAN VERISIMO DE): felig. en la prov. de Pontevedra (5 leg.), dióc. de Santiago (4), part. jud. de Caldas de Reis (2), y ayunt. de Baños de Cuntis (1/2): SIT. en terreno montuoso: CLIMA frio, y poco saludable; comprende los l. de Arcos, Casa-da-Cruz, Casiña, Cayeyro, Cornado, Docio, los Ferreiros, Furco, Piso y Piñeyro, que reunen 142 CASAS de mediana construccion y pocas comodidades: hay escuela en los pueblos para ambos sexos, pagada por los padres de los alumnos: la igl. parr. (San Verísimo) está servida por un párroco de presentacion ordinaria como perteneciente al ant. señ. del arz. El TÉRM. confina con los montes denominados de Casa-da-Cruz, Ferreiros y Arcos que la separan por N., E. y S. del part. de Tábeirós, y por O. con les caminos de la Estrada y Santiago que se dirigen á Pontevedra. El TERRENO es de mediana calidad, aunque húmedo y lagunoso; nacen dos regatos en el alto del monte con el nombre de Fragosó el uno y Arcos el otro, y se reunen el que viene de Portéla, siguiendo su curso á la cap. del ayunt. hasta mezclar sus aguas con el de Puente-Taboadá que va á Caldas de Reis: tiene algunos despoblados con pastos al N., E. y S. Los CAMINOS son locales y algunos trasversales; todos en mal estado: el CORREO se recibe de las estafetas de Caldes de Reis y Estrada por medio de un peaton los domingos, miércoles y viérnes y sale los lúnes miércoles y viérnes: PROD.: maiz, centeno, trigo, y algunas babas y hortaliza; cria ganado vacuno, lanar y mular y se cazan conejos liébres y lobos: IND. la agricola y algunos molinos harineros que solo trabajan en el invierno y en el verano bajan á hacér sus moliendas al puente Taboada; POBL. 154 vec.: 794 alm. CONTR. con su ayunt. (V).

ARCS (MAS DELS): casa rural habitada por una sola familia de labradores, en la prov., part. jud., dióc. y term. jurisd. de *Tarragona* (V).

ARCUCELOS: ald. en la prov. de Orense, ayunt. de Laza, y felig. de Stá. Marina de *Retorta* (V.): SIT. al N. del valle de Monterey y falda del monte de Meda: CLIMA frio, pero sano: SU TÉRM. confina con Valdriz, Laza, Vences y Noceda: tiene monte y llano; en aquel hay unas famosas minas de estaño que se esplotaban por el Gobierno y se cerraron el año de 1801; le baña el r. Támaga que atraviesa el indicado valle de Monterey, y el arroyo Meda ó de San Amaro que se junta con él en el térm.º de la ald. Los CAMINOS son de pueblo á pueblo, y el CORREO se recibe de Verin: PROD. centeno, trigo, maiz, legumbres, hortalizas, mucha yerba, vino de inferior calidad, lino, patatas, y abunda en castañas: cria algun ganado, prefiriendo el vacuno: hay caza y alguna pesca: IND. algunos telares de lienzo del pais y varios molinos harineros: POBL. 31 vec., 129 alm.: CONTR. con su feligresía.

ARCUELA: labranza de la prov. de Toledo, part. jud. de Torrijos, térm. jurisd. del Carpio: SIT. á 1 leg. del pueblo á la orilla izq. del r. Tajo, comprende unas 200 fan. de tierra, destinadas á la siembra de cereales: hay una pequeña casa para albergue de labradores y ganados en los tiempos de sementera y recoleccion.

ARCUSA: l. con ayunt. de la prov. y dióc. de Huesca (10 leg.), part. jud. de Boltaña (2 1/2), adm. de rent. de Barbastro (6), aud. terr. y c. g. de Zaragoza (22): SIT. en llano, donde le baten con libertad todos los vientos; su CLIMA es bastante sano. Tiene 12 CASAS de mediana construccion, algo diseminadas, y en el centro 1 igl. parr. bajo la advocacion de San Esteban protomártir, servida por 1 cura y 1 sacristan: el curato es de tercera clase ó primer ascenso, y se provee por S. M. ó el diocesano, mediando oposicion en concurso general: el edificio es muy sólido y capaz para el vecindario; sus paredes, bóveda y torre de piedra silléria, aunque groseramente labrada. Fuera de la pobl. en parage ventilado está el cementerio, y en varias direcciones se encuentran algunas fuentes de buenas aguas, que con el auxilio de una balsa en que se recogen las de las lluvias, bastan para el surtido de los vec. y para abrevar sus bestias y ganados. Confina el TÉRM. por N. con los de Sta. Maria de Buil y Castellazo, por E. con el de Castejon de Sobrarbe, por S. con el de Eripol y por O. con el de Sarsa de Surta, siendo muy reducido en todas direcciones. El TERRENO regularmente llano en general, es de mediana calidad; le faltan aguas para el riego, y tampoco abundan la leña ni los pastos; se crian algunas viñas, pero de poca utilidad: PROD. trigo, centeno, escaña y avena, y muy poco vino: cria algun ganado y caza: POBL. 12 vec. 152 alm. CONTR. 3,826 rs. 8 mrs. vn.

ARCHABRIGA: nombre compuesto de la raiz *archa*: que se interpreta *cabeza*, y de la voz apelativa *briga*, que equivale á ciudad. De aquí ha debido decirse *Arcabrica* y *Ercavica* (V).

ARCHEFE: cortadura escarpada en las montañas occidentales de la isla de Tenerife, prov. de Canarias, part. jud. de Orotava; se encuentran en ella diferentes cuevas abiertas en la misma tosca de los cerros, cuyos hab. forman parte del ayunt. y felig. del valle de *Santiago* (V.).

ARCHENA: v. con ayunt. en la prov. y adm. de rent. de Murcia (4 leg.), part. jud. de Mula (3), aud. terr. de Albacete (20), c. g. de Valencia (34), vicaria ecl. de Calasparra (9) del órden de San Juan. Está SIT. á los 38° 7′ 52″ de lat. y 2° 31′ 1″ long. E. de Madrid (56 leg.), en la márg. der. y á la inmediacion del r. Segura, en un llano, á la salida del valle de Ricote: su CLIMA es templado y benigno; goza de buena ventilacion, y dominando de E. á SO. una estrecha, pero fertilísima vega, cortada en bancales que incesantemente prod. diferentes esquilmos; campos y tierras de pan llevar, de olivar y huertos; sus vistas son deliciosas: el otro semicírculo de O. á NE. aparece estrechado por secciones de cord., cuyas desiguales montañas están frecuentemente interrumpidas por barrancos mas ó menos profundos; y en él se ve el olivar por una parte, por otra la huerta con frutales, y moreras, tierras de pan llevar en varios sitios, y serpenteando en medio e Segura, cuyas cristalinas aguas, ademas de servir para el surtido del vecindario, reparten la abundancia y el primor, afianzando la dicha de miles de familias. Tiene Archena 230 CASAS con piso bajo y cámaras ó graneros, á estilo del pais, de 25 á 30 palmos de altura, distribuidas en buenas calles, que aunque sin empedrar, son de buen piso y están limpias; varias plazuelas, y una plaza casi cuadrada y bastante capaz. El único edificio notable que hay en la pobl. es una casa del marques de Corbera, de construccion ant. é incómoda, pero grande: la casa capitular, la cárcel, y el local para la escuela reunido todo de largo tiempo en un solo edificio en la plaza, quedó destruido con motivo de una esplosion de pólvora ocurrida en 1,813: la escuela de niños, dotada con 1,600 rs. de los fondos de propios, cuenta unos 50 alumnos, y 35 la de niñas, pensionada de los mismos fondos con 900 rs. anuos. En lo ecl. ya se dijo que corresponde á la vicaria foranea *nullius* de Calasparra del órden de San Juan, á cuyo santo está dedicada la parr., haciéndosele en su dia funcion de igl.: la de San Roque, que es el patrono, se hace todavia con mas solemnidad el 16 de agosto: el curato tiene el nombre de priorato, y la provee la sacra asamblea de la misma órden en la corte. El cementerio se halla colocado fuera de la pobl. á la dist. y en parage conveniente.

El TÉRMINO de Archena es bastante corto, pues por donde mas se estiende que es hácia el E. y O. solo alcanza una media hora de camino: confina por N. con la sierra de Verdelena, térm. de Ulea, E. con el camino real de Madrid, jurisd. de Lorqui, S. con el Saladar de Ceutí, y O. con térm. de Villanueva y Ojos: comprende varios cortijos á medio cuarto leg. del pueblo, y algunos á menos dist.; pero los mas numerosos en cas. son la *Algaida*, el *Hurtado*, las *Arboledas* y la *Morra*. Es notable la mina construida para conducir la acequia principal de la v. y regar su huerta, tomando las aguas del Segura por medio de una presa entre Ulea y Villanueva: es espaciosa, está revestida de mamposteria y corre debajo de unos cerros por espacio de 1/4 de leg., habiéndose hecho tan costosa obra con solo los recursos de los hab. El r. rodea la huerta por S., E., y parte del N., y un cuarto leg. mas abajo de la pobl. se la une el titulado *Muerto*: aquel cria esquisitas anguilas y sabrosos peces, aunque escasean porque se desconocen generalmente los tiempos de veda; y tiene para su paso al frente y muy cerca de Archena, una barca bastante capaz para carruajes, enganchando con una ó dos caballerias. El TERRENO es de acarreo ant., y constituye su mayor parte la arena caliza: las montañas ó bancos calizos que en él se advierten, cortadas por grandes masas de escelente piedra de construccion, corresponden á una gran cord., que descendiendo de la encumbrada sierra de Ricote, se descompone en vistosos y confusos grupos de pequeños cerros, que, ó se convierten en llanuras con el transcurso del tiempo y á beneficio del cultivo, ó se pierden en la escarpada sierra de la Pila. Muchos de estos cerros, sobre todo, los que están en la márg.

der. del r. y mas próximos á los baños, de que luego hablaremos, descansan sobre rocas de sulfate de cal hidratada, ó están en su totalidad formadas por ellas; de modo, que pasan de 4,000 fan. las que anualmente se gastan de yeso en este térm. Otros, principalmente los que se hallan á la márg. izq. del r., enfrente de los baños, insisten en rocas calcáreas, mas ó menos compactas. En muchos de dichos cerros ó montañas se notan concreciones térreas, formadas en gran parte de cloruro de sódio. Esta sal se encuentra en muchos parages abundantemente repartida: al SE. y 1/2 leg. de Archena, forma gran parte de las infinitas montañuelas terciarias, que se descubren en una estension de mas de 2 leg.; habiendo dejado en ciertos sitios las avenidas de las aguas de lluvia, estos depósitos, como para indicar el fomento de que son capaces las inmediatas salinas. Al frente de los baños, hácia el N. del otro lado del r. y en la vertiente de un cerro, hay un manantial escaso, pero cuyas aguas están saturadas de la misma sal: su corriente ha formado sobre la ladera una capa gruesa de dicha materia, que en la superficie está perfectamente cristalizada. Todas las montañas, de que hemos hablado, aunque propiamente son eslabones de la gran cadena ó cord. mencionada, forman cerca de los baños y hácia el N. tres órdenes ó filas en líneas casi paralelas: 2 de ellas están separadas por la cañada que se denomina de las Minas, á causa de que atraviesa por cáuce subterráneo y profundo el caudal de aguas con que está dotada la referida acequia principal de la huerta de Archena. Otra separada de las anteriores por el r. tiene el nombre de Verdelena. En ninguna de las montañas de los órdenes referidos se hallan vestigios de minerales productivos, no obstante que inducen á sospechar su existencia los nombres de algunas, sus cast. moriscos, y principalmente cuanto se halla al pie de una de estas fortificaciones, levantada sobre la cima del cabezo que los naturales llaman del Plomo. En su falda meridional se han encontrado porcion considerable de protoxide de plomo cristalizado en láminas rojizo-amarillentas, y abundantes escoriales de la clase de mineral que indica la existencia de aquel producto: asimismo se ha hallado recientemente cerca de este mismo punto un trozo de galeria de mina vieja, y entre sus escombros varios pedazos de galena. Del otro lado del r., esto es, en la márg. misma en que está sit. la v., hay otra montaña ó cabezo que se denomina el Ope, voz degenerada sin duda y que aludiera acaso á riqueza. La naturaleza del terreno de estas montañas no favorece la vegetacion espontánea; asi es que la lista de plantas reconocidas en ese parage por el célebre botánico Lagasca, es demasiado reducida.

Baños. Los baños de Archena están sit. á medio cuarto de leg. en línea recta y hácia el N. de la v. en la orilla der. del Segura: el camino de ruedas forma una vuelta que aumenta algo la dist. El establecimiento consta del cas. y de los baños; componiéndose aquel de unas 110 habitaciones. El dominio directo del establecimiento, 70 de las habitaciones, los cuarteles, hospital y capilla corresponden á la encomienda vacante de San Juan, y se halla administrada por la Amortizacion: las demas habitaciones, asi como los paradores, con comodidad para carruages y caballerías, pertenecen á varios particulares, cuales son: D. Antonio Rubio, vec. de Murcia; los herederos de D. Pedro Molina, que lo fue de la misma c.; D. Mateo Mungosa, de Molina; Sr. Marcelino Perez, de Cieza; y Sr. Cristóbal Sanchez, de Murcia; y las mas de ellas constan de vestíbulo ó entrada, alcoba y cocina; otras tienen el armario-cocina en la misma entrada, y alcoba con la debida separacion; algunas carecen de esta última pieza. De aquí la clasificacion reconocida para ajustes de alquiler en cada dia, si bien entra tambien en cuenta para ellos el estado de la concurrencia de los bañistas: por punto general, en las épocas en que esta es mayor, valen las primeras habitaciones de 8 á 12 rs.; las segundas de 6 á 8, y las terceras de 3 á 4; en las demas épocas se ajustan á precios mucho mas bajos. En muchas habitaciones hay tablado para camas; pero ninguna tiene dotacion de ellas, y utensilio de mesa y cocina; sin embargo, de poco tiempo acá, se suministra en algunas á precios convencionales, asi como la asistencia á las personas que no pueden llevar consigo cuanto se necesita, segun acostumbran los bañistas con raras escepciones.

El edificio donde están encerrados los baños tiene la figura de un paralelógramo rectángulo, cuya superficie es de 11,340 pies, y comprende el manantial ó nacimiento, que sirve á la vez de arca ó depósito de las aguas: De sus paredes sale el caño de chorro contínuo, donde toman el agua los que la usan en bebidas, y al cual suministra como dos reales de agua uno de los dos anillos ú pozos construidos para utilizar el caudal de agua mineral que brota en aquel punto. El otro anillo suministra la destinada para los baños, que brota en suficiente cantidad, para proveer de agua nueva considerable número de aquellos, haciendo estos mas cómodos y reducidos que los que actualmente existen. Los baños son unas pilas ó pilones dispuestos para que el enfermo, sentado en un poyo, quede cubierto por el agua: contienen una cantidad de ella tres veces mayor por lo menos que la necesaria para pilas horizontales, ó dispuestas de modo que el enfermo tome el baño cómodamente tendido ó acostado. Tambien hay grande desperdicio de agua en los baños generales, que están construidos con bien poco conocimiento del objeto á que se destinaban. Al manantial ó nacimiento siguen los de las mujeres con 18 pilas, y un baño general. Al frente de las 2 piezas, donde están encerradas las referidas pilas, se hallan los poyos ó sudaderos donde ponen las camas para que descansen despues del baño los enfermos. Contiguo al de mujeres, y con la debida independencia, está el baño de los hombres, con sudaderos, baño general y 40 pilas, repartidas en 4 piezas; dispuesto todo en el órden que queda referido al describir el de las mujeres. En el vestíbulo del baño de hombres hay otras 2 pilas que se denominan de Doyle, por haber promovido estas y otras mejoras el general de este nombre, cuando en 1816 hizo un viaje á estos baños autorizado por real órden, y con el auxilio de los presidiarios que llevó de Cartagena, á poca costa pudo ensanchar el camino, abrir alcantarillas, edificar una carnicería, varias habitaciones para los soldados enfermos y para los pobres, y plantar una alameda con sus asientos en medio de un terreno sumamente triste y quebrado. Las 2 pilas, de que hablábamos, sirven indistintamente para individuos de ambos sexos, á causa de estar separadas de las demas. En dicho vestíbulo se ven tambien el baño de militares y el de pobres. El desagüe y limpieza de las pilas, asi como la renovacion de aguas en todas estas piezas, está encomendada á tres bañeros que prestan dicho servicio, despues de asistir en los baños á los enfermos de su sexo. En el baño de mujeres préstan este último servicio 2 bañeras. El uso de las aguas se dispensa gratuitamente á todo género de personas; pero pesa sobre las que no son pobres el pago de los bañeros, que varía segun las circunstancias de los sugetos. Sin embargo, hay establecida cierta costumbre entre toda clase de personas, para remunerar á estos sirvientes, y consiste en una gratificacion bien módica. No tienen los bañistas otros gastos estraordinarios porque las reuniones ó tertulias se promueven por los mismos, y se celebran en sus própias habitaciones: esta circunstancia y la falta de fondas y cafés, hace sencilla la vida de esta poblacion. Los bañistas entretienen la mañana con el uso del agua mineral; pasean por la tarde en el camino de Archena, ú otras direcciones; recorren los hermosos huertos que hay próximos, y de noche se reunen en una ú otra habitacion. Al cabo de 9 dias, cuando aun no ha podido molestar este género de vida ni á las personas mas laboriosas, regresan á sus casas. Ademas de los edificios referidos, hay en el establecimiento 1 cuartel con 3 malas y desaliñadas cuadras, que sirve para la tropa; pero sin dotacion de camas ni otros utensilios. En mayor abandono está todavia el edificio que titulan hospital, sin que tengan los pobres mas auxilio que el que les proporciona la caridad pública. Tambien existe una capilla capaz, pero sin ventilacion y decente ornato, servida por un capellan especial, nombrado por la Asamblea del órden de San Juan: la capilla está dedicada á Ntra. Sra. de los Remedios, y se surte de lo necesario de la igl. parr. del pueblo.

Nacen las aguas minerales hácia la base de la montaña que se distingue con el nombre de *Salto del Ciervo*, y corresponde á la série de montañas de la márg. der. del r.: está sit. en medio de la de Verdelena y el Ope, y separada por un ligero barranco de la llamada el *Castillo*, sin duda por las ruinas de una atalaya de moros que se ven en ella. El caudal de las aguas es constante, y tal como se ha manifestado; pero aumenta notablemente en tiempo de lluvias, y disminuye en tiempos muy secos. Las piezas donde brotan, que se titulan el *nacimiento*, dist. pocos pasos del parage donde están los baños; por cuya causa principalmente, aun cuando corren en canales abiertos para registro de corto en corto trecho, se descomponen tan poco, que ni aun de su temperatura pierden sensiblemente al llegar á las últimas pilas. Dicha temperatura es de 42° Reaumur en todas las horas del dia, y en las diversas estaciones del año. Las aguas son perfectamente diáfanas en el momento que se toman del manantial, pero pierden su trasparencia á medida que emiten el calórico. Desde que se produce este último fenómeno, ofrecen un viso azulado, que se disipa cuando bajan á la temperatura atmosférica, volviendo á recobrar entonces su diafanidad. Semejante propiedad engaña á muchos bañistas, acerca de la limpieza de las aguas; pues juzgan que sirvieron á otros las turbias y no las cristalinas. Tienen olor fuerte á huevos podridos, y gusto salobre distinto, siendo este último mas intenso cuando están frias, y poco perceptible en el mismo caso, el primero. No se apaga la luz de una vela dentro de las piezas donde nacen las aguas; pero arde con escasa llama: igual fenómeno ocurre en las de baños, especialmente cuando se usan todas las pilas. Tratadas las aguas con la tintura de flor de violetas, toman un viso verdoso; con la de tornasol se ponen de un calor rojo, avinado. La cal se precipita en disolucion, mezclándola con el agua mineral. Las disoluciones de hidro-clorate de barita, nitrate de plata, ácido sálico, y sub-acetate de plomo, dan un precipitado abundante en el momento que se mezclan con el agua: tambien le da la disolucion de sulfate de cobre, si se añade ácido-hidro-clórico antes de la mezcla. El amoniaco liquido pone lechosa el agua mineral. Los jabones son poco solubles en el agua, mientras conserva una temperatura superior á la de la atmósfera; y del todo insolubles cuando pierden las aguas su esceso de calórico. Las referidas propiedades, asi como los principios que las constituyen, y de que vamos á ocuparnos, se observan igualmente en los 2 manantiales.

Los principios constitutivos que contiene una libra de agua mineral, están en las proporciones siguientes:

	Granos
Azufre del gas hidro-sulfúrico.	3,23976
Acido carbónico libre.	1,84625
Hidro-clorate de sosa.	32,35280
Sulfate de sosa.	2,23520
Carbonate de cal.	1,64704
Carbonate de sosa.	0,94112
Sulfate de cal.	0,58816
Hidro-clorate de magnesia.	2,32294
Sílice.	0,04410

Las propiedades medicinales de estas aguas son muy enérgicas: ya escitan de varios modos la economia animal, ya templan los sacudimientos que el dolor produce, ó los efectos propios de las alteraciones de ciertas causas, segun se administran en baño ó bebida, y en proporcion á la cantidad, temperatura y duracion de su uso, al estado de la atmósfera, á la hora del dia, y á otras muchas circunstancias que el médico práctico aprecia, vistas las de los sugetos que buscan en las mismas aguas su remedio. Ofrecen estas al médico incalculables recursos, ya aplicándolas esteriormente contra las úlceras, las debilidades musculares, los focos morbosos que tienen su asiento en la piel; están arraigados y resisten cualquiera otro medio. El vapor caliente que exhalan es muy á propósito para provocar sobre la piel reacciones saludables, promover la transpiracion suprimida, restableciendo el equilibrio que muchas veces se pierde entre la exhalacion y absorcion del cuerpo humano, causa las mas de enfermedades incurables, ó sobrado rebeldes. Sirve tambien para auxiliar la accion de las aguas ó determinarla. El baño á la temperatura de mas de 30°, acelera la respiracion y el pulso, promueve el aflujo de liquido sobre la piel, el sudor sobre las partes de la misma, libres de la presion del agua. A la temperatura del cuerpo modera los movimientos, regulariza el pulso y la respiracion, reparte con igualdad el calor, propendiendo en suma á restablecer el equilibrio perdido por esceso de vitalidad. En forma de chorro, aviva la sensibilidad, y á veces calma los dolores, promoviendo constantemente útiles reacciones. En esta última forma, y tambien en embrocaciones, producen maravillosos efectos. Da vigor á las partes debilitadas por heridas ú otras causas, reanima el círculo, limpia las úlceras, calma los dolores sostenidos por estas, adelanta y obra su completa cicatrizacion, ataca y destruye el principio que ocasiona las erupciones cutáneas, especialmente el de la sarna, tiña y erupcion herpética; ennegrece y deseca las costras purulentas, efecto de las últimas, y en pocos dias determina su completo desprendimiento. En fin, obra como secante, tónica, resolutiva y escitante de la sensibilidad, pudiendo reemplazar en ocasiones, con sobrada ventaja, dichos medios terapéuticos. Asi la ha usado el mencionado director de los baños contra el edema, las debilidades musculares, las úlceras de mal carácter, las cancerosas, contra las venéreas de la boca y fauces, ensolutorio y gargarismo y en las demas formas, contra otros varios desórdenes, habiendo obtenido muy buenos resultados casi siempre. Bebida esta agua aumenta ligeramente el calor, promueve la transpiracion, reanima las funciones digestivas, favorece las secrecion de orina y otras funciones, segun las circunstancias de los sugetos y la cantidad que tomen. Tambien la ha empleado con buen éxito inmediatamente despues del baño, para favorecer la transpiracion en casos que era conveniente, y no podia procurarse por el método comun. Asimismo las administra frias como un purgante minorativo: en este estado, y mejor calientes, son carminativas, produciendo á veces particulares efectos contra la cardialgia y otras afecciones gástricas pertinaces. El vapor caliente que exhala el agua, es un poderoso auxiliar de su medicacion que llena este agente en las precitadas formas, y basta por si solo para reanimar las funciones de la piel: por su medio ha dado el profesor consuelo y alivio á muchos enfermos que acuden á los baños, y cuyo uso les hubiera sido peligroso á los hidrópicos y otros que no pueden esponerse al baño sin grave riesgo. Contra otras dolencias se utiliza la virtud de las aguas por medio de varios preservativos que hacen indispensables la predisposicion individual, la naturaleza de la dolencia ó su estado.

Estas aguas alivian y curan considerable número de personas en el corto tiempo que generalmente se usan. Rara vez se esceden los bañistas de un novenario, por mas que otra cosa se les aconseje; y cuidado que á pesar de la larga dist. de donde algunos proceden, y de otras circunstancias no menos esenciales, es bien raro el que se permita un solo dia de descanso. Al de su llegada, sucede comunmente el primer baño, no oponiéndose á esto algun accidente grave, y asi es que, semejante rutina neutraliza no poco los efectos de las aguas, espone á accidentes, y daña en gran manera al crédito del establecimiento. Por eso debieran usarse las aguas el tiempo que fuese indispensable, atendidas las circunstancias de los enfermos, en lo cual, del propio modo que en el régimen dietético y forma de usar las aguas, debieran aquellos sujetarse á las prescriciones del médico, que necesariamente han de ser variables. Por lo demas, las mejores épocas de usar estas aguas, son la primavera y otoño, debiendo preferirse en medio de estas estaciones el tiempo mas sereno y templado. Semejantes condiciones se logran con frecuencia en el pais de que tratamos, durante las temporadas referidas; pero los dias mas hermosos y templados se observan generalmente desde fines de abril hasta fin de mayo en la primavera, y desde mitad de setiembre hasta el 2 de octubre en el otoño. Por esto empieza el fuerte de la concurrencia en las citadas épocas, verificándose constantemente el lleno de ambas temporadas en el mes de mayo y en la última mitad de setiembre. En el curso de las 2 estaciones, no es, comunmente hablando, molesto el frio, aunque reinen vientos húmedos ó muy frios; pero seria mas grata y saludable la estancia en todo tiempo, si se proporcionáran las comodidades que reclama la humanidad doliente, y merece un establecimiento afamado en lejanas tierras desde tiempo inmemorial. Entonces la concurrencia que viene á ser por un quinquenio de 2,000 personas de todas clases, creceria indefinidamente como conocen bien pronto cuantas personas frecuentan el establecimiento, sin que dejen de echar menos lo necesario, ni de lamentar el abandono en que se halla. Para llamar la atencion del Gobierno de S. M. hácia este interesante objeto, el celoso director de los baños, cuya residencia es en Murcia, fuera de las temporadas de reglamento, ha representado en distintas ocasiones, los males que de semejante estado se siguen, y los beneficios que la humanidad pierde; demostrando al propio tiempo que el fomento y prosperidad de estos baños es asunto de gran cuantia, especialmente para la prov., aun cuando solo se considere bajo el aspecto económico. Hizo mas el director de los baños: ayudado de los conocimientos del local, de los recursos que en si tiene, y deseoso de procurar por cuantos medios estan á su alcance las mejoras de que es susceptible el establecimiento, que S. M. confió á su cuidado, propuso al Gobierno varios arbitrios, con los cuales pudiera atender á la prosperidad y fomento de aquel, sin gravámen del Estado. En igual concepto tambien, un rico capitalista de esta Córte hizo al Gobierno notables propuestas, que mejoradas por el Banco de San Fernando, fueron admitidas por S. M. en Real órden de 21 de febrero de 1844. Sin embargo de todo esto, los baños se encuentran en el mismo tristísimo estado, siendo asi que la referida propuesta del Banco nada deja que desear, si su ejecucion se comete á personas hábiles, y en la inversion de fondos hay la debida discrecion y prudente economia. Redúcese el plan general del proyecto á formar baños cómodos, levantar de planta los edificios de la encomienda, segun lo permite el local y requiere el fin para que estan destinados; hacer un hospital con dotacion de camas y alimento para cierto número de pobres, reformar el cuartel, dotándole con camas y toda asistencia para cincuenta individuos de tropa; mejorar las calles; ensanchar paseos, y por último, sacar partido de todo lo que existe para alivio y consuelo de la humanidad y satisfaccion de cuantos se interesan por el bien público.

Los CAMINOS de Archena son solo de pueblo á pueblo, muy buenos en tiempos secos, pero en los de lluvia se ponen intransitables en ciertos trechos. En la v. hay pocos carros, y estos se destinan al tráfico para esportar frutos del pais, ó importar trigo de la Mancha. Ni se encuentran en otros puntos carruages que salgan en dias fijos para Archena, ó su establecimiento de baños, á pesar de la afluencia de forasteros durante las temporadas. Procede esto, de que en las c. limítrofes hay muchos carruages ligeros y baratos, destinados al servicio público, especialmente para la conduccion de personar y equipages. Desde Albacete se va á los baños en dos dias y medio, aun durante el invierno, y cuesta el carro con una mula de 6 á 8 duros. Desde Alicante á Cartagena se hace el viaje en dia y medio, y cuesta un carro de 70 á 100 rs. Desde Murcia se va por 40 rs. en 5 horas: de suerte que cada asiento resulta muy arreglado de cualquiera de dichos puntos, si se reunen para hacer el viaje dos ó mas personas. Tambien hay diligencia desde Cartagena, Lorca y Alicante hasta Murcia, que recorre en pocas horas el camino. Desde Madrid, Valencia y otros puntos distantes, se sirven los bañistas de las diligencias generales, mensagerias ú otros carruages particulares hasta donde cambian de direccion, ó hasta los baños siendo de la última clase. La CORRESPONDENCIA se recibe los domingos, mártes y viérnes por medio de un cartero que la recoge en la caja principal. Las PROD. consisten en trigo, maiz, aceite, poca seda y algunas legumbres: ganado lanar y cabrio en corto número: pero no faltan por eso en la plaza ó mercado diario los artículos de primera necesidad á precios arreglados: POBL. 459 vec.: 1,927 hab. robustos por lo comun y laboriosos: las faenas del campo y huerta entretienen los dos tercios de la pobl. útil, ocupándose el resto de los brazos casi esclusivamente en preparar esparto para esterado y demas objetos que se fabrican en otros pueblos. De modo que por esta industria y los trabajos agrícolas, y tambien porque acuden con poco á sus necesidades naturales, es rara la vagancia y la miseria: agrégase á esto el comercio que hacen casi esclusivamente algunas familias de Archena para abastecer los baños durante las temporadas, de los artículos mas precisos. RIQUEZA PROD. TERR. 7.181,666 rs.: IMP. 215, 450 rs.: PROD. DE LA IND. Y COMERCIO 19,800 rs.

El PRESUPUESTO MUNICIPAL, ascendió en el año pasado de 1842 á 16,870 rs. y se cubrió del modo siguiente: 1,312 rs. 17 mrs., valor del arriendo de un horno de pan cocer, perteneciente á los propios; 96 rs. de censos en favor de los mismos; 60 rs. mitad del arriendo de pastos del invernadero; 3,250 rs. del arriendo de 2 tiendas de abaceria, aplicadas como arbitrio para repartir menos al vecindario; 2,125 rs. del arrendamiento de las panaderias de trigo; 869 rs. 28 mrs. por un alcance á favor del ayunt.; y 9,157 rs. 4 mrs. repartidos al vecindario. La barca que sirve para paso del r. Segura por este térm., pertenece á los propios de la v.

ACHENCHE: pago de la isla de Tenerife, prov. de Canarias, part. jud. de Orotava. Es uno de los barrios que constituyen el ayunt. y felig de *Arico* (V.).

ARCHEZ: v. con ayunt. en la prov. y dióc. de Málaga, (8 leg.), part. jud. de Torrox (2), aud. terr. y c. g. de Granada (11): SIT. al NO. de la c. de Málaga en la falda de la sierra llamada de Tegea: está combatida por el viento N. y goza de CLIMA sano, no conociéndose otras enfermedades de consideracion que las producidas por el cambio de las estaciones. Se compone de 117 CASAS de mediana fábrica, 3 calles mal empedradas, y una plaza en que se halla la casa consistorial bastante deteriorada; hay una escuela de primeras letras pagada por los padres de los 20 niños que á ella concurren; una fuente de esquisitas aguas para el surtido del vecindario; una igl. parr., dedicada á la Encarnacion, para cuyo servicio tiene un cura párroco, un sacristan que tambien es sacerdote y otro eclesiástico particular: el edificio consta de una nave de regular construccion; sus altares carecen de gusto, y los ornamentos con que cuenta son sumamente pobres: fuera de la pobl. existe un cementerio bastante pequeño, pero en punto bien ventilado. Su TERRENO, que cuenta como 1 leg. de circunferencia, confina por N. con el de Canillas de Albaida, por E. con el de Competa, por S. con el de Sayalonga, y por O. con el de Corumbela. El TERRENO es parte llano y parte montuoso, le bañan el *Rio-Frio* que pasa por las inmediaciones de la v; y 2 pequeños arroyos denominados el uno de Competa y el otro de la Mina, cuyas aguas entran en el primero: este, que comunmente llaman r. de Canillas, tiene su origen en la citada sierra de Tegea, de donde desciende con tal ímpetu que en tiempo de avenidas suelo arruinar varias casas de las que se hallan situadas á sus márg., habiendo destruido tambien una acequia que se utilizaba en el riego de algunas tierras: los CAMINOS son locales, de herradura y mal cuidados; y el CORREO lo reciben de Velez-Málaga, 2 veces á la semana por medio de un peaton á quien paga el ayuntamiento: PROD.: algun trigo, cebada, vino, aceite, legumbres y poca fruta; tiene 20 yuntas de mulas destinadas para la labor; y se cazan liebres, perdices y conejos: la IND. consiste en 3 telares de lienzos azules y blancos, 1 tinte, 3 alambiques, 2 molinos de harina y 1 de aceite, y 2 tiendas de abaceria: el COMERCIO está reducido á la esportacion del sobrante de la cosecha para Málaga, Granada y Córdoba. POBL.: 152 vec., 597 alm.: CAP. PROD.: 1.025,000 rs. IMP. 41,000: PROD. que se consideran como CAP. IMP. á la IND. y COMERCIO 12,485 rs.: CONTR. 9,929 rs. 19 mrs., el PRESUPUESTO MUNICIPAL ordinario asciende de 3,500 á 3,600 rs. y se cubre por reparto entre los vecinos.

ARCHIDONA: part. jud. de *entrada* en la prov. y dióc. de Málaga, aud. terr. y c. g. de Granada: compuesto de Archidona (cap.). la Alameda, Cuevas Bajas; Cuevas de San Márcos, Villanueva de Algaidas, Villanueva del Rosario (antes Saucedo), Villanueva de Tapia, y la ald. del Trabuco que forman 7 ayunt., y cuyas distancias entre si, á la cap. de prov., dióc., aud. terr., c. g. y á la corte se hallarán en el siguiente estado:

ARCHIDONA, cab. de part.

4	Alameda.								
1 1/2	3	Villanueva de Algaidas.							
3	3	1/2	Cuevas-Bajas.						
3	4	1/2	1	Cuevas de San Márcos.					
2	6	3 1/2	5	5	Villanueva del Rosario.				
1 1/2	5	1/2	3	2 1/2	3	Villanueva de Tapia.			
8	11	9 1/2	11	11	6	9	Málaga; dióc.		
11	15	12 1/2	14	13	11	11	18	Granada.	
72	73	71	71	70	74	70 1/2	86	68	Madrid.

Combátenle generalmente los vientos NO., SO. y E., que por las tardes suele cambiarse en el del S.; goza de una atmósfera alegre y despejada, y de CLIMA saludable, si bien frio durante 9 meses del año.

TÉRMINO. Confina por N. con el part. jud. de Rute; por E. con el de Loja; por S. con el del Colmenar, y por O. con los de Antequera y Rute. Sus principales montañas son las que se encuentran al E. casi señalando los lim. del part. que se describe, y el de Loja: forman una cord. que corre de N. á S., y torciendo despues hácia el O., se introducen en el térm. de Antequera. Aunque todas están unidas, se distinguen con los nombres de sierra de Jorge, que es la primera por la parte del N., sierra del Jobo, donde existen varios pozos de nieve que pertenecieron al estinguido conv. de mínimos de Archidona, y hoy al Estado; y por último, la sierra del Saucedo denominada asi por hallarse á su falda el pueblo de su mismo nombre que actualmente se conoce con el de Villanueva del Rosario. Estas montañas no son practicables mas que por el sitio titulado del Jobo en que se halla un sendero bastante áspero que llaman la Escaleruela, de acceso difícil aun con cabalgaduras: trepando por este punto la cima de la montaña se desciende al térm. de Alfarnate, correspondiente al part. jud. del Colmenar. A la falda de esta cord. y entre los pueblos del Trabuco y Villanueva del Rosario, se encuentra un sitio bastante dilatado, llamado el Hondonero; está poblado de encinas y quejigos muy espesos, conservando todo este lugar un clima mucho mas frio que el resto del part. Son tambien notables las sierras á cuya falda existe Archidona, de las cuales la que se halla al N. se llama de la Virgen de Gracia, con motivo de estar situado en su cúspide y en el mismo recinto de la fort. ant. un santuario dedicado á dicha Virgen, que es la patrona de la espresada villa. Esta sierra separada únicamente por una estrecha garganta de la del Conjuro en direccion al E., corre despues hácia el N. concluyendo con otra titulada del Umbral, en donde se vé 1 cueva, que llaman de Sopalmito. Al O. de la misma se eleva la sierra de la cueva de las Grajas, denomida asi por tener en la parte que mira al O. una grande concavidad donde se guarecen toda clase de aves y animales dañinos: entre ambas media una garganta que estaria antiguamente amurallada como la cresta de las 3 sierras últimamente citadas, de todo lo cual se conservan notables vestigios: estos consisten en 1 lienzo de muralla de sillares y argamasa que ciñe la sierra de la Virgen de Gracia en unos 400 pasos de estension, en cuyo recinto solo se penetra por 2 puertas que defienden enormes torreones y sólidos cubos: de trecho en trecho se encuentran muchos de estos con el objeto sin duda de dar consistencia al muro é impedir la aproximacion del enemigo. La fortaleza termina en la misma cúspide de la sierra donde hay un segundo recinto que forma una esplanada de 200 pasos, á la cual se sube por una agria pendiente, y se entra por la puerta de otro torreon que aunque va cediendo ya á las injurias del tiempo, es admirable por su solidez y bien entendida construccion: en esta esplanada se halla perfectamente conservado 1 algibe con 3 depósitos para recoger y clarificar las aguas; en su brocal aun se ven algunos ladrillos, cuyo diámetro y estension los hacian muy á propósito para el pavimento. Entre uno y otro recinto existen muchas ruinas de edificios que regularmente serian depósitos, almacenes y cuarteles, con todas las habitaciones indispensables en una plaza de importancia; el primero de ellos enlazaba por medio de una cortina de muralla con el baluarte que coronó la encumbrada sierra del Conjuro, accesible por un camino abierto en las rocas hácia la parte que mira al S. Desde alguna dist. se vé marcada la linea que forman hoy los vestigios de dicho camino; y la particularidad de desaparecer toda señal proximándose, ha dado origen á una tradicion popular que *Wasington Irving* refiere en los *cuentos de la Alhambra*. La muralla enlaza desde la sierra del Conjuro con la de la Cueva por otra cortina cuyos restos se distinguen todavia en el parage llamado del Cambullon, en donde se conservan diferentes silos, y otro algibe. Corren igualmente por este part. jud. las sierras de cuevas Altas á las qúe les da el nombre el pueblo sit. á sus faldas.

Ademas de la cueva de las Grajas de que ya se ha hecho mérito, existen otras 2 concavidades á 1/2 leg. de Archidona: ambas tienen la forma de sumideros, pero con la diferencia de que la llamada barranco de Cea, está perpendicular hacia el centro de la tierra, y tan profunda que se desconoce su fin. Es probable que esta cima sea el cráter de algun volcan antiquisimo, siendo tal vez este respiradero la causa de que en el part. de Archidona sean muy raros los terremotos. La otra sit. á poca dist. de la anterior se conoce con el nombre de la cueva de Benitez, y parece formada por la filtracion de las aguas que deberán ser en gran cantidad, porque penetrando por la boca que es bastante estrecha, se encuetran sitios espaciosos y espantosos derrumbaderos, indicios de grandes avenidas; está en direccion algo oblicua hácia la tierra, y aunque se penetra en ella con el auxilio de luces á una distancia considerable, no se ha podido sin embargo llegar á su térm., ni se sabe donde lo tendrá. Entre estas dos cuevas hay una cima tambien perpendicular como el barranco de Cea, aunque no tan profunda, la cual se denomina la cueva de Palomas por guarecerse en ella esta clase de aves. Todas 3 se hallan en parage desigual, y en medio de un partido de viñas bastante considerable.

El TERRENO, es en lo general áspero y montuoso, formando infinidad de cañadas, valles, cerros y superficies planas. Los r. y arroyos que corren por su jurisd. son el Genil, que introduciéndose en el térm. de Cuevas de San Márcos, pasa un tiro de fusil de las paredes de este pueblo, baja hácia Cuevas Bajas donde tiene una barca, y despues de atravesar su térm. entra en el part. jud. de Rute: el Guadalhorce que nace en la sierra de Jorge, corre con direccion á occidente por terreno desigual, pasa por la ald. del Trabuco donde mueve 4 molinos harineros; toca por un corto espacio en el térm. de Villanueva del Rosario; sigue por entre dos laderas de grande elevacion hasta desembocar en la llanura de la vega, y despues de regar el partido de huertas que hay ella, se introduce en el part. de Antequera: el arroyo del Cuervo que tiene su origen no muy lejos del térm. de Loja en una grande y hermosa laguna y sitio que llaman los Hoyos, el que atravesando mucha parte del térm. sale tambien á la vega, y se incorpora con el Guadalhorce en el part. de huertas ya citado. En un desfiladero de la sierra del Saucedo brota un manantial abundante que se despeña por aquellos tajos en forma de cascada, y despues de pasar por Villanueva del Rosario donde da movimiento á 2 molinos harineros, se precipita en el Guadalhorce, conociéndose con el nombre del arroyo del Cerezo. A corta dist. marchando en direccion de Málaga se encuentra el del Parroso, que tambien nace en la sierra del Saucedo algo mas al occidente que el anterior, el que cruzando por el camino de la espresada c. desemboca igualmente en el Guadalhorce. Otro nacimiento corre por el N. de Archidona á la dist. de 1/2 leg. de la pobl., que trae origen de la fuente llamada de la Encina; sus aguas forman el arroyo de la Negra, el cual dirigiéndose hácia el S. se une á poco trecho con el del Ciervo en el sitio titulado Posada de Loja. Al NO. de la misma v. y á la dist. de 1 leg. está el nacimiento del Bebedero, casi en los lim. de su térm., y el de Villanueva de Algaidas; forma un arroyo del mismo nombre que atraviesa todo el estenso part. de huertas de las Algaidas, y pasando por el estinguido conv. de la órden tercera de San Francisco que se halla en el centro de dicho pueblo, que hoy sirve de parr. y casas de ayunt., toma en aquel punto el nombre de arroyo de Gurriana, hasta que se introduce en el Genil por el térm. de Cuevas-Bajas. En el mismo térm. de Villanueva de Algaidas existen otros muchos manantiales, de los cuales es el mas notable el que brota en el part. llamado de la Parrilla, que es la parte del N. de dicha jurisd., el que despues de llevar su curso hácia el occidente, en cuyo tránsito riega algunas huertas y mueve 2 molinos harineros, se incorpora con el del Bebedero. Todas las aguas de los arroyos y nacimientos de que va hecha mencion, son potables escepto las del arroyo del Ciervo que son salitrosas.

En el térm. de Villanueva del Rosario y sitio llamado del Bosque, que dista como 1 leg. de Archidona, existe un venero de aguas frias medicinales de la misma naturaleza que las de Carratraca: se conoce con el nombre de las aguas de la Tosquilla, que son eficacísimas en particular para las erupciones cutáneas, y en general para enfermedades crónicas inveteradas.

CAMINOS. Solo hay uno de ruedas que baja de Granada á Sevilla; entra en este part. por los lím. del de Loja y punto titulado de las Ventillas; atraviesa toda la deh. del Contaril, y dejándose á Archidona á la izq., trepa por la cumbre de la sierra de la Cueva y sitio que llaman Puerto del Rey, único por donde aquella es accesible; desciende á las ventas de dicho pueblo, y sigue con direccion á la Alameda, continuando por Pedrera hasta Sevilla. Los demas son de herradura de pueblo á pueblo.

Las estensas llanuras én que se encuentra la citada deh. titulada del Contaril, muy próxima y dentro del térm. de la v. de Archidona, recuerdan un acto de estraordinario valor y heroica decision, ejecutado en ellas por el célebre Fernan Perez del Pulgar (conocido por el de las Hazañas) y consignado en una Real Cédula espedida por los Reyes Católicos, en Medina del Campo, á 9 de abril del año de 1494: en este documento se ven justamente remunerados los grandes servicios prestados por Pulgar en toda la conquista del reino de Granada y singularmente el que hizo llevando socorro á la c. de Alhama que se hallaba en inminente riesgo de ser tomada por los enemigos, ya por la escasa guarnicion que en ella habia para su custodia, y ya por la falta de mantenimientos de todas clases, cuya última circunstancia principalmente, hacia dudar á los mas célebres y entendidos capitanes de que la plaza pudiera sostenerse por mucho tiempo; sin embargo logró Perez del Pulgar libertaria del poder de los sitiadores. Dicha Real Cédula se reduce á manifestarle la satisfaccion con que los mismos reyes habian visto la lealtad y valor con que se habia conducido en tan peligrosos hechos, y á hacerle por ello una donacion de todos los molinos que entonces existian y de los que pudiera haber en lo sucesivo en el térm., reino y c. de Tremecen en Africa, tan luego como fuese conquistada por los cristianos.

Producciones. Las que con mas preferencia se cosechan son el trigo y la cebada, cuyos granos se esportan al puerto de Málaga á causa de ser mucho el sobrante que resulta de estos 2 art. despues de provistas todas las pobl. que comprende: tambien da el terreno con bastante abundancia habas, escaña, yeros, judias, maiz, lentejas, hortalizas, frutas, aceite y uvas delicadas; estas 2 últimas prod. se dan especialmente en el térm. de Cuevas de San Márcos, que casi en su totalidad se halla plantado de olivar y viña, aunque tambien en el de Archidona se cultivan y aumentan en bastante número. Todo lo demas del terr. está por lo regular poblado de encinas, si se esceptùa la parte que llaman Vega que se encuentra al O. de dicha v. corriendo desde la falda de la sierra en que está situada, hasta la peña de los Enamorados, que corresponde ya al part. de Antequera. Cria ganado vacuno, lanar, de cerda, cabrio y yeguar, y mucha caza de liebres, perdices, conejos, zorros y lobos que causan bastantes estragos en los ganados.

Industria y comercio La única que se ejerce en todo el part. es la agricultura, siendo los jornales generalmente de 4 rs., escepto en tiempo de la recoleccion de granos en que tienen alguna subida; algunos se dedican tambien á la arriería, y otros á la elaboracion de carbon. El principal mercado es el que se hace en la cap. del part. el dia 15 de agosto, y en los pueblos que este abraza los siguientes: en Villanueva de Algaidas el dia de San Francisco de Asis; en la ald. del Trabuco el primer domingo de setiembre; en el de Villanueva del Rosario el dia de Ntra. Sra. del mismo nombre; y en el de Cuevas de San Márcos el dia de este Santo. Tambien hay en Archidona un mercado de cerdos el dia de San Andrés 30 de noviembre.

Estadistica criminal. Los acusados en este part. jud durante el año 1843 fueron 89; de ellos resultaron absueltos de la instancia 4, y 5 libremente; 50 penados presuntos, 30 contumaces; 3 reincidentes en el mismo delito, y 1 en otro diferente, con el intervalo de 2 meses á 30 años desde la reincidencia al último delito. Del total de acusados 18 contaban de 10 á 20 años de edad; 48 de 20 á 40, y 14 de 40 en adelante; de 9 se ignora la edad; 85 eran hombres y 4 mujeres; 50 solteros y 30 casados; de los 9 restantes no consta el estado; 2 sabian leer, 10 leer y escribir, 70 carecian de toda instruccion y de 7 no resulta este dato; 1 ejercia profesion científica ó arte liberal, 79 artes mecánicas, de los 9 restantes se ignora la ocupacion que tenian.

En el mismo periodo se perpetraron 33 delitos de homicidio y de heridas; 12 con armas de fuego de uso licito, 3 de ilícito, 6 con armas blancas permitidas, 4 con armas prohibidas de la misma especie, y 8 con instrumentos contundentes. Damos fin á este art. con las importantes noticias contenidas en el siguiente

CUADRO SINOPTICO, por ayuntamientos, de lo concerniente á la poblacion de este partido, su estadística municipal y la que se refiere al reemplazo del ejército, su riqueza imponible y las contribuciones que se pagan.

AYUNTAMIENTOS.	Obispados á que pertenecen.	POBLACION. Vecinos.	POBLACION. Almas.	ESTADISTICA MUNICIPAL. Electores. Contribuyentes.	Electores. Por capacidad.	Electores. Total.	Elegibles.	Alcaldes.	Tenientes.	Regidores.	Síndicos.	Suplentes.	Alcaldes pedáneos.	REEMPLAZO DEL EJÉRCITO. Jóvenes varones alistados de 18 á 25 años de edad.	Cupo de soldados cor. á una quinta de 25,000 hombs.	RIQUEZA IMPONIBLE. Territorial y pecuaria.	Urbana.	Industrial y comercial	Total.	CONTRIBUCIONES. Por ayuntamientos.	Por vecino.	Por habitante.	Tanto p.% de la riqueza
																Rs. vn.	Rs. vn.	Rs. vn.	Rs. vn.	Rs. vn.	Rs. Ms.	Rs. Ms.	
Alameda.	Málaga.	881	3460	386	2	388	180	1	1	8	1	7	«	Estos datos se		245362	70846	324320	640528	86220	97 29	24 31	13'46
Archidona.	id.	1998	7846	588	5	593	588	1	2	11	1	9	1			743744	160480	337237	1241461	279556	139 31	35 21	22'52
Cuevas-Bajas.	id.	336	1370	193	2	195	181	1	1	6	1	6	«	hallarán en el		52428	15800	24365	92593	25851	76 32	18 29	27'92
Cuevas de San Márcos.	id.	945	3711	377	5	382	225	1	1	8	1	7	«			350984	66264	176393	593641	90345	95 21	24 12	15'22
Villanueva de Algaidas. (1)	id.	»	»	282	«	282	172	1	1	8	1	7	«	artículo de		«	»	«	»	«	«	«	«
Villanueva del Rosario.	id.	394	1547	251	1	252	246	1	1	6	1	6	«			70800	17275	18425	106500	29941	76	19 12	28'11
Villanueva de Tapia.	Córdoba.	226	888	144	«	144	128	1	1	6	1	6	«	Málaga prov.		30988	22420	10111	63519	17555	77 23	19 26	27'64
Totales.	«	4780	18822	2221	15	2236	1720	7	8	53	7	48	1			1494306	353085	890851	2738242	529468	110 26	28 4	19'34

(1). Este ayuntamiento es de creacion posterior á 1842, por cuya razon se incluyen su poblacion, su riqueza imponible y sus contribuciones, en la de Archidona de que fue segregado.

ARCHIDONA: vicaria en la prov. y dióc. de Málaga, part. jud. de su nombre: su estension es de 4 leg. de N. á S., y 5 de E. á O., confinando por N. con la prov. de Córdoba, por E. con la de Granada; por S. con la vicaria de Málaga; y por O. con la de Antequera. Los pueblos y parr. que comprende, curas párrocos que las sirven y demas noticias concernientes á la vicaría que se describe, se hallarán en el estadito que se estampa á continuacion.

PUEBLOS DE QUE SE COMPONE.	PARTIDO JUDICIAL.	PROVINCIAS.	Número de parroquias.	Idem de anejos.	CONVENTOS cuyas iglesias están: Con culto.	Cerradas.	Santuarios y ermitas.	Curas párrocos.	Ecónomos.	Tenientes.	Beneficiados.	Capellanes, inclusos los esclaustrados.	Dependientes.	CATEGORIA DE LOS CURATOS: Entrada.	1.er Ascenso.	2.o Ascenso.	Término.
Archidona	Archidona.	Málaga.	1	«	3	«	7	2	«	2	1	13	7	«	«	«	1
Trabuco			1	«	«	«	»	1	«	«	«	«	2	1	«	«	«
Villanueva de Algaidas.			1	«	1	«	»	»	1	«	«	«	«	«	«	«	«
Villanueva del Rosario.			1	«	«	«	»	1	«	1	«	«	2	«	1	«	«
Total.			4	»	4	«	7	4	1	3	1	13	11	1	1	«	1

ARCHIDONA: v. con ayunt., vicaria ecl. y cab. del part. jud. de su nombre, en la prov. y dióc. de Málaga (8 leg.), aud. terr. y c. g. de Granada (11).

SITUACION Y CLIMA. Se halla en la falda meridional de una elevada y áspera sierra, desde la cual se descubre hácia el occidente y mediodia un estenso horizonte que comprende no solo su vega, sino tambien la dilatadísima de Antequera y otros pueblos. Combátenla principalmente los vientos NO., SO. y E., que por las tardes suele convertirse en S.: todos son puros y sanos, si bien el clima es bastante frio en 9 meses del año. Las enfermedades mas comunes son algunas afecciones catarrales, siendo tal su salubridad, que en las grandes epidemias que han asolado á Málaga, Antequera, Loja y demas pobl. inmediatas, apenas ha ocurrido en Archidona alguno que otro caso.

INTERIOR DE LA POBLACION Y SUS AFUERAS. Constituyen el casco de esta v. como unas 1,600 CASAS; sus calles principales corren de E. á O. al través del declive violento que forma la falda de la sierra, sin embargo de lo cual están mas llanas y cómodas que lo que debia esperarse atendiendo al terreno desigual en que se encuentran colocadas; pero las callejas, que bajando de la misma sierra las cortan, tienen una pendiente tan escesiva que las hace de tránsito muy difícil é incómodo: en las lluvias fuertes toda el agua que cae en dicha sierra se precipita en gruesos torrentes por ellas, y las desempiedra, abriendo profundos barrancos que las ponen intransitables, lo que ocasiona no pocos gastos á los fondos municipales. Hay una preciosa plaza ochavada, á la que solo se entra por 3 airosos arcos sit. en diferentes puntos: todos los edificios de ella tienen la misma planta y arquitectura, haciéndola por lo tanto de muy buen aspecto: uno de estos es la casa consistorial, en cuyo interior solo tiene de notable la grande anchura y comodidad de su escalera y el bello salon donde el ayunt. celebra sus sesiones, diferenciándose por fuera de las demas únicamente en que es algo mas elevada. Tambi en existen otras plazas de menos importancia, como la de la Victoria, de figura triangular, las de San Roque y San Juan Bautista, y la que llaman de la Iglesia Mayor, con motivo de dar á ella la fachada principal de la parr. El edificio que mas descuella en la pobl. es el colegio de PP. escolapios, verdaderamente grandioso por su estension y solidísima fáb.: este colegio, fundado hácia la mitad del siglo XVIII, habia llegado á fines del mismo á un admirable estado de esplendor; pero posteriormente fué decayendo á consecuencia de las guerras y trastornos politicos que por este tiempo empezaron á tener lugar en la Peninsula. Durante la ocupacion de las Andalucias por las tropas francesas, quedó disuelto; los colegiales se retiraron á sus casas, y los maestros abandonaron el cláustro refugiándose en las de algunos particulares. Terminada la guerra y libre el pais de sus enemigos, se reunió de nuevo la comunidad, se abrieron las escuelas, y se reorganizó por consiguiente la enseñanza: en los últimos años volvió á decaer este establecimiento hasta quedar reducido á la nulidad, ocupándose sus directores en la enseñanza gratuita de los niños que querian concurrir á sus aulas. Publicada la ley de 5 de marzo de 1845 que repone á los escolapios en su primitivo estado, trabajan estos con celo en su reorganizacion, habiendo anunciado los de Archidona en un prospecto la apertura de su ant. seminario, en el cual ofrecen enseñar principios de religion, doctrina cristiana, moral y urbanidad, lectura y escritura en diversos caractéres, cronologia, filosofia y matemáticas, proyectando ademas facilitar á los seminaristas lecciones de dibujo, música y francés, si bien los que se dedicaren á estos 3 últimos ramos deberán satisfacer 1 real diario por cada uno de ellos. En la actualidad concurren á estas escuelas, únicas de su clase que hay en la Andalucia, 190 niños que reciben en ellas una educacion esmerada, sosteniéndose la comunidad con fondos de su pertenencia. Hay ademas escuela de niñas establecida en un edificio construido al efecto por el venerable fundador de este establecimiento, con su propio caudal y con las limosnas que reunió de personas acomodadas y piadosas, que le auxiliaron en tan benéfica obra. Dicho fundador fué D. José Navarro y Alva, sacerdote ejemplar y cura propio de la parr., quien despues de haber sido por muchos años un modelo de virtud, falleció en 28 de abril de 1837, llorado de todos sus feligreses, á cuyo bien espiritual y temporal habia consagrado toda su vida. Asisten á esta escuela 464 niñas del pueblo, siendo pagadas las 5 maestras que tiene con las limosnas que dan varios bienhechores, entre los cuales se cuentan el Sr. duque de Osuna y el Sr. D. José Alcántara Navarro, comisario general de Cruzada, ascendiendo la dotacion de todas ellas á 3,094 rs. En ella se las enseña á leer, escribir, contar, hacer media, coser y bordar, instruyéndolas al mismo tiempo en la doctrina cristiana, principios de moral y de religion. Dentro de la v. hay 6 fuentes de aguas esquisitas para el surtido del vecindario, y 10 en el térm. con otros varios manantiales. Tiene una sola igl. parr. sit. en la estremidad N. de la pobl.: es un edificio sólido, especialmente la capilla mayor, cuya arquitectura del órden gótico contrasta con la del resto de la obra que parece mas moderna y construida con distinto gusto. Consta de una sola nave, aunque de mucha capacidad con 2 puertas para su entrada: en la principal, que mira á occidente, se ve una elegante portada de bellísimo jaspe de color sanguineo estraido de las canteras que hay en la sierra llamada del Torcal inmediata á Antequera; y un bonito cancel dando frente al cuerpo de la citada nave: la otra se halla en el costado derecho por la parte del S. Sobre la primera está el coro de bastante estension, y en él una silleria decente de nogal tallado y 1 órgano de buenas voces. Contiene 10 altares, entre los que descuella el retablo del mayor que forma un pabellon airoso con labores de madera sobredorada hechas por el gusto corrompido churigueresco, aunque no muy recargado: á der. é izq. del mismo se hallan las estátuas de madera de San Pedro y San Pablo, de altura natural, y en uno de dichos altares se venera un Crucifijo tambien de madera y de igual tamaño, cuyo sobresaliente mérito en su escultura llama la atencion de los inteligentes, quienes elogian el trabajo del profesor que se cree haya sido Pedro de Mena ó alguno de sus mas aventajados discípulos. La torre, de figura triangular, es toda de ladrillo y está edificada sobre el robustísimo lado izq. de la capilla mayor, cuya construccion es de piedras unidas con argamasa, muy compacta: en cada uno de sus 3 arcos existe 1 campana y otra en el interior, sirviendo la mas gruesa, de peso de 46 a., para los repiques y para anunciar al pueblo la hora que señala el relox. Esta igl. está dedicada á Sta. Ana, cuya festividad se celebra el dia 26 de julio, y servida por 2 curas párrocos, un beneficiado y 1 sacristan mayor, de presentacion todos del Sr. duque de Osuna como patrono de la misma. Comprende tambien un bonito templo que perteneció al conv. de religiosos mínimos, siendo su igl. mediana, de elegante forma y buena arquitectura: otro al de dominicos, edificio muy ant. y de bastante capacidad, pero muy deteriorado en el dia: otro que es actualmente de monjas mínimas; y otro en el espresado colegio de PP. escolapios. Este último templo era, cuando se edificó el citado colegio, 1 ermita con la advocacion de Jesus Nazareno, á causa de venerarse en ella desde muy ant. una preciosa imágen de madera del Señor llevando la Cruz sobre sus hombros, habiendo una cofradia de devotos destinada á darle culto. Cuando los PP. escolapios se establecieron en el pueblo, edificaron el colegio en contacto con dicha ermita, que ya les habia sido cedida por la cofradia para que celebrasen en ella sus misas y demas festividades religiosas, continuando sin embargo aquella en la que tambien están inscritos los escolapios. Estos, si bien no han dado ensanche á la igl. que es demasiado pequeña, la han mejorado mucho en sus adornos, la tienen provista de ornamentos muy decentes, y han construido una bonita torre colocando en ella varias campanas y un relox. Otra bellísima igl. existe en el establecimiento de enseñanza gratuita de niñas pobres de que ya se ha hecho mérito, y 4 ermitas ademas bajo las advocaciones de San Juan Bautista, Jesus de la Columna, San Roque y San Antonio de Padua. En la primera se encuentra un hospital bastante capaz, á cargo de la herm. de Caridad de dicho Santo, establecida en la ermita: se sostiene con las limosnas que recoge el hermano mayor, quien admite el número de enfermos cuya asistencia pueden soportar los fondos existentes: está medianamente provisto de camas y se trata á los dolientes con esmero y cariño, suministrándoles buen alimento y las medicinas que el facultivo les prescribe. Cuenta 2 salas espaciosas y bien ventiladas, cada una de las cuales puede contener 12 camas; en 1 se colocan los hombres y en otra las mujeres, habiendo tambien un cuarto para los agonizantes. La de San Antonio se halla estramuros y en contacto con el cementerio, que está en parage bien ventilado y cercado de una pared alta y robusta: en él se cuentan considerable número de nichos costeados por las familias acomodadas del pueblo, cuyos cadáveres son depositados en ellos. Otra ermita hay por último inmediata á la confluencia del arroyo del Ciervo con el r. Guadalhorce; está dedicada á San Isidro Labrador, y á ella concurren á oir misa en los dias festivos los labradores y hortelanos de aquella comarca. La cárcel es segura y de bastante solidez, pero no creyéndola muy capaz para contener cómodamente los presos de todo el part., se trató de darla la conveniente estension, para lo cual el gefe político de la prov. envió un arquitecto en el año anterior de de 1845 con la comision de formar un plano de las mejoras que en este edificio deben hacerse para que llene las condiciones de comodidad, salubridad y demas necesarias á ésta clase de establecimientos: el arquitecto levantó el plano en efecto, y la obra ha de ejecutarse á costa de todos los pueblos del part. En la estremidad baja de la v. hay una gran porcion de huertas regadas con las aguas que fluyen de las abundantísimas fuentes de que está provista, y con las que manan de los mismos peñascos de la sierra: este conjunto de verdura, siempre viva y lozana, forma un vergel delicioso que aparece como una alfombra á los pies de la pobl. En el dia es pueblo abierto; pero en la cumbre de la elevada sierra, de que ya se ha hecho mérito, se conservan aun los restos de una fort. muy importante en tiempo de los cartagineses y romanos, y posteriormente en el de la dominacion árabe: en medio de ella existe un santuario donde se encuentra la imágen de Ntra. Sra. de Gracia, patrona de la v., cuya fiesta se celebra el 15 de agosto con una feria anual concedida por el rey D. Fernando VII.

TÉRMINO. Confina por N. con Villanueva de Algaidas á 1 leg.; por E. con Loja á 1 1/2; por S. con Villanueva del Rosario á 1, y por O. con Antequera á igual dist. Mucha parte de él era anteriormente montuosa, mas en el dia está casi todo descuajado y metido en labor.

CALIDAD Y CIRCUNSTANCIAS DEL TERRENO. Su superficie es generalmente desigual y barrancosa, siendo su mayor llanura el espacio que se estiende por el O. desde las cercanías del pueblo hasta tocar con el térm. de Antequera, que es lo que se llama vega: las tierras que esta comprende son calmas, y solo prod. cereales, á escepcion de una corta parte próxima á la v., que está plantada de olivos, y otra mas lejana que forma un buen partido de huertas fertilizadas por las aguas del Guadalhorce.

RIOS Y ARROYOS DEL TÉRMINO. El único r. considerable que atraviesa su jurisd. es el citado Guadalhorce, el cual trae su orígen de unos manantiales que brotan por entre las rocas de una sierra que llaman de Jorge en la linde divisoria de los térm. de Loja y Archidona: corre hácia el occidente por terreno desigual, desembocando en el Mediterráneo, mas abajo de Málaga. Hay ademas un arroyo titulado del Ciervo, que tambien nace no lejos del térm. de Loja en el sitio de los Hoyos, y despues de correr un largo espacio por el de la v. que se describe, se incorpora con el Guadalhorce en el part. de huertas, de que ya se ha hecho mérito.

CAMINOS. Solo hay uno de ruedas que conduce de Granada á Sevilla, pero sin tocar en la pobl.: pasa por 2 ventas sit. á 1/4 leg. de la misma, y se halla en bastante mal estado de conservacion. Todos los demas que cruzan el térm. son de herradura para los pueblos limítrofes.

PRODUCCIONES. Las principales son trigo y cebada, cuyos granos se esportan al puerto de Málaga por ser mucho el sobrante que resulta de estos art. despues de provista la v.: tambien da el terreno habas, escaña, yeros, lentejas, judias, maiz, uvas delicadas y varias especies de frutas. No hace muchos años estaba la mayor parte del térm. poblado de encinas y quejigos que formaban la riqueza mas considerable de sus vec., pues con el fruto de las bellotas se cebaba anualmente un número muy crecido de cerdos; mas aquellos corpulentos y robustos árboles, con pocas escepciones, han sido derribados y reducidos á carbon, desapareciendo por consiguiente la grande utilidad que de dicho fruto reportaba el pais. Es cierto que van criándose encinas nuevas en donde estuvieron las ant., pero este es un árbol que crece con mucha lentitud, y se pasará largo tiempo antes que se vea repuesto el daño causado en los montes con la tala casi general ejecutada en ellos. Mucho ha contribuido y está contribuyendo á que los dueños tomen la resolucion de arrancarlos, la terrible plaga de gusanos y oruga que destruye la bellota hace ya algunos años; pues al ver frustradas tan repetidas veces las esperanzas de una buena cosecha de este art., se ha creido ventajoso reducir á carbon unos árboles que dicha plaga hace inútiles, invirtiendo el dinero del carbon en comprar fincas mas productivas por no estar sujetas á semejante calamidad. Cria ganado vacuno, lanar, de cerda, cabrío y yeguar; caza abundante de liebres, perdices, conejos, zorros y lobos, que suelen causar bastantes estragos en los ganados, y pesca, aunque en corta cantidad.

INDUSTRIA Y COMERCIO. Algunas mujeres se ocupan en tejer lienzos comunes de lino, cuya mayor parte se cria en las huertas del pueblo ya espresadas: cuéntanse 10 molinos de aceite y 13 harineros, de los cuales 8 estan movidos por las aguas del Guadalhorce y 5 por las del arroyo del Ciervo, hallándose todos en un estado regular. Hay 5 tiendas principales, en las que se venden paños, lienzos, pañuelos, etc., y 7 de menos fondo, que contienen géneros de quincalla, cintas y demas menudencias; y otras varias de abacería: la estraccion consiste en aceite, granos y algun tocino y ganados, y la importacion en ropas de vestir, azúcar, bacalao, especias y otros art. de que carecen.

POBLACION: 1,938 vec., 7,611 alm.: CAP. PROD.: 27.400,800 rs.: IMP.: 904,224: prod. que se consideran como CAP. IMP. á la IND. y COMERCIO: 337,237 rs.: CONTR.: 209,555 rs. 31 mrs.: el PRESUPUESTO MUNICIPAL ordinario asciende á 60,000 rs. y se cubre con el prod. de propios y arbitrios; estos consisten en los derechos de 1/2 fan., romana y medidas menores, peso de la harina y derechos de los pesos.

HISTORIA. Cean-Bermudez reduce á esta pobl. la ant. *Vesci*, nombrada por Plinio, quien la apellida *Faventia*; pero solo se apoya esta opinion en que Archidona conserva restos de antigüedad, de la que lo es tambien su mismo nombre. No funda tampoco mejor el Sr. Cortés su correspondencia con *Escua*; ni es de fundarse otra con alguna de las c. conocidas. Muchos son sin embargo los vestigios que presenta de verdadera antigüedad; su nombre Archidona parece indicar aun mas remoto origen que todos ellos; sin que haya motivo para atribuirla otro; conservando en él el primitivo; mas ó menos adulteradas sus raices orientales; pues si bien aparece desconocido de la antigüedad geográfica é histórica, otros muchos han de hallarse en igual caso; que ningun geógrafo ni historiador ha nombrado todos los pueblos de esta nacion llamada por los griegos *de las mil ciudades*. Preciso es conocer la remota antigüedad de *Archidona*, pero tambien lo es confesar, que sus antecedentes históricos datan de pocos años, al menos aquellos, cuya pertenencia está probada. En 1339 fueron talados sus campos por el rey D. Alfonso de Castilla. En los mismos fue completamente arrollado un cuerpo de caballeria que enviaba el rey de Granada al socorro de Antequera, sitiada por el infante D. Fernando. En Archidona se refugiaron los musulmanes que por capitulacion del cast. de Antequera hubieron de retirarse de esta pobl., respetándoseles sus vidas y haciendas. Fue ganada Archidona por los cristianos que capitaneaba el maestre de Calatrava, operando combinadamente con el adelantado por los años de 1431. En esta pobl. recibió el rey D. Enrique en audiencia á Arquizote, gobernador de Málaga, despues que le hubo derrotado en batalla campal, el año 1469. Los reyes católicos concedieron á esta v. grandes privilegios. Hace por armas tres girones y una cabeza de caballo en campo azul.

ARCHIDONA: ald. en la prov. de Sevilla (7 leg.), part. jud. de Sanlúcar la Mayor (7) agregada en lo civil y ecl. á la v. de *Castillo de las Guardas* (V.), SIT. entre N. y E. y á 1 leg. de la matriz. su CLIMA es saludable; la combaten los vientos del N.; es mas propensa á tercianas y calenturas pútridas que á otras enfermedades, y tiene 5 CASAS y algunos manantiales de buen agua. El TÉRM., enclavado en el del Castillo: PROD. trigo, cebada, centeno, avena, bellotas y lino; y cria ganado lanar, cabrio, vacuno y de cerda, siendo los preferidos los dos primeros, y la cosecha del trigo.

ARCHILES: dos cortijos en la prov. de Albacete, part. jud.; térm. jurisd. y á á 2 1/2 leg. entre E. y S. de *Yeste* (V.); tienen una pequeña huerta, regada con el agua de la escasa fuente llamada Archiles, que nace al S. de la ald. Sege, y lo demas del terreno es quebrado, á propósito para la cria de ganado cabrío, y está cubierto de monte bajo y pinos casi inútiles para obras civiles y construccion naval.

ARCHILLA: v. con ayunt. de la prov. y adm. de rent. de Guadalajara (4 leg.), part. jud. de Brihuega (1), aud. terr. y c. g. de Madrid (14), dióc. de Toledo (24); SIT. en medio de un valle á la der. del r. *Tajuña* y á la falda de un cerro inmediato á una vega formada entre dos barrancos, y llamada la vega de Tajuña, con buenas vistas y CLIMA saludable, pues solo se padecen algunas tercianas: tiene 40 CASAS de buena construccion, entre las que se halla la de ayunt., con cárcel en la misma; de un solo piso las mas, y de 12 á 16 varas de altura: entre ellas hay 3 mas regulares, y son: la del marqués de Torrejon, mal cuidada; la de los Medranos de Guadalajara; y la de los Bedoyas de Brihuega, perfectamente reparadas: escuela de primera educacion desempeñada por el sacristan, que percibe 9 fan. de trigo pagadas por los vec., á la que asisten 14 niños; igl. aneja á la parr. de Romancos (1/4 leg.), titulada de la Asuncion de Ntra. Sra., y servida por 1 teniente: estos edificios forman algunas calles pequeñas, pero buenas, y fueron empedradas el año 1805: la plaza es muy reducida y desigual, y en medio de ella hay 1 moral grande y muy ant.: en las afueras al S. y E. se hallan 2 ermitas, tituladas San Roman y San Juan; y 2 fuentes para el uso del pueblo. Confina el TÉRM. por N. y E. con el de Romancos; S. Tomellosa, y O. Valdearellano: comprende 1,200 fan. en cultivo, en las cuales se cuentan muchas viñas, olivares y nogales, algunos huertos, y un monte de 200 fan. de robledar y canuto bajo: le riega el Tajuña, que marcha por la vega al E. y S. del pueblo unos 40 pasos, y otro arroyuelo al lado opuesto: el TERRENO es de buena calidad en la parte de la vega, lo demas montuoso y desigual: CAMINOS locales: PROD.: vino, aceite, nueces, trigo, cebada, patatas, garbanzos y hortalizas: se mantiene poco ganado lanar, 8 pares de mulas de labor, 8 de bueyes, mucha caza menor, y pesca en el Tajuña de barbos y truchas: POBL.: 40 vec., 180 alm.: CAP. PROD.: 612,230 rs.: IMP.: 55,100: CONTR.: 2,957: PRESUPUESTO MUNICIPAL: 1,500 rs., del que se pagan 500 al secretario por su dotacion; se cubre con el fondo de propios, que consiste en la renta de 1 posada, 1 horno, la taberna y la corta del monte para carbon.

ARCHIVEL: v. con ayunt. de la prov. y adm. de rent. de Murcia (17 leg.), part. jud. y vicaria ecl. de Caravaca (2), órden de Santiago, aud. terr. de Albacete (17) y c. g. de Valencia: SIT. sobre un cerro al S. y dist. 1/2 hora del r. *Argos*, con vistas agradables y CLIMA bastante sano. Las CASAS son de 2 pisos, de fáb. tosca; muchas de ellas, especialmente las de los labradores, con zaguan ó parador á la entrada, y corral para el ganado: las calles son en lo general de mal piso, y lo que se llama plaza, un local sin edificios, que tiene al S. un molino de harina movido por agua: hay una sala regular, donde el ayunt. celebra sus sesiones; 3 posadas públicas, 2 ermitas de fáb. ordinaria y poca capacidad, una al E. dedicada á Sta. Bárbara, cuya festividad, como patrona de la v. se celebra el 4 de diciembre, y la otra al O., bajo la advocacion de San Francisco Javier: la primera, que es la parr., se reedificó el año 1765 á espensas del vicario D. Pedro Becerra y Moscoso, y de varios labradores; y la segunda se construyó en 1806 por D. Vicente Nougueran en terreno de su pertenencia. Sirve una y otra 1 cura teniente, de nombramiento del vicario de Caravaca con título de este y por el tiempo de su voluntad, dotado con 9 rs. diarios, que se satisfacen de la contr general del culto y clero. El cementerio, proporcionado al vecindario, se halla bien sit., á dist. de mas de 400 pasos de la ermita de Sta. Bárbara. El TÉRM. confina por N. con el de Moratalla (á 3/4 de hora), E. y O. con el de Caravaca (2 horas), y S. del de Singla (poco mas de 1/2): en él se hallan: 1.° las diputaciones de *Barranda* (1/2 leg.), *Benablon* (1 1/4 de hora) y *Tartamudo* (2 horas); las 2 primeras con ermitas dedicadas á la Candelaria ó Purificacion, y á San Anton, servidas cada una por 1 cura teniente con igual nombramiento del vicario y dotacion de 6 rs. diarios: 2.° una vega de regadío de 1 1/2 horas de estension de E. á O. y 1/2 de N. á S., en la cual se encuentran diferentes casas de labradores que cultivan las tierras y viñas, algunos nogales y carrascas, y muy pocos árboles de otra clase: circundan dicha vega varios montes, siendo los mas notables la Serrata de Caneja, por el S.; la sierra de Mojantes, Majada de las Vacas, por otro nombre la Copetada, el cerro de la Venta, id del Vicario, el Gayobar, los Humeros, y otros de menos nombradia por el O.; y por el N. la Loma de Enmedio, los Tribiños, y la sierra del Gavilan: 3.° muchos apriscos ó barracas en la parte montuosa para encerrar en el invierno el ganado. 4.° 8 fuentes, ademas de algunos veneros en los barrancos, y algun otro punto, casi todas de buenas aguas, aunque poco abundantes, á escepcion de la principal, sit. á la parte N. del pueblo, á dist. de unos 200 pasos, que arroja 2 hilas, nombradas de la Hoya y Fuente-álamo, las cuales riegan la mayor parte de las tierras de su huerta, y sirven para el surtido del vecindario: 5.° el r. *Argos* (V.) ó *Chopea*, al N. y dist. 1/2 hora de la v., inmediato á la sierra del Gavilan, cuyo curso es desde su nacimiento por las ramblas de las Buitreras, y los sitios de las Hoyicas y la Chopea, por donde se introduce en el térm. de Caravaca: 6.° 2 lagunas al NE. y 1/4 de hora escaso de la pobl., mediando entre ambas unos 300 pasos; la menor, sit. mas hácia O. que la otra, es de figura casi circular, tiene 10 varas de una á otra orilla, y lleva sus aguas por medio de una acequia hecha á mano á la mayor, cuya estension pasa de 200 varas de N. á S. y de 80 de E. á O. Estas lagunas se nombran los *Ojos de Archivel*, y sus aguas forman una hila copiosa, llamada tambien de los Ojos, regando bastantes fan. de tierra de la huerta de la v., y muchas de la diputacion de Benablon. La mayor parte del TERRENO es llana por el E., S. y O.; sin que por eso falten en el primer costado varias lomas con atochas, romeros y otras matas, y algunos regueros á 1 hora de la pobl., ni en el tercero, montes, lomas, y sierras cubiertas de monte alto y bajo, á poco mayor dist., que son las ya mencionadas de Mojantes, Majada de las Vacas ó Copetadas, Cerro de la Venta, etc. Por el N. se encuentran muchas lomas, barrancos, ramblas, y quebradas pobladas de atochares, mucho monte bajo y algunos pinos hasta llegar á la referida sierra del Gavilan, que es muy agria, de grande estension y altura, con muchos barrancos y peñascales y cubierta de romeros, enebros, lentiscos, atochas, y de un número muy considerable de pinos. La calidad de las tierras puede reducirse á tres clases: superior respectivamente; mediana, en cuya clase, incluyéndose las de riego, se cuenta un crecido número de fan.: é inferior, que son las de las orillas, llanos, de poca fuerza y de poco suelo; y las que se denominan talas, que son aquellas que á fuerza de peonadas y de mucho afan, habilitan los que carecen de otros recursos para sembrar en las lomas y sierras que lo permiten. Los CAMINOS son de pueblo á pueblo, la mayor parte de herradura, en mediano estado. La CORRESPONDENCIA se recibe de Caravaca por medio de un hombre que al efecto paga el ayunt: PROD.: las principales son trigo, cebada, maiz, patatas y algun vino: las legumbres y hortaliza bastan para el consumo del vecindario: tenia un considerable número de cab. de ganado; pero en los años de 1840 y 41 un estraordinario quebranto y mortandad, lo destruyó en términos de haber quedado reducido á la mitad, lo mismo que ha sucedido con corta diferencia con las colmenas: los pastos y las maderas son abundantes.

La INDUSTRIA agrícola es la dominante: hay 2 fáb. ó calderas de destilar aguardiente, 6 molinos harineros, y 1 martinete para batir cobre: varios vec. se dedican á hacer carbon, especialmente de leñas muertas, de lentiscos, chaparras, retamas y otras clases, y las mujeres tejen mucho lienzo de lino y de cáñamo, cuyas primeras materias se conducen en su mayor parte de Caravaca, especialmente el lino, y de Andalucia, Murcia, y Orihuela. Los datos relativos al número de vec., RIQUEZA y CONTR. pueden verse en el art. de Caravaca, por estar unidos á los de dicha v. El PRESUPUESTO MUNICIPAL se cubre por repartimiento entre los vec. y con la parte del caudal de propios de Caravaca que le está señalada. Hay tradicion de haber existido en este sitio una gran c. con el nombre de *Argos*. Archivel ha sido por muchos siglos una diputacion de Caravaca, de cuya jurisd. se separó en junio de 1837 erigiéndose en v. independiente.

ARCHS: l. con ayunt. en la prov. de Lérida (3 leg.), part. jud. y oficialato de Balaguer (2), aud. terr. y c. g. de Cataluña (Barcelona 20), dióc. de Seo de Urgel (19); SIT. en el estremo occidental del llano de Urgel, sobre una colina, donde le combaten todos los vientos, y goza de CLIMA saludable, aunque por las nieblas y humedades del invierno y escesivo calor del estio, suelen desarrollarse algunas calenturas intermitentes. Tiene 13 CASAS de mediana fáb., y una igl. dedicada á San Antonio Abad, aneja de la del Poal, cuyo párroco pasa á este pueblo á decir misa los dias festivos y á administrar los Sacramentos en caso necesario. Como carece de escuela de primeras letras, los niños de este l. asisten á la de Bellvis para aprender á leer, escribir y otros rudimentos. Confina el TÉRM. por N. con el de Ballfogona (1 leg.), por E. con los de Liñola y Poal (igual dist.) por S. con el de Bellvis (1/4), y por O. con el de Termens (1/2). Dentro del mismo hay un cas. llamado *Tarroja*, compuesto de 6 casas dispersas, bien construidas y con las comodidades que la labranza exije, hallándose entre ellas una balsa abundante de esquisitas aguas, que aprovechan los hab. para su consumo doméstico, así como las de otra fuentecita que brota no lejos de la pobl., la cual suele agotarse durante el estio. El TERRENO es todo llano y de muy buena calidad, de modo que aunque le falta el riego, es mas fértil que otros de huerta, cuya circunstancia se atribuye á que todo él se halla basado en aguas que se encuentran muy cerca de la superficie y á poco que se escavo; así es que en el parage llamado los *Negrales* se crian tan buenos cáñamos y judias como si abundara en riego. Los CAMINOS principales dirigen á Lérida, Balaguer, Agramunt y Tarrega, y se encuentran en buen estado, escepto en invierno que se ponen muy fangosos á consecuencia de las lluvias, continua niebla y humedad. Se recibe la CORRESPONDENCIA de Balaguer por medio de los particulares que concurren á sus mercados los miércoles y sábados: PROD.: trigo, cebada, centeno, cáñamo, judias, legumbres, vino y aceite; y en bastante cantidad barrilla que se siembra con el trigo; cria poco ganado lanar y cabrio, y el preciso para las labores: POBL.: 19 vec., 96 alm.: CONTR., por catastro: 776 rs. 21 mrs.; por subsidio 49 rs. 18 mrs.: asciende el PRESUPUESTO MUNICIPAL á 250 rs. el cual se cubre con el arriendo de las yerbas de pasto, y por reparto entre los vec. Este pueblo de fundacion moderna pertenecia á los canónigos de Lérida, los que percibian el diezmo de los frutos.

ARCHUA: l. en la prov. de Alava (7 leg. á Vitoria), dióc. de Calahorra (23), part. jud. de Salinas de Añana (2), vicaria, herm. y ayunt. de Cuartango (2): en la ladera de un monte, bastante ventilado y sano: forman esta pobl. 7 CASAS de mediana construccion; y hay una escuela dotada con 14 fan. de trigo, á la cual concurren niños y niñas: la igl. parr. (San Sebastian) es servida por 1 cura beneficiado: el TÉRM. confina por N. con Luna, por E. con Arian, ambos á 1/4 leg. por S. con una peña muy elevada, 1/2, y por O. con Santa Eulalia á 1/4; tiene fuentes de buena y abundante agua: el TERRENO montuoso y de mediana calidad; tiene monte poblado y una sierra muy estensa con pastos: el CAMINO que dirige á Orduña se halla en mediano estado; y el CORREO se recibe de ésta c. por balijero los mártes, juéves y sábados, y sale en los mismos dias: PROD.: trigo, cebada, centeno, maiz, varias legumbres y poca fruta; cria ganado yeguar, vacuno, lanar, cabrio y de cerda; y abunda de toda clase de caza: POBL.: 9 vec.: 45 alm.: CONTR. (V. ALAVA INTENDENCIA).

ARCHURA: riach. de la prov. de Navarra, part jud. de Aoiz; tiene origen en varias fuentes que brotan en los montes de Roncesvalles, l. separado del valle de Valcarlos, y sigue su curso por el de Longuida hasta que en las cercanias de Itoiz concluye en el r. *Irati* (V.).

ARDA: l. en la prov. de la Coruña, ayunt. y felig. de *Neda Sta. Maria de*, (V.): POBL.: 8 vec., 38 almas.

ARDACHOSA (LA): desp. en la prov. de Sória, part. jud. de Almazan; SIT. á 1/4 leg. N. de Bayúbas de Abajo, en medio de éste y Bayubas de Arriba: su TÉRM. se cultiva por estos 2 l., y de los diezmos se hacian partes separadas para los partícipes de ambos: se ven escombros de ladrillos y teja, que demuestran era pobl. de algun vecindario. El Sto. Cristo, que en ella se veneraba como la imágen de su devocion, se conserva en Bayubas de Arriba. Ignórase la época y causa de su ruina.

ARDAIZ: l. del valle y ayunt de Erro, en la prov., aud. terr. y c. g. de Navarra, part. jud. de Aoiz (3 1/2 leg.), merind. de Sangüesa (7), dióc. de Pamplona (5), arciprestazgo de Esteribar: SIT. á la der. del r. *Erro* en una pequeña llanura, donde le combaten principalmente los vientos del N. y O., por cuya razon el CLIMA es frio, pero saludable. Tiene 11 CASAS, 1 igl. parr., bajo la advocacion de San Pedro Apóstol, servida por 1 cura párroco; y 1 ermita dedicada á San Miguel, la cual se halla fuera del pueblo sobre una altura hácia el S. Confina el TÉRM. por N. con los de Aincioa, Larraingoa y Loizu; por E. y S. con el de Espoz y otra vez Aincioa, y por O. con el de Errea; de cuyos puntos dista 3/4 de leg. poco mas ó menos. El TERRENO es escabroso, cubierto de peñascos calizos y bastante árido; hácia el N. existe una elevadisima montaña, donde se crian árboles de distintas clases, y cerca de la misma hay otro cerro poblado de tilos, robles, plantas y maleza; uno y otro tienen el nombre de *Lavia* que tambien se aplica al puerto ó tránsito que hay entre ambos: cruza por el térm. el mencionado r. *Erro*, cuyas aguas, con las de 4 fuentes que nacen en varios parages, aprovechan los hab. para el consumo de sus casas y abrevadero de los ganados, sin poderlas destinar á regar los campos, porque no lo permiten la aspereza y desigualdad del terreno; comprende este 160 robadas de segunda y tercera calidad, en las cuales se siembran granos y algunas legumbres. Los CAMINOS son locales, sin que haya uno que directamente conduzca á ninguna pobl. principal, y todos se encuentran en malísimo estado. La CORRESPONDENCIA se recibe de Burguete por medio de un peaton que llega los mártes y viérnes, y sale los lúnes y juéves: PROD.: trigo, avena, patatas, pocas legumbres y algun maiz; cria ganado vacuno, caballar, de cerda, lanar y cabrio, que consume los muchos y ricos pastos del térm.; y hay caza de diferentes clases, con multitud de lobos, zorros, jabalies y otros animales dañinos que se guarecen en la espesura de las referidas montañas: POBL.: 11 vec., 85 alm.: CONTR. con el valle.

ARDAL: dip. en la prov. de Murcia, part. jud. y térm. jurisd. de *Mula* (V.).

ARDAL: cortijo en la prov. de Murcia, part. jud. y térm. jurisd. de *Yecla* (V.).

ARDAL: deh. en la prov. de Albacete, part. jud. de Alcaraz, térm. jurisd. de *Casas Lázaro* (V.), á cuyos propios pertenece: era de los mejores arbolados, y se han destruido desde 1836 que dejó de ser de Alcaráz; en el dia se cultiva casi toda por los vec. de Casas-Lázaro y Masegoso.

ARDAL; sierra elevada en la prov. de Albacete, part. jud. de Yeste; se halla cubierta en su mayor parte de olivos y viñas; y al E. de ella está SIT. la v. de Yeste y su huerta muy escasa de aguas.

ARDAL: part. con algunas casas en la prov. de Murcia, part. jud. de Yecla, térm. jurisd. de *Jumilla* (V.).

ARDALES: baños en la prov. de Jaen (V. el art. de ALCALA LA REAL, part. jud.).

ARDALES: v. con ayunt. en la prov. y adm. de rent. de Málaga (7 leg.), part. jud. de Campillos (3), aud. terr. y c. g. de Granada (18), dióc. de Sevilla (20): SIT. en un plano elevado con alguna inclinacion hácia el N.; combatida libremente de todos los vientos y rodeada de varias sierresuelas por la parte del S. á 1/2 legua escasa de dist., encontrándose tambien á la de 1 1/2 por la de E. y O. algunas montañas bastante elevadas, cuyas cimas están cubiertas de nieve la mayor parte del año, lo que produce un temperamento frio y desigual y causa las enfermedades inflamatorias que son las que generalmente atacan á los habitantes. Los aires del E. que son los que reinan con mas frecuencia, soplan con tanta violencia que destruyen el arbolado y amenazan á las veces la ruina de los edificios; son muy frios en el invierno y templados en el verano, proporcionando por consiguiente la buena sazon de los cereales: despues de estos son los mas comunes los del N. que si bien despejan la atmósfera, son tan escesivamente frios que hacen bajar el termómetro á 2 y 3 grados sobre cero, y tan cálidos en el verano que agovian á los animales y hasta las plantas. Cuenta 500 CASAS de piedra de regular construccion y algunas chozas, reuniendo aquellas las habitaciones y oficinas necesarias á un pueblo puramente agrícola: sus calles son desiguales y mal empedradas, si bien muy limpias, efecto de su mucha corriente por hallarse en cuesta, á escepcion de 3 que son bastante llanas: tiene una plaza que forma un estenso cuadrilongo, á cuyo estremo S. está la casa consistorial y la cárcel; una escuela de primeras letras dotada con 100 ducados para el maestro y 50 para su ayudante, á la cual concurren por lo comun de 90 á 100 niños; y muchas fuentes, tanto dentro como fuera de la pobl. abundantes de aguas muy saludables de que se surte el vecindario para su consumo doméstico y para el abrevadero de los ganados, siendo las mas notables la de la Alamedilla y la del Arroyo del Hierro, á causa de escitar el aparato digestivo por una pequeña cantidad de óxido de hierro que llevan en disolucion. La igl. parr. dedicada á Ntra. Sra. de los Remedios, es de fábrica de ladrillo con una torre de la misma materia, que contiene 4 campanas y un relox, y está situada en la parte lateral izq. de la puerta principal del edificio de donde sale con 27 pies en cuadro, 84 de altura, y 30 su capitel, que componen un total de 114 pies de elevacion: consta de 3 naves de bóveda las de los lados, y de maderas labradas la del centro con un coro alto y un pequeño órgano. Esta igl. fue reedificada en el año de 1720 á espensas del cabildo de Sevilla en el mismo sitio donde existió la primitiva construida á las de D. Juan Ramirez de Guzman, á quien Enrique III concedió el señorío de la pobl. por haberla conquistado de los moros: cuéntanse en ella 7 altares y 2 capillas de mediano gusto con efigies de buena escultura, siendo bastante pobres y escasos los ornamentos que posee para el servicio del culto: está servida por 1 cura párroco de provision en concurso general y por un beneficiado nombrado por el dean y el cabildo de Sevilla, el primero de los cuales designa tambien un teniente para su ayuda. Ademas de la espresada parr. hay una pequeña ermita en el centro del pueblo, titulada de Ntra. Sra. de la Encarnacion, que edificó el sucesor del citado D. Juan Ramirez Guzman con el objeto de que sirviese de ayuda de la parr.; y en la parte estrema hácia el N. un conv. que fue de religiosos capuchinos fundado en 1635, cuya comunidad constaba de 13 individuos al tiempo de su estincion: este edificio se halla en el dia sin ocupacion y en estado ruinoso, sirviendo únicamente la igl. de ayuda de parr., donde permanecen las efigies y pinturas que contenia. Finalmente, hay un cementerio en parage bien ventilado y un cast. derruido de construccion árabe.

El térm. que forma la figura de un paralelógramo irregular cuya superficie comprende 3 1/2 leg. cuadradas de cerca de 6,000 fan. de tierra cada una, confina por el N. con el de Teva á la dist. de 1 leg.; por E. con el de Carratraca á 1/2; por S. con el del Valle de Abdalajis á 1; y por O. con el del Burgo á igual distancia. En él se encuentran algunas casas-cortijos, entre las cuales 4 son de propiedad de los condes de Teva, y 3 de varios vec. Ademas de las 2 fuentes ó manantiales de que ya se ha hecho mérito, existen tambien en el térm. el arroyo del Granado y la fuente de la Caniloria en la parte del E. y SE.; el nacimiento que surte las fuentes de la pobl. y la fuente llamada del Capellan, que riega varias huertas por las del SO.; la titulada del Aduar que fertiliza tambien algunas otras al O.; los Caños del Conde, la fuente del Campano, la de Lucianes y el pozo de la Higuera por la del N., cuyas aguas son todas de muy buena calidad. El TERRENO es desigual alternado de valles y colinas, y su naturaleza es generalmente caliza: este principio constituye la base de las varias combinaciones que en él se hallan; la que se forma con la arcilla y una pequeña cantidad de óxido de hierro, proporciona superficies muy estensas y profundas de tierra vegetativa muy á propósito para el cultivo de cereales y de toda clase de arbolados: la misma base combinada con los ácidos carbónico y sulfúrico marcan una cord. de pequeñas montañas de carbonatos y sulfatos de cal de la mejor calidad para toda clase de edificios, ya se empleen en su estado natural ó bien calcinados, de lo que resulta muy buena cal y escelente yeso. A veces estas mismas sales al tiempo de su formacion y condensacion de óxidos de hierro consolidan grandes masas ó mármoles jaspeados de varios matices y hermoso aspecto, que se encuentran á cada paso; y en algun sitio un esceso de ácido carbónico combinado con la misma base, ha formado una montaña de mas de 2,000 varas de circunferencia y como 50 de elevacion de subcarbonato de cal, que disuelto en su núcleo por las aguas que se filtran ha dejado una gruta de estrordinaria magnitud, en donde el frio subterráneo, cristalizando las sales filtradas, ha constituido una bóveda de estalácticas tan variadas en sus formas y colores que ofrecen la vista mas peregrina y admirable, afectando columnas de filigrana, árboles, tabernáculos y cuantas figuras pueden imaginarse de los caprichos de la naturaleza, ayudada de la ley de las afinidades. Cuando se descubrió esta gruta en el año de 1821 por efecto de un terremoto, se encontraron á pocas varas de su entrada los cadáveres de un hombre y un niño perfectamente cristalizados, los que hubieran sido piezas originales de un gabinete á no haber entrado el desórden haciendo pedazos tan singular hallazgo. En otra parte mezclada la tierra caliza con carbonato de hierro forma una pequeña eminencia de un sulfurato de cal ferruginoso, que mineraliza unas aguas de que se hablará mas adelante. En todo este terreno cuya altura es de 975 pies sobre el nivel del mar, segun medidas barométricas, hallándose á 1° 3′ O. del meridiano de Madrid, y 36° 48′ de lat. N., se cultivan como unas 6,000 fan. de tierra para cereales de 550 estadales cada una, entre las cuales hay 100 de regadio: de ellas se consideran 1,000 de primera clase, 3,000 de segunda y 2,000 de tercera ó inferior. Hay ademas 2,000 fan. ocupadas de olivares, otras 5,000 de terrenos desiguales de ínfima calidad destinadas al cultivo de vides, higueras y almendros, y una porcion de terreno arenisco improductivo que comprenderá otras 5,000 fan., en donde solo se crian pinos pequeños y algunos pastos.

Corre por su TÉRM. en direccion de O. á E. el r. llamado Burgo que tiene orígen en las sierras de la v. de su mismo nombre; es de curso perenne y de caudal abundante, dejando á la pobl. por la parte del S. á la dist. de 500 varas, en donde tiene un puente de madera. A este se unen en los confines de dicho térm. hácia el oriente los r. de Guateva y Antequera formando el titulado Rio-Grande, que corre de N. á S. y desagua en el Mediterráneo á 1 leg. O. de Málaga, y cuyo cauce casi llano en muchos parages, ocasiona tales desbordaciones que han producido infinitos desastres, especialmente en los años de 1836 y 1840, cuando seria bastante fácil su canalizacion.

A la dist. de 300 varas al E. de la v. existe una fuente de agua mineral perteneciente á la clase de hepáticas, cuyas aguas hace mas de 24 años que se están aplicando interior y esteriormente bajo la direccion de D. Juan de la Monja, director de los baños de Carratraca. Se ignora la época en que fueron conocidos como medicinales, pudiendo solo referirnos al tiempo de la dominacion sarracena, segun la antigüedad de 2 albercas halladas en el sitio mas bajo á 40 varas del manantial, cuya estructura y pavimento es semejante á otras de aquella época, manifestando en toda su disposicion de comodidad y lujo, que por entonces merecieron bastante consideracion; pero el haber á 3/4 de leg. otro manantial de aguas tambien hepáticas y de mayor caudal, conocido por el pago de Aguas Hediondas (en el dia baños de Carratraca), y por efecto ademas de la oposicion de los hab. á recibir en sus casas á los enfermos que acudian á usarlas, se vieron estos obligados á trasladarse al pago de Aguas Hediondas, construyendo chozas provisionalmente para su abrigo, todo lo cual usurpó la concurrencia y el nombre de las de Ardales. Sin embargo de este abandono y del gran prestigio de las de Carratraca donde ya se ha formado una hermosa pobl,, no han dejado aquellas de ser usadas en todos tiempos como se advierte por la construccion de otra alberca en el mismo manantial hecha á mediados del siglo pasado, la cual está sirviendo para los enfermos que concurren á ellas. Tambien consta que en aquel tiempo y posteriores, los médicos que han desempeñado la titular de Ardales y principalmente el licenciado D. Nazario Fernandez de Castro, las han usado en baños y duchas con singulares ventajas en la curacion de úlceras envejecidas y de los afectos eruptivos rebeldes que habian resistido á los medios ordinarios. En fin del año de 1819 fueron analizadas por el profesor la Monja, quien asegura segun los resultados que obtuvo, que la temperatura de estas aguas está á los 18° sobre cero del termómetro de Reaumur; que su olor es hediondo parecido á el de los huevos hueros; que son trasparentes recien sacadas; pero que á poco rato toman un color fusco; que su sabor es algo estíptico; y por último que su peso es al del agua destilada como 13 25/12. En los desagües dejan una sustancia cenicienta suave al tacto, la que disecada cruje al frotarla y despide olor de azufre, y analizada indica ser un hidro-súlfure de cal ferruginosa. Sus aguas están mineralizadas por el gas hidrosulfúrico, del que se estrae la quinta parte del volúmen de aquellas, una corta cantidad de gas ácido-carbónico, los sulfatos de cal y de magnesia, bicarbonatos de las mismas bases, y el carbonato de hierro. En cuanto á sus propiedades médicas, dice el enunciado la Monja, que usadas en bebida disipan los infartos del estómago y canal intestinal; escitan las propiedades vitales del estómago y las del aparato génito-lerinario, por cuya razon se aplican con feliz éxito en las gastrodineas, afectos verminosos, clorosis, etc. Que en baños y duchas se aplican en las mismas enfermedades que las aguas de Carratraca, con la ventaja de que muchos enfermos que por su temperamento muy irritable ó muy débil no pueden soportar el fuerte estímulo que estas ofrecen, usan de las de Ardales sin la menor incomodidad. Las enfermedades en que el mismo Monja ha visto resultados satisfactorios durante los 24 años que las ha aplicado, han sido en los afectos crónicos del hígado; en las amenórreas ó supresiones periódicas por falta de accion y mala sanguificacion; en las menorragias pasivas; afectos escrofulosos; vicios cutáneos rebeldes, como la tiña, herpes y sarnas envejecidas; úlceras atónicas; fistulas cariosas y otras varias.

Los CAMINOS son de herradura de pueblo á pueblo, á escepcion de uno que se ha abierto provisionalmente para carruages, el cual conduce de Málaga á Carratraca, continuando despues en direccion de Campillos, Osuna, etc.: el CORREO se recibe de la cap. de prov. por medio de un conductor los miércoles y sábados, saliendo los juéves y domingos; y las fiestas que se celebran son las de San Isidro como patrono del pueblo el dia 15 de mayo, y la de Ntra. Sra. el 8 de setiembre.

PRODUCCIONES. El terreno mas pingüe ocupado en el cultivo de cereales y semillas leguminosas, ofrece resultados de bastante consideracion: entre las primeras el trigo asciende á una cosecha de mas de 12,000 fan., y la cebada á mas de 3,000; de las segundas recogen mas de 700 fan. de habas, unas 20 de habichuelas, 40 de alverjones, 100 de yeros y sobre unas 200 de maiz. Sus olivares producen 100 fan. de aceituna para vender en verde y para el consumo de las casas, siendo de 2,000 a. sobre poco mas ó menos su cosecha de aceite. El viñedo sit. en terreno mas quebrado, rinde unas 3,000 a. de vino, del que la mitad se beneficia en la confeccion de aguardientes: 2,000 de pasa de sol, y como otras 2,000 de uva que se vende en verde: las higueras y almendros que se hallan tambien en las viñas dan unas 150 cargas de higos de 6 a. cada una, y sobre 100 fan. de almendra fina. La mayor parte de estos efectos se consumen en la pobl., escepto la mitad de las pasas, la uva en verde y la almendra que trasportan al interior. Se cuentan 3,000 cab. de ganado lanar, 180 bueyes y vacas, 150 mulos ocupados esclusivamente en la agricultura, 30 yeguas para la trilla, 200 cab. de ganado de cerda, y como otras 100 caballerías mayores y menores que se destinan á la arriería y á las faenas del campo.

INDUSTRIA Y COMERCIO. Hay varios molinos harineros movidos por las aguas de los r. de que ya se ha hecho mencion, y algunos otros de aceite dentro de la v.: una tienda de lienzos, indianas, quincalla y abaceria; 3 de sedas al por menor, papel, cintas y otras menudencias, y alguno que otro horno de pan: sus hab. se dedican por lo regular á los trabajos de la agricultura, ocupándose tambien algunos, aunque en corto número, en la arriería y esportacion de los artículos sobrantes.

POBLACION. 736 vec.; 2,890 alm.: CAP. PROD. 8.020,165 rs.: IMP.: 272,289: prod. que se consideran como CAP. IMP. á la IND. Y COMERCIO 71,885 rs.: CONTR.: 92,904 rs. 24 mrs. El PRESUPUESTO MUNICIPAL asciende á 7 ú 8,000 rs., que á falta de propios se cubre por repartimiento entre los vec., á escepcion de 3,000, prod. de nn real por fan. de tierra que se cultiva de un térm. que el conc. y vec. compraron á la Corona en el año de 1640.

Esta pobl. dedicada esclusivamente á la agricultura como ya se ha indicado, ademas de participar de la decadencia general de esta primitiva y esencial ind. por las causas comunes, ha tenido la desgracia de haber sido asolada por 2 desastrosas tormentas en los años de 1836 y 1840, habiendo visto desaparecer todo el arbolado de sus hermosas huertas, parte del de sus olivares y viñedo, muchas casas-cortijos con sus ganados y aperos, la verdadera corteza vegetativa de sus tierras, siendo sustituida con arenas y pedregales, y quedando por consiguiente sus incultivables eriales; y por último, las heredades que poco habia eran el recreo y la subsistencia de numerosas familias, pereciendo algunas personas y muchos rebaños de ganado lanar y vacuno, porque la falta de puentes en sus r. impidió fuesen socorridos del modo posible. Esta causa que produjo la pérdida de cerca de 3.000,000 de rs., segun los aprecios mandados hacer por la autoridad superior de la prov., no ha tenido el resultado que debia esperarse, pues antes por el contrario, no llevando en cuenta la pérdida de aquellos cap. prod. y guiándose solo por los datos estadísticos ant. de la derrama de contr., esperimenta la v. un recargo insoportable que ha empobrecido á su vecindario en términos de haber tenido que emigrar mas de 2,000 vec. recayendo el peso de dichas contr. sobre los demas, pues que generalmente ascienden los repartimientos á un 78 p $\frac{0}{0}$ de las utilidades, observándose el mismo perjuicio en la contr. de sangre, sin que hasta el dia hayan sido atendidas sus justas reclamaciones.

No pudiendo evitarse la formacion de los asombrosos metéoros que de vez en cuando destruyen sus esperanzas, deberia recurrirse al medio de disminuir estos estragos, á cuyo efecto seria suficiente la construccion de un buen puente en el r. inmediato para poder mantener la comunicacion en apuros de semejante naturaleza, y socorrer las gentes y ganados que aislados y sin refugio en la parte opuesta, son arrastrados por sus impetuosas corrientes.

Tambien es de observar que en otros tiempos una parte de la riqueza de esta pobl, consistia en las numerosas moreras que cultivaban para la cria de gusanos de seda de que sacaban bastantes prod., sin que haya quedado señal de aquellas con las citadas inundaciones; y ya que el clima es propio para el efecto, seria de desear la plantacion del mismo arbolado para volver a fomentar este importante ramo de industria.

ARDALIZ: cas. y puente en la prov. de Oviedo, ayunt. de Cangas de Tineo y felig. de Sta. María de *Limes*: el cas. se encuentra cerca del r. Viron, y sobre este el puente de piedra que lleva el indicado nombre: las aguas del Viron se unen á las del Naviego junto al cas. de Aguas Mestas.

ARDAN (STA. MARÍA DE): felig. en la prov. de Pontevedra (1 1/2 leg.), dióc. de Santiago (9 1/2), part. jud. de Pontevedra y ayunt. de Marin (1/2): SIT. al E. y falda del monte de San Lorenzo: su CLIMA templado y sano, aunque combatida por los vientos N., S. y O.: comprende los l. de Cabo de Vila,

Casas, Germade, Juncal, Lameiro, Malvide, Moledo, Monteporreiro, Pastoriza, Picotes, Pozo, Resille y Vilaseca que reunen 177 CASAS de mala construccion y pocas comodidades; buenas y abundantes fuentes dentro y fuera de la pobl. La igl. parr. (Sta. Maria), está servida por 1 párroco de presentacion ordinaria: hay 2 ermitas con la advocacion de San Lorenzo y San Clemenzo; está sit. en una isleta á la orilla del mar. El TÉRM. confina por N. con Sto. Tomé de Piñeiro, por E. y S. con Sta. Maria de Cela, y por O. con el mar y ria de Pontevedra. El TERRENO es muy fértil, y el indicado monte de San Lorenzo es poblado de retamares, tojo y algunos robles; CAMINOS: el que dirige á Cangas y otros trasversales, pero todos deteriorados: el CORREO se recibe en la cap. del ayunt. PROD.: maiz, centeno, habichuelas, patatas, vino y lino: cria ganado vacuno, lanar y de cerda; hay caza de conejos y perdices, y se pesca sardina en la r. de Pontevedra: IND.: la agrícola, la pesca y 6 molinos harineros: COMERCIO: la esportacion del sobrante de la cosecha y de la sardina: POBL.: 175 vec., 747 alm.: CONTR. con su ayunt. (V.).

ARDANAZ: l. del valle y ayunt. de Egües en la prov., aud. terr. y c. g. de Navarra, merind. de Sangüesa (6 1/2 leg), part. jud. de Aoiz (3 1/2), dióc. de Pamplona (1 1/2), arciprestazgo de la Cuenca: SIT. al pié de un cerro donde le combaten libremente todos los vientos, y goza de CLIMA sano. Tiene 19 CASAS y 1 igl. parr. dedicada á San Vicente Mártir, servida por 1 cura párroco. Para surtido de los vec. hay una fuente abundante de aguas esquisitas, que tambien aprovechan para objetos de agricultura. Confina el TÉRM. por N. con el de Olaz, por E. con el de Azpa, por S. con el de Aranguren, y por O. con el de Badostain; de cuyos puntos dista (1/2 leg.) poco mas ó menos. El TERRENO comprende unas 4,000 robadas, de las cuales únicamente se cultivan 1,700, porque las restantes son del todo infructíferas: entre las de labor se cuentan 120 peonadas de viña; y en la parte inculta 500 robadas de bosques de árboles, igual número de bosques de maleza y 1,300 de tierra baldía, con muchos y escelentes pastos para los ganados: PROD.: trigo, cebada, avena, vino y legumbres: sostiene ganado mular, vacuno, lanar y cabrio; hay caza de liebres, conejos y perdices, no faltando animales dañinos de varias clases: POBL.: 20 vec., 124 alm. CONTR. con el valle. En 1467 la princesa doña Leonor donó á perpetuo las pechas de la v. de Ardanaz á Oger de Gurpide.

ARDANAZ DE LEGUIN: l. del valle y ayunt. de Izagondoa en la prov., aud. terr. y c. g. de Navarra, merind. de Sangüesa (4 leg.), part. jud. de Aoiz (1 1/2), dióc. de Pamplona (2 1/2), arciprestazgo de Ibargoiti: SIT. al pié set. del monte llamado *Izaga*, con libre ventilacion y CLIMA saludable. Tiene 21 CASAS, escuela de primeras letras, dotada en 1,300 rs. anuales, á la que asisten de 20 á 25 niños de ambos sexos, y 1 igl. parr. dedicada á San Martin, servida por 1 cura párroco. Confina el TÉRM. por N. con el de Iriso (1/4 de leg.), por E. con el de Urbicain (1/2), por S. con el de Izanoz (1), y por O. con el de Reta. A 3/4 de leg. de la pobl., sobre el monte llamado *Leguin*, se perciben los restos de una ant. fort. ó cast. muy célebre en los anales de Navarra, de cuyo nombre proviene el que distingue á este pueblo de otro Ardanaz que hay en el valle de Egües. El TERRENO es bastante fértil; brotan en varios puntos del mismo diversas fuentes de esquisitas aguas que aprovechan los moradores para su consumo doméstico y otros usos agrícolas: PROD.: trigo, cebada, avenas, legumbres, hortaliza y escelentes pastos, con los que se alimenta bastante ganado vacuno, mular, de lana y cabrio; y hay caza de liebres, conejos y perdices, con animales dañinos de varias clases: POBL.: 300 vec., 157 alm. CONTRIB.: con el valle.

ARDANCHEL: deh. en la prov. de Jaen, part. jud. de Segura de la Sierra, térm. jurisd. y á 3/4 leg. al N. de *Beas*. (V.).

ARDANUES: ald. de la prov. de Huesca en el part. jud. de Benabarre, jurisd. del l. de Nerill. Se halla SIT. en un terreno miserable y escabroso, y tiene una igl. que es aneja de la parr. del referido l. y una fuente bastante descuidada no muy dist. de las casas. Los confines de su TÉRM. PROD. y demas. (V. NERILL).

ARDANZA: barrio en la prov. de Guipúzcoa y uno de los que comprende la v. de *Eibar*.

ARDAÑA: ant. jurisd. en la prov. de la Coruña, compuesta de los felig. de Ardaña y Herbecedo ó Erbocedo; en la primera habia un juez ordinario nombrado por el conde de Grajal, y en la segunda otro nombrado por el mismo Conde y por D. Manuel Quiroga, y Doña Baltasara Baamonde.

ARDAÑA: l. en la prov. de la Coruña, ayunt. de Carballo y felig. de Sta. María de *Ardaña* (V.).

ARDAÑA (STA. MARÍA DE): felig. en la prov. de la Coruña (4 1/2 leg.), dióc. de Santiago (6), en el arciprestazgo de Bergantiños, part. jud. y ayunt. de Carballo (1/2): SIT. sobre la márg. del r. Allones, con CLIMA templado y sano: tiene unas 80 casas distribuidas en los l. y cas. de Ardaña, Carracedo, Castro, Couto, Esteves, Goutade, Mamed (San), Nobi, Pena, Quintans, Reta, Vista-alegre y Vivente: la igl. parr. (Sta. María) es muy mediana; el curato de provision, previo concurso, y el cementerio en nada perjudica á la salud pública. El TERM. confina con el de las felig. de Verdillo, Artes, Rus, Herbecedo y Traba; le recorren varios arroyuelos que contribuyen á enriquecer al citado r. Allones: el TERRENO es de buena calidad, pero escaso de arbolado: de SE. á NE. pasa el CAMINO de la Coruña á Muros, el que, asi como los vecinales, está mal cuidado: el CORREO se recibe en la cap. del part. PROD. maiz, trigo, centeno, habichuelas, algunas otras legumbres y lino: cria ganado, con especialidad vacuno: POBL. 79 vec.; 410 alm.: CONTRIB. con su ayunt. (V.).

ARDARIZ: ald. en la prov. de la Coruña, ayunt. de Oroso y felig. de Sta. Eulalia de *Senra* (V.): POBL. 6 vec. y 32 almas.

ARDARIZ: l. en la prov. de la Coruña, ayunt. de Boqueijon y felig. de Sta. Maria de *Lestedo* (V.).

ARDARIZ: l. en la prov. de la Coruña, ayunt. de San Saturnino y felig. de Sta. Mariña del *Monte* (V.): POBL. 3 vec., 10 almas.

ARDEBOL: ald. en la prov. de Lérida, part. jud. y dióc. de Seo de Urgel, térm. municipal, y parr. de *Prullans* (V.): SIT. en terreno montuoso: POBL. 6 vec., 26 almas.

ARDEBOL (STA. MARIA DE): l. con ayunt. en la prov. de Lérida (13 1/2 leg.), part. jud. y dióc. de Solsona (3), adm. de rent. de Cervera (5), aud. terr. y c. g. de Cataluña (Barcelona 14): SIT. en TERRENO áspero y montañoso, con libre ventilacion y CLIMA, aunque frio, muy saludable. Tiene 30 CASAS de mediana fáb., parte de ellas agrupadas al rededor de una torre muy ant. que por su arquitectura indica ser del tiempo de los romanos, y las restantes esparcidas por el térm.; una igl. parr. dedicada á Sta. Maria, servida por un cura llamado rector, cuya plaza de 2.º ascenso es de patronato real; y otra titulada San Just, en el cas. de este nombre, aneja de la de Sú; esta circunstancia, por estraña que parezca, es muy comun en la montaña, donde hallándose las pobl. compuestas de cas. diseminados, se observa que hay en algunos de ellos distintas igl., porque de otro modo no podrian los hab. fácilmente acudir á misa á una parr. lejana, ni recibir los sacramentos y demas auxilios espirituales con la debida prontitud en caso de enfermedad ú otro semejante. Confina el TERM. por N. con los de Riner, Torre de Nagó y Llanera, por E. con las cuadras de Sú y Saugra, por S. con el de Pinos, y por O. con el de Claret de Figuerola, estendiéndose hasta cada uno de dichos puntos 2 horas poco mas ó menos. Dentro de esta circunferencia y en un sitio dist. poco mas de 1/4 de hora del pueblo, tiene origen un riach. que luego se junta al r. llamado *Riubrigós*; y sus aguas sirven para consumo del vecindario, abrevadero de ganado y otros objetos. El TERRENO es quebrado y cubierto de fragosidad; abraza 2,240 jornales, de los que hay en cultivo 104 de 2.ª clase y 136 de 3.ª, porque los restantes son rocas, peñascos y bosques, donde se crian pinos, encinas, robles y otros árboles, con muchos y buenos pastos para el ganado. Los CAMINOS son locales y en mediano estado, pasando junto al grupo principal de casas el que conduce desde Carmona á Cervera: PROD. trigo, cebada, legumbres, y bellota en bastante cantidad; cria ganado vacuno, de cerda y cabrio, y abunda la caza mayor y menor de varias especies: POBL. 30 vec. 118 alm: CAP. IMP. 78,947 rs.

ARDEJAJE: ald. en la prov. de Orense (14 leg.), dióc. de Astorga (24), part. jud. y ayunt. de Viana del Bollo (3/4): y felig. de San Vicente de Fradelo (1/4): SIT. á la falda del monte Entrecabezas, con vista al valle de Couso: las CASAS, de pizarra y cubiertas de paja, ninguna comodidad ofrecen. El TÉRM. es reducido, y, aunque de terreno quebrado y escaso de agua es fértil: PROD. centeno, castañas, patatas, yerba, lino y hortaliza: cria ganado lanar, cabrio, vacuno y cerdoso, y abunda de perdices, conejos y liebres: POBL. 10 vec. 46 alm. CONTR. con su felig. (V.).

ARDELEIRO: l. en la prov. de la Coruña, ayunt. de Malpica y felig. de San Cristóbal de *Cerqueda* (V.).

ARDEMIL (SAN PEDRO DE): felig. en la prov. de la Coruña (4 leg.), dióc. de Santiago (5 1/2), part. jud. y ayunt. de Ordenes (2): SIT. en el camino que va de Santiago á la Coruña y Betanzos: CLIMA sano: 100 CASAS de mediana construccion forman esta felig. con las ald. de Adina, Barcula, Canedo, Carrucheiros, Filgueira, Iglesia, Meson del Viento, Orellan y Salgueira; tiene escuela de primera educacion, pagada por los alumnos: la igl. parr. (San Pedro) es servida por un cura de provision ordinaria; hay cementerio bastante capaz y bien ventilado, 1 capilla y 2 ermitas: el TÉRM. confina por N. con Bruma, por E. con Lesta, por S. con Buscás y por O. con Villamayor; abunda de aguas en el invierno, y de ellas se surten los molinos: el TERRENO es montañoso y en su mayor parte inculto: los CAMINOS trasversales y mal cuidados á escepcion del que dirige de Santiago á la Coruña y Betanzos que se halla en buen estado: el CORREO se recibe de la estafeta de Ordenes: PROD. trigo, centeno, maiz, avena, habas, patatas y otras legumbres; hortaliza de toda clase y alguna fruta; cria ganado vacuno, lanar, cabrio, yeguar y de cerda: IND. la agrícola y varios molinos harineros; hay caza de perdices, liebres y conejos: POBL. 150 vec. 750 alm.: CONTR. con su ayunt. (V.).

ARDEÑA: l. con ayunt. de la prov., y adm. de rent. de Tarragona (3 leg.), part. jud. de Vendrell (3), aud. terr., c. g. y dióc. de Barcelona (18 1/2): SIT. en un llano, á la márg. izq. del r. Gaya, en parage bien ventilado: su CLIMA es saludable: se compone de 20 CASAS y 1 igl. parr. sufragánea de la de Riera, servida por 1 ecónomo vicario. Confina el TÉRM. por el N. con el de Vaspella; por el E. con el de Virgili, por el S. con el de Riera, y por el O. con el de Catllar: se estiende 1/4 de hora en todas direcciones: el TERRENO es de buena calidad, y muy fértil; se cultivan 200 jornales; gran parte de ellos beneficiados con el riego de 1 mina que conduce la cantidad de agua suficiente para ello: PROD.: trigo, vino, aceite, algarrobas, legumbres, hortalizas, frutas, cáñamo, cebada y centeno: POBL.: 18 vec., 60 alm.: CAP. PROD.: 626,000 rs.: IMP.: 18,780.

ARDESALDO: ald. en la prov. de Oviedo, ayunt. de Salas y felig. de Sta. Maria de *Ardesaldo* (V).

ARDESALDO (STA. MARIA DE): felig. en la prov. y dióc. de Oviedo (7 leg.), part. jud. de Belmonte (4), y ayunt. de Salas (1/2): SIT. en la cumbre de una montaña al E. de la sierra del Viso, con buena ventilacion y CLIMA sano: reune 80 CASAS en los l. ó ald. de Ardesaldo, Borra (la), Centiniegas (las), Escobedal, Peña (la), Valloria y Villamor: tiene escuela temporal, y pagada por los padres de los concurrentes á ella. La igl. parr. (Sta. Maria), es muy mediana, y su curato de primer ascenso y patronato real: hay 5 ermitas, pero solo la de las Nieves tiene algunas rentas, con las cuales sostiene 1 capellan: el TÉRM. confina por N. con el de Mallecina, á 1/2 leg., por E. con el de Priero, á igual dist., como por S. y O. con Salas, Lobio y Bodenaya: le bañan, y fertilizan algunos prados, 3 riach., el 1.° tiene origen de las fuentes que nacen á la falda de la sierra en que se encuentran Ardesaldo y Villamor; el 2.° tiene órigen en la fuente de la Silva, y va á unirse con el de las Centiniegas; otros arroyuelos bajan por la Borra y la Peña, cuyas aguas forman el riach. de las Murias que corre por medio de la v. de Salas: el TERRENO es frio y estéril, pero con bastante arbolado de robles y castaños: le cruza el CAMINO llamado el Francés, que parte de Salas á Luarca y la Coruña, el cual, asi como las veredas vecinales, está poco cuidado: el CORREO se recibe en la adm. de Salas: PROD.: maiz, escanda, patata, centeno y varias legumbres; cria ganado de cerda, vacuno, lanar y cabrío: hay caza de liebres, perdices, zorros y lobos, y se pescan algunas truchas: IND.: la agricola, molinos harineros y batanes: POBL.: 90 vec., 556 alm.: CONTR.: con su ayunt. (V).

ARDESENDE: l. en la prov. de Orense, ayunt. de Cea y felig. de Sta. Maria de *Osera* (V).

ARDEVILA: l. en la prov. de Lugo, ayunt. de Cervantes y felig. de Sta. Maria de *Dorna* (V.): POBL.: 9 vec., 45 almas.

ARDIA VILAR (DE): l. en la prov. de Pontevedra, ayunt. y felig. de San Martin de *Grove* (V).

ARDILA: r. de la prov. de Badajoz: á 1 leg. de Calera de Leon, part. de Fuente de Cantos, se eleva un monte de regular altura, conocido vulgarmente por el *Palancar* de Ardila; casi en su mitad existe una fuente, y esta se considera como el nacimiento de este r., cuyas aguas descienden al N. de la famosa sierra de *Tentudia*, una de las mas elevadas de *Sierra Morena*; agregándosele las vertientes de varios valles conocidos por los Cañales; y por la der. á 1/2 leg. corta de la Calera el arroyo nombrado las *Cabezas*, que nace al pie de la sierra de Tentudia, no muy dist. del mismo Ardila; el cúal se ha tenido como el nacimiento de este r., siendo sólo su afluente; sigue dejando á la izq. á Cabeza la Vaca, part. de Fregenal, entra en térm. de Segura de Leon, Fuente de Cantos, Bodonal y Valencia del Ventoso, y se introduce en Portugal por la izq. del cast. de *Nodar*, térm. de Barrancos, que se eleva en la misma raya; en este punto se le reune la caudalosa ribera de Múrdiga, que viene del part. de Aracena, en la prov. de Huelva (Andalucia), y continua por la comarca de Mourá (Portugal) hasta desembocar en *Guadiana* por la der. de este mismo pueblo, y como á 1 leg. de dist.: este r. no varia de nombre en todo su curso, antes bien absorve ó concluye los nombres de los demas arroyos, que se le reunen que son numerosos, sin embargo de lo cual pierde su corriente en el estio: tiene un solo puente sit. en el camino de Fregenal á Jerez de los Caballeros, dist. 1 leg. de esta c., el cual es de 72 pies de elevacion, 140 pasos de largo y 4 de ancho, con 10 arcos grandes como de 6 varas de luz, y sobre los 4 del medio otros 4 mas pequeños; fué construido en el año 1667 á costa de los vec. de Jerez y del Excmo. Sr. conde de la Puebla del Maestre por mitad; es todo de piedra berroqueña, y labrado con mucho esmero y solidéz: á la cabeza se halla una pequeña columna de mamposteria, donde habia una inscripcion; de la que solo se puede leer con claridad el número 1785, y se cree fue el año en que se hizo alguna reparacion: á la entrada del mismo puente se encuentran dos sepulturas en piedra viva, que, segun tradicion, sirvieron de entierro al arquitecto que lo edificó, y al perro que le acompañaba: este hecho no puede considerarse sino como una anecdotilla vulgar: en falta de puentes tiene el Ardila muchos vados, indispensables para la multitud de travesias entre los diversos pueblos que separa: los principales són; el que se encuentra en térm. de la Calera, á la bajada de un cerro denominado *Cerromolino*, transitable aun en la mayor elevacion de las aguas; el de las Casas de Ardila, en térm. de Segura de Leon, por el que cruza el camino á Fuente de Cantos; otro mas abajo por donde pasa el carril que dirige á Fuentes de Leon; por estos dos vados pueden pasar carruages; otros cruzan los caminos de Fregenal á Burguillos, Valverde, Valencia del Ventoso, de Encinasola á Jerez, Oliva, etc.; pero no debemos dejar de recordar que en alguno de estos vados han sucedido desgracias en tiempo de avenidas: sus aguas solo se emplean en dar movimiento á 2 molinos harineros en térm. de la Calera, 5 en el de Valencia del Ventoso, 11 en el de Jerez, y 2 en el de Oliva: cria alguna pesca de anguilas y peces comunes, cuyo peso varia segun su mayor cantidad de aguas.

ARDILA (CASAS DE): cortijo con 18 CASAS en la prov. de Badajoz, part jud. de Fregenal de la Sierra; TÉRM. de Cabeza la Vaca y Segura de Leon: es todo TERRENO labrantio, y le cruza el r. Ardila que le da nombre (V.).

ARDILLEIRO GRANDE: l. en la prov. de la Coruña, ayunt. de Boqueijon y felig. de San Lorenzo de la *Granja* (V.).

ARDILLEIRO PEQUEÑO: l. en la prov. de la Coruña, ayunt. de Boqueijon y felig. de San Lorenzo de la *Granja* (V.).

ARDILLERO DE ABAJO: cas. en la prov. de Lugo ayunt. de Abadin y felig. de San Pedro de *Aldije* (V.): POBL. 1 vec. 9 almas.

ARDILLERO DE ARRIBA: ald. en la prov. de Lugo, ayunt. de Abadin y felig. de San Pedro de *Aldije* (V.): POBL. 2 vec. 12 almas.

ARDINES: l. en la prov. de Oviedo, ayunt. de Ribadesella y Felig. de San Miguel de *Ucio* (V.).

ARDISA: ald. con ayunt. de la prov. aud. terr. y c. g. de Zaragoza (11 1/2 leg.), part. jud. y adm. de rent. de Ejea de los Caballeros (5), dióc. de Jaca (11): SIT. á las inmediaciones del r. Gallego donde le combaten frecuentemente los vientos del N.; disfruta de cielo alegre y CLIMA saludable aunque en algunos veranos se desarrollan fiebres intermitentes. Tiene 44

CASAS inclusa la municipal en la que está la cárcel, 1 escuela de primeras letras dotada con 8 cahices de trigo á la que concurren 18 discípulos, y 1 igl. bajo la advocacion de Sta. Ana, filial de la parr. de Murillo de Gallego: un racionero desempeña la cura como teniente del párroco de la matriz. Confina el TÉRM. por el N. con el de Biscarrues 1/2 leg., por el E. con el r. Gallego, por el S. con el de Sta. Eulalia de Gallego, por O. con el de Carbonera, estendiendo sus límites por el primer punto 1/4 de hora y por el segundo 1 1/2 hora. Dentro de esta circunferencia á la parte del O. se encuentran 2 ermitas dedicadas á San Vicente y San Juan de Barto, algunas fuentes aunque insignificantes en diferentes direcciones. sirviéndose los vec. para beber y demas usos domésticos, del r. Gallego, cuyas aguas son escelentes; y por último la sierra de los Blancos casas de Espes y cot. red. de Ballestar. El TERRENO, parte llano y parte montuoso, es de secano, pero de buena calidad, y sin embargo de que el r. está tan próximo á las casas como se dijo, no pueden aprovechar sus aguas para el riego, porque lleva muy bajo su cauce. Es insignificante el número de cahizadas de tierra que se cultivan, aunque crecido el de las que cuenta su TÉRM. susceptibles de labor. Carece de arbolado y de bosques, porque la naturaleza de su suelo y la frialdad de la atmósfera le hacen poco propicio hasta para el cultivo de frutales, legumbres y hortalizas, y sin embargo de que algun pequeño trozo de tierra se halla plantado de viñedo, el vino no es de buena calidad. Todo el monte, aun lo mas escabroso, cria finas yerbas de pasto para el ganado. Los CAMINOS son locales y difíciles por la aspereza del terreno. El CORREO se recibe por medio de peaton de la adm. de Ayerve, los mártes, viernes y domingos y se despacha los mártes, jueves y sábados: PROD. trigo, cebada, avena, y poco vino; cria ganado lanar y cabrio, caza de perdices y conejos y pesca de barbos. IND. 1 molino harinero: POBL. 41 vec., 196 alm. CAP PROD. 150,000 rs. IMP. 9,100.

ARDISANA: l. en la prov. de Oviedo, ayunt. de Llanes y felig. de Sta. Eulalia de *Ardisana* (V.): POBL. 48 vec., 217 almas.

ARDISANA (STA EULALIA DE): felig. en la prov. y dióc. de Oviedo (14 leg.), part. jud. y ayunt. de Llanes (3): SIT. en el valle de su nombre y á la bajada del puerto de Piedrahita: su CLIMA bastante sano: comprende los pueblos de Ardisana, Callejos, Mestas, Palacio, Rio-caliente y Villanueva: los barrios de Allende, Ballines, Gomezan, Teyedo y Torrevega, y el anejo Meré con su barrio Ilcedo: hay 1 escuela de instruccion primaria en el l. de Villanueva, á la cual concurren 50 niños y 15 niñas, cuyo maestro así como el que en Callejos da instrucion á 30 niños y 14 niñas, no disfruta otra dotacion que los honorarios estipulados con los padres de los concurrentes. La igl. parr. (Sta. Eulalia) matriz de Sta. Eugenia de Meré está situada en Villanueva y servida por un curato de primer ascenso y patronato real, tiene 1 ermita dedicada á San Miguel Arcángel. Confina por N. y á 1/4 de leg. do San Jorge de Nueva, interpuesta la elevada peña Benzua; por E. y SE. á poca distancia con las felig. de Bibaño y Caldueño; por S. y O. con la parr. y térm. municipal de Onis: en el indicado puerto de Piedra-hita nacen 2 riach. que unidos á 3/4 de leg. de su nacimiento, entre los l. de Mestas y Rio-caliente, atraviesan la felig. con direccion E. y desaguan en el mar (á 1 leg.) por la boca ó Habra, que conserva el nombre del ant. y destruido monasterio de San Antolin de Bedon; por el S. le ciñe un monte, que desde el mismo Piedra-hita forma cordillera con los de Cabrales, por donde cruza el camino denominado Rio de las Cabras: varios arroyos formados de las vertientes de este camino y reunidos antes de llegar á Meré, constituyen el r. de las Cabras que corre á unirse en el sitio Puente-Nuevo, con el ya citado que baja de Piedra-hita. El TERRENO es frondoso, fértil y no escaso de arbolado. Los CAMINOS vecinales asi como el de Rio de las Cabras, comunicacion de Llanes con Cabrales y Onis, y la carretera de Llanes á Oviedo por Piedra-hita, están muy mal cuidados: la CORRESPONDENCIA se recibe por Llanes: PROD. trigo, maiz, castañas, patatas y pasto de buena calidad: cria ganado vacuno y lanar, y celebra feria en los dias 8 de mayo y 29 de Setiembre en el sitio de la ermita del Sto. Arcángel á 1/4 de leg. de Villanueva: POBL. 271 vec., 1,200 alm.: CONTR. con su ayunt (V.).

ARDIZ: ald. en la prov. de Lugo, ayunt. de Castro de Rey de Tierra llana y felig. de San Salvador de *Coca* (V.). POBL. 3 vec. 17 almas.

ARDON: ayunt. en la prov. de Leon, part. jud. de Valencia de D. Juan: compuesto de los pueblos de Ardon (cap.), Cillanueva, Benazolve, Fresnellino del Monte, San Cibrian del valle de Ardon y Villalobár. Su PRESUPUESTO MUNICIPAL asciende á 4,400 rs. y se cubre parte con el fondo de propios y el déficit por repartimiento entre los vec., de cuyos productos se pagan tambien al secretario 1,320 rs. anuales, que es la dotacion que disfruta: POBL. de todo el ayunt. segun la matricula catastral del año de 1842: 249 vec., 1,120 alm.: CAP. PROD. 2.931,878 rs.: IMP. 152,073: CONTR. 22,155 rs. 22 mrs.

ARDON: v. con ayunt. en la prov., dióc. y adm. de rent. de Leon (3 leg.), part. jud. de Valencia de D. Juan (3), aud. terr. y c. g. de Valladolid (22): SIT. al estremo E. de un valle que trae orígen de la parte del O., y resguardada de los vientos N. y S. por unas pequeñas alturas, desde cuyas cimas se descubren todos los pueblos inmediatos colocados al NE. y S., y algunos hasta la dist. de mas de 6 leg.: su CLIMA es sano, siendo las enfermedades mas comunes las fiebres intermitentes. Cuenta unas 130 CASAS muy reducidas y de un solo piso, escepto 12 ó 14 de buena construccion y de mas comodidad, que han sido reedificadas posteriormente. La pobl., de figura de un poligono, tendrá de circunferencia como 1/4 de leg., en cuyo espacio se ven diferentes entradas, de las cuales, la mas notable, es la llamada del Puente, por la parte del S. En el centro del pueblo hay 1 casa pequeña, de mala fáb., y tambien de un solo piso, que titulan de Concejo, y en la que se celebran las sesiones de ayunt., menos en la temporada que no hay escuela, que se verifican en la que esta ocupa, por ser mas á propósito para el objeto. Dicha escuela solo está abierta desde el mes de noviembre hasta abril inclusive, concurriendo á ella comunmente 29 niños y 9 niñas; su maestro no goza mas dotacion que real y medio, y un celemin de centeno mensual de cada uno de los alumnos que saben leer, y 2 rs. y el celemin de centeno de los que escriben. Cuenta 2 igl. parr.: la de Sta. María, sit. al E. del pueblo, es un edificio embovedado de buena construccion; sus paredes son de tierra, y la torre que se halla á 150 pasos, en un alto denominado el Castillo, es de ladrillo, de muy poca altura y de figura cuadrada, conteniendo 2 campanas de regular tamaño y de buen sonido: en ella hay 5 altares, el mayor de los cuales está dedicado á la Purificacion de Ntra. Señora, cuya festividad, como patrona del pueblo, se celebra el dia 2 de febrero; á los lados de esta imágen se ven las estátuas de San Joaquin y Sta. Ana, y por cima 1 bonito crucifijo. La otra igl., bajo la advocacion de San Miguel, cuya fiesta, como patrono, se verifica el 29 de setiembre, es un edificio ant., sit. al S. de la pobl.; sus paredes están fabricadas de ladrillo y tierra; la torre es de aguja, de buena construccion de piedra, y de una altura regular, con 2 campanas pequeñas; hay tambien en ella otros 5 altares, siendo los mas notables el mayor, dedicado á dicho Santo, por cima del cual se ve igualmente otro grande crucifijo, y el de San Antonio que está en una capilla de figura de media naranja, en la que hay una araña de cristal que ocupa el centro, y 2 espejos de cuerpo entero: contiguo á esta igl. se encuentra el cementerio bastante capaz, y en parage bien ventilado. Ambas parr. constan de 1 sola nave; sus ornamentos se conservan en mediano estado; tienen las alhajas de plata indispensables, y están servidas por sus 2 curas párrocos; hay ademas 1 beneficio simple, titulado de San Pedro, cuyo beneficiado percibia la tercera parte de los diezmos con poca escepcion, y 2 capellanias, que obtiene 1 solo capellan, con el titulo de San Antonio y de Sta. Catalina, sit. en el pueblo é igl. de Sta. Maria: tanto los curatos, como el beneficio y capellanías son perpetuos y de presentacion de los vec., quienes tienen tambien el derecho de presentar el curato de Benazolve, pueblo bastante próximo, alternando con los vec. de este. Fuera de la pobl. existen 5 fuentes, todas perrennes y de muy buenas aguas especialmente 2, de las que se abastecen los hab. para su consumo doméstico; la una de estas, que llaman de Alcotanas, se halla á la salida por la parte del O. y la otra que es la principal, por la del S. á la entrada del puente: esta última tiene 1 caño con 2 pilones; 1 pequeño para recibir el agua, y otro mayor donde beben las caballerias, desaguando á la dist. de 20 pasos en un arroyo que corre por el valle, de que se hablará en su lugar. Confina su TÉRM. por N. con los de Cembranos y desp. de Rozuela, por E. con los de Villavidel y Cabreros, por S.

con los de Villalobar, Benazolve y Farballes, y por O. con los de Valdevimbre, Fresnellino del Monte y San Cibrian del valle de Ardon, estando todos estos lím. el que mas á la dist. de 1/2 leg. de la v. El TERRENO es llano en su mayor parte, pues aunque hay algunos regueros ó barrancos, se siembran tambien por contener la tierra mas á propósito para ello: la porcion roturada será de 2,000 fan.; que destinan al cultivo de cereales, y sobre 3,000 cuartas al de viñedo, habiendo ademas algunos prados para pastos, y 1 monte carrascal dist. 1/4 de leg. del pueblo entre N. y O. de poco prod., que apenas sirve mas que de pasto para las ovejas. Por las inmediaciones del pueblo, y casi lamiendo las paredes de 1 buena casa que está contigua, y algunas bodegas ó cuevas subterráneas, en donde se encierra el vino, pasa el caudaloso r. Esla, en direccion de N. á S., cuyas aguas no pueden aprovecharse para el riego, á causa de la mucha altura de la márg. en que se encuentran las tierras cultivables. En él hay 1 barca poco capaz, que se gobierna á vara para pasarle, costeada por el vecindario, y dist. 1/2 cuarto de leg. hácia el S., si bien varía de sitio, segun la marcha del r., que en las crecientes suele imposibilitar el paso. Cruza tambien 1 arroyo de curso perenne de O. á E., formado de varios manantiales que brotan á mas de 1 leg. de dist.: en el invierno crece con las lluvias lo bastante para dar movimiento á 1 molino harinero de 2 piedras, y dejando á su O. el valle nombrado de Ardon, va á morir en el Esla por la parte del E. Sobre él hay 1 puentecito de piedra, con 2 arcos, de buena construccion, por el cual atraviesa el camino real de Leon á Benavente, y 2 pontones de madera; el uno en el camino llamado la Jurja, para pasar solamente las personas, y el otro en el intermedio de ambos caminos, para el tránsito de los del pueblo: CAMINOS: el ya mencionado de Leon á Benavente en muy mal estado, aun el trozo que cruza por la pobl., en el cual hay 2 mesones bien abastecidos, sit. á la entrada y salida del puentecito, de que tambien se ha hablado. El CORREO se recibe de Villamañan los domingos y miércoles de cada semana, por medio de 1 conductor, á quien paga el ayunt. del fondo de propios: PROD. vino, centeno, trigo, cebada y algunas legumbres y hortaliza que se crian en varios huertos de particulares; ganado lanar, vacuno, yeguar y asnal; caza de liebres y perdices, y pesca de esquisitas truchas, alguna anguila y bastantes barbos, criándose tambien muchos árboles de negrillo, chopo, álamo y palmera: IND. y COMERCIO: 5 telares de lienzos gruesos; el molino harinero de que ya se ha hecho mencion, y 1 casa tejar, dist. 1/2 cuarto de leg. El sobrante de los vinos se vende á los hab. de las riberas de Almansa, Gradefes y Curueño, y á los montañeses de Buron y Boñar, que vienen al pueblo á comprarlo: POBL. 120 vec., 428 alm.: CAP. PROD., IMP. y CONTR. (V. el art. de ARDON AYUNT.).

ARDON (SAN CIBRIAN DEL VALLE DE): l. en la prov. y dióc. de Leon (2 1/2 leg.), part. jud. de Valencia de D. Juan (3 1/2), aud. terr. y c. g. de Valladolid (18), ayunt. de Ardon: SIT. en la planicie de una altura dominada por N. y S. de 2 pequeños cerros; combátenle todos los vientos y disfruta de CLIMA sano, si bien se padecen algunas fiebres intermitentes. Tiene 24 CASAS, escuela de primeras letras solo en los meses de noviembre, diciembre y enero, á la que asisten 14 niños de ambos sexos, y á cuyo maestro satisfacen mensualmente 1 real los que leen, y 2 los que escriben, con 3 libras de pan ademas cada uno; y 1 igl. parr., entre N. y O. del pueblo, dedicada á San Cipriano, y servida por 1 cura; este es perpétuo y se provee por oposicion en concurso general: el edificio se halla formado de tierra, escepto la torre que consta tambien de ladrillo; cuenta 3 altares con 1 sola nave; el mayor de mediana arquitectura tiene 2 estátuas, una á cada lado de la del patrono San Cipriano, y 1 Crucifijo en lo alto. Esta igl. estuvo mucho tiempo arruinada, por lo que se celebró en 1 ermita, sit. en el centro de la pobl., con el título del Sto. Cristo, hasta el año de 1831 en que fue reedificada aquella y bendecida por el vicario de la dignidad ep. de Valdevimbre, desde cuya fecha quedó dicha ermita para escuela y casa de concejo. Dentro del l. hay 1 fuente de esquisitas aguas que aprovechan los vec. para sus usos domésticos, y en el térm. otras 2 de igual abundancia, y de tan buenas aguas como la primera. Confina el TÉRM. por N. con Antimio de Abajo, por E. con Ardon, por S. con Fresnellino, y por O con Cillanueva, casi todos á 1/4 de leg. de dist. El TERRENO es todo llano, pues aunque hay algunas hondonadas, se siembran tambien, á escepcion de 1 valle de prados que termina en Ardon, el cual sirve para pastos de los ganados; fertilizan alguna parte de aquel las aguas de 1 arroyo que se forma de las lluvias, el que pasando por el N. del pueblo, corre todo el valle hasta llegar á Ardon, en su curso le atraviesa 1 solo ponton de madera, destinado únicamente para el paso de las personas. Los CAMINOS son locales y se encuentran en mal estado, y la CORRESPONDENCIA la toma cada vec. en Villamañan: PROD.: trigo, cebada, centeno, vino y alguna hortaliza en 1 huerta que existe á 1,000 pasos N. del valle, la cual distribuyeron, hace algunos años, entre sí los vec., á cuartilla de terreno cada uno, hallándose guardada por una cerca que cuidan particularmente en la parte que les corresponde; cria algun ganado lanar: POBL. 22 vec., 104 alm.: CONTR. con el ayunt. El PRESUPUESTO MUNICIPAL ordinario asciende á 260 rs., y se cubre por repartimiento entre los vecinos.

ARDONCINO: l. en la prov., part. jud. y dióc. de Leon, aud. terr. y c. g. de Valladolid, ayunt. de Chozas de Abajo: SIT. á 3 leg. de la cap., en un valle resguardado por varias alturas de los vientos N. y S.: su CLIMA sano, sin padecerse por lo comun otras enfermedades que las producidas por el cambio de las estaciones. Las CASAS que le constituyen son de mediana construccion, y entre ellas existe 1 igl., dedicada á San Miguel, la cual está servida por 1 cura párroco de provision del cabildo cated. de Leon y del duque de Uceda. El TÉRM. se estiende 1/2 leg. de N. á S. y 3/4 de E. á O., confinando por N. con Antimio de Arriba, por E. con Antimio de Abajo, por S. con Banuncias y desp. de Conforco, y por O. con Chozas de Abajo y Villanueva. Comprende un monte de encina; de propiedad del citado duque de Uceda; buenos prados de comun aprovechamiento, y sobre 900 fan. de tierra labrantía de muy buena calidad, aunque de secano: hay varios pozos y manantiales de poco caudal, de cuyas aguas se abastece el vecindario, beben los ganados y se riegan algunos huertos: los CAMINOS son de servidumbre de pueblo á pueblo, y se hallan en regular estado: PROD.: centeno, vino, trigo, algun lino y hortaliza; ganado lanar y vacuno: POBL.: 28 vec., 150 alm.: CONTR.: con el ayuntamiento.

ARDONSILLERO: ald. agregada al ayunt. y felig. de Garcirey, de la prov. de Salamanca (4 leg.), part. jud. de Ledesma (5), aud. terr. y c. g. de Valladolid (26): tiene 1 parr., y está SIT. al N. del r. de la *Moral*, sobre su márg. der., donde hay 1 mal puente: confina su TÉRM. al N. con el de Garcirey, E. Moral de Castro, S. con el r. Huebra, y O. con Casasola de la Encomienda; se estiende 1/4 leg. de N. á S., y otro tanto de E. á O., y comprende 104 fan. de cultivo, 45 de las cuales han sido desamortizadas, 10 de monte y pasto, y 12 de erial y matorrales: PROD.: centeno, pastos, bellota: ganados, caza de perdices, cortezas, conejos, liebres, lobos y raposas, y el r. buenos barbos y tencas: POBL.: 7 vec., 19 hab., dedicados á la agricultura y á esportar los frutos sobrantes á los mercados de Ledesma y Tamames: RIQUEZA TERR. PROD.: 88,900 rs.: IMP.: 3,125 rs.

ARDOSOS (LOS): riach. en la prov. de Ciudad-Real, part. jud. de Valdepeñas: nace en el sitio llamado los Gaviluches, térm. de la Torre de Juan Abad, que se halla en el coto del marques de Sta. Cruz, á 1 1/2 leg. S. de la v. de este nombre al principio de Sierra-Morena: camina al S. y á corta dist. se le reunen por su izq. los arroyos de Pilones y del Fresno; entra en el térm. del Viso del Marqués, y sigue su curso en la direccion indicada, por entre los lím. de los térm. del Viso y de la Torre de Juan Abad, llevando el primero á la der. y el segundo á la izq., saliendo de uno y entrando en el otro, hasta llegar al Ardoso, sitio denominado asi, perteneciente á las Navas de la Condesa, prov. de Jaen, y del cual toma el nombre; á la izq. de este sitio entra en el térm. de San Estéban del Puerto, de la misma prov., por la parte de arriba del charco llamado del *Caorzo*, y sigue serpenteando, entrando y saliendo, ya en el térm del Viso, ya en el de San Estéban, como 1/2 leg. hasta llegar al estrecho de las Carretas: de aqui se inclina hácia la der., y dejando los dos térm. anteriores, entra en el de Aldeaquemada, y pasa á 1/2 cuarto leg. de esta pobl. por su parte O., hasta llegar á la *Cimbarra*, que es un gran barranco de una profundidad inmensa, y uno de los sitios mas ásperos y quebrados de Sierra Morena: alli se precipita, dando un salto de los mas vistosos y pintorescos de su clase, pues cayendo el agua de tanta altura y con mucha velocidad, pierden sus moléculas la agregacion en tales términos, que se convierten en una especie de niebla ó lluvia, en cuyo estado llegan al gran charco que hay en el fondo del barranco: aqui deja, el nombre de arroyo de los Ardosos, y toma el de la Cimbarra, que caminando siempre mas ó menos al S., sigue hasta las Herrerias, sitio inmediato á los encinares de Vilches, donde se le reune el arroyo de Despeñaperros (V. MAGAÑA), y va á desembocar al r. Gualimar: procediendo las aguas de este r. en su mayor parte de las lluvias, se deja inferir que no son perennes, principalmente en verano; mas aunque su curso se interrumpe en temporadas, siempre quedan en ciertos puntos de su tránsito algunos charcos, que por su profundidad no se secan; esta misma profundidad de todo su alveo no permite aprovecharse de sus aguas mas que como abrevadero de los ganados, que se apacentan en sus inmediaciones, ó para dar movimiento á alguno que otro molino harinero: cria peces comunes, y en el charco de la Cimbarra se encuentran barbos bastante gruesos.

ARDRIONS: l. en la prov. de la Coruña, ayunt. de Brion y felig. de San Julian de *Luaña* (V.).

ARDUIX: ald. en la prov. de Lérida, part. jud. y dióc. de Seo de Urgel, térm. municipal y parr. de *Argolell* (V.): SIT. en TERRENO montuoso: tiene 1 ermita ó santuario dedicado á la Virgen de la Soledad, con el titulo de Ntra. Sra. de Arduix; POBL.: 3 vec., 14 almas.

AREA: cas. en la prov. de Pontevedra, ayunt. de Gondomar y felig. de San Miguel de *Peitieiros* (V.).

AREA: ald. en la prov. de Pontevedra, ayunt. de Poyo y felig. de Sta. Maria de *Samieyra* (V.).

AREA: l. en la prov. de la Coruña, ayunt. de Cedeira y felig. de San Cosme de *Pineiro* (V.).

AREAL: l. en la prov. de Orense, ayunt. de Teijeiro y felig. de Sta. Maria de *Abeleda* (V.).

AREAL: l. en la prov. de Lugo, ayunt. y felig. de *Vivero* Santiago (V).

AREAL: cas. en la prov. de Pontevedra, ayunt. de Gondomar y felig. de San Vicente de *Mañufe* (V.).

AREAL: l. en la prov. de Lugo, ayunt. de Becerreá y felig. de Sta. Maria de *Cascallá* (V.): POBL.: 6 vec., 30 almas.

AREAL: ald. en la prov. de Lugo, ayunt. de Begonte y felig. de San Cristóbal de *Donalbay* (V.): POBL.: 3 vec., 13 almas.

AREAL: l. en la prov. de Orense, ayunt. de Puente-Deva y felig. de San Pelagio de *Trado* (V.): POBL.: 5 vec., 21 almas.

AREAL: l. en la prov. de Pontevedra, ayunt. de Sotomayor y felig. de San Lorenzo de *Fornelos* (V.).

AREAL: l. en la prov. de la Coruña, ayunt. de Padron y felig. de Sta. Maria de *Cruces* (V.).

AREALBA: l. en la prov. de Lugo, ayunt. de Muras y felig. de San Julian de *Irijoa* (V.).

AREALES: l. en la prov. de Pontevedra, ayunt. y felig. de Sta. Maria de *Mourente* (V.).

AREA-LONGA (STA. EULALIA DE): felig. en la prov. de Pontevedra (3 1/2 leg.), dióc. de Santiago (7), part. jud. de Cambados (1 1/2), y ayunt. de Villagarcia: SIT. junto á la costa del Océano: su CLIMA es apacible: comprende los l. de Lage, Pereira, Pomar, Torre, Trabanca, Badiña y *Puerto de Villagarcia* (V.).

AREAN: ald. en la prov. de Pontevedra, ayunt. de Camba de Rodeiro y felig. de San Cristóbal de *Haz* (V.): POBL.: 3 vec., 16 almas.

AREAS: ald. en la prov. de la Coruña, ayunt. de Arteijo y felig. de San Estéban de *Morás* (V.).

AREAS: cas. en la prov. de Orense, ayunt. de Peroja y felig. de Santiago de *Carracedo* (V.): POBL.: 1 vec., 6 almas.

AREAS: ald. unida á la de Amboade, en la prov. de Lugo, ayunt. de Ponton y felig. de Santiago de *Vilar de Ortelle* (V.); POBL.: 3 vec., 15 almas.

AREAS: ald. en la prov. de Lugo, ayunt. de Brollon y felig. de San Pedro de *Cereija* (V.): da nombre al ponton que en la misma felig. se halla sobre el r. Saá: POBL.: 3 vec., 14 almas.

AREAS; ald. en la prov. de Orense, ayunt. de Junquera de Ambia y felig. de San Salvador de *Armariz* (V.); POBL.: 6 vec., 19 almas.

AREAS: l. en la prov. de la Coruña, ayunt. de Boimorto y felig. de San Martin de *Andabao* (V.): POBL.: 4 vec., 17 almas.

AREAS: l. en la prov. de la Coruña, ayunt. y felig. de Santiago Seré de las *Somozas* (V.): POBL.: 10 vec., 47 almas.

AREAS: l. en la prov. de la Coruña, ayunt. de Zas y felig. de Santiago de *Loroño* (V.).

AREAS: l. en la prov. de Pontevedra, ayunt. de Covelo y felig. de San Juan de *Pinciro* (V.).

AREAS (STA. CRISTINA DE): felig. en la prov. y dióc. de Lugo (7 leg.), part. jud. de Taboada (1 3/4), y ayunt. de Antas (1); SIT. en la ant. jurisd. de Monterroso entre elevadas sierras, y con buena ventilacion, en CLIMA sano: 16 CASAS dispersas constituyen las ald. denominadas Castro, Iglesia, Somoza y Rio: la igl. parr. (Sta. Cristina) es reducida; y su curato de entrada y patronato lego: el TÉRM. confina con Arcos, Agüela, y Amarante; el TERRENO quebrado y regado por diversos arroyuelos, es medianamente fértil y no escasea de arbolado y prados de pastos. Los CAMINOS son locales y mal cuidados: el CORREO se recibe por Taboada: PROD.: centeno, avena, maiz, patatas, nabos, hortaliza y alguna caza: cria ganado vacuno, de cerda, lanar y cabrío, que forma la IND. de estos naturales, quienes concurren con sus prod. al mercado mensual de Monterroso: POBL.: 17 vec., 96 alm.; CONTR.: con su ayunt. (V).

AREAS (STA. MARINA DE): felig. en la prov. de Pontevedra (7 1/2 leg.), dióc., part. jud. y ayunt. de Tuy (1/2): SIT. en terreno llano al E. y un poco mas elevado hácia el O.; la baten todos los vientos, y su CLIMA aunque húmedo por hallarse inmediata al r. Miño por el E., es bastante sano: tiene 106 CASAS, de inferior construccion y pocas comodidades, repartidas en los l. de Anta, Atrio, Bouzabalada, Padron ó Gayos, Regueiro y Togeira: hay 1 escuela indotada. La igl. parr. (Sta. Marina), es reducida y servida por 1 curato de patronato real y ecl. El TÉRM. confina por N. con la ald. de Randufe, por E. con el r. Miño, por S. con la ald. de Sobrada, y por O. con esta y la de Pesegueyro: bajan de O. á E. algunos riach. formados por los manantiales y vertientes del monte que por O. le divide de Sobrada y Pesegueyro, cuyas aguas utilizan los vec. para sus usos domésticos y regadio: el TERRENO es silíceo-arcilloso; hay algunas colinas desp. de poca elevacion, llenas de asperezas y escabrosidad; no abunda en pastos comunes, pero los hay de dominio particular y cercados de robles, castaños y viñedo: el CAMINO que conduce de Tuy á La-Guardia, y otros trasversales que dirigen á diversos puntos, se hallan en mediano estado: el CORREO se recibe de la cap. del part.: PROD.: trigo, maiz, centeno, mijo menudo, vino, lino, legumbres, hortaliza de toda clase y frutas; cria ganado vacuno, lanar y de cerda; se cazan liebres, conejos, perdices, codornices y otras aves, y disfruta de la pesca de truchas, anguilas, sollos, salmones, escelentes lampreas y sábalos, de que abunda el Miño: IND.: la agrícola, y COMERCIO de cuatropea: POBL.: 100 vec., 504 alm.: CONTR.: con su ayunt. (V).

AREAS (STA. MARIA DE): felig. en la prov. de Pontevedra (4 1/2 leg.), dióc. de Tuy (3), part. jud. y ayunt. de Puenteareas (1/2): SIT. á corta dist. y sobre la márg. der. del r. *Tea*, con buena ventilacion y CLIMA bastante sano: cuenta sobre 200 CASAS distribuidas en diversos l. y cas., como son, Agualevada, Alemparte, Cruz, Debesa, Ganade, Gandara, Lomba, Peso, Picoto, Porteliña, San Blas, Sta. Lucia y Serra; hay escuela costeada por los padres de los concurrentes: la igl. parr. (Sta. Maria), es considerada de curato de primer ascenso y patronato real y ordinario; la sirve tambien un capellan nombrado por las monjas de Laguardia. El TÉRM. confina con San Jorge de Riba de Tea, San Lorenzo de Arnoso, San Pedro de Angoares y cap. del part.; le baña en parte el mencionado r. Tea, al cual baja á unirse un arroyuelo que, trayendo su origen de los montes inmediatos, cruza por la felig. y recoge los derrames de las distintas y buenas fuentes que se encuentran en todo aquel terr.: este participa de monte poblado de pinos, robles y tojo; y el TERRENO destinado al cultivo es de buena calidad y no carece de pastos: los CAMINOS que se dirigen á la cap. del ayunt. y á la del ob., asi como á la de prov., son medianos: el CORREO se recibe en Puenteareas; PROD.: maiz, vino, centeno, lino, algun trigo y cebada; cria ganado vacuno y algo de lanar y cabrío; cazan liebres, conejos y perdices, y participa de la pesca de truchas y lampreas: IND.; la agrícola, varios molinos harineros y la arriería, á que varios estan dedicados, para estraer el sobrante de sus cosechas, que presentan en los mercados de Puentcareas y otros puntos de Galicia: POBL.: 215 vec., 850 alm.: CONTR.: con su ayunt. (V).

ARECES: l. en la prov. de Oviedo, ayunt. de las Regueras y felig. de Sta. Eulalia de *Balduno* (V).

ARECHA: barrio en la prov. de Alava, ayunt. de Ayala y térm. del l. de *Menagaray*: POBL.: 4 vec., 19 almas.

ARECHABALA: cas. en la prov. de Alava, ayunt. de Ayala y térm. del l. de *Izoria*: POBL.: 4 vec., 22 almas.

ARECHABÁLA: barrio en la prov. de Alava, ayunt. de Ayala, y térm. del pueblo de *Menagaray*: POBL.: 5 vec., 25 almas.

ARECHABALA: venta en la prov. de Alava; ayunt. de Ayala y térm. del l. de *Olavezar*.

ARECHABALAGA: cas. en la lá prov. de Vizcaya, part. jud. de Durango y de la v. de *Villaro*: POBL.: 1 vec., 4 almas.

ARECHABÁLAGANA: montaña unida á la sierra de Santa Cruz de Bizcargui, en la prov. de Vizcaya, y part. jud. de Bermeo: SIT. al S. de la v. de Rigoitia. De esta montaña se desprenden varios arroyos que forman un riach., que dejando á la der. la v. de Larrabezua, se dirige por la ferr. de Urgoitia á unirse con las demas aguas que constituyen el Nervion: en una colina de esta montaña celebraban los vizcainos *batzaarras* ó ayunt. de ancianos.

ARECHAGA: ald. en la prov. de Alava (3 leg. de Vitoria), dióc. de Calahorra (21), vicaría de Cuartango, part. jud. de Orduña (3), herm. y ayunt. de Zuya (1/4): SIT. á la izq. del r. Bayas, y al NE. de la v. de Murguía, de quien depende como barrio de ella: su CLIMA húmedo y poco sano. En lo ant. fue pueblo con igl. parr. (San Estéban), que se halla destruida; su TÉRM. está comprendido en el de *Murguia* (V.), y lo atraviesa el camino real de Vitoria á Bilbao: POBL.: 6 vec., 37 almas.

ARECHAGA: casa solar y armera en Vizcaya, part. jud. de Durango, y térm. de la anteig. de *Echano*.

ARECHALDE: barrío en la prov. de Vizcaya, del ayunt. y anteig. de *Lezama* (V).

ARECHARRO: caverna al E. en los montes de Oquendo, prov. de Vizcaya, part. jud. de Valmaseda; de la cual sale un arroyuelo que se cree en comunicacion con la barra de Portugalete (3 1/2 leg.), por la especie de marea de agua turbia y gruesa que en él se advierte, con especialidad en el invierno.

ARECHAVALETA: ant. part. en la prov. de Guipúzcoa y valle de Leniz: le formaban las anteig. de Aozaraza, Arcaraso, Arechavaleta, Arenaza, Bedoña, Galarza, Goronaeta, Isurieta y Larrino: résidia la jurisd. en el alc. de Arechavaleta, y se estendia á 3/4 leg. de N. á S., y 1 1/2 de E. á O.; recinto en el cual se comprendian las indicadas anteig., que hoy forman el ayunt. del mismo nombre (V).

ARECHAVALETA: ayunt. en la prov. de Guipuzcoa (9 1/2 leg. á Tolosa), aud. terr. de Búrgos (33), dióc. de Calahorra (22), c. g. de las prov. Vascongadas (4 1/2) y part. jud. de Vergara (2): SIT. sobre las márg. del r. *Deva*: CLIMA templado y húmedo, pero sano; se compone de la v. de Arechavaleta y de las anteigl. de Aozaraza, Arcaraso, Arenaza, Bedoña, Galarza, Goronaeta, Isurieta y Larrino, contando con cerca de 300 CASAS; la hay muy buena para el ayunt., una mediana cárcel y el famoso establecimiento de baños (V.): hay 2 escuelas para ambos sexos; la primera dotada con 2,750 rs., y la segunda con 1,540; á las cuales concurren sobre 60 niños. El TÉRM. municipal confina por N. con el de Mondragon á 1/2 leg., por E. con el de Oñate á 1 1/2, al S. con Escoriaza á 1/2, y por O. á 1 con Aramayona: le baña el mencionado Deva, que trayendo origen de Salinas de Guipúzcoa, corre por el centro de este terr., en donde se le reunen los arroyos de Arbinzelay, Landaeta y Murraquio. El TERRENO participa de monte y llano con buenos y abundantes pastos, y no es menos frondoso el arbolado de los montes de Murugain y Zaraya. El CAMINO de postas de Madrid á Irun, como los demas carretiles trasversales, se encuentran en buen estado: el CORREO se recibe todos los dias de la estafeta de Mondragon: PROD.: cereales, legumbres, castaña y algo de hortaliza: cria ganado vacuno y lanar; hay caza de liebres, perdices y zorras, y disfruta de la pesca que le proporciona el Deva: su IND. es la agrícola y la ferrera, y el COMERCIO está reducido á la escasa esportacion de los frutos y manufacturas, y á la importacion de aceite y vinos: POBL. conforme á los datos oficiales: 241 vec., 1,212 alm.: su RIQUEZA está valorada en 120,000 rs. la terr., y en 10,000 la ind. y comercial: CONTR. (V. GUIPUZCOA INTENDENCIA): EL PRESUPUESTO MUNICIPAL asciende á unos 20,000 rs.

ARECHAVALETA: v. en la prov. de Guipuzcoa (9 1/2 leg. á Tolosa), dióc. de Calahorra (22), aud. de Búrgos (33), c. g. de las prov. Vascongadas (4 1/2), y part. jud. de Vergara (2), con ayunt. de por sí (V.): SIT. á la orilla der. del r. *Deva* en un llano á la falda del monte Arizmendi, y sobre la carretera de la Córte á Francia: CLIMA templado y sano: varios cas. dispersos concurren á formar esta pobl. de una sola calle bien empedrada, con 1 fuente en el centro, y 100 CASAS, entre ellas la del ayunt., sobre cuya portada se encuentra el escudo de sus armas, que son 2 columnas; en una la inscripcion *plus ultra*, y en la otra *ultra plus*; en medio 1 águila imperial, y en su pecho 1 escudo con 2 leones y 2 cast. en uno de sus cuarteles; en otros 2 unas fajas ó barras doradas, y en el cuartel mayor una figura del arca de Noé, fluctuando sobre las aguas, y encima de ella 1 ángel con espada y rodela en ademan de defenderla: este escudo de armas es comun al ant. valle real de Leniz, del que era cap. Arechavaleta; hay 1 escuela de instruccion primaria á la que asisten 39 niños y niñas, cuyo maestro disfruta la dotacion de 250 ducados; tiene una decente y cómoda posada, y 2 igl. parr., la una (Ntra. Señora de la Asuncion) dentro de la v., la otra (San Miguel de Vedarreta) que es la primitiva, sit. en los afueras, y ambas servidas por 1 cabildo de 3 beneficiados que presenta el conde de Oñate. El TÉRM. confina al NO. con Mondragon, al NE. Oñate, al SE. montes de Aranzazu, al S. villa de Salinas, y por O. limita con la prov. de Alava. Le baña el indicado r. *Deva* y varios riach. llamados Urcalu, Landaeta, San Martin, Urguichía, Lanzubieta, Murraquio y Arvinzalay que corren á unirse á aquel; entre sus montes descuellan los nominados Murugain y Zaraya, desde cuya altura se alcanza á ver el mar (distante 6 leg.) y la sierra de San Lorenzo inmediata á Sto. Domingo de la Calzada: hay varias fuentes de agua potable con especialidad la sit. en el paseo cerca del camino real, y otra sulfúrea en la casa de baños (V). El TERRENO es fértil y sus montes poblados de hayas, robles, castaños, proporciona buenos y abundantes pastos: el CAMINO real y sus 3 puentes están bien cuidados; en los trasversales se nota algun abandono. La CORRESPONDENCIA la recibe todos los dias por Mondragon: PROD.: trigo, maiz, castañas, manzanas, alguna cebada, varias legumbres, guindas, cerezas, distintas clases de frutas y mucha y buena hortaliza: cria ganado vacuno, lanar, caballar y de cerda; se encuentran lobos jabalíes, corzos, liebres, zorros y varias aves, entre ellas perdices; abunda la pesca de anguilas, bermejuelas, zarbos y loñas. Hay canteras de jaspes y algun azogue en una de las fuentes sulfúreas. A la IND. rural se une la ferr., la cual ocupa algunos brazos en la elaboracion de herraduras, bachas y azadas, y encuéntranse algunos telares de lienzos y genga: POBL. reunida á las demas anteigl. que forman la jurisd. 280 vec., 2,480 almas.

ARECHAVALETA (BAÑOS DE): al S. á corta dist. de la v. de Arechavaleta de Guipuzcoa con direccion á Escoriaza, y á 300 pasos de la carretera general de Madrid á Francia, se encuentra un manantial que, recogido en una elegante fuente de piedra, da constantemente por cada minuto 33 cuartillos de agua cristalina á la temperatura de 14° del termómetro de Reaumur, con olor y sabor á huevos podridos. Sobre este manantial se construyó en 1842, con arreglo á los planos y bajo la direccion de D. Martin Sarasibar, 2 suntuosos edificios de tanto gusto y comodidad como los mejores que de su clase hay en los paises estrangeros. La casa de baños se compone de un hermoso salon de 120 pies de largo por 18 de ancho, al que da luces un cupulino de cristales que le rodea, y está adornado con estátuas, geroglíficos, molduras y banquetas almohadilladas en todo él para descanso de los concurrentes: de 8 gabinetes ó recibidores que comunican á 16 cuartos independientes para bañarse con luz graduada por cristales y persianas, y en cada uno su bañera ó pila de grandes dimensiones, de mármol bruñido, de una pieza ó de zinc; y de una bonita capilla en donde se celebra misa los dias festivos. A 30 pasos de este edificio, cuyo espacio es un delicioso jardin, está la casa hospederia que tiene 3 pisos, anchurosos pasadizos, 88 cuartos separados, salon de recreo lujosamente adornado con piano-órgano espresivo y varios instrumentos de música; ademas hay 2 saletas en el 2.° y 3.° piso, y los cuartos de los ángulos con comunicacion á los inmediatos para mas desahogo: mesa de villar, café, espaciosos comedores, cocinas y dependencias, completo servicio y fina asistencia con lujosas y esmeradas camas á precios arreglados; de suerte que se encuentra, ademas de las virtudes de las aguas cuanto se puede apetecer en comodidad, distraccion y goces.

Las aguas, segun el análisis hecho por los doctores Lletget y Masarnau, son las mas superiores de la clase de hidrosulfurosas analizadas hasta el dia en las prov. Vascongádas, y su resultado químico el siguiente:

Temperatura: 17° del centígrado.
Presion barométrica: 26 pulgadas y 2 lineas.

Cada libra de agua contiene:

Gas ácido sulfo-hídrico	3'462 pulgadas cúbicas.
Gas ácido carbónico	2'423 id.

SALES.

Sulfato de cal	11'4881 granos.
Sulfato de sosa	2'2313
Sulfato de magnesia	2'5134
Carbonato de cal	3'2431
Carbonato de magnesia	0'0903
Cloruro de sodio	3'1511
Cloruro de magnesia	0'2141
Cloruro de calcio	0'1479
Silice	0'1051
Total	23'1844 granos.

Estas aguas se usan con buenos resultados para la curacion de los herpes, tiñas, sarna y enfermedades cutáneas; para las escrófulas, gota, reumatismos antiguos y sus consecuencias, en la anorexia y dispepsia, y varias flegmasias crónicas del canal digestivo, aparato respiratorio y genito-urinario; en la sífilis y resultados del abuso del mercurio, y en las afecciones consecutivas á los envenenamientos y á los cólicos, como temblores, paralisis y otras enfermedades: pero la suministracion de estas aguas podrian perjudicar á los sugetos pletóricos, á los predispuestos á las hemorragias activas y á otros padecimientos; por cuya razon tiene el gobierno nombrado un director, que lo es el doctor en medicina y cirugia, D. Rafael Breñosa Martinez: la temporada mas conveniente para tomar estos baños es desde junio á fines de setiembre; en la última concurrieron 300 bañistas, y el buen resultado que obtuvieron y la completa asistencia que se les dispensó, hace incalculable el número de los que en los años sucesivos pasarán á disfrutar del beneficio de estas aguas.

ARECHAVALETA DE ALAVA: ald. en la prov. de que toma el nombre (1/4 de leg.), dióc. de Calahorra (19), part. jud. de Vitoria (1/4), y ayunt. de Alí (1/2): SIT. en un alto, dominando á la cap. del part., y combatida por el viento N.: su CLIMA frio, pero sano: la igl. parr. (San Juan Bautista) es anejo de las de Vitoria, y servida por 1 cura beneficiado: TÉRM.: confina con Vitoria por N., por E. con Mendiola (1/2 leg.), por S. con Gardelegui (5"), y por O. con Armentia (1/2); abunda de buenas y abundantes fuentes, y tiene un r. que nace bajo el portillo del lobo, desde donde se dirige á Vitoria: el TERRENO se estiende 1/4 de leg., y es de muy buena calidad; sus montes medianamente poblados, y prod. escelentes pastos: CAMINOS: el que pasa por medio de la pobl. para Logroño, y se halla en buen estado: el CORREO se recibe de Vitoria: PROD. trigo, cebada, habas, yero, rica, maiz, avena, patatas, varias legumbres, hortaliza y alguna fruta: cria ganado vacuno, caballar, lanar y de cerda: hay caza de perdices y codornices: IND. la agrícola, y 1 molino harinero: POBL. 16 vec., 109 alm.: CONTR. (V. ALAVA INTENDENCIA.). Se hace mencion de este pueblo en el ant. catálogo de San Milan con el nombre de *Harizaballeta*; colocándole en la merind. de *Melizhaeza*. Es una de las que llaman ald. viejas, por ser las primeras que adquirió Vitoria por donacion del Rey D. Alonso X en el año 1258 en que se las habian cedido los caballeros de Alava, como consta de instrumento existente en el archivo de esta c., de que tiene copia la real Academia de la Historia.

ARECHEGA: barrio en la prov. de Alava, ayunt. de Lezama, y térm. del l. de *Saracho*: POBL. 2 vec., 9 almas.

ARECHUAS: casas pobladas en la prov. de Vizcaya: correspondian á la anteigl. de Verriz, y se agregaron en 1563 á la de Mallabia.

A-REGA: l. en la prov. de la Coruña, ayunt. de Moeche y felig. de Sta. María de *Labazengos* (V.): POBL. 1 vec., 5 almas.

AREGIA: en la historia de los godos por San Isidoro Hispalense, al referir las conquistas del rey Leovigildo, se lee: *Cantabros namque iste obtinuit, Aregiam iste cepit.* Creen algunos ser *Aregia* una c. que luego reducen á *Amaya*: Cortés opina venir significada bajo aquel nombre la region que hoy se llama *Rioja*, habiendo recibido de la c. *Varia* el nombre *Varegia*, del cual quitada la aspiracion queda *Aregia*, y luego con ligeras variantes *Arioja* y *Rioja*. No deja de ser probable esta opinion, pues la *Rioja* confina con los *cántabros comiscos* por la v. de Ocaña. y asi parece haber comenzado por ella Leovigildo su gran campaña pasando de esta region á Alava, y luego á la *Cantabria*. El nombre *Aregia* puede interpretarse defensa, tutela, proteccion ó escudo: proviniendo de *Arego*, auxiliar en la guerra de *Ares Marte*, y por esta conjetura opina tambien el mismo Cortés poderse reducir *Aregia* al *Puerto de Escudo* en la Cantabria, caso de ser una sola c. Conocido es lo vago de todas estas conjeturas.

AREGUERODE: pago en la isla de la Gomera, prov. de Canarias, part. jud. de Sta. Cruz de Tenerife, jurisd. y felig. de Alaxero (V.): tiene en su térm. 1 ermita muy ant., 3 copiosos manantiales de agua, y muchas huertas.

AREILZA: casa solar armera del bando Oñacino en la prov. de Vizcaya y v. de Bermeo: hace cosa de 16 años desaparecieron los últimos vestigios de esta casa, y su área es hoy parte de una huerta, propia de D. Andres de Nardiz.

AREJAS: cas. de la prov. de Almería, part. jud. y térm. jurisd. de *Sorbas* (V.).

AREJO: l. en la prov. de Lugo, ayunt. de Fonsagrada, y felig. de San Agustin de Sena en Oviedo, respecto á la administracion de Sacramentos, y en lo civil á Sta. María de Villabol de *Suarna* (V.): POBL. 3 vec., 19 almas.

AREJUSTE: l. de la prov. de Lugo, ayunt. de Cospeito, y felig. de Santiago de *Justás* (V.): POBL. 3 vec., 14 habitantes,

ARELA: l. en la prov. de Pontevedra, ayunt. de Sotomayor, y felig. de Santiago de *Arcade* (V.).

ARELLANO: v. con ayunt. del valle y arciprestazgo de la Solana, en la prov., aud. terr. y c. g. de Navarra, merind. y part. jud de Estella (1 1/2 leg.), dióc. de Pamplona (8): SIT. en la falda meridional de *Monte-Jurra*, donde la combaten principalmente los vientos del N. y O.; el CLIMA es bastante fresco y saludable, aunque á las veces suelen padecerse enfermedades de pecho. Tiene 130 CASAS; la municipal, escuela de primeras letras, frecuentada por 45 niños de ambos sexos, cuyo maestro tiene de sueldo 1.400 rs. anuales; una igl. parr. dedicada á San Roman, servida por 1 cura párroco llamado abad, y 2 ermitas: la una titulada Sta. Maria de Unzizu existe entre E. y S. á 1/8 de leg. del pueblo; y la otra dedicada á San Bartolomé hácia el S. dist. 1 1/2 leg. sirve para que oigan misa los labradores, durante la recoleccion de mieses. Dentro de la v. hay varios pozos, cuyas aguas aprovechan los hab. para consumo de sus casas, juntamente con las de 2 fuentes que brotan en el térm. y á dist. de 200 pasos de la pobl. por la parte del E. y S. Confina aquel por N. con los de Irache y Ayegui (1 1/2 leg.), por E. con el de Morentin (3/4), por S. con el de Dicastillo (1/4), y por O. con el de Arroniz (1). El TERRENO es montuoso y lleno de peñascos, especialmente por el lado del N., donde hay un monte cubierto de encinas y robles que proporcionan madera de construccion y para combustible, hallándose otro hacia el O., el cual no prod. mas que pastos, y es de aprovechamiento comun á esta v. y á las de Arroniz y Dicastillo. Abraza el térm. 24,000 robadas de tierra, de las cuales únicamente se cultivan 9,000, porque las restantes son demasiado escabrosas, si bien con dificultad podrian laborearse otras 400.

Los CAMINOS son de pueblo á pueblo, de herradura, y se encuentran en malísimo estado. La CORRESPONDENCIA se recibe de Estella dos veces á la semana por medio de un balijero pagado por el ayunt.: PROD. trigo, cebada, avena, centeno, habas, aceite, vino, toda clase de legumbres, y bastante hortaliza; cria ganado lanar, cabrio y vacuno; este, aunque de poca estatura, es muy brioso y un poco áspero, no obstante se le amansa y doma con facilidad; y hay abundante caza de perdices con bastantes liebres y conejos, no faltando algunos animales dañinos que se guarecen en las quiebradas y fragosidad de los montes: IND.: ademas de la agricultura existen dentro de la pobl. 4 molinos de aceite, donde se elabora la aceituna de este térm. y de los inmediatos: COMERCIO,: el de esportacion de aceite y trigo, é importacion de vino, frutos del pais, y géneros coloniales y ultramarinos: POBL.: 126 vec., 640 alm.: CONTR. con el valle: y el PRESUPUESTO MUNICIPAL asciende á 12,800 rs., y se cubre con varios arbitrios, arrendamiento de pastos, y el de otras fincas pertenecientes á propios, entre ellas 1 molino harinero, con otro de aceite construidos en las márg. del r. *Ega*. Algunos opinan que nació en esta v. San Veremundo, aunque otros creen que fue su patria Villatuerta. En tiempo de Cárlos II de Navarra, fue señor de esta pobl. D. Juan Ramirez de Arellano, y posteriormente correspondió á los señores duques de Alba. Como durante la última guerra civil ocupaba la linea de las tropas de D. Cárlos sufrió varios saqueos é incendios en 1837 y 39, siendo tomados en este último por las tropas de la Reina al mando del general Leon los fuertes que en la ermita de Unzizu y alto de la Asomada habia construido Maroto.

ARELLANOS: era una ald. sujeta á la felig. de Guarroman, pobl. nueva de sierra Morena; pero en la actualidad no queda de ella mas que 1 molino de aceite.

AREN: v. con ayunt. de la prov. de Huesca (18 leg.), part. jud. y adm. de rent. de Benabarre (5), aud. terr. y c. g. de Zaragoza (22), dióc. de Urgel (20): SIT. á la márg. der. del r. *Noguera Ribagorzana*, en la falda de un cerro donde la combaten con particularidad los vientos del N.; disfruta de un cielo alegre y CLIMA saludable. Forman la pobl. 150 CASAS de fáb. y altura regular, distribuidas en varias calles de buen piso y empedrado y 2 espaciosas plazas: tiene ademas casa municipal y en ella la cárcel, una escuela de primeras letras dotada por los fondos del comun en 3,000 rs., á la que concurren 60 niños, y otra para niñas, cuya maestra disfruta de la asignacion de 1,500 rs. que le pagan los mismos fondos y á la que asisten 14 discipulas. Hay 1 pósito, una carniceria con su matadero y tambien una igl. parr. bajo la advocacion de San Martin servida por 1 cura, 3 racioneros y 2 beneficiados que forman capitulo, 1 sacristan, 1 organista, 2 monacillos y 1 campanero. El curato es de primer ascenso y se provee por S. M. ó el diocesano previa oposicion en concurso general: el edificio es de construccion moderna, bastante bueno y muy sólido; consta de 3 naves con 8 hermosos altares. Antes de la esclaustracion habia un conv. de carmelitas descalzos, cuya casa se ha enagenado quedando la igl. abierta para el servicio público. El cementerio ocupa un lugar ventilado fuera de la pobl., é inmediato á esta en distintas direcciones se encuentran varias fuentes de buenas y cristalinas aguas que sirven para el surtido del vecindario y 2 ermitas que aunque sin rent., la devocion de los fieles las conserva en un estado regular, descubriéndose sobre la cima del cerro á cuya falda hemos dicho hallarse sit. la pobl., las ruinas de un cast. que fué plaza de armas de alguna consideracion hasta el año de 1740, en el que quedó abandonado, quitado el gobernador que la mandaba, y trasladadas á Benasque 2 piezas de artilleria que aun habia. El TÉRM. confina por el N. con los de Sopeira y Pallerol (1 1/2 leg.), por E. con el r. Noguera arriba mencionado (1/2), por S. con el de Montoñana (2), y por O. con el de Superun (2). Dentro de esta circunferencia se encuentran las ald. de Bergamuy, al O. y Sobrecastells al N., que contarán la primera 17 y la segunda 15 casas, y ademas varias masadas. El TERRENO participa de monte y llano y es de mediana calidad; el repetido Noguera Ribagorzana riega algunos huertos y prados y sirve para dar impulso á 1 molino harinero de 5 ruedas, contribuyendo tambien al riego algunos otros pequeños arroyos que nacen en los térm. de Iscles y Corundella, y desaguan en el Noguera cerca de Aren. El monte está poblado de algunos árboles, mata baja y yerbas de pastos. Los CAMINOS son locales y de herradura. Para el servicio de la CORRESPONDENCIA hay una caja con su estafetero; los CORREOS llegan de Benabarre y Trem, los mártes y viérnes, y salen los lúnes y juéves: PROD. trigo, vino, cáñamo, lino, legumbres, mucha fruta y algo de aceite; cria caza de perdices y conejos, y pesca de esquisitas truchas en el r.: IND. el molino harinero de que ya se ha hablado, otro de aceite, 1 batan, artesanos de diferentes oficios y telares de lienzos de cáñamo y lino: COMERCIO: consiste en la esportacion del vino para la montaña, y granos para Cataluña, é importacion de algunos art. que faltan en la pobl., y para su mayor fomento, celebra una feria en el dia 3 de diciembre de cada año, á la que concurren fabricantes de diferentes géneros con sus artefactos, y comerciantes con otros art. de consumo: POBL. 160 vec., 91 de catastro: 800 alm.: CONTR. 20,015 rs. 21 mrs.

AREN: uno de los distritos en que se divide la felig. de Sta. Maria de *Samiegra* en la prov. de Pontevedra.

AREN Y CERNADOS: ald. en la prov. de Pontevedra, ayunt. y felig. de San Juan do *Cerdedo* (V.): POBL. 33 vec. 160 almas.

ARENA: puerto en la isla de la Gomera, prov. de Canarias, part. jud. de Sta. Cruz de Tenerife, jurisd. de Vallehermoso. Está sit. al O. de la isla, en parage abrigado de los vientos por los ramales de un barranco que prolongándose hácia el N. y S. le forman: es abundante en peces y mariscos.

ARENA (SAN JUAN DE LA): felig. en la prov. y dióc. de Oviedo (6 leg.), part. jud. de Avilés (2 1/2), y ayunt. de Soto de Barco (1/2): SIT. á la der. del r. Nalon, y cerca de su desembocadura, en un llano, con CLIMA saludable: es una pobl. de 48 CASAS con igl. parr. (San Juan Bautista), anejo y á 1/4 de leg. de Santiago de *Ranon* (V.): su TERRENO es fértil; los CAMINOS vecinales y mal cuidados, el CORREO se recibe de la estafeta de Pravia: PROD. escanda, trigo, maiz, habas, patatas, centeno y castaña: cria ganado vacuno, caballar y de cerda: hay alguna caza y mucha pesca á la que con 15 ó 16 lanchas estan dedicados, en lo general, estos naturales: POBL. 48 vec.: 248 alm. CONTR. con su ayunt. (V.).

ARENA (SAN MARTIN DE LA): puerto de mar en la prov. de Santander y part. jud. de Torrelavega: SIT. á la dist. de 12 millas O. de dicha c.: forman su entrada, que se halla por el lado de un islote de roca en que hay bastantes conejos, las aguas de los r. Saja y Besaya, reunidos 1 leg. antes, los cuales á pesar de ser bastante caudalosos no limpian bien la barra á causa de su curso demasiado tortuoso, y asi es que la profundidad que tiene en las bajas marcas, solo es de 13 á 15 pies lo mas. En la misma entrada del puerto se ve una bateria á barbeta, derruida, que servia para su defensa, habiendo aun en ella algunos cañones inutilizados. Tan luego como se pasa la barra se hallan los buques al abrigo del NOE. por una elevada sierra en que está sit. el pueblo de Suances, que es el que por lo regular lleva el nombre de este puerto. Por él se esportan muchos trigos y harina para los puertos españoles del Mediterráneo, para Inglaterra y aun para Francia, si bien las importaciones son de poca consideracion, pues únicamente consisten en vena de hierro para las ferr. que trabajan con las aguas del Besaya.

ARENA (LA): barrio en la prov. de Pontevedra, ayunt. de Bouzas y felig. de San Martin de *Tours y Coya* (V.): POBL. 29 vec.: 145 almas.

ARENA (LA): ald. en la prov. de Oviedo, ayunt. de Gozon y felig. de Sta. Eulalia de *Nembro* (V.).

ARENA (LA): l. en la prov. de Oviedo, ayunt. de Gijon y felig. de San Andrés de *Ceares* (V.): tiene una ermita dedicada á San Nicolás: POBL. 4 vec. 19 almas.

ARENAL: l. en la prov. de la Coruña, ayunt. y felig. do San Andrés de *Cabañas* (V.): POBL. 4 vec. 16 almas.

ARENAL: l. en la prov. de la Coruña, ayunt. de Laracha y felig. de Santiago de *Vilaño* (V.).

ARENAL: barrio que con otros compone el pueblo de Orejana, en la prov. de Segovia, part. jud. de Sepúlveda (V. OREJANA).

ARENAL: cas. de la prov. de Pontevedra, ayunt. de Vigo y felig. de *Santiago de Vigo* (V.).

ARENAL (EL): cas. en la prov. de Alava, ayunt. de Ayala y térm. del l. do Respaldiza: POBL. 2 vec.: 9 almas.

ARENAL: cas. en la prov. de Murcia, part. jud. de Caravaca, térm. jurisd. de *Moratalla* (V.).

ARENAL: l. en la prov. y dióc. de Santander (2 1/2 leg.), part. jud. de Entrambas-aguas (3 1/2), aud. terr. y c. g. de Búrgos (27), ayunt. de Penagos: SIT. al pie de una montaña de poca elevacion llamada Corra; se halla bastante ventilado, padeciéndose sin embargo con alguna frecuencia, calenturas intermitentes causadas por la corrupcion de las aguas, que desprendiéndose de los montes inmediatos se estancan en el sitio denominado las Llamas; la abundancia de ellas es tal que si los vec. no tuviesen el cuidado de abrir zanjas durante su curso, seria inhabitable la mayor parte de este terreno. Tiene 70 CASAS de mamposteria y teja, entre las que se cuentan 32 con piso alto y de muy buena distribucion interior; escuela de primeras letras dotada con 100 ducados al año, á la que asisten 30 niños de ambos sexos; y 1 igl. parr. pequeña y de mala arquitectura; dedicada á San Juan Bautista y servida por 2 curas, cuyas vacantes provee en patrimoniales el diocesano por oposicion en concurso general: el edificio era antiguamente una ermita con la misma advocacion que en la actualidad, habiendo sido erigida en parr. por los gobernadores de la dióc. con aprobacion del Gobierno, en el año 1843. Confina el TÉRM. por N. con Sobarzo á 1/4 de leg., por E. con Penagos á 1/2 cuarto, por S. con Lloreda á 1/2 leg., y por O. con Abadilla á igual dist., pertenecientes estos 2 últimos al part. de Villacarriedo. El TERRENO participa de monte y llano, y aunque no le cruza ningun r. tiene muchos manantiales de aguas abundantes y esquisitas. Hay 2 montes comunes, aislados, de poca elevacion y de 1/4 de leg. de circunferencia, en los que se crian robles, hayas, encinas y otros arbustos que se aprovechan para los hogares y para hornos de teja y ladrillo que se hacen de muy buena calidad: antiguamente se vieron poblados estos montes de escelentes maderas de construccion, pero la incuria de los hab. ha hecho desaparecer tan ventajosa prod. Encuéntrase tambien un terreno llamado Dehesa-real, cubierto de robles pequeños é inservibles para la construccion de buques, que es el objeto á que están destinados. Los CAMINOS son locales, y se hallan en regular estado, y la CORRESPONDENCIA se recibe de Santander los lúnes, juéves y sábados: PROD.: maiz, patatas, algun lino y hortaliza; y cria ganado vacuno, lanar, molar y muchisimas gallinas que venden los naturales en Santander y mercados de los pueblos inmediatos: POBL.: 62 vec., 240 alm.: CONTR.: con su ayuntamiento.

ARENAL: porcion de playa en la isla de Mallorca, prov. de Baleares, part. jud. de Inca, térm. y felig. de Sta. *Margarita* (V.).

ARENAL (SIERRA DEL): en la prov. de Albacete, part. jud. de Hellin, térm. jurisd. y á 1 leg. N. E. de *Tobarra* (V.).

ARENAL DE CASTEL: pequeña cala en la isla, tercio, prov. y distr. marit. de Menorca, apostadero de Cartagena: SIT. al EN. de la isla: fórmala la punta de Sevaslada. Es muy poco frecuentada.

ARENAL (EL): v. con ayunt. en la prov., adm. de rent. y dióc. de Avila (11 leg.), part. jud. de Arenas de San Pedro (1), aud. terr. de Madrid (25), c. g. de Castilla la Vieja (Valladolid 32): SIT. en un llano y vega del r. de su nombre, que pasa muy inmediato, circunvalada de cerros bastante elevados, particularmente por N., que domina un ramal de la sierra de Gredos; de CLIMA frio por los vientos del N. que reinan continuamente, pero saludable, esperimentándose solo algunas intermitentes y afecciones de pecho: tiene 380 CASAS de 20 á 30 pies de altura, con cómoda distribucion interior, que forman plaza y calles irregulares y mal empedradas: hay casa de ayunt., cárcel, pósito, escuela de primera enseñanza, todo en edificios separados y regulares; el maestro está dotado por los fondos públicos con 2,000 rs., y ademas la retribucion de los 120 niños que concurren; hay tambien escuela de niñas, y la maestra aunque no examinada, percibe una pequeña retribucion de las 35 alumnas á quienes enseña; 3 fuentes dentro de la pobl. de aguas buenas y delgadas, 3 ermitas, tituladas de Ntra. Sra. de los Remedios, en la plaza; de Ntra. Sra. de las Angustias, al S. O.; y del Sto. Cristo de la Espiracion al S.; ó igl. parr. dedicada á la Asuncion con curato perpetuo. Confina el TÉRM. por N. con Navaredonda; E. Mombeltran y las Cuevas, S. Arenas de San Pedro, y O. el Hornillo, á dist. de 1/2 á 1 leg., y comprende cerca de 2,000 fan., de las que se cultivan 700 en viñas, olivares, huertos y cereales; las demas estan cubiertas de pinares, sierras y mucho monte bajo: el r. Arenal, que mas bien es un torrente ó garganta, desciende de las montañas del N.; á la parte opuesta corre otra garganta de menos caudal, y ambas sirven para el consumo del vecindario y el riego de árboles y legumbres, bañando el pueblo por E. y O.: el TERRENO es poco productivo, áspero y peñascoso: los CAMINOS vecinales y en mal estado por su natural escabrosidad; el CORREO se recibe por los mismos interesados en Arenas de San Pedro, adonde llega 3 veces á la semana; PROD.: frutas en abundancia, legumbres, castañas, nueces, vino, aceite, lino, cáñamo y algunos cereales; se mantiene algun ganado vacuno, lanar, cabrio y de cerda, y se cria abundante caza mayor y menor, y pesca de truchas esquisitas en las gargantas: IND.: 4 molinos harineros y 2 de aceite; COMERCIO: la esportacion de frutas y legumbres é importacion de granos: POBL.: 379 vec., 1,343 alm.: CAP. PROD.: 762,850 rs.: IMP.: 30,514: CONTR. DIRECTAS, 4,447 rs. 5 mrs.; id. INDIRECTAS, 14,588 rs. 24 mrs.: RIQUEZA IND.: 11,800; CONTR. por este concepto 472; PRESUPUESTO MUNICIPAL 10,000, del que se pagan 600 al secretario por su dotacion, y se cubre todo por repartimiento vecinal.

ARENAL ó ARENAS: r. en de la prov. de Avila, part. jud. de Arenas de San Pedro: nace en las sierras N. de la v. del Arenal, de la que toma el primer nombre, y cuyas paredes baña, tomando poco despues las aguas de otra garganta que corre por el lado opuesto del pueblo, quedándolo como aislado; camina despues en direccion de N. á S. hasta Arenas de San Pedro, habiéndosele reunido antes la garganta del Hornillo, despues la de Guisando, y últimamente la de Arroyo Castaño, incorporándose al Tiétar casi enfrente de la v. de Parrillas, en la prov. de Toledo, part. jud. de Talavera de la Reina, como á unos 300 pasos de donde tambien lo verifica el r. Ramacastañas: tiene 3 1/2 leg. de curso con un buen caudal de agua perenne, entre márg. agrias, alveo arenoso y pedregoso, y aunque fácil de vadearse por muchos puntos, ofrece pocos pasos, en razon á la profundidad del terreno por donde camina; sin embargo de la cual se le sacan algunos cáuces en ambas orillas, para regar no pocas posesiones y dar movimiento á 6 molinos harineros y 3 de aceite en el Arenal y *Arenas*, y á las máquinas de la fáb. y martinetes de cobre en esta última (V.): tiene en todo su curso 3 puentes; el 1.° de madera con los estribos de piedra en las inmediaciones de la v. del Arenal; el 2.° de piedra sillar labrada, sólido, de inmemorial construccion, con 3 ojos, 21 varas de long., 3 1/2 de lat. y 10 de altura, cerca de Arenas de San Pedro; y el 3.° en la confluencia con *Arroyo-Castano*, de madera tambien como el 1.°: restos de otro puente se hallan en el sitio donde se le incorpora la garganta de Guisando: cria buena y abundante pesca de truchas, anguilas y barbos.

ARENALEJO: 2 cortijos unidos en la prov. de Albacete, part. jud. de Yeste, térm. jurisd. y á 1 hora entre S. y O. de *Elche de la Sierra* (V.), próximos y al S. del camino de herradura que desde Hellin, pasando por Elche, conduce á la Mancha baja y Andalucias; tienen una escasisima huerta casi abandonada, y el TERRENO es arenisco.

ARENALES: labor, part. y monte de la prov. de Murcia, part. jud. y térm. jurisd. de *Yecla* (V.).

ARENALES: monte en la prov. de Búrgos, part. jud. de Briviesca; perteneciente al térm. jurisd. de *Lences* (V.).

ARENALES (LOS): cas. en la prov., part. jud. y térm. de Cáceres: SIT. 1 leg. al S. de esta cap., comprende principalmente la casa palacio de la Sra. Marquesa de Santa Marta, de buena fábrica y construccion, y otras mas pequeñas destinadas á pajares, cuadras y recogido de los aperos de labranza: su TERRENO, aunque arenoso, es todo de labor: en el palacio hay un oratorio, y algunas veces ha servido este cas. como sitio de recreo de sus dueños.

ARENALES DE LA MOSCARDA (LOS): terr. de huertas en la prov. de Ciudad-Real, part. jud. de Alcázar de San Juan, térm. del Campo de Criptana: SIT. 1 1/2 leg. de esta v.; comprende 50 huertas, con casa de habitacion en cada una, que si estuviesen reunidas formarian una buena ald.: es sitio muy alegre y saludable, todo poblado de alameda y árboles frutales, y sembrado de verduras, patatas y otras legumbres, que ademas de ofrecer ricas y abundantes prod., presentan un aspecto delicioso: todas estas huertas se riegan con agua de pozo, porque no hay ningun agua corriente: habitan generalmente en ellas tantas familias como posesiones y casas, y se les nombra por el ayunt. del Campo de Criptana un alc. p. de entre ellos mismos: para las funciones religiosas acuden á un oratorio privado que existe en una de las casas y se sostiene á espensas de todos aquellos moradores.

ARENAS: l. con ayunt. en la prov. y dióc. de Santander (8 leg.), part. jud. de Torrelavega (4), aud. terr. y c. g. de Búrgos: SIT. en un plano en el centro del valle de Iguña á la izq. del r. Besaya: su CLIMA es sano, no conociéndose por lo comun mas enfermedades que las tercianas, las que generalizadas á consecuencia de la terrible avenida del año 1834, van sin embargo desapareciendo en términos que con el tiempo tal vez dejen de existir. Tiene algunos edificios buenos que ostentan en su portada las armas de sus dueños, á lo que son muy aficionados los nobles del pais, y por lo que las conservan con mucho mas esmero que el resto del edificio; escuela de primeras letras sostenida por el consejo; y una igl. parr. mezquina, aunque de construccion moderna, dedicada á San Estéban, y servida por 1 cura, cuya vacante provee el diocesano; siendo antes de la estincion de los monacales priorato de los benedictinos de Oña á quienes se pagaban los diezmos. Hay una fuente de abundantes y esquisitas aguas que aprovechan los vec. para su consumo doméstico, sirviéndose para abrevadero de los ganados, lavar y otros usos, de las del ya mencionado r. Besaya. Confina el TÉRM. por E. con el del part. de Reinosa, por S. con el ayunt. de Molledo, y por O. con el monte perteneciente al valle de Cabuérniga. El TERRENO es fuerte y muy feraz, constituyéndole el valle indicado, de 1 leg. de long. de N. á S. y poco mas de 1/4 de leg. de E. á O.; se cultiva casi todo él, produciendo por lo regular cada carro de tierra 5 ó 6 celemines de grano ó sea fan. y media del pais, lo que no sucede en lo general de la prov.: tiene mancomunidad de pastos y corte de leña y maderas con todo el valle. Las aguas del espresado Besaya le fertilizan en gran parte, las que ademas dan impulso á 2 molinos harineros que sobre ser suficientes para el abasto de los hab. muelen gran porcion de trigo para los embarques de la flor de la harina, que se hacen para la isla de Cuba; en su curso le atraviesan algunos pontones de madera que suelen desaparecer en las avenidas, particularmente en la estacion lluviosa. Ademas de los CAMINOS locales le cruza de N. á S. la carretera de Santander á Palencia. El CORREO que baja de Valladolid á aquella c. pasa por este pueblo, pero sin dejar la correspondencia que se recibe de Torrelavega por peaton: PROD.: trigo, maiz y algunas legumbres que se siembran generalmente en las huertas; hay sobre 400 cab. de ganado vacuno y muchas parejas de bueyes, que ademas de las labores del campo, sirven para conducir trigo ó harina desde Reinosa á los puertos de Requejada ó Santander: cria en las sierras y montes cercanos liebres, corzas, jabalies, zorros, lobos, y aun algunos osos: IND. y COMERCIO: los 2 molinos y esportacion de harinas de que queda hecho mérito, é importacion de vinos que es el art. de mas consumo, trayéndose de Nava del Rey el blanco y de la Rioja el tinto: POBL.: 95 vec., 419 alm.: CAP. PROD., IMP. y CONTR. (V. el art. de ARENAS ayuntamiento).

ARENAS: ayunt. en la prov. de Santander y part. jud. de Torrelavega: se compone de los pueblos de Arenas (cap.), La Serna, Las Fraguas, Sta. Agueda, Bostronizo y San Juan de Raicedo: su TÉRM. alcabalatorio se estiende de N. á S. leg. y media, y otro tanto de E. á O.: comprende montes, valles, terrenos quebrados y muchas sierras eriales donde pacen los ganados; hallándose cubierto de yerbas muy sabrosas y de piedra calcárea y roca en su mayor parte, y alcanzándole el salitre del mar, del que dista como unas 5 leg.: esquisitas aguas le cruzan continuamente, aumentándose en el invierno por los abundantes deshielos: á la parte del S. se eleva la montaña que llaman pico de Ano, la cual la mayor parte del año está cubierta de nieve. En la línea que hácia la montaña que cruza de N. á S. forma este ayunt. con los de Molledo y Rio de Val de Iguña, se observan ruinas de ant. cast., fort. que en tiempos ant. debieron haber sido vigías y defensa de los hab. diseminados por el valle de Iguña. El PRESUPUESTO MUNICIPAL asciende á 9,400 rs. que se cubren con los prod. de los pastos y de un arbitrio de 2 mrs. en azumbre de vino: POBL. 313 vec., 1,694 alm.: CAP. PROD. é IMP. (V. el art. de part. jud.): CONTR.: 4,915 rs. 26 mrs.

ARENAS: cas. y deh. en la prov. de Málaga, part. jud. y térm. de Velez-Málaga: todo su TERRENO se halla plantado de vides, olivos, almendros, higueras y algarrobos.

ARENAS: cas. en la prov. y ayunt. de Oviedo, y felig. de San Estéban de *Sograndio* (V.): POBL.: 1 vec., 5 almas.

ARENAS (LAS): l. en la prov. de Oviedo, ayunt. de Aller y felig. de Sta. Maria de *Cuerigo* (V.).

ARENAS: l. en la prov. de Oviedo, ayunt. de Piloña y felig. de San Pedro de *Beloncio* (V.).

ARENAS: ald. en la prov. de Oviedo, ayunt. de Soto del Barco y felig. de Sta. Maria de *Riberas* (V.): SIT. en un alto con buena ventilacion y vistas agradables: POBL.: 8 vec., 42 almas.

ARENAS: l. en la prov. de Oviedo, ayunt. de Parres y felig. de San Pedro de *Villanueva* (V.).

ARENAS: l. en la prov. de Oviedo, ayunt. de Cabrales y felig. de San Pablo de *Arenas* (V.).

ARENAS: l. en la prov. de Oviedo, ayunt. de Siero y felig. de Santiago de *Arenas* (V.).

ARENAS (CUARTO DE): granja de la prov. de Albacete, part. jud. de la Roda, térm. jurisd. de *Munera* (V.).

ARENAS (vulgarmente las FRAGAS): monte en la prov. de Leon, part. jud. de Ponferrada: SIT. en el centro del Vierzo á 1 leg. NE. de la cap. del part.; su base es de roca durísima, y desde la mitad de su altura, de granito bastante fino, blanco y fácil de labrar, por lo que se emplea con preferencia en la construccion de los edificios sólidos y de lujo del pais. Los r. Sil al O. y Boeza al E. se han abierto paso por este monte, formando canales de mas de 1 leg. de largo, sumamente estrechos y de una elevacion estraordinaria: los pocos parages en que se pueden examinar estos inmensos precipicios, erizados de desnudos peñascos, y á veces cortados perpendicularmente, ofrecen un espectáculo agreste, sorprendente y temeroso por la oscuridad y el ruido de las aguas.

ARENAS (MONTAÑA DE LAS): monte de la isla de la gran Canaria, prov. de Canarias, part. de las Palmas: SIT. al E. de la isla y NO. de la cima de Finamar, cerca de la playa del mar y del desembocadero del barranco de Telde.

ARENAS (SAN PABLO DE): felig. en la prov. y dióc. de Oviedo (15 leg.), part. jud. de Cangas de Onis (4), y ayunt. de Cabrales (1/2): SIT. á la parte oriental de la prov. y márg. izq. del r. *Cares*, cubierta por el S. de una alta montaña; su CLIMA es frio, pero sano; comprende los l. de Arenas, Arangas y Llas, que reunen sobre 100 CASAS de ant. construccion; hay una escuela poco concurrida. La igl. parr. (San Pablo) es matriz y tiene por anejo la de Sta. Maria, sit. en Llas; aquella servida por 1 cura propio, y esta por 1 teniente; existen ademas 2 ermitas y 1 cementerio capaz y bien ventilado. El TÉRM. confina por N. con el del ayunt. de Llanes, á la falda de los montes ó puerto de Cuera; por E. con el del valle de Peñamellera en el Barton de Laredo; por S. con el de la felig. de Camarmeña, y por O. con el de la Poó; al SO., é izq. del Cares, el desp. de Muniama, pueblo que fué hace 1 siglo, sobre cuyo terreno conserva Arenas el dominio temporal: cerca de Poó, se descubren vestigios de la igl. titulada la Magdalena de Dibueyes, á la que concurrian los vec. de Muniama. A 3/4 de leg. y en el camino de Peñamellera está sit. Arangas, entre 2 arroyos que, bajando de la cord. de Cuera, se reunen y forman el r. Ribeles que baña varios prados, da impulso á 12 molinos harineros y 2 batanes, y corre á mezclar sus aguas, despues de encontrar 3 puentes de piedra, con las del r. Casaño: en esta, y junto á Arenas, se halla otro puente de la misma clase. El Cares pasa como á 100 varas de la pobl. enriquecido con el Casaño, y tambien le cruza un puente de piedra en este térm.: en él asi como en todo el del concejo, hay minerales de cobre y hierro; y hace poco que junto á Arenas se han descubierto algunos globulillos de azogue ó cinabrio, que por la escasez con que hasta ahora se presentan, no ofrecen ventaja para su esplotacion. A pesar de la estension del TERRENO es poco el dedicado al cultivo, si bien no carece de pasto para el ganado. Los CAMINOS locales, y el que pasa por Arenas desde Onis á Liébana y valle de Peñamellera, son muy medianos: el CORREO se recibe de la cartería de Onis: PROD.: trigo, maiz, habas, patatas, alguna legumbre y hortaliza: cria ganado vacuno, caballar, mular, asnal, cabrio, lanar y de cerda: IND.: la agrícola y pecuaria y varios molinos harineros: POBL.: 116 vec., 560 alm.: CONTR. con su ayunt. (V.). Es patria del misionero Pedro Suarez Guerra, traspasado con saetas por los indios, y del venerable Gomez de Mestas, religioso del órden de San Francisco, que murió en su conv. de la Puebla de los Angeles en 7 de noviembre de 1627 con admirable opinion de santidad.

ARENAS (SANTIAGO DE): felig. en la prov., dióc. y part. jud. de Oviedo (3 1/4 leg.), y ayunt. de Siero (1): SIT. en la falda y ladera de un elevado cerro, disfrutando buena ventilacion y CLIMA sano: tiene unas 150 CASAS distribuidas en ald., barrios y cas., siendo los mas notables Arenas, Comba, Cotayo, Pladanal, Plano, Rosello y Sans: hay una escuela sostenida por los padres de los niños y niñas que á ella concurren. La igl. parr. (Santiago) fue hijuela de San Felix de Valdesoto hasta fines del siglo pasado, en que se le declaró independiente y de patronato real; el curato es de ingreso: hay 3 ermitas ó capillas, la primera en la ald. de Arenas con la advocacion de Ntra Sra. de la O.; la segunda en el barrio del Cotayo y la tercera, que se titulaba de Sto. Domingo de Guzman, en el barrio de Sans, se convirtió en un santuario con la advocacion de Sta. Maria Magdalena, en el reinado de D. Cárlos IV, á consecuencia de haberse enagenado por el Gobierno las fincas que la ant. capilla poseia: El TÉRM. en la estension de 1/4 de leg. del centro á la circunferencia confina con el de la mencionada felig. de Valdesoto y con los de las municipalidades de Bimenes y Langreo: buenas fuentes, con especialidad la llamada de Castiello, abastecen de agua á toda la pobl.; báñala ademas un riach. que trae su orígen de Bimenes, cruza por el centro de la felig. y se dirige á Langreo á unirse con el Nalon, despues de fertilizar algunos prados y dar impulso á 4 molinos harineros. El TERRENO es de buena calidad, y aunque por ser montañoso no es fácil proporcionar riego á mas de 3,000 dias de bueyes, prod. buenos pastos y robustos robles y castaños; la parte destinada al cultivo, que escede de 800 dias de bueyes, no se la da otro descanso que el que permiten una continuada labor. Los CAMINOS son malos, y el CORREO se recibe en la Pola: PROD.: trigo, escanda, centeno, maiz, habas, castañas, patatas y algunas frutas y hortaliza: cria ganado vacuno, cabrio, de cerda, caballar y mular: hay caza y alguna pesca: IND.: la agricola, los indicados molinos y buenas minas de carbon de piedra, POBL.: 153 vec.; 612 alm.: CONTR. con su ayunt. (V.).

ARENAS ó COTO DE ARENAS (SAN JUAN DE): felig. en la prov., dióc. y part. jud. de Oviedo (3 leg.), ayunt. de Siero (1), y ant. jurisd. de San Juan de Jerusalen: SIT. al SE. de la cap. del part. en CLIMA húmedo, pero sano: compuesto de los barrios El Coto, Huvierza, Raiz de Abajo, Raiz de Arriba y Zorezálina que reunen 40 CASAS muy medianas, y la igl. parr. (San Juan) está servida por cura propio de patronato de la Sacra Asamblea. El TÉRM. se estiende á 1/8 de leg. de E. á O., y 1/4 de S. á N.: confina por O., N. y E. con la felig. de Santiago de Arenas, y por S. con térm. municipal de Langreo: 4 fuentes de agua potable, 1 riach. y 2 arroyos fertilizan los prados y arbolados de que abunda este escaso terr.: la parte dedicada al cultivo es de buena calidad: los CAMINOS son locales y malos, y el CORREO se recibe en la Pola: PROD.: trigo y escanda, maiz, habas, castañas y patatas, asi como algunas frutas y hortaliza: cria ganado vacuno, cabrio, de cerda y algo caballar y lanar: hay caza y alguna pesca: IND.: la agricola y molinos harineros: POBL.: 42 vec.: 130 alm.: CONTR. con su ayunt. (V.).

ARENAS (LAS): cerro volcánico en las montañas centrales de la isla de Tenerife prov. de Canarias, part. jud. de la v. de Orotova: SIT. al N. de la espresada isla entre el Océano y la v.; su elevacion sobre el nivel del mar es de 400 pies.

ARENAS DE FOIX (SAN LORENZO DE LAS): l. con ayunt. de la prov., adm. de rent., part. jud., y dióc. de Gerona (4 horas), aud. terr., y c. g. de Barcelona (24): SIT. en un llano á las inmediaciones del r. Tir, en parage combatido de todos los vientos, disfruta de estenso y agradable horizonte y saludable CLIMA. Se compone de 14 CASAS y una igl. parr. bajo la advocacion de San Lorenzo, cuya festividad como patrono se celebra el dia 10 de agosto: la sirve un párroco: confina el TÉRM. por el N. con el r. Ter, por el E. y S. con el térm. de Pont, y por el O. con el de Hasá: se estiende en todas direcciones poco mas de 1/4 de hora; su TERRENO es de buena calidad y se cultivan 30 vesanas de primera clase, 116 de segunda y 40 de tercera; de viñedo hay 67 vesanas: el olivo crece indistintamente por las heredades, y en algunos trozos de tierra destinados esclusivamente á su cultivo: el bosque arbolado ocupa 132 vesanas é igual estension las malezas y tierras eriales: el r. Ter ya mencionado, lo fertiliza con sus aguas; PROD.: trigo, legumbres, vino, aceite y pocas hortalizas: POBL.: 14 vec.; 64 alm.: CAP. PROD.: 603,600, IMP.: 15,090.

ARENAS DEL REY ó DE ALHAMA: l. con ayunt. en la prov., adm. de rent., aud. terr., c. g., y dióc. de Granada (6 leg.), part. jud. de Alhama (2): SIT. en un declive que mira al mar, al pie de la sierra donde nace el r. Jayena, sitio combatido por los vientos del E. y O.; su CLIMA bastante frio y mas propenso á dolores de costado y tabardillos que á otras enfermedades: tiene 200 CASAS, inclusa la consistorial, pósito, cárcel pequeña, escuela de primeras letras con unos 40 niños, dotada con 6 rs. diarios; otra de niñas á la que asisten 15, las cuales pagan á su maestra un tanto mensual; una fuente con un pilar, cuyas aguas son calientes y de mala calidad, y una igl. parr. de segundo ascenso, dedicada á San José, servida por un cura y un sacristan. Confina el TÉRM. por N. y O. con Agron (2 leg.), E. con Jayena (1), y S. con Campeta (2): pasa por lo hondo de la cuesta un r. llamado de Jatar: el TERRENO es seco y montuoso, las tierras areniscas de tercera y cuarta clase, y se ven algunos montes poblados de encinas, los mas de mata baja. Los CAMINOS son de herradura, uno para Campeta y la costa, y otro para Granada y pueblos inmediatos: la CORRESPONDENCIA se recibe de las administraciones de Alhama y Loja por medio de un conductor, en los dias viérnes y domingos, y se envia los lúnes y juéves: PROD.: como principal cosecha maiz, aceite y trigo, y en menor cantidad, habichuelas, patatas, bellota y algunas legumbres: hay cria de ganado lanar y cabrio, y caza de conejos y perdices: POBL.: 282 vec.; 1,280 hab. dedicados á la agricultura, ganaderia, esportacion del sobrante de los 3 primeros prod., é importacion de los efectos de que carece el pueblo: existen en el térm. 2 molinos harineros y 1 de aceite, varios hornos de pan cocer dentro de la pobl., y muy próximo á ella una abundante mina de carbon de piedra: CAP. PROD.: 2.720,733 rs.: IMP.: 113,635 rs.: CONTR.: 18,225 rs. 29 mrs.

ARENAS DE SAN JUAN: v. con ayunt de la prov. de Ciudad-Real (8 leg.), part. jud. de Daimiel (3), aud. terr. de Albacete (23), c. g. de Castilla la Nueva (Madrid 23), dióc. de Toledo (15), vicaria ecl. y adm. de rent. de Alcazar de San Juan (5): correspondiente al gran priorato de San Juan de Jerusalen: SIT. en lo alto de un pequeño cerro próximo por su lado N. á los r. reunidos Zancara y Jigüela, ventilada por todas partes y propensa á calenturas intermitentes, efecto de los vapores del r.: tiene 112 CASAS, de las cuales son algunas de 2 pisos, destinado el segundo para granero, y el bajo para habitacion con una distribucion regular; forman cuerpo de pobl. con calles sucias por tener destruido el empedrado, y una plaza grande, cuadrada y sin soportales, en la que se halla la casa consistorial, la del peso, la cárcel, pósito y carniceria: hay escuela de primeras letras para niños, dotada con 1,100 rs. del fondo municipal y concurren 16 alumnos: la parr. dedicada á Ntra. Sra. de las Angustias es de fáb. antiquísima, y segun se cree perteneció á un conv. de templarios; tiene un anejo en el l. de Las Labores; está servida por 1 cura que se titula prior, como perteneciente á la órden de San Juan de Jerusalen, por cuya Asamblea se provee, é inmediato el cementerio que no perjudica á la salubridad: en la mayor parte de las casas hay pozos para el uso doméstico, y en los afueras fuentes naturales y de buenas aguas para el consumo de los vecinos. Confina el TÉRM. por N. con el de las Labores (*), á 1/2 leg.; E. Villarta de San Juan y Puerto Lápiche á 1/2; S. deh. de Moratalàz, term. de Manzanares á 1 leg.; y O. con el de Villarrubia de los Ojos de Guadiana, á igual dist.: abraza unas 4,000 fan., en las cuales se comprende el monte llamado *Ensancha* y *Madara* de 2,500 fan. de cabida, y ademas varias deh. y quintos de los que se hablará, y corresponden al fondo de propios: hay tambien una cantera de yeso del que usan los vecinos. Cruza el term. el r. Zancara y *Jigüela*, ya conocido con este doble nombre por llevar reunidos los 2 r. asi llamados (V.), el cual suele perder su corriente en el estío, quedando charcos muy perjudiciales á la salud por el mal olor que despiden: seria muy útil, y aquel pueblo lo reclama, dar buena salida á estas aguas, haciendo un cáuce al r. que tuviese 3 varas de profundidad y 8 de anchura: este r. tiene cerca de esta v. un puente de piedra de 3 varas de elevacion y 12 arcos con los intermedios de terra-

(*) Este lugar fué hasta el año 1842 una ald. enclavada en el térm. de Arenas, de donde dependia en todos conceptos; pero en aquel año se declaró independiente con térm. propio que se rebajó del de su matriz, y se agregó al part. jud. de Manzanares: el térm. entonces lindaba por N. con Herencia.

plen; sus aguas se aprovechan solamente para abrevadero y da movimiento al molino llamado Angulo, inmediato á la poblacion: el TERRENO es llano en lo general, en algunas partes es pedregoso; los CAMINOS vecinales y abiertos, capaces de admitir carros de todas dimensiones: el CORREO se recibe en Villarta los domingos, mártes y juéves; PROD. cereales, en escasa cantidad, patatas, legumbres, vino, aceite, cáñamo y salicor: se mantiene poco ganado lanar, 64 cab. de vacuno para la labor, y 4 pares de mulas, con alguna caza menor: POBL. 154 vec., 770 alm.: CAP. IMP. 250,000 rs.: CONTR. por todos conceptos 17,124; en estas cantidades está incluido el pueblo de las Labores; el PRESUPUESTO MUNICIPAL se cubre con el prod. de las fincas de propios que consisten en 4 deh. pequeñas en la vega del r. y en un quinto en el monte de Ensancha y Mardara: se arbitran para el mismo fin otros 5 quintos en el mismo monte.

ARENAS DE SAN PEDRO: part. jud., de *entrada* en la prov. y dióc. de Avila, aud. terr. de Madrid, c. g. de Castilla la Vieja; le componen 16 v., 5 l. y 2 ald., que forman 21 ayunt., cuyos nombres y dist. de todos entre sí, á la cap. de prov. y dióc., aud. terr. y c. g. se demuestran en el siguiente estado:

ARENAS DE SAN PEDRO; cab. del part. jud.

1	Arenal,																							
2	4	Arroyo Castaño.																						
3	5	7 1/2	Candeleda.																					
6	7	2 1/2	10	Casas Viejas.																				
3	4	1 1/2	9	5	Cuevas del Valle.																			
5	5	3	10	2	4	Gavilanes.																		
1	2	4 1/2	4	7	6	6 1/2	Guisando.																	
2	6	3 1/2	9	2	6	3 1/2	6	Hontanares.																
1	1	5	5	8	5	6	1	6	Hornillos.															
3	6	4 1/2	9	2	6	2 1/2	6	2	6	Lanzahita.														
5 1/2	5	3 1/2	10	2	3	1	5	2	5	2	Mijares.													
2	4	1/2	8	4	1	3	5	5	4	4	2 1/2	Mombeltran.												
1/2	1 1/2	3	4 1/2	2 1/2	4 1/2	5 1/2	1 1/2	4 1/2	2 1/2	4 1/2	3 1/2	3 1/2	Parra.											
4	6	5	13	2	5	3	10	3	9	1	2	5	5 1/2	Pedro Bernardo.										
7	7	6	14	2	6	4	11	3	10	1	3	6	4 1/2	1	Piedralaves.									
2	3	5 1/2	2	8	7	8	3	7	4	7	6	6	2 1/2	8	9	Poyales del Hoyo.								
1	4	1 1/2	8	3	3	2	4	2	5	3	2	2	2 1/2	3	4	5	Ramacastañas.							
3	6	1	8 1/2	3	2	1 1/2	7	3 1/2	6	4	2	1	5	4	5	7	2 1/2	San Estéban del Valle.						
2	6	1	8 1/2	3 1/2	2 1/2	1 1/2	7	3	6 1/2	4	2	1 1/2	5	4	5	7	2	1	Santa Cruz del Valle.					
5	7	3 1/2	11	7	2	4	7 1/2	6	7	6	5	3	6 1/2	5	5	9	6	2	3	Serranillos.				
3	6	1 1/2	10	4	1	3	6	5	5	5	4	1	5 1/2	4	5	7	4	2	2	1	Villarejo del Valle			
11	11	9	15	8	9	8	12	13	12	11	8	9	10 3/4	10	8	13	12	10	10	8	9	Avila..		
41	40	37	45	32	36	40	42	43	43	41	40	36 1/2	40	41	42	43	34	35	36	34	35	22	Valladolid.	
20	20	16	24	14	11	16	21	16	21	13	15	17	19	11	10	22	15	15	15	15	16	16	32	Madrid.

SITUADO al estremo meridional de la prov. en el centro de enormes montañas ó en los valles, barrancos y cañadas que las mismas forman; confina por N. con el de Barco de Avila, NE. y E. con los de Avila y Cebreros, S. con el de Talavera de la Reina en la prov. de Toledo, y O. con el de Jarandilla en la de Cáceres: tiene 12 leg. de long. de E. á O. y 6 de lat. de N. á S., ocupando su superficie 70 leg. cuadradas: los vientos NO. y SE. reinan la mayor parte del año en los valles, barrancos, é interior del part., mientras en las alturas lo hacen el N. y NE. constituyendo un CLIMA templado en invierno y primavera, fresco en las otras estaciones, y generalmente claro, despejado y saludable: su terreno está enclavado entre las sierras de la *Paramera*, puerto del *Pico* y *Gredos*, formando un pais completamente montañoso y quebrado; este sistema entra en el part. por el de Cebreros en constante direccion de E. á O. y diferentes ramificaciones á otros lados; sigue sin interrupcion 5 leg. elevándose por grados hasta el puerto del Pico, donde le divide transversal y superficialmente la calzada de Avila á Talavera, como lo han hecho antes en idénticos sentidos los ásperos y fragosos puertos de Serranillos, Villarejo, Casasviejas, Pedro Bernardo y Piedralabes, facilitando comunicaciones á los part. confinantes: desde el puerto del Pico, continúa otras 5 leg. en el mismo grado ascendente hasta Gredos, que magestuosamente se empina por espacio de 2 leg. cual ningun otro punto de la cord., entrando en el part. jud. de Jarandilla precisamente al formarse el r. Alardos que constituye la línea divisoria de las 2 prov. y part. por este lado: esta cadena de sierras en sus últimas 7 leg. de estension, permite tambien comunicaciones de S. á N. por los quebradísimos y elevados puertos del Arenal, Hornillo y Candeleda, mucho mas difíciles de acceso que los anteriores: las elevaciones que tiene al N. y euya principales alturas son el Pico de Gredos, que no bajará de 4,500 pies sobre el nivel del mar, Tres Hermanas, peña de Chilla y puerto del Pico sufren una notable depresion en los diferentes grupos en que en su centro le subdividen; bien por efecto de los r. que corren y serpentean por ellas, ya para formar cañadas, barrancos y valles donde existen la totalidad de las poblaciones: hablamos por primera vez de uno de los part. de la prov. de Avila, y no quisiéramos anticipar ideas que habremos de esponer despues en el art. de la misma prov. en el que presentaremos, unido y como formando un solo cuerpo, digámoslo así, este sistema de montañas, sus enlaces y ramificaciones; pero no podemos omitir por ahora, cómo cosa propia y peculiar á este part., el dar noticia de la muy nombrada sierra de *Gredos*, de la que ya hemos hecho alguna indicacion: es un grupo de montañas enormes, las mas altas, mas áridas y mas inaccesibles aun de las dos Castillas; cruzada de precipicios y derrumbaderos horrorosos, su aspecto es silvestre y feroz; desde los 2/3 de su altura apenas se ve rastro de vegetacion, sino una monótona repeticion de rocas gigantestas y peladas, profundos despeñaderos y ventisqueros de nieve, que en muchos parages nunca acaba de derretirse; ni habitan estas alturas otros animales que las cabras monteses, de que hay bastante número, cuya cabeza, muy semejante á la del toro, constituye un género particular y peculiar de esta sierra: entre los picos llamados «*los hermanos de Gredos*» está situada la laguna del mismo nombre, de la cual el vulgo siempre crédulo, cuenta mil estupendas maravillas, que oyó referir á sus abuelos: se hacen habitar allí, ó vienen como á punto de reunion, los mas raros vestiglos y alimañas; hay tambien brujas y nigrománticos que representan diariamente las escenas mas estrafalarias, sin que lo ridículo y absurdo de estos hechos, sea bastante para desarraigar las preocupaciones de aquellos naturales, dominados de un terror pánico por cuanto de aquella laguna procede: este miedo es algun tanto fundado, porque la esperiencia de los siglos acredita, que los nublados que en esta laguna se forman son mas destructores que todos los demás, llevando por lo general piedra y granizo, y no hay año en que no dejen de destrozar las mieses de alguno ó de muchos pueblos: la laguna no es de mucha estension; su diámetro mayor será de 150 varas; su figura una elipse muy escéntrica, formando como 2 lagunas; su profundidad de 12 á 36 varas en lo que se puede medir; pues no es fácil entrar en el centro sino con barco, y por lo tanto, careciéndose allí de este elemento, es imposible averiguar su mayor fondo, aunque no parece sea mucho mas, sin embargo de que se cree ser inmenso: mantienen sus aguas los ventisqueros de nieve, por cuya razon y la enorme altura en que se halla, son puras, cristalinas, estremadamente frias, aunque suaves; permanecen heladas la mayor parte del año, y tal estado impide la cria de pesca de clase alguna: solo en el estío, cuando se ven sobrenadar grandes témpanos de hielo de mucho grueso, viven en esta laguna algunos renacuajos, cuyos huevos, ó son traidos por los vientos ó depositados por las nubes; pero en cambio se crian muy buenas truchas en la garganta que tiene origen en la misma laguna, y se precipita constantemente por aquellos despeñaderos, para buscar las márg. del Tórmes: á primera vista parece que este gran depósito de aguas pudo ser el cráter de un volcan estinguido; pero no se observa ningun producto volcánico en todos sus alrededores que pueda confirmar esta sospecha, aunque se han recorrido y examinado con la mayor atencion; nosotros creemos que la formacion de este profundo abismo se debe á la natural coincidencia en aquel punto de los grandes grupos montañosos que descuellan en todas direcciones, no dando salida á las aguas, sino despues de haberse llenado su insondable cavidad: si por una parte asombran las elevaciones de estas montañas, la desnudez de sus cimas, la perenne nieve que en ellas existe, los variados caprichos que sus prominencias representan; no absorven menos la imaginacion los hondos barrancos y despeñaderos, abiertos muchos perpendicularmente; y mas que esto, el prodigioso número de minerales y el mas considerable de vegetales de todas especies, que brotan en todos los ángulos de este part. jud.: asi vemos que mientras en los térm. de Arenas, Candeleda y Pedro Bernardo se manifiestan las minas de hierro beneficiadas en otro tiempo, cuarzo ó guijarro rodado y en grandes masas, del que se construye gran número de piedras de chispa, cristal de roca, materias calizas, piedra berroqueña de grano fino y compacto, basalto, ocre, arsénico, cobre, plata y plomo, se encuentran tambien en los de Guisando, Arenal, Candeleda y otros puntos, pizarras laminosas muy á propósito para pavimentos, hermosos mármoles y jaspes de caprichosos colores, y finalmente todas las primeras y necesarias materias para sostener fáb. de cristal y porcelana, si se quisiesen aprovechar: los declives ó laderas de las mismas alturas, los profundos, amenos y dilatados valles de Adrada, Arenas, Candeleda, Mombeltran y el resto todo del part. contienen prodigiosa cantidad de arbolado, bien constituyendo cord., montes, deh. y bosques impenetrables, ya formando huertos, sotos, praderas y frondosos vergeles, en los que alternativamente se encuentran los elevados y corpulentos pinos, que ademas del fruto natural proporcionan materias resinosas, y escelente madera de construccion, robles y encinas, que la dan para combustibles, enebros, fresnos, chaparros, castaños, olivos, infinitas moreras blancas y de color, toda clase de frutales, hasta los de espino, innumerables viñedos, arbustos y plantas medicinales y tintóreas, pastos bajos de heno, grama, trébol y alfalfa, y otra infinidad de prod. que seria prolijo enumerar. No es menos abundante de aguas y fuentes naturales; los r. Tietar, Albillas, Arenal, Alardos, Candeleda y Ramacastañas; las gargantas de Guisando, Hornillo, Arroyo-Castaño y otras muchas facilitan el sistema de riegos, y llenan todas las necesidades del pais: el Tietar entra en el part. por bajo de la pobl. llamada la Higuera, camina en direccion de E. á O., pasa 1/2 leg. de Hontanares, 1 de Ramacastañas, en cuyo intermedio tiene un puente de piedra (único que se le conoce) con 5 ojos, de 60 varas de long., 6 de lat. y 15 de altura, habiéndosele reunido antes las riberas de Lanzahita, que se forma en las sierras de Pedro Bernardo; la de Casas Viejas, producto de las vertientes de las alturas de su nombre, las de Gavilanes y Mijares de idéntica naturaleza, en la llamada Serranía; desde el puente que se ha referido que facilita el paso de la calzada de Avila á Talavera, continúa su curso pasando á los térm. de Poyales del Hoyo y Candeleda, y sale fuera del part. para entrar en el de Jarandilla en el punto donde se le reune el Alardos, inmediato á la ermita de San Bernardo. *Alardos* que se forma de las vertientes y licuacion de las nieves de Gredos y Sierrallana, engruesado con la garganta de Chilla, sirve, como se ha dicho, de linea divisoria entre este part. y el de Jarandilla. *Candeleda*, que formándose en las elevadas cimas de Gredos, baja como un torrente despeñado por la inmediacion de la v. de su nombre, hasta el vado concejo donde se reune con el anterior: *Albillas*, producto de las sierras de Guisando, Arenas y Poyales del Hoyo, por cuyas cercanias corre, entra en el Tietar en térm. de Candeleda y sitio dicho Cornichivo, 1/2 leg. de dicha v.: *Arenal*, que tambien se forma en la sierra de la v. de su nombre, se engruesa con los arroyos y gargantas de Guisando, Hornillo y Arroyo Castaño, y entra en el Tietar, fuera del part. en la prov. de Toledo: *Ramacastañas*, que tiene su origen en las vertientes del puerto del Pico y Villarejo, baña todo el valle ó barranco de Mombeltran, pasa por medio de la v. de Cuevas, é inmediacion de la de Ramacastañas, donde tiene un puente de piedra sillar con un ojo, y sobre el que pasa la calzada arrecife entrando en el Tietar 300 varas por cima de donde lo hace el anterior: las fuentes naturales y gargantas son infinitas que toman los nombres de los pueblos por donde pasan, y contribuyen á la formacion y aumento de los r. antes espresados.

Caminos. Cruza de N. á S. la carretera general de arrecife de Avila á Talavera y Puente del Arzobispo, para la comunicacion con las Andalucías; entra en el part. por el puerto del Pico, pasa por medio de las pobl. de Cuevas del Valle, Mombeltran, Arroyo Castaño y Ramacastañas, hasta el puente del Tietar, en que pasa á la prov. de Toledo: en la parte media de aquel puerto existen dos grandes y cómodos paradores, y casa para los peones camineros, y para los encargados de cobrar el derecho allí establecido.

Producciones: vino, aceite, pimiento colorado, porcion inmensa de castañas blancas y frescas, aun mas considerable de frutas, algunas de las cuales, como el melocoton, pavia, guindas garrafales y aun las de espino, son muy superiores; centeno, trigo y cebada, legumbres verdes y secas de todas clases, hortalizas, seda en capullos y gran cantidad de linos. Se mantiene mucho ganado cabrio, lanar y vacuno; algo menos de cerda, gran número de colmenas y mucha caza mayor y menor de todas clases, que con la abundante pesca de truchas, anguilas, galápagos y varios otros peces, completan el surtido de cuanto puede apetecerse en las prov. centrales para las comodidades de la vida.

INDUSTRIA. Aun cuando la agricultura y ganadería son la casi esclusiva ocupacion de los naturales, no escasean tampoco otros ramos de ind. general, si no tan lata como en otras prov., á lo menos en términos que no debe considerarse como destituido de ella: así es que ademas de los oficios necesarios para atender á las primeras necesidades de los pueblos se encuentran fáb. de toda clase de efectos y útiles de cobre; de sombreros, de paños ordinarios, jabon blando y duro, alfarería, tinajas, cucharas y peines de asta, hornos de yeso y cal, sierra de madera, purificacion de pez y resina, hilado de sedas y telares de lienzo; molinos de harina, de pimiento y de aceite.

COMERCIO. Este partido esencialmente productor, y ofreciendo al gusto y capricho de los consumidores, sus abundantes y delicadas frutas, esporta un inmenso número de cargas de todas clases, á la cap. de la prov. y á los demas puntos del N. de ella, en donde se carece de estos art.; se estraen igualmente las lanas y demas esquilmos de sus ganados, la seda en rama que se lleva á Talavera; y en cambio se proveen sus naturales de los granos necesarios á su consumo, que sus ásperas al par que frondosas sierras les escasean: en todo el part. no se celebra mas feria que la que hay en su cap. el dia de San Pedro de Alcántara: en la misma cab. de part. hay mercado todos los domingos del año; pero es de cortísima consideracion, y solo se reunen algunos granos, loza y art. de vestir. Reuniremos á este art. los importantes datos, que en los diferentes conceptos que espresa, se contienen en el siguiente:

CUADRO sinóptico, por ayuntamientos, de lo concerniente á la poblacion de dicho partido, su estadística municipal y la que se refiere al reemplazo del ejército, su riqueza imponible y las contribuciones que se pagan.

AYUNTAMIENTOS.	Obispado á que pertenecen.	POBLACION. Vecinos.	POBLACION. Almas.	ESTADÍSTICA MUNICIPAL. Electores. Contribuyentes.	Electores. Por capacidad.	Electores. TOTAL.	Elegibles.	Alcaldes.	Tenientes.	Regidores.	Síndicos.	Suplentes.
Arenal.	Ávila.	379	1343	210	3	213	198	1	1	6	1	6
Arenas de San Pedro. (*)		482	1530	244	3	247	238	1	1	6	1	6
Candeleda.		530	1730	242	15	257	243	1	1	8	1	7
Casas viejas.		348	1187	194	2	196	160	1	1	6	1	6
Cuevas del Valle.		170	717	103	2	105	95	1	1	4	1	5
Gavilanes.		120	486	88	2	90	56	1	1	4	1	5
Guisando.		120	473	90	3	93	77	1	1	4	1	5
Hontanares.		17	60	17	»	17	15	1	»	2	1	3
Hornillo.		110	475	85	2	87	85	1	1	4	1	5
Lanzahita.		80	392	70	3	73	52	1	1	2	1	4
Mijares.		180	767	117	3	120	115	1	1	4	1	5
Mombeltran y Arroyo Castaño		304	1133	182	1	183	158	1	1	6	1	6
Parra.		80	297	74	»	74	55	1	1	2	1	4
Pedro Bernardo.		530	2110	259	3	262	244	1	1	8	1	7
Piedralabes.		202	713	130	1	131	69	1	1	6	1	6
Poyales del Hoyo.		402	1032	214	1	215	195	1	1	6	1	6
Ramacastañas.		14	40	14	»	14	8	1	»	2	1	3
San Estéban del Valle.		352	1239	196	2	198	177	1	1	6	1	6
Santa Cruz del Valle.		100	456	80	5	85	70	1	1	2	1	4
Serranillos.		175	675	118	»	118	80	1	1	4	1	5
Villarejo.		203	810	132	»	132	110	1	1	6	1	6
TOTALES.		4898	17665	2859	51	2910	2500	21	19	98	21	110

AYUNTAMIENTOS.	REEMPLAZO DEL EJÉRCITO. Jóvenes alistados de edad de 18 años	19 años	20 años	21 años	22 años	23 años	24 años	TOTAL.	Cupo de soldados corr. á una qta. de 25,000 hombres	RIQUEZA IMPONIBLE. Territorial pecuaria y urbana. Rs. vn.	Industrial y comercial. Rs. vn.	TOTAL. Rs. vn.	CONTRIBUCIONES. Por ayuntamiento. Rs. vn.	Por vecino. Rs. Ms.	Por habitante. R. M.	Tanto por 100 de la riqueza.
Arenal.	20	15	14	11	8	7	5	80	3'4	40278	5760	46038	19508	51 16	14 18	42'38
Arenas de San Pedro. (*)	18	20	16	14	9	8	4	89	3'9	240444	59400	299844	59600	123 22	38 32	19'89
Candeleda.	20	18	15	12	7	5	6	83	5'2	585588	26670	612258	55875	105 14	32 10	9'12
Casas viejas.	23	17	18	14	6	4	3	85	3'3	31060	26220	57280	16159	46 15	13 21	28'21
Cuevas del Valle.	11	9	8	7	4	3	1	43	1'9	111900	14340	126240	20676	121 11	28 26	16'34
Gavilanes.	10	8	8	6	3	2	2	39	1'0	31043	13980	45023	5833	48 21	12	12'95
Guisando.	5	7	4	5	2	1	1	25	1'2	45197	8160	53357	9146	76 7	19 11	17'14
Hontanares.	»	1	1	1	2	1	1	7	0'2	22939	2040	24979	2004	117 30	33 14	8'
Hornillo.	5	6	6	5	3	2	1	28	1'1	14256	9780	24036	6170	56 3	13	25'67
Lanzahita.	8	4	3	2	2	1	»	20	1'0	102036	9090	111126	8704	108 27	22 7	7'83
Mijares.	10	8	7	6	3	3	2	39	2'0	156262	10440	166702	11056	61 14	14 14	6'63
Mombeltran y Arroyo Castaño	16	12	13	9	5	4	3	62	2'3	198572	22260	220832	43854	144 9	38 24	19'86
Parra.	4	3	3	2	1	1	1	15	0'8	3260	3600	6860	4479	56	15 3	65'29
Pedro Bernardo.	46	35	37	29	17	14	11	189	6'0	338368	54240	392608	41738	78 26	19 27	10'67
Piedralabes.	17	14	13	11	8	7	4	74	2'0	111271	6000	117271	18633	92 8	26 6	15'89
Poyales del Hoyo.	21	18	17	15	11	9	5	96	3'0	76372	18480	94852	29786	74 3	28 29	31'42
Ramacastañas.	»	1	1	»	1	1	»	4	0'1	4972	3840	8812	2264	161 24	56 20	25'69
San Estéban del Valle.	25	21	23	18	13	9	8	117	3'4	218368	19740	238108	35678	101 12	28 24	14'98
Santa Cruz del Valle.	7	6	5	5	3	4	2	32	1'5	60226	8880	69106	8608	86 3	18 30	12'46
Serranillos.	12	10	11	9	7	5	3	57	1'7	57248	6300	63548	5718	32 23	8 16	9'
Villarejo.	17	14	15	12	9	7	4	78	2'1	39876	12000	51876	20193	99 16	24 32	38'93
TOTALES.	295	247	238	193	124	98	67	1262	46'8	2489536	341220	2830756	125682	86 31	24 3	15'04

(*) Este ayunt. abraza tambien el cas. ó ald. de la Higuerilla, de que por su poca importancia no se ha hecho mencion.

Estadistica criminal. Los acusados en este part. jud. durante el año 1843 fueron 109, de los que resultaron 9 absueltos de la instancia y 8 libremente; 89 penados presentes y 3 contumaces; 2 reincidentes en el mismo delito y 3 en otro diferente con el intervalo de 1 á 30 años. Del total de acusados, 21 contaban de 10 á 20 años de edad, 63 de 20 á 40; 22 de 40 en adelante, de 3 no resulta este dato; 101 eran hombres y 8 mujeres; 49 solteros y 57 casados, ignorándose el estado de 3; 25 sabian leer y escribir, de los demas no consta si reunian esta parte de la educacion; 68 ejercian profesion científica ó arte liberal, (*) 33 artes mecánicas; de 8 no se sabe la ocupacion.

En el mismo período se perpetraron 33 delitos de homicidio y de heridas: 2 con armas de fuego de uso lícito; 9 con armas blancas permitidas y 4 prohibidas; 12 con instrumentos contundentes y 6 con otros instrumentos ó medios no espresados.

ARENAS DE SAN PEDRO: v. con ayunt. de la prov., adm. de rent. y dióc. de Avila (14 leg.), part. jud. de su nombre, aud. terr. de Madrid (20), c. g. de Castilla la Vieja (Valladolid 26): sit. en una hondonada rodeada de muy altas colinas, á la izq. del r. Arenal, y en posicion amena y pintoresca; se halla ventilada de los opuestos vientos del E. y O. que mantienen un clima saludable, padeciéndose tan solo algunas tercianas, reumas y afecciones de pecho curables las mas.

Interior de la poblacion y sus afueras. Componen esta v. unas 600 casas, de 24 á 33 pies de altura, con buena distribucion interior, que forman calles bien empedradas y regularmente alineadas, 5 plazuelas y 2 plazas; la mayor de estas sit. en el centro del pueblo, tiene portales y empedrado; la otra carece de estos adornos y sirven las dos para la reunion y venta de efectos en las ferias y mercados: en cada una de estas plazas hay una hermosa fuente de piedra labrada con 4 caños y varios caprichos; otras dos en alguna de las plazuelas y ademas las hay particulares en casi todas las casas para los usos domésticos; esta abundancia de aguas se hace mas apreciable por cuanto atraviesa la pobl. un arroyuelo que recoge todas las sobrantes con gran beneficio de los vec. y utilidad de la policia urbana, presentando siempre calles limpias, sin malos olores, y perfectamente dispuestas para la salubridad; el arroyo se cruza por diferentes pontones, fabricados al efecto en los sitios de mayor paso, denominándose la Corredera la parte de la v., sit. al N. Hay casa de ayunt. de hermosa y moderna construccion; pósito, 1 hospital con 12 camas en buen estado: 5 posadas públicas, y 2 escuelas de primera educacion perfectamente montadas; la de niños está servida por 1 maestro aprobado, con 300 ducados de sueldo, y asisten mas de 100 alumnos; 1 maestra, aprobada tambien, dirige la de niñas, con 1,500 rs. de dotacion, y la retribucion proporcional de las discípulas segun las clases; 1 igl. parr., sit. en la plaza principal: es un sólido edificio, todo de piedra y muy ant.; en su torre se halla el relox de la v.; está dedicada á la Asuncion de Ntra. Sra., y es de notar sobre todo, la urna en que se halla el cuerpo de San Pedro de Alcántara, trasladado á esta igl. desde su conv. estramuros, donde se hallaba; es de mármoles y bronce, con 2 angelitos de las mismas materias, colocados sobre ella en actitud, como de exigir silencio; y se halla bien provista de riquezas artistas, ornamentos y alhajas: está servida por un cura párroco, 4 beneficiados y 6 capellanes, que componen el cabildo ecl.: al NE. de la pobl. inmediato á las casas, pero aislado y sin tocar á ellas, existe el palacio que mandó construir y habitó, el Sermo. Sr. Infante D Luis de Borbon, á últimos del siglo pasado: el edificio aunque mas en pequeño; tiene el mismo órden de arquitectura, escultura y vistas que el palacio real de Madrid; está muy bien distribuido en sus habitaciones interiores, y llamaba la atencion, entre otras mil preciosidades, una completa y escogida coleccion de pinturas de las mejores escuelas nacionales y estrangeras, que desapareció con otras riquezas, que adornaban el palacio, en la guerra de la Independencia: en aquella época los franceses lo convirtieron en casa fuerte, aspillerando sus paredes y formando reductos, para lo cual tuvieron que deteriorar su fáb. en obsequio de la mejor defensa: en el dia está subdividido en muchas habitaciones, y ocupado por otras tantas familias de aquel vecindario; unidos á este palacio, y circunvalados de fuertes tapias se conservan los bonitos jardines del mismo, poblados de abundantes y escogidos frutales y verduras que producen buenas utilidades á su propietario; en los alrededores se encuentran restos de las ant. murallas y cast. que tuvo la v., de lo que apenas se conocen los cimientos, y alguno que otro arco de puertas y paredones, y poco mas dist. se halla el cementerio que no perjudica á la salúd: algo mas lejos de la v. por su lado E. y en comunicacion con ella por medio de una ancha y empedrada calle de árboles, que al mismo tiempo sirve de paseo, se encuentra el conv. suprimido de franciscanos descalzos, y fué el segundo que fundó San Pedro Alcántara, cuyo cuerpo se veneraba en la grandiosa capilla que hay á la der. de la igl. conventual: en esta se encerraban infinitas alhajas y preciosidades artísticas; á la entrada del templo se halla entre verjas el hoyo ó sepultura en que fue enterrado el santo, del que fue sacado incorrupto pasados mas de 100 años para colocarle en la urna que se le destinó: á la izq. del conv. hay unida al mismo una linda huerta con amena variedad de plantas, entre las que llamaba particularmente la atencion una higuera sembrada por el mismo santo, cuyo fruto superior en su clase se regalaba por los religiosos á las personas distinguidas, y se veian aquellas particulares zarzas sin púas, que la piedad de nuestros mayores admiraba con religioso respeto: otro paseo de 100 varas de long. y 30 de lat. se estiende cerca del puente que inmediato á la v. tiene el r. Arenal, con frondosos árboles y asientos de piedra labrada, ofreciendo á aquellos háb. comodidad y frescura durante la calurosa estacion del verano: hácia el mismo sitio están los edificios de la fáb. de cobre de que se hablará mas adelante.

Término y calidad del terreno: Confina por N. con los de Guisando y v. del Arenal; E. Mombeltran y la Parra; S. Poyales del Hoyo, y O. Candeleda, á dist. de 1/2 á 1 1/2 leg. y comprende 4,000 fan. de tierra, de las que se cultivan 1,400 en olivos, viñas y huertos: la deh. y montes del comun que están al S.; O. y N. se benefician y aprovechan concejilmente: á escepcion de estos terrenos todo lo demas está cubierto de árboles y matorrales, de piso quebrado, áspero y montañoso, con muchas canteras de rocas calcáreas, cuarzosas y silíceas, que entretienen muchos hornos de cal y yeso, y dan abundante surtido de material para los edificios; repetimos lo que acabamos de manifestar en el art. de Arenas de San Pedro (part.): dia vendrá en que espondremos con la estension que nos sea posible la naturaleza y calidad de estos terrenos; la composicion de sus capas ó partes, la procedencia de estas montañas, su ramificacion y enlace; por ahora, bástenos decir que el térm. de esta v. participa de las asperezas de la nombrada sierra de *Gredos* y de las no menos agrias de la *Paramera*, que al paso que escasean de cereales, abundan en infinita variedad de árboles, de que se sacan muchas maderas de construccion y para combustibles; y producen escelentes pastos de que se mantienen numerosas ganaderias; dentro del térm. á 1 leg. corta de la pobl. y márg. del r. Albillas, está el precioso santuario dedicado á la Virgen María, cuyo edificio de 20 varas de largo y 14 de ancho, es alegre, claro, de moderna construccion á la par que respetuoso é imponente: en este sitio se celebra gran funcion de feria, romería, y corrida de novillos el 15 de agosto: hay bonita plaza para los capeos, casa de v. y otra para el custodio del templo. Fertiliza estas tierras ademas de otras corrientes de escasa consideracion el r. Arenal de curso perenne, que entrando por la parte del N. procedente de la v. del mismo nombre, baña los muros de esta de Arenas, pasando por bajo del puente de la misma; da movimiento á varios molinos harineros y de aceite, á las máquinas de la fáb. de cobre; y sale del térm. hácia el S. siempre encerrado entre márg. estrechas y escabrosas.

(*) Creemos equivocada esta suma, porque de las noticias geográfico-estadísticas que tenemos reunidas del part. jud. de Arenas de San Pedro, no resulta que en él existan establecimientos ni corporaciones científicas y literarias, ni academias de nobles artes, ni de otra especie, á las cuales pueda convenir el epígrafe profesion científica ó arte liberal; capaz de suministrar tal número de acusados, como el que dejamos anotado; la misma descripcion que precede nos hace ver que en el part. de Arenas de San Pedro, los establecimientos literarios están reducidos á escuelas de primera educacion, que el comercio es insignificante y que la ind. despues de la agricultura y oficios mecánicos mas comunes, está reducida á la arrieria y á martinetes de cobre; todo esto nos confirma en la idea ó de que el dato relativo al número de acusados que ejercen profesion científica ó arte liberal está equivocado, ó que se dió otra inteligencia al epígrafe.

Caminos y correos. Son los primeros ásperos y difíciles, de pueblo á pueblo, y en estado regular: el correo se recibe de la cap. de la prov. los lúnes, miércoles y sábados, y sale en los siguientes dias, recibiéndose tambien en aquel punto el que procedente de Talavera, se dirige desde la prov. de Toledo y carrera de Estremadura.

Producciones. Vino, aceite, castañas, lino, patatas, judias, muchas y variadas frutas, particularmente guindas superiores y albaricoques de almendra dulce, muchas legumbres y hortalizas y abundante pimiento colorado: se da tambien algun centeno y trigo tremesino (que se cria en tres meses), pero en tan corta cantidad que no puede considerarse como uno de los ramos de prod.: se mantiene ganado lanar, cabrio y vacuno, y se cria mucha caza mayor y menor de todas clases, sin faltar animales dañinos; el r. y gargantas tienen tambien ricas truchas, anguilas y otros peces.

Industria. Fábricas de efectos de cobre, sit. á la márg. der. del r., cuyas aguas van contenidas en buenos diques ó murallones de piedra, para proporcionar el movimiento de las máquinas; con 3 martinetes, hornos y demas dependencias necesarias á este género de ind.: esta fáb. pertenece á vec. de aquella v., es una obra magnífica, está en buen estado y seria de desear se le diese mas importancia de la que disfruta: hay ademas 5 molinos harineros y de pimiento, 4 de aceite, muchos lagares de vino; 1 fáb. de sombreros ordinarios, otra de alfareria, muchos telares de lienzo sostenidos con el lino que se recolecta en el pais, 6 hornos de pan, 6 de cal y yeso y 3 de ladrillo y teja.

Comercio. Esportacion de vino, aceite, pimiento y frutas á los pueblos comarcanos y al interior de Castilla, é importacion de cereales, paños de Avila y Bejar, y lienzos de Galicia; cuyos géneros se presentan en regular abundancia en la feria que se celebra el 15 de octubre, en la que se hallan ademas muchas telas, quincalla, platerias, ganados de todas clases y otros muchos efectos: pobl. 482 vec., 1,548 alm.: cap. prod. en terr. y pecuario 4.414,664 rs.: imp. 175,761.; ind. 42,500: contr. directas 17,991: id. indirectas 43,960 17 mrs.: id. por cupo ind. 1,700.

ARENAS DE VELEZ: v. con ayunt. en la prov. y dióc. de Málaga (6 leg.), part. jud de Velez Málaga (1), aud. terr. y c. g. de Granada (11): sit. sobre una colina, rodeada por todas partes de cord. mas ó menos elevadas y en las inmediaciones del Rioseco, por cuya razon está resguardada de todos los vientos menos del N.: su clima es templado y muy sano, no padeciéndose por lo comun otras enfermedades que calenturas inflamatorias y pulmonias. Se compone de 256 casas casi todas de 2 cuerpos, pero de mala construccion y distribucion interior: tiene 2 plazuelas irregulares; sus calles son tortuosas, la mayor parte en cuesta y sin empedrar; 3 fuentes y 1 pozo de muy escasas aunque saludables aguas para el surtido del vecindario; y 1 escuela de primeras letras de las mas concurridas de todo el part., pues se nota de tiempo inmemorial saber leer y escribir todos sus vec., que son generalmente de unas luces naturales bastante claras. La igl. parr. sit. en el centro del pueblo, está dedicada á Santa Catalina: es un edificio sólido, de ladrillo, por el órden toscano, con 2 naves; la una, que es la principal, de 26 varas de long. y 7 de lat., y la otra de 4, contando como unas 11 de elevacion hasta el arranque de su armadura. Esta igl., servida en la actualidad por 1 cura párroco y 1 beneficiado, fué erigida en el año de 1505 por el arz. de Sevilla D. Diego Deza asignándole por anejo el pueblo de Daimalos. Hay ademas 1 ermita bajo la advocacion de San Sebastian, 1 casa consistorial, y 1 cementerio en parage bien ventilado. Confina su térm. por N. y E. con los de Sayalonga y Daimalos, por S. con el de Algarrobo, y por O con el de Velez Málaga: su estension es de 1 leg. sobre poco mas ó menos, en cuyo espacio se comprenden varios cas. que nada tienen que llame la atencion. El terreno es montuoso, pizarroso y árido, sobresaliendo en todo él el notable cerro titulado Bentomis, el Cabrero y algunos otros que forman diversas cord. Cuenta 4,864 obradas de tierra erial y viñas, de las cuales 500 son de primera clase, 1,100 de segunda, 1,800 de tercera, y el resto eriales, todas de secano. Corre por el térm. únicamente durante el invierno el Rioseco que pasa á unos 50 pasos de la v. en direccion de N á S, siendo sus arroyos mas notables los titulados de la Cañada, Carrizal, Torrentes y Morales. Los caminos son todos de herradura en muy mal estado, y el correo se recibe de la estafeta de Velez Málaga los lúnes, miércoles y sábados de cada semana por medio de un peaton á quien paga el ayunt.: prod. pasa moscatel y larga, higos, almendras, aceite y vino: caza de perdices y codornices, aunque en poca abundancia; la ind. se reduce á 1 molino de aceite y 2 fáb. de aguardiente, dedicándose la mayor parte de sus hab. á la agricultura y algunos á la arrieria para la esportacion de los frutos sobrantes á la c. de Málaga é importacion de cereales y demas efectos que se necesitan de la vega de Granada y Velez Málaga: pobl. 354 vec., 1,390 alm.: cap. prod. 4.807,000 rs.: imp. 192,280: prod. que se consideran como cap. imp. á la ind. y comercio: 14,905: contr. 16,208 rs. 32 mrs. El presupuesto municipal asciende á 5,000 rs. y se cúbre por reparto entre los vecinos.

ARENAS GORDAS: se da este nombre á un trecho de costa que se encuentra entre la c. de Huelva y la de Sanlúcar de Barrameda (prov. de Cádiz): principia en unas chozas nombradas de la Morla, sit. en la medianiá que forman la Punta de Picacho y la torre titulada del Oro, la cual se halla tan próxima al mar que en las crecientes queda aislada: dicho sitio es todo de arena y se va elevando insensiblemente hácia el E.: caminando al SE. se halla á 1 leg. de aquella torre, otra conocida con el nombre del Asperillo en lo alto que forman las arenas, por esta parte tan escarpadas, que á pleamar no se puede transitar por la pequeña playa que ofrecen: á 2 leg. escasas se encuentra la torre de la Higuera que aun se ve caida á causa de haberle faltado los cimientos por ser de arena, y entre ambos está el sitio mas alto de las Arenas Gordas. Á 4 millas tambien al SE. se halla la torre de la Carbonera; en lo alto de estas, que por este parage ya son menos elevadas y estan amogotadas: próximo á ella hay algunas habitaciones y tiendas de comestibles.

ARENAS NEGRAS: garganta de la isla de Tenerife, prov. de Canarias, part. jud. de Orotava. Es un paso formado en la áspera sierra llamada Cadena de las Cañadas, entre grandes derrumbaderos y hundimientos de tierra, al E. del pico de Teide, por el cual se comunica desde el punto mas elevado de las montañas centrales, hasta el llano de la Mauja.

ARENAZA: anteigl. en la prov. de Guipúzcoa (9 leg. á Tolosa), dióc. de Calahorra (22 1/2,) part. jud. de Vergara (1 1/2): y ayunt. de Arechavaleta (1|2); sit. á 1/2 leg. del indicado l. y falda del elevado monte de Zaraya: se compone de unas 15 casas esparcidas por el térm., y entre ellas se ven algunas ant. y solariegas: la igl. parr. (Natividad de Ntra. Sra.) está servida por 1 cura beneficiado que presenta el conde de Oñate: el terreno es bastante llano y fértil: prod. trigo, maiz, patatas, nabos, algun centeno, varias legumbres, lino, castañas, manzanas, nueces, y cria poco ganado: pobl. 16 vec., 86 alm.: riqueza y contr. (V. Arechavaleta.)

ARENAZA: l. en la prov. de Alava (4 1/2 leg. á Vitoria), dióc. de Calahorra (13), vicaria de Campezu, part. jud. de Salvatierra (2), herm. de Arraya y ayunt. de Laminoria (1/2): sit. en un suave declive y al S. de una loma algo arbolada, su clima es sano: se compone de 5 casas y 1 igl. parr. (San Agustin), cuyo párroco lo es, con segunda misa, del pueblo de Ibisate. Su escaso térm. confina por N. y E. con el referido Ibisate, por O. con Cicujano: el terreno generalmente malo: los caminos locales se dirigen á Sabando, Cicujano, Musitu é Ibisate, y su estado es regular: el correo se recibe en Vitoria: prod. trigo y demas cereales y semillas, aunque en corta cantidad, pero buenas hortalizas: cria ganado de todas clases y con especialidad cabrio y vacuno: hay caza de liebres, perdices y aves de paso: su ind. agrícola: cria colmenares: pobl. 3 vec., 21 alm. contr. (V. Alava intendencia.)

ARENEIRA (la): l. en la prov. de Oviedo, ayunt. de Castropol y felig. de San Juan de *Moldes* (V): pobl. 5 vec., 25 almas.

ARENILLA: torre sit. á la embocadura de la barra de Huelva, de cuya jurisd. depende y dista 4 millas marítimas.

ARENILLAS: l. con ayunt. de la prov. de Sória (9 leg.), part. jud. y adm. de rent. de Almazan (4), aud. terr. y c. g. de Búrgos (24), dióc. de Sigüenza (7): sit. en un llano en forma de una colina, sobre terreno arenoso, donde la baten libremente todos los vientos: su clima es sumamente frio, lo que hace se desarrollen con facilidad tercianas y reumatismos: se compone de 60 CASAS de mala construccion y escasas comodidades; hay casa de ayunt.; y sus calles son angostas y bastante sucias, pues carecen de toda policia; tiene una escuela de instruccion primaria, comun á ámbos sexos, servida por el sacristan, quien á la par es secretario de ayunt.; su dotacion por los tres cargos asciende á unos 300 ducados, pagados en granos; hay 1 igl. parr. dedicada á los Stos. Mártires, San Cipriano y Sta. Justina, cuya fiesta se celebra en 26 de setiembre; es un edificio bastante capaz y de buena construccion, y está servida por 1 párroco., cuya plaza se provee por oposicion en concurso general: en sus inmediaciones, y como á 300 pasos al E. está la ermita de San Martin, que sirve de campo santo, edificio muy regular, pero en su interior todo desordenado: hay 2 fuentes; una inmediata á la pobl., de que se surten los vec. para sus usos, y la otra mas dist.; ámbas son de aguas saludables; los ganados beben en un pilon separado un tiro de bala: confina el TÉRM. por N. con Cabreriza á 1 y 1/4 leg.: al E. con la Riva de Escalote á 3/4; por S. con Bascones á 1 1/4, y por OE. con Lumias á 1.: comprende los desp. de *Villaseca*, *Alconeza* y *Tajarejo* (V). Su TERRENO es arenoso y falto de riego, por lo que escasean las prod.; sin embargo bien trabajado puede producir un doble: al O. hay un monte casi desarbolado; sus CAMINOS son de herradura; la CORRESPONDENCIA se recibe en Berlanga los juéves: PROD. trigo, cebada, centeno, avena, guijas, yeros, y lentejas; su mayor cosecha es la del trigo, aunque generalmente muy mezclado con centeno. Tiene bastante ganado lanar, no bajando su número de 1,800 cab. que crian de 600, á 700 corderos: hay unas 40 yuntas mulares y otras tantas de bueyes; abundan las liebres y los conejos, especialmente en el monte: el COMERCIO está reducido á la venta de algun grano sobrante en los mercados de Berlanga y Atienza; POBL. 75 vec.; 310 alm.: CAP. IMP. 35,951 rs.: CONTR. en todos conceptos 4,070 rs.

ARENILLAS: desp. de la prov. de Valladolid, part. jud. de la Mota del Marqués, dióc. de Palencia: SIT. en un llano sumamente agradable al pie de una cuesta que se eleva en la parte del S.: su cielo es hermoso y despejado, y el CLIMA sano: se componia de 40 vec., que por las continuas vejaciones que cometian las tropas francesas durante la guerra de la Independencia, exigiendo grandes cantidades de víveres y pecuniarias, espuestos ademas á sufrir continuos saquéos con amenaza de ser incendiadas las casas, se resolvieron á abandonarlas del todo, refugiándose á á los pueblos inmediatos: por el abandono en que quedaron los edificios, la mayor parte de ellos incendiados despues, fueron desmoronandose poco á poco; solo resta en el dia un monton de ruinas, y una de las paredes de su igl. parr.: y como si hubiese un empeño en que se borrase hasta de la memoria la existencia de un pueblo que el gobierno debiera haber protegido, su térm. jurisd. se unió al de *Bercero* (V.) á donde se acogió la mayor parte de sus hab., cuando formaron la resolucion desesperada de abandonar sus hogares: el TERRENO es sumamente feráz; y prod. toda especie de granos, vinos, zumaque, plantas aromáticas y medicinales; proveyéndole de combustibles un monte pinar de bastante estension que tenia al lado del N.

ARENILLAS: desp. en la prov. de Palencia y part. jud. de Frechilla: es anejo de Cisneros en lo civil, y de Mazuecos en lo ecl.: existe la que fué igl. parr. bajo la advocacion de San Juan de Ortega, hoy santuario con el título de Cristo de Arenillas.

ARENILLAS DE EBRO: l. en la prov. de Santander, part. jud. de Reinosa, aud. terr., c. g. y dióc. de Búrgos, ayunt. de Valderredible: SIT. á la márg. izq. del r. Ebro, y su CLIMA sano. Las pocas CASAS que lo componen son de mediana construccion, entre las cuales se encuentra la igl. dedicada á Sta. María y servida por 1 cura párr.: tiene 1 fuente de buenas aguas de que se surte el vecindario para su consumo doméstico. Confina el TERM. por N. con el de Ruijas, por S., á cuyo lado está la cord. de la Lora, con los de Villota y San Martin de Lines, y por O. con los de Rebollar y Rocamundo. Por él cruza la carretera que conduce desde este último pueblo á Sobrepeñilla y Olleros: PROD. trigo, cebada y legumbres; ganado vacuno, lanar, y de cerda; y pesca de truchas, anguilas y otros peces menores: CONTR. con el ayuntamiento.

ARENILLAS DE MUÑO: l. con ayunt. en la prov., part. jud., dióc., aud. terr. y c. g. de Búrgos (3 1/2 leg.): SIT. en terr. llano circundado de pequeñas cuestas, está combatido por todos los vientos, y goza de clima saludable, pues no se padecen por lo regular mas enfermedades que las estacionales. Tiene 16 CASAS de ordinaria construccion y sin ninguna comodidad, entre las cuales se encuentra 1 palacio derruido perteneciente al duque de Abrantes: hay casa consistorial con cárcel, 1 pósito de escasa existencia, 1 escuela de educacion primaria, 1 igl. de poco mérito, servida por 1 cura párroco, y dedicada á San Estéban Proto-mártir, y 2 fuentes de buenas aguas, especialmente la llamada de Valdearenas. Confina el TÉRM. por N. con el de Quintana la Seca, por E. con el de Pedrosa, por S. con los de Presencio y Bascóncillos, y por O. con el de Mazuelo; el que mas de estos lím. á la dist. de 1/2 leg. El TERRENO es de mediana calidad y de secano, produciendo lo necesario para el consumo de los hab. y quedándoles aun algun sobrante. De las fan. que cuenta de cabida, casi todas se cultivan, y del inculto aun pudieran labrarse 60, de las cuales 30 particularmente son muy á propósito para viñedo.: PROD. trigo, centeno, cebada, avena, legumbres y buenos pastos para el ganado: POBL. 11 vec., 41 alm.: CAP. PROD.: 421,910 rs.: IMP. 33,222: CONTR. 910 rs. 20 mrs.

ARENILLAS DE NUÑO PEREZ: l. con ayunt. en la prov. de Palencia (10 leg.), part. jud. de Saldaña (3), adm. de rent. de Carrion de los Condes (4), aud. terr. y c. g. de Valladolid (18), dióc. de Leon (15); SIT. en el valle de Valdavia á la izq. del r. de este nombre, parte en llano y parte en la pendiente de una pequeña colina que le resguarda de los vientos del NE., pero le combaten los restantes libremente: su CLIMA es templado, siendo las enfermedades mas comunes calenturas y pulmonias; cuenta 28 CASAS, en lo general de un solo piso, fáb. de adobes y mala distribucion interior, formando calles irregulares, sin empedrar, y sucias hasta el caso de hacerse malsanas. Hay 2 pósitos, uno nacional consistente en 48 fan. de trigo, y otro pio con 30 fan. de la misma especie; 1 fuente de buenas aguas, de la cual y de un arroyo que corre por la pobl. se surten los vec.; y 1 igl. parr. dedicada á Santiago, servida por 1 cura párroco y 2 beneficiados. El edificio es de órden toscano, de una sola nave; y el curato y los beneficiados de patronato del pueblo. El cementerio está fuera del l. en parage ventilado. Confina el TÉRM. por el N. con Villasila (1/2 leg.); por el E. con Villanuño (1/4); por el S. con el de Villota (1), y por O. con San Martin del Monte á igual dist.: le baña el r. Valdavia, que desciende de las peñas del Brezo en direccion de N. á S.; el TERRENO participa de llano y monte, este continuacion del titulado Gallillo; en lo general es tenaz, pedregoso y de miga, parte de secano y parte de regadio: las tierras de cultivo son como unas 400 fan. y las eriales 1,400. Hay tambien entre aquellas algunos prados de regadio y una huerta poblada de árboles frutales de abundante y rica produccion. Al E. de la pobl. se encuentra un pequeño bosque de roble y estepa, útil solo para leña. Los CAMINOS son todos locales; los hay carreteros, de herradura y de vereda en mal estado. La CORRESPONDENCIA la recibe de Saldaña los lunes, miércoles y sábados por un balijero que la lleva á dicho punto, los mártes, juéves y domingos: PROD. trigo, centeno, cebada, avena, lino, legumbres, frutas y hortalizas esquisitas; cria ganado lanar, vacuno y caballar en corto número; caza: liebres y perdices; y pesca, truchas, barbos, anguilas, nútrias y lampreas.: IND. 1 molino harinero y 3 telares de lienzos ordinarios: POBL. 19 vec.; 99 alm.: CAP. PROD. 48,800 rs.: IMP. 1,181. El PRESUPUESTO MUNICIPAL ordinario asciende á 900 rs. y se cubren con el prod. de 4 pedazos de tierra de pan llevar, otros 4 de prado, una era para trillar, un batan de cuatro mazos y el molino harinero mencionado.

ARENILLAS DEL RIO PISUERGA: v. con ayunt. en la prov., dióc., aud. terr. y c. g de Búrgos (7 1/2 leg.), part. jud. de Castrojeriz: SIT. en nna loma poco elevada que circundan grandes llanuras, en donde la combaten todos los vientos, escepto el E., del cual se halla resguardada en parte por un ribazo ó promontorio de tierra que se levanta á corta dist., á cuya espalda parece hubo en otro tiempo un pueblecito llamado Santa Eulalia, del que no hay ya vestigio alguno: su térm. está incorporado en el dia al de esta v., pagando en su virtud á la mitra archiepiscopal un foro ó pension perpetuo de 72 fan. de trigo. El CLIMA, aunque frio, es sano, no conociéndose mas enfermedades que las endémicas y estacionales. Tiene 148 CASAS todas de un solo piso, y de 15 á 20 pies de elevacion, construidas de adobes y tapias de tierra con trulla ó revoque de barro por encima, por lo que presentan por fuera un aspecto sumamente triste y monotono; su distribucion interior cuenta las comodidades compatibles con la posibilidad de sus moradores: colocadas sin órden ni simetria forman calles mas ó menos estrechas y tortuosas, y hallándose sin empedrar hay por consiguiente en el invierno muchos lodazales y lagunas, que podrian desaparecer, si los vec. cuidasen de dar salida á las aguas llovedizas que se estancan y detienen, y no mirasen con tanta indiferéncia el aseo y policía urbana: la plaza, si tal puede llamarse una calle ancha, es bastante grande y de figura irregular, habiendo ademas otras 2 plazuelas sin soportales. Tiene igualmente casa consistorial, una obra-pia ó banco de socorros, cuyos fondos ascendian en otro tiempo á 300 fan. de trigo, destinadas á remediar y hacer préstamos gratuitos á labradores pobres en cualquiera época del año; en el dia han venido á reducirse á solo 130 fan., con motivo de haberse utilizado del resto para salir de apuros en varias ocasiones; y un hospital cuyas rent. y emolumentos se reducen á la mezquina cantidad de 280 rs., regido y administrado por dos individuos que de su propio seno nombra todos los años la cofradia del Espíritu Santo. A la escuela de primeras letras concurren 46 niños de ambos sexos, y en ella ademas de la doctrina cristiana, se les enseña á leer, escribir y las cuatro reglas de la aritmética; la dotacion del maestro consiste en 180 rs. satisfechos por el ayunt., 32 fan. de trigo repartidas entre los padres de los alumnos existentes, y 4 obradas de tierra blanca y otras tantas cuartas de viña, propias del establecimiento. La igl. parr. dedicada á Ntra. Sra. de la Asuncion, está al estremo setentrional del pueblo; es un edificio medianamente sólido, construido de piedra silleria, y con algunos trozos de mamposteria y ladrillo, constando de una sola nave: sin contener cosa notable en su forma arquitectónica; hay 9 altares, todos antiguos y de malísimo gusto, á escepcion del mayor que es moderno y no deja de tener algun mérito, y otro donde se ve un retablo de la Inmaculada Concepcion, pintado al óleo y de bastante magnitud; ambos están sobredorados. En la guerra de la Independencia entre la gran parte de ornamentos y vasos sagrados que desaparecieron, se contó una magnífica cruz de plata; y en el año 1837, por órden del Gobierno, se recogieron los restantes, no habiendo quedado ni aun lo puramente preciso é indispensable para el culto. El cabildo se compone de 6 beneficiados patrimoniales, y de ellos solo 2 ejercen curato, cargo que se da por lo regular á los mas antiguos á propuesta del vicario. Otra igl. parr. habia en el centro del pueblo, dedicada á San Juan; pero hace como 20 ó 30 años empezó á derruirse por carecer de fondos con que repararla, y tal vez hubiese caminado poco á poco á su total destruccion, si no se la hubiera destinado á cementerio, el que si bien hasta la presente no se ha advertido perjudique á la salud pública, convendria sin embargo trasladarle fuera del recinto de la v., donde estaria mas ventilado, pues no se consigue el grande objeto de su institucion enterrando los cadáveres en un sitio con techumbre y cuyo pavimento ó superficie no se halla espuesto al aire libre. A 1/2 leg. de la pobl. al SSO. se encuentran las bodegas en donde encierran el vino de la cosecha, por ser el único terreno en que pueden abrirse á punta de pico. En la misma direccion y á la dist. media, hay un pequeño plantio nuevo de chopos y sáuces. Las fuentes y surgideros de agua potable escasean en el campo, y por necesidad tienen los hab. que hacer uso de la de los pozos que hay en la mayor parte de los edificios, las que sin embargo de no estar bien ventiladas y batidas, son saludables, sirviendo tambien para abrevar los ganados, lo cual verifican igualmente en un pilon que hay cercano al pueblo. Confina el TÉRM. por N. con el de Melgar de Fernamental, por E. con Villaveta y Padilla de Abajo, por S. con Castrillo de Matajudios é Ytero del Castillo, y por O. con Palacios del Rio Pisuerga y Lantadilla, estando el de Ytero á la dist. de 3/4 de leg. y los demas á 1/2. El TERRENO participa de flojo, arenisco, recio y de fondo, es poco fértil por lo comun, contándose solo algunos pedazos feraces y de superior calidad: cada fan. de trigo que se siembra produce generalmente de 4 á 5, y de 12 á 14 la cebada, habiendo tierras que dan mucho mas: se cultivan como unas 3,700 obradas, de las cuales son de 1.ª clase 380, 500 de 2.ª y las restantes de ínfima; hay 22 pares de mulas de labor, 18 de bueyes, y mas de 60 de pollinas, propias de los braceros, que labran con ellas algunas fincas de su pertenencia y terrenos baldíos: existen dos prados secanos de bastante estension y de comun aprovechamiento, que se acotan para apacentar el ganado de labor en tiempo del verde. Su escasez de combustible se suple con la paja y los sarmientos ó vástagos de vid que se cortan al tiempo de la poda. El r. Pisuerga, con cuyo nombre se distingue el pueblo, no baña su dilatado campo como parecia regular, tanto por la profundidad de su cáuce como por distar 1 leg. de su márg. izq.: 2 arroyuelos, llamados el uno de la Vega, y el otro de Rupadilla, son los que fertilizan gran parte de sus tierras: ambos son de curso periódico, pues solo corren en el invierno y la primavera, quedando secos enteramente en el estio y otoño. Cuando llueve mucho y de repente se deshacen las nieves, salen de madre y causan desbordaciones que innundan la campiña y todo lo arrasan; estos desgraciados incidentes podrian remediarse con solo abrir un cáuce profundo para encajonar las aguas, obra muy útil y de absoluta precision, y que solo la incuria de sus moradores podria dejar de poner en ejecucion. Los CAMINOS son todos de herradura; conducen á los pueblos limitrofes, y se hallan en mal estado, particularmente en tiempo lluvioso; y la CORESPONDENCIA se recibe dos veces á la semana de la cap. del part.: PROD.: trigo, cebada, morcajo, algunas legumbres y otras semillas menudas, garbanzos y vino de poco cuerpo y sustancia: se cogerán por un quinquenio 10,000 fan. de la 1.ª especie; 4,800 de la 2.ª; 3,000 de la 3.ª y 15,000 a. de vino, y legumbres para el consumo del pueblo, siendo los cereales la única prod. que constituye su riqueza: hay tambien como 4,200 cab. de ganado lanar, criándose al año mas de 800 corderos, y cortándose unas 600 a. de lana, que compran los fabricantes de Pradoluengo y Astudillo para elaborar paños y bayetas: cázanse perdices, liebres, codornices y otras aves, viéndose alguno que otro raposo y garduñas. IND. Y COMERCIO: ademas de la agricultura se ocupan los hab. en la arrieria, estrayendo el sobrante de cereales, que se vende en los mercados de los pueblos comarcanos en pequeñas y grandes porciones, siendo en el de Melgar donde con mas especialidad se comercia, pues á escepcion de la carne fresca y del aceite, se proveen de cuantos artículos necesitan para el sustento y comodidades de la vida: las mujeres pobres se ocupan mucho, y por un precio módico en la hiladura de lino y lana. POBL.: 143 vec., 457 alm.: CAP. PROD.: 2.133,400 rs. IMP.: 203,496: CONTR. 14,251 rs. 3 mrs. El PRESUPUESTO MUNICIPAL asciende á 700 rs. cubierto de los fondos de propios, de donde salen tambien 330 rs. anuales, que tiene de dotacion el secretario de ayunt. Consisten los bienes de propios en la casa meson, 70 obradas de tierra blanca y 14 cuartas de viñedo y la 3.ª parte de un molino comunero con Melgar de Fernamental y situado en el centro de esta v., todo lo cual produce 830 rs. al año y mas de 100 fan. de trigo.

ARENILLAS DE SAN PELAYO (y mas comunmente de ARRIBA ó DE LOS FRAILES): l. con ayunt. en la prov. de Palencia (12 leg.), part. jud. de Saldaña (2 1/2), adm. de rent. de Carrion de los Condes (5), aud. terr. y c. g. de Valladolid (20), dióc. de Leon (17): SIT. á la márg. der. del r. *Valdavia*, en el llano que forma el valle de este nombre, combatido de los vientos N., al cual dan los naturales el nombre de *Cierzo*, frio siempre aun en el verano; O. llamado *Gallego*, mas cálido que el anterior, y S. denominado de *Abajo*, el cual da con frecuencia lluvias provechosas para los sembrados; el CLIMA es benigno y saludable, á pesar de que se desarrollan algunas fiebres intermitentes y pulmonías. Componen la pobl. 50 CASAS, por lo regular de un solo piso, fábrica de adobes y mala distribucion interior, que forman calles tortuosas; casi desempedradas, pero limpias por la naturaleza del suelo. Hay casa municipal con soportales, un pósito consistente en 40 fan. de trigo; otro llamado *Pio* administrado, como aquel, por el ayunt. y con 60 de la espresada especie; una escuela comun para los niños de ambos sexos, cuyo maestro, sin título, percibe 250 rs. por la temporada de setiembre á mayo, única en que está abierta la escuela; y una igl. parr. sit. á 200 pasos del pueblo, de arquitectura gótica, de una sola nave y dedicada á San Pelayo Mártir: la sirve un cura párroco que habita en una casa grande inmediata á la igl. Tanto el templo como la casa pertenecieron antes al órden de premostratenses, hijuela del suprimido conv. de la misma órden existente en Retuerta; dicha comunidad nombraba 2 religiosos para el servicio parr., uño de los que, con el título de prior, desempeñaba la cura de almas. La bula pontificia que les concedió este privilegio prevenia, que la cura de almas fuese desempeñada por sacerdotes seculares; pero los monges lo entendieron mal, y á pesar del ilustrado y celoso arcipreste D. Alonso Florez Cauren, que, habiendo descubierto este hecho, lo denunció al diocesano en 1820, continuaron en nombrar para el curato presbíteros de la casa. Confina el TÉRM. por el N. con el de Renedo de Valdavia (1/4 de leg.), por el E. con los de Sta. Maria del Monte (2), y Revilla de Collazos (1), por S. con los de Villabasta y Villaeles (1/2), y por el O. con el de Valles á igual dist.: dentro de él á un tiro de bala de fusil por la parte del O., se halla una fuente de piedra sin pirámide ni cerco, llamada fuente del Lugar, porque de ella se surten los vec.; es abundante, sabrosa y delgada, fria en verano y templada en invierno y de tales propiedades que no se ha verificado hacer daño á nadie, aun cuando se beba en esceso; otra mas abundante pero no de tanta bondad, se encuentra en la misma direccion á 1/8 conocida con el nombre de Locillos. Hácia el E. se halla la fuente de Valtigero, de agua muy fria y recia. Tambien se encuentra dentro del térm. el despoblado llamado Arenillejas ó San Quirce. Quedó abandonado, sin que se sepa la causa, por los años de 1527, habiendo comprado el monasterio arriba mencionado y el pueblo las tierras que comprendia á D. Juan de Valderrabano, como marido de Doña Violante Castañeda, en 20,000 mrs. La igl. la hizo derribar D. Juan Miño, abad de Arenillas en 1571 por ser uno de los compatronos, aunque tenia cedido su derecho de presentar á los vec. mediante la retribucion anual de 14 fan. de pan terciado de trigo, centeno y cebada de lo que se adeudase en la silla, y cuando esta no alcanzase se obligáran los vec. á reintegrar la falta; el arcediano de Saldaña, dignidad de la Sta. igl. de Leon, le convirtió en beneficio rural para un hijo suyo; opúsose el abad, y en el dia disfruta de dicho beneficio el seminario de San Froylan de Leon, en virtud de agregacion otorgada por el Ilmo. Sr. D. Cayetano Antonio Cuadrillero, pero con la cláusula de haber de percibir solo la mitad de las rent., quedando la otra mitad á beneficio del cura de Arenillas de San Pelayo por adm. de sacramentos. Cruza por el térm. el r. Valdavia en direccion de N. á S.; es de curso perenne y tiene para su paso un puente de madera de regular elevacion, y por el cual solo pueden pasar caballerias. Con la acequia que en el térm. de Renedo se toma de dicho r., la cual llega tambien á la jurisd. de Arenillas, reciben su impulso 2 molinos harineros, uno de propios y otro de dominio particular. El TERRENO participa de llano y monte; este es continuacion del llamado *Gallillo*; abraza unas 1,450 fan. de las cuales se cultivan 430 en general de mediana calidad. La vega es hermosísima y muy conocida por los corpulentos olmos negrillos que produce, de los cuales son una muestra algunas piezas que causan la admiracion de los inteligentes en el canal de Castilla: el bosque arbolado hácia el E. consiste en leña delgada de roble, y al O. en escasos brezos útiles unos y otros solo para los hogares. Los CAMINOS son regulares; los hay crucéros desde La Bañeza y Leon á Santander, y desde Palencia á Liébana. La CORRESPONDENCIA la recibe en Saldaña los lúnes, juéves y sábados, saliendo para Carrion los mártes, viérnes y lúnes por peaton: PROD. trigo, centeno, cebada, avena, garbanzos, toda clase de legumbres, menos judias, buen lino y hortalizas; cria ganado vacuno, caballar, mular, cabrio y lanar, este último en mayor número; hay caza de perdices, codornices, tórtolas, liebres y algunos conejos; pesca de truchas, barbos, anguilas, nútrias y lampreas: IND. los 2 molinos mencionados y 5 telares de lienzos ordinarios: COMERCIO sobrante de granos y lino: POBL. 24 vec. 125 alm.: CAP. PROD. 26,075 rs.: IMP. 939. EL PRESUPUESTO MUNICIPAL asciende de 500 á 600 rs. que se cubren con la renta de 3 pedazos de tierra labrantia, un prado de guadaña, el importe de la leña y el molino de propios.

ARENILLAS DE VALDERADUEY: v. en la prov. y dióc. de Leon (9 leg.), part. jud. de Sahagun (2), aud. terr. y c. g. de Valladolid (14), ayunt. de Galleguillos: SIT. en una llanura entre los r. titulados Cea y Valderaduey: combátenla los vientos N., E. y O. y goza de CLIMA bastante benigno sin que se conozcan mas enfermedades, que las estacionales. Tiene 113 CASAS de mediana construccion, una escuela de primeras letras, abierta solo durante el invierno, á la que concurren 30 niños, siendo convencional la dotacion que disfruta el maestro, que por lo regular asciende á 800 rs. sobre poco mas ó menos; y una igl. parr. bajo la advocacion de Sto. Tomás Apóstol, servida por un cura y un beneficiado de presentacion del marqués de Castrofuerte. Hay tambien cárcel y casa de ayunt. y 2 fuentes muy descuidadas fuera de la pobl., de esquisitas aguas, si bien el pueblo se surte de la de un pozo cisterna bastante bien conservado, que se halla inmediato á unas cuevas, el cual, aunque escaso de aguas naturalmente, se aumentan con las que recoge de las nieves y lluvias. Confina el TÉRM. por N. con los de Grajal de Campos y Galleguillos; por E. con Santervas de Campos; por S. con Melgar de Arriba; y por O. con Villacreces, encontrándose en él un despoblado conocido con el nombre de Villalaco. El TERRENO es dulce y muy abundante en la vega, y pedregoso en las lomas ó cuestas que forma por algunos sitios: está bañado por el r. Valderaduey que pasa muy próximo á la v. Hay un camino que conduce de Sahagun á Campos, muy concurrido, pero en estado casi intransitable particularmente en el invierno: el CORREO lo reciben en la cabeza del partido á donde tienen que ir por él los interesados por falta de balijero: PROD.: trigo, cebada, morcajo, vino, avena y toda clase de legumbres, ganado lanar, churro, y pesca de cangrejos con abundancia, y alguna que otra anguila de esquisito gusto: IND. un solo molino harinero de invierno suficiente para el abasto del pueblo, y en buen estado de conservacion: POBL. 103 vec.; 412 alm.; CONTR. con el ayuntamiento.

ARENILLAS DE VILLADIEGO: l. con ayunt. en la prov., dióc., aud. terr. y c. g. de Búrgos (6 leg.), part. jud. de Villadiego (1/2): SIT. en terreno llano junto al r. Mayor; combátenle todos los vientos y disfruta de CLIMA saludable. Tiene 38 CASAS de mala construccion, poco sólidas y sin ninguna comodidad interior; entre ellas está la consistorial con pósito, y la igl. parr. que nada tiene que llame la atencion: cuóntase tambien un molino harinero en bastante mal estado y varios pozos de agua entre los que sobresale el conocido por el Bueno á causa de sus abundantes y esquisitas aguas que aprovechan los vec. para su consumo doméstico. Confina el TÉRM. por N. con los de Villa-Hernando y Villaute, por E. con el de Villalibado, por S. con el de Villadiego, y por O. con el de Tablada, estendiéndose la jurisd. por ambos térm. 1/8 de leg. El TERRENO es de mediana calidad; tiene una pequeña parte de viñedo y unos cuantos prados para pasto de los ganados: PROD. trigo, cebada, avena, legumbres y vino suficiente solo para el abasto del pueblo: POBL. 34 vec. 127 alm.: CAP. PROD. 471,910 rs.: IMP. 43,766: CONTR. 3,809.

ARENOLZA: barrio en la prov. de Vizcaya, ayunt. y anteigl. de Arteaga de *Zamudio* (V.): tiene la ermita de San Antolin y 23 cas.: POBL. 24 vec., 126 almas.

ARENOSA (LA): deh. en la prov. de Cádiz, part. jud. y térm. de *Jeres* (V.).

ARENOSILLO: baños en la prov. de Córdoba (7 leg.), part. jud. y térm. de Montoro (3/4): SIT. por la parte del NO. de la pobl. en una de las principales cañadas de Sierra-Morena, á la falda de la elevada loma llamada del Cañaejal, y márg. del arroyo Arenosillo del que toman el nombre. El edificio consta de dos grandes piezas cuadrilongas de piedra sillar de 10 varas de long. y 6 de anchura, con poyos alrededor para descansar y desnudarse los enfermos: estas piezas no estan aun techadas, pero tienen buenos toldos suficientes para resguardarse de la estacion calorosa en que se usan los baños: cada una de ellas comunica con una balsa de 4 3/4 varas de largo, 4 de ancho y 1 de altura al agua, teniendo por consiguiente cada baño 19 varas cúbicas de agua, equivalentes á 57 pies cúbicos: su desagüe se recibe en dos pilas esteriores destinadas á los baños locales y chorros, habiendo ademas otra pila de mayor capacidad construida sobre las arenas del arroyo para los enfermos lazarinos y otros padecimientos contagiosos. En la parte superior de la fachada que mira al S. hay una estatua de San Rafael, y por bajo una lápida en que se lee:

BAÑOS DE ARENOSILLO
MEJORADOS EN BENEFICIO DE LA HUMANIDAD DOLIENTE.
AÑO DE 1838.

Ademas del edificio de que se ha hecho mérito, existen en sus inmediaciones una casa que se denomina de Caridad, otra frente á los baños para habitacion de los bañeros, y otras 2 de propiedad de hacendados de Montoro que alquilan á los enfermos que quieren habitarlas. Tambien hay sobre 20 cas. en el radio de 1/4 de leg. pertenecientes á varias posesiones de olivar, siendo el mas capaz de ellos y el mas saludablemente sit. el que se halla en la cumbre de la loma del Cañaejal propio de los señores Cantarero, vec. de la v. de Cañete de las Torres. La de la Caridad, construida en el año de 1839 á espensas del Sr. D. Bernabé Romero, rico propietario de la espresada c. de Montoro, es un edificio cuadrado de poca elevacion, formando en su interior un espacioso patio rodeado de una galeria con arcos, en la cual se encuentran las entradas para 13 buenas habitaciones y para una gran cocina comun: sobre su portal se ve en una lápida la siguiente inscripcion:

CASA DE CARIDAD A BENEFICIO DE LOS POBRES DE SOLEMNIDAD. AÑO DE 1839.

Aunque el principal objeto de este edificio fué el de alojar á los puramente pobres, como las obras proyectadas para proporcionar aposento á los demas concurrentes no se han continuado, se admiten en él sin distincion en tanto que hay cabida á todos los que llegan á usar las aguas, sin pagar mas que una moderada gratificacion al conserge, el cual lo cuida y asea y tiene la obligacion de surtir de agua y leña á los bañistas. A la der. de esta casa está construida la titulada de la *Salud*, costeada por la señora marquesa de Benameji, que debe formar un cuadrilongo con 22 habitaciones alrededor de un estenso patio, una gran cocina para servicio comun, y una igl. y sacristia en uno de sus ángulos: hasta ahora solo está concluida la igl. y 6 de las habitaciones, las cuales se ceden gratuitamente por la señora marquesa, recibiendo sin embargo las gratificaciones que gusten dar los bañistas para mejoras del establecimiento.

La direccion facultativa de las aguas está á cargo de un médico-director nombrado por el Gobierno, el cual reside en Montoro durante la temporada de baños, visitándolos diariamente: para el servicio espiritual y asistencia de los enfermos, hay un capellan, un sacristan, un bañero y una bañera. Hasta ahora no cuentan con ningun género de asistencia ni por parte del establecimiento, ni por la de particulares, por cuya razon los bañistas tienen que proveerse por si de comida, utensilios y sirvientes, contando solo con habitacion, agua y leña, y con un cosario que va todos los dias á Montoro y conduce á los enfermos la carne y demas art. que necesitan. Los baños se dan gratuitamente á toda clase de personas, y como el establecimiento no proporciona servicio alguno, no exige tampoco retribucion de ninguna especie, á escepcion de los derechos del director marcados en el reglamento de aguas minerales, que consisten en 10 rs. por cada uno de los enfermos en toda la temporada. Los pobres que antes de presentarse en los baños hayan conseguido entrar en el hospital de dicha c., son socorridos por el establecimiento con 3 rs. diarios mientras usan las aguas.

La necesidad de mantener en él el órden ha hecho adoptar varias disposiciones que se fijan en sus puertas, siendo las principales, el que de los dos baños que existen se destine uno para cada sexo; que los bañeros no permitan usar las aguas sino á los que presenten la papeleta del director en que manifieste haber el enfermo referido ó presentado escrita la historia de su dolencia; y que en el uso de los baños no haya distincion de ninguna clase, sino que se guarde el rigoroso órden de antigüedad marcado por el número que corresponde á cada bañista al presentarse al director, que irá señalado en la papeleta. Los medios á que deben recurrir los que deseen aprovecharse de los pocos recursos que hasta el dia ha reunido la industria humana á este precioso manantial son, dirigirse al secretario del ayunt. de Montoro por lo que hace á conseguir habitacion en la casa denominada de Caridad; al apoderado en dicha c. de la señora marquesa de Benameji respecto á la casa de la Salud; y á sus respectivos dueños en cuanto á los demas cas. De esta sencilla descripcion se deduce con facilidad que los baños de Arenosillo son puramente para los verdaderos enfermos que se someten á mil incomodidades por disfrutar del saludable y conocido influjo que ejercen sus aguas en enfermedades rebeldes y pertinaces: en ellos no hay salones de reunion, ni jardines, ni galerias, ni paseos, ni otras muchas comodidades que el lujo y la costumbre hacen necesarias á los habitantes de las c., y que atraen á los establecimientos numerosas concurrencias, por cuya razon no son frecuentados en general mas que por los enfermos de los pueblos de la misma prov., quienes por su sencillez de costumbres se ocupan poco de habitaciones cómodas y lujosas, satisfaciéndose con lo meramente preciso para la conservacion de la vida.

Dos son los manantiales que se conocen; uno se halla en el principio mismo de la loma del Cañaejal, que es sobre el que estan formados los baños; y otro mas abajo dist. unas 40 varas del primero, mas abundante que él, y al parecer mas cargado de principios minerales: este último no está analizado, si bien por solo sus propiedades físicas no queda duda de que el *gas ácido hidro-sulfúrico* es su principal mineralizador; en el dia no se utiliza en baños á causa de estar en la misma corriente del arroyo, cuyas aguas lo cubren durante el invierno; pero en la estacion en que aquellos se toman, se halla descubierto y se aprovecha para bebida, baños locales, y para conducirla fuera del establecimiento.

Las aguas brotan en el fondo de las ya citadas balsas por entre las hendiduras de las rocas que forman su suelo: en el espacio de 14 horas se llenan las dos, pero una vez llenas, el caudal de agua no se aumenta permaneciendo en el mismo estado hasta que se vacian, por lo cual no pueden renovarse mas que una vez cada dia. Los hab. del pais aseguran que recien hechos los baños en 1822, su caudal era abundantísimo, tanto que, despues de estar llenas ambas balsas, corria el agua de continuo por los desagües que tienen á una vara de altura, y que sucesivamente han ido disminuyéndose en particular en estos últimos años, consistiendo esto tal vez en que pesando mucho el agua sobre los puntos por donde mana, tiene que buscar otras salidas por los intersticios de las rocas por los cuales se desliza la que debiera rebosar, cuya opinion puede confirmarse en atencion á los muchos sudaderos de la misma agua que se ven en la falda de toda la loma. El manantial que está en el arroyo es mas abundante que el de los baños, pero en la disposicion en que está colocado, no permite se calcule la cantidad de agua que produce. Toda la cord. á cuya falda se encuentran estos baños, está formada en su mayor parte por grandes lajas y filones de pizarras silíceas asbestoideas, intermediadas de algunos fragmentos areniscos y de gneiss de poca cohesion, variando este terreno en la montaña que hay frente á los mismos baños dividida de la anterior por el arroyo Arenosillo, la cual se compone casi en su totalidad de grandes masas informes de arenisca roja con algunas vetas de cuarzo ó silice bastante pura. Las plantas medicinales mas abundantes que se hallan en sus contornos son las que se espresan á continuacion:

En las inmediaciones de los baños:

Nombres facultativos.	*Nombres vulgares.*
Conium Maculatum.....	Cicuta.
Labendula Sthoecas.....	Cantueso.
Malva Rotundifolia......	Malva.
Mentha Aquatica........	Mastranzos.
Oxalis Acetocella.........	Vinagrillo.
Seylla Maritima..........	Cebolla Albarrana.
Trifolium Melilotus.....	Trebol oloroso.

En los montes vecinos á los baños:

Anethum Foeniculum..	Hinojo.
Asparagus Officinalis...	Esparraguera.
Cistus Ladaniferus.....	Jara.
Fumaria Officinalis.....	Gitanillas.
Ilecebrum Paronichia...	Sanguinaria menor.
Origanum Majorana.....	Mejorana.
Pistacia Lentiscus.......	Lentisco.
Id. Therebintus..........	Cornicabra.
Quercus Coccifera.......	Coscoja.
Rosmarinus Officinalis..	Romero.
Scabiosa Arvensis.......	Escabiosa.
Sedum Acre..............	Siempreviva menor
Verbascum Thapsus....	Gordolobo.

Hállanse igualmente algunas plantas acuáticas en los estanques, á cuyas hojas se adhieren porciones de azufre hidratado, producido por la descomposicion del *gas ácido hidrosulfurico* contenido en el agua y por algunos despojos orgánicos, construyendo largos filamentos de dichas sustancias.

Los objetos zoológicos que en este terr. se encuentran son muy generales en todo el reino; sin embargo los que mas predominan en la clase de anfibios son los siguientes:

Lacerta Agilis..................	Lagartija.
Id. Cygilis....................	Lagarto.
Rana Temporaria................	Rana.

En la de insectos abundan:

Scorpio Europæus...............	Alacran.
Meloe Majalis..................	Carraleja.

Las propiedades físicas de estas aguas son: transparencia igual á la del agua destilada: olor incómodo y nauseabundo parecido al de los huevos podridos: sabor caracterizado por su propio olor: temperatura constante 24° del centígrado: peso especifico 1,010: contuosidad al tacto bien marcado; desprendimiento de búrbujas en su nacimiento, sobrenadando unas costras insolubles que despiden un olor sulfuroso por la combustion. El único cambio sensible que esperimenta el agua fuera del manantial, abandonada por algun tiempo á la influencia atmosférica, es la pérdida del olor y sabor. Hasta ahora no se ha destinado á ningun uso económico, pues que la que se estrae del establecimiento es solamente para los enfermos que se bañan en el pueblo, haciéndolo en cantidades muy variables segun que es mayor ó menor el número de aquellos.

De los ensayos por reactivos y demas medios de análisis puestos en práctica hasta el dia, resulta que en cada 2 libras castellanas de este agua se contienen los mineralizadores que á continuacion se espresan.

Acido hidrosulfúrico libre..........	150 granos.
Carbónico..........................	75
Hidroclorato de Sosa...............	125
De Magnesia........................	100
De Cal.............................	50
Oxido de Silicio...................	75
Sustancia vegeto-animal............	125
Pérdida............................	100

En virtud pues, de las propiedades físicas citadas y de su constitucion química, pueden colocarse estas aguas en la seccion 1.ª de la clase 6.ª de la clasificacion de Henry, ó sea *aguas hepáticas* que tienen el gas ácido hidrosulfúrico libre.

Las virtudes medicinales de las mismas dependen de su agradable temperatura y de los principios mineralizadores que contienen, que consisten en general en estimular dulcemente la piel restableciendo las funciones de este vasto sistema, modificando por consiguiente la composicion de los fluidos y ordenando el mecanismo de las secreciones, cuyos desarreglos son las causas mas frecuentes de las enfermedades crónicas. Las en que convienen son en las afecciones cutáneas rebeldes, en las úlceras callosas y fistulosas inveteradas y dependientes ó no de caries, en las escrófulas, en las clorosis, en los desarreglos menstruales, en las oftalmias inveteradas, en las cataratas incipientes, en las flecmasias crónicas de la mucosa de la vegiga, en las de órganos genitales, en la esterilidad producida por estas afecciones, en las obstrucciones de las vísceras abdominales, en las afecciones crónicas de todas estas vísceras, en la inapetencia, la acidez de estómago y las digestiones laboriosas, y en la infinita variedad de estados morbosos calificados de neuroses y moralgias. Estas aguas ya sea en baños ó en bebida, son útiles especialmente á las personas delicadas, á todos los dotados de una gran movilidad nerviosa, y al principiar á hacerse crónicas las enfermedades, en cuyos casos otras mas cargadas de principios inmoralizadores ó de temperatura mas alta ó mas baja podrian ser perjudiciales. Están contraindicadas en todas las enfermedades inflamatorias, en la tisis pulmonal, en la emoptisis, en el cáncer, en el escorbuto, en la gota, en las lesiones orgánicas del corazon y otras muchas; y serán muy peligrosas aun en las enfermedades para que están indicadas, si los enfermos no se preservan de las impresiones de la atmósfera, á cuyo fin, aunque las aguas se usan en la estacion del estio y el calor á veces se hace insoportable, es preciso que aquellos no se desabriguen ni dejen la ropa de lana, en particular por las mañanas y tardes, porque una supresion de transpiracion no solo puede interrumpir una curacion ya adelantada, sino aun producir otras afecciones mas temibles que las que los obligaron á acudir al remedio mineral. Es necesario tambien que los enfermos tengan presente que las curaciones no se consiguen por darse muchos baños ó por beber cierta cantidad de agua en un tiempo dado, sin tener en cuenta las modificaciones que esperimenta el organismo por las muchas mudanzas que ha sufrido desde que empieza el viaje hasta llegar á las aguas minerales; asi es que, en el momento en que sientan dolores de cabeza, calofrios, laxitud y malestar general ú otros sintomas análogos, deben suspender el uso del agua y no continuarlo sin consultar antes con el médico-director ó cualquier otro profesor enterado en la accion que ejercen estas aguas; pues si bien es cierto que las curaciones todas principian por una reaccion que causa algun mal-estar, es sin embargo indispensable que esta se contenga dentro de sus justos límites, porque siendo escesiva puede ser muy perjudicial. Deberán tambien evitar las insolaciones, y mas todavia el esponerse al influjo del rocio, el cual es pernicioso, no por el vapor que despide el agua mineral, como se cree vulgarmente, sino porque la humedad de las noches es dañosa en toda localidad, que como la de Arenosillo, esté rodeada de montañas y tenga riach. en sus inmediaciones: en tal concepto, deben retirarse á sus aposentos al anochecer y no salir de ellos hasta que el sol bañe bien todas las cercanias, teniendo entendido, que los enfermos que no guardan estos preceptos, suelen ser atacados de fiebres intermitentes pertinaces.

El modo de administrarlas es muy variado: en unas enfermedades, como son las afecciones cutáneas, las escrófulas, las úlceras especificas, etc., se usan en baños: en otras, como las obstrucciones de las vísceras abdominales, la inapetencia, la acidez de las primeras vias, etc., se toman en bebidas; y en otras, como en las amenorreas, flujos blancos, la clorosis, las escrófulas, etc., se administran de ambos modos á la vez: úsanse tambien en fomentos, colirios, inyecciones y duchas, en las úlceras callosas ó sostenidas por caries, en las enfermedades de los ojos ó del conducto auditivo, en fístulas profundas y algunas otras. Los que beban las aguas por padecer afecciones gastro-hepáticas, ademas de las precauciones comunes á todo el que está sometido á este tratamiento, deberán límitarse á tomarlas por la mañana en ayunas, empezando por 1 ó 2 vasos de 4 á 6 onzas y aumentando la dósis segun se lo permita el estómago, y no de una manera repentina y sin regularidad: igual precaucion observarán al concluir su uso, es decir, que vayan disminuyendo por grados la dósis en los últimos dias que estén en el establecimiento; pues la esperiencia ha demostrado que estos estómagos son muy susceptibles, produciendo en ellos graves accidentes los cambios repentinos. Las personas delicadas y de sistema nervioso muy irritable deben tener presente que el darse mas de un baño al dia, puede traerles inconvenientes de consideracion, y aun para uno solo es indispensable se sujeten en cuanto á su duracion y demas circunstancias, á lo que se indique por el facultativo que las dirija. No es fácil determinar los dias que deberán usarse las aguas para que produzcan efectos satisfactorios, porque para esto es preciso tener en cuenta la edad, sexo, temperamento, estado del enfermo y la accion mas ó menos pronta que aquellas ejercen sobre él con otros muchos antecedentes. Es muy comun entre las gentes del pais la preocupacion de que 20 ó 22 baños tomados en 10 ó 12 dias son suficientes; pero si bien es cierto que hay algunas enfermedades que se disipan en tan corto tiempo, tambien lo es que estas son muy raras, pudiendo asegurarse que el mayor número de afecciones exige un tratamiento de 20 á 30 dias, y repetido las mas veces por 2 ó 3 temporadas.

Estas empiezan el dia 1.° de julio y concluyen en fin de setiembre, siendo en todo este tiempo la mejor época para usar las aguas, la que media desde principios del citado mes de julio hasta el 8 de setiembre, respecto á que en los dias que restan de este último, no se puede vivir ya en los baños á causa de empezar las lluvias y ser las noches sumamente frias. La concurrencia se puede calcular en 250 enfermos en cada temporada; no pudiéndose espresar todavia á punto fijo si se han aumentado desde que hay médico-director, por ser esta plaza de nueva creacion.

En España y en el estrangero hay tambien manantiales parecidos á los de Arenosillo, tanto en lo que hace á sus principios activos y á las proporciones en que se encuentran, como en lo relativo á la temperatura y á su accion terapéutica; pero esta semejanza no es muy esacta, pues que siempre existen algunas diferencias, particularmente por lo que respecta á su temperatura y virtudes especiales. En España pueden contarse los del Molar (en Castilla la Nueva), los de Ledesma (en Castilla la Vieja), los de Grabalos (en la Rioja), los de Carballo y Cortejada (en Galicia), los de Busot, los de Alhama, los de Carratraca, los de Chiclana, los de Elorrio, los de Sta. Agueda, los de Esparraguera y varios otros. Entre los del estrangero que nos son mas conocidos y que tienen alguna analogia con los que se describen, pueden citarse los de Bagneres de Luchon, los de Bareges, los de Bounes, San Salvador, Cauterets, Saint-Amand de Enghien, etc.

Para que este útil establecimiento alcanzase las mejoras de que es susceptible, seria indispensable que alguna corporacion como la municipalidad ó la junta de Beneficencia, que tantos fondos tiene, se encargara de su adm. é impusiera una retribucion por cada baño para atender á la conservacion y mejora de las obras que ya existen; y en el caso que esto no pudiera conseguirse, enagenarlos á algun particular que hiciese de su cuenta y con la esperanza de reembolsarse con sus productos los anticipos necesarios para dicho efecto. Como que estas aguas brotan en el térm. de Montoro, son propiedad de su ayunt.; pero las obras que se han hecho para formar los baños y las hospederias se deben, segun ya se ha manifestado anteriormente, á la filantropia del Sr. D. Bernabé Romero que edificó á su costa la casa llamada de Caridad, y en especial á la Sra. Marquesa de Bernameji, que á sus espensas, y sin otro interés que el de ser útil á la humanidad doliente, ha formado los baños, la casa para los bañeros, la igl. y la casa de la Salud, costeando tambien durante la temporada para la asistencia espiritual y servicio de los bañistas, 1 capellan, 1 sacrislan, 1 bañero y 1 bañera. Pero por grandes que sean los servicios que á la salud pública presta la espresada señora, aislados y sin el apoyo de los verdaderos propietarios, no bastan para mejorar el establecimiento. En el supuesto de que se consiguiera del Gobierno que se pusiese al frente de los baños quien adelantara el cap. para las obras, y se encargase en lo sucesivo de recaudar el derecho que se impusiera á todo el que usase las aguas, ya fuese la municipalidad, ya la junta de Beneficencia, ó bien algun particular á quien se cediera la propiedad de los mismos, lo primero que debe hacerse es aumentar el caudal de aguas, practicando algunas escavaciones en la falda de la loma del Cañaejal, á fin de encontrar el venero principal y recogerlas en un depósito para que no se desperdicien, desde el cual se podrán dirigir á las balsas que hoy existen, y á cuantas bañeras separadas puedan hacerse para los que no quieran bañarse en las balsas comunes. A pesar de que haciendo la obra indicada habria agua sobrada para surtir el establecimiento, no debe por ello desperdiciarse la del segundo manantial que nace en la corriente del mismo arroyo, porque rodeándole de un fuerte muro que desviara las aguas corrientes que este trae en el invierno, quedaria el agua mineral separada completamente de aquellas, y podria aprovecharse en otro baño para mas desahogo y comodidad de los concurrentes, y aun para conseguir muchas curaciones con el uso graduado de los 2 baños que tal vez no se conseguirian con uno solo. Convendria tambien aumentar el número de las hospederias para que los enfermos estuviesen con mas comodidad y mas inmediatos á los baños, y para que pudieran librarse mejor de las influencias atmosféricas que á las veces no son muy favorables en la localidad que ocupan. La citada marquesa de Benameji compró y posee algunos terrenos para hacer casas, que rifadas, produjesen para otras, y continuar de este modo sucesivamente hasta formar una pequeña pobl.: para llevar á cabo este proyecto impetró la licencia competente, y la obtuvo por una Real órden, pero con condicion de abonar el 25 p % del prod. de la rifa para la renta de Loterias, cuya gravosa condicion no quiso aceptar la indicada señora, ni era justo imponérsela cuando se prestaba á anticipar un cap. sin interés alguno, y con el solo objeto de proporcionar comodidades á los muchos enfermos que se reunen todos los años en este sitio, como resulta de los informes que dieron las autoridades de la prov.; y que obran en el espediente formado al efecto en la gefatura politica en 1838, que pasó al ministerio de Hacienda. Dar impulso á este espediente y conseguir del Gobierno la licencia para estas rifas, libres de todo derecho en atencion á su benéfico objeto, es uno de los medios mas poderosos para fomentar estos baños y de aumentar y facilitar su concurrencia.

Como el descubrimiento de las virtudes medicinales de estas aguas es bastante reciente, hay muy pocos trabajos científicos sobre ellas: en el año de 1817 fueron analizadas por primera vez de órden del ayunt. de Montoro, siendo muy sensible se haya estraviado el resultado de dicho análisis consignado en una memoria presentada por los profesores que lo ejecutaron. En el de 1836 verificáron otro análisis los doctores en farmacia D. Francisco Linares y D. Francisco Avilés y Cano, é imprimieron una segunda memoria, que es uno de los apreciables antecedentes que hemos tenido la satisfaccion de consultar para la formacion de este artículo, en la cual se comprende la descripcion de los baños, las diversas operaciones practicadas para el análisis y su resultado, y la enumeracion de las enfermedades, que en dichas aguas están indicadas, segun el dictámen de los profesores de medicina que las han propinado.

Terminamos la interesante descripcion de los baños de Arenosillo, esponiendo la causa ciertamente original, que produjo su descubrimiento segun la opinion pública, y al parecer mas probable: atribúyese al instinto natural de una res vacuna que curó de un afecto herpético por los años de 1817 á 1818, cuya observacion transmitida por el pastor que la custodiaba á D. Manuel Madueño Grande, capellan tonsurado de Montoro, hizo igual esperiencia con unos perros atacados de arestin, y fue tan completa y pronta la curacion de estos animales, que puesta en conocimiento del ayunt. de dicha c., nombró facultativos que reconocieran la naturaleza de las aguas y demas circunstancias consiguientes al efecto. Esta disposicion correspondió á los deseos de cuantos las habian examinado, por cuya razon se concedió terreno á varios vec. de Montoro con el objeto de formar alli una pequeña pobl., proporcionando tambien al pueblo algunos cepeos de novillos para con su prod. protejer los baños, dando algun ensanche y comodidad al local en que se hallan; obra que se hizo en 1820.

ARENS: v. con ayunt. de la prov. de Teruel (28 leg.), part. jud. de Valderrobles (4), adm. de rent. de Alcañiz (6 1/2). aud. terr. y c. g. de Zaragoza (20), dióc. de Tortosa (8): SIT. en la cumbre de un monte rodeado de otros de mayor elevacion á las inmediaciones del r. Algas; los vientos que mas le dominan son los del O., y las enfermedades mas comunes son las tercianas, y algunos años calenturas de muy mala calidad y de tan funestas consecuencias, que de sus resultas mueren en este pueblo muchas mas personas que en otro de igual vecindario; se atribuye esta funesta plaga á la poca ventilacion y humedad de la atmósfera: forman la pobl. 92 CASAS de construccion ordinaria y poco cómodas, distribuidas en varias calles angostas y pendientes; 1 plaza de figura cuadrada y 1 plazuela, ambas á dos llanas y de buen piso; 1 escuela de primeras letras frecuentada comunmente por 21 alumnos, bajo la direccion de 1 maestro examinado, dotado por los fondos de propios en la cantidad anual de 2,440 rs.; otra escuela de niñas montada conforme á la última órden espedida por el gobierno sobre el particular; 1 hospital ó casa de refugio para pobres mendigos y transeuntes sin renta alguna, y 1 igl. parr., bajo la advocacion de la Asuncion de Ntra. Sra., servida por 1 cura párroco, 1 beneficiado de patronato familiar y 1 sacristan: el curato es de primer ascenso, y lo provee S. M. ó el diocesano, prévia oposicion en concurso general; en el dia se halla vacante y lo sirve 1 esclaustrado: la parte interior del templo presenta mucha antigüedad y semejanza con las igl. de los templarios; y á la parte esterior se ve sobre el muro grabada 1 espada grande con un letrero que no puede leerse, cuyo signo hace creer ser la sepultura de algun magnate: lo mas atendido que respecto á edificios se halla en este pueblo, es una casa que presenta un frontis de 93 palmos con 87 de fondo, fabricada con la mayor solidez, de piedra picada, de la cual quedan solo en el dia las 4 paredes forales y se conserva 1 torreoncito en cada ángulo del edificio; se ven los vestigios de las escaleras, del entresuelo y 3 pisos de que constaba, de las cárceles y de 2 puertas; en ambas se ven picados los escudos de armas, y en cada una de ellas 2 personajes vestidos con hábitos ceñidos, y armados de una gruesa porra, de donde se deduce si este edificio pertenecia á la órden de caballeros arriba nombrados. Estramuros, como á 1 leg. de dist. hay 1 ermita dedicada á San Hipólito. Confina el TÉRM. por el N. con el de Calaceite, por el E. con el de Horta, por el S. con el de Lledo, y por el O. con el de Cretas, estendiéndose en todas direcciones poco mas de 3/4 de hora, escepto por el lado de Horta, hácia el que apenas llega á 60 pasos lo que la jurisd. comprende: el TERRENO participa de monte y llano; es de buena calidad y muy feraz, cubierto en gran parte de olivos, moreras, otros árboles frutales y mucho viñedo: el r. Algas le proporciona el riego suficiente; y al propio tiempo pone en movimiento con sus aguas las ruedas de 2 molinos harineros: con 53 yuntas de mular y 8 de vacuno se ponen comunmente en cultico 525 jornales de tierras ricas y fuertes, 600 de segunda calidad y 900 de tercera. Tambien hay 1,000 jornales de tierra de bosques de maleza y 975 de prados y pastos naturales: PROD.: vino, aceite, trigo, cebada, patatas, avena, centeno, judías, maiz, hortalizas, frutas y seda: cria poco ganado lanar: IND.: 3 molinos de aceite: POBL.: 118 vec., 472 alm.: CAP. IMP.: 147,119 rs.

ARENTEIRIÑO: l. en la prov. de Orense, ayunt. de Cea y felig. de Sta. Maria de *Osera* (V.).

ARENTEIRIÑO: l. en la prov. de Orense, ayunt. de Piñor y felig. de San Juan de *Barrañ* (V.).

ARENTEIRO: l. en la prov. de la Coruña, ayunt. de Touro y felig. de Sta. Maria de *Lóxa* (V.): POBL.: 15 vec., 78 alm.

ARENTEIRO: l. en la prov. de Orense, ayunt. de Piñor y felig. de San Juan de *Barran* (V.).

ARENTEY ó LA RETORTA (SAN PEDRO DE): felig. en la prov. de Pontevedra (7 leg.), dióc. de Tuy (1 1/4), part. jud. de Puenteareas (2), y ayunt. de Salvatierra (1/4): SIT. á la der. del r. *Miño*, con CLIMA bastante sano: tiene 50 CASAS y algunos chozos ó cortijos de que se componen los l. de Agrela, Carrilla, Cerdeiriñas, Gestal, Iglesia, Lozangeros, Mugina, Playa, Ruanova y Toural. La igl. parr. (San Pedro) se encontraba antes de 1640 inmediata al Miño, en el sitio denominado la Retorta, y aunque desde aquella fecha se intentó trasladarla al punto que ocupa, aun se administraba en aquella por los años de 1650 el Sacramento del Bautismo: en 1792 se concluyó la obra, y es un edificio bastante regular y capaz para el vecindario: es anejo y se halla á 3/4 de leg. de Santa Maria de Salcedo: el TÉRM. confina por N. con San Miguel de Cabreira, por E. con Salvatierra, por S. con San Pablo de Porto, y por O. con San Justo y Pastor de Entienza; se encuentran en él los montes llamados del *Miron* poblados de pinar: el TERRENO en lo general bueno, tiene una tercera parte de secano: los CAMINOS son locales, cruzándole tambien la vereda que va de Tuy á Salvatierra y Orense: el CORREO se recibe indistintamente de Tuy y Puenteareas por medio de propio: PROD.: maiz, vino, trigo, centeno, lino y toda clase de legumbres; cria ganado vacuno y lanar, muchos y buenos conejos, liebres y perdices, y disfruta de la abundante pesca del r. Miño: IND.: 1 molino harinero con 2 muelas y el tráfico de granos y vino para los pueblos inmediatos: POBL.: 82 vec., 328 alm.: CONTR. con su ayunt. (V.).

ARENYS DE AMPURDÁ: l. con ayunt. de la prov. y dióc. de Gerona (3 1/2 leg.), part. jud. de Figueras (1 1/2), aud. terr. y c. g. de Barcelona (17): divídese en 2 barrios separados 1/4 de hora el uno del otro, llamado el uno Arenys de Dalt (de arriba) y el otro Arenys de Baix (de abajo): el primero que es el mayor, está SIT. á 200 pasos del r. Fluvia, sobre una colina de poca elevacion, desde la cual se descubren los vastos olivares y viñedos de las márg. de aquel r.; disfruta de buena ventilacion y CLIMA saludable: de las propias ventajas topográficas goza el otro barrio, sit. á igual dist. de dicho r., en terreno llano, rodeado de un espeso bosque de olivos, lo que le da un aspecto bastante melancólico: las CASAS de uno y otro barrio son mal cuidadas y poco aseadas, abundan de aguas potables que solo tienen el defecto de ser algo insípidas; y hay 1 igl. parr. sit. en el barrio alto, de aspecto tan pobre como sus adornos y construccion; de 1 sola nave, con 8 altares, dedicada á San Saturnino, cuya festividad se celebra el dia 29 de noviembre, y servida por 1 cura párroco cuya plaza se provee prévia oposicion en concurso general. Confina el TÉRM. por el N. con el de Garrigas, por el E. con el de Sta. Eulalia, por el S. con el r. Fluvia, y por el O. con el de Vilajoan: el TERRENO es llano con pequeñas hondonadas por donde pasan las aguas que nacen de las fuentes del térm., con las cuales se riegan los huertos de ambos vecindarios, cuyo beneficio reciben tambien de las del Fluvia, si bien algunas veces sus fuertes avenidas causan graves perjuicios; dentro de la jurisd. se unen á este r. las aguas pluviales que recoge un pequeño torrente. Los CAMINOS son de pueblo á pueblo, todos carreteros, medianamente cuidados, y la carretera real de Barcelona á Francia, pasa á 1/2 leg. de la pobl. Su único COMERCIO consiste en vender lo sobrante de sus frutos en los mercados de Gerona y Figueras: PROD.: aceite en abundancia y de muy buena calidad, vino muy estimado para el uso comun, aunque poco licoroso, poco trigo mezcladizo, hortalizas y frutas; abunda en caza de perdices: POBL.: de Arenys de Dalt 43 vec., 213 alm.; de Arenys de Baix 22 vec., 110 alm.: CAP. PROD.: 1.339,200 rs.: IMP.: 33,480 rs. vn.

ARENYS DE MAR: part. jud. de ascenso en la prov. de Barcelona y dióc. de Gerona: comprende 12 v., 17 l., 6 cas. y 5 santuarios, que forman 23 ayunt.: las dist. de las mas principales pobl. entre sí, á la corte, cab. de part., aud. terr. y c. g., aparecen en el siguiente cuadro:

	Arenys de Munt.	Calella.	Canet.	Malgrat.	Pineda.	Palafolls (San Ginés de).	Tordera.	Gerona.	Barcelona.	Madrid.
ARENYS DE MAR.	1/2	2 1/2	2	4	3	3	3 3/4	10	8	114
Arenys de Munt.		3 1/4	1 1/4	4	3 3/4	2 1/2	3 1/4	10	6 1/4	112 1/4
Calella.			2	1 1/2	1/2	1 1/2	2 1/2	10 1/2	10	116
Canet.				3 1/2	2 1/2	2	3 1/2	9	8	114
Malgrat.					1	1	2	10	11	117
Pineda.						1 1/4	3	11	10 1/2	116 1/2
Palafolls (San Ginés de).							1 1/2	9 1/2	11	117
Tordera.								8	12	118
Gerona.									19 1/4	108
Barcelona.										106

SITUACION. Al S. del ant. principado de Cataluña y al E. de la prov., entre el golfo de Leon y el de Valencia, disfruta de benigno temperamento y CLIMA saludable: confina por el N. y el E. con el de Sta. Coloma de Farnés (Gerona), por el S. con el Mediterráneo, y por el O. con los de Mataró y Granollers: su estension de N. á S., bajando una linea recta desde el térm. jurisd. de Hostalrich hasta el mar, por la parte de Calella, es de 2 3/4 leg., y de E. á O., tirando otra línea recta que divida por su centro la anterior, desde los lim. de la prov. de Gerona hasta los confines de Caldetas, es de 4 leg. El TERRENO en lo general montuoso y quebrado, solo tiene de llano una décima parte, y en ella se da muy bien toda clase de cereales y legumbres: en lo restante se encuentran diferentes cerros, ramificaciones de 3 montañas, llamadas *Monseñ*, *Montnegre* y *monte del Corredó*, que lo son de los Pirineos; la primera sit. al N. del part., y la de mas importancia en toda la baja Cataluña, se eleva sobre el nivel del mar 6,094 pies españoles en la lat. N. de 41° 48′ 28″, y long. E. 6° 02,′ 3; generalmente es la primera que por aquella parte se ofrece á la vista del angustiado navegante, que hallándose en alta mar sin rumbo cierto, ansía descubrir tierra: su cúspide la mayor parte del año se ve cubierta de nieve; brotan en ella hácia el S. diferentes manantiales que dan origen al r.

Tordera; y á la parte del SE. nacen varias fuentes, cuyas aguas reunidas en un arroyo, descienden precipitadamente por entre 2 elevados montes, formando en todo su curso saltos de 26 á 60 pies, y produciendo algunas simas de una profundidad inmensa; hay dilatadas arboledas de encinas, robles alcornoques, castaños y manzanos, siendo la fruta de estos últimos abundantísima y de un gusto especial, por lo que se prefiere á la de otros puntos: en sus faldas se da toda clase de cereales y legumbres, y abundantes y sabrosos pastos para los muchos ganados lanares, vacunos y de cerda que alli se crian: hállanse en diversos puntos de esta montaña algunas minas de alcohol sin beneficiar; en la actualidad se trabaja en en busca de una de plata que se cree existir; y á la parte del SE. en el térm. de Gualba, se han descubierto unas grandes canteras de mármol, de tan buena calidad, que segun los ensayos practicados, en nada cede al mas superior de Italia, por cuya razon se estan ocupando 12 hombres en busca del banco principal: del *Montnegre*, que se halla en el céntro del part., arrancan varios ramales que forman el monte y plana de las Brujas, y el llamado *Collsecreu*; toda la parte meridional de estas cord. se halla plantada de hermosos viñedos y árboles frutales, entre los que sobresalen los naranjos y limoneros por la esquisita calidad de sus frutos. A la parte del O. se encuentra el monte del *Corredó*, que en direccion N. se estiende hasta el r. Tordera; por el E. hasta la riera de Valgorguina; por el S. concluye en 3 cerros, llamados los *Tres Turones*, y por el O. desciende hasta el lím. del part., alimentando varias pequeñas cord. que se dirigen y entran en los de Mataró y Granollers: tanto el Corredó como sus derivaciones, se hallan poblados de espesos bosques de encinas, robles, pinos, alcornoques y abundante hornija. Feráz el TERRENO, y agradecido al cultivo, no rinde sin embargo lo suficiente para el surtido de los hab., que tienen que proveerse de otras partes de los artículos de consumo de primera necesidad, y en especial de cereales, legumbres y aceite, si bien es cierto que la importacion de estos ramos se compensa con la esportacion que en gran cantidad se hace de maderas, carbon, frutas y vino.

Muy pocos son los r. que fertilizan este part.; el Tordera, que como queda indicado, tiene su nacimiento en el Monseñ, entra en el terr. por el O. y térm. de San Estéban de Palau Tordera, y fecundiza sus tierras; pasa por la v. de San Celoni, á la que presta igual beneficio; se le agregan las aguas que en cantidad de 3 muelas rebosan de las simas de que se ha hecho mérito, y las de la riera de Valgorguina, procedente del Collsecreu: continua su curso en direccion del E., y al poco trecho entra en un canal formado por la cord. donde nace, y no sale de él hasta que cambiando su corriente al S. en la jurisd. de Fogás, va á desaguar en el mar, no sin haber impulsado antes 3 fraguas de hierro y cobre, y haber dado movimiento á unos 20 molinos harineros: no le cruza puente alguno, y en tiempos de lluvias es tan caudaloso, que suele interceptar por 6 ú 8 dias las comunicaciones, por las carreteras de Barcelona á Francia, y de San Celoni á Arenys, que atraviesa. De las montañas del *Corredó* y sus ramificaciones, se desprenden infinitos manantiales que prod. las rieras de Caldas, Arenys, Canet, San Pol, San Ciprian, Calella, Pineda, San Pedro de Riu, Malgrat y Palafolls: en todo el part. se encuentra abundancia de fuentes y pozos de delicadas aguas potables, y en la jurisd. de Arenys de Mar hay un manantial de aguas termales con un magnífico establecimiento de baños.

Pocos part. habrá que carezcan tanto como este de carreteras, y aun CAMINOS de herradura; pues estan reducidos á la calzada llamada de la Costa, que dirige desde Barcelona á Francia, el que conduce de Tordera á San Celoni, y el que desde este último punto va á Arenys, y se halla en el mas deplorable estado, particularmente á la subida del Collsecreu, por donde tanto los carruajes como las acémilas, solo pueden conducir un tercio de la carga ordinaria.

Industrioso por su esencia todo el principado de Cataluña, puede decirse que en ninguna parte ha progresado tanto este ramo de riqueza como en los pueblos de que se compone este part.; la IND. algodonera y la fabricacion de prod. químicos, forma una parte muy considerable, como se deja ver por los 4 adjuntos estados, en los que resultan el número de fáb., puntos donde se hallan, capitales que se invierten, y sus respectivos productos.

HILADOS DE ALGODON.

Número de fábricas.	Nombres de las fábricas ó de sus dueños.	Pueblos donde se hallan.	Motores: Por agua, n.º de caballos.	Motores: Por caballerías, su n.º	Sistema de hilados: Por mulegenis, su n.º	Sistema de hilados: Por máquinas continuas su n.º	Sistema de hilados: Total n.º de puas ó husos.	Operarios: Hombres, su n.º	Operarios: Mujeres su n.º	Operarios: Muchachos su n.º	Salarios mensuales: De los hombres.	Salarios mensuales: De las mujeres.	Salarios mensuales: De los muchachos.	Productos en hilados: Libras de hilo del n.º 10 al 20.	Productos en hilados: Id. del 20 al 30.	Productos en hilados: Id. del 30 al 45.	Productos en hilados: Id. del 45 al 60.	Productos en hilados: Total de libras al mes.	Capitales en: Edificios.	Capitales en: Maquinária.	Capitales en: Circulacion.	Capitales en: Total.
1....	Pablo Roca y compañía.	Canet.	»	8	10	»	1,200	3	20	20	1,000	2,400	1,100	2,000	600	»	»	2,600	46,000	100,000	84,000	230,000
1....	José Prats.	Id.	»	4	4	»	480	3	10	5	500	800	340	1,500	»	»	»	1,500	23,000	40,000	22,000	85,000
1....	SS. Gispert y compañía	Malgrat.	10	»	16	8	2,596	6	52	6	2,080	6,000	240	»	»	4,000	800	4,800	340,000	260,000	200,000	800,000
1....	Manuel Canobas.	Calella.	»	5	8	»	960	3	14	6	700	1,700	400	»	2,000	»	»	2,000	43,000	80,000	60,000	183,000
1....	Francisco Costas y Plá.	Id.	»	2	2	»	270	1	6	2	240	600	100	»	400	»	»	400	20,000	20,000	30,000	70,000
1....	Juan Costas y Plá.	Id.	»	4	5	»	600	1	7	6	180	840	300	»	1,300	»	»	1,300	25,000	50,000	40,000	115,000
1....	Francisco Sagrera.	Id.	»	5	7	»	840	2	14	8	440	1,700	400	»	1,500	»	»	1,500	28.000	70,000	60,000	158,000
1....	Juan Puig y Compañía.	Arenys de Mar.	»	4	8	»	960	2	15	7	720	1,930	280	»	2,000	»	»	2,000	45,000	80,000	100,000	225,000
1....	Jaures y Tapias.	Id.	»	4	6	»	720	2	12	4	720	1,500	160	»	1,500	»	»	1,500	32,000	60,000	80,000	172,000
9....			10	36	66	8	8,626	23	150	64	6,580	17,460	3,320	3,500	9,300	4,000	800	17,600	602,000	760,000	776,000	1.968,000

TEGIDOS DE PURO ALGODON.

NUMERO DE FABRICAS.	NOMBRES DE LAS FABRICAS ó DE SUS DUEÑOS.	PUEBLOS DONDE ESTAN.	NUMERO DE TELARES.		NUMERO DE UTILES Ó MAQUINAS.				NUMERO DE OPERARIOS.			IMPORTE MENSUAL DE SALARIOS.			PRODUCTO MENSUAL DE LA FABRICACION. CLASES DE TELAS			CAPITALES EN			
			Sencillos.	Compuestos.	Tornos para canillar.	Máquinas para id. y devanar.	Máquinas para la urdimbre.	Máquinas para encolar el hilo.	Hombres.	Mujeres.	Muchachos.	De los hombres.	De las mujeres.	De los muchachos.	Tela en crudo lisa.	Id. de colores id.	Pañuelos de 3 á 5 palmos, docena.	Edificios.	Maquinaria.	Circulacion.	TOTAL.
1	Francisco Sanllehi........	Malgrat.	30	»	10	1	2	»	31	14	2	3800	900	60	3500	2500	»	20000	9000	45000	74000
1	Jaime Fransesch..........	Id.	4	»	3	»	1	»	4	3	1	650	160	30	»	900	»	3400	1200	3000	7600
1	Sres. Gispert y compañia.	Id.	24	»	10	1	2	»	25	15	2	2070	960	80	5400	»	»	Comprendido en otra fáb. de hilados.	12000	Idem en hilados.	12000
2	Miguel Casanovas, y Casellas y Bosch...........	Calella.	3	2	3	»	2	»	5	2	1	800	120	30	1400	»	»	6000	2000	8000	16000
1	José Maria Mandri.........	Id.	8	»	4	»	1	»	8	3	1	1500	150	30	2400	»	»	6600	3300	20000	29900
1	Esteban Rubira............	Id.	40	»	30	»	2	»	41	20	12	7200	1000	500	10700	»	»	26000	16000	60000	102000
1	Jam, hermanos.............	Id.	11	»	»	1	1	»	11	3	1	1660	150	30	2600	»	45	7000	5000	24000	36000
1	Salvador Vazquez..........	Canét.	39	»	6	1	3	1	35	15	5	6000	1300	300	10000	»	»	20000	18000	61000	99000
1	Antonio Soler..............	Id.	7	»	3	»	1	»	3	7	3	500	500	150	280	800	70	3500	3000	8000	14500
1	Salvador Pujadas..........	Id.	3	»	2	»	1	»	3	1	1	500	50	40	»	800	»	3500	1000	5000	9500
1	Joaquin Forts..............	Id.	9	»	»	1	1	»	9	4	1	1800	300	40	2400	»	»	7000	4100	14000	25100
1	José Masana...............	Id.	79	»	10	2	5	»	80	16	5	16000	1000	200	21000	»	»	17000	37000	120000	174000
1	Pedro Asturi...............	Id.	32	»	5	1	2	1	31	10	3	6300	900	150	9500	»	»	18000	5500	50000	83500
1	Pablo Adue................	Id.	6	»	3	1	1	»	6	1	3	800	60	100	1500	»	»	5500	2400	9000	16900
1	Gaspar Llauger............	Id.	5	»	3	»	1	»	5	1	2	600	70	70	1200	»	»	3500	1700	8000	13200
1	Blas Llusá.................	Id.	41	»	14	»	2	»	1	41	4	2600	5000	200	9900	»	»	13000	14000	70000	97000
1	Ramon Arnau y Corbera..	Arenis de mar.	8	»	8	»	1	»	9	6	3	2100	400	120	»	2200	»	12000	5000	12000	29000
1	Miguel Guri................	Id.	30	»	4	2	2	1	30	6	4	4800	540	240	9000	»	»	15000	9600	40000	64600
1	Salvador Abril.............	Id.	30	»	»	3	2	1	30	8	4	5400	960	320	9600	»	»	20000	13000	40000	73000
1	Juan Artigas...............	Id.	40	»	»	2	2	1	1	30	14	300	4800	840	6000	»	»	30000	16000	45000	91000
21			449	2	118	16	35	5	368	206	72	65380	19220	3530	105680	7200	115	237000	178800	642000	1067800

ARTEFACTOS DE PUNTO O TELARES DE MEDIAS.

PUEBLOS.	Telares.	Operarios.	Salario mensual.	CAPITALES EN Edificios	Maquinaria.	Circulacion.	TOTAL.
Arenys de Mar	200	350	49,000	24,000	160,000	360,000	544,000
Calella	220	385	53,900	26,400	176,000	396,000	598,400
Canet	86	154	21,560	10,320	68,800	154,800	233,920
Malgrat	108	189	26,460	12,960	87,600	189,600	290,160
San Pol de Mar	10	17	2,380	1,200	8,000	18,000	27,200
	624	1,095	153,300	74,880	135,400	1.118,400	1.593,680

PRODUCTOS QUIMICOS.

NUMERO DE FABRICAS.	NOMBRE DE LOS DUEÑOS.	Pueblos donde se hallan	Número de operarios.	Salario mensual.	PRODUCTOS MENSUALES. Minio.	Albayalde.	Cremor tártaro	Vinagre.	Cardenillo.	CAPITALES EN Edificios y maquinaria.	Circulacion.	TOTAL.
1	Ignacio Garriga	Arenys de Mar.	4	700	«	«	«	36	18	14,200	16,000	30,000
1	Calbeto y compañia		8	800	«	«	«	120	32	26,600	20,000	46,000
1	Antonio Casola		6	700	10	30	«	40	12	17,000	30,000	47,000
1	José Pascual Puig		4	600	20	«	40	«	«	26,000	16,000	42,000
1	Juan Artigas		5	400	«	«	«	«	30	25,000	30,000	55,000
1	Francisco Tritet		2	300	«	«	40	«	«	9,000	8,000	17,000
1	José Vilanova		2	240	«	«	«	«	6	21,800	8,000	29,800
1	Juan Cascante		12	900	«	«	«	156	40	42,000	70,000	112,000
8			43	4640	30	30	80	352	138	181,600	198,000	378,800

Hay tambien en Canét 15 tejedores, que reunen 92 telares, en los que se emplean 92 hombres, 40 mujeres y 20 muchachos; el cap. invertido asciende á 500,000 rs., y su prod. mensual á 18,000 varas de telas de todas clases de hilo de algodon con mezcla de lino ó cáñamo; los tejidos de malla y encajes son muy comunes á las mujeres y aun á los niños; ademas de las fáb. de prod. quimicos comprendidos en el preinserto estado: hay en la v. de Arenys otras 2 de albayalde y 1 de sal de Saturno: tambien se encuentran 4 de tapones de corcho, 3 de jabon, 3 de aguardiente, 2 de curtidos y 7 de obra de barro: los bosques en que abunda el part., proporcionan otro importante prod. en el mucho carboneo que se hace, y en la madera que se estrae, asi para combustible, como para todo género de construccion, de la cual se consume una gran parte en los 3 ant. y famosos astilleros que hay en Arenys, en los que se construye toda clase de buques: multitud de familias se dedica á la pesca; y varias sociedades y algunos particulares han establecido empresas de toda especie de carruages, para conduccion de efectos y viajeros á diferentes puntos del part. y fuera de él. En Arenys de Mar, en Canet, Calella, Pineda, Malgrat, Tordera, y otros pueblos hay fáb. de vidrio, de sombreros, de alfareria, de jabon, de áncoras, de jarcia y buenas tenerias. Lo que la naturaleza del suelo negó, han sabido adquirirlo los hab. con su actividad y aplicacion al trabajo; donde el pie del hombre puede sostenerse, alli el arado y la azada han conseguido vencer la esterilidad de la tierra haciéndola productiva. Multitud de barcos pescadores salen de esta costa todas las mañanas y vuelven al caer el sol, cargados de rico pescado que trasportan á la cap. de la prov. y á los pueblos del interior. Ni el niño, ni la mujer, ni el anciano se niegan á una vida activa y laboriosa; de aqui ese profundo respeto á la propiedad, esa moralidad que distingue por lo general á los catalanes, y que tendremos lugar de encomiar como se merece cuando nos ocupemos de los art. de Barcelona. Los jornales en todos los oficios son variables, pero pueden contarse de 7 á 12 reales.

Otra de las fuentes de prosperidad para los moradores del part., es el COMERCIO: atrevidos como los que mas, y dotados de una actividad incansable, con el genio especulador tan característico de todos los catalanes, no se limitan al tráfico interior; sino que entregando sus vidas y fortunas á merced de las olas, transportan los efectos de su ind., y lo sobrante de sus prod. en unos miserables barquichuelos, con los que recorren todos los puertos del reino y los de Francia é Italia, alargándose frecuentemente hasta las Américas.

ESTADISTICA CRIMINAL. Los acusados en este part. jud. durante el año 1843, fueron 40, de los que resultaron 2 absueltos de la instancia y 9 libremente; 19 penados presentes y 10 contumaces; 1 reincidente en otro delito diferente, con el intervalo de 2 años desde la reincidencia al delito anterior. Del total de acusados 1 contaba de 10 á 20 años de edad; 22 de 20 á 40; 11 de 40 en adelante, ignorándose la edad de 6; 37 eran hombres, y 3 mujeres; 14 solteros y 18 casados, no constando el estado de los 8 restantes; 18 sabian leer y escribir; 14 carecian de esta instruccion, y de 8 no aparece justificadó este dato; 7 ejercian profesion científica ó arte liberal; 25 artes mecánicas; de los 8 restantes no resulta la ocupacion.

En el mismo periodo se perpetraron 30 delitos de homicidio y heridas; 1 con armas de fuego de uso ilícito; 11 con armas blancas permitidas y 4 prohibidas; 5 con instrumentos contundentes; 2 por medio de venenos, y 7 con otros instrumentos ó medios no espresados.

Damos fin á este art. con el siguiente:

CUADRO sinóptico, por ayuntamientos, de lo concerniente á la poblacion de dicho partido, su estadística municipal y la que se refiere al reemplazo del ejército, con los pormenores de su riqueza imponible.

AYUNTAMIENTOS.	OBISPADOS á que pertenecen	POBLACION. Vecinos.	POBLACION. Almas.	ESTADÍSTICA MUNICIPAL. ELECTORES. Contribuyentes.	ELECTORES. Por capacidad.	ELECTORES. TOTAL.	Elegibles.	Alcaldes.	Tenientes.	Regidores.	Síndicos.	Suplentes.	REEMPLAZO del ejército. Jóvenes varones alistados de 18 á 25 años de edad.	Cupo de soldados en una quinta de 25,000 hombres.	RIQUEZA IMPONIBLE en su totalidad. Por ayuntamiento. Rs. vn.	Por vecino. Rs. mrs.	Por habitante. Rs. mrs.
Arenys de Mar.	Gerona.	1000	4784	424	20	444	424	1	1	8	1	7	Se verá el guarismo de esta casilla en el cuadro sinóptico de la provincia.	9'5	255150	255 5	53 11
Arenys de Munt	Id.	258	1233	168	7	175	168	1	1	6	1	6		2'4	247480	959 15	200 24
Calella	Id.	694	3025	250	18	268	250	1	1	8	1	7		6	211970	305 15	70 3
Campins	Barcelona.	49	189	17	1	18	17	1	«	2	1	3		0'4	15610	318 19	82 20
Canet de Mar.	Gerona.	696	2704	175	10	185	175	1	1	8	1	7		5'5	124200	179 30	44 16
Fogás y Ramiño	Id.	68	320	32	2	34	32	1	«	2	1	3		0'6	123000	1808 28	373 29
Gualva.	Barcelona.	34	199	33	1	34	33	1	«	2	1	3		0'4	55140	1621 26	277 3
Malgrat	Gerona.	704	2836	282	9	291	282	1	1	8	1	7		5'5	164830	234 5	58 4
Montnegre, Quirosos y la Batllora	Barcelona.	38	216	35	2	37	35	1	«	2	1	3		0'4	44710	1176 20	207
Olsinellas y Vilardell .	Vich.	30	150	21	1	22	21	1	«	2	1	3		0'3	34940	1164 22	232 32
Orsaviña, San Pedro de Riu y Balmañá . . .	Gerona.	59	319	35	2	37	35	1	«	2	1	3		0'6	73580	1247 4	230 22
Palafolls	Id.	250	1130	129	1	130	129	1	1	4	1	5		2'4	179990	719 33	159 10
Palau, Tordera (San Estéban de)	Barcelona.	90	436	89	1	90	89	1	1	2	1	4		0'9	79670	885 8	182 25
Palau Tordera (Santa María de)	Id.	129	599	95	5	100	95	1	1	4	1	5		1	164060	1276 18	274 30
Pineda	Gerona.	355	1600	209	8	217	209	1	1	6	1	6		3'2	184119	518 22	115 3
San Celoni.	Barcelona.	420	1598	198	9	207	198	1	1	6	1	6		3'2	163000	388 3	102
San Pol de Mar.	Id.	174	986	117	5	122	117	1	1	4	1	5		2	98450	565 27	99 30
Santa Susana de la Bisbal	Id.	79	519	33	1	34	33	1	1	2	1	4		1	88170	1116 4	169 30
Tordera	Gerona.	456	1856	237	16	253	237	1	[illegible]	6	1	6		3'5	303140	664 26	163 11
Vallgorguina.	Barcelona.	52	262	41	1	42	41	1	1	2	1	4		0'5	50450	970 7	192 10
Vellalta (San Aciscio de)	Id.	84	524	65	2	67	65	1	1	2	1	4		1	87620	1043 3	167 7
Vellalta (San Ciprian de)	Id.	40	149	32	1	33	32	1	«	2	1	3		0'3	56840	1421	381 17
Villalba Saserra	Id.	32	191	22	«	22	22	1	«	2	1	3		0'4	19480	608 25	102
		5791	25924	2739	123	2862	2739	23	15	92	23	107	«	51	2826199	488 1	109 1

NOTA. La matrícula catastral de 1842 no presenta el pormenor, por ayunt., de las tres clases en que se divide la riqueza, á saber: terr. y pecuaria, urbana, industrial y comercial, y solo establece esta division en el total de la prov.; segun se verá en la nota que acompaña al cuadro sinóptico de la misma. Tampoco se ve en dicha matrícula el total de contr. que paga cada ayunt., no encontrándose en ella mas que el resúmen general de las que paga la provincia, del cual resulta que su relacion con el total de su riqueza es de 22'38 por ciento, segun se demostrará en la nota ya citada. En esta proporcion, las contr. que hubieran de corresponder á este part. deberán ascender á rs. vn 629,182, los cuales dan 108 rs. 24 mrs. por vec. y 24 rs. 10 mrs. por hab.: en dichas contribuciones se incluye la de culto y clero, por la suma de rs. vn. 224,118, que es la que corresponde á este part. á razon de 7'93 por ciento de su riqueza imponible, en que sale para la generalidad de la prov.; lo que da 38 rs. 24 mrs. por vec. y 8 rs. 10 mrs. por hab.

ARENYS DE MAR: v. con ayunt. de la prov., aud. terr. y c. g. de Barcelona (8 leg.), part. jud. de su nombre, adm. de rent. de Mataró (1 1/2), dióc. de Gerona (10).

SITUACION Y CLIMA. Colocada entre 2 cord. de pequeña elevacion y pobladas de viñedo que empiezan en el Mediterráneo, y se prolongan sobre 1/2 leg. de N. á S., formando una especie de canal que termina en el monte Collsecreu, disfruta de un CLIMA templado y saludable, y no se conocen enfermedades especiales; porque hallándose en el centro de los golfos de Leon y el llamado San Jorge de Valencia, y reinando en el primero con mas frecuencia el NE. y en el segundo el NO., de suerte que entre uno y otro dejan en calma 3 ó 4 leg.; únicamente reina en Arenys de Mar, y eso solo en el verano cuasi todos los dias desde las 9 de la mañana hasta las 5 de la tarde, el O.; pero como una apacible brisa que sirve para templar el rigor de la estacion.

INTERIOR DE LA POBLACION Y SUS AFUERAS. Componen la POBL. 1,000 CASAS poco mas ó menos, de buena arquitectura en general: y en algunas hay espaciosos almacenes destinados á la conservacion y depósito de los artículos de su importante comercio; hay 27 calles muy regulares alumbradas de noche por faroles colocados á una proporcionada dist.; y la principal llamada Riera ó Rambla, que divide el cas. por su mitad, tiene 50 varas de anchura; y en casos de temporales se recogen en ella las aguas de los montes Collsecreu y Subirans, las que corren, no en una superficie plana como las de los r., sino en forma de escalones que, guardando entre sí la dist. de unas 80 á 100 varas, se elevan á veces hasta la altura de los balcones de las casas; por cuya razon todas sus puertas se cierran de la parte esterior: hay 2 fuentes públicas y 17 de particulares; y en la mayor parte de las casas, pozos de aguas potables, todas de muy buena calidad; 1 plaza, 2 plazuelas, 1 teatro de regular construccion, en el que caben de 750 á 800 personas; el cual fué edificado en 1828 á espensas de la caridad de los vec., impulsados por el celo de una comision filantrópica: 1 escuela de primera enseñanza, á la que concurren

180 alumnos, bajo la direccion de 1 profesor y 1 ayudante, dotados con 4,000 rs. el primero, y 2,000 el segundo, que se pagan de los fondos públicos, y si algo falta se suple por una pequeña retribucion de los discípulos: otras 2 escuelas de particulares, elementales completas; y en una de ellas se enseña ademas, la geometria y dibujo lineal, taquigrafia, dibujo natural, matemáticas, arquitectura civil y naval, teneduria de libros, y los idiomas francés é inglés: á esta concurren unos 40 alumnos y á la otra 50; 1 colegio particular de primera educacion para niños de ambos sexos; 1 escuela de latinidad en la que tambien se enseña el francés; otra escuela, á la que por el Sr. rey Cárlos IV se dió el título de Real escuela de náutica, y en ella se enseña la geometria, trigonometria, astronomía, navegacion, maniobra y todo lo demas necesario para ejercer el pilotaje; los cursantes aprobados en esta escuela, que se sostiene con las pensiones que pagan los alumnos tanto de la v. como forasteros, y una cantidad anual con que contribuye voluntariamente la junta de comercio de Barcelona, son admitidos al ejercicio de su profesion: hay tambien 1 hospital para solo los enfermos domiciliados en la pobl., administrado por una junta, segun el reglamento de beneficencia; se da en él buena asistencia de facultativos y sirvientes; sus rent. consisten en los prod. del teatro, en el cual solo se representa los domingos y dias festivos por una compañia de aficionados, en algunas rent. que le han ido legando varios particulares, y en un arbitrio de 6 dineros en libra gruesa de carne, que le concedió Fernando VII por decreto de 22 de noviembre de 1825; hay 6 torres, de las cuales 2 fueron destruidas por los ingleses en la guerra de la Independencia; 1 igl. parr. bajo la advocacion de Santa María, servida por 1 comunidad ecl., compuesta de 1 párroco, 1 vicario, 10 presbiteros y 4 agregados; tiene 17 beneficiados; y sus fiestas son en 15 de agosto á la titular, en 9 de julio á San Cenon, y otra votiva á San Roque en su dia: el templo es grande y de buena arquitectura, especialmente la portada; su altar mayor de una figura y escultura primorosas; su construccion ant. y de buen gusto: tiene ademas 14 capillas con sus altares; entre ellas una moderna y de buen gusto, á la izq. de mas fondo que el altar mayor, dedicada á la Virgen de los Dolores, á la que hay una especial devocion, y son muchos los inscritos en su congregacion ó cofradia, los cuales costean varias funciones, que se celebran en ella todos los años: igual devocion hay en la denominada del Smo.; y á espensas de los devotos, se está construyendo á espaldas de esta capilla, otra de bastante capacidad y recogimiento para depósito y administrar á S. D. M. Esta igl. que ha sido consagrada 3 veces, fué dependiente de la de Arenys de Munt; y por Real decreto que espidió el Sr. rey Cárlos III á consulta de su Real cámara, en 19 de agosto de 1781, se verificó la segregacion, que ya el cuerpo municipal habia solicitado del M. I. S. D. Tomás de Lorenzana y Butron, obispo de Gerona. Al estremo de la pobl. hácia el NNE., y en una altura que la domina, existe un conv. que fué de PP. Capuchinos, con una estensa y abundante huerta; en la actualidad es de propiedad particular; y durante la última guerra habia sobre este edificio 1 bateria con 4 cañones; al O. y sobre un promontorio se encuentra 1 ermita de propiedad particular, con el titulo de Ntra. Sra. de la Piedad, sobre cuya bóveda tambien hubo otra bateria igual á la antedicha, y en el mismo tiempo; á esta ermita está agregado el cementerio público: al estremo tambien de la pobl. al NNO. sobre una colina bien ventilada y con deliciosas vistas, pues se descubre la campiña y el mar, D. José Xifré, hijo de esta v., está construyendo para casa de beneficencia 1 suntuoso edificio de bellisima arquitectura, que puede colocarse entre los mas hermosos y mejores de España; su coste se aproximará á 100.000 duros; es de figura cuadrilonga, con 2 angulos salientes á la parte posterior; los 4 frontispicios se sostienen sobre 44 arcos; tiene 44 ventanas y 88 balcones, hábilmente distribuidos entre columnas de bajo relieve, que le dan una magnificencia agradable; y dentro de él hay tambien jardines y fuentes: lo construye el Sr. Xifré con la idea de dotarlo con las suficientes rent. para las asignaciones de capellan, facultativos y sirvientes, y para la asistencia decente y esmerada de los que se alberguen en él, y legarlo al pueblo, señalando el lugar de su cuna con este acto de noble filantropía y generoso desprendimiento, que mantendrá viva su memoria en los corazones de sus compatricios, mientras exista la v.: al E. de esta, en la orilla del mar sobre unas rocas bañadas por las olas, hay otra ermita titulada el *Calvario*, á la que se vá por 1 puente que comunica con la carretera nacional; y á las inmediaciones de este santuario en el sitio llamado la *punta*, hay 1 cord. de rocas formando 1 línea semicircular, que pudiera muy bien aprovecharse para la construcion de 1 cómodo puerto: á 1/4 de leg. de la v. en direccion O. se encuentra el arrabal llamado Caldetas, y á sus inmediaciones en el mismo térm. junto á la carretera nacional de Barcelona á Francia, 1 edificio de baños minerales de propiedad particular, sit. entre 2 promontorios, que dejando un hueco angular y juntándose al dorso del edificio forman un punto de vista semejante á un anfiteatro; la casa está dividida en 2 partes; la primera constituye la habitacion de los dueños y sirvientes: y la segunda, en la que con entera independencia existen los baños, forma 1 sala redonda con 18 puertas en su ámbito, que conducen á otras tantas habitaciones, en cada una de las cuales hay su piscina y fuente: las aguas de este establecimiento, muy concurrido desde junio á octubre, son de calidad nitrica; y para poder soportar su calor, es necesario mezclarlas con una tercera parte de fria, la que por diferentes conductos se toma de un depósito donde se recoge al efecto.

TÉRMINO. Confina al N. con el de Areñs de Munt; al E. con el de Canet; al S. con el Mediterráneo, y al O. con la Riera de Caldas de Estrach; estendiéndose á solo 1/4 de leg. en todas direcciones.

CALIDAD DEL TERRENO. En su mayor parte es montuoso; dividido por infinidad de cañadas, y plantado de viñas, en las que causan considerables estragos las frecuentes granizadas que caen; la tierra, de calidad arcillosa, es mas á propósito para viñedo que para otra clase de plantaciones; sin embargo, hay algunos sitios llanos destinados á huertas y arbolados de naranjos.

CAMINOS. Pasa al S. de la pobl. y muy cerca del mar la carretera que conduce de Barcelona á Francia; y atravesando la v., sigue para otros pueblos del part. que están hácia la parte de la marina; hay otro camino carretero que atraviesa la pobl. de S. á N.; siguiendo la Rambla en direccion de Areñs de Munt, y subiendo por el monte Collsecreu, se prolonga hasta el último pueblo que el part. tiene á la parte de la montaña llamado San Estéban de Palautordera; y por medio de ramales se unen á él los caminos de los pueblos de la montaña; está tan importante camino en muy mal estado; y la dip. prov. proyecta rehabilitarlo y darle mayor anchura.

CORREOS. La correspondencia, conducida ahora por una empresa particular, se recibe de la adm. de Mataró y de Calella; llega todos los dias, de Barcelona y Mataró á las 5 de la mañana; y de Francia y Calella á las 11 de la misma.

PRODUCCIONES. Trigo, garbanzos, judias, güisantes naranjas, algarrobas, y vino en abundancia; como el terreno se cultiva á fuerza de brazos, tan sólo hay unas 30 caballerías para la conduccion de estiércol y beneficios á las heredades, y para la recoleccion de frutos: hay abundancia de pesca, y ascenderá á 1,100 qq. la que se coge por los vec. de Arenys, anualmente.

INDUSTRIA. Las mujeres y niños se dedican al tegido de malla, blondas y encages; hay 4 fáb. de tegidos de lienzes; 200 telares de medias y otros artefactos de algodon; una fáb. de sal de saturno; 2 de crémor tártaro; 4 de tapones de corcho; 6 de cardenillo; 3 de albayalde; 3 de jabon; 3 de aguardiente; 2 de curtidos, y 7 de obra de alfareria: hay 3 astilleros muy ant. en los que se construyen buques mayores y menores; y en ellos se proporciona la subsistencia y trabajo á innumerables familias, y salida á las maderas, hierro, cáñamo, cobre y lonas; gozan de mucho crédito, y allí se construyeron en los siglos pasados 2 buques de guerra, el *Gerona*, navio de 60 cañones, y el *Javeque* de 40, capitana del célebre marino *Barceló*. Hay 18 barcos de 500 á 1,000 qq. de porte que se dedican á la importacion y esportacion de los art. de comercio; 2 molinos harineros impulsados por las aguas minerales de que se ha hecho mérito; y una empresa particular está trabajando en recoger las aguas que nacen en los montes de Rupit y Subirans, para dirigirlas por un conducto, dispuesto de modo que puedan dar movimiento por 26 saltos á otras tantas fáb. de paños, lienzos, hilados y papel: se encuentran en la v. 23 carruages que conducen efectos para dentro y fuera de ella; 1 calesa que va á Gerona y vuelve; 2 ómnibus que salen diariamente para Barcelona; y 2 coches para el servicio de los que concurren á tomar baños.

COMERCIO. Consiste en la esportacion del vino, leñas, carbon, aros de madera, toneles, maderas de todas clases, obras de alfareria, y de estas, señaladamente las del pueblo de San Salvador de Breda, que diariamente entran para su depósito en Arenis de 30 á 40 cargas; y por su calidad y hechura son tan estimadas, que se espenden y remiten para todo el mundo, como preferibles á todas otras de su clase; en la de los prod. de las fáb. de la pobl. y su comarca; y el sobrante de frutos; y en la importacion de trigo, harinas, maiz, alcohol, salvado, algarrobas, aceite, arroz, bacallao y otros art. de que carece el pais, no solo para el surtido de la v., sino de todo el part.; para lo que presta la mayor comodidad la circunstancia de tener que concurrir á ventilar los negocios contenciosos, la de ser el punto mas céntrico y á propósito para el tráfico, la ventaja de que á sus inmediaciones se reunen todos los caminos al carretero, que cruza la pobl. de S. á N., y la de celebrarse una feria anual el 9 de julio. Para el comercio con el estrangero hay 1 aduana, cuyos productos por derechos de importaciou y esportacion, son los que aparecen del estado que sigue á este artículo.

Número de buques que han entrado y salido por cabotage en los años de 1843 y 1844, é importe de los efectos que han conducido á su bordo, segun los datos oficiales de la misma aduana.

AÑOS.	VALOR TOTAL DE LOS OBJETOS INTRODUCIDOS.	VALOR TOTAL DE LOS OBJETOS ESPORTADOS.	ENTRADA.			SALIDA.		
			BUQUES.	TONELADAS.	TRIPULACION.	BUQUES.	TONELADAS.	TRIPULACION.
	Rs. vn.	Rs. vn.						
1843.........	3.669,513	5.731,184	235	3,793	1,263	406	4,985	1,973
1844.........	3.926,502	3.023,465	744	9,509	3,521	783	9,585	3,670
Totales.	7.596,015	8.754,649	979	13,302	4,784	1,189	14,570	5,643

POBLACION. 1,000 vec., 4,784 alm.: CAP. PROD. 10,206,000 rs. vn.: CAP. IMP. 255,150; el PRESUPUESTO MUNICIPAL se cubre con el producto de varias fincas de propios, y el del arrendamiento de algunos artículos.

HISTORIA. Es bastante frecuente la invencion de objetos y restos de edificios que denotan la antigüedad de la floreciente v. de Arenys de Mar; y entre otras cosas han llamado la atencion 2 sepulcros, que pocos años há se encontraron en la calle llamada de *Münt*: el uno formado de paredes de mamposteria y bóveda de argamasa, su altura de 5 palmos, contenia una caja de plomo de igual figura y dimensiones que las que ahora se hacen, y dentro de ella 1 esqueleto: el otro, en el que nada parece, se encontró, estába construido de varias piezas ó ladrillos de forma particular, sin hallarse unidos con ninguna clase de argamasa.

En el año de 1711 se apoderó de esta pobl. el marqués de Arpajon é hizo prisionero á Schovel y la guarnicion alemana, que habia en el cast. Arpajon se habia desprendido con una pequeña fuerza del ejército español, que ocupaba á Tarraga y Cervera, estrechado por Vandoma y Noalles; que mandaban las fuerzas francesas en Cataluña. Tambien sufrió esta pobl. los ataques y la ocupacion de los que habian desembarcado cerca de Mataró, procedentes de Barcelona, cuando esta c. se erigió en república por los años de 1714, y se declaró en guerra con el Rey de España y aun con Francia. Su objeto en ocupar á *Arenys de Mar* fue cortar la comunicacion del general español, con las tropas que habia en Mataró donde tenian los víveres. A Arenys de Mar se dirigió el coronel Milans despues de la derrota sufrida en Llunas ó Cardedeon el año 1811, y en esta permaneció algunos dias, sin haber sido inquietado. En la misma pobl. dia 8 de julio de dicho año embarcó el general Campoverde la division Valenciana; escepto unos 500 hombres, que disgustados por nó volver á su pais, se habiau corrido por Aragon, y unidose al general Mina, y otras partidas. Del propio modo el general Lacy se embarcó en el puerto de este pueblo con 200 hombres, y á bordo de la fragata *Indomable*, para tomar á los franceses las islas Medas con acuerdo de los ingleses, á quienes persuadió al efecto: fue su embarque el 11 de setiembre del año antes citado, y volvió á desembarcar en el mismo puerto con felicidad, despues de haberse apoderado de las islas.

ARENYS DE MUNT: v. con ayunt. de la prov., aud. terr. y c. g. de Barcelona (6 1/4 leg.), part. jud. de Arenys de Mar (1/2), adm. de rent. de Mataró (2), dióc. de Gerona (10): SIT. á dist. de 1/2 hora del mar en el valle ó riera de Arens, entre 2 cerros, de los cuales el uno se levanta por el lado del E., y el otro por el O., donde le combaten principalmente los vientos del N.; disfruta de CLIMA benigno y muy saludable: forman la pobl. 258 CASAS de regular construccion, y bien distribuidas interiormente; las calles y plazas son espaciosas, con buen empedrado y limpias; hay una escuela de instruccion primaria elemental, pagada por los fondos del comun, á la cual asisten poco mas ó menos 100 alumnos; y 1 igl. parr., bajo la advocacion de San Martin, servida por 1 cura párroco, 1 teniente y 5 capellanes beneficiados; el templo es muy capaz, de buena fáb., con altares bien adornados, y una torre con su relox: fuera del pueblo, en parage ventilado, se encuentra el cementerio; y en varias direcciones, fuentes y pozos de aguas de escelente calidad para el surtido de los hab. Confina el TÉRM. por N. con el de San Estéban de Olcinellas, por el E. con el de San Cipriá y San Iscle de Villalta, por el S. con el de Arenys de Mar, y por el O. con el de San Vicente de Llavaneras: su estension en todas direcciones puede calcularse en poco mas de 1/2 hora: el TERRENO, en parte llano, y en parte montuoso, es de mediana calidad; se dan muy bien en él los viñedos, pero es flojo para la siembra de cereales y demas plantaciones: en sus montes se crian algunas sabinas y pinos, de los cuales se saca el combustible, aunque con escasez: es poco abundante de aguas corrientes; solo un arroyuelo de curso incierto pasa por la misma pobl., y sus aguas recogidas en balsas ó cisternas se aprovechan para el riego. Los CAMINOS son locales: PROD. vino en abundancia y de buena calidad; poco trigo, legumbres y aceite: la IND. consiste en la fabricacion de cubería y de encajes: POBL. 258 vec., 1,233 alm.: CAP. PROD.: 9.899,200 rs.: IMP. 247,480.

ARENZANA: cas. en la prov. de Valladolid, térm. jurisd. de la v. de *Arroyo de la Encomienda* (V.).

ARENZANA DE ABAJO: v. con ayunt. en la prov. de Logroño (4 1/2 leg.), part. jud. de Nágera (1), aud. terr. y c. g. de Búrgos (14), dióc. de Calahorra (12), á las inmediaciones del r. *Nagerilla*, en un llano limitado al SE. por varias colinas del monte, llamado *Serradero*: la combaten principalmente los vientos de N. y S.; y el CLIMA es bastante saludable, sin conocerse otras enfermedades que algunas calenturas gástricas y tercianarias. Forman el casco de la v. 96 CASAS fabricadas de mamposteria; la de ayunt., donde está la cárcel pública; 1 posada reducida é incómoda; carnicería, y 1 escuela de primeras letras, dotada con 1,100 rs. anuales, del fondo de propios, á la que asisten 40 niños de ambos sexos. Hay tambien 1 igl. parr., dedicada á la Natividad de Ntra. Sra., servida por 1 cura párroco y 5 beneficiados; el curato es perpétuo, y lo provee el diocesano, en concurso general; y el templo, aunque de construccion gótica, con 1 nave y 5 altatares, ninguna particularidad ofrece en su estructura y adornos. Á 1/8 de hora O. de la pobl., en las márg. del espresado r., se encuentra 1 ermita, dedicada á Ntra. Sra. del Cármen, cuyo edificio está bien fabricado, y tiene contigua 1 casa y huerta. y á su frente 1 plazuela con chopos; se halla abierta al culto público, y es muy concurrida por la gran devocion que los hab. de la v. y pueblos inmediatos profesan á dicha imágen. Para surtido del vecindario hay 1 fuente abundante de aguas duras, pero saludables. Confina el TÉRM. por N. con el de Tricio (1/4 de leg.), por E. con el de Camprovin (1), por S. con el de Cárdenas (1/2), y por O. con los de Majarés y Arenzana de Arriba (1/4). Le cruza el espresado r. Nagerilla, que sirve para dar impulso á 1 molino harinero, y otro riach. llamado *Yuso*, que penetra por el lado O., y corre al S., cuyas aguas aprovechan los vec. para regar algunos trozos de terreno: en las orillas de ambos hay bastante arbolado de chopos y álamos, lo cual unido á otros árboles que se ven entre las heredades, ofrecen buenos sitios de paseo y diversion. El TERRENO es muy feraz y de hermosa perspectiva: abraza 102 fan. de tierra rica, fuerte y de primera calidad; 289 de segunda, y 1,342 que pueden reputarse de tercera; el prod. de todas ellas puede calcularse en 5 por 1 de sembradura. Tambien hay 817 fan., plantadas de viña; 24 de prados y pastos naturales, y 7 de bosque de árboles. Entre las tierras de riego se halla 1 hermosa huerta, en el parage denominado *Pradolatone*, la que contiene, ademas de la sembradura, sobre 300 árboles frutales de diversas especies. Los CAMINOS conducen á Nágera, Torrecilla de Cameros, Logroño y valle de San Millan, son de herradura y de penoso tránsito: se recibe la CORRESPONDENCIA de la adm. de Nágera, por medio de balijero los juéves, lúnes y sabados, y sale los mártes, miércoles, viérnes y domingos: PROD.: trigo, cebada, centeno, avena, judias, cáñamo, lino, patatas, legumbres, hortaliza, mucho vino y frutas de diversas especies; sostiene ganado lanar y cabrío; alguno de cerda, y el necesario mular y vacuno para la labranza; hay caza abundante de liebres, conejos y perdices; y pesca de truchas, lampreas, barbos y otros peces menudos: IND. y COMERCIO: ademas de la agricultura y molino de que se ha hablado, hay algunos telares de lienzos ordinarios; los oficios mecánicos de primera necesidad; 2 tiendas de abacería; y las especulaciones comerciales se reducen á la esportacion de cáñamo, lino, legumbres y mas de 14,000 cántaros de vino; é importacion de los géneros de que carece el vecindario, particularmente coloniales y ultramarinos: POBL. 126 vec., 600 alm.: CAP. PROD. 1.489,820 rs.: IMP. 106,440: CONTR. de cuota fija 13,486 rs., ascendiendo el PRESUPUESTO MUNICIPAL á 3,000 rs., el cual se cubre con varios arbitrios, y lo que falta por reparto entre los vec. La fiesta mayor de esta v. es la de Ntra. Sra. del Cármen, que se celebra con la posible solemnidad el 6 de julio.

ARENZAÑA DE ARRIBA: v. con ayunt. en la prov. de Logroño (5 leg.), part. jud. de Nágera (1), aud. terr. y c. g. de Búrgos (16), dióc. de Calahorra (12): SIT. en llano, combatido principalmente por los vientos del N.; goza de CLIMA saludable, sin otras enfermedades que las propias de cada estacion. Tiene 49 CASAS de mala fáb. y escasa comodidad, distribuidas en 3 calles y 1 plaza; casa municipal construida de canto y tierra, en cuyo piso bajo se halla la cárcel pública; posada pequeña é incómoda; escuela de primeras letras, dotada con 700 rs. anuales, á la que asisten 20 niños de ambos sexos: y 1 igl. parr., bajo la advocacion de Sta. María, sufragánea de la del monast. de Sta. María de Nágera, y por lo tanto, antes de la supresion de los frailes, estába servida por 1 monje, nombrado por el abad de dicho conv.; pero hoy dia desempeña el culto 1 cura párroco de provision ordinaria, 1 sacerdote y 1 sacristan. Confina el TÉRM. por N. con el de Tricio, por E. con el de Arenzana de Abajo, por S. con el de Aleson, y por O. con el de Bezares, de cuyos puntos dist. 3/4 de leg. poco mas ó menos. El TERRENO es llano, á escepcion de algunas colinas que por el lado del N. forman parte de la montaña, llamado *Serradero*, en la cual brotan algunas fuentes que dan orígen al riach. *Yalde*, cuyas aguas sirven para consumo del vecindario, y para regar algunos campos. Comprende el térm. 1,700 fan. de tierra, de las cuáles se cultivan 1,200, y de estas son 24 de primera clase; 210 de segunda, y 966 de tercera, contándose entre ellas 260 plantadas de viña; lo demas es tierra erial, destinada á pastos, con 24 fan. de bosque de maleza; la destinada á cultivo rinde comunmente el 4 por 1 de sembradura. Los CAMINOS son locales, de herradura, y se encuentran en mal estado. Se recibe la CORRESPONDENCIA de la adm. de Nágera por balijero los lúnes y sábados: PROD. trigo, cebada, centeno, avena, cáñamo, lino, legumbres, hortaliza, vino y frutas; sostiene ganado lanar y cabrío, con el mular y vacuno necesario para las labores: hay caza de varias especies: POBL. 37 vec., 240 alm.: CAP. PROD. 420,140 rs.: IMP. 32,007: CONTR. 4,027 rs.: el PRESUPUESTO MUNICIPAL asciende á 2,500 rs., y se cubre por reparto entre los vec. La fiesta, que con mas solemnidad celebran los hab. de esta v., es la de su patrono San Ramiro el 2 de setiembre.

AREÑAS: l. en la prov. de Oviedo, ayunt. de Tineo y felig. de San Juan de *Santianes de Tuña*: SIT. en una altura á la der. del r. Narcéa, en TERRENO fértil: pobl. 14 vec.: 73 almas.

AREÑOS: l. con ayunt. en la prov. y dióc. de Palencia (21 leg.), part. jud. de Cervera del Rio Pisuerga, aud. terr. y c. g. de Valladolid (29): SIT. al pié del puerto de *Caroca* y márg. der. del *Pisuerga*, donde le combaten los vientos del N. y O. que hacen su CLIMA frio y propenso á catarros y pulmonias. Tiene 8 CASAS; 1 escuela comun para los niños de ámbos sexos dotada con 100 rs. anuales; y 1 igl. parr. (la Asuncion de Nta. Sra.), la sirve 1 cura párr. de entrada y provision del diocesano. Hay dentro del pueblo 1 fuente de agua muy fria, de la cual se surten los vec., y otras muchas de la misma calidad esparcidas por el térm.: confina este por el N. con el de Piedras-Luengas (1 leg.); por el E. con el de Celada (1 1/2), por el S. con el de Casa-Vegas (3/4); y por el O. con el de el Campo (1/2). Le baña, como se dijo, el r. Pisuerga que tiene su orígen á corta dist. NE. del pueblo; se pasa por 2 puentes; el 1 situado en el camino de San Salvador, y el otro en el de los Redondos: el TERRENO es áspero y escabroso con pocas tierras cultivables. Hay 2 ó 3 bosques con abundancia de leña y madera de roble. Los CAMINOS son locales, escepto el que conduce á Liébana, y otro que se dirige á Santander. La CORRESPONDENCIA la recibe en Cervera 3 dias á la semana por medio de 1 peaton: PROD. poco centeno; cria ganado vacuno en crecido número, y algo de lanar y cabrio; abunda la caza de jabalíes y corzos, y la pesca de truchas: IND. la pastoricia y carreteria: POBL. 5 vec.: 26 alm.: CAP. PROD. 17,070 rs.: IMP 457. El PRESUPUESTO MUNICIPAL asciende á 314 rs. y se cubre con los prod. de propios, y el déficit por reparto vecinal.

AREÑOS: barrio en la prov. de Santander y part. jud. de Potes, perteneciente al cond. de *Cosgaya* (V.).

AREO: monte en la prov. de Oviedo y part. jud. de Gijon: forma cord. al E. del cabo ó promontorio de Torres, si bien parece que se parte para dejar paso en la felig. de Sta. María de Poao, al r. Aboño, que se dirige á depositar sus aguas en el Océano: el Areo desde su cortadura, y tomando elevacion, sigue al O. hasta salir del térm. del part. por entre las felig. de San Miguel de Serin y Santiago de Ambás, separándolas del terr. municipal de Carreño: tambien se denomina monte de San Pablo por la capilla y edificio ant. de que aun conserva vestijios, sobre los confines E. de las felig. de San Estéban de Guimaran y su anejo Sta. María del Valle, en el referido conc. de Carreño.

AREOSA: cas. en la prov. de Pontevedra, ayunt. de Vigo y felig. de Santiago de *Vigo* (V.).

AREOSA: l. en la prov. de la Coruña, ayunt. de Mugardos y felig. de San Vicente de *Med* (V.): POBL. 2 vec.: 6 almas.

AREOSA: l. en la prov. de la Coruña ayunt. de Vimianzo y felig. de San Miguel de *Treos* (V.).

AREOSA: l. en la prov. de la Coruña, ayunt. de Carballo y felig. de Sta. María de *Rus* (V.).

AREOSA: l. en la prov. de la Coruña, ayunt. de Carballo y felig. de San Lorenzo de *Verdillo* (V.).

AREOSA: l. en la prov. de la Coruña, ayunt. de Laracha y felig. de Santiago de *Vilaño* (V).

AREOSA: cas. en la prov. de la Coruña, ayunt. y felig. de San Julian de *Naron* (V.): POBL. 1 vec. 8 almas.

AREOSA: ald. en la prov. de la Coruña, ayunt. de Tordoya y felig. de Sta. Maria de *Bardaos* (V.): POBL. 3 vec. y 13 almas.

AREOSA: cas. en la prov. de Lugo, ayunt. de Palas de Rey y felig. de San Vicente de *Ambreijo* ó *Viña* (V.): POBL. 1 vec.: 5 almas.

ARERIA: (valle de): ant. térm. y jurisd. de una de las 4 alcaldías mayor de la prov. de Guipúzcoa, compuesta de los conc. de Arriarán, Ichaso, Lazcano y Olaberria, y de las v. de Astigarreta, Gudugarreta y Ormaiztegui, que enviaban 1 procurador á las juntas de prov., en las que tenia el 15º asiento á la der. del correg.: hoy pertenecen al part. jud. de Azpeitia.

ARERIA: ant. alcaldía mayor de la prov. de Guipúzcoa, que se componia de las v. y conc. de Arriaran, Astigarreta, Gudugarreta, Ichaso y Ormaiztegui, que pertenecen hoy al part. jud. de Azpeitia, y Lazcano y Olaberria que corresponden al de Tolosa. Estuvieron sujetos, á esta alcaldía otros muchos pueblos bajo el nombre de Valle de Areria, como consta de la demarcacion del ob. de Pamplona, hecha por el Rey de Navarra en el año de 1027. Las espresadas v. y conc. enviaban 1 procurador á las juntas de prov., en las que votaba con 59 fuegos y ocupaba el 15º asiento á la der. del correg.; cada lugar tenia un alc. ordinario que ejercia la jurisdiccion.

ARES: ald. en la prov. de Lérida, part. jud. y dióc. de Seo de Urgel: SIT. en la cima y al O. de la montaña de su nombre en TERRENO áspero y cubierto de bosques; forma parte del valle y l. de *Cavó*, á cuya parr. tambien corresponde (V.): POBL. 3 vec.: 13 almas.

ARES: ald. en la prov. de Lugo, ayunt. de Abadin y felig. de San Juan de *Romariz* (V.): POBL. 3 vec.: 17 almas.

ARES: v. y puerto marit. en la prov. y aud. terr. de la Coruña (6 leg.), dióc. de Santiago (13), c. g. de Galicia, part. jud. de Puentedeume (1), distr. del departamento y tercio naval del Ferrol (por tierra 3, y pasando la ria 1/2 por mar y 1/2 por tierra), tiene ayunt. del que es cap.: SIT. al S. del Ferrol, al N. de la ria á que da nombre y á la falda de Montefaro, que la resguarda de los vientos; su CLIMA es templado y sano: 520 CASAS de mediana construccion y unas 86 bodegas ó casas terreras, forman calles regulares y varias plazuelas: hay casa consistorial y 1 escuela; á esta concurren 71 niños y 39 niñas. La igl. es una capilla hijuela de la parr. Santa Eulalia de *Lubre* (V.); y en su torre se halla el relox público. Confina por O. con la felig. de San Vicente de Meá, por N. con Simon (l. de Mugardos), y Cerbás (de la de San Pedro), por E. con la felig. de San Vicente de Caamonco, y al S. con la ria y puerto; la figura de este es la de un medio circulo, formando una espaciosa y limpia rada, defendida en otro tiempo por 1 cast. á la parte del poniente, y una batería al S. llamada del Raso, en térm. de Caamonco: de cuyas fort., construidas en 1757, solo existen las ruinas. El TERRENO, aunque con algunas lomas, participa de una hermosa y fértil campiña; los CAMINOS, en lo general escabrosos y con pantanos, están poco cuidados: el CORREO se recibe por Seijo: PROD.: maiz, trigo, cebada, vino, legumbres y frutas: cria algun ganado; y la principal IND. es la pesca y salazon de sardinas; para aquella usan del aparejo llamado *geito*, que consiste en una lancha tripulada con 4 ó 5 hombres y 3 ó 4 brazas de redes largas que estienden á lo largo de la mar, perjudicando á esta ind. como se ha dejado conocer desde que se han aumentado las *geitos*: se ocupan hoy en la pesca 40 lanchas y 3 botes, y si bien cuenta con 42 fáb. de salazon, solo 22 son útiles y las que sostienen el COMERCIO de esportacion de este art.: POBL.: 496 vec., 1,850 alm.: CONTR. con su felig. (V. LUBRE).

ARES: ayunt. en la prov. y aud. terr. de la Coruña (6 leg.), c. g. de Galicia, dióc. de Santiago (13), part. jud. de Puentedeume (1), y del de rent. y tercio naval del Ferrol (1 pasando la ria y 3 por tierra): SIT. á la orilla del Océano sobre la ria á que da nombre: conocida tambien por el de Junqueras; su CLIMA templado y sano: se compone de las felig. de Caamonco, San Vicente; de Cerbás, San Pedro; y de Lubre Santa Eulalia. El TÉRM. en la estension de 1/2 leg. de N. á S. y 1 1/2 de E. á O., confina por N. con San Julian de Mugardos, al E. con San Juan de Piñeiro, al S. con la ria que baña á Betanzos y Puentedeume, y al O. el mar Cantábrico: el TERRENO en parte quebrado y con declive desde Poniente y térm. de Cerbás, donde se halla el encumbrado Monte-Faro, es en lo general fértil: le cruzan 3 CAMINOS de carro, que desde la v. de Ares conducen el 1.º hasta Mugardos (1/2 leg.), el 2.º á la cap. del part., el 3.º al puerto del Seijo (1), y todos muy medianos: el CORREO se recibe de este último punto á donde llega por Betanzos: PROD. trigo, vino, maiz, cebada, legumbres y algunas frutas: cria poco ganado, y la principal IND. es la pesca y salazon de sardinas, de cuyo prod. hacen el COMERCIO de esportacion para los pueblos del interior de la Península: POBL. 1,012 vec., 4,759 alm. RIQUEZA PROD. 7.551,378 rs. 9 mrs.: IMPONIBLE 257,974, CONTR. 51,301 rs. 24 mrs.: PRESUPUESTO MUNICIPAL: 11,541 rs. 8. mrs., el cual se cubre con 1,540 rs 15 mrs. sobre fincas rústicas de propios, 5,720 que por un quinquenio prod. el arbitrio sobre aguardiente y el défecit por reparto vecinal.

ARES: jurisd. antig. en Galicia y ant. prov. de Betanzos, arz. de Santiago; se componia de 3 felig., á saber: la v. de su nombre inclusa en la parr. de Sta. Eulalia de Lubre, San Vicente de Caamonco y San Pedro de Cerbás. Estas 3 felig. componen hoy el distr. municipal de *Ares* (V.). Antes de la abolicion de los señ., nombraba en esta jurisd. juez ordinario y escribano de número el cabildo de la metropolitana igl. de Santiago.

ARES DEL BOSQUE: ald. en la prov. de Alicante (10 leg.), part. jud. de Concentaina (2), aud. terr., c. g. y dióc. de Valencia (16), TÉRM. jurisd. y parr. de Benasan (1/3).: SIT. en TERRENO desigual, donde la combaten todos los vientos, escepto los del N.; y su CLIMA aunque frio es bastante saludable. Tiene 45 CASAS de mediana construccion y 1 buena ermita dedicada á Nuestra Sra. de los Angeles, servida por 1 capellan designado por el párroco de la igl. matriz. Carece de TÉRM. propio por hallarse enclavada esta ald. en el de Benasan, segun queda dicho. Su TERRENO es montuoso y de buena calidad; brotan en varios puntos del mismo algunas fuentes, cuyas esquisitas aguas aprovechan los habit. para su consumo doméstico, abrevadero de ganados, y otros usos agrícolas en cuanto lo permite la desigualdad del suelo. Hay un CAMINO que dirige á Alcoy, y á los pueblos de la marina, el cual se encuentra en muy mal estado; y el CORREO se recibe por balijero 3 veces á la semana: PROD., aunque en corta cantidad, trigo, cebada, vino, aceite, maiz y legumbres; cria poco ganado lanar y cabrio con el indispensable para la labranza: y es muy escasa la caza de liebres y perdices. En cuanto á POBL., RIQUEZA y CONTR. (V. BENASAN).

ARES DEL MAESTRE: v. de la prov. é intend. de Castellon de la Plana (10 1/2 leg.), part. jud. y adm. de rent. de Morella (4 1/2), aud. terr. y c. g. de Valencia (20 1/2), dióc. de Tortosa (13): SIT. entre las llamadas *Muelas de Ares* y el cast. del mismo nombre en el centro de una estensa cord. de montañas, donde le combaten libremente todos los vientos, que hacen su CLIMA frio, propenso á pulmonías é inflamaciones. Forman la POBL. 237 CASAS de regular altura y fab., distribuidas en calles pendientes, en figura de anfiteatro que miran unas al N. y las mas al S.; tiene casa municipal bastante buena con sus cárceles húmedas é insalubres; 1 pósito con sus graneros correspondientes, carniceria, matadero, 1 hospital para los enfermos pobres del pueblo y transeuntes, en el que se depositan los niños espósitos que ocurren hasta que se presenta oportunidad para conducirlos á la casa-cuna de la capital; aunque sus rent., solo ascienden á 90 libras, la buena administracion de este establecimiento hace que nada falte á los dolientes; 1 escuela de primeras letras, frecuentada por 40 á 50 alumnos, y otra de niñas, en la cual se enseña á leer y escribir, ademas de las labores propias del sexo, á las discípulas que concurren; ambas están dotadas de los fondos comunes; hay tambien 1 legado pio de 38 cahices, 3 barchillas de trigo y 34 libras 8 sueldos, fundado por Bernardo Lagart, destinado á dotar doncellas pobres, asistir á estudiantes pobres, y comprar á los labradores tambien pobres 1 caballeria ó buey de labor. Al pie de la muela nace 1 fuente de agua saludable, pero escasa, que baja encañada al pueblo para su consumo, en el que alternan las de otras 2 abundantes que se hallan á un tiro de fusil, llamadas; una del *Collado*, por estar en la misma carretera denominada *Coll de Ares*, sitio por donde pasan las maderas de los montes de Mosqueruela que van á Vinaroz para la construccion de barcos; y la otra de *Regachols*, que tambien podria á muy poco coste traerse encañada al pueblo; ademas de servir para beber los vec., cuando faltan las aguas de la que desciende de la *Muela de Ares*, sirven tambien para los demas usos, para abrevadero de sus bestias y ganados, y para lavar; á cuyo fin en la de Regachols acaban de construir un magnífico lavadero cubierto. Tiene 1 igl. parr. bajo la advocacion de Nuestra Sra. de la Asuncion, servida por 1 cura, 1 vicario colativo, 6 beneficiados familiares y 1 capellan, que tiene la obligacion de celebrar 90 misas los dias festivos en una de la ermitas de que se hablará. El curato es de primer ascenso, y su presentacion corresponde á la órden de los caballeros de Montesa: en el dia está vacante y servido por 1 beneficiado de San Mateo: tambien vacan la vicaría y 4 de los beneficios. Fuera del pueblo en parage bien ventilado está el cementerio; y sobre el pico de 1 cerro se ve 1 ant. cast., que, abandonado muchísimos años, fué habilitado en la última guerra por disposicion del caudillo de las tropas de D. Cárlos, D. Ramon Cabrera. Tambien se encuentran en varias direcciones 2 ermitas dedicadas la una á *Sta. Bárbara*, en el dia arruinada, y la otra á *Sta. Elena*, y 2 oratorios dedicados á *San Antonio de Padua* y *San Francisco de Asis* en las masadas denominadas *Belluga* y la *Vall*, y hasta el número de 112 CASAS de campo habitadas. Confina el TÉRM. por el N. con el de *Morella*, por el E. con el de *Cati*, por el S. con los de Benesal y Albocacer, y por el O. con el de Villafranca; estendiéndose de N. á S. 5 horas y 3 de E. á O. El TERRENO es áspero y desigual. Forman aquí los montes una cord. hácia O., y aunque reunidos por la base y dos terceras partes de su altura, continúan despues separados, como conos truncados, dejando ciertas llanuras en la cumbre, á las que llaman muelas, distinguiéndose entre estas la que lleva el nombre de la v., la cual presenta una esplanada de 1/2 hora de largo y 1/4 de ancho con corto declive hácia NE.: por todas partes limitan su estension cortes casi perpendiculares de 15 á 20 pies de altura, ciertas especies de murallas naturales sobre bancos que sobresalen algunas varas, cuyos bordes sirven de térm. hasta donde suben otras murallas inferiores que descansan sobre bancos de mayor diámetro, continuando asi las graderías hácia abajo, sin parecerse unas á otras, hallándose algunas muy inmediatas entre sí, y de fácil acceso; en cada muralla se descubren bancos de piedra separados por capas de marga; los hay de un azul claro, de color de rosa con pintas blanquecinas y brillantes, y la mayor parte calizos. Desde la cumbre de Ares y desde la muela se alcanzan estensas y deliciosas vistas como la de Morella y su cast.; por el pie setentrional se prolonga el estéril valle conocido con el mismo nombre, por el cual corre un barranco; la muela de Ares está toda inculta y se reserva para el pasto de las caballerias de los vec.; sobre ella crecen muchos arbustos como el tejo, acebo, espino-albar, viluerno comun, el cornillo y el mostellar y mil plantas aromáticas y medicinales, como el tomillo, piperela, la algedrea de monte, el sello de Salomon, las antilides vulneraria y de monte, el geráneo encarnado, el venatósigo, el abio espinoso, el berberis oficinal, el tilo, salvia, fresas silvestres y otras muchas. En estos montes se dividen las aguas, corriendo las unas hácia el N. por el r. Bergantes, y las otras hácia el Mediodia hasta entrar en el Mijares: estan muy poco cultivados; lo áspero y destemplado de aquellas alturas convida poco á las labores, asi como la necesidad de emplear muchos jornales en construir y reparar los murallones y ribazos de los campos, sin cuya diligencia se perderian en la primera tempestad. Estan estos en anfiteatros, y forman gradas que bajan desde una altura considerable hasta los barrancos: los mas altos son casi estériles, poblados únicamente de leña y monte bajo: de mejor calidad son los inferiores, porque reciben mas despojos de vegetales y mayor cantidad de tierras que suministra la descomposicion del monte, y se hallan tambien mas abrigados, por lo que en aquella parte prosperan algunos frutales. Los CAMINOS son locales, y se encuentran en mal estado por la escabrosidad del terreno, siendo esta circunstancia muy perjudicial al pueblo que le imposibilita la salida de sus prod., y á muy poca costa podrian habilitar hasta la cap. una carretera, por el punto que se ha dicho pasan las maderas para Vinaroz, cuya parte de sierra se halla abierta, lo que proporcionaria grandes ventajas al vecindario: PROD. trigo, centeno, queso, ganado lanar en bastante número, cabrio y de cerda. POBL. 240 vec., 1,125 alm.: CAP. PROD. 2.226,166: CAP. IMP. 141,920: CONTR. 23,045 rs.

HISTORIA. Esta v. se apellida del Maestre para distinguirlá de otras que hay del mismo nombre, y por ser del Maestrazgo de Montesa, cuya encomienda rendia 12,648 rs. vn. anuales. Se atribuye su fundacion á los romanos, (Espenal y Garcia, Atlante español); tal vez solo en consideracion á su nombre, sin que se autorice con la doctrina de geógrafo ni historiador alguno del Imperio, ni lo prueben monumentos descubiertos en la pobl. Se crée haberla destruido los moros en su entrada, engrandeciéndola y cercándola luego de muros y torreones con un fuerte cast. para su mayor seguridad y defensa contra los cristianos de Aragon y Cataluña. La ganó el rey D. Jaime el dia 8 de enero de 1232, habiendo sido esta v. la segunda que conquistó en el reino de Valencia, cuya empresa lograron los del tercio de la c. de Teruel. D. Jayme la pobló de cristianos, á quienes concedió muchos privilegios. Sus armas son en escudo cuarteado, en primero 1 cast., en segundo las 4 barras, en tercero la cruz de Ntra. Sra. de Montesa, y en cuarto dos toros y corona real por timbre.

ARESCALBO: l. en la prov. de la Coruña, ayunt. de Curtis y felig. de Sta. Eulalia de *Curtis* (V.): POBL.: 4 vec.; 22 almas.

ARESO: r. de la prov. de Navarra, el cual tiene origen en varias fuentes que brotan en los montes de Gorrití l. del valle de Larraun, part. jud. de Pamplona; su curso es de S. á N., y á 1/2 hora de su nacimiento da impulso á 1 molino bastante malo, que existe en el térm. del espresado pueblo; poco despues penetra en la jurisd. de Areso, cuyo nombre toma; y allí tiene 1 puente de 1 ojo, en seguida una buena presa que servia para la ferr. construida en el mismo sitio, despues de la cual hay otro puente idéntico al anterior; sensible es que dicha ferr. se encuentre paralizada, cuando en tiempos no remotos elaboraba mucho y buen hierro, y cuando aquel parage es muy á propósito por la abundancia de aguas que ya lleva el r., engrosado con las de 2 fuentes que descienden una por el E. y otra por la parte del O.; continúa atravesando una pequeña llanura inmediata á la referida v. en cuya salida tiene otros 2 puentes de un solo arco, dist. entre sí 150 pasos, y á 1/4 de hora recibe las aguas del r. que baja de Leiza; avanzando mas atraviesa 1 puente de 2 arcos, desde el cual divide el r. los térm. de ambas pobl.; á 200 pasos del puente queda el molino de Areso con una presa en buen estado, por el lado del E. la jurisd. de Leiza, y á 130 pasos una ferr. bien montada, donde se elabora hierro del referido pueblo; tuerce despues á la altura de Ezcurra, y penetrando en la prov. de Guipuzcoa, pierde el nombre, confluyendo en el *Azpiroz* ó *Arages* en las cercanías de Lizarza. El caudal de sus aguas disminuye notablemente en el estío, pero nunca se agota; cria muchas y sabrosas truchas, anguilas y escelentes barbos, cuya pesca se efectúa en la primavera y otoño. Algunos denominan á este r. *Anzo*, y en realidad corre sin nombre especial, ó con el que gratuitamente se le da por los pueblos del tránsito, como sucede con casi todos los r. de esta provincia.

ARESO: v. con ayunt. del valle de Basaburua Menor, en la prov., aud. terr., y c. g. de Navarra, merind., part. jud., y dióc. de Pamplona (7 leg.), arciprestazgo de Araquil: SIT. á la izq. del r. de su nombre, en una hondonada circuida de cerros donde la combaten todos los vientos, menos los del O.: el CLIMA es frio y húmedo, y por esta razon propenso á réumas y afecciones catarrales. Tiene 60 CASAS con mas 30 diseminadas en el térm., la municipal, cárcel pública, escuela de primeras letras dotada con 1,600 rs. anuales, á la que asisten 20 niños de ambos sexos; 1 igl. parr. dedicada á la Asuncion de Ntra. Sra., servida por 1 cura párroco, 1 teniente, 2 beneficiados, y 1 sacristan; 1 ermita bajo la advocacion de San Estéban Proto-mártir, dentro de la v., y fuera de ella á 1/2 leg. de dist. otra dedicada á la Santa Cruz. En la pobl. hay 1 fuente, cuyas aguas de buena calidad juntamente con las de otras que brotan en el térm., aprovechan los hab. para consumo de sus casas y otros objetos. Confina aquel por N. con el de Berastegui (2 leg.), por E. con el de Leiza (3/4), por S. con el de Gorrití (1 1/2), y por O. con el de Arriba (2); le cruza el mencionado r. *Areso*, sobre el cual hay 4 puentes de mediana fáb. y varias presas que sirven para dar impulso á 1 molino harinero y riego á distintos trozos de TERRENO: este participa de monte y llano y es de buena calidad, aunque lo frio del clima contribuye á que las cosechas se desgracien con frecuencia. Abraza únicamente 500 robadas de cultivo, porque las restantes que constituyen su dilatado térm. son bosques de hayas, castaños y robles con buenos pastos para el ganado. Los CAMINOS conducen al valle de Larraun y prov. de Guipuzcoa, y se encuentran en malísimo estado. La CORRESPONDENCIA se recibe de Tolosa por medio del balijero de Leiza que la deja en un cas. de este térm.: PROD.: trigo, maiz, arvejilla, patatas, castañas, legumbres, hortaliza y manzanas: sostiene ganado vacuno, de cerda, lanar y cabrio, y algun caballar; hay caza mayor y menor, y algunos animales dañinos, como jabalíes; y pesca de truchas y anguilas: IND. y COMERCIO: ademas de la agricultura y molino de que se ha hecho mencion, hay 1 fáb. de chapas, azadones y otros utensilios de hierro en bruto, que pertenece á un particular, y se encuentra en buen estado; y una ferr. que está paralizada por escasez de aguas: reduciéndose el comercio á la esportacion de los prod. de la mencionada fáb., y á la de ganado y lanas, é importacion de vino, aceite, trigo, y géneros de vestir: POBL.: 70 vec.; 521 alm.: RIQUEZA PROD.: 150,506 rs. Fué quemada esta v. y su archivo por los guipuzcoanos en 1445; por esta causa sus vec. recurrieron al príncipe D. Cárlos pidiendo se les diera copia de sus privilegios, y se les concedió el uso y goce de los que tienen las buenas v. del reino, como consta del diploma fecho en Tafalla á 8 de marzo del espresado año, confirmado por D. Juan en 1462. En 1794 fué tambien incendiada por los franceses, en cuya época ardió toda la v., escepto la igl. y 2 casas.

ARESQUETA: barrio en la prov. de Alava, del ayunt. y térm. de *Amurrio* (V.): POBL.: 3 vec.; 16 almas.

ARESTIA: barrio con fuente mineral de su nombre, en la prov. de Vizcaya y anteigl. de *Sondica*.

ARESTIETA: cas. en la prov. de Vizcaya y anteigl. de *Mendata*.

ARESTUY: l. con ayunt. en la prov. de Lérida (33 horas), part. jud. de Sort. (5 1/2), aud. terr., y c. g. de Cataluña (Barcelona 51), dióc. de Seo de Urgel (14), oficialato de Cardós: SIT. en la vertiente de una escarpada montaña, donde le combaten principalmente los vientos del N.: y su CLIMA, aunque frio, es muy saludable. Tiene 11 CASAS de mediana construccion, y 1 pequeña igl. parr. aneja de la de Bayasca, cuyo párroco pasa á decir misa los dias festivos, y á administrar los sacramentos en caso de necesidad. Confina el TÉRM. por N. con el de Bayasca (1/2 hora), por E. con los de Aidi y Llaborsi (igual dist.), por S. con los de San Romá y Rodés (3), y por O. con el de Caregue (1 1/2). Dentro del mismo brotan algunas fuentes, cuyas aguas de buena calidad utilizan los vec. para su consumo doméstico, abrevadero de ganados y otros objetos. Hácia el S. se encuentra una ermita dist. 1/2 hora del pueblo, la que es reducida y de mal gusto. El TERRENO es montuoso y de mediana suerte; comprende 100 jornales de cultivo, y unos 40 destinados á pastos artificiales; tambien hay 1 hermoso bosque poblado de pinos y abetos, el cual podrá constituir en lo sucesivo la principal riqueza del vecindario, si las autoridades cuidan de él y procuran evitar que se destruya á consecuencia de las talas practicadas con el fingido pretesto de podar los árboles. Los CAMINOS son de herradura, y se encuentran casi intransitables; y el CORREO se recibe de Llaborsi los juéves y domingos: PROD.: centeno, patatas, muchos y esquisitos pastos, leña para combustible, y buenas maderas de construccion: cria ganado mular, de lana y cabrio, y algun vacuno para las labores: y hay mucha caza mayor y menor: POBL.: segun datos oficiales, 7 vec.; 53 alm.: CAP. IMP.: 12,294 rs.: CONTR.: 896 rs. Los vec. de este pueblo celebran con la posible solemnidad las fiestas de su patron San Martin el segundo domingo de setiembre.

ARETA: l. en la prov. de Alava y ayunt. del valle de Llodio; es punto donde se unen los caminos que desde Vitoria y de Pancorbo se dirigen á Bilbao: POBL. 18 vec., 92 almas.

ARETA (PUERTO DE): en el valle de Aezcoa, prov. de Navarra, part. jud. de Aoiz; es una elevada montaña, en cuyas inmediaciones se hallan el l. de Abaurrea-baja, y las v. de Izal y Uscarres del valle de Salazar. Abunda en robles, hayas y pastos para toda clase de ganados, y nace en ella un riach. que pasa por la izq. de Imirizaldu, l. del valle de Urraul-alto, y continuando por el de Urraul-bajo confluye en el r. *Salazar* antes de llegar á Lumbier.

ARETERETA: barrio en la prov. de Alava, ayunt. de Lezama y térm. del l. de *Saracho*: POBL. 2 vec., 10 almas.

ARETIO: barriada ó cofradía en la prov. de Vizcaya, ayunt. y anteigl. de *Mallavia*: se compone de 38 vec.: 390 almas.

AREU: l. con ayunt. en la prov. de Lérida (34 horas), part. jud. de Sort (7 1/2), aud. terr. y c. g. de Cataluña (Barcelona 50 1/2), dióc. de Seo de Urgel (10), oficialato de Tirbia; SIT. al pie del puerto de su nombre en la estremidad de un valle circuido por los Pirineos, cuyos montes cubiertos de arbustos, yerba, abetos y otros árboles dan á este parage un aspecto alegre y pintoresco: le combaten principalmente los vientos del N. y O.; y el CLIMA, aunque muy frio, es bastante sano, siendo las enfermedades comunes algunos catarros y pulmonias. Tiene 31 CASAS de mediana fáb., la de ayunt., cárcel pública, y 1 igl. parr. dedicada á San Felix; servida por 1 cura y 2 beneficiados; el curato de la clase de rectorias es de primer ascenso, y lo provee S. M. ó el diocesano, segun los meses en que vaca, mediante oposicion en concurso general; y los beneficios son familiares y de provision particular. Confina el TÉRM. por N. con el de Ausach (Francia 3 horas), por E. con los de Noris y Tor (2), por S. con el de Alins (1/2), y por O. con los de Esterri de Cardós y Boldis (1). Dentro del mismo nacen algunas fuentes de aguas muy fuertes y ferruginosas que aprovechan los vec. para beber, juntamente con las del riach. llamado de *Alins*, ó de *Valfarrera*, el cual se une al Noguera Pallaresa en Llaborsi, y sus aguas sirven para abrevadero de ganados y riego de pocos pedazos de TERRENO; este en su mayor parte es montuoso, y de mediana calidad; abraza unos 100 jornales de cultivo y algunos prados artificiales. El único CAMINO que hay conduce á Francia por el puerto mencionado de Areu, y se encuentra en mal estado: la CORRESPONDENCIA la lleva desde Tremp á Llaborsi 1 balijero, y desde dicho pueblo la conduce 1 espreso los juéves y domingos, saliendo los mártes y viérnes por la tarde: PROD. centeno, legumbres, patatas, heno, poca hortaliza, leña, y buenos pastos, con los que sostiene ganado vacuno, lanar, cabrio, de cerda, caballar y mular muy escelentes y apreciados en toda la comarca; hay caza de liebres, perdices, y cabras monteses, con bastantes animales dañinos; COMERCIO: la venta de ganados, y estraccion de lanas para Francia, é importacion del interior de la Península de trigo, vino, aceite, y géneros coloniales: POBL. 26 vec., 186 alm.: CAP. IMP.; 49,483 rs.; CONTR. 4,464 rs.; ascendiendo el PRESUPUESTO MUNICIPAL á 600, el cual se cubre con algunos prod. de propios, y si algo falta por reparto entre los vecinos.

AREVACI: eran estos pueblos los que componian una de las grandes regiones en que estaban divididos los Celtíberos. Por E. comenzaban en las sierras donde tiene sus fuentes el Tajo, y por SO. confinaban con los *Carpetanos*. Ptolomeo los coloca al S. de los *Pelendones* y de los *Berones*, haciendo Arévaca á *Numantia*, como la hizo tambien Estrabon: Plinio la adjudicó á los Pelendones; todo por hallarse en el confin de ambos pueblos. Las c. Arévacas eran *Comphloenta*, *ó Conflata*, *Clunia*, *Termes*, *Uxama*, *Argelæ*. *Setortia*, *ó Segontialacta*, *Véluca ó Velucia y Volcia*, *Futtis ó Fuctis*, *Numantia*, *Segoubia*, *y Nova Augusta* (V. sus art.). Apiano Alejandrino en sus ibéricas hace muchas veces mencion de los *Arévacos*, que en este historiador se llaman *Arascos*, nombre desfigurado como el de *Bellos* por *Pelos ó Pelendones*; y *Fithios* por *Fictthios*, que son los de *Futtia*. Las guerras celtíberas mas sangrientas estuvieron en esta region. Correspondia al conv. jurídico de *Clunia*. (V. CELTIBERIA).

AREVACOS: (V. AREVACA).

AREVA FLUVIUS: r. que, segun Plinio, dió nombre á los *Arevacos*. Con bastante razon se cree ser el *Eresma*, cuyo nombre es natural degeneracion de *Areva*, trocadas la *A* en *E* y la labial *V* en *M*, como con frecuencia sucede. El *Arlanzon*, que algunos han tenido por el *Areva*, no corre por el pais *Arevaco*. Tampoco carece de verosimilitud que el *Areva* fuese el *Adaja*, que pasa por *Arévalo*, hasta donde alargan algunos el pais de los *Arévacos*; pero es mas probable su identidad con el *Eresma*, á cuya orilla occidental está *Coca*, que era ya c. de los *Vacceos*, prueba de que los *Arévacos* no pasaban del *Eresma*.

AREVALILLO: l. con ayunt. de la prov., adm. de rent. y dióc. de Segovia (5 leg.), part. jud. de Sepúlveda (4), aud. terr. y c. g. de Madrid (18 1/2): SIT. en un llano, dominado á poca dist. por cuestas y grandes barrancos, bien ventilado de los aires, y no se conocen enfermedades frecuentes: tiene 50 CASAS muy ordinarías, sin comodidades y de 4 á 5 varas de altura: hay 1, que se llama de concejo, donde la municipalidad y vec. se reunen para acordar los asuntos generales; un poquito fuera al E. del pueblo se halla la igl. parr. dedicada á San Mamés que es matriz de las de los inmediatos pueblos del Guijar y Valdelasvacas, aunque en estos pueblos hay 1 vicario perpetuo; y algo mas lejos 1 fuente que llaman Valderraya, para el surtido del vecindario. Confina el

TÉRM. por N. con el de la Puebla, E. el Rebollo, S. Arahuetes, O. el Guijar: el TERRENO es de superior calidad en una vega que se estiende hasta este último pueblo; lo demas es inferior; tiene 1 monte encinar al N., hallándose pobladas las alturas que dominan al pueblo de enebros y viñas; antes de llegar á estas alturas se ve 1 cueva que contiene gran cantidad de piedra jaspe: el r. Cega corre á 1/4 de leg., para cuyo paso hay 1 ponton de madera, que se reduce á unos palos atravesados de parte á parte, inmediato al cual hay 1 molino harinero; los CAMINOS son locales: POBL.: 53 vec., 150 alm.: CAP. IMP. 30,728 rs.: CONTR. oficiales, segun el cálculo general de la prov., 20 rs. 24 mrs. por ciento.

AREVALILLO: l. con ayunt. de la prov. y dióc. de Avila (11 leg.), part. jud. de Piedrahita (2), aud. terr. de Madrid (22), c. g. de Castilla la Vieja (Valladolid 24): SIT. á la falda de un cerro en el camino de Avila á Salamanca, le domina la mayor parte del año el viento O., con CLIMA frio, aunque no tanto como en las sierras, y se padecen fiebres intermitentes, gastritis y dolores de costado: tiene 80 CASAS con la consistorial, 2 posadas malas, escuela de primeras letras, pagada con 800 rs. por los fondos públicos, á la que asisten 30 niños, 1 fuente con 2 caños, igl. parr. dedicada á la Visitacion de Ntra. Sra., de curato perpetuo y provision ordinaria; y en los afueras al lado N. 1 buen cementerio. Confina el TÉRM. por N. con las deh. de Montalbo y Padiernos, E. con el térm. de Zapardiel de la Cañada y Serranos, S. con el de Becedillas y el Collado, y O. con Aldea del Abad del Miron, á dist. todos de 1/2 leg., y comprende 1,506 fan. de tierra, reducidas á cultivo la mayor parte, con 2 montes de encina y roble á los lados N. y S., y algunos prados que se riegan con las aguas de 1 arroyo que baja de Zapardiel: el TERRENO es todo de mediana calidad, le cruza el CAMINO de Salamanca, segun se ha dicho; el CORREO se recibe en Piedrahita por medio de balijero los miércoles y sábados de cada semana: PROD. trigo, centeno, garbanzos, lino y patatas; se mantiene algun ganado lanar, cabrio, de cerda, 40 yuntas de vacuno para la labor, y alguna caza de conejos, liebres y perdices: IND. panaderías, 1 molino harinero y pocos telares de lienzo: POBL.: 63 vec., 228 alm.: CAP. PROD.: 526,450 rs. IMP. 21,058 rs. Producto representativo de la RIQUEZA IND. 1,700 rs. CONTR. por el primer concepto 4,442 rs. 13 mrs. Id. por el IND. 68 reales.

AREVALILLO: r. de la prov. de Ávila: nace en las sierras de esta c. junto al santuario de Ntra. Sra. de Rio Hondo, cerca de Benitos, part. de la cap.: camina desde su nacimiento de E. á N. hasta frente á la v. desp. de Ovieco, donde varia de curso, caminando al NE. hasta San Pedro del Arroyo: en este punto se dirige al N. hasta el desp. de Montalvo, donde vuelve á tomar la direccion anterior, y entrando en el part. de Arévalo, baña los térm. de Hortigosa de Moraña, Albornos, Papatrigo, quedando dividido este pueblo por dicho r. Cabizuela, Pedro-Rodriguez, el Bohodon, Tiñosillos y Arévalo, desaguando en el Adaja por bajo de esta v., la cual queda rodeada por ambos r. en los lados E., N. y O. Cerca de Cabizuela y por la márg. der. le entra el r. Berlans; en Hortigosa el r. Merdero, y al emparejar con los primeros edificios de Arévalo el arroyuelo denominado el *Lugarejo*, que nace de unas fuentes como 1 leg. de allí, y sobre el cual hay 3 molinos harineros: durante su curso de mas de 9 leg. tiene alguno que otro ponton insignificante, de los que no es el peor el que existe en el pueblo de Papatrigo, todo de madera, sin pilastra alguna, el cual por su mucha long. y ninguna solidez se destruye con frecuencia; pero en las inmediaciones de Arévalo cuenta hasta 3 puentes, de los cuales el primero, llamado el puente de Madera y tambien del Lugarejo, tiene 3 pilastras de ladrillo y lo restante de madera con sus barandas, reedificado modernamente: el segundo, que se llama de los *Barros*, tiene 1 arco solamente, de ladrillo y piedra, ant. y en mal estado: el tercero se titula *de Medina*, sit. al estremo de la v., pasa sobre él el camino desde Madrid á la Coruña por Medina del Campo, es de 4 arcos de piedra, ladrillo y cal, ignorándose la época de su construccion por su mucha antigüedad; pero se halla bien conservado: las aguas del r. se aprovechan poco para el riego, por ser su cáuce muy profundo, de álveo terrizo y cenagoso, criándose solamente algun que otro pececillo pequeño.

AREVALILLO: desp. agregado al ayunt. de *Olmedo* (1 hora), en la prov. de Salamanca (20), part. jud. de Vitigudino, adm. de rent. y dióc. de Ciudad Rodrigo (10): SIT. en un llano cubierto en su mayor parte de monte de encina y roble, con 1 fuente y charca para beber los ganados: confina por N. y E. con su matriz, S. con Bañovares á 1 hora, y O. con San Felices á 1 1/2: ocupa 3/4 leg. de ancho, lo mismo de largo con corta diferencia, y comprende unas 200 fan. de tierra bastante fértil en pastos y bellota, que sirven para manutencion de ganados pertenecientes al marqués de Cerralvo, señor de este despoblado: CAP. TERR. PROD. 1.013,400 rs. IMP.: 48,153 reales.

AREVALILLO DE TORNEROS: deh., monte y cas. en la prov., part. jud. y á 4 leg. E. de Avila, térm. jurisd. y á 1/2 leg. S. de *Horcajuelo*: en el centro de la deh. hay una casa de 13 varas de frente y 3 de fondo, habitada por 1 vecino que sirve de guarda y 4 personas mas; próximo á ella pasa el arroyuelo denominado Arevalillo, que se dirige de S. á N., cuyas aguas se utilizan para el riego de algunos prados, abrevadero de los ganados y otros usos domésticos, pues para beber se surten de manantiales: linda dicha deh., que es propiedad del Excmo. Sr. Conde de Sta. Coloma y de Cifuentes, por N. con térm. del l. de Arevalillo, E. con el de Grandes, S. con la deh. de Miranda y O. con la de Gasca: su cabida es de 2,000 fan. de 400 estadales de á 15/4 cada uno: el TERRENO es todo monte, pues ocupa parte de la sierra que se halla al frente y O. de Avila; es flojo, pedregoso y en lo general de secano; se cultivan 86 fan. de 3 calidades que se disfrutan de 3 en 3 años, 21 de prados de secano de segunda clase, y las restantes de terreno erial y monte carrascal: PROD. centeno, poca bellota, muy buenos pastos y alguna leña.

AREVALILLOS: pueblo arruinado en la prov. de Salamanca, part. jud. de Sequeros (V. los *Arévalos*).

AREVALO: barrio en la prov. de Leon y part. jud. de Murias de Paredes: SIT. á la márg. izq. del r. Luna y perteneciente á la v. de *Sena* (V.).

AREVALO: l. con ayunt. de la prov. y part. jud. de Sória (3 leg.), aud. terr. y c. g. de Búrgos (26), dióc. de Osma (13): SIT. en un pequeño valle al pie de una sierra que le domina por el N. y divide la tierra de Sória de la de San Pedro Manrique: los vientos que mas le baten son los de N.: el CLIMA, como pais de mucha nieve, es muy frio; y prod. entre otras enfermedades las pulmonías: tiene 50 CASAS de mediana construccion, sirviendo una de ellas para el ayunt. y escuela de instruccion primaria, á la cual concurren 30 niños de ambos sexos, bajo la direccion de 1 maestro dotado con 30 fan. de trigo: hay 1 fuente con buenas y abundantes aguas; 1 igl. parr. matriz de la de Castellanos de la Sierra, con la advocacion de Ntra. Sra. de la Asuncion, servida por 1 cura párroco, cuyo curato es de primer ascenso: se halla tambien á la entrada del pueblo por la parte del N., 1 ermita titulada del Sto. Cristo de los Remedios, célebre por la devocion que se tiene á su efigie en todo el pais, y cuya fiesta se celebra el dia de la Exaltacion de la Sta. Cruz, á la cual concurren numerosos devotos de los pueblos inmediatos y de 3 y 4 leg. del contorno: siendo tal la afluencia de gente, que por no tener cábida en la ermita se ve obligado el predicador á situarse en un olmo inmediato á ella, para que todos oigan cómodamente su discurso: confina el TÉRM. por N. con el de Torrearévalo; por E. con el de Castellanos de la Sierra; por S. con el de San Gregorio, y por O. con el de Gallinero. El TERRENO es arenoso y flojo: en la sierra que le domina por N. hay 1 deh. boyal poblada de árboles de acebo; abundando el térm. de arbolado, especialmente á las inmediaciones del pueblo: los CAMINOS son locales y de herradura, intransitables por su mal estado, y la mucha nieve que los cubre en la época de invierno: recibe y despacha la CORRESPONDENCIA por medio del balijero que conduce á Sória la de San Pedro Manrique, 2 veces en semana: PROD. algun trigo, centeno, patatas y lino; y se cria bastante ganado vacuno, yeguar, churro y trashumante: la caza se reduce á algunas perdices y liebres: la IND. consiste en la emigracion de la mayor parte de sus vec. á Andalucia y Estremadura á trabajar en los molinos de aceite; y á la guarda del ganado lanar: su principal ramo de COMERCIO lo constituye la esportacion de la lana fina y churra: POBL.: 67 vec.; 270 alm.: CAP. IMP. 45,725 rs.

AREVALO: arciprestazgo en la dióc. de Avila, compuesto de las pobl. cuyos nombres, número de parr., santuarios, sacerdotes, dependientes y categoria de los curatos se demuestra en el estado siguiente:

PUEBLOS.	PARTIDO JUDICIAL.	PROVINCIA.	Número de matrices.	Id. de anejos.	CONVENTOS: Cerrados.	CONVENTOS: Abiertos.	Santuarios y ermitas.	Curas párrocos.	Ecónomos.	Tenientes.	Beneficiados.	Capellanes.	Dependientes.	CATEGORIA DE LOS CURATOS: De entrada.	1.er ascenso.	2.º ascenso.	Término.
Arévalo	Arévalo.	Avila.	8	1	7	2	2	8	»	»	9	6	27	»	»	5	3
Aldeaseca	Id.	Id.	1	»	»	»	»	1	»	»	»	»	3	»	1	»	»
Blasco Nuño de Matacabras	Id.	Id.	1	»	»	»	»	1	»	»	»	»	3	1	»	»	»
Cabezas de Alambre	Id.	Id.	1	»	»	»	1	1	»	»	»	»	3	1	»	»	»
Canales	Id.	Id.	1	»	»	»	»	1	»	»	»	»	3	»	1	»	»
Castellanos de Zapardiel	Id.	Id.	1	»	»	»	»	1	»	»	»	»	3	»	1	»	»
Codorniz	Sta. María de Nieva.	Segovia.	1	»	»	»	»	1	»	»	»	»	3	»	1	»	»
Constanzana	Arévalo.	Avila.	1	1	»	»	»	1	»	»	»	»	3	»	»	1	»
Donvidas	Id.	Id.	1	»	»	»	»	1	»	»	»	1	3	»	1	»	»
Donjimeno	Id.	Id.	1	»	»	»	»	1	»	»	»	»	3	»	1	»	»
Donyerro	Sta. María de Nieva.	Segovia.	1	»	»	»	»	1	»	»	»	»	3	»	»	1	»
Espinosa	Arévalo.	Avila.	1	»	»	»	»	1	»	»	»	»	3	1	»	»	»
San Estéban de Zapardiel	Id.	Id.	1	»	»	»	»	1	»	»	1	»	3	1	»	»	»
Fuentes de Año	Id.	Id.	1	»	»	»	»	1	»	»	»	»	3	»	»	1	»
Gutierrez-Muñoz	Id.	Id.	1	»	»	»	»	1	»	»	1	»	3	»	1	»	»
Lomoviejo	Medina del Campo.	Valladolid.	1	»	»	»	»	1	»	»	1	1	3	»	1	»	»
Magazos	Arévalo.	Avila.	1	1	»	»	»	1	»	»	»	»	3	1	»	»	»
Martin Muñoz de las Posadas	Sta. María de Nieva.	Segovia.	1	»	»	»	»	1	»	»	2	2	4	»	»	1	»
Martin Muñoz de la Dehesa	Id.	Id.	1	»	»	»	»	1	»	»	»	»	3	»	1	»	»
Montejo de la Vega	Id.	Id.	1	»	»	»	1	1	»	»	1	»	4	»	1	»	»
Montuenga	Id.	Id.	1	»	»	»	»	1	»	»	»	»	3	»	»	1	»
Moraleja de Matacabras	Arévalo.	Avila.	1	»	»	»	»	1	»	»	1	»	3	»	1	»	»
Muriel	Olmedo.	Valladolid.	1	»	»	»	»	1	»	»	1	»	3	1	»	»	»
Nava de Arévalo	Arévalo.	Avila.	1	»	»	»	»	1	»	»	»	»	3	»	1	»	»
Orvita	Id.	Id.	1	»	»	»	»	1	»	»	»	1	3	»	»	»	1
Palacios de Goda	Id.	Id.	1	»	»	»	1	1	»	»	1	1	3	»	»	1	»
Palacios Rubios	Id.	Id.	1	1	»	»	»	1	»	»	»	»	5	»	1	»	»
Rapariegos	Sta. María de Nieva.	Segovia.	1	»	»	»	1	1	»	»	1	»	3	»	1	»	»
San Vicente de Arévalo	Arévalo.	Avila.	1	»	»	»	1	1	»	»	»	»	3	»	1	»	»
Sinlabajos	Id.	Id.	1	»	»	»	»	1	»	»	2	»	3	1	»	»	»
Tornadizos de Arévalo	Id.	Id.	1	»	»	»	1	1	»	»	»	»	3	»	1	»	»
Villanueva del Aceral	Id.	Id.	1	»	»	»	1	1	»	»	»	3	3	»	1	»	»
TOTAL...... 32			39	4	7	2	9	39	»	»	21	15	124	7	17	11	4

AREVALO: ant. part. de la prov. de Avila, que componia la universidad ó comunidad de la tierra de Arevalo, dividida en 6 sexmos, con la denominacion y número de pueblos que se espresan en el estado siguiente:

Provincias y partidos á que corresponden en la actualidad.

Arévalo	Avila.	Arévalo.

Sesmo de Orvita.

Aldeanueva del Codonal	Segovia.	Sta. María de Nieva
Codorniz	Id.	Id.
Espinosa	Avila.	Arévalo.
Gutierrez Muñoz	Id.	Id.
Montuenga	Segovia.	Sta. María de Nieva
Orvita	Avila.	Arévalo.

Sesmo de la Vega.

Donyerro	Segovia.	Sta. María de Nieva
Montejo de la Vega	Id.	Id.
Martin Muñoz de la Dehesa	Id.	Id.
Rapariegos	Id.	Id.
San Cristobal	Id.	Id.
Tolocirio	Id.	Id.

Sesmo del Aceral.

Aldeaseca	Avila.	Arévalo.
Vinaderos	Id.	Id.
Constanzana	Id.	Id.
Cabezas de Alambre	Id.	Id.
Donjimeno	Avila.	Arévalo.
Langa	Id.	Id.
Magazos	Id.	Id.
Narros del Monte	Id.	Id.
Nava de Arévalo	Id.	Id.
Noharre	Id.	Id.
Pedro Rodriguez	Id.	Id.
Palacios Rubios	Id.	Id.
San Vicente	Id.	Id.
Tiñosillos	Id.	Id.
Villanueva	Id.	Id.

Sesmo de Sinlabajos.

Donvidas	Avila.	Arévalo.
Muriel	Valladolid.	Olmedo.
Honcalada	Id.	Id.
Honquilana	Id.	Id.
Palacios de Goda	Avila.	Arévalo.
Sinlavajos	Id.	Id.
San Pablo de la Moraleja	Valladolid.	Olmedo.
San Estéban	Avila.	Arévalo.
Salvador	Valladolid.	Olmedo.
San Llorente	Id.	Peñafiel.
Tornadizos de Arévalo	Avila.	Arévalo.

Sesmo de Aldeas.

Blasco Nuño de Matacabras.	Avila.	Arévalo.
Barroman.	Id.	Id.
Castellanos de Arévalo. . .	Id.	Id.
Canales.	Id.	Id.
Cabezas del Pozo	Id.	Id.
Fuentes de Año.	Id.	Id.
Lomo Viejo.	Valladolid.	Medina del Campo.
Moraleja de Matacabras. . .	Avila.	Arevalo.

Sesmo de Ragama.

Ajo (El).	Avila.	Arévalo.
Bercial.	Id.	Id.
Cebolla.	Id.	Id.
Mamblas.	Id.	Id.
Horcajo de las Torres.	Id.	Id.
Ragama.	Salamanca.	Peñaranda.
Rasueros.	Avila.	Arévalo.
Villar.	Id.	Id.

La v. cap. no estaba adscripta á ningun sesmo particular, y la jurisd. de toda la tierra ó part. de Arévalo, se desempeñaba por el corregidor nombrado por S. M. con las facultades judiciales, gubernativas y administrativas del ant. régimen, siendo el presidente nato de la junta ó comunidad de la tierra, que se reunia én una casa propia, en la v. de Arévalo: esta junta decidia sobre los aprovechamientos de pastos y montes, sobre nuevas roturaciones y demas asuntos pertenecientes á la comunidad, representada por un procurador nombrado por cada sesmo, llamados sesmeros, y que gozaban de muchas y variadas facultades (V. Avila provincia).

AREVALO: part. jud. de *ascenso* en la prov. y dióc. de Avila, aud. terr. de Madrid, c. g. de Castilla la Vieja (Valladolid): se compone de 17 v. 52 l. y 1 arrabal ó ald., que forman 70 pobl. y 68 ayunt.; de los cuales 23 no llegan á 30 vec. y 33 tampoco alcanzan á 100.

Este part. se halla sit. al N. de la próv. y es el último de ella por esta parte, confinando en la misma direccion con el de Olmedo en la prov. de Valladólid; E. con el de Sta. Maria de Nieva en lá de Segovia; S. con el de la cap. de su prov. (Avila), y O. con el de Peñaranda de Bracamonte en la de Salamanca, y algo de Piedrahita en la de Avila: comprende 10 leg. en su mayor long. que se cuenta de E. á O., y 6 de lat. de N. á S. abrazando este radio el terreno que se llama Moraña y es el sit. al lado O. é izq. de los r. Adaja y Arevalillo. Si el part. de Arenas de San Pedro en esta prov. de que hemos hablado poco ha, está cruzado de sierras inmensas por su ostension y por su altura, de profundos despeñaderos, innumerables barrancos, amenos y dilatados valles; si en él se encuentran infinitas producciones vegetales que asombran la imaginacion, y no escasean tampoco las animales y mineralógicas; el part. de Arévalo de que ahora nos ocupamos presenta un contraste tan singular, que parece debian mediar entre los dos muchas leg. de camino: todo el partido sin escepcion en ninguno de los térm. de los pueblos que le componen, es llano, sin cerros ni alturas de consideracion, y si en los térm. de los pueblos de Cabezas de Alambre, Cantiveros, Cebolla, Constanzana, Donvidas, Gimialcon, Narros del Castillo y Palacios de Goda, aparecen algunas desigualdades, no puede decirse que alteran en lo mas mínimo la natural llanura del pais, que se estiende como una superficie inmensa en todas sus direcciones: carece por lo mismo de canteras, bosques y matorrales, que pudieran darle alguna variedad; solo algunos pinares en San Vicente de Arévalo, Bohodon, Tiñosillos en la cab. del part. y otros pueblos; ó algunos cortos pagos de viñas, interrumpen la árida perspectiva de las tierras de labor, en cuyo cultivo se ocupan casi esclusivamente sus naturales. Cuando al describir la prov. de Avila presentemos á nuestros lectores la diferente composicion de sus tierras, será muy fácil comprender el singular contraste entre este part. y los sit. al S., ricos de vegetacion y de vida; ahora solo queremos presentar hechos, y estos los vamos á consignar en los 3 estados que ponemos á continuacion, que si bien aparecen de una indole muy distinta entre sí, todos juntos nos darán una idea exacta de cuantos particulares se puedan desear, para conocer muy por menor los diferentes conceptos bajo los cuales quiera considerarse este pais, en todos sus ramos, en todas sus producciones.

Estado 1.° Distancias de las 70 pobl. que el part. comprende, escogemos 12 de las mas principales para demostrar la dist. en que se hallan entre sí, á la cap. de la prov., dióc., aud. y c. g., pues por estos pueden deducirse las de los demas pueblos con corta diferencia.

Estado 2.° Cuadro sinóptico por ayunt. de lo concerniente á la pobl. del part., su estadistica municipal y la que se refiere al reemplazo del ejército, su riqueza imponible, y las contribuciones que se pagan.

Estado 3.°: estension de los térm. de los respectivos pueblos, calidad y destino de sus tierras.

AREVALO, cab. del part. jud. y el arrabal de Gomez y Roman.

3	Adanero.													
5	6	Collado de Contreras.												
6	9	2 1/2	Flores de Avila.											
5	7	1	2	Fontiveros.										
5	8	5	2	4	Horcajo de las Torres.									
4	7	4	2	3	1	Madrigal.								
5	7	3	2	2	1 1/2	1	Mamblas.							
1 1/2	4 1/2	7 1/2	5	5	4	3	3 1/2	Palacios de Goda.						
6	8	3	2	4	1	1 1/2	1 1/2	6	Rasueros.					
4	1	8	9	8	9	8	7	5 1/2	9	Sanchidrian.				
4	2	5	7	5	7	6	5	5	8	2	Villanueva de Gomez.			
9	6	6	8	7	9	10	9	10	9	5	5	Avila, cap. de prov, y dióc.		
11	14	16	15	15	15	12	13	11	14	15	15	22	Valladolid, c. g.	
19	16	20	25	21	24	23	24	20 1/2	25	15	17	16	32	Madrid, corte y resid. de la aud. terr.

AYUNTAMIENTOS.	OBISPADOS A QUE PERTENECEN.	POBLACION.		ESTADISTICA MUNICIPAL.								
				ELECTORES.								
		VECINOS.	ALMAS.	Contribuyentes.	Por capacidad.	TOTAL.	Elegibles.	Alcaldes.	Tenientes.	Regidores.	Síndicos.	Suplentes.
Adanero	AVILA.	182	774	118	3	121	97	1	1	4	1	5
Albornos y Ortigosa.		56	185	51	»	51	51	1	1	2	1	4
Aldeaseca.		80	328	71	2	73	68	1	1	2	1	4
Ajo (El)		28	125	27	1	28	23	1	»	2	1	3
Arévalo.		599	2201	271	8	279	228	1	1	8	1	7
Barroman.		71	279	56	4	60	22	1	1	2	1	4
Bercial.		80	208	70	»	70	11	1	1	2	1	4
Bernui Zapardiel.		59	269	58	»	58	35	1	1	2	1	4
Blasconuño de Matacabras.		14	77	21	1	22	17	1	»	2	1	3
Blasco-Sancho.		68	288	62	2	64	39	1	1	2	1	4
Bohodon.		45	186	41	»	41	24	1	»	2	1	3
Cabezas de Alambre.		25	97	20	1	21	15	1	»	2	1	3
Cabizas del Pozo.		71	276	66	»	66	21	1	1	2	1	4
Cabezuela.		21	88	21	»	21	16	1	»	2	1	3
Canales.		25	97	19	1	20	11	1	»	2	1	3
Cantiveros.		46	189	46	2	48	38	1	»	2	1	3
Castellanos en Zapardiel.		46	173	41	5	46	29	1	»	2	1	3
Cebolla.		24	89	20	1	21	20	1	»	2	1	3
Chaherrero.		16	59	14	2	16	13	1	»	2	1	3
Cisla.		43	204	41	2	43	20	1	»	2	1	3
Collado de Contreras.		108	387	83	1	84	40	1	1	4	1	5
Constanzana.		16	70	16	»	16	11	1	»	2	1	3
Crespos y Pascual grande.		68	241	62	2	64	34	1	1	2	1	4
Don Jimeno.		33	117	33	»	33	24	1	»	2	1	3
Don Vidas.		32	76	20	1	21	16	1	»	2	1	3
Espinosa.		35	152	34	1	35	28	1	»	2	1	3
Flores de Avila.		104	437	82	3	85	71	1	1	4	1	5
Fontiveros.		180	694	120	3	123	53	1	1	4	1	5
Fuente el Sauz.		35	123	38	1	39	38	1	»	2	1	3
Fuentes de Año.		99	432	78	2	80	41	1	1	2	1	4
Gimialcon.		21	116	19	»	19	15	1	»	2	1	3
Gutierrez Muñoz.		72	334	64	2	66	54	1	1	2	1	4
Hernan-Sancho.		58	297	42	2	44	18	1	1	2	1	4
Horcajo de las Torres.		128	490	92	2	94	39	1	1	2	1	5
Jaraices.		4	26	6	»	6	4	1	»	2	1	3
Langa.		66	265	62	1	63	50	1	1	6	1	4
Madrigal.		500	2050	257	5	262	230	1	1	2	1	6
Magazos.		18	68	17	1	18	15	1	»	2	1	3
Mamblas.		100	391	78	2	80	34	1	1	2	1	4
Moraleja de Matacabras.		22	93	21	»	21	10	1	»	2	1	3
Muñomer.		22	68	22	»	22	18	1	»	2	1	3
Muñosancho.		41	142	40	2	42	24	1	»	2	1	3
Narros del Castillo.		41	128	50	»	50	27	1	»	2	1	3
Narros de Saldueña.		66	236	62	»	62	19	1	1	2	1	4
Nava de Arévalo.		55	187	36	6	42	24	1	1	2	1	4
Noharre.		6	19	7	»	7	4	1	»	2	1	3
Orbita.		50	225	47	»	47	24	1	»	2	1	3
Pajares.		71	291	66	»	66	33	1	1	2	1	4
Palacios de Goda.		110	410	85	3	88	72	1	1	4	1	5
Palacios Rubios.		14	57	12	2	14	7	1	»	2	1	3
Papatrigo.		73	290	58	4	62	58	1	1	2	1	4
Pedro-Rodriguez.		18	72	18	»	18	9	1	»	2	1	3
Rasueros.		120	520	88	2	90	72	1	1	4	1	5
Rivilla de Barajas.		31	102	30	1	31	14	1	»	2	1	3
Salvadios.		13	54	30	2	32	24	1	»	2	1	3
Sanchidrian		153	435	104	3	107	86	1	1	4	1	5
San Esteban de Zapardiel.		28	68	21	2	23	17	1	»	2	1	3
San Pascual.		30	115	30	»	30	24	1	»	2	1	3
San Vicente de Arévalo.		35	137	34	1	35	22	1	»	2	1	3
Sinlabajos.		90	412	75	»	75	47	1	1	2	1	4
Tiñosillos.		22	139	22	»	22	18	1	»	2	1	3
Tornadizos de Arévalo.		11	44	9	»	9	4	1	»	2	1	3
Villamayor.		15	81	15	»	15	8	1	»	2	1	3
Villanueva del Aceral.		56	298	54	2	56	49	1	1	2	1	4
Villanueva de Gomez.		135	526	98	2	100	80	1	1	4	1	5
Villar de Matacabras.		16	77	15	1	16	7	1	»	2	1	3
Vinaderos.		12	50	12	»	12	8	1	»	2	1	3
Viñegra de Moraña.		58	242	58	»	58	46	1	1	2	1	4
TOTALES.		4690	18566	3556	97	3653	2468	68	31	164	68	249

REEMPLAZO DEL EJERCITO. Jovenes alistados de edad de 18 años	19 años	20 años	21 años	22 años	23 años	24 años	TOTAL	Cupo de soldads. corr. á una qta. de 25,000 hombres	RIQUEZA IMPONIBLE. Territorial pecuaria y urbana	Industrial y comercial	TOTAL	CONTRIBUCIONES. Por ayuntamiento	Por vecino	Por habitante	Tanto por 100 de la riqueza
									Rs. Vn.	Rs. Vn.	Rs. Vn.	Rs. Vn.	Rs. Mrs.	Rs. Ms.	
8	6	7	4	5	3	3	36	2	100320	19200	119520	25370	140 14	32 26	21'23
2	2	3	1	3	2	1	14	0'5	47687	2910	50597	5711	155 19	47 3	17'20
4	3	3	3	2	2	2	19	0'8	69820	7560	77380	13448	168 3	41	17'38
»	1	2	1	2	1	»	7	0'3	28397	1680	30077	3287	117 13	26 10	10'93
46	40	38	32	27	22	12	217	5'6	178585	197760	376345	150704	251 20	68 17	40'05
3	2	3	3	2	3	1	17	0'7	66959	1800	68759	10633	140 26	38 27	15'47
3	3	2	4	3	2	1	18	0'6	62003	4740	66743	10896	136 7	36 19	16'33
4	3	3	1	1	»	»	12	0'7	141683	5940	147623	9210	156 3	34 8	6'24
7	5	4	5	3	4	2	30	0'2	31080	4140	35220	2735	195 12	35 18	7'77
3	3	4	2	4	2	»	18	0'7	22440	2280	24720	7962	117 3	27 22	32'21
2	2	1	2	2	1	1	11	0'5	41894	3060	44954	6606	146 27	35 18	14'69
3	2	1	1	»	»	1	8	0'2	23142	600	23742	3871	154 29	39 31	16'30
1	1	2	1	2	1	»	8	0'7	59704	5460	65164	14409	202 32	52 7	22'11
»	1	1	1	1	»	»	4	0'2	10921	840	11761	2559	121 30	29 3	21'76
1	1	2	1	»	1	»	6	0'2	22098	2460	24558	3662	144 3	37 5	14'67
4	3	2	2	1	»	»	12	0'5	42148	4200	46348	6834	148 19	36 5	14'74
4	3	3	1	»	1	»	12	0'4	44143	4260	48403	5137	111 23	29 24	10'61
1	1	2	1	1	1	1	8	0'2	35508	»	35508	5415	225 21	60 29	15'25
»	1	1	1	1	»	»	4	0'1	13220	1500	14730	838	52 13	14 7	5'70
1	1	1	1	2	1	1	8	0'5	71808	2820	74628	8327	193 22	40 28	11'16
4	3	5	4	2	1	1	20	0'1	62282	6540	68822	10027	92 29	25 31	14'57
2	1	1	1	1	»	»	6	0'2	19272	1800	21072	3347	209 6	47 28	15'88
11	9	8	7	6	4	2	47	0'6	75740	2460	78200	8420	123 28	34 32	10'77
1	2	2	1	3	1	1	11	0'3	50243	2220	52463	6493	186 26	55 16	12'41
3	3	2	1	1	»	»	10	0'2	15774	2220	17994	4737	148 1	62 11	26'33
1	1	1	1	1	1	1	7	0'4	76642	1980	78622	7064	201 28	46 16	8'98
3	3	3	2	2	2	2	17	1'1	149296	6720	156016	18140	174 14	41 18	11'63
9	7	8	5	3	1	1	34	1'8	106024	2460	108484	33733	187 14	48 30	31'09
3	1	2	2	1	2	»	11	0'8	42792	1740	44532	8101	231 16	65 29	18'18
8	6	5	4	3	1	»	27	1'1	37490	8340	45830	10447	196 4	44 32	42'37
5	2	3	1	»	1	»	12	0'3	28763	3180	31943	4543	216 11	39 6	14'22
3	3	2	2	3	1	1	15	0'8	49376	2220	51596	7979	110 28	23 30	15'46
9	7	6	4	3	3	2	34	0'8	93589	7087	100669	11312	195 1	38 4	11'24
11	9	7	5	4	3	3	42	1'2	329302	11280	340582	16836	131 18	34 12	4'04
»	1	1	»	1	»	1	4	0'1	4954	»	4954	1180	295	45 13	23'82
7	5	4	3	2	1	»	22	0'7	83340	4860	88200	15546	235 19	58 22	17'63
28	23	19	17	12	7	9	115	5'3	479744	25680	505424	53824	107 22	26 9	10'65
»	1	2	1	»	1	1	6	0'2	17054	600	17654	3019	167 25	44 14	17'10
4	4	3	3	2	1	1	18	1	97025	4320	101345	11795	117 32	30 7	11'64
3	1	2	1	1	1	1	10	0'2	17626	1860	19486	6665	302 32	71 21	34'21
»	2	3	1	»	1	2	9	0'2	12620	»	12920	2516	114 12	37	19'47
1	4	4	1	2	1	1	14	0'4	42647	3840	46487	7926	193 4	55 28	17'05
2	2	3	2	1	2	1	13	0'4	27720	1860	29580	3946	96 8	30 30	13'34
4	3	3	2	3	1	1	17	0'5	62729	3120	65849	7841	118 27	33 8	11'91
1	1	2	2	1	1	1	9	0'5	123764	1620	125384	7087	128 29	37 31	5'70
»	1	»	1	1	1	»	4	0'1	4884	»	4884	1224	204	63 13	25'06
4	2	3	1	2	2	»	14	0'6	73319	1320	74639	11574	231 16	51 15	14'86
4	4	3	3	3	2	2	21	0'7	84440	6300	90740	13445	189 12	46 7	14'82
7	5	6	5	4	3	2	32	1'2	62620	6960	69580	17473	158 29	42 21	25'13
»	1	1	1	»	1	1	5	0'1	12289	1500	13789	3002	214 15	52 23	21'77
5	3	2	2	1	2	2	17	0'7	40993	960	41953	8828	120 32	30 15	21'04
»	1	1	1	2	1	1	7	9'2	51934	1500	53434	2182	121 8	30 10	4'08
9	7	7	6	5	2	3	39	1'3	205070	8040	213110	11943	99 18	22 33	5'60
3	2	3	2	2	1	2	15	0'4	22045	3120	25165	6261	201 33	61 13	24'88
4	2	3	1	1	2	»	13	0'3	47598	1980	49578	4712	362 16	87 9	9'51
9	8	7	8	5	6	3	46	1'3	75131	9840	84971	26371	172 12	60 21	31'04
1	1	1	2	1	1	1	8	0'3	29978	600	30578	5226	186 22	76 29	17'09
3	2	2	1	1	»	»	9	0'3	74728	1920	76648	7265	242 6	63 6	9'48
2	2	2	1	»	1	1	9	0'4	34098	1500	36198	2671	76 11	19 17	7'36
4	4	3	3	2	1	2	10	1	39407	5400	44807	11013	122 12	26 25	24'55
2	1	1	1	1	1	1	8	0'4	11890	2220	14110	3959	179 22	28 16	28'06
1	1	1	1	1	1	»	6	0'1	20326	1500	21826	2353	213 31	53 16	10'78
2	1	2	1	1	2	2	11	0'2	22128	»	22128	2490	166	30 25	11'25
6	4	5	3	2	1	2	23	0'8	25058	4020	29078	11448	204 14	38 14	39'37
7	7	6	4	5	3	2	34	1'3	58523	16140	74603	18510	137 4	35 6	24'79
»	1	2	2	1	1	1	8	0'2	19034	»	19034	3620	226 8	47 1	19'02
»	1	2	1	2	»	1	7	0'1	7590	1500	9090	1586	132 6	31 24	17'45
2	2	3	2	1	1	4	12	0'6	33639	2940	36579	5919	102 2	24 16	16'23
295	251	252	194	164	121	59	1366	46'9	4277000	460530	4737530	765120	163 5	41 7	16'15

PUEBLOS.	Extension de su término.	Tierras cultivadas.	Tierras incultas.	CALIDAD DE LAS TIERRAS CULTIVADAS. 1.ª	2.ª	3.ª	Tierras empleadas en granos.	En legumbres.	En hortaliza y frutas.	En viñas.	En pastos naturales.	En monte alto.	En monte bajo.	Tierras regadías.
Arévalo.	18000	6000	12000	1000	1500	3500	6000	40	40	518	4500	102	3800	40
Adanero.	7034	5034	2000	614	1709	2711	5034	40	»	200	316	»	»	»
Albornos.	1790	1596	194	»	600	996	1596	»	»	»	140	»	»	160
Aldeaseca	2226	2226	»	386	649	1191	2226	»	»	»	»	»	»	»
Ajo (El)	1472	1242	230	190	493	559	1192	»	»	50	30	»	»	»
Barroman.	4000	3600	400	300	1500	1800	3600	»	»	»	400	»	»	»
Bercial.	3330	3000	330	850	1442	708	3000	»	»	»	330	»	»	»
Bernui Zapardiel.	2122	2122	»	370	640	1112	2092	»	»	»	30	»	»	»
Blasco Nuño de Matacabras.	1170	970	200	»	600	370	920	»	»	100	50	»	»	»
Blascosancho.	3868	2000	1868	»	600	1400	2000	»	»	»	150	»	»	»
Bohodon (El).	2440	2400	40	300	700	1400	2400	»	»	»	40	»	»	»
Cabezas de Alambre.	2567	1810	757	300	760	750	1810	»	»	300	107	110	»	»
Cabezas del Pozo.	3174	2924	250	190	1023	1711	2774	»	»	100	50	»	»	»
Cabizuela.	2600	1800	800	»	300	1500	1800	»	»	»	100	92	»	»
Canales.	888	888	»	80	130	678	888	»	»	»	»	»	»	»
Cantiveros.	2000	1990	10	300	800	890	1950	20	»	»	20	»	»	»
Castellanos de Zapardiel.	400	300	100	20	80	200	300	»	»	»	100	»	»	»
Cebolla.	1266	1110	156	»	740	370	1010	»	»	100	36	»	»	»
Chaherrero.	1000	800	200	»	300	500	800	»	»	40	20	80	»	»
Cisla.	4000	2500	1500	100	1000	1400	2500	»	»	»	350	350	»	»
Collado de Contreras.	3900	3000	900	500	700	1800	2900	50	»	300	100	»	»	»
Constanzana.	900	800	100	»	400	400	800	»	»	100	50	»	»	»
Crespos y Pascual grande.	3040	3000	40	1100	1300	600	3000	»	»	»	40	»	»	»
Don Jimeno.	3000	2000	1000	300	600	1100	2000	»	»	585	100	»	»	»
Don Vidas.	2083	2000	83	200	600	1200	2000	»	»	30	23	»	»	»
Espinosa.	4245	2900	1345	250	910	1740	2900	»	»	420	130	400	»	»
Flores de Avila.	6700	6600	100	300	3100	3200	4200	50	3	20	150	16	»	»
Fontiveros.	4000	3850	150	187	1635	2028	3850	60	6	35	200	»	»	6
Fuente el Sauz	2300	2100	200	300	350	1450	2000	»	2	200	100	»	»	»
Fuentes de Año.	3514	2900	614	580	1450	870	2900	100	»	»	400	»	»	»
Gimialcon.	4600	3400	1200	600	1800	1000	3400	»	»	170	180	»	»	»
Gutierrez Muñoz.	3897	2860	1037	723	840	1297	2860	30	»	»	60	»	»	»
Hernan Sancho.	3250	2746	504	50	1030	1666	2746	»	»	100	450	3	»	»
Horcajo de las Torres.	4100	4100	»	1000	1200	1900	3808	»	2	190	100	»	»	»
Hortigosa de Moraña.	620	600	20	200	250	150	600	»	»	»	20	»	»	»
Jaraicejos.	700	700	»	50	350	300	700	»	»	»	»	»	»	»
Langa.	3140	2680	460	400	1180	1100	2680	»	»	400	50	»	»	»
Madrigal.	17449	11242	6207	1358	5409	4475	10317	40	7	1131	6000	6000	»	»
Magazos.	1550	1480	70	20	180	1280	1280	»	»	200	36	»	»	»
Mamblas.	2640	2520	120	200	1020	1300	2520	»	1	10	45	»	»	»
Moraleja de Matacabras.	3000	2550	450	82	1200	1268	2050	1	1	500	80	»	»	80
Muñomer.	2051	1949	102	120	800	1029	1100	»	»	50	120	»	»	»
Muño Sancho.	600	500	100	100	200	200	500	»	»	»	100	»	»	»
Narros del Castillo.	1400	1200	200	50	300	850	1000	»	»	200	151	»	»	»
Narros de Saldueña.	4100	3685	415	420	2235	1030	2400	»	»	421	409	»	»	»
Nava de Arévalo.	2420	2220	200	20	800	1400	2200	20	»	400	200	500	»	»
Noharre.	904	831	73	60	250	521	830	»	»	12	52	»	»	»
Orbita.	3205	2500	705	430	1060	1010	2500	»	»	100	190	»	»	»
Pajares.	3000	3000	»	800	1000	1200	2897	3	»	»	100	»	»	»
Palacios de Goda.	5320	5000	320	1200	2000	1800	5000	25	3	220	403	300	»	»
Palacios Rubios.	1350	1200	150	»	500	700	1200	»	»	13	70	300	»	»
Papatrigo y Cordobilla.	1400	1400	»	»	700	700	1400	»	»	»	150	»	6	»
Pedro Rodriguez.	2062	1368	694	80	280	1008	1368	»	»	192	60	»	»	»
Rasueros.	5250	4290	960	150	2760	1380	4290	10	1	110	300	»	»	»
Rivilla de Barajas.	1000	843	157	190	240	413	843	50	»	»	120	»	»	»
Salvadios.	1100	700	400	40	160	500	700	»	»	50	50	»	»	»
Sanchidrian	1529	1345	184	200	445	700	1345	15	»	125	47	»	»	»
San Estéban de Zapardiel.	1800	1640	160	40	500	1100	1640	»	»	100	110	»	»	»
San Pascual.	2061	1600	461	24	800	776	776	»	»	293	78	»	»	»
San Vicente de Arévalo.	3001	1365	1636	20	210	1135	1134	»	»	291	31	600	»	»
Sinlabajos.	3065	3045	20	845	1400	800	3000	»	»	45	20	»	»	»
Tiñosillos.	820	600	220	»	300	300	600	»	»	240	20	»	»	»
Tornadizos de Arévalo.	3415	3023	392	111	358	2554	3200	»	»	22	80	»	»	»
Villamayor.	2000	1900	100	80	550	1270	1900	»	»	»	100	»	»	»
Villanueva del Aceral.	3250	3240	10	280	1500	1460	3240	150	»	»	100	»	»	»
Villanueva de Gomez.	2925	1950	975	50	500	1400	1600	10	»	350	35	»	»	»
Villar de Matacabras.	1700	1505	150	»	700	850	1550	»	»	30	60	»	»	»
Vinaderos.	1400	680	720	45	131	504	680	»	»	6	51	»	»	»
Viñegra de Moraña.	1916	1836	80	»	470	1366	1836	»	»	»	80	»	»	»
TOTAL.	208019	162800	45219	18755	62219	81820	154132	714	66	9069	18370	8853	3806	286

Reasumiendo los totales, de el último encontrámos que todo el part. comprende 208,019 fan.; que se cultivan 162,800, de las cuales son de primera calidad 18,755, de segunda 26,219, y de tercera 81,826; que se destinan á granos 154,132, es decir, mas de las 3/4 partes, á legumbres 714, á hortaliza y frutas 66, á viñas 9,069, no disfrutando del beneficio del riego sino el cortísimo número de 286 fan., de las cuales 160 se hallan en un solo pueblo, 126 en otros tres y están completamente privados de tan interesante elemento de fertilidad los 65 pueblos restantes; siendo de notar que varias de las tierras destinadas á legumbres se siembran despues de levántados los cereales, que es lo que en el pais se llama al *trasoje*; y debemos hacer asimismo presente, que algunas tierras de monte alto se destinan tambien á la siembra de granos, y que los pastos y monte bajo lo constituyen por lo general los terrenos incultos y abandonados á sus prod. naturales. Cruzan el part. los r. siguientes: *Adaja*, que baña los térm. de Villanueva de Gomez, el Bohodon, Tiñosillos, Pajares, Gutierrez Muñoz, Orbitá, Espinosa y el de la cap.: *Arevalillo*, los de Hortigosa de Moraña, Albornos, Papatrigo, Cabizuela, Pedro Rodriguez, el Bohodon, Tiñosillos y el del mismo Arévalo: *Trabancos*, los de Naharros del Castillo, Salvadios, Flores de Avila, el Ajo, Cebolla, Rasueros, Madrigal y Horcajo de las Torres: *Zapardiel*, los de Crespos y Pascualgrande, Rivilla de Barajas, Fontiveros, Cisla, Bercial, Mamblas, Barroman, San Estéban y Castellanos: *Merdero*, los de Hortigosa de Moraña, Viñegra, Albornos, Muñomer, Narros de Saldueña y Papatrigo: *Menines*, los de Gimialcon y Horcajo de las Torres: *Voltoya*, los de Sanchidrian y desp. de Almarza, y *Regamon*, los de Rasueros y otra vez el Horcajo, sin contar otra porcion considerable de arroyos de mas ó menos caudal, en términos que apenas hay un pueblo en el part., por cuya jurisd. no se encuentre algun r. cuyas aguas podrian ser utilísimas y que vemos sin embargo cuan poco se aprovechan: CAMINOS: es el principal que cruza este part., la carretera de Madrid á Vigo por los pueblos de Sanchidrian, Adanero, Espinosa, y la cab. del part., reuniéndose muy cerca del 2.° punto la que conduce á Valladolid por Olmedo, y en el desp. de Almarza térm. de Sanchidrian la que se dirige á Salamanca; hay ademas los caminos provinciales y vecinales para la comunicacion de los pueblos entre si; pero todos se hallan tan abandonados, que los naturales del pais se ven muchas veces imposibilitados de emprender viajes, que les serian muy útiles para la salida de sus frutos: en lo relativo á la prov. de Avila tendremos ocasion de insistir sobre este punto: PROD.: el estado que hemos presentado demuestra que en el part. de Arevalo, solo hay granos y vino, y esto es una verdad por desgracia: las ganaderias son insignificantes, lo es tambien su IND. que puede reducirse á la de algunos telares de lienzos caseros, y aun es mucho menor su comercio sin vida ni movimiento alguno, faltando, como sucede con frecuencia la venta de granos, único art. capaz de entretener las especulaciones.

ESTADISTICA CRIMINAL. Los acusados en este part. jud. durante el año 1843 fueron 149; de ellos resultaron 10 absueltos de la instancia, 139 penados presentes, 2 reincidentes en el mismo delito, y 3 en otro diferente, con el intérvalo de 2 á 5 años desde la reincidencia al último delito. Del total de acusados 18 contaban de 10 á 20 años de edad; 72 de 20 á 40, y 59 de 40 en adelante; 146 eran hombres y 3 mujeres; 49 solteros y 100 casadós; 43 sabian leer y escribir, no aparece si los restantes reunian esta clase de educacion; 1 ejercia profesion científica ó arte liberal, 80 artes mecánicas; de 68 no consta la ocupacion.

En el mismo periodo se perpetraron 29 delitos de homicidio y de heridas; 1 con armas de fuego de uso lícito, 2 de ilícito, 4 con armas blancas permitidas, 18 con instrumentos contundentes y 4 con otros instrumentos ó medios no espresados.

ARÉVALO: v. con ayunt. de la prov., adm. de rent. y dióc. de Avila (9 leg.), part. jud. de su nombre, aud. terr. de Madrid (20), c. g. de Castilla la Vieja (Valladolid 12): con adm. subalterna de rent., correos y loterias, cab. de su arciprestazgo, y de la universidad de su tierra.

SITUACION Y CLIMA: sit. sobre una pequeña colina, rodeada de grandes llanuras; en la lengua de tierra que forman al reunirse al N. de la pobl. los r. Adaja y Arevalillo, quedando por consiguiente á la márg. izq. del 1.° y á la der. del 2.°, ventilada de los aires N., NE., O. y SO. con frio clima; se padecen afecciones cerebrales, y con mas frecuencia calenturas intermitentes.

INTERIOR DE LA POBLACION Y SUS AFUERAS. Sin hacer mérito de la muralla y fortalezas con que estuvo defendida la v. hasta los tiempos medios, de las que aun se conservan varios restos; ni de algunos vestigios que todavia aparecen de su mayor vecindario, se cuentan en el dia 600 CASAS habitadas, y otros edificios de que nos haremos cargo, formando cuerpo de pobl. con 3 plazas, 6 plazuelas y diferentes calles, en regular estado de empedrado y limpieza, bastante cómodas, aunque algo estrechas las últimas: las plazas se titulan, de la Villa, sit. en la parte ant. de la pobl., cuadrada con portales al NE. y S. y sin empedrar; del Arrabal, porque está separada por la ant. muralla, cuadrilonga regular, con portales y empedrado; y del Real, cuadrilonga regular, con portales y tambien empedrada, en una faja ó calzada que atraviesa desde el arco de la cárcel á la calle de Sta. Maria: esta es la principal donde se hallan muy buenas casas entre ellas la de ayunt. con buena sala de sesiones, adornada con varios retratos de nuestros Reyes, archivo y habitacion para el portero: hay tambien cárcel, cómoda y segura, en la cual y. año de 1842, se han construido buenas alcantarillas para atender á su limpieza; pósito que se ha convertido en banco de labradores; una casa que fue para la comunidad ó universidad de la v. y su tierra, otra para oficina pública de la carniceria, un hospital titulado de San Miguel, establecido en un edificio capaz y de buena ventilacion, con 12 camas y ropas decentes; para su asistencia y la del vecindario, hay dos médicos de v. pagados por los fondos municipales con 400 ducados cada uno, y cinco cirujanos, que alternan por años para asistir por cuenta del ayunt. mediante una retribucion de 320 rs. anuales: á este establecimiento de fundacion particular se han agregado en 1842 á instancia de la corporacion municipal, las rent. y edificio del conv. de San Juan de Dios, llamado hospital de Sta. Catalina, y para aumento de sus haberes se ha construido en el edificio de dicho conv. un teatro bastante vistoso que podrá contener 600 personas, y un pozo de nieve: en el ramo de instruccion pública tiene Arévalo una cátedra de latinidad, pagada por el ayunt. con 12 rs. diarios; 1 escuela de instruccion primaria para niños con 10 rs. de sueldo; otra sin dotacion fija; y 2 de niñas cuyas maestras perciben la retribucion de las alumnas; asisten a todas mas de 300 discípulos: se cuentan por último 8 parr., 1 anejo, 5 conv. de frailes, 4 de monjas y otros santuarios menores, que no es pequeño número si se atiende á la corta entidad de esta v. en nada comparable á ninguna de nuestras cap. de prov., y que sin embargo escede á la mayor parte en edificios de este género, de los cuales nos iremos ocupando sucesivamente: es la parr. mayor ó matriz la de Sta. Maria, dedicada á la Asuncion de Ntra. Sra. de construccion antiquísima, y su elevadísima torre se halla sobre un arco de la muralla que da paso de una calle á otra, en la cual está el relox de la v.: siguen despues San Pedro Apóstol de rara arquitectura, fortaleza muy regular en su época con sus tres reductos y su cast. que despues fue torre; es toda de canto, ladrillo y cal, y fué el gran templo de la Diosa Minerva: San Miguel Arcángel, en la cual hay dos arcos de piedra, que por su estraordinaria magnitud, han llamado la atencion de los viajeros: San Nicolas de Bari, establecida en la igl. del que fue colegio de la estinguida compañía de Jesus; San Juan Bautista, llamado San Juan de los Reyes; Sto Domingo de Silos, cuya portada fué fabricada por órden del Excmo. Sr. Hernan Tello de Guzman, natural de esta v. caballero de la órden de Santiago, embajador en Roma y Génova, gobernador, virey y capitan general de Oran en tiempo de D. Cárlos I; San Martin ob., con dos torres muy buenas; y el Salvador dedicada á la Transfiguracion del Señor, edificada por órden de Constantino Magno, emperador de Roma, en prueba del afecto que los romanos tuvieron á esta v. que les fue siempre muy fiel: en comprobacion de esto se cita una hermosa y lucida lápida de mármol blanco y dorado que hay en la misma igl. con la inscripcion siguiente:

C. C. R. M. M. E. CCCVI.

Joannes Ssarcios me escripsit

y se lee:

Constantino César Romano
me venció y consagró en el nombre de Cristo:
era de 306.
Juan Sarcio ó Sancho me escribió.

Esta igl. tiene un anejo en el arrabal de la misma v., llamado de Gomez y Roman, á 1/4 leg. al SO.: todas estas igl. estan servidas por su respectivo cura párroco, los cuales con 4 beneficiados y 3 sacerdotes mas, componen el cabildo ecl., y sus curatos son perpétuos; de término los del Salvador, Santo Domingo y San Nicolás; los demás de segundo ascenso, y todos de concurso general en el del ob. Los conv. son: San Francisco, fundado por el mismo santo en 1214; fué edificado al S. de la pobl., en un llano muy apacible, y en su igl. se veneraba una efigie de San Francisco en la agonía, de mucho mérito, que se ha trasladado al conv. de monjas de la Encarnacion, y una quijada de San Blas, que trajo de Roma el noble caballero Nuño Berdugo, y se halla en la parr. de Santo Domingo: en este conv. estudió gramática el Illmo. Tostado, llamado el Abulense; en él hizo córtes y capítulo general de la órden D. Enrique IV; y los reyes católicos con el príncipe é infantas sus hijos tuvieron sus novenas: la Santísima Trinidad calzada, edificado mas adelante en un hermoso sitio á la inmediacion del r. Arevalillo fué fundado por San Félix de Valois y San Juan de Mata en el año de 1215; en este conv. se veneraba á Ntra. Sra. de las Angustias, patrona de la v., en su magnífica capilla, profusamente adornada, cuya efigie de talla es de singular mérito artístico, hallándose en la actualidad en el conv. de monjas de San Bernardo el Real de la misma v.: se cree en el pais, sin que se manifiesten los motivos, que esta efigie ha sido elaborada en Antioquía; San Lázaro, de la órden reformada de San Francisco ó descalzos, inmediato al r. Adaja y camino de Madrid, fué hospital general de fundacion de D. Alonso VI, en donde habia niños llamados de la doctrina, por recibir en él su educacion, particularmente los principios religiosos: se reedificó desde los cimientos de órden de Felipe II, y fue cedido á los frailes: hay en él una hermosa huerta, en la que fundó 1 capilla el Excmo. Sr. duque de Lerma, dedicada á San Pedro de Alcántara y San Pascual Bailon: San Juan de Dios, llamado hospital de Sta. Catalina, á la inmediacion tambien del r. Adaja, fundado en el año 1600: Santiago, de la Compañía de Jesus, á las márg. del Adaja igualmente, fundado por el Excmo. Sr. Hernan Tello de Guzman, de quien ya hemos hecho mencion, en el año 1591, y tiene una hermosísima huerta: los 3 primeros estan casi arruinados y sin destino alguno; el de San Juan de Dios ha entrado bajo la direccion de los patronos del hospital de la v., é irá recibiendo las mejoras y trasformaciones que se crean necesarias en beneficio del establecimiento: la igl. del de jesuitas es la parr. de San Nicolás, segun hemos dicho; y en lo que ocupó el edificio se encuentran el aula de latinidad y la escuela pública de primera educacion: los conv. de monjas se titulan de Jesus, de Sta. Isabel de Montalbas, de Sta. María de la Encarnacion y de San Bernardo el Real; las monjas de los 2 primeros, con arreglo á las disposiciones vigentes, se han reunido á los 2 últimos, estando cerrado el de Jesus, y sirviendo de paneras para la comision de amortizacion el de Sta. Isabel: el de la Encarnacion no ofrece cosa particular; no asi el de San Bernardo, que por su origen y circunstancias merece alguna detencion: en el citado arrabal de Gomez y Roman existia en tiempo de los godos 1 conv. titulado de Sta. María la Real, órden del Cister, el cual era riquísimo y grande, y fue destruido por los árabes durante su dominacion. Por el año 1200 fue reedificado por el abad D. Gomez y su hermano Roman, naturales de Arévalo, poniendo en él monjas bernardas; así permanecieron hasta el año 1524, en cuya época el Sr. alcalde Rodrigo Ronquillo pidió al rey Cárlos I el palacio real que tenia S. M. en esta v., sit. en la plaza titulada del Real, al que fueron trasladadas las monjas, denominándose Sta. María la Real de Arévalo, y hoy San Bernardo el Real: en esta casa vivió y murió la reina Doña María, primera mujer de D. Juan II, la segunda mujer del mismo, Doña Isabel, madre del príncipe D. Alonso, á quien proclamaron rey en Avila, y desde cuya real casa fue llevado por el maestre de Calatrava D. Juan Pacheco para ser coronado: vivieron tambien en ella Doña Isabel la Católica, D. Cárlos I, la emperatriz Doña Isabel, D. Felipe II, D. Felipe III, D. Felipe IV, los infantes D. Fernando, arz. de Toledo y gobernador de Flandes, D. Cárlos, Gobernador de Portugal, y la infanta Doña María, Reina que fue de Francia: son patronos de este conv. los poseedores de la casa de los caballeros Ronquillos, y en él se hallan los cuerpos de sus fundadores Gomez y Roman, trasladados con autoridad Apostólica: hay ademas la ermita de la Virgen de Abajo, y otra ya destruida en su mayor parte, titulada de Ntra. Sra. de la Capilla, que se dice haber sido conv. de templarios; y como á 200 pasos al O. de la v. saliendo por el puente de Medina sobre el Adaja, está la ermita de Ntra. Sra. del Camino, en muy buen estado: cerca de este sitio se halla tambien un edificio que fue denominado las paneras del Rey, en las que se entrojaban muchas fan. de grano para el pósito de Madrid; despues se ha regularizado para cuartel, y en la actualidad está sin uso y destruyéndose: al NE. á dist. de 300 pasos, y al pie tambien del r. Adaja, hay una hermosa oficina de matadero, propia de la v., y al N., tocando con la confluencia de los r. Adaja y Arevalillo, se vé un cast. muy ant. y casi destruido, aunque reparado durante la última guerra civil, en cuya plaza de armas está el cementerio, bastante bien ventilado, y que no perjudica á la salubridad: por esta parte viene tambien un hermoso acueducto por el cual marchan las aguas que dan surtido á la pobl.; éstas se distribuyen á 3 fuentes, sit., una cerca del conv. de los descalzos, con 1 caño: otra en la plaza del Arrabal con 4 caños y 2 pilones, y la otra en la plaza de la Villa, con 4 caños tambien y 1 pilon; á la salida del puente titulado de Valladolid, hay otro caño llamado de la Sarna, cuya agua no es potable, y solamente se usa para el ganado. Circundan tambien la pobl. algunos buenos paseos: al frente del conv. de la Trinidad se prolonga una buena alameda bastante regularizada; á continuacion hay otro paseo con 2 calles de chopos bien ordenadas; á la parte SO. del conv. de San Francisco hay otro cuyo lado der. está poblado de árboles en las márg. de los r. ya citados, que presentaban buena vista y recreo, pero que han sido destruidos la mayor parte.

Término. Confina por N. con el de Donhierro, part. jud. de Sta. María de Nieva, prov. de Segovia; E. con el de Martin Muñoz de la Dehesa, en el mismo part.; S. Espinosa de los Caballeros y Tiñosillos, en el de Arévalo; y O. Aldeaseca y Palacios-rubios en el mismo: comprende el arrabal llamado de *Gomez y Roman*, 1/4 leg. al SO. (V.), y 18,000 fan., de las cuales se cultivan 6,000, que alternan por mitad todos los años para cereales; y son: 1,000 de primera clase, 1,500 de segunda, y 3,500 de tercera; 40 se emplean en hortalizas y frutas en 2 huertas que reciben riego de noria y existen á la der. de la calzada de Avila; 518 en viñas, 4,500 en pastos naturales, 102 en monte alto, 3,300 de monte bajo, y las demas permanecen sin destino por ser del todo infructíferas; entre aquellas tierras se encuentra un vasto pinar sit. en la carretera de Avila á 1 leg. de la v., el cual pertenece á sus propios, y ha surtido de combustible y maderas útiles para obras á la mayor parte de los pueblos limítrofes, por cuya razon se encuentra sumamente destruido: no obstante guardándole algunos años, se haria un bosque, por ser el terreno muy á propósito para la cria de pinos: al E., 1 leg. de la v., hay unas canteras muy abundantes que se benefician para cal. Cruzan el térm. los r. Adaja y Arevalillo en direccion de S. á N., y confluyen cerca de la pobl., segun ya hemos tenido ocasion de manifestar; corre tambien y se junta el Arevalillo, el arroyo del Cubo ó del Lugarejo, de curso perenne aunque de corto caudal, que nace en una fuente abundante y ferruginosa, á 1 leg. de dist.: tiene este arroyo en sus márg. los 2 molinos llamados de las Monjas y del Obispo, porque pertenecieron á las religiosas de San Bernardo el Real de Arévalo y al Illo. Sr. ob. de Avila: las márg. de unos y otros son bastante profundas, por lo cual estan las tierras libres de inundacion, y tienen ademas varios puentes para su paso, siendo del Adaja los llamados de *Valladolid* y *San Julian*, y del *Arevalillo*, los de *Medina*, los *Barros* y el de *Madera*, de todos los cuales, así como del origen y circunstancias de estos r., se ha dicho lo bastante en sus respectivos art. (V.): el terreno participa de tenaz y flojo, y en bastante parte es árido y de inferior calidad; su fertilidad general está en razon compuesta de 1 á 6.

Caminos y correos. Pasa por esta v. y su térm. la calzada de Galicia á Madrid, que por hallarse bastante deteriorada se empezó á construir nueva, por órden del gobierno en el año 1842; hay ademas caminos provinciales y los de pueblo á pueblo, todos abandonados y en su estado natural segun el terreno; hay adm. subalterna de correos y casa de postas; llegan los conductores de Madrid, los domingos, miércoles y viérnes, saliendo inmediatamente para la corte: á esta adm. concurre en los mismos dias 1 hijuela de Salamanca, que entrega y recibe la correspondencia de los correos generales; PROD.: trigo, cebada, algarrobas, centeno y garbanzos; poco vino, alguna hortaliza y frutas; se mantiene algun ganado lanar, cabrio, y el mular y vacuno necesario para las labores: se cria bastante caza menor y animales dañinos, y en los r. peces pequeños y comunes: IND.: 7 molinos harineros, 1 tahona, 2 fáb. de curtidos y 4 hornos de cal: COMERCIO: esportacion de cereales y algun género de curtido é importacion de paños, lienzos, y demas art. necesarios, lo cual se verifica en el mercado que se celebra todos los mártes del año y há sido uno de las mejores de Castilla: POBL.: 599 vec.: 2,201 alm.; CAP. PROD.: en terr. y pecuaria 3.384,560 rs.: IMP.: 135,382 12 mrs.; prod. representativo de la RIQUEZA IND. 147,250; CONTR. directas por el primer concepto: 23,228 rs. 4 mrs.: id. indirectas: 121,685 rs: 21 mrs,: id. por ind.: 5,890: PRESUPUESTO MUNICIPAL: 40,000 del que se pagan al secretario de ayunt. 4,400, y se cubre todo con los prod. de propios, qué consisten en 700 fan. de tierra y varios pastos en arrendamiento, y los arbitrios del portazgo, peso, correduria y el derecho de 32 mrs. en cántara de vino de todo lo que se consume en la villa.

HISTORIA. Han pretendido algunos que esta pobl. fuese en lo antiguo la que dió nombre á los famosos pueblos Arévacos, pero es un error: *Arévalo* asienta en pais vacceo, y aquellos se denominaron arévacos del r. *Areva* (V.). Es sin embargo conocida la importancia que en otro tiempo tuvo esta pobl. por los restos de su antigüedad. Cúentase entre las que, en 1088 mandó repoblar el rey D. Alfonso, concediéndola fuero de pobl. En 1314, la reina Doña María solicitó á los infantes D. Pedro y D. Juan, que se viesen con ella en Arévalo, para concluir los disturbios que agitaban á Castilla, con motivo de la minoridad del Rey; el infante D. Juan acudió, y á persuasiones de la Reina, de algunos prelados, y de los maestres de las órdenes, convino en que él y el infante D. Pedro fuesen tutores; y que cada uno librase las cartas en los lugares que los nombrasen; y luego regresó á Cuellar. El conc. de Arévalo fué uno de los que por mandato del rey D. Alonso, pasó á Valladolid en 1328, con motivo de los escesos que habian cometido contra la infanta Doña Leonor. En el cast. de esta pobl. fué encerrada en 1353, por órden del rey D. Pedro de Castilla, su esposa Doña Blanca, prohibiendo que la viera la Reina su madre. Al siguiente año la hizo llevar presa á Toledo, encargando su custodia á Juan Fernandez Hinestrosa. En 1392, los gobernadores del reino señalaron esta v. para efectuar el casamiento del duque de Benavente, con Doña Leonor condesa de Alburqueque, en lo que convinieron por el compromiso en que á la sazon se hallaba el reino, y de cuyo enlace se arrepintió el duque, despues de haberse resentido en otro tiempo, porque le habian negado la mano de esta Señora; apartándose ademas de la union tratada con Doña Beatriz hija del rey de Portugal, por conseguir la de Doña Leonor. Cuéntanse los pechos y derechos de Arévalo entre los que el rey Don Enrique convino (año 1394) dejar á favor de su tia Doña Leonor, reina de Navarra; pero no la jurisd. que tocára á Valladolid. El infante D. Juan juntó en esta pobl. mas de 3,000 lanceros; su hermano el infante D. Enrique tenia igual número; pero su madre comun la reina viuda Doña Leonor, se apesadumbró de la contienda de sus hijos, y medió con empeño hasta desarmarles. En esta pobl. se hallaba el rey de Castilla, en 1421, cuando el infante de Aragon D. Enrique se armó y vino con 1,500 caballos á buscarle; el rey lo castigó desposeyendole de los estados de Villena y otros derechos. El dia 29 de mayo del mismo año Doña Blanca, hija del rey de Navarra, parió en esta v. 1 hijo, que del nombre de su abuelo materno se llamó D. Cárlos. Sacóle de pila el rey de Castilla. A esta v. donde antes habia vivido, se volvió la reina de Castilla, luego que murió la de Navarra Doña Blanca, en abril de 1441; cesando tambien la paz, de que se siguió, que el rey de Navarra entrase en Castilla la Vieja, recuperando á Arévalo, que el rey de Castilla le habia quitado. D. Enrique IV concedió esta v con titulo de ducado en 1442 á D. Alvaro de Zúñiga, segundo conde de Plasencia, recompensando los servicios que le habia prestado y prestó en el reinado de su padre. Fue esta pobl. revertida á la corona en 1469 por los Reyes Católicos: y estos mismos despues, en 1480, confirmaron en su privilegió de Valpuesta, Duque de Arevalo y de Plasencia á D. Alvaro de Zúñiga. Esta v. fue una de las que tenian los Infantes en Castilla, y vinieron á ser del Rey D. Juan y los confederados, en 1444 luego que escapó de la custodia en que le tenia el de Navarra; con placer del Infante D. Enrique. En la misma entraron los aragoneses, perseguidos por el Rey de Castilla en 1445, y fue una tambien de las que formaban los estados, que dejó en su testamento el Rey D. Juan á su mujer la reina Doña Isabel, para que con sus rent. sustentase su viudedad. Alli moraban tambien la Reina viuda Doña Isabel, y su hija la Infanta del mismo nombre en 1460, á la sazon que el principe D. Cárlos pretendió la mano de esta Infanta: el embajador que envió para ajustar los tratados matrimoniales fue remitido por el Rey, acompañado del ob. de Astorga á dicha v. Fue sitiada por el rey D. Enrique en 1465, hallándose dentro los reveladós contra su soberania, estos habian venido de Valladolid. En 1468 salieron de ella con el infante D. Alonso, á quien habián jurado Rey, dirigiéndose á Toledo: y muerto este en la marcha de una enfermedad casual fue conducido su cadáver por entonces á Arévalo. De aqui llevaron á la infanta Doña Isabel á Avila, ofreciéndola el reinado para llevar adelante sus miras. De la propia v. envió el duque D. Alvaro 200 caballos en el año 1470, en ayuda del Clavero D. Alonso de Monroy y su primo que apoyaban al Rey D. Enrique, contra el maestre D. Gomez, que era partidario del infante D. Alonso, asi como en 1446 perteneciendo á contrario partido remitió 200 caballos y 400 infantes para sostener la parcialidad de D. Alonso.

Esta v. fué la primera á que se dirigió y tomó en 1475 el rey de Portugal porque desde luego contaba con su voz; saliendo de alli para Toro. El duque, que habia sido de Arévalo, D. Alvaro de Zúñiga, murió en 10 de junio de 1488. En la dicha v. pasó sus últimos dias, sufriendo una demencia y en ella finó, la reina Doña Isabel, madre de la de España, en 1496, y alli estuvo depositado su cadáver hasta que se trasladó á la Cartuja de Búrgos, donde estaba el de su marido D. Juan II. El contador mayor Juan Velazquez, por incitaciones de su mujer, que mal queria á la reina viuda Doña Germana, despues de deberla muchos beneficios, se opuso á la entrega de Arévalo, que el rey la habia dejado vitalicia; salió Velazquez en 1516 con su mujer para esta pobl., donde se fortificaron y declararon en guerra abierta, negándose á cumplimentar los mandatos reales y órdenes de los gobernadores hasta el punto que estos enviaron sobre ella al doctor Carnejo, con fuerza armada, para someterla y formar causa al Velazquez, la que verificó; escusándose entonces este con alegar que tenia motivos reservados para la resistencia, los cuales consistian en una carta que poseia del rey D. Cárlos, de la cual resultaba haber prevenido este que no se estrechase mucho al gobernador del Reino. La v. de Arévalo hace por armas un cast. por cuya puerta sale un hombre acaballo, con lanza en mano, armado á la ant., cuyo blason la fué concedido por el valor que sus tercios manifestaron en la célebre jornada de las Navas de Tolosa.

AREVALOS (LOS): alq. aneja de Avililla de la Sierra y agregada al ayunt. de Tejada, en la prov. y dióc. de Salamanca. part. jud. de Sequeros, á la falda de un pequeño collado, bien ventilada y sana, con 1 CASA bastante cómoda, vestigios de 1 igl. y de algunas otras casas; 1 fuente de agúa potáble y varias charcas para abrevadero de los ganados. A 1/4 de leg. al N. se ven tambien ruinas de edificios, lo cual unido á que en la parr. matriz de Avililla existen partidas bautismales de *Arevalillos*, comprueba que en aquel sitio estuvo fundado el pueblo de este nombre: en el dia su TÉRM. se halla confundido con el de Arévalos, al cual confina por N. con Garciñigo y Barbalos, E. con Escurial de la Sierra, S. con Navaredonda de la Rinconada, y O. con Sogoyuela y Tejada, estendiéndose de N. á S. 1 leg., y poco mas de 1/2 de E. á O.: el TERRENO, compuesto de una gran deh. con encinas, de buena calidad y pastos abundantes y esquisitos, es ligero, de miga y secano, de propiedad del marqués de Valdecarzana, y su única PROD. son los pastos, con los que se cria mucho ganado lanar y vacuno, cerril, cerdoso y muy buenos toros, abundando en él la caza de liebres, conejos y perdices; los

CAMINOS son trasversales y se hallan en buen estado: CAP. TERR. PROD.: 763,000 rs.: IMP.: 38,115 rs.

AREXCURRENAGA: cas. en la prov. de Vizcaya, ayunt. y anteigl. de *Jemein*.

AREXMENDI: casa solar y armera de Vizcaya en la anteigl. de *Jemein*.

AREZA: rambla al SE. de la isla de Tenerife, prov. de Canarias, part. jud. de Orotava, jurisd. del l. de Arica. Tiene su origen en la meseta de los Infantes, en la fuente de los Sauces; en su direccion al S. baña el terr. de Arico, llega á la fuente y barranco de Taco, y mas enriquecido con sus aguas cambia de curso al E., riega las tierras de la ald. de las Cuevas, y entra en el mar por junto al puerto de Abona.

ARFA: v. con ayunt. en la prov. de Lérida (19 leg.), part. jud., adm. de rent., dióc. y oficialato mayor de Seo de Urgel (3/4), aud. terr. y c. g. de Cataluña (Barcelona 26): SIT. á la márg. izq. del r. *Segre* sobre un elevado peñasco que ocupa la falda meridional de la montaña llamada *Sierra de Treita*: la combaten principalmente los vientos del N. y O., y goza de CLIMA muy sano. Tiene 100 CASAS, la de ayunt., algunas tiendas de ropas, varias de comestibles, escuela de instruccion primaria dotada por los fondos del comun, y una igl. parr. dedicada á San Saturnino, servida por un cura denominado rector, cuyo destino, que es de primer ascenso, lo provee S. M. ó el diocesano, segun los meses en que ocurre la vacante, y prévia oposicion en concurso general. Confina el TÉRM. por N. con el de Moñferrer, por E. con el de Navinés, por S. con el de Tost, y por O. con el de Adrall; de cuyos lím. dist. 1/4 de hora poco mas ó menos. El TERRENO, aunque montuoso en lo general, es muy fértil y productivo, especialmente en su pequeña y hermosa huerta, la cual, por desgracia, inunda é inutiliza con frecuencia el mencionado r. Segre, causando los graves perjuicios que son de creer; sobre el mismo hay un mal puente de maderas que sirve de comunicacion al camino de herradura, que desde Urgel conduce á Lérida y Barcelona, y sus aguas tambien sirven para dar impulso á un molino harinero que se halla en sus márg., el cual pertenece por mitád al fondo de propios de la v. y á un particular. Abraza el térm. 899 jornales de tierra, de los que se cultivan 63 de primera calidad, 183 de segunda y 212 de tercera, que comunmente rinden el 6 por 1 de sembradura: IND.: ademas de la agricultura, hay en esta v. algunos telares de lienzos ordinarios, y los oficios mecánicos de primera necesidad: PROD.: trigo, centeno, cebada, vino, legumbres, patatas, cáñamo, hortaliza, muy ricas frutas, entre las que sobresale la cereza por su delicado gusto, alguna madera de construccion y abundante combustible de sus deteriorados bosques; cria ganado vacuno, de cerda, lanar y cabrio, y caza de varias especies: POBL.: segun los datos oficiales, 62 vec., 323 alm.: CAP. IMP.: 57,351 rs.: CONTR. ordinaria: 5,827 rs. 17 mrs.

ARGA: r. en la prov. de Navarra; tiene origen en 2 copiosas fuentes que brotan en un monte del térm. de Irurita, l. del Valle de Baztan, part. jud. de Pamplona: su curso es de N. á S. hasta Zubiri que queda á su der., tuerce despues hácia el SO. entre los valles de Esteribar y Olaibar y sigue á Villaba donde recibe el r. *Mediano* ó *Ulzama*, cuyas aguas descienden de Velate, Lanz y Basaburua Mayor; con este aumento deja á Villaba á la der., y serpenteando llega á Pamplona, en cuyas inmediaciones da impulso á varios molinos harineros y otros artefactos, y tiene 2 puentes que facilitan el tránsito para la c., y son de estructura proporcionada al ancho cáuce que por allí tiene el r.: continúa este por el O. á Barañain donde se le incorpora el *Isagondoa* llamado vulgarmente *Rio al revés*, porque baja de una montaña que hay al SE. de Pamplona; sigue su curso fertilizando las cend. de Zizur y Ansoain y Valle de Echauri, donde despues de admitir las aguas del r. *Larraun*, cambia de direccion formando un arco, cuyo lomo mira al O. y las puntas ó estremos al E. con alguna inclinacion al S., y penetra en la riberá de Navarra: aqui pasan sus aguas por en medio de las calles de Puente la Reina, cruzando un puente ant. pero elevado, por encima del que atraviesa el camino real: con la nueva formacion de carreteras se ha construido hácia el O. de esta v. un magnífico puente colgante á semejanza del que habia en Bilbao; la fáb. de sus pilastras, cadenas de alambre y lo estenso de su tránsito, contribuye á que sea una obra de mérito; aunque concluido, aun no se halla transitable; tambien en las cercanías de esta pobl., mueve el r. de que tratamos, algunos molinos y riega varios trozos de terreno. Mas adelante y á su der., encuentra la v. de Mendigorria, donde da impulso á un molino harinero, y á otro de aceite, y tiene un magnífico puente reconstruido, por haber sido cortado durante la última guerra civil como divisorio de los dos ejércitos, y donde tuvo lugar la accion tan importante y famosa de Mendigorria. Siguiendo al S. cruza por las cercanías de Larraga que queda á la der., allí, por medio de un canal, mueve un molino harinero, fertiliza la hermosa llanura y tiene un sólido y dilatado puente, donde existió el fuerte que interin la espresada guerra sirvió de mucho apoyo á las tropas de la Reina: continúa hácia Bervinzana, donde se le estrae una acequia de riego, y para pasar por esta y por el r. hay una barca: entra despues en el térm. de Miranda, en el cual fertilizan sus aguas, conducidas el canal, una estensa y rica campiña; antes de bañar el pie de esta pobl. que deja á la der., hay 1 molino en medio del cáuce, de manera que las aguas del r. se dividen por ambos costados, resultando que en una crecida el molino se destruye y perecen sus hab., como ya ha sucedido; desde aqui, y dejando atras otro puente, se dirige por el E. á Peralta, cuya pobl. queda á la der. despues de fertilizados sus campos por medio de acequias ó regadios; y desagua por último entre Milagro y Cadreita en el r. *Ebro*, cuyo punto ofrece una gran perspectiva por ser tambien la confluencia del r. *Aragon* y algun otro menos considerable, resultando de aqui que esta campiña es la mas risueña y acaso la mas fértil y abundante de Navarra. Como se deja conocer por la anterior descripcion, el Arga es uno de los r. mas importantes y caudalosos de la prov., y sus cristalinas aguas no solo ofrecen las ventajas que se han indicado, sino que alimentan muchas anguilas, truchas, barbos, madrillas, cangrejos y otros peces. Antiguamente se llamó *Arago*, y en vascuence con el art. *a* pospuesto *Aragoa*, de donde por corrupcion quedó con el nombre de *Arga* que actualmente lleva. San Eulogio en su carta á Wilesindo ob. de Pamplona, le llama *Arago*, cuyo nombre tambien tuvo el r. que baja por Anoz y Asiain, sin contar los dos, que naciendo en Aragon y corriendo juntos por Navarra hasta embocar en el Ebro, retienen dicho nombre. Los aficionados á antigüedades, sin reparar si tiene ó no fundamento sólido, sospechan que el origen de esta voz *Arago* vino con los Iberos orientales, que la aplicaron de un r. conocido con dicho nombre en su pais.

ARGALO: l. en la prov. de la Coruña, ayunt. de Noya y felig. de Santa Maria de *Argalo*. (V.)

ARGALO (STA. MARIA DE): felig. en la prov. de la Coruña, (16 leg.), dióc. de Santiago (6), part. jud. y ayunt. de Noya (1/4): SIT. á la falda del monte Barbanza: el CLIMA templado y sano: 226 CASAS de mala construccion forman esta parr. con los l. de Argalo, Argote, Baya, Balbargos, Becollo ó Vista-Alegre, Beiro, Canabal, Dehesa ó Debesa, Entre-Rios, Figueira, Mosteiro, Pinéiro, Puente de Argalo, Puente de San Francisco el Viejo, Sobreviñas, Sueiro, Torno y Vilaboa: tienen algunas fuentes de muy buen agua; pero escasea esta en tiempo de sequedad, y se proveen de 2 riach. inmediatos: la igl. parr. (Sta Maria) es regular y de construccion ant., servida por 1 párroco de provision ordinaria y ademas 3 eclesiásticos: el cementerio es capaz y bien ventilado: el TÉRM. confina por N. con la parr. de Sta. Marina del Obre, y el r. que, pasando por la Tallara, desagua en la ria de Noya; por E. con esta misma parr. de San Pedro de Tallara y monte que la separa de la de San Juan de Lousame; por S. con el indicado monte de Barbanza y la precitada felig. de Tallara, y por O. con el monte de San Loys, que las divide de las de San Juan de Camboño y San Pedro de Boa, hay 1 capilla bajo la advocacion de la Virgen del Socorro en el l. de Puente de Argalo: le bañan los riach. arriba indicados: el TERRENO es fuerte, pero productivo, efecto de lo bien trabajado que está, y el abono arrojado por el mar; hay mucho inculto y de monte poblado de pinos: pasa por el térm. el CAMINO de la Puebla á Noya: en esta v. se recibe el CORREO: PROD.: trigo, centeno, maiz y cebada y toda clase de legumbres y alguna fruta: cria ganado vacuno, caballar, lanar, cabrio y de cerda: IND.: la agrícola, muchos molinos harineros y los oficios mas necesarios para el uso comun del pueblo: POBL. 230 vec.: 1,040 alm.. CONTR. con su ayunt. (V.).

ARGALLADA (LA): l. de la prov. de Oviedo, ayunt. y felig. de *Abres* San Tirso ó Santiago: POBL. 3 vec.: 10 almas.

ARGALLON: ald. en la prov. y dióc. de Córdoba, part. jud., ayunt. y térm. de Fuente-Obejuna: SIT. en una colina al N. de la cord. llamada de los Cortijos, y á la dist. de 1 leg. SO. de su matriz: sus CASAS forman 2 plazuelas, igual número de calles, y algunos grupos; entre ellas existe 1 igl. dedicada á San Juan, y servida por 1 cura párroco, la cual tiene por anejo á la ald. de Piconcillo que está á la dist. de 1/2 leg.: en sus inmediaciones se encuentran los cas. de Gallegos, Leales, Cojos, Casa-alta, Segoviana y Zarza; 1 mina de alcohol y otra de plomo; y una ribera de pequeños huertos con árboles frutales que reciben el agua de 1 arroyo que da tambien impulso á 2 molinos harineros. POBL. 50 vec.: 180 alm.: CONTR. con el ayuntamiento.

ARGALLONCILLO: desp. en la prov. de Córdoba, part. jud. y térm. de Fuente-Obejuna: fué ald. en lo ant. aneja de la de Argallon; pero hoy ha quedado reducida á 1 casa que habita el hortelano de una huerta que tiene con árboles frutales y abundante agua de pie.

ARGAMASILLA: arroyo en la prov. de Ciudad-Real, part. jud. de Valdepeñas: tiene su origen de las vertientes del cerro de San Andrés y de sus inmediaciones, 2 leg. al O. de aquella v.: camina al E. y desagua en el r. Javalon: solo corre á temporadas y no ófrece cosa particular.

ARGAMASILLA DE ALBA: v. con ayunt. de la prov. de Ciudad-Real (12 leg.), part. jud. y adm. de rent. de Alcázar de San Juan (5), aud. terr. de Albacete (18), c. g. de Castilla la Nueva (Madrid 25), dióc. de Toledo (20), correspondiente al gran priorato de la órden de San Juan: SIT. en una llanura inmensa, á las márg. del r. Guadiana, y muy cerca de su primer nacimiento; le combaten los aires SO. y N., con CLIMA endémico de intermitentes, que se padecen en casi todas las estaciones: tiene 246 CASAS, la mayor parte inferiores, y de 1 solo piso; otra que se llama la tercia, y sirve para recoger los granos y rent. de las tierras del gran priorato, cuyo administrador vive en ella; casa consistorial, cárcel pública, escuela de primera educacion para niños, dotada en 2,200 rs, de los fondos públicos, y asisten 50 alumnos; é igl. parr. cuyo edificio es bastante sólido y capaz; el templo está dedicado á San Juan Bautista, y servido por 1 cura que se titula prior, de nombramiento de la sacra asamblea de la órden, á propuesta de la dignidad prioral: á 100 pasos de la v. está el oratorio llamado la Santa Cara de Dios, y á igual dist. el cementerio, bien ventilado, con 1 capilla unida á él, la cual fué la ant. parr. del pueblo: en sus inmediaciones hay bastantes fuentes de agua potable y algunos buenos paseos y alamedas, que presentan frondosidad y un aspecto agradable. Confina el TÉRM. por N. con Alcázar de San Juan y Campo de Criptana, E. el Tomelloso, S. Alhambra en el part. de Manzanares, y O. con el de esta cab. de part. y tambien Alhambra y Alcázar, á dist. todos los confines de 1 leg. á 3, y comprende 22,000 fan. de tierra de labor, y muchos montes altos y bajos; estos montes que se titulan de San Juan, están poblados de encina, mata parda, maraña, romero y otros arbustos, se estienden de S. á E. del térm. y pertenecen al gran priorato, escepto varias deh. que son del comun de vec., pero están cedidas á la dignidad prioral en virtud de concordia celebrada en 11 de agosto de 1795, con el cánon de 14,100 rs. á beneficio de los propios (*), en el centro de estos montes á 5/4 leg. de la pobl. se halla el ant. cast. de *Peñarroya*, y á su inmediacion una ermita de Nuestra Sra. que lleva el mismo titulo: se ven en el térm. muchos cas. ó quinterias, segun se nombran en el pais, para recogerse los labradores en las épocas de sementera y recoleccion; pero es de todos el mas notable el de *Ruidera* en donde se encuentran las fáb. de polvora de cuyo pormenor y circunstancias se hablará en art. separado (V.): el TERRENO es todo llano, pedregoso y de inferior calidad, no admitiendo ninguna clasificacion: se riegan sin embargo 100 fan. que son las destinadas á legumbres y hortalizas: este beneficio se proporciona por medio del cáuce artificial en que va contenido el r. Guadiana, que cruza la pobl. y el térm. de E. á O. el cual tiene varios puentes inferiores, y 2 mas regulares construidos en el año 1790 por direccion del arquitecto Don Juan de Villanueva; da movimiento á 6 molinos harineros, 7 batanes y á las fáb. de pólvora de que se ha hecho mencion. Cruza tambien el pueblo y su térm. pasando por uno de los puentes que se han citado, la carretera prov., que partiendo de Manzanares en la general de Andalucia, se incorpora á la de Valencia en la v. de Minaya, prov. de Cuenca: en el puente que da paso á esta carretera, cobraba la dignidad prioral cierto derecho señ., por razon del piso: sobre cuya conservacion han mediado diferentes contestaciones entre la v. y el administrador del priorato, y en su virtud fué estinguido en el año 1842; los demas caminos son de pueblo á pueblo, pero todos llanos por la naturaleza del pais y capaces de admitir carros de todas magnitudes: el CORREO se recibe en Manzanares por medio de balijero los domingos y miércoles de cada semana: PROD.: trigo candeal, cebada, centeno, patatas, judias de buena calidad; se mantiene algun ganado lanar, poco cabrio, 40 pares de mulas de labor, 6 de bueyes, 8 de jumentos, y se cria mucha caza menor, alguna mayor, y poca pesca de barbos y cachuelos: IND.: 10 telares servidos por mujeres, que trabajan paños para el consumo de los naturales, y los molinos, batanes y fáb. ya citados: POBL.: 311 vec.: 1,555 alm.: CAP. IMP.: 250,000 rs. (*): CONTR.: por todos conceptos con inclusion del culto y clero, 30,289 rs. 27 mrs.: PRESUPUESTO MUNICIPAL: 16,000 del que se pagan al secretario de ayunt. por su dotacion 2,000, y se cubre con el prod. de propios que consiste en los 14,000 rs. importe del cánon impuesto sobre las deh. incluidas en los montes de que ya se habló, y el resto por repartimiento vecinal.

ARGAMASILLA DE CALATRAVA: v. con ayunt. de la prov. y adm. de rent. de Ciudad-Real (5 leg.), part. jud. de Almodovar del Campo (1 1/4), aud. terr. de Albacete (26), c. g. de Castilla la Nueva (Madrid 35), dióc. de Toledo (24), y pertenece al terr. de las Ordenes Militares: SIT. en un estenso valle á la márg. der. del arroyo Valsordo, la combaten todos los vientos y mas generalmente el E. ó Solano, que produce fatales consecuencias en la salud y en los campos: el CLIMA es templado, la atmósfera despejada y alegre, y se padecen intermitentes, fiebres gástricas y mal de corazon: tiene 351 CASAS, de 1 y 2 cuerpos, con regular distribucion interior, formando 1 plaza bastante capaz sin soportales, y 12 calles con empedrado aunque muy descuidadas: hay una casa de ayunt. reedificada en 1776, de muy buena fáb; y sirve de cárcel el escelente edificio del pósito, sin existencias hoy, aunque tiene en primeros contribuyentes 400 fan. de grano, y 2,000 rs. en metálico procedentes de algunos censos: la escuela de primera educacion es tambien magnifica, está dotada por los fondos públicos con el sueldo de 2,200 rs., y pagan ademas los 70 niños que concurren una retribucion proporcional: hay 1 escuela de niñas sin mas dotacion que la particular de las 33 alumnas que asisten á ella: su igl. parr., que tiene por aneja la de Villamayor, está dedicada á la Visitacion de Ntra. Sra. y servida por 1 cura que se titula prior por ser de la órden de Calatrava y se provee por el tribunal especial de las Ordenes Militares: hay por último 3 ermitas con la advocacion de Ntra. Sra. de la Rosada, San Juan Bautista, y los Santos Mártires Quirico y Julita, las cuales sirven de cementerio, por no haberse aun resuelto el espediente formado para su construccion. Confina el TÉRM. por N. con la Cañada y Caracuel á 1 1/2 leg.; E. con la Aldea del Rey á igual dist., S. con el de Puerto-llano á 1/2 leg., y O. con el de Almodóvar del Campo á 3/4: comprende 4,000 fan. de tierra de labor, varias deh. de pastos, y de 2 á 3,000 fan. de monte bajo, que cortan los naturales para sus usos domésticos: entre los varios objetos dignos de atencion que este térm. encierra, son los mas principales los santuarios de Ntra. Sra. de la Esperanza y Ntra. Sra. del Socorro, patrona de esta v.: y las 2 casas de campo, que por pertenecer á los vec. llamados Tardio y Rosales, llevan sus respectivos nombres (**), de los

(*) Varios vec. de este y otros pueblos, han demandado tambien á la dignidad prioral, reivindicando porcion considerable de fan. que esta les habia usurpado en repetidas intrusiones, y aun se hallan pendientes las instancias en la aud. del territorio.

(*) Una gran parte del térm. de esta v. corresponde al gran priorato de San Juan, cuya dignidad y rent. están hoy secuestradas, como pertenecientes á D. Sebastian de Borbon, y administradas por la Hacienda; por cuya razon no están incluidos estos bienes en la materia imponible: al hablar de la riqueza de Ciudad-Real, tendremos ocasion de estendernos sobre los perjuicios que esto causa en el pais.

(**) La casa de Tardio se llama tambien del Rincon.

cuales se dará razon en art. separados (V.): al S. y 1/4 leg. de la v., estan las fuentes llamadas de la Zarza y de la Nava, de abundantes y ricas aguas, que con otras varias, que hay en diferentes sitios, surten al vecindario para sus usos, sirviéndose de pozos para el ganado; pues aunque se encuentran hasta 6 lagunas, y corre tambien por el térm. el arroyo Valsordo referido al principio, ni este ni aquellas tienen agua sino en los inviernos lluviosos, y comunmente se destinan los terrenos que ocupan para sembrar cebada ó garbanzos; escepto la llamada laguna Blanca sit. algo mas de 1/4 leg. al N. de la v. y lindante al camino de Ciudad-Real, que es de tierra inútil y gredosa: el TERRENO es llano, alcanzándole alguna parte de la cord. de Puerto-llano, que se halla con respecto al pueblo entre E. y S., es de miga y de secano, disfrutando algo de huertas que se riegan por medio de norias: los CAMINOS son de pueblo á pueblo, con atajos y veredas; pero todos carreteros y llanos, aunque en completo abandono: el CORREO se recibe en Almodóvar por medio de balijero que sale los domingos, miércoles y viernes á las 12 del dia, y vuelve á la 6 de la tarde de los mismos: PROD. trigo candeal, cebada, centeno, garbanzos, judias, legumbres, vino y poco aceite; se mantiene ganado lanar, cabrio, de cerda, vacuno cerril, 100 pares del mismo para labor y 20 pares de mulas; hay tambien abundancia de caza mayor y menor, animales carnívoros, víboras, alacranes y muchas tarántulas; encontrándose en las perdices la particularidad de haberlas blancas y anacaradas, y otras con los pies, pico y ojos amarillos, á las que llaman zarabies: IND. 3 tahonas, 2 molinos de aceite, y la elaboracion de blondas dependiente de la fáb. de *Almagro* (V.). COMERCIO: esportacion de sus granos, é importacion de aceite, vino y demas art. necesarios: POBL. 404 vec.: 2,020 alm. CAP. IMP. 405,500 rs. CONTR. por todos conceptos con inclusion del culto y clero 40,492 rs. 20 mrs.: PRESUPUESTO MUNICIPAL 10,800, del que se pagan 2,200 al secretario por su dotacion, y se cubren con los fondos de propios que consisten en 6 quintos de 300 fan. y ademas las de monte bajo que se han referido, y el suelo de las lagunas que se dan en arrendamiento.

ARGAMASON: ald. en la prov. de Albacete, part. jud. de Chinchilla, térm. jurisd. y á 2 1/2 leg. N. de *Penas de San Pedro* (V.): su antigüedad es todavia mayor que la de la v. á que corresponde; pues, segun tradicion oral, cuando la pobl. de las Peñas estaba en el cerro en el que hoy se ostenta su cast., habia una venta ó meson en el sitio que hoy ocupa la ald., en el cual descansaban los viajeros que de la parte del reino de Murcia, pasaban á Madrid; y por ser larga la jornada desde el punto de la parada anterior, se le entendia por el *Largo-meson*: cuando despues se fué poblando, y se edificaron las casas que forman la ald., se corrompió el nombre de aquel sitio, y se le llamó *Argamason*.

ARGAME: l. en la prov., dióc. y part. jud. de Oviedo (1 leg.), y ayunt. de Morcin (1/4): SIT. á la márg. del r. Lena: CLIMA húmedo y poco sano: comprende los cas. de la Carrera, el Collado, Retoria y Roces: la igl. parr. (San Miguel) es anejo de *Telledo* (V.), en cuya felig. está comprendido sus TÉRM. PROD. Y POBLACION.

ARGAMOTA: l. en la prov. de Oviedo, ayunt. de Gijon y felig. de San Pedro de *Bernueces* (V.): POBL. 4 vec 23 almas.

ARGANA: l. en la prov. de la Coruña, ayunt. y felig. de Santiago Seré de las *Somozas* (V.): POBL. 9 vec., 42 almas.

ARGANA DE ABAJO: pago de la isla de Lanzarote, prov. de Canarias, part. jud. de Tequise: SIT. al SO. de la isla, al pie de la cord. que limita el valle ocupado por la v. de Arrecife á cuya jurisd. y felig. corresponde, y con la que va unida en lo relativo á PROD. POBL. RIQUEZA Y CONTR. (V.).

ARGANA DE ARRIBA: pago de la isla de Lanzarote, prov. de Canarias, part. jud. de Tequise: SIT. al SE. de la isla sobre la cord. que cierra el valle que ocupa la v. de Arrecife á cuya jurisd. y felig. corresponde, y con la que va unida en lo relativo á PROD. POBL. RIQUEZA Y CONTR. (V.).

ARGANAL: l. en la prov. de la Coruña, ayunt. de Laracha y felig. de San Julian de *Coyro* (V.). En 1178, D. Fernando, rey de Leon, fue en busca del Infante D. Sancho, hijo del rey de Portugal, que se habia aliado con el de Castilla, y encontrándolo en Arganal, lo envistió, venció y puso en fuga.

ARGANCE: deh. en la prov. de Toledo, part. jud. de Torrijos, térm. de Villamiel: SIT. á 1/4 leg. al O. de este pueblo, comprende 3,000 fan. de tierra destinadas al cultivo de cereales, 1 huerta y plantio nuevo de olivos y viñas: tiene 1 casa labranza grande, y la cruza el arroyo Renales, que da movimiento á 1 molino harinero.

ARGANCINAS: l. en la prov. de Oviedo, ayunt. de Allande, y felig. de San Juan de *Araniego*: SIT. á la márg. del riach. que, procedente de las montañas de San Pedro, toma distintos nombres, y en este punto el de Argancinas sobre este r.: hay 1 puente de madera de 25 pies de long. y 8 de lat. en mediano estado.

ARGANDA DEL REY: v. con ayunt. de la prov., adm. de rent., aud. terr. y c. g. de Madrid (4 leg.), part. jud. de Chinchon (2), dióc. de Toledo (12): SIT. en la carretera de Madrid á Valencia por las Cabrillas, en una cañada, resguardada al E. por el cerro llamado del *Campillo*, y del S. por el de *Chirrion*, estando ventilada por N. y O.: aunque de CLIMA templado, son frecuentes los reumatismos y las tercianas en años húmedos: tiene 600 CASAS, de piso bajo por lo general, y tan apiñadas entre sí, que por lo mismo presentan escasas comodidades y mala distribucion interior; forman 1 plaza cuadrilonga regular sin soportales, y varias calles bien empedradas y limpias: hay casa de ayunt., cárcel, carniceria, 1 hospital de transeuntes con 800 rs. de renta, fundado por D. Pascual Milano Valdés; otro para los pobres del pueblo, sostenido por la caridad pública, 2 escuelas de instruccion primaria elemental, á la que asisten 153 alumnos, y cuyos maestros perciben 2,200 rs. de dotacion, y la retribucion de los discípulos; otra pública de niñas, dotada con 2,000, y otra particular con solo el haber que pagan las niñas: asisten a estas 88 jóvenes que aprenden las primeras letras y labores propias de su sexo; y por último, 1 igl. parr. fundada en 1525, dedicada á San Juan Bautista, y servida por 1 cura propio de concurso general: en los afueras se halla el cementerio que no perjudica á la salubridad; 3 ermitas bien conservadas, tituladas: de San Roque, de la Soledad y del Sepulcro; 4 fuentes públicas de buenas y abundantes aguas, y 1 lavadero de piedra para la limpieza de la ropa. Confina el TÉRM. por N. con los de Velilla y Loeches; E. Campo Real y Perales de Tajuña; S. Morata; O. Vaciamadrid: comprende de 1 1/2 á 2 leg. de estension, y se hallan enclavados en el mismo los desp. de *Vilches* y *Valtierra*; el 1.° sit. á 1/4 leg. de la v. con 140 fan. de tierra, de las cuales se riegan 50 para legumbres por un manantial que en el mismo nace: el 2.° á 1/2 leg. con 10 aranzadas de viña, 1 deh. carrascal de 400 fan., y 60 mas de tierra de labor de las que reciben riego de 1 arroyuelo que le cruza 20 fan. para legumbres: hay ademas 3 cas. llamados *Casa blanca* á 1/2 leg. con 90 aranzadas de viña; el *Colmenar* á igual dist. con 1 colmenar que le da nombre, y 30 aranzadas de viña; y el *Campillo* á 3/4 con 400 fan. de tierra labrantía y erial: se encuentran despues 2,500 aranzadas de viña subdivididas en pequeñas suertes; 1,000 fan. de tierra destinadas á granos, 5,000 olivos, 1 monte bajo robledal que se corta cada 6 años, y 2 sotos á la márg. del Jarama, llamados de la *Isla* y de la *Poveda*, que abundan en arbolado y yerba de pastos: el TERRENO es llano y quebrado, pedregoso generalmente y arenisco, mas propio para viñas y olivos, en lo que se emplea, que para cereales, conteniendo tambien canteras de piedra jaspe que no se benefician; y varias de yeso comun. Pasa por los confines del térm. á la parte occidental el r. Jarama que corre de N. á S. con cáuce bastante llano y espuesto á desbordaciones: hasta el año de 1831 tuvo 1 puente de madera, que fue arrebatado por las aguas; despues se colocó 1 barca de poca ó ninguna seguridad por la rapidez de la corriente, y por último en 1843 quedó concluido el puente colgante de hierro, cuya solemne inauguracion se celebró el 31 de octubre por el Excmo. Sr. Arzobispo electo, de Toledo D. Antonio Posadas Rubin de Celis, con asistencia del Excmo Sr. ministro de la Gobernación, D. Fermin Caballero, el director general de caminos D. Pedro Miranda, la dip. prov. de Madrid, el cuerpo de ingenieros de caminos, canales y puertos, los alc. y ayunt. de Arganda y Vallecas y otras personas distinguidas (*): el puente se construyó por contrata, y tiene 575 pies

(*) S. M. la Reina y su augusta hermana dispusieron asistir tambien á esta ceremonia, y se hicieron para su recibimiento grandes preparativos; pero un furioso temporal impidió á las régias personas dispensar á los concurrentes tan señalada muestra de aprecio.

de largo entre los paramentos de los estribos, dividido en 3 tramos; de los cuales tiene el del centro 212 pies y 182 cada uno de los otros: su anchura es de 26 pies, divididos tambien en 3 secciones formadas por los andenes que hay en los costados de 4 1/2 pies de ancho cada uno para la gente de á pie, y el resto le constituye el paso del centro para los carruages y caballerias: el pavimento está formado de tablones gruesos, asegurados en los serchones de hierro, fijados en los estremos de unas péndolas suspendidas de las maromas de alambre, y sujetos con llantas de hierro en el sentido longitudinal; este puente da paso á la referida carretera de las Cabrillas en direccion á Vaciamadrid, única que cruza el térm.; y los demas CAMINOS son vecinales en mal estado: hay adm. subalterna de CORREOS que recibe la correspondencia los domingos, miércoles y viérnes, despachándola en los mismos dias, y tiene tambien establecida 1 diligencia para la corte los lúnes y sábados: PROD. vino, cebada, centeno, aceite; se mantiene poco ganado lanar; mucha caza menor en los sotos, y abundancia de peces y alguna anguila en el Jarama: IND.; 1 fáb. de jabon, 6 molinos de aceite: COMERCIO: esportacion de vino para la corte, é importacion de granos: POBL. 756 vec., 2,772 alm.: CAP. PROD. 24.462,073 rs.: IMP. 859,497: CONTR.: 183,608; por culto y clero 28,000: PRESUPUESTO MUNICIPAL: 52,000, del que se pagan 4,400 al secretario por su dotacion, y se cubre con el prod. de las fincas de propios y otros arbitrios.

ARGANDENES: l. en la prov. de Oviedo (7 1/2 leg.), part. jud. del Infiesto en Berbio (1/2), del ayunt. de Piloña (1/2) y felig. de San Roman de *Villa* (V.): POBL. 36 vec: 149 almas.

ARGANDOÑA (ARGENDIONA): l. en la prov. de Alava, dióc. de Calahorra (19 leg.), vicaria, herm. y part. jud. de Vitoria (1 1/2), y ayunt. de Elorriaga (1: V.): SIT. en terreno quebrado, pero sano y fértil: la pobl. está dividida en 2 partes ó barrios; en el de abajo se halla la parr. (Sta. Coloma), servida por 2 beneficiados que asisten á la ermita (San Miguel) sit. en el barrio de arriba. Confina al N. Matauco, por E. el santuario de Nra. Sra. de Estibariz, al S. Aberasturi y á O. Ascarza. El TERRENO, fertilizado por 2 arroyuelos, prod. toda clase de cereales, legumbres, hortalizas y alguna fruta: cria ganado, tiene 1 molino harinero: POBL. 10 vec. y 51 almas.

ARGANOSA: l. en la prov. de la Coruña, ayunt. de Carballo, y felig. de Sta. Maria de *Rus* (V.).

ARGANZA: v. en la prov. de Leon (18 leg.), part. jud. de Villafranca del Vierzo (2 1/2), adm. de rent. de Ponferrada (3), aud. terr. y c. g. de Valladolid (39), dióc. de Astorga (11): SIT. en un valle que se estiende de N. á S.; combatida de todos los vientos especialmente por los del S., y con CLIMA sano, aunque algo propenso á fiebres tercianarias. Es cap. del ayunt. de su nombre, el cual abraza ademas los pueblos de Espanillo, Canedo, Campelo, Magaz de Arriba, San Juan de la Mata, San Miguel de Arganza, San Vicente y la Retuerta: tiene 1 igl. parr. bajo la advocacion de Sta. Maria, cuyo curato es de 2.° ascenso; 2 ermitas, 1 pósito y 1 palacio arruinado. Confina el TERM. con los de San Miguel de Arganza, San Juan de la Mata y Quilos: los CAMINOS son locales, y la CORRESPONDENCIA la recibe de Cacabelos: PROD. vino de buena calidad, trigo, centeno, cebada, legumbres, frutas, principalmente castañas: y cria ganado lanar, vacuno y de cerda; IND. algunos telares de lino y lana para el consumo de los hab.: POBL. de todo el ayunt., 389 vec., 1,750 alm.: CAP. PROD. 3.069,742 rs., IMP. 161,618: CONTR. 24,095 rs. Fué v. exenta y patria del padre Tirso Gonzalez, de la Compañia de Jesus que llegó á ser general, y murió en Roma el 27 de octubre de 1707.

ARGANZA: l. con ayunt. de la prov. y adm. de rent. de Soria (9 leg.), part. jud. del Burgo de Osma (5), aud. terr. y c. g. de Búrgos (14), dióc. de Osma: SIT. entre 2 sierras llamadas San Cristobal y Cuchillejo, por cuyo intermedio cruza un r. del mismo nombre del pueblo, y que le divide en 2 barrios: es batido generalmente por los vientos E. y O., y disfruta de CLIMA bastante sano: se compone de 38 CASAS de mediana construccion; hay casa municipal, 1 taberna, 1 escuela de instruccion primaria comun á ambos sexos, á la que concurren de 15 á 20 alumnos, 5 molinos harineros, compuesto el uno de 2 muelas y 1 sierra; otro de 1 muela y 1 sierra, otro de solo 1 sierra, otro de 1 muela, 1 sierra y 1 batan, y el otro con 2 muelas; y 1 igl. parr. de entrada, bajo la advocacion de la Degollacion de San Juan, servida por 1 párroco, cuya plaza provee el diocesano por oposicion en concurso general: confina el TÉRM. por N. con Ontoria, por E. con San Leonardo, por S. con Casarejos, y por O. con Sta. Maria y Muñecas: el TERRENO participa de monte y llano, siendo abundante de aguas: en la parte inculta se crian robles, encinas, enebros, muchos y escelentes pinos, con estensos prados de pastos naturales y yerbas medicinales: en algunos puntos hay trozos de canteras y jaspe que utilizan los moradores para hacer sus casas: PROD.: trigo, centeno, cebada, avena, lino, cáñamo, patatas, garbanzos, guijas, alverjones, hortaliza y algunas frutas; cria ganado lanar, cabrio, caballar, vacuno y de cerda. Su IND. consiste en tejidos de lienzo ordinario, hornos de cal, fáb. de tejas y carboneras; y el COMERCIO en la esportacion de maderas de pino muy estimadas en el pais: POBL.: 24 vec., 98 alm.: CAP. PROD.: 23,471 rs. con 6 mrs.: IMP. 11,788 rs. con 20 mrs.

ARGANZA: r. en la prov. de Oviedo y part. jud. de Cangas de Tineo; nace de los vertientes de las sierras y valles de Fuentes y de los Abeyeras, térm. municipal de Cangas de Tineo, en la parr. de San Pedro de las Montañas que deja á la der. para tocar al E. de la de San Martin de Valledor del ayunt. de Allande; sigue por el de Cangas y á 1/4 de leg. llega á San Martin de Besullo que baña por el E., y recibiendo por ambas orillas varios arroyuelos, entra en el térm. de San Juan de Parajas ó Araniego á la 1/2 leg.: pasa por el ant. puente de madera de Argancinas y dejando á la der. á San Clemente de Lomes, cuyo térm. O. atraviesa, se dirige á la felig. de Celon en Allande, á unirse con las aguas que bajan de la Pola, Villavajer y Villagrufe, toma el curso de estas que lo es de O. á E. para pasar por el S. de Santiago de Linares, donde hay un puente de piedra de un solo arco con 15 pies de elevacion sobre el nivel del agua, 30 de long. y 8 de lat. Entra en el térm. municipal de Tineo y se dirige al de la felig. de Sta. Maria de Arganza que deja á la izq., y corta el camino real de Cangas sobre el que está un buen puente de piedra; y finalmente, introduciéndose por las parr. de Tebongo y Jarceley desagua en el Narcea que lo recibe por su izq. El *Arganza* va tomando el nombre de las felig. por donde pasa; á todas ofrece ricas truchas y anguilas y con especialidad en el térm. de Tineo.

ARGANZA: l. en la prov. de Oviedo, ayunt. de Tineo y felig. de Sta. Maria de *Arganza* (V.): SIT. en una llanura á la márg. izq. del r. á que da nombre, es el l. en que se encuentra la igl. parr.: POBL.: 13 vec., 49 almas.

ARGANZA (STA. MARIA DE): felig. en la prov. y dióc. de Oviedo (12 leg.), part. jud. de Cangas de Tineo (2), y ayunt. de Tineo (1 1/2); SIT. al SO. del conc. é izq. del r. que baja de Allande: el CLIMA sano: comprende las ald. de Arganza, Agüera, Carriles, Ovilley (en el ayunt. de Cangas de Tineo), Simeon de Abajo, Simeon de Arriba y Villarmon. La igl parr. (Sta. Maria), está servida por 1 curato de ingreso y patronato real: hay ademas 3 ermitas. El TÉRM. se estiende á 1/2 leg. de N. á S. y 1/4 de E. á O.: confina por N. con los de Mirallo y Sorribas, por E. y S. con los de Tebongo y Jarceloy, y por O. con San Facundo. El TERRENO es quebrado, á escepcion de la llanura en que se encuentra Arganza á la izq. del citado r. á que da nombre, y sobre el cual hay un puente de piedra en el camino real que va á la cap. del part.; el monte es bajo y lleno de maleza; pero hay buenos prados y pasto y unas 200 fan. de tierra de mas que mediana calidad destinadas al cultivo. El citado CAMINO real es mediano, y no tanto los de pueblo á pueblo: el CORREO se recibe en Cangas: PROD.: maiz, centeno, trigo, patatas, mijo y algun vino tinto: cria ganado vacuno, lanar, poco mular y alguno de cerda: POBL.; 51 vec., 227 alm.: CONTR.: con su ayunt. (V.).

ARGANZA (SAN MIGUEL DE): ald. del ayunt. de Arganza en la prov. de Leon (17 leg.), part. jud. de Villafranca del Vierzo (2), adm. de rent. de Ponferrada (3), aud. terr. y c. g. de Valladolid (39), dióc. de Astorga (11): SIT. en una cañada formada por 2 cerros que se levantan por el E. y O.; combátela generalmente el viento del S., lo que ocasiona el desarrollo de tercianas, cuartanas y toda clase de fiebres intermitentes. Tiene 19 CASAS, 1 escuela de niños dotada con 50 rs.; y 1 igl. parr. dedicada á Sta. Lucia Mártir, servida por 1 cura párroco, cuya plaza de entrada es de libre provision. Confina su TÉRM. por el N. con los de San Vicente y Espanillo (1 leg.); por el E. con el de Campelo (1/4), por el S. con el de Arganza (1/8), y por O. con el de San Juan de la Mata, á igual dist.; dentro de él se encuentra una fuente de muy buenas aguas que aprovechan los vec. para su consumo doméstico. El TERRENO es de mediana calidad. Los CAMINOS conducen á Campelo, Arganza, Espanillo y San Vicente. La CORRESPONDENCIA la reciben en Cacabelos los encargados de los interesados; la de Castilla los mártes, viérnes y domingos, y la de Galicia los lúnes, juéves y sábados: PROD.: trigo, centeno, habas, algo de lino, castañas y otras frutas, yerba, patatas y vino; cria ganado lanar y cabrio, y caza de liebres, perdices y codornices: IND.: 2 telares de lienzos ordinarios: POBL.: 24 vec., 96 alm.: CONTR.: con el ayuntamiento.

ARGAÑIN: l. con ayunt. de la prov. y dióc. de Zamora (7 leg.), part. jud. de Bermillo de Sayago (3), aud. terr. y c. g. de Valladolid: SIT. á la márg. izq. del r. Duero y á 1 leg de la barca de Miranda, disfruta de un CLIMA sano: fórmanlo 50 CASAS reducidas y de 1 solo piso; la consistorial que no es de mayores comodidades, y 1 igl. parr. bajo la advocacion de San Pedro Mártir, servida por 1 párroco, cuyo curato es de 2.° ascenso y de provision real y ordinaria; á las inmediaciones del pueblo se encuentra 1 ermita con el tituto del Santísimo Cristo del Humilladero, y el cementerio en disposicion que no puede perjudicar á la salud pública: confina el TÉRM. por N. con el de Moral, por E. con el de Gamones y Monumenta, por S. con el de Tudera y por O. con los de Fariza, Coscurita y Badilla; estendiéndose á 1/4 de leg. en todas direcciones: el TERRENO fertilizado en parte por una riera que pasa al O. del pueblo, y corre en direccion de N. á S., es flojo y de escasas prod., tiene bastantes trozos de monte poblado de encina y roble: sus CAMINOS son locales, y 1 que dirige desde Bermillo á Fermoselle; todos se encuentran en mal estado: PROD.: trigo, centeno, garbanzos, algo de vino y bellota; cria ganado vacuno, lanar y de cerda: no hay mas IND. que algunos molinos harineros impulsados por la mencionada riera: POBL.: 52 vec., 264 alm.: CAP. PROD.: 88,000 rs.: IMP.: 16,069: CONTR. por todos conceptos 6,373 rs y 3 mrs.

ARGAÑOSA: ald. ó barrio en la prov. y ayunt. de Oviedo y felig. de San Pedro de los *Arcos* (V.): POBL.: 3 vec., 14 almas.

ARGAÑOSO: riach. en la prov. de Leon, part. jud. de Astorga: nace en el pueblo de su nombre á la falda de la cuesta llamada del Perú; baña los pueblos de Biforcos, Beldedo, Prado de Rey, Requejo, Bonillos de Astorga y Brimeda, en cuyo térm. entra en el r. Tuerto: corre solo en invierno y primavera, y en el verano se utilizan las aguas en el riego de la praderia y algun lino; su cantidad de agua ordinaria es suficiente para una rueda de molino: lo atraviesa la carretera de Galicia en Prado de Rey por un puente ó alcantarilla de piedra, y para el servicio de los pueblos tiene varios puentes de madera de construccion ligera: el valle que corre es fértil especialmente en arbolado, y en él quedan vestigios de una herreria, de cuyo mineral abunda y se advierten esplotaciones de minas y conductos por donde se elevaban antiguamente las aguas para dichas minas, y segun tradicion tambien servian para surtir á la c. de Astorga en los tiempos de su esplendor: sobre dicho riach. hay varios molinos para servicio de los pueblos que baña; es escaso de pesca.

ARGAÑOSO: barrio en la prov. de Oviedo, ayunt. de Villaviciosa y felig. de Sta. María del *Candanal* (V.).

ARGAÑOSO: v. en la prov. de Leon (10 leg.), part. jud. y y dióc. de Astorga (2 1/2), aud. terr. y c. g. de Valladolid (27 1/2), ayunt. de Rabanal del Camino (1): SIT. en un estrecho valle circundado de cerros bastante elevados, combatida por los vientos del NE. y con CLIMA sano, si bien algo propenso á fiebres intermitentes y gástricas. Se compone de unas 40 CASAS de tosca construccion, entre las cuales se encuentra 1 igl. dedicada á San Antonio Abad, aneja de la parr. de Biforcos; tiene 1 fuente de agua de mediana calidad para el consumo del vecindario. Confia su TÉRM. por N. con Fonfria á 1 leg., por E. con Biforcos á 1/4, por S. con el Ganso á 1, y por O. con la Maluenga á 1/4. El TERRENO es pizarroso y flojo, y en él tiene origen el r. conocido con el mismo nombre de la v. Los CAMINOS son de pueblo á pueblo, y la CORRESPONDENCIA la reciben en Astorga, adonde van por ella los interesados: PROD. centeno, patatas, yerba y alguna hortaliza; cria ganado cabrio y algo de lanar y vacuno, y caza de perdices, jabalies, corzos y lobos: POBL.: 40 vec., 221 alm.: CONTR.: con el ayunt.

ARGAÑOZA: ald. en la prov. de Oviedo, ayunt. de Illas y felig. de San Jorge de *La Peral* (V.).

ARGAS (vulgo SEOANE), SAN JUAN DE: felig. en la prov. y dióc. de Orense (8 leg.), part. jud. de Puebla de Tribes (1 1/4), y ayunt. del Rio (1/4): SIT. al NO. de la cap. del part. en CLIMA sano: comprende los l. y ald. de Acivido, Cortes, Otero, Ribadas, San Fitorio y Seoane en que reune sobre 90 CASAS, de aspecto humilde y escasas de comodidades: hay fuentes de pocas, pero buenas aguas. La igl. parr. (San Juan) está servida por un ecónomo, si bien es considerada de curato de entrada cuyo patronato lo ejerce la casa de Berwik. El TÉRM. se estiende por donde mas á 1/2 leg.: confina al N. con Sta. María de Medos, por E. con el de Sta. María de San Jurjo, por S. con San Juan del Rio, y por O. con San Silvestre de Argas: el TERRENO es pedregoso y de secano, solo se cultivan 60 fan. de tierra con 10 de prados de pasto. Los CAMINOS son vecinales y penosos: el CORREO se recibe de la cartería de Castro Caldelas: PROD. centeno, patatas, vino, lino, algun trigo y maiz: cria ganado lanar y vacuno, y se encuentra poca caza: POBL. 96 vec. 476 alm. CONTR. con su ayunt. (V.).

ARGAS (SAN SILVESTRE DE): felg. en la prov. y dióc. de Orense (8 leg.), part. jud. de Puebla de Tribes (1), y ayunt. del Rio (1/4): SIT. en terreno quebrado y CLIMA sano: comprende los l. de Argasbellas y San Silvestre que reunen 28 CASAS pobres é incómodas. La igl. parr. (San Silvestre) está servida por un ecónomo, no obstante es considerada de curato de ingreso: es de patronato laical que pertenece al duque de Berwik: su escaso TÉRM. confina con el de San Juan del Rio y San Juan de Argas: el TERRENO carece de agua pero es bastante fértil: los CAMINOS locales y malos: el CORREO se recibe de Castro Caldelas: PROD. centeno, maiz, vino algun trigo, patatas y pasto; cria ganado lanar, vacuno, y de cerda, poco cabrio y algo de caballar y mular: POBL. 26 vec. 136 alm. CONTR. con su ayunt. (V.).

ARGASBELLAS: l. en la prov. de Orense, ayunt. del Rio y felig. de San Silvestre de *Argas* (V.): POBL. 6 vec. 30 almas.

ARGATON: ald. en la prov. de Oviedo, ayunt. de Cudillero y felig. de San Martin de *Luiña* (V.).

ARGAVIESO: l. con ayunt. de la prov., part. jud., adm. de rent. y dióc. de Huesca (2 1/2 leg.), aud. terr. y c. g. de Zaragoza (11): SIT. en el declive de un llano á la der. del r. *Batizalema* é izq. del *Botella* ó *Regatillo*, cerca de la confluencia de ambos, con cielo alegre y libre ventilacion; pero sujeto á pesar de esto á fiebres tercianarias, cuyo desarrollo se atribuye al mal estado de la fuente de que el vecindario se surte, que á las veces es innundada por las violentas avenidas del Botella. Forman la pobl. 32 CASAS de poca altura, viejas é incómodas distribuidas en 2 calles que antes estuvieron empedradas, pero que en el dia se hallan en malísimo estado y generalmente sucias y en una plaza cuadrilonga de 40 pasos de largo por 20 de ancho. El único monumento atendible es el palacio de los marqueses de Coscujuela, antiguos señores del pueblo; es un trapecio rodeado de su barbacana, de piedra de silleria, pero de dimension y distribucion irregular. Hay 1 escuela de primeras letras dotada por los padres de los alumnos en 900 rs. anuales á la que concurren 12 ó 13 discípulos y 1 igl. parr. bajo la advocacion de la Natividad de Ntra. Sra. servida por 1 cura y 1 sacristan: el curato es de tercera clase y su presentacion corresponde al Sr. Conde de Fuentes, marques de Coscujuela. El cementerio está sit. á dist. de medio cuarto de hora de la pobl. en paraje bien ventilado; á igual dist. se encuentra la fuente de cuyas aguas se dijo se surten con preferencia los habitantes, hay otra mas próxima al pueblo, la cual solo se aprovecha en la temporada del invierno. Confina el TÉRM. por el N. con los de Fañanas y Alcalá (1/2 cuarto de hora), por el E. con el de Pueyo (1/4), por el S. con el de Novales (1/4), y por el O. con el de Albero Alto (3/4). El TERRENO es en parte llano y en parte montuoso; esta la forman diferentes colinas de fácil acceso que se corren de N. á S. compuestas de cascajo y piedra de arena floja, improductivas por ser estraordinariamente áridas, y sin que crien otra cosa que algunas que otras yerbas: el llano llamado tambien huerta, es de buena calidad en los huertos, muy delgado y pantanoso en lo restante, llegando á perderse las cosechas cuando las lluvias son muy frecuentes. Carece de bosques hasta para el combustible que hay que traer de los pueblos distantes mas de 2 horas; en los cerrados y márg. de los rios; crecen álamos chopos, sauces y algun nogal y almendro. El r. Batizalema ya referido viene del N. E. y sale del térm. por el S.; y el Botella entra por el N. y en direccion del S. va á desaguar en el anterior á dist. de 1/4 de hora corto del pueblo. El Botella no se aprovecha para el riego, y sus inundaciones causan perjuicios de la mayor consideracion en la huerta; con el Batizalema se riegan las tierras susceptibles de este beneficio por medio de la presa que da origen á una acequia en el térm. de Siétamo; aquella se halla en mal estado por incuria de los vec. de los térm. regantes é inobservancia de las antiguas disposiciones que arreglaban el uso de las aguas. Los CAMINOS son todos locales y de herradura, sin embargo de la buena disposicion del terreno para hacerlos cómodos y carreteros. El CORREO se recibe de Huesca por medio de balijero dos veces cada semana. PROD. trigo, centeno, maiz, patatas, judías, vino, cebada, cáñamo, lino y hortalizas necesarias para el consumo; ganado lanar, cabrío y vacuno en escaso número: IND. telares de lienzos ordinarios y estameñas: POBL. 27 vec. 15 de catastro, 256 alm. CONTR. 4,788 rs. 27 mrs.

ARGAYADAS (LAS): l. en la prov. de Oviedo (5 1/2 leg.) ayunt. de Mieres (2) y felig. de Santa Maria de *Urbies* (V.): POBL. 4 vec.: 15 almas.

ARGAYO: l. en la prov. de Oviedo, ayunt. de Piloña y felig. de Santo Domingo de la *Marca* (V.).

ARGAYO: l. en la prov. de Leon (17 leg.), part. jud. y adm. de rent. de Ponferrada (5), aud. terr. y c. g. de Valladolid (34), dióc. de Astorga (10), ayunt. de Páramo del Sil.: SIT. en lo alto de una montaña que á manera de páramo llano se estiende entre las riberas del Sil al E., y el Cua (part. de Villafranca) al O. Tiene 26 CASAS terreas cubiertas de pizarra y de buena distribucion interior; y 1 igl. parroquial matriz de la de Sorbeda, y San Pedro de Paradela; su titular es San Miguel, y la sirve 1 cura párroco, cuya plaza es de primer ascenso y libre provision. Confina el TÉRM. por el N. y E. con el de Sorbeda; por el S. con el de Lillo, y por el O. con el de San Pedro de Paradela; en él se encuentran manantiales de buenas aguas para los usos domésticos. El TERRENO es de mediana calidad, ligero, pedregoso y todo de secano. Los CAMINOS son comunales carreteros, aunque de cuesta en todas direcciones: PROD. cereales, patatas, castañas y lino de secano: cria ganado de cerda, vacuno, lanar y cabrio, y abundan las colmenas, los animales dañinos y la caza de perdices. IND. fabricacion de manteca y telares de lienzo y lana ordinarios. POBL. 25 vec.; 102 alm.: CONTR. con el ayuntamiento.

ARGEBID: cas. en la prov. de Lugo, ayunt. de Sarria y felig. de San Salvador de *Cesar* (V.): POBL. 17 vec., 35 almas.

ARGECILLA: v. con ayunt. de la prov. y adm. de rent. de Guadalajara (7 leg.), part. jud. de Brihuega (2), aud. terr. y c. g. de Madrid (17), dióc. de Sigüenza (5): SIT. á la mitad de una cuesta muy pendiente dando cara al mediodía, frente á una vega ó valle que á su pie se forma; defendida del aire N. y ventilada por E. y O.; es de CLIMA sano, y sus enfermedades mas comunes son calenturas catarrales y alguna terciana: tiene sobre 200 CASAS de mediana fab. si bien escasas de comodidades, siendo las mas sobresalientes, las que pertenecen al Exmo. Sr. duque del Infantado, donde vive su administrador, y otra de un vec. de Sigüenza que habita el cura párroco; las calles son pendientes y trabajosas por la natural posicion de la v., esceptuándose la plaza que es una gran llanura cuadrilonga, abierta á pico en la misma cuesta y sostenida por la parte superior con una fuerte pared de cal y canto, que detiene todo el terreno; cuya muralla se prolonga por la calle que va á la igl. y tiene en algunos puntos mas de 20 varas de elevacion: esta misma pared, que allí se llama el *Canton*, sirve para recibir las aguas que manan de la sierra, formándose en la plaza una gran fuente compuesta de 6 caños abundantísimos, que vierten en 2 largos pilones; sus sobrantes corren á un lavadero para lanas y otro para ropas, ambos cubiertos, que se hallan en la parte inferior de aquel espacio: hay casa de ayunt. en la que se halla el pósito, el relox de la v., la cárcel y escuela de primera educacion para niños, dotada con 1,500 rs. á la que asisten 60, é igl. parr. dedicada á San Miguel, y servida por 1 cura y 1 vicario que alternan por semanas, y ambos beneficios se proveen por concurso en el general de la dióc.: en los afueras existen las ermitas de la Soledad, San Anton y San Roque, y contiguo á la primera el cementerio. Confina el TÉRM. por N. con el de Castejon, y Almadrones, E. Alaminos y Hontanares; S. Yela; O. Ledanca y Valfermoso de las Monjas; á dist. de 1/2 y 1 leg. y comprende 2,500 fan. de tierra regadía de primera calidad, 1 deh. de encina, y 1 monte de mata baja, que componen otras 1,000 fan. y alguna otra tierra inferior: el TERRENO se compone de la vega que se halla al S. del pueblo, y las crestas y cerros que la circundan; en la primera se siembra cáñamo, patatas, judias, legumbres, trigo, cebada y centeno; las segundas se hallan cubiertas de viñas hasta las cumbres y tienen ademas algun nogal y cerezo: riega las fértiles tierras de la vega el arroyo *Cadiel* que se forma de las muchas fuentes del térm. y mas principalmente de la que se halla en la plaza de que se ha hablado ya: CAMINOS: cruza por el monte de encina la carretera de Aragon, á 1/2 leg. S. del pueblo: se recibe el CORREO en Almadrones tres veces á la semana: PROD.: las hay de todas clases de frutos aunque en pequeño número, siendo las mas abundantes la del trigo, uva, cáñamo y legumbres: se mantiene algun ganado lanar churro de buenas carnes, y el vacuno y mular necesario para la labor: se cria caza menor y no falta alguna pesca de ánguilas en el arroyo referido. IND.: 6 telares de paños bastos, 2 molinos harineros, 1 de chocolate, y 1 tinte: COMERCIO: el de paños y frutos del pais. POBL. 149 vec., 508 alm.: CAP PROD. 2.500,000 rs.: IMP. 225,000.: CONTR. 15,370.

ARGELAGUER: l. con ayunt. de la prov. y dióc. de Gerona (6 leg.), adm. de rent. de Figueras (4 1/2), part. jud. de Olót (2), aud. terr. y c. g. de Barcelona (22 1/3): SIT. á las márg. del r. Fluvia, al pie del monte Guilar, es batido por el viento N., conducido por el canal que forman los montes á la entrada del Ampurdan, y disfruta de un CLIMA sano, sin que se conozcan en él enfermedades endémicas: componen la pobl. 34 CASAS de 2 pisos, que forman 1 calle mal empedrada; y 14 mas, agrupadas al rededor de la igl. parr., que bajo la advocacion de San Dámaso Papa, es servida por 1 cura párroco; consta de 1 sola nave; la puerta principal es pequeña, con 1 arco sostenido por 2 columnas de piedra, de órden corintio, bastante bien labradas; y entre la bóveda y tejado tiene 1 galeria abierta formando con sus ventanas arqueadas como un mirador de molino papelero; hay 1 capilla al estremo de la pobl., dedicada á San Sebastian; y otra dedicada á Sta. Ana, que sirve de escuela de primera educacion, á la que concurren 24 niños bajo la direccion de 1 maestro, al cual se paga del fondo de propios y por reparto vecinal, la dotacion de 1,120 rs. al año; 1 fuente con 1 cómodo abrevadero, de la cual y de algunos pozos se surte el vecindario; y 1 posada correspondiente á los propios: á las inmediaciones del pueblo en el monte Guilar, se ve 1 ermita dedicada á la Vigen. Confina el TÉRM. por N. con el de Tortellá, por S. con el de Almor y La-miana, por E. con el de la parr. de Besalú, y por O. con el de Palao de Montagut: el TERRENO comprende 1,078 cuarteras de tierra, y solo hay en cultivo 480, de las cuales 32 son ricas, fuertes y de primera clase, 189 de segunda, y las restantes de tercera; calculándose que todas ellas en 1 año comun, rinden á 4 por 1 de sembradura; en la parte inculta hay 300 cuarteras de arbolado y monte, y 40 destinadas á pastos: es fertilizado por las aguas del Fluvia y por las de un caudaloso manantial, que nace en el térm. al sitio del Funguet, del cual procede la fuente de que se ha hecho mérito. Los CAMINOS están reducidos al que cruza por medio del pueblo y va de Figueras á Olot; hallándose en muy mal estado: PROD.: trigo, centeno, maiz, mijo, espelta, habas, judias, vino y aceite; hay ganado lanar, vacuno, mular y de cerda, y caza de perdices y conejos. La IND. consiste en 2 fáb. de jabon blando y 1 de duro; 3 telares de lienzos ordinarios y 2 molinos harineros; y el COMERCIO está reducido á la esportacion de los art. sobrantes, á 1 pequeña tienda de abaceria y á 1 taberna: POBL.: 94 vec., 420 alm.: CAP. PROD.: 3.197,200 rs.: IMP.: 79,930. El PRESUPUESTO MUNICIPAL asciende á 2,565 rs., se cubre con los prod. de propios y arbitrios y el déficit por reparto vecinal. El pueblo de Argelaguer tiene por armas un escudo, en el que se ve una aliaga, la que en catalan se llama *argelaga*; y de las muchas que prod. el térm., trae su origen el nombre de la pobl. y el emblema de sus armas.

ARGELEIRO: ald. en la prov. de Lugo, ayunt. de Triacastela y felig. de Sta. Eulalia del *Alfoz* (V.): SIT. en una ladera al S. de la sierra de la Braña: POBL.: 2 vec., 9 almas.

ARGELITA: l. con ayunt. de la prov. y adm. de rent. de Castellon de la Plana (5 1/2 leg.), part. jud. de Lucena (3), aud. terr., c. g. y dióc. de Valencia (15): SIT. al E. en la colina de un monte entre los r. *Millares* y *Villahermosa*; bátenle todos los vientos y disfruta de un CLIMA saludable. Cuenta 112 CASAS y 2 en el campo, que en lo espiritual corresponden á la parr. de la v. de Ludiente; 1 palacio que perteneció á los reyes moros con 2 torres bastante elevadas y sus correspondientes almenas; de las primeras la una es obra de aquella época y sirve en la actualidad de cárcel pública: hay tambien carnicería, casa municipal, obra muy ant. que sirvió de igl. hasta el año 1700, y 3 molinos harineros, 1 de ellos inutilizado en el dia, á los que dan impulso las aguas del espresado r. *Villahermosa*: hasta el año 1808 hubo pósito de labradores; tiene escuela de primeras letras dotada por los vec. en 1,200 rs.: 1 igl. parr. bajo la advocacion de San Joaquin y Sta. Ana, servida por 1 cura, 2 sacristanes y 2 acólitos; el curato es perpétuo y se provee por el diocesano en concurso general, y los sacristanes los nombra el ayunt. y sirven 2 años sin estipendio. Confina el TÉRM. por el N. con el de Ludiente y Lucena, por el E. con el de Lucena, por el S. con el de Espadilla, y por el O. con el de Toga, y dist. 1 hora de los primeros y 1/2 de los segundos. El TERRENO es muy escabroso y no permite que se cultiven las 3 cuartas partes de él, que solamente prod. arbustos, malezas y yerbas para pastos; y lo restante se halla plantado de algarrobos, olivos, viñedo, higueras y moreras, de las que abundan mas los pequeños trozos de huerta que permite el suelo, porque rinden mayor utilidad á sus propietarios; en uno y otro lado del r. *Villahermosa* hay emparrados donde se cria variedad de uvas esquisitas que esportan á Aragon, de cuyo punto se surten de trigo; y como dichas tierras no producen lo suficiente para la manutencion de los vec., una tercera parte de ellos se dedican á cultivarlas y á tejer lienzos ordinarios, mientras que las 2 restantes se ocupan en conducir madera de los montes de *Bispal* y *Mosquerucla* á los pueblos de la Plana, en cultivar los arrozales de las riberas de Valencia y en otras labores por las fronteras de Aragon y Cataluña; Para utilizar las aguas del r. *Villahermosa* que es el que da riego á los pequeños trozos de huerta que existen á la der. ó izq. de él, se construyeron 2 azudes ó presas á un corto trecho del pueblo. En la parte del N. como á 1 hora de dist. está el sitio denominado la Muela, desde cuya elevacion se descubren las llanuras y montañas que lo rodean; en este punto se conservan todavia algunos vestigios de murallas, torres, molino de viento y otras obras hechas en tiempos muy remotos: PROD.: trigo, cebada, maiz, algarrobas, aceite, vino, legumbres, hortalizas en corta cantidad, cáñamo, seda, cera, miel, ganado de cerda, lanar y cabrio: POBL.: 130 vec., 507 alm.: CAP PROD.: 480,000: IMP.: 24,000: CONTR.: 9,634 rs.

ARGEMIL: l. en la prov. de Lugo, ayunt. de Sober y felig. de San Martin de *Anllo* (V.): POBL.: 9 vec., 47 almas.

ARGEMIL: ald. en la prov. de Lugo, ayunt. de Corgo y felig. de San Pedro de *Argemil* (V.): POBL.: 14 vec., 67 alm.

ARGEMIL: cas. de la prov. de Lugo, ayunt. de Sarria y felig. de Sta. Eulalia de *Argemil* (V.): POBL.: 6 vec., 30 habitantes.

ARGEMIL: ald. en la prov. de Lugo, ayunt. de Carballeda y felig. de San Juan de *Açoba* (V.): POBL.: 2 vec., 10 almas.

ARGEMIL y FONTEITA: ant. jurisd. en la prov. de Lugo, compuesta de las felig. de Argemil, Fonteita y Piedrafita, con 1 juez ordinario en cada una, nombrado por distintos señores.

ARGEMIL (SAN PEDRO DE). felig. en la prov., dióc. y part. jud. de Lugo (2 1/2 leg.), y del ayunt. de Corgo (1): SIT. en terreno quebrado y húmedo; comprende los l. de Argemil, Boelle, Neda y Perlinos; su igl parr. es matriz de las de Piedrafita y Chamoso; su curato de entrada y de patronato lego: confina con sus citados anejos, San Mamed y San Bartolomé. El TERRENO es fértil y regado por varios arroyos que llevan sus aguas al Neira: los CAMINOS locales y malos: el CORREO se recibe por la cap. del part.: PROD. centeno, maiz, patatas, algunas legumbres y combustible; cria ganado vacuno, lanar y de cerda; hay 1 mal molino: POBL.: 22 vec., 109 alm.: CONTR. con su ayunt. (V.).

ARGEMIL (STA. EULALIA DE): felig. en la prov. y dióc. de Lugo (5 leg.), part. jud. y ayunt. de Sarria (1/2): SIT. en 1 altura con buena ventilacion: su CLIMA sano; 20 cas. de mala construccion, forman esta felig. con los l. de Argemil, Casa-da-Pena, Pacio, Santalla y mitad del de Guillade: la igl. parr. (Sta, Eulalia) es anejo de San Pedro de Masid: el TÉRM. confina por N. con la parr. de San Vicente de Betote, por S. con la de Masid, por E. con esta y la de San Martin de Requeijo, y por O. con Sta. Maria de Ortoá: el TERRENO montañoso y la mitad inculto: sin embargo el destinado á la labranza PROD. centeno, maiz, lino, patatas, nabos, castañas, algunas legumbres y poca hortaliza; cria ganado vacuno, lanar y de cerda: IND.: la agrícola; POBL.: 22 vec., 110 alm.: CONTR.: con su ayunt. (V.).

ARGENOMESCI CANTABRI: Tambien se hallan escritos *Orgenomesci* (V.).

ARGENSOLA: l. con ayunt. de la prov., aud. terr. y c. g. de Barcelona (14 leg.), part. jud. de Igualada (3), adm. de rent. de Villafranca (8), dióc. de Vich.: SIT. en una altura, cuya cúspide ocupa el magnífico fuerte y ant. cast. de su nombre, y batido por todos los vientos, especialmente los del S., su CLIMA es sano: forman el casco de la pobl. 24 CASAS, 1 pósito, y 1 igl. parr. bajo la advocacion de San Lorenzo, servida por 1 cura párroco, cuya vacante se provee por oposicion en concurso general; á las inmediaciones del pueblo hay 1 ermita dedicada á San Mauro, y algunos manantiales de aguas muy delicadas para el surtido del vecindario. Confina el TÉRM. por el S. con el de Aguiló, por el O. con el de Rocamora, y por el N. con el de Carberí, estendiéndose á 1/4 de leg. por el primer punto y 1/2 por el segundo: el TERRENO, escarpado y pedregoso, se compone de tierras de regular calidad; comprende 280 jornales, de los cuales se cultivan 77, y lo restante se halla cubierto de malezas en parte y dedicado á pastos: sus CAMINOS son los locales, y la carretera de Villafranca: PROD.: trigo, cebada, pocas frutas, vino, aceite, hortalizas y pastos; hay el ganado suficiente para el consumo; caza y algunas colmenas; POBL.: 24 vec., 227 alm.: CAP. PROD.: 1,481,200 rs.: IMP.: 37,030.

ARGENSOLA (STA. EULALIA DE): desp. de la prov., aud. terr. y c. g. de Barcelona, part. jud. y adm. de rent. de Manresa, dióc. de Solsona: SIT. á la márg. izq. del r. Tordell sobre un elevado cerro, con cielo alegre y despejada atmósfera; desde el punto que ocupa se descubre un dilatado y hermoso horizonte, y le combaten libremente los vientos; se ignora la causa que motivó su despoblacion, aunque se deja conocer datar de época muy remota; debió ser pobl. de alguna importancia, segun se deduce por algunos vestigios que todavia se conservan: en el dia ha reemplazado á la pobl. 1 ermita bajo la advocacion de Sta. Eulalia, que pudo ser muy bien su igl. parr., hoy sufragánea de Castellon de Bagés: confina el TÉRM. por el N. con el de San Cugat del Racó, por el E. con el de Castellnou de Bagés, por el S. con el de Suria, y por el O. con el de Castelladral: su jurisd., que hasta hace poco fué independiente, quedó agregada á la de San Cugat del *Racó* (V.).

ARGENTARIUS MONS. En el poema didascálico de Rufo Festo Avieno, se da este nombre á la montaña que media entre Tribugeña y el Océano: *Argentarius mons: Sic á vetustis dictus á specie sui: Stanno iste namque latera plurimo nitent.* (vers. 291). Rodrigo Caro en sus Antigüedades de Sevilla (lib. 3. cap. 26) dice que este monte estaba junto al lago que forma el Betis; en este gran lago *ó muy vecino á él estaba el monte Argentario, llamado asi, porque mirado de lejos, parecia de plata, mas lo que tenia no era plata, sino estaño.*

ARGENTE: l. con ayunt. de la prov. y dióc. de Teruel (9 1/2 leg.), part. jud. y adm. de rent. de Segura (6), aud. terr. y c. g. de Zaragoza (21): SIT. en 1 altura bien ventilada, con cielo alegre y despejado; su CLIMA es frio, pero saludable; tiene 180 CASAS distribuidas en varias calles de figura irregular y cubiertas de un cascajo tan desigual que hace su piso muy incómodo; hay 1 escuela de primeras letras frecuentada por 50 ó 60 alumnos bajo la direccion de 1 maestro examinado, dotado de los fondos de propios con la cantidad de 800 rs. y 50 fan. de trigo: y 1 igl. parr. bajo la advocacion de Sta. Maria Magdalena, servida por 1 cura, 2 beneficiados y 4 sacristanes y dependientes: el curato es de entrada y su presentacion corresponde al capítulo ecl. de Teruel: ocupa el templo la parte mas alta del pueblo, y es un edificio sólido de ant. arquitectura, compuesto de 3 espaciosas naves con 9 altares: el cementerio parr. está próximo á la igl.; se encuentran varias ermitas al rededor del pueblo; al O. están las de San Roque y Sta. Quiteria, y por el E., á dist. de 1/2 hora, la de la Virgen del Campo: á igual dist., poco mas ó menos se halla la única fuente que tiene el l., tan escasa que apenas basta para el consumo de los vec. Confina el TÉRM. por el N. con el de Rubielos, por el E. con los de Lidon y Visiedo, por el S. con el de Camáñas, y por el O. con el de Agueton; estendiéndose sus lim. en cada una de las espresadas direcciones sobre 1/2 hora. El TERRENO es todo llano y de buena calidad, aunque falto de aguas para el riego: comunmente se cultivan 800 yugadas de tierras ricas y fuertes ó de primera clase, 1,500 de segunda y 2 de tercera: hay 1 buen monte carrascal y abundantes yerbas de pasto: PROD.: trigo, centeno, morcacho, avena, lentejas, patatas; y cria ganado lanar. POBL.: 134 vec., 536 alm.: CAP. IMP.: 35,784 rs.: CONTR.: 16,500.

ARGENTEIRO: l. en la prov. de Leon (23 leg.), part. jud. de Villafranca del Vierzo (3 1/2), adm. de rent. de Ponferrada (7), aud. terr. y c. g. de Valladolid, dióc. de Lugo, ayunt. de Vega de Valcarce: SIT. á la fálda de la gran montaña y puertos de Cebrero y Piedrahita, libre á la influencia de todos los vientos, y con CLIMA frio, pero saludable: tiene 1 igl. parr. Confina su TÉRM. con los de Bargeles, Lindoso y Campo de Liebre: el TERRENO es montuoso y miserable: PROD. centeno, patatas y castañas: POBL. 12 vec., 48 alm.: CONTR. con el ayuntamiento.

ARGENTEOLA: c. de la region de los astures, segun resulta de las tablas de Ptolomeo. En el Itinerario de Antonino se escribe *Argentiolum*, colocándola 15 millas (3 y 3/4 leg.) al O. de Astorga, á cuya dist. poco mas ó menos se halla el l. de *Andiñuela*, que ademas conserva toda la huella del nombre ant. *Argenteola*. Redúcenla algunos sin embargo hácia el monasterio de la *Moreruela*; pero esto es muy vago. D. Ambrosio Rui Bamba calificó la reduccion que otros la dan á *Avilés* de muy disparatada; y él mismo no se concretó con toda la precision que cabe, á los antecedentes topográficos que resultan de las graduaciones de Ptolomeo, y del itinererio de Antonino, colocándola hácia *Baña* ó *Castrocontrigo*. Tampoco parece improbable la corrrespondencia de *Argenteola* á *Torienzo* ó *Turienzo*, que tambien ha conjeturado el Sr. Gortés; aunque se decide por *Andiñuela*..

ARGENTERA: l. con ayunt. en la prov. de Lérida (8 leg.), part. jud. de Balaguer (3), aud. terr. y c. g. de Cataluña (Barcelona 24), priorato de Meyá (1/2): SIT. en 1 valle rodeado de montañas con libre ventilacion, y CLIMA propenso á calenturas tercianarías, gástricas, biliosas y catarrales. Tiene 12 CASAS de bastante altura, todas dispersas y distantes entre sí; 1 igl. parr. dedicada á Nuestra Señora del Remedio, servida por 1 cura párroco, cuya vacante provee el prior de Meyá; y contiguo á la igl. 1 cementerio en parage bien ventilado. Confina el TÉRM. por el N. con el de Grasola, por E. con los de Llusas y Boada, por S. con los de Bernet y Alentorn, y por O. con los de Grasola y Clua; de cuyos puntos dista 3/4 de leg. poco mas ó menos. Atraviesa por dicha circunferencia un riach. que tiene el nombre del pueblo, nace en la montaña denominada Monsech y va á desaguar en el *Segre* en la jurisd. de Baldomar; en varios puntos del térm. brotan algunas fuentes, cuyas aguas son las que utilizan los vec. para su consumo doméstico. El TERRENO participa de monte y llano: cubierto el 1.° de buenas yerbas de pasto, mucho arbolado, y matorrales para combustible; la parte llana está destinada á cultivo, pero en lo general es tierra floja y bastante pedregosa. Cruza este térm. el CAMINO que conduce de Villanueva ó Vilanova de Meyá, á Alentorn, y se encuentra en buen estado; lós demas son veredas ó travesias locales casi intransitables; el CORREO se recibe de la cartería de Vilanova de Meyá los lúnes, los miércoles y sábados; y sale los mártes, viérnes y domingos: PROD. centeno, cebada, legumbres, vino y aceite; cría poco ganado vacuno, lanar y cabrio; y caza de liebres, conejos y perdices: POBL. 12 vec., 60 alm.: CAP. IMP. 11,538 rs. el PRESUPUESTO MUNICIPAL importa de ordinário 210 rs., y se cubre por reparto entre los vecinos.

ARGENTERA: arroyo de la prov. de Tarragona; tiene su orígen en el coll de su mismo nombre, en el part. jud. de Falset; atraviesa el térm. del l. de Argentera y parte de los de Botarell y Montroig; se une despues con el Riu de Cañas, y continúa su curso con el mismo nombre hasta desembocar en el Mediterráneo, siendo en todo tiempo muy escaso de aguas.

ARGENTERA: l. con ayunt. de la prov., adm. de rent. y dióc. de Tarragona (6 leg.), part. jud. de Falset (2 1/4), aud. terr. y c. g. de Barcelona (18): SIT. entre las sierras del Priorato á la parte del E., al pie de la llamada del Campo, y á la márg. izq. de un arroyo que se desprende de las mismas, goza de buena ventilacion y saludable CLIMA: tiene 70 CASAS de ordinaria construccion, pero con las comodidades necesarias; y 1 igl. parr. servida por 1 cura, cuya plaza se provee por oposicion en concurso general: confina el TÉRM. por el N. con el de Padral, á 1/2 hora, por el E. con el de Dozaguas á 1/4, por el S. con los del conv. de Escornalbou, Manso de la Trilla y Vilanova de Escornalbou, estendiéndose en esta direccion, parte á 1/2 hora y parte 1/4, y por el O. con el Coll de Jou á 1/2 hora: en él se encuentra 1 fuente llamada del Ferro, cuyas aguas frias y ferruginosas son muy recomendadas por los médicos del campo de Tarragona, y producen saludables efectos en algunas afecciones: el TERRENO es todo montañoso, cubierto de peñascales, entre los que crecen robustos pinos y encinas, y se da bien el viñedo, los arbustos y otras plantas bajas que proporcionan pasto á los ganados, y el combustible necesario para el consumo: en la parte de los valles y faldas de las sierras, que admiten el cultivo y pueden beneficiarse con los muchos arroyuelos que corren; es bastante fértil: hay en labor 300 jornales de tierra; 50 de 1.ª calidad, 10 de 2.ª y 150 de 3.ª: PROD. vino, avellanas, trigo, cebada, legumbres, hortalizas y fruta: hay muchas minas de plomo y algunas muy ant., pero todas poco abundantes: la IND. está reducida á 1 molino harinero, y el COMERCIO á la esportacion del vino: POBL. 77 vec., 315 alm.: CAP. PROD. 1.215,846 rs. IMP. 39.592.

ARGENTEUS MONS: Estrabon da este nombre al monte donde nace el Bétis. Parece ser el mismo, llamado *Argentarius* por Avieno; pero aquel, como hemos visto, tomó su nombre por ofrecerse á la vista como plateado por el mucho estaño, y este recibió el suyo de sus minas de plata. Ademas el monte *Argentario* se elevaba en la Bética, al O. de Sevilla, y el *Argenteo*, dando nacimiento al Bétis, segun Estrabon y Estéphano Byzantino, era de la España citerior, en la region de los celtíberos: hoy se conoce con el nombre *Sagrá*.

ARGENTONA: l. con ayunt. de la prov., aud. terr., c. g. y dióc. de Barcelona (6 horas), part. jud. y adm. de rent. de Mataró (1): SIT. en un ameno valle á la márg. der. de la riera de su nombre á 1/2 leg. del mar, y rodeado de un paisaje pintoresco y poblado de frondosos árboles, disfruta de un cielo alegre y despejado, y de un CLIMA saludable: componen la pobl. 175 CASAS, la mayor parte de un solo piso, de 32 palmos de elevacion, 100 de long. entre el edificio y huerto que hay á la salida, y 27 de lat., inclusas las paredes; hay casa de ayuntamiento y en ella 1 pequeña cárcel, y 1 escuela de 1.ª educacion á la que concurren 54 alumnos, y es dirigida por 1 maestro que disfruta la dotacion de 1,600 rs. pagados por el ayunt y 1 real con que contribuyen mensualmente los niños que solo leen y 2 rs. los que ya escriben; hay 1 fuente de abundantes y buenas aguas: 1 igl. parr. servida por 1 vicario y 1 cura párroco de provision ordinaria; el templo, que tiene la advocacion de San Julian, es sólido, de órden gótico, de 1 sola nave, con 1 torre de 180 palmos de alto, y 12 en cuadro de ancho, en la que hay 1 relox y 4 campanas; tiene el edificio 100 palmos de largo, 60 de ancho é igual número de elevacion; hay coro con 1 pequeño órgano y 1 púlpito de álamo, notable por su ant. y esquisito trabajo de dibujos y figuras á medio relieve; sobre la puerta principal en su arco hay 1 inscripcion en la que aparece haberse edificado la igl. en 1535; á sus inmediaciones está el cementerio, cuadrado, de buena ventilacion y no muy grande: á la dist. de 1/2 hora al S. de la pobl., se halla el cas. llamado el *Cors*, que se compone de 10 casas, cuyos moradores son vec. de *Argentona*; en dicho cas. se encuentra 1 oratorio muy pequeño, dedicado á San Miguel; y otro en sus cercanias hácia el O., dedicado al Smo. Nombre de Maria, y conocido en el pais por el Santuario de la Vírgen del Vivés; es de 9 varas de largo y 3 de ancho, y tiene 2 campanas pequeñas: al N. de la pobl. hay tambien otro oratorio dedicado á San Sebastian; tiene 1 campana, y en él se celebra misa el dia de la festividad del titular; fuera del pueblo al O., hay 2 fuentes llamadas de Marguét y de Abril; al E. otra titulada de Baró; y á 1/4 de hora en direccion SO., se encuentra otra de aguas minerales que segun resulta del análisis que se ha hecho, contienen en su estado natural, una considerable cantidad de gas ácido carbónico; esceso de carbonato calizo, tal vez en estado de bicarbonato; una corta cantidad de hidroclorato de cal; un poco de silice y alguna pequeña porcion de materia organizada: estas aguas producen efectos admirables en las personas que padecen cálculos en la vejiga; y tambien se ha observado que poséen una accion curativa, en las dolencias del estómago y en los que padecen obstrucciones en las vísceras abdominales. Confina el TÉRM. por el N. con los pueblos de Sta. Inés de Malañanes, Orrius, Dosrius á 5/4 de hora, por el E. con Mataró á 3/4 de hora; y por el SO. con Cabrera á 1/2, poco mas ó menos. El TERRENO, montuoso en su mayor parte, escepto un pequeño espacio á las márg. de la riera, está en labor en sus 3 cuartas partes; y la otra es bosque; hay algunos trozos y huertas que se riegan con minas; pero todo es de mediana calidad, y solo la continuada laboriosidad y el esmero é inteligencia de los naturales para el cultivo, es lo que lo hace productivo. Los CAMINOS de pueblo á pueblo son todos de ruedas, en mediano estado, y ademas pasan por la pobl. 3 carreteras que van de la marina al Vallés, que son las del monte Parpés, la de Cardedeu y la de Vilamajor; todas en mal estado, no obstante la utilidad que su reparacion produciría, así como la habilitacion de las dos primeras hasta Granollers; pues uniéndose con la de Vich, facilitarian el trasporte y comercio de gran parte del Vallés y vertientes de Monseny con la marina. La CORRESPONDENCIA se recibe en la adm. de Mataró, á donde tanto el ayunt. como los particulares tienen que acudir á recogerla: PROD. trigo, legumbres, verduras de todo tiempo, gran variedad de frutas, cáñamo y vino; siendo la cosecha de este último generalmente unas 10,000 cargas catalanas; hay 4 rebaños de ganado lanar y cabrio; en la mayor parte de las casas de campo tienen ganado mular y vacuno para la agricultura; y en todas ellas y muchas de las del pueblo crian cerdos para el consumo de las familias. La IND. consiste en 3 fáb. de hilados, con 60 máquinas y 39 trabajadores de ambos sexos y de todas edades, por un término medio; en 5 molinos harineros impulsados por las aguas de varias minas; en 30 telares de algodon, de propiedad de otros tantos vec., y en la elaboracion de todas clases de blondas; hay ademas 5 albañiles, 2 carpinteros, 2 herreros, 2 alpargateros, y 1 panadero. El COMERCIO está reducido á la esportacion del vino para Barcelona, Valencia y Ultramar; á la de los efectos elaborados en las fáb. y por los particulares, á 2 almacenes de maderas y 4 tiendas de comestibles y caldos al por menor: POBL.: 327 vec., 1,630 alm.: CAP.: PROD. 10.240,399 rs.: CAP. IMP. 256,010: CONTR. 40,174 rs. Esta pobl. ya existia en el siglo X, y segun escrituras del XI, se llamaba tambien Argentona ó Argenema.

ARGENTONA: riera en la prov. de Barcelona, part. jud. de Mataró; tiene su nacimiento en el térm. de Alfar y de Dosrius, en las montañas al N. de dichos pueblos llamadas del Corredó, Rupit y Cañamás; lleva su direccion al S. y fertiliza las tierras bajas de los mencionados pueblos, las de Argentona y parte de las de Cabrera, sit. todos á su der.; y desagua en el mar á las 3 horas de su orígen. Su curso no es perenne; pero reune tantos arroyos por todos lados, que en tiempo de lluvias su corriente dura muchos dias, y tan abundante, que desde que entra en el térm. de Argentona hasta al mar, tiene la referida riera mas de 130 varas de ancho.

ARGERIZ: cas. en la prov. de Lugo, ayunt. de Saviñao y feligr. de San Lorenzo de *Fion* (V.): POBL. 1 vec., 6 almas.

ARGES: l. en la prov., dióc., aud. terr. y c. g. de Búrgos 12 3/4 leg.), part. jud. de Villarcayo (2), ayunt. del valle de Manzanedo: SIT. á los 14° y 17′ de long., y á los 43° y 19′ de lat. N. en la mitad de una cuesta que se eleva 400 pies desde el r. Ebro hácia el N. de la pobl.; está bien ventilada y goza de CLIMA saludable. Se compone de 30 CASAS de 2 pisos y de 20 á 25 pies de altura, entre las cuales se cuenta la de conc., formando todas varias calles incómodas, sucias y sin empedrar: tiene escuela de primeras letras abierta solamente algunas temporadas del año, á la que concurren de 15 á 20 niños de ambos sexos; 1 fuente de buenas aguas para el surtido del vecindario: y 1 igl. parr. bajo la advocacion de San Pedro, servida por 1 cura de provision del diocesano: hay ademas 1 ermita titulada de las Animas, y 1 cementerio en parage ventilado. Confina su TÉRM. por N. con el de San Martin del Rojo á 1/2 hora; por E. con el de Rioseco á igual dist.; por S. con el de Manzanedillo á 6 minutos; y por O. con el de Manzanedo á 1/4 de hora. Abraza 22 millones de varas cuadradas superficiales de terrenos comunes ó ejidos, donde se encuentran robles, encinas y pastos, disfrutando y prestando alcances con los pueblos limítrofes y el estinguido monast. de Sta. Maria de Rioseco. El TERRENO es delgado en general, y solo tiene una pequeña vega, parte arcillosa y el resto arenosa por las desbordaciones del r.: se divide en primera, segunda y tercera suertes; la primera cuenta 60 fan. de tierra sembradura, la segunda 80, y la tercera 110, que componen un total de 350 fan. de dominio particular. El r. Ebro corre de E. á O. por la der. y á la dist. de 6 minutos de la pobl., cuyas avenidas son tan escesivas, que la que tuvo lugar el dia 18 de febrero de 1843 se elevó á 28 1/2 pies sobre su nivel natural. Los CAMINOS son carreteros de pueblo á pueblo, y el CORREO se recibe en la cab. del part.: PROD. trigo, centeno, maiz, yeros y legumbres; ganado lanar, cabrio, y algo de vacuno y asnal; y caza de liebres, perdices, zorros y lobos. POBL. 14 vec., 52 alm.: CAP. PROD. 180,110 rs.: IMP. 17,493. Entre esta pobl. y Tapuerca vinieron á las manos el dia 1.° de setiembre de 1054 los reyes de Castilla D. Fernando, y el de Navarra, y en lo crítico de la batalla 1 lancero castellano penetró hasta donde se hallaba el Rey de Navarra y le hirio; sin que bastase la defensa de los que le rodeaban; y muriendo á poco rato, el ejército navarro se consternó y dispersó.

ARGÉS: l. con ayunt. de la prov., adm. de rent., dióc. y part. jud. de Toledo (1 leg.), aud terr. de Madrid (13), c. g. de Castilla la Nueva: SIT. en un parage donde le baten los aires N., E. y O. se halla defendido por el S. y goza de saludable CLIMA, propenso tan solo á algunas tercianas: tiene 70 CASAS, algunas de ellas ruinosas, que forman 1 plaza y 12 calles desiguales: hay una cámara pósito, y una casa carniceria propias del pueblo; escuela de primera educacion para niños con 1,200 rs. de sueldo; otra de niñas con solo la retribucion de las alumnas; igl. parr. dedicada á San Eugenio Mártir, de curato perpetuo en oposicion; y en los afueras se encuentra 1 ermita, y la fuente llamada de la *Alcanzadilla*, de aguas escelentes, de que se surte el vecindario. Confina el TÉRM. por N. con el de Toledo; E. Guadamúz; S. Covisa, y O. Lagos, de 1/4 á 1/2 leg. de estension, que se cultiva la mitad, quedando el resto invertido en pasto y esparto: comprende los desp. llamados *Torre de Cervatos, Zurraquin, Fernampaez, Palomilla*, y la deh. de *Matamoros*, los cuales escepto el segundo correspondian á manos muertas: apenas existen vestigios de lo que fueron, conservándose únicamente en el de Torre Cervatos 1 casa con 1 torreon, y en Fernampaez otra que habita el guarda. Abunda el térm. de aguas; pues ademas de la fuente que se ha referido, existen las llamadas de Panduro y del Cordel, y todavia corre á 1/4 leg. el riach. de *Guajaráz* que da riego á una buena porcion de suertes: el TERRENO es de buena clase, rindiendo el de primera calidad, el 30 por 1 y 12 el de tercera; los CAMINOS son locales; el CORREO se recibe en la cap.: PROD. trigo, centeno, cebada, avena, aceite, legumbres y hortalizas; se mantiene algun ganado lanar, cabrio, de cerda, vacuno y mular mayor y menor: IND. el trabajo de la esparteria, en cuyo tejido se ocupan las mujeres, cosiendo los hombres las obras, sin perjuicio de sus jornales: POBL. 88 vec., 398 alm.: CAP. PROD. 1.736,623 rs.: IMP. 48,575 rs., á que se agrega el de Cervatos, cuyas utilidades están calculadas al colono en 2,500 rs.: CONTR. segun el resúmen adoptado para toda la prov., el 74 por 100.

ARGESTUES: ald. en la prov. de Lérida (18 1/2 leg.), part. jud. y dióc. de Seo de Urgel (2), aud. terr. y c. g. de Cataluña (Barcelona 24), parr. de Beren (1/4), térm. municipal de *Novés* (V.). SIT. en terreno montuoso poblado de bosques: POBL. 3 vec., 13 almas.

ARGILAGA y MOMBUY: l. con ayunt. de la prov., adm. de rent. y dióc. de Tarragona (2 horas), part. jud. de Valls (2), aud. terr. y c. g. de Barcelona (19): SIT. en un llano y bien combatido por todos los vientos; su CLIMA es sano: forman esta pequeña pobl. las 2 mencionadas ald., separadas entre sí un corto trecho; la primera tiene 6 CASAS, y 3 la segunda; todas de menos que mediana fáb., y hay 1 igl. parr. de bastante capacidad con respecto á la pobl., servida por 1 vicario capellan, cuya plaza se provee en concurso general: Confina el TÉRM. por N. y E. con los de Rannu y Peralta, y por S. y O. con los de Guñolas y Garidells: el TERRENO es de mediana calidad: sus CAMINOS son los de pueblo á pueblo, y el de arrieria que conduce desde Valls á Barcelona, Villanueva y Vendrel: PROD. cereales, vino, aceite y legumbres: su IND. está reducida á 2 fáb de aguardiente: POBL. 9 vec., 62 alm.: CAP. PROD. 877,998 rs.: IMP. 26,919 reales.

ARGIZ: l. en prov. de Lugo, ayunt. de Taboada y felig. de San Pelayo de *Argiz* (V.): POBL. 7 vec.: 38 almas.

ARGIZ (SAN PELAYO DE): felig. en la prov. y dióc. de Lugo (6 leg.), part. jud. y ayunt. de Taboada (3/4): SIT. á la der. del r. Miño, con buena ventilacion y CLIMA sano. Tiene 14 CASAS en los barrios ó ald. de Argiz, Couzo, Sampayo y Bosende: la igl. parr. (San Payo ó San Pelayo) es aneja de San Mamed de Torre, con quien confina. El TERRENO es sumamente escabroso; abraza unos 600 ferrados, cuyas dos terceras partes son rocas, peñascales y monte con escaso combustible; en lo general de secano puesto que apenas hay el agua necesaria para el consumo: los CAMINOS son locales y malos: el CORREO se recibe en Taboada: PROD. centeno, avena, algun maiz y patatas: cria poco ganado: POBL. 15 vec., 65 alm.: CONTR. con su matriz: (V. TABOADA AYUNTAMIENTO).

ARGOLELL: l. con ayunt. en la prov. de Lérida (22 1/2 leg.), part. jud., adm. de rent., dióc. y oficialato mayor de Seo de Urgel (2 1/2), aud. terr. y c. g. de Cataluña (Barcelona 29): SIT. á la der. del r. *Segre* en el declive meridional de una montaña, donde le combaten principalmente los vientos del N., y goza de CLIMA saludable. Tiene 18 CASAS, y 1 igl. parr. dedicada á Sta. Eugenia, de la cual son anejas las de Arduix y Farrera; sirve el culto 1 cura llamado rector, cuya plaza, que es de entrada, provee S. M. ó el diocesano, segun los meses en que vaca y prévia oposicion en concurso general. Confina el TÉRM. incluso el de la mencionada ald. de Arduix, por N. con los de Civis y Andorra, por E. con el de Arcabell, y otra vez con el de Andorra, por S. con el de Anserall, y r. *Balira*, y por O. con el de San Juan Fumat: de cuyos puntos dista 1/4 de hora escaso. En esta circunferencia y hácia el S. de la pobl. hay montañas muy elevadas, y cubiertas generalmente de maleza; sin embargo de ello el TERRENO es bastante feraz; abraza 1,190 jornales, y de estos únicamente hay destinados á cultivo unos 200, que solo rinden el 5 por 1 de sembradura: PROD.: centeno, cebada, patatas, legumbres, pastos, bellota y combustible: cria ganado vacuno, de cerda, lanar y cabrio; y abundante caza de todas especies: POBL. 10 vec., 68 alm.: CAP. IMP. 10,422 rs.: CONTR. 1,141 rs. 11 maravedis.

ARGOLELLAS: l. en la prov. de Oviedo, ayunt. de Navia y felig. de Santiago de *Ponticiella* (V.): POBL. 13 vec.; 52 almas.

ARGOLIVIO: l. en la prov. de Oviedo, ayunt. de Amieba, y felig. de San Martin de *Argolivio* (V.): SIT. en una colina entre el l. de Vega, que baña el r. Precendi al SE., y el cas. de Carmenedo al NO.: POBL. 26 vec.; 137 almas.

ARGOLIVIO (SAN MARTIN DE): felig. en la prov. y dióc. de Oviedo, (12 leg.), part. jud. de Cangas de Onis (2), y ayunt. de Amieba (1/2): SIT. en la márg. del r. *Precendi* y su mayor parte á la izq., en la falda de la elevada sierra de la *Espina*. Se compone de los l. Argolivio, Cien, Vega y el cas. de Carmenedo. La igl. parr. (San Martin) es bastante capaz y el curato de primer ascenso y patronato laical: el cementerio está bien ventilado. Hay 3 ermitas. 1 de San Pablo, sit. en Vega, con capellania fundada y dotada por D. Juan Alonso de Vega en 1516; otra en Cien á la der. del Precendi, con advocacion de Sta. Maria, y otra dedicada á San José en Argolivio á la izq. del r. El TÉRM. que se estiende á 1 1/2 leg. de N. á S., y 1 de E. á O., confina por N. con el de la felig. de Mian, por E. con el de la de Amieba, por S. con el de la prov. de Leon y conc. de Ponga, y por O. con el mismo de Ponga y parr. de Sebarga: el citado r. Precendi abastece de agua para el consumo, mueve 2 molinos harineros, y fertiliza algunos prados que pueden llamarse naturales por el poco cultivo que reciben. El TERRENO es quebrado y en él descuellan los montes de Baeno, la Espina y Lleremundi; cubiertos en gran parte de robles, haya y álamo negro, al paso que en no poca estension solo se crian matorrales que sirven de guarida á osos, jabalies y lobos. Los prados regadios, que se estenderán á unos 6,000 dias de bueyes, están dedicados al pasto del ganado, el cual disfruta tambien de unos 1,700 que existen de mancomunidad con otros conc.; para el cultivo quedan sobre 4,000, cuya calidad es fria y menos que mediana, á lo que contribuyen los declives que forman las pendientes y el no ser facil darles otro abono que el del estiércol: se siembra sin mas descanso que la alternativa en las simientes. Los CAMINOS que cruzan el térm. son locales y están poco cuidados; y el CORREO se recibe de Cangas de Onis: PROD. trigo, maiz, habas, avellanas, patatas, nabos, alguna fruta y hortaliza: cria ganado vacuno, caballar, lanar, cabrio y de cerda: IND. la agrícola y pecuaria y los menos acomodados salen en tiempo de siega á buscar trabajo á los pueblos de Castilla, y algunos se dedican al tráfico de la arrieria. En el l. de Cien se halla establecida 1 herreria á la catalana con el nombre de Ceneya: POBL. 80 vec.: 320 almas.: CONTR. con su ayunt. (V.).

ARGOLLANES: ald. ó barrio en la prov. de Oviedo, ayunt. de Tudela, y felig. de San Julian de *Box* (V.).

ARGOMANIZ: l. en la prov. de Alava (2 leg. á Vitoria), dióc. de Calahorra (12), part jud. de Salvatierra (2 1/2) y ayunt. de El-Burgo (1/2): SIT. á la falda del monte denominado Zabalgaña en CLIMA frio, pero sano: tiene escuela de primeras letras á la que asisten 9 niños y 10 niñas, dotada con 1,399 rs. la igl, parr. (San Andrés Apóstol) es servida por 1 cura beneficiado de presentacion del cabildo. El TÉRM. confina por N. con Mendijur; por E. con Echavarri de Urtupiña, al S. El Burgo y á O. Orcitia y Arbulo; al E. se halla la ermita de San Pedro en el despoblado de Quilchano, cuyos vec. en el siglo XIV pasaron con los de otras ald. á poblar la v. de El Burgo: abunda de fuentes de buena agua. El TERRENO en lo general llano y fértil; hay buenos montes y prados de pasto y sobre 500 fan. de tierra destinadas al cultivo: los CAMINOS locales y mal cuidados, y el CORREO se recibe de Vitoria por medio de un peaton: PROD. trigo, maiz, avena, rica, yeros, babas, alguna fruta y hortaliza: cria poco ganado y se cazan algunas perdices: POBL. 12 vec.: 70 alm.: CONTR. (V. ALAVA INTENDENCIA).

ARGOMEDA: barriada en la prov. de Santander, part. jud. de Villacarriedo, ayunt. de Villafufre, térm. del l. de Esechedo; POBL. 24 vec., 112 almas.

ARGOMEDO: ald. en la prov., dióc., aud. terr. y c. g. de Búrgos (15 leg.), part. jud. de Sedano (6), ayunt de Soncillo: SIT. en una altura combatida por los vientos N. y O. con CLIMA frio y propenso á enfermedades catarrales y pulmonias. Tiene 27 CASAS; escuela de primeras letras abierta solamente una temporada del año, á la que asisten 14 niños que satisfacen al maestro un estipendio módico; y 1 igl. parr. bajo la advocacion de Sta. Maria, servida por 1 cura. Dentro de la pobl. hay 2 fuentes de buenas aguas que aprovechan los vec. para su consumo doméstico. Confina el TÉRM. por N. con el de San Martin de las Ollas, por E. con el de Soncillo, por S. con el de Castillo, todos á 1/2 leg; y por O. con el de San Cipriano á 1/4. El TERRENO es de mediana calidad, fertilizándole en parte un arroyuelo que nace en la pradera de Regada y vá á morir al r. Nela. Elévanse 2 montes cubiertos de varios arbustos, situados 1 entre N. y E. de la ald. llamado la Cuesta, y otro al O. Ademas de los CAMINOS locales le cruza, en mediano estado, la carretera que conduce de Espinosa á Soncillo; recibiendo la CORRESPONDENCIA de este último los miércoles y sábados, y saliendo los lúnes y viérnes: PROD. trigo comuña, cebada, y algunas legumbres; cria ganado caballar y vacuno; caza de liebres y perdices, codornices, lobos, osos, zorras y corzos: y pesca de cangrejos: IND. y COMERCIO 2 molinos harineros en estado mediano, suficientes para el abasto del pueblo, ejercitándose los hab. ademas de los trabajos del campo en la arrieria, conduciendo vino de Rioja para las montañas de Santander, y granos para las fáb. de la montaña: POBL. 24 vec., 190 alm.; CAP. PROD. 278,400 rs.: IMP. 28,359.

ARGOMILLA: l. en la prov. y dióc. de Santander, part. jud. de Villacarriedo, aud. terr. y c. g. de Búrgos, ayunt. de Sta. Maria de Cayon: SIT. á la márg. N. del r. *Pisueña ó Sta. María* y al pie de la sierra que mira al S.; bien combatido de los vientos y con clima sano. Tiene 48 CASAS: 1 igl. parr. junto á un altito á la salida del pueblo, dedicada á San Andrés Apostol; 1 ermita con la advocacion de San Roque, 1 escuela de primeras letras dotada con 400 rs. anuales asistida por 30 alumnos; y 1 fuente de esquisita calidad para el surtido de los vec. Confina el TÉRM. por el N. con la espresada sierra; por el E. con el de Sta. Maria, por el S. con el valle de Carriedo, y por el O. con el de San Roman. El TERRENO es de buena calidad, el monte poblado escaso, pero el alto ó de sierra abundante en pastos. Los CAMINOS se reducen á senderos de pueblo á pueblo, de malísimo piso en tiempo húmedo: PROD. granos y pastos, y cria ganado de diferentes especies: POBL. 40 vec., 180 alm.: CONTR. con el ayuntamiento.

ARGOMOSO: l. en la prov. de Oviedo, ayunt. de Valdés y felig. de San Julian de *Arcallana* (V.): POBL. 20 vec., 92 almas.

ARGOMOSO (San Pedro de): felig en la prov. de Lugo (9 leg.), dióc., part. jud. y ayunt. de Mondoñedo (1/2): sit. en terreno quebrado con clima suave: comprende los l. ó barrios de Barral, Carballo, Casás, Castro, Crucetas, Cuba, Escourido, Iglesia, Orjal, Pardiñas, Plazas Rego, Salgueiro y Supena: en este hay una gran cueva que denominan del Rey Cintolo; y aunque se ignoran en el dia los arcanos que encierra, tal vez vendrá un tiempo en que se registren con entusiasmo sus largos y ramificados senos; de los que algunos curiosos que por pasatiempo traspasaron sus umbrales, cuentan maravillas obradas allí por la naturaleza. La igl. parr. (San Pedro), es matriz y tiene por anejo á Santiago de Lindin; ambas servidas por 1 cura de provision ordinaria: tiene 1 cementerio capaz y bien ventilado y 1 ermita incongrua. El térm. se estiende de N. á S. 1 leg., 1/2 de E. á O., y confina por N. con Lindin y Mondoñedo, por E. con el indicado Lindin y Sta. Maria Mayor, por S. con Galgao y por O con el r. que recoge sus aguas, llamado *Valiñadares*, y mas abajo Masma, el cual desagua en Foz, y corre de S. á N. desde Sasdónegas en donde tiene su orígen. El terreno es, como se ha dicho, muy quebrado, si bien en la parte cultivada, compuesta de 150 fan., hay sitios feraces y en lo general bastante productivo; el monte lo utilizan para combustible y rozas: los caminos vecinales y mal cuidados; y el correo se recibe de Mondoñedo. Se cosecha centeno, maiz, poco trigo, patatas, nabos con que sostienen el ganado, algunas habas y lino, cria ganado vacuno, lanar, cabrio y de cerda: ind. la agrícola, la pecuaria y 3 molinos harineros: pobl. 64 vec., 500 alm. contr. con su ayunt. (V.).

ARGONDE: ald. en la prov., ayunt. de Lugo y felig. de San Juan de *Campo* (V.): pobl. 14 vec.: 67 almas.

ARGONTE: l. en la prov. de la Coruña, ayunt. de Carral y felig. de Sta. Maria de *Veira*. (V.).

ARGONTE: l. en la prov. de Lugo, ayunt. de Riobarbo y felig. de San Estéban del *Valle* (V.).

ARGOÑOS: v. en la prov. civil y marít., tercio y dióc. de Santander (4 leg.), part. jud. de Entrambas-aguas (4), distr. marít. de Laredo (2), aud. terr. y c. g. de Búrgos (26): sit. entre los montes *Brusco* N. y *Migedo* S. en las aguas del puerto de Santoña á 3/4 leg. de esta poblacion: resguárdala de los vientos setentrionales el mencionado Brusco, combatiéndola libremente los restantes; su clima es de lo mas sano, sin que se conozcan otras enfermedades que algunas fiebres catarrales. Forma ayunt. con los barrios de Ancillo, Santiuste, Cerecedas, Pereda, Gorgollo, Palacio y la Hoya. Tiene 90 casas, 80 altas de 1 piso, y las restantes bajas, todas fabricadas de mamposteria; de ellas solo 8 ofrecen comodidad por su capacidad y buena distribucion interior; las calles son irregulares, mal empedradas é intransitables en tiempos de lluvias, porque los vecinos hacen los estiércoles inmediatos á las puertas de sus casas. Hay una casa municipal con soportales, pero de mala construccion; en ella estan la taberna y la posada: 1 escuela elemental de instruccion primaria concurrida por 24 ó 30 alumnos y dotada por los fondos del comun con 1,100 rs. anuales; 1 igl. parr. junto á la cual está el cementerio: consta de 1 sola nave y tiene por titular á el Salvador, sirviéndola 2 curas párrocos que nombra el diocesano; 3 ermitas, una dedicada á San Roque, otra á San Estéban y la tercera á la Soledad; esta última se halla en el barrio de Piedra-hita, el cual corresponde á la parr. de Argoños en lo espiritual, aunque en lo civil depende de Santoña; 2 fuentes dentro de la poblacion y otra en las inmediaciones, todas de buen agua para el surtido de los hab. Confina el térm. por el N. con el de Noja (1/2 leg.); por el E. con el de Santoña á igual dist., por el S. con el de Escalante (1/2 leg.) y por el O. con el de Castillo (1). El mar de Santoña la baña por la parte del S., pudiendo subir por él barcos que calen 8 pies hasta el barrio de Ancillo: con las mismas aguas dan impulso á 3 molinos harineros, el uno de 10 paradas, el otro de 8, y otro de 4. El terreno secano todo es de muy buena calidad, especialmente para arbolado y prados naturales: la vega que se estiende 1/2 leg. de E. á O. y 1/4 de N. á S. es deliciosa; el monte que tendrá 6,000 pies de largo y sobre 2,000 de altura es solo propio para combustible y emparrado de las viñas, pero con escasez: hay otros terrenos de mayor estension que estuvieron poblados de árboles de roble que daban madera de construccion y que han desaparecido completamento por la incuria de los vec. que han descuidado el hacer plantaciones para sustituir lo que destruian: las tierras en cultivo ascienden á 3,000 carros con destino á maiz y habichuelas; 1,500 á prados naturales, 1,000 á viñedo, y 500 á huerta. Pasa por el centro de la pobl. el camino que conduce desde Santander á Bilbao, el cual es de herradura, aunque transitan por él cómodamente los carros del pais; los demas caminos todos carreteros se dirigen á los pueblos confinantes, La correspondencia la recibe de Laredo por medio de balijero los lúnes, juéves y sábados, saliendo en los mismos dias: prod. maiz, habichuelas, yerba, patatas, vino chacoli, hortalizas y frutas en corta cantidad; cria ganado vacuno y poca caza: ind. los molinos arriba mencionados y la pesca de mar que hacen con redes en el puerto de Santoña con 9 buques por unas 60 personas. El dia 16 de agosto se celebra una romeria á la ermita de San Roque, poco concurrida: pobl. 82 vec., 417 alm.: contr. 2,562 rs. 6 mrs.: cap. prod. é imp. (V. el art. part. jud.) El presupuesto municipal asciende á 5,000 rs. y se cubre con diferentes arbitrios y el déficit por reparto vecinal.

ARGOS, (vulgo Chopea y tambien Moratalla): r. en la prov. de Murcia, part. jud. de Caravaca: tiene su origen en el sitio llamado las Ramblas de las Buitreras, á 1 hora escasa de la v. de Archivel, de varias fuentes que nacen en las mismas ramblas y del arroyo llamado Rambla de la Higuera: lleva su curso por ellas y por los sitios de las Hoyicas y la Chopea, aquí entra en la jurisd. de Caravaca atravesando toda su huerta por la parte del S., y cruza los térm. de Cehegin y Calasparra, uniéndose en este punto con el r. Segura. Lleva de ordinario poca agua, á veces queda seco por tomarla para regar la huerta de Caravaca, y otras cuando llueve no se puede vadear, causando en ocasiones graves daños en las tierras, tomas, estacadas y acequias.

ARGOTE: ald. en la prov., aud. terr. y c. g. de Búrgos (12 leg.), part. jud. de Miranda de Ebro (4), dióc. de Calahorra (14), ayunt. de Treviño.: sit. en el centro del condado de este nombre, junto al r. Ayuda, combatiéndola los vientos N. y O., y con clima sano, sí bien algo propenso á enfermedades catarrales. Tiene 12 casas; escuela de primeras letras, á la que asisten tambien los niños de los pueblos de Torre, San Martin, Samiano y Mesanza, los cuales satisfacen al maestro 24 fan. de trigo anuales; y 1 igl. parr. dedicada á la Asuncion de Ntra. Sra., cuya felig. se halla reunida á la de Saraso, y servidas ambas por 1 cura de nombramiento del prelado. Una fuente de medianas aguas que hay dentro del pueblo, y 1 molino harinero sit. á 200 pasos del mismo, titulado de Quintana por llamarse asi su dueño, abastecen á los vec. de lo necesario para el consumo doméstico. Confina el term. por N. con Saraso; por E. con Samiano, por S. con Torre, y por O. con Pedruzo, todos á 1/4 de leg. El terreno es de mediana calidad fertilizándole en parte las aguas del ya mencionado r. Ayuda. Los caminos son de pueblo á pueblo y se hallan en estado mediano; recibiéndose la correspondecia en Treviño los juéves y domingos, y entregándose los mismos dias.; prod.: trigo, centeno, cebada, avena, maiz, patatas y legumbres: cria ganado lanar y el vacuno y caballar necesario para los trabajos del campo: caza de perdices y liebres, y pesca de truchas, barbos y otros peces: ind. el molino barinero de que ya se ha hecho mérito. pobl.: 9 vec., 60 alm.: cap. prod.: 24,000 rs.: imp. 1,228.

ARGOTE: l. en la prov. de la Coruña, ayunt. de Noya, y felig. de Sta. Cristina de *Barro* (V.).

ARGOTE: l. en la prov. de la Coruña, ayunt. de Noya, y felig. de Sta. Maria de *Argalo* (V.).

ARGOVEJO: v. en la prov. y dióc. de Leon, (9 leg.), part. jud. de Riaño (2 1/2), aud. terr. y c. g. de Valladolid (22), ayunt. de Villayandre (1/2): sit. en un estrecho valle rodeado de muy elevadas y escabrosas alturas: su clima es frio y nevoso en 6 meses del año y bastante templado en los restantes, siendo las enfermedades mas comunes las pulmonias, catarros y réumas. Tiene 52 casas de mediana construccion, entre ellas la consistorial construida en el año de 1819 á espensas del vecindario, en la cual hay tambien 1 habitacion destinada para cárcel: 1 escuela de primeras letras con 30 discípulos dotada en 320 rs.; 2 fuentes dentro de la v. y muchas en el térm. de muy esquisitas aguas; y 1 igl. bajo la advocacion de San Andrés Apóstol, servida por 1 cura párr., destino que desempeñaba anteriormente 1 monge del suprimido monast. de Sta. María de Benevivere á cuya abadia *nullius* dióc. correspondia dicha igl. parr.: existe ademas 1 ermita dedicada á la Natividad de Nta. Sra. y conocida vulgarmente por la Virgen de Pereda, la cual se encuentra á 1/4 de leg. de la pobl. inmediata á la reducida vega que hay en el térm.: confina este por N. con el de las Salas á 1 leg.; por E. con el de Remolina á 3/4; por S. con los de Alege y Villayandre á 1/2; y por O. con el r. Esla á 1/4. El TERRENO es muy escabroso en su mayor parte y bastante feraz la porcion susceptible de cultivo: está poblado de robustas hayas, robles, abedules y monte bajo, atravesándolo el citado r. Esla que tiene origen de una fuente del mismo nombre que hay en térm. de Maraña, y sobre el cual se está construyendo un puente de madera a costa de varios pueblos de los que encuentra á su paso. Los CAMINOS son comunales, habiendo ademas otro que conduce de la ribera de Gradefes á Asturias y Liébana en muy mal estado: la CORRESPONDENCIA se recibe en las Salas por medio de 1 balijero pagado por el ayunt., los juéves y domingos, saliendo los lúnes y viérnes: PROD. trigo, centeno, cebada, garbanzos, titos, lentejas, y algun lino; ganado vacuno, caballar, lanar, cabrio y de cerda; caza de perdices, rebecos, palomas torcaces, corzos y osos; y pesca de muchas truchas de buena calidad y otros peces menores. La IND. consiste en la construccion de puertas, ventanas y escaños que conducen á tierra de Campos; algunos molinos harineros, 4 telares de lino y 2 de lana, y 1 sierra de madera movida por agua, que hoy está casi destruida: el COMERCIO está reducido á la importacion de granos y vino, y á la esportacion de maderas, carnes, queso y manteca: POBL. 50 vec.: 212 alm.: CONTR. con el ayuntamiento.

ARGOZA: r. en la prov. de Santander, part. jud. de Reinosa: trae origen de 2 fuentes que llaman del Gato y de Paguenzo en el térm. de Campo, uniéndosele á poca dist. los pequeños r. titulados Querendo y Espinera: se dirige de S. á N., y pasando por el pueblo de Barcena-Mayor, va á incorporarse con el caudaloso Saja en el valle de Cabuerniga en Correpoco y su barrio del Tojo: sobre él hay varios puentes de madera peoniles, y 2 molinos harineros, el 1 de 2 ruedas en Barcena-Mayor, en donde tambien existe 1 puente con 1 arco de piedra y otro de madera, y el otro de una, próximo á Correpoco: sus aguas solo fertilizan algunos prados contiguos á las márg., pero se hallan muy destruidos por las fuertes avenidas de los años de 1834 y 35.

ARGOZON (SAN VICENTE DE): felig. en la prov. y dióc. de Lugo (9 leg.), part. jud. de Taboada (2), y ayunt. de Chantada (1): SIT. en la falda oriental de la sierra de Faro, con atmósfera despejada y CLIMA sano: tiene 42 CASAS distribuidas en los l. de Amorin de Abajo, Amorin de Arriba, Ansemil, Argozon, Cotobade, Terreiros, Fean, Gordon, Quintan y Vilaméa: la igl. parr. (San Vicente) está servida por 1 curato de entrada y de patronato lego, y hay 1 ermita dedicada á Ntra. Sra., cuya advocacion se celebra en ella con el santo sacrificio de la misa: CONFINA con la indicada sierra que la separa por O. del valle de Camba. El TERRENO montuoso y quebrado, abunda en plantio de robles, castaños y buenos pastos á que contribuyen las aguas de varias y copiosas fuentes: los CAMINOS son malos: la CORRESPONDENCIA se recibe por la cap. del part.: PROD. centeno, maiz, trigo, avena, lino, patatas, nabos, frutas y hortaliza: cria ganado vacuno, de cerda, lanar y cabrio: hay caza mayor y menor. La IND. se reduce á la agricola, 2 molinos harineros y algunos telares para lana, lino y estopa: POBL. 41 vec.: 218 alm.: CONTR. con su ayunt. (V.).

ARGOZON: l. en la prov. de Lugo, ayunt. de Chantada y felig. de San Miguel de *Monte* (V.): POBL. 7 vec.; 38 almas.

ARGOZON: ald. en la prov. de Lugo, ayunt. de Chantada y felig. de San Vicente *Argozon* (V.): POBL. 3 vec.: 17 almas.

ARGUAL: pago de la isla y part. jud. de la Palma, prov. de Canarias: SIT. al O. de la isla, al S. del barranco de las Angustias y á 894 pies de profundidad, en sitio ameno y delicioso donde entre otras plantaciones se cultiva la caña de la azúcar. Tiene 1 ermita bajo la advocacion de San Pedro, 1 buen ingenio de azúcar, hermosas casas de campo con deliciosos jardines y 1 espaciosa y elegante plaza. Corresponde á la jurisd. y felig. del l. de los Llanos, con el que va unido en cuanto á POBL., PROD., RIQUEZA Y CONTRIBUCION.

ARGUAMUL: pago de la isla de la Gomera, prov. de Canarias, part. jud. de Sta. Cruz de Tenerife, jurisd. y felig. de *Vallehermoso* (V.): se halla SIT. en TERRENO fértil en vino y arboles frutales, con abundancia de aguas para el riego, y tiene 1 ermita bastante regular.

ARGUAYADA: monte en la isla de la Gomera, prov. de Canarias, part. jud. de Sta. Cruz de Tenerife. Es una de las mas principales y escarpadas rocas, que recorren el terr. de Chipude.

ARGUAYO: ald. de la isla de Tenerife, prov. de Canarias, part. jud. de Orotava. Está SIT. en un angosto vallecito al pie del pico de su nombre, al O. de la isla y N. de la espresada v. (V.).

ARGUEBANES: conc. en la prov. de Santander, part. jud. de Potes, dióc. de Leon, aud. terr. y c. g. de Búrgos, ayunt. de Camaleño: SIT. á lo largo y á der. é izq. de un arroyo que tiene su origen en las elevadas peñas que forman la cord. llamada *Peñas de Europa*; y en un estrecho valle que corre entre E. y S., por cuya razon su CLIMA es algo frio, aunque sano, sin conocerse por lo regular mas enfermedades que las estacionales. Tiene 27 CASAS, en lo general de pobre construccion y mal distribuidas; 1 escuela de primeras letras, cuyo maestro está dotado con 200 rs., y mantenido por los padres de los 12 á 14 niños que á ella concurren; y 1 pequeña igl. parr., sit. al S. del pueblo, bajo la advocacion de San Adriano, cuya festividad se celebra el dia 8 de setiembre: tiene por anejo el l. de Tanarrio, y está servida por 1 cura perpétuo de provision en concurso general. Hay tambien á dist. de 1/4 de hora, y en una pradera, 1 ermita dedicada á San Justo; está ya casi arruinada, y sin embargo todavía concurren muchas gentes el dia del Santo á beber y bañarse en 1 fuente bastante abundante y de buenas aguas, que existe en aquel sitio. El cementerio está al lado y contra las paredes de la igl. Confina el TÉRM. por N. con los de Colio y Viñon, por E. con el últimamente referido, á 1/2 hora de dist., y con el de Santibañez; con este mismo por S. á 1/2 cuarto, y por O. con el de Leon á 3/4. El TERRENO es montuoso, aprovechándose para el cultivo de cereales y prados naturales los sitios mas llanos; su calidad es por lo general de fondo calizo y de cado, ó sea cayuela, estando en su mayor parte cubierto de yerbas: los montes se hallan poblados de encinas, alcornoques, robles y algo de haya, siendo comunes con el concejo de Santibañez para el aprovechamiento de pastos, leñas, maderas y granos, que se disfrutan en plena propiedad. De poco tiempo á esta parte se tiene especial cuidado en la propagacion de los alcornoques por el prod. del corcho. Las únicas aguas que puede decirse fertilizan este terreno, son las del arroyo que pasa por el l., donde le atraviesa 1 puente de piedra, y 2 pontones de madera, dando ademas movimiento á 2 molinos harineros de una pequeña piedra cada uno, que sin embargo de la perennidad de las aguas, quedan sin movimiento alguna que otra vez, por escasear aquellas, en cuyo caso bajan los hab. los granos á los molinos que dentro del térm. se hallan sobre el r. Deva. Con el agua de este arroyo, y por un cáuce que principia junto á las primeras casas del pueblo, se riegan en el de Treviño bastantes huertas y terrenos que prod. buenas y diferentes hortalizas, que se venden en Potes y aun fuera del pais. Los CAMINOS son carreteros, muy estrechos no obstante, y se hallan en mal estado; recibiendo la CORRESPONDENCIA en el antedicho pueblo: PROD.: trigo, cebada, centeno, maiz, legumbres y patatas: cria ganado vacuno, caballar, lanar, cabrío y de cerda; hay tambien árboles frutales en abundancia, como son, nogales, castaños, perales, manzanos, ciruеleros, avellanos silvestres y otros varios; cázanse en las peñas mas elevadas algunos rebecos (especie de cabra-montes), y bastantes animales dañinos en el resto de los montes: IND.: los molinos harineros de que ya se hizo mérito, y conduccion de leña á Potes: POBL.: 19 vec., 94 alm.: CONTR.: con el ayuntamiento.

ARGUEDAS: v. con ayunt. en la prov., aud. terr. y c. g. de Navarra, merind. y part. jud. de Tudela (2 1/2 leg.), dióc. de Pamplona (13 1/2), arciprestazgo de la Rivera: SIT. á la izq. del r. *Ebro*, en un llano, donde la combaten principalmente los vientos del N., y goza de CLIMA bastante saludable, siendo las enfermedades comunes calenturas intermitentes y pulmonias. Tiene 280 CASAS, la municipal, cárcel, carniceria, matadero, 2 posadas, 1 hospital para enfermos pobres, escuela de primeras letras, dotada con 3,604 rs., á la que asisten 45 niños, otra frecuentada por 24 niñas, cuya maestra percibe 1,095 rs. al año: 1 igl. parr. bajo la advocacion de San Estéban Proto-mártir, servida por 1 cura párroco y varios beneficiados; 1 ermita dedicada á San Miguel y otra á Ntra. Sra. del Yugo, construida sobre uno de los montes mas elevados del térm., la cual es muy concurrida por los devotos, y tiene para su servicio 1 capellan. Confina el TÉRM. por N. con el de Valtierra (1/2 leg.), por E. con el monte llamado *Bardena Real*, por S. con el de Tudela (2 1/2), y por O. con el r. Ebro; y se estiende 1 leg. de N. á S., y 2 de E. á O.: el TERRENO participa de monte y llano; es de calidad fuerte y muy productiva; le fertilizan en parte las aguas del r. *Aragon* conducidas por una acequia que principia cerca de Milagro, las cuales tambien aprovechan los vec. para su gasto doméstico, por ser buenas y saludables. Se cultivan anualmente 6,000 robadas de tierra, y otras tantas quedan en descanso; destinándose para toda especie de legumbres 200 robadas, 100 para hortaliza y frutas, y 40 para cáñamo y lino. Hay ademas 720 de viñas, 140 de olivar, 2,000 de sotos y prados, y mas de 14,000 de pastos en los montes, donde tambien se cria romero, sabina, coscojo, plantas aromáticas y medicinales, y leña para combustible. El monte estuvo antiguamente poblado de pinos y otros árboles á propósito para construccion, pero en el dia se halla casi destruido por la poca ó ninguna policía que en él se tiene. Cruza el térm. y por la v. el CAMINO real que atraviesa toda la prov. dirigiendo á Aragon, Castilla y otros puntos. La CORRESPONDENCIA se recibe de Pamplona el lúnes, miércoles y sábado, y sale el domingo, mártes y viérnes: PROD.: cosecha ordinariamente en cada año 22,000 robos de trigo, 6,000 de cebada, 2,500 de avena, vino, aceite, cáñamo, lino, legumbres, hortaliza y frutas: sostiene ganado mular, vacuno, lanar y cabrío; hay caza de liebres, conejos y perdices, con algunos animales dañinos, y pesca de barbos y madrillas: IND. y COMERCIO: ademas de la agricultura tiene esta v. 1 fáb. de jabon, otra de aguardiente, 1 molino de aceite, otro harinero, y 1 alfareria, dedicándose tambien los vec. al tejido de lienzos caseros, y á los oficios y artes mecánicas de necesidad: el comercio consiste en la esportacion de frutos sobrantes é importacion de los necesarios, con particularidad de géneros de vestir, coloniales y ultramarinos: POBL.: segun noticias oficiales, 205 vec., 1,068 alm.: RIQUEZA PROD.: 326,618 rs.

HISTORIA. El abate Masdeu comentando una inscripcion que figura en su coleccion de lápidas, con el patronímico *Andelonensis*, por el cual puede corregirse el *Andologenses*, que se lee en Plinio, asignando á estos ciudadanos de la clase de estipendiarios, segun espresa el mismo, al conv. jurídico de Zaragoza, reduce la c. *Andelus*, que las tablas de Ptolomeo presentan en la region de los vascones á esta v. de *Arguedas*; pero á pesar de ser pobl. ant., con fortificaciones romanas, no puede determinarse esta correspondencia, pareciendo por el contrario mas probable la de *Andelus* al desp. de Andion; pues *Andelus*, segun las graduaciones de Ptolomeo, estaba algunos minutos al S. de Pamplona, como lo está Mendigorría, en cuyo térm. jurisd. se encuentra Andion, repugnando conocidamente su reduccion á Andosilla, que opinaron Oihenart y Sandoval, por caer mas de un grado debajo de Pamplona. No cabe decidirse el nombre que distinguiera á *Arguedas* siendo romana; aunque los restos de sus ant. fortificaciones, como se ha dicho, atestiguan su existencia en aquella época. Fué conquistada á los moros por el rey D. Sancho Ramirez en 1084, haciendo tanto aprecio de su conquista, que la señaló como época notable en algunos de sus diplomas. Tenia entonces cast. con torres, y fort. en sus inmediaciones. El mismo rey dió en el año 1092, fuero á sus pobladores, concediéndoles tambien el uso de la *Bardena* (monte real); que en las posesiones no entrase un hab. sobre otro hasta pasados 10 años, y que entonces lo hiciera quien antes pudiera; que en sus pleitos con los estrangeros no pudiesen probar estos sino con un vec. de Arguedas y otro de fuera; que el que tuviere que pedir justicia contra los de Arguedas, viniese á la *puerta del vec.*; que no fuesen en *hueste*, sino con pan de tres dias á *batalla campal*; que la pena de toda herida sin sangre, fuese 5 sueldos; de herida con sangre que cayese en tierra, 10 sueldos; de homicidio dentro del muro 500 sueldos, y fuera 250 sueldos. Al siguiente año hizo donacion de su igl. al monast. de San Ponce de Tomeras, cuyos monges residieron en ella, hasta que retirados á Francia por causa de las frecuentes guerras, se invirtieron sus rent. en la institucion de un Priorato secular, cuyo patronato pertenece á los marqueses de Falces, por merced hecha á Mosen Pierres de Peralta en 1461. El rey D. Alonso el Batallador en 1127, queriendo fomentar la pobl. de Arguedas, la dió el térm. de la Lima de los Aguilares por el vertiente de las Aguas, y desde los Aguilares hasta el camino de Tudela. Tambien le dió el Candebalo con el Yugo, por el vertiente de las aguas hasta Lima. En 1221, Arguedas, Valtierra y Cadreita, hicieron hermandad, para defenderse de cuantos hombres les quisiesen hacer daño, sobre los regadíos; en cuyo particular, reunidos los 12 junteros ó dip. de los 3 pueblos, sometieron sus diferencias al juicio del alc. de Fimes, quien, preguntando *cual era el fuero de las aguas*, por amor de vedar el mal, dijo: que dicho fuero era, que cualquiera hombre de Arguedas, ó de Valtierra, *que travesaze el Riguo* (rio mayor), *en los dias sábados, pechase 15 sueldos; é por quisquaduna* (cualesquiera) *otra folladura 5 sueldos en madre ó fuera de madre; é en los dias sábados, que será lagoa de Arguedas, que troven el riguo ansi aquisado que de lur agoa non pierdan; é si por ventura en alguna heredat trovaren el riguo afollado: ond lagoa se perdiese, el seinor de la heredat adobe el riguo é peche 5 sueldos.* El rey don Teobaldo I hizo merced de esta v. y de la de Cadreita al arz. de Toledo, D. Rodrigo Gimenez, para su vida; asi lo reconoció este en 2 escrituras que otorgó al efecto, en 1235. En 1254, los jueces de amparanzas ó de agravios, nombrados en la menor edad del rey D. Teobaldo II, para conocer de las reclamaciones de los pueblos, acerca de los contrafueros cometidos por D. Sancho el Fuerte y D. Teobaldo I, declararon que los caballeros é infanzones de Arguedas podian gozar de la deh. de Peñaflor, desde el cabo de la peña y Valfondo (valle hondo) de los Molares, hácia el pueblo, y cortar leña, como lo hacian hasta que se edificó el cast. de Peñaflor, en cuyo tiempo el rey D. Sancho les despojó de este derecho. En 1366, tenia Arguedas 108 vec., y en 1379, decia el rey D. Cárlos *II*, que los vec. de Arguedas, que en tiempos anteriores componian 61 fuegos, habian quedado reducidos á 50, sobre los cuales se repartian las ayudas: que posteriormente los malos tiempos habian disminuido todavía la pobl. á 30 vec.; en cuya consideracion, y en la de los gastos que hicieron los labradores en conquistar y guardar el cast., mandó que solo pagasen por 30 fuegos. El consejo de Arguedas hizo en 1433, un cambio con el rey D. Juan II; este cedió al pueblo el tributo perpetuo de 100 cahices de trigo que le pagaba, y el pueblo traspasó al rey el horno de la v., bajo las condiciones siguientes: que todos los francos fuesen obligados á cocer su pan en dicho horno, pagando de derechos de 20 panes 1, y á este respecto si no llegasen á 20: que si algun franco cociese en horno que fuese de los hidalgos, ó de otro cualquiera, pagase de multa al rey 5 sueldos y ademas los derechos: que los hijosdalgo quedasen en la libertad que tenian de hacer hornos en sus casas, segun habia sido costumbre para cocer su pan; pero no cociéndolo en sus casas deberian hacerlo en el horno real: que el concejo cedia tambien al rey el molino del pueblo bien reparado, siendo, de alli en adelante, de cuenta del rey la conservacion: que los vec. no pudiesen moler sus granos en otros molinos, bajo la pena de 10 sueldos, escepto los hidalgos, que podrian moler en otra parte: que el pueblo fuese obligado á tener las acequias del molino en disposicion de poder moler; pero de manera que pudiesen los vec. sacar el agua para regar sus heredades. En 1456, el rey D. Juan II donó esta pobl. y su cast. á Mosen Martin de Peralta, canciller del reino, y merino de la Ribera, en consideracion á los muchos servicios que le hizo en la guerra contra el príncipe de Viana. Tambien le dió las pechas, asi de cristianos como de judios y moros, con la jurisdiccion mediana y baja perpetuamente, con la facultad de poderla enagenar, reservándose el rey la alta justicia. En 1471, esta pobl. se quejó al rey D. Juan II, de que antiguamente tenia mas vecindario, y que fué tasado en 48 libras por cada cuartel: que despues, á causa de las guerras se habia rebajado la mitad de esa contr. á todos los pueblos del reino, escepto á Arguedas, á quien solo se le concedió la tercera parte, quedando en 32 libras, y que nuevamente se aumentaba su perjuicio, por causa de las mortaldades, que habian disminuido su vecindario desde 90 individuos á 65. El rey, en consideracion á esto, mandó que solo pagase en lo sucesivo, y á perpetuo 24 libras. El señ. de esta pobl. habia recaido en 1491, en Martin de Peralta, hijo y sucesor de Mosen Martin el Canciller. El pueblo le puso pleito acerca de la jurisd, y del alcaidio y bailio; y aunque Peralta renunció el derecho, el rey D. Juan de Labrit declaró que esta renuncia no le perjudicase, ni á sus herederos; sino que el privilegio de donacion anterior quedase en su fuerza como si tal renuncia no se hubiese hecho. En 3 de diciembre del mismo año, los reyes D. Juan y Doña Catalina agregaron esta pobl. al patrimonio real para siempre, concediéndole al mismo tiempo el privilegio de proponer 3 personas para alc., de las cuales el rey eligiese una, y que esta con el baile ejerciese la jurisdiccion, y administrase justicia en los casos que ocurriesen, tocantes á los oficios de alc. y baile: todavia, en 1542, D. Hernando de Beaumont y Doña Luisa de Peralta, su mujer, en quienes parece recayeron los derechos de Mosen Martin de Peralta, siguieron pleito contra el patrimonial del rey acerca de la pertenencia de las penas de homicidios, y foreras de Arguedas, y se declaró en favor del rey. Esta v. obtuvo la gracia de asiento en cortes el año 1608. En 1665 se le concedieron otros privilegios, entre ellos el de nueva forma de gobierno municipal, el disfrute de las *Bardenas* como lo tenia Tudela, por cuyas gracias dió esta pobl. 800 ducados. Hace por armas en campo de plata 1 cast. con 3 torres en medio de 2 pisos. Es patria de Sor Jacinta de Atondo, religiosa franciseana, cuya ejemplar vida escribió el P. Fr. Antonio Arbid.

ARGUEIRO: ald. en la prov. de la Coruña, ayunt. de Mazaricos y felig. de San Julian de *Beba* (V).

ARGUELLES: el Sr. Trelles Villademoros, en su Asturias ilustrada, hace mérito de 1 pobl. de este nombre, diciendo que en 1064, fué donada por D. Froylano, ob. de Oviedo, á la igl. de esta ciudad.

ARGUELLES (San Martin de): felig. en la prov., dióc. y part. jud. de Oviedo (2 leg.), y ayunt. de Siero (3/4): sit. en un llano sobre las márg. del Noreña: su clima apacible y sano, comprende los l. ó ald. de Cuesta, Fonte-Espin y Sabelga, que reunen 70 casas muy medianas. La igl. parr. (San Martin), está servida por 1 curato de ingreso y patronato ep. El term. confina con el de Noreña y San Miguel de la Barrera; le baña el mencionado r.: el terreno es de buena calidad, y sus montes de pastos son de comun aprovechamiento: tiene destinados á cultivo sobre 1,000 dias de bueyes, 400 á prados, y unos 70 de bosque arbolado: los caminos son locales y poco cuidados: el correo se recibe en la Pola: prod.: maiz, trigo y escanda, algunas legumbres, frutas y hortalizas: cria ganado vacuno, cabrio, de cerda, y algo de caballar y mular: se encuentra caza, y no escasea la pesca de truchas y anguilas: ind.: la agricola y 2 molinos harineros: pobl.: 71 vec., 355 alm.: contr.: con su ayuntamiento (V).

ARGUELLITE: sitio ameno entre S. y O. de la v. de Yeste (3 1/2 horas), prov. de Albacete, compuesto de 70 cortijos algun tanto separados unos de otros, colocados en forma de anfiteatro, en una estensa huerta poblada de moreras, frutales, y encinas ó carrascas: su terreno se riega con varias fuentes abundantes que nacen al S., siendo una de ellas origen del arroyo llamado *Madera*: hay 1 molino harinero para el surtido de los cortijos, cuya pobl. va inclusa en el art. de *Yeste* (V).

ARGUELLOS: herm. en la prov. de Leon, part. jud. de La Vecilla: se compone de los conc. de Val de Lugueros, Mediana de Argüello, y la Tercia del Camino, que constituyen en el dia los ayunt. de Lugueros, Cármenes y Rodiermo. Estos conc. gozan de varios privilegios, confirmados por nuestros reyes, y se hallan en lo mas áspero de las montañas de Leon, confinantes al N. con la prov. de Oviedo por los puertos de Vegarada y Piedrafita.

ARGUELLS (San Pere de): l. con ayunt. en la prov. de Lérida (9 leg.); part. jud. y adm. de rent. de Cervera (1), aud. terr. y c. g. de Cataluña (Barcelona 13), dióc. de Vich (24): sit. en las inmediaciones de la carretera que va desde la cab. del part. á Igualada, en terreno llano, con libre ventilacion, cielo alegre y clima sano. Tiene 30 casas y 1 igl. parr., dedicada al Apóstol San Pedro, cuya fiesta se celebra con la posible solemnidad el 29 de junio: es matriz, y tiene por aneja la parr. de Lisquella; el curato es perpétuo, y lo provee el diocesano, prévia oposicion en concurso general. Confina el térm. con los de Monmaneu, Rocamora y la Panadella. El terreno, llano en general, es muy fértil y prod.; parte del mismo se riega con las aguas de 1 torrente que viene de Pallerol, las cuales tambien aprovechan los hab. para beber y para otros objetos: prod.: trigo, cebada, legumbres, vino, aceite, y cria ganado lanar, el vacuno preciso para la labranza, y mucha caza de varias especies: pobl., segun los datos oficiales; 9 vec., 91 alm.: cap. imp.: 28,028 rs.

ARGUERA: cas. en la prov. de Oviedo, ayunt. de Nava y felig. de San Andres de *Cuenya* (V.): pobl.: 2 vec., 9 almas.

ARGUERA: cas. en la prov. de Oviedo, ayunt. de Infiesto y felig. de San Juan de *Berbio* (V.): pobl.: 2 vec., 9 almas.

ARGUERO: l. en la prov. de Oviedo, ayunt. de Villaviciosa y felig. de San Mamés de *Argüero*. (V).

ARGUERO ó MERON: r. en la prov. de Oviedo y part. jud. de Villaviciosa: se forma de la riega Ladrona que nace de la fuente de la Plata en la felig. de Careñes: en su curso se le agregan varios arroyos de escaso caudal, y sirve de lim. de Careñes y Villaverde con la parr. de San Mamés de Argüero: cria truchas, anguilas, mugiles y soyos, y deposita sus aguas en el Océano por la ensenada de *Meron*, por lo cual suelen darle este nombre.

ARGUERO (San Mamés de): felig. en la prov. y dióc. de Oviedo (6 1/2 leg.), part. jud. y ayunt. de Villaviciosa (1 1/4): sit. al S. y costa del Océano Cantábrico: clima templado y sano, pues aunque se padecen fiebres catarrales y algunas pútridas, sus hab. suelen contar de 60 á 90 años: se compone de los l. de Avedules, Argüero, Bustiello, Manzanedo, Robledo, San Felix, Foncalada, Toral, Lloraza (la) y Quintanas que reunen 90 casas de mala construccion y pocas comodidades: la igl. parr. (San Mamés), nada notable por su mérito artístico, se halla sit. á la inmediacion de la casa rectoral, en una esplanada, y circundada de árboles; es de una nave en la que tiene 3 altares; forma el testero ó capilla mayor el de San Mamés, y los colaterales están dedicados á Ntra. Sra. de las Niéves y á San Antonio de Pádua; las alhajas y ornamentos que posee son pobres y los puramente indispensables para el culto: el curato es de ingreso y patronato laical y el sacristan nombrado por el cura. El cementerio se halla al N. de la igl. con buena ventilacion, y finalmente hay 1 capilla pública (San José), en el barrio de Bustiello. El térm. que se estiende como á 1/2 leg. cuadrada, confina por N. con el mar, por E. con el de las parr. de Santa Maria de Tuero y Sta. Eulalia de la Lloraza; por S. con el de los de San Andrés de Badriñana y San Justo, y por O. con el r. Meron, que forma linea divisoria entre la parr. de Argüero y las de Sta. Eulalia de Careñes y San Pedro de Villaverde: tiene sobre 20 fuentes de agua potable, abunda en canteras de piedra de grano de la mejor calidad para obras de silleria, y las hay tambien de mármol de color, que apenas se benefician: se encuentra mineral de azabache del que elaboran rosarios, collares, tinteros, cajas y otros juguetes que esportaban á Ultramar, y cuya ind. puede decirse ha desaparecido. Corren por el térm. varios arroyuelos que llevan sus aguas al r. Argüero ó Meron, que le baña por el S. y da impulso á 6 molinos harineros. El terreno, aunque en lo general llano, tiene algunos ribazos, y casi la mitad inculto: hay varios arbolados de robles y abedules y algunos de castaños y manzanos. La tierra que se cultiva será sobre 500 dias de bueyes, y su calidad de segunda suerte. Los caminos que cruzan esta felig. solo son de pueblo á pueblo y se hallan en mediano estado; el correo se recibe de la cap. del part.: prod. escanda, maiz, centeno, trigo, patatas, habas y otras legumbres, hortalizas y frutas, y en particular manzanas, de las que se elaboran de 60 á 70 pipas de sidra: cria ganado vacuno, caballar, lanar, cabrio y de cerda: ind. la agricola y 6 molinos harineros; algunos vec. se dedican á las canterias, á la referida saca y elaboracion del azabache, y á la carpinteria y recomposicion de artefactos: comercio: para enagenar los frutos sobrantes, asi como para proveerse de los art. necesarios y de que carecen estos vec., concurren á Villaviciosa y Gijon; y la única fiesta notable que celebran, es la de su patrono (San Mamés) el dia 7 de agosto: pobl. 100 vec. 425 alm.: contr. con su ayunt. (V.).

ARGUES (Mas de): casa rural de la prov. (part. jud.) dióc. y térm. jurisd. de *Tarragona* (V.).

ARGUESO: v. y cap. del marquesado de su nombre en la prov. de Santander, part. jud. de Reinosa, aud. terr., c. g. y dióc. de Búrgos: sit. en una hondonada que forman varios cerros, prolongaciones de la sierra de *Isar* y de la de Peñarobre; disfruta de buena ventilacion y clima sano: tiene 1 igl. parr. bajo la advocacion de Sta. Maria, servida por

1 cura párroco: es matriz y tiene por anejos los pueblos que constituyen el marquesado (V.). Confina el term. con los de Soto, Paracuellos, Serna y Camino, todos en el radio de 1/4 de leg.: le fertiliza 1 arroyo que desde el N. de la v. desciende por el E. de la misma en direccion del S. y va á unirse con otro arroyuelo que baja de Soto para desaguar unidos en el r. *Ijarilla.* El TERRENO es de mediana calidad: PROD. cereales, legumbres y lino, y cria algo de ganado lanar: IND. telares de mezcla de lino y lana, llamada *blanqueta*, y de lienzos ordinarios: POBL. RIQUEZA Y CONTR. (V. el art. de ARGUESO MARQUESADO).

ARGUESO: marquesado de la casa del Infantado en la prov. de Santander, part. jud. de Reinosa, aud. terr., c. g. y dióc. de Búrgos: SIT. en las vertientes orientales de la sierra de Isar y las meridionales de la de Peñarobre: forma el ayunt. de su nombre con los pueblos de Argüeso, Serna, Espinilla, Abadia, Barrio, Naveda, Mazandredo, Entrambasaguas, la Lomba, la Hoz y Villar. Su TERRENO todo está cortado por prolongaciones de las espresadas sierras, distinguiéndose por su elevacion los cerros de Pastiza, el Cueto, el Castro, el Castrillo, la Traquineja y los Picales; en los intermedios de estos hay algunas cañadas, y una hermosa vega llamada de Palombo. Le baña el r. Ijarilla que desde el O. del marquesado, describiendo varias sinuosidades, se dirige al NE. pasando por los térm. de Entrambas-aguas, donde tiene 1 puente y recibe el arroyo que baja de Abadia por Celada de los Calderones, Barrio y Espinilla, donde hay otro puente; cambia de direccion al SE. y riega en su descenso el térm. de Villacantil y despues el de Naveda, saliendo del marquesado enriquecido con el caudal de otro arroyo que viene del último punto. Las tierras en cultivo son de bastante regular calidad y prod. cereales, legumbres y lino; cria ganado lanar y buena caza: IND.: telares de lino y lana ordinarios, y de una mezcla de ambos que llaman blanqueta, de la cual se sirven las mujeres para sus vestidos: POBL. de todo el marquesado: 159 vec. 809 alm.: CONTR. 13,631 rs. 1 mrs: RIQUEZA PROD. ó IMP. (V. el art. PART. JUD.).

ARGUETAS: alq. ó cortijo de la prov. de Badajoz, part. jud. y jurisd. de Fregenal de la Sierra.

ARGUIDE: l. en la prov. de Lugo, ayunt. de Fonsagrada y felig. de Sta. Maria de *Trobo* (V.): POBL. 18 vec. 101 almas.

ARGUIELLA: l. en la prov. de Oviedo, ayunt. de Gijon y felig. de San Salvador de *Perlora* (V.): POBL. 7 vec., 36 almas.

ARGUIJO: alq. sujeta al ayunt. de las Veguillas y al beneficio curado de Canillas de Torneros, en la prov., part. jud. y dióc. de Salamanca (5 leg.): SIT. cerca del r. *Valmuza*: linda por N. con Esteban-Isidro, E. con Zempron, S. con Pedro Llen, y O. con Olmedilla; y su térm. que fué propio del cabildo catedral de Salamanca, se estiende 1/4 leg. de N. á S., 1/2 de E. á O. y 1 1/2 de circunferencia: es TERRENO de pasto y labor compuesto de cortinas y tierras de secano de tres calidades, que se siembran cada tercer año: el monte alto de encina y carrasco, ocupa una estension de mas de 500 fan. y hasta 742 todo lo demas: PROD. trigo, centeno, pastos y ganados: POBL. 1 vec., 4 hab. dedicados á la agricultura y ganaderia.

ARGUIJO ó ACRIJO: ald. de la prov., intendencia y part. jud. de Sória (5 leg.), aud. terr. y c. g. de Búrgos (30), dióc. de Osma (14): SIT. á la márg. del r. Miageno al pie de un cerro llamado el *Castillejo*, que la domina por la parte del N. y estendiéndose hácia el O., se une á la sierra llamada la Fragüela, á 1/2 leg. del pueblo, y á la conocida con el nombre de Tabanera, que la domina por el S. á dist. de una leg. escasa de la sierra de Adobezo, que es una continuacion de la de Montes Claros: en direccion del E., queda circunvalada y escondida á la vista del viajero hasta hallarse muy próximo; combatida por el viento N., su CLIMA es frio y muy propenso á pulmonias, pleuresias, catarros inflamatorios y carbuncos: forman la pobl. 63 CASAS de inferior construccion; la del ayunt. que sirve tambien de cárcel; una escuela de primera educacion, á la que concurren 20 niños de ambos sexos, bajo la direccion de 1 maestro que desempeña tambien los cargos de secretario de ayunt. y sacristan, por la dotacion anual de 20 fan. de centeno y 120 rs., y 1 igl. parr. dedicada á San Juan Bautista: el TÉRM. confina por el N. con el de la Pobeda; por el S. con el de Almarza y San Andrés; por el E. con el de Barrio Martin, á 1/4 de leg. en las tres direcciones, y por O. con los de Molinos de Razon y Valdeavellano á 1 leg.; en la parte del E. á muy corta dist. de la pobl., hay una ermita dedicada á Ntra. Sra. del Villar, sit. á las márg. del r. Miageno, en cuya orilla se ven algunas praderas, un soto poblado de álamos y algunos frondosos robles y hayas, ofreciendo una agradable perspectiva; en la misma direccion, aunque á mas dist., se encuentra 1 deh. de 1/2 leg. de circunferencia, poblada de roble y cercada de pared de piedra; y hácia el N. un monte de 1/2 leg. de estension, poblado de robles, acebos y hayas; y otro monte de menor cabida, poblado de hayas y algun acebo: El TERRENO es de mediana calidad: recibe la CORRESPONDENCIA de la adm. de Sória, por el balijero de Lumbreras que la deja en la Pobeda, adonde concurre un vec. por turno á recogerla los mártes y sábados: PROD. algo de trigo, centeno, que es la principal cosecha, patatas y lino; hay ganado lanar y vacuno y algunas yeguas de cria; siendo el primero mas preferido; caza de lobos, zorras, perdices y liebres, y pesca de truchas: el COMERCIO está reducido á algunas reses de cerda, que traen los pastores del ganado lanar trashumante, cuando vuelven de Estremadura en el mes de mayo: POBL. 65 vec. 263 alm.: CAP. PROD. 38,677 rs. 22 mrs.: IMP. 19,786,16 mrs.

ARGUILEIRO: l. en la prov. de Lugo, ayunt. de Triacastela y felig. de Sta. Eulalia de *Alfoz* (V.): POBL. 2 vec., 11 almas.

ARGUILLANA: desp. en la prov. de Álava, part. jud. de Salvatierra, térm. de Nanclares de Gamboa: existe 1 ermita (San Juan), que se cree seria la parr. del ant. pueblo, del cual solo consta su memoria en el catálogo que obra en el archivo de San Millan.

ARGUINETA: cofradia en la prov. de Vizcaya y una de las que comprende la v. de *El Orrio* (V.): se compone de las barriadas de San Agustin, Arauna, Lequerica, Mendraca y Gastea, Berrio y Cenita: reune 55 cas.; tiene igl. parr. (San Agustin), y las ermitas de Sta. Eufemia, Sto. Tomás, San Martin y San Adrian de Arguineta: POBL. 56 vec. 280 almas.

ARGUIÑANO: l. con ayunt. del valle de Guesalaz, en la prov., aud. terr. y c. g. de Navarra, part. jud. y merind. de Estella (3 leg.), dióc. de Pamplona (5), arciprestazgo de Yerri: SIT. en la falda de la sierra de Andia; combátenle todos los vientos escepto el O. y el CLIMA es frio y propenso á enfermedades catarrales y pulmonias. Cuenta 47 CASAS, 1 igl. parr. bajo la advocacion de San Martin ob., servida por 1 abad y 1 beneficiado, escuela de primeras letras á la que concurren de 18 á 20 niños; el maestro está dotado con 1,400, rs. y tiene ademas la obligacion de asistir á la sacristía. En el centro del pueblo hay 1 fuente con su lavadero, cuyas esquisitas aguas aprovechan los hab. para sus usos domésticos. Hay tambien 2 ermitas dedicadas á Ntra. Sra. del *Camino*, la cual existe 150 pasos S. del pueblo; y la otra á San Miguel Arcángel, sit. á los 300 O. Confina el TÉRM. por N. con la sierra de Andia, por E. con los de Iturgoyen y Riezu (3/4 leg.), por S. con los de Muez, Irujo y Viguria (1/2), y por O. con los de Vidaurre, y Guembe (1/4); brotan en él varias fuentes, cuyas aguas dan riego á diferentes trozos de TERRENO; este es quebrado en su mayor parte y de buena calidad: abraza 500 robadas que siembran por mitad en cada año, de trigo, avena, habas, maiz, garbanzos, arvejas y otras legumbres; rindiendo generalmente un 3 por 1 de cosecha; el resto se emplea en los demas granos. Por el lado N. y mencionada sierra de Andia hay un monte poblado de robles. Los CAMINOS son locales y se hallan en regular estado. La CORRESPONDENCIA la recibe de Estella por balijero los lúnes, y viérnes, saliendo en los propios dias: PROD. toda clase de granos, aceite, vino y lino: cria ganado caballar, de muy buena calidad para el trabajo, vacuno, de cerda y lanar, y caza de perdices: POBL. 47 vec. 222 alm.: CONTR. con el valle.

ARGUIÑARIZ: l. con ayunt. del valle de Mañeru, en la prov., aud. terr. y c. g. de Navarra, merind. y part. jud. de Estella (3 leg.), dióc. de Pamplona (5 1/2), arciprestazgo de Yerri: SIT. á la der. del r. *Arga*, en terreno escabroso, con libre ventilacion y CLIMA muy sano. Tiene con el cas. de Gorriza, que es su añejo en cuanto á lo municipal, 33 CASAS, 1 escuela de primeras letras á la que asisten de 15 á 20 niños de ambos sexos, cuyo maestro percibe 652 rs. de sueldo anual y 1 igl. parr. bajo la advocacion de San Martin, servida por

1 cura párroco llamado Abad. Confina el TÉRM. por N. con el de Muniain; por E. con el espresado Gorriza; por S. con el r. *Arga*, y por O. con el de Arzoz, de cuyos puntos dist. 1/2 leg. poco mas ó menos: el TERRENO es bastante áspero; brotan en varios parages del mismo algunas fuentes de esquisitas aguas, las que aprovechan los vec. para su gasto doméstico y otros objetos. Entre las tierras destinadas al cultivo hay considerables trozos de viñedo; y las incultas ofrecen arbolado para construccion y combustible, y buenos pastos para toda clase de ganado: PROD.: trigo, cebada, avena, maiz, legumbres, vino y hortalizas; sostiene ganado mular, vacuno, lanar y cabrio: POBL. 33 vec., 167 alm.: CONTR. con el valle.

ARGUIOL: l. en la prov. de Oviedo, ayunt. de Castropól, y felig. de Santa Eulalia de *Presno* (V.): POBL. 21 vec., 96 almas.

ARGUIS: l. con ayunt. de la prov., part. jud., adm. de rent. y dióc. de Huesca (4 leg.), aud. terr. y c. g. de Zaragoza (14): SIT. en la falda de una montaña á dist. de medio cuarto de hora del pantano de Huesca, ventilado por el N. y NO.: su CLIMA es sano, sin embargo, por causa sin duda de su inmediacion al espresado pantano, se desarrollan algunas enfermedades como tabardillos y otras. Forman la pobl. 28 CASAS y 1 igl. parr. bajo la advocacion de San Miguel, de la que es aneja la del l. de Nueno, servida por 1 cura y 1 sacristan; el curato es de cuarta clase, y se provée por S. M. ó el diocesano, prévia oposicion en concurso general; el edificio es fabricado de piedra con 3 altares de madera: el cementerio se halla contiguo á la igl. á un estremo del pueblo, en parage bien combatido por los vientos. Hay 1 escuela de primeras letras, dotada con 6 cahíces de trigo comun; asisten á ella de 12 á 16 alumnos. Fuera del pueblo á corta dist. se encuentran fuentes de buenas aguas para el surtido de los vec., 2 balsas que sirven para el abrevadero de los ganados, y á 1/4 de hora 1 ermita dedicada á la Virgen con el título de Sondevilla: confina el TÉRM. por el N. con el de San Vicente (1 hora.); por el E. con el de Belsue (3/4); por el S. con el de Puigbolea (1 leg.); por el O. con el de Nueno (1); dentro de su jurisd. y dependiente de la misma, se halla el meson de la For, el cual es 1 casa sit. no lejos del pueblo en el camino de Francia, en la que descansan los transeuntes que no quieren entrar en el lugar: el TERRENO participa de llano y monte; pero todo él es árido, flojo, de secano y de tan mala calidad, que no admite la semilla del trigo: carece de bosques arbolados, pero la mayor parte de lo inculto está poblado de coscojo y arbustos que porporcionan abundante leña para el combustible y carbonear; y cria yerbas de pasto: los CAMINOS son locales á escepcion del que desde Huesca conduce á los baños de Panticosa y Francia: todos son de herradura: la CORRESPONDENCIA se recibe de Huesca por medio de balijero una ó dos veces por semana: PROD. cebada, centeno, avena, ganado lanar y cabrio en corto número: POBL. 21 vec., 14 de catastro, 240 alm.: CONTR. 4,463 rs. 32 mrs.

ARGUISAIN (STA. MARINA DE): barrio y ermita en la prov. de Guipúzcoa, part. jud. de Tolosa, y térm. de la v. de *Albistur*: POBL. 5 vec. y 21 almas.

ARGUISAL: l. de la prov. de Huesca (10 leg.), part. jud., adm. de rent. y dióc. de Jaca (4), aud. terr. y c. g. de Zaragoza (22): SIT. á la márg. der. del r. *Gallego* en la falda de un cerro entre 2 barrancos que corren solo con las lluvias, bien ventilado, principalmente de los vientos del N.: el CLIMA es sano, si bien algo propenso á tercianas. Forma ayunt. con el l. de Escuer, residiendo en Arguisal 1 regidor y el síndico. Tiene 7 CASAS de 2 pisos de alto reunidas, las calles son irregulares y sucias, parte por la naturaleza escabrosa del terreno, y parte por desidia de los hab., y 1 separada 1/4 de hora de las anteriores, á la cual se le da el nombre de ventorrillo, porque hallándose próxima al camino que se dirige de Jaca á Huesca, sirve al propio tiempo de posada ó parador. Hay 1 escuela de primeras letras dotada con 4 cahíces de trigo que se recaudan de los vec., y 1 igl. parr. antiquisima bajo la advocacion de San Martin, aneja de la parr. de Escuer, cuyo párroco pasa á celebrar misa los dias feriados, y administra los Santos Sacramentos caso de necesidad. Fuera del pueblo se encuentra 1 fuente abundante, de aguas muy saludables para el surtido de los vec.: confina el TÉRM. por el N. con el de Binlas (1 leg.); por el E. con los de Ozores y Elivan (1/2 leg,); por S. con el de Senegui á igual dist. que el primero, y por el O. con el de Larres (1 1/2 leg.): el TERRENO es montañoso y escabroso, y muy tenaz; como está en pendiente, por escasas que sean las lluvias, arrebatan las mejores tierras. Hay bosques de pinos y cajigos, pero de tan mala calidad, que solo aprovechan para leña. El Gallego pasa inmediato á la pobl. en direcion al S., lleva bastante agua, causando notables perjuicios con sus frecuentes innundaciones: en pocos años ha destruido un hermoso soto que habia entre el pueblo y la márg. que con este linda, conocidamente y por instantes va socavando el terreno que le separa de las casas; y de temer es que un dia quede sumergida la pobl., si sus vec. no le oponen un dique, ya sirviéndose de estacadas, ya plantando árboles á su orilla: los CAMINOS son todos de herradura, inclusos los generales, y muy difíciles: PROD.: trigo, cebada, judias, panizo y las legumbres y hortalizas para el consumo; y cria ganado lanar, cabrio y vacuno en muy poco número; y en el monte osos y lobos: POBL. 7 vec., 5 de catastro, 72 alm.: CONTR.: 1,594 rs. 9 mrs.

ARGUISANO ó STA. CRUZ DE ARGUISANO: nombre que se daba á la ant. union de las v. de *Esquioga* y *Zumarraga* en la prov. de Guipúzcoa: se separaron de la alcaldia mayor de Arería, y desde entonces tenian jurisd. de por sí: hoy corresponde la primera al part. jud. de Azpeitia, y la segunda al de Vergara.

ARGUISUELAS: l. con ayunt. en la prov., adm. de rent. y dióc. de Cuenca (7 leg.), part. jud. de Cañete (6), aud. terr. de Albacete (14), c. g. de Castilla la Nueva (Madrid 27 1/2): SIT. sobre una loma de poca altura á la orilla del r. Guadacaon, con 80 CASAS medianamente construidas, sin incluir la de ayunt., cárcel y pósito: la igl., que nada tiene de notable, es anejo de la parr. de Monteagudo, y está servida por 1 teniente: el TÉRM. confina por N. con el de Carboneras, E. con el de Cardenete, S. con el de Almodovar del Pinar y O. con el de Reillo: las tierras que comprende en cultivo se estienden á 2,000 fan., que producen el 5 por 1: las incultas estan destinadas á pastos, prados con algun arbolado, y bosques de maleza: lo atraviesa de N. á S. el r. Guadacaon, y los CAMINOS son de herradura de pueblo á pueblo: PROD. triga, centeno, avena y ganados: POBL. 86 vec., 342 hab. dedicados á la agricultura y ganaderia: existen 3 tejedores de lienzos, 1 husero, 2 sastres y zapatero: CAP. PROD. 905,640 rs.: IMP. 45,282 rs.; importan los consumos 2,000 rs.. El PRESUPUESTO MUNICIPAL asciende á 5,500 rs., que se cubren con los prod. de un horno y tierras de propios.

ARGUGILLO: v con ayunt. de la prov. y dióc. de Zamora (4 1/2 leg.), part. jud. de Fuente Sauco (2), aud. terr. y c. g. de Valladolid (14): SIT. á la márg. der. del arroyo Talanda, en una ribera alegre y pintoresca, y batida por los vientos N. y E., disfruta de CLIMA sano; pues si bien reinan con alguna frecuencia las intermitentes, son muchos los que llegan á la edad de 80 años: forman la pobl. 160 CASAS de piso bajo y construccion ordinaria, distribuidas en varias calles que no guardan órden ni alineacion; hay 2 plazas, llamadas de la Constitucion y de la Iglesia; la primera en la que está la casa de ayunt., es cuadrilonga de 40 varas, y 13 de ancha; y la segunda de igual figura, tiene 50 varas de longitud, y 32 de lat.; 1 escuela de primera educacion á la que concurren 120 niños de ambos sexos, dirigida por 1 maestro con la dotacion de 1,300 rs. pagados de los fondos de propios y arbitrios, y 24 fan. de trigo con que contribuyen los padres de los alumnos; y 1 igl. parr. bajo la advocacion de Ntra. Sra. de la Asuncion, servida por 1 párroco, cuyo curato es de térm. y de provision real y ordinaria; el templo, edificio sólido, de mediana arquitectura de canteria, tiene 5 altares; el mayor dedicado á la titular, es de buen gusto y escultura, con 7 estátuas, y 2 medallones de medio relieve, y 1 hermoso tabernáculo sostenido por 6 columnas, que se le añadió en 1827 para esponer á S. D. M.; á la der. hay otro dedicado á la Virgen bajo el título de la Salud, el cual tambien es de bastante mérito; no conteniendo los restantes cosa alguna notable; hay los ornamentos necesarios para el culto, pero no alhajas, pues todas se las llevaron los franceses en la guerra de la Independencia; la torre que fue reedificada en 1819 es de 6 varas de anchura y 35 de elevacion, tiene 1 capitel en figura de medio limon, 1 hermosa escalera de 64 gradas de piedra á caracol, 2 campanas grandes, y 4 pequeñas; á 200 pasos de la v. se encuentra el cementerio en direccion del E. y en parage ventilado. Confina el TÉRM. al N. con el de San Miguel de la Ribera, conocido por la *Aldea*; al S. con Escuderos y Madoral; al E. con los montes de Toro, y al O. con Fuentes Preadas; estendiéndose á 1/2 leg. de N. á S., y á 1 de E. á O.; en él se encuentran 6 fuentes de abundantes y buenas aguas, y en particular las de la que sirve para el surtido del vec. El TERRENO, fecundizado en parte por el arroyo Talanda, es de buena calidad, señaladamente en el lado de la ribera, hay en cultivo unas 2,500 fan., y hasta 21 de prado, con muy escaso arbolado: los CAMINOS de pueblo á pueblo, son de carruage y herradura, en muy mal estado: recibe la CORRESPONDENCIA de la estafeta de Fuente Sauco, á donde cada uno tiene que írsela á buscar; llega los mártes, juéves y sábados: PROD. vino de mediana calidad, trigo, cebada garbanzos, centeno, algarrobas, patatas, alubias y otras semillas: ninguna fruta, y de hortalizas solo berza comun; hay ganado lanar, aunque poco, vacuno, caballar y de cerda; caza de perdices, liebres y algun conejo: la IND. está reducida á 1 molino harinero impulsado por las aguas del arroyo Talanda; y el COMERCIO á la esportacion de los frutos sobrantes y la importacion de los art. de primera necesidad, de que carece el pueblo: POBL. 158 vec., 650 alm.: CAP. PROD 302,574 rs.: IMP. 55,381: CONTR. 15,077 rs. 21 mrs. El PRESUPUESTO MUNICIPAL que asciende á 1,470 rs., se cubre con los fondos de propios y arbitrios, y el déficit por reparto vecinal. Está v. estuvo sujeta á la jurisd. real ordinaria de la c. de Zamora, de la que fué separada por real privilegio dado en Valladolid á 19 de julio de 1558, y la ejerció por sí hasta 1821; los acontecimientos de 1823 le restituyeron esta gracia, que dejó de usar en 1834. Por otro privilegio espedido en el Buen-retiro á 21 de enero de 1742, le fué concedido como concejil, y de libre disposicion todo el terreno baldio y realengo, sin gravámen ni intervencion alguna por parte de la c. de Zamora.

ARGUL: l. en la prov. y dióc. de Oviedo (23 leg.), part. jud. de Grandas de Salime (7), ayunt. y felig. de Pesoz, *Santiago* (V.) 3/4: SIT. en una pendiente á la izq. del r. *Agüera*: el TÉRM. se estiende como 1/2 leg. de radio y confina por N. con el de Lijou, por E. con el del l. de Pelarde, por S. con el de Pesoz, y por O. con el de Segueiros: le baña el citado Agüera, pero sus abundantes aguas no se utilizan por lo escabroso que es el terreno de sus márg.; le cruzan 2 puentes llamados de Villarín y Pelorde, ambos de madera, estrechos y elevados, sit. á la parte de abajo del l. y sobre peñas encrespadas á las orillas del r. El TERRENO roturado es fértil, 60 fan. de tierra están destinadas á cereales y otras tantas al viñedo. Los CAMINOS son locales y medianamente reparados: el CORREO se recibe de la cap. del ayunt.: PROD.: centeno, maiz y vino, si bien se cosecha trigo, mucha patata y alguna castaña: IND.: la agrícola: POBL.: 30 vec., 160 almas.

ARGUSINO: l. con ayunt. de la prov. y dióc. de Zamora (8 leg.), part. jud. de Bermillo de Sayago (2), aud. terr. y c. g. de Valladolid (24): SIT. á la márg. der. del r. *Tórmes*, le bate el viento N., y su CLIMA aunque sano, prod. algunas calenturas: lo forman 60 CASAS de un solo piso; tiene 1 escuela de instruccion primaria servida por 1 maestro con la dotación de 400 rs., la que se ve concurrida de unos 30 alumnos; hay pósito y 1 igl. parr. bastante pobre, bajo la advocacion de Sta. María Egipciaca; es aneja de la de Roelos y está al cargo de 1 teniente que paga el párroco de la matriz: confina el TÉRM. por N. con Villar del Vuy, por E. con Cíbanal, por S. con r. Tórmes, y por O. con Salce: en él se encuentra 1 ermita bajo la advocacion de Sta. Eufemia. El TERRENO es quebrado y tiene monte de encina y roble; la tierra cultivable es floja y barrancosa: el Tórmes, que pasa por él, lleva su curso de E. á O. y se cruza por una barca que da paso para los part. jud. de Ledesma y Lumbrales de la prov. de Salamanca. Sus CAMINOS son bastante malos. La CORRESPONDENCIA se recibe de la adm. de Zamora por medio de 1 balijero los domingos, y sale los miércoles: PROD.: centeno, algun trigo, patatas, garbanzos, cebada y bellota, muy poca hortaliza y algun vino; cria ganado lanar, cabrio, vacuno, mular, caballar y de cerda; hay perdices, conejos y liebres, algunos peces y tencas: POBL.: 54 vec., 240 alm.: CAP. PROD.: 97,411: IMP.: 28,991: CONTR. en todos conceptos: 8,478 rs. 23 mrs.

ARGUTORIO (SAN ANDRES DE): ant. monast. en la prov. de Leon y part. jud. de Ponferrada. Estaba sit. á orilla del r. de su nombre, cerca de San Andres de las Puentes en el Vierzo. Ya existia y se reputaba ant. á mediados del siglo X. No quedan vestigios ni constan las causas de su desaparicion á pesar de la frecuente mencion que hacen de él los documentos del siglo citado y los de los 2 siguientes.

ARGUTORIO (vulgo de SAN ANDRES DE LAS PUENTES): r. en la prov. de Leon, part. jud. de Ponferrada. Tiene su origen en térm. del l. de Fonfria en el sitio llamado el Requeron y montañas intermedias de los puertos de Foncebadon y Manzanal: corre despeñado por estrechos y profundos valles, recogiendo el caudal de multitud de fuentes y arroyuelos sin nombre, prod. de las nieves acumuladas en las montañas durante el invierno. Pasa por el pueblo de Poybueno dejando á la der. los de Fonfria y San Facundo, y á la izq. los de Mataveñero y San Andres de las Puentes. Mas abajo de este y en el sitio llamado las Bodegas hay 1 puente de madera sobre pilares de piedra, cuya composicion corresponde al citado San Andres. A poca dist., y despues de haber corrido unas 4 leg., pierde su nombre, incorporándose en el r. del Cerezal que desde aquel punto toma el de r. de Torre. Es de curso perenne, aunque escaso en el verano. Da movimiento á varios molinos de particulares, los cuales lo sangran para regar pequeñas praderias y huertecitos formados en las laderas de las montañas; abunda en esquisitas truchas que para cogerlas en verano abren muchos pozos laterales á los que, y por todos los cáuces de riego, dirigen simultáneamente el agua por medio de represas y estacadas, logrando asi dejar el lecho en seco por algunos momentos.

ARIA: l. con ayunt. del valle de Aezcoa en la prov., aud. terr. y c. g. de Navarra, part. jud. de Aoiz (5 leg.), merind. de Sangüesa (10), dióc. de Pamplona (7), arciprestazgo de Ibargoiti: SIT. entre 2 montañas donde le combaten principalmente los vientos del N., por cuya circunstancia el CLIMA es bastante frio y saludable, aunque á las veces suelen padecerse réumas y calarros. Tiene 28 casas de mediana fáb., la municipal en cuyo recinto se halla la cárcel pública, 1 escuela de primeras letras frecuentada por 26 niños de ambos sexos, y dotada con 600 rs. anuales, 1 igl. parr. bajo la advocacion de San Andres Apóstol, servida por 1 cura párroco llamado abad, y 2 erm. tituladas Santiago y San Miguel, que están fuera del pueblo en sus respectivas alturas; dentro del mismo brotan 3 fuentes de puras y cristalinas aguas, que aprovechan los hab. para su gasto doméstico. Confina el TÉRM. por N. con el comun de Aezcoa (1 leg.), por E. con el de Orbara (igual dist.), por S. con el de Aribe (1/8), y por O. con el de Garralda (1/4). El TERRENO es muy escabroso y estéril, cubierto de elevadas montañas, en cuya fragosidad se guarecen muchos animales dañinos como lobos, zorros y jabalíes, y se alimenta abundante caza de perdices, liebres, conejos, corzos y cabras monteses. Nacen en diferentes puntos varios manantiales de aguas escesivamente frias, pero delgadas y saludables, las que utilizan los moradores para abrevadero de los ganados, sin poderlas destinar al riego, porque no lo permite la gran escabrosidad del terreno; este tiene de cultivo 259 robadas, y aun podrian laborearse muchas mas, especialmente las concejiles. La parte inculta y erial comprende algunos trozos donde se crian robles, hayas, y otros árboles á propósito para la construccion civil y náutica, y en todo el térm. hay abundantes y sabrosos pastos para toda clase de ganados. Los CAMINOS conducen á Orbara, Aribe, Garralda, Burguete y Bordas, y se encuentran en malisimo estado. La CORRESPONDENCIA se recibe de Pamplona por 1 balijero que hay para todo el valle, llega y sale los miércoles y sábados de cada semana: PROD.: trigo, avena, cebada, jiron, habas, patatas y algunas legumbres, en cantidad insuficiente para el consumo de la pobl.; cria ganado caballar, de cerda, vacuno, lanar y cabrio; IND.: la agricultura y filatura de lanas para elaborar paño burdo, del que se visten los vec.: COMERCIO: esportacion de ganados y lana, é importacion de géneros de comer y vestir: POBL.: 43 vec., 218 alm.: CONTR. con el valle de Aezcoa. Los naturales de este pueblo, conforme á privilegios de los reyes, eran nobles, asi como el resto de los hab. del valle. Fué reducido á cenizas por los franceses en tiempo de la república.

ARIA: consta la existencia de esta ant. c. por las medallas, donde resulta su nombre, copiadas y comentadas por el M. Florez (*Medallas de España, tom. 1, pág.* 157). Por ellas se ha podido corregir un testo de Plinio (lib. 3, c. 1); con dificultades aun despues de la edicion de Harduino: *Oppida Hispalensis conventus Celti, Aria, Axati, Arva, Canama, Ilipa cognomine Ilia, Italica.* Honrábase esta c. con ciertos dictados, que se espresan en las siglas, C. V. N. B.: Florez interpreta *civitas victrix nobilis*; Masdeu que tambien copia estas medallas, en su coleccion de inscripciones (tom. 6, pág. 318), se inclina á creer que en ellas vienen significados los nombres de los Duumviros. Por el sábalo, que tambien presentan las medallas, conjetura Florez su correspondencia á *Peñaflor*, siendo indicio de estar puesta á orillas del Bétis. Redúcenla otros al desp. de *Setefilla*, térm. de Lora. Cean, siguiendo esta opinion, aumenta haber estado aquí la mansion del itinerario, escrito *Monte Ariorum*, cuya ortografía debe, sin duda, corregirse por el códice napolitano *Monte Mariolo*, y reducirse al *Madroño* (V.). Parece mas probable que al desp. de Sefetilla, (una estravagancia para algunos), corresponde la *Sitia* de Plinio, debiendo obtarse más bien para *Aria* por la reduccion del P. Florez.

ARIALDUNUM: Plinio menciona esta c., enumerando las mas célebres del terr., comprendido entre el Bétis y el Océano, mediterráneas respecto del mar y del r. Léese en la Venecia *Avia Ebdunum*. Puede reducirse á la v. de *Arahal*, que conserva todas las muestras de antigüedad en su sitio, y en su fortificacion cierta alusion en el nombre, y está en lo mediterráneo entre el Bétis y la costa del Océano.

ARIANDA: desp. en la prov. de Valencia, part. jud. y térm. jurisd. de Onteniente. No queda vestigio alguno de la ant. pobl.; ni mas noticia de su existencia que la que da Escolano en sus obras, y lo que refieren algunas tradiciones del pais. Hay en dicho parage 1 casa de campo llamada *Alianda*, cuyo nombre tampoco se sabe si proviene de que ocupa el sitio donde acaso se halló el pueblo de que se trata.

ARIANT: predio con cas. en la isla de Mallorca, prov. de las Baleares, part. jud. de Inca, térm. y felig. de *Pollenza* (V.).

ARIANT (MINA DE: vulgo el CLOT: del Or d'Ariant, mina de oro en la isla de Mallorca, prov. de Baleares, part. jud. de Inca, térm. y felig. de *Pollenza* (V.).

ARIANT (vulgo CALETA DE ARIANT): cala en la isla de Mallorca, part. jud. de Inca, térm. y felig. de *Escorca* (V.), está en desp. y no se puede entrar en ella sino con el auxilio de lanchas ó barcos pequeños; su TERRENO es á propósito para trigos buenos, y pastos para el ganado, pero este es de una raza mas pequeña que el de los demas puntos de esta isla.

ARIAÑY: l. de la isla de Mallorca, prov., aud. terr. y c. g. de las Baleares, part. jud. de Manacor, dióc. de Palma: SIT. en una estensa llanura, libre á la influencia de todos los vientos, con cielo alegre y CLIMA saludable. Se halla enclavado en el térm. de la v. de *Petra*, de cuya jurisd. y felig. depende y con la que contribuye (V.). Tiene 1 oratorio público servido por 1 vicario del cura de la matriz.

ARIBAYOS: riach. en la prov. de Zamora; toma su nombre del desp. de Aribayos: es de curso perenne y corre á 1 leg. de la villa de Vamba, por la parte del S., dirigiéndose al pueblo de Villalazan á unirse con el Duero, fertiliza con sus aguas 5 leg. de terreno, especialmente de huerta, que prod. con abundancia babas, cebollas y otras hortalizas: se crian en él muchos cangrejos.

ARIBAYOS: desp. de la prov. de Zamora, part. jurisd. de la v. de *Vamba* (V.).

ARIBE: l. con ayunt. del valle de Aezcoa en la prov., aud. terr. y c. g. de Navarra, part. jud. de Aoiz (5 leg.), merind. de Sangüesa (9), dióc. de Pamplona (7), arciprestazgo de Ibargoiti: SIT. á la izq. del r. *Irati*, en una hondonada circuida de montañas con libre ventilacion y CLIMA destemplado, pero saludable; siendo las enfermedades mas comunes algunos reumas y catarros. Tiene 15 CASAS; la de ayunt. donde se halla la cárcel pública, 1 taberna, 1 igl. parr. dedicada á la Purísima Concepcion, servida por 1 cura párroco llamado abad y por 1 sacristan; y 1 ermita titulada San Joaquin, construida en una áspera cuesta dist. 1/8 de hora del pueblo. Confina el TÉRM. por N. con los de Orbara, Aria y Orbaiceta (3/4 leg. poco mas ó menos), por E. con el de Villanueva (1/2), por S. con el de Garayoa (1/4), y por O. con el de Garralda (1/2); le atraviesa de NO. á SE. el mencionado r. *Irati*, cuyas esquisitas aguas aprovechan los vec. para su consumo doméstico, para mover 1 molino harinero, y riego de los pocos trozos de tierra que permite la escesiva desigualdad del suelo; brotan en varios puntos algunas fuentes de buena calidad, pero la mas notable es una que existe á 1 milla de la pobl. y en la márg. izq. del r.; sus aguas son medicinales, y aunque se ignoran sus propiedades físico-químicas, porque nadie ha procurado analizarlas, prod. maravillosos efectos en varias enfermedades, con particularidad en las cutáneas; obstrucciones y cálculos; asi es que concurren muchos enfermos, tanto de Navarra, como de Aragon y fronteras de Francia, por el singular alivio que esperimentan haciendo uso de dichas aguas en bebida unos, y otros en baño; mucha mayor seria la concurrencia si hubiese un establecimiento capaz, ó á lo menos ofreciesen alguna comodidad las miserables casas del pueblo. El TERRENO es áspero, peñascoso y bastante estéril; abraza 680 robadas, de las cuales hay en cultivo 164 propias de particulares, y aun podrian laborearse otras 266 de las 516 que corresponden al comun del pueblo; las cultivadas prod. 3 por 1 de sembradura; los bosques se estienden á 250 robadas, incluso 2 montes poblados de robles y hayas, que anteriormente rendian hermosas maderas de construccion civil y náutica. Los CAMINOS conducen á Orbara y Orbaiceta, otro á Aria en mal estado, otro á Garralda y el que dirije á los pueblos de Villanueva y Garayoa: tiene un puente de piedra para cruzar el espresado r. *Irati*. La CORRESPONDENCIA se recibe de Pamplona por un balijero comun á todo el valle; llega y sale 2 veces á la semana: PROD.: se cosecha toda clase de cereales, legumbres y hortaliza en corta cantidad; cria ganado vacuno, caballar, de cerda, lanar y cabrio; hay caza de liebres, perdices, palomas, ardillas y jabalies, con otros animales dañinas, y pesca abundante de esquisitas truchas y bastante de anguilas: COMERCIO: venta de ganados, con cuyo importe adquieren los hab. los géneros de comer y vestir que necesitan: POBL.: 10 vec., 82 alm.: CONTR. con el valle. Ha sufrido este l. 2 incendios en el periodo de 43 años; el primero en 1794 por las tropas de la república francesa, y el segundo en 1837 por los partidarios de D. Cárlos. Sus moradores igualmente que los demas del valle son nobles por privilegio de varios reyes.

ARICO: l. con ayunt. de la isla de Tenerife, prov., c. g. y aud. terr. de Canarias, part. jud. de Orotava, dióc. de Tenerife: SIT. al S. de la espresada isla, á casi igual dist. de la cumbre, llamada de Fasnea, y del mar, sobre diferentes cerros, donde le combaten los vientos fuertes de la brisa: disfruta de CLIMA bastante saludable. Divídese la pobl. en 12 barrios, á saber: el Lomo, el Rio, la Sisuera, Gavilanes, Degollada, Arico el Nuevo, Arico el Viejo, el Bueno, Icor, Chafana, Sabinita y Altos; entre todos cuentan sobre 40 CASAS de 2 pisos y regular construccion; las demas son por lo general bajas, que llaman Torreras, fabricadas de piedra seca con tejado de paja; unas 66 familias habitan cuevas, abiertas en la piedra tosca que cubre los cerros; tambien se sirven de iguales cuevas para encerrar los animales, siendo frecuente en las grandes invernadas, desplomarse unas y otras, causando estragos irreparables en personas y bestias. La igl. parr., bajo la advocacion de San Juan Bautista, cuya festividad se celebra el dia 24 de junio, ocupa el centro del pago, llamado el Lomo; es una nave con un crucero, y en ella el altar mayor, de órden dórico con columnas doradas, y 2 capillas, 1 en cada lado del crucero; fué erigida parr., en el año de 1640, segregándola de la de Vilaflor, á cuya felig. correspondia antes el l.; la sirven 1 cura y 2 capellanes; 1 de ellos presbítero, y el otro menorista; 1 sacristan, 1 sochantre y 2 monacillos: el curato es de entrada, y lo provee S. M., ó el diócesano, prévia oposicion en concurso general: el comenterio está sit. en parage bien ventilado, y saparado de todos los barrios. En el pago del Rio hay 1 ermita, dedicada á San Bartolomé; y en el de Arico el Nuevo, que es donde vive la gente mas rica, otra cuyo título es Ntra. Sra. de la Luz. En el año 1836 se incendió la famosa ermita de Ntra. Sra. de las Mercedes, compuesta de 3 hermosas naves, con altares de buen gusto, muchas alhajas de plata y ornamentos preciosos; se hallaba junto á la playa. Tiene este pueblo 1 alc. de mar con 77 matriculados que pertenecen al distr. de Sta. Cruz. Confina el TÉRM. por el N. con el del l. de Fasnea, por el S. con el de Granadilla, por el E. con el mar, y por el O. con la montaña de Teide: su superficie está tajada por muchos barrancos que bajan de la cumbre: el TERRENO es delgado y de mucho declive, por lo que el plantío de árboles y la siembra de cereales se hacen en las quebradas, conteniendo la tierra con paredones; por lo alto son las tierras muy frescas, de tosca blanca, por manera que se siembran patatas; y se cogen buenas cosechas, aunque no llueva, á pesar de carecer de riego. La estension del que se cultiva, ascenderá á unas 400 fan.; las laderas y costas producen muchos nopales, en los cuales se cria cochinilla que es ya renglon de alguna importancia, y llegará indudablemente á ser la principal riqueza: por todas las faldas de la cumbre se encuentran espesos pinares, pero muy desmejorados por falta de vigilancia. Son varios los arroyos que corren por el térm., proporcionando riego á las tierras, aunque con escasez. La fuente de Taco, entre el mar y la pobl.; la de Chiperdi, entre esta y el monte de Fasnea; la de Chajusna, que baja de un monte de su nombre; la rambla de Tamadaya y la de Aresa; aquella corre por entre los barrancos del O., y esta por entre los del E. Los CAMINOS son ásperos: la IND. consiste en losas de canteria, de las cuales se fabrican próximamente 15,000 varas al año, esportándose para América y Africa. El COMERCIO, fuera del espresado art., puede decirse es nulo: hasta el año pasado frecuentaban estas costas barcos contrabandistas de Gibraltar, los cuales acostumbraban á fondear en los puertos de Póris y Abrigos de Abona, donde vendian su cargamento: pero despues de aquella época no se les ha vuelto á ver: PROD.: trigo, cebada, patatas, cochinilla, pocos higós y vino: ganado lanar y cabrío en corto número: POBL.: 543 vec., 2.281 alm.: CAP. PROD. 2.366,666: CAP. IMP.: 82,450: CONTR. 20,116.

ARICO EL NUEVO: barrio en la isla de Tenerife, prov. de Canarias, part. jud. de Orotava. Es uno de los 12 pagos que constituyen el ayunt. y felig. de *Arico*; habitan en él los vec. mas pudientes de este l. (V.).

ARICO EL VIEJO: barrio en la isla de Tenerife, prov. de Canarias, part. jud. de Orotava. Es uno de los 12 pagos que forman el ayunt. y felig. de *Arico* (V.).

ARIELZ: cas. del valle Urraul-Alto en la prov., aud. terr. y c. g. de Navarra, merind. de Sangüesa, part. jud. de Aoiz (2 leg.), dióc. de Pamplona (6), felig. de Nardues-Andurra: SIT. en terreno quebrado, con libre ventilacion y CLIMA saludable. Tiene 1 CASA con todas las oficinas y comodidades que la labranza exige; y 1 establecimiento de garañones y caballo padre, para la cria de ganado mular y caballar. Confina el TÉRM. por. N. con el de Ozcoidi (1 leg.), por E. con el de Murillo (1/4), por S. con el de Ripodas (1/2), y por N. con Nardues-Andurra (28 minutos). El TERRENO es bastante fértil, abraza 2,000 robadas, de las cuales se cultivan 200 de primera calidad, 100 de segunda, é igual número de tercera, habiendo entre ella 20 peonadas de viña. Las restantes son baldías, con destino á pastos y á combustible: PROD.: trigó, cebada, avena, vino y legumbres: POBL.: 1 vec., 11 alm. Este cas. es propiedad del conde de Agramont.

ARIENZA: l. en la prov. de Leon (7 leg.), part. jud. de Murias de Paredes (3), dióc. de Oviedo (16), aud. terr. y c. g. de Valladolid (29), ayunt. de Riello: SIT. en un valle y á orillas de un arroyo que baja de Salce y se une al de Omaña donde le combaten los vientos del N. y O., disfrutando de CLIMA sano, si bien algo propenso á enfermedades reumáticas y pulmonales; tiene 20 CASAS; escuela de primeras letras á la que asisten de 12 á 14 niños de ambos sexos; y 1 igl. parr. dedicada á Sta. Leocadia, y servida por 1 cura. Dentro de la pobl. hay 1 fuente, de cuyas aguas, sin embargo de ser malas, se surten los vec. para su consumo doméstico; y en el térm. varias de no mejores propiedades que la referida; y un mineral de hierro: confina por N. con Salce; por E. con Robledo; por S. con Santibañez de Arienza, y por O. con Cornombre, todos á 1/2 leg. El TERRENO es de mediana calidad, fertilizándole algun tanto el arroyo que baña al pueblo; tiene pocos montes y estos se hallan cubiertos de robles, escobas y otros arbustos. Los CAMINOS son locales y se encuentran en mal estado; recibiendo y entregando la CORRESPONDENCIA en Riello, los miércoles y sábados: PROD.: centeno y legumbres, patatas y buenos pastos; cria ganado vacuno, lanar y cabrio; caza de liebres y perdices, y pesca de truchas: IND. 5 molinos harineros y un batan, ejercitándose los hab., ademas de los trabajos del campo, en el tejido de paños bastos. POBL.: 12 vec., 48 alm.: CONTR. con su ayuntamiento.

ARIESTOLAS; cot. red. de la prov. de Huesca, part. jud. de Barbastro, jurisd. del l. de Castejon del Puente. Pertenece al Serenísimo señor Infante D. Francisco de Paula, tiene 4 CASAS que habitan los arrendadores de sus tierras; y 1 igl. ú oratorio dedicado á San Juan; donde se celebra misa todos los dias de precepto. Abraza 430 cahizadas, de las cuales se cultivan 310; el TERRENO es de mediana calidad y muy á propósito para toda clase de cereales. Está á la márg. izq. del r. *Cinca*, del cual, por medio de una acequia se toman aguas que bastan á regar 50 cahizadas. Ademas tiene un bosque arbolado aunque de poca estension; y abundantes pastos naturales. Los confines de su TERM. y demas. (V. CASTEJON DEL PUENTE).

ARIJA: riera en la prov. de Barcelona, part. jud. de Granollers; tiene su origen en el térm. de Pobla de Lillet, de varias fuentes que brotan en el mismo; reúnensele en las inmediaciones de su nacimiento los torrentes Arderiu y Sois; y desagua en el Llobregat por su orilla izq., junto á la espresada v. de Pobla, al E. de la misma.

ARIJA: l. en la prov., dióc., aud. terr. y c. g. de Búrgos (16 leg.), part. jud. de Sedano (8), ayunt. de Alfoz de Santa Gadea: SIT. en lo mas alto de una cuesta y cercado de otras que le dominan. Combátenle los vientos N. y O, su CLIMA es frio y las enfermedades mas comunes las pulmonias, dolores reumáticos y afecciones de pecho. Tiene 20 CASAS, 1 igl. parr. bajo la advocacion de Sta. Maria, servida por 1 cura; y 1 ermita en el centro del pueblo, dedicada á la Sta. Cruz. Confina el TERM. por N. con Poblacion á 1/2 leg.; por E. con Sta. Gadea y Quintanilla; por S. con Bimon, y por O. con San Vicente Villameran, los 3 á 1/4 de leg. El TERRENO es de inferior calidad, y le bañan el r. Nava que nace en Celada en direccion de E. á O., y despues de un curso de 5/4 de leg. se incorpora con Riovilga, y pierde su nombre. Hay un CAMINO comun en regular estado que conduce de Soncillo á Reinosa, de cuyo último pueblo se recibe el correo los domingos, mártes y viérnes, saliendo en los mismos dias. PROD. centeno, patatas y pastos; ganado vacuno, lanar, mular y caballar; caza de jabalies y corzos, y pesca de diferentes peces: la IND. se reduce á 1 molino harinero de poca utilidad. POBL.: 12 vec., 44 alm.; CAP. PROD. 63,600 rs.: IMP. 6,655.

ARIJON: l. en la prov. de la Coruña, ayunt. de Malpica y felig. de San Cristóbal de *Cerquedá* (V.).

ARIJON: l. en la prov. de la Coruña, ayunt. de Coristanco, y felig. de San Mamed de *Seavia* (V.).

ARIJUM MONS: en el poema didascálico del español Avieno, se hace mencion de esta montaña, resultando en frente de la isla *Ofiusa*. Cortés la coloca en el Monjó.

ARILLANES: l. en la prov. y dióc. de Oviedo (4 leg.), part. jud. de Pravia (4 1/4), ayunt. de Grado (1 3/4) y felig. de Sta. Maria de *Rodiles* 1/4, (V.): SIT. en un llano en la vertiente meridional de la sierra *Berruga*: el TERRENO de mala calidad y poco fértil: PROD. maiz, escanda, habas y patatas; POBL. 3 vec.: 12 almas.

ARILLARES: cot. red. en la prov. de Guadalajara, part. jud. de Cifuentes, propio del Excmo. Sr. duque de Medinaceli; SIT. á 1 leg. de Cifuentes; tiene 1 casa de campo en medio de un monte de pinos y chaparros, unida á unos peñascos muy elevados, con una hermosa fuente de abundantes y delicadas aguas para el surtido de aquellos moradores: confina el TERM. con el de Canredondo, Torrecuadradilla y Valdesangarcia, estando sujeto á este último en cuanto á lo espiritual: el TERRENO es muy escabroso: PROD. trigo, cebada y avena; se mantienen 300 cabezas de ganado lanar y cabrio, un par de mulas de labor, y se crian muchas perdices, conejos, liebres, lobos, zorras y algun que otro corzo. CONTR. con Cifuentes.

ARILLO: l. en la prov. de la Coruña, ayunt. de Oleyros y felig. de San Martin de *Dorneda* (V.).

ARILLO: caño de agua del mar, impropiamente llamado r., en la prov., part jud., térm jurisd. de Cádiz: vienen estas aguas de la bahia de la cap., y dirigiéndose hácia el S. dan movimiento á un grande y hermoso molino harinero, proporcionando ademas su beneficio á varias salinas labradas que se hallan á sus inmediaciones; divide los térm. de Cádiz y San Fernando, y tiene 1 puente de piedra mamposteria con un solo ojo, por donde pasa el arrecife que conduce á aquella ciudad.

ARIN; barrio en la prov. de Guipùzcoa, part. jud. de Tolosa y térm. de la v. de *Alaun*.

ARINAGA: monte de la isla de la gran Canaria, prov. de Canarias, part. jud. de las Palmas, sit. al E. de la isla, inmediato á la playa del mar, en cuyo punto hay diferentes salinas, (V. AQUIMES), se estiende hácia el N. y S. penetrando en el Océano á bastante dist., dividido en 2 brazos ó ramas, de las cuales la una forma la punta que toma su nombre, y la otra la punta de Tene que sirven de resguardo al puerto asi llamado.

ARINES (San Martin de): felig. en la prov. de la Coruña (10 1/2 leg.), dióc. y part. jud. de Santiago (3/4), y ayunt. de Conjo: sit. en terreno montuoso y parte en un valle, al O. del Almenal ó Fornás, que la resguarda de los vientos del E.: su clima es templado y sano: tiene sobre 130 casas pobres é incómodas, distribuidas en los l. y barrios de Andrade, Aramio, Cacharela, Costa, Devesa, Ejo, Fondevila, Fornás, Iglesario, Lobio, Pena, Sanjuans, Sobrin, Torreblanca y Vilacoba, los cuales disfrutan de buenas y abundantes aguas. La igl. parr. (San Martin) es de fundacion inmemorial, si bien los libros bautismales son del siglo XVII: el curato es de provision ordinaria, y percibia 1/3 del diezmo y primicia, recaudando los 2 restantes el cabildo de Santiago, sin perjuicio de las casas exentas que pertenecian al Gobierno, y con la notable circunstancia de que el cura recibia 2/3 de la parte diezmada en los terrenos del Iglesario: el cementerio, aunque sit. en el atrio de la igl. no daña á la salud pública, por hallarse amurallado y con buena ventilacion. El term. se estiende á 1 leg. de N. á S. y 1 1/2 de E. á O.: confina al N. con Sta. Eulalia de Bando, por E. con Sta. Maria de Lamas y Sta. Eulalia de Vigo, por S. con San Cristóbal de Eijo y Santa Maria de Marrozos, y al O. Sta. Maria la Real de Sar: la baña cruzando el terr. uno de los r., que variando de nombre vienen á formar el Sar ó r. del Arzobispo; su curso es perenne, recibe algunos arroyuelos, y aunque de poco caudal, tiene 1 puente de piedra de 2 arcos de mala construccion y peor estado. El terreno es fértil, con especialidad en la parte del l. de Cacharela; pero se carece de arbolado: los caminos son locales, y asi como el de herradura que se dirige á las felig. de Vigo y Lamas, se encuentran abandonados: el correo se recibe en Santiago: prod.: trigo, maiz, habas, lino, centeno, cebada y algunas frutas: cria ganado vacuno, caballar, lanar y de cerda; y hay caza de liebres y perdices: el sobrante de la cosecha y parte del ganado lo presentan estos naturales en los mercados de Santiago, Padron y otros inmediatos: la ind. se halla reducida á varios molinos harineros, y algunos telares, pero pudiera establecerse con utilidad 1 fáb. de caparrosa, á que convida la abundancia de piritas de hierro que se desprenden del monte Fornás y que se cree beneficiaban los romanos: pobl.: 134 vec., 634 alm.: contr. con su ayuntamiento. (V.).

ARINTERO: l. en la prov. y dióc. de Leon, part. jud. de La Vecilla, aud. terr. y c. g. de Valladolid, ayunt. de Valdelugueros: sit. en terreno áspero y montañoso cerca del r. Curueña: las casas que le componen son de tosca construccion, entre las cuales se encuentra la igl. parr. dedicada á Santiago y servida por 1 cura de presentacion de los vec.: hay ademas un beneficio servidero de la misma presentacion que el curato, otro simple de presentar del conde de Grajal, y 4 capellanias de patronato particular. El término confina por N. con Tolivia de Arriba á 3/4 de leg., por E. con Rucayo á 1; por S. con la Braña á 1/4: y por O. con Redillera y Llamazares á 1/2. Sus hab. se dedican en lo general á la custodia y cria de ganados y á la arrieria: pobl.: 15 vec.: 67 alm.; contr.: con el ayuntamiento.

ARINZANO: cas. del valle de la Solana en la prov. de Navarra, merind. y part. jud. de Estella (1 leg.); term., jurisd. y felig. de Aberin (1/2): sit. en terreno desigual con libre ventilacion y clima saludable. Tiene 3 casas de mediana fáb. y con las comodidades que la labranza exige. Confina por N. con el térm. de Villatuerta (3/4 leg); por E. con el de Oteiza (1), por S. con el de Aberin (1/2), y por O. con el de Echavarri (1/4) El terreno es de buena calidad y se halla fertilizado por las aguas del r. *Ega*, las que tambien aprovechan los hab. para consumo de sus casas y abrevadero de los ganados: prod.. trigo, cebada, maiz, vino, aceite, legumbres y hortalizas; y sostiene ganado vacuno, mular, de lana y cabrio: pobl. 4 vec., 20 alm.; contr. con Aberin.

ARIÑAS; pago de la isla de la gran Canaria, prov. de Canarías, part. jud. de las Palmas: sit. al O. de la Caldera Vandama, en la falda de la montaña llamada de la Angostura, corresponde á la jurisd. y felig. del l. de la *Vega* de San Mateo (V.).

ARIÑEZ: herm. de la cuadrilla de Mendoza en la prov. de Alava, compuesta de los pueblos y térm. del nuevo ayunt. de su nombre: el duque del Infantado era el señor de estos pueblos, y ejercia el mismo dominio que en las otras herm. conocidas con el nombre de tierras del Duque.

ARIÑEZ; ayunt. en la prov. de Alava, dióc. de Calahorra (17 1/2 leg.), aud. terr. de Búrgos (18), c. g. de las prov. Vascongadas, dióc. y part. jud. de Vitoria (1): sit. al SO. de la prov.; clima sano: comprende los pueblos de Ariñez: Esquivel y Margarita; hay 1 escuela de ambos sexos, á la cual concurren 34 alumnos, y su maestro dotado con 943 rs. El térm. municipal confina por N. y E. con el de Ali, por S. con el mismo y el del cond. de Treviño, y por O. con los de Iruña, Mendoza y Foronda: el terreno participa de monte con arbolado, prados de pasto y tierra de buena calidad para el cultivo; le fertilizan los derrames de abundantes fuentes de saludables aguas que van á unirse con las del Zadorra que lo baña por N. Los caminos están bien cuidados y el correo se recibe en Vitoria: prod. granos, semillas, legumbres, algunas frutas y hortalizas; cria ganado vacuno y de otras clases, el cual, asi como el sobrante de las cosechas, y la leña de sus montes, se presentan en los mercados de Vitoria: hay varios molinos harineros: pobl., 38 vec., 184 alm.: riqueza y contr. (V. Alava intendencia): el presupuesto municipal asciende á 2,900 rs.; se cubre por medio de arbitrios y repartos, y el secretario de ayunt. disfruta 200 rs.

ARIÑEZ: l. en la prov. de Alava, dióc. de Calahorra (17 1/2 leg.), part. jud. de Vitoria (1), y cap. de la herm. y ayunt. de su nombre: sit. sobre la carretera de Madrid á Francia en un llano bastante fértil y sano: reune 28 casas algo dispersas, y tiene 1 escuela dotada con 943 rs., á la cual asisten 18 niños y 12 niñas: la igl. parr. (San Julian y Sta. Basilica) está servida por 2 beneficiados; uno de estos en union con 1 vec. administraba el pósito ó arca da Misericordia, con que se socorrian por préstamo á los pobres labradores. El térm. confina por N. con el pueblo de Margarita (1/2 leg.), por E. con Zumelza y Lubijana, por S. con Villodas, ambas á igual dist. que la primera, y por O. con Gomecha (1/4): le baña 1 riach. que baja del monte que se halla al E. bastante poblado, cuyas aguas se dirigen á un molino harinero, y cruzando la carretera á la 1/2 leg. entra en el Zadorra: hay á mas varias fuentes de agua muy saludable, y cerca de la pobl. está el recuesto denominado Inglesmendi (cerro de los ingleses), donde los gascones ó ingleses al servicio del Rey D. Pedro sufrieron la derrota ocasionada por los servidores de D. Enrique, y de que habla la crónica de aquel rey (año de 1367, cap. 7.); el terreno abraza unas 700 fan de tierra de primera y segunda suerte, buenos prados y pastos, y un pedazo de monte de haya y robles, aunque abandonado como todos los de su clase. Los caminos son de vereda; á escepcion de la carretera real para Madrid, donde está sit. un portazgo: el correo se recibe de Vitoria: prod.. trigo, cebada, centeno, maiz, legumbres, hortaliza y algunas frutas; cria ganado vacuno y lanar: se cazan perdices y liebres: pobl.: 29 vec., 146 alm,: contr. (V. Alava intendencia.)

ARIÑO: arroyo de la prov. de Huesca, part. jud. de Barbastro; tiene su origen en el térm. del l. de Crejenzan, 2 leg. encima del pueblo de Costean por la parte del N., pasa por la der. de este último y lo distinguen con el nombre de Ariño de Barbastro para diferenciarlo de otro arroyo, que pasando por la izq. y teniendo su origen en el mismo punto que aquel, se llama Ariño del Grado: ambos se dirigen hácia el S. y desaguan en el r. Cinca 1/2 leg., ó poco mas de dist. de dicho l. de Costean, teniendo su curso (aunque escaso) perenne, á escepcion de los años de mucha sequia; fertiliza unos pequeños huertos en los térm. de Crejenzan, Guardia, Coscujuela, Enate y el Grado, y da movimiento á las ruedas de 1 molino harinero: su cáuce generalmente entre barrancos bastante profundos, es estrecho, y solo se estiende 1/4 de leg. antes de su desagüe, y esto en sus fuertes avenidas producidas por los aluviones, con cuyo motivo impide con frecuencia á los viajeros la continuacion de su ruta, por falta de puente en el punto que atraviesa el camino que desde Barbastro conduce á Graus, y los que no son del pueblo le llaman tambien por esta circunstancia Ariño de Costean.

ARIÑO: pardina de los Sres. marqueses de este nombre, en la prov. y part. jud. de Huesca, jurisd. de Blecua. Hay en ella 1 casa que habita el colono ó arrendador. Su térm., calidad de terreno, prod. y demas (V. Blecua.)

ARIÑO: l. con ayunt. de la prov. de Teruel (19 leg.), part. jud. de Hijar (4), adm. de rent. de Alcañiz (6 1/2), aud. terr., c. g. y dióc. de Zaragoza (16): sit. á la márg. der. de los r. Martin y Eicoriza en una altura bien combatida de todos los vientos; disfruta de alegre cielo y del clima mas saludable;

cuenta 300 CASAS de 2 pisos, y algunas con buena distribucion interior; pero las mas de pocas comodidades, forman varias calles bien empedradas y limpias, y 1 plaza de figura ovalada con 50 varas de long.: hay 1 escuela de primeras letras dotada con 1,900 rs. vn., á la que concurren 36 discípulos, y otra de niñas en la que se enseñan las labores propias del sexo, á las 16 ó 20 alumnas que comunmente concurren á ella: la dotacion de la maestra es de 740, cobradas ambas de los fondos de propios: hay tambien 1 igl. parr. bajo la advocacion de San Salvador, servida por 1 cura y 1 beneficiado ó coadjutor. El curato es de segundo ascenso y su provision corresponde á S. M. ó al diocesano, segun los meses en que vaca. El cementerio se halla fuera de la pobl. en un punto ventilado, donde no puede perjudicar á la salud pública: al rededor del pueblo hay 3 ermitas bajo las advocaciones de Sta. Bárbara, las Almas, y Ntra. Sra. del Pilar: confina el TERM. por N. con el de Lezera (4 leg.), por E. con el de Alloza (1 1/2), por S. con el de Andorra (2), y por O. con Atacon (1 1(2); en él se encuentran algunas fuentes de abundantes y saludables aguas, y á 1/2 hora del pueblo, las hay minerales formando baños muy específicos para las enfermedades cutáneas; los que á pesar de nó estar denunciados al Gobierno, son muy concurridos de los naturales y pueblos comarcanos por sus buenos efectos; en los diferentes cerros que se encuentran en su circunferencia, se crian muchos pinos, romeros y abundantes yerbas de pasto y medicinales; tambien se benefician algunas minas de alumbre, cuya elaboracion constituye el principal ramo de riqueza de sus hab. y les abre la puerta para un activo comercio. El TERRENO quebrado y muy pedregoso en lo general, es de secano y huerta: el 1.° no es de los mas fértiles; con 400 caballerias de labor se cultivan 2,000 cahizadas de tierra de primera calidad, 1,800 de segunda, y 1,200 de tercera; la huerta ocupa sobre 250 cahizadas: proporciónanle riego abundante, los r. arriba mencionados Martin y el Eicoriza, que sin salir del térm. se une con el primero por medio de 2 acequias que conducen el caudal necesario para dar impulso á las ruedas de 2 molinos harineros suficientes al abasto del pueblo: los CAMINOS son de herradura, se hallan en regular estado y conducen á los pueblos comarcanos: el CORREO se recibe de la adm. de Quinto por balijero, los mártes y viérnes, saliendo los mismos dias: PROD. seda, vino, aceite, trigo, cebada, legumbres, hortaliza, pocas frutas, ganado lanar, caza de conejos, liebres y perdices (siendo esta la mas abundante) y algunos lobos: IND.: 20 fáb. de alumbre: COMERCIO, el de esportacion del espresado mineral, seda, lana, aceite y vino: POBL.: 350 vec., 1,000 alm.: CAP. IMP.: 185,307: CONTR.: 19,241 rs. vn.

ARIÑULE: torrente en la isla de la Gomera, prov. de Canarias, part. jud. de Sta. Cruz de Tenerife. Es el raudal mas caudaloso quizás, de cuantos hay en la isla; tiene su origen en las escarpadas montañas, que rodean el terr. de la v. de Chipude; en su direccion al S. por entre quebradas y asombrosos precipicios, fertiliza los campos de la espresada v., cuyo térm. separa del de Arure, y los de los valles del Gran Rey, de Herque, Herquito y Taguleche, al cual desciende por una vistosa cascada, desaguando al poco trecho en el mar, por la bahia llamada de la Vuelta.

ARIPE: pago en la isla de Tenerife, prov. de Canarias, part. jud. de Orotava, jurisd. y felig. de la v. valle de *Santiago* (V.).

ARIS: ald. en la prov. de la Coruña, ayunt. de Frades, y felig. de San Estéban de *Abella* (V.): POBL.: 3 vec.; 14 almas.

ARIS: l. en la prov. de Pontevedra, ayunt. y felig. de *Poyo* San Juan (V.).

ARIS: barrio en la prov. de Vizcaya, ayunt. y anteigl. de *Basauri*, conocido por San Miguel de *Artunduaga*.

ARISAL: alq. en la isla de Mallorca, prov. de Baleares, part. jud. de Inca, térm. y felig. de *Sansellas* (V.).

ARISEOS: desp. de la prov., part. jud. y dióc. de Salamanca (2 1/2 leg.), sujeto al ayunt. y parr. de Mozarbes: SIT. en la falda oriental de una pequeña sierra, con 2 CASAS habitadas; confina por N. con la Torrecilla de Ariscos y Aldeanuevita, E. con el desp. de Alizaces, S. con el l. de Morille, y O. con térm. de Cilleros, y ocupa su térm. de E. á O. cuarto y 1/2 de leg., de N. á S. 1/4, y de circunferencia 1 leg.; las tierras son de secano para trigo y centeno que se siembran 1 año de 3; hay ademas 25 fan. en prados, y 502 de monte, de las cuales 102 son de tierra inútil: PROD.: trigo, centeno, algun vino y ganados, paga de CONTR. 1,083 rs.: POBL.: 2 vec.: 5 hab.: CAP. TERR. PROD.: 211,541 rs.: IMP.: 8,975 rs.

ARISGOTAS: l. con ayunt. de la prov., dióc. y adm. de rent. de Toledo (5 leg.), part. jud. de Orgaz (1), aud. terr. de Madrid (16), c. g. de Castilla la Nueva: SIT. á 1/4 leg. de una sierra batida por los aires NE. y O., con CLIMA frio, y propenso á tercianas. Hay 25 CASAS construidas de piedra y tierra, y aunque algunas tienen piso alto, sirve solo para granero; las cuales forman 3 calles y 1 plaza sin empedrar: tiene casa consistorial y una parr. dedicada á la Asuncion de Ntra. Sra., cuyo curato aunque servido en el dia por 1 ecónomo, es de provision ordinaria en concurso general. Confina el TÉRM. por N. con el de Casalgordo; por E. con el de Orgaz, por S. con el de Marjaliza, y por O. con la deh. del comun: comprende 2,800 fan. de tierra de las cuales se cultivan 500 de primera calidad, 900 de segunda, y 1,000 de tercera, quedando 700 que nó se cultivan por su ínfima clase, y 300 mas incultivables absolutamente: los CAMINOS son vecinales en estado regular: se recibe el CORREO por los mismos interesados en la cab. del part.: PROD.: trigo, cebada, centeno, avena, garbanzos y otras legumbres; se mantiene muy poco ganado lanar y cabrio; 50 colmenas, 8 yuntas de bueyes, y 1 de asnos para la labor: POBL.: 18 vec.; 60 alm.: CAP. PROD.: 619,957 rs.: IMP.: 15,878: CONTR. por todos conceptos 8,527: PRESUPUESTO MUNICIPAL 2,500 del que se pagan 1,100 al secretario, y se cubre con el prod. de propios que consisten en 1 deh. titulada de San Martin de la Montaña, 1 encinar y 70 fan. de tierra de labor.

ARISPALDIZA: l. en la prov. de Alava, part. jud. de Orduña y ayunt. de Ayala (V. RESPALDIZA.).

ARISPOL: l. en la prov. de Oviedo, ayunt. de Gozon y felig. de San Estéban de *Vioño* (V.).

ARISTEBANO: l. en la prov. de Oviedo, ayunt. de Valdés y felig. de San Pedro de *Paredes* (V.).

ARISTOT: l. con ayunt. en la prov. de Lérida (22 1/2 leg.), part. jud., adm. de rent., y dióc. de Seo de Urgel (2 1/2), oficialato de la Cerdaña, aud. terr., y c. g. de Cataluña (Barcelona 23): SIT. á la der. del r. *Segre* en las faldas del Pirineo sobre una eminencia, donde le combaten principalmente los vientos del O., y goza de CLIMA, aunque frio, bastante saludable: tiene 28 CASAS, y 1 igl. parr. bajo la advocacion de San Andrés Apóstol, cuya fiesta como patrono del pueblo se celebra con la posible solemnidad el 30 de noviembre: sirve el culto 1 cura llamado rector, cuya plaza de primer ascenso provee S. M. ó el diocesano, segun los meses en que vaca, y mediante oposicion en concurso general. Confina el TÉRM. por N. con montes de Andorra, por E. con térm. de Musá, por S. con los de Bar y Toloriu, y por O. con los de Arseguel y Bescarán; de cuyos puntos dista 1 hora poco mas ó menos. El TERRENO, montuoso y áspero en su mayor parte, se ve cubierto de algun bosque arbolado, y enmarañadas malezas; sin embargo entre los 4,030 jornales que abraza, tiene unos 400 destinados á cultivo, y de estos hay algunos, que á beneficio de las aguas que se desprenden de las alturas, adquieren bastante feracidad, rindiendo todos ellos comunmente el 5 por 1 de sembradura: PROD.: trigo, centeno, cebada, vino, legumbres, patatas, pastos, madera de construccion, y mucha leña para combustible; cria ganado vacuno, de cerda, lanar y cabrio, y abundante caza de varias especies: POBL.: 22 vec.: 124 alm.: CAP. IMP.: 26,766 rs.: CONTR.: 2,817 rs. 12 mrs.

ARISTREGUI: l. del valle y ayunt. de Juslapeña, en la prov., aud. terr., y c. g. de Navarra, merind., part. jud., y dióc. de Pamplona (2 1/2 leg.), arciprestazgo de Anue: SIT. en la parte ocidental del valle, con libre ventilacion y CLIMA sano: tiene 7 CASAS, y 1 igl. parr. dedicada á San Juan Bautista, servida por 1 cura párroco. Para surtido de los vec., hay 1 fuente de abundantes y esquisítas aguas, las que tambien aprovechan para la agricultura. Confina el TÉRM. por N. con el de Amalain, por E. con el de Osinaga, por S. con el de Oteiza, y por O. con el de Erice, de cuyos puntos dista 1/2 leg. en todas direcciones. El TERRENO, aunque bastante desigual, es muy fértil; comprende 4,000 robadas de tierra, de las que únicamente hay en cultivo 600, y y de estas se reputan 50 de primera clase, 250 de segunda, y 300 de tercera, las demas son baldias, destinadas á pastos, contándose entre ellas 2,000 robadas de bosque, cuyo aprovechamiento es comun á los hab. de este pueblo y del de

Sarasa: PROD.: trigo, cebada, avena, maiz, legumbres, y alguna verdura; cria ganado vacuno, lanar y cabrio; y caza de varias especies: POBL.: 8 vec.; 48 alm.: CONTR. con el valle.

ARISTU: l. del valle y ayunt. de Urraul Alto, en la prov., aud. terr. y c. g. de Navarra, merind. de Sangüesa, part. jud. de Aoiz (3 leg.), dióc. de Pamplona (8), arciprestazgo de Lónguida: SIT. á la falda meridional del monte *Areta* en una hoya, circuida por todos lados de montañas, que no permiten ver el sol mas que desde las 10 de la mañana hasta las 2 de la tarde; y sin embargo de esto el CLIMA es tan saludable que los hab. viven muchos años. Tiene 2 CASAS, y 1 igl. parr. bajo la advocacion de San Andres, servida por 1 cura párroco llamado abad. Confina el TÉRM. por N. con el de Aribe (3/4 leg.), por E. con el de Elcoaz (1/4), por S. con el de Arangozqui (1/2), y por O. con el de Equiza (1/4). El TERRENO es escabroso y bastante estéril; brotan en algunos parages del mismo fuentes de buenas aguas, que aprovechan los moradores para su gasto doméstico y abrevadero de los ganados. Hay un pedazo de monte donde se crian robles y hayas; y en todo el térm. muchos y sabrosos pastos: PROD. trigo, cebada, avena, y legumbres: cria ganado mular, vacuno, de lana y cabrio; y hay caza de varias clases con bastantes animales feroces: POBL. 2 vec., 15 alm.; CONTR. con el valle.

ARITIVITARTE: monte en la prov. de Guipúzcoa, part. jud. de San Sebastian y térm. de *Rentería*: es un elevado peñascal de jaspes de varios colores, de donde se han estraido para dentro y fuera del pais grandes columnas y otras piezas de mérito: en la parte S. y SO. se encuentran 4 cuevas profundas y espaciosas: produce yerbas y algunos tejos.

ARIZ: ald. en la prov. de Lugo, ayunt. de Láncara, felig. de San Julian de *la Puebla* (V.): POBL. 11 vec., 55 habitantes.

ARIZ: l. en la prov. de Orense, ayunt. de Cea y felig. de San Facundo de *Cea* (V.).

ARIZ: l. de la cend. y ayunt. de Iza, en la prov., aud. terr. y c. g. de Navarra, merind., part. jud. y dióc. de Pamplona (2 leg.), arciprestazgo de la Cuenca: SIT. á la izq. del r. *Burunda ó Araquil* en la falda de un monte, con libre ventilacion y CLIMA sano: tiene 8 CASAS y 1 igl. parr. dedicada á San Martin, servida por 1 cura llamado abad. Confina el TÉRM. por N. y E. con el de Olza (1/2 leg.), por S. con el de Ororbia (3/4); y por O. con el de Anoz (1/2). El TERRENO es bastante fértil y abraza 619 robadas, de las que se cultivan 600; y de estas se conceptuan 100 de primera calidad, 200 de segunda y 300 de tercera, las cuales rinden comunmente 4 por 1 de sembradura: PROD. trigo, cebada, maiz, legumbres y hortalizas: cria ganado vacuno, lanar y cabrio; y caza de liebres, conejos y perdices: POBL. 7 vec., 37 alm.; CONTR. con la Cendea.

ARIZA: v. con ayunt. de la prov., aud. terr. y c. g. de Zaragoza (23 leg.), part. jud. y adm. de rent. de Ateca (5), dióc. de Sigüenza (10 1/2): SIT. á la der. del camino de calzada que conduce de Madrid á Zaragoza, á dist. de leg. y 1/2 de los límites de Castilla; goza de un cielo muy despejado y de moderada temperatura, la que hace su CLIMA sumamente saludable. Se entra en la pobl. por 3 lados, el uno viniendo de Madrid, el cual se llama puerta de la Villa; el otro en direccion de Zaragoza denominado puerta de San Francisco, y el otro mirando hácia Molina y se dice puerta del Hortal: forman aquella 241 CASAS, algunas de ellas muy deterioradas, por lo comun de su fáb. ant, y mucha elevacion, distribuidas en una calle llana bastante regular, varias callejuelas angostas y mal alineadas, aunque todas empedradas, y 3 plazas llamadas de San Pedro, Sta. Maria y Nueva. Hay 1 bonito palacio, propio del marqués de Ariza; 1 escuela de primera educacion dotada por los fondos de propios en 1,740 rs. vn. anuales, á la que concurren sobre 55 alumnos; otra de niñas particular en la que ademas de las labores propias del sexo se les enseña á leer y escribir: 2 igl. parr., la una bajo la advocacion de Santa Maria con el título de la Asuncion, y la otra de San Pedro, servidas ambas por 2 curas, 2 racioneros y 1 capellan. La primera es un ant. edificio gótico, sólido y capaz, de 3 naves sostenidas por gruesas columnas, y en lo interior de ellas 9 altares y 1 capilla, en la que se da culto al Cristo de la Agonia: la segunda es de construccion mas moderna, pero chica y sin nada que llame la atencion; las 2 contienen regulares órganos: la torre de la primera es un hermoso cuadro que se eleva á 70 palmos sobre el tejado con chapitel y cúpula de hoja de lata y un relox. Estramuros tocando á la pobl. al lado mismo del camino de calzada se ve el conv. de San Francisco, fáb. de mucha solidez, con 1 elevada torre: durante la guerra civil sirvió de fuerte. Tambien estramuros, pero mirando al camino que conduce á Molina, hay 1 estensa esplanada con el nombre de Hortal, de la cual la mitad se halla poblada de árboles y cerrada con el objeto de que estos prosperen y sirva de paseo. Al N. de la v., á la der. de la carretera general de Madrid á Zaragoza, sobre la cima de un cerro que domina ambos puntos, se distinguen aun los vestigios de 1 ant. y fuerte cast., el cual ocupó un lugar muy distinguido en las guerras de la edad media, y era tenido en tanto, que su gobierno se confiaba siempre á los principales caballeros. Su TÉRM. de 1 leg. de estension en todas direcciones, está rodeado por los de Embid, Bordalba, Pozuel, Monreal, Cabolafuente, Alconchel y Cetina. El TERRENO en su mayor parte es llano, muy tenaz y seco: hay muchas tierras roturadas en secano, y unas 3,000 fan. de regadio en cultivo; no falta tampoco á propósito para el plantio de viñas; pero tarda mucho tiempo en formarse la vid; ademas tiene 1 monte, arbolado, alto y de mata baja, de 9 á 10,000 yugadas de cabida, deteriorarísimo, pues con amparo de la diputacion entran por él crecidos rebaños de ganado cabrio que causan un daño incalculable. Las yerbas no adehesadas y las leñas las poseen en comun los vec. de Ariza con los de Embid, Bordalba, Pozuel, Monreal, Alconchel y Cabolafuente, cuyos l. eran antes ald. de la jurisd. de dicha v. El r. Jalon pasa á un tiro de bala distante de la pobl., y de él se saca el agua para beber y las acequias que proporcionan el riego á las heredades y dan movimiento á las ruedas de 2 molinos harineros de 1 y de 2 piedras. Ya se dijo que la v. ocupa la márg. der. del CAMINO de calzada de Madrid á Zaragoza. En 1 fonda y casa de postas que hay junto al mismo, antes de entrar al pueblo, cambian el tiro las diligencias y correo, y en algun tiempo pernoctaban en ella los viajeros: los demas caminos son locales. La CORRESPONDENCIA la sirve 1 estafeta que distribuye las cartas á varios pueblos de sus cercanias: PROD. trigo, cebada, judias, lino de escelente calidad, algo de cáñamo, yeros y añil, vino, hortalizas, poquísima fruta y ganado lanar en crécido número: da cria, y mucha lana: la IND., fuera de las profesiones y oficios mecánicos mas indispensables á la vida social, está reducida á la elaboracion del lino, y á 6 telares de lienzos ordinarios: el COMERCIO consiste en 5 tiendas, 3 de las cuales se dedican al de mahones, indianas y quincalla basta; y las 2 restantes son de aceite y vinagre. Ademas en los dias 25, 26, y 27 de noviembre celebra todos los años 1 feria á la que llevan muchos cerdos, caballerías y bueyes: POBL. 177 vec., 840 alm.: CAP. PROD. 158,100 rs.: CONTR. 31,229 18. mrs.

HISTORIA. Zurita, Perez y Mariana reducen á esta pobl. la *Arcobriga*, que figura en el Itinerario romano, entre *Segontia* y *Aquæbilbilitanorum*, 23 millas distante de la primera, y 16 de la segunda, en el camino que describe desde Mérida á Zaragoza, por la Lusitania; pero esta mansion debe fijarse en *Arcos de Medinaceli*. *Ariza* es sin embargo antiquísima, fuerte y abundante, y conserva inscripciones romanas, de las que copia Cean la siguiente:

T. PLAUTIO. P. F. DE. MUNICIPIO. ATTA
GEN. OPTIME. ME
RITO. ET. XXXVIII. AET. ANN
E. VITA. SUBLATO. TOTO. POP
CUM. MAGNA. LACRI. FUNUS
PROSEQ
QUINTIA. PAULINA. MATER
ANN. LXXXIII. AD. FLET. AD
GEMITUM. RELIC. TUMUL
LACRIM. PLEN. E. MARM
NUM. D. DEDIT

Por esta inscripcion conjetura ser el mismo la *Attacum* de Ptolómeo, mas la reduccion de esta c. á *Ateca* es indudable, habiendo de atribuirse á ella esta inscripcion donde resulta nombrado el Municipio *Attacense* con la natural sustitucion de *g* por *c*, sin que deba leerse *Attagenis*, como se quiere, ofreciendo asi una pobl. desconocida de la antigüedad. En las historias de Tito Livio y Apiano, se encuentra un célebre pueblo en bastante identidad con la actual *Ariza*, al referirse las campañas de Q. Fulvio Flacco y su sucesor Tib. Sempron Gracho. Léese del primero en Livio (lib. 40, cap. 13), que abierta su primer campaña, reuniendo los ejércitos en Ebura, fué atacado por los celtíberos, que quedaron vencidos con gran pérdida en una sangrienta batalla; y recorriendo la Carpetania pasó á sitiar á *Contrebia*, de la que se apoderó. Segun Apiano, batidos los celtíberos en el Tajo, la mayor parte se retiraron á sus casas, especialmente cuando vieron á *Contrebia* en poder del pro-cónsul; pero aquellos que no estaban contentos con la tierra en que antes vivian, necesitando mas ó mejor terreno, se dirigieron á unirse en la de *Complega*. Era esta, por testimonio del mismo historiador, una c. nueva, que en poco tiempo se habia aumentado considerablemente, y muy fortificada, desde la cual hacian grandes daños á los ejércitos romanos. Desde ella, dice, enviaron á Flacco una embajada, amenazándole con que si no les entregaba un sago, una espada y un caballo por cada uno de los que habia hecho perecer, y no se marchaba á Roma, no escaparia de la ruina que le amenazaba; á lo que contestó Flacco ir él mismo á llevarles lo que le pedian; echando á andar detras del parlamento, se aproximó á *Complega* y sus hab. la abandonaron cobardemente. Confunden algunos á Complega con *Contrebia*, pero es terminante la diferencia que resulta entre ambas pobl. *Contrebia* se defendió algun tiempo; los celtíberos acudian en su socorro, pero embarazados por los r., que habian crecido con los temporales, no pudieron llegar antes de su rendicion, con cuya noticia hubieron de retirarse. Flacco al llegar sobre *Complega*, lejos de resistencia encontró solo una c. desp. Como Flacco, comenzó Gracho su campaña por lo mas occidental de la celtiberia. Montiel, Cripiana, Alcázar, Cabeza de Griego, fueron sus primeras victorias. Los celtíberos pelendones y arévacos, se reunieron en las faldas del Moncayo, y batió su ejército en tres acciones: dirigiase á su aliada *Caravi* (Magallon), y los hab. de *Complega* viéndolo pasar por sus confines, le salen al encuentro con ramos de oliva, en ademan de pedir paz ó indulgencia; mas luego que les vuelve la espalda, le atacan con furor y le ponen en gran conflicto. Gracco aparentando temor, les abandona su campamento, y cuando los ve ciegos en la rapiña, vuelve sobre ellos, les derrota y se hace dueño de su c. (Apiano). Ariza, como se ha dicho, es pobl. antiquísima, fuerte y abundante; está en camino para *Caravi* desde la celtiberia occidental á la oriental, y no muy dist. de ella, todo lo que conviene con la *Complega* histórica. Concurre ademas con esto cierta sinonimia en los nombres, pareciendo derivarse la voz *Complega* del verbo latino *complico*, complicar, anudar, reunir; y la de *Ariza* de *Eiro*, que vale lo mismo (*Lex Schrevel, pág.* 185); cuyo pretérito es *eireca ó aireca*.

Nada vuelve á saberse de Complega ni aparece mencion de *Ariza* hasta que la ganó de moros el rey D. Alonso I el año 1120. D. Alonso II la comprometió al de Castilla, en rehenes, para asegurar el cumplimiento de la confederacion que ajustaron en 1170, obligándose á dirigir unidas sus armas contra todos los príncipes, escepto el de Inglaterra, cuyo nuevo parentesco respetaron: figura tambien entre las dadas en prenda por el mismo rey al de Castilla en el siguiente año, en su tratado contra el señor de Albarracin, por la arrogancia con que sostenia su independencia. La reclamó el rey de Aragon al de Castilla en 1178 con amenazas de un rompimiento de guerra caso de negarla, enviando al efecto al ob. de Lérida y á don Ramon de Moncada. Perteneció á la reina viuda Doña Sancha y en virtud de la transaccion de sus diferencias con su hijo el rey D. Pedro II, ajustada por mediacion de D. Alonso de Castilla, que con este motivo vino á Ariza, la devolvió á aquel en 1199. El rey D. Jayme I hizo merced de ella en 1234 á la reina Doña Leonór. Fué el punto designado para el concurso de los jueces, que conforme á lo acordado en cortes, habian de determinar sobre las diferencias que mediaban entre el rey y el infante D. Alonso, ofreciendo ellos sujetarse al fallo, por los años 1250. En la misma v., año 1301, concordaron el rey D. Jayme II y los infantes D. Enrique y D. Juan, que haciendo la paz, quedase el reino de Murcia para el rey de Aragon, y otros señalamientos á este tenor para los infantes, y D. Alonso de la Cerda. El rey D. Fernando IV de Castilla se avistó en Ariza (año 1302) con su tio el infante D. Enrique, para tratar de las haciendas de este y su alianza. El rey D. Pedro de Castilla se apoderó de esta pobl. en 1361, entrando en Aragon sin detenerse al rigor del invierno, y al siguiente año de 1362, por el mes de julio, volvió el mismo rey á ocuparla. En 1429 llegaron á Ariza con sus tropas los reyes de Aragon y de Navarra, combinados para hacer la guerra al de Castilla, eligiendo este punto para su entrada; pero en el mismo año respondió Castilla á su ataque, llegando el rey D. Juan II á ocupa- á Ariza, que fué saqueada y quemada en gran parte, refugiándose sus vec. en el cast. que no fué sitiado por ser muy fuerte y de poco interés su ocupacion. El rey católico entró por Ariza en Aragon el año 1506, siendo recibido con grandes muestras de alegria en el reino, que esperaba de su matrimonio un rey propio. La v. de Ariza, agraciada con particulares privilegios, especialmente por el rey D. Pedro II, que en 1213 hizo á sus moradores libres y esentos de toda imposicion y tributo, cuyo privilegio fué confirmado por el rey D. Jayme I; hace por armas las 4 barras coloradas, en campo de oro, y es cab. de marquesado, cuyo título dió D. Felipe II á D. Francisco de Palafox por grandes servicios.

ARIZALA: l. con ayunt. del valle y arciprestazgo de Yerri, en la prov., aud. terr. y c. g. de Navarra, merind. y part. jud. de Estella (1 1/2 leg.), dióc. de Pamplona (6 1/4): SIT. en una hermosa llanura, donde le combaten todos los vientos y goza de CLIMA muy saludable. Tiene 20 CASAS, la municipal en cuyo recinto se halla la escuela de primeras letras, dotada con 66 pesos anuales, poco mas ó menos, á la cual asisten 28 niños de ambos sexos; 1 casa, donde se celebran las juntas para tratar de los negocios comunes del valle; y 1 igl. parr. dedicada á Sta Cecilia, servida por 1 cura párroco. Confina el TÉRM. por N. con los de Azcona é Iriñuela (1/4 de leg.), por E. con el de Ugar, (1/2), por S. con el de Zabal (1/4), y por O. con el de Abarzuza (1/3); dentro del mismo y á 1,500 pasos O. de la pobl. hay 1 cas. llamado el *Palacio de Eza* con 1 ermita, titulada Ntra. Sra. de la Esperanza, donde se celebra misa los dias festivos. El TERRENO es enteramente llano y muy fértil, abraza 1,600 robadas, de las que se cultivan 1,400, y las restantes son de monte encinal y destinadas á pastos. Entre las cultivadas hay varios trozos que se riegan con las aguas de 1 r. que desciende por el lado del O., las cuales tambien aprovechan los hab. para el consumo de sus casas y abrevadero de los ganados. Ademas de los CAMINOS locales existe 1, que viniendo de la Burunda y atravesando la sierra de *Andia* por el puerto llamado de *Bacaicoa*, cruza por medio del pueblo, desde el que se divide en 2 ramales, 1 que dirige á Cirauqui, Mañeru y demas pobl. del E., y el otro conduce á Orteiza y Villatuerta: fué abierto y mejorado por los partidarios de D. Cárlos durante la guerra civil, y aunque es muy importante porque sirve, entre otras cosas, para el acarreo de vino para Guipúzcoa y toda la Barranca, se encuentra actualmente en mal estado. El CORREO se recibe de Abarzuza 2 veces á la semana por medio de balijero: PROD. trigo, avena, cebada, escandia, yeros, alubias, habas, garbanzos, arvejas, lentejas, patatas, poco cáñamo y lino, aceite, vino y alguna hortaliza; cria ganado vacuno, mular, de cerda, lanar y cabrio; y hay caza de liebres, perdices y ánades: COMERCIO el desportacion de ganados, é importacion de géneros de vestir, y demas necesarios que regularmente se conducen de Estella: POBL. 18 vec., 106 alm.; CONTR. con el valle.

ARIZALETA: l. con ayunt. del valle y arciprestazgo de Yerri, en la prov., aud. terr. y c. g. de Navarra, merind. y part. jud. de Estella, (2 leg.), dióc. de Pamplona (6): SIT. en la falda de un monte, donde le combaten todos los vientos, y disfruta de CLIMA muy saludable, sin padecerse mas enfermedades comunes que algunos catarros. Tiene 37 CASAS, la municipal, cárcel pública, escuela de primeras letras dotada con 25 fan. de trigo, á la cual asisten 24 niños; 1 igl. parr. bajo la advocacion de San Andrés Apóstol, servida por 1 cura titulado abad, y 1 ermita dedicada á San Miguel, construida en un monte á 1/8 de hora NE. del pueblo. Confina el TÉRM. por N. con el de Lezaun, por E. con los de Iturgoyen y Riezu, por S. con el de Ugar, y por O. con el de Azcona, de cuyos puntos dista 1/4 de leg. poco mas ó menos. El TERRENO participa de monte y llano, y es de buena calidad; brota en el mismo 1 fuente cuyas esquisitas aguas utilizan los hab. para consumo de sus casas, abrevadero de ganados, y otros objetos de agricultura. Abraza 2,152 robadas de tierra, de las que hay en cultivo 1,450, y de estas son 100 de primera clase, 200 de segunda y 1,150 de tercera; las restantes se hallan incultas por ser de bosques de árboles, arbustos y maleza, donde tambien se crian muchos y buenos pastos para toda clase de ganados. La CORRESPONDENCIA se recibe de Estella una vez á la semana por medio de balijero: PROD. trigo, cebada, avena, maiz, vino y legumbres; cria ganado vacuno, caballar, lanar y cabrio; y hay caza de diversas clases: POBL. 34 vec., 234 alm. CONTR. con el valle.

ARIZALETA: térm. rural del valle de Esteribar, en la prov. de Navarra, part. jud. de Aoiz, jurisd. y felig. de Zubiri, con quien confina por E., con Leranoz al N., con Imbuluzqueta al S., (de cuyos puntos dist. 1/4 de leg.), y con Urdaniz por O. (1/2): tiene un edificio denominado *Echezar*, el cual se halla derruido: PROD. muchos y escelentes pastos para toda clase de ganados; y pertenece en propiedad por iguales partes á la v. de Larrasoaña, marques de Vadillo, y al de Besolla, á D. José Maria Bayona, D. Javier Olloqui, y á Don Francisco Agorreta.

ARIZCUN: l. del valle, ayunt. y arciprestazgo de Baztan, en la prov., aud. terr. y c. g, de Navarra, merind., part. jud. y dióc. de Pamplona (9 leg.): SIT. á la der. de la carretera que desde dicha c. conduce á Francia, en una pequeña altura, donde le combaten todos los vientos, y goza de CLIMA muy saludable. Tiene 152 CASAS de buena fáb., especialmente las que hay en el casco del pueblo, 1 posada, carniceria, 1 escuela de primeras letras dotada con 3,470 rs. anuales, á la que asisten 100 niños, otra frecuentada por 50 niñas, cuya maestra percibe 3,000 rs. tambien anuales; 1 igl. parr. dedicada á San Juan Bautista, servida por 1 cura párroco y varios capellanes; 1 conv. bajo la advocacion de Ntra. Sra. de los Angeles, habitado por monjas franciscas recoletas, cuyo edificio es magnífico, con hermosa fachada y 1 atrio muy espacioso; fué fundado por el Sr. D. Juan Bautista Iturralde ministro de Hacienda en el reinado de Felipe V, y natural de este pueblo, quien llamó á ocupar las plazas de religiosas y sus vacantes á sus parientas mas cercanas, dotando el establecimiento con 50,000 rs. anuales que actualmente se cobran de las memorias que fundó en Madrid dicho Sr., no solo con el mencionado objeto, sino para sostener 2 capellanes que sirviesen al conv., y para cubrir la dotacion del maestro de primeras letras; y 3 ermitas de las cuales la una dedicada á San Cristobal se halla en el barrio *Pertalas*, otra en el camino antiguo de Francia en frente del palacio de *Ursua*, bajo la advocacion de Sta. Ana, y la tercera titulada á San Miguel, construida en un alto del mismo nombre; ambas en el barrio de *Ordogui*, y propias de dicho palacio. Dentro del pueblo hay 1 fuente de buenas aguas que aprovechan los vec. con otras que brotan en diversos puntos para su consumo doméstico. Confina el TÉRM. por N. con el de Maya, por E. con el de Errazu, por S. con los montes, y por O. con el de Elbetea (1/2 leg. poco mas ó menos); se encuentran en él ademas de los mencionados barrios ó cas. los llamados *Vergara, Aincialde y Bozate*; todos ellos no ofrecen cosa digna de notarse, escepto el de *Ordogui* en el cual hay 2 palacios. uno titulada *Goyeneche* donde nació D. Juan Goyeneche, primer conde de Saceda y marqués de Belzunce; y el referido de *Ursua*, perteneciente al conde de Sta. Coloma, cuyo edificio es de ant. y sólida construccion, contándose en el pais varias y terribles anécdotas ocurridas en su recinto, que acaso no tienen mas fundamento que la ligera credulidad del vulgo, siempre propenso á lo estraordinario y maravilloso. El TERRENO participa de monte y llano, y es bastante fértil; le cruza un riach. que baja de Errazu, sobre el cual hay varios puentes de buena construccion, principalmente el que poco ha se edificó para facilitar la carretera de Francia, y el que se está ensanchando en el espresado barrio de Vergara y constará de 3 arcos. Ademas de los CAMINOS locales existe la mencionada carretera que dirige de Pamplona á Francia, y pasa por los barrios de Vergara y Ordogui. La CORRESPONDENCIA la recibe cada interesado en la adm. de Elizondo los domingos, mártes y juéves: PROD. trigo, cebada, avena, mucho maiz, legumbres y hortaliza; cria ganado vacuno, mular, de cerda, lanar y cabrio; hay caza de liebres y perdices con tanta abundancia, que se da una pequeña gratificacion al que se ejercita en ella, porque ocasiona mucho daño en los sembrados; y pesca tambien abundante de truchas y anguilas: IND. ademas de la agricultura y ganaderia, hay 1 fáb. de aguardiente, algunos telares de lienzos caseros, y 2 molinos harineros; uno de ellos pertenece al comun del pueblo, y el otro al palacio de *Ursua*: POBL. 195 vec., 1,253 alm.: CONTR. con el valle. Tambien nacieron en este l. Blas de Vergara consejero del Rey de Navarra D. Juan III; y D. Juan Martin de Gamio, consejero que fué de Castilla.

ARIZCUREN: l. del valle y ayunt. de Arce, en la prov., aud. terr. y c. g. de Navarra, merind. de Sangüesa (5 leg.), part. jud. de Aoiz (2), dióc. de Pamplona (6), arciprestazgo de Lónguida: SIT. á la izq. del r. *Irati*, en una altura circuida de sierras. donde le combaten todos los vientos, y goza de CLIMA sano. Tiene 5 CASAS y 1 igl. parr. bajo la advocacion de San Pedro, servida por 1 cura párroco. Confina el TÉRM. por N. con el de Equiza (3/4 leg.), por E. con el de Elcóaz (1), por S. con el de Zariquieta (igual dist.), y por O. con el de Uli-alto (1/2). Le cruzan varios arroyos que tienen origen en las montañas inmediatas y en las de Uli, los cuales despues de surtir á los vec. de agua potable y para otros usos, confluyen en el mencionado r. Irati. El TERRENO es bastante escabroso; contiene en las quebradas algunos viñedos, y hallándose la sembradura de cereales en las pequeñas llanuras, abunda por partes en buenos pastos para toda clase de ganados: PROD. trigo, cebada, avena, legumbres, alguna hortaliza, y bastante vino; cria ganado vacuno, lanar y cabrio; caza de varias especies, y alguna pesca: POBL. 4 vec., 29 alm.: CONTR. con el valle.

ARIZU: l. del ayunt., valle y arciprestazgo de Anué, en la prov., aud. terr. y c. g. de Navarra, merind., part. jud. y dióc de Pamplona (4 leg.): SIT. en la falda del monte *Arcequi*, con libre ventilacion y CLIMA muy saludable. Tiene 16 CASAS y 1 igl. parr. dedicada á San Pedro Apóstol, servida por 1 cura párroco llamado abad. Confina el TÉRM. por N. con el de Egui (1 1/2 leg.), por E. con el de Lanz (1/2), por S. con el de Latasa (1/4), y por O. con el de Iraizoz (1/2); dentro del mismo brotan varias fuentes, cuyas esquisitas aguas aprovechan los hab. para su consumo doméstico, abrevadero de ganados y otros usos. El TERRENO es bastante escabroso, pero fertil y productivo, especialmente en buenos pastos: PROD. ademas trigo, cebada, avena, maiz y legumbres; cria mucho ganado lanar y cabrio, bastante vacuno; y hay caza mayor y menor: POBL. 16 vec., 75 alm.: CONTR. con el valle.

ARJA: l. en la prov. de Lugo, ayunt. de Trasparga y felig. de San Juan de *Lagostelle* (V.): POBL. 3 vec., 14 habitantes.

ARJE: ald. en la prov. de Pontevedra, ayunt. de Carbia y felig. de San Salvador de *Portomouro* (V.): POBL. 4 vec. 22 almas.

ARJELAS ó ARXELAS: l. en la prov. de la Coruña, ayunt. de Lousame y felig. de San Juan de *Camboño* (V.).

ARJEREY: ald. en la prov. de Lugo, ayunt. de Friol y felig. de San Martin de *Condes* (V.): POBL. 4 vec., 18 almas.

ARJOMIL: l. en la prov. de la Coruña, ayunt. de Vimianzo y felig. de San Miguel de *Treos* (V.).

ARJONA: v. con ayunt. en la prov. y dióc de Jaen (5 leg.), part. jud. y adm. de rent. de Andújar (2), aud. terr. y c. g. de Granada (18): SIT. en lo alto y declive N. de un elevado cerro, descubriéndose desde ella una parte considerable de la prov., bajando hácia el N. por una pendiente rápida, hasta concluir en un llano poco estenso y cortado por profundos barrancos: su CLIMA es templado, no pasando el calor de los 25°, ni el frio de los 5 bajo cero del termómetro de Reaumur: la baten principalmente los vientos del ESE. y algunas veces el NO.: las enfermedades mas comunes son las inflamatorias y fiebres intermitentes. Forman la pobl. 710 CASAS distribuidas en 48 calles y callejuelas, con 4 plazas, la una llamada del Mercado, en la cual hay una pequeña alameda que sirve de paseo, adornada con álamos, rosales y otros arbustos, que hacen este sitio sumamente delicioso. En la de la Constitucion se halla la casa consistorial, y en la de comestibles la cárcel y 1 carniceria: tiene ademas 1 pósito ó banco de labradores, matadero, 1 hospital titulado de San Miguel con 1 oratorio público, fundado en el año de 1665 por D. Bernabé Corrales y Javalera, regidor perpetuo que fué de esta v., el cual le dotó con varios predios rústicos, urbanos y algunos censos, cuyo producto anual es de 3,173 rs. 25 mrs.: dicho hospital está á cargo de un administrador, y tiene 1 médico, cirujano y enfermero para asistir á la humanidad doliente de ambos sexos que se admite en él: son sus patronos los curas párrocos de esta v.; un instituto llamado *Sociedad de Labradores*, donde se reunen los propietarios y otras personas notables á tratar de asuntos pertenecientes á la agricultura, á leer los periódicos y otras ocupaciones, que les sirven de recreo y distraccion; 5 escuelas de primeras letras, 1 pública de niños, otra tambien de niños particular, como igualmente 3 que son de niñas; la primera está concurrida por 130 alumnos, consistiendo la dotacion del maestro en 300 ducados anuales y 100 para un pasante, pagados por los fondos del comun; á la segunda asisten de 50 á 60 individuos, cuyos padres satisfacen al maestro la retribucion convenida, sucediendo lo mismo con las 3 de niñas, las cuales ademas de las labores propias de su sexo, aprenden á leer, escribir y contar; 1 cátedra de latinidad y rectoría dotada de los fondos de propios, de una obra pia y de las pequeñas cuotas con que mensualmente contribuyen los discípulos, y finalmente hay 1 colegio de humanidades de segunda clase. Tiene 2 igl. parr. bajo la advocacion de San Martin y San Juan Bautista, servida la primera por 1 cura prior, 1 teniente, 1 beneficiado, 2 sirvientes y 2 capellanes, 1 sacristan, 1 sochantre, 1 organista, y 2 acólitos, y la segunda por 1 cura tambien llamado prior, 1 teniente, 1 beneficiado, 2 sirvientes y 4 capellanes, 1 sacristan, 1 sochantre, 1 organista y 2 acólitos, cuyos títulos ecl. se proveen por el ordinario en concurso, alternando en los beneficios con S. M. en los meses apostólicos: es cab. del arciprestazgo y pertenecen á su jurisd. los pueblos de Arjonilla y Escañuela. Existen igualmente 7 ermitas, 4 en la parr. de San Martin, que son: la de Sta. María, sit. en la plaza de este nombre, cuyo edificio es de bastante solidez; fué parr. desde muy ant. hasta hace poco tiempo, habiendo sido agregado su clero á las dos existentes, y trasladádose á la misma los Santos Conosio y Maximiano Mártires, sus patronos, que se hallan en la ermita titulada de los mismos; la de las Reliquias llamada asi porque en ella se venera un grande relicario que posee la v., encontrado en el siglo XVII, y la de San Nicolas y las otras 3 en la parr. de San Juan, bajo la advocacion de Sta. Ana, San Blas, y San Sebastian, la cual está sit. estramuros á corta dist. O. de la pobl. en una estensa llanura, como igualmente el cementerio en la parte S., en parage bien ventilado y que no perjudica á la salubridad pública. Confina el TÉRM. por N. con los de Arjonilla, Andújar é Higuera, por E. con el de Jaen, por S. con los de Escañuela y Torre D. Jimeno, y por O. con los de Porcuna y Lopera, estendiéndose en su circunferencia 2 1/2 leg. de N. á S. y 3 de E. á O. Hay en él los cas. siguientes: en el sitio llamado de Albaida SE. del pueblo plantado de olivos y viñas, se encuentran 7; en el Saltillo, gran plantio de olivares 12; en el de la Jara, tambien plantado de olivares 10; estos cas., los mas pequeños, se encuentran uno en cada posesion y uno de los mismos tiene su oratorio público; existen ademas en la campiña 27 casas-cortijos. El TERRENO aunque en declive encierra algunas vegas muy feraces y varios pozos cuyas aguas sirven para los usos del vecindario, así como las de los que se hallan dentro de la pobl., á pesar del poco regadio que disfruta, sus hab. constantemente dedicados á su cultivo, le hacen bastante productivo, al paso que muy apreciadas las mieses que anualmente se cosechan, por los vec. de Málaga y Granada, de donde á la veces vienen multitud de jornaleros á permanecer trabajando por largas temporadas; abraza su jurisd. unas 25,322 fan. de tierra, de las que se laborean 18,302, hallándose destinadas á pastos 765. Son de primera calidad 540, 668 de segunda y 8,274 de tercera; las de primera se destinan al cultivo de trigo, y no se dejan en descanso, las de segunda al de cebada y habas, cultivándose año y vez, y las de tercera se emplean en escaña, descansando 2 años: á legumbres y hortalizas se destinan 6 fan. que se riegan con 2 norias; comprendiendo mas de 4,600 la parte plantada de ricos olivos. Cada fan. de sembradura produce en 1 año comun 11 de trigo, 16 de cebada, y 12 de habas y demas semillas. Se han desamortizado 1,700 fan. que pertenecieron á comunidades religiosas y á la órden de Calatrava. Las labores, como anteriormente hemos indicado, se hacen á fuerza de brazos con 40 yuntas de mulas y 90 de bueyes; y el abono que usan para las tierras es el estiércol. A la parte S. del pueblo se hallan 4 pequeños montes de encinas y mata baja, llamados Cotrufes, La-Barrera, Las Casas y el Obispo, teniendo cada uno de ellos su cortijo de los 27 arriba espresados. Baña el térm. 1 riach. nombrado *Salado de Arjona*, el cual nace en la sierra titulada de Jamilena corre de S. á N. hasta llegar al E. 1/2 leg. de la v.; desde aqui tuerce su curso hácia el O. hasta desembocar en el Guadalquivir, junto á Marmolejo, dejando á su paso los pueblos Torre Don Jimeno, donde tiene un puente; Villardompardo y Arjonilla, que tambien tienen sus puentes, ademas de otros 4, de los cuales el uno se halla en el camino que desde esta v. conduce á Jaen, otro en el que de la misma se dirige á Andújar á 1 leg. otro en la carretera de Cádiz, y otro en fin, próximo á la v. de Marmolejo. Los CAMINOS son carreteros en regular estado, aunque por las lluvias se hacen intransitables; los principales se dirigen á á Jaen, Granada, Martos, Andújar, el cual tiene un ramal para ir á Arjonilla, Lopera, Porcuna, Baeza y á la Higuera de Andújar. El CORREO se recibe de la cap. del part., por medio de balijero los lúnes, juéves y sábados; y sale los lúnes, miércoles y sábados á la madrugada: PROD. trigo, aceite en mucha abundancia, cebada, habas, escaña, garbanzos, lentejas, y otras semillas, alguna miel, bellota, poca hortaliza, abundante grana kermes y buenos pastos para el ganado lanar, caballar, mular, asnal, vacuno y de cerda; caza de liebres, conejos, perdices, zorzales, abutardas y otras aves, y pesca de peces, bogas, anguilas, en poca cantidad que se cogen en el Salado: IND. 1 tejar, 1 telar de estameña y jerga, varios de lienzo basto; hilados de estambre, lino y estopa, 1 molino harinero, 27 de aceite y 2 tahonas; ha existido hasta hace poco tiempo 1 fáb. de salitre: COMERCIO: 2 tiendas de ropa y otros efectos, esportándose lana, trigo y aceite por arrieros del pueblo y forasteros, é importándose el azúcar, almendra, bacalao, especería, lino, estopa y varios géneros de menor valor: se celebra una feria que dura los dias 14, 15 y 16 de setiembre, donde se compran y venden ganados de diferentes clases, siendo el mas principal el cerdal: POBL. 824 vec., 3,598 alm.: CAP. PROD. 8.134,805: IMP. 444,322: importe de los consumos 41,694: CONTR. 219,773. El PRESUPUESTO MUNICIPAL asciende á 50,000 rs. y se cubre con la treintena de este pueblo y Arjonilla, que consiste en exijir á los forasteros 1 a. de aceite por cada 30 que esportan; con la subasta del derecho de correduría, pesos y medidas; con la cuarta parte de denuncias y varios censos y alquileres, todo lo cual se eleva á unos 53,000 rs.

HISTORIA. Han querido algunos colocar en esta pobl., buscando su antigüedad, la famosa *Auringés*, en cuyos campos batieron completamente los Escipciones al ejército cartaginés (*Florian Ocampo*); viniendo luego varios á confundirla con *Urgao* en el concepto de ser este nombre un apellido de aquella c. (*Mendez Silva*); pero conocida es la diferencia entre ambas, asi como la correspondencia de *Auringis* á *Jaen*, y de *Urgao* á *Arjona*, de la cual no dejan lugar á dudar las inscripciones geográficas que posee, dando su antiguo nombre *Urgao* con la interpretacion latina, del mismo modo que Plinio, al mencionarla entre las mas notables de los túrdulos, sit. en lo Mediterráneo entre el Bétis y la costa Atlántica: *Urgao quæ Alba* (V.). El nombre *Urgao* parece provenir de la raiz hebrea *Chur Albus*, blanco, y de la voz *Gah*, altura, significando *altura, monte ó ciudad blanca*. Obtuvo *Urgao* de los romanos el privilegio de municipio, como resulta de la inscripcion geográfica de la igl. de San Martin, que trasladó Juan Fernandez Francisco el año 1578:

L. CÆSARI. AVGUSTI. F. DIVI. IULI. N.
PRINCIPI. IUVENTUTIS. AVGURI
COS. DERGNATO
MUNICIPIUM. ALMENSE
URGA VONENSE
D. D.

Tambien resulta de lás dos copiadas por el marqués de Valdeflores en sus manuscritos existentes en la Academia de la Historia:

Primera.

LIBERO PATRI
AUG. SACRUM
IN. HONORE
PONTIFICATUS
L. CALPURNIUS
L. F. GAL. SILUINUS
II. UIR. BIS. FLAMEN
SACR. PUB. MUNICIP. ALB. UR
PONTIFEX. DOMUS
AUGUSTAE
D. S. P. D. D.

Segunda.

IMP. CÆSARI. DIVI. TRAIANI
PARTHICI. FILIO. DIVI. NERUAE
NEPOTI. TRAYANO, HADRIANO
AUGUSTO. PONT. MAX. TRIB. POT
XIIII COS III P. P.
MUNICIPIUM. ALBENSE
URGAVONENSE. D. D.

Del nombre *Urgao*, con la sílaba epéntica *na*, que tantos nombres tomaron en la edad media, fácilmente pudo producirse el actual *Arjona*, sin que de su historia se conserve otra noticia mas que la de haberse hecho célebre por el martirio que en ella padecieron varics santos, en las persecuciones de Neron y Diocleciano, hasta que viene á figurar bajo el dominio agareno el año 1013, siendo su alcaide uno de los que se coligaron con Hhayran contra Aly-ben-Amud para reponer en el califato de Córdoba un individuo de los Omiades; y se cuenta entre los que no tardaron en volver al poder de Aly. En 1232 Yahya ben-El-Nasr, despues de arrojado de Denia por El-Djezamy Mohamed-ben-Sobaya, reunió sus tropas en esta pobl., y formada su hueste hizo entrega del mando á su sobrino el Nasr de Arjona, mozo esclarecido, valiente y aguerrido. Este, por los progresos en la guerra, y la muerte de su tio Yahya, ocurrida á los 4 años, esto es en 1236, fué proclamado emir de los musulmanes en esta pobl., y reconociéndolo por tal varias c., llevó su córte á Granada. En 1244 se dirigió á Arjona el Santo Rey D. Fernando, con motivo de haber sido derrotados por Aben Alamar, el Comendador de la órden de Calatrava y otros caballeros, á quienes habia dado la v. de Martos: asoló su terr., pasando al de Jaen, desde donde mandó retroceder á D. Nuño Gonzalez de Lara con parte del ejército para sitiarla; y al siguiente dia acudió él mismo al cerco con todo el resto del ejército: desmayados los musulmanes de la plaza la entregaron, con honestos partidos, y el rey dejó buena guarnicion en ella. Junto á Arjona tuvo el infante D. Enrique de Castilla, regente á la sazon del reino, una refriega en 1296, en la que fué vencido, y estuvo á pique de caer prisionero, pagando de este modo el temor de la nota de descuido que en vista de las hostilidades que le causaba el rey de Granada, le comprometiera en aquel trance, si D. Alonso Perez de Guzman no le hubiese socorrido. Arjona fué uno de los estados que dejó el condestable de Castilla al emigrar en 1422. El rey D. Juan II hizo merced de ella con título de ducado, á D. Fadrique de Castro. Este fué en 1429 uno de los grandes que con mas interés llamó el rey de Castilla para que le ayudasen á resistir la combinacion de guerra hecha contra él por los de Aragon y Navarra: apenas hubo llegado el duque cerca de Belamazan donde estaba el rey, cuando teniéndole por sospechoso, le mandó prender y conducir al cast. de Peñafiel, donde murió. Figura Arjona entre las pobl. que se dieron á D. Fadrique, conde de Luna, en 1430, en el reparto y levantamiento que se hizo de nuevas casas en Castilla, con los bienes y títulos de los infantes caidos. En 1434 la vendió D. Fadrique al condestable D. Alvaro de Luna. Es patria de Mahomat El-Nars, que como se ha visto fué proclamado emir de Granada.

ARJONES: l. en la prov. de Pontevedra, ayunt. de Puenteáreas felig. de Sta. Marina de *Pias*.

ARJONILLA. v. con ayunt. en la prov. y dióc. de Jaen (6 leg.), part. jud. y adm. de rent. de Andújar (1), aud. ter. y c. g. de Granada (21), y dependiente del arciprestazgo de Arjona: SIT. en una llanura rodeada de colinas, escepto entre N. y E por donde está en declive; la baten constantemente los vientos E. y O. haciendo su CLIMA sano y benigno, sin que se padezcan mas enfermedades que las consiguientes al cambio de estacion, si bien en años lluviosos suelen presentarse algunas fiebres intermitentes y afecciones de pecho. Componen la POBL. 470 CASAS útiles y 24 arruinadas, distribuidas en 40 calles y 10 plazas bastante espaciosas y limpias: tiene casa consistorial, cárcel, 1 carniceria, 1 pósito, 1 corralon llamado de concejo, 1 hospital para enfermos de ambos sexos, debido al filantrópico celo de Doña Maria Morales y Ardales, D. Martin Carmona, D. Francisco del Villar y D. Manuel Luis Gomez, quienes le fundaron en el año de 1641 dotándole con varios predios rústicos y urbanos y algunos censos; dicho hospital se gobierna por las cláusulas de su fundacion, y á pesar de haber sido enagenada una parte de sus bienes, cuenta en el dia con la renta de 7,072 rs. 10 mrs.: su patrono es el ob. de esta dióc. como igualmente lo es de una casa refugió para 12 viudas ó huérfanas, instituída en el año de 1631, cuya mayor parte de las fincas con que contaba fueron vendidas en 1807, por lo que son muy pocos los prod. que hoy le quedan. Tiene otras 3 fundaciones erigidas por limosnas, la primera en el año de 1597 por Doña Mencia Aguilar; la segunda en el de 1654, por D. Manuel Balenzuela; y la tercera en el mismo año por D. Francisco Martin Ojeda; las rentas de estas fundaciones ascendián á 851 rs. 18 mrs., los cuales fueron asignados al hospital anteriormente indicado, en virtud de órden dada por la autoridad ep.: hay una escuela de órden dada por la autoridad ep.: hay 1 escuela de primeras letras concurrida por 116 alumnos, y otra de niñas á la cual asisten 38, que aprenden ademas de las labores propias de su sexo, á leer y escribir; la primera está dotada con 300 ducados anuales pagados de los fondos de propios, no sucediendo asi á la segunda, cuya maestra percibe únicamente la retribucion convenida con los padres de las discípulas. En la plaza mayor ó de la Constitucion, se encuentra la igl. parr., bajo la advocacion de la Anunciacion de Ntra. Sra.; es un edificio sólido, de órden gótico, de 147 pies de long. y 72 1/2 de lat. dividido en 3 naves; la torre, sin ser de un mérito particular, tiene la rara circunstancia de estar construida sobre un arco, por el cual se pasa á la puerta principal de aquella; la imágen de Ntra. Sra. ocupa el magnífico altar mayor de escelente arquitectura y hermosos relieves, que se atribuyen al célebre escultor Becerra; está servida por 1 cura párroco llamado prior, 2 tenientes y 1 beneficiado, cuyo nombramiento corresponde al diocesano, proveyéndose el curato por oposicion, y por S. M., en sede vacante; 2 sirvientes, 2 sacristanes, 1 sochantre, 1 organista y 2 acólitos. Hubo 1 conv. de observantes de San Francisco, dedicado á Sta. Rosa de Vitervo, el cual está demolido: en distintos puntos de la v. existen 7 ermitas, que son, la de San Roque, su patrono el ayunt., la Concepcion, de patronato particular, y las de la Soledad, Jesus Nazareno, Ntra. Sra. de los Reyes, Sta Brígida, y Santiago: sit. esta cerca del hospital ya referido; en parage bien ventilado y que no puede perjudicar á la salubridad pública, se halla el cementerio á la parte S. y fuera de la v. Confina el TÉRM. por N. con el de Andujar, por E. y S. con el de Arjona, y por O. con los de Marmolejo y Lopera, estendiéndose su circunferencia á poco mas de 1 leg. de N. á S. y de E á O.: hay en él 1 cortijo llamado Munguia, sit. á 1/2 leg. O., y 1 desp. que debió ser ald. en tiempo de la dominacion de los árabes, el cual se encuentra á la misma dist. O. con el nombre de Herrerias, plantado de hermosos olivares. El TERRENO por lo general es de buena calidad, aunque en declive su mayor parte; tiene algunas vegas ó llanuras, siendo su cabida de 30,000 cuerdas (medida vulgar de 8 varas), casi todo reducido á cultivo, y una tercera parte es de olivos y viñedo; lo roturado está dividido en tres porciones iguales de primera, segunda y tercera calidad, calculándose que unas con otras en un año mediano, da cada fan. de sembradura 10 de prod.: al cultivo de hortalizas y legumbres se destinan 6 cuerdas, únicas de riego artificial, y á pastos naturales 400. Las labores se hacen con 30 yuntas de ganado mular y 60 de vacuno. Se ha desamortizado la mayor parte de los bienes que antes pertenecieron al clero secular y regular. Pasa por el térm. de esta v. el riach. Salado, el cual desagua en el Guadalquivir, y tiene un pequeño puente. Los CAMINOS, aunque practicables para carruages en tiempo seco, estan sin arrecife, por lo que son penosos en tiempo de lluvias, esceptuándose la poca carretera que atraviesa en direccion de Madrid á Cádiz: el CORREO se recibe 3 veces á la semana de la adm. de Andújar por medio de balijero, el cual tambien lleva la correspondeneia á la misma los lúnes, miércoles y sábados por la mañana: PROD. trigo, cebada, escaña, garbanzos, vino, hortalizas y mucho aceite; ganado lanar, vacuno, de cerda, caballar, asnal y mular, y alguna caza de conejos y perdices: IND.: 2 fáb. de tejas y ladrillos, 2 de curtidos y 20 molinos de aceite: el COMERCIO consiste únicamente en la esportacion del aceite á Madrid y Málaga, alguna lana y el trigo sobrante, y en la importacion de vino, aguardiente, arroz, patatas, ropas y carnes. FIESTAS: la de San Róque, patrono de esta v., que se celebra el 16 de agosto: POBL. 568 vec. 2398 alm.: CAP. PROD.: 6.374,824: IMP.: 278,911: importe de los consumos 27,788: CONTR. 32,847 rs. El PRESUPUESTO MUNICIPAL asciende á unos 20,000 rs., el cual se cubre con los fondos de propios, cuyo prod. anual se eleva á 20,981 rs. 28 mrs. y con el de la treintena en el aceite que se esporta, como hemos dicho al hablar del art. de *Arjona.* (V.).

ARJUBIN: ald. en la prov. de Lugo, ayunt. de Quiroga y felig de San Salvador del *Hospital* (V.): POBL. 7 vec. 34 almas.

ARLABAN: en el puerto de este nombre, sit. en los lindes de Alava y Guipúzcoa por donde corre la calzada que conduce á Irun, en la mañana del 25 de mayo de 1811 los guerrilleros, al mando de D. Francisco Espoz y Mina, prepararon una emboscada y ataque al mariscal Massena, que caminaba á Francia, con un crecido convoy de la rapiña en España, y 1,042 prisioneros ingleses y españoles; resultando despues de 6 horas de combate, apoderarse de todo, rescatar los prisioneros, y hacer otros de ellos, incluso el coronel Laffit, perdiendo los franceses mas de 800 hombres; cuyo hecho los irritó demasiadamente, y redoblaron su encono, y persecucion con Mina; pero esperimentando ellos mayores males de esta conducta, trataron de ganarlo al partido del Emperador con grandes promesas, si abandonaba la causa de su pátria: no lo consiguieron, y viendo que ni por armas ni por intrigas se deshacian de tan pertinaz contrario, pregonaron su cabeza en 6,000 duros. En el referido puerto, y año 1813, el mismo Mina repitió otro hecho igual, y mayor en armas: los franceses eran en número de 2,000, custodiando otro convoy de gran valia, al cuidado de Mr. Deslandes, secretario de José Bonaparte, y que llevaba una correspondencia interesante: apenas los avistaron los guerrilleros españoles, sin mas detencion que la primera descarga les cargaron á la bayoneta. Murieron 700 franceses, cogieron 150 prisioneros, un rico botin, y dos banderas, y rescataron los prisioneros españoles. Deslandes quedó entre los muertos, de un golpe de sable que le dió el subteniente D. Leon Mayo; la esposa del difunto y otras señoras mas, fueron respetadas: Mina envió á Vitoria 5 niños, cuyos padres se ignoraban, y en su parte al gobierno decia así:

«Esos angelitos víctimas inocentes en los primeros pasos de su vida, han merecido de mi division todos los sentimientos de compasion y de cariño, que dictan la religion, la humanidad, edad tan tierna, suerte tan desventurada.... Los niños por su candor tienen sobre mi alma el mayor ascendiente, y son la única fuerza, que reprime, y amolda el corazon guerrero de Cruchaga.» Estas espresiones del segundo de Mina desmienten la idea de fiereza y toscura, que algunos suponen á los guerrilleros españoles. El 16 de enero de 1836 se apoderó el ejército de la Reina, de las cord. de Arlaban, que ocupaban las tropas de D. Cárlos, despues de un combate, que el ardor belicoso hizo durar poco: cubriéronse de gloria singularmente en esta jornada los batallones de la Princesa, y una de la legion de Argel. El coronel Narvaez hizo prodigios de valor, y fué herido de bala en la cabeza, cuya bala le sacaron, y no fué de peligro: Espartero ocupó á Villareal despues de batir 1,000 carlistas El 23 de mayo del mismo año fué la cord. de Arlaban tomada por el general Córdova que, con un ligero combate, acabó de señorearse de las 3 altas y paralelas cord. que por mas de 4 meses habian estado fortificando 1,500 hombres del ejército carlista, y crecido número de paisanos.

ARLAS: desp. en la prov. de Navarra, part. jud. de Tafalla (4 leg.), térm. municipal de Peralta (1/2): tiene 1 CASA y 1 ermita ó basílica dedicada á San Pedro, que fué la parr. del ant. l. Confina por N. y E. con Falces y Marcilla, y por S. y O. con Olite y Peralta. Su TERRENO es de buena calidad: PROD.: trigo, cebada, aceite, vino y pastos; sostiene ganado lanar y cabrio, con el necesario para las labores: POBL.: 1 vec., 6 alm. Consta la existencia del ant. l. en una donacion del rey D. Sancho Ramirez al ob. ó igl. de Pamplona, año de 1087; y en el privilegio que D. García Ramirez, rey de Navarra, concedió á la v. de Peralta en 1144, se dice Señor de Arlas Pedro Ezquerra. Aunque se ignora la época, parece indudable que se despobló de resultas de una peste; todavia se conservan bastantes vestigios y ruinas que marcan el ámbito y localidad de la referida poblacion.

ARLANZA: r. en la prov. de Búrgos, y part. jud. de Salas de los Infantes: nace en la sierra de Neila, en lo mas intrincado del pinar y á la inmediacion del camino que conduce á aquel pueblo desde Quintanar de la Sierra; baja por este último, donde le atraviesa 1 puente de regular, pero nada notable construccion; cruza por Belbimbre, Palacios y Castro vido, que tambien tienen los suyos, y se dirige á Salas de los Infantes, dividiendo la pobl. en 2 barrios, que con frecuencia inunda en sus crecidas, particularmente en invierno, por las muchas aguas que toma con las lluvias y nieves, rebasando el puente por sus dos estremos, no obstante su mucha altura, y desbordándose un regular espacio por calles, plazas y campos inmediatos. Sigue su curso por Barbadillo del Mercado y Hortiguela, que tambien tienen sus puentes hasta el monast. de su nombre, enfrente del cual se divide en un cáuce molinar y atraviesa por un conducto natural subterráneo un grande peñasco, corriendo así oculto por espacio de 1/4 de leg.. en que se incorpora con el cáuce principal: despues de 3 ó 4 leg. de curso, pasa por el arrabal de Cobarrubias, en el que tiene 1 hermoso puente de piedra de 30 pies de elevacion, de 222 de long. y de 13 de lat., con 5 arcos, el cual facilita el paso de Cobarrubias á su barrio de San Roque, dando impulso á 1 molino de 2 muelas, y á 1/8 de leg. á otro de 1, ambos harineros. Los diques de este r. desde el pueblo de que se trata hasta el de Puente-Dura, que dist. 1 leg., son escesivamente montuosos, estando cubiertos de parrales ó vides altas sostenidas con horquillas; junto al antedicho pueblo hay 1 puente de piedra de 8 ojos, sumamente sólido, y en su parte inferior 1 pequeño molino harinero: dirígese despues el Arlanza hácia Cebrecos, en cuyo pequeño térm. da movimiento al molino titulado Vascones; baja en seguida á fertilizar la hermosa granja de Santillán, que atraviesa, y al salir de ella se divide en 2 brazos para dar impulso con el uno á 1 molino inmediato á dicha granja; reunidas despues sus aguas pasan á bañar el bosque de Lerma, cuyo pueblo está 200 pasos de su orilla izq., y por la misma, á igual dist. por la parte del O., se le agrega el riach. llamado Carrebilla; junto al dicho pueblo hay 1 puente de piedra de 9 ojos, que da paso á la carretera general de Madrid á Búrgos, moviendo inmediato á aquel 1 molino harinero bastante bueno: corre despues bañando la estremidad oriental de 1 soto y era denominada de Royales, y dejando el part. de Lerma, entra en el térm. de Tordomar, contiguo al cual hay 1 puente de piedra de 21 ojos, y 1 molino inutilizado; desciende á Villahoz, donde existe 1 escelente molino harinero titulado la Peña; cruza el hermoso puente de piedra con el nombre de Talamanca, que sirve de paso para la conduccion de vinos de la ribera á las montañas de Santander, y se entra en el térm. de Torre-padre; de este pasa al de Sta. María del Campo, amenizando antes de llegar á él la deliciosa y fértil pradera de Escuderos, dando movimiento á 1 molino de este mismo nombre sit. en la parte inferior del pueblo, y atravesando á su inmediacion 1 puente de piedra; pasado el pueblo corre por un vallecito estrecho, y al salir atraviesa el puente de Torremoronda, hoy inutilizado por falta de celo, introduciéndose en seguida en la granja de Pinilla, y junto á ella, y la titulada de Retortillo, recibe por su márg. izq. el riach. conocido por Cobos de Riofranco, que viene del pueblo del mismo nombre, correspondiente al part. de Baltanás, en la prov. de Palencia; continúa su curso hasta entrar en el térm. del pueblo de Peral de Arlanza, hallándose á sus 300 pasos 1 puente de piedra de 4 ojos, y 1 molino, que pronto quedarán en seco sino se contiene el r., que va dejando su ant. madre. Peral es el último pueblo de la prov. de Búrgos, y desde su térm. va el Arlanza al de la v. de Palenzuela, que corresponde al part. y prov. poco ha indicados; pasa junto á las cercas de dicha v., y en su parte inferior se eleva 1 puente de piedra de 5 ojos, que se compuso á espensas de la diputacion provincial el año de 1843, echándole el piso de madera en 2 ó 3 ojos; como á 300 varas S. de la pobl., de que se trata, fertiliza 8 ó 10 hermosas huertas con muchos y buenos árboles frutales, y á su conclusion se divide en 2 brazos para dar impulso con el uno, que tiene 1/4 de leg. de curso, á 1 molino de 4 piedras; reunidas otra vez sus aguas, se confunden inmediatamente con las del Arlanzon, que viene de la parte O. por el part. de Castrojeriz, de la prov. de Búrgos. El r. que se describe en casi todos los pueblos de su curso, recibe arroyos de muy poca consideracion y de ninguna nombradía: aunque poco caudaloso, siempre es perenne, y su corriente tranquila y sosegada: en la estacion del verano lleva pocas aguas, y en todos los pueblos por donde pasa hay entonces puntos que se vadean con la mayor facilidad. En todo él se pescan en abundancia escelentes barbos, truchas, anguilas y otros peces pequeños.

ARLANZA: ald. en la prov. de Leon (14 leg.), part. jud. de Ponferrada (3 1/2), dióc. de Astorga (7), aud. terr. y c. g. de Valladolid (32), ayunt. de Folgoso de la Rivera: SIT. en un valle á la márg. der. del r. Noceda; combátenla los vientos NE. y OE., con CLIMA propenso á enfermedades pulmonales, intermitentes y gástricas. Tiene 40 CASAS de tierra cubiertas de losa ó paja, y dispuestas sin órden ni simetría; escuela de primeras letras dotada con 120 rs. y abierta en solos 5 meses de invierno, á la que asisten de 18 á 20 niños; y 1 igl. parr., que tiene por anejo á Labaniego, dedicada á Nuestra Sra. de la Asuncion, y servida por 1 cura. Dentro de la pobl. hay 1 fuente de medianas aguas, y otras varias en el térm., que á pesar de filtrar por montañas, no disfrutan de mejores propiedades que la mencionada. Confina el TÉRM. por N. con Noceda á 1/2 leg., por E. con Labaniego á 1/2 cuarto de leg., por S. con Viñales, y por O. con Losada, ambos á igual dist. que el primero. El TERRENO es de mediana calidad, montuoso en su mayor parte, y se halla en algun tanto fertilizado por el ya citado r. Noceda. A la parte N. del pueblo se eleva un monte de robles, con su deh., en donde pastan los ganados lanar y cabrío. Ademas de los CAMINOS locales, tiene el que dirige de Noceda á Bembibre, en cuyo punto recibe y entrega la CORRESPONDENCIA: PROD.: trigo, centeno, cebada, garbanzos, habas, patatas, vino y algunas frutas; cria ganado vacuno, lanar y cabrío; caza de perdices, corzos y jabalíes; y pesca de truchas, aunque en corto número: IND. y COMERCIO: 3 molinos harineros bastante inferiores, que solo andan en el invierno, ocupándose los hab., ademas de los trabajos del campo, en tejer lienzos, que llevan á vender al mercado de Bembibre: POBL.: 24 vec., 105 alm.: CONTR.: con el ayuntamiento.

ARLANZA (SAN PEDRO DE): ex-monast., cartuja de monges Benitos, en la prov., aud. terr. y c. g. de Búrgos, part. jud. de Salas de los Infantes, y térm. de Villanueva de Duero: SIT. en una llanura dominada por escabrosos y elevados cerros, é inmediato al r. que lleva su nombre, en cuya orilla se encuentran algunos trozos de tierra en cultivo, no pudiéndose labrar mas por lo sumamente estrechos que hacen á los vallecitos los peñascos que les rodean, cubiertos de enebros, gayubas y otras malezas, y sirven de asilo á los venados, jabalíes, lobos y mucha caza menor.

Este monast. fué reedificado en el año 912, y dotado con el l. de Contreras y térm. cercanos, por el conde Fernan Gonzalez, y su mujer Sancha, siendo su abad Sona. Se han movido algunas dudas acerca de los privilegios, que concedió á este monast. el conde dicho, y especialmente por Ambrosio de Morales, á las que contestó oportunamente el M. Yepes. Algunos han confundido esta reedificacion del monast. con su fundacion, infiriéndolo de la escritura de fundacion que publicó Yepes, en 954 (Sabau en sus notas de la Historia de España por Mariana, tom. 5, pág. 191). Otros han atribuido esta piedad al conde Fernan Gonzalez, en el año de 950, hecho á su costa, y con los despojos de la batalla de Cascajares (P. Mariana Historia de España, tom. 5, pág. 191); pero eso no solo es confundir el conde de esta época, con el otro de su mismo nombre de 912, sino la fundacion, con aquella reedificacion; tambien incurrió en el yerro de dar por fundador á este conde, por los años de 950 al 970, el Sr. Romey (História de España, tom. 2, pág. 190); y como no se hallase otra noticia, acerca de dicha fundacion, parece mas acertado decir. que se ignora, antes que caer en equivocaciones forzosas. En este monast. se sepultaron los cadáveres de D. Fernan Gonzalez, el famoso conde de Castilla, y el de su mujer Doña Sancha, hija del rey de Navarra Garú Temblon, año 970, viéndose sus sepulturas, junto al altar mayor, con sus respectivas inscripciones. Tambien se colocó en sus cláustros el sepulcro de Mudarra. Han agitado los monjes de este monast. y los del de San Millan de la Cogulla grandes contiendas, sobre el lugar en que fueron sepultados los 7 infantes, hermanos de Mudarra. En el año 1065 fué trasladado al dicho monast. el cuerpo de Sta. Cristeta, y (segun Sandoval en sus 5 ob.), los de sus hermanos, los Stos. Vicente y Sabina, llevados de Leon. El nombre de este monast. se halla en la muestra de versos en romance del Poema de Fray Gonzalo de Berceo del año 1211:

«Asino un buén consejo essa fardida lanza
»Traerlos á San Pedro, que dicen de Arlanza
Con ese buen viento abrien mejor finanza
«Serien mejor servidos sin ninguna dubdanza,

El abad de este monast. Fray Pedro, con el ob. de Búrgos fué elegido por la Reyna, madre del rey D. Fernando de Castilla, y enviado cerca del emperador Federico II, primo de Doña Beatriz, hija del emperador Felipe, que fué de Alemania, para tratar el matrimonio de esta, con dicho D. Fernando, cuya embajada desempeñó á satisfaccion de SS. MM.

ARLANZON: r. en la prov. de Búrgos, y part. jud. de Belorado; nace en la sierra de Pineda á 6 leg. de Búrgos y mas arriba de Villarobe: corre por entre dicha c. y su arrabal, donde suele entrar en tiempo de las crecientes que le ocasionan las lluvias y nieves; sigue hácia San Mamés y Burriel, que quedan á su izq., recibiendo mas abajo de esta v. las aguas del Arlos: entra en el part. jud. de Castrojeriz, despues de fertilizar los campos del de Búrgos, por junto á la célebre y ant. v. de Pampliega; un poco antes de llegar á ella da impulso á 1 molino harinero titulado la Comba, de gran nombradía por las muchas y escelentes anguilas que á su inmediacion se pescan; y á las 100 varas mueve otro muy pequeño, tambien harinero, en cuya parte superior se halla el puente de piedra de la v., muy ant. y deteriorado; sigue su curso hasta entrarse en el térm. de Palazuelos, 1/4 de leg. de Pampliega, donde tambien da vida á otro molino harinero; desciende en seguida hácia los térm. de Barrio, Belbimbre y Villazepeque, hasta llegar á los de Villaverde-Magina y los Valvases, entre los que mueve 2 molinos harineros y 1 batan: entre el último de estos pueblos deja el Arlanzon la prov. de Búrgos, y se interna en la de Palencia, inmediato á Villodrigo, pobl. del part. de Astudillo; contiguo al indicado pueblo hay un buen molino de 3 piedras y un mal puente de 8 ojos, con las cepas de piedra y el pico de madera, que se compuso durante la guerra de la Independencia; á la salida del térm. de Villodrigo vuelve otra vez el r. que se describe á la prov. de Búrgos, atravesando los térm. de Revilla-Vallegera y Valles, pueblos del part. de Castrogeriz, en el térm. del Revilla fertiliza unas pocas huertas de hortaliza y varios guindos de muy mala especie, encontrándose inmediato á los antedichos pueblos 1 molino harinero, que fué de los premostratenses de Salamanca, y hoy de un particular, que lo reedificó en el año 1843: abandona segunda vez el Arlanzon la prov. de Búrgos para volver á entrar en la de Palencia cerca de Palenzuela, pueblo del part. de Baltanás: á la 1/2 leg. escasa, donde estan la venta y conv. de monjas del Moral, y junto á un hermoso rollo de piedra, se verifica la confluencia del Arlanza con este r., encontrándose antes 1 puente llamado del Moral por estar cerca del conv. de este nombre, el cual se halla completamente inservible por haberle abandonado el r. separándose de su álveo; sigue despues su curso por entre los térm. de Herrera de Valdecañas y el monte y deh. de Villandrando, que corresponde al part. de Astudillo, y al ir á entrar en el térm. de Cordovilla, da impulso á un pequeño molino harinero perteneciente á Herrera; y entre aquel pueblo y el de Torquemada, á 2 leg. de su union con el Arlanza, desemboca en el Pisuerga. El r. que nos ocupa lleva siempre la misma cantidad de aguas en corta diferencia que aquel, ofreciendo tantos ó mas vados que él en la estacion calorosa; sus aguas no se aprovechan para el riego, á no ser en algunos pueblos de la prov. de Búrgos, que los moradores usan de ellas para la sementera y crecimiento del lino, y para abonar algunas huertas. En todo su curso suministra la misma pesca que el Arlanza, pero mas abundante, especialmente la anguila.

ARLANZON: v. con ayunt. en la prov, part. jud., dióc., aud. terr. y c. g. de Búrgos (3 1/2 leg.): SIT. en una pequeña altura, sobre una cord. de peñascos que empiezan desde la orilla del r. de su mismo nombre, los cuales sirven de muralla al pueblo, cuando aquel viene muy crecido: está resguardado de los vientos N. y NO.; y goza de CLIMA sano, siendo las tercianas las enfermedades que mas frecuentemente atacan á sus hab., ademas de las producidas por el cambio de las estaciones. Se compone de unas 160 CASAS con pajares, entre las que existen algunas de regular comodidad, por haber sido construidas de nuevo, ó reedificadas desde el tiempo de la guerra de la Independencia, en que muchas fueron quemadas; hasta el dia. Tiene escuela de primeras letras; 1 casa consistorial de piedra; otra que sirve de hospital y de asilo á los pobres transeuntes; y 1 fuente de agua cristalina y saludable para el surtido del vecindario, formada de diferentes manantiales que brotan con abundancia en los mismos peñascos de la citada cord.; la igl. parr., bajo la advocacion de San Miguel, se halla casi en el centro del pueblo, ocupando el punto mas elevado, desde donde se divisan el cast. y varias casas de la c. de Búrgos; tiene 1 anejo en Zalduendo, y ambas igl. estan servidas por 2 curas párrocos y 1 medio racionero; hay ademas 1 ermita con el titulo de San Roque, y á la dist. de 1/2 leg. de la pobl. 1 igl. bastante capaz, conocida con el nombre de Ntra. Sra. de Villalbiera, la cual pertenecia anteriormente al conv. de gerónimos de San Juan de Ortega, pero en la actualidad se encuentra cerrada; próximo á la parr. existe el comenterio, en parage que no puede perjudicar á la salubridad pública. Confina su TÉRM. por N. con Santovenia y Villamorico á 1/2 leg., por E. con Villasur de Herreros á 1, por S. con Brieba á 3/4, y por O. con Zalduendo á 1/2. A la parte S. de la pobl. existe 1 monte con llanos y campiñas de cerca de 2 leg. de largo, y 1 de ancho; todo plantado de robles, y muy á propósito para la cria de ganado vacuno, y mucho mejor para el churro, cuyas carnes son muy esquisitas. Por la del O. é inmediaciones de la v., camino de Búrgos, existen en 1 vega muy llana las ruinas de 4 ermitas que titulaban de Sta. Maria, La Magdalena, San Martin y San Andres, en cuyos alrededores se encuentran bastantes sepulturas y varios sepulcros de 1 sola piedra, herméticamente cerrados; al NO., y camino que conduce al pueblo de Zalduendo, se ven los cimientos de un gran edificio, en 1 cerro que llaman Campo la Rasa que, segun tradicion, era el palacio y cast. de este último nombre. El TERRENO es regularmente productivo, y se halla fertilizado por las aguas de los muchos manantiales que brotan en las peñas, y por las del r. Arlanzon, sobre el cual hay 1 puente de piedra silleria, con 5 arcos grandes y mas de 90 varas de long.; desde este puente empieza 1 dilatado soto que llega hasta la granja de Villalbura que se encuentra á la dist. de 1/2 leg.: abraza varios prados y muchos huertos, establecidos de pocos años á esta parte, que riegan con el agua de fuentes, conteniendo ademas bastante arbolado de olmo y chopos: PROD.: trigo aliaga, comuña, centeno, cebada, avena, yeros, legumbres, lino y cáñamo; ganado vacuno y lanar, y pesca de ricas truchas asalmonadas. La IND. se reduce á varios molinos harineros y 1 batan, ocupándose la mayor parte de sus hab. en las labores del campo: POBL.: 70 vec., 197 alm.: CAP. PROD.: 1.794,820 rs.: IMP. 163,445: CONTR.: 5,795 rs. 22 maravedis.

ARLANZON: vicaría ecl., nombrada mas comunmente Llamamiento, en la prov. y part. jud. de Búrgos (3 1/2 leg.): su estension es de 5 1/2 leg. de E. á S., y de 2 de E. á O., confinando por N. con la vicaria del monast. de Rodilla, por E. con la de Villafranca Montes de Oca, por S. con la de San Quirce, y por O. con la Cuadrilla de Gamonal. Los pueblos que comprende, número de parr., curas párrocos que las sirven, etc., se hallarán en el estado que sigue:

PUEBLOS DE QUE SE COMPONE.	PARTIDO JUDICIAL.	PROVINCIAS.	Número de parroquias.	CONVENTOS cuyas iglesias están: Con culto.	CONVENTOS cuyas iglesias están: Cerradas.	Santuarios y ermitas.	Curas párrocos.	Ecónomos.	Tenientes.	Beneficiados.	Dependientes.	CATEGORIA DE LOS CURATOS.
Agés	Búrgos.	BURGOS.	1	«	«	1	1	«	«	1	1	En el arz. de Búrgos, al cual corresponde esta vicaria ó Llamamiento de Arlanzon, no existen las clasificaciones de ingresos, 1.° y 2.° ascenso, y térm., porque generalmente se desempeña el servicio parr. por los beneficiados patrimoniales á designacion del ordinario, cuyos titulos son solo de racion entera ó de media.
Alarcia	Belorado.		1	«	«	«	1	«	«	«	1	
Arlanzón y su anejo Zalduendo.	Búrgos.		2	«	«	2	2	«	«	1	2	
Barrios de Colina	Id.		1	«	«	«	1	«	«	«	1	
Barrios de Colina.	Id.		1	«	«	«	1	«	«	«	1	
Briebra de Juarros.	Id.		1	«	«	«	1	«	«	«	1	
Cueva de Juarros.	Id.		1	«	«	1	1	«	«	«	1	
Cuzcurrita de Juarros.	Id.		1	«	«	«	1	«	«	«	1	
Espinosa de Juarros.	Id.		1	«	«	«	1	«	«	«	1	
Galarde	Id.		1	«	«	«	1	«	«	«	1	
Herramel	Id.		1	«	«	«	«	«	1	«	1	
Hiniestra	Id.		1	«	«	«	1	«	«	«	1	
Ibeas de Juarros.	Id.		1	«	«	«	1	«	«	«	1	
Mozoncillo de Juarros.	id.		1	«	«	«	1	«	«	«	1	
Piedrahita de Juarros.	Bribiesca.		1	«	«	«	1	«	«	2	2	
Pineda de la Sierra	Belorado.		1	«	«	1	1	«	«	«	1	
Quintanilla del Monte en Juarros.	Id.		1	«	«	«	1	«	«	«	1	
Salgûero de Juarros.	Búrgos.		1	«	«	«	1	«	«	«	1	
San Adrian de Juarros.	Id.		1	«	«	1	1	«	«	«	1	
San Juan de Ortega	Id.		1	1	«	«	1	«	«	«	1	
San Millan de Juarros.	Id.		1	«	1	«	1	«	«	«	1	
Sta. Cruz de Juarros, y sus barrios de Matalindo y Cabañas.	Id.		2	«	1	1	2	«	«	1	2	
Sta. Maria del Invierno.	Bribiesca.		1	«	«	«	1	«	«	1	1	
Santovenia.	Búrgos.		1	«	«	«	1	«	«	«	1	
Villaescusa la Solana	Belorado.		1	«	«	«	1	«	«	«	1	
Villaescusa la Sombria	Id.		1	«	«	«	1	«	«	«	1	
Villamorico	Búrgos.		1	«	«	«	1	«	«	«	1	
Villasur de Herreros.	Id.		1	«	«	«	1	«	«	«	1	
Villarobe	Id.		1	«	«	1	«	1	«	«	1	
Tapuerca	Id.		1	«	«	«	1	«	«	2	1	
Urrez	Id.		1	«	«	1	1	«	«	«	1	
Uzquiza	Id.		1	«	«	«	1	«	«	«	1	
			34	1	2	9	32	1	1	8	35	

ARLEGUI: l. de la cend. y ayunt. de Galar, en la prov., aud. terr. y c. g. de Navarra, merind., part. jud. y dióc. de Pamplona (1 1/2 leg.), arciprestazgo de la Cuenca: SIT. en la falda del monte, llamado de Sta. Cruz, en cuya cima hay 1 ermita con dicho nombre: combátenle los vientos del N., y disfruta de CLIMA saludable. Tiene 14 CASAS; 1 igl. parr., bajo la advocacion de San Martin, servida por 1 abad; y cercana al pueblo 1 fuente de esquisita agua, de la que se surten los hab. para sus usos domésticos. Confina el TÉRM. por N. con Salinas, por E. con Beriain, por S. con Subizar (á 1/2 leg), y por O. con Esparza (1/4). El TERRENO es bueno y comprende unas 1,400 robadas de cultivo, y 400 de prados y bosque; de aquellas, 100 son de primera calidad; 300 de segunda, y 1,000 de tercera. Los CAMINOS son locales, y se hallan en estado regular: PROD.: trigo, maiz, avena, arvejas y algunas legumbres y hortaliza; cria ganado lanar, y hay caza de liebres: POBL.: 14 vec., 79 alm.: CONTR. con la cendea.

ARLETA: l. del valle y ayunt. de Esteribar, en la prov., aud. terr. y c. g. de Navarra, merind. de Sangüesa (6 leg.), part. jud. de Aoiz (4), dióc. de Pamplona (1), arciprestazgo de Anue: SIT. á la der. del r. *Arga*, en una llanura, donde le combaten todos los vientos, y goza de CLIMA saludable. Tiene 2 CASAS, 1 palacio y 1 igl. parr., bajo la advocacion de Santa María, servida por 1 cura párroco. Confina el TÉRM. por N. con el de Anchoriz (1 1/2 leg.), por E. con el de Zuriain (igual dist.), por S. con el de Iroz (1/4), y por O. con el de Aincioa (1). El TERRENO llano en lo general, es bastante fértil: en distintos parages del mismo brotan fuentes de buenas aguas, las que utilizan los hab. para su gasto y otros objetos. Las tierras incultas abundan en pastos para el ganado, y ofrecen algunos árboles silvestres y arbustos, que sirven para combustible: PROD.: trigo, avena, cebada, legumbres y algunas verduras; cria ganado vacuno, lanar y cabrío; y caza de liebres, conejos y perdices: POBL. 4 vec., 30 alm.: CONTR. con el valle. En 1366 estaba desp. este l., segun consta del apeo realizado en dicho año.

ARLOS (SANTIAGO DE): felig. en la prov., dióc. y part. jud. Oviedo (2 1/2 leg.), arciprestazgo y ayunt. de Llanera (1): SIT. al E. de la sierra del *Pico*: CLIMA bastante saludable: comprende los l. y cas. de Barredo, Bendon, Carbajal, Carril, Cenizal, Labares, Miyeres, Mota (La), Rozadas y Vigil, que reunen 140 CASAS de tosca construccion y escasas comodidades. La igl. parr. (Santiago) está servida por 1 curato de primer ascenso y patronato real: el TÉRM. confina por N. con el de los ayunt. de Illas y Castrillon, por E. con el de la felig. de Sta. Eulalia de Ferroñes, por S. con el de San Nicolás de Bonielles, y por O. con el de Sta. Cruz, interpuesta la mencionada sierra del Pico: el TERRENO participa de llano, de buena calidad, y los montes se hallan poco poblados: los CAMINOS son locales y mal cuidados: el CORREO se recibe por la cap. Oviedo: PROD.: maiz, trigo, centeno, habas blancas, patatas, algunas otras legumbres, frutas y hortalizas en los reducidos huertos que tienen los vec.; cria ganano vacuno, de cerda, lanar, cabrío, y algo de caballar y mular: IND.: la agricola y el tráfico que permite el sobrante de las cosechas, que asi como el ganado presentan en los mercados inmediatos: POBL.: 144 vec., 665 alm.: CONTR. con su ayunt. (V).

ARLUCEA: ayunt. en la prov. de Alava (4 1/2 leg. á Vitoria), dióc. de Calahorra (14), aud. terr. de Búrgos (23), c. g. de las prov. Vascongadas y part. jud. de Salvatierra (7): SIT. al SE. de la cap. de prov. al S. de la del part.: su CLIMA es frio, pero sano: se compone de las v. de Arlucea (cap.), Berroci, Izarza, Oquina y Urarte, que reunen unas 100 CASAS: la tiene para celebrar sus sesiones, cárcel y escuela servida por el sacristan y concurrida por ambos sexos. El TÉRM. municipal confina por N. con los de El-Burgo y Alegria, por E. con los de Arraya y Apellaniz, al S. con el de Marquinez, y por O. con el condado de Treviño; las fuentes y vertientes de sus montes forman varios arroyuelos que contribuyen á dar origen al r. Ega. El TERRENO en lo general árido, lo hace productivo la asidua laboriosidad de sus cultivadores: los CAMINOS son malos, y el CORREO se recibe por Alegria: PROD.: cereales, cria ganado, con especialidad lanar, y hay caza y alguna pesca: POBL. segun los datos oficiales 57 vec., 276 alm.: RIQUEZA Y CONTR. (V. ALAVA INTENDENCIA). El PRESUPUESTO MUNICIPAL asciende á 6,500 rs. y se cubre en su mayor parte por reparto vecinal.

ARLUCEA ó ASLUCEA: v. cap. de ayunt. en la prov. de Alava (4 1/2 leg. á Vitoria), dióc. de Calahorra (14), y part. jud. de Salvatierra (7), de la vicaria de Campezo y herm. de Arraya y la Minoria: SIT. en un barranco cercado de elevados peñascales que dejan entrada por la parte E.: el CLIMA frio, con especialidad cuando domina el cierzo: tiene 36 CASAS, la de ayunt. se halla en la mejor sit., y en ella está la cárcel; á la escuela, cuyo maestro es el sacristan, concurren 10 niños y 12 niñas, cuyos padres sostienen parte de la dotacion. La igl. parr. (San Martin), que en la estadistica ecl. se titula La Cruz, está servida por 3 beneficiados perpétuos, y uno de ellos encargado de la cura de alm.: hay 1 ermita dedicada á Sta. Teodosia en una peña próxima á la pobl. El TÉRM. confina por N. á 1 1/2 leg. con Berroci, Izarza y Oquina, por E. á 1 1/4 con Apellaniz, al S. á 1/2 con Urturiz, Quintana y San Roman, y por O. á 2/3 con Marquinez; por esta parte se halla 1 buena fuente. El TERRENO es quebrado, arenisco y de muy mediana calidad, pero en los elevados montes de Izquiz hay mucho y buen arbolado: cruzan, y en parte fertilizan á este terreno arroyuelos que nacen de las vertientes de la sierra y unidos al riach. que baja de Berroci van á buscar al de Azaceta y dan principio al r. Ega: los CAMINOS son malos; y el CORREO se recibe por Alegria: PROD.: trigo, centeno, cebada, avena, legumbres y patatas: cria de toda clase de ganado, y con preferencia el lanar, cuyas carnes son muy apreciadas: hay caza de jabalies, lobos, liebres, perdices y palomas: se pescan truchas pequeñas, pero muy buenas: IND.: la agrícola, el carboneo y palos de sillas: POBL.: 31 vec., 152 alm.: RIQUEZA y CONTR. (V. ALAVA INTENDENCIA).

ARMADA: l. en la prov. y dióc. de Leon (9 leg.), part. jud. de Riaño (5), adm. de rent. de Beñar (2), aud. terr. y c. g. de Valladolid (29), ayunt. de Vegamian: SIT. en la confluencia de los r. *Porma* y *Arianes* sobre 1 pequeña llanura resguardada de los vientos del N. por 1 peña: goza de poco sol en invierno á causa de otra peña que se eleva á corta dist. por la parte del mediodia; y su temperamento, aunque frio, es bastante sano. Tiene 30 CASAS, las mas de 1 solo piso cubiertas de paja y distribuidas en 2 calles capaces y enjutas, á pesar de la falta de empedrado, las cuales forman un ángulo recto. Hay 1 escuela completa, dotada con 170 rs. anuales y asistida por 14 alumnos de ambos sexos; y 1 igl. parr. al E. dedicada á Sta. Cecilia, cuya festividad se celebra el dia 22 de noviembre: el templo es pequeño y pobre; sirve el culto 1 cura de patronato real, por lo que provee la vacante S. M. á propuesta en terna del diocesano, prévio concurso. Sobre 1 cerro dist. de la pobl. 200 pasos al O. se ve 1 ermita, cuyo titular es San Adriano, y junto á ella el cementerio: á igual dist. N. brota á la raiz de 1 peña la fuente abundante y de buena agua que sirve para el surtido del vecindario; y las aguas que bajan de un pequeño valle forman al O. del l. una balsa perjudicial á la salud pública, la cual seria muy conveniente y poco costoso desecar. Confina el TÉRM. por el N. con el de San Cèbrian (1/4); por el E. con los de Orones (500 pasos), y Lodares (1,000), por el S. con el de Vegamian (500); y por O. con el de Utrero á igual dist.; su cabida es de 2,824 *eminas* (*). La baña por el O. el r. Porma que fertiliza una de sus vegas: corre á 1/8 de leg. de la pobl. por el sitio llamado de *Las Cuevas de Armada*; donde se halla 1 puente de madera y da impulso á 1 batan y 5 molinos harineros. El r. Arianes atraviesa el térm. de E. á O. y va á reunirse con el Porma á dist. de 200 pasos del espresado puente: las aguas del riach. Arianes infestadas con los linos que en la estacion del estío en ellas se cuecen, ocasionan la muerte de crecido número de cab. de ganado vacuno; si bien otros atribuyen esta desgracia á las malas yerbas que prod. la vega inmediata á aquel por la parte del S. Por el pueblo cruza 1 arroyuelo de curso perenne procedente del valle de Reyero; el cual se une con el mencionado riach. El TERRENO participa de llano y montañoso; las tierras que se cultivan, fuertes y tenaces, se dividen en esta forma: tierras de trigo y lino de regadío sin descanso 148 eminas de buena calidad y 9 de mediana; de trigo en secano que fructifica con 1 año de descanso, 4 eminas de buena calidad 5 de mediana y 1 de ínfima; de centeno en secano y descanso de 1 año 85 eminas de buena calidad, 729 de mediana y 11 de infima; prados de regadío de 1 solo corte 229 eminas de buena calidad, 146 de mediana y 6 de infima; prados de

(*) La emina es una medida de granos igual á la tercera parte de una fan. Los griegos y los romanos la usaban para los liquidos.

secano que prod. sin descanso de 1 solo corte 1 emina de buena calidad, 122 de mediana y 5 de infima; id. de secano con 1 año de descanso 40 eminas de mediana calidad, id. de regadio 8 de buena calidad. La parte no cultivada se compone de montes, cerros y peñascos; en el cerro denominado de la *Cruz*, dist. de la pobl. 500 pasos E., hay 1 monte de roble alto, la mayor parte matorral de poca utilidad. Tambien tienen los vec. participacion con los pueblos de Camposolillo y Utrero, en el monte de *Barbadillo* que consiste en roble y haya útil solo para leña. Los CAMINOS son todos carreteros, pero en mediano estado á causa de hallarse combatidos ordinariamente por los r. y arroyos que cruzan el térm.; el titulado de Trasmonte, que marcha por 1 declive sobre la márg. der. del Porma se pone en tiempos de nieves y hielos intransitable, sucediendo en él algunas desgracias: PROD.: las mas principales son el trigo y el lino; pero tambien se coge centeno, cebada, patatas, nabos, legumbres y algunas hortalizas. A escepcion del lino, las demas no bastan para el consumo, teniendo por ello que importar lo que falta del mercado de Boñar. Críanse igualmente en el pueblo 60 cab. de ganado vacuno, 12 de caballar; 20 de cerda y 250 de lanar y cabrio; de la lana, que consiste en 15 ó 20 a., se fabrican sayales de que usan los hab. para su vestido; en el Porma hay mucha pesca de esquisitas truchas: POBL.: 27 vec., 120 alm.: CONTR. con el ayuntamiento.

ARMADA: cas. en la prov. de Lugo, ayunt. de Páramo, felig. de San Martin de la *Torre* (V.): POBL.: 2 vec., 10 almas.

ARMADA: cas. de la prov de Lugo, ayunt. de Lancara, felig. de Sta. Eulália de *Lagos* (V.): POBL.: 3 vec., 15 habitantes.

ARMADA: l. en la prov. de Lugo, ayunt. y felig. de *Muras*, San Pedro (V.).

ARMADA: l. en la prov. de Pontevedra, ayunt. de Mondariz felig. de Sta. Maria de *Queimadelos*.

ARMADA: l. en la prov. de Pontevedra, ayunt. y felig. de San Martin de *Salcedo* (V.).

ARMADA: l. en la prov. de Pontevedra, ayunt. y felig. de *Poyo*, San Juan (V.).

ARMADA: l. en la prov. de Pontevedra, ayunt de Arbo y felig. de Sta. Marina de *Selas* (V.).

ARMADA: l. en la prov. de Orense, ayunt. de Tejeira y felig. de San Salvador de *Lumeares* (V.): POBL.: 10 vec., 55 almas.

ARMADA: ald. en la prov. de Orense, ayunt. y felig. de Sta. Maria de *Melon* (V.): POBL.: 6 vec., 25 almas.

ARMADA: l. en la prov. de Orense, ayunt. de Celanova y felig. de San Salvador de *Rabal* (V.): POBL.: 9 vec., 45 almas.

ARMADA: l. en la prov. de Orense, ayunt. y felig. de Sta. Maria de *Cartelle* (V.).

ARMADA: cas. en la prov. de Oviedo (9 1/2 leg.), ayunt. de Lena (3 1)2) y felig. de Sta. Maria de *Telledo* (V.): POBL.: 8 vec., 34 almas.

ARMADA: l. en la prov. de Oviedo (7 leg.), ayunt. de Lena (1) y felig. de San Martin de la *Pola de Lena* (V.): POBL.: 8 vec., 25 almas.

ARMADA: l. en la prov. de la Coruña, ayunt. de Laracha y felig. de San Pedro de *Soandres* (V.).

ARMADA: ald. en la prov. de la Coruña, ayunt. de Ordenes y felig. de Santiago de *Villamayor* (V.): POBL.: 5 vec., 30 almas.

ARMADA: ald. en la prov. de la Coruña, ayunt. de Oroso y felig. de San Martin do *Marzoa* (V.): POBL.: 4 vec., 19 almas.

ARMADA: l. en la prov. de la Coruña, ayunt. de Fene y felig. de San Salvador de *Maniños* (V.): POBL.: 3 vec., 9 almas.

ARMADA: l. en la prov. de la Coruña, ayunt. de Monfero y felig. de Sta. Maria de *Gestoso* (V.): POBL.: 2 vec., 8 almas.

ARMADA: l. en la prov. de la Coruña, ayunt. y felig. de San Pedro de *Villarmayor* (V.): POBL.. 3 vec., 16 almas.

ARMADA: l. en la prov. de la Coruña, ayunt. de Sobrado y felig. de San Julian de *Cumbraos* (V.): POBL.: 1 vec., 8 almas.

ARMADA (STA. CATALINA DE): ald. en la prov. de la Coruña, part. jud. de Negreira, ayunt. y felig. de Sta. Comba, *San Pedro* (V.): en esta pobl. celebra sus sesiones el ayunt.: hay varias CASAS de mediana construccion, y la que sirve de cárcel estaba destinada para la adm. de justicia de la ant. jurisd. de Tallas que provistaba el arz. de Santiago: tiene 1 ermitá (Sta. Catalina), que se halla en estado de ruina y solo se celebra misa el dia 12 de diciembre. El TERRENO es desigual y le bañan distintos arroyuelos: sus CAMINOS locales son bastante penosos, escepto el que dirige á Santiago: PROD.: maiz, centeno, patatas, legumbres y algunas frutas: cria ganado vacuno y de cerda: hay feria de maderas, herrages y otros art., el indicado dia 12 de diciembre: POBL. (V. su felig).

ARMADA DO CANDO: l. en la prov. de la Coruña, ayunt. y felig. de San Felix de *Monfero* (V.): POBL. 5 vec., 23 almas.

ARMADAS: vecindario de la v. de Palafurgel, (1/2 leg.), en la prov. y dióc. de Gerona (4), part. jud. de la Bisbal (2 1/2), aud. terr. y c. g. de Barcelona (18 1/2): SIT. á las inmediaciones del mar, tiene en su centro un santuario bajo la advocacion de San Ramon: su TERRENO en parte llano, y en parte montuoso es feraz: PROD. trigo y corcho: POBL. 20 vec., 127 alm: corresponde á la jurisd. y térm. de *Palafurgell* (V.).

ARMADAS Y VILAJOAN: l. con ayunt. de la prov. y dióc. de Gerona (3 1/2, leg.), part. jud. y adm. de rent. de Figueras (1), aud. terr. y c. g. de Barcelona (17): forma este l. 2 ald. denominadas cual queda dicho, y separadas en muy corto trecho la una de la otra; la primera está SIT. en una altura al pie de la carretera real que va de Barcelona á Francia, en medio de un bosque de olivos y pinos que la ponen al abrigo de los vientos del N.; desde el punto que ocupa, se descubren en direccion del E. y N. las cord. del Pirineo y los llanos del Ampurdan, y por S. y O. las montañas inmediatas á Gerona y Bañolas: la segunda á 1/8 leg. y tocando al r. *Fluvia*, está sit. muy inmediata á la carretera y en medio de praderias, viñas y huertas, que el r. riega: lo que unido á la frondosidad, lo hacen sumamente ameno y pintoresco: entre las dos ald. cuentan sobre 21 CASAS de mala construccion y sin formar calles ni plazas; hay 2 igl. parr., la matriz sit. en Armadas, bajo la advocacion de los Stos Cosme y Damian; la sirve 1 párroco, cuya plaza se provee por oposicion en concurso general; y la de Villajoan filial de aquellas, en la cual ejerce la cura de almas un teniente; confina el TÉRM. por N. con el de Borrasa; por el E. con el de Garrigas; por el S. con el r. Fluvia, y por el O. con el de Pontos. El TERRENO es todo llano, escepto algunos barrancos que dan paso á las aguas que se escurren de la carretera real: sus CAMINOS son carreteras regularmente cuidadas, que van de un pueblo á otro, y la real que pasa á unos 200 pasos: PROD. aceite y vino en abundancia, hortalizas y frutas, poco trigo y legumbres, buena madera de construccion, y caza de diferentes especies, principalmente de perdices. El COMERCIO está reducido á la esportacion de los frutos sobrantes á los mercados de Figueras y Gerona: POBL. 21 vec., 127 alm.: CAP PROD. 1,335,600 rs. IMP. 33.390.

ARMAL: ald. en la prov. de Oviedo, ayunt. y felig. de *Boal* (Santiago).

ARMALEC: coto red. de los señores condes de Bureta en la prov. de Huesca y part jud. de Sariñena, jurisd. del l. de Salinas. Hay en él 2 CASAS que habitan los colonos ó arrendatarios. Su TÉRM. calidad del TERRENO, PROD. y demas (V. SALILLAS).

ARMALLÁ: ald. en la prov. de Guadalajara (21 leg.), part. jud. de Molina (21/2) unida en todas sus dependencias civiles y ecl. con el l. de Tierzo (1/2): SIT. al E. de un gran cerro, y en la parte media de su falda, dando frente á una dilatada vega; la baten los aires con libertad y goza de CLIMA sano: tiene 10 CASAS de fáb. de cal y canto, pero de mala construccion y comodidad, y se conservan las ruinas de una capilla con 1 campanillo, propio de los vec., habiendo sido trasladadas las imágenes á la parr. de Tierzo, en virtud de lo prevenido en la visita del año 1629: en lo alto del cerro se hallan tambien las ruinas de un cast. que se dice haberse llamado Ciudadela, y guarda proporcion con otras fortalezas que se advierten en el sitio llamado Peña-Muro y en el térm. de Terzaga; formando linea desde Alpetea á Valencia; confina su TERM. por N. con el de Tierzo; E. Terraguilla, S. Baños, y O. con el cast. de Arias, á dist. por todos sus lados de 3/8 leg.: en su comprension se hallan las salinas que llevan el nombre de la ald. (V.), y á dist. de 1/4 leg. de las casas, hay 3 manantiales de buenas aguas, aunque escasas, llamados de los Arrieros, la Juncadilla y la Canaleja, que con otra fuente mas inmediata surten al vecindario para todos sus usos: por el lado de la vega cruza un arroyuelo de aguas salobres, que viniendo del cast. de Arias, entra en el r. Bullones: el TERRENO es bastante quebrado, escepto el de la vega: los CAMINOS son travesías escabrosas á los pueblos inmediatos, y solo hay un mal carril para ir á las salinas: PROD.: trigo, centeno, cebada, avena, guisantes, patatas y verduras: POBL. 10 vec., 37 alm. Estos y su riqueza y CONTR. estan incluidas en las que se señalan á su matriz (V.).

ARMALLA (SALINAS DE); establecimiento de fáb. de sal en la prov. de Guadalajara, térm. de Armalla: SIT. en una dilatada vega, qué se estiende al E. de esta ald.; comprende magníficos edificios para habitacion y almacenes; buenas cercas y las eras necesarias para la evaporacion: el manantial ó pozo de las salinas es abundantisimo, de escelente calidad y tal vez de los mejores de la península, pues sus sales pesan 125 libras, fan., y su fabricacion asciende de 16 á 18,000 fan. cada año: hay en este establecimiento 1 administrador, 1 fiel interventor, 1 medidor, 2 guardas de salobres y otro para las fáb.: este último habita siempre en ellas, los demas empleados residen en el inmediato l. de Tierzo.

ARMALLAN: cas. en la prov. de Oviedo, ayunt. de Tineo, y felig. de Sta. Eulalia de *Sorriba* (V.): SIT. á la izq. del *Narcea*: en su escaso térm. hay 1 monte, y en él 1 camino de *atajo* desde Tineo á Cangas con mas de 1 leg. de ventaja: POBL. 1 vec., 6 almas.

ARMALLAN ó MIRALLO: r. en la prov. de Oviedo, y part. jud. de Cangas de Tineo: toma su origen del derrame de 1 fuente que se halla mas arriba de la parr. de San Facundo, en el conc. de Tineo, y dirigiéndose á Perluces, anejo de San Estéban de Relamiego), llega á esta felig. enriquecido con las aguas que recibe en su curso, y aumenta su caudal con las del riach. *Gera*, que es el que recoge las aguas de los térm. de Sobrado, Sangoñedo y Borres; en Perluces toma el nombre de r. Mirallo y sigue á la de Sorriba y l. de Armallan, se une al *Narcea* por la orilla izq. y cerca de Posada: abunda en ricas truchas y anguilas.

ARMALLONES: v. con ayunt. de la prov. y adm. de rent. de Guadalajara (14 leg.), part. jud. de Cifuentes (5), aud. terr. y c. g. de Madrid (24), dióc. de Cuenca (12): SIT. á la falda de un cerro, mirando al N., rodeado de montes de pino y otros arbustos, la combaten todos los vientos, y con mas particularidad los del N. y E., manteniendo un CLIMA frio, y se padecen gastro-enteritis y pleuresias: tiene 61 CASAS de 6 á 7 varas de altura medianamente construidas, pero de mala distribucion y escasa comodidad, que forman 1 plaza cuadrada y varias calles irregulares, mal empedradas ó incómodas: la casa de ayunt. fué incendiada por los franceses, y en su defecto sirve el edificio del pósito que tambien se destina á cárcel: hay escuela de primeras letras á cargo del sacristan, que percibe una corta retribucion en grano, y ademas la proporcional de los 35 niños de ambos sexos que concurren, que pagan sus familias; igl. parr. dedicada á la Natividad de Ntra. Sra., á la que es aneja la de Huerta-Pelayo, con curato perpétuo de provision ordinaria en concurso general: para el uso de los vec. hay 1 pozo de buenas aunque escasas aguas, y en un altito á 300 pasos del pueblo está el cementerio que no perjudica á la salubridad pública. Confina el TÉRM. por N. con los de Huerta-Hernando y Buenafuente, de los que lo divide el r. Tajo; E. Huerta-Pelayo y Zaorejas; S. Villanueva de Alcoron y el Recuenco, y O. Arbeteta y Valtablado del Rio, todos á dist. de 1 á 1 1/2 leg., y comprende muchos bosques de pinar que llegan hasta las mismas casas, montes de chaparro, sabina y mata baja: el TERRENO es quebrado formando cord. aisladas de inferior calidad, y de secano, solo una corta porcion de vega que existe á la inmediacion del pueblo, puede decirse de segunda clase; formando el lim. N. pasa el r. Tajo en direccion de E. á O. con cauce bastante profundo, sin embargo de lo cual, se le sacan algunas aguas para dar movimiento á 1 molino harinero que hay á su inmediacion: los CAMINOS son de herradura en mal estado: se recibe el CORREO en el Recuenco cada 8 dias: PROD. trigo, cebada, avena, guisantes y miel, cogiéndose tambien algunas judias y garbanzos en el sitio de las Hortezuelas; se mantienen 2,300 cab. de ganado lanar y cabrio, 45 mulas de labor, 70 reses de vacuno, 25 caballerias menores, y se cria abundante caza de todas clases, alguna trucha, anguilas, barbos y otros peces en el r.: IND. el mantenimiento de colmenas, y fáb. de pez, agua-rás y trementina, en cuya esportacion y de la miel se emplean algunos vec. y forasteros, en lo cual consiste su COMERCIO: POBL. 84 vec., 378 alm.: CAP. PROD. 1.188,800 rs.: IMP. 107,000 rs.: CONTR. 5.725 rs 12 mrs.; por culto y clero 1,574 rs.: PRESUPUESTO MUNICIPAL 1,500, del que se pagan 500 al secretario y se cubre con el fondo de propios consistente en los pastos de invierno de la deh. boyal, 1 horno, y el déficit por repartimiento vecinal.

ARMAN: l. en la prov. de la Coruña, ayunt. de Santa Comba y felig. de San Juan de *Grijoa* (V.).

ARMANCIAS (SAN MARTIN DE): l. con ayunt. de la prov. de Gerona (12 1/2 leg.), part. jud. de Ribas (1 1/4), aud. terr. y c. g. de Barcelona (16), dióc. de Vich (6): SIT. en terreno escabroso y montañoso, y batido generalmente por el viento N.: su CLIMA es sano; se compone de 9 CASAS, y 1 igl. parr. bajo la advocacion de San Martin, aneja de la de Campdevanol. Confina el TÉRM. por N. con Rivas á 1/4 leg., por E. con Saltor á 1/2 y por S. y O. con el de Campdevanol á 1/4: el TERRENO es de mediana calidad, y prod. trigo, y maiz; cria ganado lanar, y se encuentra caza de perdices: POBL. 11 vec., 63 alm.: CAP. PROD. 906,800 rs.: IMP. 22,670.

ARMANTERA, ARMENTARIA, ARMANTERIA, ERMENTERIA, ERMENTERA, ERMANTERA ó ARMENTERA: l. con ayunt. de la prov., adm. de rent., part. jud. y dióc. de Gerona (6 horas), aud. terr. y c. g. de Barcelona (28 1/2): SIT. en una llanura á la márg. der. del r. Fluvia; le baten todos los vientos, especialmente el N., y disfruta de un CLIMA bastante benigno, aunque propenso á tercianas: forman el casco de la pobl. 170 CASAS de un solo piso, distribuidas en varias calles de irregular alineacion y no muy aseadas; 1 plaza muy pequeña; la casa de ayunt. que sirve de escuela, á la que concurren 65 niños, y está dirigida por 1 maestro, cuya dotacion consiste en la retribucion que dan los alumnos y en los prod. de 1 campo que al efecto le cede el marqués de la Torre; 1 hospital, en el que no se reciben enfermos, sino que de sus rent. se socorre á los pobres de solemnidad en sus dolencías, con 2 rs. diarios; y 1 igl. parr. bajo la advocacion de San Martin, en tan deplorable estado, que amenaza una próxima ruina; contiguo á ella se halla el cementerio, reducido y malo. Confina el TÉRM. por el E. con el de San Pedro pescador á 1/4 de hora; por S. con el de Escala á 1/2 hora; por O. con el de Montiró y Saldet á 1/2 cuarto de hora, y por el N. con el de San Pedro pescador y r. Fluvia: se encuentran en él los cimientos de 1 ermita que en 1790 arruinó el r.; y las desp. y cas. llamados *el Molino*, *Barraca*, *Cotella*, *Mansó Ballet*, *Padró*, *el Bosch*, *Baxuras*, *Pasquers*, *Prats comuns*, *Cagaloca*, antes *Fontanillas* ó *Bosch Comptal*, *Pussa*, *Estany*, *Plá de Sta. Cristina*, *Clos de las milicias*, *Porra*, *Creu de las Lletanias*, y *Fluvianets*.: El TERRENO es de regular calidad y á propósito para cereales, pero mejoraria mucho si para su riego se aprovecháran las aguas del r. Fluvia, lo que podria hacerse con mucha facilidad y poco gasto, á pesar de lo cual solo se utilizan para los molinos y surtido del vecindario, por medio de una acequia llamada *Rech del Molio*. Sus CAMINOS son el que pasa de la Bisbal á Castellon de Ampurias, y el de Figueras á la Escala; se hallan en tan mal estado, que en tiempo de lluvias son intransitables: la CORRESPONDENCIA se recibe de Figueras juéves y domingos por medio de 1 balijero al que se gratifica con 3 cuartos por cada carta; sale el domingo: PROD. trigo, centeno, avena, cebada, maiz, mijo y toda clase de legumbres, siendo preferida la cosecha del trigo y maiz; se cria ganado lanar y vacuno; hay toda clase de caballerías para la labor, caza de perdices, conejos, liebres, patos, codornices y tordos; en el r. abundante pesca de luces, lenguados, sollos, planas, anguilas, barbos y sabogas; en la acequia las 3 últimas clases y en 1 fuente del térm. muchas sanguijuelas: la IND. consiste en 1 molino harinero y 4 de aceite; hay varios carros destinados á la conduccion de granos, y al acarreo de la sal de la Escala, al alfolí de Figueras; algunos sastres, zapateros, albañiles, carpinteros, carreteros y tegedores; 2 posadas, algunas tabernas, carniceria y panaderia. El COMERCIO está reducido á la estraccion de granos y demas frutos sobrantes, á la de sanguijuelas, y á algunas tiendas en las que se despacha al por menor los artículos de primera necesidad: POBL. 154 vec., 542 alm.: CAP. PROD. 6.182,800 rs. CAP. IMP. 154,570 rs.: el PRESUPUESTO MUNICIPAL asciende á 5,045 rs. y se cubre con 800 que prod. los propios y lo restante por derrama entre los vec. y terratenientes. La pobl. de Armantera es antiquisima, pues consta que en 1249 ya habia 1 notario: segun la tradicion era el punto donde se fabricaban las armas para la antig. c. de Empurias, y fué objeto de la ambicion de los moros, como lo demuestran las torres que aun existen en una casa llamada el *Cortal de Caramany* del térm. de San Pedro Pescador, y 1 piedra que se ve en el frontis de la igl. del mismo: en su escudo de armas se veia antiguamente 1 espada; en la actualidad y de poco tiempo, hay 1 sable, 1 fusil con bayoneta, y 1 pistola.

ARMANTES: monte de la prov. de Zaragoza en el part. jud. de Calatayud. Llámase así porque en él se armaban y ponian en órden los ejércitos con que los reyes de Aragon hacian la guerra á los de Castilla. Se halla SIT. al NO. de la espresada c. de Calatayud, con la que confronta por aquella parte; por la del E. con el l. de Moros; por la del S. con el de Ferrer y v. de Ateca, y por el N. con el r. Ribota y l. de Torralva y Cervera. En su circunferencia que será de 7 á 8 leg., tiene cerros de bastante elevacion, buenas llanuras y profundos barrancos por N. y S. En la entrada titulada los Frontones cria peña de yeso salobre: mas adentro de chispa, caliza y poca de arena, vetas de arcilla blanca, verdosa, cenizosa, encarnada y negra. En lo interior, tierra carcajeña, morena y rojiza á propósito para viñas y árboles silvestres. Tiene algunos manantiales aunque escasos y de poco raudal de aguas dulces, y en los barrancos, salobres y amargas. Cria fusta, romero, salvia, espliego, tomillo, aliaga, ajedrea y yerbas que, aunque bastas, son provechosas para el ganado lanar y cabrio, especialmente en invierno, capaces de mantener de 3 á 4,000 cab. En varios puntos es tierra á propósito para criar pinos, carrascas y almendros.

ARMAÑANZAS: v. con ayunt. del part. de Los Arcos, en la prov., aud. terr. y c. g. de Navarra (Pamplona 12 1/4 leg.); merind. y part. jud. de Estella (5), dióc. de Calahorra (8): SIT. entre 2 cuestas, donde le combaten principalmente los vientos del N., y goza de CLIMA muy saludable: consta. de 73 CASAS, con la municipal, cárcel y escuela de primeras letras, á la cual asisten 27 niños de ambos sexos, cuyo maestro tiene de sueldo 300 rs. anuales y 106 robos de trigo, con obligacion de servir tambien la sacristia, y la secretaria de ayunt.: hay ademas 1 igl. parr. bajo la advocacion de Sta. Maria, servida por 1 cura párroco y 3 beneficiados; 1 ermita dedicada á San Martin, y otra á San Juan Bautista, la que se halla á 1/2 hora dist. de la pobl. Dentro de esta hay 1 fuente, cuyas buenas aguas aprovechan los vec. para su consumo doméstico: confina el TÉRM. por N. con los de Espronceda y Desojo (1/2 leg.), por E. con el de Mendabia (1), por S. con el de Sansol (1/2), y por O. con los de Bargota y Viana (igual dist.). Le cruzan el arroyo llamado de los *Linares* que tiene su origen en el valle de Aguilar, y el riach. titulado *Mariñanas*, el cual hace en el térm. de Bargota; y confluye ó se reune al anterior junto á la v. de Torres: las aguas de uno y otro sirven para el riego de varios trozos de TERRENO; este es muy pendiente, peñascoso y de calidad arcillosa; abraza mas de 9.750 robadas, de las que se cultivan 4,900, y de estas hay 400 de primera clase, 1,600 de segunda y 2,900 de tercera: se encuentran 600 peonadas de viñas, 20 robadas de olivar, 1,000 de dehesa, donde se crian robles, arbustos y buenos pastos, y 4 plantadas de álamos blancos; las tierras laboreadas por sus propietarios ascienden á 1,500 robadas, y las que se hallan dadas en arriendo no bajan de 3,000; además de las que aqui se espresan, hay mas de 4,000 robadas de tierra baldia con destino á pastos. Los CAMINOS son locales, cruzando á 1/4 de leg. de la v. la carretera real de Logroño á Pamplona. La CORRESPONDENCIA se recibe de Los-Arcos por medio de balijero, que llega y sale los lúnes, juéves y sábados: PROD. trigo, cebada, avena, vino, aceite y algunas legumbres y hortalizas: cria ganado vacuno, lanar y cabrio; hay caza de liebres y perdices: IND. y COMERCIO, ademas de la agricultura, existe 1 molino harinero y otro de aceite; dedicándose tambien muchos vec. á amasar pan que venden en Viana, Los-Arcos y otros pueblos, donde suelen comprar el trigo que les falta con dicho objeto: POBL. 72 vec., 330 alm.: CONTR. con Los-Arcos.

ARMAÑO: ald. en la prov. de Santander (16 leg.), part. jud. de Potes (1/2), aud. terr. y c. g. de Búrgos (30), dióc. de Leon (20), ayunt. de Castro: SIT. en el valle de Cillónigo sobre una especie de hondonada que forma la vertiente de 1 montaña, con esposicion al E.: su CLIMA es templado y no se conoce en ella ninguna enfermedad endémica. Tiene 28 CASAS muy apiñadas, en cuyo centro se advierten las ruinas de algunas otras; 1 escuela dotada en 700 rs. anuales, frecuentada por 20 alumnos de ambos sexos; y 1 igl. parr. sit. al N. á unos 400 pasos del cas.; está dedicada á San Juan Bautista, y la sirve 1 cura párr., cuya plaza es perpetua y de oposicion en concurso general; el edificio es pobre, viejo, y de cortas dimensiones. Fuera del pueblo á unos 100 pasos, se halla 1 fuente de poca agua, y á poca mas dist., otros 2 manantiales aun mas escasos que aquella; las caballerias y ganados bajan á beber al r. Deva que corre no lejos de la pobl.; y lavan en el mismo; á pesar de ser muy molesto el descenso por lo pendiente. Tambien se encuentra á cosa de 1/4 de hora la ermita de Sta. Lucia, á la cual suben los vec. en romeria el dia de su conmemoracion. Confina el TÉRM. por N. con el de Viñon; por E. con el de San Sebastian; por S. con el de Potes; y por O. con los conc. de Santivañez, y el ya mencionado de Viñon. El TERRENO por lo general es de cayuela mas ó menos abierto, en muchas partes cerrado y duro, y comunmente seco; está cubierto de grandes cord., aprovechándose para el cultivo de cereales los sitios menos ásperos, para el de la vid los mas dificiles, y lo restante se ve poblado de encinas y carrascas; tambien hay algunos prados naturales en los parages que ofrecen mayor frescura y humedad. Los CAMINOS son locales y malos; no obstante transitan por ellos los carros del pais; la CORRESPONDENCIA la recibe de Potes: PROD. trigo, cebada, garbanzos, legumbres de todas clases y vino, que es la principal cosecha; y se esporta el sobrante á los pueblos de la montaña de Santander, y á los de esta parte de Asturias, frutales de toda especie, y principalmente nogales y castaños; cria ganado lanar, cabrio, de cerda y pocas cab. de vacuno; hay caza de perdices y liebres: POBL. 25 vec., 117 alm.: CONTR. con el ayuntamiento.

ARMARIZ: ald. en la prov. de Orense, ayunt. de *Nogueira de Ramoin* y felig. de San Cristóbal de *Armariz* (V.): POBL. 9 vec., 36 almas.

ARMARIZ: ald. en la prov. de Orense, ayunt. de Junquera de Ambia, y felig. de San Salvador de *Armariz* (V.).

ARMARIZ (SAN CRISTOBAL DE): felig. en la prov., dióc. y part. jud. de Orense (2 leg.), y del ayunt. de Nogueira de Ramoin; SIT. en 1 montaña suave á la izq. de la confluencia de este r. con el Miño: el CLIMA sano: se compone de los l. de Castrelo, Requejo, Verdecima y Verdefondo: y de las ald. Armariz, Cobelo, Pereiras, Saá, Tellada, Torre y Valdo-asno con fuentes de aguas saludables, y sobre 140 CASAS en lo general terrenas: la igl. parr. (San Cristóbal) es servida por 1 cura de provision ordinaria; el cementerio capaz y bien ventilado: el TÉRM. confina por N. y S. con la de Rubiacos, por E. con la de Lointra, y por O. con el r. Miño: el TERRENO en lo general montuoso, disfruta de algunos llanos ó valles de mediana calidad, pero con bastante pasto, y le baña el r. Loña por la parte N.: los CAMINOS son vecinales, y estan mal cuidados, y la CORRESPONDENCIA se recibe por la carteria de la cap del ayunt.: PROD. centeno, maiz, patatas, algun vino, habas y otras legumbres: cria poco ganado: IND. la agrícola, y sogueria: POBL. 165 vec., 706 alm.: CONTR. con su ayunt. (V.).

ARMARIZ (SAN SALVADOR DE): felig. en la prov. y dióc. de Orense (3 leg.), part. jud. de Allariz (1), y ayunt. de Junquera de Ambia: SIT. al NE., y defendida por 1 monte elevado, de los vientos SO.: con CLIMA templado: comprende los l. y ald. de Areas, Armariz, Casares, Casanovas, Meri (San Andrés de), Pousa de Armariz, Salgueiros, Vilanova de Armariz y Villarino. La igl. parr. (San Salvador) es servida por 1 vicario que provee el prior (ob. de Valladolid), y el cabildo de Junquera de Ambia; los diezmos estaban agregados á la fáb. de esta col. En Meri hay 1 capilla advocacion de San Andrés Apóstol, y otra dedicada á Ntra. Sra. del Camino en la ald. de la Pousa, frente á la casa y torre de los Sres. de Armariz, correspondiente hoy al marqués de Bóveda: el TÉRM. confina por N. con el de Aguas-Santas, por E. con Puente Ambia; por S. con el r. Arnoya, y por O. con Espiñeiros: el TERRENO es desigual y forma 1 cañada de O. á E.: los CAMINOS son de herradura, y malos; pasa por el l. de Salgueiros el que cruzando el puente de piedra de Ambia, se dirige á Laza y Castilla la Vieja: el CORREO se recibe en Allariz: PROD. trigo, centeno, maiz, castañas, patatas, alguna legumbre, vino flojo, lino en rama y pastos: cria ganado vacuno, lanar, cabrio y de cerda: IND.: la agrícola: POBL. 133 vec.: 530 alm.: CONTR. con su ayunt. (V.).

ARMAS: r. en la prov. de Granada, part. jud. de Alhama (V.).

ARMAS (LAS): sierra en la prov. de Badajoz, part. jud. y térm. de Don Benito; es una de las comprendidas en el terreno llamado las *Rozas*, del cual se ha dicho lo bastante en la sierra del Alcornocal, otra de las mismas (V.).

ARMATIA; ald. en la prov. de Oviedo, ayunt. de Tudela y felig. de San Pelayo de *Olloniego* (V.).

ARMAYOR (EL): l. en la prov. de Oviedo, ayunt. de Franco y felig. de San Bartolomé de *Valdepares* (V.).

ARMAYOR: l. en la prov. y dióc. de Oviedo (7 leg.), part. jud. de Pravia (1), ayunt. de Cudillero (1/4), y felig. de Sta. Maria de *Piñera* (V.): SIT. sobre la loma de la sierra que de Villafria se estiende hasta Sta. Ana de *Montarés*: el TERRENO es á propósito para el cultivo de la escanda; pero se cosecha tambien maiz, habas, patatas y otros frutos: POBL.: 12 vec., 52 almas.

ARMAZANA (LA): vulgo ARMAZAA: cas. en la prov. de Oviedo, ayunt. de Coaña y felig. de Sta. Maria de *Cartavio*.

ARMEA: l. en la prov. de la Coruña, ayunt. de Coirós, felig. de San Salvador de *Collantres*, dióc. de Santiago (V.).

ARMEA: ald. en la prov. de Orense, ayunt. de Allariz y felig. de Sta. Marina de *Aguas-santas* (V.): POBL.: 4 vec., 16 alm. Esta ald. es notable por hallarse á 350 pasos de la igl. y subterráneo llamado *los hornos de Sta. Marina*, y en donde se cree sufrió esta santa el martirio.

ARMEA: ald. de la prov. de Lugo, ayunt. de Lancara, felig. de San Pedro de *Armea* (V.): POBL.: 9 vec., 45 almas.

ARMEA: ald. en la prov. de Lugo, ayunt. de Lancara, felig. de Sta. Maria de *Lama* (V.): POBL.: 12 vec. y 60 almas.

ARMEA (SAN PEDRO DE): felig. en la prov. y dióc. de Lugo (4 1/2 leg.), part. jud. de Sarriá (1 1/2), y del ayunt. de Lancara: SIT. en terreno quebrado, ventilado y sano: 26 CASAS de mala construccion y pocas comodidades, forman esta felig. con los l. de Armea, Leyra, San Pedro y Vilela de Arriba: la igl. parr. (San Pedro), es servida por 1 cura de provision ordinaria en el dia, y antes de la estincion de los regulares del monast. de Samos, y tiene por anejo á Santiago de Souto: el TÉRM. confina al N. y O. con dicho Souto y Tombille (Sta. Maria), por S. con San Martin de Rio, y por E. con Sta. Marina de Gallegos: el TERRENO, aunque es montuoso, tiene un valle fértil: los CAMINOS son vecinales y mal cuidados: la CORRESPONDENCIA se recibe en la cap. del part.: PROD. trigo, centeno, maiz, lino, patatas, castañas, habichuelas, yerbas y pastos para los ganados: de estos se cria vacuno, lanar, cabrio y cerdoso: POBL.: 28 vec.; 132 alm.: CONTR. con su ayunt. (V.).

ARMEA (SAN VICENTE DE): felig. en la prov. de la Coruña (5 leg.), dióc. de Santiago (9), part. jud. de Betanzos (1) y ayunt. de Coiros (1/4): SIT. á corta dist. de la márg. izq. del r. Mandeo: CLIMA templado y sano: comprende 20 cas. bástante pobres: su igl. parr. (San Vicente), es anejo de la de San Salvador de Collantres con quien confina su TÉRM., por cuya inmediacion corre sin tocar en él el citado r. Mandeo, á cuyas aguas se unen las de los insignificantes arroyos que tienen orígen de las fuentes y vertientes de los montes inmediatos. El TERRENO es de buena calidad. Los CAMINOS son locales y tienen veredas que enlazan con la matriz y carretera real de la corte á Betanzos; en este punto recibe el CORREO: PROD. maiz, trigo, centeno, vino, patatas, castañas y otras frutas: cria ganado vacuno, lanar, de cerda y algo de caballar mular: hay caza de perdices y otras aves de paso: IND.: la agrícola y algunos molinos harineros que se paralizan en el verano: POBL.: 30 vec.: 180 alm.: CONTR. con su ayunt. (V.)

ARMEAR: l. en la prov. de la Coruña, ayunt. de Mujia y felig. de San Julian de *Moraime* (V.).

ARMEIRIN: l. en la prov. de Oviedo, ayunt. de Castropol y felig. de Sta. Eulalia de *Presno* (V.): POBL.: 9 vec., 43 almas.

ARMEJUN: l. con ayunt. de la prov. y adm. de rent. de Soria (8 leg.), part. jud. de Agreda (8), aud. terr. y c. g. de Búrgos (24), dióc. de Calahorra (6): SIT. en terreno quebrado é inmediato á un arroyo llamado *Lusares*, es combatido por el viento N., y disfruta de CLIMA sano: lo forman 40 CASAS de poca solidez y escasas comodidades; hay casa de ayunt. que á la par sirve de cárcel; 1 fuente abundante y de buen agua que aprovechan los vec. para sus usos, y 1 igl. parr. bajo la advocacion de San Bartolomé, aneja de la de San Miguel, de San Pedro Manrique, servidas ambas por 1 cura párroco de provision ordinaria. Confina el TÉRM. por N. con Nabalsaz, al E. con Villarejo, al S. con Cornago, y al O. con Valdemoro: se estiende 1/2 leg. en todas direcciones, escepto por el N., cuya estension es de 1. El TERRENO, en lo general de mala calidad, participa de monte y llano; abraza 1,800 yugadas, de las que hay destinadas á labor 1,020, unas 60 son de segunda clase, y las restantes de tercera: en la parte baldia se crian pinos, arbustos y otras prod. silvestres, con pastos para los ganados; estas tierras no pueden reducirse á cultivo, tanto por su mala calidad y sit., cuanto por ser de aprovechamiento comun. Sus CAMINOS están reducidos á uno de herradura que de Ambas-aguas cruza á San Pedro Manrique, se halla en mal estado: la CORRESPONDENCIA se recibe de la adm. de Soria por medio de un balijero que la conduce á San Pedro, á cuyo punto se va á recoger los mártes y sábados, y sale los domingos y miércoles: PROD.: trigo, centeno, cebada, bisaltos y avena, siendo su mayor cosecha el centeno: cria ganado lanar, cabrio, vacuno y de cerda; el lanar es el mas preferido: POBL.: 34 vec., 137 alm.: CAP. PROD.: 16,382 rs. con 22 mrs.: IMP.: 8,049 rs. con 16 mrs. El PRESUPUESTO MUNICIPAL asciende á 1,384 rs., y se cubre por reparto vecinal.

ARMELLADA: l. en la prov. de Leon (5 leg.), part. jud. y adm. de rent. de Astorga (3), aud. terr. y c. g. de Valladolid (24), dióc. de Oviedo (27), vicária de San Millan de Benavente (9), ayunt. de Benavides (1/2): SIT. en un llano á la márg. N. de la ribera de Orbigo; combatido por los vientos meridionales, con CLIMA sano; aunque algo propenso á tercianas y afecciones reumáticas. Tiene 110 CASAS, 1 igl. parr. bajo la advocacion de la Asuncion de Ntra. Sra., servida por 1 cura párroco, su escusador y 1 sacristan; el curato es de primer ascenso y patronato laical, 1 ermita en el centro de la pobl. y 2 fuentes de mediana calidad, de las cuales se surten los vec. Confina el TÉRM. por N. con el de Quintanilla del Monte (1 leg.), por E. con el de Milla del Rio (1/4); por S. con el de Turcia (1/8), y por O. con el de Quintanilla del Valle (1/2): como se dijo le baña el r. Orbigo por el lado del S., el cual da impulso á diferentes molinos harineros. El TERRENO es de primera calidad, y abunda en él el arbolado: los CAMINOS son locales: la CORRESPONDENCIA se recibe de Leon por el balijero de Carrizo: PROD. trigo, centeno, cebada, lino, patatas, legumbres, hortaliza, yerba, y mucha madera de construccion: cria ganado lanar, vacuno y mular, caza de perdices y pesca de truchas y anguilas: IND.: los molinos arriba mencionados y el corte de maderas: COMERCIO una tienda de géneros del reino y coloniales y esportacion de trigo para Asturias: POBL.: 110 vec., 507 alm.: CONTR. con el ayuntamiento.

ARMEÑANDE: l. en la prov. y dióc. de Oviedo (17 leg.), part. jud. de Grandas de Salime (5), y ayunt. de Allande (2 1/2), y felig. de Sta. Maria de *Lago* (1/2) (V.): SIT. en una pendiente y á la der. del r. *Ourúa*, el cual á poca dist. toma el nombre de r. *Or*. El TÉRM. confina por N. y E. con el del l. de Carcedo, y por S. y O. con el del Probo. El TERRENO es montuoso y cubierto de robustos y añejos robles, asi como de otros arbustos: las elevadas y dilatadas alturas de piedra derecha y monte furado, sirven de márg. al r. Ourúa y le enriquecen de aguas que los naturales utilizan para el riego de prados, por medio de cáuces formados de empalizadas que llaman Torulas y Chapacuñas, y consiguen que aquellas den impulso á varios molinos harineros en la parte baja del térm.: hay sobre el r. un puente de madera de 6 varas de elevacion, da paso á los vec. de Armenande, y le facilita el aprovechamiento de las heredades que poseen á la izq. del r.: el monte de Ourúa es de los mas poblados de robles: tiene 2 1/2 leg. de largo; se halla al frente de la felig. de San Martin de Valledor, y en él se encuentran osos, lobos y jabalies que causan daños en los pueblos inmediatos: el TERRENO roturado será de 35 fan. que prod. á razon de 4 por 1. Hay CAMINOS trasversales que dirigen á muchos pueblos de los ayunt. de Allende y de Ibias; pero todos se hallan en mal estado; el CORREO se recibe en la Pola, á donde lo trae un peaton que lo recoge de Cangas de Tineo: PROD. centeno, patatas y algun maiz, poca legumbre y hortaliza: IND. la agrícola y varios molinos harineros: forma parte de la riqueza de este l. la caza de osos, y la ejecutan con trampa que llaman *Pezúgo*: esta consiste en una larga viga apoyada en una colmena y cubierta con un ramage espeso, que forma una especie de caseta con solo una entrada, y por donde el oso descubre la colmena: este entra ansioso á apoderarse de aquella, y tan luego como la abraza y hace el esfuerzo natural para separarla de su sitio, se desploman la viga y caseta, quedando el oso á merced del cazador. Las pieles de dichos animales, siendo negras, se venden á buen precio: POBL., 7 vec,, 40 almas.

ARMENGOL: cas. de la prov. de Granada, part. jud. de Santafé, perteneció al térm. jurisd. de Caparacena y hoy á *Pinos Puente* (V.).

ARMENTA (MONS-ERGUIDO): desp. en la prov. de Córdoba: SIT. entre la Alcaidia y Torre de Arboles, al NE. de dicha c., y á 1/4 de leg. del santuario de Linares. Aun conserva la igl. con capellanias propias, bien dotadas; y en ella se dice misa los domingos y demas dias festivos: las tierras que hay á sus alrededores estan sumamente pobladas de arbolado.

ARMENTAL: l. en prov. de la Coruña, ayunt. de Brion y felig. de Sta. María de los *Angeles* (V.).

ARMENTAL: l. en la prov. de la Coruña, ayunt. de Cambre y felig. de San Juan de *Pravio* (V.).

ARMENTAL, ald. en la prov. de Lugo, ayunt. de Guntin y felig. de Santiago de *Gomelle* (V.); POBL.: 3 vec,, 12 almas.

ARMENTAL: ald. en la prov. de Lugo, ayunt. de Ponton y felig. de Santiago de *Castillones* (V.): POBL.: 3 vec., 17 almas.

ARMENTAL: cas. en là prov. de Lugo, ayunt. de Begonte y felig. de San Cristóbal de *Don Albay* (V.); POBL.: 1 vec., 6 almas.

ARMENTAL: l. en la prov. de Oviedo, ayunt. de Navia y felig. de San Antolin de *Villanueva* (V.): SIT. á la márg. der. del r. *Navia* é izq. del riach. á que da nombre: el TERRENO fértil con buena arboleda de frutales; POBL.: 42 vec., 252 alm.

ARMENTAL (SAN CIPRIAN DE): felig. en la prov., dióc. y part. jud. de Orense (3 leg.), y ayunt. de Peroja (1/2): SIT. al N. de la cap. de prov. y márg. del Miño: su CLIMA frio y sano: se compone del l. de San Ciprian, ald. de Cedesedo é igl. y cas. de Saá que reunen 19 CASAS y algunas chozas: la igl. parr. (San Ciprian) es servida por 1 cura de provision ordinaria. El TÉRM. confina por N. con la de San Salvador, por S. con la de Gueral, por E. con la de Toubes y por O. con la de Villamarin: el TERRENO bastante quebrado y estéril, y tiene algun arbolado. Los CAMINOS son vecinales y en mediano estado: la CORRESPONDENCIA se recibe en Orense: PROD.: centeno, maiz, patatas, castaña, algun trigo y lino: cria poco ganado: POBL.: 19 vec.; 190 alm.: CONTR. con su ayunt. (V.).

ARMENTAL (SAN MARTIN DE): felig. en la prov. de la Coruña (8 leg.), dióc. de Santiago (8), part. jud. de Arzua (3), y ayunt. de Vilasantar (1/4): SIT. entre montañas á la izq. del r. de Puente Cabalar y sobre el camino real de Betanzos á Orense; su CLIMA húmedo y frio, aunque bastante sano: comprende los l. ó ald. de Castro, Fuente, Grangeo, Iglesia (la), Lage, Libioy, Pazo, Porto, Sesmondo, Toural y Zañoga que reunen hasta 50 CASAS muy medianas. La igl. parr. (San Martin) tiene por anejo á la de San Vicente de Curtis, y la ermita ó santuario de Ntra. Sra. titulada de la Lage por haberle fundado en este l. uno de sus naturales á la vuelta de América: el curato es de presentacion lega y el cementerio en nada perjudica á la salud pública. El TÉRM. confina por N. y á 1/2 leg. con el anejo Curtis, por E. con Santa Maria de Ciudadela á 1, y con Vilariño á 1/2, por S. con San Pedro de Presarias á 1/2, y por O. con Vilasantar y Sta. Maria de Mezonzo: le baña el indicado r. Cabalar y el que bajando por Ciudadela se reunen por el S. y se introducen en el Tambre: en la ald. de la Lage, y junto al r. que corre por entre Armental y Vilariño, el cual nace de las vertientes de Sta. Eulalia de Curtis y Ciudadela, se encuentra 1 manantial de aguas minerales azufradas de color de leche; no están analizadas ni su uso ha dado á conocer la virtud que esencialmente posean. El TERRENO es pantanoso y sin embargo bastante fértil, y sus montes no escasean de arbolado. Los CAMINOS locales, y la citada carretera de Orense á Betanzos por el Puente Cabalar se hallan en notable abandono: el CORREO se recibe por la cap. del partido: PROD.: centeno, maiz, patatas y mucho pasto: cria ganado entre el que es preferido el vacuno, de cuya leche se fabrican escelentes quesos y buena manteca; que presentan en la feria ó gran mercado que se celebra en la ald. de la Lage, los dias 24 de cada mes: POBL.. 58 vec.; 290 alm.: CONTR. con su ayunt. (V.).

ARMENTAL (SAN SALVADOR DE): felig. en la prov., dióc. y part. jud. de Orense (2 1/2 leg.), y del ayunt. de Peroja (1/2): SIT. á la der. del Miño y en CLIMA sano; se compone de las ald. Ansariz de Arriba, Cerdeiras, Consuelo, Cuartas, Entrambos-rios, Fontelas, Iglesia, Ladredo, Pacios, Regolevado, y cas. de Ansariz de Abajo: en lo general las CASAS son terrenas, acompañadas de chozas. La igl. parr. (San Salvador) es servida por 1 cura de provision ordinaria, y el cementerio es capaz y ventilado: el TÉRM. confina por N. con la de Orban, por S. con Toubes, por E. con Campos, y por O. con la de Leon: tiene varias fuentes de buen agua: el TERRENO participa de monte y llano de mediana calidad: los CAMINOS son vecinales y mal cuidados, y la CORRESPONDENCIA se recibe en la cap. del part.: PROD.: trigo, patatas, algun centeno, maiz, lino, castañas, vino y poca fruta: cria algun ganado vacuno, lanar y de cerda: IND.: la agricola: POBL.: 64 vec.: 258 alm.: CONTR. con su ayunt. (V.).

ARMENTEIRO: l. en la prov. de la Coruña, ayunt. y felig. de San Jorge de *Moeche* (V.): POBL.: 10 vec.; 36 almas.

ARMENTEIROS: ald. en la prov. de Lugo, ayunt. de Taboada, y felig. de Santiago de *Esperante* (V.): POBL.: 3 vec.; 18 almas.

ARMENTERA: ald. en la prov. de Pontevedra, ayunt. de Meis y felig. de Sta. Maria de *Armentera* (V.).

ARMENTERA ó ARMENTEIRA (STA. MARIA DE): felig. en la prov. de Pontevedra (2 leg.), dióc. de Santiago (10), part. jud. de Cambados (2), y ayunt. de Meis (1): SIT. á la falda del monte Castroverde y á 1 leg. de dist. de la Ria de Marin y Arosa: CLIMA húmedo en invierno y templado en verano: se compone de las ald. ó l. de Armentera, Bacariza, Balboa, Batan, Busto, Cabeza de Buey, Caponiña, Carballo de Prado, Castañeira, Congostas, Couso, Cuchin, Fojan, Gondes, Lomba, Pereiras, San Mamed, Silvan, Val de Dios y Vilar que reunen sobre 300 CASAS en lo general muy medianas; hay escuela indotada y concurren á ella hasta 40 alumnos. La igl. parr. (Sta. Maria) es magnífica; perteneció al estinguido monast. de San Bernardo del Cister; fue edificada, segun inscripcion que conserva, en la era 1206 por D. Ero; y el curato se provistaba por el abad, quien proponia al diocesano 2 monjes con la denominacion de curas primero y segundo: hoy la sirven 2 monjes esclaustrados que residen en el mencionado monast., el cual está colocado á la falda del monte Castroverde, en una conca, cuya sit. impide que se distinga hasta hallarse á la dist. de unos 300 pasos: tiene 2 fuentes abundantes y 1 huerta bañada por 1 riach. El TÉRM. de la felig. confina por N. con San Salvador de Meis á 1/4 de leg., por E. con el monte de Sta. Marina 1/2 y de San Juan de Poyo á 1, por S. con Sta. Maria de Samieira á 1/2, y por O. con Sta. Eulalia de Gil: sobre 50 fuentes brotan en este terr., cuyos derrames se unen á 2 riach. que le recorren; tienen origen en el mencionado monte Castroverde y llevan su curso al r. *Umia*. El TERRENO es de buena calidad con 3 deh. pobladas de robles ademas de la que pertenecia al monast., y conocida con el nombre de *Castromao* de unas 600 fan. de sembradura. Los CAMINOS son varios, transversales y mal cuidados: y el CORREO se recibe en Pontevedra á donde van á buscarlo los mismos interesados: PROD.: maiz, centeno, patatas, lino, habas, trigo, algun vino, castañas, otras frutas, como son cerezas, peras, manzana,, ciruelas y limones: cria ganado vacuno y lanar: liebres, conejos y perdices, y se pescan algunas truchas: IND.: la agricola, algunos telares, varios molinos harineros y 3 batanes: POBL.: 300 vec.: 1,000 alm.: CONTR.: con su ayunt. (V.). En esta felig., asi como en el valle de Sanlés, no entraron las tropas francesas durante la guerra de la independencia, ni se han visto partidarios de D. Cárlos en la última civil.

ARMENTERA (MONTE DE): cot. red. desp. de la prov. de Huesca, part. jud. de Barbastro, jurisd. de la v. de Monzon. Abraza 250 cahizadas de tierra de mediana calidad á la der. del r. *Cinca*, por cuya razon se hallan todas en cultivo y son muy á propósito para cereales, viña, y olivos de cuyos frutos prod. en abundancia. Los confines de su TÉRM. y demas (V. MONZON).

ARMENTERILLA (MONTE DE): cot. red. desp. de la prov. de Huesca, part. jud. de Barbastro, jurisd. de la v. de Monzon. Abraza 60 cahizadas de tierra gredosa en general, de las que se cultivan como unas 25, quedando las demas para yerbas de pasto. Está á la der. del r. *Cinca*, cuyas aguas fertilizan el TERRENO de cultivo: antes tenia una hermosa huerta y bonita casa de campo en las márg. del mismo, pero en pocos años una y otra han sido enteramente destruidas por sus corrientes en las grandes avenidas. Los confines de su TÉRM. y demas (V. MONZON).

ARMENTEROS: l. que forma ayunt. con los barrios Blasco, Iñigo-Blanco, Nabaombela, Pedrofuentes y Revalbos, de la prov. y adm. de rent. de Salamanca (9 leg.), part jud. de Alba de Tórmes (5), aud. terr. y c. g. de Valladolid (24), dióc. de Ávila (11): SIT. en una cuesta árida con 190 CASAS pequeñas, calles irregulares, casa de ayunt. que al mismo tiempo sirve de cárcel; escuela de primeras letras con 52 niños de ambos sexos, dotada de los fondos de propios, é igl. parr. cerça del cementerio, dedicada á Ntra. Sra. del Rosario y servida por 1 cura que se provee por oposicion. Su TÉRM. que confina por N. con Pedrofuentes, E. con Navaombela, S. con la Ventillosa, y O. con Iñigo Blanco, es un cuadro de 1 leg. de N. á S. y otra de E. á O.; hay en él 3 fuentes de buen agua, 2 bastante abundantes y la otra mas escasa, 2 charcas para abrevadero de los ganados y un arroyuelo sin nombre, que nace en las sierras inmediatas y desagua en el Tórmes: cada año de 2 se labran unas 330 huebras que por lo regular solo producen centeno: rodea el térm. un monte de buen arbolado de encina que mantiene 100 cerdos de vara y 300 malandares: lo demas del TERRENO cria pastos muy sustanciosos, aunque no muy abundantes, para el ganado: los CAMINOS se hallan en buen estado; la CORRESPONDENCIA la reciben de Alba por los vec. que acuden al mercado: PROD. centeno, poco trigo, patatas y nabos: cria de ganado cerdoso, vacuno, lanar y cabrio: POBL.: 184 vec., 644 hab. dedicados su mayor parte á la ganaderia: CAP. TERR. PROD.: 2.068,800 rs., IMP. 101,828 rs.

ARMENTEROS: desp. en la prov., part. jud. y dióc. de Salamanca (3 leg.), unido al térm. de la Vellés, á cuyo concejo pertenece con los pastos, en virtud de cédula del rey D. Felipe IV, fecha en Madrid á 28 de noviembre de 1640: linda al N. con térm. de Arcediano y Gansinos, E. con Pajares, S. con Villaverde y Pedrosillo el Ralo, y O. con la Vellés; ocupa 1/8 leg. de N. á S.; 1/4 de E. á O. y 1/2 de circunferencia, y comprende 719 huebras, de las que 469 fueron del clero secular y regular. La PROD. principal es de trigo en tierras de secano de primera, segunda y tercera calidad que se siembran un año y descansan otro; tambien se cogen otros granos y se alimentan ganados con sus pastos.

ARMENTIA: l. en la provincia de Alava, ob. de Calahorra (17 leg.), vicaria y part. jud. de Vitoria (3/4), y ayunt. de *Alí* 1/2 (V.).: SIT. al S. de la prov.; su CLIMA sano: tiene unas 25 CASAS de medianas comodidades; escuela dotada con 465 rs. á la que concurren 21 alumnos, y 1 igl. parr. (San Andrés Apóstol) servida por 1 capellan á voluntad del cabildo de la col. de Vitoria. Confina por N. Zuazo, al E. Vitoria, al S. Berrosteguieta, y por O. Gomecha. El TERRENO es bastante fértil, y abundan fuentes de buen agua: forman un arroyo que dejando una laguna en medio del pueblo, corre de S. á N.; pasa por el térm. la carretera de Madrid, sobre la cual tiene 1 venta, asi como los transversales estan medianamente cuidados; recibe el CORREO en la c. de Vitoria á cuyos mercados concurren estos vec. con sus prod., que son toda clase de cereales, legumbres y frutas y alguna hortaliza; cria ganado; caza de perdices y liebres, y tiene 1 molino harinero: POBL 25 vec., 120 alm. Este reducido pueblo, segun el Diccionario de la Academia fué en lo ant. uno de los mas célebres de la prov., si bien los documentos en que pudiera apoyarse, todos son posteriores al siglo X. El primero de ellos, dice la Academia, es el catálogo que de los pueblos de esta prov. se formó en el año de 1025, el cual para original en el archivo de San Millan: en él se ve colocado á Armentia en la merind. de Malizhaeza entre Abendagnu, en el dia desp., y Ehari, hoy Alí: los demas instrumentos que hablan de este pueblo con el nombre de Armenti, Armentei, Armendey, Armentegui, Armentegi, son posteriores á aquella época: la del nacimiento de San Prudencio, hijo de este l., qne pudiera contribuir mucho para averiguar su antigüedad, se ignora, y es grande la diferencia que se nota en los escritores que se propusieron señalarle, queriendo unos haber sido el siglo III, otros el IV, y algunos el VI ó VII, prueba de su incertidumbre. En medio de esta escasez de luces no faltaron quienes para promover las glorias de Armentia, y suplir el vacío de su historia, apelaron á documentos apócrifos por falta los de verdaderos, estableciendo en este pueblo ya desde el principio de la igl. y predicacion del Evangelio, cátedra ep. fundada por San Saturnino, monjes bajo la regla del órden del carmelo, una numerosísima pobl., en cuyo recinto se comprendian 17 ó 18,000 vec., y otras fábulas por el mismo estilo, indignas de ser refutadas seriamente. Como quiera no podemos negar á Armentia la gloria de ser uno de los pueblos mas ant. de la prov., y tenemos gravisimos fundamentos para creerle romano, y que fué la ant. Suisacio de que hicieron mencion Ptolomeo y Antonino en su Itinerario, como de una de las mansiones del camino romano de Astorga á Burdeos, colocándola entre Veleya y Tulonio. Cuando se reedificó la igl. de Armentia en el año de 1776, se halló la inscripcion romana siguiente en una piedra rota de arriba abajo por el medio.

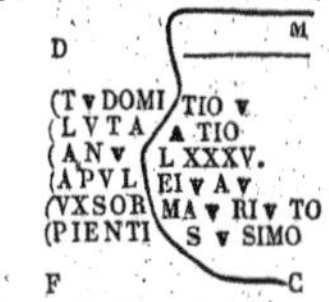

Supliendo á esta inscripcion lo que le falta y queda señalado con paréntisis, se puede leer asi:

A los Dioses Manes.
A Tito Domicio Lutacio
Marido Piadosísimo de 85 años de edad.
Apuleya su mujer cuidó de hacerle este sepulcro.

En las cercanias de Armentia y en todo el distr. que hay desde Iruña, donde colocamos á Veleya, hasta este pueblo y desde aqui hasta Alegria, en cuyas inmediaciones dijimos haber estado Tulônio, se notan vestigios del camino romano mas ó menos claros: desde la salida de Iruña hay 1 caja de camino ancho y recto por medio de las heredades, con bastante elevación artificial: antes de entrar en el pueblo de Lermanda se advierten las mismas señales: pasado este en un prado entre Lermanda y Zuazo hay una loma, y en los cortes de algunas sendas que la atraviesan se ven iguales vestigios, los cuales se manifiestan tambien mas adelante en unas heredades situadas á orillas del camino, cerca de la ermita de San Pedro de Zuazo ó Suazo, comó se lee en algunos instrumentos y parece ser contraccion del ant. Suisacio: pasado este pueblo y siguiendo hácia Armentia, que le cae muy inmediato se ve en el campo ó monte otro trozo con su loma, que dirigiéndose por el camino contiguo á las heredades, demuestra el romano: sigue este desde Armentia por debajo del l. de Archavaleta continuando hasta la v. de Alegria. Las distancias señaladas por Antonino entre Velega, Suisacio y Tulonio, convienen bellamente á Armentia, Iruña y Alegria. Pero fué aun mas célebre este pueblo por haberse trasladado á su igl. la cátedra ep. de Calahorra, y fijado allí despues del cautiverio de esta c. la silla del ob. alavense; establecimiento que debió su origen á la piedad y celo de los reyes de Asturias; los cuales llorando la ruina de Calahorra, y viendo á sus prelados fugitivos á causa de la persecucion sarracénica y obligados á buscar un asilo en las montañas, creyeron necesario para conservacion del culto y de la piedad, establecer el ob. de Alava. Es verdad que no tenemos un documento positivo por donde conste ya desde el siglo VIII el título de ob. alavense, y mucho menos de Armentia: pero es indudable que en este siglo y el siguiente hubo 3 ob., Teodomiro, Recaredo y Vivere, que perdida la esperanza de recuperar su silla de Calahorra la fijaron en Alava, terr. de su ant. jurisd. El primero de ellos confirma una escritura de donacion, que con el nombre de testamento otorgó en la era 830 el rey D. Alonso el Castó, en beneficio de la igl. de San Salvador de Oviedo: el segundo suscribe otra escritura de donacion del mismo rey, y á la misma igl., su data en la era 850, en las cuales uno y otro firman con el título de obispos de Calahorra: el tercero en compañía de varios parientes suyos residentes en Alava, hizo donacion al monasterio de San Vicente de Ozcoita, hoy Acosta en la herm. de Cigoitia, de varias posesiones, otorgándose la escritura que para en el archivo de San Millan en el año de 871: y aunque solo suscribe con el nombre de Vivere obispo, sin indicarse otra cosa, pero constando de ella que residia en Alava, á donde sus ascendientes se habian retirado en tiempos anteriores, y que las igl. de que hace donacion, juntamente con su madre y demas parientes, eran de lugares de la misma prov., y no hallándose su nombre en el catálogo de otra igl. parece que su ob. no fué otro que el de Alava.

Como quiera no ha faltado quien en estos tiempos se haya valido de los citados documentos, alegándolos contra el establecimiento de la silla de Armentia y ob. alavense, no siendo verosimil, dice un laborioso escritor, que si aquellos fueran obispos de esta prov., firmáran con el titulo de Calahorra. Nosotros por no engolfarnos en unas controversias tan prolijas como inútiles, y que creemos cuestiones de voz, preguntariamos ¿si los ob. mencionados residian en la prov. de Alava ejerciendo alli su ministerio pastoral; ó al contrario, si permanecian en la corte de los reyes de Asturias, donde se hallaron sin duda cuando suscribieron aquellos documentos? El autor que sostiene la continuacion de la silla y ob. calagurritano niega, y con razon, que aquellos fijasen su residencia en Asturias, lo cual ni era verosimil, ni daria honor á estos prelados. ¿Habian de abandonar sus ovejas, mayormente en caso de tanta necesidad y angustia? ¿No acudirian á apacentar su rebaño en aquella porcion libre del yugo sarracénico y donde podian sin riesgo alguno ejercer su ministerio? Pues esto nos parece suficiente para establecer desde este tiempo el origen del ob. alavense: no nos empeñamos en que ya entonces se titulasen los prelados ob. de Alava ni de Armentia, constando lo contrario de los citados documentos; pero nos persuádimos que el título de ob. calagurritano, que conservaron aquellos 2 prelados, no prueba que dejasen de tener su silla en Armentia, ó que no fuesen verdaderos ob. de Alava: aquel título lo era de honor, el que conservaron al principio como una muestra de respeto hácia la ant. igl., así como don Rodrigo Cascante, ob. de Calahorra, despues de la restauracion de esta silla, se tituló y suscribió en el fuero de Vitoria con el de ob. de Armentia, ¿se sigue de aqui que esta fuese á la sazon cated. de su ob., ó que continuase aun el alavense? Este no comenzó á ser conocido con semejante titulo sino despues de la conquista de Colahorra y Rioja, señaladamente luego que la prov. de Alava, segregada de la corona de Leon, se incorporó en el reino de Navarra, desde cuya época es constante y no interrumpido el catálogo de los prelados de Alava. La estension de esta dióc. se dilataba por N. hasta el mar cantábrico, comprendiendo el señ. de Vizcaya y el valle de Gordojuela, uno de los 9 de que constan las nobles Encartaciones, pues los 8 restantes eran de la jurisd. de la igl. de Valpuesta, en cuya virtud se agregaron á la de Búrgos luego que cesó aquel ob.; y mas adelante, establecido el de Santander, se incorporaron en su jurisd. á la cual actualmente pertenecen: por N. y E. se ceñia el de Alava, y confinaba con el de Pamplona, al cual corresponde todo el terr. comprendido en la prov. de Guipuzcoa y el reino de Navarra, como consta de una escritura de privilegio, por la cual el rey de Navarra, D. Sancho el Mayor, en la era 1065, año de 1027, dispuso la restitucion de los lim. y terr. que pertenecian al ob. de Pamplona, declarando su estension y térm.: por S. comprendia el de Alava hasta la Sonsierra de Navarra y Rioja, confinando por esta parte con el ob. de Navarra, y por O. con el de Valpuesta, el cual se estendia hasta la herm. de Urcabustaiz, incluyendo en su jurisd. gran parte de la herm. de Ayala y de Valde-govia. Omitimos el catálogo de sus prelados, porqué se puede leer facilmente en el tomo XXXIII de la España Sagrada y en la historia eclesiástica de la prov. de Alava por Landazuri y Romarate, en donde se trata difusamente este asunto, y porque de sus acciones nada nos ofrecen digno de consideracion los monumentos históricos en que se ha conservado su memoria: solamente D. Fortunio, último ob. de Armentia que gobernaba esta igl. á fines del siglo XI, ofrece un suceso notable, si es cierta la relacion de una memoria inserta en el célebre códice emilianense, á saber: que resentidos y enojados los ob. de España á vista del conato y tenacidad con que los legados del Papa intentaban abolir el órden y oficio ecl. usado acá desde el origen de la monarquia, llamado comunmente oficio gótico, isidoriano y despues muzárabe, enviaron á Roma 3 prelados, entre ellos á Fortunio alavense, los cuales llevando consigo los códices de dicho oficio ecl. para presentarlos al Papa Alejandro II, este y el abad de San Benito de Roma, y otros sabios, despues de un maduro exámen y reconocimiento de aquellos libros, que duró 19 dias, los hallaron puros y católicos en todo su contenido, y mandaron con censuras que ninguno se atreviese á turbar, condenar, ó alterar el oficio divino, segun el uso antiquísimo de España. Muerto Fortunio por los años 1088 se suprimió el ob. alavense y silla de Armentia, agregándose todos los térm. de su jurisd. á la de Calahorra, y desde el año de 1091 se hallan varios documentos en que se ve á D. Pedro Nazar ejerciendo jurisd. ep. en tierras de Alava y Vizcaya. Como no existe instrumento auténtico de esta nueva agregacion y restauracion de la igl. calagurritana en su ant. esplendor, no ha faltado quien haya atribuido tan notable suceso á una verdadera usurpacion de dicho D. Pedro Nazar, creyendo haberse ejecutado todo sin autoridad legitima por no haber intervenido la del Papa. Pero estos pensamientos, injuriosos á la buena memoria del ob. D. Pedro, no tienen mas origen que el escesivo amor de la patria, y la ignorancia de la disciplina ecl. de España y de las costumbres nacionales. ¿Cómo es posible que un prelado por su propia autoridad intentase usurpar la agena, suprimir una cátedra ep., arrogarse toda su jurisd., y que efectivamente lo hiciese, sin que reclamasen los demas prelados, ni se quejasen los súbditos, ni se opusiesen los magistrados? Un suceso tan notorio, tan complicado y tan ruidoso no pudo efectuarse sin autoridad pública.

El rey D. Alonso VI de Castilla; que despues de la desgraciada muerte de D. Sancho el Noble de Navarra, en Peñalen se habia apoderado de Alava, tuvo á bien incorporar esta silla y ob. con el de Calahorra, elevando esta igl. á su ant. gloria, asi como en el año de 1075 habia agregado la silla de Auca á la de Búrgos. Decir que esto se ejecutó sin autoridad legitima, es oponerse á la práctica constante de los reyes de Castilla, los cuales por una continuada série de siglos establecian igl. cated., elegian ob., fijaban los térm. de su jurisd., dirimian las controversias que sobre estos puntos se originaban entre ellos, sin que suene en semejantes casos ninguna otra autoridad sino la de los reyes, aconsejados de la grandeza y prelados de su corte. A fines del siglo XI, por ignorancia de los tiempos, piadosa condescendencia y consentimiento de nuestros reyes, se comenzaron á pedir confirmaciones de la silla apostólica y á poner en manos del ob. de Roma el gobierno del universo: asi es que aunque D. Pedro Nazar no pensó en pedir á la silla apostólica confirmacion del suceso ocurrido, por no creerlo necesario, su sucesor D. Sancho Grañon, mas timido y menos ilustrado, lo hizo en el año 1108, siendo pontifice Pascual II. y como si esto no fuera suficiente se impetraron y obtuvieron nuevas confirmaciones de los papas Lucio II, Eugenio III, Alejandro III y IV, Clemente y Urbano III, cuyas bulas se guardan en el archivo de la igl. de Calahorra. Incorporado en esta el ob. de Alava, quedó la de San Andrés de Armentia en clase de colegial con cierto número de canónigos y dignidades de las cuales la principal era la del arcediano de Alava, que residió por muchos años en Armentia, y al presente constituye una de las dignidades de la igl. de Calahorra. Permaneció aquella con título de colegial hasta que se trasladó á la ciudad de Vitoria á 14 de febrero del año 1498, en virtud de bula de Alejandro VI, impetrada por los reyes católicos, y dada en Roma á 7 de las calendas de octubre de 1496, la cual para en el archivo de aquella c., quedando reducida la ant. igl. de San Andrés de Armentia á una simple parr. Era de arquitectura gótica, toda de piedra silleria blanca y bien labrada, de 1 nave muy capaz, su planta prolongada, con su crucero, las bóvedas todas de piedra, afianzadas en arcos sillares de medio punto: la fachada constaba de 2 cuerpos; en el superior estaba colocado Cristo con su apostolado de talla entera; en el segundo varios relieves y letreros alusivos á Jesucristo y á la Iglesia. El mas notable de ellos se hallaba sobre el dintel de la puerta que dice asi:

HUIVS:OPERIS:AVTORES RODERICUS; EPS

Falta un trozo de piedra en el estremo derecho de la inscripcion, y no se sabe si intervinieron otras personas en la renovacion de este templo y portada ademas del prelado calagurritano que en ella se espresa, y no se duda ser D. Rodrigo Cascante el primero de este nombre que ocupó la silla de Calahorra y la Calzada, despues de D. Sancho hácia el año 1146 hasta el de 1181, en que confirmó el privilegio de fundacion de Vitoria, titulándose *Rodericus, Armentiensis Episcopus.* Reedificada esta igl. en el año 1776, se mudó enteramente el semblante de la ant. Con motivo de las escavaciones qú se hicieron para la nueva fáb., se hallaron varios fragmentos de piedra con inscripciones, algunos capiteles y basas de columnas que se ocultaron con gran descuido en las paredes del nuevo edificio; bien que teniendo consideracion con la referida puerta, la colocaron en el átrio, como antes estaba, con el laudable fin de conservar esta ant. memoria: tambien permanece la siguiente:

I : ERA : I :
M : L : LX : IIII.
K : OS + S : OE
A : DT : AMDO
F : IN : PACE

ARMENTIA: l. en la prov., dióc., aud. terr. y c. g. de Búrgos (16 leg.), part. jud. de Miranda de Ebro (3 1/2), ayunt. de Treviño: SIT. á 1/2 leg. O. de la c. de Vitoria; combátenle los vientos del N., y disfruta de CLIMA templado y sano. Tiene 25 CASAS de inferior construccion y faltas de comodidad, sin que constituyan calle ni plaza alguna. Entre ellas se cuenta la en que nació San Prudencio, patron de la prov. y ob. de Tarazona, la cual fué reedificada á espensas del Illmo. Sr. D. Juan Espada, ob. de la Habana, que mandó colocar en el frontal del edificio un busto de alabastro que representa al Santo. Hay tambien escuela de primeras letras, 1 posada, igl. parr. dedicada á San Andrés, y servida por 1 cura, cuyo edificio es de piedra silleria, con 1 gran cláustro; y 1 cementerio en parage ventilado. Dentro de la pobl. existen 1 laguna y 2 fuentes, de cuyas aguas se abastecen los vec. Confina el TÉRM. por N. con el de Alí, por E. con la c. de Vitoria, por S. con el de Berrosteguieta, y por O. con el de Gomecha, comprendiéndose en esta circunferencia 1 leg. cuadrada. El TERRENO es parte fértil y parte flojo, cultivándose el mayor número de fan. que abraza su cabida, quedando las demas eriales, y algunas formando un hermoso bosque; fertilízánle algun tanto las aguas de un arroyo que baja de Berrosteguieta, al que engruesan las de las fuentes del pueblo que se describe. Ademas de los CAMINOS locales le cruza la carretera de Castilla: PROD.: trigo y cebada en abundancia, avena, patatas, yeros, habas y lino; y cria ganado vacuno y caballar: IND.: 1 molino harinero: POBL.: 8 vec., 39 alm.: CAP. PROD.: 24,000 rs.: IMP.: 1,525.

ARMENTON (SAN PEDRO DE): felig. en la prov. y part. jud. de la Coruña (3 leg.), dióc. de Santiago (7), y ayunt. de Arteijo: SIT. cerca del mar en punto ameno, pintoresco y bien ventilado: CLIMA sano: 70 CASAS de mala construccion forman la felig. con los l. de Anzobre, Armenton de Abajo, Armenton de Arriba, Barreiros, Campolongo, Castro, Crueslla, Corredoyra, Follazos, Gata, Gesteira, Grela, Iglesario, Monte, Roris y Telleira: tiene buenas aguas de fuente, de las que se surten los hab.: la igl. parr. (San Pedro) es servida por 1 párroco de provision ordinaria: el cementerio capaz y despejado: el TÉRM. confina con las parr. de Arteijo, Lañas, Barrañan y Larin: el TERRENO es feráz y abunda en pastos: los CAMINOS vecinales y mal cuidados: el CORREO se recibe de la cap. del part.: PROD.: trigo, maiz, centeno, patatas y lino, y varias legumbres; cria ganado vacuno, caballar, lanar, cabrio y de cerda; hay alguna caza y bastante pesca: IND.: la agricola: POBL.: 76 vec., 325 alm.: CONTR.: con su ayuntamiento. (V).

ARMENTON DE ABAJO: l. en la prov. de la Coruña, del ayunt. Arteijo y felig. de San Pedro de *Armentón* (V).

ARMENTON DE ARRIBA: l. en la prov. de la Coruña, ayunt. de Arteijo y felig. de San Pedro de *Armentón* (V.).

ARMESES (SAN MIGUEL DE): felig. en la prov. y dióc. de Orense (3 leg.), part. jud. de Carballino (1), y ayunt. de Maside: SIT. en una altura ventilada, con CLIMA sano: se compone de los l. Casanova, Layantes, Listanco, Outeiro, San Fiz, San Miguel y parte de la Touza: reunen 220 CASAS de un piso y algunas comodidades; pero la rectoral, construida en 1832, tiene al S. 1 jardin poblado de toda clase de frutales, 1 fuente procedente de las aguas minerales de la Rañoa, y hermosas vistas; en la escuela, dotada por los vec. con 800 rs., reciben instruccion unos 60 niños y niñas. La igl. parr. (San Miguel Arcángel), es de construccion moderna; estuvo, segun tradicion, en el pueblo de San Fiz, y era anejo de la de Salamonde; hoy tiene cura propio, de segundo ascenso y presentacion ordinaria: hay cementerio sit. en el átrio, y 1 ermita en el l. de Outeiro. El TÉRM. se estiende 1 leg. de N. á S. y 1/2 de E. á O.; confina por el S. con Santiago de Parada, formando lim. el r. Barbantiño que recoge las aguas de la fuente de la casa rectoral, y bañando algunos prados da impulso á 15 molinos harineros, y tiene 1 puente de piedra de 1 arco. El TERRENO es peñascoso, pero de buena calidad, con prados de pasto, bastante arbolado y muchos frutales. Los CAMINOS son vecinales y medianos: el CORREO se recibe de la cap. del part.: PROD.: centeno, patatas, maiz, castaña, algun trigo, frutas y vino: cria ganado vacuno y poco lanar, cabrío y de cerda; hay alguna caza, y se pescan esquisitas truchas: IND.: la agricultura, un crecido número de telares de lienzo y mantelería; y la cria del ganado ocupa constantemente á estos naturales. Celebran 3 romerias, y son: las de la Vírgen del Cármen, San Sebastian y Sta. Marina: POBL.: 210 vec., 900 alm.: CONTR.: con su ayunt. (V.).

ARMESTO (SAN ROMAN DE): felig. en la prov. y dióc. de Lugo (10 leg.), part. jud. y ayunt. de Becerreá (3/4): SIT. á las márg. de uno de los brazos del r. Navia ó Naron: su CLIMA bastante benigno: reune hasta 24 CASAS de pocas comodidades. La igl. parr. (San Roman) está servida por 1 vicario en vacante, y el curato es de entrada y patronato real y ecl. Su TÉRM. se halla comprendido en el de la ant. y estinguida jurisd. de Villaesteba de Herederos. El TERRENO calizo, pizarroso y poco fértil, participa de llano y montes; en estos se hacen rozas que proporcionan buenas cosechas, y los prados regados por el mencionado r. y derrames de las buenas fuentes del térm., ofrecen escelente pasto. Los CAMINOS son locales y poco cuidados, y el CORREO se recibe en Becerreá: PROD.: centeno, trigo, patatas, nabos, legumbres y algun lino y cebada: su principal IND. es la pecuaria: cria ganado mular, vacuno y de cerda; POBL.: 26 vec., 120 alm.: CONTR.: con su ayuntamiento. (V).

ARMIAN: cas. en la prov. de Oviedo, ayunt. de *Castropol* y su felig. de Santiago.

ARMIELLO: l. en la prov. de Oviedo (6 leg.), ayunt. de Mieres (2 1/2), y felig. de San Martin de *Turon* (V.): POBL.: 12 vec., 47 almas.

ARMIJO: quinta con olivar en la prov. de Jaen, part. jud. y térm. jurisd. de *Baeza* (V.).

ARMIL: l. de la prov. de Lugo, ayunt. de Germade, felig. de San Andres de *Lousada* (V.): POBL.: 3 vec., 14 almas.

ARMILDA: ald. en la prov. de Lugo, ayunt. de Fuensagrada y felig. de San Bartolomé de *Monteseiro* (V.): POBL.; 4 vec., 23 almas.

ARMILDA: ald. en la prov. y dióc. de Oviedo (19 leg.), part. jud., ayunt. y felig. de San Salvador de *Grandas de Salime*, 2 1/2, (V.): SIT. á la falda de la montaña de *Bustarbelle*, con cuyo pueblo confina por S. y O., así como por N. y E. con el térm. de Airela; el TERRENO cultivado asciende á 20 fan. de tierra de mala calidad, y que prod. á razon de 2 1/2 por 1: el CORREO se recibe de Castropol: la principal cosecha es el centeno y la patata: POBL.: 5 vec., 26 almas.

ARMILLA: l. con ayunt. de la prov., part. jud., adm. de rent., aud. terr., c. g. y dióc. de Granada (1/2 leg.): SIT. en una llanura á la izq. del r. Genil, combatido por los vientos SO., O. y N., y mas propenso en los meses de invierno á fiebres mucosas inflamatorias, atáxicas y catarrales epidémicas, que á otras enfermedades: con 209 CASAS, la mayor parte de tierra, mal construidas, formando 1 calle, por la que pasa el camino real de Granada, y 4 plazuelas, pósito, escuela de instruccion primaria para cada sexo, dotada la una, á la que asisten 30 niños, con 1,100 rs., y la otra con 500, y la retribucion de los alumnos que á ella concurren (20 niñas); igl. parr. (San Miguel Arcángel), servida por 1 cura de real nombramiento, y 1 teniente, que lo tiene del diocesano; y cementerio. Confina por E. con la v. de los Ojijares (1/2 leg.), por S. con la de Alhendin (1, corta), por O. con el l. de Churriana (1/4 hora), y por N. con Granada (1/2); y tiene 3 cortijos en el pago de las Albercas, y en el de los Huertos se han encontrado vestigios de pobl., que se creen sean del tiempo de los romanos, y 1 algibe del de los moros: el TERRENO es feraz, con algunos olivares, si bien á la salida del pueblo por el O., hay una llanura árida é infructífera de 1/2 leg. cuadrada, que solo sirve para apacentar los carneros 1 dia ó 2 antes de entrarlos al matadero de Granada: las tierras son de riego la mayor parte, y una pequeña porcion de secano: corre por el térm., en direccion de E. á O., el r. Monachil, de álveo superficial y poco profundo, cuyas aguas fertilizan la vega, así como las de una acequia principal que camina de E. á S. que tambien riega las vegas de Churriana y Cullar-vega: hay varios arroyos ó ramales: las labores del campo se hacen con 20 yuntas de bueyes y 10 mulas: el CAMINO real está bien conservado, pero los trasversales en muy mal estado: la CORRESPONDENCIA se recibe de Granada los mártes y sábados, y sale los mismos dias: PROD.: trigo, habas, maiz, poca cebada, lino; cáñamo, garbanzos é hilazas; POBL.: 300 vec., 1,362 hab. dedicados á la agricultura, fabricacion de tejidos de cáñamo y lino, manteleria y lienzos: hay 2 molinos harineros, 1 fáb. de jabon duro, y 1 horno de cocer pan: CAP. PROD.: 2.121,950 rs.: IMP.: 92,246: CONTR.: 20,036 rs. 17 mrs.; el PRESUPUESTO MUNICIPAL asciende á 10,000 rs., que se cubren con prod. de arbitrios y reparto vecinal.

ARMILLAN: ald. en la prov. de Lugo, ayunt. de Lancára y felig. de San Vicente de *Toldaos* (V.): POBL.: 5 vec., 25 almas.

ARMILLAS: l. con ayunt. de la prov. de Teruel (11 1/2 leg.), part. jud. de Segura (1), adm. de rent. de Calamocha (2), aud. terr., c. g. y dióc. de Zaragoza (14 1/2): SIT. en una hondura en medio de varios cerros no muy elevados que le ponen al abrigo de la impetuosidad de los vientos: su CLIMA es sano: tiene 62 CASAS de ordinaria construccion distribuidas en calles angostas y costaneras, y 1 gran plaza bien empedrada; en esta se hallaba la igl. parr., que fué incendiada en la última guerra civil, de la cual se ha habilitado 1 nave: tiene la advocacion de San Juan Bautista, y por anejo el pueblo ó pardina del Cid, donde hay 1 masia: se halla servida por 1 cura y 1 sacristan: el curato es de primer ascenso y su provision corresponde á S. M. ó al diocesano, prévia oposicion en concurso general. Junto al pueblo hay 1 abundante fuente de agua dulce para el surtido de los vec. y 3 ermitas dedicadas á San Ramon, la Virgen del Pilar y la Purísima. Confina el TÉRM. por el N. con el de Segura, por el E. con el de la Hoz, por el S. con el de Montalvan, y por el O. con el Vivel; su estension en direccion de cada uno de los espresados puntos es de 1/2 hora; dentro de esta circunferencia se encuentran varios manantiales de agua salada que prod. abundante sal; para su elaboracion y adm. tiene el Gobierno en este pueblo las oficinas correspondientes. Tambien se encuentran muchas minas de piedra de yeso, á cuya ind. se dedican los vec., y recientemente se ha descubierto otra mina de plomo. El TERRENO en general es escabroso, pero de mediana calidad; se cultivan 1,140 yugadas de tierra de primera calidad, 320 de segunda, y 1,140 de tercera. Tiene 1 monte carrascal al O. muy bien cuidado y otro de rebollo á la parte del E.: PROD. mucho trigo, cebada, avena, yerbas de pasto; cria ganado lanar y cabrio y abundante caza, especialmente de perdices: POBL. 62 vec., 248 alm.: CAP. IMP. 43,355 rs.

ARMINDE: ald. en la prov. de Oviedo, ayunt. de Coaña y felig. de San Juan do *Trelles* (V.).

ARMIÑON: ayunt. en la prov. de Alava (4 leg. á Vitoria), dióc. de Calahorra (18), aud. terr. de Búrgos (14), c. g. de las prov. Vascongadas y part. jud. de Salinas de Añana (3); SIT. al SE. del part. Se compone de la v. que le da nombre y l. de Estavillo y La Corzana; tiene casa para el ayunt., cárcel y 2 escuelas dotadas con 800 rs. cada una, y á las que concurren hasta unos 40 niños de ambos sexos. El TÉRM. confina por N. y E. con el condado de Treviño, por S. con el de Berantevilla, y por O. con las Riberas alta y baja, por cuyo punto le baña el Zadorra. El TERRENO en lo general llano y escaso de arbolado, es muy fértil: crúzale el CAMINO de Madrid á Francia por el puente de Armiñon, y enlaza con el de Haro y Logroño: el CORREO se recibe de Miranda todos los dias: PROD. grano, semillas, algunas frutas y vino: cria ganado, especialmente lanar; hay caza y pesca; y su IND. es la agrícola y algunos molinos harineros: POBL. segun los datos oficiales 55 vec., 267 alm.: RIQUEZA Y CONTR. (V. ALAVA INTENDENCIA): el PRESUPUESTO MUNICIPAL asciende á 11,500 rs. que se cubren con arbitrios sobre consumo y reparto vecinal.

ARMIÑON: v. en la prov. de Alava (4 leg. á Vitoria), dióc. de Calahorra (18 leg.), vicaría de Treviño, part. jud. de Salinas de Añana (3), de la herm. de Estavillo y Armiñon y cap. del ayunt. de su nombre: SIT. sobre la márg. izq. del Zadorra, en un llano despejado y CLIMA sano, si bien se padecen algunas intermitentes y pulmonías: tiene unas 40 CASAS formando pobl. reunida, las mas de ellas de 1 solo piso y ofreciendo una vista agradable; la hay para ayunt., cárcel y escuela; á esta concurren 14 niños y 6 niñas, y el maestro disfruta la dotacion de 800 rs. La igl. parr. (San Andrés Apóstol) está servida por 3 beneficiados, que forma un solo cabildo con los de la parr. de San Martin de la v. de Estavillo: es bastante decente y posee las alhajas y ornamentos necesarios para el culto. El TÉRM. se estiende de N. á S. 1 1/2 leg., y 1 3/4 de E. á O., y confina por NE. con el del condado de Treviño, comprendiendo el de Estavillo, por S. con el de la Cervilla, y al O. con Ribaguda y Ribabellosa: le baña el referido Zadorra, sobre el cual tiene 1 buen puente de piedra de 6 arcos que da paso al camino de postas de Madrid á Francia con direccion de O. á E. en su tránsito de Búrgos á Vitoria; el referido puente lo hizo volar el pretendiente D. Carlos en la última guerra civil, y los 2 arcos destruidos los ha repuesto la prov., si bien con solo tablones, porque tiene pendiente 1 proyecto de llevar el camino para la corte por la Corzana, donde en tal caso se construirá 1 nuevo puente y se salvará la cuesta de Armiñon, que es una de las mas notables en la carretera de Madrid á Irun. El TERRENO participa de algun monte poblado, y el llano y tierra cultivable es fértil. Los CAMINOS, con especialidad la citada carretera, están bien cuidados; lo tiene bastante bueno, con direccion al S. para Haro y Logroño; sobre el puente de que se ha hecho mérito hay 1 portazgo que administra la diputacion. El CORREO se recibe diariamente de Miranda de Ebro: PROD.: trigo, cebada, maiz, avena, vino y alguna fruta y hortaliza: cria ganado, prefiriendo el lanar; hay caza de perdices, codornices y ánades, y pesca de barbos, anguilas, truchas y otros peces: POBL. 50 vec., 180 alm.: RIQUEZA Y CONTR. (V. ALAVA INTENDENCIA). Este pueblo del que se hace mencion en el ant. catálogo formado en el siglo XI., y obra en el archivo de San Millan, era conocido con el nombre de *Aramingon*; y hasta el año de 1403 estuvo agregado como ald. á la v. de Treviño, de la que se separó por cuestion de jurisd. con el adelantado mayor de Castilla Gomez Manrique: es patria del inquisidor de la suprema, y ob. electo de Salamanca D. Francisco Antonio Montoya y Zarate, y de su hermano D. Manuel, presidente que fué de la Chancilleria de Valladolid.

ARMISENDI ó HERMESENDE: l. con ayunt. de la prov. de Zamora (20 leg.), part. jud. de la Puebla de Sanabria (5), aud. terr. y c. g. de Valladolid (35), dióc. de Orense (20): SIT. entre cerros, su CLIMA es benigno, padeciéndose sin embargo algunos dolores de costado; se compone de 90 CASAS inclusa la de ayunt., 1 escuela de instruccion primaria, á la que concurren 60 alumnos, 5 fuentes de buen agua, 1 ermita en el centro del pueblo, dedicada al Sto. Cristo del Descendimiento, y 1 igl. parr. de térm., bajo la advocacion de Sta. Maria de Armisendi; la sirve 1 párroco y 5 beneficiados de provision ordinaria; tiene por anejos á San Ciprian, Castrelos y Castromil: confina el TÉRM. por N. con Castrelos á 3/4 leg.; por E. con Tegera á 1; por S. con la raya de Portugal á 1/2, y por O. con San Ciprian á 1/4; corre por él 1 riach. sin nombre que lleva su curso á SO., y dejando por su der. á San Ciprian, y por la izq. á Castrelos, entra en Portugal. El TERRENO, aunque bastante escabroso, es de mediana calidad; hay 1 CAMINO en mal estado que dirige á Portugal: la CORRESPONDENCIA se recibe de la estafeta de Lubian: PROD. centeno, patatas, mijo, y vino; cria ganado lanar y vacuno; hay perdices, conejos, lobos, zorras y corzas: no faltan peces y algunas anguilas: POBL. 142 vec., 464 alm.: CAP. PROD. 214,679 rs.: IMP. 12,925.

ARMOGUES: cas. unido á Oix y Talaixá, de la prov. y dióc. de Gerona (9 leg.), part. jud. de Olot (3 1/2), aud. terr. y c. g. de Barcelona (23), adm. de rent. de Figueras (5): SIT. en punto áspero y montuoso, se compone de varias CASAS diseminadas, cada una con su era y cabaña; hay 1 ermita bajo la advocacion de San Miguel Arcángel, que la tradicion califica de parr. ant.; y á las inmediaciones de las casas se encuentran varias fuentes cuyas aguas son de muy buena calidad, y sirven para el surtido de los hab.: confina el TÉRM. por el O. con el de Bestraca; y en las demas direcciones con el de Talaixá; su TERRENO es montuoso y áspero; los CAMINOS son de herradura, de pueblo á pueblo, y en muy mal estado; se recibe la CORRESPONDENCIA los domingos, mártes y viérnes;

obl. 6 vec., 22 alm.; cap. prod., imp. y contr. con Talaixá. Este cas. se conoce tambien con el nombre de *Almoyer de Almoynér*; porque en el dia de San Miguel se distribuia una abundante limosna de pan á todos los pobres que acudian á aquel punto.

ARMONA: casa solar y armera de Vizcaya en la prov. de Alava; ayunt. de Lezama y l. de *Lecamaña*.

ARMONDA: l. en la prov. de Pontevedra, ayunt. de Campo y felig. de San Cristobal de *Couso* (V.).

ARMUNIA: l. en la prov., part. jud. y dióc. de Leon (1/2 leg.), aud. terr. y c. g. de Valladolid, ayunt. de Quintanar de Ranero: sit. en un llano á la der. y á 1/2 leg. del Bernesga, con clima ventilado y sano. Tiene igl. parr. bajo la advocacion de San Martin, cuyo curato se provee por el marqués de Villadangos. Confina el térm. por N. con el de Trobajo del Camino, por E. con Leon, por S. con Villacedre, y por O. con Oteruelo de la Valdoncina, estendiéndose 1/2 leg. dó N. á S., y 3/4 de E. á O.; báñale por NE. la presa del Bernesga, cuyas aguas se utilizan en el riego de muchos y fértiles prados, arboledas de frutales y huertos, despues de haber dado impulso á varios molinos: hay 1 fuente de escelente agua. El terreno comprende sobre 800 fan. de tierra de escelente calidad destinadas al cultivo: prod. trigo, centeno, lino, legumbres, hortaliza, mucha yerba, patatas y frutas; y cria gañado lanar y vacuno: comercio: esportacion de lo sobrante que se vende en los mercados de Leon: pobl. 62 vec., 308 alm.: contr. con el ayuntamiento.

ARMUÑA: v. con ayunt. de la prov. y dióc. de Almería (12 leg.), part. jud. de Purchena, adm. subalterna de rent. de Tijola, aud. terr. y c. g. de Granada (21): sit. á la punta de una especie de isla circundada casi enteramente por el r. *Almanzor*, el cual le deja solo como una puerta por la parte de tierra: la combaten libremente todos los vientos por no haber ninguna altura inmediata que la domine; su clima es sano y benigno, y las enfermedades mas comunes son calenturas intermitentes: forman la pobl. 88 casas, y se asegura por tradicion haber tenido muchas mas en época mas remota; son de fáb. regular y su altura de unos 20 palmos castellanos, por lo general de un solo piso, divididas en 1 plaza cuadrada bastante capaz y en algunas calles: contiguo á la plaza se halla la igl. parr. en el centro de la pobl., que consta de una sola nave, y es de construccion ordinaria, dedicada á Ntra. Sra. del Rosario y servida por 1 cura párroco nombrado por concurso general: estramuros de la v. hay 1 cementerio bien ventilado, y no lejos de este existió antiguamente 1 cast. con su plaza de armas, 4 torreones, 1 almacen para la pólvora, 1 patio con columnas de mármol de la sierra de Filabres, y 1 hermosa habitacion en la que residian los alc. m., administradores y dependientes; tambien tenia calabozos, cárcel y silos para conservar los granos, todos de la misma piedra de que se compone el suelo de dicho cast. y toda la pobl.: hay 1 abundante fuente llamada de *Paules*, que sirve de mojon para las jurisd. de esta v. y la de la c. de Purchena; muelen con sus aguas diferentes molinos harineros y riega la vega de dicha c.: de esta fuente disfruta la propiedad la casa llamada de Almanzora, grande posesion en el térm. de la v. de Cantoria que dista de esta 4 leg., y 5 la referida casa que pertenece al Sr. marqués de los Belez. Confina el term. por el N. con Luca y Purchena, por el E. con el mismo Purchena, por el S. con los de Sufly y Bayarque y por O. con el de Tijola, todos distantes sobre 1/4 y 1/2 leg. de esta v.; cruzan por el é inmediato á la pobl. el r. Almanzor de abundantes aguas en el invierno y las suficientes en verano para regar la vega, y si algun año escasean, se remedia por sus naturales con facilidad abriendo zanjas á poca costa: el terreno es todo llano, esceptuando 1 loma con algunos pequeños barrancos destinada para pastos de ganados; lo demas son tierras susceptibles de todas semillas y con bastantes olivares; los caminos son de pueblo á pueblo, de herradura y se hallan en mediano estado; la correspondencia se recibe de la adm. de Tijola: prod.: aceite, trigo, maiz, cebada, que es la mas abundante, legumbres, hortaliza de toda especie, hilazas y frutas de varias clases; hay caza de liebres, conejos, algunas zorras y tejones: pobl.: 68 vec., 272 hab. dedicados al cultivo de las tierras y esportacion de los frutos sobrantes; hay 1 molino de aceite, 4 harineros, 1 movido con el agua de la mencionada fuente, y los 3 restantes con la del r.: materia imp. para el impuesto directo 41,425 rs. capacidad indirecta por consumo 6,928 rs. El presupuesto municipal asciende á 3,000 rs. que se cubre por reparto vecinal por carecer de propios.

ARMUÑA (LA): l. con ayunt. de la prov., dióc. y adm. de rent. de Segovia (4 leg.), part. jud. de Sta. Maria de Nieva (1), aud. terr. y c. g. de Madrid (18): sit. en un llano y dominado á 300 pasos por unas cuestecitas de poca elevacion, forma un alegre mirador, cuya vista alcanza á una estension de 9 leg. por E. y S. terminando en las sierras de Guadarrama y Navacerrada: el clima es sano, y las enfermedades mas comunes las intermitentes; pero muy pocos vec. pasan de 70 años: sus casas, construidas de pizarra y barro, forman cuerpo de pobl. con 1 pequeña plaza, la cual tiene en medio 1 álamo muy ant.; en ella está igualmente la casa consistorial, cárcel, carniceria y escuela; esta se halla servida por 1 maestro que disfruta 1,100 rs. de dotacion y ademas la retribucion de los 100 niños de ambos sexos que concurren: tiene igl. parr. dedicada á San Bartolomé Apóstol, cuyo curato es perpétuo y de concurso general; en los afueras hay 3 ermitas con la advocacion de Ntra. Sra. de Torrejon, Humilladero y San Roque, hallando se unido á esta última el cementerio. Confina el térm. por N. con el de Bernardos, E. con los de Yanguas y Tabanera la Luenga, S. Pinilla-ambroz y Añé, y O. con los del mismo Pinilla y Miguel Ibañez; estos confines dist. de 7 minutos á 3/4 leg. y comprenden 4,000 obradas, de las cuales estan en cultivo 2,895 y son, 268 de primera calidad, 740 de segunda y 1,887 de tercera: el resto lo ocupa 1 pinar al NE. de la pobl. que abastece de madera y combustible: cruza el térm. el r. Eresma en direccion de E. á O. y á 1/2 leg. del pueblo; en él hay 1 molino harinero llamado del horno; otro arroyo llamado *Caballos* corre de S. á N., tambien hay otro arroyo que se llama *Caldilla*, notable en su origen y en la calidad de sus aguas: nace en un llano á 1/4 leg. del l., saliendo el agua de la tierra á manera de surtidores y en un terreno arenoso que varia constantemente, este agua sale muy caliente en el invierno y templada en el verano, por cuya razon se cree tenga alguna virtud medicinal, aunque ningun esperimento se ha hecho ni intentado de ella: da movimiento á 2 batanes y entra en el Eresma al N. de Armuña y todavia dentro de su térm. El terreno es llano, á escepcion de algnos barrancos y cuestas por el lado N.: los caminos locales, de herradura y en mediano estado; el correo se recibe en Sta. Maria de Nieva, adonde el ayunt. envia indistintamente 1 vec. á recoger la correspondencia: prod.: trigo, cebada, centeno, algarrobas, garbanzos, vino; se mantienen sobre 1,000 cab. de ganado lanar, 120 reses vacunas de labor, 60 caballerias menores, 7 yeguas y caballos, y se cria abundante caza menor: ind.: 1 molino harinero, 2 batanes, 2 tejedores de lienzo y 14 cardadores: pobl.: 124 vec., 570 alm.: cap. imp.: 112,429 rs.: contr. ordinarias 14,446; por culto y clero 4,300: presupuesto municipal: 5,409, del que se pagan 1,000 al secretario, y se cubre con el prod. de propios y los arbitrios de la taberna y tienda de abaceria.

ARMUÑA DE TAJUÑA: v. con ayunt. de la prov. y adm. de rent. de Guadalajara (3 leg.), part. jud. de Pastrana (3), aud. terr. y c. g. de Madrid (12), dióc. de Toledo (24): sit. en un pequeño cerro ó colina que se eleva en medio de 2 valles, por cada uno de los cuales corren el r. Tajuña y otro arroyo, quedando la pobl. en el centro: se halla ventilada por todas partes y goza de sano clima: tiene 36 casas de mala construccion y poca altura, que forman 1 pequeña plaza cuadrilonga y varias calles de piso regular, aunque sin empedrado; hay casa de ayunt., escuela á cargo del sacristan, que percibe una gratificacion de 500 rs., y ademas lo que pagan los 15 niños de ambos sexos que concurren; igl. parr. dedicada á San Martin Obispo, de curato perpétuo y provision ordinaria en concurso general: el edificio está ruinoso, teniendo puntales que le sostienen por la fachada principal que mira al S.; 1 ermita con el título de la Soledad y el cementerio á una orilla del pueblo inmediato á la igl. y que no perjudica á la salud. Confina el térm. por N. con los de Horche y Romanónes, E. con Tendilla y Fuente el Viejo, S. con Renera, y O. con Aranzueque y Yebes, á dist. de 3/4 á 1 leg., y comprende 6,500 fan. de las cuales se labran 5,300, y son 800 de primera clase, 1,500 de segunda y las restantes de tercera; contándose en estas unas 1,000 fan. plantadas de viña: cruza el térm. el r. Tajuña, que segun hemos dicho, pasa al pie de la colina en que se halla la pobl., dejándola al S.; da movimiento á 1 molino harinero y á 500 pasos de la espresada colina tiene 1 puente ruinoso de 1 solo arco: el otro arroyo viene por el lado opuesto desde Peñalver y es poco caudaloso: el TERRENO es llano por la parte de los valles que rodean el pueblo, lo demas son cerros, que forman á uno y otro lado cord. desiguales; todo es de secano y poco fértil, á escepcion de unas 8 fan. que reciben riego: pasa por el pueblo el CAMINO general que conduce al Real Sitio y baños de la Isabela; se recibe el CORREO en la misma v. dejando á su paso la correspondencia el conductor de la estafeta de Pastrana: PROD.: trigo, centeno, cebada, avena, vino y pocas legumbres: se mantienen 1,500 cab. de ganado lanar y cabrio, 54 caballerias mayores y menores; y se cria alguna caza menor: IND.: hilazas para lienzo y paños, que llevan á tejer á Horche, y 1 molino harinero: POBL.: 36 vec, 143 alm.: CAP. PROD.: 914,730 rs.: IMP.: 82,325: CONTR.: 5,618: PRESUPUESTO MUNICIPAL: 1,800, que se cubre con los fondos de propios consistentes en la renta de 1 posada pública que suele rematarse en mas de 1,000 rs.; el importe de las yerbas de unos pequeños baldios y el de 200 fan. de monte.

ARMUÑAS: cas. de la prov. de Almería, part. jud. y térm. jurisd. de *Sorbas* (V.).

ARMUÑO: l. en la prov. de la Coruña, ayunt. de Bergondo y felig. de San Juan de *Lubre* (V.).

ARNADE: l. en la prov. de la Coruña, ayunt. de San Antolin de Toques y felig. de Santiago de *Vilouriz* (V.): POBL.: 2 vec. . 9 alm. Tiene feria el 15 del mes

ARNADELO: l. en la prov. de la Coruña, ayunt. de San Saturnino y felig. de Sta. Marina del *Monte* (V.): POBL. 3 vec., 10 almas.

ARNADELO: l. en la prov. de Leon (21 leg.), partido jud. y abadía ecl. *nullius* de Villafranca del Vierzo (2), adm. de rent. de Ponferrada (5), aud. terr. y c. g. de Valladolid, ayunt. de Oencia: SIT. en las márg. del r. Selmo ó la falda de 1 montaña con buena ventilacion y CLIMA saludable. Tiene 1 igl. parr. bajo la advocacion de Sta. Maria Magdalena, anejo de la de Sobredo de Aguiar: confina su TÉRM. con los de Cabeza de Campo, Sobrado y Sobredo de Aguiar: en él se encuentran 1 herreria de dominio particular, y 1 puente de madera que facilita el paso del r. arriba mencionado, único que le baña: PROD. centeno, castañas, legumbres y frutas; cria algun ganado lanar, cabrio y vacuno: POBL. 36 vec., 112 alm.: CONTR. con el ayuntamiento.

ARNADO (SAN JUAN DE): felig. en la prov. de Orense (13 leg.), dióc. de Astorga (17), part. jud. de Valdeorras (1), y del ayunt. de Villamartin: SIT. en las vertientes de 1 monte é izq. del r. Sil; reinan los vientos E. y O., se padecen intermitentes é inflamatorias; no obstante; el CLIMA es sano, y sus naturales llegan á una edad avanzada: 27 CASAS de un solo piso y mala construccion, hacen mas notable la del priorato de Santiago: á la escuela, que solo dura 4 meses, concurren 20 niños, y la escasa dotacion del maestro se paga por los vec.: estos no conocen otra ind. que la agrícola y viñera. La igl. parr. (San Juan Bautista) sit. á 200 pasos al N. é inmediata al Sil, es de mamposteria y del tiempo de los templarios; hoy depende de la encomienda de Quiroja, y el curato lo presenta la sacra Asamblea de San Juan de Jerusalen; el cementerio se halla en el átrio: algunos manantiales abandonados al estado natural, surten de agua para el abasto: El TÉRM. se estiende 1/4 de leg. del centro á la circunferencia, y confina por N. con Sil, por E., S. y O. con Sta. Marina del Monte: el arroyo *Arnao* que nace al N. de la sierra del Eje, aunque en lo general de poca agua que se aprovecha en el riego, tiene grandes avenidas, las que tomando mayor fuerza por la elevacion de su declive, ocasionan grandes daños; se une al Sil, en el cual hay junto á la igl. 1 barca de pasaje de propiedad particular, y otro barquichuelo que sirve para la pesca de truchas, anguilas y ricos peces de que abundan aquellas aguas: el TERRENO es de buena calidad: tiene 90 eminas de prados y 60 de cultivo con riego, 200 de secano, 800 jornales de viña, sobre 1,000 pies de castaños y algunos olivos y frutales: los CAMINOS son vecinales y en mal estado: el CORREO se recibe en la cap. del part.: PROD. vino, patatas, centeno, castañas, algunas legumbres y lino; pero poco aceite y frutas comunes: POBL. 27 vec., 133 alm.: CONTR. con su ayunt. (V.).

ARNADO, LUSIO y GESTOSO: l. en la prov. de Leon (23 leg.), part. jud. de Villafranca del Vierzo (4), adm. de rent. de Ponferrada (17), aud. terr. y c. g. de Valladolid, dióc. de Lugo, ayunt. de Oencia. Las 3 ald. ó cas. de que se compone se hallan SIT. en una montaña no lejos del nacimiento del r. Selmo con buena ventilacion y CLIMA saludable: tiene 1 igl. parr. matriz, y 2 anejos, dedicados estos á Sta. Eulalia el de Gestoso, y á Sta. Maria el de Lucio, servidas las 3 igl. por 1 cura párroco cuya plaza es de entrada y de patronato lego. Confina su TÉRM alcabalatorio con los de Villasinde, Villarrubin, y Oencia; en él se encuentra á las márg. del r. Selmo que le baña 1 herreria de dominio particular: PROD. centeno, castañas y legumbres; cria algo de ganado vacuno, lanar y cabrio: POBL. 53 vec., 206 alm.: CONTR. con el ayuntamiento.

ARNADOS: l. en la prov. de la Coruña, ayunt. de Carballo, y felig. de San Martin de *Razo* (V.).

ARNAL: granja en la prov. de Valencia, part. jud. de Liria, térm. de *Betera* (V.): SIT. á 3/4 de hora N. de esta v. en TERRENO, aunque de secano, poblado de vides, olivos, algarrobos, higueras, y con buenos sembrados de cereales: POBL. 1 vecino.

ARNANDE: ald. en la prov. de Lugo, ayunt. de Castro de Rey de Tierrallana, y felig. de Sta. María de *Ludrio* (V.): POBL. 5 vec. 22 almas.

ARNAÑO: l. en la prov. de Oviedo, ayunt. de Amiebas, y felig. de Ntra. Sra. de las *Nieves* de *Sebargas* (V.).

ARNAO: bateria ó cast., en la costa de la prov. de Oviedo (Asturias); se halla en el monte ó promontorio de Torres sobre el mar y al frente de Gijon: tiene 4 cañones de hierro en muy mal estado; pero los fuegos de la bateria cubren la entrada del puerto y el fondeadero del mismo nombre.

ARNAO: ensenada en la prov. de Oviedo, part. jud. de Avilés y felig. de Sta. Maria del Mar, térm. municipal de *Castrillon*.

ARNAO (vulgo CONCHA DE GIJON): en la prov. y costa de Oviedo (Asturias), distr. marítimo del Ferrol; es muy abrigado de los vientos, y sirve á las embarcaciones que por algun temporal ó falta de marea, suspenden la entrada en el puerto de Gijon, ó que por falta de agua en el puerto ú otras causas, tienen que permanecer en él. En la guerra de la Independencia, y temporada de verano estuvo casi siempre ocupado por 1 y hasta 2 y 3 fragatas de guerra inglesas.

ARNAURI (ARNUBE URA): r. en la prov. de Vizcaya, part. jud. de Durango, y uno de los que, despues de recoger varios arroyos, y unirse al *Altube*, mezcla sus aguas con las del r. *Orozco* y aumenta el caudal del *Nervion*: tiene orígen en el sitio llamado *Arnabe* del monte Gorbea; atraviesa en parte por la famosa nevera del monte de Zárate, y corre por bajo del puente de Anuncibai junto á la ferr. de este nombre; abunda en truchas y peces, da impulso á muchos molinos harineros, y le cruzan en su tránsito varios puentes de piedra.

ARNE: l. en la prov. y dióc. de Oviedo (20 leg.), part. jud. de Grandas de Salime (3), ayunt. y felig. de San Martin de Oscos 2 1/4, (V.); SIT. en una pendiente inmediata á la sierra *Cadamozo*. El TÉRM. se estiende al radio de 1/2 leg., y confina por N. con el del Vilar de Pastur, por E. con el del l. de la Arruñada, por S. con el de Soutelo, y por O. con el de Labiaron: tiene muchos montes pelados que forman sierra y montaña dilatada con diferentes nombres, como el Cadamoso, campo de Baga y Veiga da Carriza, que empalma con la de la Bóbia á 1 1/2 leg. del Arne; hay bastante arbolado, el que aprovechan en madera y en carbon para las herrerias que dist. del pueblo 3, 4 y 5 leg: finalmente, toca en el térm. el r. Labio que nace en la citada montaña de la Bóbia, y marcha por 1 profundidad, que impide utilizar sus aguas para riego: á este r., le atraviesa el puente del Sufredo que tiene 6 varas de elevacion; es de madera, estrecho y débil; da paso á varios pueblos del ayunt. de Oscos, que pone en comunicacion con su parr. y á otros muchos de la prov. con los de Galicia: el TERRENO roturado ascenderá á 40 fan. que dan á razon de 3 por 1: los CAMINOS son trasversales y mal cuidados: el CORREO se recibe de la cap. del ayunt. por medio de 1 peaton que pasa á buscarla á la adm. de Castropol: PROD. centeno y mucha patata, poco maiz, alguna castaña; vino de mala calidad; pero es abundante y buena la miel que se coge en los colmenares sit. á la orilla del r.; se pescan truchas de esquisito gusto en el Labio: POBL. 11 vec., 66 almas.

ARNEDILLO: v. con ayunt. en la prov. de Logroño (7 leg.) part. jud. de Arnedo, aud. terr. y c. g. de Búrgos (39), dióc. de Calahorra (6).

SITUACION Y CLIMA. Se halla sit. en los lím. de ambas

Riojas á los 42° 17' de lat., 15° 22' de long. á la izq. del r. *Zidacos*, y en un estrecho valle formado por 2 cord. que prolongándose desde las sierras de Cameros, van á terminar cerca de Calahorra; la combaten todos los vientos con estremada impetuosidad á consecuencia de atravesar encajonados por entre las mencionadas cord.: el CLIMA es templado y bastante sano, aunque por la humedad que exhala el r. suelen padecerse calenturas intermitentes de varias clases.

INTERIOR DE LA POBLACION Y SUS AFUERAS. Tiene 188 CASAS de regular construccion, distribuidas en calles empedradas, pero en su mayor parte pendientes y de aspecto lóbrego; 1 plaza en cuyo recinto se encuentra la casa municipal, 2 tiendas de abaceria, y 1 escuela de primeras letras dotada en 1,300 rs. anuales, á la que concurren 60 niños de ambos sexos: el local es bueno, pero á poca costa podria hacerse separacion para las niñas. Antes habia 1 hospital, donde se asistia á los enfermos pobres, pero fué abandonado en la guerra de la Independencia y aunque subsiste el edificio, las rent. casi han desaparecido, y únicamente se han podido reconocer algunos censos, cuyo prod. se emplea en socorrer á los enfermos indigentes en sus propias casas. Tiene tambien 1 igl. parr. dedicada á San German y San Servando, cuyo edificio de buena arquitectura, consta de 3 naves sostenidas por 4 columnas, con 1 buen órgano y coro de hermosa silleria de nogal; los altares y demas adornos ninguna particularidad ofrecen: los papeles del archivo parr. solamente alcanzan hasta el año 1548, en que una innundacion del *Zidacos* anegó la igl. y arrebató el archivo; sirven el culto 1 capellan compuesto de 1 cura párroco y 5 beneficiados, 1 sacristan, 1 organista y 1 campanero: el curato es perpétuo, y su provision corresponde al diocesano con aprobacion de S. M.; el cabildo cated. nombra los beneficiados que aprueba el diocesano, é igualmente provee aquel los destinos subalternos, de que se ha hecho mérito; y 6 ermitas pertenecientes al Estado, tituladas de Santiago, San Andrés, San Tirso, la Virgen de Peñalva, Nuestra Sra. de la Torre y San Miguel; esta última se halla en mal estado, y se cree fué la parr. del barrio de Sta. Colomba que existió en sus inmediaciones. A la der. del r. *Zidacos* y al S. E. de la pobl., se hallan trozos del palacio ó cast. ep. con 1 ant. torr., y pedazos de muralla; llamóse en tiempos anteriores cast. *Lombera*, en cuyo recinto existe ahora el cementerio. Para surtido del vecindario hay 1 fuente de abundantes y esquisitas aguas.

TÉRMINO. Confina por N. con los de Ocon y Robles; por E. con los de Herce y Prejano; por S. con el de Enciso; y por O. con el de Munilla, y otra vez con el de Enciso; dentro del mismo esta la ald. de Sta. Eulalia de Arriba, ó Somera, en la que hay 1 celador ó alc. nombrado por el ayunt., y á 1029 pasos SO. de la v. se encuentran los famosos baños termales de su mismo nombre, de los cuales se habla detenidamente en su respectivo art. (V.); cruza el térm. de E. á O. el espresado r. *Zidacos* lamiendo la parte inferior de la pobl.; sobre él hay 2 puentes de piedra de 1 solo arco, su alura es admirable y tienen mucha solidez; ambos se apoyan sobre rocas, y pueden dar paso á un caudal de aguas 3 veces mayor que el que en sus mayores crecidas lleva este r., del que se estraen 5 regadios para unas 80 fan. de terreno; cerca de la casa de baños hay otro puente de madera cuyo uso es muy frecuente y á propósito para los que acuden al establecimiento. De los muchos arroyos que atraviesan la jurisd., es el principal el llamado barranco del *Vadillo*, del cual se toman 2 canales de riego; el primero tiene origen en el sitio denominado *Parada del Barranco*; tiene 1/2 leg. de largo y fertiliza un trozo de 30 fan. de tierra titulada *Campillo*: el segundo á que se da el nombre de *Viña del Conde* se toma en *Fuenteroya*: es de la misma estension que el anterior y riega 16 fan.; uno y otro se gobiernan por 1 alc. de aguas que eligen los interesados.

CALIDAD Y CIRCUNSTANCIAS DEL TERRENO. A escepcion del que ocupan las viñas en los confines de Préjano y Herce, todo lo demas está lleno de elevadas montañas y grandes rocas; estas constituyen la parte superficial del terreno, y son de naturaleza muy varia, pues en ellas se percibe el carbonato de cal ó caliza compacta de diferentes colores en bancos de considerable estension; la pizarra arcillosa negra, arcilla mas ó menos penetrada por los óxidos de hierro, y la pirita comun, ó sulfato de dicho metal en cristales cubiertos de color alterado; hay tambien abundantes canteras de yeso, 1 mina cobriza en el cerro del Congosto, que se trata de beneficiar, otra tambien de cobre en el sitio llamado del *Zurrubio*, cuya esplotacion no es ventajosa, y una argentifera denunciada poco ha en el parage ó térm. titulado *Partepena*, al parecer abundante, y que promete buenos resultados. Pertenece al Estado 1 monte comprendido en la sierra llamada la *Hez*, de cabida de 180 fan. de tierra de tercera calidad, plantado de robles y hayas; dicho monte, que al presente es un abrigo de fieras y de malhechores, podria mejorarse mucho si se cerrase la comunidad de pastos con Ocon, y se hicieran algunas limpias para desbrozarlo de las mucha maleza que tiene, al paso que aclarando el arbolado criaria madera muy útil para diversos objetos; los laboriosos hab. de Arnedillo esperimentan considerables vejaciones pecuniarias y personales, sobre si cortan leña ó la cogen seca en este monte: las tierras sit. en las márg. del r., inclusa la huerta y olivares, son de primera clase, y muy productivas, pero las restantes no sirven mas que para sementera de algunos granos, y las roturaciones que han sustituido á los hermosos bosques que tanto producian en leña y pastos, apenas sufragan los afanes y gastos del incansable labrador.

CAMINOS Y CORREOS. Todos son de herradura y se encuentran en regular estado: la CORRESPONDENCIA se recibe de Logroño por medio de un balijero, dos veces en cada semana.

PRODUCCIONES. Se cosechan cereales de todas clases, á razon de 7 ú 8 por 1, alubias y garbanzos, patatas, habas, guisantes, cáñamo, lino, aceite, vino y algunas frutas; de todos estos frutos ninguno, á escepcion del aceite, basta para consumo del vecindario: cria ganado mular, vacuno, de cerda, lanar y cabrio: caza mayor y menor, animales dañinos, y pesca de diferentes clases.

ARTES INDUSTRIA Y COMERCIO. Ademas de la agricultura hay en esta v. 1 molino de chocolate, 3 harineros y 1 batan, á los que dan impulso las aguas del *Zidacos*, que tambien mueven 2 máquinas, donde se hila y prepara la lana: 1 fáb. de paños burdos en la que se elaboran 150 piezas cada año, consumiendo 800 a. de lana por valor de 30,000 rs. ascendiendo el de los jornales á 15,000 rs. y el de la obra á 225,000: 3 telares, donde igualmente se fabrican 80 piezas de paño basto, invirtiendo para ello lana churra por valor de 14,000 rs., é importando las ropas elaboradas 22,000; fáb. de sayales con 14 operarios que trabajan 240 piezas al año consumiendo 1,200 a. de lana churra, que vale 48,000 rs., y la obra 72,000: varios telares de lienzos ordinarios, cuya; primeras materias importan 6,000 rs.; y varias yeseras donde se emplean bastantes trabajadores con 13 caballerias, para llevar el yeso ó la piedra á los pueblos comarcanos: consiste el comercio en la esportacion del aceite, paños y sayales, é importacion de los demas art. necesarios para el consumo coloniales y ultramarinos; y en las especulaciones de frutos del pais en el mercado que se celebra los domingos por concesion del Consejo de Castilla, espedida en 17 de abril de 1806.

POBLACION RIQUEZA Y CONTRIBUCIONES. Tiene 195 vec. 840 alm.: la riqueza imp. asciende á 86,665 rs., y la contr. ordinaria á 16,720; el PRESUPUESTO MUNICIPAL sube á 40,000, y se cubre con 1,000 que rinden las yeseras, 3,000 varios arbitrios y 36,000 los baños termales.

FIESTAS. Celebra el 23 de octubre la de los Santos titulares de la parr., y el 15 de agosto la de Ntra. Sra. de las Nieves; el 28 de enero se va en romeria á la mencionada ermita de San Tirso, SIT. 1/2 leg. SE. de la v. en el hueco de un peñasco al N. del cerro llamado *Peña del Monte*; acude mucha gente de los pueblos inmediatos por considerar á dicho Santo como patrono contra tercianas, cuya enfermedad aflige mucho al pais.

La agricultura y ganaderia se hallan en estado decadente en esta v. á consecuencia de las roturaciones hechas en los ant. bosques, con lo cual se ha privado de pastos al ganado, y como el terreno es tan quebrado, las lluvias arrastrando toda la tierra y piedras á los pocos llanos que hay, han prod. considerables cascajares; sin que pueda decirse que dichas roturaciones valen ni prod. la mitad que los bosques á que han sustituido; convendria, pues, dejar otra vez estos terrenos para pastos, y aun sembrarlos de bellota para que se reprodujeran aquellos con mas utilidad de los vec., quienes por otra parte se dedicarian á cultivar con mayor esmero las tierras de buena calidad, que siempre fueron de labor.

HISTORIA. Don Alfonso VIII á los 15 años de edad por privilegio rodado, su fecha en Búrgos en 1208, confirmado por los grandes del reino, hizo donacion á la cated., ob. y cabildo de Calahorra, de la v. de Arnedillo, concediéndoles el señ. de la misma, sus pastos, montes, etc. etc. En 1224 el ob. de Calahorra, D. Rodrigo, permutó con la cated. y cabildo, por el monast. de San Pedro de Yanguas, la casa de Coba y tercias de Alfaro y Arnedo, guardando para sí el señ. de Arnedillo, segun documento que obra en el archivo de dicha cated. En 1232 se rebelaron los vec. y atacaron el cast., por lo cual fueron multados en 150 mrs. y obligados á rendir pleito homenage. Por el año de 1292 compró el ob., D. Lope Jimenez á doña Urraca Garcies, la ald. de Sta. Eulalia, que desde entonces pende de Arnedillo y forma parte de su territorio.

ARNEDILLO (BAÑOS DE): en la prov. de Logroño, part. jud. de Arnedo, térm. jurisd. de la v. de su nombre. Al pie de una montaña de mas de 400 varas de altura, formada de canteras de mármol, yeso y hierro, en pedazos sueltos ó escoria, brota el manantial, que surcando por 2 conductos principales, deposita sus aguas en el hueco de una roca, y despues se dirigen al establecimiento por 2 minas, de las cuales 1 surte al estanque del Temple á los baños y golpes, mientras la otra, ademas de alimentar 4 caños para bebida de los enfermos, da un enorme sobrante que vierte en el r. *Zidacos*; de manera que el caudal de estas preciosas aguas se puede graduar 3 cántaros por cada segundo.

Se hallan SIT. en la márg. izq. del mencionado r. al SO., y 1,029 pasos de Arnedillo, desde cuya v. conduce á los mismos 1 camino bastante bueno y capaz para carruajes. El edificio, que es un paralelógramo de regular construccion, tiene 38 habitaciones con sus pasillos de comunicacion, 4 cocinas, 1 gran sala de reuniones, 2 departamentos para militares y pobres, á quienes se suministra gratis baños y cama; 1 capilla dedicada á San Zoilo, en la que oyen misa los enfermos con toda comodidad; y las demas oficinas análogas y necesarias para el objeto á que está destinado dicho local. Los baños son 10; unos de figura cuadrilonga, y otros circulares: en cada uno pueden bañarse cómodamente 6 personas á la vez; de dicho número de baños, 3 hay para los golpes ó chorros de diferentes diámetros y alturas, acomodados á las diversas condiciones; tambien se encuentran 2 estufas muy considerables, y 1 estanque de graduacion.

El TERRENO por donde corren las aguas es de la misma calidad que el de la montaña, á cuyo pie se ha dicho que brotan; todo es volcánico é impregnado de las mismas sales que conduce en disolucion el líquido termal.

PROPIEDADES FÍSICAS. Son diáfanas, de sabor esclusivamente salado, cualidad que se percibe mas cuando estan frias: su temperatura de 42° del termómetro de Reaumur en todas las estaciones, con absoluta independencia de las vicisitudes atmosféricas; y su gravedad específica es á la del agua destilada como 1 á 1,004.

PROPIEDADES QUÍMICAS.

CORRESPONDEN POR CADA 16 ONZAS DE AGUA.

Principios que contienen.	*Granos.*
Sustancias gaseosas.	00'00
Sulfato de cal.	6'8
Carbonato de cal.	2'16
Protoxido de hierro.	0'42
Sílice.	0'18
Hidroclorato de sosa.	51'20
Hidroclorato de magnesia.	5'74
Suma.	66'10

En virtud de las referidas propiedades, pueden colocarse estas aguas en la primera clase *Salinas hidrocloradas* del cuadro sinóptico de los señores Henri; no se estraen para puntos dist., y solamente cerca del manantial las usan los enfermos, con buen éxito en bebida, baños, chorro y estufa, segun queda insinuado.

Casos en que están indicadas. Sus efectos son tan sorprendentes como inesplicables en la curacion de las gastritis crónicas, las debilidades de estómago, enteromesenteitis, histerismo, fiebres intermitentes, sostenidas por enfartos del hígado y del bazo, clorosis, amenorreas, las paralisis generales y parciales, y las que son consecuencia del cólico matritense y del de plomo, las neuralgias articulares, y todas las irriraciones de los tejidos muscular, fibroso y sinovial; así se notan los efectos prodigiosos en la curacion del réuma y de la artritis aunque esté complicada con el reblandecimiento de los huesos, las hemiplegias y paraplegias sin lesion ó congestion cerebral, las inflamaciones blancas; las escrófulas, aunque ulceradas, el virus sifilítico y las enfermedades consiguientes al mismo, las úlceras por ant. que sean, conduciéndolas á estado de simplicidad y cicatrizacion; hacen lanzar con facilidad asombrosa las esquirlas de los huesos, y los proyectiles si son producidos por armas de fuego, robustecen la demacracion de un miembro, las fracturas mal consolidadas, y lanzan los cálculos ordinarios.

Casos en que está contra-indicado el uso de estas aguas. En los sugetos demasiado pletóricos, en las afecciones acompañadas de fiebre, en las hemoptisis, preumorragias y en los que padecen herpes ó erupciones antiguas.

La temporada de baños principia en 15 de junio y concluye en 20 de setiembre, aunque la época de usarlos con mas ventaja, es en julio y agosto: acuden en cada año de 750 á 800 personas de todas clases y gerarquias, cuyo número á las veces ha subido á 960, y seria estraordinaria la concurrencia si se practicase 1 camino para carruages desde Logroño, lo que es de creer suceda, si como se asegura, el arreglo y conservacion del establecimiento se encarga á 1 empresa ó sociedad particular, toda vez que el celo y esfuerzos de los directores no ha sido suficiente para desviar los obstáculos que por distintos conceptos se han opuesto á las mejoras que trataban de introducir, de las que habria dimanado la perfeccion y esplendor de que es susceptible aquel. Por último, las aguas de Arnedillo, por sus principios constitutivos y por sus resultados terapéuticos, son de las principales de la Península, y pueden compararse (aunque con superioridad á algunas) á las de Trillo, Sacedon, Solares, las Caldas en Santander, Areñs, Caldelas y Caldas de Mombuy en Cataluña, Alicun y Villavieja en Valencia, y á las de Bagneres de Bigorre en Francia. Concluimos este artículo diciendo que el establecimiento de que se trata, tuvo el título de Real, y fué propiedad de la nacion hasta 14 de julio de 1836, en que el Gobierno lo dió á la v. de Arnedillo, á cuyos propios corresponde en el dia.

ARNEDO: part. jud. de *entrada* en la prov. de Logroño, aud. terr. y c. g. de Búrgos, dióc. de Calahorra; compuesto de 1 c., 14 v. y 31 ald., que constituyen 20 ayunt.; cuyas dist. entre sí, y las que hay desde cada uno á la cap. de prov., aud. terr., c. g., dióc y á la corte, aparecen en el estado de su referencia.

Se halla SITUADO casi en el centro de la prov. con inclinacion al S. de la misma; los vientos mas frecuentes son los del N. que despejan la atmósfera, y hacen el CLIMA seco y frio, pero muy saludable, pues no se padecen otras enfermedades comunes que las peculiares de cada estacion. Confina por N. con el de Logroño, por E. con el de Calahorra, por S. con el de Cervera y por O. con el de Agreda (prov. de Sória); y se estiende 6 1/2 leg. de N. á S. y 8 de E. á O. Le cruzan únicamente 2 r. considerables, el *Cidacos* que penetra por los confines del part. de Agreda, y siguiendo su curso de O. á E. baña en el que tratamos los térm. de Enciso, Arnedillo, Sta. Eulalia, Herce, Arnedo, donde tiene un magnífico y sólido puente de 6 arcos, y Quel saliendo por Autol á Calahorra, en cuyas inmediaciones confluye en el *Ebro*; sus aguas fertilizan una campiña de 4 leg., en la cual hay toda clase de frutas escepto las que son propias de paises cálidos como naranjas, limones, dátiles, etc., y dan impulso á 14 molinos harineros; y el r. *Jubera*, menos caudaloso que el anterior, atraviesa de S. á N. corriendo por tierra de Robles, donde tiene un buen puente, y continua por Jubera, Ventas Blancas y Murillo, part. de Logroño, en cuyas cercanias se incorpora al r. *Leza*; tambien hay varios arroyos que sin nombre especial discurren por algunos puntos con mas ó menos estension, cuyas aguas y las de muchas fuentes, todas esquisitas, que brotan en diversos parages, utilizan los moradores para su gasto doméstico y otros objetos de agricultura. Al S. de Arnedillo, dist. 1,029 pasos, se encuentran los famosos baños termales de su nombre, de los cuales se habla detenidamente en su respectivo art. (V.). Las montañas ó sierras de este part. son poco notables, á escepcion de la conocida con el nombre de *Peña de Isasa*, en cuyo alrededor se encuentran los pueblos de Turruncun y Prejano; es bastante escarpada, y prolongándose 4 leg. desde el S. del part. continúa disminuyendo hasta que termina en punta, desde la cual se descubre un espacio de 22 leg.; sus faldas cultivadas con escesivo trabajo por los hab. de la c. de Arnedo, producen trigo llamado en el pais *morcazo*; tambien es atendible el cerro titulada *Monte Real* que cae al O. del part., ocupa 6 leg. de long., y cria elevadisimas hayas; y el conocido con el nombre de *Sierra Laiz*, el cual se halla en el térm. de Robles, tiene 3 leg. de estension, y en su centro una grande y magnífica *nevera* perteneciente á la c. de Arnedo. Tanto en estas montañas como en las demas de poca importancia que comprende el part. hay robles, hayas, arbustos y maleza, entre cuyo espesor se guarece porcion de caza de diferentes especies, y considerable número de animales dañinos, en particular lobos, zorros y aun jabalíes: tambien ofrecen plantas aromáticas y medicinales, y abundancia de pastos para toda clase de ganados; hallándose algunas canteras de buena calidad, y 1 mina de carbon de piedra en el térm. de Prejano: el TERRENO, aunque desigual y áspero en su mayor parte, es muy fértil, debiéndose notar como cosa rara que no es á propósito para cria de pinares, y que los únicos árboles maderables que en él se encuentran, son álamos esparcidos en tierras de cultivo y en las márg. de los r. y arroyos. No hay mas que 1 CARRETERA general, y está sin concluir, que es la de Logroño á Tudela; los demas caminos son locales, de herradura y se hallan en regular estado: PROD. trigo, cebada, centeno bastante para el consumo, mucho aceite y vino, cáñamo, lino, miel, bellota, legumbres, hortaliza, frutas esquisitas, especialmente la pera llamada *onguindo*, y sobre todo gran cantidad de pimientos muy estimados por su tamaño y sabor dulce; y ganado lanar, vacuno, mular y de cerda: ARTES, INDUSTRIA Y COMERCIO. Ademas de la agricultura y de los molinos harineros de que se hizo mencion, se cuentan en este part. varios molinos de aceite, fáb. de paños en Munilla, Enciso y Arnedillo, 1 de chocolate en esta última v.; varios hornos de cal y yeso en distintos puntos: calderas de aguardiente y alfarerías en Quel y Arnedo, y arriería en esta c.: dedicándose tambien los moradores á los oficios y artes mecánicos de primera necesidad; el comercio consiste en la esportacion de vino, aceite, aguardiente y pimiento, é importacion de géneros coloniales y ultramarinos, y especialmente sedería, lienzos, pieles, curtidos y quincalla. Solo en la cap. hay 1 feria desde 25 de setiembre hasta el 4 de octubre, la cual por su ninguna concurrencia, no existe mas que de nombre; y 1 mercado los lúnes de cada semana que por el contrario es muy frecuentado por los hab. de los pueblos inmediatos y de otros distantes, realizándose en él grandes especulaciones sobre frutos del pais y del estrangero.

ARNEDO, cab. del part. jud.

2 1/2	Arnedillo.																						
1	2	Bergasa.																					
1	1 1/2	1]2	Bergasillas (las).																				
2	3 1/2	1	1	Carbonera.																			
4	1 1/2	4	3 1/2	5	Enciso.																		
1	1 1/2	1	1	2	3	Herce.																	
4	1 1/2	4	3	4	1	3	Munilla.																
3 1/2	3	2 1/2	3	1 1/2	4	4	4	Ocón.															
4 1/2	2 1/2	4 1/2	4	4	1/2	3 1/2	1 1/2	4	Poyales.														
2	1	2	1 1/2	2	2	1	3	4	2 1/2	Prejano.													
1	3 1/2	1 1/2	1 1/2	2	5	2	5	4	5 1/2	2	Quel.												
3 1/2	4	2	2 1/2	1 1/2	4	3	4	1	4 1/2	4	3	Redál (el).											
3	2	4	4	4	4	2	2	2	3 1/2	3	6	3	Robres.										
1 1/2	1	1 1/2	1	2	3	1/2	2 1/2	3	2 1/2	1	2 1/2	3	2	Sta. Eulalia Bajera.									
2	3	1	1 1/2	1	5	3	6	2	5	3	2	2	3	3	Tudelilla.								
2	2 1/2	3	2	3 1/2	3	2 1/2	6	4	2 1/2	1 1/2	2 1/2	4	5	2	4	Turruncún.							
2	3 1/2	1 1/2	2	1 1/2	5 1/2	3 1/2	6 1/2	2	5 1/2	3	2	2	3 1/2	3 1/2	1/2	4	Villar (el) de Arnedo.						
2 1/2	3 1/2	3 1/2	2 1/2	3 1/2	5 1/2	3	6 1/2	5	3 1/2	2	2 1/2	5	6	3	5	1	4	Villarroya.					
4	2	4 1/2	4	5	2	4	1	3	2	3	4 1/2	4	1	3	4	4	4 1/2	5	Zarzosa.				
7	7	6	6	6	6	6	7	4	7	7	7	4	6	6	5	8	5	9	6	Logroño.			
3	5 1/2	3	4	3	7	4	7	4 1/2	7	5	3	3	6	4 1/2	2	5	2	4	7	8	Calahorra, dióc.		
28	30	27	27	26	26	28	26	25	28	28	28	25	26	27	26	29	26	30	26	22	30	Búrgos.	
50	48	50	49	50	46	49	46	50	47	49	51	50	48	49	50	49	51	48	46	50	53	42	Madrid.

CUADRO sinóptico, por ayuntamientos, de lo concerniente á la poblacion de dicho partido, su estadística municipal y la que se refiere al reemplazo del ejército, su riqueza imponible y las contribuciones que se pagan.

AYUNTAMIENTOS.	Obispado á que pertenecen.	Número de pueblos de que se componen.	POBLACION.		ESTADISTICA MUNICIPAL.										REEMPLAZO DEL EJERCITO.									RIQUEZA IMPONIBLE.			CONTRIBUCIONES.			
					ELECTORES.										JÓVENES VARONES ALISTADOS DE EDAD DE															
			VECINOS.	ALMAS.	Contribuyentes.	Por capacidad.	TOTAL.	Elegibles.	Alcaldes.	Tenientes.	Regidores.	Síndicos.	Suplentes.	Alcaldes p.	18 años.	19 años.	20 años.	21 años.	22 años.	23 años.	24 años.	TOTAL.	Cupo de soldados correspondiente á una q. de 25.000 hombres.	Por ayuntamiento.	Por vecino.	Por habitante.	Por ayuntamiento.	Por vecino.	Por habitante.	Tanto por 100 de la riqueza.
																								Rs. Vn.	Rs. Mrs.	Rs. Mrs.	Rs. Vn.	Rs. Mrs.	Rs. Mrs.	
Arnedillo	AL DE CALAHORRA Y LA CALZADA.	2	195	840	127	1	128	120	1	1	4	1	5	1	8	4	6	12	4	5	4	43	1'8	86665	444 15	103 6	16720	85 25	19 31	19'29
Arnedo		1	774	3335	338	3	341	301	1	1	8	1	7	»	38	41	29	31	13	11	4	157	9	473800	612 5	139 2	96085	124 4	8 28	20'28
Bergasa		1	93	400	90	5	95	67	1	1	4	1	5	»	5	6	10	4	2	2	4	33	0'8	44855	482 11	112 5	6059	65 5	5 5	13'51
Bergasillas (Las) (1)		2	»	»	47	9	56	46	1	1	2	1	4	»	6	4	1	3	1	1	»	16	0'3	»	»	»	»	»	»	»
Carbonera		1	24	103	24	»	24	14	1	»	2	1	3	»	1	3	2	4	2	»	1	13	0'3	12651	527 4	122 28	1319	54 33	12 27	10'43
Enciso		5	193	832	125	36	161	120	1	1	6	1	6	4	26	30	16	30	18	17	10	147	2	115298	597 14	138 20	13560	68 12	15 3	11'42
Herce		1	127	547	91	23	114	87	1	1	4	1	5	»	14	14	12	9	11	4	4	68	2'1	117251	923 8	214 12	12908	101 22	23 20	11'01
Munilla		4	270	1163	210	16	226	179	1	1	6	1	6	2	30	19	10	16	11	11	10	107	3'5	228640	846 28	196 20	27037	100 5	23 8	11'82
Ocon		10	683	2943	265	12	277	265	1	1	8	1	7	8	48	31	24	24	22	20	13	182	3'8	258603	378 21	87 30	28852	42 8	9 27	11'16
Poyales		3	117	504	85	3	88	43	1	1	4	1	5	1	8	6	7	5	2	4	6	38	0'8	45742	390 32	90 26	5928	50 8	11 26	12'96
Prejano		1	234	1008	144	3	147	139	1	1	6	1	6	»	13	12	5	10	9	3	5	57	2'2	83912	358 20	83 8	13498	57 23	13 13	16'09
Quel		1	431	1857	216	7	223	216	1	1	6	1	6	«	14	22	13	18	10	6	7	90	4'7	226960	526 20	122 7	26094	60 18	14 2	11'50
Redal (El)		1	119	513	89	1	90	84	1	1	4	1	5	»	2	4	7	»	12	3	4	32	0'6	55248	464 9	107 23	7962	66 31	15 12	14'41
Robres		7	86	371	62	»	62	49	1	1	2	1	4	6	2	4	7	»	12	3	4	32	0'6	46060	535 20	124 5	5358	62 9	14 15	11'63
Sta. Eulalia Bajera (2)		1	»	»	35	1	36	34	1	»	2	1	3	»	»	»	»	»	»	»	»	»	»	»	»	»	»	»	»	»
Tudelilla		1	171	737	126	5	131	122	1	1	4	1	5	»	13	6	13	14	3	5	1	55	2	118276	691 23	160 16	12071	70 20	16 13	10'20
Turruncun		1	62	267	57	4	61	35	1	1	2	1	4	»	4	1	7	2	3	2	»	19	0'4	17676	288 11	66 7	1996	32 7	7 16	11'30
Villar el de Arnedo		1	182	784	121	3	124	121	1	1	4	1	5	»	8	5	7	11	5	4	4	44	1'4	88772	487 26	113 8	9827	54 »	12 20	11'07
Villarroya		1	53	230	49	5	54	42	1	1	2	1	4	»	3	1	3	2	2	»	1	12	0'4	22884	431 26	99 17	2244	42 12	9 25	9'81
Zarzona		1	100	431	70	4	74	59	1	1	2	1	4	»	5	1	5	2	3	4	3	23	0'7	44987	449 30	104 13	5289	52 30	12 9	11'76
TOTALES		46	3914	16865	2371	141	2512	2143	20	18	82	20	99	22	248	204	184	197	145	105	85	1168	37'4	2088280	533 21	123 30	292805	74 28	17 12	14'02

(1) Este ayunt. es de nueva creacion, y los pueblos de que se compone, fueron segregados del ayunt. de Hera, en el cual estan incluidas su pobl., su riqueza imp. y las contr. que pagan.
(2) Este pueblo, erigido nuevamente en ayunt., fué segregado del de Ocon, en el cual estan incluidas su pobl., su riqueza imp. y sus contr., así como lo concerniente al reemplazo del ejército.

Estadística criminal. Los acusados en este part. durante el año de 1843 fueron 49; de ellos resultaron absueltos de la instancia 5, penados presentes 41, contumaces 3 y 1 reincidiente en otro delito. Del total de acusados, 22 contaban de 10 á 20 años de edad, 20 de 20 á 40, y 7 de 40 en adelante; 48 eran hombres y 1 mujer; 23 solteros y 26 casados; 23 sabian leer y escribir; de los demas no consta si reunian esta instruccion; 2 ejercian profesion científica ó arte liberal y 47 artes mecánicas.

En el mismo período se perpetraron 31 delitos de homicidio y de heridas; 3 con armas de fuego de uso lícito, 1 de ilícito, 7 con armas blancas permitidas y 4 prohibidas: 3 con instrumento contundente y 13 con otros instrumentos ó medios no espresados.

ARNEDO: c. con ayunt. en la prov. de Logroño (7 leg.), aud. terr. y c. g. de Búrgos (30), dióc. de Calahorra (3), cab. del part. jud. de su nombre con adm. subalterna de rentas.

Situacion y clima. Se halla sit. á la izq. del r. *Cidacos* en un declive merid. de fácil acceso, rodeada por los otros lados de montes que se estienden á lo largo del r. y de rocas areniscas donde hay muchas cuevas que, se cree, sirvieron de habitaciones á los sarracenos: los vientos que mas la combaten son los del S.; por lo cual su clima es templado y muy saludable, sin conocerse otras enfermedades endémicas y comunes que las peculiares á cada estacion.

Interior de la poblacion y sus afueras. Tiene 693 casas en lo general de buena fáb. y comodidad interior, 8 solares, y varias cuevas donde habitan algunos vec.; distribuidas las primeras en calles espaciosas, llanas y bien empedradas: 1 plaza llamada de la Constitucion, que es un cuadrilongo irregular con soportales en algunos puntos; casa municipal, cárcel pública, pósito, 2 posadas, 1 escuela de primeras letras á la que asisten 250 niños, cuyo maestro percibe de sueldo 3,300 rs. anuales, y enseña á sus discípulos á leer, escribir, gramática castellana, rudimentos de aritmética, de geografía é historia y doctrina cristiana; otra frecuentada por 40 niñas, cuya maestra les instruye en las labores propias de su sexo y no tiene mas salario que la retribucion convenida con los padres de aquellas, 1 cátedra de latinidad dotada con 2,970 rs. anuales y con 8 rs. que mensualmente paga cada uno de los alumnos; y 1 hospital bajo la advocacion de Sta. María Magdalena, fundado por el Ilmo. Sr. D. José de Argaiz y D. Prudencio de Guevara, quienes lo dotaron con caudales que empleados en fincas proporcionaban bastante renta para cubrir las cargas, pero la mayor parte fueron vendidas durante la guerra de la Independencia, de manera que los recursos quedaron reducidos á 4,000 rs. anuales, con cuya escasa renta, merced á la buena adm., se hallan bien asistidos los pocos enfermos que de ordinario hay; el edificio está ventilado y es bastante espacioso, con localidad para mayor número de dolientes, ademas de las habitaciones que ocupan el capellan, hospitalera y 1 criada de servicio. Es Arnedo cab. de la vicaría eclesiástica denominada de *Val de Arnedo*, cuyo cabildo se componia antiguamente de 25 beneficiados; formaban dicha vicaría la c. y los pueblos de Bergasa, Carbonera, Tudelilla, el Villar, Grábalos, Turruncun y Villarroya. Actualmente solo Carbonera depende del vicariato, pues Bergasa se separó en 1832, y los demas ya lo habian hecho en 1818. El cabildo está reducido en el dia á 15 individuos, de los cuales asiste 1 á la igl. de la Asuncion en el espresado l. de Carbonera, y los restantes con el cura párroco se distribuyen en las 3 parr. en que está dividida la c., que son: Sta. Eulalia, edificio sólido de piedra de cantería, espacioso, claro, y muy bien construido, de 1 sola nave, la cual, sin embargo de sus grandes dimensiones y de su prodigiosa altura, no tiene mas apoyo que sus paredes laterales; la dedicada á los Santos Mártires Cosme y Damian tambien de piedra como la anterior, consta de 3 naves sostenidas por 6 columnas de 5/4 de diámetro cada 1; la admiracion que se esperimenta al ver tan inmensa mole firme y segura con tan debil apoyo, hace conocer el mérito artístico de la obra y los profundos talentos del que concibió el pensamiento y supo llevarlo á cabo con tan feliz éxito; y la titulada Sto. Tomás, oscura y de mal gusto, con 1 torre de ladrillo de figura piramidal. Cada una de dichas parr. tiene órgano, y para las 3 hay 1 cementerio sit. al N. de la pobl. en parage bien ventilado. Dentro de la c. se conserva 1 conv. de monjas clarisas, cuyo edificio ni el templo contienen nada digno de fijar la atencion; y 2 oratorios, uno dedicado á la Visitacion de Ntra. Sra. en la cárcel pública, y otro en el hospital con el mismo nombre que este; y estramuros 4 ermitas, 2 de ellas tituladas San Miguel y Santiago se hallan en la cumbre de 2 cerros inmediatos á la c., estando mas lejos las denominadas Sta. Cruz, y San Marcos. El peligro de que las aguas que en las recias tempestades se desprenden con violencia y á torrentes desde los riscos, peñas y cerros próximos á la pobl., y que antes se introducian por las calles, llegasen á sumergirla, obligó á los vec. á practicar 2 minas subterráneas para recoger y desviar las avenidas, dando á la una el nombre de Sto Tomás y á la otra el de Juego de Pelota. Dist. 1/8 de leg. de las casas, hay 1 delicioso paseo con muchos y frondosos árboles, que llega hasta el puente del r. Cidacos, donde se encuentra 1 fuente de 4 caños, cuyas aguas surten al vecindario, y las restantes pasan á un lavadero cubierto; desde el espresado puente baja el paseo costeando la orilla izq. del r. y vuelve otra vez hácia la c.; sobre el mas elevado cabezo de la cord. que circunda á esta por el lado del OE. se ve un ant. cast. casi inespugnable por su ventajosa posicion, el cual fué reparado y fortificado en 1837, y tiene 1 casa-cuartel con 1 buen algibe para recoger las aguas de las lluvias.

Termino. Confina por N. con el de Bergasa (1 leg.), por E. con el de Calahorra (3), por S. con el de Turruncun (1), y por O. con el de Herce (igual dist.). Dentro del mismo á 3/4 de hora de la c., en la márg. der. del Cidacos y sobre la cima de 1 cerro, hay 1 conv. dedicado á Ntra. Sra. de Vico, el cual, antes de la esclaustracion, estaba habitado por frailes de San Francisco. Durante la dominacion árabe fué 1 cortijó ó cas. propio de 1 moro llamado el conde Vico, de quien se cuenta en Arnedo, que al subir por la cuesta del E. se le apareció la misma efigie que en el dia se venera en el altar mayor. Con el tiempo los condes de Nieva, guiados de piedad y devocion á la Madre de Dios, fundaron el conv.; la sit. de este es de lo mas agradable que se puede imaginar, pues domina la hermosa y fértil ribera del Cidacos, y desde sus ventanas se descubre un dilatado horizonte y todo el térm. muy variado y pintoresco. La fáb. es sólida y de buen gusto, con largos claustros y cómodas y alegres celdas. En el terremoto de 1817 quedó bastante deteriorado el todo del edificio, y en particular algunas capillas de la igl.; el interior de la media naranja está cubierto de molduras y bajos relieves que han sido la admiracion de cuantos inteligentes han visitado este santuario, asi como 4 targetones que hay en los ángulos; debajo de estos sobre la puerta de la sacristía y á su frente en el lienzo izq. se ven 2 galerías pintadas con sumo gusto; el altar mayor es de gran mérito no solamente por su construccion sino por los preciosos cuadros que le sirven de adorno; y aunque este templo contiene por todas partes objetos dignos de notarse, tanto en pintura como en escultura y arquitectura, nada llama la atencion tanto como 2 efigies que hay en los altares laterales, la una de San Antonio con hermoso semblante y halagüena sonrisa, y la otra que representa á San Francisco en el acto de morir, en cuyo pasage el escultor estampó con admirable destreza las angustias de un moribundo, de manera que muchos sacerdotes no se atreven á celebrar en dicho altar, y otros no han querido repetir en él sus oraciones por haberse afectado la vez primera que las hicieron. Debajo del altar mayor hay 1 panteon, que sin duda debió servir para sepultura de la familia del fundador, y detrás el camarin de la Virgen, en el que se conservan ropas y señales de los milagros ó gracias debidas á su intercesion; tuvo 1 relicario con muchas y preciosas alhajas de plata, oro y pedrería ofrecidas á Ntra. Sra. por algunos poderosos devotos, pero en 1837 se apoderó de ellas la Amortizacion con los libros y papeles del conv. En el coro existe 1 buen órgano y 1 escelente y bien trabajada sillería de nogal. La imágen que en este templo se venera es objeto de particular devocion de muchos pueblos y particularmente de los de Herce y Prejano. A principios de mayo celebra la c. una novena, y cada una de sus tardes es una romería, muy notable en el dia último, en el cual se conduce la Virgen en procesion acompañada del ayunt. cabildo y cofradía; en tiempos de sequía ó de calamidad pública se traslada en rogativa á una parr. de la c.; y cuando habia frailes se solemnizaban estas procesiones con sorprendente aparato, llevando la comunidad las andas hasta el sitio llamado *Yasas de los Moros*, donde el ayunt. recibia la imágen con 1 escribano que otorgaba formal escritura de la entrega. En el dia hay 2 sacerdotes esclaustrados que con 2 legos cuidan del culto de la Virgen y del aseo del edificio, sin otro emolumento que las limosnas de los fieles.

Calidad y circunstancias del terreno. Participa de monte y llano, y es muy fértil: le atraviesa de E. á O. el espresado r. Cidacos, sobre el cual hácia el S. existe el puente de que se hizo mérito, compuesto de 7 arcos de piedra: es perenne su curso, y en tiempos de lluvias se desborda por ambas orillas causando grandes perjuicios, como sucedió en setiembre de 1831; originan semejantes desbordaciones las piedras que se desprenden de los terrenos roturados, las que levantan el cáuce del r. y facilitan su derrame en las huertas inmediatas; sus aguas, no obstante, en tiempos ordinarios proporcionan las mayores ventajas, pues ademas de dar impulso á varios molinos harineros, riegan la hermosa y dilatada vega que hay en sus márg., y la porcion de terreno llamado el Campo hácia el térm. de Calahorra; dichas aguas se toman por medio de bien construidas presas que las trasmiten á diferentes acequias, desde las cuales se reparten entre los terranientes conforme á ordenanzas aprobadas por el Rey en 24 de agosto de 1559, confirmadas por otra adicional en 22 de abril de 1629, y por 1 canal que desde 1826 á 1830 construyó la empresa de D. Francisco Zapata, el cual toma las aguas cerca de Arnedo y por 1 rodeo de 2 leg. fertiliza los térm. de Quel, Autol y el espresado terreno del Campo; los regantes con este canal pagan á la empresa 15 rs.

anuales por fanega de tierra durante 15 años; y 2 rs. tambien anuales, y por igual tiempo, los que riegan del brazal dependiente de aquel, pero trascurrido dicho periodo adquirirán sin mas dispendio la propiedad del riego. Tambien brotan en el térm. 2 fuentes de buena calidad, y le cruzan en varias direcciones algunos arroyuelos ó barrancos, que llevan poca agua, y aun esta solo en invierno ó en tiempos de continuadas lluvias. En las tierras de regadío, ademas de los pedazos de sembradura; hay mucho olivar, dilatados viñedos, árboles frutales de distintas clases, y otras producciones cada cual mas preciosa; las de secano é incultas ofrecen abundancia de buenos pastos, multitud de robles, encinas, arbustos y plantas aromáticas y medicinales; recientemente al pie del monte llamado Piedra Isasa, inmediato á la muga de Prejano, se han hecho plantaciones de bellota que ya da buenos resultados, y que con el tiempo poblará aquel terreno, evitando que las avenidas arrastren la piedra en perjuicio de las huertas, segun queda dicho.

Caminos y correos. Todos los caminos son de herradura y los precisos para comunicarse con los pueblos inmediatos; la correspondencia se recibe todas las semanas y en sus respectivos dias de la adm. de Calahorra por medio de balijero.

Producciones. Se cosecha trigo, cebada, centeno, aceite, vino, legumbres, hortaliza, melones, muchos y esquisitos pimientos famosos en toda España por su magnitud y dulzura; cáñamo, lino, muchas y sabrosas frutas en particular la pera llamada en el pais *onguindo*; cria ganado vacuno, mular, de cerda, lanar y cabrio; hay caza de varias especies, y pesca en el rio.

Artes, industria y comercio. Ademas de los molinos harineros, de que se hizo mérito, hay en esta c. algunas alfarerías, 3 molinos de aceite, 6 alambiques para destilar aguardiente, varios telares de lienzos del pais, 8 tiendas de paños, telas y quincalla, y 2 de abaceria; dedicándose especialmente los hab. á la arriería en las temporadas que lo permiten las labores del campo. Aunque agrícola este pueblo por naturaleza, se advierte muy desarrollado el comercio; pues se realizan considerables importaciones de Francia, con especialidad de objetos de lujo y de géneros ultramarinos, sirviendo la c. como de almacen, á donde acuden á hacer sus cargamentos de muchos pueblos, y aun de prov. dist.; tambien se introduce trigo y cebada de las pobl. inmediatas, porque la cosecha de esta clase no basta para el consumo, pudiéndose calcular que faltan anualmente 9,000 fan. de trigo, y 1,500 de cebada; la esportacion consiste en frutos sobrantes, particularmente vino, aceite y muchos pimientos. El 25 de setiembre principia la feria que dura hasta el 4 de octubre; antiguamente pudo ser muy concurrida pero en la actualidad solo existe el nombre; no así el mercado, que se celebra en los lúnes de cada semana, pues es muy frecuentado por los hab. de las inmediaciones y aun de puntos dist., abundan en el los objetos de especulacion, que son los mismos de que ya se ha hablado. Tanto el mercado como la feria fueron concedidos á la c. por Real órden de 13 de abril de 1769, y goza del privilegio de no pagar derechos en los mencionados dias.

Poblacion, riqueza y contribuciones. Tiene 774 vec. 3,335 alm.; su riqueza prod. asciende á 9.476,320 rs.; la imp. á 473,800 rs. y contr. con 96,085. El presupuesto municipal sube de ordinario á 66,553 rs. 1 mrs. y se cubre con los prod. de propios y arbitrios que consisten en 633 rs. anuales que rinden varios censos; 100 que da la carnicería, el tanto en que se arriendan la correduria, alcabalas, y puestos públicos; y 1,470 rs. del arrendamiento de unas 1,480 fan. de bosque realengo, tierra erial y comun con el pueblo de Carbonera y de la clase de baldios dividida en trozos que se conocen con los nombres de Val de Butago, Val de Ortiz, Cantarranas, Hombria Ancha, y Planillo de la Virgen; la tierra es de segunda y tercera calidad, y ofrece roble y encina; el déficit que resulta se reparte entre los vecinos.

Fiestas. Ademas de la novena y romería que dijimos se hace al santuario de Ntra. Sra. de Vico, celebran los hab. la fiesta de Sta. Isabel el 8 de julio, la de San Cosme y San Damian el 27 de setiembre, yendo en romería á la ermita de Sta. Cruz el 3 de mayo, y á la de San Marcos ó Ntra. Señora de Hontanar el 25 de abril; en esta última habia costumbre de jugar al toro, despues que concluia la misa ó funcion de igl., observándose la ridiculez de correr el sacerdote que la celebraba, el individuo de ayunt. que presidia, y sucesivamente las demas personas notables por su categoria etc.; no obstante que en Arnedo se aumentan precisamente las mejoras materiales, seria muy conveniente reformar sus ordenanzas, porque muchas de sus disposiciones han caducado con el régimen representativo, y otras, que aun existen vigentes, atacan el derecho de propiedad. Pero el proyecto mas beneficioso á la c. y al pais comarcano es sin duda la construccion de 1 ramal de carretera desde el Villar, por donde pasa la de la prov., hasta los baños de Arnedillo, cuyo ramal podria con el tiempo enlazarse con el camino de Sória á Madrid. La junta de Gobierno de la prov. instalada á principios de junio de 1843, concedió al efecto los arbitrios que pagan los pueblos del part. jud. para caminos; se formó una junta denominada *La Empresa del brazal de Carretera del Villar á Arnedillo*: se dió principio á la recaudacion de los referidos arbitrios hasta que la diputacion provincial, sin duda por los compromisos que tenia con los empresarios de la carretera de Logroño á Calahorra, se opuso á la concesion de la junta de Gobierno, y de consiguiente al proyecto.

Historia. Conserva esta c. de lo ant. muchos sepulcros, que se encuentran particularmente en las peñas del cast. y San Miguel, y los restos de 1 acueducto construido por los condes de Nieva. Tenia Arnedo el privilegio de no dar alojamiento, raciones ni bagages á ninguna clase de tropas. En ella fusilaron los franceses, en la guerra de la Independencia, los oficiales del cuadro del segundo batallon de Rioja, que hicieron prisioneros en Muro. En 1834 hizo en esta pobl. muchos estragos el cólera morbo. Su escudo de armas ofrece 1 cast. con 4 cañones, otro cast. debajo, y otros 2, uno en cada lado, sobre los cuales se apoyan 2 leones que sostienen 1 corona ducal.

ARNEDO: ald. en la prov., aud. terr., c. g. y dióc. de Búrgos (13 leg.), part. jud. de Sedano (7), ayunt. de Hoz de Arreba (1): sit. al pie de la sierra denominada la *Virga*, no lejos de la laguna de este nombre, donde le combaten libremente todos los vientos; aunque sano su clima, se adolece con frecuencia de catarros, pulmonias, fiebres y cólicos. Tiene 10 casas, 1 igl. parr. bajo la advocacion de San Pelayo Mártir, servida por 1 cura párroco y 1 sacristan; 2 ermitas dedicadas á San Pedro fuera de la pobl., y 1 fuente de agua buena y saludable, de la cual se surten los vec. Confina el térm. por el N. con el de Herbosa (1/4); por E. con el de Villamediano (1/8); por S. con el de Montejo (1/2 leg), y por el O. con el de Sta. Gadea (1): le baña el r. *Nava* que en su direccion de E. á O. va á desaguar en el Ebro por el térm. de las Rozas. El terreno es de ínfima calidad. Los caminos son locales y se hallan en regular estado: la correspondencia la recibe de Soncillo por medio de 1 peaton los mártes, viérnes y domingos, y sale por el mismo conducto los lúnes, juéves y sábados: prod. centeno, cebada, habas, patatas y yerba: cria ganado vacuno, cabrio, lanar, y de cerda: pesca de cangrejos y peces pequeños: ind. la carreteria y recria de ganados: pobl. 7 vec., 32 alm.: cap. prod.: 27,000 rs.: imp. 2,873.

ARNEDO (casas de): granja de la prov. de Albacete, part. jud. y térm. jurisd. de *La Roda* (V.).

ARNEGO: r. que nace en la gran cadena que separa las aguas entre el Ulla y el Miño en los puntos y desfiladeros, en que se hallan sit. las aldehuelas de Villarino-frio, Pallotas y Poboadura entre los 2 vericuetos elevados que se nombran Peña de Francia y Martiña, colocada esta al E. de la felig. de Osera de la prov. de Orense. Corre como de S. á N. por espacio de cerca de 6 leg. con bastante profundidad y márg. generalmente muy escarpadas, hasta incorporarse al Ulla entre los térm. de las parr. de Sta. Maria de Arnego y Brocos, de manera que da nombre á las en que nace y se pierde. Abunda en escelentes truchas con algunas anguilas, é inmediato á su confluencia con el Ulla buenos salmones que suben de este último r. Tiene 5 pasos notables con sus puentes de piedra y madera, a saber; el primero cerca de su confluencia entre las felig. de Arnego y Brocos; el 2.º entre las de Toiriz y Brantega: el 3.º entre las de Cadron y Villarino; el 4.º entre las de Alemparte y Pedroso, y el 5.º con el nombre de puente del Hospital, entre las de Alzome y Rodeiro.

ARNEGO (Sta. Maria de): felig. en la prov. de Pontevedra (10 leg.), dióc. de Santiago (4), part. jud. de Lalin (3 1/4), y ayunt. de Carbía (1); sit. á la márg. izq. del r. de su nombre en la falda occidental de una elevada montaña, donde la baten todos los vientos, con atmósfera despejada y CLIMA saludable: 22 CASAS de mala construccion, repartidas en varias ald., forman esta felig. La igl. parr. (Sta. María) es aneja de la de San Juan de Larazo, servida por 1 teniente de cura. El TÉRM. confina por N. y E. con el de San Miguel de Brocos, por S. con el de San Juan de Larazo, y por O. con el de San Mamed de Loño, todos á muy corta dist. El TERRENO es quebrado, áspero y escaso de aguas, no siendo suficientes las de varias fuentecillas que brotan en el mismo, y que los hab. aprovechan para diferentes objetos: abraza 598 ferrados, de los que únicamente se cultivan unos 190, siendo los restantes de monte y peñascales, donde hay alguna leña y pastos para toda clase de ganados. Los CAMINOS vecinales y malos, y el CORREO se recibe de la estafeta de Chapa: PROD. centeno, avena, maiz, lino y hortalizas, frutas y algun vino: cria ganado vacuno, de cerda, lanar y cabrio; hay caza mayor y menor: IND. la agrícola y 2 molinos harineros: POBL. 16 vec., 88 alm.: CONTR. con su ayunt. (V.).

ARNEGO (SANTIAGO DE): felig. en la prov. de Pontevedra (11 leg.), dióc. de Lugo (9), part. jud de Lalin (2), y ayunt. de Rodeiro (1/2): SIT. á la márg. der. y cerca del nacimiento del r. *Arnego* entre las elevadas sierras del Faro y la Mamoa, donde la baten principalmente los vientos del S. y O., con CLIMA poco sano, propenso á fiebres, dolores de costado y reumáticos, que generalmente se atribuyen á los escesivos frios: tiene 56 CASAS de mediana construccion y comodidad interior, repartidas en las ald. de Cesar de Seta, Curraño, Jarán Mouripas, Padin y Toiuz. La igl. parr. (Santiago), es aneja del de San Estéban de Carboentes y servida por 1 teniente de cura. El TÉRM. confina por N. con el de Carboentes, por E. con el de Asperielo, y por S. y O. con el de Rodeiro y las susodichas montañas y desfiladeros de Pallotas y Poboadura. El TERRENO es elevado y escabroso: brotan en él varias fuentes de esquisitas aguas, que con las de distintos pozos abiertos en diferentes puntos, aprovechan los hab. para sus necesidades domésticas, abrevadero de ganado y otros usos de agricultura; en lo inculto hay abundancia de pinos, robles y matorrales con escelentes pastos: en las tierras de labor se hallan algunos trozos que se riegan en cuanto permite la desigualdad del terreno, con el sobrante de dichas aguas y las que descienden de las alturas en tiempo lluvioso. Los CAMINOS locales y malos; y el CORREO se recibe de la estafeta de Gesta: PROD. trigo, centeno, avena, maiz, lino, legumbres, patatas, hortaliza y algunas frutas: cria ganado vacuno, de cerda, lanar y cabrío; hay caza mayor y menor: POBL. 60 vec., 324 alm.: CONTR. con su ayunt. (V.).

ARNEIRO: l. de la prov. de Lugo, ayunt. de Cospeitio y felig. de San Jorge de *God* (V.): POBL. 3 vec., 13 habitantes.

ARNEJO: ald. en la prov. de la Coruña, ayunt. de Bujan y felig. de San Vicente de *Rial* (V.): POBL. 4 vec., 18 almas.

ARNELA: cas. en la prov. de Oviedo, ayunt. de Vega de Ribadeo y felig. de Santiago de *Abres* (V.): POBL. 2 vec., 8 almas.

ARNELA: playa y cas. en la prov. de Oviedo, ayunt. de Castropol y felig. de San Estéban de *Barres* (V.): POBL. 7 vec., 38 almas.

ARNELA: l. en la prov. de Lugo, ayunt. de Abadin y felig. de San Juan de *Castromayor* (V.): POBL. 2 vec., 11 almas.

ARNELA: ald. en la prov. de Lugo, ayunt. de Tierrallana y felig. de Sta. Eulalia de *Budian* (V.).

ARNELA: ald. en la prov. de Lugo, ayunt. de Alfoz y felig. de Sta. María del *Pereiró* (V.): POBL. 7 vec., 33 almas.

ARNELA: cas. en la prov. de Pontevedra, ayunt. de Vigo, y felig. de San Salvador de *Teis* (V.).

ARNELA: l. en la prov. de la Coruña, ayunt. de Baldoviño y felig. de San Martin de *Villarrubé* (V.): POBL. 3 vec., 22 almas.

ARNELAS: l. en la prov. de Orense, ayunt. de Beariz y felig. de Sta. Cruz de *Lebozan* (V.).

ARNELAS: l. en la prov. de la Coruña, ayunt. de Villarmayor y felig. de Sta. María de *Doroña* (V.): POBL. 9 vec., 37 almas.

ARNELLES: cas. en la prov. de Oviedo, ayunt. de Coaña y felig. de San Martin de *Moñas* (V.).

ARNERA: terr. de la prov. y dióc. de Gerona (7 leg.), part. jud. de Figueras: SIT. en una hondonada entre los térm. de San Lorenzo de la Muga, Masanet de Cabrenis y Darnius, de cuya jurisd. y felig. pende en un todo: tiene 14 CASAS, separadas las unas de las otras, y destinadas todas á las faenas propias de la agricultura: antiguamente habia 1 igl. parr. aneja de la del espresado l. de Darnius, de cuyo edificio aun se ven los cimientos en las inmediaciones de la casa llamada de Lluis de Arnera: confina el TÉRM. por N. y O. con el r. Arnera del que toma el nombre, por E. con Darnius, y por S. con el r. Muga; se estiende 1 leg. en todas direcciones: dentro de esta circunferencia, por la parte del O., se levanta la cuesta llamada *Costa Margarida*, por la cual pasa el camino que conduce de Masanet de Cabrenis á Figueras; en este sitio fué donde el bizarro coronel D. Juan Rimbau, hijo del pais, conocido con el nombre de *Simonet*, batió el dia 27 de febrero de 1811 á una fuerte columna de franceses, al mando de un general de Brigada; y por el lado del N. se vé un alto promontorio de peñascos inaccesibles, en cuya cúspide habia antiguamente un conv. de templarios, que en el año 1500 se trasladó al Santuario del *Roure* inmediato á Pont-de-Molins: junto al espresado conv. habia y aun se conserva 1 capilla dedicada á San Estéban, llamada del *Llop*, á causa de lo enmarañado del terreno: esta capilla con todo el terr. que la pertenece, pasó por venta de los caballeros templarios á la casa de Masot de Darnius que aun la conserva, y por cuya disposicion se celebra todos los años el domingo primero despues de Pascua de Resureccion, una solemne fiesta con música, á la que concurren los hab. de la comarca; en aquel enmarañado bosque y promontorio se crian lobos, zorras, jabalíes, águilas, cuervos y otros diferentes animales: el TERRENO es parte llano y parte montañoso, con varias barrancadas circuidas de frondosas praderias, vistosas arboledas y promontorios poblados de alcornoques, robles y encinas que dan gran riqueza al pais: las tierras de labor no son de la mejor calidad, por lo que las cosechas de cereales son poco abundantes: tiene minas de hierro, y actualmente se esplota una de cobre que ofrece pocos resultados: hay hornos de ladrillo de buena calidad. Los r. Muga y Arnera le circunvalan casi en su totalidad; dando á sus prados y huertos cuantas aguas necesitan, proporcionando por este medio frutas y hortalizas en abundancia: tienen 2 puentes de piedra de poca elevacion y bastante ant.; y hay 1 molino harinero impulsado por las aguas del Arnera: PROD. lo ya referido y corcho (su principal cosecha), poco trigo, madera, ganado lanar, cabrío, vacuno y mular en bastante número: abunda en caza: POBL: 14 vec., 56 almas.

ARNERA: r. de la prov. de Gerona, part. jud. de Figueras: tiene su origen en una caudalosa fuente llamada *Fontanera*, por brotar debajo de un árbol conocido en el pais con el nombre de *Arn*, la que está SIT. en el Pirineo, muy cerca del reino de Francia, en el punto llamado *Falgarona*, térm. de Masanet de Cabrenis: engruesa su caudal con las aguas que se desprenden de los montes por donde pasa; su descenso es de 2 1/2 leg.; viniendo á morir al r. Muga, á 1/2 leg. de Darnius, en el punto llamado Muga-Torta; en su curso da movimiento á las ruedas de 6 molinos harineros, á 1 batan de lavar y fortificar los paños y á 2 fraguas de hierro, fertilizando muchos huertos y praderias: cria anguilas y barbos.

ARNÉS: v. con ayunt. de la prov. de Tarragona (16 leg.), adm. de rent. y dióc. de Tortosa (7), part. jud. de Gandesa (4), aud. terr. y c. g. de Barcelona (29 1/2): SIT. sobre una pequeña colina, cuyo al rededor por estension de 1/4 de hora por la parte del S. y mucho mas por las otras direcciones, es llano y dominada por el viento N., y los de la marina; disfruta de un CLIMA frio; forman el casco de la pobl. 186 CASAS de construccion comun, distribuidas en 7 calles y 1 plaza; hay cárcel, aunque pequeña y lóbrega, escuela de primera educacion, concurrida por 20 niños bajo la direccion de 1 maestro, al que de los fondos de propios se le paga la dotacion anual de 2,200 rs., 1 hospital sin rentas, 1 igl. parr. bajo la advocacion de Sta. Magdalena, servida por 1 cura párroco de segundo ascenso, de patronato real ordinario, 1 vicario perpetuo, 3 beneficiados residenciales y 1 capellan sin residencia, todos de patronato familiar: consta de 3 naves y fué construida en 1693 á espensas del cura y del vecindario; tiene 1 hermoso altar mayor y 7 colaterales, tambien buenos, aunque no de tanto mérito; habia 1 magnífica casa de ayunt. de construccion moderna, con su lonja y trujales, pero fué quemada por las tropas de D. Cárlos el dia 16 de agosto de 1835, y solo han quedado las 4 paredes esteriores; en el centro de la pobl. hay 2 balsas para recoger las aguas llovedizas, de las cuales, y de las del r. Algás y de las fuentes que nacen á sus orillas, se surte el vecindario; tiene 1 posada bastante capaz; fuera de la pobl. se encuentra el cementerio en parage bien ventilado; 1 ermita dedicada á Sta. Madrona, y 1 calvario hecho á espensas de Mosen Antonio Ginovés, vicario que fué de la parr.: confina el TÉRM. por E. con el de Horta, sirviendo de línea divisoria el riach. llamado dels Astrets ó *de Horta*, que nace en el térm. de esta v. dentro de sus puertos, y á 3 horas de dist. de la de Arnés; por el S. con los puertos de Alfara, por el O. con los de Beceite y térm. de Cretas, y por el N. con el de este último pueblo y el de Lledó, sirviendo de línea divisoria el r. Algás: el TERRENO comprende 9,000 jornales de tierra, 7,500 incultos por su aspereza, y 1,500 en cultivo; los 150 de escelente calidad y de primera clase, igual número de segunda, y los 1,200 restantes de tercera, comprendiéndose entre estos la parte de huerta que se riega con las aguas del Algás: los CAMINOS son todos de herradura y regulares, escepto el que dirige á Beceite desde que se entra en los puertos: la CORRESPONDENCIA se recibe en Horta, adonde la tienen que ir á recoger tanto los particulares como el ayunt.: PROD. trigo, cebada, centeno, avena, vino, aceite; judias, patatas, cáñamo, verduras, seda y almendras; hay escelentes pastos naturales y de prado, 200 colmenas que prod. 150 a. de miel y 50 de cera; ganado lanar, cabrío, vacuno, mular, asnal y de cerda; caza de cabras monteses, perdices y otras clases: la IND. consiste en 1 telar de lienzo, 2 carpinteros, 2 herreros, 2 sastres, 2 alpargateros, 2 albañiles, y algunos se dedican á la elaboracion de la seda: el COMERCIO está reducido á 2 tiendas de abaceria y á la esportacion de vino para Beceite, el aceite para Tortosa, la seda para Reus y Tortosa, y la almendra para Zaragoza: POBL.: 244 vec., 935 almas: CAP. PROD. sin contarse la riqueza pecuaria 5.686,145 rs.: IMP. en igual forma 191,218: CONTR.: 17,721.

ARNESILLO: cot. red., desp. de la prov. de Huesca, part. jud. de Jaca; SIT. entre los térm. de los l. de Banaguas y Canias.

ARNIN (EL): barrio en la prov. de Oviedo, ayunt. de Villaviciosa: forma térm. divisorio entre esta municipalidad y la de Colunga, á la cual corresponde la parr. de San Pelayo de *Pibierda*, de la que depende en lo eclesiástico.

ARNIZO: braña ó ald. en la prov. de Oviedo, ayunt. de Valdés y felig. de San Salvador de la *Montaña de Rionegro* (V.): POBL.: 10 vec.: 78 almas.

ARNIZO: cas. en la prov. de Oviedo (6 leg.), ayunt. de Mieres (2 1/2), y felig. de San Martin de *Turon* (V.): POBL.: 2 vec., 8 almas.

ARNIZO: l. en la prov. de Oviedo, ayunt. de Aller y felig. de Santiago de *Nembra* (V.).

ARNO: gran peña ó monte en la prov. de Guipúzcoa, part. jud. de Vergara y térm. de Motrico: se notan en ella ruinas que manifiestan haber servido de castillo ó punto fortificado, hay vestigios de minas de plata, y solo prod. en sus faldas algunas encinas.

ARNOBA: ald. en la prov. de la Coruña, ayunt. de Trazo y felig. de San Juan del *Campo* (V.): POBL.: 6 vec., 30 almas.

ARNOIS (SAN JULIAN DE): felig. en la prov. de Pontevedra (7 leg), dióc. de Santiago (3), part. jud. de Tabeirós (2), y ayunt. de Estrada (2): SIT. parte en llano y parte en una ladera á la izq. del r. Ulla: su CLIMA templado y sano; 116 CASAS de mala construccion y pocas comodidades, forman esta felig. con los l. de Balboa, Bruñido, Carballeira, Golmados, Granja, Moimenta, Riamonde, Ribadulla, San Tiao, Tiguillois y Veiga: hay 1 escuela indotada, á la cual concurren 14 niños. La igl. parr. (San Julian) está servida por 1 cura de presentacion ordinaria, prévio concurso; tiene unida 1 capilla con la advocacion de Sta. Paderna, natural de la felig.; y cuyas cenizas se custodian en 1 arca de canteria. El TÉRM. confina por NE. con San Miguel de Castro, por SE. con San Estéban de Oca, por S. con San Martin de Riobó y San Vicente de Berres, y por O. el r. *Ulla*, que nace en la Ulloa, part. de Taboada, en la prov. de Lugo, corre de N. á SO., pasa por Padron y lleva sus aguas al Océano: le cruzan 4 puentes, que son; San Justo, Ledesma, Ulla y Bea; el de Ulla, concluido en 1835, es de silleria y perfectamente construido: ademas de las muchas fuentes que hay de buen agua, le baña el riach. de la Barreira que procede de la Rocha y desagua en el Ulla, junto al puente de este nombre, y donde hay un paseo con arbolado. El TERRENO es escabroso y su cabida ascenderá á 1,240 fan. de tierra, de las que se cultivan 860; resultando de primera calidad 200, de segunda 400, y de tercera 260 fan.: en el inculto se encuentran buenos pastos y varios árboles que sirven para combustible: CAMINOS: el principal es el del puente Ulla, los demas son trasversales y malos: el CORREO se recibe por Santiago los domingos, mártes y viernes: PROD.: vino, trigo, centeno, maiz, habas, nabos, patatas, castaña, legumbres, hortalizas, lino de primera calidad, y frutas; cria ganado vacuno y de cerda: se cazan conejos y perdices, y se pescan truchas, anguilas y peces: IND.: la agrícola, varios molinos harineros, 2 sierras de agua para madera, y la fabricacion del lino en las respectivas casas de los cosecheros que lo venden en telas: POBL.: 116 vec.: 530 alm.: CONTR.: con su ayunt. (V.).

ARNOSA (DE): l. en la prov. de Pontevedra, ayunt. de San Genjo, y felig. de San Pedro de *Villalonga* (V.).

ARNOSA (LA): cas. en la prov. de Oviedo, ayunt. de Franco y felig. de Sta. María de la *Braña* (V.): POBL.: 1 vec.: 10 almas.

ARNOSA (LA): ald. en la prov. de Oviedo, ayunt. de Cangas de Tineo, y felig. de Sta. María de la Regla de *Perandones* (V.).

ARNOSO: l. en la prov. de la Coruña, ayunt. de Cabañas, y felig. de San Vicente de *Regüela* (V.): POBL.: 1 vec.; 4 almas.

ARNOSO: l. en la prov. de la Coruña, ayunt. y felig. de Santiago de *Capela* (V.): POBL.: 3 vec.: 15 almas.

ARNOSO (SAN LORENZO DE): felig. en la prov. de Pontevedra (5 leg.), dióc. de Tuy (3 1/2), part. jud. y ayunt. de Puente-areas (1); SIT. entre los r. Tea y Louro y á la der. de la vereda que va de Puente-areas á Porriño: CLIMA bastante sano: comprende las ald. de Cobelo, Cruceiro, Goudeiro, Lases, Outeiriño y Souto da Presa, que reunen 60 CASAS de pocas comodidades: la igl. parr. (San Lorenzo) está servida por 1 curato de primer ascenso y presentacion del conde de Salvatierra: el TÉRM. confina con los de Sta. María de Areas, San Salvador de Cristiñade y Sta. María de Guizan: el TERRENO participa de monte y llano, fértil, aunque escaso de agua para el riego: los CAMINOS son locales y malos: y el CORREO se recibe en la cap. del part.: PROD.: maiz, centeno, trigo, patatas, varias legumbres, y frutas; cria ganado con especialidad vacuno, y no falta caza mayor y menor: POBL.: 55 vec.; 220 alm.: CONTR. con su ayunt. (V.).

ARNOTEA: l. en la prov. de Pontevedra, ayunt. de Sotomayor, y felig. de San Lorenzo de *Fornelos* (V.).

ARNOYA: r. en la prov. de Orense que toma el nombre del valle que riega; y fertiliza en parte con sus aguas, antes de confundirse con el Miño. Llámanle algunos *Arnuid* por la parr. de este nombre, que se halla sit. cerca de su origen, ó al menos, donde por su raudal merece se le titule r. Nace en la sierra de San Mamed, á 4 leg., E. de Allariz, de una fuente inmediata á la capilla de aquel Santo que casi derruida existe en la cumbre de la indicada sierra: las aguas de esta fuente, y las que se desprenden de las cañadas inmediatas, corren 1/2 leg. al S. formando 2 arroyos; el uno atraviesa al l. de Sta. Maria de *Rebordechas* y el otro le deja á su der. Divididos siguen la misma direccion S. hasta las casas de *Ermida* térm. de aquel l.; mas desde aqui, y en un solo arroyo, ó riach., continua su curso, por entre montes elevados, hácia Sta. Cruz de *Prado*, que deja tambien á su der., y figurando un ángulo obtuso, se dirige O., NO. á Sta Maria de *Riobó*, dist. 1/2 leg. de Prado y 1 3/4 de Rebordecha; en cada uno de estos 3 pueblos es atravesado por pontones insignificantes, de madera, que dan paso á los vec. para los montes de uno y otro lado del r. Por entre elevadisimas montañas, que forman una especie de cord. de la mencionada sierra de San Mamed, y por espacio de 3/4 de leg. continua el Arnoya hasta llegar á la ald. de *Alemparte* en la parr. de San Pedro de los *Maus*, donde hay 1 puente del cual solo los estribos y tajamar son los que facilitan el paso á las caballerias y carros. Desde esta ald. camina por un terreno llano y álveo poco profundo á cuarto y 1/2 de leg., é inclinándose á O., le cruza el primer puente de piedra sit. á la inmediacion de Sta. Maria de *Arnuid*, en donde es vadeable la mayor parte del año: deja este pueblo á la izq., y á 1/2 leg. corta está el *Calveo*, puente de piedra en el térm. de San Ciprian de *La-mamá*: á otra 1/2 leg., en el l. de San Juan de *Vide*, encuentra un ponton y otro puente de piedra, y antes de llegar á San Salvador de

Baños, del cual dista Vide una 1/2 leg., recibe por la der. los riach. de *Maceda* y *Tioira* que le hacen mas caudaloso á su paso por *Baños*: 1 puente de piedra le atraviesa en este sitio, y no se encuentra alguno mas hasta la *Esperela* á 1/2 leg. de San Estéban de *Ambia*, á cuya parr. pertenece; á 1/4 de leg. largo, frente y al N. de *Junquera* tiene otro puente recien construido. Continua el r. á O. y antes de llegar á Allariz, en cuya v. le cruzan 2 famosos puentes de piedra se inclina á OSO. y á 3/4 de leg. entra en el part. de *Celanova* bañando por la parte N. á Sta. Maria de *Fechas*, donde está un puente de piedra, del nombre de esta felig. y facilita la comunicacion de Celanova con Orense: sigue su curso y pasa por debajo del puente que se encuentra en Sta. Cristina de *Freijo* y continua hasta *Villar de Baca* donde está el *Puente Nuevo*, conocido antiguamente por la *Valzada* y reedificado en 1820: marcha á San Mamed de *Sorga* donde recibe el r. de este nombre, y pasa al part. de *Ribadavia* á depositar sus aguas en el Miño, por la márg. izq., despues de ser vadeado por una barquilla á 1/4 de leg. del citado Puente Nuevo mas abajo del Piconto, donde recibe al riach. Tuño que viene por las cercanias de Sta. Maria de *Milmanda*, y de pasar el puente de piedra que existe en *Arnoya*: este puente facilita el tránsito y comercio de varios puntos de España con el inmediato reino de Portugal. El r. Arnoya segun queda indicado corre mas de 9 leg., y si bien en las 3 primeras no se utilizan sus aguas, luego se las ve impulsar un crecido número de aceñas que se encuentran en sus orillas, y fertilizar, por medio de acequias, muchos prados que mantienen el ganado vacuno, principal ramo de riqueza de los pueblos inmediatos, con especialidad Rebordechas, Prado, Riobó y Baños de Molgas; cruza con utilidad todo el valle que le da nombre en el cual hay 6 pesqueras llamadas vulgarmente *canizos*, y en ellas se cogen truchas, anguilas, lampreas y otros peces.

ARNOYA (SAN SALVADOR DE): felig. con ayunt. de por sí, en la prov. y dióc. de Orense, (5 leg.), aud. terr. y c. g. de la Coruña (30), y part. jud. de Ribadavia (1/2): SIT. á la izq. del r. Miño en una cañada dividida en los valles de San Vicente, San Mauro y Remoiño, resguardada de los vientos por las montañas de la Corija, Lovelle ó Novelle, Costado y Castro: su CLIMA sano y templado: pueblan á los 3 valles las ald. de Bacelo, Carnous, Chaos, Lage, Lapela, Otero-Cruz, Otero y Rial, Paijon, Peneda, Puente y Pumar, Remoiño, Reza, Rio, San Mauro y Sindin, en donde unas 500 CASAS bajas, de piedra ordinaria y mal construidas, forman estrechas y tortuosas calles: el único edificio notable lo es la *casa-prioral* de los estinguidos benedictinos de Celanova: tiene una escuela dotada con 1,700 rs. y frecuentada por mas de 200 niños y niñas; muchas y abundantes fuentes de buenas aguas proporcionan arroyos que arrastran las inmundicias al citado r. Miño. La igl. parr. (San Salvador), fue de patronato del referido monast., cuyo prior percibia el diezmo; el curato es hoy de térm. y presentacion nutual: se halla separada de la pobl. y tiene el cementerio en el atrio: hay 5 ermitas: las de Ntra. Sra. de la Asuncion y de San Antonio en el valle de Remoiño, la de San Vicente en el de este nombre, y en el de San Mauro la dedicada á este santo; la de San Miguel es rural, no pertenece á valle determinado y concurren á la misa cantada que en ella se celebra, el dia 8 de marzo, los curas de Arnoya, Castelle y Puente Castrelo: todas se sostienen con la limosna de los fieles. El terreno se estiende á 1 leg. de long., y 7 3/4 de lat.; confina por N. con Puente Castrelo, por E. con Sande, por S. con Refojo y Raviño del part. jud. de Celanova, y por O. con el Miño que marca la division con el municipal de Ribadavia: le recorre de E. á O. el r. *Arnoya* (V.) cuyas aguas dan impulso á 1 molino de 10 muelas y otros de distintos dueños que en el verano, por la escasez del raudal, alternan en la molienda: sobre este r. está 1 puente de piedra, de 2 arcos, que facilita la comunicacion de las ald. que se encuentran á der. é izq. y al camino de Celanova, y hay 1 barca y varios barquichuelos de pesca y de paso para Ribadavia cuando no lo permite el vado que aun en verano es peligroso. El TERRENO, en parte de monte, peñascoso, secano y escaso de plantio, se halla en su mitad cultivado y es capaz de producir todo género de fruto; se encuentran en él algunos castaños, robles y alcornoques. El CAMINO de carro y herradura que se dirige de Celanova á Ribadavia, y los vecinales, son penosos y se encuentran en mal estado: el CORREO se recibe en la cap. del part.: PROD.: buen vino tinto y blanco, maiz, lino, centeno, cebollas, toda clase de legumbres y frutas: cria ganado vacuno y caza de conejos y perdices, pero abunda de zorros, garduños y otros animales nocivos: la principal IND. es la agrícola; hay sin embargo varios artesanos, molinos harineros y 1 fáb. de curtido; tambien se ocupan estos naturales en la esportacion de frutas y hortalizas á las felig. inmediatas, así como á la conduccion de vino á Santiago, Lugo y otros puntos de Galicia: POBL.: 600 vec.; 2,000 alm. si bien la estadística municipal le señala 441 vec., y la matrícula catastral 371, con 1,860 alm.: RIQUEZA Y CONTR. (V. RIBADAVIA PART. JUD.). El PRESUPUESTO MUNICIPAL asciende á unos 9,000 rs. y en la parte á que no alcazan los 3,000 que prod. el arbitrio de carnes y bebidas, se cubre por reparto vecinal.

ARNOYA SECA: l. en la prov. de Orense, ayunt. de Gomesende, felig. de San Pedro de *Poulo* (V.): POBL.: 33 vec., 160 almas.

ARNUERO: l. en la prov. y dióc. de Santander (4 leg), part. jud. de Entrambas-aguas (3 1/2), aud. terr. y c. g. de Búrgos (25): SIT. en una planicie algo desigual, pero sin grandes cuestas; defendido de los vientos del S. por la sierra que le divide de Meruelo, lo que hace su CLIMA muy sano. Forma el ayunt. de su nombre con los pueblos de Isla, Suano y Castillo, cada uno con su alc. p. Tiene 60 CASAS; 40 de buena construccion y comodidades interiores y de 1 piso alto, las restantes bajas é incómodas, se hallan muy separadas las unas de las otras; las cal es están muy mal empedradas y algunas se ponen intransitables en tiempo de aguas. Hay casa de ayunt. con un soportal bajo y asientos en los 3 frentes; 1 igl. parr. junto á dicha casa, servida por 2 curas párrocos que nombra el diocesano, consta de 1 sola nave y tiene por titular á Nuestra Sra. de la Asuncion; 1 ermita dedicada á los Mártires, y 1 cementerio bastante regular. Confina el TÉRM. por el N. con el de Noja é Isla, del cual le separa un monte aislado de unos 1,000 pies de elevacion, el cual va á terminar en la ria de Ajo; por el E. otra vez con el de Noja á 3/4; por el S. con el de Meruelo, dividiéndoles 1 sierra de 1/4 de long. y 1,500 pies de elevacion, y por el O. con los de Ajo y Bareyo mediando entre ellos la mencionada ria de Ajo y r. de Solorzano, comunicándose entre si por el puente de las *Veneras* y en bajamar por un vado; en él se encuentran algunos manantiales de aguas saludables, de las cuales se surten los vec. El TERRENO participa de llano y montuoso; es de mediana calidad y se cultivan sobre 9,000 carros; lo demas del terreno es escelente para arbolado. Los CAMINOS para los pueblos limitrofes se hallan en regular estado y sirven para carros del pais, escepto el que conduce á Bareyo y Ajo por la angostura del puente de Veneras; por lo que los transeuntes tienen que ir á buscar el de Solorga en Meruelo: PROD.: maiz, habichuelas, trigo, patatas, vino, yerbas, frutas, y entre ellas castañas y nueces, hortalizas y madera de roble: cria ganado vacuno, caballar, mular, lanar y cabrio: IND. 1 molino harinero de 12 ruedas en el r. Solorzano, cuya mitad corresponde á otros pueblos; otro de 2 ruedas que muele con agua dulce y salada. Los naturales se dedican á campaneros, doradores y pintores, cuyos oficios van á ejercer en otras prov.: COMERCIO de frutos sobrantes: en los dias 27 y 28 de setiembre celebra una feria en la ermita de los Mártires que antes fué muy concurrida, pero que en el dia ha perdido toda su importancia: POBL.: de todo el ayunt. 379 vec., 1.930 alm.: CONTR.: 6,075 rs. 4 mrs.: su RIQUEZA, PROD. é IMP., se hallará en el art. del part. judicial.

ARNUFE: l. en la prov. de Orense, ayunt. de Montederramo y felig. de San Vicente de *Abeledos* (V.): POBL.: 3 vec., 15 almas.

ARNUID: ald. en la prov. de Orense, ayunt. de Villar de Barrio y felig. de Sta. Maria de *Arnuid* (V.).

ARNUID ó ARNOIDE (STA. MARIA DE): felig. en la prov. y dióc. de Orense (4 1/2 leg.), part. jud. de Allariz (3), y ayunt. de Villar de Barrio: SIT. al E. de la cap. del part. y á la falda de 1 colina, disfruta de CLIMA templado y sano: comprende los l. y ald. de Arnuid, Cancillos, Folon y Penadiz que reunen sobre 50 CASAS mas ó menos insignificantes. La igl. parr. (Sta. Maria) es matriz y tiene por anejo á la de Sta. Maria de Riobó; su curato, de primer ascenso y provision ordinaria, se proveia por el R. ob. de Valladolid, como prior de Junquera de Ambia, y el suprimido monast. de Monte de Ramo, representando este en el patronato una sesta parte y 5 el primero: se ignora la fundacion de esta parr., la cual con su referido anejo, la felig. de San Miguel de Pradeda, el l. de Castro en Escuadro, el de Pias en San Tirso, y el de Barjela en Villar de Cas, formaba un cot. señorial del mencionado ob. de Valladolid. No hay comenterio rural; pero se han hecho en el átrio de la igl. (sit. en el centro del l. de Arnuid) 60 sepulturas mayores y 8 para los párvulos. El TÉRM. confina por N. con el monte de Medo ó de los Milagros, por E. con Maus, al S. con el mismo térm. y el de Villar de Barrio, y por O. con el de San Ciprian de Lamamá; el TERRENO participa de monte y llano feraz, y le recorre de ESE. á O. el r. Arnoya, dejando á la izq. á los l. de Arnuid y Cancillos, y á su der. el resto de la felig.: á pocos pasos de la igl. se halla el primer puente de piedra que cruza este r. y da comunicacion entre sí á los l. de la parr. así como á Villar del Barrio, Padreda y otros puntos con Maceda y Orense: este puente, cuya fundacion se ignora, es antiquísimo y forma un ángulo tan pronunciado por el piso como por el arco ú ojo, que dificulta el paso de los carros y caballerías, si bien casi todo el año está sin uso en razon á que el poco cáuce del Arnoya permite se le vadee; el referido arco es de 14 1/2 pies de ancho en su base y 11 1/4 de alzada por su centro hasta los pretiles; estos son de piedra tosca y dejan un paso de 5 varas de ancho sobre 40 de largo; todo él es de arquitectura tosca, pero ofrece bastante seguridad; hay dentro del térm. 1 capilla dedicada á San Lorenzo, sin otra cosa notable que la concurrida romería que se celebra el dia 11 de ogosto: los CAMINOS dirijen para los puntos ya indicados, y necesitan recomposicion: el CORREO se recibe de la cap. del part.: PROD.: centeno, maíz, patatas, lino y castaña, poca fruta y hortalizas, pero bastante y buen pasto; cria ganado de todas clases, en que se funda la mayor riqueza de este pais, en el cual no escasea la caza, y se disfruta de alguna pesca: POBL.: 50 vec., 204 alm.: CONTR. con su ayunt. (V.).

ARO: ant. nombre de la v. de Villaro, señ. de Vizcaya (V. VILLARO).

ARO: barrio de casas de campo en la prov. de Santander y part. jud. de Laredo: SIT. estramuros y á 2,000 pies de la v. de este nombre, antes de finalizarse su escelente alameda que termina en los puentes conocidos por los nombres del Peregrin y Gobernador, y junto al camino real que de dicha v. se dirije á Castilla: el horizonte NO. en que se forma su llanura, la cercania al mar y al paseo, y la fertilidad del terreno que disfruta, en donde se encuentran hermosas huertas con toda clase de hortaliza y frutas, así como las buenas cosechas de chacolí, maiz y legumbres que prod., contribuyen á la vista pintoresca y agradable que ofrece, principalmente en la estacion benigna. En su campo se celebra el 10 de agosto la feria de San Lorenzo (V. LAREDO).

ARO: ayunt. en la prov., aud. terr. y c. g. de la Coruña (9 leg.), dióc. de Santiago (4), y part. jud. de Negreira (1/2): SIT. sobre la márg. der. del r. Tambre, su CLIMA es templado y sano: comprende las felig. de Albite, San Tomes; Aro, San Vicente (cap.); Arzon, San Cristóbal; Broño, San Martin; Bugallido, San Pedro; Campelo, San Felix; Campolongo, Sta. Cruz; Cobas, Sta. Maria; Gonte ó Goente, San Pedro; Jallas, San Pedro; Landeira, San Estéban; Liñayo, San Martin; Logrosa, Sta. Eulalia; Lueiro, Sta. Eulalia; Negreira, San Julian; Pena, San Mamed; Portor, Sta. Maria y Zas, San Mamed: el TÉRM. municipal confina por N. con el de Santa Comba, al E. con el de Amés, y por S. y O. con el de Outés, del part. jud. de Muros; lo recorren varios riach. que se forman de las muchas fuentes y vertientes de sus montañas, y desembocan en el Tambre: el TERRENO es quebrado y montuoso, pero de buena calidad y con abundantes pastos. Los CAMINOS son vecinales y de herradura, y el CORREO se recibe en la estafeta de Negreira. Las PROD. generales son granos, semillas, linos, legumbres y frutas: hay bastante arbolado; además de las deh. acotadas para la armada: cria ganados y hay muchos molinos harineros: el COMERCIO está reducido á la venta del sobrante de sus frutos en las ferias y mercados inmediatos: POBL.: 717 vec., 3,090 alm.: RIQUEZA PROD.: 33.608,563 rs.: IMP.: 1,020,768; CONTR.: 59,520 rs. 25 maravedises.

ARO: l. en la prov. de la Coruña, ayunt. y felig. de San Vicente de *Aro* (V.).

ARO: valle de la prov. adm. de rent. y dióc. de Gerona (5 horas), part. jud. de La Bisbal (4), aud. terr. y c. g. de Barcelona (21 3/4): SIT. entre 2 colinas, cuyos estremos por la parte del S. van á concluir en el mar; se compone de 6 parr. que son la de Sta. Cristina de Aró, la del cast. del valle de Aró, la de Fanals, la de Solius, la de Bell-lloch, y la de Romañá. La sit. topográfica de cada una de ellas, la descripcion interior y esterior, el TÉRM. y sus confines, el TERRENO y su calidad, las aguas potables y de riego, sus PROD., RIQUEZA y cantidad con que contribuye á levantar las cargas del Estado, se hallarán en sus art. respectivos (V.).

ARO (STA. CRISTINA DE): v. con ayunt. de la prov. adm. de rent. y dióc. de Gerona (5 horas), part. jud. de La Bisbal (4), aud. terr. y c. g. de Barcelona (21 3/4): SIT. al E. de 1 de las 2 colinas paralelas al mar, que forman el valle de su nombre, disfruta de alegre cielo, buena ventilacion, y CLIMA saludable: la forman 132 CASAS de regular construccion, distribuidas en diferentes barrios; 2 plazas no menos espaciosas que cómodas por su buen piso; y 1 igl. parr., bajo la advocacion de Sta. Cristina, cuya fiesta como patrona se celebra el dia 24 de julio; consta de 1 nave de fáb. sólida y muy capaz, con 7 altares; las campanas de la torre son de las mas buenas, y ant. que hay en Cataluña: sirve el culto 1 cura párroco, cuya vacante se provee por oposicion en concurso general. Confina el TÉRM. por N. con el de Romañá, por E. con el de Castell de Aró; por S. con el de San Feliú de Guijols, y por el O. con el de Solius y Belloch: el TERRENO llano en parte, y en parte móntuoso, es de buena calidad: el r. Ridaura en las temporadas que corre, y varios manantiales de aguas potables que brotan en diferentes puntos del térm., le proporcionan el riego suficiente: en las 2 colinas ya mencionadas, se crian poblados bosques de alcornoques, cuya corteza trasportada para su elaboracion, á las fáb. de San Feliú de Guijols Calonge y otras, constituye la principal riqueza de estos hab., quienes consiguen á la par, alimentar crecidas piaras de cerdos con el fruto de los espresados árboles: el olivo, muchos frutales y el viñedo contribuyen á hormosear las fértiles heredades que por todo el llano se encuentran: PROD. corcho, madera, bellota, trigo, legumbres, aceite vino, muchas frutas y hortalizas; cria ganado lanar y de cerda: COMERCIO el del corcho: POBL. 132 vec. 664 alm.: CAP. PROD.: 5.544,000 rs.: IMP. 129,600.

ARO (SAN VICENTE DE): felig. en la prov. de la Coruña (9 leg.), dióc. de Santiago (4), part. jud. de Negreira (1/2), y ayunt. de su nombre, de que es cap.: SIT. en terreno montuoso y sano, comprende las de Aro, Braña, Cruceiro, Meiro, Piedra-longa, Rioseco, Tuñas y Villar: tiene 1 escuela elemental pagada por los padres de los alumnos. La igl. parr. (San Vicente), es matriz de Broño San Martin; Zas, San Mamed y Campelo, San Felix; el curato de presentacion ordinaria; el edificio de construccion regular y el cementerio capaz y bien ventilado; confina por N. con la de Pena, por E. con su anejo Zas y Negreira, por S. la sierra del part. de Muros y por O. Porqueira: el TÉRM. participa de monte y llano: hay 1 buena deh. penteneciente á la marina; el TERRENO destinado al cultivo asciende á unas 600 fan. de mediana calidad, productivas en razon de 3 por 1, y le bañan varios riach. enriquecidos por los derrames de las muchas fuentes de que abunda el térm. Los CAMINOS son de herradura y en mal estado, escepto el que conduce por este punto á Santiago, Finisterre, Corcubion y puertos del O. La CORRESPONDENCIA se recibe en Negreira desde Santiago: PROD. maiz, centeno, poco trigo, patatas, legumbres, frutas y hortaliza: cria ganado vacuno, lanar, cabrio y de cerda; se encuentran jabalíes, lobos y zorros, y se cazan perdices, liebres, conejos y codornices á su tiempo; se pescan truchas de escelente gusto en los riach. indicados sobre los que hay diferentes molinos harineros.: POBL.: 54 vec., 220 alm.: CONTR. con su ayunt. (V.).

AROBES: l. en la prov. de Oviedo, ayunt. de Parres y felig. de Sta. Maria de *Biabaño* (V.); pasa por su térm. el r. Piloña sobre el cual se halla 1 barca de pasaje: POBL.: 14 vec. 67 almas.

AROCHE: v. con ayunt. en la prov. de Huelva (15 leg.), part. jud. de Aracena (6), aud. terr. y dióc. de Sevilla (20), y c. g. de Andalucia: SIT. sobre una colina que mira al O., la cual se encuentra dominada por otras alturas al E. y S.; está muy poco ventilada; y por lo mismo nada saludable, padeciendose frecuentemente fiebres intermitentes de que provienen á veces obstrucciones que dejeneran en crónicas. Se compone la pobl. de 550 CASAS de un solo piso, y de mucha pendiente; pues como en lo ant. se hallaba espuesta á las invasiones de los portugueses, se recogió dentro de sus murallas, aprovechando el terreno cuanto se podia; las calles y plazas son estrechas, el piso incómodo, y la falta de policía bien notable: tiene casa para el ayunt. en muy mal estado, cárcel, 1 posito, ó banco de labradores con edificio propio, 1 hospital regularmente dotado con destino á los enfermos pobres del pueblo, pero la mayor parte de su renta se invierte en el sostenimiento de niños espósitos, 1 igl. parr. bajo la advocacion de Nsra. Sra. de la Asuncion, cuyo edificio, aunque pequeño, es de escelente figura, de bóvedas y pilares de mármol, construido en el siglo XV; se conserva en buen estado, si bien necesita de algunos pequeños reparos; esta servida por 1 cura ecónomo y 1 teniente, cuyos beneficios son de primer ascenso y se proveen por el diocesano, el cual tambien nombra 1 sochantre, 1 sacristan y 1 organista, 4 presbiteros y 3 subdiáconos, contando antes de la supresion de los frailes 6 presbiteros; hay una ermita dedicada á San Sebastian dentro del pueblo; y en parage bien ventilado, que no perjudica á la salubridad pública, existe el cementerio y otra ermita bajo el titulo del Santísimo Cristo de la Humildad y Paciencia, 2 fuentes públicas en mal estado, y aunque sus aguas son abundantes y finas, sirven para los usos domésticos; la mayor parte de la pobl. está rodeada de murallas muy ant., y con motivo del abandono total que de ellas se ha hecho existen hoy casi del todo destruidas. El TÉRM. confina por N. con el de Encina-sola y deh. llamada de la Contienda, por E. con el de Cortegana y Almonaster, por S. con el de Cerro, Cabezas-rubias y Sta. Bárbara, y por O. con la frontera de Portugal prov. de Alentejo: su figura es próximamente la de un paralelogramo que tiene de estension de N. á S. 5 leg. y otras 5 largas de E. á O., ocupando en su superficie sobre unas 25 leg. cuadradas. Encuentranse en él varias haciendas con cas., entre ellas la deh. llamada de el *Alamo* con su cas. y 1 oratorio rural y público, toda de arbolado de encinas y alcornoques, capaz de engordar 600 cerdos; el cas. llamado la Belleza por su elegante disposicion y buenas comodidades, ademas de las hermosas huertas, campos de sembradura y ricas y estendidas deh. de arbolado que le circundan, en el cual se halla otro oratorio público á 1/2 cuarto de leg, como asi bien otros 2, el uno 1/4 de la deh. de las Zafras, y el otro titulado San Pedro de la Zarza. Existe igualmente 1 ermita bajo la advocacion de San Mamet, bastante notable por razon de mostrarse todavia en sus inmediaciones los cimientos de 1 conv. de caballeros templarios, y por celebrarse todos los años en ella una romeria. Merece particular mencion la deh. llamada de la Contienda; es un terreno fertilísimo, poblado de encinas y que ocupa cerca de 3 leg. cuadradas; es propia de las v. de Moura (en Portugal), Encina-sola y Aroche; y los hab. de estas pobl. no solo aprovechan con sus ganados los pastos y bellota, sino que tambien siembran lo que mejor les parece, causándose en esto el deterioro del arbolado y el que sus frutos jamas se recojan en sazon; este terreno ni pertenece á España ni á Portugal: las municipalidades de las 3 v. espresadas tienen en el mismo de consuno la jurisd. penal, y cuando alguna de ellas ha tratado de cortar aquellos abusos se han suscitado contestaciones de dificil y grave resolucion, que solo fuera dado determinar de conformidad de ambos gobiernos: este desórden pasa desapercibido, y sus hab. desean la division del terreno, á fin de reducirlo á dominio particular y que su aprovechamiento aumentara la riqueza terr. de dichos pueblos. No merece menos mencionarse el desp. llamado Aldea del Gallego sit. al S. de esta v., y que por motivo de su insalubridad, ó mas bien por las continuas agresiones de los portugueses, en las guerras con aquella nacion, abandonaron sus hab. á principios del siglo pasado; atendiendo sin embargo á la fertilidad de terr. y á la posicion central que ocupaba en el gran desp. que existe entre Sta. Barbara, Paimogo y Aroche, se ha promovido su repoblacion; la que en distinto y mas sano lugar se lleva á cabo, bajo el nombre de Rosal de Cristina, á cuyo proyecto se han opuesto constantemente los vec. de Aroche, esponiendo para ello el derecho de propiedad y otras razones de gran peso que mas bien atacan al sistema de repoblacion que se ha adoptado, que á la esencia del proyecto. El TERRENO, aunque enclavado dentro de la sierra dicha de *Aracena*, no todo puede llamarse de sierra agria, pues que la atraviesa una dilatada llanura que se estiende á las márg. de la ribera Chanza, bien que su terreno es pedregoso y á veces árido é infecundo. Calculada la proporcion en que estan entre si las tierras destinadas á pastos, á labor y para arbolado de encinal y alcornocal, creese que 5 octavas partes del térm. es montuoso, á veces á propósito para pastos, y en otras absolutmente estéril; 2 destinadas al cultivo, bien todos los años, aquellas tierras inmediatas á la pobl. y de mejor calidad, bien por el año y vez, ó bien para sembrarlas de 10 en 10 años sobre rozas quemadas, y la octava parte restante se dedica al cultivo del arbolado de encina, alcornoque, quejigos y otros para con su fruto cebar considerable número de cerdos. Estos hab. se quejan con frecuencia de lo poco dividida que se halla la propiedad, pues que se advierte el desarrollo que les proporciona la riqueza terr. Cruzan el térm. 2 riberas, llamada la una tambien r. Chanza: esta corre al N. de la pobl. en direccion al O., se une con la llamada de Peramora que corre al S. y en la misma direccion, y con otros arroyos poco notables que nacen en el térm., pasan sus aguas al inmediato reino de Portugal: sobre estas riberas y arroyos hay hasta 11 molinos harineros, que rara vez dejan de tener caudal de agua suficiente para sacar harina en el verano. Los CAMINOS son de herradura en mal estado, y el CORREO se recibe en la adm. de Aracena: PROD.: el mas importante es la bellota de encina y alcornoque suficiente á cebar en un año comun hasta 4,500 cerdos; trigo, cebada, habas, garbanzos, aceite, vino, ricas frutas, cera, miel, y se hacen buenos quesos; abundancia de ganado vacuno, cabrio y lanar; caza de jabalies, ciervos, conejos, nútrias, lobos, zorros, gatos cervales, linces, perdices y palomas, estas últimas tambien en mucha abundancia. Se encuentran en el térm. canteras de mármol, mas no estan beneficiadas y solo se conocen por tradicion de haber servido para construir la igl. parr. de que hemos hablado; se ven ademas hácia el Chanza algunas vetas de carbon mineral: IND.: estos hab. estan dedicados esclusivamente á la agricultura y ganadería, y el COMERCIO se reduce á la esportacion de sus frutos sobrantes, á comprar cerdos pequeños en las ferias de Estremadura, y estraerlos despues de cebados para la Puebla de Guzman, Huelva y Sevilla. Celebra 1 feria los dias 17, 18 y 19 de agosto en la romeria que se hace en la ermita de San Mamet, concedida hace poco por el Gobierno y de la cual no puede aun formarse concepto: POBL.: 701 vec. 2,705 alm.: CAP. PROD. 15.099,611: IMP. 780,669: CONTR. 99,712 rs. Hay en esta v. 1 aduana terrestre, cuyo valor de las mercaderias introducidas del estrangero en el año de 1844, ascendió segun los datos oficiales de la misma á 1,590 rs.; y sus derechos á 382 19 maravedis.

AROI: l. en la prov. de Lugo, ayunt. de Vivero y felig. de San Estéban de *Balcarria* (V.).

AROLES: l. en la prov. de Oviedo, ayunt. de Gijon y felig. de San Emiliano de *Vega* (V.): POBL.: 17 vec., 84 alm. Este l. tuvo parr. con la advocacion de Sta. Maria de Aroles; bajo cuyo nombre se le reparten aun las bulas por la adm. de Cruzada.

ARON: l. en la prov. de la Coruña, ayunt. de Camariñas y felig. de San Pedro del *Puerto* (V.).

ARONA: l. con ayunt. en la isla de Tenerife, prov., aud. terr. y c. g. de Canarias, part. jud. de Orotava, dióc. de Tenerife: SIT. en un valle; al pie de la montaña llamada Meseta de Escalona, donde le combaten los vientos de la brisa: su CLIMA es sano. Forman la pobl. los pagos llamados Las Casas, Vento, Sabinita, Junco, Valle de Ahijadero, Cabo, y Malpais; la mayor parte de las CASAS son bajas y fabricadas de piedra seca. Tiene 1 igl. parr. bajo la advocacion de San Antonio Abad, servida por 1 cura, 1 sacristan, 1 sochantre y 2 monacillos; el curato es de entrada y se provee por S. M. ó el diocesano, previa oposicion en concurso general, y 1 ermita dedicada á San Lorenzo. Hay algunos matriculados pertenecientes al distr. de Sta. Cruz. Confina el TÉRM. por el N. con el de Charna y Adeje, por el E. con el de San Miguel, y por el S. y O. con el mar. Su TERRENO es el mejor que se encuentra al S. de la isla, y el punto mas ancho de ella desde el pico de Teide al Océano, y muy fértil cuando favorecen las lluvias del invierno; escasea de aguas, sin que por todo él pase mas que un pequeño ó insignificante arroyuelo que apénas lleva el caudal suficiente para el surtido de los vec. Los CAMINOS son llanos en general; carece de otra IND. que la agrícola, y tambien de COMERCIO, á pesar de tener en su jurisd. una larga costa y un pequeñito puerto llamado los

Cristianos; y la cantera del mismo nombre, de donde se sacan muchas lozas para pavimento, piedra de silleria, y tambien las que se llaman de destilar, de las cuales se hace un uso general en la isla para purificar el agua que beben: PROD.: trigo, cebada, barrilla, higos y cochinilla: POBL.: 356 vec., 1,516 alm.: CAP. PROD.: 1.584,366: CAP. IMP.: 50,500: CONTR.: 15,036 rs. vn.

AROSA: labor en la prov. de Murcia, part. jud. de Yecla, térm. jurisd. de *Jumilla* (V).

AROSA: l. en la prov. de la Coruña, ayunt. de Boimorto y felig. de San Vicente de *Arceo* (V.): POBL.: 11 vec. 55 almas.

AROSA: l. en la prov. de Pontevedra, ayunt. de Caldas de Reis y felig. de Sta. Maria de *Arcos de Condesa* (V.).

AROSA: ald. en la prov. de la Coruña, ayunt. de Mesia y Reis y felig. de San Salvador de *Juanceda* (V.).

AROSA (DE): l. en la prov. de Pontevedra, ayunt. y felig. de *Meis*, San Martin (V).

AROSA ó AROUZA: ria que desemboca en el Océano por entre la isla de Sálvora y punta de San Vicente, desde cuyo punto se estiende hasta el puente de Cesures, *Pons Cæsaris*, sobre el r. Ulla: pertenece al distr. marít. de Villagarcia en el departamento del Ferrol, y separa los térm. jurisd. de los part. de Noya y Padron, de la prov. de la Coruña, del de Cambados, que lo es de Pontevedra: en las diferentes sinuosidades que por esta parte forma su márg., está la felig. de Bamio, y en ella la punta de la Fuente Santa, el puerto de Carril y los de Villagarcia y Villajuan, interpuesta la elevada punta de Ferrazo, Cambados, Fifiñanes, en cuyas inmediaciones se encuentra la punta de Tragrove ó *Tras-del-Grove*, denominada por alguno *Vico de-Cabo*, la cual se prolonga hácia el S. por entre la v. de Fifiñanes y la isla de Arosa, en proyecion paralela con ambos puntos; Sto. Tomé de Mar, San Martin del Grove, San Vicente del mismo nombre, y viene á terminar, como se ha dicho, en la punta de San Vicente. La márg. opuesta corre desde la der. del Ulla por térm. de Riango, Abanqueiro, Cabo de la Cruz, Puebla, Caramiñal, Punta de Cabio, Palmeira y Sta. Eugénia. Comprende diversas islas, y entre ellas la ya citada de Sálvora, colocada á la entrada y estendida de E. á OE., entre las felig. de San Vicente del Grove y San Pelayo de Carreira; la de Arosa ó felig. de San Julian, colocada en el centro, y la de Cortegada, frente á la v. y puerto del Carril. La importancia de esta famosa ria, acaso la mayor de la Península, lo frecuentada que es, por el seguro refugio que ofrece, nos hace esperar que en la nueva edicion que se propone dar á luz la direccion de Hidrografia del Derrotero de la costa de cantábria, aparecerá esta isla, que D. Vicente Tofiño consideró insignificante; entre tanto daremos á conocer que sirve de abrigo de los vientos S. y SO., que puede contarse con fondo de 29, 33 y 42 pies de agua, y aun mas de 100 junto al peñon del Noro; en su entrada se cuentan de 100 á 200 pies de fondo en lo interior del Canal, y algo mas en distintos puntos; desde el medio de la ria debe tomarse el rumbo con direccion á la punta de Cabio, hasta hallarse á la altura de Cambados y de la mencionada isla de Arosa en su estremo meridional, y de aqui puede con facilidad tomarse puerto en Sta. Eugenia; pero si se pretende seguir la navegacion ha de flanquearse la isla de la Rua, que se encuentra á su izq., á la der. la de Fidoiro, y el inmediato bajo de las Rebientas, peñas secas que se salvarán dirigiéndose á la vigia de Ancados, ó al cabo de la Cruz. Rebasados estos escollos pueden los buques entrar en el puerto al S. del istmo de Arosa, cuidando de separarse de la pobl. por los muchos bajos que se encuentran, ó seguir el rumbo en fondo limpio á la isla, pues al lado opuesto estan los bajos de las Lajas de Palmeira y del Señal del Moño: para dirigirse despues á Villagarcia y Carril, evitando el bajo cubierto de las Rodias de Cabio, ha de esperarse á ver la torre de Villanueva, paralela á la estremidad N. ó punta Campelo de la Arosa, cuyo puerto, que está al N. de su istmo, se puede tomar sin precaucion alguna, así como el dirigirse á los de la Cruz y Esteiro en la bahia de Barraña y al fondeadero de la Puebla, si bien cuidando de los bajos cubiertos que rodean á la punta de Cabio, casi al N. del conv. de San Francisco, y del Arnela, junto á la punta de la Merced. Convendrá tambien tener en cuenta los bajos que existen en las inmediaciones de la punta de Hocico de Puerco, la Peña de la Balsa, las Piedras de Condrepiña, los bajos de las Berinas y Concobre, cerca de las islas de Cortegada y San Bartolomé, las Hermanas de Triñano y arrecife de la punta del mismo nombre; pero tomando el rumbo á la vigia de Ancado, y enfilando la Torre de Villanueva, puede dirigirse la nave al punto que mas acomode. En esta ria era de mucho valor la pesca de sardina, y crecido el número de brazos que se ocupaban en la salazon; pero las desmesuradas pesquerias en todas las estaciones sin guardar las leyes de veda, han dado fin á esta ind.: necesario es que el Gobierno, y con especialidad las autoridades locales, fijen la vista, si ya no es tarde, y eviten la total ruina de las innumerables familias que van á quedar reducidas á la indigencia en aquellas playas, que en otros tiempos ofrecian una riqueza que necia y maliciosamente ha desaparecido. Ademas de la pesca de sardinas se ha hecho y hace de otras varias clases de peces y buen marisco.

AROSA (SAN JULIAN DE): isla en la prov. de Pontevedra (5 leg. inclusas 2 millas por mar), dióc. de Santiago (8), part. jud. de Cambados (1), y ayunt. de Villanueva de Arosa (2 millas): SIT. en medio de la ria de su nombre, está combatida por los vientos, con especialidad de N. y S.: CLIMA sano, y las enfermedades comunes son fiebres y constipados: comprende las ald. ó barrios del Campanario, Campo, Cerrada, Crucero (el), Piedra y Salga que reunen 190 CASAS; 1 fuente de agua potable de escelente calidad, como otras 3 que se hallan en la isla, y 1 escuela temporal para ambos sexos, pero sin otra dotacion que las gratificaciones de los padres de unos 30 niños que concurren á ella. La igl. parr. (San Julian Mártir) está servida por 1 curato de provision real y ordinaria que ejercía en parte el suprimido conv. benedictino de San Martin de Santiago: el ant. templo fué destruido porque amenazaba ruina, y el recien construido es de poco gusto, pequeño y sin retablos. El TÉRM. parr. se estiende á toda la isla, la cual se halla al E. (9 millas) de la Sálvora, y puertos de Carreira (6) y Sta. Eugenia (7): al NO. (4) sigue Palmeira y Puebla del Caramiñal ó del Dean; al N. (6) el cabo de la Cruz; al NE. (12) los puertos de Riango, el Carril y Villagarcia; por E. (4 1/2 millas) Villajuan; al SE. Villanueva de Arosa, cap. del ayunt.; por S. Cambados, y finalmente el Grove que dista 2 millas del estremo meridional de la isla; esta tiene 1 playa al S. y otra al N., y su pobl. se encuentra á la falda del monte Palmeira, de poca elevacion y sin arbolado hácia el NO. que es desde donde principia la isla, estendiéndose 1 leg. con 1/2 de lat. hasta terminar en el monte pelado conocido por el Carreiron; las puntas mas sobresalientes son al E. la del Puerto del Agro, la del Camacho donde nace ó principia el arenal que en las menguantes de las mareas vivas es accesible para carros; se prolonga por el espacio de 2 1/2 millas, con direccion E., hasta enlazar con tierra firme enfrente de la ald. de San Roque del Monte, felig. de San Miguel de Deiro; cuyo pasadizo natural queda descubierto en las grandes secas de los plenilunios, si bien no se agota totalmente en la mayor parte de su estension: sigue la punta del Con-retallado y la de Castrelo; al S. se estiende la primera peninsula de las dos que forma esta isla con una lengua de tierra, hasta el igual de la v. de Cambados, y da frente al Grove; en el estremo de esta prolongacion se encuentra la punta de Yestelas inmediato á la cual hay unos molinos harineros denominados de la Seca: converjiendo un poco sobre el SE. se halla el peñasco llamado Mesa de Con, y á su frente la punta del mismo nombre: al occidente está la punta de Quilme, y en igual direccion *los bajos* de Arenosa; á 1/2 milla de ellos (al OE.), en linea recta se ve el bajo del Pedroso; continua la punta de Niño de Corvo, que retuerce sobre el SO.; la de Morregadoira, ó de Barba Feita y la de Cabalo; y por último están al N. las puntas de Cubodeira y de Campelo. El TERRENO es secano, pero muy feraz y abonado, con el que con frecuencia y abundancia proporciona el mar. Los CAMINOS son locales en bastante mal estado: el CORREO se recibe de Santiago por la estafeta de Villagarcía de Arosa los domingos, miércoles y viérnes; y sale lúnes, miércoles y viérnes: PROD. maiz, trigo, centeno, cebada, vino, patatas, habichuelas y otras legumbres: cria ganado vacuno para las labores y los cerdos para la matanza y consumo: hay alguna caza de conejos: la pesca preferida es la de pulpo y sardina por ser estas las mas delicadas de toda Galicia, si bien no es menos sabroso el marisco: IND. la agrícola, la pesca, 7 fáb. de salazon, en estado de decadencia por las razones que indicamos al hablar de la ria: hay molinos harineros que apenas pueden atender al consumo de la pobl: el COMERCIO floreciente en otros tiempos por la esportacion del pescado, hoy se halla reducido al poco que se hace en los mercados de Cambados, Villagarcía, Salnés, Puebla del Dean, y ferias de Pontevedra, de la Bouza de Martin, en San Andres de Barrantes, del Monte, en San Juan de Leiro, y la recientemente concedida en Sta. Maria de Rubianes: POBL. 190 vec., 970 alm.; CONTR. con su ayuntamiento (V.).

AROSTEGUI: l. del valle y ayunt. de Atez, en la prov., aud. terr. y c. g. de Navarra, merind., part. jud. y dióc. de Pamplona (2 1/2 leg.), arciprestazgo de Anue: SIT. en terreno desigual; libre á la influencia de todos los vientos, goza de CLIMA muy saludable. Tiene 17 CASAS, y 1 igl. parr. bajo la advocacion de Sta. Maria, servida por 1 cura párroco llamado abad. Los niños de este pueblo acuden á la escuela de primeras letras que sostiene con los l. de Erice, Berasain y Ciganda, y los cas. de Iriberri y Eguillor. Confina el TÉRM. por N. con el de Ciaurriz (1 leg.), por E. con el de Erice (1/4), por S. con el de Eguaras (1/2), y por O. con el de Lizaso (igual dist.). El TERRENO es bastante fértil; brotan en varios puntos del mismo algunas fuentes de buenas aguas que utilizan los hab. para su gasto doméstico y otros objetos: PROD. trigo, cebada, maiz, legumbres y hortaliza; cria ganado vacuno, mular, de lana y cabrio; y hay caza mayor y menor: POBL. 17 vec., 90 alm.: CONTR. con el valle.

AROSTEGUI: casa solar armera del bando Oñacino procedente de la de Asuaga en la prov. de Vizcaya y v. de Bermeo: fue renovada por los años de 1822 al 23; es cab. de vínculo y propia de D. Manuel Maria de Aldecoa.

AROSTEGUIETA: barrio en la prov. de Vizcaya, part. jud. de Durango y uno de los que constituyen la anteigl. de *Dima* (V.): POBL. 38 vec., 158 almas.

AROTREBAS (V. ARROTREBÆ):

ARPIN: l. en la prov. de Lugo, ayunt. de Meira y felig. de San Isidro de *Sejosmil* (V.): POBL. 3 vec., 20 almas.

ARQUEIRA: l. en la prov. de Lugo, ayunt. de Mondoñedo y *Rillera de Ambróz* (V.).

ARQUERA: l. en la prov. de Oviedo, ayunt. de Salas y felig. de San Juan de *Malleza* (V.).

ARQUIJAS: cañada en la prov. de Navarra, merind. y part. jud. de Estella: SIT. á la der. del r. *Ega*, y al E. de la v. de Zuñiga.

HISTORIA. Dos sangrientas batallas ocurridas en este punto lo hacen célebre en la historia, y ambas merecen una ligera descripcion. Despues de haber batido el general Córdova en 12 de diciembre de 1835 á los carlistas, acaudillados por Zumalacárregui, hizo 3 divisiones de su ejército para perseguirlos, y una que al mando de Oráa, marchaba por el camino de Arquijas, al llegar á su ermita los avistó dispuestos á admitir el combate en posiciones ventajosas: retrocedió para combinarse con el general en gefe, y decidieron atacar al dia siguiente; pero no lo verificaron hasta el 15, cuya tardanza se opinó haber influido sobremanera en el mal éxito que tuvo la accion para las tropas de la Reina, no obstante su bien concebido plan. De las 3 columnas en que Córdova dividió la infanteria, una, mandada por él, debia dirigirse al centro y empezar la refriega sobre el puente de Arquijas, siendo 2 cañonazos la señal; habiéndose reservado este punto como el mas formidable de los contrarios: Oráa con otra por el pueblo de Zuñiga caeria á envolverlos sobre el puente, y arrojados sobre el llano debia batirlos la caballeria: D. Felipe Rivero coronel con otra columna, debia pasar un vado en el momento del ataque general; otras 2 brigadas, la una al mando del coronel Gurrea, debia atacar la retaguardia carlista; y la otra, al del coronel Barrera, quedar de reserva, para reforzar los puntos que lo reclamasen y sostener las comunicaciones entre si: en efecto, partieron á su tiempo cada cual; Córdova tomó posicion en la ermita de Arquijas, á uno y otro lado; situó en escalones á retaguardia el grueso de sus tropas sobre las alturas mas ventajosas; colocó al pie de la ermita 2 piezas de montaña; encerró en su cerca los equipajes; mandó 3 compañias á ocupar el puente de tablas, y avanzaron algunas de cazadores, sostenidas por otras de la guardia real y de Gerona, y en escalones, desde la ermita al borde del agua. No se descuidó á su vez el genio militar de Zumalacárregui: entre la arboleda de la orilla del Ega habia ocultado el 3.er batallon navarro, y parte del 4.º; sobre las alturas habia distribuido 12 batallones, cubriendo parte de ellos, en reserva, la espalda de Zuñiga; en la llanura, entre este punto, Orbizo y Sta Cruz, puso 6 escuadrones escalonados: advirtió el movimiento de Oráa y colocó 3 batallones alaveses á la espalda de Zuñiga para recibir el ataque; y reuniendo su caballeria en el llano, situó en el mismo, frente á Zuñiga, toda su fuerza. Todo anunciaba un choque encarnizado; y en el campo cristino se esperaba acabar con los carlistas, mientras en el de estos reinaba el desaliento, y la desconfianza de sus gefes, bastando apenas las arengas de su caudillo para llevarlos al combate. Roto el fuego por los carlistas, contestaron los cristinos bajando de las alturas hácia el puente, y muy pronto el tiroteo y las descargas se hicieron violentas y estrepitosas. Los carlistas defendian sus puestos con obstinada resistencia, y con ella se encendia el ardor de los cristinos, de los que algunos con temeridad vadearon el r. para morir á la márg. opuesta acribillados á bayonetazos; se perdieron y ganaron posiciones por unos y otros varias veces; el puente de Arquijas, sobre todo, fué el teatro de mas encarnizamiento y mortandad; pues su interés era grande para ambos, y debia costar sangre. Uno y otro gefe deseaban pasar el puente á sus opuestos lados, para alli atacarse; pero era mutua la resistencia; y Zumalacárregui, que mas empeño tuvo, veia su brio detenido por 4 batallones, que con valor sereno le rechazaban y 2 piezas que jugaban junto al puente. Querian los soldados cristinos avanzar á la llanura, donde estaba el grueso de las fuerzas carlistas; lo intentaron algunos y fueron rechazados con pérdida; pero Córdova se oponia á este paso, hasta que llegase Oráa por retaguardia del enemigo, y Oráa nunca llegaba: mas de 4 horas duró este fuego destructor: disminuyóse por movimiento de los carlistas: la ermita de Arquijas y Zuñiga, hospitales de sangre respectivos, estaban llenos de heridos: siguióse la noche y se apartaron de la cercania de Arquijas. La falta de asistencia de Oráa malogró la accion, sin culpa suya, por que si bien arrolló en su encuentro los batallones alaveses mandados por Iturralde y Villareal, presentóse Zumalacárregui con los 2 primeros de Navarra y de Guipúzcoa, restableció el combate y obligó á Oráa á retirarse faltando asi la señal y combinacion de Córdova. Este fué uno de los 3 hechos de armas que produjeron disgusto en enero de 1835 en la cap. y resto del reino, y que dieron á conocer lo azaroso de la situacion, con las 3 desgracias continuadas. La segunda batalla de Arquijas no fué menos sangrienta que la anteriar, el dia 5 de febrero del mismo año, para la cual el general Lorenzo retó á Zumalacárregui con objeto de vengar la sangre derramada en la otra refriega: mucho importaba á este gefe carlista águerrir sus tropas, y mas todavia en un punto donde habian alcanzado glorias, cuyo recuerdo influye sobremanera en el alma del soldado: por eso aceptó tan imprudente reto. La batalla fué disputada por ambas partes sin espantar á ninguno el espectáculo horrible que ofrecia tan atroz encarnizamiento; y los muertos de la pasada que todavia estaban la mayor parte insepultos; sus huesos mondos ó cubiertos de carne negra y fétida, estendidos por la campiña y mas hacinados por lasm árg. del r., donde sin duda luchando con la muerte se se agolpaban para apagar con una gota de agua su última y horrible sed de la agonia. Aunque el ataque se verificó en 3 puntos, el del puente fué el mas sangriento; Lorenzo en persona lo dirigia, y viendo que su artilleria no bastaba, á pesar del mortífero fuego, para desbandar á los carlistas, ordenó un ataque á la bayoneta con 1 columna de 1,000 hombres, que pasó el puente, desordenó á los carlistas y les mató al brígadier que les mandaba; pero acudiendo Zumalacárregui á la cab. de su batallon de guias, no solo sostuvo á los desbandados, sino que cargando á la columna la hizo repasar el puente con precipitacian: un dia entero duró el choque; y conociendo Lorenzo lo estéril de su empeño, se retiró con buen órden sobre la Berrueza, dejando las cercanias del santuario de Arquijas convertido en un osario.

ARQUILLINA: l. en la prov. de Oviedo, ayunt. de Valdés y felig. de San Julian de *Arcallana* (V.).

ARQUILLINOS: v. con ayunt. de la prov., adm. de rent. y part. jud. de Zamora (4 leg.), aud. terr. y c. g. de Valladolid (15), dióc. de Santiago (60): SIT. en un llano de bastante estension, aunque interrumpido hácia algunas partes por algun pequeño y poco elevado cerro; y á la márg. der. de un arroyo llamado *Salado*: le baten todos los vientos y es su CLIMA sano, padeciéndose únicamente algunas tercianas y costipados: se asegura ha tenido mayor número de CASAS fundándose para ello en la tradicion; y en varios restos de edificios que se encuentran con alguna frecuencia; mas en el dia solo se compone de 46, todas de 1 solo piso y la mayor parte pequeñas y de mala construccion y distribucion interior: están medianamente alineadas y forman cuerpo de pobl. con calles cortas é irregulares, pero bastante limpias á pesar de no estar empedradas y ser muy frecuente el tránsito del ganado: no tiene plaza; y dan este nombre á 1 espacio que media entre la igl. y las casas que están á la parte del E.: hay 1 pozo de buen agua, del cual se surten los vec. para sus usos: 1 pósito creado en 1648 por D. Diego Ibañez, cura párroco, cuyos fondos consistian antes en 40 cargas de trigo; mas habiendo sufrido una exaccion violenta de los franceses en 1809, que se repitió en 1811, ha quedado reducido á la nada: casa de ayunt. de poca mas estension que las demas, destinada al mismo tiempo para cárcel y escuela de instruccion primaria comun á ambos sexos, que la dirige 1 maestro dotado con 20 fan. de trigo, pagadas por 20 alumnos que á ella concurren; y 1 igl. parr. bajo la advocacion de San Tirso Mártir, patrono del pueblo, cuya festividad se celebra el 28 de enero: la sirve 1 párroco, cuya plaza se provee por el arz. de Santiago: el edificio sit. en 1 pequeña altura al O. es de sencilla construccion, y sus paredes de mamposteria: consta de 1 nave de 160 palmos de long., 40 de ancho y 60 de alto; tiene 5 altares: los ornamentos son pobres y viejos; y las alhajas de plata puramente las indispensables; hay 1 cementerio al E. dist. 50 pasos: sus paredes son de tierra, teniendo 60 palmos de largo y la mitad de ancho. Confina el TÉRM. por N. con el de Villalba de la Lampreana; por E. con el de Aspariegos; por S. con el de Cerecinos del Carrizal, y por O. con el de Pajares: se estiende por todos puntos 1/4 de hora, escepto por O, cuya dist. se reduce á 1/8; el TERRENO en general llano, es en muchas partes tenaz, y en otras flojo; pero comunmente bastante productivo: comprende 3,064 fan. de tierra; de ellas 312 son de prado y 228 matorrales: la mayor parte de las que se cultivan son de segunda calidad, habiendo de primera como 1,000 fan.: aunque el terreno admitiria indudablemente cualquiera planta ó semilla, los hab. se dedican á la siembra de trigo, y de algun tiempo á esta parte han plantado algunas cepas, bien que en corta cantidad; lo fertiliza el arroyo Salado que pasa á 50 pasos del pueblo; su curso de N. á S. es perenne, pero de poco caudal, escepto en el invierno que suele estenderse hasta el estremo de entrar en el pueblo; y ha llegado el caso, aunque raro, de llevarse en su corriente alguna cab. de ganado: hay sobre él 1 ponton de madera y tierra, que facilita el paso á las personas: los vec. han formado el proyecto de construir 1 buen puente; para cuyo efecto han cedido las rastrojeras de sus tierras y se está instruyendo ya el espediente para proceder á su formacion: otro arroyo de poquisima agua que se seca en el estio, atraviesa el pueblo de E. á O.: sus CAMINOS locales y carreteros, se hallan en mediano estado; la CORRESPONDENCIA se recibe de la adm. de Zamora por medio de 1 vec. pagado de los fondos comunes: PROD. trigo, centeno, cebada, garbanzos, algarrobas, arvejas y vino: por 1 quinquenio darán las cosechas 4,000 fan. de trigo, 1,300 de cebada, 500 de centeno, 100 de toda clase de legumbres y 1,000 cántaros de vino: se cria ganado lanar, de cerda y de labor: del primero 1,500 cab. que dan de cria 230 corderos y 210 a. de lana; del segundo es corto el número; y del tercero hay 50 pares: el COMERCIO está reducido á la esportacion del trigo y lana sobrantes, y á la importacion de algun aceite y telas: POBL. 46 vec., 153 alm.: CAP. PROD. 317,790 rs.; IMP. 18,594 rs.: CONTR. en todos conceptos 3,478 rs. y 5 mrs.: el PRESUPUESTO MUNICIPAL asciende á 1,078 rs., y se cubre con los prod. de los propios y arbitrios. Por tradicion se refiere, que esta v. se despobló en tiempo de Cárlos I, quedando solo 1 vec. de los 700 que entonces tenia: este desp. fue comprado por D. Melchor de Guadalfajara, de lo que proviene el señ. del Sr. duque de Castroterreño; y queriendo el comprador ó un sucesor suyo reducirlo á bosque, se opuso á ello el único vec. que habia y venció en los tribunales. Despues de esta época volvió á poblarse, hasta que llegó á tener el vecindario que en la actualidad reune.

ARQUILLO: casa de campo con deh. y labor, en la prov. de Albacete, part. jud. de Alcaráz; SIT. entre las de Cerro-negro y Cerro-blanco de los propios de Robledo, Mata del Cordero y Nadal que son del Masegoso: es de robles y carrascas de buena calidad y escelentes pastos, y tiene mas de 100 fan. de riego con el r. Pesebre que nace en la deh., Loma de la Albarda y Cumbre, desaguando en los Ojos del Arquillo, donde toma el nombre de estos, hasta llegar á la de Villargordo: pasa la Pumareda, Zarzalejo, Alamedas y Torre de Hernan-Ruiz y entra en la jurisd. de Valazote, dirigiéndose por los Ojos de San Jorge á Albacete.

ARQUILLO EL VIEJO; l. en la prov. de Jaen, part. jud. de la Carolina (V. ARQUILLOS).

ARQUILLOS: deh. en la prov. de Cáceres, part. jud. de Badajoz, térm. jurisd. de Brozas.

ARQUILLOS: l. con ayunt. en la prov. y dióc. de Jaen (9 leg.), part. jud. de la Carolina (3), adm. de rent. de Baeza (3), aud. terr. y c. g. de Granada (21): lo forman 100 CASAS, y está SIT. en una esplanada, contigua á las vertientes de la sierra de *Acero*, que le domina por el E.; su CLIMA es muy templado, y las enfermedades mas comunes son las calenturas intermitentes: está dividido en 2 partes, llamadas Barrio Nuevo y Antiguo ó Viejo; en esta existen la igl., dedicada á la Concepcion, con el cementerio á su N., servida por 1 cura párroco, que tiene por anejo á la ald. de Parrosillo, y 2 manzanas de casas, formando 1 plaza que mira al *Barrio Nuevo*: que se compone de 1 calle; hay casa capitular; escuela de primeras letras, dotada con 1,100 rs., pagados de propios; y asisten á ella 43 niños; posada regular para la arrieria, 1 escelente abrevadero y 2 fuentes que, aunque de agua gruesa, son saludables. Confina su TÉRM. por N. y O. con Vilches, E. con Navas de San Juan, y S. con Sabiote: en él se encuentran 4 cortijos, y 2 cas.: el TERRENO es de buena calidad, y se halla destinado una parte á la siembra de granos, plantío de viñas, algunas huertas y árboles frutales, con cuyos prod. se abastece el pais; otra para plantío de olivos, que son muy superiores, y lo demas para pastos de ganados: el r. *Guadalen* divide el térm. por el O., y por el E. el *Guadalimar*; las labores se hacen con ganado mular y vacuno: los CAMINOS, incluso el que pasa inmediato al pueblo para Valencia, son de herradura, y se hallan en mal estado: la CORRESPONDENCIA se recibe en la Carolina por 1 balijero los miércoles y lúnes, y sale en los mismos dias: PROD. mucho aceite, algunos granos, vino, hortalizas, frutas, ganado vacuno, lanar, cabrío y de cerda; abundante caza de conejos, liebres, perdices, jabalies y venados; y pesca de peces y anguilas: POBL.: 132 vec., 516 hab., dedicados á la agricultura y arriería; hay 1 molino harinero y 4 de aceite; 2 de estos con 4 prensas cada uno, y los demas con 2 y con 1; los vec. se proveen de la Carolina y Linares de las ropas que necesitan, y en la loma de Ubeda de vino y licores: CAP. PROD: 569,350 rs.: IMP. 21,281 rs.: importe de los consumos 5,979 rs.: CONTR.: 29,930 rs: El PRESUPUESTO MUNICIPAL ordinario asciende á 15,000 rs., y se cubre con el prod. de propios y arbitrios que consisten en varias deh., pastos y algunos edificios que se adjudicaron, cuando se sometió la pobl. en fuero comun.

ARQUILLOS: desp. y cortijo en la prov. de Cádiz, part. jud. y térm. de *Jeréz* (V.).

ARS: l. en la prov. de Lérida (22 leg.), part. jud., adm. de rent. dióc. y oficialato mayor de Seo de Urgel (2), aud. terr. y c. g. de Cataluña (Barcelona 28 1/2): SIT. á la der. de los r. *Segre* y *Balira*, en la falda de un elevado cerro, donde le combaten principalmente los vientos del S. y O.; su CLIMA es poco saludable, pues bien por la escasez de los alimentos, mala calidad de las aguas, escesivo trabajo, ó por otra causa, lo cierto es, que se desarrollan con frecuencia fiebres inflamatorias, é hidropesías. Forma ayunt. con el l. de San Juan de Ministrell, residiendo 2 concejales en cada uno de estos pueblos. Tiene 21 CASAS; 1 igl. parr., dedicada á San Martin, cuya fiesta, como patron, se celebra el 11 de noviembre; sirve el culto 1 cura llamado rector, cuya plaza, que es de entrada, provée S. M. ó el diocesano, segun los meses en que vaca, y prévia oposicion en concurso general; y 1 capilla abierta al culto público, la que ninguna particularidad ofrece. Confina el TÉRM., unido al de San Juan, por N. con los de Civis y Argolell, por E. con el de Arcabell, por S. con el de Anserall y montaña de Cogull, y por O. con esta misma montaña. El TERRENO escabroso y de mediana calidad abraza 500 jornales de sembradura: PROD. centeno, cebada, patatas, legumbres y pastos, con los cuales sostiene ganado vacuno, de cerda, mular, lanar y cabrío: POBL.: 21 vec., 180 alm.: CAP. IMP.: 21,745: CONTR. 2,195 rs. y 3 maravedis.

ARSA: ant. c. de la Beturia, segun Plinio: Ptolomeo la cuenta entre las turdetanas; con frecuencia sucede en este geógrafo cambiarse las c. de region, cuando son limítrofes. Generalmente se reduce *Arsa* á *Azuaga*, donde se halló la inscripcion copiada por Masdeu en su coleccion, tomo 6 pág. 71.

ARSACENSE; gentilicio de la c. de *Arsacia* (V.).

ARSACIA; c. de la España ant., cuya existencia consta solo por 2 inscripciones encontradas cerca del pueblo de *Cea* en Galicia, prov. de Orense, las cuales han conservado su gentilicio en esta forma:

Primera.

CLAUDIÆ. MARCELINÆ
F. DIVI. CLAUD. AUG.
CIVITAS. MAIOR. ARSACENS.
ULT. GALLECIÆ.

Segunda.

CIVITAS. ET. MUNICIPIUM
ARSACENS. P. C. H. ULT.
CLAUD..... MARCELLO
F. CLAUD. MARII
V. CONS. D. D.

Cean reduce esta c. al mismo sitio donde aparecieron las inscripciones; pero entonces no puede acertarse con el significado de la abreviatura *últ.* que parece ser *última*, no conviniendo este dictado á una c. que existiese en *Cea*, pues á su O. y hasta la orilla del mar habia otras que por mas occidentales debian con mas propiedad llamarse últimas.

ARSE: c. edetana mencionada por Ptolomeo. Cortés conjetura con bastante fundamento ser los hab. de esta c. los *Larneuses*, que nombra Plinio en el conv. jurídico cesaraugustano; formándose aquel gentilicio de *Arienses*, que escrito con aspiracion es *Harsenses* (de donde facilmente *Larnenses*) ó *Iarzeuses*, cuyo nombre conviene al órden alfabético que el naturalista se propuso al nombrar las c., repugnando desde luego por el contrario la colocacion de la voz *Laruenses* ó con mas probabilidad su ortografía. El nombre *Harsi* por metatesis produce el de la actual v. de *Hijar* con una lijera bariante, y es la correspondencia que el mismo Sr. Cortés la asigna (V. HIJAR).

ARSEGUEL: riach. en la prov. de Lérida, part. jud. de Seo de Urgel, el cual nace en las altas montañas de Cadí, baja por entre barrancos, y durante su curso de 1 1/2 leg. fertiliza unos pocos prados, en los térm. de Ansobell, Caba y Arseguel, y á 1/2 hora de este último pueblo confluye en el *Segre*, teniendo en sus inmediaciones un pequeño puente de piedra, bastante malo, que sirve para la comunicacion de los l. limítrofes. Ordinariamente es de escaso caudal, pero al derretirse las copiosas nieves de las indicadas montañas adquiere considerable aumento; sus aguas son buenas para beber, y crian escelentes truchas.

ARSEGUEL: l. con ayunt. en la prov. de Lérida (22 leg.), part. jud., adm. de rent., dióc. y oficialato mayor de Seo de Urgel (2), aud. terr. y c. g. de Cataluña (Barcelona 25): SIT. á la izq. del r. *Segre*, y al pie de una montaña, donde le combaten principalmente los vientos del N. y E.; y el CLIMA es propenso á tabardillos y calenturas agudas. Tiene 65 CASAS; 1 igl. parr., dedicada á Sta. Coloma, cuya fiesta se celebra el 31 de diciembre. Confina el TÉRM. por N. con los de Bescarán y Castellnou, por E. con el de Toloriu, por S. con los de Ansobell y Caba, y por O. con el de Vilanoba de Banat, estendiéndose en todas direcciones 1/2 hora, poco mas ó menos. Dist. otra 1/2 hora del pueblo hay 1 antiguo puente de piedra de 3 arcos, sobre el mencionodo r. Segre, el cual se halla bien conservado, y sirve para continuar el camino que desde Urgel dirige á Puigcerda; y cerca de este sitio hay 1 fuente de agua termal, compuesta de ácido cárbonico, magnesia, hierro y un poco de sulfato de cal, cuyos efectos son maravillosos especialmente en las opilaciones, encontrándose á 1/4 de hora de esta fuente los baños sulfurosos, llamados de San Vicens. El TERRENO es montuoso y desigual; abraza 1,650 jornales, de los que hay destinados á cultivo unos 240; y de estos se riegan 110 con las aguas del riach., llamado *Arseguel* (V.), encontrándose los 130 restantes plantados de viñedo: PROD.: trigo, centeno, cebada, legumbres, patatas, hortaliza, frutas, especialmente esquisitas cerezas; pastos, madera de construccion y leña para combustible; sostiene ganado vacuno, mular, de cerda, lanar y cabrío; hay caza de varias clases, y pesca de truchas en el indicado riach.: POBL.: 39 vec., 223 alm.: CAP. IMP. 34,853 rs.: CONTR. 3,703 rs. 8 mrs.

ARSI ó ANCI, como se lee en el anónimo de Rávena, es la *Arse* de Ptolomeo (V.).

ARSSENSES: sin duda se escribieron así en Plinio los hab. de la c. *Arse*, mencionada por Ptolomeo, y despues añadida la *i*, y unidas las dos *ss*, formando una *n*, resultó *Iarnenses*, y de aquí el nombre bárbaro *Larnenses*, que se lee en el testo de este naturalista.

ARSUAGA: barriada en la prov. de Vizcaya, part. jud. de Durango y anteigl. de *Ceanuri*: tiene 1 ermita (San Juan Bautista): POBL. 53 vec. y 218 almas.

ARTA: barrio en la prov. de Vizcaya, ayunt. y anteig. de *Cenarruza*.

ARTA: bahia de la isla, tercio y provincia marít. de Mallorca, apostadero de Cartagena, distr. de Alcudia: SIT. al E. de la isla y á 5/4 de leg. de dist. al E. y S. de la v. que le da nombre. La forma el cabo llamada del Ratx ó del Rache, y la punta de Amer dist. uno de otro 4 millas. El cabo del Ratx es mas bajo, pero del mismo color oscuro que el cabo Bermejo, entre los que se hace ensenada y 1 cala denominada de Caña-miel, con buen fondeadero para barcos chicos, y abrigo de los vientos del 4.° cuadrante. La punta de Amer es baja y saliente con 1 cast. del mismo nombre bastante desviado de su estremo; el espacio intermedio entre el cabo y la punta espresados, que constituye la bahia, tiene en su senosidad que es de tierra baja, unos escollos que forman á Part Vey, de poco fondo y de ningun abrigo con los vientos del segundo y tercer cuadrante. Al N. de la punta de Amer hay buen fondeadero para toda clase de embarcaciones, su fondo de arena de 10 hasta 15 brazas, y buen tenedero con abrigo de vientos de SO al NO., y la ventaja de que aun cuando entre pronto el viento de travesía, pueden hacerse á la vela y tomar la vuelta del N., si se duda montar de la del S., la punta de Amer.

ARTA: v. de la isla de Mallorca, prov., aud. terr. y c. g. de las Baleares, part. jud. de Manacor (4 leg.), dióc. de Palma (13 1/4): SIT. no lejos de la playa del mar en la falda de 1 cerro dominado por otros de mayor altura, que prolongándose hácia el E. van á formar la punta ó cabo llamado Cap de Pera, defendido por 1 cast. guarnecido de artilleria de grueso calibre: combátenla principalmente los vientos del N. y E. que con su benéfica influencia constituyen un CLIMA de lo mas sano. Cuenta 1323 CASAS de regular construccion, con mas la municipal bastante buena; las calles son cómodas á pesar de estar en declive, y espaciosas y bien configuradas sus plazas. Hay 1 escuela de instruccion primaria elemental, y otra de niñas, en la que ademas de las labores propias de su sexo, se enseñan las primeras letras; ambas bien concurridas y dotadas por los fondos del comun: 1 igl. parr. bajo la advocacion de Ntra. Sra. y San Salvador, servida por 1 vicario perpetuo, 2 tenientes, 13 beneficiados, 6 sacerdotes ordenados á título de patrimonio adscritos á ella sin especial obligacion, 1 sacristan lego y 2 monacillos: el curato es de segundo ascenso y se provee por S. M. ó el diocesano, prévia oposicion en concurso general: en el dia hallándose alejado de su igl. por disposicion del Gobierno el que la servia en propiedad, lo hace uno de los beneficiados en concepto de económo; vaca tambien 1 vicaria, y algunos de los beneficios. Hay ademas hasta 16 capillas en los prédios y casas de campo, y 1 casa con su igl. que fué conv. del órden de menores observantes de San Francisco. Confina el TÉRM. por N. y E. con el mar, por S. con el de Manacor, y por O. con los de Sta. Margarita y Petra, estendiéndose 2 1/2 leg., poco mas ó menos. En este radio se encuentran: 190 predios y 180 casas de campo, muchas de ellas de la mejor construccion, y con todas las comodidades, como que sirven de recreo á los grandes propietarios; la punta de Fon de la Cala, cabo Bermejo, cabo Raita, el puerto de Vey, la bahia de Arta, y la punta de Amer. El TERRENO es de buena calidad y muy feraz para todo género de simientes y plantios, y abundante de aguas de riego que se toman de las muchas fuentes que brotan en diferentes puntos, las cuales dan tambien movimiento á las ruedas de algunos molinos harineros. Las colinas ó montañas que, como se dijo, dominan la pobl., ofrecen los puntos de vista mas pintorescos, estan cubiertos en sus faldas y cimas de árboles de diferentes especies, muchos de ellos útiles hasta para la construccion naval, de arbustos y mata baja, de plantas aromáticas y medicinales, y de sustanciosas yerbas de pasto; por entre medio de las espesuras y en los puntos mas culminantes descuellan multitud de capillitas, ermitas, algunas barracas, y las ruinas de un ant. cast. obra de los árabes. Tambien se encuentran en estos cerros muchas maderas fosiles, canteras de tierra de pipo, y de piedra de una clase la mas especial para ruejos de molino; pero lo que llama mas la atencion y es digno de visitarse por las bellezas naturales que encierra, es la cueva que ocupa el hueco de la montaña en cuya cima se ve la torre de Moscot, dist. 2 leg. al SE. de la pobl. Entre varios salones divididos por columnas ó por otros restos de cristalizaciones, ostenta en ella la naturaleza uno de sus mas prodigiosos elaboratorios: cuerpos regulares de arquitectura, columnas de diferentes órdenes, arcos, cornisas, relieves y otros adornos de gusto y varios géneros son los preciosos objetos que alli compone y levanta el agua con la formacion continua de estaláctitas que suspenden y arrebatan al menos sensible observador. El tránsito á la cueva desde la orilla del mar es una pendiente por la ladera de la montaña y sin mas espacio para el paso que una estrechísima senda, siempre desmejorada y casi perdida en tiempo de aguas: con el bosque á la izq. y á la der. el monte; la entrada de la cueva tiene la figura de una albarda y la misma sigue por el interior. Para penetrar en los primeros salones, es preciso franquear 2 precipicios donde la calidad verdadera del obstáculo unida á la silenciosa lobreguez que alli reina, inspira horror al mas osado. Pasado este vestibulo se recorren sin embarazo todas las piezas de la gruta, pero el piso escabroso y á veces obstruido por los fragmentos de la cristalizacion y la oscuridad, precisan á ir acompañado de 2 ó 3 manojos de teas y algunos prácticos. Con este auxilio se ve como el agua que se infiltra va formando este ú otro sólido que se levanta poco á poco; y escritos en diferentes puntos los nombres de algunos viajeros que han penetrado en aquel laberinto. Casi en el centro de la cueva hay 1 balsita de agua líquida que se bebe con mucho gusto, y en el estremo de los salones una altisima y corpulenta columna con las incrustaciones y labores mas preciosas. Debajo de esta primera cueva hay otra que llaman el Infierno, por su hondura y oscuridad, en la cual se hallan las mismas columnas, los mismos grupos, y las mismas obras prodigiosas que en la superior, sin otra diferencia que la de conservarse mas blancas y cristalinas que aquellas por no haber penetrado alli con tanta frecuencia las teas y hachones de los viajeros: PROD. trigo candeal y comun, cebada, avena, vino, aceite, habas, garbanzos, judias, guijas, cáñamo, hortalizas, frutas, ganado lanar, cabrio, vacuno y de cerda: IND. molinos harineros, telares de lienzos ordinarios, y sayales de lana: fáb. de aguardiente, 2 tintes, 4 caleras, 1 tejar, pesca de mar y elaboracion de varios artefactos de palmitos: COMERCIO: frutos sobrantes y lienzos: POBL. 890 vec. 4,001 alm.: CAP. IMP.: 393,549 rs.: CONTR.: 40,533 rs. 20 mrs.

ARTABRI: Estrabon dijo haberse llamado Artabros los que en su tiempo se decian *Arrotrebas*, espresando tener muchas c. vecinas de las suyas, en un seno llamado por los navegantes *puerto de los artabros*: *Habent Artabri complures urbes, sitasj uxta sese in sinu, quem qui eo navigant, Artabrorum Portus apellant*.. (lib. 3 pág. 154). Mela nombró tambien á los *artabros* muy acorde con Estrobon, describiendo tan circunstanciadamente este seno, que no deja dudar ser el golfo del Ferrol: *In Artabris*, dice, *sinus ore augusto admissum mare non angusto ambitu excipiens Lambricam urbem et quatuor amnium ostiæ cingit*... Espresa aun ser los *Nerios* los últimos de la linea que forma el O. de España (los de *Finisterre*), y los primeros en la set. los *artabros*; indicando asi claramente á los de la *Coruña* y *Ferrol*. Plinio los coloca en el mismo sitio sobre el promontorio *celtico*, aunque respecto á su nombre se opone á la doctrina de Estrabon, y reprende á los que les llamaron *artabros*, de cuya denominacion, dice, no haber existido nacion alguna: *Gens Artabrum quæ numquam fuit: Arrotrebas enim, quos ante celticum diximus promontorium hoc in loco possuere manifesto errore, litteris permutatis*. No alcanzamos la razon que tuviera Plinio para espresarse de este modo. Cortés discurre que siendo los *ártabros* y los *arrotrebas* una misma gente, se adoptó aquel nombre, como mas suave en el lenguage usual y quedó este para los libros. Ptolomeo menciona el *puerto de los ártabros* colocándolo 20, que son 6 leg. españolas al N. del Tambre. Silio Itálico nombra á los *ártabros* entre las naciones que dice componian el ejército de Anibal. Estendianse, segun Plinio, desde los *Nerios* hasta los *Ladonios*, esto es, desde *Cabo Villano* hasta la v. de *Illano*, que es la *Iadonia*. Plinio reprendió con razon á los que colocaron en Lisboa el *promontorio ártabro*, confundiéndolo con el *Magno* ú *Olisiponense*. El docto Campomanes, en su Periplo de Hannon, fundado en la autoridad del P. Sarmiento, colocó el *puerto de los ártabros* en el que hoy se llama *Muros* ó *Corcubion* (p. 44).

ARTABRO (PROMONTORIO): puede el testo de Plinio (*lib. 4, cap* 21) que Salmasio en sus *Exercitationes*, califica de manifiesto error, inducir en el de suponer este promontorio junto á Lisboa, á pesar del mucho trabajo que ha costado á aquel gran filólogo y á los laboriosos y no menos esclarecidos Pinciano, Casanbon, Resende y Harduino; pero ilustrado por el erúdito Cortés y Lopez en el aparato á su diccionario de la España ant., no puede ya desconocerse el cabo *Finisterre*, en la descripcion que hace el naturalista del promontorio *ártabro*, despues de corregir los errores de los que dieron este nombre al que dice abrazarse desde *Ebora*; confundiéndolo con el *Magno*. El *ártabro*, dice Plinio, forma la division de las tierras, de los mares y del cielo: en él coloca al fin del costado set. de la España, y el principio del occidental: allá el Océano gállico y el O. estival ó de verano; aqui el Océano atlántico y el O. hiemal ó de invierno; verificándose asi en él la distincion de la tierra, de los mares y de los cielos: *terras, maria, cœlum disterminans*. El mismo distinguidisimo escritor (*lib. 2. cap*. 108) hablando de las medidas de la tierra, dice, que desde Cádiz, dada la vuelta al promontorio *Sacro* hasta el *Artabro*, cuya estension constituye á lo largo la frente de la España, habia 891 centenares de millas. Los *artabros*, segun Mela, estaban en el ángulo formado por las lineas occidental y set. siendo los primeros en esta costa: *In eá primum Artabri sunt, etiam nam Celticæ gentis* (lib. 3 cap. 1). Todo persuade ser el promontorio *ártabro* el cabo Finisterre, donde todo asi se verifica; siendo tambien el mismo el llamado *Celtico* y *Nerio*.

ARTABRO (PUERTO): Ptolomeo menciona el puerto de los *ártabros*, colocándolo 10 minutos debajo del promontorio del mismo nombre ó *Nerio* (*Finisterræ*); corresponde asi en todo rigor á *Corcubion*, como opinó Campomanes (V. ARTABRI). Nuñez creyó ser el puerto *Ebora*, mencionado por Mela sobre el Tambre, el mismo que el *Artabro* de Ptolomeo.

ARTABROS: (V. ARTABRI).

ARTACOZ ó ARTAZCOZ: l. con ayunt. de la cend. de Olza, en la prov., aud. terr. y c. g. de Navarra merind., part, jud. y dióc. de Pamplona (1 1/2 leg.), arciprestazgo de la Cuenca: SIT. á la der. del r. *Burunda ó Asiain* en un llano dist. 1 1/2 leg. de la sierra llamada *Sarvil*: combátenle todos los vientos, y el CLIMA es muy saludable. Tiene 30 CASAS, la municipal, escuela de primeras letras dotada con 1,300 rs. anuales, á la que asisten 34 niños de ambos sexos, y 1 igl. parr. bajo la advocacion de San Martin, servida por 1 cura párroco. Confina el TÉRM. por N. con el de Asiain (1/4.) de leg., por E. con el de Ororbia (1/2), por S. con el de Izcue (6 minutos), y por O. con el de Azanza (2 leg.). El TERRENO es de buena calidad; le fertiliza en parte el mencionado r., sobre el cual hay 1 puente, sirviendo tambien sus aguas para el consumo doméstico de los vec. y para dar impulso á 1 molino harinero: PROD. gran cantidad de trigo, bastante cebada, maiz, legumbres y hortalizas; sostiene ganado vacuno, de lana y cabrio; hay caza de varias especies, y pesca de anguilas y otros peces menudos: POBL. 30 vec., 172 alm.: CONTR. con la cendea.

ARTADI: l. en la prov. de Guipúzcoa (5 leg. á Tolosa), dió. de Pamplona (15), part. jud. de Azpeitia (2), y ayunt. de *Zumaya* (V.): SIT. á la orilla der. del *Uroia*, con CLIMA templado y sano; cuenta entre sus pocas casas, las solares y armeras de Arteaga, Doruntegui, Gorostiaga y otras: su ant. igl. parr. (San Miguel), está servida por 1 cura presentado por los vec.: el TÉRM. confina por N. con Asquizu y Guetaria, por S. y O. con los valles de Oquina y Elorriaga: el TERRENO es fértil con mucho arbolado y algun viñedo: PROD. maiz, trigo, varias legumbres, frutas y hortaliza: cria mucho ganado, bastante caza, y disfruta de abundante y buena pesca: POBL. 17 vec., 112 almas.

ARTAIZ ó ARTEIZ: l. del valle y ayunt. de Unciti, en la prov., aud. terr. y c. g. de Navarra, merind. de Sangüensa, part. jud. de Aoiz (1 1/2 leg.), dióc. de Pamplona (3), arciprestazgo de Ibargoiti: SIT. en 1 llano con libre ventilacion y CLIMA muy saludable. Tiene 22 CASAS, 1 palacio de cabo de armería con su torre fuerte, escuela de primeras letras dotada con 800 rs. anuales, á la que asisten 17 niños de ambos sexos; y 1 igl. parr. dedicada á San Martin, servida por 1 cura párroco. Las aguas que aprovecha el vecindario, son conducidas por 1 cañería desde 1 fuente que nace en el monte hácia el S. del TÉRM.; confina éste por N. con el de Mendinueta (1/4 leg.) por E. con el de Zuaza (1/2), por S. con el de Alzorriz (3/4), y por O. con el de Unciti (1/2). El TERRENO participa de monte y llano, y abraza 800 robadas, de las cuales se cultivan 600; de estas hay 40 de primera calidad, 300 de segunda y 260 de tercera. Las tierras de primera y segunda clase se dejan descansar por 1 año, y las de tercera por 2 ó mas; entre las de labor se cuentan 140 peonadas de viña, y 30 robadas propias del l., cuyo prod. se invierte en los gastos municipales. Tambien hay 200 de tierra baldias, en las que, y en el bosque y 2 prados, pastan los ganados: PROD.: trigo, cebada, maiz, legumbres, vino, verduras, lino y cáñamo; cria ganado mular, vacuno, de lana y cabrio; y hay caza de varias clases: POBL. 23 vec., 120 alm.: CONTR. con el valle.

ARTAJ ó ARTAX: ald. en la prov. de Valencia, part. jud. de Villar del Arzobispo, térm. jurisd. de *Andilla* (V.). Anteriormente tenia 1 sola casa, pero sucesivamente se han construido otras, y formado 1 pequeña pobl., donde hay 1 ermita, dedicada á Sta. Paula, y sostenida á espensas de los labradores.

ARTAJO: l. del valle, ayunt. y arciprestazgo de Longuida en la prov., aud. terr. y c. g. de Navarra, part. jud. de Aoiz (2 1/2 leg.), merind. de Sangüesa, dióc. de Pamplona (4): SIT. en un llano á la márg. izq. del r. *Irati*; combátenle todos los vientos, especialmente los del N., y disfruta de CLIMA saludable. Tiene 24 CASAS, 1 escuela de primeras letras, dotada con 1,280 rs., á la que acuden sobre 19 niños de ambos sexos; 1 igl. parr., bajo la advocacion de Ntra. Sra. de la Asuncion, servida por 1 abad; y 1 ermita dedicada á San Pedro Mártir. Confina el TÉRM. por N. con los de Uli; por E. con el de Sansoain; por S. con el de Grez, y por O. con los de Murillo y Larrangoz; todos á 1/2 leg. El TERRENO es de buena calidad, fertilizado en gran parte por las aguas del mencionado r. Irati, las que ademas dan impulso á 1 molino harinero, cerca del cual hay 1 barca: y sirven á los hab. para los usos domésticos. Los CAMINOS, bastante malos en invierno por razon de las aguas que corren por ellos, son locales y conducen á Aoiz, Lumbier, Sangüesa, Pamplona y Urroz. La CORRESPONDENCIA la recibe por balijero de la cap. del part., los lúnes y juéves por la noche, y sale los propios dias al amanecer: PROD. trigo, cebada, maiz, avena, giron y vino; cria ganado lanar y vacuno, hay caza de codornices, liebres, perdices, y á su tiempo de ánades: y pesca de barbos, madrillas y anguilas: POBL. 24 vec., 146 alm.: CONTR. con el Valle.

ARTAJONA: v. con ayunt. en la prov., aud. terr. y c. g. de Navarra, merind. de Olite, part. jud. de Tafalla (2 leg.), dióc. de Pamplona (5), arciprestazgo de la Ribera.

SITUACION Y CLIMA. Se halla sit. en cuesta, formando 2 grupos, de los cuales uno existe en la parte superior, llamado el *Cerco* por estar rodeado de murallas flanqueadas por 12 torres con 3 portales que facilitaban la entrada, y el otro ocupa la mas baja con el nombre de *Arrabal*; la combaten todos los vientos menos el del E.; y su CLIMA es templado y muy saludable, sin conocerse otras enfermedades comunes que algunas inflamatorias y de carácter benigno.

INTERIOR DE LA POBLACION Y SUS AFUERAS. Tiene 376 CASAS: la de ayunt., que es magnífica y espaciosa, 2 cárceles públicas, carniceria, repeso, 2 posadas, 1 hospital para enfermos pobres, sostenido con limosnas del vecindario, 2 escuelas de primera educacion, una de ellas dotada con 3,154 rs. anuales en frutos y metálico, á la que asisten 35 niños; y la segunda frecuentada por 92, cuyo maestro, ó sea ayudante del de la primera, percibe 1,460 rs. tambien anuales; otra escuela á la que concurren 136 niñas, y su maestra se halla dotada con 1,914 rs. en frutos y dinero: y 1 igl. parr. bajo la advocacion de San Saturnino, servida por 1 cabildo compuesto de cura párroco, 10 beneficiados enteros y 3 medios, con el competente número de subalternos; el edificio es de fáb. ant. y consta de 1 sola nave bastante espaciosa; estuvo dedicado á la Espectacion de Ntra. Sra. hasta que en 12 de noviembre de 1126, cuando fué consagrada esta igl. por los ob. Sancho, de Pamplona, Arnaldo, de Carcasona, y Miguel, de Tarazona, adquirió el título de San Saturnino, cuya efigie se ve colocada en el centro del altar mayor; por varios papeles del archivo parr. consta que dicho Santo predicó en ella, y efectivamente se conserva el púlpito que es muy grande y tosco; fué esta parr. dignidad prioral del ob. de Pamplona, hasta que D. Pedro de Roda, natural de Tolosa de Francia, que ocupó la silla desde 1084, la cedió á la igl. de su patria con la cuarta de los diezmos, réditos y derechos que pertenenian al ob. de Pamplona. Residieron en esta v. los priores nombrados por la igl. de Tolosa hasta el año 1536, en que habiendo ocurrido varias diferencias, otorgaron concordia que fué aprobada por el Papa, por la cual se estinguió el priorato, se agregaron sus rent. á aquella igl., y cedió á la de Artajona otros derechos: transcurridos algunos años, permutó las rent. del priorato con la real casa de Roncesvalles, la cual dió á la de Tolosa otras que poseia en Francia; se esceptuaron no obstante algunas cosas relativas al nombramiento de cura párroco primiciero, y otros emolumentos, entre los que merece notarse por su singularidad el siguiente: la igl. de Roncesvalles pagaba anualmente al cabildo ecl. y secular de Artajona cierta cantidad de vino del que percibia por razon de diezmos hasta la estincion de estos; y era costumbre no interrumpida que el alc. y regidores acompañados del párroco y escribano de ayunt., pasasen á la bodega en donde estaba el vino de la décima, cataban todas las cubas, y elegian la que mejor les parecia, para que de ella se les pagase el derecho acostumbrado; este reconocimiento, del cual se testificaba acto por el notario, se realizaba despues de cantadas las vísperas del 28 de noviembre, sin que hasta dicho dia pudiesen los canónigos de Roncesvalles estraer vino de las cubas. Hay tambien otra igl. dedicada á San Pedro Apóstol, la que sirve de ayuda de parr., 3 ermitas tituladas San Miguel, San Bartolomé y Nuestra Sra. de la Blanca, las que se hallan casi arruinadas; y no lejos de la v. 1 basilica ó santuario con el nombre de Nuestra Sra. de Jerusalen, servido por 1 capellan, que ademas tiene obligacion de enseñar gramática latina; el edificio es magnífico, y contiene ademas del templo 2 habitaciones para hospedar cómodamente á los muchos devotos que van á venerar á la Sta. Imágen, cuya festividad se celebra con gran pompa el 8 de setiembre; aquella es como de 1 tercia y está sentada en 1 silla de brazos con el Niño en las rodillas, ambos con coronas reales, y el tamaño y hechura son iguales á la de Ntra. Sra. del Sagrario de Toledo; el asiento de la silla forma 1 cajon, dentro del cual hay 1 cajita de plata que contiene, segun dicen, porcion de tierra del Sto. Sepulcro, y 1 pergamino de 1 cuarta de ancho y poco mas de 3 dedos de largo que dice asi: *Gutufre bullonii res jerosolimitani dinisimus datum myqui Saturnini lastter artajonis terra regis jspanie capitanis diletus in conquistam oc figuram marie cum jesus qui feci nicodemus discipuli xpi et terra sepulcrum santi ani. U.X. C. IX. in jerosolima*: por el contenido de esta escritura se cree comunmente que Saturnino Lasterra, natural de Artajona estuvo en la conquista de Jerusalen, como capitan de las tropas de D. Ramiro, infante de Navarra, y que Godofredo de Boullon le regaló en premio de sus servicios porcion de tierra del Sto. Sepulcro y 1 Lignum Crucis muy precioso que se conserva en la igl. parr.; el carácter de la letra y números, el pergamino y estilo de la escritura, demuestran claramente que son muchos siglos posteriores al XI, en que se dice hecha la donacion; en los primeros tiempos se llamó dicha Imágen Ntra. Sra. del Olivo, por hallarse el santuario en 1 olivar del referido Saturnino Lasterra, y desde el año 1614 en que la visitó el ob. Sandoval, se titula Ntra. Sra. de Jerusalen. Para surtido del vecindario hay varias fuentes, cuyas aguas son de mediana calidad, pero muy abundantes.

TÉRMINO. Confina por N. con el de Añorbe (1 leg.), por E. con los de Tafalla y Barasoain (igual dist.), por S. con los de Larraga y Bervinzana (3/4), y por O. con el de Mendigorria (1/2); y forma 1 círculo casi perfecto que tirado por las mugas de Tafalla, y seguido por las de los demas pueblos, vuelve á las de dicha c.: el punto céntrico es la v. y su rádio puede conceptuarse de 3/4 de leg. poco mas ó menos en todas direcciones, y á proporcion que se avanza hácia los confines va elevándose suavemente el terreno, de modo que todas las aguas llovedizas de la jurisd. vienen á reunírse, y corren por la parte de Larraga, que es la mas baja, á incorporarse en el r. *Arga*. Por el lado de Añorbe, Barasoain, Gariñoain y Tafalla hay 1 monte robledal de 3/4 de leg. de largo y 1/2 de ancho, el que por los años 1725 á 1730 fué destruido por un incendio, de cuyas resultas jamás toman cuerpo los árboles, viéndose únicamente vástagos producidos por las raices que no consumió el fuego; actualmente se halla muy despoblado y reducido á algunas cortas porciones en 4 barrancadas que suben hasta los lím. de dichos pueblos, y en estas barrancadas, especialmente en la parte mas próxima á la v., se reconocen vestigios y señales de heredades ant. Al principio del referido monte, tocando á las mugas de Añorbe, hay gran porcion de terreno cubierto de maleza sin árbol alguno, lleno tambien de señales de heredades; y asi continua con pequeñas diferencias por las demas estremidades del indicado círculo.

Calidad y circunstancias del terreno. Es bastante fértil: se cultivan anualmente en todo género de labor de 24 á 25,000 robadas de tierra, sin contar otras 8 á 9,000 que se preparan para la siembra de granos de año y vez; su calidad es igual con corta diferencia, pues que en todas partes se encuentra la misma clase de tierra á propósito para viñedo y cereales; asi es que en todo el térm. se ven interpoladas las vides con los sembrados, y no se atiende mas que á la comodidad de los labradores y vec. en reunir las labores de una misma especie. Hay plantadas de viña de 15 á 16,000 robadas, contando la parte que ocupan los olivos, que generalmente estan rodeando las heredades, de los cuales habrá unos 30,000 pies. La parte inculta presta abundantes y esquisitos pastos para toda clase de ganados; los bosques de maleza, á pesar de su deterioro por el mencionado incendio, podrian mejorarse cuando menos en leñas, ya que no se procure poblarlos mas de lo que estan, lo cual se lograria impidiendo el corte de los pies tiernos, y evitando que los vec. de los pueblos inmediatos hagan leña en ellos por negligencia ó soborno de los guardas. No obstante que hay suficientes aguas potables, tanto de las mencionadas fuentes, como de 1 arroyo que cruza por el S. del térm., no aprovechan para el riego por la desigualdad del terreno; en el estio escasean hasta el punto de verse precisados los vec. á conducir sus ganados á abrevar en el r. *Arga*, en la jurisd. de Larraga.

Caminos y correos. Ademas de los caminos locales, hay uno carretil, construido á espensas de la v., que va hasta el monte de Muruarte de Reta, en cuyo punto enlaza con la carretera de Pamplona á Tafalla, y se encuentra en buen estado: la correspondencia se recibe de la última c. por medio de 1 balijero que llega y sale los lúnes, miércoles y sábados.

Producciones. Cosecha anualmente 19,000 robos de trigo, 11,000 de cebada, 7,000 de avena, 3,000 de aceituna, 30,000 cargas de uva que rinden unos 300,000 cántaros de vino de buena calidad; tambien se coge algun maiz y habas, única legumbre de este térm.: cria ganado mular, vacuno, lanar y cabrio: hay caza mayor y menor, con bastantes animales dañinos; y pesca de pocas, pero sabrosas anguilas.

Industria y comercio. Sin contar la agricultura que es la principal ocupacion de los hab., tiene esta v. 1 molino harinero en el térm. de la de Larraga, 1 fáb. de aguardiente, perteneciente á propios, otras 5 de dominio particular, y 4 molinos de aceite, dedicándose tambien los vec. á la carretería y trasporte: el comercio consiste especialmente en la esportacion de vino, aceite, aguardiente y algunos granos, é importacion de géneros de vestir, coloniales y ultramarinos.

Poblacion y riqueza. Segun los datos oficiales tiene 460 vec. 1,911 alm.: y de riqueza prod. 864,238 rs.: ascendiendo el presupuesto municipal, conforme á noticias particulares, á 66,145 rs., el cual se cubre con el prod. de varias fincas de propios, de algunos arbitrios, y lo que falta por reparto entre los vecinos.

Historia. Antiguamente fué pobl. de 900 vec. como consta de varios documentos de su archivo, lo convencen las muchas ruinas de edificios, y la costumbre de hacer todos los años 1 procesion llevando á San Bernardino de Sena en su dia 20 de mayo al rededor de la v. por el circuito que ocupaban las casas hoy arruinadas. A dicho Santo eligió la v. por patrono, porque á intercesion suya se apaciguó una terrible peste de que fué victima el pueblo en tiempos remotos. Por un privilegio de doña Leonor, infanta de Aragon y Navarra y gobernadora de este reino, despachado á 15 de mayo de 1464, consta que apenas tenia Artajona 50 vec. por haber padecido grandes males y daños con las frecuentes guerras; y en consideracion á esta decadencia, disminuyó la tasa de los cuarteles que debia pagar la v. Estuvo poseida por los moros hasta el año 1158 que la recuperó el rey D. Sancho el Sábio, cuyo suceso se señala por época en algunos documentos. En el mes de marzo de 1193 le concedió fuero particular y muchas mercedes y exenciones; y el rey D. Teobaldo II la libertó de homicidios casuales en 1296, por haber contribuido con 2,000 sueldos sachetes para la jornada ultramarina. Los reyes sucesores le otorgaron igualmente muchos privilegios en atencion á sus dilatados servicios. D. Cárlos III el Noble, á 28 de marzo de 1423, enterado de los que habia hecho al rey su padre, y habiendo pedido su hija doña Blanca que, á la entrada del infante D. Cárlos, primogénito del infante D. Juan de Aragon su marido, concediese algunas mercedes á este pueblo, lo hizo buena villa, y á sus vec. nobles infanzones; le dió por escudo de armas, cadenas de oro en campo azul, 1 encina á un lado y en el otro las cadenas con 1 banda y 1 corona de oro encima; le señalo su asiento en córtes despues de Tafalla, cuyo derecho disfrutaba en cuanto á la asistencia, pero no en cuanto al asiento, que lo tenia siempre muy postergado y protestaba siempre á las v. que le precedian; le dió ademas el fuero de la casa real de San Martin de Estella; mercado para el dia lunes; y que se sortease un solo sugeto para alc., al cual debia despachar el correspondiente título el virey de Navarra. El alc. y regidores conferian la escribania de ayunt. por privilegio del rey D. Felipe IV espedido en 1630, en consideracion al gracioso donativo con que le contribuyó la v. Los reyes Don Juan y Doña Catalina hicieron donacion de ella al conde de Lerin, condestable de Navarra, en 23 de enero de 1484, y habiendo representado los vec. sus ant. privilegios, revocaron la donacion pocos meses despues, y volvió á incorporarse á la corona en 29 de octubre del mismo año; el conde quiso sostener con las armas la merced que se le habia hecho, y en 1494 vino á la v. con gente armada, é intimó que le prestasen obediencia; los vec. se opusieron á la demanda, y viendo los ultrages y atropellamientos que cometia el condestable con el alc. nombrado por el rey, y las prisiones que hizo de algunos vec. llevándolos á sus cast. de Larraga, Mendavia y Dicastillo, acudieron á S. M., quien comisionó 2 capitanes suyos para que libertasen á Artajona de las invasiones que sufria; y en efecto, lo hicieron, y posesionaron de nuevo al alc. despojado por el condestable. Los sucesos de estos tiempos de los reyes católicos hasta su muerte, fueron muy notables en Navarra; en 1512, en que se incorporó dicho reino con el de Castilla, acudió la v. de Artajona á prestar juramento de fidelidad, y aunque no fué comprendida en la absolucion de los procedimientos y providencias dadas contra el condestable, que el rey católico hizo á su hijo y sucesor en el oficio, en 15 de julio de 1513, á fines de este año entró con gente armada en la v., y se apoderó violentamente de la jurisd. En 10 de marzo de 1520 confirmó el emperador Cárlos V á favor del condestable, las mercedes que el rey don Juan habia hecho á su padre; y por los años de 1551 se introdujo pleito entre la v. y el condestable, que despues de varios intervalos de tiempo, en 18 de diciembre de 1596 se sentenció, declarando ser Artajona villa realenga con jurisd. propia, como consta todo por menor de los papeles que hay en su archivo, de los cuales tenia copia la Academia de la Historia, por diligencia de D. Domingo Jacinto de Vera. Ademas de los privilegios citados, tiene el de celebrar por si sola las proclamaciones reales, á diferencia de las otras v. que deben acudir á la cab. de su merind., sobre cuyo privilegio siguió pleito, que perdió la c. de Olite.

ARTALIAS: el erudito geógrafo D. Miguel Cortés, ha conjeturado ser el nombre *Cartalias* compuesto, en el testo de Estrabon, de la conjuncion *Kay* y *Aretalias*, de cuya union traen varios ejemplos las gramáticas griegas, como *Kata* por *Kay eita*, *Kago* por *Kai Ego*: «de este mismo modo, dice en el testo de Estrabon, al referirse que no lejos de Sagunto se veian 3 c. *Oleastro*, *Chersoneso* y *Aretalias*, unida la conjuncion y con el nombre siguente, que comienza con vocal, se elidió la conjuncion, y se formó *Kartalias* por *Kay Artalias*.» Encontrando cerca de Sagunto la v. de *Artana* con ant. fortificacion romana, y un nombre del todo idéntico al de *Arctalia*, reduce á esta v. aquella ant. ciudad.

ARTANA: v. con ayunt. de la prov. y adm. de rent. de Castellon de la Plana (3 leg.), part. jud. de Villareal (2), aud. terr. y c. g. de Valencia (8): SIT. á la márg. der. de la rambla de su nombre, en la falda de un cerro aislado en el centro de la sierra de Espadan, que por todas partes le rodea, donde le baten principalmente los vientos del E. y del O.; su CLIMA es sano. Tiene 584 CASAS altas y con las comodidades que la vida agricola de los vec. reclama, distribuidas en calles anchas y limpias, empedradas algunas de ellas, y en 2 plazas llamadas la una del Mercado y de la Iglesia la otra. Hay 1 hospital para pobres transeuntes y enfermos del pueblo, muy escaso de rent., pero que cubre sin embargo los pocos gastos de su instituto con limosnas; 1 escuela de primeras letras dotada con 1,700 rs. anuales, á la cual concurren de 50 á 60 alumnos; otra de niñas, en la que ademas de las labores propias del sexo se enseñan las primeras letras á las 32 discípulas que generalmente la frecuentan, y 1 igl. parr. en el centro de la v. bajo la advocacion de San Juan Bautista, servida por 1 cura; el curato es de primer ascenso y se provee por S. M. ó el diócesano, previa oposicion en concurso general; el edificio de construccion ant. es bastante sólido, consta de 1 nave con su torre y varios altares. Fuera de la pobl. en parage ventilado se halla el cementerio, y en la cima del cerro cuya falda ocupa la pobl., se ven las ruinas de un ant. cast., cuya obra se cree era de los cartagineses, y la de 1 torre ochavada que tenia en el centro, de los romanos. Confina el TÉRM. por el N. con el de Berles, por S. con el de Alfondeguilla, por el E. con el de Villavieja, por el O. con el de Veo, estendiéndose una hora poco mas ó menos. En él se encuentra la ermita del Santo Cristo del Calvario, y la de Sta. Cristina, á dist. de 1/2 hora á la izq. de la rambla espresada; por debajo de las peñas que sirven de cimiento á la ermita, brota 1 fuente de agua cristalina de escelente calidad, y tan copiosa, que sobre abastecer á la pobl. sirve para el riego; como el sitio donde nace la fuente es bastante hondo, se levantó un muro circular para defenderle de las avenidas de la rambla; desde dicho círculo pasan las aguas á un canal que sigue hasta la v., piérdense algunas por el cáuce pedregoso de la rambla; pero se recogen luego por medio de una presa, y se aprovechan para regar las huertas mas bajas. Ademas hay otra fuente llamada de la Higuera que nace en el monte llamado de la Ombria, bastante elevado, cuya falda se halla cubierta de vides y de higueras, y otra titulada de la Granja que brota cerca de la anterior: ambas sirven para el riego, sin que sus aguas se utilicen por otros conceptos. En direccion del N. están las minas del Cinabrio en el punto llamado la Crueta; en diferentes épocas se ha principiado la esplotacion de ellas, pero se abandonaron á pesar que en el análisis científico que de órden del Gobierno se hizo en mayo de 1794, se encontraron los ventajosos resultados que siguen: 100 qq. docimásticos de mina de azogue 9 y 11/12 arsénico, y azufre 16, sustancia nueva desconocida 26 1/2, cobre 18 13/25, hierro 8 1/4, arcilla 3 1/2, plata 1/128, pérdida 8 677/4800. El TERRENO es montuoso, pero á pesar de esto se halla en cultivo todo él, escepto una cuarta parte que es absolutamente inútil; el secano hasta las cimas de las montañas está poblado de viñas, algarrobos y olivos, en tan crecido número, que forman bosques dilatados: la huerta de mas de 1,000 hanegadas de tierra, da todo género de simientes y cria abundantes frutas y muchas moreras, si bien insuficientes para la cria de gusanos de seda que prueba tan bien en este pais, que cada onza de simiente produce 10 y á veces hasta 12 libras de seda, por lo que compran la hoja que prod. Nules y otros pueblos inmediatos. Las aguas de las fuentes arriba mencionadas y las de la rambla que tienen su origen en el térm. de Ahin, proporcionan el riego suficiente, al propio tiempo que dan movimiento á 6 molinos harineros. Los CAMINOS son todos locales, los hay de carro y de herradura: PROD. aceite, algarrobas, higos, vino, trigo, maiz, judias y otras legumbres, hortalizas y frutas; cáñamo, seda: cria ganado lanar en corto número y poca caza: IND.: la principal es la esparteria, en que se ocupan hombres, mugeres y niños, y algunas almazaras ó molinos de aceite: COMERCIO: esportacion de los artefactos de esparto, del aceite y seda: POBL.: 555 vec., 2,077 alm.: CAP. PROD. 2.133,550: CAP. IMP. 161,638.

HISTORIA. Redúcese á esta pobl. la ant. *Artalias*, cuyo nombre aparece desfigurado en Estrabon, habiéndose unido á él la conjuncion *Kai*, de donde resultó *Cartalias*. Guiado por la sinonimia determina el Sr. Cortés su identidad con la *Orsona* de Apiano, al referir en sus Ibéricas la retirada de Cneo, abandonado por los celtíberos, junto á Anitorgis: deduce la voz *Artalias* de *Aretos* el *Oso*, siendo asi este el mismo nombre de la c. de Apiano, pronunciado á la española con la sílaba epentica *na*. Como está *Orsona* no puede ser *Osuna*, porque Publio, que fué quien mas avanzó, y cuyos pasos se propuso seguir Cneo, no pasó de *Ilitúrgis*; parece muy razonada esta conjetura, debiendo entenderse significada en ambos nombres la antiguedad de la actual v de *Artana*, á cuyas inmediaciones, en este caso, hubo de ser atacado Cneo por todos los ejércitos cartagineses, habiendo de retirarse cuanto le fué posible hácia el Ebro, hasta que, alcanzado por los enemigos, se vió precisado á tomar posicion en un altozano pelado, en el que no pudo formar otra valla que la débil hecha con las albardas y cargas de los bagajes, cuyo aparato, vencido fácilmente, fué su ejército acuchillado, y él mismo sea allí, ó un poco mas adelante, habiéndose refugiado en 1 torre de las muchas que aun existen en las alturas, acabó sus dias 31 despues que su hermano Publio. El nombre de esta v. se interpreta tambien por algunos *pasto* ó pan de puercos, derivándolo de *artos* que significa *pan*, por las muchas bellotas (Mendez Silva). Conquistóla de moros el rey D. Jayme I, año 1242, y la pobló de cristianos.

ARTANGA: l. del valle y ayunt. Urraul-alto en la prov., aud. terr. y c. g. de Navarra, merind. de Sangüesa (3 leg.), part. jud. de Aoiz (3), dióc. de Pamplona (7); arciprestazgo de Longuida: SIT. en una hondonada entre barrancos, circuidos de alturas; le combaten principalmente los vientos del N. y S., y goza de CLIMA muy saludable. Tiene 5 CASAS y 1 igl. parr. bajo la advocacion de San Pedro, servida por 1 cura párroco llamado abad. Confina el TÉRM. por N. con el de Aristu, por E. con el de Ayechu, por S. con el de Chastoya ó Cestovi, y por O. con el de Zariquieta, de cuyos puntos dista 1/2 leg poco mas ó menos. Le cruza pasando cerca de la pobl. 1 riach. que corre hasta el l. de Artajo del valle de Longuida, donde se incorpora al r. *Irati*; sus aguas de buena calidad sirven para el consumo de los vec. y abrevadero de ganados. El TERRENO es quebrado, áspero, y comprende montes poblados de robles, hayas y encinas, y abundancia de pastos para el ganado; la parte destinada á labor no escede de 50 robadas, y aun estas son muy flojas, de modo que solo rinden ordinariamente el 2 por 1 de sembradura: PROD. trigo, avena y algunas legumbres; cria ganado mular, vacuno, y mucho lanar y cabrio; hay caza mayor y menor, y pesca de varias clases en dicho riach.: POBL.: 5 vec.; 27 alm.: CONTR. con el valle.

ARTAOSO: l. en la prov. de Oviedo, ayunt. de Pola de Laviana y felig. de S. Nicolas de *Villoria* (V.): POBL. 4 vec., 23 alm.

ARTARIAIN: l. con ayunt. del valle y arciprestazgo de Orba en la prov., aud. terr. y c. g. de Navarra, merind. de Olite, part. jud. de Tafalla (3 leg.), dióc. de Pamplona (5): SIT. en una pequeña altura, donde le combaten principalmente los vientos del N. y S., y goza de CLIMA bastante saludable, aunque á las veces suelen padecerse gastritis crónicas y carbunclos. Tiene 280 CASAS de mala construccion, la de ayunt., cárcel pública, escuela de primeras letras frecuentada por 30 niños de ambos sexos; cuyo maestro percibe de sueldo 54 robos de trigo con obligacion de desempeñar tambien el cargo de sacristan, y 1 igl. parr. dedicada á San Juan Bautista, servida por 1 cura párroco llamado abad. Al S. del pueblo hay 1 cerro de 1/2 hora de altura con algunas carrascas, robles y arbustos, en cuya cúspide existe 1 ermita bajo la advocacion de San Pelayo, y á 100 pasos O. de las casas, otra dedicada á Sta. Lucia. Confina el TÉRM. por N. con el de Bariain (1/2 leg.), por E. con el de Munarrizqueta (1/4), por S. con el de Amatriain (1/2), y por O. con el de Orisoain (1/4). El TERRENO es muy escabroso, escepto algunos trozos que fertilizan las aguas del r. *Cidacos*, que atraviesa por la izq. á 300 pasos de las casas, sobre el cual hay 1 puente: brotan en distintos puntos varias fuentes, cuyas buenas aguas, especialmente las de dos, de las cuales la una existe en el referido monte, y la otra en la márg. opuesta del r., aprovechan los hab. para su gasto doméstico, cuando las del mencionado r. bajan turbias. Los CAMINOS son bastante ásperos y de dificil tránsito, y conducen á los pueblos inmediatos. La CORRESPONDENCIA la recibe cada interesado en Barasoain, adonde llega y sale tres veces á la semana: PROD. trigo, cebada, avena, maiz, legumbres, algun vino y aceite, y la hortaliza necesaria para el gasto de los vec.; cria ganado vacuno, de cerda, lanar y cabrio; hay caza de liebres, conejos y perdices, y pesca de barbos y madrillas de esquisito gusto: IND. Y COMERCIO: ademas de la agricultura hay 1 molino harinero de propiedad particular, que en el dia se halla destruido; se esportan los frutos sobrantes, importándose algun vino, aceite, géneros coloniales y ultramarinos: POBL.: 24 vec.; 104 alm.: CONTR. con el valle, y el PRESUPUESTO MUNICIPAL asciende á 532 rs., el cual se cubre por reparto entre los vecinos.

ARTASO: l. con ayunt. de la prov. de Huesca (6 leg.), part. jud., adm. de rent. y dióc. de Jaca (2), aud. terr. y c. g. de Zaragoza (18): SIT. á la der. del riach. llamado *Rey*, en la parte meridional de un cerro al estremo del monte Larrain, libre á la influencia de todos los vientos, con especialidad de los del N. y S. Su CLIMA es sano. Tiene 9 CASAS y 1 igl. parr. bajo la advocacion de San Julian, fabricada de piedra con 3 altares, que es aneja de la de Siesa, cuyo párroco pasa en los dias feriados á decir misa y administrar los sacramentos caso de necesidad: el cementerio está contiguo á la igl., pero bien ventilado. Hay fuentes de aguas saludables para el consumo del vecindario; y á dist. de 1 hora del pueblo sobre una altura, se vé la ermita denominada de Ubieto, en la cual existe una imágen de la Virgen, muy venerada de los hab. de todo el circuito. Confina el TÉRM. por el N. con la pardina de Ordones (1/2 hora), por el E. con el de Sieso (7 minutos), por el S. con él de Latras (22), y por el O. con la pardina de Lores (12). El TERRENO ès de mediana calidad, y seria mas feraz si las muchas aguas no estragasen la tierra arrebatando las mejores capas de ella; el r. arriba mencionado proporciona el suficiente riego á los pocos trozos de suelo que son susceptibles de este beneficio. Tiene bosque arbolado que da maderas útiles para la construccion de edificios; lo demas erial, está cubierto de pinos malos, bojes y otros arbustos. Tambien cria yerbas de pasto bastantes para los ganados que los vec. poseen: PROD. trigo, cebada y avena en el monte ó tierra seca, judias y otras legumbres, maiz, hortalizas y cáñamo en lo regable, y cria ganado lanar, y caza de perdices y liebres: POBL.: 9 vec., 6 de catastro: CONTR. 1,913 rs. 4 mrs.

ARTASONA (CAST. DE): cot. red. de los Sres. condes de Contamina, en la prov. y part. jud. de Huesca, jurisd. del l. de los Corrales: SIT. en llano, libre á la influencia de los vientos del N. y S. que son los que principalmente le combaten. Tiene 1 CASA destinada á las labores del campo, con su oratorio donde se celebra misa los dias feriados. Para beber los vec. y bestias, y demas usos domésticos, hay 1 algibe de aguas muy saludables. Confina su TÉRM. con los montes de Ayerve, los Corrales, Quinzano, Ortilla, Almudevar, Montmera, Alcalá y cot. red. de Rosel, estendiéndose los lím. por el N. 1 1/4 de hora; por el E. y S. 3/4, y por el O. 1/2 hora: el TERRENO es llano en general y de buena calidad, muy á propósito para los cereales, abundante en ló inculto en yerbas de pasto y en bosques arbolados, que proporcionan buena madera para la construccion de edificios, y mucha leña en las limpias y entresacas. A pesar de la bondad y feracidad del suelo, y de tener riego por medio de varios azudes para mas de 500 cahizadas de tierra, los frutales escasean, y no se cultivan ni la vid ni el olivo: PROD. trigo, cebada y avena; tambien se cosechan hortalizas, patatas, cáñamo y lino puro, en tan corta cantidad, que apenas bastan para el consumo. Los ganados lanar, cabrio, vacuno y caballar son numerosos: POBL. 1 vec. de catastro, 15 alm.: CONTR. 318 rs. 24 mrs.

ARTASONA: l. con ayunt. de la prov. de Huesca (15 horas), part. jud. de Benavarre (7), adm. de rent. y dióc. de Barbastro (3), aud. terr. y c. g. de Zaragoza (26): SIT. á la izq. del r. *Cinca* entre 2 barrancos, de los cuales el uno se halla al N. y el otro al S. de la pobl.; por el O. se ve una profunda hondonada formada por el cáuce del espresado r., de manera que solo por el E. puede llegarsé al pueblo por camino llano; disfruta de muy alegres vistas; ademas de la hermosa perspectiva que ofrece el Cinca, se descubre todo el monte en lontananza; mucha parte de la cord. del Pirineo, y en medio de 2 muy elevadas sierras el santuario de Torre-ciudad y el fuerte y antiguo cast. construido junto á aquel, el cual, segun la opinion de muchos, pertenece al tiempo de los árabes, y que llevaba el nombre de Moretones: combátenle libremente todos los vientos, y goza de CLIMA saludable, si bien algo propenso á tercianas: tiene 20 CASAS distribuidas en 2 calles angostas, torcidas y de piso desigual, y 1 igl. parr. bajo la advocacion de Ntra. Sra., servida por 1 cura y 1 sacristan; el curato es perpetúo, y su presentacion corresponde á los marqueses de Artasona, ant. Sres. del pueblo; el edificio es de pobre arquitectura, con 3 altares ademas del mayor, y 1 torre con su relox: el palacio de los mencionados marqueses es el único edificio digno de considerarse por su solidez y por su buena fáb. de piedra de silleria; se cree ser obra de los moros; estramuros y cerca al pueblo se hallan algunos pajares y 3 fuentes de escaso caudal; los vec. se surten de otra que hay inmediata al térm., y en los años de mucha sequía usan la del Cinca. Confina aquel por N. con la sierra de Bolturina; por el E. con los montes de la Puebla de Castro; por el S. con los de Olbera, y por O. con el referido r. que sirve de lím. con el del Grado: su estension de N. á S. será de 1 hora, y de E. á O. poco mas de 1/2: el TERRENO es en general áspero y quebrado, y de inferior calidad; las tierras que se cultivan sin abono apenas dan la semilla que se siembra; hay 40 yugadas de huerta regadas con las aguas del Cinca, 100 de olivar 1,000 de viñedo, 100 de tierra blanca y 110 de carrascal; en la huerta crecen algunos árboles frutales, entre ellos pocos almendros, nogales y moreras. La rapidez con que el Cinca lleva su corriente, ha inutilizado ya diferentes trozos de las huertas y continúa causando todos los años los mayores perjuicios. Carece de yerbas de pasto, y en consecuencia de toda clase de ganados. No tiene otros CAMINOS que los necesarios para la comunicacion con los pueblos inmediatos: la CORRESPONDENCIA la sirve 1 vec. nombrado por el ayunt. pasando á recogerla á la Puebla de Castro: PROD. vino de inferior calidad, trigo morcacho en poca cantidad para el consumo cebada y ladilla, cuyos 2 granos con la bellota sirven para la manutencion de las caballerias, y las hortalizas para el abasto; cria caza de perdices y conejos, y pesca: POBL. 20 vec., de ellos 5 de catastro, 120 alm.: CONTR. 1,594 rs. 9 mrs.

ARTAVIA: l. del valle y ayunt. de Allin, en la prov., aud. terr. y c. g. de Navarra, merind. y part. jud. de Estella (1 1/2 leg.), dióc. de Pamplona (7), arciprestazgo de Yerri: SIT. en un llano al pie de la sierra llamada Santiago de Loquiz; lo combaten principalmente los vientos del N., y goza de CLIMA muy saludable. Tiene 28 CASAS, la municipal ó en la que se celebran las juntas populares, 1 taberna, igl. parr. bajo la advocacion de San Estéban, servida por 1 cura párroco con título de abad, y 1 ermita que nada de particular ofrece. Confina el TÉRM. por N. con el de Barindano (1 1/4 leg.), por E. con el de Echavarri (1/2), por S. con el de Amillano (1/4), y por O. con el de Galdeano (igual dist.). Le cruza el r. *Urederra*, cuyas aguas de buena calidad aprovechan los vec. para consumo en sus casas, riego de algunos trozos de tierra, y para dar impulso á 1 molino harinero, que corresponde tambien á otros pueblos: el TERRENO participa de monte y llano; abraza 1,600 robadas, de las cuales se cultivan 750, y de éstas son 350 de primera clase, 250 de segunda y 150 de tercera, y redituan comunmente 3 por 1 de sembradura; tambien hay 26 robadas de viña con algunos olivos; las labores se hacen con bueyes y mulas en la tierra destinada á granos y con azada en la plantada de viñas. La parte inculta que asciende á 850 robadas, es montuosa pendiente, y se halla cubierta de bosques y fragosa maleza, donde crecen buenos pastos para toda clase de ganados: PROD. trigo, cebada, maiz, vino, aceite, lino, cáñamo, legumbres y hortalizas; cria ganado vacuno, mular, lanar y cabrio; hay caza de liebres, conejos y perdices con bastantes animales dañinos; y pesca de anguilas, truchas y otros peces menudos en el espresado r.: IND. ademas de la agricultura y molino de que se ha hecho mérito, se dedican los hab., con particularidad las mujeres, á la hilaza y tejido de lienzos caseros: POBL. 28 vec., 142 alm. CONTR. con el valle.

ARTAZA: l. en la prov. de Alava, dióc. de Calahorra (19 1/2 leg.), vicaría y part. jud. de Vitoria (1 3/4), herm. de Badayoz y ayunt. de Foronda (1/4): SIT. á la der. del r. Zalla ó Lendia y á la falda E. del monte Arrato: el CLIMA sano: tiene igl. parr. (San Pedro Apóstol), servida por 1 beneficiado: confina al N. Apodaca, al E. Foronda, interpuesto el r., al S. Legarda, y por O. el indicado monte de Arrato poblado de robles, encinas, lentisca, modrona y box: el TERRENO es fértil; le baña el mencionado r. y tiene unas 700 fan. destinadas al cultivo: PROD. trigo, cebada, avena, legumbres, patatas, hortaliza, lino y pasto para el ganado: POBL. 5 vec., y 80 alm. Presenta vestigios de haber sido, en lo ant., pueblo de alguna consideracion.

ARTAZA: l. en la prov. de Alava (5 leg. á Vitoria), dióc. de Calahorra (20), vicaria de Cuartango, part. jud. de Salinas de Añana (1), herm. y ayunt. de Lacozmonte (1/4): SIT. en una altura á la falda de la sierra de Arcamo, con buena ventilacion y CLIMA suave: reune 10 CASAS, y su igl. parr. (San Cosme y San Damian) es ant. de 1 sóla nave formada de un arco continuado y sin artesonado: está servida por 1 cura beneficiado patrimonial, quien en union con 1 secular nombrado por el pueblo, administra el pósito monte-pio, llamado arca de misericordia, cuyo caudal está destinado al préstamo de grano para los pobres labradores: hay 1 ermita (San Antonio Abad) á corta dist. del pueblo cerca de la fuente que abastece de buenas aguas al vecindario, y contigua al camino llamado allí real de Vitoria: el TÉRM. se estiende á poco mas de 1/4 de leg.: confina al N. con el valle de Cuartango á 3/4, por E. con Escota á 1/2; por S. con el de Añana, y por O. con Barron á igual dist.: corre de E. á O. por la parte N. la cordillera de montes que desde Nanclares de la Oca viene por Montevite, Subijana, Morilla, Hormijana y Escota, y pasa por Artaza con direccion á la Peña de Orduña por Yarron, Guinea, Cárcamo, Fresneda, Osma y Berberana: el TERRENO dedicado al cultivo, es delgado, poco compacto y de mediana feracidad, y el monte está bien arbolado de encina: los CAMINOS son locales, y así como el mencionado real de Vitoria que desde Villarcayo entra en la hermandad de Lacozmonte, es malo por la calidad y desigualdad del terterreno: el CORREO se recibe de Miranda de Ebro por el baligero de Añana: PROD. trigo, otros cereales, varias legumbres y algun lino; pero carece de huertas por falta de agua: cria ganado mular, de cerda, vacuno, lanar y cabrío alguna caza de perdices y liebres, y aves de paso: POBL. 10 vec., 40 alm.: RIQUEZA Y CONTR. (V. ALAVA INTENDENCIA).

ARTAZA: l. del valle y ayunt. de la Amezcoa Baja, en la prov., aud. terr. y c. g. de Navarra, part. jud. y merind. de Estella (3 leg.), dióc. de Pamplona (8), arciprestazgo de Yérri: SIT. en una altura circuida de montes: combátenlo todos los vientos y disfruta de CLIMA saludable aunque frio. Tiene 25 CASAS; 1 igl. parr. bajo la advocacion de la Asuncion, servida por 1 cura párroco; escuela de primeras letras dotada con 600 rs. á la que acuden 12 niños de ambos sexos; y 1 ermita dedicada á San José: confina el TÉRM. por N. con la sierra de Urbasa, por E. con el de Larraiza, por S. con el de Endoiza (todos á 1/4 de leg.); y por O. con los de Baridano y Gollano (medio cuarto id.): brota en él 1 fuente de muy buenas aguas, las que aprovechan los hab. para sus usos domésticos: el TERRENO parte llano y parte montuoso, es de mediana calidad; el primero abraza 300 robadas de cultivo que por hallarse con frecuencia inundadas por los turbiones que en tiempo lluvioso descienden de las alturas, y van á engrosar el r. *Uraderra*, necesitan para su escasa produccion un costoso y continuo abono; y el segundo cubierto de encinas, robles, hayas y otros arbustos, es sumamente escarpado y comprende unas 1,100 robadas. Los CAMINOS son locales y se hallan en estado mediano: la CORRESPONDENCIA la recibe de Estella por balijero los juéves, saliendo los sábados: PROD. trigo, avena y legumbres; cria toda clase de ganados; hay caza de jabalíes, lobos, zorros y liebres; y pesca de truchas: IND. y COMERCIO ademas de la agricultura y cuando la estacion impide ocuparse en ella, se dedican los hab. al corte de maderas y fabricacion de carbon que esportan á Estella: POBL. 25 vec., 123 alm.: CONTR. con el valle.

ARTASO: pago de la isla de la gran Canaria, prov. de Canarias, part. jud. de Guia, y de la jurisd. y felig. de *Galdar* (V.), tiene 1 ermita donde 1 capellan pagado por los vec. dice misa los dias feriados.

ARTAZU: l. con ayunt. del valle de Mañeru, en la prov., aud. ter. y c. g. de Navarra, merind. y part. jud. de Estella (2 1/2 leg.), dióc. de Pamplona (4 1/2), arciprestazgo de Yerri: SIT. á la izq. del r. *Arga*, en una altura, donde le combaten principalmente los vientos del N. y O., y goza de CLIMA bastante sano, siendo las enfermedades comunes catarros y pulmonias. Tiene 70 CASAS, la municipal, cárcel pública, 1 taberna, 1 posada, escuela de primeras letras dotada con 2,600 rs. anuales, á la que asisten 80 niños de ambos sexos de este pueblo y del de Orendain; 1 igl. parr., bajo la advocacion de San Miguel, que tiene por aneja la del mencionado l., servida por 1 cura párroco, titulado vicario, y 2 beneficiados; y 1 ermita dedicada á la Sta. Cruz, la cual se halla en un alto al S. de la pobl.; dentro de esta hay 1 fuente, cuyas aguas aprovechan los hab. únicamente para objetos mecánicos, valiéndose para beber de las esquisitas del espresado r. Confina el TÉRM. por N. con el de Orendain (1/4 leg.), por E. con el mencionado r. (igual dist.); por S. con los de Mañeru y Puente la Reina (1/2), y por O. con el de Soracoiz (1/4). El TERRENO, aunque desigual, es bastante fértil; ademas de los trozos destinados á cultivo, comprende porcion de tierra erial, donde se crian pinos cuya madera es á propósito para construccion y combustible, y tambien hay muchos arbustos y buenos pastos para el ganado. Los CAMINOS son locales, de herradura, y se encuentran en malísimo estado. La CORRESPONDENCIA se recibe de Puente la Reina por medio de balijero: PROD.: trigo, avena, cebada en corta cantidad, algun aceite, legumbres, y hortaliza, y mucho vino; cria ganado vacuno, de cerda, lanar y cabrío bastante para el consumo y para la labranza; hay caza de liebres, conejos y perdices; y pesca de truchas, barbos, anguilas y otros peces. COMERCIO: esportacion de vino é importacion de los frutos necesarios, tanto del pais cómo coloniales y ultramarinos: POBL.: segun datos oficiales, 87 vec., 368 alm.: CONTR.: con el valle.

ARTEAGA: venta y molino harinero en un mismo edificio, en la prov. y part. jud. de Segovia, térm. de Palazuelos: SIT.: á 5/4 leg. SE. de la cap. á la orilla der. de uno de los 3 ramales que forma el r. Eresma, y á la inmediacion de la carretera de Francia; sirve para descanso de los viajeros: le corresponden 6 fan. de sembradura en su inmediacion: este establecimiento lleva siempre el nombre de su dueño, habiéndose denominado antes de Cáceres porque perteneció á un sugeto así llamado, por cuya razon es tambien muy posible que pierda el que le damos ahora: sus rent. ascienden á unos 1,500 rs. vn.

ARTEAGA: cas. en la prov. de Albacete, part. jud. de Alcaraz, térm. jurisd. de *Paterna* (V.): su labranza de 250 fan., se estiende á los térm. de Alcaraz y Bogarra, y le pertenece 1 molino harinero movido con el agua de 1 arroyo que baja de la deh. del Vidrio, sit. en jurisd. de Alcaraz.

ARTEAGA: l. del valle y ayunt. de Allin, en la prov., aud. terr. y c. g. de Navarra, part. jud. y merind. de Estella (1 1/2 leg.), dióc. de Pamplona (8), arciprestazgo de Yerri: SIT. en un llano al E. de la sierra de Loquiz: combátenle los vientos N. y E., y disfruta de CLIMA, aunque frio, bastante saludable: tiene 5 CASAS, 1 igl. parr. bajo la advocacion de San Nicolás, servida por 1 cura párroco, y 1 fuente de muy abundante y esquisita agua, que aprovechan los hab. para sus usos domésticos. Confina el TÉRM. por N. con el de Ganuza, por E. con el de Metauten, por S. con el de Zufia (todos á 1/2 leg.), y por O. con el de Eulz (1). El TERRENO es de mediana calidad, y abraza 300 robadas de cultivo, fertilizadas en gran parte por 1 riach. que teniendo su nacimiento en el térm. de Ganuza, y atravesando por los de Arteaga y Zufia, va á desaguar en el r. *Egea*. Los CAMINOS son locales y se hallan en estado regular. La CORRESPONDENCIA la recibe de Estella por balijero los lúnes y viérnes, saliendo los juéves y domingos: PROD.: trigo, cebada, avena, centeno y legumbres: cria ganado caballar, mular, vacuno, lanar y cabrío; y hay caza de perdices y liebres: POBL.: 3 vec., 32 alm.: CONTR. con el valle.

ARTEAGA: casa solar y armera en la felig. de *Artadi*, de la v. de Zumaya, en Guipúzcoa.

ARTEAGA: casa solar y armera en la prov. de Vizcaya, y merind. de Busturia: pertenece al conde de Montijo; su construccion es sólida, dispuesta á resistir las bombas, y tiene troneras de defensa; se cree correspondió á los jesuitas, y que desde este punto se trasladaron á Loyola en Guipúzcoa.

ARTEAGA (STA. MARIA DE): parr. en la prov. de Vizcaya y merind. de Busturia. (V. GAUTEGUIZ DE ARTEAGA).

ARTEDO (LA MAGDALENA DE): ald. en la prov. y dióc. de Oviedo (7 1/4 leg.), part. jud. de Právia (2), ayunt. de Cudillero (1/2). y felig. de San Martin de *Luiña* 1/2 (V.): SIT. en una vallada junto á la ensenada de su nombre: su TERRENO es fértil y de buena calidad en el valle; pero flojo y menos feráz en la parte superior: PROD.: maiz, escanda, habas, patatas y otros frutos: POBL.: 21 vec.: 78 alm.; cuyas casas se encuentran en el arrimado de la der. y algunas en la parte alta, en el llano que llaman el *Rellayo*.

ARTEDO: l. en la prov. y dióc. de Oviedo (7 1/2 leg.), part. jud. de Právia (1 3/4), ayunt. de Cudillero (3/4), y felig. de

San Martin de *Luiña*, 1/4; (V.): SIT. á la falda set. del monte Pascual, entre los r. Candaliña y Vuein, que confluyendo en este sitio, toman el nombre de r. de *Artedo* hasta desaguar en la ensenada: su TERRENO fértil y de buena calidad; PROD.: escanda, maiz, habas, patatas y otros frutos, y disfruta de buenos prados de regadío. Pasa por este pueblo el camino de Právia á las Luiñas; POBL.: 16 vec., 60 almas.

ARTEDO: concha ó ensenada en la costa de la prov. de Oviedo, térm. del ayunt. de Cudillero, part. jud. de Právia, y felig. de San Martin de Luiña, donde por su capacidad y suficiente fondo, pudiera construirse uno de los mejores puertos de la Cantábria, pues es el único punto en que, en toda aquella costa, pueden anclar navios de mayor porte; está á 1/2 leg. de Cudillero. A la entrada de la ensenada y punta del O., hay una peña, llamada el Rebeyon, y á la parte del E. otra, llamada el Orreo, dist. ambas de tierra como un tiro de fusil: á mayor dist. hácia el E. y cerca de Cudillero, se hallan otras 2 peñas, conocidas con el nombre de Colinas, pero que no merecen siquiera el nombre de islotes, siendo puramente unos peñascos. A todas las cubre el mar cuando se embravece, escepto la del Rebeyon, que queda un poco descubierta: á esta suelen los vec. de Oviñana llevar algunas ovejas y cabras, que no pasan de docena y media, á pastar.

ARTEIJO: ayunt. en la prov., aud. terr., c. g. y part. jud. de la Coruña (2 leg.): dióc. de Santiago (7 1/2): SIT. al O. de la cap. de prov., en CLIMA templado y sano: comprende las felig. de Armenton, San Pedro; Arteijo, Santiago; Barrañán, San Julian; Chamin, Sta. Eulalia; Lañas, Sta. Marina; Larin, San Estéban; Loureda, Santa Maria; Monteagudo, San Tomé; Morás, San Estéban; Oseiro, San Tirso; Pastoriza, Santa Maria; Sorrizo, San Pedro; y Suevos, San Martin; compuestas de un crecido número de pobl. con nombre propio, si bien algunas de ellas solo tienen 1 ó 2 cas.: el térm. municipal se estiende como á 1 1/2 leg., formando el valle de que toma nombre, y confina por el E. con el de la Coruña, por SE. con el de Cambre, por S. con el de Laracha, y por O. y N. con el Océano. El TERRENO es fértil, aunque de poco arbolado, y no carece de agua; los CAMINOS que cruzan este distr. son vecinales; esceptúase la carretera, que saliendo de la Coruña pasa por las felig. de Pastoriza, Oseiro, Arteijo, y termina en la de Larin, cerca de su l. de Payosaco: esta carretera, que solo cuenta con 2 1/2 leg. construidas, se encuentra en buen estado, y convendria continuarla por el pais de Bergantiños hasta Corcubion, con ramales á Santiago y á los puertos de la costa occidental de la prov., los cuales no se comunican con las 2 principales c. de ella, sino por caminos de herradura ásperos y quebrados: al comercio y agricultura de este pais le interesa dicha mejora, pues proporcionaria el trasporte de los muchos y buenos frutos de que abunda, con especialidad el trigo de las tierras de Bergantiños: el CORREO se recibe en la estafeta de la Coruña: PROD.: toda clase de cereales, varias legumbres y algun vino: cria ganado: no falta caza, y abunda la pesca: no hay feria particular, pero concurren estos naturales á los mercados que se celebran en la Coruña los miércoles y sábados: POBL.: 1,412 vec., 6,533 alm.: RIQUEZA PROD.: 29.990,394 rs.: IMP.: 932,455: CONTR.: 72,681 rs. 24 mrs.: el PRESUPUESTO MUNICIPAL asciende á unos 9,000 rs., el cual se cubre con los fondos de propios, y arbitrio denominado otavilla, sobre el consumo del vino.

ARTEIJO: l. en la prov. de la Coruña, ayunt. y felig. de Arteijo, *Santiago* (V.).

ARTEIJO (SANTIAGO DE): felig. en la prov. y part. jud. de la Coruña (2 leg.), dióc. de Santiago (7 1/2), y ayunt. á que da nombre: SIT. á la orilla del mar y márg. izq. del r. Bolaño: su CLIMA es templado y sano: hay sobre 160 CASAS, distribuidas en los l. y cas. de Arteijo, Barral, Bayer, Bayúca, Cachopa, Candame, Castro, Figueroa, Hospital, Lagobre, Lañobre, Outeiro, Pedra, Pedreira, Ranal, Sisto y Suso. abundante de aguas; tiene fuentes de buena calidad y minerales de 2 clases, que á pesar de estar abandonadas, prod. brillante resultado en algunas enfermedades. La igl. parr. (Santiago) es regular, el curato de provision ordinaria, y el cementerio capaz y decente. El TÉRM. confina por N. con el mar y felig. de San Tirso de Oseiro; por E. con San Estéban de Morás y Sta. Maria de Loureda, al S. con la referida de Loureda, San Pedro de Armenton y Sta. Marina de Lañas: el TERRENO es fértil: los CAMINOS son locales, que enlazan con el de Bardillo á la Coruña, el cual cruza por este terr.: el CORREO se recibe en la cap. del part.: PROD.: trigo, maiz, habas, patatas, lino y poco vino; cria ganado vacuno, caballar, mular, lanar y de cerda: hay alguna caza y bastante pesca; POBL.: 164 vec., 820 alm.: CONTR.: con su ayunt. (V.)

ARTENARA (CUMBRE DE): montaña en la isla de la gran Canaria, prov. de Canarias, part. de Guia: SIT. casi en el centro de la isla; es uno de los principales estribos que forman el sistema general de montañas que abrazan las grandes asperezas ó desigualdades del centro, arrancan desde la llamada montaña del Pozo de la Nieve: se estiende hácia el N. principiando á arquear al O., por encima de los pagos de Artenara: á poca dist. de este l. le corta una rambla que vá á desembocar en la costa de Lagaete, y aunque su altura va disminuyendo sensiblemente en esta direccion, se prolonga siempre hácia el O., donde toma el nombre de Tamadava: tienen su origen en ella muchos arrroyos; y cria muchos pinos y otros árboles silvestres, que dan buena madera de construccion.

ARTENARA DE ABAJO: pago de la isla de la Gran Canaria, prov. de Canarias, part. jud. de Guia: es uno de los barrios que componen la felig. y ayunt. de *Artenara* (V.)

ARTENARA DE ARRIBA: pago de la isla de la Gran Canaria, prov. de Canarias, part. jud. de Guia: es uno de los barrios que componen la parr. y ayunt. de Antenara: está SIT. en la falda del cabezo de su nombre á 3,694 pies sobre el nivel del mar; consiste en una porcion de cuevas abiertas en la misma toba: son estas moradas frescas en verano, abrigadas en invierno, dentro de las que no se oyen ni las aguas de la lluvia, ni el bramido de los vientos mas impetuosos: se creen ser obra de los ant. canarios. En cuanto a PROD., POBL., RIQUEZA Y CONTR. (V. ARTENARA l.)

ARTENARA: l. con ayunt. de la isla de la Gran Canaria, prov, aud. terr. c. g. y dióc. de Canarias, part. jud. de Guia: SIT. casi en el centro de la isla en la pendiente de una colina que se estiende de E. á S., combatida por los vientos del N., escepto en los meses de julio y agosto, en que dominan los de E. y S., con CLIMA saludable, si bien espuesto á pulmonias y tercianas. Forman el pueblo diferentes pagos ó barrios, á saber: los de Artenara de Abajo y de Arriba, las Cuevas, Lugarejo, Acusa, Barranco Hondo y Juncal, y entre todos cuentan sobre 500 cuevas que sirven de habitacion á sus vec. y 2 CASAS de mamposteria, que unido á la escabrosidad del terreno, ofrece á la vista el objeto mas triste que puede concebirse: tiene 1 igl. parr. bajo la advocacion de San Matias, servida por 1 cura, 1 sochantre, 1 sacristan y 2 monacillos; el curato es de primer ascenso y se provee por S. M. ó el diocesano mediando oposicion en concurso general: el cementerio ocupa un punto ventilado y fué construido en el año de 1837. Tiene tambien 2 ermitas dedicadas á Ntra. Sra. de la Candelaria y de la Cuevita, esta se halla en el pueblo y aquella en el pago de Acusa: la de la Candelaria y la igl. parr. son los únicos edificios, que ademas de las 2 casas que quedan referidas, son fabricadas de piedra y mamposteria. El TÉRM. confina por N. con el lomo de la Atalaya (1/4 de leg.), por E. con Juan Fernandez á igual dist., por S. con la Huerta grande y chica (1/2) y por O. con el de Roque Garcia (1/4). El TERRENO escabroso en demasia, como hemos dicho, presenta sin embargo algunos vallecitos y mesetas de tierra arenosa y arcillosa en que se dan diferentes especies de semillas y plantios; el carácter emprendedor é industrioso de sus habitantes, ha sabido sacar un partido que no podia esperarse aun en los parages mas difíciles: espanta á primera vista y escita la mayor admiracion el ver trabajar algunos trozos en donde apenas se concibe como pueden sostenerse las bestias y los hombres. En los confines de los pagos de Acusa y Lugarejo, hay un monte poblado de pinos que presenta una vista hermosa. Aunque carece de r., corren muchos arroyos, que nacen al pie de algunos riscos escarpados, en cuyas cumbres crecen varias especies de árboles silvestres y ricas yerbas de pasto. Con las aguas de estos arroyos, se fertilizan algunos campos á que pueden conducirse, y de ellas y de las de otros manantiales ó fuentes que brotan en el térm. se sirven tambien los vec. para beber y demas usos domésticos. Los CAMINOS son para los pueblos inmediatos y se hallan en un estado de abandono. El CORREO se recibe de la adm. de Galdar por medio de balijero; llega los mártes ó miércoles de cada semana, y no tiene dia fijo para la salida: PROD.: trigo, cebada, centeno, millo, papas, lentejas, arveja, higos de todas clases, frutas y miel;

criá ganado lanar, vacuno y con particularidad cabrio y caza de perdices, conejos, tórtolas y otras aves que en la primavera vienen de las costas de Africa: IND. la de 3 molinos harineros, tejidos de hilo y lana, elaboracion de quesos de cabras que es abundante y bueno, y de carbon del pinar que se ha dicho. El COMERCIO se reduce á la venta de estos últimos efectos é importacion de vino y aguardiente: POBL. 464 vec. 1,074 alm.: CAP. PROD. 1.453,283: IMP. 45,961: CONTR. 19,160.

ARTEOS: l. en la prov. de Oviedo, ayunt. de Aller y felig. de San Pedro de *Piñeres* (V.): POBL. 3 vec. 14 almas.

ARTEPASO: l. en la prov. de Pontevedra, ayunt. de Bueu y felig. de Sta. Maria de *Cela* (V.).

ARTÉS: v. con ayunt. de la prov., aud. terr. y c. g. de Barcelona (7 leg.), part. jud. y adm. de rent. de Mauresa (1 1/2), dióc. de Vich: SIT. sobre una eminencia entre los r. Riusech, Gavarresa y Llobregat y 1 arróyo llamado Malrubi; disfruta de buena ventilacion y CLIMA saludable: forman la pobl., á la que se entra por 3 distintos puntos, 268 CASAS entre las que se distingue el palacio-castillo de los antiguos SS., y en él está la cárcel pública, 1 hospital para pobres enfermos transeuntes, de tan escasa rentas, que apenas puede prestarse á los desgraciados, que á él se acogen, mas servicio que el del albergue; 1 escuela de instruccion primaria, pagada de los fondos del comun, á la que concurren de 60 á 70 alumnos; y 1 igl. parr. bajo la advocacion de Sta. Maria, servida por 1 cura párroco y 2 tenientes, todos de provision ordinaria: está rodeada la v. de trozos y restos de una ant. muralla que denotan haber sido aquella de mas estension. Confina el TÉRM. por N. y E. con el de Sta. Maria de Orta; por el S. con el de Caldes, y por O. con el de Collent; en él se encuentran 4 ermitas, y algunas fuentes de delicadas aguas, de las cuales se surte el vecindario: el TERRENO es montuoso escepto por la parte del E., y fecundizado por el riego que proporcionan con abundancia los espresados r., á lo que se agrega, la esmerada laboriosidad é inteligencia con que se cultiva, es bastante feraz: tiene parte de bosque muy poblado de pinos y robles y con escelentes pastos: los CAMINOS son todos locales y de herradura: PROD. mucho vino y de superior calidad, trigo, legumbres, algunas hortalizas y frutas, poco aceite, y maderas de construccion y combustible; se cria ganado lanar, y el vacuno, caballar y mular, necesario para la agricultura y trasporte; hay caza, y abundante pesca en todos los rios mencionados, los cuales desaguan en el Llobregat dentro del térm. La IND. consiste en 3 molinos harineros impulsados por las aguas del arroyo Malrubi, la arrieria, fabricacion de aguardiente, y en los tegidos de algodon y paño ordinario: el COMERCIO está reducido á la esportacion de los frutos sobrantes y los prod. de las fáb., y á la importacion de los art. de que carece el pueblo: POBL. 293 vec. 1,279 alm.: CAP. PROD. 7.750,401 rs. IMP. 193,760: CONTR. 21,453 rs. 30 maravedis.

ARTES (SAN JUAN DE): felig en la prov. de la Coruña (20 leg.), dióc. de Santiago (11), part. jud. de Noya (4), y ayunt. de Ribeira: SIT. sobre el camino que desde el puerto de Ribeira se dirige al de Son: CLIMA templado y sano: tiene unas 80 CASAS poco reunidas, y la igl. parr. (San Juan), es bastante mediana: el curato es de provision Real y ecl. El TÉRM. confina por N. con San Martin de Oleiros, al E. con San Pedro de Palmeira, interpuesto el ex-coto Dean, por el S. con Sta. Eugenia de Ribeira, y por O. con el terr. limitrofe á la mar y punto que llaman del Carregal: le baña el r. Siéira y arroyo de Oleiros, que suplen á las escasas fuentes que se encuentran en este térm.: el TERRENO es fuerte y secano, pero bastante fértil: el indicado CAMINO del puerto de Son al de Santa Eugenia de Ribeira, asi como los de pueblo á pueblo son medianos: el CORREO se recibe por Noya: PROD. maiz, centeno, trigo, lino, nabos, patatas, algunas legumbres y hortaliza: cria ganado; hay caza y poca pesca: POBL. 84 vec., 436 alm. CONTR. con su ayunt. (V.).

ARTES (SAN JORGE DE): felig en la prov. de la Coruña (5 leg.), arz. de Santiago (5), part. jud. y ayunt. de Carballo (1/4): SIT. sobre el camino que llaman de *Puente Lubian*, y ventilada por el N., el CLIMA es sano y frio: unas 80 CASAS y algunas chozas forman los l. y barrios de Altiboa, Amende, Barral, Cabalos, Campo, Forno, Iglesario, Jamozo, Pallas, Picoto, Pinos, Quintela, Telleira, do Vento, Vilanoya, Vilar, y Villar de Francos: la igl. parr. (San Jorge), está servida por 1 cura de provision ordinaria. El TÉRM. confina con los de Santa Maria de *Ardaña, Bertoa, Aldamunde* y San Salvador de *Sofan*; le cruza un riach. que á poca dist. se une al que corre por la felig de Ardaña y pasan á incorporarse al *Allones*: el TERRENO es de buena calidad y el indicado CAMINO de Puente Lubian se halla en mal estado, no obstante ser el que comunica desde la Coruña, con los puertos de Muros, Corcubion y Camariños: el CORREO se recibe en la cap. del part.: PROD. maiz, centeno, trigo, patatas, varias legumbres y lino, y ganado vacuno, caballar y de cerda, á la IND. agricola se agrega la de algunos telares de lino y burel: celebra feria el domingo 4.° de cada mes, conocido con el nombre de *Verdillo* y es de las mas concurridas: POBL. 81 vec., y 452 alm. CONTR. con su ayunt. (V.).

ARTESA: l. con ayunt. de la prov. y adm. de rent. de Castellon de la Plana (3 leg.), part. jud. de Villarreal (2 1/4), aud. terr. y c. g. de Valencia (9), dióc. de Tortosa (20): SIT. á la márg. der. del r. *Sorella*, con buena ventilacion y CLIMA saludable. Tiene 100 CASAS de mala fáb. distribuidas en calles tortuosas y 3 plazas llamadas Mayor, del Cármen y del Horno; 1 escuela de primeras letras dotada por los fondos del comun con 375 rs. vn. á la que concurren de 12 á 15 niños, y 1 igl. parr. bajo la advocacion de Sta. Ana, aneja de la de Tales, cuyo párroco pasa á decir misa los dias feriados y administrar los sacramentos. Próximo á la pobl. se encuentra una buena fuente de aguas saludables de las que se surten los vec. Este pueblo esta incluido en la jurisd. de Onda, de la cual se ha considerado siempre como ald., por tanto en lo relativo á sus lim. calidad y naturaleza del terr., r. y arroyos que lo cruzan, PROD. y cantidad con que CONTR. (V. el art. de ONDA): CAMINOS cruza el l. la carretera que de Onda conduce á Tales, y como de montaña está en mal estado: CORREOS: se recibe de Onda los lúnes, juéves y sábados: POBL. 68 vec., 300 alm.: CAP. PROD. 315,066 rs. IMP. 19,629.

ARTESA DE LERIDA: l. con ayunt. en la prov., part. jud. y dióc. de Lérida (1 1/2 leg.), aud. terr. y c. g. de Cataluña (Barcelona 24): SIT. á 1/2 leg. de la carretera que conduce de la cap. de prov. á Tarragona, en una llanura, donde le combaten principalmente los vientos del E. y S. y goza de CLIMA templado y muy saludable. Forman la pobl. 85 CASAS casi todas de tierra, pero cómodas y bien distribuidas; 1 casa municipal, escuela de primeras letras dotada con 600 rs. anuales, á la que asisten 22 niños; y 1 igl. parr. dedicada á San Miguel, y servida por 1 cura párroco, cuya plaza de 2.° ascenso provee S. M. ó el diocesano, segun los meses en que vaca, y previa oposicion en concurso general. Confina el TÉRM. por N. con el desp. de Grealó (1/4 leg.), por E. con térm. de Puigbert (igual dist.), por S. y O. con el de Aspa (1/2). Dentro del mismo se halla el desp. de Vinatesa, dist. 1/4 de hora de la pobl., y en un llano sobre el mencionado camino de Lérida, 1 ermita dedicada á San Ramon, la cual ninguna particularidad ofrece. El TERRENO abraza 1,200 jornales, que aunque son de tierra fértil por naturaleza, no prod. la parte destinada á cultivo, todo cuanto podria rendir, porque escasea mucho el riego, no teniendo otras aguas que las del riach. llamado *la Femosa*, el cual suele agotarse durante el estio. Tanto los CAMINOS locales como la carretera de que se ha hecho mencion, se encuentran en buen estado. El CORREO se recibe por cada interesado en la adm. de Lérida en los dias designados: PROD. trigo, cebada, centeno, vino, aceite, legumbres, poca hortaliza y barrilla en bastante cantidad; cria ganado lanar y cabrio, y el necesario mular y vacuno para la labranza; y hay mucha caza de liebres, conejos y perdices: IND. y COMERCIO: ademas de la agricultura hay 1 molino harinero, y otro de aceite en buen estado; consistiendo las principales especulaciones comerciales en la estraccion de frutos sobrantes por medio de la arrieria del pueblo á Reus, Valls, y otros puntos, é importacion de los que hacen falta, principalmente coloniales y ultramarinos: POBL. segun los datos oficiales 34 vec., 226 alm.: y conforme á otras noticias asciende el número de los primeros á 68: CAP. IMP. 50,725 rs.

ARTESA DE SEGRE: v. con ayunt. y estafeta de correos en la prov. de Lérida (7 1/2 leg.), part. jud. de Balaguer (4), adm. de rent. de Cervera (5 1/2), aud. terr. y c. g. de Cataluña (Barcelona 20), arciprestazgo de Ager (6): SIT. á la izq. del r. *Segre*, y al pie de un elevado cerro llamado San Jorge: bátenle libremente todos los vientos, pero con mas frecuencia los del O. y disfruta de CLIMA benigno, aunque poco saludable, sin duda por las escesivas humedades y nieblas del invierno, á las cuales se les atribuyen las muchas calenturas intermitentes, biliosas, gástricas y catarrales que se padecen. Rodean la pobl. unas murallas construidas de tierra durante la última guerra civil, las que aspilleradas servian para la mejor defensa de la v. Forman el casco de esta 104 CASAS de fáb. regular distribuidas en 1 pequeña plaza, y en varias calles angostas y de piso incómodo; entre dichas casas se halla la de ayunt., cárcel pública, y 1 escuela de primeras letras dotada con 1,000 rs. anuales del fondo de propios, á la que asisten 35 niños de diferentes edades. Tambien hay 1 igl. parr. bajo la advocacion de Sto. Domingo, servida por 1 vicario perpetuo, cuya vacante provee el arcipreste. Confina el TÉRM. por N. con el de Vernet, por E. con los de Coll de Bat, y Tudela, por S. con el de Mondar, y por O. con los de Monsonis y Marcobau, de cuyos lim. dista 1/2 leg. poco mas ó menos. Dentro del mismo y á corta dist. de la pobl. hay 1 casa bastante espaciosa y muy sólida denominada la *Granja*, que perteneció al monast. de Monserrat, y durante la mencionada guerra civil sirvió de punto fortificado. No lejos de la v. brotan 2 fuentes dist. entre si llamada la una de los *Huertos* y la otra de la *Ermita*, cuyas aguas son poco apetecibles; y en la cúspide del monte, que como se ha dicho, domina la pobl., nace otra denominada de *la Salud*, la cual por su esquisita calidad sirve principalmente para el consumo doméstico de los vec.; en este sitio ó sea cerro de San Jorge, y á lo largo de la cumbre habia 3 torres de forma cuadrangular, y otra de figura cilindrica, las que por su construccion se presume eran obra de moros; en la mas elevada existian muchos cimientos de varios edificios, 1 cisterna de piedra labrada, 1 especie de capilla, y diversos trozos de pared, que indicaban haber sido antiguamente una fortaleza. Cuando en 1837 se mandó fortificar la v., fueron demolidas por disposicion del comandante militar todas las espresadas torres, menos la mas alta, en la que se habilitó un fuerte con el nombre del cerro ó de San Jorge, que con los vestigios antiguos se conserva aun, pero bastante deteriorado; sin embargo por hallarse en el punto mas elevado del cerro es respetable, especialmente por el lado del S. donde hay un despeñadero de muy dificil acceso. Al SO. de esta montaña se encuentran notables ruinas de pobl., las que segun se cree generalmente, indican que estuvo en aquel sitio en tiempos remotos construida la v. de que se trata. El TERRENO participa de monte y llano, y es muy fértil, principalmente en su dilatada huerta, en la cual hay muchos árboles frutales y frondosas moreras; se riega con las aguas del Segre conducidas por una acequia, que sirve para dar impulso á 1 molino harinero. Los CAMINOS unos son locales y de herradura, y otros dirigen á Balaguer y Agramunt, pudiendo transitar por ellos carruages si bien con bastante dificultad, especialmente en la temporada de lluvias. Los CORREOS se reciben en la estafeta de esta v. por un conductor montado, que al efecto pasa á recogerlos en determinados dias á Lérida, llegando los lúnes, miércoles y sábados por la madrugada, y salen los mártes, viérnes, y domingos á las 10 de la mañana, despachándose aqui los 3 correos semanales de Tremp y Seo de Urgel, que llegan y salen á la misma hora: PROD. trigo, centeno, cebada, legumbres, patatas, aceite, vino, cáñamo y hortaliza; cria ganado lanar, cabrio, vacuno, de cerda y mular; caza de liebres, conejos y perdices; anguilas, barbos, y algunas truchas en el r. Segre; y en el *Senill*, que tambien cruza este térm., habia antes bastantes tortugas, pero actualmente han desaparecido: IND. ademas de la agricultura y molino harinero de que se ha hablado, hay 1 fáb. de aguardiente, y dedicándose tambien los hab. á elaborar la seda, si bien en este ramo se esperimenta bastante atraso por el modo de criar el gusano, y de hilar los capullos, y ha decaido tanto mas cuanto que no se han renovado las moreras hasta poco há; pero recientemente se han plantado muchas de la especie llamada *multicaulis*; y si el ensayo que se está haciendo del gusano *trevoltino* da buenos resultados, recibirá un nuevo impulso este importante ramo de riqueza: COMERCIO: hay algunas tiendas de comestibles, y una de ropas; y se celebra un mercado poco concurrido todos los domingos, y 3 ferias al año, de las que es la mas asistida la que se verifica el dia de San Bartomé en 24 de agosto, consistiendo las especulaciones en la venta de géneros y frutos del pais, y de bastante ganado vacuno, mular y asnal; el comercio esterior se reduce á la esportacion de frutos sobrantes principalmente vino, cáñamo y seda, é importacion de los necesarios como son los coloniales y ultramarinos: POBL. segun los datos oficiales de 34 vec. 412 alm.: pero las noticias particulares, y esto parece lo mas proporcionado, ascienden el primer número á 88 vec.: CAP. IMP. 121,170 rs.: PRESUPUESTO MUNICIPAL 2,800, que se cubre con el prod. de propios y arbitrios.

ARTESEROS: deh. en la prov. de Albacete, part. jud. y térm. jurisd. de *Alcaraz* (V.), á cuyos propios pertenece una gran parte: destruido totalmente en arbolado de encinas, sabinas y algunos pinos, sus pastos son en todo tiempo de la mejor calidad para toda clase de gandos. Linda con las jurisd. del Robledo, Ballestero, Lezuza y deh. de Alamedas, Villaverde de Chacon y Zarzalejo, y tiene en su centro los cas. de Arteseros, Jardin, Batan del Jardin, Badoblanco y otras casas diferentes que cultivan sus cañadas y algunos secanos: se riega con las aguas del r. Villargordo y de algunas fuentes, y la atraviesa el camino real de Andalucia y la Mancha para Valencia y Murcia, y el que llaman de Romanos que va empedrado desde Cádiz á Alicante.

ARTESEROS: granja en la prov. de Albacete, part. jud. de la Roda, térm. jurisd. de *Lezuza* (V.).

ARTETA: barriada en la prov. de Vizcaya, y anteigl. de *Galdacano*.

ARTETA: l. del valle y arciprestazgo de Aibar, en la prov., aud. terr. y c. g. de Navarra, part. jud. de Aoiz (5 leg.), merind. de Sangüesa, dióc. de Pamplona (6); forma ayunt. con los pueblos Guedatar, Julió y Usumbelz: SIT. junto á un barranco y en la falda meridional del monte llamado Gorrio: le combaten todos los vientos escepto el S. y disfruta CLIMA saludable, si bien se padecen algunas intermitentes. Tiene 3 CASAS y 1 igl. parr. bajo la advocacion de San Andres, aneja de la de Moriones, por cuyo párroco está servida. Confina el TÉRM. por N. con Guetadar, por E. con Loya, (ambos á 1/4 de leg.), por S. con Eslava (3/4), y por O. con Olleta (1). El TERRENO es montuoso, poco fértil, y muy quebradizo por efecto de las aguas que con frecuencia se desprenden de las alturas, lo que tambien hace que los CAMINOS esten casi intransitables en el invierno: PROD. trigo, cebada y avena: cria ganado vacuno, y hay caza de perdices: POBL. 3 vec., 22 alm.: CONTR. con su ayuntamiento.

ARTETA: l. del valle y ayunt. de Ollo, en la prov., aud. terr. y c. g. de Navarra, merind., part. jud. y dióc. de Pamplona (4 leg.), arciprestazgo de la Cuenca: SIT. en un hondo circuido de cerros, donde le combaten principalmente todos los vientos del O., el CLIMA es húmedo y por lo mismo algo propenso á calenturas de varias especies. Tiene 35 CASAS, la en que se ventilan los negocios de interés procomunal del pueblo, cárcel, escuela de primeras letras dotada con 1,200 rs. anuales á la que asisten de 20 á 30 niños de ambos sexos; 1 igl. parr. dedicada á la Asuncion de Ntra. Sra., servida por 1 cura párroco; y 3 ermitas de las cuales una bajo la advocacion de la Virgen de Ugo, se halla al S. del pueblo, otra junto á este y en la misma direccion dedicada á Santiago, y la tercera titulada de Sta. Cruz existe sobre una alta peña por la parte del O. Confina el TÉRM. por N. y E. con el de Senosiain (1/4 de leg.), por S. con el de Ulzurrun (1/2), y por O. con el de Goñi (1); le atraviesa por el lado del E. un riach. sobre el cual hay varios puentes, y sus aguas dan impulso á 2 molinos harineros, de los que uno pertenece mancomunadamente á este pueblo y al de Munarriz, y el otro al de Goñi. En el parage llamado *Hilcay* brota 1 fuente, cuyas abundantes y esquisitas aguas pasan por enmedio de la pobl., y sirven para el consumo doméstico de los vec. El TERRENO participa de monte y llano, y se halla limitado hácia el N. por una escarpada altura, al S. y O. por 1 cordillera de peñascos de dificil acceso, y hácia el E. por 1 agradable llanura cuya estension será como de 1/2 leg. Tambien comprende por el lado del O. 1 monte con bastantes robles, y contiguo á la sierra de Andia, otro donde se crian hayas cuyas maderas son á propósito para construccion y combustible. Los CAMINOS son locales y se encuentran en regular estado. La CORRESPONDENCIA se recibe por cada interesado en Erice; PROD. trigo, avena, jiron, beza, maiz, habas, lentejas, garbanzos y patatas: sostiene con los buenos pastos de que abunda el terreno ganado vacuno, de cerda, lanar y cabrio; hay caza de liebres y perdices, y pesca de anguilas y esquisitas truchas: IND. ademas de la agricultura y de los precitados molinos, hay 1 salineria pequeña perteneciente á varios particulares, la que prod. sobre 4,000 robos de sal en cada año, y promete mayores ventajas: POBL. 34 vec. 164 alm.: CONTR. con el valle.

ARTIBAI: arroyo en la prov. de Vizcaya, part. jud. de Marquina y uno de los que descendiendo de la encumbrada sierra de *Oiz* dan orígen al r. de *Lequeitio*.

ARTIBAL: casa solar y armera en la prov. de Vizcaya, en el arrabal del mismo nombre, en la v. de Marquina, pero agregada aquella á la anteigl. de *Jemein*.

ARTICA: l. del ayunt. y cend. de Ansoain, en la prov., aud. terr. y c. g. de Navarra, merind., part. jud. y dióc. de Pamplona (1/4 de leg.), arciprestazgo de Anué: SIT. á la der. del r. *Arga*, sobre una pequeña altura que hay en la falda meridional del monte *Ezcaba* ó *San Cristobal*; le combaten todos los vientos, y goza de CLIMA muy saludable. Tiene 22 CASAS, 1 igl. parr., bajo la advocacion de San Marcelino, servida por 1 cura párroco y 1 sacristan; y 1 ermita que ninguna particularidad ofrece. Los niños de este pueblo acuden á la escuela de primeras letras que hay en Ansoain. Confina el TÉRM. por N. con el espresado monte de San Cristóbal, por E. con Ansoain, por S. con el camino real que dirige á Vitoria, y por O. con Berriozar, de cuyos puntos dist. 1/4 de leg. poco mas ó menos. El TERRENO es bastante escabroso, y comprende 2,500 robadas, de las cuales se cultivan 2,000, todas de segunda clase, y entre ellas hay 500 peonadas plantadas de viñas; parte de las tierras de labor se hallan fertilizadas por las aguas de distintas fuentes, que tambien aprovechan los vec. para su gasto doméstico y abrevadero de los ganados. Hay ademas 440 robadas de bosques, y corresponde á este pueblo una porcion del referido monte Ezcaba, donde se crian robles y encinas con buenos pastos para toda clase de ganados: PROD. trigo, cebada, maiz, jiron, habas, garbanzos, arvejas, cáñamo, lino, vino y hortaliza; sostiene bastante ganado vacuno, de cerda, lanar y cabrío; y hay caza mayor y menor: POBL.: 20 vec., 115 alm.: CONTR. con la cendea.

ARTICABE: en el anónimo de Rávena viene significada bajo este nombre la *Artaliax* de Estrabon (V.).

ARTIEDA: l. con ayunt. de la prov., aud. terr. y c. g. de Zaragoza (28 leg.), part. jud. y adm. de rent. de Sos (6), dióc. de Jaca (9): SIT. á la márg. izq. del r. *Aragon*, en el llano que forma una colina poco elevada, al pie de la cord. de sierras, llamadas el *Paco*, donde le combaten principalmente los vientos del N. y S.: su clima es frio, pero sano. Tiene 48 CASAS, distribuidas en calles rectas y bien empedradas, y 1 hermosa plaza que ocupa el centro de la pobl. Hay 1 escuela de primeras letras, dotada en 500 rs., que pagan los alumnos; 1 igl. parr., bajo la advocacion de San Martin, servida por 1 cura y 1 sacristan; el curato es de primer ascenso, y se provee por S. M. ó el diocesano, mediante oposicion en concurso general; próximo á la igl. hay 1 capilla, dedicada á San Sebastian, en la que se celebran la misa parr. y divinos oficios el dia del Santo precediendo una verbena, con hoguera delante de la capilla á las 8 de la noche de la víspera. Confina el TÉRM. por el N. con el de Sigues y Miramon, por el E. con el de Mianos, por el S. con el de Pintano, y por el O. con el de Ruesta y r. Aragon. Dentro de esta circunferencia, en direccion al S., y á dist. de 1/2 hora, se encuentra 1 ermita, titulada de San Pedro, en donde se hallan colocadas las imágenes de San Lorenzo, San Babil y Sta. Lucia, por habere arruinado las que respectivamente les estaban dedicadas. Bajan á ella en romería los hab. el dia de San Lorenzo, y cuando se hacen rogativas por calamidades públicas. Al E., y á dist. de 5 minutos de la pobl., se halla 1 fuente con su pila y caño, que da las aguas necesarias para el consumo del vecindario, escepto en años de sequía, y en los meses de julio, agosto y setiembre que por lo regular escasea algun tanto, durante cuyo tiempo se aprovechan los vec. de otra que se encuentra al NE., dist. cuarto y medio, muy copiosa, rica y perenne, aun en los años mas escasos: al NO. en las partidas denominadas *Penila* y *Paco* hay otras 2 que fertilizan parte del soto del mismo nombre. En direccion al N., á dist. de 5 minutos de la pobl., se halla 1 venta con buenas cuadras, que ofrece grandes ventajas á los viajeros; ocupa un famoso y dilatado llano, á la orilla del llamado Camino Real, aunque de herradura, que conduce á Jaca, Biescas, Sangüesa, Lumbier y Pamplona; tiene buena fuente, y corre 1 arroyuelo á sus inmediaciones. Divídese el térm. en varias partidas de tierra, de las cuales algunas se distinguen por sus nombres particulares; al N. está la llamada de la Virgen, por 1 ermita que antiguamente existió en ella; al O., dist. cuarto y medio del pueblo, la de Santa Cruz, por otra ermita denominada así, de la que todavia hay vestijios; al SE. la de San Tornil, en cuyo punto, segun tradicion de los hab., se cree hubo 1 pueblo que se ignora su nombre. Por el S. de la pobl., separada 1 hora, está la cord. denominada el *Paco*, que se estiende por el E. hasta 2 horas mas arriba de Jaca, y por el O. hasta Navarra, poblada de pinos, hayas, robles, artos y bojes. En medio de la espresada cord., y al SO. de ella, está el sitio llamado Peñanabla, visible de todos los pueblos del N., que es peñasco continuado y dilatado que se eleva 1/2 hora, sobre un cuarto de lat., inaccesible á las personas y habitada solo por las águilas y otras aves. En la falda de la misma hay una considerable espesura de bojes, hayas y artos, donde se abrigan corzos, lobos y zorros. El TERRENO, á escepcion de la cord., es llano y de buena calidad, especialmente en la hermosa y dilatada huerta que riegan abundantemente las aguas del r. *Aragon*, el cual fertiliza ademas algunos campos y parte del soto, y da impulso á las ruedas de 1 molino harinero. Antes de salir de los lím. de Artieda se unen al *Aragon* los arroyuelos *Magala*, *Abrigo* y la *Encuentra*, camino de Mianos, que se forman de varios manantiales de la repetida cord. y de la fuente llamada *Fuen-Fercal*. Los CAMINOS son locales, escepto el que arriba se menciona, que, como los demas, es de herradura: PROD.: trigo, cebada, avena, maiz, judias, lino, cáñamo, hortalizas, frutas; y cria ganado lanar y cabrío: POBL.: 44 vec., 212 alm.: CAP. PROD.: 300,000 rs.: CAP. IMP. 18,500.

ARTIEDA: l. del valle y ayunt. de Urraul-Bajo en la prov., aud. terr. y c. g. de Navarra, part. jud. de Aoiz (1 1/2 leg.), merind. de Sangüesa, dióc. de Pamplona (6), arciprestazgo de Lónguida: SIT. á la márg. der. del r. *Irati*, en una dilatada llanura, donde le combaten todos los vientos; y goza de CLIMA templado y muy saludable. Tiene 28 CASAS, 1 escuela de primeras letras, dotada con 28 robos de trigo, á la que asisten de 25 á 30 niños, y 1 igl. parr., bajo la advocacion de San Cornelio, servida por 1 cura párroco, llamado vicario. Cerca del pueblo habia 2 ermitas; la una titulada de San Juan, la cual se halla destruida completamente, y la otra dedicada á la Virgen de Nieva, ó Ntra. Sra. de Larraza, de la que existen las paredes y tejados, y fué la parr. primitiva, donde se conservó hasta su destruccion la pila bautismal, y en la parte esterior del edificio se ven muchos vestijios de sepulturas ant. Confina el TÉRM. por N. con el de Sansoain, por E. con el de Ripodas, por S. con el de San Vicente (todos tres á 1/2 leg.), y por O. con el de Artajó (1). Le atraviesa el mencionado r. *Irati*, sobre el cual hay 1 puente de piedra de 7 arcos, muy maltratado é inútil á consecuencia de una fuerte avenida, en 1787: en la márg. opuesta del r., por el lado del S., hay 1 collado, y sobre este otra ermita arruinada, titulada vulgarmente San Gregorio, aunque su verdadera advocacion es Ntra. Sra. del *Pueyo*, porque así se llama el desp. en que se encuentra, el cual perteneció mancomunadamente á este pueblo y al inmediato de San Vicente, hasta que por sentencia se adjudicó á cada uno su parte respectiva. Tambien se hallan en el térm. de Artieda los desp., conocidos con el nombre de *Muru* y *Arquiroz*. El TERRENO es el mas llano de todo el part. jud., y bastante fértil; brotan en diversos puntos del mismo fuentes de esquisitas aguas, las que aprovechan los hab. para el consumo de sus casas, abrevadero de los ganados, y juntamente con las del *Irati* para regar algunos trozos de terreno, sirviendo ademas las últimas, para dar impulso á 1 molino harinero. Los CAMINOS son locales, y se encuentran en regular estado. La CORRESPONDENCIA se recibe de Lumbier por 1 encargado: PROD. trigo, maiz, cebada, avena, legumbres, hortalizas y mucho y buen vino; cria ganado vacuno, de cerda, lanar y cabrio; hay caza de liebres, conejos y perdices; y pesca de barbos, anguilas y algunas truchas: IND.: la agricultura y filatura y tejidos de lienzos ordinarios: COMERCIO: el de esportacion de vino, é importacion de géneros de vestir, coloniales y ultramarinos: POBL.: 34 vec., 150 alm.: CONTR. con el valle.

ARTIES: v. con ayunt. en la prov. de Lérida (39 leg.), part. jud. de Viella (1), en el valle y oficialato de Arán, aud. terr. y c. g. de Cataluña (Barcelona 61), dióc. de Séo de Urgel (18): SIT. en llano sobre las márg. del r. *Garona* y *Balartics*, donde le combaten principalmente los vientos del E., hallándose resguardada de los del N. por los encumbrados montes que hay en esta direccion: el CLIMA es muy frio, y por lo mismo propenso á enfermedades de pecho y reumáticas. Los espresados r. dividen la pobl., á saber el *Garona* por la parte del N., la cual adquiere el nombre del r., y el *Balarties* en 2, llamadas la una *Centro* y la otra *Supucho*; las 3 se comunican por medio de 2 puentes de piedra, de un solo arco de pequeña altura; el curso rápido de ambos r., especialmente el Balarties, engrosado por las lluvias del otoño y primavera, y derretimiento de las nieves, suele causar algunos daños en la huerta y cas. Tiene la v. 56 CASAS, la mayor parte de 2 pisos, cubiertas de pizarra fina, y algunas con tejado de paja, de un solo alto y escasa comodidad, distribuidas todas ellas en varias calles, y 1 plaza triangular de unas 180 varas de circuito; 1 escuela de primeras letras, dotada por los padres de los 25 á 30 niños, que á ella concurren; 1 igl. parr., bajo la advocacion de Sta. Maria, cuyo edificio, sit. en el estremo meridional de la v., es de 3 naves, sostenidas por 4 columnas de figura oval: el todo es hermoso, y aumenta la belleza de su aspecto la torre, que con su lindo chapitel de pizarra se eleva mas de 60 varas; sirven el culto 1 cura párroco y 7 beneficiados, llamados porcioneros; el curato, que es deentrada, lo provee el diocesano, mediante presentacion de los vec. ó juntas parr., y las porciones se confieren por oposicion ante el mismo diocesano, entre los naturales del pueblo, y en su defecto entre los del valle. Hay otra igl., que tambien fué parr., dedicada á San Juan Bautista, sit. al estremo N., en la cual se celebra el oficio divino solo algun dia festivo; el edificio tiene una sola nave, bastante espaciosa, con su bóveda de cal, cuya construccion indica haber sido en tiempo de los templarios; y contigua hay 1 torre, tambien cubierta de pizarra, la que se eleva á unas 20 varas: una y otra igl. tienen su respectivo cementerio, que sirven para enterrar los muertos de aquella parte de pobl. que les está mas próxima. Confina el TÉRM. por N. con los de Garós y Gesa (1/3 de hora), por E. otra vez con el de Gesa, Salardú y Tredós, l. (dist. el primero 7 minutos, y los otros 2 1/2 horas), por S. con el puerto de Caldas y térm. de de Viella (2 1/2 horas), y por O. con los de Garós, Escuñau y Casarill (á 9 minutos del primero y 3/4 de los segundos). En este radio y junto á la carretera, ó camino principal que atraviesa el valle, se encuentra una pequeña casa de baños hidrosulfúricos y ferruginosos, hoy muy poco concurridos, á pesar del mérito de sus aguas; porque no ofrecen comodidad alguna; y hay 2 montes denominados *Ribera* con las partidas contiguas, llamadas *Monte*, *Colomes*, *Rius* y *Pruedo* de 2 1/2 horas de long., y 3/4 con 6 minutos de lat., los cuales dan el pasto necesario en el estio y parte del otoño al ganado que se cria en el térm., creciendo en ellos buenos abetos y algunos pinos que sirven para la carpinteria, y de ellos se esportan algunos pies para Francia. El TERRENO, si se esceptúa el que está á las orillas de los precitados r., es muy pedregoso y poco fértil; se cultivan 90 jornales de campo y 125 de prados, los cuales con algunos pequeños huertos se riegan con las aguas del *Garona* y *Balarties*, que proporcionan tambien á los hab. esquisitas truchas: PROD.: trigo, centeno, patatas, legumbres, cáñamo, hortaliza y alfalfa; sostiene ganado vacuno, mular, de lana y cabrio; y hay caza de perdices, pocas liebres y bastantes cabras monteses, zorras, lobos y pocos osos: IND. y COMERCIO: ademas de la agricultura y ganaderia; hay 1 molino harinero y algunos oficios mecánicos de primera necesidad, consistiendo las especulaciones mercantiles en la estraccion de maderas, ganados y lanas; é importacion de cereales y otros frutos del valle de Aneo, y de vino y licores de la conca de Tremp, puesto que las cosechas del pais son la cuarta parte menos de lo que se necesita para el consumo, conduciéndose tambien géneros de vestir, coloniales y ultramarinos de diversos puntos, y todo con bastante dificultad en el invierno, porque los caminos ó puertos se ponen casi intransitables, como en la descripcion del valle se ha dicho: POBL. 56 vec., 450 alm.: CAP. IMP.: 71,384 rs., ascendiendo el PRESUPUESTO MUNICIPAL oficial á 500 rs., que se cubre con el prod. del indicado molino, arriendo de 1 taberna y de la postura de segundas yerbas de las referidas montañas. Celebran los hab. de esta v. la fiesta del patron San Juan Bautista en 24 de junio; y 2 romerias con procesion, á las que debe concurrir 1 individuo de cada casa, al Sto. Cristo de la igl. parr. de Salardú, cuyas romerias, que tienen lugar el 3 de mayo y 5 de julio, fueron introducidas por voto de los Tersones de Arties y Puyolo, para esterminar la langosta que devastaba el territorio.

Esta v., segun dijimos en el art. de Arán (valle de), era en la ant. division terr. la cab. del Terson de su nombre, el cual comprendia ademas el pueblo de Garós, y era gobernado de la manera especial que igualmente se esplicó en el mencionado art. (V.). En el siglo XVII aun habia al S. de la pobl., no lejos de una montaña muy alta, y en parage llano un fuerte cast., rodeado de contramuros de 18 palmos de elevacion con sus almenas y troneras al rededor, y cuya puerta miraba al N.; estaba separada 16 palmos del muro principal, en el que habia otra puerta que miraba hácia el O., y sobre ella edificada 1 torre muy grande con sus machones en lo alto que servian para su defensa. Este lienzo tenia 150 palmos de long. y 60 de altura, con almenas y troneras á trechos, y el lienzo que miraba al E. constaba de igual proporcion en lo largo y alto; de ambos salian otros 2, y tenia cada uno mas de 260 palmos de long. con 4 troneras en las esquinas y 1 en medio, los cuales servian para su mejor defensa. Dentro de la plaza de armas existia la igl. de Ntra. Sra., pegada á la encumbrada y fuerte torre maestra, de que se ha hecho mérito, en la que habia 4 pasavolantes y otros tantos mosquetes. En 14 de enero de 1379 el rey D. Pedro facultó á la v. para que edificase dicho cast. y que al efecto pudiese echar una contr. á sus vec., concediéndoles tambien, que cuando saliesen de la pobl., pudieran dejar 10 hombres para guarda del mismo; y, en 1586 á 15 de febrero, D. Felipe II no solo confirmó dicho privilegio, sino que amplió la licencia de la guarda del cast. para que pudiesen quedar en ella 20 hombres.

ARTIETA: l. en la prov., adm. de rent., aud. terr. y c. g. de Búrgos (14 leg.), part jud. de Villarcayo (5 1/2), dióc. de Santander, ayunt. del valle de Tudela: SIT. al S. de 1 cuesta rodeada de una planicie desigual dominada por el N. de la montaña *Cabrio* ú *Ordunte*; con buena ventilacion y CLIMA saludable. Tiene 48 CASAS de 16 á 25 pies de elevacion, algunas con piso alto, desparramadas y formando calles irregulares sin empedrar; 1 escuela sin dotacion asistida por 20 ó 30 alumnos de ambos sexos, que aprenden á leer, escribir, y las 4 reglas de contar; 1 fuente de buenas aguas para el surtido del vecindario, y 1 igl. parr. titulada San Martin, cuyo cura párroco celebra la seguuda misa en su anejo de Berrandulez; el curato lo provee el diocesano en patrimoniales. Confina el TÉRM. por el N. con el de Ayega; por el E. con el de Alava; por el S. con el de Santiago, y por el O. con el de Montiano, dist. sus lim. en todas direcciones de 1/4 á 1/2 hora; le cruza de O. á E. la sierra de Cabrio. El TERRENO es en parte fuerte, el resto flojo y todo de secano, escepto algunos pequeñitos trozos que se riegan con el sobrante de la fuente mencionada; se divide en 3 suertes, la de primera abraza 60 fan., la de segunda 70, y la de tercera 120. Tiene terrenos comunes con el valle y otros pueblos, y ademas como 12 millones de varas cuadradas superficiales de ejidos propios; en todos se crian robles y hayas: los CAMINOS son locales: PROD.: trigo, maiz, cebada, centeno, legumbres y frutas; cria ganado lanar, cabrio, vacuno y mular; caza de liebres y perdices, y tambien hay algunos lobos y zorras; el COMERCIO consiste en venta de ganados y compra de granos, vino, aceite y ropas: POBL.: 15 vec.; 56 almas.

ARTIGA: l. en la prov. y dióc. de Lérida (31 leg.), part. jud. y adm. de rent. de Tremp (14), aud. terr. y c. g. de Cataluña (Barcelona 52): SIT. á la izq. del r. *Noguera Ribagorzana* en un llano del valle de Barrabés, con libre ventilacion y CLIMA saludable. Tiene 2 CASAS mal construidas é incómodas, y 1 igl. dedicada á San Clemente, aneja de la parr. de Forcat (prov. de Huesca). La adm. municipal se halla á cargo de un alc. que nombran los vec. Confina el TÉRM. por N. con la Cuadra del Cierco que pertenece á esta jurisd., por E. con el de Casos, por S. con el de Forcat, y por O. otra vez con la mencionada Cuadra de Cierco, estendiéndose en todas direcciones 1/4 de hora poco mas ó menos. El TERRENO es de mala calidad, árido y pedregoso, bueno únicamente para el ganado cabrio, cuya especie no pueden tampoco criar los hab. sino en corta cantidad, porque carecen de medios para sostenerla, de modo que los vec. de los pueblos inmediatos aprovechan los pastos de este térm. Tambien hay poco arbolado, y algunos arbustos y matorrales, que sirven para combustible. Atraviesa por aquí el CAMINO que desde el valle de Aran conduce á Lérida, el cual solo es transitable en el estio, y siempre se halla en mal estado: PROD.: poco centeno, muchas patatas, y algunas legumbres; y hay caza de varias especies: POBL.: 2 vec.; 10 alm.: CAP. IMP.: 3,842 rs.

ARTIGA DE LIN: ald. y santuario en la prov. de Lérida (24 1/3 de hora), part. jud. de Viella (3 1/4), en el valle de Aran, aud. terr. y c. g. de Cataluña (Barcelona 57 1/2), dióc. de Seo de Urgel (16), jurisd. de los pueblos de Vilach, Betlan y Aubert: SIT. en el camino del puerto de Benasque, segun dijimos en el art. del Valle, y al pie de un bosque muy inmediato al r. *Jueu*, donde le combaten los vientos N. y S. resguardada de los demas por los elevados cerros que la rodean. Tiene 1 sola CASA de 2 pisos cubierta de pizarra y bien distribuida, y el santuario que le da nombre, el cual forma 1 bonita igl. dedicada á la Virgen Ntra. Sra., compuesta de 1 nave con bóveda de yeso y 1 capilla; sirven el culto los párrocos de los 3 pueblos mencionados, los cuales celebran misa en ella los dias festivos turnando entre sí. Confina el TÉRM. por N. y O. con la montaña de Aubert, por E. con térm. de los pueblos de Casau y Gausach (5 minutos), y por S. con el bosque de Aubert. En esta circunferencia hay 1 bosque de abetos y hayas maderables propio del santuario, el cual se estiende 3/4 de hora de N. á S. y 1/2 de E. á O.; tambien se hallan varios trozos de monte con yerbas de verano para el pasto de ganados. El TERRENO es poco fértil, escabroso y de inferior calidad, escepto en la parte que hay en la orilla del r. *Jueu*, con cuyas aguas se riegan algunos prados artificiales: PROD.: patatas, cáñamo, poco ganado vacuno y mular, y abundante caza de diversas especies: POBL.: 1 vec., 4 alm.: CONTR.: con los pueblos á cuya jurisd. corresponde: se celebran 2 fiestas; la una votiva en 3 de mayo, dirigiéndose en romería al santuario 1 hab. por cada casa de Vilach, Betlan y Aubert; y la otra en 8 de setiembre muy concurrida por los vec. de todo el valle.

ARTIGAS: predio con 1 casa en la isla de Mallorca, prov. de las Baleares, part. jud. de Inca, térm. y felig. de *Alaró* (V.). Tiene una fuente muy copiosa que sirve para el abasto del pueblo de Alaró, para regar algunos huertos que hay dentro del mismo, algunas de sus tierras contiguas, y aun provee á 10 almazaras de aceite y todas las fáb. de jabon.

ARTIGI: l. de mansion en el camino militar de la España romana, que describe el Itinerario de Antonino desde Córdoba á Mérida. No puede ser la *Artigi*, cognominada *iuliense*, de Plinio; hoy la identifican con la c. *Lastigi* del mismo naturalista: suponiendo viciada la escritura del nombre en el Itinerario donde corrigen *Lastigi*: Plinio coloca esta c. en la *Beturia Céltica*, cuyo terreno cruza el mencionado camino, figurando en el *Artigi* sobre *Melaria*, que es *Fuente Ovejuna* (V. LASTIGI).

ARTIGI: nombra Plinio esta c. entre las insignes de la Bética, que asentaba en el terr. enclavado entre el Bétis y el Océano. Por honor ó adulacion á César hubo de tomar el renombre *Iuliensis*. Mendoza, en sus comentarios sobre el concilio Eliberitano, la redujo á *Alhama*, cuya opinion siguió el M. Florez (*Esp. Sag. tomo* 10). En la edicion pliniana de Harduino, se lee *Astigi*; pero las de Gelenio, Dalecampio, Frobenio, la de Leyden, todas presentan *Artigi*; solo en la de Venecia del año 1472 se lee *Stici*; y tomada la última *a* de la palabra *clausa*, escrita en vez de *laus*, resultó en algunos manuscritos *Astici*. Alhama es nombre árabe, que significa *baños*, aplicado á esta pobl. por los muy especiales que hay en ella.

ARTIGIN: así se lee en el Ravenate por *Artigis*, como se escribe en Ptolomeo (V. ARTIGIS).

ARTIGIS: Ptolomeo coloca esta c. Bética en la region de los túrdulos á los 9° 40′ de longitud, y á los 37° 25′ de lat.: es la *Artigi Iuliensis* de Plinio (V. ARTIGI).

ARTILLEIROS: l. en la prov. de Lugo, ayunt. de Chantada y felig. de Santiago de *Arriba* (V.).

ARTO: l. con ayunt. de la prov. de Huesca (7 leg.), part. jud., adm. de rent., y dióc. de Jaca (4), aud. terr., y c. g. de Zaragoza (18): SIT. á la márg. der. del r. *Gállego* sobre una colina donde le combaten todos los vientos, especialmente los del N.: su CLIMA es sano. Tiene 6 CASAS, 1 igl. parr. bajo la advocacion de San Mateo Ob. y confesor, servida por 1 cura y 1 sacristan; el curato es de entrada y lo provée S. M. ó el diocesano prévia oposicion en concurso general; tiene por anejo la igl. del l. de Barangua. En el centro de la pobl. hay 1 pequeñita capilla pública dedicada á Nuestra Sra. de la Asuncion, y el cementerio está en parage ventilado. Se encuentran inmediatas al pueblo, y otras mas separadas, fuentes de aguas cristalinas y saludables para el consumo del vecindario y abrevadero de las bestias y ganados. El TÉRM. confina por el N. con el de Ibert (1/4 de hora), por el E. con el de Barangua (1/4), por el S. con el de Javarrella, á igual dist. que por el primer punto, y por el O. con el de Orna (1 1/4). El TERRENO es de mediana calidad, poco llano y bastante pedregoso. El r. Gállego arriba mencionado proporciona, aunque con dificultad por la profundidad de su cauce, el riego para las tierras susceptibles de este beneficio: el monte todo secano, áspero y quebrado, ofrece pocas tierras cultivables; lo inculto cria solo arbustos para leña y pocas yerbas para pasto: de esto lo mejor es una deh. boyar de 2 cahizadas de tierra: PROD.: trigo, cebada y avena en el monte; con mucha escasez judías, otras legumbres y patatas en la huerta; cria ganado lanar, cabrío y caza de perdices y conejos: POBL.: 6 vec., 5 de catastro; 44 alm.: CONTR.: 1,594 rs. 9 mrs.

ARTOMAÑA: l. en la prov. de Alava (6 leg. á Vitoria), dióc. de Calahorra (23), vicaria y part. jud. de Orduña (1/2), herm. y ayunt. de Arrastaria (1/4): SIT. á la falda de una montaña y á la der. del Nervion: su CLIMA frio y sano. La igl. parr. (San Jorge) es servida por 2 beneficiados, teniendo el uno la cura de almas; el patronato es de las dominicas de San Juan de Quejana. El TÉRM. se estiende á 1/2 leg. de N. á S. y 1 de E. á O.; confina al N. con Aloria, al E. con Unza, por S. con Délica, y por O. con Orduña; varias fuentes y con especialidad 1 mineral laxante que tiene á la parte S. forman un arroyuelo que atraviesa el pueblo, y pasa á unirse al Nervion. El TERRENO es montañoso, pero disfruta de algun llano de buena calidad, y reune sobre 5,000 aranzadas destinadas al cultivo, con escelentes prados de pasto. Los CAMINOS estan bastante cuidados, y la CORRESPONDENCIA la recibe de Orduña: PROD. trigo, maiz, cebada, vino, avena, legumbres, fruta y hortaliza: cria ganado vacuno, lanar, caballar y algo de cabrío y cerda: POBL. 20 vec., 100 alm.: RIQUEZA y CONTR. (V. ALAVA INTENDENCIA).

ARTON: ald. en la prov. de la Coruña, ayunt. de Vimianzo y felig. de San Pedro de *Villar* (V.).

ARTOÑO (STA EULALIA DE): felig. en la prov. de Pontevedra (12 leg.), dióc. de Lugo (8), part. jud. de Lalin (2.), y ayunt. de la Golada: SIT. á la márg. izq. del r. *Ulla* en terreno pendiente y desigual, donde la baten principalmente los vientos S. y E. con despejada atmósfera y CLIMA bastante sano: comprende 42 CASAS. La igl. parr. (Sta. Eulalia) es servida por un curato de entrada y patronato lego. El TÉRM. confina por N. con San Pedro de Bahiña, por E. con San Cristóbal de Borrageiros, por S. con Bayas y por O. con San Andrés de Orrea. El TERREÑO participa de monte y llano: el primero es muy escabroso, desigual y cubierto de peñascos, donde únicamente se crian arbustos, matorrales y leña con algunos pastos para ganados: la parte llana, que es la que mira al E., tiene varios pedazos de sembradura y plantío que se riegan con las aguas de distintas fuentes nacidas en el térm. y con las que descendiendo de las alturas inmediatas se unen al Ulla. Los CAMINOS vecinales y malos, y el CORREO se recibe en Lalin. PROD. trigo, centeno, avena, maiz, lino, patatas, nabos; hortaliza y frutas: cria ganado vacuno, de cerda, lanar y cabrío; IND. la agrícola y varios molinos harineros: POBL. 42 vec., 130 alm.: CONTR. con su ayunt. (V.).

ARTOS: cas. en la prov. de Oviedo, (9 leg.), ayunt. de Lena (3), y felig. de Sta. María de *Telledo* (V.): POBL. 3 vec., 10 almas.

ARTOS: l. en la prov. de Oviedo (4 leg.), ayunt. de San Martin de Rey Aurelio (3/4) y felig. de San Andrés de *Linares* (V.).

ARTOSA: braña ó ald. en la prov. de Oviedo, ayunt. de Valdés y felig. de San Salvador de la *Montaña de Rionegro* (V.): POBL. 27 vec., 93 almas.

ARTOSA la: ald. en la prov. de Oviedo, ayunt. de Cangas de Tineo y felig. de Sta. María Magdalena de *Vega-lagar* (V.).

ARTOSA la: l. en la prov. de Oviedo (3 1/4 leg.), ayunt. de San Martin de Rey Aurelio y parte al de Langreo (1 1/4), y felig. de San Andrés de *Linares y Ciaño*. (V.): POBL. 11 vec., 53 almas.

ARTOSILLA: l. con ayunt. de la prov. de Huesca (8 leg.), part. jud., adm. de rent. y dióc. de Jaca (4), aud. terr. y c. g. de Zaragoza (16): SIT. á la márg. der. del r. Guarga entre 2 montañas, combatido por todos los vientos: su CLIMA es sano. Tiene 4 CASAS y 1 igl. parr. bajo la advocacion del glorioso San Andrés Apóstol que es aneja de la del de Ceresola, y se provee por el cura de la matriz; el cementerio se halla en parage ventilado. Hay 1 pozo de buenas aguas para consumo de los vec. Confina el TÉRM. por N. con el de Ceresola, por el E. con el de Sandias, por el S. con el de Arruaba, y por el O. con el de Villovas: su estension de N. á S. es de 3/4 de hora. El TERRENO es quebrado, flojo y de mediana calidad, contiene 6 cahizadas de las que 3 son de cultivo, destinándose 3 1/2 fan. al de legumbres y otros frutos que se benefician con las aguas del mencionado r.; lo restante del terreno consiste en escabrosidades con muchísimos peñascos, sin prados y pocas yerbas de pasto. PROD. trigo, avena, cebada, legumbres, cáñamo, y cria ganado lanar y cabrio, todo en escaso número y caza de liebres, conejos y perdices. POBL. 3 vec. 1 de catastro, 20 alm.: CONTR. 259 rs. 27 mrs.

ARTOSO DE ABAJO: cas. en la prov. de Oviedo, ayunt. de Morcin y felig. de San Pedro de *Peñerues*. (V.): POBL. 1 vec., 3 almas.

ARTOSO DE ARRIBA: cas. en la prov. de Oviedo, ayunt. de Morcin y felig. de San Pedro de *Peñerues* (V.): POBL. 1 vec., 7 almas.

ARTOSOS: barrio en la prov. de Oviedo, ayunt. de Villaviciosa y felig. de San Bartolomé de *Puelles*. (V.).

ARTOZQUI: l. del valle y ayunt. de Arce, en la prov., aud. terr. y c. g. de Navarra, merind. de Sangüesa (6 leg.), part. jud de Aoiz (2), dióc. de Pamplona (7), arciprestazgo de Lónguida: SIT. á la izq. del r. *Irati* en una hermosa llanura, donde le combaten todos los vientos, y goza de CLIMA muy saludable. Tiene 20 CASAS, 1 igl. parr. dedicada á la Purísima Concepcion, servida por 1 cura con titulo de vicario, y 1 ermita que ninguna particularidad ofrece. Confina el TÉRM. por N. con el de Oroz (1 leg.), por E. con el de Equiza (igual dist.), por S. con el de Oloci (1/2), y por O con el de Usoz (1/4). El TERRENO participa de monte y llano; en el primero brotan varias fuentes de buenas aguas, las cuales dan origen á distintos arroyos, que confluyen en el espresado r. Irati cerca del pueblo, y sirven para el consumo del vecindario y otros objetos agrícolas; tambien hay en la parte montuosa abundantes y sabrosos pastos para el ganado, con árboles y arbustos para combustible: PROD. trigo, cebada, avena, maiz, centeno, lino, cañamo, legumbres y hortalizas; cria ganado vacuno, mular, lanar y cabrio; caza de liebres, conejos y perdices; y pesca de anguilas, truchas y barbos en el r.: POBL. 22 vec.: 123 alm., CONTR. con el valle. Durante las guerras con la república francesa á fines del siglo pasado fueron incendiadas algunas casas de este pueblo.

ARTUMIANA: cas. en la prov. de Alava, ayunt. de Arceniega y térm. del l. de Arceniega: POBL. 1 vec., 4 almas.

ARTUNDUAGA: barrio en la prov. de Vizcaya, ayunt. y anteigl. de Basauri, conocido por San Miguel de *Artunduaga*.

ARTUÑEDO, arroyo de la prov. de Albacete, part. jud. de Yeste; nace en la diput. del r. Taibilla jurisd. de *Nerpio* (V.); riega 2 cortijos llamados el Zapatero, y parte de los 6 del Sabinar, y el sobrante de sus aguas, reunidas con las de algunas cañadas desaguan en el rio Taibilla en el térm. de Yeste.

ARUCAS: v. con ayunt. de la isla de la Gran Canaria; prov., aud. terr., c. g. y dioc. de Canarias, part. jud. y adm. de rent. de las Palmas: SIT. á la falda de una montaña del mismo nombre, cuya altura por el N. es de 1,350 varas castellanas sobre el nivel del mar; por el S., en cuya parte está la subida á ella, de 510; por el E. 1,266, y por el O. 1,220: en la cúspide de esta montaña hay 1 cueva muy espaciosa llamada del Santo, y á su pie se encuentran varias, habitadas algunas; por una de las referidas cuevas, conocida por la del Morro, reventó 1 volcan en tiempos remotos: estas cuevas figuran 1 anfiteatro y en su centro se halla la gran vega que se llama como la v., y forma una parte del rico mayorazgo fundado por don Pedro Ceron, comandante general de las Canarias, y su consorte Doña Sofia de Sta. Gadea Marel en 10 de julio 1572 en favor de su sobrino D. Martin Ceron: en esta vega está la pobl. y los pagos que la componen, titulados del Cerrillo, Goleta, Montaña de Cardones, Trasmontaña, Costa de la Airaga ó Bañaderos, Trapiche, Santidad y Tenoya: los vientos mas frecuentes son los de la brisa que hacen su CLIMA fresco y templado; sin embargo se padecen algunos tabardillos. Tiene 1,230 CASAS distribuidas en varias calles, y mas generalmente en los pagos que se han dicho, fabricadas con bastantes comodidades, 1 alhóndiga que es de las mas ant. de la isla, 1 escuela de primeras letras dotada por los fondos del comun en 1,500 rs. vn., á la que concurren de 60 á 80 discípulos, y otra de niñas, cuya maestra tiene la asignacion de 600 rs. pagados por los mismos fondos, y enseña á sus 60 alumnas á leer y escribir, despues de las labores propias de su sexo. Tiene tambien 1 igl. parr. bajo la advocacion de San Juan, servida por 1 cura, 1 sochantre, 1 sacristan y 2 monacillos: el curato es de térm. y se provee por S. M. ó el diocesano, prévia oposicion en concurso general: el edificio se halla al E. de la v. en uno de sus estremos, de fáb. muy ant., sin órden arquitectónico conocido en el frontispicio, correspondiendo al toscano, las columnas de su interior: es de 3 naves con techo de madera, coro ant. y una pequeña tribuna, donde hay colocado 1 órgano de bastante mérito, que fué del monast. Bernardo de las Palmas: el templo tiene 23 varas de largo, 15 de alto con igual número de ancho, y 11 altares bastante sencillos. Antes de ahora correspondia á esta parr. el l. de Firgas, en el que se ha erigido una separada por decreto de 30 de agosto de 1844. Ademas de aquella igl. hay abiertas con culto público, 1 ermita dedicada á San Pedro dentro de la pobl. perteneciente al mayorazgo de que se ha hecho mencion, en la que 1 capellan pagado por los patronos dice misa todos los dias festivos; otra de la Veracruz en el pago del Cerrillo, otra de San Andrés en el de la Costa de la Airaga con 1 capellan, que igualmente dice misa los dias de precepto; y otra de Ntra. Sra. de los Dolores, de patronato particular con su capellan, que del mismo modo celebra en los dias feriados. Los vec. se surten para beber y demas usos domésticos, de las aguas de varias fuentes naturales, de las cuales las principales son las llamadas de la Zanja, y del Hierro, distinguiéndose entre todas esta última, porque las que de ella corren son mas delgadas y digestivas: entre estas fuentes de aguas dulces y saludables las hay tambien agrias, mereciendo citarse entre ellas la de Tinocas que brota de 1 roca cubierta por el mar y que, por la caprichosa disposicion con que despide sus aguas, parece mas bien una fuente artificial. El TÉRM. confina por N. con el mar, por E. con el de San Lorenzo, por S. con los de Terror y Firgas, y por O con el de Moya, estendiéndose en cada una de las 4 direcciones sobre 3/4 de hora poco mas ó menos. Dentro de esta circunferencia se encuentran las abundantes canteras de piedra para la fáb. y enlosado. El TERRENO es en general montuoso y cubierto por las cimas de los cerros de espesos bosques de pinos y otros árboles silvestres, de yerbas de pasto y de muchas plantas aromáticas y medicinales; sin embargo, como al hablar de la sit. se dijo, comprende tambien una gran vega, en la que con el auxilio que le proporcionan las aguas de los arroyos que descienden desde lo alto de los cerros que la rodean y los manantiales que brotan al pie de la cord., se cultiva multitud de fan. de tierra que son á propósito para todo género de simientes y plantios; los frutales dulces y agrios crecen con lozania, y dan esquisitas frutas, y tambien prospera el viñedo. El barranco de Moya es el principal raudal de aguas que corre por la jurisd., y lo hace otro, aunque menos caudaloso, denominado de Agua-agria, de cuyas virtudes medicinales para varias especies de dolencias no puede dudarse. (V. BAÑADERO PAGO). Ambos desaguan en el mar. Los CAMINOS son locales, escabrosos y de dificil acceso, pero en buen estado. El CORREO se recibe de la c. de las Palmas por medio de veredero, sin tener dia señalado de entrada ni salida: PROD. maiz, trigo, cebada, avena, legumbres, lino, patatas, hortaliza, frutas dulces y agrias: cria ganado lanar, vacuno, mular y caballar; caza y pesca: IND.: en esta jurisd. se halla bastante desenvuelto este ramo, hay 3 molinos harineros, y la parte de pobl. que no se ocupa en la agricultura y ganadaria, se dedica á la elaboracion de losas de piedra, de sombreros ordinarios, lienzos ordinarios y entrefinos, paños burdos y tejidos de mezcla de algodon é hilo, de algodon y lana, y de hilo, lana y algodon, aunque casi todo se consume en el pais. El COMERCIO es poco considerable; se reduce á la esportacion de los artículos sobrantes por cambio de los efectos que faltan, ó á dinero: POBL. 1103 vec., 4,373 alm.: CAP. PROD.: 5.556,316: IMP. 172,056 rs.: CONTR.: 75,882.

ARUCCI: Plinio y Ptolomeo hacen mencion de esta c.: en este

se halla escrita *Aruci*; en la edicion pliniana de Frobenio *Arunci*; y en la de Harduino *Arucci*; como en las inscripciones donde se lee *Civitas Aruccitana*. Todos la colocan en la *Beturia céltica*, es decir á la banda izq. del *Anas*, al de los *Alostigos*. Era del conv. jurídico de Sevilla, y su sitio corresponde sin disputa á la moderna *Aroche*.

ARUCI: (V. ARUCCI).

ARUES: ald. de la prov. de Huesca, part. jud. de Benabarre, jurisd. del l. de Perarrua. Tiene 8 CASAS y 1 igl. ó ermita bajo la advocacion de San Valero, que corresponde á la parr. del espresado l., del que dist. 1/2 leg., y 1 fuente que sirve para el surtido de los vec. Los confines de su TÉRM. y demas (V. PERARRUA.)

ARUEX: l. con ayunt. de la prov. de Huesca (14 leg.), part. jud., adm. de rent. y dióc. de Jaca (2), aud. terr. y c. g. de Zaragoza (22): SIT. al pie occidental de la montaña de Prato ó inmediaciones del r. Aragon, dominado por todos los vientos: su CLIMA es sano. Tiene 2 CASAS, 1 igl. aneja de la parr. de Villanua, cuyo cura pasa á decir misa y administrar los sacramentos caso de necesidad, y el cementerio ocupa un parage ventilado. Inmediato al pueblo hay 1 fuente abundante de aguas saludables para el consumo del vecindario. Confina el TÉRM. por el N. con Aratores (1/2 leg.), por el E. con Villanua (1/4), por el S. con Castiello (1/2), y por N. con Borau á igual dist. El TERRENO, aunque montuoso, es de buena calidad; participa tambien de huerta, que se riega con las aguas de un arroyo que desagua en Aragon; y la parte montuosa se halla muy poblada por el lado del N. Los CAMINOS son de pueblo á pueblo y de herradura. Recibe la CORRESPONDENCIA por medio de balijero de la adm. de Jaca, y PROD. trigo, avena, cebada, maiz, judias y patatas; ganado lanar y cabrio, y alguna caza de liebres y conejos: POBL.: 2 vec. de catastro, 18 alm.: CONTR. 637 rs. 24 mrs.

ARUFE: l. en la prov de la Coruña, ayunt. de Amés y felig. de San Lorenzo de *Agron* (V.).

ARUFE: l. en la prov. de Pontevedra, ayunt. de Carballedo y felig. de Santiago de *Loureiro* (V.).

ARUJO: cas. de la prov. de Lugo. ayunt. de Germade y felig. de San Pedro de *Roupar* (V.); POBL.: 1 vec.; 5 almas.

ARUNCI: (V. ARUCCI).

ARUNDA: c. que, como dice el erudito D. Miguel Cortés y Lopez, al ocuparse detenidamente de ella, en el diccionario de la España antigua, se puede llamar famosa por los errores geográficos que bajo el nombre *Arunda* han consignado los hombres mas célebres en el conocimiento de nuestra historia y antigüedades, como han sido Caro, Fariñas, Florez, los Mohedanos y Masdeu, quienes para reducirla á *Ronda*, han puesto en la mayor confusion las doctrinas mas claras y terminantes de Plinio y Ptolomeo. Ambos escritores colocaron á *Arunda* en la *Beturia céltica*, como dice Plinio, nombrándola con *Arucci, Acinipo, Lastigi* y *Alpesa*, y con *Arucci, Curgia* y *Bama*, de los *béticos célticos*, como los llama Ptolomeo, fijándolos á la orilla izq. del *Anas*. Segun las graduaciones que la dan los mejores códices de este geógrafo (dice Ruiz Bamba) viene á estar en un meridiano 40 minutos de long. ú 8 leg. mas oriental que *Arucci* y en la misma lat. Poniendo á *Arucci* en *Aroche*, como quieren Caro y Florez, *Arunda* precisamente se ha de buscar en el pais de *Fuente-heridos*: si se la compara con *Corticata*, hoy *Cortegana*; se ve que *Arunda* estuvo 8 leg. mas alto de polo, las cuales vienen á dar l pais de *Bienvenida*. De consiguiente, es preciso confesar que *Arunda* estuvo colocada en el cuadro de tierras que forman hoy *Atalaya, Bienvenida, Encinasola*, ó *Hinojales*; que este pais es muy propio de la *Beturia céltica*, y que sin violencia ninguna se pueden aplicar á él las palabras de Plinio: *Præter hæc in celtica Acinipo*, *Arunda*, *Arucci* etc. No obstante estas autoridades tan espresas, segun las cuales ningun pueblo de los célticos llegó ni por mucho al *Betis*, Caro (*en su conv. jurídico, pág.* 180), y Florez (*t.* 9, *pág.* 15) establecen otra rejion céltica en los alrededores de *Ronda*, y en su consecuencia (*aquel en la página* 182, *y este en el tomo* 12, *página* 293) situan á *Arunda*, diciendo ser hoy *Ronda*, cerca del nacimiento del r. Guadiaro. Sus principales pruebas son, 1 inscripcion que se halla en la alhóndiga de esta c., copiada por Fariñas, y otra de Muratori, de las que ninguna examinó por si mismo Florez. Caro, para situar á *Arucci* en *Aroche*, se vale de los grados de Ptolomeo, y para dar la correspondencia á *Arunda*, va á buscar 1 sitio 30 leg. mas abajo, cual es *Ronda*, prescindiendo sin razon bastante de Ptolomeo que asigna, á ambos pueblos una misma lat. Asimismo Florez, sabiendo que en las principales c. de Andalucia se hallan inscripciones pertenecientes á sitios, 10 ó 12 leg. dist. de ellas, da tanta importancia á una hallada en *Ronda*, contra la autoridad espresa de los geógrafos, que lejos de ser arrastrada al sitio donde se descubren las inscripciones, debe determinar la adjudicacion de estas, que por muy varias causas pueden aparecer en lugares que ninguna relacion tengan con la pobl. á que corresponden, que mientras gradua en su mapa á *Arucci* y *Arunda* en una misma altura, desciende con esta para su reduccion hasta *Ronda*. Suponiendo que *Acinipo* era *Ronda la Vieja* (V. ACINIPO) no dudaron tampoco que la *Arunda* de Plinio y Ptolomeo *estuvo en la actual Ronda*: y poseidos de este gravísimo error geográfico, como lo llama justamente Harduino, desbarataron las doctrinas de 2 tan respetables geógrafos. El mismo error adoptó Cean. Es preciso para restituir su autoridad á los autores antiguos y á las doctrinas, su conexion y certeza, buscar á *Arunda* en la region que se estiende á *Bæti ad Anam*; en la misma faja de tierra donde están *Arucci* Aroche, *Acinipo* Fregenal, *Alpesa* ó *Salpesa* Cumbres Mayores; donde se encuentra *Aracena*, cuya identidad con *Arunda* puede afirmarse. El nombre *Arunda* es sin duda tomado del hebreo *Arai*, que significa montañas; y *Arunda* la montañosa, lo mismo que *Aracena*, que está en Sierra Morena, cuyos montes se llamaron tambien *Arai*, y despues introducida la n *Arani*, que quiere decir las montañas por antonomasia.

ARUNTA ó ARUNDA: Cean Bermudez en el Sumario de las antigüedades romanas que hay en España, copia dos inscripciones que dice pertenecer á *Ronda*; conservándose una en la alhóndiga de esta c., y otra que dice haberse hallado en la esquina del cast. que mira al peso de la harina: en la primera se menciona el conc. de los *aruntinos*; en la segunda el de los *arundenses*. Si la copia es exacta, pudo haber en la region de los túrdulos una c. llamada *Arunta* ó *Arunda*, como la que mencionan Plinio y Ptolomeo en la *Beturia céltica*, que se estendia sobre la orilla izq. del Guadiana, lindando por E. con la *Beturia túrdula* que ocupaba la der. del Guadalquivir. Estas inscripciones, mas bien que el *sonsonete* de *Arunda* con *Ronda*, como con sátira picante dijo el autor de la carta á los PP. Mohedanos, *Gil Porras Machuca*, produjeron el error en que han caido muy respetables escritores, de traer á *Ronda* la *Arunda* de la *Beturia céltica*, sin observar que estender aquella region hasta la serranía de Ronda, es saltar cuanto consta por los padres de la ciencia geográfica de su bien conocida corografia; ó que era mucho mas repugnante crear una region desconocida de todos los ant., estableciendo otra *Beturia* en esta serrania, que suponer la pertenencia de estas inscripciones á una c. dist. del lugar de su hallazgo, como frecuentemente sucede; ó la existencia de otra c. del mismo nombre en region distinta, siendo asi que es tan corto el número de las c. cuyos nombres nos han conservado los geógrafos, con relacion al número de las que los mismos dijeron tener la ant. España. En esta suposicion es muy justo colocarla en las ruinas de *Ronda la Vieja*, si, como dice el Sr. Cortés, han sido trasladadas de allí las inscripciones ó en la actual Ronda, y si las trasladadas son nada mas las que se pretende corresponder á *Acinipo*, sin que sea tan desatendible la alusion de los nombres *Arunda* y *Ronda*, como se creyó al calificarla de mero *sonsonete*, ni pueda impugnarse con razones de mucho mayor peso la reduccion de una ant. c. llamada *Arunda* ó *Ronda* para colocar otra en su cambio, siempre que no se crea ser la *Arunda* de los *célticos béticos*, cuya topografia no puede equivocarse, bien designada por los geógrafos mayores.

ARURE: l. con ayunt. en la isla de la Gomera, prov., aud. terr. y c. g. de Canarias, part. jud. de Sta. Cruz de Tenerife, adm de rent. de San Sebastian, dióc. de Tenerife; SIT. al O. de la isla en un fertil y ameno valle al pie de elevadas montañas, donde le baten con toda libertad todos los vientos. Tiene 184 CASAS esparcidas por el térm., y 1 igl. aneja de la parr. de Chipude, cuyo párroco pasa en los dias feriados á celebrar la misa y tambien á administrar los sacramentos caso de necesidad. Confina el TÉRM. por el N. con el de Vallehermoso, por el E. con las montañas centrales, por el S. con el de Chipude, y por el O. con el mar, donde se encuentran la punta de Gorvalan, de Vallagran, la playa de Gariñes, la punta del

Gran Rey, la playa del Inglés y la punta del Viento. El TERRENO, áspero y montuoso como todo el de la isla, es fértil y de buena calidad, los árboles frutales de varias especies, las palmeras y moreras: los plátanos y los ñames crecen por todos lados, y por entre sus espesuras se ven saltar con libertad los ciervos que Sancho Herrera, el viejo, transportó desde Africa. Por la falda de los cerros y donde el suelo ofrece mas comodidad, se ven hermosos plantios de viñedo y estensos campos de cereales y otras simientes: en las tierras incultas crecen ricas yerbas de pasto y varias plantas aromáticas y medicinales. Los CAMINOS son ásperos y de difícil acceso: PROD. trigo, cebada, avena, maiz, legumbres, patatas, seda, lino, nueces y castañas, orchilla, vino, lana, miel, cera, ganado lanar, cabrio, vacuno y caballar, abundante caza de aves, de ciervos y gatos silvestres: POBL.: 184 vec., 905 alm.: RIQUEZA Y CONTR. (V. CHIPUDE.)

ARUZ: arroyo en la prov. de Santander, part. jud. de Potes: tiene origen en el puerto de su mismo nombre, corre con mucha precipitacion, y se incorpora al Riofrio-alto que baja por el l. de Dobres.

ARUZ: puerto de pastos y tambien de tránsito para Castilla en la prov. de Santander y part. jud. de Potes. Tiene CAMINO carretero sumamente escabroso y pendiente, el cual sale por el valle en que están sit. los pueblos de Barágo y Dobres en direccion de S. á N. La pequeña collada por donde se atraviesa la cord. es la que propiamente se llama Aruz. En este puerto y por la parte de Castilla se forma otro valle con un descenso muy suave y regular por donde se baja á los pueblos que llaman de Tierra de Alba, siendo Bidrieros el primero que se encuentra; todo este tránsito que corresponde á lo que en general se dice Pineda ó baldios de Pineda, está en el verano poblado de rebaños de merinas, en cuya temporada se transita frecuentemente; fuera de ella es peligroso porque tiene mucha altura y el desp. es de cerca de 4 leg. sin abrigo alguno, pues no se encuentra ni un árbol donde guarecerse, siendo raro el año en que en la estacion del frio no se encuentren cadáveres de personas ateridas: para acudir á estas desgracias y á la comodidad del tránsito en cuanto era posible, hubo en lo ant. una institucion con carácter religioso que se titulaba Cofradia de las Letanias de Pernia, cuyo instituto era cuidar de 2 ventas que habia establecido, una en el puerto que se describe, y otra en el de Sierras-Albas, como tambien de los caminos y puentes que van en otras direcciones por tierra de Pernia: esta herm. ó cofradia atendia á los gastos con el prod. de varias fincas, entre las que contaba 2 deh. de pastos en Pineda; posteriormente fué estinguida por un ob. de Leon y aplicadas sus rent. al hospital de Cervera, aunque con las mismas cargas y obligaciones; pero bien sea por el poco cuidado de sus administradores, bien porque faltaron las rent., respecto á que las deh. de Pineda parece se vendieron en el reinado de Cárlos IV, ello es que en el dia están arruinadas las ventas, conociéndose solo donde existieron, los caminos perdidos y los puentes derruidos. El dicho hospital, que ya no existe por haberse quemado en estos últimos años, conserva todavia una venta y varias fincas de las que pertenecieron á la cofradia, las que aun rinden algun producto.

ARVEIZA: l. del valle y ayunt. de Allin en la prov., aud. terr. y c. g. de Navarra, merind. y part jud. de Estella (1/2 leg.), dióc. de Pamplona (7 1/2), arciprestazgo de Yerri: SIT. á la der. del r. *Ega* en un llano circuido de montañas, donde le combaten principalmente durante el invierno los vientos del N., y en el estio los del S. y O.; el CLIMA es muy saludable, sin padecerse otras enfermedades comunes que algunas inflamaciones por la plenitud de sangre. Tiene 27 CASAS, inclusa la destinada á tratar asuntos de interés comun, cárcel, 1 posada, taberna, escuela de primeras letras dotada en 60 robos de trigo anuales, á la que asisten 26 niños de ambos sexos, 1 igl. parr. dedicada á San Martin Ob., cuya fiesta se celebra el 11 de noviembre; sirve el culto 1 cura párroco, y aunque el templo no tiene particularidad alguna digna de notarse, es famoso por la capilla en que se venera Ntra. Sra. de Arveiza, á la cual concurre crecido número de enfermos tanto de esta prov. como de las de Alava, Castilla y Aragon, á implorar de dicha imágen el alivio de sus dolencias; y 2 ermitas, de las cuales una dedicada á San Emeterio y San Celedonio, se halla construida en llano dist. 50 pasos S. del pueblo, junto al camino que conduce de Estella al valle de Ega; y la otra titulada la Degollacion de San Juan Bautista existe en la misma direccion sobre un repecho á 200 pasos de las casas; no lejos de estas y por la parte del E. brota una fuente, cuyas esquisitas aguas aprovechan los hab. para su gasto doméstico. Confina el TERM. por N. con el de Zubielgui (8 minutos), por E. con el de Estella (1/2 leg.), por S. con el de Ayegui (igual dist.), y por O. con el de Iguzquiza (1). A 1/2 hora del pueblo por el lado del O. y cerca del camino, que se ha dicho conduce al valle de Ega, hay un pozo lleno de agua hasta la superficie ó nivel de la tierra; no ha podido sondearse su profundidad; es redondo y tiene 200 pasos de circunferencia, siendo lo mas notable, que tan estraordinario caudal de aguas no sufre variacion alguna, y asi se conserva desde tiempo inmemorial. El TERRENO participa de monte y llano, y es bastante fértil; entre los cerros que le circundan por diversos puntos, es el mas notable uno que se eleva hácia el S. á 300 pasos del pueblo, donde se crian muchas encinas, robles y otros árboles á propósito para construccion y combustible; tanto este como los demas abundan en buenos pastos y en canteras de yeso. Abraza el TERM. 1,000 robadas de tierra, de las que se cultivan 740, y de estas hay 20 de primera clase, 300 de segunda y 420 de tercera. Los CAMINOS dirigen por el O. á los valles de Aguilar, Ega, Berrueza y á varios pueblos de Alava: y otro hay que conduce por el N. á Urbisu, Antoñana, Maestu hasta Vitoria; durante el estio se encuentran en buen estado, pero en invierno, ó en tiempo de lluvias son casi intransitables. La CORRESPONDENCIA se recibe de Estella por balijero dos veces en cada semana: PROD. trigo, centeno, cebada, maiz, vino, aceite, legumbres, nueces, patatas, cáñamo, lino y hortalizas; cria ganado vacuno, mular, lanar y cabrio; hay caza de varias especies y pesca de anguilas, barbos y truchas: IND. Y COMERCIO: ademas de la agricultura hay 1 molino harinero, otro de aceite, y se dedican los hab. al corte de maderas para leña y carboneo que venden en los pueblos inmediatos, juntamente con el producto de las yeseras: POBL.: 27 vec., 150 alm.: CONTR. con el valle. El PRESUPUESTO MUNICIPAL sube á 700 rs. vn., el cual se cubre con la rent. de las fincas de propios que son la posada, taberna, molino harinero y 1 cantera de piedra.

ARVEYAL: barrio en la prov. de Oviedo, ayunt. de Villaviciosa y felig. de Sta. María de *Arroes* (V.).

ARVIETO: barrio en la prov. de Alava, ayunt. de Orduña y térm. de la c. del mismo nombre: POBL.: 3 vec., 15 almas.

ARVIN: venta en la prov. de Alava: ayunt. de Arrastaria y térm. del l. de *Testanga*: POBL.: 1 vec., 4 almas.

ARVOCES: ald. en la prov. de Oviedo, ayunt. del Franco y felig. de San Miguel de *Mohices* (V).: POBL.: 8 vec., 50 almas.

ARVORIO: l. en la prov. de Oviedo: ayunt. de Pravia y felig. de San Martin de *Arango* (V.).

ARXUBIDE: l. en la prov. de la Coruña, ayunt. de San Antolin de Toques y felig. de Sta. María de *Capela* (V.): POBL.: 2 vec., 16 almas.

ARZA: barrio en la prov. de Búrgos, part. jud. de Villarcayo, ayunt. del Valle de Mena: es uno de los que componen el conc. titulado de *Ayega* (V.).

ARZA; barrio en la prov. de Alava, ayunt. de Ayala y l. de *Olavezar* (V.).

ARZADEGOS (STA. EULALIA DE): felig. en la prov. y dióc. de Orense (12 leg.), part. jud. de Verin (2), y ayunt. de Villardebós (1/2): SIT. en una montaña elevada con CLIMA saludable: comprende el l. de Florderey Viejo. La igl. parr. (Santa Eulalia) es un edificio pobre y servida por 1 beneficiado de primer ascenso y de presentacion ordinaria; hay 2 ermitas de propiedad comun, y el cementerio está en el átrio. El TÉRM. confina por N. con San Pedro de Osoño, por E. con Sta. Cruz de Terroso y San Bartolomé de Berrande, por S. con el vec. reino de Portugal, y por O. con el mencionado Berrande, dist. todos el que mas 1/2 leg.: el TERRENO montuoso: los CAMINOS de pueblo á pueblo y en mal estado; el CORREO se recibe de Verin: PROD.: centeno, patatas, castañas y algunas hortalizas y legumbres; cria bastante ganado de toda clase: IND., la agrícola, algunos telares de lienzo del pais y el tráfico de ganados á que se dedican sus hab. con Portugal, para donde los esportan: POBL.: 206 vec., 838 alm.: CONTR. con su ayunt. (V.).

ARZILLA y SISOY; ant. jurisd. en la prov. de Lugo, que comprendia las felig. de Arcilla, Bestár, Lámas, Sisoy y Vilar: cada una de ellas era rejida por un juez ordinario, nombrado por su respectivo señor.

ARZOA: ald. en la prov. de Orense (13 leg.), part. jud. de Verin (3), ayunt. de Villardebós y felig. de San Bartolomé de Berrande (V.): SIT. en una encañada honda, con CLIMA templado y sano. El TÉRM. confina con Berrande y forma lím. con el inmediato reino de Portugal (1/4). El TERRENO es montuoso y le baña el regato de Arzoa y otros varios que se unen á él. Los CAMINOS pendientes y de pueblo á pueblo: PROD.: vino, centeno, maiz, castañas, lino, legumbres y frutas; cria poco ganado: IND.: la agrícola y algun telar de lienzo comun del pais: POBL.: 34 vec., 170 alm. Perteneció al señ. del conde de Monterey, hoy del duque de Alba.

ARZON: l. en la prov. de la Coruña, ayunt de Aro y felig. de San Gristóbal de *Arzon* (V.).

ARZON (SAN CRISTOBAL DE): felig. en la prov. de la Coruña (13 leg.), dióc. de Santiago (6), part. jud. de Negreira (1), y ayunt. de Aro (1/2): SIT. en terreno montuoso, frio y sano, comprende las ald. de Arzon, Cancelo y Porqueira con unas 20 CASAS de mala construccion ó incómodas. La igl. parr. (San Cristóbal) es mediana y el cementerio ventilado; el curato lo presentaba el estinguido monast. de San Justo de Tojos-Outos de la órden de San Bernardo: confina por N. y O. con la cuesta y montes de *Chacin* del part. de Muros, y por E. y S. con la felig. de Pena y la de Entiner, San Orente: el TERRENO es quebrado y poco fértil; tiene montes para pasto y leña; hay fuentes de buen agua, que formando arroyuelos, dan impulso á varios molinos: el cultivo es de 200 fan. que prod. aproximadamente 380: los CAMINOS locales y mal cuidados; cria ganado vacuno, cerdoso, caballar y lanar; se hallan lobos, jabalies, zorros, y se cazan perdices, liebres, conejos y algunas otras aves: PROD.: maiz, trigo, centeno, patatas y lino: POBL., 21 vec., 101 alm.: CONTR. con su ayunt. (V.).

ARZOZ: l. con ayunt. del valle de Guesalaz, en la prov., aud. terr. y c. g. de Navarra, merind. y part. jud. de Estella (3 leg.), dióc. de Pamplona (5 1/2), arciprestazgo de Yerri: SIT. en una altura donde le combaten todos los vientos, y goza de CLIMA saludable. Tiene 50 CASAS, la municipal, escuela de primeras letras dotada con 1,034 rs. vn. anuales, á la que asisten de 20 á 30 niños de ambos sexos; 1 igl. parr. dedicada á San Roman, servida por 1 cura párroco; y 2 ermitas. Confina el TÉRM. por N. con el de Salinas de Oro (1 leg.), por E. con el de Vidaurreta (1 1/2), por S. con el de Muzquiz (1/2), y por O. con el de Estenoz (1/4). En varios puntos del mismo brotan fuentes de esquisitas aguas, que aprovechan los hab. para su gasto doméstico, abrevadero de los ganados y otros objetos. El TERRENO es desigual y escabroso, comprende 4,000 robadas, de las cuales hay en cultivo unas 3,200, y de estas se conceptuan 100 de primera calidad, 800 de segunda, y 2,300 de tercera. Anualmente se siembran de trigo y demas granos 1,400 robadas, quedando otras tantas en descanso; rinden ordinariamente 2 1/2 por 1 de sembradura; entre las cultivadas tambien se cuentan 800 peonadas de viña, y en la parte inculta 300 robadas de bosque de arbolado, con bastantes arbustos, maleza y pastos. La causa de que las cosechas sean tan escasas en este pais se atribuye generalmente á los estragos que originan los aguaceros por ser el terreno muy quebrado: PROD.: trigo, cebada, maiz, vino, legumbres y hortaliza; cria ganado mular, vacuno, lanar y cabrio; hay caza de liebres, conejos y perdices: IND.: ademas de la agricultura se dedican los hab. á buscar trabajo en otros pueblos, despues que han concluido las labores en el suyo: POBL.: 48 vec., 289 alm.: CONTR. con el valle.

ARZUA: ant. jurisd. en Galicia que comprendia la v. de Arzua y felig. de Andabao, Arzeo, Arzua (Sta. Maria), Boimorto, Burres, Calvo de Sobrecamino, Mella, Sendelle y Villadavil, sujetos á un juez ordinario que nombraba el arz. de Santiago, con primacía sobre la de Bedaña: estas pobl. concurren hoy á formar distintos ayunt. (V.).

ARZUA: part. jud. de *entrada* en la prov., aud. terr. y c. g. de la Coruña, y dióc. de Lugo, Mondoñedo y Santiago: comprende 10 ayunt. con unas 1,240 pobl. en las 140 felig. siguientes:

Abeancos, San Salvador.
Abeancos, San Cosme.
Agron, Sta. Eulalia.
Andabao, San Martin.
Andeade, Santiago.
Angeles de Boente, Sta. Maria.
Angeles de Mesia, Sta. Maria.
Arcal, Sta. Eulalia.
Arcediago, San Juan.
Arceo, San Vicente.
Armental, San Martin.
Arzua, Sta. Maria.
Arzua, Santiago.
Baltar, Santiago.
Bama, San Vicente.
Barazon, Sta. Maria.
Barbeito, Sta. Maria.
Barreiro, San Mamed.
Beigondo, San Cosme.
Bendaña, Sta. Maria.
Besmil, San Pedro.
Beseño, San Cristóbal.
Boente, Santiago.
Boimil, San Miguel.
Boimorto, Santiago.
Branjeso, San Lorenzo.
Branza, Sta. Leocádia.
Braña, Sta. Marina.
Brates, San Pedro.
Buazo, Sta. Maria.
Budiño, Sta. Maria.
Burres, San Vicente.
Calbos de Sobrecamino, San Martin.
Calbos de Sobcamino, San Martin.
Campos, San Estéban.
Campos, Sta. Maria.
Capela, Sta. Maria.
Caselle, San Lorenzo.
Castañeda, Sta. Maria.
Castro, Sto. Tomé.
Castrofeito, Sta. Maria.
Cebreiro, San Julian.
Cerneda, San Miguel.
Circes, Sta. Marina.
Ciudadela, Sta. Maria.
Cedesozo, San Miguel.
Cerdeiro, San Pedro.
Cornado, San Tirso.
Corneda, San Pedro.
Cumbraos, San Julian.
Curtis, Sta. Eulalia.
Curtis, San Vicente.
Dodro, Sta. Maria.
Dombodan, San Cristóbal.
Dormea, San Cristóbal.
Encrentes, San Miguel.
Fao, Sta. Eugenia.
Ferreiros, San Mamed.
Ferreiros, San Verisimo.
Figueiroa, San Pelagio.
Fisteus, Sta. Maria.
Fojado, Sta. Maria.
Fojanes, San Virisimo.
Folgoso, Sta. Cristina.
Folladela, San Pedro.
Fuentes rosa, San Juan.
Furelos, San Juan.
Golan, San Juan.
Gondollin, San Martin.
Gonzar, Sta. Maria.
Grijalba, San Julian.
Grobas, Sta. Maria.
Jovial, Santiago.
Lardeiros, San Julian.
Lema, San Pedro.
Libureiro, Sta. Maria.
Liñares, Santiago.
Loxo, Sta. Maria.
Maceda, San Pedro.
Mangueiro, San Cosme.
Marrojo, Sta. Maria.
Medin, San Estéban.
Meire, San Pedro.
Mella, San Pedro.
Mellid, San Pedro.
Mellid, Sta. Maria.
Mercurin, San Juan.
Mesonzo, Sta. Maria.
Moldes, San Martin.
Montes, San Julian.
Montes, Sta. Eufemia.
Monrazos, San Cosme.
Niño-Daguia, San Pelagio.
Nogueira, San Jorge.
Novela, Sta. Maria.
Nuevefuentes, Santiago.
Oines, San Cosme.
Oleiros, San Martin.
Ordes, Sta. Maria.
Orvis, Sta. Cristina.
Pantiñobre, San Estéban.
Paradela, San Pelagio.
Pastor, San Lorenzo.
Pedrouzos, Sta. Maria.
Pereira, San Miguel.
Pezobre, San Cristóbal.
Pezobres, San Estèban.
Pino, San Vicente.
Porta, San Pedro.
Posada, San Mamet.
Presaras, San Pedro.
Prebidimos, Santiago.
Quion, San Felix.
Rairiz, Sta. Eulalia.
Randal, Sta. Maria.
Ribadulla, San Vicente.
Ribeira, San Pedro.
Roade, San Andres.
Rodieiros, San Simon.
San Cibrao, San Juan.
San Roman, San Pedro.
Santiso, Sta. Maria.
Sendelles, Sta. Maria.
Serantes, Sta. Eulalia.
Touro, San Juan.
Tronceda, Sta. Maria.
Turces, Sta. Maria.
Valasantas, Santiago.
Varelas, San Martin.
Vilapiño, Sta. Maria.
Vilouris, Santiago.
Villadavil, Sta. Maria.
Villamayor, San Estéban.
Villantime, San Pedro.
Villar, San Miguel.
Vimianzo, Sta. Maria.
Viños, San Pedro.
Visantoña, San Juan.
Vitris, San Vicente.
Zas de Rey, San Julian.

SITUACION Y CLIMA. Se encuentra al S. de la prov., con inclinacion al E. sobre la márg. der. del r. Ulla, y los vientos mas reinantes son los de O., N. y SE.; los primeros suelen presentarse acompañados de lluvia, los segundos conservan la frescura, y los del tercer punto fuertes en lo general, arrancan agua de poca duracion; el estado ordinario de la atmósfera es despejado y espacioso el horizonte, cuyas circunstancias contribuyen á formar un clima templado y sano, y dar á aquellos naturales robustez y agilidad.

TÉRMINO Y CONFINES. El térm. jurisd. de este part. se estiende á 4 leg. de N. á S. y 6 1/2 de E. á O.: confina por el N. con el part. de Betanzos (7 leg. á esta c.), interpuesto el monte de la Tieira, por E. con el monte Carrio sobre Meiro y Libueiro que le separa de la prov. de Lugo (3 leg.), por el S. con la prov. de Pontevedra, sirviendo de límite el r. Ulla (2 leg.), por el O. con los montes de Loureda y Sabugueira que le dividen del part. de Santiago, y por NE. con el r. Tambre (2 leg.) que corre por entre este part. y el de Ordenes.

El cuadro que presentamos á continuacion demuestra los nombres de los ayunt. y la dist. que media entre sus cap. con las de prov., aud., c. g. y dióc. de que dependen.

ARZUA: cap. de ayunt. y part. jud.

1 3/4	Boimorto, (cap. de ayunt.)													
3 1/3	2	Curtis. (cap. de ayunt.)												
2	2	3 1/3	Mellid. (cap. de ayunt.)											
2 1/2	2 1/2	4 3/4	4 1/2	Pino. (cap. de ayunt.)										
1 1/4	3	4 1/2	1 1/4	3 3/4	Santiso. (cap. de ayunt.)									
3	2	1 1/4	2	4 1/2	3	Sobrado. (cap. de ayunt.)								
3	2 1/2	2 1/2	1	3 1/2	2	2	Toques. (cap. de ayunt.)							
2 1/2	3 1/2	5 1/4	4 1/2	1	3 1/2	4 3/4	5	Touro. (cap. de ayunt.)						
3	1 1/4	1	3	4	4 1/4	1 1/2	3	4 1/4	Villasantar. (cap. de ayunt.)					
10	9 1/2	7 1/2	10	11 1/4	11 1/2	8 1/2	10	12	8	Coruña: cap. de prov., aud. y c. g.				
5 3/4	6 1/2	8 1/4	8	3 1/2	7	8	9	4	8	10	Santiago. (dióc.)			
9 1/2	9	11	7 1/2	8 1/2	8 1/2	7 1/2	6 1/2	10	12	15	15 1/2	Lugo. (dióc.)		
15 1/2	13 1/2	16	16	16	16	12	18	18	15	15	20	9	Mondoñedo (dióc.)	
90 1/4	89 1/2	89	88	92 2/3	89	88	87	92	88	98 1/2	93 1/2	85	94	Madrid.

RIOS Y MONTAÑAS. Por la parte de levante se encuentra el elevado y dilatado monte del Bocelo que forma linea divisoria de la prov. de la Coruña y la de Lugo por tierra de la Ulloa, part. de Taboada: sigue al NE. el alto monte de Coba-da-Serpe antepuesto al part. de Villalba; corre por el N. el citado monte de la Tieira del cual, asi como de los que se han mencionado, se desprenden algunos ramales que se introducen en el part., formando varias cañadas y prolongados valles por donde circulan las aguas del crecido número de r. que mas ó menos caudalosos, bañan este terr. El *Mandeo*, que tiene origen del monte Bocelo y térm. de San Miguel de Codesozo, nace en el alto de la capilla de las Pias, y marcha con inclinacion al N. dirigiéndose por las felig. de Roade, Grijalba y Fojado á incorporarse con las aguas de la ria de Betanzos: en el mismo monte Bocelo y en su falda N., térm. tambien de Codesozo, se encuentra la fuente *Tambre*, que á muy corta distancia del mencionado Mandeo, da origen al r. que con el nombre de su fuente baja por la v. de Sobrado, y que corriendo de E. á O, sigue su dilatado curso á desembocar en el Océano ó ria de Noya, sirviendo en gran parte de limite setentrional al part. de Arzua. El *Ulla*, que como se ha dicho forma la línea merid., desciende de levante á poniente despues de tener origen en lo alto del l. de Ulla, felig. de San Vicente de la Ulloa, en Taboada; entra en el part. de Arzuá, por térm. de Bimianzo, y dirigiéndose al puente Ramil, marcha á lá prov. de Pontevedra á depositar sus aguas en la ria de Arosa: en la falda del indicado Bocelo y monte Corno-de-Buey, desde donde principia el valle denominado de San Pelayo de Paradela, nace el r. *Furelos*, el cual en su curso de N. á SO., baña las felig. de Oleiros y de Furelos, y se une al Ulla entre las parr. de Baranzon y de Arcediago, despues de haber aumentado su caudal con las aguas del *Merá*, que procedente tambien de las faldás del Bocelo en lá parr. de Pedrouzos y de Jovial, baja al S. recorriendo las felig. de Sta. Maria de Mellid hasta llegar á la de Moldes, que es donde confluye con aquel. De un estribo del mencionado monte y en la parr. de San Pedro de Maceda, tiene origen el r. de la *Regada* que, descendiendo de N. á SO. á la felig. de Marojo, se une en aquel térm. al *Iso*; este nace en las faldas occidentales del mencionado Bocelo, en las felig. de Rodieiros y Corneda, corre al S. por la de Dormea á la de Boimorto en donde se enriquece con los arroyos que bajan de los de Boimil y Boimorto, asi como los que descienden de Golan y de Sendelle, antes de llegar al puente Ribadeiro, pasado el cual se une con el citado de la Regada y encuentra el puente de las Tablas en la ya citada parr. de Marojo, y desde aqui, recorriendo las faldas de monte Furado y los lim. meridionales de la felig. de Viños, se introduce en el r. Ulla; si bien antes recibe entre las parr. de Lema, Brandeso y Marojo en el punto de Fuente-Santa, al r. *Carracelo y Vilar*, formado de los arroyos que nacen y recorren por las felig. de Pantiñobre y Burres, y vertientes de la v. de Arzua: en las parr. de Ferreiros y Cerceda nacen varios arroyos que, bajando de N. á S. al térm. de San Felix de Quion, forman el r. Laña al cual en Cornado y Andeade, se unen las aguas del r. *Santalla*, que viene de la parr. de Touro, y las que descienden de las de Beseño, y reunidas cerca del puente Carballo, siguen al térm. de Nuevefuentes, donde se confunden con las del Ulla junto al puente Basabe: el r. Brandelos y de Prebidiños debe su origen á los arroyos que nacen y bañan las felig. de Arca, Bama, Castrofeito, Lojo y Pereira, que unidos en Brandelos corren al S. por Fojanes y se confunden no muy distante del puente Ledesma, con las del referido Ulla, abundante de buenas truchas y salmones antes de entrar en la ria de Arosa por el sitio del conv. de Erbon, como lo verifica despues de recibir otros varios r., que son, el Arnejo y el de Carboeiro ó de Puente-Taboada, y el Tambre que baja de Puentemerced y se le introducen por la márg. izq., ó sea térm. de la prov. de Pontevedra. El r. de la Laje, como tambien el de Puente-cabalar se presentan por el S. de las parr, de Curtis, Fisteus, Vilasantar y Barbeiro, y bajan al térm. de Mesonzo desde donde marchan unidos al r. Tambre que los recibe por su márg. der., al paso que por la izq. admite al *Mera* que nace al SE. del alto de la capilla de la Mota de San Bartolomé entre los térm. de San Estéban del Campo y de Calbos de Sobrecamino; corre de E. á NO., recogiendo las aguas de Calbos, Oines y Gonzar, en cuyo último térm. encuentra al mencionado Tambre.

FUENTES Y AGUAS MINERALES. Pocos son los pozos de agua potable que se encuentran en este part., pero es crecido el número de fuentes, de finas y cristalinas aguas, y las hay tambien minerales: de esta clase es la llamada Fuente Santa que brota á 1/2 leg. de la v. de Arzua, junto á la capilla que le da nombre, en térm. y parte meridional de la felig. de

Lema, á la orilla del r. Vilar, cerca de su confluencia con el Iso; no se hallan analizadas, pero los buenos efectos que producen contra distintas dolencias, especialmente las gástricas, las hacen bastante frecuentadas. En el térm. de San Julian de Lardeiros á 4 leg. al E. de la c. de Santiago, y á 3 leg. al NE. de la v. de Arzua, hay otras aguas de la misma clase que las anteriores, si bien algo mas frias: otro manantial se encuentra tambien en la felig. de Prebidiños, inmediato á San Vicente de Bama á 3 1/2 leg. O. de Arzua, que asi como el que nace junto al santuario y r. de la Laje, felig. de San Martin de Armental, 3 leg. al N. de Arzua, es poco frecuentado y desconocidas las virtudes de sus aguas.

TERRENO. El de este part. es en lo general fértil, sus montes se hallan medianamente poblados, y sus prados, asi como la tierra destinada á cultivo, no reciben otro riego que el que naturalmente les proporcionan los r. y arroyos de que dejamos hecho mérito, sin que el arte haya contribuido á dar direccion á las aguas en beneficio de la agricultura que, aun sin este auxilio, forma la riqueza del pais.

CAMINOS. Cruzan el terr. varias veredas; una se dirige de O. á E., la cual viniendo de la c. de Santiago para la de Lugo, sube por Arzua y Mellid desde el sitio de Lavacoya desde donde parte otra con direccion al N. por la felig. de San Estéban de Medin á Boimorto y Sobrado, con direccion á la misma c. de Lugo; otra vereda se dirige al través de N. á S. desde la Coruña y Betanzos para la c. de Orense, pasando por Mellid donde enlaza con las otras de que hemos hecho mencion: en esta v. hacen tránsito las tropas que marchan de Santiago á Lugo, ó de la Coruña á Orense, desde cuya c. para Mellid se dirigen 2 caminos, el uno por el puente Arcediago, y el otro por Libureiro y Furelos; pasa por el part. tocando tambien en Mellid el camino de herradura por donde transitan los maragatos que, desde Santiago se dirigen á Castilla por los indicados puentes de Furelos y Libureiro á tierra de Ulloa y ventas de Neron, cuyo camino da paso tambien para Sarria y Puertomarin: todos estos caminos asi como otros trasversales se encuentran en muy mal estado.

EL CORREO á su paso de Santiago á Lugo deja la correspondencia 3 dias á la semana en las estafetillas de Arzua y Mellid.

LAS PRODUCCIONES mas comunes son el centeno, maiz, trigo y patatas; pero no faltan otros cereales, algunas frutas y hortalizas, el combustible necesario y mucho y buen pasto: cria ganado vacuno, caballar y mular, alguno lanar y bastante de cerda, aunque pequeño, y ofrecen diversa y sabrosa pesca los r., con especialidad en las inmediaciones del Ulla.

INDUSTRIA. Puede decirse que no es otra que la agrícola y la elaboracion de quesos y manteca, si bien es crecido el número de molinos harineros y no faltan menestrales de primera necesidad.

COMERCIO, FERIAS Y MERCADOS: se concreta aquel á la esportacion de trigo, maiz y centeno, y al tráfico de cuatropea que proporcionan las muchas y buenas ferias que se celebran en el part.: la de la v. de Arzua tiene lugar el dia 8 de cada mes, ademas del mercado del dia 22, y en uno y otra se presentan con abundancia el ganado vacuno, caballar, mular y de cerda; granos y comestibles de varias clases; quesos, manteca, pollos, gallinas, huevos, frutas, lino, quincalla, paños, herrajes y otros varios efectos que contribuyen á hacer mas numerosa la concurrencia. Tambien la hay el 5 de cada mes en las felig. de Fisteus en el 1, y Campo de la *Illana*, con cuyo nombre es conocida, y en la cual se negocian, aunque con menos concurrencia, los mismos art. que en las de Arzua. En Prebidiños y sitio de Barandelos se celebra el 6 de cada mes otra feria, si bien en ella no se presentan granos, como tampoco se hace en la que tiene lugar los dias 10 junto á la capilla de las Pias, en la felig. de Codesozo. En la parr. de San Julian de Cumbraos y Campo de las Cruces se celebra otro gran mercado el dia 13 con bastante concurrencia, y en donde se presenta la misma clase de frutos y efectos de que hicimos mérito en la de Arzua, bien que es mas abundante respecto al ganado lanar y cabrio: esta feria se denomina Cruces de Sobrado, por celebrarse á distancia de 1/2 leg. de la v. de que toma nombre, para distinguirse de la que se verifica en las Cruces de Becejos el dia 4 de cada mes, en la parr. de Cumeiro, en el part. de Lalin. En Santiago de Vilouriz hay el dia 15 un mercado, donde solo se beneficia el ganado de cerda y algunos art. de consumo; no asi en la feria de San Saturnino el dia 20 de cada mes, en la felig. de San Julian de Cebreiro, á la cual concurre toda clase de ganado, caballerias gallegas, paños, herrajes, quincalleria y demas art. de consumo: en San Martin de Armental tiene efecto el 24 de cada mes la feria llamada de Laje, no tan concurrida como la anterior, pero se beneficia ganado, quesos y otros art. En la parr. y campo de Mesonzo hay tambien feria los domingos primeros de cada mes, en la cual asi como en las que se celebra en iguales dias en las v. de Sobrado y Mellid, se negocia en los mismos ramos de comercio que enumeramos con relacion á las ferias y mercados de Arzua.

PESOS Y MEDIDAS. En este part. se usa en lo general de los pesos y medidas conocidas con el nombre de gallegas, y de las que daremos la posible esplicacion en el art. de la Coruña (prov.) pues seria demasiado molesto insertar aqui las grandes subdivisiones en que se encuentran, y que por precision tendriamos que repetir en aquel artículo.

INSTRUCCION PUBLICA. Ninguna observacion necesitamos hacer respecto al abandono en que se encuentra en este part.: el siguiente cuadro dice mas de lo que pudiéramos esponer: una pobl. de 29,877 alm., que solo cuenta con 5 escuelas públicas, de las cuales 2 estan desempeñadas por maestros, de cuya ilustracion, cuando menos puede dudarse; y que sostiene á 44 individuos mas, al frente de la instruccion primaria sin detenerse á examinar si son ó no capaces para tan noble encargo, da una triste idea de la prov. á que pertenece: quizá al ocuparnos de esta, podamos rectificar las noticias sobre el ramo de escuelas, si como es de presumir, han llamado la atencion del gobierno los datos oficiales que obran en su poder, y que ofrecen el resultado que vamos á presentar.

NUMERO DE		ESCUELAS.	Públicas.	Privadas.	TOTAL.	CONCURRENTES		
Ayuntamientos.	Almas.					Niños.	Niñas.	TOTAL.
10	29,877	Elementales / Incompletas	5	48	53	1303	166	1469
	Maestros	Con titulo...	3	2	5			
		Sin titulo....	2	44	46			

Proporcion de las
- Escuelas con los ayunt... 5'300 á 1
- Almas con las escuelas... 565'604 á 1
- Id. con los concurrentes.. 20'338 á 1

ESTADISTICA JUDICIAL. Los acusados en este part. jud. durante el año 1843 fueron 69, de cuyo número resultaron absueltos de la instancia 18, libremente 4; penados presentes 40, contumaces 7; reincidente en el mismo delito 1, con el intervalo de 1 año, desde la reincidencia al delito anterior: del total de acusados 7 contaban de 10 á 20 años de edad, 30, de 20 á 40, y 25 de 40 en adelante: no aparece la edad de los ausentes; 65 eran hombres, y 4 mujeres; 33 solteros y 29 casados; tampoco consta el estado de los reos ausentes; 29 sabian leer y escribir, 7 carecian de este ramo de educacion, de los restantes no se espresa esta circunstancia; 3 ejercian profesion científica ó arte liberal, 59 artes mecánicas, no resulta la profesion de los contumaces.

En el mismo periodo se perpetraron 44 delitos de homicidio y de heridas, 4 con armas blancas de uso lícito, 10 con instrumentos contundentes, 30 con otros instrumentos ó medios que no se espresan.

Al presentar los datos estadísticos de la aud. terr. de la Coruña, haremos las observaciones convenientes relativas á la criminalidad comparada esta con la que aparece en otras prov. de la Península, y aun en las comprendidas en el mismo terr. de Galicia; y por consecuencia la descripcion general del part. de Arzua, la terminamos con el siguiente:

CUADRO SINOPTICO, por ayuntamientos, de lo concerniente á la poblacion de dicho partido, su estadística municipal y la que se refiere al reemplazo del ejército, su riqueza imponible y las contribuciones que se pagan.

AYUNTAMIENTOS	Diócesis á que pertenecen.	POBLACION. VECINOS.	POBLACION. ALMAS.	ESTADISTICA MUNICIPAL. ELECTORES. Contribuyentes.	ELECTORES. Por capacidad.	ELECTORES. TOTAL.	Elegibles.	Alcaldes.	Tenientes.	Regidores.	Síndicos.	Suplentes.	Alcaldes pedáneos.
Arzua	Santiago, Lugo y Mondoñedo.	1008	4794	415	24	439	412	1	1	8	1	7	22
Boimorto		509	2421	249	»	249	240	1	1	8	1	7	13
Curtis		359	1707	199	»	199	190	1	1	6	1	6	3
Mellid		735	3496	325	»	325	310	1	1	8	1	7	26
Pino		851	4047	363	14	377	362	1	1	8	1	7	13
Santiso		549	2611	266	»	266	180	1	1	8	1	7	17
Sobrado		602	2863	280	7	257	277	1	1	8	1	7	10
Toques		283	1346	171	»	171	158	1	1	6	1	6	10
Touro		1050	4994	431	18	449	431	1	1	8	1	7	17
Villasantar		336	1598	192	5	197	187	1	1	6	1	6	7
Totales		6282	29877	2891	68	2959	2747	10	10	74	10	67	138

AYUNTAMIENTOS	REEMPLAZO DEL EJERCITO. JOVENES VARONES DE EDAD DE 18 años.	19 años.	20 años.	21 años.	22 años.	23 años.	24 años.	TOTAL.	Cupo de soldados cor. á un reemplazo de 25,000 hs.	RIQUEZA IMPONIBLE. Territorial y pecuaria. Rs. vn.	URBANA. Rs. vn.	Industrial y comercial. Rs. vn.	TOTAL. Rs. vn.	CONTRIBUCIONES. (1) Por ayuntamientos. Rs. vn.	Por vecino. Rs. Ms.	Por habitante.	Tanto p% de la riqueza.
Arzua	70	54	72	66	72	65	33	432	10'3	951289	4400	4821	960510	91447	90 24	19 3	9'63
Boimorto	59	54	30	42	45	20	12	262	5'2	344987	3032	2542	350561	30039	59	12 14	8'57
Curtis	62	40	40	34	50	22	22	270	3'6	261380	700	1854	263934	25703	71 20	15 2	9'74
Mellid	59	55	48	42	31	23	36	304	7'5	973997	3000	4374	981371	57674	78 17	16 27	5'88
Pino	70	58	52	46	49	33	17	325	8'7	653433	206880	130707	991020	72264	84 31	17 29	7'29
Santiso	44	25	43	35	35	22	19	223	5'6	324394	3966	4347	332707	37022	67 17	14 6	11'13
Sobrado	49	39	39	34	39	23	25	248	6'1	286960	3000	14487	304447	35007	58 5	12 8	11'50
Toques	21	29	16	34	20	11	13	144	2'9	228767	2332	1201	232300	14406	50 31	10 24	6'20
Touro	59	67	49	45	44	23	45	327	10'7	1051560	4432	22954	1078946	77444	73 26	15 17	7'18
Villasantar	31	34	32	26	16	14	16	169	3'4	209660	1632	3942	215234	20758	61 26	13	9'64
Totales	524	455	421	404	401	256	238	2699	64	5286427	233374	191229	5711030	461764	73 17	15 15	8'09

(1) En ellas se incluye la de culto y clero, por 131,454 rs., que sale á razon de 20 rs. 31 mrs. por vecino, 4 rs. 14 mrs. por habitante, y 2, 30 p% de la riqueza imponible.

ARZUA: ayunt. en la prov., aud. y c. g. de la Coruña (10 leg.), dióc de Santiago (5 3/4), y uno de los 10 que forman el part. jud. á que da nombre: SIT. al E. de Santiango en CLIMA saludable: comprende 22 felig. que son Arzua, Santiago, v. cap.; Arzua, Sta. Maria; Boente, Santiago; Brandeso, San Lorenzo; Branzá, Sta. Leocadia; Burres, San Vicente; Calvos de Sobre Camiño, San Martin; Campos, San Esteban; Castañeda, Sta. Maria; Dodro, Sta. Maria; Dombodan, San Cristóbal; Figueroa, San Pelayo; Lema, San Pedro; Marojo, Sta. Maria; Mella, San Pedro; Oines, San Cosme; Pantiñobre, San Estéban; Rendal, Sta. Maria; Tronceda, Santa Maria; Villadavil, Sta. Maria; Villantime, San Pedro; y Viñós, San Pedro; las cuales reunen 211 ald.: el TÉRM. municipal confina por N. con el de Boimorto, á 1 1/2 leg.; al E. con el de Mellid á 2, por S. con el de Santiago y r. Ulla á 2, y por O. con el de Touro á 2 1/2; le recorre formando un valle el r. Iso que trae su orígen del elevado monte Bocelo; se enriquece con las vertientes del *Tambre*, y aumenta su caudal con las aguas del *Carrecedo* que se le agrega en la felig. de Brandeso, y unidos marchan al S. hasta la de Viñós, en donde se pierden en el Ulla: el TERRENO en lo general frondoso, y especialmente en la ribera ó parte meridional del térm.; PROD. centeno, maiz, trigo, algun vino, frutas y hortalizas: la cria de ganado, la trajineria y tráfico aunque en pequeño, forma parte de la ocupacion y utilidad de estos sencillos y morigerados naturales; hay 1 feria y 1 mercado mensual bastante concurrido y provisto: POBL. 1,008 vec., 4,794 alm.: SU RIQUEZA IMP 960,510 rs.: CONTR. 91,446 rs. 26 mrs.

ARZUA (STA. MARIA DE): felig. en la prov. de la Coruña (10 leg), dióc. de Santiago (5 1/2), part. jud. y ayunt. de Arzua (1/4): SIT. á la falda meridional del estribo del monte de la Mota, conocido con el de la Peña de la Seija; se halla la mayor parte de la felig. en la vertiente que mira al O., en CLIMA saludable; comprende las ald. de Bosende, Capelan, Curro, Fonge, Fraga del Rey, Iglesia, Outeiro, Pazo, Quenlla, Rascados, Ribadisu, Leijas, Tojo, y Viso que reunen hasta 70 CASAS rústicas y diseminadas. La igl. parr. (Sta. Maria) es de fundacion inmemorial, y servida por 1 párroco de patronato lego: el cementerio capaz y bien ventilado: en la ald. de Bosende hay 1 ermita, con la advocacion de Sta. Maria, en la cual celebra el dia de su fiesta una concurrida romeria: el TÉRM. confina al N. con Sta. Maria de Villadaril, por E. con Sta. Maria de Rendal; interpuesto el Iso, por S. con la v. de Arzua, y por O. con San Vicente de Burres: el TERRENO, aunque montuoso, es productivo, pero no abunda en arbolado; le baña el r. Iso por su lím. oriental; y por los l. de Bosende y de Seijas corren 2 arroyos que nacen en la falda del monte al N., y siguen al S. fertilizando praderias. Atraviesa esta felig. de S. á N. el CAMINO que va de Arzua á las c. de Betanzos y Coruña al N., y el CORREO se recibe de la cap. del part.: PROD. centeno, maiz, patatas, lino, trigo y habas: cria ganado vacuno, y poco del de otras clases: POBL. 68 vec., 360 alm.: CONTR. con su ayunt. (V.).

ARZUA: v. en la prov., aud. terr. y c. g. de la Coruña (10 leg.), dióc. de Santiago (5 3/4), y cap. del part. jud. y ayunt. á que da nombre.

SITUACION Y CLIMA. Se encuentra á los 42° 5′ 2″ de lat. y á los 4° 30′ 5″ de long. O. de Madrid, en una altura de pendiente suave con vertientes al S., y sobre la vereda que baja de Lugo á Santiago; los vientos mas reinantes son los de N. y O., y si bien su clima no es el mas apacible, es sin embargo muy saludable.

INTERIOR DE LA POBLACION Y SUS AFUERAS. Reune 80 CASAS inclusas las de las ald. de las Barrosas, Pregontoño y barrio de San Salvador; todas muy medianas, aunque algunas con las comodidades que requieren las casas de los labradores. Se está construyendo casa para el ayunt. con cárcel, y habitacion para el alcaide, en un edificio aislado en la corredera que desde la v. se dirije al barrio de la Fraga del Rey: carece de escuela pública, y solo 1 privada costeada por los padres de los alumnos, es la que proporciona los primeros conocimientos de lectura, escritura, aritmética y moral cristiana. En el centro de la v. y junto á la plaza, está la igl. parr. (Santiago) la cual es matriz de la de San Pedro de Lema de quien fué anejo: el templo es mediano; pero con buena torre: dentro de la igl. se encuentra la capilla del Cármen propia de la cofradía de ecl.; el curato de la matriz, asi como el del anejo, es de patronato lego, y se provée por presentacion alternativa de la casa de Goyraldez y otros partícipes: inmediata á la igl., aunque en térm. del anejo San Pedro de Lema, hay 1 capilla derruida llamada de la Magdalena que fué del conv. de agustinos de Santiago, y á estramuros de la misma v.: en la ald. de San Salvador, está 1 ermita á la cual se hace romería el dia del Santo.

CONFINES Y TÉRMINO. Limita por N. con la felig. de Santa María de Arzúa á 1/4 de leg. por el S. con el mencionado su anejo San Pedro de Lema á 1/8, al E. con la felig dè Sta. Maria de Rendal á 1/2, y por O. á 1 leg. con San Vicente de Burres: no comprende otros montes que los insignificantes que se encuentran á la parte E., que como el de O. se hallan tan escasos de arbolado que obliga á los vec. á abastecerse de combustible de las parr. contiguas: tiene buenas y abundantes aguas potables; pero la falta de direccion hace que solo se utilicen para el consumo y abrevaderos, sin aprovechar el sobrante como pudiera en el riego de huertas y prados: le baña ademas por el E. el r. Iso, el cual nace en las faldas del Bocelo, y se dirije al Ulloa, recoge las aguas de los arroyos que, procedentes de los montes inmediatos, corren de N á S. por los lugares de Bosendè y Seixas, fertilizando algunas praderias.

TERRENO. Su calidad es mediana; pero se presta al cultivo y corresponde á los afanes del agricultor; la parte de Oriente es mas á propósito para cereales y arbolado. que la que mira al Poniente, no obstante, una y otra proporcionan mucho pasto.

CAMINOS. Pasa por el centro de la v. la vereda pública que con direccion de O. á E. sube de la c. de Santiago á la de Lugo, y le cruza otra vereda menos frecuentada, que da comunicacion á las prov. de Orense y Pontevedra: esta última vereda corre de S. á N. y corta al r. Ulla por el puente de San Justo y pasa el Tambre por el de Castro, desde donde continua hácia Betanzos y la Coruña.

CORREO. El de esta v. se recibe en su estafetilla, en la cual la deja el conductor que pasa de la adm. de Santiago á Lugo 3 veces á la semana.

PRODUCCIONES. Las mas principales son el centeno y el maiz; se cosecha tambien trigo, patatas, lino, legumbres y pocas frutas; se elaboran esquisitos quesos, y se cria ganado con especialidad el vacuno, del cual se valen para las labores del campo.

INDUSTRIA Y COMERCIO. La ocupacion constante de estos naturales, si se esceptua un corto número de artesanos, es la agricultura, y el tráfico que proporciona una feria el dia 8 de cada mes, y un mercado el 22, que se celebran en el campo de la Fraga del Rey, donde se presentan con abundancia comestibles, paños, quincalla, herraje y ganado vacuno, caballar, mular y de cerda: POBL. 78 vec., 413 alm.: CONTR. con las demas felig. que forman el ayunt. (V).

ARZUBIA: casa solar y armera en *Dima*, anteig. de Vizcaya.

ARZUBIAGA: l. en la prov. de Alava, dióc. de Calahorra (19 leg.), vic. y part. jud. de Vitoria (1), de la herm. y ayunt. de Arrazua, cuyas corporaciones celebran sus juntas en la sala de la ermita de San Juan, que se encuentra en el térm. de este pueblo: SIT. en una altura ventilada y sana á la izq del r. Zadorra: su CLIMA es frio: la igl. parr. (Ntra. Sra. de la Asuncion) está servida por 1 beneficiado: confina por N. con Durana, por E con Junguitu, al S. con Zurbano, y á O. con Gamarra Mayor; comprende 2 montes, en uno de los cuales existen las ruinas de 1 igl. que se cree haber sido parr. de algun pueblo hoy desconocido: corre por el N. de E. á O. el riach. Zubiate con direccion al citado Zadorra: el TERRENO es quebrado; se cultivan unas 150 fan. de tierra de mediana calidad: los CAMINOS son locales, y el CORREO se recibe en Vitoria: PROD. trigo, maiz, avena, patatas, pocas legumbres, hortalizas y frutas: hay mucho y buen pasto con que cria gran porcion de ganado: se cazan perdices y liebres, y disfruta de la pesca en el Zadorra: POBL. 4 vec., 20 alm.: CONTR. (V. ALAVA INTENDENCIA).

ARZUELA: riach. en la prov. de Cáceres, part. jud. de Navalmoral de la Mata: se forma de 2 arroyos llamados Alisar y Tamujas que se unen á 1/2 leg. de Talavera la Vieja, y corriendo en direccion de S. á N., se incorpora con el Tajo 1/4 leg. despues pierde su corriente en el estío y no ofrece cosa notable.

FIN DEL TOMO SEGUNDO.

mia; se cosecha tambien trigo, patatas, lino, legumbres y pocas frutas; se elaboran exquisitos quesos, y se cria ganado, con especialidad el vacuno, del cual se valen para las labores del campo.

INDUSTRIA Y COMERCIO. La ocupacion constante de estos naturales, si se esceptúa un corto número de artesanos, es la agricultura, y el tráfico que proporciona una feria el dia 8 de cada mes, y un mercado el 22, que se celebran en el campo de la Fraga del Rey, donde se presentan con abundancia comestibles, paños, quincalla, lencería y ganado vacuno, caballar, mular y de cerda: POBL.: 78 vec., 413 alm.: CONTR. con las demas felig. que forman el ayunt. (V.).

ARZUBIA: casa solar y armera en Dima, anteig. de Vizcaya.

ARZUBIAGA: l. en la prov. de Alava, dióc. de Calahorra (19 leg.), her. y part. jud. de Vitoria (1), de la herm. [illegible] de Arrazua, cuyas corporaciones celebran sus juntas en la sala de la ermita de San Juan, que se encuentra en el térm. de este pueblo: SIT. en una altura ventilada y sana á la izq. del r. Zadorra: su CLIMA es frio: la igl. parr. (Ntra. Sra. de la Asuncion) está servida por 1 beneficiado: confina por N. con Durana, por E. con Junguitu, al S. con Zurbano, y al O. con Gamarra Mayor: comprende 2 montes, en uno de los cuales existen las ruinas de 1 igl. que se cree haber sido parr. de algun pueblo hoy desconocido: corre por el N. de E. á O. el riach. Zubiate con direccion al citado Zadorra: el TERRENO es [illegible] se cultivan unas 150 fan. de tierra de mediana calidad: los CAMINOS son locales, y el CORREO se recibe de Vitoria: PROD.: trigo, maiz, avena, patatas, pocas legumbres, hortalizas y frutas: hay [illegible] para pasto con que crian gran porcion de ganado [illegible] caza de perdices y liebres, y [illegible] pesca en el Zadorra: POBL.: 4 vec., [illegible] alm.: CONTR. (V. ALAVA INTENDENCIA).

ARZUELA: riach. en la prov. de Cáceres, part. jud. de Navalmoral de la Mata: nace [illegible] de 2 arroyos [illegible] y Tamujas que se unen á 1/2 leg. de Talaveruela, y corriendo en direccion de S. á N., se incorpora con el Tietar á 1 1/2 leg.; despues pierde su corriente en el estío y no ofrece cosa notable.

legua, y se provee por presentacion [illegible] raldes y otros partícipes [illegible] del anejo San Pedro de Leiro, [illegible] de la Magdalena que fue del [illegible] y á estramuros de la misma [illegible] está la ermita á la cual se [illegible]

[illegible] por N. con la felig. de Santa [illegible] por el S. con el mencionado su [illegible] al E. con la felig. de Sta. María [illegible] 1 leg. con San Vicente de Bur- [illegible] que las insignificantes que se [illegible] como el de O., se hallan [illegible] á las veces á abastecerse de [illegible] tiene buenas y abundantes [illegible] falta de direccion hace que sólo [illegible] y abrevaderos, sin aprovechar el [illegible] de huertas y prados; lo [illegible] el cual nace en los límites del [illegible], recoge las aguas de los arroyos [illegible] inmediatos, corren de N. á S. [illegible] fértiles, fertilizando algunas pra-

[illegible] mediana; pero se presta al cultivo del agricultor; la parte de Oriente [illegible] y arbolado; que la que mira [illegible] y otra proporcionan mucho

[illegible] uso de la v.; la vereda pública que [illegible] de la c. de Santiago á la de Lugo, [illegible] frecuentada, que es comunica- [illegible] y Pontevedra: esta última vereda [illegible] por el puente de San Justo [illegible] desde donde continua hácia

[illegible] recibe en su estafeta, en la inmediata de la adm. de Santiago á Lugo

[illegible] principales son el centeno y el [illegible]

ERRATAS.

Pág.	Columna.	Linea.	Dice.	Léase.
9	Primera.	27	Coomente	Coomonte
10	Segunda.	13	Bemansa	Bonansa
Id.	Id.	14	Las Padules	Las Paules
11	Id.	74	por medio una presa	por medio de una presa
Id.	Id.	78	Palomera	Paramera
12	Primera.	42	entrada;	entrada
13	Id.	66	Aranguel	Arangel
14	Segunda.	69	Aljucen	Aljucén y lo mismo en todas las repeticiones de este nombre
Id.	Id.	75	Gállellego	Gallego
15	Primera.	37	Menda	Mérida
Id.	Id.	54	ellos	ellas
16	Segunda.	1	Bonaque	Benaque
Id.	Id.	65	Castilseras	Castilserás
Id.	Id.	66	Desilla	Dehesilla
17	Primera.	23	Alcudia	Es el r. Ventillas (art. Alcudia pág. 481, tomo 1.°)
Id.	Id.	75	de azogues	de azogues,
Id.	Id.	Cuadro sinopt.	Almagro	Almadenejos
62	Id.	4 y 5	le componen 1 c. y 5 v. que compoñen 6 ayunt.	le componen 1 c. y 6 villas que constituyen 7 ayunt.
Id.	Id.	42	Azuqueca	Zucueca y lo mismo en las demas repeticiones
Id.	Segunda.	20	Algucil	Alguacil
63	Id.	34	derribada	derribado
64	Id.	8	D. Felipe Torres etc.	Mejor informados debemos hacer presente, que el verdadero fundador de esta fábrica lo fué D. Juan Bautista Torres, quien trajo á sus espensas para la direccion y enseñanza de las operarias á su hermano D. Felix, á Doña Serafina Albi, mujer de este, á D. Juan, don Francisco Senroma y á D. Salvador Riera, vecino de Mataró. Cuando D. Felix se hizo cargo de la fábrica la encontró ya montada, y sus esfuerzos y los de sus hijos han competido con los de su hermano y tio respectivamente.
65	Primera.	1	eucuentran	encuentran
Id.	Segunda.	44	prendido	preso
66	Primera.	39	Monigon	Moñigon
70	Segunda.	51	Calveras	Calaveras
71	Id.	36	Belacbe	Belacha
Id.	Primera.	68	3000	300
72	Id.	32	de Zamora	á Zamora
Id.	Segunda.	32	correr	corre
74	Primera.	61	Sancejó	Saucejó
Id.	Id.	71	anfiteusis	enfiteusis
Id.	Segunda.	27 y 42	Boltoya	Voltoya
76	Segunda.	51	deb Rafa	deh Baja
Id.	Id.	66	langa	larga
78	Id.	2	ó pluridad de votos	á pluralidad de votos
79	Primera.	1 y 2	la corta entrada,	la corta y entrada
Id.	Segunda.	33 y 50	Viniel	Baniel
82	Id.	9 y 10	Sanguillo	Sauguillo
83	Primera.	11	Maureal	Monreal
87	Id.	9	se hablará á continuacion.	hemos hablado antes
90	Segunda.	5	abad	Abad
Id.	Id.	40	Bermilles	Bermillo
92	Id.	13	enzona	enrona
Id.	Id.	32 y 33	Choolin	Cholin
Id.	Id.	33	adornad	adornado
Id.	Id.	35	vens	ven
Id.	Id.	37	Ante	Antes
94	Id.	74	forman casas	forman calles
95	Id.	33	nune	nunc
Id.	Id.	45	un conv.	su conv.
Id.	Id.	78	6 del	6 deh.
96	Primera.	20	llaman de	llaman; sierra
Id.	Id.	22	Facho	Jacho
Id.	Segunda.	24	Navaermosa	Navahermosa
97	Id.	17	quemado	quemarlo
99	Id.	10	Almendre	Almendres
102	Primera.	16 despues del cua dro.	Ocana	Ocaña
Id.	Segunda.	11	Fijólay	Tijóla y
108	Primera.	32	Chrivel	Chirivel
109	Segunda.	10	fundado	fundada
117	Primera.	29	Calatoras	Calatorao
160	Id.	78	Chiguero	Chiquero
Id.	Segunda.	1	Bullague	Bullaque
169	Primera.	65	Guadiela	Guazalate
170	Id.	49	Coso	Coso;
171	Id.	34	Alaxas	Alajar
Id.	Id.	35	Cartegano	Cortegano
180	Id.	77	n el part.	en el part.
Id.	Id.	78	anura	llanura
183	Segunda.	3	Penas	Peñas
184	Primera.	22	Albar	Olivar
188	Segunda.	1	de	del
193	Primera.	65	Cerrajon	Cerrejon
Id.	Id.	Id.	Castilleja	Castillejo
Id.	Segunda.	6 y 7	esprasado	espresado
Id.	Id.	8	Ambereg	Amberey
194	Primera.	9	el Almarail	el de Almarail
197	Segunda.	17	Apotrel	Alpotrel
Id.	Id.	78	14	4
202	Primera.	26	Orfiva	Orgiva
203	Id.	58	Beniafan	Beniaján
Id.	Segunda.	37 38 y 72	Radiguero	Radiquero
204	Id.	25	snrtido	surtido
205	Id.	78	Jergal	Gergal
208	Primera.	57	Rindeperas	Riudeperas
Id.	Id.	61	Arzanigo	Anzánigo
224	Id.	16	Araduca	Arraduca
230	Segunda.	32	Tequise	Teguise
233	Id.	29	Urdá	Urda
234	Primera.	11	Almaro	Amaro
237	Segunda.	21	Tequise	Teguise
239	Id.	36	Moxana	Morana
244	Id.	78	habia	bahía
245	Id.	27	Culate	Eulate
246	Id.	67	Barrega	Tárrega
249	Primera.	72	Leon	de Leon
257	Id.	65	Dosguers	Dosquers
262	Segunda.	59	Olaveza	Olavezar
268	Primera.	60	Casas consistoriales	sala consistorial

Pág.	Columna.	Linea.	Dice.	Léase.
270	Primera.	69	Garcillan;	Garcillan y
272	Id.	31 y 32	Villaumil	Villasumil
Id.	Id.	32	Espinadera	Espinareda
Id.	Id.	33	Suarbo	Suarbol
Id.	Id.	63 y 64	Villaumil	Villasumil
Id.	Id.	64	Caudin	Candin
Id.	Id.	78	velle	valle
282	Id.	6	Almazar	Almazan
Id.	Id.	26	O.	E.
288	Id.	32	Inglar	Juglán
Id.	Id.	37	Foutargent	Fontargent
293	Segunda.	16	Montelar	Montclar
295	Id.	64	Tequise	Teguise
298	Id.	31	Villella.	Villela
299	Primera.	75 y 76	vacios	varios
Id.	Segunda.	45 y 46	Mataasejun	Matasejun
300	Id.	44	Tapiña	Tajuña
301	Primera.	2	Lerena	Serena
309	Segunda.	14	circumferencia:	circunferencia;
Id.	Id.	43	Savaton	Sayaton
311	Primera.	4	Farmes	Farnes
315	Id.	77	camarin,	camarin;
Id.	Segunda.	43	Savaton.	Sayaton
323	Id.	6	Buen-grao	Buengrado
334	Id.	58	Aurides	Aurioles
336	Primera.	19	Villadarrias	Villadarias
337	Segunda.	75	Estaya	Eslava
340	Id.	31	Grajalo	Grajal
348	Primera.	4	Esguedas	Esquedas
354	Segunda.	57	AÑE 1.	AÑE 1, con ayunt.
356	Primera.	22	de una igl.	y una igl.
Id.	Id.	60	á sazon	á la sazon
362	Id.	7	Ochagavia	Ochavia
364	Id.	70	tremecino	tremesine
368	Segunda.	3	Liquerri	Liguerri
369	Primera.	71 y 72	Enveit.	Enveigt
369	Segunda.	10	Euveigt	Enveigt
370	Id.	21 y 22	Huguera	Higuera
374	Id.	47	Laraun	Larraun
Id.	Id.	54	Cidaco	Cidacos
Id.	Id.	67 y 68	Villafraca	Villafranca
415	Segunda.	d.	Argate	Argote
419	Primera.	1	los fondos	los mismos fondos
Id.	Segunda.	16	Esqueva	Esgueva
424	Id.	38	Fresmillo	Fresuillo
Id.	Id.	52	Berlanquillas	Berlanguillas
431	Id.	14	Conehas	Conchas
Id.	Id.	36	esie	este
432	Primera.	49	sinterrupciones	interrupciones
433	Id.	28	Cuzman	Guzman
435	Segunda.	50 y 51	previlegiado	privilegiado
436	Primera.	40	mny	muy
537	Segunda.	34	altaro	altura
Id.	Id.	47	qne	que
440	Primera.	26	pranos	prados
444	Id.	30	Qindos	Quindos
Id.	Segunda.	1	Baldeiglesia	Valdeiglesia
Id.	Id.	1	fraite	freire
Id.	Id.	38	venido	tenido
448	Id.	63	Aranzo de Miel	Arauzo de Miel
454	Id.	35	Huerda de Beya	Huerta del Rey
455	Id.	39	Fustias	Justias
456	Primera.	65	S. NO.	1, al NO.
457	Segunda.	75	Butízalema	Batizalema
458	Primera.	17	Baudalies	Bandalies
469	Segunda.	62	Tardaquila	Tardaguila
490	Id.	11	sahe,	sabe
Id.	Id.	30	ella	en ella
501	Id.	38 y 39	Garcirey	Garcirrey
508	Primera.	60	Tir	Ter
509	Segunda.	42	Piedralabes	Piedralaves
559	Id.	2	dióc.	vicaría

Erratas del estado de los reyes de Aragon.

En la página 398, reinado de Petronila I, que esta en blanco el año en que sucedió, debe decir 1137.
En la misma página, reinado de Alfonso II, que dice sucedió 1192, debe decir 1163.
En la misma página, donde dice murió D. Alonso, año 1174, debe decir 1196.
En la página 399, donde dice que D. Jayme I, llamado el Conquistador, contaba al suceder 7 años, debe decir 6 1/2.
En la misma página, reinado de Alonso III, donde dice que sucedió en 1286, debe decir 1285.
En la misma página, donde dice que Doña Blanca murió en 1291, debe decir 1310.